“十三五”国家重点图书出版规划项目
现代马业出版工程
中国马业协会“马上学习”出版工程重点项目

马急症学

——治疗与手术 第4版

Equine Emergencies
Treatment and Procedures Fourth Edition

[美] 詹姆斯·A. 奥尔西尼（James A. Orsini）
[美] 托马斯·J. 戴弗斯（Thomas J. Divers） 编著

李 靖 吴晓彤 朱怡平 主译

中国农业出版社
北 京

ELSEVIER
Elsevier (Singapore) Pte Ltd.
3 Killiney Road, #08-01 Winsland House I, Singapore 239519
Tel: (65) 6349-0200; Fax: (65) 6733-1817

Equine Emergencies: Treatment and Procedures, Fourth Edition

ISBN-13: 978-1-4557-0892-5

This translation of Equine Emergencies: Treatment and Procedures, Fourth Edition by James A. Orsini and Thomas J. Divers was undertaken by China Agriculture Press Co., Ltd. and is published by arrangement with Elsevier (Singapore) Pte Ltd.
Equine Emergencies: Treatment and Procedures, Fourth Edition by James A. Orsini and Thomas J. Divers 由中国农业出版社进行翻译，并根据中国农业出版社与爱思唯尔（新加坡）私人有限公司的协议约定出版。

《马急症学——治疗与手术》（第 4 版）（李　靖　吴晓彤　朱怡平　主译）
ISBN: 978-7-109-26406-9

声　明

本译本由中国农业出版社完成。相关从业及研究人员必须凭借其自身经验和知识对文中描述的信息数据、方法策略、搭配组合、实验操作进行评估和使用。由于医学科学发展迅速，临床诊断和给药剂量尤其需要经过独立验证。在法律允许的最大范围内，爱思唯尔、译文的原文作者、原文编辑及原文内容提供者均不对译文或因产品责任、疏忽或其他操作造成的人身及 / 或财产伤害及 / 或损失承担责任，亦不对由于使用文中提到的方法、产品、说明或思想而导致的人身及 / 或财产伤害及 / 或损失承担责任。

本书译者

主　译　李　靖　吴晓彤　朱怡平

参　译　安　琪　白玉美子　陈淑蕾　樊艾琳　管迟瑜
高　宇　简乐诗　蒋无砚　刘　波　李馨秋
林翔宇　林雨姗　毛锶超　石　昊　孙若栖
唐行仪　王炜晗　王雯卿　王雪帆　王子璇
许　明　肖思雨　许心怡　俞　峰　杨　洛
易梓文　赵芳莹　郑方宇　赵鑫婧　周雪影
赵雨霏　郑艺蕾

原著编者

Helen Aceto, PhD, VMD
Assistant Professor of Veterinary Epidemiology, Director of Biosecurity
Department of Clinical Studies—New Bolton Center
School of Veterinary Medicine
University of Pennsylvania
Kennett Square, Pennsylvania
Contagious and Zoonotic Diseases
Standard Precautions and Infectious Disease Management

Robert Agne, DVM
Associate
Podiatry
Rood and Riddle Equine Hospital
Lexington, Kentucky
Foot Injuries

Ellison Aldrich, VMD
Large Animal Surgery Resident
Department of Clinical Sciences
College of Veterinary Medicine and Biomedical Sciences
Colorado State University
Fort Collins, Colorado
Emergency Diagnostic Endoscopy

Fairfield T. Bain, DVM, MBA, DACVIM, ACVP, DACVECC
Clinical Professor of Equine Internal Medicine
Department of Veterinary Clinical Sciences
College of Veterinary Medicine
Washington State University
Pullman, Washington
Hyperbaric Oxygen Therapy
Respiratory System—Respiratory Tract Emergencies
Respiratory System—Strangles: Diagnostic Approach and Management

Alexandre Secorun Borges, DVM, MS, PhD
Professor, Large Animal Internal Medicine
Department of Clinical Sciences
Sao Paulo State University-UNESP
Botucatu, SP, Brazil
Emergency Diseases Unique to Countries Outside the Continental United States: South America

Benjamin R. Buchanan, DVM, DACVIM, DACVECC
Brazos Valley Equine Hospital
Navasota, Texas
Snake Envenomation

Alexandra J. Burton, BSc, BVSc, DACVIM
Large Animal Medicine
College of Veterinary Medicine
The University of Georgia
Athens, Georgia
Emergency Treatment of Mules and Donkeys

Stuart C. Clark-Price, DVM, MS, DACVIM, DACVA
Assistant Professor of Anesthesia and Pain Management
Department of Veterinary Clinical Medicine
University of Illinois
Urbana, Illinois
Anesthesia for Out of Hospital Emergencies

Kevin T. Corley, BVM&S, PhD, DACVIM, DACVECC, DECEIM, MRCVS
Specialist, Equine Medicine and Critical Care
Anglesey Lodge Equine Hospital
The Curragh, Co
Kildare, Ireland
Director
Veterinary Advances Ltd
The Curragh, Co
Kildare, Ireland
Foal Resuscitation

J. Barry David, DVM, DACVIM
Hagyard Equine Medical Institute
Lexington, Kentucky
Gastrointestinal System—Acute Infectious and Toxic Diarrheal Diseases in the Adult Horse

Elizabeth J. Davidson, DVM, DACVS, DACVSMR
Associate Professor in Sports Medicine
Department of Clinical Studies—New Bolton Center
School of Veterinary Medicine
University of Pennsylvania
Kennett Square, Pennsylvania
Musculoskeletal System—Diagnostic and Therapeutic Procedures
Musculoskeletal System—Arthrocentesis and Synovial Fluid Analysis
Musculoskeletal System—Temporomandibular Arthrocentesis
Musculoskeletal System—Cervical Vertebral Articular Process Injections
Musculoskeletal System—Sacroiliac Injections

Stephen G. Dill, DVM, DACVIM
Certified by the International Veterinary Acupuncture Society
Certified by the American Veterinary Chiropractic Association
Remington, Virginia
Complementary Therapies in Emergencies: Acupuncture

Thomas J. Divers, DVM, DACVIM, DACVECC
Professor
Large Animal Medicine
Cornell University Hospital for Animals
Department of Clinical Sciences
Cornell University College of Veterinary Medicine
Cornell University
Ithaca, New York
Emergency and Critical Care Monitoring
Emergency Laboratory Tests and Point-of-Care Diagnostics
Gastrointestinal System—Acute Salivation (Ptyalism)
Gastrointestinal System—Stomach and Duodenum: Gastric Ulcers
Gastrointestinal System—Diarrhea in Weanlings and Yearlings
Gastrointestinal System—Acute Infectious and Toxic Diarrheal Diseases in the Adult Horse
Liver Failure, Anemia and Blood Transfusion
Nervous System—Neurologic Emergencies
Respiratory System—Respiratory Tract Emergencies
Urinary System—Urinary Tract Emergencies
Shock and Systemic Inflammatory Response Syndrome
Temperature Related Problems: Hypothermia and Hyperthermia
Euthanasia/Humane Destruction
Adverse Drug Reactions, Air Emboli, and Lightning Strike
Specific Acute Drug Reactions and Recommended Treatments
Equine Emergency Drugs: Approximate Dosages and Adverse Drug Reactions

Tamara Dobbie, DVM, DACT
Staff Veterinarian in Reproduction
Department of Clinical Studies—New Bolton Center
George D. Widener Hospital for Large Animals
School of Veterinary Medicine
University of Pennsylvania
Kennett Square, Pennsylvania
Reproduction System—Stallion Reproductive Emergencies
Reproduction System—Mare Reproductive Emergencies
Monitoring the Pregnant Mare
Emergency Foaling

Bernd Driessen, DVM, PhD, DACVA, DECVPT
Professor of Anesthesiology
Department of Clinical Studies—New Bolton Center
School of Veterinary Medicine
University of Pennsylvania
Kennett Square, Pennsylvania
Pain Management

Edward T. Earley, DVM, FAVD/Eq
AP Residency
Dentistry
Cornell University Hospital for Animals
Cornell University
Ithaca, New York
Partner
Laurel Highland Veterinary Clinic, LLC
Williamsport, Pennsylvania
Gastrointestinal System—Dental Radiology Ambulatory Techniques
Gastrointestinal System—Upper Gastrointestinal Emergencies: Teeth

David L. Foster, VMD, DAVDC
Adjunct Associate Professor
Large Animal Surgery—Equine Dentistry
George D. Widener Hospital for Large Animals
New Bolton Center
School of Veterinary Medicine
University of Pennsylvania
Kennett Square, Pennsylvania

Owner/Veterinarian
Equine Dental Services of New Jersey
Morganville, New Jersey
Gastrointestinal System—Aging Guidelines
Gastrointestinal System—Upper Gastrointestinal Emergencies: Teeth

José García-López, VMD, DACVS
Associate Professor
Large Animal Surgery
Clinical Sciences
Cummings School of Veterinary Medicine
Tufts University
North Grafton, Massachusetts
Musculoskeletal System—Adult Orthopedic Emergencies

Rachel Gardner, DVM, DACVIM
BW Furlong and Associates
Oldwick, New Jersey
Caring for the Down Horse

Janik C. Gasiorowski, VMD, DACVS
Department of Surgery
Mid-Atlantic Equine Medical Center
Ringoes, New Jersey
Biopsy Techniques
Burns, Acute Soft Tissue Swellings, Pigeon Fever, and Fasciotomy
Respiratory System—Temporary Tracheostomy

Earl M. Gaughan, DVM, DACVS
Clinical Professor
Virginia-Maryland Regional College of Veterinary Medicine
Duck Pond Drive, Phase II
Virginia Tech
Blacksburg, Virginia
Burns, Acute Soft Tissue Swellings, Pigeon Fever, and Fasciotomy

Raymond J. Geor, BVSc, MVSc, PhD, DACVIM, DACVSMR, DACVN (Honorary)
Professor and Chairperson
Large Animal Clinical Sciences
College of Veterinary Medicine
Michigan State University
East Lansing, Michigan
Nutritional Guidelines for the Injured, Hospitalized and Postsurgical Patient

Rebecca M. Gimenez, PhD
President
Technical Large Animal Emergency Rescue, Inc.
Macon, Georgia
Disaster Medicine and Technical Emergency Rescue

Nora S. Grenager, VMD, DACVIM
Fredericksburg, Virginia
Burns, Acute Soft Tissue Swellings, Pigeon Fever, and Fasciotomy

Eileen S. Hackett, DVM, PhD, DACVS, DACVECC
Assistant Professor of Equine Surgery and Critical Care
Department of Clinical Sciences
College of Veterinary Medicine and Biomedical Sciences
Colorado State University
Fort Collins, Colorado
Emergency and Critical Care Monitoring
Emergency Laboratory Tests and Point-of-Care Diagnostics
Quick Reference Protocols for Emergency and Clinical Conditions
Equine Emergency Drugs: Approximate Dosages and Adverse Drug Reactions

R. Reid Hanson, DVM, DACVS, DACVECC
Professor Equine Surgery
J.T. Vaughan Hospital
Department of Clinical Sciences
College of Veterinary Medicine
Auburn University
Auburn, Alabama
Burns, Acute Soft Tissue Swellings, Pigeon Fever, and Fasciotomy

Joanne Hardy, DVM, PhD, DACVS, DACVECC
Clinical Associate Professor
Veterinary Large Animal Clinical Sciences
College of Veterinary Medicine
Texas A&M University
College Station, Texas
Musculoskeletal System—Pediatric Orthopedic Emergencies

Patricia M. Hogan, VMD, DACVS
Hogan Equine LLC
Cream Ridge, New Jersey
Emergencies of the Racing Athlete

Samuel D. A. Hurcombe, BSc, BVMS, MS, DACVIM, DACVECC
Assistant Professor of Equine Emergency & Critical Care
Veterinary Clinical Sciences
College of Veterinary Medicine
The Ohio State University
Columbus, Ohio
Emergency Problems Unique to Draft Horses

Nita L. Irby, DVM, DACVO
Lecturer, Clinical Sciences
Cornell University College of Veterinary Medicine
Cornell University
Ithaca, New York
Ophthalmology

Sophy A. Jesty, DVM, DACVIM (LAIM and Cardiology)
Assistant Professor of Cardiology
Clinical Sciences
College of Veterinary Medicine
University of Tennessee
Knoxville, Tennessee
Cardiovascular System

Amy L. Johnson, DVM, DACVIM (LAIM and Neurology)
Assistant Professor of Large Animal Medicine and Neurology
Department of Clinical Studies—New Bolton Center
School of Veterinary Medicine
University of Pennsylvania
Kennett Square, Pennsylvania
Nervous System—Diagnostic and Therapeutic Procedures
Nervous System—Neurologic Emergencies

Jean–Pierre Lavoíe, DMV, DACVIM
Professor
Department of Clinical Sciences
Faculty of Veterinary Medicine
Université de Montréal
Montreal, Canada
Respiratory System—Respiratory Tract Emergencies

David G. Levine, DVM, DACVS
Staff Surgeon
George D. Widener Hospital for Large Animals
New Bolton Center
School of Veterinary Medicine
University of Pennsylvania
Kennett Square, Pennsylvania
Regional Perfusion, Intraosseous and Resuscitation Infusion Techniques

Olivia Lorello, VMD
Intern
B.W. Furlong & Associates
Equine Veterinarians
Oldwick, New Jersey
Blood Collection
Medication Administration and Alternative Methods of Drug Administration
Intravenous Catheter Placement

K. Gary Magdesian, DVM, DACVIM, DACVECC, DACVCP
Professor and Henry Endowed Chair in Emergency Medicine and Critical Care
Veterinary Medicine: Medicine & Epidemiology
School of Veterinary Medicine
University of California—Davis
Davis, California
Neonatology

Tim Mair, BVSc, PhD, DECEIM
Director
Bell Equine Veterinary Clinic
United Kingdom
Emergency Diseases Unique to Countries Outside the Continental United States: Europe

Rebecca S. McConnico, DVM, PhD, DACVIM
Professor of Veterinary Medicine—Equine Internal Medicine
Department of Veterinary Clinical Sciences
Veterinary Teaching Hospital
School of Veterinary Medicine
Louisiana State University;
Equine Branch Director
Louisiana State Animal Response Team (LSART)
Affiliate of the Dr. WJE Jr. Foundation/Louisiana Veterinary Medical Association
Baton Rouge, Louisiana
Flood Injury in Horses

Jay Merriam, DVM, MS
Adjunct Clinical Instructor of Equine Sports

Medicine
Large Animal Medicine
Cummings School of Veterinary Medicine
Tufts University;
Sports Medicine
Massachusetts Equine Clinic
Uxbridge, Massachusetts
Emergency Treatment of Mules and Donkeys

Linda D. Mittel, MSPH, DVM
Senior Extension Associate
Department of Population and Diagnostic Sciences
Animal Health Diagnostic Center
Cornell University College of Veterinary Medicine
Cornell University
Ithaca, New York
Emergency Treatment of Mules and Donkeys

James N. Moore, DVM, PhD, DACVS
Distinguished Research Professor and Josiah Meigs Distinguished Teaching Professor
Large Animal Medicine
College of Veterinary Medicine
The University of Georgia
Athens, Georgia
Gastrointestinal System—Acute Gastric Dilation
Gastrointestinal System—Acute Abdomen: Colic

P.O. Eric Mueller, DVM, PhD, DACVS
Associate Professor of Surgery
Chief of Staff
Large Animal Hospital
Department of Large Animal Medicine
College of Veterinary Medicine
The University of Georgia
Athens, Georgia
Gastrointestinal System—Acute Gastric Dilation
Gastrointestinal System—Acute Abdomen: Colic

SallyAnne L. Ness, DVM, DACVIM
Large Animal Internal Medicine
Department of Clinical Sciences
Cornell University College of Veterinary Medicine
Cornell University
Ithaca, New York
Blood Coagulation Disorders

Joan Norton, VMD, DACVIM
Norton Veterinary Consulting and Education Resources
Noblesville, Indiana
Laboratory Diagnosis of Bacterial, Fungal and Viral, and Parasitic Pathogens
Gene Testing
Shock and Systemic Inflammatory Response Syndrome

James A. Orsini, DVM, DACVS
Associate Professor of Surgery
Director, Laminitis Institute—PennVet
Director, Equi-Assist
Department of Clinical Studies—New Bolton Center
School of Veterinary Medicine
University of Pennsylvania
Kennett Square, Pennsylvania
Blood Collection
Medication Administration and Alternative Methods of Drug Administration
Intravenous Catheter Placement
Venous Access via Cutdown
Biopsy Techniques
Emergency Diagnostic Endoscopy
Gastrointestinal System—Diagnostic and Therapeutic Procedures
Gastrointestinal System—Upper Gastrointestinal Emergencies: Teeth
Gastrointestinal System—Stomach and Duodenum: Gastric Ulcers
Musculoskeletal System—Diagnostic and Therapeutic Procedures
Musculoskeletal System—Arthrocentesis and Synovial Fluid Analysis
Musculoskeletal System—Temporomandibular Arthrocentesis
Musculoskeletal System—Endoscopy of the Navicular Bursa
Respiratory System—Diagnostic and Therapeutic Procedures
Respiratory System—Temporary Tracheostomy
Urinary System—Diagnostic and Therapeutic Procedures
Laminitis
Emergencies of the Racing Athlete
Equine Emergency Drugs: Approximate Dosages and Adverse Drug Reactions

Israel Pasval, DVM
Hacharlait Mutual Society for Veterinary Services in Israel

Emergency Diseases Unique to Countries Outside the Continental United States: The Middle East

John F. Peroni, DVM, MS, DAVCS
Associate Professor
Large Animal Medicine
College of Veterinary Medicine
The University of Georgia
Athens, Georgia
Gastrointestinal System—Acute Gastric Dilation
Gastrointestinal System—Acute Abdomen: Colic

Robert H. Poppenga, DVM, PhD, DABVT
Professor of Diagnostic Veterinary Toxicology
California Animal Health & Reed Safety Laboratory
School of Veterinary Medicine
University of California—Davis
Davis, California
Toxicology

Birgit Puschner, DVM, PhD, DABVT
Professor
Department of Molecular Biosciences and The California Animal Health and Food Safety Laboratory System
School of Veterinary Medicine
University of California—Davis
Davis, California
Toxicology

Rolfe M. Radcliffe, DVM, DACVS, DACVECC
Lecturer, Large Animal Surgery and Emergency Critical Care
Department of Clinical Sciences
Cornell University College of Veterinary Medicine
Cornell University
Ithaca, New York
Thoracic Trauma

Michael W. Ross, DVM, DACVS
Professor of Surgery (CE)
Department of Clinical Studies—New Bolton Center
School of Veterinary Medicine
University of Pennsylvania
Kennett Square, Pennsylvania
Imaging Techniques and Indications for the Emergency Patient—Scintigraphic Imaging

Amy Rucker, DVM
MidWest Equine
Columbia, Missouri
Laminitis

Christopher Ryan, VMD, DABVP
Resident in Radiology
Department of Clinical Studies—Philadelphia
School of Veterinary Medicine
University of Pennsylvania
Philadelphia, Pennsylvania
Imaging Techniques and Indications for the Emergency Patient—Digital Radiographic Examination

Montague N. Saulez, BVSc, MS, DACVIM–LA, DECEIM, PhD
Equine Internist
Western Cape
South Africa
Emergency Diseases Unique to Countries Outside the Continental United States: South Africa

Barbara Dallap Schaer
Associate Professor (CE)
Department of Clinical Studies—New Bolton Center
School of Veterinary Medicine
University of Pennsylvania
Kennett Square, Pennsylvania
Medication Administration and Alternative Methods of Drug Administration
Emergency Diagnostic Endoscopy
Gastrointestinal System—Diagnostic and Therapeutic Procedures
Respiratory System—Diagnostic and Therapeutic Procedures
Urinary System—Diagnostic and Therapeutic Procedures
Contagious and Zoonotic Diseases
Standard Precautions and Infectious Disease Management

Peter V. Scrivani, DVM, DACVR
Assistant Professor
Department of Clinical Sciences
Cornell University College of Veterinary Medicine
Cornell University
Ithaca, New York
Imaging Techniques and Indications for the Emergency Patient—Computed Tomography (CT) and Magnetic Resonance Imaging (MRI)

Emergency Diseases Unique to Countries Outside the Continental United States: Australia and New Zealand

JoAnn Slack, DVM, MS, DACVIM
Assistant Professor
Large Animal Cardiology and Ultrasound
Department of Clinical Studies—New Bolton Center
School of Veterinary Medicine
University of Pennsylvania
Kennett Square, Pennsylvania
Imaging Techniques and Indications for the Emergency Patient—Ultrasonography: General Principles and System and Organ Examination

Nathan Slovis, DVM, DACVIM, CHT
Director
McGee Medical Center
Hagyard Equine Medical Institute
Paris, Kentucky
Gastrointestinal System—Acute Diarrhea: Diarrhea in Nursing Foals

Dominic Dawson Soto, DVM, DACVIM
Associate
Loomis Basin Equine Medical Center, Inc.
Penryn, California
Medical Management of the Starved Horse

Ted S. Stashak, DVM, MS, DACVS
Professor Emeritus Surgery
Department of Clinical Sciences
College of Veterinary Medicine and Biomedical Sciences
Colorado State University
Fort Collins, Colorado
Integumentary System: Wound Healing, Management, and Reconstruction

Tracy Stokol, BVSc, PhD, DACVP (Clinical Pathology)
Associate Professor
Population Medicine and Diagnostic Sciences
Cornell University College of Veterinary Medicine
Cornell University
Ithaca, New York
Cytology

Brett S. Tennent-Brown, BVSc, MS, DACVIM, DACVECC
School of Veterinary Science
The University of Queensland
Gatton, Queensland, Australia
Emergency Diseases Unique to Countries Outside the Continental United States: Australia and New Zealand

Christine L. Theoret, DMV, PhD, DACVS
Professor
Department de Biomédecine Vétérinaire
Faculté de Médecine Vétérinaire
Université de Montréal
Quebec, Canada
Integumentary System: Wound Healing, Management, and Reconstruction

Regina M. Turner, DVM, PhD, DACT
Associate Professor
Department of Clinical Studies—New Bolton Center
School of Veterinary Medicine
University of Pennsylvania
Kennett Square, Pennsylvania
Reproductive System—Stallion Reproductive Emergencies
Reproductive System—Mare Reproductive Emergencies
Emergency Foaling

Dirk K. Vanderwall, DVM, PhD, DACT
Associate Professor
Department of Animal, Dairy, and Veterinary Sciences
School of Veterinary Medicine
Utah State University
Logan, Utah
Reproduction System—Stallion Reproductive Emergencies
Reproduction System—Mare Reproductive Emergencies

Andrew William van Eps, BVSc, PhD, DACVIM
Senior Lecturer in Equine Medicine
School of Veterinary Science
The University of Queensland
Gatton, Queensland, Australia
Emergency Diseases Unique to Countries Outside the Continental United States: Australia and New Zealand

Pamela A. Wilkins, DVM, MS, PhD, DACVIM, DACVECC
Professor of Equine Internal Medicine and Emergency and Critical Care
Veterinary Clinical Medicine
College of Veterinary Medicine
University of Illinois
Champaign-Urbana, Illinois
Perinatology and the High-Risk Pregnant Mare

Jennifer A. Wrigley, CVT
Director of Nursing—Equi-Assist
Department of Clinical Studies—New Bolton Center
School of Veterinary Medicine
University of Pennsylvania
Kennett Square, Pennsylvania
Emergencies of the Racing Athlete

Jean C. Young, LVT, VTS
Medicine Technician
Large Animal Medicine
Cornell University Hospital for Animals
Equine/Farm Animal Clinic
Cornell University College of Veterinary Medicine
Ithaca, New York
Emergency Laboratory Tests and Point-of-Care Diagnostics

献　　词

致大动物内科、外科学以及产科学的两位传奇人物：

FRANCIS H. FOX，DVM，Cornell' 45，ROBERT B. HILLMAN，DVM，Cornell' 55

在 Fox 与 Hillman 博士于康奈尔大学总计 120 年的执教生涯中，他们影响了很多兽医学生、住院医生以及教员的一生。我们，和其他成千上万的人，万分有幸能够从他们的智慧中习得兽医这门艺术及科学。Fox 博士已于 2010 年光荣退休，而 Hillman 博士如今仍然是就职于康奈尔大学兽医产科部门的医师。好朋友、好导师、好同事，他们在体现着专业精神、享受教学，以及推进临床科学的最高境界的同时，又结合了一些幽默感。

怀着最大的喜悦与荣誉，致敬他们。

Thomas J. Divers 和 James A. Orsini

还有很多其他优秀的人，他们以令人钦佩的领导力、智慧、创造力以及慷慨引领了我们的生活。这本书同样也致敬这些做出了贡献的朋友、支持者以及理想主义者们。

James A. Orsini

John K. & Marianne S. Castle
Margaret Hamilton Duprey
Mary Alice Malone
Elizabeth R. Moran
Michael J. & Denise（*posth*）Rotko

2013

前言

《马急症学》第 4 版是在 1998 年出版的第 1 版的基础上继续编写的。第 4 版是一个扩展并且全面升级的版本，它给我们的同事们提供了全面且细致的关于任何马急症所需要的最“常见”或“不太常见”的操作及治疗的相关资料。第 4 版比之前任何一版都要更加细致，同时给马急症的护理提供了一个“应该做什么”“不应该做什么”的步骤清单。我们的目标是为每例马急症提供最新、最深入的信息，第 4 版囊括了大部分技术操作的全部步骤，同时也包括了关于用药的建议及选择。它的格式和第 3 版相同，但是在插图、技术规范、操作步骤以及治疗上更为精确，与目前市面上的其他马急症学参考书完全不同。

我们认识到在诊断并治疗马急症或进行手术时远远不止一种方法，因此本书其实并不是一种准则，而是学术界或私人医院里经验丰富的临床兽医们在他们各自擅长的领域里，对于马急症操作和治疗的著作汇编。本书一共 18 章，每部分都更新并囊括了来自我们经常治疗马急症的同事、朋友以及导师的反馈。

以下是第 4 版的一些亮点：

●每一页都以易于理解的格式进行了计划、评审以及重排。

●这一版增添了很多新的图表，也重新绘制了之前已有的图表，以便可以更加清晰地反映关键点。

●全新的 18 个章节，囊括了高压氧治疗、手术切开暴露静脉、重症监护、常见急症快速参考治疗方案、影像学新技术、产驹急症、挽马特有疾病、无法站立马的护理、洪水造成的损伤、速度赛马急症、蛇毒中毒，治疗极度饥饿的马，以及替代疗法。

●附录采取了在参考时降低出错可能的格式，扩展了基本信息。比如两个针对临床危症的很好的例子——“马急症用药”以及“紧急情况快速参考方案”。

- 自本书第 1 版出版以来，马的急症、诊断操作以及治疗的新方法显著增多，因此各版的页数也相应增加。为了让第 4 版能够成为良好的急症参考，各章节的参考文献都被放到了相关网站 www.equine-emergencies.com 上。这个网站同样使我们可以及时增补最新内容。

- 第 4 版还有电子书版本。这非常难得，因为这使得本书能够“随时随地”被检索到。

Elsevier 卓越的出版团队使本书通过搜集临床反馈轻松地获得各方信息，解决了读者在以前的版本中向我们反馈的问题。通过提供关于全部马急症问题的坚实可靠的资源，我们相信我们成功达成了读者的全部期待。我们明白所有参考类书籍都存在着局限，而且所谓“最优方法”其实来自以前的重复经验；我们仍希望这本书可以为读者提供其所需的信息。在熟练使用了这一版并阅读了校订以及更新后，请与我们分享您的意见与建议。感谢每一位与我们讲过话、写过信或发过电子邮件的人，也感谢所有为第 4 版做出过贡献的人。

James A. Orsini

Thomas J. Divers

致谢

第 4 版《马急症学——治疗与手术》如今能够出版是由于 60 多位作者、同事、朋友以及家人的投入与贡献。从决定将这本书变成电子书开始，Elsevier 无与伦比的出版团队一直在支持我们全部的新想法。他们的核心团队是：产品经理 Shelly Stringer；项目经理 Carol O'Connell；产品策划总监 Penny Rudolph；出版服务经理 Catherine Jackson 以及医学插画家 Jeanne Robertson。写一本书从来都不简单，实际上我们花了两年多的时间来制作这本书。我们的导师、同事以及学生，基于其一生的经验，给我们提供他们的知识和技术使我们得以为您提供这本书，为您提供几乎所有的急症处理知识。

我们的作者团队不仅在提供的信息质量上超出预期，他们的专业性以及想要制作一本质量最好的参考书的信念也令人钦佩。

同时，我们也想感谢为以前所有版本做出贡献的作者们，他们宝贵的智慧在如今依旧引领着我们。我们还想感谢我们专业的个人“顾问”一直以来的坚定支持。感谢（JAO）John K. 和 Marianne Castle、William Daniels 博士、William Donawick 博士、Bob 和 Margaret H. Duprey、William S. Farish 博士、John Garafalo 博士、Robert Huffman、Roy 和 Gretchen Jackson、William Kay 博士、John Lee 博士、Mary Alice Malone、Marian 和 Gib McIlvain、Elizabeth R. Moran、Ellen 和 Herb Moelis、Roy Pollock 博士、Charles Ramberg 博士、Michael Rotko、Wayne Schwark 博士、Vonnie 和 Larry Steinbaum 以及 Carol 和 Mark Zebrowski。让我们记住那些最近去世的人：Robert Davies、Teresa Garafalo 博士以及 Denise Rotko。感谢（TJD）Drs. Jill Beech、Dilmus Blackmon、Doug Byars、Sandy deLahunta、Lisle George、Jack Lowe、Brad Smith、Bud Tennant、Robert Whitlock 以及已故的 John Cummings 和 Bill Rebuhn，他们都在我的职业生涯中指导过我。感谢 45 位出色的马兽医住院医生以及无数的执业兽医，他们教给我的，远比我教给他们的要多。我要特别感谢 Jim Orsini 博士的友情支持以及他在编辑第 4 版《马急症学》中发挥的领导作用。我们还要感谢 Sue Branch、Molly Higgins、Tia Jones、Kate Shanaghan、Cindy Stafford、Patty Welch 以及 Jennifer Wrigley，他们以许多不同的方式，确保我们达到了卓越的水平，按时完成了任务，并且确保了书中的全部内容都合乎计划。他们总是着重细节，以专业、耐心并且幽默的态度对待工作。

最后，特别感谢 Nora Grenager 博士，她编辑、校对、再校对了全部的文本，并且提供了远超我们期待的专业及技术水平。Nora，你真是太令人惊讶了！

Tom Divers 博士不仅仅是我们的合作编辑，他同时也是我们备受尊敬的同事以及密友。没有他提供的经验、耐心以及知识，第4版不可能完成。我们还想要感谢我们亲爱的家人（JAO），Toni、Colin 和 Angela，以及（TJD）Nita、Shannon、Bob 和 Reuben 的无限耐心。最后，还有我们的父母，Anne 和 Sal 以及 Robert 和 Hattie，感谢他们教会让我们懂得正直、耐心和坚持的重要性。

James A. Orsini

Thomas J. Divers

目录

第三篇 特殊问题引起的紧急情况

附录

第一篇
急症处理及诊断

第一部分
急症的重要诊疗技术操作

第1章
血液样品采集

Olivia Lorello 和 James A. Orsini

从静脉采集血液是在评估患马时执行的常规程序，许多诊断测试需要全血或血清。通常在血液收集管中需要特定的添加剂以防止凝血（表1-1）。

表1-1 用于诊断步骤的采血试管

真空采血管试管头部颜色	添加剂	适用的分析
红色或红色 / 黑色	无	化学研究；病毒抗体研究；交叉配血 *；激素、胆汁酸
紫色	Na EDTA	血液学研究：CBC 和血小板计数；骨髓分析；免疫血液学；抗球蛋白试验；体液细胞学检查；交叉配血 *；PCR
绿色	肝素钠	化学研究（i-STAT）；血气检查；治疗药物；淋巴细胞分型
黄色	柠檬酸	交叉配血 *；血型检定；葡萄糖；PRP
蓝色	柠檬酸钠	凝结实验：纤维蛋白原，PT，PTT，AT；骨髓上清
灰色	氟化钠 / 草酸钾 †	提交给实验室时，葡萄糖测量将被延迟

AT，抗凝血酶；CBC，全血细胞计数；EDTA，乙二胺四乙酸；Na，钠；PCR，聚合酶链式反应；PRP，富含血小板血浆；PT，凝血酶原时间；PTT，部分凝血活酶时间。

* 除黄色管外，红色或红色 / 黑色和紫色管都需要。

† 可能导致一些溶血。

颈外静脉穿刺

颈外静脉是最容易刺入的，位于颈腹侧方向，在颈静脉沟内，容易发现。位于颈部上半部分的静脉为安全采血刺入区，有肌肉（肩胛舌骨肌）介于静脉和下方含颈动脉的颈动脉鞘之间起到保护作用。在既定的静脉穿刺部位下方进行指压，静脉填充最快。轻弹静脉远端导致其波动向上传送，这有助于观察到不易察觉的静脉。

器材

· 18~20号，1~1.5in（2.54~3.75cm）真空采血管针（或一个10mL注射器和20号的针用于脾气暴躁的患马）。

· 真空采血管套。

· 合适的真空采血管试管。

步骤

· 将受保护的短端的针头拧入真空采血管套。

· 用酒精擦拭静脉穿刺的部位使静脉扩张。

· 调整针的位置与静脉平行，且与血流方向相反。

· 将针头以45°角刺入皮肤，然后在进入静脉管腔后改变针的方向使之与静脉平行。

· 将管盖推至真空采血管套中受保护的短针上，以连接真空采血管试管。真空的环境将血液吸至试管合适的水平。如果需要额外的试管，将针头和管套留在原位，同时换新的导管。

面横静脉穿刺

对于成年或是脾气好的患马，常常在头部的面横静脉采集少量的血液样本以测定细胞量或总固体量。**实践技巧：**该部位一次最多能采集35mL血液。面横静脉向面部嵴腹侧延伸且平行于面横动脉（图1-1A）。

器材

· 22~25号，1~1.5in（2.5~3.75cm）针。

· 3mL注射器。

· 合适的真空采血管或血细胞容量计试管。

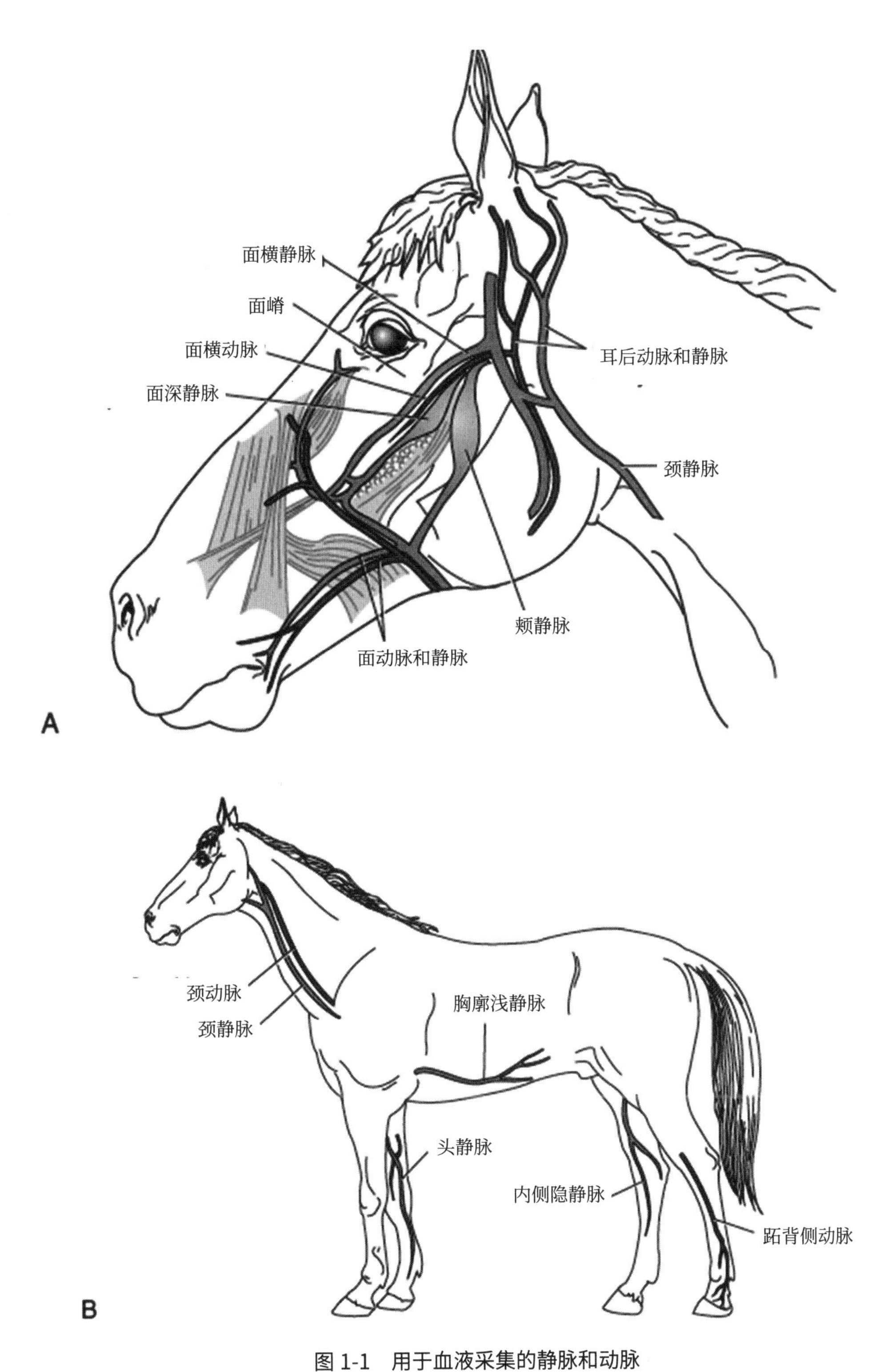

图 1-1　用于血液采集的静脉和动脉

A. 头部可刺入的静脉和动脉　B. 在静脉和动脉采样中可替代的部位

步骤

- 用酒精擦拭面嵴下方的区域。
- 将针头垂直于面嵴下方的皮肤，在内眦层或内眦吻侧，将针头推入皮肤直至触碰到骨头。如果尚未连接注射器，那么抽气时取出针头，直到针头位于静脉管腔内才连接注射器。
- 真空采血管针和试管有时可以用来采集血液。

静脉穿刺的替代部位

图1-1B，说明了其他静脉穿刺位点：

- 胸廓浅静脉位于胸腹壁前1/3至肘关节尾部。
- 头静脉位于前肢内侧。
- 内侧隐静脉位于后肢内侧。

如果用注射器采集血液，需要立即将样品转移至真空采血管试管，因为样品在吸出的时候就会开始凝结。将针头插入真空采血管管帽，利用真空环境把血液从注射器里吸出。**实践技巧：**主动地将血液推入管中会破坏血细胞。通过几次轻柔地上下旋转管子，使抗凝剂与样品混合。如果混合恰当并保持冷却状态，样本应该可以持续数小时（4°C/39.2°F）。如果样品静置超过数小时，为了防止溶血，应通过离心将血清和全血分离。**实践技巧：**溶血会对许多数值产生影响，如钙离子（升高）、钠离子（降低）、氯离子（降低）、肌酐（升高）、碱性磷酸酶（升高）、乳酸脱氢酶（升高）。由于红细胞糖酵解，60min后葡萄糖含量会人为地降低。在获取样品后最好尽快制作血涂片。

并发症

如果使用大号针头或静脉受到严重创伤，并且血液持续从静脉穿刺部位流出，则通常会形成血肿。血肿形成或者静脉穿刺部位出血过多，可能表明危重患马存在凝血功能障碍。保持头部抬高，并对穿刺部位施加压力可以使这种并发症最小化。如果血肿发生了，温热敷，局部消炎（双氯芬酸钠）和压缩绷带可以加速愈合。

静脉血栓是一种罕见的并发症，可能发生在血管内皮由于受到反复静脉穿刺而损伤的情况下。如果该部位被感染，可发生脓毒性血栓性静脉炎。

动脉穿刺

动脉穿刺最常用于动脉血气分析，这是判断呼吸和代谢情况很好的指标。适合采样的动脉见图1-1。在成年马中，动脉血样可以从面横动脉、面动脉、耳后动脉中采集。对于温驯的患马，可以从跖背动脉采血。成年马也可以在颈动脉采样，但是常造成血肿形成，并且可能造成静脉血的污染。在小马驹中，动脉血气样品通常取自沿着第三跖骨的跖外侧面的跖背侧动脉，或是可以在肱骨内侧刺入的肱动脉。

器材

- 20或25号，1~1.5in（2.54~3.75cm）针。
- 肝素化塑料注射器或配制好的动脉血气注射器。
- 浸润酒精的纱布海绵。

步骤

面横动脉可在眼角外侧尾部，大致沿着平行于颧弓的地方触诊到（图1-1A）。面动脉可从那个位置到下颌触诊到，并且可以沿该路径在任何可以触诊到的点刺入。在动脉穿刺前要仔细地触诊脉搏。当使用商业配制的用于动脉取样的注射器时，将注射器的活塞抽至动脉采集所需的血液量。步骤如下：

- 用浸润酒精的纱布海绵彻底清洁该区域。触诊脉搏时，用针刺入动脉。如果已经刺入动脉，假如患马具有适当的动脉血压，则鲜红的血液会流入注射器，直至填充至活塞处。如果使用常规注射器，抽动注射器活塞使动脉血填充入肝素化注射器。
- 立即从注射器中排出空气。**重要提示：**应在采样后几分钟内进行血气分析以获得最准确的结果。如果要分析除血气之外的数据，样品应该放入肝素化管（绿色头管）中并冷却。
- 尽快抽出针头，在穿刺的部位用纱布海绵施加压力持续几分钟。

并发症

- 如同静脉穿刺，最常见并发症是形成血肿。尽可能使用最小号的针头以减少血管创伤，并对动脉施加压力，直至出血停止。
- 2%局麻药直接渗入针头穿刺的局部皮肤中，可提高患马的依从性，并可减少对血管壁的损伤。

第 2 章 给药方式与可替代的给药方式

Olivia Lorello，Barbara Dallap Schaer 和 James A. Orsini

用于马的药物存在多种给药方式。给药途径深刻地影响药物的药代动力学。药物包装说明书描述了可接受的给药途径和有价值的信息来源。在给药前，任何可能有关实际用药的风险最好参考包装说明书。应该严格遵守药物用法说明书。表2-1概述了最常见的用药途径。

表2-1　给药方式

途径	优点	缺点
口服	技术难度小	不完全给药，生物利用度低
肌内注射	技术难度小	肌肉酸痛
静脉注射	快速和可预测的血液药物浓度；控制输液速度	需要刺入静脉
局部给药（子宫内、乳房内、囊肿内、眼内）	局部药物传输	多样化的技术
吸入给药	更少的全身副作用	需要器材

口服给药

口服是最方便的给药途径，并且相关的并发症最少。这种途径是对主人最理想的给药方式。设计用于口服给药的药物可以制成片剂、颗粒剂、粉剂、混悬剂和糊剂。

许多马会伴着美味食物（甜饲料、小丸子、切好的苹果和苹果泥）食用粉剂、颗粒剂和压碎的片剂。

对于吞咽困难或是厌食的患马，药物可以混合或溶解在水中，用注射器给药（带导管尖的35mL或60mL单剂量注射器）。加入糖蜜、玉米糖浆、苹果酱、明胶，如果冻，或其他适口的食物以鼓励患马接受。糊剂或混悬剂药物的给药方式如下：

- 适当地压低头部。
- 确保嘴里没有食物。
- 将一只手放在鼻梁上，并将拇指放在嘴角的齿间空隙处，以便放置给药注射器。将注射器小心地放在颊黏膜和臼齿之间，以一定角度搁置在舌头上。
- 将药物均匀地分布在舌背部，慢慢地鼓励马吞咽下去。

对于拒绝口服或需要口服大量药物的个体来说，通过鼻胃管给药是一种有用的方式。鼻胃

管也确保了所有剂量的输送:

- 鼻胃管的放置见第18章。
- 使用大型400mL剂量注射器可轻松提供药物，该注射器适用于大多数鼻胃管末端。
- 给药后，先用注射器注入一管水，然后注入空气，以确保所有药物没有残留在管子里。
- 在取下注射器时，将注射器连起来或扭结管子，以减少吸入的风险。

并发症

除非使用鼻胃管给药，否则通常不会摄入完整的剂量。

实践技巧: 一些药物在食草动物的胃中会被灭活，所以请确保该药物是用于马匹口服的。通过粉碎和与其他药物或媒介组合来改变药物配方会对处方药的药代动力学产生不利影响。

口服给药可能导致胃肠道中的药物含量高，可能引起胃肠道刺激和炎症，并且可能改变正常的细菌菌群，从而导致腹泻和腹痛。

肌内注射

与静脉注射相比，肌内注射典型的结果是吸收较慢和血液峰值水平较低。因此，肌内注射的使用频率通常较低。与口服给药一样，许多主人是可以自己进行肌内注射的。适合注射的几块大肌肉块见图2-1。考虑如下:

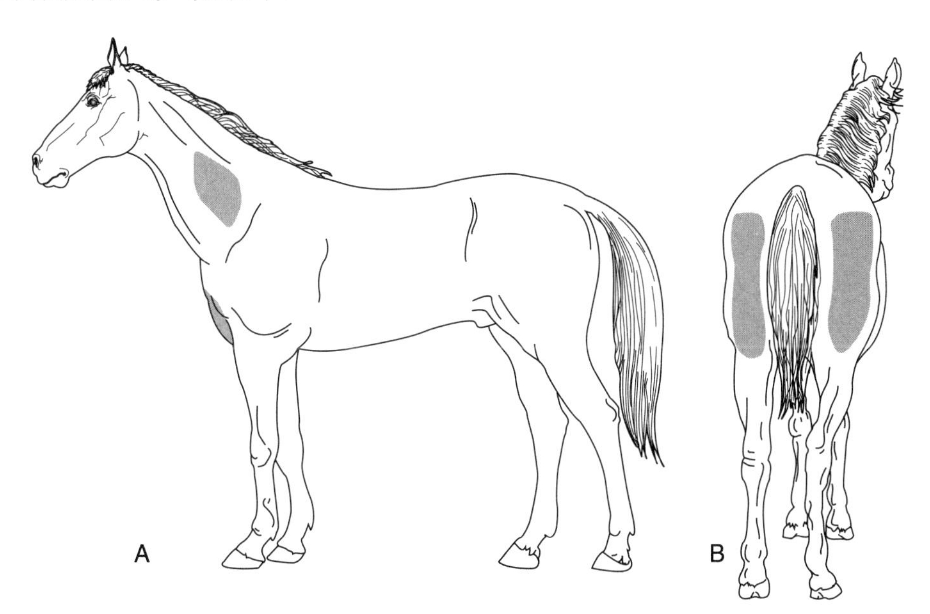

图 2-1 肌内注射给药的部位（阴影处）

A. 侧面图 B. 后位图

· 小容积（10mL或更少）可以用于颈部交错的三角区域，位于颈椎的上方，项韧带的下方和肩胛骨头部边界前边一手宽的位置。

· 半腱肌和半膜肌的下半部分适合大容积注射。需要适当地限制马匹，给药的人应该尽可能靠近马的一侧以避免人身伤害。

· 也可以在两前肢之间的胸肌（胸肌下垂部）大量注射。

步骤

· 用酒精或氯己定浸泡的棉签清洁注射部位，直到清除污垢。

· 用1.5in，22、20、19或18号针头，这取决于输送药物的黏稠度。

· 快速地刺入皮肤到达中心。

· 将充满药物的注射器连接到针头，并倒抽以确保针头没有进入血管。

· 理想情况下，在任何部位注射不超过5~10mL。对于大容积，在注射每5~10mL等分药物后，针头可以重新定向而不从皮肤中拔出。

· 当必须重复给药时，在肌肉群中循环注射，以避免对任何一块肌肉的反复伤害。

并发症

形成脓肿是一种偶发的并发症。在注射之前彻底地清洁皮肤，如果并发症发生了，请选择容易排出的部位。

梭菌性肌炎与肌内注射氟尼辛葡甲胺有关，应避免使用。

肌肉酸痛，尤其是颈部酸痛，相当常见，且与药物刺激和相关炎症、给药量和注射部位有关。应避免高运动区域的注射部位。避免在马驹中反复肌内注射。

如果某些药物（如普鲁卡因青霉素G）无意中注入血管，可能会发生严重的药物反应（见第22章）。

静脉注射

使用静脉给药可以立即达到药物的血液水平，但是通常需要更频繁地给药。药物必须缓慢地输出（以每5s约1mL的速度）或用灭菌水或生理盐水稀释，特别是如果已知特定药物会引起任何类型的不良反应。

颈外静脉最常用于输液。静脉穿刺应仅在颈部上1/3处。静脉穿刺部位见图1-1。

器材

· 酒精浸泡的纱布。

· 18、19或20号1.5in（3.75cm）针。

· 注入药物的注射器。

步骤

· 用酒精擦拭清洁部位，直到污垢被清除。

· 理想情况下，从针头分离注射器。当瞄准静脉穿刺部位下方的静脉时，将针头直接对准血流的反方向。有经验的临床医生可能更喜欢将注射器连在针头上。

· 将针穿过皮肤刺入静脉；如果针头在静脉中，血液会流出针座。如果血液冲出针座，则可能意外进入动脉，必须重定向针头。静脉穿刺通常在注射器和针头连接的情况下进行，但是需要经验来确保药物不会意外地进入动脉。

· 一旦针头合适地放置好，推进针头，确保正确的放置，在不改变针头位置的情况下连接上注射器。始终通过回拉注射器检查针的正确位置，并在注射溶液之前确认注射器中有血液回流。在每次注射5mL间重新检查针头的位置。

· 频繁和长期静脉给药需要使用留置针来减少对静脉的损伤，并改善患马的配合。静脉留置针的放置见第3章。

并发症

注意：动脉意外注射大量药物会危及生命，并可能快速导致癫痫发作（见第22章）。使用大口径针并在针头脱离的情况下进入静脉，增加了检测到动脉穿刺的可能性。

在静脉外意外地输入腐蚀性物质（如保泰松）可导致周围皮肤的坏死和脱落。

血栓和静脉感染并不常见。频繁的静脉穿刺会增加风险，尤其是已知会刺激血管腔的药物。

局部给药

药物可以用于皮肤、眼睛、黏膜、体腔内（阴道内、子宫内、囊肿内、乳房内、直肠内）的局部给药，以产生直接的局部作用。批准用于给药的药物是软膏、乳膏、糊剂、喷雾剂和粉末剂的特殊制剂。应考虑可能的全身反应，因为在许多情况下，药物被全身吸收。某些口服药物（如甲硝咪唑或阿司匹林）可以制成溶液，并且对不能口服的患马可输入直肠。

直肠给药

直肠给药用于产生局部或全身作用。吸收率是难以预测的，但是对于不能通过口服（如术后）作用于全身的患马是有用的。

药物可悬浮于1~2oz（30~60mL）的水中，并通过柔软的饲喂管和60mL注射器导入直肠。在直肠给药时必须小心；应适当约束患马，并使用足够的润滑剂。

吸入或气化给药

在马呼吸道雾化药物的局部给药方法包括：

- 雾化器。
- 定量吸入器（MDIS）。
- 干粉吸入器。

这些类型的药物输送方法使药物以更高浓度作用于目标部位，同时使副作用最小化。

这些方法主要用于通过支气管扩张和减少炎症来治疗复发性气道阻塞（RAO）和炎性气道疾病（IAD），并且还可以用于治疗呼吸困难。通常以这种方式给药的药物包括：

- β_2-肾上腺素能激动剂。
- 糖皮质激素。

透皮 / 侵皮给药

在临床实践中越来越常见使用透皮或侵皮剂型，其中将药物掺入涂油黏胶的贴剂上，并应用于薄的、修剪过的或剃毛的皮肤区域。与局部输药相反，这种给药速度是通过皮肤吸收来控制的，药物吸收速度也由传递系统（贴剂）控制。通过这种方式给药的药物包括：

- 芬太尼[1]。
- 硝酸甘油[1]。
- 东莨菪碱。
- 雌激素。

注意：吸收可能不稳定！

滑膜内给药

进行滑膜内给药应该在考虑改变滑膜内环境的潜在并发症后才决定。直接在关节滑膜内给药产生的药物水平自然比用于全身途径的要高，并且也更常用于治疗退行性关节疾病和感染性关节炎。应仔细考虑注射于关节内的药物，因为它们可能引起刺激或炎症，使用特别标记用于关节内的药物是最安全的。在滑膜内注射之前，可以通过添加缓冲液来修饰某些酸性或碱性药物。关节内注射的部位和相关的解剖学特征在第21章中描述。

1 马药理透皮吸收研究的药物。

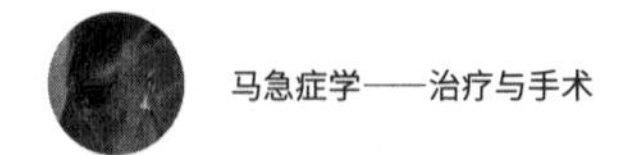

鞘膜内给药

鞘膜内给药途径仅用于实现直接脊柱镇痛，进行脊髓造影或治疗脑膜脑炎。药物直接注入蛛网膜下腔。见第22章。药物必须无毒，pH正常，不含防腐剂。

硬膜外给药

硬膜外给药用于泌尿生殖手术麻醉和疼痛管理（见第49章）注射入硬膜外的药物包括：

- 局麻药（利多卡因、甲哌卡因和布比卡因）。
- α_2-肾上腺素能激动剂（赛拉嗪、地托咪定）。
- 麻醉剂（吗啡）。

骶骨间隙或第一和第二尾骨间隙（更常见）是硬膜外注射的部位。

器材

- 限制行动的马厩。
- 鼻捻，镇静剂，或两者兼具（地托咪定/赛拉嗪和酒石酸布托啡诺）。
- 剃毛器。
- 无菌擦洗材料。
- 无菌手套。
- 2%局麻药；5mL注射器；22号，1in（2.5cm）针。
- 18号，10.2cm，厚壁Tuohy针；18号Teflon硬膜外导管，带有管心针或18号，1.5in（3.75cm）针。
- 12mL注射器（无菌）。

步骤

- 将患马控制在马厩中。用0.2~1.1mg/kg静脉注射赛拉嗪镇静，联合用0.01~0.1mg/kg静脉注射布托啡诺。
- 剃毛并对第一尾骨间隙区域进行无菌处理。第一尾骨间隙（Co_1-Co_2）是骶骨尾部中线上第一个可触及的凹陷。
- 皮下注射1~2mL 2%的甲哌卡因使皮肤麻痹。
- 穿过皮肤做一个刺穿切口以促进穿入硬膜外针。将18号（Periflex）Tuohy针插入中线进入间隙，并与臀部成45°角向头和腹侧刺入。进入硬膜外腔是以扎针失去阻力来判断的；通过能够注射5~10mL空气不产生阻力证实针的正确放置。
- 将18号聚乙烯硬膜外导管（AccuBloc Periflex）穿过Tuohy针头插入硬膜外腔，并将其固定在皮肤上，以便重复给药。

· 如果使用18号，1.5in（3.75cm）皮下注射针进行手术，则不需要刺入切口。

并发症

不完全阻滞可由先天性膜的存在、以前硬膜外手术的粘连、硬膜外导管或针在腹侧硬膜外腔的位置或硬膜外导管尖端通过椎间孔的错位引起。

可替代的给药方式

一些较不常见的给药途径可能在紧急情况下有用，比如静脉注射很难刺入，肌内注射很危险，口服给药起效太慢，或者替代且不常见的方法具有更好的效果。表2-2介绍了特殊的给药方式和常见的缺陷。

表2-2　紧急情况下可替代的给药途径

途径	药物	缺陷	剂量
气管黏膜给药	肾上腺素	过敏症，心搏停止	0.1~0.2mg/kg（过敏症） 0.3~0.5mg/kg（心搏停止）
舌下给药	盐酸地托咪定	镇静 *	40μg/kg
骨髓腔内给药	液体	缺乏静脉通路 †	20mL/kg 类晶体 然后再评价
鼻内给药	盐酸苯肾上腺素	鼻 / 咽水肿	10mg 稀释至 10mL
心脏内给药	氯化钾	心室纤维性颤动 ‡	225mL
雾化给药	氨茶碱	呼吸困难，肺水肿	5mg/kg
吸入给药	舒喘宁	支气管痉挛	720μg

* 当无法进行静脉注射时。兴奋的马可能需要更大的剂量。不要把药撒到受药者的眼睛和嘴里！
† 只适用于马驹。
‡ 如果没有电除颤。

第 3 章
静脉留置针的放置

Olivia Lorello 和 James A. Orsini

静脉留置针的放置

- 静脉留置针用于:
  - 注射大量液体。
  - 维持连续输液治疗。
  - 静脉注射给药。
  - 胃肠外营养。
  - 血样采集。
- 留置针的大小和种类取决于使用目的（表3-1）。

表3-1　常用留置针及其临床适应证*

商标 / 材料	长度	设计	规格（号）	并发症
Angiocath/FEP 聚合物	5in（12.5cm）	超出针	14，12，10	短期使用（最多 3d） 体液补充
			16	短期使用（最多 3d）
Milacath/ 聚氨酯[§]	5.25in（13cm）	超出针	14，12	长期使用（3~4 周） 体液补充 败血症 / 危重症
			16	长期使用（3~4 周） 马驹，败血症 / 危重症
Milacath/ 聚氨酯	8in（20cm）	传输针，可用于多个腔室	14，16	长期使用（3~4 周） 胸外侧插入 马驹，肠外营养 败血症 / 危重症
Arrow[‖] / 聚氨酯	28in（70cm）	传输针	16	中央静脉压测量

FEP，氟化乙烯丙烯。

* 注意：这个表格引用了常见示例，但是许多合适的产品也可以使用。

[§] Polyurethane 比 FEP 发生更少栓塞——患马败血症和危重症首选。

[‖] Guidewire catheters（14 或 16 号，8in）。单腔或双腔模式都可用。中央静脉留置针（14 或 16 号，8in）。

· 大号，5in（12.5cm）导管（14、12或10号）用于需要静脉快速输入大量液体的成年休克马匹。

· **实践技巧**：双侧颈静脉留置针可用于快速输入大量的液体替代物以治疗严重脱水的患马。**重要提示**：大口径导管更容易引起血栓性静脉炎和/或蜂窝织炎。

· 如果仅需要频繁静脉注射药物或用于马驹，建议使用16号，5in（12.5cm）留置针。这种留置针通常不适用于成年马的静脉输液。

· 留置针可短期和长期使用。对于重症患者，通常使用由聚氨酯制成的用于长期的留置针。通常由氟化乙烯丙烯聚合物制成的用于短期的留置针最多仅可以保留3d，而长期的留置针可维持数周。颈静脉最容易放置留置针。

· **实践技巧**：如果不能在颈静脉放置，头静脉和胸廓浅（外侧）静脉是合适的替代部位（图1-1）。

· **注意**：大多数兽医将这条静脉称为胸外侧静脉，但如图1-1，其正确的名称是胸廓浅静脉。

· **注意**：以下技术适用于简单的放于留置导管上的针。Guidewire留置针可提供更长长度和长期使用。每种留置针都有放置说明，但应该遵循类似的准备和技术。

器材

- 用于放置留置针部位无菌处理的材料。
- 剃毛工具。
- 无菌手套。
- 合适的静脉留置针。
- 肝素盐水冲洗液（2 000U的肝素溶于500mL生理盐水）。
- 2-0不可吸收缝合线。
- 可选择的速效黏合剂（氰基丙烯酸盐黏合剂）。
- 20或35mL注射器。
- 充满肝素化盐水的延伸装置。
- 间歇注射帽。
- Elastikon卷（可选择的）。

步骤

- 选择颈静脉沟上1/3的地方放置留置针。胸廓浅静脉（外侧）留置针应插入图4-1圆圈中的静脉。
- 无菌操作区域剃毛，确保无菌区域足够大。
- 对放置留置针的整个剃毛区进行无菌准备。使用无菌手套，以尽量减少留置针和放置部位的污染。

- 取下留置针上的保护套，松开管心针的盖子。避免触碰到针管顶端以下的区域，防止污染。
- 通过在向心端的颈静脉沟放上三根手指（或指关节）来扩张颈静脉，以放置留置针。
- 留置针的位置是平行于颈静脉沟且指向静脉血流方向。
- 以45°角经皮插入，并推进留置针和管心针直到血液流出到留置针套管处。
- 当留置针进入静脉腔内，调整留置针的角度使其平行于颈静脉沟，然后略微推进留置针和管心针，确保它仍然适当放置。
- 稳定管心针，将留置针滑入静脉管腔。留置针应该无阻力地前进。然后去除管心针。
- 连接延长管和注射帽。
- 通过将血液吸入延伸装置来确认留置针在静脉中的位置。血液应该很容易退回。用肝素化盐溶液冲洗留置针。
- 用氰基丙烯酸盐黏合剂来固定留置针套管贴于皮肤上（可选择的）。
- 使用缝合线将留置针管套固定在皮肤上，注意不要扭转留置针或刺穿颈静脉。另外，确保延伸装置贴于皮肤的几个地方。
- 延伸装置通常暴露在外以便检查与留置针相关的问题，或者可以在颈部周围覆盖无菌敷料和Elastikon绷带。
- 绷带应该用于患马来保护留置针和进针部位，例如马驹，以减少留置针的破坏和污染。
- 取下注射帽并将延伸装置连接到静脉注射装置以便输液。

留置针的使用和维护

- 注射帽应该每日或需要时替换。
- 在每次插入针头前，应使用酒精棉签擦拭注射口。
- 所有留置针需要每4~6h用5~7mL肝素化盐溶液冲洗以维持通畅。
- 每次冲洗留置针和给药之前都应检查通畅性。
- 通过连接装有肝素化盐溶液的注射器并回吸以获得血液回流来检查通畅性。缓慢注入5~7mL肝素化盐溶液。
- 没有看到血液回流的原因可能如下：
  - 留置针内有淤血。
  - 留置针或延伸装置扭转。
  - 注射帽或延伸装置连接松动。
  - 患马头部或颈部的位置影响。
- 如果没有看到回流，将5~7mL肝素化盐溶液缓缓注入留置针并回抽。如果无法确认回流，则可能需要更换留置针。

· 通过留置针给药时，选择靠近留置针的注射口。夹住流过留置针的任何液体，并检查回流，然后在第一种药物之前、每种药物间隔之间和最后一种药物之后注射5mL肝素化盐溶液。

· **重要提示：**某些药物混合时会沉淀。在每种药物给药中间间隔，用足够的肝素化盐溶液冲洗来清洗延伸装置和留置针，以减少并发症。如果看到任何沉淀，立即停止给药，并通过直接连接注射器取出注射内容物，以从留置针中回收沉淀物。

· 药物应该缓慢注射。如果药物已知会引起不良的全身反应，给药时应该更加缓慢，并且稀释药物。

· 替换留置针时，也应换其他静脉以减少静脉炎。

· 如果可能，不要插入相同的静脉穿刺位点，直到它恢复。

· 如果静脉通路需要维持超过6d，使用长期金属留置针以避免损伤静脉。

· **实践技巧：**如果正确插入和维护，在许多情况下，长期留置针可以放置数周。

并发症

· 血栓性静脉炎、静脉炎，或者局部蜂窝织炎是一种长期并发症，在极少数情况下是由于短期静脉插管（留置针插入）引起的。

· 每天检查留置针插入部位两次，检查有无肿胀、发热和疼痛。

· 在皮肤穿刺部位发生轻微反应并不罕见，但是该部位增厚硬化以及任何相关的热和痛是异常的，需要立即移除留置针。

· 小心触诊整条静脉，特别注意留置针尖端在静脉内的位置，这也应该每天进行两次。

· **重要提示：**静脉炎可能是引发发热和有核细胞数量增加或减少的原因。

· 静脉炎通常对局部治疗有反应（热敷，局部联合或不联合抗菌剂二甲基亚砜用药，和/或局部1%双氯芬酸钠用药），但必须密切监测，因为严重并发症，如脓毒性血栓或脓肿的持续过程需要更积极的治疗。

· **重要提示：**抗菌治疗应针对根据培养和敏感性结果确定的葡萄球菌属。

· 如果超声检查显示静脉中有纤维蛋白，并在血管周围有疑似感染，则应使用全身性抗生素。

· 如果留置针被意外切断或断裂，可能会发生栓塞。如果经常检查留置针并根据需要更换导管，这种情况并不常见。

· 胸部X线摄影、超声检查或荧光检查可用于定位导管。介入放射技术有时能成功进行导管回收，如果它位于心脏且容易成像，则更有可能尝试成功。

· **注意：**栓塞的导管"行进"到肺部，并且留在那里不会引起任何长期问题。

第 4 章
切开术暴露静脉

James A. Orsini

通过切开静脉通道（静脉切口术）在静脉上制造一个小的皮肤切口以便放置静脉留置针。当重患马驹或成年的马不能进行常规操作时，这种简单的外科手术可以用于给药。对患有严重低血压的患马而言尤其有用，因为血管充盈不良或者需要放置大口径留置针用于麻醉复苏时，很难插入外周静脉。

切开术是在许多紧急情况下打开静脉通路的极好方法，但是需要谨慎操作。尽管并发症很少见，但可能很严重。通过良好的手术并在完成复苏/支持疗法后尽快取出留置针，能够预防并发症发生。

虽然切开术很容易执行，但它需要在紧急情况下快速有效地完成。因此，彻底了解目标血管相关的解剖结构、手术操作、潜在并发症是很重要的。

适应证

静脉切口术适用于需要进入静脉通路的重症患马，微创手术操作容易失败或者不可行。举例包括：

- 体型很小的患马（如早产马驹）。
- 深度休克的患马。
- 患有静脉炎、血栓、纤维化/硬化的患马无法使用最有利的静脉或穿刺部位。

禁忌证

静脉切开术在以下情况下禁用：

- 当微创手术可以替代时。
- 当做这个手术会导致患马的复苏过度延迟（在这种情况下，骨髓腔内注射可能是更好的选择，见第5章）。
- 当在切开口附近有感染。
- 当水肿或其他肿胀出现在目标静脉上方。
- 当受损出现在近肢静脉、面或颈静脉尾部或胸侧静脉头部的切口位置（如在切口位置和心脏中间）。
- 当出现凝血障碍时。

- 当愈合受损或宿主免疫系统减弱时。

在静脉切口术适用的每个案例中，需要仔细衡量手术操作的必要性和潜在的风险。

解剖位置

虽然静脉切口术可以用于任何浅静脉，但是最常用于以下位置（图4-1）：

- 颈外静脉。
- 胸廓浅静脉。
- 面静脉。
- 头静脉。
- 隐静脉（较少用于侧隐静脉）。

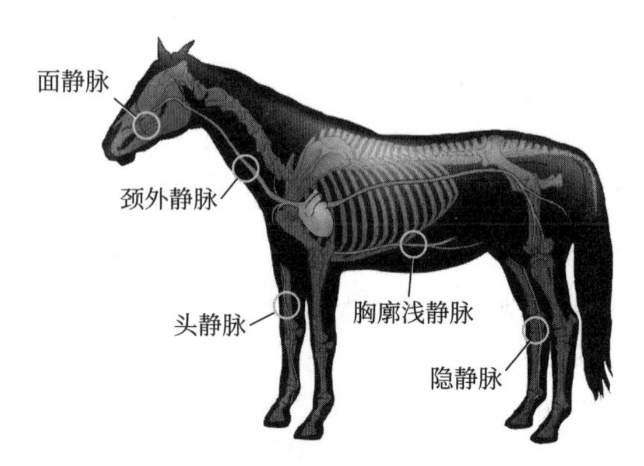

图4-1　最常用于静脉切口术的解剖学位置

当使用除颈外静脉以外的其他任何静脉时，根据患马进行选择很重要。必须考虑血管的大小、入口、通畅性、手术的限制、术后留置针的维护。例如，优先选择卧位新生马驹的头静脉和隐静脉，但是一旦马驹运动起来，很难保障血管内留置针的通畅性。

器材

由于静脉切口术主要是为了放置静脉留置针，因此必须组装好留置针插入的所需装置并准备使用。在手术开始前花时间收集所需器材、用品、静脉注射的液体或药物对于危重患马而言尤为重要。

所需物品包括以下：

- 用于放置大口径留置针的材料和用品（见第3章）。
- 局部无菌麻醉处理（如甲哌卡因，2%，2~3mL），25号，½~1in（1.25~2.5cm）针头。
- 无菌手术用创巾（可选择的，但是推荐使用）。
- 止血带（可选择的，但是只用于肢蹄部）。
- 无菌小手术器械包，或至少一把外科手术刀、弯头止血钳、虹膜剪、持针器。
- 无菌手术刀片，理想规格是#10、#11或#15（如小刀片）。
- 无菌外科纱布[如4in×4in（10.16cm×10.16cm）纱布垫]。
- 无菌单丝缝合材料，如3-0或2-0 polyglactin 910（Vicryl）或同等的材料（如果留置针组中不包含）。
- 塑料静脉扩张器（可选择的）。
- 无菌绷带和常规包扎材料视情况用于挑选出的部位。

步骤

不论插入哪个静脉，切口术的操作基本相同，所以以下说明通常适用于患马的所有合适部位（图4-2和图4-3）。尽管静脉外科手术操作是一致的，但是对于静脉留置针的放置有两种选择：

- 标准切口术。
- 微型切口术。

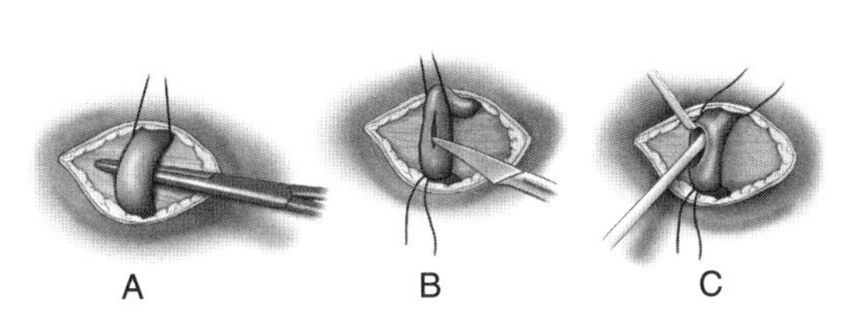

图4-2 患马的静脉切口手术

A. 分离和抬起静脉 B. 静脉切开术 C. 留置针穿进静脉

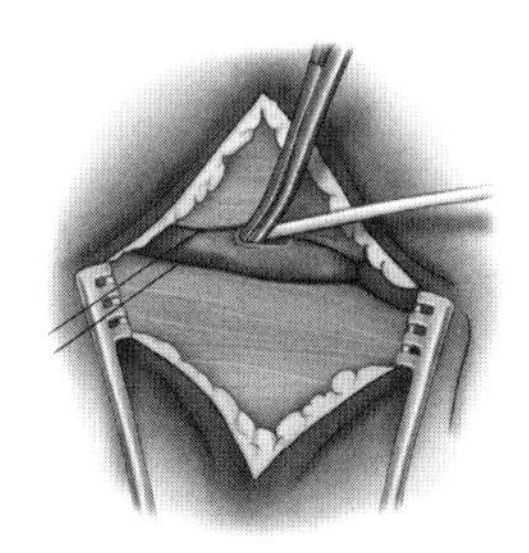

图4-3 使用结扎线和弯曲蚊式止血钳以便留置针插入静脉腔

大多数情况下，可以使用微型切口术。它比标准切口术更简单快捷，并且手术成功后，不会带来更大的并发症风险。但是，当微型切口术插管时间太长或可能损伤静脉时，必须毫不犹豫采用标准切口术。明智的做法是在开始每个静脉切口手术之前准备好在必要时进行标准切口术的器材。

标准切口术

标准切口术操作如下：

- 根据所选手术部位、患马的脾气、采取的姿势和用药情况来控制患马。
- 按照静脉插管放置的指示（见第3章）准备手术部位。必要时，扩大修剪区域以确保无菌手术区和留置针放置位置。
- 在准备区域的远心端封闭静脉，以便静脉注射或留置针放置。如有可能，在靠近头静脉和隐静脉的位置使用止血带；必要的话，将止血带下方的折叠式手术拭子直接塞入静脉通路以确保完全闭塞。可以使用类似的方法在手术过程中维持颈静脉封闭：将一沓厚厚的纱布或一卷绷带紧紧地绑在脖子基部的颈静脉沟处，并在这个位置用数层Elastikon包裹住马的脖子。但是，如果以这种方式封闭血管需要使用超过30s的时间，那么仅需让助手指压来封闭静脉。
- 在静脉和切口部位血管两侧的皮下注射2~3mL局部麻醉药，注意避免注入静脉（如果患马失去知觉或反应迟钝，请跳过此步骤）。

· 必要时重复手术准备。戴上无菌手套。

· 用无菌洞巾盖住手术部位，在静脉上留下一个小窗口［大约3in×3in（7.5cm×7.5cm）或根据部位而定］。

· 在静脉上小心地做一个小的皮肤切口，与静脉垂直（成直角）。切口的长度1~2in（3~5cm）是合适的（与静脉平行的纵向切口降低了损伤血管和相关神经结构的风险，但可能无法暴露足够大的部位）。贯穿切开皮肤以便在切口辨认出皮下组织。

· 用弯曲止血钳的头部指向下方的静脉，将平行于静脉的皮下组织钝性分离开。根据需要用无菌手术海绵轻轻吸干血液。除非无意中切断静脉，否则出血量通常都很少。

此时，将留置针插入静脉（参见后面的微型切口术），或者继续采用标准切口术。

· 将静脉与周围组织分离开，并移动0.5~1in（1~3cm）的长度。如有必要，可以使用组织扩张器或其他自固定牵开器以获得更宽广的视野。

· 移动静脉后，用止血钳将一对缝合线从静脉下穿过，固定留置针近端和远端，以用来稳定。

· 系住远端结扎线使其末端足够长，以便操作静脉（图4-2）。保持近端结扎线灵活以便根据插管需要移动或封闭静脉来控制血液回流（通过简单地抬起缝合线和静脉来实现）（图4-2）。

· 用放置于两个缝合线之间的止血钳抬起静脉以使其平坦。这样做的目的是为了在插管时提供较好的视野、固定血管和限制出血。或者，在近端缝合线处施以轻柔的牵引力以控制静脉穿刺部位的暴露。

· 使用手术刀片或虹膜剪的尖端在静脉近壁小心地切开一个小口，与静脉成45°角，仅延伸至血管直径的1/3或1/2(图4-2B)。**实践技巧：**如果静脉切口太小，留置针可能会进入静脉外膜，而不是进入管腔。但是，如果切口太大，静脉可能完全撕裂。可以在静脉中实施纵向切口，但是这种方法难以识别血管腔。因此，建议采用斜静脉切口术。

· 将留置针从静脉切口处小心地插入静脉管腔（图4-2C）。这通常是手术中最困难和耗时的部分。需要注意正确识别血管腔并避免留置针的尖端进入静脉瓣膜，并穿过血管的远端壁（例如，用留置针一直穿过静脉），以及留置针的倒置尖端进入静脉瓣膜。使用的留置针对于所选静脉不过大也是十分重要的。

· 塑料静脉扩张器可用于识别和扩张血管腔，以便放置留置针（扩张器有一个小尖头用于在留置针尖端之前打开内腔）。**实践技巧：**作为替代方案，用无菌20号针头，以90°角弯曲，或弯曲蚊式止血钳（图4-3）通过在静脉切开位置抬高静脉的近端壁，可以起到扩张器的作用。在大多数情况下，成年马不需要静脉扩张器。

· 一旦留置针进入血管腔，使用注射器从导管中吸出所有空气，并将其连接到延伸装置或静脉注射管。

· 将近端结扎线固定在血管和留置针周围，以防止留置针移位。去除远端结扎线。

· 取下止血带或其他封闭装置/压力。缝合皮肤切口，注意不要扭转或挤压留置针，并将留置针固定在皮肤上，如同放置常规静脉留置针一样。

· 在手术部位局部涂抹抗菌软膏和无菌敷料，并根据位置适当覆盖或包扎。

微型切口术

微型切口术是标准方法的一种变形，旨在保持静脉的完整性，并省去移动和在静脉周围放置缝合线的步骤。这是优选的方法，并且在大多数情况下，容易在马驹和成年马中操作。

· 按照标准方法的说明进行操作，直至从皮下组织中钝性分离出静脉。

· 小心地将留置针尖端穿过血管的近壁，并按照第3章描述的常规静脉插管术进行推进。在推进留置针尖端之前，要特别注意它是否留在血管腔内。如果由于循环衰竭导致静脉未扩张或仅部分扩张，需要避免留置针切开近壁或穿透远壁。从暴露的静脉最远端开始，以防第一次放置留置针不成功。

· 如果留置针在第一次或第二次尝试时不能轻易地放入血管内，请考虑采用标准方法以避免进一步对血管造成伤害和耽搁时间。

· 一旦留置针正确放入静脉后，吸出留置针中的空气，连接延伸装置或静脉管，松开止血带，缝合皮肤切口，然后完成留置针放置，如前面所述的标准方法。

病后调护

· 按照第3章静脉留置针护理说明进行操作。此外，每天至少检查一次切口部位，并按照常规伤口来护理手术的切口。在10~14d取出皮肤缝线。

风险和并发症

虽然经过仔细的患者选择和手术技术带来的风险很小，但以下并发症还是可能发生的：

· 在切开手术时无意中切开静脉可能造成出血或血肿。如果对静脉的损伤很小，并且无论如何都要对静脉进行留置针插入术，液体或药物的血管周围渗漏是一种可能的并发症。

· 血管周围（正如手术操作）或血管内（正如静脉插管术造成的脓毒性血栓性静脉炎、细菌性心内膜炎或全身性败血症）的感染都可能发生。

· 未能及时进入中心通路和复苏可能导致患马死亡。

· 任何静脉插管术都可能发生静脉炎、血栓症或栓塞。

· 在切口手术中可能损伤周围解剖学结构，例如邻近的主动脉或神经。

· 任何外科手术都有可能发生伤口裂开。

· 为了避免损伤邻近组织结构，选择分离良好的静脉所在的切口位置很重要，并尽可能使用微型切口术。

正如其他任何外科手术一样，切口感染是潜在的并发症。在尽心尽责的关护下，这种风险是很小的，因为通常需要进行静脉切口术的患马抵抗力很弱，所以它们得切口感染和脓毒性血栓性静脉炎的风险相比身体素质较好的患马会更大。因此，对于需要进行静脉切口术的患马而言，广谱全身性抗菌药物的覆盖可能是一种谨慎的预防措施。

第 5 章
局部灌注、骨内灌注和液体复苏疗法

David G. Levine

局部灌注

静脉抗菌局部肢体灌注（RLP）是治疗马的远端肢体感染的有效方法。对于化脓性关节炎、骨髓炎、蜂窝织炎和其他软组织感染都是如此。所有描述的技术的目标是在远端肢体的滑液、骨质和软组织结构中实现高浓度的抗菌性，同时降低全身性的副作用和成本花销。氨基糖苷类，特别是阿米卡星，最常用于该技术中，因其浓度依赖性作用机制和它们对抗常见马骨科病原体的有效性。理想情况下，治疗开始前应尽可能根据培养和敏感性结果选择抗菌剂。但是这并不总是实用的，因为RLP经常用于高风险的肌肉骨骼病例，这种情况下培养结果未知。已经用于灌注的抗菌类药物包括氨基糖苷类（庆大霉素和阿米卡星），β-内酰胺类（青霉素、头孢菌素、碳青霉烯）、恩诺沙星和万古霉素。大多数有关RLP的报告评估的是用于马全麻状态下的技术，这排除了它们作为野外技术的用途。最近关于在静止的马中进行RLP的报告显示，靶组织中的抗菌剂浓度较低，数据变化较大。技术上的改进已经取得了更好的结果，包括使用更宽的止血带和在适当的镇静效果下鼓励移动。尽管RLP可用于化脓性关节炎，但直接在关节注射可在较长时间内获得较高浓度的抗菌药物，并且如果该区域没有其他软组织损伤，应该予以考虑这个方法。也可以使用骨内途径。在静脉局部肢体灌注的情况下，该过程通常在患马适当镇静后使用止血带操作。止血带应用于靠近血管通路的肢体和疑似或确诊的感染部位。可以使用动脉或静脉部位，因为动脉和静脉通路之间的组织浓度没有差异。应使用宽橡胶止血带或充气止血带，且患马保持安静和固定的姿势来限制肢体的运动所导致的止血带近端灌注液的泄漏和静脉注射针的移位。可以放置长期留置针在灌注血管中，尽管这可能导致由于插管带来的组织刺激、静脉炎和血栓形成的后遗症。蝴蝶针可用于每次治疗，并且适用于单次或重复灌注。

器材

- 所需的无菌材料。
- 修剪工具：
  - 修剪的灌注部位取决于临床医生。
  - 如果血管难以鉴别，该部位最好进行修剪。

- 无菌手套。
- 适当的针头导管——如果在原位进行多次灌注，则用20~23号，或用蝴蝶式留置针；日常可以采用21~27号。
- 肝素化盐水冲洗（2 000U肝素溶解在500mL盐水中）用于原位留置针进行额外灌注。
- Elastikon胶布。
- 止血带——宽橡胶或充气。
- **实践技巧：**使用40~60mL平衡电解质溶液，其剂量相当于用于灌注肠胃外抗菌剂全身剂量的1/3 。如果止血带放置在腕骨/跗骨且用指压，可以使用20mL输注液。

步骤

- 适当地镇静患马。
  - 通常使用α_2-激动剂混合布托啡诺。建议剂量为0.01mg/kg地托咪定混合0.01mg/kg布托啡诺，使用静脉注射或肌内注射。
- 放置止血带。
- 无菌准备皮肤上留置针插入的部位。
- 将留置针插入选定的血管。

通常使用头静脉或隐静脉，并将止血带置于灌注部位上方。对于远端肢体灌注，可以将止血带放置于掌骨/跖骨，并且指压。

- 用40~60mL平衡电解质溶液灌注肢体，该溶液用量为所选抗菌剂全身剂量的1/3。
- 注射灌注液超过1~3min，经常检查以确保留置针正确放置在血管内。
- 注射灌注液20~30min后取下止血带。
- 在灌注位置放置安全绷带。

并发症

- 止血带放置不正确会导致药物在其上方扩散。使用狭窄的止血带会导致作用在靶器官的抗菌剂浓度下降。**实践技巧：**经验法则是用于手术的止血带宽度应该接近肢体灌注部位的直径。
- 患马在灌注期间运动会导致止血带近端灌注液泄漏，并且作用于靶器官的抗菌剂浓度下降。可能需要局部神经镇痛或额外的镇静以实现20~30min完整的灌注而不产生运动。但是，将止血带放置超过30min可能会导致血管和神经的损伤。
- 重复灌注会引起局部炎症或血管血栓。局部使用双氯芬酸钠乳膏，然后使用支持绷带有助于减少炎症。

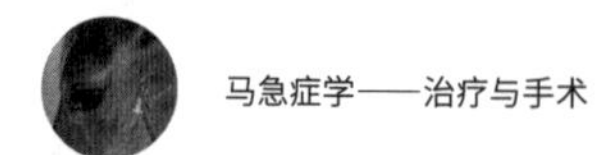

骨内和液体复苏灌注技术

当静脉通路受阻或不可用时，骨内灌注技术可用于快速输送药物和/或体液。这最常用于由于严重脱水而导致外周血衰竭的新生马驹。这种方式的药物或体液的摄取与静脉注射相似，并且长骨的皮质可防止血容量不足时的衰竭。骨内灌注技术还用于药物的局部输送，例如下肢区域/局部抗菌剂的灌注，在灌注的部位上方施加止血带。尽管局部静脉内灌注显示在靶组织上具有相似或更好的抗菌水平，但是一些临床医生更喜欢在需要多次重复灌注的病例中使用骨内灌注技术途径。这种偏好归因于局部静脉内灌注由于随着时间推移造成的局部血管刺激而逐渐变得更具挑战性。

器材

- 镇静剂，根据年龄和灌注类型：
  - 成年马选用α_2-激动剂（赛拉嗪、地托咪定）+/- 布托啡诺。
  - 马驹如果血容量减少可能不需要镇静。
- 各种无菌准备的材料。
- 剃毛器。
- 无菌手套。
- 局麻：2%甲哌卡因。
- #15或#10手术刀片或处理过的解剖刀。
- 12或15号骨髓针/Sur-fast Cook骨髓针/空心螺钉。
- 肝素化盐溶液。
- 晶体溶液，乳酸林格溶液。
- 局部灌注抗菌剂的灌注液（见第21章）。
- 无菌绷带材料。

实践技巧：新生马驹可用18或16号针头代替。在这些情况下，针头不用留在原位，应该用骨髓针替换，或者应该确保静脉通路可行。

步骤

- 将患马放置于安全、清洁、温暖的环境中。
- 用侧卧位安置马驹以进行体液复苏。

在骨内灌注位置浅表浸润甲哌卡因，并深入骨内。

- 如果进行抗菌剂灌注，将骨髓针或空心螺钉固定在骨髓腔内，然后将止血带放在灌注部位的骨上。

- 止血带存留20~30min。
- 无菌准备骨内灌注部位：
  - 通常用于第三掌骨/跖骨。
  - 胫骨近端约1/3处，距腱部——缺乏血管的平坦区域——3cm的距离，半腱肌束可作为替换位置（图5-1）。

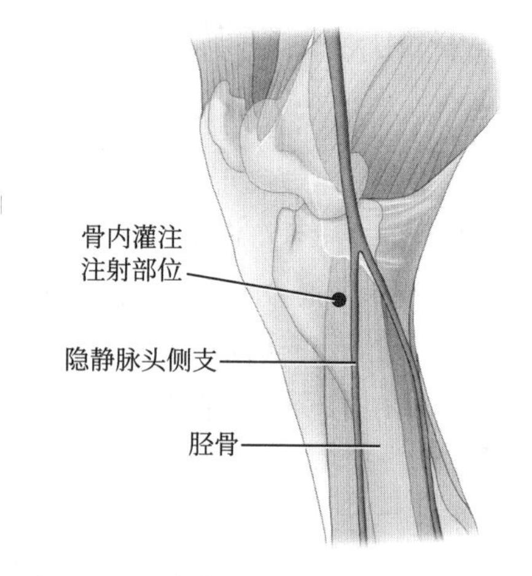

图5-1 骨内灌注的代表性解剖部位

- **实践技巧：**隐静脉的一个分支穿过胫骨，距灌注位置2cm。滋养孔距胫骨轴中心腘窝线附近的灌注位置2~3cm。
- 使用手术刀片或处理过的解剖刀，切开皮肤和皮下组织，直至暴露骨骼。
- 使用骨髓针（被设计为放置管心针或大规格针头），对骨骼施以向下的压力和扭转运动，直至感觉到失去阻力。如果使用空心螺钉，钻一个与所用螺芯直径相等的螺孔，然后敲击产生螺纹。
- 通过抽吸血液或骨髓内容物以确定进入骨髓腔。
- 用5~10mL肝素化盐溶液冲洗针头。
- 灌注最多1L晶体溶液后或确保其固定在原位后，可取出骨髓针。应每4~6h用肝素化盐溶液冲洗针头以保持通畅。对于需要长期使用时，空心螺钉可能比针更有效。
- 将无菌巾放在骨内灌注的部位上以保持无菌。

并发症

- 骨膜下或皮下体液泄漏或骨髓针位置不正可导致针的部分闭塞。泄漏可引起局部组织反应，但通常只是暂时性问题。
- 骨折可能由针的错误放置或与患马体型相对的大骨缺失导致。
- 凝块阻塞针头或螺钉是限制这个手术主要的因素。尽管对快速复苏有效，但通常不可长期使用。

第 6 章
活检技术 *

Janik C. Gasiorowski 和 James A. Orsini

组织活检通常有助于临死前疾病诊断，并且一般不视为急症手术。根据疾病发生位置，活检可能在一定程度上有风险。在这些情况下，活检技术通常仅用于治疗或预后的目的。在本章中，讨论了用于不同类型组织的活检技术，但是以下的实践技巧适用于所有组织类型。

实践技巧：

- 样品应送给兽医病理学家或专家，并提供适当的描述性信息。
- 活检标本应小于1cm×1cm以便进行正确的福尔马林固定。
- 福尔马林与组织的体积比为10：1。
- 样品在运输过程中不应被冻存。

专业器械

皮肤的活组织检查、囊肿和淋巴结的针吸活检可以用后面描述的基本设备完成。专业仪器可以使更深入、更复杂的活检手术变得侵入性更小，并改善组织学样本结构。在尝试采集样本之前，操作员必须熟悉所选用的仪器。强烈建议在临床使用前进行训练。

大多数人工和自动活检针具有厘米分界线。蚀刻较新的针可以增强超声波可见度。

人工活组织检查：软组织

锯齿状的管心针伸出管套，并将其插入靶组织（图6-1）。然后手动将尖锐的管套向下推，同时将管心针牢固地固定在原位。尖锐的管套切开组织，收取锯齿管心针中的样品。

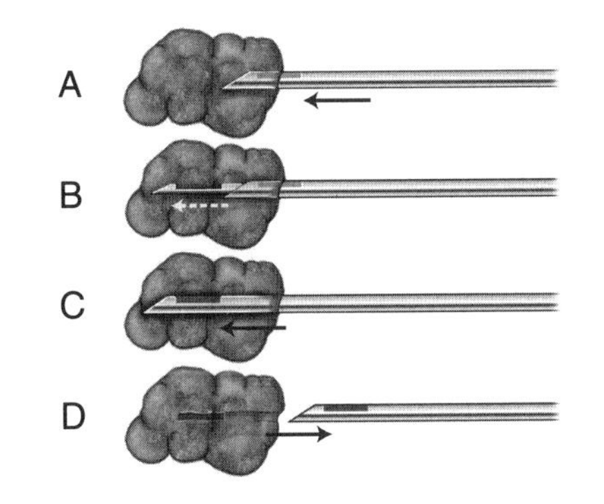

图 6-1　人工活检操作

A. 活检针放置在靶组织里　B. 锯齿管心针的利用　C. 切割管套退回至锯齿管心针，获取样品　D. 体内活检的整个仪器被取出

人工活组织检查：内镜

组织样品可以通过灵活的内镜这样的活检渠道获得。活检钳是一种长柔性缆线，其末端有铰接钳口，由操作员端的拇指环控制。仪器通过钳口闭合的内镜，一

* 我们认可并感谢基于第三版中 Barbara Dallap Schaer 对此章做出的贡献。

旦内镜捕捉到靶组织，活检仪器就能取样。通常因样品太大而无法通过活检通道取回时，就将整个内镜/钳子/组织的组合物一起移除以取回活检样品。

人工活组织检查：骨

这些仪器由一个套管针尖的管心针和一个带有锯齿末端的强力管套组成。当仪器以钻孔/旋转的方式进入骨皮质时，手中要紧握住大的T形手柄。

自动活组织检查：软组织

弹簧加压的活检针功能类似于先前描述的手动软组织活检针。装好弹簧，并将针放入靶组织中，激活触发器，然后以图6-1同样的方法使用锯齿管心针和管套。

自动活组织检查：骨

这个仪器很像手动Jamshidi针，但是这是靠电池供电的。它可用于获取骨髓核心或抽吸样本，并且造成的疼痛更轻，组织的组织学结构更好。

皮肤活检

皮肤活检用于未确诊的皮肤病，通常在治疗失败或持续出现临床症状的情况下使用。活检应在疾病发展的早期进行，最好在3周内进行，因为在慢性病例中难以解释组织病理学的发现。通常进行穿刺活检或楔形活检（椭圆形切口），优先采用穿刺活检，除了对水疱、大疱或溃疡性病变取样外，它们更适用于楔形活检。

器材

- 6或8mm皮肤活检穿刺针或#15解剖刀用于楔形活检。
- 2%甲哌卡因用于局麻，25号针头，3~10mL注射器。
- 有齿镊。
- 组织剪。
- 持针钳。
- 无菌纱布海绵。
- 2-0不可吸收缝合线。
- 10%福尔马林。

步骤

· 选择疾病的典型性区域。活检应该包括病变区、转变区、正常皮肤。

· 请勿清洗或擦洗预期的取样部位或清除病变痂皮，这可能破坏组织结构或清除有信息价值的样品部分。

· 局麻剂渗入取样区域的皮下组织，不要直接将其注射入预期采样部位，以减少组织学人工损伤。标记麻醉区域。

· 穿刺活检：选择好部位，旋转活检穿刺针，同时施加稳固的压力直到仪器切开真皮。因为活检样品附着皮下脂肪，用镊子抓取，并用组织剪将其与脂肪分离开。

· 楔形活检：使用手术刀做一个椭圆形的皮肤切口；用剪刀尖锐地切开皮下脂肪以分离出样品。

· 小心不要产生人工损伤。

· 将样品置于压舌板上，皮下脂肪面朝下，将压舌板浸入福尔马林中。压舌板能够在运输过程中保护样品结构。Michel培养基通常用于免疫荧光检测，对于组织病理学检测不是一个良好的防腐剂。

· 使用简单的间断或十字缝合方式闭合伤口。伤口深而大的楔形活检可能需要两层闭合缝合。

并发症

尽管感染是一种罕见的并发症，但在滑膜结构或污染区域附近进行活组织检查要格外小心。如果发生开裂，需要每日清洁，并在第二愈合期给予治疗。如果大创口的楔形活检位于高频率活动区域，需要限制活动1周以减少伤口开裂的风险。

肿块、结节、囊肿的组织活检

通过抽吸、切除或组织检查对皮肤肿块、结节和囊肿进行取样。细针抽吸产生的细胞样品，在细胞学上分化为感染性、过敏性、寄生性或肿瘤性。切除活检相对于切取活检，描述的是完全切下肿块以用于治疗，而切取活检是指切下部分是具有代表性的组织病变。在这两种情况下，组织病理学检查都可用于确认诊断。

器材

细针抽吸

· 20号，1~1.5in（2.5~3.75cm）针和20mL注射器。

- 显微镜载玻片。

切除活组织检查

- 无菌准备的材料。
- 2% 甲哌卡因用于局麻。
- #10或#15刀片和手柄。
- 有齿镊。
- 组织剪。
- 持针器和缝合剪。
- 无菌4in×4in纱布海绵。
- 容器中含有10%福尔马林缓冲液。
- 1-0/2-0不可吸收缝线。

步骤

细针抽吸活检术

- 将带有注射器的针头插入肿块中心。
- 将样品物质吸入针头而不是注射器针筒中。
- 重新定位针头几次，不要离开肿块或污染正常组织的抽出物。如果回抽时有血液污染了样品，那么尽量用新的针头和注射器在新的部位重复此过程。在取出之前释放负压。
- 取下针头，空气填满注射器，重新安装针头，将针头内容物排到载玻片上，制作用于细胞学检查的切片。涂抹血液吸出物，或将其压在两个载玻片之间，并将它们拉开，然后风干载玻片。
- 以类似方式吸出充满液体的肿块或囊肿，取1~2mL液体进行涂片。
- 用Wright或Diff-Quik染色剂染色载玻片。将染色或未染色的切片发送给病理学家进行分析。

切除活检

- 肿块切除区域的无菌准备。如果表皮对于组织学分析很重要，请不要擦洗。
- 将局麻药注入皮下组织或形成环块。
- 在肿块周围做一个椭圆的切口，用剪刀剪开皮下组织。
- 将组织放入福尔马林。如果肿块直径超过1cm，则将其纵向切成1cm宽的样品。
- 缝合皮下和皮肤层。如果必要，可以使用张力缓解缝合模式，如垂直褥式缝合或近-远-远-近缝合方式。

- 限制运动7~10d。

并发症

见皮肤活检并发症。

淋巴结抽吸

对于肿大或异常的淋巴结，针吸活检足以进行细胞学检测，并且有助于区分淋巴结病的感染性和肿瘤性的原因，其并发症很少见。

器材

- 22号，1.5in（3.75cm）针头。
- 10mL 注射器。
- 显微镜载玻片。

步骤

- 用一只手稳定淋巴结，并将带有注射器的针头插入淋巴结中心。
- 请参考针吸活检技术说明。
- 让载玻片风干。用Diff-Quik进行染色。将染色和未染色的载玻片送给资深马细胞学读片的病理学家，因为马的淋巴肉瘤的细胞学诊断很难。

肾脏活检

肾脏活检是不常见的，因为肾脏疾病的特征在于血清生化和肾功能检查。适应证包括肾脏肿块和未确诊的肾功能衰竭。经皮的肾脏活检需要承担一定的风险，并且仅在信息可能影响治疗或结果时才进行。因为肾脏周围出血是与该手术有关的主要并发症，所以建议先做凝血概况评估。与马的肾衰竭相关的凝血问题并不常见。通过超声波可以很容易地观察到右肾，并且通过超声引导进行活组织检查以获得准确的样品，并降低并发症的风险。左肾的活检也应在超声引导下进行。

器材

- 镇静剂（盐酸赛拉嗪和酒石酸布托啡诺）。
- 14号，6in（15cm）手动或自动软组织活检针。

- #15解剖刀片。
- 修剪工具。
- 无菌准备的材料。
- 无菌手套。
- 2%甲哌卡因或其他合适的局麻药，25号针头和3mL注射器。
- 无菌套管和润滑剂用于超声波引导下的右肾活检。
- 10%福尔马林缓冲液。

步骤

- 镇静患马以尽量减少其在手术中的移动。

超声引导下的右肾活检

- 右肾位于腰椎横突腹侧的第15~17肋间隙。
- 修剪该部位的毛发，进行无菌擦拭。
- 将超声传感器放入无菌套管中，然后确定远离肾血管的样品位置。或者，通过超声检查确定活检位置，然后进行“非引导性”Tru-Cut活检。
- 在活检部位皮下注射局麻药，重复无菌擦洗。
- 戴无菌手套，做一个穿刺切口，并将活检针刺入肾脏切口。针头倾斜地刺入，仅对皮质组织进行取样，并避开肾髓质、肾盂以及肺和肾的血管。
- 如果需要，第二助手可以在手术过程中执行超声引导。针在超声屏上显示为高回声线，并且可以倾斜地刺入以规避肾血管、骨盆和髓质。**注意**：熟悉所选活检部位的操作。
- 将活检样品放入10%福尔马林。

左肾活检

- 左肾更松散地附着在腹壁上，并且在活检过程中需要稳定每一段直肠。在放置针头时，肾脏必须保持固定不动。左肾活检的成功需要超声引导。
- 皮肤的准备工作和活检与右肾超声引导下的活检相同。

并发症

如果不使用无菌技术或者直肠穿孔，则会发生感染和腹膜炎。如果发现直肠组织或饲料，则需要进行全身抗菌治疗。由于存在感染风险，请勿对可疑的肾脓肿进行活组织检查。

如果活检针穿透肾动脉、静脉或进入肾尾部的一条辅助动脉，则出血是潜在的并发症。当患马患有急性的显著的失血时，应该监测其中央静脉血压和乳酸水平。应持续数天对肾脏活检

的患马检测血细胞比容和总蛋白数。在肾脏活检之前也应考虑凝血情况。

血尿并不常见，通常在12~24h内自行消退。

肝脏活检

肝脏经皮活检是治疗未确诊肝脏疾病患马的一种简单手段。组织病理学发现通常可以判定肝脏疾病是感染性、毒性抑或是阻塞性/充血性。

注意：超声引导应用于确保活检样品是来自肝脏有病变的部分。

器材

- 镇静剂（盐酸赛拉嗪和酒石酸布托啡诺）。
- 14号，6in（15cm）手动或自动软组织活检针。
- #15解剖刀片。
- 修剪工具。
- 无菌擦洗材料。
- 2%局麻药，25号针头和3mL注射器。
- 无菌手套。
- 10%福尔马林缓冲液。

步骤

- 在肝脏活组织检查前进行凝血时间［凝血酶原时间（PT）和部分凝血活酶时间（PTT）］和血小板计数测定。PT和PTT通常在马的肝脏衰竭阶段是异常的；但是，如果血小板计数正常，并且活组织检查对于治疗方案很重要，则继续进行活检。
- 使用超声引导，定位一部分肝脏分别位于上腹部至下腹部第6和第15肋间间隙。修剪毛发并选择受到影响的肝脏区域进行活组织检查。
- 肝脏活检可以从肩端到髋结节连线与第14肋间隙交点的位置“盲目”进行（不用超声）。当偶尔在右侧看不见肝脏时，有必要在超声引导下，在肘部水平左侧即膈肌尾端进行肝脏活检。
- 镇静患马。
- 在所选区域进行无菌准备。
- 皮下注射局麻药；进行第二次无菌准备。
- 戴无菌手套做一个穿刺切口，并将活检针刺入切口，针头以头腹侧方向前进。

实践技巧：在使用前了解活检针的正确操作。

- 将活检样品放入10%福尔马林，将另外的需要细菌培养的样品放入好氧/厌氧运输管中。

并发症

虽然罕见，但是会出现过量出血，尤其是继发于肝脏疾病的有凝血障碍的病。通常在肝脏活检之前需要进行凝血概况检查，并在手术后48h监测患马的出血迹象。如果血小板计数正常，即使PT和PTT延长，出血也不常见。

如果维持无菌技术，则不太可能感染（蜂窝织炎、腹膜炎）。不要对肝脏脓肿进行活组织检查。结肠的附加活检需要进行全身性抗生素治疗。如果马的右侧肝脏很小，可能需要通过胸腔尾部接近肝脏。这种方法可能导致气胸，因为活检器械需要通过膈膜进入肝脏。

肺脏活检

肺部经皮穿刺活检用于当放射线照相术、超声波扫描术和支气管肺泡灌洗无法提供诊断时，评估患马的弥漫性肺疾病或非细菌源性的局灶性肺病。

虽然有报道过死亡病例，但一般而言，肺脏活检是安全易行的。

活检可以经皮、胸腔镜或开放的方式进行。手动或自动活检针（先前描述过）是最常用于经皮活检的器械。内镜缝合器、双击烧灼装置和结扎环已经用于胸腔镜和开放式活检手术。开胸活检通常仅在胸腔已经打开的手术中进行。经皮活检最常进行，并在下文中有描述。

器材

- 镇静剂（盐酸赛拉嗪）。
- 无菌准备的材料。
- 修剪工具。
- 无菌手套。
- 2%局麻剂，22号，1.5in（3.75cm）针头和3mL注射器。
- #15解剖刀片。
- 14号，15cm Tru-Cut 活检针。
- 直针或弯针上的2-0不可吸收缝合线。
- 10%福尔马林缓冲液。

步骤

- 镇静作用取决于患马的脾气。
- 当肺部疾病弥散时，最常见的活检部位是右侧第7或第8肋间隙。将针头放置在肘突水平上方约8cm处，并位于肋骨头方向以避免肋间血管。
- 修剪毛发，并进行大致擦洗。

- 将局麻药浸润至皮下组织和壁层胸膜。
- 在针穿刺部位进行最后的无菌擦洗。
- 戴无菌手套在皮肤上做一个穿刺切口。
- 使活检针穿过皮肤、肌层和壁层胸膜的头层和中层，并在最终吸气期间继续进入肺实质2cm。

注意：必须熟悉活检部位的操作以便快速成功地进行样品采集。

- 将组织放于10%福尔马林中。
- 用简单的十字缝合方式闭合皮肤切口。

并发症

在皮肤闭合前，少量空气可能会深入胸腔，但是这不应引起问题。可能会发生很少见的咯血问题。肺脏活检后很少发生致命性张力性气胸（见第25章）。

骨髓活检

骨髓活检或抽吸是有助于确定外周血细胞计数或细胞形态学变化原因的操作。在骨髓活检中可以发现在循环血液中肿瘤或异常细胞的迹象。该过程用于区分原发性造血疾病（淋巴肉瘤、多发性骨髓瘤、骨髓增生性疾病）、代偿性骨髓改变（缺铁性贫血、慢性贫血）和由促红细胞生成素给药引起的红细胞发育不全。骨髓可以通过抽吸或髓芯活检分析。在活检时抽取的全血细胞计数样品应与活检样品一起提交。

器材

- 镇静剂（盐酸赛拉嗪和酒石酸布托啡诺）。
- 无菌准备的材料。
- 修剪工具。
- 无菌手套。
- 2%局麻剂，25号针头和3mL注射器。
- #15解剖刀片。
- 用于抽吸的15号，2in（5cm）骨髓针（Jamshidi）。
- 用于髓芯活检的11号，4in（10cm）骨髓针。
- 如果进行抽吸，则需12mL含抗凝剂（10%螯合剂）的Luer-Lok注射器、有盖培养皿、显微镜载玻片（更常用于两个操作）。
- 如果活检样品需要提交，则需10%福尔马林缓冲液。

步骤

· 第4、5、6胸骨是最常使用的部位；骨髓腔就位于骨膜下方。骨盆荐节可用于小于4周岁个体的活检。胫骨嵴可作为另一个操作部位。

· **实践技巧：**从胸骨获取样本时，不要破坏远端皮层是很重要的，因为心脏的尖端位于活检部位的正上方。

· 建议镇静。

· 将局麻药渗入皮下组织和骨膜。

· 修剪毛发，进行无菌准备。

· 戴无菌手套，做一个小的穿刺切口。

骨髓抽吸

· 将针头和管心针插入皮肤并将其推进骨膜，需要旋转运动使针穿过皮质进入骨髓腔。一旦进入骨髓腔，针就牢固地固定住。

· 取下管心针并连接注射器，用活塞上的负压吸出骨髓；抽吸过程应该简短温和。过高的负压会导致血液污染样品。

· 将样品放入培养皿中。取出骨髓针并将其放在显微镜载玻片上。将一个载玻片放在另一个载玻片的顶端位置，轻轻地抹开它们以制作挤压涂片。将染色（Diff-Quik）和未染色的都送去实验室。

· 用于收集干细胞培养骨髓的枸橼酸葡萄糖（ACD）溶液的浓度范围为7%~20%。

· **实践技巧：**将5mL ACD溶液放入35mL注射器中，则浓度为14%。

· 与ACD浓度相比，骨髓采集中涉及的其他变量对结果的影响更大。许多人使用肝素作为替代品；然而，ACD溶液才是优选的，因为它比肝素能更好地保留血小板。

· **注意：**请务必向要处理干细胞的实验室查询其具体的建议。

骨髓活检

· 将活检针插入皮肤，并将其推进入皮质。

· 取出管心针，继续以强有力的旋转方式再推进2cm。

· 针的旋转推力应该能使样品分离；撤回针头。

· 管心针用于将活检样品从针头推入装有福尔马林的容器中。

并发症

可能发生出血，但是不太具有临床意义，除非患马患有血小板减少症或其他凝血缺陷。骨髓炎很少见。

肌肉活检

肌肉样品的组织病理学检查是很有用的，无论怀疑是肌肉纤维、神经肌肉接点或是周围神经的疾病。这是对站立不动的马的一个外科小手术，病变和正常的样品都应收集。如果怀疑是多糖贮存肌病（PSSM），最好对半膜肌进行活检。对于运动神经元疾病，需要在尾巴头部的肌肉（骶骨尾部背内侧）进行活检。

实践技巧： 根据具体分析，福尔马林可能不是首选的防腐剂。明尼苏达实验室发现了一个更好的方法，将1in的活组织样品置于生理盐水浸湿的4in×4in的纱布之间，并在装有冰袋的硬质容器中过夜保存用来诊断PSSM。推荐使用潮湿的纱布海绵吸取过量的盐水，使样品不在"漂浮"的状态而被冻结住。在进行肌肉活检之前，请先联系病理实验室，以便获得具体的保存建议。

器材

- 无菌擦洗的材料。
- 修剪工具。
- 无菌手套。
- 2%局麻药，25号针头和5mL注射器。
- #10解剖刀片和手柄。
- 组织剪。
- 压舌板。
- 0或2-0可吸收或不可吸收缝合线。
- 合适的固定液或盐水。

步骤

- 镇静由患马的性格和虚弱状态所决定。
- 样品宽约5mm，长20mm，厚5mm，且应与病变肌纤维方向平行。
- 修剪毛发，在活检部位做大致擦洗。
- 将局麻剂渗入皮下组织。不要将麻醉剂注入肌肉，这会影响组织病理学发现。
- 进行无菌擦洗。
- 戴无菌手套切开肌腹上的皮肤。用钝性分离将皮肤与肌腹分隔开。用锐性分离取下肌肉样品。
- 将样品固定在压舌板或肌肉活检夹上，并用缝线固定以防止样品收缩。应对样品进行最少的处理以防止出现人为挤压损伤。

- 闭合两层切口以尽量减少死腔。
- 如果需要对萎缩的臀肌或背肌进行活检，可使用Tru-Cut活检或类似仪器进行取样。

并发症

感染并不常见，但是半膜肌开裂会发生。

子宫内膜活检

子宫内膜活检是评估不孕症有用的手段。

重要点：在活检前排除妊娠以防止医源性的流产。最好在发情期进行。

器材

- 镇静剂（盐酸赛拉嗪和酒石酸布托啡诺）。
- 擦洗工具。
- 无菌袖套（肩膀长度）。
- 无菌润滑剂。
- 70cm短吻鳄钻孔器（sterile）。
- Bouin固定剂。

步骤

- 建议镇静。理想情况下，母马在马厩中行动因为痉挛而受到限制。
- 将母马的尾巴绑在一边。
- 用稀释过的抗菌溶液擦洗会阴部，并用水冲洗掉。
- 用戴无菌手套的手臂，以指按的方式扩张子宫颈，并轻柔地引导活检器械穿过子宫颈。
- 活检器械继续前进进入子宫，用滞留在直肠的戴有手套的手臂来确定仪器的位置。
- 通过直肠触诊，按压位于组织狭口间的部分子宫黏膜，并闭合仪器以取得样品。仅采取子宫内膜；全层活检是禁止的。
- 将样品放置在合适的固定剂中，并在24h内处理。

并发症

如果母马在活检时处于妊娠状态，可能会发生流产。在活检前应进行完整的生殖检查，如果母马处于妊娠阶段，子宫颈应该是闭合的。

如果细菌病原体被带入子宫，可能会发生子宫内膜炎。

第 7 章
高压氧疗法

Fairfield T. Bain

尽管高压氧疗法（HBOT）对人类医学领域来说并不陌生，但它最近才成为治疗患马的选择。在人类医学中，HBOT最广为人知的用途是治疗潜水员的潜水减压病（又名“减压病”）以及最近各种医疗情况。高压氧疗法是FDA批准的针对人类医学某些疾病的药物疗法。

海底和高压医学协会表明HBOT适用于：

- 空气或气体栓塞。
- 一氧化碳中毒。
- 梭菌性肌炎和肌坏死（气性坏疽）。
- 挤压伤，隔室综合征和其他创伤性缺血。
- 减压病。
- 动脉功能不全：
  - 视网膜中央动脉闭塞。
  - 用于促进愈合困难的特定伤口的恢复。
- 严重贫血。
- 颅内脓肿。
- 坏死性软组织感染。
- 骨髓炎（难治性）。
- 延迟放射性损伤（软组织和骨坏死）。
- 血液供应受损的移植物和皮瓣。
- 急性热灼伤。

患马有许多类似于人HBOT所列适应证的病症。该技术可适用于多种紧急情况或创伤，尤其与以下伤口相关：

- 不良血供创伤组织和皮瓣。
- 烧伤。
- 软组织感染（如腱鞘感染）。
- 梭菌性肌炎。
- 骨感染（骨髓炎）。
- 与人类医学一样，HBOT通常与其他医学疗法一起用作辅助治疗，如抗炎药物和抗菌药物。
- 对于患有某些创伤性损伤、感染或潜在坏死过程的患马而言，HBOT的临床经验越来越多。

- 对于患马的某些紧急情况，应考虑合理应用高压氧作为当前医药管理的辅助手段。

高压氧疗法的生理学

- **实践提示：**HBOT的工作原理是利用压力下的气体。
- 这是一种治疗方式，患马在100%氧气含量的压力下情况比正常大气压下好。
- 在高压舱中，随着压力上升，马暴露于几乎100%氧气中。
- 气体物理学的一些规律有助于理解高压氧的影响。
  - 在海平面呼吸空气时，我们暴露在14.7psi（压强单位，1psi＝6.895kPa）或760mm Hg的压力下。
  - 空气由79%氮和21%氧组成，含有约160mm Hg氧气的分压（21% × 760mm Hg）。
  - 在高压医学中，常用的压力单位是大气压绝对值（ATA）；海平面水平= 1 ATA（“正常大气压力”）。
  - 潜水时，每33ft（10m）的海水增加1 ATA的压力。
  - 因此，在33ft（10m）下的海水的绝对压力为2 ATA。
  - 在66ft（20m）下的海水，绝对压力为3 ATA。海水中的深度很重要，因为它们与患马暴露于临床高压氧疗法的压力相关。
  - 大气压下氧气的关键特征是吸入氧气的分压（FiO_2）呈指数增加。
  - 在2 ATA下使用100%氧气，相当于马在2个大气压或760mm Hg × 2 = 1520mm Hg下呼吸100%氧气。
  - 在3 ATA的情况下，马在3个大气压下或760mm Hg × 3 = 2280mm Hg呼吸100%氧气，约等于海平面室内空气呼吸量的14倍。
  - 用于患马的大多数临床治疗涉及2.0~2.5ATA，这会导致动脉血中氧分压（PaO_2）显著增加。对于马的治疗手段基于人类病患和动物模型的经验。**实践提示：**目的是使用尽可能低的压力来达到临床终点，如组织抢救或感染消退。
- 在正常生理学中，大多数动脉氧含量（CaO_2）由氧合血红蛋白组成。
- 在HBOT治疗期间，血浆中溶解的氧浓度逐渐增加。
- 溶解氧导致高压氧的生理效应。

· **重要点：**对于HBOT的医疗应用，3 ATA 是用于患马治疗的最大压力（因为在较高氧气浓度下，氧气癫痫发作的风险增加），大多数治疗在2.0~2.5ATA。

- HBOT的作用机制是由血浆中溶解氧浓度升高所导致的。
- 这包括了：
  - 改善复杂的含氧量低的组织或伤口的氧化作用。

- 血管收缩导致水肿减少。
- 增强抗菌活性，增强中性粒细胞杀灭细菌的功能。
- 调节缺血再灌注损伤中中性粒细胞与内皮细胞的黏附。

- 在复杂伤口中保存缺氧组织的能力可以减少修复和恢复功能的时间。
- 尽管马中没有对照临床试验，但似乎应该用高压氧治疗马创伤的此类伤口组织。

应该做什么

用于患马的 HBOT

梭菌性肌炎

- 发展迅速的马梭菌性肌炎是一个难题。目前临床管理旨在减少由血管创伤引起的坏死组织数量。
- 通常在兽医探测或检查时，覆盖于表面的皮肤已经坏死。
- 有证据表明，HBOT 可能会损害梭菌的毒性功能，并有助于在病变区域挽救皮肤和肌肉。
- 实施高压氧的早期治疗能就可能多地拯救组织。

烧伤

- 烧伤很少发生在马身上；严重的皮肤损伤是一种挑战，此时出现的坏死、疼痛和额外的烟雾吸入伤害是临床症状的一部分。针对临床情况，HBOT 通常用于治疗人类的烧伤。
- 显示有助于烧伤患者的机制包括：
- 改善缺氧患者的氧合作用。
- 皮肤创伤。
  - 水肿减轻。
  - 改善微循环。
  - 减少炎症反应。
  - 上皮形成更快速。
  - 改善伤口愈合。
- **实践提示：**HBOT 被认为是吸入烟雾的主要治疗方法。

软组织感染

- 常规治疗包括抗菌药物、抗炎药物和外科引流或灌洗，可能难以控制软组织感染，尤其是下肢软组织感染。
- 添加 HBOT 可能有助于白细胞杀灭细菌，改善发炎、缺氧组织的抗菌功能。
- 在骨感染的情况下，可以预测相似的作用，其中坏死的骨头可能妨碍抗菌剂的充分渗透和功能。

缺血再灌注损伤

- 在动物和人类中有研究和临床经验支持高压氧疗法在缺血再灌注的损伤中具有益处。
- 患马的胃肠道和烟雾吸入性损伤涉及的中性粒细胞与毛细血管内皮细胞黏附具有相似的机制。
- HBOT 在一些马医院术后用于绞窄肠道病变的患马，以减少缺血再灌注相关的损伤。**实践提示：**大结肠扭转是患马缺血再灌注损伤最常见的例子。
- 超声监测结肠厚度和血清蛋白浓度作为肠道黏膜蛋白损失的标志指标，可用作结肠壁健康和活力的客观测量。两者均可用于评估和监测这些患马术后使用 HBOT 时的临床反应。

神经损伤

- 有新报道支持 HBOT 对创伤性脑损伤和脊髓损伤有潜在的好处。
- 也有证据表明，HBOT 可能通过增加生长因子和刺激轴突出芽的其他机制来修复周围神经损伤。
- **实践提示：**马的外周神经损伤，例如臂丛或桡神经损伤是在创伤后早期——最初的 24~48h 内，可受益于高压氧疗法。

复杂的伤口和皮瓣

- 虽然不是每个伤口都需要高压氧治疗，但是一些对皮肤、下层组织和大皮瓣的缺氧大面积损伤，可能会受益于 HBOT。
- 目标是尽量减少组织坏死和缺氧损失，以减少伤口愈合的时间。

不应该做什么

HBOT 禁忌证

- 可能存在禁忌证的最常见临床情况是有气胸的可能性。
- 这可能包括成年马的胸部创伤和新生马驹的产伤，其中可发生肋骨骨折伴继发性肺损伤和气胸。
- 在接受高压氧治疗前，应检查患马是否存在患气胸的风险。
- 大气压的变化可导致患马的鼓膜疼痛和受伤。压力变化引起的疼痛在马中不常见，可能是由于喉囊在适应压力变化的过程中产生的。
- **实践提示：** 在HBOT期间应密切监测患有鼻窦或喉囊疾病的马匹，以寻找增加不适或易怒的迹象，这些迹象可能表明气体俘获和压力变化引起的疼痛。

第 8 章
替代性急症治疗：针灸

Stephen G. Dill

针灸可作为马突发事件的辅助疗法。本章论述在特殊的紧急情况下针灸有何价值，并提供针刺疗法时基本的指导。虽然对特定的针灸诊断和治疗技术的讨论超出了本章的范围，但寻求针灸培训的兽医可以找到本章后面列出的已批准的项目。

关于针刺疗法的背景信息

据报道，针灸具有局部和全身的生理作用，可使其用于紧急情况治疗。针灸能够帮助身体达到“稳态和平衡”。如果生物系统以异常方式运作——过度活跃或活动减退——针灸能使其恢复正常。例如，如果存在超免疫反应（比如过敏或自身免疫疾病），则针灸能调节过于活跃的免疫系统。相反，如果免疫系统处于低活性，则会出现应激或免疫缺陷的情况，针灸能够有助于提高免疫功能。

许多研究报道了针灸的作用机理。针灸主要通过神经系统起作用，内啡肽、脑啡肽、血清素和其他神经递质发挥重要作用。

血液流动对健康和康复至关重要。针灸可以调节血液流向组织，因此可作为许多情况下治疗方案的一部分，包括蹄叶炎、血栓栓塞性绞痛、间歇性跛行和脑血管意外（CVAs）。在人类治疗CVAs早期，神经科医生建议在针对这种情况进行针刺疗法时应谨慎，因为有增加血液流入出血区域并加重临床状况的风险。

除了影响血流，据报道针灸会影响胃肠（GI）运动，并具有镇痛作用。因此，它在术后治疗肠梗阻中特别有效。在许多类型的绞痛治疗中也表明它能够使活跃性过低或过高的胃肠运动恢复正常。有一个关于在绞痛中使用针灸的理论是它能减少马对疼痛的反应，因此疼痛的准确评估作为临床标志区分医药和外科患者并不那么可靠。一般地，在腹痛的外科病例中，针灸镇痛的持续时间相对较短。

针灸在生物系统中还有其他作用，通过影响胆管、膀胱、子宫的运动成为一种有用的紧急情况的辅助治疗手段。它不仅可以用为止吐剂和体温调节器，还可以影响内分泌失调和激素水平、一般心血管状态、心律、创伤后脊髓功能、气管收缩、窒息及其他功能。框表8-1列出了可能受益于针灸治疗的紧急情况。

针灸治疗后数分钟或数小时内可能出现临床反应。紧急情况的治疗频次可能从每天两次到数次不等，视具体情况而定。

框表 8-1　可能使用针刺疗法有助于治疗的紧急情况

疾病 / 情况

急腹症——各种各样的病因
前肠炎
结肠炎/腹泻
直肠脱
窒息/食管扩张
胆石症
肝脏疾病
休克
出血，全身或局部
败血症
蹄叶炎
充血性心力衰竭
心律失常
昏厥
心肺复苏术
呼吸骤停
烧伤
中暑
发热
过敏/过敏反应
免疫介导的疾病
慢性阻塞性肺疾病/复发性呼吸道阻塞
肺炎
肾病
尿石病
膀胱麻痹
癫痫
脑脊髓创伤/炎症
周围神经损伤
肌肉骨骼创伤/损伤
肌腱/韧带创伤/扭伤/弯曲肌腱
颈部/胸腰痛
步态异常
劳累性横纹肌溶解症
葡萄膜炎，角膜炎，角膜溃疡
预防流产
胎盘滞留
子宫炎
子宫脱
胎位不正的辅助手段
乳汁不足
乳腺炎

应该做什么

紧急情况下使用针灸的要点

- 了解具体的临床问题，针灸可以在护理中成为有价值的辅助手段。
- 确定一个经过认证的兽医针灸专家，以便进行咨询。
- 参加兽医针灸培训课程，熟悉其使用技巧和适应证。
- 早期治疗——早期治疗可获得有利结果。
- 通常显示重复治疗可获得最佳效果。
- 治疗间隔因具体情况而异。
- 针灸被认为是一种安全的治疗方法，了解在临床实践中使用针灸时的局限性和注意事项。

不应该做什么

针灸疗法

- 不应将针灸针插入受污染或受感染的区域。
- 针灸可用于治疗妊娠母马甚至防止流产，但是应避免使用某些针灸穴位和技术，因为它们会导致流产。

临床针灸疗法的其他特征

治疗各种步态异常的患马中，大约有1/10会在治疗后一至数天内“步态僵硬”。尽管僵硬程度较轻，并无临床后果，但是最好提醒马主注意这个副作用，以避免不必要的顾虑。这种罕见的副作用在治疗马急症时不太可能发生。

针灸治疗可以为末期患病的马减轻疼痛。虽然这些患马经常看起来更加警觉和舒适，并且在治疗后短时间内有更多精力，但是在这个明显改善的阶段后不久就会死亡。临床反应通常有益于患马和马主，但是应告知马主可能发生的事件，以便他们不惊讶于明显的临床改善后突然恶化的情况。

极度虚弱的患马可以采用针灸治疗，但建议在治疗期间使用极少量的针进行轻度刺激。

针灸本身是有效的，但在某些情况下，使用中草药可以改善结果。云南白药已在中国使用多年，据报道治疗异常出血效果很好。500kg的马建议剂量为每12h经口给药15mg/kg。还可以使用其他可用于出血的中草药组合，可能更适合患者的个体情况。

发展临床针灸的专业知识

未接受过针灸训练但希望在临床实践中使用针灸的兽医应该寻求高级的训练或将病例转诊给经过认证的兽医针灸师。以下网站提供兽医针灸培训课程：www.ivas.org，www.tcvm.com和www.colovma.org.

以下是几个组织的联系信息：

International Veterinary Acupuncture Society
www.ivas.org

1730 South College Ave.
Suite 301
Fort Collins，CO 80525
Chi Institute
www.tcvm.com
9700 West Hwy 318
Reddick，FL 32686
CVMA Medical Acupuncture for Veterinarians
www.colovma.org
191 Yuma St
Denver，CO 80223

这些团体在其网站上列出了经过认证的兽医的联系信息以便于转诊。除非你具有针对针灸治疗的转诊兽医的第一手经验，否则最好将临床病例转诊给经过认证的兽医。资格认证能向你和你的客户保证临床医生对兽医针灸有特定的知识水平。另一组提供经过认证的针灸兽医和继续教育（但是没有认证课程）的联系信息，包括：

American Academy of Veterinary Acupuncture
www.aava.org
PO Box 1058
Glastonbury，CT 06033

本章提供基本信息，指导兽医使用针灸作为辅助方式治疗马突发病症。培训机会加上参考书目（参考列表可在配套网站上获得）可以帮助兽医更好地照顾马匹，并向马主介绍针灸治疗的好处。

第二部分
急症影像、内镜、实验室诊断和监测

第 9 章
细菌、真菌、病毒和寄生虫病原体的实验室诊断

Joan Norton

- 仅根据临床症状常常难以区分细菌、病毒、寄生虫或真菌疾病。
- 必须确定病原体，以正确治疗传染病。
- **实践提示：** 正确的样品采集、运输容器、运输条件和运输介质对于实验室确认传染源至关重要。大多数样品可以使用冰袋冷藏运输。厌氧样品不要使用冰袋。
- 解释试验结果时必须考虑到：
  - 特征描述和病例信息。
  - 病史。
  - 临床症状。
  - 其他实验室数据。
- 在提交检测和解释试验结果时，了解潜在的病原非常重要。

应该做什么

细菌采样与检测

- 根据疑似病原体，选择合适的收集拭子、运输介质、运输容器、运输和处理方式以及温度要求——区分好氧与厌氧。
- 在清创或探查受影响部位之前，使用无菌技术收集样本。
- 如果可能，在采样前停止抗菌治疗至少 24h。
- 对于未开脓的脓肿，应在抽吸或切开前对脓包进行无菌处理，以便从感兴趣部位的最深处采集液体或脓肿样本。液体样品应置于无菌容器中，而拭子应置于细菌转运培养基中。
- 也可用无菌针头和注射器抽吸收集样品。将样品转移到合适的转运培养基或容器中以便测试。

- 由于厌氧样品对室内空气敏感，采样完成后应立即将样品放入适当的转运培养基中。
- **实践提示：** 厌氧样品必须置于厌氧转运培养基中，且不得冷却。即使采样和处理得当，严重脓性物质（如马腺疫）的培养结果有时也可能是阴性的。用拭子于脓肿深处采样可以改进培养结果。
- 将用于血培养的样品放入血培养瓶中。按照制造商的说明接种厌氧和需氧血培养瓶。修剪覆盖在静脉上的毛发，无菌消毒皮肤并待其干燥，然后进行静脉穿刺。更换针头，用酒精擦拭瓶盖，待其风干后再将样品注入血培养瓶。
- **实践提示：** 血培养样品无须冷却。
- 尿液样本降解较快，应当迅速冷藏，并在48h内运送到实验室。应要求菌落计数。
- 用于需氧细菌培养的粪便样品，应置于干净的容器中。由于通常存在大量微生物，应仅要求检测您怀疑的病原体。
- **实践提示：** 厌氧生物［如梭菌属（*Clostridia* sp.）］的粪便培养物应置于厌氧转运培养基中。艰难梭菌和产气荚膜梭菌的毒素是热不稳定的。因此采集了用于进行毒素测试的粪便样品后，应立即将其置于2~8℃的塑料（非聚苯乙烯泡沫塑料）容器中储存，并在48h内处理。在-20℃下可存储更长时间。
- 粪便拭子不适合进行毒素检测。
- 样品应在采样24h内到达检测实验室。
- 使用套管式无菌拭子进行子宫培养物采样：
  - 使用消毒洗液清洁会阴部。
  - 将无菌、润滑、戴手套的手插入阴道；用一根手指轻轻扩张子宫颈。
  - 先用手将拭子引导至子宫颈，再将拭子顶端推出套管。重要提示：在将拭子从子宫和阴道取出之前，务必将拭子收回套管中。
  - 将拭子末端折断并放入适当的培养运输系统中。
- 用于培养的固体组织样本应在防漏容器中运输，用少量无菌盐水保持其湿润并且冷藏。不要将样品浸没在盐水中。尸检样本应在死亡后4h内进行，标记清楚后置于单独标记的容器中。
- 如果提交了风干的载玻片样品，可进行细菌形态特征和革兰氏染色。样本涂片应风干并加热固定，以便革兰氏染色和显微镜检。这些玻片如果邮寄，在运输过程中保持干燥！不要放在装有冰袋的容器中！
- 细胞学样本准备与检测应于室内进行或送检。
- 为帮助确定感染源，薄层涂片应在制备、干燥后进行Diff-Quik和革兰氏染色。

不应该做什么

细菌采样与检测

- 请勿将含有样品的注射器和/或针头送到实验室进行测试。
- 厌氧样品在室内空气中存活不超过20min。
- 应避免反复冻融样品。
- 不要提交粪便拭子进行毒素测试！
- 不要将提交细菌培养的组织样本浸没在生理盐水溶液中。
- 不要冷冻血培养瓶以便运输。
- 不要打开血培养瓶的瓶口。
- 不要让风干的显微玻片样品受潮。

应该做什么

真菌样品和测试

- 除了疑似由霉菌病引起的进行性眼、肠道、皮肤、血管或肺部疾病外，真菌感染的检测很少是紧急情况。
- 大多数真菌样品使用与细菌培养相同的转运培养基。
- 对于皮肤样品，应拔毛并使用＃10手术刀刀片进行深层皮肤刮片。
- 在刮擦前将矿物油涂抹在皮肤上可防止样品丢失。
- 将样品置于无菌小瓶中以便运输。
- 将用于真菌培养而取出的毛发置于干燥容器中，并在室温下运输，以防止细菌和真菌污染物过度生长。
- **实践提示：** 真菌培养通常比细菌培养需要更长的时间，因此结果可延迟2~3周。联系实验室进行真菌敏感性测试。

- 可以用革兰氏染色法鉴定真菌孢子、菌丝或丝状细胞，制作方法如前所述，与细菌的显微玻片评估方法相同。
- 如果怀疑患有真菌性角膜炎，建议进行革兰氏染色和角膜刮片的细胞学检查（参见第11章和第23章）。
- **注意：**真菌菌丝通常出现在马厩中马的经气管冲洗液中，并伴有复发性呼吸道梗阻（RAO，喘息症）。这些个体的真菌感染无须治疗。

应该做什么

病毒采样与检测

- 感染早期从样本中分离出病毒的可能性最高。
- 采样部位因致病源而异。
- 在EHV-1病例中，最好从鼻拭子或EDTA全血样本中复活呼吸道病毒。
- 神经系统病毒通常从脑脊液、新鲜脑组织和EDTA样本中复活。
- 从粪便中复活/测试肠道病毒（轮状病毒和冠状病毒）。
- **实践提示：**如果不确定正确的采样程序，请务必联系检测实验室，或者采集多个样品并要求实验室使用其中合适的样品。
- 病毒转运培养基是适合进行病毒分离和病毒PCR的一种转运培养基。
- 还可以使用EDTA血液、经气管冲洗液（TTW）和组织。
- 如果可能，在收集样品前咨询检测实验室！
- **实践提示：**冷冻样品（使用冷藏或冰袋过夜运输）可增加病毒复活的机会。
- 如果没有病毒转运培养基，将拭子放入装有1~2滴无菌盐水的普通无菌红顶采血管中。
- 液体样本应使用湿润的拭子从受影响的部位（囊泡、气管吸出物或粪便）采集，并将其置于病毒运输培养基中，在运输前冷藏或冷冻。
- 用于病毒分离和血清学检测的血液样本应收集到普通红顶和EDTA管中，然后冷藏运输，但不要冷冻。
- 对于某些病毒，早在5~7d就可以分离出阳性病毒；而确证可能需要更长时间。
- 保留阴性样品，并在培养30d后确定最终分析结果。
- 配对的血清抗体滴度有助于诊断。
- **实践提示：**血清样本间隔2~4周；样品间滴度增加4倍可确认暴露。
- **对狂犬病很重要：**
  - 所有需要与狂犬病进行鉴别诊断的神经系统病例均应提交荧光抗体（FAB）检测以及组织病理学改变。无论接种史如何，都要考虑狂犬病。
  - 提交冷冻脑组织，包括小脑和脑干。
    - 样品可以采自几天前死亡的可疑动物，但这并不理想。
- **联系县卫生部门寻求帮助，并与测试实验室联系，了解具体的取样和运输细节。**
  - 不要提交整个头部。
  - 在采集样品时佩戴乳胶手套、手术口罩和眼镜。
  - 请勿使用电锯（包括Stryker锯），因其能雾化病毒。用大汤匙取出小脑和部分脑干。
  - 装运前冷藏标本。不要用化学防腐剂固定组织。
  - 将标本放入至少两个单独密封的塑料袋中，与凝胶型冷包一起放入聚苯乙烯泡沫塑料绝缘纸板箱中。
  - 用10%家用漂白剂水溶液对所有仪器和表面进行消毒。

不应该做什么

病毒采样与检测

- 不要将细菌转运介质用于病毒样本。

应该做什么

寄生虫样品和测试

- 血液寄生虫：梨形虫病。
  - 需要检测EDTA血液和血清。

- 梨形虫病是一种外来动物疾病（FAD）；确认疾病或怀疑疾病应通知有关当局。
- 国家和/或兽医州实验室要求进行验证测试。

• 呼吸：从气管冲洗液（TTW）中获得的液体能显示出迁移的寄生虫或肺蠕虫。将液体置于EDTA管中并冷藏运输。

- **粪便寄生虫：粪便应放在密封的防漏容器中进行粪便浮选。样品应保持冷藏，否则虫卵可能孵化！**
- **实践提示：**通常伴有临床马盅口线虫病时，粪便检查为阴性。
- 临床病史和征象通常有助于确认寄生虫。
- 神经系统寄生虫：
  - 理想的马源虫性脑脊髓炎（EPM）生前样本包括EDTA（用于细胞学）和凝血管中的脑脊液（CSF），以及血清，用以计算血清：脑脊液抗体比率。
  - 死后样品包括神经组织。
  - 薄壳副鹿圆线虫（*Parelaphostrongylus tenuis*）和恶魔线虫属（*Halicephalobus* sp.）：死后样品包括脊髓组织学检查用于恶魔线虫属或脑/脑干组织学检查薄壳副鹿圆线虫以及受影响组织的PCR检测，将样品置于福尔马林中并在尸检时冷冻。

应该做什么

分子检测

聚合酶链式反应（PCR）

• 聚合酶链式反应（PCR）检测可用于鉴定各种细菌、病毒和寄生虫病原体中DNA的存在。

• 呼吸道疾病样本——马疱疹病毒（EHV）-1、-4、-5，EIV，鼻炎病毒A和B，马红球菌和马链球菌马亚种均可从鼻拭子、咽或喉囊洗液（马链球菌）、气管吸出物或支气管肺泡灌洗液（BAL）（EHV-5）中检测到。

• 在EHV-1的病毒血症阶段可提交EDTA全血-波托马克马热、无形体嗜吞噬细胞以及其他引起菌血症或病毒血症的病原。

• 可对粪便进行PCR检测，以鉴定来自沙门氏菌属、β-冠状病毒、新立克次氏体属和胞内劳氏菌的DNA。

• 联系实验室进行额外的粪便PCR检测。

应该做什么

病原的实验室检测总结

- 实验室诊断对于获得确切的诊断至关重要。
- 兽医实验室通常对检测有特定的要求。
- 在测试之前，请联系实验室以获取样品采集、测试、运输和处理的重要信息。
- 如果在采集样品之前无法与检测实验室取得联系，则应采取多个样品，并指导/联系实验室将最佳样品用于检测。
- 尽可能将样品提交给美国兽医联合诊断实验室（AAVLD）认证的实验室，以获得最佳的操作和样品回收。

第 10 章 急重症监护

Thomas J. Divers 和 Eileen S. Hackett

- 对于患马的紧急或重症监测程序取决于可用设备和财力限制。
- 监测可以是：
  - 基本的。
  - 高级的。
  - 目标导向的。
- 除了一些基本观察（如尿液生成）外，基本监测还取决于重复的临床检查。
- 高级监测需要诊断设备［例如，I-STAT、超声波、心电图（ECG）］。
- 目标导向监测是基础和高级检测的结合，且针对特定的临床变量设置数字目标，例如心率和生理数据——PaO_2和葡萄糖。第15章讨论了实验室监测的护理要点。
- 监测急诊和重症监护患者旨在提供以下信息：
  - 全身和局部灌注。
  - 氧合。
  - 器官功能。
  - 败血症。
  - 电解质和酸碱状态。
  - 新陈代谢。
  - 并发症。
- **实践提示：**监测的目标是为能尽早适时改变治疗方法及指导预后。
- 通过监测确定全身组织灌注情况：
  - 心率。
  - 水合状态。
  - 黏膜颜色。
  - 脉压。
  - 四肢温度。
  - 尿液生成（基本监测）。
- 黏膜颜色和毛细管再充盈取决于：
  - 心输出量。
  - 血管紧张度。

- 血红蛋白浓度。
- 胆红素浓度。

- 组织灌注的高级监测包括测量：
  - 血压。
  - PvO_2。
  - 脉搏血氧饱和度——SpO_2（注意：SpO_2通常比实际SaO_2低3%）。
  - 血液和体液的乳酸浓度。
  - 超声心动图：估测心输出量并评价腔体尺寸与功能。
  - 胶体渗透压：通过血浆蛋白浓度估算。
  - 心肌肌钙蛋白-I（cTnI）浓度。
- 测量血压通常采用直接法和间接法。

· 成年马的心脏前负荷不足是血管内脱水的结果；在败血症马驹中，血管紧张度功能障碍可能是更常见的原因，对于重症监护患马应进行密切监测。

· 通过临床证据观察脱水情况——皮肤张力、黏膜湿润情况和人工阻塞后颈静脉充盈速度，从而对心脏前负荷进行基本监测。

· 测量中心静脉压（CVP）是监测心脏前负荷的理想选择，但该技术并不总是易于操作，且在大多数情况下并不需要。

· 测量尿相对密度可用于监测水合状态、液体疗法的需求，以及在某些情况下可以监测肾功能，该方法简单但通常未被充分利用。

- 除了监测之外，组织氧合状况还能通过前文所述的临床和实验室的灌注标记进行监测：
  - 血红蛋白（Hgb）值。
  - PaO_2。
  - 呼气末CO_2（$ETCO_2$）——鼻腔或气管内二氧化碳分析仪可用于确定气管导管是否正确放置（记录接近零可能表明气管插管位于食管或患马已过世）或用于估计休克患马心输出量（除非$PaCO_2$升高，否则在休克中$ETCO_2$值较低）或作为有效复苏的指导。气管内测量比鼻内测量更可靠。
  - 其他肺功能（例如，听诊、内镜检查、超声检查）。
  - 其他供氧/输送监测：黏膜颜色、乳酸、PvO_2。

· 监测血浆电解质，全血细胞计数（CBC）（包括血浆颜色）和器官功能/疾病测试对急诊和/或重症成年或幼驹非常重要，并用以辅助临床监测。

- CBC和血液生化结果中发现的异常，能够提供用其他监测方法未检测到的信息。

· 监测血糖水平对病驹十分重要，同样重要的还有监测所有危重患马的血清肌酐，而电解质监测对于出现腹泻和肾脏疾病的成马和马驹很重要。

· 监测CBC，尤其关注是否出现中性粒细胞、杆状中性粒细胞的毒性变化和血小板计数改

变，同时需要将这些结果与原发疾病一同分析。临床发现与实验室结果相结合，可确定疾病的严重程度以及是否需要应用蹄冷疗法预防蹄叶炎和持续时间。

- 药物监测是对重症马匹的高级监测。
- 测量氨基糖苷类血浆浓度对于确定疗效和早期毒性非常重要。
  - **实践提示：**
  - 峰值水平：静脉给药后30min，与功效相关。
  - 毒性：与谷值相关。
  - 在危及生命的败血症中，庆大霉素峰值水平为8~10μg/mL，阿米卡星峰值水平为25~30μg/mL，相当于易感病原体最低抑菌浓度（MIC）的10倍。
  - 谷值水平应庆大霉素＜1μg/mL或阿米卡星＜3μg/mL。
  - 峰值水平应在IV给药后30min和IM给药后60min通过采集血浆确定。
  - 谷值水平应于下一次预定剂量给药前采集血浆测定。调整具有潜在毒性的药物剂量将在附录四中讨论。
- 下面列出的章节中讨论了其他监测程序：
  - 心血管系统中的心电图[1]和多普勒监测以及全身炎症反应综合征（SIRS）的治疗（见第32章）。
  - 呼吸[2]、围产期、新生儿期的血气、脉搏血氧饱和度、乳酸、cTnI和呼气末CO_2($ETCO_2$)以及SIRS的治疗（见第15章）。
  - 腹胀、腹痛、胃反流、腹部超声、胃肠道和超声检查中的腹膜液变化（见第14章和第18章）。
  - 尿液生成和CVP（参见第57页和第26章）以及SIRS治疗（见第32章）。
  - 精神状态的变化（见第22章）。
  - 监测妊娠的母马（见第27章）。
  - 监测足部早期蹄叶炎证据（见第43章）。
  - 监测感染的切口或伤口（见第19章）。

· 使用临床检查和实验室检测可预防或检测危重患马的早期并发症，并防止严重和危及生命的并发症，如前所述的肾功能不全和电解质异常。

  - 蹄叶炎、药物毒性和血栓性静脉炎。
  - 适当的生物安全方案和监测可减少医院感染。
  - 往往被忽视的是监测危重患马的营养状况并为其提供适当的营养干预。

---

1 现在，康奈尔大学的 Marc Kraus 博士为 iPhone 提供了一种新的心电图记录设备 —— iPhone 4 / 4S 的 AliveCor 兽医心脏监护仪。

2 通常，在监测肺功能时使用动脉血气分析，而静脉血气用于监测其他器官的功能障碍和休克。

血压监测

- 动脉血压（BP）测量用于监测循环功能的改变以及对治疗的反应。
- 在多种疾病状态下可见低动脉压，包括：
  - 心力衰竭。
  - 失血。
  - 大量体液流失。
  - 急性创伤。
  - 脓毒症。
- **实践提示：**全身血压支持，理想情况下使用液体疗法，能改善器官功能和循环障碍的有害影响。

间接血压

- 使用示波压力袖套进行血压监测。
- 虽然不如直接压力测量精确，但这种间接方法是非侵入性的，通常在马和马驹中耐受良好（框表10-1）。

框表10-1　间接BP参考值	
成马：	马驹：
99~125mmHg（收缩压）	80~125mmHg（收缩压）
54~91mmHg（舒张压）	60~80mmHg（舒张压）

- 闭合性袖套置于易于接近的动脉上，通常位于尾部或肢体上。尾根部用于成马，跖动脉用于马驹。袖套应为适合的尺寸。
  - 袖套宽度应为肢体周长的40%或尾部周长的25%~35%，并且囊袋长度应为尾周长的80%。
  - **实践提示：**窄袖套导致血压偏高，宽袖套导致血压偏低。
  - 购买多种尺寸的袖套用以测量血压，以适应年龄和大小的变化。
- **实践提示：**间接测量通常较实际血压低10~20mmHg。如果血压监测仪上显示的心率与听诊心率不一致，那么血压值可能不正确！
- 袖套连接到市售的压力记录装置，该装置报告收缩压和舒张压读数以及心率。
- **注意：**报告的心率应与实际心率一致，以确保测量的准确性。
- 安静地保定，将头部保持在中间水平，并获得多个读数以提高准确性。

直接血压

· 通过使用动脉导管直接评估血压。这种方法是侵入性的，并且可能比间接方法具有更高的准确性，特别是在严重病例中（框表10-2）。

- 方便的导管插入部位：
  - 成马的面横动脉（20号导管）。
  - 马驹的跖外侧动脉（18或20号导管）。
- 建议无菌处理动脉导管插入部位。
- 经皮导管插入前，对清醒的马匹进行局部麻醉浸润。
- 通过将导管和充满液体的扩展装置连接到电子压力监测器，可以连续测量血压。
- 可以看到动脉压波描记；测量收缩压、舒张压和平均动脉压。
- **实践提示：**应限制延伸装置管道长度，并冲洗除去管内气泡以改善压力测量。

· 清洁的导管插入技术，以及在导管移除时施加直接压力，可最大限度地减少血肿的形成。

框表10-2　直接BP参考值	
成马：	马驹：
126~168mmHg（收缩压）	129~168mmHg（收缩压）
85~116mmHg（舒张压）	65~83mmHg（舒张压）
110~133mmHg（平均血压）	82~108mmHg（平均血压）

中心静脉压监测

· 中心静脉压（CVP）用于在前腔静脉内估测通过心脏泵送的静脉血体积，方法是通过从颈静脉插入长导管进入该区域来进行测量。

- CVP近似于右房压。
- 使用CVP导管套件或24in（61cm）静脉导管测量CVP。
  - 导管尖端必须位于前腔静脉或右心房，距离平均大小的成年马颈中区域的颈静脉插入口约50cm。颈静脉压低于CVP。
  - 在马驹中，导管位置可通过拍片确定；在成年马中，最好通过观察呼吸和胸膜内压力的变化来确定，其观测值应当是一致但具有细微变化的（0.5cmH_2O）。
  - 成年马匹和马驹的正常值在框表10-3中。

框表10-3　CVP参考值测量	
成马： 6~18cmH_2O 8~12mmHg	马驹： 3~12cmH_2O 2~9mmHg

- **实践提示：**随着时间推移的变化值可能比实际值更重要，因为实际值可能比测得的CVP偏高。
- 对于每次测量，压力计上的零位必须在马上保持完全相同的水平（约在心脏基部或肩部）（图10-1）。
- 每次测量时，马的头部位置应几乎相同。头部高度影响CVP。
- 电子监视器通常比水压计低约2cm。
- **实践提示：**要将cmH_2O CVP转换为mmHg，请乘以0.73554。

· 可以通过将导管和充满液体的延伸装置连接到压力计或压力传感器装置来测量压力。

- **实践提示：**半月形液面处有随呼吸节律的微小振动表示导管尖端就在此处。
- 液体凹液面的大幅波动表明导管尖端在心脏内插入中央静脉过度。
- 应使用一致的参考点。
- **实践提示：**在站立马匹中，参考点是肩端。在侧躺马匹中，参考点是胸骨。

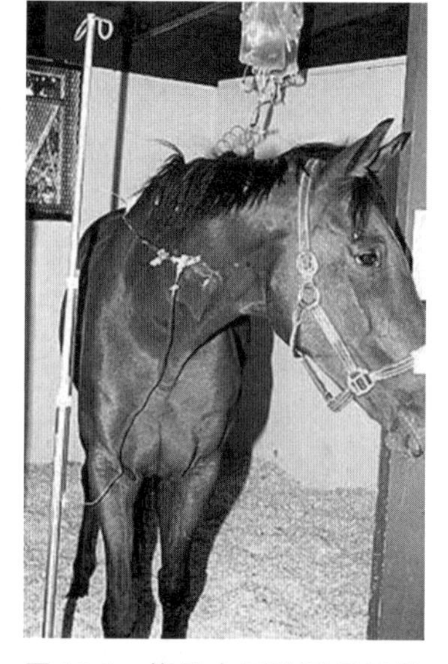

图10-1　使用水压计测量马的CVP

将压力计贴到静脉输液架上，使其在每次测量时保持相对于心脏基部的相同位置。

· 安静地保定并记录多个读数。

· 比测量单个CVP更重要的是，记录随时间或治疗效果的变化趋势（框表10-4至框表10-6）。

框表10-4　基于CVP的液体复苏终点	
成马：	15~24cmH_2O——停止液体疗法

框表10-5　与低CVP值相关的条件
· 血管舒张。 · 低血容量。 · 不恰当的参考点。 · 插入距离不足。

框表 10-6　与高 CVP 值相关的条件

- 容量过载。
- 右心功能障碍。
- 血管收缩。
- 心包和胸腔积液。
- 气胸。
- 正压通气。
- 心室导管插入术。
- 导管阻塞。
- 不恰当的参考点。

第 11 章
细胞学检查

Tracy Stokol

细胞学评估

细胞学评估对于马科医生来说是一种有用的技术。

· 最少需要的设备：玻璃载玻片、注射器、针头。

· 可在现场准备涂片，以便以后染色和检查。

· 可以对实体组织的病变和体液进行抽吸，并可以用活检标本制备压片，以便快速评估和进行潜在诊断。

获得细胞学诊断的能力取决于涂片质量和细胞构成以及细胞学家的熟练程度。

· 那些细胞数量不当以及细胞质量不佳（细胞变干、破碎）的玻片几乎无法用于诊断。

· 某些涂片（即使是细胞）也无法诊断。可能需要进行活组织检查和组织病理学检查。

· 需要通过广泛的培训和实践来提高熟练程度。

· 为了提高技能水平，可以保留重复的幻灯片，并将结果与临床病理学家的结果进行比较。可以将细胞学涂片与活组织检查的组织病理学诊断进行比较。

细胞学评估的诊断准确性存在固有的局限性：

· 涂片仅能代表被抽吸的部位，可能会错过局灶性或多灶性病变。

· 吸出物不用以评估组织结构，这对于诊断某些肿瘤，以及在某些情况下区分炎症与肿瘤至关重要。

· 抽吸或印迹的结缔组织或纤维组织（如肉瘤）剥落不良。

· 囊性或充满液体的病变通常是无法诊断的。尽可能地吸出囊壁或实体组织。

应该做什么

细胞学标本的制备

通过准备高质量的玻片来优化读片。涂片质量受到样品采集、玻片制备、玻片染色以及样品储存和处理的影响。

收集标本

组织的细针抽吸

使用21~22号针头以及5~12mL的注射器对实体器官或肿块进行抽吸，当针头位于组织内，施加轻微的吸力以吸出细胞。重新调整针头方向，反复抽吸数次（不离开组织）以最大化采样区域。做完抽吸后，从注射器上取下针头，向注射器注入空气，然后将针头放回。将针的斜头靠近滑面，然后使用充了气的注射器将吸出的组织轻轻地排出到几个载玻片上。使用压片技术轻轻地将组织铺展在载玻片上（参见下文和图11-1和图11-2）并快速风干涂片（更多信息见下文）。

· 较大孔的针头会产生较厚的组织块（不能很好地涂抹），增加血液污染的风险。

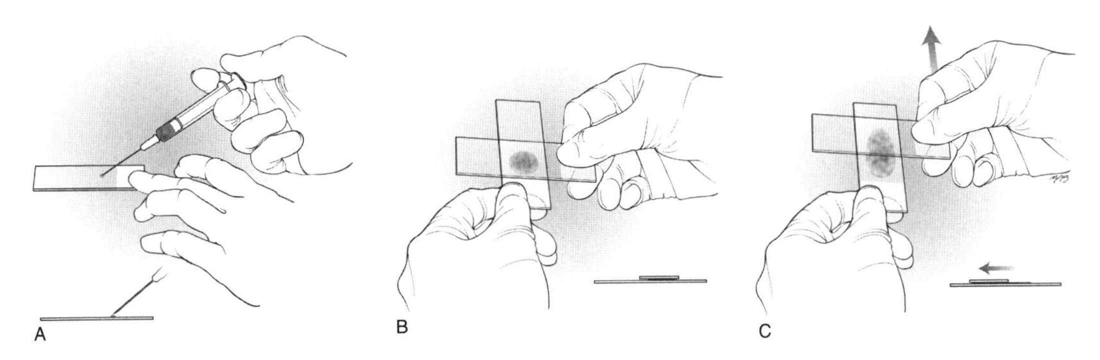

图 11-1　用吸出物制备压片涂片

A. 吸出病灶后，将针尖斜面朝下，放在磨砂末端前方的干净玻璃片表面上。压下柱塞，轻轻地将少量吸出物排出到玻片上；可以同时制备多个玻片。理想的液滴直径是 4~5mm　B. 将第二张玻片（用于涂布的玻片）直接放在第一张玻片上方的液滴处。这样能够让液滴变扁。涂布玻片可垂直放置（如图所示）或平行于底部玻片。让液滴在两个表面之间扩散；只是让两个玻片的表面相接触，而不要对任何一个玻片施加额外的压力　C. 轻轻地、平滑稳定但快速地向前移动涂布玻片；这样能够沿玻片长轴扩散液滴，从而产生一个薄层涂片。然后快速风干玻片。可以重复使用涂布玻片来制备一个或两个额外的压片，然后再将其丢弃。请注意，如果在玻片上放置的液滴太大，则在玻片上可能不容易将其分离，且无法获得羽毛状边缘

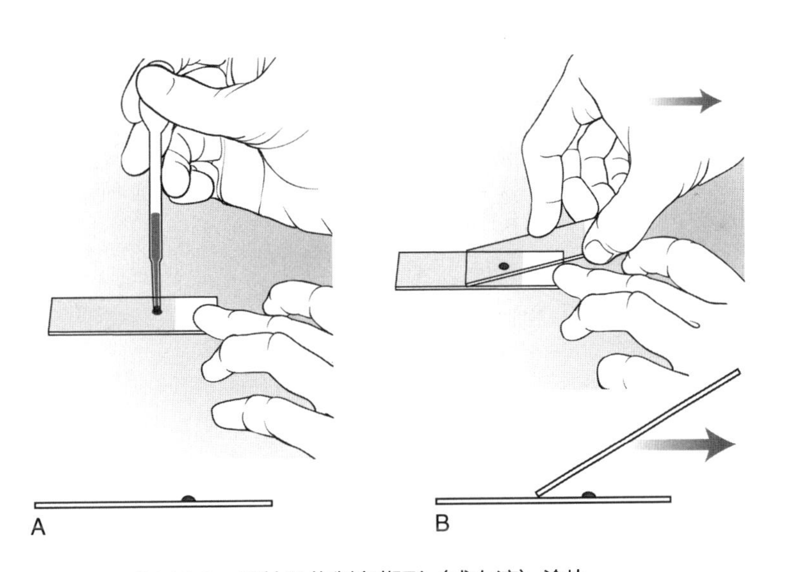

图 11-2　用抽吸物制备楔形（或血液）涂片

A. 将一滴吸出物放在玻片的磨砂边缘正前方；理想情况下，直径应为 4~5mm。对于液体样本，可以使用塑料巴斯德吸管或微量血细胞比容管。使用巴斯德吸管时很难控制液滴的大小；要获得一个小液滴，用吸管的尖端轻轻触碰玻片的表面（不要挤压吸管头部）。可轻微敲击微量血细胞比容管以在玻片表面上形成小液滴　B. 将涂布玻片直接放在底部玻片上，在液滴前面，然后向后滑动，使涂布玻片的边缘接触整个液滴

- 较小的针头可能会使得细胞发生破裂，从而导致标本无法诊断。
- 体积较小的注射器不能提供足够的真空压力来破坏组织。

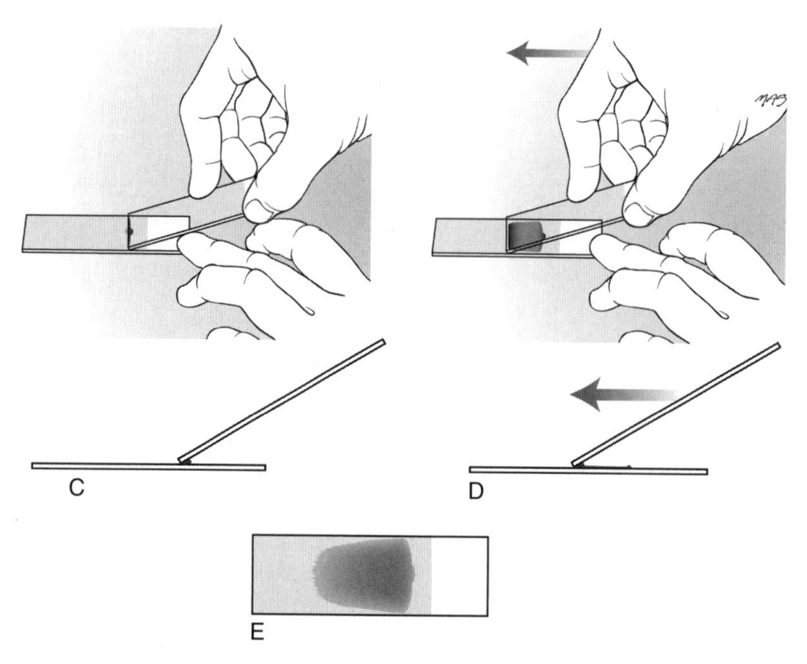

图 11-2　用抽吸物制备楔形（或血液）涂片

C. 然后液滴将沿着涂布玻片的边缘展开　D. 使用快速而平滑的运动，并且保持玻片之间的均匀接触（这是有必要的），轻轻地沿着滑块的整个长度推动涂布玻片和液滴。快速风干玻片。不要在涂布玻片上施加任何压力，避免在到达涂片末端时抬起涂布玻片。涂布玻片和底部玻片之间的角度很重要：它应该是大约 40°，如侧视图所示。如果角度太低或太高，则所得的涂片分别会太长或太短。重要的是，沿着底部玻片进行涂片的整个过程都要保持该角度。如果进行多次涂片，请为每个新的涂片使用干净的边缘（新鲜的涂布玻片）　E. 理想的涂片结果是长度不超过玻片长度的 3/4 并且具有羽毛状边缘

- 对载玻片进行剧烈抽吸或排出会导致血液污染，并可能使细胞破裂。
- 良好的抽吸物看起来是“干燥的”。在抽吸过程中，如果抽吸或抽出组织时过于剧烈，将细胞收集到针头接口或注射器针筒中，从那里无法获取样品。
- 制备多个载玻片需要额外的染色程序，如革兰氏染色。

液体标本

获取肺部分泌物样本［气管冲洗和支气管肺泡灌洗（BAL）］和体腔液［腹膜（PTF）、胸膜(PLF)、脑脊髓（CSF）和滑膜（SF）］的技术在别处讨论（见特定器官系统章节）。

- 最好使用含有乙二胺四乙酸（EDTA）的紫顶管，因为EDTA能够保持细胞形态，抑制（但不预防）细菌生长，并阻止血凝块的形成。
- 将血液收集到非抗凝血（红顶）管中以确定样本凝块（有助于区分出血和血液污染）是有价值的。
- 如果需要进行细菌培养或测量生化分析物（如葡萄糖或酶），请将一部分液体置于无菌非抗凝（红顶）管中。如果有可能需要进行长时间运输，请使用微生物运输系统进行培养。
- 始终使用新鲜收集的液体进行涂片，以优化细胞学检查结果（更多信息见下文）。

外科组织活检 / 尸检组织

由于细胞学比组织病理学得出结果的时间更短，因此可以对样品进行细胞学检查以便快速诊断。此外，将细胞学与组织病理学结果相关联，有助于改善细胞学诊断技能。细胞学涂片（印迹和刮屑）可以通过手术活检或尸检标本制备（见下文）。

- 细胞死亡后迅速恶化，因此在安乐死后应尽快收集样本。尸检时获得的自溶组织和体腔液只能产生极少的诊断

信息。

• 避免将玻片和液体样品暴露于福尔马林中（液体或烟雾），这会引入染色伪影（图11-3）。

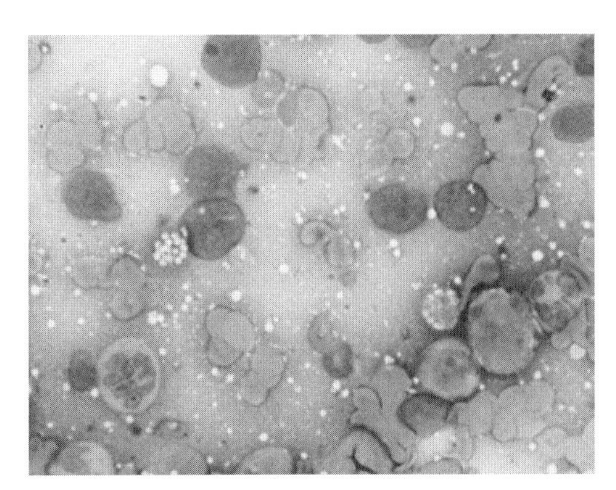

图 11-3　福尔马林导致的伪影

福尔马林使涂片呈蓝绿色调，妨碍了充分染色。福尔马林蒸汽可能会从封闭容器的盖子中泄漏出来，因此如果其要与细胞学玻片（瑞氏染色，放大1 000倍）一同运送，应使用封口膜密封盖子。

玻璃载片的制备

一般原则

收集后尽快准备玻片。这对于液体样品尤为重要，原因如下：

• 采集后，液体样本中的细胞保持活力并起作用。
  • 细菌被中性粒细胞吞噬，该情况类似于败血症。这在样品采集后（1h内）很快就会发生。
  • 红细胞会被巨噬细胞吞噬，模拟先前出血的情况。这在样品采集的几小时内发生。

• 随着时间的推移，细胞发生固缩，或开始在体外溶解并变得无法识别。

• 随着时间的推移，可能会发生细菌过度生长，影响细胞计数（细菌被视为细胞），遮蔽或裂解细胞，产生无法诊断的标本。

使用新的预清洁玻璃玻片，最好是带有磨砂末端：不要清洗玻片并重复使用。用铅笔在磨砂末端标记载玻片（标本、部位、患者编号）。若使用记号笔，其墨水（包括永久性标记）会在染色期间溶解。

始终快速风干载玻片，推荐使用吹风机（设定为高温，在干燥期间拿住载玻片的背面或非细胞侧，并将其保持在吹风机的喷嘴附近）。无须热固定。细胞不会在缓慢干燥的涂片中发生扩散，这将导致细节模糊并妨碍评估。

• 中性粒细胞可能被错误识别为淋巴细胞。
• 当细胞发生“蜷缩”时，细菌将很难在细胞内检测到。
• 细胞很难通过大小区分；例如，淋巴母细胞类似于淋巴细胞。

涂片准备技术

对于所有样品，避免将样品放置在玻片边缘或边缘附近。大多数自动化染色机都会略过这些区域，并且难以使用较高功率的目镜对其进行检查。液体和抽吸物的一般涂片类型是楔形和压扁的涂片（图11-1和图11-2），而对于外科活检/尸检，组织样本为印迹和刮屑。

• 楔形：血液，低黏度液体（腹膜、胸膜、非黏液性囊液）。
• 压扁状：吸出物，黏性液体（气管清洗液、滑液或黏液），组织刮屑。
• 印迹：外科活检或尸检组织。
• 刮屑：手术活检或尸检组织，为组织坚硬或呈纤维状时的最佳选择。

抽吸

一旦将样品置于载玻片上，就轻轻地制作出楔形涂片，然后快速风干。若吸出物为非黏液性液体，也可以制成楔形涂片。

• 粗暴操作会破坏细胞，产生一串细胞核碎片（可能类似真菌菌丝或链状细菌），并妨碍细胞识别，产生无法诊断的样本。

体腔液体

对未浓缩（直接）或浓缩（沉淀）液体使用楔形或挤压技术（图11-1和图11-2）制备涂片。可以对液体样品进行浓缩以优化细胞产量。所需浓度取决于实验室中的细胞计数，但也可以根据液体的不透明度和浊度进行主观判断。

• 不透明/浑浊/絮状液通常是高度细胞性的：直接涂抹制片。
• 透明/透明液体通常是细胞性不良的：制作沉淀物抹片。

通过低速离心（例如，尿液离心）可以实现浓缩/沉降。离心后，除去大部分上清液（用移液管或通过快速倒置离心管），留下小体积（约0.25mL）用于重悬浮沉淀（在低细胞性样品中可能不可见）。然后将一小滴重悬的沉淀物置于载玻片上以进行涂片。颗粒状沉淀物不能用于细胞计数，因此只能浓缩一部分样品，留下剩余部分用于计数，且实验室可以从未掺杂的液体中制备其涂片。诊断实验室可以使用前述技术制备沉淀物涂片，但也有细胞离心机，以最大限度地浓缩不良细胞样本（如CSF）。

外科活组织检查 / 尸检标本

要获得最佳印迹，请进行以下操作：

• 始终使用新鲜切割的表面，用纱布或纸巾轻轻擦拭，以从待印迹的表面去除多余的组织液或血液。

• 轻轻地将组织表面与几个载玻片接触，每个载玻片上印几个（3~4个）印迹。推荐使用多张玻片，每张制作少量印迹，而不是仅在一两张玻片上制作很多印迹。

坚硬的纤维组织可能不会脱落，往往需要更有力的刮擦：

• 如果样本足够大，请取出手术刀片（例如，# 10），使刀片边缘与切割表面垂直，轻轻刮掉细胞。

• 将刀片边缘上积聚的组织接触、敲击或擦拭到载玻片上，用于制作压片（由于这些样本较厚，施加比平时更大的压力）。

准备高质量涂片的关键

• 收集后尽快准备；使用干净、高质量的玻璃载玻片（最好带有磨砂末端，便于标记）。

• 如果细胞量较少（透明或透明），则应将一部分液体样本浓缩。

• 使用新鲜切开的印迹表面进行印迹或刮擦。

• 制作抹片时要温和——接触均匀，不施力。

• 快速风干涂片。

• 标记患马身份或主人姓名以及地点/液体类型。

• 根据需要，可制作多个玻片，以便进行额外的染色操作，若需要还可保留重复的玻片用以比较结果。

染色

罗氏染液（Romanowsky）或多色染色剂

罗氏染液或多色染色剂是标准细胞学染色剂，基于天蓝色（蓝色，碱性）和曙红（红色，酸性）染料的组合。碱性染料与酸性结构（DNA，RNA）结合，染成各种色调的蓝色和紫色，而酸性染料将细胞质中的碱性结构染成不同色调的红色。这些染色的例子如瑞氏（在大多数兽医实验室中使用），May-Grünwald，姬姆萨和“快速”多色染色剂（例如，Diff-Quik，Dip Stat，STAT Ⅲ）。后述的这些染色方法广泛应用于兽医实践，但是也存在一些缺点：

• 染色不足很常见（图11-4）；因此，较好的方法是在加入油或盖玻片之前，检查载玻片以确定染色是否足够[即细胞核应为蓝色，红细胞（RBC）应为红色]。

  • 浓稠的细胞或蛋白质样样品需要更长的染色时间。较薄的具有微量细胞且蛋白质量正常的样品，使用常规染色操作即可充分染色。

  • 如果染色不充分，可以对玻片进行重复染色。（注意：省略固定这步，并将其加入适当的染色罐中。）

• 肥大细胞和一些淋巴细胞内的颗粒物质（细胞毒性T细胞或自然杀伤细胞）着色较差或根本不着色。这可能导致错误的细胞识别。

• 核仁更突出，可能导致非肿瘤性病变中的肿瘤。

• 核染色质更均匀。临床病理学家经常使用染色质模式来帮助识别细胞的成熟度（例如，轻度点染的染色质=不成熟），特别是在淋巴细胞中；这些微妙的特征会由于快速染色而丢失。

• 颜色呈现出“黑与白”，其缺乏瑞氏染色阴影的复杂性，而这种复杂的阴影是有助诊断的。

• 细菌和真菌可以在污渍中繁殖并黏附在载玻片上

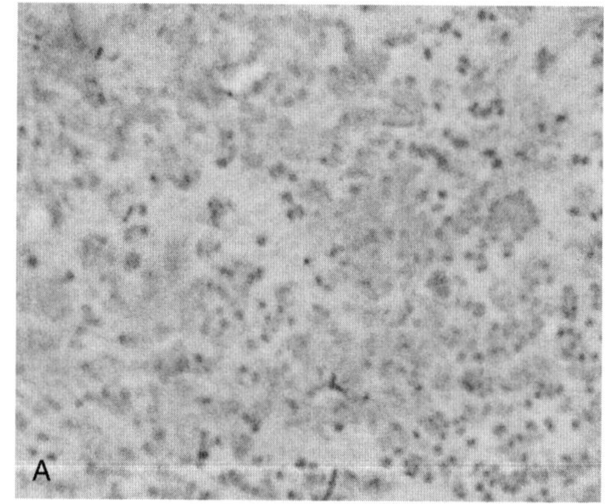

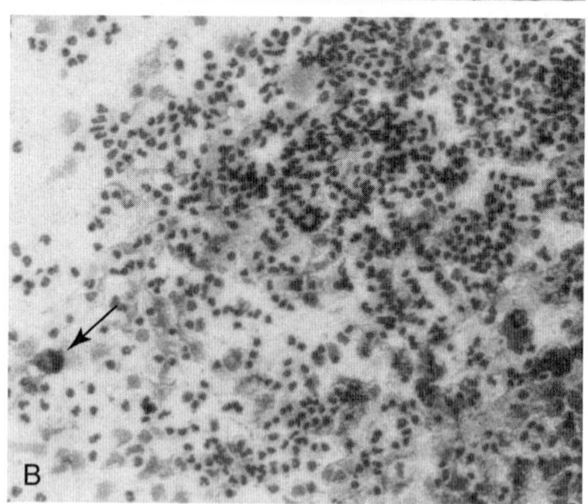

图 11-4 染色不足的气管冲洗液的直接涂片

A. 在这种染色不充分的涂片中，无法将单个细胞与背景黏液区分开 B. 重新染色后，许多中性粒细胞和单个巨噬细胞（箭头）很容易在条纹状的黏液背景中进行鉴定（Diff-Quik，放大 200 倍）。如果涂片尚未涂油或盖上盖玻片，则可以对先前染色的玻片进行复染

(图11-5)。这些很容易被误认为是真正的病原体。

- 方法如下:
  - 第一个固定步骤中，酒精会迅速蒸发。
  - **实践提示:** 为延长保质期，请将其存放在密封容器中，并仅在需要时放入染色罐中。
  - 随着时间的推移和重复使用，染色质量会下降。如果发生这种情况，请更新染料。
  - 染色沉淀物会在较老的污渍中形成，有点形似细菌（图11-6）。如果这成为问题，则丢弃旧染料，清洁染罐（用乙醇或甲醇），并补充新鲜染料。严重染色的罐子可能需要更换。

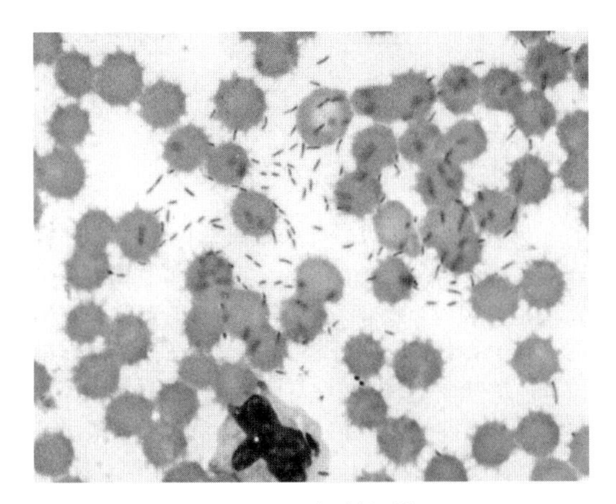

图 11-5　细菌污染

快速多重染色中的细菌污染是在整个涂片中发现的大型杆菌。它们覆盖了细胞并且稍微偏离出焦点平面（Diff-Quik，放大1 000倍）。

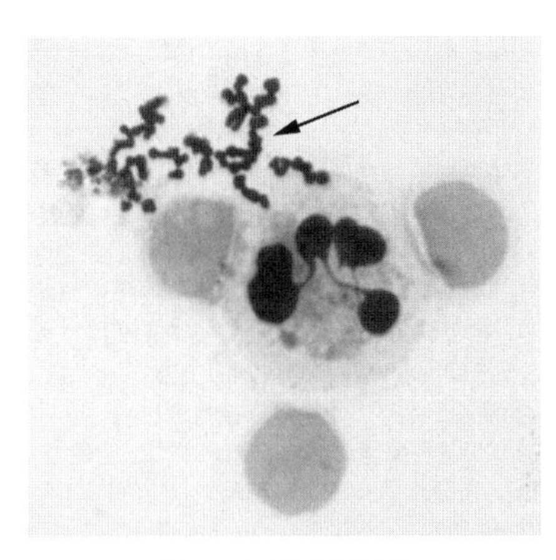

图 11-6　染色沉淀物

染色沉淀（箭头）可能难以与球菌区分开。细菌在大小、形状和外观上比沉淀物更均匀，使用瑞氏染色（瑞氏染色，放大1 000倍）后细菌被染成蓝色而不是紫色。

快速多色染色的关键

- 遵循制造商推荐的染色方案，但如果涂片很厚，则延长红蓝染料的染色时间或“双重”染色。
- 让玻片风干，干燥时不要触摸。
- 在加入油或盖玻片之前检查涂片。如果染色不充分，则重新染色。
- 妥善保管染料；经常更换它们，不要加满，以尽量减少污渍沉淀和细菌生长。

其他污渍

革兰氏染色

所有细菌（分枝杆菌属除外）经多色染色呈蓝色，但需要经革兰氏染色将其分为革兰氏阳性或革兰氏阴性。充分脱色（样品较厚时可能具有挑战性）是必要的。

- 如果细胞核被染成红色，则涂片已充分脱色。
- **实践提示:** 若细胞核呈蓝色或黑色，则此时不应进行革兰氏染色读片（革兰氏阴性细菌可能不会充分脱色并出现革兰氏阳性）。

普鲁士蓝染色

铁血黄素（一种铁的储存形式，来自单核吞噬细胞内血红蛋白分解）在罗氏染色中染成绿褐色至灰黑色，但可能难以与吞噬细胞碎片或其他色素区分。普鲁士蓝可将三价铁（以含铁血黄素的形式）染为蓝色并且是一种有用的染色剂，用于确认细胞内色素是否含铁血黄素（在大多数细胞学标本，若在巨噬细胞中观察到该色素，则确切提示先前出血）。

真菌染色

在罗氏染色的细胞学标本中通常很容易观察到真菌或酵母，因为它们被染成蓝色。然而，降解后的真菌菌丝可能难以鉴定，特别是当它们位于坏死的细胞碎片中心时，这通常伴随着感染。银染的真菌真丝在细胞学样本中极易辨别

（图11-7）。

细胞化学 / 免疫细胞化学

细胞化学和免疫细胞化学用于确定细胞涂片的细胞谱系（仅限于未染色的涂片）。这些技术的主要用途是对造血肿瘤（白血病、淋巴瘤）进行分类，但也可用于实体肿瘤。免疫细胞化学通常需要丙酮或福尔马林进行固定（取决于抗原）。

- 细胞化学通过分解特定底物的能力来检测胞质酶。粒细胞和单核细胞通常富含这些酶（如髓过氧化物酶），因此这些染色经常用于马急性白血病的分类。其中一些酶也会在实体瘤中表达，它们的存在有助于确诊特定的肿瘤（如骨肉瘤表达高浓度的碱性磷酸酶）。由于使用福尔马林固定会破坏酶的活性，所以这项技术仅限用于血液或细胞学样品。
- 免疫细胞化学通过抗体检测表面或细胞内抗原，主要用于识别淋巴细胞亚型，如在血液或细胞标本中的辅助T细胞（表达CD3和CD4）、细胞毒性T细胞（表达CD3和CD8）和B细胞（表达表面IgM或CD19样分子）。某些类型的实体瘤中表达的抗原也可以被检测出来，从而有助于对特异性诊断进行确诊［如血管肉瘤中的血管性血友病（von willebrand）因子，用于区分癌和肉瘤的细胞角蛋白］。由于某些抗原（如CD4和CD8）会被福尔马林固定液破坏，因此通常更多抗体会用于细胞学而非组织学标本。当该技术被用于对造血细胞进行分类与分型时，被称为免疫表型。

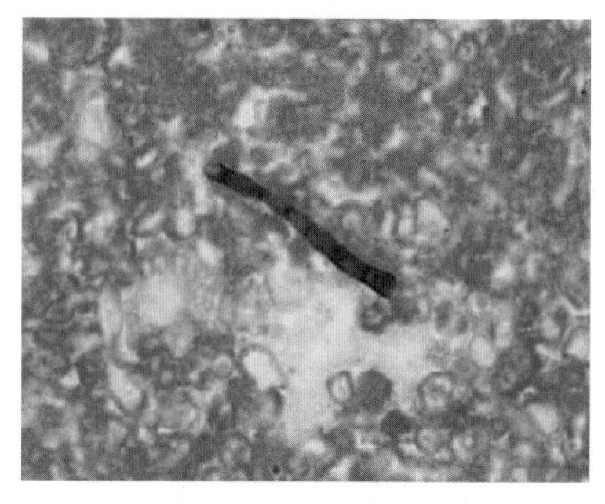

图11-7　真菌菌丝

在罗氏染色的细胞学涂片中难以检测到真菌菌丝，特别是当菌丝壁降解并且被坏死的细胞碎片包围时。Gomori-Grocott氏六胺银染色法（GMS）染色能清楚地显示真菌菌丝，菌丝在绿色背景中被染成黑色（GMS染色，放大1 000倍）。

细胞学评估

由抽吸物或印迹制成的涂片的评估仅包括显微镜检查。除了显微镜检查外，对体液（腹膜、胸膜、脑脊髓、滑膜）标本的全面评估，包括：

- **有核细胞和红细胞计数**：兽医实验室使用自动计数器，但在诊所中可以使用血细胞计数器和稀释传输装置（如Leuco-Tic）进行计数。动物旁检测仪（Point-of-care analyzers）（例如，LaserCyte，HemaTrue，VetScan，Forcyte）用于进行液体的细胞计数时，其精度可变。Forcyte被宣传为已批准用于关节和腹膜液的细胞计数。在诊所中大多数机器用于测量液体中的细胞计数，它们可能不足以检测低计数，纤维蛋白、小血凝块或黏性样品可能堵塞管道。还可以通过把精心准备的液体样品进行直接涂片，来估算计数；但是，这需要丰富的经验。
    - 分析仪计数包括所有有核细胞，包括间皮细胞；也就是说，计数不等于白细胞计数。
    - 分析仪会将细菌团块、原生动物和碎片“看成”有核细胞，这将产生错误的细胞计数。
- 总蛋白质：通过折射计测量数值，并可与相对密度互换使用。对于细胞或血液，使用离心的等分试样的上清液测量总蛋白质。注意：在脂质样品或未充满的EDTA管（在3或5mL EDTA管中，＜0.2mL液体）中，可能会导致用折射计获得的总蛋白值错误地发生增加，因为EDTA会提高折射率。后一种伪影在只能获得少量液体的体腔中（如SF）。

- **涂片的显微镜检查**：由液体样本制成的涂片的类型，在实验室之间有所不同，不过通常是基于细胞计数：
  - 细胞不良（有核细胞计数＜3 000个/μL）：细胞离心涂片器。
  - 中度细胞（有核细胞计数在3 000~30 000个/μL）：沉淀物。
  - 高度细胞（有核细胞计数＞30 000个/μL）：直接（未浓缩）。
  - 含血量高的液体（红细胞计数＞1 000 000个/μL）：直接和血沉棕黄层。
- 如果从马的体腔中仅获得少量液体，则应首先准备用于显微镜检查的涂片。特定的诊断信息（例如，退行性中性粒细胞和胞内细菌）通常仅能通过涂片检查获得。
- 测量蛋白质含量和对有核细胞进行计数，仅能提供一定的支持信息，且后者可通过直接涂片估计。

应该做什么

存储和处理

大多数兽医将细胞学标本提交给兽医诊断实验室进行检查。

- 提前联系实验室，以获得建议的样品处理和提交程序。
- 提供完整的病史，包括相关临床症状、病变的详细描述以及影像学结果（如果有）。这些信息是必不可少的，这有助于临床病理学家提供最佳解释，并酌情建议进行其他诊断测试。
- 正确标记所有的玻片/试管（参见涂片制备技术）。注意：染色后的胶带或黏性标签会变得无法阅读，黏附在染色器皿中或在染色过程中脱落。
- 提交所有涂片，最好是未染色的。
  - 根据需要，临床病理学家可以使用合适的染色剂，若需要还可进行其他染色。
  - 染色前，无法从整体外观上判断涂片质量/内容。涂片可以“看起来”细胞较多，但在染色时却发现它可能主要由碎片或血液构成，而不存在完整的细胞。
  - 可用于诊断的组织或许只出现在几张涂片中的其中一张上。许多临床医生会对玻片进行染色以确保有足够的细胞量。同时提交此玻片（它可能是唯一的诊断样本）。
- 将玻片装入安全、防破裂的容器中。
  - 使用塑料玻片。纸板的玻片盒是不够的；玻片经常会在其中发生破碎。
  - 使用保护性包装以增加安全性（气泡纸、泡沫花生）。
  - **实践提示**：不要冷藏玻片。在玻片预热时，形成的水分会裂解细胞。
- 对于液体，请考虑以下事项：
  - 将液体冷却储存起来，然后尽快运送到实验室。避免直接接触冷冻的冷敷袋（用纸巾包裹管子）；冷冻裂解细胞。
  - 收集后立即准备涂片，以克服因存储导致的伪影（吞噬活性、细菌过度生长、细胞裂解）。明确抹片类型（直接或沉淀）。
  - 防止极端温度（热或冷）；例如，夏天不要置于阳光下。
- 保护所有标本（玻片、液体）免受福尔马林烟雾/液体的影响。如果需要的话，将细胞学制剂与福尔马林组织罐分开运送。

标本存储和处理的关键

- 提供完整详细的病史记录。
- 适当标记玻片/管。
- 提交所有涂片，即使预染也是如此。
- 始终保持液体样品的冷却状态。
- 避免极端温度及福尔马林烟雾和玻片上有水分。

- 收集后尽快发货。

显微镜检查

玻片检查最重要的是保持一致性；形成一致规范的技术并避免走捷径。这可确保彻底并最大限度地减少错误。可能检查结果并不总能获得明确的诊断结果；但如果使用合理和系统的方法，通常可以快速识别出一般的疾病过程（炎症或肿瘤）。对于即时的病例管理而言，并不总是需要一个明确的诊断；初步的调查结果可能会修改诊断计划或指导初始治疗。如果对任何解释或诊断或病理相关的细胞学发现存在疑问，请始终将样本提交给临床病理学家进行评估。

- 用4~10倍的物镜扫描涂片，评估染色质量，确定细胞区域，找到最佳的检查区域（薄的、充分扩散且细胞完整）。
- 在扫描过程中，寻找较大物体，如细胞、晶体、异物/寄生虫和真菌菌丝。
- 确定最佳的区域或独有的特征后，最好使用油浸物镜（50~100倍）进行详细检查。必须使用40倍物镜和玻璃盖玻片（在载玻片上放一滴油，然后放上盖玻片）。
  - 识别细胞：正常的组织细胞（例如，气管冲洗液中的纤毛柱状上皮细胞）、反应性细胞（如成纤维细胞）、炎症或肿瘤细胞。
  - 寻找传染性病原体（鉴定细菌需要将其放大100倍）。
- 识别出伪影/伴随性的发现，通常导致误诊：
  - 在涂片制备过程中会破坏污迹细胞（图11-8）。不要检查这些细胞；核和细胞轮廓以及细胞质特征应该清晰可辨。污迹细胞的核内容物流出，形似真菌菌丝或链状细菌。有些细胞本身就很脆弱，更容易发生破裂：
    - 淋巴细胞，特别是肿瘤（淋巴瘤）。
    - 在败血症时的退化中性粒细胞。
    - 内分泌肿瘤。

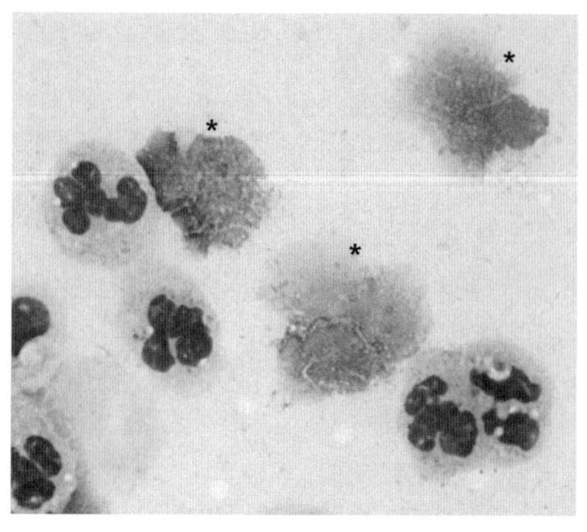

图11-8 污迹或“篮子”细胞

在制备涂片时，污迹细胞（*）已经破裂，在进行细胞学评估时被忽略（瑞氏染色，1 000倍放大）。

- 染色沉淀物很难与球菌区分开来（图11-6）。
  - 手套内粉末的淀粉颗粒（图11-9）可能被误认为是异物。

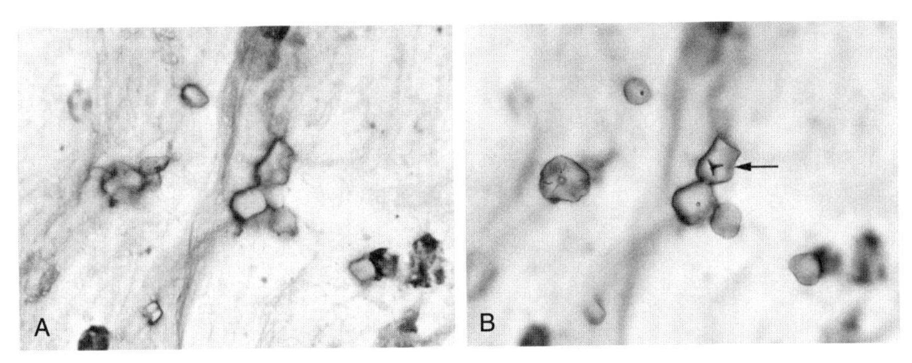

图 11-9 气管冲洗液中的淀粉颗粒

A. 淀粉颗粒较大、不规则、呈方形到六角形、为无色到绿蓝色，是来自于乳胶手套粉末的折光晶体 B. 通过调整焦点，可识别出其特征性的中心交叉（箭头）或凹陷

应该做什么

有效的显微镜检查的关键

- 形成一致、全面的技术。
- 仅检查充分染色的涂片；如果需要，应重新获得涂片。
- 在放大4~10倍后进行扫查，识别出感兴趣的区域。避免细胞扩散不良的厚区域。
- 在40~100倍目镜下进行详细检查。
- 若不确定诊断结果或对相关发现有不确定的，请将标本转诊给临床病理学家。

一般疾病过程

出血

红细胞成分在绝大多数细胞学标本中不可避免。关键是要区分出血液污染和真正的出血。

- **实践提示：**对于从体腔采集的标本，观察进入注射器/管的液体。开始是清澈的然后变红的液体（反之亦然）是被血液污染的。
- 可以将等份的血性液体置于红顶管中，以评估血凝块的形成。凝血表示血液污染，急性病理性出血或脾脏穿刺（用于腹腔穿刺术）。
- **实践提示：**已经丢失到体腔内的血液会迅速脱纤维；因此，大多数真正的出血性渗出物不会凝结。
- 红色或红棕色上清液提示先前出血（RBC随着时间裂解）。若样本处理不当（剧烈摇动、暴露于极热或极冷的环境中、长时间存放），RBC可在体外溶解。
- 血小板提示血液污染或超急性出血。
- 噬红细胞和噬血铁黄素（图11-10）提示先前出血。
- 红细胞增多症会在体外数小时内发生在血性液体中，由于在采集后没有及时准备涂片，导致形成这些人为的细胞。

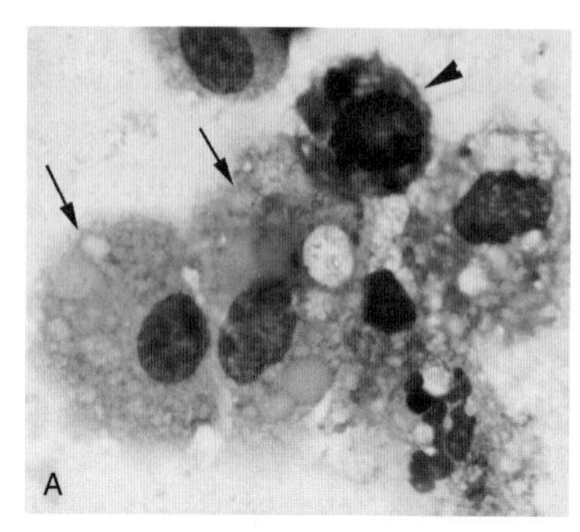

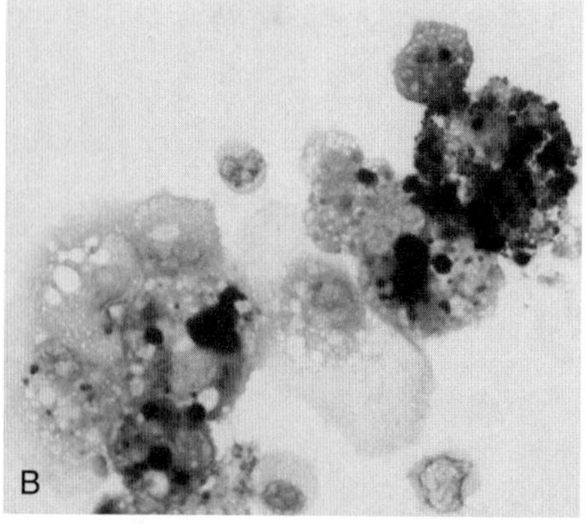

图 11-10　运动诱发型肺出血的马气管冲洗液，其中含有噬红细胞和噬血铁黄素

A. 巨噬细胞内含有吞噬的红细胞（红细胞；箭头）和数量不定的暗浅褐色至黑色的色素（噬血铁黄素 箭头）（瑞氏染色） B. 细胞质色素可用普鲁士蓝染成蓝色至黑色（取决于其数量），确定了细胞内含有铁血黄素（普鲁士蓝染色，放大 1 000 倍）

· **注意**：噬血铁黄素不会在体外发生（细胞不能存活足够长的时间来产生含铁血黄素），因此它们总是提示先前的出血。

· 胆红素晶体（图11-11）：这些亮黄色菱形晶体是在低氧条件下，组织中血红蛋白产生胆红素的形式，提示先前出血。

· **实践提示**：单独进行细胞学检查无法区分特急性出血（红细胞吞噬过早）和血液污染。在这两种情况下，都可以看到血小板，并且没有噬红细胞或噬血铁黄素。在采样过程中观察是否有血液污染的证据可能是这些病例的关键，以及体腔的超声检查（出血比漏出液或渗出液的回声性更强）以及临床症状。对于出血，液体通常颜色均匀，但是由于血液污染，可能存在与体腔液体混合的血丝。

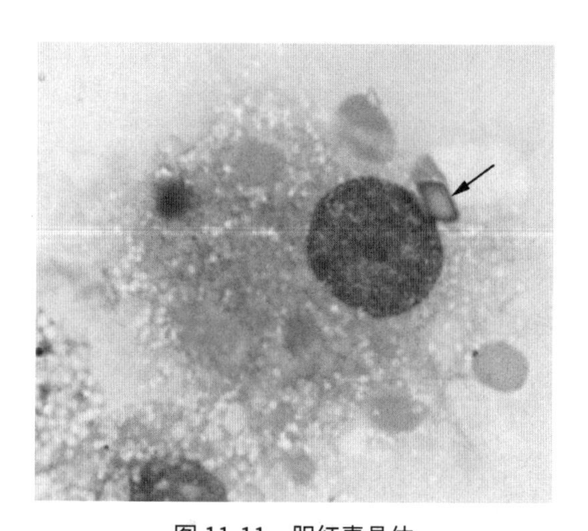

图 11-11　胆红素晶体

这些明亮的黄色折光晶体（可见于红细胞内，箭头）是在低氧张力条件下由血红蛋白产生的一种胆红素类型，指征先前有出血（瑞氏染色，1 000 倍放大）。

识别出血的关键

· 样本采集过程中红色的变化提示血液污染。

· 伴有血小板的红细胞意味着血液污染或特急性出血。

· 噬红细胞、噬血铁黄素和胆红素晶体意味着先前出血。

· 噬红细胞、噬血铁黄素和胆红素、红细胞和血小板是指近期的和先前的出血或先前出血造成的血液污染。

· 储存的液体样本中有噬红细胞，但没有噬血铁黄素或胆红素，该情况可能是体外的人为因素。

炎症

由于肿瘤在马中相对罕见，因此急诊细胞学评估的目的是检测出或排除存在的炎症过程和潜在的致病微生物。炎性细胞数量增加提示炎症，并且根据细胞的类型，特别是对中性粒细胞、嗜酸性粒细胞、淋巴细胞和巨噬细胞（也称为组织细胞）进行分类。肥大细胞和嗜碱性粒细胞很少被视为马的炎症反应的一部分。炎症细胞的类型也可以提示炎症的持续时间。

· 化脓性：中性粒细胞构成＞85%的炎性细胞，意味着炎症是急性的或持续时间短。这通常（但不总是）由细菌感染引起的。根据外观可以对中性粒细胞进一步描述（图11-12）：

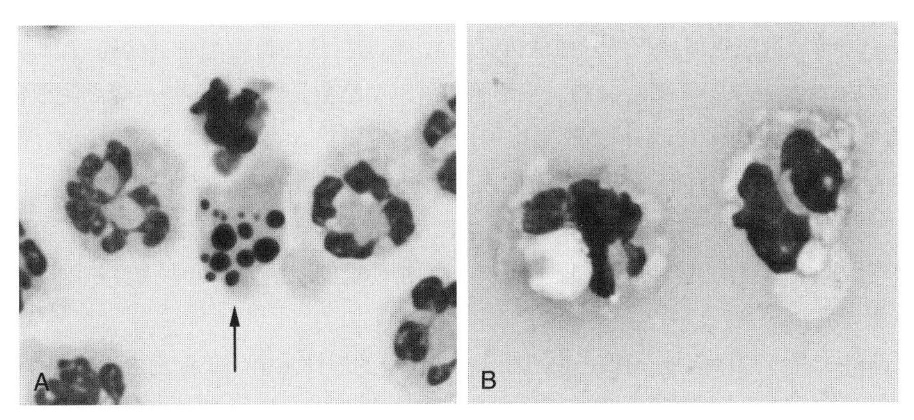

图 11-12　细胞学标本中的中性粒细胞外观

A. 非退行性中性粒细胞具有分段的细胞核，成熟的浓缩核染色质，以及粉红色的细胞质颗粒。一个表现出核浓缩和碎片化（核破裂）的中性粒细胞正在经历渐进性细胞死亡（细胞凋亡；箭头）　B. 退行性的中性粒细胞具有肿胀的细胞核，染色质较淡（核溶解），并且细胞质的空泡数量增加，缺少粉红色颗粒（瑞氏染色，放大 1 000 倍）

- 非退行性：中性粒细胞与血液中的中性粒细胞是相似的；也就是说，细胞核是完整的，具有浓缩的染色质。
- 退行性的：中性粒细胞具有肿胀的、扩张的和空泡化的细胞质，并且正在发生核溶解（苍白的、肿胀的、破坏的细胞核）。这些变化通常（但并非总是）见于感染性（细菌）的炎症。注意：中性粒细胞在体外溶胀并积聚了液体样本，这类似于退行性变化。因此，退行性中性粒细胞的评估应仅在新鲜液体的涂片中进行。

- 核固缩和核碎裂：细胞核凝聚和碎裂。这提示细胞凋亡（程序性细胞死亡）或坏死，并且通常不是由于感染性原因。

· 淋巴细胞性：大多数是淋巴细胞，特别是具有一些大细胞或反应性小细胞。可以看到一些浆细胞。这意味着更慢性的过程或抗原刺激。

· 组织细胞性：巨噬细胞占主导地位。这些可以是空泡化的或非空泡化的，并且可以显示吞噬活性（白细胞、RBC、分泌产物、非特异性碎片）。有些可能是多核的。通常，这意味着长期炎症或由持续性的抗原（例如，异物、真菌或分枝杆菌）引起的炎症。组织细胞炎症通常与肉芽肿性炎症同义，尽管后者是最适用于组织学标本（具有肉芽肿的结构特征）的术语。

· 嗜酸性粒细胞性：发现许多嗜酸性粒细胞，可能伴有少量肥大细胞和/或嗜碱性粒细胞。这提示对过敏原或寄生虫产生的超敏反应。

· 混合性：样品由炎性细胞混合物组成。根据存在的细胞类型进一步分类，例如淋巴浆细胞性、中性粒细胞性和组织细胞性。

- 非脓性：淋巴细胞和巨噬细胞的混合物，中性粒细胞很少。这意味着炎症是慢性的或持续时间较长。
- 中性粒细胞性组织细胞性（脓性肉芽肿）：非退行性中性粒细胞（60%~70%）和巨噬细胞（30%~40%）的混合物，浆细胞和淋巴细胞数量较少。多核巨噬细胞很常见，有一些异物巨细胞（细胞核不规则排列）。这通常是由异物和真菌或高级细菌（例如分枝杆菌）的感染引起的。注意：脓性肉芽肿这一术语最适用于存在特征性的结构特征的组织病变（呈环形病变，其中央核心由中性粒细胞组成，组织细胞于四周包围，并存在一些多核巨细胞）。对于细胞学标本，通常使用的术语为混合型中性粒细胞性组织细胞炎症。

· 脓毒性炎症：脓毒症是一种在观察胞内菌时使用的修饰术语。炎症反应通常是化脓性的，但也可以为混合型（中性粒细胞性组织细胞性）。中性粒细胞可能会或可能不会为退化性的，这取决于病原体。**实践提示：**细菌可以在体外快速被吞噬细胞吞噬，因此这种诊断在由新鲜标本制备的涂片中最为明显。

炎症细胞学检查的关键

· 分类是由主要构成的细胞决定的。

· 细胞类型意味着持续时间；也就是说，急性=中性粒细胞性，慢性=混合性、淋巴细胞性或组织细胞性。

· 细胞类型意味着原因；例如，退行性中性粒细胞=细菌感染，嗜酸性粒细胞=过敏原或寄生虫。

· 脓毒性炎症提示胞内菌和退行性中性粒细胞。

· 储存液体样品中的胞内菌可能不是致病性的；它们可能是人为延迟提交的样本造成的。

类似地，储存的嗜中性粒细胞具有退行性的外观。

肿瘤

肿瘤在马中很少见。肿瘤可以引发炎症（通过细胞因子引起的坏死或分泌），诱导副肿瘤反应（例如，伴有一些鳞状细胞癌或淋巴瘤的高钙血症），或引起体腔积液。

- 细胞学上，恶性肿瘤的形成被细胞大小、形状和核特征的异常所识别；也就是说，细胞呈现出恶性肿瘤的细胞学标准。对这些特征进行可靠识别可能会是困难的，并且通常应该由临床病理学家确认。
- 当在非典型位置发现某些细胞类型时，也可以诊断出恶性肿瘤；例如，角化的鳞状细胞在PTF中或在对肿块的深部抽吸中异常发现，这提示潜在的鳞状细胞癌。
- 很难将良性肿瘤与增生性病变区分开来，因为这些细胞具有相似的细胞学特征，并且不具有恶性的特征。组织结构的组织学检查是必需的。
- 一些恶性肿瘤难以诊断，因为这些细胞与正常细胞相似，缺乏异常特征，例如内分泌肿瘤和马淋巴瘤。在这些条件下进行确定性诊断需要进行组织病理学检查。
- 在炎症状态下肿瘤可能会被误诊。炎症状况下，尤其是慢性病，可导致形似恶性肿瘤的局部组织细胞（上皮细胞、间皮细胞或间充质细胞）的形态变化（发育不良、化生）。如果没有组织学检查或者没有用适当的抗微生物疗法治疗或控制炎症，便无法排除肿瘤的存在。
- 许多肿瘤会发生继发性炎症，这可能是由于坏死或对肿瘤的免疫反应，使得在某些情况下难以诊断出肿瘤。
- 肿瘤的初始特征是细胞的排列和形状：
    - 离散细胞或圆形细胞瘤：通常为圆形的单个（或离散）细胞。实例包括淋巴瘤、肥大细胞瘤和组织细胞瘤。
    - 间充质瘤：具有梭形或锥形形状的单个细胞。可能会发现松散的聚集体，有时与细胞外基质有关。实例包括类肉瘤、纤维肉瘤、血管肉瘤和黑素瘤。
    - 上皮细胞瘤：圆形到多边形细胞，成团或单个脱落。实例包括鳞状细胞癌、皮肤基底上皮肿瘤（基底细胞瘤）和间皮瘤。
    - 内分泌肿瘤：小而均匀的立方形到圆形细胞，脱落成团块状或致密集簇，细胞易破裂。实例包括甲状腺腺瘤和C细胞肿瘤。

肿瘤细胞学检查的关键

- 通过恶性肿瘤的细胞学标准鉴定肿瘤。
- 单独的炎症可能会导致类似肿瘤的细胞学变化。
- 很多肿瘤伴随着继发性发炎和/或坏死。

- 分类的依据是细胞形状和排列：离散的、间充质的、上皮细胞的、内分泌细胞的。

腹膜液

PTF分析是有价值的，其最常用作腹痛马诊断的组成部分。其检查结果提供了炎症、败血症、出血、肠道缺血和胃肠道破裂的证据，尽管这些证据无法总是能够提示特定的潜在病变。对马泌尿道破裂和涉及腹部器官的一些肿瘤，PTF分析有助于其诊断。

正常的腹膜液

PTF可以很容易地从许多正常马吸出（可用于取样的有100~300mL；参见第18章）。PTF是一种具有低数目的有核细胞和蛋白质的血浆透析液，并且被分类为渗出物。

- 透明度和颜色：液体清澈到略微混浊，无色至浅黄色（通常可以透过装满液体的试管，在纸上对线条进行读取）。
- 蛋白质：＜2.5g/dL。正常PTF几乎没有纤维蛋白原且不会凝结。
- 红细胞计数：＜1 000个/μL，除非样本受血液污染。PTF不含噬红细胞。
- 有核细胞数：成年马中＜5 000个/μL。
  - 在一些健康的马匹中，细胞数可以高达10 000个/μL；然而，患马通常细胞数在5 000~10 000个/μL。正常的产后母马应具有正常的有核细胞以及蛋白质计数。
  - 马驹的计数较低：＜1 500个/μL。
- 涂片检查：
  - 有核细胞是中性粒细胞（50%~70%）与巨噬细胞（30%~50%）的混合物，以及少量的淋巴细胞、肥大细胞和间皮细胞（图11-13和图11-14）。嗜酸性粒细胞很少见。
  - 中性粒细胞是非退行性的。有些可能发生固缩（表明衰老）。
  - 巨噬细胞常存在空泡。少数可能含有被吞噬的中性粒细胞（白细胞）或吞噬性碎片。用新鲜样品制成的涂片中不应看到噬红细胞。
  - 间皮细胞可见为单个细胞或小圆形团块。它们具有位于中央的圆形细胞核，丰富的浅紫色细胞质和外周“冠”。偶

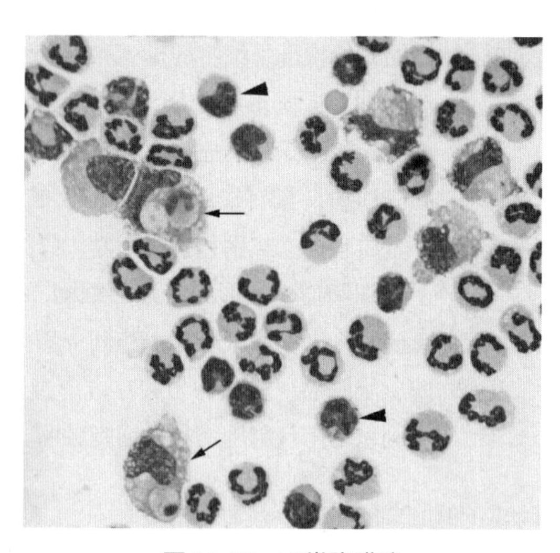

图 11-13　正常腹膜液

非退行性中性粒细胞和巨噬细胞占主导地位，具有少量的小淋巴细胞（箭头）和间皮细胞（未图示）。观察到一些吞噬了白细胞的巨噬细胞（箭头）（瑞氏染色，放大500倍）。

尔地，间皮细胞发生机械性分离，呈平片状且更多的多角形（图11-14）。

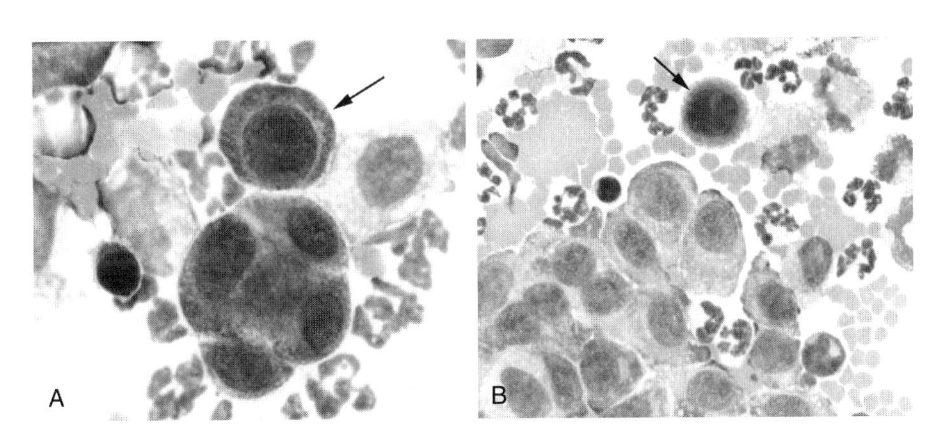

图 11-14　胸水中的内皮细胞

A. 间皮细胞为大的圆形细胞，具有中央核和丰富的紫色细胞质。它们作为单个细胞（箭头）或小簇（放大 1 000 倍）剥离到液体中　B. 机械脱落的间皮细胞更加细长，并且呈平片状脱离（可见单独的间皮细胞在其旁边，可用于比较，箭头；瑞氏染色，放大 500 倍）

- 非致病性发现包括淀粉颗粒（图11-9），卷起的深蓝色的角质化鳞状上皮细胞（也称为角蛋白“棒”），微丝蚴（来自自由生活的非致病性腹腔丝虫）和羧甲基纤维素（在腹腔内注射用于防止术后粘连的“腹部果冻”后，游离于背景中的巨噬细胞内的亮紫色至洋红色颗粒）。
- 生化分析物:
  - 低分子质量/水溶性物质（如葡萄糖和尿素）的水平与其血液中的水平相似。这些物质极易扩散并透过间皮细胞迅速达到平衡。乳酸水平在正常马的血液和腹膜液中相似。
  - 高分子质量物质（例如，大多数酶、肌酐以及大多数蛋白质）的水平低于血液中的水平。这些物质扩散性较低，需要更长时间才能达到平衡。

正常腹膜液的主要特征

- 透明至略微浑浊，无色至淡黄色。
- 有核细胞计数：成年马＜5 000个/μL，马驹＜1 500个/μL。
- 低红细胞计数。
- 总蛋白质：＜2.5g/dL。
- 为非退行性中性粒细胞和巨噬细胞的混合物；存在少量淋巴细胞、间皮细胞、肥大细胞和嗜酸性粒细胞；一些白细胞和凋亡细胞；无细菌或噬红细胞。

肠道穿刺术

实践提示：肠道的意外穿刺伤是腹腔穿刺术的潜在并发症，其可产生短暂的、通常无症状的腹膜炎。肠道穿刺术在成年马很少会导致有害的后遗症，如肠道撕裂伤、蜂窝织炎（肠内穿刺后2~4d，特别是如果马不使用抗生素），或脓肿。

- 样品呈浑浊絮状绿褐色，并带有恶臭。
- 穿刺结果会有所不同，具体情况取决于是否同时对PTF进行了采样：
  - 单独的肠穿刺：许多不同大小和形状的细菌（杆菌和球菌）。还可以看到原生动物（来自盲肠或结肠）和植物残渣。
  - 肠穿刺和腹腔穿刺术：为上述生物/结构与正常PTF细胞的混合物。中性粒细胞是非退行性的，细菌未被吞噬（假设将新鲜采集的液体迅速制成涂片；图11-15）。

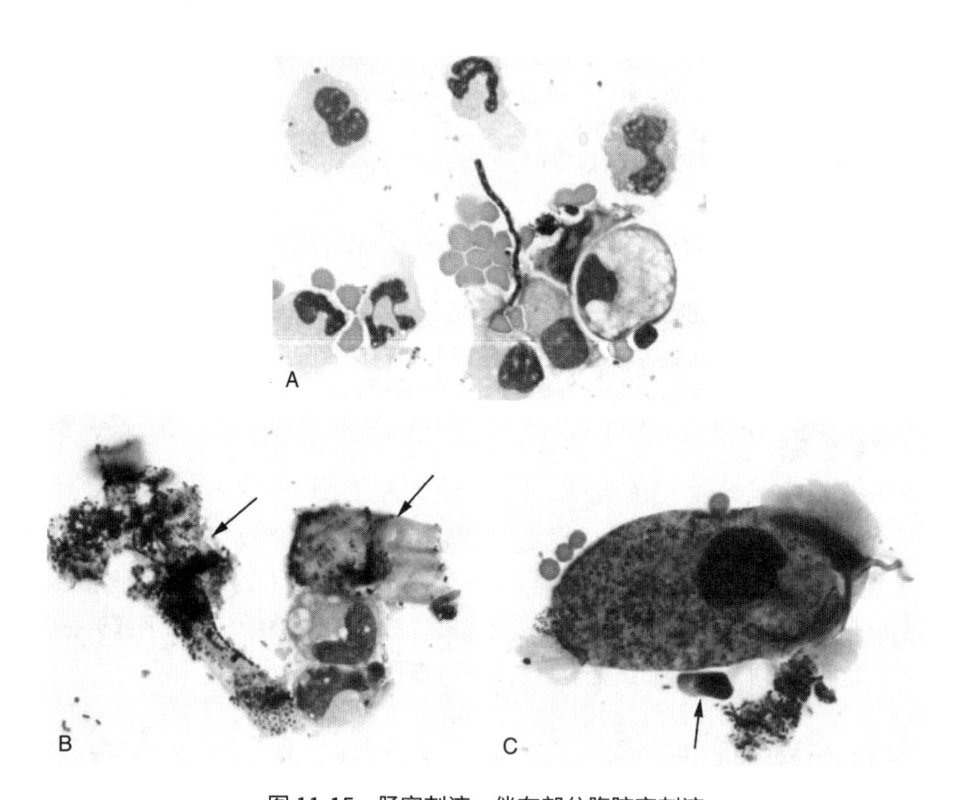

图11-15　肠穿刺液，伴有部分腹腔穿刺液

A. 在细胞外可见细长的丝状杆菌，以及来自腹膜液的非退行性中性粒细胞。细菌尚未被吞噬　B. 在腹膜巨噬细胞（放大1 000倍）旁边可见植物碎片（箭头），以及杆菌和球菌的（有些黏附于碎片）的混合群体　C. 来自同一样品的不同采样部位的大型原虫，并且有小淋巴细胞（箭头）和植物碎片。原虫提示肠穿刺部位为大结肠或盲肠（瑞氏染色，放大500倍）

· 如果仅单独进行细胞学检查，则不可能将肠道穿刺术与急性胃肠道（GI）破裂区分开来，但在没有出现胃肠道破裂临床症状（例如，严重或无痛，内毒素血症和低血容量性休克）的马中，应该怀疑肠道穿刺。

马腹痛

将PTF评估与临床症状一起进行解释，有助于提示胃肠道损害，并且指导是否有必要通过外科手术对马的肠绞痛梗阻（例如，扭转、扭曲或嵌闭）进行干预。

· 在腹痛的早期阶段，PTF可能正常。

· 肠缺血发生的第一个变化是红细胞计数增加和噬红细胞现象，且常伴有蛋白质的增加。这通常是由于静脉充血而导致发红、轻微混浊的液体。在此阶段，有核细胞计数是正常的。腹膜液中的乳酸水平开始升高至高于血液值。

· 随着缺血情况加剧，炎症细胞渗入肠壁和腹腔。在此阶段，有核细胞计数（主要是中性粒细胞）和蛋白质增加，但RBC计数可变。液体非常混浊并且可能是絮状的。PTF中乳酸水平升高。深红棕色液体与肠坏死有关。在肠壁完全失活甚至泄漏或破裂之前可能看不到细菌。一旦后者（编者注：指肠破裂）发生，就可以看到植物碎片和混合细菌（胞内和胞外）以及增加的有核细胞计数（主要是退行性中性粒细胞）。

· 在某些胃肠道疾病导致的腹痛情况下，例如，肠道异物和阻塞，整个过程中PTF可能保持正常状态。在一些导致浆膜血管充血的肠阻塞中，可见单独的噬红细胞现象（蛋白正常）。

· 患有急性胃肠道破裂的马通常伴有腹痛和休克。破裂部位会影响PTF的特征。无论是何处发生的破裂，都可见不同数量的植物残渣。

- 胃：大量液体释放到腹部，稀释了PTF。液体呈浑浊状、棕色和颗粒状。涂片具有颗粒状的背景并且可能是无细胞的，或者包含有少量的大的浅蓝色扁平状的角质化鳞状细胞（不是棒状角蛋白），其来自胃无腺部。
- 肠道（小肠或大肠）：杆菌和球菌的混合细菌群体，以及含有吞噬细菌的少量退行性中性粒细胞（图11-16）。在特急性病例中，液体可能类似于肠穿刺。
- 盲肠/结肠：原生动物，以及吞噬了细菌的退行性中性粒细胞，提示这些部位

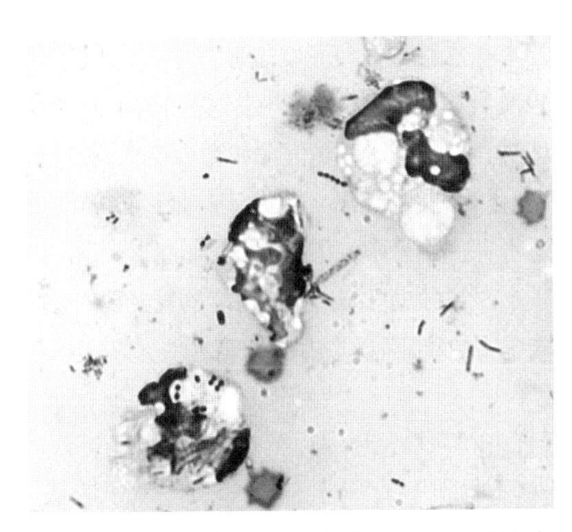

图11-16　马腹膜液，来源为肠破裂引起的腹痛

在这个离心细胞涂片的制备中，退行性中性粒细胞已经吞噬了混合细菌菌群。腹膜液的有核细胞计数正常（1 000个/μL），尽管有脓毒症的细胞学指征（瑞氏染色，1 000倍放大）。

发生了破裂。如果大量食物进入了腹部，这可能类似于肠穿刺。

- 在急性破裂时，有核细胞计数和蛋白水平通常是正常的；但是，细菌和碎片会导致计数发生错误。因此，液体的临床症状和细胞学检查结果对于明确诊断十分关键。

渗出液

渗出液表明腹膜腔内存在炎性刺激。这可能是由于败血症（例如，放线杆菌感染）或非细菌性原因。非细菌性原因包括：缺血性损伤或肿瘤导致的胃肠壁失活和坏死，化学损伤（例如，通常为绝育后发生的尿性腹膜炎、精液性腹膜炎或血性腹膜炎）以及腹部手术。

- 液体混浊（来自增加的细胞）并且颜色改变。纤维蛋白斑点可产生絮状外观。在具有大量有核细胞的离心样品中可见明显沉淀。
- 有核细胞计数＞5 000个/μL，通常会更高。
- 总蛋白升高（＞2.5g/dL），由于纤维蛋白原含量较高，样品可能会发生凝固。
- 炎症通常为化脓性的（＞85%至90%的中性粒细胞）。在败血症中，中性粒细胞通常是退行性的，但可以是非退行性的。*Actinobacillus equuli*引起的原发性腹膜炎，是具有大量中性粒细胞计数（＞20 000个马驹放线杆菌/μL）的非退行中性粒细胞的典型原因。
- 可以鉴定胞内菌。即便没有细菌或退行性中性粒细胞，也不能排除败血症，必须对这些液体进行微生物培养。
    - 混合的细菌群体提示其来源于肠道。
    - 单一的细菌种类提示原发性腹膜炎或脓肿，而不是肠漏或破裂。
- 在脓毒性腹膜炎的PTF中，pH和葡萄糖值降低；然而，一些患有非细菌性腹膜炎的马匹也具有相似的结果。因此这些测试不应单独用于诊断败血症。两种测试都需要在采集样品后立即进行，因为无氧糖酵解和葡萄糖代谢能够在体外发生，产生的人为变化十分类似于败血症。
    - **实践提示：**败血症的金标准仍然是对新鲜处理的样品，进行被吞噬细菌的鉴定以及结果呈阳性的细菌培养物。
- 单独进行腹部手术可能诱发无菌的无临床症状的腹膜炎。术后超过一周，有核细胞计数（主要是中性粒细胞）仍保持较高水平（＞30 000个/μL）。中性粒细胞通常是非退行性的，无细菌。

出血性渗出液

通常在PTF中看到数量较少的RBC。在以下条件下可能看到更多数量的RBC：

- 血液污染：通常观察到血小板，但没有噬红细胞现象。该污染可见于采样过程中红色颜色的变化。
    - **实践提示：**腹腔内出血或渗血：穿刺呈均匀血样，不会在红顶管中发生凝固。这通常与胃肠道失活相关。先前的出血/渗出的细胞学指标包括噬红细胞、噬血铁黄素、血小

板缺失（如果没有出血）和胆红素晶体。升高的红细胞计数和噬红细胞现象（通常伴有蛋白质水平升高）可能为肠缺血或浆膜血管阻塞的首要指标。

· 出血性渗出液/腹腔积血：液体类似于血液，不会凝结。RBC计数＞1 000 000个/μL，血细胞比容（PCV）可测量。有先前出血的细胞学证据。其原因包括创伤（脾撕裂，血肿）、腹部血管破裂（例如，在产驹期间的子宫动脉破裂）、肿瘤（血管肉瘤，卵巢肿瘤）和凝血病（例如，血友病A）。

  · **实践提示：**脾脏穿刺：液体类似于腹腔积血；但是，若放在非抗凝管中，液体会凝固。液体的PCV类似于或大于血液，且没有出血的细胞学证据。可以看到脾脏成分（淋巴细胞，造血前体），但其并非是一个固有且可靠的发现。

肿瘤

肿瘤通常表现为马的慢性症状（体重减轻、虚弱和间歇性腹痛）。涉及胃肠道的肿瘤可引起急性腹痛，特别是如果它们导致了腹腔积血、腹膜炎（由于坏死）、胃肠缺血（例如，绞窄性脂肪瘤）或破裂。

· 肿瘤可引起任何类型的腹腔积液，包括漏出液、渗出液、腹腔积血、乳糜液和胃肠破裂。

· 可在PTF中观察到肿瘤细胞，从而进行确诊，例如淋巴瘤、胃鳞状细胞癌（图11-17）、间皮瘤、腺癌和恶性黑色素瘤（图11-18）。

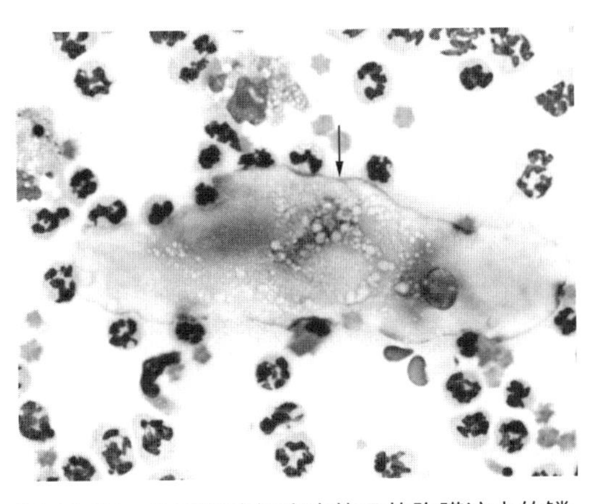

图11-17　患有鳞状细胞癌的马的腹膜液中的鳞状细胞

具有保留了细胞核的两个大的细长的完全角质化的鳞状上皮细胞簇，用该腹腔液制备直接涂片（瑞氏染色，放大500倍），可用于诊断马的伴有渗出性腹膜炎的鳞状细胞癌。注意，在胃破裂的马驹和PTF的成年马中可以看到有核的角化鳞状细胞（无肿瘤特征）。

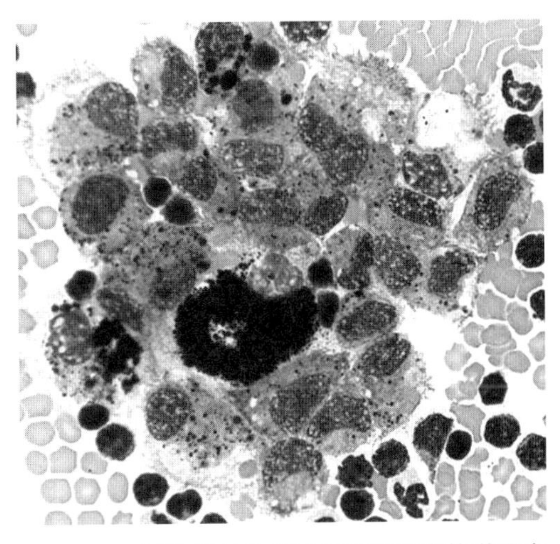

图11-18　恶性黑色素瘤马的腹膜液中的噬黑素细胞

在来自一匹青马的腹膜液样品中观察到许多巨噬细胞，在其细胞质中具有可变量的黑色素（噬黑素细胞）。尸检证明，黑色素来源于转移性黑素瘤（瑞氏染色，放大500倍）。

· 然而不存在肿瘤细胞是无法排除肿瘤的，因为大多数马的腹部肿瘤不会有细胞脱落至PTF中。

· 在渗出液中间皮细胞可能具有反应性，因此可能被误认为是肿瘤细胞。它们表现出细胞质嗜碱性增强，核 - 质比增大，多核化和具有大而突出的核仁。在这些情况下，即使对于有经验的细胞病理学家来说，也可能难以将反应性或炎症性过程与肿瘤区分出来。

其他情况

· 精液性腹膜炎：繁殖期间雌性生殖道的穿孔可能会将精子引入腹腔，引发无菌性腹膜炎。诊断时可见游离精子和含有精子头的吞噬细胞（中性粒细胞和巨噬细胞）。

· 尿液性腹膜炎：在新生儿马驹中，膀胱破裂并不罕见，该情况也可能发生在患有尿石症的成年雄性马或产后母马中。其有核细胞计数最初是正常的，但随着时间的推移，会发生无菌的化脓性腹膜炎。

  · **实践提示：**PTF中的肌酐水平高于外周血（肌酐透过腹膜达到平衡的过程十分缓慢）可用于确诊尿液性腹膜炎。在成年马的病例中，PTF中可见碳酸钙晶体并具有类似的诊断意义，而这在马驹中较少。

· 富含脂质的渗出液：富含脂质的渗出液通常被认为是富含乳糜微粒的胃肠道淋巴液渗漏的结果，这是由于淋巴管扩张、淋巴性高血压或淋巴阻塞引起的。这些是真正的乳糜渗出，在马中很少见。在新生儿马驹中，这些渗出物稍微更常见些，富含脂质的渗出液通常见于先天性淋巴缺损，或偶尔见于胰腺炎；而成年马发生淋巴阻塞，一般可能是由于发生了结肠扭转或肠系膜脓肿。在马驹中，富含脂质的渗出液可能会由于未知原因自行消退。在乳糜渗出液中，液体大体上呈白色或粉红色/红色（如果是血性的）以及不透明的，并且可能在冷藏时形成“奶油”层（提示甘油三酯含量高）。离心或静置时通常不会形成可见的沉淀物。PTF甘油三酯浓度的测量有助于诊断；其值高于血清中含量。有核细胞的计数是可变的，且主要由小淋巴细胞组成。可以看到吞噬了透明脂肪球的巨噬细胞。若渗出持续，在乳糜的刺激作用下，可能引发中性粒细胞性炎症（这种液体可能会产生可见的沉淀物）。具有类似的大致特征（乳糜样）的PTF，可见于伴有急性胃破裂的哺乳马驹或患有胰腺炎的马匹。穿孔性溃疡可导致马驹的胃破裂，这导致乳汁渗漏到腹膜腔中，并发化脓性腹膜炎。这是典型的急诊情况，除非立即进行外科手术，否则通常是致命的。笔者医院的一匹小马驹在发生急性胃破裂后，腹膜液中存在明显乳汁，而在进行手术修复后，恢复得相当快。临床症状和影像学检查结果应有助于将胃破裂（如液气腹）与其他原因导致的马驹的富含脂质的渗出液区分开来。**实践提示：**最近在2~5日龄的小马驹中发现了急性胰腺炎的存在。马驹通常伴有厌食、抑郁、神经系统症状和低血容量性休克。同时临床生化发现为低血糖，脂肪酶和淀粉酶浓度增加，以及由于高甘油三酯血症导致的总脂血症。PTF非常混浊（来自脂肪）以及呈红色/橙色（来自并发的出血）

（图11-19）。PTF的脂肪酶和淀粉酶浓度高于血液，这可能有助于诊断。蛋白质也有所增加，尽管这可能是人为因素导致的（脂质有助于提高折射率）。一些小马驹可能会并发炎症（腹膜炎），但PTF中的有核细胞计数偏高并非是这种情况的一致特征。预后通常较差，因此及时识别和积极治疗尤为重要。

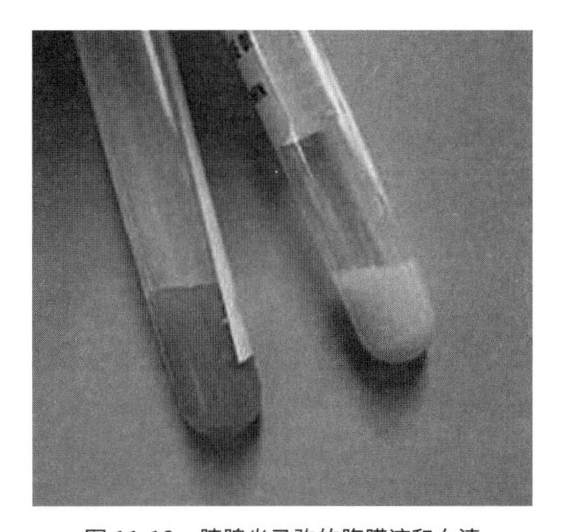

图 11-19　胰腺炎马驹的腹膜液和血清

在未离心的PTF样品（左管）中可见明显的脂血症和出血。血清样品也有脂血症（右管）。两个样品甘油三酯含量都偏高。PTF富含脂质的这一特征可能是因为发生了真正的乳糜泄漏（淋巴液渗漏），或胰腺酶使得脂肪从腹部脂肪组织中释放出来。

应该做什么

解释异常腹膜液细胞学发现的要点

• 不要孤立地解释细胞学结果；结合临床症状至关重要。

• 有核细胞计数和/或蛋白质水平正常时不要排除潜在的病理情况。两者在急性胃肠道破裂、肿瘤性渗出液、尿液性腹膜炎和胰腺炎中均可能为正常。

• 肠穿刺术：如果存在混合细菌、植物残渣或原生动物，以及部分穿刺液中存在“正常”的PTF细胞，则怀疑肠穿刺，特别是如果马没有表现出典型的胃肠道破裂迹象。

• 腹痛：会发生从正常到红细胞计数增加，噬红细胞现象和蛋白质增加，再到化脓性炎症，以及胃肠道破裂/渗漏等逐步的变化。

• 胃肠道破裂：植物材料和大量混合细菌群体被吞噬到退行性中性粒细胞内。样品可仅包含角化鳞状细胞或急性胃破裂中的无细胞颗粒状液体。在小马驹中，急性胃破裂可能非常像乳糜性渗出液。

• 渗出物：多种原因导致的显著的化脓性或非化脓性炎症。

• 出血性渗出液：每微升有超过100万个红细胞，PCV值可测量，液体不可凝固，可见噬红细胞、噬血铁黄素、胆红素晶体和血小板（如果是急性或近期）。

• 精液性腹腔积液：化脓性至混合性炎症，可见游离精子和被吞噬的精子头部。

• 尿液性腹腔积液：正常结果或存在轻度渗出，PTF中的肌酐水平高于血液，成马中可见碳酸钙晶体，但马驹中较少。

• 胰腺炎：为严重浑浊和红色/橙色（来自脂肪和出血），PTF中的淀粉酶和脂肪酶水平大于血液，蛋白质含量高（由于脂肪导致的假性升高），有核细胞计数正常或轻度增加。

• 肿瘤：可能发生各种类型的积液；肿瘤细胞或不可见；与反应性间皮细胞鉴别。

胸腔积液

胸腔穿刺是基于临床检查（听诊，叩诊）和影像学检查（放射影像，超声检查；手术过程见第25章）时发现存在胸腔积液的证据时进行的。与PTF一样，正常胸膜液（PLF）是一种血浆的透析液，对细胞学结果进行解释则与PTF中的描述相同。导致PLF积累的原因如下：

· 炎症：胸膜肺炎及其后遗症（肺脓肿、梗死）是马胸腔积液的最常见原因。其起因为传染性疾病，而在应激状态（运输、比赛）下被进一步激化。液体为混浊状至絮状，呈黄色或红色。有核细胞计数很高，细菌通常被退行性中性粒细胞吞噬。注意：液体的恶臭味提示梗塞和预后保守！

· 肿瘤：这些肿瘤可以是胸腔内原发的（例如，淋巴瘤，其是引起胸腔积液或间皮瘤的最常见肿瘤）或转移性的（例如，黑素瘤或鳞状细胞癌）（图11-20）。在某些肿瘤中，肿瘤细胞可能不会脱落到液体中，但该现象在淋巴瘤中相当常见，特别是当液体呈红色时。对于间皮瘤，PLF通常呈黄色絮状。

· 乳糜胸：已在具有先天性淋巴缺损或膈疝的马驹中，以及原发的胸内血管肉瘤引起的胸部淋巴管阻塞或破坏的成马中报道。

· 其他：据报道在心包炎以及裸头绦虫的中绦期感染后会出现渗出性胸腔积液。

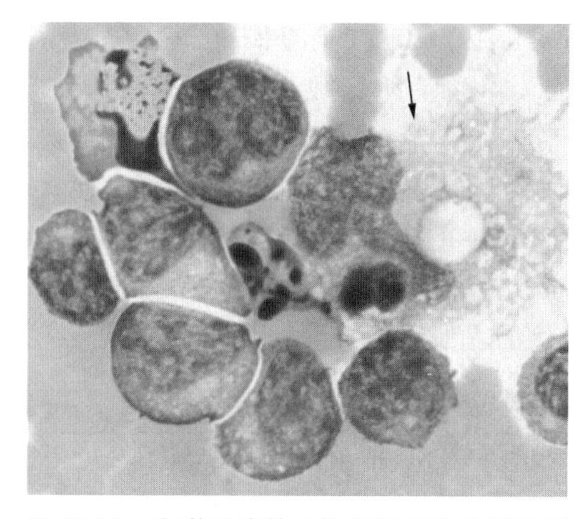

图 11-20　有淋巴瘤的马胸腔积液中的淋巴母细胞

在马胸膜液沉积物的涂片中，可见许多大淋巴母细胞（部分细胞凋亡）与噬白细胞巨噬细胞（箭头）一起。这些可用于诊断淋巴瘤（瑞氏染色，放大1 000倍）。

正常胸腔积液的主要特征

· 透明至略微浑浊，无色至淡黄色。
· 有核细胞计数：＜5 000个/μL。
· 红细胞计数低。
· 总蛋白质：＜2.5g/dL。
· 正常PLF是非退行性中性粒细胞和巨噬细胞的混合物；少数淋巴细胞、间皮细胞、肥大细胞和嗜酸性粒细胞；一些白细胞和凋亡细胞；无细菌或红细胞。

心包液

· 心包液很少提交进行实验室检查，但通过心包液可以对以下情况进行分析诊断：
  · 化脓性心包炎：通常为黄色浑浊或絮状液体，伴有或不伴有细菌的中性粒细胞炎症。放线杆菌是最常见的分离物。
  · 无菌性心包炎：伴有发热且假定的病毒感染。液体通常是红色的，为具有淋巴细胞、浆细胞和中性粒细胞的混合物。
  · 肿瘤：可见淋巴瘤等肿瘤细胞（液体常为红色）。

滑液

至于其他体腔液，滑液（SF）是一类血浆的透析液。然而，滑膜细胞能够通过分泌大量糖胺聚糖，特别是透明质酸，而对滑液进行修饰。SF可以浸润关节和肌腱，提供润滑和生长因子，防止震荡性损伤。SF分析可提示马匹跛行，为关节积液或临近关节的皮肤撕裂（以评估可能的关节穿透）提供证据。可以从大多数关节抽吸出一些SF（至少0.5mL）。也可对肌腱鞘液进行抽吸；其解释类似于关节液。

影响马关节的两个主要疾病过程是创伤/退行性和炎性疾病，并可以根据有核细胞计数和细胞类型进行区分：

- 创伤/退行性=单核细胞数量少。
- 炎症=大量中性粒细胞。由于免疫介导的关节病在马中不常见，败血症为炎症性关节病的常见原因。

正常滑液

- 颜色和清晰度：透明，无色至微黄色。
- 质地：由于透明质酸，滑液的黏稠度高。用压片制备方法以制备薄的涂片。
  - 通过液体“纤维性”对黏度进行主观的评估。使用针头/注射器或移液管将一滴SF放在载玻片上，随着把针头/移液管的尖端移走，应形成一条液体（至少1~2cm长）。
  - 液体干燥缓慢；快速将涂片风干。
  - 黏度赋予滑液粉红色的颗粒状背景，并且导致细胞“铺条”（沿涂抹方向排列成行（图11-21）。在具有正常黏度的细胞液中可能看不到铺条现象。
  - 黏度可能影响细胞计数的准确性（难以获得可重复的计数）以及显微镜检查（干燥缓慢）。
  - 一些正常的SF会发生凝胶化（触变性），导致无法对细胞进行计数、测量蛋白或制备涂片。可以添加透明质酸酶来液化样品。

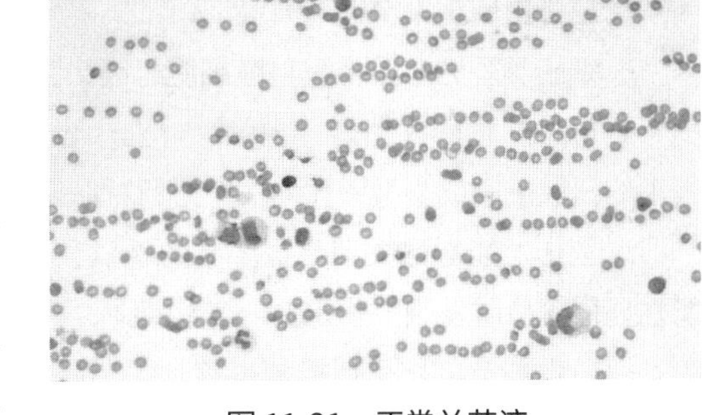

图11-21 正常关节液

红细胞和滑液细胞（巨噬细胞、淋巴细胞）在这一受到血液污染的关节液抽吸物中排列成行（“铺条”），提示黏度正常（瑞氏染色，放大200倍）。

- 细胞计数：有核细胞计数＜1 000个/μL，RBC很少。
- 折光仪总蛋白：＜2.5g/dL。
  - **实践提示：**产量较低时（＜0.25mL），采样到EDTA中的蛋白质，其读数可能会错误地升高。EDTA具有折射指数（经折射测定法，纯EDTA具有9.0g/dL的“总蛋白质”），其模拟退行性关节病。
- 涂片检查：
  - 非空泡性巨噬细胞和小淋巴细胞占主导地位（也分别称为大、小单核细胞）。

- 中性粒细胞＜10%且为非退行性。在细胞不足（但正常）或血液污染的液体中，这个百分比可能更高。
- 可见少量滑膜内层细胞（滑膜细胞）。这些可能难以与巨噬细胞区分开来。

正常滑液的主要特征

- 透明，无色，黏稠。
- 有核细胞计数：＜1 000个/μL。
- 红细胞计数低。
- 总蛋白质：＜2.5g/dL。
- 非空泡性巨噬细胞、小淋巴细胞和滑膜细胞的混合物，其中中性粒细胞＜10%。

创伤性或退行性关节病

· 未检测到严重的异常（正常颜色、透明度、黏度）。若存在关节积液（稀释效应），黏度可能会降低。

· 在某些情况下，关节病的唯一指征是细胞学正常的液体量增加。

· 有核细胞计数正常至略有升高（通常＜5 000个/μL）。

· 总蛋白质正常至略有升高。

· 细胞类型分布正常。巨噬细胞可能会空泡化。

· 可见软骨碎片和破骨细胞，分别代表软骨损伤以及软骨下骨具有软骨侵蚀的情况。在对较小的滑膜空间或少量液体的关节进行抽吸时，软骨碎片也可能发生机械移位。

· 创伤可能导致关节出血。在急性病例中，这类似于血液污染，但如果为长期出血，应该能在显微镜检时发现一些出血（噬红细胞、噬血铁黄素）的证据。

· 急性关节创伤可以模拟炎症性关节疾病。创伤会引起一个短暂的中性粒细胞性炎症反应（有核细胞计数可高达12 000个/μL，其中中性粒细胞＞50%）。这应该在几天内自愈，表现出更典型的退行性特征。

· 创伤性损伤的最终结果可能是退行性关节病。

炎性关节病

炎性关节病是由急性创伤（参见前面的讨论）或败血症引起的；然而，后者更为常见。注意：报道过假定的免疫介导性关节病（继发于细菌感染，如马驹中的马红球菌和老马中的假定特发性关节病）。

· 液体呈黄色至奶油状、混浊、黏度降低，且可能呈絮状。纤维蛋白团块可以使细胞嵌入，这减少了有核细胞计数。

- 有核细胞计数很高，通常＞5 000个/μL，每微升高达数十万个细胞。
- 即便在脓毒症中，以中性粒细胞为主且通常是非退化性的。
- 总蛋白质增加（＞2.5g/dL）。
- 在化脓性关节病中很少发现细菌，但在脓毒症马驹的关节液中可能会看到。脓液中细菌的缺乏是由于滑膜中细菌的定植；然而，对滑膜活检进行培养，并未证明其比SF的培养物更敏感。
- 如果液体受到中等至严重的血液污染，即便并非完全不可能，但是也很难识别出关节炎症（或与关节相关的皮肤撕裂伤）。后者具升高的有核细胞计数、中性粒细胞百分比和总蛋白质水平。

其他情况

已有独立报道的疾病包括嗜酸性粒细胞性滑膜炎、淋巴细胞性滑膜炎（由伯氏疏螺旋体或绒毛结节性滑膜炎引起）、真菌性关节炎（由念珠菌属引起）和化学性滑膜炎（例如，关节内抗生素或硅胶注射）。慢性出血可能会诱发轻度的中性粒细胞性滑膜炎。

实践提示：在关节腔内注射自体或同种异体的间充质干细胞后，6h内将诱导产生显著的中性粒细胞性炎症反应（有核细胞平均50 000个/μL），并伴有总蛋白质增加（平均5g/dL）。72h内有核细胞计数将恢复正常；然而，总蛋白质仍然较高。

解释异常滑液细胞学标本的要点

- 正常结果无法排除退行性关节病。
- 脓毒症是炎症性（中性粒细胞性）关节病的主要鉴别诊断。
- 急性创伤可能会类似于化脓性关节炎，这是由于前者会导致中性粒细胞性滑膜炎。这通常是短暂的，且有核细胞计数通常＜12 000个/μL。
- 退行性和创伤性关节病，黏度呈正常至降低；有核细胞计数通常＜5 000个/μL，由单核（大和小）细胞组成，且中性粒细胞＜10%；蛋白质水平正常至轻度增加。SF结果可能完全正常。
- 炎症性疾病：黏度降低，具有高有核细胞计数（＞5 000个/μL）和蛋白质（＞2.5g/dL），大多数是非退行性的中性粒细胞。即使在化脓性关节炎的情况下，也可能看不到细菌。

气管冲洗和支气管肺泡灌洗

用于采集经气管冲洗（TTW）或BAL样品的技术在其他章节中描述（手术过程参见第25章）。这些技术在具有与呼吸道相关的临床症状（咳嗽、鼻涕、呼吸窘迫）的马中进行，作为对性能差的赛马进行诊断评估的一部分，或用于检测运动诱发的肺出血（EIPH）。气管冲洗可以通过内镜或经气管进行。采集技术会对结果分析产生影响（见下文）；因此，明确气管清洗样本是如何采集的至关重要。注意：与其他体液不同，此处通常不测量总蛋白质浓度。

气管冲洗与支气管肺泡灌洗

气管冲洗样品最直接地反映了涉及肺部细菌感染的病理过程、局灶性非传染性疾病，如肺出血或较大的气道疾病，而BALs通常代表着下呼吸道的弥漫性疾病。

- **实践提示：**气管冲洗样品是评估传染性呼吸道疾病（EHV-5除外）的首选，而BALs通常为弥漫性慢性下呼吸道炎症性疾病的首选。这两个样本的细胞学结果是不同的，而且不总是相互关联。
- 采样部位：相比于BAL，气管冲洗样本对于检测影响下呼吸道（细支气管和肺泡）的疾病敏感性较低。BAL仅能检测出采样部位发生的异常，并可能错过非扩散性病变（例如，肺炎情况下，如果灌洗了肺部未受影响的区域，BAL结果可能是正常的，并且其无法显示出在气管冲洗液中观察到的黏液或细胞性，但该赛马可能患有炎性气道疾病或黏脓性综合征）。
- 黏液：黏液是气管冲洗的正常组成部分，但在BALs中应当缺乏。在BAL中，黏液说明样品受到了上呼吸道成分的污染，不利于结果阐释。实际上，提交给诊断实验室前，通常要过滤BAL以去除任何污染的黏液。
- 细胞计数：气管冲洗液不进行细胞计数，但可用血细胞计数器对BAL进行细胞计数（计数通常低于自动分析仪的检测下限）。
- 细胞类型：进行鉴别计数为BAL而非气管冲洗液的常规操作。肺泡巨噬细胞和上呼吸道上皮细胞（纤毛柱状和杯状）在气管冲洗液中占主导地位，而巨噬细胞和淋巴细胞是BAL中数量最多的细胞。在BAL中应少见上呼吸道上皮细胞。
- **实践提示：**在气管冲洗液中观察到较多的中性粒细胞（通常＜10%，在没有炎性气道疾病的马中稳定观察到高达25%），而在BAL中较少（5%）。
- 细菌：气管冲洗液的培养物比BAL更可能呈阳性，无论是在患有败血症的马或是在健康的马中（正常菌群位于气管下部）。
- 偶然发现：气管冲洗比BALs更容易含有环境污染物，如着色的真菌成分。

正常气管冲洗液的细胞学检查结果

- 样品应含有可见的点状或链状黏液。
  - 缺乏黏液的样本不太具有代表性（细胞被捕获于黏液内）。
  - 黏液很厚，干燥缓慢。重要的是对制备黏液压片进行准备，并快速风干玻片。
  - 黏液在涂片中呈紫色至粉红色的线状或不同大小的颗粒状。黏蛋白颗粒可能被误认为是细菌，但其染色较浅且形状多变（图11-22）。
  - 黏液或库什曼螺旋体是深色的、紧密缠绕的螺旋形黏液（图11-22）。它们通常提示因气道刺激而引起的黏液生成增加，但也可见于健康的马中。
- 肺泡巨噬细胞数量最多，中性粒细胞＜10%。马厩马通常可以有高达25%的中性粒细胞。

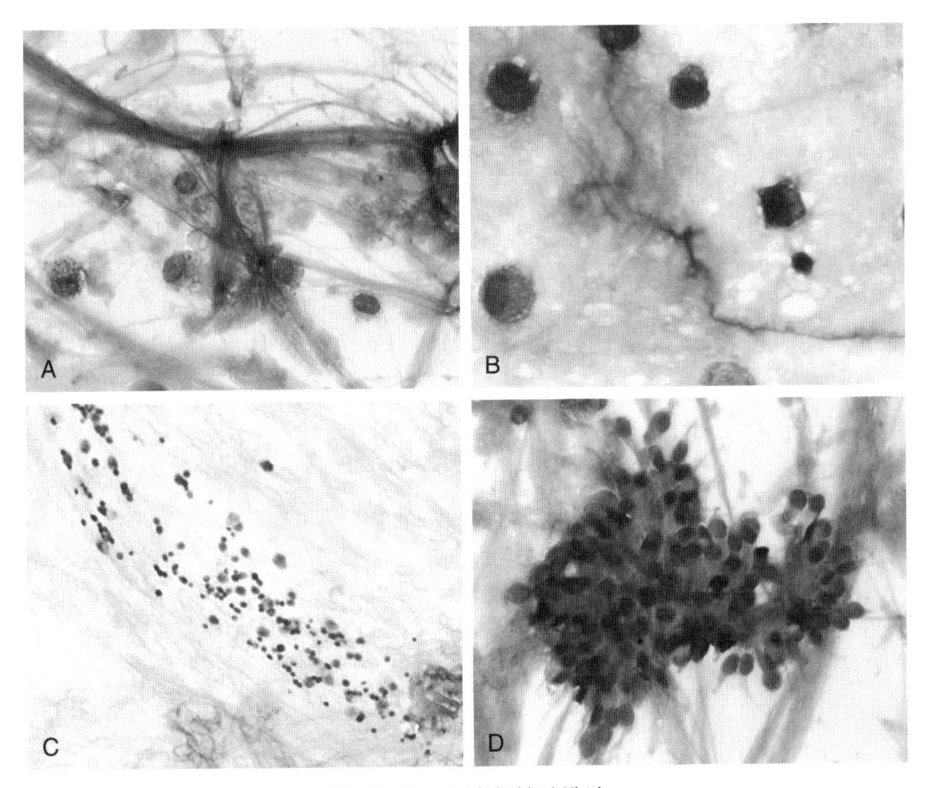

图 11-22　正常气管冲洗液

A. 粗线状黏液和肺泡巨噬细胞　B. 肺泡巨噬细胞围绕着螺旋状黏液　C. 浅紫色的流状黏蛋白颗粒　D. 柱状纤毛上皮细胞簇（瑞氏染色，放大 500 倍）

可以看到数量较少的淋巴细胞、嗜酸性粒细胞和肥大细胞。一些巨噬细胞可能是多核的。

- 纤毛柱状上皮细胞和杯状细胞单独或成簇出现（图 11-22）。
- 可能存在胞外菌（混合种群），尤其是存在口咽污染时（见下文）。
- 经气管采集：采集可引起出血，故可见到红细胞。罕见地，来自皮肤的完全角质化的鳞状细胞会污染这些洗液。如果导管发生了折叠并延伸到咽部，则洗液中可包含口咽细胞和/或共生细菌。
- 内镜采集：在非创伤性采集中红细胞很少见，其存在通常提示近期出现的气道出血。由于存在一定程度的口咽污染；因此，细菌培养结果更可能呈阳性。可以通过使用防护内镜的方法来减少污染。
- 偶然发现：
  - 口咽污染：洗液含有来自口咽部的非角化鳞状上皮细胞，存在或不存在黏附的细菌（图 11-23）。混合细菌可见于胞外，但不应被吞噬。
  - 可见暗色（着色）真菌菌丝和/或孢子，位于背景中或黏附在巨噬细胞上（图 11-23）。这些是环境污染物，在对马厩马［尤其是在发生反复性气道阻塞的马（RAO）］或在封闭限制条件下喂干草（例如，圆捆草）的马进行冲洗时更为常见。这些真菌可以加重/启动RAO，但在没有患这种疾病的马匹身上也可能看到。

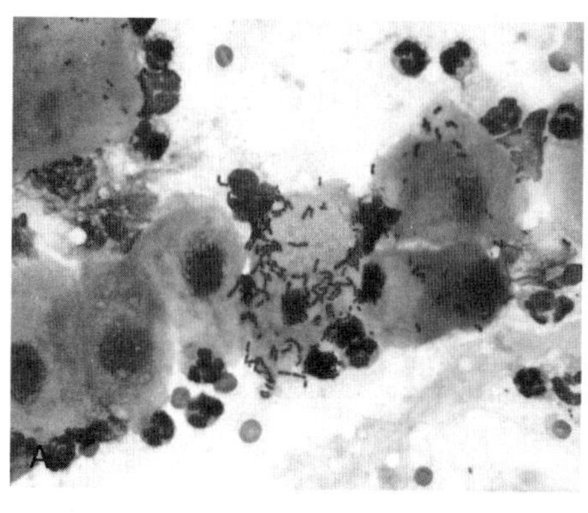

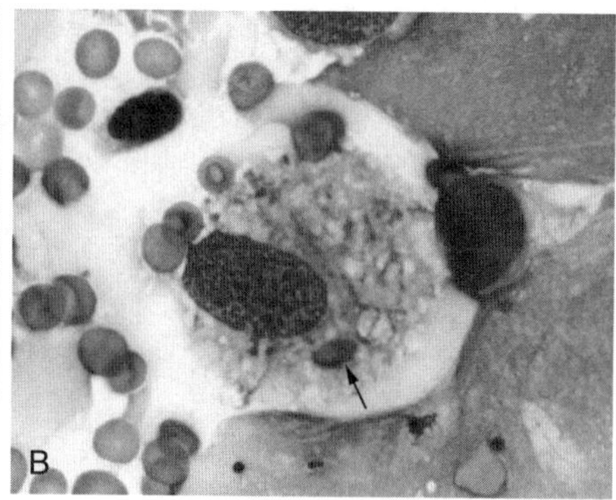

图 11-23　气管冲洗时的意外发现

A. 来自内镜冲洗的口咽部污染：可见黏附着细菌的大鳞状细胞，以及非退行性中性粒细胞（提示伴随着炎症）。细菌未被吞噬。红细胞提示并发出血（放大 500 倍）　B. 绿蓝色的暗色真菌孢子（箭头）附着在肺泡巨噬细胞上，为环境污染物（瑞氏染色，放大 1 000 倍）

正常支气管肺泡灌洗液的细胞学检查结果

- 无黏液。
- 有核细胞数：200~400个/μL。
- 巨噬细胞（30%~75%）和淋巴细胞（20%~50%）与＜5%中性粒细胞的混合物。一些肥大细胞（1%~2%），罕见嗜酸性粒细胞（＜1%）。巨噬细胞可能是多核的。无纤毛柱状上皮细胞和杯状细胞，除非存在上呼吸道污染（这些被排除在差异计数之外）。
- 很少见到暗色的真菌成分；可能会看到来自口咽部的胞外菌。
- 没有至有较少的RBC。
- 采样部位（左肺或右肺）以及洗液体积可能会影响细胞的组成比例。

正常气管冲洗和支气管肺泡液细胞学的检查要点

- 气管冲洗液：含有黏液、巨噬细胞、呼吸道上皮细胞、＜10%中性粒细胞（马厩马＜25%中性粒细胞）。
  - 红细胞在经气管冲洗（TTW）中可以是正常的；如果通过内镜检查收集（通过防护内窥使其最小化），预计会出现口咽部污染。
- BAL：很少或没有黏液，每微升200~400个有核细胞，巨噬细胞和淋巴细胞的混合物，＜5%中性粒细胞，1%~2%肥大细胞，＜1%嗜酸性粒细胞。
- 偶然发现：口咽部污染（黏附了细菌的鳞状细胞，胞外的混合细菌），环境微生物（暗色

真菌成分），手套的粉末。

炎症

炎症可由感染性（细菌、真菌、病毒）和非感染性原因引起。常见的非传染性疾病包括RAO（也称为马慢性肺气肿或慢性阻塞性肺病）以及年轻表演马的炎性气道疾病（IAD）综合征。

· 化脓性炎症：＞85%至90%的中性粒细胞。这可能是由于肺炎、RAO或IAD。退行性中性粒细胞通常提示败血症。黏液较薄，螺旋状黏液通常不伴有败血症或严重的化脓性炎症。

· 混合性炎症：非退行性中性粒细胞数量增加，伴有巨噬细胞（通常为多核的）和较少的淋巴细胞；也被称为“慢性活动性”炎症。黏液经常呈线状，伴有一些螺旋状黏液。对于RAO，这些特征十分典型，但并不是特定的；类似的结果可见于间质性肺炎、已恢复的感染以及肺部多结节纤维化［与马疱疹病毒5型（EHV-5）感染有关］。

· 嗜酸性粒细胞性炎症：由寄生虫感染（例如，室内马与驴的安氏网尾线虫，以及马驹和一岁驹的马副蛔虫）或真菌感染（如隐球菌）引起的。嗜酸性粒细胞增多症在RAO的细胞学发现中罕见。

应该做什么

肺炎

- 气管冲洗通常是诊断性的，而BAL并不一定是。
- 冲洗液中含有大量稀薄的黏液，不会形成股线或螺旋状。
- 炎症通常是化脓性的，但也可能是混合的，类似于RAO。中性粒细胞通常是退行性的。
- 出血（噬血铁黄素、噬红细胞、胆红素）是可能会出现的后遗症。
- 可能会发现如下致病因子：
  - 细菌：马红球菌是5个月大马驹的常见病原体，可引起肺炎和肺脓肿。细菌是一种小的、多形的革兰氏阳性杆菌，通常组成“汉字笔画”的形状（图11-24）。感染通常会引起混合的中性粒细胞性组织细胞性炎症反

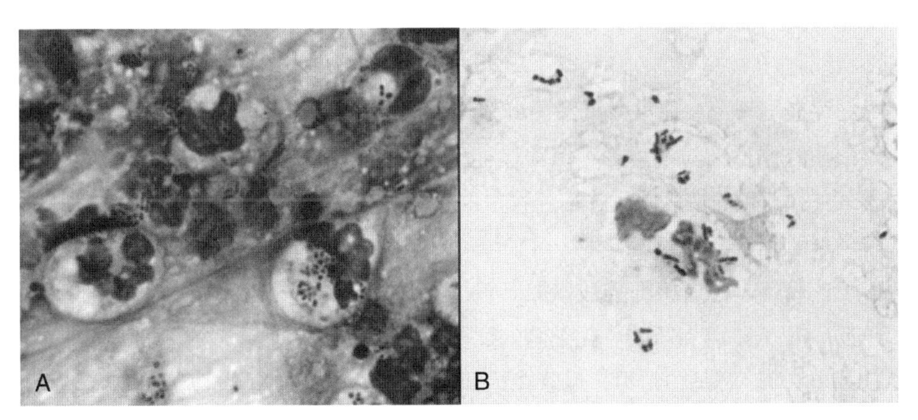

图 11-24　患红细胞球菌肺炎的小马驹的气管冲洗液

A. 由退行性中性粒细胞组成的化脓性炎症反应。小的多形性杆菌被吞噬以及游离于背景中（瑞氏染色）　B. 杆菌是革兰氏阳性的，并且形成“汉字笔画”，与马红细胞球菌一致（革兰氏染色，放大 1 000 倍）

应，且中性粒细胞可能不会退化。

- 真菌：卡氏肺孢子虫可能伴随年轻驹（＜3个月）的红球菌肺炎。其囊肿和变形虫（“滋养体”）形式容易被忽视，或被误认为是坏死的细胞碎片（图11-25）。对于检测这种真菌，BAL可能比气管冲洗更加敏感。Gomori-Grocott氏六胺银染色法（GMS）也能够凸显出该微生物。
- 误吸：**注意**：存在口咽部细胞和共生细菌，伴随着化脓性炎症反应。中性粒细胞是退行性的且存在被吞噬的细菌，这一点能够将其与口咽污染区别开来。

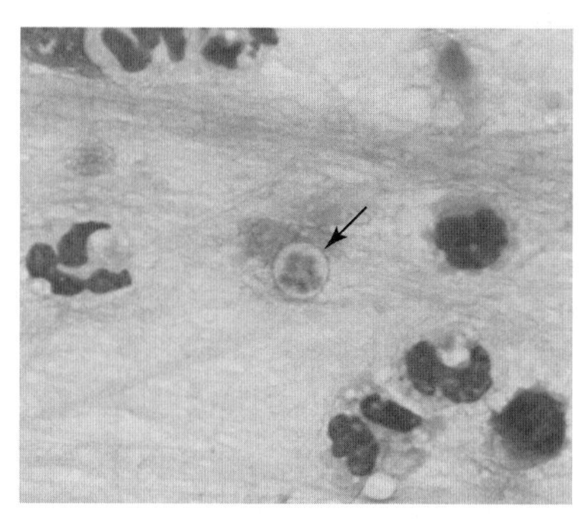

图11-25　2个月大小的马驹气管冲洗液中的卡氏肺孢子虫

在视野中心可见具有8个孢子的单个囊肿（箭头）。周围细胞主要是非退行性中性粒细胞。请注意，该生物目前被认为是一种真菌，即使此处仍然使用了原生动物的术语来描述该生物的不同生命阶段（瑞氏染色，放大1 000倍）。

非化脓性气道疾病

非化脓性气道疾病包括两种条件，其与炎症（通常是中性粒细胞）、气道阻塞以及对吸入的环境过敏原或霉菌（例如，链格孢属）有关：RAO和IAD综合征。

· RAO：RAO是马慢性肺气肿或慢性阻塞性肺病的同义词，通常影响年龄较大（＞10年）的马厩马。已有几个地区确定了与夏季牧场相关的RAO。

- 可通过病史、临床检查、气管冲洗或BAL检查轻松诊断。
- 具有显著增加的大量厚重黏稠的黏液，螺旋状黏液十分明显。
- 气管冲洗样品显示为化脓性至混合性（中性粒细胞和巨噬细胞）炎症反应。中性粒细胞是非退行的，并且常见多核巨噬细胞。嗜酸性粒细胞并不常见。
- 可能会看到增生的柱状上皮细胞簇（呈深蓝色，比正常细胞更立方），伴有数量增加的杯状细胞。
- 可能存在胞外菌，通常为混合菌群，尽管可能存在均匀的双球菌群（兽疫链球菌）。胞外菌的致病意义尚不清楚，但在这种情况下能够培养出来。若能被吞噬，细菌可能会具有更强的致病性，并且在培养物呈中度至重度生长情况。
- 暗色真菌成分可能很多。
- BAL的特征是总有核细胞数增加，包括＞20%的中性粒细胞（中性粒细胞百分比高于IAD）。肥大细胞和嗜酸性粒细胞的比例增加并不常见。

· IAD：这在年轻赛马中常见。尽管在这种疾病中大气道疾病可能更加重要，许多人仍认为BAL是首选的诊断技术。

- IAD与年轻运动马（＜5岁）的表现不佳有关。
- 黏液的产生量是变化的，但如果马在运动后受限，通常会增加。在内镜检查中看到的黏液量可能比在TTW的显微镜检查中注意到的细胞炎症更能诊断病症。

- 气管冲洗结果与RAO类似：中性粒细胞性至混合性炎症，胞外菌和暗色真菌。
- BAL：总有核细胞数可能增加，并由混合细胞（中性粒细胞、淋巴细胞和巨噬细胞）组成。在极少数情况下，仅存在组织细胞炎症（主要是具有大量多核的巨噬细胞）。其计数通常在正常范围内，但细胞类型的分布异常且可变。中性粒细胞（10%~13%，通常＜20%）、淋巴细胞（＞50%）、肥大细胞（4%）以及嗜酸性粒细胞（4%~10%）的比例可能增加。一些马可能仅存在嗜酸性粒细胞和/或肥大细胞百分比增加。

出血

出血可能是由于运动（EIPH）引起的，也可能是各种原因导致的肺损伤（例如炎症、吸入烟雾或者肿瘤）引起的。

- 在通过内镜采集的气管冲洗液中观察到红细胞时，怀疑出血。红细胞是TTW中的预期发现。
- 出血可以由噬红细胞现象（仅限新鲜样本），以及确认出巨噬细胞内存在含铁血黄素或胆红素晶体证实。
- 在瑞氏染色的涂片上可能无法检测到少量的铁血黄素。此外，其他色素（碳、吞噬碎片）可能会被误认为是含铁血黄素。
- 普鲁士蓝染色有助于确认含铁血黄素的存在与否（图11-10）。
- 出血后1～3个月，噬血铁黄素可在肺部分泌物中持续存在；也就是说，它们无法反映出近期的出血。

其他情况

- 肿瘤：肺部肿瘤在马中罕见，包括原发性（肺腺癌、颗粒细胞瘤）和转移性（如血管肉瘤鳞状细胞癌或恶性黑色素瘤）肿瘤。气管冲洗和BAL是不敏感的诊断程序，因为肿瘤细胞可能不会侵入气道。
- 多结节性肺纤维化：这种形式的间质性肺炎与马疱疹病毒5型感染有关，应在成马体重减轻、发热、呼吸急促或呼吸窘迫，并且在影像学检查中存在严重的结节性间质性肺部模式时怀疑该病。细胞学发现是非特异性的，包括中性粒细胞炎症，气管冲洗液中黏稠的黏液，混合的、多为中性粒细胞性炎症，空泡化的和多核的巨噬细胞，以及BAL中比例增加的颗粒状淋巴细胞和肥大细胞。病毒包含体很少见，难以在细胞学标本中进行识别。这类疾病使用肺活检证实为最佳，肺活检显示出肺泡中特有的纤维化和中性粒细胞性组织炎症。PCR可用于鉴定BAL液或肺活组织检查中的EHV-5。

应该做什么

对气管冲洗和支气管肺泡灌洗的异常细胞学发现进行解释的要点

- 口咽部污染：附着细菌的无角化的鳞状上皮细胞；未被吞噬的混合细菌群。
- 化脓性炎症：对于非退行性中性粒细胞，可疑IAD（例如，老年马的RAO和年轻运动马的IAD），原发性细菌感染和间质性肺炎。对于退行性的中性粒细胞，寻找其细菌方面的病因，并怀疑肺炎或原发性细菌感染（例如，运输性胸膜肺炎）。进行细菌学培养。
- 马红球菌（*Rhodococcus equi*）肺炎：有化脓性炎症的年轻小马驹，非退行性或退行性的中性粒细胞，以及形成“汉字笔画”样式的多形性小杆菌。考虑潜在的卡氏肺孢子虫感染。
- 混合性炎症：由RAO、IAD、间质性肺炎（包括多结节性肺纤维化）和已经恢复的感染引起。
- 嗜酸性粒细胞性炎症：寄生虫或真菌引起；可能看不到致病微生物。
- RAO：具有增多的黏稠黏液、中性粒细胞性至混合性炎症、非退行性中性粒细胞以及多核巨噬细胞；通常影响老马（＞10年）。
- IAD：首选BAL。有核细胞计数可能会增加，但通常是正常的；然而，中性粒细胞（＜20%）、淋巴细胞、嗜酸性粒细胞或肥大细胞的比例增加。IAD通常影响幼马（＜5岁）。建议运动后进行内镜检查。
- 出血：红细胞（内镜冲洗）、血铁黄素（用普鲁士蓝染色确认）、胆红素、噬红细胞。噬血铁黄素不一定表明最近出血。

脑脊液

CSF由脉络丛和脑中的细胞分泌，具有低细胞性和低蛋白质。CSF可以从寰枕和腰骶部位进行采集（采集过程见第22章），并应用EDTA提交送检（除非需要培养）。由于蛋白质含量极低，细胞在体外会迅速裂解，影响计数和细胞学评估。样品必须保持凉爽，并在采集后24h内提交分析。虽然尿液试纸可以提供合理的蛋白质含量的近似值，但仍然需要特定的高灵敏度技术来测量蛋白质含量。由于细胞密度低，细胞计数需要用血细胞计数器手动进行，细胞离心涂片对于显微镜检查至关重要。脑脊液结果可以提供炎症和创伤的证据。然而，CSF异常对于任何特定疾病都不是特异性的，并且许多具有与中枢神经系统相关的临床体征的马的CSF结果是正常的（例如，马原生动物脊髓炎）。

正常脑脊液结果

- 透明度和颜色：透明无色。任何浑浊或颜色都是异常的。
  - 正常的新生马驹可能有轻微黄色的脑脊液。
- 有核细胞计数：0~5个/μL。
- 红细胞计数：可忽略不计，除非样本受血液污染；无噬红细胞。
- 蛋白质：60~120mg/dL（大多数正常马＜80mg/dL）。
- 涂片检查：
  - 通常会进行差异细胞计数，特别是如果有核细胞计数增加的话。
  - 有核细胞为单核细胞（淋巴细胞和巨噬细胞）。除非存在血液污染，否则很少有中性粒细胞。

    · 偶然发现包括室管膜细胞群、颗粒状粉红髓鞘细胞的胞外螺纹、皮肤鳞状上皮细胞和手套粉末。
- 生化分析物:
    · 脑脊液中的葡萄糖、钾、钙和酶的含量低于血浆。
    · 发生CNS细菌性败血症时，CSF中的葡萄糖水平会进一步降低。
    · CSF中的钠、氯和镁离子含量高于血浆。

正常脑脊液的主要特征

- 样品应保持冷却并尽快提交给实验室。
- 透明无色。
- 有核细胞计数：0~5个/μL。
- 巨噬细胞和淋巴细胞：罕见中性粒细胞。
- 蛋白质含量：60~120mg/dL。

脑脊液异常结果

脑脊液的检查结果按炎症类型进行分类；而不存在一种炎症特征对某个疾病有特异性。因此，CSF分析只是一种诊断工具，其本身并不具有决定性（参见第22章）。

脑脊液中可识别的严重异常

- 脑脊液浑浊可能是由于细胞、细菌、硬膜外脂肪或放射造影剂增加所致。
- 淡红色或红色液体提示血液污染或蛛网膜下腔出血。
- 黄色液体（黄染）提示先前出血或黄疸（结合或直接胆红素可穿过完整的血脑屏障；然而血脑屏障必须是不完整时，未结合或间接胆红素才能透过）。
- 乳白色液体提示有核细胞计数（细胞增多）大量增加。

脑脊液异常的一般类别

· 化脓性炎症：液体浑浊，可能不透明，具体取决于细胞数量。蛋白质浓度通常会增加。中性粒细胞占主导地位并且可能是非退行性的，即便存在细菌感染（类似于SF）。病因包括细菌性败血症、多种成马免疫缺陷综合征、东部马脑脊髓炎、脓肿和创伤（例如硬膜下出血或既往脑脊液穿刺）。

· 淋巴细胞性炎症：小淋巴细胞占主导地位，具有罕见的大型或反应性形式。可见浆细胞。炎症是典型的病毒感染的结果（有核细胞计数在大多数情况下是正常的或仅轻微增加），包括西尼罗河病毒，但也可见于具有原发性脊柱淋巴瘤、神经疏松症或压缩性病变的马中。注意：在坏死或病毒条件下可见颗粒状淋巴细胞（细胞毒性T或自然杀伤细胞）的比例增加（马疱疹性脑白质病通常具有正常细胞计数），但对这些病症无特异性。

· 嗜酸性粒细胞炎症：炎症由原生动物、寄生虫（例如迁移的线虫）和真菌感染引起。除了副鹿圆线虫（*Parelaphostrongylus tenuis*）之外，上述疾病在马中罕见。

· 混合性炎症：细胞混合物；中性粒细胞或单核细胞可占主导地位。原因包括真菌感染（例如，隐球菌，图11-26）、先前的脊髓造影（放射照相造影剂诱发轻度脑膜炎）、病毒感染和蠕虫性（例如，恶魔线虫）脑脊髓炎。

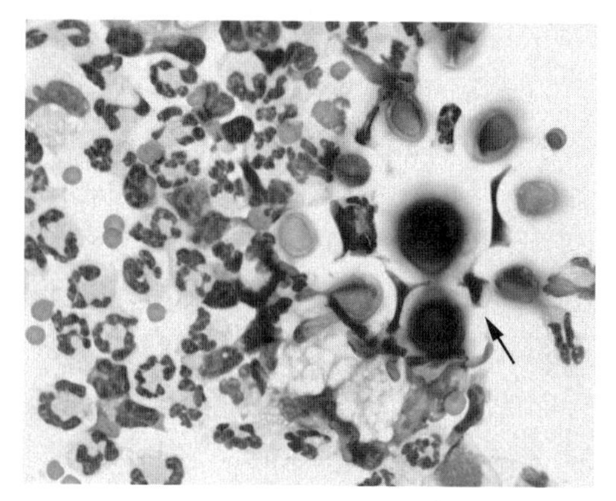

图 11-26　脑脊液中的新型隐球菌

在隐球菌脑膜炎（瑞氏染色，放大1 000倍）的马中，混合炎性浸润物（中性粒细胞，淋巴细胞，巨噬细胞）包围着大型蓝色酵母的聚集物，后者具有厚的无染色囊膜（箭头）。

· 血液污染：液体是淡红色的。RBC静置后沉淀，留下清澈无色的上清液。血液污染（取决于程度）影响对结果的解释，特别是检测潜在炎症的能力（血液导致白细胞数目增加，有核细胞计数和中性粒细胞百分比以及蛋白质含量升高）。发表的用于对有核细胞计数和蛋白质中血液污染程度进行校正的公式，其准确性有待考证（每500~1 000个RBC 1个WBC）。可见血小板和红细胞，但没有噬红细胞或噬血铁黄素。

· 出血：如果出血是急性的，离心后的液体呈淡红色，具有富含红细胞的沉淀。可以观察到噬红细胞、噬血铁黄素和胆红素晶体。随着时间的推移，红细胞在蛛网膜腔内崩解，导致黄染。

具体情况

创伤 / 压迫性病变

· 脑脊液通常伴有压迫性疾病，如颈椎病。

· 急性创伤可能导致出血（见前面的讨论）。样本可能是红色的（最近出血）至黄色（过去的出血）。

· 有核细胞计数和蛋白质可能会轻度增加。

化脓性细菌性脑膜炎

· **实践提示：**感染主要发生在新生马驹和患有各种免疫缺陷综合征的成年马身上。

· 液体为浑浊状，呈黄色、乳白色或白色。

· 感染产生的细胞计数最高，这是由于中性粒细胞增多。中性粒细胞通常是非退行性的。

· 蛋白质水平增加十分典型。

- 可能未观察到细菌。

病毒性脑炎

- 结果可变且可能表现为正常。
- 经典的发现是轻度的淋巴细胞性细胞增多症和/或蛋白质增加（包括西尼罗河病毒性脑脊髓炎以及东部马脑脊髓炎病毒感染）。一些样品可能发生黄染。西部马脑脊髓炎往往多为中性粒细胞性的。
- 急性感染［例如，东部马脑脊髓炎（EEE）］可见中性粒细胞增多症。
- 马疱疹病毒1型（EHV-1）引起血管炎，导致神经系统症状（马疱疹性脑脊髓炎）。CSF可能正常或可显示黄染和蛋白质增多。总有核细胞计数通常是正常的，或者可能随着淋巴细胞增多而增加。可见颗粒状淋巴细胞的比例增加（但不是特异性的）。

马原虫性脊髓炎（神经肉孢子虫）

- 脑脊液检查结果通常为正常。
- 可见轻度的混合性（中性粒细胞、巨噬细胞、淋巴细胞）细胞增多和轻度增加的蛋白水平。
- 肌酸激酶升高但该发现并不可靠。由于硬脑膜或硬膜外脂肪污染CSF，肌酸激酶可能发生假性升高。
- 比较血清和CSF中的SAG 2，3，4 的ELISA抗体，可为鞘内抗体的产生以及发生疾病的可能性提供有价值的信息。

应该做什么

对异常脑脊液细胞学发现进行解释的要点

- 结果正常时不能排除潜在的病理状况。通常在退行性、压迫性、传染性（例如原生动物和病毒）和肿瘤性疾病中结果是正常的。
- 在败血症中，中性粒细胞是非退行性的，且很少观察到细菌。
- 出血通常是因为创伤。
- 化脓性炎症：考虑细菌、急性病毒感染，脓肿和创伤。
- 淋巴细胞炎症：考虑病毒感染、淋巴瘤和压迫性病变。
- 混合性炎症：考虑各种原因。

第 12 章
急症的内镜诊断

Barbara Dallap Schaer，Ellison Aldrich and James A. Orsini

内镜检查是一种马诊所常用的、很有价值的诊断工具。内镜检查可以直接观察上呼吸道和下呼吸道、食管、胃、十二指肠、尿道和膀胱。该程序能够对其他影像学方法，例如数字X线摄影和超声波检查中已识别的异常进行进一步特征描述，还能够识别其他方法检测不到的病变。经内镜获取的样本（活检标本和抽吸物）可用于培养、细胞学和组织学检查。无论检查哪个系统，内镜检查都应系统地进行。要想“使用”内镜区分正常和异常，需要具备全面的应用解剖学知识。

内镜的类型

在马的实践中使用的许多软性内镜都是为人类设计的。最常用的软性内镜是光纤内镜或视频内镜。两者都很容易适应于马匹的检查。光纤内镜便携且价格相对便宜，但相比视频内镜产生的图像质量较低。通常，光纤内镜上的光源功率低于视频内镜。对图像的观察是通过内镜上的目镜，因此除非连接了教学接头，否则只有一个人能够看到检查情况。视频内镜具有出色的图像质量，可投射到监视器上。所有人都可以看到检查过程并且可以录像。但该装置通常不适合在野外使用，因为它不易携带。最近开发出一种动态呼吸内镜，用以评估马运动时的喉部功能，可在自然环境中而非跑步机上使用。内镜应具有活检通道和用于输送空气和水的系统。所需内镜的大小取决于检查的解剖部位和患者的大小（见后文）。

设备

- 尺寸合适的软性光纤内镜[1]，或视频内镜[2]。
- 装有温生理盐水的碗。
- 活检钳、抓取钳、息肉切除电刀圈和聚乙烯导管，以上应为每套都有的附件。
- 30mL 注射器用于经腹腔镜抽吸。

---

1 软性光纤内镜：外径 11mm，长 100cm；外径 12mm，长 160cm；外径 8mm，长 150cm。

2 灵活的视频内镜：GIF 型 Q140 胃肠视频内镜（外径 9.8mm，长 200~250cm），SIF 100（外径 11.2mm，长 300cm）和 CF 100 TL（外径 12.9mm，200 或 300cm 长）。

过程

· 需要2~3个人进行内镜检查。

· 根据患马和需检查的系统，可能需要镇静、鼻捻子或两者兼而有之。患马最好限制在马柱栏或马舍中。

· 安排内镜时应尽量减少对操作员、患马和设备的伤害。

· 需要熟悉内镜的机械结构，以及在所有方向上对内镜尖端的操纵。空气和水控制器由手柄操作；通常，红色按钮提供空气，蓝色按钮提供水。

· 用温水或少量无菌润滑胶润滑内镜（避免润滑内镜的尖端）。

· 就如何推送内镜针对每个系统分别做出了描述。

· 输送到内镜尖端的水可清洁镜头；输送空气以扩张体腔并改善检查。

· 活检是经活检通道推进活检器械，直到它超出内镜的尖端2～3cm为止。操纵仪器获取样品并取出。将标本放入适当的固定剂中。

· 经内镜抽吸是通过活检通道放入无菌的聚乙烯导管，直到其超出内镜的尖端2～3cm为止。使用30~60mL注射器抽吸样品。频繁注入无菌盐水溶液会有助于抽吸。将样品直接放在载玻片上或放入EDTA真空采血管中。

· 应使用消毒液清洁内镜，并在每次使用后冲洗。

胃肠系统：食管、胃、十二指肠、直肠和小结肠内镜检查

内镜检查可以检查食管、胃、十二指肠、直肠和远端小结肠。内镜检查是确认胃和十二指肠溃疡存在的首选方法，可以帮助诊断直肠撕裂。

过程

过程如下：

· 内镜长度必须为225~300cm，以便对成马的胃和十二指肠进行全面检查。200cm的内镜是对成年马的胃进行粗略检查的最小长度。

· 胃镜检查前，成马应禁食8~12h，断奶马驹应禁食6~8h。如果要检查十二指肠，可能需要更长的禁食期——成马24h。哺乳马驹不能禁食。

· 通常需要镇静。

· 有关内镜进入食管的方法，请参见鼻胃管的放置（见第18章）。确认进入食管以防止损坏内镜。

实践提示：如果始终保持视野清晰无阻，可避免长内镜出现咽部反转并进入口腔。为了防止损坏内镜，可以先将短的鼻胃管插入食管近端来用作套管。

· 注气有助于食管、贲门括约肌和胃部的通过和检查。

· 当镜头在充满空气的胃内反转后，能够更好地观察胃小弯和十二指肠开口。一旦进入十二指肠，可以注意到十二指肠乳头和胆汁分泌。在极少数情况下，可能会看到阻塞的胆结石。使用活检器械穿过内镜的开放通道，可以容易地进行胃或十二指肠的活检。

腹腔镜检查

腹腔镜检查是一种有价值的诊断和手术方法，可在站立镇静或全身麻醉下进行。在腹痛马中，如果直肠触诊和其他诊断方式不能提供明确的诊断，腹腔镜检查可用于确认疑似病变。腹腔镜评估还可用于评估胃肠道或生殖道的粘连，获得活检样品（例如，肝、肾、肠），或作为慢性腹痛检查的一部分。作为一种外科应用，腹腔镜检查侵入性最小，为剖腹手术提供了替代方案，更小的切口，以及减轻的术后疼痛。此外，站立时左右肋腹的手术通路，可以更好地接触到几个腹部尾背侧的结构，而其在腹中线剖腹手术中不容易看到。

适应证

腹腔镜手术可用于：

· 解决直肠撕裂。
· 修复肠系膜破损。
· 进行卵巢切除术和隐睾切除术。
· 消除粘连。
· 修复膀胱破裂。
· 进行肾脾间隙烧蚀或结肠固定术。

腹腔镜检查需要专门的设备、专业知识和腹腔镜解剖学的全面知识。

腹腔镜

视频腹腔镜在人类医学中广泛使用，并且在过去十年中在马诊所中得到普及。传统的腹腔镜采用霍普金斯系统，带有杆状石英透镜，连接到光源和摄像头。腹腔镜图像被转发到监视器以供外科医生观看，并且可以记录静止图像和录像。最近，直接视频腹腔镜将电荷耦合器件直接连接到腹腔镜的末端，从而消除了棒透镜系统。标准腹腔镜的直径为10mm，长度范围为30~60cm，具体取决于制造商。腹腔镜可以是直的（0°角），以允许最大照明，或斜的（25°或30°角），该镜为外科医生首选，因为它最大限度地减少了对仪器的干扰，并提供了卓越的全景视图。

设备

· 腹腔镜[1]。

· 相机：用以处理和传输图像以供查看和录制。

· 连接到光纤电缆的光纤（氙或卤素）。

· 彩色监视器以显示视频图像。

· 套管，带金字塔形套管针和/或钝性闭孔器，通过它们引入和移除器械，最大限度地减少对组织的创伤。

· 气腹机和压缩CO_2罐以创建气腹，以便仪器可视化和提供操作空间。

· 腹腔镜手持器械（手柄通常为30~45cm），如抓钳、剪刀、巴布科克钳、注射针，以及任何特殊手术的器械。

· 电外科手术室。

· 吸气装置。

过程

如果需要腹腔液体样本，应在腹腔镜检查前进行腹腔穿刺术，因为CO_2吹入会导致错误的结果。腹腔镜手术需要一名外科医生、一位助手、一位麻醉师和一位手术室（OR）技师。使用“三角测量”原理选择仪器通路，以提供最佳手术视野，将仪器和腹腔镜汇聚在手术部位上。

肋腹通路

右肋腹与左肋腹通路，都在患马站立时进行，能为大多数腹部结构提供极佳的成像，特别是位于背侧的腹腔结构。经直肠移动降结肠末端且从直肠下方将腹腔镜推进到腹腔对侧，从而对腹腔对侧进行部分评估。通常在手术前将禁食饲料24h。尽管禁食通常能够改善可视化效果，但是一些结构（即骨盆曲以及部分背侧和腹侧结肠）可能被禁食患马的小肠肠袢和小结肠遮挡。

· 患马被保定在马柱栏中，并静脉注射甲苯噻嗪或地托咪定和布托啡诺镇静。马的头可以支撑在支架上或通过柱栏悬起。

· 将尾部包裹并系在马柱栏中，以防止手术区域污染。

· 进行直肠触诊，以确保在引入套管针之前，没有内脏在腰旁窝正下方。

· 手术区域剃毛，无菌准备和覆盖手术巾。

· 使用10~30mL的2%利多卡因或甲哌卡因浸润手术通路部位，对皮肤和下层肌肉组织进行局部麻醉。

1　10mm 范围（首选）；Stryker 采用 5mm 示波器（小马驹），提供长度为 30cm 和 45cm 的 5mm 和 10mm IDEAL EYES 腹腔镜。

- 通过腹内斜肌的肌束，在髋结节和最后肋之间的腹腔镜通路上做一个1~2cm的切口。
- 使用CO_2进行气腹，来扩张腹部，使其压力达到10~15mmHg。在引入腹腔镜前进行腹部通气，但这增加了腹膜后间隙注气的风险。
- 在直接可视的情况下，根据预期的程序在适当的位置建立仪器通路，以避免对内脏造成创伤。
- 通常，从头部到尾部对腹腔内脏进行系统检查。腹腔镜最初处于腰椎下方，然后朝向盆腔以评估腹腔尾部的结构。
- 小于10mm的通路使用单层闭合，而较大的通路需要多层缝合。

右肋腹

通过右肋腹途径可见以下结构：

前腹部：

- 横膈膜。
- 肝脏右叶（方叶和尾叶）。
- 肝十二指肠韧带。
- 网膜囊。
- 十二指肠前曲、十二指肠降部和十二指肠系膜。
- 后腔静脉。
- 门静脉。
- 网膜孔。
- 部分胃。
- 右上大结肠。
- 右肾周筋膜。

后腹部：

- 盲肠基部、肋腹和腹侧盲肠带。
- 十二指肠和十二指肠系膜。
- 空肠。
- 小结肠和结肠系膜。
- 直肠和直肠系膜。
- 膀胱及相关韧带。
- 公马：
  - 右侧精索、输精管、睾丸系膜和鞘膜环。
- 母马：
  - 右卵巢、卵巢韧带、输卵管、阔韧带和子宫角。

左肋腹

通过左肋腹部可见以下结构：

前腹部：

- 横膈膜。
- 食管切迹。
- 胃和胃脾韧带。
- 肝左叶和三角韧带。
- 脾脏的外侧和前背侧。
- 空肠。
- 左肾周筋膜、肾脏、肾脾韧带及空隙。

后腹部：

- 空肠。
- 小结肠和结肠系膜。
- 直肠和直肠系膜。
- 膀胱及相关韧带。
- 公马：
  - 左精索、输精管、睾丸系膜和鞘膜环。
- 母马：
  - 左卵巢、卵巢韧带、输卵管、阔韧带和子宫角。

腹中线法

腹中线法是在患马全身麻醉下背侧卧位进行。根据感兴趣的结构，定位（即特伦德伦堡，头部较低或反向特伦德伦堡，头部较高）可能有助于检查腹部最末端与最前端的结构。腹中线腹腔镜检查提供了腹腔腹侧结构的最佳通路，并能够看见左、右侧泌尿生殖器结构。

- 手术区域剃毛，无菌准备和手术巾覆盖。
- 在中线创建三个腹腔镜通路：
  - 剑突软骨后通路为剑突软骨下方10cm。
  - 脐前通路为脐部上方15cm。
  - 脐部通路。
- 使用CO_2进行气腹，使腹部增压至10~15mmHg。
- 仪器通路在直接可视的情况下创建，如腹肋侧法所述。
- 通路闭合类似于腹肋侧法。

通过腹中线法可见看到以下结构：

- 横膈膜。
- 镰状韧带和圆韧带。
- 肝脏右叶、左叶和方叶。
- 胃。
- 脾脏。
- 大结肠的胸骨曲和骨盆曲。
- 左右下大结肠。
- 盲肠尖端。
- 盲结肠褶。
- 空肠。
- 小结肠。
- 直肠和直肠系膜。
- 前耻骨腱。
- 右侧和左侧泌尿生殖器结构[1]。

并发症

与腹腔镜手术相关的最常见并发症是：

- 腹部内脏无意中的创伤或穿透。
- 腹壁后和旋髂血管撕裂。
- 腹膜后充气，特别是在较肥胖的马中。

还应考虑与镇静、麻醉和背侧卧位相关的其他并发症。适当的培训和全面的解剖学知识可以降低这些风险。**实践提示：**如果需要，建议制定一个将微创手术转换为开放手术的计划。

呼吸系统：上下呼吸道内镜检查

呼吸道内镜检查可用于评估患有鼻涕、鼻出血、咳嗽、呼吸困难、吞咽困难、面部不对称、呼吸杂音或运动不耐受的患马。这是诊断筛窦血肿、喉偏瘫、会厌炎、会厌包埋（entrapment）、软腭背侧移位、喉囊积脓和真菌病、运动引起的肺出血、气管损伤或狭窄、颞叶骨关节病和上呼吸道先天性异常（例如，腭裂）的首选方法。该手术还有助于诊断鼻旁窦炎和肺部感染或脓肿。

1 特伦德伦堡定位通常需要进入膀胱、卵巢和鞘膜环。

步骤

步骤如下：

· 用于检查整个呼吸道的内镜应长150~200cm，外径9mm；9mm直径的内镜是可以用于马驹的最大安全尺寸。

· 如果可能的话，不要镇静，因为镇静可能影响咽和喉的功能。通常建议在检查下呼吸道时使用镇静以减少咳嗽。

· 将内镜放入任一鼻孔内，系统地评估上呼吸道结构，注意不要伤害筛窦鼻甲。在整个检查过程中保持视线清晰。

· 可以首先评估喉和咽，以观察喉功能；淋巴样增生程度；会厌定位；以及杓状软骨的外观、定位和运动。通常在移除内镜时对鼻道进行评估。

· 可以通过将内镜放入杓状软骨间以进入气管。若内镜置入正确，则可见气管环。注意任何异常分泌物、黏膜炎、囊肿或肿块。

· **注意：**内镜可能在咽部向后翻转并进入口腔，损坏仪器。应确保视野畅通无阻，以防止出现此问题。

· 使用活检器械或内镜刷引导进入喉囊，或者可以通过Chambers导管从对侧鼻孔推送，然后“翻转”来打开对侧喉囊。

· **实践提示：**若检查下呼吸道，使可用4~6mL无菌2%利多卡因或西他卡因（苯佐卡因、氨基苯甲酸丁酯和盐酸丁卡因）喷雾，通过活检通道喷涂气管，以减少咳嗽。

· 可通过在会厌上注入20~30mL 2%利多卡因，抬起会厌。

· 鼻颌开口位于中鼻道后部，可用直径9mm的内镜到达。在鼻窦炎的病例中，可见鼻旁窦引流到中鼻道。

鼻内镜

鼻内镜：鼻窦内镜的内镜检查包括在感兴趣的鼻窦上方做一小切口，切开皮肤和骨膜，用圆锯做出内镜入口，然后将内镜插入窦腔。还可以收集液体或组织样本，并在手术期间对鼻窦进行局部治疗。前文已描述过鼻内进路，包括通过使用激光，从背侧鼻甲创建通路进入前额窦，但此处展示的方法是标准的经皮入路法。

适应证

鼻内镜检查可直接进入鼻旁窦内部，故应用于已定位于鼻窦的疾病过程。其适应证和好处包括：

· 对占位性病变（例如囊肿和肿瘤）、出血性病变（例如，进行性筛窦血肿、真菌斑块或糜烂)、牙槽骨（牙根）脓肿、黏膜的其他变化以及涉及鼻窦的颅骨骨折，进行直接的视觉评估。

· 收集用于微生物培养和抗微生物敏感性测试，细胞学和/或组织病理学的液体和/或组织样品。

· 局部治疗的开始，如灌洗，用或不用抗菌药物；烧灼；激光烧蚀。

解剖学

在进行鼻内镜检查时，选择的通路部位取决于感兴趣的主要鼻窦。在六个鼻旁窦中，有三个通常使用经皮方法直接进入：

· 额窦-鼻甲额窦。

· 后上颌窦。

· 前上颌窦。

虽然多个鼻旁窦间互通，但是在头部左侧和右侧的相应鼻窦之间通常互不相通。

额窦

对于进入鼻旁窦，最有用的方法是直接从额颌孔上方打开通路进入额窦。这种前上颌窦和后上颌窦之间的自然连通使得内镜较易通过。假如鼻窦中含有液体，这种方法也是最不可能在无意中损坏窦内“结构”或导致脓性渗出物污染手术部位的。

因此而确定环锯术的位置：

· 在内眼角水平处设想一条水平线，手术入口在该线上方5mm（0.25in）处，在脸部中线外侧5cm（2in）处。图12-1A描述了用于额窦内镜检查时解剖标志的轻微变化。

· 上述的距离，以及所有其他的内容所涉及的位置，都描述的是平均体重450kg（1 000lb）的马匹；若患马体型明显较大或较小，应根据其情况进行适当的调整。

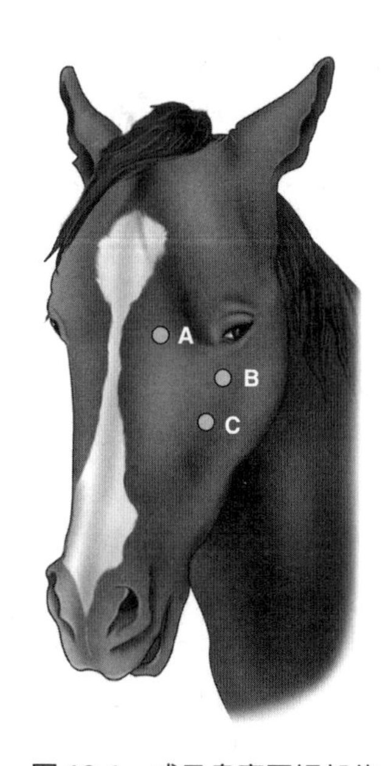

图12-1　成马鼻窦圆锯部位

A. 从中线到内眼角画水平线，圆锯的位置在距离该线中点1cm处的中轴侧，或从中线到内眼角大约2/3的距离　B. 后上颌窦。圆锯距离内眼角颅侧3cm处，距面嵴背侧3cm处　C. 口缘侧上颌窦。沿着从内眼角到面口缘侧末端划线，圆锯的位置为其一半位置处

尾上颌窦

· 通过额骨可以轻松地进入尾上颌窦，进行鼻腔镜检查。

· 如果需要直接进入上颌窦，或者主要感兴趣的区域是蝶腭窦，那么通路应位于面部的背外侧，距内眼角口前侧2cm和腹侧2cm（图12-1B）。

· 这个位置通常就将通路放置在后颊齿的背侧，且避开眶下管。

· **实践提示：**这两种结构都很容易受到影响，尤其是幼马的牙根，因此在创建通路和插入内镜时必须小心。

颅侧上颌窦

· 在几乎所有的马中，颅侧上颌窦完全与尾侧上颌窦通过骨性隔膜完全分开。

· 骨性隔膜没有与其对应的体表投影部位，所以进入此窦最可靠且最不容易造成牙根损伤的方法，是在X线的引导下进行。

· 或者，将内镜通过额窦进入尾侧上颌窦，并前进直至到达隔膜。当隔膜被照亮并且透过覆盖着它的皮肤可以看到微弱的光线时，即可准确定位通路于颅侧上颌窦上方（即，在发光区域颅侧）。

· 通常情况下，这个通路应距离眶下孔后方3~4cm（约1.5in），距眶下孔与眼内侧角之间的假想线腹侧1cm（图12-1C）。

· 通过这些背外侧通路进入上颌窦时必须考虑到马的年龄 。

· **注意：**一匹＜6岁的青年马几乎没有空间在这一腔隙放入内镜，是由于储备冠对于上颌齿颊的占位效应。

· 对10岁或以下的马进行上颌窦的鼻腔镜检查之前，进行颅骨的X线摄片是非常有用的筛查程序和指南。

设备

需要以下物品：

· 镇静：地托咪定——10μg/kg，IV，使用或不使用布托啡诺——0.025mg/kg，IV；准备好——0.3~0.5mg/kg，IV，甲苯噻嗪，有助于在手术过程中需要额外镇静剂时使用。

· 剃毛器。

· 氯己定或聚维酮碘手术刷，异丙醇和棉卷，用于皮肤的无菌准备。

· 无菌局部麻醉剂溶液［例如，甲哌卡因，2%，1~3mL，使用25号、0.5~1in（1.25~2.5cm）针头］；为防止马对鼻窦内运动的内镜作出反应，应另在针筒中准备额外的5~10mL。

· 无菌小手术器械包，或至少无菌手术刀手柄、止血钳、组织钳和持针器。

· 无菌自固式组织牵开器——可选，但建议使用。

· 无菌手术刀片。

· 无菌手术纱［例如，4in×4in（10cm×10cm）纱布垫］。

- 无菌15mm直径环锯，或选择适合尺寸的内镜。
- 无菌柔性内镜。
- 适用于特定病例的无菌液体或组织取样所需的任何物品。
- 用于鼻窦灌洗的无菌盐水或聚离子溶液，1L，温热至体温。
- 如果在鼻内镜检查后需要重复鼻窦灌洗，需要使用无菌Foley导管或其他导管。
- 无菌2-0单丝缝合材料。

实践提示：环锯的直径应至少比内镜大5mm，这样内镜可以轻松插入鼻窦内进行操作而不会损坏周围组织。如果要使用儿科内镜或刚性关节镜，可以使用合适直径的斯坦曼针代替环锯。如果要放置Foley导管并将其留在原位以便在鼻腔镜检查后重复灌洗，那么要将导管的直径与环锯的直径相匹配，以便将导管保持在适当的位置。

过程

对于前面描述的所有三种方法，基本过程是相同的：

- 镇静马。
- 剃毛区域位于环锯部位至少3in×3in（7.5cm×7.5cm）。
- 如果需要，使用毡尖笔或其他永久性记号笔，对术部皮肤进行标记。
- 无菌消毒皮肤以进行无菌手术。
- 使用局部麻醉剂麻醉环锯部位的皮肤。
- 做一个长度为2.5~3cm（1~1.25in）的皮肤切口，平行于头部长轴。
- 继续切开皮下组织和骨膜；用前上颌窦通路，在前进之前，先轻轻抬高鼻唇提肌。
- 用自固定牵开器或止血钳牵开皮肤和骨膜，露出骨头；根据需要破坏骨膜。
- 将环锯的切割边缘平放在骨头上，轻而稳定地施力，以振荡的方式反复旋转环锯，在骨头上切出一个圆孔。
- 取下骨塞；当使用大型环锯时，可将骨塞保存在无菌容器中，并用无菌盐水保持其湿润，以便后续重新放置（若完好无损）。
- 如果窦内有游离液体，则对无菌采集样品进行实验室分析；若其妨碍窦内可见度，则吸出所有剩余的液体。
- 将内镜插入开口并根据需要前进/引导其尖端，以便彻底观察窦腔或其他腔体。
- 如果患马对窦内内镜操作做出反应，必要时可提供额外的镇静剂或在黏膜上注入少量局部麻醉剂。
- 使用活检仪对受影响的组织样本进行取样，并根据情况进行治疗（例如，烧灼、切除、激光烧灼）。
- 通过内镜用温热的无菌盐水/聚离子溶液自由灌洗鼻窦，或取出内镜使用无菌导管进行灌

洗，以避免移出血凝块；对于出血性病变，可以跳过或修改该步骤。

· 如果将留置导管留在原位以进行反复灌洗，则应将导管周围皮肤闭合，将其固定在皮肤上。

· 如果没有将导管留在原位，则可以将骨塞放回并缝合伤口，或保持通路和伤口开放以待第二期愈合。

如果在手术过程中存在出血情况，则取决于出血的严重程度：

· 如果出血量相对较少，请等待几分钟再重新评估；一旦出血停止，则小心地恢复手术。

· 如果出血量适中且无法使用电灼或激光烧灼，请取下内镜，让马安静地站在有垫草的畜栏中；如果仍然需要进行鼻腔镜检查，请在第二天仔细继续手术（前提是鼻出血已停止），在此期间用无菌敷料保护手术部位。

· 如果出血严重，无法控制且可能危及生命，可在全身麻醉下经鼻额骨瓣进行窦道切开术，以获得更好的通路，并使用无菌纱布填塞在窦腔内提供止血。

术后护理

· 根据情况适当使用抗生素和进行抗感染治疗。

· 手术后10~14d进行皮肤拆线。

· 如果要进行第二期愈合，请每天至少两次清洁该部位，直至伤口闭合。

· 如果导管留在鼻窦中，每天至少用温热无菌盐水或聚离子溶液灌洗一次，并根据情况使用抗菌药物或消毒液（如聚维酮碘）。一旦不再需要灌洗，取下导管并允许伤口进行第二期愈合。

并发症

通过仔细操作和开口位置选择，可能出现轻微到严重的并发症，但并不常见：

· 受损的鼻窦黏膜出血，特别是筛窦鼻甲出血。

· 覆盖牙根的薄骨板受损，使牙根暴露于呼吸道共生微生物或病原体感染。

· 眶下管薄骨板受损，可能导致慢性阻塞。

· 如果鼻窦中的脓性物质从伤口溢出，则会感染骨骼、皮下组织或皮肤。

· 伤口周围的皮下气肿——通常是轻度和自限性的。

· 伤口部位的外观不良——骨质凹陷或肿胀。

这些并发症在很大程度上可以避免：

· 注意鼻旁窦的解剖结构。

· 缓慢而小心地进行环锯。

· 通过直接观察引导内镜尖端穿过鼻窦迷路。

· 拍摄颅骨侧位X线片也是值得的，特别是当其显示出窦中的液体时。使用颅骨的外部标志作为指导，可以选择在液体线上方但仍在窦边界内的部位进行环锯。

胸腔镜

胸腔镜检查提供了一种微创技术以检查几种胸腔内结构，用于诊断和治疗。该程序在站立的镇静马中或在全身麻醉下进行，以直接观察肺、胸膜、部分食管、膈肌和胸腔内血管的部分。

适应证

- 获得肺部或淋巴结活检。
- 评估胸膜肺炎、脓肿和放置引流管。
- 肺切除术。
- 心包切除术。
- 评估和清除胸腔内粘连。
- 修复膈疝。
- 诊断食管肿瘤。

设备

- 腹腔镜[1]
- 录像处理和传输图像以供查看和录制。
- 光源（氙或卤素）连接到光纤电缆。
- 彩色监视器以显示视频图像。
- 不锈钢奶嘴套管。
- 带有旋塞（包括可连接吸气装置的转换器）的套管/套管针。
- 手持器械，如抓钳、剪刀、钝头探针、注射针，以及任何用于特定程序的器械。
- 电外科手术室。
- 吸气装置。

过程

- 尽管会造成单侧气胸，但该手术通常耐受性较好。手术过程中建议给予鼻内吸氧。

1　10mm 范围（首选）；Stryker 提供长度为 30cm 和 45cm 的 5mm 和 10mm IDEAL EYES 腹腔镜。

· **实践提示：**虽然不常见，但一些成马缺乏完整的纵隔，而可能发展为双侧气胸。因此，如果有必要逆转气胸，则必须使用带有旋塞的插管以快速连接抽吸装置。

· 重要的是确保手术切口仅包括皮肤和皮下组织。

· 肋间肌肉和胸腔的穿刺应使用套管和尖锐的套管针，在套管周围形成良好的密封，以防止手术期间空气逸出和术后皮下气肿。**实践提示：**在引入套管和套管针时，重要的是使器械的角度朝向尾侧以避免撕裂肋间血管和神经，这些血管和神经位于各肋骨后侧。

· 内镜通路的放置取决于感兴趣的胸腔内结构，以及对胸腔解剖结构的了解。在前肋间隙制作的通路需要对皮下脂肪和肌肉进行额外的钝性解剖；由于肋前侧的柔顺性较差，内镜操作更加困难并且经常引起患马的不适。

· 患马被保定在马厩中并静脉注射甲苯噻嗪或地托咪定和布托啡诺镇静。马的头部可以放在倒立桩上或悬吊在马厩中。

· 应将尾部包裹并固定，以防止污染手术区域。

· 应对手术区进行修剪，无菌准备并覆盖手术巾。

· 使用8~15mL的2%利多卡因或甲哌卡因进行局部麻醉，对手术入口部位的皮下、肌肉和胸膜组织进行局部浸润，或沿指定肋骨间隙的后缘以及内镜入口的前、后肋注入麻醉剂。

· 在指定肋间隙内，背阔肌的腹侧做1~2cm的切口，切开皮肤和皮下组织。

· 可能需要对皮下组织和筋膜进行钝性解剖，特别是在更前侧的肋间隙中。

· 奶嘴套管用于穿透肋间肌和壁层胸膜，以便空气进入胸腔，呼吸几次而产生单侧气胸。或者，可以主动吹入CO_2来使肺塌陷。

· 组合套管和尖锐的套管针，通过皮肤切口将其引入，角度朝向后方，并通过轻轻扭动进入胸腔。

· 如果存在胸腔积液，应在开始胸腔检查前将其排出。

· 根据预期的程序，在适当的位置以类似的方式创建仪器通路。

· 手术完成后，保持内镜在原位，通过使用吸气来逆转气胸，以看见肺的再充气。手术通路可以用不可吸收的缝合材料单层闭合，或者用多层闭合，而使用可吸收材料闭合肋间肌。

解剖学

- 从右半胸或左半胸进行胸腔镜检查，可以看到以下解剖结构：
  - 肋骨和肋间肌的胸膜表面。
  - 背面、侧面、膈面以及纵隔面的肺表面；肺尾叶。
  - 肺韧带。
  - 肋骨和膈膜裂孔。
  - 背侧纵隔。

- 食管的胸廓部分。
- 主动脉。
- 食管动脉和静脉。
- 支气管食管动脉和静脉。
- 背肋间动脉和静脉。
- 交感神经干。
- 迷走神经的背侧和腹侧分支。
- 纵隔后淋巴结。
- 气管支气管淋巴结。

· **实践提示：**仅在右侧胸腔内，可见奇静脉、肺静脉和胸导管。心脏基部和主干支气管只能从左半胸看到。

并发症

· 虽然成年马中罕见，但缺乏完整的纵隔将导致双侧气胸，必须尽快逆转！

· 伴有肺部损害的马（即严重胸膜肺炎）可能不能很好地耐受单侧气胸。这些马匹会出现低氧血症，需要立即逆转气胸。使用100%氧气也可能是有益的。

· 可见肺裂伤和皮下气肿的报告（见第46章）。

泌尿系统：尿道和膀胱内镜检查

适应证

· 血尿、尿频（排尿频率增多）、排尿困难和里急后重是下泌尿道内镜检查的常见原因（见第26章）。

解剖学

· 雌马的尿道长度为6~8cm（2~3in），容易扩张以进入膀胱。

· 雌马的外尿道口位于阴道前庭褶皱交界处前庭的颅/前部。

· 雄马尿道的长度为75~90cm（30~35in）。精阜位于尿道最近端的几厘米处后方，且其为输精管和精囊的开口。前列腺管位于精丘的两侧。

· 尿道球腺的开口位于背侧，距离精阜后部几厘米。

· 尿道终止于龟头，并作为尿道突延伸1~2cm。

· 膀胱相对可扩张，平均大小的马的尿量＞4 L。

· 输尿管开口在膀胱颈背部或三角区，尿道附近。

设备

- 内镜应至少长100cm，直径9mm或更小，以检查尿道和膀胱。检查公马通常需要更长的内镜。

过程

- 使用无菌技术执行此过程。
- 在Cidex OPA中对内镜进行冷灭菌[1]消毒30min。使用前用无菌盐水冲洗内镜。冲洗活检通道。
- 建议对种马和阉马进行镇静。仅在阉马上静脉注射0.4~0.6mg/kg甲苯噻嗪，0.01mg/kg布托啡诺和0.02mg/kg乙酰丙嗪，以便保定和放松。
- 对远端阴茎和尿道突外面进行无菌擦洗；如果适用，将导管插入膀胱并排空尿液。参见第26章的泌尿道导管插入术。
- 使用无菌手套，用无菌润滑剂润滑内镜全长，避开尖端。
- 使用与膀胱导尿术相同的技术推进内镜。
- 对尿道和膀胱进行系统评估，使用注气法以改善该检查。注气通常会导致尿道血管充血。
- **实践提示：**通过膀胱内镜的反转以便看到输尿管开口。

并发症

- 由于尿道长时间充气，可能会出现动脉空气栓塞和死亡。

1 Cidex OPA，邻苯二甲醛溶液。

第 13 章
基因检测

Joan Norton

- 马基因组测序为大量的基因测试打开了大门，其应用包括：
  - 预测被毛情况。
  - 诊断疾病。
  - 识别携带疾病基因的马匹。
  - 通过负责任的育种来预防疾病。
- 为了将这些信息的价值最大化，临床医生必须了解存在基因检测的疾病和条件，以及如何正确收集适当的样本进行评估。

被毛颜色

- 被毛颜色基因检测通常不具有医学意义，但对针对特定毛色进行繁殖的客户来说非常重要。
- 基因测试可用于确定*Agouti*基因控制的底色（红色/黑色因子）或黑色素的分布。
  - 稀释是改变底色颜色的基因突变。
  - 测试适用于香槟、奶油、珍珠和银色马匹的稀释。
  - 与年龄相关的全身被毛脱色。
  - 还可以识别灰色毛发的调节因子。
- 几个基因与毛发图案有关，测试可用于：
  - 阿帕卢萨。
  - 萨比诺。
  - 白漆花马。
  - 淘比亚诺。
  - 显性白。
  - 沙色和黑褐色基因杂合马。

致死性白奥维罗综合征（LWOS）

- 致死性白奥维罗综合征（LWOS）发生在奥维罗（overo）图案的美国花马具有纯合子时。

· **实践提示：**外观上，这些马驹具有全部或几乎全部白色被毛和蓝色眼睛。

· 这些马驹具有回肠结肠神经节病，会导致结肠运动障碍、腹痛和死亡。

· 奥维罗（overo）基因为杂合的马匹将具有带斑点的毛色图案，通常称为“框架（frame）”或“框架奥维罗（frame overo）”；然而，被毛图案本身并不总是与LWO杂合相关。奥维罗图案可能被其他斑点图案遮挡。

· 实验室测试：将带有毛根的20根鬃毛或尾毛提交给加州大学戴维斯分校兽医遗传学实验室（www.vgl.ucdavis.edu/services/horse.php），动物遗传学公司（www.horsetesting.com / CA.htm）。

薰衣草马驹综合征（LFS）

· 薰衣草马驹综合征（LFS）是阿拉伯马驹中常见的常染色体隐性遗传病。

· 这些小马驹天生具有被毛颜色稀释基因，被毛尖端或有时整个毛干的颜色较浅，并且显示出各种神经缺陷，包括：

· 无法以胸骨卧立或站立。

· 斜视或眼球震颤。

· 类似癫痫发作的活动。

· 在这些病例中没有发现其他生化或血液学异常，并且它们对治疗没有反应。

· 死后检查未见典型的组织病理学病变。

· 实验室测试：可将带有毛根的20根鬃毛或尾毛提交给康奈尔大学兽医学院动物健康诊断中心（http://ahdc.vet.cornell.edu/sects/Molec/），加州大学戴维斯分校兽医遗传学实验室（www.vgl.ucdavis.edu/services/horse.php），动物遗传学公司（www.horsetesting.com/CA.htm）。可以向兽医遗传学服务（www.vetgen.com/equine-CA-service.html）提交带有毛根的毛发、EDTA全血或鬃毛样式的面颊拭子 。

· 已开发出一种LFS相关缺失的检测方法，现已通过康奈尔大学动物健康诊断中心提供。建议对繁殖马进行测试，以避免繁殖马均携带该基因。取样：该试验通常需要提交从鬃毛或尾巴上拔出带发根的毛发。拔出的毛发样品应修剪成4in（10cm）的长度并贴在头发样品片上。每匹马的样品应放在单独的信封中，密封，并附在LFS提交表格上。其他样品也可以检测，包括在含有乙二胺四乙酸（EDTA）的紫色盖子采血管中收集的全血样品。

皮肤病遗传病

遗传性马局部表皮松解症（HERDA）

· 遗传性马局部表皮松解症（HERDA），也称为皮肤肥大症（HC），是一种隐性遗传性皮肤病，主要见于美国夸特马。

· 由于编码胶原蛋白的基因缺陷，这种疾病的特征在于皮肤各层内缺乏粘连。

· 临床上，表皮的最外层很容易从较深的结缔组织中拉出。

· **实践提示：**马鞍下的区域似乎最容易发生这些病变，并且通常直到马受到马鞍的磨损后才能发现这个问题。

· **实验室测试：**可以将带有毛根的20根鬃毛或尾毛提交给加州大学戴维斯分校兽医遗传学实验室（www.vgl.ucdavis.edu/services/horse.php），动物遗传学公司（www.horsetesting.com / CA.htm）。

交界性表皮溶解水疱症（JEB）

· 交界性表皮溶解水疱症（JEB）是一种常染色体隐性遗传疾病，也称为红蹄病或无毛驹综合征。

· 已发现两个独立的基因突变：

  · *JEB1*，发生在比利时挽马和相关的挽马品种中。

  · *JEB2*，在美国乘骑马中可见。

· 该病症是由于层粘连蛋白-5基因的γ2亚基发生突变，抑制了层粘连蛋白γ2多肽的产生，而其作用为将表皮固定于真皮，并且有助于蹄的附着。

· **实践提示：**受影响的马的病变通常集中暴发于4~5日龄。

· 这些病变迅速增长变大，斑块遍布马驹的身体，可见蹄壁脱落。其他临床症状包括口腔溃疡和门牙过早萌出。

· 实验室测试：可以将带有毛根的20根鬃毛或尾毛提交给加州大学戴维斯分校兽医遗传学实验室（www.vgl.ucdavis.edu/services/horse.php），动物遗传学公司（www.horsetesting.com / CA.htm）。

肌肉遗传疾病

高钾血症周期性瘫痪（HYPP）

· 高钾血症周期性瘫痪（HYPP）是夸特马种马“Impressive”遗传下来的常染色体显性突变，其肌细胞中电压门控的钠通道α亚基发生了突变。

· HYPP的特点是：

  · 偶尔发作的肌肉震动、颤抖或震颤。

  · 虚弱和昏倒。

  · 同时并发高钾血症。

- 呼吸道阻塞。

- 纯合子马比杂合子马受到更严重的影响，甚至马驹（如果是纯合的）也可能受到严重影响。
- **实验室检测：** 20根附有毛根的鬃毛或尾毛或EDTA管中的全血，提交到加州大学戴维斯分校兽医遗传学实验室（www.vgl.ucdavis.edu/services/horse.php），动物遗传学公司（www.horsetesting.com / CA.htm）。或者，将20根带根鬃毛或尾毛提交给明尼苏达大学神经肌肉诊断实验室（www.vdl.umn.edu/guidelines/equineneuro/home.html）。
- 第22章讨论了该病的治疗和预防。

多糖贮积肌病（PSSM）

- 多糖贮积肌病（PSSM）是一种糖原贮积病，可引起各种体征，从横纹肌溶解到表现欠佳。
- PSSM 1型为*GSY1*基因突变，已在20多个品种中发现，最常见的是佩尔什马（Percherons）、比利时马（Belgium）、花马（Paint）和夸特马（Quarter）。在夸特马中，头勒马的流行率＞25%。在温血马中的流行程度不一，取决于品种的来源，但通常2型PSSM比1型PSSM的流行率要高得多。在诸如夏尔马（Shires）、克莱兹代尔马（Clydesdales）、纯血马（Throughbreds）、标准马（Standardbreds）等许多品种中，PSSM的流行率很低。
- PSSM 2型基因突变尚未确定。
- **实践提示：** 大多数夸特马都有1型PSSM，但大多数温血马和挽马具有2型PSSM。
- **实验室检测：** EDTA管中的全血或附有毛根的20根鬃毛或尾毛可提交给明尼苏达大学神经肌肉诊断实验室（www.vdl.umn.edu/guidelines/equineneuro/home.html），加州大学戴维斯分校兽医遗传学实验室（www.vgl.ucdavis.edu/services/horse.php），或动物遗传学公司（www.horsetesting.com/CA.htm）。

恶性高热

- 恶性高热是由于鱼尼丁受体1（*RyR1*）的基因突变，导致骨骼肌肌浆受体功能障碍，从而导致钙过量释放到肌浆中。
- 临床症状包括：
  - 高热。
  - 心动过速。
  - 呼吸急促。
  - 多汗症。
  - 肌肉僵硬。
  - 死亡。

· 麻醉、压力、运动或并发性肌病可导致发病。

· 纯合子马比杂合子受到更严重的影响。

· **实验室检测：** 将EDTA管中全血或附有毛根的20根鬃毛或尾毛提交给明尼苏达大学神经肌肉诊断实验室（www.vdl.umn.edu/guidelines/equineneuro/home.html）或动物遗传学公司（www.horsetesting.com/CA.htm）。

糖原分支酶缺乏症（GBED）

· 糖原分支酶缺乏症（GBED）是一种致死性疾病，主要见于夸特马。马驹缺乏以分支形式储存糖原所需的糖原分支酶。

· 这种突变导致晚期流产和死胎，并且占所有夸特马流产的3%。

· **实践提示：** 受影响的马驹较虚弱，无法站立并保持足够的体温，可能发生癫痫或死亡。

· **实验室检测：** 将附有毛根的20根鬃毛或尾毛提交给加州大学戴维斯分校兽医遗传学实验室（www.vgl.ucdavis.edu/services/horse.php），动物遗传学公司（www.horsetesting.com/CA.htm）；可以向兽医遗传学服务（www.vetgen.com/equine-CA-service.html）提交毛根、EDTA全血或鬃毛样式的面颊拭子。

其他遗传疾病

小脑性生活力缺失

· 小脑性生活力缺失是一种神经系统常染色体隐性遗传病，几乎只在阿拉伯马中发现。

· 突变导致小脑浦肯野细胞退化，导致意向震颤和共济失调。

· **实践提示：** 临床症状直到6周至4个月才出现。

· **实验室检测：** 将附有毛根的20根鬃毛或尾毛提交给加州大学戴维斯分校兽医遗传学实验室（www.vgl.ucdavis.edu/services/horse.php），动物遗传学公司（www.horsetesting.com/CA.htm）；可以向兽医遗传学服务（www.vetgen.com/equine-CA-service.html）提交毛根、EDTA全血或鬃毛样式的面颊拭子。

先天性静止性夜盲症

· 先天性静止性夜盲症（CSNB）是阿帕卢萨马（Appaloosa）和迷你马中的一种病症，具有豹纹图案（LP）被毛且与*LP*基因相关，将导致内核层的杆状细胞传导通路的神经传导缺陷。

· 临床症状包括夜视减弱或缺失。

· **实验室检测：** 可将20根附有毛根的鬃毛或尾毛提交给动物遗传学公司（www.horsetesting.com/CA.htm）。

第 14 章
影像学技术与急症适应证

数字射线检查

Christopher Ryan

· 数字射线摄影（DR）提供快速、无创的技术，以从马急诊的情况中获取诊断信息 。

· 与屏幕胶片相比，数字射线照相系统的宽曝光范围等于更宽泛的曝光范围，这仍然可能产生诊断图像。

· 重要的是要记住DR中的图像质量还取决于硬件和软件，其在不同制造商之间变化可能很大。

· 与精心拍摄的高质量屏幕胶片相比，较差的图像处理算法可能会导致令人失望的图像。

· 数字射线照相系统提供临时诊断和治疗计划，以便在初始检查时实施，而无须等待胶片处理（特别是在紧急情况下）；户外拍摄的X线片评估绝不应作为最终的诊断评估。

· 便携式设备上的射线照相显示器通常分辨率低，现场紧急情况下对其进行设置，常常受到中断和干扰。

· 始终建议在安静和受控的环境中进行最终评估，最好使用医疗级诊断灰度监视器。

· 在紧急情况下对患马进行射线照相评估的指征包括:

  · 急性发作的严重跛行。
  · 伤口和撕裂伤。
  · 穿透性异物。
  · 蹄叶炎。
  · 创伤和疑似骨折。
  · 头部外伤伴有神经系统症状，鼻出血或触诊颅骨骨折/凹陷。

患马的准备

· 在许多紧急情况下往往无须诊断性麻醉来确定跛行部位。

· 包括使用检蹄器在内的全面体检，应该能够提供合理的定位，以选择感兴趣的区域进行射线检查。

- 在进行体格检查和评估后，可能需要镇静才能获得高质量的X线片。
- 常用的镇静剂有：
  - 盐酸甲苯噻嗪（0.2~1.1mg/kg，IV）。
  - 盐酸地托咪定（0.01~0.02mg/kg，IV）。
  - 酒石酸布托啡诺（0.02~0.04mg/kg，IV）可增加持续时间和镇痛效果。
- 应谨慎使用镇静剂，特别是在骨科急诊时，以避免过度的共济失调。
- 应清洁感兴趣的区域，以防止在X线片上叠加污垢和碎屑。
  - 蹄：蹄签和钢丝刷可用于去除蹄底和蹄沟中的污垢。然后可以用可塑模的模型化合物（如橡皮泥）填充蹄沟，以免由于蹄沟中的空气使X线片上产生气体叠加阴影。
  - 四肢：使用梳理刷清除灰尘和污垢。

通用技术

- **实践提示：**对于任何放射线照相研究，建议至少使用两个正交投影。关节、长骨和蹄部的评估可能需要多个斜视图，以更好地理解感兴趣区域与任何病理情况的三维构象。
- 应选择适当的射线照相技术，包括管电压（kVp）、管电流和曝光时间的乘积（mAs）和放射源-探测器距离，以便充分显示骨和软组织结构。
- 许多便携式X线发生器的kVp和mAs的范围有限，这会导致增加曝光时间和运动伪影，尤其是在较厚的身体部位。
- 发电机座可帮助消除操作员的动作影响。
- 对于数字射线照相系统，用于处理原始图像数据的算法在最终X线片中非常重要。
- 成像研究的过度曝光可能导致软组织细节丢失，以及缺失重要病变。
- 曝光不足会导致图像中的噪点增加，从而产生颗粒状外观。
- 拍摄X线片的人员应佩戴适当的防护装备，包括铅衣、铅手套和甲状腺防护罩；盒式磁带支架可用于定位数字检测器摆位。在给患马拍摄之前，设置射线照相设备并将患马信息输入系统，这可以避免在马被镇静后浪费时间。用一个铅标标记肢体并贴在数字检测器上，作为错误识别肢体和方向（例如，内侧与外侧）时的备用。

远端肢体和蹄部

- 确保进行射线照相的蹄部或远端肢体特殊紧急情况包括：
  - 穿透伤口到蹄底。
  - 骨折。
  - 撕裂。
  - 蹄叶炎。

- 蹄底下脓肿。

穿透性蹄损伤

- 蹄底或蹄叉的穿刺伤可能是浅表的或者深层的，可能导致以下部位受伤：
  - 蹄底生发层上皮。
  - 指/趾垫。
  - 指/趾深屈肌腱。
  - 远端籽骨奇韧带。
  - 蹄骨。
  - 舟骨。
  - 滑膜结构包括：
    - 指/趾屈肌腱鞘。
    - 舟状囊。
    - 远端指/趾间关节。
- 所涉及的解剖结构取决于穿透性损伤的深度和方向。

急性穿刺伤

- 如果穿刺物保持在原位，对足部进行射线照相检查有助于评估其涉及的解剖结构。
- 如果异物不再存在且怀疑有穿刺伤，可在射线照相检查前将一根无菌金属软钢探头插入已识别的创道，以更好地确定创道的深度和方向（图14-1）。
- 在使用无菌探头探索任何创道之前，应彻底清洁足部，尤其是足底。

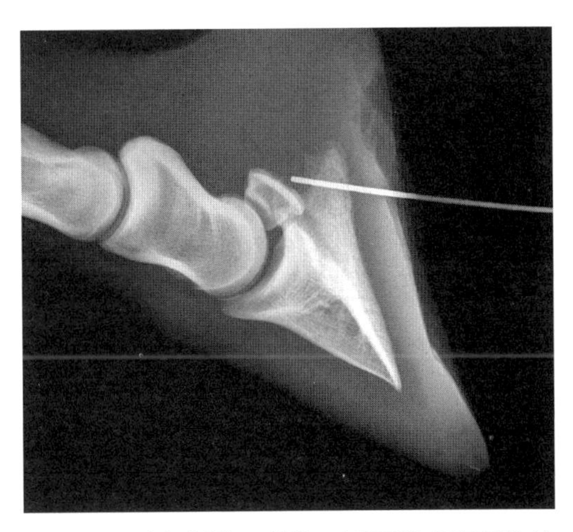

图 14-1　蹄部侧位 X 线片，置于蹄底穿刺伤的可塑探头

注意探针与舟骨接触。

慢性穿刺伤

- X线片有助于排除：
  - 蹄骨的化脓性骨炎。
  - 化脓性关节炎。
  - 骨折。
  - 腐骨形成。
- 特殊程序，如阳性关节造影/黏液囊造影或瘘管造影，可有助于确定受伤程度和可能受影响的结构。

关节造影 / 黏液囊造影 / 瘘管造影

设备

- 剃毛器。
- 无菌材料。
- 无菌手套。
- 含碘化阳性造影剂碘海醇的5~20mL注射器，240mg/mL，20~22号针头。20~22号的脊柱穿刺针用于舟骨黏液囊造影。
- 血液采集管［乙二胺四乙酸（EDTA）管和红顶管］和无菌5~10mL注射器，用于收集滑膜液。

过程

- 选择的关节、黏液囊或肌腱鞘应与伤口部位分开，且没有任何明显的软组织肿胀(图14-2)。
- 剃去毛发，彻底清洁要进行评估的滑膜结构周围的皮肤，包括无菌准备。
- 根据需要，使用无菌技术放置针头，采集滑液样品进行细胞学、微生物培养和敏感性检查，可以通过注射器回流或用抽吸获得。
- 注入造影剂，使其足量扩张滑膜腔。
- 造影剂注射后立即拍摄X线片。
- 被动屈曲肢体使造影剂分布于整个滑膜腔中。
- 通常建议对感兴趣区域进行正交射线照相视图；在某些情况下，单一视图可能就足够了。
- 可能需要多个斜视图，以便较好地确定滑膜结构和伤口之间的连通。

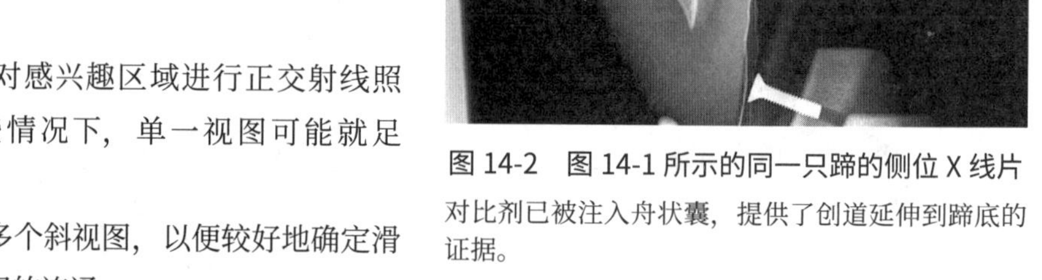

图 14-2　图 14-1 所示的同一只蹄的侧位 X 线片

对比剂已被注入舟状囊，提供了创道延伸到蹄底的证据。

- 选择适当的kVp将有助于最大化X线束与肢体的光电效应，以增强图像对比度。**实践提示：**kVp应大于造影剂中碘33.2 keV k-edge的两倍（即kVp值 ≥67 ），使光电效应最大化。

对比瘘管造影

· 通过阳性关节造影、黏液囊造影或肌腱造影，通常可以更容易识别出与滑膜囊连通的伤口。

· 也可直接将对比剂灌注到创道，以确定创道是否与滑膜结构连通（图14-3）。

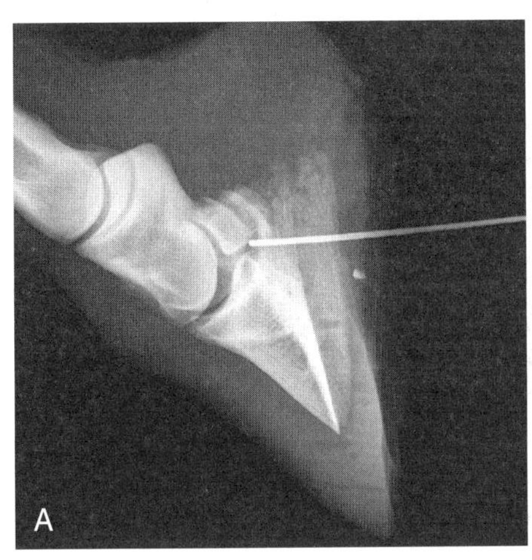

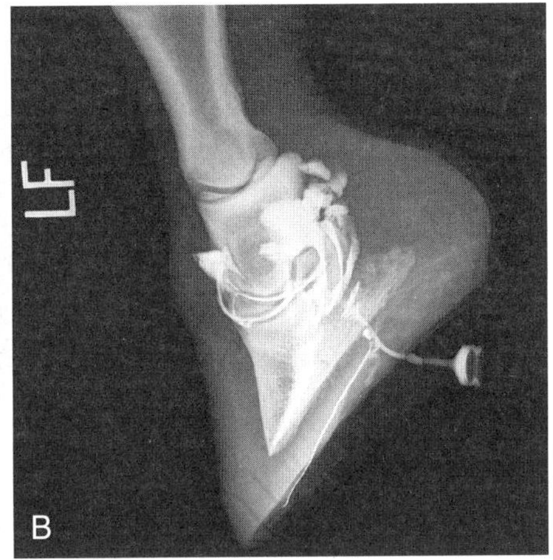

图 14-3　对比瘘管造影

A. 蹄部的侧位 X 线片，其中有可塑探头置于蹄底穿刺伤中。注意，探针延伸至舟骨远端的奇韧带，并可能进入蹄关节　B. 与图 14-3A 中所示相同的肢蹄，造影剂注入蹄底创道。整个远端指间（蹄）关节可见造影剂

设备

· 无菌制备的材料。

· 无菌手套。

· 含有碘化阳性造影剂（如碘海醇）的5~20mL注射器，以及18~22号留置针或无菌teat套管针。

过程

参见关节造影/黏液囊造影/肌腱造影的程序。

伤口和裂伤

· 推荐对肢体伤口进行拍片以排除潜在的骨骼结构损伤，包括：

　· 非移位骨折。

　· 长骨骨裂（图14-4）。

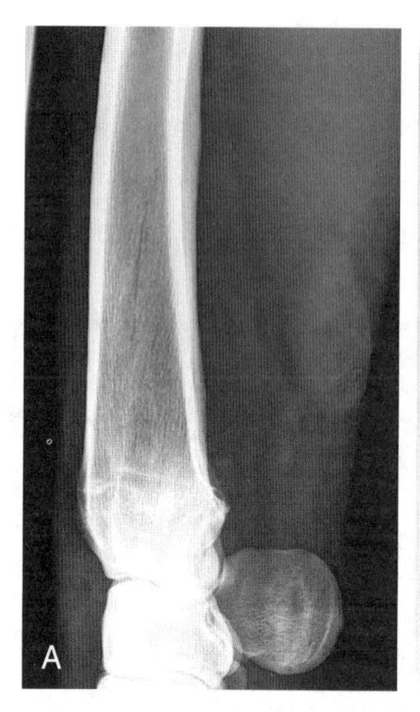

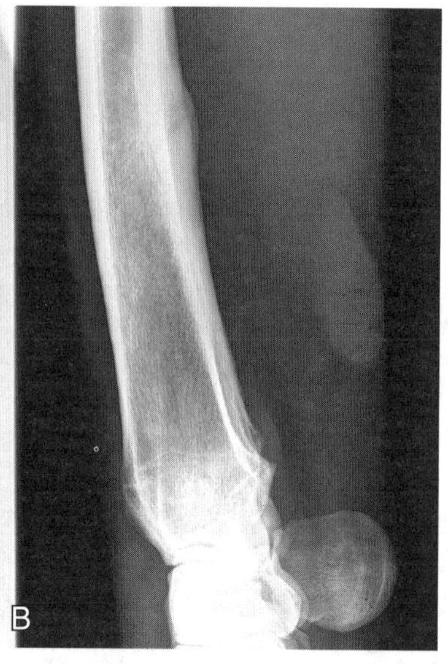

图 14-4　长骨骨裂

A. 桡骨远端的侧视图，其中在中、远端骨干中可见射线可透的线状骨折　B. 同图 14-4A 中马匹，马厩休息 4 周后。沿骨干中部的尾部皮质，存在平滑的骨膜和骨内膜愈伤组织

- 肌腱和韧带的起、终点撕脱（图14-5）。
- 也可能看到不透射线的异物，这在体检或伤口探查时并不明显（图14-6）。
- 在慢性病例中，特别是在存在引流道的情况下，X线片可能有助于排除腐骨（图14-7）。

· 阳性对比研究可用于确定伤口与关节或其他滑膜结构（滑囊、腱鞘）的连通性，且通常相比于滑液囊造影，阳性对比能更好地用于瘘管造影。

· 阳性对比瘘管造影术可用于肢体伤口，特别是在有深口袋形式的穿刺伤中。

· 该过程类似于蹄底穿透伤中所描述的。

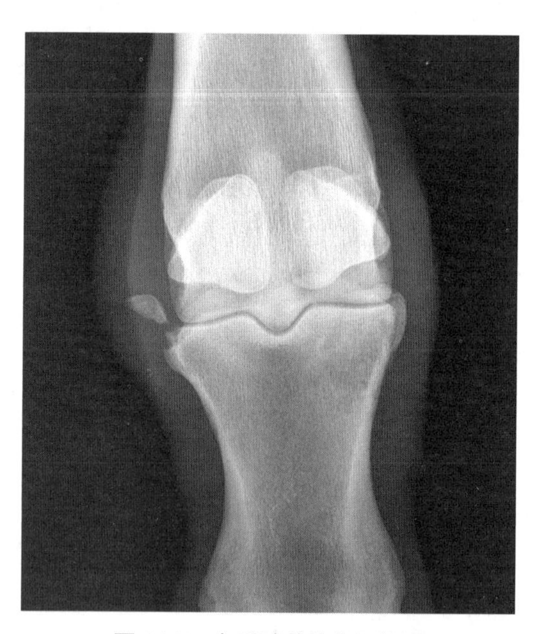

图 14-5　左后球节的背跖视图

外侧副韧带起点存在撕脱性骨折，伴有明显的碎片移位和相关的软组织肿胀。

蹄叶炎

请参见第43章。

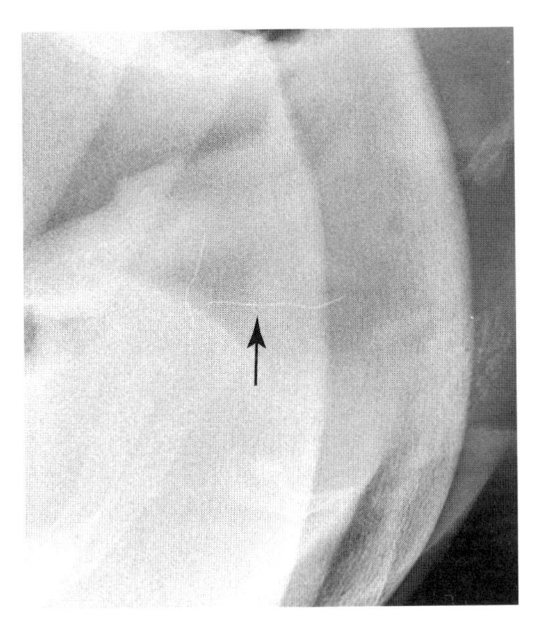

图 14-6　以咽为中心的侧视图

金属丝异物存在于喉部的颅侧（黑色箭头）。

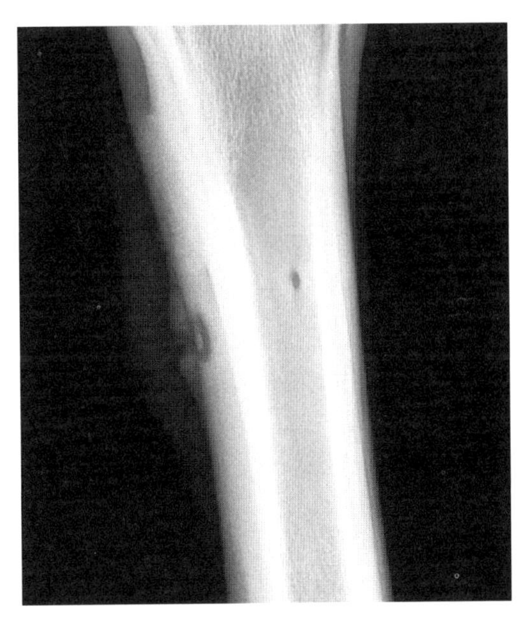

图 14-7　具有局灶性射线可透性皮质缺损的右侧掌骨的背掌视图

包括不透明中心骨和周围骨膜反应以及软组织肿胀，与腐骨一致。

设备 - 数字射线照相

· 需要木块来放置蹄部。木块的高度取决于X线发生器的尺寸；测量从地板到准直器的中心的距离并减去0.75in（1.9cm）。理想情况下，木块应具有互成90°且嵌入上表层的两根导线。

· 使用一截短的可塑钢丝或钡膏作为标记，用于识别冠状带和背蹄面。**实践提示：**背蹄壁标记应从冠状带延伸接近承重面。

过程

· 如前所述清洁蹄部。

· 将左脚和右脚置于木块上以均匀承重。将蹄部尽可能靠近木块的内侧和掌/跖侧边缘，以尽量减小物体 - 探测器距离（DR板和蹄之间的距离）；当该距离增加时，呈现的解剖结构将更模糊。腕/跗骨（管骨）应垂直放置。

· 外内侧与背掌侧图通常足以评估出蹄叶炎，尽管有时显示在掌侧边缘的视图中。此外，小金属标记可用于识别蹄叉顶点。

· 当对足部进行射线照相时，X线束应位于承重蹄表面上方0.75in（1.9cm）的中心并与地面平行。

静脉造影

请参见第43章。

· 阳性造影的数字静脉造影术（静脉造影照片）是一项有助于蹄部评估的成像技术，尤其是在蹄叶炎的情况下。

· 连续静脉造影可用于评估足部灌注和受损区域再灌注的损伤。

· 已证明静脉造影术有助于建立更准确的预后与制定治疗计划。

· 连续静脉造影照片中缺乏改善的血管模式，是一个强有力的指标，表明目前的治疗无效，或足部病理严重到组织修复的可能性很小。

静脉造影术

请参见第43章。

设备

· 无菌制备的材料。

· 各蹄分别使用3~5mL注射器用于局部麻醉剂（例如，盐酸甲哌卡因）。

· 止血带：简单的外科手术导管，Esmarch绷带或气压止血带。

· 套针导管［20~22号，1.25in（3.0cm）］或蝶形导管（21~23号）。将其与一个7或30in（18或76cm）的静脉内延伸装置连接，以降低注射时导管移位风险。

· 20~30mL碘化造影剂（碘海醇）。注射时使用10~12mL注射器可降低背压。

· 无菌纱布和弹性绷带（Vet-Wrap）。

过程

请参见第43章。

· 应在该过程开始前，输入病患基本信息的同时准备数字射线照相设备。对于镇静，使用α_2-激动剂，如甲苯噻嗪或地托咪定。

· 在近籽骨（籽骨远轴端神经阻滞）水平线上进行掌神经阻滞。神经周围镇痛后清洁蹄底。

· 在使用止血带或注射造影剂之前，先查看外内侧和背掌侧的射线照片。对导管周围的皮肤进行无菌准备（外侧或内侧掌指静脉）。

· 在球关节水平处使用止血带。

· 对扩张的外侧掌指静脉，导管应插入近籽骨的远端。将延伸装置连接到导管并注入20~30mL阳性造影剂。**实践提示：**典型的纯种马马蹄通常需要大约20mL；一个大的温血马或挽马马蹄可能需要多达30mL的造影剂。在注射后半体积的造影剂时，部分弯曲腕骨以放松指深屈肌腱而无须将蹄部从木块上移开。注射完成后，注射器和延伸装置可以用胶带固定在止血带上。

- **实践提示：** 完成注射后使用止血钳夹住延伸装置，否则背压会导致静脉血回流充满注射器。
- 如上所述立即重复外内侧和背掌侧的射线照片。
- 在放置导管并使用压力绷带前取下止血带，按压静脉穿刺部位。

技术错误

- 充盈缺陷是由于造影剂体积不足，其原因是止血带应用不当或造影剂体积不足(图14-8)。
- 导管位移或造影剂泄露于导管周围，造成血管周注射的情况。
- 造影剂注射和X线片之间时间过长，会导致由于造影剂扩散到细胞外间隙而变得“模糊”。
- 可使用数字静脉造影进行关键评估的区域包括：
    - 冠状动脉丛。
    - 冠状乳头。
    - 叶下动脉丛。
    - 旋支。
    - 蹄底乳头。
    - 终弓。

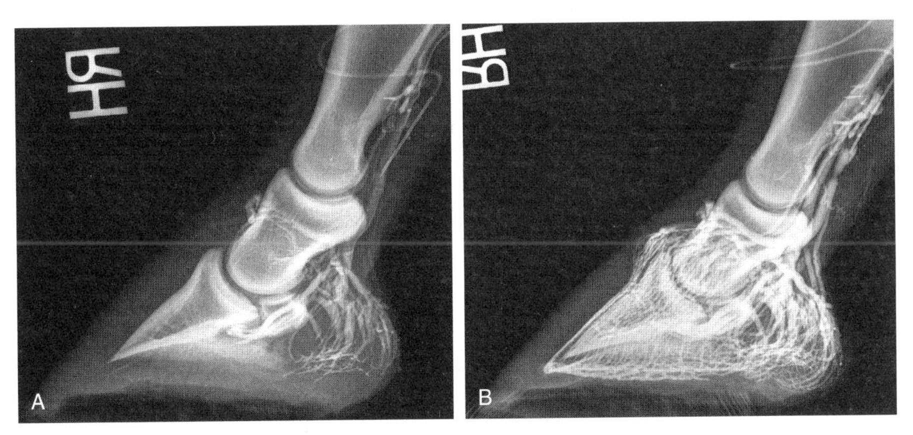

图 14-8　充盈缺陷

A. 侧位蹄部静脉造影，其中止血带提供的静脉闭塞不充分，导致蹄部血管内的对比度不足
B. 再次使用止血带并注射额外量的对比剂，蹄部血管扩张充分

实践提示：直到你已经多次进行静脉造影操作前，请让熟悉静脉造影的同事一起分析图像，以便从该过程中获取最多信息。

骨折/急性非负重跛行

- 在急性非负重跛行中，可根据体格检查确定骨折是否为病因（见第21章）。
- 如果可以在现场紧急情况下安全有效地获得X线片，则可以准确评估损伤和预后。
- 蹄囊内的骨折［例如，远端籽骨（舟骨）或远端指骨（蹄骨）骨折］除严重跛行外，其他体格检查几乎无变化。
- 应按照本章“患马的准备”部分所述为蹄部准备X线片。
- 关节骨折最好见于背侧近端-掌侧远端视图。
- 掌部突起的非关节骨折可能需要见于背侧45°外侧（或内侧）掌背侧斜视图。
- **实践提示：**必须注意不要将蹄骨的掌部突起处的骨化中心，与远端双籽骨的骨折混淆。
- 掌侧近端-掌侧远端斜（架空轮廓）视图能够最好地展示舟骨骨折。

颅骨造影

- 评估颅骨X线片时可提示：
  - 牙科疾病。
  - 鼻窦/鼻腔紊乱。
  - 创伤性损伤。

牙科X线片

- 与转诊医院相比，现场拍摄牙弓的X线片时通常使用较小的探测器面板（9in×11in/23cm×28cm），而转诊医院使用14in×17in/36cm×43cm的面板（见第18章）。
- 宽准直有助于提供更大的视野，特别是对于较小的面板，可使其更易识别解剖结构。
- 与评估充满空气的鼻窦、喉囊或咽喉/喉部区域所需的较低技术相比，牙科需要更高的射线照相技术。

骨折

- 颅骨骨折有三种类型：
  - 下颌骨骨折。
  - 颅骨凹陷性骨折。
  - 沿缝合线分离。

- 下颌骨骨折可能是单侧或双侧的，侧位X线片上的叠加增加了解读难度。各下颌骨的35°~45°的腹外侧-腹背侧斜视图（图14-9）可以消除叠加（图14-10）。
- 切齿的骨折最好用口内视图观察，将X线束正交于与牙龈缘处的切齿表面相切的平面。
- 与鼻旁窦或鼻腔重叠的凹陷性骨折通常涉及额骨、鼻骨、泪骨或上颌骨。颧弓也可能在眼眶骨折中涉及。

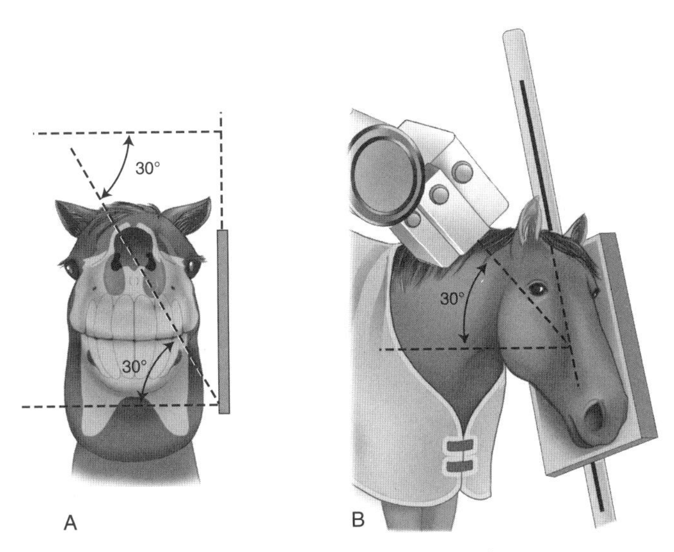

图14-9　下颌骨斜视图的摆位

（改编自 Obrien，*Handbook of Equine Radiography*，Saunders-Elsevier，2010）。

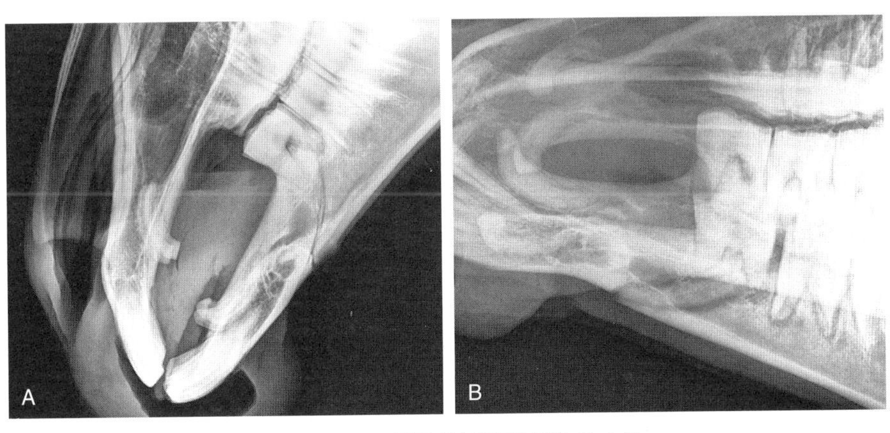

图14-10　下颌骨骨折消除叠加的方法

A. 侧向视图，其中下颌骨颅侧的裂缝方位无法确定　B. 下颌骨的斜视图清楚地显示了骨折涉及下颌骨左侧。在相对的斜视图中，右侧下颌骨颅侧正常（未示出）

- 各种角度的斜视图更好地证明了裂缝的存在和类型。马向后翻转倾向于头骨基部的骨折。蝶骨基部和枕骨基部之间的骨缝特别容易发生骨折。**实践提示：**骨缝通常可见于2~5岁，不要将其误认为为骨折（图14-11）。
- 创伤的影像学特征可以显示出在原本正常充气的喉囊区域中，继发于头长肌损伤导致的炎症和出血的软组织的不透明度增加（图14-12）。

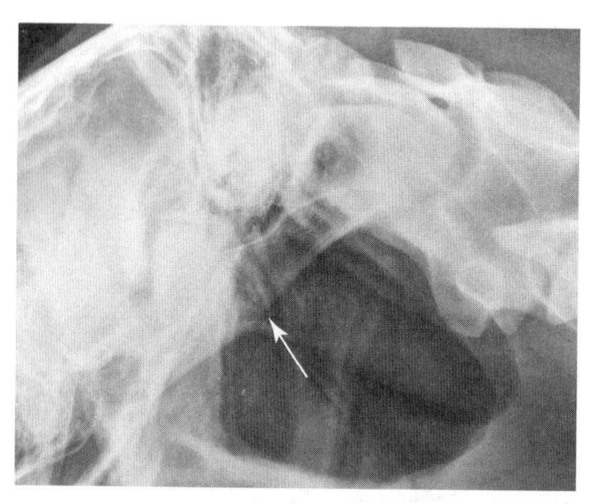

图 14-11　7 个月大的断奶马驹的侧位 X 线片

显示正常的蝶枕骨缝合线（白色箭头）。

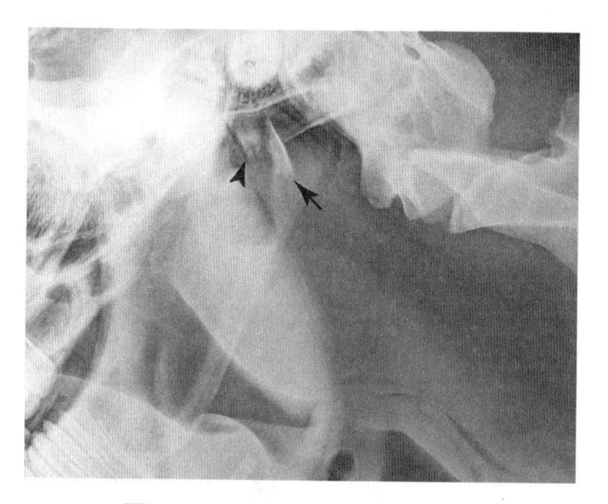

图 14-12　基蝶骨 - 基枕骨骨折

注意缝合线如何比图 14-11（箭头）更宽更明显。还有一个大块移位的腹侧骨碎片（箭头）以及被软组织不透明度填满的本应充满气体的咽囊，提示头长肌炎的出血。

过程

- 适当镇静患马。
- 使用缰绳制成的笼头来消除金属搭钩和扣环的叠加。
- 不透射线标记物可放置在外部肿胀上，以帮助确定X线结果的异常程度。

数字射线照相伪影

- 尽管由于数字射线照相系统的曝光范围宽，曝光技术的误差会降低，但是仍存在诸如定位不良和无法使X线束充分集中于感兴趣的区域等技术错误，这与屏片X线片相似。
- 数字系统还添加了一组新的伪影需要识别和纠正。分为以下几类：
  - 曝光伪影。
  - 图像处理伪影。

曝光伪影

- 对于曝光不足的X线片进行图像处理，会使图像看起来具有诊断质量。由于信噪比的降低，放大后将显示出颗粒状、嘈杂、斑驳或像素化的图像（图14-13）。
- 过度曝光会导致平板中的探测器元件变得饱和，而饱和的像素将被设置为相同的最大灰度值。
  - 如果使用校准掩模来校正探测器面板中的不均匀性，则掩模可能在最终图像中显示为“铺板”或宽条/矩形（图14-14）。
  - 校正方法是用较低的曝光值重复射线照相。
- 校准掩模用于校正探测器面板中的不规则性，并产生于面板的完全曝光。
  - 当对掩模进行曝光时，X线源和面板之间的任何东西都可能合并到数字掩模中，包括：
    - 准直器窗口上的任何东西（例如，溅射的造影剂）。
    - 面板上的碎片。
  - 马医院中使用的面板通常被摆位在不同的位置；掩模伪影可能不都会出现在相同的位置，并显示为单个或一对明暗的“幽灵般”伪影。
- 如果探测器靠近射频源放置，或者探测器或其电缆的屏蔽中断，则会发生射频干扰。这

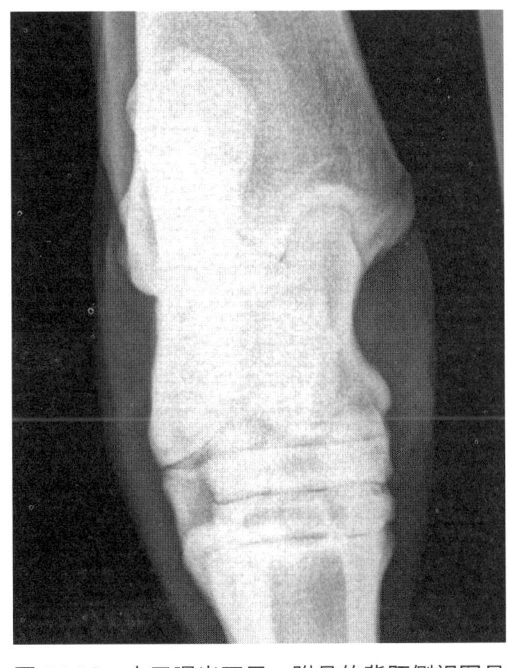

图14-13　由于曝光不足，跗骨的背跖侧视图具有明显的颗粒状外观

增强曝光技术可以弥补伪影。

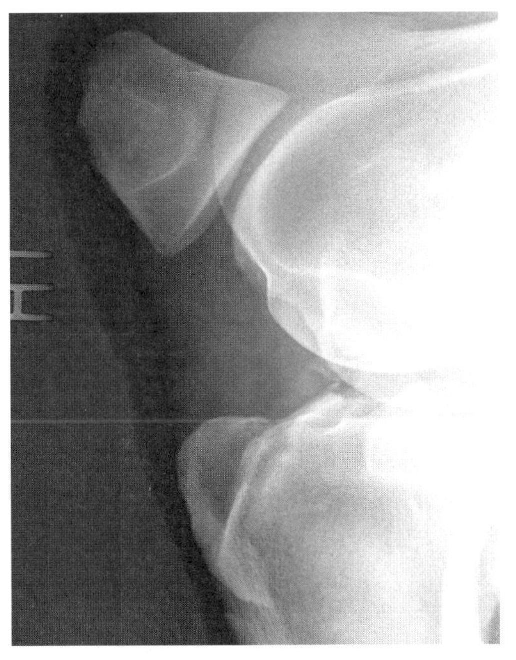

图14-14　由于探测器元件饱和，膝关节侧视图过度曝光，导致前侧软组织不再可见

在膝盖的左侧也可以看到“板状”伪影。

些伪影看起来是细长的平行堆叠的线状窄带，其长度可变（图14-15）。考虑更换破旧的、磨损或破损的电缆。

· “重影”发生在使用光电二极管作为探测器面板（大多数马系统）的系统中，由于光电二极管中保留电荷的差异而导致曝光过快。先前曝光的微弱“重影”图像叠加在随后曝光的图像上。

图像处理的人为现象

· 过度的边缘增强会导致暗晕形成，称为“Uberschwinger”或“回弹”效应。

· 晕圈通常出现在非常致密的或不透射线的结构周围，比如金属植入物或致密的皮质骨，这些结构可以模拟成一些疾病的过程，例如与骨科植入物松动相关的骨质溶解（图14-16）或气胸。

· 在图像处理的预处理步骤中，若应用不恰当的查找表（LUT），则会发生剪裁。外观类似于图14-14。

· 有关软组织的信息可能会丢失，尽管在读片期间调节亮度和对比度，但较薄的软组织区域仍不会出现任何信息。

· 过度曝光也可能导致类似剪裁的伪影。

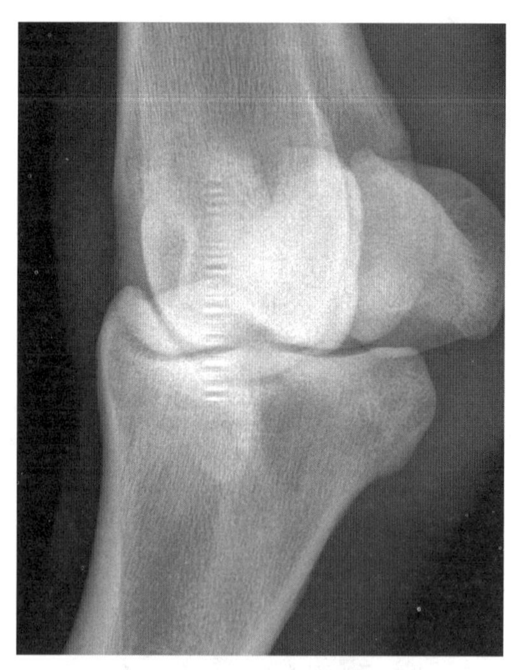

图14-15　射频干扰伪影

注意垂直窄薄带状、平行的水平堆叠的线形，位于近籽骨背侧。

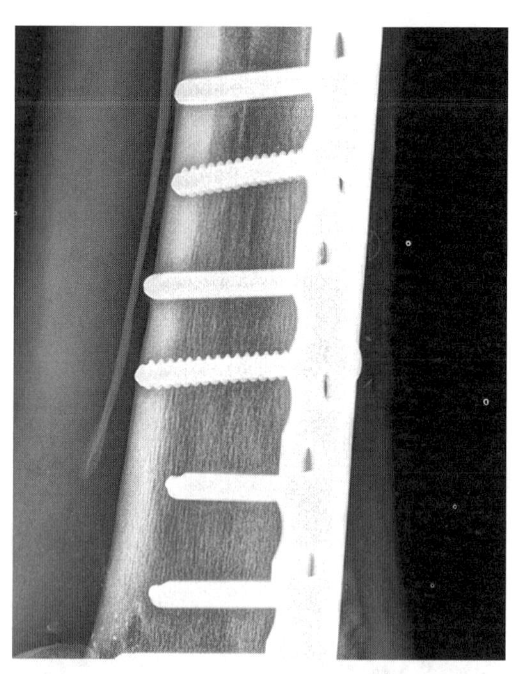

图14-16　由于边缘增强算法导致伪影重新生成（通常是非锐化掩模）

注意在螺钉末端周围，存在于皮质骨内的射线可透的光晕。

超声检查：一般原则，系统和器官检查

JoAnn Slack*

超声检查

超声检查是一种在紧急情况下获得快速诊断信息的非侵入性方法。超声检查尤其适用于对马匹以下情况的快速评估：

- 创伤。
- 腹部急性病。
- 呼吸窘迫和肺炎。
- 评估高危妊娠母马的胎儿健康状况。
- 眼部急诊。

超声心动图可用于评估有心血管急症患马，其将在第17章中讨论。

应该做什么

超声检查

患马准备

使用#40手术修毛刀片，将毛发从待检查区域的皮肤上推掉以获得最佳图像。

- 通常无须剃毛。
- 如无法剃毛，则沿着毛发用温水彻底润湿毛发和皮肤或用酒精喷洒该区域，这就足以获得诊断质量图像。
- 应用手术肥皂和水洗净皮肤。
- 将超声波耦合凝胶涂在皮肤上。
- 如果出现急性撕裂伤或穿刺伤，则应在无菌条件下进行检查，使用无菌超声凝胶或无菌KY胶以及无菌超声“套”或手术手套覆盖换能器。

眼部超声检查可将换能器直接放在眼睛上或眼睑上来进行。经角膜法需要滴注局部麻醉剂并进行耳睑神经阻滞。虽然这种方法提供了最佳的角膜图像，但并非所有马均耐受。大多数马匹对经眼睑法耐受较好，其在严重的眼睑肿胀或大面积眼周肿块的情况下可能是唯一的选择。两种方法均可使用无菌超声凝胶或KY胶。一定的间距有利于更好的近场可视化。

肌肉骨骼的紧急检查

对具有近期创伤史、严重跛行或穿透伤或裂伤的马匹进行超声波评估，有助于临床医生将肌肉的损伤区域与骨、肌腱、韧带、关节、腱鞘或周围软组织结构的损伤区域分开。超声波有助于马的骨折诊断，包括常规X线片无法诊断的，或者骨折发生在不适合常规X线摄影的区域。在有撕裂伤或穿透伤的马匹中，超声波可用来评估该区域中滑膜和肌腱或韧带结构的损伤程度，并且可以用来确定异物的存在与位置。

---

* 我们认可并感谢B.Reef（DVM，DACVIM）在《马急症学》之前版本中的贡献及原创工作。

马肌肉骨骼系统的正常超声检查结果

每个肌腱和韧带均应在两个相互垂直的平面上进行评估。正常的大小、形状和超声特征，在对肢相同的解剖结构中应当是相似的。如有必要，可用非患肢作为对照。

- 大多数肌腱和韧带具有均一回声和平行的纤维图案。
  - 近端悬韧带具有更多的异质性，这是由起点处和悬韧带近端不同数量的肌纤维、结缔组织和脂肪引起的。
  - 二头肌肌腱还含有结缔组织和脂肪，因此其超声特征有轻微的异质性。
- 肌腱鞘呈薄薄的回声结构，具有较薄的低回声内壁。通常，无回声的鞘内液极少。
  - 一小部分无回声液体通常可见于指深屈肌腱和下部翼状韧带之间的腕关节鞘膜内，以及在腕鞘内的指深屈肌腱和残余下部翼状韧带之间的跗关节鞘膜。

· 滑囊是一个潜在的、通常包含很少或不可辨别的液体的空间。肌肉和骨骼的正常超声波外观是独特的，若怀疑异常，则应与对侧肢体进行比较。

- 在短轴上成像时，正常肌肉具有独特的斑点图案，而在长轴成像时则具有独特的条纹图案。
- 正常的骨表面回声为均匀厚度的细回声线，其除了在正常骨突起区域外，应该是平滑的。
  - 关节软骨是无回声的，厚度各不相同，具体取决于其位置。
  - 所有非关节区域均存在一个紧邻骨骼的软组织层。

实践提示：每个关节都有一个特征性的超声外观，其关节囊和滑膜的厚度各不相同，但分别在两个肢体上应是相似的。

- 关节囊是一个稍厚的、有回声的、通常为曲线的结构，其内侧有一层薄薄的低回声滑膜结构。

注意：关节液是无回声的。

肌肉骨骼系统的异常超声检查结果

急诊肌肉骨骼超声检查的适应证包括：

- 严重的肿胀，以及相对应的发热和敏感。
- 严重跛行。
- 撕裂。
- 穿透伤。
- 放射学检查中不可见的疑似骨折。
- 无法获取放射图像的区域。

严重的肌腱炎或韧带炎

肌腱或韧带显著增大且纤维模式被完全破坏，与撕裂的肌腱或韧带一致。受伤的肌腱可能出现无回声、低回声，或者其回声情况取决于伤后时长以及病变内是否包含规则血块（图14-17）。

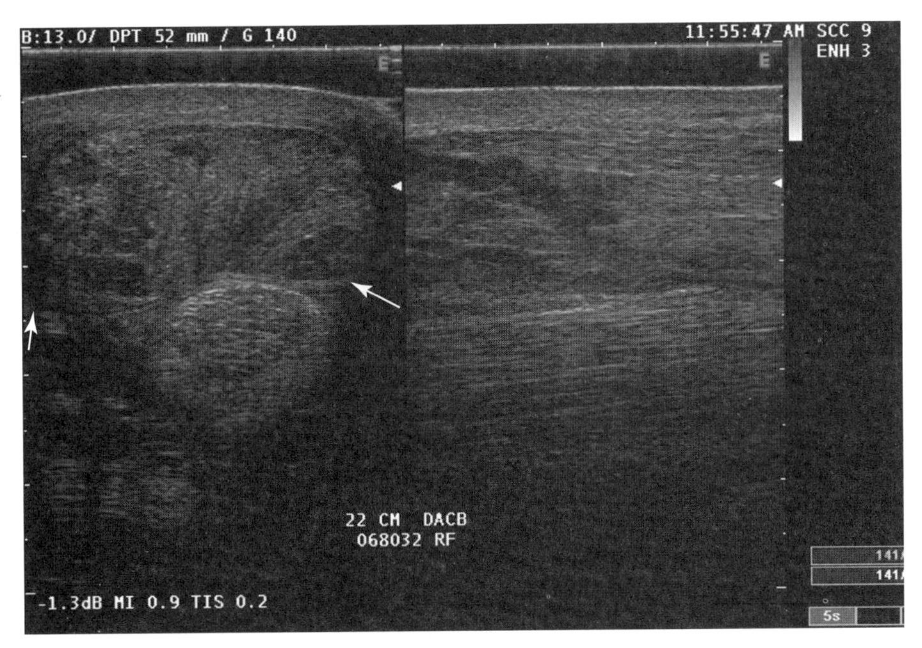

图 14-17 从具有断裂的指浅屈肌腱和下沉的球节的马上获得的掌骨区域的声像图

注意指浅屈肌腱内的显著增大、完全纤维破坏和血肿形成（箭头）。

通常存在有显著的腱周或韧带周围软组织肿胀。

实践提示：

- 球节下沉可见于严重的悬韧带炎和指浅屈肌腱炎。
- 负重型的蹄趾上翻与指深屈肌腱的撕裂一致。
- 近端指间关节半脱位发生于系关节严重的远端籽骨斜韧带炎和指浅屈肌腱断裂。
- 后膝关节屈曲和飞节伸展，与第三腓骨肌肌腱断裂一致。

严重的腱鞘炎或滑囊炎

显著扩张且充满液体和纤维蛋白的腱鞘或滑囊，与化脓性腱鞘炎或滑囊炎最为一致。马匹可能最近发生过鞘内或囊内出血，或者腱鞘或囊内发生过活动性、非无菌性炎症。

- 滑液内的纤维蛋白呈现为膜样、低回声的绳线或团块（图14-18）。
- 发生感染的腱鞘或滑囊中的液体可能出现无回声、低回声，或其回声取决于滑液中蛋白含量与细胞构成。
- 发生急性出血的滑膜结构通常具有旋涡的回声外观。近期出血表现为低回声定位中的无回声的液体，以及有回声的团块。
- 腱鞘或滑囊的破坏会导致滑膜瘘的形成，这可以通过不连续的腱鞘或滑囊，及其周围通常无声的关节周积液来识别。

肌炎和肌肉破裂

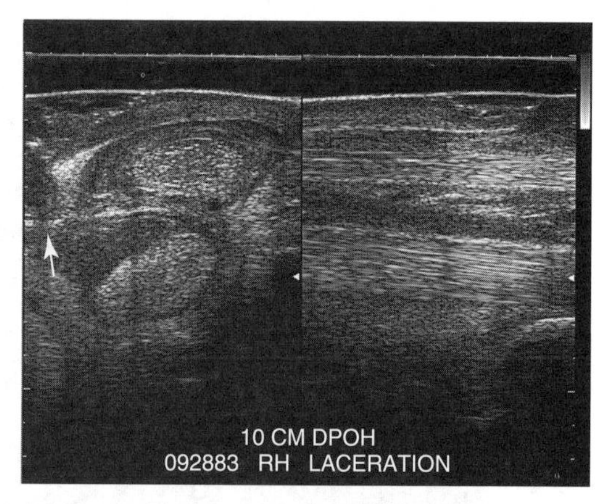

图 14-18 马的跗骨鞘的声像图，具有穿刺伤 / 撕裂的跖骨内侧近端区域

注意跗骨鞘内的低回声纤维蛋白（箭头），围绕着指浅和指深屈肌腱。

肌炎时受影响的肌腹增大。肌肉的回声特征发生改变，出现或不出现肌肉横纹，以上提示存在病理性肌肉状况。

- 肌肉水肿导致肌肉的回声性较正常偏低，但保持其正常的纹理。
- 肌肉回声增强且失去正常的纹理，与麻醉后肌病一致。
- 更加异质的超声表现和正常肌纤维模式的丧失，与坏死性肌炎一致。
  - 若检测到与肌肉或肌肉筋膜中的游离气体一致的精确高回声，且缺乏与穿透伤相关的气道，则与梭菌性肌炎一致。
- 受影响最严重部位肌肉的空洞化常常与液化性坏死有关。

肌肉损伤时，在超声检查中最常检测到肌肉纤维受到破坏的区域。在后肢和肩部肌肉中最常见马的肌肉撕裂。可以通过从起点到终点，仔细地追踪相关肌肉，来判断受损的肌肉。

- 低回声腔室中充满无回声液体，是肌腹内的成像特征（图 14-19）。
- 大型无回声的、充满液体的腔室，通常是相邻的肌肉筋膜与相邻的皮下组织间的成像。

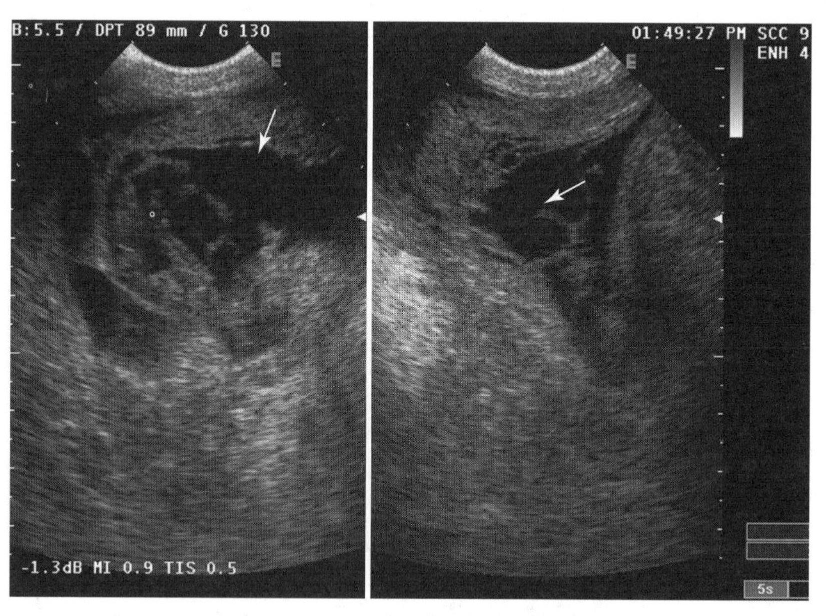

图 14-19 具有半膜肌撕裂的马匹声像图

伴有低回声纤维蛋白链的无回声血清灶（箭头）存在于肌腹内。

- 完全断裂的肌肉边缘的成像，像是漂浮在无回声液体中。
- 血凝块的回声性团块通常成像于肌肉内、筋膜间或皮下血肿。
  - 随着血凝块变得更加规则，声影可能会从其远端投射出来（图14-20）。

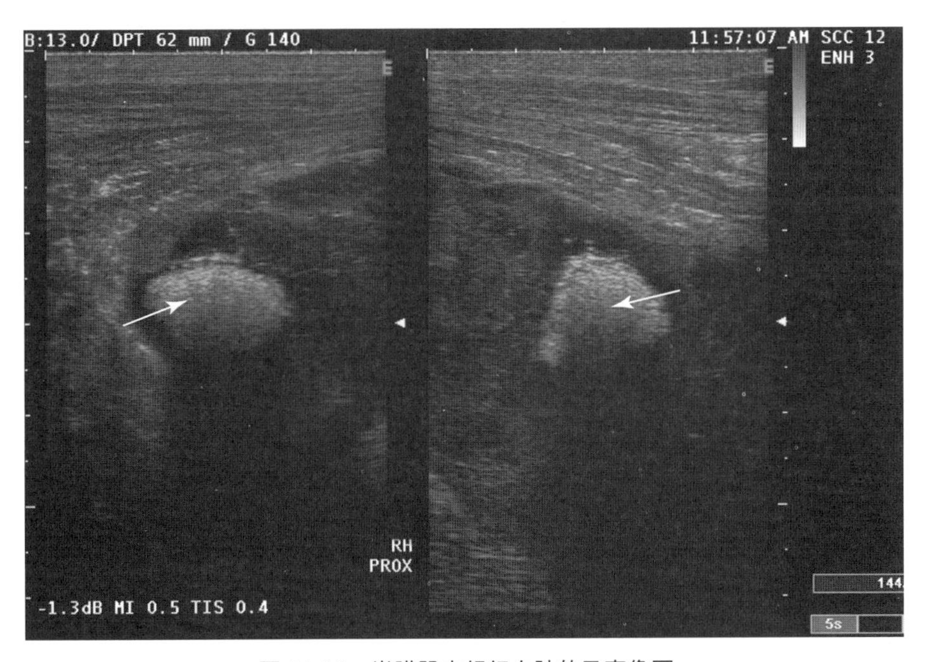

图 14-20　半膜肌内组织血肿的马声像图

注意由低回声液体包围的离散性回声肿块（箭头）。肿块从远端表面发出声影，这与老化的血凝块一致。

肌肉肿瘤，尤其是血管肉瘤，应当始终作为一个马的急性严重肌肉损坏的鉴别诊断，特别是涉及多个部位时。

- 患有骨骼肌血管肉瘤的个体通常呈现为肌肉内离散的回声团块；然而，无回声定位的异质性肿块可能成像于肿瘤坏死区域（图14-21）。

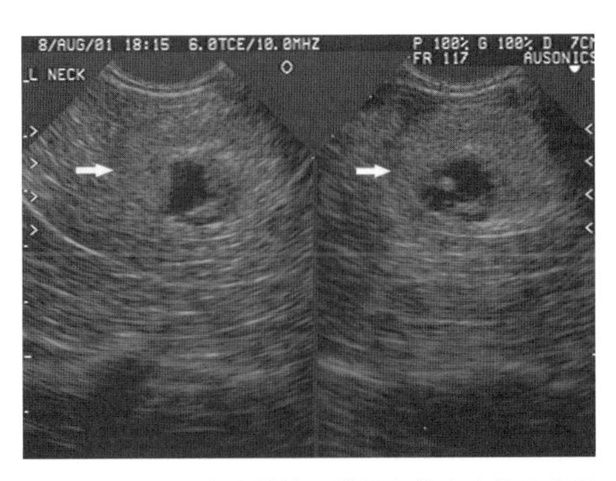

图 14-21　从具有弥散性骨骼肌血管肉瘤的马获得的颈部左侧声像图

注意肌肉浅表的回声性圆形至椭圆形肿块（箭头），伴有无回声空洞区域（坏死和出血）。

骨折

骨折的超声诊断依赖于在两个相互垂直的超声平面中，对骨折线或骨折片进行成像。

- 当在没有正常血管通道的区域中，正常的强回声骨表面回声中断时，诊断为非移位骨折。

· 在两个相互垂直的超声平面中，从强回声骨结构投射出声影且从骨体下方中断，这与移位的骨折片段一致。无回声定位的液体通常存在于相邻的软组织中。

实践提示：周围肌肉组织的破坏通常通过骨折碎片的连通或移位来成像。

· 经常在无回声定位的液体中检测到与凝块一致的回声肿块。

实践提示：超声波是诊断肋骨骨折的最佳方法（图 14-22）。

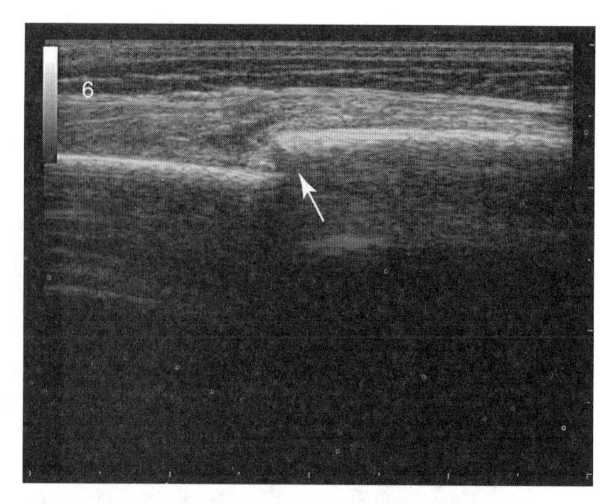

图 14-22　新生马驹右侧第六肋骨骨折的声像图

图像是长轴视图，背侧位于图像的右侧。远端肋骨碎片朝向胸腔（箭头）放置。注意上覆软组织中的液囊与血肿 / 血清肿形成一致。

严重的滑膜炎

大量液体和纤维蛋白导致的关节增大，提示严重的滑膜炎。

· 絮状，低回声到有回声的滑液可能成像于化脓性关节炎。

· 存在大量均匀回声的滑液，提示关节腔出血，特别是在关节周围血肿的个体中。

· 无论其原因如何，关节囊和滑膜的增厚也经常在患有严重滑膜炎的患马中成像。

· 严重滑膜炎患马的关节囊周围通常存在明显的关节周围低回声软组织肿胀。

  · 关节周围的无回声定位液体与创伤性滑膜炎最为一致。

· 关节囊的破裂导致滑膜瘘的形成，其可通过关节囊的不连续性和相邻的关节周围积液来识别。

· 与侧副韧带起点或终点相关的关节不稳定或影像学发现的撕脱性骨折，提示应对与该关节相关的侧副韧带进行超声评估，寻找副韧带纤维的破坏。

  · 侧副韧带增大，以及纤维形态的破坏和回声的减少，与侧副韧带炎一致。在完全破裂的区域中可能难以甚至无法识别该韧带。与对侧肢进行比较将有助于确定受伤的程度。

撕裂和穿刺伤口

应该在进行无菌准备后，对该区域进行穿刺伤和撕裂伤的超声检查。应在进行造影研究前，通过超声波检查穿刺伤口，因为注射的空气与造影剂会损害底层结构的可视化，限制超声检查的有效性。超声检查应从表面开始，逐渐深入，直到确定创道的全部范围。

· 创道通常表现为低回声线性或管状通道，并包含大量无回声液体和高回声气体。

· 通常能在穿刺伤或裂伤的皮肤表面看到高回声的游离气体回声，并且随着管道或裂伤的延伸逐渐深入而数量减少。这些气体回声通常是定位精确的，并投射出小的灰色的声影。

- 异物表现为在穿刺伤或撕裂伤道内的有回声或高回声结构。
  - **实践提示：**木材是在马匹中检测到的最常见的异物，它是高回声的，并会从其近表面投射出强烈的黑色声影。玻璃也是高回声的，并且会产生强烈的声影。
  - 针、钉子、电线和BB枪颗粒会产生典型的金属混响伪影。
  - 管状的强回声结构且产生微弱的声影，可能提示一块蹄子。
- 始终注意寻找多个异物。
- 异物的类型和超声波束相对于异物的位置，决定了异物投射的声影类型。

紧急腹部检查

- 超声诊断有助于评估马驹或成年马的急腹症。
- 超声检查的结果有助于区分导致急腹症的手术和医学原因。
- 诊断性超声检查为胃肠内脏和腹腔器官的无创评估提供了一种方法，并且可以用于指导其他诊断程序，如腹腔穿刺术。
- 在直肠触诊时检测到异常，可进行经直肠超声检查，以进一步明确直肠检查结果。

马胃肠道的正常超声检查结果

在马驹中，腹部腹侧成像可见大小肠回声；而在成马中，通常在该区域仅可见大肠回声。在一些成年马的腹侧中部可见几圈空肠，通常只有大肠回声能在肋间隙（ICS）和肋腹成像。

- 大肠回声通常可见为大的半圆形的袋状外观。
- 大肠壁是低回声至有回声的，黏膜表面具有高回声气体，通常厚度为3mm或更小。
- 蠕动波通常是可见的。
- 在左侧第10~14肋间隙中，右背侧结肠的成像位于肝脏腹侧。
- 盲肠成像在右侧腰椎窝。
- 胃底回声可见于脾脏内侧，呈一个大的半圆形结构，位于脾静脉水平线上，左侧第9~12肋间隙中，横膈膜和肺腹面的腹侧。
  - 胃壁呈低回声至有回声，黏膜表面具有高回声气体，经测量厚度可达7.5mm。
- 十二指肠在肝脏右叶内侧成像，邻近右背侧结肠，从大约第10肋间隙开始向后移行至右肾尾部附近。
  - 十二指肠显示为一个小椭圆形或圆形结构（在其短轴扫查时），肠壁为低回声至有回声，厚度 ≤ 3mm。
  - 在实时扫查过程中，十二指肠常随着有规律的液体食物波出现部分塌陷。
- 除了邻近胃部的部分，以及偶尔出现在腹中部至腹腔的尾部左侧，空肠在成马中十分罕见，然而在马驹中，沿腹底壁扫查则很容易看见空肠。

- 小肠回声表现为小管状和圆形外观。
- 空肠壁是低回声至有回声的，具有黏膜表面，通常厚度 ≤ 3mm。
- 空肠肠腔内成像常见一些无回声的液体食物和高回声的气体食物。
- 蠕动波通常是可见的。

· 在成年马中，回肠通常经直肠而较少经皮肤成像，可见其位于腹腔尾背部，其图像为稍厚（4~5mm）、较小肠肌肉更多，具有明显的蠕动性。

· 腹膜腔内前腹侧通常只可见少量的无回声腹膜液成像。

马胃肠道的异常超声发现

实践提示：肠壁厚度的显著增加，加上相当大的肠腔膨胀并缺乏明显的蠕动活动，是超声检查提示的肠道显著受损。胃部大量的液性膨大需要插鼻胃管减压。

疝

需要手术的绞痛是由腹部脏器进入胸腔、阴囊、脐部或穿过体壁形成疝引起的。

脐疝

- 胃肠内脏、腹膜液或网膜在脐部外侧成像。
- 测量疝的大小。
- 确定包埋或嵌入的肠道的活力。
  - 测量壁厚、肠道胀气的情况，评估蠕动性。

· 如果疝气更加复杂，请检查脐内残余物的感染情况，皮下脓肿和/或肠外瘘。

腹股沟疝

- 胃肠内脏或网膜在扩大的阴囊内成像。
- 确定被截留或嵌入的肠道的活力。
  - 测量壁厚、肠道胀气的情况，评估蠕动性。

· 对种马进行直肠检查，并评估小肠以确定梗阻前方的扩张程度。

膈疝

· 在胸腔内成像的胃肠道内脏、网膜或腹腔器官（图14-23）。

· 困于横膈膜中的内脏疝气会使得肺脏向背侧移位。

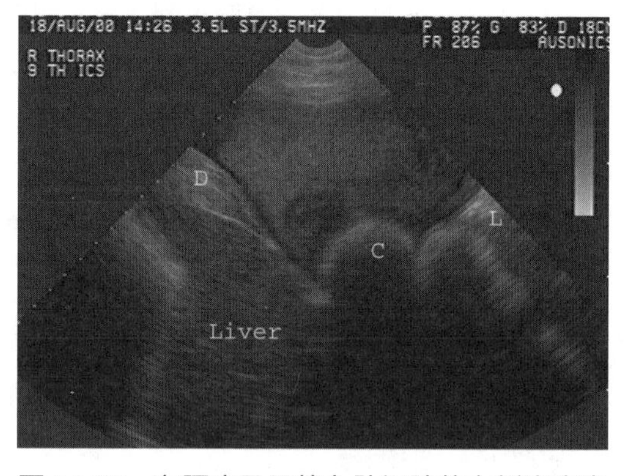

图 14-23 在膈疝马匹第九肋间隙的右侧胸廓声像图

图像的右侧为背侧，左侧为腹侧。注意回声旋流液与血胸（顶部）一致，胸腔中，可见白色高回声环状结肠袋（C）与肺（L）相邻，以及膈肌的肌肉部（D）位于肝脏背部。

- 疝气的大致大小可以通过受影响的肋间隙数量，以及其是否在胸腔的一侧或两侧成像来估算。
- 确定包埋或嵌入的肠道的可行性。
  - 测量壁厚、肠道胀气的情况，评估蠕动性。
- 超声检查可能会漏诊膈疝：如果膈疝位于膈肌中央或突入胸腔的内脏不与胸壁接触，超声检查时可能漏诊。

腹壁疝和耻骨前腱断裂

- 确定被截留或嵌入肠道的可行性。
  - 测量壁厚、肠道胀气的情况，评估蠕动性。
- 确定所涉及的肠道以及粘连的存在和位置。
- 评估腹壁的肌肉和/或肌腱。
  - 测量缺陷的大小，并评估疝环的边缘。

脾肾韧带卡滞/左背侧移位

与脾肾韧带卡滞（NSE）一致的超声检查结果包括以下内容：

- 左侧尾腹部脾脏和体壁之间存在大结肠。
- 背侧脾脏边界呈水平状，向腹中部位移（图14-24）。
- 无法通过经皮检查看到脾脏尾部或左侧肾脏。这不应该被用作诊断NSE的唯一超声标准，因为有时候这些结构会被大小结肠中的气体遮蔽，此时并非NSE。
- 胃可能向腹部移位，并可见于腹腔腹侧。
- **实践提示：** 通过去氧肾上腺素治疗，然后猛冲或滚动马匹，是否成功纠正了肾上腺韧带卡滞，可以用超声波检查进行确诊。
  - 在患有急性或慢性间歇性绞痛的马匹中，大结肠可见于脾脏和体壁之间，但是左肾仍然可见。这可能提示为NSE的另一种形式或左背侧移位。

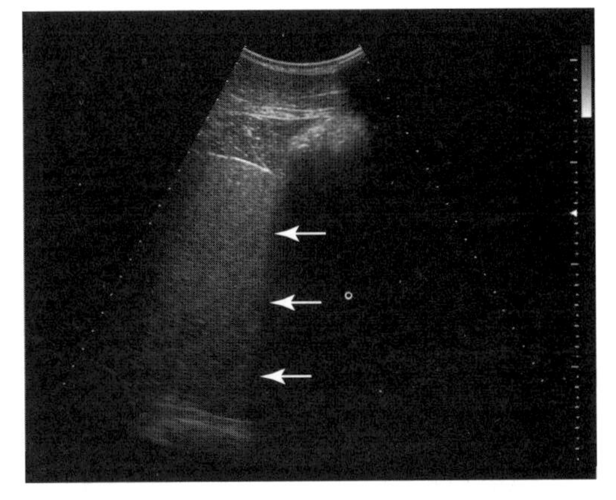

图14-24　从左侧第15肋间隙获得的经皮腹部超声图像

显示水平的脾脏背侧缘（箭头），这是由于肾脾空隙内有大结肠的气体阴影。背部位于图像的右侧。

大结肠右背侧移位

右背侧移位的诊断基于：

- 在第11~13肋间隙中，识别到位于右侧中腹部的右侧壁附近的结肠系膜静脉（图14-25）。

· 如果在沿腹壁水平方向上无法观察到结肠静脉，则不排除右侧移位。位移可以在不旋转的情况下发生，在这种情况下，血管不会紧邻腹膜。

· 其他超声检查结果包括：

  · 无法看到肝右叶。
  · 小肠位于肝右叶的背侧。
  · 无法看到十二指肠。
  · 并发结肠嵌塞。

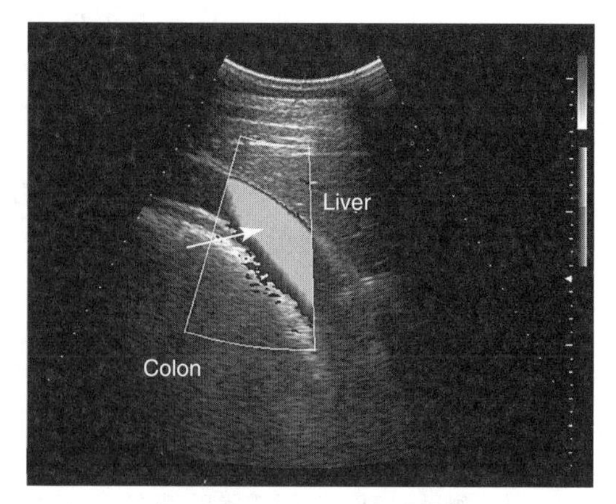

图 14-25　从右侧第 13 肋间隙获得的经皮腹部超声图像

显示邻近右侧体壁和右肝叶内缘存在扩张的结肠肠系膜血管。多普勒信号显示血管内的血流（箭头）。手术证实大结肠右背侧移位。背部位于图像的右侧。

沙砾性腹痛

· 小的、精确的颗粒状高回声，投射多个声影，该影像可见于在受影响肠道的最腹侧。

· 管腔内沙子的重量导致肠道受压变扁，因此受影响部位的大肠会缺乏正常的袋状结构。

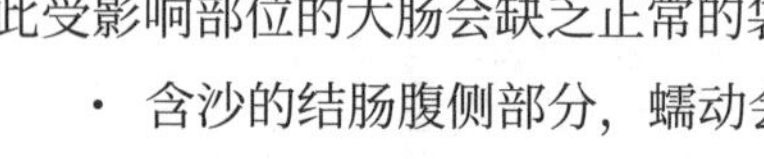

· 含沙的结肠腹侧部分，蠕动会大大减少或不存在。

肠结石

· 这种情况很少出现在影像中，因为通常无法经皮或经直肠“窗口”看到受影响的结肠。

· 如果肠道受影响部分与腹壁体壁相邻，且黏膜和结石之间无气体，则可能在肠腔内形成大的强回声肿块，并产生强烈的声影。

· 壁厚可能会增加。

· 受影响的肠段蠕动减少。

· 由于大肠中有大量气体，因此在超声检查中可能难以看到肠石。

肠套叠

· 与一个肠道（肠套叠套入部）内陷进入另一个肠道（肠套叠鞘部）相关的特征性超声检查结果如下：

  · 目标或“牛眼”特征出现在受影响部分的肠道（图 14-26）。
  · 绞窄的肠道通常有增厚、水肿、低回声的肠壁。

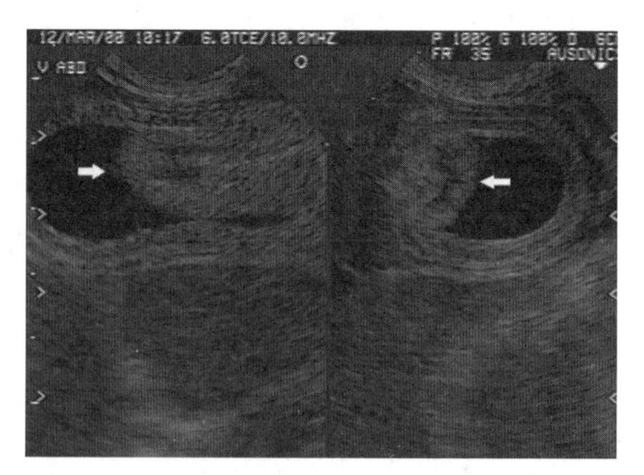

图 14-26　从马驹获得的空肠 - 空肠肠套叠的声像图

注意目标或“牛眼”是肠套叠一端的空肠短轴部分（右图）外观。该箭头指向肠套叠。

- 在受影响的肠道部位成像很少或没有蠕动活动。
- 纤维蛋白通常可见于肠套叠套入部和鞘部间。
- 扩张的、充满液体的肠道可见于其绞窄部分近端。

- 空肠肠套叠通常来自腹部最腹侧，最常见于马驹。
- 回肠肠套叠通常经直肠或经皮可见，位于腹部后背侧，最常见于周岁马和年轻马匹。
- 大肠肠套叠通常涉及回肠和大肠，并且最常从腹部右侧成像，因为涉及盲肠或右腹侧结肠。这种情况在成年马中最常见。

小肠绞窄性疾病和小肠扭转

- 特征性超声检查结果如下：
  - 绞窄的小肠通常具有增厚、水肿的、低回声的肠壁，几乎没有或无蠕动活动（图14-27）。
  - 小肠袢是膨胀的并充满液体。
  - 肠腔内容物为无回声的，或者腹侧具有分层的回声颗粒摄取物。
  - 膨胀、充满液体的小肠在绞窄的小肠近端成像。

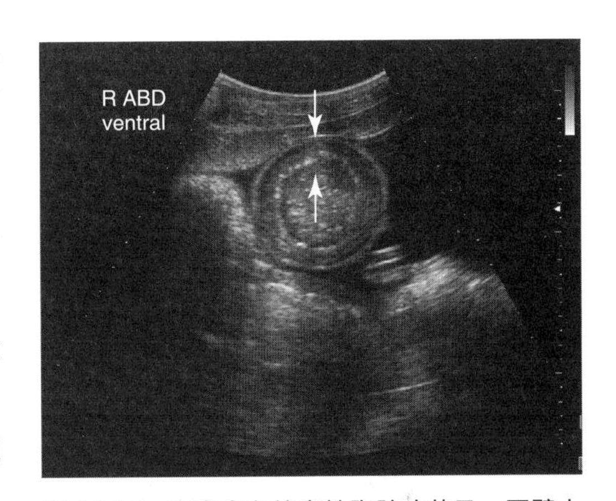

图 14-27　来自患有绞窄性脂肪瘤的马，厚壁小肠袢的经皮腹部超声图像

注意小肠壁的回声增强（箭头）。

- 由于重量增加，扩张的厚壁小肠最常于腹胁腹部检测到。
- **实践提示：**在绞窄和非绞窄病变的超声表现中可能存在重叠。超声检查结果应始终根据临床情况进行解释。
- 通常无法诊断出绞窄的具体原因。

肠道肿块

- 如果存在腔内、壁内或肠系膜肿块阻断摄入食团通过，超声检查结果如下：
  - 肠壁的局灶性、壁内无回声至有回声肿块，通常占据受影响部分肠道的管腔。
  - 在肠壁狭窄的马中，可见狭窄的不规则肠壁的回声图像。
  - 小肠壁肌层增厚提示自发性肌肉肥大，可经直肠和经皮检测到（图14-28）。
  - 腔内出血表现为回声凝块或回声旋流液体。
- 成年马的肠壁肿块可能如下：
  - 脓肿。
  - 肠道癌。

    - 平滑肌瘤。
    - 肉芽肿。
    - 血肿。
    - 纤维化。
- 马驹或幼马的肠壁肿块可能是脓肿。
- 肠道弥漫性增厚可见于肠道缺氧性损伤、小肠结肠炎或胞内劳森氏菌感染。

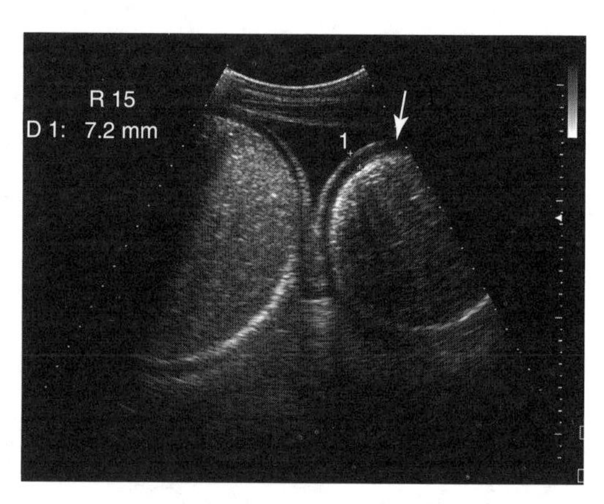

图 14-28　伴有肌肉肥大的扩张性小肠袢的经皮腹部超声图像

注意明显的小肠壁低回声肌层（箭头）。

嵌塞

嵌塞的特征性超声检查结果包括：

- 呈圆形或椭圆形回声扩张的内脏，缺乏囊袋，在成马中通常测量为20~30cm或更大。
- 胎粪在大结肠、小结肠或直肠的腔内表现为低回声、回声或高回声肿块。

- 膀胱可用作“声学窗口”，用于评估紧邻其背部的直肠和小结肠。

实践提示：蛔虫呈管状结构的高回声至回声，且经常在肠腔内团成肿块状（见第18章）。

- 单独的蛔虫图像通常可见于液性扩张的结肠中。
- 肠壁厚度可能正常或增加。

注意：厌食1d或多天的马驹通常会出现波纹状的盲肠壁。

- 结肠黏膜附近嵌塞的摄取物会投射出巨大的声影。
- 嵌塞近端的结肠通常发生扩张，使得对嵌塞的超声评估更容易。
- 受影响的肠道很少或没有蠕动活动。
- 当受影响的大结肠或盲肠与体壁相邻，或者液体介于肠道的受影响部分和体壁之间时，只能经皮对嵌塞进行成像。
- 通常对马盲肠或右背结肠的嵌塞拍摄影像，可以从肋腹或腹腔侧面进行。
- 在迷你马中，小结肠嵌塞可以从迷你马的肋腹成像。
- 在成马中，如果可触诊，可经直肠对小结肠或大结肠进行造影成像。

大结肠扭转

特征性超声检查结果包括：

- 当沿腹腔腹侧进行测量时可见结肠壁厚 ≥ 9mm，结合病史和身体检查的结果，这与大结肠的外科损伤（图14-29）一致。
- **实践提示：**当在该患马群体中测量时，可发现结肠壁厚度具有高度特异性，且具有中度敏感性。结肠炎可能出现与此类似的大结肠超声表现。

内科性腹痛

近端十二指肠炎 - 空肠炎

近端十二指肠炎 - 空肠炎的特征性超声检查结果包括：

- 胃和十二指肠的液性扩张。
- 十二指肠以及回肠的运动性减少或缺失；这是可以变化的！
- 肠壁可能增厚，回声可变。
- 是否存在十二指肠狭窄。

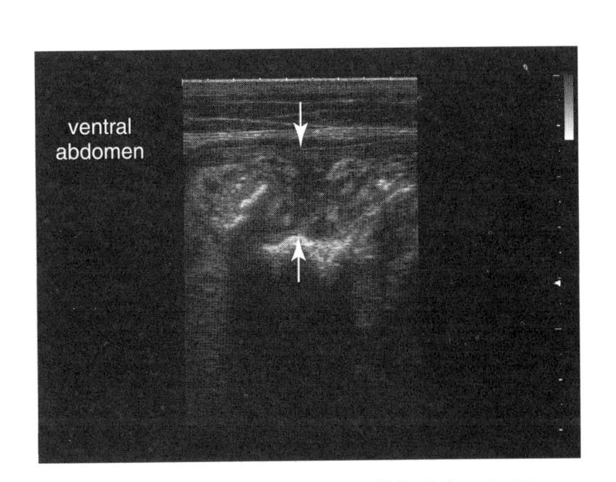

图 14-29　从经皮腹部腹侧获得的超声图像

大结肠壁明显增厚和回声杂糅（箭头）。在具有适当临床症状的马中，该发现可用于诊断大结肠扭转。

小肠结肠炎

小肠结肠炎的特征性超声表现包括：

- 肠道的液性扩张明显，尤其是盲肠和结肠。
- 肠壁可能相比正常马匹增厚，尤其是严重的炎症性肠病。
- 肠黏膜的“碎片”可以在肠腔中成像。
- 胃部明显的液体扩张应能促使鼻胃管减压。
- 伴有坏死性肠炎的新生马驹可能在肠壁上超声检测到气体，称为“肠道积气”。这一发现提示预后慎重至预后不良。

胆管肝炎和胆汁酶升高

特征性超声检查结果包括：

- 肝肿大。
- 肝实质的回声增强。
- 胆管树内的胆道扩张和胆汁回声。
- 胆管增厚。
- 肝结石的存在。

胃扩张和胃排空延迟

超声检查结果包括以下内容：

- 在腹部左侧可见圆形至椭圆形扩张的胃回声，伴有无回声至低回声液体，或回声至高回声的摄入物。
    - **实践提示：**在马驹中，母乳表现为有回声的液体或含有回声肿块的低回声液体。
    - 若存在背部气体、腹侧液体的分层，成像时通常可见更多的腹侧摄取物。
- 对腹部左侧的五个或更多肋间隙的胃部回声进行成像，其与胃扩张相符。
- 腹部右侧的胃回声成像罕见，其与严重的胃扩张相符。

· 胃阻塞时，通过胃部撞击检测到充满高回声物质的胃回声大幅增大，在腹部左侧上延伸超过五个或更多肋间隙的声影。

· 胃壁中存在具有复杂回声模式的肿块，通常该肿块会侵入相邻的脾脏或肝实质，这与胃鳞状细胞癌一致。这种模式在老马中最为常见。

· 当重复检查时，若在禁食、厌食或“回流”的马匹胃部发现大量持续存在的摄入物时，提示胃排空问题。该问题必须在弗里斯马绞痛时考虑。

右背侧结肠炎

超声检查结果包括以下内容：

· 右背侧结肠可以成像于右侧第11、第12和第13肋间隙肝脏轴侧以及肺腹侧边缘。在这些肋间隙中，正常马的右背侧结肠壁的厚度可达0.36cm。

· 患有右背侧结肠炎马的肠壁厚度可测量为从0.60cm到大于1.0cm。该肠壁可能呈现为继发于水肿的低回声，或回声浸润，或可能不规则的黏膜。将右背侧结肠壁的厚度，与右腹侧结肠的比较，可能有助于识别不太明显的肠壁增厚病例（图14-30）。

· 结肠壁的厚度减少可能与成功治疗有关，或在极少情况下会破裂前变薄。

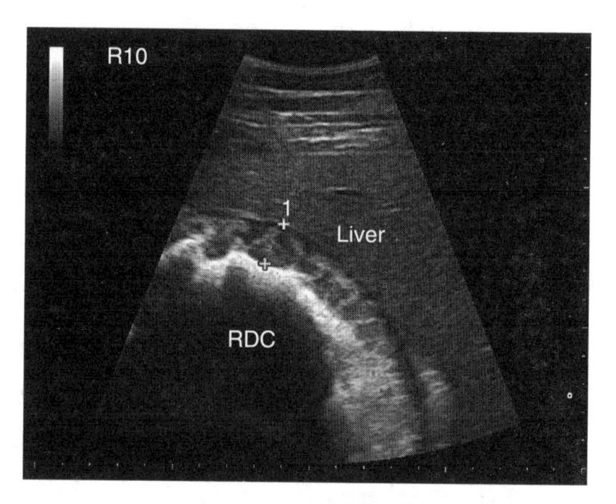

图 14-30　从右侧第十肋间隙获得的经皮腹部声像图

注意右背侧结肠壁的明显增厚和回声杂糅。大结肠的其余部分厚度和回声正常（在光标之间）。背部位于图像的右侧。

腹部脓肿

特征性超声检查结果包括：

· 腹部脓肿是无回声的、低回声的，或充满回声物质，并且通常是多腔的，尤其是在马红球菌感染的马驹中。

· 可以检测到代表游离气体的高回声，提示同时发生厌氧菌感染。

· 大肠或小肠可能黏附在脓肿壁上，导致其运动受限。

· 可以在腹部腹侧检测马驹的腹部脓肿，其与肠系膜淋巴结的马红球菌脓肿相关。

· 在成年马，腹部脓肿可能在腹腔腹侧检测到，但也经常发现于肠系膜根部、盲肠和大结肠的背侧。

· 在成年马中，极少报告肝脏上的腹部脓肿。

腹膜炎

特征性超声波外观如下：

- 无回声、低回声或有回声的液体。
- 存在絮状复合液。
- 肠道的浆膜面与腹壁之间存在纤维蛋白和/或粘连。
- 游离气体性回声和颗粒性回声碎片，提示内脏破裂（图14-31）。

应对腹部、胃肠道和腹部内脏进行彻底检查，以确定腹膜炎的来源，例如腹腔脓肿或已失活的肠道部分。

腹腔积血

- 均匀的、低回声至有回声的旋流细胞液提示腹腔积液（图14-32）。
- 应仔细检查脾脏、肝脏和肾脏，以确保其中某个器官的破裂不是腹腔积液的原因。
  - 脾脏、肝脏、肾脏或包膜下空间内的无回声、局限性液体是器官创伤的指征。
- 脾脏体积极小提示脾脏收缩以及与其相关的明显失血。
- 子宫中动脉破裂，常导致阔韧带具有大量血液，腹腔内血液量较少。

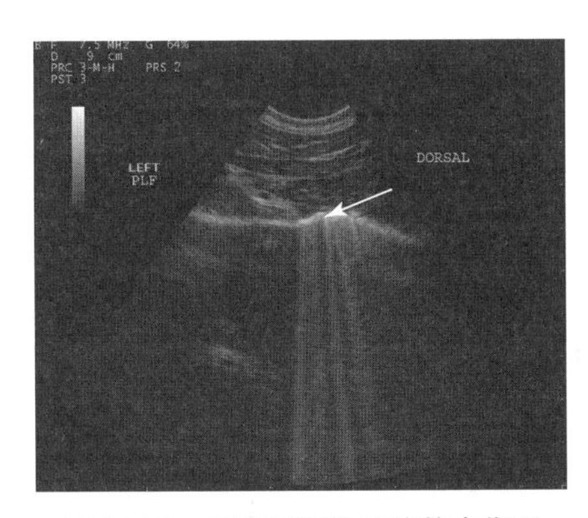

图14-31　胃破裂断奶马驹的声像图

注意沿着腹部背侧的高回声游离气体（箭头），诊断为胃肠内脏破裂。破裂的确切部位无法通过超声检查确定。

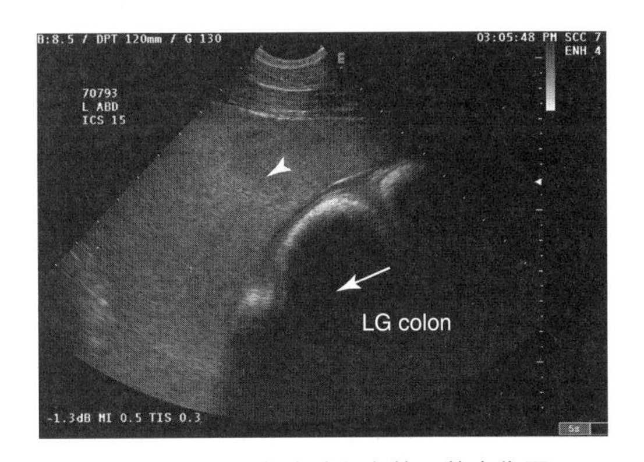

图14-32　带有腹腔积血的马的声像图

注意回声细胞液体（箭头）与大结肠的高回声气体（箭头）相邻。实时图像上，液体呈旋转状外观，为活动性出血的特征性诊断。

泌尿系统急诊检查

马尿膀胱的正常超声检查结果

马膀胱是一个圆形到椭圆形的充满液体的结构，具有低回声到回声膀胱壁。**实践提示：**小马驹膀胱尿液应该是无回声的，而成马膀胱中含有的尿液具有由黏液和结晶尿引起的复合的回声外观。

马尿膀胱异常超声检查结果

腹腔积尿

定义：腹腔积尿是腹腔内尿液的大量积聚，与泌尿道缺陷有关，以致尿液流入腹腔。

- 产后即刻的腹腔积尿最常发生在新生马驹中。
- 在成年马中，腹腔积尿在产后母马中最为常见。
- 泌尿道缺损的位置可以通过膀胱、输尿管、脐尿管和腹膜后间隙的超声表现来确定。
- 腹膜腔内的大量液体与腹腔积尿一致。
- 液体通常是无回声的，但可以随着时间增长而回声增强，且发生化学性腹膜炎。
- 胃肠内脏通常漂浮在腹腔内的腹膜液和尿液中。
- 折叠的、塌陷的膀胱提示膀胱破裂（图14-33）。
- 若膀胱完整，但在脐尿管的周围和沿腹部腹侧的腹膜后间隙中存在液体，则提示脐尿管有缺陷。
- 肾脏周围的腹膜后液体，以及输尿管缺损，提示输尿管缺陷。

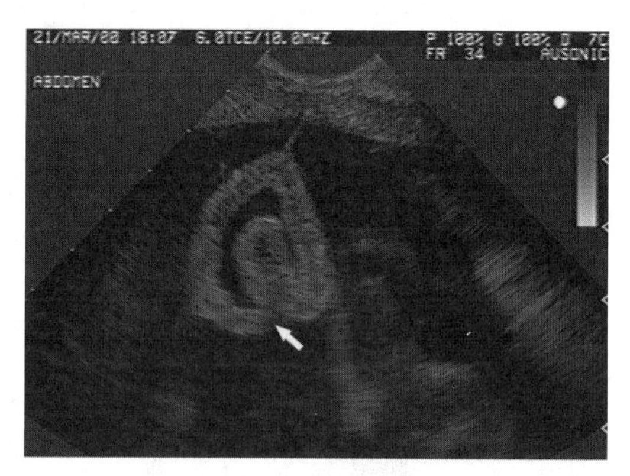

图 14-33　从患有腹腔积尿和膀胱破裂的小马驹获得的膀胱横向声像图

注意膀胱的萎陷和折叠样外观。虽然看起来好像破裂可能位于膀胱的背面（箭头），但是破损处不易看到。膀胱周围是腹膜腔内大量的无回声液体；胃肠内脏漂浮在这些液体中。

马驹的膀胱血肿

- 产后早期可见与脐部创伤相关的膀胱出血。
- 膀胱中的活动性出血表现为回声性旋流液体，伴有或不伴有凝块。当血肿形成和组织时，可见一个被无回声尿液包围的异质性回声肿块（图14-34）。
- 脐尿管和脐动脉也可能含有与血凝块一致的大回声肿块。在正常马驹中，脐尿管只是一个潜在的空间，应该不含有液体或血块。脐动脉通常有淤血，出生后24h内或可见搏动。

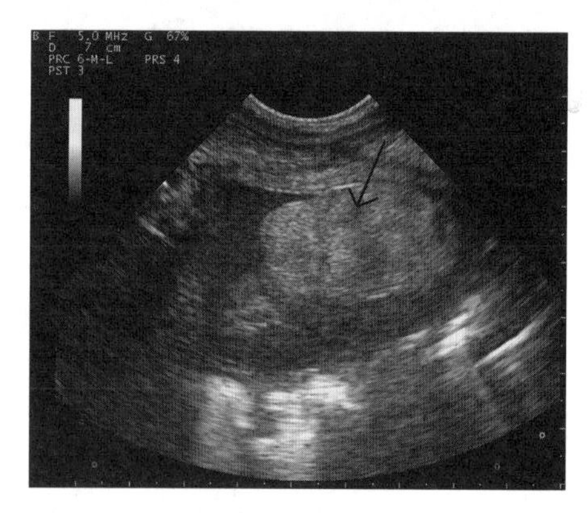

图 14-34　来自新生马驹的声像图，伴有囊性血肿引起的血尿和淋症

膀胱内存在低回声均质血凝块（箭头）。尿液是低回声的，具有旋转细胞样，这与进行性出血一致。

高危妊娠的超声检查

高危妊娠的胎儿健康

通过经皮和经直肠法对胎儿及其所处的宫内环境进行超声检查评估，为临床医生对高危妊娠母马的评估提供了重要信息（见第30章）。若母马存在严重疾病、乳房过早发育、过早泌乳或阴道分泌物异常的情况，应对胎儿进行完整的经皮和经直肠超声检查以确定其健康状况。及时干预可改善高风险母马所生马驹的预后。正常的妊娠晚期的母马，应只有一个胎儿，且呈前躯前置下位。非胎儿子宫角通常在妊娠晚期从腹腔腹侧窗口可见。

生物物理学概况

马的生物物理学概况（见第30章）由七个参数组成，如果正常，则支持正常胎儿的分娩（表14-1）。如果这些参数正常，则每个参数为2分，若异常则为0分，因此14分为“完美的”生物物理学情况。马的生物物理概况包括以下内容：

· 呼吸运动：妊娠晚期胎儿应该有规律的呼吸运动。

· 心率和节律：妊娠晚期马胎儿的平均静息胎心率为75次/min，超声检测心率范围为±15次/min和规律性节律。在妊娠期延长时，若妊娠期时长＜344d，则胎心率继续减慢至57次/min。如果妊娠时长为320~360d，心率可以慢至50次/min，若妊娠长度是＞360d，心率可低至41次/min。

· 胎儿主动脉直径：妊娠晚期胎儿的主动脉直径应约为23mm。

· 胎儿运动和张力：正常胎儿在检查期间处于活动状态，活动时间应占扫查时间的50%以上。正常胎儿应有肌张力，不应出现肌肉松弛。

· 胎儿的液体：正常的晚期胎儿应该有足够数量的羊水和尿囊液。在正常胎儿周围应有0.8~14.9cm的羊水和4.7~22.1cm的尿囊液。

· 子宫胎盘的厚度：子宫和绒毛尿囊膜的正常平均厚度应为11.5mm（见第27章）。

· 子宫胎盘分离：子宫和绒毛尿囊膜应紧密相连，应没有成像的区域或成像的焦点区域很小。

表14-1 马生物物理学概况*

胎儿或母体测量	患马	不正常
胎儿心率（HR）和节律		
节律	—	不规则或缺无
低 HR＜320d 妊娠（次/min）	—	＜57
低 HR 320~360d 妊娠（次/min）	—	＜50
低 HR＞360d 妊娠（次/min）	—	＜41
高（活动后）HR（次/min）	—	＞126

（续）

胎儿或母体测量	患马	不正常
HR 范围（次 /min）	—	＞50 或＜5
胎儿呼吸		
节律	—	不规则或缺无
胎儿主动脉直径（mm）		
Y=0.00912×X+12.46	Y±4×SE（5.038）	＞或＜Y±×SE（5.038）
胎儿活力和肌张力		
胎儿活力	—	缺无
胎儿的肌张力		缺无
胎儿液体深度		
最大尿囊液深度（cm）	—	＜4.7 或＞22.1
最大羊水深度（cm）	—	＜0.8 或＞14.9
子宫胎盘厚度		
子宫和绒毛膜尿囊（mm）	—	＜3.9 或＞21
子宫胎盘接触情况		
不连续的区域	—	大
生物物理概况评分	—	≤10=负结果； 12=负结果的高风险

SE，标准误差；*X*，孕马的重量（磅）；*Y*，预测主动脉直径。

* 生物物理概况的计算：如果所有评估都正常，则为每个类别给 2 分；如果其中一个评估异常，则为每个类别给 0 分。

高危妊娠母马的胎儿和母体的异常发现

- **实践提示：**在妊娠晚期，无法对非胎儿子宫角进行成像，是双胎妊娠良好的超声表现。
- 检测到两个连续的绒毛尿囊膜，通常垂直于子宫，这也提示存在双胎妊娠。
- 两个独立胸部的成像证实了双胎的存在；如果两个胎儿都存活，通常会检测到两种不同的胎心率。
- 通常双胞胎儿主动脉的直径和胸径大小不同。
- 双胞胎儿可能有不同的胎向，后躯前置为异常。
- **实践提示：**若在妊娠晚期，胎儿的头部在腹腔腹侧窗口成像，则母马可能在分娩时需要帮助。

- 若宫内胎儿已发现脐带扭转且膀胱明显膨胀，则已导致胎儿流产或死亡。
- 还可能发现其他影响胎儿健康的异常情况。
- 羊膜增厚也为一类异常，可在有严重胎盘炎的母马中检测到。
- 在患有胎盘炎或胎儿胎粪污染的母马中，可见胎儿液体的回声增强。
- 胎儿液体的回声增强与妊娠晚期胎儿的不良结果无关，只有在妊娠早期检测到这些结果时才会。

异常的生物物理学概况

实践提示： 如果七个参数中的两个或多个是异常的——得分为10或更低——出生的小马驹健康可能会受到影响。

- 呼吸运动：妊娠晚期胎儿不规则或无呼吸运动是异常的。这一异常可能与急性宫内缺氧有关。
- 心率和节律：
  - 如果妊娠期时长＜320d，心率＜57次/min对于计算其生物物理概况的计算是异常的。
  - 如果妊娠期时长为320~360d，心率＜50次/min是不正常的。
  - 如果妊娠期时长＞360d，心率＜41次/min是不正常的 。
  - 妊娠晚期胎儿心律不规则，心率超过126次/min，或心率超过50次/min或＜5次/min也是异常。
  - 这些异常可能与急性宫内缺氧有关。
- 胎儿主动脉直径：妊娠晚期胎儿的主动脉直径＜18mm或＞27mm是异常的。小于正常的主动脉直径表示胎儿宫内发育迟缓或双胞胎的存在。
- 胎儿运动和肌张力：胎儿活动缺失或表现松弛是异常的。这些异常可能与急性宫内缺氧有关。
- 胎儿的液体：当＞14.9cm的羊水（羊膜水肿）或＞22.1cm的尿囊液（尿囊水肿）围绕胎儿时，应考虑水肿。没有足量胎液包围的胎儿（包围＜0.8cm羊水或＜4.7cm尿囊液）是异常的。
  - 胎儿宫内缺氧和胎膜早破可能是胎儿体液量减少的原因。
- 脐带：脐带扭转可导致胎儿膀胱严重潴留和流产（图14-35）。
- 子宫胎盘厚度：子宫胎盘的合并厚度＜3.9mm或＞21mm为异常的生物物理学数值。当子宫胎盘的合并厚度为15mm或更大时，通常开始治疗母马的疑似胎盘炎（图14-36）。
- 子宫胎盘分离：当子宫和绒毛尿囊膜之间存在大的和/或渐进的分离区域时，则提示过早的胎盘分离。

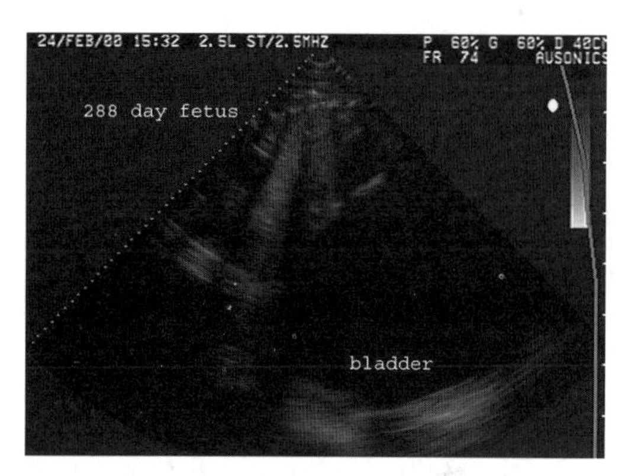

图 14-35　288 d 胎儿的声像图

膀胱显著扩张。在进行超声波检查后不久，小马驹就被流产。出生时，脐带呈明显扭曲。

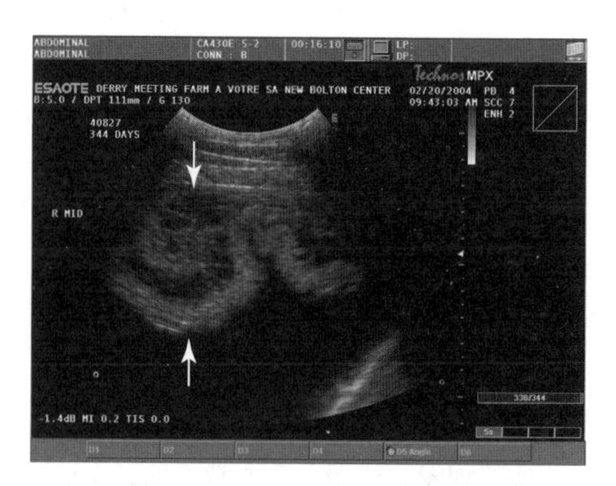

图 14-36　马胎盘炎的声像图

注意子宫胎盘单元内（箭头之间）存在严重增厚和腔室。

紧急胸部检查

胸部超声检查有助于评估患有严重下呼吸道疾病的马驹或成年马。可以通过超声检查来评估几乎整个胸腔，包括颅侧纵隔区域。对大多数个体，可以用其来确定胸部受影响的一侧或两侧，并且“精确定位”病变的位置，因为通常所涉及的肺段是基于胸膜的。胸腔积液的特征可以通过超声检查以确定。

可以诊断和区分出潜在肺实质疾病的类型和严重程度：

- 实变。
- 胸膜肺炎。
- 脓肿。
- 肺气胸。
- 肉芽肿。
- 肺或胸膜腔肿瘤。
- 胸部穿透伤。
- 膈疝。

胸部超声检查结果可用来制定更准确的生存预后，并选择适当的治疗方案并监测动物对治疗的反应。若在最初的超声检查中未检测到胸膜液、纤维蛋白、腔室、游离气体回声或实质坏死，则患有胸膜肺炎的马匹有更大的存活率。

肺和胸腔的正常超声表现

- 从第16、第17肋间隙向前直到第4肋间隙，都可在胸部两侧看见肺脏。

- 纵隔颅侧仅可在正常马中见于右侧第3肋间隙。
- 肺部覆盖了大多数个体的头侧和尾侧纵隔，但是一个低回声软组织肿块（胸腺）仍可见于青年马右侧肺叶顶端的腹侧和内侧，以及心脏颅侧。
- 在这个区域和心脏周围也可能看到脂肪组织，其最常见于小马和肥胖的马中。脂肪通常比胸腺具有更多的异质性和回声性，且继续在心周向后进入尾侧纵隔。
- 肺的正常内脏胸膜边缘是直的高回声线，具有特征性的等距混响——空气伪影——提示肺周边的正常通气。
- 在实时检查中，吸气时肺的内脏胸膜缘滑向腹侧横过膈肌，在呼气时滑向背侧，即“滑行现象”。
- 在胸腔最腹侧部分可能检测不到胸膜液或仅有少量的（最多3.5cm）无回声胸膜积液。
- 曲线状横膈膜的腹侧厚而呈肌性，尾背侧薄而呈腱状。

肺和胸腔的异常超声成像：胸膜疾病

胸腔积液

特征性超声检查结果包括：

- 肺（胸膜脏层）、胸壁（胸膜壁层）、膈肌、心脏和纵隔两侧之间可见无回声、低回声或回声空间。
- 复合液体情况复杂且比正常回声更多，包含纤维蛋白、细胞碎片、更高的细胞数和总蛋白浓度和/或气体。
- 胸腔积液的超声模式包括无回声、复杂无分隔的、复杂有分隔液相。
  - 无回声液体代表渗出物或变性渗出物。
  - 液体回声增强表明细胞数量增加或蛋白质总浓度增加。
  - 胸膜腔内的血液——血胸——具有低回声到有回声的旋流模式，可能会被隔离。

实践提示：在血胸的鉴别诊断中应始终考虑血管肉瘤。

- 胸水中的凝血块表现为柔软、有回声的肿块。
- 脓胸中的细胞和细胞碎片更具回声性、更重，且位于最腹侧，而背侧较少检测到细胞液或气顶。
- 纤维蛋白呈低回声状，具有薄膜状至丝状或叶状外观。
- 纤维粘连是硬质和有回声的，通常会在呼吸的某个阶段，扭曲它们所附着的结构并对肺动力产生限制。
  - 液体中的游离气体（多微泡液体）在胸膜液内成像为小的、非常明亮的、精确的高回声。
  - 更多的游离气体回声在胸膜液的背侧成像。

· 微气泡的回波具有移动性，其方向取决于呼吸、心脏和患马的运动情况。

· 游离气体回声附着于纤维蛋白性胸膜表面，最初仅可能在纤维蛋白附近检测到。

· 游离气体回声腔室化可能仅出现于在胸腔的一个部分。

· 游离气体回声通常由胸膜腔内的厌氧菌感染引起（图14-37）。

· 腹侧累积最多。

· 若无肺腹侧实变，则当正常肺脏受到压迫（压迫性肺不张）、肺向肺门收缩，以及腹侧肺尖悬浮在周围液体中的情况是明显可见的。

· 心包－膈肌韧带，为壁层胸膜在膈肌和心脏的正常胸膜折转，其被描绘成漂浮在胸膜液中的一层厚膜。

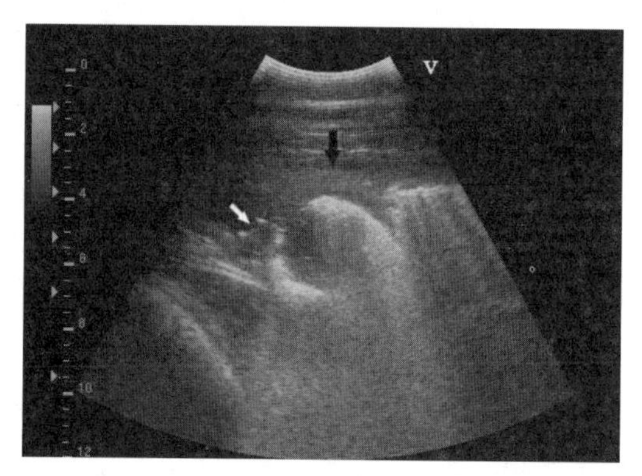

图 14-37 从患有厌氧性胸膜肺炎的马获得的胸部右侧的声像图

注意呈低回声的肺实变（黑色箭头），以及实变肺内可见的管状高回声的支气管造影。胸膜腔中的高回声游离空气（白色箭头）与纤维蛋白链相关，后者出现于肺的轴向面上。这些超声检查结果与厌氧性纤维蛋白性胸膜肺炎一致。

· 胸腔穿刺应在心脏后方的胸部正常腹侧缘上方几厘米处进行，该处可对非局限性胸膜液或最大的局限性胸膜液成像（通常是第7肋间隙）。

· 使用胸腔穿刺术时应注意不要紧邻心脏，或者对具有大量胸腔积液的患马进行穿刺时，穿刺点太过位于胸腔的腹侧，导致低于膈肌与胸壁的腹侧连接点。

· 肺、膈肌、心包和胸内壁的脏面和壁面之间的腔隙限制了胸腔积液引流。

· 积液水平和肺实质实变或脓肿的程度，通常与通过胸腔穿刺术所回收胸腔积液量相对应。

  · 若胸腔积液仅在肺前叶腹侧尖端周围时，可能只能回收少于1L的积液。

  · 若胸腔积液线与肩结节平行，则对应每侧可回收1~5 L的胸腔积液。

  · 若胸腔积液线高达胸腔中部，则对应每侧可回收5~10 L的胸腔积液。

  · 若胸腔积液线高达胸腔顶部，则对应每侧可回收20~30 L的胸腔积液。

· 当检测到纤维蛋白性胸膜肺炎（无论是否有局限性）时，开始可确定预后不良，并在获得用于培养和药敏试验的经气管和胸腔积液抽吸样品后，开始广谱抗菌治疗。

· 如果在胸膜液中检测到游离气体回声，提示预后慎重至预后不良，并且应在细菌培养和药敏试验的结果出现之前，即刻启动广谱抗菌治疗，其中包括适当的对抗厌氧微生物（如甲硝唑）。

· 必须考虑治疗的成本效益，因为患有厌氧性胸膜肺炎的马可能需要更长时间的抗菌治疗，且即便存活，也无法恢复到其先前的表现水平。

气胸

在胸腔背侧检测到游离空气，其特征性超声检查结果包括：

- 在肺不张区域的背侧游离气体回声和腹侧充气肺回声之间，检测到一个软组织密度回声。
- 出现伴有气胸（胸腔积液和气胸）的气液界面。
- 气液界面随着呼吸出现背腹向运动，而“窗帘现象”再现了横膈膜的运动。
    - 这一发现最常见于胸腔积液、肺实变或肺不张。
- **实践提示：**支气管 - 胸膜瘘是导致水胸的最常见原因。
- 超声检查难以检测无胸腔积液的气胸，因为胸膜腔内的气体和肺内的空气具有特征性的高回声反射以及周期性的混响伪影。气胸时无滑动的气体回声。
    - 气胸区域背侧缺少具有彗星尾伪影的小的不规则低回声。
- 为了检测无胸腔积液的患马的气胸，检查应该从胸腔最背侧开始，向腹侧进行，寻找混响气体伪影中一个具有特征性的中断。

非渗出型胸膜炎

- 胸膜面之间仅有纤维蛋白而无液体的情况更难检测，因为这种情况下没有液体来将胸膜的壁层和脏层分开。
- 在吸气和呼气期间仔细检查壁层和脏层的胸膜界面，评估肺部相对于胸膜脏层的运动。
- 特征性的超声检查结果包括：
    - 在胸膜壁层，发生粗糙或不稳定的胸膜脏层运动。
    - 若呼吸时，这些表面之间无任何运动，则与干性胸膜炎或粘连一致。
    - 确保患马正在深呼吸，因为浅呼吸可能会模拟干性胸膜炎。

肺脏和胸腔的异常超声表现：肺部疾病

压迫性肺不张

每当肺实质被液体、空气压迫而塌陷，或内脏在胸腔中占据正常情况下为肺的空间（例如，患有膈疝的个体）时，压迫性肺不张就会发生。

特征性超声检查结果包括：

- 肺部塌陷且没有空气，使得这部分肺为低回声 - 软组织回声。
- 不张的肺向肺门缩回。
- 线性空气回声可以在较大的气道中成像，当其向肺根部会聚时挤压在一起。
- 不张的肺浮在胸膜液内的上部。

肺实变

特征性超声检查结果如下：

- 一个具有放射性彗尾模型的不规则胸膜脏层，为在急性或轻度肺炎患马中的非特异性发现。
- 不规则的低回声至无回声区域被正常充气的肺部包围。
- 可能存在或不存在超声空气支气管造影，图像呈无回声或低回声肺中，独特的线性气体强回声。
- 超声液体支气管造影可能存在或可能不存在，图像呈无回声或低回声肺中，非脉动性管状无回声结构。
- 支气管液性扩张可能存在或不存在，表示为支气管造影时向四周的液性直径增大。
- 空气和液体支气管征会随会聚到肺根部而增强。
- 实变通常发生在颅腹侧，右肺更常见且受到更严重的影响。

实践提示：通常，如果在疾病过程中很早就进行超声检查并且为严重肺炎，则肺炎看似发生得不那么广泛，后来往往会聚集成更大的实变区。

- 只有在呼气时，才可见早期实变的小低回声区域。
- 大面积的肺实变通常呈楔形、边界不清、低回声。
- 肺实质肝样化发生于严重的肺实变，导致出现类似于肝脏的超声波外观。
- 在严重实变或肝变的肺部，出现多个小的气性高回声，提示无氧性肺炎。
- 圆形或凸出的无回声区域，提示严重实变，通常会发展为肺坏死或脓肿形成。
- 出现凝胶状的肺，并伴有实质坏死。这些坏死区域或者空洞化并在胸膜腔内形成脓肿，或者发生破裂形成支气管 - 胸膜瘘。
- 检测到实质性坏死也保证了最初的预后不良至预后慎重。应对具有实质性坏死的个体进行积极治疗，使用针对厌氧菌的广谱抗生素。
- 应考虑治疗的成本效益，因为具有实质坏死的马可能需要长时间的抗菌治疗，且即便存活也无法恢复到其先前的表现水平。
- 当通过超声检查检测到纤维蛋白、腔室、肺实质性坏死或脓肿时，胸膜性肺炎的马治疗时间可能更长。

肺水肿

- 在左心室衰竭和急性呼吸窘迫综合征的病例中，通过超声检查可见间质性和肺泡性肺水肿。
- 特征性超声检查结果包括：
    - 从胸膜脏层表面的非充气区发出的显著的、弥散性的、聚结的“彗尾”伪影（图14-38）。

- 通常罕见或偶然的彗尾伪影是由于各种原因下，造成胸膜脏层表面正常通气的中断，而这与前述肺水肿时发生的伪影形成了鲜明对比。
- 心力衰竭时也可能出现小的无回声性胸腔积液。

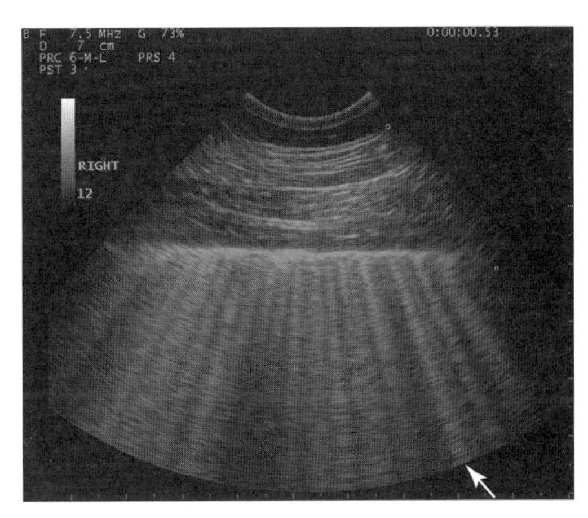

图 14-38　由二尖瓣腱索急性破裂引起的心力衰竭和严重肺水肿的马的声像图

从胸膜脏层表面发出许多聚结的彗星尾部伪影（箭头）。

支气管 - 胸膜瘘或脓肿

定义： 支气管 - 胸膜瘘是支气管和胸膜腔之间发生连通，导致气胸。瘘管通常是坏死性肺炎变成封闭的支气管 - 胸膜脓肿。

特征性超声检查结果包括：

- 涉及肺部脏缘的空洞，实时成像时可见气性高回声和液性暗区，并从肺坏死的凝胶区域移动到胸膜腔。
- 胸腔积液的存在与否。

肺脓肿

肺脓肿是肺实质中的一个缺乏支气管或血管且充满脓性液体的空腔区域。

特征性超声检查结果包括：

- 缺乏气性或液性支气管征的无回声或低回声区域，明显可见回声区深处的声学增强。
- 根据渗出物类型，所含内容物可能从无回声到高回声不等。
- 可能发生脓肿局限化或区室化。
- 可能发生包囊化（不常见）。
- 高回声游离气体可能与渗出物混合，提示厌氧菌感染。
- 可能存在背侧气帽，提示支气管连通以及可能的厌氧菌感染。
- 在发生多脓肿的马红球菌马驹中，许多脓肿涉及肺周，因此可通过超声波进行检测。脓肿＞2cm 的马驹可能需要抗生素治疗和密切监测。

肺纤维化或弥漫性肉芽肿病，转移性肿瘤

特征性超声发现包括以下内容：

- 小的低回声至有回声软组织肿块遍布肺周（图 14-39 和图 14-40）。
- 通常为同质的，极少为异质的。
- 肿块内缺乏支气管和正常血管的结构。

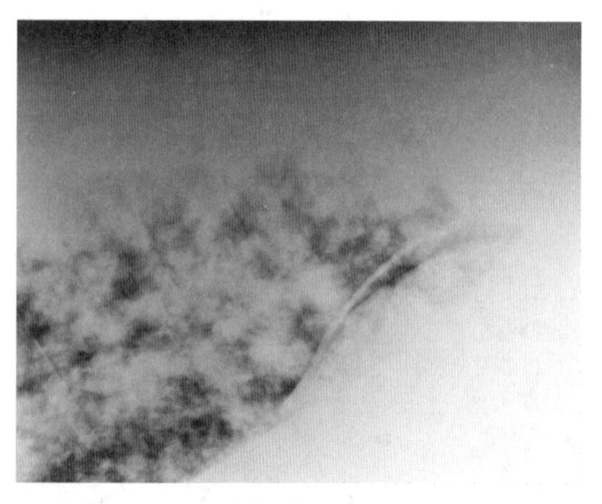

图 14-39 具有马多结节肺纤维化的马的 X 线片

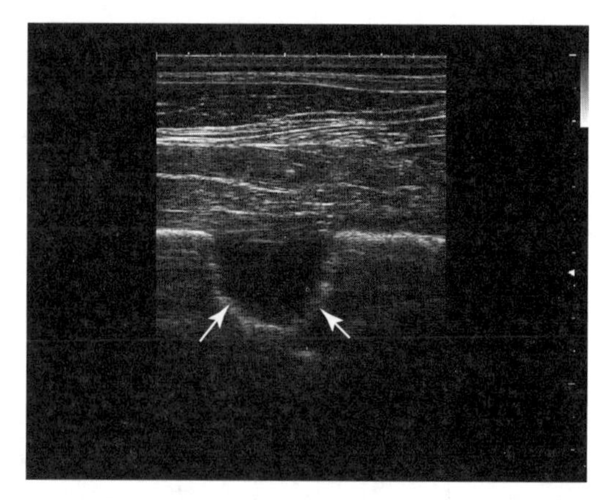

图 14-40 马多结节肺纤维化的马的超声图像

箭头指向典型的肺纤维化的超声表现。在肺周，正常的通气被低回声的同质结节中断。

颅侧纵隔脓肿

特征性超声检查结果包括：

- 封闭的、通常包囊化的、包含低回声至回声性液体和纤维蛋白的肿块，出现在心脏颅侧。
- 发生心脏的尾侧移位，纵隔颅侧具有较大脓肿的患马出现前腔静脉阻塞的迹象。

颅侧纵隔肿瘤

在纵隔颅侧、颈部尾侧或支气管淋巴结中，出现淋巴组织的肿瘤性浸润，其肿块占据了纵隔颅侧中的大量空间。

特征性超声特征包括：

- 同质或异质的低回声到有回声软组织肿块，导致肺背侧移位和心脏尾侧移位。
- 肿块通常与大量无回声性胸腔积液有关。
- 发生心脏的尾侧移位。
- 肿块通常为淋巴肉瘤，尽管在有些个体中可见间皮瘤或血管肉瘤。
- 肿块通常可成像于第3肋间隙，且能够从背侧和颅侧向胸腔入口延伸，从上方向颈腹侧延伸，波及颈部淋巴结。

紧急眼科检查

实践提示：当存在妨碍完整的标准眼科检查，或者怀疑有球后损伤或疾病的情况下，需要进行眼部超声检查。

- 在存在严重的睑缘或第三眼睑肿胀的情况下，超声评估可能是唯一可用的诊断工具。

· 当前段或玻璃体异常（如角膜水肿、前房积血或玻璃体积血）阻止了眼底可视化时，对后段进行超声检查是有用的。

· 超声检查结果有助于制定视力的预后情况，并可用于指导关于医疗或手术干预的临床决策。

· 对于存在严重角膜损伤并伴有穿孔或球体破裂风险的马匹，应特别小心地进行眼部超声检查。

马眼的正常超声检查结果

使用高频传感器（5.0~14.0 MHz）可以轻松地对球体和眶周以及眼球后软组织和骨骼进行评估，这些传感器适用于大多数马兽医。用于生殖研究的线性“经直肠”换能器，能为眼球和眶周浅层组织提供良好的图像，尽管在一些马中眼球后空间无法充分可见。眼睛的轴向部分最常获得。晶状体表面和视神经应置于扫查中心，通过从12点钟位置的探针标记（轴向垂直或横向部分）开始旋转到3点钟或9点钟位置（水平轴向或矢状切面），可以得到不同的轴向部分。

实践提示：在可能的情况下，应始终与正常对侧眼进行比较。使用50MHz或更高频的换能器进行超声生物显微镜成像，是评估角膜和前段的最佳超声检查方法。此设备并非多数马急诊兽医的常规设备，因此并未对其进行描述。

· 应从角膜到视网膜测量轴向球形长度，并与正常眼睛进行比较。成年马匹的眼睛[(38.4 ± 2.22）mm雄性，(40.45 ± 2.4）mm雌性]，成年迷你型马［(33.7 ± 0.07）mm，A型超声］和各种非挽马品种的成年马的平均轴向球长［(39.23 ± 1.26)mm, B型超声］都有报道。

· 角膜为眼球最前方的，光滑、凸起弯曲的回声线。

· 前房是无回声的，但可能包含从晶状体和后段延伸出的混响伪影。前房深度的测量方法为从角膜表面到中央前晶状体囊。据报道，成年马的平均前房深度为（5.63 ± 0.86）mm，成年迷你马的平均前房深度为（5.6 ± 0.03）mm。

· 后房通常不可见。

· 虹膜显示为从瞳孔边缘延伸到眼球边缘的带状不规则回声。睫状体紧靠虹膜后方并与虹膜连续。黑质（granula iridica）虹膜前部表现为回声肿块，其位于瞳孔边缘的背侧，有时腹侧。虹膜囊肿的发现可能是偶然，并且可能在黑质内呈现为无回声球形结构（图14-41）。

· 晶状体是无回声的，而晶状体囊的前后边缘呈现为回声线。据报道，成年马的平均晶状体厚度为（11.75 ± 0.80）mm，成年迷你马的平均晶状体厚度为（10.3 ± 0.006）mm。

· 玻璃体应呈均匀无回声。检查玻璃体时应增加信号放大程度，以避免因晶状体散射和声音减少造成细微的玻璃体不透明度缺失。

· 视网膜、脉络膜和巩膜组合，形成了沿着球体后部的凹形回声带。这些结构在正常眼睛中不能彼此区分。

· 球后肌、脂肪和视神经在球体后面呈现不同的回声。视神经呈锥形，外观均匀。在许多

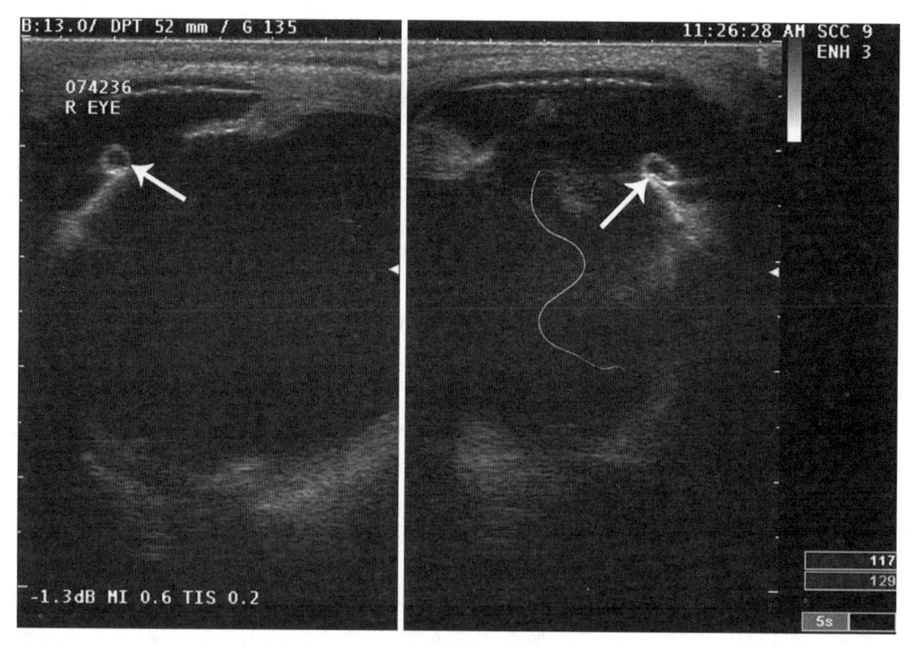

图 14-41　带有虹膜囊肿的马的声像图

注意虹膜腹内侧存在的无回声环形结构（箭头）。

马的视神经周围可以看到均匀的低回声脂肪。眼外肌也是低回声的但外观呈斑驳状。正常的眼眶位于眼外肌深处，呈光滑的高回声，并且投射出强烈的声影。

马眼的异常超声检查结果

- 超声检查有助于评估众多眼部急诊疾病。
- 眼部病理状况，例如：
  - 视网膜脱离。
  - 玻璃体和球后出血。
  - 晶状体脱出。
  - 巩膜破裂。
  - 眼球破裂。
  - 异物滞留。
  - 眼眶骨折：可以通过创伤眼中的超声检查来识别。
- 当严重的眼睑肿胀妨碍直接检查时，超声波可用于检测角膜异常。
- 超声波可用于区分牛眼和眼球突出，并确定根本原因。

角膜和前房

- 角膜溃疡会使角膜出现增厚、不规则或有凹痕的外观。
- 角膜水肿表现为弥漫性增厚和低回声角膜。
- 角膜基质脓肿表现为角膜焦点区域增厚和回声增强。异物存在时应密切评估基质脓肿。
- 粘连呈现为在角膜和虹膜间的链状低回声，即前粘连（图14-42）；或在虹膜和前晶状体囊之间，即后粘连。
- 前房积血、前房积脓和炎性渗出物导致前房回声增强。通常无法区分这些渗出物。
- 在葡萄膜炎或青光眼的情况下，可以增加前房深度。
- 在虹膜成像远离其正常位置时，诊断为虹膜脱垂。

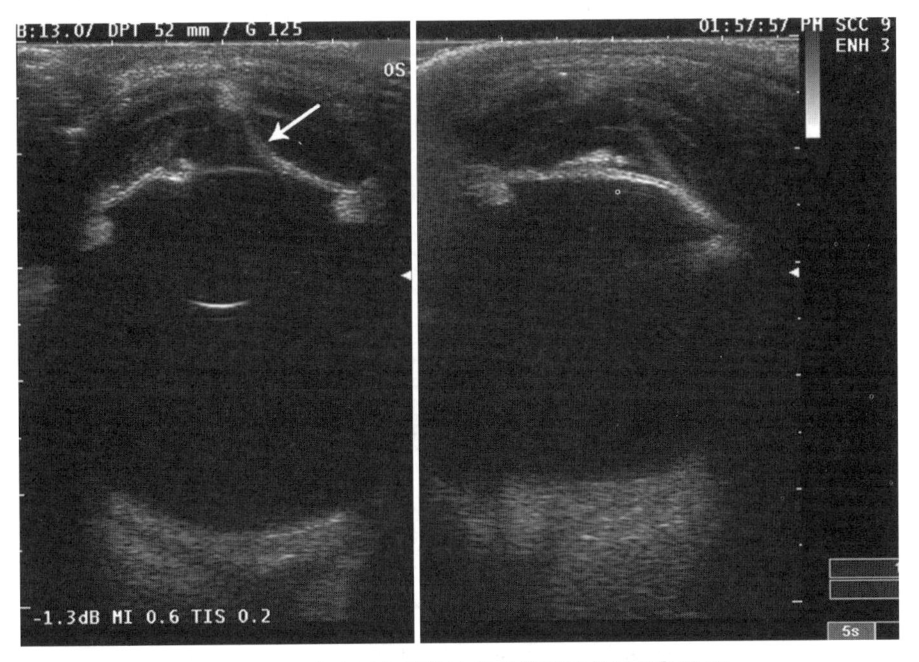

图14-42　来自具有前粘连和角膜溃疡的马的声像图

可以看到从虹膜的前表面延伸到角膜的低回声纤维蛋白链（箭头）。

晶状体移位和破裂

- 随着晶状体脱位，回声性晶状体囊会在异常位置成像，通常在其正常位置的前面或后面，或者可能在前房和玻璃体之间自由移动（图14-43）。虹膜水平的侧向脱位也可以成像。急性晶状体脱位可与玻璃体积血一起出现。
- 晶状体破裂的特征为不连续的晶状体囊，以及在其周围的房水或玻璃体中具有回声晶状体物质。

玻璃体混浊和脱离

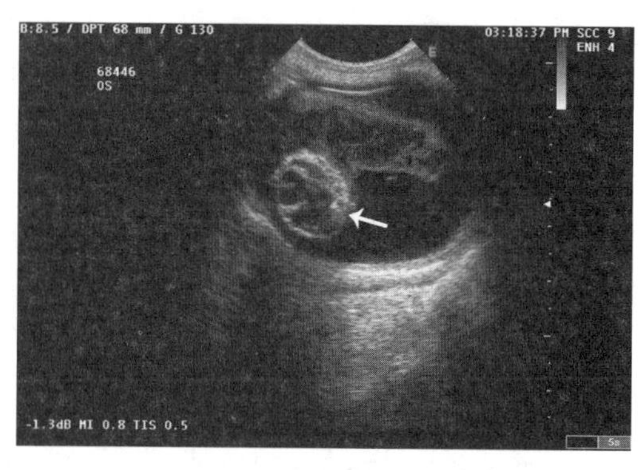

图 14-43　晶状体脱落的马超声图像

晶状体向腹侧移位至玻璃体内（箭头）。晶状体比正常更圆，具有厚的高回声，包囊并伴有白内障变化的纹状高回声和线状低回声。玻璃体内的低回声链和低回声定位区域与纤维蛋白最一致。

· 出血、炎症、玻璃体变性、星状玻璃体变性和玻璃体脱离可发生玻璃体混浊。

· 玻璃体混浊可成像为在正常无回声玻璃体内出现回声增强的区域。为了将混浊可视化，通常需要加强远场增益。

· 玻璃体严重急性出血表现为回声的弥散性增加，其可填满整个腔体。随着出血有序化，可见离散的回声呈肿块状和股线状。玻璃体炎症可能难以与组织性出血区分开，但通常以具有不同回声性的多焦点链状为特征。在玻璃体内可以看到离散的脓肿，并且表现为均匀的回声肿块（图14-44）。

· 玻璃体是凝胶状的，并可与视网膜分开——即玻璃体脱离——产生一个可能充满低回声积液或出血的空间。玻璃体与出血或积液之间的界面为较弱的回声线；如果在视神经乳头处存在玻璃体的持续粘连，则可模拟视网膜脱离。

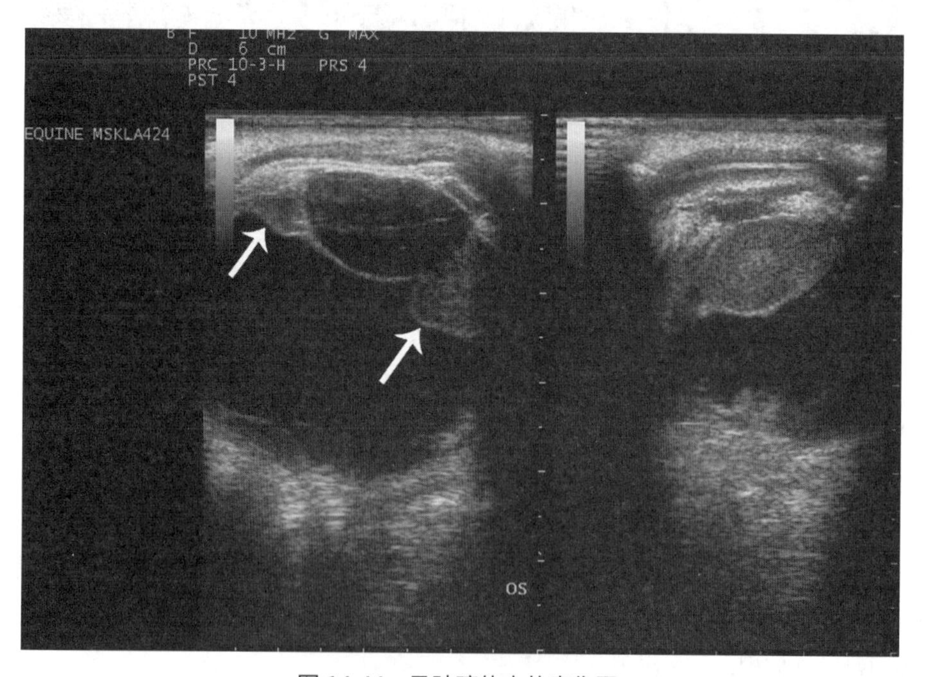

图 14-44　马玻璃体内的声像图

低回声均质肿块（箭头）位于睫状体和晶状体的背侧和腹侧，这与脓肿最为一致。

视网膜脱离

· 视网膜完全脱离被视为回声V形结构，V顶点位于视盘而V尖端位于睫状体后方——海鸥标志（图14-45）。这种外观的产生是由于在发生视网膜完全脱离时，其与视盘和睫状体的结缔组织仍然相连，尽管已有报道其与睫状体会脱离。

· 近期发生的视网膜脱离，视网膜很薄且在玻璃体内有些活动。其移动性小于玻璃体纤维蛋白链的移动性。同时可见玻璃体积血。

· 随着变成慢性，脱离的视网膜变厚并且移动性较差，视网膜和后晶状体囊之间可能形成粘连。也可能发生营养不良的矿化，表现为高回声区域并产生声影。

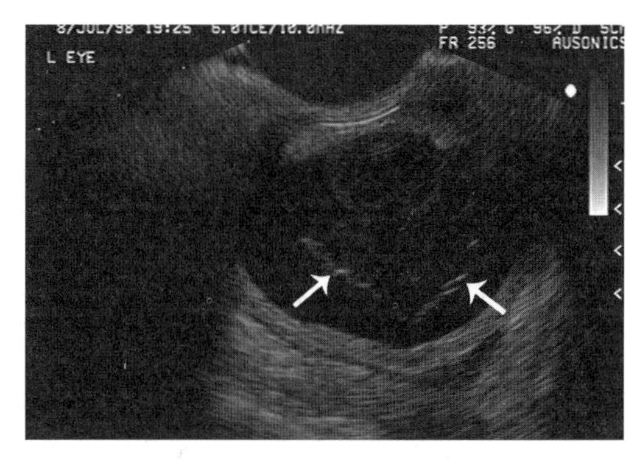

图 14-45　具有完全视网膜脱离的马的声像图

视网膜（箭头）从脉络膜上升起但仍附着在视神经盘上，并且睫状体在玻璃体内形成了V形结构。

· 在马中已报道过合并的视网膜和脉络膜脱离，当检测到分离的视网膜显著增厚时，应将其视为鉴别诊断。

· 部分或局灶性视网膜脱离表现为球体周围升高的、不动的细线。

巩膜破裂

· 伴有巩膜破裂，巩膜边缘不明确或与周围组织无法区分。用超声定位离散的巩膜撕裂尚未报道。

· 由于钝性创伤是巩膜破裂的最可能原因，因此常见玻璃体、前房和/或球后空间的出血。合并脉络膜和视网膜脱离在巩膜破裂的马中有报道，但声像图尚未被描述。

外来异物

· 眼内异物通常表现为回声或高回声结构。它们可以在眼眶或眶周组织内的任何地方，或角膜基质脓肿内找到。

· 木材和玻璃具有回声并投射声影。金属具有特有的混响效果。骨折碎片也会产生强烈的声影，其应被视为可能的鉴别诊断，提示仔细评估眼眶。

青光眼

· 与正常对侧眼或已报道的正常眼睛相比，青光眼的超声检查识别为轴向球长度增加。

· 伴有原发性、继发性和先天性青光眼的角膜水肿。继发性青光眼也有眼内炎症的迹象，例如后粘连和白内障形成。也可能发生晶状体脱落和虹膜损伤。

· 虹膜膨隆表现为虹膜增厚，且向角膜凸出。虹膜的前移位导致后房变得可见（图14-46）。

· 应密切评估虹膜和睫状体，查看可能阻塞虹膜角膜角的肿块。葡萄膜的黑素瘤可具有均匀的、低回声的或回声的超声外观，或者可具有更不均匀的外观。在黑素瘤中也可见产生与钙化区域一致的声影的高回声区域。

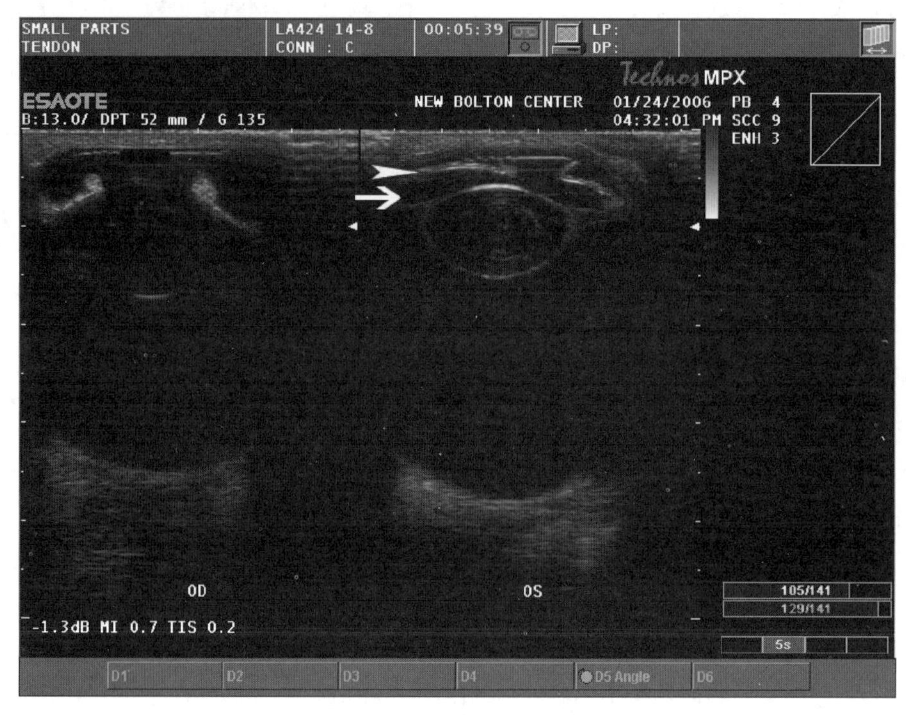

图 14-46　左眼具有青光眼的马的声像图

与右侧相比，左侧眼球被放大。虹膜膨隆可由虹膜（箭头）的前移位和后房内的无回声液体（箭头）证明。双眼存在皮质性白内障。

眼球破裂

· 破裂的球体看起来比正常小，眼内结构难以识别。可能难以对急性破裂的球体的边界与周围的眼周出血进行区分。

球后肿块

· 由于是封闭的眼眶，球后肿块是造成马的突眼的一个原因。脓肿、出血、囊肿、肿瘤和蜂窝织炎可引起眼球突出。

· 与正常对侧眼进行对比，对于识别小的或不明显的球后肿块至关重要。

· 有时可通过扫描眶上窝来观察球后肿块。

· 根据血肿的“年龄”，球后出血可呈现为无回声或低回声。急性出血表现为弥漫性低回声。随着血肿组织化，回声凝块被无回声的液体包围。成熟的血凝块可以是有回声的，并且可以从其远端边界投射声影。这与从近表面投射出阴影的钙化组织和大多数异物相反。

· 在马中已经报告了许多球后肿瘤，超声波无法提供组织病理学诊断。离散均质肿块是淋巴肉瘤的最大特征，尽管已报道了癌和神经内分泌肿瘤也具有相似的超声外观。侵袭性肿瘤更典型的是弥漫性和异质性的，并且可能侵入眼眶（图14-47）。

· 球后脓肿含有低回声到有时分层的有回声物质。液体通常位于明确的回声囊内（图14-48）。应仔细扫描该区域以查找相关异物。

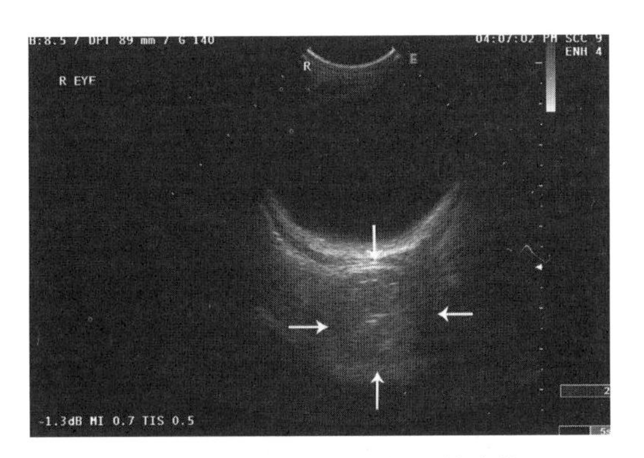

图 14-47　具有球后肿块的马的声像图

周界良好的环状球后肿块（箭头）呈均匀的低回声。多普勒超声检查肿块提示其高度血管化。

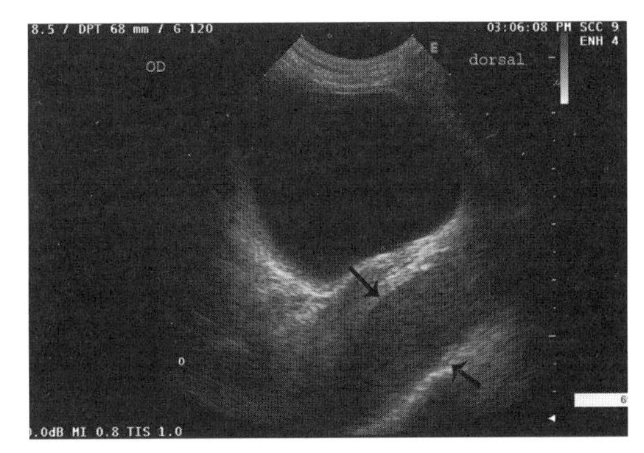

图 14-48　带有眶周脓肿的马的声像图

注意沿着眼眶的背侧和后侧剖离的低回声液袋（箭头）。

眼眶骨折

· 眼眶骨折被视为对正常的光滑、高回声的皮质骨表面的破坏。

· 骨折碎片是高回声线性结构，与潜在的母体骨分离。这些骨折碎片对眼球的冲击是手术修复的指征。

· 涉及鼻旁窦壁的眼眶骨折伴有眶周气肿。眶周气肿的特征是高回声的气体回声，其产生灰色声影并干扰较深层组织的可视化。

总结

超声检查在紧急情况下很有价值，因为它是一种非侵入的成像模式，可用于多个领域，有助于临床医生确定急症的原因，并提供有用的诊断信息，帮助制定预后和治疗计划。

核素显像

Michael W. Ross

核医学的全面检查超出了本章的范围，读者可以参考参考书目部分以获取更多信息。临床核医学涉及在体内使用放射性同位素诊断和临床疾病管理。有几个术语与核医学同义使用，包括：核闪烁扫描（nuclear scintigraphy），骨闪烁扫描（bore scintigraphy）和伽马闪烁扫描（gamma scintigraphy），尽管这些术语略有不同。对于马来说，大多数临床医生会使用骨闪烁扫描术，其为最常用的技术。与数字放射线摄影相比，骨显像高度敏感，并且可以检测骨中低至10^{-13}g的放射性药物，相比于用射线照相术只能检测到克数量级的病变。许多因素限制了骨闪烁扫描的灵敏度、特异性和准确性，包括：

- 从使用放射性药物到图像采集的时间。
- 身体部位到相机距离。
- 屏蔽。
- 动作。
- 从受伤到图像采集的时间——是核医学在急诊管理中应用的一个重要考虑因素。
- 环境温度和外周灌注。
- 背景辐射量。

示例：发现一匹马是急性的、非负重性跛行，怀疑骨盆骨折。包括高背景辐射、运动、内源屏蔽和距离等在内的不利因素降低了骨盆和其他轴向骨骼的闪烁成像的灵敏度，其他地方的中轴骨尤其是上肢的闪烁扫描都会导致立刻进行骨盆的闪烁扫描（图14-49）。在创伤性损伤后早期可能会发生假阴性扫描，并且最好将闪烁扫描检查推迟到达到最大灵敏度——损伤后7~10d（见后文）。据报道，在具有远端肢体骨折的马中，具有高灵敏度（94.4%），但是在骨盆成像中缺乏敏感性（真阳性）。特异性——真阴性——与其他方式相比较低，因为其他疾病可以类似地改变骨中的血流和结合位点。

- 难以区分的闪烁照相病变包括：

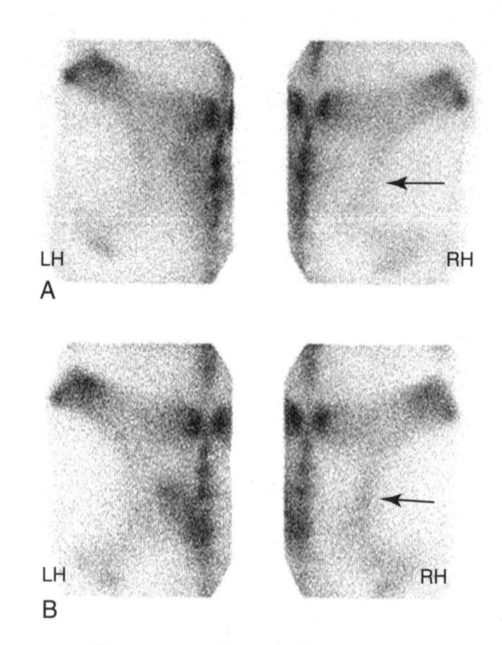

图 14-49　延迟即刻盆腔闪烁扫描

A. 初次（受伤后 2d）和 7d 后随访　B. 未矫正的延迟（骨）阶段背部骨盆闪烁照相图像，一匹 3 岁的纯血小公马驹滑倒并跌倒在右后肢上。受伤 2d 后，进行闪烁扫描研究，未能确定髂骨体骨折，而 7d 后可见放射性药物摄取的局部区域增加（箭头）。在受伤后早期的骨盆成像期间出现的假阴性扫描，是由于诸如运动、背景辐射、距离和屏蔽等因素，可能对扫描采集和解释产生干扰

· 直接创伤（骨炎）和骨折。

· 与压力有关的骨损伤，包括骨折和骨关节炎。

· 感染（感染性骨炎；骨髓炎，不常见）。

· 骨软骨病。

· 类似于遗传病的病变。

· 肿瘤。

通过从不同角度获取多个图像，以及了解历史，可将影响灵敏度的因素最小化，提高了准确度。**示例：**2岁大的纯种（TB）小母马的胫骨后外侧皮质中，放射性药物摄取（IRU）集中区域的增加，无疑代表与压力相关的骨损伤，而非罕见的骨肿瘤。

一般考虑因素

· X线片描绘了过去几天到几年内发生的骨骼活动。

· 闪烁扫描对成像时骨骼的功能评估。

· **实践提示：**骨活动的闪烁扫描证据意味着活跃的骨形成——骨骼塑造——可能需要数周才能在放射影像上看到。因此，闪烁扫描术的一个主要优点是早期发现骨损伤。

· **重要：**闪烁扫描不太可能准确反映出超出成像前3~4个月发生的骨骼变化。在检查前休息了很长一段时间的马并非好的候选者，除非是用以对愈合情况进行后续评估。

· 最常见和最有用的放射性同位素是锝-99m（^{99m}Tc）。^{99m}Tc是一种短寿命（亚稳态）放射性同位素，半衰期为6h，是辐射安全和组织保留的理想选择。

· ^{99m}Tc几乎完全通过肾脏排泄，因此控制和监测尿液非常重要。

· 当^{99}Mo衰变至^{99}Tc时产生^{99m}Tc，亚稳态（^{99m}Tc）放射性同位素发出用于成像的伽马射线（140keV）。

· 商业上可以购买^{99}Mo / ^{99m}Tc发电机用于大型医院，但另一种经济有效的方法是每日购买单剂量而无须在屋内放置发电机。这项服务通常在周一至周六提供，如果靠近核药房。

· 研究可以在白天，在紧急情况下进行——唯一的限制是放射性同位素的可获得性——或者在任何时候，是否有发电机可用；有可用的发电机意味着放射性同位素始终可用。

· 直接来自发电机，^{99m}Tc为^{99m}Tc高锝酸钠（Na^{99m}TcO$_4$）的离子形式，可以注射或者与骨探查剂或药物混合。

· 辐射以居里（Ci*）或毫居（mCi）测量；还使用贝可（Bq）、兆贝（MBq）和吉贝（GBq）。1mCi等于37MBq。

· **实践提示：**^{99m}Tc的推荐剂量为0.4~0.5mCi（14.8~18.5MBq）/ kg，静脉注射总共每匹

---

* 非法定计量单位。1Ci=3.7×10^{10}Bq。

马150~200mCi（5.5~7.4GBq），但只能进行流动和池相研究。

· 对于大多数马研究，Na $^{99m}TcO_4$与药物混合。

· 对于骨骼，^{99m}Tc与亚甲基二磷酸盐（MDP）或羟甲烷/羟基亚甲基二磷酸盐（HDP）结合。

什么时候可以在紧急情况下进行骨扫描?

· **实践提示**：放射性药物的结合将直接影响核医学研究和解释的时间等决策。这在临床上考虑马匹是否是紧急情况下的闪烁扫描检查候选者时十分重要。

· ^{99m}Tc-HDP与骨结合的确切机制尚不清楚。据信^{99m}Tc-HDP会与无机羟基磷灰石晶体上的暴露位点结合。

· 结合部位在正常和病理条件下，暴露于活跃的骨重塑区域，或正在进行矿化的软组织中。

· ^{99m}Tc-MDP的吸收发生于通过化学吸附到，或直接整合到晶体结构中。

· 摄取增加的其他可能机制包括掺入有机基质或局部血管过多。

· 放射性药物可分别与^{99m}Tc和MDP融合，分别加入有机相或无机相中解离。

· ^{99m}Tc-MDP的吸附可能取决于pH和磷酸盐、钙化合物和其他阳离子的存在。

· **实践提示**：存在一种常见的误解，即血流是确定递送到受伤区域的放射性药物量最重要的方面。放射性药物的摄取不仅仅是局部血流变化的结果；在骨重塑活跃的部位，血流量可能增加。

· 虽然增加血流量并没有显著地影响骨扫描，充足的血流量仍然是需要的，用来为骨中可用的结合位点递送放射性药物。

· 延迟（骨相）图像不是测量血流量，而是反映骨代谢的变化。

· **重要**：三相骨扫描——流动（血管）、汇聚（软组织）和延迟（骨）阶段——用以检测灌注增加和软组织炎症（如果存在），但是骨的代谢活动是影响放射性药物摄取量的关键。

· 由于梗塞或缺血引起的血流减少，会极大地影响骨扫描，但这一临床问题并不常见（见后文光照减退）。严重跛行和四肢触诊冰凉的患马，此时怀疑患有缺血性坏死，并且在有严重的伤口或损伤已经损害了血液供应的情况下，可以用三相骨扫描来诊断。如果可以进行核素检查，则无须周围血管放置留置针和进行阳性对照的影像学研究。

· **实践提示**：^{99m}Tc-MDP结合的最重要方面涉及扫描时间和建模阶段（形成）。在活跃的骨重塑中，骨破坏活动在骨吸收过程中占主导地位，而骨形成活动在骨塑造过程中占主导地位。

· 塑造单独发生或与松质骨和皮质骨重塑相结合。

· **实践提示**：骨闪烁扫描的高灵敏度归因于成骨细胞活性的增加，其先于放射学上可见的形态学变化。

· 从临床角度来看，部位和结合阶段很重要。

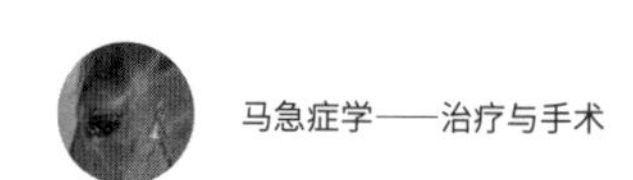

· **实践提示：** ^{99m}Tc-MDP的结合位点是在骨模拟过程中通过成骨细胞活动产生的，并且最大的IRU发生于骨损伤后8或12d。

· **注意：** 由直接创伤引起的急性骨折可能在几天内不会出现闪烁现象。急性创伤性损伤与压力相关的骨损伤不同，后者在赛马中尤为常见，是由连续的骨骼变化引起的，因此可能导致压力或灾难性骨折和骨关节炎。

· 在第三掌骨（McⅢ）、第三跖骨（MtⅢ）、肱骨、胫骨和骨盆的背侧皮质和远端关节面出现应力或完全骨折之前，会发生微骨折或骨外膜骨痂和软骨下骨损伤。

· 在与压力相关的骨损伤引起的急性跛行马匹中，骨扫描结果通常即刻呈现阳性，因为骨骼再塑造正在进行中。

· **实践提示：** 在马与压力相关的骨损伤中，骨扫描结果可能在灾难性骨折发生之前很久就已经是阳性的，这是闪烁扫描与放射照相相比的一个重要优势。

· **实践提示：** 在具有创伤性损伤的马中，例如急性骨盆或其他上肢骨折，在急性期期间的假阴性扫描可能由于缺乏骨塑造。

· 导致假阴性结果的其他因素包括：

  · 距离。

  · 屏蔽。

  · 高背景辐射。

  · 运动。

· 示例1：一匹马在住院期间出现急性后肢跛行，并怀疑涉及髋臼的骨盆骨折，临床医生在第2天进行了闪烁扫描检查，但扫描结果为阴性。7d后，出现微弱的IRU，与骨折一致。

· 示例 2：马匹被压到拖车的横杆下面，试图退出时损伤了腰部区域，事故后24h被送去进行闪烁扫描检查。这匹马的闪烁扫描结果呈阳性，提示某些马的滞后期较短（图14-50）。在这

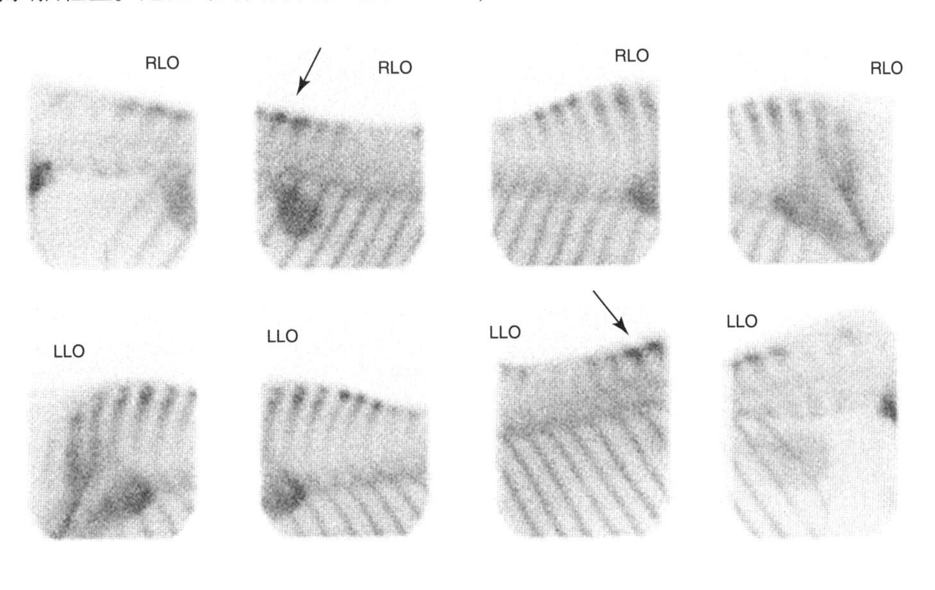

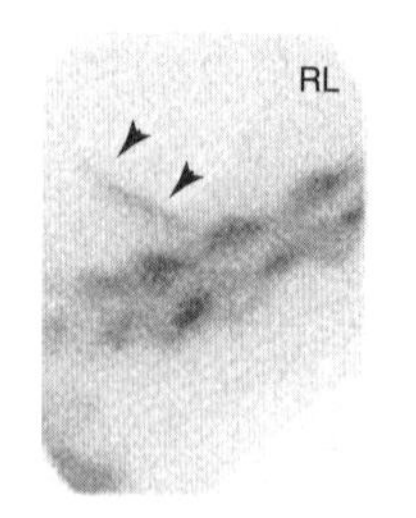

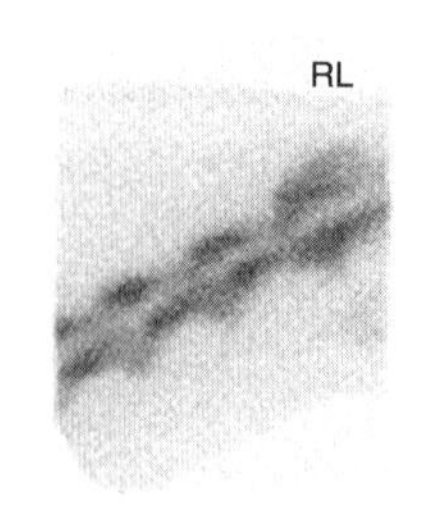

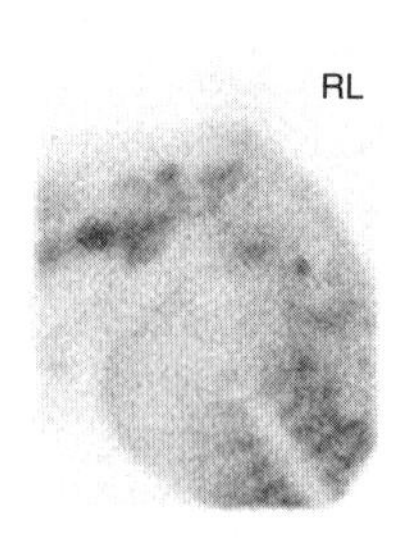

图 14-50　老化的温血马中轴骨的左右侧向延迟相位闪烁图像，在成像前约 24h 拖车发生事故

可以看到局部强烈增加的放射性药物摄取（箭头），其位置涉及腰椎的背侧棘突。活动性骨塑造归因于基于病史的急性损伤，以及在损伤后立即出现的软组织肿胀。放射性药物摄取增加可见于骨骼肌或项韧带（箭头）板状部；骨骼肌表现得很像骨骼，在延迟相位图像中可见损伤。

个例子中，没有必要在受伤后等待几天才可见急性骨损伤。

- **实践提示**：在远端肢体中，滞后期是可变的，但骨损伤的早期检测在临床决策中是有价值的（图14-51和图14-52）。
- 光照减退（Photopenia）是一种不同寻常的闪烁发现。理论上，如果在流动和汇集阶段血供不充分，放射性药物浓度是不足以区分正常和异常骨质的。
- 光照减退的原因包括：
  - 骨梗塞。
  - 脓肿，强烈的吸收。
  - 腐骨。
- 没有已知的马疾病仅涉及骨重吸收而无须骨塑造。
- 当部分骨骼通过手术切除或移出视野时，光照减退罕见。
- 在流动相图像中，应用局部镇痛消除马匹跛行（掌指/神经阻滞），受影响的肢体中的血流量经常减少，而冠状带和足背远端的背侧区域之间可见光照减退。

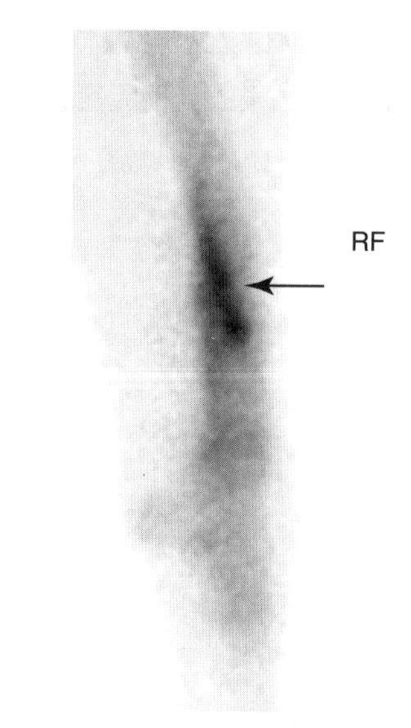

图 14-51　7d 前发生繁殖事故的种马，横向延迟相位闪烁图像（背侧为图右侧，近侧区域位于图最上方）

这匹马在右前肢（RF）中是“骨折性跛行”，虽然临床症状导致桡骨损伤，但放射学检查结果正常。在代表发现斜形骨折的线性、局灶性强烈的放射性药物吸收增加时，取消原本建议在全身麻醉下进行的外科手术。早期准确的诊断在临床决策中很有价值。

- 与对侧肢体相比，血流量相对减少可能反映了慢性的负重减少；这一发现并没有在汇集

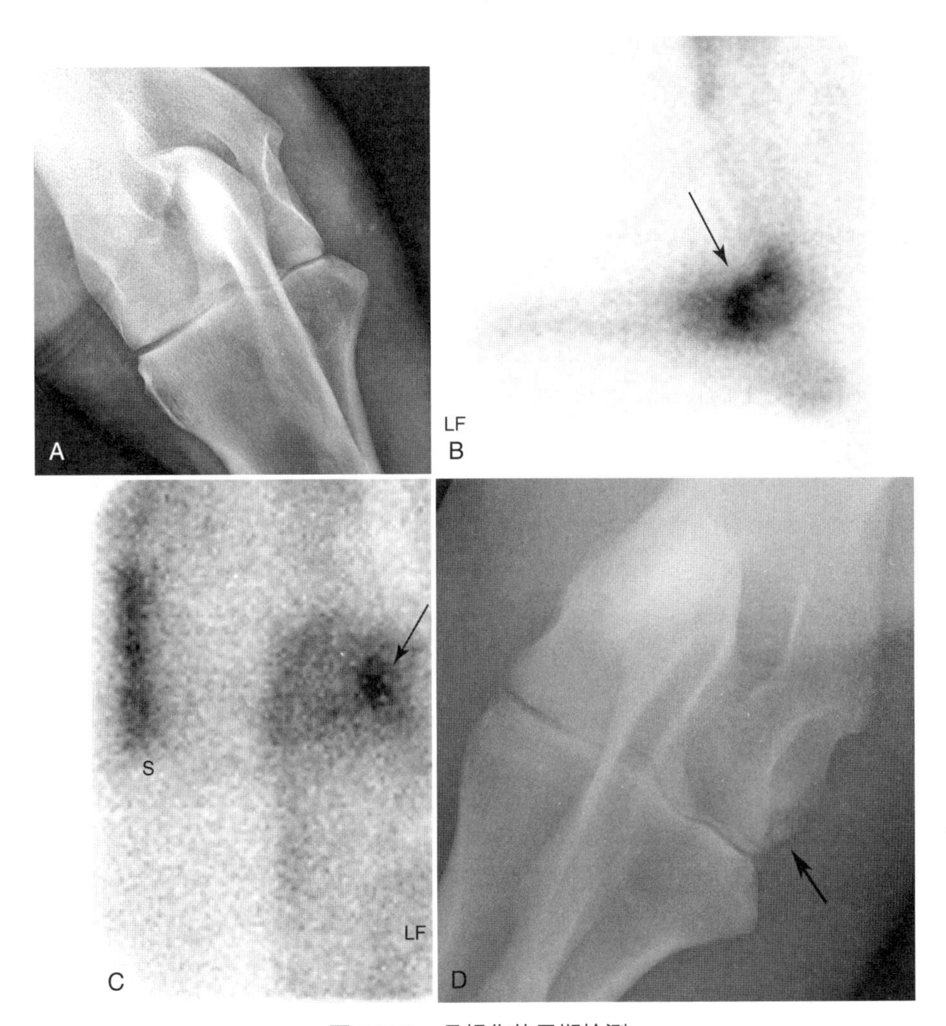

图 14-52　骨损伤的早期检测

A. 一匹马的左肘关节的颅尾侧数字放射照相图像，在入院前的 5 d 中在左肘关节外侧持续存在伤口　B 和 C. 当日进行的外侧和背侧屈曲的延迟期闪烁照相图像显示，在左桡骨远端和外侧（S，胸骨）存在显著增加的放射性药物摄取（IRU）（箭头）。虽然在放射学上是正常的，局灶性 IRU 提示这匹马存在严重的骨损伤，解释了持续的跛足和缺乏临床改善　D.12d 后拍摄的前后侧数字放射图像清楚地识别出骨损伤（箭头）。在创伤性损伤后使用闪烁扫描法进行早期诊断可以给出答案，有助于临床决策

或延迟的图像持续存在。

- 在临床病例中看到的光照减退：
  - 鹰嘴突的骨膜下脓肿伴有池相图像的光照减退，据信是由附近血管的液体积聚和压迫引起。
  - 近端胫骨的延迟相位图像，是由相覆盖的股胫外侧关节室的严重积液引起的。
  - 存在传染性骨炎、腐骨和远端肢体缺血的延迟相位图像。

实践提示：受损的骨骼肌表现得像受损的骨骼，一般来说，在受伤或临床症状出现后不久，在延迟期闪烁图像中即可见骨骼肌损伤。可能需要24~48h的滞后期，但通常可立即检测到伤害。

应该做什么

核闪烁扫描术紧急情况

- 在非工作时间或周末期间，很少需要使用闪烁扫描来评估马匹。
- 即使必须根据骨扫描的结果做出临床决定，也可以在工作时间内对大多数马匹的闪烁扫描检查进行预约。
- 如果遵循以下指导原则，闪烁扫描会非常有价值并且有助于临床决策：
  - 远端肢体受伤，包括肘部和后膝关节，直至前肢/后肢远端：为避免假阴性的闪烁扫描结果，在创伤事件发生后，或急性发作的严重跛行，骨扫描应延迟48~72h（早期扫描可能是阳性）。
  - 除骨盆外上肢和中轴骨的损伤：为避免假阴性的闪烁扫描结果，应在创伤事件发生后72~96h延迟进行骨扫描（尽管早期扫描可能为阳性）。
  - 骨盆损伤：鉴于盆腔成像的固有问题，为避免假阴性的闪烁扫描结果，骨扫描应延迟10d（扫描可能较早）。
  - 为了评估远端四肢的血管完整性，在发生损伤或急性严重跛行后应立即采用三相闪烁扫描成像。
  - 为了对受损的骨骼肌进行成像，在受伤或发生急性严重跛行后立即采用闪烁成像，但等待24~48h也是合理的。

计算机断层扫描（CT）和磁共振成像（MRI）

Peter V. Scrivani

计算机断层扫描（CT）和磁共振成像（MRI）是一种比其他诊断方法更佳的技术手段，能够对患者的形态和功能进行无创描绘。如果使用得当，这一成像方法能够提供十分有用的信息，通过其卓越的诊断准确性，有助于改善患者护理情况，包括更好地确定病变程度而制定治疗计划、改善预后，以及加强对疾病进展和治疗反应的检测能力。如果没有对检查方式进行仔细的选择，可能会对患马护理造成负面影响，造成主人的成本增加，由于全身麻醉和麻醉恢复而导致患马的风险增加，以及由于信息获取不正确或不完整而导致病例管理不善的影响。因此，除了临床适应证之外，重要的是要了解这两种技术的竞争优势和劣势，以优化急诊患马的护理。

实践提示：CT适用于当空间分辨率很关键时的快速检查；MRI最适合对比度分辨率。

CT使用X线来确定身体结构的密度，并使用计算机在任何解剖学平面或三维中重建患者的图像。CT适用于快速检查以及空间分辨率十分关键的情况。当患马运动（例如呼吸或心脏运动）成为一个问题时，快速检查很重要。空间分辨率是指扫描仪区分两个相邻的高对比度物体是分离结构的能力。CT的高空间分辨率使这种模式适用于描绘骨骼细节（图14-53）。同时，CT对于某些类型的软组织成像（例如，胸部和腹部成像）也是有益的。MRI测量的是位于强磁场时，体内质子对高频无线电波的响应。当对比度分辨率很关键时，MRI最佳。对比度分辨率是指区分图像中组织强度差异的能力。例如，MRI上的灰质、白质和脑脊液的强度差异远大于CT，因此使用MRI更容易区分这些组织。同样，MRI对肌肉骨骼成像非常有用，因为它具有区分软骨、肌腱、韧带、骨皮质和骨髓的能力（图14-54）。

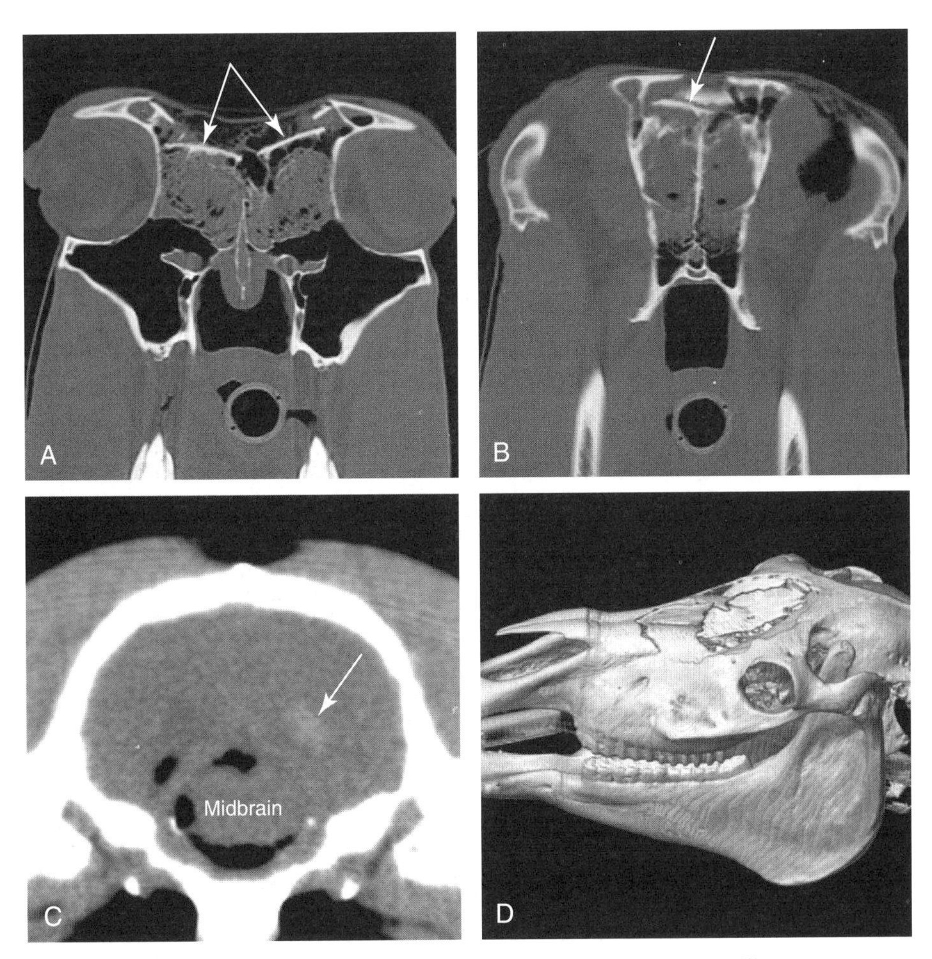

图 14-53　一匹被踢中面部的 8 岁夸特马母马的 CT 扫描

A. 在眼睛水平的横向 CT 扫描（骨骼算法）　B. 通过额窦和嗅球的横向 CT 扫描（骨骼算法）
C. 大脑的横向 CT 扫描（软组织算法）　D. 头部三维表面体积的 CT 重建（骨骼算法）
注意压缩性骨折主要涉及两个额骨（A、B 和 D ）。骨折碎片腹侧移位到鼻腔和额窦（箭头）但未进入颅腔。然而，由于骨折线与颅腔连通，气体进入并围绕着中脑（C ）。此外，可见一小部分出血（箭头）。

实践提示：使用的CT或MRI检查类型可能受到扫描仪的配置以及马的大小和形状的限制。

在成马中，通常可以使用任何一种方式来检查头部和远端肢体。CT通常至少可以检查颈部的前半侧。对于可检查的部分，由于不同的扫描仪配置，MRI变化更大（例如，开放磁铁与闭合磁铁）。在马驹和迷你马中，CT也可用于检查胸部和腹部。

· 本章不会围绕患马准备和图像采集的技术问题进行讨论，这些问题通常需要技术人员接受专门培训。

· 获取和正确解释CT和MRI图像所需的时间，应纳入任何患者管理的计划中。

· 在大多数情况下，CT或MRI应被视为在稳定患马中进行的选择性手术。很少有迹象表明

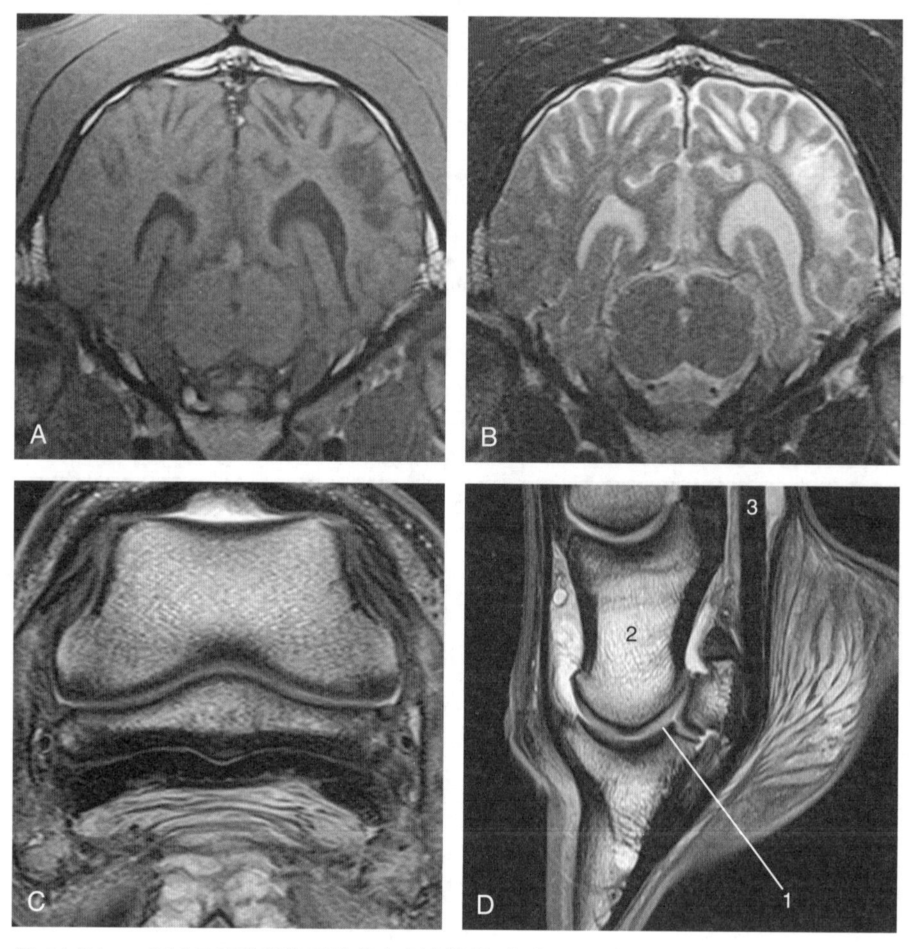

图 14-54　一匹 1.5 岁的纯种马驹的左侧大脑半球（A 和 B ）扫描，其中存在一个慢性坏死区域，以及一匹正常的 6 岁夸特马阉马（C 和 D ）

A. 在中脑水平的大脑横向 T1 加权 MRI 扫描　B. 在中脑水平的大脑横向 T2 加权 MRI 扫描　C. 横向，质子密度（PD）MRI 扫描，通过中间指骨、舟骨和指深屈肌腱　D. 指骨的矢状位 PD 扫描。注意对比度分辨率较好，可以区分多种组织类型，如关节软骨（1），骨（2）和肌腱（3）。另外，将大脑图像与大脑的 CT 扫描图进行比较，如图 14-53C 所示

CT和MRI是真正的紧急情况。

· 尽管每种成像模式都非常适合检查特定条件，但大多数模态可以提供各种条件下的诊断信息，而成像方法的选择通常基于设备的可用性。

紧急 CT / MRI 检查

头部

· 对于没有神经功能缺损的急性创伤，放射线检查通常足以进行初始评估。可以进行CT或

MRI以识别额外的伤害或记录已知伤害的程度。

· 对于与神经功能缺损相关的急性创伤，可以进行CT或MRI检查来记录损伤程度，并指导紧急治疗计划（例如，压缩性骨折、硬膜下血肿）。

· 对于没有创伤的急性神经功能缺损，可以进行CT或MRI检查以确定临床症状的原因，并确定紧急治疗是否合理。

脊柱

· 对于急性创伤，放射线检查通常足以进行初步评估。可以执行CT或MRI以识别额外的伤害或记录已知伤害的程度并指导治疗计划。

· 当怀疑急性外周脊髓压迫（例如，硬膜外血肿、创伤）时，可以进行脊髓造影，CT或MRI以制定紧急治疗计划。

肌肉骨骼

· 对于肌肉骨骼的感染，超声检查通常足以识别用于引流的液体腔隙。放射摄影通常可用于鉴别骨髓炎，尽管MRI更敏感而特异性不强。MRI可能有助于区分坏死性感染性筋膜炎，这需要积极的手术治疗以减压（见第35章）。

· 对于急性骨损伤，放射摄影通常足以进行初始评估。如果放射摄影结果为阴性并且怀疑有隐匿性骨折，则可以进行骨核闪烁扫描或MRI。

· 对于急性骨折，可以在修复前进行CT或MRI检查，以确定骨折的程度（例如，内侧髁骨折）。三维CT重建有助于规划复杂骨折的手术修复。

· 对于急性软组织创伤，超声检查通常足以进行初始评估。可以进行MRI检查，尤其是对于穿透伤口，以识别所涉及的解剖结构。

胸部 / 腹部

· 对于急性呼吸窘迫，放射照相和/或超声检查通常是治疗计划的最佳指南。可以进行CT，但是由于需要全身麻醉，其实用性受到限制。

· 对于疑似脓肿，放射照相和/或超声检查通常足以进行初步评估。如果结果为阴性，则应考虑CT。

· 对于腹痛，诊断通常在没有成像或超声检查的情况下进行。可以进行CT或放射照相术（最实际），尤其是用来检测肠石。

第 15 章
紧急实验室检测和即时检查

Eileen S. Hackett，Thomas J. Divers and Jean C. Young

即时检验

定义："即时检验"是在患马处或附近进行的诊断测试。这些分析很重要，并且在很多情况下，对于评估急症或重症监护马至关重要。即时检验设备通常为便携式，在医院里或农场中用于患马身旁。**实践提示：**即时检验的主要优点是能够立即获得结果，以便及时调整患马的治疗，将递送和等待临床病理实验室样本结果的需要降到最低。其他好处包括：

- 方便。
- 与台式设备相比，成本更低。
- 减少对实验室诊断设备的维护。

即时检验可以更密切地监护重症患马并提供临床表现的变化趋势。所需的样本量通常很小，可以用于监测较小的患马。当操作者了解以下内容时，可以将检验设备获取的信息进行最好的利用：

- 设备的检测方法。
- 使用说明。
- 各项目的精度。
- 准确度。

即时检验的优点

- 若测量盒处于室温，可立即使用[1]。
  - 测量盒储存在冰箱中，保存期限为1~2年。
  - 大多数测量盒使用前必须在室温下保存4h。
  - 因此，如果使用期限为2周，就把每项检查的1或2个测量盒放在室温下。
- 即时检验设备和小型台式设备均为用户友好型设备。
- 即时检验只需少量血液（通常只要1~3滴）。
- 30s至10min内出结果。

1　将测量盒放入冰箱中储存以将有效期延长至 1~2 年。大多数测量盒使用前必须在室温下保存 4h。因此，需把每项检查的 1 或 2 个测量盒放在室温下，使用期限为 2 周。

即时检验的缺点

· 如果不遵守储存、检测温度和测量盒有效期等规则，质量可能会出问题。有些值始终不准确。使用i-STAT 1便携式临床分析仪，血细胞比容（Hct）的测量值偏低。

· 检测必须在18~30℃（64~86 ℉）温度下进行。虽然建议使用此温度范围，但在低至10℃（50 ℉）的温度下检测也不会出现明显误差。

实验室检测

血气和血生化

在医院内使用，便携式血气或生化分析仪可用于快速提供氧合、通气、酸碱状态、离子钙、肌酐以及其他分析物的信息。

· **实践提示：**方便进行动脉采血的部位包括面横动脉、面动脉和跖外侧动脉（见第1章）。采血时，触摸动脉，找到脉搏最强的部位，用注射器针头45°角插入，排出空气，充分混匀，立即检测或放入冰浴中。室温下，动脉血氧值可在15min内发生显著变化，酸碱度可在30min后发生变化。血样可在冰浴中储存4~6h，检测结果几乎没有变化。气泡将会在2min内使Po_2增加并使Pco_2降低。

· i-STAT和IRMA是通常用作这些用途的即时检验分析仪。

· 将血液采入肝素化注射器中可测量血气，在肝素化注射器或肝素管中可进行生化分析。

· 具有打印和/或存储功能的手持设备可在1~3min内显示结果。

· 由于伴有呼吸和其他指标明显改变的重症患马需要及时纠正治疗，因此即时检验技术是提供即时治疗指导的自然选择。

· 由Abaxis销售的i-STAT 1，测量与i-STAT相同的分析物，除此之外还增加了心肌肌钙蛋白I（cTn-I）、生化急诊8项（CHEM 8^+）以及活化凝血时间（ACT）和凝血酶原时间的检测。

· 该系统在过去几年中得到了广泛的应用，其结果准确而均匀，但Hct的测量值有时偏低。还可以测量血红蛋白。

· Hct和血浆蛋白，实际上是总固体，最好用微量血细胞比容离心机和折射仪测量。i-STAT提供各种测量盒（每个花费7~16美元；cTn-I除外，价格为27美元）。

· 最有用的测量盒如下：

  · i-STAT CG8^+—Na^+，K^+，葡萄糖，Po_2，So_2（氧饱和度），Pco_2，Tco_2（总二氧化碳），HCO_3^-，pH，离子化Ca^{2+}，碱剩余（BE）。

  · i-STAT EC8^+—K^+，Na^+，Cl^-，pH，Pco_2，Po_2，Tco_2，HCO_3^-，BE，葡萄糖，阴离子间隙，血尿素氮（BUN）。

  · i-STAT 6^+—K^+，Na^+，Cl^-，血尿素氮（BUN），葡萄糖。

- i-STAT 4^+—pH，Pco_2，Po_2，乳酸盐，HCO_3^-，Tco_2，SaO_2（动脉血氧饱和度），BE。
- i-STAT 3^+—Na^+，K^+，Cl^-。
- i-STAT Crea-肌酐—与自动化方法相比要谨慎，因为在健康的马和马驹中，该值通常相差0.1~0.3mg/dL。
- i-STAT cTn-I—新型的i-STAT 1分析仪可检测心肌肌钙蛋白I；cTn-I升高指征心肌损伤。初始值虽具有一定的预后价值，但数值随时间的改变才是最重要的！
- i-STAT CHEM 8^+—BUN，肌酐，离子化Ca^{2+}，葡萄糖，Na^+，K^+，Cl^-，新型的i-STAT 1分析仪可以检测。
- i-STAT G-葡萄糖。
- ACT-活化凝血时间—马的正常范围需要进行验证。

· 便携式临床分析仪与台式血气分析仪在检测滑液中的乳酸和葡萄糖浓度时的效果相似，除pH外。

· 旧的i-STAT设备已逐步淘汰并由i-STAT 1取代；2012年之后可能无法提供旧机器的服务。

实践提示：表15-1提供了对血气结果的基本解释。

表15-1　酸碱平衡紊乱的主要类型及血气参数的预期变化

酸碱平衡紊乱类型	主要变化	代偿变化
呼吸性酸中毒，$Pco_2 > 46$mm Hg	↑ Pco_2	↑ HCO_3^-
呼吸性碱中毒，$Pco_2 < 36$mm Hg	↓ Pco_2	↓ HCO_3^-
代谢性酸中毒，$HCO_3^- < 22$mEq/L	↓ HCO_3^-	↓ Pco_2
代谢性碱中毒，$HCO_3^- > 28$mEq/L	↑ HCO_3^-	↑ Pco_2

葡萄糖

- 在马的重症监护中应详细记录血糖的变化。
- **实践提示：**血糖变化的趋势和程度与疾病的严重程度和预后相关。
- 即时检验血糖仪不能准确检测马和马驹的生化参考值。
- 血糖仪的主要局限在于人用血糖仪在兽医中的广泛应用。
- 人体血糖仪包含的算法可以提高人类血糖的测量准确度。

· 使用专为人体设计的血糖仪影响动物血糖检测精确度的主要物种差异是细胞内与血浆葡萄糖的比率。

· 经过验证，兽用血糖仪AlphaTRAK适用于健康和危重的患马和马驹。这种血糖仪使用0.3μL全血，25s出结果。Assure Chronimed，Inc和Accu-Chem是另外两种用于测量血糖的仪器。这些仪器可准确预测低血糖的严重程度，但在高血糖测试中准确度相对较低。也可以用i-STAT测量血糖。

乳酸

- 血乳酸的升高用于马的重症监护中，作为判断疾病严重程度和预后的标志。
- 报告显示危重患马和有以下症状的马驹会发生血乳酸紊乱：
  - 败血症。
  - 胃肠道疾病。
  - 其他疾病病因。
- 经过验证，即时检验设备Accutrend可以用于重症马的乳酸测定。该乳酸测定仪使用少于20μL的全血或血浆，60s内出结果。
- 乳酸也可以用Lactate Pro快速（1min）、准确、低成本地测量。
- 应在30min内测量全血或细胞样本（即腹膜液），否则乳酸可能会在样本储存过程中增加。
- **实践提示：**腹膜液中的乳酸含量升高并高于血乳酸值是肠道血流中断的指征。
- 在连续乳酸监测中，建议用血浆乳酸作指标更可靠。
- 新生马驹早期常出现乳酸的短暂升高，但预计经24~72h会降低至成年马的水平。
- **实践提示：**大多数危重马的乳酸水平都会升高；适当的治疗或复苏后，乳酸浓度的初始值和变化都可以表明预后。

心肌肌钙蛋白

- **实践提示：**心肌肌钙蛋白I（cTn-I）升高是心肌受损的指征，蛋白的变化还可用于疾病的诊断和预后。
- 马的心肌损伤可能继发于：
  - 心肌炎。
  - 败血症。
  - 响尾蛇咬伤。
  - 斑蝥素中毒。
  - 其他原因——原发性或继发于多器官功能障碍综合征。
- 经过验证，无论是正常马匹，还是实验性的莫能菌素中毒导致心脏病的马匹，都可以用即时检验分析仪测量其cTn-I。
- ELISA分析仪（VetScan i-STAT 1）用17μL血浆或全血的血浆组分，10min后出结果。这种即时检验分析仪常用于马医院。cTn-I测量盒的实用性增强，相当于cTn-I的台式免疫分析。该分析仪对于马的标准cTn-I范围是0.0~0.06ng/mL，此分析仪的可报告范围高达50ng/mL；

然而，水平高于35ng/mL时的性能尚未进行评估。

台式生化分析仪

许多小型、易操作的台式生化分析仪可应用于马临床，使用肝素化全血、血清或血浆。所有的分析仪均可在几分钟内显示结果。

· IDEXX生产的Vet Test生化分析仪可以测量马的身体指标——白蛋白、天冬氨酸氨基转移酶（AST）、BUN、Ca^{2+}、肌酸激酶（CK）、肌酐、γ-谷氨酰转移酶（GGT）、血糖、乳酸脱氢酶、总胆红素、总蛋白——以及一些在马临床上有用的其他分析物（Mg^{2+}、NH_3、P、乳酸和甘油三酯）。该仪器的一个优点是可以测量血氨，但必须在采集后的10~15min内完成。

· IDEXX生产的VetStat动物电解质和血气分析仪可使用一次性测试盒得出结果。

· Heska SpotChem EZ有操作面板和单独的测试装置。该仪器可用于测量白蛋白、AST、CK、肌酐、GGT、血糖、Mg^{2+}、P^{+}、K^{+}、总胆红素、总蛋白和甘油三酯。

· Abaxis VetScan可以测量马的指标，加上白蛋白、AST、BUN、Ca^{2+}、CK、肌酐、GGT、球蛋白、血糖、K^{+}、Na^{+}、总胆红素、TCO_2和总蛋白。

全血细胞计数（CBC）

· 有自动化的系统可以测得马的总白细胞数及分类计数、红细胞计数以及其他指标以及血小板数。

· 一种仪器是由Heska早先销售的Vet ABC-Diff血液分析仪，或者也可以使用他们的新产品HemaTrue血液分析仪。

· IDEXX生产的LaserCyte或ProCyte，和Abaxis生产的VetScan HM5血液分析仪也可以用于此检测，使用少量EDTA抗凝血，几分钟内即可出结果。

· 血常规机器上插有特殊的卡片以提高血常规测试的准确性。

· 平均红细胞体积（MCV）、红细胞分布宽度（RDW）和平均血小板体积（MPV）都至少可以用ProCyte和VetScan来测定，可以用来判断贫血或血小板减少症是否可再生。

· 机器测得的血小板数可能偏少，但ProCyte可以通过检测血膜的羽毛状边缘来检验有无血小板凝块。血小板凝集导致假性血小板减少在马的EDTA样本中不常见，在羽毛状边缘可以看到凝集的血小板团块和一些其他的血液组分。

· 必须确认机器能准确进行滑液、腹膜液和胸膜液中细胞的分类计数和总计数。

· 必须用显微镜鉴定幼稚中性粒细胞、中毒性中性粒细胞、嗜吞噬细胞无形体（图15-1和图15-2）或肿瘤细胞。Diff快速染色是用于此项检查的最好的细胞染色方法。

· 纤维蛋白原可以用VetScan Vspro的自动化系统检测，仅需不到15min，该仪器为便携式，可以带出医院使用。它也可以测量凝血酶原时间（PT）和部分凝血活酶时间（PTT）。

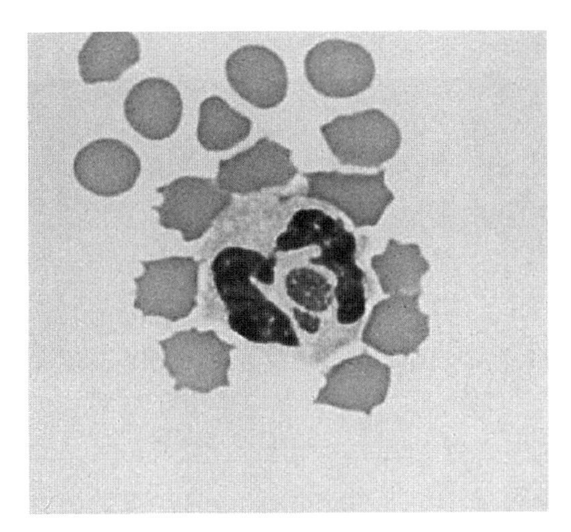

图 15-1　一匹成年马的姬姆萨染色血涂片

来自弗吉尼亚州北部，伴有发热和腿部水肿。中性粒细胞中的浅蓝色小体是嗜吞噬细胞无形体。

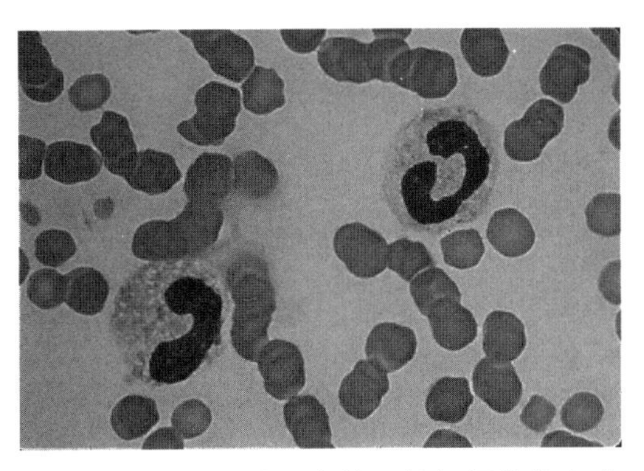

图 15-2　一匹患结肠炎的马的姬姆萨染色血涂片

位于下方的中性粒细胞的细胞核弯曲且不分叶（带状核中性粒细胞），两个中性粒细胞的细胞质均有空泡和紫色颗粒（中毒颗粒），表明有严重的毒血症。

- 测量纤维蛋白原的另一种方法是用微量血比容管和折射仪。测量装有相同血样的两个试管：一个管离心，另一个管离心后58℃加热2min，再次离心。两个试管之间的差值即为纤维蛋白原含量。例如：如果第一个试管读数为7.2g/dL，另一个经过加热的试管读数为7.0g/dL，则纤维蛋白原的含量为200mg/dL。
- 血清淀粉样蛋白A（SAA）：一种急性期肝源性蛋白，可在迈阿密大学的急性期蛋白实验室（800-596-7390）测量或用欧洲的一种方便的台式现场测试设备（Equinostic）测量。
- SAA的优点是：
  - 正常马/马驹的含量非常低（0~30mg/L）。
  - 发生急性局部或系统性炎症时，SAA值在6h内急剧升高（常为100倍），24~36h后达到峰值。
  - 样本在室温下或冷藏数天后仍非常稳定。
- 组织损伤（如术后）会使SAA增加，但复发性呼吸道阻塞（RAO）不会使SAA增加。
- **实践提示：**检测SAA的一个可能的缺点是它对炎症的敏感性；一些马SAA值的升高可能不具有临床意义。

尿液分析

- 多种市售的尿液检测试纸，如Multistix和Chemstrip，都可以用于检测尿液中的白细胞、蛋白质（在一些马中可能虚高）、pH、血液（血红蛋白或肌红蛋白）、胆红素和葡萄糖。
- 尿相对密度折射仪可用于检测尿相对密度。

渗透压仪

· 渗透压仪可以准确测定渗透压，渗透压是液体从血管中滤出的主要阻力。

· 小型台式胶体渗透压仪通常用于测定患马的渗透压。每次检测前必须对仪器进行校准和冲洗。该仪器可有效测量胶体，因为胶体的使用不能通过折射计测定固体总量（TS）来准确测量渗透压。

· **实践提示：** 成年马的正常渗透压为20~22mmHg，马驹的渗透压略低——18~20mmHg。若没有使用胶体，则7.0的TS测量值相当于21mmHg的渗透压；这会随白蛋白/球蛋白的比率而变化，该比率也会影响渗透压。

· 血浆的变色、高葡萄糖和高尿素会使TS值增加，导致蛋白测量值偏高。

· **实践提示：** 6%的羟乙基淀粉溶液的TS值为3.2，渗透压为30mmHg；25%白蛋白的渗透压为70mmHg。

凝血分析仪

· SCA2000是一种易操作的机器，已用于PT的快速测定。

· **实践提示：** 新鲜全血的正常值：PT=12~18s，PTT=97~137s。柠檬酸盐全血：PT= 14~22s，PTT=131~199s。

· 可用i-STAT 1测量活化凝血时间，但这种方法的检测结果只有在凝血因子严重（95%）缺乏的情况下才会延长。最近引入了凝血酶原时间测试盒，在马中需要验证。

· 血小板聚集测定法（PF-100）可应用于马，但参考范围很宽；collagen-ADP测试盒的参考范围是60.5~115.9s。

马驹免疫球蛋白

· 马驹IgG的半定量测定通常在医院和农场中进行，用来确定被动免疫的成功。

· SNAP test foal IgG ELISA用血清或全血进行测定，10min内出结果。根据颜色变化判断结果，除待检样本的颜色变化外，还设有400mg/dL和800mg/dL的校准点。此装置在IgG浓度小于400mg/dL或大于800mg/dL的测量中更准确。中间浓度的测定不如径向免疫扩散法精确。

· 马驹的IgG定量检测可以更精确地预测被动免疫，且判读不依赖颜色的变化。该系统使用免疫比浊法，与径向免疫扩散法——测量的金标准高度相关。该测试需要从全血中分离血浆并测量少量血浆（25μL），15min内出结果，包括准备时间。

· **实践提示：** 径向免疫扩散法在实验室条件下需要大约24h出结果，与其相比有更快的检测方法，可以更快对马驹进行治疗。

初乳相对密度计

· **实践提示：**在产驹后的24h内，初乳相对密度计可用于马医学，用来评估母马个体，防止被动免疫缺乏，也可以用于初乳的采集和储存。

· JorVet马初乳相对密度计使用15mL初乳，并将其重量与柱中蒸馏水的重量比较，以确定比重。

· 使用马初乳折射仪测量相对密度仅需非常少量的初乳。该仪器非常便携，只需几滴初乳。这种初乳相对密度计可以显示相对密度（Brix%），并根据初乳的IgG浓度给出非常好、良好、一般或较差的初乳质量评估。该折射计还能在10°~30℃（50°~86 °F）的操作范围内调整温度误差。

产驹预测

· 产驹预测试验可根据产驹前初乳电解质的变化来帮助预测产驹时间。有几种产品可用于此项测试。FoalWatch试剂盒，将1.5mL乳汁和9mL蒸馏水与安瓿（titret ampule）中的一滴指示剂混合。

· **实践提示：**若母马的乳钙大于200~250mg/L，可能会在24~72h产驹。

· 另一个产驹预测试验是Predict-A-Foal试剂盒，用3~4滴乳汁和水硬度测试试纸条来预测12h内的产驹。

· 产驹预测试验不会使用过多乳汁导致马驹缺乏初乳。

· 这些预测试验并不能良好预测胎盘炎母马的分娩时间。

IDEXX 3-4 DX

· IDEXX 3DX或4DX可用于检测伯氏疏螺旋体的抗体；SNAP测试开始后，应在8min后读取结果。出现蓝色即为阳性结果。

· 现有4DX可用于嗜吞噬细胞无形体抗体的检测。这项检测在马的临床疾病早期可能不具有高度敏感性，因为在感染后需要7d或更长时间才能产生IgM抗体。

毒素A/B快速检测

· 毒素A/B快速检测（Tox A/B Quik Chek）可用于快速（25min）检测粪便中的艰难梭菌毒素A或B。

· 革兰氏染色可用于确定样本中存在的微生物类型，如气管冲洗液和胸膜液。

粪便潜血试验

- 使用名为SUCCEED的试纸条可快速检测马的粪便潜血。
- 结果可在5min内得出。
- 血红蛋白或白蛋白的检测可能会出现错误。
- 许多其他的试纸条可用于检测粪便潜血。

血气的解读

有关酸碱平衡紊乱的类型及血气参数的预期变化，参见表15-1。

代谢性酸碱平衡紊乱的呼吸代偿

- 迅速。
- Pco_2经常发生剧烈变化。

呼吸性酸碱平衡紊乱的代谢代偿

- 数小时至数天。
- HCO_3^-不会发生剧烈变化。
- 经过适当纠正的原发性紊乱（观察pH），其HCO_3^-和Pco_2向相同方向变化。pH不能完全恢复正常，可能会或可能不会恢复到正常范围。
- 若HCO_3^-和Pco_2值向相反方向变化，提示原发性代谢和呼吸紊乱。

第二篇
器官系统的紧急检查和管理

第一部分
身体和器官系统

第 16 章
血液凝固障碍

SallyAnne L. Ness

- 人们日益认识到细胞和血管之间复杂的相互作用促进凝血，传统的凝血级联应被看作是凝血的几个步骤之一，而不是凝血的准确过程。
- 凝血的历史观点由Rudolf Virchow博士于1845年提出，认为凝血的一般规律是：
  - 血管完整性的破坏。
  - 血流动力学的改变或血流停滞。
  - 促进和/或抑制凝血的物质浓度改变。
- 认识凝血系统的组成，如抗凝血酶Ⅲ、蛋白C和蛋白S以及组织与血小板活化物和抑制物之间的动态平衡，是了解多种凝血参与物的关键，这些凝血物质对活化过程、凝血、纤溶以及抗凝过程做出应答。
- 凝血功能障碍有以下几种表现：
  - 高凝（血栓形成）。
  - 低凝（出血性素质）。
- 外部创伤或自发性内部血管破裂——主动脉根破裂、子宫动脉出血或喉囊真菌病使血管的完整性被破坏导致出血危象时，正常的凝血系统可被激活。
- 出血患马的初步评估旨在区分血管损伤或血管疾病和导致出血性素质的全身凝血障碍。
- **实践提示：**在马中，血栓性疾病比出血性疾病更常见。
- 炎症和败血症中，循环中的炎性介质通过激活内源性凝血途径导致广泛性凝血，如：

- 内毒素。
- 肿瘤坏死因子-α（TNF-α）。
- 脂蛋白。
- 生长因子。

· 内皮细胞和循环单核细胞的激活刺激组织因子的表达，组织因子是凝血酶形成的重要激活物。

· 在败血症患马中，内源性抗凝因子的过度减少导致全身高凝状态，包括：

- 抗凝血酶Ⅲ（AT-Ⅲ）。
- 组织因子途径抑制物（TFPI）。
- 活化蛋白C（aPC）。

高凝血症：血栓形成与栓塞

· 高凝血症在马中很常见，与以下因素有关：

- 血小板数异常升高（血小板增多症）。
- 动脉炎（肠系膜前动脉炎）。
- 脉管炎（出血性紫癜）。
- 特发性髂骨血栓形成。
- 马驹的自发性或败血症性肢体动脉血栓。
- 蹄叶炎。
- 肺梗塞。
- 抗凝血酶Ⅲ和蛋白C或蛋白S辅助因子的缺乏。
- 纤溶过程的抑制。
- 消耗性凝血病［弥散性血管内凝血（DIC）］。

· DIC的实验室检测表现为低凝状态（凝血时间延长和血小板减少），个别表现为高凝状态、血栓形成以及无明显出血迹象。

· 马的血栓静脉炎经常作为全身性炎症的后遗症发生，或因以下因素导致的抗凝血酶Ⅲ缺乏而引起：

- 内毒素血症。
- 沙门菌和其他原因导致的感染性结肠炎。
- 非甾体抗炎药（NSAID）毒性。
- 胸膜炎。
- 中毒性子宫炎。
- 大结肠扭转。
- 静脉注射刺激性或高渗溶液（保泰松、恩诺沙星）后。

低凝血症：出血性疾病和素质倾向

- 马的低凝血症可能与以下因素有关：
  - 血小板减少症（免疫介导性或获得性）。
  - 血小板无力症（血小板功能异常）。
  - 中毒（华法林/抗凝血性杀鼠剂毒性，拉氧头孢及相关抗生素）。
  - 遗传性疾病（A型血友病，血管性血友病）。
  - 原发性纤维蛋白溶解（高纤溶酶血症）。
- 低凝血症也可发生于DIC晚期，作为消耗性凝血病，伴有继发性纤维蛋白溶解。
- 严重失血后用羟乙基淀粉和/或晶体液快速补充容量会导致凝血因子稀释，使正常凝血功能丧失。
- 出血性疾病可以是急性的或慢性的。

出血和血栓形成的临床表现

- 由于皮肤色素沉着和毛发覆盖，出血或血栓形成的临床表现可能不明显。
- 提示初期止血缺陷（血小板和血管性血友病因子紊乱）的临床表现包括黏膜和结膜的瘀点和瘀斑。也可能出现鼻出血。
- 提示继发性凝血缺陷（凝血障碍）的临床表现包括：
  - 血肿形成。
  - 关节积血。
  - 腔内出血。
- 血管性血栓的形成可能导致受血管供应的组织部分或完全缺血（例如，败血症马驹的肢体动脉血栓）。
- 血栓性病变的程度可能不会完全表现，需手术或剖检确认。
- 可以用超声检测血管内的血凝块或用多普勒超声仪检测血流量的减少来进行生前诊断。
- 血栓形成的临床表现为：
  - 颈静脉血栓形成。
  - 不对称的冷肢（鞍状血栓）。
  - 运动量增加时的低体温跛行。
  - 伴有瘀点或瘀斑（紫癜，血管炎）的局限性水肿。
- 血栓形成可能与急性溶血性贫血有关。

应该做什么

伴有失血的凝血障碍

- 治疗主要针对以下方面：

- 用晶体液包括高渗盐水来补充容量。
- 全血、血浆和羟乙基淀粉等胶体液。**注意：**对于有低凝表现的患马，禁用羟乙基淀粉。

- 急性失血通常伴有生命体征的变化——心动过速、呼吸急促、体温过低和黏膜苍白。
- 最急性型主动脉根破裂伴发虚脱和死亡常见于公马繁育期间或繁育后。
- 子宫-卵巢动脉破裂最常于分娩前后急性发生。
- 皮下出血可能继发于创伤或自发性出血。
- 超声评估体腔或急性的皮下肿胀，显示外来的"旋转烟雾"状流体存在，代表空腔内的游离血液（图16-1）。
- 可能出现鼻出血、泌尿生殖系统出血、黑便、瘀点或瘀斑。
- 明显的鼻出血可由运动诱发性肺动脉高压、喉囊真菌病、筛窦血肿、鼻窦炎、创伤和凝血功能障碍（包括血小板减少）引起。

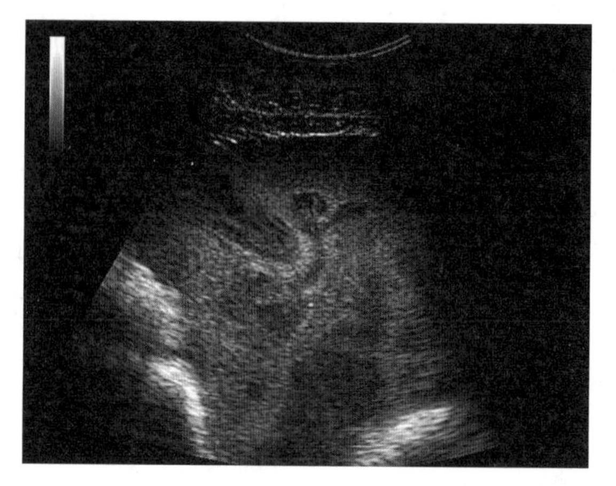

图16-1　华法林中毒患马的腹腔出血的超声图像
表示体腔内血液的特征性"旋转烟雾"。

凝血的实验室评估

- 以下实验室检测可用于评估患马的凝血功能。筛选试验分为以下几类：
  - 初期止血试验（血小板栓塞形成）。
  - 二期止血试验：
    - 纤维蛋白凝块的形成和分解（纤溶）试验。
- 以下特殊检测需要就诊后将样本转交给研究实验室：
  - 凝血因子。
  - 血管性血友病。
  - 结合抗体的血小板。
  - 蛋白质分析。
- **注意：**如果没有已知的实验室值，建议用正常的对照样本来帮助分析个别结果。
- 血小板计数：
  - 乙二胺四乙酸（EDTA）血样中可能会出现假性血小板聚集，因此需要用柠檬酸钠采集血样用于血小板的定量计数。
  - 若血小板检测数量不足，由实验室技术人员观察血涂片以获得足够的血小板。**实践提示：**如果未观察到血小板聚集，每个高倍视野（放大1000倍）中有至少10个血小板即可认为数量足够。
- 模板出血时间：
  - 血管损伤后，初期止血和血小板栓塞形成的体内评估。
  - 将副腕骨远侧的毛发剪掉，使用模板出血装置切一个小切口。

- 用滤纸在切口部位下方1~2mm吸收血液。
- 切开创口时计时开始，出血停止时计时结束；据报道，健康马的正常出血时间范围是2~6min，可能因数量（血小板减少症）和质量（血管性血友病，血小板无力症）而延长。
- 血小板功能分析仪（PFA-100）：
  - 一种即时检验设备，经过检验可用于马的初期止血的评估。涂有胶原蛋白和ADP的试纸条可活化血小板，模拟血管受伤后血小板的黏附和聚集。
  - PFA-100能识别遗传性、获得性和药物诱导性的血小板病，包括血小板数量可能正常的功能性疾病（血管性血友病、血小板无力症），也可以用于监测对阿司匹林治疗的反应。
- 活化凝血时间（ACT）：
  - 二期止血的即时评估，特别是内在的和共同的途径。
  - 因子Ⅴ、Ⅷ、Ⅸ、Ⅹ、Ⅺ、Ⅻ，凝血酶原（因子Ⅱ）或纤维蛋白原的缺乏会导致ACT延长。
- 活化部分凝血活酶时间（aPTT）：
  - 二期止血的即时评估，特别是内在的和共同的途径。
  - 与ACT评估类似，但灵敏度更高。
  - 因子Ⅴ、Ⅷ、Ⅸ、Ⅹ、Ⅺ、Ⅻ，凝血酶原（因子Ⅱ）或纤维蛋白原的缺乏会导致aPTT延长。
  - 可用于监测肝素的治疗，治疗目标是将aPTT延长至治疗前基准水平的1.5倍。
- 凝血酶原时间（PT）：
  - 有助于评估外源性凝血系统，特别是外在的和共同的途径及其将纤维蛋白原转化为纤维蛋白的能力。
  - 组织因子（因子Ⅲ），因子Ⅴ、Ⅶ、Ⅹ，凝血酶原或纤维蛋白原的缺乏会导致PT延长。
  - 常用于检测或监测维生素K颉颃剂抗凝剂［如华法林（香豆素）］。
- 纤维蛋白原：
  - 纤维蛋白原的定量测定可以通过热沉淀、纤维计或床旁自动分析仪（VetScan VSpro）进行。
  - DIC可能发生纤维蛋白原水平降低，但与其他物种相比，马的敏感性较低。
- 纤维蛋白降解产物（FDP）：
  - 评估原发性（纤维蛋白原溶解无凝块生成）或继发性（凝块溶解）纤溶。
  - FDP浓度升高表明纤维蛋白原溶解或纤维蛋白溶解活性增强，可能存在于DIC、严重的炎症过程和出血性疾病。
- D-二聚体：

    - 纤维蛋白溶解的最终产物。
    - 纤溶酶切割纤维蛋白键后释放D-二聚体。
    - 与FDP的不同之处在于它是纤维蛋白溶解的特异性产物（即活性凝血酶产物的纤维蛋白溶解）。
    - D-二聚体升高在小于1周龄的马驹中常见，可能是由于脐血管内血凝块的溶解。
- 血栓弹力图（TEG）：
    - 一种即时止血检测，记录了全血从凝块形成到纤维蛋白溶解的黏弹性变化（图16-2）。
    - 它可以检测低凝血症和高凝血症，并且可能比传统的凝血测试更准确地表示体内止血的全局。传统凝血测试仅评估凝血级联的分离组分，且不包括参与的细胞元素。
    - 可加入特定的活化剂，如组织因子或高岭土，以加速凝血。
    - Hemoscopic血栓弹力图血小板图是一种改良的TEG监测，专用于评估血小板功能。
    - 红细胞增多症的血栓弹力图显示低凝血但不引起其他凝血参数的改变，分析血细胞比容升高的马的血栓弹力图时，红细胞含量增多导致血浆凝血因子被稀释可能是一个重要的混淆因素。
    - TEG的生物参考区间在不同的实验室和工作人员之间差异显著。

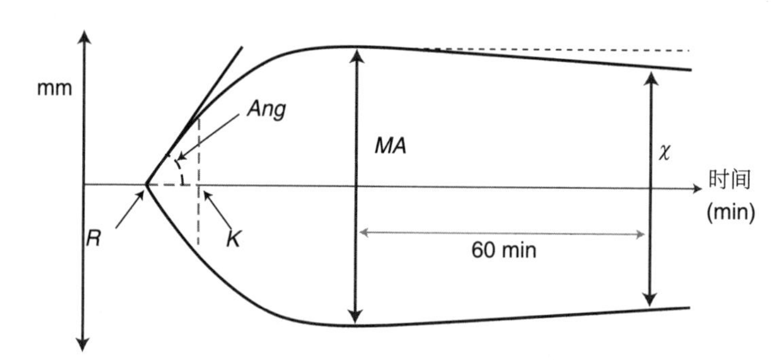

图16-2　有测量参数的典型血栓弹力图

R，凝块形成的时间；*K*，追踪达到凝固强度的时间；*Ang*，角度，凝块形成的速率；*MA*，最大幅度，最大凝块强度；χ，MA后60min的凝块强度，CL_{60}，100×（χ/*MA*）。

（来自Epstein，KL等，Thromboelastography in 26 healthy horses with and without activation by recombinant human tissue factor，J Vet Emerg Crit Care 19（1）：96-101，2009）。

血液凝固障碍

血小板减少症

- 血小板减少症在马临床上并不罕见，通常与严重的全身炎性反应或脾脏免疫介导性清除

血小板有关。

· 传染性疾病，如无形体感染（以前称为马埃立克体）和马传染性贫血（EIA）常与血小板减少症有关。

· 自体免疫现象可能来自：

  · 病毒感染。

  · 脓肿形成。

  · 肿瘤形成（尤其是血管肉瘤）。

  · 初乳抗体。

  · 与药物有关的原因。

    ◦ 甲氧苄氨嘧啶——磺胺类产品是最常见的致病药物。

  · 特发性原因：

· 若血小板减少症与自身免疫性溶血性贫血（Coombs试验阳性结果）一起发生，这种疾病称为Evans综合征，更常见于原发性肿瘤或脓肿。

· 据报道，马驹中出现了特殊的血小板减少症（通常是严重的），伴有口腔囊泡和皮肤病变，似乎是对初乳抗体的免疫反应。

· 血涂片或完全计数可见血小板数量低。

· **实践提示：**血小板数量在每微升40 000~60 000个范围内，通常可观察到瘀斑。血小板数量在每微升10 000~20 000个范围内，可见严重的出血（鼻出血），血小板数少于每微升10 000个，可发展为危及生命的出血。

  · 血液样本可在堪萨斯州立大学（www.vet.ksu.edu/depts/dmp/service/ immunology/index.htm）等专业实验室检测结合抗体的血小板和/或再生血小板反应、网织（信使RNA）血小板。

    ◦ 一些血液分析仪显示的平均血小板体积（MPV）增加是血小板再生反应的另一个迹象。

· 若潜在疾病与血小板的功能而不是数量有关［如血小板无力症，血管性血友病，药物诱导的血小板病（阿司匹林引起的出血未在马中报道）］，在出血的临床表现期间，血小板数量可以是正常的。

应该做什么

血小板减少症

· 大部分患有初乳相关性血小板减少症的马驹在有或没有类固醇治疗的情况下康复。建议血小板计数高于40 000个/μL时停止限制。

· 自体免疫性血小板减少症的管理主要包括糖皮质激素的给药。只要谨慎治疗伴发的蹄叶炎，地塞米松被认为是最有效的药物。剂量范围为每匹成年马10~80mg，首选给药方式是用20号针头静脉给药（IV）或每12或24h分剂量口服（PO）。

· 硫唑嘌呤，3mg/kg，PO，q24h，可用于难治病例或禁用糖皮质激素时。或者，血小板数极低（小于10 000个/

μL）时，除地塞米松外也可以用硫唑嘌呤。

- **实践提示：** 对于严重的免疫介导性血小板减少症，两种药物可以同时使用！
- 血小板计数应该每3~6 d测量一次，直到接近正常值水平，然后糖皮质激素给药可逐渐减少。对于疑似的免疫介导性血小板减少病例（如脾肿大患马），长春新碱可与类固醇联合使用，长春新碱：每周静脉注射0.004mg/kg（每450kg体重2mg），类固醇：每24h给药一次，持续3~5 d，然后每两周一次，持续1~2周，最后一周一次，直到血小板数量稳定，以增加血小板从骨髓中的释放。
- 输血浆对某些马有益，据称是阻断抗体的来源。采集到塑料袋中的全血或血浆提供血小板的来源，可以抑制出血。如果血小板减少是由于消耗增加，输血几乎没有作用。
- 新鲜的冰冻血浆可能有具有止血功能的血小板微粒。

临床表现

- 患有严重败血症或全身炎症反应综合征的马通常有中等程度的低血小板（50 000~80 000个/μL）。
- 虽然预后不良，但除非其他凝血参数如PT，PTT，DIC异常，否则很少发生异常出血。

凝血因子缺乏

- 马的凝血因子缺乏相对不常见。
- 血友病A是最常见的遗传性疾病。
  - 患有血友病A的马驹通常是公马驹（X连锁性状），伴有许多关节的关节积血或轻微伤口的过度流血。
  - aPTT（内源性途径）延长，因子Ⅷ缺乏。
- 因子Ⅷ缺乏发生在血管性血友病中，与血小板的功能缺陷有关，导致体内出血时间测试结果增加。
- 过量使用香豆素或误食杀鼠剂化合物的马匹体内可发现华法林或华法林衍生物抗凝血毒素，该毒素对维生素K依赖因子（Ⅱ、Ⅶ、Ⅸ、Ⅹ）有颉颃作用，临床表现为出血。可能需要长期使用外源性维生素K治疗。华法林的毒性通常会使PT和PTT延长，但在中毒的早期阶段可能只有PT延长。
- 蛋白C也依赖维生素K。一些内酰胺和β-内酰胺类抗生素，尤其是拉氧头孢和羧苄西林，可引起低凝血酶原血症。晚期肝病通常会导致内源性和外源性凝血因子缺乏（参见肝病，第20章）。

应该做什么

凝血功能障碍

- 新鲜冰冻血浆是首选治疗方法。
- 成年马皮下注射（SQ）维生素K_1，500mg，q12~24h，是华法林毒素必需的治疗方法。不要静脉注射。

弥散性血管内凝血（DIC）

- DIC是一种获得性高凝状态综合征，其特征为纤维蛋白在所有微血管中沉积。
- DIC总是继发于能激活全身凝血反应的原发疾病，包括但不限于：
  - 败血症。
  - 全身炎症反应综合征。
  - 内毒素血症。
  - 创伤。
  - 免疫反应。
  - 多器官功能障碍（MODS）或衰竭。
- DIC是一种真正的消耗性凝血病，预后不良。
- DIC可以是急性的或慢性的，可以是局部的或全身的。
- 在马中，可能存在凝血的全部过程（激活、凝血、纤溶和抗凝），但很少成比例，最常见的临床症状是多系统的血栓形成。
- DIC的诊断可以通过高凝或低凝（或两者）以及以下部分或全部的实验室异常数据来进行：
  - 活化凝血时间、PT、aPTT的延长。
  - 血小板计数和纤维蛋白原水平降低。
  - 纤维蛋白降解产物和/或D-二聚体水平升高。
- 抗凝血酶Ⅲ（肝素辅助因子）的水平通常低于正常值的60%~70%。
  - 也可能出现抗凝血蛋白C和S的缺乏。
- 血涂片的显微镜检查可能显示碎裂的红细胞（裂红细胞）增加，与微血管性溶血性贫血（MAHA）一致。
- 终末期DIC，偶尔会因血小板和凝血因子的耗竭而导致出血，然而，大多数马的DIC病例的特征是高凝状态和血栓形成，且发病和死亡通常由微血管血栓形成和随后的器官衰竭引起。

应该做什么

弥散性血管内凝血

- 治疗原发性疾病（如果已知），对症治疗，减缓消耗过程。
- 晶体液和胶体液是主流的治疗方法。如果有出血表现（在马中比血栓少见），则不应使用高剂量的羟乙基淀粉。
- 传统上建议肝素联合正常化血浆抗凝血酶Ⅲ水平，推荐剂量为40~80U/kg，SQ或IV，q6~8h。皮下给药会导致局部肿胀，普通肝素与继发性的贫血和血小板减少有关。低分子质量肝素［达肝素，50~100U/kg，SQ，q24h；依诺肝素，0.5~1mg/kg（40~80U/kg），SQ，q24h］的不良反应未知。
- 输血和输血浆在治疗上存在争议，为消耗过程和梗死性血栓的形成持续提供额外的凝血成分，被认为是“助燃”。然而，绝对禁忌证也很少见。若临床表现或实验室结果显示或怀疑低抗凝血酶Ⅲ水平，建议输血浆。
- DIC的治疗通常很困难，必须个体化治疗，包括原发病的治疗。全身性DIC通常预后不良。
- **注意：**关键词是个体化治疗。

止血和抗凝的治疗干预

- 影响抗凝系统的医疗疗法越来越多地为从业者所用。治疗的选择主要取决于临床诊断和凝血病的性质。以下是患马呈现各种凝血异常时的潜在疗法：
  - 血浆产品10~15mL/kg，IV。
  - 维生素$K_1$500mg，SQ，q12~24h用于华法林毒性。不要静脉注射。
  - 肝素40~80U/kg，SQ或IV，q6~8h。皮下给药可导致局部肿胀，普通肝素与继发的贫血和血小板减少有关。低分子质量肝素［达肝素，50~100U/kg，SQ，q24h；依诺肝素，0.5~1mg/kg（40~80U/kg），SQ，q24h］的不良反应未知。
- 每隔1 d（EOD）用阿司匹林10~20mg/kg，口服或直肠给药。阿司匹林仍是人类和马医学中最常用的血小板抑制剂之一。它通过抑制血小板花生四烯酸和血栓素这些可能促进血小板活化或聚集的物质来达到血小板抑制作用。阿司匹林虽然可以抑制健康马的血栓素，但它对正常马的血小板聚集的影响可能不稳定，对有炎症的马影响很小。
- 给予血小板聚集颉颃剂氯吡格雷（Plavix），以4mg/kg的冲击剂量给药后，2mg/kg，PO，q24h。氯吡格雷可有效减少马体内ADP诱导的血小板聚集，目前正在评估其在治疗与血小板活化有关的马疾病（蹄叶炎，血栓形成）中的应用。
- **实践提示：**在有炎症的马体内有许多血小板活化剂，阿司匹林可能会抑制胶原蛋白的活化，但不抑制ADP，氯吡格雷与其相反。因此，两种药可以同时使用。口服给药时，可在不到6h内看到抗血小板作用，并持续2 d或更长时间。给予纤溶酶-血栓溶解剂，如链激酶、尿激酶和组织纤溶酶原激活物（TPA）。
- 给予纤维蛋白溶解抑制药物——纤溶酶原抑制剂，如6-氨基己酸（Amicar），稀释后5~20g，IV，q6~8h。
- 给予结合雌激素（倍美力），与盐水混合缓慢静脉注射，每匹成年马25~50mg，用于子宫出血。偶有报道，结合雌激素在减少子宫以外部位的慢性出血方面有价值。其作用机制尚未得到证实，据称可增加因子Ⅷ的活性。
- 给予云南白药，2瓶（8g），PO，q12h。这是一种传统的中草药，已被用作止血药100多年。最近在人类患者中用于减少术后出血，然而它对马的功效未知。

第 17 章
心血管系统

Sophy A. Jesty*

体格检查

- 对马进行完整的心血管检查包括：
  - 心脏听诊。
  - 两个肺野的听诊。
  - 触诊心前区。
  - 触诊动脉脉搏。
  - 评估静脉系统、黏膜和毛细血管再充盈时间。
  - 对患马健康状况的总体评估。
- 在紧急状况下，马通常很痛苦，只能进行静息检查。应该尽快评估患马的临床状况，以便在必要时进行适当的救生治疗。

心脏听诊

- 从胸腔两侧进行心脏听诊。
  - 心率，心律。
  - 心音强度。
  - 描述心杂音或与心动周期有关的瞬时音。
- 成年马静息时的正常心率为28~44次/min，而马驹的正常心率可高达80次/min；新生马的平均值是70次/min。
- **实践提示：**马的最常见的生理节律是正常的窦性心律。
- **实践提示：**二度房室（AV）传导阻滞是在正常马中检测到的迷走神经介导的心律不齐。
- 窦性心律不齐、窦性心动过缓和窦房（SA）阻滞也会发生在具有高静息迷走神经张力的正常马中。
- 鉴别心音，并描述其出现的时期和强度。在正常马中可听到四个心音（表17-1）。
- 在全部四个瓣膜区听诊心音（图17-1）。
- 通过强度、出现的时间、持续时间、性质、最大强度和辐射来描述心杂音（表17-2）。

---

* 感谢 Virginia B. Reef 在之前版本的马急救医学 *Equine Emergencies* 中的贡献。

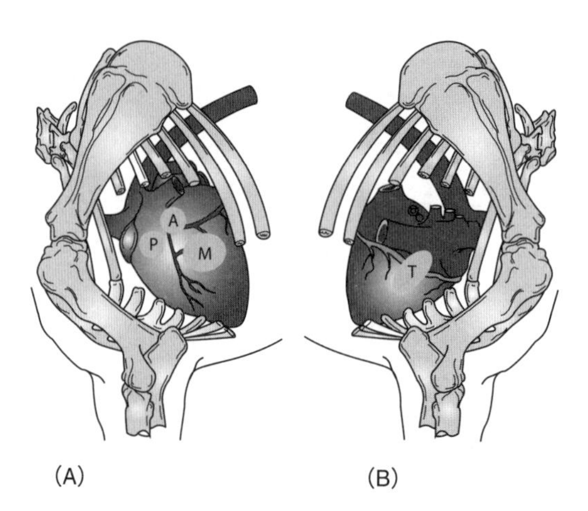

图 17-1　从胸部左侧（A）和右侧（B）看马的心脏听诊区

P，肺动脉瓣；A，主动脉瓣；M，二尖瓣；T，三尖瓣。阴影区域代表相应的瓣膜区。

表 17-1　马的心音

心音	成因	PMI	特征
S_1	心室收缩早期，房室瓣膜紧绷和房室瓣关闭引起的血流突然减速；半月瓣开放，血液进入大血管引起的振动	左心尖	响亮，频率低 比 S_2 长，更响亮，音调更低
S_2	半月瓣关闭，大血管中血液突然减速，房室开放	左心基	响亮，频率高 比 S_1 更尖锐，更短，瓣膜音调更高
S_3	心室快速充盈末期，心室血流快速减速	左心尖	轻，频率高 比 S_2 音调低
S_4	心房收缩期，血液从心房进入心室引起的振动	左心基	轻，频率高 比 S_1 音调低

注：PMI，最大强度点。

表 17-2　常见马心杂音的特征

心杂音	强度（分级）	时期	持续时间	特征 / 形状	PMI	辐射
生理性	1~2	S	E，M，L，HS	频率低	A，P，Mi，T	
血流	1~3	D	E，M，L	声音渐弱	A，P，Mi，T	
MR	1~6	S	HS，PS	混杂，平稳	Mi A	DCa DCr
MVP	1~6	S	M—L	声音渐强	Mi	DCa
TR	1~6	S	HS，PS	混杂，平稳	T	DCr，DCa

续表

心杂音	强度（分级）	时期	持续时间	特征 / 形状	PMI	辐射
TVP	1~6	S	M—L	声音渐强	T	
AR	1~6	D	HD	频率低，音乐性杂音渐弱，声音渐弱	A	DCr 心尖（左）
PR	1~6	D	HD	频率低，音乐性杂音，声音渐弱	P	心尖（右）
VSD	3~6	S	HS，PS	混杂，平稳	T	P

注：A，主动脉瓣；AR，主动脉瓣反流；D，舒张期；DCa，背尾侧；DCr，背头侧；E，早期；HD，全舒张期；HS，全收缩期；L，后期；M，中期；Mi，二尖瓣；MR，二尖瓣反流；MVP，二尖瓣脱垂；P，肺动脉瓣；PMI，最大强度点；PR，肺动脉反流；PS，全收缩期；S，收缩期；T，三尖瓣；TR，三尖瓣反流；TVP，三尖瓣脱垂；VSD，室间隔缺损。

体格检查的其他方面

- 触诊胸部两侧的心前区，检查心前区的震颤或异常的心尖搏动——加重、微弱或异位。
- 评估动脉脉搏的同时要听诊心脏，以确定它们与心跳同步。
- 评估面部动脉、面横动脉或四肢动脉脉搏的性质。
- 评估颈静脉、隐静脉和其他外周静脉是否存在扩张和搏动。
- 在静息时对两个肺野进行听诊，如果可能的话，让患马使用储气囊。如果患马处于严重的呼吸窘迫状态，则不能使用储气囊。

心电图

使用心电图（ECG）诊断心律不齐。

- 尽可能获得完整的6导联或12导联心电图（表17-3和图17-2）。急症时，心基-心尖导联可能是准确诊断患马心律不齐最主要的方法。

表17-3　完全12导联心电图的电极放置位置

导联	放置位置
Ⅰ导联：LA-RA	左前肢(左臂)电极放置于左前肢后方，肘端正下方。右前肢(右臂)电极放置于右前肢后方，肘端正下方
Ⅱ导联：LL-RA	左后肢（左腿）电极放置于左后膝髌骨区域的松弛皮肤上。右前肢（右臂）电极放置于右前肢后方，肘端正下方
Ⅲ导联：LL-LA	左后肢（左腿）电极放置于左后膝髌骨区域的松弛皮肤上。左前肢（左臂）电极放置于左前肢后方，肘端正下方
aV_R：RA-CT	右前肢（右臂）电极放置于右前肢后方，肘端正下方。心脏的电极中心或中心电端×3/2
aV_L：LA-CT	左前肢（左臂）电极放置于左前肢后方，肘端正下方。心脏的电极中心或中心电端×3/2

续表

导联	放置位置
aV_F：LL-CT	左后肢（左腿）电极放置于左后膝髌骨区域的松弛皮肤上。心脏的电极中心或中心电端×3/2
CV_6LL：V_1-CT	V_1 电极沿平行于肘端水平面的线，放置于胸部左侧的第六肋间隙。心脏的电极中心（中心电端）
CV_6LU：V_2-CT	V_2 电极沿平行于肩端水平面的线，放置于胸部左侧的第六肋间隙。心脏的电极中心（中心电端）
V_{10}：V_3-CT	V_3 电极放置于 T7 胸椎背侧上方肩隆处。心脏的电极中心。T7 椎骨背侧位于环绕胸部第六肋间隙（中心电端）的线上
CV_6RL：V_4-CT	V_4 电极沿平行于肩端水平面的线，放置于胸部右侧第六肋间隙。心脏的电极中心（中心电端）
CV_6RU：V_5-CT	V_5 电极沿平行于肩端水平面的线，放置于胸部右侧的第六肋间隙。心脏的电极中心（中心电端）
心尖—心基：LA-RA	左前肢（左臂）电极沿平行于肩端水平面的线，放置于胸部左侧的第六肋间隙。右前肢（右臂）电极放置于右侧肩胛骨顶部

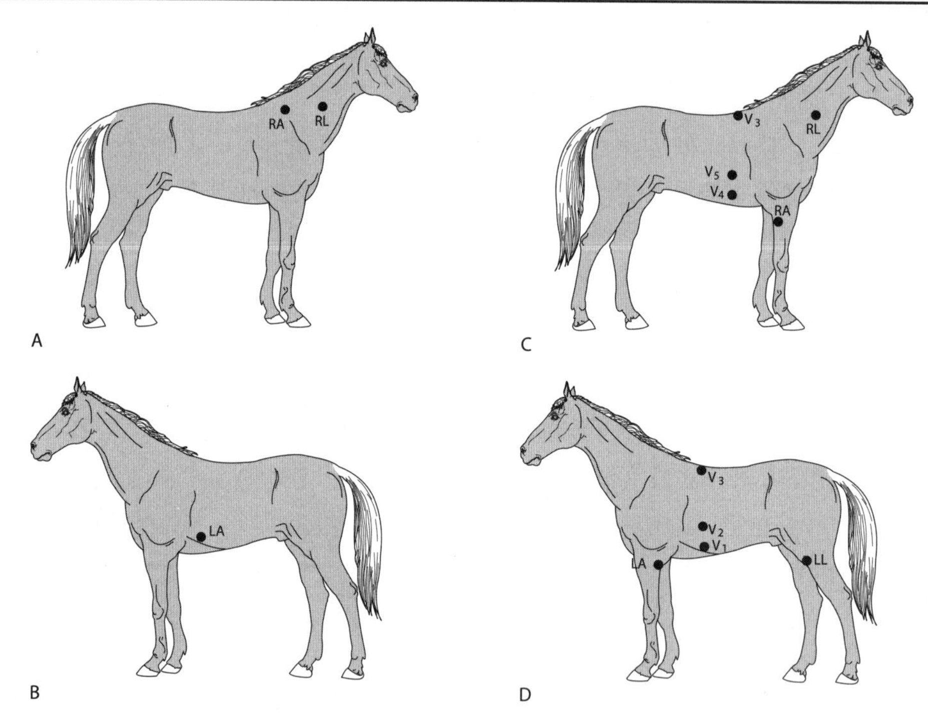

图 17-2　马的心尖－心基心电图（A 和 B）和全心电图（C 和 D）的导线放置位置

黑点代表电极的附着点。A 是患马右侧的电极放置位置，用于 I 导联电极记录心尖 - 心基心电图。RA，右前肢（右臂）；RL，右后肢（右腿）；B 是患马左侧的电极放置位置，用于 I 导联电极记录心尖 - 心基心电图。LA，左前肢（左臂）。C 是患马右侧的电极放置位置，用于记录全心电图。RA，右前肢（右臂）；RL，右后肢（右腿）；V_3，第三胸导联（V_{10}）；V_4，第四胸导联（CV_6RL）；V_5，第五胸导联（CV_6RU）。D 是患马左侧的电极放置位置，用于记录完整心电图。LA，左前肢（左臂）；LL，左后肢（左腿）；V_1，第一胸导联（CV_6LL）；V_2，第二胸导联（CV_6LU）；V_3，第三胸导联（V_{10}）。

· 心基-心尖导联为临床医生提供了大量的、易于分析的波形，通常可以适当放置电极，使电阻最小。

· 当完整的12导联心电图很难获取时，可在卧倒的马上轻松获得心基-心尖导联。如果需要，可以将电极放置在患马的心尖和同侧的颈静脉沟处。

· 心基-心尖导联是无线电遥测心电图系统最好的监护导联，用于连续24h的动态心电图监测，以及用于监测重症患马的心律、抗心律不齐药治疗期间或心包穿刺期间的心律。

· 在紧急情况下，应尽可能避免使用电话传输心电图系统。因为获取心电图并将其传输时医生无法看到心电图并进行评价，因此传输一方需等待接收方对心电图进行分析并告知结果后，才能选择合理的治疗方案。

· 可以使用i-phone和AliveCor心脏监护仪在现场进行心电图检测。可以即时显示心电图并通过电子邮件发送进行会诊（如果需要）。

超声心动图

· 使用超声心动图诊断和评估瓣膜、心包、心肌或大血管疾病的严重程度。

· 如果马太过痛苦而不能站立位测量超声心动图，那么这项诊断检查通常可以延迟到马的情况稳定时进行。通常根据马的特征、病史、临床检查结果，足以允许开始适当的治疗，而不需要立即做超声心动图。

· 超声心动图显示心脏结构或功能的改变。

心律不齐

心律不齐可分为缓慢性心律不齐和快速性心律不齐。

· 心律不齐在马中经常发生，很少需要抗心律不齐治疗。

· 然而某些心律不齐可能危及生命，需要紧急治疗。

· **实践提示：** 快速性心律不齐和严重的缓慢性心律不齐最有可能需要立即治疗，以控制心律不齐并缓解心血管衰竭。

· 听诊到的心律异常需要用心电图来确诊并选择适当的治疗方案。

· 对所有可能危及生命的心律不齐的马进行持续的心电图监测，以监测心律和对治疗的反应。

· **实践提示：** 全身麻醉恢复期的马常见室上性和缓慢性心律不齐，高强度运动后的马常见室上性心律不齐。这两种情况下的心律不齐通常是良性的。

· **实践提示：** 室性心律不齐不太常见，应该被认为更严重。这些心律不齐通常出现在纯种马赛马比赛的快速减速阶段中。在一个临床研究中，所有纯种马在完成比赛后都迅速转变为正常心律。

缓慢性心律不齐

完全（三级）房室传导阻滞

- 罕见。
- 通常与炎症或房室结的退行性变化有关。
- 严重的运动不耐受和频繁的昏厥很常见。
- 静息心率（心室率）通常<20次/min，有更快的、独立的心房率。

听诊

- 响亮、规律的S_1和S_2。
- 慢心室率（<20次/min）。
- 快速、规律且独立的S_4，通常60次/min；偶尔会出现由S_4与另外一种心音（S_1、S_2或S_3）组合形成的奔马律。

心电图

- 心房率很快——P波多于QRS-T波群。
- P-P间期规则。
- 没有房室传导存在的表现，P波和QRS-T波群不一致；P-R间期变化。
- QRS-T波形态异常，通常宽大畸形，前面无相关P波（图17-3）。
- 逸搏起搏点为交界性或室性。
- R-R间期通常规则，但当心室不同区域产生的波，引起多种QRS-T波形出现时，R-R间期不规则（图17-4）。

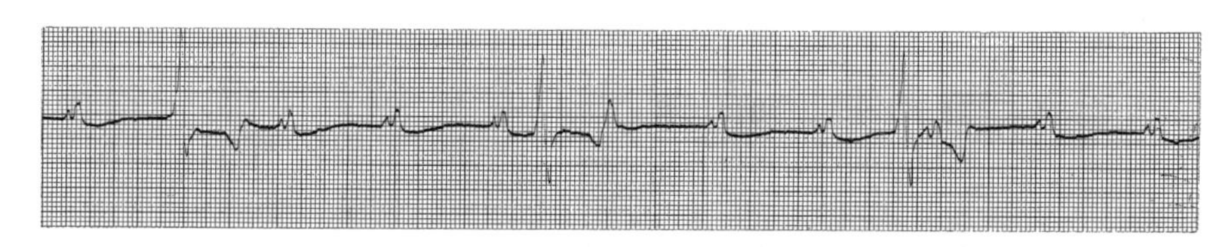

图17-3　完全心脏传导阻滞患马的心基-心尖导联心电图

QRS波群明显宽大，前面无相关P波。有完全性房室分离，心房率70次/min，快而规则；心室率20次/min，慢而规则。P-P间期规则，R-R间期规则。此心电图以25mm/s的走纸速度记录，灵敏度为10mm/mV。

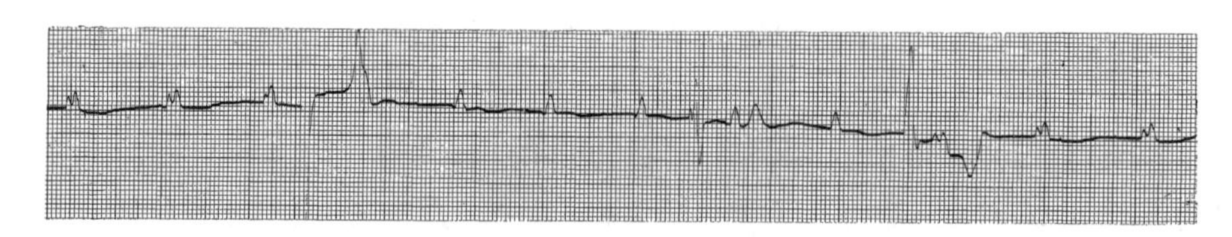

图17-4　三级房室传导阻滞患马的Ⅱ导联心电图

不同形态、QRS波群明显宽大畸形，前面无相关P波。有完全性房室分离，心房率70次/min，快而规则；心室率30次/min，慢而不规则。P-P间期规则，R-R间期不规则。此心电图以25mm/s的走纸速度记录，灵敏度为10mm/mV。

应该做什么

完全（三级）房室传导阻滞

- 诊断为心律不齐时应积极治疗。
- 抑制迷走神经的药物：阿托品或格隆溴铵应以0.005~0.01mg/kg的剂量给药，静脉推注。注意：迷走神经抑制剂通常不能恢复窦性节律，副作用包括心动过速、心律不齐、胃肠蠕动减缓和瞳孔散大。
- 拟交感神经药加速了室性心率。如果存在心室异位，应小心使用这些药物，或根本不用，因为它们可能会加剧室性心律不齐。
- 当出现晕厥并且没有检查到心室异位时，使用异丙肾上腺素，0.05~0.2mg/（kg · min）。其副作用是快速性心律不齐。如果发生快速性心律不齐，停止注射异丙肾上腺素，并用利多卡因或普萘洛尔治疗室性心律不齐。
- 糖皮质激素：地塞米松高剂量给药（0.05~0.22mg/kg），IV（首选）、IM或PO，以逆转房室结附近存在的炎症。
- 蹄叶炎、免疫抑制和医源性肾功能不全是糖皮质激素在马护理中的副作用。这些副作用最常发生于长期大剂量使用糖皮质激素后或普通剂量治疗的有代谢病的马中。
- 植入心脏起搏器：如果药物治疗无效，起搏器可以提供对三级房室传导阻滞的明确管理。经静脉永久心脏起搏器已成功植入有三级房室传导阻滞马体内（图17-5和图17-6）。经静脉临时心脏起搏器可用于治疗高度（二级）或完

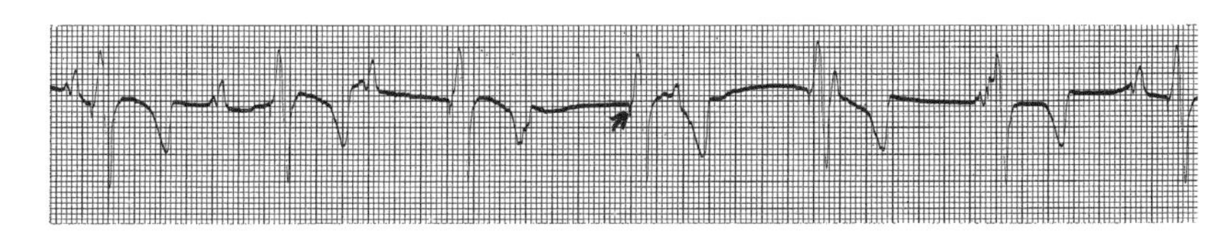

图 17-5　用起搏器治疗的三级房室传导阻滞患马的心基 - 心尖导联心电图

患马右心室植入单个起搏电极。起搏尖峰（箭头）以 50 次 /min 的速度启动心室去极化。心房率 60 次 /min，完全独立，稍快，有完全性房室分离。QRS 波群宽大畸形，R-R 间期规则。此心电图以 25mm/s 的走纸速度记录，灵敏度为 10mm/mV。

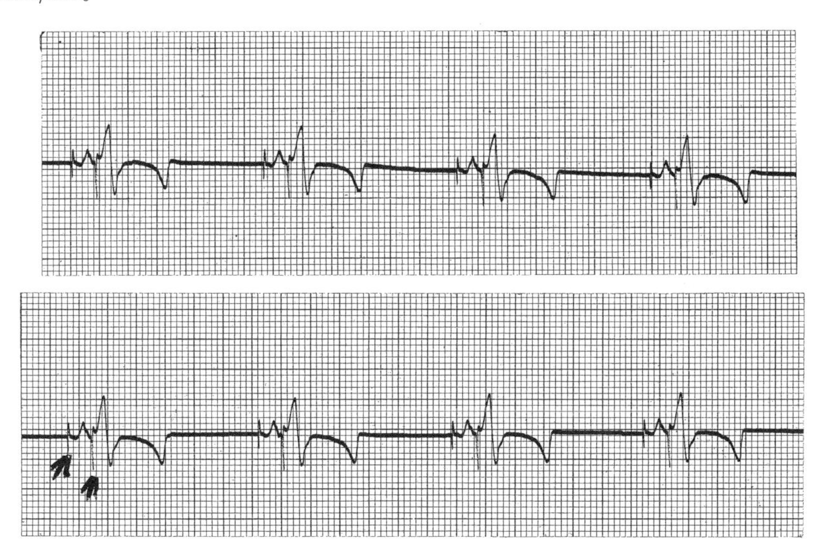

图 17-6　用起搏器治疗的三级房室传导阻滞患马的连续心基 - 心尖导联心电图

患马右心房植入心房起搏电极，右心室植入心室起搏电极［双腔，双传感，双作用（DDD）传感器］。较早的起搏尖峰引起心房去极化（第一个箭头），之后的起搏尖峰引起心室去极化（第二个箭头）。心房率和心室率为 50 次 /min，且彼此相关。P-P 间期和 R-R 间期规则。心房电极具有感测心房固有的电去极化作用如果窦性节律增加则不会起搏心房，因而允许患马运动。可以编程心室电极，使其与固有的或起搏产生的心房去极化同步。此心电图以 25mm/s 的走纸速度记录，灵敏度为 5mm/mV。

全房室传导阻滞的马，直到可以植入经静脉永久心脏起搏器。

- 经静脉临时心脏起搏器在捕捉心律方面不太成功，因为这些起搏导线没有嵌入心肌，而是仅放置在心内膜表面。

高度（二级）房室传导阻滞

- 也可能与严重的运动不耐受和虚脱有关。
- 可在电解质平衡紊乱（如高钙血症）、洋地黄中毒和房室结疾病中出现。
- 应彻底检查并积极管理，以防止功能障碍发展为三级房室传导阻滞。

听诊

- S_1和S_2规律。
- 心率慢至正常偏低，通常为8~24次/min。
- 每个S_1前均有S_4，且二级房室传导阻滞在阻滞发生时，出现规律的S_4。

心电图

- 心房率快。
- P-P间期规则。
- 一些P-QRST波群的房室传导证据（一致的P-R间期）。
- 一些P波没有与其相关的QRS-T波群。
- QRS-T波形正常，前面有相关P波（图17-7和图17-8）。
- R-R间期通常规则，但在某些马中可能不规则（图17-8）。

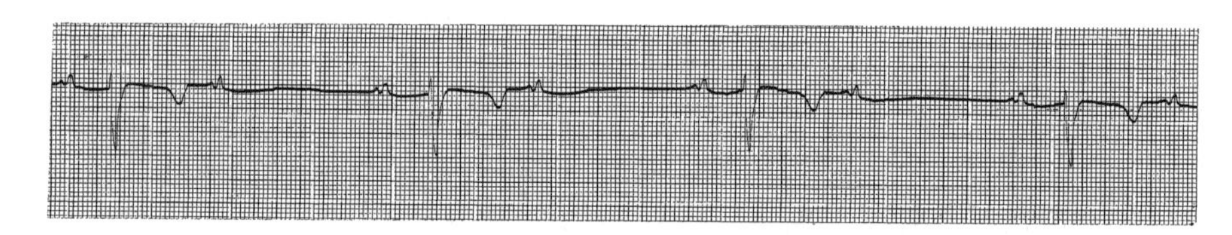

图17-7　2∶1传导的高度二级房室阻滞患马的心基-心尖导联心电图

每隔一个P波后无QRS波群，但每个存在的QRS波群前均有一个P-R间期正常（440 ms）的P波。P-P间期规则，R-R间期规则。心房率50次/min，略微增加；心室率25次/min，缓慢。此心电图以25mm/s的走纸速度记录，灵敏度为5mm/mV。

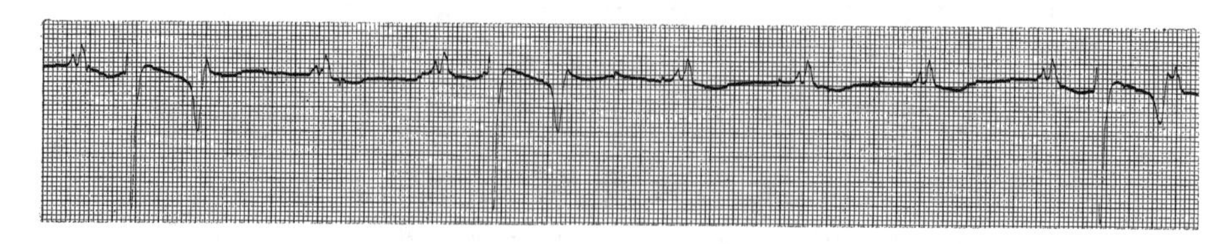

图17-8　可变传导的高度二级房室传导阻滞患马的心基-心尖导联心电图

每个P波后均无QRS波群，但每个存在的QRS波群前均有一个P-R间期正常（480ms）的P波。P-P间期规则，R-R间期不规则。心房率60次/min，略微增加；心室率20次/min，低于正常。此心电图以25mm/s的走纸速度记录，灵敏度为5mm/mV。

窦性心动过缓，窦性心律不齐和窦房传导阻滞

· 窦性心动过缓，窦性心律不齐和窦房传导阻滞发生于健康的马中，但不如二度房室传导阻滞常见。

听诊

· S_1和S_2规则，伴有心律停顿（窦房传导阻滞）或舒张间期的节律变化（窦性心动过缓和窦性心律不齐）。

· 节律停顿等于一个舒张期停顿或多个最短的舒张期停顿（窦房传导阻滞）。

· 心率慢至正常偏低，通常为20~30次/min。

· 每个S_1之前的S_4可以听诊。

· 窦房传导阻滞在阻滞发生时，没有S_4。

心电图

· 心房率心率慢至正常偏低。

· P-P间期不规则。

· 房室传导的证据（一致的P-R间期）。

· QRS-T波群正常，与前面的P波相关。

· R-R间期有节奏的不规则（窦性心动过缓和窦性心律不齐）或者有规律的不规则（窦房传导阻滞），一个舒张期停顿次数等于在窦房结被阻滞的搏动次数。

应该做什么

窦性心动过缓，窦性心律不齐，窦房传导阻滞

· 通常，运动或使用迷走神经抑制药物（阿托品或格隆溴铵，0.005~0.01mg/kg，IV）或拟肾上腺素药［异丙肾上腺素，0.05~0.2μg/（kg · min）］。虽然没有评估这种用法，但0.3mg/kg丁溴东莨菪碱（Buscopan）静脉注射是一种可选的治疗方法。

窦房停搏

· 一种在马中罕见的心律不齐，可能是迷走神经极度紧张或窦房结功能障碍的表现。

听诊

· S_1和S_2规律，伴有节律长时间的停顿——超过两个舒张间隔。

· 心率慢至正常偏低，通常为20~30次/min，病理情况下可能更低。

· 每个S_1之前的S_4通常可以听诊。

· 窦房停搏期间没有S_4。

心电图

· 心率慢至正常偏低。

· P-P间期有规律地不规则。

· 房室传导的证据（一致的P-R间期）。

- QRS-T波群正常，与前面的P波相关。
- R-R间期有规律地不规则，舒张期停顿时间等于两个以上的舒张间隔，应该通过运动或使用迷走神经抑制药或拟交感神经药来使其消失。
- **实践提示：**长时间的窦房停搏、深度窦性心动过缓或高度窦房传导阻滞可能表明窦房结功能障碍。应该用运动心电图来仔细评估这些马，并确定其对迷走神经抑制药和拟交感神经药的反应。窦房结疾病在马中很少见，但炎症和退行性变化必须被视为可能的病因。

应该做什么

窦房停搏

- 对于有危及生命的窦性心律不齐的患马，使用高剂量的糖皮质激素（地塞米松，0.05~0.22mg/kg，IV），以期解决炎性成分。
- 与其他严重的缓慢性心律不齐一样，如果窦性停搏持续存在，引起临床症状或危及生命，则起搏器植入是首选的治疗方法。

病态窦房结综合征

- 马的深度窦性心动过缓和心动过速未见报道。
- 最终的治疗方法是起搏器植入。

快速性心律不齐

心房纤颤

- 经常发生在患马身上，很少需要紧急治疗。
- 通常不是心动过速，除非伴有心力衰竭。
- 许多马很少或没有潜在的心脏疾病，由于运动不耐受而就医。其他表现出的问题包括呼吸急促、呼吸困难、运动诱发的肺出血、肌病、腹痛和充血性心力衰竭。在常规检查中，可能偶然发现心房纤颤。
- 静息心率通常正常，但节律是不规律的不规则，S_4不能听诊。
- 外周动脉的强度通常可变，取决于前面的R-R间期。
- 房颤且没有潜在心脏疾病的患马在休息时的心输出量是正常的。

听诊

- 心率通常是正常的（28~44次/min）——尽管房颤可以发生在任何心率下。
- 舒张期出现不规律的不规则。
- **实践提示：**检测房颤是一项有挑战性的工作，因为心率通常正常，如果检查的时间很短，很容易错过不规律地不规则的节律。如果怀疑房颤，马的轻微兴奋会增加心率，使节律更容易检查。
- S_4缺失。

心电图

- R-R间期出现不规律的不规则（图17-9）。
- 无P波。
- 快速的基线水平的纤颤（f）波。
- QRS-T波群正常。

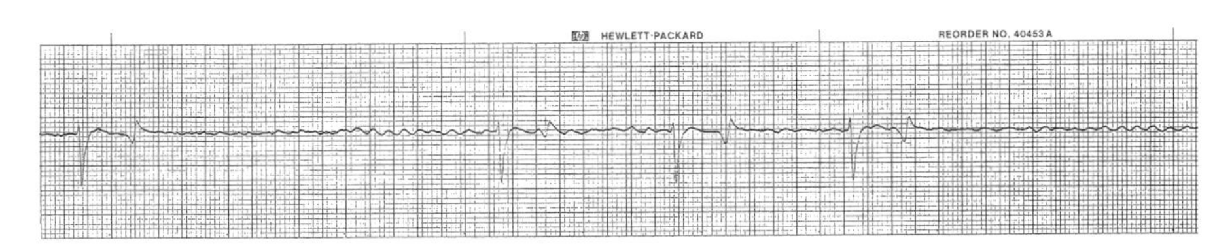

图17-9　房颤患马的心基-心尖导联心电图

R-R间期不规则，P波缺失，基线f波明显。QRS波群的形态正常，心室率（30次/min）正常。此心电图以25mm/s的走纸速度记录，灵敏度为5mm/mV。

应该做什么

心房纤颤

- 心脏复律（药物或电复律）通常是使马成功地从心房纤颤转化到正常的窦性心律所必需的，但是心脏复律不应被视为应急措施。
- **实践提示：**硫酸奎尼丁通常以20mg/kg的剂量，q2h空腹口服给药。如果给药次数需要超过3次，而奎尼丁的血清测量值无法测得，通常将给药的时间间隔增加到q6h，静脉注射葡萄糖酸奎尼丁更贵且转换率不那么可靠，但更安全且不需要禁食。每10min 1~2mg/kg静脉注射是常规给药方式，公认的治疗方案是总剂量不超过12mg/kg。静脉注射奎尼丁虽然在治疗过程中可能对心率或心电图没有影响，但马的状态可能会在治疗后的24h内改变。

应该做什么

奎尼丁中毒

- 基于将心房纤颤转化为正常的窦性心律的目的，马可能会出现奎尼丁中毒的急性病例。心脏和肠道的副作用是最常见的。
- 奎尼丁的治疗水平：2~5μg/mL。
- 奎尼丁的中毒水平：＞5μg/mL。
- 若发现任何严重不良反应或奎尼丁中毒的迹象（框表17-1），应立即停用奎尼丁；如果诱发的问题严重，可能需要额外治疗（框表17-2和图17-10）。
- 获取血浆样本以测定血浆奎尼丁浓度。如果不良反应或中毒反应对心血管系统造成影响，还应检测血浆电解质浓度和肌酐浓度。
- **实践提示：**地高辛和奎尼丁同时使用会导致血清地高辛浓度迅速升高，并且可能导致地高辛中毒。血浆地高辛浓度几乎是硫酸奎尼丁的2倍。
- 地高辛的治疗范围：0.5~1.5 ng/mL。
- 地高辛中毒表现为厌食、沉郁、腹痛或发展为其他的心律不齐（图17-11）。

框表17-1　硫酸奎尼丁和葡萄糖奎尼丁治疗的不良反应和毒副作用

1. 沉郁

处方：发生于所有被治疗的患马，不需要治疗。

2. 嵌顿包茎

处方：发生于所有被治疗的公马和骟马，若停止治疗后症状持续存在，则需要治疗。

3. 荨麻疹，风团

处方：停用奎尼丁；如果严重，给予糖皮质激素、抗组胺药，或两者都用。

4. 鼻黏膜水肿

打鼾

处方：监测气流程度；若鼻气流明显减少，停用奎尼丁。

上呼吸道阻塞

处方：停用奎尼丁；如果严重，给予糖皮质激素、抗组胺药，或两者都用；最好插入鼻气管或进行紧急气道切开术。

5. 蹄叶炎

处方：停用奎尼丁；给予镇痛药，根据症状进行其他治疗。

6. 神经症状

共济失调

处方：停用奎尼丁。

怪异行为：幻觉

处方：停用奎尼丁。

惊厥

处方：停用奎尼丁；根据症状给予抗惊厥药。

7. 胃肠道症状

胃肠臌气

处方：发生于许多被治疗的患马；不需要治疗。

腹泻

处方：停用药物通常可以解决；若腹泻严重，停止给药。

腹痛

由于奎尼丁的迷走神经抑制作用引发肠扩张，可能会导致腹痛；口服第一剂药后立即发生腹痛，认为是奎尼丁对胃溃疡的刺激作用引起的腹痛。

处方：通常用氟尼辛葡甲胺治疗；根据需要使用其他镇痛药。

8. 心血管

心动过速：室上性或室性 - 单形性，多形性，尖端扭转性

处方：见框表17-2和表17-4。

QRS时间延长（治疗前值＞25%）

处方：停用奎尼丁。

低血压

处方：停用奎尼丁；如果需要，给予苯肾上腺素（框表17-2和表17-4）。

充血性心衰

处方：停用奎尼丁；如果尚未给药，则给予地高辛。

猝死

处方：心肺复苏。

框表17-2　奎尼丁诱发的心律不齐的管理

判断心律不齐是室上性还是室性（图17-13、图17-14、图17-16和图17-17）：

- 若不能判断节律是室上性还是室性，获取另一个心电图。从正常或之前的QRS波形中寻找QRS波形的改变。如果可能，在整个治疗过程中用无线电遥测技术记录ECG。
- 尽可能测量/监测血压。
- 不要慌张！

如果是室上性心律不齐：

如果心率持续大于100次/min，给予地尔硫卓，0.125mg/kg缓慢静脉注射；或地高辛，0.0022mg/kg，IV（1mg/450kg）或0.011mg/kg，PO（5mg/450kg）。

如果心率持续大于150次/min或血压低，给予地尔硫卓，0.125mg/kg缓慢静脉注射；或地高辛，0.0022mg/kg，IV（1mg/450kg）。如有必要，可在相对较短的时间内按剂量重复给予地尔硫卓或地高辛。给予$NaHCO_3$，1mEq/kg，IV（450mEq/450kg）。

如果心率仍然升高或血压低：

- 给予普萘洛尔：0.03mg/kg，IV（13.5mg/450kg），以减慢心率。
- 给予苯肾上腺素：1μg/（kg · min），IV，总剂量最高0.01mg/kg，以升高血压。苯肾上腺素也可以减慢心率。
- 每30min给予维拉帕米：0.025~0.05mg/kg，IV（11.25~22.5mg/450kg）。可重复给药，总剂量最高0.2mg/kg（90mg/450kg）。

如果是室性心律不齐：

- 如果存在宽QRS波心动过速（尖端扭转型），给予$MgSO_4$，0.0022~0.0056g/（kg · min），IV，最高25g/450kg。如有必要，快速静脉滴注10min以上或推注给药。

如果室性心动过速不持续：

- 给予盐酸利多卡因：20~50μg/（kg · min）或0.25~0.5mg/kg，非常缓慢地静脉注射（225mg/450kg）。5~10min内可重复给药。
- 给予$MgSO_4$：1~2.5g/（kg · min）（以450kg体重计），IV，最高25g/450kg。如有必要，可快速静脉滴注10min以上或推注。
- 给予普鲁卡因胺：1mg/（kg · min），IV，最高剂量20mg/kg（9g/450kg）。
- 给予普罗帕酮：0.5~1mg/kg，IV，于5%葡萄糖中缓慢静脉注射5~8min以上。
- 给予溴苄胺：3~5mg/kg，IV（1.35~2.25g/450kg）。可重复给药，总剂量最高10mg/kg。

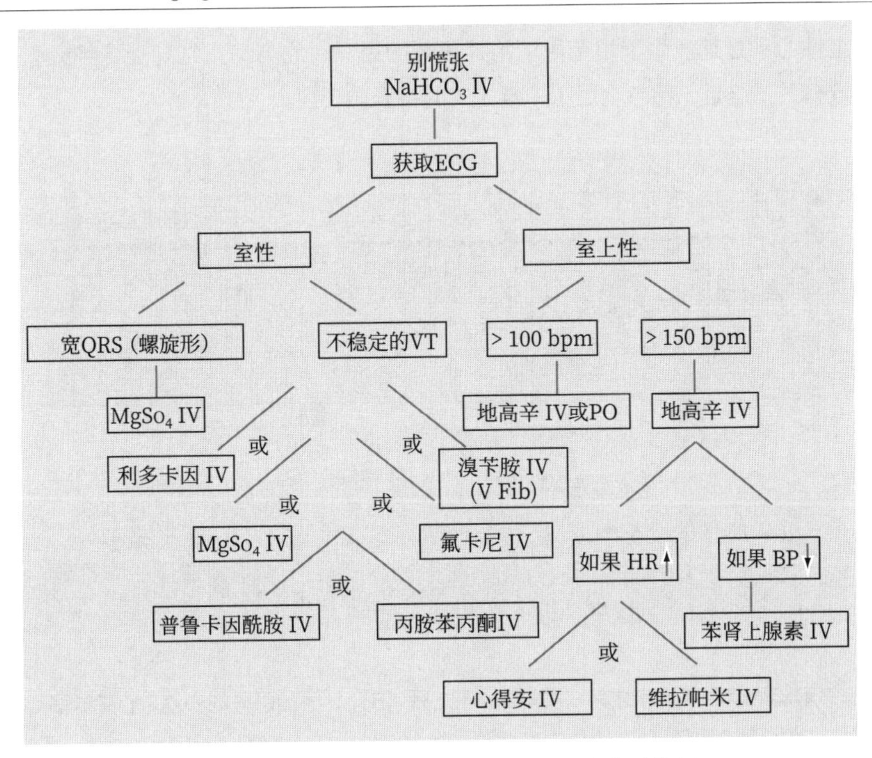

图 17-10 处理奎尼丁引起的心律不齐的决策树

BP，血压；bpm，次/min；ECG，心电图；HR，心率；IV，静脉注射；PO，口服；V Fib，室颤；VT，室性心动过速。

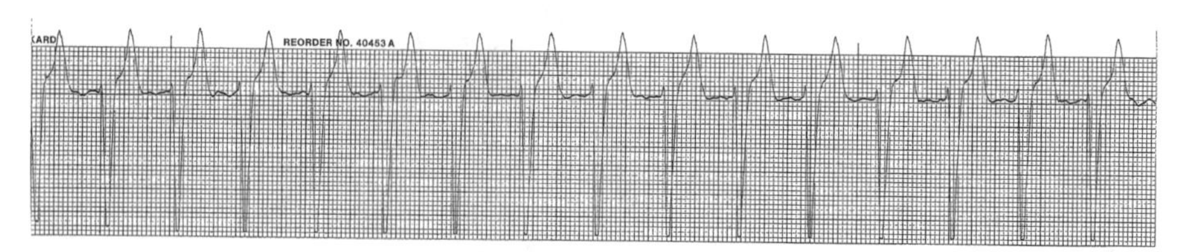

图 17-11　用硫酸奎尼丁和地高辛治疗后，图 17-9 的马的心基 - 心尖导联心电图

该患马有室颤，伴有单形性室性心动过速和地高辛中毒。QRS 波群宽大，起源于心室，P 波缺失，基线 f 波明显。此心电图以 25mm/s 的走纸速度记录，灵敏度为 5mm/mV。

奎尼丁中毒引起的心电图变化

- QRS 波群延长。
  - QRS 波群持续时间比治疗前的 QRS 波群持续时间长 25% 以上，这是奎尼丁中毒的一个指标（图 17-12）。
  - Q-T 间期也会延长。
- 快速的室上性心动过速。
  - 室上性心动过速发生于用奎尼丁治疗房颤的患马。它与房室结处迷走神经张力的突然释放有关，这是一种与奎尼丁中毒无关的特异质反应。

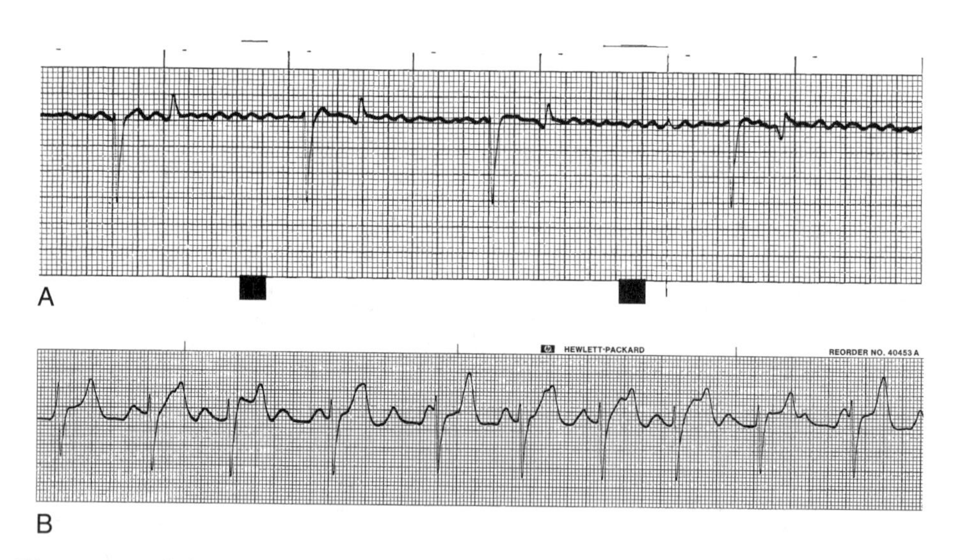

图 17-12　用硫酸奎尼丁治疗之前（A）和治疗之后（B），房颤患马的心基 - 心尖导联心电图

QRS 波群延长。在预处理心电图（A）中，QRS 波群持续 100 ms，R-R 间期不规律地不规则，没有 P 波，基线 f 波明显。4 剂硫酸奎尼丁治疗后，QRS 波群时间增加到 140 ms（B），心室率增至 60 次 /min。P 波大而规则，掩埋在许多 QRS 和 T 波群中，这些波群由伴有阻滞的房性心动过速（心房率 150 次 /min）引起。此时测得血浆奎尼丁浓度升高。此心电图以 25mm/s 的走纸速度记录，灵敏度为 5mm/mV。

- 心率偶尔达到200次/min，可能危及生命（图17-13）。需要立即治疗以降低心室反应率，防止患马心血管状况恶化。

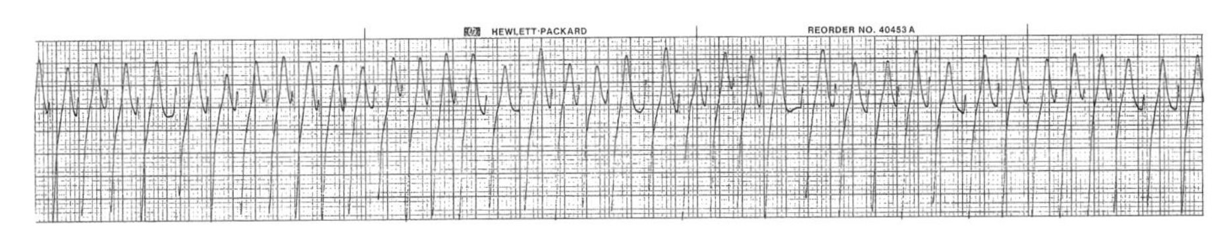

图 17-13　房颤患马的心基 - 心尖导联心电图

经 2 剂硫酸奎尼丁治疗后，患马发生快速室上性心动过速，心率为 210 次 /min。R-R 间期略不规则，P 波缺失，心基 - 心尖导联的 QRS 波群形态正常。由于心室反应率快速，f 波不可见。此心电图以 25mm/s 的走纸速度记录，灵敏度为 5mm/mV。

应该做什么

奎尼丁诱导的心律不齐

- 使用下列一种或多种药物，直到出现预期的临床反应。
  - 地尔硫卓：0.125mg/kg，IV。
  - 地高辛：0.0022mg/kg，IV。
  - $NaHCO_3$：1mEq/kg，IV。
- 如果血压低，给予苯肾上腺素：1~2μg/(kg · min)。
- 如果心率仍然升高，给予普萘洛尔（0.03mg/kg，IV），但不要在地尔硫卓之前使用，如果这样使用，普萘洛尔会被代谢。
- 室上性心动过速与静息时的心输出量下降有关，并有可能恶化为其他危及生命的室性心律不齐（图17-14）。
- 对于正在接受奎尼丁房颤治疗的患马，在继续给奎尼丁以防止心律进一步恶化之前，应控制其超过100次/min（图17-15）的持续心室反应率。

奎尼丁引起的室性心律不齐

- 如果检测到大量的室性早搏、室性心动过速（图17-16）或多种形式的心室律，应停用奎尼丁。
- 如果室性心律不齐没有消失，应该静脉注射抗心律不齐药，开始时通常用利多卡因，20~50μg/（kg · min）缓慢静脉注射（表17-4和表17-5）。
- 奎尼丁引起的室性心律不齐通常是特异质反应。这些心律不齐与抗心律不齐药的致心律不齐作用有关，与奎尼丁中毒无关（图17-16）。
- 奎尼丁引起的尖端扭转性室速是一种宽大的室性心动过速（图17-17），更容易发生在低钾患马中（图17-18）。

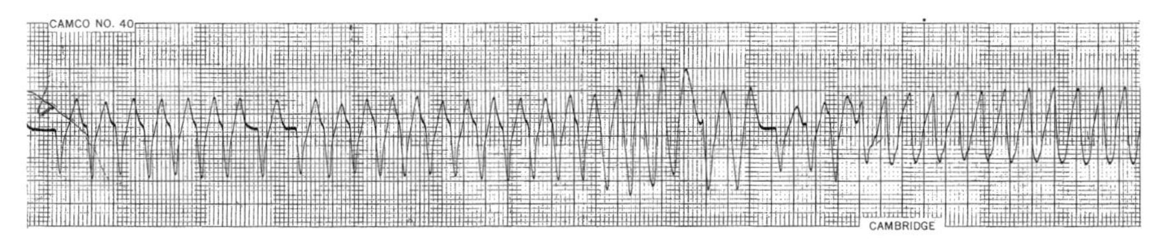

图 17-14　房颤和室性心动过速患马的心基 - 心尖导联心电图

经 2 剂硫酸奎尼丁治疗后，恶化为突发性室性心动过速。R-R 间期不规则，P 波缺失，条带左侧的心基 - 心尖导联的 QRS 波群形态正常。这些表现与心率为 240 次 /min 的快速心房颤动（即室上性心动过速）一致。这种节律恶化为突发性室性心动过速，随后是两个室上波，然后是更持久的一段室性心动过速，心率 270 次 /min。由于心室率快速，f 波不可见。此心电图以 25mm/s 的走纸速度记录，灵敏度为 2mm/mV。

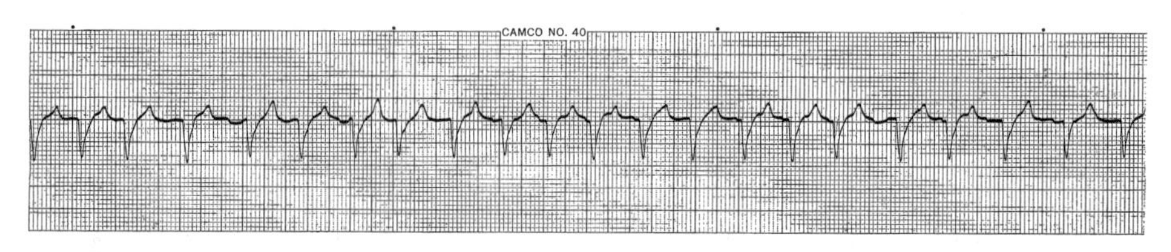

图 17-15　快速心房颤动患马的心基 - 心尖导联心电图

心率 130 次 /min。R-R 间期不规则，P 波缺失，基线 f 波小。此心电图以 25mm/s 的走纸速度记录，灵敏度为 2mm/mV。

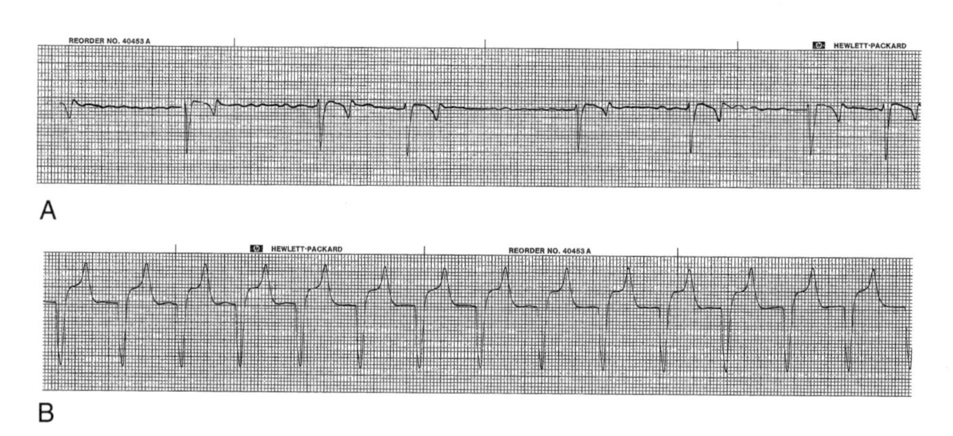

图 17-16　给予第 1 剂硫酸奎尼丁后 15min，房颤（A）患马发生单形性室性心动过速（B）的心基 - 心尖导联心电图

A 表示 R-R 间期不规则，P 波缺失，存在基线 f 波，这些表现是房颤的特征，静息心率为 40 次 /min；B 表示 QRS 波群宽大畸形，与心室起源的波群一致，T 波方向与 QRS 波群相反。心室复合波为单形性，心率 90 次 /min。基线 f 波在心电图上几乎看不到，没有 P 波。此心电图以 25mm/s 的走纸速度记录，灵敏度为 5mm/mV。

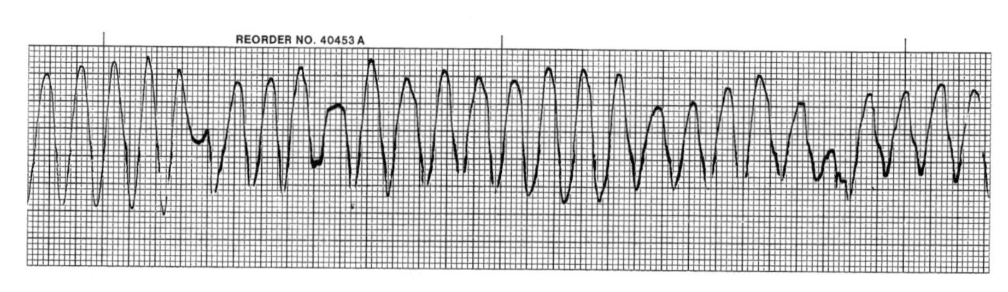

图 17-17　房颤患马的心基 - 心尖导联心电图

经 2 剂硫酸奎尼丁治疗，发展为“正弦波”室性心动过速（尖端扭转型室性心动过速）。QRS 波群和 T 波在基线周围扭转，并且彼此难以区分。此时血浆钾浓度正常。此心电图以 25mm/s 的走纸速度记录，灵敏度为 2mm/mV。

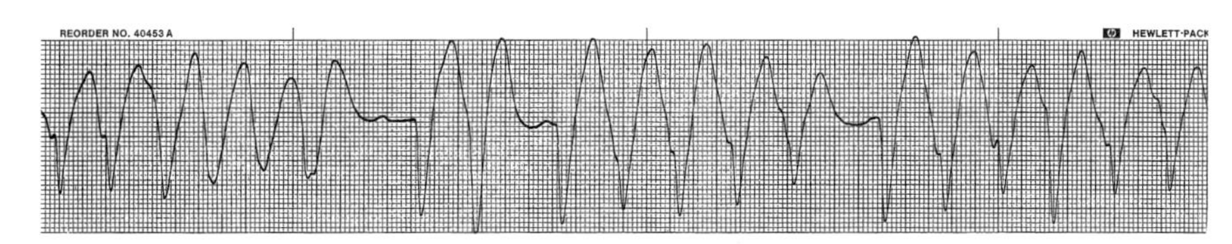

图 17-18　房颤患马的心基 - 心尖导联心电图

经 6 剂硫酸奎尼丁治疗，患马发生尖端扭转型室性心动过速，已立即静脉注射 $MgSO_4$ 进行治疗。QRS 波群和 T 波明显宽大，在基线周围扭转。尽管尖端扭转型室性心动过速正在解决，但仍存在此现象。这匹马出现低钾血症（2.4mEq/L），做心电图时正在静脉注射 $MgSO_4$。心室率 110 次 /min。偶尔出现 f 波。宽 QRS 波心动过速用镁和钾替代液解决。此心电图以 25mm/s 的走纸速度记录，灵敏度为 5mm/mV。

表 17-4　抗心律不齐治疗

药物	适应证	剂量
胺碘酮	VT，SVT	以 5mg/kg（负荷量），IV，然后以 0.83mg/（kg·h）输注
阿托品或格隆溴铵	窦性心动过缓，迷走神经诱导的心律不齐	0.005~0.01mg/kg，IV
托西溴苄铵	危及生命的 VT，室颤	3~5mg/kg，IV，可重复给药，总剂量最高 10mg/kg
地塞米松	VT，完全性房室传导阻滞	0.05~0.22mg/kg，IV 或 IM
地尔硫卓	SVT，心室率控制	0.125mg/kg，IV，2min 以上，每 5~12min 重复给药，最高给 5 剂
氟卡尼	急性 AF，室性和房性心律不齐	1~2mg/kg，以每分钟 0.2mg/kg 的速度注射给药
利多卡因*	VT，室性心律不齐	0.25mg/kg（负荷量），以 0.5mg/kg 的速度静脉注射，在 5~10min 内可重复给药，最多重复 3 次
$MgSO_4$	VT	0.0022~0.0056g/（kg·min），IV，总剂量不要超过 25g
苯肾上腺素	奎尼丁中毒，动脉血压低	1~2μg/（kg·min）；低血压，1~2μg/（kg·min）
苯妥英	地高辛中毒，房性心律不齐	开始的 12h 以 5~10mg/kg，IV，然后以 1~5mg/kg，IV，q12h 或以 20mg/kg，PO，q12h，给药 3~4 剂，然后以 10~15mg/kg，PO，q12h；应该监测药物血浆水平，其值应在 5~10mg/mL；浓度异常升高可能会导致患马昏睡和躺卧
普鲁卡因胺	VT，AF，室性和房性心律不齐	1mg/（kg·min），IV，不要超过 20mg/kg，IV；不要超过 25~35mg/kg，q8h，PO
普罗帕酮†	顽固性 VT，AF，室性和房性心律不齐	0.5~1mg/kg 于 5% 的葡萄糖中缓慢静脉注射 5~8min 以上；2mg/kg，PO，q8h
普萘洛尔	无应答 VT 和 SVT	0.03mg/kg，IV；0.38~0.78mg/kg，PO，q8h

（续）

药物	适应证	剂量
葡萄糖酸奎尼丁	VT，AF	0.5~2.2mg/kg（负荷量），q10min，总剂量不要超过12mg/kg‡
硫酸奎尼丁	AF，VT，房性和室性心律不齐	22mg/kg，鼻胃管给药，q2h，直至复律、中毒或血浆（奎尼丁）水平为3~5mg/mL；持续给硫酸奎尼丁，q6h，直至复律或中毒§
$NaHCO_3$	奎尼丁中毒，心房静止，高钾血症	1mEq/kg，IV；可重复给药；减少游离奎尼丁
维拉帕米	SVT	0.025~0.05mg/kg，IV，q30min；可重复给药，总剂量最高0.2mg/kg

注：AF，房颤；SVT，室上性心动过速；VT，室性心动过速。

* 利多卡因不含肾上腺素，用于静脉注射。

† 北美地区不能静脉注射。

‡ 如果以1~2.2mg/kg，q10min给予，大多数马只能耐受12mg/kg，IV的总剂量。

§ 不要超过6剂q2h（大多数马只能耐受4剂q2h）。

表17-5 抗心律不齐药的不良反应

药物	不良反应	心血管作用
胺碘酮	腹泻，腹痛	QRS延长，致心律不齐作用
阿托品	肠梗阻，瞳孔散大	心动过速，心律不齐
托西溴苄铵	GI紊乱	低血压，心动过速，心律不齐
地高辛	沉郁，厌食，腹痛	SVPD，VPD，SVT，VT
氟卡尼	焦虑，神经症状	QRS和Q-T间期延长，致心律不齐作用，负性肌力作用
利多卡因	兴奋，癫痫发作	VT，猝死
$MgSO_4$		低血压
奎尼丁	沉郁，嵌顿包茎，荨麻疹，风团，鼻黏膜肿胀，蹄叶炎，神经系统紊乱，GI	低血压，SVT，VT，QRS和Q-T间期延长，猝死，负性肌力作用
苯妥英	镇静，昏睡，唇面部抽搐，步态不稳，躺卧，癫痫发作	心律不齐
普鲁卡因胺	GI，神经系统紊乱，与奎尼丁的效应相似	低血压，SVT，VT，QRS和Q-T间期延长，猝死，负性肌力作用
普罗帕酮	GI，神经系统紊乱，奎尼丁的效应类似，支气管痉挛	CHF，房室阻滞，心律不齐，负性肌力作用
普萘洛尔	昏睡，COPD的恶化	心动过缓，三度房室阻滞，心律不齐，CHF，负性肌力作用
维拉帕米		低血压，心动过缓，房室阻滞，心搏停止，心律不齐，负性肌力作用

注：AV，房室；CHF，充血性心力衰竭；COPD，慢性阻塞性肺病；GI，胃肠道；SVPD，室上性过早去极化；SVT，室上性心动过速；VPD，心室过早去极化；VT，室性心动过速。

应该做什么

奎尼丁引起的尖端扭转性室速

- 对于奎尼丁引起的尖端扭转性室速，应立即以0.002 2~0.005 6g/（kg · min)的速度静脉注射$MgSO_4$。

应该做什么

奎尼丁相关的不良反应

- 奎尼丁相关的不良反应概述见框表17-1。

胃肠道症状

- 肠胃胀气：很常见，不需要停用奎尼丁。
- 口腔溃疡：与奎尼丁的口服给药有关；禁止口服硫酸奎尼丁——用插胃管的方法给药。
- 腹泻通常发生在高剂量的奎尼丁给药，通常在停止用奎尼丁治疗后就会消失。
- 只有一例奎尼丁引起的腹泻沙门菌培养阳性的报道。
- 奎尼丁中毒引起的腹痛：停用奎尼丁；必要时给予镇痛药。
- 服用第1剂奎尼丁后立即腹痛，提示胃溃疡。如果可行且适当，停止口服奎尼丁，静脉注射葡萄糖酸奎尼丁；在使用经静脉心电复律或口服奎尼丁之前，先治疗胃溃疡。

猝死

- 认为与快速室上性或室性心动过速恶化为房颤或心脏骤停有关。
- 猝死强调持续心电图监测（图17-19）并快速管理所发生的心律不齐的重要性。

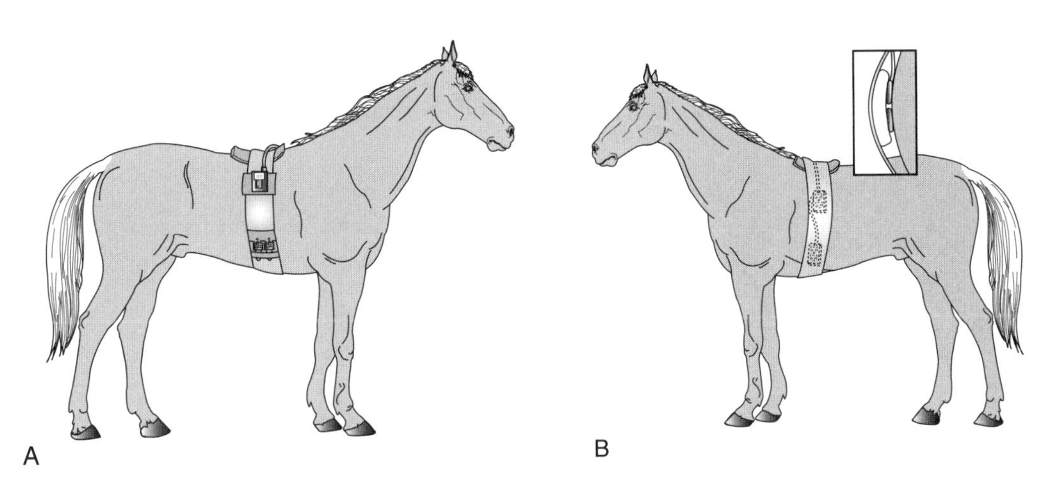

图 17-19　接触电极置于马的肚带上，通过无线电遥测技术来获取心电图

A. 将鬐甲垫和肚带系于胸围上，遥测盒系于马鬐甲下方腹带的上环　B. 患马左侧接地电极的放置位置，放于湿润的海绵下，用肚带固定。

必须确保患马皮肤和接触电极在鬐甲周围和胸围区域紧密接触。上方的接地电极（负极）应置于胸背侧的平坦部位上。下方的接地电极（正极）应置于肚带区域的平坦部分或胸骨上，选择确保更好接触的区域。

低血压

- 监测脉压或血压，观察奎尼丁引起的低血压。
- 停用奎尼丁；如果低血压严重，给予苯肾上腺素：0.1~0.2mg/（kg · min）。

充血性心力衰竭

- 发生在有严重的潜在心肌功能障碍或代偿性充血性心衰的个体（不能用奎尼丁进行心脏复律的患马）。
- 奎尼丁的负性肌力作用仅在较高剂量时才表现出来。
- 停用奎尼丁；给予地高辛，0.002 2mg/kg，IV；如果需要，给予呋塞米，1~2mg/kg，IV。

上呼吸道阻塞

- 监测鼻气流，观察鼻黏膜肿胀引起的奎尼丁诱导的上呼吸道阻塞。
- 如果通过鼻前孔的气流减少，停用奎尼丁。
- **实践提示**：鼻气流减少表明奎尼丁中毒。
- 若通过鼻前孔的气流持续减少，插入鼻气管导管。
- 如果阻塞严重，使用糖皮质激素、抗组胺药，或两者兼用。
- 如果首次检测到气流明显减少时未能插入鼻气管导管，一些患马可能需要紧急气管切开插管（见第25章）。

荨麻疹，风团

- 停用奎尼丁。
- 如果严重，给予抗组胺药和糖皮质激素。

嵌顿包茎

- 在所有骟马和公马中都是暂时的。
- 随着治疗的中断和血浆奎尼丁浓度恢复到可忽略的水平而消失。没有必要给予奎尼丁治疗。

蹄叶炎

- 罕见。
- 如果脉搏次数增加，停止给予奎尼丁。
- 如果患马不舒服，给予镇痛药。

神经系统症状

- 共济失调，行为怪异，癫痫发作。
- 提示奎尼丁中毒。
- 停用奎尼丁；癫痫发作时可给予抗惊厥药。

应该做什么

患充血性心力衰竭和房颤的马

- 10%~15%患有房颤的马有严重的潜在心脏病和充血性心力衰竭。
- 这些个体的静息心率升高（＞60次/min），可能超过100次/min（图17-20）。

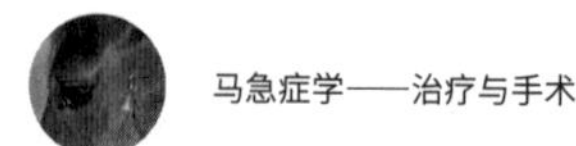

- 可能出现左心衰竭或右心衰竭的临床迹象。
- 常伴有三尖瓣或二尖瓣反流杂音，然而严重的主动脉反流患马也可能有充血性心力衰竭。
- **实践提示：** 这些患马不适合窦性心律复律。
- 这些马的治疗旨在减缓心室反应率（心率）和支持衰竭心肌。
- 地高辛：0.0022mg/kg，IV，q12h或0.011mg/kg，PO，q12h。选择地高辛是因为它的迷走神经作用和正性肌力作用（表17-6）。
- 如果单独使用地高辛不能充分控制心率，可以使用普萘洛尔、地尔硫卓或维拉帕米，其使用方法与其他室上性心动过速相同。β受体阻滞剂和钙离子通道抑制剂不应同时使用，以免过度降低心肌收缩力和频率。
- 速尿疗法用于腹侧水肿或肺水肿患马的治疗。
- 在严重二尖瓣或三尖瓣反流患马的治疗中，添加后负荷减压药（血管扩张剂），如肼苯哒嗪或贝那普利。

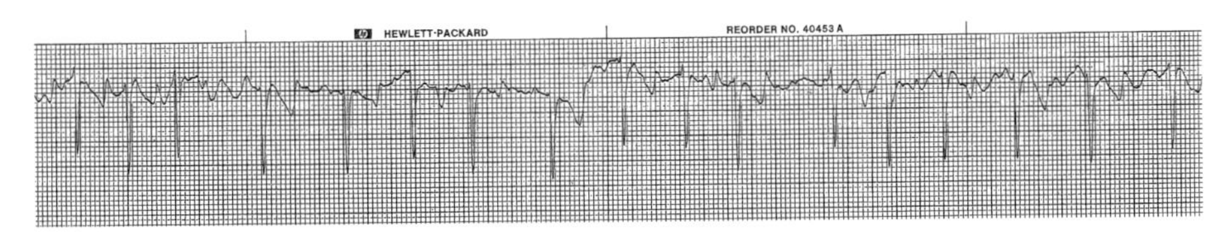

图 17-20　房颤和充血性心衰患马的心基 - 心尖导联心电图

心率快（110 次 /min），R-R 间期不规则，P 波缺失，存在基线 f 波。这些表现与房颤一致。此心电图以25mm/s 的走纸速度记录，灵敏度为 5mm/mV。

表 17-6　心肌疾病，心瓣膜疾病和充血性心力衰竭患马的药物治疗

药物	适应证	剂量
阿司匹林	血栓性静脉炎，心内膜炎	10~20mg/kg，PO 或经直肠给药
地塞米松	心肌炎，心律不齐	0.05~0.22mg/kg，IV 或 IM
地高辛	充血性心力衰竭，房性快速性心律不齐，控制心房颤动或扑动的快速心室反应	0.0022mg/kg，IV，q12h（维持剂量）；0.0044~0.0075mg/kg，IV，q12h（负荷剂量，仅给药 2 次，很少使用）；0.0022~0.00375mg/kg，IV，q12h，以控制房颤的心室反应率；0.011~0.0175mg/kg，PO，q12h
多巴酚丁胺	心源性休克，低血压，完全性房室传导阻滞（紧急治疗）	1~5mg/（kg·min，IV
依那普利或贝那普利	二尖瓣和主动脉瓣反流	依那普利，0.5mg/kg，PO，q12h；贝那普利，0.5mg/kg，PO，q24h
呋塞米	水肿	1~2mg/kg，根据需要皮下注射，IM 或 IV，或随后以 0.12mg/(kg·h) 的持续速率输注；1~2mg/kg，PO，q12h（维持量）；PO 生物利用度低，不推荐使用
肼苯哒嗪	主动脉瓣反流	0.5~1.5mg/kg，PO，q12h 或 0.5mg/kg，IV（减少外周阻力 4h 以上）
米利酮	充血性心力衰竭，低心输出量	10μg/（kg·min），IV；0.5~1mg/kg，PO，q12h

其他的室上性心动过速

- 房颤以外的房性心动过速和其他室上性心动过速在马中并不常见。

· 心率快（>150次/min）时可出现心血管衰竭迹象。

听诊

· 节律快而有规律。

心电图

· 心房率和心室率升高；保持房室联系。

· P-P间期和R-R间期规则，P-R间期一致。

· 有时根据心率的不同，P波会被“掩埋”在前面的QRS-T波群中，无法看到。走纸速度为50mm/s的心电图有助于获得P波，而不是常用的25mm/s。

· QRS-T形态与正常的窦性搏动形态相似。

· P波可能与正常窦性搏动的P波不同。

超声心动图

· 唯一的异常通常与明显的心动过速（即心室不同步）有关。

· 如果房性心动过速是由于潜在的心肌炎或心肌病，可能会看到心室扩张或收缩功能下降。

· **实践提示：**如果是心肌炎引起的房性心动过速，则心肌肌钙蛋白I（cTn-I）升高。

· 室上性的节律偶尔会由心房扩张产生，因此可能会看到心房增大。

应该做什么

其他室上性心动过速

· 治疗目标为降低心室率。这可以通过减慢心室对心房去极化的反应（即通过减缓房室传导）或打破基础节律来实现。

· 钙离子通道阻断剂、β受体阻滞剂和地高辛可以减缓房室传导。

· **实践提示：**钙离子通道阻断剂和β受体阻滞剂不应该同时使用，因为它们的负性频率和负性肌力联合作用是危险的。

· 使用以下一种或多种药物，直到出现预期临床反应：
  · 地尔硫卓：0.125mg/kg，IV至少2min，最多5次。
  · 维拉帕米：0.025~0.05mg/kg，IV，q30min，最高剂量0.2mg/kg。
  · 普萘洛尔：0.05mg/kg，IV，最高剂量0.1mg/kg。
  · 地高辛：0.0022mg/kg，IV，q12h，或0.011mg/kg，PO，q12h。
  · 钠离子通道阻断剂用于打破基础节律。
  · 普鲁卡因胺：1.0mg/（kg · min），IV，最高剂量20mg/kg。

室性心动过速

· 室性心动过速时间越久，心率越快，充血性心力衰竭的临床症状越严重。

· **实践提示：**在心率较快的马中，充血性心力衰竭的临床症状发展得更快。

· 在心率是多形性而非单形性时，低输出量性心力衰竭的临床症状也会发展得更快。

· 心率为120次/min的持续性单形性室性心动过速患马出现全身性静脉扩张、颈静脉搏动、腹侧水肿和胸腔积液。

· 一些患马也会有心包积液、肺水肿和腹水。

- 一些心率为150次/min的单形性室性心动过速患马会出现晕厥。

听诊

- 如果是单形性，节律快速、规则；如果是多形性，节律快速、不规则。
- 心音通常响亮，强度会发生变化。

心电图

- 心室率加快，通常＞60次/min，独立的心房率较慢。
- P-P间期规则。
- P波被“掩埋”在房室分离的QRS-T波群中。
- 心电图显示规则的R-R间期（单形性）或不规则的R-R间期（多形性）室性心动过速。
- 异常的QRS-T波群与前面的P波无关。所有异常的QRS-T波群有相同的波形（单形性），或检测到多种QRS-T波形（多形性）。
- 当异位起搏点来自心室的一个部位，只产生一种异常的QRS-T波形时，发生单形性室性心动过速（图17-21）。
- 当异位起搏点来自心室的多个部位或单个部位的电传导可变时，发生多形性室性心动过速。不同波形的QRS-T波群异常（图17-22）。多形态的心室律与电异质性增多有关，电异质性增加了发展为致命性室性心律不齐的风险。

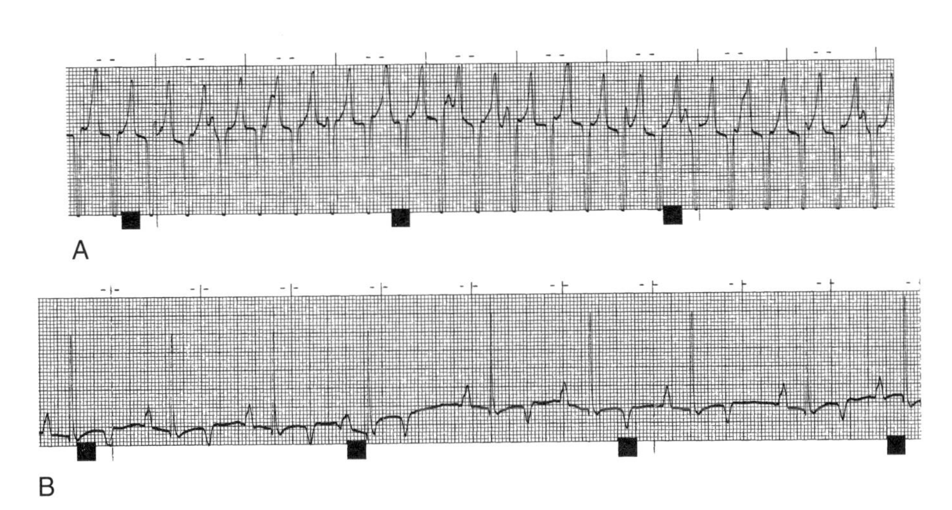

图17-21　单形性室性心动过速患马在心脏复律之前（A）和之后（B）的Ⅱ导联心电图

A图为负的QRS波群宽大畸形，T波方向相反，这是Ⅱ导联马的异常QRS波形。心室率快而规律，150次/min，心房率慢而规律，90次/min。R-R间期和P-P间期规则。P波被掩埋于QRS和T波群中，与QRS波群分离。此心电图以25mm/s的走纸速度记录，灵敏度为5mm/mV。B图表示在每一个P波后，有高大的正QRS波群和变形的负T波。P波形态随心率改变，P-P间期和R-R间期不完全规则。此心电图显示，在持续性单形性室性心动过速复律后，立即出现轻微的窦性心律不齐，有游走性起搏点，心率为50次/min。此心电图以25mm/s的走纸速度记录，灵敏度为10mm/mV。

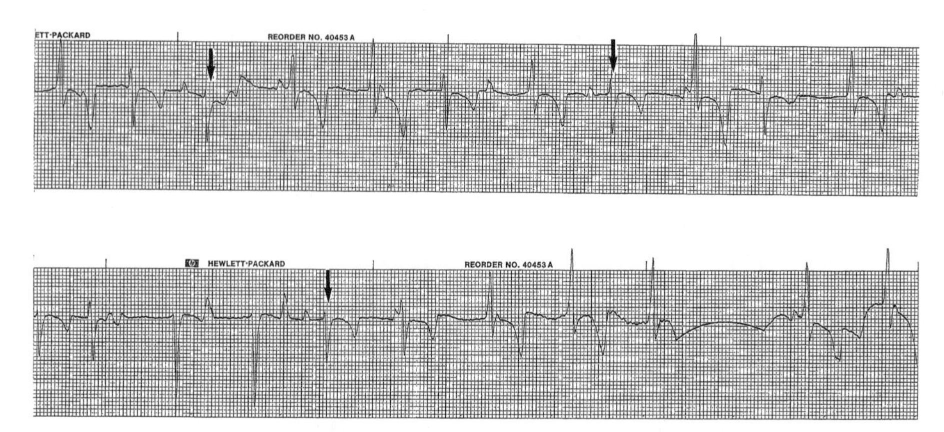

图 17-22　多形性室性心动过速患马的连续心基 - 心尖导联心电图

与少数正常的 QRS 和 T 波（箭头）相比，多种形态的 QRS 和 T 波群表现宽大畸形。R-R 间期不规则，P-P 间期规则。潜在的心房率为 60 次 /min，心率为 70 次 /min。此心电图以 25mm/s 的走纸速度记录，灵敏度为 5mm/mV。

· R on T，前面的T波产生的QRS波群表示明显的电异质性（图17-23），增加了发展为室颤的风险。

· 尖端扭转型室性心动过速，QRS-T波群围绕基线扭转（图17-24），这是另一种心室节律，

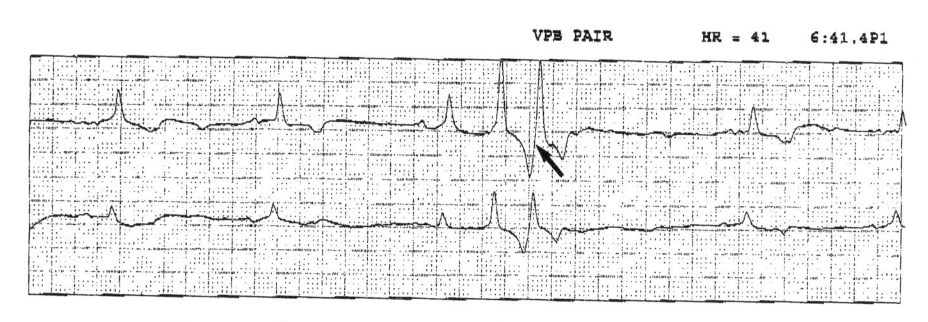

图 17-23　使用 24h 动态心电图获取的心基 - 心尖导联心电图

患马有多形性心室过早去极化、双心室过早去极化和突发性室性心动过速。R on T 波发生于双心室过早去极化（箭头）。心率 41 次 /min。此心电图以 25mm/s 的走纸速度记录，灵敏度为 10mm/mV。

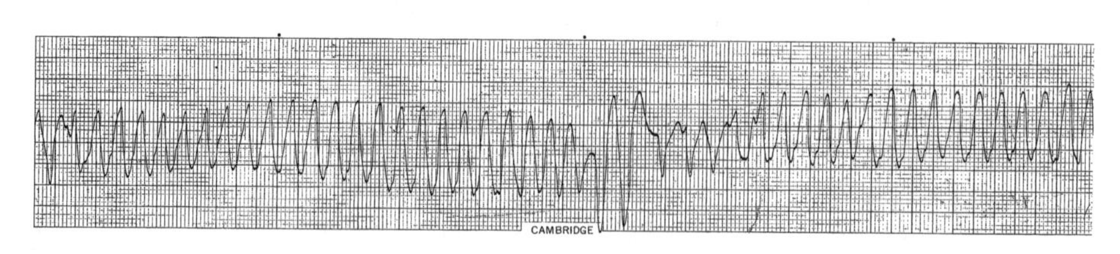

图 17-24　尖端扭转型室性心动过速患马的心基 - 心尖导联心电图

心率 280~300 次 /min。QRS 波宽大快速，QRS 波群与 T 波界限模糊，且心电图显示在基线周围摆动。此心电图以 25mm/s 的走纸速度记录，灵敏度为 2mm/mV。

可以迅速恶化为室颤，导致猝死。马比赛后会短暂地出现这些情况，多数情况下会迅速恢复正常节律。

超声心动图

- 在大多数马中，唯一的异常与节律失常（即心室不同步）有关。
- 多形性室性心动过速的马检测到并发严重的心肌功能障碍，提示可能有广泛的心肌坏死（图17-25）。
- **实践提示：** 如果患马在休息时因心律不齐出现临床症状，应予以治疗：
  - 心率过快。
  - 节律多形性。
  - 检测到R on T波群（框表17-3）。
- 为室性心动过速患马选择合适的抗心律不齐药取决于：
  - 心律不齐的严重程度。
  - 相关的临床症状。
  - 怀疑的致病因素。
  - 是否有合适的抗心律不齐药物（表17-4）。

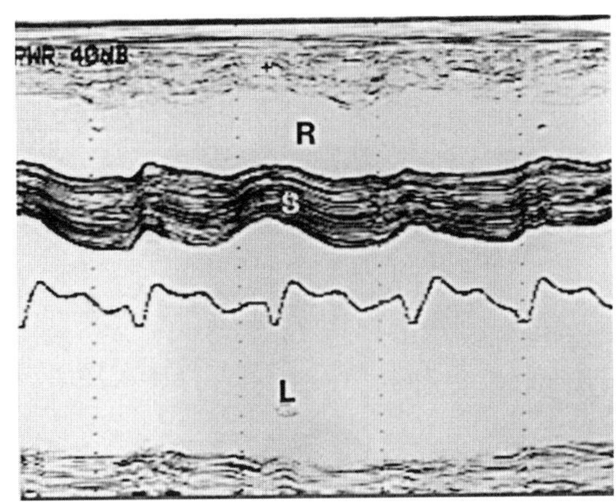

图17-25　多形性室性心动过速、严重左心室功能障碍和左侧充血性心力衰竭患马的M型超声心动图。

左心室游离壁的收缩功能明显障碍。该超声心动图是用2.5MHz的扇形扫描传感器，从胸骨旁右侧声窗的左心室区域获得的。叠加心电图用于计时。L，左心室；R，右心室；S，室间隔

框表17-3　即时管理室性心动过速的适应证
心血管系统衰竭的临床症状 心率快（>120次/min） 多形性室性心动过速 检测到R on T波

应该做什么

室性心动过速

- **实践提示：** 利多卡因（不含肾上腺素）很容易获得并且是见效最快的药物。
- 利多卡因必须谨慎、小剂量给药（0.25~0.5mg/kg，缓慢静脉注射），因为大剂量可能会引起中枢神经系统兴奋和癫痫发作。地西泮，0.05mg/kg，IV，用于控制利多卡因造成的兴奋或癫痫发作。
  - 治疗性血浆浓度是1.5~5mg/mL。
- 其他钠离子通道阻断剂（表17-4）：
  - 葡萄糖酸奎尼丁：1~2.2mg/kg，IV。
  - 普鲁卡因胺：1mg/（kg · min），IV。
  - 苯妥英：8mg/kg，IV，然后以10~15mg/kg，q12h。
  - 氟卡尼：1~2mg/kg，以0.2mg/（kg · min）的速度注射。
  - 所有药物的给药速度都要很慢或分次给药。

- 所有这些药物大剂量给药时都有负性肌力作用，但通常可以有效转化马的室性心动过速。
- 普萘洛尔以0.03mg/kg静脉注射也有负性肌力作用，很少成功转化马的室性心动过速。
- 然而，普萘洛尔应该用于对其他抗心律不齐药无反应的马。对于马来说，普萘洛尔的治疗性血浆浓度范围为20~80ng/mL。
- $MgSO_4$：0.0022~0.0056（kg · min），IV，用药10~20min，通常可以有效治疗马的顽固性室性心动过速。$MgSO_4$是治疗奎尼丁诱发的尖端扭转型室性心动过速的药物，没有负性肌力作用。$MgSO_4$会引起低血压。
- $MgSO_4$可以有效治疗镁离子水平正常或较低的马，通常缓慢给药。
- 胺碘酮以5mg/kg静脉注射可以用于治疗室性心律不齐。
  - 对人类而言，最初的维持治疗方法是静脉注射，之后为口服给药。对于马来说，不推荐口服给药，因为口服给药的转化率低且血液水平不稳定。人类的治疗水平是1~2.5mg/L。
- 托西溴苄铵：3~5mg/kg，IV，重复给药直到总剂量为10mg/kg。用于治疗患有严重的、危及生命的室性心动过速或室颤的马。
- 对于顽固性室性心动过速的患马，应静脉注射普罗帕酮。普罗帕酮目前在美国不可用。马的治疗性血浆浓度在0.2~3.0mg/mL。
- 所有抗心律不齐药都可能有副作用，可能致心律不齐（表17-5）。

心肺复苏

成年马的心肺复苏（CPR）（见第29章，马驹的心肺复苏）应按照适用于人和小动物的相同的系统性原则进行。主要的区别是心脏骤停患者的个体大小。ABCD提示临床医生进行心肺复苏的顺序。

- A代表打开气道。
- B代表患马的呼吸。
- C代表建立循环。
- D代表应该给予的药物。

应该做什么

心肺复苏（CPR）

如果有阻塞，建立气道

- 经鼻放置较小的气管内管或经口放置较大的气管内管，很容易打开气道。
- 如果不能插入鼻气管或口气管，可以进行紧急气管切开，从气管切开部位进行气管插管（见第25章）。
- 套囊应该充气，气管导管应连接需求阀或麻醉机。
- 如果没有气管内导管，可将3.05m长、1.25cm内径的聚乙烯管作为鼻导管插入，并连接E型氧气瓶的流量调节剂。

患马的呼吸

- 这是新生马驹和呼吸暂停的马保持心跳的当务之急。
- 据报道，每分钟4~6次呼吸足以维持马的正常PaO_2。
- 使用需求阀或大动物麻醉机，可将储气囊压缩至20~40cmH_2O。
- 应该调节氧流量（100%O_2），以便在2~3S内缓慢扩张胸腔。
- 使用聚乙烯管和鼻内通氧时，马的鼻子和嘴必须交替开合。

建立心脏骤停的循环

- 气道畅通，这是首要任务。
- 应检查外周动脉脉搏，并听诊心脏确认心脏骤停。
- 必须获得心电图以确定心脏骤停患马存在的心律不齐类型（如无脉性电活动、心脏停搏或室颤）。
- **实践提示：**在重建血液循环之前，必须为马打开气道。胸部按压是下一个优先选项，即使在机械通气之前也应该开始！

- 马应处于侧卧位，理想情况下右侧卧位，头部水平或低位。
- 胸外或胸内心脏按压获得心电图，以监测在CPR期间产生或开始的节律。
- 胸外心脏按压。
  - 操作者用膝盖或手（如果患马个体很小）在马的肘关节后方有力且快速地按压其胸部。
  - 以每分钟60~80次的按压速度开始。
  - 这种方法对成年马难以实现，很少成功。
  - 监测外周脉搏以确定心脏按压是否足够。
- 胸内心脏按压。
- 仅在胸外心脏按压无效时尝试此操作。
- 胸内心脏按压与马的大量术后并发症（气胸、胸膜肺炎和严重跛行）有关。
- 成功进行胸内心脏按压需要切开第五肋间隙，拉开第五和第六肋骨或切除第五肋骨，人工按压左心室。
- 如果患马正在进行开腹探查术，可通过膈肌切口进行按压。

用于心脏骤停的药物

- 确定患马心脏骤停的类型。进一步的治疗取决于是否存在心脏停搏或室颤（框表17-4）。
- 尽可能将药物注入中央静脉，前腔静脉，或者注入颈静脉，尽可能靠近中央静脉。
- 心脏停搏（图17-26）。
  - 静脉注射肾上腺素：0.1mg/kg，然后以0.01~0.02mg/（kg · min）静脉注射，或气管内10倍剂量给药；心内给药是最后手段。
  - 必须确认心搏停止的时间并立即开始干预，以便治疗成功。
- 室颤（图17-27）。
  - 肾上腺素可能不成功。
  - 给予抗心律不齐药，对室颤（首选）或顽固的持续性室性心动过速的治疗有效。
  - 给予溴苄乙胺：3~5mg/kg静脉注射，可以重复给药，最高总剂量为10mg/kg。
  - 给予胺碘酮：5mg/kg静脉注射。
  - 用抗心律不齐药对成年马进行除颤尚未成功的治疗。
  - 据报道，一匹350kg的马和几匹马驹成功进行了电除颤。较大的马体外除颤可能不成功，因为其经胸阻抗过高。体内除颤应该更有可能成功，但复苏后并发症明显。
  - 如果有必要的药物和除颤器且患马的病情不会导致死亡，则应尝试药物和电除颤，或者两者兼用。
  - 在马复苏期间以20mL/（kg · h）的速度静脉注射，以维持正常或升高的平均循环血压。**实践提示：**CPR期间维持正常或升高的平均循环血压会增加患犬预后较好的可能性，马也可能是这样。该规则的一个例外是充血性心力衰竭终末期的患马，治疗所用的液体会加剧潜在的问题。

框表17-4　心肺复苏与马的治疗

建立气道

- 经鼻放置气管内导管。
- 经口放置气管内导管。

心搏停止

- 开始胸外心脏按压。
- **实践提示：**如果没有心搏，气管内注射肾上腺素，0.01mg/kg，IV，然后以0.01~0.02mg/（kg · min），IV，或0.1~0.2mg/kg，IV，剧烈通气4~5次。
- 通过心内给药，将肾上腺素注射入左心室为最后手段。
- 继续CPR，检查外周脉搏的搏动。
- 建立静脉通道，快速给予乳酸林格液。
- 重新评估CPR和ECG结果。如果2min内无法建立脉搏，在第六肋间隙打开胸腔并开始心脏按压。

室颤

- 开始或继续CPR。

- 除颤。
- 托西溴苄胺5mg/kg心内注射（IC）。
- 以适当的W-s/kg使用电除颤器（直流电）。在皮肤上使用足量的电极浆料，不要使用易燃的酒精。
- **实践提示：** 将氯化钾（1mEq/kg）与乙酰胆碱（6mg/kg）混合，心内注射。

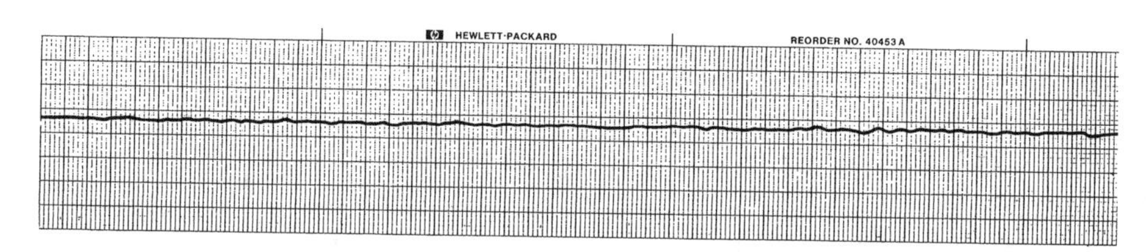

图 17-26　心脏骤停患马的心基 - 心尖导联心电图

心电图的记录线平坦，有一些基线波动，没有心房或心室电活动的表现。此心电图以25mm/s的走纸速度记录，灵敏度为5mm/mV。

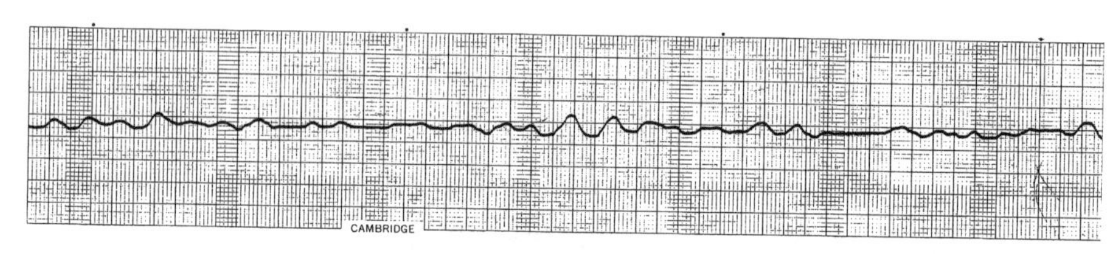

图 17-27　室颤患马的心基 - 心尖导联心电图

基线颤动波细小，没有协调的心房或心室去极化的表现。此心电图以25mm/s的走纸速度记录，灵敏度为5mm/mV。

应该做什么

复苏后治疗

- 氯化钙或葡萄糖酸钙形式的钙（0.1~0.2mEq/kg，缓慢静脉注射，超过5~10min），虽然极具争议性，但可能有助于增强心肌收缩力并抵消低钙血症和高钾血症的影响。
- 一旦恢复正常的窦性心律，多巴酚丁胺［1~5μg/(kg · min)，IV］是维持心输出量和动脉血压的首选药物。
- $NaHCO_3$的使用存在争议，如果循环迅速恢复，则不能使用，因为大量的$NaHCO_3$会导致：
  - 高渗透压。
  - 高钠血症。
  - 低钙血症。
  - 低钾血症。
  - 血红蛋白对氧的亲和力降低。
- 对于长时间心脏骤停的马，可能需要注射小剂量的$NaHCO_3$来控制其代谢性酸中毒和高钾血症。

电解质紊乱致心律不齐

高钾血症

- 钾是细胞内主要的阳离子（150mEq/L），钠是细胞外主要的阳离子（140mg/L）。这种模式是细胞膜上的钠-钾交换泵（Na^+-K^+-ATP酶）螯合细胞内的钾并泵出钠的结果。

- 存在于细胞外的钾只有全身钾贮存量的2%，限制血浆钾测量值可作为全身钾的指标。
- **实践提示：**钾浓度升高可导致心律不齐。血浆钾浓度每增加1mEq/L，全身钾含量增加＜5%，这通常会反映出全身钾对血浆钾浓度的升高。
- 高钾血症最常见于患尿性腹膜炎的马驹，偶尔见于急性肾衰竭的成年马。
- 高钾血症也见于患有高钾性周期性麻痹的夸特马中。
- 临床症状包括：
  - 僵硬。
  - 肌肉无力。
  - 肌肉震颤。
  - 肌肉痉挛。
  - 呼吸喘鸣。
  - 躺卧。
  - 死亡。
- 死亡是由咽部和喉部肌肉麻痹或高钾血症相关的心律不齐引起。
- 不确定能否检测到心律不齐，但对于血浆钾浓度＞6mEq/L的成年马或马驹，应检测心电图。

心电图

- 当血浆钾浓度达6.2mEq/L时，检测到高而窄的T波（图17-28）。
- 传导逐渐减慢和兴奋性降低导致心脏骤停或室颤。
- P波变宽变平，P-R间期延长，心动过缓发展，传导减慢，以及兴奋性降低。心脏停搏或心房停搏发展。
- 已报道房性和室性早搏以及室性心动过速。
- 加宽的QRS波群进一步表明严重（接近致死）的高钾血症。
- Q-T间期不是高钾血症的可靠指标。

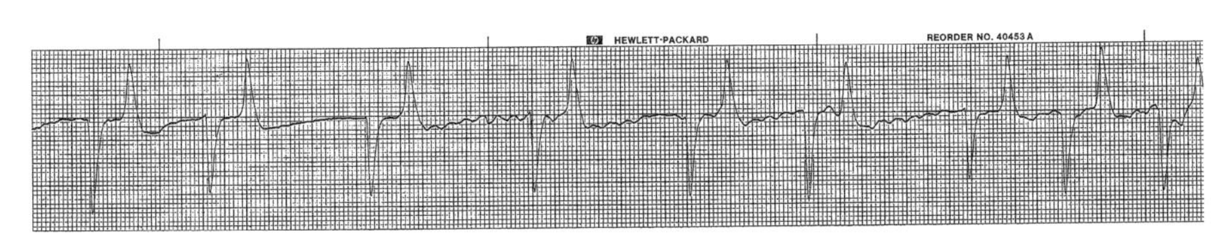

图17-28　高钾血症患马的心基-心尖导联心电图

患马血浆钾离子浓度为6.6mEq/L，肌酐水平为24mg/dL。高大的帐篷样T波（2.5mV）是典型的高钾血症波形。这匹马也有房颤。R-R间期不规则，P波缺失，基线f波存在，心率50次/min。此心电图以25mm/s的走纸速度记录，灵敏度为5mm/mV。

应该做什么

高钾血症

- 尿性腹膜炎一旦确诊，必须积极治疗，因为这些马驹发生心律不齐的风险很高，特别是当马驹在进行膀胱、尿道或输尿管破裂的手术修复期间处于全身麻醉时。
- 患尿性腹膜炎的马驹发生室性早搏、室性心动过速、三度房室传导阻滞以及心房停搏均被报道过。
- 应以0.5mEq/h的速度缓慢补充钠的缺失。
- 给予0.45%~0.9%的NaCl，IV。
- $NaHCO_3$，1mEq/kg，IV，有助于泵出细胞内的钾。
- 也可能需要静脉注射5%~50%的葡萄糖来帮助泵出细胞内的钾。
- 给予5%的葡萄糖0.5mL/kg和0.9%生理盐水，静脉注射。
- 如果上述措施不成功，给予胰岛素0.1IU/kg，IV和葡萄糖0.5~1g/kg，IV，以驱使钾进入细胞。**实践提示：**向液体中加入5mL马驹的血，以防胰岛素黏附到液体给药袋上。
- 如果检测到严重的心律不齐或心房停搏，可以缓慢（超过10min）给予4mg/kg的葡萄糖酸钙。
- 如果给药后出现心动过缓，应该停用葡萄糖酸钙。
- 如前所述，尿性腹膜炎的治疗应该逐渐引流，与静脉输液扩容一起进行。
- 在对马驹进行医学稳定后，应对尿性腹膜炎进行手术矫正。

高钾性周期性麻痹

- 急性高钾性周期性麻痹的成年马的临床表现有卧床、呼吸喘鸣或颤抖。
- 血清钾浓度通常＞6mEq/L；抽血测量血清钾浓度。

应该做什么

高钾性周期性麻痹

- 给予23%硼葡萄糖酸钙溶液0.2~0.4mL/kg，IV。
- 给予5%葡萄糖溶液6mL/kg，IV，或50%葡萄糖溶液1mL/kg，IV。
- 给予$NaHCO_3$，1~2mEq/kg，IV。
- 可以按照之前的建议使用胰岛素，但在之后的24h内需要定期检测血糖浓度。

低钾血症

- **实践提示：**体内总钾相当于约50mEq/kg（按体重计）。全身钾对血浆钾的降低通常反映血浆钾浓度每降低1mEq/L，全身钾缺少10%。
- 中暑的马常伴有低氯血症、低钙血症和代谢性碱中毒。
- 也发生于患病的马和马驹中，伴有严重腹泻。

心电图

- Q-T间期延长是低钾血症的指征。
- 发生室上性和室性心律不齐。
- 伴有阻滞的房性心动过速（图17-29）和交界性心动过速是低钾血症患马常见的室上性心律不齐。
- 严重的低钾血症患马可发生室性心动过速，尖端扭转型室性心动过速和室颤。

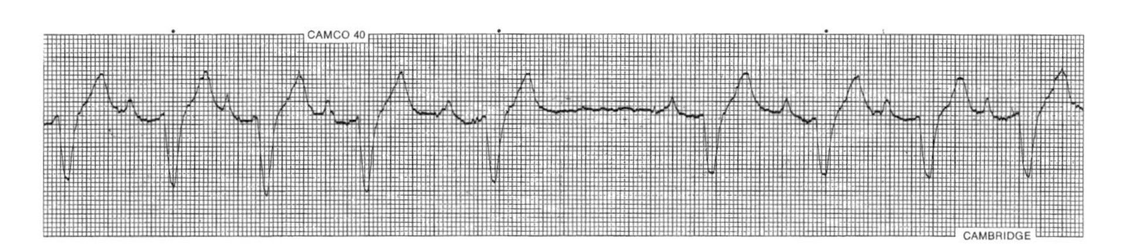

图 17-29 低钾血症、窦性心律不齐患马的心基 - 心尖导联心电图

患马血浆钾离子浓度 1.4mEq/L，心率 50 次 /min。极宽的 QRS 和 T 波群反映了延迟传导和异常的心室复极化。此心电图以 25mm/s 的走纸速度记录，灵敏度为 5mm/mV。

应该做什么

低钾血症

- 计算钾的缺乏量，缓慢静脉注射补充，向液体中加入20~40mEq/L或更多的氯化钾（KCl）；注射速度不超过0.5mEq/（kg · h)。治疗期间应监测血清钾浓度。静脉注射速度过快可能会导致明显的尿钾排泄，并可能妨碍低钾血症的纠正。
- 给予氯化钾：如果胃肠道通畅，给予氯化钾0.1~0.2g/kg，PO。如果时间允许且胃肠道（GI）正常，则这是纠正低钾血症的正确方法。
- 纠正其他电解质异常（如果存在），除非患马血容量减少，否则应防止静脉输液过多而引起利尿。

低镁血症

- 缺镁通常与低钾血症或低钙血症有关。

心电图

- 严重的低镁血症患马最可能出现严重的室性心律不齐，但也有可能出现室上性心动过速（图 17-30）和房颤。
- P-R 间期延长，QRS 波群加宽，ST 段变低，T 波达到峰值。

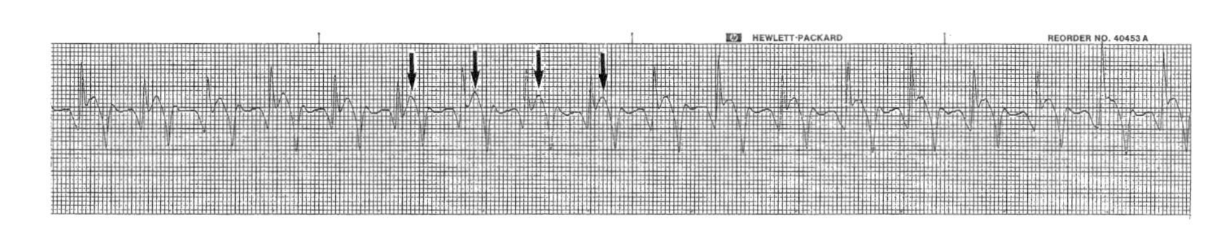

图 17-30 严重低镁血症、高钾血症和氮质血症患马的 Ⅱ 导联心电图

患马的镁离子浓度为 0.7mg/dL，钾离子浓度为 6.2mEq/L，肌酐浓度为 6.0mg/dL。心律快速、规则，心室率 100 次 /min。QRS 波群对于Ⅱ导联是正常的，但 P 波被掩埋在 QT 波群（箭头）中，提示交界性心动过速。T 波高大（1mV，且尖锐）。此心电图以 25mm/s 的走纸速度记录，灵敏度为 10mm/mV。

应该做什么

低镁血症

• 以不超过每450kg体重25g的剂量静脉注射$MgSO_4$，每450kg体重每分钟1~2.5g，然后口服$MgSO_4$补充剂(0.2~1g/kg)。

低钙血症

- 低钙血性抽搐、哺乳性抽搐、运输性抽搐和子痫在马中不常见。
- 当与哺乳相关时，低钙血症经常发生在泌乳盛期，一般为产后60~80d。
- **实践提示：** 长时间或剧烈运动后偶尔会出现低钙血症，特别是在炎热的天气，长时间运输途中或腹泻的马匹中。
- 低钙血症发生在饮食低钙或缺钙的马中。饮食中如果缺镁，可能导致农场多发低钙血症。
- 斑蝥素（斑蝥）中毒的马会出现低钙血症。
- 年轻马驹可能发生由甲状旁腺功能减退引起的低钙血症。
- 低蛋白血症可降低钙和蛋白结合钙的总血清浓度，但不会降低离子钙的血清浓度。
- 为了更准确地测量低蛋白血症患马的血清钙，如果无法测量钙离子，则执行以下操作：
  - 校正钙=测量钙（mg/dL）−白蛋白（g/dL）+3.5。
  - 用i-STAT来测量离子钙（见第15章）。
- 碱中毒可降低血清中钙离子的浓度。中度至重度低钙血症的马会发生两种不同的临床综合征：
  - 血清钙水平低，为5~8mg/dL，且血清镁浓度低的马会抽搐并伴有以下症状：
    - 心动过速。
    - 同步性膈痉挛。
    - 喉痉挛，伴有呼吸困难。
    - 牙关紧闭。
    - 瞬膜突出。
    - 吞咽困难。
    - 腹痛。
    - 鹅步。
    - 僵硬的后肢步态。
    - 可能出现共济失调。
    - 随后可能出现横纹肌溶解、惊厥、昏迷和死亡。
  - 血清钙浓度更低（<5mg/dL），血清镁浓度正常的马可能有：
    - 迟缓性麻痹。
    - 瞳孔散大。

- 昏迷。
- 躺卧。

心电图

- 心动过速以外的心电图异常很少见。
- 偶尔会检测到房性或室性早搏或室性心动过速。
- 可能发生心脏骤停或心室停搏。
- **实践提示：**Q-T间期与血浆钙离子浓度呈负相关。

应该做什么

低钙血症

- 静脉输注葡萄糖酸钙：4mg/kg，缓慢注射（10min）以发挥效果。
- 分析马的日粮并确认足够的钙磷比［(1.3~2)：1］，以及饮食中有足够的镁。

高钙血症

- 高钙血症发生在患有以下疾病的马中：
  - 慢性肾衰。
  - 淋巴肉瘤。
  - 副肿瘤综合征。
  - 维生素D过多症。
  - 夜香树含有1，25-二羟胆钙化醇，马摄入夜香树后，可能诱发维生素D过多症。
- 出现高磷血症是维生素D中毒或特发性钙质沉着的早期可靠指标。
- 磷含量正常或高的高钙血症会导致软组织和心血管的矿化，尤其是主动脉、肺动脉、冠状动脉和心内膜。

心电图

- 最初的心率减慢，并检测到窦性心律和部分房室传导阻滞。
- 常见心动过速和期前收缩。
- 可能发生房性和室性心动过速。
- Q-T间期与血浆钙离子浓度呈反比。
- 心脏骤停、室颤或心室停搏是致命的。

应该做什么

高钙血症

- 寻找高钙血症的根本病因，如果可能，移除或控制它。
- 停用所有含钙、磷和维生素D的外源性补充剂，并从含有夜香树的牧场中赶走马。

• 护理患有心脏疾病、严重的肾脏功能失代偿和高钙血症等全身性疾病的马时，建议紧急治疗，剂量范围为15~20mg/dL。

• 使用0.9%的NaCl，IV，以扩大细胞外液体积并增加肾小球滤过率。静脉输液补充钾（20mEq/L）和镁（10g/L，每30min用量不超过25~30g）时应该更缓慢地给药，或将其加入口服液中。

• 用利尿剂开始利尿治疗，如呋塞米1~2mg/kg，q12h，静脉液体治疗保持5mL/（kg · h）的水平，或至少与尿量相等。

• 糖皮质激素的给药可以通过减少骨钙流失、减少肠道钙的吸收、增加肾脏钙排泄来降低钙浓度、减少软组织和心脏矿化的可能性。**注意：**类固醇反应形式的高钙血症包括淋巴瘤、淋巴肉瘤、白血病、多发性骨髓瘤、胸腺瘤、维生素D中毒、肉芽肿性疾病和肾上腺皮质机能亢进。

• 如果出现严重的、长期的高钙血症，可能需要用鲑鱼降钙素治疗。

充血性心力衰竭

• 马的充血性心力衰竭有很多原因，包括先天性和后天性（图17-31）。

• 大多数患有充血性心力衰竭的患马有以下获得性心脏病：

  • 心瓣膜病。

  • 心肌病。

  • 以上两者都有。

• 严重的心律不齐如室性心动过速，也可以引起充血性心力衰竭。

• 严重的先天性心脏病是马充血性心力衰竭的罕见病因。这些马的充血性心力衰竭可能在很长一段时间内缓慢发展或突然发生，需要紧急干预。

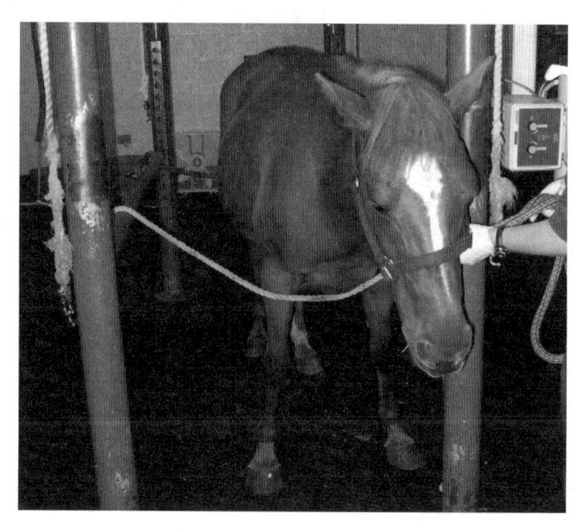

图17-31　9岁的充血性心力衰竭患马，严重胸部水肿和沉郁

• **实践提示：**患有严重的原发性心肌病、严重心瓣膜病的急性发作［二尖瓣及腱索或主动脉破裂（框表17-5）］或多灶性室性心动过速的马最可能出现急性左心衰竭的临床症状，需要紧急治疗。

框表17-5　急性二尖瓣或主动脉瓣反流患马的临床症状和体格检查结果
• 心杂音：收缩期或舒张期。 • 心动过速：心率通常≥60次/min。 • 存在或不存在不规则心律：通常是房颤，但可能有房性或室性早搏或两者都有。 • 第三心音响亮。 • 呼吸急促：呼吸速率通常≥24次/min，伴随呼吸困难，鼻孔扩张，运动后恢复时间延长。 • 咳嗽：休息时或运动中或运动后。 • 可能会咳出泡沫痰。 • 运动不耐受或表现不佳。 • 晕厥：罕见。

- 刺耳的吸气和呼吸的水泡音。
- 爆裂音或湿啰音：少见。

左心衰竭

- 临床症状包括焦虑、呼吸急促、呼吸困难、心动过速、咳嗽、泡沫性鼻涕、咳出泡沫液、嗜睡和运动不耐受。
- 由于许多马的临床症状不明显，常会错过诊断。
- **实践提示：**二尖瓣腱索破裂是原发性心瓣膜病患马发生急性暴发性肺水肿最有可能的原因。
- 患有细菌性心内膜炎的患马也可能由于赘生物病灶对瓣膜的快速破坏而导致急性左心或右心衰竭。**实践提示：**马最常见的心内膜炎部位是二尖瓣，其次是主动脉瓣。患马也可能有发热、体重减轻和四肢切换中心跛行。经常发生全身性脓毒性栓塞。
- 伴有严重左心室功能不全的急性重症心肌炎是原发性心肌病患马发生明显肺水肿的最常见原因。许多患马在心脏病出现临床症状之前的数月或数周内有发热史，通常疑似马疱疹病毒、流感或其他病毒感染。
- 大多数患有多灶性室性心动过速和急性严重肺水肿的马也患有严重的心肌病。
- 可能发生虚弱或晕厥，特别是在多形性或快速的单形性室性心动过速中。
- 室性心动过速的患马也有频繁的颈静脉搏动。
- 动脉脉搏通常微弱，四肢也可能较冷。
- 静息时很少出现发绀，但偶尔会因运动引发。

听诊

- 在大多数患马的整个肺野中都能听到粗糙性呼吸音。偶尔也会在马的肺门或腹侧肺野听到尖锐的爆裂音或湿啰音。然而，在患有左侧充血性心力衰竭的马中很少听到湿啰音，因为水肿主要是间质性的。
- 当马在复吸囊中深呼吸时，最常听到异常肺音。
- 在复吸囊中呼吸或屏息时，马容易变得痛苦，经常咳嗽，可能咳出泡沫液体，且会延长静息呼吸速率的恢复时间。
- 如果充血性心力衰竭的病因是严重的瓣膜病或先天性心脏病，通常会听到心杂音。在大多数急性左心衰竭的患马中会听到响亮（3/6级至6/6级）、粗大、带状、全收缩期或收缩期二尖瓣反流杂音。
- 与二尖瓣腱索破裂有关的心杂音最初通常响亮而出现雁鸣音。如果破裂的腱索脱落，这些心杂音可能会随着时间的推移而减弱。

· 大多数马也有轻微的三尖瓣反流杂音。

· 患有细菌性心内膜炎或心肌病的马偶尔没有心杂音。

· 少数左心衰竭的患马除有二尖瓣关闭不全的杂音外，还有全心舒张期主动脉反流的杂音。

· 与先天性缺陷有关的杂音不常检测，如室间隔缺损。

· 心律通常快速、规则，除非多形性室性心动过速是充血性心力衰竭的根本病因。

· 患慢性瓣膜反流的马中房颤更为常见。

· 室性早搏或突发性室性心动过速可能存在于患有二尖瓣或主动脉瓣的细菌性心内膜炎的马中。

· 可能会听到与心室容量超负荷有关的响亮的S_3。

其他诊断

· 获取心电图以确定潜在的心律。

· 获取超声心动图以评估心肌功能（图17-32），确定潜在的先天性或心瓣膜病的严重程度（图17-33和图17-34），并寻找肺动脉高压的表征（图17-35）。

· 肺动脉扩张与明显的肺动脉高压和即将发生的肺动脉破裂（可能性低）是兼容的。

· 心肌肌钙蛋白（如心肌肌钙蛋白I）可能会升高。肌钙蛋白升高是心肌细胞死亡的敏感和特异性指标；然而，正常的实验室测定值不能排除心肌损伤。

· 心肌肌钙蛋白I（cTn-I）是一种比其他心脏同工酶如肌酸激酶（CK）MB更敏感、更具特异性的心肌细胞死亡和损伤指标。马的正常值与人和小动物的正常值相似，通常

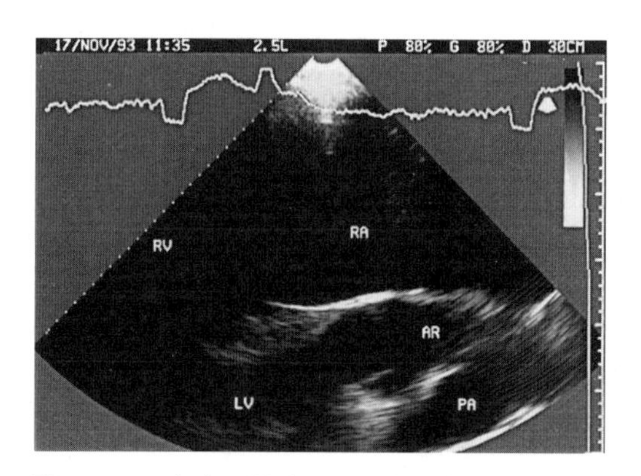

图17-32　右室心肌病、晕厥和充血性心力衰竭患马的二维超声心动图长轴

右心房（RA）和右心室（RV）极度扩张，肺动脉（PA）细小，由严重的肺灌流不足引起。此超声心动图是用2.5MHz的扇形扫描传感器，从胸骨旁右侧声窗的左室流出道部位获得。叠加心电图用于计时。AR，主动脉根；LV，左心室。

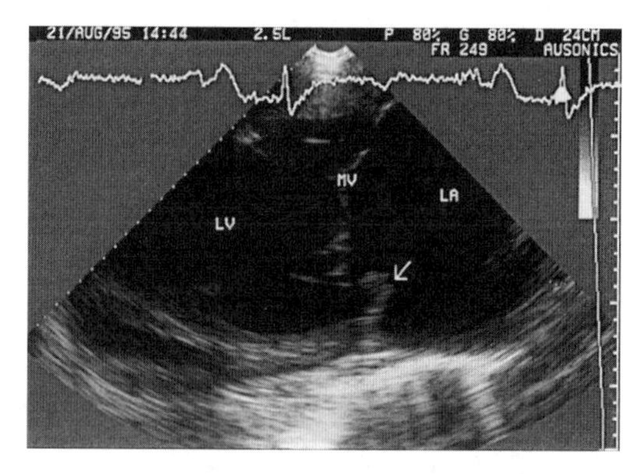

图17-33　二尖瓣腱索（箭头）破裂和急性左侧充血性心力衰竭患马的二维超声心动图长轴

此超声心动图是用2.5MHz的扇形扫描传感器，从胸骨旁左侧声窗的二尖瓣位置获得。叠加心电图用于计时。LA，左心房；LV，左心室；MV，二尖瓣。

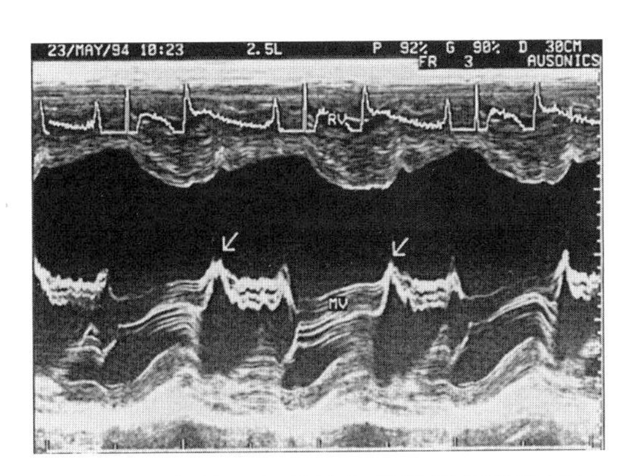

图 17-34　急性、严重的主动脉瓣反流患马的 M 型超声心动图

二尖瓣 E 点（箭头）与室间隔的距离明显增加，这与显著的左心室容量过载和左心室流出道扩张，以及主动脉瓣反流对二尖瓣隔小叶的影响有关。二尖瓣的隔小叶高频振动，由反流束形成的湍流引起。此超声心动图是用 2.5MHz 的扇形扫描传感器，从胸骨旁右侧声窗获得。叠加心电图用于计时。MV，二尖瓣。

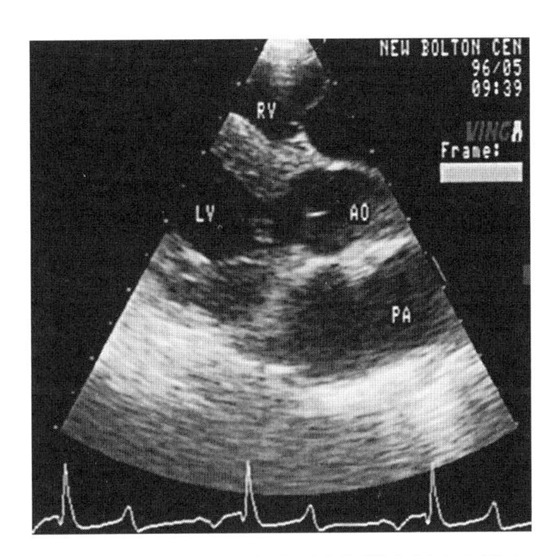

图 17-35　二尖瓣腱索破裂和急性左侧充血性心力衰竭患马的二维超声心动图长轴

小直径的主动脉根（AO）和大直径的肺动脉（PA）与严重的肺动脉高压一致。此超声心动图是用 2.5MHz 的环形阵列传感器，从胸骨旁右侧声窗的左室流出道部位获得。叠加心电图用于计时。LV，左心室；RV，右心室。

＜0.1ng/mL，取决于测量仪。不同的cTn-I测定仪有不同的参考范围且不能进行比较。

· 应进行生化分析、全血细胞计数以及总蛋白含量和纤维蛋白原的测量，以确定是否存在潜在疾病并评估肾脏损害（通常是肾前性氮质血症）的严重程度。

应该做什么

左心衰竭

· 尽快开始肺水肿的急诊处理，用呋塞米，1~2mg/kg，IV或0.12mg/（kg · h），在静脉注射1~2mg/kg的冲击剂量后以恒定的速度输注。剂量的增加或减少取决于呼吸速率和治疗效果。呋塞米一般不会用药过量，可以用消除肺水肿所需的任何剂量来治疗马。与推注相比，输注引起利尿增加，肾损伤更小。呋塞米口服给药吸收不良且不稳定，因此推荐口服以外的其他给药途径。在紧急情况下，使用静脉给药途径。

· **实践提示：**长期使用高剂量呋塞米会导致低钾代谢性碱中毒。

· 鼻内氧气治疗使用一或两根鼻导管，以5~10L/min的速率开始。

· **实践提示：**如果需要，可以使用减轻焦虑的药物。α-2受体激动剂如赛拉嗪和地托咪定不能用于镇静，这些药是血管收缩剂，会增加反流分数并增加心脏负荷。相反，乙酰丙嗪可以用于镇静并可以减少后负荷。

· 如果需要，给予出现严重二尖瓣或主动脉瓣反流的马后负荷减少剂——血管舒张剂，如肼屈嗪，0.5~1.0mg/kg，PO或0.5mg/kg，IV，q12h；或贝那普利，0.5mg/kg，PO，q24h，以提高心输出量，减少心肌做功。据报道，单剂量的依那普利0.5mg/kg，PO，无法检测到依那普利及其代谢产物依那普利拉的血清水平。

· 依那普利仅引起血管紧张素转换酶（ACE）的活性非常轻微地降低。米力农0.2μg/kg，IV，可用10μg/（kg · min）的剂量来短期管理CHF。

· 如果急性充血性心力衰竭的病因是室性心动过速，则应尽快开始抗心律不齐治疗。如果心率大于120次/min，应怀疑室性心动过速。抗心律不齐药的合理选择取决于心律不齐的严重程度和相关的临床症状（见“室性心动过速怎么做”)。

- 如果存在窦性心动过速、室上性心动过速或房颤，则应进行正性肌力支持，用地高辛0.002 2mg/kg，IV或多巴酚丁胺1~5mg/（kg · min），IV。
- 在口服治疗数天后，采集血清或血浆样本用于测量地高辛浓度，以随时调整剂量。
  - 口服地高辛后1~2h，采集血样测定地高辛浓度峰值。
  - 测量地高辛浓度的最低值，应在0.5~1.5ng/mL的治疗剂量范围内。
- 地高辛的毒性范围很窄，因此需要监测患者是否有任何地高辛中毒的迹象。据报道，地高辛浓度大于2ng/mL时会导致马的中毒。
- 据报道，地高辛中毒的马表现厌食、嗜睡、腹痛及其他心律不齐的症状。
- 低钾血症可增强地高辛的毒性作用，但地高辛毒性可干扰钠-钾泵，引起细胞外高钾血症；因此，密切监测钾状态很重要。
- 对低钾血症的患马使用相对较小剂量的地高辛会引起异位起搏（通常是心房）的发展。
- 当怀疑地高辛中毒时，在所有马的治疗中停止使用地高辛。采集血样来测量血清或血浆的地高辛、钾和肌酐的浓度。
- 地高辛中毒按以下方法处理：
  - 如果低钾血症患马地高辛中毒的临床症状轻微，则口服钾补充剂40g/450kg。
  - 如果低钾血症患马存在危及生命的心律不齐，则缓慢静脉输注40mEq/L的钾。
  - 利多卡因，20~50μg/（kg · min），用于管理与地高辛中毒有关的室性心律不齐。
  - 苯妥英，前12h 5~10mg/kg，IV，然后1~5mg/kg，IM，q12h，或1.82mg/kg，PO，q12h，用于治疗与地高辛中毒有关的室上性心律不齐。苯妥英的副作用为轻微的镇静作用。过量使用会导致唇面部抽搐、步态不稳、癫痫发作。不要将苯妥英与其他药物混合使用，尤其是甲氧苄氨嘧啶-磺胺甲基异噁唑。
  - 给予强心苷的特异性抗体或其Fab片段（Digibind）。这些试剂会结合循环中过量的地高辛，并阻止地高辛中毒的进一步发展。这种治疗非常昂贵，仅用于危及生命的地高辛中毒患马。在地高辛中毒和低钾血症的人中，这种治疗几乎总能扭转地高辛诱导的心律不齐。
  - 如果存在肾前性氮质血症，则需要修改地高辛的给药方案，将其给药间隔增加到一天一次或减少剂量。
- 如果马患有细菌性心内膜炎，在多次血培养后，静脉注射广谱抗菌药进行抗菌治疗，覆盖革兰阳性菌和革兰阴性菌。如果可能，最初以恒定速率输注抗生素。用阿司匹林治疗，20mg/kg，口服或经直肠给药，q24~48h，也可用于阻止脓毒性栓塞的增大。
- 累及肺动脉和三尖瓣的细菌性心内膜炎患马可能因脓毒性栓塞而患有严重的肺炎和肺栓塞。三尖瓣心内膜炎经常与颈静脉的脓毒性血栓性静脉炎有关。
- 这种治疗方案通常可以在几天内改善临床症状。然而大多数有充血性心力衰竭症状的马，由于其潜在心脏病的严重性，这种改善通常持续较短时间，为2~6个月。

右心衰竭

- **实践提示：**长期患有先天性、瓣膜性心脏病或心肌疾病，逐渐导致充血性心力衰竭的马，通常很少有涉及呼吸系统的临床症状。这些马通常有右侧充血性心力衰竭的临床表现，很少需要紧急治疗。
- 马可能在休息时出现呼吸急促，偶尔会咳嗽，运动后恢复静息呼吸速率所需时间延长，以及与右心衰竭有关的双心室衰竭或大量胸腔积液。
- 通常会因为马出现包皮、胸部或腹侧水肿而咨询兽医。
- 通常表现广泛的静脉扩张和颈静脉搏动。
- 严重的右侧充血性心力衰竭和肺血流减少的患马可能出现晕厥。

听诊

- 休息时或使用储气囊时，很少听到粗糙水泡音、爆裂音或湿啰音。
- 听诊或叩诊胸腔积液的颅腹侧肺野时，可听到浊音。
- 在极少数情况下，由于较少的心包积液，心脏可能声音低沉。
- 经常听到二尖瓣和三尖瓣反流的杂音。
- 一些受影响的马也出现主动脉反流或室间隔缺损的杂音，或其他心杂音，通常是复杂性先天性缺陷。复杂性心脏缺陷产生的杂音不一定令人印象深刻。
- 如果存在房颤，心率通常会加快且不规则。
- 患有单形性室性心动过速和充血性心力衰竭的马通常具有更快的心率（>120次/min）和规则的节律，但有相似的临床症状。
- 这些马应该用抗心律不齐药来复律室性心动过速（见室性心动过速）。
- 响亮的S_3可能与心室容量过载有关。

应该做什么

右心衰竭

- 应该开始用呋塞米，正性肌力药物（通常为地高辛）和血管舒张剂（肼苯哒嗪、贝那普利）治疗，如前所述。
- 临床症状通常在24h内得到改善（表17-6）。

心包炎与心包积液

- 心包炎在马中并不常见，但急症的临床症状通常表现为心血管衰竭。
- 大约50%的心包炎患马并发呼吸道疾病或有呼吸道病史。
- **实践提示：**运输、发热、接触大量马匹以及母马繁殖障碍综合征的高发病率是特发性心包炎的风险因素。放线杆菌属是成年马脓毒性心包炎细菌培养最常见的微生物之一。
- 不经常检测到心律不齐，如果存在，通常是房性心律不齐，表明存在并发的心肌炎。
- 患有心包炎的马，特别是患有脓毒性心包炎的马，可能有轻度贫血，中性粒细胞增多，高蛋白血症和高纤维蛋白原血症。
- 液体迅速在心包腔内积聚，阻碍心脏充盈（特别是右心）并导致心输出量迅速减少时，会发生心脏压塞。
- 心脏压塞发展的三个决定因素是：
    - 心包腔的扩张性。
    - 心包积液的发生率。
    - 心包腔内存在的液体量。
- **实践提示：**任何出现静脉压升高、心动过速、心音低沉、全身性低血压以及奇脉的马，都应怀疑心脏压塞。

· 定义：奇脉是指吸气时动脉血压的减少会超过10mmHg。

· 据报道，心脏压塞、大量心包积液或缩窄性心包炎患马的中心静脉压高达43cmH_2O（正常中心静脉压：5~15cmH_2O）。

· 马的心脏压塞可能会增加右心房、右心室和肺动脉舒张末期的压力。

临床症状

· 许多患有心包炎的患马会表现出不适症状，最初解释为腹部疼痛，因此这些症状通常被称为腹痛。

· 体格检查发现沉郁，心动过速，全身静脉扩张，胸部、腹侧和包皮水肿，以及心音低沉。发热、嗜睡、厌食、颈静脉搏动、动脉脉搏减弱、心包摩擦音、呼吸急促、颅腹侧胸廓浊音和体重减轻也可能是临床表现的一部分。

超声心动图

· **实践提示：**超声心动图是评估心包液体量及其性质和心脏损伤情况的首选诊断方法。

· 马最常见纤维素性心包炎。心包炎产生液体的体积范围从无法检测到大于14L（图17-36）。患有脓毒性或特发性心包炎的马，其心包腔内的液体通常是无回声或低回声的。叶状突起的纤维素通常在心外膜和心包表面成像。这种心包液可以发生区室化，在心包腔中形成围壁区域。经常并发胸腔积液。非纤维蛋白性心包炎最常见于充血性心力衰竭患马，而不是原发性心包疾病患马。已经在一些长期胸部创伤的马和被断裂移位的静脉导管穿透右心室游离壁的马驹体内检测到心包积血。心包腔内的血液像回声旋流液，还能在心包腔内看到机化血栓。

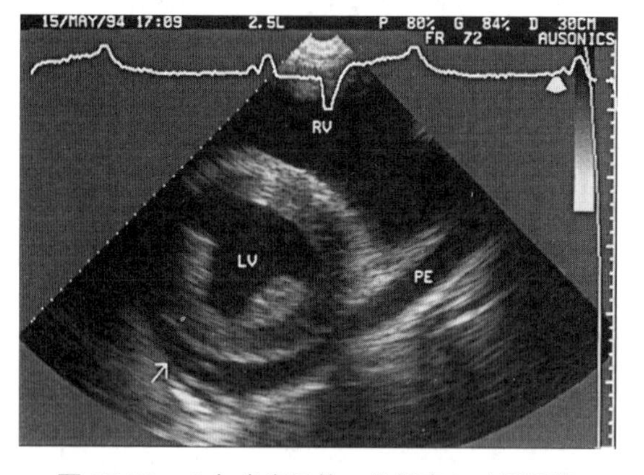

图 17-36　心包炎患马的二维超声心动图短轴

箭头指向心包腔内的一些纤维蛋白。此超声心动图是用2.5MHz的扇形扫描传感器，从胸骨旁右侧声窗的左心室区获得。叠加心电图用于计时。LV，左心室；PE，心包积液；RV，右心室。

· 用超声心动图检测心包积液患马右心房和右心室游离壁的过度运动或塌陷（图17-37）。

· 随着心包积液量的增加，右心房和右心室游离壁会发生舒张期塌陷。这种塌陷在超声心动图上首先显示在右心房和右心室的流出道中，因为这些区域压力较小，最容易压缩。

· 心脏压塞早期的超声心动图征象包括吸气时右心室体积增大，吸气时左心室内径减小，以及右心房塌陷。

心电图

· 心电图显示小幅的P、QRS和T波群，波的这种变化是由于心包积液对电脉冲产生了阻尼（图17-38）。

· 心电交替是QRS波群大小的周期性变化，据报道，这种现象出现在心包积液的马中，但很少见（图17-39）。人们认为电交替是由心脏在心包液中的摆动引起。

· 在胸部X线片中观察到球形的心脏轮廓。这种现象通常伴随腹侧胸廓的混浊，混浊是由并发的胸腔积液引起的。然而，这种X片无法明确区分其他形式的弥散性心脏增大，除评估小马驹外，便携式射线机无法获得高质量的侧胸射线片。

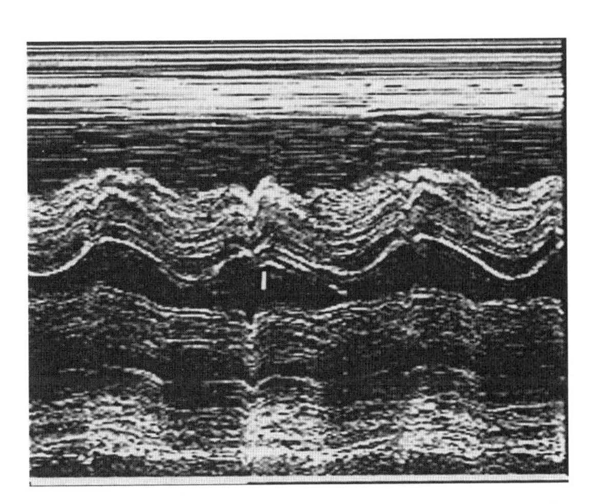

图 17-37　特发性心包炎和纤维蛋白性心包积液患马的 M 型超声心动图

图像显示右心室游离壁运动的摆动模式。右心室直径的轻微增大与吸气有关（I）。此超声心动图是用 2.5MHz 的扇形扫描传感器，从胸骨旁右侧声窗的左心室区获得。

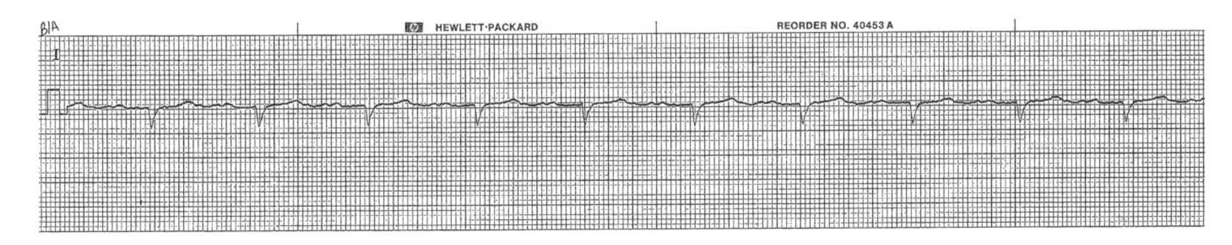

图 17-38　心包炎患马的心基 - 心尖导联心电图

图像显示 P 波、QRS 波群和 T 波减弱，由心包积液引起。存在心动过速（60 次 /min），这是心包炎患马的常见表现。P-P 间期和 R-R 间期规则。此心电图以 25mm/s 的走纸速度记录，灵敏度为 10mm/mV。

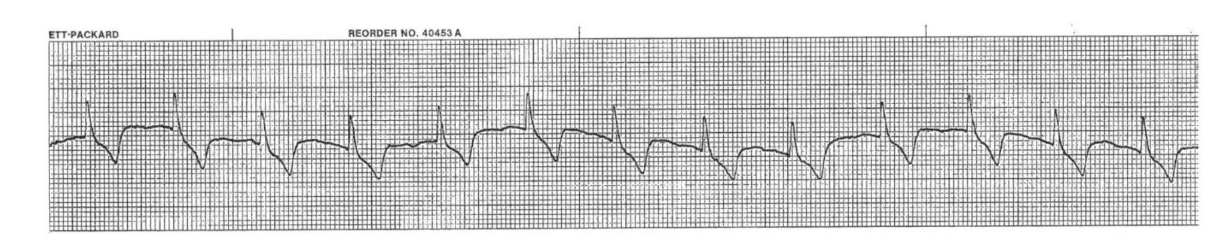

图 17-39　心包积液患马的心基 - 心尖导联心电图显示电交替现象

QRS 波群振幅的轻微变化明显，为 0.6~0.8mV。P、QRS 和 T 波群的振幅衰减。此心电图以 25mm/s 的走纸速度记录，灵敏度为 10mm/mV。

应该做什么

心包炎

- 只要有足够的心包液保证手术安全，可以选择心包穿刺作为心包炎患马的诊断和治疗手段。
- 如果超声心动图显示大量心包液，可以用心动图可靠地选择心包穿刺和放置留置管的位置。

- 对于大多数心包炎患马，穿刺的理想部位是左侧第五肋间，位于胸外侧静脉上方，肩部线以下，左心室游离壁上方，左心房和房室沟下方。
  - **实践提示：** 如果选择该部位进行心包穿刺，可以避免左心房、冠状动脉或右心室的损伤。
- 在心包穿刺期间要对患马进行心电监护（心尖-心基作为节律带即足够），以监测穿刺术引起的心律不齐的发生（图17-40）。

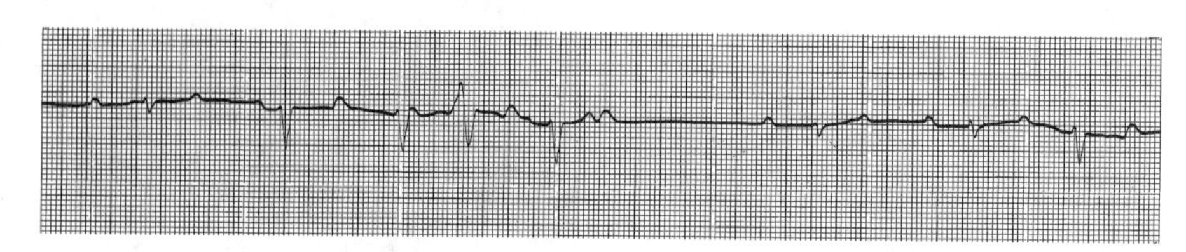

图 17-40　心包积液患马在心包穿刺术期间的Ⅱ导联心电图

心室过早去极化的发作明显。发作时，两种不同形态的室性早搏波明显。P、QRS 和 T 波群的振幅严重衰减。此心电图以 25mm/s 的走纸速度记录，灵敏度为 10mm/mV。

- 在心包穿刺术开始前放置静脉导管，以便在发生心律不齐时快速进入静脉。
- 如果检测到大量的室性早搏波、室性心动过速或多形性心室波，停止心包穿刺导管的推进。
- 如果室性心律不齐没有消失，根据其严重程度，静脉注射抗心律不齐药或撤走心包穿刺导管。一旦心律不齐得到解决，可以重新放置导管。
- 如果存在大量心包液或存在心包压塞，用套管针插入大口径的（28F~32F）Argyle导管作为留置管。
- 这种管可用于样本采集与心包引流和灌洗。
- 如果心包腔的液体量少，使用小口径（12F~24F）含套管针的Argyle导管。
- 如果可以，采集样本进行培养和敏感试验、细胞学评估和病毒分离（表17-7）。
- 马驹放线杆菌和链球菌是脓毒性心包炎患马最常分离得到的微生物。
- 如果存在胸腔积液，进行胸腔穿刺。如果怀疑有肺部疾病，要获取气管抽吸物。对这些液体进行培养和敏感试验；可能会找到并发心包炎的致病因子。
- **实践提示：** 心包引流后灌洗心包腔大幅改善了心包炎患马的预后。用2L温热的0.9%无菌盐水灌洗心包腔。
  - 注入灌洗液并使其在心包腔内停留0.5~1h。排出液体并将青霉素钠（10~20）$\times 10^6$IU/L或庆大霉素1g/L与1~2L的0.9%无菌盐水混合，缓慢注入心包。
  - 使注射液在心包内停留12h。
  - 重复引流、灌洗、引流和滴注无菌液，直至初次引流取出少于0.5L的心包液或心包导管脱落，液体不会再积聚。
  - 给予全身性广谱抗生素。
  - 滴注6~30mg组织纤溶酶原激活物（tPA）可能在降低纤维蛋白的生成方面具有价值，但没有将这种方法用于马的先例。
- 在细胞学检查和培养及敏感试验排除细菌性心包炎之前，持续使用全身性和心包内抗生素。
- 虽然单独使用全身性抗生素可以在心包液中达到全身性抗生素的浓度，但给予心包内抗生素可以使心包液的抗生素浓度增加3倍。由于马心包炎的纤维性质，纤维蛋白会使许多抗生素快速失活，因此局部增加抗生素浓度是有意义的。
- 长期（4~6周）的全身性抗生素治疗适用于脓毒性心包炎患马的护理。
- 如果肌酐浓度升高，可能需要静脉补液以预防或控制肾衰竭。
- 心包炎初期应看护患马，以确保预后良好，直到心包引流和灌洗治疗起效，此时的预后通常会向有利的方向发展。
- 一旦明确排除细菌性病因，推荐使用糖皮质激素，地塞米松0.045~0.09mg/kg，IV，q24h持续3d，然后缓慢减量，用于治疗马的特发性心包炎（通常是淋巴细胞质细胞性）。
- 脓毒性或特发性心包炎的治疗应该在患马无发热症状、临床表现正常、心包积液消退后持续数周。在此期间，应在畜栏内静养并在小牧场内绕圈牵遛患马1个月。
- 此时要用超声心电图重新评估以确定马是否可以重新工作。

表17-7　马心包积液的原因

积液类型	病因	细胞学检查结果	培养结果	治疗
血液	肿瘤	肿瘤细胞——通常是红细胞和淋巴细胞	不生长	引流和糖皮质激素治疗——仅对症
	左心房破裂（少见）	血液	不生长	静脉输液
	主动脉根破裂	血液	不生长	静脉输液
创伤		血液	若无穿透性创伤，不生长	如果有心脏压塞，引流；静脉输液支持治疗
	医源性损伤（静脉导管或心导管或心脏穿刺）	血液	若无医源性污染，不生长	如果有心脏压塞，引流；静脉输液支持治疗
漏出液	充血性心力衰竭		不生长	
	低蛋白血症		不生长	
渗出液	特发性心包炎	大量淋巴细胞，浆细胞和红细胞	不生长，可能转变为病毒性疾病	用无菌生理盐水引流灌洗，灌注广谱抗生素，全身用广谱抗生素，直到细胞学检查和培养结果为细菌感染阴性，然后全身糖皮质激素治疗
	感染性心包炎	中性粒细胞	“±”培养阳性（链球菌或放线杆菌）	用无菌生理盐水引流灌洗，灌注广谱抗生素，直到得到细菌培养和药敏测试结果，用抗菌药物至少4周

心肌炎

- 心肌炎的病因可能是病毒（如EHVI、流感病毒），免疫介导（如出血性紫癜）或中毒（如莫能菌素、芫菁、蛇咬伤）。心肌炎可能也与克伦特罗过量、非典型性肌病、硒缺乏或中毒、夸特马驹的糖原分支酶缺乏症、多柔比星（有时用于治疗淋巴肉瘤）有关。目前没有疏螺旋体致马心肌炎的记录。
- 病毒性和免疫介导性心肌炎会引起持续性发热（通常原因不明）和心动过速。

临床症状

- 发热。
- 嗜睡。
- 常见心律不齐，尤其是室性心动过速。
- 可能出现右心或左心衰竭的症状。

诊断

- 超声心动图可能表明心功能下降。
- 心电图可见心律不齐，室性心动过速。
- **实践提示：**如果心肌坏死或损伤，心肌肌钙蛋白I会升高。
- 常见抗生素治疗无效的发热。

治疗

- 糖皮质激素适用于病毒或免疫介导的有明显临床症状的心肌炎。建议使用地塞米松0.1mg/kg，然后在2周内缓慢减量，同时频繁进行超声心动图检查。
- 如果没有心力衰竭的症状，预后通常良好。

应该做什么

心肌炎

- 检测cTn-I以确认存在心肌细胞疾病。
- 进行超声心动图检查以确认心肌收缩力的异常减弱。
- 病毒检测。
- 用地塞米松治疗：0.05~0.1mg/kg，IV或IM。
- 监测cTn-I和心脏功能。

离子载体中毒

- **实践提示：**马对几种离子载体——莫能菌素、盐霉素和拉沙里菌素的心脏毒性作用特别敏感。对马来说，这些离子载体的半数致死量远低于其他物种。
- 离子载体（尤其是莫能菌素）主要体现为心脏毒性，但一些马也可能出现其他全身中毒现象。任何年龄、品种和性别的马都可能接触离子载体污染过的饲料。污染可能来自被饲料粉碎机污染的饲料，误食或接触含离子载体的牛肉或禽饲料。
- 如果怀疑离子载体暴露，应该取饲料样本进行毒物分析。
- 同时应取猝死的马的胃肠道样本进行毒物分析。

临床症状

- 猝死通常是接触大剂量离子载体的第一指征。
- 患马发热、沉郁、嗜睡、躁动、运动不耐受和大量出汗是畜主或训练员首先注意到的一些表现。
- 腹痛、厌食、食欲不振和食欲废绝是常见的初始临床症状，因为离子载体污染的饲料不太适口，而且食用后会改变肠道菌群。

· 经常发生肌无力、震颤和共济失调。

· 患马可能表现多尿，逐渐变为少尿或无尿。常见报道腹泻、腹痛或肠梗阻，通常在出现心脏症状之前发生。

· 最开始可能检查到黏膜干涩或充血以及细脉。

· 离子载体暴露后随时可能发生心律不齐，最有可能在接触后的几天到几周内发生。

· 离子载体暴露后数周至数月可能发生全身性静脉扩张、颈静脉搏动、腹侧水肿以及二尖瓣或三尖瓣反流杂音。

· 三种离子载体中的任何一种都可能引起不伴随心力衰竭的躺卧。

诊断和预后

· **实践提示：** 在怀疑或已知离子载体暴露的情况下，超声心动图首选诊断方式，以确定患马心肌损伤的严重程度。

· 左心室功能正常且缩短分数正常（30%~40%）的患马的生命和性能预后良好。

· 缩短分数轻微减少的患马生命预后良好，性能预后较好。它们应该可以参加较低水平的运动。

· 缩短分数小于20%的患马预后不良。缩短分数为10%~20%的患马在莫能菌素接触下可能存活，但会有持续的左心室功能障碍和运动不耐受，并且可能在数周或数月后发展为充血性心力衰竭。

· 缩短分数小于10%的患马不能在莫能菌素接触下存活，通常会在超声心动图检查后的数日或数周内死亡（图17-41）。

· 近期接触离子载体的马可检测到心电图异常，但心电图并不是判断心肌损伤严重程度的良好预后指标。

· 轴移位、ST段压低、T波改变、心房和心室早搏波、房颤、室性心动过速和各种缓慢性心律不齐（图17-42）。

· 然而，大多数在野外接触离子载体的马没有心律不齐。

· 检测到离子载体暴露的马cTn-I水平升高。

· **实践提示：** 心肌肌钙蛋白I是心肌细胞损伤的敏感性和特异性指标。它的半衰期较短，因此在严重的单次离子载体暴露后的2~3d内，心肌

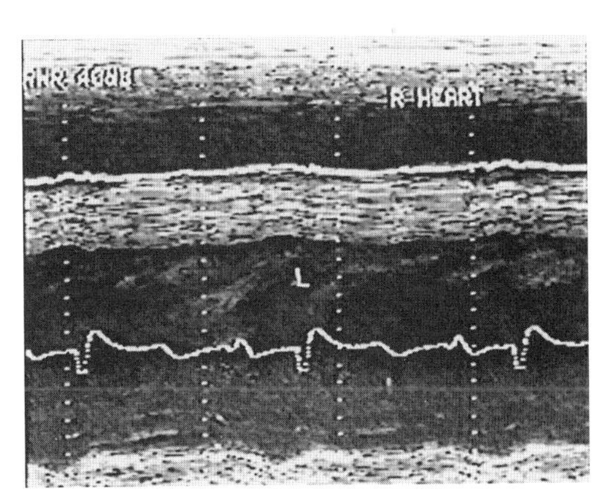

图 17-41　莫能菌素中毒患马的M型超声心动图

有明显的收缩功能障碍。此超声心动图是用2.5MHz的扇形扫描传感器，从胸骨旁右侧声窗的左心室区获得。叠加心电图用于计时。L，左心室。

肌钙蛋白I的值可能会恢复到正常范围。

- 在摄入离子载体后的18~48h内，cTn-I可能不会升高。
- 其他已报道的临床病理异常包括：血细胞比容、血清总蛋白浓度、渗透压、总胆红素水平、血清尿素氮水平、肌酐、天冬氨酸转氨酶和碱性磷酸酶升高；血清钙水平和血浆钾水平降低。
- 然而，临床病理指标没有异常也不能排除莫能菌素或其他离子载体暴露。
- 成年马的中毒剂量是1.5~2.5mg/kg，但如果摄入莫能菌素时混有高脂精饲料，或胃相对较空，其中毒剂量可能更低。

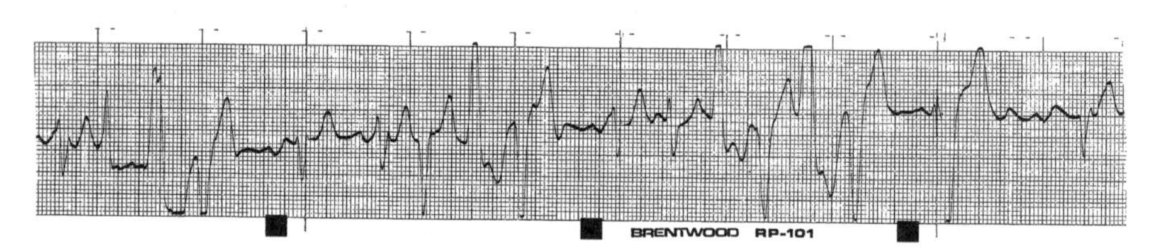

图 17-42　莫能菌素中毒和多形性室性心动过速患马的Ⅱ导联心电图

QRS 波群明显不同，其中一些波快速连续发生。心室率 110 次 /min。此心电图以 25mm/s 的走纸速度记录，灵敏度为 5mm/mV。

应该做什么

离子载体暴露 / 中毒

- 清除所有可能污染的饲料。
- 给予活性炭和硫酸镁以减少最近摄入饲料的进一步吸收。植物油可能会使吸收增加。
- 暴露后尽快给予大剂量维生素E，以稳定细胞膜且控制过氧化反应引起的细胞损伤。
- 提供适当的支持性护理（框表17-6）。
- 将患马在畜栏内静养至少2个月。
- **实践提示：**地高辛禁用于急性莫能菌素接触的治疗，因为莫能菌素和地高辛有累加效应，导致钙进入心肌细胞。
- 近期暴露莫能菌素的患马使用地高辛会导致细胞内钙螯合机制的进一步过载，并增加心肌细胞损伤和细胞坏死的数目和严重程度。

框表17-6　潜在的离子载体暴露患马的治疗

- 进行完整的体格检查和心血管检查。
- 根据需要治疗心律不齐患马，以控制危及生命的心律不齐。
- 通过鼻胃管给予活性炭或石蜡油，以防止进一步吸收离子载体。
- 尽快给予维生素E-硒和维生素E。
- 让离子载体暴露马匹在畜栏内静养，并尽量减少应激。
- 不要使用地高辛，如果近期暴露，禁用地高辛。
- 进行超声心动图检查：
  - 仔细评估心肌功能，寻找心肌运动机能减退、运动障碍或运动不能。
  - 评估心肌肌肉回声的异质性（组织特征）。
- 采血用于检测心肌肌钙蛋白I。
- 如果可能，获取心电图，包括24h的连续心电图。

主动脉根破裂

· 马的主动脉根破裂（ARR）最常导致大量出血进入胸腔，引起猝死。

· 如果主动脉破裂在心内而不是心包外，患马可以存活一段时间。

· ARR后的生命预后取决于主动脉破裂的程度、心内分流的严重程度、发生破裂的腔室或结构、所致（室性）心律不齐的严重程度、患马的心肌功能以及是否存在其他心脏疾病。最初的事件发生后，几匹主动脉根破裂的马已经活了1年或更长时间。根据记录，主动脉破裂的马最长存活时间为5年。

· **实践提示：** 患马通常为公马，主要是10岁或以上的种马。

· 近年来，弗里斯兰马已明显表现出主动脉破裂和主肺动脉瘘。

· 弗里斯兰马的破裂部位是动脉韧带附近的主动脉弓。通常会发现局部血管周围出血和主肺动脉瘘。

破裂的临床症状

· 痛苦，最初解释为腹痛、心动过速（心率快速、规律，120次/min），颈静脉扩张和颈静脉搏动是初期症状。

· 快速、规律的心律和颈静脉搏动表明室性心动过速。

· 急性死亡在育种种马和弗里斯兰马中很常见，患马年龄范围为1~20岁，平均为4岁，公马和母马均会发生。

体格检查结果

· 束缚动脉脉搏，在右侧第四肋间最大强度点发出响亮而连续的心杂音，并发出响亮的S_3。

· 据报道，主动脉破裂的马有三尖瓣反流的收缩期杂音。

· 主动脉破裂的弗里斯兰马通常直肠温度升高（原因未知），外周性水肿，黏膜苍白，大于80次/min的心动过速，颈动脉搏动和动脉脉搏增强。一份报告显示，患马表现血液在心基部周围积聚导致大范围的外周水肿、腹水，以及静脉回流受阻引起的胸腔积液。

· 腹部听诊通常显示正常的胃肠道声音。直肠检查结果正常。

诊断

· 心电图常表现单形性室性心动过速（图17-43），心率120~250次/min；主动脉根破裂患马的心率可能较快，但尚未记录。

· 超声心动图检测可能显示右主动脉根在右冠状窦或右瓦氏窦处的破裂（图17-44）。

· 大约一半主动脉根破裂的患马检测到动脉瘤样扩张和右瓦氏窦破裂（图17-45），而其他马未检测到主动脉根疾病。

· 可以彻底解剖主动脉根（图17-46），由室间隔向下，然后刺破心内膜进入右心室或左心室（最常见），或刺入右心房或三尖瓣。

· 常见全心增大，大约有一半患马的影像显示肺动脉扩张，这些患马主动脉根破裂引起心脏主动脉瘘。

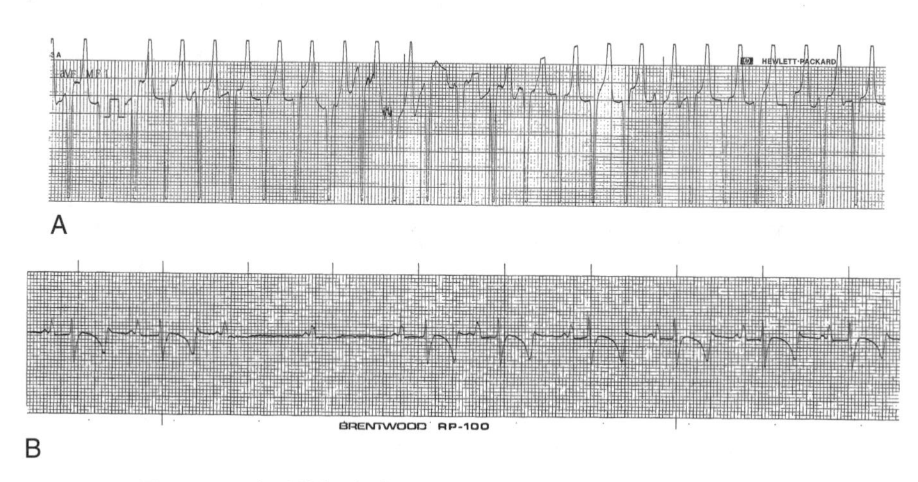

图 17-43　主动脉根破裂和心脏主动脉瘘患马的 aVf 导联心电图

患马表现单形性室性心动过速（A），心室率 160 次 /min，在用奎尼丁葡萄糖酸盐、利多卡因、$MgSO_4$ 和普鲁卡因酰胺治疗后，成功复律至二度房室阻滞（B）的窦性心律。输注普鲁卡因酰胺治疗后，患马心脏复律至窦性心律，心率 60 次 /min。此心电图以 25mm/s 的走纸速度记录，灵敏度为 5mm/mV。

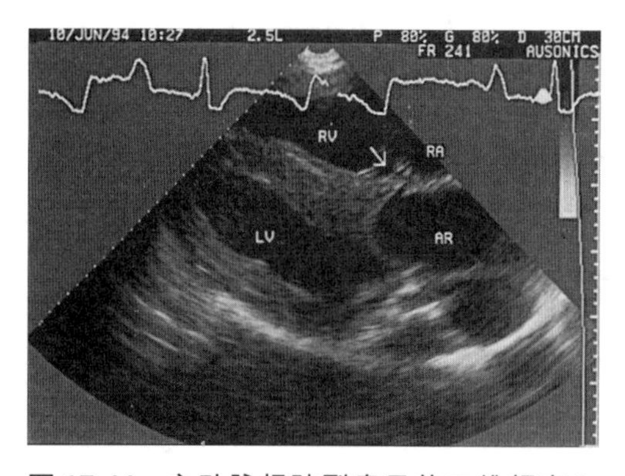

图 17-44　主动脉根破裂患马的二维超声心动图

患马存在心脏主动脉瘘（同图 17-43 的马）。三尖瓣隔小叶下方的主动脉右侧（箭头）可见明显缺损。此超声心动图用 2.5MHz 的扇形扫描传感器获得，是胸骨旁右侧声窗，头侧于左室流出道的视图。AR，主动脉根；LV，左心室；RA，右心房；RV，右心室。

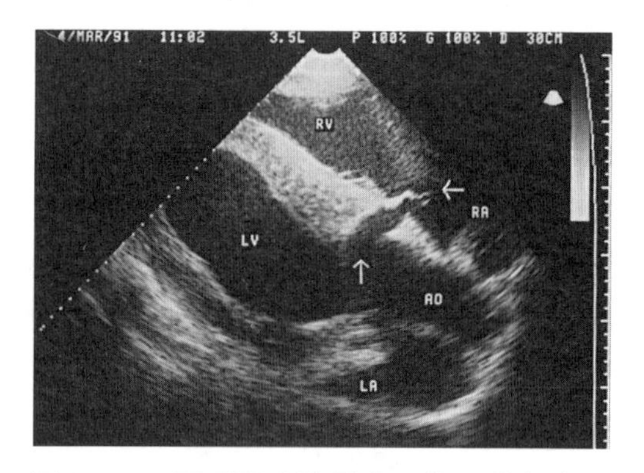

图 17-45　瓦氏窦瘤破裂患马的二维超声心动图

主动脉根（AO）和右心房（RA）的连通（垂直箭头）明显。撕裂的动脉瘤组织（水平箭头）浮在右心房。此超声心动图用 3.5MHz 的扇形扫描传感器获得，是胸骨旁右侧声窗，稍头侧于左室流出道的视图。LA，左心房；LV，左心室；RV，右心室。

· 还可能发生主动脉破裂与心包腔相通，不局限于右主动脉窦，但这不常见。

· 弗里斯兰马的主动脉破裂通常发生于动脉韧带，引起主肺动脉瘘。经胸超声检查可发现肺动脉主干有连续的湍流，无法看到降主动脉。

· 脉搏波、连续波和彩色血流多普勒超声心动图以及造影超声检查心动图可用于检测心内分流，也可以对分流的严重程度进行半定量分析。

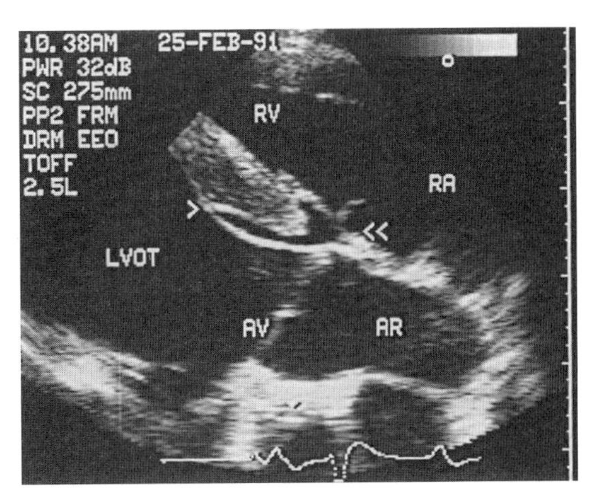

图 17-46 瓦氏窦瘤破裂患马的二维超声心动图

患马心内膜下解剖，血液流入室间隔（同图17-45的马）。解剖时，血液明显流向左侧（血量较多的一侧箭头）和右侧室间隔。心脏主动脉瘘在右主动脉窦（图 17-45）和右心房（双箭头）之间。此超声心动图用 2.5MHz 的扇形扫描传感器获得，是胸骨旁右侧声窗的左室流出道视图。叠加心电图用于计时。AR，主动脉根；AV，主动脉瓣；LVOT，左室流出道；RA，右心房；RV，右心室。

应该做什么

主动脉破裂

· 如前所述，如果患马心率快于100次/min，有心血管衰竭的临床症状，心律为多形性（没有报道）或心电图检查显示R on T波（没有报道），则要纠正单形性室性心动过速。

· 减少后负荷有助于降低心内分流的严重程度。

· 如果马有充血性心力衰竭，可能需要使用利尿剂和正性肌力药物。

预后

· 患马的生命预后不良，即使临床症状或超声心动图显示病情好转，仍不能用于比赛。这些马猝死的风险通常会增加。弗里斯兰马急性死亡或有明显临床症状后数日内死亡（图17-47）。

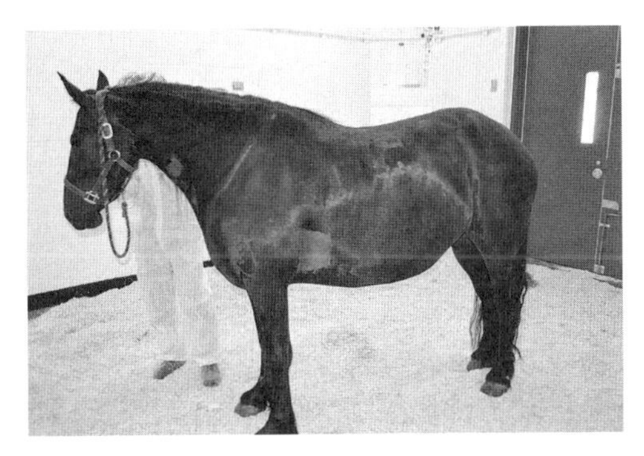

图 17-47 患有主肺动脉瘘的一匹 5 岁的弗里斯兰马

该患马心基部周围有血凝块，由于血凝块阻碍静脉回流，导致右心衰竭症状。

第 18 章
消化系统

诊断与治疗

Barbara Dallap Schaer and James A. Orsini

放置鼻饲管

鼻饲管一般用于肠内给予大量药物、液体或电解质，同时也是评估、诊断和治疗有急腹症迹象的马匹的重要方法。功能性或机械性胃肠道近端梗阻会造成胃内液体或气体的淤积，而插入鼻饲管后，虹吸作用将促使胃内淤积的液体或气体排空，从而缓解胃壁过度扩张导致的疼痛，更能避免胃破裂。另外，鼻饲管插管也被用于确诊和缓解食道梗阻，有些商品鼻饲管还会专门为治疗食道梗阻而设计（使用方法见商品说明）。每位兽医可能各自都会摸索出一套放置鼻饲管的技术，以下方法可以给经验相对有限的兽医参考：

材料

- 适宜尺寸的鼻饲管。
- 半桶温水。
- 400mL尼龙注射器。
- 兽用注射泵（液体泵）。

步骤

- 将鼻饲管浸入温水，直到干净且柔软。
- 恰当保定马匹，可能需要的方法包括固定在鼻上或唇下的唇链保定、鼻捻保定、化学保定，或这些方法的组合。
- 站在马左侧，将右手放在马鼻上，用拇指将左鼻翼向上翻，注意不要堵塞右侧鼻腔。向鼻梁施加压力，以使马头向下屈曲有助于鼻饲管的吞咽。
- 用左手插入鼻饲管，沿着下鼻道向下（腹侧）并向鼻中线方向插入。切勿将鼻饲管插入上方的中鼻道。

· 继续慢慢插入鼻饲管，若有明显的阻力需要暂停。如果马持续甩头，可以用右手拇指将鼻饲管固定在鼻孔中。α_2-受体激动剂（如赛拉嗪和地托咪定）可用作物理保定的辅助。

· 当管头到达会厌时会遇到些许阻力。此时许多马会立刻吞下鼻饲管，但也可能需要将管旋转约180°以使其顺利进入食道。用管头轻碰会厌或向管中吹气可能会促进马吞咽鼻饲管。尽量在第一次吞咽时就成功，因为接下来刺激吞咽的尝试会愈加困难。如果吞咽反射完全没有发生，尝试从另一侧鼻孔插管。

· 一定要确认鼻饲管在食道而非气管之中。下述方法可以确认鼻饲管在正确的位置。**切记：**在鼻饲管插入更深或给予任何药物之前一定要确认鼻饲管的位置！

  · 鼻饲管在食道中下降时会遇到阻力，而在气管中下降则相对容易，而且可以隔着气管环触摸到鼻饲管。
  · 若鼻饲管在食道中，抽吸将使食道腔塌陷进而产生负压（不能继续抽吸）；气管中的鼻饲管则不会因为抽吸而产生负压。
  · 若鼻饲管在食道中，往往可以在颈部中线靠左的部位观察到其正在下降；气管中的鼻饲管从外部无法观察到。当鼻饲管经过胸腔入口，或者更简单来说，当它在近端气管旁边（通常是左边）时，往往可以触摸到鼻饲管。另外，用手轻轻向上推气管，同时用指尖感觉到食道中的鼻饲管，这样可以更精确地证实鼻饲管的位置，同时也是最可靠的验证方法。少部分马中，食道中的鼻饲管可能在气管右边触摸到。

· 向管内吹气以协助管头从贲门移入胃中。一旦鼻饲管到达胃中，胃内容物的气味会从管中释放出来。

· 给予大量液体之前尽量先得到反流。**实践提示：**为了得到反流，可以尝试在胃与鼻饲管体外末端建立虹吸水柱。用注射器向管中注射一到两管温水，抽出少量液体，然后卸下注射器，将鼻饲管末端放低。通常需要多次尝试才能使胃液在虹吸作用下从胃部流出。如果高度怀疑胃扩张，或超声提示胃的位置在最后肋间隙，或有近端梗阻的临床症状（高心率，经直肠腹部触诊发现小肠扩张），则需要不断尝试降低胃部压力。

· 如果经多次尝试得不到反流（或从来没得到过反流？），此时向肠内给予药物或液体应该是安全的。给药时应当将鼻饲管举高，高过马的头部。移出鼻饲管之前要将其放低以确保胃部没有过高压力，另外移出之前也要先排空管内液体。

· 移出鼻饲管时将管压瘪或将注射器留在管的末端，以免管内液体流入咽或鼻道。

· **切记：**不要向有大量反流的马用鼻饲管注射液体。这很可能液体不会被吸收并且会增加胃破裂的概率。过多的反流通常由机械性或功能性的近端肠梗阻导致，对于此类马，应当将鼻饲管留置在原位并固定在笼头上，以避免胃破裂。鼻饲管末端应当安装Heimlich阀以允许液体或气体流出。对于这些病例，每隔几小时就应当进行反流液的引流。

并发症

- 意外向马肺内注射大量液体可以致命。因此，必须严格执行“望、闻、嗅、切”来确认鼻饲管在正确位置。如果大量液体被意外注射进入气管，必须立即告知畜主并进行恰当的处理和治疗。注射矿物油时更需额外小心，吸入矿物油通常会致命。
- 鼻内出血偶尔会发生，因鼻黏膜血管丰富且很容易受损。通常来说鼻出血止住后不会有严重的不良后果。
- 如果鼻饲管进入胃之前就发生了鼻出血，冲洗鼻饲管并尝试从另一侧鼻孔轻轻插入鼻饲管。
- 半径小的鼻饲管损伤鼻黏膜的可能性较小。保证鼻饲管没有会导致黏膜受损的裂口或锋利边缘。如果出血持续10~15min以上或血量过大，将10mg盐酸苯肾上腺素溶解于10mL无菌生理盐水中，通过鼻导管向鼻腔内喷洒，可能会帮助止血。

腹腔穿刺

腹水成分分析是评价患有急性胃肠道疾病、间歇性腹痛、腹泻或长期消瘦的马匹的重要方法。

材料

- 鼻捻，必要情况下药物镇静。
- 剪刀。
- 无菌擦洗材料。
- 无菌手套。
- 内径0.84~0.41mm（18~22G）、长1.5in（3.8cm）针头，长3.75in（9.5cm）金属制乳头套管，长3.5in（8.9cm）脊髓穿刺针或长10.5in（26.7cm）的金属制母犬导尿管。后面两项可能对于体型大或肥胖的马来说很有必要。
- 2%局部麻醉药［使用内径0.26mm（25G）针头和3mL针管］。
- 如果使用插管或导尿管，配套使用15号刀片。
- 无菌纱布、海绵。
- 含有EDTA的采样管和基础真空采血管。
- 无菌小玻璃瓶，Port-a-Cul培养与运输系统，或用于细菌培养和药敏试验的血液培养瓶。

步骤

- 在腹部最低点附近（通常是沿腹部中线在剑突后方5cm处）选取一片区域。可以选择中

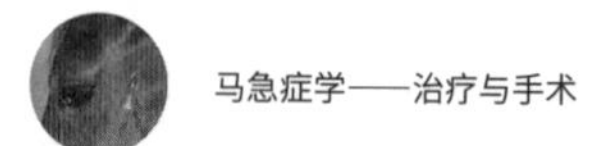

线旁稍偏右的位置，以免伤及脾。另外也可以使用超声成像来判断腹膜深度，并在其引导下尝试将穿刺针放在远离脏器的合适位置。

- 为选好的区域剃毛。
- 对此区域进行无菌消毒擦洗，如果针头管径大于0.26mm（25G），则需要在恰当保定下进行局部麻醉。
- 对马匹进行合适的保定，如鼻捻，唇链，化学镇静，或这些方法的组合。
- 戴上无菌手套并保持全程无菌。如果使用乳头套管或母犬导尿管，使用15号刀片手术刀切开局麻部位的皮肤和皮下组织。
- 站在马旁，确认进针位置，找好站位和姿势以免进针时被马误伤。平稳且快速地将针头插入皮肤，随后缓慢将针头继续深入肌肉层和腹膜。如果使用乳头套管或母犬导尿管，垫着纱布、海绵进针可以将污染的可能性降到最低。如果没有腹腔液从针头接口处流出，调整并旋转针头，或连接注射器并给予抽吸力。必要时可以在数厘米之外再插入一个针头以解除腹腔内的负压。
- 考虑使用超声检查来定位液囊的位置。但是，超声检查检测不到液体时，仍有可能得到腹腔液。
- 一旦针头或套管进入腹腔，在调整方向和移动时一定要缓慢并且小心，以免刺入脏器。
  - 让腹腔液直接滴入EDTA真空采血管。若有临床迹象，腹腔液可用于微生物培养、药敏试验和腹腔液乳酸/葡萄糖浓度检测。
- **实践提示：**大部分马在针头或套管穿透腹膜时会做出反应（从刺痛到踢/蹬的各种形式）。针头从肌肉层穿过腹膜时可以感受到阻力的变化。

并发症

- 未能保持无菌或采样的腹腔液含有大量细菌时，可能会出现蜂窝织炎或脓肿。意外的肠穿刺（抽出肠内容物）也经常发生，但除了会导致样本被污染以外很少会引起其他问题。如果发生肠穿刺，需密切关注穿刺区域3~5d，肿胀伴随疼痛可能提示腐败性蜂窝织炎，需要抗生素治疗。钝头套管可以降低肠穿刺的可能性，但这种情况下仍需小心，因为当肠壁有病变或重力压迫在腹侧肠壁时（如沙子沉积导致的阻塞），肠穿刺仍有可能发生。超声引导的腹腔穿刺常用于降低幼驹肠撕裂的风险。
- 在脾脏抽吸可能会导致样本污染，或在严重情况下会导致大量出血。
- 使用乳头套管在幼驹的前腹部到中腹部进行腹腔穿刺可能会出现网膜脱出。在此情形中，在腹壁附近切开大网膜，无菌条件下闭合准备好的皮肤与皮下组织，给予无菌软膏，并覆以腹绷带。

腹腔液成分分析

胃肠道病变发生后腹腔液成分也会随之立刻发生变化（表18-1）。在急性绞窄性梗阻中，临床症状开始出现数小时后就可以观察到腹腔液成分的改变。对于更具潜伏性的损伤，如非绞窄性梗阻、肠炎和腹膜炎，腹腔液变化的程度可能较小，同时伴随临床症状的发展。在腹股沟疝、肠套叠或肠段陷入网膜囊的情形中，在最初阶段可能只会发生局部腹膜炎，腹腔液仍是正常的。

· 正常的腹腔液呈清亮的淡黄色，密度约1.005mg/dL。

· 脓毒性腹膜炎或肠炎导致的蛋白质或细胞成分过量可以使腹腔液显得混浊。此时腹腔液的颜色可以反映其中的细胞类型：混浊的黄白色甚至橙色液体提示存在大量白细胞，这在脓毒性腹膜炎中常见。

· 在绞窄性梗阻的肠段中，动脉被阻塞，静脉血液和淋巴液不能顺利流出。最开始，红细胞和蛋白质从血管中漏出，此时会出现渗出液，故疾病发展早期可能会出现总蛋白质水平和红细胞数量上升（同时包含血清和血液的渗出液）。随着肠部缺血愈加严重与白细胞迁入，腹腔液会变得愈加混浊。

· 坏死的肠段会向外漏出细菌与内毒素，加速白细胞向腹腔中的趋化迁移。若发现腹腔液颜色呈红棕色或绿色，则很有可能胃或肠已经破裂，此时获得的腹腔液包含植物消化物和大量且多种的细菌。

· 胃肠道破裂的情形下，有核细胞计数可能上升，但由于腹腔内存在大量的自由水和植物消化物，细胞溶解可能会使有核细胞数目急剧下降。若得到极其异常的腹腔液，即使有核细胞计数低也不能排除胃肠道破裂，尤其是当临床迹象高度怀疑这种可能性时。

· 当针头刺入血管或脾，可能会得到深红色的腹腔液。在少数情形中，血管破裂导致血腹，此时腹腔液样品不含血小板，但可能发现噬红细胞现象。可以通过对比样本、脾和循环血的血细胞比容来判断样本来源，脾的血细胞比容较循环血高。如果在黄色的腹腔液中发现红斑，通常提示穿刺导致的医源性出血。

· 细胞学检查应当包括白细胞计数与分类计数，总蛋白、细胞形态评估，并检查是否存在细菌和植物成分。直接制作抹片，并进行瑞氏染色或/和革兰氏染色。

· **实践提示**：幼驹的白细胞计数一般较低。不严重的血液污染（＜17%）不会影响样本除了红细胞计数以外的其他任何指标。

· **实践提示**：对于刚进行过腹腔手术的马（即使只对小肠进行操作），白细胞计数和总蛋白可能会出现轻微的上升。当样本白细胞计数偏高，而且大部分中性粒细胞呈现中毒或变形形态，即使样本是在开腹后得到的，此时也应当考虑脓毒性腹膜炎。

· **实践提示**：若腹腔液中乳酸浓度高于血浆，可能提示肠绞窄或肠梗阻。

· 较血液低的腹腔液葡萄糖浓度常见于脓毒性腹膜炎。

表 18-1　腹膜腔液体参数与腹膜腔内疾病的关系

情况	外观	总蛋白（g/dL）	总有核细胞数（个 /L）*	细胞学发现
正常 [†]	黄色，透明	＜ 2.0	＜ 7.5×10^9	40%~80% 的中性粒细胞，20%~80% 的单核粒细胞
非绞窄性梗阻	黄色，透明至轻微混浊	＜ 3.0	＜（3.0~15.0）$\times 10^9$	主要是中性粒细胞（较完整）
绞窄性梗阻	红色 - 棕色，混浊	2.5~6.0	（5.0~50.0）$\times 10^9$	主要是中性粒细胞（退化的）
近端十二指肠 – 空肠炎	黄 - 红色，混浊	3.0~4.5	＜ 10.0×10^9	主要是中性粒细胞（较完整的）
肠破裂	红色 - 棕色、绿色，混浊有或无颗粒状物质	5.0~6.5	＞ 20.0×10^9 [（20~150）$\times 10^9$]	＞ 95% 为中性粒细胞（退化的）；胞内或胞外细菌，有或无植物成分
脓毒性腹膜炎	黄色 - 白色，混浊	＞ 3.0	＞ 20.0×10^9 [（20~100）$\times 10^9$]	主要是中性粒细胞（退化的）
剖腹术后	黄色 - 白色，混浊	不定	不定	主要是中性粒细胞（轻微或中度退化）；无胞内细菌
肠穿刺	棕色 - 绿色，有或无颗粒性物质	不定	＜ 1.0×10^9	游离的细菌，很少量细胞，植物成分
腹腔内出血	深红色	一开始近似于周围血，WBC 计数随时间增加		PCV 小于周围血的 PCV，噬红细胞现象，无或有微量血小板

注：WBC，白细胞；PCV，血细胞压积。
腹膜腔液体没有宏观或细胞学异常不能排除肠道受损。
* 最常见的发现，有时会有例外。
[†] 包括临产母马。

盲肠或结肠套针术

对于盲肠气胀的马，可以使用盲肠套针术为盲肠减压；对于结肠严重扩张以致生理状况迅速恶化的马，结肠套针术可作为紧急状况下必要的抢救措施。套针术通常用于无法进行手术或大肠过度扩张，以及任何移动都可能危及生命的情形。

对于急腹症马匹，在右侧腰旁窝处同时叩诊和听诊，若能听到“砰”的声音，此时应当怀疑盲肠气体扩张，直肠触诊可以确认诊断。盲肠气胀可能是原发性或继发性的。减压可以促进盲肠运动，同时也可缓解肠壁扩张导致的疼痛。对于腹部极度扩张要进行手术的马，如果麻醉后通气和静脉回流存在问题，此时可以在术前使用套针术来释放压力。对于患病马，解除盲肠或结肠内的高压可以降低腹腔内压力，并且促进静脉血回流和肺通气。如果并无手术计划，套针术可能解决气胀或简单的结肠移位导致的腹痛。盲肠套针术存在风险，故仅适用于临床成效明显大于其潜在风险的情形。

材料

- 鼻捻。
- 剪刀。
- 无菌擦洗材料。
- 2%局部麻醉药，5mL针管，内径0.41mm（22号）、长1.5in（3.8cm）的针头。
- 无菌手套。
- 内径1.54mm（14号）或1.19mm（16号）、长5in（12.7cm）的可弯曲静脉导管。
- 30in（76.2cm）延长管。
- 一小杯自来水。

步骤

- 若未镇静，考虑使用鼻捻。镇静不总是必需的，但可以将对马和人的误伤风险降到最低。
- 在右侧腰旁窝能听到“砰”音量最大的区域剃毛；或者在严重结肠扩张的病例中，在左侧听到“砰”的区域，或直肠触诊发现气体扩张的腹壁对应处剃毛。
- 将3~5mL局部麻醉药注射入套针进针区域的皮下和下层肌肉中。
- 进行无菌擦洗。
- 戴无菌手套，将导管和管心针插入皮肤、皮下组织和腹部肌肉。导管应和皮肤保持垂直。将导管帽移除，若导管在盲肠中则会有气体逸出，此时将管心针整个取出，或将其抽出约0.5in（1.3cm）以防腹壁压力致使导管塌陷。
- 连接延长管，并将其自由末端放入一杯水中。气体从盲肠中排出时会产生气泡；若有条件也可以给予抽吸力。
- 如果不再有气体冒出，取出导管；不要尝试改变位置重新定位。
- 在取出导管的过程中注射抗生素［如300mg（3mL）或庆大霉素750mg（3mL)阿米卡星］。

并发症

- 套针术后预计会出现轻度和局部的腹膜炎，并可能会影响腹腔液指标。
- 盲肠或结肠壁受损很少导致出现弥散性腹膜炎与其继发症状，但仍然可能发生。进针部位的腹壁脓肿可能出现，但不常见。

· 面对感染的迹象应当提高警惕并怀疑是否存在更严重的问题，且应当给予合适的治疗。建议在移出导管过程中注射抗生素以避免感染。

· 不建议重复套针术，因为很可能会导致腹膜炎。

· 套针进入部位可能发生局部蜂窝织炎或脓肿。此类炎症通常是自限的，但仍应当恰当监护和处理。

经直肠的结肠套针术

· 来自意大利的Dr. Massimo Magri报道了一种经直肠的、为极度扩张结肠减压的技术。**注意：**这项技术可有效应用于为严重腹部扩张的马缓解剧烈疼痛。由此可以进行更完整的检查，在一些病例中扩张的消除可以促进小肠和（或）结肠回归正常的位置（在发生移位的情况下）。对于没有绞窄性损伤的马，此项技术可以是治愈性的。若起初在经直肠腹腔触诊过程中，直肠发生剧烈收缩，可以先给予解痉灵（Buscopan）。整体流程安全且迅速，但需要机械抽吸力以移除气体。Dr. Massimo Magri发明了一种特殊针筒，针头被包含在其内，所以在到达扩张的结肠之前不会有针头刺伤直肠的危险。此器械的另一端连接抽吸装置。

并发症

· 经直肠的大结肠套针术并发症与经皮套针术相似。

食道造口术

食道造口术用于食道饲管的放置。进行食道造口术时，马通常站立并被镇静或局部麻醉。根据马的性情、肠梗阻类型、经济考虑和术者偏好，食道造口术也可在全身麻醉下进行。建议在手术开始前放置鼻饲管以确认食道位置，将对周围组织的损伤降到最小。对于放置食道饲管的食道造口术，一般在腹侧旁开创通路。腹侧旁通路一般比腹侧通路更容易到达颈段食道的中段或远端。如果考虑使用其他放置饲管的方法，需咨询其他有经验的外科医生。

材料

· 鼻捻。

· 剪刀。

· 无菌擦洗材料。

· 2%局部麻醉药，5mL针管，内径0.41mm（22号）、长1.5in（3.8cm）的针头。

· 无菌手套。

· 外科器械套装（小）。

· 合适的缝合材料 。

· 0.5in（1.3cm）Penrose引流管数根。

· 食道内的胃管，帮助在手术视野中辨别食道的位置。

步骤

· 在颈段食道中段和远端的连接处附近，于颈静脉腹侧位置划开约5cm切口（图18-1）。

· 分离胸头肌和臂头肌。

· 辨认并轻轻送回颈动脉鞘，其中包含迷走交感神经干和喉返神经与动脉。

· **实践提示：**手术过程中必须辨认出迷走交感神经干和喉返神经，并避免其损伤。

· 切开食道外膜；使用两根0.25in（0.6cm）Penrose引流管或Allis组织钳将食道提高，可以协助切开。

· 当食道内建立合适大小的腔后，可以将原来的胃管撤出，并从新的食道切口插入选好的饲管。根据医生偏好和预计造口的留滞时间，黏膜可与皮肤缝合以避免皮下感染。饲管应当通过胶带与皮肤缝合，以将其固定在原位。

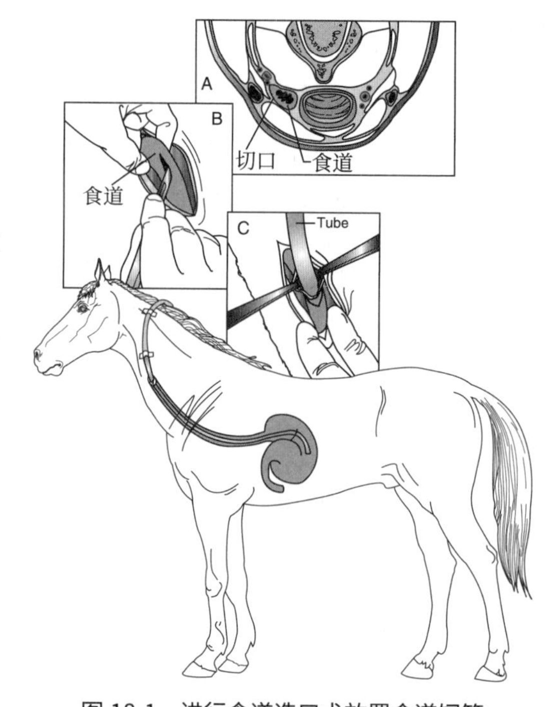

图 18-1　进行食道造口术放置食道饲管

A. 颈部左侧的食道位置　B. 切开食道进入管腔　C. 饲喂管从食道插入胃部

并发症

· 即使操作非常小心，术后仍有可能出现由喉返神经损伤导致的喉偏瘫。

· 其他并发症包括食道狭窄，以及放置或移除饲管后发生的感染。

年龄鉴定指南

David L. Foster

· 随着马的年龄增加，从牙齿状况判断年龄会越来越不准确。

· 通常从实用角度出发可以将年龄划分为0~2岁、2~5岁、5~10岁、10~20岁和＞20岁这几个区间。

· 具体的年龄鉴定方法如下：

  · 注意乳切齿的萌出。

  · 乳切齿的脱落。

- 恒切齿的萌出和磨损。

一旦乳切齿脱落、恒切齿萌出，随马的年龄增加，年龄鉴定的准确度会下降。根据牙的磨损程度、整体形状、长度和其他特征可以判断出“大约”的年龄。当马的年龄增加，牙齿细小的变化、口腔结构和饮食习惯会共同决定牙齿的外观、成角和磨损程度。

- 通用法则如下：
  - 幼驹使用“8法则”：
    - 第一乳切齿在第8天萌出。
    - 第二乳切齿在第8周萌出。
    - 第三乳切齿在第8月萌出。
  - 中央乳切齿在2岁脱落。
  - 第二乳切齿在3岁脱落。
  - 第三乳切齿在4岁脱落。
  - 5岁马应当有全部恒切齿。
  - 7岁马应当有全部恒切齿，下颌第三切齿（303/403）的台面（table）处于磨损阶段，且中间有一个大的“杯部”（cup）。
  - 10岁马：103/203（上颌I3）出现高尔瓦英（Galvyne’s groove）；301/401和302/402出现“圆形”台面。所有下颌切齿的杯部都已经消失。
  - 马年龄大于10岁时，通过牙齿检查准确判断年龄会愈加困难。
  - 切齿的长度、成角、磨损程度和形状是年龄的“标志”，但随着年龄增加会越来越不准确。

通过刺青和烙印判断马的年龄

有些品种注册机构使用刺青或冷冻烙印来标记马匹的出生年。

纯血马

- 所有在美国国内用于赛马的纯血马都需要以唇刺标标记。
- 唇刺标由一位字母和其后的四到五位数字（代表注册号）组成。
- 字母表示出生年：A代表1971，一直到Z代表1996，字母表内所有的字母都被使用。
- 字母表每26年循环一次；所有1997年出生的纯血马的唇刺标仍以A开头，1998为B，1999为C，以此类推，直到字母表结束（框表18-1）。
- 特殊情况适用于在国外繁育的马（foreign-bred），在成功辨认后给予的唇刺标会以星号开头（而不是字母），接着是一个数字，作为完整的注册号。

框表 18-1 纯血马唇刺标	
A=1971,1997	N=1984,2010
B=1972,1998	O=1985,2011
C=1972,1999	P=1986,2012
D=1974, 2000	Q=1987,2013
E=1975,2001	R=1988,2014
F=1976,2002	S=1989,2015
G=1977,2003	T=1990,2016
H=1978,2004	U=1991,2017
I=1979,2005	V=1992,2018
J=1980,2006	W=1993,2019
K=1981,2007	X=1994,2020
L=1982,2008	Y=1995,2021
M=1983,2009	Z=1996,2022

标准马

· 标准马的刺青系统可以用于确认出生年。但是此系统特异性较高，在没有刺青序列表的情况下难以应用。

· 在美国，标准马通过特殊规则来记录完整的注册号，用一个字母来表示出生年，另外还有四个额外的字符（其中一个可能是字母，表18-2）。

· 表示出生年的字母按字母表顺序排成序列，但并不是所有字母表中的字母都会被用到。每个年份周期的序列可能不一样。当一个周期内的字母用完后，字母从刺青字符串的第一位向最后一位循环。

· 1995年后出生的标准马的辨认标记可以是唇刺标，也可以是右侧颈部上方的冷冻烙印。

· 比如，1961年出生的马的唇刺标可能是4321A。

· 1995年出生的马可能有编号为P4321的唇刺标或冷冻烙印。

表18-2 标准马唇刺标

出生于 1981 年或更早	出生于 1982 年或之后	
前三位是数字。第四位可以是字母或数字。第五位是字母表示产驹年份。不会使用字母 M、N、O、Q 以及 U	第一位是字母，表示产驹年份。第二位可以是字母或数字。不会使用字母 I、O、Q、U 以及 Y	
A=1961	A=1982	A=2003
B=1962	B=1983	B=2004
C=1963	C=1984	C=2005
D=1964	D=1985	D=2006
E=1965	E=1986	E=2007

（续）

出生于 1981 年或更早		出生于 1982 年或之后
F=1966	F=1987	F=2008
G=1967	G=1988	G=2009
H=1968	H=1989	H=2010
I=1969	J=1990	J=2011
J=1970	K=1991	K=2012
K=1971	L=1992	L=2013
L=1972	M=1993	M=2014
P=1973	N=1994	N=2015
R=1974	P=1995	P=2016
S=1975	R=1996	R=2017
T=1976	S=1997	S=2018
V=1977	T=1998	T=2019
W=1978	V=1999	V=2020
X=1979	W=2000	W=2021
Y=1980	X=2001	X=2022
Z=1981	Z=2002	Z=2023

美国阿拉伯马注册中心 / 美国土地管理局注册中心

- 注册中心使用加密的冷冻烙印辨认纯系和部分杂交的阿拉伯马和野马（图 18-2）。
- 第一个图形表示品种。
- 如果图形顺时针旋转 90°，表示一半混血血统。
- 接下来的一串图形表示出生年和注册号。

赛马用奎特马

- 赛马用奎特马也可以通过唇刺标辨认，但不能像纯血马和标准马那样获得出生年的信息。

马牙科命名法

马有两种牙科命名体系：

- 解剖学描述体系（图 18-3）。

图 18-2　用于种原登记的冷冻烙印系统

该系统对于马的年龄辨认非常有效。一个数字由每个角度或双杆组成（上）。冷冻烙印系统描述了样本注册 (Courtesy Michael Q. Lowder, DVM, MS.)。

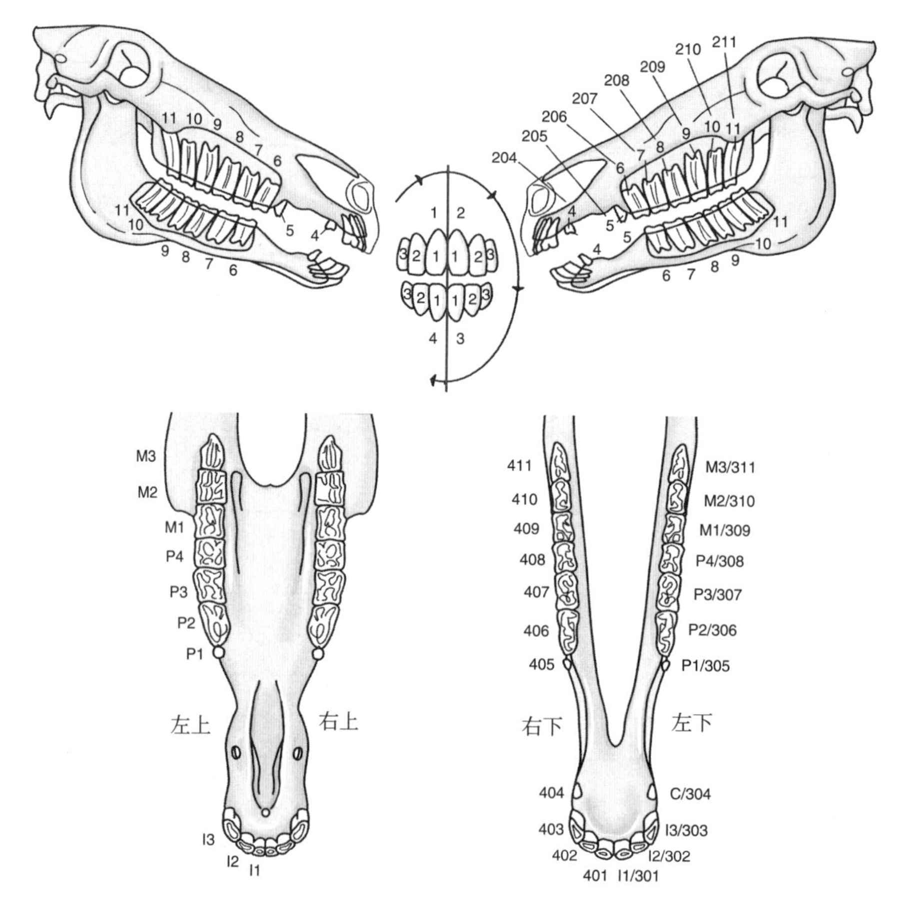

图 18-3 数字及解剖学描述体系用于命名马的牙齿

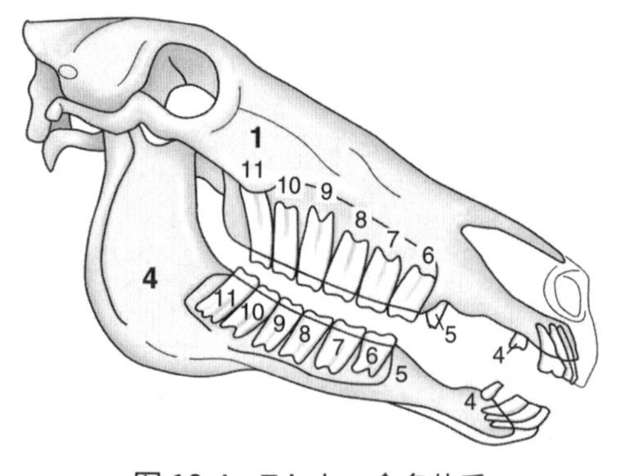

图 18-4 Triadan 命名体系

该体系中，幼齿或乳齿的命名由数字 5、6、7 或 8 开头来替换表示。例如，恒齿 203 的乳齿命名为 603。

·Triadan（数字）命名体系（图18-4）。

简明的命名体系可以提高医生之间的沟通效率，促进准确记录和条理清晰的口腔检查。在解剖学系统中（图18-3），一个字母代表牙齿的类型，小写字母表示乳齿，大写字母表示恒齿：I表示切齿（incisors），C表示犬齿（canines），P表示前臼齿（premolars），M表示臼齿（molars）。随后是一个数字，标志牙齿在口腔内的位置（如第一臼齿和第二切齿）。口腔被划分成四个部分（象限），右侧上颌是第一象限，检查者面对马顺时针编号其他三个象限。代表位置的数字可以被标在表示解剖类型的字母的四角以表示牙齿的位置。例如，右侧下颌第二切齿会写为$_{2}I$，左侧上颌第二切齿则会写为I^{2}。

成年雄性马右侧下颌弓牙齿的解剖学命名依次为：$_1I$，$_2I$，$_3I$，$_1C$，$_2P$，$_3P$，$_4P$，$_1M$，$_2M$，$_3M$（假设第一前臼齿不存在）。

Triadan命名体系中每个牙齿都由三位数字表示（图18-4）。第一个数字表示牙齿所在的象限，象限的规定方法与解剖学命名法相同，同样以右侧上颌弓为起点、面对马顺时针编号。接下来的两个数字表示牙齿相对于口腔中线的位置。第一或中央切齿以“01”表示，旁边的（中央）切齿为“02”，以此类推。成年雄性马右侧下颌弓牙齿的Triadan命名依次为：401，402，403，404，406，407，408，409，410，411；此时同样假设405［第一前臼齿或狼齿（wolf tooth）］不存在。

牙科放射学动态技术

Edward T. Earley

口腔外X线片

参见表18-3。

表18-3　口外X线检查参数表

视角	距离（cm）	kV	mA	时间（s）	mA-s
背侧，腹侧	40~50	78	23	0.04	1
外侧	40~50	74	25	0.04	1
D OBL 前侧颊齿	40~50	70	25	0.03	0.75
D OBL 后侧颊齿	40~50	74	25	0.04	1
V OBL 前侧颊齿	40~50	74	25	0.04	1
V OBL 后侧颊齿	40~50	80	25	0.05	1.25~2.0

注：X线板匣：10~12in（25.4~30.5cm）以及14~17in（35.6~43.2cm），带有稀有元素增强光屏。
X线片：绿色，400感光度。
D，背侧；OBL，斜侧；V，腹侧。

背腹位

- 推荐使用14in×17in（35.6cm×43.2cm）片盒（图18-5）。
- 让射线集中于面嵴（facial crest）的吻侧（图18-5）。
- 橡皮筋可以用于支撑片盒（图18-6和图18-7）。

侧位

- 推荐使用14in×17in（35.6cm×43.2cm）片盒（图18-8）。

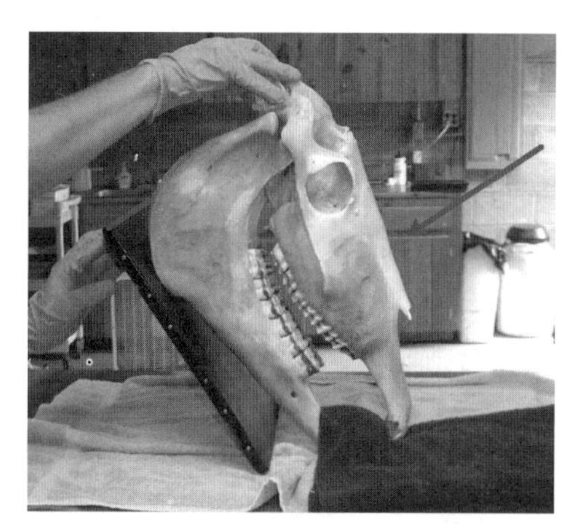

图 18-5　背腹位摆位

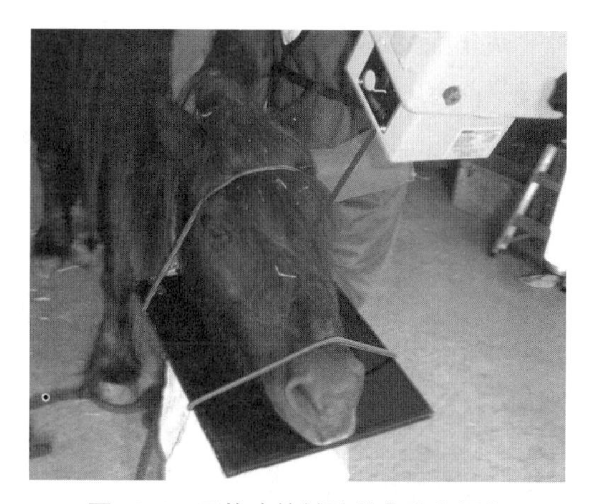

图 18-6　用橡皮筋辅助做背腹位摆位

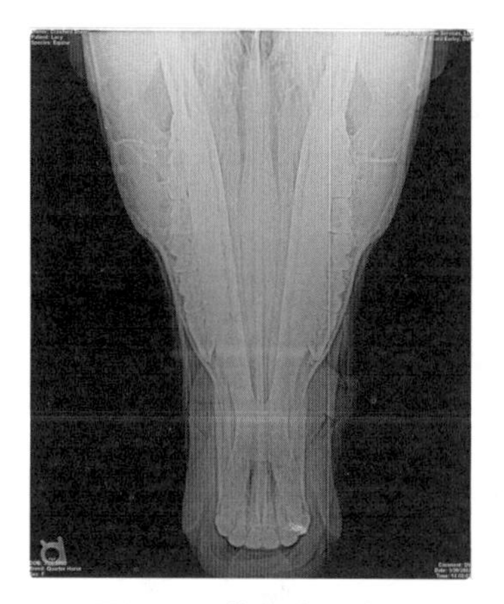

图 18-7　背腹位 X 线片

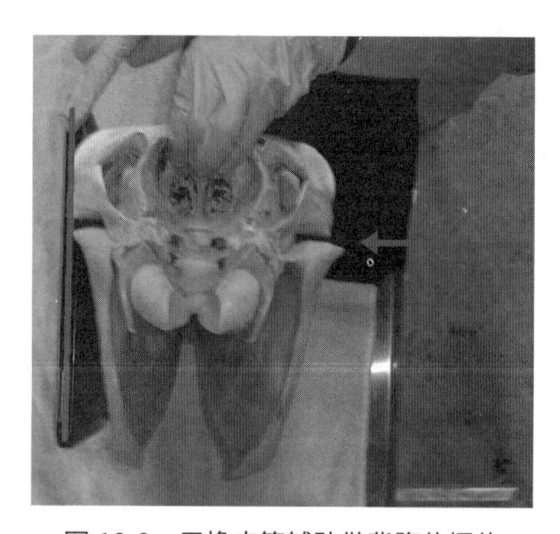

图 18-8　用橡皮筋辅助做背腹位摆位

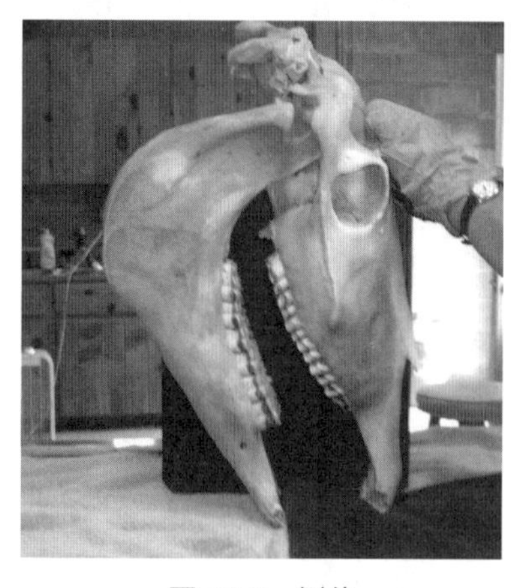

图 18-9　侧位

· 推荐使用开口技术（图18-9）。

· 让射线集中于面嵴的吻侧（图18-9和图18-10）。

侧 30° 背侧斜位（L 30-Degree D-LO）或（D OBL）

· 推荐使用10in×12in（25.4cm×30.5cm）片盒。

· 胶片朝向损伤侧。

· 将片盒稍向腹侧倾斜以适应斜的成像（图18-11）。

· 此视角是由侧位偏向背侧30°得到的。

· 成像焦点是片盒侧的上颌弓（图18-12）。

· 开口技术可以帮助分离颌弓（图18-13）。

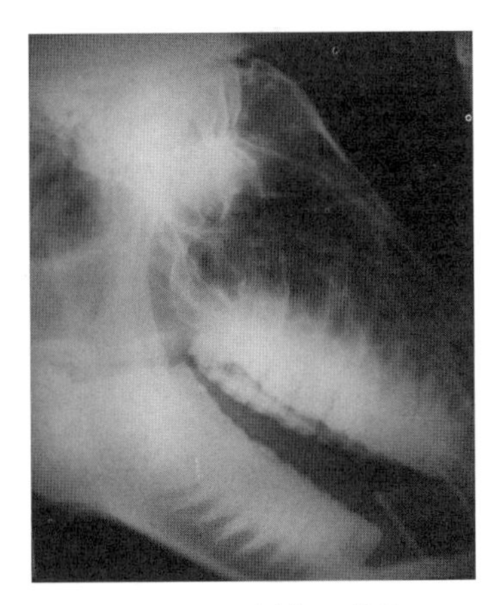

图 18-10　侧位 X 线片

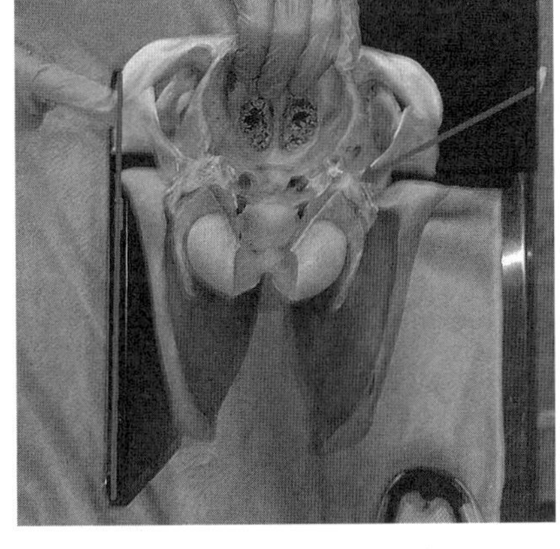

图 18-11　斜背侧摆位

图 18-12　张口斜背外侧摆位

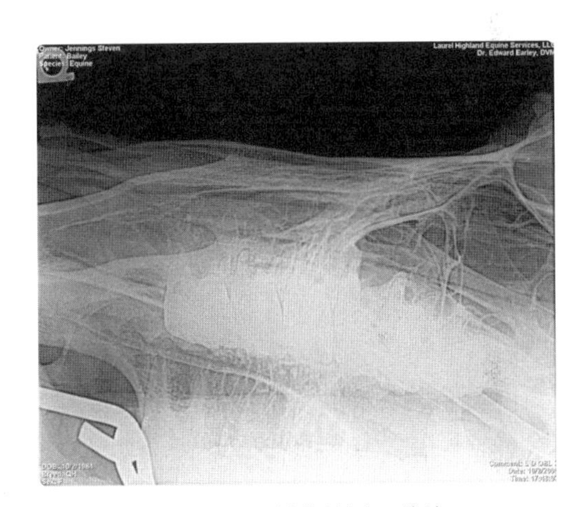

图 18-13　斜背外侧 X 线片

侧 45° 腹侧斜位（L 45-Degree V-LO）或（V OBL）

· 推荐使用10in×12in（25.4cm×30.5cm）片盒。

· 胶片朝向损伤侧（图18-14）。

· 将片盒稍向背侧倾斜以适应斜的成像（图18-15和图18-16）。

· 此视角是由侧位偏向腹侧45°得到的。

· 成像焦点是片盒侧的下颌弓（图18-17和图18-18）。

· 开口技术可以帮助分离颌弓。

开口技术

· 可以在上、下颌切齿之间放置一小段［长度3~4in（7.6~10.2cm），直径1.5~2in（3.8~5.1cm），图18-19和图18-20］聚氯乙烯管来维持口张开的状态。

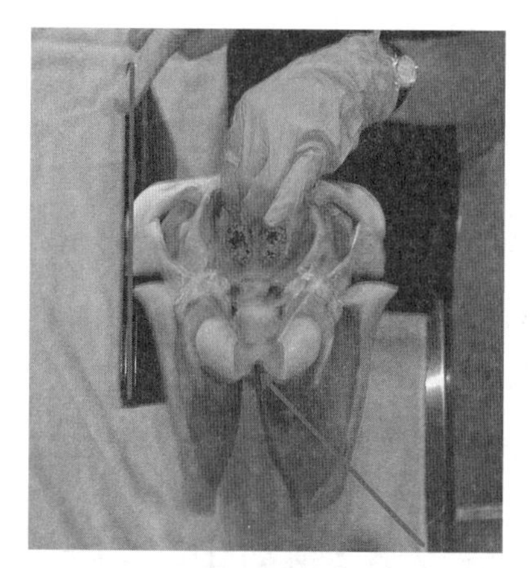

图 18-14　斜腹侧摆位

图 18-15　左颌弓的成像（斜腹外侧位）

图 18-16　右颌弓的摆位（右斜腹侧）

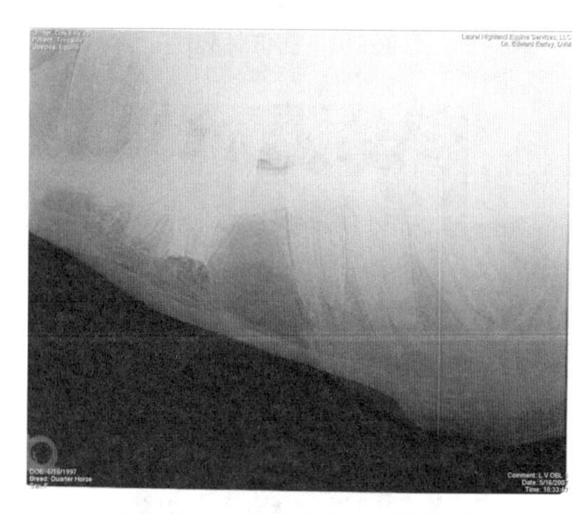

图 18-17　吻侧臼齿的成像技术

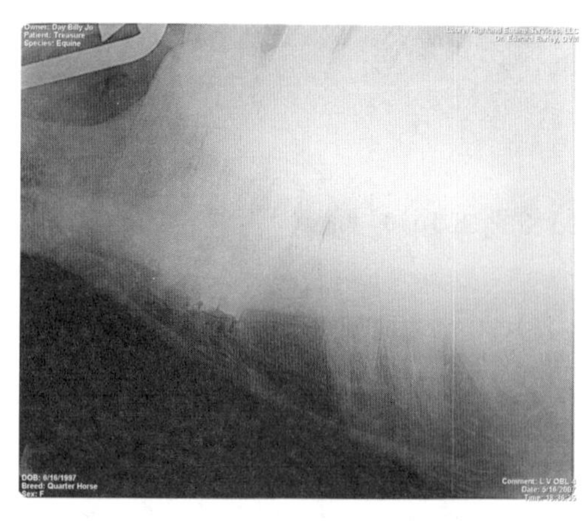

图 18-18　尾侧颊齿

图 18-19　合适的聚乙烯管用弹性皮带固定

· Stubbs全口张开器可以用于维持口张开并固定片盒。最好使用更长的弹力带（役用马项带），这样搭扣可以离项部/耳部更近，不至于干扰成像（图18-12、图18-21、图18-22和图18-23）。

确定X线片方向

· 辨认多种体位的牙科X线片时，推荐将X线片定向，以便能够迅速辨认出各种体位。

· 使用小动物和人类牙科放射学的一种读片技术可以不留疑虑地区分左右颌弓。

· 这种技术总是将X线片定向至从同一位置观察马时对应的平面（图18-23）。

· 当读取左颌弓（200和300颌弓）的X线片时，鼻总朝向左侧（图18-13、图18-17和图18-18）。

· 当读取右颌弓（100和400颌弓）的X线片时，鼻总朝向右侧（图18-10）。

· 对于背腹侧X线片，想象人站在马前面面对马。所以马的右侧总是被定向在背腹侧X线

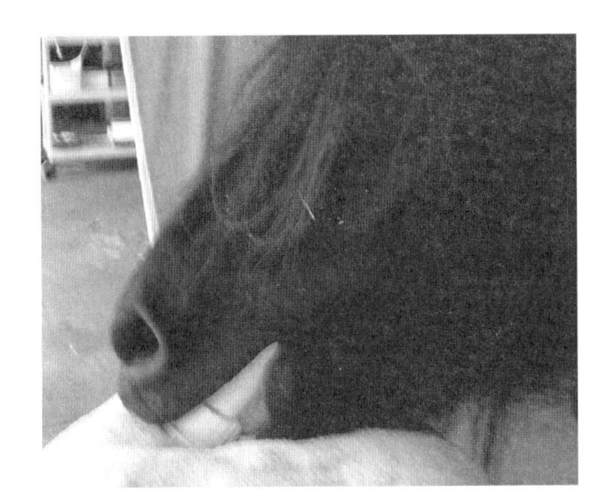

图18-20　使用合适的聚乙烯管

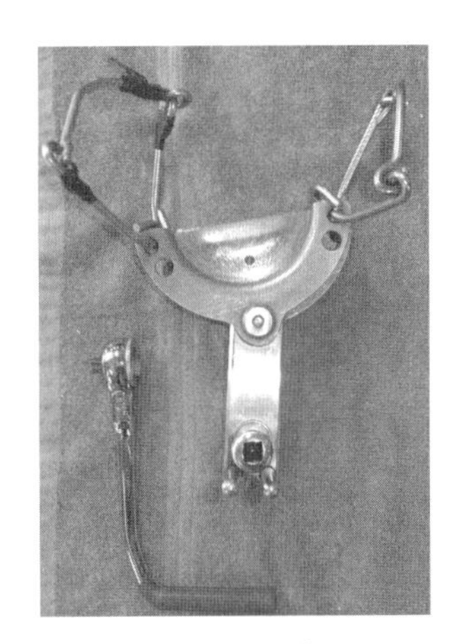

图18-21　Stubbs全口张开器

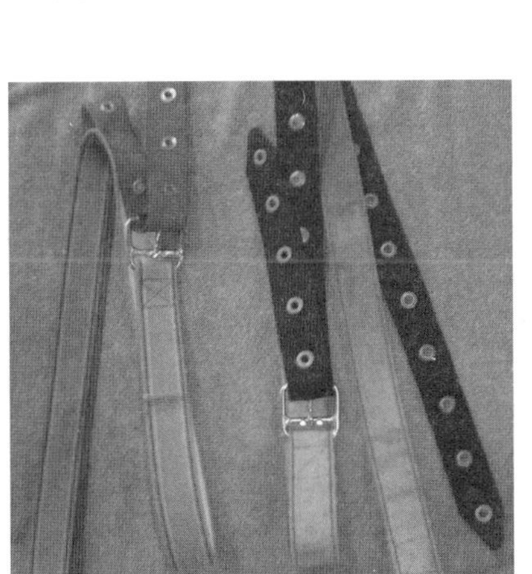

图18-22　弹力“役用马项带”（左）和弹力“普通项带”（右）

图18-23　用Stubbs全口张开器固定片盒

片的左侧。

口腔内X线片

参见表18-4。

表18-4　口腔内X线检查参数表

视角	距离（cm）	kV	mA	曝光时间（s）
上颌颊齿	30~40	60~70	30	0.02
上颌门齿	30~40	60	30	0.02
下颌门齿	30~40	60	30	0.02

注：带屏幕的可调X线片匣（100或200感光度），200感光度更常用。
X线片：绿色，400感光度。将8in x 10in的片子切割成4in x 8in的条带。

二等分角法：上颌颊齿

- 将可弯曲片盒插入马的口中，在舌上方，以上腭为倚点。
- 估计上颌颊齿和胶片之间的角度。
- 估计上述角度的二分线。
- 做二分线的垂线，垂线方向就是X线投射方向（图18-24）。
- 若射线方向与二分线不垂直而成锐角，牙齿的像将缩短（图18-25）。
- 若射线方向与二分线成钝角，牙齿的像将延长（图18-26）。
- 图18-27展示了恰当片盒位置下100颌弓的口腔内X线片。
- 图18-28展示了二分角法中恰当的线束投射方向。
- Stubbs全口张开器非常适用于这种X线片，因为颊部金属部件对成像的阻碍是最小的（图18-29）。

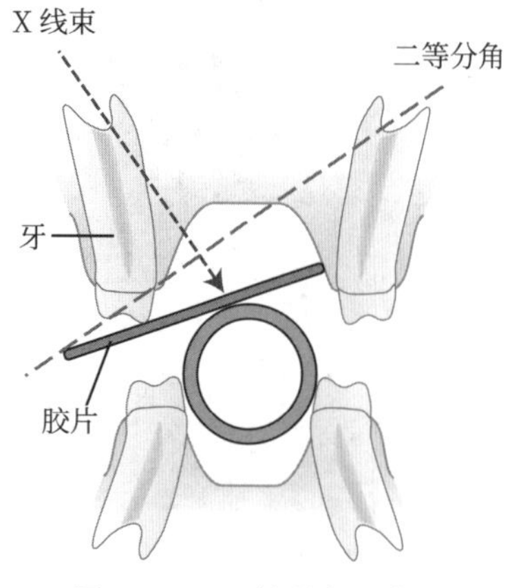

图18-24　二等分角示意

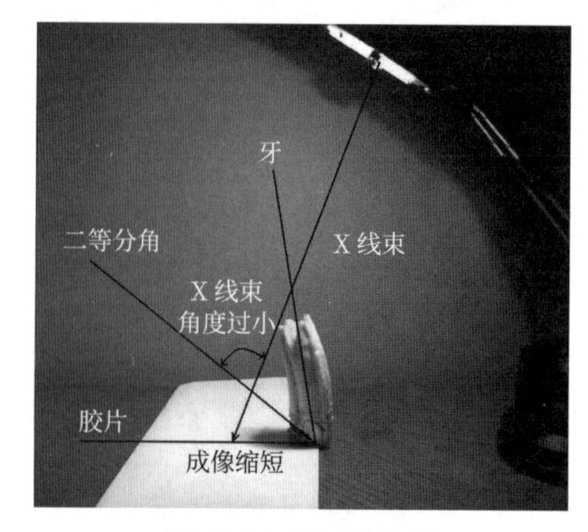

图18-25　牙成像缩短

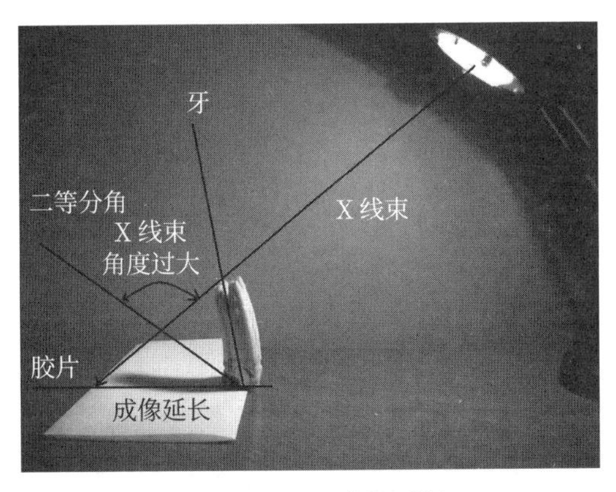

图 18-26　牙成像延长

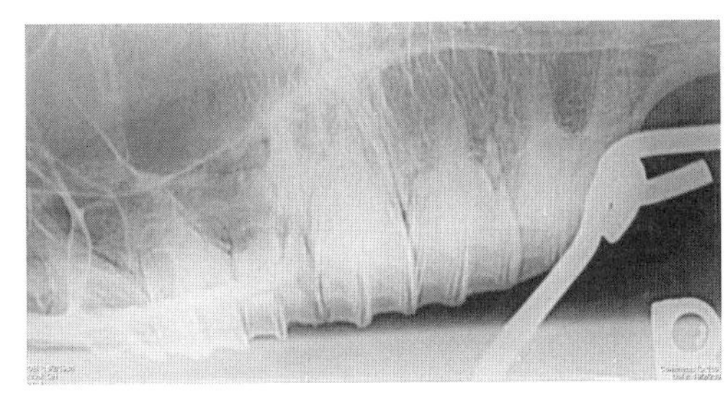

图 18-27　口内 X 线片

图 18-28　用 Stubbs 全口张开器的二等分角技术

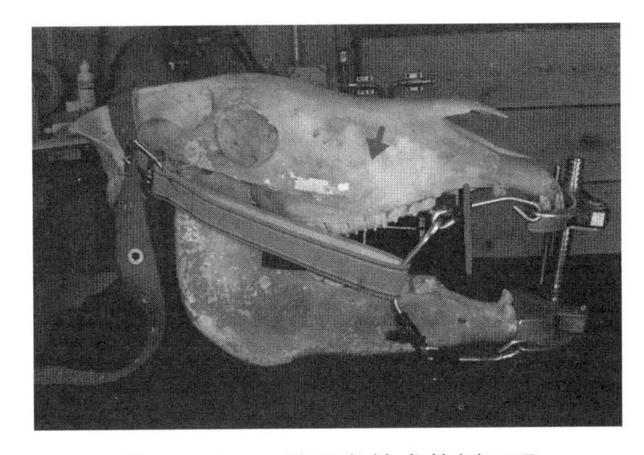

图 18-29　二等分角技术的侧面观

二等分角法：上颌切齿

- 将可弯曲片盒（胶片侧朝上）插入马的口中，在舌上方，上、下颌切齿之间（图18-30）。
- 估计上颌切齿和片盒之间的角度（切齿角度随年龄越来越平）。
- 估计上述角度的二分线，做二分线的垂线，垂线方向就是X线投射方向。

二等分角法：下颌切齿

- 将可弯曲片盒（胶片侧朝下）插入马的口中，在舌下方，上、下颌切齿之间（图18-31）。
- 估计下颌切齿和片盒之间的角度。
- 估计上述角度的二分线，做二分线的垂线，垂线方向就是X线投射方向。

确定 X 片方向

- 读切齿或颊齿图像时，可以应用与前述相同的牙科技术。右颌弓总在图像左侧。
- 上颌切齿总是朝下（图18-32）。
- 下颌切齿总是朝上（图18-33）。

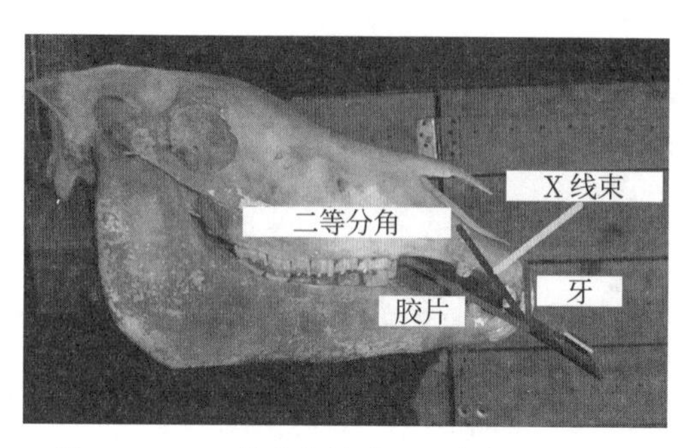

图 18-30　二等分角技术用于上颌切齿成像

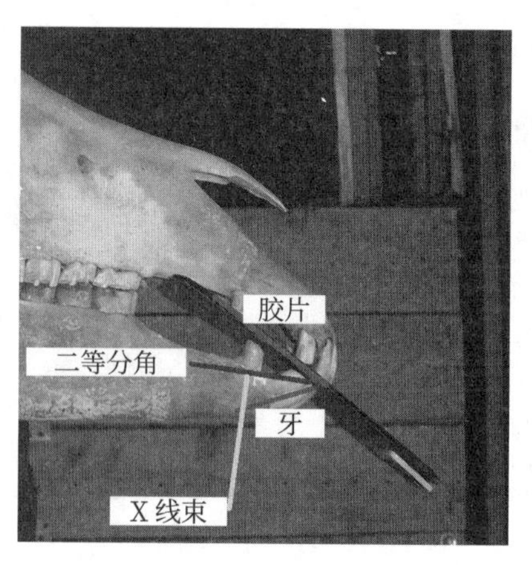

图 18-31　二等分角技术用于下颌切齿成像

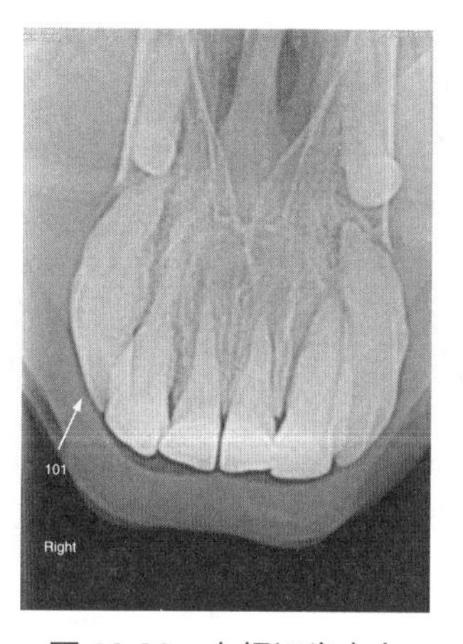

图 18-32　上颌切齿方向

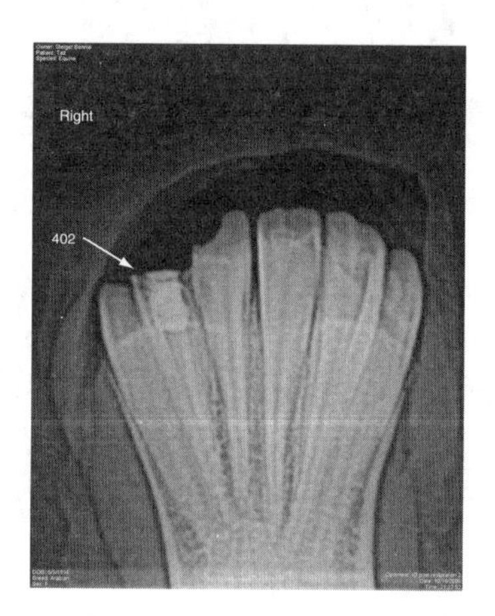

图 18-33　下颌切齿方向

上消化道急症

牙齿

Edward T. Earley, David L. Foster, and James A. Orsini

· 现用的口腔内命名法包括经典、古代和现代系统。连贯一致的命名法可以提高兽医之间的沟通效率，且有助于记录的维持。大部分兽医使用Triadan命名系统（见前述的“马牙科命名法”和图18-3），因为其具有特异性且易懂。

· 完整的口腔检查必须包括全口张开器使用下的口腔视诊和触诊。合适的光源、检查镜和牙科探针也都是必需的。

- 只有非常严重的口腔问题会导致马废食。
- 流涎或吐草提示临床医生患畜存在口腔急症。
  - **实践提示：**狂犬病和其他神经疾病，如肉毒杆菌和破伤风感染，必须作为有流涎或吐草症状的马的鉴别诊断！检查者和助手应该采取恰当的安全防护。
- 要进行安全的口腔检查，注射疫苗、身体检查、戴手套和眼部保护都是必需的要素。
- 检查舌的腹面和后颊部组织，这两处常常被忽视。
- 断牙可能导致牙髓暴露，此时需要进行牙髓切断术。此手术需要特殊器械，马场一般不具备这样的条件。拔牙是备用方案，但可能因为牙冠缺失而出现其他并发症。

牙科——口腔急症护理

舌裂伤

- 大部分急症是外伤性的。
- 清洁、麻醉并对裂口进行清创，然后使用可吸收缝合材料如聚二氧六环酮进行缝合。
- 支持性治疗可以加速愈合：包括抗炎药物（苯乙丁氮酮或氟尼辛葡甲胺）、抗生素，或将1%醋酸氯己定（洗必泰）以1∶200（5.0mL/L）的比例兑水稀释，每12h进行一次口腔冲洗。
- 舌裂伤偶尔会发生。马嚼子误用可以导致横切裂伤，常规牙科护理器械可能导致线性损伤，下颌齿碎片、下颌前臼齿脱落不完整、下颌颊齿舌侧的锋利边缘、竞赛或跳跃时咬舌都可能导致舌裂伤。
- **实践提示：**当舌部裂伤较深且发生感染时，马匹会出现严重疼痛，主要表现为进食困难、流涎、吐草和精神沉郁。
- 临床症状包括出血、多涎、舌突出、发热、口腔恶臭、食欲减退或废绝和吞咽困难。
- 为了对裂伤和口腔内其他损伤进行完整的评估，需要对马进行镇静。
- 应首先对新伤口进行一期愈合处理，旧伤口最好留作二期愈合。

切齿损伤

本章节可为遇到切齿断裂紧急情况的同事提供参考。笔者的目的并不是穷尽这些处理方法的种种细节，如果确诊为切齿断裂并需特殊处理，推荐参考接受过高级牙科培训的马兽医的病例。对于所有切齿断裂病例，高质量X线片是确定治疗方案和预后的先决条件。

- 乳切齿导致的自伤在年轻马中常见。
- 当乳切齿被“夹”在相对不易移动的物体如马厩防护栏、织带、食槽或桶里时，往往会发生撕脱。马会感到惊恐并回拉，此时切齿可能会被部分撕脱。
- 此类损伤可能数小时甚至数日之后才能被发现。

临床表现

- 乳齿向吻侧异位。
- 受损牙齿舌侧/腭侧黏膜边缘撕裂。
- 受损牙齿暴露的牙根区域被污染。

首要任务

考虑将在乳齿下方萌出的恒齿的成活能力。对乳齿过度地清创和复位会造成发育中的恒齿损伤。最好直接拔除乳齿，而不是冒着破坏恒齿牙蕾的风险去修复乳齿损伤。脆弱的牙蕾常常会被不稳定、部分撕脱的乳齿的锋利尖端所破坏。

- 推荐拍摄受损切齿的X线片。
- 拔除不稳定的乳齿。
- 伤口边缘清创。
- 让伤口自行二期愈合，必要时辅以止痛药、抗生素和口腔冲洗。

通常恒齿会顺利发育并萌出。对于缺失几颗乳切齿的年轻马，恢复时一般都不会遇到困难；但如果失去了仍需使用多年的恒切齿，将会导致严重的切齿排列不齐，此时需要牙科护理来维持切齿排列平衡。

· **实践提示：**外力（如踢伤和碰撞）作用下的切齿损伤通常会导致切齿向口腔内旋转，这种情况下恒切齿受损的可能性比切齿受到向外旋转的冲击力的情况要更高。

· **实践提示：**在唇部下方放一对橡皮筋并绑到缰绳上可以拉住唇部，并更清楚地暴露受损部位。

应该做什么

切齿损伤

- 保定并镇静受伤马匹。
- 使用头撑或头顶悬挂装置固定头部。
- 通过局部浸润或区域阻滞对目标区域进行麻醉。
- 检查受损部位。
- 建议拍摄X线片。
- 拔除不具存活能力的牙齿并对伤口清创。
- 可能的情况下缝合软组织（通常是不可能）。
- 术后注射止痛剂、抗生素，并进行口腔冲洗。

环扎钢丝固定法

· 部分切齿非常不稳定时，可以用环扎钢丝来固定。如果不需要利用颊齿就能完成修复，马站立条件下就能完成处理过程。如果要利用颊齿，建议采取全身麻醉。

- 镇静并保定马。
- 拍摄受损部位X线片。
- 注射局部麻醉药。

· 对断裂牙冠咬合面的碎片进行清创。处理想要保留的断牙暴露的牙髓，否则将牙拔除。不要尝试环扎从深部断裂的牙冠，它们不具备存活能力。

- 缩小断裂面并将牙齿纠正到原来正常的方向。
- 通过环扎钢丝固定断牙需要将钢丝穿过未受损伤的稳定牙齿的齿间隙中。

- 国际内固定学会（Association for the Study of Internal Fixation，ASIF）建议使用小号钻头和手动夹头或钻机。为钢丝钻出通道的过程中，注意不要钻入牙髓腔。
- 在牙龈边界或稍偏下的齿间隙中钻孔。
- 钻孔中插入内径1.54mm（14G）的针头以引导钢丝。
- 可以利用健康的犬齿来完成修复。由于犬齿呈锥形，牙冠上轻微的刻痕有助于提高对钢丝的抓力。
- 环扎钢丝就位后，扭转缠绕钢丝的自由末端以拉紧钢丝。随后切断钢丝并将自由末端向内折。推荐在钢丝末端覆盖一层保护物以避免伤及口腔组织（如牙科用亚克力，即聚甲基丙烯酸甲酯）。
- 时机合适时，可以使用黏合剂来进一步修复固定。
- 为评估牙齿健康情况需要坚持跟进6个月的X线片检查。

踢伤、碰撞、跌落造成的乳齿外源创伤，作为自伤可以按照前述方法治疗。总体来讲，这种损伤总是会导致恒齿牙蕾受损。对伤口小心清创、解剖学替换和不锈钢丝固定可以帮助矫正部分或轻微撕脱的牙齿。

如果撕脱涉及恒切齿，则需要更积极地“营救”恒齿。首先清理被污染的伤口，然后纠正位置并使用环扎钢丝固定，这样做有可能挽救部分恒齿。

注意：确定恒切齿是否断裂是非常重要的一个环节。如果恒切齿断裂，需要移除断裂末端并根据余下齿尖的状况判断断齿是否能够存活。

实践提示：发生切齿断裂的老年马常常有睡眠疾病病史——晕倒时经常以口鼻部着地。

切齿的区域与局部麻醉

- 使用5~10mL利多卡因与内径为0.41mm（22G）、长1.5in（3.8cm）的针头。
- 在牙齿唇侧、腭侧和舌侧的疏松黏膜中局部注入利多卡因可以有效将其麻醉。
- 阻滞颏孔（下颌切齿）或眶下孔（上颌切齿）的神经可以实现切齿的区域麻醉。

应该做什么

切齿断裂——其他处理原则

活髓切断术

- 活髓切断术指对部分活体牙髓的手术移除。
- 健康牙髓以上的病变牙髓被去除。
- 涂一薄层氢氧化钙以帮助起始牙本质桥的形成。
- 随后涂上玻璃离子体作为根管上的永久封膜。
- 涂好玻璃离子体后，再涂上流动复合树脂以助牙冠修复。
- 活牙会继续萌出。图18-34与图18-35的对比体现了201（Triadan命名法）在14个月期间的萌出状况。
- 101术后14个月的X线片显示髓角仍然有生命力（图18-36）。
- 活髓切断术时去除了残留的202。
- 当牙齿继续萌出，可以用压缩复合树脂对暴露的牙冠进行进一步修复。

牙冠修复

- 长期牙冠断裂可以发展成侵蚀牙釉质和牙本质的龋性损伤。
- 图18-37显示402在近中面边缘发生牙冠断裂，并在唇侧有龋形成。
- 牙髓6个月之前已经暴露于氢氧化钙，故临床指征和X线片都提示牙本质的强烈反应。
- 402腐败断裂的部分牙冠被去除，唇侧牙龈的部分边缘也被去除（图18-38）。
- 对牙齿进行酸蚀和黏结，然后涂上一层玻璃离子体。
- 涂上玻璃离子体后，使用基托蜡作为修复的桥基（图18-39）。
- 使用流动复合树脂来填充受损牙冠的不规则处。

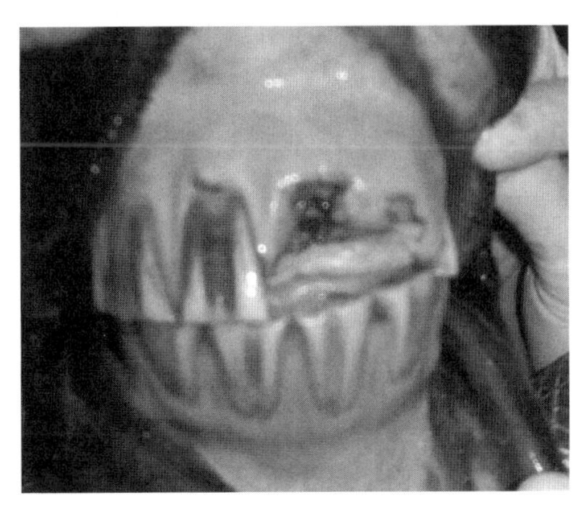

图18-34　201齿折致急性牙髓暴露

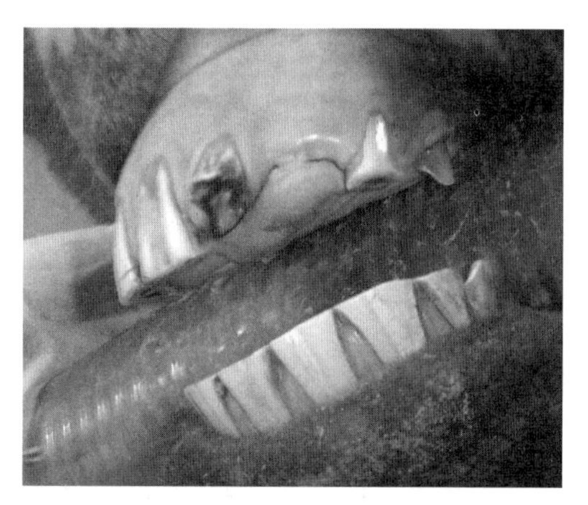

图 18-35　活髓切断术后 14 个月

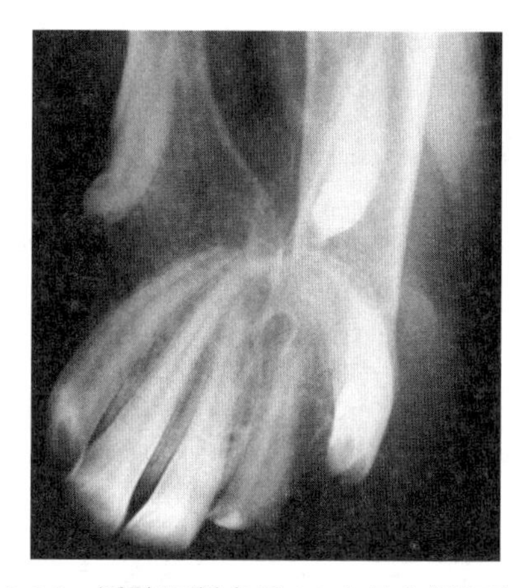

图 18-36　活髓切断术后 14 个月上颌切齿口内 X 线片

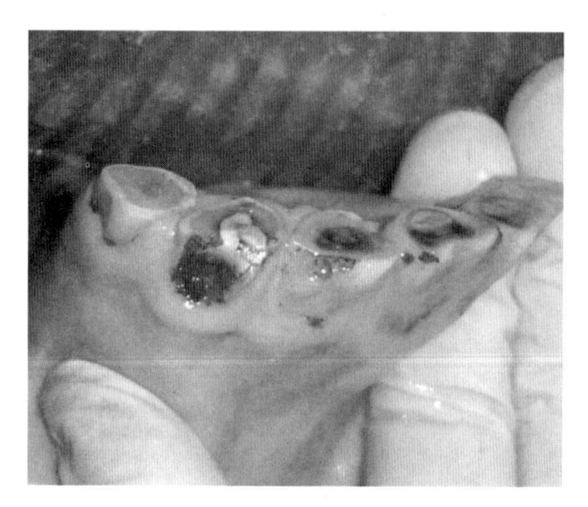

图 18-37　402 的初期表现

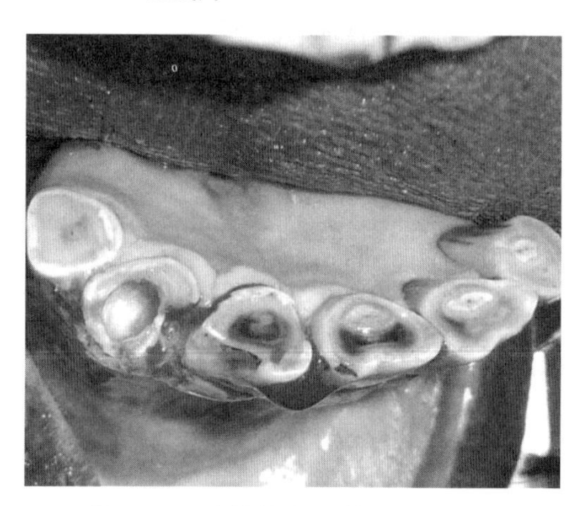

图 18-38　折断和坏死的牙冠被切除

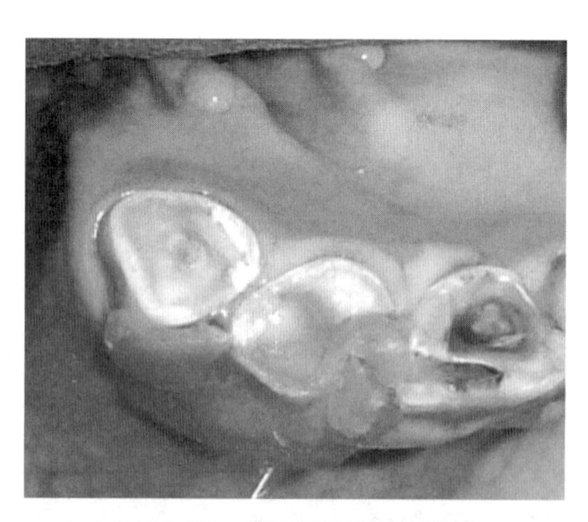

图 18-39　使用基托蜡作为桥基

• 再涂上两层压缩复合树脂，修复至牙冠原有的高度。

• 去除基托蜡，并将复合树脂修减至只余下牙冠近中侧和远中侧（图18-40）。

• 术后X线片显示了402的修复状况（图18-41）。

牙周夹板

• 牙周夹板和聚乙烯纤维可以提供支撑力，直至牙周韧带重新连接到受损牙齿上。

• 本例发生于101隐冠，部分牙釉质和牙本质断裂（图18-42）。

• 根管并未受到损伤。

• 牙龈被切开并移除断裂碎片。

• 聚乙烯纤维被黏结到101和两侧的另外两颗牙齿上（102和201）（图18-43）。

• 压缩复合树脂被掺到纤维中，以使夹板更加牢固。

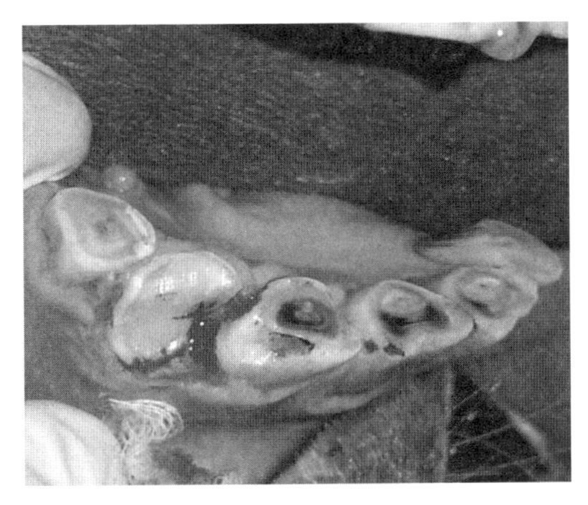

图 18-40　最终修复

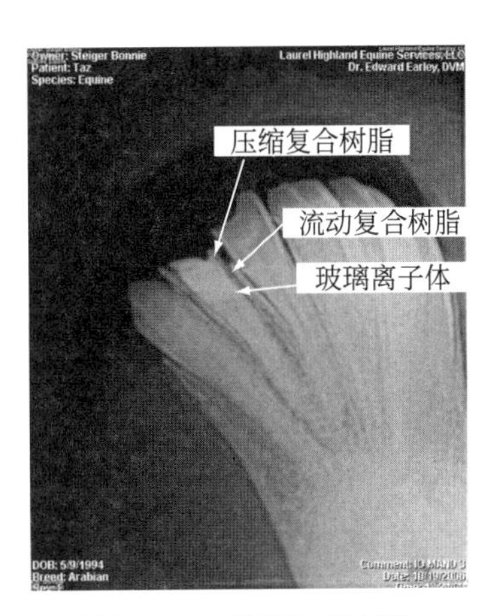

图 18-41　修复后 X 线片

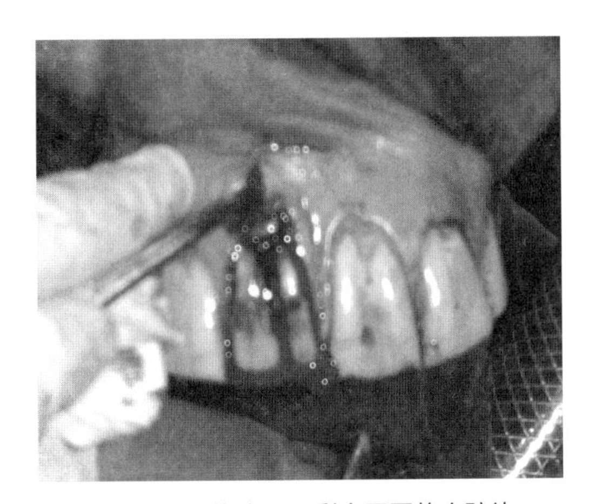

图 18-42　移除 101 剩余牙冠的小碎片

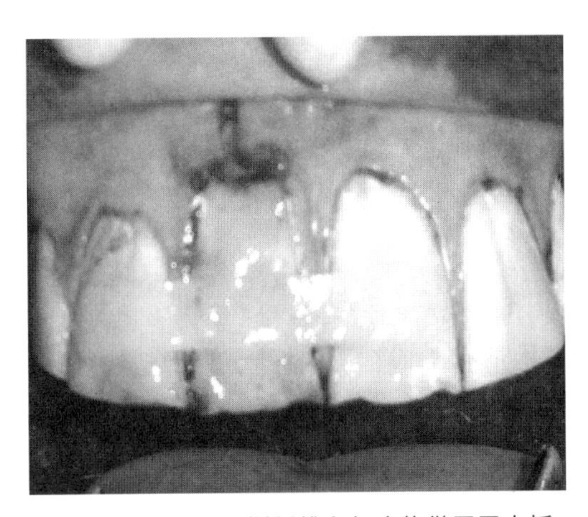

图 18-43　用聚乙烯纤维和复合物做牙周夹板

· X线片显示了术后6个月的夹板和修复情况（图18-44）。

急性流涎（多涎症）

Thomas J. Divers

· 若马在某些情况下不能吞咽正常产生的唾液（如气哽、神经疾病——尤其是肉毒中毒、马原虫性脑脊髓炎和咽鼓管囊真菌感染），或者口/咽部受伤，会导致急性流涎（多涎症）。

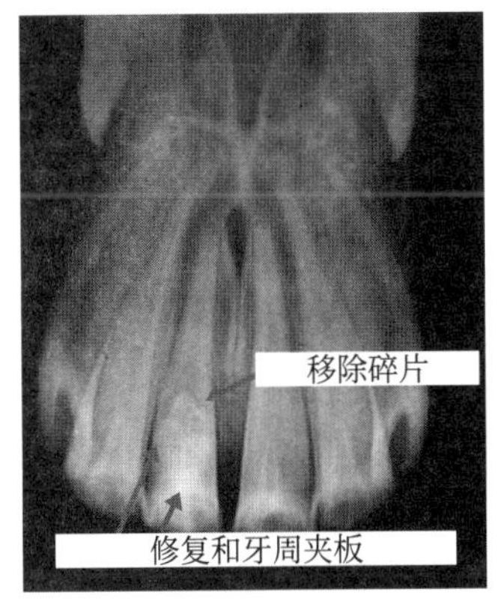

图 18-44　6 个月后牙周夹板和修复情况的 X 线片

· 过多的唾液也可以导致多涎症，大多数情况下会由红三叶草中毒（根霉菌胺）、口部伤口/炎症和幼驹胃溃疡伴食道炎引起。

· 全面体检和病史检查对于准确的诊断非常重要，从中可以判断多涎是来源于局灶还是全身性疾病（如红三叶草中毒）在单个病灶部位的表现。

· **实践提示：**成年马多涎的最常见病因是食道梗阻，或者区域特异的红三叶草中毒。对于幼驹，胃溃疡和食道溃疡是首要原因。

· 某些病例可以通过口腔检查确认多涎的原因。评价整个口腔，并寻找伤口、溃疡、水疱、异物（尤其是舌中或夹在上颌弓中）、齿根或软组织脓肿、断牙、腭部损伤或化学药物导致的损伤迹象。切齿和头部被踢伤，或者口被夹在桶把手上，都是口腔损伤的常见病因。舌损伤通常见于有大脑疾病的马的自伤。胃管导致的损伤也可能导致多涎。为进行安全和全面的口腔检查，可能需要在镇静（地托咪定和布托啡诺）条件下小心使用马用张口器。

· **实践提示：**马若未保持镇静，“甩”头时张口器可能会严重伤害检查者。

· 马过度咬张口器可能导致牙齿断裂。对于某些马，尤其是后咽受损或有异物存在的马，可能需要全身麻醉以进行完整的口腔检查。

多涎的局灶病因

· 马口腔最常见的异物包括：长度足够卡在上齿弓之间的木条、穿透咽腔或软腭软组织的小木棍以及舌或咽中的金属异物。对口腔药物的反应也是口腔炎症的常见病因。

· 评估舌是否存在水疱、溃疡、异物和蜂窝织炎。

· 干草饲料中若混入芒刺或草芒（如狗尾草、沙刺、旱雀麦和痒草，图片参见www1.extension.umn.edu/agriculture/horse/pasture/mouth-blisters/docs/mouth-blisters.pdf），可能被卡在口腔中而导致多涎。特定的农场或特定的干草批次可能会出现这种问题。

· 舔过含水银的复方发疱药物（blister）的马很可能出现严重的口腔溃烂；此产品目前已很少使用。恩诺沙星（拜有利100）在某些马中会导致严重的口炎；也有报道称，制药时将其混合于凝胶中可以降低口炎概率，但对于某些马仍然无法避免。口服甲硝唑可能造成多涎，但不会导致口腔糜烂。非甾体类抗炎药（NSAID）偶尔会导致口腔溃疡，但通常不会导致过度流涎。

· 大部分口腔内的水疱都是原发的，但必须要考虑水疱性口炎的可能性，新墨西哥州和科罗拉多州每隔几年就会出现发病率增加的情况。发现可疑的口腔溃疡应向州兽医汇报。免疫介导的天胞疮可能会出现在口腔，但并不常见。

· 李氏放线杆菌（*Actinobacillus lignieresii*）、放线菌属（*Actinomyces* spp.）和棒杆菌属（*Corynebacterium* spp.）感染可以导致木舌病和/或下颌区脓肿。

· 同时也考虑唾液腺炎、马或驴的涎石、断牙、口腔骨折、舌骨器和颞舌骨。其他病因包括原发性咽炎、急性会厌炎、咽后淋巴肿大、咽鼓管囊积脓、咽水肿和食道梗阻。

- 肿瘤（横纹肌肉瘤或鳞状细胞癌）、异物、受伤或嗜酸性肌炎导致的舌肿大可能进一步引起多涎和吞咽障碍。
- 面神经麻痹和咬肌病变（缺硒）也是多涎的病因。若发生面神经麻痹，或存在脑干疾病牵涉到第五或第七对脑神经，马可能在患侧颊内塞满食物。对于咬肌病变，可能发生舌突出。

多涎的神经或毒性病因

- 导致多涎的神经疾病包括：
  - 肉毒中毒。
  - 马原虫性脑脊髓炎［equine protozoal myeloencephalitis（EPM）］。
  - 西尼罗病毒。
  - 狂犬病。
  - 其他脑炎。
  - 发霉玉米中毒。
  - 黄矢车菊中毒。
  - 伊维菌素中毒。
  - 丙二醇中毒。
  - 肝性脑病（见第20章，特殊神经疾病）。
- 斑蝥素（Cantharidin，来自斑蝥/芫菁）中毒：可能导致局部炎症和全身症状如急腹症、尿血等（见第34章）。
- 医源乌拉胆碱注射（一种拟副交感神经药）。
- 牧马发生多涎往往是由于食用了感染豆类丝核菌（*Rhizoctonia leguminicola*）的白车轴或红车轴。
  - 美国东南部和南部某些地区最常见。
  - 有报道称可能与饲喂苜蓿有关。
  - 感染植物叶片会出现黑斑（见第34章）。
  - 通常牧马会出现此病，但饲喂贮存干草的马也可能发病。
  - 毒素在干草贮存的数月间缓慢降解。
  - 由于胆碱能神经被激活，患马常常会出现流泪、尿频和腹泻。
  - 摄入毒素30min内症状可能就会出现。
  - 通常将马移出牧场后，一天之内症状就会消失。

诊断

辅助性诊断方法包括X线、超声和口腔-咽部内镜检查。通过超声图像可以为细胞学检查/

细菌培养界定目标区域。X线对于辨认异物或牙齿病变很有帮助。从远处观察马是否保留摄取、咀嚼和吞咽的能力。某些病例中，需要在全身麻醉下进行完整的口腔检查后才能确定病因。当多匹马都出现口腔水疱，应排查水疱性口炎（血清学检查和水疱抽吸物的病毒分离）。口腔水疱的暴发不一定是由水疱性口炎引起，但具体暴发原因仍不明确。对于毒素引起的多涎，对摄入毒素或化学刺激物种类做出合理推测非常重要。

应该做什么

导致多涎的口腔疾病

可按如下方法治疗：

- 移除异物——通过X线确认异物位置。
- 拔除引起症状的患牙。
- 若由红车轴中毒引起，将马移出牧场。
- 若由感染（木舌病）引起，给予抗生素。
- 若脱水并无法正常吞咽，静脉补充液体。
- 若有口腔内伤口或骨折，给予非甾体类抗炎药。
- 其他对症治疗：
  - 洗必泰冲洗口腔（混合1体积的2%葡萄糖酸氯己定和10体积的水），胶体或螯合银口腔冲洗溶液，或利用2%高锰酸钾作为口腔消毒剂。对于患鹅口疮（念珠菌感染）的幼驹，洗必泰冲洗非常有效。
  - 针对咽部水肿、炎症和会厌炎，使用含呋喃西林的泼尼松龙喷剂。青霉素是治疗口腔伤口或感染的首选抗生素，因为大部分口腔共生菌都对其敏感。如果咽部或喉部肿胀导致气道狭窄，可能需要进行气管造口术（见第25章）。**实践提示：**对于输液治疗需要铭记一点，马的唾液中浓度最高的阴离子是氯离子，而碳酸氢根离子的浓度相对较低。在极少见的情形中，唾液流失可能导致马出现酸碱失衡；可能发生低氯代谢性碱中毒（通常酸碱平衡没有或者只有轻微变化）。对于此类病例，通常推荐输注0.9%氯化钠和20mEq/L的氯化钾。

应对措施

导致多涎的系统性疾病

根据特定疾病进行治疗（见神经或毒性病因）。

食道

· 最常见的影响马食道的临床疾病是食道腔的阻塞。此病可能是单次急性发作，也可能是慢性的间歇发作。不论如何发作，都应作为急症处理。若出现复发，应考虑食道憩室或狭窄的可能性。

· **实践提示：**巨食道和慢性气哽在弗里斯马中常见，对于长期生存通常预后不良。此类马可能还存在胃排空障碍。

食道梗阻

· 食道梗阻通常是急性发作，由食物（如干甜菜粕、干草、颗粒饲料、木屑或垫料）堵塞食道腔所致。此病常常出现于有贪食习惯的马，尤其是饲喂颗粒饲料的老年马。

· 其他风险因素包括：到达医院后立即饲喂紧张兴奋的马，或者到达休息站后立即饲喂疲惫不堪的马。食道梗阻偶尔也见于被深度镇静、允许进食的马。大部分食道梗阻都出现在成年马，但也可能出现在幼驹。

· **实践提示：**老年马易患食道梗阻，因为唾液产生能力下降，并且有时咀嚼食物不彻底。

· 食道梗阻最常见的症状是多涎、干呕、带唾液的咳嗽和从鼻孔中滴落食物。在大部分情形中，如果梗阻发生在颈段食道（最常见的位置是近端食道在进入胸腔之前的部分）且时间不长，可以触诊检查到扩大的食道。

· 随时间延长，阻塞区域的肿胀和肌肉痉挛会使堵塞块的轮廓变得难以确认。如果马尝试吞咽后立刻出现干呕，那很可能是颈段食道发生梗阻。若阻塞在食道远端，吞咽和干呕之间会有10~12s的延时。

食道梗阻的诊断

· 通常通过病史和临床症状都有很高的诊断意义，但大部分情况中还是通过鼻饲管在食道中遇到阻塞物来确诊。

· **实践提示：**治疗的首要目的是降低马的焦虑，促进食道肌肉放松，并且为马补水。

应该做什么

食道梗阻的处理方法

· 用乙酰丙嗪或另加赛拉嗪镇静马匹，促进整个食道松弛，将马头部拉低。

· 重要：如果怀疑食道梗阻，建议畜主立即将干草和水源移除。这种保守性措施通常足以放松食道并让阻塞物在4~6h内自行通过食道。

· **实践提示：**如果马曾有食道梗阻病史，或推测梗阻已经持续6h以上，此时梗阻被考虑为急症。大部分兽医倾向于在马镇静后插入胃管，不仅仅为了确诊，也可以在梗阻物水平提供温和的灌洗，此时马的头部应该保持低位，同时非常轻柔地向梗阻物施加“推”力。对于首次发病的病例推荐使用前述方法。但如果梗阻发生在极近端（喉后方），此时如果是首次发病，并且没有咽梗阻的迹象，需要注射镇静剂，禁食、禁水并观察3~4h，若梗阻未能自行解除再进行灌洗。

· 解痉灵（丁溴东莨菪碱）以0.3mg/kg剂量静脉注射，或每450kg 7mL肌内注射，可通过降低食道肌紧张来帮助解除梗阻。由于其抗胆碱能效果，静脉注射丁溴东莨菪碱会导致短暂（20~30min）的心率提高。对大部分病例此法值得推荐，但因为食道梗阻最常见于由骨骼肌构成的近端和中段食道，此法是否有益仍然可疑。

· 催产素以0.11~0.22IU/kg，每6h静脉注射1次，是否有效仍无定论，但这种方法可能会通过降低食道平滑肌紧张来帮助解除梗阻。催产素注射可能会导致腹部短暂不适、出汗和肌肉战栗。注意：不要向怀孕马注射催产素，可能会诱发流产。

· 如果上述治疗方法都没有在4~6h内缓解食道梗阻，考虑灌洗。使用赛拉嗪或地托咪定镇静患马，促进其头向下低，将胃管插到梗阻物的近端界面；小心向胃管中注入少量水，向梗阻物施压。此过程应重复数次，直到梗阻物解体。只要保持马头在低位，可以通过胃泵向中号胃管中泵入大量水以增加压力。

· **实践提示：**在泵入大量水之前一定要确认液体可以顺利从管末端流出！灌洗的同时轻推胃管，梗阻物在压力作用下可能会沿食道下移。只要造成梗阻的食物团开始移动，通常梗阻很快就会解除。如果梗阻是由绳子或非植物的异物导致，不要将异物推向食道更深部，以免给手术带来困难。

- Rüsch食道冲洗探头（图18-45）利用增压水源（室温水或温水，水管/水龙头）来解除梗阻。操作者需要检查供梗阻物碎片和水流出的主要管道没有发生堵塞，以免梗阻近端食道压力过大！延长水管和流入管近端之间的阀门可以随时控制水流的开关。
- 还有另一种较为激进的灌洗方法：从鼻内向食道插入温暖的、带套囊的气管插管，套囊充气后可以防止灌洗食道时水反流误吸，从而保证操作流程的安全性。插管前先将其预热可以使管更加柔软，有利于其顺利进入食道。液体可以泵入气管插管；也可以先在气管插管内插入直径较小的胃管，然后将液体泵入。最常用的灌洗液是温水。

- **重要：** 操作一定要仔细小心，避免损伤食道、继发性食道狭窄或穿孔。
- 另外一种方案是提前将气管插管插入器官并为套囊充气，这样可以避免灌洗食道时冲洗物进入气管而被误吸。
- 如果梗阻物无法被清除，或者镇静条件下仍然无法控制马，此时需要保持马头处于低位并进行全身麻醉，以进行更激进的灌洗。对于难以保定的刚断奶的幼驹或1岁马，这种方法最具可操作性。
- **实践提示：** 如果计划在短时麻醉后进行灌洗，一定要在全身麻醉之前插入鼻饲管；麻醉后再向马的食道内插管会非常困难！
- 对于病程延长的食道梗阻病例，静脉输液是非常重要的支持性治疗，可以防止脱水和梗阻物的“干燥”。
- 由于吸入性肺炎的风险很高，很多食道梗阻的病例都会使用预防性抗菌药物。通常在梗阻解除后的5~7d内给予抗生素（如普鲁卡因青霉素，每12h按22 000IU/kg肌内注射，同时庆大霉素每24h按6.6mg/kg静脉注射或肌内注射；头孢噻呋每12h按2.2~4.4mg/kg肌内注射；或磺胺甲噁唑每12h按20~30mg/kg口服）。如果梗阻持续6h以上，并且看护者没有立即移除干草和水源，或者胸部听诊能听到啰音，此时在上述原始治疗方案基础上应加入甲硝唑（每8h按15~25mg/kg口服或按25~30mg/kg经直肠给药）。若梗阻解除后内镜检查发现严重的黏膜损伤，甲硝唑应通过直肠给予；某些情况下应给予口服硫糖铝。
  - 如果怀疑梗阻已经导致黏膜受损（根据梗阻持续时间，可能采用不同方法缓解梗阻或导致梗阻的刺激物），应当在24~48h内、再次给予饲料之前进行食道内镜检查。
  - 如果怀疑有过度误吸发生（大部分梗阻都会导致一定程度的误吸），梗阻解除后24h内应进行胸部超声检查。

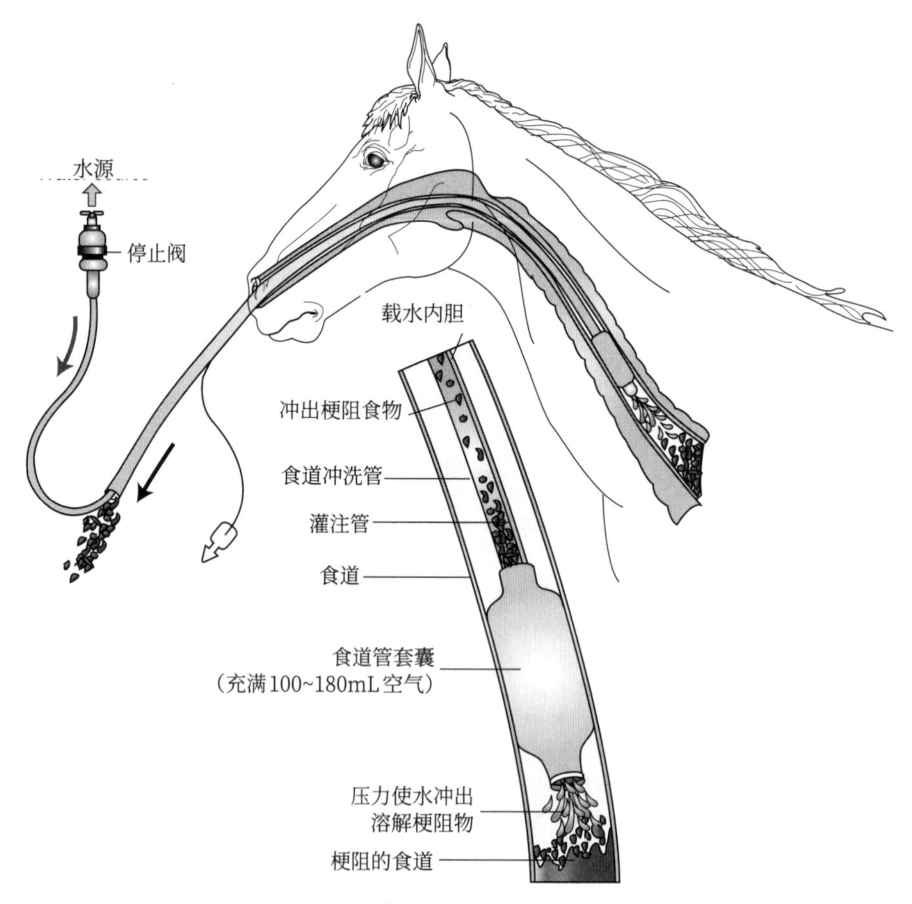

图 18-45　Rüsh 食道冲洗探头的横断面和闭合面

• 梗阻症状缓解后，如果内镜检查时发现气管中有大量食物并且马没有咳嗽，此时可以将马进一步镇静以使其头保持在低位。使用支气管肺泡灌洗管，内镜（管末端）在气管的胸腔分叉点，轻轻向管内灌注少量（30mL）温的平衡晶体溶液，并给予数个周期的短暂吸力（每次10~15s）。如果第一次灌洗后并没有抽吸出颗粒物质，不要继续灌洗。

• 如果已经明确造成梗阻的原因（如不恰当的饲喂或存在牙齿问题），将其排除。

不应该做什么

食道梗阻的处理

• 切勿在确认梗阻后仍将食物和水源留在马厩中。

• 不要使用布托啡诺，咳嗽反射可能会被抑制。

• 不要使用矿物质润滑食道，部分被吸入后会导致严重的肉芽肿性肺炎。

• 在最初的3~4h内不要过于激进地向梗阻物施压。

• 不要在马非常兴奋或深度镇静的情况下立即饲喂干甜菜。

• 如果马头没有在低位，不要冲洗食道！

• 如果是第一次发生梗阻并且冲洗1h仍不见起色，让马适当休息调整，并在当天晚些时候或者第2天再次尝试，前提是马可以被镇静、禁食禁水，并同时静脉补充液体。

• 不要用阿托品来松弛食道，应该使用丁溴东莨菪碱。

• 不要忘记跟进治疗。食道梗阻时间过长（＞4h）、重复发作，或没有被禁食禁水的马需要在梗阻解除后24h再次检查，并且最好能够进行肺部超声和食道内镜检查。

  • 若梗阻解除后的12~24h内马出现呼吸频率加快，需要对其进行仔细检查，并可能需要针对肺炎进行抗生素治疗。

• 不要急于重新饲喂。

  • 以“糊”（谷物或颗粒饲料在水中充分浸泡形成）重新开始饲喂。

  • 如果禁食24h以上，矮马、迷你马和怀孕马可能需要补充营养（静脉注射葡萄糖和/或氨基酸）；此时需要监测甘油三酯水平。

应该做什么

手术治疗

若所有移除梗阻的尝试都失败，需要进行手术干预。尽管有数种方法处理由狭窄、憩室、肿瘤和其他罕见原因引起的梗阻，但颈段食道造口术是唯一的急救措施。

• 向食道中插入鼻饲管，并且在局部或全身麻醉条件下进行颈段食道造口。麻醉方案取决于马的性情、梗阻类型、花费和术者偏好。在中线或梗阻附近左侧颈静脉腹侧皮肤划开切口。一旦辨认出梗阻部位，在切开进入食道腔前先尝试腔外按摩并用手分解梗阻物。如果操作失败，在梗阻远端的食道腹侧或腹旁侧打开2cm纵向切口。若不闭合切口而留作二级愈合，或一级愈合出现开裂，这些部位可供液体排出。使用0.5in（1.3cm）Penrose引流管隔断切口远端的食道，并向食道腔中逆行插入公马导尿管。间歇性给予温和的灌洗水压，尝试将阻塞物冲回咽部。如果仍然失败，则将食道切口延长，然后使用海绵钳移除阻塞物。

• 插入胃管，正向和逆向移动，以保证食道内再无障碍物。用3-0单丝聚二氧六环酮或聚丙烯缝线对食道黏膜层和黏膜下层进行单纯连续缝合，在食道腔面打结。使用可吸收材料间断缝合食道肌层。在食道旁放置抽吸引流管并闭合皮下组织。引流管留置48h，全程禁食，给予肠外营养支持，所有液体都经静脉注射。术后第5天起开始饲喂半流体颗粒饲料，持续8~10d。

• 另一种选择是在原切口远端再开一口，插入胃管并原位缝合，通过胃管饲喂“糊”与水的混合物。胃管可以留置10d，期间原切口可以进行一级愈合。如果发生开裂，可能会出现牵引性憩室，但仅见于少数并发症。

• 若在梗阻部位对坏死组织进行了清创，推荐使用胃管。将胃管原位缝合并饲喂10d“糊”与水的混合物。拔出管后切口自行二期愈合。

预后与并发症

单纯食道梗阻的预后非常好。发生内压性憩室的马预后仍然良好，但如果发生狭窄并需要进行食道切除吻合术则预后不良。吸入性肺炎是严重的后遗症，需要及早发现并积极治疗。利用临床检查和超声检查来判断吸入性肺炎的严重程度。这些并发症的发生概率似乎与梗阻解除的时间和禁食禁水的情况有关。对患马积极治疗并给予特殊照顾，尽量避免医源性并发症。迷你马幼驹的食道梗阻较常见且难以缓解。

食道穿孔

食道穿孔（破裂）的原因包括：

- 慢性梗阻。
- 吞咽可能造成穿孔的异物，如针头或刺。
- 从外部伤口穿透，甚至是定位错误的针头（很少发生）。
- 重复或创伤性的鼻饲管置入。
- 注意：对于插管难度很大并且较粗管被留置数日的马，在最近端的背侧食道有时会出现压迫性坏死。放置鼻饲管很少导致食道穿孔，但一旦发生数日之内都不易察觉，食道穿孔至纵隔可能会导致致命的胸膜炎。
- 周围组织损伤（如踢伤）或感染的扩散。
- 临床症状包括：开放性穿孔导致瘘，唾液与食物从中流出；闭合性穿孔导致的颈部肿大、蜂窝织炎、脓肿和皮下气肿。另外可能发生呼吸困难，此时需要进行紧急气管切开术。
- 通过内镜、X线片或造影来确认诊断。内镜检查难以发现小的穿孔。探查性X线片可能显示皮下气肿，阳性对比X线片可能显示食道内液体和气体介质向周围组织渗漏。

应该做什么

食道穿孔

- 对于急性（6~12h）穿孔，在活组织足够的条件下可以进行清创和一级愈合。
- 术后48~72h禁食禁水，给予黏膜层充分的时间愈合并避免术后瘘管形成。
- 注射广谱抗生素，常用组合如下：
  - 每6h以22 000~44 000IU/kg静脉注射青霉素钠钾；氨基糖苷类：每24h以6.6mg/kg剂量静脉注射庆大霉素，或每24h注射19.8mg/kg阿米卡星。
  - 针对厌氧菌，每6h经直肠给予25~35mg/kg甲硝唑。
- 静脉注射平衡的多离子溶液来纠正电解质和酸碱紊乱；另外同时注射氨基糖苷类时，静脉补液可以保证足够的肾灌流。
- 注射非甾体类抗炎药（NSAIDs）。
- 注射破伤风预防疫苗。
- 如果一级愈合不可行（通常情况如此），在腹侧建立合适的引流以避免蜂窝织炎沿筋膜平面扩散导致的腐败性纵隔炎和胸膜炎。伤口进行二期愈合。
- 康复期可能需要在穿孔远端造口并留置胃管来进行营养补充，或完全依靠肠外营养。
- 如果在内镜检查时发现了严重的非穿孔性撕裂，可以通过静脉补充营养，直到不再有唾液产生。此后可以饲喂“糊”状饲料。硫糖铝常用于此情形中，但其是否有效并无定论。

预后

· 急性食道穿孔在进行恰当的治疗并且进行一期愈合的条件下，预后良好。

· 在慢性病例中预后需要谨慎，因为很有可能发生并发症，如食道狭窄、二次梗阻和腐败性纵隔炎或胸膜炎。

胃与十二指肠

胃溃疡

James A. Orsini and Thomas J. Divers

关于胃溃疡的临床症状和诊断流程参见表18-5和表18-6。

表18-5 马胃和十二指肠溃疡的临床症状

成年马	马驹
食欲不振 精神沉郁或其他行为变化 表现不佳，这可能和食物摄入量减少、贫血、步距减小或慢性疼痛/应急有关 被毛不佳 体重下降，体况评分＜5/9 经溃疡对症治疗后改善	高风险群体：1~4月龄 磨牙症 流涎过多通常表示流出物过多以及食管炎 在地上用背部打滚，尤其是在觅乳后 腹痛的其他症状 食欲不佳 间断觅乳(觅乳期间不适) 腹泻或有腹泻病史

表18-6 胃溃疡诊断

成年马	马驹
临床症状：见表18-5 内镜检查是唯一能够确诊胃溃疡的可靠方法。用于录像和纤维光学内镜，使用200（最小）至300cm长的镜头 胃溃疡分级（图18-46）： 0级/正常——上皮完整 1级/轻微溃疡——发红，角化过度或大面积上皮损伤 2级/中毒溃疡——大面积或多处损伤或大面积浅表性损伤 3级/严重溃疡——大面积或合并性损伤以及深度损伤	临床症状：见表18-5 辅助性检测： 胃和十二指肠内镜（图11-24） 钡餐用于X线对比视图 粪便隐血阴性测试不敏感，阴性结果不能排除胃和十二指肠溃疡

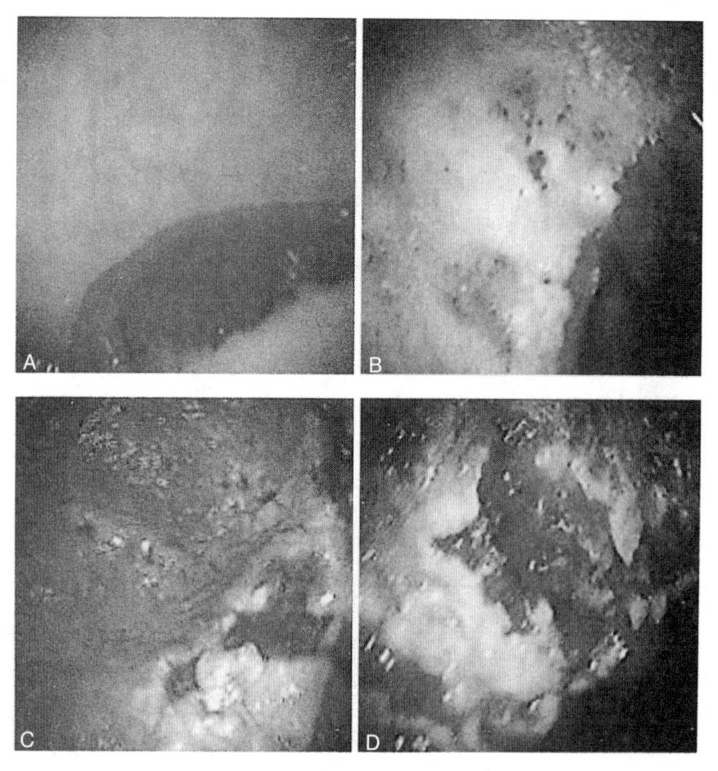

图 18-46　胃溃疡分级

A.0 级溃疡（正常），完整黏膜上皮（可能变红或过度角化）　B.1 级溃疡（轻度），小的单个或多个溃疡　C.2 级溃疡（中度），大的单个或多个溃疡　D.3 级溃疡（严重），广泛的（通常联合在一起）溃疡且有深层溃疡灶

应该做什么

见成年马胃溃疡治疗建议（表 18-7）。

表 18-7　成年马胃溃疡治疗建议

治疗目标	治疗建议
抑制胃酸分泌	质子泵抑制剂： 奥美拉唑（Gastrogard，Ulcergard）：2~4mg/kg，PO, q24h 奥美拉唑（Losec）：0.5mg/kg，IV，q24h 埃索美拉唑钠：0.5mg/kg，IV 泮托拉唑 1.5mg/kg，IV，q24h 组胺（H_2）受体颉颃剂： 西咪替丁（Tagamet）：16~25mg/kg，PO 或 6.6mg/kg，IV，q6~8h 雷尼替丁（Zantac）：6.6mg/kg，PO 或 1.5mg/kg，IV，q8h 法莫替丁（Pepcid）：2.8~4mg/kg，PO 或 0.23~0.5mg/kg，IV，q8~12h

（续）

治疗目标	治疗建议
保护溃疡的黏膜	黏膜保护 / 修护剂： 硫糖铝（Carafate）：20~40mg/kg，PO，q6~8h 米索前列醇（Cystotec）：2.5~5μg/kg，PO，q12~24h（注：可能会导致腹泻） 抗酸剂（缓冲已经产生的胃酸）： 氢氧化镁和氢氧化铝必须每 2~4h 口服给药 如果存在严重腹痛，一匹 500kg 的马可在上述药物中添加 30~40mL 2% 的利多卡因
刺激胃排空	胃动力剂包括乌拉胆碱、胃复安、红霉素以及西沙必利 如果存在或怀疑排出道受阻，则不要使用
预防	奥美拉唑：1~2mg/kg，PO，q24h

应该做什么

见幼驹胃 - 十二指肠溃疡治疗建议（表 18-8）。

表 18-8　幼驹胃 - 十二指肠溃疡治疗建议*

情况	治疗建议
亚急性或慢性溃疡（轻度至中度临床症状）	1. 口服硫糖铝加胃酸阻滞剂（H_2 受体颉颃或质子泵抑制剂）： • 使用成年剂量（表 18-7） • 在硫糖铝与其他口服药之间间隔 1~2h • 如果 3~5d 后没有好转，考虑排出道受阻或其他疾病 • 对于无法口服药物的马驹，使用泮托拉唑或雷尼替丁，IV 2. 使用赛拉嗪或布托菲诺进行疼痛管理： • 不要使用 NSAIDs，除非绝对必要时；甚至连 COX-2 选择性 NSAIDs 都可能会阻碍溃疡愈合 • 如果治疗效果不佳，制备“抗酸混合物”（500mL 胃肠用铋或胃能达 +100mL 美乐事 +4 片捣碎的硫糖铝 +1 杯活性炭粉 +500mL 温水），经 NG 饲喂给已经被镇静的马驹 • 可能需要在抗酸复合物中另外添加 15mL 的 2% 利多卡因来快速缓解疼痛 3. 根据需要提供支持治疗： • 如对腹泻病患给予液体疗法 • 如果溃疡是由于 NSAIDs 引起的，给予美索前列醇（表 18-7） 注意可能的并发症 / 后遗症，包括胃或十二指肠穿孔、十二指肠破裂、胆管炎以及吸入性肺炎
紧急治疗（急性、严重临床症状）	1. 遵循亚急性 / 慢性病例的护理步骤，但是静脉输注溃疡治疗药物 2. 如果胃食管反流严重、流涎严重、食管扩张以及食管溃疡，给予以下一种促动力剂直至症状改善： • 乌拉胆碱：0.03~0.04mg/kg，IV 或 SQ，q6~8h • 胃复安（Reglan）：0.25mg/kg 用 1h 缓慢静脉注射，q4~8h，也可以皮下注射 • 利多卡因：1.3mg/kg 速效剂量，IV，随后以 0.04mg/（kg·h）的剂量恒速静脉输注，对 3 周龄以下马驹使用此剂量可能会由于肝脏延迟代谢导致中毒风险加大

（续）

情况	治疗建议
预防	1. 尽可能减少风险因素（如减少 NSAIDs 的使用，尽可能使用 COX-2 选择性 NSAIDs，迅速治疗腹泻） 2. 对应激马驹使用抗溃疡药物 • 使用口服硫糖铝，或一种胃酸颉颃，或两者一起使用 • 硫糖铝可以单独在卧地、病重的马驹中，或有较大医源性肠道感染风险的马驹中使用 • 一旦马驹可以站立，应另外使用一种胃酸抑制剂 3. 如果不是急性病例，检查是否存在十二指肠狭窄

注：COX，环氧酶；NG，鼻胃管；NSAIDs，非甾体类抗炎药。

* 对 H_2 受体颉颃剂或质子泵抑制剂的临床反应应当见于开始治疗的 3~5d 内，如果没有，考虑其他的鉴别诊断，如排出道问题或治疗力度不够。

十二指肠或胃穿孔

十二指肠或胃穿孔通常见于小于8周的幼驹。

· 风险因素包括使用非甾体类抗炎药和应激（包括腹泻）。

· 很多病例还伴有轻微的胃溃疡症状。

常见临床症状

· 幼驹常表现为极度沉郁，或腹痛，伴随腹壁紧张。

· 心率和呼吸频率加快。

· 可能出现高热，但可能继续觅乳。

· 腹泻通常伴随十二指肠穿孔。腹泻通常出现于十二指肠穿孔发生之前，或由内毒素血症导致。

诊断

· 临床症状。

· 超声成像：可见大量絮状液体。

· 腹腔穿刺：可用于确认脓毒性腹膜炎。

应该做什么

十二指肠或胃穿孔

除一些通过探查手术发现的十二指肠小面积穿孔可以通过大网膜修补外，通常以安乐死为结局。急性胃穿孔导致乳汁进入腹腔的年轻幼驹病例也可以被成功修复。

预防

· 仅在非常必要的情况下向幼驹注射非甾体类抗炎药（NSAIDs），如用于控制内毒素血症或急腹症（尤其是伴随腹泻的病例）。

- 若向幼驹注射非甾体类抗炎药，同时需要给予奥美拉唑，每24h按2~4mg/kg口服。
- **实践提示：**如果使用非甾体类抗炎药，不要仅仅依赖硫糖铝来预防溃疡。
- **实践提示：**若幼驹需要骨骼系统疾病的长期治疗，以下的非甾体类抗炎药安全性最高：非罗考昔，每24h按0.09mg/kg静脉注射；美洛昔康，每12~24h按0.6mg/kg口服或静脉注射；克洛芬，每12~24h按1.4mg/kg口服或静脉注射。

急性谷物过量

临床医师经常被紧急呼叫以检查、治疗误食大量谷物（商品精饲料，或谷类植物的干草，如大麦）的马。

应该做什么

急性谷物暴食

如果检查患马时没有发现异常症状，推荐进行如下治疗：

- 插入胃管，检查是否存在胃反流；如果不存在，利用重力流（漏斗流动）注射1lb（450g）泻盐（硫酸镁），或1lb（450g）活性炭，或二者各半混于1gal（3.8L）温水中（每500kg成年马）。
- 48h内每8h静脉注射或口服氟尼辛葡甲胺，初次剂量1mg/kg，随后0.3mg/kg。
- 24h内每12h肌内注射1.0mg/kg苯海拉明，或每6h皮下注射0.5mg/kg琥珀酸多西拉敏；其他抗组胺剂也可使用。
- 禁食24h。
- 若有较高蹄叶炎风险，采用低温法进行预防（见第43章）。
- 双-三八面体（Di-trioctahedral，DTO）蒙脱石：一种胃肠吸附剂；每12~24h口服或经饲管按每450kg 0.5~3lb（1.1~6.6kg）的剂量给药。

预后

临床症状出现前给予治疗的情况下，预后非常乐观。

暴食谷物常见症状

- 临床症状包括：
  - 急腹症。
  - 腹部极度扩张。
  - 严重跛行（蹄叶炎）。
  - 震颤。
  - 出汗。
  - 呼吸急促。
  - 腹泻（相对少见）。
- 临床表现包括：

- 黏膜亮红色到紫色。
- 心动过速。
- 肠音消失（同时叩诊和听诊的情况下可能听到一些“砰”声）。
- 胃液反流。
- 通过直肠触诊感受到结肠扩张和结肠带紧张。

· CBC通常显示严重的红细胞增多、粒细胞减少伴核左移，以及中性粒细胞空泡化（中毒性变化）。

应该做什么

出现症状的谷物过载

· 静脉输液治疗。开始时注射高渗盐水，但1~2h后必须换成多离子溶液，成年马输液速度为2~4L/h；可以给予500mL 23%硼葡萄糖酸钙，但必须用数升的多离子溶液稀释。观察到排尿后，向每升液体中加入20~40 mEq的氯化钾。**实践提示：**当使用高渗盐水作为液体替代治疗的一部分时，10 ： 1是多离子溶液与高渗盐水的黄金比例。

· 可能的情况下注射血浆（成年马2~4L）。最好使用含有抗内毒素抗体的高免疫血浆，但也不是必需的。

· 每12h静脉注射氟尼辛葡甲胺，起始剂量1mg/kg，当腹痛症状消失后改为每8h 0.3mg/kg。

· 注射利多卡因［先以1.3mg/kg慢速静脉推注，随后按0.05mg/（kg · min）静脉注射］以提高肠道运动力，镇痛，并防止中性粒细胞边缘化（蹄叶炎的诱因）。

· 留置鼻饲管以缓解胃扩张。若没有胃液反流，将0.5lb（225g）活性炭和0.5lb硫酸镁混于0.5gal（1.9L）温水中（每500kg成年马），利用重力流给药。

- 在肾功能正常的情况下，1~2d内每12h静脉注射2000~6000IU/kg多黏菌素B，可用于结合循环血液中的内毒素。
- 还可给予己酮可可碱：每12h口服或静脉注射（10mg/kg）。
  - 若不存在胃液反流。
  - 以复合溶液的形式缓慢静脉注射。
  - 可能会抑制炎性细胞因子的分泌。
- 若出现蹄叶炎症状，立即治疗（见第43章）。
  - 禁食，铺大量垫料，蹄下敷牙科填料或衬垫。
  - 对腿和足进行冰冻治疗，至少2d或直到症状消失，使用冰靴或其他相当的冰冻治疗法。

· 若出现显著的盲肠或结肠扩张，施行套针术，并向盲肠/结肠腔内灌入1.0×10^6U的青霉素。滴注的青霉素制剂无法对抗牛链球菌产生抗菌效果。

预后

· 若出现中度或严重症状，预后不良；若出现严重腹痛和腹部扩张，即使给予最激进的治疗，患马仍通常会在24~48h内死亡。

· 若在肠道疾病症状消退前出现了蹄叶炎症状，预后不容乐观。

急性胃扩张

P.O. Eric Mueller，John F. Peroni，and James N. Moore

- 原发性胃扩张通常与以下因素有关：
  - 摄入具有高度发酵能力的饲料，如草段。

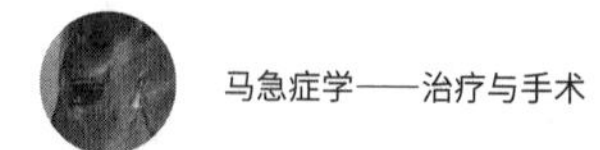

- 摄入过量玉米或其他谷物。
- 继发性胃扩张由胃内积累的小肠液体导致，原因包括：
  - 肠梗阻。
  - 小肠腔内发生堵塞。
  - 小肠的绞窄性肠梗阻。
- 在一项包括50匹发生胃破裂的马的研究中，从桶、小溪或池塘中饮水的马比从自动饮水器中饮水的马有更高的胃破裂风险。
- 十二指肠或幽门发生堵塞的幼驹会出现严重的胃扩张；但是由于阻塞和扩张是渐进发生的，这种情况并不被归为腹痛（急腹症）。
- 马会出现剧烈疼痛的症状，疼痛和对膈肌的压力会导致心率和呼吸频率加快。
- 若胃扩张是原发性的且黏膜苍白，在直肠触诊时可以感受到被扩张的胃挤到尾端的脾。

实践提示：左腹部超声检查可以帮助判断胃扩张程度。若胃一直扩张到最后肋骨的尾端边缘，可以判断为异常！若扩张继发自小肠疾病，患马可能表现出中毒症状，腹腔液可能显示腹腔内缺血（红细胞褪色、白细胞计数上升、蛋白质浓度上升），直肠检查也可能触摸到扩张的小肠袢。

- 某些病例中，胃大弯发生破裂前即刻会出现自发性反流。

应该做什么

急性胃扩张

- 对于剧烈腹痛，首要目标是通过放置中到大口径的胃管来缓解胃内过高的压力。可能需要利多卡因来松弛贲门括约肌；有必要建立“虹吸”柱来保证所有多余的液体都从胃内流出。
- 若采取急救措施，同时进行全面体检来确定病因。对于原发性胃扩张，解除胃内高压后患马的疼痛也应同时解除。
- 若胃扩张继发于小肠疾病，疼痛缓解只能是暂时的。利多卡因（1.3mg/kg慢速静脉推注，随后按0.04mg/kg恒速静脉注射）和多黏菌素（每8h按2 000~6 000IU/kg静脉注射）可用于治疗非梗阻性小肠疾病，如近端小肠炎。
- 若发生胃破裂，患马症状短时内消失，但随后内毒素和心脏休克会导致情况迅速恶化。

预后

- 在胃内压力及时被解除的情况下，原发性胃扩张的预后非常乐观。
- 继发性胃扩张的预后取决于病因和治疗的及时性。

胃梗阻

胃梗阻很少发生。最常见的病因包括：

- 暴食谷物。
- 采食干燥、嵌塞的食物。
  - 牙齿排列不佳。

- 胃部鳞状细胞癌。
- 摄入柿子。
- 严重肝病。

若胃梗阻由除了鳞状细胞癌以外的其他原因导致，患马可能表现中度到重度疼痛。通常这些马不会出现系统性中毒症状，除非暴食谷物导致急性蹄叶炎发作。胃镜检查和超声检查（发现扩张的胃）可以帮助确诊；在非常罕见的情形中，直肠触诊可以触摸到发生梗阻的胃。食物嵌塞导致的胃梗阻会伴随无法控制的疼痛，此时必须立即进行探查手术，并根据手术情况确诊。发生慢性梗阻的马会出现轻度到中度疼痛。诊断方法包括：超声检查发现扩张的胃，或胃镜检查发现禁食16h后胃内仍存有大量食物。

实践提示：弗里斯马有食道和胃动力障碍的遗传倾向。

应该做什么

胃梗阻

- 对于严重梗阻，推荐进行手术。术中通过穿透腹壁放置3in（7.5cm）腹腔内针头，并向其中注射2~3L水；调整针头位置，浸润梗阻团块的不同区域，并轻轻按摩梗阻部位。
- 术后护理包括：
  - 胃灌洗。
  - 通过大口径胃管导出液体。

若在胃镜检查中看到柿子，或怀疑柿子导致了梗阻，有报道称通过鼻饲管重复注射1L可口可乐有效。

- 对于疼痛不严重或超声检查发现胃扩张程度较轻的马，禁食并每6~12h通过重力流注射6L等渗电解质溶液。

预后

- 伴随极度疼痛的马预后需要保守评估。
- 疼痛较轻微的马预后情况会好很多；一篇来自芬兰的报道甚至表示预后乐观（Vainio等，2011）。
- 伴随肝衰竭的马预后不良。

急性腹部症状——急腹症

急腹症的分类和病理生理学

许多肠道疾病都可以导致马出现腹部疼痛（急腹症）。马的胃肠道异常大体分为两类：物理性梗阻或功能性梗阻。对于非绞窄性的物理性梗阻，肠系膜血供并未受损，但肠腔被阻塞。腔内团块或由壁内增厚或壁外压迫导致的狭窄都可能引发这种情形。绞窄性梗阻提示腔内阻塞及肠系膜血供的切断或减少。内疝或外疝导致的肠嵌顿、肠套叠或大于180°的肠系膜肠段扭转可以导致绞窄性梗阻。

功能性肠梗阻又被称为无力性肠梗阻或麻痹性肠梗阻：

- 可能是原发性的。

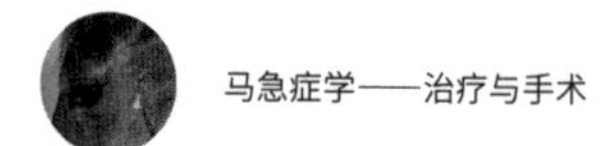

· 可能由炎症继发（十二指肠炎/近端空肠炎和结肠炎）。

· 可能由手术操作刺激浆膜导致。

肠梗阻会阻止胃肠内容物向远口端运动从而导致肠扩张。随着扩张加剧，肠壁静脉回流受阻会导致黏膜充血水肿。若梗阻持续时间过长（＞24h），肠血管受到严重损伤后会导致黏膜缺血。随着扩张加重，胃、盲肠或结肠可能发生破裂。在绞窄性梗阻中，上述病理过程会伴随快速的组织缺氧和肠段缺血，并导致组织坏死和细菌、内毒素的透壁渗漏。内毒素经腹膜吸收后立刻会导致循环系统受损，从而引发血容量过低和内毒素休克。

诊断

早期病史

· 急腹症发作历史，持续时长，近期管理变化（饲料、水、驱虫、药物和锻炼程序），繁殖和孕史。

近期病史

· 疼痛的程度和改变（望向肋腹、扒地、踢腹部、打滚），最近一次排便，出汗，治疗和对治疗的响应。

体检

对于有急腹症病史的马，初步检查中需要及时并完整地评估以下指标：

· 姿势。

· 腹部形状（扩张程度）。

· 体温、脉搏和呼吸频率。

· 皮肤张力、黏膜湿润度和颜色、毛细血管再充盈时间。

· 腹部听诊和叩诊。

· 鼻饲管插管——判断液体量和特征。

· 直肠腹部触诊。

体检的第一步是观察马的外形和姿势。对于成年马，腹部扩张通常提示大肠疾病，但也可能是由严重的小肠扩张导致（尤其是幼驹）。多处擦伤（尤其是在眶周附近）提示患马近期经历了严重的腹痛。增大的脐疝、腹疝或阴囊可能提示阻塞或较窄导致的肠嵌顿。直肠温度高于39℃（102 °F）可能提示结肠炎或腹膜炎；可能的情况下，在急腹症病例中应当首先测量直肠温度，然后进行直肠触诊。另外，需要在安静的环境中评估患马的疼痛程度。

腹痛症状表现按严重程度排序——从严重到最严重。

· 长时间卧倒。

· 食欲不振。

· 焦躁不安。

· 上唇震颤。

- 向肋腹转头。
- 重复伸展身体，似欲排尿。
- 后足踢腹部。
- 屈膝，似欲卧倒。
- 出汗。
- 倒地并打滚。
- **实践提示：** 严重的、持续的疼痛可能需要在体检前麻醉（表18-9）。

表18-9　止痛药及其对于控制急性腹部疼痛的疗效

止痛药	商品名	剂量	效果
氟胺烟酸葡甲胺盐	Banamine	0.25~1.1mg/kg，IV	很好
盐酸地托咪定	Dormosedan	10~40μg/mg，IV 或 IM*	很好
盐酸赛拉嗪	隆朋（Rompum）	0.2~1.1mg/kg，IV 或 IM*	好
酒石酸盐布托菲诺	Trobugesic	0.02~0.08mg/kg，IV 或 IM†‡	好
酮基布洛芬	Ketofen	1.1~2.2mg/kg，IV	好
丁溴东莨菪碱	解痉灵（Buscopan）	0.3mg/kg，IV（每 450kg 体重 7mL）§‖	好
硫酸吗啡		0.3~0.66mg/kg，IV‡♑	好
戊唑辛	镇痛新（Talwin）	0.3~0.6mg/kg，IV‡	差
水合氯醛		30~60mg/kg，IV	差
安乃近	诺温（Novin）	10mg/kg，IV 或 IM	差
保泰松	Butazolidin	2.2~4.4mg/kg	差

注：* 重复使用可能会损害心输出量以及大肠活动性。
† 高剂量可能导致共济失调。
‡ 表示控制类药物。
§ 引起暂时性心率加快。
‖ 在欧洲以与安乃近的组合形式出售。
♑ 仅与赛拉嗪一起使用（0.66mg/kg，IV）来避免中枢神经系统兴奋。

评估腹痛严重程度时，需要考虑畜主、驯马师或转诊兽医之前已经给予的治疗。沉郁伴有轻微到中度腹痛和发热，可能提示炎症（小肠炎或结肠炎）。若并未出现极度肌紧张，腹痛和发热可能由炎性疾病（小肠炎、结肠炎和腹膜炎）导致。在部分即将发生结肠炎的病例中，腹部听诊可以听到大声的“流水和冒泡”声音。超声检查可以帮助鉴别小肠炎（扩张、增厚的小肠伴随动力增加）和绞窄性梗阻（小肠扩张但动力消失）。

- 心动过速和呼吸急促可以提示腹痛、心脏休克和内毒素血症。
- 皮肤张力、黏膜湿润度、黏膜颜色和毛细血管再充盈时间有助于评估肠道功能失调引起的脱水情况。当循环血量下降，黏膜会从湿润的白粉色变成干燥的红色。当休克和内毒素血症开始发作，黏膜颜色可以变成红蓝色或紫色（发绀）。

· 在腹部的所有四部分听诊肠鸣音。胃肠道的疼痛和炎症会导致肠鸣音减少。小肠炎和结肠炎的早期会出现肠鸣音增多，发展到肠梗阻时肠段发炎和扩张愈加严重，此时肠鸣音会消失。小肠梗阻的早期肠鸣音会增加，但完全梗阻后肠音减少。叩诊的同时听诊可能听到由盲肠（右胁腹）或结肠（左胁腹）气胀导致的高音调响声（“砰”）。在某些发生肠道沙嵌塞的病例中可以听到类似海浪的声音；若怀疑沙嵌塞，在前腹下方听诊5min，判断特征性肠音。

· 当患马出现腹痛，立刻进行鼻饲插管。胃减压对于判断胃扩张是否存在、为患原发性或继发性胃扩张的马缓解疼痛非常重要。小肠阻塞或大肠疾病导致的继发梗阻都可能会导致鼻饲管反流。患有近端肠炎的马一般都会存在大量反流液（10~20L）。带血色和恶臭的反流液可能提示小肠的绞窄性梗阻或严重的近端小肠炎。若怀疑小肠梗阻或小肠炎，一定要将鼻饲管留置原位，以避免原发性胃破裂甚至死亡。

· 对于腹痛马，必须进行仔细的直肠检查。直肠温度应在直肠检查开始前先测量。在直肠触诊开始前，先留意直肠内粪便的量和黏度。没有粪便，或粪便干燥并被纤维和黏液覆盖，都属于异常情况，并且提示肠道传输的延迟。恶臭、水样粪便常见于有结肠炎的马。为避免错过损伤部位，检查时应尽量保持连贯和系统性。在正常马中可以被触诊的腹腔内结构（图18-47）将在下面说明，从左前腹开始按顺时针顺序展开：

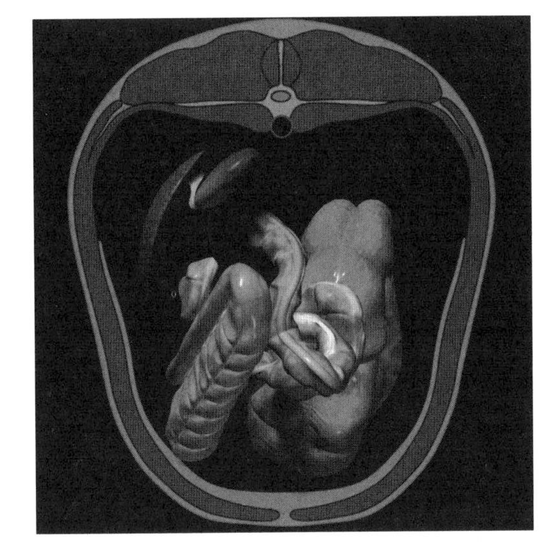

图18-47　站立马匹的尾侧观

展示了正常患马直肠检查时可触诊到的腹部结构，从左前腹开始按顺时针顺序展开，触诊结构包括脾的后缘，脾肾韧带，左肾后极，包粪球的小结肠，肠系膜根，盲肠基底和腹侧盲肠带，一部分左腹侧和背部盲肠，以及骨盆曲。

可触诊腹腔内结构：

· 脾的后缘。
· 脾肾韧带。
· 左肾后极。
· 肠系膜根。
· 腹侧盲肠带（无张力）。
· 盲肠基底（空）。
· 含有明显粪球的小结肠。
· 结肠骨盆曲。

少数情况下可以触诊到马的回肠或者小肠存在异常，小肠基本上无法触诊。判断任何形式的肠扩张对于做出有效诊断来说至关重要。

直肠检查可能发现的异常：

· 盲肠扩张。
· 由气体/食物导致扩张的小肠（图18-48），大肠（图18-49）或小结肠。

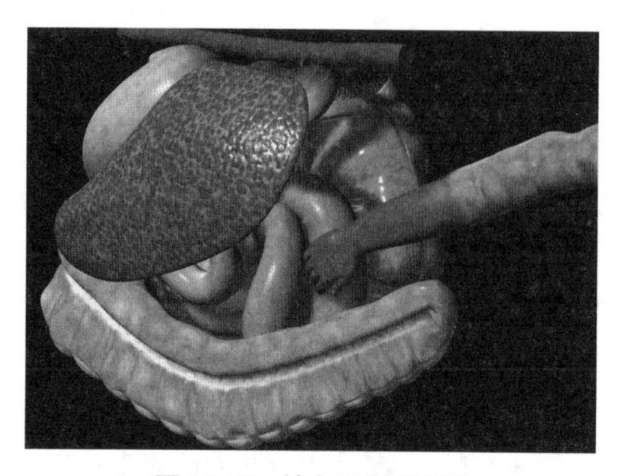

图 18-48　站立马的尾侧观

展示了严重的小肠扩张，可触诊到成多个环的由气体 / 液体扩张的小肠。

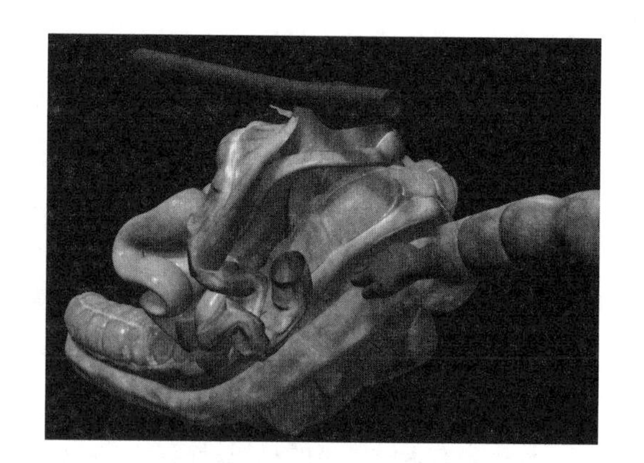

图 18-49　站立马的尾侧观

展示了大结肠的左腹侧位置。左腹结肠和右腹结肠导位到盲肠侧，可在骨盆腔头侧触诊到结肠联合盲肠带，来源于右腹尾侧，横跨腹部，在检查者手上方向左前腹延伸。

- 严重的壁内/肠系膜水肿。
- 肠异位。
- 疝。
- 梗阻。
- 肠套叠。
- 腹腔内包块、脓肿或血肿。
- 肠石。
- 肠系膜根扭转。

对于公马，首先检查腹股沟内环、尿道和膀胱，母马则先检查生殖道和膀胱。后续的直肠检查有助于判断疾病等级、严重程度和手术干预的必要性。

超声图像

超声成像是直肠检查的重要一步，详见第14章。

对止痛剂的反应

患胃肠道疾病的马表现出的疼痛程度不一，取决于每匹马各自的“疼痛阈”和疾病的严重程度。**实践提示：**总体来说，疾病严重程度与疼痛程度成正比。在疾病后期，腹痛症状可能转变为明显的沉郁，以及由肠坏死和系统性内毒素血症导致的心力衰竭症状。通过鼻饲管为胃解压，注射外周或中枢麻醉来进行疼痛管理（表18-9）。评估患马对镇痛剂的响应，有助于判断疾病的严重程度，并预测单独通过用药治愈的可能性。若镇痛药物对马无效，应立即进行手术探查或安乐死。

临床病理评估

- 血细胞比容。
- 总血浆蛋白（TPP）。
- 全血细胞计数（CBC）。
- 血气。
- 电解质测定。
- 乳酸。

血细胞比容和总血浆蛋白

由肠道功能异常导致的低容量血症会引起脱水。PCV与TPP是最评估大部分腹痛马脱水状况的最准确指标。

脱水状况	PCV（%）[1]	TPP（g/dL）
轻度脱水	45~50	7.5~8.0
中度脱水	50~60	8.0~9.0
严重脱水	60	9.0

实践提示：PCV的显著提高若不伴随TPP的对应提高或下降，可能提示蛋白质向肠腔和腹腔内泄露，或交感神经和内毒素诱导的脾收缩。

全血细胞计数

对于大部分单纯或绞窄性梗阻，在到达疾病终期之前不会导致白细胞计数的显著变化。但急性炎性疾病（小肠炎和结肠炎）常导致白细胞减少（＜4 000/μL），伴随核左移和中性粒细胞的毒性变化。严重的白细胞减少（＜1 000/μL）也常伴随急性肠破裂导致的急性脓毒性腹膜炎。成熟中性粒细胞增多、高TPP和高纤维蛋白原可能提示腹腔脓肿导致的慢性腹膜炎。

血气

酸血症可能见于严重的低血容量休克。血气评价有助于调整严重的酸碱异常，尤其是对于需要全身麻醉和手术治疗的病例。单纯直肠异位的马可能发生轻微的碱过剩，然而绞窄性梗阻的马通常会有明显的碱缺失。

乳酸

血液和腹腔液乳酸的实验室测定对于急腹症的评估和管理非常重要。

- 血液和腹腔液乳酸测定可以在马厩进行。
- 升高的血液乳酸浓度提示全身灌流不足（低血压/脱水）和/或局部缺血或绞窄。

---

[1] 通常哺乳幼驹的PCV和TPP都较低，上述数值并不适用。

- **实践提示：** 要判断预后，早期治疗后血液乳酸浓度的变化相较于乳酸初始值更有意义；积极治疗（包括高渗盐水和/或多离子溶液矫正离子平衡）后的2~4h内若未见血液乳酸的下降，可能提示病情严重并可能出现绞窄。
- **实践提示：** 若腹腔液乳酸较血液乳酸有更显著的上升，此时应高度怀疑绞窄性梗阻。

电解质

血清电解质测定几乎不具有诊断意义。除非发生罕见的特殊情形：由低钙血症和肠梗阻引起的急性腹痛（可能发生同步膈扑动）。

- 电解质测定对于术前、术中和术后的恰当处理至关重要。
    - 低钠血症和低氯血症可能预示结肠炎。

腹腔穿刺

腹腔穿刺是评估肠道损伤的有效诊断途径。腹腔穿刺时使用内径0.84mm（18G）的无菌皮下注射针头或钝套管（乳头套管或母犬导尿管）。在含EDTA的无菌采样管中收集腹腔液进行细胞学分析，在另一个不含添加剂的采样管中收集液体用于细菌培养和药敏试验（必要时）。腹腔液分析需要囊括相对密度、蛋白质含量、细胞种类、细胞数量和形态（表18-1）。超声检查可能有助于定位腹腔液。对幼驹进行腹腔穿刺时需额外小心，肠道被针头穿透后可导致粘连，使用乳头套管法可能会导致网膜疝（除非穿刺在腹腔最靠后的部位进行）。

正常的腹腔液：

- 无味。
- 不混浊。
- 透明到黄白色。
- 有核细胞计数应小于3000~5000个/μL，总蛋白浓度应小于2.5g/dL。
- 在单纯小肠或大肠梗阻的早期，腹腔液通常显示正常特征。
- 在绞窄性梗阻或严重小肠炎症的情形中，腹腔液同时包含血清和血液，同时有核细胞计数与总蛋白浓度皆升高。
- 腹腔液深色、混浊、散发食物气味，有核细胞计数和总蛋白浓度都上升，此时表明肠道坏死和内容物漏出。
- 若腹腔液含有植物和胞内细菌，此时提示肠破裂（图18-50）（若通过针头抽吸获得植物物质，在确诊肠破裂之前应当用乳头套管重复采样以进行确认）。
- 带血色的腹腔液提示：
    - 穿刺入脾。
    - 腹腔内出血。
    - 医源性出血。

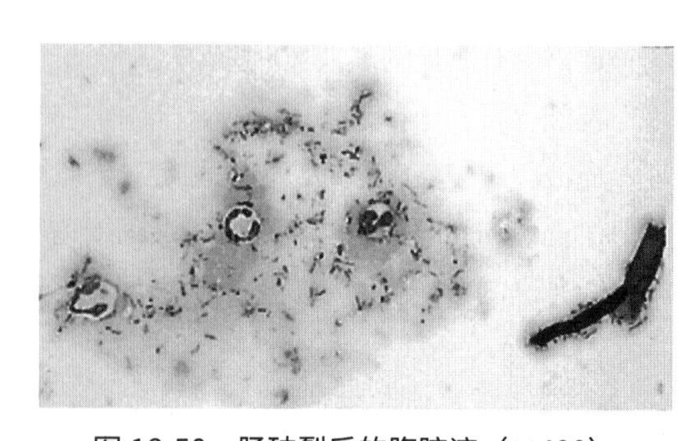

图18-50　肠破裂后的腹腔液（×400）

· 肠坏死。

实践提示：若穿刺入脾，腹腔液PCV会高于外周PCV，且包含大量小淋巴细胞。若发生腹腔内出血，腹腔液PCV会低于外周PCV，发现噬红细胞现象，血小板非常少或不存在。

重要：腹腔液无肉眼可见或细胞学上的异常，并不能排除肠道损伤的可能。

· 对于某些绞窄性损伤，如肠套叠、外疝和网膜孔钳闭，腹腔液可能不会出现异常，因为液体被隔绝于套叠鞘部、网膜或疝囊中。

· 若怀疑沙嵌塞，或盲肠/结肠有明显扩张，仅在怀疑肠破裂的情况下进行腹腔穿刺。

实践提示：若体检结果与其他指征都提示需要进行手术干预，为马和操作者的安全考虑，腹腔穿刺不应在马场进行。

药物治疗 vs 手术干预

根据以下原则判断探查性手术的必要性（框表18-2）：

框表18-2　探查性剖腹术在急性腹痛马中的适应证

严重持续腹痛*
对止痛药无效的疼痛*
直肠探诊异常†
超声检查异常†
心率加快†
大量的胃部反流†
肠蠕动音缺失†
*这种指标单独就可以表明需要进行探查性剖腹术。
†这种参数不能单独作为进行急性探查性剖腹术的指标，必须和其他临床发现一起分析。

· 疼痛等级。
· 对镇痛治疗的反应。
· 心血管系统状态。
· 血液和腹腔液乳酸测定。
· 直肠检查发现。
· 超声成像发现。
· 胃反流量。
· 腹腔穿刺结果。

为建立完整病史，常常需要对以上指标重复测定。一项或多项临床指标的变化可能帮助确认是进行手术干预还是药物治疗。**实践提示：**疼痛等级和对镇痛治疗的响应是衡量手术干预必要性的第一指标。若注射镇痛药物后疼痛并未缓解或复发，此时需要进行手术。

直肠检查结果是衡量手术干预必要性的第二优先指标。腹痛伴随直肠检查的异常发现，提示需要进行手术。无效的药物治疗、腹腔超声检查发现异常、系统性心血管损伤、升高的血液乳酸水平、腹腔液乳酸高于血液乳酸和/或异常的腹腔液（颜色、蛋白含量等），都是手术干预的额外合理判断。

应该做什么

药物治疗 vs 手术干预——急腹症

对于急性腹痛的马，根据以下原则确定治疗方案：

- 镇痛。
- 稳定心血管系统，矫正代谢异常。
- 将毒血症的毒性降到最低。
- 建立畅通的、功能正常的肠道系统。可通过以下一种/多种用药程序进行实现：
  - 镇痛治疗（表18-9）。
  - 液体治疗和心血管系统支持。
  - 缓泻剂与导泻剂。
  - 抗内毒素治疗。
  - 缺血-再灌流损伤治疗。
  - 抗菌治疗。
  - 营养支持。
  - 手术干预。

镇痛治疗

镇痛方法包括通过鼻饲管为胃释压和注射外周或中枢神经镇痛剂（表18-9）。每2h使用原位鼻饲管为胃减压；最多等待2h后进行重复操作，否则胃扩张很有可能会导致疼痛、胃破裂和死亡。对于计划进行探查性手术的患马，若有重复进行胃减压的必要，应在送往转诊诊所之前留置鼻饲管。

输液治疗和心血管系统支持

静脉注射多离子平衡电解质溶液有助于维持静脉液体容积。注射胶体溶液如羟乙基淀粉（6% Hetastarch，5~10mL/kg，IV）可以提高全身血压和心输出。高渗盐水是理想的复苏性晶体溶液，但后续必须以合适的平衡晶体溶液替代（通常在注射高渗溶液的1h之内）。**实践提示：**晶体溶液和胶体溶液的比例（盐水和7%高渗盐水的比例）应为10 ∶ 1（10L盐水或其他晶体溶液∶ 1L高渗盐水）。通过临床检查和PCV、TPP值监测水合状况，监测血气和血清电解质，调整静脉注射溶液成分以纠正离子失衡。

若血浆蛋白浓度小于4.5g/dL且伴随脱水症状，注射血浆（2~10L慢速静脉注射），25%人白蛋白或合成胶体溶液（Hetastarch或Vetstarch/Abbott Labs，最高剂量10mL/kg），目的在于维持血浆胶体渗透压，并避免静脉注射液体再水合过程导致的肺水肿。

缓泻剂

缓泻剂被用于增加胃肠道含水量、软化食物、协助肠传输，并治疗盲肠和大/小结肠的嵌塞。为保证疗效，口服和静脉输液应同时进行。若患马发生胃反流，不要经口给予缓泻剂。

· **常用缓泻剂**

· 矿物油（每500kg体重6~8L）可用于在嵌塞物开始解体后协助粪便传输；但是矿物油并不能用于渗透或水合嵌塞物本身。

· 硫酸镁（泻盐，每500kg体重500g稀释于温水，每日给予）。不要连续使用3d以上或对肾功能不全的马用药，以避免肠炎和镁中毒的可能。推荐用于大结肠嵌塞的病例中。

· 使用欧车前亲水胶（Metamucil，每500kg体重400g，每6~12h1次），直到嵌塞物解体。

· **实践提示：**将欧车前与水混合会产生稠的糊状物，堵塞泵和饲管。另外的办法是将欧车前与矿物油混合，注射会相对容易。

· 琥珀酸二异辛酯磺酸钠（Dioctyl sodium sulfosuccinate，DSS，10~20mg/kg，最多两剂，相隔48h）可能导致轻微的腹痛和腹泻。

抗内毒素治疗

抗革兰氏阴性菌内毒素核心抗原的抗血清（500~1 000mL）可稀释于平衡电解质溶液中，并经静脉注射。Endoserum抗血清应被缓慢解冻至室温并慢速注射，以避免如心动过速和肌束震颤等副作用的出现。慢速静脉注射抗大肠杆菌J-5突变株的高免疫血浆或正常马血浆（2~10L），有助于补充蛋白质、纤连蛋白、补体、抗凝血酶III和其他抗高凝因子。24~48h内每12h静脉注射2 000~6 000IU/kg多黏菌素B，可结合并中和循环血的内毒素，并有助于治疗系统性内毒素血症。

己酮可可碱（巡能泰）每8~12h按7.5~10mg/kg口服或静脉注射，也可用于治疗内毒素血症。

缺血 - 再灌流损伤治疗

若怀疑发生缺血，二甲基亚砜（DMSO）作为羟基清除剂可在平衡电解质溶液中稀释为10%溶液，并通过静脉注射（100mg/kg，每8~12h 1次）。疗效仍需证实。动力学研究支持每12h注射1次以维持抗炎效果。

再灌流前输注利多卡因［1.3mg/kg，静脉推注，随后按0.05mg/（kg · min）静脉注射］被证实可以降低再灌流损伤导致的肠道黏膜损伤。

抗菌治疗

· 除非怀疑存在感染病原，抗菌剂并不是急腹症患马的例行治疗程序。若患马发生败血症和中性粒细胞减少（＜2 000个/μL），或者患马进行了剖腹术，可注射广谱抗菌剂以降低菌血症和肠道细菌移居并影响其他器官的风险。

· 对于有十二指肠炎或近端空肠炎的患马，若怀疑的病原是A型产气荚膜梭菌，可给予青霉素（22 000~44 000IU/kg，每6h 1次，静脉注射，或每12h 1次，肌内注射）和甲硝唑（20mg/kg，每8h 1次，直肠给药，或15mg/kg，每8~12h 1次，静脉注射）。

营养支持

见第51章。

腹痛马应禁食至少12~18h。若并没有发生胃反流，患马应被允许自由饮水并摄取微量矿物盐。若初步治疗见效，则应在24~48h内逐渐恢复到正常饮食（潮湿麦麸和苜蓿粒糊，青草，干草，然后是谷物）。计划手术的马在运输至转诊诊所的过程中应禁食。

手术干预

需要进行剖腹探查的患马具有以下症状：

- 持续疼痛。
- 给予镇痛剂后复发疼痛。
- 直肠检查触诊到异常。
- 超声检查显示梗阻或肠套叠。
- 系统性心血管损伤。
- 提示肠受损的腹腔液成分改变。
- 无效的药物治疗。

腹中线剖腹术是外科介入的主要方法。不同胃肠道疾病的特定治疗方法将单独展开讨论。

下消化道急症

小肠疾病

肠套叠

肠套叠通常发生于年轻马，部分肠段（套入部）和肠系膜套入旁侧远端的肠段（鞘部）腔内。持续的蠕动会将更多的肠段和肠系膜拉入套叠内部，引起静脉充血、水肿、梗死和肠段坏死，并引起小肠梗阻和绞窄。肠道运动力的改变是引起肠套叠的原因。

易感因素

- 肠炎，尤其是幼驹。
- 感染幼驹在重症监护室内适应不良。
- 突然改变食物。
- 严重的蛔虫（*Parascaris equorum*）或绦虫（*Anoplocephala perfoliata*）感染。
- 肠吻合术。
- 大部分病例中，并没有特定的因素。
- **实践提示：**空肠–空肠套叠和空肠–回肠套叠在幼驹中更常见，而回肠–盲肠套叠更常见于成年马。

诊断

- 空肠－空肠套叠和回肠－盲肠套叠的临床症状取决于病变的严重程度以及持续时间。
- 最常见的情形中，肠套叠会导致套入部肠段的完全梗阻和绞窄，从而引起持续腹痛的急性发作；但在少数情况下也可能引起慢性腹痛。
- 鼻饲管出现胃反流，随后脱水和低血容量迅速发展。
- 直肠检查发现扩张的小肠袢，偶尔可以触诊到套叠部位。对于回肠－盲肠套叠，盲肠内可能触诊到肿胀的肠段。
- 腹腔液蛋白浓度和有核细胞计数升高，表明套叠肠段的活力受损。但腹腔液的改变并不能准确反应肠道损伤的严重程度，因为套入部被隔离于鞘部之中。
- 幼驹的空肠套叠通常使用超声检查来辨认。
- 慢性回肠－盲肠套叠导致的部分梗阻会引起以下症状：
  - 间歇性或持续性腹痛。
  - 体重下降。
  - 总体体况不良。
  - 不同程度的厌食。
  - 沉郁。
- 慢性回肠－盲肠套叠可能持续数周到数月，最后往往由于肠段完全梗阻导致急性腹痛发作。

应该做什么

肠套叠

给予初步支持性治疗

- 胃减压
- 静脉注射平衡多离子溶液，如乳酸林格氏溶液。
- 镇痛剂如赛拉嗪、酒石酸布托啡诺或氟尼辛葡甲胺。
- 监测生理和临床指标：
  - 疼痛。
  - 鼻饲管反流。
  - 心率。
  - 黏膜状况。
  - 血细胞比容，PCV/TPP。
  - 腹鸣音。
- 若怀疑肠套叠，需要进行手术。

探查性手术

- 腹中线探查性剖腹术。
- 手动整复肠套叠。
- 受损肠段切除术与吻合术。

某些肠套叠由于受损肠段过长、静脉充血和水肿导致无法整复，对于这些病例需要进行全段切除和吻合术。即使肠段貌似能够存活，由于存在黏膜坏死、浆膜炎症和术后粘连的可能性，仍然要考虑进行切除吻合术。

预后

若早期进行及时诊断与手术干预，预后良好；若肠套叠发展到末期、不可整复，且可能出现肠梗阻、腹膜炎和术后粘连，此时预后不良。

肠扭转

- 肠扭转是小肠肠段沿肠系膜长轴的旋转。
- 虽然大部分病例都不存在损伤性诱因，以下因素可能导致肠扭转：
  - 粘连。
  - 梗死。
  - 肠嵌顿。
  - 有蒂脂肪瘤。
  - 憩室系膜带。
- 突然的食物改变和寄生虫性动脉炎。
- 受影响肠段的长度和部位不固定。
- 回肠经常被包括在扭转内，因为回肠在回盲部的连接被固定。

诊断

- 渐进的、中等到严重的和持续的疼痛，急性发作，初期对患马的镇痛治疗可能有效果。
- 随疾病发展，镇痛剂效力迅速下降。
- 外周灌注不良（脉搏快而弱；黏膜充血或发绀；CRT延长）提示心血管功能渐进式迅速衰退。
- 血容量迅速降低，血液迅速浓缩。
- 常常出现鼻饲管反流，但胃减压并不像在单纯梗阻的情形中那样可以缓解腹痛。
- 直肠检查通常发现中度到严重的小肠扩张（图18-48），偶尔可以发现紧张的肠系膜根。
- 未触到小肠扩张并不能排除绞窄损伤的可能性，因为扩张肠段可能不在手臂的检查范围之内。
- 腹部超声显示扩张的、不运动的小肠。
- 腹腔穿刺可能得到正常或包含血清血液的渗出液，腹腔液蛋白浓度升高（＞3.0g/dL），有核细胞计数升高（＞5000个/μL）。失活的肠段可能被隔离于腹膜腔之外（如网膜囊内的肠扭转），所以腹腔液分析结果可能并不能准确反映小肠损伤的严重程度。
- 腹腔液乳酸浓度升高，通常比血液乳酸浓度更高。对腹腔液乳酸进行连续采样分析，会发现乳酸浓度随时间延长越来越高。

应该做什么

肠扭转

给予初步支持性治疗

- 胃减压。
- 静脉注射平衡多离子溶液（如乳酸林格氏溶液）和血浆。
- 镇痛剂（如赛拉嗪、酒石酸布托啡诺或氟尼辛葡甲胺）。
- 监测生理和临床指标：
  - 疼痛。
  - 鼻饲管反流。
  - 心率。
  - 黏膜状况。
  - 血细胞比容，PCV/TPP。
  - 腹鸣音。
- 若怀疑肠扭转，需要进行手术。

探查性手术

- 进行腹中线探查性剖腹术。
- 辨认绞窄肠段。
- 通过触摸肠系膜确认受损肠段的扭转方向。
- 矫正后评估小肠存活可能性，有必要时进行切除术和吻合术。

预后

- 预后取决于肠扭转的发病时长和受损肠段的长度。
- 早期诊断和及时治疗的情况下预后良好。
- 若患马有长期绞窄，术后腹膜炎、肠梗阻和粘连是常见的后遗症。
- **实践提示：**若需要切除大于50%的小肠，术后并发症（吸收不良、体重下降和肝损伤）的概率很高。

疝形成

- 小肠疝被归类为：
  - 内疝。
  - 外疝。
- 内疝发生于腹腔内，并不存在疝囊。比如：
  - 小肠从网膜孔脱出。
  - 肠系膜缺损。
- 外疝突出于腹腔边界外，包括：
  - 腹股沟疝。
  - 脐疝。
  - 腹壁疝。
  - 膈疝。

网膜孔疝

- 网膜孔将网膜囊从腹膜腔内隔离，是长为4~6cm的潜在开口。
- 网膜孔上界为肝尾叶和下腔静脉，下界为胰右叶和肝门静脉。
- 网膜孔前界为肝十二指肠韧带，后界为胰和十二指肠系膜的接点。
- **实践提示：** 成年马（大于8岁）由于肝右侧尾叶萎缩导致网膜孔增大，可能易发网膜孔疝。
- 吞气症可能增加网膜孔疝的易感性。
- 经网膜孔的异位脱出一般是从左向右（从中间到旁侧），但也可能是从右向左（从旁侧到中间）。
- 胃脾韧带疝的临床表现可能与网膜孔疝非常相似。

诊断

- 渐进的、中等到严重的和持续的疼痛，急性发作，初期对患马的镇痛治疗可能有效果。
- 随疾病发展，镇痛剂效力迅速下降。
- 心血管功能迅速衰退，血容量降低，血液浓缩。
- 常常出现鼻饲管反流，但胃减压并不能缓解腹痛。
- 直肠检查通常发现中度到严重的小肠扩张（图18-48）。
- 未触到小肠扩张并不能排除绞窄损伤的可能性，因为扩张肠段可能不在手臂的检查范围之内。
- 腹部超声检查显示扩张的、不运动的小肠。
- 腹腔穿刺有助于判断损伤的严重性和手术干预的必要性。
- 腹腔液分析可能得到正常或包含血清血液的渗出液，腹腔液蛋白浓度升高（＞3.0g/dL），有核细胞计数升高（＞5 000个/μL）。腹腔液乳酸浓度升高，但罕见情形中血液乳酸的浓度仍保持正常值。失活的肠段可能被隔离于腹膜腔之外（如网膜囊内的肠扭转），所以腹腔液分析结果可能并不能准确反映小肠损伤的严重程度。
- 通常比血液乳酸浓度更高。对腹腔液乳酸进行连续采样分析，会发现乳酸浓度随时间延长越来越高。

应该做什么

网膜孔疝

给予初步支持性治疗

- 胃减压。
- 静脉注射平衡多离子溶液（如乳酸林格氏溶液）。
- 镇痛剂（如赛拉嗪、酒石酸布托啡诺和/或氟尼辛葡甲胺）。
- 监测生理和临床指标：
  - 疼痛。
  - 鼻饲管反流。

  - 心率。
  - 黏膜状况。
  - 血细胞比容，PCV/TPP。
  - 腹鸣音。
- 若怀疑网膜孔疝，需要进行手术。

探查性手术

- 往往需要手术来确诊。
- 进行腹中线探查性剖腹术。
- 为肠道减压，用手小心扩大网膜孔，将脱出复位。
- **重要**：网膜孔的创伤性扩张可能导致下腔静脉或肝门静脉破裂，可危及生命。
- 评估小肠存活可能性，有必要时进行切除术和吻合术。

预后

预后取决于发病时长、切除肠段的长度和复位脱出的难度。

胃脾韧带内小肠嵌顿

- 小肠嵌顿于胃脾韧带之中的情形并不常见。
- 解剖学中，胃脾韧带连接胃大弯与脾门，并向腹侧延伸到大网膜。
- 胃脾韧带的缺损通常由于创伤导致。
- 通常涉及远端空肠，从后向前脱出。

诊断

临床症状与网膜孔疝相似：

- 严重腹痛急性发作，鼻饲管反流，直肠检查发现小肠扩张，循环系统功能迅速衰退。
- 疾病早期可能并不能触诊到扩张的小肠，因为病变发生于腹腔靠前部。
- 腹部超声检查显示左前腹扩大的、不运动的小肠，位于脾和左侧体壁之间。
- 腹腔液分析可能得到正常或包含血清血液的渗出液，腹腔液蛋白浓度和有核细胞计数皆升高。症状的严重程度取决于脱出位置、持续时间和损伤的严重程度。
- 常常需要进行探查性剖腹术来做出明确诊断。

应该做什么

胃脾韧带内小肠嵌顿

给予初步支持性治疗

- 胃减压。
- 静脉注射平衡多离子溶液（如乳酸林格氏溶液）。
- 镇痛剂（如赛拉嗪、酒石酸布托啡诺和/或氟尼辛葡甲胺）。
- 监测生理和临床指标：
  - 疼痛。
  - 鼻饲管反流。

- 心率。
- 黏膜状况。
- 血细胞比容，PCV/TPP。
- 腹鸣音。

- 若怀疑绞窄性梗阻，需要进行手术。

探查性手术

- 进行腹中线探查性剖腹术。
- 复位脱出。
- 胃脾韧带血管供应相对较少，使用手指扩张裂口并将嵌顿的小肠复位，从而可以将致命的出血风险降到最低。
- 对失活肠段进行切除术和吻合术。
- 不要闭合韧带的缺口。

预后

预后取决于发病时长和切除肠段的长度。

肠系膜缺损

- 肠系膜、阔韧带或大网膜的缺损或裂口可能导致小肠嵌顿或绞窄。
- 肠系膜缺损最常发生于小肠肠系膜（图18-51），大结肠或小结肠肠系膜的缺损相对少见。
- 缺损通常由钝性腹部创伤或对肠道与肠系膜的手术操作引发。一部分肠段可能进入缺损中，形成嵌顿或绞窄。
- 中垂肌带是卵黄动脉与肠系膜的先天性残留，从肠系膜一侧延伸到空肠或回肠肠系膜对缘，是嵌顿易发部位。卵黄动脉通常在妊娠前3个月退化，为退化会导致形成三角肠系膜囊。肠段可能在囊中嵌顿，结果会导致肠系膜破裂、脱出和绞窄。

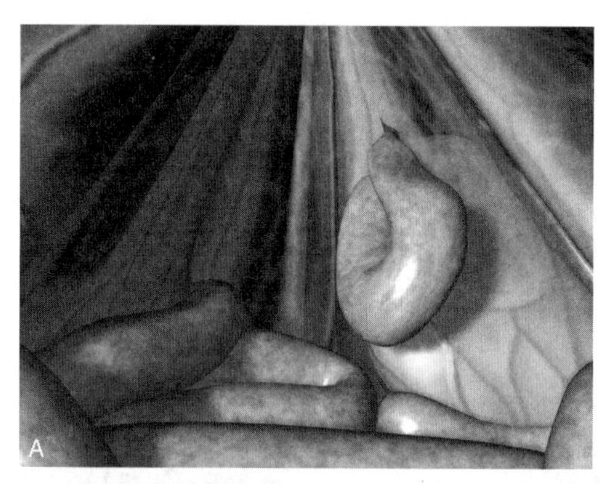

图 18-51　小肠肠系膜缺损

A. 从肠系膜缺损口穿过空肠并形成环　B. 小肠环形绞窄的发生与厚壁回肠埋入肠系膜缺损口类似，阻断了累及肠段的血流

诊断

临床症状与肠扭转相似：

- 严重腹痛急性发作。
- 鼻饲管反流，直肠检查发现小肠扩张。
- 腹部超声检查显示扩大的、不运动的小肠。

- 循环系统功能衰退。
- 腹腔液分析可能得到正常或包含血清血液的渗出液，腹腔液蛋白浓度、有核细胞计数和乳酸浓度皆升高。
- 症状的严重程度取决于脱出位置、持续时间和损伤的严重程度。

应该做什么

肠系膜缺损

给予初步支持性治疗

- 胃减压。
- 静脉注射平衡多离子溶液（如乳酸林格氏溶液）。
- 镇痛剂（如赛拉嗪、酒石酸布托啡诺和/或氟尼辛葡甲胺）。
- 监测生理和临床指标：
  - 疼痛。
  - 鼻饲管反流。
  - 心率。
  - 黏膜状况。
  - 血细胞比容，PCV/TPP。
  - 腹鸣音。
- 若怀疑绞窄性梗阻，需要进行手术。

探查性手术

- 往往需要手术来确诊。
- 进行腹中线探查性剖腹术。
- 复位嵌顿的小肠。
- 可能需要手动扩张疝环以复位脱出。
- 闭合肠系膜缺损。
- 对失活肠段进行切除吻合术。
- **重要提示**：在肠系膜根附近的缺损由于有限的暴露面积而难以闭合。
- **实践提示**：靠近背侧、无法闭合的肠系膜缺损可以通过站位腹腔镜二次手术来进行修复。

预后

预后取决于发病时长和切除肠段的长度。如果复位脱出或闭合缺损时发生困难则预后不良。

腹股沟疝

- 种马的获得性腹股沟疝与繁殖或剧烈运动有关，可导致急性腹痛。
- 腹腔内压力的激增或扩大的腹股沟内环可能增加腹股沟疝的易感性。
- 腹股沟疝肠发生于单侧，常见于标准马、鞍马和田纳西州步行马。
- 腹股沟疝和内脏脱出也可能继发于去势术！
- 幼驹的先天性腹股沟疝通常会随幼驹发育成熟而自行闭合，只有当脱出无法复位或过大时需要通过手术纠正。
- 对于阴囊疝，若小肠突出于鞘膜壁层外则需要进行手术纠正。

诊断

- 种马的获得性腹股沟疝和阴囊疝可以导致急性肠梗阻，必须进行紧急手术。
- 嵌顿的肠道会发生绞窄；出现低血容量和内毒素休克，并导致心血管系统功能衰退。
- 通常是单侧斜疝，嵌顿的肠段从鞘膜环中下降，被包含在鞘膜中。
- 患马会出现中度到严重的急性腹痛。
- 触诊阴囊可能发现受损侧睾丸坚实、肿胀且低温，但发病早期阴囊可能并不肿胀。
- 由于发生淤血，可能触到肿胀的、轻度水肿的附睾尾。
- 直肠触诊可能发现从腹股沟内环脱出的肠袢。在骨盆的两侧边缘下方触诊。
- 超声通常显示腹股沟环或阴囊内存在扩张的、不运动的肠段。
- 绞窄性梗阻的症状如下:
  - 心动过速。
  - 脱水。
  - 内毒素血症。
  - 心血管系统功能衰退，随时间加剧。

· 腹腔液蛋白浓度和有核细胞计数皆升高。失活的肠段可能被隔离在阴囊内，所以腹腔液分析结果可能并不能准确反应肠道损伤的严重程度。

· 新生幼驹的鞘膜疝和鞘膜破裂会导致轻度到严重的疼痛、沉郁、局部水肿和继发脓肿形成。

应该做什么

腹股沟疝

给予初步支持性治疗

- 胃减压。
- 静脉注射平衡多离子溶液（如乳酸林格氏溶液）。
- 镇痛剂（如赛拉嗪、酒石酸布托啡诺和/或氟尼辛葡甲胺）。
- 监测生理和临床指标:
  - 疼痛。
  - 鼻饲管反流。
  - 心率。
  - 黏膜状况。
  - 血细胞比容，PCV/TPP。
  - 腹鸣音。
- 若怀疑绞窄性梗阻，需要进行手术。

探查性手术

- 进行腹中线探查性剖腹术。
- 做腹股沟切口以得到合适的手术暴露部位和复位区。
- 对波及肠段进行复位及切除吻合术。
- 通常需要进行单侧去势和腹股沟疝修补。
- **实践提示：**新生公马的腹股沟疝可能会被包含在鞘膜内，或从鞘膜内突出进入皮下。鞘膜内的腹股沟疝可以被手动复位，通常会自行闭合。若疝从鞘膜突出或因过大而无法复位，此时需要立即通过腹股沟和阴囊切口进行手术修补。

预后

- 若在疝形成的数小时内，在未发生绞窄损伤时即进行复位和修复，预后良好。
- 预后随延误时长变差。
- 若仅有一侧睾丸受影响，则对繁殖功能完整性的预后良好。

膈疝

- 膈疝可以是先天性或者是获得性的，但并不是马腹痛的常见原因。
- 最常见的原因是剧烈运动、重跌、奔跑时撞到其他物体，或被车撞。
- 怀孕或围产期母马也有膈疝风险。

诊断

- 膈疝的临床症状包括腹痛、呼吸急促和呼吸困难。
- 症状的严重程度取决于疝开口大小和内脏脱出的程度。
- 腹腔脏器进入胸腔内可能降低肺音的强度，叩诊时出现浊音。
- X线或超声检查（图18-52）有助于在胸腔内找到增厚的或被食物充满的肠袢（在膈的两侧都能发现肠）。
- 血气可能提示呼吸代偿失调和低氧血症。
- 胸腔穿刺和腹腔穿刺可能得到带血色的液体，总蛋白浓度和有核细胞计数皆升高，提示存在失活肠道。若怀疑膈疝，进行胸腔穿刺时一定倍加小心，因为针头可能刺入肠道。
- 往往需要探查性剖腹术来确诊。

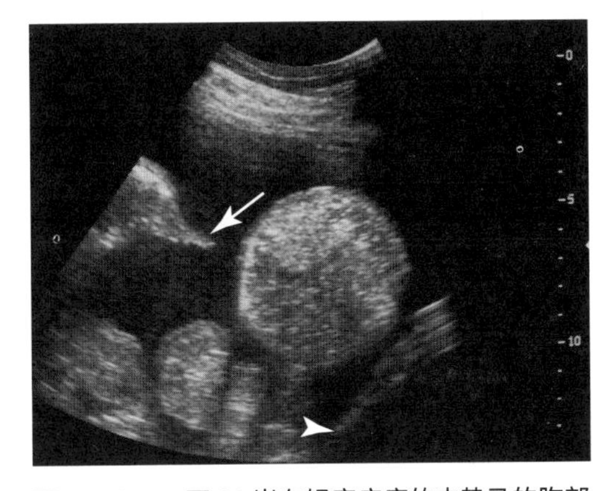

图 18-52　一匹 20 岁有轻度疼痛的去势马的胸部超声图像

胸骨水肿，有胸腔渗出液。在 5MHz 探头扫查下显示胸腔内有多个增厚的小肠环和液体。图片左侧是肺叶尾端（箭号），右侧底部是横膈膜（箭头）。

应该做什么

膈疝

给予初步支持性治疗

- 胃减压。
- 静脉注射平衡多离子溶液（如乳酸林格氏溶液）。
- 镇痛剂（如赛拉嗪、酒石酸布托啡诺和/或氟尼辛葡甲胺）。

- 监测生理和临床指标：
  - 疼痛。
  - 鼻饲管反流。
  - 心率。
  - 黏膜状况。
  - 血细胞比容，PCV/TPP。
  - 腹鸣音。
- 若怀疑绞窄性梗阻，需要进行手术。

探查性手术

- 进行腹中线探查性剖腹术。
- 对波及肠段进行复位及切除吻合术。
- 通过缝线或合成补片闭合膈的缺口［Marlex，Proxplast，high-density polyethylene（HDPE）］

预后

由于手术暴露困难且术后很有可能出现并发症（包括脓毒性胸膜炎、植入失败和疝复发），预后不良或很差。年轻马由于手术术野较大，预后会相对乐观。

有蒂脂肪瘤

· 对于10岁以上马，有蒂脂肪瘤是小肠绞窄或阻塞的常见原因。

· 脂肪瘤通过长度变化不一的纤维血管蒂与肠系膜相连。

· 通常在尸检或探查手术中偶然发现。

· 有蒂脂肪瘤可能会造成小肠（或少见于小结肠）段的嵌顿，并导致绞窄性梗阻（图18-53）。

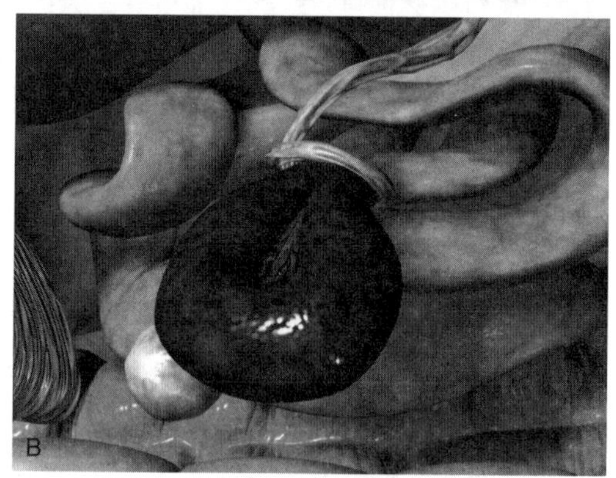

图 18-53　有蒂脂肪瘤

A. 一段空肠陷入了有蒂脂肪瘤形成的半结扣内
B. 有蒂脂肪瘤造成空肠环绞窄

诊断

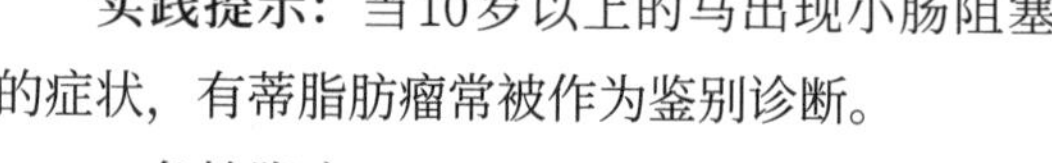

实践提示：当10岁以上的马出现小肠阻塞的症状，有蒂脂肪瘤常被作为鉴别诊断。

· 急性腹痛。

· 血液浓缩。

· 腹鸣音减少。

· 通常会出现鼻饲管反流，但发病早期可能并不出现。直肠检查可以触到多个小肠袢（图18-48），或通过腹腔超声检查也可以发现异常。腹腔液蛋白浓度和有核细胞计数的升高程度可以反映肠道受损的程度。

应该做什么

有蒂脂肪瘤

给予初步支持性治疗

- 胃减压。
- 静脉注射平衡多离子溶液（如乳酸林格氏溶液）。
- 镇痛剂（如赛拉嗪、酒石酸布托啡诺和/或氟尼辛葡甲胺）。
- 监测生理和临床指标：
  - 疼痛。
  - 鼻饲管反流。
  - 心率。
  - 黏膜状况。
  - 血细胞比容，PCV/TPP。
  - 腹鸣音。
- 若怀疑绞窄性梗阻，需要进行手术。

探查性手术

- 进行腹中线探查性剖腹术。
- 对脂肪瘤进行结扎和横断术。
- 对受损肠段进行切除吻合术。
- 手术中切除所有的脂肪瘤以降低复发概率。

预后

如果没有并发的异常（如回肠肥大），经药物和手术治疗预后均为良好；如果需要进行回肠盲肠吻合术或空肠盲肠吻合术，则通常因为术后肠梗阻和高发的腹腔内粘连而预后不良。

回肠嵌塞

- 回肠是小肠腔内嵌塞最常发的部位（图18-54）。发病率取决于地理位置。
- 此病多发于欧洲和美国东南部，原因不明。
- 可能与提纯的、高粗纤维含量的牧草和海岸百慕大干草有关。
- 食物在回肠中累积，导致阻塞。回肠发生痉挛性收缩，肠腔吸收水分，而将嵌塞加剧。
- 其他较少见的病因包括肠系膜血管血栓、绦虫（*A. perfoliata*）感染和蛔虫（*P. equorum*）嵌塞。

图 18-54　回肠腔被食糜阻塞

回肠壁透明使梗阻可见。

- **实践提示：**对于有慢性腹痛的老年马，需要考虑回肠肥厚的可能。

· 在少数情况中，小肠大部分出现特发性肥厚，可能导致慢性腹痛。对于这些病例，根据腹部超声检查可以清楚地看到小肠肥厚。预后需要保守，最好通过改变食物组成（低粗纤维含量）来控制病情。

· 小肠和左背侧结肠可能出现局灶或弥散性嗜酸性细胞炎性疾病，导致肠道增厚伴随急性或慢性腹痛。

· 对于炎症性肠道疾病（淋巴细胞-浆细胞，嗜酸性细胞，肉芽肿，淋巴肉瘤等），嗜酸性细胞炎症似乎最有可能导致腹痛的临床症状。通过药物（皮质类固醇）控制嗜酸性粒细胞性肠炎效果一般，局灶性肠炎通过手术切除通常效果较好。

诊断

根据嵌塞时长症状会有变化：

· 小肠嵌塞附近发生局部扩张和痉挛性收缩，会导致出现中度到严重腹痛。患病马对止痛剂的响应通常很短暂。

· 直肠检查发现多个中度到严重扩张的小肠袢（图18-48）。早期检查可能发现直径为5~8cm、坚实的、表面平滑的回肠从盲肠基底起源，从中线右侧斜向下一直延伸到左侧。

· 腹部超声检查通常发现扩张的、不运动的小肠。

· 早期可能不会出现鼻饲管反流。在第一次腹痛发作的8~10h后，小肠和胃的扩张会加剧，并导致腹痛和渐进性脱水症状的复发。

· 胃减压往往只能暂时缓解疼痛。腹鸣音下降或消失，超声检查发现扩张的、不运动的小肠。

· 全血细胞计数、电解质、血气和腹腔穿刺结果通常不显示异常。

· 若嵌塞长时间持续，可能会发生血液浓缩，总蛋白和有核细胞计数也可能上升。

应该做什么

回肠嵌塞

给予初步支持性治疗

- 胃减压。
- 静脉注射平衡多离子溶液（如乳酸林格氏溶液）。
- 镇痛剂（如赛拉嗪、酒石酸布托啡诺和/或氟尼辛葡甲胺）。
- 监测生理和临床指标：
  - 疼痛。
  - 鼻饲管反流。
  - 心率。
  - 黏膜状况。
  - 血细胞比容，PCV/TPP。
  - 腹鸣音。

· 药物治疗可能对梗阻有效（根据在数匹马中的使用情况，1~3剂的赛拉嗪可能将嵌塞解除），并被认为可以促进小肠舒张。解痉灵可能有相似疗效。

- 若未发生净反流，通过鼻饲管给予6~8L水。
- 若药物治疗失败，需要进行手术干预。

探查性手术

- 进行腹中线探查性剖腹术。
- 通过腔外按摩解除阻塞。
- 将嵌塞物与空肠液混合，或向阻塞物注射无菌生理盐水或羧甲基纤维素钠（加或不加2%利多卡因），以协助阻塞的解除。
- 若肠壁发生严重的水肿或充血，空肠切开术可用于协助排空回肠内容物，且不造成对肠道的过多操作。
- 很少需要进行切除吻合术（回肠盲肠吻合术或空肠盲肠吻合术）；但若存在如回肠肥厚或肠系膜血管血栓病等问题，则可能需要进行切除吻合术。

预后

若没有并发症（如回肠增厚）出现，药物和手术治疗的预后皆良好。若需要进行空肠盲肠吻合术或回肠盲肠吻合术，由于术后肠梗阻和腹腔内粘连的概率较高，预后需要谨慎。

蛔虫嵌塞

- 严重的蛔虫感染可能导致新生幼驹、断奶马驹和1岁马的肠腔内阻塞。
- 患马通常驱虫史不完整，从而出现严重的蛔虫感染。
- **实践提示：**使用驱虫剂（如噻嘧啶和伊维菌素）、镇静剂或全身麻醉剂24~48h后，往往会出现嵌塞症状。
- 尽管芬苯达唑是非常有效的驱肠虫药物，在蛔虫嵌塞的情形中通常不使用。
- 可能出现的后遗症包括肠破裂、腹膜炎和肠套叠。
- 幼驹在6月至1岁龄期间获得对蛔虫的免疫力，故而蛔虫嵌塞在成年马中少见。

诊断

临床症状取决于小肠梗阻的时长和严重程度，包括：

- 瘦弱。
- 被毛凌乱黯淡。
- 中度到严重腹痛。
- 通常会出现鼻饲管反流并且反流液中可能包含蛔虫。
- 直肠检查和腹部超声检查发现多个扩张的小肠袢；超声检查可能在肠腔内发现蛔虫（图18-55A和图18-55B）。

应该做什么

蛔虫嵌塞

肠道蛔虫部分梗阻

- 肠道润滑剂（如矿物油）。
- 平衡多离子溶液（如乳酸林格氏溶液）。
- 镇痛剂（如赛拉嗪、酒石酸布托啡诺和/或氟尼辛葡甲胺）。
- 低效或慢效驱肠虫药物（芬苯达唑和伊维菌素）以防止复发。

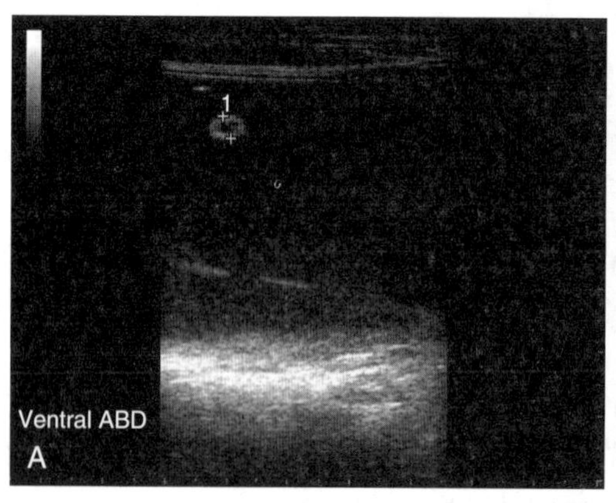

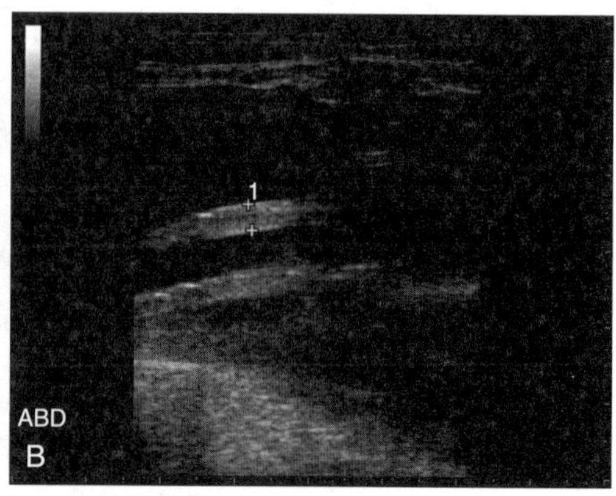

图 18-55 蛔虫嵌塞超声检查图像

A. 一匹 3 个月大的马驹患疝及蛔虫嵌塞，导致小肠扩张。高回声环是蛔虫嵌塞的横断面 B. 与图 18-54 所示的同一匹马驹；3 个蛔虫嵌塞的纵切面。马驹前一天进行了驱虫

腹中线探查术解除梗阻

- 对于完全梗阻，若药物治疗失败需要进行手术。
- 可能需要在多个部位进行肠切开（图 18-56）来清除蛔虫，但通过按摩将蛔虫转移到盲肠中可能有更好的预后。

预后

若药物治疗有效，预后良好。若进行剖腹术和肠切开，由于腹腔内器官发生粘连的概率较高，预后需要保守。

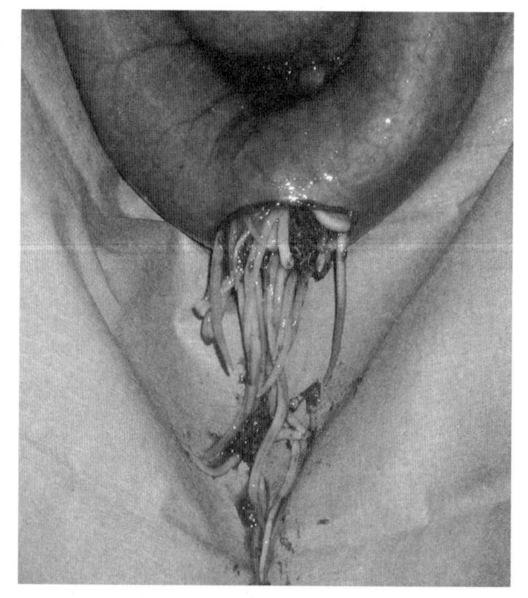

图 18-56 肠切开手术

实施小肠切开术以移除蛔虫嵌塞。

十二指肠炎和近端空肠炎

- 十二指肠炎和近端空肠炎的特征包括十二指肠和近端空肠的跨壁炎症、水肿和出血（图 18-57）。
- 胃和近端小肠充满液体而轻度扩张，而远端空肠和回肠通常弛缓。
- 组织学病变包括黏膜和黏膜下层的充血和水肿，绒毛上皮退化并脱落，中性粒细胞浸润，肌层出血，以及浆膜层的脓性纤维蛋白渗出。
- 病因未知，产气荚膜梭菌和艰难梭菌被推测为致病因素，因为胃反流液中常常能够培养出这两种细菌。
- 胃反流内容物中很少能够培养出沙门氏菌。
- 肠损伤会导致近端小肠扩张、胃反流、脱水、低血容量和内毒素休克。炎症与损伤可能

改变肠道运动力，导致回肠无力。

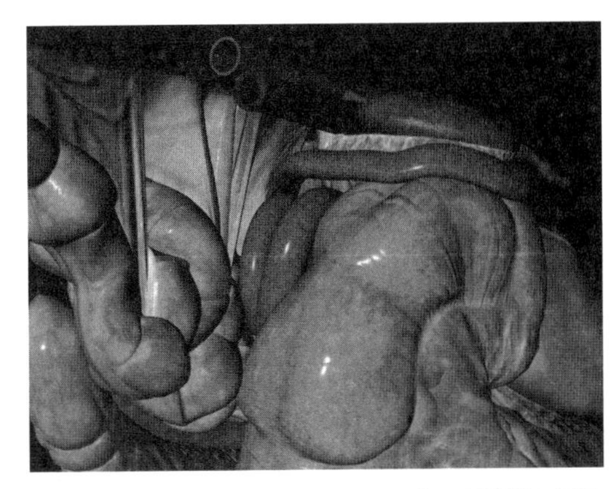

图 18-57 患马由于十二指肠和空肠近端肠炎导致炎症和扩张的右后侧观

诊断

临床症状

· 急性腹痛。

· 大量鼻饲管反流液（红色到绿棕色；某些病例中甚至可能出现自发反流）。

· 肠鸣音消失。

· 心动过速。

· 脱水。

· 体温略上升［38.6~39.1 ℃（101.5~102.4° F)］。

· 黏膜充血。

· 血细胞比容上升。

· 直肠检查发现轻度到严重的小肠扩张；但在早期可能并不出现。

· 超声检查发现近端小肠扩张，小肠壁增厚，运动力低到中等。

临床实验室检查结果

· PCV和TPP上升（血液浓缩）。

· 肌酐浓度上升，提示肾前性或肾性氮血症。

· 腹腔液总蛋白上升。

· 腹腔液有核细胞计数轻度到中度上升（5 000~25 000个/mL）。

· 低钾血症。

· 偶尔会出现代谢性酸中毒。

· 全血细胞计数可能发现白细胞计数正常、上升（炎症导致的中性粒细胞增多）或下降（内毒素血症和消耗导致的中性粒细胞减少）。

· 对胃反流液进行革兰氏染色会发现大量革兰氏阳性的大型杆菌（图18-58）。

· **实践提示：**临床症状可能与绞窄或非绞窄性梗阻的症状混淆。对于患十二指肠炎和近端空肠炎的马，进行胃减压后，腹痛通常会消退并被沉郁替代。持续腹痛伴随血清血液渗出的腹腔液支持绞窄性梗阻的诊断，但近端小肠炎中也可能出现血清血液渗出的腹腔液。

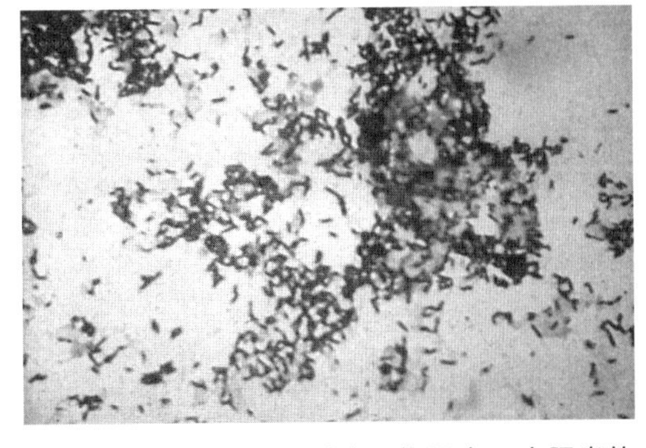

图 18-58 对一匹患近端十二指肠炎－空肠炎的马的胃反流液进行革兰氏染色，显示存在许多大的革兰氏阳性杆菌（与产气荚膜梭菌相比）

应该做什么

十二指肠炎和近端空肠炎

- 1~7d内会出现大量胃肠反流液，需要通过留置鼻饲管每2h进行胃减压，以防止扩张、疼痛和胃破裂。
- 禁食并禁用口服药，直到小肠肠鸣音重新出现。
- 静脉注射平衡晶体溶液以维持血容量。
- 每日监测血气和血清电解质（Na^+、K^+、Cl^-、HCO_3^-和Ca^{2+}），调整静脉注射溶液以纠正离子短缺。
- 每8h静脉注射低剂量（0.25mg/kg）氟尼辛葡甲胺，以减小花生四烯酸代谢物（血栓烷A_2和前列腺素）的不良影响。
- 抗革兰氏阴性菌核心抗原（内毒素）的抗血清经平衡电解质溶液稀释后，经静脉缓慢注射，可补充抗大肠埃希菌J-5突变株（Polymune-J或Foalimmune）的高免疫血浆或正常马血浆（2~10L）中的蛋白质、粘连蛋白、补体和抗凝血酶Ⅲ及其他高凝状态抑制剂，从而有助于患马恢复。
- 每12h皮下注射100U/kg未分馏肝素，或首选每24h皮下注射50~100U/kg低分子质量肝素，可能降低蹄叶炎的风险。
- 每8h或12h静脉注射100mg/kg的10% DMSO溶液，但效果存疑。
- 每6h静脉注射22 000~44 000IU/kg青霉素钠或钾，或每12h肌内注射22 000~44 000IU/kg普鲁卡因青霉素；另外每8h经直肠给予30mg/kg甲硝唑（或每6h按15mg/kg，静脉注射）可用于清除病原*C. perfringens*或*C. difficile*。
- 肠道运动调节剂可用于减少胃反流，并可能降低治疗成本和减少因反复放置鼻饲管而导致的并发症。
- 推荐使用如下肠道运动调节剂：
  - 2%利多卡因，1.3mg/kg慢速静脉推注（成年马每450kg约30mL），持续以每分钟0.05mg/kg输注；利多卡因的肠道运动调节功能来自于其抗炎效果。
  - 西沙比利每8h按0.1~0.2mg/kg静脉注射，或每8h按0.3mg/kg口服。静脉注射常常产生不良影响。
- 由于常出现继发肾衰，液体治疗后需要监测血清肌酐浓度和排尿量。
- 蹄叶炎是常见的并发症。应监测马蹄状况，并将蹄叶炎治疗包含于整体治疗方案中，治疗方法包括（见第43章）：
  - 用冰靴为肢端和蹄降温48h，或直到毒性中性粒细胞和杆状中性粒细胞不再出现于全血细胞计数中。
  - 马厩中铺上厚层的木屑或沙子。
  - 移除蹄铁，修剪、平衡马蹄，并覆以泡沫塑料，牙科泥，或其他马蹄和蹄叉支撑物，从而为整个马蹄提供机械支撑。
  - 绑下肢绷带。
  - 若出现蹄叶炎，终止注射氟尼辛葡甲胺后每12h按2.2~4.4.g/kg口服或静脉注射苯乙丁氮酮。
  - 每8h肌内注射0.02mg/kg乙酰丙嗪以扩张血管。
  - 按前述方法静脉注射DMSO。
  - 每8~12h按7.5~10mg/kg静脉注射或口服己酮可可碱，具有扩血管和流变效果，推荐用于内毒素血症和蹄叶炎。
- 若鼻饲管反流持续超过7d，可进行经站立位右侧肋腹的剖腹术或腹中线剖腹术来降低肠内压力或建立肠道分流，从而提高药物治疗效果。
- 一些外科医师（尤其是来自英国）相信立刻进行探查性剖腹术和肠减压可以缩短病程。

预后

- 大多数情况下积极的药物治疗可以治愈此病。
- 对预后产生消极影响的后遗症包括：
  - 蹄叶炎。
  - 肾衰竭。
  - 腹腔内粘连形成。

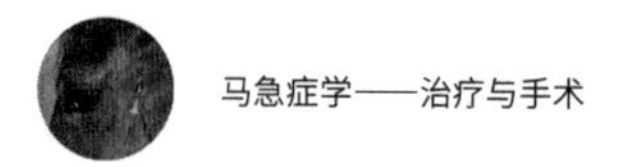

- 咽或食道受损。
- 胃破裂。

- **实践提示：** 胃反流为红色的患马似乎更容易发生并发症。

非绞窄性梗死

- 非绞窄性梗死指肠道血液供应不足（导致组织坏死），而不存在绞窄性损伤。
- 尸检通常显示肠系膜前动脉由于寻常圆线虫第4~5期幼虫迁移、破坏动脉壁而导致血栓形成。
- 梗死被认为是血管痉挛导致的缺氧的结果。

诊断

不完整的驱虫史可能增加马对非绞窄性缺血和梗死的易感性。定期驱虫的马也可能发生此病。临床表现严重程度不一，从沉郁到中度-严重腹痛都可能出现。

- 心率、呼吸频率和体温可能正常或升高。
- 充血黏膜提示内毒素血症或幼虫迁移导致的炎症。
- 直肠检查和腹部超声检查结果可能正常，或发现扩张的小肠。
- 触诊肠系膜根时往往发现增厚，伴随疼痛或震颤。
- 腹部听诊可能发现正常的、增多的或减少的腹鸣音。
- 由于肠道发生功能性阻塞，可能出现胃反流。
- PCV、TPP和肌酐由于脱水而升高。
- 外周血液检查可能发现白细胞计数正常、上升（炎症导致的中性粒细胞增多）或下降（内毒素血症导致的中性粒细胞减少）。
- TPP可能由于寄生虫导致的慢性炎症而上升，或由于小肠黏膜受损导致蛋白质流失而下降。
- 腹腔液通常正常或总蛋白上升（＞3.0mg/dL），白细胞计数可能升高至200 000个/μL。

应该做什么

非绞窄性梗死

- 静脉注射平衡晶体溶液以纠正脱水，并促进受损肠段的再灌流。
- 维持胃减压。
- 广谱抗菌药物，每6h静脉注射22 000IU/kg青霉素钾；若存在腹膜炎，每24h静脉注射6.6mg/kg庆大霉素。
- 每8h静脉注射0.25mg/kg氟尼辛葡胺，以减少血栓生成并提高肠系膜灌流。
- 每8~12h静脉注射100mg/kg的10% DMSO溶液，可以降低再灌注过程中的超氧自由基损伤。
- 隔日口服20mg/kg阿司匹林；每6~12h静脉或皮下注射40~100U/kg分馏肝素，或肌内注射40~50U/kg低分子量肝素，以降低血栓形成的风险。密切监测血细胞比容，关注是否发生红细胞凝集，以及注射未分馏肝素而导致的血细胞比容下降。

- 每8~12h按7.5~10mg/kg静脉注射或口服己酮可可碱以治疗内毒素血症，具有扩血管和流变效果。
- 药物治疗无效的患马应进行探查性手术。

预后

- 对于需要进行肠切除术的患马，预后不良。
- 探查术中不明显的局部缺血可能会发展成梗死。
- 肠梗阻和粘连是常见的术后并发症。
- 受影响肠道可能对于切除术来说过长。
- 有时通过荧光染色、多普勒超声检查或血氧定量法来衡量肠道存活力，可以成功辨别并切除受损的小肠或大肠段。

急性小肠梗阻

- 小肠梗阻和胃梗阻导致的急腹症偶尔可见，大部分见于产后母马。
- 患病马通常表现剧痛，超声和直肠检查都发现扩张的、不运动（超声检查）的小肠。
- 腹腔液和血液乳酸测量都提示非绞窄性损伤。
- 对于部分病例，低钙血症可能是病因；对于其他病例，病因未知。

应该做什么

产后母马的小肠梗阻

- 放置鼻饲管以防止胃破裂。
- 需要的情况下静脉注射含钙液体。
- 给予止痛剂，尤其是非甾体类抗炎药（对于肠道运动力影响最小），来控制剧烈腹痛。
- 恒速输注利多卡因。
- 若进行上述治疗后急剧腹痛仍然持续，并且小肠扩张并不缓解，需要通过手术进行减压。
- 若胃破裂之前给予合适的治疗，预后良好。

嗜酸性粒细胞肠炎导致的肠梗阻

- 马可能发生几种浸润性或炎性肠道（小肠或大肠都有可能）疾病。
- 其中，嗜酸性粒细胞浸润最常导致急腹症，有时会导致小肠或左背侧结肠的局灶性阻塞。
- 通过切除术得到的肠道组织学特征可以确诊，也可以根据对皮质醇的反应来确诊。
- 对于发生局灶性损伤的马，表现正常的肠道可能已经发生嗜酸性粒细胞浸润。

大肠疾病

盲肠嵌塞

- 盲肠嵌塞通常继发于其他疾病，尤其是与以下因素有关的疾病：

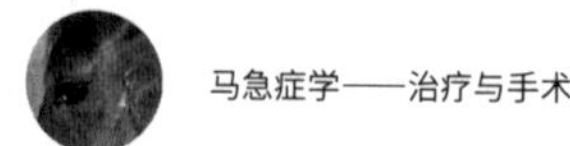

- 内毒素血症。
- 手术。
- 继发于脓毒性子宫炎、感染性关节炎、骨折和角膜疾病的慢性疼痛。
- 习惯于高运动强度的马在马厩中休息也可能导致盲肠嵌塞。

· 大部分患马的盲肠中存在大量干燥食物，然而也有一些患马的盲肠内是大量液体内容物（盲肠功能失调）。

诊断

临床症状

- 厌食。
- 粪便量减少或粪球缩小。
- 中度到严重的腹痛。
- **实践提示：**有时前躯症状非常难以辨认，如轻度沉郁。
- 可能出现腹部扩张，但通常不会出现。
- 对于严重的嵌塞，腹部听诊可能发现右侧盲肠部位有明显的“砰砰声”。

· 心率根据疼痛程度而改变，黏膜通常为粉色且发黏。

· 通常不会出现鼻饲管反流，除非嵌塞持续时间过长，或盲肠的异常导致了小肠梗阻。

· PCV、TPP和肌酐水平由于脱水而上升。

· 若发生盲肠穿孔，腹腔液的总蛋白和有核细胞计数上升。

· 通过直肠检查确诊；腹侧盲肠带会紧绷并向腹侧和近中侧移位。盲肠基底或主体可触到干燥的食物，基底还会被一些气体充满（图18-59）。盲肠扩张会导致背侧和近中盲肠带可被触诊，并使得左侧结肠和小结肠空空如也。

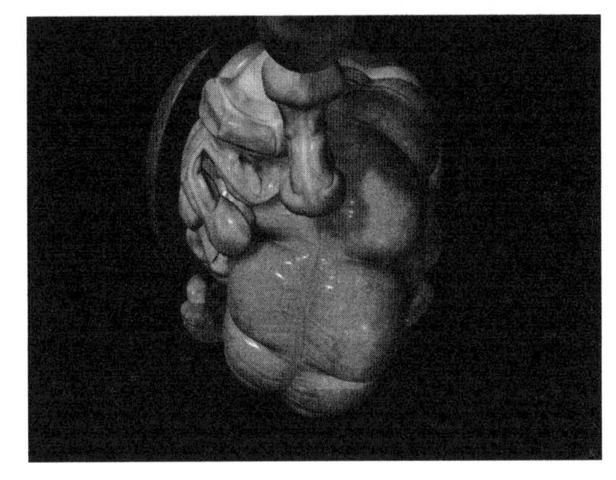

图 18-59　患马腹部尾侧观，展示了盲肠梗阻导致的盲肠扩张

应该做什么

盲肠嵌塞

轻微到中度盲肠嵌塞的药物治疗

- 不要经口给予任何食物；若不存在胃反流则可给予水。
- 给予日常维持所需液体的3倍量（每450kg体重60~90L/d），静脉注射含有20mEq/L KCl的平衡晶体溶液，并按每500kg体重每2h经留置鼻饲管给予6~8L水，以将嵌塞再水合。静脉注射利多卡因［1.3mg/kg慢速静脉推注，持续以0.05mg/（kg · min）恒速注射］，以提高肠道运动力，对于盲肠功能障碍尤其重要。
- 给予缓泻剂以促进嵌塞物的再水合（见缓泻剂）。

- 重新开始饲喂的过程需要缓慢，以避免复发。
- 重新饲喂的最初24~48h内饲喂青草、水泡过的颗粒饲料和糠糊。

需要手术治疗的情况

- 疼痛无法控制。
- 严重的嵌塞（极度紧绷的近中盲肠带）。
- 药物治疗失败。
- 腹腔液提示盲肠受损。
- 经腹中线的剖腹术有如下选择：
  - 腔外按摩。
  - 盲肠切开和排空（最常进行）。
  - 部分或全部盲肠切除术。
  - 盲肠结肠吻合术。
  - 回肠结肠吻合术。
  - 空肠结肠吻合术。
  - **实践提示：**空肠结肠吻合术或回肠结肠吻合术要优先于盲肠结肠吻合术，因为长期后遗症较少。通过右侧腰椎旁通路对全部盲肠进行切除比较困难，且腹腔的粪便污染是常见并发症。

预后

- 对于不存在盲肠功能障碍的轻度到中度盲肠嵌塞，预后良好。
- 严重的盲肠嵌塞需要进行手术治疗，并发症包括腹膜炎、粘连、穿孔和死亡。
- 严重盲肠嵌塞的预后需谨慎。
- **重要提示：**由“液体”内容物导致的盲肠扩张也可能发生并导致相似症状。这种情况似乎是由于原发的肠运动力失调引起，通常比“干燥”盲肠嵌塞更加棘手。

盲肠穿孔

严重的盲肠嵌塞会导致盲肠壁受到过大压力，而穿孔通常发作于盲肠基底的近中侧或尾侧。穿孔可能发作于妊娠末期或生产期。发病机理未知，可能与绦虫（*A. perfoliata*）感染有关。

诊断

- 脓毒性腹膜炎可能导致心血管休克。
- 病情恶化的速度与腹腔污染程度直接相关。
- 直肠检查发现扩张的、气肿的盲肠，盲肠基底浆膜增厚。
- 通过乳头套管收集到腹腔液，有核细胞计数上升或降低，总蛋白上升；另外可见变性白细胞，胞内或胞外细菌，以及植物。

应该做什么

盲肠穿孔——仅对症治疗

- 静脉注射平衡多离子溶液。
- 广谱抗菌药物。

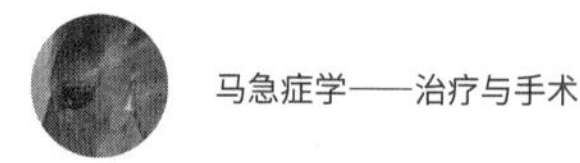

- 氟尼辛葡甲胺。

预后

- 若粪便污染导致出现脓毒性腹膜炎和内毒素休克，则预后不良。

大结肠嵌塞

- 大结肠嵌塞最常出现在以下两个狭窄部位：
  - 骨盆曲。
  - 横结肠。
- 在这些位置，逆向肌肉收缩（向口腔方向传播）将食物留滞以进行微生物分解。这种收缩模式可能引起嵌塞。

易感因素

- 牙列不良。
- 摄入粗糙草料。
- 液体摄入不足。
- 运输应激。
- 高强度锻炼导致的肠运动力减弱。
- 饮水不足。
- 出汗导致的液体流失。

诊断

症状

- 厌食。
- 腹部扩张。
- 排便量减少。
- 轻度到严重的腹痛，起初呈间歇性发作。
- 心率随疼痛程度而有变化；黏膜粉色且发黏。
- 通常不会出现鼻饲管反流，除非出现小肠梗阻或小肠袢受到压迫。
- 出现脱水时，PCV、TPP和肌酐水平会上升。
- 若肠腔完全堵塞，会出现非常严重的腹部扩张。
- 直肠检查发现食物嵌塞于扩张程度不一的结肠骨盆曲和腹侧结肠；在严重情形中，在骨盆上下口之间可以触到结肠。

- 横结肠嵌塞无法被触诊。
- 在慢性的、严重的病例中，结肠壁的扩张会导致肠壁的压迫性坏死和腹膜炎。腹腔液蛋白浓度和有核细胞技术反应小肠损伤的程度。腹痛通常很严重且无法控制，伴随明显的毒血症（充血、黏膜发绀，或二者同时出现）、心动过速和呼吸急促。

应该做什么

大结肠嵌塞

- 禁食以避免食物进一步积聚。
- 若不存在鼻饲管反流，允许饮水。
- 给予药物治疗：
  - 对于嵌塞程度较轻的患马，通过鼻饲管给予水、矿物油、硫酸镁（优先）或磺琥辛酯钠-电解质溶液，可以见效。
  - 对于中度到严重的结肠嵌塞，需要静脉注射液体（按每450kg4~5L/h），并给予缓泻剂。
  - 根据需要给予镇痛药物。许多医生使用解痉灵和缓泻剂取得不错的效果，但对于这种疗法还是存在一些争议。
- 基于以下考虑判断需要进行手术：
  - 药物治疗失败。
  - 腹痛无法缓解。
  - 直肠检查发现大结肠异位。
  - 内毒素血症和循环系统功能衰退。
  - 腹腔液变化提示肠道受损。
- 腹中线探查剖腹术：
  - 确认嵌塞严重程度。
  - 可能发现其他异常，如结肠异位或肠结石。
  - 在结肠骨盆曲进行肠切开术。
  - 灌洗结肠腔以将食物排空。

预后

- 药物治疗轻度至中度嵌塞的预后良好。
- 手术矫正严重嵌塞的预后一般良好，除非肠壁坏死或结肠失活导致肠穿孔。

沙嵌塞

- 摄入青草或干草时摄入沙子，尤其是在高强度放牧的沙土地区撒放谷物，可能导致沙嵌塞。
- 被摄入的沙子沉积在大结肠中，逐步累积最后导致非绞窄性肠腔阻塞。

诊断

症状

- 症状与大结肠嵌塞相似；疼痛症状通常急性发作。患马可能有慢性腹痛或腹泻病史。
- 前腹侧腹部听诊4~5min可能听到一种“海浪”的声音。
- 在骨盆曲或盲肠内的嵌塞通常可以在直肠检查中发现，而右背侧（最常见）或横结肠内

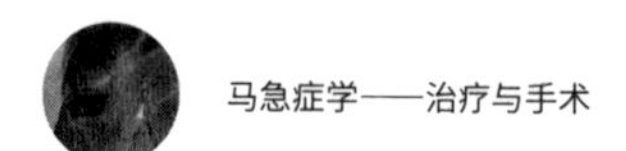

的嵌塞无法被触诊。

- **实践提示：**直肠检查或粪便中没有发现沙子并不能排除沙嵌塞，因为在严重的嵌塞情形中沙子无法向远口侧移动。
- **实践提示：**由于结肠被沙子充满后会移向腹侧腹壁，进行腹腔穿刺时一定要小心，以避免刺破肠壁。
- 腹部超声可能有所帮助。Kendall等描述了超声发现的结果。沙子对结肠黏膜的刺激可能导致腹泻或轻度发热。
- 在沙子重力的压迫下，肠道变性和坏死可能导致内毒素血症和腹膜炎。

应该做什么

沙嵌塞

药物治疗

- 及时给予液体和缓泻剂（矿物油）通常有效。**实践提示：**欧车前亲水胶是最有效的缓泻剂：每6h按每500kg体重400g的剂量给予，直到嵌塞解除。**实践提示：**一旦接触冷水，欧车前亲水胶会形成一种凝胶，难以通过鼻饲管泵入；所以必须先放置好鼻饲管，混合药物后立即给予。这种凝胶会润滑并与沙子结合，使其向远端移动并解除阻塞。另外的办法是将欧车前与矿物油混合，欧车前会保持在溶液中，通过鼻饲管注入会相对容易。
- 欧车前按每500kg体重400g的剂量给药，每日1次，持续7d，可以清除残留的沙子。交替给予欧车前和矿物油以防止因沙子和欧车前反流导致的阻塞。

手术治疗

- 对于药物治疗无效或存在其他异常（如结肠异位）的患马，进行腹中线探查剖腹术。
- 在结肠骨盆曲进行肠切开并清除沙子。
- 沙子可以对结肠壁产生严重伤害，导致术后发生并发症，如术后肠梗阻、肠壁变性和腹膜炎。

预防措施

- 避免过度放牧。
- 必要时提供干草，不要将饲料放在地上。
- 向饲料中加入欧车前而起到预防作用，促进沙子从结肠中移除。根据接触沙子的风险，每4~12个月进行一次预防性治疗：按每500kg体重400g的剂量给予欧车前，每日1次，持续7d。
- 考虑使用调过味的或可溶的欧车前，会比原味欧车前适口性更好。

预后

- 对于治疗轻度至中度沙嵌塞，预后良好。
- 手术矫正严重嵌塞的预后良好，除非肠壁坏死或结肠失活导致肠破裂。

盲肠－结肠套叠

- 盲肠－结肠套叠中，盲肠顶通过盲肠－结肠孔套入右腹侧结肠中，盲肠－结肠套叠并非肠梗阻的常见原因。
- 整个盲肠可能套入结肠中并发生绞窄。
- 病因未知；但可能与导致肠道运动力异常的因素有关，如寄生虫感染、食物改变、嵌塞、肠壁损伤以及影响肠运动力的药物。

- **实践提示：**盲肠－结肠套叠在小于3岁的马中更常见。

诊断

- 发生绞窄性肠套叠的患马可能出现急性和严重的腹痛。
- 相反，患慢性非绞窄性肠套叠的马可能只表现轻度到中度腹痛，沉郁，体重下降，以及减少的、偏软的粪便。
- 直肠检查通常可以在右后侧腹腔触诊到体积庞大的肿块（套叠部位）；若发生肠梗阻，也可以触到扩张的小肠。
- 某些病例中，肠套叠可以通过超声检查发现。
- 在盲肠基底或右腹侧结肠触到坚实的肿物可以证实诊断。
- 腹腔穿刺显示腹腔总蛋白和有核细胞计数上升。由于盲肠被隔离在腹侧结肠之内，在疾病发展到晚期之前腹腔液的变化可能并不明显。
- 药物治疗无效的情形下需要进行探查术并明确诊断。

应该做什么

盲肠－结肠套叠

- 进行腹中线探查性剖腹术。
- 将套叠复位——由于肠壁水肿和两浆膜面之间的粘连，复位很可能存在困难。
- 若成功从腔外将套叠复位，评估盲肠存活力，并在必要时进行部分或全部盲肠切除术。
- 若不能从腔外复位，在右腹侧结肠进行切开，复位盲肠并切除失活的盲肠。
- 预后。
- 若套叠包含盲肠顶，且成功从腔外复位，预后一般。
- 若复位时进行了肠切开或整个盲肠都被套入，由于脓毒性腹膜炎的风险较高，预后不良。

大结肠异位

- 左腹侧和左背侧结肠可以自由移动，从而存在更高的肠异位和扭转可能性。
- 病因未知，可能与以下因素有关：
  - 结肠运动力改变。
  - 产气过多。
  - 腹痛或食物改变导致的打滚行为。
  - 精饲料摄入过多。
  - 寄生虫感染。
- 总体来说，并不能辨认出明确的致病因素。
- **实践提示：**大结肠异位在去势马中更常见。
- 右背侧直肠异位中，盲肠外侧左结肠异位至结肠和右侧体壁之间（图18-60）。结肠骨盆曲通常在盲肠外侧从前方向后方移动，停靠在胸骨附近。异位可能伴随不同程度的扭转。
- 左背侧直肠异位中，左结肠向背侧体壁和肾脾韧带之间异位（图18-61）。大结肠从前方

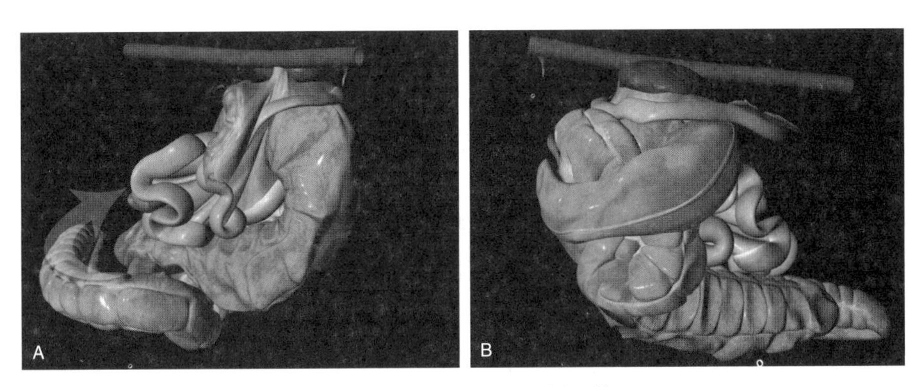

图 18-60　患马结肠右侧异位

A. 结肠右侧异位发展的早期阶段，结肠开始向盲肠的后腹侧移动　B. 结肠右侧异位的最终阶段，结肠位于尾侧盲肠旁边并如图旋转，结肠腹侧转到背侧，背侧转到腹侧

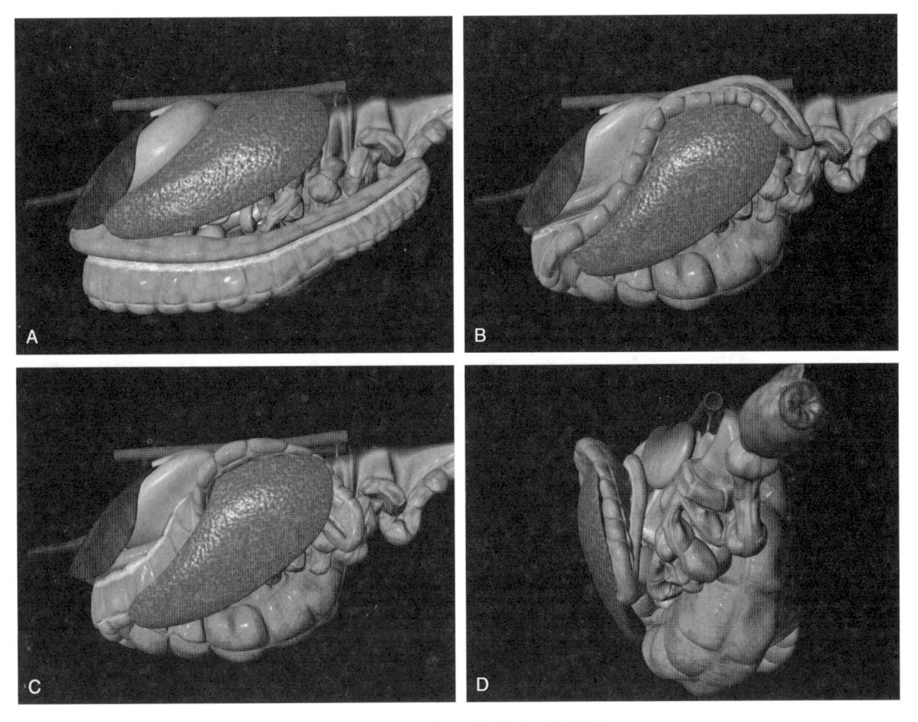

图 18-61　患马结肠左侧异位

A. 马升结肠位于正常位置的右侧观　B. 升结肠异位越过脾背侧，结肠绕长轴旋转　C. 结肠异位绕过脾肾韧带的最终阶段，异位的结肠被韧带负载，阻碍了流经脾脏的血流，因此会导致脾坏死　D. 异位最终阶段的后侧观，结肠陷入韧带并被卡住，导致脾脏坏死

向后方穿过肾与脾的间隙，并沿脾外侧向背侧迁移。

诊断

- 症状包括腹痛和腹部扩张，严重程度取决于结肠气胀的持续时间和程度。症状发展速度通常很快，并且由于肠系膜受到压迫且结肠气胀而更加严重，大结肠异位的症状通常比嵌塞的症状更加严重。

· 异位有时可能压迫十二指肠而导致出现鼻饲管反流。

· 异位早期腹腔液通常正常；对于慢性异位，腹腔液体积、总蛋白和有核细胞计数可能上升。

· 右背侧异位在直肠检查中表现为盲肠、结肠（或二者同时）轻度到严重的气体扩张，在盲肠外侧或横跨骨盆入口处可以触到大结肠带（图18-49）。

· **实践提示：**若发生结肠右背侧异位，由于胆汁阻塞，γ-谷氨酰转移酶和直接胆红素可能显著升高。其他胃肠道异位很少导致这种变化。

· 对于结肠右背侧异位的马，右侧腹部中间到下方的超声检查可能显示异位和旋转的右结肠存在扩张的血管（见第14章）。

· 左背侧异位在直肠检查中表现为盲肠、结肠（或二者同时）轻度到严重的气体扩张，在肾脾韧带背侧可以触到从前方延伸到左侧的大结肠带。

· 直肠触诊肾脾韧带区域，或脾远离左侧体壁向后方异位时，由于肾脾韧带受到压力，会诱发疼痛症状。

· 对于结肠左背侧异位的马，左腹部上方的超声检查显示结肠内含有气体，以致左肾和脾的背缘不可见。若结肠轻微旋转，可能看到肠系膜血管（见第14章）。

· 若继发性症状波及小肠，可能触到数段扩张的小肠袢。

· 胃减压和盲肠减压可以暂时缓解疼痛。

应该做什么

大结肠异位

右背侧异位

- 若腹痛不严重，禁食并每4h通过鼻饲管给予6L电解质溶液（成年马），矫正效果可能见于24~36h后。
- 若有必要手术探查，进行腹中线探查术（框表18-2）。
- 检查直肠是否存在肠扭转和异位的复原情况。
- 并不一定要进行肠切开，由术者自行判断；但若直肠发生继发性嵌塞，推荐进行肠切开。

右背侧异位：非外科矫正法

· 两种最常用的非外科方法是口服液体且按前述方法禁食，或给予苯肾上腺素（按每450kg体重8~16mg溶于0.9%氯化钠溶液，静脉注射15min以上）。

- 促进脾收缩。
- 给予苯肾上腺素后进行5~10min的低强度锻炼。
- 重复进行直肠检查。
- 重复进行超声检查以确认异位被矫正。

· **实践提示：**不要对血容量过低、心血管系统不稳定或大于16岁的马应用苯肾上腺素的治疗策略。急剧的升压效果和反射性心动过缓可能导致极度脱水的马出现严重的灌流不足。对于年老马，苯肾上腺素可能导致严重的内出血。

· 若苯肾上腺素初次治疗失败，可以重复几次；报道提示对于心血管功能稳定、没有严重结肠扩张或失活的马，治疗成功率为70%~90%。

- 恰当的翻滚程序（图18-62）：
  - 患马在右侧卧体位进行全身麻醉。

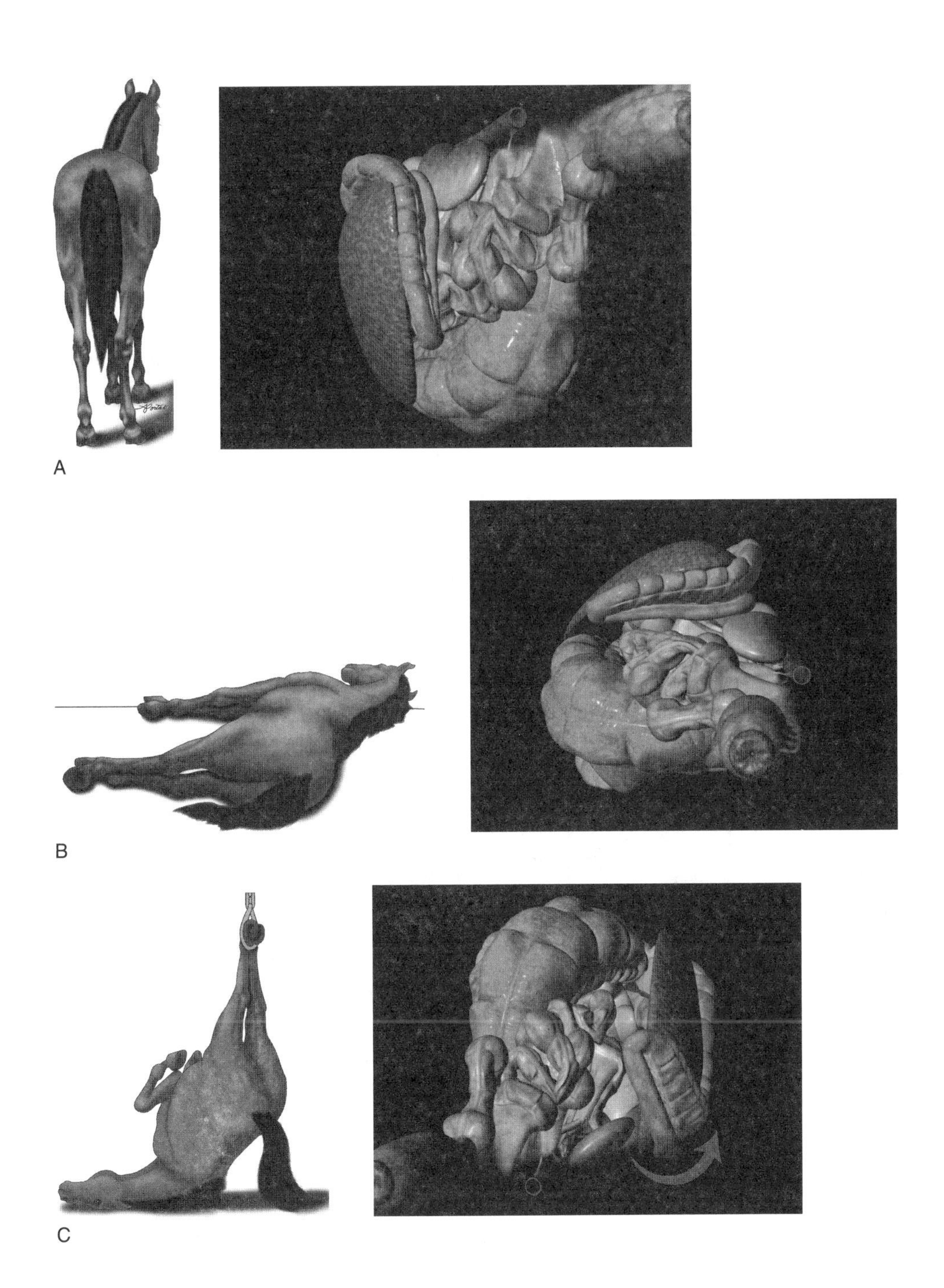

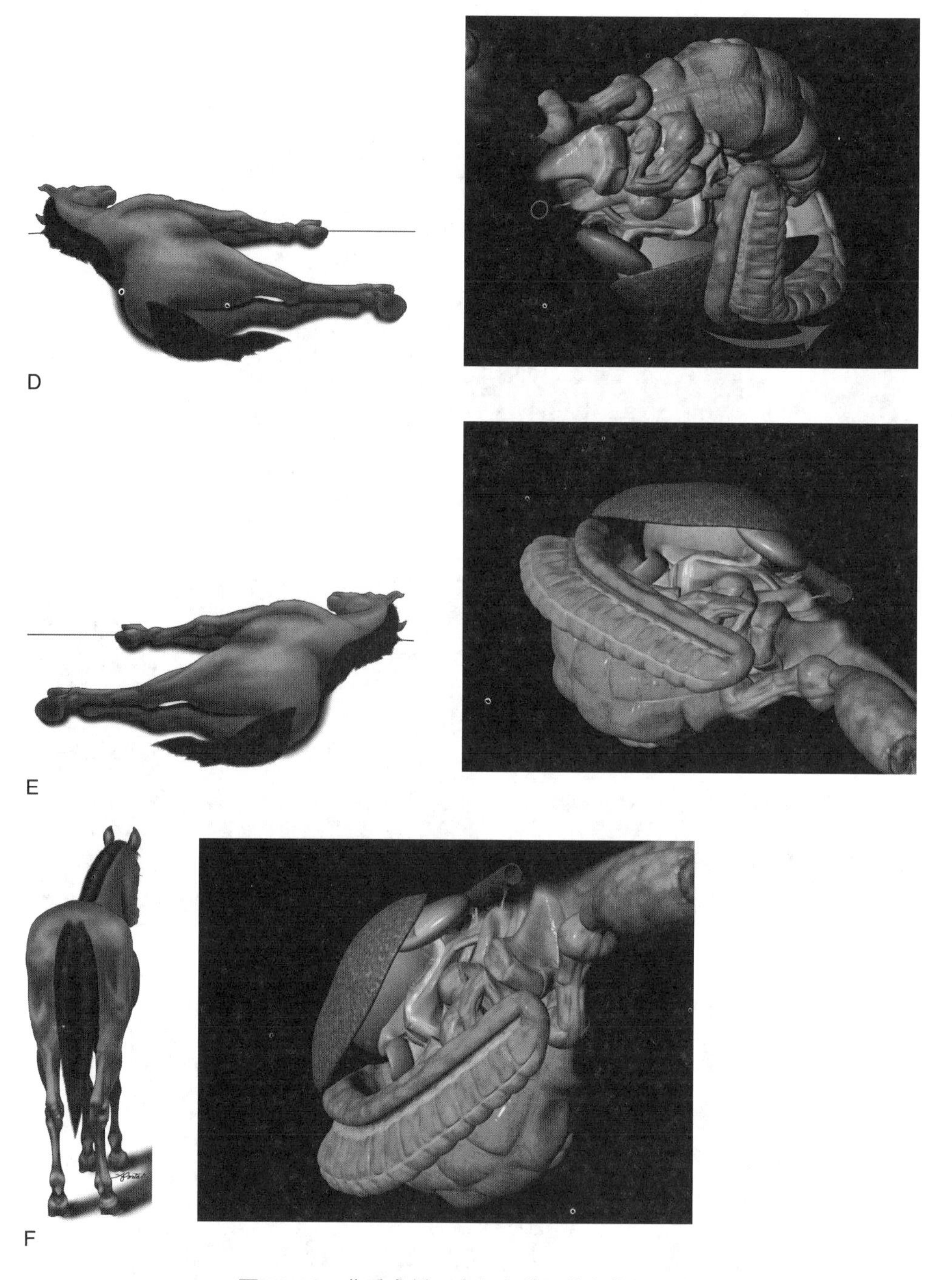

图 18-62　非手术纠正患马大结肠的左背侧异位

A. 站立马患左腹侧和背侧结肠陷入肾脾韧带间卡住的后侧观　B. 患马被麻醉并置于右侧卧位　C. 捆缚盆骨后肢，患马置于仰卧位　盆骨后肢被提起，后躯离开地面，大结肠会向前方、侧面、向右落下（箭头）　D. 将患马置于左侧卧，这使结肠继续向前和脾脏侧面下落（箭头）　E.360°翻转患马，先翻转至平卧体位，再回到右侧卧位，留以结肠恢复时间，处于脾的近中侧　F. 患马需要恢复，如果该程序成功，结肠应该在脾的近中侧和腹侧位置。进行直肠触诊以评估结肠的位置

- 捆绑后肢，将患马调整至背侧卧体位。
- 提高后肢以将患马后端从地面抬起，对腹腔用力进行冲击触诊。
- 大结肠会向前方、向右落下。
- 将患马翻转至胸骨平卧体位，然后回到右侧卧体位，完成360°旋转。
- 在右侧卧体位下，直肠处于脾的近中侧和腹侧部位。留以恢复时间。
- 在侧卧体位下或完成恢复后进行直肠触诊，以评估结肠位置。

非外科矫正法的潜在并发症

- 异位更加恶化或复发。
- 医源性结肠或盲肠扭转、脾血管破裂和内出血。
- 盲肠或结肠破裂。

左背侧异位

在如下情形中进行手术矫正：

- 显著的结肠扩张，伴随持续的、严重的疼痛。
- 腹腔液成分分析显示肠失活。
- 结肠或盲肠破裂会导致致命的腹膜炎，此时风险上升。

预防复发

对于复发两次或两次以上的左背侧异位，推荐采取外科预防措施：

- 在首次剖腹术中进行结肠固定术或切除部分大结肠。
- 在后续手术中，站位腹腔镜下通过缝合或网线闭合肾脾间隙。

预后

- 预后良好到极好，通常可以完全恢复。大结肠异位导致粘连和蹄叶炎的概率很低。

大结肠扭转

- 大结肠扭转是腹侧和背侧结肠沿长轴旋转的情形，通常也包含盲肠在内。
- 从后方观察左腹侧和背侧结肠，或马位于背卧体位，结肠通常按逆时针方向旋转（图18-63）。
- 大结肠和盲肠可能沿肠系膜垂直轴旋转（肠扭转）。
- 360°旋转会导致结肠表面上处于正常位置，但肠系膜根已经闭塞。
- **实践提示：**大结肠扭转是马最严重的急腹症之一。
- 病因未知，但食物变化、电解质失衡和应激导致的肠道运动力不足，可能增加结肠过度积气并发生梗阻的风险。
- 围产期母马发病率较高。
- 矫正后有20%~30%的概率复发。

诊断

- 结肠扭转（＞180°）会导致严重腹部扩张和持续腹痛的急剧发作，且仅有镇痛疗法有微

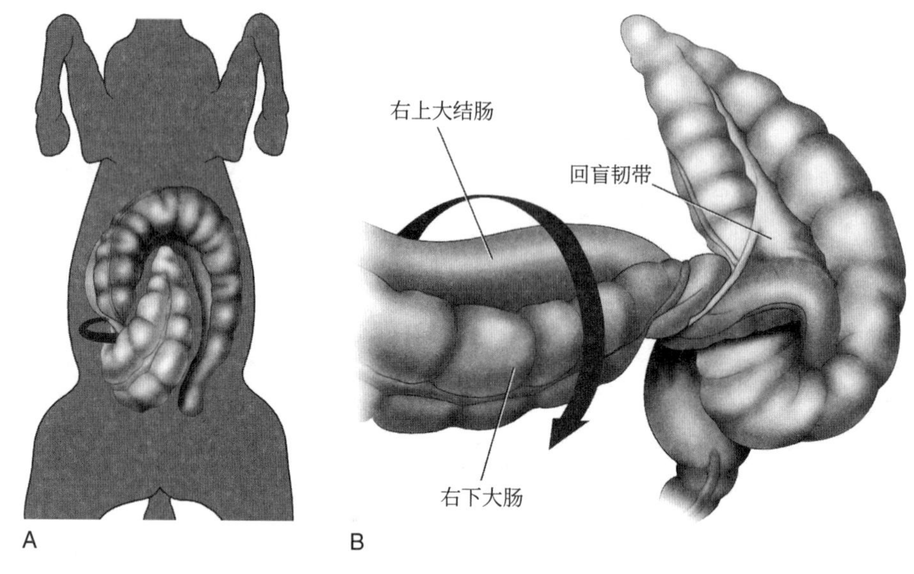

图 18-63 患马大结肠扭转

A. 大结肠 360°逆时针（箭头）扭转的马仰卧时腹侧观 B. 大结肠 180°逆时针（箭头）扭转的马仰卧时右侧观

弱疗效。赛拉嗪和地托咪定单独使用或联合使用布托啡诺可以短时间镇痛。

· 往往出现明显的心动过速、呼吸急促、黏膜苍白或充血。

· 若结肠扩张影响到呼吸功能，可能出现呼吸性酸中毒。

· 腹腔液包含血清和血液，总蛋白和有核细胞计数上升，提示发生肠缺血和坏死。

· 直肠触诊发现严重的结肠扩张，往往伴随由于静脉充血而导致的肠壁或肠系膜水肿。可能触到横切腹腔的结肠带，但由于结肠扩张和过度疼痛，通常难以进行完整的直肠检查。

· 180° ~270°的旋转可能只导致轻微疼痛，发展速度也较慢。

应该做什么

大结肠扭转

- 成功治疗需要尽早诊断并采取外科急救矫正。
- 进行腹中线探查性剖腹术。
- 矫正通常需要进行减压和肠切开。
- 受损结肠起初通常为蓝灰色，再灌流后呈红色到黑色。
- 切除无法存活的结肠，有时可能需要安乐死。
- 切除小于 95% 的升结肠不会影响结肠功能。
- 血浆、DMSO 和肝素可能有助于减轻“再灌流损伤”。

预防复发

· 对于繁殖母马或非竞赛马，某些外科医师会进行结肠固定术，或将左腹侧结肠的侧带缝合到腹壁上以降低复发风险。

- 报道显示：粘连撕裂、缝合失败和结肠破裂是上述方法的并发症。
- **实践提示：**选择性结肠切除术可用于降低复发风险；推荐用于竞赛马。

预后

- 预后取决于是否及时诊断和是否进行手术干预。
- 肠道缺血和坏死会迅速发展为低容量血症、内毒素血症、腹膜炎和不可逆休克。
- 除非症状发作后的数小时内进行手术，否则预后不良。
- 在某些病例中，术后可能出现短期或永久的吸收功能障碍、腹泻和失蛋白性肠病。

结肠闭锁

- 结肠闭锁指结肠的先天性缺失或闭锁，具有以下3种形式：
  - 膜状闭锁：隔膜组织将结肠或直肠腔封锁。
  - 索状闭锁：纤维索连接结肠非连通的两个末端。
  - 盲端闭锁：最常见的闭锁形式；结肠非连通末端之间没有任何连接或肠系膜。
- 结肠闭锁是由发育过程中肠段缺血而导致，被认为具有遗传倾向。

· 致死白驹病是一种常染色体隐性的色素功能障碍，花马幼驹患有白化病并伴随肠道的先天异常（最常见结肠闭锁）。此类疾病具有致死效应。

诊断

- 初始症状：新生幼驹在出生12~24h内出现腹痛，无胎粪排出。
- 手指触诊直肠发现黏液，无胎粪存在。
- X线检查可能发现结肠段扩张，但无明显阻塞；需要造影以确诊。
- 腹部扩张和腹痛提示需要进行探查手术。
- 首先需要排出胎粪嵌塞（见小结肠和直肠疾病）。

应该做什么

结肠闭锁

- 手术矫正是唯一的治疗方案。
- 进行腹中线探查剖腹术。
- 由于受影响肠段距离较长且直径不一致，吻合术难度较大。

· 远口端肠道通常对于端-端吻合术来说过小。可能需要进行侧-侧吻合，但由于近端和远端肠段的距离过长，侧-侧吻合亦难以进行。因此，建议进行安乐死。

预后

由于对此段肠道进行吻合术存在技术困难，预后需谨慎。

非绞窄性梗死

见小肠疾病。

溃疡性结肠炎（非甾体类抗炎药毒性）

见附录六。

小结肠和直肠疾病

小结肠嵌塞和异物梗阻

- 肠道炎性疾病往往会增加结肠（尤其是小结肠）对嵌塞的易感性，可能与粪便培养中出现沙门氏菌相关。在许多病例中并不能辨认出易感因素。
- 粪便脱水可能导致小结肠嵌塞，异物或肠结石（见肠结石症）可能导致阻塞。
- 完全梗阻会导致出现严重腹痛；可能导致近端小结肠和大结肠出现气胀和继发性梗阻。

诊断

- 通过直肠检查触到小结肠嵌塞或气胀的小结肠袢可以确诊。直肠检查中，小结肠可以通过其在系膜小肠游离特征性的单股宽带和索状肠系膜带来辨认。
- 由于4岁以下马好奇心更强，异物嵌塞的发生概率也更高。例如，它们会食用草网、橡胶栅栏、绳段和细线。
- 嵌塞有时会伴随炎性肠病，如沙门氏菌病。
- 若嵌塞复发，考虑肠肌层神经节炎。
- **实践提示：**小结肠嵌塞在迷你马中常见，并且通常与炎性/感染性疾病无关。

应该做什么

小结肠嵌塞和异物梗阻

药物治疗

- 镇痛剂。
- 静脉注射大量平衡多离子溶液。
- 若胃反流不再出现，每2h通过留置鼻饲管给予6~8L水或硫酸镁溶液。
- 温水灌肠，或借助重力（从软管中）给予电解质溶液以软化粪便。
- 若无法进行手术，喜克馈（每12~24h按2.5~5μg/kg口服）被用于增加肠道灌流和结肠的液体分泌量。不要对怀孕母马用药；孕妇亦不应接触此药。
- **小心：**灌肠时一定要严加小心，不要造成直肠穿孔。

手术治疗

- 若存在无法缓解的腹痛，严重的气体扩张，或药物治疗失败，需要进行手术治疗。
- 进行腹中线探查剖腹术。
- 利用灌肠剂和小结肠腔外按摩以分解嵌塞。

- 进行肠切开以清除异物或肠结石。
- 进行骨盆曲结肠切开并清空大结肠内的食物。
- 小结肠嵌塞马的细菌培养结果通常为沙门氏菌阳性。此类马可能出现内毒素血症并继发蹄叶炎、腹膜炎和粘连。沙门氏菌感染促进嵌塞形成的机制未知。

预后

- 对于小结肠异物阻塞或单纯嵌塞，预后从一般到良好。
- 若培养结果显示沙门氏菌阳性，预后需谨慎。
- 对小结肠嵌塞的马进行直肠检查时，医源性穿孔风险较高。

肠结石症

- 肠结石是磷酸铵镁结晶沉积在核的周围而形成的结石，常见可作为核的物质包括金属丝、石头或指甲。
- 可能存在一个或多个结石，在结石位于横结肠或小结肠之前，通常不会引起需要手术干预的问题（图18-64）。
- 发病具有地域特异性——加利福尼亚州、佛罗里达州和印第安纳州为高发地区，故而推测这些地区的土壤中某种成分可能是肠结石的诱因。
- **实践提示：**肠结石最常见于5~10岁的中年马，且在阿拉伯马和迷你马中格外高发。

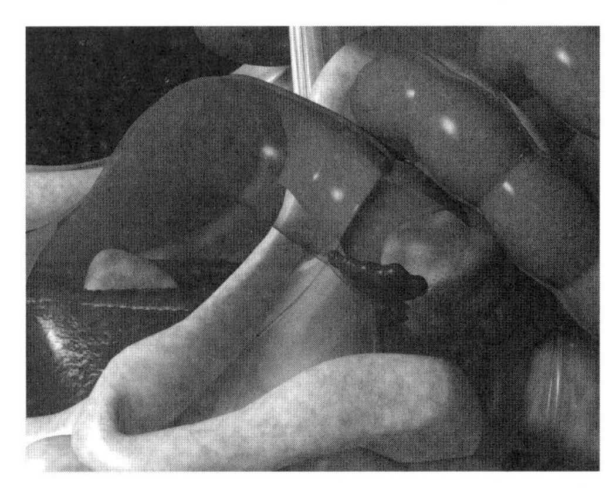

图 18-64　患马降结肠被一个多面体形状的肠结石堵塞

注意有一个额外的肠结石在右背侧结肠腔内。结肠壁透明以使肠结石可见。

诊断

- 患马病史可能包括长期体重下降，轻度到中度腹痛的急性重复发作，或在没有腹痛病史的情况下发生严重的腹部扩张和腹痛。
- 阻塞最常发生于近端小结肠或横结肠，较小的肠结石可能位于小结肠远端。当发生完全阻塞，疼痛剧烈，结肠亦严重扩张。
- 发生完全阻塞时，心率和呼吸都加快，黏膜粉色。
- 直肠检查发现结肠和盲肠扩张。
- 腹腔液通常正常，除非结肠壁受损。
- 腹腔X线检查能确诊肠结石症，但在马场一般仅能对迷你马拍摄X线。
- 患慢性肠结石症的马通常同时患有胃溃疡，并且可能混淆诊断。

应该做什么

肠结石症

- 进行腹中线探查性剖腹术。
- 为扩张的结肠和盲肠减压。
- 通过骨盆曲结肠切开术取出较小的、能够被自由移动的肠结石。
- 在大结肠膈曲处进行切开术，取出横结肠和近端小结肠中较大的肠结石。
- 若肠结石呈多面体，提示存在其他肠结石。

预后

- 预后良好，存活率为65%~90%。

胎粪嵌塞

- 新生幼驹发生急性腹痛常常是由于胎粪滞留在小结肠或直肠中所致。
- 嵌塞更常见于公马、难产后虚弱的幼驹，以及妊娠期大于340d的幼驹。

症状

- 出生后24h内出现急性腹痛。
- 心动过速。
- 多次尝试排便。
- 打滚。
- 异常站姿（弓背）。
- 甩尾。
- 若小结肠完全阻塞，会出现腹部气胀（图18-65）。
- 幼驹可能短时间内看起来正常并会吸奶。通过手指触诊远端小结肠和直肠中的胎粪嵌塞来确认诊断。
- 在很多病例中，X线和腹部超声检查都能检查到嵌塞存在。

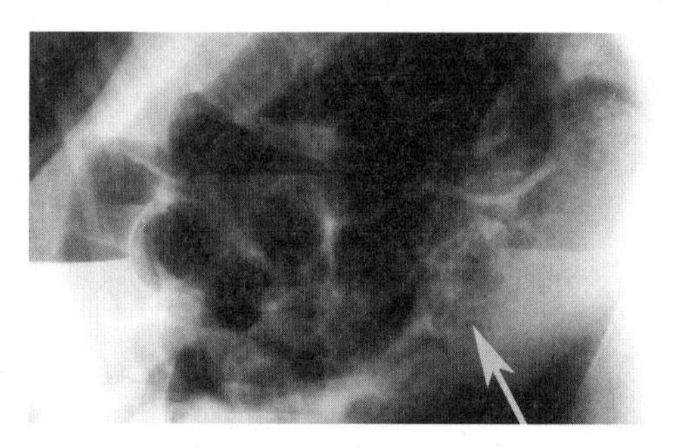

图 18-65 胎类嵌塞的 X 线片

一匹 2d 大的马驹由于胎粪堵塞结肠，造成严重的气体扩张（箭头），需要进行手术纠正。

诊断

- 反复尝试排便却无法排出。
- 手指触诊到胎粪嵌塞。
- X线或超声检查确认。

应该做什么

胎粪嵌塞

- 通过重力流经软橡胶管给予温肥皂水进行灌肠（500~1 000mL）。可以使用快速灌肠剂［4oz（113.4g）］，但刺激效果较强且重复使用易导致高磷血症。
- 乙酰半胱氨酸灌肠——幼驹必须先以地西泮镇静（每50kg体重5~10mg，IV）。将Foley导尿管向直肠中插入2~3in（5.1~7.6cm），气囊充以30mL空气。通过Foley导尿管向直肠中缓慢注射100~200mL的4%乙酰半胱氨酸溶液，留置30min后放气并移除导尿管。
- 灌肠剂中可加入解痉灵（0.3mg/kg），或静脉注射解痉灵（0.2mg/kg），以松弛肠道。
- 静脉注射平衡多离子溶液。
- 通过鼻饲管注射矿物油。
- 按需要注射镇静剂。
- 对于难以治疗的和发生近端嵌塞的病例，进行腹中线探查剖腹术，并对受影响的结肠进行灌肠和腔外按摩。
- 极少情况下需要进行小结肠切开术。
- **重要提示**：反复灌肠或使用腐蚀性灌肠剂会导致直肠水肿和发炎，症状类似于胎粪嵌塞。被灌肠多次的幼驹通常由于结肠黏膜受损而中毒。

预后

- 预后极好。

结肠系膜破裂

- 结肠系膜破裂会影响母马生产并导致小结肠肠系膜撕裂（图18-66）。
- 结肠系膜破裂是直肠脱垂的并发症，可能伴随膀胱、子宫、阴道、小肠脱垂或这些器官的组合脱垂。
- 大于11岁、经产多次的母马发病风险最高。
- 生产后24h内会发展出现腹痛症状，且并发腹腔内出血和腹膜炎。
- 若小结肠血液供应受影响或肠道陷入结肠系膜的裂缝中，母马的症状会迅速加重。
- 直肠检查发现小结肠嵌塞或气胀。

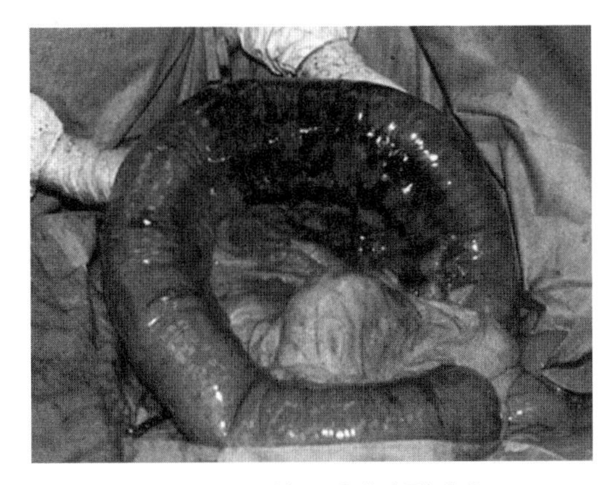

图18-66　结肠系膜破裂手术

展示了一匹母马在产驹时由于严重的直肠脱垂导致小结肠系膜破裂。

应该做什么

结肠系膜破裂

- 进行腹中线探查剖腹术。
- 对受损结肠进行切除吻合术。
- 若裂伤影响直肠系膜，需要进行结肠造口术。

预后

· 由于小结肠发生缺血、手术暴露困难和结肠造口术有较多并发症（如粘连，以及近端小结肠从造口部位脱出），预后不良。

直肠撕裂

· **实践提示**：直肠检查过程中有撕裂直肠的风险（并发症）。

· 在以下类型的马中高发：紧张、焦虑的患马，直肠壁衰弱或水肿的老年马（如发生小结肠嵌塞），以及直肠检查时奋力抵抗的马。

· 阿拉伯马发病率更高，可能是因为阿拉伯马的体型较小。

· 种马和去势马发病率比母马高；撕裂通常发生于肛门10点至12点方向深25~30cm处。

· 裂口通常是纵向的，一般默认发生在血管穿过肠壁的位置。

· 可能发生自发撕裂或直肠段嵌塞。

· 直肠撕裂被分为如下几类：

  · 一级：黏膜和黏膜下层。

  · 二级：仅黏膜层。

  · 三级：黏膜、黏膜下层和肌层，不穿透浆膜（3a），包括直肠系膜（3b）。

  · 四级：所有层都撕裂并延伸到腹腔中。

· **重要提示**：三级和四级直肠撕裂是致命的，通常会继发蜂窝织炎、脓肿和急性脓毒性腹膜炎。使患马镇静并排空直肠后，仔细检查撕裂部位以确诊。腔内注射利多卡因凝胶或进行硬膜外麻醉有助于直肠检查顺利进行。

症状

· 抽回检查手臂后袖套上沾满血。

· 马在奋力抵抗时直肠忽然松弛。

· 血便或奋力排便。

· 对于原发性撕裂，症状可能不会立即出现。腹痛、内毒素血症和沉郁可能在直肠检查后的2~3h内出现。

· 若怀疑直肠撕裂，通过症状确诊。

· 镇静或硬膜外麻醉下对直肠进行仔细检查。

· 若体检不能确诊，在镇静或硬膜外麻醉下进行直肠内镜（直肠镜）检查。

· 若需进一步诊断，立即转诊到手术场所。

应该做什么

直肠撕裂

- 尽早开始给予广谱抗生素。
- 每8h口服15~20mg/kg甲硝唑，或每6h给予栓剂，以对抗厌氧菌。
- 静脉注射平衡多离子溶液。
- 给予非甾体类抗炎药。
- 对患马进行适当的保定和镇静，静脉注射0.3mg/kg解痉灵，并经直肠给予120mL含有50mL 2%利多卡因的润滑剂。用润滑过的赤裸手臂确定撕裂的位置（离肛门的距离）和严重程度。
- 轻柔地将粪便从直肠和撕裂部位排空。
- 通知马主直肠撕裂的可能性和后遗症，不要隐瞒。

一级撕裂

- 此类撕裂需要保守治疗，除非撕裂能够以2-0或0聚二氧六环酮通过简单连续缝合而闭合。
- 并发症少见或没有。

二级撕裂

- 由于直肠腔内不会出现明显出血，二级撕裂通常无法在撕裂发生时诊断。
- 几周后直肠周瘘管或脓肿形成时，才能够辨认出撕裂已经发生。

三级或四级撕裂

- 给予解痉灵以减缓肠蠕动。
- 进行硬膜外麻醉（赛拉嗪，按0.17mg/kg与6mL生理盐水混合），以尽量降低挣扎程度。
- 向肛门到撕裂部位头侧的直肠腔内填塞浸湿棉卷或合适的纱布填塞材料。
- 转送至手术转诊机构以进行缝合或分流型结肠造口术。
- 使用直肠衬垫或手术修复来治疗三级裂伤，以连接撕裂口，并尽量避免结肠造口术。
- 结肠造口术可将粪便从造口部位分流，并避免对腹膜造成污染。
- **重要提示**：四级撕裂通常需要结肠造口术。对于大部分三级撕裂，推荐进行结肠造口术（图18-67）。
- 结肠袢造口术在全身麻醉或镇静+局部麻醉的条件下进行，于左侧肋腹造口（图18-67A）。
- 还可以对远端小结肠的前末端进行对位缝合，近端小结肠的远末端连接肋腹的出口，形成分流型结肠造口（图18-67B）。

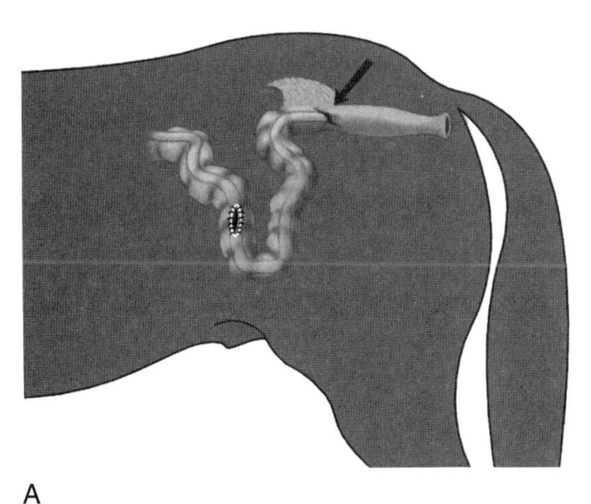

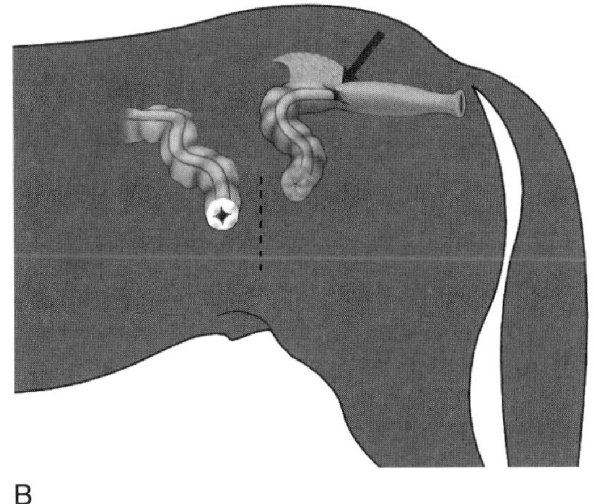

图18-67 患马结肠造口术

A. 结肠袢造口术 B. 移至左肋腹进行结肠造口术，箭头指示了直肠撕裂的位置，结肠袢造口在最初的肋腹开口进行，移位的结肠造口术在另一个切口进行，位置在最初肋腹切口的头侧（虚线）

- 若患马被全身麻醉，切开大结肠以减少造口部位的粪便流出量。
- 使用直肠衬垫或手术修复治疗三级撕裂伤，以连接撕裂口并规避结肠造口术。
- 三级和四级撕裂进行二级愈合；在撕裂伤愈合后，结肠袢造口需要被解除。

预后

- 一级和二级直肠撕裂的预后极好。
- 三级撕裂预后保守。
- 四级撕裂预后保守到不良。

直肠脱垂

- 直肠脱垂是由于肌肉牵张过度导致，原因包括便秘、顽固性便秘、难产、结肠炎、尿道阻塞和小结肠或直肠的异物嵌塞。
- 某些病例中并不能辨别致病因素。
- 母马中更常发，根据严重程度分以下几类：
  - Ⅰ类脱垂仅涉及直肠黏膜和黏膜下层，表现为肛门处的巨大环状肿胀。
  - Ⅱ类脱垂涉及整个直肠壁，并被称做“完整”脱垂。脱垂组织的腹侧部分比背侧部分更厚。
  - Ⅲ类脱垂包含套叠的腹膜直肠或小结肠，并难以与Ⅱ类脱垂区分。
  - Ⅳ类脱垂中，发生套叠的腹膜腔段的直肠或小结肠从肛门脱出。在肠套叠附近可以触到内陷部位，以此将Ⅳ类与Ⅲ类区分。
- **重要提示：**若发生Ⅳ类直肠脱垂且有大于30cm的直肠脱出，应怀疑小结肠肠系膜已经在内部发生破裂（见结肠系膜破裂）。

应该做什么

直肠脱垂

Ⅰ类或Ⅱ类

- 可能的话，辨认并矫正脱垂的根本原因。
- 局部涂抹甘油或葡萄糖以减轻水肿，另加凡士林。
- 在硬膜外麻醉下还原脱垂，可能需要留置硬膜外导管。
- 使患马镇静，除非存在其他禁忌。
- 给予解痉灵。
- 肛门内进行荷包缝合。
- 给予粪便软化剂，如矿物油。
- 若药物治疗失败，进行黏膜下层切除术。

Ⅲ类或Ⅳ类

- 进行剖腹术以还原肠套叠。
- 对于Ⅳ类脱垂，若肠道血液供应受到影响，进行结肠造口术。

预后

- 对于Ⅰ类和Ⅱ类脱垂，预后良好。
- 对于Ⅲ类和Ⅳ类脱垂，预后保守到不良。

孕晚期母马急腹症

- 母马怀孕最后3个月发生的急腹症通常难以进行诊断。
- 首先必须通过仔细的临床检查排除胃肠道疾病，但怀孕的、巨大的子宫通常为直肠检查带来困难。
- 急腹症发作对胎儿的影响通常令人忧虑，因为流产可能会导致情感上和经济上的巨大损失。
- 总体而言，母马急腹症后流产率在16%~18%。
- 若发生内毒素血症，或在孕期最后60d内进行急腹症手术而术中发生缺氧或低血压，流产的概率都会提高。
- 与胃肠道无关的孕晚期母马急腹症病因包括：
  - 流产和早产。
  - 子宫扭转。
  - 羊水过多。
  - 耻骨前腱破裂。
  - 子宫动脉出血。

应该做什么

孕晚期母马急腹症

- 在孕期前2个月发生急腹症和内毒素血症的母马可通过补充孕激素治疗，对于怀孕100~200d的马，使用烯丙孕素（成年马按每450kg体重每24h 22~44mg口服）或注射孕酮（按每450kg体重每24h 150~300mg肌内注射）。我觉得这里100~200d不是指孕期，而是给药的时期，在孕晚期马也常用这种疗法，但效果并无证据支持。
- 注射非甾体类抗炎药可能减轻内毒素血症在怀孕期间带来的不利影响。
- 可给予孕晚期母马葡萄糖，有利于患马从急腹症或术后恢复。

流产和早产

- 母马可能出现轻度到中度腹痛的症状，乳房发育却不明显。阴道检查发现宫颈黏液塞消失，宫颈舒张。
- 上述发现单独并不能证实即将发生流产，因为许多母马正常分娩的几天或几周前都会出现这种迹象。
- 直肠检查通常发现胎儿已处于产道中。

应该做什么

流产和早产

- 若自然生产未发生并发症，给予支持性治疗，并为母马提供产后护理。
- 对流产胎儿和胎盘进行尸检可能确定流产的原因，如马疱疹病毒（见流产评估，第24章）。在得到检查结果前母马应被隔离。

子宫扭转

- 子宫扭转可能是孕晚期母马急腹症的病因。
- 子宫扭转通常发生于怀孕8个月，很少发生于孕期结束。
- 母牛的子宫扭转最常在孕期结束时发生，母马的情况则不同，当症状开始出现时母马通常并不处于生产期。
- 另外一点与母牛不同的是，母马的子宫扭转通常发生于宫颈和阴道头侧，所以阴道检查的有效性甚微。
- 扭转的角度可能在180°~540°，向两侧扭转的概率相同。
- 扭转可能导致子宫破裂，但并不常常发生此类并发症。

诊断

- 最常见的症状是轻度到中度腹痛的间歇性发作；但是，某些母马可能会表现严重的、无法缓解的疼痛。
- 心率和呼吸频率可能会小幅加快。
- 通过特征描述、病史和直肠检查结果做出诊断。
- 通过直肠触诊阔韧带，在后腹下方、宫颈上方可以感受到阔韧带紧绷。
- 触诊最靠近背侧的韧带，或通过触诊子宫体，有时可以判断扭转的方向（图18-68A）。
- 按从后向前看的视角，顺时针扭转中左侧阔韧带沿子宫上方被紧拉到水平或倾斜的角度（图16-68B）。右侧阔韧带受到向腹侧和向左侧对角的拉力，且由于右侧阔韧带在腹腔中的位置更加靠近腹侧和后侧，可能在直肠触诊中更容易辨认。
- 在逆时针扭转中的情况相反（图18-68C）。

应该做什么

子宫扭转

- 尽早诊断和治疗对于母马和幼驹的健康而言十分必要。
- 最佳矫正方法取决于母马/胎儿的状态和怀孕阶段。

非手术矫正：翻滚

见第24章图24-10。

手术矫正（首选）

肋腹剖腹术

- 肋腹剖腹术对幼驹和母马的应激压力最小，且能够在孕期任何阶段进行。

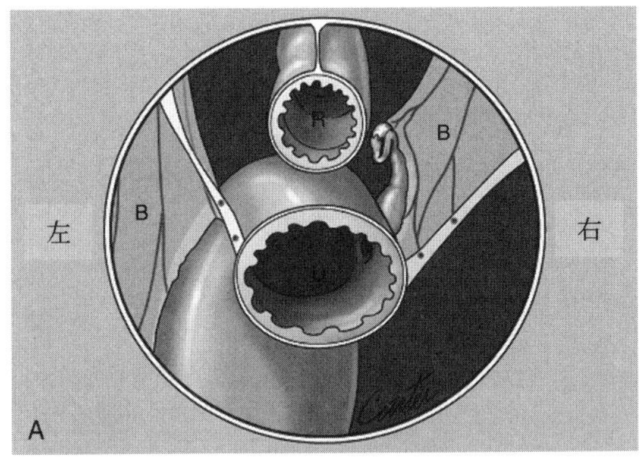

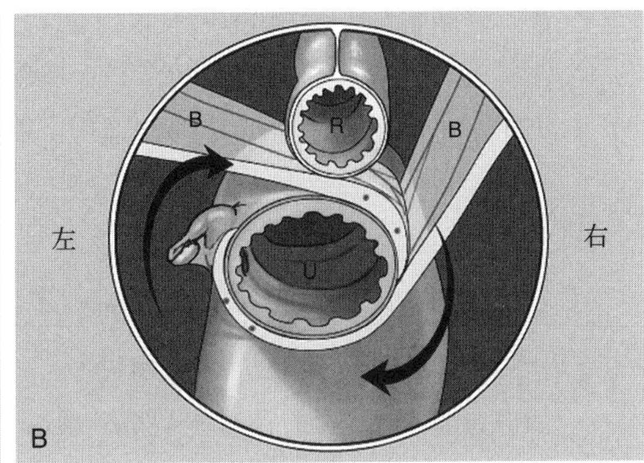

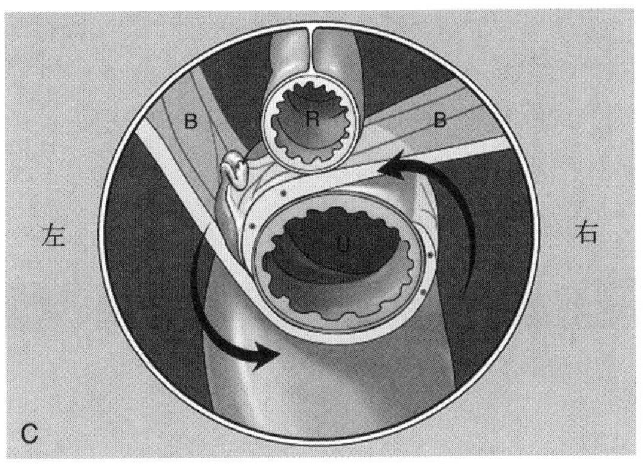

图 18-68　患马子宫扭转诊断示意

A. 子宫和阔韧带的正常位置　B. 子宫顺时针扭转　C. 子宫逆时针扭转

- 母马镇静（赛拉嗪或地托咪定，有或无布托啡诺）后站立位进行手术，沿手术切口浸润局部麻醉剂。
- 对于从相对于扭转的哪一侧打开手术通路尚存在争议。许多外科医生倾向于从扭转方向打开腹腔（如对于顺时针扭转，从右侧肋腹打开通路）。
- 若从扭转方向打开腹腔（如对于顺时针扭转，从右侧肋腹打开通路），术者的手伸到子宫腹侧，举起子宫并向上旋转，从而矫正扭转。
- 若从扭转方向的对侧打开腹腔（如对于顺时针扭转，从左侧肋腹打开通路），术者的手伸到子宫背侧，并将子宫拉向自己，从而矫正扭转。
- 或者，对于孕晚期手术，两位术者可在左右肋腹各开一口以复位扭转。
- 隔着子宫壁抓紧胎儿四肢并轻轻“摇摆”子宫，以进行完整旋转和最终矫正。

腹中线剖腹术

- 腹中线剖腹术为怀孕子宫的评估和操作提供了最佳的视野。
- 发生子宫破裂、撕裂和失活时需要进行腹中线剖腹术。
- 这种手术方法可对同时发生的肠道疾病进行辨认和矫正。
- 此手术法可在妊娠过程的任何时期进行。
- 进行标准腹中线剖腹术。
- 若需进行子宫切开术，腹中线手术进路提供了最佳的手术暴露条件。
- 由于全身麻醉会为母马和幼驹的健康带来风险，所以仅在非手术矫正或肋腹剖腹术无效的情况下进行腹中线剖腹术。

预后

- 预后良好到极好，通常母马能够完全恢复且繁殖能力不会因子宫扭转受到影响。

- 胎儿存活能力取决于扭转的时长和程度。
- 发生子宫扭转后的流产概率是30%~40%。
- 若子宫扭转发生于孕期最后30d之前，母马和幼驹的预后都会更加乐观。

子宫破裂

- 人工辅助的难产，或表面上正常的生产过程都可能出现子宫破裂。
- 破裂通常继发于子宫扭转或羊水过多。
- 裂口通常位于子宫的腹侧（见第24章）。

诊断

- 对于任何存在产后腹痛的母马都应怀疑发生子宫破裂。
- 巨大的裂口可能导致严重的血液流失，并导致出现失血性休克症状。
- 通过引导和子宫检查确诊。

应该做什么

子宫破裂

- 若怀疑子宫破裂，不应向子宫内注入冲洗溶液。
- 给予如下治疗：
  - 广谱抗菌剂。
  - 静脉注射平衡多离子溶液。
  - 血浆或合成胶体。
  - 非甾体类抗炎药。
  - 腹腔引流。
- 让小的裂口自行二期愈合。
- 大的裂口进行一期愈合；可能需要全身麻醉并进行腹中线剖腹术。
- 宫颈裂口可能需要在站立位硬膜外麻醉条件下修复。

预后

- 预后取决于裂口大小、治疗前裂口持续时长、腹膜污染程度和子宫内容物。
- 对于及早发现的小裂口，预后良好；若裂口大且伴随胎儿气肿和明显的腹膜污染，则预后不良。

羊水过多

见第24章。

耻骨前腱破裂

- 耻骨前腱是连接在骨盆前缘的坚实而粗大的纤维结构，为腹直肌、腹斜肌、股薄肌和耻

骨肌提供附着点。

- 耻骨前腱形成了腹股沟外环的内侧边。
- 羊水过多、双胞胎或胎儿巨大可能导致耻骨前腱易发生破裂。

诊断

- 耻骨前腱破裂必须与腹症相区分，后者也常发生于孕晚期母马。
- 手术修复腹症的效果通常较好，但耻骨前腱破裂则预后不良。

症状

- 发生严重的、渐进的腹部肿大和水肿，骨盆向头侧和腹侧倾斜（图18-69）。
- 乳腺也向头侧、腹侧偏移。
- **实践提示：**通常会出现明显的轻度到中度腹痛，母马不愿行走。相反，发生腹症的母马并不会不愿行走，且骨盆和乳腺仍在正常位置。
- 由于水肿大量形成，通过外部触诊来辨认耻骨前腱破裂可能比较困难。
- 直肠检查和超声成像有助于鉴别耻骨前腱破裂和腹症。

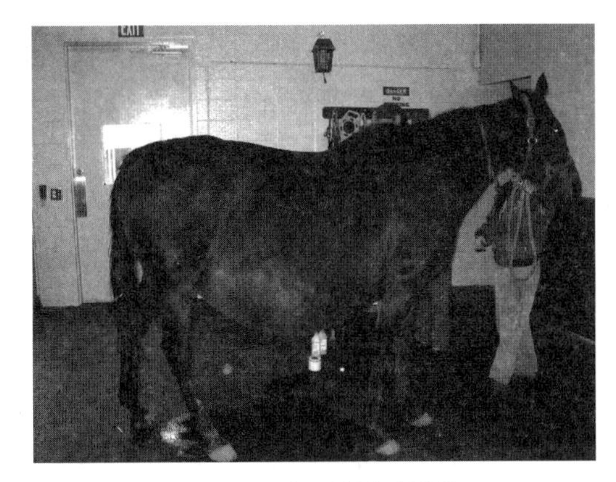

图 18-69　耻骨前腱破裂的马

应该做什么

耻骨前腱破裂

- 对于临产母马，可能需要进行引产和辅助生产。对于孕期＞315d的母马，连续3d每日给予100mg地塞米松以“加速”幼驹发育成熟。
- 若母马表现出持续性疼痛、系统性功能衰退或并发钳闭性肠道损伤，立即进行探查性剖腹术和剖宫产。
- 母马情况稳定后应在马厩中休息，覆以腹部绷带并给予非甾体类抗炎药。
- 饲喂少量的颗粒饲料以减少食物体积。
- 这些母马可能会正常生产；但应仔细观察生产过程并给予必要的协助。

预后

- 情况稳定、不再发生腹痛的母马可能成功养育幼驹，但不应继续对这些母马进行配种。
- 长期存活可能性较低。

产后腹痛

- 母马常发生腹痛，通常程度较轻且与骨盆腔淤伤或继发肠梗阻有关。
- 更严重的情形包括：
  - 子宫出血。

- 小结肠嵌塞。
- 小结肠肠系膜破裂。
- 大结肠扭转。
- 子宫破裂、结肠破裂和/或膀胱破裂。
- 必须通过临床检查、实验室检查或超声检查来排除以上问题，必要时需要通过手术矫正。
- 正常生产的母马，其腹腔液分析结果与正常马的结果相似。
- 单独的药物治疗适用于小结肠嵌塞，或子宫和/或膀胱背侧发生的轻微撕裂。

腹膜炎

- 腹膜炎（腹膜腔炎症）根据以下不同标准分类：
  - 起源：原发或继发。
  - 发作：极急性、急性或慢性。
  - 涉及范围：弥散性或局部性。
  - 是否存在细菌：脓毒性或非脓毒性。
- 腹膜炎由胃肠道损伤或感染性疾病导致，通常呈急性、弥散性发作。

· 严重程度取决于致病因素、微生物毒性、宿主防御能力、波及范围和部位、发现和治疗的及时性。

· 通常远口部位（如盲肠到小结肠）含有更多的细菌和厌氧菌，故发病情况更加严重。

· 经常能培养出的细菌包括：肠道需氧菌（大肠埃希菌、放线菌属、马链球菌、兽疫链球菌、红球菌属）和厌氧菌（拟杆菌属、消化链球菌属和梭菌属）。少数情形中可能还包括梭杆菌属。

病因

- 原发。
- 胃肠道或泌尿生殖道穿孔。

· **实践提示：**对于成年马，若无法辨认致病因素，感染性疾病（放线菌）是腹膜炎的常见病因。某些马可能在数月或数年后复发。

- 创伤。
- 腹部手术的医源性损伤。

诊断

- 症状取决于病因和持续时长。
- 局部性腹膜炎几乎不存在系统性症状。

- 弥散性腹膜炎会出现内毒素血症、败血症、腹痛、发热、厌食、体重减轻和腹泻症状。
- 由肠道破裂导致的极急性腹膜炎会导致严重的内毒素血症、沉郁和循环系统功能的迅速衰退；另外也会出现严重腹痛、出汗、肌束震颤、心动过速、黏膜红色到紫色（伴随CRT延长）和脱水。
- 在急性弥散性腹膜炎中，原初损伤发生4~24h后患马可能死亡。
  - 根据内毒素休克的阶段不同，发热和腹痛症状可能不会出现。
  - 腹膜和浆膜炎症可能导致出现肠梗阻和胃反流。
  - 直肠检查可能并无异常发现，但也可能发现干燥、气肿、“砂样”的浆膜和腹膜，以及由于肠梗阻而扩张的大肠和小肠。
- 患局部性、亚急性到慢性腹膜炎的马会出现沉郁、厌食、体重减小、间歇性发热、腹部水肿、间歇性腹痛和轻度脱水症状。超声检查通常发现腹腔内有大量回声液体，且肠壁增厚。

临床实验室检查结果

- 血细胞比容上升。
- TPP浓度上升（血液浓缩）或下降（蛋白流失进入腹膜腔）。
- 高纤维蛋白原血症。
- 肌酐浓度上升：肾前性或肾性氮血症。
- 代谢性酸中毒。

全血细胞计数结果

- 白细胞显著减少：极急性和急性腹膜炎中发生内毒素血症并消耗中性粒细胞，从而出现中性粒细胞减少和核左移。
- 白细胞增多：慢性腹膜炎中，高纤维蛋白原和炎症导致中性粒细胞增多。

腹腔液分析

- 在EDTA采样管中采集腹腔液并进行细胞学检查，测量总蛋白和白细胞计数。在无菌采样管中采集腹腔液用于细菌培养。
- 总蛋白水平上升，有核细胞计数上升：20 000~400 000个/μL。
- 细胞学检查显示游离的或被白细胞吞噬的细菌。
- 进行革兰氏染色以做出初步评估并选择抗菌剂，同时等待细菌培养和药敏试验的结果。

应该做什么

腹膜炎

- 需要及时进行治疗。
- 进行如下处理：

- 治疗原发疾病；但是，放线菌腹膜炎通常不并发其他疾病，通过给予抗生素和低强度的支持性治疗就可以促进患马迅速恢复。
- 镇痛剂。
- 纠正内毒素和低血容量休克。
- 纠正代谢和电解质异常。
- 纠正脱水。
- 纠正低蛋白血症。
- 给予广谱抗菌治疗。
- 静脉注射平衡电解质溶液以维持血液容量。

• 高渗盐水（7%氯化钠，1~2L静脉注射）可以提高循环血压和心输出。初步给予高渗盐水后必须提供合适的替代性液体和平衡晶体溶液（见第32章）。

• 若TPP浓度小于4.5g/dL，则需要通过静脉缓慢注射2~10L血浆以维持血浆胶体渗透压，并尽量避免静脉补充液体再水合过程中出现肺水肿。

• 对抗革兰氏阴性菌核心抗原（内毒素）的抗血清（Endoserum），可以在平衡电解质溶液中稀释后通过静脉注射。对抗大肠埃希菌J-5突变株（Polymune-J 或 Foalimmune）的高免疫血浆或正常马血浆（2~10L），经静脉缓慢注射可补充蛋白质、粘连蛋白、补体和抗凝血酶III及其他高凝状态抑制剂。

• 根据需要，每12h静脉注射2 000~6 000IU/kg多黏菌素B。

• 每12h静脉注射0.66~1.1mg/kg氟尼辛葡甲胺，或按低剂量（0.25mg/kg）每8h静脉注射，以减少花生四烯酸代谢产物的不良影响。对于血液容量和蛋白质含量不足的患马，使用非甾体类抗炎药时要多加小心，以避免产生胃肠道毒性和肾毒性。

- 监测并纠正血气和血浆电解质。
- 在得到腹腔液样品并进行细菌培养和药敏试验后，立即开始抗菌治疗。
- 经常使用的抗菌剂组合包括：
  - 每6h以22 000~44 000IU/kg静脉注射青霉素钠/钾。
  - 氨基糖苷类：庆大霉素，每24h以6.6mg/kg剂量静脉注射；或阿米卡星，每24h按15~25mg/kg 静脉注射；或恩诺沙星，每24h按5.0mg/kg静脉注射，或每24h按7.5mg/kg口服。
  - 甲硝唑，每8h按15~25mg/kg口服或使用栓剂，以对抗厌氧菌。
- 抗菌治疗的持续时间取决于：
  - 腹膜炎的严重程度。
  - 病因。
  - 对治疗的响应。
  - 并发症：血栓性静脉炎、腹腔脓肿形成。
- 病情稳定后，通过手术干预矫正原发病因（若已知），并通过腹腔引流、灌洗和腹膜透析来还原被污染的腹膜。

• 通过判断症状、连续评估临床病理指标和腹腔液分析以确定治疗效果，脓毒性腹膜炎通常需要1~6个月的抗菌治疗。

预后

- 预后取决于：
  - 腹膜炎严重程度和持续时长。
  - 原发病因。
  - 并发症，比如：
    - 腹腔内形成粘连。
    - 蹄叶炎。
    - 内毒素休克。

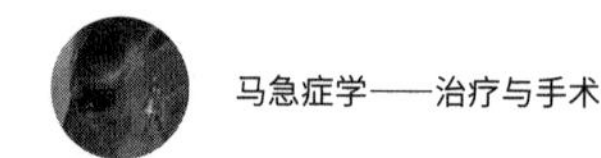

- 对于轻度、急性弥散性腹膜炎，若对病因及时进行治疗（或病因未知但对症治疗），预后从一般到良好。
- 放线菌导致的腹膜炎预后良好。
- 若腹腔内被严重污染或出血肠道穿孔，则预后不良。

急性腹泻

哺乳幼驹的腹泻

Nathan Slovis

坏死性小肠结肠炎（NEC）

- 坏死性小肠结肠炎是幼驹腹泻或急腹症的常见病因，通常发病于1周龄之内。腹泻可能带有出血。

病因

- 坏死性小肠结肠炎通常由于围产期窒息综合征（perinatal asphyxia syndrome，PAS）导致，病原包括厌氧菌艰难梭菌，C型产气荚膜梭菌或脆弱拟杆菌。
- **实践提示：**幼驹卧地不起或饲喂代乳制品可能会增加此病易感性。梭菌引起的腹泻通常会成为整个马场的问题。
- 围产期窒息综合征会导致缺血缺氧性脑病（hypoxic ischemic encephalopathy，HIE），神经功能缺损表现为肌张力减弱到癫痫发作等。受围产期窒息影响的幼驹也会发生肠道障碍，轻者表现为轻度肠梗阻和胃排空延迟，重者表现为严重血性腹泻和坏死性小肠结肠炎。
- 有观点认为，当临产胎儿因缺氧或低血压而受到应激压力，血流会被重新分配，内脏系统的血液会被导向肾上腺素反应系统。再灌流过程中产生的氧自由基会导致再灌流损伤中常见的各种组织损伤。
- 若缺氧相当严重，则NEC可能会导致：
  - 血性腹泻。
  - 肠壁内积气。
  - 腹水。
  - 肠穿孔。
- **实践提示：**若患马有以下病史，可能发生缺氧缺血性肠梗阻：
  - 围产期窒息（胎盘炎，胎盘过早分离）。

- 粪便检查未见病原。
- 腹部超声检查发现运动力下降的、扩张的小肠。
- 艰难梭菌会产生数种毒素，其中只有A型和B型毒素的效果已被明确描述。
  - 当艰难梭菌的致病株在结肠内建群，毒素会导致腹泻和结肠炎。**提示**：不生产这些毒素的菌株并不是致病株。
- 产气荚膜梭菌会生产四类主要毒素，其中一种最近刚被鉴定（$β_2$）。
  - 最近，有一种能够生产α和$β_2$毒素的未分类产气荚膜梭菌被描述。在患坏死性小肠结肠炎的仔猪和患小肠结肠炎的马中都成功分离出了这种毒素。由于所有种类的（包括非致病A型）产气荚膜梭菌都能够生产α毒素，从这种新一类产气荚膜梭菌中获得的$β_2$毒素被认为是造成损伤的原因。
  - 幼驹的产气荚膜梭菌腹泻是由C型（β毒素）（偶发病例）感染或A型产气荚膜梭菌肠毒素引起，后者致死率可能较高。

症状

- 腹泻数小时之前出现急腹症。
- 腹部扩张。
- 发热。
- 可能出现血性腹泻（大部分A型感染并不会出现，但C型感染常常出现）。

实践提示：C型产气荚膜梭菌感染幼驹通常有正常IgG，出现血性腹泻，偶发，并且最常发生于小于8d的幼驹；相反，A型产气荚膜梭菌和艰难梭菌感染有时呈现暴发，且通常不会出现血便。

- 厌食。

诊断

- 症状。
- 排除其他腹痛的原因。
- 幼驹急腹症的最常见病因是胎粪嵌塞和小肠炎。
- 腹部超声成像：
  - 小肠结肠炎会导致小肠运动力下降且肠袢增厚（图18-70），然而机械性梗阻（图18-71）通常不会导致弥散性肠运动力减弱，肠壁增厚的程度也较小。
  - 可能会发现“肠壁积气”，小肠或大肠

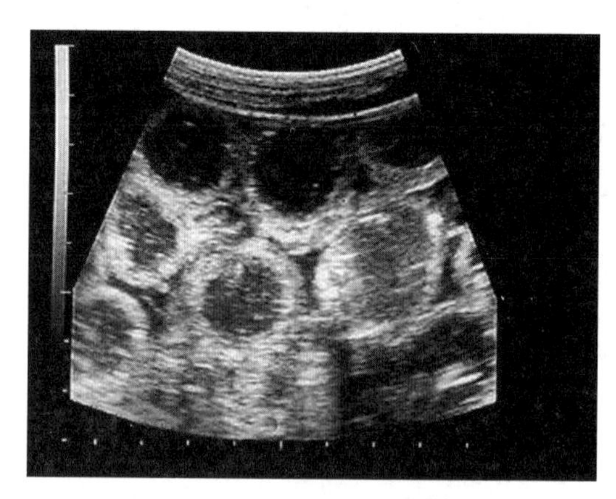

图18-70　马驹腹泻超声图像

一匹3d大的马驹由于C型产气荚膜梭菌感染而患出血性腹泻。在粪便及血液中也能培养出同样的微生物。进行抗生素和支持治疗3d后马驹康复。

壁内有气体回声。

- 必要时进行腹腔X线检查（85kVp，20mA-s，稀土屏）。
  - 与超声检查相似，X线会提示小肠发生弥散性的气体扩张；而其他问题如肠套叠导致的扩张范围通常较小。
- 仅对难以判断是否需要外科干预的病例进行腹腔穿刺。
  - 不要使用针头抽吸；使用乳头套管或母犬导尿管。
  - 试探性“穿刺”会导致诸多并发症，包括肠穿刺和腹膜炎。
  - 利用超声成像确认采样部位。

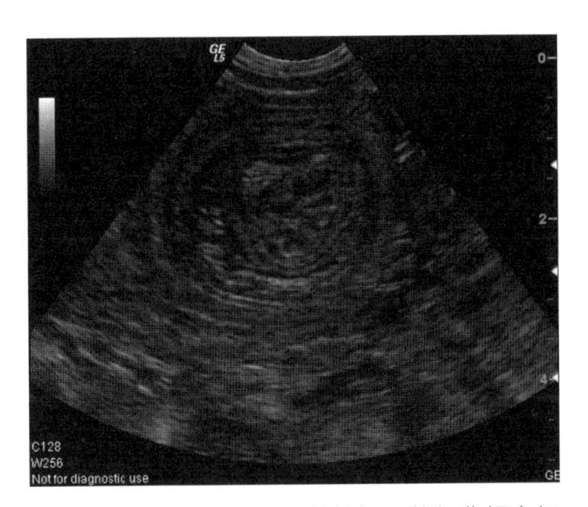

图 18-71　马驹发生肠机械性梗阻的经典超声征象，中段空肠套叠

- 临床病理学结果如下：
  - 对于患有严重的梭菌性小肠炎的幼驹，血液培养通常呈产气荚膜梭菌阳性。有些幼驹血液培养肠球菌也可能是阳性。
  - CBC通常发现白细胞减少伴随中性粒细胞毒性变化。
  - 血清化学显示低钠血症、低氯血症，且常常总CO_2偏低提示发生酸中毒。
  - 低蛋白血症继发于梭菌毒素导致血浆蛋白外渗的效果。
  - 梭菌性小肠结肠炎、低血容或碳酸氢盐经胃肠道流失，会导致出现代谢性酸中毒。
  - 低钠血症也可能是由于胃肠道营养流失而导致，另外这些幼驹通过饮水或哺乳而摄入了过多的自由水也可能是低钠血症的原因。
- 梭菌性小肠炎的粪便诊断法如下：
  - 直接对粪便抹片进行革兰氏染色。
    - 若抹片中存在大量革兰氏阳性菌，可做出推测性诊断（直到得到细菌培养和毒素分析结果）。
    - 但此测试可能不够灵敏，因为有59%不存在革兰氏阳性菌的样品中仍然能够分离出产气荚膜梭菌。
  - 艰难梭菌毒素测定：A型/B型。最近出现了两种新的酶免疫测定法：
  - 检测A型/B型毒素（艰难梭菌TOX A/B test）。
  - 检测艰难梭菌抗原和A型毒素（TRIAGE Micro）。
    - 这些测试方法的灵敏度较高（69%~87%），特异性也较高（99%~100%）。
    - Techlab公司的艰难梭菌TOX A/B test已经被批准用于马粪便测试。
    - **实践提示：**不要使用聚苯乙烯泡沫塑料杯来收集粪便样本，梭菌毒素可能与之结合。

粪便样本可在2~8℃环境中储存至多72h。

◦ 尽管重复测定可能提高灵敏度，大部分病例在首次粪便检查测定中都会显示毒素阳性。

- 必须在粪便中检测到毒素才能确诊。
- 由于许多艰难梭菌菌株并不生产致病毒素，培养结果中发现艰难梭菌并不具有诊断意义。
- 有些健康幼驹的粪便中也可检出艰难梭菌毒素。

- 产气荚膜梭菌毒素测定：肠毒素测定。
  - 产气荚膜梭菌肠毒素可通过酶联免疫吸附试验（ELISA）来测定（Tech Lab）。
    ◦ 毒素化学性质不稳定，所以必须在采样后半小时内进行毒素测定，否则需要将样本冷冻。
  - 对粪便进行厌氧培养。
  - 可以使用商用厌氧试剂盒，最好使用厌氧血平板。
- 产气荚膜梭菌的纯培养可以提示其感染，但必须通过辨认毒素来确认诊断。
- 聚合酶链式反应（PCR）：
  - 艰难梭菌A型与B型毒素的混合引物。
  - 能区分A型、B型、C型、D型、E型产气荚膜梭菌的混合引物，以及帮助辨认β_2毒素和肠毒素（CPE）的混合引物。
  - 要确认C型产气荚膜梭菌感染，需要进行粪便PCR测试。可联系艾奥瓦州立大学诊断实验室进行测试。

预后

- 在发病的最初阶段，由于肠道坏死发展十分迅速，预后需要保守（尤其适用于不常见的、偶发的C型产气荚膜梭菌感染）。
- 若在发病48h后幼驹仍能存活，总体预后会乐观很多。

应该做什么

梭菌腹泻

疼痛管理

- 尝试控制疼痛，但不要使用高剂量氟尼辛葡甲胺；多数情况下需要单次全剂量来控制疼痛。
  - 安乃近，3~5mL静脉注射；赛拉嗪，0.6~1.0mg/kg静脉注射；布托啡诺，0.02~0.04mg/kg静脉注射或肌内注射；或酮苯丙酸，按1mg/kg静脉注射。按0.6mg/kg静脉注射美洛昔康是另外一种可选的COX-2抑制剂，但此药在美国较贵。
  - 若排除阻塞性疾病后幼驹仍然表现疼痛和气体扩张，给予新斯的明，3h内每隔1h皮下注射0.2~1mg（总剂量），随后改为每6h与其他镇痛剂或镇静剂同时注射。

抗生素

- 每6h以22 000~44 000IU/kg静脉注射青霉素钠/钾。

- **提示：**从患小肠结肠炎的新生幼驹的血液中最常培养出的细菌是肠球菌属（粪便链球菌）。这种细菌为肠道内革兰氏阳性兼性厌氧的球菌，对大部分头孢菌素都有耐药性（所以头孢噻呋并不适用于治疗患小肠结肠炎的幼驹）；对于肠球菌，氨苄青霉素（每8h按15mg/kg静脉注射）效果比青霉素更好，但治疗梭菌的效果不及青霉素。
- 阿米卡星，每24h按15~25mg/kg静脉注射（仅在排尿正常的情况下使用）。
- 甲硝唑，每8~12h按15mg/kg口服，或每6~8h按10mg/kg静脉注射；当粪便抹片中存在大量革兰氏阳性杆菌，或辨认出艰难梭菌的毒素。

静脉补充液体

- 若母马和幼驹共处一个马厩，不太可能进行持续给药。可以每隔4~12h通过20~30min静脉推注给予1~2L液体。
- 乳酸林格氏溶液，最好是Normosol-R或Plasma-Lyte。
- 若出现严重的急性低钠血症，可以快速纠正钠离子浓度至125mEq/L，但进一步纠正需要缓慢地逐步进行，以避免出现神经症状。
  - 若幼驹可以排尿，给予20mEq/L氯化钾。大部分接受大量静脉补液的幼驹都需要额外补充钾，尤其伴随厌食时。
  - 碳酸氢钠：根据临床化学检查的二氧化碳总量（TCO_2）或血气检查结果补充碳酸氢钠，且仅在纠正脱水以后才开始补充。
  - 右旋葡萄糖溶液：若幼驹看起来虚弱，且无法测定血清葡萄糖含量，向1L液体中加入55mL的50%葡萄糖以制备2.5%溶液，或加入110mL葡萄糖以制备5%溶液。
- 血浆，2L或更多，静脉注射。
  - 首选抗内毒素的高免血浆。
  - 选择对抗艰难梭菌A型或B型内毒素的高免血浆。
  - 新生幼驹可口服或静脉注射A型、C型和D型产气荚膜梭菌高免血浆。
  - 口服剂量为48~72h内每6h给药50~100mL。
  - 若幼驹重病，利用鼻饲管给予250~500mL高免血浆。主观上讲，使用高免血浆的幼驹比未使用高免血浆的幼驹形成粪便的速度更快。
- **提示：**利用血浆来治疗腹泻和中毒的有效性未经证实。

肠道保护剂

- Lactaid（每次饲喂时给药，或每2h 1片），乳糖酶[1]，或酸奶［每6h 1~2oz（29.57~59.15mL）］：幼驹可能因为梭菌感染而乳糖不耐受。
- 双-三八面体蒙脱石（Bio-Sponge）或Anti-Diarrhea Gel。
  - 体外研究表明这些产品可以吸收梭菌毒素。
- 皂土可以吸收产气荚膜梭菌的α、β和$β_2$外毒素而不干扰马初乳抗体或甲硝唑的吸收，故而可以用于治疗梭菌感染。
- 碱式水杨酸铋，每2~6h按30~60mL口服。
- 益生菌：临床意义仍不确定；（戊糖乳杆菌）WE7可能不利于疾病恢复。在给予奥美拉唑或雷尼替丁治疗后，可以通过将健康幼驹或母马的粪便微生物转宿饲喂给患病幼驹以提高胃内pH。
- 胃溃疡预防性用药：
  - 硫糖铝，每6h按22mg/kg口服。
  - 奥美拉唑，每24h按1~4mg/kg口服。
  - 雷尼替丁，每8h按1.5mg/kg静脉注射或按6.6mg/kg口服。
  - 法莫替丁，每8~12h按0.23~0.5mg/kg静脉注射或每8~12h按2.8~4mg/kg口服。

支持性治疗

- 保持幼驹干燥且保暖。
- 向两后肢涂干燥剂；经常冲洗并擦干马尾。

---

[1] 乳糖酶（6 000 食品化学法典单位 /50kg 的马驹）每 3~8h 口服。

预防

- 对于曾有幼驹感染产气荚膜梭菌并发生小肠结肠炎的马场，有许多种预防性措施可以应用。
- 尽力改善卫生条件，确保生产马厩的清洁；生产过程中，幼驹出生前和出生后要清洁母马乳房、会阴和后肢区域，以减少幼驹暴露于粪便病原。
- 某些马场通过让母马在草场上生产而避免了幼驹腹泻的暴发。
- 经口给予嗜酸乳杆菌（在酸奶和商品益生菌中可见）可以成功防止鸡体内的产气荚膜梭菌过度生长。
- 幼驹出生后预防性使用甲硝唑（每12h按10mg/kg口服）的效果不确定。
- 若母马泌乳量高，在生产前一周和后一周饲喂消化能低或中等的日粮以降低泌乳量，从而防止幼驹摄乳过多。仅对病死率高的马场使用此法。
- 可以特异性预防产气荚膜梭菌感染的方法包括：为母马注射（2007年）由Hagyard马医疗中心（www.hagyardpharmacy.com）研发的类毒素疫苗（氢氧化铝吸附培养上清，加上重组$β_2$类毒素。疫苗株为A型产气荚膜梭菌，并携带α、$β_2$和CPE基因）。
  - 其他口服的肠道保护剂还包括前述的高免血浆（口服和/或静脉注射）。
  - 对C型和D型产气荚膜梭菌感染的特异性免疫疗法会对α毒素的毒性提供些许保护，但通常认为这种保护效果并不存在于A型产气荚膜梭菌病原。
- 若马场有梭菌病历史，进行如下处理偶尔会有临床上的益处：
  - 对所有新生幼驹进行预防性治疗，3d内每12h肌内注射22 000U/kg普鲁卡因青霉素，或结合给予甲硝唑，3~5d内每12h按15mg/kg口服。
- 对感染个体进行严格的隔离程序。
- 操作者需做好防护措施。
- 消毒马厩。
  - 次氯酸盐和酚类化合物。**重要提示**：次氯酸盐对有机残骸无效，所以必须先用去污剂清洗。
  - C型和D型产气荚膜梭菌的抗毒素可用于其他大动物，但用于幼驹的安全性和效力并未被证实。

幼驹沙门氏菌感染

症状

- 变化不一的腹泻，可能少量或大量，水样或出血。
- 发热（通常高于39.4℃），厌食，心动过速，呼吸急促和腹痛。
- 这些症状通常与菌血症/内毒素血症有关，而非电解质紊乱和脱水。
- 菌血症的其他症状包括：
  - 带绿色的虹膜（推测是败血症引起的葡萄膜炎），充血的巩膜和黏膜。
  - 脓毒性关节炎或骨骺炎导致的跛行。
  - 血源性肺炎导致的肺音异常。
  - 脑膜炎或严重电解质紊乱（如低钠血症）导致的嗜睡、木僵或癫痫发作。

实验室检查结果

- 中性粒细胞减少常常导致白细胞减少。
  - 中性粒细胞往往发生毒性变化。
- 纤维蛋白原浓度可能上升。
- 低血小板计数可能提示出现弥散性血管内凝血。

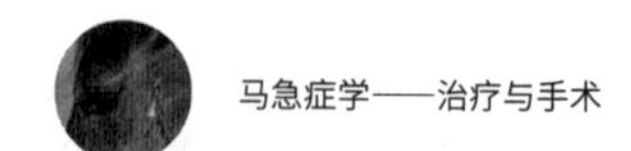

- **实践提示：** 低钠血症、低氯血症、酸中毒和氮血症是沙门氏菌感染和其他感染性腹泻最常见的实验室检查结果。
  - 酸中毒可能会通过折损全身钾含量来提高血浆钾含量，从而掩盖致命的低钾血症。
  - 摄取钾减少，腹泻粪便钾流失，液体治疗导致尿钾排泄增多，多尿性急性肾衰，这几种因素的组合可能导致血清钾含量低。

诊断

- 对于沙门氏菌属的粪便培养，应当使用选择性培养基和富硒培养基。
- 其他很有可能造成幼驹腹泻的微生物包括大肠杆菌、嗜水气单胞菌、假结核耶尔森氏菌、肠球菌、弯曲菌、链球菌、梭菌、冠状病毒、轮状病毒和假单胞菌。
- 沙门氏菌感染幼驹的血液培养（BBL）通常为阳性。
- PCR。
- **实践提示：** 在怀疑存在沙门氏菌属的培养（Hektoen琼脂上有黑色或绿色菌落），应在改良的快速测试系统（Reveal26 2.0沙门氏菌检测系统）中验证沙门氏菌属是否存在。

应该做什么

幼驹沙门氏菌感染

- 治疗以液体治疗、抗生素治疗和幼驹护理为主。

液体治疗

- 由于氯化钠具有酸化效应，最好使用多离子溶液，乳酸林格液，Normosol-R和Plasma-Lyte。
- 仅当多离子溶液无法缓解重病导致的低血压时使用高渗盐水，或者对于严重的低钠血症可以每30~60min以1~2mL/kg静脉推注高渗盐水。
- 严重低钠血症的初始纠正目标应设为125~130mEq/L，而不能更高。**实践提示：** 对于慢性低钠血症（数日）应当放慢纠正的速度。
- 向液体中加入氯化钾；若幼驹仍能排尿且血清钾离子小于3.5mEq/L，以20mEq/L加入氯化钾。
- **提示：** 钾离子注射量不应超过0.5mEq/（kg · h）。
  - 向约0.5L酸奶中加入两勺淡盐（50%KCl）可以安全地为幼驹补充钾。
- 若给予合适的液体治疗和正常L-乳酸后酸中毒仍无法纠正（代谢性酸中毒被认为是由于产生了D-乳酸，或碳酸氢盐流失于粪便而导致），则向液体中加入碳酸氢钠。
  - 使用等渗溶液，或向1L无菌水中加入12.5g小苏打；注意不要过快纠正低钠血症。
  - 给予碳酸氢钠的准则是首先通过静脉推注给予计算缺损量的一半，然后在12~24h内矫正余下的缺损。
  - 若使用了碳酸氢钠，需要补充更多的钾！

抗生素治疗

- 羧噻吩青霉素/克拉维酸，每6h按44mg/kg静脉注射；或头孢噻呋，每8h按5mg/kg静脉注射；或头孢他啶，每6~8h按20~40mg/kg静脉注射，通常与以下药物联合使用：
  - 阿米卡星，每24h按21~25mg/kg静脉注射；在观察到幼驹尿量正常之前不要给予阿米卡星。
  - 恩诺沙星，每24h按6mg/kg静脉注射，或每24h按7.5mg/kg口服，用于沙门氏菌的抗药株；药源性的关节疾病风险使得此药不适用于感染致命的、抗药性极高的沙门氏菌的幼驹！每24h口服2mg/kg马波沙星可用作替代恩诺沙星。
    - 监测幼驹关节是否有渗出（非脓毒性滑膜炎），跛行，弯曲松弛度（flexural laxity）或贫血，使用此药时经常遇到这些症状。
    - Adequan的经验性治疗可以降低滑膜炎的发生概率，每3d肌内注射1管。

额外治疗

- 治疗内毒素血症：
  - 最少1L高免疫（对抗内毒素）血浆。
  - 若有明显的弥散性血管内凝血迹象（如血小板下降、凝血时间延长、凝血酶III活性下降），考虑使用低分子量肝素，每24h按50U/kg皮下注射。
  - 氟尼辛葡甲胺，每8h按0.25mg/kg静脉注射，仅适用于严重内毒素血症的情形，并在开始静脉注射液体之后给予。
- 预防胃溃疡：
  - 硫糖铝，每6h按22mg/kg口服。
  - 奥美拉唑，每24h按4.0mg/kg口服。
  - 雷尼替丁，每8h按1.5mg/kg静脉注射或按6.6mg/kg口服。
  - 法莫替丁，每24h按0.7mg/kg静脉注射或每24h按2.8mg/kg口服。
- 肠道保护剂：
  - 双-三八面体蒙脱石（Bio-Sponge）或Hagyard止泻凝胶，酸奶，碱式水杨酸铋，或活性炭可能会帮助保护肠道。
- 幼驹护理：
  - 保持幼驹洁净；在会阴部涂抹凡士林。
  - 用塑料袋和Elasticon包裹马尾（包住尾根，另取一片向背侧延伸到荐椎中部区域）。
  - 不要包扎过紧；监视是否滑脱。
  - 不要使用自粘绷带（Vetwrap）。
- 对于腹痛，进行如下处理：
  - 安乃近、非罗考昔和卡布洛芬相较于氟尼辛葡甲胺来说较少导致胃溃疡，可在需要使用非甾体类抗炎药时应有。
  - 安乃近，4~10mL静脉注射；赛拉嗪，0.3~1.0mg/kg静脉注射；布托啡诺，0.02~0.04mg/kg静脉注射或肌内注射；酮苯丙酸，1mg/kg静脉注射。也可以连续静脉注射利多卡因，但在年轻幼驹中可能会导致肝代谢延迟。
  - 若出现肠梗阻症状且排除了阻塞性疾病，给予新斯的明，3h内每小时按0.2~1mg皮下注射，随后改为与镇痛剂或镇静剂一起每6h注射1次。
- 对于葡萄膜炎，使用包含或不含抗生素（若未发角膜溃疡）的眼用皮质类固醇和阿托品。
- 让母马和幼驹在一起；母马的粪便可能是沙门氏菌阳性，分居可能让母马和幼驹产生应激。
- 严格执行隔离程序

预防

• 预防沙门氏菌需要保持恰当的卫生条件。在幼驹能够吃奶前，需要用稀释的洗必泰或象牙肥皂水对母马的乳房和会阴区域进行彻底清洗。

• 若暴发沙门氏菌，高风险幼驹接触母马之前应通过饲管饲喂6~8oz（175.62~234.16mL）初乳。

• Hagyard马医疗中心和Gluck研究中心的Dr. John Timmoney联合研发出了一种实验性失活菌疫苗（鼠伤寒沙门氏菌和牛波特沙门氏菌）。自2007年以来此疫苗已被应用于地方性高发的马场中。

预后

• 若最初48h内的初始治疗对幼驹有效，预后一般。

• 若最初48h内的积极治疗仍然无法阻止幼驹病情恶化，或在关节、肺或脑膜出现了脓毒灶，预后需保守。

• **实践提示：**母马和幼驹皆发生沙门氏菌腹泻的情形并不常见，但母马的粪便培养有可能呈沙门氏菌阳性。

• 将幼驹和母马与其他马隔离。

- 总体而言，将母马和幼驹放回马群之前需要获得母马和幼驹至少3次、最好5次的阴性培养结果。

轮状病毒腹泻

- **实践提示：**轮状病毒是吃奶幼驹患感染性腹泻的最常见病原（A组轮状病毒）。
- 轮状病毒能导致最高6月龄幼驹发生腹泻，但在更年幼的幼驹中更常发生。
- 轮状病毒可能导致胃溃疡发生概率升高。
- 轮状病毒传染力极强，通常同一马场中数匹幼驹会同时感染。

症状

- 水样黄色到黄绿色粪便。
- 不带恶臭但气味独特。
- 腹泻发作前幼驹通常表现嗜睡和厌食。
- 新生马可能发生气胀和急腹症。

诊断

- ELISA（轮状病毒检测试剂盒Rotazyme）：
  - 腹泻数日的幼驹结果可能呈阴性。
- PCR：
  - 有文献记载PCR轮状病毒阳性的马样品在人特异性免疫测定中呈阴性。**实践提示：**此发现强调了使用马专用诊断试剂的重要性，使用非对应物种的诊断试剂会出现假阴性风险。
  - 序列显示马轮状病毒毒株98%的序列在基因库有记录。
  - 这些结果提示人特异性的免疫测定并不能检测出所有的马轮状病毒毒株。
- 与沙门氏菌腹泻相比，轮状病毒腹泻的实验室检查结果相对正常。
- 对于CBC，毒性中性粒细胞和杆状中性粒细胞并不常见。
- 血清化学表现为低氯血症、低钠血症、低钾血症和酸中毒。

应该做什么

轮状病毒腹泻

- 需要预防胃溃疡。
- 可能是自限性的。
- 监测水合状态和实验室指标，以确定是否开始给予液体治疗。
- 见前部分对幼驹腹泻液体治疗的描述。
- 需要给予肠道保护剂：
  - 碱式水杨酸铋。

- 双-三八面体蒙脱石（Bio-Sponge）。
- Hagyard Anti-Diarrhea Gel。
- 酸奶。
- 由于感染轮状病毒的幼驹通常消化不良，需要给予Lactaid
- 10~14d内每3~8h口服乳糖酶Lactase（6 000食品化学法典单位/50kg），可用于提高幼驹对乳汁乳糖的消化能力。

预防

- 采取预防措施：
  - 隔离所有感染幼驹。
  - 防止鸟和宠物进入畜棚。
  - 在进行每日的清洁和饲喂过程中，应最后进入马厩。
    - 进入马厩时应穿靴子、工作服并戴手套。
    - 不要在不同马厩使用同一个桶或器皿。
    - 可能的情况下，分配一名员工单独照料感染幼驹。
    - 马厩外提供次氯酸盐或酚类化合物进行足浴。
- 为繁殖母马注射疫苗可以提供一定保护，且至少能够降低其严重程度。

· **实践提示**：幼驹发生腹泻（无论是否由轮状病毒导致）的少见情形中，摄入乳汁后幼驹会发生气胀和急腹症症状；给予lactaid和利多卡因恒速输注，并在可能的情况下几天内限制幼驹吃奶的时间（若有必要）。

预后

预后良好到极好。

产肠毒大肠埃希菌

- 通常只感染马场的单个幼驹。
- 此类大肠埃希菌带菌毛并产生肠毒素。

症状

- 幼驹水样腹泻，通常无恶臭。
- 中度到严重沉郁。
- 通常不会出现发热。
- 通常会出现胃溃疡症状。

诊断

- 实验室检查通常显示酸中毒。

- 排除其他腹泻病因。
- 粪便需氧培养得到大量黏液样菌落。
- 将培养物递送可以检测粘连和肠毒素的实验室。

应该做什么

大肠埃希菌腹泻

- 治疗方法与其他类型的幼驹腹泻相似，但需要考虑大肠埃希菌或肠球菌可能导致菌血症。
- 仅对排尿量正常的幼驹使用阿米卡星。
- 可以购买到对抗K99菌毛的大肠埃希菌抗体的口服糊剂，但实际使用的效果未被详细记载。

隐孢子虫感染

- **实践提示：**隐孢子虫是一种原虫病原，并很可能传染人。
- 卵囊脱落时具有感染能力。
- 人兽共患风险。
- 隐孢子虫感染会造成腹泻，且通常发生于免疫系统受损的（通常是住院）幼驹。但隐孢子虫也可能导致健康幼驹腹泻。
- 有免疫缺陷的阿拉伯马幼驹常常发生感染。
- 由于慢性、分解代谢疾病或其他肠道病原而导致继发免疫抑制的幼驹也可能感染隐孢子虫。
- 由粪便样本中检测到卵囊而确诊。
  - 抗酸染色法、免疫荧光、PCR和流式细胞术可以帮助诊断。
  - **提示：**正常幼驹的粪便中也可能检查到隐孢子虫。
  - 粪便样本中也可能发现艾美尔球虫和贾第虫属；但这些微生物对马的致病性并没有结论性的记载。

应该做什么

隐孢子虫感染

- 支持性治疗——液体和营养！
- 可能需要全肠外营养（TPN）。
- 给予巴龙霉素，5d内每24h按100mg/kg口服；或硝唑尼特（NTZ），3d内每12h按2g口服（此药可能无法买到；但对于高价值的幼驹，可以获取人用NTZ。
- 对幼驹的效力和安全性尚未被证实，但NTZ在犊牛中有效。
- 幼驹之间可相互传染。

预防

- 接触患马前做好防护措施。
- 极高温或极低温是杀灭卵囊的最好方法。
- 可以使用浓缩次氯酸盐溶液。

胎儿腹泻

- 胎儿腹泻将羊水污染，幼驹出生时则被包裹在污染的羊水中，这种情况并不少见。
- **实践提示：** 出现这种问题通常表明新生幼驹虚弱，且有较高的吸入性肺炎风险。

症状

- 幼驹可能并无临床上的异常，但通常表现沉郁，吸吮反射弱，且可能表现缺氧缺血性脑病。
- 幼驹不愿或不能站立/吃奶。
- 脓毒症症状可能很严重。
- 通常出现明显的黏膜毒性变化和灌流不良。

应该做什么

胎儿腹泻

- 经鼻腔给予氧气，每隔10s抽吸气管以清除被胎粪污染的羊水。
- 给予广谱抗生素（见沙门氏菌感染）。
- 静脉注射液体和血浆。
- 经口给予初乳。
- 若呼吸道症状开始恶化，给予如下治疗：
  - 地塞米松，0.1~0.25mg/kg单次静脉注射；或氢化泼尼松琥珀酸钠，100mg单次静脉注射。
  - 若对初次给药有反应，可在2~3d内重复给药。

不应该做什么

胎儿腹泻导致的胎粪吸入

- 不要在未提供氧气的情况下长时间抽吸气管。

耐久肠球菌（从前命名为D组链球菌）

· 耐久肠球菌是一种生长于消化道内的革兰氏阳性球菌，可导致幼驹、猪仔、犊牛和幼犬的肠炎。在小于10日龄的幼驹中，7个腹泻病例中有5个是由耐久肠球菌引起。

· 在澳大利亚的一项研究中，从一患有严重腹泻的幼驹中分离到了耐久肠球菌，并将其通过胃管感染其他7匹幼驹。所有7匹幼驹都在接种24h内产生了大量水样腹泻，并伴随程度不一的沉郁、厌食、腹部压痛和脱水。

· 腹泻和肠道疾病的病因学仍然未知。耐久肠球菌腹泻并非由内毒素和严重的黏膜损伤导致。

· 刷状缘的消化酶（如乳糖酶和碱性磷酸酶）的活性下降，提示刷状缘的消化和吸收受到了机械性干扰。

应该做什么

耐久肠球菌性腹泻

- 主观来讲，通过β-内酰胺类进行系统性治疗似乎可以缩短腹泻病程（氨苄青霉素或青霉素）。此病原对头孢菌

素高度耐药。

- 理想的治疗方法是提高马场的饲养水平。

冠状病毒

- 马冠状病毒（Equine Coronavirus，ECoV；一种β冠状病毒）早在1976年就曾被描述为患病幼驹的感染病原。
- 数项研究和病例报道已从患有肠病的幼驹中辨认出冠状病毒，但其致病性和病因学仍然未知。最近在肯塔基州中部的一项患病率调查清楚地表明，无胃肠道症状的健康幼驹与患病幼驹有相同的冠状病毒感染率。但当考虑其他共感染病原时，ECoV明显与患病幼驹有关；所有患胃肠道疾病的ECoV幼驹都发生了联合感染（15/15），但大部分健康幼驹都仅仅感染一种病原(8/10)。**实践提示：**此项发现说明，特定病毒有免疫抑制效果，使得机会性感染能够发生。
- 研究表明，机会性感染可能有不同起源，包括细菌性和原虫性。在仔猪中进行的联合感染实验数据表明，冠状病毒与细菌联合感染与单病原感染相比，炎性免疫反应和组织损伤的程度存在巨大差异。此外，在年轻火鸡中，冠状病毒和产肠毒大肠埃希菌会发生协同增效反应，生长抑制和致死率比单病原感染的火鸡要严重许多。
- 这些结果提示了冠状病毒在幼驹体内的作用效果和其诊断价值，可通过检测表面健康幼驹的ECoV来评估其对联合感染的易感性。
- 对于感染冠状病毒的健康幼驹，应专注于流行病学管理以减少联合感染的可能性。马冠状病毒的致病因子，以及冠状病毒作为共感染病原对幼驹胃肠道疾病的影响还需进行进一步研究。

诊断

- 粪便样品的PCR，病毒分离，或电镜检查。

应该做什么

冠状病毒腹泻

- 见轮状病毒腹泻的治疗方法。
- 目前可以买到一种马用的超纯膨润土，成分与人用膨润土（胃肠道感染轮状病毒或冠状病毒）相同。

乳糖酶缺乏（饮食）

- 幼驹的乳糖不耐受被诊断为以下几种：
  - 乳糖吸收不良。
    - 生理学问题：摄入过多乳糖，超过了乳糖酶水解（葡萄糖和半乳糖）能力的上限。
    - 例如饲喂过度，或代乳品制备不当。
  - 继发乳糖酶缺乏。

    ◦ 例如肠炎中刷状缘（乳糖酶存在的部位）损伤导致的乳糖酶缺乏。
  - 原发乳糖酶缺乏。
    ◦ 此类幼驹体内乳糖酶浓度低或不存在乳糖酶。

诊断

- 根据对治疗的响应和/或乳糖耐量测验而确诊。
  - 禁食4h后通过鼻饲管给予单水乳糖（每千克体重1g，配备20%水溶液）；监测血浆葡萄糖含量。
  - **实践提示：**若样本不能被立即冷藏，且在给药前采集样本到送检有1h以上的时间差，可能需要使用草酸盐氟化物作为抗凝剂；2h内每30min检测1次。
  - 正常情况下乳糖的消化会导致正常葡萄糖浓度在60~90min内加倍。

应该做什么

乳糖酶缺乏

- 每3~8h口服乳糖酶（6 000食品化学法典单位/50kg，幼驹）或乳糖酵素片剂。

新生马急性胰腺炎

- 幼驹胰腺炎的特征包括：急性腹泻发作，随后立即发生脓毒性休克和高脂血症，淀粉酶和脂肪酶显著上升。
- 胰腺炎病因未知，但大部分幼驹在3日龄时发病，在1日龄和2日龄时通常健康且积极吃奶。
- 最初的症状通常是腹泻。腹部超声检查可能发现腹腔液增多，并且在胰腺附近有异常肿物。
- 腹腔液发生炎性变化，由于出血和脂肪存在而显示为白粉色，且淀粉酶和脂肪酶的浓度可能比血浆中更高。

应该做什么

新生马急性胰腺炎

- 静脉输液。
- 系统性抗生素。
- 血浆。
- 低分子量肝素。
- 硒和维生素E。
- 氟尼辛葡甲胺。
- 肠外营养（不包括脂肪）。
  - **提示：**有时幼驹在急性胰腺炎发作后得以存活，并通过口服胰酶和饲喂乳汁治疗，但后来死于炎性胰腺炎导致的纤维性腹膜炎。

断奶马和 1 岁马的腹泻

Thomas J. Divers

增生性肠病：胞内劳森菌

- 感染多种哺乳动物，幼驹在4~7月龄最常见。
  - 可在正常幼驹和成年马的粪便中发现此类病原（尤其是有过胞内劳森菌病例的马场）。
- 广泛分布于世界各地。
- 严格胞内寄生菌。
- 存在多个菌株；“猪”株似乎对马致病力较低，但从某些野生动物分离到的菌株可能使马感染。
- **实践提示：**低蛋白血症是标志性的实验室发现。

症状

- 幼驹体重快速下降，但通常表面上食欲正常。
- 被毛凌乱黯淡，表现“水桶肚”。
- 腹部水肿和嗜睡。
- 约50%病例出现腹泻，10%~15%病例出现腹痛。
- 少见发热。
- 罕见情形中，急性坏死型劳森菌感染会导致临床上出现急性、严重的系统性炎症，肠道坏死和继发细菌感染。

实验室检查结果

- CBC结果变化较大；最常见的异常是总蛋白低，白细胞增多和贫血。
- 血清化学：经常出现低白蛋白导致的低蛋白血症。
- 可能由于腹泻或水肿而发生电解质异常：低钠血症，低氯血症。
- 肌酸激酶上升。

诊断

- 粪便PCR是最佳诊断法。
  - 多个粪便样本，或将粪便样本和直肠拭子同时送检有助于提高灵敏度。
- 血清中和效价测定：评估急性期和恢复期效价。
- 腹部超声检查：小肠壁水肿似“马车轮”（图18-72）。

- 尸检：对受损组织做瓦辛斯泰雷银染色。

应该做什么

劳森菌感染

- 至少进行21d的抗生素治疗。
  - 氧四环素，每12h按6.6mg/kg静脉注射，或每24h按10mg/kg静脉注射——临床医师最偏爱和常用的治疗方法，尽管在猪中分离菌株的体外敏感性试验证明大环内酯类效果会更好。
  - **提示**：若进行四环素治疗，需要监测血清肌酐含量。**实践提示**：许多感染劳森菌的幼驹会由于白蛋白含量低而脱水，在血浆中存在更多的非结合/游离四环素，二者都会增加肾衰风险！
  - 多西环素，每12h按10mg/kg口服；或米诺环素，每12h按4mg/kg口服，二者是第二常用的药物。**提示**：不同马对多西环素的吸收状况不同，但幼驹的吸收程度要比成年马高。
  - 通常以静脉注射氧四环素开始治疗，然后换成口服多西环素或米诺环素。
  - 氯霉素，每6~8h按44mg/kg口服。
  - 阿奇霉素，5d内每24h按10mg/kg口服，随后每隔1d（EOD）用药，加或不加利福平，每12h按5mg/kg口服。

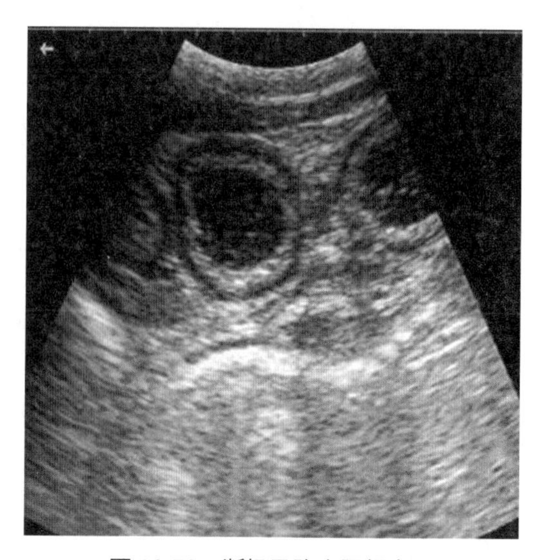

图 18-72　断奶马驹小肠超声图

断奶马驹患有腹泻伴发低蛋血症，超声显示小肠壁水肿严重，PCR 粪便检测结果为劳森菌阴性。

- 支持性治疗：
  - 对于发生严重腹泻的幼驹，静脉给予液体以纠正电解质紊乱和脱水。
  - 对于严重低蛋白血症，考虑胶体渗透压支持。
    - Hetastarch、Vetstarch 或 Pentastarch，7~10mg/kg静脉注射。
    - 可以考虑静脉注射血浆，至少2L。
  - 见预防胃溃疡的方法。
  - 感染劳森菌并出现严重的急性系统性炎症的幼驹，需要进行脓毒性休克治疗，详见系统性炎症（第32章）。

预后

- 对于大部分病例，给予合适治疗后预后较为乐观；幼驹的体况可能需要几个月才能改善。
- 治疗对少数幼驹可能无效。
- 一种批准用于猪的疫苗可以在地方性高发劳森菌感染的马场经直肠给予。

马红球菌性小肠结肠炎

- 马红球菌可能导致约3周龄到最高9月龄幼驹的腹泻。
  - 感染发生于肠道黏膜的淋巴组织（派亚氏集合淋巴结，Peyer’s patches）。
  - 通常表现为腹泻的隐袭发作，伴随持续发热。
  - 通常只影响个体，但也可能在马群中发生。
  - 暴发。

- 其他器官可能也同时被影响。
  - 肺部组织表现为化脓性肉芽肿肺炎。
  - 肠道淋巴组织表现为溃疡性肠炎。
  - 肠系膜淋巴结形成腹部脓肿（图18-73)。
  - 可能发生脓毒性骨骺炎和骨髓炎。
  - 可能出现葡萄膜炎和滑膜炎。

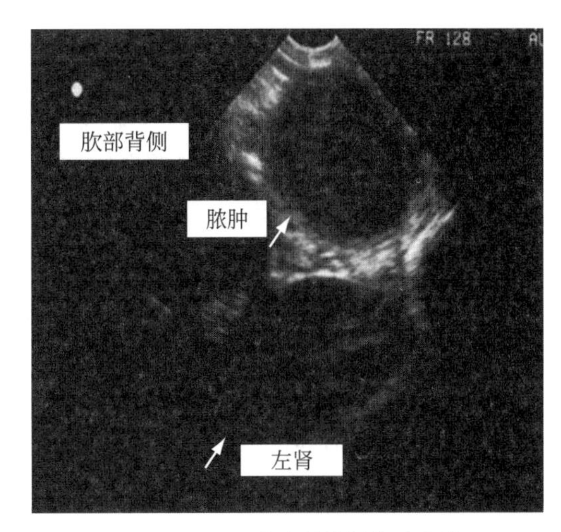

图 18-73　马驹腹腔脓肿超声图像

幼驹由于感染马红球菌而导致腹内肠系膜根部脓肿。

诊断

- 若腹泻是马红球菌导致的唯一症状，难以确诊。
- 对胸腔和腹腔进行X线/超声检查以评估马红球菌是否导致其他变化。阴性结果不能排除马红球菌性肠炎。
- 排除其他腹泻病因后，根据如下发现可进行诊断：
  - 每克粪便含有10^5个马红球菌，或每个粪便拭子培养基中有100个马红球菌菌落。
  - 另外，通过测定毒性相关抗原质粒（virulence-associated antigen plasmids，VapA-P）可以判断马红球菌致病性。
  - 马红球菌的许多菌株并不具有毒性。
  - 健康幼驹的粪便培养结果也往往是马红球菌阳性。发现大量马红球菌菌落，同时又出现VapA-P和其他马红球菌感染的指示症状（如滑膜炎）可以帮助确定治疗方法。

应该做什么

马红球菌性小肠结肠炎

- 克拉霉素，每12h按7.5mg/kg口服；或阿奇霉素，5~10d内每24h按10mg/kg口服，随后每48h按10mg/kg给药；二者皆可结合利福平，每12h按5mg/kg口服。
- 理想状况下，应在给予大环内酯2h后再给予利福平，以降低肠道内的吸收竞争。
- 液体治疗和肠道保护剂见沙门氏菌感染。

预后

- 预后情况不一。
- 适当治疗后预后从一般到良好。
- 若同时出现骨骼感染或腹部脓肿，预后将会恶化！
  - **实践提示：**在腹泻发生前就有体重减轻症状的幼驹通常都存在腹部脓肿。

抗生素引起的腹泻

- 给予大环内酯类药物最常引起抗生素性腹泻，其次是磺胺类或利福平。
  - 幼驹在吃奶期间通常能够耐受大环内酯类药物，但若处在向盲肠/结肠功能日粮和成年马日粮的过渡期，红霉素、阿奇霉素和克拉霉素可能导致幼驹（大于3月龄）和断奶马驹发生急腹症、严重腹泻和毒血症。
  - 大部分抗生素引起的腹泻在治疗开始的2~6d出现。
  - 最常见的情形是大于3月龄的幼驹出现肺炎，并开始对马红球菌肺炎进行治疗；2d后幼驹表现急腹症症状，有时发生气胀、中毒（内毒素血症），并出现腹泻。
  - **实践提示**：对于大于3月龄的幼驹，用大环内酯类药物治疗之前一定要确认是马红球菌感染；大于4月龄的幼驹很少发生马红球菌性肺炎！
  - 艰难梭菌感染可能是某些腹泻病例的病因。在症状较轻微的病例中可能只是菌群失调的结果。

症状

- 腹泻发作前通常出现腹部扩张和急腹症。
- 内毒素血症可能非常严重。
  - 黏膜和巩膜明显充血。
  - 出现心动过速和呼吸急促。
  - 四肢冰凉。

实验室检查结果

- 与脱水有关的非特异性症状包括：
  - PCV和血清肌酐浓度上升。
  - 低氯血症和低钠血症。
  - 可能出现白细胞减少或增多。
  - 中性粒细胞常发生毒性变化。

诊断

- 粪便培养。
  - 沙门氏菌和马红球菌。
  - 厌氧培养。
- 粪便毒素测定。
  - 艰难梭菌和产气荚膜梭菌。

应该做什么

抗生素引起的腹泻

- 进行镇痛治疗：
  - 可能的话避免使用全剂量氟尼辛葡甲胺；使用安乃近，22mg/kg静脉注射；布托啡诺，0.05mg/kg静脉注射或肌内注射；或赛拉嗪，0.5~1.0mg/kg静脉注射。
    - 不要过量使用非甾体类抗炎药，断奶马驹可能出现右背侧结肠炎（right dorsal colitis，RDC），尽管在成年马中并不常见。
- 静脉输液：Plasma-Lyte，Normosol-R，乳酸林格液；重点考虑补充血容量。
  - 通过20mEq/L的KCl补充血容，除非发生以下状况：
    - 患马少尿，血清肌酐浓度大于5mg/dL，或血清钾浓度大于5.0mEq/L。
- 若患马发生酸中毒（pH＜7.1），并对初始治疗无响应，补充碳酸氢盐。
- 治疗内毒素血症。
  - 给予血浆以提高循环动力，1~2L静脉注射。
    - 最好使用内毒素高免疫血浆。
  - 若出现急腹症，给予氟尼辛葡甲胺，每8h按0.25mg/kg静脉注射。
- 给予抗生素：
  - 甲硝唑，每8~12h按15~25mg/kg口服。
  - 若3~4d内仍无改善，停止口服抗生素。
- 细菌疗法：
  - 通过细菌转宿而治疗。肠液供者最好是由于非感染性疾病（如蹄叶炎）而被安乐死的马，食欲应当正常，肠液应取自盲肠，且呈沙门氏菌阴性。
  - 第二最佳选择是从健康的、驱过虫的马的直肠内采集粪便。
  - 可从盲肠内采集1~2L液体，或从直肠内采集粪便并放置于温的平衡电解质溶液中，从而得到1~2L液体，经过鼻饲管进行转宿给患病马；若从盲肠中采集液体，转宿一次通常就足够。
  - 若治疗前有数日的延迟，或需要重复治疗，可将转宿液体储存在冰箱中（最好在气体被排空并带有释压阀的玻璃瓶中）或冷冻保存。
- 提供额外护理：
  - 预防胃溃疡，包括使用硫糖铝。
  - 肠道保护剂：
    - 碱式水杨酸铋。
    - 双-三八面体蒙脱石。

沙门氏菌感染

应该做什么

沙门氏菌感染

- 治疗断奶马驹的方法与治疗幼驹相同。
- 治疗1岁马的方法与治疗成年马相同。
- 断奶马驹感染沙门氏菌后可能出现严重的直肠损伤，超声检查可能发现明显的增厚（图18-74）。

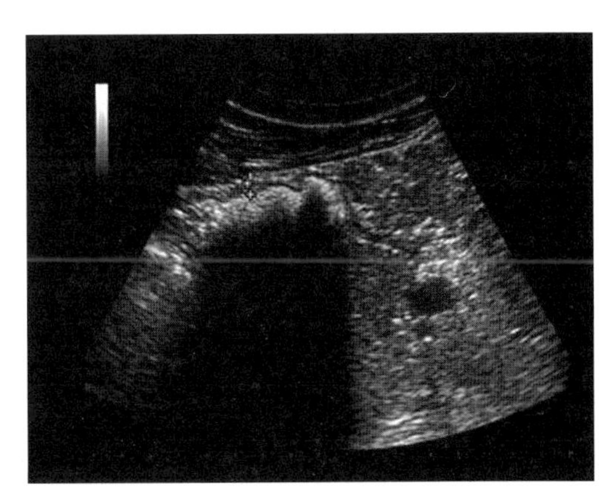

图18-74　小母马结肠壁增厚超声图像

一匹6个月大的纯血小母马患沙门氏菌感染性腹泻，尽管进行了大量治疗，包括肠外营养，最终死亡，可见结肠壁增厚。

断奶马驹腹泻的其他病因

- 新立克次氏体：
  - 并无研究证实断奶马驹中波托马克马瘟

（potomac horse fever，PHF）的发生频率。

- 诊断与治疗方法与成年马相同。

- 李斯特菌（*Listeria*）:
  - 此类细菌偶尔会导致吃奶到断奶马驹的腹泻。
  - 在年幼的幼驹中可能发生菌血症和休克，但在较大幼驹中此病通常不严重。
  - 通过每6h静脉注射22 000U/kg青霉素治疗。
  - 推荐对肠道进行支持性治疗。
- 螺旋体:
  - 并不是断奶马驹腹泻（大多数是慢性）的常见病因。
  - 这种厌氧细菌破坏直肠刷状缘从而导致腹泻。可能通过饮用污染的水源而染病。
  - 诊断方法包括：排除其他更常见的病因，尸检样本的组织学发现，以及粪便PCR测定。
  - 通过每8h口服15~20mg/kg甲硝唑治疗。
- 寄生虫:
  - 马副蛔虫或圆线虫的急性严重感染可能会导致腹泻，但即使是非常严重的感染也并不常见腹泻！
    - 最常见的临床症状是患马瘦弱和急腹症症状。
    - 1岁马可能出现体重下降和蛋白流失性肠病。

成年马的急性感染性和中毒性腹泻疾病

J. Barry David and Thomas J. Divers

- 成年马的急性腹泻通常表现为急症。
- 患马有时表现腹痛症状，但起初可能难以与术后腹痛区分。
- 对于患有急性结肠炎的马，需进行完整的病史检查和体检，包括腹部超声检查、CBC和血清化学的实验室测定分析。

表现

- 常见症包括腹痛、嗜睡和发热，且在患结肠炎的成年马中这些症状可能在腹泻之前出现。
- 偶尔可能出现结肠嵌塞和发热。
- **实践提示：**成年马的急性感染性腹泻应被认作急症。
- 心率和呼吸频率通常上升，黏膜发黑或充血并伴随脱水症状。
- 腹部听诊的异常发现通常表现为肠运动力不足，肠鸣音频率和强度下降，或水/气界面音增多。

- **实践提示**：任何形式的结肠炎都可能导致蹄叶炎。

成年马急性结肠炎病因

波托马克马瘟

- 新立克次氏体（*Neorickettsia risticii*）感染。
- 在流行地区是发热的常见原因，有约20%的病例会出现腹泻和/或蹄叶炎。
- 在流行地区呈季节性发生——在北美的东北部、北中部和大西洋中部地区高发于6—11月。
- 圈养马或牧马都可能感染。
  - 吸虫（尾蚴）感染新立克次氏体并从淡水蜗牛中释放进入水体或邻近潮湿地域的草场中（以蜗牛黏液轨迹的形式），从而使牧马感染。
  - 可能在炎热天气中格外高发；且干旱季节也可能发生，此时青草和蜗牛，尤其是水生昆虫都集中于草场的潮湿地区，这些水生昆虫可能摄入被新立克次氏体感染后死亡的吸虫囊蚴。
  - 这些水生昆虫在夜间被马厩的灯光吸引，从而将新立克次氏体转运到饲料桶中。

· 通过摄入新立克次氏体而感染后，感染马可能会在1~3d内出现高热。发热症状通常不会被发现，大部分马不会表现出任何症状。

· 大约20%的马会再次出现发热，且发生白细胞减少和毒血症；有时病原从血液中转移到结肠（营养作用）后会导致结肠炎，从而在初始症状发生后的5~7d内导致腹泻。

- 此类结肠炎的发作并不需要任何应激因素。
- 由于此类胞内寄生菌有多种菌株，疫苗有效性存疑。
- 临床症状通常难以与沙门氏菌相区分。

· **实践提示**：除了右背侧结肠炎和斑蝥毒性导致的非常明显的急腹症，大部分急性结肠炎在马中都有相似症状和临床病理表现。

- **重要**：PHF似乎比其他结肠炎病因更容易导致蹄叶炎。
  - 对于某些PHF病例，蹄叶炎可能只伴随发热和蛋白流失性肠病，而不会出现腹泻！

沙门氏菌感染

- 可能与应激有关。
- 大多数研究表明存在1%~5%的携带者。
  - 接近1%，排除急腹症病例。
- 其他风险因素包括：
  - 绝食，腹部手术。
  - 养殖大量繁殖母马的马场。

- 抗生素（口服或全身性）。
- 感染量和胃内pH也影响疾病风险。
- 辨认不同毒性的血清型似乎有助于明确此病；鼠伤寒沙门氏菌、阿哥纳沙门氏菌和牛波特沙门氏菌似乎经常导致马出现腹泻症状，许多其他血清型也会导致马感染沙门氏菌。是否多重耐药（如DT-104）与毒性强弱并无关联。
- 很少出现血性腹泻。
- 可能成为整个马场的问题。
  - 涉及大部分马驹和成年马的马场，问题并不少见。
  - 一个年龄组发病，但对应的马驹或母马通常培养呈阳性却不发病。

非甾体抗炎药毒性

- 苯乙丁氮酮和氟尼辛葡甲胺可能导致此病。
  - 此类药物可能以正常剂量给予特异敏感或脱水的马或矮马，或者被过量使用。
- 苯乙丁氮酮通常最有可能导致胃肠道问题，但氟尼辛葡甲胺的风险也很相似。
- 口服或静脉注射非甾体类抗炎药都可能出现毒性。
- 在疾病早期，患马通常会出现由低白蛋白导致的低蛋白血症。**提示**：除非血浆蛋白含量低，否则右背侧结肠炎难以诊断。
- 此病的最严重形式会影响右背侧结肠，与非甾体类抗炎药有关的腹泻疾病/急腹症通常被称为右背侧结肠炎（right dorsal colitis ，RDC）。发病机制未知。

盅口线虫病

- 最常见于1岁马或年轻成年马。
- 患马通常体况差，且驱虫史不详。
- 最常在10月到翌年4月之间发生。
- 腹泻发作初期潜伏于体内，并不出现发热，可能在驱虫后发作。

抗生素导致的结肠炎

- 通常在开始给予抗生素的2~6d后发病。
  - 几乎所有的抗生素都可以致病，但可能根据地理位置而存在差异：头孢噻呋（Naxcel和Exceed）、磺胺类药物，口服青霉素V、咽鼓管囊内Quartermaster、大环内酯类（尤其当给予大于4月龄的马时）、利福平，以及较不常见的氧四环素/多西环素和恩诺沙星。
- 草料摄入下降，或将静脉注射改为口服给药可能增加此病易感性。
- 由于胃肠道有益菌群死亡，产毒艰难梭菌和/或产气荚膜梭菌过度生长从而致病；或在某

些病例中，菌群失调（正常肠道菌群结构发生改变）导致发病。对于未感染梭菌但发生菌群失调的马，症状通常不会太严重，但总是食欲不良。

混合病因结肠炎

- 急性结肠炎和伴随的内毒素血症与过敏反应通常由多重病因，包括过敏、急性梭菌感染或其他致病细菌如大肠杆菌、变形菌、肠球菌和/或假单胞菌的快速过度生长引起。
- 结肠壁水肿是典型的发现，有时在尸检中可以发现出血区。
- 应进行需氧和厌氧培养。

冠状病毒

- β-冠状病毒导致的高热暴发曾发生过多次；白细胞减少；厌食；有时成年马会出现腹泻或急性腹痛。
- 腹泻的概率约为20%。在某个马场中，9匹马被感染后全部出现发热，厌食和白细胞减少，但并未出现腹泻。
- 许多病例会出现严重的厌食。
- 排除其他疾病后，根据粪便PCR检测冠状病毒阳性而确诊。
- 鼻拭子并不能检测到冠状病毒。可以通过IDEXX（腹泻盘）或其他有检测马冠状病毒经验的分子诊断实验室（加州大学戴维斯分校或康奈尔大学诊断实验室或Cornell University Diagnostic Laboratory）来进行PCR检测。
- 总体而言治疗是支持性的，预后良好。
- 马的冠状病毒传染力极强；推荐隔离两周并进行粪便PCR测定。

成年马结肠炎的通用诊断测试

- 进行完整体检：出现急性腹痛和高热的马可能处在结肠炎或腹膜炎（可能性较小）的早期。
- 获得马场的完整病史，包括免疫、驱虫、抗生素、非甾体类抗炎药使用状况、是否存在其他腹泻病例、是否曾有沙门氏菌感染和PHF病例、饲料种类和饲喂程序是否存在变化、症状持续时间。
- 大部分艰难梭菌性结肠炎发作于抗生素治疗的2~5d后。开始给予抗生素后几乎立即会出现肠道菌群失调。
- 在得到粪便诊断结果和/或临床症状消失前，将患马与其他马隔离。
- 对于急性结肠炎，进行通用诊断测试：
  - 采集全血或血清进行CBC、血清化学和其他诊断分析测试。
  - 在马厩可以进行的辅助性测试包括血清乳酸、电解质、肌酐和血气测定（包括离子钙浓度）。

- 若处在PHF流行地区，对血清样本进行血清学测试并使用全血进行PCR测试。全血PCR在疾病早期最有帮助。
- 若怀疑冠状病毒，推荐进行粪便PCR测试。
- 粪便沙门氏菌培养。
- 采集粪便样本并检测梭菌病原（毒素测定）：艰难梭菌的A类和B类毒素，以及A类产气荚膜梭菌的内毒素基因和β_2毒素基因。

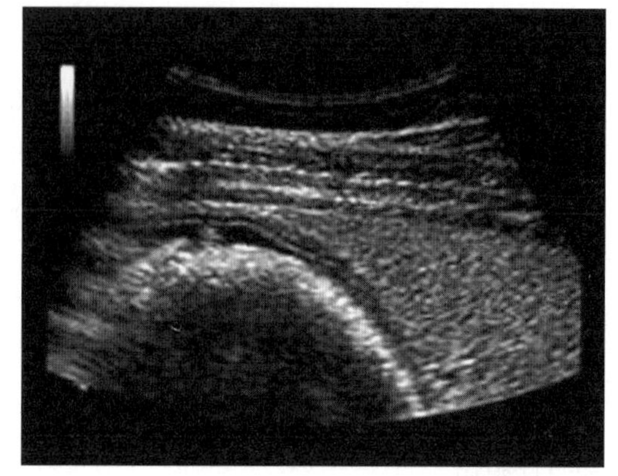

图 18-75　患右背侧大肠炎的马的右腹中部超声检查图像

展示了大肠壁标志性水肿，肝脏位于右侧。

- 应进行腹部超声检查：
  - 某些病例，尤其是非甾体类抗炎药中毒而发生RDC的病例，可能会发现肠壁水肿和增厚（图18-75和图18-76B）。右背侧结肠通常可以在第11~13肋间隙找到，在肝脏和十二指肠旁，右腹侧结肠的背侧，且有数量较多的结肠袋。
  - 对于RDC病例，低回声层的浆膜侧和黏膜侧都存在高回声界面，增厚的低回声层回声强度低于肝脏。低回声层厚度通常占整个右背侧结肠肠壁的50%~75%。
  - 对于患结肠炎的马，通常可以观察到几近同质液体性的食物在大结肠中打漩（图18-76）。正常带有空气界面的结肠袋消失。

· 通常不需要直肠触诊，除非马发生腹部扩张或疼痛。事实上，在某些结肠炎病例中触诊会导致直肠脱垂的发生。

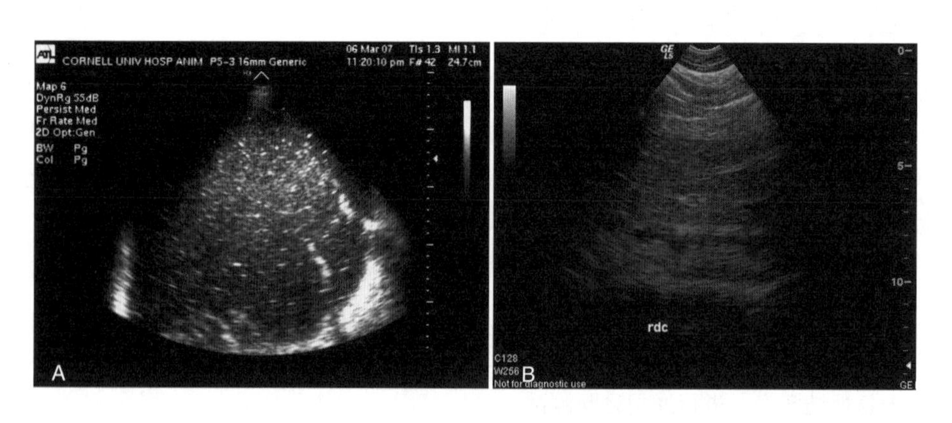

图 18-76　马结肠炎超声检查图像

A. 一匹腹泻 4h 的患马，可见均质、充满液体的大肠　B. 一匹 2 岁的纯血雌马在服用过量保泰松后出现右背侧结肠水中

- 可能发现结肠壁水肿或增厚。
- 在疾病早期，临床表现可能还包括轻度到中度的嵌塞。

- 腹腔穿刺并非治疗结肠炎的例行程序。腹腔穿刺可能会促进腹部水肿的形成，从而导致种马出现阴囊蜂窝织炎。仅当怀疑腹膜炎时进行腹腔穿刺。
  - 患结肠炎的马腹腔液蛋白水平通常会上升。
- 常规血液检查包括：
  - CBC：
    - 通常出现白细胞减少和毒性中性粒细胞。
  - 血清化学测试：
    - 急性病例通常出现低钠血症，低氯血症和氮血症。
    - 严重病例会出现低蛋白血症和低白蛋白血症。
    - 对于任何导致腹泻的传染病，偶尔会出现血氨过多（肠道产氨过度）。
  - 连续测定血清乳酸浓度作为预后的判断指标：
    - 若开始治疗后乳酸水平在4~8h内下降至少30%，或24h内下降50%，预后会有所改善。

特定疾病的实验室检测

波托马克马瘟

- 对于未免疫个体，间接免疫荧光抗体（IFA）效价＞1：640具有某种诊断意义；对于免疫个体，效价＞1：2560通常具有诊断意义[1]。
- 在急性的病例中效价可能低，但疾病后期可能发生血清转化。
- 对于波托马克马瘟，需要冷冻保存全血样本（EDTA采样管）连夜递送至诊断实验室。由于病原已经从血液转移至结肠中，PCR可能呈阴性。
  - 康奈尔诊断实验室、加州大学戴维斯分校、康涅狄格大学和其他一些实验室可以进行PCR检测。

沙门氏菌

- 沙门氏菌的粪便培养通常为多次培养（连续3~5d）。
  - 不要冷藏样本；在富硒或Amies运输培养基中运输。
  - 若样本在原位培养，使用选择性培养基。
    - 阳性培养可以为基础流行病学研究提供菌种，并且可以进行抗生素药敏试验研究。

[1] 近年来对照（背景）IFA值可能上升，效价可能已经不能准确地确认诊断。

◦ 粪便中的柠檬酸杆菌属可能需要额外检测来区分沙门氏菌。

· 血清型数据、抗生素耐药性特征和脉冲电泳法（Pulse-Field-Gel-Electrophoresis, PFGE）可以用于确定沙门氏菌暴发的流行病学特征。

· 在改良快速检验系统（Reveal 2.0 Salmonella test system）中可以进行沙门氏菌的PCR测定。需要进行培养以确定抗菌谱。

  · 对于可疑培养进行PCR测定（Hektoen琼脂上出现黑色或绿色菌落）。
  · 此测试尤其有助于感染马的早期诊断和环境培养，并且能够快速将沙门氏菌与柠檬酸菌分离。

梭菌

· 抗生素导致的结肠炎中，梭菌往往是致病原。

· 直接粪便抹片的革兰氏染色通常显示大量革兰氏阳性杆菌，可能提示梭菌性结肠炎，但革兰氏染色的敏感性很可能较低。

· 确诊艰难梭菌需要在粪便中辨认出梭菌毒素。

· 检测A类和B类毒素的商品ELISA试剂盒经研究表明可用于马，且较为可靠。

· 为确诊产气荚膜梭菌，粪便厌氧培养得到纯培养，提示其可能为致病原。

  · 可以购买内毒素测定试剂盒，用于进一步诊断。
    ◦ 由于毒素化学性质不稳定，采集新鲜粪便的半小时内必须进行测定，否则必须在半小时内将粪便样本冷冻。某些实验室也可进行PCR测定。

非甾体类抗炎药导致的结肠炎

· 腹腔超声成像可能显示右背侧结肠壁水肿（图18-75）。RDC的结肠增厚程度可能非常微弱，也可能非常明显。有一种商品粪便试剂盒（SUCCEED Equine Fecal Blood Test）可以检测白蛋白流失，但需要通过独立的科学报道来确认其敏感性/特异性。

盅口线虫

· 通常推荐进行粪便测试以检查是否存在盅口线虫，但盅口线虫很少导致腹泻。在直肠黏膜活检中辨认出盅口线虫幼虫，或在粪便中通过外形辨别出成虫，都有助于诊断。

冠状病毒

· 在有诊断测试经验的实验室进行粪便PCR检测（如加州大学戴维斯分校、康奈尔诊断实验室或其他实验室）。

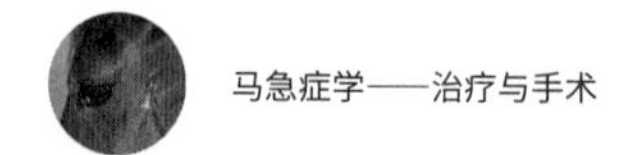

应该做什么

结肠炎的通用治疗

- 晶体溶液：标志性治疗方法。
  - 对大部分病例，最好使用Plasma-Lyte、Normosol-R和乳酸林格液。
    - 每升溶液加入20~40mEq的KCl，KCl的安全输注速度为0.5mEq/（kg · h）。
    - 对于大部分腹泻马，无论血浆K^+浓度是多少，全身钾含量总会下降。若血浆K^+高于6mEq/L，提示出现急性肾衰。
- 对于低血容量休克，4mg/kg静脉推注高渗盐水。
  - 给予高渗盐水后立即以10 ：1的比例输注晶体溶液；每升高渗盐水对应10L晶体溶液。
  - 碳酸氢钠。仅在以下情况下给予碳酸氢钠：患马发生严重酸中毒（pH＜7.1），并且给予大量乳酸林格氏液或Plasma-lyte后仍然*无法*矫正代谢性酸中毒，L-乳酸仍然下降。这种情形提示肠道中产生了过多的D-乳酸。
- 治疗内毒素血症：
  - 血浆：至少给予2L。
    - 除了抗体以外，血浆还包含数种调理素，如纤连蛋白和抗凝血酶III。
    - 最好使用曾暴露于内毒素的马的高免疫血浆。
  - 若患马血液蛋白含量低，血浆也可以提供胶体渗透压支持。
    - 氟尼辛葡甲胺，每8h按0.25mg/kg静脉注射——不适用于RDC病例。
  - 持续给药，直到内毒素血症症状缓解。
    - 己酮可可碱，每12h按10mg/kg口服或静脉注射。
    - 可能导致红细胞变形。
  - 若肾功能正常，给予硫酸多黏菌素B，每12h按6 000U/kg静脉注射。
    - 可直接结合内毒素并有显著疗效。
  - 氯吡格雷，首日每24h按4mg/kg口服，第2天起每24h按2mg/kg口服，可能抑制血小板激活，并可降低蹄叶炎和直肠及颈静脉血栓的风险。
- 治疗低蛋白血症。
  - 血浆：需要大量血浆以提高血浆胶体渗透压。
  - 羟乙基淀粉（Hetastarch、VetStarch或Pentastarch），5~10mL/kg静脉注射。
    - 提高胶体渗透压。
    - 合成胶体可能“堵住”渗漏的内皮细胞缝隙。
    - 可能有助于缓解肠壁水肿。
- 可每日经静脉给予复合维生素B，但必须缓慢注射。
- 对大部分病例应当给予肠道保护剂。
  - 双-三八面体蒙脱石（Bio-Sponge）最常用于梭菌腹泻。碱式水杨酸铋和/或活性炭也可能有效。
- 除非患马有疼痛症状，允许其自由饮水并在额外的桶中提供电解质。
  - 按照标签上的说明加入商品电解质混合物。
  - 向1~2L水中加入：
    - 30mL的50%葡萄糖。
    - 12g小苏打。
    - 10g KCl。

• 蹄叶炎预防性治疗：冷冻疗法是唯一被证明有效的预防法。可将5L液袋绑在马蹄上，和/或能够覆盖冠状带的商品靴，二者都充满碎冰浆（见第43章）。袋子上方可以用Elasticon或弹力胶带绑在球节区域。对于马蹄过大或将5L液袋“踏破”的马，可以购买成品的马用靴长筒并填充以碎冰块。

- 可能的话，尤其是对于非甾体类抗炎药中毒的马，提供含高度易消化纤维（低残渣）的饲料。
  - 一种选择是：完整的颗粒饲料配方，加上1~2oz（29.27~58.54mL）食用亚麻籽或玉米油。
  - 最重要的一点是，无论马气胀、胃反流还是发生急腹症，一定要保持马进食。
  - 可能的条件下提供牧草。
- 尽量降低血栓性静脉炎风险：

- 使用聚氨酯导管。
- 从除了颈静脉以外的其他静脉采血。
- 频繁检查导管部位；轮换导管部位。
- 防止接触其他马；可能的话将患马隔离。
- 包裹马尾；小心不要缠得太紧。不要使用自粘绷带。

应该做什么

成年马结肠炎的特异性治疗

沙门氏菌感染

- 对于成年马，抗生素的临床效果仍然存疑。尽管没有证据支持其有效性，大部分医师仍经肠外给药；其他微生物可能从受损肠道移位至血液循环。
- 可能的话，根据粪便培养和药敏试验结果选择抗生素。
- 使用抗生素可能导致以下风险：
  - 真菌性肺炎和结肠炎，菌群进一步失调。
  - 由于低血容量和内毒素血症，肾血流量下降可能导致肾毒性出现。使用氨基糖苷类也会导致肾毒性。
  - 成年马感染沙门氏菌的结果似乎与是否使用抗生素无关。常常使用恩诺沙星，每24h按7.5mg/kg静脉注射。

波托马克马瘟

- 氧四环素，每12h按6.6mg/kg静脉注射，或每24h按10mg/kg静脉注射。
- **小心**：对脱水马使用氧四环素可能导致肾毒性！
- 在疾病早期及时给药可以获得更好的预后。

抗生素导致的结肠炎

- 甲硝唑，每6~8h按15~25mg/kg口服；甲硝唑很少导致腹泻。
  - 3d内症状应当有所改善；若无任何改善，考虑停用抗生素疗法。
- 双-三八面体蒙脱石（Bio-Sponge），每隔8h通过鼻饲管给予3lb（1.36kg），一共给药2~3次。
- 注射含有艰难梭菌毒素抗体的商品血浆。
- 使用最近被安乐死的健康马的盲肠内容物（细菌转宿），在因抗生素导致腹泻的马中效果非常显著；“一夜之间”粪便就可以恢复正常；通常进行一次治疗就已经足够。若无法获得盲肠内容物，可进行粪便细菌转宿，但效果不如盲肠细菌转宿。对梭菌腹泻或菌群失调的马推荐使用此疗法。

非甾体类抗炎药毒性

- 血浆：4~8L静脉注射。
- Hetastarch、VetStarch或Pentastarch：7~10mL/kg静脉注射。
- 硫糖铝：每次时间间隔为6、12、24h依次增加，按22mg/kg口服。
- 米索前列醇：每12~24h按2~4μg/kg口服。
  - 给药后可能出现轻度腹泻、直肠温度升高和轻度腹痛。
  - 此药可导致流产。**不要**对怀孕母马使用米索前列醇，孕妇亦**不可**接触此药！

盅口线虫

- 莫昔克丁，400~500μg/kg口服1次，加上地塞米松，3d内每24h按0.04mg/kg静脉注射或肌内注射。
- 芬苯达唑：连续5d每24h按10mg/kg口服，常用但效力存疑。
- 莫昔克丁和皮质类固醇联合使用可以提高恢复效果。

冠状病毒

- 无特殊治疗方法。

应该做什么

急性结肠炎导致的腹痛

- 排除阻塞性胃肠道疾病。
  - 留置鼻饲管：评估胃反流。
  - 腹部超声检查。

    - 若不能确定是结肠炎，进行腹腔穿刺和直肠触诊。
- 治疗肠梗阻。
    - 23%硼葡萄糖酸钙：500mL稀释于10L晶体溶液中。
    - 利多卡因：1.3mg/kg慢速静脉推注，随后0.05mg/（kg · min）恒速输注。

镇痛剂

- 非甾体类抗炎药：推荐起初给予全剂量氟尼辛葡甲胺和酮苯丙酸，除非结肠炎是由非甾体类抗炎药引起。
- 对结肠炎患马最安全的NSAID是非罗考昔（0.09mg/kg静脉注射）；但即使是使用COX-2特异性抑制剂，受损肠道的恢复仍然可能非常慢。若对结肠炎患马使用非罗考昔进行镇痛，可能需要加入低剂量（0.3mg/kg）的氟尼辛葡胺以抑制血栓生成。
    - 对于感染性腹泻疾病，通常推荐在早期治疗中减量使用NSAIDs以保护胃肠道黏膜。没有证据表明NSAID可以在这些病例中预防蹄叶炎。
    - 报道显示，同时进行利多卡因恒速输注和氟尼辛葡甲胺治疗可以降低NSAIDs对肠道愈合带来的不利影响。
- 镇静剂：短期内可使用赛拉嗪、地托咪定和布托啡诺。
- 若患马由于结肠内气体累积而出现腹部扩张，且对标准镇痛疗法无响应，考虑以下治疗：
    - 若右背侧腹部（盲肠）出现“砰”声，或直肠检查发现结肠明显被气体扩张，进行盲肠或直肠减压。
    - 新斯的明，每小时按0.005~0.01mg/kg皮下注射3~5次，以刺激结肠运动力。
    - 水合氯醛，用于麻醉，且是控制急腹症马的最后办法，给药至有效果，通常30~60mg/kg静脉注射。
    - 解痉灵（0.3mg/kg静脉注射）可以减轻肠道扩张而导致的疼痛，但会抑制肠运动力并且延迟软便的传输，所以可能会使肠梗阻和毒血症进一步恶化。

成年马急性结肠炎的预后

- 成年马急性结肠炎的预后情况不一。
- 使预后恶化的因素包括蹄叶炎、肾衰竭和系统性炎症反应综合征。
- 对于竞赛马，若出现蹄叶炎且治疗3d后无明显改善，则预后不良。
- 若少量水样稀便持续24h以上且黏膜发紫，预后较不乐观。
- PCV大于65%或红细胞增多难以治疗的患马可能恢复，但通常无法增重，发生蹄叶炎或恶化为肾衰竭。
- 大部分病例会发生氮质血症，通常表现为肾前性。
- 在开始液体治疗的最初36h内，患马血清肌酐浓度和钾浓度应迅速恢复到正常区间，否则应考虑原发性肾衰竭。
- 若进行复苏治疗后血液乳酸和心肌肌钙蛋白I（cTn-I）浓度并不下降，预后需保守。
- 若静脉注射数升液体后或给予2L高渗盐水后仍不见排尿，且血清钾浓度大于5.5mg/L，患马可能发生了急性肾衰竭（见第26章）。
- 若患马经连续静脉输液后变得多尿，则急性肾衰竭的预后一般。

急性结肠炎/腹泻的毒性病因

- 急性腹泻有很多病因，大部分都会导致出现除腹泻以外的其他症状：
    - 离子载体毒性（见第34章）。

- Hoary alyssum（见第34章）。
- 车轴草中毒（见第34章）。
- 摄入沙子或砂石。
- 过敏反应（见附录四）。
- 内毒素血症。
- 急性谷物过载。

- 食谱改变和情绪激动也可能导致急性腹泻；但这些马总体看仍然健康。
- 斑蝥毒素可能是影响马肠道并导致急腹症和腹泻的最强毒素。

斑蝥毒素中毒

表现

- 心率和呼吸速率加快，伴随常见的腹痛症状。
- 症状严重程度取决于中毒程度和时长。
- 常常可以发现口腔溃疡或糜烂；患马的表现呈戏水状态。
- 斑蝥毒素中毒的马通常厌食、嗜睡，并可能出现泌尿道症状，如尿频、尿血和痛性尿淋漓。
- 严重的低钙血症可能导致出现僵硬的踩高跷步态和沉重步伐（同步膈扑动）。
- 严重病例可能出现神经症状或立即死亡。

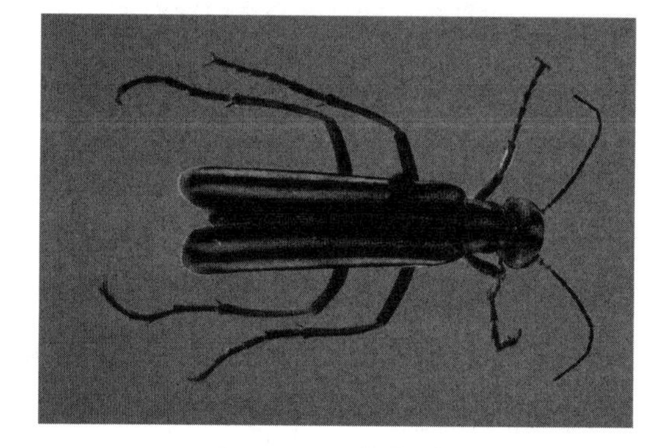

图 18-77　三纹斑蝥

病因

- 斑蝥毒素存在于雄性豆芫青属斑蝥的血淋巴和性腺中（图18-77）。
- 此类甲虫最常见于美国西南部，丛集于苜蓿田地中并于盛夏到夏末交配。
- 现代化的干草收割法（切割和压缩一步内完成）会杀灭斑蝥群。
- 斑蝥毒素可导致整个胃肠道的黏膜损伤，并迅速被肾排出，导致肾实质损伤和出血性膀胱炎。
- 心肌也发生损伤，但机制未明。
- **实践提示：**对于马，5~10只斑蝥即可致命。

应该做什么

斑蝥毒素中毒

- 支持性治疗：
  - 镇痛治疗。

- 氟尼辛葡甲胺，每12h按1.1mg/kg静脉注射。
- 布托啡诺，0.04~0.1mg/kg静脉注射或肌内注射，或考虑布托啡诺或利多卡因恒速输注。
- 排空胃肠道。
  - 通过鼻饲管给予矿物油可以导泻，并结合脂溶性毒素；但最近的研究表明矿物油也会促进毒素吸收并加重中毒。因此，在硫酸镁的基础上给予活性炭或蒙脱石似乎是更合适的疗法。
- 利尿，并根据血清化学检查结果和尿量选择注射液体。
  - 中毒马通常出现低血钙和低血镁。
    - 将500mL的23%硼葡萄糖酸钙稀释于5~10L静脉注射溶液中。
    - 将5~10g硫酸镁稀释于溶液中。
- 给予抗炎药物。
  - 地塞米松，单次0.1~0.2mg/kg静脉注射。
- 预防溃疡。
  - 硫糖铝，每6~12h按20mg/kg口服。
  - 雷尼替丁，每8h按6.6mg/kg口服。
  - 奥美拉唑，每24h按4mg/kg口服。
- 给予广谱抗生素。
  - 避免使用氨基糖苷类和磺胺类药物。

诊断

- 收集数百毫升的胃内容物和尿液并寄送至德州兽医诊断实验室或其他可以检测毒素的实验室。
- 检查干草中是否存在豆芫青属。
- 提交尸检样本的胃肠道内容物和肾脏。

预后

- 对于大部分斑蝥毒素中毒的病例，预后需要谨慎。
- 使预后恶化的临床病理发现包括：
  - 氮质血症。
  - 显著升高的心肌肌钙蛋白I（cTn-I）浓度，或cTn-I浓度对治疗无响应。
- 仅饲喂6月前收割（第一次收割）的苜蓿干草可以降低中毒风险。**重要**：储存或将干草制成颗粒饲料并不能使毒素变性。
- 应对自己生产干草的畜主进行嘱咐，以避免马暴露于斑蝥。

第 19 章
被皮系统：创伤愈合、管理、重建

Ted S. Stashak 和 Christine L.Theoret

皮肤

解剖结构

- 皮肤是机体最大且最重要的器官系统之一。
- 皮肤的基本功能是防止磨损、细菌入侵及通过温度调节和防止水分丧失的方式保持皮肤下的结构内稳态。
- 皮肤的平均厚度为3.8mm。
- 皮肤由两个胚胎胚层发育而来：
  - 表皮由外胚层发育而来，具有再生的能力。
  - 真皮由中胚层发育而来，无法完全再生。
- **实践提示：**皮纹，朗格张力线与肢端、头部和躯干的长轴平行，但与颈部及侧腹的长轴垂直。与这些皮纹平行的伤口愈合（效果）最好。
- 皮肤由两种血管滋养：
  - 皮肌血管，其穿透下方的肌肉。
  - 直接皮肤动脉，其绕过肌肉从肌肉间到达皮肤。
- 直接皮肤动脉在有着松散皮肤的马中占主要地位。其在皮下伴随肌肉分布，且与皮肤表面平行。小血管由这些皮肤动脉分支在真皮内形成树枝状结构来供给皮肤及其附属结构。由此形成了深层皮下神经丛、中间皮肤神经丛和浅表毛细血管丛这三个紧密联系的血管、淋巴神经丛。

表皮

- 表皮由5层鳞状细胞层组成（图19-1）。
  - 基底层由2种有核细胞构成：
    - 角质细胞不断复制并向表面推进，以此来代替浅表脱落的细胞。
    - 黑素细胞产生黑色素，使毛发及皮肤表现出颜色。
  - 棘细胞层：这一层的细胞为有核细胞，当外表皮细胞层脱落时被激活并开始复制。
  - 颗粒细胞层：这一层的细胞持续凋亡，表现为细胞核皱缩和染色质发生溶解。

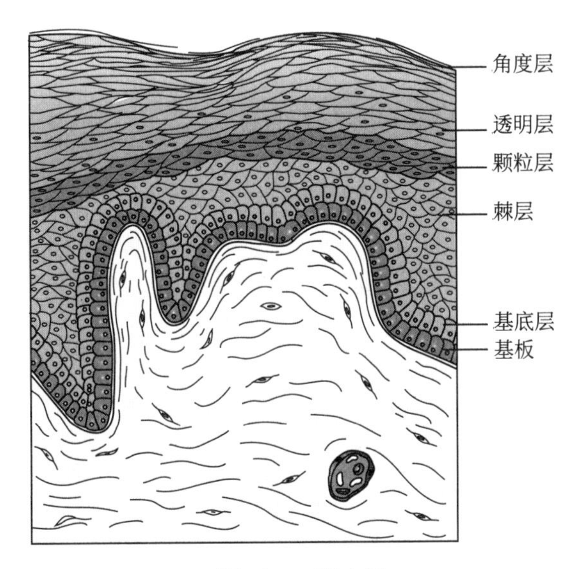

图 19-1　表皮层

（修改自 Stashak TS. In Jennings PB, editor：The practice of large animal surgery, Philadelphia, 1984, Saunders.）

- 表皮透明层：这层由无细胞核的角质化细胞组成，并且只存在于没有毛发覆盖的身体区域。
- 角质层：这一层由完全角质化的死细胞组成，并且经常以鳞屑的形式脱落。这一层细胞作为屏障保护皮下的组织免受刺激、细菌入侵、有毒物质侵害，并防止液体及电解质丧失。

· （皮肤）由从真皮毛细血管床扩散出的液体滋养。

真皮

· 真皮层主要分为两层：
  - 乳突层位于表皮下。
  - 网状层由乳突层延伸到皮下组织。

· 真皮层含有丰富的血管、淋巴管、毛囊、皮脂腺、顶浆分泌汗腺和感觉神经末梢（图 19-2）。

· 纤维类型包括胶原纤维、网状纤维和弹性纤维。

· 细胞类型有成纤维细胞、组织细胞和肥大细胞。

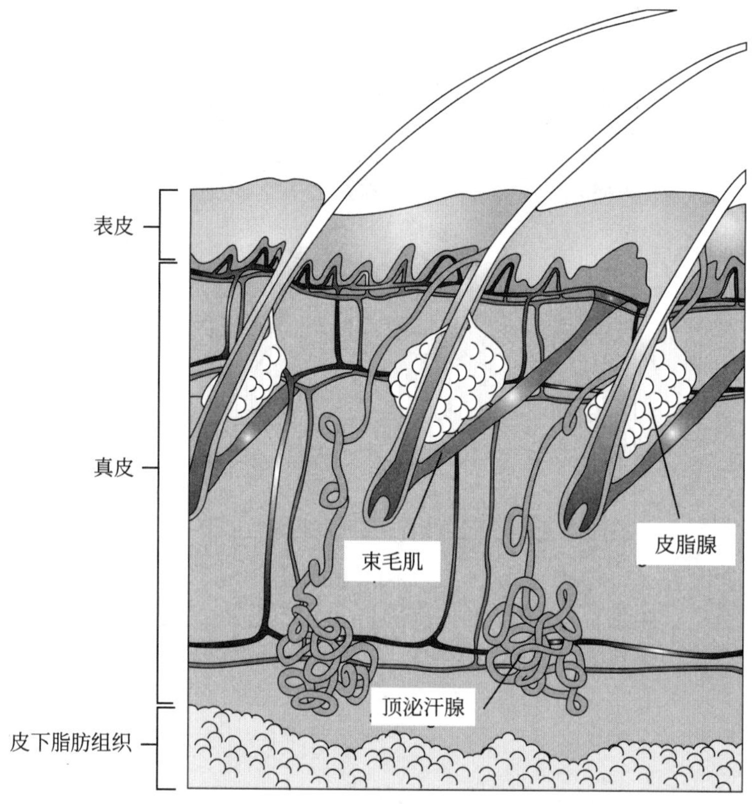

图 19-2 皮肤表皮层和真皮层

皮肤附属器官也有显示。

创伤修复

- （创伤修复）经历三个阶段（图19-3）：

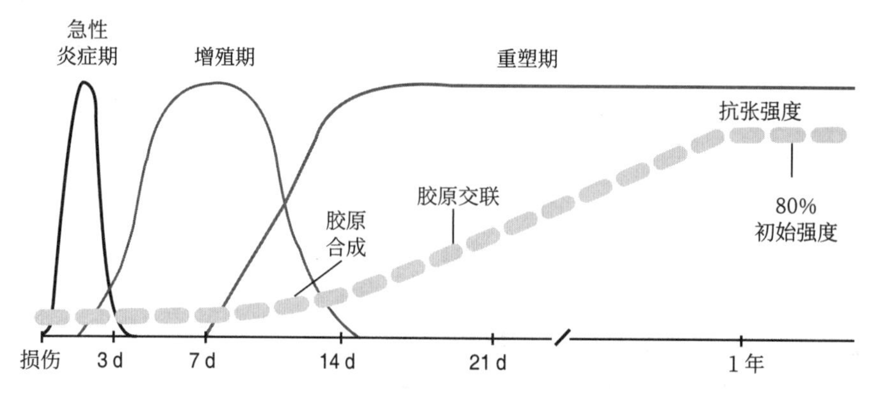

图 19-3 哺乳动物组织修复过程同步后的时间分布和拉伸强度增益

用于治疗马肢体皮肤伤口的叠加轮廓。

（修改自 Theoret CL：Clinical Techniques in Equine Practice，3：110-122，2004.）

- 急性炎症期。
- 修复或增生期。
- 成熟或重塑期。

急性炎症阶段

- （炎症）反应的急性程度与受伤的严重程度成正比。
- 炎症反应的目的是清理伤口并增强接下来的修复过程。
- 炎症的特征是血管和细胞反应，保护机体免于严重的血液流失和异物侵入。
- 影响炎症反应持续时间的因素为以下几点：
  - 创伤的程度。
  - 损伤的本质。
  - 异物的存在。
  - 感染。
- 血管反应包括立即但暂时的血管收缩，伴随而来的是长期的血管舒张以增加进入损伤区域的细胞、体液和蛋白。
- 细胞反应主要包括血小板和炎性白细胞。
  - 血小板聚集形成血凝块以封堵伤口来防止进一步的流血，并为炎性细胞和间叶细胞迁移提供支架。最终，血凝块表面脱水形成痂，像绷带一样保护伤口免受外来污染。
  - 血小板还通过释放有效的化学诱导素和有丝分裂原来促进炎症，这些有丝分裂原是启动和增强修复阶段的信号。由血小板分泌的细胞因子活化吞噬细胞、抗体和补体；后者为机体递呈免疫反应。
  - 白细胞（主要包括中性粒细胞和单核细胞）通过血管反应释放的血管活性调节剂和化学引诱剂被聚集到受伤的部位。
    - 中性粒细胞作为防御的前线，通过吞噬作用、酶解及活性氧作用摧毁生物残骸和细菌。
    - 中性粒细胞通过释放裂解蛋白酶以协助单核细胞进一步瓦解死亡的组织。
    - 单核细胞进入损伤部位后分化成为巨噬细胞；其通过与中性粒细胞类似的机制吞噬生物残骸和细菌。
    - 单核细胞的重要功能包括产生对诱导间叶细胞聚集和增生有重要作用的细胞因子和生长因子，如此，被激活的巨噬细胞不仅参与清创，也在接下来的修复过程中诱导血管再生、纤维增生和上皮的形成。
- 尽管炎症对于正常的伤口修复非常重要，但不断的炎症反应（如马肢体损伤的案例）可能造成以过度纤维化或结痂为特征的病理性疾病。

应该做什么

急性炎症反应阶段

· 临床医师对这一阶段有极为重要的影响：合理的手术清创和伤口灌洗，良好的止血及足够的引流可以极大地促进伤口愈合。

修复期

- 急性反应阶段形成的临时血凝块在这个时期被肉芽组织代替。
- 肉芽组织由同时迁移进入损伤区域的巨噬细胞、成纤维细胞和新血管三个元素构成。
- 在开放性伤口形成肉芽组织是有益的。
  - 肉芽组织给迁移的上皮细胞提供了一个表面。
  - 肉芽组织通过丰富的血液供应抵御感染。
  - 肉芽组织也携带制造胶原的成纤维细胞。
  - 肉芽组织（通过成肌纤维细胞）协助伤口收缩。

· 马肢体远端的伤口通常会出现过度愈合，有异常修复的趋势，这可能会造成赘余肉芽组织的形成。

纤维素生成

· 间叶细胞转化成为未成熟的成纤维细胞。成纤维细胞沿着以前形成的纤维蛋白晶格在凝块内前移并开始分泌胞外基质。胞外基质由糖蛋白（纤维连接蛋白和层黏蛋白）和蛋白聚糖（透明质酸）组成。

· 胶原由成纤维细胞主要利用羟脯氨酸和羟赖氨酸合成。

· 未成熟的胶原纤维（三型）被成熟的胶原纤维（二型）取代。

· 当胶原成分增加时，基质开始减少，同时创面强度随着成熟度提高而增加。

· 随着胞外基质的沉淀，蛋白合成减慢，成纤维细胞获得收缩的能力（成肌纤维细胞表型）或凋亡消失。

伤口收缩

· 伤口收缩是一个伤口边界逐渐由伤口周围皮肤向伤口中心进行向心运动而聚集在一起的过程（图19-4）。

· 伤口收缩的过程中，多种细胞结合，其中主要包括成纤维细胞和平滑肌细胞（又称为成肌纤维细胞），加上胶原纤维的堆积从而形成了更小的单位体积。伤口收缩是决定第二期愈合速度和最终外观恢复结果的关键因素。

· 这一过程通常包括三个临床阶段：

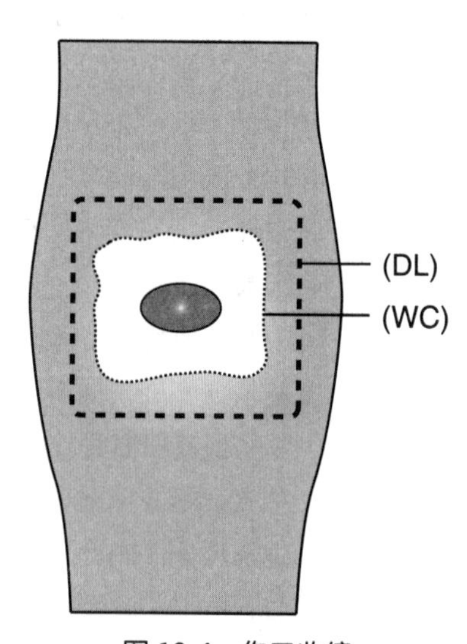

图 19-4　伤口收缩

虚线（DL）显示伤口原本大小。WC显示伤口收缩程度，白色区域代表上皮生成程度。

- 立即回收期（伤口大小增加）。
- 迅速收缩期。
- 缓慢收缩期。

· 在具有松弛皮肤的身体部位，伤口收缩通常能够在仅形成微小伤疤的情况下使伤口完全闭合。

- 然而在皮肤紧密附着的部位（如肢体远端），（伤口愈合）会形成一个范围更广泛的伤疤。
- 伤口收缩会被以下因素阻碍：
  - 持续的炎症。
  - 过度生成的肉芽组织。
  - 前5d内将全厚度的皮肤移植到伤口部位。
  - 二氧化碳激光切除术（激光会抑制伤口部位成肌纤维细胞的数量和功能）。

上皮形成

- 位于伤口边缘的基底上皮细胞开始分离，并在受伤的数小时内向细胞缺乏的区域迁移。
- 上皮细胞迁移到疤痕的底部，并通过分泌蛋白水解酶使之分离。
  - 之后，上皮细胞持续迁移到伤口的表面，直到与类似细胞接触，此时被分离的痂脱落。
- 在受伤后的1~2d内，为了补充迁移的前缘，基底上皮细胞在伤口边缘增殖。

· 这一单层细胞贴附到新的基底膜并分化成层状表皮；这是一个漫长的过程，导致在很长一段时期内，新生上皮都处于一个薄而脆弱状态。

- 以下重要因素会导致上皮生成过程受阻：
  - 慢性感染。
  - 凝块残余纤维蛋白。
  - 过度生长的肉芽组织。
  - 反复更换包扎。
  - 体温过低。
  - 伤口干燥。
  - 氧张力减少。

· 通过应用特定的细胞因子或生长因子以及使用半封闭或全封闭的包扎，保持伤口表面湿润，可以加速上皮生成的过程。

成熟阶段

- 在胞外基质中，蛋白聚糖取代透明质酸，进一步增强可塑性。
- 7~14d之间，当沉积达到顶峰时，一型胶原蛋白逐渐为伤口提供了伸展力。
- 成熟阶段的特征是成纤维细胞数量的减少伴随着胶原生成和溶解达到平衡，这是因基质金属蛋白酶和其抑制剂（组织金属蛋白酶抑制剂）间的完美平衡而达成的。尽管成纤维细胞、血管和胶原纤维减少，但伤口的伸展力却因为以下原因增加：

- 胶原纤维按照张力线排列。
- 胶原交叉连接。
- 胶原束的形成。
- 胶原束和新胶原与旧胶原纤维末端连接。

应该做什么

成熟阶段

- 当上皮生成和伤口收缩都不足以闭合伤口时，皮肤移植可能是有用的。

伤口管理原则和影响伤口愈合的选择因素

贫血和失血

- 在血细胞比容减少到20%以下之前，与营养不良和慢性疾病无关的一般血量贫血不会影响伤口愈合。
- 由失血引起的低血量性贫血并发血管收缩会影响伤口愈合。氧张力的降低会使伤口更容易因为吞噬机制的改变而引发感染。正常氧张力对胶原的合成也很重要。
- 纠正下列因素后，伤口愈合应当恢复正常：
  - PCV＜20%的贫血。
  - 慢性感染。
  - 营养不良。
  - 血容量降低。

应该做什么

贫血和失血

- 纠正低血容量，尽可能使用高压氧疗法，这会降低感染发生的概率并促进恢复。
- 贫血的马发生感染的可能性会增加。局部周围神经或线性阻滞应在远离受伤部位进行，以便伤口恢复。

不应该做什么

贫血和失血

- 在清创和伤口修复时不要配合肾上腺素使用局部麻醉剂。

血液供应和氧张力

- 恢复中的伤口依靠足够的微循环来维持营养和氧气的供应。
- 正在恢复的伤口中，细胞迁移、复制以及胶原、蛋白质的合成需要氧气。
- 下列因素可能造成微循环的改变：

- 绷带或石膏包扎过紧。
- 血清肿的形成。
- 缝合过紧。
- 局部创伤。
- 局部麻醉剂配合血管收缩剂使用。

应该做什么

血液供应和氧张力

- 避免放置过紧的绷带，尤其是覆盖在伤口上的区域。
- 使用石膏板（如定制支持泡沫）。
- 血清肿引流。
- 缝合恰当，刚好对合组织。

温度和酸碱度

- 当温度较高和pH相对低时，伤口加速愈合。
- 伤口在环境温度为30℃时愈合速度比18~20℃时快。
- 低温会减弱伤口可拉伸强度的20%。冷热交替会阻碍伤口愈合。
  - 温度降低会导致血管反射性收缩，减少局部血流量，进而阻碍愈合。
- 温水疗法可以加速缝合伤口愈合，对开放性伤口的炎症/清创阶段有益。
  - 大于60℃温湿热疗会导致细胞热损伤。
  - 对于新伤口，大于49℃的湿热环境是促进止血的最佳温度。
  - 湿热疗法通过加速血液流速而促进伤口愈合。
- 酸化伤口通过刺激血红蛋白释放氧气而加速伤口愈合。
- 绷带对于增加伤口表面温度和减少二氧化碳流失（二氧化碳丧失使伤口表面呈碱性）有帮助。

应该做什么

温度和酸碱度

- 包扎虽然对早期愈合有益，但如果在修复期后使用可能会促进肢体远端伤口的多余肉芽组织生长。合理的伤口处理，选择适当的包扎材料和保护，固定伤口区域，可以减少多余肉芽组织的形成。
- 当健康肉芽组织生成时，停止使用水疗法。

营养不良和蛋白质缺乏

- 轻微或中度的短期或长期营养不良会影响伤口愈合。
- 受伤或手术室病患的代谢趋势（正向或负向）很重要。
- 低蛋白血症会对伤口愈合的下列因素产生不良影响：

- 纤维增生。
- 血管再生。
- 基质重组。

- 血浆蛋白浓度<6g/dL会极大地阻碍伤口愈合。
- 足量的营养可以促进伤口愈合。
- 受免疫抑制相关疾病的影响，患有库兴症（垂体间质功能障碍）的马出现延迟愈合和愈合受损的可能性增加。

应该做什么

营养不良和蛋白质缺乏

- 在选择性手术和/或受伤以及紧急手术后提供足够而平衡的营养。
- 为缺乏蛋白质的病患提供甲硫氨酸来逆转伤口恢复的延迟。甲硫氨酸转化成的半胱氨酸是胶原合成、二硫化物交联及胶原成熟的重要共同作用因子。
- 维生素缺乏通常不会产生问题，除非病患长期虚弱和营养不足；此时，考虑补充维生素A、维生素C、维生素E。

非甾体类抗炎药

- 由于炎症反应是正常伤口愈合过程的一部分，在急性炎症期使用如保泰松、阿司匹林、消炎痛和氟尼辛葡甲胺之类的抗炎药物会对伤口修复产生负面影响。
- 这些药物可能有用的原因：
  - 消除疼痛相关的炎症。
  - 改善总体健康。
  - 促进（血管）移行，增加血液循环。
  - 减弱内毒素对伤口修复的不良影响。
- 相反，有证据表明受创伤后轻微炎症反应可能阻碍马的伤口修复。

应该做什么

非甾体类抗炎药

- 仅在需要进行疼痛管理时使用能达到理想效果的最低剂量。

皮质醇类

- 在受伤5d内使用中等或大量的皮质醇类药物会极大地阻碍伤口愈合，因其会稳定溶酶体膜和阻止启动炎症反应酶的释放。
- 皮质醇类也会抑制：
  - 纤维增生。
  - 血管再生。

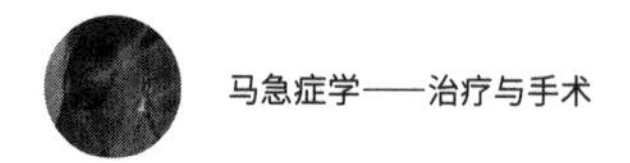

- 胶原形成。
- 皮质醇同时也会阻碍：
  - 伤口收缩。
  - 上皮形成。
  - 张力的获得。

创伤

- 伤口处或其他部位（如多处撕裂或骨折）过度的创伤会造成以下影响：
  - 急性反应期延长。
  - 伤口更容易发生感染。
  - 减少重塑阶段张力的获得（与创伤程度成正比）。
  - 导致疤痕组织过度生成。
- 组织损伤可以通过以下减少：
  - 伤口彻底的清创。
  - 缩短手术时间。
  - 使用等张或等渗灌洗液。
  - 持续止血。
  - 使用恰当的张力和非活性缝合材料对合组织。
  - 给予全身性抗生素和非甾体类抗炎药。

脱水和水肿

- 脱水病患的外周组织灌流不良被认为会造成伤口愈合延迟。
- 创面脱水使边缘上皮细胞干燥，减缓其迁移能力，从而延缓上皮形成。
- 水肿的原因、程度及部位决定其对愈合的影响：
  - 与慢性疾病或感染无关的轻微到中度的非独立水肿，对伤口修复有轻微不良影响。
  - 严重水肿改变了伤口的血管动力学，使修复受损。

· 用非甾体类抗炎药、压力绷带、绷带下使用发汗药以及水疗法对于治疗肢体水肿效果最佳。以牵遛的方式让马运动可用于减少无法用绷带包扎的上身水肿。

伤口感染

- 伤口感染被定义为伤口内微生物复制导致宿主或组织损伤。下列因素决定感染是否发生：
  - 残留在伤口内的微生物数量。**注意：**临床医师或术者可以通过恰当的伤口护理影响这一因素。

- 微生物的毒力。
- 伤口微环境或污染。**注意：**临床医师和术者可以极大地改善伤口环境。
- 病患的机能。
- 受伤途径。

- 开放性伤口，每克组织或每毫升液体的微生物数量超过10^6，或在封闭伤口每克组织或每毫升液体的微生物数量超过10^5时，感染会发生。
- 毒力因素包括：
  - 黏附素分泌（导致黏附宿主细胞）。
  - 细菌形成胞囊以保护自身免受吞噬。
  - 生物膜的形成，保护并保证细菌的增殖。
  - 酶和毒素的释放。
- 感染是造成下列情况的主要因素：
  - 伤口愈合延迟。
  - 减少组织张力。
  - 伤口闭合后开裂。
  - 多余肉芽组织的形成。
- 感染由于以下原因延迟愈合：
  - 机械性将伤口边缘与渗出液分离。
  - 内毒素释放，抑制细胞因子/生长因子和胶原蛋白的产生。
  - 血管供应减少（由于机械压力和靠近伤口的小血管中形成微血栓）。
  - 清创过程延长。
  - 产生蛋白水解酶消化胶原，损害宿主细胞。
  - 导致典型的炎症血管和细胞反应。
  - 导致多余肉芽组织的生成，这会延缓伤口收缩和上皮生成，延迟伤口闭合。
- 兽医学感染率：
  - 在所有小动物手术患畜中，伤口感染的发生率为5%~5.9%，而在接受清洁的择期手术的患畜中，伤口感染的发生率约为2.5%。这些比率与人类中报告的比率相当。
  - 在所有接受骨科手术的马中，伤口感染发生率为10%~28%。约8%的骨科患马接受清洁手术。较高的感染率被认为是因为这些研究只选择了骨科患畜为研究群体。
  - 受较低浓度微生物污染的伤口可能因为以下原因的出现而发展成感染：
    - 异物的存在。
    - 伤口内过量的坏死组织。
    - 血肿形成。

  - 伤口处组织防御受损（烧伤或免疫抑制的病患）。
  - 血管供应的改变。
- 污染伤口比清洁伤口的感染率高25倍。
  - 因为黏土（无机物）或有机物中存在的特殊潜在感染因子使伤口被污染后有更高的感染风险。这些特殊的潜在感染因子包括：
    - 减弱白细胞影响。
    - 减弱体液因子活性。
    - 中和抗体。
    - 数量少于100的微生物也能造成感染。
  - 被粪便感染的伤口发生感染可能性极高；每克粪便中微生物数量可能有10^{11}。
- 出血：出血后被释放的血红蛋白会抑制伤口处的防御机能。血红蛋白中的三价铁离子：
  - 抑制血清天然的抑菌特性。
  - 抑制粒细胞的内吞杀伤能力。
  - 可以增加致感染细菌的毒力和复制。
  - **注意：**血肿的形成被认为是导致伤口局部抗感染能力减弱的主要因素。
- 受伤的机制：
  - 受伤的原因影响病患发生感染的可能性。
  - 金属、玻璃和刀等尖锐物品造成的撕裂伤通常对感染的抵抗力更强。
  - 因不同程度的软组织损伤，由带刺金属线、棍子、螺钉和撕咬引起的剪切性损伤通常更容易发生感染。
  - 被固体物缠绕或撞击造成的软组织创伤，因不同程度的损伤和血液供应减少，发生感染的可能性增加。
  - 撞击力量越大，软组织受损越严重，也伴随更大程度的血液供应改变。据报道，撞击造成的损伤比因剪切力引起的损伤，发生感染的可能性高100倍。
  - 多创伤病患发生感染的可能性会增加，即使这些损伤不在手术部位而是集中在一处；组织灌流的减弱被认为是造成感染增加的原因。

手术伤口感染

应该做什么

手术伤口感染

- 麻醉：
  - 降低麻醉深度。麻醉过深导致组织灌流减少，氧张力降低，酸血症和抗干扰能力受损。
  - 缩短麻醉时间。长时间的麻醉会使肺泡巨噬细胞功能受损，减弱白细胞的趋化作用，抑制中性粒细胞迁移。最初60min麻醉过后，伤口感染率每分钟增加0.5%，意味着每增加1h麻醉时间，术后感染率增加30%。
  - 保证适宜的水合作用来增加组织和器官灌流。

  - 避免异丙酚的使用。异丙酚可使清洁伤口术后感染率增加3.8倍。
- 剪毛：
  - 两项小动物综合性研究显示（40号剃刀），诱导麻醉前剪毛会增加感染风险。剃毛＜4h或诱导麻醉前＞4h剃毛会使手术发生感染的可能性增加3倍。剪子可能在皮肤褶皱造成划伤，细菌会在伤口大量增殖。建议：诱导麻醉后再剪毛。
  - 剪毛时，用消过毒的湿润纱布保护伤口；在伤口周围大范围剪毛。用水或涂抹K-Y水溶性胶润湿毛发来防止毛发进入伤口。用来覆盖伤口的海绵应丢弃并换新。
- 剃毛：
  - 与诱导麻醉后剃毛的1.9%感染率相比，诱导麻醉前剃毛被认为会导致感染率增加（6%）。建议：诱导麻醉后剃毛，并使用带保护头的剃刀。
- 手术技术：
  - 减少电烙器的使用。过度使用电烙器会使感染率增加2倍。然而，如果无齿组织钳夹住出血的血管再使用电烙器，感染率不会比其他止血方法高。
  - 缩短手术时间。伤口感染率会在手术90min后翻倍，120min后变为3倍。
  - 使用无菌技术。
  - 进行精细的止血操作。
  - 减少死腔的形成，如有必要进行吸引或重力引流。
  - 使用不引起不良反应的缝合线和恰当的缝合技术。
- 抗生素：
  - 总的来说，如果手术在清洁环境中完成且时间少于60min，对于健康状态良好并且免疫功能正常的病患不推荐使用抗生素。
  - 一般来说，当组织处于缺血状态时，如果进行肠切开术或手术时间＞60min，需要使用抗生素。

• 术前2h内和术后24h内给病患使用抗生素，其感染率为2.2%；未使用抗生素的感染率则为4.4%。手术2h内使用了抗生素的病患，术后24h的感染率为6.3%；而术后才开始使用抗生素的病患感染率为8.2%。

创伤伤口感染

应该做什么

外伤感染

- 临床守则与选择性手术相同。
- 病人按下述镇静、伤口镇痛：
  - 一些病患需要在伤口处理前镇静。
  - 避免给低血容量的病患使用吩噻嗪类镇静药。
  - 区域神经周麻醉对于分布在远端末梢的伤口有用，其他部位则使用局部浸润麻醉。
  - 直接在伤口处滴加不含肾上腺素的局部麻醉剂，虽然效果不理想，但可以在伤口清理后使用。
- 伤口清理：
  - 清创是有效管理伤口的最重要步骤。
  - 急性损伤发生3h内，水或者生理盐水足以清理伤口。
  - **实践提示**：野外使用时，将10mL（2茶匙）的盐加入1L煮沸的水中，或将40mL（8茶匙）的盐加入1gal（3.8L）的沸水中。
  - 对于进一步的伤口清理推荐使用商业化伤口清洁剂。许多产品含有促进伤口污物清除的表面活性剂。表面活性剂被证明有细胞毒性，会延缓伤口愈合，并且妨碍“机体对感染的抵抗能力”，因此不应该被使用。Constant-Clens和Equine Vet被证明对细胞毒性最低，后者含有伤口刺激物，乙酰化甘露聚糖，这是芦荟汁的活性成分。当喷雾瓶置于离伤口16in（15cm）远时，82.7kPa的产品可以接触到伤口表面。使用伤口清洁剂时不应再使用杀菌剂，这样会使细胞毒性增加。
  - Vetericyn VF，一种相对较新的清洁伤口的产品，具有理想的清洁特性。其是一种中性的超氧化溶液，对细菌、真菌、病毒具有广谱抗性，且据说可以在30s内起到杀伤作用。Vetericyn VF保质期长于24个月。

- Lacerum伤口清洁剂是一种组织友好型的溶液，含有抗菌和抗真菌物质（乙酰吡啶氯化物）可以杀伤微生物并促进新细胞生长。它被证明对大肠埃希菌、沙门氏菌、化脓性链球菌和马属链球菌、白色念珠菌、普通变形杆菌、志贺氏菌、假单胞菌、克雷伯氏菌和大多数的葡萄球菌，包括金黄色葡萄球菌均有效。
- 使用光滑的海绵清刷伤口。被粗糙海绵刷洗过的伤口更容易发生感染。
- 不推荐用抗菌肥皂擦洗伤口，因为其有细胞毒性。此外聚维酮碘外科擦洗液对于减少伤口细菌是无效的。

- 伤口灌洗：
  - 急性伤口发生3h内，灌洗可以有效地减少集聚在伤口表面的细菌数量。随着时间推移，细菌侵入伤口组织，只是灌洗无法将其清除；需要进行清创。
  - 因为细菌通过静电吸附在伤口表面，至少48.2kPa并以倾斜的角度喷射液体到伤口表面的灌洗方式最为有效。68.9~103.4kPa的压力被证明可以有效清除吸附在伤口的土壤内潜在80%感染因子和细菌。
  - **实践提示**：不应该用大于103.4kPa的压力灌洗伤口；过大的压力会使液体携带任何病原一起穿透深层组织。
  - 通过用力推连接18号针头的5mL或60mL注射器可以达到48.2~103.4kPa的压力，或使用喷壶，“WaterPik”，Stryker InterPulse灌洗系统。

- 常使用等渗无菌生理盐水或者乳酸林格液。自来水可用于大型伤口的最初处理。当肉芽组织生成时，应停止灌洗。溶液常结合消毒剂或杀菌剂使用。

- 用于伤口灌洗的消毒剂：
  - 10%聚维酮碘（PI）溶液：
    - PI常被用于伤口灌洗，具有对革兰氏阳性菌、阴性菌、真菌以及念珠菌的广谱抗菌性。还未发现细菌对其产生耐药性。
    - 通过稀释断开化学键，产生更多游离的碘参与抗菌活动。操作提示：推荐使用0.1%和0.2%（每1 000mL 10~20mL）的浓度，15s就产生杀菌效果。
    - 1%聚维酮碘溶液被用于缝合腹膜后腹部切口的灌洗，在减少术后感染方面比生理盐水有显著优势。
    - 不足：
      - 有机物和血液会使PI失活；因此，用于浸泡纱布等包扎材料时是无法发挥效力的。
      - 浓度低于0.1%会被大量的中性粒细胞而灭活。
      - 用于杀灭金黄色葡萄球菌时浓度要大于1%。
      - 这些缺点不足以抵消用PI灌洗伤口的优势。
  - 2%醋酸氯己定（CHD）溶液：
    - CHD具有广谱抗菌性。注意：CHD对真菌和念珠菌无效，并且变形杆菌和假单胞菌对它具有遗传抗性。
    - CHD仍被广泛用于伤口灌洗。
    - 当在完整皮肤上使用CHD时，其立即产生抗菌效果并通过与角质层蛋白结合而形成残余，具有持续的抗菌效果。
    - 目前，推荐使用0.05%CHD（用25mL 2%的CHD与975mL水混合来配制0.05%的CHD）溶液进行伤口冲洗。浓度太高不利于伤口愈合。
    - 用无菌电解质溶液进行稀释会在4h内产生沉淀，但这不会影响CHD的抗菌效果。
    - 0.05%CHD溶液比0.1%PI对金黄色葡萄球菌有更强的杀菌效果。
    - CHD能持续在血液和脓液内产生效用；因此，用于浸泡纱布等包扎材料时是有效的。
    - 不足：
      - CHD对眼睛有毒性。
      - 与酒精相比，未稀释的CHD更不利于伤口愈合。
      - 小于0.05%浓度不足以杀死金黄色葡萄球菌。
      - 膏剂（2%葡萄糖酸氯己定）可能抑制伤口愈合。
  - **注意：**对于PI和CHD：
    - 体外试验表明，用稀释后的PI或CHD溶液进行低压冲洗（96.5kPa）几乎能完全清除所有黏附到骨骼上的细菌。与用生理盐水进行低压冲洗后的对照，杀菌剂使细菌数量减少为原来的1/19。
    - **实践提示**：与用生理盐水处理相比，用稀释后的CHD或PI进行灌洗可以使伤口更快地发生收缩。
  - 双氧水（3%）：
    - 抗菌谱窄。

- 伤害皮肤，对成纤维细胞具有细胞毒性，导致血栓在微血管中形成。
    - 不建议用于伤口护理和灌洗。
  - 次氯酸钠溶液（0.5%，达金氏溶液）：
    - 释放次氯酸和氧杀死细菌。
    - 达金氏溶液比PI和CHD更能杀灭金黄色葡萄球菌。
    - 对成纤维细胞具有细胞毒性，延缓上皮生成。
    - 减少微血管内血液灌流。
    - 化学清创。
    - 建议治疗伤口时使用浓度稀释到1/4（0.125%）。
    - **注意**：必要时，将5%次氯酸钠用自来水稀释40倍来获得0.125%溶液。
  - 杀菌剂总结：
    - 杀菌剂只能杀死表面的细菌，无法杀灭嵌入组织中的细菌。
    - 杀菌剂对于减少急性污染伤口的细菌数量最有作用，在慢性伤口或建立感染的伤口无法发挥作用。
    - 已发生感染的伤口应进行清创处理，并使用系统性和表面抗菌药物。
- 用于伤口灌洗的抗菌剂：
  - 向灌洗液添加抗菌剂能极大地减少伤口的细菌数量。
  - 1%新霉素溶液在粪便污染的伤口试验中预防感染效果显著。
  - **实践提示**：在闭合伤口前向伤口喷洒青霉素可以降低75%感染率。
  - **注意**：注重生物学的外科医生不会使用那些他们不愿意用在结膜腔内的溶液灌洗伤口。
  - 用于灌洗的溶液的量：
    - 取决于伤口大小。
    - 取决于受污染程度。
    - 至少能清除大部分污染物。
    - 在组织被溶液浸没后停止。
  - 用于备皮的杀菌剂：
    - 最常用于手术备皮的是聚维酮碘（毕妥碘）和双氯苯双胍己烷（洗必泰）。
    - 用生理盐水或70%异丙醇冲洗不会对PI的抑菌效果产生影响。注意：用70%酒精清洗会减少抗生素残余效果和洗必泰的杀菌效果。
    - 毕妥碘的缺点在于会发生皮肤反应，尤其在小动物中。用PI处理的马偶尔也会发生急性皮肤反应。
      - 剃毛、刷洗或用70%酒精冲洗后，喷洒PI溶液和绑绷带最容易发生皮肤反应。
      - 皮肤反应包括皮下水肿和水泡。
    - 使用洗必泰的缺点是即使是与眼睛短暂的接触，即使是低浓度，也会造成角膜混浊和毒性。
    - **注意**：即使这些杀菌剂有很高的杀菌率，仍有20%细菌留在毛囊、皮脂腺和浅表上皮脂膜裂隙中。
- 术者手部和手臂的准备：
  - 对进行过标准手术手部准备以及戴4h无菌手套的手进行细菌培养。
  - 结论：
    - 洗必泰刷手效果出众。
    - 毕妥碘清洁效果的延长性较差。
    - 三氯生在多数属性上没有效力。
    - 70%酒精（体积比）抗菌效果差。70%的乙醇更好。
    - 不使用水进行皮肤准备：
      - 一项测试中比较了为期5d的用Avagard4%葡萄糖酸氯已定（CHG）或毕妥碘进行手部和胳膊准备，戴手术手套6h，结果发现Avagard具有最优的杀菌效果，且比毕妥碘和CHG的刺激作用更小。
- 伤口探查：
  - 清理伤口后，戴上无菌手套用手指进行探查。探查前手套表面要先撒上滑石粉。
  - 无菌探针在确认伤口深部是否存在异物，或伤口是否深及骨骼时十分有用，并且其可与影像学结合使用（图19-5）。
  - 正常的滑膜囊内液体可以通过大拇指和食指间拉成丝确认（正常黏性），如存在疑问（液体太稀或呈水状），

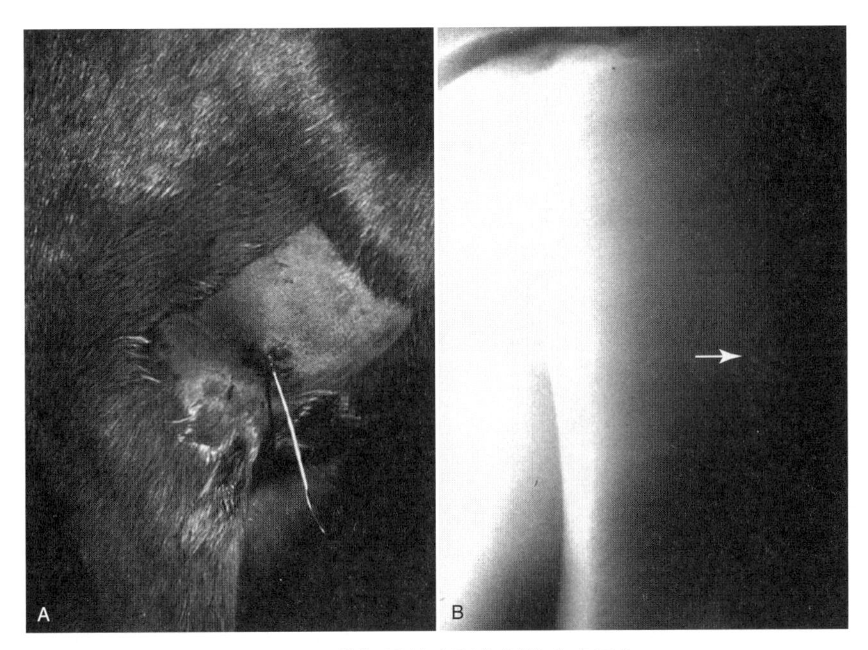

图 19-5　无菌探针结合影像学检查患马伤口

A. 金属探针被用于探查伤口方向和深度以及是否有骨骼接触　B. 肱部影像确认三角肌结节处发生局灶性骨炎 该马 2 个月前有持续性刺伤病史，伤口会定期裂开并引流。

样本应被送去做细胞学检查或培养/药敏测试。
- 如果怀疑滑膜囊腔被穿透，在远离伤口的位置放置一个针头（图19-6）。回收到的囊内液体可以送去做细胞学检查和培养/药敏。在抽吸后，注入无菌生理盐水；如果关节囊被破坏，液体会从伤口流出。如果（伤口）涉及滑膜囊结构，用3~5L无菌生理盐水或晶体溶液灌洗。一些医生会在用晶体溶液灌洗后再用1L 10%二甲基亚砜溶液冲洗。建议向囊内灌注抗菌药。
- 影像学检查：
  - 标准X线检查。
  - 造影/瘘管造影。
- 超声图像可用于检查肌腱、韧带和关节囊的损伤。超声图像可用于确认在X线片中显影不清的异物、气体积聚和肌肉分离（图19-7）。
- 关节镜检查有助于鉴别影像学检查中没有发现的病变，尤其涉及软骨的病变，以及关节内的异物（如毛发、泥土或其他异物）（图19-8）。关节镜也可提高清创和大量灌洗过程时的可视度。
- 伤口清创：
  - 清创可以减少细菌数量和清除污染物（死亡组织、异物），以上物质会阻碍机体局部防御机制，因此清创可以改善血管分布。
  - 标准程序是严格清创，将污染创转变为清洁创。清创

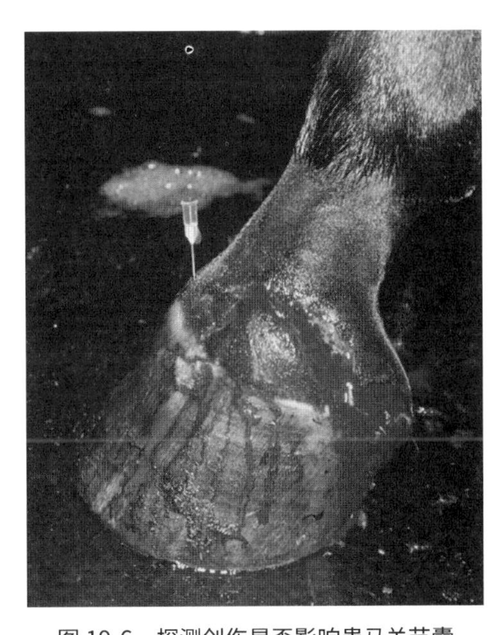

图 19-6　探测创伤是否影响患马关节囊

该图示意了如何将针头刺入远端指关节同时又保证远离伤口。（源自 Stashak TS: Proceedings of the American Association of Equine Practitioners 52：270-280，2006.）

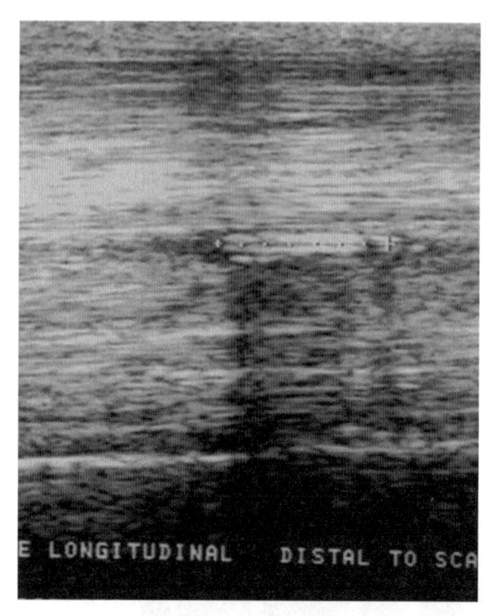

图 19-7　超声诊断患马异物性创伤

纵向超声检查确定一块木头（光标）位于附着于腕管远端、腕趾回韧带与指屈肌腱连接处。（源自 Stashak TS：Proceedings of the American Association of Equine Practitioners 52：270-280，2006.）

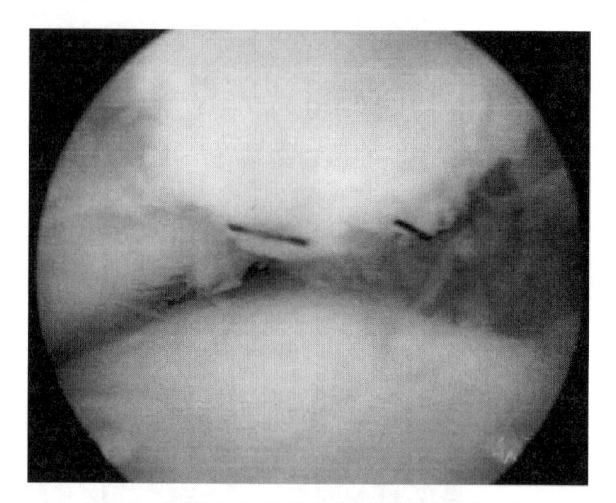

图 19-8　患马远端指间关节的关节镜视角

注意在关节间的毛发（深色颗粒）。这匹马在一周前患有持续性蹄冠区域刺伤。（源自 Stashak TS：Proceedings of the American Association of Equine Practitioners 52：270-280，2006.）

术包括：
- ◦ 切除（分层；图19-9）。
- ◦ **En阻断。**
- ◦ 简单或分散的（用于身体上非常大的伤口；图19-10）。
- ◦ 阶段性的（数天内完成）：这一方法避免了意外移除可存活的组织。是否去除组织的标准是组织的颜色和附着性。要清除掉黏附性差且呈白色、棕黄色、黑色或绿色的组织。粉红到深紫色且附着良好的组织可以留下。
- ◦ **注意**：如果缺血，皮质污染的骨组织应进行足够清除（清除部分骨皮质）指看到出血/血清渗出的骨组织，肉芽组织会从骨表面增殖。空气驱动圆头锉、骨锉或者骨刮匙是部分骨去除皮质的最佳工具（图19-11）。CarraSorb Carra Vet是含有甘露聚糖的水凝胶伤口敷料，被报道可以加速肉芽组织迁移到暴露骨组织的过程。

- 水肿的外科清创术：
  - ◦ 用高流速的无菌生理盐水冲洗，产生局部的真空（文氏管效应）。
  - ◦ 损伤较少组织。
  - ◦ 只清除没有活力的组织。
  - ◦ 结合利器清创和灌洗。
  - ◦ 被认为能更有效地清除细菌。
- **CO_2激光**
  - ◦ 减少细菌数量但无法清洁伤口。
  - ◦ 导致胶原纤维形成并减少成纤维细胞的数量，这会减少伤口收缩。
  - ◦ 光消融过量的肉芽组织，减少术后疼痛，减少出血。

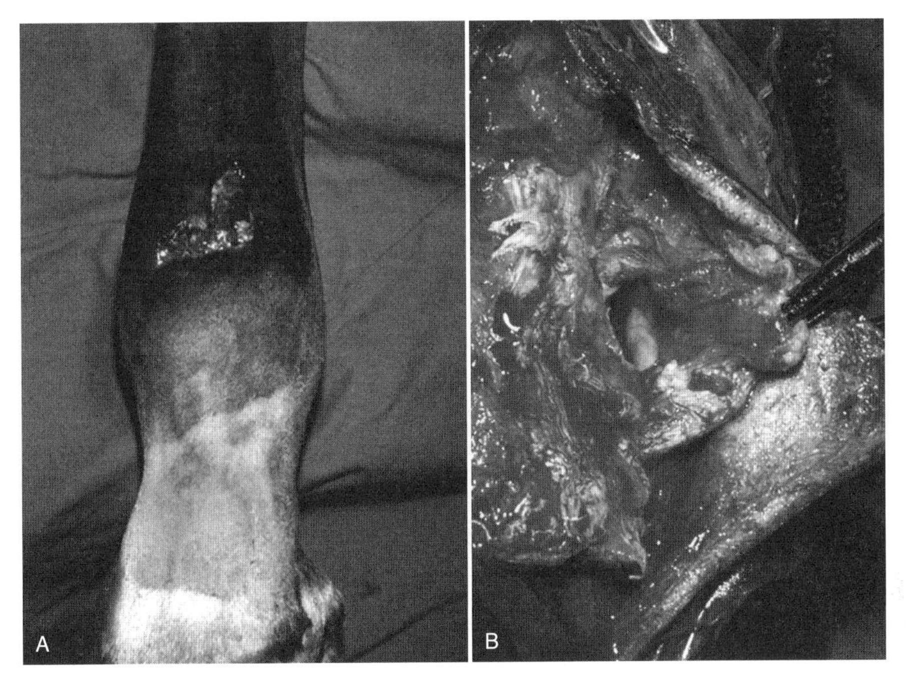

图 19-9　患马切除法清创

A. 受伤 6h 的球节背外侧挤压伤　B. 对该伤口进行多层清创

注意受损的关节囊也接受清除，暴露关节。

- 酶：
  - 伤口表面凝固物和细菌生物膜包裹污染物和细菌，阻止表面抗微生物药物或消毒剂和系统性抗生素。
  - 蛋白水解酶能降解凝固物和生物膜。
  - 适应证：手术无法完成清创的部位，因为手术清创可能导致组织损伤或清除伤口修复所需的组织，或者伤口靠近血管和神经时。
  - 产品包括：
    - 胰蛋白酶（Granulex）。
    - 链道酶和链激酶（Varidas）。
    - 胶原酶、蛋白酶、溶纤维蛋白酶和脱氧核糖核酸酶（Elase ointment）。
    - **实践提示**：胶原酶膏剂（Santyl）有最高的蛋白酶解活性，最有可能使创伤达到清洁伤口的状态。
      - 封闭性敷料是血溶性的，是处理急性清洁伤口的不错选择。
- 清创敷料：
  - 黏附开网纱布（如4in×4in纱布）。
  - 使用4in×4in的纱布或棉片进行湿敷干脱包扎法。
  - Kerlix AMD是非常好的选择，因为其含有广谱消毒剂，能够在伤口表面杀菌且阻止细菌穿透（敷料）。
- 系统性抗微生物药物：
  - 根据伤口类型和位置很容易选择。

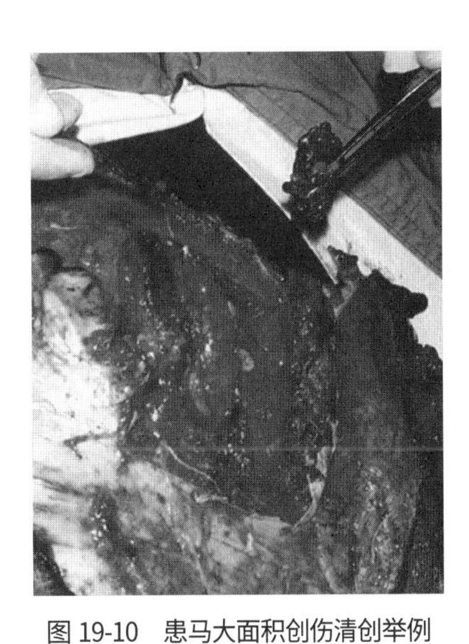

图 19-10　患马大面积创伤清创举例

分散清创术可用图中这一胸廓部位的大面积创伤。（源自 Stashak TS: Proceedings of the American Association of Equine Practitioners 52：270-280，2006.）

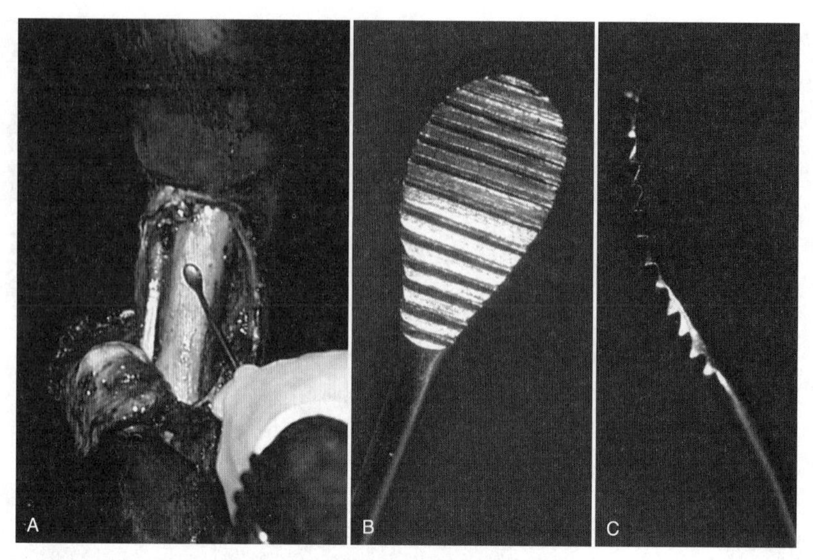

图 19-11　使用骨锉对患马骨组织清创

A. 包含背侧跖骨区域的大型剥落性伤口，缺血性骨组织暴露（白垩状外观），使用髋关节置换锉刀将骨组织部分皮质清除（清创）　B. 锉刀片状头的底层视图　C. 外侧视图显示锉刀头部弯曲

（B 和 C 源 自 Stashak TS：Proceedings of the American Association of Equine Practitioners 52：270-280，2006.）

- 增加剂量可以增强抗微生物药物渗透力。
- **实践提示**：最初推荐非肠道给药。首选静脉注射，因为其效果可以预测。肌内注射常常延缓药物吸收，且依据部位的选择和剂量有所不同。
- 口服给药在达到足够血液水平后可以使用。

- 抗微生物药物选择：
  - 对于非常浅表的伤口，3h内被缝合或使其自行愈合的清洁创，基本不需要使用抗微生物药物。总的来说，抗微生物药物应用于超过3h的重度污染创。有效的抗生素包括：青霉素（22 000~44 000IU/kg，IV或IM，每6~12h给药1次）单独使用或与三甲氧基磺胺嘧啶（15~25mg/kg，PO，每12h给药1次）联合使用。也可以仅选择一种抗生素外用。
  - 包括滑膜腔在内的深部伤口需要使用青霉素（22 000IV/kg，IM或IV，每6h联合使用）或氨苄西林（6.6~11mg/kg，IM或IV，每8~12h给药1次），或头孢唑林（11mg/kg，IV或IM，每6~8h给药1次）与一种氨基糖胺类给药1次。
    - 庆大霉素（6.6mg/kg，IV、IM 或SQ，每24h给药1次）或阿米卡星（15~25mg/kg，IV 或 IM，每24h给药1次）。
    - 头孢噻呋（成年，1~5mg/kg，IV、IM，每6~12h给药1次；小马，2~10mg/kg，IV、IM，每6~12h给药1次）或恩诺沙星（5mg/kg，IV，每24h给药1次或7.5mg/kg，PO，每24h给药1次；不推荐给小马使用），保留作为细菌对使用过的药物发生耐药性时的选择。
  - 对于由梭菌属或致热源导致的深部蜂窝织炎/化脓性肌炎处理过程：
    - 高剂量青霉素、氨苄西林或头孢挫林和甲硝唑（15mg/kg，PO，每6~8h给药1次）或利福平（10mg/kg，PO，每12h给药1次）或头孢噻呋。
    - 基于在其他物种治疗后的反应，推荐青霉素和甲硝唑作为首选组合；四环素和甲硝唑作为第二选择组合。
    - 切开和引流（I&D）在适当时机和部位使用是合适的；超声检查可以辅助决定是否使用切开和引流。
- 抗微生物药物治疗时长：

- 至少：3~5d。
- 已发生软组织感染：7~10d。
- 已发生滑膜感染：如果使用局部肢体灌注为10d，如果未使用局部肢体灌注为21d。
- 已发生骨组织感染：3~6个月。如果使用抗微生物灌注技术（静脉或骨内）治疗期限可以缩短。参见局部肢体灌注，第五章。
- **注意**：每克组织被10^9微生物感染时，尽管使用抗微生物治疗，感染仍会发生。

- 局部抗生素：
  - 局部抗生素，尤其一些软膏或乳膏（如呋喃西林和庆大霉素乳剂）可能延迟伤口愈合。
  - 溶液在伤口闭合前或作为灌流液使用时最为有效。
  - 残留的乳膏和油剂与伤口接触越长，会阻碍伤口表面干燥，这在绷带下或暴露性伤口上使用最佳。
  - 局部抗生素对于3h内的创伤最有效。然而，对于大于3h的伤口或者接受清创而新出现的慢性感染伤口，应调整局部抗生素的使用。对于后者，建议使用系统性抗微生物药物。
  - 在伤口闭合前喷洒青霉素与不使用抗生素相比，每四个人中有三人的伤口不会发生感染。
  - 三重抗生素软膏（杆菌肽、多黏菌素B和新霉素）具有广泛抗菌谱，但对于铜绿假单胞菌无效。杆菌肽的锌指结构刺激上皮生成（增加25%），但会拖延伤口收缩。三重抗生素软膏吸收不良，因此毒性罕见。
  - 磺胺嘧啶银（SS）抗菌谱广，包括假单胞菌和真菌。一些研究显示SS能使上皮生成增加28%，但也有研究显示其会延缓上皮生成。一项关于马的研究中，SS不能加速伤口愈合。
  - 呋喃西林软膏具有针对革兰氏阳性和阴性微生物良好抗菌性，但对于假单胞菌属微生物作用甚微。然而，呋喃西林软膏被显示可使马上皮生成减少24%，且减弱伤口收缩。呋喃西林本身而非载体会造成伤口愈合延迟，且具有致癌性质。
  - 硫酸庆大霉素抗菌谱窄，但可用于革兰氏阴性菌尤其是铜绿假单胞菌造成的伤口感染。0.1%有水乳剂基底在治疗时会延缓伤口收缩和上皮生成。
  - 头孢唑林对于革兰氏阳性菌和一些革兰氏阴性菌有效。当头孢唑啉为20mg/kg时，其在伤口液中超过最小抑制浓度（MIC）的时间比相同剂量的头孢唑啉全身给药的时间更长。粉剂比溶液能使其在组织中更稳定地维持浓度。因为这一特性，头孢唑林也许对已发生感染的伤口管理有效。
  - **注意：**多重细菌抗性菌株持续成为主要的健康问题。因此，应发展和使用替代性的伤口管理产品，尤其是那些没有已知诱导细菌抗性的药物。
- 滑膜囊穿透管理：
  - 时长低于6~8h的急性穿透：
    - 广谱系统性抗生素。
    - 滑膜囊灌洗。
    - 滑膜囊内灌注抗生素。
    - 清创。
    - 闭合伤口。
  - 系统性广谱抗生素疗法被认为是治疗滑囊膜感染的奠基石。
    - 一项关于试验性感染关节炎的研究发现，增加抗生素的剂量从1次/d到2次/d，同样使用引流，可以显著减少分离到的金黄色葡萄球菌。
    - 优先采用组合抗生素疗法。
  - 滑膜囊灌洗：
    - 使用添加10%DMSO（1L）的灭菌生理盐水。
    - 使用关节镜的优势：
      - 使过程直观且可视化：
        - 损伤评估（图19-12）。
        - 移除（图19-8）可能在鞘内形成粘连的异物、游离纤维蛋白和纤维蛋白束（图19-13），并移除血管翳（软骨上形成的纤维细胞团块）。纤维蛋白和血管翳都能保护异物进而妨碍治疗，且为细菌生长提供培养基。
  - **注意**：一个关于感染滑膜腔的临床研究发现，40%用内镜检查的滑膜腔含有异物，而基于术前诊断的比例仅为15%。

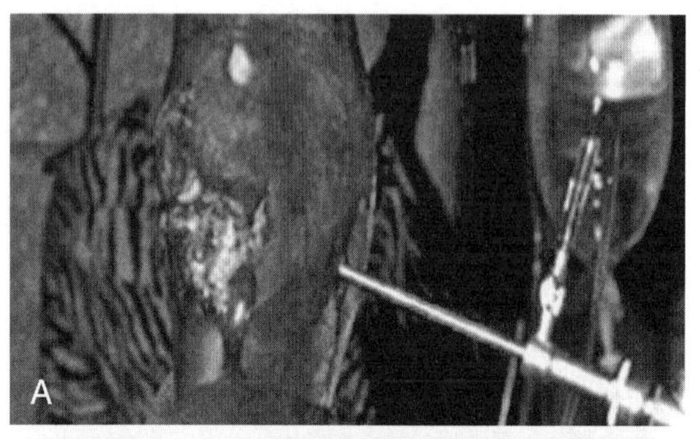

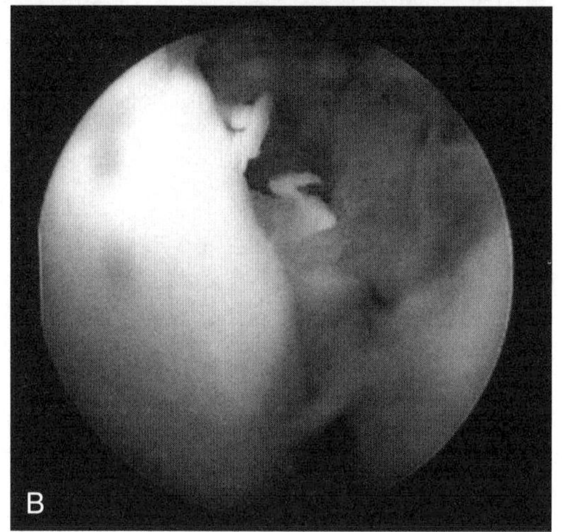

图 19-12 损伤评估

A. 腱鞘和跖趾关节处受伤 3h 的伤口 B. 跖趾关节的关节镜视图，注意来自近端籽骨轴外表面的软骨碎片和碎片周围的纤维

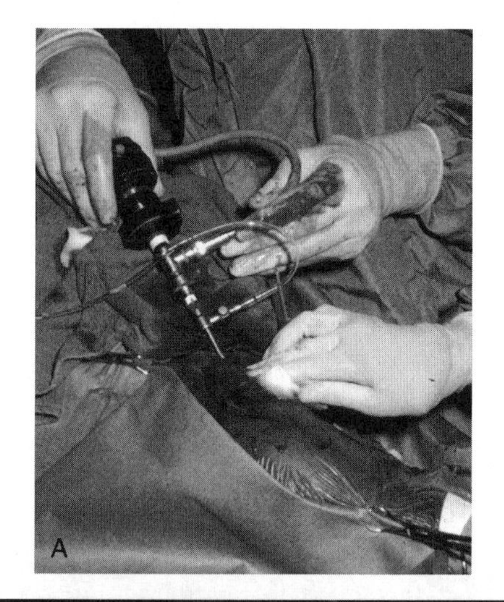

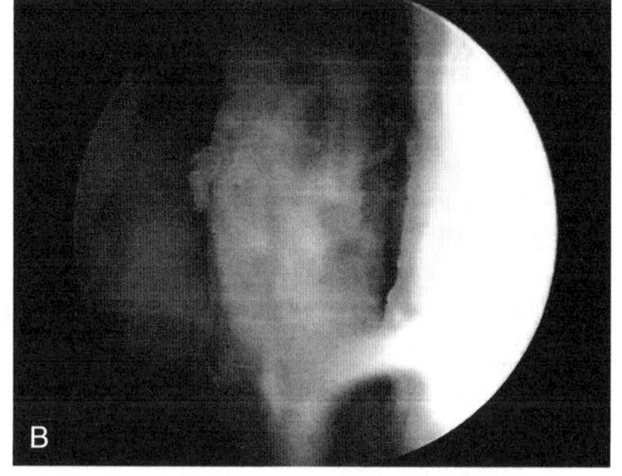

图 19-13 通过关节镜移除异物

A. 被放置在腕管鞘的关节镜 B. 关节镜视角确认位于腕管内的木块和纤维

- 滑膜囊内使用抗微生物药物：
  - 滑膜囊内注射抗微生物药物：每24h注射量小于全身给药剂量。
  - 氨基糖胺类杀菌剂效果由浓度决定。浓度高峰还与更长的抗生素使用后效应有关。
    - 阿米卡星（250mg）：阿米卡星对于多数造成马骨科感染病原有良好活性，且其耐药性发生率低于庆大霉素。
    - 庆大霉素（200~500mg）：庆大霉素对85%从马骨骼肌感染的马中分离到的细菌有效。庆大霉素同样对马滑膜液感染有效。关节内注射150mg庆大霉素峰浓度为4 745mg/mL，以2.2mg/kg系统性给药时峰浓度为5.1mg/mL。对于埃希氏菌属，其浓度能在24h内维持显著高于最小抑制浓度。
    - 青霉素：55 × 10^6IU。
    - 头孢噻呋（150mg）：一项研究发现滑膜囊内注射150mg头孢噻呋后，其在滑膜液浓度显著高于以2.2mg/kg剂量静脉注射。滑膜囊内给药后，其在滑膜液浓度保持在最小抑制浓度以上24h；静脉注射后，浓度仅维持在最小抑制浓度以上8h。
  - **实践提示：**局部肢体灌注可以将抗微生物药物输注到正常、发炎、感染缺血的组织和渗出液并保持高浓度，且高于非肠道给药的浓度。通过静脉注射或骨内注射灌注抗微生物药物的剂量如下：
    - 阿米卡星，500~700mg，最多是成年动物非肠道给药剂量的1/3。注意：一项研究显示，静脉注射250mg阿米卡星，30min后释放压脉带，有研究显示此时抗菌药浓度无法在马的滑膜液、皮下组织或骨髓内到达最小抑制浓度。结论是，为达到有效组织和滑膜液浓度，阿米卡星剂量应大于250mg。

- 庆大霉素，500mg到1g，最多是成年动物非肠道给药剂量的1/3。**注意**：当剂量大于1g时可能导致软组织脱落，当剂量大于3g时会导致指骨血液供应丧失（图19-14）；临床上一般使用500mg到1g的阿米卡星或庆大霉素。

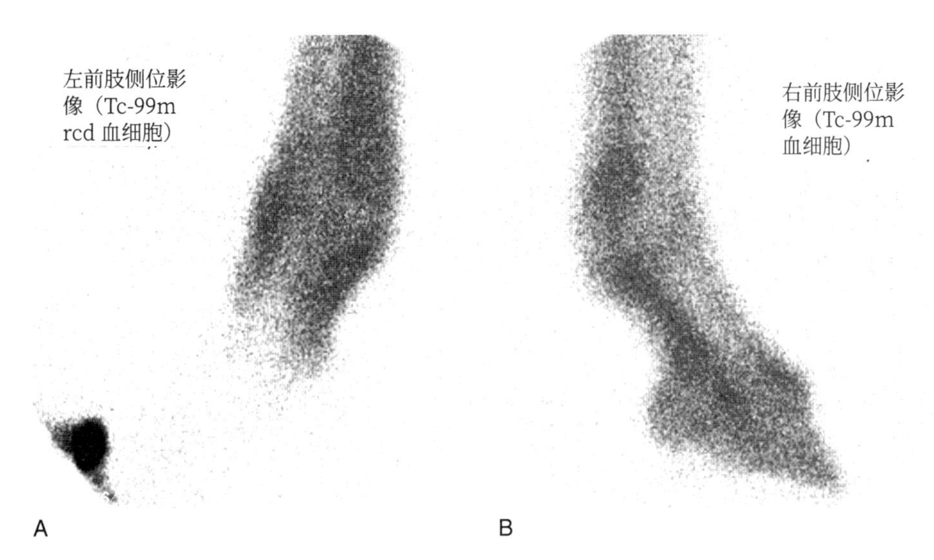

图 19-14　使用阿米卡星后肢蹄的血液供应

A. 左前肢核医学的血管相研究显示指骨中、远端血液供应减少　B. 为右前肢对照
表现出非负重左前肢跛行的马，2 次骨内注射 3g 庆大霉素。

- 有研究显示使用恩诺沙星进行静脉局部肢体灌注后，7匹马中有3匹都出现了血管炎。然而，当以1.5mg/kg给药时，其骨内和滑膜液内浓度能维持在最小抑制浓度以上24~36h。
- 这一技术最初被用来治疗化脓性骨炎或骨髓炎，以及远端末梢的化脓性滑膜组织（包括腕骨和根骨）（图19-16）。Esmarch驱血绷带可以被用来移除被治疗区域的血液，在这之后将一个装上环或手术用橡皮管的压脉带放置在指骨近端，或当治疗区域在腕骨或根骨附近时，放置在该区域的近端和远端。Esmarth驱血绷带绑好后，可将其一端系在指骨近端或腕骨和跗骨的近端和远端，这样一来就可以暴露腕关节和跗关节。一项研究发现，Esmarch驱血绷带比充气式压脉带在远端肢体防止阿米卡星流失更有效。因此，30~60mL含有抗生素的无菌平衡电解质溶液在压力下通过1~10min的骨内注射或静脉注射途径被输送。压脉带30min后被移除。
- 静脉输注包括放置大小[1]合适的静脉留置针，部位包括掌侧面血管或在近端籽骨高度的脚趾血管（图19-16），腕部的头静脉和跗部的隐静脉。

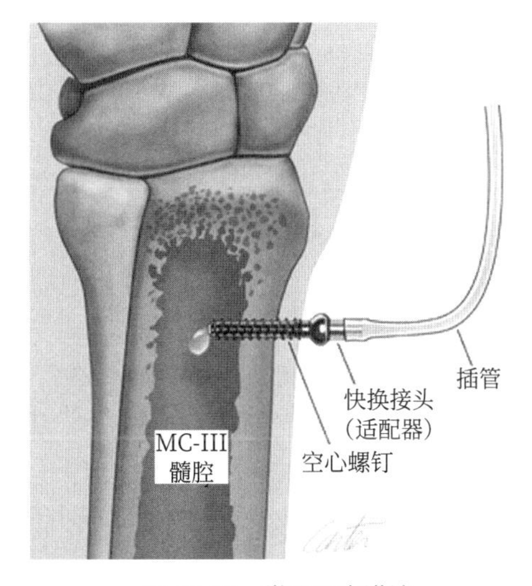

图 19-15　掌骨骨内灌注

（源自 Dr. James A. Orsini; reprinted from Orsini JA：Clinical Techniques in Equine Practice，3［2］：225，2004.）

1　蝴蝶导管。

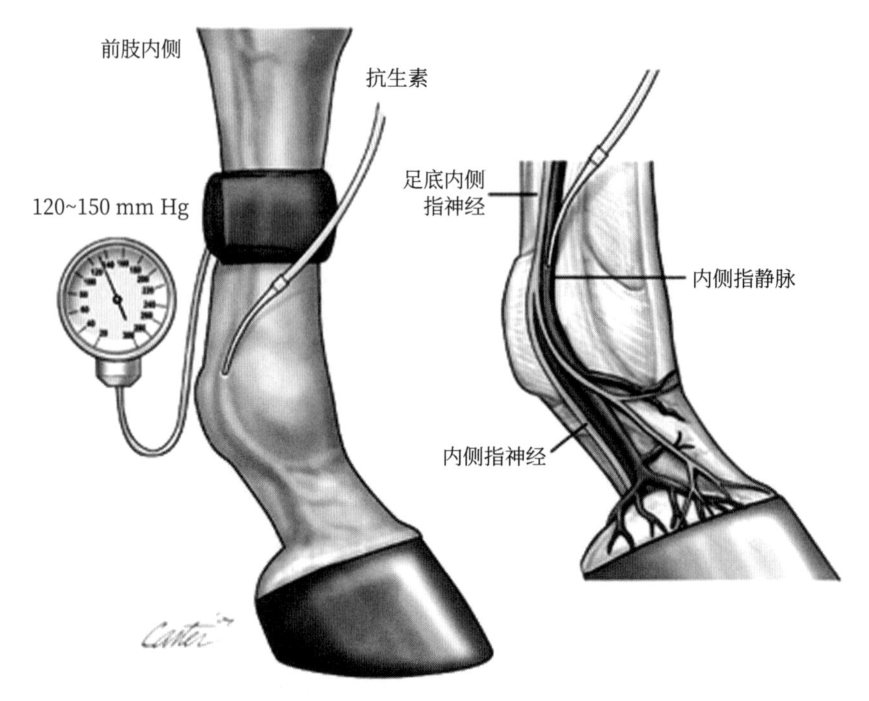

图 19-16 球关节区域和指骨局部静脉灌注

（源自 Dr. James A Orsini；reprinted from Orsini JA：Clinical Techniques in Equine Practice，3［2］：225，2004.）

- 静脉注射优势：
  - 在滑膜部分形成比骨内注射略高的抗生素浓度。
  - 操作快速简单。
  - 不需要特殊仪器。
- 静脉注射的不足：
  - 多次静脉注射或本身局部已经发生肿胀时，识别静脉可能比较困难。
  - 保留静脉注射留置针困难，因为可能形成静脉血栓。**注意：**使用小号蝴蝶针要稀释抗生素来降低液体渗透压和减少动脉炎的发生。
  - 可能需要手术建立静脉通路。

• 骨内注射：在掌骨/跖骨远端1/3钻一个直径4mm的孔进入骨髓腔。在骨髓腔内放置一个带Luer-lock头的中心有4.5mm插管（钻孔）或5.5mm ASIF（Association for the Study of Internal Fixation，内固定研究协会）皮质螺钉。如果螺钉不是自攻螺纹，在放置前需要用螺丝攻在皮质创造出螺纹（图19-15）。此外，可以使用静脉注射输送装置的外螺旋适配器端；它能通过前后旋转的方式用持针器创造出4mm的孔（首选）。
- 骨内注射优势：
  - 如果该部位发生软组织肿胀，其比静脉注射更容易操作。
  - 避免了重复静脉穿刺；即使对于站立的马，其也允许频繁的局部灌注且极少有不良反应。
- 骨内注射缺点：
  - 会有部分注射液渗透到孔周皮质，尤其当使用静注延长管时。当外螺纹适配器牢固地固定在孔上时可以避免。
  - 这一程序比静脉注射更多被使用。
  - 内置的中心插管的螺丝暴露在皮肤外，因此这是造成周围骨组织和骨髓腔感染的潜在来源。注意：一个内置中心插管的螺丝需要在管理时格外留意。

- 浸润抗菌药的药珠：
  - 用聚甲基丙烯酸甲酯（PMMA）或羟基磷灰石水泥制成。
  - 聚合时混合抗微生物药物。
  - **实践提示：** 首要原则是抗微生物药物用量是PMMA重量的5%~10%，即每10~20g PMMA水泥含0.5~2g。
  - 局部抗菌药浓度比全身性给药时增加200倍。
  - 最小抑制浓度在植入后持续80d以上。
  - 不会达到血清中毒水平。
  - 最常使用庆大霉素和阿米卡星。
  - **实践提示：** 头孢噻呋药珠无法长期维持杀菌浓度。
  - 这一方法不作为马慢性滑膜感染的常用手段，除非其他治疗手段均失效。
  - 笔者没有将PMMA珠放入有高活动性的滑膜腔内是因为这样可能造成关节软骨和滑膜医源性损伤。
- 庆大霉素浸渍胶原海绵含有130mg庆大霉素：
  - 海绵常被用于人软组织手术和损伤，且作用良好。
  - 据报道，相比于浸渍珠，海绵可以在伤口渗出液中维持高抗生素浓度3d（第1天，15倍；第3天，2倍）。
  - 胶原海绵能在12~49d内被吸收，这取决于区域血管供应。
  - 滑膜腔中度到严重创伤并化脓（关节炎和腱鞘炎）的8匹马中有7匹使用这一治疗手段有效。胶原海绵通过关节镜插管植入滑膜腔。
  - 含有130mg庆大霉素的牛1型胶原海绵能使腕关节内抗生素浓度在3h内增加至最小抑制浓度的20倍以上。
- 对以上方法治疗无效的病例使用开放滑膜囊进行引流。
  - 在一项试验性研究中，对于关节感染，关节切开术清除感染比关节镜和滑膜切开术更为有效。然而，这伴随着上行性污染和伤口愈合问题发生的风险增加。对于在术后使用防腐敷料（如Kerlix AMD）缺乏研究。
  - 一项临床研究发现，开放引流术治疗关节感染非常成功，并发症少。
- 建立入口/出口进行关节灌洗：
  - 首选的方法是用液体泵对滑膜囊进行间歇性扩张性灌洗。扩张滑膜腔能使伴随灌洗液的抗生素到达滑膜内全部区域。通过缝合固定将一个侵入式多口管放置在滑膜腔内。液体泵（首选）或手持袋可以用来产生压力使液体输送到滑膜结构内。戴手套用灭菌纱布封堵远端出口（图19-17）。进行合理的后续治疗，出口处用未稀释的肝素润洗以防止纤维形成而堵塞伤口。

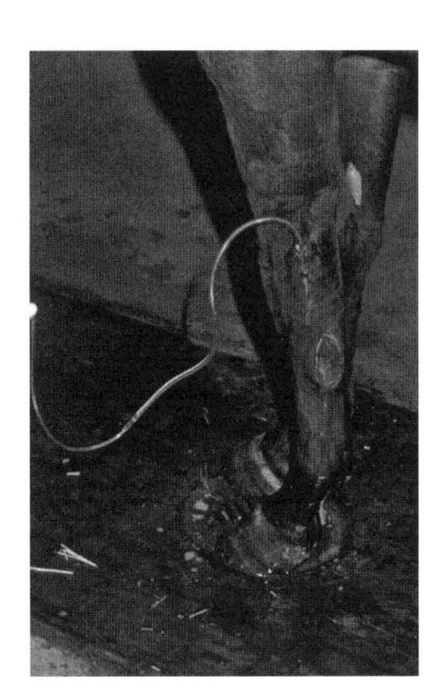

图19-17　放置进入式灌流管于腕管鞘进行开放滑囊灌洗

使用液体泵对鞘进行灌洗，戴手套的手和灭菌纱布堵塞伤口远端出口，以最大限度地使肌腱鞘膨胀。

- 持续滑膜腔内灌注：
  - 有数篇报道采用这一方法治疗慢性难以治愈的滑膜囊感染。
  - 在一项试验中，在跗关节内放置带有留置管和气囊的灌注器。
    - 以0.02~0.17mg/（kg · h）的剂量使用庆大霉素5d，能使其浓度高于马普通病原体最小抑制浓度100倍。
    - 留置导管系统常见并发症包括：气囊充气失败（破裂或泄露），因气栓或流量控制管坍塌造成的堵塞。
  - 两个临床报告使用关节灌注系统和On-Q Painbuster术后疼痛缓解系统。这两个系统被使用在包括小马和成年马在内的多种滑膜腔内，其结果与使用其他技术得到的结果类似。
- 环状韧带/支持带释放：
  - 环状韧带和指腱鞘以及支持带在腕关节与跗关节鞘内并与其共同形成了一个没有弹性的通道，相关肌腱穿行其中。
  - 随着慢性感染、肌腱炎、滑膜囊肿胀和关节翳的形成，可能继发该通道缩窄。肌腱接下来在狭窄管道内的移动会造成疼痛，导致马跛行进而影响发病率。

◦ 通道可以变得非常狭窄以至于造成近端滑膜腔到远端韧带或鞘间分开，引起排液困难。这种情况下，横切环形韧带或支持带以舒缓疼痛并促进液体排出。
◦ 这些操作通常用于那些患有慢性、已发生感染且对传统治疗反应不佳的病患。

闭合和伤口愈合的处理方法

在受伤后数小时内进行一期闭合，常用于下列情况：

- 新鲜，很少被污染的伤口且血液供应良好。

延迟一期闭合应在肉芽组织形成前进行，适用于以下情况：

- 严重污染、挫伤或肿胀的伤口，以及包括滑膜结构的多处损伤。

二期闭合在肉芽组织形成后使用，适用于下述情况：

- 血液供应受损的慢性伤口（在伤口形成健康肉芽组织床时可以进行闭合）。

二期愈合伤口通过上皮化和伤口收缩闭合。下述情况依赖于二期愈合：

- 包括躯体、颈部和上肢区域的大型伤口（图19-18）。
- 四肢的大区域的皮肤撕脱伤和撕裂伤（图19-11A）。
- 当组织缺损程度超过伤口收缩和上皮生成能力时，可以采用皮肤移植。重建手术可以使伤口愈合得更加美观并使组织功能恢复得更好。

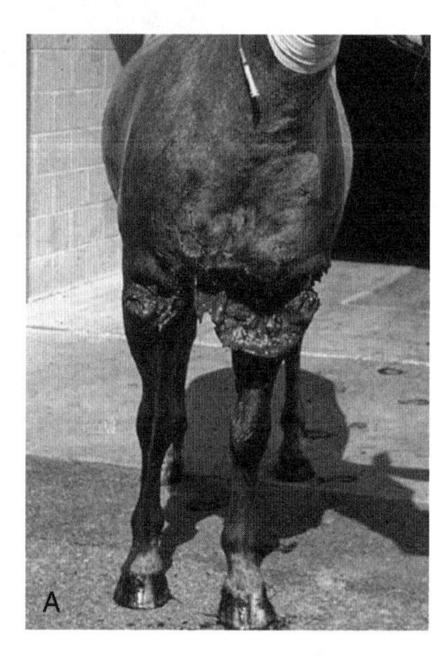

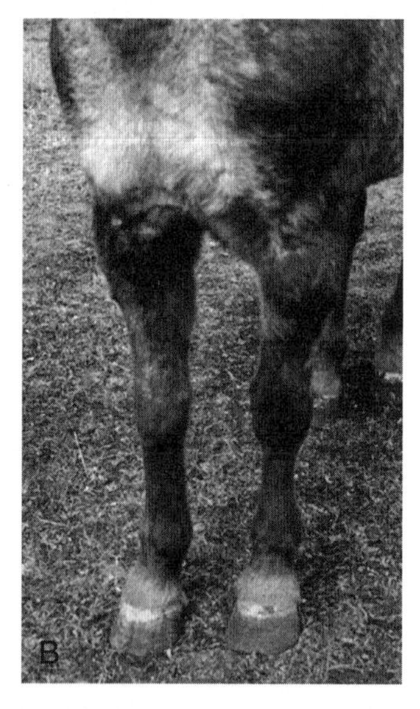

图 19-18　大面积腿部创伤二次愈合前后

A. 包含前臂头伸肌和胸肌尾侧的大型伤口通过二级愈合恢复　B. 3 个月后的伤口

应该做什么

伤口闭合

- 一期闭合适用于6h内的急性病例，伤口应清洁且滑膜腔内不含异物。

    - 这些伤口在关节镜或肌腱镜检查，以及局部肢体灌注后才能被闭合。
- 对于超过6h的伤口：
    - 使用延期闭合。
    - 二期愈合最为常见。
- 超过6~8h的慢性病例：
    - 上述所有操作除闭合伤口外均适用。
    - 进行局部肢体灌流。
    - 对于治疗效果不好的病例使用开放滑膜引流。
    - 可以进行进出式引流。
    - 可以使用环形韧带/支持带释放处理。

局部麻醉药

效果

- 伤口内注射2%浓度的利多卡因和甲哌卡因在许多研究中得到评价：
    - 抑制血小板凝集、基质生成和胶原合成。肾上腺素通过收缩血管来加强抑制作用。
    - 导致大鼠伤口断裂强度降低。
- 以生理盐水作为对照，伤口内注射0.5%利多卡因对于伤口愈合没有影响。

应该做什么

局部麻醉药和伤口

- 最好进行局部麻醉。伤口内注射2%麻醉液可以接受但并不理想。
- 避免对于伤口愈合的潜在不良影响，用灭菌水稀释到0.5%浓度。这不会减弱麻醉效果。

不应该做什么

局部麻醉药和伤口

- 避免肾上腺素和局部麻醉药混用。

缝合技术和缝合材料

- 缝合技术和材料的选择影响伤口愈合。
- 合成的单股缝线最佳；反应性弱且牢固，如果是可吸收缝线，会以恒定速率被吸收。
- 皮肤伤口使用简单不间断缝合法比简单连续缝合法具有下述特征：
    - 更少水肿发生。
    - 微循环增加。
    - 10d后可伸展力增加30%~50%。
- 采用简单间断缝合法缝合马腹白线相比连续缝合法具有下述特征：
    - 5~10d内更易破裂。
    - 0和21d的破裂差别不大。
- 简单间断缝合法比垂直褥式缝合法和远近近远缝合法更能减少炎症发生。

- **实践提示：** 在预计愈合会受损和产生过度张力的部位使用间断缝合。
- 在术后7d、10d和21d内，松弛对合的伤口比紧密对合的伤口更牢固。

应该做什么

缝合技术和缝合材料

- 对合伤口边缘。应避免过度还原组织影响对合。
- 尽可能以最少缝合数来闭合伤口。增加缝合数等同于增加感染概率。
- 深层缝合仅使用于筋膜面、肌腱和韧带。

张力缝合

- 这些缝合方法被用于降低缝合处的张力。
- 不论是否使用纽扣、纱布或橡胶管作支持进行大面积的水平褥式缝合，都能有效地降低张力（图19-19A和B）。
- 带支撑的缝合被用于无法有效进行包扎的部位（如上躯和颈部；图19-19C）。
- 不带支撑的缝合用于可被包扎或可裹石膏的部位。
- 张力缝合在4~10d内拆除，根据伤口外观，倾向使用交错拆除（最初仅拆除一半的缝线，后拆除余下的缝线）。
- 等位张力缝合模式中，远近近远缝合法最佳。远能减少张力，而近能保持组织边缘处于对合的位置（图19-20）。

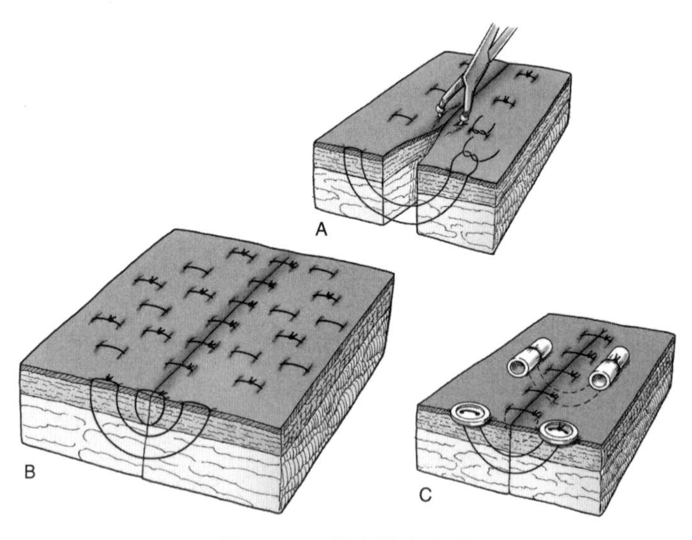

图 19-19　张力缝合方法

A. 用毛巾夹处理皮肤张力以替换没有支持的垂直褥式张力缝合法　B. 采用数条垂直褥式张力缝合法闭合被破坏的伤口　C. 使用带支持的垂直褥式张力缝合法（修改自 Stashak TS：Equine wound management，Philadelphia，1991，Lea & Febiger）

血肿和血清肿

· 血肿的形成被认为是局部伤口抗感染能力降低的主要因素。

· 伤口处组织内血液或血清的积累会机械性地将伤口边缘分离。

· 如果流体压力显著扩张，将会改变血液在伤口边缘的供应。

· 血液或血清为细菌生长提供绝佳的培养基。

· 血红蛋白抑制局部组织防御力，铁离子对于细菌复制是必要的，因为三价铁离子能增加细菌毒力。

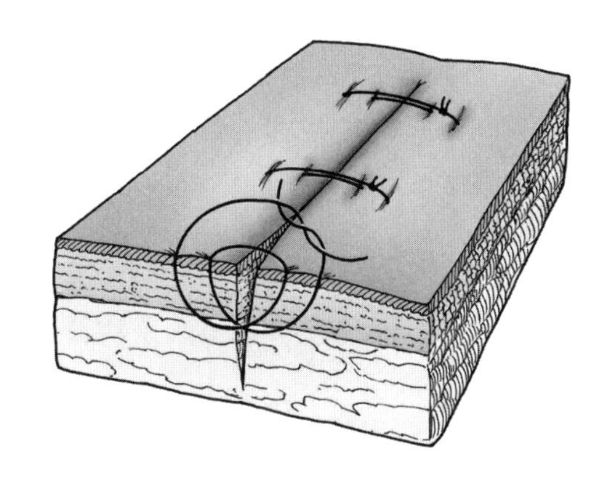

图 19-20　远近近远缝合法

（源自 Stashak TS and Theoret CL，editors：Equine wound management，ed 2，Ames，IA，2008，Wiley-Blackwell，p. 211.）

引流

· 当缝合后仍有大面积死腔存在时使用。

· 必须保持无菌环境。

  · 在四肢使用无菌绷带。

  · 在前躯使用无菌弹力绷带。

· 引流管必须埋入皮下，并在其背侧或近端按以下方式缝合：

  · 对于平行于四肢长轴的伤口，临近但不直接放置在缝合的皮肤边缘下方，从靠近远端肢体末梢处穿出伤口（图19-21）。

  · 交叉放置于横向伤口边缘下，并从腹侧面或远端穿出。

  · 放在皮瓣下方。

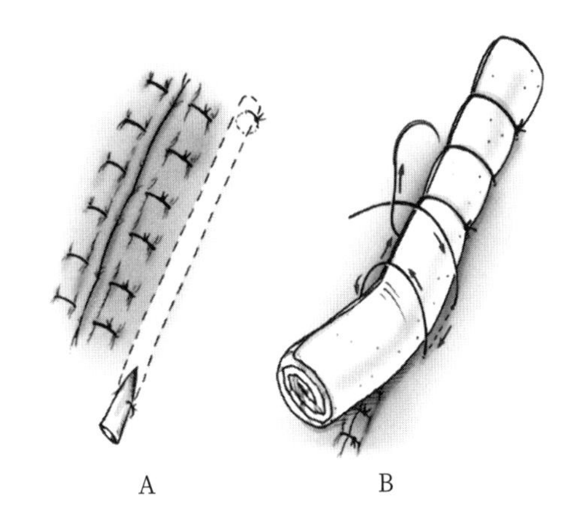

图 19-21　引流管的放置

A. 合理的引流应与沿肢体长轴缝合的伤口方向平行。注意：引流近端被埋入并缝合，远端引流管终端被缝合在出口处　B. 灭菌伸展绷带被放置在缝合伤口内，以对伤口引流并进行保护

· 引流管应从靠近伤口边缘的分离开的切口穿出，并缝合固定［这种引流装置放置方法可以减少逆行性感染直接侵染缝合线的风险（图19-21和图19-22）］。

· 引流装置通常放置24~48h，但如果积液持续存在且没有减少，放置时间可以延长。

· **注意**：引流是双向的，对引流管出口进行严格的术后管理是减少逆行性感染发生的关键。

· 引流装置的使用某种程度上存在争议，因为它相当于伤口处存在的异物；然而，如果有必要排出死腔处产生的血肿，不使用引流装置的后果会比使用后发生潜在并发症的后果更严重。

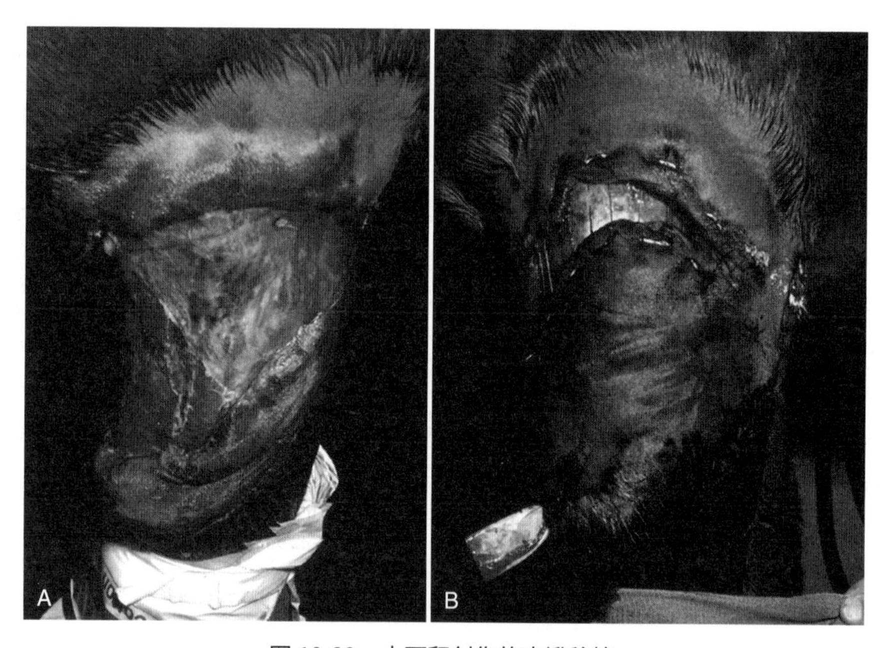

图 19-22　大面积创伤的皮瓣移植

A. 前上肢前侧的一横向撕裂伤，并存在皮瓣　B. 显示皮瓣下引流的合理放置

包扎

优势

- 保护伤口免受污染。
- 产生压力，减少水肿。
- 吸收渗出液。
- 升高温度并减少二氧化碳丧失，以降低伤口表面pH。
- 固定结构和减少额外创伤（如存在于肘关节背侧的伤口）。
- **实践提示：**包扎肢体远端的伤口比不包扎时的恢复速度快30%。

缺点

- 远端的伤口可能会在绷带下产生多余的肉芽组织。

伤口敷料

- 可用的伤口敷料种类繁多，包括被动吸附、不吸附以及可促进伤口恢复的相互作用型和生物活性类产品等。

- 大多数更新的敷料被设计成能创造出湿润的伤口恢复环境，这能让伤口处的体液和生长因子与伤口保持接触，进而促进自溶性清创并加速伤口愈合。
- 尽管伤口敷料（性能）有很大提高，但没有任何一种材料能为所有伤口或伤口恢复的全部阶段制造最佳微环境。因此，伤口敷料的选择应由伤口愈合阶段和情况，以及部位和伤口深度决定。
- 伤口敷料被广泛分为贴附型、亲水型、非贴附型和可吸收型或不可吸收型。贴附敷料常由紧密编织或敞开的纱布制成，在多数情况下被认为是被动的；然而，少数被认为是交互的。纱布敷料通常是高度可吸收的，并仍被用于重度污染的渗出性伤口。
- 亲水型敷料由可以从伤口表面吸收大量液体的材料制成。
- 非贴附型敷料的吸收能力各不相同，被进一步分成封闭型、半封闭型和生物型。

可吸收 / 贴附和非贴附敷料

许多，但并非全部的可吸收敷料会黏附到伤口表面，影响伤口清创。本部分重点介绍常用于马临床实践中的敷料类型。

纱布敷料

- 这些敷料在伤口愈合的炎症阶段使用以辅助清创。宽网纱布有助于贴附和伤口清创。敷料可以在干或湿的状态下使用。
    - 当伤口处液体黏稠度低时可使用干的敷料。
    - 当伤口处液体黏稠度高或已结痂时可使用湿敷料。无菌生理盐水常常用于湿润敷料，还可选择性配合消毒剂、抗微生物药物或酶使用。
    - 湿敷料可用于包扎深层伤口。
    - 当一个健康的肉芽组织面形成时，则不需要继续使用湿敷料。
    - 湿敷料24h后需要更换，一共换1~3次。
- Curasalt，一种20%高渗盐水敷料，被认为具有有效的渗透压非选性清创。只推荐将Curasalt用于坏死并具有严重渗出液的伤口。这种敷料只使用一次，隔天更换。
- Gamgee被用作初级伤口敷料以提供保护、支持和隔离。
    - Gamgee具有高度可吸收性和非贴附性；其在具有高度渗出性的四肢伤口愈合过程中的炎症期使用最佳。
- 抗微生物纱布敷料（Kerlix AMD）和膏状药垫。
    - 这些敷料的特性和建议的最佳用途将在本部分关于抗微生物敷料的内容中介绍。

亲水性敷料

微粒聚糖酐（PDs）

- PDs有珠状（如Debrisan）、鳞片状（如Avalon）和粉状（如Intrasite和Intracell）。
  - 从伤口渗出物中吸收液态成分，包括前列腺素。
  - PDs将微生物从伤口通过毛细作用移除。
  - PDs激活趋化因子以吸引分叶白细胞和单核细胞。

· PDs最好用于清除脱皮渗出伤口。在健康的肉芽组织层生成后应停止使用，且不可用于干燥伤口。

· **注意**：因为PDs不能进行生物降解，需要用生理盐水或其他灭菌盐溶液在伤口干燥前洗掉。这样做能避免颗粒残留物的积累及继发肉芽肿。

麦芽糊精（MD）

- 可购买到的产品为粉状或是含有1%抗坏血酸的胶状MD（Intracell）。
  - 亲水性可溶粉末对液体有亲和性，将其从伤口组织中“拉”出，因此可从内部清洗伤口。这些液体能促进湿性愈合。
  - Intracell使多聚糖水解为葡萄糖，为细胞代谢提供能量并促进愈合。
  - 据说粉末和胶体能趋使巨噬细胞、分叶核细胞和淋巴细胞到伤口，进而加快清创的过程。

· 该粉末应涂抹在伤口至四分之一英寸深。将初级非贴附型半闭塞敷料置于粉末上，接着用可吸收纱布缠绕并使用三级绷带。

  - 绷带应每天更换，进行伤口灌洗，并使用更多的粉剂。
  - 最佳用途为清创并促进污染和感染创愈合。
  - 粉剂的最佳用途是用于渗出性伤口，胶状用于更干燥的伤口。

藻酸钙（CA）

- CA被归为纤维聚糖酐。
- 有多种来源（Curasorb、C-Stat、Nu-Derm和Kaltostat）。
  - 由从褐藻纲类海藻中提取得到的海藻酸盐制成。
  - 可以从伤口吸收自身重量19~30倍的液体。
  - 促进环境湿润，有助于伤口愈合。
  - 能促进上皮生成和肉芽组织形成，但这不是在以马为实验对象的研究中发现的。
  - 促进凝结。
  - 在慢性伤口床激活巨噬细胞，促进肉芽组织生成。

- 一些藻酸盐具有促进愈合级联反应开始的能力，通过分解肥大细胞导致组胺和五羟色胺的释放。

- 因为以上因素，藻酸钙敷料被认为具有生物活性。
- 最佳用途：
  - 中度到重度渗出伤口在由急性炎症期转入修复期的过程。
  - 有大量组织损失的伤口，如撕脱性伤口。
  - 启动慢性创伤的愈合。
    - 这种敷料在使前需要被湿润，因为慢性干燥伤口需要一定刺激来使肉芽组织生成。一种更好的替代方式是先给伤口清创，然后使用没有润湿的敷料（图19-23）。半闭塞非贴附型垫料应放在藻酸钙敷料上，然后继续放置第二和第三层绷带。

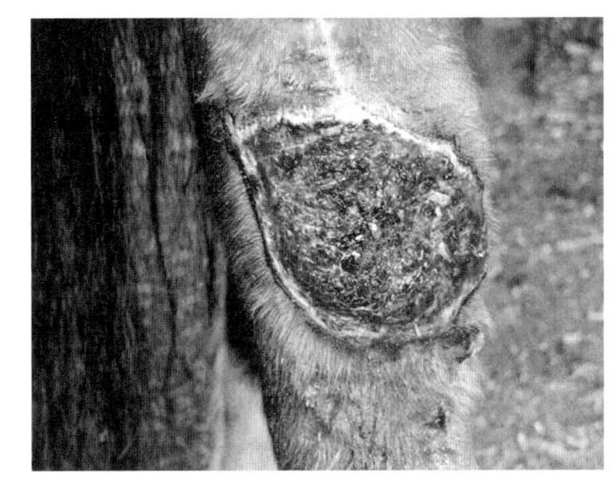

图 19-23　马肘关节背侧的干燥伤口

位于马肘关节 / 跗骨区域背侧表面的慢性伤口受益于清创和使用藻酸钙敷料。（源自 Stashak TS，Theoret CL，editors：Equine wound management，ed 2，Ames，IA，2008，Wiley-Blackwell，p. 119）

冻干凝胶（FDG）

- 有一种含有乙酰吗喃的亲水性FDG（CarraSorb）。
- 冻干凝胶被显示能显著加速大鼠试验性伤口的愈合。
- 冻干凝胶具有潜在激活巨噬细胞的特性和结合生长因子的能力，
- 对于犬，有显示冻干凝胶能迅速促进肉芽组织在开放性伤口和暴露骨头的伤口中生成。
- 冻干凝胶加速伤口湿性愈合和自溶性清创。
- 该敷料需要被剪裁以符合伤口性质，并在用于干燥伤口前用灭菌生理盐水或无菌水。
- 因为冻干凝胶能促进纤维增生，推荐每2~3d使用1次。
- 最佳用途：
  - 在早期炎症阶段，尤其是具有中度渗出的伤口和露骨的伤口。
  - 用于减少伤口水肿，因为其具有吸水作用。
  - 当肉芽组织填充伤口时停止使用。

几丁质（C）

- C，是一种N-乙酰基-D-葡萄糖胺聚合物，其是甲壳类和昆虫的骨骼组分之一。
- 有多种存在形式：海绵、棉布、鳞片状和非编织物。

- 一项对照试验显示，在犬全层皮肤伤口上用几丁质进行治疗，比对照伤口在21d时有更多的上皮生成。
- 目前很难确定这一产品的最佳用途；几丁质不作为北美地区伤口管理的常规选项。

闭塞合成敷料（OSDs）

- OSDs通过具有低水分或蒸汽传播的非孔性材料促进“湿性愈合”。潮湿的伤口环境富集白细胞、酶、细胞因子和利于伤口愈合的生长因子。在这些敷料下，自溶性清创通常在受伤后72~96h发生（假设敷料在受伤的同时使用），因此能为修复阶段清理伤口。纤维增生和上皮生成受存在于潮湿伤口的细胞因子和生长因子的刺激。湿性愈合的好处有:
  - 防止疤痕形成，疤痕会阻止白细胞参与伤口愈合。
  - 降低环境pH，进而通过改变氧合血红蛋白解离曲线，使氧气更容易从血红蛋白释放来增加伤口氧化。
  - 抑制细菌从外环境穿透伤口表面。
  - 主要通过促进上皮细胞自由地迁徙到潮湿伤口表面而增加上皮生成。
  - 增加细菌菌落形成，但不形成感染。然而，马相关文献并不支持后半句的观点；许多研究显示，当伤口敷有闭塞性敷料时感染发生的风险增加。
  - 对于湿性愈合的好处还包括加速（缩短）炎症和增殖阶段，加速进入重建阶段。
- OCDs被认为是互作型敷料，市场上可购买的有:
  - 水凝胶。
  - 水状胶体。
  - 硅胶敷料。

水凝胶（聚乙烯氧化物封闭敷料）

- 水凝胶是一种亲水性聚合物的三维网络结构，含有90%~95%水分。
- 水凝胶有片状或胶状两种。
  - 片状水凝胶被认为是目前最理想的伤口敷料（如Tegagel 敷料、Nu-gel）。当用于干燥伤口时，它们能水化伤口并创造出湿性愈合的环境。
  - 无固定形态的水凝胶对需要清创的坏死组织有提供水分的作用。通过增加坏死组织的湿度，增加胶原酶的生成，水凝胶协助自溶性清创。
- 含有乙酰吗喃的水凝胶（CarraVet，CarraSorb）刺激暴露骨组织的伤口愈合。
- 一些水凝胶含有透明质酸和硫酸软骨素，以及通过化学性交联形成的黏多糖水膜(Tegaderm)。这些物质与单独使用Tegaderm相比，能增加上皮生成和肉芽组织的形成。
- 其他产品包括灌注有水凝胶的纱布（如FasCure、Curafil）和含有25%丙二醇

（Solugel）的其他形式。

- 一项评估Solugel对马的二期愈合效果的研究发现，与对照组盐浸纱布敷料相比，Solugel没有任何影响。

· 一项关于马四肢伤口的研究表明，片状水凝胶敷料产生过量的渗出物，增加了清除多余肉芽组织的需要，使伤口愈合时间比对照组增加了2倍。持续形成的多余肉芽组织被认为是在修复期持续使用片状水凝胶敷料的结果。

应该做什么

水凝胶

- 这一敷料需要在创伤发生的6h内使用，并持续使用48h后更换。
- 一旦有肉芽组织形成的迹象，就应该停止使用敷料。
- 在使用片状水凝胶敷料前，需将伤口周围的皮肤清洁并干燥，伤口表面轻柔地用稀释的消毒液润洗。
  - 敷料需被剪裁成适合的大小，薄片状的一面被撕掉后将片状敷料用于伤口表面。之后敷料表面覆盖第二和第三层绷带。敷料需被放置2d。
  - 如果伤口周围的皮肤因为过量的水分表现出被泡软的状态，敷料应被移除并换上非贴附型半封闭敷料。
- 这些敷料最佳使用于处于伤口修复炎症反应阶段的洁净急性伤口。

Vulketan胶（VG）

· Vulketan胶（VG）的活性成分是一种强效血清素受体颉颃剂，酮色林。

· VG阻断血清素诱导的巨噬细胞抑制，以及伤口早期出现的血管收缩，因此伤口可以发生强烈有效的炎症反应。这一活动也许可被解释为：

- 良好的感染控制。
- 良好的修复。

· 在一项以马四肢远端伤口为中心的随机对照临床研究中评估VG的效果，它被发现比其他用于预防感染和多余肉芽组织形成的标准治疗物更有效。

· 因为VG能刺激循环，故其不应被用于新鲜出血的伤口。

水状胶体

· 水状胶体由内外两层组成：内层通常是黏性层，是浓稠的吸附水状胶体团块；外层是较薄的防水和细菌无法渗透的聚亚安酯膜。

· 水状胶体有以下几种：Duoderm、Dermaheal或嵌入弹性网中的羧甲基纤维素颗粒（Comfeel）。

· 氧气无法渗透Duoderm，可以增加上皮生成和胶原合成速率，并降低伤口渗出液的pH，从而减少细菌数量。

· 加速上皮生成在所有研究中都没有记录。

· 一项在马中进行的研究发现Dermaheal或Duoderm敷料促进肉芽组织直接从裸露的骨组织表面、被磨损的肌腱和韧带表面生成。这一研究同时发现使用这些敷料的伤口有发生感染的可能；当感染发生时，应停止使用敷料直到伤口恢复。

· 这些敷料在马上的最佳用途是在早期炎症反应期直到肉芽组织填满伤口。敷料应用于没有感染的干净伤口，并在多余肉芽组织形成前停止使用。

硅胶敷料

· 在马的试验性肢体远端伤口研究中调查一种硅胶敷料（Cica Care）。观察到它在预防多余肉芽组织生成方面能极大地超越传统非贴附性敷料。伤口收缩和上皮生成在修复的前两周更迅速，可能是因为有更健康的肉芽组织生成。此外，肉芽组织的质量超过用传统方法治疗的伤口。

半封闭合成敷料

合成织布敷料（FSDs）

- FSDs具有以下产品形式：
  - 矿脂浸渍纱布（NU 纱布海绵，凡士林石油纱布，Xerofoam和Jelonet）。
  - 矿脂乳剂敷料（Adaptic）、油乳针织物（Curity）、尼龙/聚乙烯织布（Release），以及含有3%三溴酚铋的矿脂浸渍纱布（Adaptic+Xerofoam）。
  - 可吸收黏附薄膜（Mitraflex）。
  - 带孔涤纶薄膜填充压缩棉（Telfa）

· 一项研究曾对以下几种敷料对马四肢远端全层伤口愈合的影响进行评估，其中包括两种半封闭敷料、（Telfa和mitraflex）、一种生物敷料（马羊腹）和一种封闭敷料（Biodres目前该产品已退出市场）研究发现，用Biodres作为敷料的伤口更需要额外修剪多余肉芽组织、多余的渗出物，比其他用Telfa作对照的伤口愈合时间增加2倍以上。用羊膜作为伤口敷料的伤口需要最小限度地对肉芽组织进行修剪，且用Telfa作敷料的伤口愈合最快。

聚亚安酯半封闭敷料

· 聚亚安酯半封闭敷料具有以下形式：薄膜（如Op-Site，Tegaderm，Bioclusive）或泡沫（如Hydrosorb、Hydrosorb 伤口护理产品、Sof-Foam）。

· 薄膜透明、防水，对蒸汽半通透，对氧气通透且对干燥皮肤具有黏附性，但对伤口不具有黏附性，且具有止痛效果。

  - 尽管这些敷料被认为不具有黏附性，但其中的Op-Site有将新生表皮从愈合伤口表面剥离的倾向。
  - 尽管片状敷料在马的最佳使用时期是修复阶段，但其独特的性质让他们可被用于清洁伤口的整个恢复阶段。

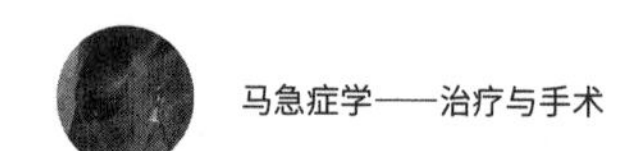

- 泡沫海绵有作为片状敷料可就地形成泡沫或黏附性泡沫（如Tielle氢化聚合物黏附剂）。
  - 聚亚安酯半封闭敷料具有良好的相容性、透气性、吸附性，易于应用，并能有效阻挡细菌的侵入。水分被吸收到敷料，这在为伤口提供湿性愈合环境的同时减少了组织被浸软。
  - 海绵的最佳使用途径是在愈合早期炎症阶段，这时伤口有大量的渗出物。在这样的环境下，应每天更换绷带或根据伤口产生液体的程度更换。因为其半封闭的特性，海绵也被认为可用于修复期。海绵的另一使用方法是用液体药物或湿润剂浸泡海绵，以此向伤口给药。但同一块海绵不能同时用来吸收或给药。

抗微生物敷料

· 感染和细菌增殖一直是造成伤口愈合延迟的重要因素。因为广泛使用的系统或局部抗微生物药物导致耐药菌株［抗甲氧西林金黄色葡萄球菌（MRSA）、抗万古霉素屎肠球菌（VRE）和铜绿假单胞杆菌］数量增加，建议理智地使用抗微生物敷料，尤其是那些包含特定消毒剂的抗微生物敷料，这对于控制感染和促进伤口愈合很重要。

含碘敷料

· 卡地姆碘是由含有碘的交联聚合右旋糖酐制成。当敷料在湿润伤口环境被水化后，碘单元被释放产生抗菌效果，并与巨噬细胞互作产生肿瘤坏死因子-α（TNF-α）和白介素-6，它们能间接影响伤口愈合。最佳用途是在污染伤口修复的早期炎症反应期。

· Indoflex，一种缓释碘敷料，被报道能有效治疗犬的广泛霉菌性鼻炎。缓释是为了保持局部活性碘持续处于足够的浓度水平至少48h。该产品中缓释的聚维酮碘似乎没有减慢伤口的愈合。

· 还有一种PI粉剂敷料。该产品碘含量为1%，具有广泛抗菌谱，同样也具有杀真菌能力。

· Biozide Gel是一种水凝胶，它在聚乙二醇基础上含有1%PI复合物。该产品一个理论上的优点是即使它作为封闭敷料，仍可安全地使用在重度污染或感染的伤口，因为PI的杀菌性被整合进该产品。

· Oxyzyme是一种相对较新的生物氧合水凝胶敷料，可向伤口表面输送碘（～0.04% *w/w*）和氧，体外试验发现其能产生广谱抗微生物效应，包括产生耐药性的微生物、厌氧微生物和酵母。这种敷料有一种双层结构包括上层的氧化酶和深层的碘化物，这一技术使其可同时释放氧气和碘到伤口。氧化酶在空气中与氧反应生成过氧化氢，这将碘化物转化成分子碘，过氧化氢立即被转化为溶解氧；它们全被送到伤口表面。研究发现，这种敷料对治疗人的腿部静脉溃疡有效。

  - 这种敷料被认为对马的伤口治疗价值有限，因为它被推荐在没有二级敷料固定时使用。

· 任何含碘产品在治疗马伤口中的有效性未被证实。一项研究记录，马在使用10%PI膏剂治疗后，相比于其他抗微生物敷料，伤口愈合没有延迟。

抗微生物纱布敷料

- Kerlix AMD含有0.2% 聚六亚甲基双胍，它具有广泛抗微生物活性，包括铜绿假单胞菌，且比双氯苯双胍己烷更具有生物适应性。
  - 像普通网状纱布所描述的那样，敷料被包装成海绵或卷状，材料可湿式或干式使用。
  - 最佳用途是在愈合炎症期：
    - 细菌浓度高的伤口。
    - 处于开放滑膜腔的伤口（图19-24A）。
    - 卷状敷料是包扎躯干或上肢的深层污染创的理想敷料（图19-24B）。包扎材料需每日更换，并逐渐减少伤口处纱布的用量。
    - 伤口清创。

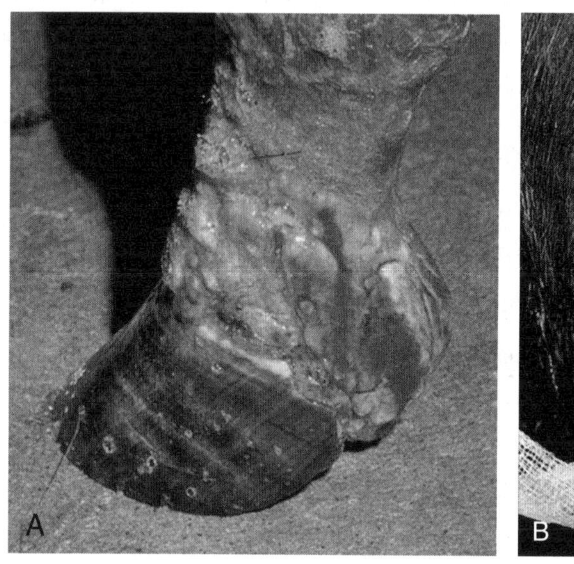

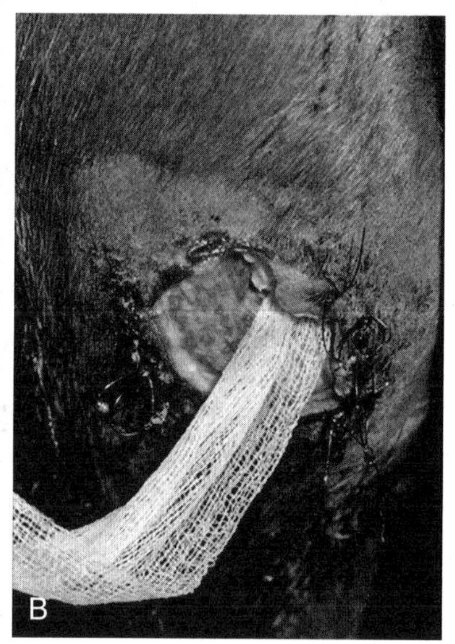

图 19-24　Kerlix AMD 运用的创伤举例

A. 进入远端指节间关节的伤口受益于 Kerlix AMD 敷料　B. 位于胸部头侧表面的大型、深层、重度污染的伤口，敷有润湿的 Kerlix AMD 纱布
（源自 Stashak TS，Theoret CL，editors：Equine wound management，ed 2，Ames，IA，2008，Wiley-Blackwell，p. 127）

膏药垫

- Animalintex膏药和蹄垫：
  - 衬垫由具有塑料支撑的非编制棉做成。
  - 敷料含有硼酸（轻度消毒剂）和黄芪胶，这是一种膏剂，衬垫被做成适合蹄底的性状

和非蹄型绷带。该敷料能被以热、冷或干的形式使用。

- 最佳使用途径：
  - 热敷于感染的蹄部伤口（如脓肿和污染创）；其也能在身体其他部位作为膏剂使用。
  - 冷敷于扭伤和拉伤部位。

银浸渍敷料（SIDs）

· 市场上有一系列SIDs（如Silverlon、Acticoat、Actisorb、Aquacel Silver、PolyMem、Urgotul SSD和Contreet）（表2-1），但关于它们抗微生物效果和对伤口愈合影响的比较数据有限。通过一定时间，银从敷料中以不同浓度释放出来并杀死细菌。

· 尽管SIDs一般被认为对细菌感染管理有效（也对真菌和病毒有效），关键的问题仍然存在，包括用于伤口的不同SIDs相对有效性和存在对银有抗性的细菌。这些敷料的最佳用途是从炎症期直到伤口愈合修复阶段。

活性炭敷料

· 活性炭敷料有Activate和Actisorb。其中一种敷料Activate被包装成多层、非编织、非黏附材料的形式。

- 活性炭敷料的优点如下：
  - 为自溶性清创提供湿性愈合环境。
  - 有效吸附细菌。
  - 预防多余肉芽组织在伤口形成。
  - 减少伤口产生的气味。
- 最佳用途是处于炎症期到修复期的重度感染创。
- 有趣的是，少数处于伤口愈合修复期的病例最后表现为愈合良好。

抗生素浸渍的胶原蛋白海绵

将在滑膜穿刺部分介绍。

生物性敷料

生物性敷料从由机体产生的天然产品中发展而来。其能由身体组织（如羊膜、腹膜或皮肤）、具生物适应性结构的物质（如胞外基质支架、胶原等）或由血液成分衍生而来。尽管组织敷料能通过提供湿性愈合的最佳环境进而促进愈合，但大多数敷料是为了促进组织成分再生以达到无痕愈合而设计的。血液细胞富集成分做成的敷料被发展成通过提供生长因子来刺激伤口愈合。这些敷料被认为具有生物活性。

天然组织敷料

马羊膜

尽管具有封闭特性，马羊膜既不会刺激多余肉芽组织的形成，也不会促进马伤口快速愈合，除非被用于颗粒状移植皮片和多点钻取移植皮片伤口。羊膜常用于远端四肢末梢的伤口以抑制多余肉芽组织的形成和加速颗粒状移植皮片和多点钻取移植皮片伤口中的上皮再生。可选择在敷料上缠绷带。

马腹膜和异源性半层皮片

以马为对象的一项研究发现，对比使用合成敷料的对照组，伤口使用马腹膜或异源性半层皮片做覆盖，不会加速伤口愈合。

组织工程敷料

胶原敷料

胶原敷料被做成胶状（Collasate）、多孔膜和无孔膜、颗粒（Collamend）和海绵的形式，据报道它们能促进人类和实验动物的伤口愈合。一项在马身上的研究显示，相比半封闭对照敷料，牛多孔和无孔胶原膜或胶状敷料没有明显优势。使用牛多孔胶原后在伤口形成疤痕的事实提示伤口表面脱水，因此这种敷料没有起到与封闭或半封闭敷料同等的作用。

化学修饰（硫酸化）透明质酸（HA）基质

在实验模型和临床病例中显示，化学修饰HA支架（如片状敷料和凝胶喷雾胶）能加速并促进无疤痕愈合。准备工作报告建议交联片状敷料也可以加速马四肢伤口愈合。有初步研究表示交联片状敷料可能可以促进马肢体伤口的愈合。

修复。这一对照研究，比较了EquitrX薄膜（用于更换绷带）或一种胶状敷料（CantrX，用于一次或每次更换绷带）的效果，以一种绷带敷料作为对照，发现用薄膜治疗的伤口愈合时组织质量和美容效果最好。

- 推荐用途：
  - 大型撕脱伤和撕裂伤。
  - 需要最佳美容效果的伤口。

胞外基质支架（ECMS）

ECMS有两种类型的产品：猪膀胱固有层（ACell Vet Scaffold）和猪小肠黏膜下层（Vet BioSISt）。ECMS被描述为具有聚集骨髓干细胞到非细胞支架的能力，使严重受损或缺损的组织发生“建设性重塑”。恢复的重塑组织具有已分化的细胞和组织类型，包括动脉和静脉、受神经介质支配的平滑肌、软骨和特殊上皮结构。在已愈合的组织存在极少的疤痕组织。

注意：这是伤口愈合中的新概念。

多细胞或不含细胞成分的敷料

素高捷疗

素高捷疗是一种不含蛋白质、从小牛血液通过标准透析获得的超滤液（Solcoseryl)。一项在马中进行的研究显示，素高捷疗引起更强烈的炎症反应，并伴随有肉芽组织的快速形成和收缩。因此，素高捷疗会导致愈合炎症阶段和上皮生成的延长，进而抑制修复。其最佳用于早期炎症阶段的深伤口；一旦发现有上皮生成的迹象就要停止使用。

富含血小板的血浆

富含血小板的血浆（PRP）是指血小板浓度超过正常值的一定体积的自体血浆。正常血小板计数在全血平均值为每毫升200 000，在PRP血小板计数均值为每毫升1 000 000（注意：少于这一浓度的血小板不能促进伤口愈合，但大于该浓度目前也没有显示能促进伤口愈合）。在具有潜在增进伤口愈合能力的PRP中，有至少四种主要自身来源的生长因子。**操作提示：** PRP只应由抗凝血制成，因为凝集会导致生长因子几乎瞬间被释放。发生凝集10min后，据估计，被激活的血小板释放了70%存储的调节因子，并在1h内几乎被全部释放。因此，使PRP形成凝块（通过增加凝血酶或氯化钙）应该在将其输送至伤口表面前进行。

应该做什么

促进伤口愈合的敷料选择

在修复不同阶段选择促进伤口愈合的敷料。

炎症/细胞清创阶段

- 洁净或污染但未感染的伤口，用封闭敷料指导健康肉芽组织形成。
  - 例外：Vulketan和Silicone胶可被用于整个修复阶段。
  - 促进自溶性伤口清创。
- 在重度污染或感染的渗出性伤口使用黏附性、亲水性和抗微生物敷料。当健康肉芽组织形成时停止使用。
  - 纱布卷或纱布条可在包扎贯穿性或隧道性伤口时使用；敷料可填充死腔并提供引流。
- 使用含藻酸盐的敷料对于慢性不愈合伤口可以促进愈合。对于干燥伤口应事先润湿敷料。
- 使用含乙酰吗喃的敷料促进肉芽组织在暴露伤口处形成。
- 使用不含蛋白质的小牛血透析液促进肉芽组织和深层伤口收缩。一旦发现上皮生成迹象就要停止使用。
- 使用氧化再生纤维素或胶原敷料促进慢性伤口愈合，当胶质缓慢降解时它们通过使基质金属蛋白酶失活并与生长因子结合，使之以活性形式释放到伤口。

修复阶段

- 一旦肉芽组织形成则使用半封闭敷料。
- Vulketan和Silicone胶也可以用于此阶段。

全阶段

- Vulketan和Silicone胶。
- 液体黏附性敷料。
- 生物性敷料。
  - 化学修饰HA支架。
  - ECM：从构造上重塑洁净的大型撕脱性伤口和跟腱缺损。
  - 自体富集血小板血清凝胶。

创面用药

红油（SO）

· 尽管SO已被用于治疗马的伤口，但并没有对照研究来评估其有效性。SO的成分包括矿物油、异丙醇（30%）、水杨酸甲酯、苯甲醇（3%）、松油、桉叶油、对氯间二甲苯酚和猩红。松油常被用作家用消毒剂。SO在一些马中能导致疼痛接触性皮炎，这使医师反对用其进行持续治疗。一些医师用这种药剂在马前躯大型伤口内刺激肉芽组织生成，但笔者不推荐如此使用。

活酵母菌衍生物

· 活酵母菌衍生物是一种能刺激血管再生、上皮生成和胶原形成的水溶性酵母提取物。其能促进犬的伤口愈合。**注意：**活酵母菌衍生物会延迟马的伤口愈合，且导致多余肉芽组织生成。

芦荟汁（AV）

· 据报道，AV有抗血栓素和抗前列腺素的性质，可以协助血管开放并防止皮肤缺血。

· AV被证明能刺激伤口愈合；具有抗细菌、抗真菌和抗病毒的能力；类似免疫刺激物的作用；具有抗炎效果；且刺激胶原生成。其也被报道对抗铜绿假单胞菌有效。

· 在一项关于犬的为期7d的研究中显示，含有乙酰吗喃的芦荟汁提取物胶体能加速上皮化和足垫伤口的愈合。

· AV在马中的有效性目前还没有被证实，但有一篇研究显示AV会延缓伤口愈合。

蜂蜜

· 蜂蜜吸引组织巨噬细胞，因而具有抗菌能力。

· 在伤口处，蜂蜜中的酶通过酸化作用以及缓慢释放过氧化氢（一种温和的杀菌剂）和葡萄糖酸内酯/葡萄糖酸（一种弱强度抗生素）达到抗菌效应。

· 蜂蜜提供抗氧化剂，保护伤口组织免受炎性细胞释放的氧自由基的伤害。

· 蜂蜜被显示能促进一些炎性细胞因子的表达，这些因子能加强纤维再生和上皮生成。

· 蜂蜜可以加速哺乳动物伤口修复，尤其是实验啮齿类动物；然而没有数据显示其对马的伤口管理具有同样的作用。

· 理想情况下，用于治疗伤口的蜂蜜应是未经高温灭菌消毒和超过37°C加热的，以避免葡萄糖氧化酶失活。

· 用于伤口护理的标准蜂蜜产品有Manuka蜂蜜浸渍纱网敷料、Meloderm UMF、16+辐射激活Manuka蜂蜜和Vetramil。

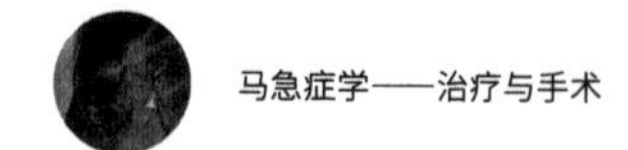

糖

- 糖可以:
  - 抑制细菌繁殖。
  - 减少水肿。
  - 吸引巨噬细胞。
  - 伤口清创。
  - 提供能量。
  - 创造湿性愈合环境。
- 糖应被置于伤口上1cm厚，之后被可吸收性敷料覆盖。
- 糖最佳用于坏死性伤口、感染创。

其他创面用药

- 维生素E：常在马伤口愈合成熟期使用，但缺乏检查其效果的临床试验。
  - 一项在人进行的研究发现，90%用维生素E治疗过的伤口愈合美容效果差，33%有接触性皮炎发生。
- 绵羊油：被用作皮肤软化剂和湿润剂已几个世纪。
  - 在一项评估仔猪的部分皮肤厚度的伤口的临床试验中发现，与绵羊油/人上皮生长因子乳霜或纱布对比时，单独使用绵羊油能显著增加上皮生成率和真皮厚度。
  - 绵羊油最佳用于皮肤擦伤和在伤口恢复成熟期使用。
- 茶树油（TTO）：
  - 产品是无刺激性的。
  - 增加纤维增生但不会导致多余肉芽组织的形成。
  - 促进伤口快速愈合。
  - 对控制细菌和真菌感染有效。
  - TTO的抗真菌和抗细菌特性有良好记载。
  - 没有科学性文献记载TTO对马伤口愈合的影响。
  - TTO最佳用于伤口愈合炎症期到修复期。
- 龙胆紫：被显示具有致癌性。
- Cut-Heal（CH）：含有鱼油、粗亚麻籽油、松节油、香树脂、冷杉和硫酸。
  - 硫酸（亦称作电池酸）和松节油被认为是皮肤刺激物。
  - 这一产品常被马主人用于伤口愈合。
  - 不建议这样使用。
- Alu-Spray（AS）：

        - 建议用于建立物理屏障以保护伤口。
        - 热水和冷水均不会使其脱落，但可被肥皂水洗掉。
        - 物理屏障能保护伤口免受苍蝇和小昆虫烦扰，这些常存在于马周围的环境中。
        - 已被认可的最佳用途是用于没有包扎的手术部位，以及开放性伤口的微小撕裂的修复。
    - 红科特（Red Kote）：一种杀菌、非干性、软化伤口用的敷料和愈合辅助剂。
        - 适应证：
            - 表面伤口。
            - 割伤。
            - 撕裂伤。
            - 擦伤。
        - 没有研究证实其在马中的效果。
    - Amino Plex（AP）：一种由氨基酸、微量元素、多肽、电解质和核苷组成的溶液。
        - AP能逆转细胞损伤、增加葡萄糖和氧的摄取、增加胶原合成和加速人的上皮再生。
        - AP在马中的作用没有开展过对照性试验。
    - Addison Lab-Zn7 Derm：一种pH中性溶液。
        - 该溶液能加快伤口愈合、促进皮毛再生和具有抗微生物效果。
        - 其在马中的作用没有开展对照性试验。
    - 三肽铜复合物（TCC）：
        - 有局部药物和注射药物形式。
        - 促进新血管形成、上皮化、胶原沉积和增加伤口收缩。
        - 对于犬，局部给药能增加开放性伤口的修复；而注射给药能增加一型胶原沉积于愈合中的足垫伤口。
        - TCC被发现能促进慢性缺血性伤口愈合。
        - TCC不常用于马的临床实践。
        - 其最佳用途是在伤口恢复修复期使用。
    - Granulex：一种含有胰酶（TR）、秘鲁香树脂和蓖麻油的喷雾剂。
        - TR功能是溶解纤维和清除坏死组织。
        - 于局部使用抗生素前在伤口使用1mg的TR会使潜在的抗菌活动失效。
        - 秘鲁香树脂含有肉桂酸和苯甲酸，被认为会刺激局部血管床，进而增加血流。
        - 作为轻微防腐剂使用。
        - 蓖麻油是一种局部保护剂，可能促进上皮生成。
        - 在一项使用Granulex治疗患有褥疮的人类患畜中进行的临床试验显示，与那些没有直接在褥疮用药的患畜相比，Granulex可以加快伤口愈合。
        - 因为Granulex喷雾的油性基底，所以使用时应避免其被喷到脸部而导致呼吸道过敏。

- Kinetic Proud Flesh Formula：含有聚乙二醇、呋喃西林、地塞米松和红油。
  - 建议用于肉芽组织以抑制多余肉芽组织生成和治疗浅表皮炎。
  - 没有在马中应用的研究。

重组生长因子

- 重组人转录生长因子β-1在实验中使用的剂量对小马和马上的实验性伤口愈合没有帮助。
- 重组来源于血小板来源的生长因子。
  - 对人类的慢性非愈合糖尿病溃疡有效。
  - 没有在马中应用的研究。
  - 血小板来源生长因子商业上有Regranex的形式。
- **实践提示：**自然生理条件下细胞因子和生长因子的混合（富集血小板血浆就能提供这种条件）对促进伤口愈合是很有必要的，因为多种介质可以协同合作。

多余肉芽组织（EGT）

- 腕关节和跗关节以下的肢体上有大量组织缺失的伤口，更易于产生多余肉芽组织（图19-25）。
- 可能促进多余肉芽组织形成的原因包括：
  - 严重污染或慢性炎症（通常由存在的异物引起）。
  - 活动增加（如位于关节伸肌和屈肌面，以及脚后跟球状区域的伤口）。
  - 缺少软组织覆盖（缺少上皮覆盖会促进肉芽组织过度形成；EGT形成后会阻碍上皮生成，形成一个恶性循环）。
  - 血液灌注不良或缺氧会导致慢性炎症，刺激成纤维细胞增生，使胞外基质重塑变得不平衡，导致合成增加，转化减少，并抑制增殖成纤维细胞分化成具有收缩性的表型（成肌纤维细胞）。
  - 身体大小：个体高度超过140cm、重量大于365kg更容易发生；小马

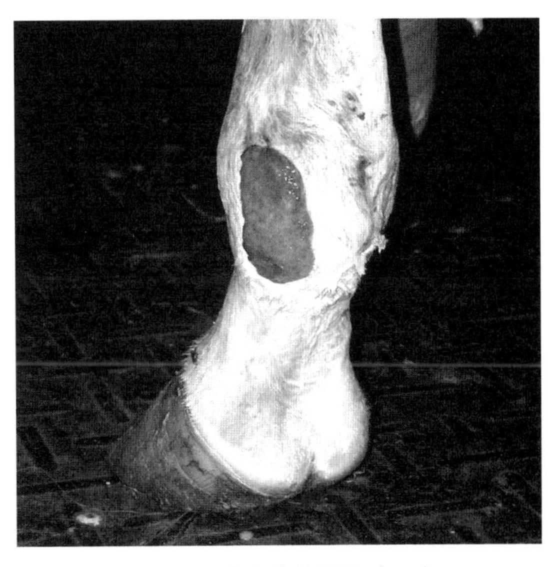

图19-25　多余肉芽组织（EGT）

肉芽组织的生长超出皮肤边缘并突出于上皮生长的边缘。（图片由Pr. Olivier Lepage，École Nationale Vétérinaire de Lyon提供）

受伤时出现更有效的炎症反应，伤口肉芽组织内成纤维细胞定向改善，伤口收缩更快。

- 异常细胞因子谱，有利于四肢远端的伤口内纤维生成转录因子β_1：这种生长因子刺激成纤维细胞增生、胞外基质成分合成并限制真皮成纤维细胞被自噬（细胞程序性死亡）。
- 绷带和石膏的使用可能通过影响伤口处的氧水平和细胞因子谱来刺激血管生成和纤维增生。

预防

- 仔细检查伤口对于排出刺激源非常关键，刺激源包括死骨片或磨损的肌腱末端。
- 四肢伤口的早期、水肿性肉芽组织可使用弹性绷带。

治疗

- 对于新形成的肉芽组织：
  - 给伤口清创并使用类固醇抗生素软膏和压力绷带。
  - **注意：**通常最多需要使用一种或两种类固醇抗生素软膏。

· 超出伤口皮肤表面的肉芽组织形成纤维肉芽肿，需要通过手术切除；同时需要使用压力绷带或石膏。

· 在试验性四肢伤口，硅胶敷料可以有效预防多余肉芽组织的形成。

· 腐蚀剂和收敛剂能通过化学作用有效的移除和预防肉芽组织的形成。然而，化学药剂是非细胞选择性的，会损坏迁移的上皮细胞，导致愈合时间延长，加重炎症和疤痕的过度形成。

第 20 章 肝功能衰竭，贫血与输血

Thomas J. Divers

黄疸（Jaundice）

- 黄疸通常提示溶血性疾病，肝功能衰竭或厌食症（图20-1）。
- 这些情况通常可以通过详细的病史、临床检查和实验室检查进行分辨。
- **实践提示**：如果在另一个器官系统中发现问题，且该器官系统可能导致厌食，那么黄疸可能是生理性黄疸。
- 成年动物的生理性黄疸被认为是由以下原因引起的：

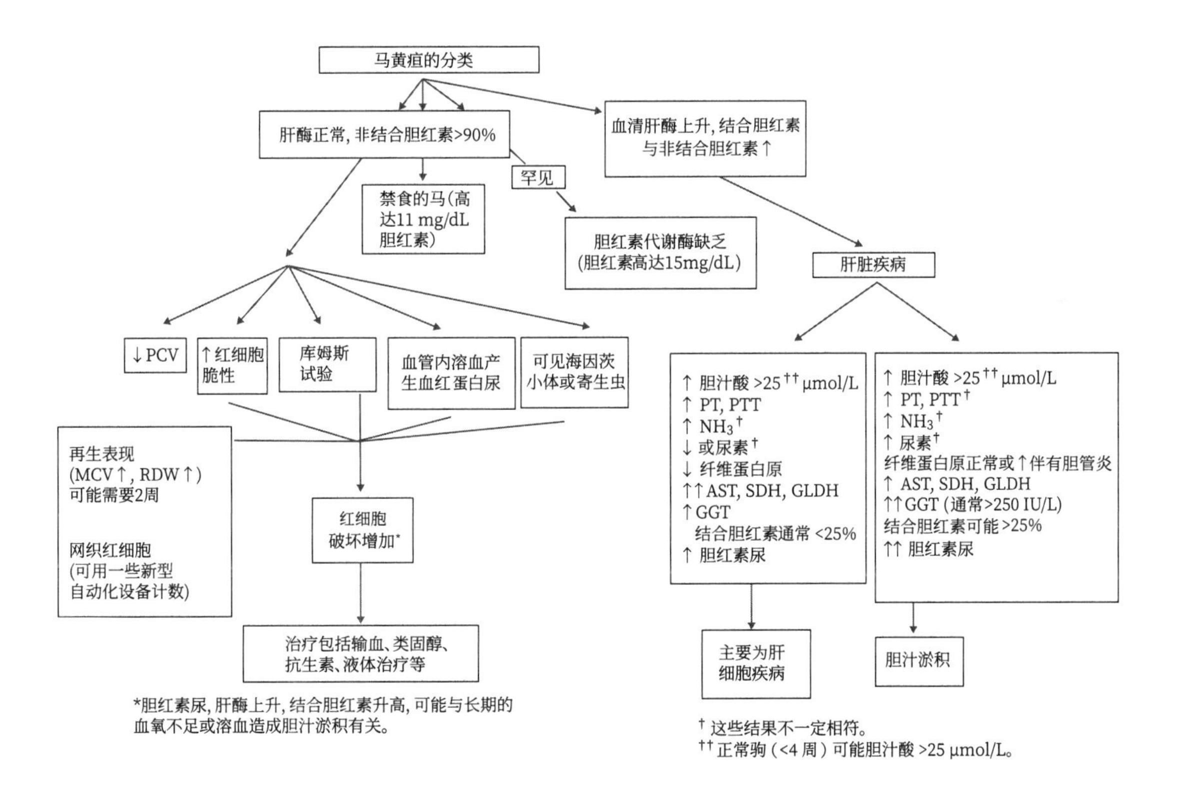

图 20-1 马黄疸的分类

AST，天冬氨酸氨基转移酶；GGT，γ-谷氨酰转氨肽酶；GLDH，谷氨酸脱氢酶；MCV，平均红细胞体积；NH_3，氨；PT，凝血酶原时间；PTT，部分促凝血酶原激酶时间；PCV，血细胞比容；RBC，红细胞；RDW，红细胞分布宽度；SDH，山梨糖醇脱氢酶。

- 厌食症。
- 血浆游离脂肪酸（FFA）水平升高。
- FFA和胆红素在被肝脏摄取时会互相竞争。
- 与肝细胞结合减少。
- 在年轻且患败血症的马驹中，黄疸很常见，这可能是多种生理机制导致的。
- 检测临床性黄疸的最佳方法是检查巩膜、口腔和阴道黏膜。

病史

- 如果黄疸是由厌食症引起的，那么病史包括2d以上的食欲不振。
- 如果出现神经系统症状、胆红素尿或光敏症状，怀疑肝功能衰竭。
- 如果黄疸严重，怀疑肝功能衰竭或溶血性疾病。

· 在美国东部，夏末和秋季时肝衰竭和溶血的发生率增加，因为在此期间红枫中毒和塞勒氏病（Theiler’s disease）更为普遍。

· 肝功能衰竭或溶血时，尿液呈深红色、鲜红色、黑色或橙色。产生严重的肌肉病变时，尿液通常是深红色或黑色。

诊断测试

- 如果收集到尿液样本，试纸检查是有帮助的。
  - 生理性黄疸：无胆红素尿。
  - 肝功能衰竭：通常为胆红素尿（摇晃可能产生绿色泡沫）。
  - 溶血：如果溶血性疾病持续数天，对潜血反应强烈，偶尔会对胆红素发生反应。
- 确定黄疸原因的最佳测试如下：
  - 血细胞比容（PCV）和总蛋白：低PCV、正常或高的总蛋白与溶血最相符。粉红色血浆进一步证实了血管内溶血。
  - γ-谷氨酰转氨肽酶（GGT）：在血清中的含量升高指示肝脏疾病。
  - **实践提示：**胆红素：直接、间接胆红素和胆汁酸升高，伴GGT升高，PCV正常或升高提示肝功能衰竭（结合胆红素＞0.5mg/dL，血浆胆汁酸＞25μmol/ L在肝功能衰竭诊断具有高度敏感性和特异性）。若仅间接胆红素升高且PCV值低于预期，提示溶血。

· 生理性黄疸：若怀疑为生理性黄疸，处理主要原因；生理性黄疸应在马恢复食欲后24~36h内消退。在极少数情况下，健康马具有持续性黄疸和高胆红素血症（间接），这与结合缺陷相关。

· 溶血：如果怀疑，请参见本章溶血部分。

肝脏疾病和肝功能衰竭

- 肝功能衰竭患马可能会因紧急情况进行检查，原因如下：
    - 奇怪的、狂躁的行为如经常头疼。
    - 失明（通常存在皮质盲 - 瞳孔对光的反射）。
    - 共济失调。
    - 严重沉郁。
    - 急性皮炎（光敏性）。
    - 变色尿（胆红素尿）。
    - 黄疸。

· 塞勒氏病是暴发性肝脏疾病的例子，需要紧急护理。受影响的马匹可能是疯狂的或迟钝的，并且可能有绞痛的迹象。

· **实践提示：** 矮马和迷你马的高脂血症是一种常见病症，需要立即就医以防止疾病的快速发展和死亡。受影响的马通常表现沉郁而不狂躁，并且经常发生腹部水肿。

· 慢性活动性肝炎和会引起进行性纤维化的疾病，如吡啶生物碱中毒和胆管肝炎，可导致突然死亡。患有这些疾病的动物若表现严重沉郁、打哈欠、狂躁行为、绞痛或胃破裂导致的败血症，则需要紧急护理。

· 伴血清肝酶活性升高的肝脏疾病，常见于大量肠道疾病（绞痛、腹泻和/或内毒素血症），但发展为肝功能衰竭的很少见。一个最常见的例外情况：右侧结肠移位的马可能会发生阻塞性肝功能衰竭。

导致肝功能衰竭的疾病

塞勒氏病（血清肝炎）

· 塞勒氏病是一种发生于成年动物的疾病，由肝炎病毒引起是最常见的；最近发现了一种黄病毒也可能导致此病。需要进一步的研究来证实这种病毒与塞勒氏病相关。在被认为健康的马的血清中也发现了一种单独的肝炎病毒，这些血清是用于常规考金斯试验（Coggins testing）的。目前尚不清楚这种病毒的临床意义（如果有的话）。

· 塞勒氏病（血清肝炎）可能与4~10周前使用马血液制品有关，但在没有给予任何血液制品的马中也观察到相同的临床症状和病理变化。

- 塞勒氏病，特别是动物没有使用血液制品的历史时，最常发病于夏季或秋季。
- 在几周内，农场中可能有几匹马患此病。
- 患病马匹可能在4~10周前使用过破伤风抗毒素或马血浆。
- **实践提示：** 在美国许多地区，如果你在夏末或秋季出诊，检查出现急性脑病而没有发热的成年马匹，可以考虑塞勒氏病。

临床症状

脑病症状

· 在黄疸前可能出现神经系统症状，不过这类情况罕见。

· 沉郁或出现奇怪的行为。

· 失明。

· 共济失调。

黄疸 / 高胆红素血症

· 黏膜黄疸。

· 尿液变色，提示胆红素尿（某些情况下是血红蛋白尿）。

急腹症

· 急腹症的原因尚不清楚，但可能与肝脏体积和胃阻塞的快速变化有关，这常见于马肝功能衰竭。

实验室检查结果

· 血清肝细胞酶显著升高。

  · 天冬氨酸氨基转移酶（AST）：通常＞1 000IU/L；大于4 000IU/L提示预后不良。

  · 山梨醇脱氢酶和谷氨酸脱氢酶（GLDH）：显著升高。

· 胆汁衍生酶的中度升高：GGT通常在100~300IU/L。

· 胆红素血症：直接（结合）胆红素浓度增加，但增加最显著的是间接（未结合）胆红素。结合胆红素通常低于总胆红素的20%。

· 凝血酶原时间（PT）和部分促凝血酶原激酶时间（PTT）延长（样品保存于蓝盖/柠檬酸盐管中）。

· 胆汁酸水平升高。

· 在某些情况下，血氨升高（轻度升高）或仍在正常范围内。

· **实践提示：**患有肝脏疾病的成年马偶尔会发生低血糖，但应始终监测血浆葡萄糖浓度。如果存在低血糖，葡萄糖治疗后情况可能显著改善。

· **实践提示：**血液酸碱度是可变的。多数情况下，马有严重的代谢性酸中毒（应通过静脉注射晶体液治疗代谢性酸中毒，理想情况下应使用勃脉力或其他醋酸盐缓冲液而非碳酸氢钠）。

诊断

- 超声检查：
  - 由于塞勒氏病患马肝脏体积急剧减小，因此在腹右侧常无法看到肝脏，但左侧第7~8肋间、膈肌与脾脏旁边的可以见到。患病动物的肝脏可能比正常肝脏回声低（参见肝脏活检提示）。

应该做什么

肝功能衰竭：塞勒氏病

- 仅在治疗需要时才能镇静马匹。如果马表现狂躁而需要镇静，则根据需要使用低剂量的地托咪定0.005~0.01mg/kg，或赛拉嗪0.2mg/kg，IV。**不按上述赛拉嗪或地托咪定剂量使用，会使马头部降低到肩部以下。长时间的头部降低可能导致脑水肿和缺氧。**
- 尽量减少压力应激，如果马愿意吃，每2~4h饲喂一次含有高粱和玉米的少量谷物（最好是含有较多支链氨基酸的谷物；有几种商品粮可选择）。不饲喂苜蓿干草，而饲喂低蛋白质和高淀粉的干草或“浸泡”甜菜浆。晚上放牧可防止光敏反应，夏末放牧或秋季饲喂非豆类草是适宜的。可能的话，应在喂食前通过超声检查确定胃的大小。
- 静脉输液治疗：给予加入了葡萄糖的勃脉力，制成1.0%或2.5%葡萄糖溶液，除非马的血清葡萄糖＞150mg/dL。加入40mEq/L的KCl。如果没有醋酸盐缓冲液，可使用任何晶体液，**但不能使用碳酸氢钠！**在脱水问题解决后，维持液的速率每天应为80mL/kg或更高。许多情况下，大量补液后PCV仍然高于正常水平。在肝功能衰竭的治疗中，醋酸盐溶液优于乳酸盐溶液。除了晶体液外，通常还会使用血浆（4 L），因为血浆具有胶体性、抗炎作用，可促使凝血正常化，以及具有潜在的抗细胞凋亡和抗氧化作用。
- **实践提示：**当存在或怀疑存在肝性脑病时，每8h口服（PO）4~8mg/kg剂量的硫酸新霉素，并将药混合在糖蜜中服用。这种治疗可以较低剂量持续使用（2~4mg/kg，q12h，额外使用2d）。过量口服新霉素可能导致腹泻。如果血氨显著增加，则可以使用甲硝唑15mg/kg，PO，q12h，和/或乳果糖0.1~0.2mL/kg，PO，q8~12h，代替新霉素或与新霉素联合使用。产乳酸的益生菌也可以减少肠内氨产生。较佳的治疗方案是第1天使用新霉素，接着使用乳果糖和益生菌持续3d或更长时间。除了可降低氨吸收外，乳果糖的通便作用也可能是有益的。
- 对于严重的神经系统症状（共济失调或脑病），可给予0.5~1.0g/kg的甘露醇；然而，马的脑水肿似乎并不像人类肝性脑病那样明显。
- 氟尼辛葡甲胺，0.25~1.0mg/kg，每12h一次（1d内的高剂量），常规给药，因为许多肝功能衰竭的马存在内毒素血症。
- 对于严重或不受控制（对之前的治疗无反应）的肝性脑病患畜，可尝试氟马西尼（缓慢静脉注射5~10mg给450 kg的成年马）或沙马西尼（0.04mg/kg，IV）治疗，但此方法对人类肝性脑病的疗效差，而且药物价格昂贵。
- 缓慢静脉注射B族维生素，口服维生素E。
- 如果按上述方法治疗12h后临床症状没有改善，则在急性暴发性肝病和进行性肝病的情况下，可以尝试无菌乙酰半胱氨酸（用于雾化）静脉注射（剂量为100mg/kg，混合在5%~10%葡萄糖溶液中，在4h内给予），以提供“强大的”抗氧化治疗。
- 己酮可可碱用于大多数肝病：10mg/kg，口服或静脉注射（混合）每12h一次，治疗急性重症肝病或慢性进行性疾病。
- 在所有急性肝衰病例中应使用无毒、杀菌的抗生素（如头孢噻呋），以抑制细菌从肠道向血液转移。

不应该做什么

肝功能衰竭：塞勒氏病

- 不要使用地西泮！如果需要额外的镇静，使用戊巴比妥或苯巴比妥来实现镇静，通常剂量为5.0~11.0mg/kg，IV。如果需要控制狂躁行为，可以使用0.6μg/kg的地托咪定恒速输注，每10min减少50%，但有些人更喜欢重复给予巴比妥酸盐。地托咪定或巴比妥类的剂量需要调整，使马在站立时头部中心点位置不会降到肩部以下并且呼吸不会被抑制。
  - 不要给予碳酸氢盐。酸中毒的快速纠正可以使氨浓度升高并加剧中枢神经系统症状。
  - 不要将5%葡萄糖作为补液的唯一液体，因为它不能充分增加血容量。

- 如果没有适当的补钾，请勿输注大量液体。保持高浓度的血清钾（K^+）可有助于减轻高氨血症。

- **实践提示**：当肝性脑病是主要问题时，除非需要口服药物，否则不要放置鼻胃管。出血和吞咽血液会加重肝性脑病。药物（新霉素等）通常可以通过剂量注射器给药。

- **注意事项**：此原则的一个例外情况是超声检查发现胃部非常大（肝功能衰竭时偶尔会出现胃阻塞），在这种情况下，需要使用低剂量的泻药（硫酸镁或矿物油）通过重力流进行治疗。

- 请勿将患马留在阳光下。
- 不要使用长拖车、强迫进行鼻胃管插管等增加马应激。

胆管肝炎和胆结石

症状和临床表现

- 胆管肝炎：临床表现最常见的包括黄疸、发热、偶见绞痛和厌食。这种情况在成年马中最常见。在极少数情况下，可能有肠道疾病的病史。

- 胆石症：胆汁性肝炎的反复发作，伴有更多性质一致的绞痛；体重减轻；罕见神经系统症状。患有胆管肝炎的中、老年马比年轻马更容易有结石。在多数情况下存在发热，因为大多数但不是全部，都与胆系统的感染有关。

  - 合理且成功治疗胆管肝炎后，若持续出现绞痛或复发迹象则提示存在阻塞性结石。

诊断

- 基于病史、临床表现、实验室检查结果和临床症状。

实验室检查结果

- GGT显著升高：300~3 000IU/L。
- 肝细胞酶发生较小的变化，AST通常＜1 000IU/L。
- 肝功能检查：胆红素增加；通常30%或更多为结合（直接）胆红素。血清胆汁酸显著增加（正常饮食马＜12mmol/L，厌食马＜20μmol/L）。PT和PTT通常是正常的。
- 白细胞和中性粒细胞计数，纤维蛋白原和总蛋白经常升高。
- 活组织检查显示门静脉周围纤维化，胆管扩张和炎症。在一些（但不是全部）阻塞结石的病例中会出现管道周围同心纤维化。如果有分离出微生物的话，培养通常会得到革兰阴性肠道好氧菌和革兰阳性或革兰阴性厌氧菌。仅在50%的病例中获得阳性培养结果。
- 应进行需氧和厌氧培养。
- 胆汁色素和细菌在腹膜腔罕见。

超声检查结果

- 通常可见主观上扩大的肝脏。
- 在某些情况下存在胆管扩张；然而，许多马在超声检查中未发现胆管扩张（图20-2）。
- 可能有声影（结石）或“看到胆泥”。**重要提示**：超声检查无法看到大部分肝脏，且通常看不到胆泥或结石。

- 慢性病例中可能见到严重的纤维化征象，纤维化严重是预后不良的表现。
- 胃十二指肠镜检查可能发现胆管开口扩张和阻塞性结石（图20-3）。

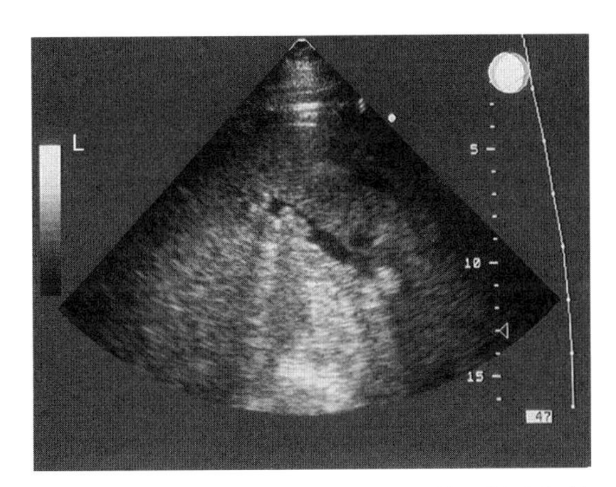

图 20-2　马的超声图显示阻塞的胆管和扩张胆管中的污泥

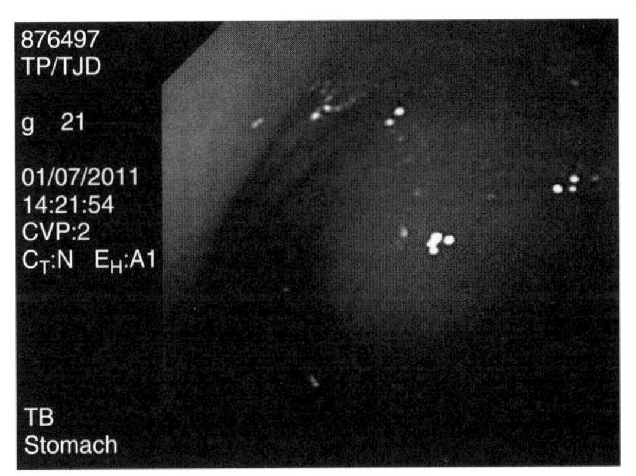

图 20-3　内窥镜检查马的十二指肠，大块的结石阻塞胆总管

图中看到的“凸起”是末端胆总管中的结石。手术成功地将石头从导管中挤出，马完全康复。

应该做什么

胆管肝炎和胆结石

- 在获得肝脏活组织检查的培养和药敏结果前，头孢噻呋，3.0mg/kg，IV/IM，12h 1次，或甲氧苄啶-磺胺甲噁唑，20~30mg/kg，PO，12h 1次，是合理的选择。不幸的是，活检培养仅在＜50%的病例中呈阳性。
- **实践提示：**最好选择对革兰阳性肠道需氧菌、厌氧菌和革兰阴性需氧菌都有作用的抗生素。
- 恩诺沙星，5~7.5mg/kg，PO/IV，24h 1次，也已成功使用（通常与甲硝唑和/或青霉素联合使用），并且与上述任一治疗相比，对肠道革兰阴性菌具有更好的效力。
- 青霉素钾和庆大霉素（均为静脉注射）是住院马匹的理想选择。
- 在任何这些方案中加入15~25mg/kg，PO，q8~12h的甲硝唑，特别是如果培养结果出现厌氧菌。
- 当患马有绞痛症状和/或使用了庆大霉素时，必须进行静脉输液治疗。输液治疗可以帮助促进食欲，改善组织灌注，并促进胆汁流动。
- 使用维生素K_1，IM/SQ治疗慢性和重度胆管炎。这很少需要。如果口服给药，该药剂可能无效。不要静脉注射！
- **实践提示：**10%二甲基亚砜（DMSO）溶液，1 g/kg，IV，持续5~7d，可能有助于溶解胆红素钙结石。
- 如果其他治疗方法不成功，应使用熊去氧胆酸。这种治疗已被用于几匹患有严重慢性胆管炎的马，并且这些马都已恢复。
- 给予己酮可可碱，10mg/kg，IV/PO，q12h。
- 给予S-腺苷甲硫氨酸（SAMe），10mg/kg，PO，q24h（功效未知）。
- 用于肝功能衰竭的其他一般治疗。
- 非甾体类抗炎药（NSAIDs）可用于绞痛和炎症。
- 通常需要2~7d的治疗来观察临床症状和实验室检查结果的改善情况。在治疗7d后仍有持续疼痛，且改善有限，应考虑是否为阻塞性胆石，且可能需要进行外科手术。

不应该做什么

胆管肝炎

- 在塞勒氏病中，肝性脑病并不像胆管炎那样易引起关注。

- 一些治疗肝性脑病的疗法，如口服新霉素，通常在胆管肝炎的治疗中并不采用。
- 应鼓励放牧以促进胆汁流动，但不应在日照高峰期间进行放牧，否则可能会发生光敏反应。

高脂血症

- **实践提示：**高脂血症主要发生在矮马、驴、迷你马、患垂体腺瘤的成年马，较少见于妊娠晚期和氮质血症母马。在迷你马中，高脂血症会发生于马驹或成年马。
- 在矮马中，高脂血症最常见于怀孕或泌乳早期的母马。高脂血症通常发生于营养良好或肥胖的中年矮马和驴。
- 该病的特征是脂肪肝和由于脂质积累而呈混浊或“乳白色”的血清。
- 任何能量需求增加的情况。例如，哺乳期或妊娠晚期，或使食欲降低，或导致儿茶酚胺释放和脂肪分解的疾病都可能导致高脂血症。

临床症状

- 厌食。
- 沉郁。
- 腹泻。
- 腹部水肿。
- 黄疸。

诊断

- 甘油三酯浓度升高，＞500mg/dL（高脂血症）。
- 肝酶升高，血清中的肝变化通常最明显，但某些肝功能检查的结果可能不显示异常。
- 血清或血浆颜色改变，呈白色（高脂血症）。
- 经常出现氮质血症。

应该做什么

高脂血症

- 通过鼻胃管给予肠内营养（除非是食管阻塞诱发了此病），饲喂市售的低脂肠内饲料（如重症监护餐）或制备成食糜的全价低脂饲料。另外还有几种用于马匹，可通过饲管饲喂的肠内饲料。
  - 每天两次将一些乳清粉（0.1~0.2g/kg）混入食糜。如果血氨高，应避免使用乳清粉或使用较低的剂量。
  - 另一种选择是使用15%葡萄糖溶液，剂量为0.5g/kg，以及10~20g KCl和全价饲料（低脂肪且蛋白质＜12%）食糜。
  - 犊牛可以接受电解质/能量替代物，但对于有水肿的矮马，其钠含量可能过高。
- 对于肠内治疗，通过留置的鼻胃管，每2~4h进行小体积饲喂是理想的选择。
  - 第1天，给予成年患马50kcal/kg（1kcal=4.184J，下同）的商业肠内饲料或自制的食糜。
  - 如果马第1天对饲料耐受良好，则在第2天将饲料增加至75kcal/kg。

- 如果需要，第3天按100kcal/kg给予。

- 如果患畜不能耐受肠内喂养（腹泻或反流），尽可能使用静脉注射给予肠外营养。这可能是在成年马护理中少数需要紧急使用全肠外营养的情况之一。
  - 首先将柔性聚氨酯留置针放置于颈静脉。
  - 全肠外营养液的配方是50%葡萄糖和4%支链氨基酸。
  - 最终溶液（同时使用晶体静脉输注液）应＜20%葡萄糖，并且应以每小时比正常速度低0.5mL/kg的速率给药。在某些情况下，马对葡萄糖的耐受性不好。
  - 不要在肠外营养中使用脂质。
- 对于高脂血症的小马驹，通过留置18F鼻胃管（Ross Laboratories）每2h（每天为体重的15%~25%）饲喂少量母乳或母乳替代品。
- 如果受影响的矮马或小马驹仍然吃东西，可以喂食他们感兴趣的任何食物（必要时用手摘草），并使用一些技巧来增加食欲。
- 尽管脂肪肝需要遵守肝功能衰竭的治疗原则，但可能没有必要限制高蛋白饲料，因为患有肝脏脂质沉着症和高脂血症的马有时可耐受高蛋白饲料而不会引起肝性脑病。
- 苜蓿粥成功应用。
- 对于患病的马匹而言，进食很重要，即使是饲喂高蛋白饲料。
- 除了肠内营养外，还应给予患高脂血症的马静脉注射多离子液：0.45%NaCl和5%葡萄糖或含5%右旋糖和KCl（20~40mEq/L）的勃脉力。**实践提示：**在治疗开始时以及肠内或肠胃外治疗期间，经常监测血浆葡萄糖水平；理想情况下，成年患畜的葡萄糖应保持在90~180mg/dL。
- 对于成年矮马和驴，静脉注射多种B族维生素每24h1次，以及2~4g烟酸每24h1次的支持性护理可能有益，并且可经常给予。
- 如果存在持续性和严重的高血糖症，应给予胰岛素（常规胰岛素从每小时0.05~0.1U/kg开始，或给予复方鱼精蛋白锌胰岛素，0.4IU/kg，SQ，每24h1次，或超长效胰岛素，0.4IU/kg，IV，每24h1次）。如果动物有高血糖，已使用常规胰岛素并且血浆葡萄糖在2h内没有降低，则下一次剂量应该加倍。**重要提示：**使用胰岛素时，必须仔细监测血糖！
- 如果出现内毒素血症或需要改善整体体况，可给予氟尼辛葡甲胺，0.25mg/kg，IV，每8h1次。矮马和迷你马可能更容易受NSAID损伤肠道的影响；不要过度使用NSAID！
- **实践提示：**积极治疗原发病；例如，针对蹄叶炎使用适当的镇痛药；对于垂体腺瘤为主要原因的成年患马，给予0.001 7~0.01mg/kg的培高利特，PO。较高剂量的培高利特可能会抑制食欲。对于哺乳期母马，将小马驹转换为饲喂母乳替代品，直到母马好转。

预后

- 没有食欲且无法获得足够营养支持，或患有难以治疗的原发疾病的矮马或迷你马，预后非常谨慎。
- 对严重腹部水肿的患畜预后稍稍保守，因为这可能提示肝脏脂肪沉积导致肝脏迅速增大。
- 具有极高血浆甘油三酯水平（＞1 500mg/dL）的马，预后谨慎；使用上述治疗方案后，几例患马在2d内对治疗有反应，甘油三酯从＞2 000mg/dL降至100mg/dL。

吡咯里西啶生物碱中毒

地域发病率

- 主要发生于美国西部。
- 最常见的含有吡咯里西啶生物碱的植物有：

- 狗舌草（*Senecio jacobaea*/tansy ragwort）。
- 千里光（*Senecio vulgaris*/common groundsel）。
- 红花琉璃草（*Cynoglossum officinale*/hound’ s tongue）。
- *Amsinckia intermedia*（fiddleneck）。
- 猪屎豆（Crotalaria/ratotbox），美国东南部的一种常见植物，含有吡咯里西啶生物碱，但很少被马摄取。

临床症状

- 尽管吡咯里西啶生物碱中毒是一种慢性疾病，但大多数患马具有急性临床症状。
- 中枢神经系统症状提示急性肝性脑病，如沉郁、徘徊和打哈欠。很少见到急性喉麻痹。
- 轻度至中度黄疸。
- 可能出现光敏反应。
- 接触有毒植物后数月可能出现肝功能衰竭。

诊断

实验室检查结果

· AST通常会升高。GGT持续升高，并且在马（无症状）不再暴露于毒素后，可保持长达6个月的GGT升高。

· 胆汁酸升高。

超声检查

- 发现肝脏回声增强，纤维化增加。

应该做什么

吡咯里西啶生物碱中毒性肝功能衰竭

- 暴发性肝功能衰竭和肝性脑病的支持疗法。

· 一些患有肝纤维化和肝性脑病的马匹对肝性脑病和纤维化（己酮可可碱和SAMe）的一般治疗有反应，并且在几个月内无临床症状。

- **实践提示：**患肝功能衰竭的马匹避免被阳光直射。
- **注意事项：**那些暴露于吡咯里西啶生物碱的其他马怎么样？

· 监测GGT和胆汁酸，以确定疾病是否正在发展。如果马在暴露后6个月未出现临床症状，且GGT和胆汁酸水平正常，则暴露与毒素引起肝功能衰竭的可能性很小，马可以恢复工作。这些马可以用维生素E、己酮可可碱和SAMe治疗。参见肝功能衰竭的支持治疗。

- 找到被污染的干草，不要将其喂给马。

不应该做什么

吡咯里西啶生物碱中毒性肝功能衰竭

- 避免不必要的应激。
- 避免将马安置在阳光下。
- 避免饲喂高蛋白饲料。

• 避免使用秋水仙碱治疗。这种药物可抑制有丝分裂，可能是巨细胞增多症的禁忌药物，而巨细胞增多症通常在吡咯里西啶生物碱中毒中可观察到。

泰泽氏病（梭状芽孢杆菌）

特征

• 影响6~42日龄的马驹。

• 通常农场中只有一只小马驹会受到影响；然而，在某些特定地区的农场会集中发生，如俄克拉荷马州。

临床症状

• 猝死。
• 沉郁。
• 厌食。
• 体温过高或过低。
• 黄疸。
• 惊厥。
• 休克。
• 腹泻。

诊断

• 根据年龄和临床症状。

实验室检查结果

• AST和山梨糖醇脱氢酶升高。
• 肝功能检查结果异常，胆红素血症（直接和间接胆红素升高）。
• 低血糖症。
• 严重的代谢性酸中毒。
• 对痊愈和疑似病例进行血清学检测。
• 肝脏的组织病理学检查或粪便样本的聚合酶链反应（PCR）检测。

应该做什么

泰泽氏病

• 为暴发性肝功能衰竭和肝性脑病提供支持性治疗。

• 给予抗生素：青霉素，44 000U/kg，IV，每6h1次；庆大霉素，6.6mg/kg，IV，每24h 1次（如果马驹排尿且正在用静脉注射液进行积极治疗）；甲硝唑，15~25mg/kg，PO，每6~12h1次。

• 针对感染性休克提供积极管理。

• 静脉给予非乳酸多离子晶体液和胶体液（血浆），使血压恢复正常。如果用液体治疗无法使全身动脉血压恢复正常，并且中心静脉压升高（＞11cmH_2O），则使用5~10μg/（kg · min）的多巴酚丁胺。最后，可以使用α-肾上腺素治疗，5~10μg/（kg · min）的多巴胺，或0.1~1.0μg/（kg · min）的去甲肾上腺素，试图使动脉血压恢复正常。

- 使用超免疫血浆。
- 给予己酮可可碱，10mg/kg，PO或IV，每8~12h1次。
- 鼻内给氧，5L/min。

预后

- 预后不良。

黄曲霉毒素中毒

- 在马，很少有黄曲霉毒素中毒的报告。

脑白质软化症（发霉玉米）

- 脑白质软化症是马肝功能衰竭的罕见原因；然而，它经常导致肝脏疾病。
- 在其他肝衰竭病例中怀疑有与牧草相关的霉菌毒素，但除了与三叶草相关的霉菌毒素毒性外，目前没有证据显示特定植物与该病相关。

紫苜蓿三叶草毒性

- 紫苜蓿三叶草中毒是美国北部和加拿大马匹发生光敏和黄疸的原因。
- 偶尔暴发，可能与环境和植物上的霉菌毒素增加或植物中的毒素（皂苷）增加有关，并且通常与放牧而非干草相关。
- GGT显著升高。

黍草（秋季黍、克莱恩草）毒性

- 喂食黍属干草的马可出现肝功能衰竭；这种情况可能是农场问题。大多数病例发生在大西洋中部各州（秋季黍），但它们也发生在得克萨斯州（克莱恩草）。
- 在大西洋中部各州暴发，这种状况总是与在秋末和初冬饲喂当季干草有关。
- 干草看起来非常正常，可能前几年使用同一地区的干草饲喂而没有任何问题。

诊断

- 诊断给合病史和有毒植物接触史，肝病或肝衰的临床表现，以及排除其他导致肝衰竭的原因。
- 对于秋季黍、克莱恩草或紫苜蓿中毒，农场不止一匹马的GGT可能升高，尽管它们可能没有发生肝功能衰竭。

- 实验室检查结果与吡咯里西啶生物碱中毒相似（GGT中度升高，AST轻度至中度升高）。

应该做什么

紫苜蓿三叶草或黍草肝毒性

- 支持疗法，远离此类干草或牧场。

预后

- 黍草中毒预后通常较好，紫苜蓿中毒预后不良。

铁中毒

- 铁中毒可能导致肝脏疾病，很少导致肝功能衰竭。它可能是由肠胃外给予硫酸铁导致的。由于肝脏摄取或储存异常（血色素沉着症），而非给药过量，它也可能发生在某些马中。
- 肝脏中铁浓度升高并不能证明它是导致肝脏疾病的原因。导致许多患马肝功能衰竭的原因很多，它们的血清铁浓度都会升高。
- 除了下面列出的治疗慢性活动性肝炎的治疗方法外，还可以尝试使用去铁胺治疗。

新生儿溶血导致的马驹肝功能衰竭

- 溶血是导致马驹肝功能衰竭的罕见原因，一旦发生，通常与进行性纤维化有关。
- 多次输血后最常见到肝功能衰竭，但如果没有输血，可能很少发生肝功能衰竭。
- 新生儿溶血的马驹应进行生化检测，以监测肝脏疾病和功能。
- 如果酶增加且功能测试结果变得越来越异常，应开始抗氧化和抗炎治疗（如己酮可可碱和SAMe）和去铁胺（1g，SQ，每天两次，持续14d）。

慢性活动性肝炎

- 肝炎是一种慢性炎症且可能是免疫性疾病。马很少出现该病的紧急病例。
- 只有在活组织检查后才能确诊。泼尼松龙（1mg/kg，IM）或地塞米松（0.06mg/kg，IV），秋水仙碱（0.03mg/kg，每12~24h 1次），SAMe（10~20mg/kg，每24h 1次，PO），乳蓟和己酮可可碱（10mg/kg，PO，每12h 1次）用于治疗，配合饮食管理和避免阳光照射。如果其他治疗方法不成功，可以使用熊去氧胆酸，15mg/kg，PO，每24h 1次。

药物诱发的肝脏疾病

- 使用各种药物和抗生素治疗患病马驹，特别是患有胃肠道疾病的，偶尔会出现肝酶水平越来越高的现象，即使主要疾病正在消退。

· 当停止继续使用药物时，肝酶升高问题可解决。

· 多西环素和利福平联合使用可能导致肝功能衰竭。

阻塞胆管

· 不常见。

· 结肠移位：如果成年马有轻度，持续性绞痛，未见发热，血清球蛋白和血浆纤维蛋白原水平正常，直肠检查结果异常，胆红素水平高（通常＞12mg/dL，GGT水平通常＞100 IU/L），怀疑大结肠约180°的移位或扭转。马的结肠移位偶尔会阻塞胆管。移位的结肠和扩大的结肠肠系膜血管有时可以通过超声检查后腹部或右中腹部来观察（图20-4）。

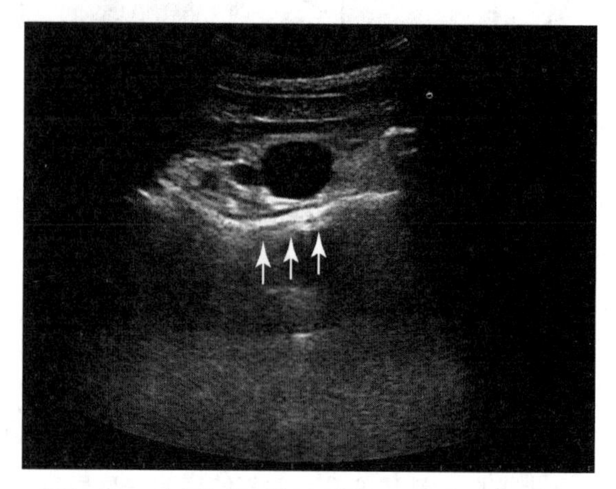

图 20-4　对右腹进行超声检查，结肠移位至右侧

在超声上看到的大血管似乎存在于大约 50% 的右结肠移位病例中，并且由结肠的肠系膜侧旋转到腹壁上，从而可以看到血管（图片由 Sally Ness 博士提供）。

应该做什么

结肠变位导致的胆管阻塞

· 除了通过鼻胃管给予口服电解质外，禁食可使结肠恢复正常位置。如果在2~3d内没有纠正结肠移位，或马仍然疼痛并且腹膜液中乳酸和蛋白质增加，那么应该进行手术，因为除了结肠移位之外可能有结肠扭转。胆红素和GGT应在24~36h内降低，并且不需要特定的治疗。

· 十二指肠溃疡愈合期间和患十二指肠狭窄的马驹也会发生胆管阻塞。
  · 血清GGT浓度升高，小马驹可能出现黄疸。
  · 由于十二指肠狭窄位于胆管开口后方，因此在钡餐试验（每驹1 L）2h后钡剂不会逆行至胆管。
  · 尽管可选择胆管转位和胃空肠吻合术，或十二指肠空肠吻合术，但预后非常差。

门脉分流

· 如果小马驹（最常见于6周龄或更大）突然失明、癫痫、昏迷或出现其他奇怪行为，请考虑进行门脉分流。

· 反复发作几乎足以确诊。

  · 排除特发性阿拉伯马驹低钙血症性癫痫发作。

· 马驹很少有临床症状，除非他们食用了大量谷物、干草或春草。

· 常规实验室检查结果变化往往不显著；肝酶水平通常是正常的；由于癫痫发作，AST和肌酸激酶水平可能会增加。

· 可能存在低血糖症。

· 血样中氨和胆汁酸的测量可帮助确认诊断。

· 肝脏闪烁扫描，或发现在超声引导下注入脾脏的空气绕过肝脏，进一步证实了诊断。但如果考虑手术，则需要进行门静脉造影检查。

重要提示： 正确处理样本对测量血氨水平至关重要。血液应小心收集（溶血会干扰测量）在肝素管中，使用冰块保存，并在1h内送到实验室。如果无法做到这一点，请于30min内收集血浆并冷冻在–20℃，48h内进行测量。理想方法是同时检测对照组，即从相似年龄、饮食的马收集血浆，以相同方式处理得到的样品。氨可以在一些台式生化仪上测量（IDEXX，见第15章）。

应该做什么

门脉分流

- 使用药物稳定肝性脑病，包括使用加入了5~10g/L葡萄糖的多离子晶体液治疗。
- 与Karo糖浆混合的新霉素，在12h内分3次使用，可有效减少肠道氨的产生。
- 可能需要镇静，使用低剂量的甲苯噻嗪，0.2mg/kg，接着使用戊巴比妥或苯巴比妥，3.0~11.0mg/kg或使用至有效，以镇静癫痫发作的小马驹。
- 在进行诊断性静脉造影，确定分流位置后，可以进行手术矫正。

不应该做什么

门脉分流

- 不要使用地西泮镇静，因为它可能会使神经症状恶化！

未成年的马驹高血氨症，非肝功能衰竭

- 断奶期的马驹（通常3~10个月）可能发生高氨血症。
- 该综合征似乎是家族性的，可能与尿素合成的代谢缺陷有关。

诊断

- 在摩根马中，临床表现（通常在断奶后发生）是生长速度减慢和沉郁，中度升高的肝酶，以及正常或仅略微升高的胆红素。
- 血氨非常高（＞200μmol/L）。
- 少数情况下可能发生溶血性贫血。

预后

- 有些马的临床症状会暂时改善，但数天或数周后死亡。

成年马的原发性高血氨症

- 这种情况可见于出现腹痛的马。
- 马表现皮质神经元受损症状，包括失明，并有严重的代谢性酸中毒，高血糖和血氨＞200μmol/L。

· 液体治疗和口服新霉素的支持性治疗通常是成功的，一般在2~4d内恢复。

· 当血氨＞300μmol/L时，在10%葡萄糖中加入苯甲酸钠（250mg/kg），并在1h内将此药物给予患畜可能会有一些益处。

· 苯甲酸钠不应用于患有肝病的情况！

· 通过上述治疗，大约一半的马在2~3d内完全康复；其他马的病情可能会迅速发展到昏迷。

· 在神经系统症状出现后1~3d，马出现腹泻或血浆蛋白质下降的现象并不罕见。

成熟障碍、早产马驹的高氨血症

· 一些有持续性胎粪嵌塞和/或便秘的早熟驹可能会出现高血氨和神经症状逐渐恶化。

应该做什么

成熟障碍、早产马驹的高氨血症

- 灌肠和泻药。

马肝脏的超声检查：进行或不进行活检

· 肝脏超声检查使用5.0MHz探头，在右腹部，从肩部正上方的第十肋间隙开始，继续向尾侧和背侧移动。另外，在从肘部引出的一条线上扫描第7~9肋间隙的左前腹并向尾侧移动。

· 肝脏活检或抽吸可用于诊断，如确认吡咯里西啶生物碱中毒或化脓性胆管炎和培养，或用于预后，如纤维化程度评估。这些很少需要作为紧急程序，并且在大多数情况下不是合适的处理流程所必需的。活组织检查可以使用Tru-Cut活检针进行，局部麻醉后，通过超声引导，在血供相对不丰富处采取肝脏活检样本。

暴发性肝功能衰竭和肝性脑病的一般治疗

应该做什么

肝功能衰竭和肝性脑病

· 仅在需要时镇静。根据需要使用低剂量的地托咪定，0.005~0.01mg/kg，或甲苯噻嗪，0.2mg/kg，IV。在使用甲苯噻嗪或地托咪定时，避免马的头部降到肩部以下。

- 持续降低头部会导致脑水肿。
- 最大限度地减少压力，并经常喂食少量谷物（优先选择含有较多支链氨基酸的谷物，如高粱和玉米）。
- 避免苜蓿干草，而是饲喂干草或“浸泡”的甜菜浆。
- 为防止光敏化，可以接受夏末或秋天在晚上放牧非豆科作物。
- 开始静脉输液治疗：
  - 如果马出现酸中毒，则给予勃脉力，并在勃脉力加入葡萄糖，以配成1.0%或2.5%葡萄糖溶液使用，除非马的葡萄糖已经＞130mg/dL。
  - 添加40mEq/L KCl。如果没有醋酸盐缓冲晶体液，请使用可用的晶体液。

- 当脱水量已补足后，维持量应为80mL/kg或更高。在许多情况下，尽管大量补液，PCV仍然保持升高。
- 在治疗肝功能衰竭时，含有醋酸盐的液体优于含乳酸盐的液体。
- 除晶体液外，通常还会给予血浆（4L）而不是胶体液，因为血浆具有抗炎、凝血和抗凋亡作用。

• 当出现肝性脑病或有疑虑时，口服4~8mg/kg硫酸新霉素，每8h1次，并将新霉素混在糖蜜中使用。该治疗方案以较低剂量继续使用3d。过量服用新霉素可能导致腹泻。也可以使用甲硝唑，15~25mg/kg，PO，每12~24h1次，和/或乳果糖（0.1~0.2mL/kg，PO，每8~12h1次）和产乳酸的益生菌。优先选择低剂量新霉素加乳果糖和益生菌。乳果糖对通便是有益的。

• **实践提示：** 甲硝唑可有效减少肠内氨的产生，对于肝脏厌氧菌感染具有良好的抗菌作用，并具有抗炎和抗内毒素的特性。

• 对于出现严重神经系统症状（共济失调或脑病）的马，使用0.5~1.0 g/kg甘露醇，IV；然而对于马来说，脑水肿似乎并不像人类肝性脑病一样明显。

• 氟尼辛葡甲胺，0.25~1.0mg/kg，IV，每12h1次（高剂量仅使用一天），常规给药，因为许多肝功能衰竭的马存在内毒素血症。

• 对于严重或不受控制（对之前的治疗无反应）的肝性脑病患畜，可尝试氟马西尼（缓慢静脉注射5~10mg给450 kg的成年马）或沙马西尼（0.04mg/kg,IV）治疗，但此治疗方法在人类肝性脑病的起效率低，而且药物价格昂贵。

• 静脉注射B族维生素，口服或肌内注射维生素E。

• 在由急性疾病引起暴发性肝衰的马驹和成年马，考虑肠外营养。仅使用为肝衰患畜（Heptamine3）制备的配方，以及10%葡萄糖，并且使用低于常规全胃肠外营养治疗的比例。在治疗急性肝衰方面，这种治疗方法的经验仅限于少数病例。支链芳香族氨基酸补充剂可以口服给药。

• S-腺苷甲硫氨酸（Denosyl-SDR或SAMe）10~20mg/kg，每24h1次，可为肝病患畜提供抗氧化效果。

• 急性暴发性和进行性肝病的患畜，使用无菌（用于雾化）乙酰半胱氨酸，IV（100mg/kg混合在5%~10%葡萄糖溶液中，并且给药时间超过4h），此目的是提供强大的抗氧化治疗。

• 当较成熟的治疗方法失败时，泼尼松龙（1mg/kg，IM）或地塞米松（0.06mg/kg，IV）用于复发的慢性活动性肝炎，药物诱导性肝病，或较少见的急性进行性肝衰。

• 己酮可可碱用于大多数肝病：10mg/kg，PO或IV（混合），每小时1次用于急性、严重疾病，每12h1次用于慢性、进行性疾病。

• 在所有急性肝衰病例中应使用无毒、杀菌的抗生素（如头孢噻呋），以抑制细菌从肠道向血液的转移。

不应该做什么

肝功能衰竭和肝性脑病

• 不要给予地西泮，因为它可能会加重肝性脑病的症状。如果需要镇静，使用戊巴比妥或苯巴比妥（通常为5~11mg/kg用至起效；从较低剂量开始使用）或地托咪定恒速输注，从每分钟0.6μg/kg开始并逐步减少剂量，以保证马的头部不低于肩。

• 当肝性脑病是一个主要问题时，除非需要口服药物，否则不要通过鼻胃管给药。出血和吞咽血液会加剧肝性脑病。

重要提示： 此原则的一个例外情况是超声检查发现胃部非常大（肝功能衰竭时偶尔会出现胃阻塞），在这种情况下，需要使用低剂量的泻药（硫酸镁或矿物油）通过重力流进行治疗。

• 5%葡萄糖不要作为补液的唯一液体，因为它不能充分扩充血容量。

• 不要给予碳酸氢盐。酸中毒的快速纠正会增加氨离子的浓度并加剧中枢神经症状。

• 保持足够的血清钾（K^+）浓度，因为这对减轻高氨血症很重要。

• 避免患马处在阳光下。

溶血性贫血

诊断时的注意事项

• 如果怀疑存在免疫反应，如溶血性贫血，或最近使用了青霉素，则将血液收集在含有乙二胺四乙酸（EDTA）的试管中，进行直接Coombs试验。

- 如果有可能接触植物毒素，如红枫，则进行新亚甲蓝染色。
- 如果出现水肿和发热，收集血清进行Coggins试验和链球菌M蛋白抗体检测。
- 在美国一些地区和世界上许多地方，应考虑和检测泰勒虫属，可通过血涂片的血细胞检查和PCR进行检测。
- 如果怀疑有淋巴瘤，则测量血清钙。
- 彻底排查可能导致溶血性贫血的其他疾病（如梭菌性肌炎）。
- 有关马匹贫血的分类，请参见图20-5。

中毒或海因茨小体贫血

- 急性溶血性贫血可由植物毒素引起，偶尔可直接因静脉注射药物（DMSO、四环素、丙二醇）导致。
- 急性溶血性贫血也可能与产气荚膜梭菌毒素或非常罕见的钩端螺旋体病有关。
- 据报道可导致血管内溶血的植物是野葱和红枫。
- **实践提示：**红枫中毒在夏末和秋季最常见，且由食入枯萎的叶子引起。红枫中毒通常在暴风雨后3~4d发生。这种疾病常发生在美国中部或东部，因这些地域有红枫树。
- 如果大量食用大蒜也可能引起溶血性贫血。

红枫中毒

临床症状

- 沉郁。
- 黄疸。
- 尿液变色。
- 腹痛：这很常见，可能是由肠道缺血引起的。

诊断

- 病史：最常见于树枝因风暴被吹落之后，由于正常情况下红枫落叶并不常见。只有枯萎的叶子有毒，绿叶无毒。其他枫树的毒性尚未得到证实。中毒剂量约为1.5 g/kg。
- 疾病表现：夏末，高铁血红蛋白症和急性死亡并不少见。

诊断测试

- 血细胞比容（PCV）。
    - PCV常常会因红枫中毒而降低至危及生命（＜14%），洋葱中毒很少见PCV降低至此。
- 总蛋白。
- 胆红素。

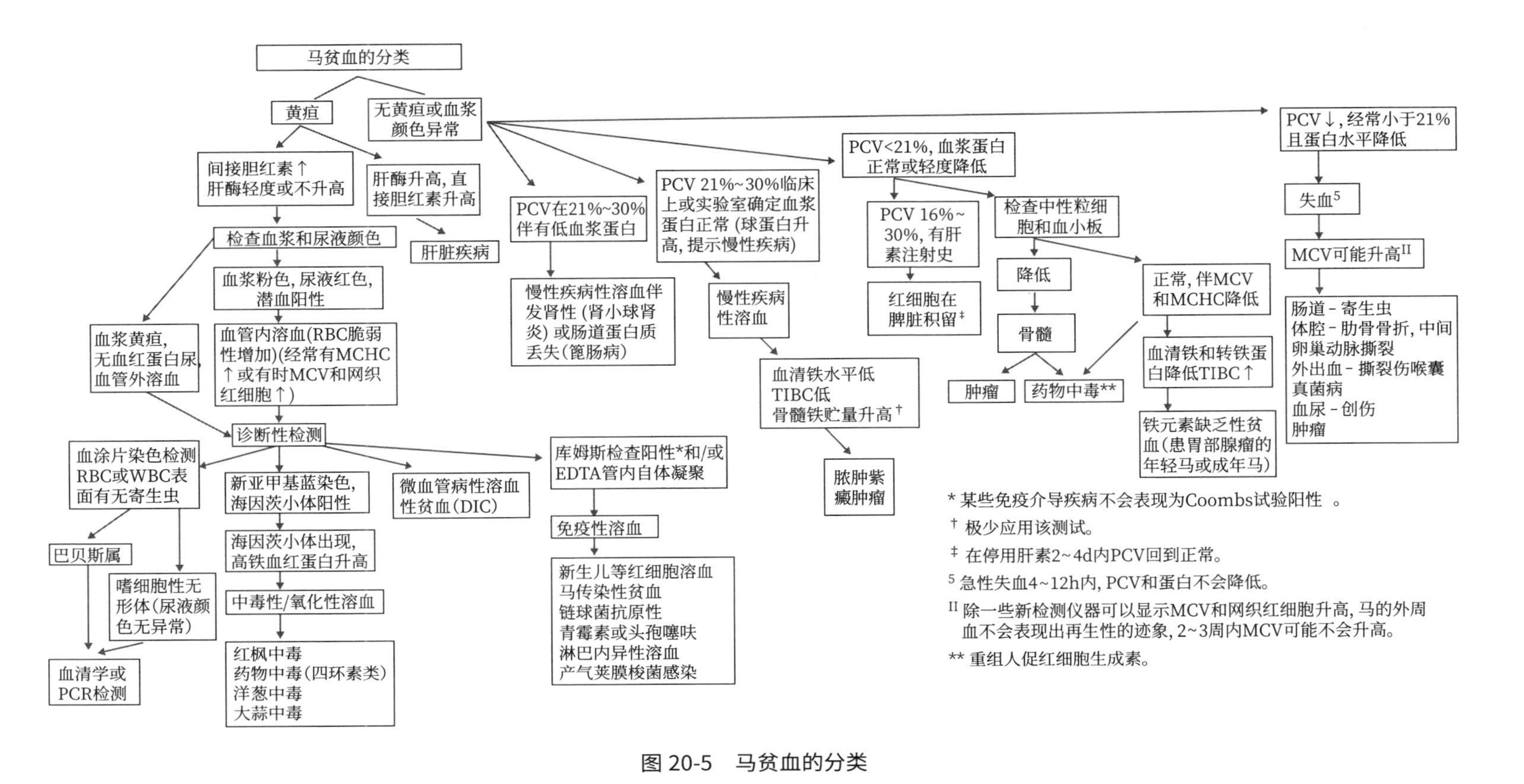

图 20-5 马贫血的分类

DIC，弥散性血管内凝血；MCHC，平均红细胞血红蛋白浓度；MCV，平均红细胞体积；RBC，红细胞；TIBC，总铁结合能力；WBC，白细胞。
* 考虑 EIA，药物引起的原因，无形体病，少见新生畜溶血症。

- 血清胆红素升高，主要是间接胆红素升高。

- 尿液分析。

- 高铁血红蛋白可能导致血液呈现巧克力色。在某些情况下，高铁血红蛋白可能非常高（＞50%），并且在没有溶血性贫血的情况下马迅速死亡。有严重的高铁血红蛋白血症的马黏膜呈暗色而非黄疸，且PCV可能是正常的。高铁血红蛋白可以在许多小动物诊所、转诊兽医院或人医院中测量。

- 如果马出现红枫中毒，在仔细检查后可能会发现海因茨小体。海因茨小体更常见于洋葱中毒。

- 平均红细胞体积（MCV）和平均红细胞血红蛋白浓度（MCHC）可能增加，血浆蛋白（总固体）水平通常正常或增加。

- 绞痛很常见，肾功能衰竭和凝血障碍不太常见。

应该做什么

红枫中毒

- 必要时输血。
- 维生素C 0.04 g/kg，与液体和电解质通过鼻胃管口服。或给予维生素C 30mg/kg混在静脉输液中。
- 通过鼻胃管给予泻药，矿物油或硫酸镁，因为结肠中可能有更多的叶子。
- 维生素E和硒，IM。
- 给予乙酰半胱氨酸20~50mg/kg（无菌雾化溶液），混在静脉输液中，可能也可用于多器官功能衰竭的严重病例。
- 目前无法使用氧化球蛋白产品，但这对于严重溶血和高铁血红蛋白血症引起的缺氧将是一个很好的“创可贴”。类似的产品可以重新推向市场。
- 如果马发生腹痛，则使用镇痛药。
- 高速鼻内给氧可能对某些马有所帮助。虽然通常只有2%的可用氧气是游离氧，但对于严重的溶血性疾病，这个百分比将更高，并且增加的游离氧有助于减轻组织血液缺氧程度。

免疫介导性溶血性贫血

- 可能由自身免疫反应，或更常见的另一种疾病［淋巴瘤、马传染性贫血（EIA）、产气荚膜梭菌或链球菌感染］，或药物导致的溶血性贫血（最常见的是静脉注射青霉素或头孢噻呋）引起。

临床症状和发现

- 嗜睡。
- 沉郁。
- 水肿，通常在四肢和腹部，可能是微循环中红细胞复合物沉积的结果。
- 黏膜黄疸：上述症状也见于嗜吞噬细胞无形体，但PCV仅在这种疾病中轻微下降。
- 在少数情况下，出现红尿和发热。

诊断

- 过去1~2周内有青霉素、头孢噻呋或其他用药史。
- 最近感染了链球菌或活性产气荚膜梭菌A型的肌炎或蜂窝织炎。
- 淋巴瘤可疑。

实验室检查结果

- PCV降低。
- MCV和MCHC浓度可能会增加。溶血和再生后的几天内MCV可能不会上升。
- **实践提示：** EDTA样本中的严重自体凝集；血浆可能是黄色或粉红色，这取决于溶血的持续时间以及是血管内溶血还是血管外溶血。
- 用0.9%盐水以1 ∶ 3稀释样品，可以将自体凝集与正常的红细胞区分开来。
- 如果使用一些较新的自动化流式细胞仪，可以测量增加的网织红细胞数量，并且预测是否会发生再生性贫血。
- **实践提示：** 通常可根据病史，以及血浆未发现溶血、PCV和血浆蛋白均降低来排除内部出血。

额外检查

- EIA：进行Coggins试验（血清学检查）和PCR。
- Coombs试验（EDTA样本）：如果自体凝集是明显的，则无需进行Coombs试验。阴性结果不排除免疫介导性贫血。
- 可以用流式细胞术检测抗体包被的RBC（Wilkerson博士在堪萨斯州立大学的实验室进行了大部分检测）。
- 海因茨小体可能与氧化导致的溶血性贫血有关，但与自体免疫性溶血性贫血无关。有时在产气荚膜梭菌溶血中观察到棘形红细胞和球形红细胞。

应该做什么

免疫介导性溶血性贫血

- 如果有需要，从相容的供体获取血液进行输血（参见确定输血需要的指南），可通过交叉配对确定血液是否相容；然而，很多时候同一品种的健康去势马或从未接受过输血的去势夸特马是很好的供血者。
- 给予地塞米松，0.04~0.08mg/kg，IV，q24h。
- 鼻内给氧可增加游离氧。

新生畜溶血性贫血

- 对年轻的马驹，特别是骡马驹，小于7日龄，有黄疸、心动过速和虚弱时，怀疑新生畜溶血性贫血（NI）。在马驹中，90%的溶血病例是由Aa或Qa的抗体导致的。
- 通常是多胎母马产的马驹。NI在马驹的发病率约为1%，在新生骡的发病率接近7%。

· **实践提示：** 如果母马以前接受过输血，那么该马的马驹应该被认为患NI的风险高，并且在哺乳前应对母马的初乳进行针对马驹RBC的测试。这可以通过用盐水稀释母马的初乳（1 ∶ 16），将其与马驹离心后的红细胞混合，并观察凝集（结块）来检测。这可能会遗漏一些主要涉及溶血素的病例。对于高风险母马（有输血史），应该在生产之前检查母马的自身抗体，或者找一个初乳替代品！

· 尿液变色通常发生在急性病例中，通常为浅红色（血红蛋白），但在慢性病例中可能是棕色（胆红素）。

· 发生在年轻马驹中的黄疸有许多原因，如败血症。NI通常可以通过PCV与其他原因区分，患有NI的病驹的PCV通常＜20%。在骡子中，NI与A或Q抗原无关，而与红细胞抗原（又称为donkey factor）的抗体相关。有测试血浆中Aa、Qa和红细胞抗原的试剂盒。

诊断

· 使用全血（EDTA）进行Coombs试验，以确认是否存在免疫反应。**注意事项：** 仔细检查血液样品可能发现自体凝集（存在团块），在这种情况下，不需要Coombs试验来确认。

· 肝功能经常受到影响，并不总是与NI的严重程度相关。

· 有些病例，主要是那些有过一次或多次输血的病例，即使从NI的溶血中恢复，也可能有进行性肝功能衰竭，这可能与铁超负荷有关。

应该做什么

新生畜溶血性贫血

· 如果马驹出生小于48h，除非母马的初乳/牛奶的Brix屈光计检查评分＜15%，否则不要让它食用母乳。如果马驹需要避免食用母乳，应该尽可能减少对马驹造成的应激；如果可行的话，用嘴套而不是将两者分开。继续给母马挤奶。

· 对于24h内PCV＜20%的严重急性病例，请执行以下操作：

  · 给马驹输血。交叉匹配（主要和次要）是必要的。
  · 如果无法进行交叉配血，使用Aa/Qa阴性供体通常是安全有效的。
  · 如果在每次输血前，将母马的血液洗涤3次并悬浮在盐水溶液中，那么经处理的母马血液可能可以使用，但这些操作很耗时。
  · 最后，使用来自同一品种去势马的血液进行输血，并且该马从未接受过输血，通常是成功的。

· **注意事项：** 如果可以在市场买到氧化球蛋白产品，在发生超急性血溶性贫血并准备全血输血的时间里可使用该产品。

· 骡驹：使用去势马或以前没有用驴乳饲养的雌性供体。

· 理想情况下，所有马都应鉴定Aa/Qa阴性供体以应对紧急情况。 可以通过将酸性柠檬酸盐-葡萄糖（ACD）抗凝血样品送至：

  · 加州大学戴维斯分校兽医学院兽医遗传学实验室。
  · 肯塔基大学马血分型研究实验室。
  · 理想情况下，供体应没有Aa和/或Qa抗原以及溶血和凝集Aa、Qa的抗体，但这样的供体很难找到。

· 静脉输液维持量（每天约60mL/kg）。

· **重要提示：** 输注所需的静脉注射液可降低PCV但不会减少RBC的总数，并且只要黏度足以维持毛细血管压力，这可改善氧的输送。

- 如果供体细胞不能立即使用或兼容性不确定，给予地塞米松，0.04 mg/lb（0.08mg/kg，IV），仅适用于急性病例（2日龄或更小，PCV＜12%的马驹）。
- 如果马驹严重贫血，则通过鼻咽管、鼻腔内给氧（5~10 L/min）。这将增加血浆中的游离氧。
- 对所有患NI的马驹进行抗生素治疗，以尽量减少败血症的发生。尽管初乳抗体的被动转移已被证实，但患NI的马驹可能会发生败血症。其中一个原因是输血可能引起免疫抑制。另外，一些确诊NI的马驹出现被动免疫不完全。价值高的马驹应联合使用青霉素和阿米卡星（如果肾功能正常）或头孢噻呋，静脉注射给药；价值低的马驹可以联合使用甲氧苄啶-磺胺甲基异噁唑，20mg/kg，PO，每12h1次，以及青霉素22 000 IU/kg，IM，每12h1次。
- 给予抗溃疡药物：硫糖铝，1g，PO，每6h1次，加或不加组胺-2受体阻断剂或质子泵阻断剂。由于缺氧和压力，马驹可能易患胃溃疡。
- 在不允许马驹食用母乳期间，提供营养支持（Land-O-Lakes）马奶替代品——马奶或山羊奶，每天的给予量为体重的15%~20%。
- 提供支持性护理，如保持马驹温暖但不过热。
- 预计输血4~11d后，PCV会出现第二次下降。

不应该做什么

新生儿溶血性贫血

- 如果母马曾经输过全血，不要让新生的小马驹食用母马的初乳。
- 小马驹应在出生36~48h后，才可接受有输血史的母马哺乳。
- 应提供另一种初乳来源，并在12~18h检查马驹IgG。

何时对溶血性贫血的马或马驹进行输血治疗

- **实践提示：**没有一个准确的PCV值可作为输血界限。可使用以下参数确定何时输血。
- 临床症状：虚弱，沉郁，苍白。
- 临床发现：心动过速，呼吸急促。
- 血细胞比容和血红蛋白水平：一般来说，血红蛋白值＜5g/dL应视为无法供应组织氧需求，并保持足够的血液黏度。怀孕母马或呼吸道疾病患马的界限可能更高。
- 血细胞比容和血红蛋白水平下降的持续时间：下降越严重，需要输血的概率越高。
- 血液乳酸浓度＞3mmol/L表明供氧不足，可能需要输血。
- 经常被忽视但可能有帮助的其他指标是PvO_2（静脉氧分压）、SvO_2（静脉血氧饱和度）。除非存在原发性肺部疾病或肺血管分流，否则动脉样本测试结果可能很少或根本不支持输血。从静脉采取的厌氧样品（肝素化注射器）仅能短暂保存且需要立即测量（如i-STAT），该样品中的静脉氧分压＜30mmHg表明组织缺氧和决定输血时间的实验室结果。SvO_2＜50%也是如此。
- **实践提示：**
  - 如果PCV在24h内降至＜18%且仍持续溶血，则进行输血。
  - 在PCV下降较慢的情况下，有时可推迟输血直至PCV为12%或更低。

输血补充剂

- 氧化球蛋白5~20mL/kg，如果可用（目前尚未出售），则可用于急性病例或严重病例，同时进行全血输血。

- 如果临床有血容量不足，请给予等渗液。尽管输液会使PCV降低，但不会使携氧能力降低，除非黏度变得非常低。只要血液黏度足够，输液治疗可通过增加灌注来增加氧气供应。
- 应鼻内给氧，因为这会增加血液中的游离氧，并会对氧气供应产生轻微的积极影响。
- 口服或静脉注射给予维生素C，以治疗氧化性疾病，25g，每12h 1次，持续2d。

导致成年马溶血的其他原因

巴贝斯虫感染：梨形虫病

- 详细信息请参阅南美洲疾病（见第40章）。
- 驽巴贝斯虫（*Babesia caballi*，*B. caballi*）和马泰勒虫（*Theileria equi*，*T. equi*）。
- 马泰勒虫致病性更强。
- 分布在南美洲和中美洲，包括加勒比地区，以及欧洲、亚洲、非洲等。最近*T.equi*感染在美国西南部已有相关记录，而在美国其他一些地区感染记录则较少。
- 感染马、驴、骡和斑马。
- 潜伏期7~22d。
- 多种蜱虫种类［在美国，花蜱（*Amblyomma*）在最近巴贝斯虫感染中是最常见的］能传播巴贝斯虫。

临床症状

- 所有马均易感，老年马更易感。一旦感染，除非用二丙酸咪唑卡因清除巴贝斯虫，否则大多数康复者是携带者。
- 发热38.9~41.7℃（102~107 ℉）。
- 溶血性贫血。
- 黄疸。
- 血红蛋白尿。
- 死亡。

非特异性症状

- 沉郁。
- 厌食。
- 运动不协调。
- 流泪。
- 黏液性鼻分泌物。
- 眼睑肿胀。

- 黏膜上有瘀斑。
- 躺卧时间增加。

鉴别诊断

- 马传染性贫血。
- 肝功能衰竭。
- 免疫介导性溶血性贫血。
- 可能性较小的鉴别诊断包括:
  - 嗜吞噬细胞无形体（马粒细胞性埃里希体病）经常被列入鉴别诊断表中，因为两种疾病都有发热、黄疸、瘀斑、水肿和运动不协调症状。虽然存在轻度贫血，但它没有可识别的溶血性贫血。
  - 出血性紫癜的特征是发热、瘀斑和水肿，虽然存在轻度贫血，但它没有可识别的溶血性贫血。

诊断

- PCR是检测最近感染病例的最佳方法。
- 血清学测试：竞争性酶联免疫吸附试验（ELISA）、补体结合试验、间接荧光抗体试验。
- 可以在姬姆萨染色的血涂片上进行生物体的细胞学鉴定；然而，当样品从小直径容器中抽出时，被感染马的检测结果可能为阴性；间接荧光抗体试验可以区分驽巴贝斯虫和马泰勒虫。

应该做什么

梨形虫病

- 马泰勒虫比驽巴贝斯虫更难治疗（参见第40章）。
- 二丙酸咪唑卡那：对于驽巴贝斯虫，2.2mg/kg，2次治疗，每24h1次；对于马泰勒虫，4.0mg/kg，4次治疗，每72h1次。

不应该做什么

梨形虫病

- 治疗驴梨形虫病时，避免使用较高剂量的咪多卡；否则会致死。咪多卡可能引起腹痛。

预防与控制

- 控制是关键。
- 尚无有效的疫苗可用。

马传染性贫血（Equine Infectious Anemia，EIA）

- 坏死性血管炎可发生在马、驴和骡。

- 据报道，北美洲、南美洲、非洲、亚洲、欧洲和澳大利亚暴发了疫情。
- 患病马匹是EIA逆转录病毒的终生携带者，可能会有定期发作的临床症状。
- 病毒由马蝇传播。
- 被感染的母马可能在妊娠的任何阶段中止妊娠。
- 临床上，EIA可能在不同阶段被确诊；它可以是急性或慢性的。
- 急性EIA的特征是发热、沉郁和瘀斑。一只感染严重的马可能会在几天内死亡。
- **重要提示**：EIA是一种需要上报的疾病。它最常见于美国中南部（图20-6）。

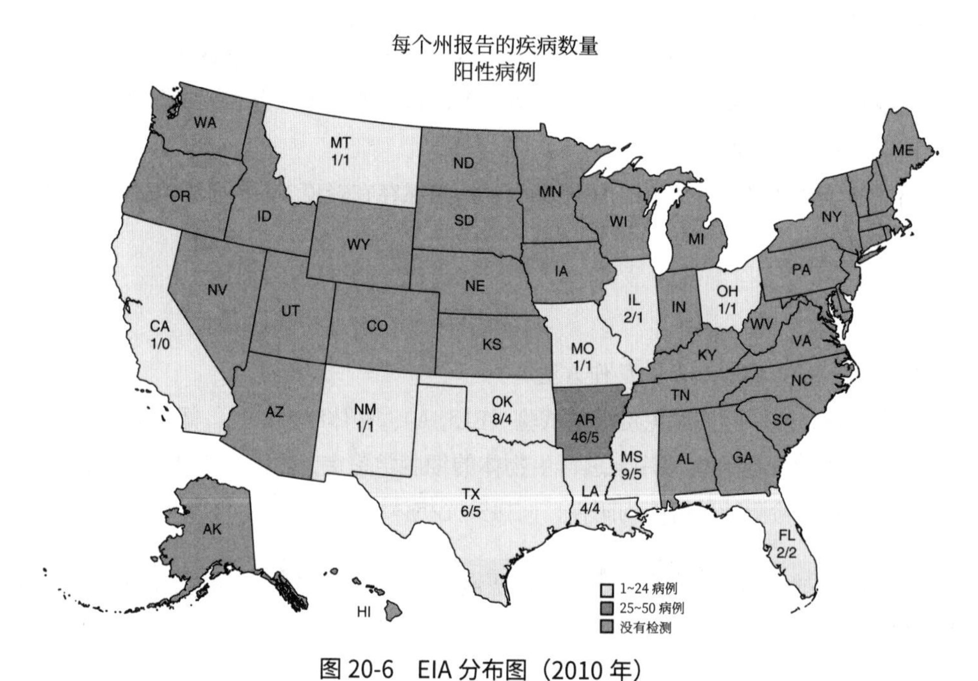

图20-6 EIA分布图（2010年）

来自www.aphis.usda.gov/vs/nahss/equine/eia/eia_distribution_maps.htm. 注意：这是美国一个传染病监测网站。

临床表现

- 急性EIA的特征包括发热、贫血、黄疸、腹部水肿、体重减轻、沉郁和瘀斑。
- 潜伏期通常为1~3周。
- 慢性EIA的特征包括沉郁、体重减轻、贫血、虚弱和反复发热。
- 许多被感染的马没有明显的临床症状。

诊断

- 琼脂凝胶免疫差异试验（Coggins test）：发现EIA逆转录病毒的血清抗体。感染的前2周

或更久，试验结果可能为假阴性。感染母马所生的马驹，其测试结果可能是假阳性。使用红盖管（促凝管）收集样品进行Coggins试验。PCR是最准确的检测方法。也可以进行ELISA检测。

- 贫血可以是显著且进行性的；库姆斯测试结果可能为阳性。
- 发生轻度淋巴细胞增多症和单核细胞增多症。
- 发热期间常见血小板减少症。

应该做什么

马传染性贫血

- 尽快将马隔离屏蔽，屏蔽隔间应距离其他马匹200码（180m）。
- 如果马仅携带病毒而未发病，那么除了支持性治疗外，任何其他治疗都没有效果。没有专门针对EIA的治疗方法或疫苗。
- EIA是一种需要上报的疾病。联系国家（美国）兽医诊所。各州需要进行Coggins检测的，请致电美国农业部的免费电话：800-545-8732。

马无形体病（旧称为粒细胞性埃里希体病）

粒细胞性埃里希体病（Anaplasma phagocytophilum），在此提及此病是作为巴贝斯虫病和马传染性贫血的鉴别诊断。这3种疾病有许多相似的临床症状，但是粒细胞性埃里希体病没有明显的血管内溶血！

- 粒细胞性埃里希体病是由嗜吞噬细胞无形体引起的立克次体病。
- 未经治疗，通常在2~3周内恢复。对四环素治疗的反应迅速，四环素治疗可在12~36h内解决发热问题，并在1~2d内清除可见的包涵体。
- 传播者为扁虱、硬蜱。
- 该疾病不具有传染性，但可能在同一场所发现多个病例。
- 4岁以下的患马病情轻微，临床上未发现一岁患马。
- 流产不是粒细胞性埃里希体病的并发症。
- 这种疾病在加利福尼亚州北部以及东海岸、威斯康星州和周边其他州的许多地区很常见，但在许多州都有报道。

临床表现

- 症状包括发热［38.9~41.7℃（102~107 ℉）］、沉郁、厌食、肢体水肿、黏膜瘀斑、黄疸、共济失调、不愿移动（如果马超过3岁或4岁，情况通常会更糟）。
- 感染后5~7d出现发热，如果不治疗，通常在接下来的3~5d内出现其他症状。
- 临床疾病在加利福尼亚州的秋、冬季最常见，在东海岸的夏季也是如此。

诊断

- 在许多情况下，临床症状、地理位置以及血小板减少症可通常可帮助诊断而无需进一步检测。

· **实践提示**：中性粒细胞和嗜酸性粒细胞中的细胞质包涵体：在马发热的第3天，通常会发现包涵体（桑葚体）。PCR是早期发热阶段的最佳检测方法。

· 样品可以发送到：

  · 加州大学戴维斯分校诊断实验室。

  · 康涅狄格州兽医诊断实验室康奈尔诊断实验室。

· 血清学检测：IDEXX的4DX-SNAP检测可以检测嗜吞噬细胞无形体抗体。许多处于急性发热期的马的测试结果为阴性，并且在早期治疗中，抗体检测可能非常弱或甚至无法检测。

  · 未接受治疗的马在感染后可能需要一周或更长时间进行血清转化。

· 轻度至中度的白细胞减少症。

· 血小板减少症，血小板数量通常在50 000/μL~70 000/μL，但可能更低。

· 经常出现轻度贫血。

· 脑脊液（提供有限的数据）通常是正常的，即使有中枢神经系统症状。

应该做什么

无形体病

- 支持疗法。
- 土霉素，6.6mg/kg，IV，每12~24h1次；可大大缩短疾病进程。
- 可以口服多西环素或米诺环素，但预计不会像静脉注射土霉素那样有效。

溶血和黄疸不太常见的其他原因

请参阅第26章中的尿液变色。

· 肝功能衰竭。

· 梭菌感染（见第35章）。

· 蛇咬伤（见第45章）。

· 弥散性血管内凝血：弥漫性血管内凝血可能偶尔伴发微血管溶血性贫血。应针对原发疾病进行治疗。

· 肾功能衰竭。

· 烧伤。

· 钩端螺旋体病可能引起溶血或血尿，但很少见。

实践提示：未分馏的肝素可引起马的急性贫血。PCV可能会降至14%。这种情况下的贫血是由PCV的非真实降低以及网状内皮细胞对红细胞俘获增加造成的。不会有溶血发生，暂停使用肝素后，PCV可在2~4d内恢复到先前的水平。低分子质量肝素不会引起这个问题。

体腔内出血

- 在成年马，内部出血最常发生在腹部。出血可能由以下原因引起：
  - 创伤（脾脏或肝脏破裂）。
  - 分娩（子宫中动脉破裂或子宫内出血）。
  - 手术（如卵巢切除术或肠切开术）。
  - 特发性原因。
  - 肿瘤（如血管肉瘤）。
- 特发性病因很常见，特别是老年马的腹腔出血。
- 在新生马驹中，肋骨骨折和脐带出血最常见。
- 一些运动马匹，虽然没有任何与疾病相关的明显临床症状，但有时会发生急性胸腔出血。

临床症状

- 症状包括：
  - 腹痛（腹腔出血最常见的症状）。
  - 呼吸频率增加。
  - 心率增加。
  - 黏膜苍白。
  - 颤抖。
  - 出汗。
  - 全身疼痛。

· 失血20%~25%（450kg马为8~10 L）时，黏膜变为淡粉色，如果失血35%或更多，则黏膜变为白色。如果失血20%~25%，血压会降低。

诊断

超声检查

· 对腹部/胸腔进行超声检查，以检测腔内的细胞液体。如果怀疑有创伤，请仔细检查肝脏和脾脏。肝脏和脾脏撕裂可能在超声检查时可见，这通常需要进行矫正手术。

腹腔穿刺 / 胸腔穿刺

- 均匀的红色液体不会凝结，PCV通常在8%~20%，证实了出血的诊断。
- 通常在液体中看不到血小板。
- 可能存在红细胞增多症。

应该做什么

体腔出血

- 让患马保持安静。
- 根据失血程度，在数小时内给予静脉输液多离子液20~80mL/kg。应维持低至正常的血压（允许低血压）。避免使用羟乙基淀粉，但通常给予血浆来补充凝血因子。
- 给予ε-氨基己酸（Amicar），30mg/kg，IV，每6h1次，混合在静脉注射液中。用5%葡萄糖或晶体液稀释的结合雌激素（倍美力Premarin，25~50mg，IV）可能增加凝血因子和促进血小板聚集，并减少导致不受控制出血的抗凝血酶Ⅲ。**实践提示：**倍美力最适用于子宫或泌尿道出血。
- 根据需要使用镇痛药以控制疼痛和焦虑：氟尼辛和保泰松对血小板功能影响不大。
- 重症病例鼻内给氧。
- **实践提示：**在亚急性或慢性病例，如果PCV降至＜15%，则进行输血。对于急性病例，可能在PCV降低前就需要输血。

不应该做什么

体腔出血

- 除非患马病情继续恶化，或在超声检查中发现明显的出血原因（如肝脏破裂、严重肋骨骨折移位等），否则不要进行手术。因为对于没有创伤史的老年马，其腹部出血可能会自行停止。如果有创伤史，则可能需要手术治疗。
- 除非引起呼吸窘迫或腹部不适，否则不应将血液排出体腔。如果血液需要排出，应使用无菌技术将血液收集在采血袋中，并移除采血袋中2/3的抗凝血剂，以备自体输血的需要。

输血的一般注意事项：何时为出血患马输血

PCV和血浆蛋白没有准确的临界值来提示何时输血。

应该做什么

输血

- **实践提示：**由于心输出量增加，以及血压升高，肾脏和内分泌反应，马匹通常在失去20%~25%的血容量，或2%体重的血液后，血压没有显著变化。
- 如果出血已经停止，可能只需要输注晶体液来恢复血容量。一般原则是输注的晶体液量应约为估算失血量的4倍。除非有全血提示（即PCV降至危险水平，高血浆乳酸对输液治疗无反应）需要输血，否则不应输血。
    - 在进行液体治疗时，应评估血压，以及用于监测输血的实验室数据，以评估组织缺氧程度。
    - 不必要的输血可能导致免疫抑制。
- 为替换耗尽的凝血因子，可以使用新鲜冰冻血浆并且可能用于治疗进行中的出血。新鲜冰冻血浆不含完整的血小板。
- **实践提示：**羟乙基淀粉在不受控制出血或弥散性血管内凝血的情况下不应使用。
- 如果确定出血与败血症（如肠泄漏、肝脓肿）或肿瘤无关，则可进行自体输血。
- 如果腹腔或胸腔出血严重到阻碍通气，则应取出血液。否则，应将无菌血液留在体腔内；增加的压力有助于促进凝血。如果需要立即自体输血，可以抽出体腔内的血液。

应该做什么

创伤导致的体腔出血

- 让患马保持安静。
- 根据失血程度和血压，数小时或更长时间静脉输注20~80mL/kg的多离子液。
- 静脉注射液中加入ε-氨基己酸，30mg/kg，IV，q6h。
- 根据需要给予镇痛药以控制疼痛和焦虑。
- 考虑探查性手术。如果确定脾脏破裂，则可以进行脾切除术。明胶海绵（明胶泡沫海绵）可用于控制肝脏撕裂伤。预后由肝脏的撕裂程度决定。

- 重症病例鼻内给氧。

应该做什么

子宫中动脉破裂

- 如果马非常躁动不安，使用0.02mg/kg乙酰丙嗪，给予平衡晶体液和输血。
- 如果心率＞100次/min且黏膜为白色，请勿使用乙酰丙嗪。
- 只有在病情即将快速恶化，并且需要暂时改善血压以进行输血或手术的情况下，才使用高渗盐溶液。
- 保持收缩压在70~90mmHg是理想的（允许性低血压）。
  - 给予ε-氨基己酸，30mg/kg，IV，每6h1次，加入静脉注射液中，并在60min内给完。静脉恒速输注（CRI），剂量为每小时10~15mg/kg。
- 如果上述治疗方法无效，应考虑使用其他药物治疗，如倍美力和血液制品。
- 如果母马腹痛或严重低血压，在理想情况下，马驹应该通过屏障与母马物理分隔，这样既可以让母马接触或看到马驹，又可以在母马倒地时保护马驹。

肋骨骨折和出血

一般考虑因素

- 肋骨骨折常见胸腔出血。
- 对新生马驹的所有体检都包括对胸壁的仔细检查。肋骨骨折可引起严重的气胸、血胸和快速死亡。
- 寻找气胸的证据。鼻内给氧，进行胸腔穿刺术；如果呼吸非常困难，应用Heimlich胸腔引流管。保持马驹或马安静，并开始用广谱抗生素进行抗菌治疗。
- **实践提示：**马驹肋骨骨折通常只在肘部的尾侧发生，涉及肘部后方的肋骨，最常见于左侧。

血胸的症状

- 出血性贫血。
- 呼吸困难或呼吸浅快。
- 胸骨水肿。
- 胸部疼痛，不愿意移动。
- 腹侧肺音减弱或消失，经常双侧发生。
- 可能发现颈静脉扩张或颈静脉搏动。
- 有/无黄疸。
- 当多根肋骨骨折和移位时，连枷胸呼吸（反常的呼吸运动）在马驹中很常见。

诊断

- 进行体格检查和超声检查。
- 胸部超声检查显示均匀的细胞性胸膜液。

· 膈疝很少与血胸同时发生。

· 胸腔穿刺显示血液中没有细菌。

应该做什么

肋骨骨折和出血

· **重要提示：**肋骨骨折的马驹保持安静。理想情况下，马驹最好骨折侧朝下侧躺，以减少骨折端的移动和避免潜在冠状动脉撕裂的风险。

· **重要提示：**如果骨折断端有位移和/或存在连枷胸腔或血胸，则应考虑手术。

· 鼻内给氧，出血和通气不足可能导致低氧血症。

· 使用广谱抗生素，特别是发现开放性伤口或气胸。

· 密切监测并考虑输血。

· 胸腔穿刺可短时间改善病情。应仔细监测马驹，因为胸膜腔经常迅速充满血液。

· 使用抗溃疡药物。

主动脉破裂

· 最常见于繁殖期间的老龄种马。

· 由于突然大出血，常常导致死亡。

· 成年马可发生主动脉破裂伴肺动脉瘘。

膈疝

· 膈疝可伴发胸腔出血。

· 如果腹痛的马直肠触诊“阴性”（或空心感）以及呼吸受到严重影响，特别是肺音过小或不存在时，怀疑膈疝。

· 通过胸腔超声检查进行诊断。细心地进行胸腔穿刺术，因为即使用乳头套管也可能穿透受损的肠道。

应该做什么

胸腔出血

· 治疗方法是稳定体况和手术治疗。

其他体内出血部位

· 胸腔淋巴肉瘤通常会导致胸腔内出血，但很少导致危及生命的贫血。

· 血管肉瘤可能导致肌肉或体腔出血或两者均出血。

· 肠道内出血可能发生在马，如果出血位于小肠（类似于牛的出血性肠炎）或小结肠，血栓的腔内阻塞可能是一个问题。

· 如果在肠切开术后结肠出血，则因血容量损耗而可能需要输血。

· 在运动和肺出血后很少形成血胸。

- 血胸也可能发生在肺和肝脏活组织检查之后，在取样后应给予结肠移位、年龄较大（＞15年）的马匹去氧肾上腺素。
- 使用鼻内给氧，液体疗法和镇痛药的保守治疗通常是成功的。
- 通常不需要抽取血液，除非存在严重的呼吸窘迫。
- 当分娩或骨盆破裂并撕裂大血管而发生严重的盆腔出血时，疼痛和骨盆畸形是最常见的临床问题。如果盆腔出血严重且突然发作，可能会有大量失血而需输血，或者马可能死亡。

体外出血

- 主要血管出血可能危及生命。
- 通常由创伤导致，尽管蜂窝织炎偶尔可能会侵蚀大血管，导致危及生命的出血。

应该做什么

体外出血

- 尽可能使用压力绷带或缝合血管，以减少额外的失血。
- 如果心率升高且患畜处于低血容量休克的状态，则需要输血和静脉注射晶体液。

咽喉囊出血

- 咽喉囊出血通常是由囊外部或内部颈动脉，或上颌动脉的真菌感染和侵蚀所致。
- 应通过内窥镜检查确认是否存在这种情况。
- 需要尽快手术！
- 确诊后应立即输血，因为任何时候都可能发生急性、严重出血。在受影响的一侧结扎颈总动脉通常没有效果。
- 应排除其他鼻出血的原因，也许不需要特殊的治疗。
  - 一些病例可通过药物进行管理（如免疫抑制以治疗血小板减少症：地塞米松，0.1mg/kg，硫唑嘌呤，3mg/kg，以及用塑料采血袋收集的新鲜全血进行输血）。
  - 如果筛骨完好无损，则可通过手术治疗或进行病灶内福尔马林注射治疗某些原因导致的出血（如筛窦血肿）。

输血的一般考虑因素

何时以及如何输血

- **实践提示**：在以下情况下进行输血：
  - PCV在最初的12h内降至＜20%，出血或溶血仍持续。
  - PCV在1~2d内降至＜12%；血红蛋白＜5g/dL通常对组织供氧不利。

- 除上述情况外，还存在乳酸升高，PvO_2和/或SvO_2降低。
- 在急性病例中，失血死亡可在PCV未降低的情况下发生。在这些情况下，输血的需要基于:
  - 存在严重心动过速。
  - 黏膜呈白色或灰色。
  - 低血压的症状——脉搏弱，“冷汗”，全身无力以及有严重出血的迹象。

供血马的选择

· 有400 000种以上马的血型已被发现，并且没有通用的供体。

· 如果时间允许，请选择交叉匹配符合的供血马。主要目标是主侧配血测试——EDTA抗凝的供体RBC与患畜血清混合。

· 如果供血者之前未进行同种抗体检测，也可进行次侧配血测试——EDTA抗凝患畜红细胞与供体血清混合。

· 大多数测试检测到凝集，尽管一些实验室（如加州大学戴维斯分校实验室）使用兔血清/补体测试裂解。**实践提示：**如果有离心机，可以进行现场交叉配血。采集来自患畜和潜在供体的血液样品，收集至EDTA和促凝管（红盖）中。

- 离心样品后，使用移液管或注射器从潜在供体（主要交叉配型）的EDTA管中提取0.25mL沉积的RBC。
- 与4mL盐水混合并重新悬浮。
- 再次离心并舍去上清液（若上清液不是无色，时间允许的话可以重复此操作)。
- 在已洗涤的沉积的RBC中加入3mL生理盐水并重新悬浮。
- 在塑料试管或促凝管（红盖）中加入2滴患畜的血清，然后滴一滴来自潜在供体的已洗涤和重悬的RBC。轻轻混合两者并在接近体温的环境中孵育15min；离心3min。
- 在良好的光照条件下，小心地取出试管，根据需要摇动试管几次，以便RBC颗粒移动。
- 另一种方法是根据需要将管从12点钟的位置转到3点钟位置，然后根据需要再转回来。
- 如果颗粒移动但没有破裂或破裂成几个团块，这表明凝集严重（即使是小凝块也应该被认为是凝集）和供体不相容。
- 如果RBC重新进入生理盐水而没有凝集的迹象，则表明没有针对供体RBC的凝集抗体。在破坏凝块之前，盐水上清液应该是清澈的，因为上清变为粉红色表明溶血；如果没有添加补体，则不能排除溶血性抗体，但通常如果没有凝集抗体则“接受”供体兼容。

· 如果时间不允许，选择相同品种马的骟马，可将几滴供血马的红细胞（离心或重力分离）与两倍量的患畜血清（离心）或血浆（重力分离）混合在显微镜载玻片上，再将受血马的红细胞与供血马的血清以相同方式混合，观察是否出现凝集现象与上述方法相比，这是一种不太精

确但更快速的测定方法。

- 针对体腔出血，且无败血症或瘤形成时，考虑自体输血。可以通过无菌技术从腹腔或胸腔收集血液，通过使用乳头套管将血液收集到具有少量ACD的容器中，每18份血液中约1mL 2.5%~4%ACD。
- 将自体血储存以用于预期会出现严重出血的罕见手术（如鼻腔手术）中。自体血应收集在柠檬酸盐－磷酸盐－葡萄糖－腺苷（CPDA）中而不是ACD中。血液可以在4℃（39.2 °F）下储存数天。

采集和使用

- 使用无菌技术采集血液，收集在2.5%~4%ACD中：9份血液-1份柠檬酸盐（9 ： 1）。
- **实践提示：**使用血液采集装置；可以收集健康供体的15%~20%的血液［体重，以kg计，8%~10%=供血马的血液总量（L）］。
- 自体输血（参见前面的讨论）：使用约正常量1/3的抗凝剂［ACD或柠檬酸盐－磷酸盐－葡萄糖（CPD）或柠檬酸钠］；如果没有柠檬酸盐，每毫升血液使用1单位肝素。在自体输血过程中，过滤器应每2L更换一次。
- 血袋、真空瓶、给药装置和抗凝血剂可从百特（Baxter）实验室购买。血小板置换很重要，使用真空瓶速度更快，但不是理想选择。
    - 可以使用各种抗凝血剂，下面列出了它们保存红细胞的能力（从最小到最大）。除非计划储存红细胞，否则这通常不重要。
        - 柠檬酸钠。
        - ACD。
        - CPD：红细胞可以在冷藏温度下储存2~3周。血小板可存活约3d(仅在塑料容器中)。
        - 柠檬酸盐-磷酸-葡萄糖-腺嘌呤（CPDA）：红细胞可以在冷藏温度下储存2~3周。血小板可存活约3d（仅在塑料容器中）。
- **输血速率：**在最初的30min内以1mL/kg的速率给予全血，然后以每小时10~20mL/kg的速度给予全血，并密切监测生命体征。理想情况下，过滤器应在3~4L后更换。为了快速输血，可能需要将一些平衡晶体液注入瓶中以降低黏度。对于输血袋，可以施加外部压力。
- 输血用的血液应加热至体温。
- 浓缩红细胞（70%）可用于治疗溶血性贫血。例如，洗涤过的RBC可以给予患有NI或具有充血性心力衰竭的成年马的马驹，它们需要输血以具有正常或增加的血容量。

副作用

- 如果出现呼吸急促、呼吸困难、水肿、烦躁不安、毛发直立和肌束震颤症状，停止或减慢输血并给予苯海拉明（Benadryl），0.25mg/kg，IM。

· 出现严重过敏反应，应给予肾上腺素，0.005~0.02mL/kg，1 ∶ 1 000稀释，缓慢静脉注射。

输注多少血液

- **实践提示**：对于成年马的出血，通常至少给予6~8L血液或估计失血量的30%~40%。
  - **注意事项**：CVP（颈静脉填充）减少和血液乳酸增加，表示15%~20%的失血，但在至少失血20%前，心率可能不会增加且血压不发生变化。一匹500kg的马有大约45L的血。
- 同时给予多离子液和血浆。
- 对于溶血，请使用以下公式计算所需的血容量：

（预期PCV－受血者PCV）/供血者PCV×（0.08×体重）=所需输血量（L）

· 对于理想的PCV没有普遍认同的观点。静脉含氧量（PvO_2）、饱和度（SvO_2）和乳酸水平的测量可估计氧缺乏的程度。**重要提示**：异常低的PvO_2或SvO_2，以及升高的血浆乳酸是缺氧的指征。

- 输血相容红细胞的预期寿命如下：
  - 最近报道输血相容（交叉配型）同种异体红细胞的平均寿命为39d。

· 如果冷藏，CPD中采集的血液可维持红细胞活性至少2周；输入储存的全血会增加反应的风险。

治疗出血/溶血的其他方法

· 患免疫介导的溶血性贫血的成年马：给予地塞米松，40mg，每24h 1次。随着PCV稳定，可以降低地塞米松的剂量。

· 血容量不足的马：给予等渗液（最多4倍于休克时的失血量）。PCV降低实际上可以提高携氧能力。只要PCV不是太低而没有足够的黏度来保持毛细血管打开，它可以提高携氧能力。

· 严重的休克/低血压：建议使用高渗液，但在不受控制出血的马应谨慎使用！

· 严重缺氧的马：鼻内给氧，但马中98%的携氧能力来自血红蛋白。

· 如果找不到相容的供体，则全血输血的替代方法是以1~20mL/kg给予牛血红蛋白。半衰期约为2d。此产品目前无法使用。

· 持续出血：进行手术/包扎！

· 对于不受控制的出血：给予氨基己酸并维持允许的低血压（收缩压＞70mmHg和排尿）。

参考文献

参考资料可在网站www.equine-emergencies.com上找到。

第 21 章
肌肉与骨骼系统

诊断和治疗程序

Elizabeth J. Davidson 和 James A. Orsini

跛行评估的诊断性镇痛

诊断性镇痛（神经和关节阻滞）是定位肢体跛行最有价值的方法。对神经和关节阻滞的准确定位和解读需要全面的神经解剖学知识。神经周镇痛（神经阻滞）作用于感觉神经纤维，使相应的部位丧失感觉。滑膜内镇痛则更具指向性，用于定位关节、腱鞘和滑膜囊疾病引起的跛行。

注意事项：如果怀疑骨折，建议在诊断性镇痛程序前进行X线或MRI检查，排除不完全骨折，防止阻滞造成灾难性骨损伤。对于严重跛行（5级分级判定为4～5级）的马，可以使用局部麻醉来确定慢行时是否能够负重或稳健行走，从而定位跛行。在神经或关节阻滞的作用逐渐消失之前有必要进行适当的活动限制。

器材

- 缰绳（可选）。
- 消毒擦洗过的材料（聚维酮碘或氯己定、酒精）。
- 局部麻醉剂。
  - 2%盐酸美哌卡因：作用迅速，持效120~150min。
  - 2%盐酸利多卡因：作用迅速，持效90~120min；比美哌卡因对组织刺激大。
  - 0.5%盐酸布比卡因：中速起效（30~45min），持效3~6h；当需要较持久的麻醉时使用。
- 一次性无菌的18~25号，5/8~3 in（1.6~7.7cm）针头。
- 3~60mL注射器（不包括Luer-Lok）；请参阅说明书，了解每个区块所需的针头和注射器的具体尺寸。
- 滑膜囊内镇痛需要的无菌手套。
- 滑膜内镇痛需要的钳子（可选）。

应该做什么

神经周围镇痛

一般情况下，外周神经末端很容易被找到并使用小剂量（2~5mL）麻醉剂麻醉。在高于腕关节和跗关节的神经需要更大的剂量（10~15mL），因为这些神经被肌肉组织包裹很难触及。

- 图21-1至图21-4所示神经周围镇痛的部位和标志点，推荐使用的针头大小和需要的局部麻醉量。

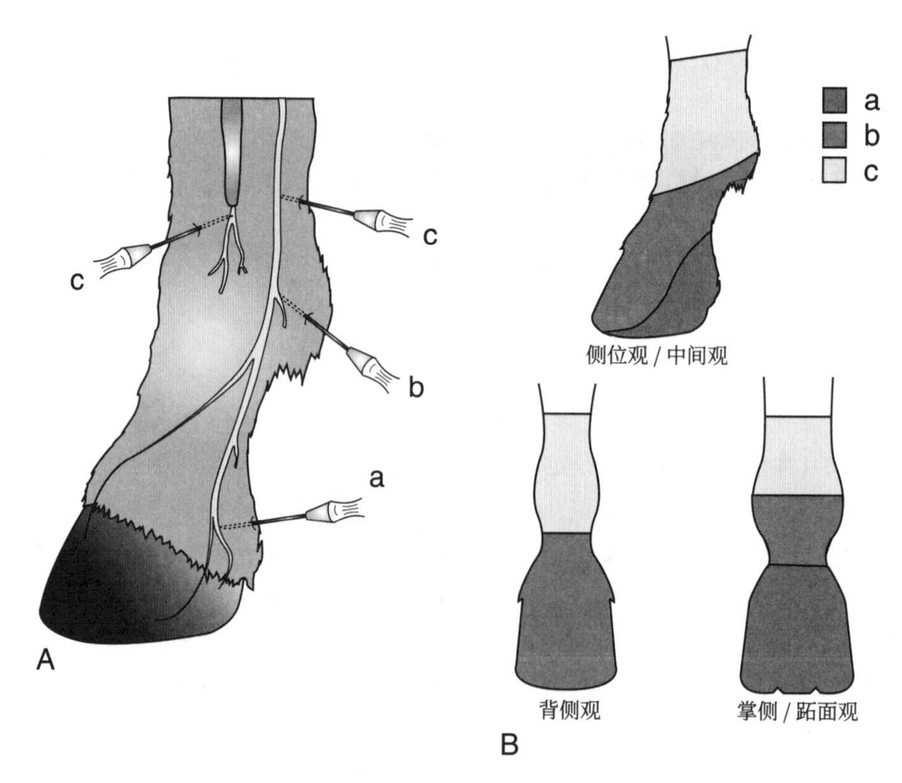

图 21-1

A. 肢体远端神经周围镇痛的位置顺序

a. 掌指头镇痛

- 25 号注射器，5/8 in 针头；每个局麻部位 1~2mL。
- 掌内侧和掌外侧指神经位于掌侧动脉和静脉旁、指深屈肌腱的背轴面。当肢体悬空后，将针直接插入神经上方，就在侧支软骨附近。将针头朝向远端。

b. 外侧籽骨神经阻滞

- 22~25 号注射器，5/8~1 in 针头；每个局麻部位 1~3mL。
- 此操作可以在马站立或将该下肢抬起的状态下进行。掌神经位于籽骨近端近轴面，与掌动脉和静脉并行。针头可以朝向远端。

c. 掌下部镇痛

- 20~22 号注射器，1~1½ in 针头；每个局麻部位 2~4mL。
- 掌骨神经：将针插入内侧和外侧籽骨间隙的间隙远端，深度为 1~2cm。
- 掌神经：将针皮下插入位于深指屈肌腱和悬韧带之间的凹槽中，该凹槽位于紧靠籽骨间隙的位置。注射部位仅在远端指肌腱鞘的近端。应该对注射部位进行持续刷洗，以防鞘膜意外污染。
- 对于较低的跖部镇痛：以外侧赘骨的末端隆起为起点向背侧进针，阻断跖骨背侧神经。在指伸肌腱的背部放置一个皮下麻醉环。使用 22 号注射器，1½ in 针头；每个局麻部位 2~6mL。

B. 彩色区域代表肢体远端受影响的区域

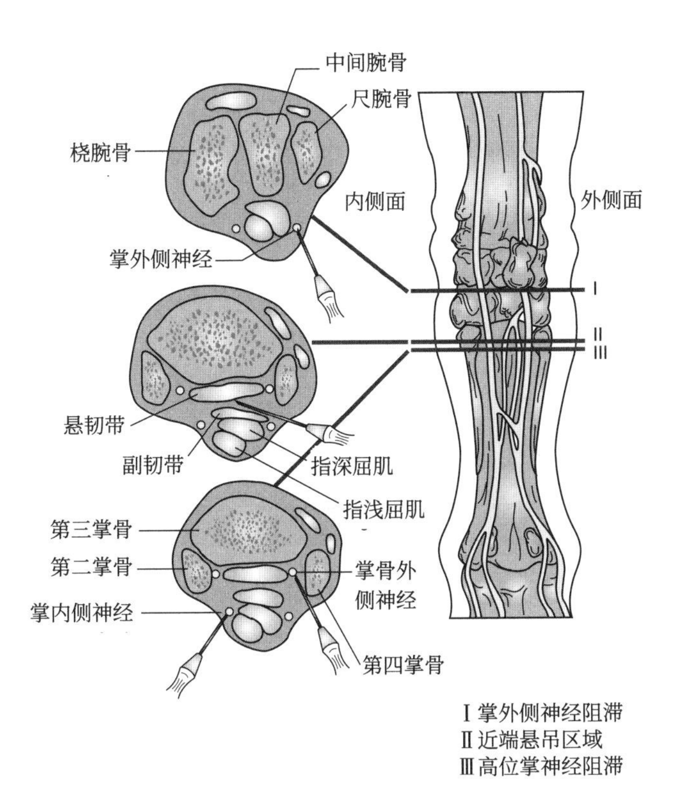

图 21-2　掌骨近端区域神经周围镇痛的部位

I. 掌外侧神经阻滞
- 22~25 号注射器，5/8~1 in 针头；每个局麻部位 5~6mL。
- 将垂直于皮肤的针插入副腕骨远端。在致密结缔组织中注入麻醉剂。

II. 近端悬吊区域
- 22 号注射器，1½ in 针头；每个局麻部位 8~ 10mL。
- 将针插入第四掌骨的轴向侧。呈扇形注入麻醉药，浸润悬吊区域的源头。

III. 高位掌神经阻滞
- 20~22 号注射器，1~1½ in 针头；每个局麻部位 3~5mL。
- 掌神经：将针垂直于皮肤，沿轴向侧插入赘骨，轴向插入悬韧带，沿第三掌骨插入。
- 掌神经：将针皮下插入深指屈肌腱和悬韧带之间的凹处。

注意事项：可发生腕鞘的无意镇痛或腕中部关节的掌心外翻。作为预防措施，使用无菌消毒剂和无菌技术。如果通过该区域的镇痛成功地消除了跛行，则建议随后对腕关节中部进行麻醉，以排除腕关节疾病。

图 21-3　前臂神经周围镇痛的部位：这些是前臂的内侧图

a. 中部
- 20~22 号注射器，1~1½ in 针头；每个局麻部位 10mL。
- 肘关节 5cm 远内侧插入针。神经位于桡骨后侧。

b. 尺神经阻滞
- 20~22 号注射器，1~1½ in 针头；每个局麻部位 10mL。
- 将针插入尺侧腕屈肌和尺骨外侧肌之间的凹槽中，靠近腕骨附近 10cm。

c. 肌皮神经
- 20~22 号注射器，1½ in 针头；每个局麻部位 3~5mL。
- 将针头插入皮下头静脉两侧，约位于腕骨和肘部之间（c_1 和 c_2 是肌皮神经的头侧和尾侧分支）。神经的两个分支都要被麻醉。

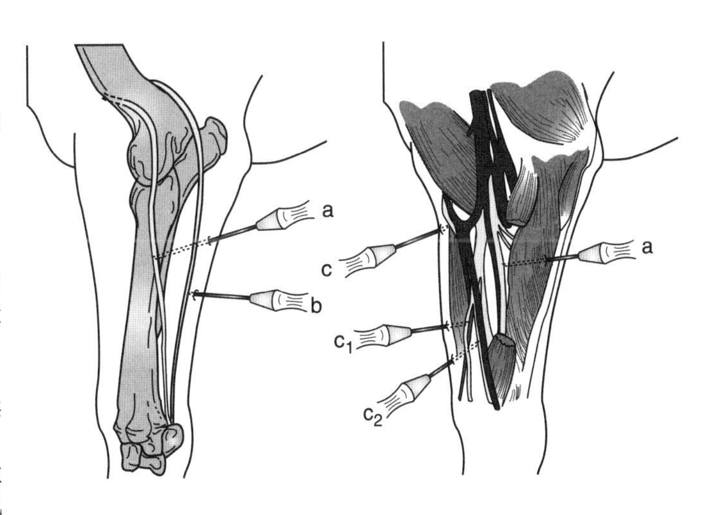

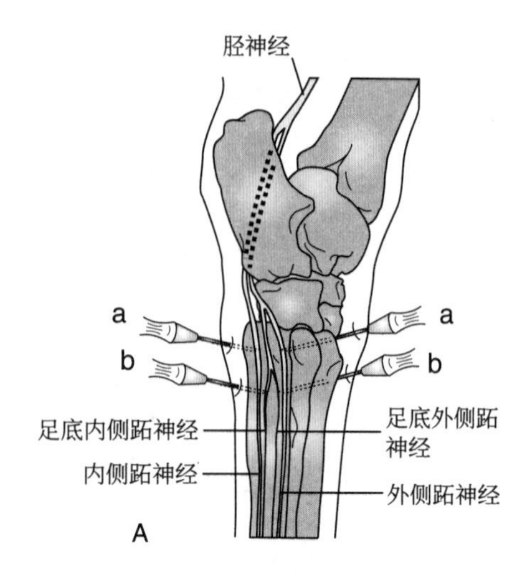

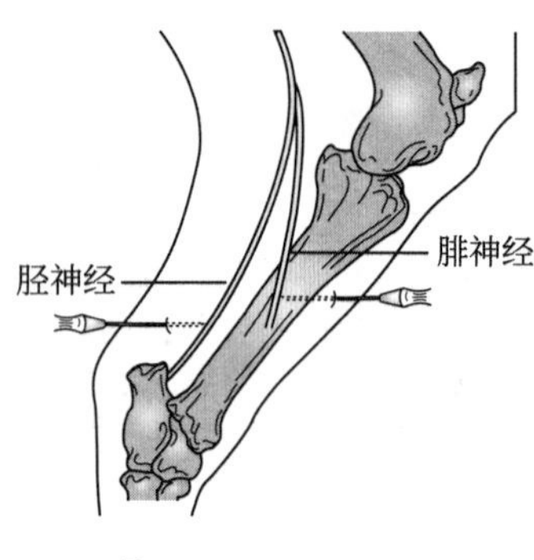

图 21-4　后肢近端神经镇痛的相连部位

A. 跖骨近端跖侧视图；高位跖部镇痛
- 20~22 号注射器，1~1½in 针头；每个局麻部位 3~5mL。
  - a. 足底神经：将针在内侧和外侧皮下插入深度指屈肌腱和悬韧带之间。
  - b. 跖侧跖骨神经：将针沿轴向侧插入赘骨，垂直于悬韧带，沿着第三跖骨的足底皮质向内侧和侧面插入。
  - c. 背侧跖神经：沿跖骨背侧近端形成环状皮下环。

B. 小腿侧面图；胫骨和腓骨镇痛
- 20~22 号注射器，1~1½in 针头；每个局麻部位 10~15mL。
- 胫神经：将针插入深部指屈肌和跟骨肌腱之间的飞节点 10cm 处。
- 腓神经：将针头插入靠近飞节点 10cm 的位置，插入指长肌和外侧伸肌之间的凹槽中。插入针头直至其接触胫骨。在拔针时连续注射局部麻醉剂。

- 擦洗注射部位，清除污染物，洗手。
- 如果有需要套上缰绳，不建议镇静或镇定，因为两者都可能影响局部阻滞的判读。
- 确定神经的位置，并将针头迅速插入预定位置，如果有血液从针头流出，重新定位或改变角度直到不再出血。
- 将装有麻醉药的注射器固定在针头上，在神经周围注射麻醉药。如果感受到注射阻力，针头可能位于韧带、肌腱或皮内组织，应重新定位。
- 神经周围镇痛结束后，用酒精擦拭注射部位。
- 等待5~10min通过皮肤感觉测试是否有麻醉效果。
- 适当情况下，在周围神经阻滞前后使用检蹄器、关节屈曲、深部触诊，重复跛行检查评估是否有改善（0%~100%）。
- 使用远端肢体绷带（可选）。

应该做什么

滑膜内镇痛

滑膜内镇痛是相对特定区域的，不需要从肢体远端开始。一般情况下，活动性较小的关节（如跗跖关节、跗关节远端和系部）只需要小剂量的局部麻醉剂（3~5mL）。在活动性较大的关节，完全的局部镇痛需要较大剂量（10~50mL）。操作流程类似于神经周围阻滞，是无菌操作和动物的保定时成功完成的必要因素。

- 图21-5至图21-11滑膜囊内镇痛的部位和标志点，推荐的针头型号，每个滑膜囊结构所需的局部麻醉剂量。
- 触诊标志点。
- 入针位置剃毛（可选）。
- 对注射部位进行擦洗消毒。
- 戴无菌手套后再接触注射器和针头，触诊标志点。
- 使用一瓶新开封的局部麻醉剂，一根针头用于吸取药液，另一根用于滑膜内注射。针头和注射器均应保持无菌。
- 系住缰绳保定。
- 一旦确定关节位置，将针头插入所选定的滑膜内，快速准确地刺穿皮肤。如果针头正确刺入滑膜囊内，大部分情况下关节液会进入针头。关节囊的压力会促使滑膜液从针头流出。穿刺时应该注意避免损伤关节软骨和周围的软组织。
- 收集和分析关节液（见关节穿刺术）。
- 一旦将针头插入滑膜内后，连接注射器并注射麻醉剂。阻力应极小。如果遇到阻力，请卸下注射器，在不离开皮肤的情况下将针头重新插入。用一只手握住针头的中心，用另一只手注射，如果马移动，迅速拔出注射器。另一种技术是在针和注射器上附加一个延长装置，以方便注射。
- 5~30min后评估镇痛效果。

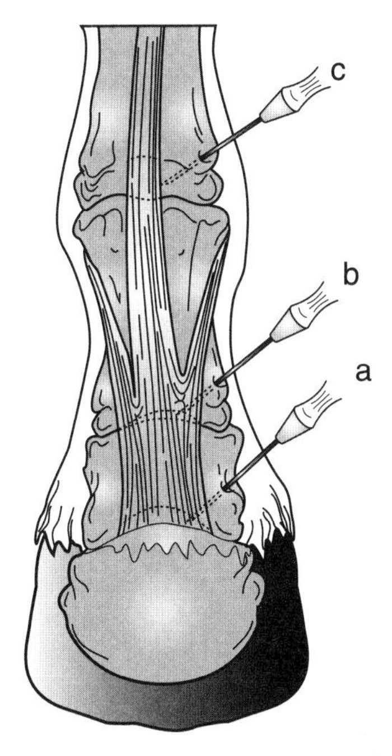

图 21-5 肢体远端的滑膜内镇痛

a. 蹄关节

- 20 号注射器，1 in 针头；每个局麻部位 6~10mL。
- 触诊蹄冠状动脉带背面中部的凹陷。针可以直接插入普通（前肢）或长（后肢）指伸肌腱的内侧或外侧，也可以直接插入肌腱的中线。当肢体处于负重位置时，将针插入掌 / 足底远端方向，深度为 1 in。

b. 系关节

- 20~22 号注射器，1½ in 针头；每个局麻部位 4~6mL。
- 注射部位在背侧，就在普通 / 指长伸肌腱外侧，在近节指骨掌突水平或远端。当肢体处于负重位置时，将针插入远侧和中部方向。

c. 球节

- 20 号注射器，1 in 针头；每个局麻部位 10mL。
- 掌 / 跖侧关节囊位于胫骨远端掌侧和悬韧带分支的背侧之间。肢体置于承重位置，将针头垂直于肢体轴线或稍微向下的方向插入至 1 in 的深度。插图显示了背侧通路，于普通 / 长指伸肌腱的内侧或外侧，并且针插入方向几乎平行于第三掌骨 / 跖骨的背面，进行滑膜内镇痛。

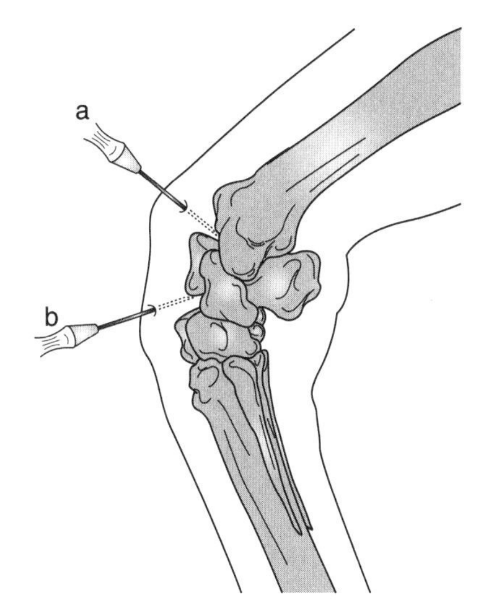

图 21-6 腕关节内镇痛

- 20 号注射器，1 in 针头；每个局麻部位 10mL。
- 当肢体处于弯曲位置时，注射部位很容易被触诊。对于桡腕关节前臂关节（a），找到桡骨和近端腕骨之间的凹陷。对于腕骨中间关节（b），找到近端和远端腕骨之间的凹陷。对于两个关节，将针内侧插入桡侧腕伸肌腱或桡侧腕伸肌腱与普通指伸肌腱之间，平行于骰骨的近端表面，深度为 1 in。

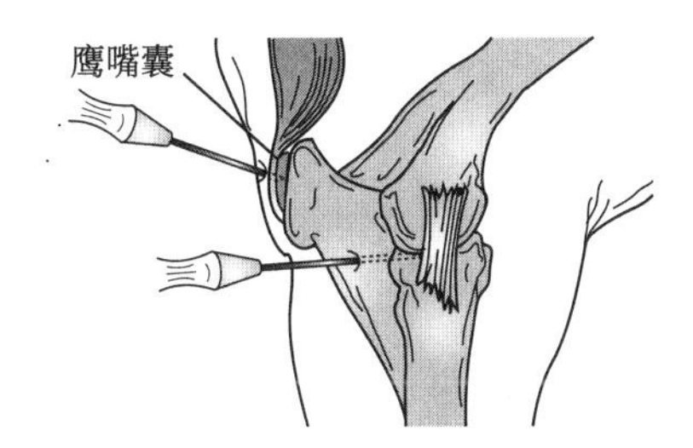

图 21-7 肘关节关节内镇痛

- 18~20 号注射器，1½~3 in 针头；每个局麻部位 20mL。
- 触诊肱骨外侧上髁与桡骨外侧结节之间的肘关节。将针头从尾侧副韧带方向水平插入，深度 1½~2½ in。
- 鹰嘴囊：将针插入三头肌长头肌腱与可触及的鹰嘴近端之间。如果鹰嘴囊有异常并肿大，进针时则可以肿胀为中心从外侧或内侧进针。

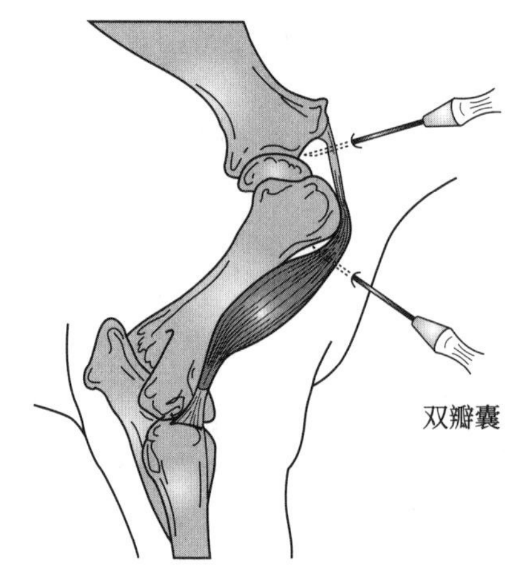

图 21-8　肩关节内镇痛

- 18~20 号注射器，3 in 针头；每个局麻部位 20~30mL。
- 刺入位于肱骨大结节的颅尾突起之间的关节。将针向水平方向偏尾侧的方向插入 2~3 in 的深度。
- 二头肌囊：将针头插入肱骨三角肌粗隆远端约 4cm 处或远端 3~4cm，尾部 6~7cm 大结节的头侧，将针头朝向近端内侧，偏头侧方向。

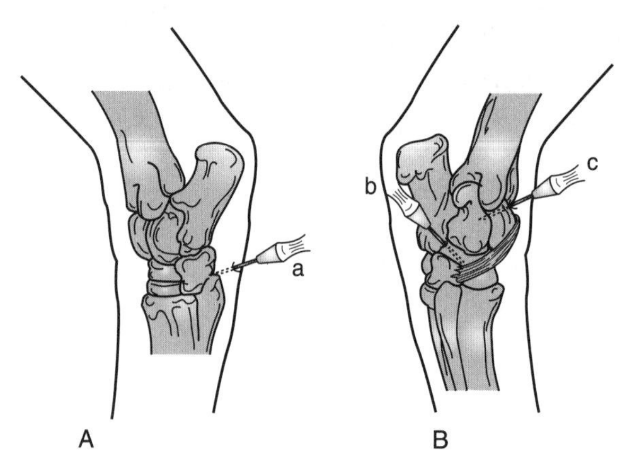

图 21-9　跗关节内镇痛

A. 跗骨侧面图

a. 跗跖关节

- 20~22 号注射器，1 in 针头；每个局麻部位 4~6mL。
- 触诊外侧赘骨头部近端的小凹陷。将针向水平方向、稍远端和背侧方向插入，深度为 1 in。

B. 跗骨内侧视图

b. 跗骨远端关节

- 22~25 号注射器，1 in 针头；每个局麻部位 2~3mL。
- 在飞节内侧，即楔形肌腱的近端或远端，将针向外侧和水平方向插入到第三节和跗骨中部之间。

c. 跗胫关节

- 20 号注射器，1~1½ in 针头；每个局麻部位 20~30mL。
- 将针插入关节背内侧囊，远端内踝、外侧或内侧隐静脉。踝关节与近端跗关节相通。

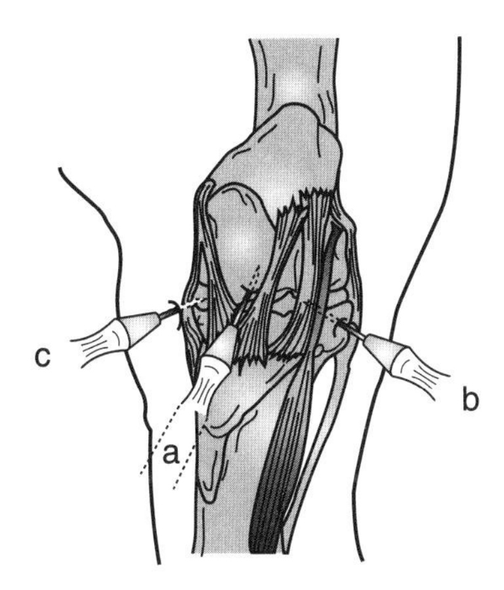

图 21-10　膝关节内镇痛

a. 股膝关节
- 18~20 号注射器，1~1½ in 针头；每个局麻部位 40~50mL。
- 在胫骨嵴近端，在髌中韧带外侧或内侧插入针。将针稍微近端指向髌骨的方向。.

b. 股胫外侧关节
- 18~20 号注射器，1~1½ in 针头；每个局麻部位 20~30mL。
- 在胫骨外侧平台近端，将针插入指伸肌腱尾侧，沿侧副韧带前侧水平地引导针稍微谨慎地向内侧偏转。

c. 股胫内侧关节
- 18~20 号注射器，1~1½ in 针头；每个局麻部位 20~30mL。
- 在胫骨内侧平台近端，将针插入内侧髌韧带和内侧副韧带之间。

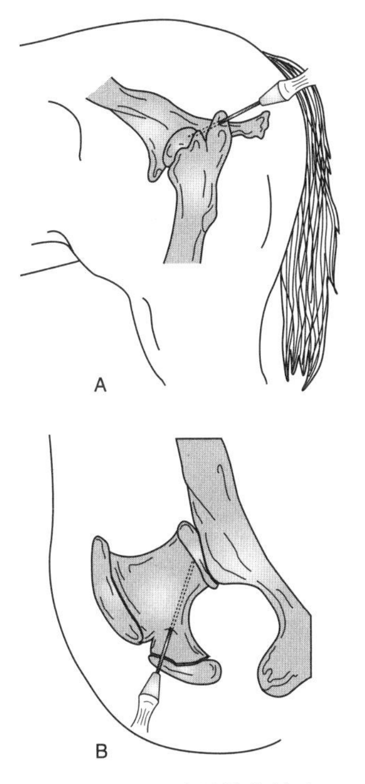

图 21-11　髋关节内镇痛

A. 髋关节侧面图　B. 臀部的背侧视图
- 18~20 号注射器，6 in 针头和针芯，每个局麻部位 20~30mL。
- 将针插入股骨大转子的头侧和尾侧突之间。将针指向稍微偏颅、中、远侧的方向。这个部位很难触诊，因为关节上覆盖着厚厚的肌肉。超声可用于确定注射部位。

- 重复跛行评估，评价改善情况（0~100%）。
- 远端肢体镇痛，注射后用酒精轻轻冲洗或喷洒注射部位，并用绷带包扎（可选）。

评估局部镇痛效果

- 重点在于诊断性镇痛程序的有效性：
  - 浅表疼痛由马在用笔尖压迫或用止血钳夹皮肤时对皮肤刺激的反应来评估。
  - 深度疼痛可以通过应用检蹄器、肢体屈曲或深度触诊来评估。
- 重要的是需要意识到由于局部麻醉剂向四周扩散，可能局麻的范围会比预期的更大。
- **实践提示：**认识到诊断性镇痛的局限性：
  - 慢性疾病：软骨下骨病和复杂疾病（如近端掌骨损伤）可能不能100%“被封闭”，但如果阻滞后出现70%~80%的改善，则可做出诊断。

· 多部位或多肢跛行的马可能需要多个神经或滑膜内阻滞。在这些马匹中，阻滞后的任何改善都应该进一步研究。

注意事项：四肢麻醉，特别是前肢的神经周麻醉，可能导致运动功能的丧失和跛行。因此，在前肢神经阻滞之后，谨慎进行高速运动和跛行评估。神经或者滑膜囊阻滞后，在进行高速或骑乘评估之前，应在无骑手的条件下进行跛行评估，以确定是否存在运动功能丧失。如果注意到运动功能的丧失，则不应该尝试高速运动或骑乘检查。马应该限制在一个栏内，直到麻醉效果消失，并且远端肢体包扎好绷带，以防损伤。

并发症

· 在神经周麻醉后，严重的周围组织损伤是不常见的。

· 可能会在注射后出现轻微的炎症和肿胀，特别是在四肢近端注射。

· 如果神经周围的血管被刺破了，注射针道上会出现血肿。

· 正确地备皮、精准快速地穿刺、少量的局部麻醉药和足够的患畜保定，可以将风险降至最低。

· 处置完毕后，使用酒精消毒并使用绷带包扎24h，也可以降低注射后血肿的风险。

· 急性关节滑膜炎（“恶化”）和滑膜感染是罕见的，但可能是滑膜内镇痛的严重后遗症。

· 不要通过受污染的伤口或受损皮肤注射；如果存在关节周围蜂窝织炎，应延迟手术。

· 诊断程序结束后2周内监测马的疼痛和/或肿胀情况。如果发现滑膜炎或与阻滞相关的跛行，强烈建议对可能的医源性感染进行评估。

· 针头折断更可能发生在肢体近端和/或使用较长的针头时。尽可能使用最小规格的针和/或可弯曲的针（如脊柱针），使其受力弯曲而不会断裂。适当保定可使这一并发症发生的可能性最小。

· 全身性副作用是非常罕见的，包括中枢神经系统的影响，如肌肉收缩、共济失调和神经衰竭。**实践提示：**局部麻醉的最大剂量建议，500kg的马是300mL 2%利多卡因。

关节穿刺及关节液分析

Elizabeth J. Davidson 和 James A. Orsini

关节穿刺术以及关节内药物治疗是诊断和治疗关节疾病的常用方法。关节液分析有助于区别关节疾病，是治疗马感染性关节炎的关键。

关节穿刺术

关节穿刺术常用部位和标志点在本章的前面已经叙述过了。活动性大的关节有较大的关节囊，易于穿刺。运动性低的关节更难操作。如果常用的关节穿刺术部位受到污染，应使用其他部位。

关节液分析

关节液是血清的超滤液，其成分的变化是关节滑膜结构变化的直接表现。特征包括颜色、混浊度、体积和黏稠度。在采集之后应当立刻进行检查。正常的关节液透明、微黄、无颗粒物质。红色的细丝表明存在出血，可能是由穿刺造成的。整体红色或琥珀色可能是由慢性关节内损伤造成的。由炎症引起的液体混浊或暗黄色。颗粒或脓性物质的存在表明浆液纤维性炎症，通常与感染（感染性关节炎或腱鞘炎）有关。正常的关节液由于含有透明质酸而具有较高黏度。黏度的主观评估是通过在拇指和食指之间滴一滴液体，正常的黏度在拇指和食指之间形成2~5cm的细丝。病变关节透明质酸的数量和质量下降，不能产生细丝。

正常关节液缺乏纤维蛋白原，不产生凝结。炎症或病变关节的总蛋白水平升高。细胞学分析可以定量和描述白细胞。如果怀疑有感染，必须进行革兰氏染色涂片和细菌培养。阴性培养结果不排除感染；只有50%的感染样本中能分离出细菌。**实践提示：**聚合酶链反应（PCR）是目前许多微生物实验室用来鉴定细菌DNA的技术。

正在尝试将关节软骨的生物化学变化、免疫标记物和分解产物与关节疾病联系起来。有关疾病的变化已有文献报道，但单个患畜的单一样本的准确性值得怀疑。

表21-1显示滑膜液参数与关节内疾病的相关性。

表21-1 滑膜液参数与关节内疾病的相关性*

情形	症状描述	黏度	体积	总蛋白（g/dL）	有核细胞数（个/μL）	细胞学结果
正常	淡黄色，清亮	高	低	＜2.5	＜500	＜10%中性粒细胞
无菌性滑膜炎	黄色，半透明	低	普遍增加	＜3.5	＜10 000	＜10%中性粒细胞
化脓性关节炎	黄绿色，混浊	增加	高	＞4.0	＞30 000	＞90%中性粒细胞（退行性）有/没有胞内吞噬细菌
退行性关节病（骨关节炎）	黄色，清亮	低（多变）	低	＜3.5	＜10 000	＜15%中性粒细胞

* 列出的范围是近似值。文献中存在相当大的可变性。

设备

- 镇静（静脉注射盐酸赛拉嗪和地托咪定+/-酒石酸布托啡诺）。
- 缰绳。

- 止血钳（可选）。
- 清洁消毒的材料（聚维酮碘或氯己定、酒精）。
- 无菌手套。
- 18~22号针头。
- 5~20mL注射器（除了Luer-Lok牌）。
- 含乙二胺四乙酸（EDTA）和普通真空采血管。
- 培养基（Port-a-Cul，血平板）。

应该做什么

关节穿刺术

- 图21-5至图21-11操作部位和标志点。
- 触诊目标部位。
- 穿刺部位最好剃毛或剪毛。
- 镇静马匹。推荐剂量为成年马0.3~0.5mg/kg甲苯噻嗪与0.01~0.02mg/kg布托啡诺静脉注射；对于新生马驹，0.1~0.2mg/kg地西泮缓慢静脉注射。
- 在注射部位进行无菌消毒。
- 戴无菌手套后处理注射器和针头，触摸标志物。
- 如果需要的话使用缰绳来保定。
- 一旦确定关节滑膜结构，用针快速穿过皮肤。

不要用针损伤关节软骨和周围软组织。

大多数情况下关节液会出现在针头中心。关节囊内压力促使滑膜液从针中流出。

- 如果滑膜液从针上自由滴下，则可以直接将液体收集到收集管中。另一名助手在无菌环境中打开收集管的盖，在液体滴落时收集液体。
- 或者，将注射器固定在针头上，抽取液体，再转移到收集管或培养基。
- 关节液分析：
  - 培养时，使用普通真空管或Port-a-Cul或血培瓶。
  - 细胞学评估时，使用EDTA（紫色盖）管。
- **注意事项：**不要将在开放或受污染的伤口或可能感染的区域穿刺。可能造成损伤或感染，如果关节穿刺的部位受到任何污染，通常需要更换针头。

并发症

- 最常见的并发症是无法获得关节液。
  - 原因常是将针头刺入周围软组织结构（如肌腱或韧带）内或邻近组织结构内，或将针头刺入软骨或滑膜层内。
  - 可以尝试在不离开皮肤的情况下重新确定针头方向或旋转针头。如果在穿刺过程中针头被组织堵塞，则应使用新的针头或其他进入点进行关节穿刺。
- 关节液上的细菌培养通常没有效果。阴性培养结果不是停止适当治疗的理由。
- 此外，见关节内镇痛、并发症。

颞下颌关节穿刺术

关节液是通过颞下颌关节（TMJ）穿刺获得的。与其他关节一样，关节液的分析可能有助于确定疾病的病理特征。关节穿刺术也用于关节内药物治疗或肌内镇痛。

注意事项：以下描述方法尚未在小马驹或骨发育不成熟的幼马中进行应用研究。幼马的解剖与成年马颞下颌关节的解剖学定位不直接相关。

设备

- 镇静剂（静脉注射盐酸赛拉嗪和地托咪定 + / −酒石酸布托啡诺）。
- 止血钳（可选）。
- 无菌消毒材料（聚维酮碘或氯己定和酒精）。
- 20号，1½ in（3.8cm）针头和注射器（3mL、6mL或12mL）。
- EDTA管和普通采血管。
- 培养基。

应该做什么

颞下颌关节穿刺术

- 外侧眼角到耳底边缘的区域剃毛，上下可以从面部嵴到颞骨颧骨突（可选）。
- 镇静马匹。推荐剂量为成年马0.3~0.5mg/kg，IV赛拉嗪或地托咪定3~6μg/kg，IV；布托啡诺可以增大0.01~0.02mg/kg，IV。
- 清洁擦洗区域。
- 无菌操作。
- 触摸颞下颌关节，将拇指放在眼睛外侧的眼角，小指放在耳朵底部。中指弯曲在下颌髁的侧面定位下颌髁突。
- 触诊颧骨突，这一部位位于下颌骨髁突背侧1~2cm处（图21-12）。
- 在下颌髁突和颧骨突连线中点与这两个结构连线后侧0.5~1.0cm的位置可触诊到一个柔软的凹陷。
- 使用20号，1½ in（3.8cm）针头进入颞下颌关节，先垂直于颅骨，并引导针略向吻侧（约15°）。根据病畜的情况，针头可能需要稍微向腹侧引导。
- 进针½~1½ in（1.6~3.8cm）到关节滑液出现之前。如果碰到骨头，取出针并将其转向腹侧或背侧进入关节。
- 将样品采集到EDTA和红盖（无添加剂）真空管中进行细胞学检查和培养。如果样本在12h内没有进行处理，则将其放入血液培养瓶或Port-a-Cul中。

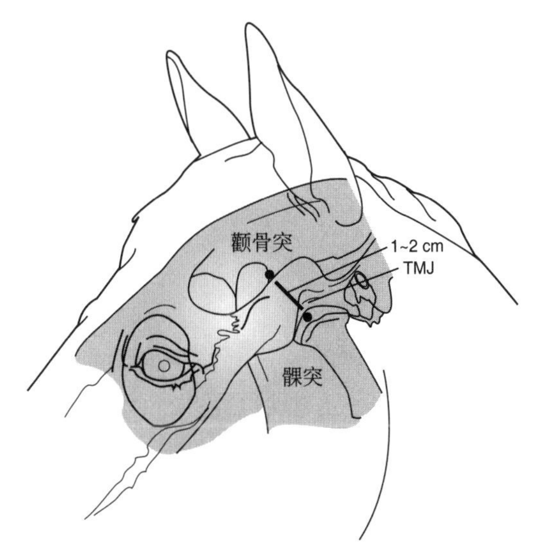

图 21-12　颞骨颧骨突的位置

TMJ，颞下颌关节。

并发症

见关节内镇痛、并发症。

舟状骨关节囊内窥镜检查

James A. Orsini

· 蹄底的穿刺伤常导致感染性的舟状骨黏液囊炎，因为异物常常向舟骨的内侧凹面刺入。这种类型的损伤是一种急症，需要尽快治疗，以获得最佳的预后。舟状骨关节囊内窥镜提供了一种替代传统的“街钉”（street nail）手术治疗方法，在大多数情况下取得了更好的效果。穿刺伤导致舟状骨关节囊败血症的预后能好转；使用关节镜清除舟状骨关节囊内异物是最合适的治疗方法。舟状骨关节囊诊断技术在以下病变中可以使用：

- 舟状骨关节囊。
- 舟骨悬吊韧带。
- T韧带和不对称韧带。
- 舟状滑囊（足滑膜）。
- 指屈肌腱的背侧表面。

该技术简化了以下步骤：

- 舟状骨关节囊冲洗。
- 血管翳清创。
- 滑膜囊切除。
- 舟状骨及指深屈肌腱病灶的清创。

设备

- 全身麻醉设备。
- 内窥镜设备：4mm 25° ~30°向前倾斜关节内窥镜。
- 18号3½ in针头。
- EDTA和普通（无添加剂）真空管。
- 培养材料（Port-a-Cul，血培瓶）。

应该做什么

舟状骨关节囊内镜检查

见图21-13。

- 实施全身麻醉，患马侧卧，患肢在上。
- 支撑肢体近端至掌指关节/跖趾关节，远端悬空。
- 从掌指关节/跖趾关节处向蹄冠带360°修剪或刮除该区域毛发。

- 对穿刺伤的入口和蹄底进行清洁和清创。
- 保持无菌操作，对肢体远端掌/跖底的穿刺和手术部位进行无菌擦洗。
- 采集液体样品进行细胞学检查和微生物培养，并将样品置于EDTA（紫色盖）真空管和端口Port-a-Cul管中。
- 在指深屈肌腱轴侧缘和掌/跖指神经血管束轴向的外侧蹄状软骨（侧软骨）近端皮肤切开5mm长切口。用锥形闭孔引导关节镜套管穿过皮肤切口，并将其向远端和轴向背侧推进至指深屈肌腱深部，使其在指蹄中点附近进入黏液囊。
- 将带锥形闭孔器的关节镜套管穿过皮肤切口，并将其从远端和轴向推进至指深屈肌腱背侧，使其大约在指骨中点进入舟状骨关节囊。
    - 进入黏液囊（失去阻力）后，取出封闭管，用4mm、25°~30°的前斜关节镜替代。
- 关节镜手术完成后缝合皮肤入口。

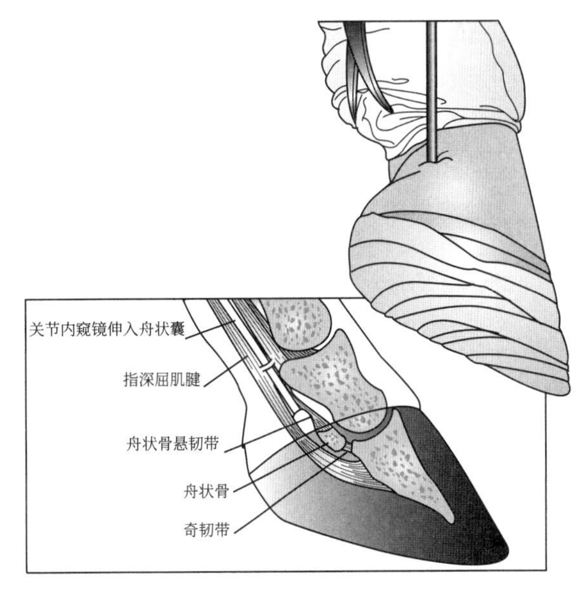

图21-13　舟状骨关节囊内窥镜检查

并发症

在置入套管过程中，由于缺乏关节镜“实际操作”的练习，可能会对周围软组织造成附带损伤。

颈椎关节突注射

Elizabeth J. Davidson

- 颈部疼痛是马表现不佳的原因之一。
- 建议进行详细的临床检查，包括体格检查、跛行检查、神经学检查和高质量的影像学检查，以便做出适当的诊断。
- 过去的治疗仅限于全身抗炎药物和针灸等替代医学技术。
- 超声引导下的颈椎小关节穿刺是一种辅助诊断和治疗颈椎小关节疼痛的技术。

设备

- 缰绳（可选）。
- 消毒擦洗用材料（聚维酮碘或氯己定和酒精）。
- 无菌手套。
- 一次性无菌18~20号，3½ in腰椎穿刺针。
- 10mL 注射器（非–Luer-Lok）。
- B超3.5~5MHz探头。

- 镇静：0.3~0.5mg/kg赛拉嗪或0.005~0.01mg/kg 地托咪定。
- 无菌超声凝胶。
- 超声波换能器无菌盖套。
- 用于诊断镇痛的2%盐酸甲哌卡因。

应该做什么

颈椎关节突注射

- 触诊颈部，确定颈椎小关节的大致位置。颈椎小关节位于颈椎的外侧和背部。
- 镇静马匹。
- 头部放低至肩膀的水平位置。
- 尽量将颈部拉直。
- 超声引导下确认关节：
  - 关节突是颈椎最常见的背外侧骨结构。
  - 关节间隙位于前突和后突的交界处，是一个无回声间隙。
  - 关节突形成特征性的“椅子”结构（图21-14）；前关节突形成椅座，后关节突的前部形成椅背。
  - 建议关节区域同时使用彩色血流多普勒成像，确保不伤到椎动脉及其分支。
- 在穿刺部位进行无菌刷洗。
- 佩戴无菌手套后操作脊椎针和注射器。
- 使用无菌技术，将无菌盖套敷于探头上。在探头和盖板之间涂上少量无菌凝胶，改善成像效果。
- 注射部位皮肤可使用无菌凝胶或酒精。
- 使用缰绳进行保定（可选）。
- 使用超声引导重新定位关节。
- 使用针头注射1.5mL 2%盐酸甲哌卡因局部麻醉（可选）。
- 将针头仅头侧平行于探头，并将其轴向和尾部指向关节间隙(图21-15)。
- 正确放置的针头会在皮肤边缘到关节处投射出高回声的影像(图21-16)。
- 使用注射器，吸入关节液。
- 可以收集关节液并分析。

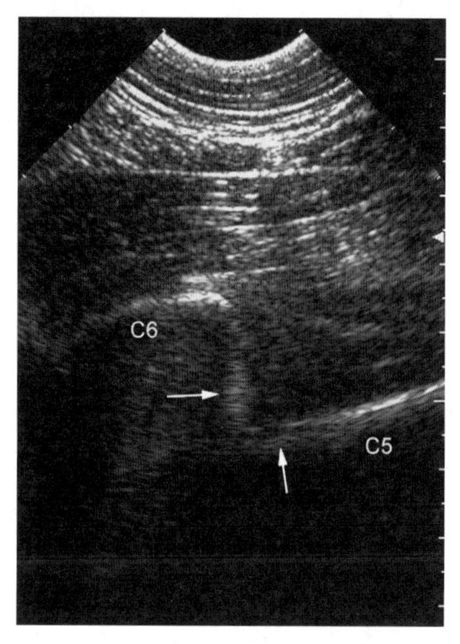

图 21-14　一匹摔倒后颈部僵直的 5 岁温血马的颈椎右后侧超声图像

图中特征的“椅子”结构中椅座由C5构成，椅背由C6构成(白色箭头)。C5，第五颈椎；C6，第六颈椎。

不应该做什么

颈椎关节突注射

- 不要穿刺椎动脉。在颈部头侧，椎动脉在颈椎小关节的腹侧。
- 避免针插入关节腹侧，因为可能会意外穿透椎管。如果进入椎管，脑脊液从针中自由流出。不要将药物注入椎管。
- **实践提示：**这个过程很有挑战性。高质量的成像、熟练的超声医师和配合的患马是成功的必要条件。可由一人进行操作；但两个人一起做更容易：一个进行超声检查，另一个进行关节穿刺术。

并发症

- 与任何关节一样，注射后感染是一种潜在的并发症。手术前任何温度变化和颈部肿胀、僵硬或疼痛的增加是不存在的，注射后发生感染应积极调查和适当治疗。

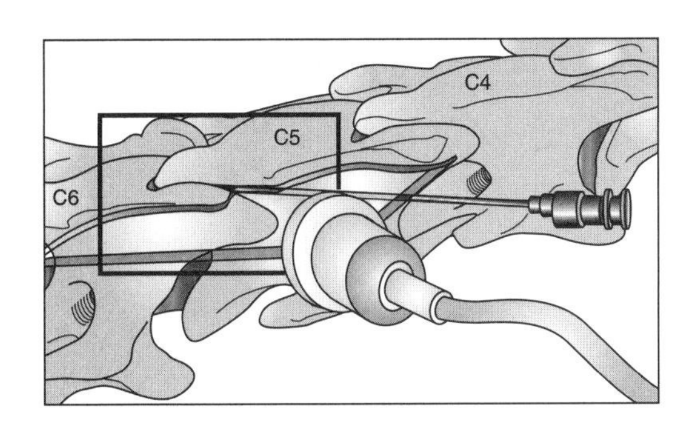

图 21-15　颈椎尾部的右侧视图

探头位于 C5~6 关节的背侧，并将脊髓针恰当地放置于关节处。

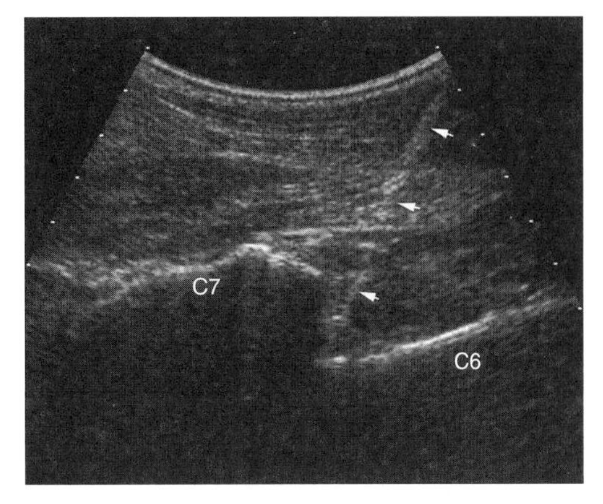

图 21-16　一匹患颈椎关节炎的 10 岁温血马的 C6~7 关节右侧超声图像

将脊髓针 (箭头) 插入关节间隙。
C6. 第六颈椎　C7. 第七颈椎

- 脊柱针在手术过程中可能弯曲或断裂。适当的镇静和保定可以将感染风险降到最低。

荐髂关节注射

Elizabeth J. Davidson

- 骶髂关节疼痛是表现不佳和后肢跛行的原因之一。临床和体格检查结果各不相同。
- 诊断困难，通常是通过排除法进行诊断。
- 骶髂关节注射几乎是不可能的，因为解剖位置很深，体积也小，可容纳＜1mL的滑液。
- 骶髂关节关节周注射已经过验证，首选内侧通路。
- 骶髂区域浸润有助于骶髂关节损伤的诊断和治疗。

设备

- 缰绳（可选）。
- 消毒擦洗用材料（聚维酮碘或氯己定和酒精）。
- 无菌手套。
- 3mL 注射器（非 –Luer-Lok）。
- 10mL 注射器（非 –Luer-Lok）用于诊断性镇痛。
- 无菌一次性 18 号，6in 脊髓针。
- 镇静：0.3~0.5mg/kg 赛拉嗪或 0.005~0.01mg/kg 地托咪定。
- 备用品。
- 2% 盐酸甲哌卡因。

应该做什么

骶髂关节注射

- 将马牵至栓柱以备保定。
- 镇静马匹。
- 马应该后腿站立，并承担相等的负重。
- 在骶管区域进行无菌擦洗。
- 佩戴无菌手套处理脊髓针和注射器。
- 给马栓上缰绳。
- 在注射区域使用1~2mL 2% 卡波卡因浸润局部麻醉。
- 再次无菌擦洗该区域。
- 注射右侧骶髂关节区域（图21-17和图21-18），步骤如下：
  - 注射针道轻度朝向中线，在荐结节左前方2cm。
  - 将针以纵轴45°~60°进针，使其垂直并朝向右骶髂关节。
  - 沿右髂翼轴向，将针向右侧大转子的颅侧略微尾侧方向推进。
  - 将针向前推进，直到在右侧骶髂关节区域的尾状面遇到骨头。
  - 用于诊断目的，正确地在骶髂关节注射8mL 2% 卡波卡因。
  - 出于治疗目的，将药物注射在右侧骶髂关节区域。

• 左侧骶髂关节注射时，入针方向在右髂头侧偏轴向。针的方向应与前面提到的类似，直到骨头沿着左髂翼的轴向被碰到为止。

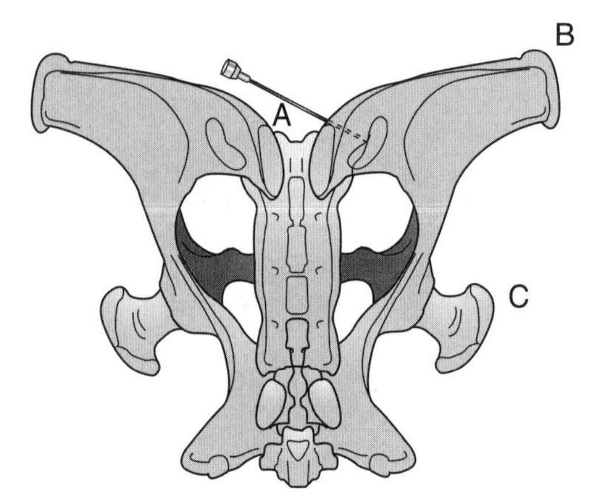

图 21-17　骨盆背侧视图，针放置于右侧荐髂关节注射

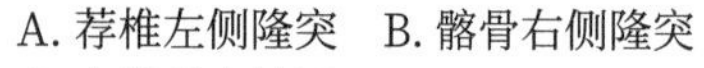
A. 荐椎左侧隆突　B. 髂骨右侧隆突
C. 右股骨大转子

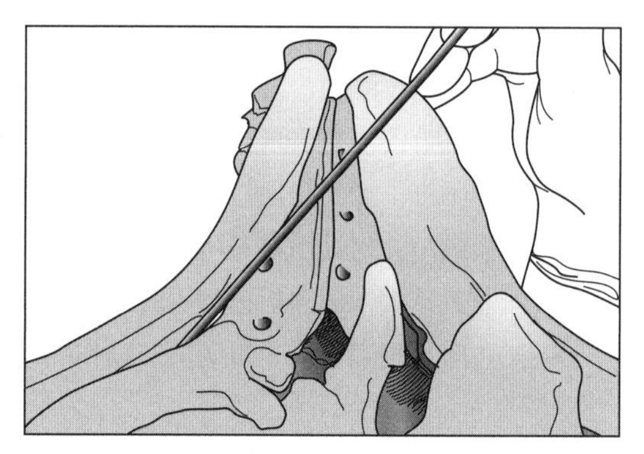

图 21-18　在右侧荐髂关节附近用针定位荐髂区域的头侧视图

不应该做什么

骶髂关节注射

• 如果在刺入针后不久碰到骨头，请拔出并重新穿刺。直到在合适的位置大部分针能够插入。

• 如果针头插入的位置过于靠腹侧，可能会碰到骶动脉和神经的骶骨和背侧分支。纠正针的位置，以偏离垂直方向更大的角度进针。

• 如果针头插入的位置过于水平，就会碰到髂骨翼。纠正针的位置，以较小的角度将针转向垂直方向，并沿髂骨翼的轴向方向滑动。

- 避开坐骨神经和颅动脉以及关节尾部的神经。
- **实践提示：**在一些马中，第六腰椎的背棘突在尾部，第一骶椎的背棘突在颅侧，形成一个更小的棘间空间。如果遇到这些正常的解剖差异，可从第一次进针位置的前侧或后侧第二次进针。**注意事项：**由于麻醉药物的扩散，可能会导致臀大肌、坐骨神经、第一骶神经、股神经和/或闭孔神经功能丧失。患马会出现后肢的本体感觉和运动功能丧失。可能会出现承重能力下降导致跌倒和长时间卧倒的情况。此外，针放置在中线附近会导致药物沿着脊髓神经根进入椎管。

并发症

- 由于针的长度和关节周围的韧带组织，可能会发生断针。适当镇静和保定可以将断针风险降到最低。
- 诊断性镇痛后可能出现后肢共济失调或无力，尤其是尾部注射。
- 也有报道称，半腱肌和同侧会阴麻痹会出现短暂的片状出汗。

马驹骨科急诊

Joanne Hardy

马驹急性重症跛行

症状描述

- 马驹的急性重症跛行是一个重要的问题。大多数主人认为“母马踩了小马驹”，而实际上这并不常见。
- **实践提示：**马驹急性跛行最常见的原因是感染性关节炎/骨髓炎。
- 造成急性严重跛行的其他原因包括：
  - 长骨骨折。
  - 生长板骨折。
  - 蹄部脓肿。
  - 肌肉或肌腱损伤。

应该做什么

马驹的急性跛行

- 获取关于马驹直到出现症状的健康状况的历史记录。马驹可能通过血源途径获得感染性关节炎；既往或并发疾病史提示败血症。
- 进行全面检查，以确定是否存在其他问题，如肺炎、腹泻或受感染的脐部结构。
- 触诊受累肢体，寻找关节积液、裂隙、肿胀或不稳定的证据。包括使用检蹄器。
- 触诊关节积液时，假定为感染性关节炎（参见下面关于感染性关节炎/骨髓炎的部分）。**重要提示：**鉴别肢体上部关节的积液，如肘部、肩部和髋部，可能比较困难；如果不能确定另一种跛行的来源，应对这些关节进行穿刺。

- 脊髓炎可能导致神经功能障碍而不是跛行。例如，马尾综合征、坐骨神经或腓神经功能障碍症状描述。
- 如果发现肿胀/不稳定，进行X线检查（见骨折部分）。

不应该做什么

马驹的急性严重跛行

- 等待并希望它会变好。
- 骨折时提供的固定不充分。

感染性关节炎/骨髓炎

- 大多数患有感染性关节炎/骨髓炎的马驹同时患有败血症。至少50%的发病马驹患有感染性关节炎，且为多关节病变。马驹可能症状描述为全身症状或仅有局部感染的迹象。
- 感染性关节炎/骨髓炎的分类如下：
  - S型：滑膜病变（未发生骨髓炎）。
  - E型：骨骺受累（骨骺的骨髓炎已被确诊，图21-19）。
  - P型：生长板感染（图21-20）。
  - T型：跗关节或腕关节长骨感染；通常发生在未成熟的小马驹（图21-21）。
  - I型：关节周围感染/脓肿侵犯关节。

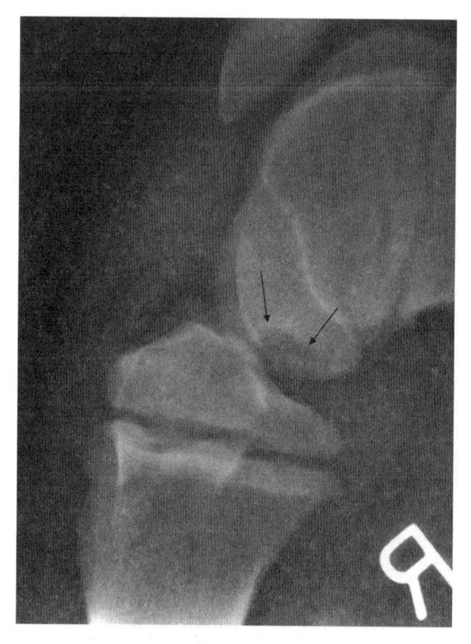

图 21-19　E 型骨髓炎马驹膝关节的 X 线片
注意股骨髁的透明化（箭头）。

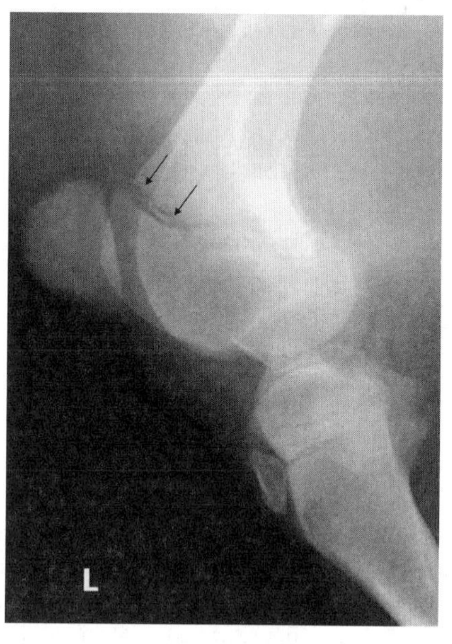

图 21-20　P 型骨髓炎马驹膝关节 X 线片
注意骺板增宽（箭头）。

诊断

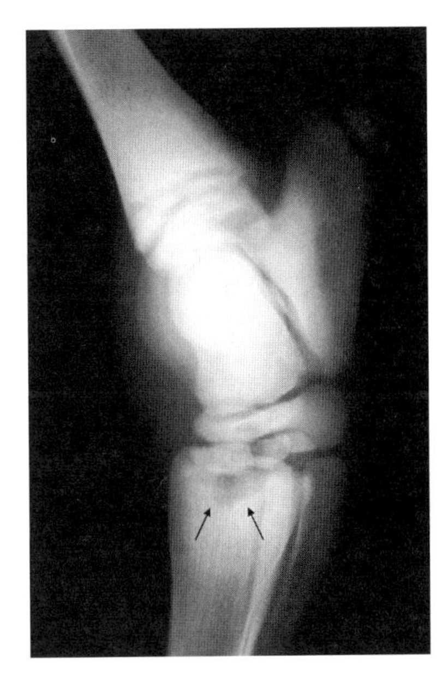

图 21-21 T 型骨髓炎小马驹跗关节X 线片

注意跗骨远端（箭头）的透明度。

- 感染性关节炎/骨髓炎的诊断基于：
  - 关节穿刺术。
  - X线检查。
  - 培养。
- 在脊椎骨髓炎中，计算机断层扫描或磁共振成像可以提高诊断结果。
- 对于急性跛行的小马驹，必须排除感染性关节炎/骨髓炎。当肘关节、肩关节、膝关节或髋关节发病时，可能需要进行关节穿刺，因为这些关节的积液可能难以触诊。
- 使用关节穿刺术后，必须要进行细胞学检查（见细胞学检查和程序）。
  - 正常范围：总蛋白＜2.0g/dL；白细胞计数＜1 000个/mL；中性粒细胞计数＜40%。
  - 败血性关节炎：总蛋白＞3g/dL；白细胞计数＞20 000个/mL；中性粒细胞计数＞80%；中性粒细胞可能出现退行性变化，也可能不出现。
  - 在感染性骨骺炎中，如果感染的生长板位于关节外，可能会发生关节积液，蛋白总量、白细胞计数和中性粒细胞百分比可能会出现轻度至中度增长。
- 关节穿刺术后，培养是必要的（参见第9章，细菌、真菌和病毒取样流程）。
  - 滑膜液应放置在血液培养瓶中，以增加病菌生长的可能性。
  - **实践提示**：25%没有长菌的滑膜液革兰氏染色结果呈阳性。
  - 大约50%的关节液培养后没有菌生长。但这并不意味着关节没有感染。
- 关于其他的培养。
  - 应进行血液培养。
  - 其他感染部位的培养：血液培养、脐带培养、尿道冲洗。
  - 骨髓炎的骨髓活检可在X线或透视引导下进行。
- 其他诊断。
- 检查马驹的免疫球蛋白（IgG）水平，并根据需要进行治疗。

应该做什么

感染性关节炎/骨髓炎

- 感染性关节炎/骨髓炎的治疗原则如下：
  - 全身使用广谱抗生素。

- 病变关节的局部引流和灌洗。
- 局部抗生素。
- 广谱抗生素。
  - 抗生素最好以非肠道方式使用。
  - 抗菌谱包括革兰氏阳性和革兰氏阴性菌。
  - 1/3的败血性马驹有革兰氏阳性菌感染。
  - 2/3的败血性马驹不止一种菌。
  - 表21-2列出了用于治疗马驹败血症的常用抗生素。

表21-2　抗生素治疗新生马和幼驹的感染

药物	剂量	给药方式和间隔时间
青霉素 G 普鲁卡因	22 000~44 000IU/kg	IM，q12h
青霉素 G 钠 / 钾	22 000~44 000IU/kg	IV，q6h
头孢噻呋	2~10mg/kg	IM，IV，q6~12h
庆大霉素	6.6mg/kg	IM，IV，q24h
阿米卡星	21~25mg/kg	IM，IV，q24h
替卡西林 / 克拉维酸	50~100mg/kg	IV，q6h
头孢噻肟	30~50mg/kg	IV，q6h
头孢他啶	30~50mg/kg	IV，q6h
头孢曲松钠	25mg/kg	IV，q12h
头孢泊肟	10mg/kg	PO，q6~12h
阿奇霉素	10mg/kg	PO，q24h
克拉霉素	7.5mg/kg	PO，q12h
利福平	5~10mg/kg	PO，q12h

- 局部灌洗方法。
  - 双向直通式针。
  - 关节切开术和乳头套管：如果治疗48h后无改善或关节内存在纤维蛋白。
  - 关节镜检查：对于膝关节等复杂关节，可以进行更好的清创。
- 局部抗菌方案。
  - 关节内注射。
  - 局部静脉注射（图21-22、框表21-1）。
  - 髓内注射（步骤见第5章），对感染性骨骺炎特别有帮助。
  - 植入含抗生素的聚甲基丙烯酸甲酯珠子（框表21-2）。
  - 关节内导管。
- 辅助治疗。
- 非甾体类消炎药。
  - 其他疼痛控制方法：芬太尼贴剂、布托啡诺。

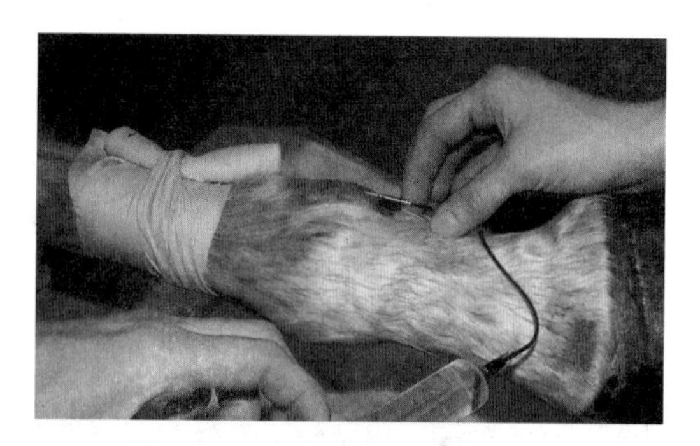

图21-22　马远端肢体的局部注射

在掌骨上绑上止血带（Esmark 绷带）。剪下侧指静脉上的毛发，在静脉中插入23号蝶形导管。正在注射用盐水稀释的抗菌剂。

- 支撑对侧肢体；在马驹中，外侧蹄伸展可以帮助减少内翻畸形蹄的发生。
- 胃肠保护剂治疗：奥美拉唑（见胃溃疡）
- 如果进行关节切除手术，则用无菌绷带包扎病变的关节。

框表 21-1　局部肢体灌注/幼驹医疗箱物品和使用方法

- 抗菌药：
  - 阿米卡星：500mg用60mL乳酸林格氏溶液稀释。
  - 庆大霉素：1g稀释于60mL无菌水中。
  - 头孢噻肟（头孢噻肟钠）：将2g用无菌水中稀释至20mL。
- 在要灌注的区域上方和/或下方放置止血带。宽橡胶止血带或气动止血带是首选。
- 将23~27号蝶形导管置于止血带下方或之间的静脉或动脉中。
- 导管就位后，慢慢注入抗菌剂，小心保留在血管中。
- 取下导管，将止血带放置20~30min。
  - 止血带的放置极大地困扰了一些马匹。止血带放置前的局部镇痛缓解了这种不适。

框表 21-2　如何制造抗生素浸渍的聚甲基丙烯酸甲酯植入物

- 材料：聚甲基丙烯酸甲酯；无菌塑料碗和搅拌器；如果需要，无菌单丝不可吸收缝合材料或不锈钢丝。
- 粉末形式的抗生素按1∶（5~20）的比例将抗生素与聚甲基丙烯酸甲酯混合使用；也可以使用液体。四环素以外的大多数抗生素都可用。
- 准备无菌工作区，并在准备过程中使用无菌技术。或者，可以在完成时对抗生素浸渍的水泥进行高压灭菌。理想情况下，植入物应在负压罩下制成，以排出烟雾。如果不可行，应在通风良好的区域进行混合。
- 打开包装并将粉状骨接合剂放入碗中。将选定的抗生素置于该粉末中并加入液体。
- 塑造成所需的形状。通常制造成直径为5~7mm的珠子，但椭圆形可以更好地放置在骨腔中。珠子可以附着在缝合线上，以便在放置后取出。
- 可治愈。未使用的植入物可以高压灭菌。

预后

- 持续监护。
- 如有下列情况之一，预后评价降低。
  - 系统性疾病。
  - 多关节病变。
  - 骨髓炎，尤其是涉及负重关节时。
  - 沙门氏菌病阳性。
- 总体而言，75%的患马可以痊愈。
- 50%~60%的马可以继续参加比赛。

骨折

- **实践提示：**有骨折或脱位的马驹表现出急性重症跛行。
- 可能有捻发音、肿胀、疼痛和平衡失调。

· 骨盆骨折或肱骨近端骨折可导致失血过多，并伴有低血容量性休克。

应该做什么

骨折

· 立即进行X线检查。如果马驹需要镇静，不要使用过大剂量，因为可能会导致共济失调。

· 如果骨折的肢体失去稳定性，在拍X线片前最好采用外固定。

· 如果不能立即获得放射检查设备，或者如果创伤严重到需要更复杂的辅助器材等，在移动马驹之前，必须用外固定包覆肢体。

· 如果骨折部位有开放性伤口，应肠外给予抗生素。

· 骨科急诊治疗原则与成年马相同。

  · 给病马服用镇静剂。
  · 检查伤口。
  · 使用保护夹板或绷带。
  · 考虑进一步治疗的可行性和选择。

· 马驹骨折的治疗效果比成年马好，愈合速度也更快。

· 由于体重较轻，内固定更容易成功。一般来说，预后差的一般马驹＞300lb（135kg）。

· 对于开放性骨折或开放性伤口，由于血液供应增加和免疫系统不成熟，马驹可能容易发生败血症。

· 幼马可能发生双轴向的籽骨骨折，尤其是当马驹被圈在马厩一段时间后被放出时，常常因跟随过度兴奋冲出圈舍的母马导致骨折。悬吊系统骨折最好使用绷带和夹板保守治疗，而不是手术治疗。

· 骨折治疗后，如果马驹的患肢仍不负重，可能导致对侧肢成角畸形（内翻）；与成年马对比对侧肢会患支持性蹄叶炎。外侧蹄伸展可以帮助支撑肢体，并将畸形最小化。

· 前腿负重不足的小马驹也可能出现屈肌挛缩（图21-23）。后侧夹板可以帮助预防这种并发症。

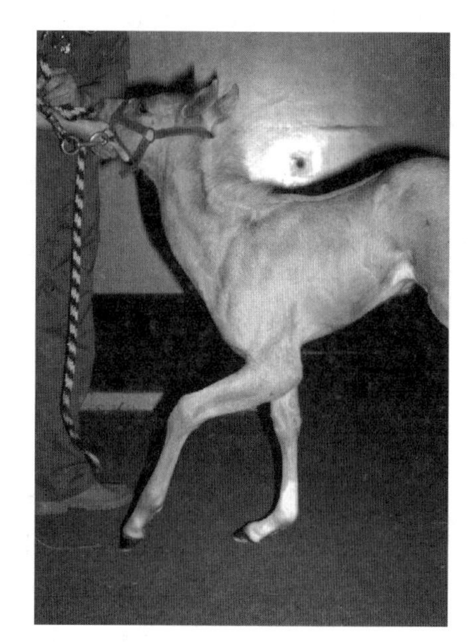

图 21-23　马驹的鹰嘴骨折后 2 周

患肢肌腱挛缩。此外，对侧肢体开始断裂，表现为球节过度伸展。

不应该做什么

骨折

· 诊断滞后。**重要提示：**骨断端致密化可能使骨折修复更加困难；伴随的软组织损伤可能危及血液供应；持续的运动可能导致粉碎性骨折。

· 对于鹰嘴骨折，如果没有适当的夹板，延迟治疗可能导致不可逆的肢体挛缩。

夹板和石膏

· 小马驹的夹板可以由中空2~3 in直径的PVC管构成，垫上足够的棉花包装再使用。或者，也可以用纵向折叠的玻璃纤维浇注带制成。

· 每12h取出夹板再安装，避免压疮。

· 如果肢体畸形需要使用石膏，则应让蹄部保持自由（管状或袖状石膏），从而可以继续承受重量。

· 全腿石膏可能导致骨质减少和严重的屈肌松弛。

· 当不需要刚性固定时，使用半刚性支架。

生长板骨折

· 生长板骨折的可能性取决于每个生长板各自的闭合时间（见所附网站www.equ-emergency cies.com，Web Appendix 2）。

· 生长板的影像学症状描述不能直接反映软骨细胞的增殖能力。

· 生长板损伤可导致肢体缩短和/或肢体角状畸形。

· 生长板比成熟骨、关节囊、韧带或肌腱更脆弱。生长板骨折主要发生在生长板的生发细胞上，导致这些细胞无法增殖。

· 生长板骨折是马驹最常见的骨折类型。

· 生长板骨折可导致生长模式紊乱或相邻关节表面的破坏，导致肢体缩短、肢体角状畸形或关节炎。

· 采用Salter-Harris分类描述肢体骨折（图21-24）。

· 随着分级数的增加，预后恶化，以下因素可能有助于评估预后：

  · 创伤的严重程度。

  · 血液供应。

  · 生长板位置。

  · 马驹的年龄。

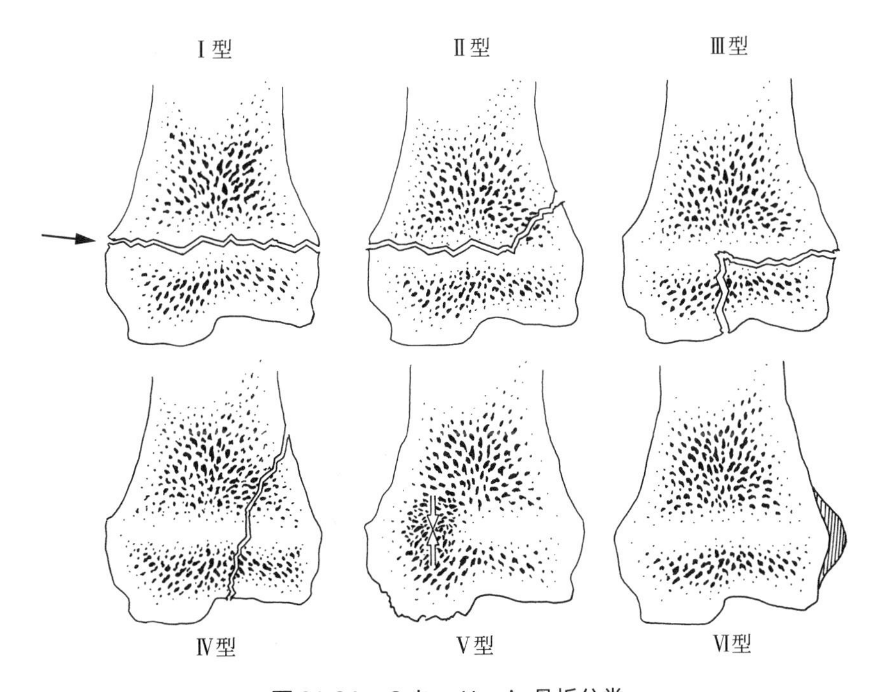

图 21-24　Salter-Harris 骨折分类

箭头指向生长板的点（改编自 Salter RB，Harris WR：Injuries involving the epiphyseal plate. In Stashak TS，editor：Adam's lameness inhorses，Philadelphia，1987，Lea & Febiger）。

- 从受伤到开始治疗的时间。

· **实践提示：**生长板骨折类型Ⅰ和Ⅱ常见于趾远端和掌骨生长板。根据移位程度，可采用外固定加内固定或只使用外固定的治疗。预后良好，有利于今后的健康。

· 使用内固定治疗股骨头生长板骨折更为成功。

· 由于股骨远端生长板复位的困难程度，股骨近端生长板骨折比股骨远端生长板骨折的预后要好。

· 年幼马驹比年老马驹有更好的预后。

· 生长板骨折比骨干骨折愈合更快。

· 并发症包括：
  - 感染。
  - 肌腱挛缩。
  - 铸件导致溃疡。
  - 蹄畸形。
  - 肌腱松弛。
  - 对侧肢体蹄畸形。
  - 生长板过早闭合。

关节脱位

膝盖骨

· 髌骨外侧脱位可能是马驹的先天性问题。

· 脱位可以是单侧的，也可以是双侧的。如果脱位是双侧的，马驹不能站立。

· 脱位在迷你马和矮马中更为常见。

· 通过触诊和影像学诊断。

· X线片对于判断外侧滑车嵴发育不全或伴有外侧滑车嵴碎片的严重骨软骨病变的诊断很重要。

· 有采用内侧固定床或外侧髌骨松解联合滑车沟加深术治疗成功的报道。

髋关节

· 小马驹的髋关节脱位可由创伤性损伤引起(图21-25)。

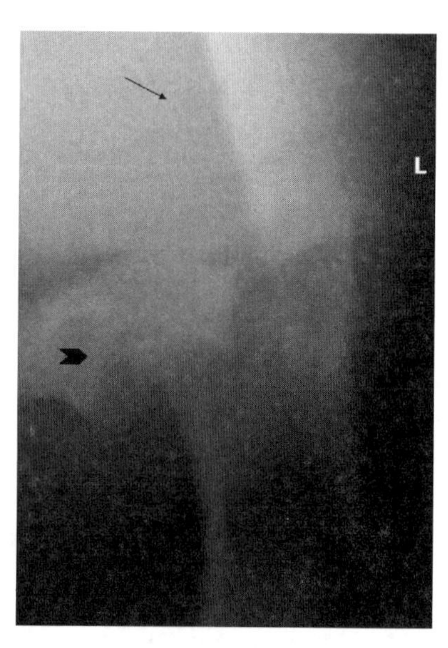

图 21-25　马驹髋关节脱位的 X 线片

注意股骨头（粗箭头）至髋臼（细箭头）的位置。

- 有记录表明，马驹在应用全肢石膏后，髋关节脱位。
- 据报道，一只矮马在髌骨向上固定后发生了髋关节脱位。
- 可以尝试外科修复，而且在小型品种马中更有可能成功。
- 此外，股骨头切除也可用于小型品种马（迷你马和矮马）。

肩关节

- 肩关节脱位可发生在由于早产而导致韧带过度松弛的小马驹中（图21-26）。
- 复位和外固定可以成功。
- 迷你马和矮马的肩关节固定术已有报道。

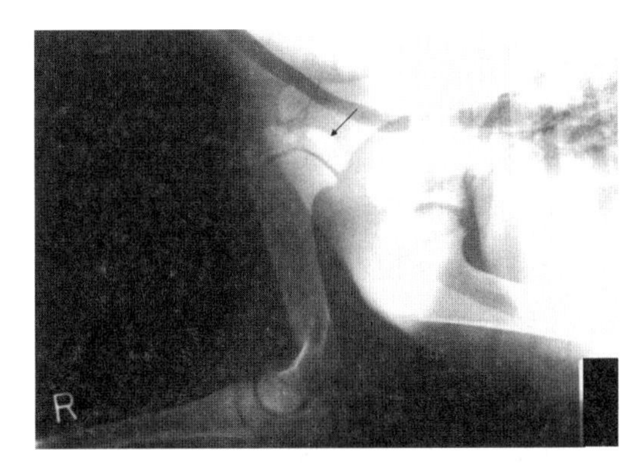

图 21-26 马驹右肩关节脱位（箭头）的 X 线片
闭合复位和包扎解决了这个问题。

系关节

- 有报道称，一只马驹在过度劳累后，进而导致前肢近端指节间关节的双侧半脱位造成掌侧关节支撑性结构的撕裂。屈肌腱过度松弛被认为是其中一个诱发因素。
- 对肌腱松弛的马驹的训练应该循序渐进，小心谨慎。

跗跖骨联合

- 有报道称，创伤性跗跖关节脱位可能发生在马驹身上。
- 最常用的治疗方法是闭合复位和石膏固定。
- 此外，报道还描述了拉力螺钉和骨针的使用。
- 在一只迷你马驹中，采用闭合复位、斯坦曼针内固定和外固定的治疗获得了成功。

弯曲畸形

- 弯曲畸形是肢体异常弯曲或伸展的情况。
  - 弯曲畸形可分为肌腱松弛和挛缩，并可出现从出生时松弛的肌腱到1岁时收缩的肌腱。
- 这些问题在马驹生长过程中经常遇到。

肌腱松弛

- 肌腱松弛在早产儿中更为常见。最常见的受影响的关节是球节和腕关节。

· 当马驹使用绷带和夹板治疗其他骨科问题时，肌腱松弛也会发生。

球节松弛

· 球节松弛是小马驹最常见的弯曲畸形。

· 松弛的特点是增加球节伸展。

· 松弛可能影响前肢、后肢或四肢。

· 在大多数情况下，这个问题是自限性的，并随着马驹长大而得到解决。

· 在此期间应限制锻炼，因为过度锻炼可能导致籽骨骨折。

· 在严重时，球节几乎接触到地面或确实接触到地面，使用蹄跟延伸器可以帮助恢复正常的负重和肌腱负荷（图21-27）。

· 加长件可由木材、塑料或金属制成，并可延伸至承重脚轮的末端。伸展部分的宽度不应超过脚的宽度，并且可以用胶带或胶粘在脚上。但是，如果马驹踩在球节上，固定不应太硬，以免造成蹄壁撕脱。

腕关节或跗关节松弛

· 腕关节或跗关节松弛见于早产的马驹，或已包扎和/或夹板固定的马驹（图21-28）。

· 应进行影像学评估腕骨骨化程度（图21-29）。延迟腕骨或跗骨骨化的马驹应强制实行严格的活动限制，甚至强迫卧位。

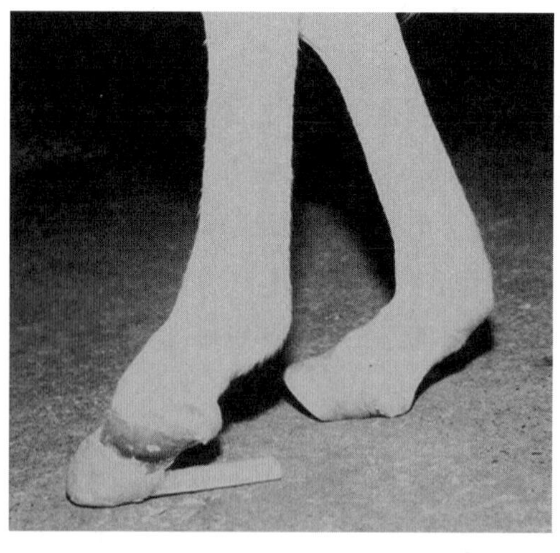

图 21-27　将踵部延伸到蹄使马驹的屈肌腱松弛得到改善

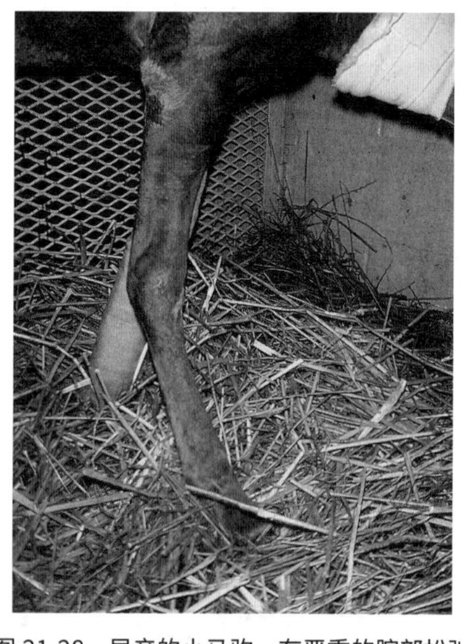

图 21-28　早产的小马驹，有严重的腕部松弛

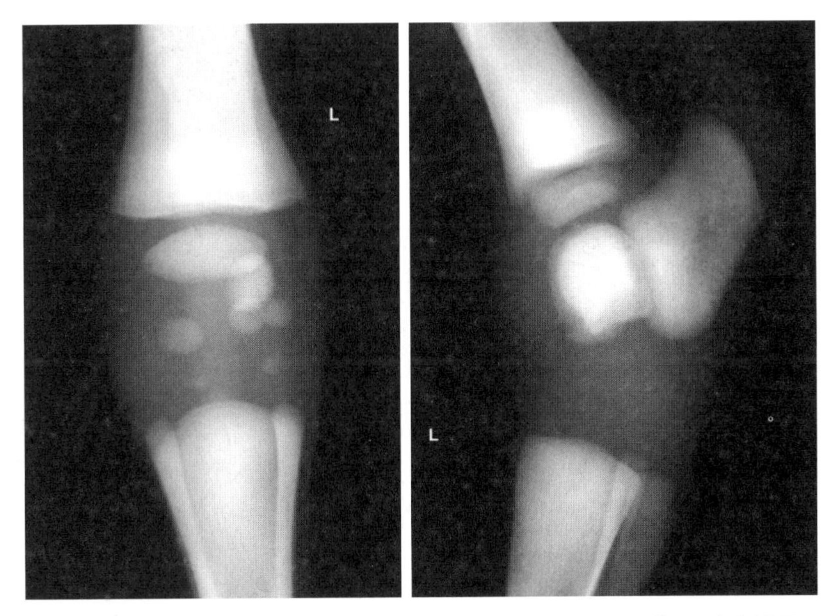

图 21-29 马驹的 X 线片显示严重缺乏骨化的腕骨（左）和跗骨（右）长骨

· 轻微的松弛通常可以自我纠正。

· 如果松弛严重，绷带和夹板可以帮助腿部对齐，避免长骨损伤。这些夹板可以在一天中的部分时间使用，其余时间要拆除以避免压疮。

· 用夹板固定跗骨比较困难，用合适的管状体固定可能更容易。

肌腱挛缩

· 在新生小马驹中，肌腱挛缩是一种先天性问题，从轻微到无法完全伸展肢体不等（图21-30）。严重的挛缩可导致难产。

· 当腕关节无法手动伸展超过90°时，预后较差。

· **实践提示：**在新生的小马驹中，腕部挛缩是最常见的，通常也比较轻微。

· 治疗包括包扎受影响的肢体和安上夹板。

· 适当的氧四环素（30~60mg/kg，IV 500mL 0.9%生理盐水稀释，每隔一天治疗1~3次）也可以被使用。**重要提示：**应该监测肾功能，因为这种药物有可能诱发急性肾功能衰竭，特别是脱水的马驹。

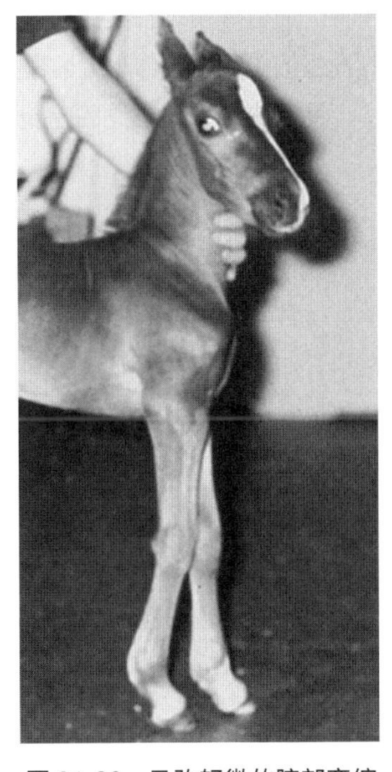

图 21-30 马驹轻微的腕部挛缩

· 一旦挛缩被解决，夹板应停止使用，以避免发展为过度松弛。

共指伸肌腱断裂

· **实践提示：**腕挛缩的马驹有发展为指伸肌腱断裂（CDET）的危险。断裂发生在腕关节外侧，位于滑膜鞘内，导致腕关节外侧出现波动性的非疼痛性肿胀（图21-31）。这种肿胀应与腕关节积液相鉴别。CDET会继发球节和系部的挛缩和粘连。

· CDET可能继发球节和中间指骨挛缩。

· 病变的马驹会因球节绊倒，并会损伤球节背部的皮肤。

· 使用从地面到腕关节的夹板有助于防止关节弯曲。大多数马驹会在几天后学会正确放置蹄子，这样夹板就可以停止使用了。

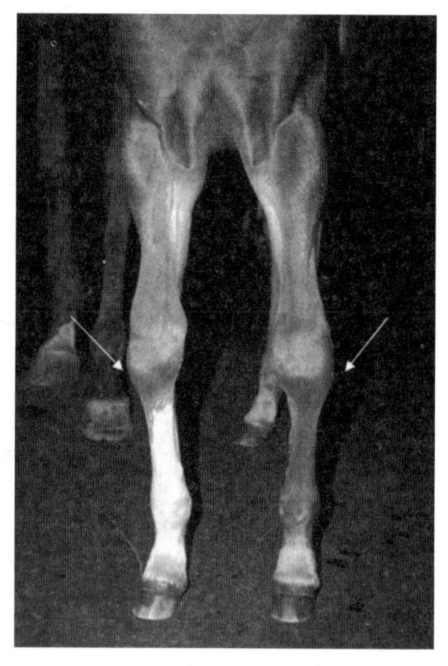

图21-31　马驹双侧指伸肌腱断裂（箭头）

肢体成角畸形

· 肢体成角畸形是指肢体的外侧或内侧形变，通过其发生的关节和肢体远端偏离关节的方向来描述：

  · 内翻畸形描述的是肢体远端到参考关节的内侧偏移（图21-32）。

  · 外翻畸形描述的是肢体远端相对于参照关节的侧偏（图21-33）。

· **注意事项：**重要的是要认识到旋转畸形，特别是在跗骨和跖骨，也可能发生。

· 这些问题在马驹生长过程中经常遇到。

· 肢体成角畸形的三种主要类型如下：

  · 关节周松弛。

  · 长骨的不完全骨化。

  · 骺端和干骺端的生长不成比例。

关节周松弛

· 外翻畸形是最常见的关节松弛表现。

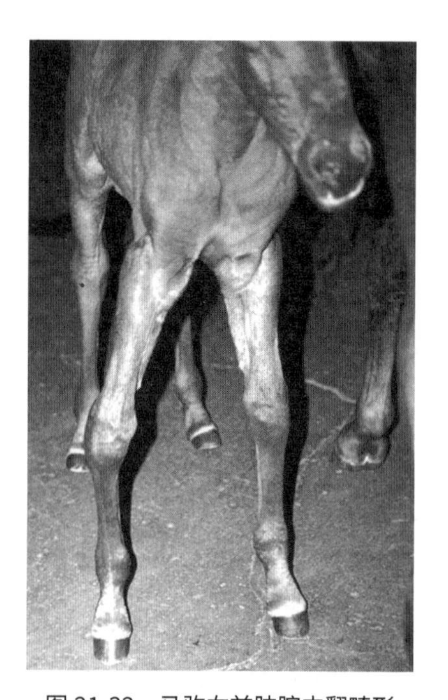

图21-32　马驹右前肢腕内翻畸形

· 关节周围松弛导致的蹄畸形在早产驹或成熟障碍的马驹中最为常见。

· X线片对鉴别长骨不完全骨化很重要。

· 如果完全骨化，适度运动可以纠正问题。

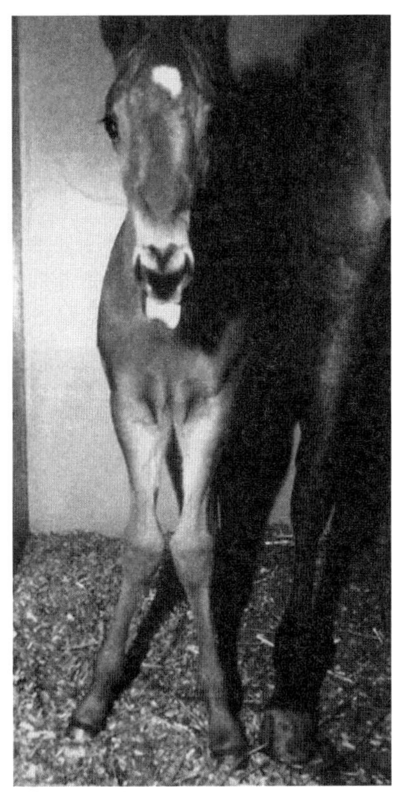

图 21-33　马驹双侧腕外翻畸形

长骨的不完全骨化

· 未完全骨化在早产或成熟障碍的马驹中最为常见。

· X线片对诊断至关重要（图21-29）。

· 不完全骨化最常见的是跗骨远端。

· 一旦确定，严格限制运动速度和“强制”俯卧休息是避免永久性畸形的关键。

· 严重的情况下，可能需要外部包扎，但应尽可能限制使用，因为可能导致关节松弛恶化。

骺或干骺端不成比例的生长

· 不成比例的增长可以根据影像学评估加以区分。

· 不均衡的生长通常导致腕关节或跗骨外翻，外侧生长板生长迟缓。

· 对于小于10°的畸形，可以选择保守疗法。

· 在中度病变病例中，可通过在生长缓慢一侧以骨膜剥脱术来促进生长；病变严重的情况下，可在生长过快的一侧植入骨钉或钢丝来减缓该侧生长。

· **实践提示：**重点是了解相关生长板闭合时期这样才可以早期干预。例如，掌骨跖骨远端生长发生在出生前3个月。如果要“操纵”生长板，应在1个月大时进行治疗。桡骨和胫骨远端生长板的活跃期发生在9个月。因此，视畸形的严重程度在4~6个月时控制生长速度。

马驹腿弯曲

症状描述

· 对于“腿弯”的小马驹，主人可能会寻求治疗建议。

· 当遇到此类事件时，兽医需要确定该问题是肌腱或韧带松弛或挛缩还是肢体成角畸形的结果。

· 此外，体格检查对于确定该问题是否会因无法护理而导致马驹全身损害显得非常重要。

应该做什么

腿弯曲和成角畸形

- 进行全面的身体检查，以确定任何可能导致虚弱的全身性疾病。
- 如有必要，对病变肢体的完整检查应包括X线检查。
- 对未完全骨化的诊断进行X线检查尤为重要。
- 制订治疗计划，也包括要及时重新评估。
- 谨慎使用外固定，因为马驹更容易出现压疮和绷带引起的肌腱松弛。
- 教客户如何护理绷带以及换绷带。
- 运动时多加小心，并持续监护马驹，以避免进一步的伤害。

不应该做什么

腿部弯曲和成角畸形

- 不进行影像学评估。
- 长期使用绷带，不进行每日评估。

肌肉骨骼损伤

- 马驹在处理过程中易受损伤。
- 当与马驹一起工作时，应保持谨慎和充分保定，尤其是如果没有进行常规处理的话。

腓肠肌肌腱断裂

- 腓肠肌肌腱断裂并不常见，据报道，小于3周龄的小马驹出现腓肠肌肌腱断裂，全身虚弱，难以站立。成年马因受伤也会发生断裂。
- 肌腱断裂是由于肘关节屈曲过度，在落地时肘关节在身体下方弯曲。
- 断裂也可能发生在麻醉恢复期间，或在使用石膏或绷带不当后出现坏死。
- **实践提示**：在小马驹中，断裂通常发生在肌肉肌腱结合处，而在成年马驹中，起止点撕裂更为常见。

解剖结构回顾

- 腓肠肌是后肢后侧最大的肌肉。作用是屈曲膝关节和伸展跗关节。
- 由于第三腓骨肌（腓骨肌、腓骨侧肌）的解剖结构，跗关节和膝关节总是同时弯曲或伸展，腓肠肌发挥主要的支撑作用。
  - 腓肠肌是其肌群中最浅表的肌肉，起源于股骨髁上结节的两个髁。
  - 半腱肌和半膜肌近端覆盖腓肠肌。
- 两个肌头在胫骨中部位置形成一股强有力的肌腱构成跟骨肌腱的主要部分，并与环绕其内侧表面的浅指屈肌腱一起插入跗关节。

临床症状

· 跗关节屈曲的同时可能没有发生膝关节屈曲。根据受伤的程度，跗关节离地面较低（图21-34）。可能有跟骨外侧旋和患肢趾内转。

· 无法负重是因为跗关节无法稳定。

· 肿胀发生在大腿后部、膝关节后面。

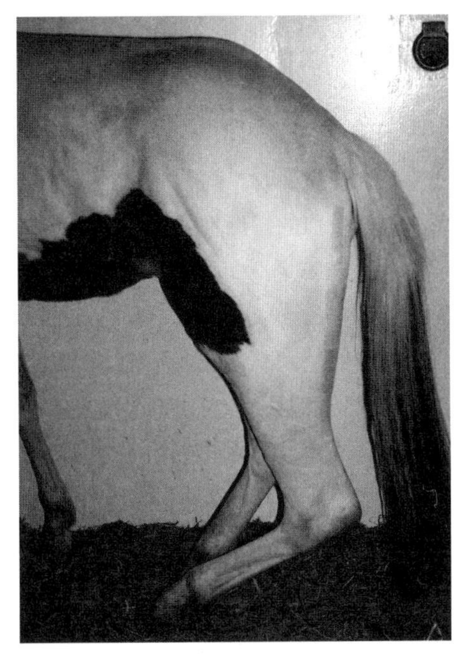

图21-34　年轻马腓肠肌不完全断裂

注意，当膝关节伸展时，飞节是弯曲的，由于飞节和膝关节不能固定，因此无法承受重量。

诊断

· 基于临床症状进行诊断。

· 对大腿后侧进行超声检查。

· 用X线片排除腓肠肌源性撕脱性骨折。在愈合过程中，破裂处可能有血肿钙化。

应该做什么

腓肠肌肌腱断裂

· 新生马轻度腓肠肌损伤可以通过限制运动和强制俯卧来处理。应协助马驹站立和喂奶，并应将马驹翻过来，以免伤及头部。

· 更严重的损伤可以用绷带和夹板治疗。改良的施罗德－托马斯夹板有助于支撑肢体，在可能的负重情况下应将夹板取下，以避免肌腱挛缩和软组织损伤。另一种方法，夹板可以从地面延伸到坐骨结节的尾侧进行支撑。

预后

· 预后取决于对运动功能的评估。在成年马中，腓肠肌的纤维化和钙化可能限制后膝关节运动（图21-35）。

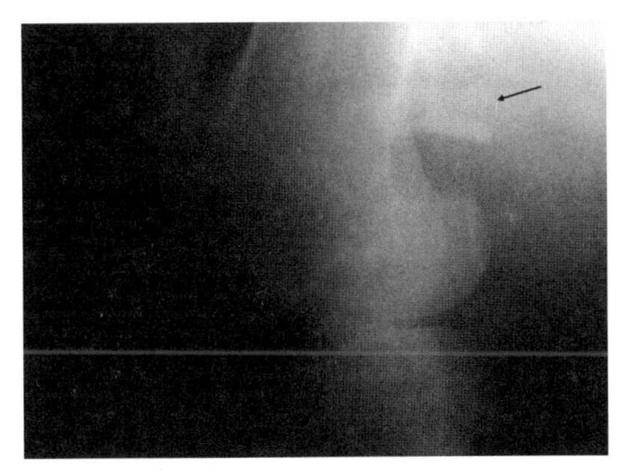

图21-35　愈合腓肠肌断裂点

注意，在曾破裂的地方有一个大的钙化（箭头），导致了机械上的跛行。

肌肉疾病

高血钾周期性瘫痪

· 高血钾周期性瘫痪（HYPP）在纯血马驹可能出现上气道阻塞的迹象，包括喘鸣音。

· 在纯血马中，已有从出生到3岁之间开始出现症状的报道。

· 在纯血马驹中，有上气道功能障碍和肌肉疾病的迹象。

临床症状

· 内镜检查可发现咽部塌陷、咽部痉挛、咽部水肿和软腭移位。

· 马驹可能最初出现上呼吸道症状，随后出现HYPP。在大多数发病的马驹中，从出生后，当受到拘束或兴奋时，间歇性喉阻塞可以被识别出来。

· 这些发作的特点是肌肉痉挛、肌肉抽搐、肌强直、瞬膜脱垂、渐进性平卧。

诊断

· 马驹的基因表型（肌肉发达）可能会怀疑其遗传易感性增加。

· 基因检测是确诊HYPP最准确的方法，可以通过权威实验室对毛发或全血样本进行检测。美国夸特马协会可以通过他们的网站www.aqha.com获得诊断工具包。

· 另外，如果马没有注册AQHA，可以在加州大学戴维斯分校（University of California, Davis, CA）的兽医遗传学实验室进行基因测试。需提交装有5~10mL血液的EDTA（紫色）管。

· 在出现急性发作时，可以根据马驹的基因表型和遗传历史，结合临床症状做出推测性诊断。

· 检测血清或血浆钾有助于确诊；它通常是增加5.0~11.7mmol/L。然而，没有高钾血症并不排除HYPP发作。

· 在发作之间，可以进行肌电图检查。复杂的重复放电是最常见的异常症状。

· 死于符合HYPP症状的马的毛发样本可以用于基因检测。升高的钾离子浓度可以支持高钾血症的诊断，但样本必须在死亡后不久就收集。

· 在获取钾含量测定样品时，尽快对样品进行分析是很重要的；红细胞中渗出的钾假性增加了钾的浓度（假高钾血症）。如果不能立即对样品进行分析，则应将其离心，收集血浆或血清并冷藏或冷冻以供以后分析。

应该做什么

高血钾周期性瘫痪

- HYPP的危害取决于症状的严重程度。
- 严重的渐进性上呼吸道阻塞可能和运动相关。因此，对于出现上呼吸道功能障碍症状的马，应停止运动。
- 有轻微症状的马，如肌肉震颤，葡萄糖（玉米糖浆）注射可能有效。
- 对于临床症状较严重的马匹，如严重虚弱或倒卧，治疗的目的应该是降低血清钾或抵消高钾血症的影响：
  - 通过静脉注射5%葡萄糖（4~6mL/kg）。
  - 尽管可能有用，但应谨慎使用胰岛素以避免低血糖。
  - 静脉补充碳酸氢盐（1~2mEq/kg）。
  - 缓慢静脉输注0.2~0.4mL/kg23%葡萄糖酸钙（用1L 0.9%生理盐水稀释）。
  - 提供不含钾的液体补充。
  - 给予β-肾上腺素激动剂吸入性治疗尚未在马进行评估。
- 严重呼吸窘迫的小马驹可能需要气管切开。

预防 / 预后

- 给予乙酰唑胺，2~4mg/kg，PO 每12h1次。
- 不要喂食紫花苜蓿干草产品。
- 补充盐分。
- 确保有规律的饮食和计划性的锻炼。
- 纯血马可能发病更频繁，因此应该定期观察，并且应该限制表演。

糖原分支酶障碍

- 糖原分支酶障碍是一种遗传性、致命的糖原储存障碍，首次在夸特马和Paints中发现。
- 迄今为止，8.3%的夸特马和7.1%的Paints中发现了杂合子携带者。
- 据报道，夸特系流产的胎儿中有1.3%~3.8%是突变的GBE1等位基因纯合子。
- 没有纯合突变马的寿命超过18周。
- 临床症状各不相同，包括低血糖、进行性肌无力、呼吸衰竭和猝死。
- 大多数被确诊的马驹在8周大时死亡或被安乐死。
- 病例也可能以死胎或流产胎儿的形式出现。

诊断

- DNA测序可以确诊疾病或携带者。
- 毛发样本分析是确定携带者的首选方法。有关提交样本和表格的信息可从加州大学戴维斯分校兽医遗传学实验室获得，网址为www.vgl.ucdavis.edu。
- 肝脏或肌肉样本可以从尸检的马驹那里获得，提交到明尼苏达大学神经肌肉诊断实验室。有关提交示例和表单的信息，请访问www.cvm.umn.edu/umec/lab/gbed/home.html。
- 表现出肌肉病迹象的马驹，可以将其肌肉活检，样本可提交到实验室进行神经肌肉诊断，以区别于其他类型的肌肉疾病。

白肌病 / 营养性肌肉变性

- 这种情况在2~6个月大的马驹中更为常见，但也可能发生在新生马和年龄较大的马驹中。
- 这种疾病影响心肌、膈肌和呼吸肌。

临床症状

- 在急性病例中，该病可导致心律失常、循环衰竭、严重的肌肉肿胀、肢体水肿、尿色变化、肾功能衰竭和肺水肿等迅速死亡症状。

- 在不太严重的情况下，会出现虚弱、无法进食、嗜睡、僵硬和卧倒的症状。
- 吞咽困难很常见。

诊断

- 临床症状。
- 天冬氨酸氨基转移酶和肌酸激酶增加。
- 肌红蛋白尿：红色或棕色尿。
- 血硒、谷胱甘肽过氧化物酶（GSHPx）和维生素E降低。
- 维生素E和硒的反应。

应该做什么

白肌病 / 营养性肌肉变性

- 限制活动。
- 通过肌内注射补充维生素E和硒。
- 每日口服维生素E补充剂。
- 通过鼻胃管喂养吞咽困难的马驹。
- 如果存在肌红蛋白尿，应采用液体疗法以减少肾损伤。

预防

- 确保母马摄入足够的维生素E和硒。

热应激

- 在炎热的夏季，马驹可能会出现热应激和中暑。
- 尽管热应激可能是主要原因，但它通常是由一种潜在的疾病导致的。在炎热的夏季，这种疾病会导致发热。
- **实践提示：**热应激也可能与使用红霉素或其他大环内酯类抗生素有关。
- 有皮下气肿伤口的马驹也可能是易感群体，因为皮下气肿阻止了适当的散热。

临床症状

- 患马直肠温度升高至＞40℃（104 °F）。
- 横纹肌溶解严重，症状表现为躺卧。
- 个别可能有肌红蛋白尿。
- 因为可能是发热引发的疾病，所以寻找潜在的病因很重要。
- 严重病例可能出现癫痫。

应该做什么

热应激

- 将马驹移动到阴凉处；如果可能的话，把病马转移到有空调的环境中。
- 在室温下用水给马匹降温，特别是喷洒在颈部的颈静脉和四肢。水温不应该太冷，防止皮肤表面血管收缩，阻止散热。
- 酒精浴也是可行的。
- 静脉注射液体，促进利尿，防止因色素尿引起的肾脏损害。
- 监测和治疗与肌肉损伤相关的电解质异常。

其他损伤

冻伤（见第 33 章）

- **实践提示：**在温度＜10℃时，风增加了冷冻伤害的风险；当风寒指数为−25℃时，有冻伤的风险；当风寒指数为−45℃时，皮肤几分钟内就会结冰。
- 湿度会加快皮肤降温的速度，因此在不结冰的温度下，长时间浸泡在冷水中可能会发生冻伤。
- 冻伤的严重程度与暴露时间的相关性大于暴露温度。
- 冻伤通常导致受伤的组织结构耐寒性的长期下降。
- **实践提示：**马驹被冻伤的风险更大，因为它们的身体表面积与体重的比值更大，导致热量损失增加。此外，低血糖可降低颤抖的频率，导致虚弱和躺卧。
- **重要提示：**冻伤的初步检查基本相似，一般在复温后进行分类。即便如此，分级与长期损伤之间的相关性也很差；因此，通常在损伤后3～4周才评估预后。
- 虽然冻伤可以分为四类；但由于可预测性很差，对冻伤的描述仅限于“浅表”和“深部”。
- 在浅表损伤中，复温的皮肤有明显的水疱，而深部损伤则有出血性水疱。
- 良好的预后指标包括：
  - 皮肤仍有感觉。
  - 皮肤保持弹性柔软。
  - 正常肤色。
- 不良预后指标包括：
  - 紧绷、无弹性的肌肤。
  - 黑色水疱。
- 重要的是要提醒畜主，损伤的程度无法预测，需要3~4周才能确定损伤的程度（图21-36）。

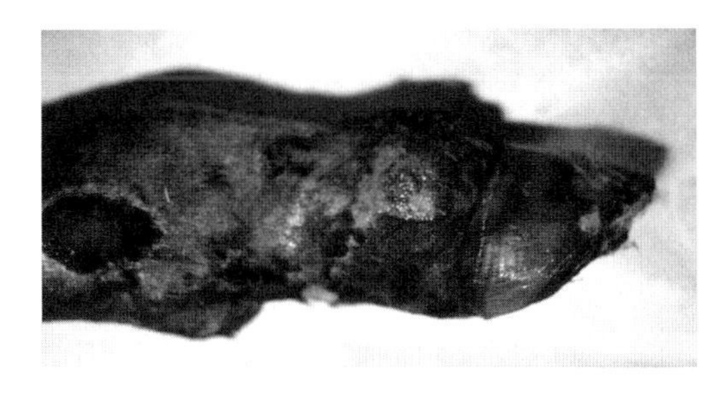

图 21-36　马驹的远端肢体在受伤后 3d 出现冻伤。受伤两周后，整个马蹄呈耷拉状

应该做什么

冻伤

- 现场护理包括避免外伤，用填充物或绷带保护受伤区域，特别是在失去知觉时，如果有可能在运输转移过程中应避免复温。**重要提示：**冷冻/解冻循环比单纯冷冻循环对组织的伤害更大。**实践提示：**也应该避免摩擦皮肤，因为会对皮肤造成机械损伤。
- 一旦进入温暖的环境，应将患肢浸泡在40~42°C的温水中，浸泡15~20min，并使用温和的抗菌剂。
- 如果有系统性疾病的证据，可能需要支持治疗，包括液体治疗。
- 应预防破伤风。
- 服用阿司匹林和戊妥昔芬可能有助于降低受影响部位形成血栓的风险。
- 局部使用芦荟可作为凝血酶抑制剂。
- 广谱抗菌药物对好氧菌和厌氧菌有效，应作为坏疽的预防用药。
- 伤口清创需要在接下来的3~4周内完成，以防损伤的程度达到最大。
- 重要的是要提醒主人，最终的组织损伤要到受伤后几周才能知道。

蹄匣动脉血栓

- 外周动脉血栓的形成与马驹的败血症有关。
- **实践提示：**易患马驹是指那些患有败血症并伴有严重循环系统损害的马驹（如脓毒性休克）。
- 诊断是通过识别一处或多处蹄部冰凉。最终这些蹄匣会脱落，但此过程可能需要7~10d。过程并不痛苦，马驹可以继续使用该肢体。预防该区域的创伤是重要的。
- 这些马驹的生存预后不良，因为其往往导致马蹄匣的丢失。一旦发生这种情况，新生蹄的血运重建和再生的可能性很低。
- 抗凝血疗法的优先使用是否能预防败血症马驹出现这一问题尚不清楚。

腹主动脉血栓

- 腹主动脉血栓形成与腹泻和脓毒症有关。
- 患有腹主动脉血栓的马驹，肢体摸起来很冷，脉搏不可触及。此外，还伴有四肢弛缓性麻痹。
- 多普勒超声和核磁血管造影可用于确诊。
- 目前缺乏成功治疗溶栓的报道。

成年马骨科急症[1]

José García-López

成年马的骨科和肌肉骨骼急症包括：

1 The author acknowledges and thanks Tamara M. Swor and Jeffrey P. Watkins, contributing authors in the third edition of Equine Emergencies.

- 骨折。
- 关节脱位。
- 指浅屈肌腱脱位。
- 普通撕裂伤。
- 承重结构撕裂。
- 血管和神经结构撕裂。
- 涉及滑膜结构的撕裂/穿刺。
- 马蹄撕裂/穿刺。
- 单发脓肿。
- 鼻炎，见第43章。

为了成功治疗马骨科急症，医生必须能够识别损伤的性质，并认识清楚问题是否可以自行处理，或者是否需要转诊到医院。对于后一种情况，是否能提供足够的急救护理和针对损伤的初步管理往往对后续治疗恢复有很大影响。由于马对创伤和疼痛天生的“战或逃”反应，马经常多次或连续尝试使用受伤的肢体，造成继发性软组织损伤，可能会使恢复更加复杂，从而影响预后。

急救和紧急措施

应该做什么

急诊第一步

- 确保患马在最安全的地方。这可能包括移走物品和重新安置患马附近的其他动物，而不是移动受伤的马。
- 做一个粗略的检查来确定患马的身体状况和总体情况。
- 使用镇静剂、镇定剂和止痛药使患马平静下来，小心操作，不要使患马过度共济失调，对有神经休克迹象的马匹慎用。需要考虑鼻子、肩膀或眼睛的抽搐情况，以减小“过度镇静”的可能。
- 对损伤进行简单的初步检查，以确定治疗方案是否可行，是否需要额外的诊断方式来更好地确定治疗的预后。
- 根据需要剃毛、擦洗和清创伤口。在开放性骨折或可能开放性闭合骨折的病例中，在该区域使用抗菌溶液（如氯己定或用倍他定浸泡后的纱布）和/或抗生素软膏（如三联抗生素软膏）是有益的。
- 如果马脱水或“休克”，需要静脉输液。
- 使用夹板或石膏（视情况而定）包扎并固定受伤肢体。考虑在运送到转诊中心之前静脉注射适当的广谱抗生素。
- 将患马送往马医院或转诊机构；转诊前请与相关兽医联系。
- 当处理前肢骨折的马匹时，考虑将其向后搬运，以减少车辆制动时马前肢的应力。

安定、镇静和镇痛管理

应该做什么

药物

- 有几种镇静剂和镇痛剂可以选择。
- 阿片类药物可与其他药物联合使用，以提供更好的止痛效果。现有阿片类激动剂（吗啡）和激动颉颃剂（布托啡诺）。
- 见表21-3。

表21-3　马肌肉骨骼突发事件的药物和剂量

药物	剂量	作用
镇静药		
盐酸甲苯噻嗪（隆朋）[1]	0.2~1.1mg/kg，IV	镇静 / 镇痛 20~30min
酒石酸布托啡诺（Torbugesic）[2]	0.02~0.04mg/kg，IV	镇痛
乙酰丙嗪马来酸盐[3]	0.02~0.03mg/kg，IV	镇静；血管扩张
盐酸地托咪定（Dormosedan）[4]	0.01~0.02mg/kg，IV	镇静 / 镇痛 50~60min
罗米非定（Sedivet）[5]	40~100μg/kg，IV	镇静，共济失调较少
可以联合使用这些药物以获得更长和更有效的作用。 常见组合包括以下几种： 甲苯噻嗪 + 布托啡诺 甲苯噻嗪 + 乙酰丙嗪 地托咪定 + 布托啡诺		
疼痛管理		
保泰松[6]	2.2~4.4mg/kg，IV	镇痛
氟尼辛葡甲胺（Banamine）[7]	1.1mg/kg，IV	镇痛
酮洛芬（Ketofen）[8]	2.2mg/kg，IV	镇痛
硬膜外吗啡	0.2mg/kg	需要硬膜外导管；镇痛
盐酸甲苯噻嗪（隆朋）OR	0.17mg/kg	
盐酸地托咪定（Dormosedan）	0.03mg/kg	
芬太尼透皮贴剂（Duragesic）[9]	2~3/100μg/h 每 500kg	每 2~3d 更换一次；需要良好的皮肤接触（前肢内侧，马肩隆）
恒速输注		
布托啡诺	13μg/（kg·h），IV	镇痛
利多卡因	1.3mg/kg，IV，负荷剂量	镇痛
	0.05mg/kg，IV，维持剂量	
氯胺酮	0.4-0.8mg/（kg·h），IV	镇痛

浓度：
[1] 隆朋，100mg/mL（Miles，Inc.，Shawnee Mission，Kansas）.
[2] Torbugesic，10mg/mL（Fort Dodge Animal Health，Fort Dodge，Iowa）.
[3] 乙酰丙嗪马来酸盐，10mg/mL（Vedco，St. Joseph，Missouri）.
[4] Dormosedan，10mg/mL（Pfizer Animal Health，Exton，Pennsylvania）.
[5] Sedivet，10mg/mL（Boehringer Ingelheim Vetmedica，Inc.，St. Joseph，Missouri）.
[6] RXV，200mg/mL（RX Veterinary Products，Westlake，Texas）.
[7] Banamine，50mg/mL（Schering Plough Animal Health，Union，New Jersey）.
[8] Ketofen，100mg/mL（Fort Dodge Animal Health）.
[9] 芬太尼透皮贴剂，100μg/patch（Janssen Pharmaceutical Products L.P.，Titusville，New Jersey）.

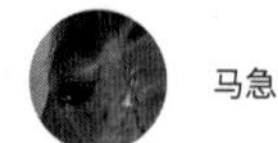

常见的骨科急诊

应该做什么

常见的骨科急诊

- 安抚、镇静，并充分保定患马，检查损伤并确定适当的治疗方案。
- 做一个大致的检查，以便系统地稳定体况，并确定损伤的一般类别。
- 判断病马是否能够承受受伤肢体的重量，这可能会影响你的治疗选择。
  - 如果患马的肢体不能负重，请考虑以下可能性：
    - 骨折。
    - 脱臼。
    - 关节感染。
    - 透创异物，如钉子穿透蹄底或蹄叉。
    - 蹄底脓肿。
  - 如果患马的肢体负重，考虑以下可能性：
    - 无移位骨折。
    - 撕裂伤。
    - 穿刺伤。

长骨骨折（常规）

症状描述

患马患肢有急性、重度、不能负重的跛行。通常存在中度至重度的软组织肿胀。马的骨折通常与踢伤或摔伤有关。另一种常见的情况是，马绊了一下后，在运动过程中听到大的破裂声（骑行，遛马）。可能是开放性骨折，也可以是闭合的；在软组织覆盖有限的区域（如第Ⅲ掌骨）通常是开放性骨折。患马常常极度躁动，并继续将重量倾注在骨折的肢体上。大血管撕裂和大量出血不常见。

应该做什么

长骨骨折

- 应立即控制并使患马平静下来。
  - 缰绳很有帮助。
  - 应谨慎选择镇痛剂和镇静剂。考虑患马的全身状况。镇静的目的是稳定受伤的肢体，并防止马进一步伤害肢体。
  - 谨慎服用镇静剂，尽量避免引起不必要的共济失调。
  - 胸部骨折时应避免布托啡诺，因为它会导致马向前倾，增加站立的难度。
  - 如果中等剂量的镇静剂不足以达到预期的目的，就不再继续使用，否则会导致严重的共济失调或倒卧。可尝试使用缰绳或其他身体部位保定。
- 应使用适当的夹板技术用于外固定。特定的夹板在特定的骨折类型使用。
- 获得完整的病史，以确定骨折原因和持续时间。
- 确定破伤风类毒素免疫状况和任何可能影响患马抵抗感染或阻碍骨折愈合的潜在健康问题。应进行全面的体格检查，以确定马全身情况。
- 在运输前静脉输液以纠正严重脱水或低血容量休克的情况。在运输过程中也可以继续静脉输液治疗。
- 及时获得X线片（至少两张）。然而，如果不能及时，则应保定肢体，运送马匹，并在转诊中心拍X线片。在确定可能的治疗方案、合适的夹板长度和骨折类型时，X线片可能是必不可少的。

- 应确认骨折严重程度并确定治疗方案。骨折类型：
  - 肢体远端骨折。
  - 肢体中段骨折。
  - 前肢骨折。
  - 肢体近端骨折。
- 对于开放性骨折和软组织损伤，执行以下操作：
  - 如果有伤口，则认为骨折是开放性的。
  - 尽早开始全身广谱抗生素治疗（表21-4）。
  - 仔细清洗伤口，使用局部抗菌剂，并防止伤口被绷带进一步污染。
- 运输：
  - 理想情况下，前肢骨折的马在运输时应将马朝后放置在拖车中。
  - 理想情况下，骨盆肢体骨折的马应该在拖车中朝向前方运输。
  - 应将患马限制在一定范围内，使其不能转身，并适当宽松，以使头部保持平衡。
  - 患马也应该被限制在拖车内，这样马就可以依靠隔板来保持平衡和获得支撑。
- 应急处理的目标如下：
  - 尽量减少进一步的软组织损伤。
  - 减少骨折末端的损伤，并可能减少骨折末端象牙化。
  - 保定肢体通常会减少患马的焦虑。
  - 防止骨折开裂。
  - 防止受损肢体的血管和神经进一步受损。
- 治疗方案取决于骨折形态和类型，可能包括以下内容：
  - 使用加压钢板和螺钉进行内固定。
  - 交锁钉。
  - 钢丝和骨钉。
  - 单独使用或与内固定结合使用的贯穿骨钉铸件。
  - 单独的石膏治疗往往不能提供足够的稳定性来使骨折基本愈合。

表21-4　用于肌肉骨骼/骨科紧急情况的常见抗菌药物

药物	剂量	给药方式/频率
硫酸阿米卡星	21mg/kg	IM，IV，q24h
氨苄西林钠	10~50mg/kg	IM，IV，q8h
头孢唑啉钠	11~25mg/kg	IM，IV，q6h
头孢噻呋钠	2.2~4.4mg/kg	IM，IV，q12~24h
多西环素	10mg/kg	PO，q12h
恩诺沙星	5mg/kg	IV，q24h
	7.5mg/kg	PO，q24h
硫酸庆大霉素	4~6.6mg/kg	IM，IV，q24h
甲硝唑	10~25mg/kg	PO，q8~12h
青霉素钠	10 000~44 000U/kg	IM，IV，q6h
青霉素钾	10 000~44 000U/kg	IM，IV，q6h
青霉素G普鲁卡因	22 000~44 000U/kg	IM，q12h
甲氧苄啶/磺胺嘧啶	15~30mg/kg	PO，q12h

（续）

药物	剂量	给药方式 / 频率
可以联合使用这些药物以实现协同作用。		
常见组合包括以下几种： 氨苄西林钠 + 硫酸庆大霉素 / 硫酸阿米卡星 头孢唑啉钠 + 硫酸庆大霉素 / 硫酸阿米卡星 青霉素钾 + 硫酸庆大霉素 / 硫酸阿米卡星 青霉素 G 普鲁卡因 + 硫酸庆大霉素 / 硫酸阿米卡星		

不应该做什么

长骨骨折

- 如果受伤肢体没有适当的外部包扎，不应运输患马。
- 受伤的肢体稳定后，不要忘记全身治疗。患马可能需要静脉输液治疗低血容量性休克或补充由于过度出汗造成的液体流失。

长骨骨折的具体要点

处理马的骨折肢体通常具有挑战性和困难性。畜主将仔细咨询治疗方案和骨折修复的费用。**注意事项：**如果马的骨折无法修复，或者马的主人有严重的经济困难，那么运送病马进行治疗可能不能满足主人或病马的最大利益。建议尽快咨询最近的手术设施，以评估特定类型骨折的预后。稳定后常见的并发症包括在恢复或术后期间的移植失败、对侧肢体蹄叶炎、压疮、内固定感染、切口感染、不愈合或延迟愈合。

无论是开放式或闭合式骨折，预后取决于骨折的位置、马的精神状态、长期的外部适应能力、运动限制、马的用途、马的年龄、软组织损伤程度、血液供应、神经的留存完整性和手术经验。一般来说，预后成功的可能性随着年龄和体重增加而下降。见表21-5。

表21-5　各种马骨折完全恢复的治疗和预后

骨折部位	骨折类型	治疗	预后
远节指骨	关节性	药物 / 手术	谨慎
	非关节性	药物	良好至好
中节指骨	粉碎性	药物 / 手术	谨慎
近节指骨	粉碎性	手术	谨慎至差
	非粉碎性	药物 / 手术	良好
近端籽骨			
近端	小 / 大碎片	手术	良好
中段	移位	手术	谨慎
远端	小碎片	手术	较差至良好

（续）

骨折部位	骨折类型	治疗	预后
近端籽骨			
基部	小碎片	药物 / 手术	谨慎至差
粉碎性 / 双轴	几个碎片	药物 / 手术	差
矢状的	完整	药物 / 手术	差
掌骨 / 跗骨Ⅲ			
髁（外侧）	非移位	手术	良好
	移位	手术	谨慎
髁（内侧）	关节性	手术	良好
背侧皮质	非关节性	手术	良好
横向	移位	手术	差
	非移位	手术	良好
小掌骨和跖骨	远端	手术	良好至非常好
	近端	手术	良好
腕骨	碎裂	手术	至非常好
	板	手术	至差
跗骨			
踝	滑车脊	手术	良好
	矢状	手术	良好
	粉碎性	手术	差
跟骨	小 / 大碎片	药物 / 手术	谨慎
	跟骨结节	手术	谨慎
	粉碎性	药物 / 手术	较差
中央和第三跗骨	板	手术	良好
尺骨	开放性	手术	较差
	闭合性	手术	良好
桡骨	开放性	手术	差
	闭合性（< 400lb）	手术	较差至良好
	闭合性（> 400lb）	手术	差
肱骨	应力性	药物	非常好
	完整	药物	差

（续）

骨折部位	骨折类型	治疗	预后
肩胛骨			
盂上结节	移位	手术	较差
颈 / 体	完整	手术	非常差
胫骨	骨骺	手术	良好
	骨干	手术	谨慎至差
髌骨			
矢状	移位	手术	较差至良好
完整	移位	手术	较差至良好
股骨	骨骺	手术	谨慎至差
	骨干	手术	谨慎至差

第三指骨骨折

症状描述

患马患肢有严重的急性跛行，患肢不负重。这种症状经常发生在马踢了一个很重的物体或在运动中受到撞击。在最初的24h内，由于肿胀导致马蹄匣内的压力增加，出现跛行。受影响肢体的前肢脉搏增大，整个马蹄通常对检蹄器检查敏感。如果骨折是关节性的，可以触及到断端关节积液。80%是前肢发生第三指骨骨折。

骨折类型如下（图21-37）：

Ⅰ——非关节性；掌部或跖部骨折

Ⅱ——影响到关节的骨折；掌部或跖部骨折

Ⅲ——影响到关节的骨折；中轴矢状骨折

Ⅳ——影响到关节的骨折；伸肌骨折

Ⅴ——影响到关节的骨折；粉碎性骨折

Ⅵ——非关节性；蹄底边缘骨折

其他需要考虑的鉴别诊断是：

- 蹄底脓肿。
- 蹄穿刺伤。
- 蹄底擦伤。
- 远端指骨间关节化脓性关节炎。
- 化脓性舟状骨囊炎。

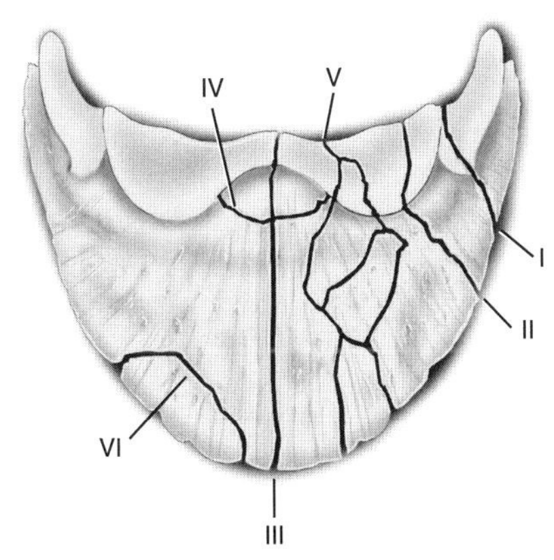

图 21-37　远端指骨骨折的分类

I 型，远端非关节性骨折；II 型，关节远端骨折；III 型，轴向和轴周关节骨折；IV 型，伸肌突骨折；V 型，关节多碎片骨折；VI 型，蹄边缘断裂。

应该做什么

第三指骨骨折

- 详细记录病史并进行体格检查。
- 如有必要，保定马，让马保持镇静（表21-3）。
- 用检蹄器检查可能有助于骨折的定位。清洁和检查蹄底，以排除存在穿刺伤口或蹄底瘀伤。这些骨折通常是闭合的，但可能与马蹄的穿刺伤有关。
- 如果怀疑骨折，应进行X线片检查。采取多个视图，包括一个30°的背掌位、侧视图和两个斜视图，确认骨折情况。如果骨折不明显但可疑，7~14d内复查X线片。
- 核闪烁成像或先进的成像模式（计算机断层扫描、磁共振成像）可能有助于骨折的诊断。
- 局部镇痛（单侧或双侧掌指神经阻滞、背轴阻滞）可用于跛行定位（使用注意：请参阅下面的"不应该做什么"）。
- 如果无法X线检查或无法确诊，关节穿刺远端指间关节细胞学评估可用于区分感染性滑膜感染和骨折。**注意事项：**骨折可能导致滑膜液带血，需要显微镜检查。
- 治疗取决于骨折类型和马的年龄，可能包括以下内容：
  - 石膏的使用。
  - 配有两套侧夹的蹄铁。
  - 蹄叉。
  - 使用拉力螺钉的外科手术稳定。
  - 关节镜检查。
  - 掌部/跖部神经切除术。
- 一般治疗建议如下：
  - I型、V型、VI型：保守治疗。
  - II型、III型：保守治疗或手术治疗（拉力螺钉固定），见图21-38。
  - IV型：外科手术［关节镜下取片；大碎片可能需要内固定（拉力螺钉）］。
- 无论选择何种治疗方案，根据骨折类型和跛行的严重程度，患马应在马厩内呆3~6个月，并限制运动4~12个月。
- 保守疗法包括马厩限制活动和固定的蹄铁，使用蹄部石膏，或特殊的蹄铁（由一个蹄铁与两侧套夹组成）。止痛药应该根据需要使用。
- 对于关节骨折保守治疗的马匹，用透明质酸治疗关节可能有助于降低滑膜炎和骨关节炎的发展。
- 如果需要手术转诊，应尽快将马转移，以获得最佳预后。蹄壁充当夹板，在运输前不需要额外的外部固定。

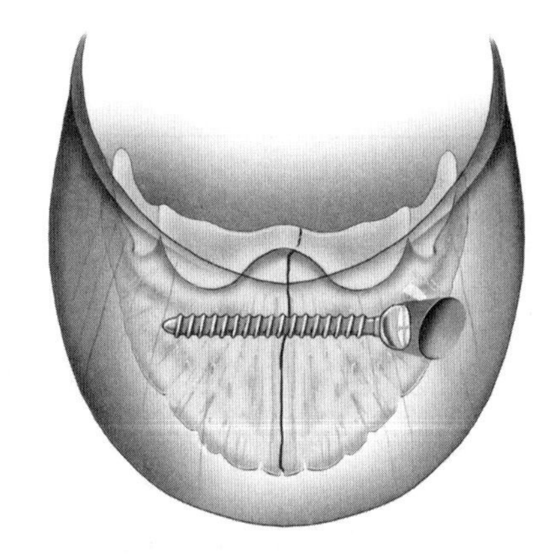

图 21-38 使用皮质螺钉以滞后方式复位 III 型骨折背腹侧视图

不应该做什么

第三指骨骨折

- 记住，如果怀疑肢体骨折，且无法将骨折定位到马蹄，不要使用局部镇痛/神经阻滞。如果局部镇痛使马过度使用患肢，涉及第二指骨和第一指骨的骨折可能移位并导致额外的损伤。
- 仔细判读X线片中看似正常骨的不规则区域，如骨嵴（缺口或裂缝）、血管通道、掌/跖底突或蹄壁边缘。这些地区的裂缝很难识别。
- 如果骨折不明显，不要忘记评估滑膜结构可能的感染。
- 如果怀疑有骨折，但最初没有明确诊断，不要忘记进行X线检查。

第三指骨骨折的具体要点

远端指骨骨折不常见，通常发生在赛马。通常情况下，跛行会在3~4周内得到改善，而马在受伤4~8周后恢复正常走路。这些骨折通常以纤维联合愈合，X线片可能总是出现异常并显示骨折线。有些骨折可能永远无法完全愈合。持续跛行可能需要进行指伸肌切断术以减轻疼痛，让马恢复使用患肢。治疗在很大程度上取决于骨折类型，手术治疗可以大大提高马匹的舒适度，缩短愈合时间。骨关节炎是第三指骨骨折的常见后遗症，可能会降低关节功能。马可能在以后的运动生涯需要蹄铁、侧夹和/或蹄垫的支持。

肢体远端骨折（指骨、远端掌骨/跖骨）

症状描述

病马患肢通常有急性重症跛行。可能出现软组织肿胀；骨折可能是开放性或闭合性的。通常情况下，马不会用患肢负重。

应该做什么

肢体远端骨折

- 如前所述，保定患马。
- 如前所述，详细记录病史，进行体格检查，并治疗任何并发的软组织损伤。
- 外固定：
  - 压力绷带/改良版罗伯特·琼斯绷带。
    - 绷带仅用于稳定的非移位性骨折（即外侧髁无移位骨折）。
    - 大多数骨折需要更多的外固定，而不仅仅是绷带。
    - 趾应该指向地面（马的体位），使骨皮质对齐，并有助于防止掌/跖底部血管和神经结构的进一步损伤。在蹄球下面放一卷松紧绷带有助于保持适当的蹄角度。
  - 夹板：
    - 助手抓住并抬起靠近腕关节或跗骨的肢体。
    - 从蹄到腕骨或跗骨使用改良版罗伯特·琼斯绷带（3~6层）（框表21-3）。
    - 将PVC（聚氯乙烯）或木夹板用于前肢背侧面（图21-39）或后肢跖面（图21-40）。
    - 如果第一个夹板在内侧或外侧不稳定，则在第一个夹板的90°处使用第二个夹板。
    - 用几块间隔3~4in的非弹性胶带固定夹板。
    - 将胶带贴在整个夹板上，减少打滑。
  - 石膏铸件：
    - 可以使用没有夹板的铸件；然而，在不使用夹板的情况下，通常很难将肢体保持在理想的位置。
    - 从蹄子到腕关节或跗骨，使用改良版罗伯特·琼斯绷带（3~4层）。
    - 用4~6卷玻璃纤维铸件固定马蹄。
  - Leg-Saver夹板：
    - 使用起来很简单。
    - 是一种商业化的铝夹板，有背带，通过尼龙扣固定在肢体上，使皮质对齐。

框表21-3　罗伯特·琼斯绷带/夹板的材料

- 6~8卷1lb棉卷。
- 4~6个纱布绷带或弹性绷带，6in（15cm）。
- 1~2个布织绷带，6in（15cm）。
- 2~4个扫帚把手或木质夹板
- 管道胶带，2in（5cm）。

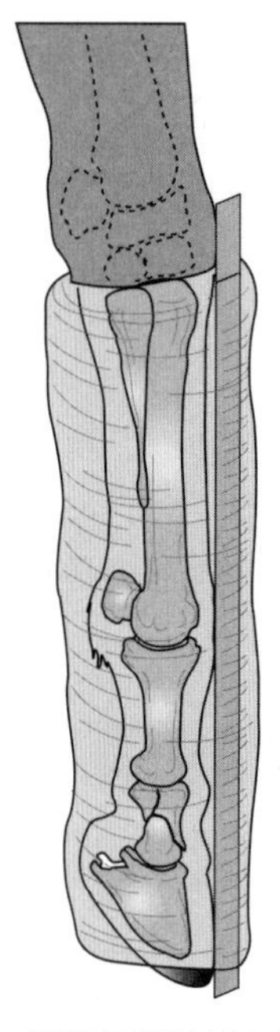

图 21-39　前肢远端骨折用夹板固定

夹板放置在肢体的背侧表面，超过最小的填充物，并用件固定。

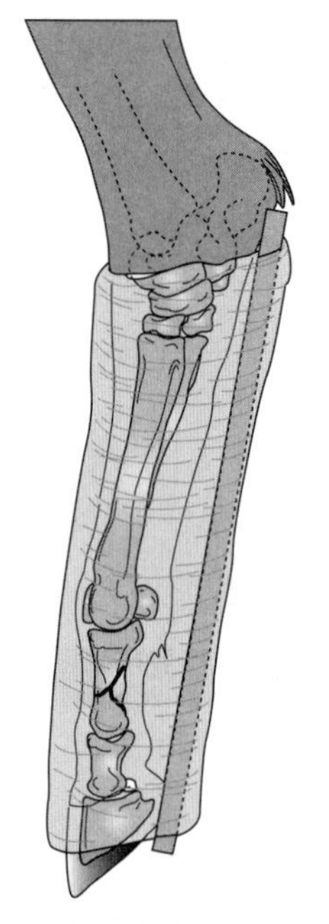

图 21-40　骨盆远端肢体骨折的夹板位置

夹板被放置在肢体的足底。

- 在用夹板后，建议使用X线片来评估骨折线对齐情况。
- 所有骨折的马匹在运输前应使用消炎药、破伤风类毒素和止痛药。患有开放性骨折或皮肤部分受损的马应使用广谱抗生素。

不应该做什么

肢体远端骨折

- 运送患有肢体远端骨折的马而不进行外固定会降低恢复成功的概率。
- 闭合性骨折不应打开。

肢体远端骨折的具体要点

如果采用了适当的急救措施和肢体保定，肢体远端骨折往往预后最佳。必须立即使用石膏、夹板或压力绷带，保护肢体软组织免受进一步损伤。内固定可以使一些马恢复运动功能。具体骨折预后见表21-5。

肢体中部骨折：桡骨远端的掌骨中部骨折；跖骨近端中部骨折

症状描述

病马患肢通常有急性重症跛行。可能出现软组织肿胀。骨折可能是开放性的或闭合性的。通常情况下，马的患肢不负重。

应该做什么

肢体中部骨折

- 应按照一般长骨骨折部分的叙述完成对患马的保定。
- 如前所述，记录完整的病史，进行体格检查，并治疗任何并发的软组织损伤。
- 外固定：
  - 使用改良版罗伯特·琼斯绷带（框表21-3）。
    - 一个“真正的”罗伯特·琼斯绷带直径是健康肢体的3~4倍。这通常会妨碍马的运动，所以首选改良版，因为它比较小。
    - 后肢改良版罗伯特·琼斯绷带比前肢的小。
  - 夹板：
    - 前肢：
      - 用PVC或木夹板固定肢体的尾侧和侧面。
      - 夹板应该从肘部一直延伸到地面。
  - 后肢：
      - 用PVC或木夹板固定底面和肢体外侧。
      - 夹板应从跟骨结节（跟骨）顶部延伸至地面。
  - 夹板之间应成直角（90°）。
  - 用非弹性胶带把夹板固定在绷带上。
- 使用夹板后进行X线检查。如果病马被转诊到外科，最好在转诊机构拍X光片。
- 所有骨折患马在运输前应使用消炎药、破伤风类毒素和止痛药。患有开放性骨折的马也应该服用广谱抗生素。

不应该做什么

肢体中部骨折

- 运送前不进行外固定，会显著降低恢复的成功率。
- 闭合性骨折禁止被打开。

肢体中部骨折的具体要点

肢体中部骨折通常是开放性的，因为该区域的软组织覆盖很少。通过快速、正确的急救措施和肢体的固定，可以改善骨折内固定的预后。具体骨折预后见表21-5。

肢体上段骨折：桡骨中部和近端骨折；胫骨和跗骨

症状描述

病马有急性、严重、不负重的跛行。桡骨骨折的马倾向于外展肢体，因为前臂的大部分肌肉组织位于外侧（图21-41）。**实践提示：**锋利的骨折断端容易刺穿肢体内侧皮肤。伴有胫骨骨折的后肢同样如此。这些类型的骨折很难稳定，因为骨折上方的关节不能充分固定。偶尔，踢脚后会出现小的、不完全的桡骨骨折。

应该做什么

肢体上段骨折

- 如前所述，保定患马。
- 如前所述，详细记录病史，进行体格检查，并治疗任何并发的软组织损伤。

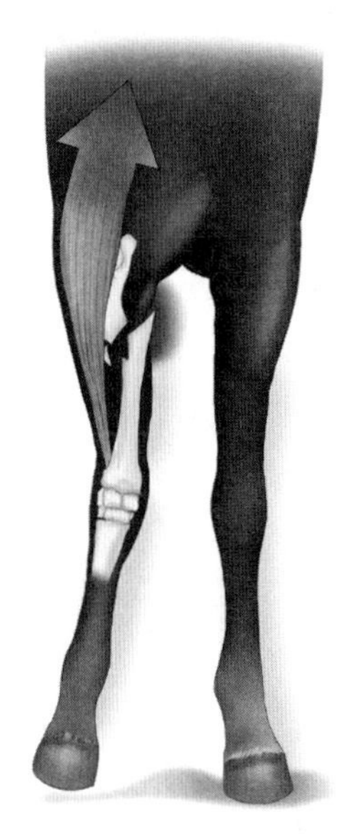

图 21-41　在前肢，所有的肌肉都是头侧、外侧和尾侧方向排列，当肌肉收缩时，肢体的外侧偏移，导致肢体内侧皮肤被尖锐的骨断端穿透

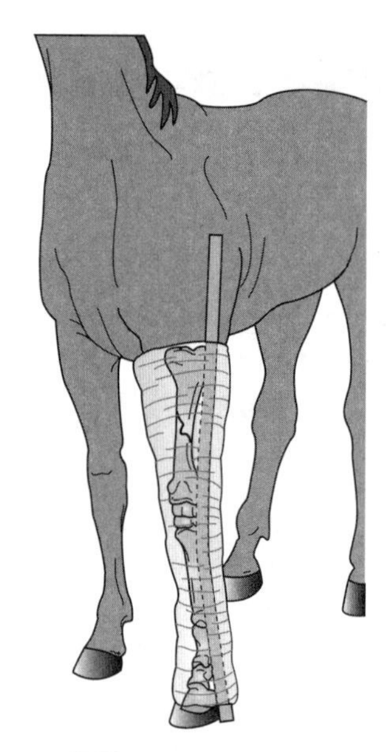

图 21-42　罗伯特·琼斯绷带与夹板用于胸部上肢骨折

延长夹板有助于减少下肢外展。

- 外固定：
  - 将改良版罗伯特·琼斯绷带贴在肢体上，从蹄开始尽量向高处延伸。
  - 夹板：
    - 前肢（图21-42）：
      - 将PVC或木夹板放置在从蹄到肢侧的肩的高度。
      - 将第二夹板与侧夹板成直角（90°）放置于肢体的前侧或尾侧。
    - 后肢（图21-43）：
      - 将PVC或木夹板从蹄放置到髋结节高度。
      - 跗骨和膝的位置阻挡了第二夹板的放置。
    - 用非弹性胶带把夹板固定在绷带上。
- 应用夹板后拍摄X线片。如果马被转诊到外科，最好在转诊机构拍X光片。
- 所有患马在运输前应使用消炎药、破伤风类毒素和止痛药。患有开放性骨折的马也应该服用广谱抗生素。
- 非常小的、不完全的非移位性桡骨骨折可以保守治疗。
  - 延长马在马厩的休息时间，防止马躺下，将患马从笼头两侧拴住，若是矮马就用绳捆住，连续几个月进行X光检查，可以取得较好的预后。骨折有可能发展到骨移位。

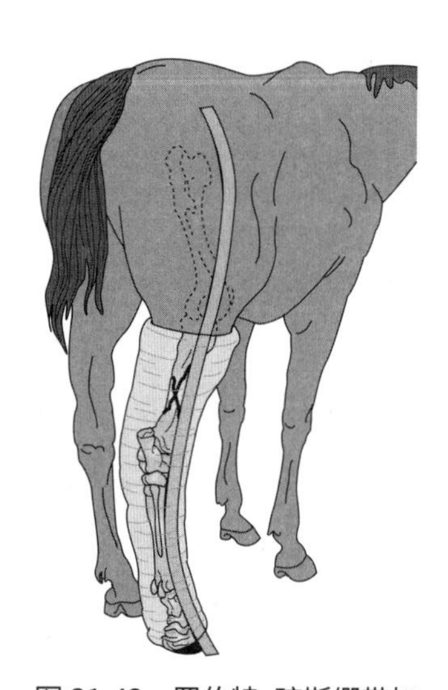

图 21-43　罗伯特·琼斯绷带加夹板治疗后肢骨折

不应该做什么

肢体上段骨折

- 运送上肢骨折的马时不使用外固定可能明显降低恢复的概率。
- 不允许闭合式骨折被打开。

肢体上段骨折的具体要点

一般来说，肢体上段骨折的成年马（>500lb或227kg）很难恢复。由于并发症和马给骨折处骨骼上施加的力很大，所以预后很差。迷你马或马驹的同类型骨折也可以进行类似的修复。具体骨折预后见表21-5。

尺骨鹰嘴骨折

症状描述

患马患肢在大多数情况下是不负重的严重跛行，但也可能严重跛行但有负重，与骨折的形态有关。鹰嘴骨折通常与急性创伤有关，如跌倒、另一匹马的踢蹬；对于年轻的马，拖车装载或缰绳训练转向时发生。骨折可能是开放或者是闭合的。通常情况下，马表现出典型的“肘部下垂”，因为肱三头肌失去功能，无法在伸展时固定腕关节。肱骨远端和近端桡骨区域常出现广泛的软组织肿胀。

其他需要考虑的鉴别诊断包括肱骨骨折和桡神经麻痹。

- 鹰嘴骨折类型（图21-44）：
  - 1a型。
    - 骺板断裂。
    - 非关节性。
    - 发生于幼马。
  - 1b型。
    - 骺板和近端半月形凹陷的骨折。
    - 关节性的或非关节性的。
    - 通常是在年轻的马。
  - 2型。

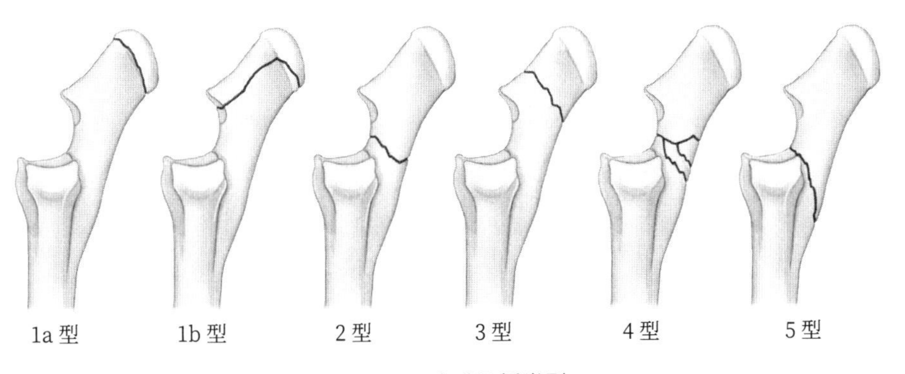

图21-44　鹰嘴骨折类型

- 累及半月形凹陷的骨折。
- 关节性的。
- 3型。
- 干骺端骨折。
- 非关节性的。
- 4型。
- 粉碎性骨折，累及鹰嘴。
- 关节性的。
- 5型。
- 尺骨骨折，累及半月形凹陷远端。
- 关节性的或非关节性的。

应该做什么

鹰嘴骨折

- 如前所述，保定患马。
- 如前所述，详细记录病史，进行体格检查，并治疗任何并发的软组织损伤。
- 外固定：
  - 从蹄部到鹰嘴上方使用改良版罗伯特·琼斯绷带，向上保定的位置尽可能高（框表21-3）。
  - 在肢体的后侧使用PVC或木夹板。这样可以固定住腕关节，使四肢可以承重，大大减轻马的焦虑和痛苦。
  - 用非弹性胶带固定夹板，间隔3~4in。
  - 在整个夹板上使用胶带，以减少位移。
  - 夹板顶部可能需要额外的填充。
  - 如果有任何不稳定的问题，应该使用横向夹板。
- 应用夹板后拍摄X线片。
- 所有骨折的马匹在运输前使用消炎药、破伤风类毒素和止痛药。患有开放性骨折的马应该服用广谱抗生素。
- 大多数鹰嘴骨折需要内固定来重建肱三头肌功能，以获得最佳长期预后。

不应该做什么

鹰嘴骨折

- 运输前不进行外固定可能会降低成功修复的概率。
- 不允许闭合性骨折被打开。

关于鹰嘴骨折的具体要点

鹰嘴骨折后运动功能的恢复取决于骨折的形态和类型。一般来说，经过适当固定，这种骨折预后良好。年轻马的1b型骨折和成年马的5型骨折在接受内固定治疗后，运动功能恢复良好。并发症包括长骨骨折中所描述的内容，还有年轻马患肢弯曲畸形或对侧肢的成角畸形，以及肘关节炎。具体骨折预后见表21-5。

肢体近端骨折（肘关节上方，股骨）

症状描述

患马通常有严重的不负重跛行。偶尔出现肱三头肌功能失调，导致“肘部下降”而呈现出与鹰嘴骨折相似的症状。在肩部或臀部区域的侧面经常存在严重的软组织肿胀，使得该区域的触诊变得困难。检查肢体时，痉挛和肢体运动异常通常表现很明显。由于肌肉覆盖范围很大，这类骨折很少为开放性骨折。

应该做什么

肢体近端骨折

- 应按照前面的描述保定患马。
- 如前所述，记录完整的病史，进行体格检查，并治疗同时发生的软组织伤口。
- 外固定：
  - 肱骨骨折不应该使用夹板，因为夹板可能在骨折水平线处产生支点作用，并造成进一步的损伤。
  - 于近端骨折而言，固定是不好实现也没有帮助的。
- 这些部位很难进行X线拍摄。如果给马做外科手术治疗，则在转诊医院先拍摄X光片更适合。
- 所有骨折患马在运输前应服用抗炎药，破伤风类毒素和止痛药。开放性骨折的马还应该使用广谱抗生素。
- 肱骨和股骨骨折偶尔采用保守治疗（马舍休息和消炎），预后保守，并发症发生率高。

不应该做什么

肢体近端骨折

- 笨重的绷带使马更难以活动肢体。腕骨延长包扎是唯一推荐的外固定形式。
- 应避免使用夹板或石膏绷带，因为这些方式可能会造成额外伤害。

近端肢体骨折具体的要点

通常，成年马（＞500lb或227kg）的近端肢体骨折治疗很有挑战性或不可能修复。由于并发症和对患马骨骼施加的巨大自身重力作用，外固定预后很差。在体型较小的马或马驹中修复此类骨折相对可行。具体的骨折预后见表21-5。

骨盆骨折

症状描述

患马出现急性且严重的单侧或双侧后肢跛行，并且患马通常有创伤史。骨盆可能倾斜，一侧的荐结节高于另一侧，或髋结节不对称。患马可能不愿向前走或后肢平衡负重。有时由于骨折断端附近的主要血管撕裂而内出血，患马可能休克，表现为黏膜苍白。

应该做什么

骨盆骨折

- 获取详细的病史并进行全面的体检。
- 小心触诊荐结节和髋结节。
  - 如果马双后肢负重，那么高度差异通常有助于骨盆骨折的诊断。

- 触诊髋结节时感觉到位移，发热和疼痛表明“髋关节倒塌”或髋结节骨折。
    - 这些特定的骨折是非关节性的，保守治疗预后良好。
- 仔细进行直肠检查。
  - 沿骨盆边缘可触及血肿或异常肿胀。
  - 移动骨盆时可听到骨摩擦音。
  - 直肠检查期间，轻轻地前后摇动骨盆，或者使马慢慢向前行走可以加强骨骼的异常运动。
- 患马站立时，这个区域很难拍摄X线片（多个视图）。在麻醉苏醒期间骨折移位的风险会增加，但确诊仍需要全身麻醉。
- 经皮或直肠的超声检查有助于诊断。
- **实践提示：**放射性核素显像是目前最常见的诊断方式，避免了全身麻醉苏醒期的风险。
- 治疗：
  - 保守治疗：
    - 厩舍休息4~6个月。
    - 抗炎药物。
  - 成年体型的马无法进行手术治疗；对于马驹来说，手术是可行的，但很有挑战性。

不应该做什么

骨盆骨折

- 不要忘记评估患马的全身状况。如果临床上怀疑低血容量性休克，则需要进行输液治疗。
- 如果患马出现严重失血迹象，请在体况稳定后再运输。有时大的内部血管可能被尖锐的骨折断端撕裂，导致马的体况快速恶化和死亡。

骨盆骨折具体的要点

如果血管没有撕裂，患马生存的预后通常良好。运动恢复程度因骨折的位置和移位程度而异。涉及髋臼的骨折在使役或运动健康方面的预后较差，因为通常会出现骨关节炎这一后遗症。单独的髋结节骨折在恢复运动功能方面预后良好。

鼻面部骨折

症状描述

患马鼻面部通常软组织肿胀，表明存在创伤，并且可能存在鼻出血。直接创伤经常引起鼻窦和鼻道的骨折。骨折还可能涉及鼻骨、额骨、上颌骨和泪骨，当从正面或从侧面观察时可能看到面部畸形。当有严重移位性骨折和明显的软组织肿胀时，可能发生气道阻塞，且患马伴有中度至重度呼吸喘鸣音。

应该做什么

鼻面部骨折

- 获得完整的病史并进行体格检查以评估患马的体况。寻找其他撕裂伤和软组织创伤，还应进行神经学评估。
- 小心地触摸头部，因为患马经常疼痛。骨连续性丧失和皮下肺气肿是临床诊断中的常见表现。
- 即使皮肤完整，鼻面部的骨折仍应被认为是开放性的，因为鼻旁窦和鼻黏膜会被骨折碎片刺穿。
- 如果呼吸系统受损严重，可能需要进行临时气管切开术以减轻患马的焦虑。
- 头部X线片有助于确定骨折移位的范围和严重程度。
- 可能需要对上呼吸道进行内窥镜检查，特别是在鼻出血的情况下，以评估咽喉囊和筛窦区域。

- 通常对软组织创伤进行清洁，清创和灌洗。
- 通常使用全身性抗生素和消炎药（如保泰松或氟尼辛葡甲胺）。
- 若患马在过去6个月内未注射过破伤风类毒素加强剂，则应使用破伤风类毒素加强剂。
- 首选外科手术重建鼻窦和鼻道，这有助于预防慢性鼻窦炎、面部畸形和骨坏死。大多数外科医生使用开放复位技术进行骨折修复，因为此法预后更好。

不应该做什么

鼻窦骨折

- 不要忘记检查整个头部的相关损伤并进行神经学评估。
- 严重的面部畸形应接受手术修复，以避免出现后遗症和气道受损。
- 如果患马的呼吸幅度增加或出现呼吸喘鸣音，必须有人看管患马状况且做好转诊准备；如有必要需及时行气管切开术，参见第25章。

鼻面部骨折具体的要点

面部骨折在马中很常见，并且通常涉及鼻旁窦和鼻道。完全康复患马总体预后良好；应告知马主潜在的并发症，如慢性鼻窦炎、骨赘形成和继发性鼻中隔增厚。如果未进行骨折修复和固定，可能会导致永久性面部畸形。由于难以重建正常的解剖结构，慢性骨折的修复预后谨慎。

切齿骨、下颌骨和上颌骨骨折

症状描述

患马骨折部位通常有软组织肿胀。此类骨折常发生以下情形：马被拴在固定的物体上并被拉拽遭受创伤，或被另一匹马踢伤。偶尔，这些骨折是医源性的，与慢性齿槽骨膜炎的拔牙操作或病理性骨折相关。**实践提示：**下颌骨骨折几乎总是开放的并且与口腔连通，可以是单侧或双侧的。齿间空间是这些骨折的常见部位。切齿骨折常见于幼年马。食物填入骨折线而产生口腔异味。其他临床症状包括舌头脱出、无法进食、过度流涎、吞咽困难、切齿咬合不正、骨摩擦音和触诊疼痛。

应该做什么

切齿骨、下颌骨和上颌骨骨折

- 了解完整的病史并进行体检。确定是否存在其他相关的头部创伤。
- 如果患马在过去6个月内未注射破伤风类毒素，则应使用破伤风类毒素。
- 小心触诊下颌骨和上颌骨，以确定是否存在多处骨折。确定骨折是单侧还是双侧。如果双侧下颌骨骨折，则下颌骨不稳定。
- 获得数张X线片（至少侧位和背腹位）以评估骨折程度，并确定是否存在多处骨折线以及骨折是否涉及牙根。在骨折涉及切齿的情况下，在口腔内放置胶片，拍摄背腹位X线片有助于减少影像重叠。
- 若在骨折处发现有饲料残渣，请用水、盐水或其他晶体液灌洗。
- 通常需要使用全身抗生素和消炎药（保泰松或氟尼辛葡甲胺）。
- 单侧、非移位性或微小移位的骨折可以保守治疗，因为下颌的另一侧起“外固定器”的作用。保守治疗包括每天多次口腔灌洗，抗生素与消炎药的使用，以及充足的草料。不允许患马撕拉草料（即应避免使用干草网和放牧）。有时，根据骨折位置和骨折部位的分离程度，这些骨折可进行手术修复，包括口内钢丝固定，使用或不使用口腔内丙烯酸夹板。

- 水平和垂直类型的骨折最好保守治疗，因为它们可由软组织（咬肌和翼肌）稳定。
- 粉碎性、移位性和双侧骨折需要手术修复才能获得最佳疗效。手术技术包括口内钢丝固定，骨钉、拉力螺钉固定，动态加压钢板，口腔内丙烯酸夹板，髓内针或外固定装置。

不应该做什么

切齿骨、下颌骨和上颌骨骨折

- 不要使用口腔窥镜进行口腔检查，因为它可能会导致骨折进一步移位。
- 不要放牧，或让患马从装干草的网兜或类似装置中摄取草料，因为这种动作可能导致骨折移位。
- 如果涉及牙根，请不要忘记在几周后重新检查牙齿的活力。

上颌骨、下颌骨和上颌骨骨折具体的要点

实践提示： 下颌骨骨折是最常见的颅骨骨折类型。恢复正常功能的预后通常良好至极好。如果骨折涉及牙根，应与马主说明因慢性牙齿感染而在数周至数月后需要拔牙。慢性骨折和不稳定骨折的预后较差。

颞下颌骨骨折

症状描述

患马通常在颞下颌关节周围有软组织肿胀并且无法张嘴。其他临床症状可能包括吞咽困难、咳嗽、切齿咬合不正，以及进食困难。相关的软组织撕裂和创伤通常与皮下气肿（捻发音）同时存在。慢性骨折常出现咬肌萎缩和不对称。

应该做什么

颞下颌骨骨折

- 获得完整的病史并进行全面的体检。
- 小心触摸颞下颌区域，看是否有疼痛、发热、骨摩擦音和不稳定的迹象。
- 拍摄多个X线片，以确定骨折情况、粉碎和移位严重程度。斜位X线片是最佳的。
- 超声检查也可以辅助诊断。
- 大多数非移位骨折可使用抗炎药（保泰松或氟尼辛葡甲胺）和饮食调整进行保守治疗。
- 如果骨折涉及关节，通常需要手术治疗；否则骨折愈合期间会出现化脓性关节炎和骨关节炎。
- 如果诊断为化脓性关节炎，可能需要在关节镜下清创和关节灌洗。
- 如果涉及关节盘（半月板），可能需要在关节镜下清创。
- 不稳定骨折可能需要单侧或双侧下颌髁切除术。

不应该做什么

颞下颌骨骨折

- 尽快将患马转移至有外科设施的地方治疗。

颞下颌骨骨折具体的要点

颞下颌区受伤并不常见。由于骨折愈合期间，有继发性骨关节炎的高风险，预后谨慎。

颅骨骨折

症状描述

对颅骨损伤的临床症状描述差异很大，从细微的神经系统改变到昏迷。大多数颅骨损伤源于创伤。一匹年轻的马可能会向后摔倒并受外伤，或者马可能被踢，或撞到一个固定的物体而伤到额骨。严重的脑损伤可能伴发或不伴发颅骨骨折，因为在冲击-挫伤或对侧挫伤后大脑在颅腔内反冲（见第22章）。临床症状包括鼻和耳出血、共济失调、意识状态改变、神经功能缺损、昏迷、定向障碍、瞳孔大小不等、眼球震颤、头部倾斜、心动过缓和呼吸系统抑制。任何有急性神经功能缺损，以及耳、咽喉囊或鼻窦一起出血的马都应考虑颅骨骨折。

应该做什么

颅骨骨折

- 获得完整的病史并进行体格检查以评估患马的体况。
- 进行完整的神经系统检查。
- 标准X线片、内窥镜检查、计算机断层扫描和磁共振成像有助于诊断。
- 初始治疗目标是减少由水肿和出血引起的脑水肿和颅内压。
  - 非甾体类抗炎药。
  - 类固醇：0.25mg/kg地塞米松溶液，IV。
  - 二甲基亚砜，1g/kg，溶解在10%~20%的生理盐水中给药。
  - 高渗盐水，7.5%；4mL/kg，IV。
  - 广谱抗菌药。
- 必要时建立气道（临时气管切开术），如果患马有低氧血症，则以15L/min的速度，通过吹气给氧。
- 头直肌的腹侧肌群嵌入蝶骨和枕骨的基部（基部的骨骼），蝶骨基的撕脱性骨折常导致致命性出血，或出血流入咽喉囊中，可在内窥镜检查中发现。脑神经Ⅴ、Ⅶ、Ⅷ、Ⅸ和Ⅹ也可能受影响，从而出现神经系统症状，包括吞咽困难、面部感觉减退、头倾斜、倾斜或向病变侧转圈。
- 背侧或背外侧骨的骨折症状常为沉郁、头部压迫、视力受损、威胁反应减弱，以及鼻窦可能有出血。
- 通过手术尝试对伴有硬膜下血肿的闭合性非移位骨折，或开放性移位骨折进行治疗。
- 如果骨折涉及颞骨嵴部，应考虑进行角舌骨切除术，以减少在吞咽食物/水期间舌骨在骨折水平的运动。
- 骨折分类（图21-45）：
  - Ⅰ级：骨质破坏而没有直接损伤脑实质。
  - Ⅱ级：骨质破裂导致硬脑膜裂伤并出血。
  - Ⅲ级：骨质破坏导致硬脑膜渗透和脑实质撕裂。

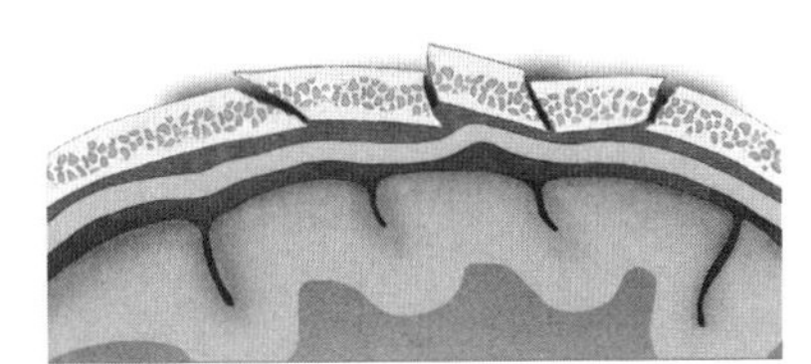
Ⅰ级

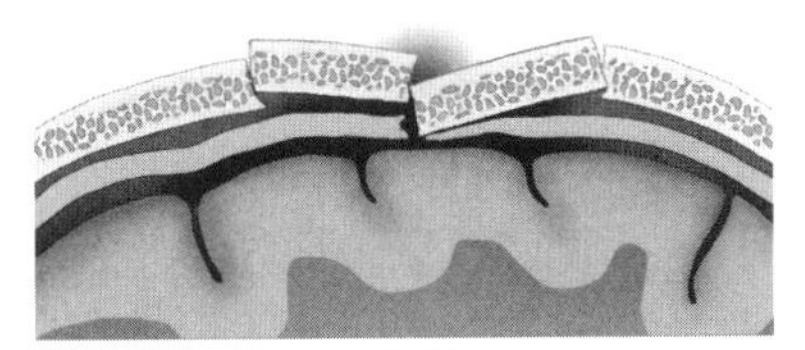
Ⅱ级

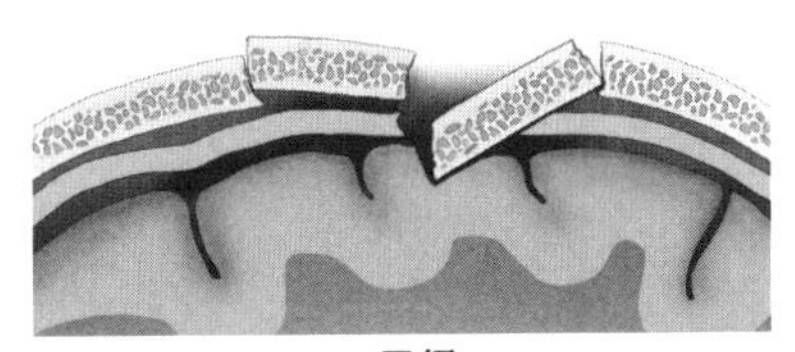
Ⅲ级

图21-45 颅骨骨折分类

不应该做什么

颅骨骨折

- 无法触诊到骨折不意味没有骨折。
- 初次就诊后神经系统的异常可能会恶化。要及时与马主讨论安全措施以及需要转诊到其他有外科手术设备地方的。

颅骨骨折具体的要点

预后谨慎至很差，特别是如果需要手术治疗的患马。神经系统异常可能是永久性的。保守治疗是否成功取决于患马对初始治疗的反应。

眼眶和眶周骨折

症状描述

患马头部和眼睛周围有软组织肿胀、疼痛和发热，并且通常伴有撕裂伤。可能存在捻发音，并且眶周软组织结构可能变形。常见于患马撞到固定物体或被另一匹马踢伤。这些骨折通常在头顶的方向上被压迫，并且表现出眼球内陷。也可能存在斜视、结膜水肿和结膜下出血。球后出血和/或蜂窝织炎可引起眼球突出。

应该做什么

眼眶和眶周骨折

- 获得完整的病史并进行体格检查以系统评估患马情况。注意识别任何其他撕裂伤或其他创伤区域。
- 小心触诊眶周区域。确定骨折为开放性或闭合性。评估脑神经功能。
- 拍摄X线片（尤其是斜位）很有帮助。超声评估可以辅助识别骨折，评估眼睛情况。
- 可能需要局部麻醉（耳睑神经或眶下神经或眼球后阻滞，见第23章）。
- 用荧光素给角膜染色以观察是否有角膜溃疡。如果有条件，应检查前房、后房以及视网膜是否有损伤。这些问题可能需要特殊处理。
- 用无菌盐水轻轻擦拭软组织裂伤处；开放性骨折需要灌洗。去除小的、未附着的骨头碎片（骨折）。
- 使用全身抗生素和抗炎药物（保泰松或氟尼辛葡甲胺）。
- 如果患马在过去6个月内未注射破伤风类毒素，则应使用破伤风类毒素。
- 如果骨折稳定且眼睛没有受压迫，则常规缝合软组织撕裂伤。
- 使用消炎药治疗稳定的闭合性骨折，且未出现软组织撕裂伤的患马，并在受伤后数天监测眼睛，检查眼压或眼球是否受压迫。
- 通常需要在有手术设施的房间处理粉碎性或凹陷性骨折。可能需要使用缝合线或金属植入物来固定骨折碎片以维持眼眶功能。可以使用开放或封闭技术进行手术复位。
- 准备一个可减少进一步损伤的区域，并尽量将患马限制在此区域。避免使用狭窄的门道、小型喂食桶和干草喂食器，因为马需要将头部伸入喂食器，从而可能撞到眼眶。

不应该做什么

眼眶和眶周骨折

- 如果眼睛受到影响，请勿延误治疗。眼睛长时间受压可能导致永久性损伤。
- 不要因为受伤而忽略评估头部的其他结构。

眼眶和眶周骨折具体的要点

一般来说，由于血液供应良好，头部创伤很快就会愈合。在此类骨折后，外观美观性和功能性通常良好。对于导致眼球严重创伤、神经病变的骨折，损伤了鼻泪管系统且未经手术修复的不稳定骨折以及长期损伤，预后谨慎至不良。

关节脱臼

症状描述

临床症状取决于涉及的关节，并且在关节的一个或多个支撑结构被破坏后发生。症状从完全的关节不稳定和肢体无法负重，到马的患肢承重但关节出现轻微不对齐。当患马走动或运动肢体时，通常会出现脱臼现象。并发的软组织创伤可能与脱臼有关，同时还伴有脱臼关节的感染。 随着运动或调整患肢负重，脱臼可能自发减少或重复发生，也可能发生不可减轻的半脱位或持续脱位。

- 通常受影响的软组织结构包括：
  - 内侧和/或外侧副韧带。
  - 纤维关节囊。
  - 滑膜囊。
  - 关节内韧带。
- 需要考虑的其他鉴别诊断如下：
  - 骨折。
  - 化脓性关节炎。

应该做什么

关节脱臼

- 掌握完整的病史并进行全面的体格检查，以全面评估患马。
- 如果有需要，可谨慎使用镇静剂。
- 小心触诊肢体以确定脱臼是否可以减轻。
- 使用触诊来确定脱臼是向前侧、尾侧、内侧还是外侧方向发生。
- 平片和应力X线片有助于排除并发的骨折，并有助于确定软组织受损情况。超声检查评估也有助于确定受影响的软组织结构的状况。
- 相关的软组织撕裂以常规方式处理，并根据需要进行组织清创。如果患马在过去6个月内未进行过破伤风预防，则应使用破伤风类毒素。
- 如果关节开放，进行关节灌洗，尽快给予局部和全身抗生素治疗，并根据临床反应持续进行治疗和实验室检查，直至关节无感染。局部肢体灌注是一种有用的辅助治疗方法。
- 尽可能使用外部接合和稳定脱位关节。
- 外部接合治疗可能会恢复赛马的功能（全肢铸件或夹板、结合蹄）。骨关节炎是一种常见的后遗症，可能会影响运动功能。对于开放关节，需要进行手术以治疗关节，以及稳定肢体。
- 手术通常是获得最佳治疗效果所必需的，可能包括铸件、骨植入物、固定针，以及重复手术（如果关节是开放的）。

不应该做什么

关节脱臼

- 没有外部固定时不要进行治疗。
- 如果关节闭合，防止进一步软组织损伤很重要，因为软组织损伤可能导致关节感染。

- 不要认为外部接合的马可恢复如前，因为骨关节炎是一种常见的后遗症。

脱臼的类型

- 髋关节脱位
  - 髋关节脱位导致关节囊和股骨的圆韧带受损。
  - 需要减少全身麻醉情况，但往往难做到。
  - 有一些报告称使用肘接销钉和铁丝可以在小型品种的马成功复位并保持稳定性。
  - 骨关节炎通常会导致慢性跛行。
- 下肢脱臼（远端指间关节、近端指间关节、掌骨/跖骨指骨关节）
  - 这些是常见的脱臼；关节通常是开放的。
  - 脱臼需要复位。
  - 尽管有严重的软组织损伤，但掌骨/跖骨和第一指骨的交错可能仍稳定。
  - 对于肢体远端骨折，要稳定肢体。
  - 可以进行这些关节的固定。
  - 近端指间（球节与蹄之间）关节脱位的马可能没有异常，并且可有一定程度的运动。
  - 蹄关节和球节脱位的恢复预后谨慎。
- 腕关节/跗关节脱臼
  - 脱臼非常不稳定。
  - 像治疗骨折一样稳定肢体。
  - 常需要内固定，通常是全关节或部分关节固定，以稳定腕骨或跗骨的外侧或内侧。
  - 骨关节炎是一种常见的后遗症，通常会限制运动功能。
- 肩关节脱位
  - 这种脱臼很少见。
  - 涉及的软组织结构可包括肱二头肌、冈上肌、关节囊和插入的冈下肌肌腱。
  - 稳定很困难。
  - 可能会发生自发性复位，并且通过限制活动治疗数周。
- 膝关节脱臼
  - 脱臼通常涉及明显的软组织损伤，包括一个或多个侧副韧带、十字韧带和半月板。
  - 难以实现肢体稳定性。
  - 由于严重的骨关节炎和慢性不稳定性，运动用的患马预后很差。

关节脱臼具体的讨论要点

预后取决于所涉及的关节、关节是开放还是闭合，以及关节不稳定程度。化脓性关节炎会降低预后并增加治疗成本。后遗症包括以下内容：

- 骨关节炎。
- 机械性跛行。
- 持续疼痛。
- 慢性不稳定。

如果不能保持复位，则关节会发展为关节炎并丧失功能。封闭式脱位通过长期（12~16周）外固定（石膏绷带）治疗，可获得成功。

后肢趾浅屈肌腱脱位

症状描述

患马的患肢通常突然发生急性、严重的跛行，并且跗骨周围的软组织肿胀。这种伤害经常发生在马工作时。肌腱通常在跟骨上来回移动，当马静止站立并且肢体承受全部重量时，肌腱处于正常位置。可能需要马行走来观察趾浅屈肌腱（SDFT）的运动和不稳定性。这种肌腱最常被横向移位并且通常影响一个肢体。可能发生半脱位、双侧损伤，内侧SDFT移位和SDFT的分裂（肌腱的一部分分别位于跟骨的内侧和外侧）。

- 其他临床症状包括：
  - 患处触诊疼痛。
  - 马一再尝试用患肢做踢的动作。
  - 并发球节过度伸展，与慢性悬吊装置故障相关。
- 需要考虑的其他鉴别诊断如下：
  - 腓肠肌肌腱断裂。
  - 跖部韧带的韧带炎。

应该做什么

后肢趾浅屈肌腱脱位

- 获得完整的病史并进行体格检查以系统评估患马。识别任何并发的撕裂或其他创伤。
- 小心触诊跗骨区域。
- 超声检查有助于诊断SDFT的异常位置和韧带的状况。
- 可能需要镇静剂才能让患马平静下来（表21-3）。
- 当SDFT脱位时，临床跛行的严重程度会降低。
- 保守治疗需要长时间休息（6个月或更长）以使软组织纤维化/瘢痕化，并稳定移位的肌腱。肌腱通常永久地移位到跟骨外侧或内侧。
- 为了完全恢复运动功能，手术是最佳治疗方案。手术治疗方案包括以下内容：
  - 用缝线稳定肌腱。
  - 骨植入物。
  - 网状织物（Mesh）。
  - 全肢铸件或绷带联合保守治疗或手术治疗。

不应该做什么

后肢趾浅屈肌腱脱位

- 避免过多使用抗炎药物，因为软组织肿胀可能有助于减少肌腱运动并提高稳定性。
- 适当限制运动至少6个月或更长时间。

后肢趾浅屈肌腱脱位具体的要点

运动表现的恢复预后谨慎，因为可能存在跛行。对于恢复情况，SDFT的内侧脱位比外侧脱位预后更差。已经有手术治疗成功的相关报道，但通常不值得进行手术治疗。

（常规）撕裂伤

症状描述

存在软组织创伤和损伤。马身上的任何地方都可以发生撕裂伤，检查所有涉及的结构对于评估和治疗是至关重要的。患马可能焦躁并且还有其他损伤，如骨折和脱臼。撕裂伤是紧急处理的最常见原因之一。有关详细信息，请参见第19章。

应该做什么

撕裂伤

- 掌握完整的病史并进行体检。
- 如果马在过去6个月内没有使用过破伤风类毒素加强剂，则应使用破伤风类毒素。
- 镇静并保定患马，进行近距离伤口检查。见表21-3。
- 确定所涉及的解剖结构非常重要。
- 小心触诊患肢，注意关节渗出液，伤口处的滑液或受损的血管结构。
- 需要特殊手术治疗的撕裂伤，通常需要转诊至外科。包括涉及以下结构的撕裂伤：
  - 关节。
  - 肌腱和肌腱鞘。
  - 黏液囊。
  - 血管和神经。
  - 蹄冠状带和蹄壁。
  - 广泛的撕脱伤。
  - 骨膜。
- 如果有条件且撕裂不涉及重要的结构，可以清洁、清创和闭合撕裂伤。
  - 深层组织使用可吸收缝线。
  - 缝合皮肤使用不可吸收或可吸收的缝合线。
  - 也可以使用皮肤钉。
  - 在软组织覆盖范围有限的区域，通常需要减张缝合。
  - 支架或缝合垫适用于闭合张力过大的伤口来减张。
  - 绷带或外部固定支撑，并保护缝线。
- 有明显污染的撕裂创可能需要被包扎数天，之后会进行延期闭合。
  - 湿绷带有助于伤口清创。
- 保证抗生素和消炎药的使用。
- 见第19章，了解更多详细信息。

不应该做什么

撕裂伤

- 未能确认所有受损结构导致急救和治疗效果不佳。
- 不要认为滑膜结构的浅表伤口就不会涉及关节损伤。

撕裂具体的要点

简单的撕裂预后良好，可以完全恢复运动功能并且外貌美观。有条件的话，一期愈合总是优于二期愈合。如果早期积极地开始治疗，涉及特定结构的撕裂伤有更好的预后。

支撑结构的撕裂伤（屈肌和伸肌腱、悬韧带）

症状描述

在出现导致功能丧失的急性创伤后，通常存在严重的软组织损伤。根据伤口深度，通常可大致评估哪些支撑结构受伤或已断裂。浅表撕裂伤通常仅累及SDFT和腱鞘，更深的撕裂累及SDFT、腱鞘、趾深屈肌腱（DDFT）和悬韧带。跖骨中部或上方的伸肌腱通常受到影响；伸肌腱鞘也有可能受损。可能无法在负重状态下看到撕裂的肌腱，因为撕裂发生在肢体抬高或弯曲时，受伤的结构位于皮肤撕裂的下方或上方。因此，对于这些类型的伤口，通常需要超声检查来确定损伤的程度。肢体是否呈直线可用于确定受到影响的组织结构。

- 下列结构（在掌骨/跖骨水平）完全撕裂会导致以下结果：
  - SDFT：球节轻微下垂。
  - SDFT和DDFT：球节下垂；趾尖背屈；负重时还会抬高。
  - SDFT、DDFT和悬韧带：球节支撑严重丧失（球节可触及地面，趾抬高）。
  - 伸肌腱：肢体背侧触地；不能正常放置或难以正常放置蹄。

应该做什么

支撑结构的撕裂伤

- 掌握完整的病史并进行体检。
- 如果马在过去6个月内没有使用过破伤风类毒素加强剂，则应使用破伤风类毒素。
- 镇静并保定患马以进行完整的伤口检查。
- 如果可能，清洁并清创。
- 如果需要，稳定肢体并拍摄X光片。
- 对于DDFT、SDFT和悬韧带，执行以下操作：
  - 若选择保守治疗，请提供以下信息：
    - 每日伤口护理，局部肢体灌注，给予全身性抗菌药物。
    - 夹板或铸件。
  - 如果涉及肌腱鞘，应按照滑膜结构撕裂部分中的讨论进行治疗。
    - 这些类型的撕裂在野外难以处理，应将马运送到有外科设施的地方以获得最佳预后。
    - 手术治疗包括伤口清创、腱鞘灌洗、肌腱末端再缝合和外部接合。
    - 开始使用抗菌药和消炎药。
    - 运输前需要外部接合，以尽量减少进一步的软组织和神经血管束损伤。趾部需要负重以保护屈肌腱。

- 铸件：
  - 按照远端肢体骨折的情况进行铸件。
- 夹板：
  - Kimzey Leg-Saver夹板OR。
  - 板型夹板（框表21-4和图21-46A）。
    - 从蹄冠状带到腕骨/跗骨包扎一条轻型绷带。
    - 将硬木板平放在地面上，在蹄尖处钻孔，并用线连接到板上。
    - 在球节处弯曲肢体，并使板与掌骨/跗骨的掌部/跖部相平行。
    - 将板绷带用非弹性胶带固定在一起（图21-46B）。

- 对于伸肌腱，执行以下操作：
  - 保守治疗通常是成功的。
  - 使用脚趾部分有延长的马蹄铁，以减少指关节触地的可能性。或者可以使用由背侧夹板组成的外固定（图21-47）。
  - 进行日常伤口护理，局部肢体灌注，并给予全身性抗菌药物。
  - 绷带包扎。
  - 经常涉及伸肌腱鞘。这种腱鞘难以灌洗，且常与全身抗微生物治疗和伤口护理相关。
  - 广泛的伤口清创通常需要手术治疗。伸肌腱末端的重新定位不可操作或没有必要。
  - 外部接合可防止负重时蹄的指关节敲击，并允许肌腱愈合。
    - 绷带和PVC夹板。
    - 伸肌夹板（图21-47）。
      - 在蹄的趾部位钻孔。
      - 切割重型PVC或板（根据受伤部位）到符合肢体的长度。
        - 趾到跗骨/腕骨下方。
        - 趾到上方的腕骨。
      - 在夹板末端钻孔以匹配蹄。
      - 绷带包扎肢体，并将夹板连接到趾。
      - 使用非弹性胶带将夹板与绷带背侧固定在一起。

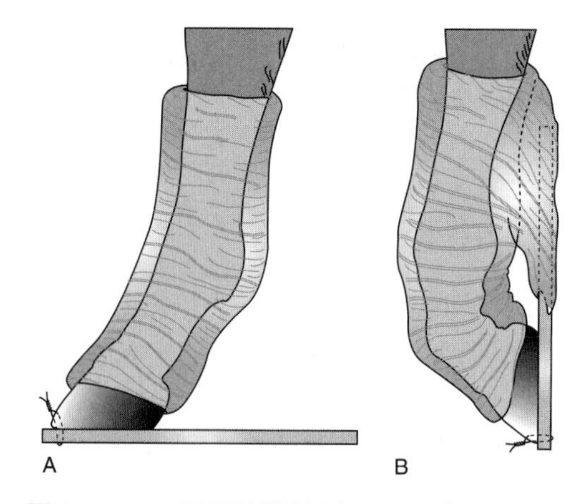

图21-46 A. 屈肌腱撕裂夹板，可以将硬木板连接到脚趾处并弯曲肢体，以减小断裂肌腱上的张力 B. 将板与绷带结合

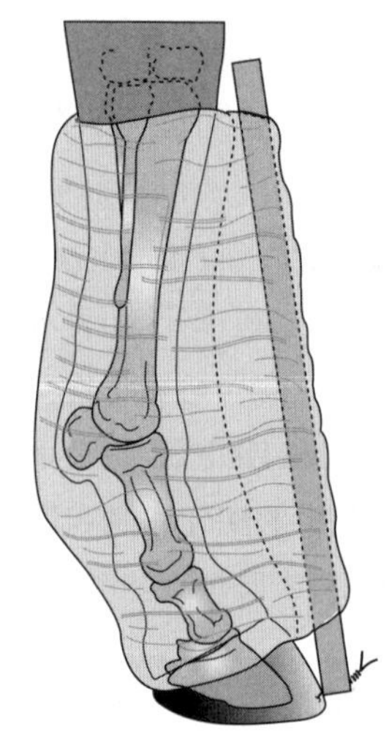

图21-47 可以将聚氯乙烯夹板放到脚趾处，延伸脚趾并将夹板与绷带结合以保护撕裂的伸肌腱

框表21-4 木夹板所需材料

- 腿部绷带。
- 一卷棉垫。
- 弹性绷带。
- 一块硬木板，长（40cm）×宽（12cm）×厚（2cm）。
- 手钻。
- 钢钻头。
- 重线。

不应该做什么

支撑结构的撕裂伤

- 请勿在没有外固定的情况下运送患马。
- 不要认为伤口的大小等于肌腱或韧带损伤的严重程度。
- 即使采用保守治疗，也要为患肢提供足够的支撑。

支撑结构撕裂伤具体的讨论要点

支撑结构撕裂伤的预后很大程度上取决于所涉及解剖结构的数量、损伤的严重程度、污染的程度、受伤的持续时间以及马主期望。如果血管和神经完好无损，损伤不涉及滑膜结构，且污染最小，预后提升。肌腱需要延长愈合期（6~8个月）。

实践提示：一般来说，涉及的结构越多，预后越差。如果涉及所有支撑结构（DDFT、SDFT、悬韧带）和腱鞘，则预后极差。应告知马主患马的治疗费用和高并发症风险，包括以下内容：

- 对侧肢体蹄叶炎。
- 粘连。
- 永久性跛行。
- 持续感染。

实践提示：在功能恢复方面，伸肌腱撕裂比屈肌腱撕裂有更好的预后，且在保守治疗中通常症状描述良好。伸肌腱损伤的马经常可在几天内学会将脚放回正常位置。跛行通常是近端跖骨伸肌损伤的后遗症。

血管和神经结构的撕裂伤

症状描述

患马有软组织伤口且同时大量失血。经常在马的周围观察到大量的血液。通常观察到动脉血从伤口“喷出”。由于持续出血，通常很难准确判断哪个血管受伤。如果肢体远端的大血管受损，则可能发生大出血，尽管这并不常见。如果大血管（即颈静脉、颈外动脉、股动脉或肱动脉）横断，患马会迅速失血。若神经损伤或横断，马的症状会比预期跛行程度更轻或表现为肢体功能丧失。

应该做什么

血管和神经结构的撕裂伤

- 控制出血后，记录完整病史并进行体格检查。
- 如果破伤风预防情况不明或有问题，可以使用破伤风类毒素。
- 控制出血：
  - 压血包扎，用厚棉垫覆盖该区域，然后使用弹性绷带。
  - 20~30min后，取下包扎物并尝试确定出血来源。
  - 对周围肢体血管进行结扎，且之后没有任何并发症。
  - 对于给某个区域供血的主要供血血管的撕裂，可能需要在全身麻醉下手术修复撕裂的血管。在麻醉诱导期间保持压力绷带，以最大限度地减少失血。

    - 抗纤维蛋白溶解药物氨基己酸（10mg/kg，IV，稀释于60mL无菌溶液中，在5min内给完药，每6~24h1次），对于轻度至中度出血的患马可能有效。
- 骨折相关的血管损伤通常无法修复。
    - 臂骨或桡骨骨折可能导致臂动脉撕裂。
    - 股骨或骨盆骨折可横切股动脉。
- 神经撕裂或损伤。
    - 通过注意肢体运动的变化进行诊断。
        - 桡神经：
            - 临床症状描述是臂三头肌功能丧失，出现“肘部下降”。
            - 可能由肱骨骨折、钝性创伤性“瘫痪”、长时间卧床休息或特发性原因导致。
            - 较低的分支损坏导致绊倒和蹄放置不良。
        - 前臂损伤、桡骨生长板骨折、伴背侧脱位、肢体角度异常、肘部下垂和无负重跛行。
        - 股神经：
            - 临床症状描述为股四头肌功能丧失，导致无法固定膝关节并承受骨盆后肢的全部重量。
        - 胫神经/腓神经：
            - 临床症状描述是绊脚，无法伸展蹄部。
    - 远端肢体神经损伤：常见。
        - 除了神经瘤以外，在愈合过程中的并发症很少。并发性神经瘤会导致跛行。
        - 蹄子偶尔可能会脱落。
    - 近端肢体神经损伤。
        - 常与骨折相关（股骨或肱骨）。
        - 这些通常不会被修复。
    - 治疗。
        - 使用非甾体类抗炎药。
        - 使用类固醇。
        - 完全神经横断难以与神经失用（神经创伤）区分开，神经失用会随时间改善。
        - 神经失用会逐渐改善（数天到数周）。
        - 可能需要外部接合来保护肢体。

不应该做什么

血管和神经结构的撕裂伤

- 如果怀疑有神经损伤，请勿使患肢没有支撑。当患马试图使用受损的肢体时，可能发生进一步的软组织和神经损伤。
- 不要忘记评估患马的全身状况。大量失血需要液体治疗、输血或支持治疗。

血管和神经结构损伤具体的要点

肢体远端血管和神经撕裂的预后良好。通常，马通过侧支循环可为肢体提供足够的血液供应。请记住，肢体上的钝性创伤可能会导致血液和神经供应受到与横断一样多的损害。

横断或严重受损的主要大血管和神经预后谨慎至不良。神经麻痹的马恢复所需的时间很难预测。

累及滑膜结构的撕裂伤 / 穿透伤

症状描述

患马有急性伤口/损伤，其中软组织损伤位于关节、黏液囊或腱鞘上方或附近。另一常见的

病史是马在几天前遭受过撕裂或穿刺伤，并且突然跛行严重（通常不负重）。偶尔可见滑液从伤口漏出，有时会观察到骨或软骨。可能出现关节或肌腱鞘积液增加。累及关节或腱鞘的撕裂伤是十分紧急的，这些结构附近的伤口应按紧急情况处理。

应该做什么

累及滑膜结构的撕裂伤 / 穿透伤

- 更多信息见第19章。
- 掌握完整的病史，并进行体检。
- 如果马在过去6个月内没有使用过破伤风类毒素加强剂，则应使用破伤风类毒素。
- 镇静并保定患马以进行完整的伤口检查。
- 确定是否涉及滑膜结构。
  - X线拍摄：
    - 平片显示关节内有气体存在，提示关节与皮肤的连通。
  - 将无菌造影剂注入远离伤口的滑膜结构，然后将X线投照中心定在撕裂区域。
  - 关节穿刺术：
    - 伤口周围大范围备皮（剃毛、消毒）。
    - 插入无菌针头并收集滑液进行细胞学检查和培养。
    - 白细胞计数＞30 000个/dL可推断出现感染。
    - 在慢性伤口中，滑液可能严重异常。
  - 关节扩张：
    - 从关节穿刺部位向关节内注射无菌生理盐水，观察伤口是否有液体渗出。
    - "动态"伤口的病例，在皮肤表面和关节之间存在几个彼此独立移动的组织平面（即膝关节区域）。关节扩张后肢体的主动屈曲和伸展是必要的，以确定损伤是否累及关节。
  - 24h内抗菌治疗可大大改善预后。
  - 如果不涉及滑膜结构，请执行以下操作：
    - 在结构中注入250~500mg无菌硫酸阿米卡星，以预防感染。
    - 如果可能，首先缝合伤口。
  - 如果涉及滑膜结构：
    - 立即开始使用全身广谱抗菌药物。
    - 对温驯的患马进行关节灌洗，或在全身麻醉下进行。站立灌洗需要适当的局部镇痛。
    - 负重下腱鞘的灌洗通常比关节灌洗更困难。
    - 开放性伤口周围较大范围备皮后，在关节内放置一根针（14号）。
    - 建议连续给予无菌乳酸林格氏液，最少1~2L灌洗液。
      - 可以将10%的二甲基亚砜添加到乳酸林格灌洗液中。
    - 灌洗后关节内给予抗生素。
      - pH低的抗微生物剂可能会刺激滑膜组织。
      - 建议：
        - 硫酸阿米卡星（250mg/mL）：每个滑膜结构250~500mg。
        - 硫酸庆大霉素（50mg/mL）：每个滑膜结构100~200mg。
    - 每天进行局部肢体灌注。请记住，使用浓度依赖性抗菌剂如氨基糖苷类或第三代头孢菌素进行局部肢体灌注最有效。
    - 使用局部抗生素软膏覆盖伤口，并将肢体包扎于无菌绷带中。受影响的滑膜结构通常需要每天灌洗，直到细胞学检查和培养结果不再有感染。
    - 如果没有严重的关节和伤口污染，缝合伤口（完全或部分）有助于减少愈合时间和保护滑膜组织。为灌洗液留一个小开口，或使用引流针。
    - 石膏绷带可用于固定关节并提高患马的舒适度。该石膏绷带是双半的，可每天观察伤口。石膏绷带用胶带固定。

不应该做什么

滑膜结构的撕裂伤 / 穿透伤

- 不要仅仅因为患马负重，就在初始检查时认为滑膜结构不受影响。
- 初步检查确定滑膜结构是否潜在受损。不要等着观察患马对保守治疗的反应。

滑膜结构撕裂伤 / 穿透伤具体的要点

开放性损伤如果在受伤后24h内开始治疗，预后会大大改善。一旦确定感染（>24h），清除感染就会更加困难和耗时，并且发生后遗症的可能性更大。潜在的后遗症包括以下内容：

- 软骨损伤。
- 骨关节炎。
- 持续跛行。
- 肌腱鞘内粘连。

任何因撕裂伤愈合而跛行更严重的患马都应怀疑感染。开放性滑膜损伤预后谨慎，早期诊断和积极治疗可以最大程度地预防败血症的发生并确保康复。

累及冠状带和蹄壁的撕裂伤

症状描述

实践提示：累及蹄踵、蹄壁和蹄冠状带的撕裂在马中很常见。患马通常有蹄被困并努力挣脱的病史。这类损伤还可能累及滑膜结构、神经和血管。由于并发的神经损伤，患马肢体经常负重，并且经常有失血或血管损伤的表现。因蹄踵接近地面，所以蹄踵的撕裂通常污染严重。

应该做什么

累及冠状带和蹄壁的撕裂伤

- 掌握完整的病史并进行体检。
- 如果马在过去6个月内没有使用过破伤风类毒素加强剂，则应使用破伤风类毒素。
- 镇静并保定患马以进行完整的伤口检查。
- 可能需要局部麻醉才能在蹄上操作。背侧神经阻滞或掌部/跖部指（趾）神经阻滞（图21-1）通常就可以。
- 仔细检查并触诊伤口，以确定所累及的潜在结构和撕裂的深度。要考虑的解剖结构包括以下内容：
  - 蹄冠状带。
  - DDFT。
  - 掌部/跖部支撑结构。
  - 指/趾肌腱鞘。
  - 关节（近端和远端指/指间）。
  - 舟状骨和黏液囊。
- 累及一个或多个特殊结构的严重撕裂可能需要运送到有外科设施的地方治疗。在运输前对足进行绷带包扎，以减少进一步污染（框表21-5）。如果累及滑膜结构，则开始全身抗微生物给药。如果有时间，请在运输前进行局部肢体灌洗。
- 拍摄X线片，确认伤口内没有嵌入不透射线的异物（倒钩、金属丝碎片）。

- 对于简单的撕裂，请执行以下操作：
  - 确保不涉及更深层的结构。
  - 清洁伤口并清创。
  - 如果可能，首先缝合伤口，因为可能存在污染；留下引流口。可以选择延迟初次闭合。
  - 使用蹄部绷带（框表21-5）或蹄/“拖鞋”铸件（图21-48）。
    - 由于该区域不断移动，这些伤口很难愈合。
    - 蹄部铸件或短肢铸件2~3周以允许肉芽组织覆盖组织缺陷。伤口通过铸件材料保持干燥。
    - **实践提示：** 大多数临床医生在充分清创后倾向于选择足部石膏绷带，以加速和支持正常的伤口愈合。
- 对于蹄冠状带撕裂，请执行以下操作：
  - 蹄冠状带完整性的破坏会导致永久性蹄壁缺陷。
  - 初级闭合减少了由此产生的缺陷。
    - 清洁撕裂伤。
    - 使用＃1或＃2不可吸收缝合材料，采用水平或垂直褥式缝合。
- 使用蹄部绷带或铸件或短肢铸件。

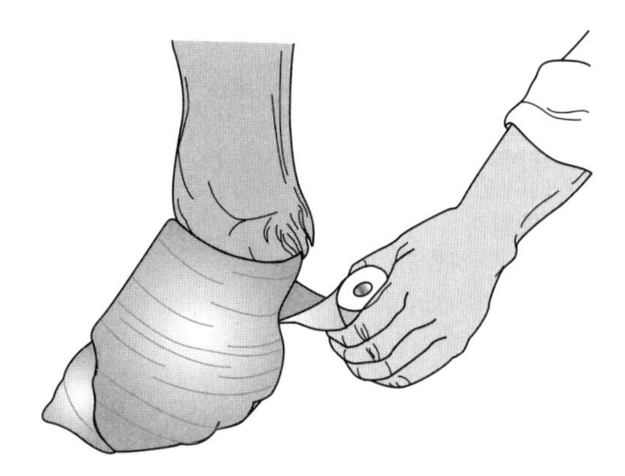

图 21-48　使用短的拖鞋来稳定蹄壁或冠状带的撕裂

在马站立的时候使用石膏绷带，并且石膏绷带应该延伸到球节的正下方。逐渐地使用应遵循外固定中使用石膏绷带的步骤。

框表21-5　简易蹄绷带
• 将新生驹尿布包裹在蹄周围。 • 使用一卷自保护绷带（如 Vetrap）固定尿布。不要将 Vetrap 仅放在蹄上来收缩冠状带。 • 通过并排放置 4~6 条胶带来预制胶带贴片；重复此过程，附加条带与第一条带成直角。用剪刀在角落处剪几英寸。将贴片放在蹄的底部、Vetrap 上方，并通过缠绕蹄来固定角落。 • 使用 Elastikon 防止刨花和污垢进入绷带顶部。

不应该做什么

蹄冠状带和蹄壁的撕裂伤

- 撕裂伤愈合期间跛行加重是一个警示！对更深部结构的重新评估不要推迟。
- 如果患马跛行加重，请比原计划提前移除石膏绷带。
- 请牢记失去神经支配可能会掩盖更深层结构和受伤所致的疼痛，疼痛程度描述比所预期的低。

蹄冠状带和蹄壁撕裂具体的要点

简单的蹄壁撕裂预后良好，尽管形成的瘢痕组织常导致冠状带处蹄壁缺陷。有时需要连尾蹄铁提供数月稳定性和舒适性。典型的蹄壁撕裂伤需要4~8个月才能愈合并形成新的蹄壳，而不是从一边到另一边的愈合。累及较深的重要结构的复杂撕裂伤预后谨慎，要及时发现并治疗，治疗方法如相应章节所述。

撕裂伤：撕脱伤

症状描述

患马的患肢有大面积的软组织损坏。表面组织从下方组织结构上撕脱，类似于脱去手套。

常见的病史是从拖车底部跌落或拖车发生事故。伤口常被污垢和碎屑污染，并且可能并发骨折，支撑组织损伤和滑膜结构损伤。

应该做什么

撕脱伤

- 了解完整的病史并进行体检。
- 如果马在过去6个月内没有使用过破伤风类毒素加强剂，则应使用破伤风类毒素。
- 镇静并保定患马，进行全面的伤口检查。
- 清洁并检查伤口，确定创伤累及的组织结构。在初始检查时评估组织活力比较困难。通常有大面积的骨暴露，同时骨膜可能被损坏。
- 仔细认真进行伤口清创。大面积创伤的清创可能需要全身麻醉。
- X线检查可用于评估骨骼。X线片可在10~14d内重复拍摄，判读可能产生的骨赘。
- 尽可能使用减张缝线进行一期伤口闭合。
- 通常需要使用全身抗菌药和抗炎药。
- 为了最佳的愈合和血供重建需要制动患肢。
  - 使用石膏绷带：将石膏绷带放在绷带上并将设为双壳以便于移除，或者使用夹板和绷带。
  - 移除石膏绷带（7~10d）后，坏死组织（深棕色或黑色，皮革状）通常很明显，此时可以移除坏死组织。

不应该做什么

撕脱伤

- 不要去除任何活力的组织。如果无法确定是否是活组织，保留有问题的组织并观察；可以在之后清除。
- 如果伤口持续渗出或愈合不良，拍摄X线片或重新评估伤口。骨坏死和异物是常见的延迟并发症。

撕脱伤具体的要点

大量组织损失的潜在并发症包括：

- 骨坏死。
- 骨髓炎。
- 骨炎。
- 异物。
- 血供和神经支配丧失。
- 骨膜新骨生成。
- 伤口愈合延迟。
- 蹄匣脱落（罕见）。
- 生成旺盛的肉芽组织。

以后可能需要皮肤移植来覆盖上皮化不良的区域。这些伤口很令人头疼和棘手，因为明显愈合后可能重新开放，并且通常需要连续清创。预后各不相同，取决于损伤所累及的组织结构。

蹄部穿刺伤

症状描述

由于异物（通常是钉子）穿透蹄底，患肢跛行严重。除非异物仍保留在原位，否则穿刺伤

口通常难以识别。异物刺入蹄底或蹄叉尾侧1/3尤其危险，因为它们穿透滑膜结构会严重危及生命。该区域可能受损的结构包括指深屈肌腱、指屈肌腱鞘、韧带、第三指骨、舟状骨、舟状骨关节囊、远端指间关节、远端第二指骨、近端指间关节和蹄垫。

穿刺伤的异物经常被粪便或土壤污染，导致革兰阳性和革兰阴性需氧和厌氧细菌（梭菌属）形成危及生命的感染。最初的穿刺伤口迅速愈合，不易检查到。引流和局部灌洗很难实现。应将蹄部穿刺伤口视为紧急情况，因为其后遗症可能危及生命。骨、软组织和滑膜结构的慢性感染可导致持续的跛行和马的运动功能丧失。

应该做什么

蹄部穿刺伤

- 获取详细的病史，包括导致穿刺伤的物体类型，异物穿透蹄部的持续时间、异物的确切位置（如果移除）和潜在污染程度。
- 如果蹄中仍然存在异物，则应弯曲蹄部，以免进一步穿透，并且应在“异物”仍然存在的情况下拍摄X线片。这更容易确定穿刺伤涉及哪些结构和异物穿刺的方向。大多数金属异物在传统的X线片上最易看到。可透射线的物体可能需要其他影像学检查［造影检查、超声波、磁共振成像（非金属）、计算机断层扫描］。
- 如果没有导致穿刺伤的异物，检查蹄底是否有渗出和颜色改变。检蹄器的阳性反应可能有助于定位异物的位置。
- 将造影液注入穿刺伤创道并拍摄X线片，这可以帮助正确识别穿刺伤累及的结构。
- 可能需要局部麻醉来检查足部。建议使用足背侧神经阻滞或掌趾神经阻滞。
- 检查穿刺伤口并清洁蹄底。用蹄刀去除蹄叉或蹄底薄的部分，这有助于伤口清创和腹侧引流。用无菌盐水或其他晶体液灌洗伤口。
- 对于上述的深部伤口和位于重要结构附近的伤口，应该转诊到可以完成更彻底清创的外科处所。
- 如果伤口发生在24h之前，并且患马跛行严重，应怀疑感染，除非培养结果、实验室检查和治疗效果排除感染的可能。如果更深的结构受到影响，患马对常规治疗的反应通常很差。
- 放置足部绷带以减少额外污染。在包扎前使用局部三重抗生素软膏覆盖穿刺部位（框表21-5）。
- 长时间运送患马之前，应小心取出仍在蹄中的异物。用不可消除的标志（圆圈）标记异物进入点；这有助于转诊医生进行后续治疗。
- 如果患畜在过去6个月内未接种破伤风类毒素，则应使用破伤风类毒素。
- 如果转运至转诊机构，请与转诊医生讨论抗生素治疗的开始时间，或者是否延迟抗生素治疗，直到从取出深处组织获得培养结果才开始治疗。
- 使用消炎药（保泰松或氟尼辛葡甲胺）缓解不适应。
- 可能难以找到异物，如果计划进行伤口探查，可能需要局部麻醉以镇痛，方便检查并使患畜舒适。
- 告诉马主保持伤口清洁和注意感染的重要性（如跛行程度突然或逐渐变化）。强调感染可能在受伤后数天到数周发生。如果患肢变得不负重或跛行越来越频繁，应立即寻求兽医帮助。
- 对跛行非常严重的马进行任何滑膜结构（关节、黏液囊、肌腱鞘）的关节穿刺，特别是怀疑有异物穿透的患马；脓性液体（混浊/变色）的出现可能表明异物穿过韧带进入舟状骨关节囊和蹄关节。收取关节液进行培养和药敏试验。
- 由于并发症会危及生命，因此需要积极治疗。通常需要进行外科清创，在急性期进行，以降低慢性感染的概率。转诊医院可以进行关节镜检查、口腔镜检查，或通过穿刺创道/蹄底通路进行手术。根据累及的解剖结构，这些患畜需要长期使用全身性抗生素、进行局部肢体灌注和局部使用抗生素治疗。
- 小心插入探针或将造影剂从伤口处注射进入蹄部，这可能会增加污染，或将异物更加深入蹄部损伤之前未受影响的结构中。

不应该做什么

蹄部的穿刺伤

- 不要错误地认为伤口仅在浅表。大多数穿刺伤的伤口都很小。受影响的深层结构可能难以评估。足部浸泡和给予局部抗生素不能起到预防作用，不能代替彻底的清创、引流、大量灌洗和冲洗。
- 如果有任何深层结构受损，请尽快转诊或使用关节镜灌洗和清创术治疗。
- 单次清创和灌洗可能不充分。必须要进行腹侧引流。
- 不要单独依赖口服抗生素。每日或每隔1d进行一次局部肢体灌注和关节内治疗可能是必要的。

蹄部穿刺伤具体的要点

若蹄部的穿刺伤小而干净，并且不位于蹄底或蹄叉尾侧1/3，情况通常很好。若异物在蹄部尾侧，且穿透重要深层结构，则可危及生命，具有严重的后遗症。这些穿刺伤口的处理取决于异物的类型、伤口的位置、穿刺深度、受伤到开始治疗的持续时间以及患畜的总体健康状况。累及滑膜结构的穿刺伤口特别严重，需要立即进行积极治疗。接受早期治疗的患畜预后较好。滑膜结构感染和骨髓炎会出现一些最具破坏性和长期的并发症。任何怀疑足部深处结构损伤的马应尽快转到有外科设施的处所。

蹄底 / 蹄部脓肿

症状描述

产生的急性非负重跛行的严重程度类似于骨折马跛行的。患肢远端脉搏搏动增强，并且肢体远端通常肿胀。检蹄者在脓肿区域发现明显的阳性反应，并且可以在该区域的蹄底注意到液体或潮湿的“斑点”。偶尔会发现导致脓肿的窦道。

- 需要考虑的其他鉴别诊断如下:
  - 远端指骨骨折。
  - 远端指间关节脓肿。
  - 舟状骨关节囊脓肿。
  - 蹄底瘀伤。
  - 蹄部穿刺伤。
  - 单侧蹄叶炎。

应该做什么

蹄底 / 蹄部脓肿

- 获取详细的病史并进行全面的体检。
- 如果患畜在过去6个月内未接种破伤风类毒素，则应接种破伤风类毒素。
- 检查蹄底部是否有渗出和变色区域。检蹄器的阳性结果有助于识别受影响的区域。另外，仔细触诊并检查蹄冠状带是否有液体流出，或脓肿可能排出的软组织区域。
- 可能需要局部麻醉以进行足部清创。足背侧神经阻滞或掌趾神经阻滞可为手术提供充分的镇痛。
- 对于硬化的蹄，可能需要使用锋利的蹄刀去除蹄叉或蹄底的部分，再进行评估。
- 将蹄部浸泡过夜使角化组织/蹄软化，这有助于评估和定位脓肿并建立腹侧引流。这是通过在蹄部包扎干-湿绷带或碘浸湿的绷带来实现的。

- 最好将蹄铁取下以彻底检查蹄部，包括钉孔。
- 如果脓肿是慢性的，X线片可以帮助定位异常的液体或气体区域，并评估第三指骨。
- 如果已找到脓肿创道，用锋利的蹄刀取出所有坏死和将要坏死的组织，直刮至正常出血的组织。清创孔尽可能小，以避免蹄底真皮突出和脱垂。每天用稀碘或抗菌剂（氯己定或聚维酮碘）溶液冲洗该区域，并包扎蹄部（框表21-5）。根据脓肿的位置，另一种选择是使用医疗板而不是蹄部包扎。冲洗的替代方法是将蹄部浸入装有浸泡液的低框边桶或静脉输液袋中。可以将蹄盐（硫酸镁）加入浸泡液中以治疗脓肿。一旦感染和炎症得到缓解，停止蹄部浸泡。蹄部也可浸泡在含氧氯化物溶液（氯化物）的密封袋中45~60min。
- 应从蹄冠状带冲洗脓肿，如果可以也要建立腹侧流出道，并从蹄冠状带远端冲洗创道，然后按照描述进行绷带包扎。
- 蹄底干燥并角质化后更换蹄铁。蹄铁下面的垫子可用于保护蹄底。
- 如果实现良好的腹侧引流并且没有其他全身症状，则通常不需要抗菌药物。如果患畜具有以下特征，建议使用全身广谱抗菌药：
  - 发热。
  - 蜂窝织炎/肢体肿胀。
  - 其他全身症状（如抑郁症或厌食症）。
- 如果怀疑厌氧菌感染，将500~1 000mg甲硝唑片压碎并加入冲洗液中，每24h 1次。
- 打开和排出脓肿后，应使用非甾体类抗炎药（保泰松或氟尼辛葡甲胺）以控制疼痛。

注意事项：治疗目标如下：

- 为脓肿建立腹侧引流道。
- 保持局部清洁，并使用防水的绷带包扎蹄部以防止再次污染，蹄铁上有覆盖蹄铁或类似布置的医疗板。
- 杀菌并防止细菌重新定殖。
- 干燥脓肿腔。
- 允许蹄再次生长。

不应该做什么

蹄底/蹄部脓肿

- 探查感染部位时，请勿移除健康组织。如果无法确定具体位置，请将患足浸泡过夜后并重新评估。
- 如果未发现脓肿，请不要忘记排除骨折或滑膜脓肿的可能性。
- 如果在初次检查时未发现脓肿，请不要忘记重新评估第二次或第三次，并尝试在蹄底部建立腹侧引流。脓肿的腹侧引流总是优于从蹄冠状带引流。
- 一定要治疗脓肿，因为如果脓肿穿透蹄深部结构，第三指骨和远端指间关节可能会导致二次感染。

蹄底/蹄部脓肿具体的要点

实践提示：蹄部脓肿是急性的严重的患肢不负重跛行最常见的原因之一，并且具有多种临床症状。多种原因导致细菌进入蹄部，包括钉子太靠近或钉入蹄叶（闭合钉）、穿透蹄底的小石块和蹄底瘀伤。急性期的诊断和适当治疗有助于预防慢性脓肿的发展，而慢性脓肿可导致慢性感染和骨炎。一般来说，急性脓肿预后较好，尽管完全愈合可能需要数周时间。如果累及骨或滑膜，则预后谨慎。

肌肉骨骼损伤的要点汇总

- 肌肉骨骼损伤在成年马中很常见。

- 当患马对患肢施加重量时，许多损伤变得更加明显。
- 即使患肢仍然可以承受重量，伤情仍可能很严重。
- 必须尽早开始治疗，以获得最佳预后结果。
- 图21-49和图21-50提供了成年马的负重和非负重损伤的指南。

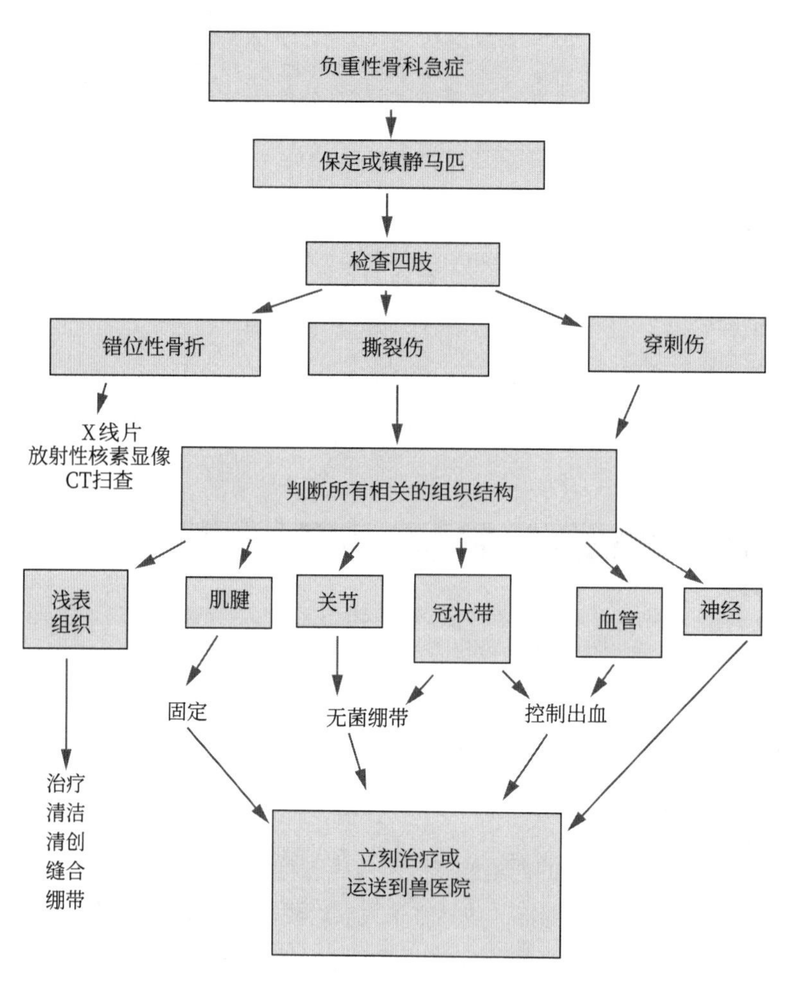

图21-49 负重问题应急管理办法

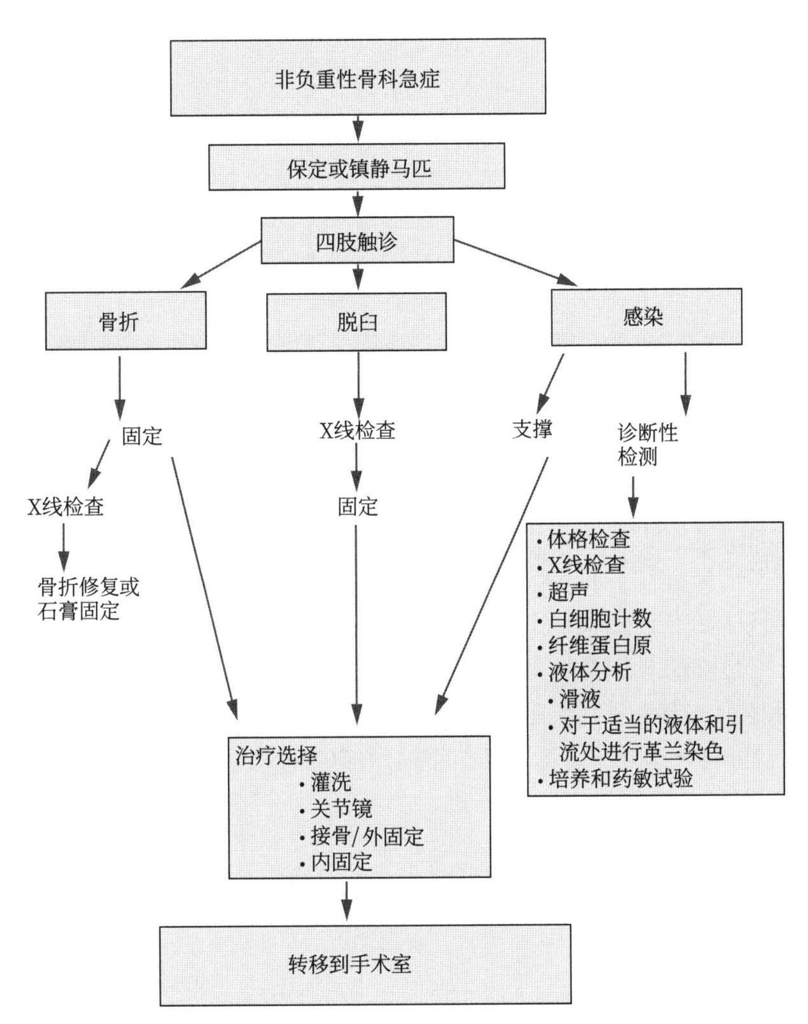

图 21-50　非负重问题应急管理办法

第 22 章
神经系统

诊断和治疗程序

AmyL. Johnson

脑脊液采集技术

脑脊液分析可以在任何疑似中枢神经疾病中使用。分析结果可以帮助判断中枢神经（CNS）是否受到影响，另外特定的脑脊液变化可能暗示某种感染性疾病。脑脊液最常见的采集位置有两个：腰荐部和寰枕关节池（小脑延髓）。从寰枕关节池采集必须要将马全身麻醉，这可能不适宜脑肿大的马。超声引导从第一、第二颈椎间脑脊液穿刺的方法也有记载。

所需设备

· 鼻捻和/或镇静剂（地托咪定或布托啡诺）。

· 剃毛刀。

· 无菌消毒采集部位所需用品。

· 无菌手套。

· 2%利多卡因麻醉剂，5mL注射器，22号3.75cm长针头。

· 15.2cm或20cm长，18号脊椎穿刺针用于腰荐穿刺，或9cm 18号穿刺针用于寰枕关节穿刺（无菌）。

· 3cm或10cm滑动针头注射器。多准备几个，注意不要使用Luer-Lok注射器。

· 含EDTA（乙二胺四乙酸）的采血管和真空采血管。

· CultureSwab棉棒或Port-a-Cul培养袋。

· 小板凳（站在上面方便够到腰荐部）。

· 聚苯乙烯泡沫运送箱，里面放上冰袋，并确定1~2d内就能送达实验室。

操作流程

从腰荐部采集

· 在保定架中将马保定好，或者直接在马厩中采集。镇静不是必须的，但是如果马能够耐受麻醉剂的话就需要镇静，因为这样可以将针头在接触到硬脑膜时，马的身体反应将降到最低。建议的剂量：地托咪定0.01~0.02mg/kg配合布托啡诺0.01~0.02mg/kg静脉注射。先从较低剂量开始，尤其是严重运动失调的马。同时考虑配合使用马勒。

· 根据图22-1来确定腰荐穿刺的目标位置。

· 以穿刺处为中心在周围的方形范围进行剃毛——从荐结节前部到髋结节后部，并进行无菌消毒。

· 戴无菌手套，并在整个操作过程中保持无菌状态。

· 在进针处皮内注射少量局部麻醉剂形成一个小包，在更深处肌内注射麻醉剂3~5mL。

· 使马四肢站立正直，将15.2~20cm脊柱穿刺针在中线处垂直进针。15.2cm长的针适用于大部分马，而且较20cm长的针更容易保持90°。平均体型的成年马的蛛网膜下腔大概在皮肤下12~15cm处。当进入蛛网膜下腔时一般可以感受到阻力突然消失并且马会在此时出现尾部或身体后部颤动或弓背（常见），或者出现更剧烈的动作（不常见），如尥起后蹄跳跃或者倒下。充分地镇静和保定可以将严重反应的发生降到最低。

· 抽出穿刺针的探针，在接近的深度有落空感时，或马出现反应时，或骨骼收缩时，回抽

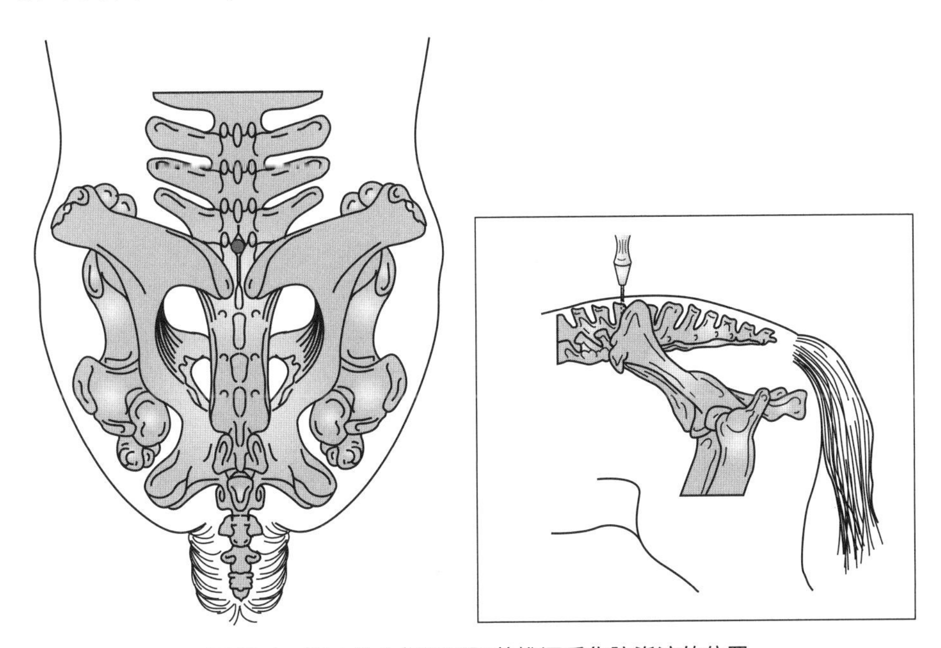

图22-1　图中针头标明了腰荐椎间采集脑脊液的位置

腰荐椎间凹陷可以在第6腰椎棘突后侧触诊到。触诊两侧髋结节，从其后缘向中线划线也能确定凹陷位置。此区域一般在每个荐结节突起前1~2cm。将针垂直脊椎刺入。

检查是否有回流液体。

· 虽然回抽是验证针是否在正确位置的最确切方式，但在针进入蛛网膜下腔后不久，可能看到液体出现在针头接口处。如果需要的话，可以手指按压两边的颈静脉来增加颅内压从而增加脑脊液的量。

· 如果一开始的样品有血液污染，需弃掉并使用新的注射器重新取样。使用3~5个3mL注射器，并且缓慢抽吸，这样可以将样品血液污染降到最低。

· 在抽取足够的脑脊液后，将样品放入含有EDTA的普通真空管内，如需培养可选择用培养棉签蘸取或选择Port-a-Cul。

从寰枕关节采集脑脊液

· 对马进行全身麻醉以防止采集过程中出现任何活动。由于脊椎穿刺在近端颈脊髓进行，如果头部或颈部稍有活动，就可能导致神经组织受损。

· 屈曲头部使其与颈部呈90°。

· 见图22-2中采集位置。

· 在前至枕骨隆突后至第二颈椎前缘，中线两侧外10cm左右的区域剃毛并进行无菌消毒。整个过程需保持无菌状态。

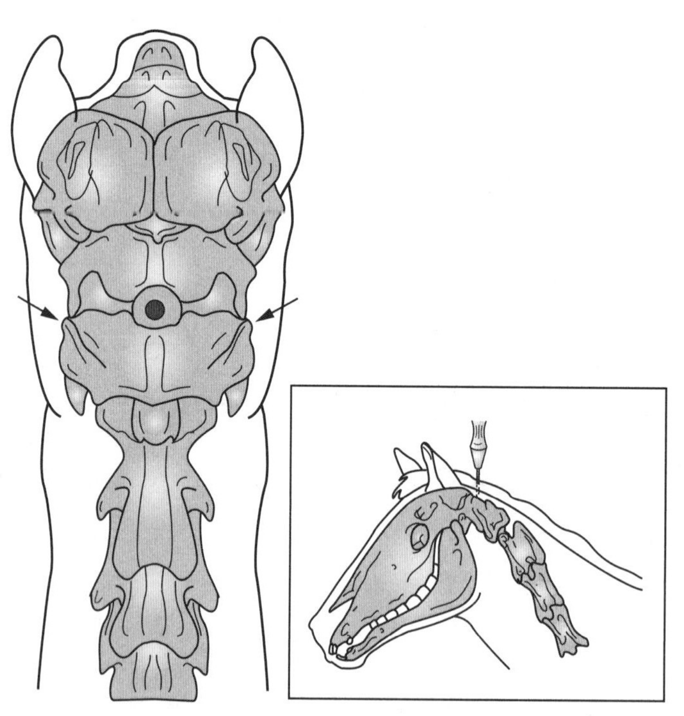

图22-2　针头标明了从寰枕关节采集脑脊液位置

触诊寰椎前缘垂直于中线划线，在此交点处垂直颈椎进针。

- 戴无菌手套，使用9cm脊椎穿刺针进针5~6cm深或直到感到阻力消失为止。**重要提示：**阻力消失感有时会不明显，最安全的方法是经常检验是否有脑脊液溢出，一旦出现脑脊液，说明针处于正确位置。移除探针来确定是否处于蛛网膜下腔的合适位置。液体应自然流出，无需抽吸。如果没有液体，重新放回探针继续向深处进针3~4mm然后再次检查是否有脑脊液。
- 一旦脑脊液溢出针头接口，用收集管接收脑脊液。无需抽吸，否则可能会增加血液污染样品的风险。
- 从站立马的第一与第二颈椎间收集脑脊液：
  - 这是一种由密歇根州立大学的Pease医生发明的比较新的方法，在《兽医放射超声》杂志上有描述。
  - 脊髓可以通过超声探头在剃毛区域第一与第二颈椎间观察到，此过程需保持无菌操作。
  - 如需对马进行镇定可先静脉注射5μg/kg地托咪定，随后静脉注射30mg（用于500kg的马）吗啡。局部麻醉可以皮下注射，但一般无需局麻。
  - 超声探头可放置在脊髓背侧并指向脊髓腹侧，这样可以观察到蛛网膜下腔。操作时使用超声获取连续影像，另一只手或在助手帮助下持8.9cm18号脊髓穿刺针从稍向背侧倾斜的方向进入蛛网膜下腔。一旦看到针进入蛛网膜下腔，移除通管针芯再轻轻抽吸脑脊液。

并发症

- 使用腰荐部采集法时，针尖可能穿刺第四与第五荐椎中间的神经组织，但并无可见的神经症状。最可能的并发症（但不常见）是在马因此产生的剧烈反应中马或医生受伤。
- 在使用寰枕部采集法进针时，损伤脊髓或脑干可能造成严重的神经损伤。进行此操作需要全身麻醉并且小心进针脊椎，注意在接近的深度经常检查是否有脑脊液回流。
- 从第一第二颈椎间采样时，可能发生脊髓周围出血。癫痫偶有报道。采样后也可能出现发热症状，但大多数情况下会自愈。
- 脑膜感染虽然不常见但是很致命，所以操作时要保持无菌。
- 有些马可能在采样后精神状态不佳或脖颈僵硬，尤其是从寰枕关节采样后。这些临床症状可能类似于人的头痛，这种情况经常在人医采集脑脊液后出现。非解热镇痛类药通常可以缓解该症状。

脑脊液分析

分析脑脊液主要从颜色、透明度、悬浮微粒这几方面进行。正常的脑脊液是无色透明的。发炎和感染会导致混浊度增加或者出现颗粒。液体中有红色条纹是血液污染样品造成的，而当中枢神经系统出血时，样品会发黄。所有脑脊液样品均应进行总蛋白含量和细胞分析（包括白细胞和红细胞总数以及其他类细胞数）。不同细胞含量的变化一般能比较典型地对应不同疾病，但不能作为最终诊断的依据。表22-1显示脑脊液参数和中枢神经系统疾病的联系。葡萄糖含量（正常范围是50~70mg/dL，即大约正常血糖值的66%）在发炎和感染时葡萄糖含量一般低于正常值，因为白细胞以及细菌会消耗葡萄糖。另外，脑脊液和血浆可以用来进行特定的免疫学试验，以检测一些疾病（如马原虫脑脊髓炎和神经莱姆病）。

表22-1　脑脊液参数和中枢神经系统疾病的联系

情况	表现 *	总蛋白含量 *（mg/dL）	有核细胞总数 *（/μL）	细胞学发现
正常	无色透明	40~90（有些实验室测量的最高值为 100 或 120）	0~5	所有的都是单核细胞
血液污染	掺杂红色条纹样血液	可能升高，不代表真实值	可能升高，不代表真实值	相比周围血液，中性粒细胞比例升高
细菌感染	黄色或橘色或红色，通常混浊	＞100	＞50（通常大幅度升高）	主要细胞为中性粒细胞或混合多样细胞（中性粒细胞＋单核细胞＋巨噬细胞）
病毒感染	无色透明至黄色稍有混浊	100~200	正常至升高	主要细胞为淋巴细胞，可能含有中性粒细胞
† 出血或创伤	均匀的红色 ‡ 或黄色 §	＞100	不定	巨噬细胞伴随噬红细胞或白细胞现象
真菌感染	透明至黄色	100~200	＞100	混合细胞（中性粒细胞、单核细胞、巨噬细胞）
原虫感染 ♑	透明至黄色	40~200	0~40	混合巨噬细胞、淋巴细胞以及中性粒细胞

* 典型的特征，但可能会有差异。
† 可能会在患有严重或慢性疾病的情况下出现白细胞增多。
‡ 最近的出血。
§ 过去的出血。
♑ 原虫性脑脊髓炎患马中，15% 以下的患马会出现非正常值。

神经系统的紧急情况

Amy L. Johnson 和 Thomas J. Divers（有 Alexander deLahunta 的贡献）

神经系统紊乱经常表现为急性发作，病情可以快速恶化，而且经常需要紧急诊断和治疗。

- 检查的首要目标为判断神经系统疾病是否为导致临床症状的原发病。

· 其次要判断神经系统异常的解剖位置，这样可以缩小鉴别诊断的范围。身体不协调或运动失调通常提示涉及脊髓长束。精神状态的变化表示大脑或脑干的功能紊乱。如果涉及脑干，脑神经问题和运动失调可能会共存。一定要把代谢性疾病考虑进去，如肝性脑病也可能导致精神状态的改变。**重要提示：**在分析马的急性精神问题时，狂犬病一定要考虑进去。肢体无力但不伴随共济失调导致马无法支撑身体重量是典型的神经肌肉疾病或者下运动神经元疾病。

· 最后要保证在能够完成神经检查并提供合理的诊断以及治疗方案的情况下，不对马、周围人员以及设备造成伤害。

步态分析

是不愿意还是不能？

患马是不愿意动还是不能动？这是在分析马的步态时要首先回答的问题。尤其是在运步较短或者四肢不能支撑身体时。股神经或桡神经损伤时常导致剧烈疼痛而不愿负重。

步态

这些不同模式的步态包括5种，其中2种属于轻度瘫痪（肢体无力），3种属于运动失调。

轻度瘫痪

在神经术语中，轻度瘫痪指整体步态失调或无法很好地支撑身体。这一概念涵盖了两个方面：下运动神经元症状以及上运动神经元症状。

下运动神经元瘫痪反映了马支撑自身体重的困难程度，轻则步伐缩短（这容易与肌肉骨骼系统的跛行相混淆），重则完全无法支撑体重，从而表现为每当身体承重时便肢体倒塌。

上运动神经元瘫痪会造成步伐伸展也就是肢体摆动的延迟。通常步伐会较正常的更长。也可能会见到步伐僵硬。上运动神经元由多个神经元系统组成，通过下运动神经元调节肌肉紧张度从而做出正常的姿势以及实现流畅的运动功能。在家养动物体内，这些神经元的胞体大部分都位于脑桥或延髓，它们的信号处理会通过脊髓侧索和腹索向下游传导。大部分影响上运动神经元的损伤还会影响本体感受系统，并且还会影响邻近的神经束造成运动失调。

运动失调

运动失调有三个特点，分别可以反映受影响的动能系统：本体感受运动失调、前庭运动失调和小脑运动失调。

本体感受运动失调

本体感受系统在肌肉、肌腱以及关节处都有自己特殊化的树突接收器。本体感受负责随时告诉中枢神经系统动物身体各个部分在空间中的位置。这种功能的丧失会延迟步伐伸展从而影响步态，另外还会造成肢体过度外展或内收，偶尔还会在迈步时过度屈曲造成马蹄磨到地面即拖拽蹄部的现象，或蹄节叩到地面，或蹄背侧支撑站立等。

由于本体感受系统和上运动神经元彼此靠近，常受到同一损伤的影响。

区分上运动神经元症状和本体感受运动失调很难，也没有必要。

马由于C1~6损伤造成上运动神经元及本体感受缺陷，会在后肢伸展后出现后蹄越过前蹄的现象，步伐出现漂浮感。这被称为“上运动神经元和本体感受缺陷”。因为不确定究竟是哪一个系统引起这一问题，所以没有必要通过节段性解剖诊断哪一系统出了问题。

神经学家不会区分有意识的本体感受（大脑）和无意识的本体感受（小脑）。如果患畜以肢蹄背侧站立，是下面哪个方面出了问题呢？下运动神经元，上运动神经元，有意识本体感受，无意识本体感受。如果无法判断出后三种问题，那么就必须用其他方法来进一步检查以判断是否是下运动神经元的问题。

前庭（特殊本体感受）运动失调

前庭运动失调反应了头部相对于眼睛、躯干和肢体的方向感失调，即丧失平衡。这个系统的损伤会导致患畜向一侧倾斜，步伐漂移或倒向一侧，通常与损伤同侧。前庭运动失调总的来说会伴随着头部向一侧倾斜以及出现非正常眼球震颤。

任何前庭系统的损伤都会造成这些症状，包括周围前庭系统和中枢前庭系统。两者区别在于其他一些临床表现。患马仅表现前庭运动失调和面部瘫痪时很可能是周围前庭系统疾病。这些症状伴随着上运动神经元-本体感受缺失以及精神状态改变时暗示中枢前庭损伤。

小脑运动失调

患畜出现小脑问题时典型的表现为辨距不良，突然的肢体移动伴随着迈步时关节过屈，即步距过大；还伴随着僵硬、抽搐样的动作。患马的不正常表现为其痉挛症状比运动过度更明显。通常前肢症状更明显，因为在向前迈步时前肢需要很大程度的伸展，这种抽搐样的前后蹄相碰的动作在急缓程度上都和漂浮样的前后蹄相碰不同，后者发生在上运动神经元–本体感受失调的情况下。小脑前庭有几个部分组成，所以在有损伤时通常还会出现一些不平衡症状。在运动时，患畜通常会僵硬地左右摆动头部和颈部。患畜在集中注意力时出现更明显的头部震颤以及丧失威胁反应的症状，都可以帮助诊断出损伤位置。

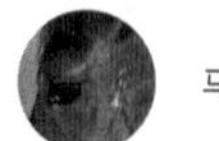

急性运动失调

断奶马驹及成年马神经问题的分析与护理

运动失调是由于患畜丧失感知肢体在空间中方位的能力。在马中最常见的类型是脊髓疾病导致的一般本体感受运动失调。

体检

· 体检时要小心，避免患马和人员受伤。空旷且有一定坡度的草地是最理想的体检环境。

· 观察患马有无非正常的转圈运动、四肢收缩或外展、梯形站立、蹄部活动迟缓、肢体相互碰撞等现象。转小圈，后退以及蛇形运动通常会加重症状。观察行走步态是最好的检查方式。

· 仔细检查脑神经对诊断很有帮助。如果有异常，那么神经问题的定位就要由脊髓转向脑干，诊断结果也会相应改变。

· 是否有精神状态的显著改变（如迟钝甚至麻木），如果有的话，神经问题的定位很可能在脑干或前脑。

马原虫性脑脊髓炎（EPM）

· 马原虫性脑脊髓炎可表现为运动失调的急性发作，伴随或不伴随（更常见）脑神经异常（前庭平衡异常、面部瘫痪以及吞咽困难是最常见的脑神经异常症状）。

特征

· EPM可以影响任何年龄的成年马。但是最常发的年龄段为15个月至4岁。很少在小于1岁的马中诊断出EPM。

· EPM更常影响竞技类的马，并且在美国东部更常见，冬季不多见。通过病史、病征、该区域此病流行程度、合适的诊断方法（颈部放射学影像、脊髓造影或喉囊内镜）以及脑脊液分析（需要的话）等方式排除其他中枢系统常见病因。治疗试验也是一种很有用的诊断方式。

· 主要病因为神经内孢子虫，在个别病例中EPM由新孢子虫引起。

临床症状（急性发作）

· 沉郁的表现通常将EPM与其他脊髓疾病区分开。

· 运动失调（一般是非对称的）可以发展为卧地不起。在一些病例中，四肢均运动失调且对称，所以几乎不可能从临床症状上将EPM与马退行性脑脊髓病（EDM）或颈椎压迫性脊髓炎区分开来。

· 患肢的战栗或肌肉萎缩由轻到重（罕见），提示下游运动神经元受影响。急性发作时可见战栗，但肌肉萎缩通常需要疾病发展至少10d。

- 头部倾斜或前庭运动失调：可通过喉囊内镜检查排除颞舌骨关节骨病。
- 面部瘫痪。
- 吞咽困难。
- 舌头力度减弱，单侧舌肌萎缩，舌肌自发性收缩。
- 运动时单肢或多肢拖拽。
- 眼盲，可能发生但情况较少出现。
- 癫痫：唯一的临床表现。
- 向一侧倾斜或转圈不伴随头部倾斜（前脑损伤）。

鉴别诊断

· EPM可以影响任何一部分中枢神经系统——可以是局部的、区域的或多病灶的。因此，EPM的症状可能和任何感染性或非感染性的神经疾病相类似，包括颈椎压迫性脊髓病、马退行性脑脊髓病、马疱疹病毒（1型）病、西尼罗病毒病、神经型螺旋体病以及狂犬病。

诊断

· 确诊方式只能通过尸体剖检。死前诊断只能靠推断，只有在满足以下四个条件中的三个时才是最准确的：

- 有特征性的神经症状、病史以及病征。
- 排除了其他可能的鉴别诊断。
- 通过免疫学检测确认患畜接触过病原。
- 确定有鞘内抗体。

实验室检测：免疫学结果

可将血清或脑脊液或两者提交到以下任一实验室：

· 马诊断解决方案有限责任公司（EDS）。EDS可以对血清或脑脊液进行抗体检测［SAG2，4/3酶联免疫吸附试验（ELISA）以及蛋白印迹（WB）］，还可以对脑脊液进行聚合酶链式反应（PCR）。使用SAG2、4/3ELISA得到的血清与脑脊液滴度比是目前对EPM最特定的检测方法。比值越低（100 ： 1 认为是EPM阳性），越有可能是EPM。**注意事项**：在任何实验室进行的EPM的PCR反应都不是很灵敏，因此不建议使用。

· 加州大学戴维斯分校兽医教学医院的实验室提供了血清和脑脊液的抗体检测［间接荧光抗体检测（IFAT）以及蛋白印迹检测（WB）］。

· 密歇根州立大学群体与动物健康诊断中心（DCPAH）提供了血清和脑脊液的抗体检测

（WB和IFAT）以及PCR。

· Neogan公司提供了血清和脑脊液的蛋白印迹（WB）检测。

· IDEXX实验室提供了血清和脑脊液的蛋白印迹（WB）检测。

· Pathogenes公司提供了血清和脑脊液的PCR、SAG-1、ELISA检测。

总的来说，只要所使用的检测方法具有高灵敏度，血清或脑脊液的阴性结果可以很好地排除EPM。但是一些确诊EPM的马具有阴性的试验结果，包括IFAT以及SAG-ELISAs。得到假阳性结果最常见的原因是在急性发作的马中没有足够时间进行血清转化。因此，如果临床症状指向EPM，但是一开始检测结果为阴性，那么要在7~14d后进行第二次检测。第二次检测的阳性结果是有EPM感染强有力的证据，而如果结果为阴性，也强有力地说明EPM不是病因。在疑似EPM病例而血液结果为阴性时，建议对脑脊液进行检测，因为在一些EPM确诊马中血清检测为阴性，但可以在脑脊液中检测到滴度。常规的脑脊液细胞学结果通常为正常，尽管脑脊液细胞可能会轻微至中度增多，有些病例中单核细胞比重大于中性粒细胞。如果白细胞增多，那么脑脊液蛋白值也有可能上升。

解读阳性结果会更有挑战性。血清抗体试验阳性表示马曾经接触过病原，但没有强烈的证据说明接触引起了疾病。脑脊液试验阳性相比于血清抗体试验阳性高出30%，可能说明患病，但仍存在假阳性的可能。血液污染脑脊液或自然状态下抗体穿过血脑屏障就会降低脑脊液诊断EPM的可信度。

只要有可能的话，建议同时检测血清和脑脊液，这样就能得出两者的抗体比例。测量比值需要将正常的抗体扩散考虑在内，阳性结果表明脑脊液中的抗体水平成比例地高于血清中的抗体水平，这说明感染的同时，产生了鞘内抗体。

治疗

· 对于那些急性发作或病程发展迅速且符合EPM症状的马，应该立刻开始治疗（在获得免疫监测结果前）。

应该做什么

EPM

- 抗原虫药物选择：
  - 泊那珠利，5mg/kg或10mg/kg口服每24h给药，至少持续28d。经美国食品及药物管理局（FDA）批准用于马的剂量为5mg/kg。最好与28g的玉米油一同给药。
  - 磺胺嘧啶（SDZ），20mg/kg口服每24h给药，至少持续90d。
  - 乙胺嘧啶（PYR），1mg/kg口服每24h给药，至少持续90d。有经FDA批准的磺胺嘧啶与乙胺嘧啶合剂。SDZ/PYR空腹给药吸收最佳。使用这一组合正常情况下要持续3~6个月。长期使用SDZ/PYR对怀孕母马不安全，因为会增加胎儿畸形和血质不调的风险。
  - 地克珠利，1mg/kg口服每24h给药至少28d（FDA通过）。
- 抗炎治疗：

- 短期使用氢化可的松对急性且严重的病例最为有效。开始使用0.05~0.2mg/kg剂量的地塞米松然后接下来的3~5d里逐渐减少使用。长期使用氢化可的松可能造成免疫系统抑制。
- 氟氨盐酸葡胺0.5~1.1mg/kg每12~24h使用。

注意事项：如果EPM可能是导致神经症状的原因，且马主同意，治疗时建议使用高于说明剂量的泊那珠利或地克珠利配合或不配合使用PYR来治疗，目的是为了尽快杀灭原虫，以减少对神经元的侵害及神经症状复发概率。建议连续使用1~2周2mg/kg的PYR或使用速效剂量的帕托珠利或地克珠利。起始剂量的泊那珠利或地克珠利通常为第1~2天的3倍剂量或5~7d的2倍剂量。这一使用还没有被FDA通过，兽医在使用时必须要考虑这一点。

另外一种组合：癸氧喹酯与左旋咪唑的配合使用被证明对神经原虫有很强的作用。

不应该做什么

EPM

- 不要对怀孕马使用过长时间或高剂量的SDZ和/或PYR（大于2个月）。

EPM的支持疗法

- 对于无法饮食饮水的马通过留在体内的胃管或重复插胃管饲喂流食，至少每天2次。见第18章。
- 如果发生吸入性肺炎，可以使用合适的广谱抗生素（氨苄西林+庆大霉素+甲硝唑或头孢噻氟+甲硝唑或TMS+甲硝唑或氟霉素）。
- 对那些面部瘫痪的马使用眼药膏，每天4次。
- 对已经形成角膜溃疡的马进行部分睑缘缝合术，见第23章。
    - 角膜溃疡是由面神经瘫痪引起的，可能较难治疗。
- 考虑使用左旋咪唑，1~2mg/kg每24h口服给药，连续5d，接下来每周给药一次或使用EqStim方法（第1、3、5天每天4~5mL，之后每周相同剂量）来调节免疫功能。
- 在食物中添加维生素E，每天2 000~10 000单位，作为非特异性抗氧化剂。

预后

- 及时接受妥善治疗的马可恢复功能，预后良好。
- 对于急性发作的患畜，在治疗2~5周内应当有明显的反应。

颈椎压迫性脊髓病（“Wobblers”）CVCM

患有CVCM的马可能需要挂急诊，因为潜在的脊椎压迫会急剧恶化。

病患特征

- 通常为年轻且快速成长的马，病史可能涉及动作笨拙，这就反映出此前已经存在问题。
- 创伤会使临床症状恶化至严重的运动失调，甚至侧卧不起。
- 雄性马更常见。
- 由骨关节病引起的Wobblers最常见于老龄马，但是年轻的马也会受到影响。

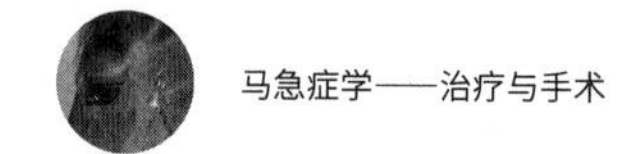

- 在纯血马、温血马和田纳西走马中最常见。
  - 总的来说，与其他品种的马相比，温血马在较大的年龄发病。
- 相比于西式/娱乐骑乘的马，曾从事过比赛或英式表演的马更易患此病。

临床症状

- 对称性的运动失调（大约出现在65%的病例中）涉及四肢。非对称性的运动失调也可能出现，所以依然要考虑CVCM的可能。前肢问题可能很轻微且一般没有后肢严重。
- 大部分患畜精神状态很好，没有精神沉郁。
- 脑神经正常，除非受到创伤。
- 颈部疼痛现象时而出现，但是大约一半的病例会出现颈部感觉过度敏感；患有骨关节炎的马常抵抗颈部弯曲活动。患有颈部后骨关节炎的马（年龄通常在5岁或以上）可能会很抗拒抬高头部和颈部，甚至降低颈部。
- C6~T1损伤经常导致脖颈僵硬，以及更明显的前肢症状。
- 只有少数情况出现局部肌肉萎缩或麻木。也可能发现受影响的部位过敏。

诊断

颈部常规X光片可能会显示出一些CVCM的特征：椎管狭窄（最小椎间矢状面直径比在C2~6间＜0.52以及在C7处＜0.56，这个比值由椎管最窄处背腹向直径与相对应的椎体的最大背腹向直径比例决定）（图22-3A）。如果比值＜0.49或者多处脊椎出现异常可提高诊断的准确性（图22-3B）。出现关节突的骨关节炎，椎体排列不齐以及背后侧椎体呈

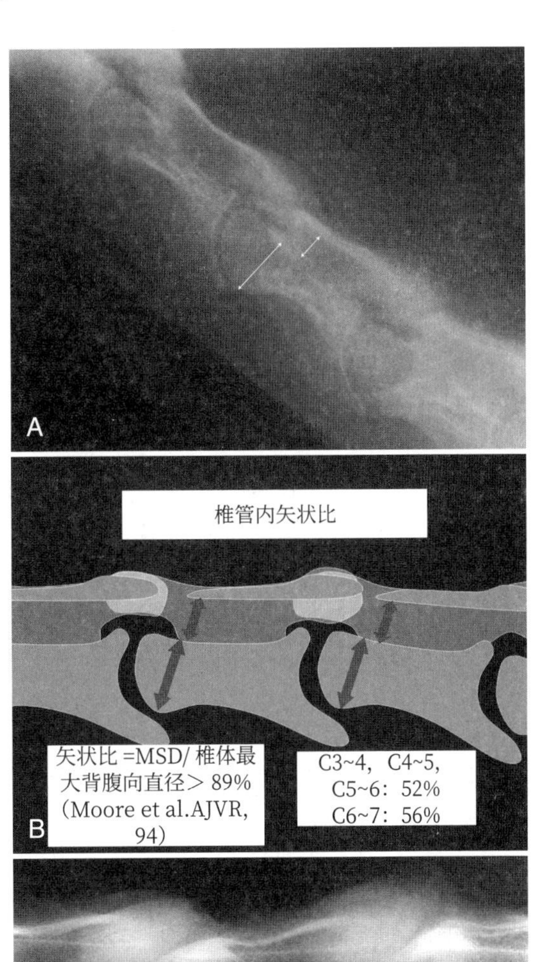

图 22-3　A，X 线影像下测量颈椎间矢状面直径比的区域；B，图示颈椎椎间矢状面直径比的测量（上方红色箭头表示椎管直径比，下方红色箭头表示椎体直径），并给出了比值的正常范围。注意：具有异常比值的椎体数越多或单个椎体比值的异常程度越高，测试的准确性越好（由 Dr.J.van Biervliet 提供）；C，C4、C5 及 C6 头侧颈椎的 X 线片，有迹象表明在 C5~6 存在严重的背侧面骨关节病和椎体排列不齐

滑雪跳台样外观，即高度提示该病发生的可能（图22-3C）。

· 可以通过脊髓造影获得脊髓受压迫的图像来确诊（50%压迫脊侧脊椎），除非C6~7表现为轻度屈曲或不屈曲，否则该图像特异性不高。脊髓造影时应确保碘海醇规格为每毫升含240mg碘，过量使用会导致患马在恢复时出现癫痫。

· 脑脊液一般正常。

鉴别诊断

- 马原虫脑脊髓病（EPM）。
- 马退行性脑脊髓病（EDM）。
- 颈部创伤。
- 空间占据性肿瘤（脊髓硬膜外血肿、脓肿、肿瘤）
  - **实践提示：**脊髓硬膜外血肿通常发生在C6~7（第6~7颈椎），通常在没有创伤的病史下急性发作，四肢运动失调以及轻度瘫痪。马的脊髓血肿一般都会有疼痛的临床表现。

· 没有脊髓压迫的颈椎骨关节炎——X线显示在中年马中C5~6及C6~7是骨关节炎发生的常见位置。关节囊肿大、关节距离增加以及滑液囊肿都可能发生。一些患马会表现脖颈疼痛、颈部下段感觉过度迟钝或感觉过敏，至于步态不正常就很难判断是跛行还是运动失调，见第21章。

应该做什么

颈椎压迫性脊髓病

· 地塞米松，0.1~0.2mg/kg，IV每天一次，1~2d，可能会对由于创伤造成的急性症状提供暂时的缓解。

· 对于有颈部骨关节炎并且有颈部疼痛、前肢跛行以及轻微运动失调等症状的马，通过超声引导在受影响的关节内注射糖皮质激素——氟羟氢化泼尼松8mg或甲氢强的松龙40mg，使症状得到改善（通常需要几个月），见第21章。

· 对于年轻患马（小于18个月），长期饮食以及运动限制可以阻止病情发展。但这种方法对于接近成年体重的马不易成功。

· 对于任何累及中枢神经系统损伤的病例，可以尝试抗氧化剂疗法（维生素E、辅酶Q_{10}、硫氨酸）。尽管效果未被证实。

· 关节固定术对很多患马都有好处，但是要使其完全恢复取决于：患马年龄、用途、精神状态、受影响脊椎数量、脊髓造影结果，以及临床症状持续时间等。

预后

· 预后不定，取决于压迫程度、数量、位置、患马年龄、症状严重程度以及采取的治疗手段。

脊髓造影并发症

并发症包括癫痫、失明、持续卧地不起、发热及颈部疼痛。这些并发症除发热外均不常见，

但是一旦发生，都属于急症。

应该做什么

癫痫和失明（中枢性）

- 可使用抗炎药（地塞米松，0.1mg/kg），如果有癫痫症状或由于失明造成的烦躁不安，可使用抗惊厥药（如地西泮和/或苯巴比妥，IV）

患马无法起身站立

- 可使用地塞米松0.1~0.2mg/kg配合吊索。**注意事项：**对于无法起身的挽马或温血马还应考虑多糖储存性肌病的可能，并给予治疗。

发热以及非败血性脑膜炎造成的颈部疼痛

- 常见的并发症，在病马做脊髓造影前告知马主该项风险。
- 可使用非甾体类抗炎药或0.05mg/kg地塞米松治疗。

神经性莱姆病

- 神经性莱姆病是由伯氏疏螺旋体引起的。
- 可能造成运动失调、肌肉萎缩（对称或不对称）、少数脑神经症状。
- 通过排除其他疾病的可能，或鞘内有伯氏疏螺旋体抗体，以及最常见的脑脊液出现淋巴细胞增多来诊断。对脑脊液进行病原PCR检测可能呈阳性。
- 治疗可使用四环素（6.6mg/kg每12h静脉注射）或二甲胺四环素（4mg/kg每12h口服）。

不应该做什么

神经性莱姆病

- 连续使用土霉素治疗而不监测血清肌酐水平。

马疱疹病毒1型脑脊髓病

马疱疹病毒1型或鼻肺炎，可引起呼吸系统疾病、流产，以及神经疾病。神经型症状偶发，通常为前两种的后遗症。**重要提示：**马疱疹病毒1型（EHV-1）脑脊髓病为法定通报疾病，怀疑是该病时，要立刻联系官方兽医或同级卫生组织官员以获得针对农场管理及检疫指示。

病患特征

- 在大于3岁的成年马中最常见（很少出现在马驹中）。
- 在速度赛马场、繁育马场、寄养马厩或训练场最为常见。
- 通常在同一场所短时间内数例并发，单独发病也有报道。
- 尽管大部分病例发生在1—7月，该病的季节性并未被证实。

临床症状

- 突发的对称性运动失调以及轻度瘫痪之后，还可能迅速发展至卧地不起。

- 大部分病例中后肢神经失调比前肢严重。
- 膀胱麻痹伴随尿淋漓是常见的临床症状。
- 部分病例可见尾部无力、肛门肌张力减弱以及粪便潴留。
- 马少见前庭神经症状以及其他脑神经异常。

· 最先可见发热，并且经常在神经症状发作时再次出现发热即双相热。在同一场所无神经症状的患畜可能也会出现发热。最开始的发热症状一般在感染后持续1~3d出现，之后逐渐消退，然后在5~7d后伴随神经症状再次出现。**实践提示：**一些马在出现神经症状时并不发热，但是没有发热不能作为排除马疱疹病毒1型脑脊髓病可能的依据！

鉴别诊断

- 对于数匹马均出现中枢神经症状和/或卧地不起,可以考虑鉴别诊断为:
  - 马脑白质软化病。
  - 牧草痉挛症。
  - 离子载体中毒。
  - 肉毒中毒。
  - 病毒性脑炎。
  - 中毒性肝衰竭。
- 对于出现发热和神经症状的马，可考虑:
  - 病毒性脑炎。
  - 边虫病。

诊断

· 来自同一农场的一匹或多匹马典型的临床表现为，有呼吸系统疾病，并伴有急性发热、后肢运动失调、膀胱麻痹的病史。

· 在一些暴发性病例中，没有明显的呼吸系统症状。

· 血液学和血清生化检测通常无明显异常。

· 脑脊液通常出现蛋白水平升高但很少有带核细胞（蛋白细胞分离）现象。脑脊液可能呈黄色（黄变症）。

· 全血PCR和鼻部棉签取样是较好的动物生前诊断方式。通过免疫组织化学检测显示中枢神经血管内皮的疱疹病毒抗体或神经组织的PCR是动物死后较好的诊断方式。

· PCR试验可以区分马1型疱疹病毒的神经致病型和非神经致病型，区别就在于一个位点的变异。尽管暴发性疾病通常由神经致病型引起，但非神经致病型毒株其实是一种误称，因为这类毒株也能引起严重的神经疾病以及神经性疾病暴发。应该以相同方式控制马1型疱疹病毒的病例和疾病暴发。

· 相隔10d的样本血清中和试验滴度呈四倍升高，可以很大程度证明感染马1型疱疹病毒，但这一结果并非在所有病例中出现。

治疗

治疗EHV-1脑脊髓病的关键在于支持性治疗。抗炎及抗血栓药经常运用于治疗但效果不确定。有特异的抗病毒疗法可供使用，但效果没有被明确证实。

应该做什么

马疱疹病毒1型（EHV-1）脑脊髓病

- 对于无尿或膀胱充盈的病例：
  - 放置膀胱尿道管，每天引流3~4次。
  - 皮下注射乌拉胆碱，0.04mg/kg每8h一次，治疗膀胱充盈。乌拉胆碱注射剂价格昂贵且难以获取，因此在一些情况下不是很好的选择。可口服乌拉胆碱片剂，0.2~0.4mg/kg，每8~12h，价格没有那么昂贵但效果不如注射给药。乌拉胆碱粉剂易溶解，经0.5μm过滤器过滤后可用于静脉注射或皮下注射。
- 反复进行尿道插管或尿道管滞留时，会不可避免地引起膀胱炎，可使用抗生素进行治疗。
  - 口服甲氧氨苄嘧啶-磺胺甲噁唑，30mg/kg每12h一次或静脉注射头孢噻呋，2.2mg/kg每12h一次。
  - 推荐进行尿液细菌培养，因为抗生素治疗可能引起细菌产生耐药性。最后可能还是需要口服恩诺沙星7.5mg/kg或静脉注射5~7.5mg/kg每24h一次。

· 短期（1-2d）使用地塞米松可达强效抗炎作用，以0.1~0.2mg/kg剂量静脉注射，可以在卧地不起或快速发展、接近至卧地不起的病例中提高成活率。氢化可的松只能用于症状快速发展或急性卧地不起的情况下。必要时使用激素，但需要时也要及时使用。

· 口服伐昔洛韦，20~40mg/kg每8h一次。使用抗病毒的伐昔洛韦是否可以改善预后或缩短恢复时间还不清楚。伐昔洛韦可能在EHV-1感染早期神经症状出现以前治疗更有帮助。静脉注射伐昔洛韦，2.5mg/kg每8~12h可能更有效。

· 口服阿莫西林，5.8~7.8g每隔1d和/或口服氯吡格雷，起始剂量4mg/kg，然后2mg/kg每24h口服，可能减少血栓形成。

· 支持治疗：提供腿部保护带，经静脉或口服补液来维持身体水量，褥疮护理，以及防止尿液灼伤。对于大便失禁的患畜（约10%的病例）建议通过粪便疏通，服用缓泻药，以及饲喂低滞留性饲料（颗粒饲料）。

· 建议对卧地不起的患马使用吊索（安德森或戴维斯快速升降吊索，见第37章）。对于吊索会引起压迫性疼痛，可将马匹放入水池中以支撑，或者在万不得已且只有在马匹处于非常平静的情况下，使用牛用浮选箱。

不应该做什么

EHV-1脑脊髓病

- 不要过度补充水分，尤其是膀胱功能不全时。
- 不要忘记检查所在地法定通报疾病处理要求。
- 不要忘记采用合适的生物安全措施！

预后

· 预后不定。很多患畜可以痊愈，但少部分患畜会有后遗症，一些会因为瘫痪或继发并发症被安乐死。预后护理任务可能很繁重，完全康复可能要数月之久。尽管那些快速发展至卧地不起的病例很少能够恢复正常，但在疾病开始阶段决定预后一般很有难度。多数病例证实所有临床症状中最后恢复的通常是膀胱功能丧失。

疾病暴发时的应对

· 尽快联系官方兽医，报告可能的病情。

· 在确定最后一例病例（发热/不发热的马匹）后要将其安置到隔离场所，至少21~28d。

· 停止场所内任何马的活动，防止病毒扩散。

· 安排专门的人员来照顾患马，这些人员不得接触健康马。

· 每12h监控所有存在患病风险马的体温，来检查出发热的马匹。这些马通常会在2~8h内出现神经症状。对发热的马匹保持严格的隔离。另外，很重要的是，测量体温的人员每操作一匹马前，都要更换防护服和手套，还要避免接触呼吸道分泌物。伐昔洛韦（20~40mg/kg，每天2~3次，连续5d）可能是在马匹发热早期最有效的药物。

· 使用PCR测试血液或鼻腔分泌物来监测感染情况。

· 使用蒸汽清洁或苯酚，或含碘消毒剂来杀灭病毒。

· 疾病暴发时经鼻腔接种疫苗，作用还不确定。但是建议在临床症状消失后接种疫苗。

· 目前尚无本病康复者复发神经综合征的报道。

· 曾经感染过EHV-1但要被移回马厩的马匹，应该接种疫苗，但是疫苗可能不能预防神经型EHV。

· 怀疑感染EHV-1且被送往转诊医院的马匹，应该安置在医院的隔离病房。

西尼罗病毒

注意事项： 尽管西尼罗病毒（WNV）可以引起病毒性脑炎，但它被列为运动失调疾病，因为脊椎症状经常比大脑症状更显著，这就与东部马脑炎（EEE）很不一样。

流行病学特征

· WNV是一种由蚊子传播的黄病毒，影响北美大部分地区的马匹，多在北美洲北部的夏末至秋季发病，南部近乎全年可发生。鸟类的濒死通常发生在马群暴发前。5%~10%的感染马会表现临床症状，90%的病例发生在一岁以上的马，最严重的病例大多发生在三岁以上的马匹。

临床表现

· 运动失调（通常后肢更为严重）和轻度瘫痪是最常见的症状。尽管本体性（脊髓性）运动失调引最常见，但也会见到前庭以及小脑运动失调症状。

· 面部及颈部肌肉挛缩也很常见，近半数的病例均有发生。

· 过敏和过度兴奋的症状可能会很明显。

· 发热只在50%的病例中能检查到，尽管大部分都可能在发病过程中的某个时段出现过发热。

· WNV的大脑皮质症状不像EEE的那么一直存在。

· 偶尔发生失明。

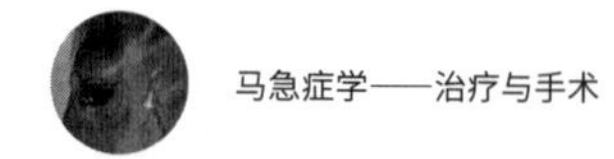

- 或可见昏迷，丧失食欲或全身无力。
- 脑神经症状只在很小部分病例中发生。
- 25%~30%的神经症状病例发展为卧地不起，这些患畜通常预后不佳。

诊断

· 通常基于地理位置、季节、是否有濒死鸟类来确诊WNV的病史，以及临床症状进行诊断。通过美国农业部疾病监察官网（www.aphis.usda.gov/vs/nahss/equine/index.htm）来查找传染病的发生率。

· 疫苗历史记录很重要。因为大部分病例都发生在未接种疫苗或疫苗接种不当的马匹中。

· 血清学试验检测IgG结果可能会引起困惑。因为之前疫苗接种或因接触过病原而产生的抗体会导致IgG血清学检测阳性。捕获IgM ELISA是最有效的试验，可以用来检测出最近感染的马匹，且灵敏度达92%，特异性达99%。但是，很小一部分表现出临床症状的马可能呈阴性。脑脊液检测相对于血清检测是没有优越性的，因为灵敏度和特异性对两者都相同。

· 大约75%的病例出现脑脊液异常：淋巴细胞增多伴随蛋白水平升高在很多病例中均有发生，脑脊液黄化在20%的病例中出现。

· 脑组织的病毒分离、PCR或免疫组织化学法可以在安乐死的马匹上确诊此病。

应该做什么

西尼罗病毒

- WNV抗体可在市场上购买，根据人体以及小鼠试验的数据，建议在病程处于早期的病例中使用。
- 支持疗法：包括补液，护理以及保证马处于一个安全的、有良好地垫的环境。
- 在轻微的病例中使用非甾体类抗炎药。
- 对于病情发展迅速或已经卧地不起的患马，治疗时每24h静脉注射地塞米松0.1~0.2mg/kg，或静脉注射甘露醇0.5~2g/kg。
- 对于卧地不起的马可使用吊索。

预后

· 预后不定，但是在美国约有60%的病例可以在症状上完全恢复。已报道的病死率为28%~33%。

· 感染的马或快速发展为卧地不起或在72~96h内保持稳定。卧地的患马很少能恢复到还能被使用的状态。

预防

- 使用疫苗[1]：建议所有的马都应接种！

---

1 尽管未批准用于怀孕母马，但尚未有关于怀孕母马不良反应的报道。

- 防蚊子叮咬。

“侧行”综合征

·“侧行”综合征发生在年龄较大的马（通常在青年末期至20多岁）。一些病例可能由EPM引起，而其他病例则原因未知。患此综合征的马表现为急性后肢步态异常，前肢步态一般相对正常。

临床症状

· 身体后半部持续出现向身体一侧偏移，看起来就像“螃蟹走路”或像在三条蹄迹线上走路（如果偏向左侧，即左侧后肢相对于前肢更向外侧放置，右侧后肢与左侧前肢在一条直线上，右侧前肢则处于其自己的蹄迹线）。

· 不管马处于站立或行走状态，身体后半部会偏向一侧。

· 病情严重的马有时还会出现转圈：它们身体后部固定，偏向一侧，前部向与后肢倾斜的相反方向移动。

· 后肢会出现不同程度的瘫痪和本体感受缺失；在一些病例中，未见明显的运动失调。

诊断

· 由于这是一种具有病征描述性的综合征，临床症状可以帮助诊断。应该检测是否有EPM。其他检测方法（如核闪烁显像以及超声影像）来寻找后肢或髋结节受伤迹象。发现很小一部分病例髋结节有损伤。有两匹马患有淋巴细胞性神经炎（脊神经根炎）并累及胸腰神经。在莱姆病为地方性疾病的区域，神经性莱姆病应该作为鉴别诊断的疾病之一，尽管“侧行”综合征与莱姆病之间的联系并不清楚。

应该做什么

“侧行”综合征

- 如果EPM检测为阳性，则治疗EPM。
- 抗炎药（静脉注射或口服保泰松2.2mg/kg，每12h一次，或静脉注射或口服氟尼辛葡甲胺0.5~1mg/kg，每12~24h一次）几乎不能改善临床症状，并逐渐降低剂量。短期使用地塞米松（开始使用0.1mg/kg，随后每1~2d将剂量降低25%）可能对严重的病例有所帮助。
- 每12h口服二甲胺四环素4mg/kg以及每8~12h口服普瑞巴林2~4mg/kg，可能对治疗莱姆病或病因不清的神经炎有所帮助。
- 不管是否接受治疗，病情可能会发生改善，但通常不会持续。

预后

· EPM呈阳性的马预后一般至不良。EPM呈阴性的马预后不良或很差。几乎不可能恢复正常步态且达到患病前功能水平。一些马情况稳定或有所改善，处于能安全地在牧场活动的功能

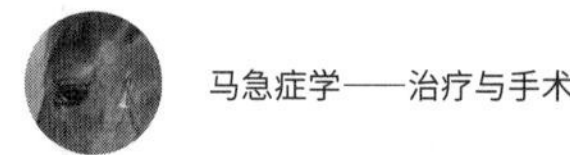

水平。症状得到改善后数周或数月再次恶化的情况并不少见，这种情况通常需要对患马进行安乐死。造成步态异常的根本原因可能在尸体剖检中都无法确定。

前庭疾病

临床症状

前庭系统负责控制平衡和维持头、眼、躯干的方向感。

- 头部倾斜。
- 步态不稳，向一侧倾斜，或向一侧偏移。
- 仅在马前庭疾病的急性阶段可见非正常眼球震颤（快速移动期朝向受影响一侧最常见）。
- 眼球斜视，尤其是当头部抬高时，受影响一侧向腹侧斜视。
- 挡住视线时失去平衡现象加重。
- 其他脑神经异常可在中枢前庭疾病见到，如吞咽困难、舌头力度减弱、面部失去感觉以及颌下垂。
- 周围前庭神经疾病可能会伴随着蹭耳朵、摇头、咀嚼困难的症状。
- 如果病情严重，可能会发生侧卧及无法保持胸卧姿势。
- 如果卧地不起，患马可能会拒绝倒向未患病一侧。

前庭疾病病因可能在外周或中枢。区分周围（脑干以外）和中枢（脑干以内）方法如下：

- 外周：
  - 精神状态正常。
  - 无一般本体感受缺失。
  - 身体力量正常。
  - 可能伴有第七脑神经异常。
- 中枢：
  - 精神沉郁、迟钝或昏迷。
  - 一般本体感受缺失。
  - 身体力量减弱或瘫痪。
  - 可能伴有其他脑神经异常（除第七和第八脑神经）。

少数情况下，马前脑损伤的同侧会出现急性身体倾斜或头颈转向以及侧向偏移。

鉴别诊断

- 头部创伤：颅骨基部骨折是一个常见的引起中枢前庭疾病的原因，而颞骨岩部骨折则引起外周前庭疾病。
- 颞舌骨关节病伴随或不伴随中耳炎和内耳炎（不伴随中耳炎更常见）：外周前庭疾病的常

见原因，但是患马可能会由于炎症蔓延至脑硬膜而出现沉郁，甚至发展为中枢疾病。

- EPM：中枢前庭疾病的常见原因。

其他较不常见原因

- 马多发性神经炎（马尾神经综合征）：外周前庭疾病。
- 空间占位性肿瘤：中枢前庭疾病。
- 中枢神经系统淋巴肉瘤：中枢前庭疾病。
- 脑炎或脑脊髓病：肝衰竭，病毒或寄生虫（线虫病）脑炎；中枢前庭疾病。
- 雷击。
- 喉囊肌炎蔓延至内耳：外周前庭疾病。
- 自发性前庭疾病：周围前庭疾病。
- 脑颈部损伤：可能会出现前庭症状伴随着第一颈椎损伤。

诊断

- 触诊耳基部，有无疼痛。询问病史观察是否有饮食困难或头部位置异常，从而支持颞舌骨关节炎的诊断。在下颌间隙并向上推舌骨的舌突，应很容易在垂直方向移动（1/2~1 in，“有弹性”）。
- **实践提示：**患有颞舌骨关节炎的马通常舌骨系统僵硬，舌突活动范围很小。
- 对上呼吸道及后囊进行内镜检查。在喉囊中，如果发现喉囊茎突舌骨前缘增生（突出），当外力施加在舌骨系统上时，颞舌关节活动范围减小，说明有可能是颞舌骨关节病（图22-4）。

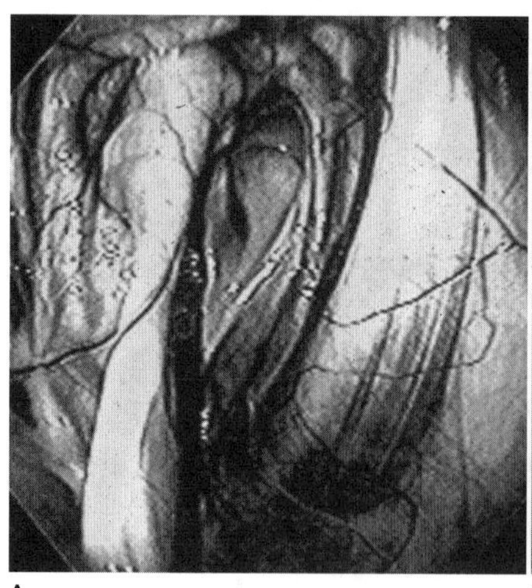
A

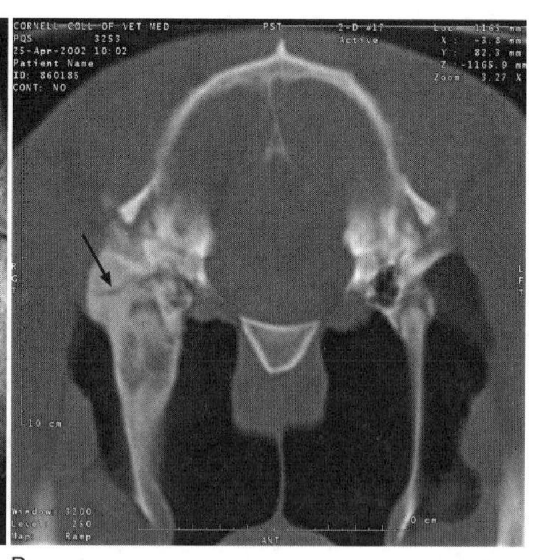

B

图 22-4 A. 颞舌骨关节炎（THO）。内镜检查一匹 22 岁温血马的右侧喉囊，该马患有急性面部瘫痪以及前庭问题。其舌骨最前缘有明显的骨质增生。内镜检查同时晃动舌骨，显示颞舌关节处的茎突舌骨没有移动的迹象，这暗示着骨质融合 B.CT 扫描结果与内镜一致。右侧的舌骨茎突变厚并且有右侧颞骨融合。在骨痂内可见不完全骨折（箭头）

喉囊霉菌感染更常影响的是迷走神经而很少影响前庭神经，除非感染波及范围足够大以致能侵蚀骨质结构。

· 获取头骨X线影像：侧位、斜位以及腹背位。评估舌骨茎突、鼓室泡、颞骨岩部以及喉囊。侧面以及斜位片可能对诊断不是很准确。

· CT对分析这个区域的损伤非常适用。

· 如果患马配合，可进行耳部检查及分泌物培养。通常这些检查收获很少。少数病患可能会有耳部分泌物，曾分离出链球菌和放线杆菌，很少从内耳感染中分离出霉菌。

· 分析脑脊液，包括神经内孢子虫抗体滴度，这可以帮助排查EPM。THO、创伤以及少数其他情况由EHV引起的前庭症状都可能引起CSF的变色。

应该做什么

颞舌骨关节炎（THO）

· 每12h口服复方新诺明（TMS）30mg/kg，或每12h口服恩诺沙星5mg/kg或每24h口服恩诺沙星7.5mg/kg，或每6~8h口服氯霉素50mg/kg，连续2~4周。这些都是对抗葡萄球菌感染以及在THO中由葡萄球菌感染引起的二次感染的有效方案。

· 每天1~2次口服保泰松2.2mg/kg，连续7~10d。

· 氢化可的松：每24h静脉注射地塞米松0.05~0.1mg/kg。建议在THO、创伤以及大部分有前庭疾病引起平衡丧失的情况下谨慎使用。

· 提供支持疗法：对有面部神经瘫痪的患畜使用眼膏、实施睑缘缝合术（这很重要，见第23章）、上腿部保护带，提供良好蹄部保护，并且将水与食物放置在容易接触的位置。

· 如果想要改善咀嚼能力以及降低未来骨折风险，建议对患畜实施手术切除角舌骨。

预后

· 对于中耳-内耳炎的预后一般至良好。

· 对于由骨融合而导致的THO，预后一般至良好，超过50%的病例对治疗反应良好。不幸的是，很难从一开始的治疗判断效果。可在接下来的2~4h看到状况改善。完全恢复的预后并不理想，但仍有可能在一年后发生。

· 内耳炎或开放性骨折可能发展为脑膜炎，这是无法控制的。

· 中枢性前庭疾病的预后差至一般。

· 少数情况下自发的前庭疾病可在几天后自愈。

植物引发的运动失调

在美国的一些区域（尤其是南方），在夏季（可能与环境和霉菌毒素繁殖有关），运动失调可能在同一马场食用黑麦草、百慕大草以及牛毛草的一匹或多匹马中发生。

临床症状

· 患马通常是成年马。

- 运动失调可能会很严重。
- 可能发生步距增大和头部震颤。
- 比起饲喂干草的马，饲养在牧场的马更常发生运动失调。
- 高粱、苏丹草和刺槐树皮都可能引起运动失调。
- 除运动失调外的特殊临床症状（表22-2）。

表22-2　高粱、苏丹草和刺槐树皮可引起的特殊临床症状

种类	特殊临床症状
高粱和苏丹草	尿淋漓、流产、妊娠期关节弯曲、鸡跛
刺槐树皮	食欲不振、精神沉郁、轻微腹痛、心律不齐

应该做什么

植物引发的运动失调

- 除了清除中毒源头，对霉菌毒素，高粱、苏丹草和刺槐树皮中毒没有特定的治疗方案。
- 考虑使用二甲基亚砜（DMSO），按1g/kg与生理盐水或其他等渗液配成10%的溶液每24h静脉注射，连续3~5d，或每24h静脉注射地塞米松0.05~0.1mg/kg，连续1~2d，并逐渐减少剂量，也可同时使用两种疗法。
- 放牧（霉菌毒素）受运动失调的马通常可以在5d内恢复。

其他引起急性发病运动失调的病因

- 脊髓受损。
- 硬膜外血肿：尽管这可能由创伤引起，但是有几个病例发现马并未受到创伤。这些马都是成年马，出现了急性运动失调并且神经症状在几周内没有得到改善。第6~7颈椎背外侧是最常发生血肿的部位。血肿足够大的话就会影响脊髓两侧，引起四肢失调。脊髓造影会显示硬膜外压迫。脑脊液在某些病例出现变色，有时还会出现蛋白含量上升和/或白细胞增多的症状。数周支持治疗后，患马对治疗反应不大。血肿还会变得有组织性，在尸体剖检时呈现出类似肿瘤的样子。患马在接受长期的抗炎/抗氧化治疗或手术治疗后可能会有所改善，但是过长时间的脊髓压迫使完全恢复变得几乎不可能。
- 纤维软骨性栓塞：栓塞不常见，但在成年马中可能引起急性的、不会恶化的不对称偏瘫或者四肢轻瘫，同时没有疼痛症状。该病最常影响颈/胸部膨大处。尽管血栓处脊髓造影可能会显示髓内肿胀，但是生前诊断很困难。患马可能在7~10d内恢复。

应该做什么

颈部血肿或纤维软骨性血栓

- 抗氧化以及抗炎药物用于疑似患畜，但是效果不确定。

- 马边虫病（以前称为粒细胞性埃里希体病，见第20章）。偶尔出现患马运动失调（可能很

少卧地不起）、精神沉郁、黄疸、发热性血小板减少症伴随出血。这种微生物可在发热阶段的白细胞中通过PCR检测到。

应该做什么

马边虫病

- 每12~24h静脉注射四环素6.6mg/kg。

· 新孢子虫引起的EPM：这种情况看起来与神经性隐孢子虫引起的EPM相似，患畜通常有更多的神经根症状（疼痛、感觉过敏）。*Hughesi*新孢子虫不会与引起EPM的原虫产生血清交叉现象，所以患马会在识别神经性隐孢子虫抗体的EPM血清学检测呈阴性。此病在美国西部更多见，在美国东部只是偶尔有报道。

· 诊断：*N. Hughesi*血清学检测（加利福尼亚大学戴维斯分校的IFAT试验）。

应该做什么

新孢子虫引起的EPM

- 按照隐孢子虫引起的EPM治疗。

· 麻醉后出血性脊髓病：少见，但对马很致命的背侧卧手术后并发症（最常见的）是双侧膝关节镜手术。在断奶马驹或年轻马中最常见，尤其是体型大而重的马（驮马品种和弗里斯马）。总的来说会引起后肢完全瘫痪且后肢、尾部及肛门反射丧失。这些部位对刺激几乎没有反应。

应该做什么

麻醉后出血性脊髓病

- 可以尝试抗水肿，抗炎药（静脉注射甲氢泼尼松琥珀酸钠30mg/kg），但是预后不良。
- 麻醉师建议手术前对有风险的马预先输液来维持血压，保证脊髓的最佳供血。

· 脊髓肿瘤是罕见的引起急性运动失调的疾病。最常发生的是硬膜外肿瘤，包括肉瘤、黑色素瘤，最常见的硬膜内肿瘤，如淋巴肉瘤。

马驹急性运动失调

原因

· 急性运动失调常由创伤引起（见脊髓创伤）。

· 先天性畸形，如脊柱裂应该在新生马驹出现运动失调且对常规抗炎、抗水肿药无改善时考虑到。

· 年轻马驹尤其是阿拉伯马和夸特马，出现运动失调、脖颈伸长或头部活动出现异响时，应进行CT和/或X线检查来排除寰枕枢关节的畸形、半脱位或骨折的情况。

椎体脓肿

- 椎体脓肿可以在马驹中导致急性疼痛、运动失调以及轻度瘫痪。
- 患病马驹通常2~8个月大，大部分在疼痛和神经症状发生前都表现得很健康。
- 可因不同感染部位而呈现不同临床症状。
- 骶尾部脓肿会引起尾部力量减弱、运动失调和后肢无力（通常不对称）。
- 胸腰部损伤可引起后肢僵硬和上运动神经元症状。
- 颈部损伤可引起颈部疼痛、四肢轻度瘫痪、运动失调（若损伤在后几节颈椎处则前肢受影响更明显）。
- 最常见的病原：
  - 马红球菌。
  - 沙门氏菌。
  - 马链球菌、马链球菌亚种以及兽疫亚种。
  - 偶见球菌（球孢子菌；大部分出现在亚利桑那州和加利福尼亚州）。

诊断

- 临床检查和疼痛定位。
- X线。
- 超声和超声引导的抽吸采样，用于培养或直接染色。
- CT。
- 粪便或气管冲洗取样用于培养或PCR，配合接触病原的病史来检测沙门氏菌或马红球菌。
- 鼻咽或喉囊取样培养或PCR，配合接触病原的病史检测马链球菌。

应该做什么

椎体脓肿

- 手术挖除或引流。
- 抗生素：先使用青霉素钾和阿米卡星（用于链球菌或沙门氏菌疑似病例）或克拉霉素配合利福平（如果马红球菌为可疑病原）。可以使用氯霉素作为长期疗法。如果实施手术，可将抗生素丸（用于马红球菌或链球菌的红霉素）植入术部。
- 护理（如吊索、理疗）。

颈部或胸部侧弯

图 22-5　年轻马的颈椎侧弯

由东方甲虫移行至脊髓背侧柱并引起坏死。右侧（凸侧）是受影响一侧，四节脊柱出现痛觉丧失。如此明显的侧弯为急性。

美国东部的年轻马（6个月至3岁）可出现急性颈部或胸部侧弯（图22-5）。这些马通常不疼痛，在病程早期颈部可以轻易地在正常范围内被活动且重新摆放姿势，尤其是马被镇静或麻醉后。在侧弯的凸侧至少三节脊椎或胸椎出现明显的痛觉减退。可能还存在同侧/凸侧轻微的运动失调。脑脊液可能正常也可能出现嗜酸性粒细胞/淋巴细胞增多。这种情况是由脑膜蠕虫移行穿过患侧的灰质背侧柱导致的。

应该做什么

颈部或胸部侧弯

• 伊维菌素、芬苯达唑和氢化可的松通常用于治疗该病，但是因为病变灰质栓的严重坏死，目前没有报道任何一匹马恢复至正常。

马颤抖症

引起颤抖的原因包括虚弱、疼痛、休克、药物副作用、体温过低以及中毒等。本章介绍的疾病主要是神经和肌肉神经性疾病引起的颤抖。颤抖还可能继发于疼痛或休克。

身体检查

仔细的身体检查可以帮助判断颤抖是否由虚弱、疼痛、休克或其他原因引起。在全身无力的情况下（如肉毒菌素中毒），眼睑、舌头、尾部和肛门力量减弱。**注意事项：**肉毒素中毒，马运动神经元病和严重的恶病质可以导致患马站立时四肢距离较正常更近。如果全身无力是由于电解质不正常造成，如低血钙或低血钾周期性瘫痪，可能会见到类似破伤风的症状。由于腹痛或内毒素中毒引起的颤抖也很常见，可以经全面的临床检查做出诊断。流汗可伴随全身无力或出现疼痛。由原发性肌肉异常导致的颤抖可能很难与其他原因引起的颤抖区分开来。一条肢体的颤抖还常见于EPM、脊椎骨髓炎、肌病，以及周围性神经疾病。

肉毒菌素中毒

肉毒菌素中毒是肉毒梭菌产生的神经毒素阻断运动神经末梢的乙酰胆碱释放，引起全身松弛型瘫痪的过程。肉毒梭菌是革兰氏阳性、可生孢子的专性厌氧菌。马驹与成年马的中毒方式有所不同。

病征

马驹

· 通常在2~8周龄，大部分为21~28日龄。

· 通常是由于食入毒素感染性的肉毒梭菌而中毒（食入孢子继而在消化道内繁殖并产生毒素）。

· 大部分发生在肯塔基州、马里兰州、宾夕法尼亚州以及新泽西州的马驹。

成年马

· 通常是食入已经产生肉毒菌素的食料。

· 极少数情况下与伤口闭合有关。

· 是中大西洋地区的地方性疾病（肉毒梭菌B型常见于土壤中），但是在北美洲很多地方的成年马中也可见到。西海岸的马更有可能感染肉毒梭菌A型（常见于西部土壤中）。

· 与腐肉污染食料有关的C型肉毒梭菌感染暴发已在美国一些地区报道。

临床症状

· 全身无力最为常见，但并非见于所有病例。

· 尾部、肛门、眼睑以及舌头力量减弱（舌头很容易用两个手指夹住，从口内被拉出）。

· 在马疲惫时颤抖（通常始于肱三头肌）加剧，侧卧时减弱。

· 长时间卧地后会发展成完全无法站立。

· 吞咽困难可见于大部分但不是所有病例（由A型肉毒梭菌导致的中毒中可能见不到此症状）；如果马可以吞咽，那么则需2min以上的时间来吃完1杯（大于140g）的谷物。要通过全面的口腔检查来排除其他病因。

· 马站立时四肢靠近。

· 疾病可能发展至严重瘫痪，导致无法站立甚至呼吸衰竭。

· 通常为急性发作，且在18~48h内快速恶化，尽管有些病例可能发展较慢甚至无需治疗就能保持病情稳定。

· 瞳孔扩大伴随缓慢的瞳孔反射以及眼睑下垂的现象可能很显著。

· **注意事项**：很多马肉毒菌素中毒后会表现出急腹症，症状可见食欲不振、卧地不起、颤抖、流汗等。

诊断方法

· 诊断肉毒菌素中毒可以从病患特征、临床症状以及地理位置入手。

· 咨询以及检测服务可以在位于新鲍尔顿中心的国家肉毒梭菌相关实验室获得（www.vet.upenn.edu/HospitalServices/BotulismLaboratory/tabid/2363/Default.aspx；610-925-6383）。通过向该实验室提交申请，对土壤、食物、粪便、消化道内容物或伤口组织进行厌氧菌培养来确认肉毒梭菌或毒素的存在，从而帮助成年马诊断该病。厌氧环境可通过用密封性容器装满样品进行打包来实现。已产生的毒素可从马驹肠内容物或粪便、成年马消化道内容物或饲料中找到（保持内容物冷冻或连夜低温邮寄）。孢子可从已死的成年马肠内容物或粪便中检出（提交连续3d的粪便样品，大约存在于30%的病例中），可以很有力地支持诊断。马驹的粪便中，检出孢子或毒素可以在出现相应临床症状的情况下帮助确诊。

· 肌肉酶正常或仅稍微升高（除非患马已经卧地）。

· 内镜通常显示软腭异位，甚至在轻微病例中也可见。

· 动脉或静脉二氧化碳分压（Pco_2）> 70mmHg暗示低通气量以及预后不良或需要机械通气。

应该做什么

肉毒菌素中毒

· 避免马受到应激；将马圈在马厩，限制活动。

· 移开牧草和水，如果马试图吃垫料则给马带上嘴套。

· 尽快静脉注射肉毒菌素抗毒素。

· 症状可在给抗毒素后24~48h内加剧。

· **注意事项：**抗毒素会中和循环中的毒素，但是无法影响已经结合末梢神经的毒素。因此，这只能阻止情况继续恶化，但马症状并不会出现改善。

· 给予广谱抗生素来防止并发症，如吸入性肺炎或已感染的压迫性疼痛：每12h静脉注射头孢噻呋：2.2mg/kg，或每12h口服复方新诺明30mg/kg（通常通过鼻胃饲管给药）。

· 不能使用甲硝唑。清创（用于少见的闭合伤口肉毒菌素中毒）。

· 通过鼻饲管来提供食料和水或牛奶（见第18章）。在护理急性发作的成年马时，鼻胃饲管可以推迟至注射抗毒素后（至少24h）再放置来减少应激。

· 如果需要泻药，建议使用矿物油。

· 如果患马想要站立，可为其提供草垛或类似的东西以便于马安放头部。

· 对于马驹，通常不需要达到每日的维持性饲喂奶量，即22%体重奶量，因为马驹此时的活动水平大大降低，且应避免腹胀。奶量应控制在体重的10%~15%。建议使用抗溃疡药物。

· 提供支持性治疗：对于卧地的马，需要的话可以使用尿道管。保证良好的垫料以及通风；眼部以及伤口护理。每2~4h翻转马身，并且仅在马保持胸卧姿势后5min翻转。不要强迫马或马驹站立。

· 临床症状的改善一般要等到4~10d后。

不应该做什么

肉毒菌素中毒

· 不应使用普鲁卡因青霉素、氨基糖苷类以及四环素，因为它们会影响神经肌肉接点。同时伴有腹痛的病例，避免使用利多卡因和多黏菌素B。

预后

马驹

· 马驹若能站立，则使用抗毒素后预后良好。

· 卧地不起的马驹若没有呼吸困难，在精心护理后预后良好。

· 马驹出现呼吸困难且Pco_2 > 70mmHg，没有辅助通气的话则预后不良，但辅助通气价格昂贵且需要住院2~3周。这些马驹应当使用鼻内通气管以及急救袋，直到可以被重症监护部门接收进行辅助通气。如果插管不成功，那么可用马驹人工呼吸器来维持。在合适的辅助通气下，预后还可能为良好。

成年马

· 有3~5d的全身虚弱病史但仍可站立的成年马，预后一般至良好，有时甚至无需使用抗毒素。

· 不能站立或超急性发病的成年马，即使使用抗毒素，也可能预后不良，除非能负担长时间且昂贵的治疗费用。只有在打齐三针疫苗且每针间隔合适，疫苗才可发挥保护作用。

马运动神经元疾病

马运动神经元疾病（EMND）可影响成年马，通常是因管理问题导致如牧场少或没有（在欧洲，有零星的报道称，在放牧但血浆维生素E水平较低的马匹中出现了EMND，其原因不明），以及牧草不够新鲜，最常见于美国东北部和欧洲。这种病与长时间缺乏维生素E（＞17个月）有着密切联系。

临床症状

· 体重降低超过150lb（70kg）。

· 颤抖。

· 肢体与脖颈无力。

· 普遍性肌肉萎缩。

· 站立至四肢靠近。

· 长时间卧地。

· 食欲良好。

· 不出现吞咽困难、运动失调或尾部力量减弱的症状。

· 尾根部抬高。

· 眼底镜检查异常——金棕色脂褐质网状沉积：不是所有马都有这种明显的变化，也不是所有有此变化的马都患有EMND。

明确诊断

· 临床症状提供预先诊断。

· 实验室诊断结果可以提供支持但不能断定。90%患有EMND且颤抖的马出现血清肌酐酶（CK）水平轻微或中等程度升高（500~2 000IU/L）。

· 测量血清维生素E水平；所有患有EMND的马若在补充维生素E前取样，其水平均＜1μg/mL。

· 对骶后背侧内侧肌（尾根）实施肌肉活组织采样。这是尾基部中轴两侧最浅表的肌肉。进行取样前，先用甲苯噻嗪对马进行镇静以及皮下局部浸润麻醉（不要进入肌肉）。做一个长7.5cm的皮肤切口，解剖分离皮下脂肪后暴露肌肉。在肌肉内做两个平行的切口，再从底部分离出需取样的肌肉，最后切断肌肉条两头，获得长2.5cm、宽0.5cm的样本。置于压舌板上后，将样本移至福尔马林中固定，邮寄给有经验的病理学家做分析。

· 对脊副神经腹侧支进行神经组织活体采样（放置在福尔马林溶液中送样）。若由有经验的病理学家分析，结果在判断疾病是否存在时约有94%的准确率。

应该做什么

马运动神经元疾病

· 不添加硒的维生素E，6 000~10 000IU每24h口服，应当依据情况补充或直至补充到饮食中有足够量的维生素E且血液中含量能维持在正常值。

· 尽管合成维生素E添加剂能使血液中维生素E含量升高，但天然的维生素E添加剂通常能使血液中维生素E含量或活性优于合成添加剂产生的效果。有人建议使用辅酶Q_{10}，但是效果尚未确定。

· 如果可能的话建议提供青草。

· 强尼松龙，0.5~1mg/kg每24h口服，似乎可以改善马的急性、严重的临床症状。二甲胺四环素4mg/kg每12h口服，持续2~4周，理论上可以帮助对抗神经元退化，但是这一方法在马中还未广泛使用。

预后

· 对于恢复正常功能预后不良。
· 超过半数的患马中在2~4周后会趋于稳定。

马强直性低血钙症

常见原因

· 泌乳：在挽马以及矮种马中更常见。
· 斑蝥中毒。
· 大肠炎以及成年马的急腹症（见第18章）。
· 耐力型马疲劳综合征。
· 过度补充碳酸氢盐。

罕见原因

· 自然发生。
· 运输和应激。
· 甲状旁腺功能低下：更常见于马驹（通常为2~5个月）；反复发作暗示预后不良，除非能够长期补充钙。

· 农场管理原因可导致多匹马驹受到影响，这类案例中由于饮食中缺少镁，导致副甲状腺激素活力降低，或者还应考虑是否存在维生素D缺乏的因素。

临床症状

· 全身僵硬。

- 牙关紧闭。
- 颤抖。
- 鼻孔距离异常且张大。
- 同步膈震颤：通常见于低电离 Ca^{2+} 的成年马。
- 第三眼睑脱垂。一些症状与高血钾周期性瘫痪（HYPP）相似。
- 呼吸困难。
- 鸡跛或鹅式步伐。
- 侧卧不起。
- 瞳孔扩大。
- 流汗。
- 心跳过速。
- 感觉过敏。
- 窒息。
- 体温升高。
- 马驹抽搐。
- 由肠梗阻引起的腹痛（通常严重）。腹痛还可引起低血钙，但通常较为轻微；或由严重的低血钙引起腹痛。

实验室结果

- 钙通常＜5mg/dL[1]（＜1.25mmol/L）。
- 电离钙通常＜2.4mg/dL（＜0.6mmol/L）。
- 镁通常＜1mg/dL。
- 可能患有碱中毒以及由于出汗导致的低血氯，这又会加剧低血钙。

应该做什么

破伤风低血钙症

- 缓慢静脉注射11.5g（500mL）23%的二硼葡萄糖酸钙盐，对于450kg的马至少持续15min。这种钙盐可以与4~5L生理盐水混合，在30~45min给完。对于病情严重的成年马，可不经稀释缓慢静脉注射200mL二硼葡萄糖酸钙盐，药物漏到血管周围可导致软组织发炎以及静脉炎。
- 检测心率及心律。
  - 预期的心血管反应为心音加强。
  - 可见不常见的期外收缩，但是心率以及心律的明显改变意味着需马上停止给药。
- 完全从低血钾恢复可能要几个小时甚至几天。可能需要重复治疗。马驹对治疗无反应更常见。
- 另外若需要的话，可监测和补充血液中的镁。

1　换算系数：毫克每分升（mg/dL）除以4换算为毫摩尔每升（mmol/L）；毫摩尔每升乘以4换算为毫克每分升。

预后

预后良好，除非马患有副甲状腺功能低下，这更常见于马驹。实验室用于检测副甲状腺激素（用于诊断副甲状腺功能低下）的样品可以送去密歇根州立大学种群与动物健康诊断中心的内分泌部门。血液样品必须要凝结再离心后置于冰上隔夜送达，并应当报告病患的实验室检测正常值。由副甲状腺功能低下引起的持续性低血钙的马驹预后不良，除非能提供长时间的补充与治疗。

高血钾周期性瘫痪（HYPP）

HYPP是一种由常染色体显性基因遗传的肌肉膜表面运输载体缺陷的疾病。纯合子HYPP患马相比于杂合子马通常会表现出更严重的临床症状。

病患特征

- 属于“Impressive”这一夸特公马后裔的夸特马、阿帕卢萨马、花马。

成年马

- 一般地，第一次症状发生于2~4岁的马，之后症状通常伴随训练开始而发生。
- 一些马的第一次发病年龄可能更大或更小。
- 高钾饮食、应激或禁食都会导致出现临床症状。

马驹

- 患马可为新生马驹至断奶年龄的马。
- 表现症状的马驹通常为纯合子。
- 母马可能有也可能没有临床症状表现。

临床症状

成年马

- 患马具有易焦虑的性格且随时保持警惕。
- 可见偶发性肌肉震颤，通常开始于面部和颈部肌肉，之后发展为全身震颤。
- 摇摆以及蹒跚步态明显可见。
- 马呈犬坐式姿态（后肢轻度瘫痪）随后可发展至非自主性卧地。
- 第三眼睑脱垂。
- 通常患马在恢复后表现正常，症状持续时间可为几分钟到几小时。
- 症状可发生于应激事件后（如腹痛）、寒冷的天气、麻醉或饲喂。
- 呼吸频率增加，上呼吸道呼吸声明显（打鼾可见于HYPP患马，有时可能作为唯一的症状）。

- 少数情况下可导致死亡，此病应当作为导致急性死亡疾病的鉴别诊断之一。

马驹（见第21章）

- 明显吸气杂音。
- 呼吸困难。
- 突然倒地。
- 常在运动、保定或喝奶后表现出呼吸症状。

诊断

病患特征、临床症状、马驹内镜检查、实验室数据以及对治疗的反应都可以为诊断提供依据。HYPP基因检测可以辨识出纯合子和杂合子的马。

实验室数据

- 高血钾，5~12.3mEq/L在发病期间明显。很少有报道患马和马驹在发病期间血钾正常。
- 肌酶（CK和天冬氨酸转氨酶）水平正常或略微升高。肌肉活体组织取样不能提供最终诊断。
- HYPP检测可以在加利福尼亚州戴维斯分校的兽医基因诊断实验室，或美国、加拿大以及澳大利亚其他一些实验室进行。提交20~30根带根的毛发或用EDTA管（紫盖管）收集5~10mL的血液。

应该做什么

高血钾周期性瘫痪

马驹

- 不要过度保定马驹。
- 器官切开可能需要在咽部过度塌陷的马驹中进行。如果需要镇静，地西泮（安定）比其他α兴奋剂要好，因为后者会增大上呼吸道阻力。

成年马和马驹

- 23%葡萄糖酸钙，0.2~0.4mL/kg与1~2L10%右旋糖混合或250mL 50%右旋糖混合或与0.5mEq/kg碳酸氢钠混合，30min内静脉注射完。钙和葡萄糖可以一起注射，但是不能将钙和碳酸氢盐一起注射。
- 可以给呼吸困难的马驹使用沙丁胺醇吸入剂。
- 轻度的病例经口饲喂或通过鼻胃管给右旋糖或卡洛糖浆配合或不配合碳酸氢钠（小苏打）。有时少量运动（打圈）可以在轻度病例中减轻临床症状，因为肾上腺素和β兴奋剂可以升高细胞内钾浓度。
- 乙酰唑胺2.2~4.4mg/kg每12h口服。这是一种排钾的利尿药，可以用来减少临床症状的发生。
- 减少饮食中钾的含量。将苜蓿草换成经检测过的干草，但不要雀麦草。**注意事项**：干草中的钾可能会有很大不同。另一种选择是通过将苜蓿草混入钾量低的干草或燕麦草来减少苜蓿干草的含量。饲喂更多燕麦草并且减少甜味饲料或颗粒饲料的饲喂，但是要确保饮食中足够的钙含量。避免饲喂含有钾的添加剂（如糖浆、含钾食用盐和海草灰）。保证持续的运动。

预后

- 乙酰唑胺疗法配合饮食调整可以控制大部分患马的临床症状。

- 有报道一些起初对治疗反应良好的马之后病情复发。
- 偶尔报道突然死亡的患马。
- 阻止繁育该病基因检测阳性的马，就算那些马没有临床症状。这一点仍有争议。

破伤风

由破伤风梭菌产生的外毒素通过阻断抑制性神经递质而导致骨骼肌痉挛。

病患特征

- 任何没有接种过疫苗的马均易感。
- 梭菌通常由软组织或蹄部伤口进入体内。
- 该病通常在形成伤口后10~21d发生。

临床症状

- 起初的症状为腹痛和身体轻微僵硬。
- 可见骨骼肌颤抖、痉挛以及麻痹。咬肌最常受到影响。
- 可见第三眼睑脱出，尤其当马产生威胁反射时。
- 眼睑回缩，鼻孔张大，以及耳朵立起明显。
- 锯木架站姿和僵硬的痉挛步态之后可发展至卧地不起。
- 无法张口，吞咽困难，还会引发吸入性肺炎。
- 尾根抬高。
- 所有症状都会因活动或兴奋加剧。对患有破伤风的马施加刺激可导致其恐慌、卧地不起，长骨骨折或其他二次受伤。

诊断

- 临床症状发生在未接种疫苗的马；因此，年轻马或马驹最常受到影响。
- 没有血液检测可供诊断。
- 可尝试对原发伤口进行破伤风梭菌的厌氧培养。

鉴别诊断

- 最常见的症状是严重的颈部疼痛。
- 低血钙。
- 肌肉病。
- EMND（马运动神经元疾病）。

- 僵马综合征。
- 寒战。
- 偶尔见于脑炎。

应该做什么

破伤风

- 提供安静的环境，保证良好的地垫且周围没有障碍物。
- 在墙壁上也加上衬垫，减少马二次受伤的风险。
- 避免刺激：对马厩进行遮光，用棉球堵住马的耳朵。
- 提供厚的稻草垫料，尤其是当患马卧地不起时。
- 提供肌肉松弛剂和镇静剂：
  - 肌内注射或静脉注射乙酰丙嗪，每6h，0.02~0.05mg/kg。随着时间推移可能要增加剂量或缩短给药间隔。还可以使用戊巴比妥，5~10mg/kg缓慢静脉注射，接着每12h经口给药5~10mg/kg。还有一种可能有效的疗法是静脉注射地西泮0.05~0.44mg/kg配合美索巴莫，每12~24h 40~60mg/kg经口给药或10~50mg/kg静脉注射。根据临床症状，这些疗法可能要持续几天至几周。
- 移除感染源：
  - 清除创口，不要缝合。
  - 用普鲁卡因青霉素浸润伤口。
  - 每6h静脉注射青霉素钾，22 000IU/kg，至少持续7d。**注意事项：**如果有吸入性肺炎的可能应考虑配合额外抗生素或使用其他抗生素来起到广谱抗菌作用。
- 中和未结合的毒素：
  - 静脉注射或肌内注射破伤风抗毒素100~200U/kg，它可以结合循环中剩余的毒素，但是由于其穿过血脑屏障能力弱，因此无法结合中枢神经系统中的毒素。
  - 考虑神经鞘内注射抗毒素。效果在马中还不清楚，但在人的病例中的效果已被证实。通过寰枕关节抽吸出50mL脑脊液（马驹30mL），再注入等量的破伤风抗毒素。此操作需将马麻醉。这一疗法可以用于早期病程，且马仍能活动、临床症状轻微。
  - **注意事项：**如果病患受到严重影响，如出现锯木架式站姿，不建议进行鞘内注射，因为在此之后患马可能无法再站立（腰荐部给药可能使马突然倒下）。
- 保持体内充足水分以及营养状况。
  - 将水和食物放置在马匹能够轻易获取的地方。
  - 如果需要通过静脉补液维持体内水分。
  - 可以通过小口径鼻胃管给予水和流食。插管可能由于肌肉痉挛和咽部麻痹而变得困难。可在镇静剂达到峰值作用时进行饲喂或插管来减少应激。将管留在体内（见第18章）。
- 建立主动免疫：引起疾病的毒素量通常不足以激发免疫反应。要在与抗毒素不同的部位接种破伤风类毒素。

预后

- 预后一般至不良。
- 能否恢复视临床症状程度以及患马状态。
- 临床症状可持续几周。
- 并发症包括吸入性肺炎、肌病以及长骨或盆腔骨折。马驹可发展不同的骨病。
- 如果患马无法站立，预后不良。如果马在5d的临床症状后能够行走，那么预后一般至良好。

肌病、肌炎

颤抖可发生于肌病或肌炎。情况包括以下几种:

非硒缺乏性强拘综合征

· 排除多糖储存性肌病，尤其是欧洲大陆的挽马品种（比利时马或佩尔什马）、温血马或夸特马（见多糖储存性肌病）。询问马腺疫病史以及之前该马或其亲属有无出现强拘症的情况。纳入或排除一些引起肌病特定的病因。

劳累型肌病

· 如果判断肌病是由过度劳累或比赛/训练后的兴奋引起的话，治疗如下:

应该做什么

劳累型肌炎

· 补液来纠正脱水以及电解质失调。记住，大部分表现轻微或中度肌炎且疲劳的患马都有可能处于低血氯和碱中毒的状态。因此，0.9%NaCl配合20~40mEq/L KCl常被作为推荐使用的溶液。溶液利尿可能会防止肌红蛋白尿肾病。高渗盐水也可以使用。在严重的病例中（肌病、劳累或两者都有），通常存在酸中毒。

- 止痛：保泰松2.2mg/kg每12h静脉注射，连续1~2d。
- 在纠正脱水后，乙酰丙嗪0.02~0.04mg/kg静脉注射或肌内注射，每6h一次。
- 热敷袋热敷。
- 美索巴莫10~15mg/kg每24h口服或静脉注射。只有在乙酰丙嗪无法提供充分松弛的情况下使用。
- 丹曲林或苯妥英可以代替美索巴莫，在患有钠或钙通道功能紊乱的纯血马和标准种马中使用。

非典型肌炎

· 美国有这种疾病发生，但是在欧洲更为常见（见第40章）。

腔室症候群

· 腔室症候群与局部缺血有关（由创伤造成的局部肌病）。

应该做什么

腔室症候群

· 治疗方法与劳累型疾病相似。如果疾病恶化且在重要神经区域如桡神经处发生肿胀，可实施筋膜切开术来释放压力。

· 如果只有一条肢体受到影响，不要忘记用绷带裹住对侧肢来起到支持作用。如果有必要的话，可同时为对侧蹄的蹄叉和蹄底提供额外支撑。

- 如果马匹能忍受吊索降低负重，这对治疗有效。
- 一些病例中，尤其是肱三头肌可能需要几天的时间恢复。
- 抗氧化疗法包括维生素E、辅酶Q_{10}、硒以及二甲基亚砜（DMSO）可能对严重的病例有所帮助。

硒缺乏性强拘症

- 在美国部分地区（如东北和北方中部地区）以及加拿大，尤其是（但不是绝对）那些没有得到良好饲喂的马，可考虑这一疾病作为鉴别诊断。强拘症可以影响肢体肌肉、舌肌、心脏或仅仅影响咬肌。
- 关于如何诊断以及治疗，请参考接下来的部分。

白肌病

- 白肌病（硒缺乏肌病）最多出现于出生至7月龄的马驹，也见于成年马。这种疾病在美国东北、西北部最常见。在心肌发生病变时，可能出现无临床表现的死亡；在骨骼肌受影响的病例中，会出现呼吸困难、吞咽困难、侧卧、僵直步等典型临床症状；膈肌发生病变的病例中，可能出现急性、有时进行性的呼吸窘迫伴随呼吸性酸中毒的症状。而在成年马中可出现由于咬肌与翼肌肿胀引起的急性咬肌肌病伴随结膜膨胀；咬肌无力则会导致不能闭合嘴部和舌突出。典型的生化指标异常有低钠血症、低氯血症、高钾血症以及肌肉酶活性显著升高，肌红蛋白尿症可致尿液呈红色或棕色。
- 诊断基于临床症状、血清肌肉酶活性升高、肌红蛋白尿以及血清硒（一般成年患马＜7μg/dL，患驹＜5μg/dL）。

注意事项：若已服用硒，并且需要确认诊断结果，可用抗凝血管收集患马血液并送至密歇根州立大学群体与动物健康诊断中心评价谷胱甘肽过氧化物酶活性。服用硒后，硒分子需要数日才能合并入红细胞谷胱甘肽过氧化物酶中。

应该做什么

白肌病

- 治疗中可能需要反复肌内注射硒，0.06mg/kg，IM。
- 支持治疗包括静脉注射DMSO、维生素E、非甾体类抗炎药，并预防马驹胃溃疡。

不应该做什么

白肌病

- 作者更倾向于不要静脉注射硒！

出血性紫癜或免疫介导性肌炎

临床表现

- 几乎所有的紫癜病例都有一些肌肉酶活性的升高。
  - 在少数病例中，会出现大量快速进行性水肿和某些肌肉萎缩，多数发生于后肢。患马的任何骨骼肌都可能出现梗死性/出血性肌坏死，而且在少数病例中，可能出现肠道和/或肺部梗死。另一部分病例只有严重的肌坏死和水肿而无梗死，这种症状最常见于夸特马。

· 第二种可能与快速肌肉萎缩相关的综合征主要见于感染链球菌病的夸特马。

诊断

· 患马可能感染马链球菌病或有其他呼吸道疾病。

· 很多有肌肉消耗综合征的马中发现有高链球菌M蛋白抗体滴度，有急性水肿、肌坏死和/或梗死综合征的马的坏死肌肉中可能会检查出链球菌或M蛋白。

· 出现急性战栗、呆滞、肌肉肿胀、四肢水肿和/或侧卧的表现，有急性水肿和/或梗死综合征时，可能会快速（数小时内）发展到侧卧。

· 一些病例中会发现肌肉酶活性的升高（通常显著）、中性粒细胞增多、纤维蛋白原和球蛋白升高。

· 患马可能有其他紫癜的症状，如瘀斑、发热和非依赖性水肿。

· 有急速肌肉消耗的患马的肌肉损耗主要体现在轴背和臀部肌肉上，有梗死综合征的患马同时会有腿后肌群和显著的四肢水肿症状的出现。

· 在急性肌坏死综合征中可能出现迅速且严重的肌肉水肿和出血，也可出现严重的急腹症。可能会累及心肌，导致心力衰竭和急性死亡，这些病例的心肌钙蛋白-I（cTnI）指标显著增高。对于肌肉急性疼痛性肿胀伴随发热的情况，必须排除产气荚膜梭菌肌炎（见第35章）。

应该做什么

出血性紫癜肌炎

· 出血性紫癜的治疗见第35章，以最激进的方法治疗（如急性肌坏死综合征中，使用高剂量糖皮质激素，0.1~0.2mg/kg,IV）通常是致命的。进行性萎缩综合征的患马通常对地塞米松（0.06~0.1mg/kg，IV）敏感。心肌受到影响时，静脉输液要小心。

寄生性肌炎（肉孢子虫）

· 不常见。

· 有战栗和呆滞的表现。

· 血象变化包括肌肉酶活性增高；通过肌肉活检确诊。

应该做什么

寄生虫性肌炎

· 保泰松，2.2mg/kg，PO间隔12~24h。

· 甲氧苄啶-磺胺甲噁唑，30mg/kg，PO间隔12h。

· 乙胺嘧啶，2mg/kg，PO作为速效剂量，然后1mg/kg，PO间隔24h。

美国迷你马肌病

· 患病驹和患病成年迷你马发现有不寻常的咬肌坏死伴随吞咽困难、虚弱和战栗。根据病史，患马和患病驹以一种常用的有机磷酸酯类防蝇药物（司替罗磷）治疗。迷你马是否患病与有机磷酸酯、与轻微低硒浓度和/或遗传因素是否有关还不清楚。

多糖储存性肌病

· 多糖储存性肌病（PSSM）是一种糖原储存性疾病。

· 1型病常见于役用马的欧洲大陆品种和夸特马，且较常见于温血马（2型更常见于温血马）。在其他品种的马中不太常见。

· 此病通常第一次出现于青年马（3~7岁）。

· 夸特马反复发作的肌肉紧张病有时会非常严重，伴随肌肉酶活性显著增长。

· 对于易感的挽马，战栗和呆滞的表现可发展成侧卧甚至死亡，多数情况下肌肉酶活性仅轻微升高。

· 血清硒浓度可能正常，也可能不正常（挽马通常不正常）。

· 对使用硒的治疗无反应。

· 夸特马可出现肌肉酶活性的反复和持续升高。

· 肌肉消耗、后肢无力，甚至全身战栗的症状在一些病例中能被注意到，特别是在挽马中；有些挽马在有颤抖症状的同时患有PSSM，导致一系列虚弱、痉挛以及疼痛的临床症状。

诊断

· 通过肌肉活检或基因检测诊断。

  · PSSM有两型（1型和2型）。

  · 1型病由一种已知的基因突变（糖原合成酶中）造成，确诊1型病可将血液（3~7mL置于EDTA管中）或20~30根鬃毛或尾毛送至明尼苏达大学兽医院的神经肌肉疾病实验室。

· 1型和2型病的患马都可能有正常高值或轻微异常的CK值和AST值，并且会引起相似的肌肉病状，通过半膜肌和半腱肌活检可以确诊。

  · 将肌肉活检样本置于压舌板上，用生理盐水湿润的4in×4in海绵包裹样本，置于密封的塑料容器中（样本杯），放于冰袋中连夜送至明尼苏达大学。

· 在严重感染的病例中出现高肌肉酶活性，但因为这些病例并非肌炎，所以在很多挽马中可能没有显著升高。

应该做什么

多糖储存性肌病的轻度至中度病例

· 口服480mL植物油，24h一次（尽可能饲喂低淀粉食物或鼻饲）。长期维持这种饮食方式，使其保持相对的高脂/低淀粉（见www.cvm.umn.edu/umec/lab/PSSM/home.html#prevention）。

· 给予镇痛剂。

· 在病情平稳后逐渐增加运动量，并且保持一致的运动计划。

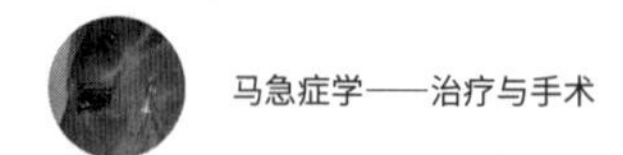

禁忌

多糖储存性肌病

- 在疾病活跃期不要让患马运动。

应该做什么

多糖储存性肌病的严重及复发病例

- 口服480mL植物油。
- 静脉注射英脱利匹特0.2g/kg，缓慢注射1~2h。
- 给予镇痛剂。
- 给予支持治疗（如输液治疗），为倒地的马提供吊索支撑。
- 每天0.45~2.25kg的米糠是很好的脂质来源，很多公司都提供高脂饲料。但除了高脂饮食外，禁食碳水化合物也是很重要的。
- 一旦一次发作结束，需保持日常锻炼。

引起颤抖的其他原因

除了上述原因之外，还有其他原因导致急性颤抖，包括外伤、体温过低、恶病质、药物反应。

白蛇根中毒

- 食用白蛇根的马出现虚弱的迹象导致复发，通常会出现排尿频率增加的情况（见第34章）。这些病例中有些可能为非典型肌病，与暴露于枫树或梣叶枫种子有关（见第40章）。

急性铅中毒

- 有颤抖、情绪低沉以及共济失调（见第34章）的症状，急性铅中毒可导致喉头麻痹。
- 诊断基于暴露情况、临床症状和血铅浓度＞0.3ppm进行诊断。

应该做什么

急性铅中毒

- 静脉注射110mg/kg EDTA依地酸钙钠于5%葡萄糖中，24h一次，连续2d，可能需要进一步的间隔治疗。

耳蜱（*Otobius Meghini*）感染

- 肌肉痉挛、类急腹症发汗、第三眼间脱垂，以及类急腹症症状都与耳蜱感染相关。叩诊中，部分肌肉有持续且严重的挛缩。肌肉酶活性水平一般轻度至中度升高。在感染马匹的耳部可能发现多刺耳蜱。

应该做什么

耳蜱感染

- 使用除虫菊酯－胡椒基丁醚治疗或驱除蜱虫后，症状在24~96h内消失。

主动脉 - 髂动脉血栓（鞍状血栓）

· 尽管多数病例是慢性且间歇发病，少数个体有急性发作的后肢颤抖、四肢剧烈颤抖和/或后肢无力。诊断建立在直肠超声检查的基础上，触诊四肢有脉搏减弱，但检查结果不一致。

应该做什么

主动脉 - 髂动脉血栓

· 口服己酮可可碱8.4~10mg/kg，12h一次，可以尝试但疗效未被证实。口服阿司匹林15mg/kg，隔日服用，或口服氯吡格雷4mg/kg作为速效剂量，然后口服2mg/kg，24h一次。治疗严重病例时，可以尝试在股动脉通路用Fogarty静脉血栓切除术导管来移除血栓。

外周神经病变或灰质损伤

· 任何外伤或炎症（原发性神经炎或更多由脊椎骨髓炎引起）导致的外周神经病变可能导致一条腿颤抖。有报道个别炎性神经炎伴有长期刨地、颤抖、肢体萎缩的病例，只有糖皮质激素治疗有效。局灶性的症状如过敏和出汗可能由外伤/注射和交感神经损伤引起。身体同侧尾部到身体某一点出汗，暗示脊髓交感神经干降支在起始点受影响。局灶性灰质病变（如EPM）也可导致一条或多条腿颤抖。

任何原因的脑膜炎都可导致颤抖

- 被特定疾病所掩盖。

霍纳氏综合征

- 霍纳氏综合征主要由以下原因引起：
  - 颈静脉周围注射伴随同侧（嘴部至C2）出汗。
  - C1~T2脊髓疾病伴随同侧（至整个身体侧面）出汗。
  - 前胸肿物伴随同侧（至头、颈、肩部）出汗。
- 异常发汗是马霍纳氏综合征最明显的症状。
- 鼻水肿、打鼾和/或感染侧眼下垂可能很明显。

· 有内耳或中耳疾病的马不会患霍纳氏综合征，并且很少与喉囊真菌感染或颞舌骨关节病有关。

应该做什么

霍纳氏综合征

对于血管周注射引起的霍纳氏综合征，治疗措施如下：

- 进行全身抗炎治疗（地塞米松，禁用的情况除外）以及外用［DMSO配地塞米松和/或双氯芬酸（更佳）］。
- 由血管周注射赛拉嗪或地托咪定引起的霍纳氏综合征不采取治疗措施，很多病例几个小时内症状会消失。

精神状态的改变

马行为举止的变化可能是主人最先发现的神经性临床症状，并且暗示大脑或（更少见）脑干功能障碍。怪异行为或沉郁加上共济失调或明显的失明可成为影响中枢神经系统的感染性或代谢性疾病的症状。

肝性脑病

肝性脑病是成年马急性大脑症状最常见的病因之一（见第20章）。

与肠道疾病相关的原发性高血氨症

无肝脏疾病的高血氨症越来越多地被认为是成年马急性行为改变、失明、绕圈转和癫痫发作的原因。急腹症通常在中枢神经系统症状出现的12~24h前出现，并且通常在中枢神经系统症状恢复时出现腹泻的症状。其发病机理尚未完全清楚，但认为是胃肠道过度产生氨气或氨的吸收量增加使肝脏代谢紊乱。

诊断

- 有胃肠道症状，紧接着出现中枢神经系统症状的病史。
- 实验室检查结果的三个典型结果：
  - 高血糖症。
  - 代谢性酸中毒。
  - 高血氨症＞150μmol/L。
- 肝脏酶活性正常。
- 肝功能检查正常。

应该做什么

原发性高血氨症

- 苯巴比妥镇静，5~10mg/kg，IV。
- 口服新霉素20mg/kg，6h一次，加上口服乳果糖0.2mL/kg，12h一次。
- 静脉注射Normosol-R或勃脉力A。
- 禁止使用碳酸氢钠！
- 口服硫酸镁1g/kg。
- 静脉注射苯甲酸钠250mg/kg，1h以上，用于一些原发性高血氨症的病人。

预后

- 约50%的患马经过支持治疗后2~3d痊愈，未痊愈的患马通常在6~12h后病情迅速恶化。

霉菌毒素脑病

霉菌毒素脑病以很多别名（霉玉米中毒、晕倒症、脑白质软化症、觅食病）被熟知，由一种玉米常见的污染物——镰刀霉菌产生的毒素导致。临床症状是高度多变而且由摄入的毒素量、镰刀菌的种类、暴露于霉菌的持续时间以及个体易感性决定（见第34章）。

病史

- 深秋至早春为高发期，发病率每年都有变化。
- 数日来，污染玉米都是饮食的一部分。
- 在农场里有多匹马通常会受感染。
- 通常在摄入霉菌毒素4~10d后开始出现临床症状。
- 死亡发生于出现临床症状1~3d内。

临床症状

神经学症状

- 无发热。
- 行为改变（沉郁到狂躁）。
- 共济失调，以及可能发展为无力的侧卧。
- 失明。
- 不对称性脑神经缺失。
- 癫痫。
- 昏迷和死亡。
- 由于产生中枢神经系统损伤的多变性，未见同一模式的神经症状。

肝中毒症状

- 重度黄疸。
- 唇和鼻肿胀。
- 呼吸困难。
- 昏迷和死亡。
- 与高剂量毒素相关。

心脏中毒症状

- 无特定症状但可见心率减慢和心脏酶活性升高。

诊断

- 诊断包括食入霉菌污染的玉米以及多个个体突然出现异常神经症状。

- 实验室检查数据是非特异的：应激白细胞象以及肝脏、心脏酶活性正常至升高。
- 脑脊液分析结果可能正常，或显示中性脑脊液细胞增多伴随蛋白增多和黄变症。
- 可通过剖检发现脑白质局灶性液化性坏死确诊。
- 可以定量检测饲料中的镰刀霉菌。
- **实践提示：**饲料可能看起来很正常。

鉴别诊断

- 肝性脑病。
- 病毒性脑炎。
- 外伤。
- 马原虫性脑脊髓炎。
- 脑脓肿。
- 狂犬病。
- 占位性肿物。
- 肉毒梭菌中毒。
- 疱疹脑脊髓病。

应该做什么

霉玉米中毒

- 去除中毒来源（玉米）。
- 使用糖皮质激素：地塞米松，静脉输注0.1~0.2mg/kg，24h一次，1~2d。
- DMSO，使用1g/kg作为10%溶剂溶于生理盐水中静脉注射5d，24h一次。
- 静脉注射保持水合状态。
- 给予广谱抗生素治疗。
- 静脉注射硫胺素10mg/kg，12h一次。
- 提供周到的护理。

预后

- 广泛的中枢神经系统损伤导致预后不良；极少数病例存活。

病毒性脑炎

当任何马匹出现急性行为改变和发热，病毒性脑炎应列入疾病的鉴别诊断中。在气候温和的地区，多数在晚夏至秋季发病。

无发热症状时不可将病毒性脑炎排除在外，特别是西尼罗河病毒脑炎。

甲病毒

披膜病毒科的甲病毒亚科包括了多种病毒，可导致多种疾病：东方（EEE）、西方（WEE）、委内瑞拉（VEE）马脑脊髓炎。这些疾病在临床上不可区分，表现为急性发热和抑郁，随后出现弥漫性中枢神经系统症状。季节性降水过多后，在墨西哥湾岸区和美国中北部等地散发。

病患特征

- 此病可以感染所有年龄、品种、性别的马匹。脑炎在3月龄以下的马驹中不常见。
- 疾病通常在传播媒介（蚊子）高发期出现，在美国东南部全年可见。
- EEE和WEE：通常在一群马中有一匹马感染，WEE没有EEE常见，WEE基本出现在密西西比河西侧，而EEE主要在密西西比河东侧出现。
- VEE：发病率高达50%，美国上次VEE在1971年暴发，但后来在墨西哥、南美洲北部以及特立尼达发现了这种病毒。病毒性脑炎的监测情况可见 www.aphis.usda.gov/vs/nahss/equine/ee/。

临床症状

- 高热。
- 急腹症。
- 厌食。
- 沉郁：可能发展为嗜睡。
- 痴呆：强迫性行走、易激动、有攻击性。
- 头部低垂。
- 过敏。
- 共济失调。
- 失明。
- 绕圈走。
- 癫痫。
- 歪头。
- 侧卧。
- 咽、喉头、舌麻痹。
- 呼吸异常。
- 心律不齐。

诊断

- 用以检测IgM的ELISA，结果为阳性。

· 只有全细胞灭活苗才可引起用以检测IgM的ELISA阳性。

· IgG血清滴度在2~3周内增长4倍。

· PCR或IHC分析脑组织。

· 脑脊液分析：白细胞升高、总蛋白值升高、黄变症。脑脊液变化时大多数为EEE感染；感染WEE和VEE时变化不太剧烈。从脑脊液中可能分离出病毒。早期和轻微感染病例有脑脊液单核细胞增多，更严重的病例中中性粒细胞数量相当或更多，特别是EEE。

· 脑和脊髓的组织病理学检查：无明显损伤是该病的特征。多数显微镜下显著可见的损伤位于大脑皮质、丘脑和下丘脑。递送新鲜或冷冻大脑样本分离病毒，可用固定好的组织做免疫组化分析。

注意事项：中枢神经系统中有足量的病毒颗粒可导致人的感染，特别是VEE。进行剖检时要采取防护措施，不要使用电动工具。

应该做什么

病毒性脑炎

- 无有效的针对性治疗。
- 可以使用DMSO 1g/kg作为10%溶剂溶于生理盐水或乳酸林格氏液中，静脉注射5d，24h一次。
- 进行性病例静脉注射0.1~0.2mg/kg地塞米松1~2d，12~24h一次。
- 使用非甾体类抗炎药：静脉注射或口服2.2mg/kg保泰松或0.5~1mg/kg氟尼辛葡甲胺，12h一次。
- 使用抗癫痫药：静脉注射0.1~0.4mg/kg地西泮；静脉注射苯巴比妥5~10mg/kg或至起效。
- 检测水合情况。
- 提供致泻饮食。
- 提供营养。
- 保护患马不被自己所伤。

预后

· EEE：病死率为75%~100%；通常不能痊愈。很多患马侧卧3~4d后死亡。

· WEE：病死率为20%~50%；通常有持续性神经缺损。

· VEE：病死率为40%~80%；康复后3周内可出现病毒血症，此间要隔离患马。

将感染EEE、WEE、VEE的病例上报至公共安全部门。患马不是人WEE和EEE感染的传染源。**注意事项：**VEE容易直接或通过蚊虫传播给人。

狂犬病

由于狂犬病在美国特定地区呈地方性流行，对于有精神状态改变、急性共济失调和侧卧的病例必须慎重考虑此病。

死前诊断狂犬病是很困难的，因为临床症状广泛，而且没有准确的濒死诊断检查。马一般通过被患狂犬病的野生动物咬伤而感染，但这种伤口在身体上很难被发现。狂犬病的潜伏期为两周至数月，一旦开始表现临床症状，通常为短期（平均3~5d）内的进行性神经功能恶化，以死亡告终。

如果疑似为狂犬病，则需要使用能起到屏障防护作用的PPE，包括手套和面罩。

病患特征

· 狂犬病无性别、品种或年龄特异性。

· 好奇心较强的青年马，患病风险可能更高。

· 虽然认为疫苗能起到很好的免疫作用，但任何已免疫马匹在出现急性神经学症状时也应考虑狂犬病的可能。

临床症状

· 临床症状（框表22-1）变化极大。

框表22-1　狂犬病的临床症状

常见	少见
攻击性	发声异常
厌食症	失明
共济失调和轻瘫	绕圈
腹痛	流涎
惊厥	头部倾斜
精神沉郁	卧倒呈划水样
发热	咽喉麻痹
感觉过敏	嘶鸣
跛行	流汗
后肢感觉丧失	磨牙
尾部和肛门反射丧失	里急后重
肌肉震颤	
轻度包茎	
趴卧	

· 临床症状迅速发展是马狂犬病典型但不一定表现的特征。

很多患马在出现临床症状后3~5d内会最终侧卧，然而有报道一例患马在出现临床症状9d后仍能走动。

诊断

· 全血计数和血清生化检查可提供的信息极少，应激会引起严重的高血糖。

· 脑脊液可能正常或细胞成分有轻微增加，淋巴细胞占大多数，脑脊液的总蛋白水平可能正常或升高。

· 死前检查不一定准确。

注意事项：任何疑似狂犬病患马的体液都必须小心处理，准确标记样本，并告知实验室人员。

管理疑似狂犬病患马的注意事项

- 尽量减少人体接触，特别是有开放性伤口的人员。
- 戴手套和面罩。
- 彻底洗手，狂犬病毒比较脆弱，多数消毒剂能消灭。
- 登记所有接触过疑似狂犬病患马的人员，抚摸患马、接触畜栏、处理血液样本不算作人体接触，除非手上有开放性伤口。

应该做什么

狂犬病

- 高度怀疑狂犬病的患马不建议治疗。
- 死后诊断是必要的，因为有人畜共患的可能。
- 若未免疫的马接触到狂犬病病毒，需要按照国家公共卫生指南进行处理。
  - 马在被咬伤后注射狂犬病疫苗可能无效，但从得克萨斯州研究并执行的狂犬病暴露后预防协定中72匹马的记录来看，注射狂犬病疫苗是有效的。
  - 这个指南包括立即接种疫苗后在90d隔离期中的第三周和第八周进行加强免疫。

递送狂犬病病料至国家诊断实验室

- 脑组织样本选择脑干和小脑，不要递送整个头部。
- 最佳样本可通过枕骨大孔以最小接触取得，收集样本时佩戴乳胶手套、外科手术口罩以及护目镜。
- 摘除头部后用钢锯移除颅后部，不要使用电锯（包括史塞克锯），因电锯会使病毒呈气溶胶状，然后取出小脑和部分脑干。
- 装运前冷藏样本，不要用化学防腐剂固定样本。
- 将样本至少两层分层装入密封袋中，用凝胶型冷却袋装在以聚苯乙烯泡沫隔热的纸板盒中；保持较低寄送温度。
- 一般在实验室接收到样本后24~48h内出检查结果。
- 用10%家用漂白剂溶于水消毒所有仪器的表面。
- 建议兽医进行狂犬病预防治疗。在正确预防措施下，人从大型动物身上感染狂犬病的风险很低。美国没有人被大型动物传染狂犬病的报道，然而有一位巴西裔兽医在处理狂犬病患病牛羊后死亡。

其他病毒

在加拿大和美国西部，已经发现了布尼亚病毒脑炎，患该病后可能康复。感染其他未确认或已确认的病毒（卡奇谷病毒、北美野兔病毒以及圣路易斯病毒）也会在康复过程中偶发脑炎。可将发热、脑脊液淋巴细胞增多症和脑炎症状的患马的血清送到疾病预防控制中心进行（血清学）检测。日本脑炎病毒影响日本的马，而博纳病和非洲马病（见第40章）可影响欧洲的马，也有报道马流感病引起马和骡子的非化脓性脑炎。在德国，蜱传播的病毒（黄病毒科）可引起脑炎。

寄生虫性脑炎

寄生虫性脑炎可引起共济失调和精神状态的改变。恶魔线虫是引起脑炎的最常见的非肉孢子虫。

临床症状

· 恶魔线虫性脑炎通常有小脑或前庭性的共济失调（运动范围过度、头部颤抖），可能出现癫痫。

· 除了共济失调外还可能伴随有血尿和肾脏疾病的症状，也会出现下颌神经脊髓炎、牙龈炎和头部肿胀的症状，因为这种生物主要引起骨组织和头部、肾脏以及中枢神经系统（通常在小脑、前庭以及颈上部区域）的病理效应。

· 可能出现视神经炎和视网膜炎。

诊断

· 除非身体其他部位（如牙龈、肾脏或骨骼）有病变，可以进行活检，否则不太可能在患马死前进行确诊。

· 需检查尿液查看是否有寄生虫，虽然在临床病例中很少发现。

· 脑脊液细胞增多提示有混合性炎症（淋巴细胞、多核白细胞），但无特异性。

应该做什么

恶魔线虫导致的寄生虫性脑炎

· 可以尝试芬苯达唑治疗，10~50mg/kg口服，24h一次，5d，以及50mg/kg乙胺嗪口服，24h一次，5d，饭后服用。

· 使用糖皮质激素：地塞米松，在治疗第1~2天0.05~0.2mg/kg静脉注射，24h一次，其后逐渐减少用量。

· 治疗成功的案例罕见，但根据最近的一篇报道，或许有治疗成功的可能。口服单一剂量的伊维菌素0.22mg/kg，存在争议，可能会加重神经系统症状。

寄生虫介导性脑炎的其他起因

由寻常圆线虫引起的寄生虫性脑炎很罕见，幼虫在脑内移行或形成多条小动脉血栓引起严重的神经系统疾病。血栓是由寄生菌斑块的栓塞引起的，源于血管短头干的分叉处。其病变是不对称的，在血栓栓塞的情况下，其临床症状类似于颈动脉内注射或急性中度EPM的情况。在一份报告中显示，一个农场不止一匹马受到影响。也有报道称牛皮蝇或纹皮蝇和一种在腹腔中很常见的腹腔丝虫虫体在中枢神经系统中移行的罕见事件在马中发生。薄副麂圆线虫可以沿着年轻马匹颈椎脊髓的背侧束柱移行，导致马匹的颈部一侧的急性感觉丧失，并形成该侧为凸面的C形脊柱侧凸。

应该做什么

寻常圆线虫导致的寄生虫性脑炎

- 可以用糖皮质激素和芬苯达唑治疗，但其疗效未证实。患马的脑脊液可能是正常的。

细菌性脑膜炎

病患特征

· 细菌性脑膜炎在马中很罕见，除了患败血症的马驹，伴随头部损伤，免疫缺陷综合征，或与THO有关。在无诱因的情况下伴随鼻窦感染或成年马驹的感染很罕见，而诱因应该排除马驹的免疫缺陷。

· 有常见的多种免疫缺陷的成年马通常有脑膜炎的症状（发热、肌肉自发性收缩、呆滞、不愿自由移动颈部、行为变化和感觉过敏）。这些马有B淋巴细胞减少症和低γ-球蛋白血症。中性脑脊液通常能培养出金黄色葡萄球菌。

应该做什么

细菌性脑膜炎

· 未确定脑脊液敏感性和环境前，应首先对成年马使用脑脊液透过性良好且抗革兰氏阳性球菌效果好的抗菌药物。对于马驹来说，必须使用抗革兰阴性杆菌药物。

· 理想状况下，应选择杀菌型抗生素。

· 推荐使用恩诺沙星和/或三代或四代头孢菌素（马驹避免使用恩诺沙星）。

· 头孢噻呋应高剂量使用（4~6mg/kg，8h一次）或最好使用头孢曲松、头孢他啶或头孢噻肟，然而这几种药物成本较高。

· 其他选择包括四环素和氯霉素，但都属于抑菌药物。

· 除常见的多变免疫缺陷综合征外，抗炎治疗尤为重要。

· 如果此病发展迅速，推荐使用单次量地塞米松（0.06~0.2mg/kg，静脉注射）和甘露醇（0.5~1g/kg，静脉注射）。

· 对于不严重的病例，应使用氟尼辛葡甲胺（0.5~1mg/kg，12h一次），可能需要DMSO（0.1~1g/kg 10%在生理盐水中混合）。

· 细菌性脑膜炎的患马如果在发病早期得到正确治疗，可以痊愈。

脑脓肿

病患特征

- 脓肿更常见于马驹。
- 通常在症状开始出现前数周，患马会有腺疫、肺炎或头部外伤的病史。
- 老年马脑脓肿最常见的原因是头部外伤和颅骨骨折后的感染。

临床症状

- 急性发病时可能发热。

- 沉郁逐步发展为昏迷和嗜睡的症状。
- 通常有暴力行为、顶头行为或绕圈的发作。
- 后肢或四肢共济失调、跌倒和急性侧卧。
- 单眼或双眼失明。
- 通常有多条脑神经受感染。
- 通常有头部倾斜和颈部疼痛的症状。
- 抽搐和昏迷。
- 频繁的病情反复：感染马匹可能在治疗后病情好转，然后在治疗中又突然恶化。

病因

- 马腺疫链球菌是报道中最常见的病原菌；兽疫链球菌或红球菌很少报道。
- 病原菌通过化脓性创伤的血液扩散（恶性马腺疫），鼻窦、鼻腔、喉囊或中耳的化脓性扩散，或穿透性创伤或骨折直接传播。

诊断

- 病史。
- 临床症状。
- 脑脊液样品（蛋白含量和有核细胞数量升高，脑脊液培养）；有些病例的脑脊液正常。
- 脑成像［磁共振（MRI）或电子计算机断层扫描（CT）］最佳。

鉴别诊断

- 肿瘤，但即使在成年马也都很罕见。
- 颅内血肿。
- 颅内肉芽肿：最常见于中年马、肥胖成年马。
- EPM。
- 狂犬病。
- 肝性脑病。
- 前庭疾病。
- 脑炎。
- 阿拉伯马驹特发性青年癫痫。

应该做什么

脑脓肿

- 青霉素钾，22 000IU/kg，静脉注射6h一次。
- 复方磺胺甲噁唑，30mg/kg，口服12h一次。

- +/– DMSO, 1g/kg，10%溶于生理盐水中或任何等渗液，静脉注射。
- 氟尼辛葡甲胺，0.5~1mg/kg，静脉注射，12h一次。
- 地塞米松，0.1~0.2mg/kg，静脉注射，单剂量，在需要减轻脑水肿的情况下使用。
- 使用苯巴比妥至起效，需要5~10mg/kg控制癫痫。
- 在脓肿部位用外科导管给予头孢菌素治疗。

预后

- 预后不良至严重，很少成年马可以痊愈。使用过量糖皮质激素控制临床症状，可能增加患蹄叶炎的风险。

莫西克丁昏迷

- 小于4月龄的马驹在服用莫西克丁后可能出现昏迷。这是因为脑内会产生γ-氨基丁酸，使马驹血脑屏障对该药的渗透性升高。有报道称这种病征出现在服用伊维菌素的早产马驹上。成年夸特马经过伊维菌素治疗后很少发生失明、沉郁和流涎等症状。

应该做什么

莫西克丁昏迷

- 支持治疗并给予单剂量的沙马西尼（0.04mg/kg，静脉注射）。
- 可能也需要静脉输液。

不应该做什么

莫西克丁昏迷

- 禁止给青年马驹使用莫西克丁。

真菌性脑膜炎

隐球菌是引起中枢神经系统感染最常见的真菌。感染马匹可能出现明显的脑部和脊髓症状。通常会出现发热的症状。脑脊液中的中性粒细胞显著增多（通常比临床症状所表现的更严重）。严格检查脑脊液可以发现这种病原体。曲霉菌可以导致中耳炎、内耳炎和前庭疾病。

应该做什么

真菌性脑膜炎

- 口服伊曲康唑，5mg/kg，12~24h一次。该药可与蛋白高度结合，所以可能需要更高的剂量进入脑脊液。
- 或口服氟康唑，初始剂量14mg/kg，然后每日5mg/kg。虽然能达到脑脊液高浓度，但曲霉菌可能产生耐药性。

耐力赛后大脑综合征

在耐力赛后，马匹偶尔会出现严重的沉郁，进而导致侧卧和迟钝。可能由以下原因导致：

- 高热。
- 持续缺氧。

· 局部缺血/再灌注。

· 游离水的消耗会导致水进入受损神经元，特别是在比赛时导致慢性脱水的神经元，还有自发性渗透导致溶质浓度的升高。

应该做什么

耐力赛后大脑综合征

- 在耐力赛后出现大脑功能紊乱症状的马应立即鼻内给氧，并治疗脑水肿（见脑水肿治疗措施）。
- 只可口服或静脉输注钠离子溶液（至少140mEq/L）进行治疗。
- 一旦患马开始侧卧并变得迟钝，预后严重不良。

马自残综合征

马自残综合征是一种描述为啃咬侧腹、尾部或胸壁侧面的自残行为。这种行为由应激导致（对进食或与其他马匹交配的期盼）。雄性马发生这种情况的概率是雌性马的7倍，通常在出生头两年间出现。遗传因素、不活动、分娩和内源性阿片类物质的刺激可能与这种行为的发生有关。

应该做什么

马自残综合征

- 去势、饮食改变、马厩更换以及使用阿片颉颃剂（纳美芬）用来改善这种行为，有部分病例见效。
- 丙咪嗪，一种三环抗抑郁剂，1mg/kg，口服，12h一次，已成功使用。
- 应进行彻底的诊断性评估来调查导致这种行为的潜在生理因素。

突发性倒下

对一匹突然倒下的马进行检查、诊断和治疗是很困难的。要考虑由代谢、呼吸、心血管和骨科问题导致的突发性心肺停止，并且要进行神经系统鉴别诊断，如睡眠不足、嗜睡/猝倒和多糖储存性肌病。马匹未来的预后通常是主人决定是否进行治疗的决定性因素。准确的解剖学诊断是首要的，有时也是最难的一步。始终要考虑狂犬病的可能性。突发性倒下对于一些小型马种来说可能是严重问题，并且可能需要采取治疗措施使马发挥自我保护功能。

应该做什么

突发性倒下

· 进行全面的体格检查、骨科和神经学检查。考虑视频监控，可加上动态心电图监控，来获得突发倒下时的数据。最常见的突然倒下原因包括睡眠不足、癫痫和昏厥，用监控录像分析可以区分。

· 根据病因的不同，治疗措施大相径庭。

颅外伤

脑水肿伴随出血是颅外伤危害最大且最直接的病理学结果，导致缺氧和脑压迫。炎症和氧化损伤在受伤后很快出现，并一般至少持续48h。临床症状一般在12h内最严重，但不可控制的脑水肿和炎症可由颅内症状发展而来。

病因

- 撞击、踢。
- 穿透性创伤。
- 跌倒：跳跃；起扬并向后倒（撞击颅骨后部）。
- 从撞击点和对侧大脑半极辐射出来的神经实质的直接损伤（图22-6）。
- 枕骨底部和蝶底骨错位至上面覆盖的大脑和脑干造成的直接损伤。

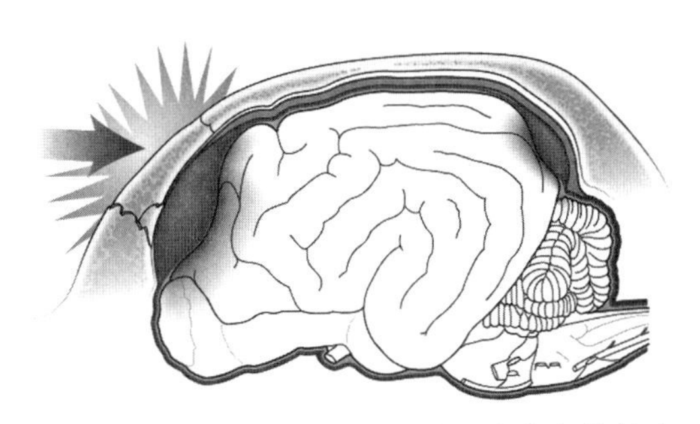

图 22-6　显示了颅骨钝性创伤和创伤部位的皮质损伤（箭头所示为枕部挫伤）以及大脑在颅腔内快速移动引起的后部皮质损伤

应该做什么

颅外伤的初步临床处理

- 稳定身体状况。
- 维持开放气道。将 $PaCO_2$ 维持在低正常值水平是很重要的，因为高 $PaCO_2$ 值会导致脑血流升高和水肿。
- 如必要的话，进行气管插管并使用人工呼吸机。如有条件，应供氧。
- 控制失血。
- 控制癫痫。将癫痫发作或抽搐的患马稳定下来；使用最低剂量的地托咪定和布托啡诺（各2.5mg）或最好为地西泮，0.1~0.4mg/kg，以控制马匹。然后插入导尿管并给予苯巴比妥（可减少自由基损伤，降低脑代谢率，降低颅内压，从而改善灌注）缓慢静脉输注以长效控制癫痫。[1]静脉注射的大概剂量为5~10mg/kg，可以重复使用（苯巴比妥在几分钟内不会完全起效）。治疗癫痫发作的侧卧马的另一种紧急的选择是5~10mL的“死亡+”安乐死药物，（戊巴比妥390mg/kg）与20~40mL生理盐水混合；只在其他治疗不可用时才可使用此方法。
- 获得准确的病史。
- 做尽可能完全的身体检查。寻找创伤、耳部和鼻部的出血或脑脊液渗漏，呼吸困难（异常呼吸类型），以及喉部损伤的证据。
- 进行眼部检查（瞳孔固定或放大都是预后不良的症状）。头部创伤后可能出现视网膜分离，而视神经损伤更常见。小心触诊头骨是否有骨折或捻发音，捻发音通常表明出现骨折。

神经学检查

- 评估精神状态（警觉、迟钝、木僵和昏迷）。
- 评估视觉响应（威胁）；皮质损伤通常导致对侧眼失明。
- 进行脑神经检查，特别是瞳孔大小、对称性、瞳孔对光反射、威胁反应（重度沉郁的马可能不会受威胁，即使看得见），以及是否出现眼球震颤、斜视和吞咽困难。
- 评估脑干尾侧部功能：呼吸模式、吞咽、舌色以及前庭症状。
- 评价腿部自发性运动情况和步法质量。评价脊髓、骨骼、软组织、胸部和腹部的并发损伤。
- 评估疼痛感知情况。
- 评估对有害反应的感知：把一根手指置于患马鼻孔内，测试对侧皮质的反应。
- 评估异常身体姿势或头部倾斜。
- 如可能的话，留下所有观察结果的书面记录；连续重新评估以评价疾病进展并改变治疗方案是很重要的。
- **实践提示：**出现瞳孔大小从正常至缩小再放大和固定的改变，是预后严重不良的结果。

1　这种疗法也可用于其他原因引起的癫痫发作，如特发性、缺氧 / 缺血性和感染性原因。

辅助检查

- 如果可能的话，以下手段可能有价值：
  - 头骨X线片，特别是在有明显骨折或从耳部或鼻部出血迹象的情况下。
  - CT或MRI。
  - 脑脊液采集和分析：如果脑脊液被血液严重污染，并且不太可能为操作造成的污染时，考虑骨折和严重预后不良。**注意事项：**需小心进行脑池穿刺术并排出小部分液体，因为从有严重脑水肿的患马中排出过量脑脊液可能导致脑疝。如果有机会（气体麻醉），在采集脑脊液前提供短暂过度换气（$PaCO_2$＜35mmHg），可以降低脑疝的风险。前脑有严重出血的情况下，脑脊液也可能正常。
  - 上呼吸道和喉囊内镜检查：枕骨底部骨折和头直肌撕裂可能导致出血流至喉囊，并流出鼻孔。

应该做什么

颅外伤的附加治疗

- 使用渗透压保持在略大于300mOsm/L的多离子晶体液来支持正常脑灌注，并提供电解质和缓冲液。监控全身血压并使平均动脉压保持在80mmHg以上。如有需要，可以使用血浆扩容剂如羟乙基淀粉或25%白蛋白。使用大约100mL的高渗生理盐水加到5L平衡溶液中，来将血浆渗透压维持在310~320mmol/L，这种方法被认为对减轻脑水肿和保持充足脑灌注都有效。治疗一开始可以在使用晶体液时或患马送到时使用1~2mL/kg的7.5%高渗生理盐水。如果患马要转移至别处，可以在4h内再次使用3.2%生理盐水。另一种缓解脑肿胀的治疗方法为甘露醇，[1]20%混合剂0.5~1g/kg静脉注射，如需要可在第一天间隔4~8h重复使用。
- 患马就医后就可以直接测量渗透压（使用甘露醇时必需测量），或如果只使用生理盐水的话，渗透压可用钠离子浓度乘以2.1来估算（若葡萄糖和血尿素氮高于正常值，渗透压会比计算值更高）。需静脉输注的液体应冷藏保存并低温输注，除非患马已经体温过低。
- +/− DMSO，1g/kg以10%~20%溶液溶于生理盐水或其他多离子溶液中静脉注射，12~24h一次，最多注射5d。
- 维生素E，每24h口服20 000单位。对于成年马，加上每日口服1 000mg以上的辅酶Q_{10}，并静脉输注10mg/kg硫胺素稀释液，24h一次。
- 呋塞米，1mg/kg静脉注射，12h一次，1~2d。呋塞米是一种强效利尿剂，注意监测电解质是否平衡并保持机体水合状态，特别是在配合甘露醇使用时。
- 若可能的话，将马头部抬高30°，并且不要阻塞颈静脉。
- 地塞米松，0.1~0.2mg/kg，在受伤后头24h每6~8h静脉注射一次，随后2~3d每24h一次（可怀疑非炎性脑损伤）。
- 己酮可可碱，8.4~10.0mg/kg，每12h口服或静脉注射一次。
- 氟尼辛葡甲胺，1mg/kg，12h一次，1~3d；该药可能对治疗与脑部有关的发热无效。
- 广谱抗生素，特别是在有明显骨折或有出血迹象时使用。
- 硫酸镁，若血压正常并且血浆镁离子保持在4mg/dL以下，每小时静脉注射15~30mg/kg（500kg马7.5~15g/h）。
- 口服二甲胺四环素4mg/kg，12h一次，或口服多西环素10mg/kg，12h一次，来抑制金属蛋白酶活性和细胞凋亡。
- 如果有需要可修复骨折。

1　颅腔内出血未能控制前不能使用甘露醇（也就是说，如果有鼻部或耳部出血或明显头骨骨折或脑脊液样本严重血样时）。甘露醇治疗尚有争议，但可能比NaCl改善脑部灌注的效果更好，并且有抗氧化性能。如果怀疑脑部出血，可以静脉注射氨基己酸，10mg/kg，6h一次。

- 将血糖含量维持在正常范围。
- 已经使用过的其他治疗方法包括：
  - 30%聚乙二醇，2mg/kg静脉注射。
  - 孕酮。
  - 维生素C。
- 若有肺换气不足或肺部疾病需要给氧。
- 如有需要可通风换气。
- 使用奥美拉唑预防胃溃疡。
- 使用加厚垫的头盔和绑腿，并保持马匹安静，将其置于封闭的安全马房中；确保患马可排尿，若患马吞咽困难，用抗菌剂冲洗嘴部消毒。
- 在一些马场可以进行CT、MRI和开颅探查术。

监测

- 要维持心率、呼吸频率和深度，以及血压接近正常值。
- 尿量每小时需达到1~2mL/kg的目标量。
- 动脉氧需达到80mmHg或更高。
- 颈静脉氧饱和度应为60%，如果达不到，尝试用静脉给液和加氧加强脑灌注和给氧。
- 通过静脉注射冷冻过的液体和其他降温方法（风扇、冰袋、冷冻灌肠等）来维持体温稍低于正常值。
- 评估瞳孔大小和反应。
- 监测糖量（保持血糖量正常）。
- 监测乳酸。

不应该做什么

颅外伤

- 不要使用以下方法：
  - 葡萄糖，除非患马确诊血糖过低，这种情况较少见，除了马驹。
  - 钙，除非患马确诊血钙过低（离子钙含量低）。
- 当患马体温过低时不要过快加温，如果可能的话，用冰袋保持头部冰凉。

预后不良的指征

- 生命指征恶化。
- 呼吸模式改变（脑干损伤）。
- 心率缓慢，血压降低（骨髓损伤）。
- 瞳孔扩大无反应（中脑损伤）。
- 缩小的瞳孔放大（进行性中脑水肿或紧缩）。
- 精神状态恶化。
- 四肢轻瘫或后肢轻瘫发展为侧卧。
- 脑神经功能进行性丧失（萎缩、缺氧）。
- 角弓反张（小脑、脑干）。
- 伴有严重中枢神经系统症状的头骨骨折。
- 癫痫加剧。
- 大量出血入脑脊液。

蝶骨和枕骨底部骨折

蝶骨或枕骨底部骨折，或两处均骨折的情况在向后翻倒的青年马中很常见（图22-7）。通常鼻中或有时在耳部可见出血。

如果骨折轻微，临床症状可能会改善，患马痊愈或遗留轻微的头部倾斜后遗症。轻微骨折在影像上可能难以辨别，如果骨折严重，会出现脑出血，且患马不能痊愈。

脑出血的病例不一定可以采集到有血的脑脊液样本，取决于脑出血的位置。

一些向后翻倒的马喉囊内肌肉会撕裂，并导致骨折。肌肉撕裂会导致出血和轻微的头部倾斜。需检查视力和瞳孔对光反射，因为很多遭遇严重向后摔倒的马，特别是马驹，会出现急性视神经损伤和永久性失明。如果患马可站立、无失明，并且没有严重的头部倾斜，可能痊愈。

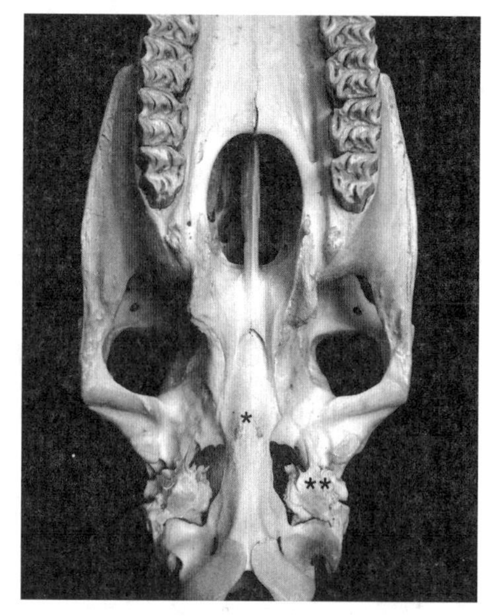

图22-7　马颅骨的腹面观

基底结节(*)位于枕骨和蝶骨的基底部之间。此处是头部主要屈肌（头直肌）的附着部位，也是马匹翻身头项撞击地面时发生骨折的常见部位。临床症状可能包括癫痫发作、昏迷、急性死亡、共济失调和血液流入咽鼓管囊，这取决于骨折的程度和移位方向。

应该做什么

蝶骨和枕骨底部骨折

- 治疗同脑损伤。头部倾斜可能是唯一的临床症状。

颞骨岩部骨折

颞骨岩部骨折可能在刚断奶和一岁龄的马驹中更常见，这与向后摔倒或倒向一侧也有关（图22-8）。头部倾斜是相对固定的临床症状。此骨轻微骨折在X线片或CT中很难确诊。

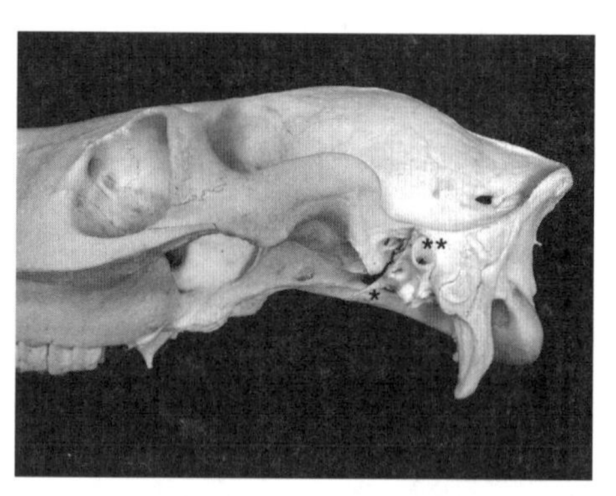

图22-8　颞骨岩部(*)是马颅骨损伤（骨折）的另一常见部位，可导致急性神经功能缺损（主要为前庭症状）。这种骨折可能很难在X线片或CT中被辨别出来（基部结节）

应该做什么

颞骨岩部骨折

- 治疗同脑外伤。如果面神经也受损，需给眼部用药，以预防角膜炎。

额骨/顶骨创伤

由于额骨和顶骨外伤导致的脑损伤一般由骨折移位或硬膜外血肿所致。会出现不同程度的木僵状态，并且可能会导致头部损伤对侧的眼睛失明（瞳孔对光反射正常）。同样的，可能会丧失对侧鼻部对刺激的反应。

应该做什么

额骨 / 顶骨创伤

• 治疗方法与脑损伤的方法相似。如有骨折，必须使用抗生素治疗。一些马在受伤后的头几天恢复良好，但随后会因为脑脓肿而死亡。如果有明显的骨折移位，需要手术治疗和固定。

脊髓创伤

病因

• 摔倒，包括跳跃障碍时摔倒和起扬后向后倒：摔倒后鼻部着地的马（尤其是美式跳栏速度赛马）的颈部后/胸部前侧区域常骨折/受伤。直接翻倒（颅后部着地）的马颈部的损伤似乎更常见，胸腰椎骨折/损伤较少见。

• 撞击固定物体。

• 骨髓炎（椎间盘骨髓炎）导致的病理性骨折，特别是马红球菌或链球菌感染2~10月龄的马驹上常见。

临床症状

• 在受伤后发生急性共济失调（或在椎间盘骨髓炎病例中，共济失调与外伤无关）。共济失调可以是后肢共济失调、四肢共济失调或偏侧共济失调，类型取决于损伤的位置。

• 可能迅速发展为严重共济失调或侧卧。

• 做彻底的体检。可能因为患马疼痛而难以处理。

• 牢记脊髓外伤不一定与骨折有关系，无骨折的病例通常很快从共济失调中痊愈。

• 抑面摔倒造成的急性脑震荡可导致脊髓严重水肿或出血，病情可发展24h。

紧急稳定体况

• 支持通气。

• 控制出血。

• 静脉注射（如高渗生理盐水）治疗休克。

• 评估并处理其他损伤，如骨科损伤。

脊髓创伤的神经学评估

• 如果患马站立，需评估其精神、姿势和步伐。检查共济失调：是否涉及前肢或只包括后肢？检查可触及的颈部异常（肿胀或捻发音）和颈部疼痛。

• 如果患马侧卧，仔细评估马是否可以保持背腹位（胸卧）卧姿，在辅助下站立或支撑重物。如果患马不能胸卧，此症状可帮助确诊颈上部的损伤。

确定损伤位置

- C1~3损伤：患马只有在侧卧时才抬头，或在站立时四肢轻瘫/共济失调。
  - 四肢反射过度。
  - 可能更偏好向某一方向侧躺。
- C4~6损伤：患马在侧卧时可以抬起头和颈部，站立时四肢轻瘫。
  - 四肢反射过度。
- C6~T2损伤：四肢轻瘫或四肢瘫痪。
  - 前肢症状最严重。
  - 前肢脊椎反射和张力降低。
  - 后肢反射和张力正常或过度。
- T3~L3损伤：患马可能呈犬坐势，站立时后肢轻瘫。
  - 前肢正常。
  - 后肢轻瘫至瘫痪。
  - 有严重损伤时，膀胱麻痹。
  - 可能会由于交感神经受损而躯干表现分布不均的出汗。
- L4~6损伤：患马可能呈虚弱的犬坐势。
  - 后肢轻瘫或瘫痪。
  - 膝跳反射消失。
- 骶骨骨折：严重损伤时膀胱麻痹。
  - 可能出现后肢步态缺陷。
  - 直肠检查和对尾部进行操作时疼痛。
  - 可能有明显的排泄物潴留和肛门、尾部张力降低。
  - 可能出现会阴、肛门和尾部感觉过激。
- 希夫－谢林顿综合征：胸腰椎创伤导致前肢伸肌僵硬以及后肢低张性瘫痪。
  - 罕见于马。
- 霍纳氏综合征。
  - 症状可由严重的颈椎损伤导致，表现为T1~3损伤或颈静脉周围涉及交感神经的刺激。有身体同侧的面部、颈部或躯干发汗，并包括损伤同侧的瞳孔缩小、上睑下垂和第三眼间脱垂。

诊断

- 拍摄X线片。
- 进行脊髓造影成像。

- 多数CT和MRI系统的扫描架仅可放置成年马的颈部近端。
- 如有需要可采集脑脊液。

应该做什么

脊髓创伤

- 为能走动的患马提供马房作为休息场地。
- 对受伤严重、侧卧或4级共济失调的患马使用地塞米松，0.1~0.2mg/kg静脉注射，第1~2天12h一次。不太严重的患马可使用较低剂量治疗。或者使用甲基强的松龙琥珀酸钠，创伤1h内静脉注射10~30mg/kg（价格昂贵）。
- +/– DMSO，0.1~1g/kg以10%溶液溶于生理盐水或乳酸林格氏溶液中静脉注射。
- 患马侧卧、确诊骨折或出现伤口时使用广谱抗生素。
- 维持水合及营养状态。
- 若有需要，插入导尿管并排空膀胱。
- 提供精细护理。
- 维生素E（液体），每匹成年马口服2 000~10 000U/d，以及辅酶Q_{10}，口服1 000mg/d或更多。
- 用奥美拉唑预防胃溃疡（特别是已经使用高剂量类固醇的马驹和成年马）。
- 对筛选出的病例进行减压术或稳定术。有些上颈椎弓严重移位的马在仅提供支持治疗时情况良好。
- **注意事项：**小心进行全身麻醉。如果患马有严重的颈椎损伤，可能死于呼吸衰竭。肌张力松弛可导致骨折移位或加剧神经损伤。
- 吊索在照顾一些无脊椎骨折移位的侧卧患马时有帮助。

预后

很多向后摔倒并有脊椎症状的刚断奶马匹或马驹在几天内完全康复。成年马更倾向于发生骨折所以预后更不良。荐椎骨折可导致马尾综合征。失明是一种常见的后遗症，由摔倒后发生头部急性脑震荡而引起的，可发生于任何年龄的马；见第23章。

- 脑脊液中有明显出血（并非操作污染），暗示预后不良。

马驹枕骨或寰枢椎损伤或畸形以及前侧颈椎骨折

一处或多处枕骨或寰枢椎骨折和半脱位在马驹中是常见疾病。

临床症状

- 四肢共济失调。
- 四肢轻瘫。
- 颈部僵硬。
- 头部或颈部倾斜。
- 可能发展成侧卧。

诊断

- 触诊有捻发音。
- X线片：骨折有时难以在成像中显示出损伤。
- CT、MRI。
- 对只有动态压迫损伤的病例使用荧光透视。

应该做什么

马驹头侧颈椎骨折损伤或畸形

- 无共济失调和脊椎压迫的骨折：马厩休息，若需要可改变喂养模式，并给予溃疡预防性治疗。
- 出现共济失调的骨折：考虑使用DMSO，静脉注射1g/kg，12~24h一次，如果疼痛严重影响马驹使其不活动，则使用氟尼辛葡甲胺。如果怀疑有压迫，进行脊髓造影、CT或MRI，随后手术稳定或对骨折处减压。
- 出现头部、颈部倾斜的骨折或半脱位：一般选择颈托和马房限制活动来进行治疗。颈托应能帮助支持颈部并保持一定的张力，但颈托可能使马驹难以站立和吃奶，并可能使马驹易患肺炎，需要使用抗生素并给予全面精细的护理。

癫痫

癫痫可为全身性或局部性的（局灶性癫痫）。全身性癫痫的特征是肌肉强直痉挛，非自愿性侧卧，以及意识丧失。常见发作后失明和沉郁。

局灶性癫痫可能没有明显的发作后症状或可能有局部的发作后症状，如面部或四肢抽搐、强制绕圈转、自我伤害某特定身体部位以及过度咀嚼。

诊断目的是发现可治疗的癫痫病因。

病因

- 癫痫可分为结构性脑部病变、代谢性/中毒性病变、特发性病变。

结构性脑部病变

- 肿瘤。
- 脓肿。
- 寄生虫（EPM；较普遍）。
- 圆线虫导致的栓塞。
- 垂体瘤，很少情况下能导致癫痫或失明。
- 脑炎（病毒性、细菌性、真菌性）。
- 脑膜炎。
- 外伤影响（出血、水肿）。
- 颈动脉内注射。

· 动脉气栓。

· 其他颅内肿物：胆固醇肉芽肿。

· 缺血性、缺氧性损伤：常见于新生马驹（见第31章）。

· 发育原因，如脑积水和脑过小。

· 如果损伤在大脑的静态区域，患马在发作间期表现正常；如果损伤在大脑的活跃区域，患马在发作间期表现沉郁，或脑神经或本体感受性缺失。

· **实践提示：**勿将睡眠时正常的、有力的快速眼球转动误以为是癫痫发作。

代谢性 / 中毒性病变

· 低钠血症（常见于伴随膀胱撕裂、双侧输尿管积水，或抗利尿激素不正常分泌的新生马驹）。

· 马驹和成年马低血糖，导致沉郁但很少致癫痫。

· 新生马驹脑病（也被称为新生马驹适应不良综合征、缺氧–缺血性脑病、围产期新生马驹窒息综合征）：马驹癫痫、沉郁或共济失调（见第31章）。

· 肝性脑病：严重肝脏疾病或肝门静脉分流。

· 无肝脏衰竭的高氨血症：4~8月龄的摩根马，患急腹症的其他品种的马少见。

· 肾性脑病（罕见）。

· 高脂血症，血脂过高。

· HYPP。

· 高热。

· 核黄疸：通常，此病见于新生畜溶血性贫血，伴随胆红素含量高于25mg/dL的马驹。当胆红素达到这个水平后，预防核黄疸的方法包括血浆置换或输血，以及使用小剂量苯巴比妥或戊巴比妥，0.5~1mg/kg静脉注射，8h一次。

· 中毒（见第34章）。
  · 有机磷酸酯类中毒。
  · 丙二醇中毒。
  · 毒蘑菇中毒。
  · 铅中毒。
  · 砷中毒。
  · 士的宁中毒。

· 低钙血症和低镁血症。

应该做什么

严重低钠血症的处理（< 120mEq/L）

· 如果出现严重的低钠血症，可以输注高渗生理盐水直至血清钠离子浓度达到125mg/L，并继续用等张晶体液纠正数小时。

- **实践提示：**通常来说，低钠血症越为慢性，纠正所需时间越长。
- 当血清钠离子浓度纠正缓慢时，可以使用甘露醇和硫胺素。纠正过快可能导致永久性神经功能障碍。
- 低钠血症通常导致沉郁，而非癫痫；钠离子浓度应缓慢恢复正常值；不要单独使用5%葡萄糖来治疗低钠血症。

马驹特发性癫痫

- 一般在3~9月龄开始发作。
- 广泛性癫痫伴随或不伴随强制性侧卧。
- 埃及阿拉伯马有遗传性。

治疗措施

马驹特发性癫痫

- 对抗惊厥药物敏感。
- 通常经过3个月抗惊厥药物治疗后，症状将随着长大而消失。

薰衣草马驹综合征

· 薰衣草马驹综合征是新生埃及阿拉伯马出现“稀释”毛色的代谢性综合征。马驹通常在出生后立即出现角弓反张，并保持侧卧和划动症状，即使他们可以吃奶并注意到周围环境。这种疾病是致命的。

母马发情期癫痫（罕见）

- 与雌激素水平升高有关。
- 只在发情期发作。
- 潜在的病因未知。
- 怀孕后期母马癫痫在分娩后癫痫不再发作的报道很少见。

应该做什么

发情期癫痫

- 使用孕酮或进行绝育来控制。

特发性癫痫的其他病因

- 有报道称，与感染或外伤性病因无关的原发性脑血管疾病（脑中风）。
- 罕见情况下，颈静脉（头侧）急性且广泛的血栓可导致癫痫和绕圈。

癫痫的鉴别诊断

- 急腹症。
- 劳累性肌病。

- 睡眠不足：有些不能侧躺休息的马匹，在休息时（在马厩里、交叉索拴系时、在场地里）突然倒下。突然倒下的表现有时可与癫痫混淆。
- 昏厥：心脏疾病如严重心动过缓、Q-T期延长综合征以及脑血流受阻。报道称存在两类非心脏疾病引起的昏厥。
- 胸部下侧肿物，如感染假结核棒状杆菌，可导致马低头时昏倒。
- 一些患马在迅速抬头后昏倒。
  - 上述提及的两种情况中，当头颈都恢复到正常姿势后会迅速痊愈。
- 上呼吸道疾病，如喉梗阻或急性肺水肿。
- 嗜睡、猝倒：最常见于迷你马和设德兰矮种马，一些病例对丙咪嗪敏感，1~2.2mg/kg口服，12h一次，治疗有效。迷你马驹通常随着长大而症状消失。
- 破伤风。
- 一匹正常睡眠的马驹或成年马的眼睑、唇部、四肢运动，主人将此误以为是癫痫发作。
- HYPP、低钙血症和其他强制性疾病都可能有类似癫痫的症状。

诊断

- 实验室分析（最好在癫痫发作后立即进行）血糖和电解质。
- 对癫痫进行准确的描述，如果可能，对马设置视频监控来捕捉癫痫发作。
- 发作间期检查：做彻底的神经学检查，仔细检查脑神经并寻找本体感受缺失的证据。
- 采集脑脊液样本并分析。
- 采集头骨X光片。
- 进行基础的体检。
- 进行脑部扫描；CT或MRI。

应该做什么

癫痫

停止癫痫发作

- 地西泮，马驹静脉注射5~20mg；成年马静脉注射0.1~0.4mg/kg。
- 米达唑仑，起始剂量0.04~0.2mg/kg静脉注射，然后以每小时0.01~0.01mg/kg恒速静脉滴注。
- 丙泊酚，无法控制癫痫的马驹静脉注射4mg/kg（不理想；尝试用苯二氮卓类或苯巴比妥控制癫痫）。
- 戊巴比妥（缓慢注射至起效）：静脉注射3~10mg/kg，以达到速发作用。
- 苯巴比妥（缓慢注射至起效）：静脉注射5~15mg/kg；需要15min才能完全起效。**注意：** 使用剂量高于5mg/kg可能导致严重困倦以及潜在呼吸系统抑制，特别是马驹。从低剂量开始注射，若需要控制癫痫再升高剂量。若需要，准备好通气支持。在一些病例中可能需要高于15mg/kg的剂量。
- 溴化钾，口服50~120mg/kg，24h一次，共5d，对于苯巴比妥治疗无效的病例可以加至治疗方案中。
- 赛拉嗪，静脉注射0.5~1mg/kg，不推荐作为首选，因为该药可在瞬间升高颅内压后减少脑血流，可能会加重癫痫。当癫痫发作无法控制、只能小剂量注射时，赛拉嗪或地托咪定可以作为最后的治疗药物。

辅助治疗

- +/− DMSO，0.1~1g/kg以10%溶液溶于生理盐水或等张性溶液中静脉注射，1次/d，共3~5d。

- 氟尼辛葡甲胺，静脉注射0.5~1mg/kg，12~24h一次，马驹可能产生溃疡。
- 如果怀疑细菌性感染，则使用抗生素治疗。
- 对于确诊的低血糖、HYPP和肝性脑病，静脉注射10%葡萄糖。

支持治疗

- 苯巴比妥，口服5~10mg/kg，12h一次（每个个体所用剂量差异大）；可能需要2~3周来适应剂量，并需要10~14d达到稳态。如果患马过于沉静，要降低剂量。治疗剂量范围一般为10~40μg/mL，但一些个体似乎对更低浓度敏感。
- 溴化钾，口服30~100mg/kg，24h一次；需要数周时间达到稳态；治疗剂量范围一般为1~2mg/mL。
- 普瑞巴林，口服3~4mg/kg，8h一次，治疗癫痫并控制疼痛。

预后

- 预后好坏由病因决定；也就是说，是否是可治疗的颅内疾病或颅外疾病。预后不良的症状包括癫痫发作频率升高，癫痫强度增大，以及对支持治疗反应不大。

药源性兴奋过度、癫痫或虚脱

药源性兴奋过度、癫痫或虚脱由不慎注射于颈动脉内、肌内注射普鲁卡因青霉素的反应或药源性低血压引起。

不慎注射于颈动脉内

- 在注射时或注射后几秒内发作。
- 急性癫痫伴随侧卧和划水动作出现。
- 发作前可能有面部抽搐、头部震颤并慢慢抬头、眼睛睁大的症状。
- 症状的严重程度取决于注射量、药物特性以及个体敏感性。
- **注意事项：**用20G的针头静脉给药时，难以辨别动脉和静脉（血）穿刺。
- 若药物溶于水（赛拉嗪、乙酰丙嗪），要考虑下列事项：
  - 患马通常可以站立5~60min。
  - 若无二次伤害，患马的临床状况通常在1~7d内是正常的。
  - 除虚脱外，下列临床症状可能出现：对侧眼失明、鼻中隔痛觉迟钝、轻微偏瘫。
- 多数病例自发痊愈，可能无需治疗。

应该做什么

颈动脉内注射

- 首先保护自身和他人的安全。
- 地塞米松，静脉注射0.1~0.2mg/kg，第一个24h内12h一次。
- +/− DMSO，0.1~1g/kg以10%溶液溶于生理盐水静脉注射。
- 地西泮，静脉注射0.1mg/kg至平稳康复。
- 苯巴比妥，静脉注射5~10mg/kg至起效，12h一次，出现癫痫时24h一次。
- 若注射入颈动脉的药物不可溶或为油性（如保泰松、普鲁卡因青霉素或磺胺甲噁唑），考虑以下事项：

- 常出现急性死亡。
- 恢复通常不尽人意。
- 癫痫加重。
- 可出现持续木僵或昏迷。
- 合理考虑安乐死。

肌内注射普鲁卡因青霉素的反应

- 肌内注射普鲁卡因青霉素后迅速吸收而引起反应。
- 即使注射操作正确也可能引起反应。
- 在多次肌内注射后最有可能出现反应，导致注射位置越来越靠近血管。
- “反应”一般在注射后马上出现，或在即将注射完成时出现。
- 患马出现看似受惊、疯狂绕圈、喷鼻息和/或在马房内发出响声乱动，或虚脱并有与癫痫有关的行为。
- 限制患马活动，一般最严重的后果是自残造成损伤，当放任患马自由活动时损伤更严重。
- 如果静脉内吸收大剂量药物或错误地通过静脉导管给药，可能导致突然死亡。

应该做什么

肌内注射普鲁卡因青霉素的反应

- 一般无法治疗。如果患马已经虚脱并出现木僵现象，静脉注射地塞米松，0.1~0.2mg/kg。
- 如果可以在癫痫发作时安全地给药，选择静脉注射地西泮，0.2~0.5mg/kg。

不应该做什么

肌内注射普鲁卡因青霉素的反应

- 不要使用苯妥英钠。

药源性低血压

- 通常在静脉注射乙酰丙嗪时出现。
- 使用赛拉嗪或地托咪定时也可出现，特别是挽马和温血马。
- 最常见的临床症状是突然倒地。

应该做什么

药源性低血压

- 静脉注射含钙溶液治疗，或注射高渗生理盐水。

药源性过度兴奋

- 布托啡诺会使一些马产生异常的头部震颤，特别是在这数分钟前没有给予赛拉嗪的情况下。无需用药，虽然纳洛酮可能逆转该症状。
- 血清和脑脊液中的氨茶碱或利多卡因浓度异常高会导致异常行为、共济失调、震颤和癫痫。

应该做什么

药源性过度兴奋

- 终止用药，给予输液治疗，并控制任何癫痫发作。
- 对心功能不全患马使用利多卡因可能导致中枢神经系统症状。**注意事项：**用利多卡因治疗肠梗阻时很少出现问题，除非静脉注射管/泵发生故障，无意中注入比预期更高的剂量。
- 还存在很多病因，包括使用氟非那嗪癸酸酯或过量使用硫丙麦角林或胃复安。

静脉气栓导致癫痫和/或晕倒

- 如果患马抬头时，输液管从颈静脉导管中脱落，可听见气体冲进静脉系统中，在罕见情况下，患马会出现与气栓相关的临床症状。输液袋内部压入空气也会出现这种情况。
- 如果气体逸至心脏左侧，会出现包括突然倒地、心动过速、兴奋、痛苦、瘙痒，甚至癫痫的临床症状。听诊心脏可能会有异常的“捻发音”或“震荡音”，并在超声心电图中可能看到大量气泡。偶尔出现持续时间不等的失明。

应该做什么

静脉气栓

- 治疗方法包括保持血压和充足的灌注、镇静，或全身麻醉配合正压通气。使用高压氧舱或在心脏右侧插入导管并吸出气体（针对右侧气栓）。有支持性治疗的经验；多数马能痊愈。

与使用氟非那嗪癸酸酯有关的异常行为

- 用长效镇定剂氟非那嗪癸酸酯（氟奋乃静）治疗后可能出现异常行为。
- 这种反应是特异性的。

应该做什么

异常行为

- 使用甲磺酸苯扎托品，0.018~0.04mg/kg，静脉注射，12h一次。
- 如果不能提供甲磺酸苯扎托品，可以使用抗组胺剂，如苯海拉明，0.5~2mg/kg，缓慢静脉注射或肌内注射可能有效，但可能需要静脉注射苯巴比妥或戊巴比妥5~15mg/kg以镇静患马。可能需要口服苯巴比妥，5~15mg/kg，12~24h一次，来防止患马使自己受伤。
- 过量使用哌嗪可能导致侧卧和痴呆。
- 提供支持性护理。

咽下困难

咽下困难（吞咽困难）可能由很多原因，如口部刺激或创伤、食管阻塞、脑干疾病（疑核）、扩散性神经肌肉疾病（肉毒梭菌中毒）、外周第十对脑神经的损伤（喉囊真菌病）。患脑部疾病并伴随严重沉郁的马匹的舌功能也可能减退；舌头可能保持舒展或缓慢收回至口中。

病因

· 窒息。

· 口腔中异物或刺激：小心查看是否有芒刺或损伤，以及口咽部感染。此检查通常需要镇静并使用口腔镜或全身麻醉及从嘴和鼻部伸入内镜，并手工检查口咽。木舌样感染确实会出现在马中；如果无异物，使用青霉素和复方磺胺甲噁唑治疗有效。

· EPM或其他脑干疾病。

· 喉囊疾病：背内侧腔的霉菌斑、喉囊黑色素瘤以及使用刺激性物质冲洗喉囊都会导致疾病的发生。严重的积脓可能导致机械性损伤。

· 涉及喉囊的手术，如软骨样沉积切除。

· 肉毒梭菌中毒。

· 黄星蓟中毒。

· 病毒性脑炎。

· 脑部脓肿、肿块或损伤。

· 咽部肿胀或阻塞。

· 重度咽炎。

· 狂犬病。

· 有机磷酸酯或铅中毒。

· 牧草病（外来性；见第40章）。

· 下颌骨或舌骨茎突骨折。

马驹吞咽困难的具体病因

最常表现为乳汁回流至鼻部，但也可能有上呼吸道杂音和吸入性肺炎。

· 白肌病。

· 肉毒梭菌中毒。

· 马驹患新生儿适应不良综合征或软腭功能障碍（见第31章）。

  · 软腭功能障碍是常见病因，大多数马驹经过数日的支持性治疗后能痊愈。应以吸入性肺炎的治疗作为治疗指南。

· 腭裂：使用内镜仔细评估。

· 咽萎陷和/或会厌的持续性系带。

· 食管梗阻会出现在年幼的马驹上，特别是迷你马。

· 第四鳃弧缺失也可能导致乳汁从食管近端和鼻部回流。

· 一些患咽下困难的马驹在出生时原本看似正常，没有发现病因。这些马驹可能需要用桶喂食饲养。

下颌骨骨折引起的咽下困难

- 下颌骨骨折可导致自发头部倾斜、舌突出以及流涎。
- 通过体检、牙齿不齐以及影像学检查来诊断。
- 如果临床症状严重，要考虑手术治疗。

周围神经疾病

肩胛上神经（肌肉萎缩）

- 神经损伤几乎都由外伤引起：
  - 撞击固定物或被其他马踢伤。
  - 挽马佩戴不合身的挽具。
- 下列为其他可能的病因：
  - 周围神经赘生物或脓肿压迫C6或肩胛上神经。
  - EPM。
- 冈上肌和冈下肌萎缩导致的步法异常。
  - 原发障碍，足部拖行。
  - 肩部负重时外展（横向半脱位）。
- 如果出现神经失用症（神经挫伤），数天至数周可恢复功能。
- 如果神经已断裂，会沿着纤维支架每日1mm重新增长。
  - 多数马在经过3~18个月的马房内休养后能恢复至接近正常。
  - 如果3个月内神经功能未恢复，可进行手术为神经减少压迫。
  - 肩胛上神经为运动神经，因此四肢任何位置感觉丧失都暗示着其他神经的损伤。
- 在受伤后2~4周后使用肌动电流图来检查其他神经的损伤。
- 麻醉恢复对于任何有神经损伤、肌肉萎缩或肢体残疾的马匹来说，都是很困难的。

应该做什么

周围神经损伤

所有周围神经损伤的治疗。

肌皮神经

- 肌皮神经从脊髓C7~8段发出。
- 肌皮神经功能障碍可能导致以下症状：
  - 无法屈曲肘关节，导致出现明显地抬起肩部来移动肢体的动作。
  - 后退时拖拽肢体。

- 有严重损伤时，腕骨至球节背内侧感觉丧失。

桡神经

- 桡神经损伤会伴随肱骨骨折：
  - 手术前评估可能较困难，因为没有独立的皮肤感觉区域。可在进行肱骨骨折修复术时检查桡神经。
- 损伤可能由持续的侧卧导致：
  - 最可能为缺血性肌病和缺血性神经失用症同时发生，多数情况下在数小时内出现明显症状。一些病例需要数日发展，患马在2~5d里表现出严重疼痛及不愿运动。
- 外伤直接出现的概率更小，因为有周围肌肉的保护。
  - 如果外伤为已知病因，损伤更可能为臂神经丛的挫伤或撕裂，见第23章。马，特别是青年马，偶尔会被发现在牧场中出现桡神经轻瘫/瘫痪而无明显的外伤；由很多病例推测，可能为神经丛的挫伤引起，一般愈合缓慢或不能愈合。

· 受伤马匹不能承重，因为桡神经麻痹导致无法伸展肘部、腕骨和球节。在运动时，肘部下沉，且蹄部拖拽；胸大肌可以让前肢向前迈半步。当患马站立时，蹄尖前端着地，并且患马能够用患肢刨物。

· 受损肢体必须用夹板或铸件来防止进一步损伤和肌肉挛缩。

· 神经失用症的康复需要数周时间。如果在6~8周里无改善，则预后不良但不是没有好转的希望。桡神经损伤和撕裂伴随肱骨骨折的情况预后需非常谨慎。

· 要鉴别诊断排除肘关节化脓性关节炎、骨折、EPM、肘部内侧副韧带撕裂以及局灶性肌病。

臂神经丛挫伤

很多伴随桡神经麻痹症状的肩部损伤都可能由臂神经丛根部损伤引起。

- 腿部运动和桡神经麻痹的描述几乎一致。
- 彻底的挫伤会导致患肢肌肉完全瘫痪以及肘部远侧的感觉丧失。

· 正中神经和尺神经损伤而无桡神经损伤的情况下，会导致僵硬的鹅步状步法以及腿部下端过度伸展；管骨、系骨外侧可能会丧失痛觉。

· 有持续性挫伤的患马，病情在6~18个月逐渐改善。物理疗法（特别是游泳）能有效恢复患马机能。报道称有臂神经丛受损后重返赛场的马。

- 肿瘤（神经鞘）和EPM会有相同的临床症状。
- 预后一般较差。
- 应该用绷带包扎对侧腿做机械支撑。

· 患肢应包扎或轻轻扣上铸件以保护背侧肌腱区，并防止肌腱挛缩。

股神经

· 此神经受到很好的外伤保护，但可能会由下列情况引起损伤：

  · 尾侧部的贯通伤。

  · 脓肿、肿瘤。

  · 髂外动脉附近的动脉瘤。

  · 难产过程中的新生马驹（臀部或后膝关节被紧箍）。

  · 股骨或骨盆骨折（罕见）。

  · 麻醉中被压迫或复杂的肌病（可能双侧出现）。

  · EPM。

· 如果出现股神经麻痹，则患马不能承受自身重量。这条腿前进很吃力。当患马尝试承重，后膝关节会无法支撑（屈曲），飞节和球节都会因为结构相关联而屈曲。

· 休息时，所有关节都屈曲。

· 2~4周内四头肌萎缩明显。

· 膝跳反射微弱或消失。

· 如果损伤涉及隐神经或股神经、髂腰肌背侧，大腿内侧的痛觉丧失可能很明显。

· 无论病因，预后都需谨慎。

坐骨神经

· 马驹中，坐骨神经的损伤通常由荐骨和骨盆的沙门菌病、红球菌病、链球菌性骨髓炎引起，或更常见的是在大腿后部肌内注射药物引起。神经损伤由下列原因引起：

  · 针头刺伤神经。

  · 注射药物产生的刺激。

  · 血肿压迫。

  · 坐骨神经周围的瘢痕。

· 成年马中，坐骨神经的损伤由以下原因造成：

  · 骨盆骨折，特别是坐骨骨折。

  · 髋骨脱臼。

  · 其他损伤（踢伤），特别是坐骨神经腓骨分支的损伤。

  · 产后疾病，如分娩体型大的马驹造成的难产。

  · EPM：当出现局灶性下方运动神经元功能障碍的症状时需考虑此病因。

· 步态和姿势出现下列变化：

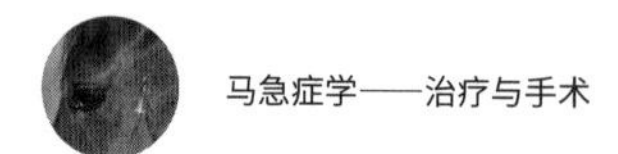

- 若四肢在身体下方，则患马可以支持自身体重。
- 休息时，四肢朝向后方，后膝关节和球节伸展，飞节屈曲，足部前端向前卷曲。
- 蹄尖拖地，因为腿部屈曲不良。
- 除了大腿中部，几乎全腿出现痛觉减退。
- 坐骨损伤的产后母马后肢可能无法站立。

腓神经麻痹 VS 胫神经麻痹

因为腓神经与坐骨神经麻痹相关，临床表现相近。在腓神经麻痹中，胫部头侧、飞节、跖骨处可能出现痛觉减退。在持续的侧卧后通常出现腓神经轻瘫，并一般在1~3d开始恢复；常发现患马站立时球节着地。胫神经麻痹比腓神经麻痹少见。胫神经麻痹的步法与马高抬腿症步法相似。飞节屈曲和趾的伸展没有与之对抗的力，所以患马的患肢会过度屈曲，并且将蹄抬得比平时高。休息时，飞节屈曲（飞节下沉），球节屈曲。蹄冠的尾侧和内侧区域感觉可能减弱。

臀前神经

臀前神经损伤会导致臀部肌肉的严重萎缩。步法有一些改变，这种情况在骨盆骨折或涉及L6腹侧灰质的EPM中可见；也可见于背部注射刺激性药物（碘酒）后。刺激性药物最有可能在L4脊椎附近注射。

腰椎、荐椎和尾根

腰椎、荐椎和尾根损伤的最常见原因为椎骨骨折。经过支持性治疗后病情可能改善或痊愈。X线片和CT（马驹）可帮助发现骨折或软组织肿胀，可能需要手术减压。马驹超声检查可鉴别脓肿。

- L6、L7、S1：损伤表现为坐骨神经麻痹。
- S1、S2、S3：不能收缩肛门括约肌、肛门和会阴痛觉丧失，并出现膀胱、直肠壁扩张。
- 尾神经：会阴和阴茎痛觉丧失，但包皮无影响，以及出现尾部无法运动的症状。
- 马尾多发性神经炎也可影响腰椎、荐椎和尾根；但症状出现很隐匿，且病情发展缓慢。

面神经

面神经轻瘫或麻痹可由THO、EPM、外伤、马多发性神经炎或由特发性引起。若面神经的细胞核受损伤（如EPM）或损伤通过中耳和内耳产生，则所有分支（耳支、睑支、颊支）都会受影响。对于更末梢的损伤，通常只有一个或两个分支会受影响（如由麻醉时束缚压迫颊支导致的损伤）。面神经功能障碍的患马可能在面颊中积攒食物残渣。

面神经颊支损伤：临床症状

- 损伤一侧的唇部下垂以及鼻孔直径缩小，并且鼻部向对侧偏移。
- 脑部疾病可能也会导致嘴唇张力减弱。

特发性面瘫

- 特发性面瘫通常影响到面神经颊支和睑支，并且通常为永久性损伤。
- 出现任何影响到面神经睑支症状的面部轻瘫，要密切监护防止角膜溃疡。
- 如果第一次检查时无角膜溃疡，使用眼膏（Lacri-Lube）涂抹，每6h一次，使用1~2周。

应该做什么

面神经瘫痪

- 如果出现角膜溃疡，应及时并仔细治疗；可能需要进行睑缘缝合术。大多患马的瘫痪最后得到代偿，不需要进一步治疗。
- 角膜溃疡的治疗见第23章。

应该做什么

外周神经疾病的处理

- 一般为支持治疗，包括用绷带包扎肢体末梢以避免四肢前侧擦伤，以及包裹支持对侧肢。
- 用凉水在损伤部位进行水疗。
- 如果确认有肿块压迫神经（如血肿或骨折），需要手术减压。
- NASID或糖皮质激素治疗：糖皮质激素（地塞米松，0.05~0.1mg/kg）在无禁忌的情况下可以使用1d至数天。氟尼辛葡甲胺，1mg/kg，12~24h一次，可以用来代替糖皮质激素。可以考虑使用维生素E（成年马24h用10 000U）和辅酶Q_{10}治疗。
- 加巴喷丁，口服5~10mg/kg，8h一次；或普瑞巴林，口服2~4mg/kg，8h一次。可以用于治疗焦虑和神经性疼痛。
- 治疗侵袭性坐骨神经损伤的产后母马，使用抗炎药物（地塞米松，静脉注射0.1mg/kg，24h一次，或氟尼辛葡甲胺，静脉注射0.5~1mg/kg，12~24h一次）+/– 0.1~1g/kg DMSO，配为10%溶剂，若出现焦虑症状可起到轻微镇静的作用。
- 无法自行站立的产后母马很难进行治疗处理，并通常由于侧卧而导致严重的肌病。硬膜外注射地塞米松（5mg）可能对这些母马有益。
- 靠近受损神经注射神经生长因子的方法已经实施，然而疗效未知。

第23章
眼 科 学

NitaL.Irby

诊断和治疗步骤

治疗和检查时的基础诊断和辅助治疗工具

- 框表23-1中列出的野地马眼科学所需的所有设备都安装在一个三层的小渔具盒内，无论到哪里，都可以随身携带。
- **重要提示：** 尽管它们提供了极好的常规照明，但仍切勿使用任何LED光源作为用于眼部照明的笔灯。因为它们非常明亮，并会在很长时间内留下视网膜残像。自己动手尝试一下，如果用在自己眼睛上感到不舒服，则就不应在患马身上使用。

重要提示： 每个物种的每次眼科检查均应按以下顺序：

问题1：如果我检查/操作这只眼睛，会进一步伤害它吗？如果会，请立即停止并重新评估。

问题2：是否可能是干眼？如果是，请确保立即进行STT泪液测试。

问题3：需要免疫荧光样品进行病毒检测吗？如果是，现在就应该去获取荧光检测需要的样品和其他可用于培养的样品。

- 下一步应始终进行荧光素染色试验，根据情况可能还应进行丽丝胺（Lissamine）或玫瑰红染色试验。
- 首先应测量眼压，然后进行完整的前段和后段检查。

STT 泪液测试

干眼或干燥性角膜结膜炎，在马属动物中非常罕见，部分原因也许是它没有被诊断出来。除非患马有明显的泪溢，否则应在每个患马身上进行STT泪液测试，并应绝对在以下所有病例的双眼中进行评估：

- 慢性、复发性溃疡性或非溃疡性角膜炎。
- 部分至完全性面神经麻痹。
- 疑似颞舌骨骨关节病（THO）。
- 嗜酸性角膜炎。
- 面部骨折。

- 任何眼睛干涩或黏液分泌过多或过强的情况。

在任何眼科检查中，滴眼药水之前及在病患处理引起反射性流泪之前，应作为第一个程序进行检查。

设备

- STT泪液试纸条。
- 60s计时器或秒针手表。

操作程序

- 将试纸条在槽口处（“0”标记处）折90°。
- 将试纸条放在下眼睑和第三眼睑之间，距内眦约1.5cm或下眼睑与内眦距离的1/3。
- 立即开始计时，水分沿着试纸条迁移持续30s或1min（首选）。
- 立即读取并记录数值。
- 正常值：每分钟润湿15~30mm或每30s润湿15~20mm。

角膜培养及细胞学检查

角膜上皮的任何损伤都可能导致继发感染和随后的溃疡性角膜炎。结膜囊通常主要含有革兰氏阳性细菌及真菌。角膜溃疡或角膜擦伤后，有些微生物可能会在被破坏的组织中生长。角膜病变的培养有利于更好地锁定抗菌或抗真菌疗法。如果患马允许，最好在检查开始时及在使用任何可能改变微生物的外用药物之前进行该步骤。此外，还应进行更具侵略性的角膜刮擦术，以辅助细胞学评估，这是诊断马角膜炎的必要辅助手段。刮擦后对获得较深层组织的样本进行培养。在刮擦角膜之前，必须进行眼睛的局部麻醉。

重要提示：如果出现了角膜穿孔，则不应执行此步骤；如果出现后弹力层突出，则应非常小心地操作或完全不要操作。

设备

- Kimura platinum刮刀或灭菌用的钝的手术刀片（或也可使用手术刀片的非切割面或末端，细胞刷也是很好的选择）。
- 培养拭子和运输培养基。
- Port-A-Cul管。
- 玻片。
- 革兰氏染色剂和瑞氏-姬姆萨染色剂，或者迪夫染色剂。

· 真菌染色剂［高二氏乌洛托品银（Grocott-Gomori methenamine silver)，过碘酸-雪夫（PAS)］。

框表23-1　马眼科套件的内容

1. 带 Finoff 透照器的 Welch-Allyn 3.5V 可充电卤素直接检眼镜	23. 2%利多卡因凝胶（用于逆行鼻泪管灌洗）
2. 透射蓝色的钴蓝色滤光片，以增强荧光素染色的荧光	24. 1%托品酰胺滴眼液（短效散瞳剂）
3. 14 屈光度或 2.2-D 间接检眼镜	25.1%阿托品滴眼液（长效散瞳和睫状肌麻痹）
4. 4× 放大镜	26.0.5%丙美卡因（局部麻醉剂）
5. 防水白胶带	27. 10%苯肾上腺素
6. 氰基丙烯酸酯胶	28. 无菌洗眼液，装在喷雾瓶中的眼冲洗溶液或无菌生理盐水
7. 无菌棉或聚酯棉（首选）涂药器	29. 5%聚维酮碘溶液
8. 无菌纱布垫	30. 酒精棉签
9. 荧光素染色条，无菌	31. 氰基丙烯酸酯组织黏合剂
10. 丽丝胺绿和玫瑰红染料条	32.11 号、12 号和 15 号 Bard-Parker 手术刀刀片（12 号对于拆线效果很好）
11. 蚊虫止血剂	33. 玻璃载玻片（干净并装在放置架中）
12. 鼠齿型组织钳	34. 火柴或打火机
13. Brown-Adson 组织钳	35. 用于顺行鼻泪管插管 的 20 规格静脉输液导管；乳头导管，TomCat 导管或 3.5F 和 5F 聚丙烯犬用导尿管及马鼻泪管，用于逆行鼻泪管冲洗和插管
14. Bishop-Harmon 组织钳	36. 30 号、25 号、20 号和 18 号一次性针头
15. 小型 Metzenbaum 或史蒂文斯 (氏) 切腱剪	37. 1mL、3mL、5mL、12mL 和 2 个 20mL 注射器
16. 小持针器（Derf 或大 Castroviejo）	38. 试管，尤其是红帽（包括 1 个或 2 个装有福尔马林的试管）
17. 2-0 尼龙或直针	39. 合成培养拭子和运输介质，最好是小针头
18. 4-0 丝线	40. 细菌培养用 Port-a-Cul 管
19. 带小切割针的 4-0、5-0 和 6-0 聚乳酸 910（Vicryl）缝合线	41. 细菌培养液
20.STT 泪液试纸条	42. Mila 洗眼器套件
21. 赛拉嗪、地托咪定和布托啡诺	43. TonoPen XL 和指尖保护套
22. 甲哌卡因或利多卡因	

步骤

- 请勿使用棉签收集样品，因为棉签具有抑菌作用。
- 可以将样品直接接种到血液和沙氏葡萄糖琼脂平板（SDA）上，或放入少量血液培养液中；然而，更常规的是使用商品化合成转运培养拭子介质，并将额外的样品放入厌氧转运培养基中。病毒培养和某些要求高的生物可能需要从实验室获得特殊的培养基。
- 确认眼睛未穿孔且无后弹力层突出后，在运输介质中预先湿润合成棉签，并将棉签滚动或摩擦病灶。根据需要重复操作，然后将获得的棉签放回到适当的转运培养基中。
- 用刮刀或刀片刮擦角膜病变或伤口边缘。除非病变非常深，否则应从病变的周围及中心获取多个样本。将每个拭子轻轻滚动到载玻片上进行细胞学检查。应至少制作3~4张载玻片，以便使用多种染色技术。
- 将培养样品保存在室温下并尽快处理。
- 使用革兰氏染色和瑞氏-姬姆萨染色或迪夫染色来识别细胞学涂片中的细菌或真菌，并分析存在的细胞。
- 尽管在常规染色中发现了许多真菌生物，但仍可能需要特殊的染色剂，如高二氏乌洛托品银（Grocott-Gomori methenamine silver）和过碘酸-雪夫（PAS）染色。
- 如果刮擦角膜时未发现微生物，并且病情对治疗无反应，则可能需要进行角膜活检。

荧光素染色

荧光素染色是鉴别角膜上皮损伤和判断鼻泪管通畅性的重要诊断手段。局部荧光素最常见的用途是定位角膜溃疡或擦伤。上皮缺损（如擦伤或溃疡）下的亲水性角膜或结膜组织吸收水溶性荧光素染料，并通过将吸收的光转换为荧光再将基质染色成亮绿色。**重要提示：**眼睛出现任何不舒服或疼痛，或怀疑有角膜溃疡，所有无法解释的慢性眼表状况及有直接眼外伤的病史时，均需进行荧光素染色。使用荧光素前，应收集用于免疫荧光测定的样品。

设备

- 荧光素条。
- 装有0.5~1.0mL无菌生理盐水或同等无菌胶体（洗眼液）的注射器。
- 小型手电、透照仪或检眼镜（由于光线太强，因此避免使用LED灯）。

步骤

- 将荧光素条（内侧在第三眼睑和下眼睑之间）置于泪池中湿润，或将干燥的无菌条放入注射器中，注入0.5~1.0mL无菌生理盐水，以产生可喷洒到角膜上的新鲜荧光素溶液

(图23-1)。轻轻合上眼睑2~3次，以确保荧光素分布在整个泪膜中并覆盖角膜。**重要提示**：浸渍的荧光素条与角膜直接接触会引起吸收色斑和不适，应避免接触，接触部位可能被误诊为角膜缺损。

- 用生理盐水或胶体轻轻冲洗，去除任何多余的荧光素。
- 使用直射光源，检查整个眼睛是否覆盖了荧光素。很深的角膜溃疡（后弹力层）可能只会沿着其最外面的边缘出现斑点。
- 紫外线、钴蓝光或伍德氏灯激发荧光素，有助于检测微小的角膜上皮缺陷。
- 如果荧光素染料于5min内出现在鼻孔处，则可以验证鼻泪管的通畅性，但这在正常马身上可能最长需要20min。

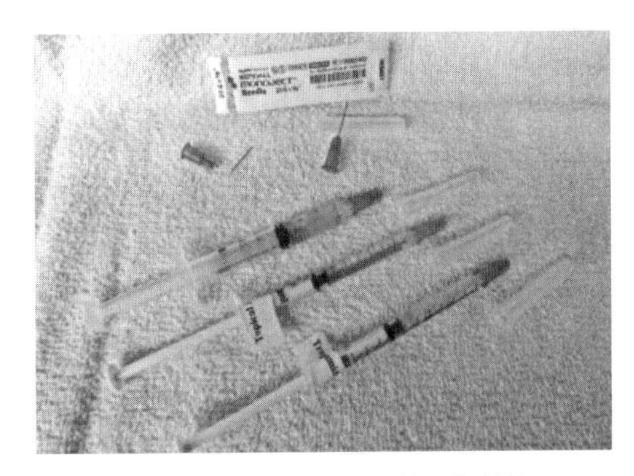

图23-1 常规眼科检查的局部药物

从左起：荧光素染料（将胶条放在装有生理盐水的注射器中）、局部麻醉剂和短效散瞳剂。每个针管都装有针头，针头已从针座上折断（25号针头，在顶部显示）。小口径针座可以保证药物的良好喷射。**重要提示**：当将少量（0.05~0.1mL）的室温溶液轻轻地喷洒在马眼上时，马匹很少注意到；但当溶液喷洒在眼睑上时，马匹会立即注意到（并且反感）！

丽丝胺绿和玫瑰红染色

- 可用于识别死亡或失活角膜或结膜上皮细胞。
- 可用于识别泪膜黏蛋白层中的缺陷。
- 可以帮助诊断和评估某些肿瘤的形成，如鳞状细胞癌。
- 可以帮助检测微小异物的存在。
- 可以帮助诊断某些上皮性疾病，如病毒性角膜炎和浅表真菌感染。

LG和RB分别将凋亡细胞或受损细胞染成茶绿色或亮粉色。与RB相比，LG对人的刺激性较小，并且在评估眼表方面同样有效，建议在使用RB之前先使用LG。结果的解读是时间和浓度依赖性的，因此可重复稀释很重要，并且应在使用后1~2min对染色的眼睛进行检查，因为染色会在3~4min内消失。过量的RB甚至会污染健康的上皮细胞，因此有必要进行慎重的诠释。任何一种染料都应在使用荧光素染料后使用。

设备

- RB或LG浸渍条。
- 装有0.5~1.0mL无菌生理盐水或同等无菌胶体（洗眼液）的注射器。
- 小型手电、透照仪或检眼镜（光线太强时请勿使用LED灯）。

步骤

· 用一滴无菌生理盐水或洗眼液润湿试纸条，甩掉多余的液体，并将其接触泪池，然后按照荧光素染色的说明书进行操作，或将干燥的试纸条放入装有0.5~1.0mL无菌生理盐水的注射器中制成可以喷在角膜上的新鲜溶液。

· 轻轻闭合眼睑2~3次，确保染料分布于泪膜和角膜。至于荧光素，浸渍后的胶条与角膜直接接触可能会引起染色吸收和不适，应避免；接触区域可能被误诊为角膜缺损。

· 轻轻擦拭内眦，去除多余的染料，并立即检查（不迟于染色后1~2min）。

· 使用直射光和放大光源，检查整个角膜和结膜是否吸收染料，并记录图案。例如，局灶的、垂直方向的染色模式表明在相邻的眼睑有结膜异物，而小的锯齿状或点状图案可能表示有疱疹或真菌性角膜炎。更多检查需要更专业的眼科检查。

局部麻醉

· 使用结核菌素注射器或3mL注射器（安装钝性25号针头）用温和的喷雾方法喷洒（图23-1）。

· 每隔15~30s重复施用局部麻醉剂1~2min。如果需要局部加强麻醉（如在结膜下注射之前），则可以将以麻醉剂浸湿的棉签轻轻按压该部位15~30s。

· 盐酸丙美卡因和其他局部麻醉药可引起结膜的血管扩张和充血，以及滴注时有轻度刺痛感。它们对角膜上皮也有一定毒性。在局部麻醉剂使用后不久，会出现微弱的、弥漫性角膜上皮“波纹”和微弱的弥散性荧光素吸收。

· 在注入麻醉剂之前，应进行包括荧光素、丽丝胺绿或玫瑰红染色在内的完整的眼睛外部检查。

眼压测量

- 对于出现以下症状的所有患马，其双眼均应进行眼压（IOP）测量（通过压平眼压计）：
  - 无法解释的红眼、疼痛或泪眼。
  - 无明显原因的局灶性至弥漫性角膜水肿。
  - 任何线性角膜混浊。
  - 瞳孔光反射迟钝。
  - 双眼晶状体脱位。
  - 疑似或先前有青光眼。
  - 面部或眼部外伤史。
  - 葡萄膜炎病例。

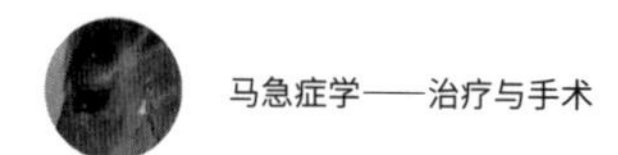

· 任何时候出现无法解释的眼疾。

· 所有眼科检查应包括眼压评估。

· 眼压测量用于诊断血压升高，但在马匹中对记录低眼压（葡萄膜炎的标志）特别有用。葡萄膜炎患马的眼压读数可以帮助诊断轻度葡萄膜炎，并有助于确定葡萄膜炎何时得到控制。

· 患马通常需要镇静和睑动麻痹法才能获得眼压读数。如果使用镇静剂，则必须始终保持头部水平至略微抬高，因为头部降低会错误地升高眼压读数。

设备

· 可选择镇静剂，如有需要可使用睑动麻痹法。

· 局部麻醉滴眼液。

· 压平眼压计或回弹眼压计。

步骤

· 镇静患马，将其头部保持在水平或稍微抬高的位置。

· 进行运动神经阻滞（睑神经或眶上神经）。

· 打开眼睑，手指按在眼眶的骨头上，而不是眼球上。

· 尝试在眨眼之间进行读数，因为眨眼可能会错误地升高眼压。

· 眼压读数应从角膜中央或最正常部分获得，因为角膜水肿和疤痕会改变眼压读数。

· 根据所使用的仪器进行读数（例如，用压平眼压计轻轻擦拭或敲打局部麻醉的角膜，或在探针获取读数时握住回弹眼压计于未麻醉的角膜前面，请参见仪器使用说明）。

眼睑神经阻滞

解剖学回顾

面神经（颅神经Ⅶ）带有轴突，可控制脸部所有肌肉的运动。睑神经是颅神经Ⅶ的分支，支配眼轮匝肌并负责眼睑闭合。三叉神经（颅神经Ⅴ）通过其三个主要分支（上颌神经、眼神经和下颌神经）传递来自面部的感觉信息。上颌神经从颧神经接受轴突，从外侧下眼部进行感觉神经支配。额叶神经、泪腺神经和滑车下神经分别负责眼神经和中央上睑、外侧上睑和内眦的感觉神经支配（图23-2）。

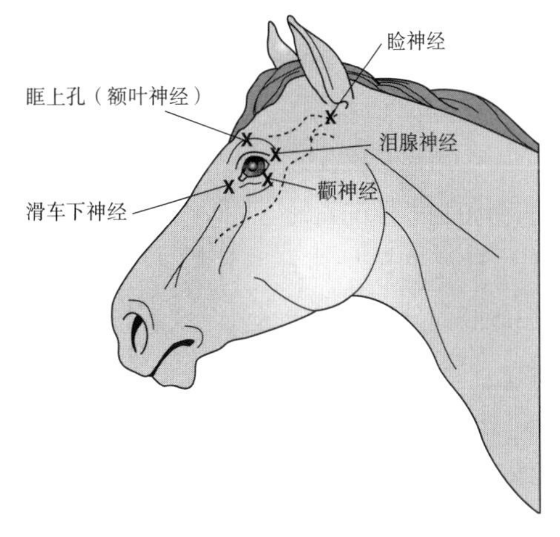

图23-2　眼神经阻滞

上眼睑睑动麻痹法的睑神经阻滞

· **重要提示：**切勿在没有眼睑麻痹的情况下强行打开患马闭合的眼睑。这可能会导致深层角膜溃疡破裂或撕裂球体。

· 马眼睑周围的括约肌（眼轮匝肌）非常有力。当马眼疼痛且不停眨眼时，为了安全检查，眼轮匝肌必须部分或完全麻痹并伴有眼睑神经阻滞。这种阻滞应便于检查每一只疼痛的眼睛，并且在所有病史未知和闭上眼睛的所有情况下都应进行检查。眼睑神经阻滞会影响眼睑的运动功能，但不会使眼睑脱敏。正确阻滞会在5min内导致上眼睑运动障碍（暂时性麻痹），并大大有助于对眼睛进行完整和安全的检查。

· 可以在几个部位触诊到穿过眼眶背缘和眼背外侧骨骼的眼睑神经分支（图23-2和图23-3）。清洁一个或多个部位，然后通过预先放置的25号针头皮下注射局部麻醉剂（每个部位1.5~2mL），如下所述。

· 为了麻醉大部分眼睑神经分支，在颧弓后部以扇形方式注入2mL局部麻醉剂，在此位置可能无法触诊到神经（图23-2和图23-3）。

· **重要提示：**检查结束时应在眼睛上涂抹无菌的人工泪液或其他类似药物，直到眨眼反射恢复正常，以防止导致暴露性角膜炎。

设备

· 25号，1.6cm针头，5mL注射器。

· 2%甲哌卡因，2~3mL。

步骤

· 触诊颧弓最高点附近的区域和下颌骨冠状突的后部，在冠状突的后部可以感觉到凹陷。通常可以触诊到横越冠状突顶点水平方向走向的神经（图23-2和23-3）。

· 用5%聚维酮碘溶液清洁皮肤（避免使用酒精和肥皂擦洗）。

· 于凹陷处进针，并将针头向上于颧弓尾端最高部分后侧方向送入。或者如果能触诊到神经，可直接在神经附近进针。

· 先回抽，然后以扇形方式皮下注入2mL 2%盐酸甲哌卡因（甲哌卡因）。

· 按摩注射部位，使药物沿着神经扩散。

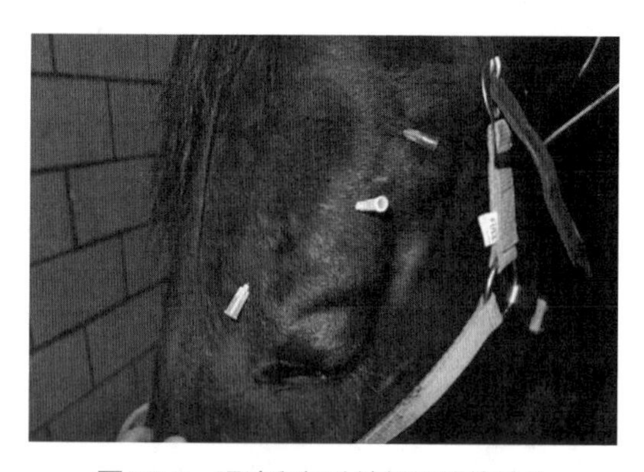

图23-3　眼睑和额叶神经阻滞的针位

立即在颧弓最背侧注射1~3mL局麻药（蓝色针头）可阻断大部分眼睑神经的分支，或在穿过颧弓时阻断一条神经分支（粉色针头）。在可触及的眶上孔、眼内眦背侧皮下注射1~3mL局麻药（黄针），阻断额神经眶上支。

眼睑麻醉

· 脑神经Ⅴ的上颌和眼分支的眶上、泪道、颧部和滑车下神经支从上眼睑及下眼睑的感觉传入神经。

· 根据需要，每根神经都可以被单独阻断，用于会感到不适的眼睑操作，如外科手术或其他操作，或者可以沿眼眶边缘进行线性阻滞。

· **重要提示：** 任何感觉阻断后，都应该经常润滑眼睛，直到眨眼反射恢复正常，因为操作通常会削弱运动功能。

眶上神经阻滞：中央上眼睑的麻醉

· 眶上（额叶）神经阻滞（眼神经Ⅴ的一个分支）为上眼睑的大部分提供镇痛，并使上眼睑得到很好（尽管是部分性的）的暂时性麻痹，因为在该区域滴注局部麻醉剂可麻醉额叶神经和眼睑神经的内眼睑支。

注意事项： 对于怕针和抗拒的马，眶上神经或额叶神经“阻滞”是常规眼科检查的首选阻滞。因为眼睑麻痹良好，患马也不会感觉到对中央上眼睑的操作。因此，较不配合的患马对该检查的抵触较小。

设备

· 25号，1.6cm针头，5mL注射器。

· 2%甲哌卡因，2mL。

步骤

· 触诊眶上孔（位于额骨颧突变宽处，内眼角背侧）（图23-2和图23-3）。

· 用5%聚维酮碘溶液清洁皮肤（避免使用酒精和肥皂擦洗）。

· 先抽吸，然后通过2.5cm的针头将2mL 2%甲哌卡因注入皮下，针头靠近眶上孔。**注意事项：** 不必将针头插入孔内，这样做的阻滞不包括运动阻滞。该处有一根小动脉和静脉平行于该神经。如果发现出血，请重新定位。

颧神经阻滞：下外侧眼睑的麻醉

设备

· 25号，1.6cm针头，5mL注射器。

· 2%甲哌卡因，2~3mL。

步骤

- 将食指放在眼眶腹缘的外眼角处，用力按压颧弓眶上部分。
- 用5%聚维酮碘溶液清洁皮肤（避免使用酒精和肥皂擦洗）。
- 在食指内侧沿眼眶边缘向下眼睑进行注射。

泪腺神经阻滞：外侧上眼睑的麻醉

设备

- 25号，1.6cm针头，5mL注射器。
- 2%甲哌卡因，2~3mL。

步骤

- 用5%聚维酮碘溶液清洁皮肤（避免使用酒精和肥皂擦洗）。
- 沿眼眶背缘内侧、外眦内侧线性注射药物（图23-2）。

滑车下神经：内眦麻醉

设备

- 25号，1.6cm针头，5mL注射器。
- 2%甲哌卡因，2~3mL。

步骤

- 用大的压力触诊眼眶背缘靠近内眼角，找到不规则形状切迹。
- 用5%聚维酮碘溶液清洁皮肤（避免酒精和肥皂）。
- 向切迹嘴侧较深部位注射2~3mL甲哌卡因（图23-2）。

鼻泪管插管

- 只要怀疑有泪道引流梗阻时，就应该进行鼻泪管插管。
- 鼻泪管梗阻的临床症状包括泪溢（流泪），眼下有泪痕和内眦有分泌物。
- 导管从鼻孔口逆行插入，鼻孔口在鼻孔腹侧的皮肤黏膜交界处附近出现，但也可以顺行插管。**重要提示：**不推荐金属鼻泪管用于患马，因为如果患马甩头可能会造成严重的外伤。
- 泪囊鼻腔造影术（用于定义先天性鼻泪管阻塞或获得性炎性病变）也需要插管。
- 当无法使用眼睑冲洗系统（首选）时，可使用逆行放置的鼻泪管将药物输送至眼睛，而无需操纵眼睛或眼睑。

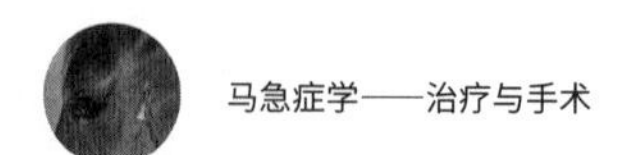

设备

- 镇静剂。
- 小型手电。
- 4F至6F聚丙烯导管（法式转换：F=0.33mL直径）或马专用鼻泪导管（首选）用于逆行冲洗，20号静脉导管用于顺行冲洗。
- 装满温热、无菌生理盐水的20mL注射器。
- 海绵纱布。
- 无菌局部麻醉润滑剂，如利多卡因凝胶。

逆行插管术

- 对患马进行镇静，但将其头部保持在水平或稍微抬高的位置，否则会迅速发展成鼻黏膜水肿，阻碍导管通过。
- 拨开鼻孔的鼻翼外侧褶皱，定位鼻泪管的泪点，使用光源寻找，它一般位于鼻腔的腹侧（图23-4A），通常位于粉红色和有色黏膜的交界处。有些马的一个鼻孔有2个或以上的点。**重要提示：**最近端的一个通常是通透的。
- 擦拭鼻孔内部，清除所有杂物，用少量局部麻醉凝胶润滑导管。当在鼻腔底部向后拉动时，将导管滑入鼻泪管至少5cm（图23-4B）。

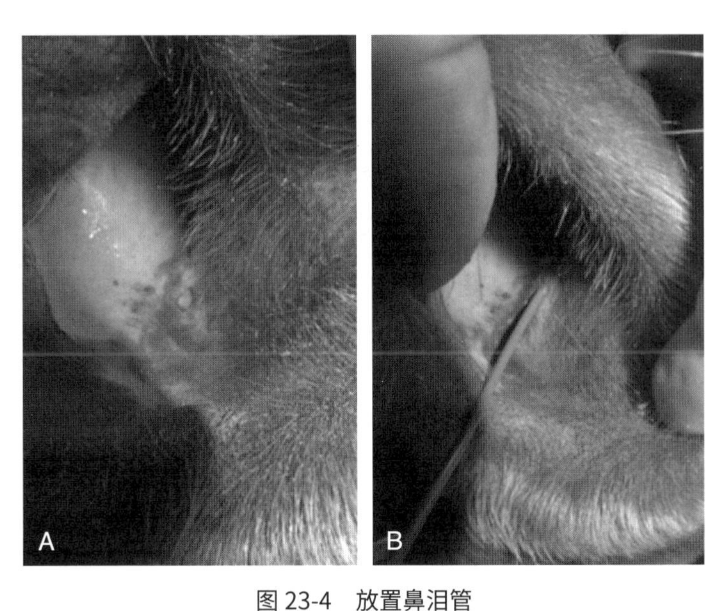

图23-4　放置鼻泪管

A. 鼻泪管开口，鼻前庭腹侧　B. A#6 French×40cm聚四氟乙烯（PTFE）马鼻泪管导管插入远端鼻泪管开口

· 冲洗管道时，将手指放在泪点上方，将导管固定在适当的位置，并防止温热的生理盐水回流。**重要提示：**如果生理盐水温度适当，则患马会减少对操作的反抗。连接注射器，轻轻地反向冲洗导管。因为患马通常会打喷嚏，所以操作者会选择站在一边。一旦生理盐水从内侧眼角的泪点流出，就表示鼻泪管已通畅。继续或重复冲洗，直到生理盐水很容易从眼睛流出并至清亮为止。

· 导管可以保留在鼻泪管中，其连接器接头通过假鼻孔中的切口导出固定，然后用蝶形敷贴技术将其缝合在睑上，以便通过导管进行常规眼科用药。

顺行插管术

· 轻松、安全地进行鼻泪管的常温灌注。

· 参阅逆行插管设备部分。

· 必要时对患马进行镇静。

· 在眼睛上滴1~2滴局部麻醉剂。

· 取下留置针的针芯，将导管插入上眼睑内侧（图23-5）的鼻泪管开口处，同时轻轻向上拉眼睑。**重要提示：**这比在下眼睑泪点插管更可取，因为上眼睑管道的弯曲度较小，但均可操作。将注射器灌满无菌、温热的生理盐水，轻轻冲洗直到液体从内眦处对应的泪点流出为止。堵住该泪点，同时保持温和地冲洗，直到液体从鼻泪管鼻端开口流出。

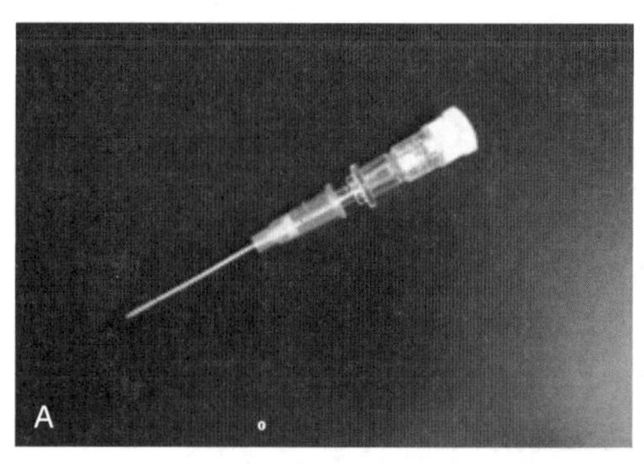

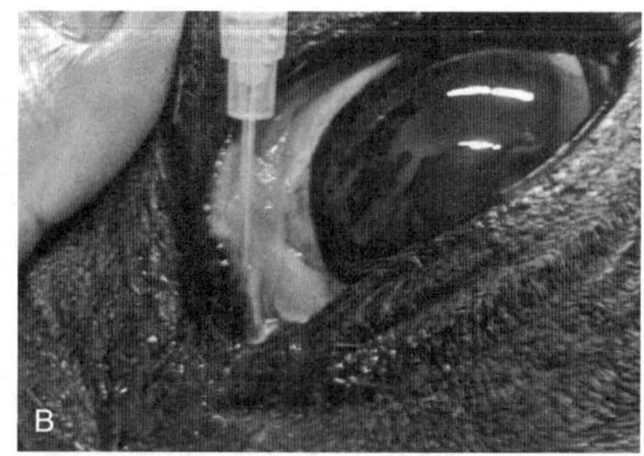

图23-5 用静脉留置针进行鼻泪管冲洗

A. 左侧显示20号静脉留置针 B. 取下探针后，当向上牵引眼睑进行正常鼻泪管冲洗，此时导管很容易进入上鼻泪管点

睑下导管放置 - 上眼睑

针对需要频繁或长期对眼睛局部给药的患马不配合的情况，可以选择从睑结膜囊穿过眼睑放置经睑洗眼导管，并固定在面部和颈部以下的睑下。这样一来，就可以站在患马一侧向眼睛输送药物。强烈推荐使用硅橡胶管系统（图23-6）。如果在放置过程中小心操作，并发症是极为

罕见的，硅橡胶导管可以放置几个月（在某些情况下可长达一年或更长时间），它们可以通过上眼睑或下眼睑放置。以下说明适用于上眼睑放置。下眼睑导管放置在第三眼睑和下眼睑内侧之间的结膜穹窿深处。

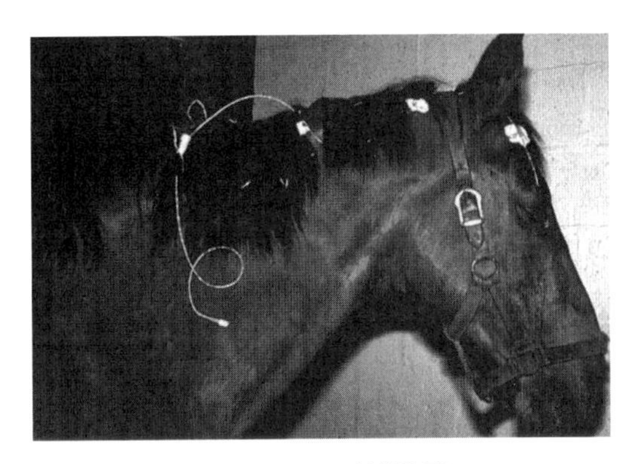

图 23-6　马睑灌洗器

设备

- 镇静剂（盐酸赛拉嗪或其他镇静剂）。
- 10%聚维酮碘拭子。
- 5%聚维酮碘溶液。
- 2%的局部麻醉药，25号，1.6cm针头，5mL注射器。
- 带硅橡胶导管的马眼冲洗套装。
- 无菌手术手套。
- 注射封口帽。
- 加入5mL无菌生理盐水的无菌注射器。
- 防水胶带。
- 连接2-0不可吸收缝合线的直针。
- 缝线剪。
- 氰基丙烯酸酯胶。

针对站立马的操作步骤

· 在前额，鬃毛上至少4~5个点编成辫子。

· 用噻啦嗪（0.3~0.6mg/kg，以体重计，静脉注射），或托咪定（0.02~0.04mg/kg，以体重计），或兽医首选的镇静剂镇静。

· 按上述方法麻醉上眼睑和额叶神经（图23-2和图23-3），并用5% ~10%的聚维酮碘溶液（不要揉搓）清洁后，在导管预期出口处的眼睑背面皮下注入1~2mL局部麻醉剂，最好是在眼眶背面骨眶缘之前的中点，用5% ~10%聚维酮碘溶液（不要揉搓）无菌处理。

· 如果睑裂中存在明显的黏液性分泌物，则要小心冲洗并擦拭掉眼睛周围的杂质。用5%聚维酮碘溶液冲洗，使溶液与眼表保持2~3min接触，有助于消毒和清洁眼表，以避免在导管通过期间携带化脓性分泌物穿过眼睑。

· 打开冲洗套装的包装。确保针头牢固地固定在管子上，同时确保所有材料均已打开并可以随时使用。戴上无菌外科手套，用无菌生理盐水冲洗手套上的粉末。

· 如图23-7A所示握住针头，用止血钳夹住睫毛或使用非挤压性工具夹住眼睑边缘，同时

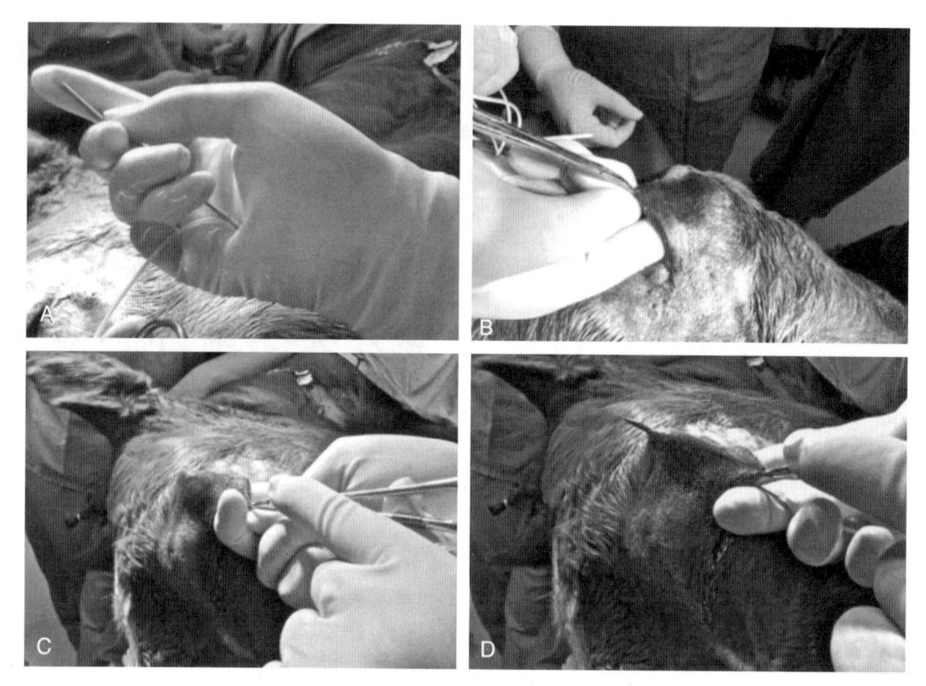

图 23-7　眼灌洗导管放置（提示见正文）

将手指和针头伸入眼睑下（图23-7B）；在伸入过程中将眼睑牢牢地向下拉动并覆盖在手指上，以防止结膜皱褶（即在插入过程中请勿保持眼睑打开）；在针头和手指直接指向结膜穹隆背侧进入时（食指尖应接触眼眶背缘腹侧）（图23-7C），保持眼睑尽可能关闭。

· 当指尖距骨眶边缘大约1mm处时，将手指靠在骨眶上，并保持在针头与眼睛之间保护眼睛，以免在滑动针头时伤到眼球（图23-7D）。如果针头正确地放置在手掌中，则合上手掌或用手掌推动针头快速穿过结膜和皮肤。

· 在上一步中，针头已经穿透了眼睑。手指从眼睑下方移开，将针头及其连接的导管穿过眼睑。当导管的固定翼位于上眼睑下方时，闭合眼睑，然后轻轻地将固定翼拉入穹隆背侧的位置。触碰穹隆以确保固定翼良好地定位在穹隆的高处，同时远离角膜。**重要提示：**如果将导管固定翼拉入穹隆时，眼睑明显张开，那么可能穿透眼睑结膜的位置错误，需要重新插入针和导管（少量眼睑运动是正常的）。

· 将穿出的针头和导管穿过先前编好的颈辫。**重要提示：**将导管放在辫子的下面、鬃毛的背面，有助于防止导管“钩住”马厩的物体。

· 从硅橡胶管上取下针头，小心地将套件中的静脉导管全部插入硅橡胶管中。插入时边插边退回静脉导管的针芯，以防止硅橡胶被穿透。取下管心针，并装上针帽。注入3~5mL的无菌生理盐水，确保眼睑通畅，并注意注射时不会使眼睑肿胀。

· 擦干睑上的硅橡胶管，贴上两片小的防水胶带，并将其缝合成如图23-6所示的两条白色

“蝴蝶”胶带，一条缝在眼睑附近，另一条缝在额头中心。在每个蝶形胶带之间，将导管拉紧并将胶带牢牢地压在干燥的导管上。避免在运动神经区域缝合蝴蝶胶带，因为此操作可能会在这些区域进行神经阻滞。在胶带上涂上氰基丙烯酸酯胶，以进一步将硅橡胶管固定到蝴蝶胶带上。

· 以某种方式将注射口和导管应用夹板固定（我们使用防水胶带将其固定在压舌器上，然后再固定在鬃毛上的辫子上）。**重要提示：**这是该系统的“脆弱环节”，导管在注射针座附近容易弯曲和泄漏，应根据需要每5~7d更换一次。

· 站在患马肩侧，通过注射帽给患马注射眼部药物（0.2mL），然后缓慢冲入3mL的空气，直到患马眨眼并且看到水分扩散到角膜上，以使药物分布到眼睛。眼药水或治疗溃疡“药剂”的连续给药可以通过液体泵连接到硅橡胶管并固定在鬃毛、笼头或肚带上。

· 或者可以使用硅橡胶或聚乙烯（PE）管（型号190–240），以非常低的成本制造“自制”睑下灌洗器。通过在火焰上加热管子，然后将软化后的管子压到冷却的金属表面，在聚乙烯管的末端预先制作（**注意：**聚乙烯非常易燃！）。自制的轮缘必须粘在硅橡胶管上。既可以连接到伤口引流插入针上，也可以按照前面的描述，或者可以将12号3.81cm长的针头（已移除针座）穿过眼睑，然后将穿过管（将针头穿过眼睑时握住管子）。由聚乙烯制成的导管通常会在2~3周后拔除，因为组织反应明显高于硅橡胶。

并发症

- 无论导管是通过上眼睑还是下眼睑放置，都会有并发症发生的可能。
- 如果导管在穹隆内不够深，或者如果导管松动并移到角膜附近，则可能发生角膜溃疡。
- 如果患马过度蹭眼睛或发现意外导致溃疡，请翻开眼睑并检查导管的位置，以确保导管未迁移到角膜附近。
- 如果出现眼睑肿胀或产生刺激，导管轮缘可能已被牵拉到结膜深处，因此药物会进入眼睑的皮下组织。
- 由于导管和眼部疾病有刺激性，因此一些患马会蹭眼睛。
  - 在眼睛上方带上硬质塑料杯状罩，有助于防止导管和眼睛受到损伤。在极少数情况下，可能需要托架或交叉绳拴马。**重要提示：**通常，如果马摩擦眼灌洗系统，导管会错位，液体会渗入皮下组织。
- 该冲洗系统已成功使用30多年，很少出现问题。

眼科急症

马眼急症

许多涉及马眼的问题都是真正的紧急情况，包括：

- 钝性外伤。
- 急性眼眶蜂窝织炎。
- 急性睑缘炎。
- 眼睑撕裂伤。
- 角膜溃疡或角膜基质脓肿。
- 葡萄膜炎。
- 一些青光眼病例。
- 急性失明或视觉障碍。
- 眼外伤。

这些患马需要立即接受兽医或兽医眼科专科医生的检查，因为视力或眼球保留的长期预后可能取决于即时、准确的诊断和治疗。

许多全身性给药的药物在眼内无法达到治疗浓度，马主或护理人员应做好准备。在急性情况下，局部应每隔2h或更长时间频繁给眼药。在这种情况下，通过上眼睑（首选）或下眼睑的结膜穹隆放置的睑灌洗器使给药过程方便了许多（图23-6和图23-7）。可能需要转诊到提供24h护理的机构。

急性头部外伤伴随眼外伤

- 由于眼睛很大，同时也在头部突出的侧面位置，许多马紧张，会出现强而有力地反射性甩头，因此头部、眼眶或眼球的自我造成或诱发的创伤在马身上很常见。
- 头部、眼部或眼眶外伤总是急诊。
- 受伤后请立即限制患马的头部运动，避免其眼睛和眼周区域与物体、墙壁或前肢摩擦而导致自我损伤。
- 在完成充分的保定、镇静和眼睑麻痹之前，应避免检查或操纵眼睛或眼周组织。
- 请告知马主不要自行检查眼睛，如果那样做可能会对马导致进一步的伤害。

眼眶和眶周骨折

眼眶背侧（额骨）和颞颧骨（颞骨和颧骨）是最常见的损伤区域。

临床症状

- 水肿、肿胀、疼痛、眼睑痉挛、球结膜水肿和可伴有或不伴有撕裂伤，挫伤的结膜下出血或其他面部或眼睑损伤。

如果额窦或上颌窦骨折，则常见皮下、结膜下或眼眶气肿（图23-8）。

- 如果骨折碎片移位，则可能会明显破坏眶缘骨。X线片上显示的骨折通常比触诊更为广泛。

· 可能出现异常的鼻或眼分泌物或鼻腔气流减少。

· 眼球斜视或移位是可变的或不存在的。

· 眼球可能是内陷、突出或在正常位置。

· 第三眼睑可以是凸出的、凹陷的或正常的。

· 上眼睑功能可能因眼睑或结膜肿胀或睑神经损伤而受损。

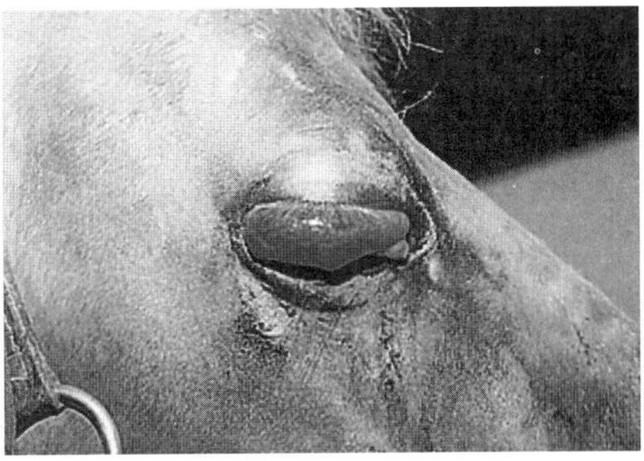

图 23-8　一匹 2 岁大纯种马驹的眼睛，由于额窦的眶背缘骨折而导致严重的结膜下气肿

诊断

· 如果已发生了创伤性事件，则诊断通常很简单。

· 进行全面的身体检查、眼眶检查和神经系统检查，排除眼眶蜂窝组织炎（肿胀、发热、白细胞增多、瞬膜突出和眶上窝肿胀，张口是否疼痛），评估受伤眼睛将瞳孔光反射传递到对侧眼的能力（马需要用强光来判断瞳孔对光的反应，但切勿使用LED灯，除非它不会伤害到您自己的眼睛！）

· 即使在第1天角膜染色结果呈阴性，但也要务必在接下来几天的出诊时每天检查并对角膜染色，因为钝性角膜挫伤导致的角膜上皮脱落可能在几天后才形成。

· 一旦安全地镇静患马并对其眼睛进行局部麻醉后，就应从睑裂内触诊受影响区域，并对眼眶边缘进行轻柔的指诊。肿胀和疼痛可能会阻止详细的触诊。

· 通过将患马头部向前、向后、腹侧、横向和小圆圈方向做运动来全面评估眼睛的运动能力，同时观察前庭眼动情况。

· 如果存在明显的眼周肿胀，则可能难以进行评估。

· 为了完成评估，可能需要强行转动眼睛：在适度镇静和表面麻醉或全身麻醉后，用小组织钳抓住角膜缘结膜，并"迫使"球体在各个平面运动，以确保眼球没有因骨折而被卡位。

· 建议使用计算机断层扫描（CT）进行诊断，但可能需要将CT与放射影像学、超声和核磁共振成像（MRI）结合起来进行全面的诊断（见第14章）。

应该做什么

眼眶骨折

对症治疗

- 使用冷敷、止痛药和消炎药。
- 不建议使用全身性皮质类固醇，因为担心会引起鼻窦或眼眶感染。
  - **重要提示：** 如果怀疑有视神经受损，则可能需要使用全身性皮质类固醇。
- 热敷可在最初的24h后使用，每2h敷5~10min。
- 如果出现或怀疑有开放性骨折、鼻窦骨折或皮肤创伤，就必须进行全身抗生素治疗。

- 如果眼睑功能或完整性有任何损害，就需要频繁（每天8次或以上）使用局部眼睛润滑液，并应考虑进行暂时性睑缝术，以保护眼球。
- **重要提示：**如果出现鼻窦损伤、骨折碎片明显移位、面部畸形、眼球移位或任何眼睛的正常运动受损，则不建议仅进行对症治疗。对于疑似视神经损伤的病例，则急需进行骨折修复。

骨折修复

- 如果患马的身体状况稳定，在全身麻醉的情况下，于最初的24~48h内最容易修复完成。
- 修复可以通过手指操作和骨牵引来完成，但是大多数情况下需要中度到广泛的骨科操作、器械和固定。

头部钝性损伤伴随继发性视神经病变

- 钝性外伤是枕部外伤的常见后遗症，常伴有抬头、撞头、摔头并向后摔倒的情况（尤其是青年马）。
- 外伤可导致突然的单侧或双侧视觉损伤或失明，其原因是视神经纤维部分或完全切断或损伤，或是基底蝶骨区出血或骨折。
- 在所有钝性头部外伤病例中，必须进行完整的脑神经检查，包括直接和间接的瞳孔对光反射、威胁反应、障碍路线评估和完整的眼科学检查（包括眼底和视神经的仔细检查）。眼眶超声检查有时有助于诊断。CT、MRI或两者皆用，加或不加造影增强，是建立诊断和预后的首选方法。
- 由于外伤后可能出现脱髓鞘和视神经萎缩，因此即使是马的眼睛正常，也应在其受伤后6~8周及以后再次进行复查。

直接的发现

- 视力障碍：头部外伤严重且急性失明的马通常会永远维持这种情况，偶尔可能会受到单侧影响，或每只眼睛的视野部分完整。
- 失明患马每只眼睛的瞳孔都广泛扩张且反应迟钝，而部分失明的马其瞳孔反应不一。
- 眼底在急性期可能正常，但可能存在视神经水肿、出血、髓鞘丢失、髓鞘挤压或其他改变。这些很罕见，因为最常见的损伤部位是近端的视神经，与眼球有一定的距离。

慢性病例（受伤6周或以上）

- 评估视神经萎缩：苍白，轻微凹陷，巩膜纤维（筛板）可见视神经头结构改变，可观察到神经头直径减小。
- 视网膜血管减少或缺失。
- 可能存在视乳头周围视网膜或脉络膜萎缩或色素改变，通常呈“蝴蝶翼”分布。

应该做什么

头部外伤伴失明

- 部分失明的马（具有一些完整的视神经纤维）可能会随着时间的推移和对中枢神经系统创伤的即时、积极、适当的处理而得到改善（见第22章）。
- 大多数患马视力永久性受损。
- 所有病例不良或极差，在受伤后的头几天视力可能会下降。

无裂伤或破裂的钝性眼伤

- 进行仔细的身体、神经学和眼科检查，包括眼底检查和对直接、间接瞳孔光反射的评估（尽可能）。眼睛可能看起来正常，或有任何受伤和前房积血的组合。
  - 推荐使用间接检眼镜，因为与直接检眼镜相比，间接检眼镜更适用于通过混浊介质进行眼底检查。
- 一些患马可能正常；其他患马可能有轻度至重度视神经水肿或充血，伴有或不伴有视乳头周围视网膜和脉络膜水肿。
- 仔细检查巩膜（常规检查、检眼镜检查和超声波检查）是否有潜隐性破裂，特别是在角膜缘和中纬线的区域及结膜出血的任何区域。如果不进行修复，则潜隐性破裂可能导致眼球痨（眼球萎缩）。超声检查非常有用，但必须谨慎，通过眼睑或眶上窝或两者均进行扫描，同时不会对眼球施加压力，否则可能导致眼球内容物从潜隐性破裂脱出。
- 在损伤后1、3、6和12个月进行重复的眼底检查，因为有些患马会出现“蝶形”病变（乳头状脉络膜和视网膜色素上皮紊乱或萎缩区域），可能是由于血管破裂或视神经蒂周围后眼壁受压所致（图23-9）。在这些病例中，没有视觉障碍记录，而在一些病例中获得的视网膜电图是正常的。类似的“蝶形”病变可由多种原因引起，包括马复发性葡萄膜炎（ERU）。因此，要记录所有外伤引起的“蝶形”病变，以防止在未来的预检查中出现任何与ERU不健康相关的诊断问题。
- 常有急性前房积血。
  - 如果超过50%的前房充满血液或者发生自发性眼内再出血，则眼睛的预后非常差，常常会导致眼球痨。
  - 请参阅急性前房积血。

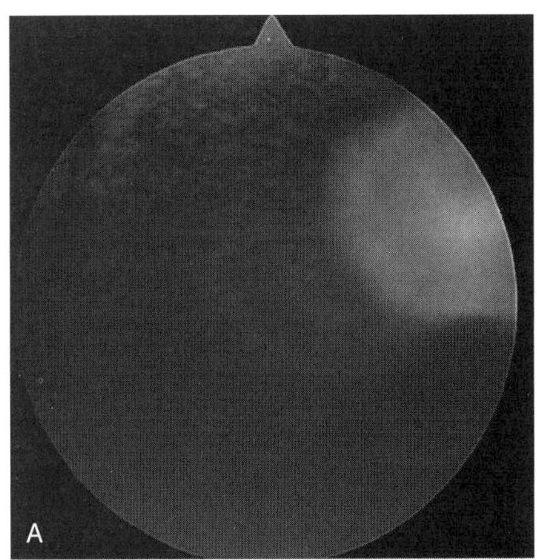

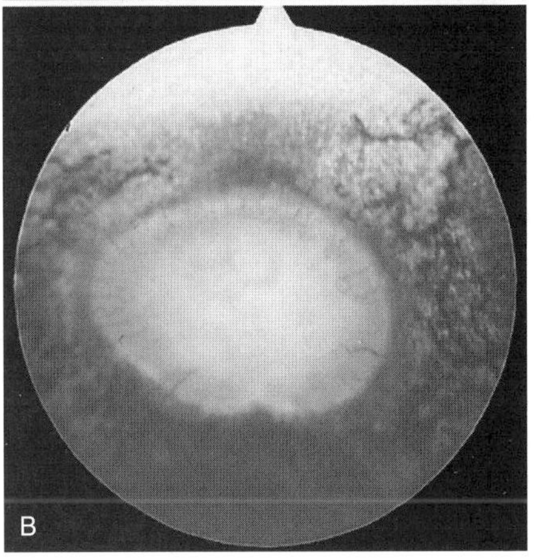

图23-9　眼底检查

A. 在这张照片拍摄的4周前，一匹3岁的温血种马的眼睛受到了医源性钝性损伤。瞳孔周围视网膜和脉络膜水肿消失，该图像中没有出现顽固的视网膜下出血　B. 受伤1年后的照片显示典型的“蝶形”病变［视盘周围脉络膜萎缩和视网膜色素上皮（RPE）肥大的疤痕］

应该做什么

钝性眼球外伤

- 在任何钝性外伤后的几天内都要仔细观察角膜，最初正常的角膜可能在几天后因挫伤而导致上皮脱落（图23-10）。
- 连续几天监测所有结膜下区域是否有可能表明潜隐性破裂的肿胀或色素沉着。
- 根据需要进行全身性抗炎治疗。

图 23-10　钝性面部创伤 24h 后 4 岁纯种马的角膜侵蚀

注意上皮边缘松动和没有角膜水肿。由于角膜挫伤可能在几天后导致上皮脱落，因此在外伤后的几天内应密切监测正常外观的眼睛。

眼睑急症

眼睑撕裂或撕脱

- 典型的马眼睑撕裂伤通常是当患马的上眼睑或下眼睑被固定钩、钉子、水桶提手柄或其他类似物体“钩住”时发生的眼睑撕脱，马将头强行拉开时撕开了眼睑最薄的部分。在这些情况下，眼球本身通常是正常的（图23-11和图23-12）。
- 由于钝性压迫或其他直接创伤造成的撕裂伤需要进行仔细的眼科学检查，因为可能会对眼球造成创伤。
- 大多数眼睑撕裂或撕脱发生在上眼睑。

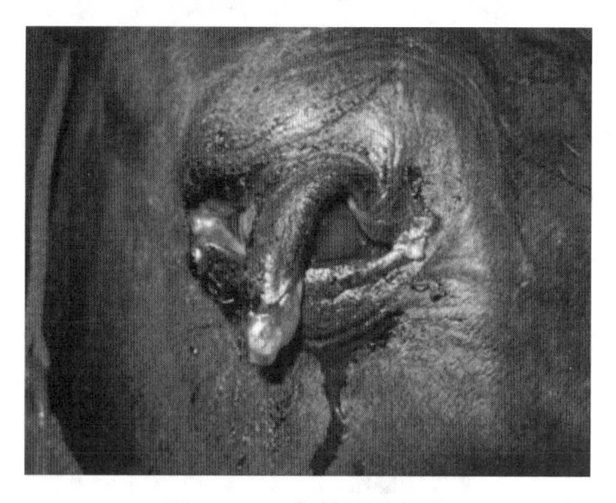

图 23-11　急性眼睑损伤

这匹 15 岁的纯种马在用桶喝水时被吓了一跳，将其外眦钩在水桶把手上，并在眼睑撕裂之前将整个水桶从地面抬起（眼球是正常的）。

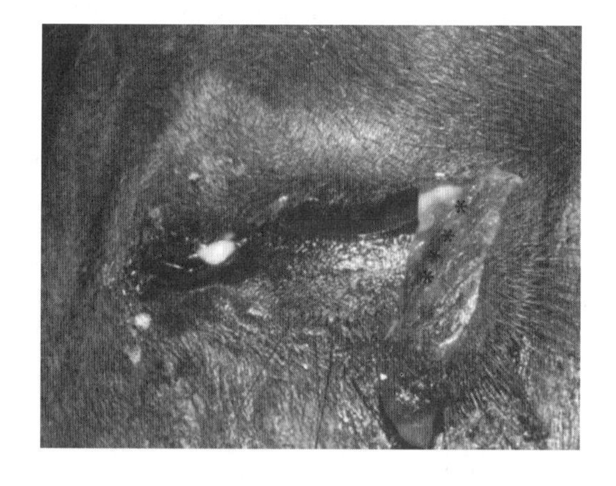

图 23-12　14 岁夸特马的亚急性眼睑损伤，在损伤后 16h 出现

星号描绘了睑板层、眼睑结缔组织层和最重要的手术缝合层。星号左边是光滑潮湿的结膜表面，不应该缝合；星号右边是肿胀的眼轮匝肌。

诊断

- 诊断通常是显而易见的。

· 可能有一个垂直于眼睑边缘的简单撕裂伤，可能是失去了眼睑边缘的撕裂伤（不常见），可能是任何程度被浸渍的组织，或者最常见的是一个悬挂在蒂上的眼睑瓣（图23-11和图23-12）。

· 伤口通常水肿且带血，肿胀可能很严重。

  · 在眼睑和眼周区域可见到血、眼泪和黏液样至黏液化脓性眼分泌物，分泌物是湿的还是干的取决于受伤后的时间。受伤的组织可能会比正常的组织肿胀2~10倍。

· 患马通常处于轻度至中度疼痛，并因组织畸形而感到不适。

· 必须进行荧光素染色试验，以评估角膜的完整性，适当处理角膜损伤。

应该做什么

眼睑撕裂伤

· 如有必要，在完成检查前，使用无菌生理盐水或5%聚维酮碘溶液进行清洗。**重要提示：** 切勿在眼睛周围的任何部位使用酒精、聚维酮碘或洗必泰揉搓。

· 进行完整的眼科学检查，包括荧光素染色，仔细检查眼附器和眼球，包括对眼底和晶状体的评估，以评定潜隐性损伤。

· 在检查之前、检查中和检查之后，请确保眼睛润滑并防止自损。

· 如果病因不明，则通过拍摄颅部X光片可明确排除金属异物和骨质损伤。

· 在闭合伤口前仔细检查伤口。

· 预防破伤风。

· 使用全身性广谱抗生素。

· 任何破坏眼睑边缘的眼周撕裂伤必须尽快进行手术修复。**重要提示：** 切勿切除眼睑边缘撕裂的任何部分。在任何情况下，眼睑边缘应至少置换和修复两层。

· 眼睑有丰富的血管，如果修复得当，则愈合良好。

  · 如果经过适当的修复和药物治疗，即使看起来无望的干燥、发炎或感染的组织也可以很好地愈合。

· 身体中没有其他组织可以用来修补失去的眼睑边缘。即使其成活率存在质疑，也要尽可能保留眼睑边缘组织。用干海绵清创或用刀片刮擦，同时避免切掉组织。

  · 眼睑边缘的切除或修复不当会导致慢性角膜刺激和眼睫毛引起的溃疡（倒睫，图23-13），由泪膜在角膜上的不当扩散而导致的暴露性角膜炎，以及由眼睛无法正确地自我清洁而导致的慢性角膜结膜炎。

· 保留眼睑功能，或以其他方式确保眼睑在愈合过程中能够保护眼球（如进行睑缝术通常是一个好方法）。

· 可以在护目镜的帮助下防止自损。

麻醉和伤口准备

· 如果患马合作，则可在局部麻醉和重度镇静时操作。对于所有复杂的修复、骨折修复或在患马难以控制的情况下，应使用全身麻醉。

· 不管是全身麻醉还是镇静，局部麻醉的应用对于修复都是有益的。

· 使用涂有凡士林或凝胶的剪刀修剪睫毛和触毛。避免修剪伤口周围的其他毛发，因为小的毛屑很难从伤口中被清除。延伸到脸部伤口的毛发可能需要推毛器修剪。

· 使用无菌生理盐水和5%聚维酮碘溶液彻底清洁伤口。**重要提示：** 不要使用酒精、聚维酮碘擦洗液（高浓度）或洗必泰擦洗眼睛周围的任何部位，避免使用所有洗涤剂或清洁剂，因为它们对眼组织有剧毒，特别是绝对不能在眼周区域使用洗必泰。

图23-13　眼睑缝合不当继发的角膜溃疡

一匹9岁的夸特母马，因眼睑损伤修复不当而出现严重的眼睑痉挛、慢性泪溢和严重倒睫继发的角膜溃疡。该图中的眼睑创伤只缝合了皮肤层在每次马眼睑损伤中均应封闭睑板层。

- 如果结膜表面受到严重污染，则可使用商品化聚维酮碘溶液（5%眼科溶液）冲洗眼表面。使其与角膜和结膜保持接触2min，然后用无菌生理盐水冲洗。
- 用无菌纱布清理创口边缘，或用刀片刮擦，直到刮擦表面渗血。尽量减少锐性的清创术以保留最大面积的眼睑组织。

急性损伤（小于12h）

- 尽快修复撕裂伤，如上所述进行清洁和准备；但如果存在其他更严重损伤，则可以将修复延后24h或更长时间，以稳定患马。
- 最好使用5-0可吸收缝合材料与小针头。
- 对于所有全层撕裂伤进行至少两层缝合,有些伤口可能需要三层缝合。
- 检查眼睑切口的较深层，直到识别出眼睑的白色结缔组织层（睑板）。睑板紧邻结膜，大约在眼睑的3/4深处。**重要提示：**这是闭合时最重要的一层，也是放置深层缝线的一层。切勿缝合结膜，也不要让任何缝线穿透结膜，否则会刺激角膜（图23-11和图23-12）。
- 放置（或预先放置）的第一根缝线非常关键：它应该与眼睑边缘完美贴合，否则可能会导致慢性角膜刺激和不良的美观效果。
- 建议使用八字形埋入横褥式，部分埋入褥式或十字缝合，以牢固闭合眼睑边缘，使线结完全埋入眼睑边缘或远离眼睑边缘放置，并且不要穿透结膜。
- 如果放置位置不准确，并且在收紧缝线时眼睑边缘出现“阶梯样”，则应剪掉并更换缝线。
- 该缝线可以预先放置，但不能打结，以便于放置其他睑板缝线。
- 根据需要继续预置缝线，以完全闭合睑板层。外翻眼睑确认这些深层缝线没有穿透结膜的任何一点，并且结膜边缘大体上对合（不需要精确的结膜对合）。
- 对任何预先放置缝线进行打结，再进行常规的皮肤闭合。
- 用4-0或5-0可吸收缝线对皮下组织或皮肤进行简单或间断缝合，缝合间距为2~3mm。
- 确保所有缝线末端均不会接触角膜。
- 通过简单的睑缘缝合术（眼睑边缘的中厚水平褥垫缝合）将撕裂的眼睑植入对侧眼睑，有利于严重的撕裂伤修复。
- 如果眼睑受伤程度很大，或者如果必须闭合眼睑，则在闭上眼睑之前需预先计划并放置睑灌洗器，以方便局部给药（如果需要）。

术后医疗管理

- 尽可能避免对眼睑进行操作，并避免在局部用药期间对眼睑施加过大的张力或压力。
- 避免局部使用皮质类固醇。
- 如果组织损伤过严重或对角膜完整性存有疑问，可以考虑每隔4h使用一次局部广谱抗生素，并持续24~48h，之后每隔6h使用一次，并持续7~10d。否则，使用抗生素是没有必要的。
- 如果不能局部给药，则建议使用睑灌洗器；或者可以使用装有针头座但针头被折断的结核菌素注射器将眼科抗生素溶液轻轻喷洒到角膜上（图23-1），这是一种有效、简单的药物“喷射器”。**重要提示：**马通常强烈抗拒将药物喷洒在眼睑上，但很少抗拒局限于角膜的温和喷洒。
- 如果角膜受损，则需更频繁地使用局部药物。
- 给予全身性抗生素5~7d。
- 根据炎症和不适程度，可使用全身性抗炎药或抗前列腺素药物。使用最低剂量的保泰松，每隔12h口服2.2~4.4mg/kg（以体重计），持续3~5d。
- 确保预防破伤风。
- 防止自损。

· 当渗出液和分泌物积聚时，要勤于清洁眼周区域。为避免过度肿胀并清除积聚的渗出物，则应每2~3h轻柔地温热按压10min。

· 完成清洁工作并干燥后，在眼睛下方的面部排液区域涂一层凡士林软膏，以防止眼睛分泌物刺激而导致脱毛。

· 每天检查，确保眼睑功能正常并且没有缝线刺激眼睛。

亚急性至慢性撕裂伤（大于12h）

· 参见图23-12中的示例。

· 尽快修复撕裂伤，如前所述进行清洁和准备。但如果存在其他损伤，则可以将修复延后24h或更长时间，以稳定患马。

· 如前所述提供局部治疗和医疗管理。

· 用15号手术刀刀片进行锐利划痕，以恢复伤口边缘。特别注意不要去除组织，而是如上所述恢复大量出血的表面并进行修复。

急性睑炎

睑炎是眼睑的炎症，可表现为急性或慢性疾病。它是由多种原因引起的，同时也会影响眼睑边缘的毛囊和皮脂腺开口。这些变化可被视为非溃疡性、溃疡性或广泛坏死性病变。

病因学

可能已知的原因包括：

· 自我损伤。

· 过敏反应。

· 细菌/真菌过敏。

· 寄生虫感染（如蠕形螨或丽线虫）。

· 有害的化学性刺激或化学敏感性。

· 接触有毒植物。

· 被昆虫叮咬（如来自庞巴迪甲虫的叮咬）或飞沫或被蛇咬。

· 免疫介导的出血性紫癜和血液或疫苗反应。

· 眼眶脂肪脱垂。

· 在大多数情况下原因不明。

临床症状

· 眼睑和结膜肿胀、水肿、结膜水肿（可能很严重）。

· 眼睑痉挛。

- 泪溢、黏液样至化脓性分泌物。
- 由于眼睑与眼球接触不良和泪膜分布不均而导致的伴有或不伴有溃疡的暴露性角膜炎。

诊断

· 仔细记录病史：这是否曾发生过？ 患马接触了哪些化学物质、肥料、饲料添加剂、肥皂、清洁剂和植物？

- 仔细检查头部和眼睛，包括眼睑、眼球和第三眼睑的所有结膜表面。
  - 需要镇静、眼睑麻痹和局部麻醉。
- 清除任何存在的异物。
- 用生理盐水溶液或洗眼液进行大量灌洗。
- 进行荧光素染色。

应该做什么

急性睑炎

- 找到并除去病因。
  - 假设细菌性睑缘炎或一个或多个眼睑腺体（"睑腺炎"）发炎的病例，每天可热敷2次或2次以上，并保持清洁和良好的卫生习惯，使用婴儿洗发液与水混合成1 ： 10的溶液比例或5%聚维酮碘溶液。切勿在眼睛周围的任何部位使用酒精、聚维酮碘洗液（高浓度）或洗必泰。
- 大多数病例仅需要对症治疗。
  - 服用全身性非甾体类抗炎药（NSAIDs）。
  - 如果有指示，则使用Lacri润滑油（白凡士林、矿物油和羊毛脂醇）或抗生素软膏等无菌润滑眼药，直到眼睑恢复与角膜的正常接触。如果肿胀严重，眨眼功能严重受损，则可以考虑进行睑缘缝合术。
  - 仔细监测角膜是否有因眼睑与眼球接触不良和继发性泪膜分布不均而引起的暴露性角膜炎。

面神经麻痹

面神经损伤导致眼睑无法闭合时，暴露性角膜炎和角膜溃疡是常见的后遗症。

病因学

- 面神经或其任何分支的创伤或压迫。
- 马原虫性脑脊髓炎（EPM）。
- 颞舌骨关节病（THO）。
- 慢性、严重中耳炎伴或不伴THO。
- 内耳炎。
- 面部骨折。
- 喉囊病。
- 前庭综合征。
- 多发性神经炎。

- 其他。

诊断

明显的症状通常是：

- 上睑下垂。
- 睑反射消失或减弱（仔细评估！眼睑的明显眨眼通常是与眼球回缩有关的被动眼睑运动，然而这种运动不足以润滑和保护眼睛）。
- 泪泵系统受损出现黏液性至黏液脓性眼分泌物。
- 角膜上皮增厚、腐蚀或溃疡。
- 早期呈阳性的玫瑰红、丽丝胺绿或荧光素染色，通常呈水平方向的椭圆形，略高于下眼睑边缘，呈暂时性（图23-15A）。

应该做什么

面神经麻痹

- 排除霍纳氏综合征，该病可能有轻度上睑下垂，但霍纳氏综合征的瞬目反射是完整的，常伴有同侧面部出汗。
- 治疗患马的原发性疾病（见第22章）。
- 经常（q2~4h）用人工泪液或软膏进行局部润滑。
- 处理角膜溃疡（如果存在）。
- 进行临时睑缘缝合术：
  - 眼睑上两个水平褥式缝线可维持1~2周。如果时间更长，则会导致慢性眼睑增厚、脱色和坏死。
  - 推荐以4-0丝线进行缝合。
  - 缝线松紧度应以刚好贴合眼睑为宜（不会导致紧绷或组织坏死）。
  - 通过橡皮筋支架预先放置的缝线，打鞋带状的活结，以便进行角膜检查时可以轻松地打开。
  - 如果面神经麻痹由马原虫性脑脊髓炎（EPM）、颞舌骨关节骨关节病（THO）导致，持续时间超过2周，则进行可逆的睑裂睑缘缝合术（图23-14）。
  - **重要提示：**在面瘫的病例中，绝大多数马匹会在6~18个月后恢复眼睑功能，因此对于面瘫的马永远不要切除眼睑边缘并进行部分或永久性地闭合睑缘缝合术。如果眼睑边缘被完全切除，则眼睑就永远无法再打开。

- 建议采用一种简单、可逆的睑裂睑缝术来闭合睑裂的颞侧部分。它可以维持数月至数年，如果神经支配和眼睑功能恢复，可以将眼睑剪开，恢复正常的外观和功能。当睑缝术完成时，可以从开放的睑内侧裂获得视力，第三眼睑可以为角膜内侧提供保护。
  - 该手术可采用重度镇静和局部麻醉进行阻滞。
  - 使用5%聚维酮碘溶液清洗眼睑边缘，该溶液对眼表是安全的。切勿在眼睛附近的任何区域使用酒精、聚维酮碘洗液（高浓度）或洗必泰。
  - 使用15号手术刀刀片，做一个10~15mm长的切口。沿着睑板（睑板）腺开口，但仅在其后部，切口深度为4~6mm，裂至眼睑边缘。不切除或破坏眼睑边缘，将眼睑简单地分成两层（图23-14）。
  - 在下眼睑边缘做一个相应的切口（同样的位置、长度和深度）。马的下眼睑边缘较薄，边缘比上眼睑的界限要小，所以要特别注意，确保眼睑被适当地分成一层外层——肌肉腺体层和一层较薄的内层，包括结膜和结膜下结缔组织。内层（上眼睑或下眼睑）不得含有或倒置任何毛发、毛囊或任何剪下的毛发，因为这些毛发可能会向角膜再生，最后导致角膜溃疡。
  - 使用5-0可吸收缝线，在上眼睑切口的顶端平行于眼睑边缘进针，翻转缝针，然后在下眼睑切口的凹槽中相应位置进针。根据需要重复（通常2~3根缝线就已足够）。当这些缝线系在一起时，它们会将上下眼睑的伤口聚集在一起，使结膜内层向角膜倾斜，使皮肤-肌肉-腺体层向外倾斜。建议先预置好缝线，最后再打结。
  - 最后用2~3根5-0水平褥式可吸收缝线闭合皮肤/睑缘，在外翻边缘组织中分散厚度，以增加伤口闭合的安

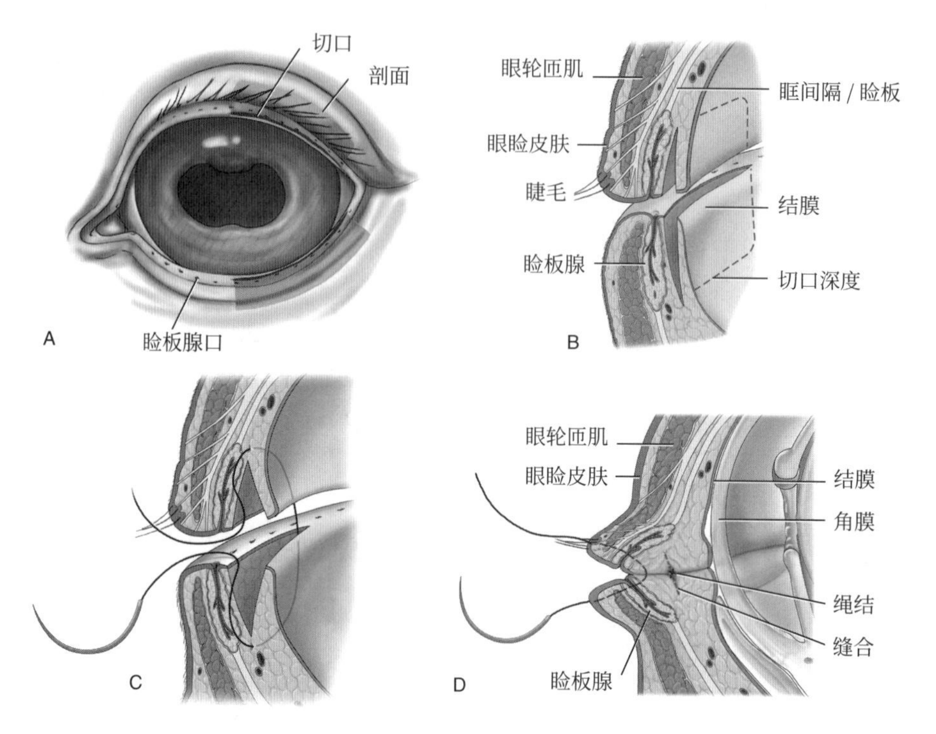

图 23-14 分离睑缝术

A 的阴影区和 B 的切口表示相对的 5~7mm 深的切口，小心地垂直于眼睑边缘切开，并恰好在睑板开口的尾部。切口必须与结膜表面平行，浅于结膜表面，且应深于并避开睑板腺。简单的间断缝线放在切口（C）的深处；当缝线收紧时，伤口边缘会“皱褶”在一起，将缝线埋入并提供牢固的闭合（D）。

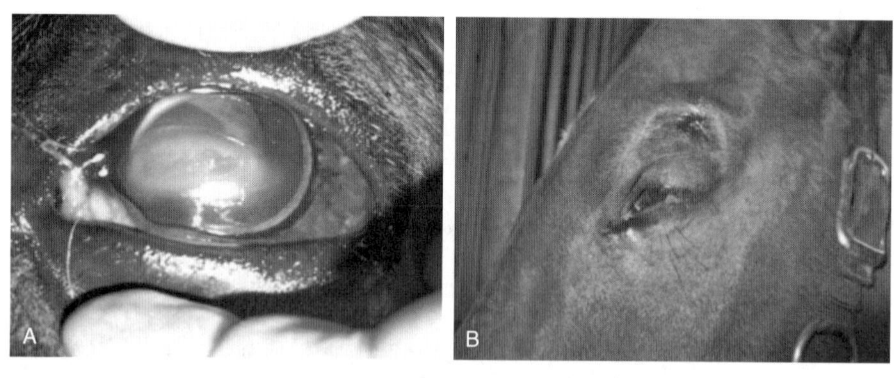

图 23-15 面神经麻痹导致的角膜溃疡及恢复

A. 一匹 11 岁纯种马的左角膜，显示了在进行分离睑缝术之前继发于 THO 的面神经麻痹导致的角膜溃疡 B. 同一只眼进行分离睑缝术后 4 个月取下的眼灌洗导管。11 个月后，当眼轮匝肌功能恢复时，当地兽医切开了睑板，据报道眼睛看起来正常

全性。
  - 在闭合过程中必须格外小心，以免引起倒睫（毛发在重新生长时接触角膜）。
  - 术后初期睑裂由于肿胀而好似表现为过度闭合。
  - 可以通过开放的睑裂内侧半部分给药，对于脾气暴躁的患马可以通过预先放置的睑灌洗器进行给药。
  - 如果在皮肤上使用可吸收的缝线，则无需拆线。

- 根据麻痹的原因，正常眼睑功能很可能在6周至3年内恢复（在一个报告的病例中）。请马主定期监测眼睑反射。当反射恢复时，可以用小剪刀完全或逐渐剪断缝线，如果神经功能不恢复，可以终身保留。通过内眦开口的视力良好（图23-15B）。

预后

- 预后是有所保留的，但几乎所有患马在6~36个月的时间内都有部分神经功能恢复。
- 手术后的美观效果非常好（眼睑孔外观和功能正常）。

睑内翻

睑内翻是一个或多个眼睑边缘向内滚动，可表现为急性或慢性疾病。通常见于由一种或多种疾病导致的脱水或长期侧卧的新生马驹中。

- 睑内翻可继发于任何原因引起的角膜溃疡。
- 睑内翻可能是角膜溃疡形成的原因。

除了继发于眼睑损伤外，在成年马中很少见。无论如何，睑内翻都需要立即矫正，以解决因毛发摩擦眼表而引起的不适和疾病。

临床症状

- 眼睑和结膜肿胀、水肿、结膜水肿（可能很严重）。
- 眼睑痉挛。
- 泪溢、黏液样至化脓性分泌物。
- 眼睑毛摩擦角膜引起的伴有或不伴有溃疡的角膜炎。

诊断

- 询问病史和进行临床检查：仔细检查眼睑边缘会很容易发现问题，由于眼睑边缘向内翻转而看不见（图23-16A）。

应该做什么

内翻

- 仔细检查眼睛内是否有垫料或其他异物，并将其清除，同时大量灌洗眼睛。
- 处理潜在原因（如发现）。
- 该操作需要局部麻醉，根据需要使用镇静药物。
- 眼周滴注局麻药可能是必要的，但这个操作通常比在马上缝3针对其刺激更大。
- **重要提示：**缝合时，用另一只拇指闭合上眼睑以保护角膜，轻轻地将另一只拇指放在要缝合的眼睑深处。

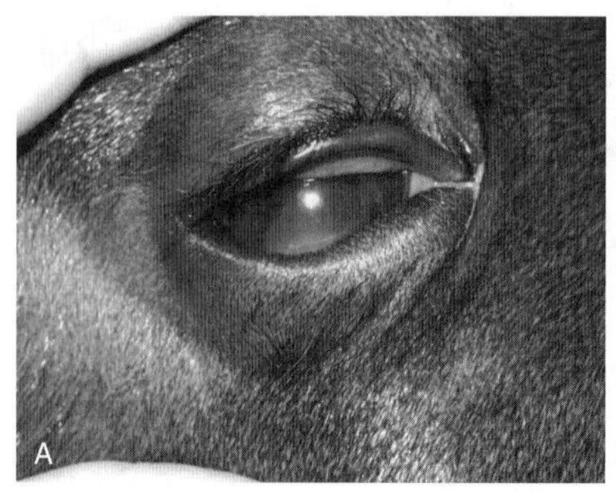

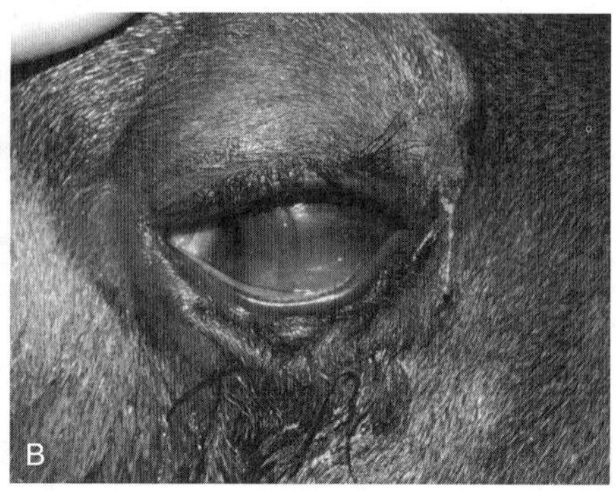

图 23-16　滴加荧光素染料后 2 日龄小马驹的右眼

A. 上眼睑边缘清晰可见且正常，由于存在睑内翻，因此下睑缘不可见　B. 同样的马驹放置 2 根 4-0 丝线，水平垫式缝合以纠正内翻。现在可以看到下眼睑边缘。先前放置在眼睛中以描绘角膜侵蚀的荧光素（见 A 部分）现已扩散到角膜基质中，超出了侵蚀的边缘

- 推荐的缝线是4-0丝线，这是一种无反应性的柔软材料，眼周组织也可以很好地耐受。
- 在眼睑中央进行水平褥式缝合就足够了（图23-16B）。

• 第一针垂直于眼睑边缘，在眼睑边缘和眼眶边缘之间的中间位置进入皮肤，并且在眼睑边缘0.5~1.0cm处离开皮肤。第二针应平行于眼睑边缘，刚好在有毛和无毛的交际线上，咬住5~7mm，距眼睑边缘约3mm，与眼睑边缘平行。第三针方向相反，再次垂直于睑缘并完成褥式缝合。如果外翻不充分，则在眼眶边缘附近再缝一圈缝线，然后系紧。确保修剪后的缝线末端不接触角膜（图23-16B）。**重要提示：**任何缝线咬合都不得穿透眼睑全层。

眼睛或附件的化学损伤

应该做什么

化学伤害

- 灌洗。
  - 紧急情况下可以直接用水管灌洗。马主应立即彻底清洗受影响的组织，并持续灌洗 45~60min，或直到兽医到达为止。如果要运送患马，则应设法在运输过程中保持安全的灌洗。
  - 在任何情况下均不得将任何“产品”滴入受伤的眼睛中以试图中和化学试剂；否则，会导致进一步的组织损伤！

• 一般来说，碱损伤的预后要比酸损伤的要差得多，因为碱性物质在损伤后相当长的时间内会逐渐损害组织。由于组织受到巨大的损伤，因此在大多数情况下会发生严重的进行性角膜软化症。

- 将患马的治疗视为复杂的、溶解性溃疡。
- 在所有碱性角膜损伤的病例中，预后都很差。

涉及整个眼球的紧急情况

急性眼球突出症

急性眼球突出症一般属于紧急情况。

临床症状

- 眼球从眼眶内异常突出，眶上窝可能会膨胀。
- 通过与正常侧眼球对比来评估角膜的突出程度及睫毛角度（可能增加或减少）。
- 受影响的眼睑可能肿胀，结膜（伴有水肿、出血）可能从睑裂中突出，第三眼睑可能突出或凹陷。
- 根据病因发热是有变化的。
- 疼痛、发红、肿胀，以及浆液性至脓液性分泌物的排出取决于持续时间和病因。
- 可能出现骨质改变。
- 人工将眼球整复回眼眶的现象已减少，并且可能引起疼痛。

鉴别诊断

眼眶炎症、感染、蜂窝组织炎

- 可能是败血性的或非败血性的。
- 可能的原因：
  - 异物或创伤性穿孔（伤口可能看起来很小）。
  - 感染范围扩大。
    - 感染的牙根或鼻窦感染。
    - 马腺疫。
  - 穿透性损伤的结果。
  - 咀嚼肌营养性肌炎/硒缺乏性肌炎（图23-17）。
  - 眶周缝合性骨炎（图23-18）。
  - 其他。
- 在某些病例中，患马会出现发热、疼痛、不愿张开嘴巴和白细胞增多症，营养性肌病可能有明显异常的实验室检查结果。

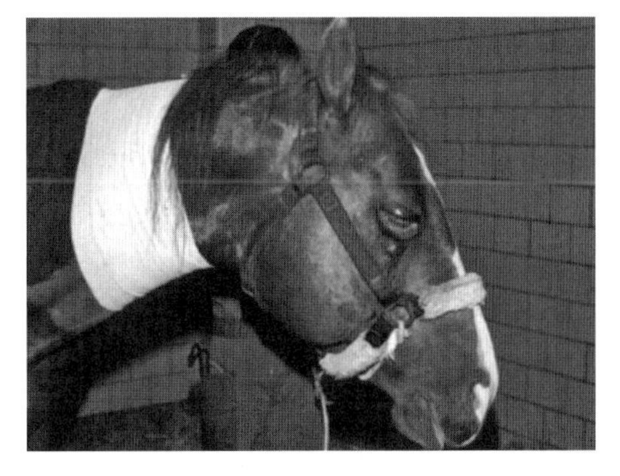

图 23-17　与硒缺乏相关的咀嚼肌病变继发的眼球突出和明显的结膜水肿

在该图像中，咬肌明显肿胀。

青光眼

- 青光眼很少是引起马眼球突出的急性原因，但青光眼可能长时间未被发现，以至于眼球

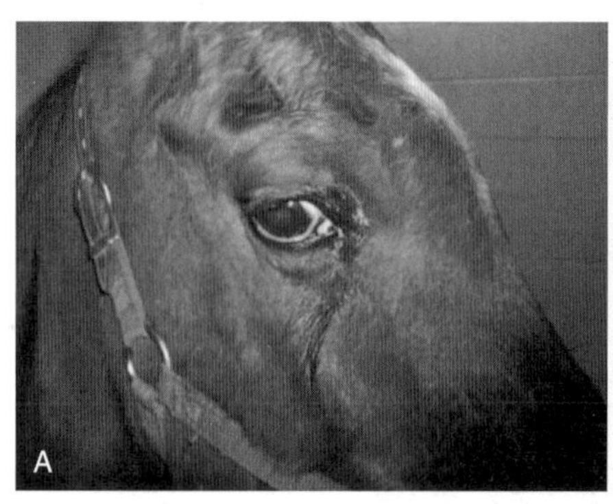

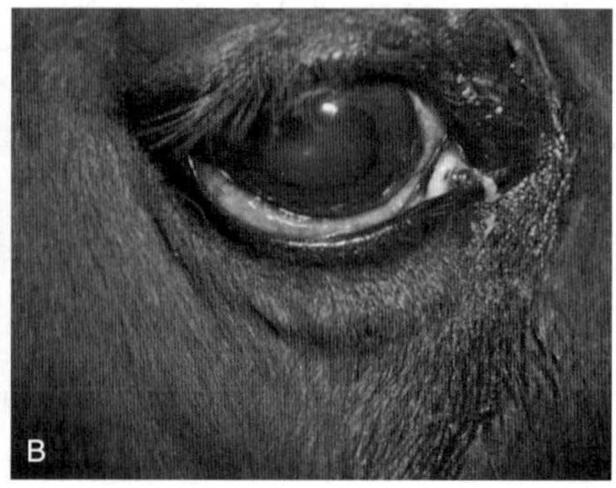

图 23-18　眼眶周围的缝合性骨炎

A. 这匹 11 个月大的夸特马出现了泪溢，迅速发作的结膜水肿，前额呈圆顶状，以及面部多灶性肿胀，每只眼睛（OU）的眼睑都发出嘎吱声，鼻泪管阻塞　B. 结膜下气肿和皮下气肿在颅骨其他部位都可见（结膜中存在“气泡”，腹侧可见），诊断为缝合性骨炎伴多发鼻窦漏气

突出是马主发现的第一个症状。

- 眼睛通常有明显的异常（见青光眼），并且患马没有全身症状。

眼眶瘤变

- 眼眶瘤变很少是一个急性问题，但在某些情况下可能会出现。
- 多个肿瘤会影响马的眼眶，主要或作为邻近区域（包括鼻甲，鼻窦和鼻腔）的延伸。
- 根据肿瘤形成的位置，大多数患马有其他临床异常（同侧鼻腔有分泌物、气流方向改变、鼻窦叩诊异常、鼻窦或面部肿胀、淋巴结病变、神经系统异常）。

眼球前突

- 眼球前突在马身上很少见，通常是灾难性的，对视力的预后很差。
- 如果眼球破裂或有广泛的眼外肌或视神经撕脱，则应摘除眼球。
- 修复需要深度镇静和立即进行外眦切开术，切开外侧眼睑连接处的全层，以减轻眼球的压力并复位。

诊断

- 全面体检和眼科学检查，包括仔细的脑神经评估、叩诊和鼻窦与鼻腔尾侧的其他评估。
- 完整的血细胞计数和血生化检查。
- 进一步的诊断测试包括以下内容：
  - 放射影像学。
  - 眼眶超声检查。
  - 鼻通道尾侧和咽部的内窥镜检查，特别是筛骨周围。
  - CT 或 MRI 或两者均进行。
  - 麻醉与探查。

应该做什么

严重眼球突出

立即治疗——第一步

- 防止自损，尽早进行外眦切开术，以减轻眼球的压力。
- 用无菌生理盐水或无菌洗眼液仔细清洁眼睛和眼周组织。挤压瓶式的隐形眼镜溶液很容易获得，并且易于马主使用。
- 进行荧光素染色以排除暴露性角膜炎并根据需要进行治疗。
- 考虑放置经睑灌洗器，因为在治疗过程中眼睑将暂时被闭合。
- 清洁后用无菌眼科润滑剂大量润滑眼睛和任何暴露的眼周组织。
- 一定要做临时的睑缘缝合术，以保持眼睑闭合。
  - 小心预置睑缘缝线，以免摩擦角膜并引起其他问题。
  - 系紧缝线时应保护角膜。

进一步治疗——第二步

- 治疗因病因而异。
- 在大多数急性病例和缝骨炎病例中，立即开始使用非甾体抗炎药。
- 如果怀疑患有败血症，则建议进行积极的抗生素治疗。
- 如果怀疑患有营养性肌炎，则应给予维生素E、硒及谨慎的医疗管理。
- 其他治疗只针对已确定的特定原因。

营养性肌炎

· 可变性的结膜水肿，第三眼睑突出，轻度至中度的眼眶肿胀和眼球突出，并伴有咀嚼困难，颞肌和咬肌肌肉肿胀及疼痛，可能是由于营养性肌病引起的。营养性肌病是一种维生素E和硒缺乏症，与新鲜饲料的获取减少有关（图23-17）。

· 眼部症状部分归因于翼状肌肿胀，眼球后缩时会感到疼痛。在某些情况下，结膜水肿可能很严重。

· 由于难以张开嘴巴，因此患马可能会感到焦虑、不适和进食困难。

· 肌酶升高，同时需要紧急治疗和支持性护理。

· 通过定期的荧光素染色监测角膜的健康情况。每隔2~4h用眼用润滑剂一次，直到眼球突出症状消失为止。如果存在严重的角膜疾病，则可能需要临时进行睑缘缝合术。

角膜和巩膜裂伤和破裂

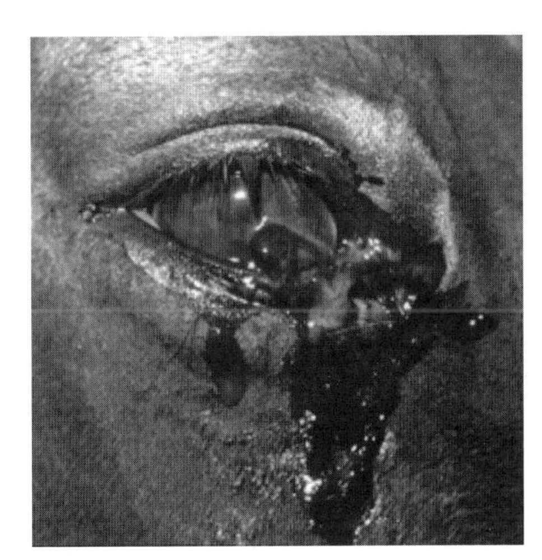

图 23-19 眼睛检查不当导致的角膜破裂

一个简单的角膜裂伤，由虹膜封闭，但没有虹膜脱出，直到眼睑被强行打开。

· 如果有任何关于角膜或巩膜撕裂的问题，请指示马主防止患马自损眼睛，并且马主不应检查眼睛，因为有可能导致眼内内容物被挤出（图23-19）。

· 马主或兽医对眼睛或眼周区域进行的任何检查

均应等患马深度镇静和眼睑麻痹以后。

- **重要提示：**不遵循这些准则可能会导致简单的全层撕裂成为无可救药的眼球内容物流出。
- 还应嘱咐马主不要将任何东西（尤其是药膏）放入眼睛。
- **重要提示：**任何时候在检查前或检查中都不能在睁开的眼睛上使用眼药膏，只能使用溶液。

预后不良的裂伤或破裂

- 与以下情况相关的任何撕裂伤的预后都很差：
  - 多于50%的前房积血。
  - 撕裂伤发生时间多于24h且前房平坦。
  - 晶状体破裂或脱位。
- 钝性破裂：造成眼球破裂所需的钝力通常会导致多处严重的眼内损伤。
- 广泛性撕裂伤并伴有除了房水或虹膜组织（部分眼球内容物脱出）外其他眼内内容物脱出。
  - 如果觉得有玻璃体脱出，请确保（在摘除之前）它不仅仅是凝集的房水，预后可能会更好。
  - 眼球部分摘除术的结局一般都是眼球痨（眼球凹陷、萎缩，通常性的疼痛或不适）。如果马主想保持眼睛的外观，可以在完全取出眼内内容物后，通过伤口放置人工眼内假体。由于伤口的安全性和感染是不可预测的，因此预后有变数。
- 如果有明显的葡萄膜组织从伤口中脱出，则贯穿角膜缘延伸至巩膜的撕裂伤预后较差。
  - 在这些病例中，葡萄膜组织通常包括睫状体。
  - 睫状体损伤导致房水产生减少、眼压降低和眼球痨。
  - 在这些病例中可能需要摘除或植入假体。

预后尚可的撕裂伤

- 简单的撕裂伤，污染程度小，虹膜脱出很少。
- 前房形成。
- 少量出血或纤维蛋白。
- 虹膜可以突出并闭合伤口，但眼内结构的变形很少。

经睑上或眶上窝超声检查可以作为评估眼后半段和晶状体有用的预后工具，但前提是必须格外小心，不可对眼睛施加压力，并且仅对深度镇静的患马进行。超声耦合凝胶不得进入睑裂或眼睛。

全层撕裂伤

- 所有全层的马眼撕裂伤都需要在全身麻醉下立即进行手术修复。
- 除了最简单的病例外，建议将所有的病例均转诊给兽医眼科医生。除非有标准眼科手术器械和尺寸合适的缝合材料，否则不要尝试手术，因为手术通常比预期的困难。

诊断

- 通常很明显。
- 角膜或巩膜缺损，通常被纤维蛋白、虹膜或其他葡萄膜组织填塞。
- 眼压降低。
- 前房深度减少或完全塌陷。
- 前房可能存在纤维蛋白、积脓和积血。
- 荧光素染色：
  - 通常会着色在角膜伤口边缘。
  - 如果伤口没有闭合，可能导致房水有荧光。
  - 可能在染色的角膜前泪膜上看到流出或渗漏的房水。
- 评估眩光和间接瞳孔光反射。

应该做什么

角膜和巩膜裂伤

- 应尽可能将病例转诊给专科医生。
- 应使用立体显微镜进行修复。
- 肌肉松弛剂作为麻醉方案的一部分很有帮助。
- 术中应放置经睑灌洗器。
- 在诱导麻醉期间保护好眼睛（小心托住头部，防止对眼球造成进一步伤害）。
- 对伤口和所有切除的组织进行（细菌）培养。

使用无菌生理盐水和5%聚维酮碘溶液清洗和预处理眼睛，不要在眼睛周围区域使用酒精、聚维酮碘擦洗液（高浓度）或洗必泰。

- 在急性损伤或必要切除（对出血情况做好准备）时轻轻地冲洗、清洁并小心地将健康的已脱出的葡萄膜组织（通常是虹膜）放入前房。**重要提示：**术后葡萄膜炎与葡萄膜损伤程度和操作成正比，将操作 保持在最低限度。
- 用平衡的生理盐水、乳酸林格溶液或黏弹性物质来冲洗并重新形成前房。黏弹性剂有助于形成小室和分离葡萄膜组织，但应尽可能在伤口完全闭合前取出。
- 伤口对位应精确且防水。
  - 使用7-0至8-0聚乳酸910或其他合适的眼科可吸收缝合材料或尼龙眼科缝线。
  - 缝线应间隔1~2mm，尽可能深地放置在基质中，但不能全层。缝线的进、出点应分别垂直于角膜表面和伤口边缘。
- 伤口闭合后重新形成腔室。
- 使用荧光素染色和轻微的外部压力来评估伤口的完整性。
- 不稳定、不规则的伤口或修复应通过覆盖的结膜瓣加强。
- 有关其他信息，请查阅眼科教科书。

不应该做什么

撕裂伤重建

- 眼睛不应被第三眼睑瓣遮盖。
- 第三眼睑瓣通常由于放置不当而引起并发症。
- 第三眼睑瓣的放置会增加眼内压，导致伤口渗出。
- 这些皮瓣还可以妨碍到直接检查眼球，检查眼球在术后非常重要。

术后管理

- 每天至少检查眼睛一次，持续7~10d。
  - 严重的继发性葡萄膜炎很常见。
  - 可能会发展成眼内炎。
- 当患马处于全身麻醉状态时，可通过放置经睑灌洗器来促进治疗。
- 药物：
  - 外用1%阿托品溶液，每天4次，直到瞳孔扩张为止。之后每天1~2次，以促进瞳孔扩张，睫状肌麻痹和稳定血管－睫状体屏障（注意急腹症！）。
  - 局部使用广谱抗生素溶液，根据眼部情况最初的24h每隔1~2h用药一次；然后每隔2h用药一次，持续3~4d；最后改为每隔4~6h用药一次。
  - 使用具有良好抗革兰氏阳性菌谱的全身性广谱抗生素。
  - 使用全身性非甾体抗炎药，直到伤口愈合并且所有相关的葡萄膜炎得到控制为止。例如，氟尼辛葡甲胺，以1.1mg/kg（以体重计）的剂量间隔12h给药一次并持续2d，之后改为每隔24h给药一次。

部分厚度撕裂伤

应该做什么

部分厚度撕裂伤

- 伤口边缘间隔2~3mm，需要在全身麻醉下进行手术修复。
- 将浅表非穿透性撕裂伤当成角膜溃疡处理，但每隔1~2d进行一次仔细检查，以识别继发感染，尤其是如果撕裂伤是由植物引起的。
- 药物：
  - 外用1%阿托品，间隔8~12h给药一次或直到生效为止，以维持瞳孔扩张。
  - 局部使用广谱抗生素，根据眼部情况，每1~2h给药一次，持续24h，然后改为每隔2~6h给药一次。
  - 使用全身性非甾体抗炎药，直到伤口愈合并且所有相关的葡萄膜炎得到控制为止。
- 按照溃疡部分的说明监测伤口的酶活性（胶原蛋白酶）。如果对酶的活性有质疑，应每隔2h滴加一次自体血清。

部分厚度撕裂伤伴皮瓣形成

- 修剪多余的组织后，薄的浅表皮瓣伤口应视为感染性溃疡进行治疗。
- 不同厚度的深层皮瓣伤口可能成为治疗难点。
  - 理想情况下，以与其他撕裂伤相同的方式修复皮瓣。
  - 小心地将清洗过的皮瓣放在清洗过的创口上，用力按压到位，并用缝线（7-0至8-0眼科缝线）固定伤口边缘，点上组织黏合剂可能有助于修复，同时可能需要结膜瓣来稳定伤口。
  - 成功修复时，皮瓣应具有最小程度的水肿（不是一般的表现）；否则，裂开是更常见的后遗症。
  - 如果皮瓣脱落，则将其切除，但要尽可能保存。
- 药物：与感染的溃疡用药相同。

角膜擦伤和细菌性溃疡

- 角膜几乎填满了马的整个睑板间隙，明显地从面部侧面突出，很容易并经常受到创伤。
- 角膜溃疡是由自身造成的，或由许多其他原因造成的。
- 任何破坏角膜上皮的损伤都属于急症，因为：
  - 患马会感受到明显的疼痛和不适，并可能因此造成额外的自我创伤。
  - 角膜是一种无血管组织，与血管化良好的眼睛等其他部位或身体相比，角膜的防御机制大大降低。
  - 正常的角膜持续暴露于环境污染物、细菌和真菌中。
  - **重要提示：**角膜的最大厚度约为1mm，在某些情况下，浅表感染性溃疡可在24h内穿透角膜。

重要提示：无论大小或深度，所有角膜溃疡均应视为急症，患马应接受及时、积极的治疗和后续护理。除非证明其他可能，否则所有角膜溃疡均应视为已感染。

角膜擦伤与浅表侵蚀

图23-10所示为浅表性角膜溃疡，表面上皮脱落；但基底膜完整，角膜轻度水肿。

· 眼睛疼痛，伴有明显的眼睑痉挛（一些深部溃疡的患马疼痛较轻，因为较丰富的浅表神经末梢已坏死和消失）。

· 病变可能通过肉眼看见，也可能看不见。

· 角膜轮廓没有变化。

· 由于基底膜和浅层基质层完好无损，维持了角膜液吸收的屏障，因此角膜水肿很轻微或没有出现。

· 荧光素染料的吸收是相当大面积的斑片状，这取决于上皮细胞丧失的程度和深度。

角膜溃疡通过上皮基底膜延伸至下基质。

· 病变易于观察。

· 角膜水肿明显，靠近溃疡床并在溃疡床内（除后弹力层外）。

· 强烈的荧光素染料吸收。

临床症状

· 疼痛通常存在，可以是从轻度到重度的。

- 与正常的眼睛相比，睫毛角度稍有下降表示轻度疼痛。
- 严重疼痛的马其眼睛不能用手弄开。
- 疾病的严重程度和疼痛程度不成正比。有浅表角膜擦伤的马可能比有后弹力层突出或溃疡穿孔的马表现出更多的疼痛迹象。

· 患马一般都会表现出眼睑痉挛，蹭眼，一个或两个眼睑肿胀，结膜红肿。

· 通常出现泪溢和浆液性、黏液脓性或脓性眼分泌物。

· 由角膜水肿或炎性细胞浸润引起的混浊可能存在或不存在。

· 角膜轮廓变化可能存在或不存在。

重要提示：每天应仔细检查卧地不起或患病的所有马驹是否有任何角膜疾病和眼睑内翻现象（图23-16）。检查应包括每日进行荧光素染色。小马驹的角膜和眨眼反射减少，特别是当神经或系统受损时，可能会减少泪液的产生。厚泡沫头盔可有效地用于卧式小马驹的护理，以将向下的眼睛抬高到垫料上方。建议对所有新生小马驹的眼睛预防性地每隔6h使用人工泪膏，必要时进行溃疡治疗。

诊断提示

· 角膜擦伤或溃疡的典型特征是角膜基质吸收了荧光素染色。但是检查者应该小心，因为并非所有情况下都会发生染料吸收！基质内溃疡过程可发生在完整的上皮细胞上，并伴有主动感染，间质溶解和坏死，而无荧光素吸收（图23-20）。**重要提示：**如果眼睛看起来像患有溃疡

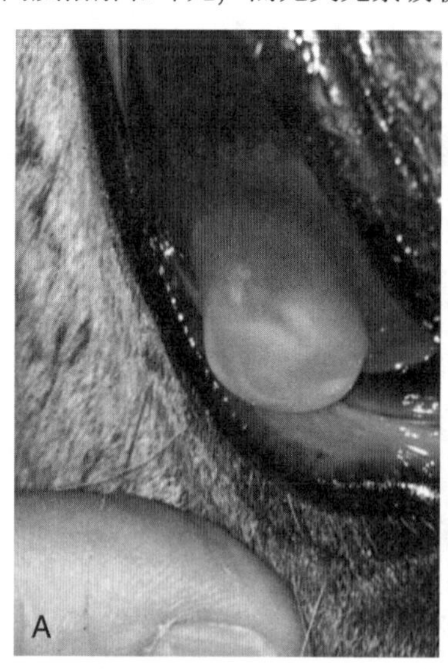

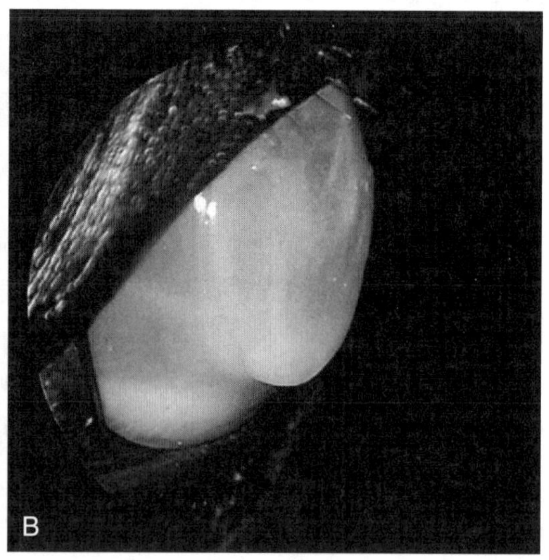

图 23-20　一例严重的角膜溃疡伴发多种角膜问题

A. 一匹 12 岁的灰色奥尔登堡马，因急性疼痛和角膜水肿发作，病后不到 12h 角膜就开始膨胀，角膜未附着荧光素染色，诊断为上皮完整的角膜软化症和基质溃疡　B. 严重角膜基质溃疡，并伴有严重的角膜软化、前房积脓和早期角膜新血管形成，转诊前角膜未附着荧光素染色。在检查过程中，在松脱的角膜上皮上出现了明显的 C 形撕裂

一样疼痛，即使没有荧光素染色也要按溃疡治疗。

- 延伸至后弹力膜的深层溃疡仅在周围相邻的基质中保留染色。

诊断步骤

- 评估泪液分泌，最好在检查时尽早进行。
  - 如果眼睛疼痛且怀疑有溃疡，则患马应有明显的泪溢。如果不是，则怀疑可能是由于溃疡引起的泪液分泌减少。在马匹中，干眼症比之前想像得更为普遍。
- 评估眼睑功能、位置和角膜感觉，眼睑功能和位置异常（面神经功能障碍、角膜感觉减退导致瞬目反射消失或内翻）会引起角膜疾病。
  - 眼睑神经阻滞之前先评估眼睑反射。
  - 在使用局部麻醉剂之前，使用无菌棉签轻轻触碰角膜来评估角膜感觉。
- 必要时对患马进行镇静、保定和眼睑麻痹。
- 用无菌的湿拭子采集角膜样本，然后储存到有氧和无氧转运培养基中。
  - 对于已知原因的简单溃疡或预期不会造成伤口污染的情况，可能无需执行此步骤。如果不需要，则可以将检查开始时得到的培养标本丢弃。
- 在黑暗中用明亮的聚焦光（但绝不要使用明亮的LED灯）仔细检查角膜、结膜、巩膜、第三眼睑和眼睑，特别是上眼睑的睑结膜表面。
  - 进行彻底检查，特别是在病因不明的情况下。
  - 尽可能放大检查，集中于结膜、第三眼睑和眼睑与溃疡位置相对应的区域。外翻相邻眼睑的相应区域，直视组织“水平线”，向后翻过手指或压舌板，仔细检查结膜是否有异物（图23-21）。在不明原因的溃疡病例中仔细检查这些区域，通常会发现异物（常见）、植物芒或针状体（常见）或异常毛发（非常罕见）是引起问题的原因。

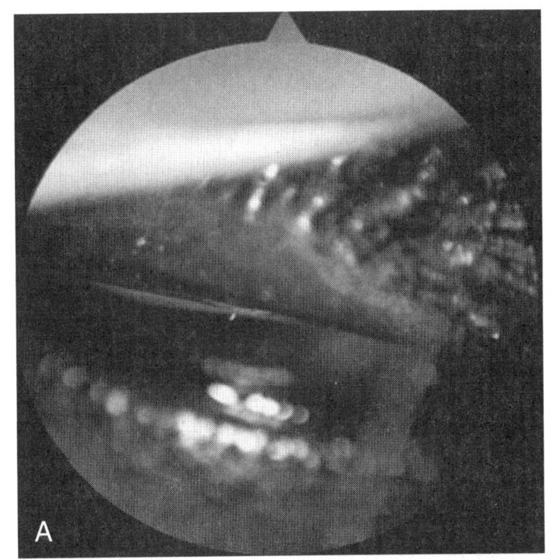

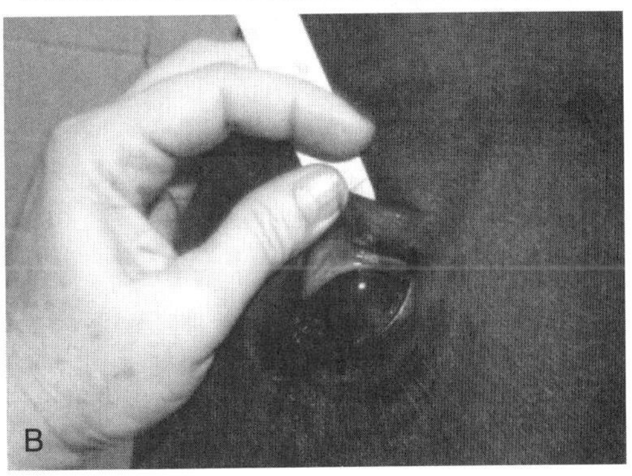

图 23-21　眼睑下异物检查

A. 该匹马上眼睑结膜表面可见植物异物（牛蒡草刺），造成持续 4 个月的角膜溃疡　B. 用压舌器将上眼睑“翻一翻”，以便检查结膜表面

- 每次角膜擦伤，尤其是在顽固性角膜擦伤时，都应检查第三眼睑的球根部（图23-22）。第三眼睑球表面中央部分的结膜袋状褶可能含有毛发或其他异物而很难被看到。建议了解该袋状褶的位置，检查是否有异物（即使什么也没看见），然后用棉签对其进行清理（图23-23和图23-24）。
- 在眼睛上使用诊断性着色剂。
  - 荧光素：确保着色剂覆盖整个角膜。如有必要，则从眼部冲洗多余的荧光素，并在角膜上保留染料。
    - 如果染料保留不明显，则请使用紫外线、伍德氏灯、钴蓝光或其他蓝色滤光片（许多兽用检眼镜的标配）进行照明，以增强染料的荧光性。
- 如果荧光素染色后并无结果，则应使用玫瑰红和丽丝胺绿染色。用染色剂冲洗角膜，并观察角膜上皮的粉红色或绿色染色。点状吸收可能是病毒性或真菌性角膜炎的诊断（鉴别诊断需要全面的检查）。

重要提示：仔细进行角膜检查，因为未能检测到的病灶或点状病变会造成严重的后果，特别是在使用皮质类固醇治疗眼睛的情况下。

- 记录角膜损伤的大小、形状、位置和深度，记录角膜水肿的程度（水肿的存在和程度可以帮助经验不足的检查人员评估角膜损伤的深度）。还要注意角膜的透明度和渗透性，前房的深度和内容物，瞳孔的大小、形状和反应。
- 使用局部麻醉剂，获取角膜细胞学样本进行镜检和培养。
  - 在2min的时间内进行2~4次局部麻醉可能会使麻醉深度最大化。
  - 无菌手术刀片的钝端是一个极好的取样器械。

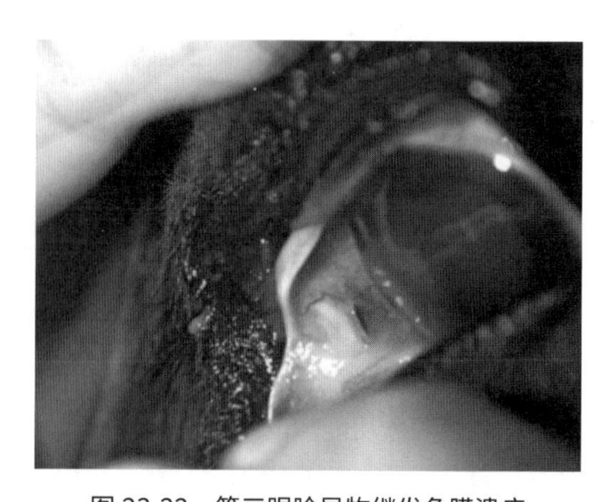

图 23-22　第三眼睑异物继发角膜溃疡

在6岁马的第三眼睑球表面可以看到植物异物（用蚊子止血钳将第三眼睑的独立缘缩回），存在角膜溃疡。异物被埋在图23-23所示的第三眼睑袋中。

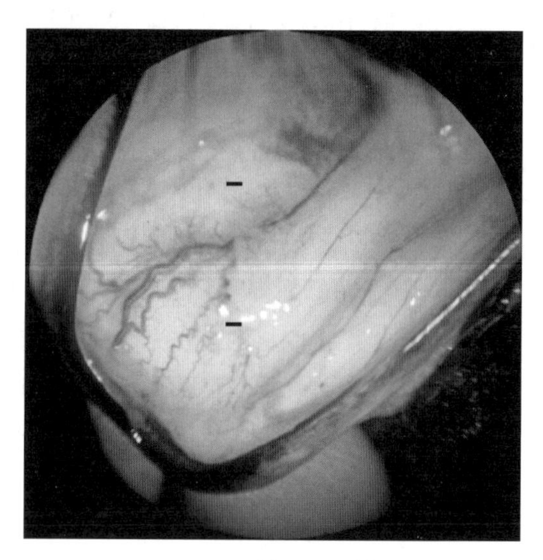

图 23-23　第三眼睑检查

一匹9岁纯种马的正常第三眼睑的球表面，显示了大多数马匹中存在的第三眼睑“囊”（第三眼睑的自由边缘在左侧缩回）。在黑线之间有一个明显的结膜皱褶（注意观察当结膜褶覆盖在第三眼睑上时其中央的大片小静脉都“消失”了）。如果存在淋巴样增生，则不会出现该囊，但对于所有患有角膜炎（图23-21）或毛发（图23-24）的马，应常规检查是否存在小异物，如植物异物。

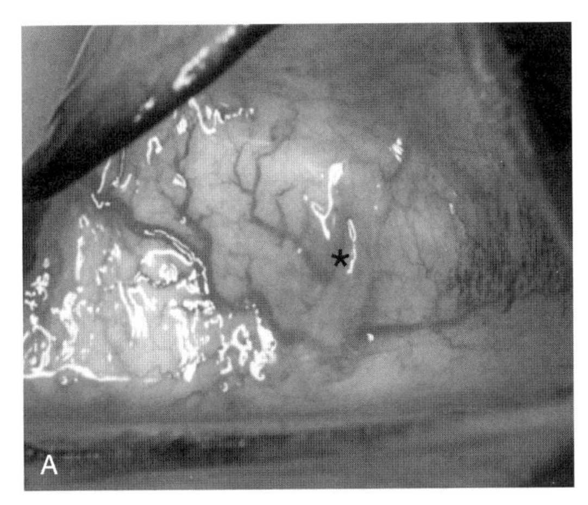

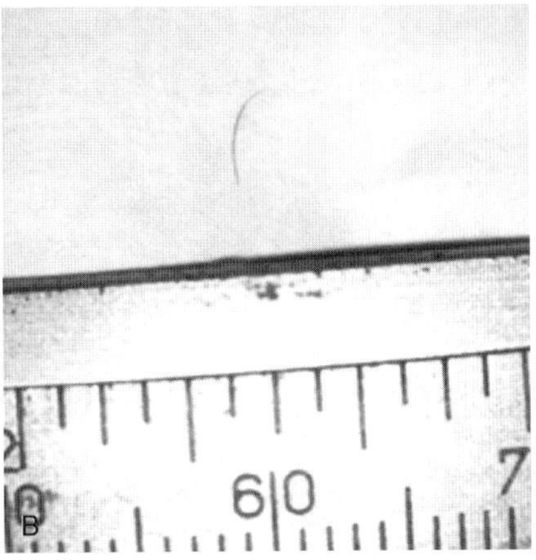

图 23-24　发生角膜溃疡时对第三眼睑的检查

A.11 岁纯种马左眼复发性角膜溃疡的第三眼睑球表面。注意结膜充血与上述正常的第三眼睑比较。星号标志着第三眼睑囊的鼻腔自由边缘，星号的左边有一根头发（很难看到，在相邻的图像中已将头发去掉）　B. 如图 23-21 和图 23-22 所示可以通过跟随第三眼睑中央小静脉轻松定位囊

- 刮擦前清除表面碎屑（冲洗或轻轻擦拭）。
- 从伤口边缘的基质中获取三个或四个样本，并将其涂在四个或五个预清洁的玻璃显微镜载玻片上。
- 立即用盖玻片盖上，防止被环境污染。
- 将最终的刮擦物放在已经用转运培养基预湿的无菌拭子上进行培养，或直接接种到肉汤培养基中培养。
- 用姬姆萨染色剂对细胞学样本进行染色和常规分析，用革兰氏染色剂将细菌和真菌进行分类。所有复杂或不愈合溃疡的初始治疗应基于这种细胞学判读。
- 侵入角膜基质的微生物通常是结膜常驻菌群，最常见的是链球菌、葡萄球菌或假单胞菌，但结膜常驻菌群和溃疡培养结果随地理位置和居住环境不同而异。在每一个严重或复杂的溃疡中也都可以观察到厌氧菌感染，所以应该加以考虑，尤其是在基质中发现气泡的情况下。
- **注意事项：** 请务必向看护人员展示病灶，并指导他们可能出现溃疡恶化的症状：
  - 水肿增加。
  - 轮廓变化。
  - 原本透明的角膜变白（水肿）或淡黄白色（炎症细胞浸润）。
- 最初混浊的角膜变色如下：
  - 更白（水肿加剧）。
  - 黄色至白色（炎性细胞增多）。
  - 浑浊散去（可能表明正在形成后弹性层突出）。

    ◦ 出现黑斑（后弹性层突出或虹膜即将脱垂）。
    ◦ 色素或血液，可能表明局部穿孔。
- 瞳孔缩小。
- 脓性眼分泌物。
- 开始出现黏液样外观的溃疡可能表明发生了角膜软化症（图23-20和图23-25）。**重要提示：**角膜软化症可发生在完整的上皮下。

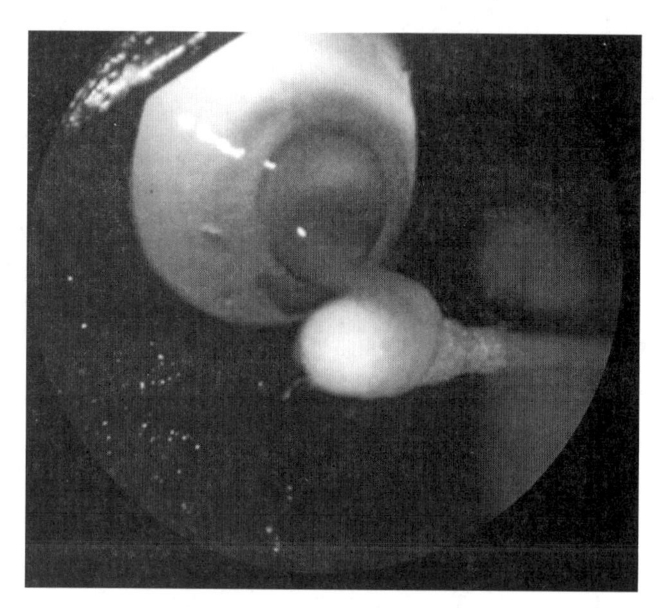

图 23-25　浅表性角膜炎软化后的采样

一匹 4 个月大的纯种小雌马的眼睛，有一个直径 9mm 的浅表性角膜溃疡，持续 3d，此时它变得更加疼痛，水肿增加，轮廓凸出，出现黏液样“下垂”的外观。所有这些都表明是进行性角膜软化症（正使用棉签将切除前的软化基质提起）。

应该做什么

一般的角膜擦伤和溃疡

- 无论大小，所有溃疡均需要积极治疗和仔细的后续护理。
  - 清除，治疗或纠正原因（如果已知）。
  - 控制感染和微生物生长。
  - 控制角膜的酶促活性和二次溶解（如果存在）。
  - 控制炎症和疼痛。
  - 如果担心患马不配合直接眼部给药，请放置睑灌洗器。
  - 维持角膜卫生。
  - 维持患马的卫生和舒适。
  - 切勿在愈合后6~8个月内使用局部皮质类固醇或以其治疗马角膜溃疡。这些药物绝不能用来控制马匹的疼痛，或不能用来避免愈合后的血管形成，以及不能用于疤痕形成。
    ◦ 也应避免使用局部非甾体抗炎药，因为有报道称其使用后会使角膜溶解。
  - 表23-1和表23-2列出了常见的眼科抗生素和剂量。

表23-1 市售眼用抗生素制剂

药名（商品名）	厂商	浓度	制剂类型
阿奇霉素 (AzaSite)*	Inspire	1%	S
贝西沙星 (Besivance)*	Bausch & Lomb	0.6%	S
氯霉素	Various	0.16%~1.0%	O, S
环丙沙星 (Ciloxan)	Alcon and generic	0.3%	O, S, G
红霉素 (Ilotycin)	Various	0.5%	O, G
加替沙星 (Zymar)*	Allergan	0.3%	S
庆大霉素	Various	0.3%	O, S, G
左氧氟沙星 (Iquix)*	Vistakon	1.5%	S
莫西沙星 (Vigamox)*	Alcon	0.5%	S
新霉素 / 多黏菌素 / 杆菌肽	Various	多种	O, G
新霉素 / 多黏菌素 / 短杆菌肽	Various	多种	S, G
氧氟沙星 (Ocuflox)*	Allergan	0.3%	S, G
妥布霉素 (Tobrex)	Alcon	0.3%	O, S

注：所有的药物在美国都可以买到。有些药物仅允许在人上使用。O，软膏；S，溶液；G，非专利的。* 指这些药物不应用于预防或任何常规用途。请仅在需要时使用，持续使用时间应适当，并根据抗生素敏感性试验选药。

表23-2 可以配制成眼科用药的抗生素

药名	局部剂量	结膜下注射剂量
阿米卡星	10mg/mL	25~50mg
氨苄西林(钠)	50mg/mL	50~100mg
羧苄西林二钠	5mg/mL	100mg
头孢唑啉钠	50~65mg/mL	100mg
头孢他啶	NA	200mg
克林霉素	50mg/mL	15~50mg
红霉素	50mg/mL	100mg
硫酸庆大霉素	15~20mg/mL	20~30mg
甲氧西林钠	50mg/mL	50~100mg
青霉素	10^5U/mL	10^6U/mL
替卡西林二钠	6mg/mL	100mg
硫酸妥布霉素	15mg/mL	20~30mg

注：给药后再给予人工泪液可能会延长接触时间。请查阅包装以了解保质期，根据药物不同，保质期为3~30d或更长。NA，不适用。

应该做什么

单纯非感染性溃疡

- 简单的溃疡经处理应该在7~10d内痊愈。
  - 使用局部广谱抗生素［如新霉素-多黏菌素-杆菌肽（或短杆菌肽）］来预防感染，每隔4h使用一次并持续24~48h，然后在病变消退后每隔6h使用一次。
    - 氟喹诺酮类药物应用于已确诊的感染性溃疡，而不应作为预防性使用。
  - 用阿托品预防或减少反射性前葡萄膜炎。
    - 阿托品可稳定血眼屏障，减少睫状肌痉挛及由其引起的疼痛。
    - 使用1%浓度的阿托品溶液（1滴或0.05mL）或软膏（每次挤出1/4in长的药膏）；在第1天使用一次或两次，通常足以在非复杂、非感染性的溃疡中扩张瞳孔。
    - **重要提示：**如果需要更频繁地使用阿托品，或者一旦散瞳的瞳孔缩小，则溃疡可能会恶化或被感染。
    - 小心急腹症！ 如果需要（很少），可以每隔6h安全地使用1%的阿托品，但是必须仔细监测患马是否有肠鸣音减弱，胃肠道蠕动时间延长或肠郁积，因为阿托品会在某些马匹中引起特发性肠梗阻和腹痛。指导马主通过观察肠鸣音和粪便排出量来监测胃肠蠕动。如果这些减少，请停止使用阿托品直至肠蠕动正常，并仔细监测患马的腹痛迹象。
- 使用非甾体抗炎药预防或减少反射性前葡萄膜炎。
  - 在不复杂的擦伤情况下，应全身给予非甾体抗炎药1~2d。
  - 使用剂量为2.2~4.4mg/kg（以体重计）的保泰松，每隔12h静脉注射或口服一次，或使用剂量为1.1mg/kg（以体重计）的氟尼辛葡甲胺，每隔12h静脉注射或口服一次。

应该做什么

复杂性溃疡

重要的是要识别出感染的、可能溶解的溃疡（图23-20和图23-25）。

- 受影响的角膜变成蓝白色，并肿胀。
- 基质中可能出现黄白色区域（细胞浸润）。
- 如果出现角膜软化症（“溶解”），则受感染的区域会形成肿胀、胶状、黏液状外观，因为将角膜胶原纤维“黏合”在一起的物质“溶解”了（图23-25）。
- 角膜感染会导致中度至重度继发性葡萄膜炎，伴随瞳孔缩小，眼压降低和房水闪辉。一些患马因发炎的前葡萄膜组织渗出炎性细胞而出现眼前方积脓。眼前方积脓通常并不意味着眼睛受到眼内感染（眼内炎），并且与预后的相关性很小。
- 回顾诊断步骤中记录的其他症状。

溶解性溃疡

假单胞菌和β-溶血性链球菌是导致溃疡溶解的常见原因，但溃疡溶解或角膜软化可与任何数量的革兰氏阳性或革兰氏阴性细菌感染、真菌感染或碱性损伤引起的角膜溃疡一起发展。某些细菌会释放蛋白酶和组织毒性消化性物质，在伤口愈合过程中快速分裂的角膜上皮细胞、成纤维细胞、浸入角膜的血管及白细胞都会产生这些物质。正常酶生产的不平衡或角膜疾病的存在导致中性粒细胞的迅速、严重破坏或流入，可在数小时内导致角膜溶解、角膜软化和眼球穿孔（图23-25）。

应该做什么

溶解性溃疡

- 溃疡的溶解需要更积极的治疗，所有情况都可受益于睑灌洗器的安装。

- 从以下每个类别中选择一种药物：
  - 抗生素：尽可能根据细胞学和革兰氏染色结果选择药物。在市场上所售的药物浓度基础上药物可能需要强化，以达到超过市场上可获得的浓度，但稳定性无法保证。
    - 以下是针对疑似细菌性溃疡的局部用药的推荐经验性治疗方案，可使用该方案直到致病菌和敏感性被鉴别出来。每隔1~2h或更频繁地用药，直到没有溃疡进展的迹象；然后每隔2~3h更换一次药物，持续48h；最后每隔4h用药一次，或按指示：
    - 头孢唑啉，50mg/mL，每隔1~2h用药一次；或新霉素-多黏菌素-短杆菌肽，每隔1~2h用药一次；或0.5%的氯霉素（防止人类接触，如在处理药物时戴手套）、环丙沙星0.3%、氧氟沙星0.3%或妥布霉素10~15mg/mL或庆大霉素10~20mg/mL或阿米卡星10mg/mL，每隔1h给药一次。
    - 根据培养和敏感性结果，如有必要，更改抗生素治疗方法。
    - 抗生素可通过眼灌洗导管给药，每种药物的给药时间需间隔5min，每次用药后均应缓慢注入3mL空气。
    - 结膜下抗生素可用于较难治的患马，并可用于某些深部或迅速恶化的感染（头孢唑啉100mg、庆大霉素50mg、青霉素10^6U、替卡西林100mg、妥布霉素20mg、万古霉素25mg）。
  - 散瞳剂，睫状肌麻痹剂：
    - 1%阿托品滴眼液，每隔12~24h用药一次，如果瞳孔不散大，偶尔可以更频繁地使用（急腹症警告）。
    - 参见阿托品的讨论。
  - 局部抗蛋白酶：应使用其中一种来控制角膜软化症。
    - 自体血清：
      - 自体血清易于获得，廉价且有益。
        - 无菌收集、无菌存储和无菌管理至关重要。

重要提示：如果患马同时接受全身性抗菌治疗，则在药物水平峰值期间采集血清进行自体眼部治疗具有良好的临床意义。

        - 冷藏并每隔48h补充一次。
      - 每隔1~2h或更频繁地通过眼灌洗导管或局部喷雾少量滴加0.2mL，直至溃疡稳定为止。
      - 血清可与乙酰半胱氨酸联合使用。
    - 10%乙酰半胱氨酸，每隔1~2h通过眼灌洗导管注入1~2滴或0.2mL，在急性情况下更频繁地使用，随着溃疡稳定和软化减少，逐渐减少使用次数。
    - 也可以使用EDTA和局部四环素眼药。

重要提示：进行性角膜软化症是提示溃疡必须重新评估的一个迹象。

  - 全身性非甾体抗炎药：
    - 这些药物可缓解严重的继发性葡萄膜炎，这种并发症通常在复杂的溃疡中发展。
    - 在这种情况下，氟尼辛葡甲胺（静脉注射或口服）1.1mg/kg（以体重计）的剂量比保泰松更有效。
    - 至少在最低频率下使用最低有效剂量，因为非甾体抗炎药会减少角膜血管生成，这在一些影响马匹的传染性角膜疾病中是可取的。
    - 不建议将局部非甾体抗炎药用于溃疡的治疗，因为它们会加重角膜软化症，延迟伤口愈合并抑制角膜新生血管形成。
  - 在大多数严重的角膜溃疡病例中，建议使用全身性抗生素。
- 确保马在马房中休息。
- 通过眼罩或其他眼部保护手段来控制自损。
- 每天涂抹一次或两次薄层凡士林，确保眼周皮肤免受眼分泌物的侵蚀。

辅助和支持疗法：溃疡清创术

- 在溃疡溶解的情况下，仔细清创是有益的（图23-20和图23-25）。
  - 去除坏死组织的细菌量，以及减少蛋白水解酶的量并减弱其活性。
  - 可增强药物的渗透性。

· 有助于维持更均匀的角膜轮廓，有助于眼睑闭合和泪膜分布。

· 在麻醉/镇静、眼睑堵塞和反复使用局部麻醉剂的情况下进行清创。用鼠齿钳或干棉签取出软化的角膜，用小角膜剪或眼睑剪将其切除（图23-26）。**注意事项**：角膜软化不能简单地擦掉或摘下，胶原纤维仍附着在周围。用5%聚维酮碘的商品化眼科准备溶液轻轻冲洗可能是有益的。

· 对所有受感染的坏死组织进行彻底清创是有益的，但当马站立时，这一操作可能难以完成。

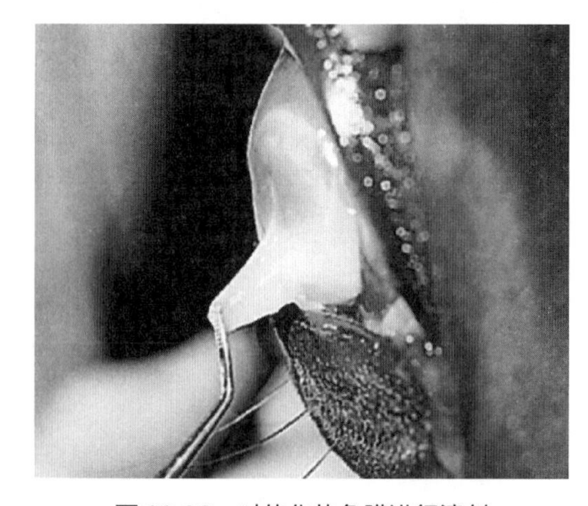

图23-26　对软化的角膜进行清创

一匹12岁纯种阉马的右眼，严重角膜溃疡持续8d。目前正在使用一把齿镊将软化的角膜提起，以便用眼剪进行清创。

眼和眼周卫生

· 对提高患马舒适度和外观，以及预防眼周脱毛和皮炎都是非常重要的。
· 尽可能经常清洁眼部渗出物。
· 在眼腹侧的泪液引流区涂上一层薄薄的凡士林或二甲硅氧烷氧化锌软膏。

严重角膜溃疡病例的外科手术干预

· 可能需要进行结膜瓣手术。
  · 这是一种常规程序，可立即为溃疡提供血液供应以帮助愈合，并作为血管纤维组织的来源以保护伤口。
  · 对位于角膜中央的溃疡有选择性地使用，因为其所产生的疤痕更加致密和永久。这在竞技马的治疗中尤其重要。

· 角巩膜移位术、板层角膜切除术、浅表角膜移植术、后角膜移植术或穿透性角膜移植术也是手术治疗的辅助手段。这些程序需要转诊给具有外科知识的专科医生，并在专用仪器和手术显微镜下完成。

· 在大多数角膜溃疡的病例中，不建议使用第三眼睑（膜瓣）或睑缘缝合术，由此引起的眼表温度升高可以提高细菌的生长速度。由于无法连续监测被皮瓣覆盖的眼睛，以及皮瓣可能引起其他问题的可能性，因此完全排除了这些技术的可用性。

抗生素评价

· 市售抗生素制剂的浓度可能不足，无法在严重的深部角膜感染中发挥临床疗效。例如，市售庆大霉素滴眼液含有3mg/mL的药物，而临床有效剂量被认为是10~15mg/mL。可通过向市售制剂中添加适当体积的肠道外庆大霉素来“强化”滴眼液，以达到所需浓度。

· 如果将肠道外药物在人工泪液中稀释至表23-2所列的局部剂量浓度，则可使用眼科制剂中未提供的选定抗生素。例如，当在细胞学检查中发现革兰氏阳性球菌时，头孢唑林是一种首选药物，其制备方法是用无菌生理盐水将静脉注射的头孢唑林稀释至500mg/mL，然后将1.5mL（750mg）静脉注射溶液添加至13.5mL人工泪液中。这使得局部眼用浓度为55mg/mL。该制剂需冷藏并每隔3d补充一次。

真菌性溃疡

真菌性溃疡很少表现为急症，而是以原发性溃疡的混合继发感染、慢性间质脓肿或偶发为浅表感染而出现的。

诊断

· 角膜刮除和常规细胞学检查是必需的程序。在某些情况下，诊断时需要使用特殊的染色剂，如荧光增白剂、吖啶橙、过碘酸-西夫染色剂（PAS）或高二氏乌洛托品硝酸银染色剂。如果怀疑有真菌感染，请通知实验室，并提交足够的细胞学样本以进行特殊染色。

· 真菌培养和敏感性测试在临床上很少使用，因为通常要数周才能得出结果。某些研究实验室提供聚合酶链反应（PCR）测试。

应该做什么

真菌性溃疡

- 为马主准备一个较长的治疗过程（4~10周及以上）。
- 强烈建议对所有明显感染的组织进行手术切除。
- 除以下所有治疗措施外，还应按照上述方法每日进行溃疡清创术：
  - 将其视为感染性、溶解性溃疡治疗，同时服用抗真菌药物。
  - 作者的建议：在确诊后的头几天尽量减少外用抗真菌药物的使用频率（从每隔6~8h给药一次开始，然后缓慢增加到每隔2~4h给药一次），否则可能导致急性角膜软化症和严重葡萄膜炎。
  - 纳他霉素（0.5%）是唯一批准的眼科抗真菌药物。
  - 伏立康唑（1%）、1%咪康唑和与30%二甲基亚砜（DMSO）混合的1%伊曲康唑可能是治疗基质脓肿或角膜上皮完整病例中的最佳选择。
  - 如果没有成本限制，则可以全身性使用抗真菌药物［氟康唑14mg/kg（以体重计）口服一次，每隔24h以5mg/kg（以体重计）的剂量口服一次；伏立康唑3mg/kg（以体重计），间隔12h口服一次］。
  - 磺胺嘧啶银也可局部用于马真菌性角膜炎的治疗。有关真菌性角膜炎的完整讨论，请参考规范的眼科文献。

嗜酸性角膜炎

马嗜酸性角膜炎（EEK）因其发病急、进展快速度，常表现为急症。病因不明。这是一种不易治疗和控制的角膜溃疡病，通常在夏季和秋季出现，在某些情况下需要数月才能消退。类似的病变可归因于眼盘尾丝虫病，但在EEK病例中未发现这种寄生虫。EEK可同时影响双眼，并可在同一患马身上在一个季节内或随后几年复发。在一些马群中发生了小规模的暴发，在一直戴着头罩的马身上没有出现过EEK的病例。因此，强烈建议在受影响的地理区域使用头罩。

临床表现

· 大多数病例在溃疡性EEK发作1~3d前出现急性、中度严重结膜炎（在某些情况下，眼睑肿胀、结膜水肿、泪溢、可变性眼睑痉挛和瘙痒可能很严重）。

· 有些患马的眼部出现急性、大量、干酪样分泌物（“蛋糕糖霜”稠度）。

· 角膜溃疡通常起病急，溃疡面迅速增加（但不深）。开始时通常是沿边缘分布（并且通常与第三眼睑相邻），并且可能是单侧或双侧的，其中一只眼有一处或多处病变（图23-27）。随着溃疡面的扩大，它们主要平行于角膜缘，但随着面积的增加可能会侵蚀角膜中央。一些溃疡由于与瘙痒引起的自我损伤而恶化。

· 最初几天后出现的症状，如眼睑痉挛、泪溢、结膜充血和结膜水肿是可变的；有些患马会感到不舒服，而其他患马几乎不斜视。与大小相似的非嗜酸性角膜溃疡相比，疼痛通常很轻。

· 在第1天后，溃疡表面通常发白、干（图23-27），或者溃疡床可能被部分或完全充满了牢固黏附的白色，无形状，有干酪样/坏死性渗出物，该渗出物可能薄而半透明，或有几毫米厚且不透明，并伴有肉芽组织（图23-28）。

· 根据疾病的持续时间，溃疡可能会或不会伴有新血管形成。在某些情况下，溃疡灶的血

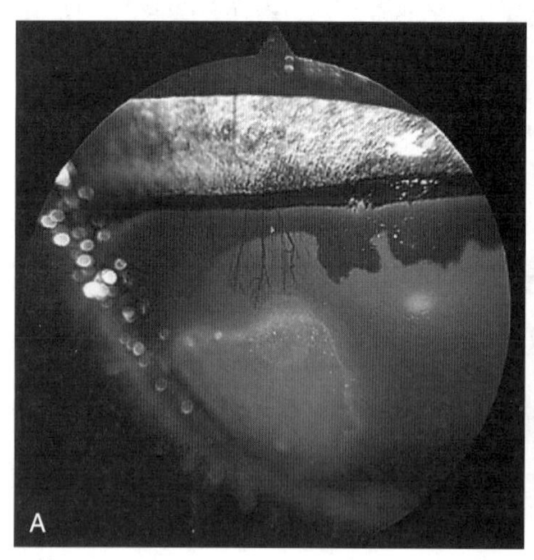

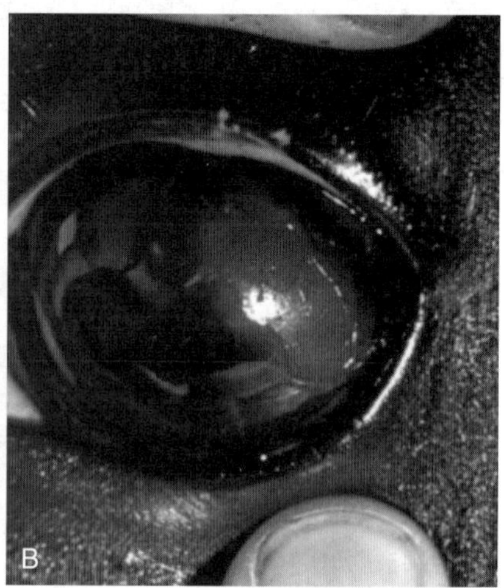

图 23-27　嗜酸性角膜炎病例

A. 一匹 12 岁纯种母马的右眼，有 8 周的难治性双侧浅表性角膜溃疡病史，诊断为马嗜酸性角膜炎（EEK）。溃疡开始于前颞叶角膜缘，并逐渐向中央发展　B. 同一匹母马的左眼，有一个大的、浅表的、缘周的溃疡，典型的 EEK 外观。溃疡表面上发白的膜状物质易于清创

管化迅速发展（图23-28）。

· 轻微的角膜水肿发生在溃疡灶之外，与病灶的深度一致，但溃疡灶通常呈白色，如上所述。

· 在某些情况下，可能会出现一个或多个小（直径1~2mm）至大（直径7~8mm）的角膜缘周或结膜肉芽肿样病变。

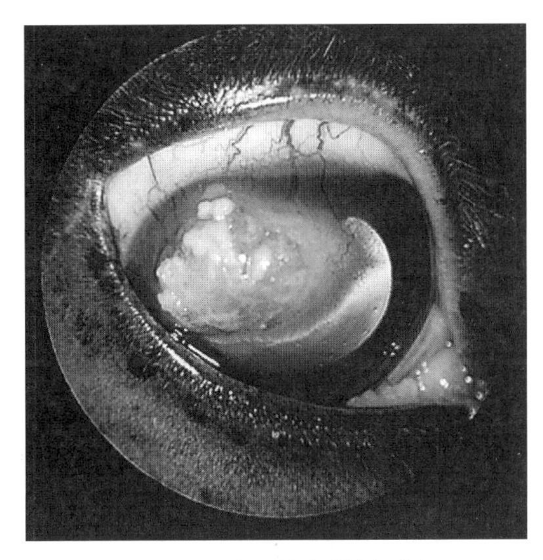

图 23-28 小马的嗜酸性角膜炎

一匹 9 个月大的纯种小雌马的右眼，有 10d 的角膜疾病史，开始于颞背角膜缘的表面侵蚀。照片显示在一些 EEK 病例中，有干酪样的白色表面渗出物和广泛、快速的角膜新生血管形成，渗出液中含有大量嗜酸性粒细胞和坏死碎片。

诊断

· 病史和临床表现具有指示性。

· 荧光素染色结果可能难以解释，因为在某些情况下会出现大量的表面碎片和白色的假白喉状膜。清除所有碎屑并重复染色。

· 细胞学上典型的发现是大量完整和脱颗粒的嗜酸性粒细胞、肥大细胞、中性粒细胞、大量无定形细胞碎片、大量退化上皮细胞和正常上皮细胞。很少见到细菌和真菌，它们可能存在于细胞外，特别是如果有相当多的无定形碎片和渗出物（**注意事项**：正常的马眼在细胞学上典型的表现为有少数嗜酸性粒细胞，在EEK病例中有数百个）。

· 应在清除所有表面碎屑后进行培养，结果通常为阴性。

· 如果进行角膜切削术，则强烈建议由兽医眼科病理学家对所有切除的病变进行组织学检查（可能有一天会揭露原因）。

应该做什么

马嗜酸性角膜炎

· 使用全身性非甾体抗炎药，并在确诊后立即进行眼部保护，以控制刺激和减少自身创伤。

· 每隔6~12h使用预防性外用三重抗生素眼膏。

· 环孢素（2%）每眼1滴，每隔12h为宜。

· 推荐使用抗组胺药和肥大细胞稳定剂：局部抗组胺药可根据包装说明书使用来缓解症状，局部肥大细胞稳定剂（MCS）可以每隔2h使用一次，共使用24h，然后根据包装说明使用（无兽用产品可用）；一些药物（与其他相比较便宜）正成功使用。其他结合MCS和抗组胺药的人类处方药，有时是有帮助的。

· 局部使用类似有机磷的药物，如使用0.123%碘化亚硫磷可能有益，但难以获取。

· 全身抗组胺药有明显疗效。

· 对每个受影响病例用伊维菌素驱虫。

· 建议除透明状乳白色基底膜/基质表面以解决这些病变。用市售的眼科准备液（5%）聚维酮碘清洁眼表，然后用手术刀清创病变可能有益。作者使用直径3.5mm的低扭矩的圆形角膜钻石翼状毛刺治疗的临床病例均取得良好效果。

· 若存在结膜或边缘肉芽肿，应尽可能将其完全切除，或至少进行有力而锐利的清创。

- 如有许多肉芽肿、溃疡消退缓慢，或马匹需快速恢复，可考虑通过浅表角膜切削术进行外科治疗，对慢性病例或一些选择性的急性病例（竞技马），建议进行板层浅角膜切削术，以快速解决疾病（角膜通常在术后10~14d愈合，这比单纯药物治疗的病程短）。
- 对于所有难治的病例，建议转诊至兽医眼科专科医生。
- 消灭苍蝇，并始终建议在气候温暖的月份使用防蝇面罩。

预后

- 疾病发作后的前几天，溃疡的直径和数量可能会增加，但深度却很少增加（通过观察溃疡旁角膜的水肿程度和范围来监测溃疡的深度）。
- 溃疡床的新生血管形成是可变的。在某些情况下，新血管形成的速度非常缓慢；而在另一些情况下，新生血管形成则迅速且广泛（图23-28）。
- 尽管进行了积极的治疗，有些病例在几天到几周内可以治愈，而另一些病例则可以在6周后或一年以上依然保持不变。
- 几乎会发生角膜色素沉着和疤痕，但是在所有EEK病例中，其程度都是不可预测的。

角膜异物

病因学

- 植物材料是最常见的，表层籽壳特别坚韧。
- 已经报道了的金属、玻璃、枪弹及许多其他异物。
- 眼周钝性外伤后，睫毛可能会成为异物；同样的，推测为尾毛碎片的异物也在一些眼睛上被移除过。

临床症状

- 症状与角膜溃疡相似，但因损伤的大小、位置、性质、程度及异物的类型而异。

诊断

- 防止自损。
- 镇静、眼睑阻滞和表面麻醉对诊断是必要的，因为大多数病例伴有疼痛和强烈的眼睑痉挛。
- 角膜异物可能很容易被发现；或者很小，即使在良好的照明和放大倍数下也很难被发现。
- 仔细检查虹膜和前房是否有任何可能提示穿孔的变化，裂隙灯检查通常是具有诊断性的。
  - 闪烁、纤维蛋白、前房积血和类似的病变可能是细微的，也可能明显的。

- 异物进入前房的预后慎重。

- 强烈建议全身麻醉时在放大镜下取出异物。

注意事项：角膜中看起来似异物的黑色小体，可能是封闭了角膜穿孔的一块虹膜或黑体。小心操作，否则会导致房水漏出。仔细检查前房和虹膜应能确诊。

应该做什么

角膜异物

- 无论采用何种处理方法，务必清除所有异物。这需要非常明亮的焦距光源、合适的放大倍数、时间和耐心。
- 有大的、深的或穿透性异物的患马应转诊给接受过显微外科技术培训且能够处理潜在穿孔的专科医生。
- **重要提示：**去除后，将所有异物进行细菌和真菌培养及敏感性试验。
- 对于复杂性溃疡的医疗管理。

浅表、非穿透性异物

- 使用局部麻醉、重度镇静和睑阻滞来清除异物，用无菌生理盐水以切线方向注向异物。
- 使用25号针头和鼠齿镊以方便地清除异物。
- 小心不要将异物推进眼睛深部。

深层非穿透性异物

- 手术切除通常需要全身麻醉，全身麻醉比局部麻醉和镇静安全得多，可防止在切除过程中误进入前房。

穿透性异物

- 以急症转诊给专科医生。
- 预后慎重，特别是对于植物材料或毛发穿孔的情况，因为继发性眼内炎的发病率高，但是一些植物材料在眼内是无活动性的。

急性角膜水肿综合征

急性角膜水肿可以有许多已知的原因，如外伤、葡萄膜炎和青光眼，但对没有确定原因突然发作的角膜水肿综合征了解很少，可能是一种原发性病毒、细菌（如钩端螺旋体属）或免疫介导的内皮炎或由内皮细胞变性引起的。在多数马的病例中，原因不详（图23-29至图23-32）。

临床症状

- 任何年龄、品种和性别的马都可能受到影响。
- 可能出现轻度至重度的部分至完全性角膜水肿，1cm宽的垂直水肿带是常见的急性症状。
- 大多数急性病例出现轻微疼痛。疼痛可能随着水肿的进展而发展，形成“水泡”或囊疱，然后破裂，导致轻微出血（图23-30）。
- 一只或两只眼睛可能受到影响。
- 如果水肿严重（角膜积液），则受影响的角膜可能有相当大的“凸起”或“水泡”状外观（图23-29）。
- 葡萄膜炎通常为轻度至无。

重要提示：角膜水肿在ERU病例中很常见。区别这种综合征的是伴有轻微的眼内病理变化的强烈角膜水肿。

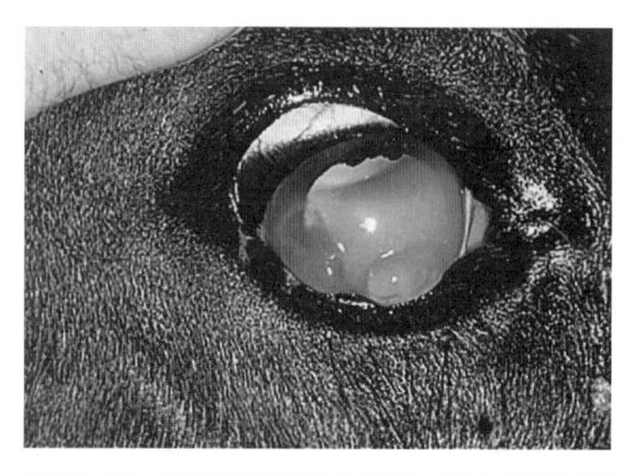

图 23-29　在断奶的纯种小雌马右眼中出现严重的角膜水肿并形成大疱

它是急性单侧或双侧角膜水肿（轻度至极度严重）暴发的 18 匹纯种断奶马驹中的一匹，有些病例并发视网膜脱落，原因尚未确定。

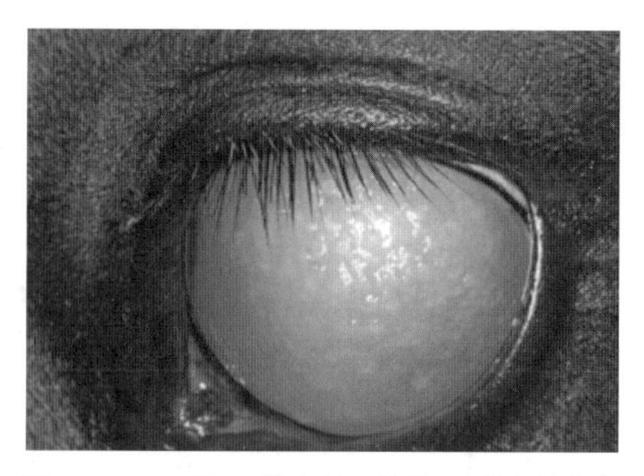

图 23-30　一匹 14 岁夸特马持续 3d 的急性完全角膜水肿

可见大量的角膜囊疱或“水泡”很明显，这些“水泡”容易破裂，并引起反复性微出血和疼痛。

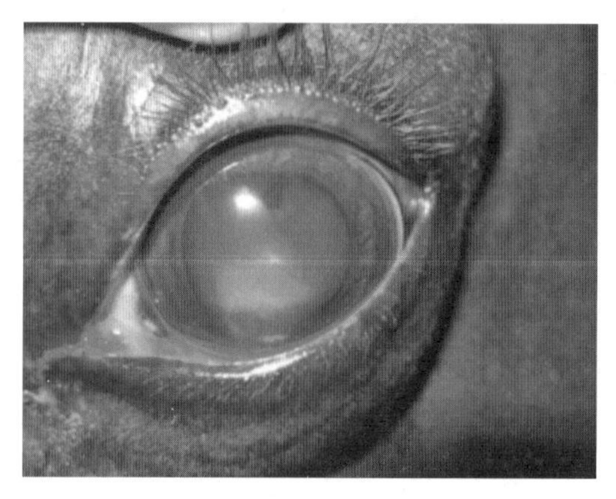

图 23-31　8 岁纯种母马的局灶性、复发性角膜水肿和持续数周的复发性溃疡形成

两只眼睛都对称性地受到影响。内皮表面有一层纤细的纤维蛋白样膜，由中心纤维蛋白区离心放射出浅色素的角质沉淀物。

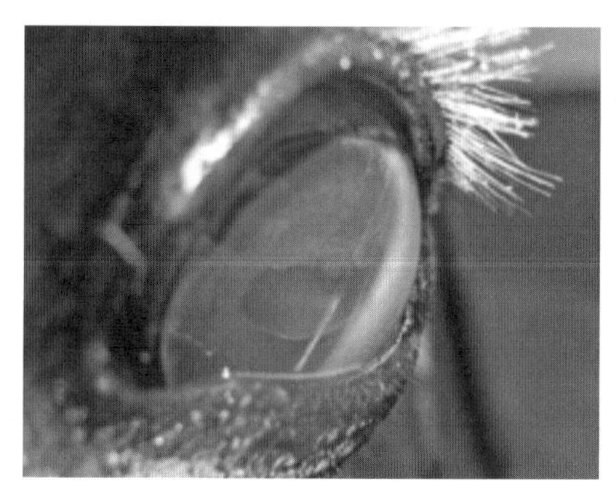

图 23-32　一条明显的垂直线穿过 7 岁的夸特马的前房

在 1 个月前眼睛受到钝性外伤后，整个颞叶的角膜严重水肿，诊断为创伤性后弹力膜脱出和慢性进行性葡萄膜炎。

病因学

- 原因通常是未知的。
- 可能是病毒感染、免疫反应、毒素或毒性反应。
- 据报道，在两组年幼和断奶的马群中出现了“暴发”；在受影响的马群中，分别有 11% 和 15% 的马匹出现了某种程度的视网膜脱落，这种脱落是急性的或随着时间的推移而发生的；有几匹马出现了双侧完全的视网膜脱落（图23-29）。

· 患有不明原因角膜水肿的马，特别是1岁和断奶的马，需要在12~18个月内重复进行角膜和眼底检查。

诊断

- 完全散瞳前后的全面眼科检查结果可能表明需要转诊给眼科医生。
- 使用裂隙生物显微镜进行仔细检查。
  - 可能会在患处的内皮表面上发现细纤维状的网状膜，上面有多个细的、金黄色的色素沉淀物，可能在内膜一侧更明显，也可能在患处发现从一个点放射出小的含色素的角膜沉淀物（图23-31）。该综合征可用2%环孢素局部控制。
  - 一个显而易见的原因，如后弹性膜剥离可能是明显的（对水肿的缓解有严重的预后，图23-32）。
  - 水肿和正常角膜之间的急性分界线通常很明显（细胞沉淀物和角质沉淀物在水肿边缘的明显突然停止，图23-29和图23-32）。
  - 大疱性角膜病变（上皮囊疱或“水泡”）或角膜水肿可能在初诊时发现，或可能在以后因任何原因导致的角膜水肿病例中出现。当水肿在上皮紧密连接处积聚时，形成角膜疱或“水泡”（图23-29和图23-30）。
  - 患有慢性疾病的患马可能患有后弹性膜和内皮纤维化。
- 需要进行外周间接眼底检查，以确定视网膜和视神经的状况。
- 使用眼部超声检查，尤其是在角膜不透明的情况下，评估后段的健康状况。
- 进行全面的体检。

· 可能要采集血清和房水样本以进行马疱疹病毒（EHV）病、钩端螺旋体病、莱姆病和马病毒性动脉炎（EVA）检验。建议对玻璃体采样，但风险更高。

· 如果需要摘除眼球，则应彻底分析和培养房水及玻璃体样本，并将眼睛交给兽医眼科病理学家进行评估。

应该做什么

角膜水肿——药物管理

- 如果水肿范围广泛且严重，则治疗通常是极其不利的。
- 轻度病例在1~3周内得到改善。
- 由于存在上皮脱落或大疱破裂的可能性，则需要每隔6~8h使用局部广谱抗生素一次。
- 每隔12h使用局部2%环孢素一次。

· 推荐使用局部高渗液，如每隔4h使用5%氯化钠一次。但在某些情况下，除了减少微疱/“水泡”的形成外，没有明显的益处。

- 以标准剂量给予全身性非甾体抗炎药7~10d。
- 每隔8~12h局部使用非甾体抗炎药（双氯芬酸、酮咯酸、氟比洛芬）可能对急性病例有益，但如果存在溃疡则不应使用。

- 局部皮质类固醇仅在角膜上皮完好无损且可能保持完整的情况下才有用（大多数情况下不是这样的）。
  - 每隔6h使用1%醋酸泼尼松龙或0.1%地塞米松一次，而不是氢化可的松。
  - 如果疼痛加剧或存在荧光染料残留，则应立即停止使用。
- 全身性抗组胺药在极少数情况下可能有益。

应该做什么

角膜水肿——手术治疗

- 如果角膜中出现相当大的水疱，则可能需要进行暂时性或分离睑缘缝合术或膜瓣。
- 角膜热成形术：在某些情况下，对受影响的浅层基质进行仔细的多点热灼烧可能是有益的，但应仅由专科医生进行，因为过程中很容易发生角膜穿孔，该操作诱导角膜胶原层之间的粘连。这可以提供稳定性，减小病变厚度和减少大泡形成。
- 在某些伴有顽固性或慢性疼痛性大泡性角膜病变的病例中，建议手术切除一层薄薄的浅表角膜，然后植入非常薄的结膜移植物。该操作称为结膜遮盖角膜术。

预后

- 预后不良。受影响的马匹很少会恢复正常，但在最初的4~6周内可能会略有好转。
- 在某些情况下，来自角膜缘的纤维血管向内生长，增强和重组了肿胀的角膜，并有可能会看到显著的改善。

急性前房积血

病因

- 前房积血可由外伤、穿透性损伤、葡萄膜炎、青光眼、眼内肿瘤、视网膜脱落、血液疾病、先天性畸形、肿瘤、手术等引起。
- 在人医眼科中，前房积血根据积血量进行分级（0级，带血的房水；4级，前房完全充满血液），预后与前房积血分级成正比。

临床症状

- 症状多变：从少量到充满血液的整个眼球。
- 凝集的红血通常是最近的创伤造成的。
- 任何程度的前房积血都可能导致眼压升高，尤其是在受伤后的前24h。
- 血凝块回缩时可能发生再出血或明显再出血。

诊断

- 通常诊断是显而易见的。如果原因不明，则应进行完整的血细胞计数（CBC）、血生化分析和凝血分析。

- 对双眼进行全面的眼科学检查。
- 进行全面的体检，寻找其他出血迹象。
- 进行眼部超声检查，并将测量结果与正常值进行对比。

应该做什么

眼前房积血

- 如何处理这些病例目前是有争议的。
- 首先处理前房积血的起因，找出其他全身性损伤（如果存在），然后再处理眼睛中的血液。
- 尽可能使患马保持安静，以防止自损，必要时进行镇静。患马可能会因为失明而紧张，所以应格外小心。
- 抬高饲料槽，尽可能使患马保持头部抬高。
- 否则建议将马放在马厩里休息，除非会导致患马烦躁不安。
- 小出血（小于前房的1/5）可以不经治疗而消退。
- 由于继发性青光眼是常见的后遗症，因此需每天测量眼压2~3次。

前房积血的医疗管理 - 选项

散瞳剂

- 使用它们预防粘连很重要，但是扩张可能会堵塞引流角度。
- 如果眼压升高，则一般禁用散瞳剂。
- 每隔4~6h使用托吡卡胺一次，持续24h。如果24h后眼压保持正常或下降，则每隔8~12h改用1%阿托品一次。

缩瞳剂

- 不建议使用，因为它们会大大增加粘连形成的风险。但有些人建议使用这种方法，以利于引流并暴露更大的虹膜表面，从而增强纤维蛋白溶解作用。

抗炎药

- 皮质类固醇：
  - 如果荧光素染色试验结果为阴性，则每隔4~6h使用局部0.1%地塞米松或1%醋酸泼尼松龙一次，但不能使用氢化可的松。
  - 以标准的抗炎剂量使用全身性皮质类固醇。
- 请勿使用具有抗血小板作用的阿司匹林或非甾体抗炎药，因为它们会使患马容易再出血。

抗青光眼药物

- 每隔8~12h使用马来酸噻吗洛尔加多佐胺眼药一次。
- 口服标准剂量的乙酰唑胺。

其他治疗药物

- 将组织纤维蛋白溶酶原激活剂（tPA）注入前房有助于血凝块的溶解，但对大血凝块的作用可能有限。
  - 当血凝块溶解缓慢（3~5d，无明显变化）或眼压显著升高时，提示用该方法进行治疗。
  - 可能会导致立即出血或延缓再出血。
  - 不建议在前房积血发生后的最初3~5d使用。
- 赖氨酸类似物，如已显示在人上口服或局部使用氨甲环酸和氨基己酸有效果，但尚未在马身上进行评估。

前房积血的外科治疗

- 通常禁用手术，因为在手术过程中无法看到眼内结构，因此可能会造成其他损害。
- 在治疗青光眼后，缓慢缓解的前房积血（4级）或眼压持续升高到3~4d时，可以考虑进行手术治疗。

预后

- 预后取决于血液量、病因和任何伴随的创伤、葡萄膜炎、青光眼、继发性粘连形成、视网膜脱落的严重程度。

- 未凝集的血液可在5~10d内被吸收，凝集的血液可在15~30d内或更长的时间内被吸收。
- **重要提示：**积血超过前房的一半或以上时，预后较差。
- 3~4d无变化的前房积血，预后严重。
- 复发性前房积血预后不良。
- 可能引起的后遗症包括：
  - 虹膜粘连。
  - 白内障。
  - 失明。
  - 青光眼。
  - 眼球痨。

晶状体前脱位

晶状体前脱位在马身上很少是真正的急症，因为大多数病例都是由前葡萄膜炎引起的，但是这种情况对于一个惊慌失措的马主来说可能是一种紧急情况。脱位的晶状体可能是白内障，也可能不是。

病因学

- 大多数病例继发于慢性葡萄膜炎或青光眼。
- 先天性，有或无其他异常。
- 继发于创伤。

应该做什么

晶状体脱位

- 如果可能，确定并治疗脱位的原因。
- 在大多数情况下，应无限期地使用抗炎药。
- 如果在小动物患畜中诊断为晶状体前脱位，建议立即通过囊内晶状体摘除术来预防不必要的后遗症，但在马身上不再是这种情况。回顾性的分析显示，视力和眼球保留的预后都很严重（Brooks等，2009）。
- 在某些情况下，如果眼压足够低，可以手动将前位晶状体移位到后房中。推荐转诊给专科医生。
- 眼后脱位应使用局部缩瞳剂治疗，以帮助将晶状体保持在后房。
- 目前，在对照研究中尚不清楚当晶状体前脱位不能在后房中手动复位和维持时，应推荐什么样的治疗以获得良好视力；晶状体的小切口超声乳化术，通过小切口完全切除皮质和囊膜可能是最佳选择。推荐转诊给专科医生。
- 如果眼睛失明，建议摘除眼球或人工置放眼内假体。

葡萄膜炎

· 与角膜溃疡一样，前葡萄膜炎（虹膜睫状体炎）是马匹中最常见的眼部疾病，并且是导致失明的主要原因。该疾病通常表现为非肉芽肿性前葡萄膜炎，炎症仅限于虹膜、睫状体、前房和后房。但是，有些马可能会出现玻璃体炎、脉络膜视网膜炎和视乳头周围炎。

· 葡萄膜炎的发生可以有很多原因，一些原因是显而易见的，如创伤。最近在2匹患有葡萄膜炎的马的眼睛中发现了伯氏疏螺旋体（Prist等，2007）。但是大多数原因仍然不清楚，任何物种都是如此。马的一种特殊的葡萄膜炎综合征，称为马复发性葡萄膜炎（ERU，夜盲或周期性眼炎），与既往或当前感染一种或多种血清型的问号钩端螺旋体有很强的关联。在阿帕卢萨马中发现了一种特别复杂的ERU形式，可能是完全不同的综合征。

· 葡萄膜炎最常见于中年至老年不分性别的马，可能在同一时间或不同时间涉及一只或两只眼睛。

· 通常无严重病史，也就是一些偶尔有因苍蝇引起的眼部不适。

· 不幸的是，许多马葡萄膜炎的病例都具有微妙的临床症状，在真正出现时并不表现为急症，快速和长期的治疗可以防止未来复发和悲剧性的长期后遗症。

· 马匹的葡萄膜组织在看似轻微的眼部损伤后具有很强的发炎能力。这一事实，再加上马感染钩端螺旋体后出现的葡萄膜炎综合征，以及在某些品种中更为常见，使这一类疾病成为诊断和治疗的挑战。

· 由于葡萄膜炎而导致视力丧失的风险非常高。视力在急性期会降低，并且炎症导致的视力后遗症很常见。这些后遗症包括角膜失代偿和水肿、青光眼、白内障、玻璃体混浊和液化、视网膜脱落和出血。

· 在许多情况下，被视为“紧急情况”的眼睛可能已患有数天至数周的亚临床疾病。因此，治疗效果通常比预期的要差。

· 大多数情况下需要积极的初始治疗（每隔1~2h局部用药一次）。因此，使用睑灌洗器可能是有益的。

病因

· 最常见的已知病原体是钩端螺旋体感染，已在最近的两个病例中马匹的眼内找到伯氏疏螺旋体。

· 引起败血症的任何细菌（如马红球菌、沙门氏菌和大肠杆菌）均可引起葡萄膜炎，眼内寄生虫和某些病毒（EHV、EVA、流感病毒）也可引起葡萄膜炎。

· 葡萄膜炎常发生于败血性马驹或断奶马驹，通常是双侧的。

· 创伤。

· 免疫介导。

· 晶状体诱发。

· 肿瘤，特别是淋巴肉瘤。

临床症状

- 检查双眼很重要。
- 全面检查通常需要重度镇静、眼睑麻痹、局部麻醉和散瞳。

急性症状

- 疼痛、泪溢、眼睑痉挛、可能轻度至重度的畏光。
- 结膜充血伴随巩膜血管充血。
- 眼压降低（$<$15mmHg）。
- 角膜变化：
  - 水肿：从无水肿到轻度水肿，从局部水肿到重度水肿和弥漫性水肿。
  - 内皮表面可能存在角质沉淀物（乳白色斑点聚结成油腻的黄白色斑块）。
  - 角膜缘可能有角膜血管向内生长。
- 前房检查结果：
  - 房水闪辉是前葡萄膜炎的特征。
    - 闪辉是由于蛋白质和细胞出现在正常低细胞和缺乏蛋白质的房水中而引起的。闪辉通常是微妙的，很容易在非常黑暗的环境下进行评估，其焦点或裂隙光以与检查者的视线成一定角度的方向进入眼睛。
  - 更严重的病例前房有纤维蛋白、积脓或积血。
- 虹膜和瞳孔变化：
  - 瞳孔缩小是葡萄膜炎的另一个特征。
    - 用1%的托尼酰胺使瞳孔缓慢扩张。
  - 虹膜：
    - 虹膜可能因失去正常且精细的表面结构而肿胀。
    - 在浅色虹膜中，虹膜颜色可能变暗，比正常颜色深，甚至严重异常（蓝色虹膜变成黄绿色）。
    - 黑体可能肿胀而圆润，而不是正常的尖状轮廓。
- 眼压：
  - 眼压降低是葡萄膜炎的第三个特征。
  - 压力可能太低而无法记录。
- 眼底检查结果：
  - 由于眼前段发炎，因此经常看不到眼底。
  - 使用间接检眼镜有助于检查，这种检查在穿透混浊介质方面更为有效。
  - 玻璃体液可能有细胞浸润、液化和“漂浮物”。

- 可能有脉络膜炎、视网膜水肿和局灶性至弥漫性非孔源性视网膜脱落（无任何眼泪或裂孔）。
- 在许多情况下，可以看到视网膜下渗出液和视网膜脱落的乳头状淡黄色“射线”。

慢性症状

- 角膜变化：
  - 弥漫性水肿和纤维化。
  - 角膜缘的纤维血管局灶性或弥漫性地向内生长。
  - 局灶性至多病灶性浅表侵蚀。
  - 发生青光眼时会出现角膜纹。
  - 角膜钙化沉积物。
- 虹膜变化：
  - 后粘连：局灶性至弥漫性，伴有瞳孔异常（瞳孔形状异常）。
  - 由于以下原因丢失了黑体或黑体细节：
    - 虹膜前纤维血管膜收缩（纤细的白色膜状结构在瞳孔边缘和黑体及其他部位最明显）。
    - 虹膜色素沉着（深巧克力色，有些患马也有无色素区域）。
    - 在某些情况下，表面新生血管变化异常（虹膜发红）。
- 晶状体变化：
  - 白内障。
  - 晶状体脱位。
- 其他可能的发现：
  - 完全玻璃体液化。
  - 继发性青光眼。
  - 伴或不伴玻璃体变性和牵引带的视网膜脱落。
  - 视网膜及视神经变性和萎缩。
  - 失明。
  - 眼痨。

诊断

- 血细胞计数（CBC）和血生化分析。
- 尽可能对配对样品进行血清学检测。
  - 钩端螺旋体滴价：血清型，包括波摩拿群*L. pomona*，勃拉第斯拉瓦群*L. bratislava*，秋季群*L. autumnalis*，流感伤寒群*L. grippotyphosa*，哈德霍群*L. hardjo*，黄疸出

血群*L. icterohaemorrhagiae*，犬群*L. canicola*，以及实验室可以测试的许多其他物种。

◦ 结果可能难以解释，因为许多马的滴价为阳性且无临床症状，或者血清抗体为阴性，但由于局部感染和眼内抗体的产生，因此房水的抗体非常高。

- 螺旋体病。
- 布鲁氏菌病。
- 弓形虫病。

· 如果怀疑是盘尾丝虫感染，则进行结膜活检（极为罕见）。

· 建议进行房水和玻璃体采样，这对于细胞学分析、血清学测定、PCR分析、暗视野分析和培养可能具有重要价值（但应由专家进行）。

· **重要提示：**对双眼进行详细的检查，以确定原发性与继发性葡萄膜炎，以及ERU与非ERU引起葡萄膜炎的原因，如眼内炎、角膜基质脓肿、异物、病毒感染等。

应该做什么

马复发性葡萄膜炎（ERU）

· 采取积极、长期的急性葡萄膜炎药物治疗可减少继发性并发症的发生。如果患马难以配合，则一定要放置睑灌洗器。不应过早停止治疗（告诉马主！），但在下列情况下，应继续按逐渐减少剂量的频率治疗4~6周：

- 没有房水闪辉的迹象。
- 眼压＞12~15mmHg。
- 眼睛看起来正常。

注意事项：可能需要终身治疗。

- 长期疼痛、失明的眼睛应摘除，或进行眼球内容去除——眼内植入术。
- 通常在ERU病例中未发现病因，但应始终考虑钩端螺旋体病和疏螺旋体病。

药物

在急性发作期间，从每个药物类别中使用一种。

皮质类固醇

· 在大多数情况下，如果不存在角膜溃疡，皮质类固醇则是治疗的基础（存在角膜溃疡时可以使用全身性皮质类固醇）。

· 外用1%醋酸泼尼松龙（非琥珀酸）溶液为类固醇首选药物，0.1%地塞米松软膏是可接受的。氢化可的松既不可接受也没有效。

- 在急性期每隔2~4h给药一次，并在数周或数月内逐渐减少用量。因为如果角膜上皮保持完整，则症状会逐渐减弱。
- 结膜下注射类固醇（在球结膜下注射，而不是在睑结膜下注射），用于不能进行局部给药的罕见情况下，但只有在角膜绝对健康的情况下才可进行局部治疗。不能代替局部用药，

而只是辅助局部用药，由于其存在引起蹄叶炎的风险，而且一旦出现角膜溃疡后就不能去除，因此要谨慎使用。
- 全身性皮质类固醇可按标准抗炎剂量使用，但不能与全身性非甾体抗炎药联合使用。

散瞳剂

- 必须使用散瞳剂来散瞳。
- 局部用1%阿托品溶液是首选散瞳剂。
  - 每隔6~8h滴1~2滴或少量喷剂，然后根据需要保持散瞳。
  - 监测腹痛的症状。
- 如果阿托品不能扩张瞳孔，则可以在阿托品治疗中添加苯肾上腺素（10%），但在患马中的疗效存有质疑。

局部非甾体抗炎药和其他抗炎免疫调节剂

- 许多眼科非甾体抗炎药制剂可在任何一家药房获得，包括氟比洛芬（0.03%）、双氯芬酸（0.1%）、0.4%酮咯酸氨丁三醇胺滴眼液溴芬酸0.09%和前药尼帕芬酸。
  - 其中大多数的疗效和副作用尚未在马眼中进行研究。
  - 这些药物在某些情况下似乎是有益的，而在其他情况下则没有明显的益处。
  - 在考虑到角膜的完整性时，非甾体抗炎药可能是唯一的抗炎药选择，因此排除了局部使用皮质类固醇。非甾体抗炎药应该谨慎使用，因为它们会诱发角膜溃疡溶解。
  - 非甾体抗炎药可与局部糖皮质激素联合使用。
- 有些病例报告每隔8~12h使用2%环孢素一次，但其在眼内的渗透性非常差。

全身性非甾体抗炎药

- 保泰松，2.2~4.4mg/kg（以体重计）。
- 氟尼辛葡甲胺，0.5~1.1mg/kg（以体重计），每隔12~24h给药一次，时间为1~2周（在所有急性病例中首选的药物）。
- 地塞米松，0.05~0.1mg/kg（以体重计），每隔24h给药一次。
- 阿司匹林，10~25mg/kg（以体重计），每隔24h口服一次。在某些情况下是长期维持的选择，但不适用于急性发作。
- 在临床症状消失和眼压恢复正常（＞15mmHg）后10~14d继续服用所有药物。**重要提示**：然后开始缓慢地逐渐减少药物剂量，继续每隔12h使用局部皮质类固醇一次，并再持续4~6周。停药之前，仔细检查眼睛是否有葡萄膜炎的症状，复查眼压，每周复查并持续1个月。建议马主每天用小型手电检查眼睛是否有发炎的症状（红肿、轻度混浊，昏暗光线下瞳孔缩小），并在出现异常情况时立即重新检查。终身治疗可能是必要的。

全身性抗生素

· 尽管眼内药物渗透性是可变的，但在所有由全身性疾病引起的葡萄膜炎，以及任何怀疑与钩端螺旋体或疏螺旋体感染有关的病例，均应使用抗生素。建议对所有急性ERU患马使用全身性抗生素。

  · 恩诺沙星［7.5mg/kg（以体重计）口服，5mg/kg（以体重计）每隔24h静脉注射或口服一次］是首选抗生素。
  · 庆大霉素，6.6mg/kg（以体重计），每隔24h静脉注射一次。
  · β-内酰胺类药物对钩端螺旋体也非常有效。
  · 米诺环素［4mg/kg（以体重计），每隔24h口服一次］或多西环素［10mg/kg（以体重计），每隔12h口服一次］具有有效的抗炎作用，并在某些情况下非常有用。有报道称，米诺环素在未发炎的眼睛（相应血浆浓度的17.07%）和轻度发炎的眼睛（相应血浆浓度的20.27%）中具有良好的房水水平。

手术及其他治疗

· 手术植入的缓释环孢素（CSA）植入物有利于长期控制马的葡萄膜炎，并且非常建议使用（80%以上的患马炎症得到缓解，同时复发也很少）。据报道，脉络膜上CSA植入物可在眼内达到治疗性CSA水平，且几乎没有副作用，同时减少了疾病和并发症的发生率（Gilger等，2006）。**重要提示：**任何具有活跃性炎症的眼睛都不适合做这个手术。

· 经证实对视网膜安全的玻璃体内注射抗生素可以减少或消除疾病发作（咨询兽医眼科医生，以寻求进一步建议）。

· 任何患有ERU的马都应在进行任何免疫刺激（例如驱虫和疫苗接种）之前，常规使用非甾体抗炎药进行预处理（Rx：2d前、当天和2d后）。据说，这可以防止一些马在接种疫苗后突然复发。

青光眼

· 大多数青光眼病例为ERU的慢性、隐匿性后遗症（图23-33A）。青光眼和ERU最常见于年龄较老的马匹中，尤其是阿帕卢萨马。

病因

· 急性原发性青光眼在马中并不常见，但确实会发生。
· 继发性青光眼最常见，并与以下因素相关：
  · 慢性ERU（前葡萄膜炎、夜盲、虹膜睫状体炎），可能是由于炎性碎片阻塞滤过角、滤

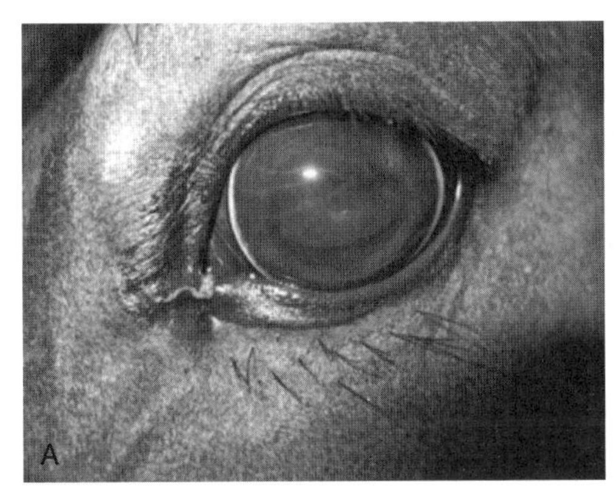

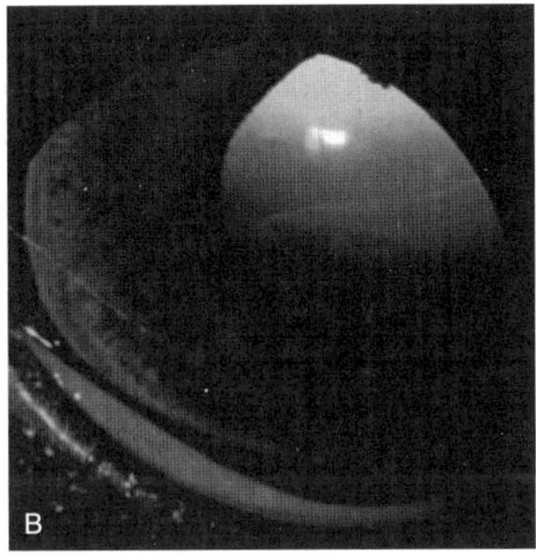

图 23-33　由青光眼引起的病变

A.19 岁的挽马出现了许多轻度角膜水肿的分支白线，其外观与经典的 Haab 纹一致，后者是继发于青光眼的后弹力膜破裂或“伸拉痕”（该眼的眼压为 58mmHg）　B. 与之相反的是，这匹 11 岁进口的荷兰温血马的角膜纹，重复检查时眼压正常（在这张照片中，两条微弱的平行线明显穿过瞳孔）。这些条纹缺乏 Haab 纹中所见的相关角膜水肿，并且在许多温血马和其他品种中是偶然发现的。钝性眼外伤后，类似的损伤可继发于后弹力层断裂

过角纤维化、滤过角塌陷（来自虹膜膨隆、慢性炎症和粘连）、发炎后纤维血管性瞳孔阻塞、虹膜吸收房水受阻或后粘连引起的。

- 创伤。
- 急性晶状体前脱位（晶状体脱位的常见原因是外伤或慢性葡萄膜炎）。
- 前玻璃体脱出。
- 肿瘤。

临床症状

- 眼压升高是该病的特征。
- 眼压应通过压平眼压计或回弹眼压计进行评估，正常值为15~28mmHg。如果可以的话，检查应该在镇静前进行，并且头部不要低于心脏水平。参阅前面的技术部分，如有必要请参阅案例以了解眼压评估。
- 急性青光眼的症状不明显，容易被忽略。
  - 视线是可变的。与一般在眼压升高后不久就失明的犬不同，马在眼压升高后可以维持视力很长一段时间。
  - 疼痛是可变的。有些马看起来很正常，而另一些马则表现出极度的痛苦。
  - 在休息期间可能会出现泪溢、畏光、眼睑痉挛和头部轻微的痉挛性抽搐。
  - 偶尔会出现结膜充血和巩膜上静脉充血，但程度不如犬。

- 角膜：
  - 水肿：轻度和局灶性至重度和弥漫性。
  - 轻度至中度水肿的细带或线性白线穿过角膜或向任何方向分支：这些纹（Haab纹）或“伸拉痕”是由于后弹力膜断裂并破坏了相邻内皮细胞的功能而引起的（图23-33）。
  - 角膜水肿严重时，会引起局部至弥漫性浅表溃疡。
- 瞳孔：
  - 瞳孔处于中间位置至轻度扩张，但如果并发葡萄膜炎，则瞳孔可能正常至较小。
  - 瞳孔对强光刺激反应迟钝。
  - 务必检查对光的直接和间接反应。
  - 如果出现粘连，则瞳孔形状可能会改变。
- 虹膜：
  - 急性原发病例中正常。
  - 通常是异常的深巧克力棕色或比正常眼睛的颜色更深（由葡萄膜炎引起的变化）。
  - 由于之前的炎症和纤维化发作，因此黑体可能缺失或轮廓异常光滑。
- 晶状体：
  - 如果青光眼是由晶状体前脱位引起的，则晶状体（通常是白内障）可见于前房。如果角膜水肿妨碍前房检查，则需要进行超声检查。
  - 可发生晶状体后脱位。
- 眼底：
  - 可能存在视神经和视网膜萎缩。
  - 视神经陷凹不常见，但可能会发生。
- 眼球：
  - 眼睛可能轻微至显著肿大（眼积液、水肿），这是一个非常慢性的症状。

诊断

· 按照“技术”部分中的说明测量眼压，切记仅在骨缘上用力保持眼睑张开。如果患马已被镇静，则应在其头部高于心脏水平的情况下获得眼压。

· 在进行眼压测量之前，可以在眼球背侧，通过闭上的眼睑轻轻地来回摇动食指和中指，对眼压进行大体评估，使用患马的另一只眼睛或检查者的眼睛作为对照。在这些情况下，建议立即转诊给专科医生进行确认。

应该做什么

青光眼

· 青光眼发生时常常没有明显的临床症状（隐袭性），这意味着有些病例从一开始就没有希望，治疗往往是徒劳无功的。

- 一些马对药物治疗反应良好，而其他一些马尽管接受了药物治疗却效果缓慢。
- 对于仍有视力的眼睛，应进行积极的医疗管理。
- 患有急性到亚急性疾病的个体，以及一些患有慢性疾病的个体，可能在短期内会有所改善。
  - 眼科联合用药：每隔12h滴1~2滴β-肾上腺素颉颃剂，如0.5%马来酸替莫洛尔，与局部碳酸酐酶抑制剂2%多唑胺（商品名：Cosopt）每隔8~12h配合使用1次。
  - 局部使用皮质类固醇（0.1%地塞米松或1%醋酸泼尼松龙，每隔4~6h一次）。在使用皮质类固醇治疗前，确保角膜看起来健康并且荧光素染色呈阴性。
  - 以标准剂量给全身性非甾体抗炎药。
  - 如果上述治疗未能有效控制眼压，则可考虑添加口服碳抑制剂［乙酰唑胺4.4mg/kg（以体重计），每隔12h口服一次］。治疗期间监测血钾水平，必要时进行补充（该药降低马眼压的效果尚未评估）。
  - 考虑每隔8~12h使用1%阿托品一次。
    - **重要提示：**阿托品在大多数类型的青光眼治疗中都是禁忌，但在大多数马的护理中，阿托品可能是一种有用且廉价的青光眼治疗方法。
    - 阿托品被认为能促进房水从葡萄膜巩膜流出，在某些情况下是有益的。
    - 在用阿托品治疗的最初几天，每隔6~12h测量一次眼压非常重要。因为在极少数的患马中，阿托品治疗期间会出现压力峰值，因此应该停止使用阿托品治疗。
  - 不要使用局部前列腺素类药物，如0.005%拉坦前列素。虽然有效，但应该避免，因为其会引起葡萄膜炎和马的许多副作用。
  - 高渗剂在马身上的疗效令人质疑，应该避免，因为其会引起腹泻。
- 进行手术治疗。
  - 可考虑转诊给专科医生进行半导体激光睫状体光消融术或睫状体冷凝术，但结果不一。术后常见眼压升高。手术病例需要每天几次的眼压监测。在某些情况下，这两种方法都能很好地发挥作用，并能提供良好的、长期的眼压控制。术后眼压急剧升高的患马可能会丧失剩余的视力。
  - 失明或有顽固性疼痛的眼睛应放置人工硅胶假体或进行摘除。化学消融术是一种治疗费用较便宜的方法，可以使用，但效果不一，并且止痛效果可能不佳（50mg庆大霉素和1mg不含防腐剂的地塞米松，玻璃体内注射，注射时避免刺中晶状体）。

急性失明

- 严重失明的马总是急症。
- 然而大多数出现严重失明的病例是一个更为长期的问题，如未被发现的葡萄膜炎，在阿帕卢萨马尤其如此。
- 如果患马的急性失明确实因疑似神经眼科原因导致，则必须立即处理。**重要提示：**对压迫性或创伤性视神经损伤（以下列出的几种），应立即治疗和转诊。在压迫性视神经损伤发生后，直到视神经功能永久丧失前有一个很短的空窗期，通常不到24h。蝶腭窦问题接受紧急减压手术可能会取得良好的结果。对于某些颅底骨折的病例也是如此。
- 所有急性失明的马都应进行完整的身体和神经眼科检查，包括威胁反应、眼睑反射评估、直接和间接瞳孔光反射测试、前庭眼球运动评估，以及眼睛从角膜到视网膜的详细检查，特别注意视神经的检查。
- 应进行完整的神经系统检查。
- 如果没有发现失明的原因，建议使用上呼吸道内窥镜检查，特别注意筛窦区和蝶腭窦的引流区（如果可以到达）。

- 对于一匹急性失明但其他方面健康的马，眼科检查异常有许多不同的鉴别诊断。最常见的是：
  - 双侧白内障急性发作。
  - 严重的急性双侧葡萄膜炎。
  - 双侧视网膜脱落。
  - 双侧视神经炎。
  - 双侧渗出性视神经炎伴或不伴有出血。
  - 蝶腭窦压迫性病变（骨折、肿瘤、血凝块、骨增生性病变、严重蝶腭鼻窦炎）。
- 对于在其他方面看起来健康且眼科检查正常的急性失明的马的鉴别，考虑：
  - 继发性蝶骨骨折或由其他创伤引起的创伤性视神经病变。
  - 蝶腭窦压迫性病变（肿瘤、血凝块、骨增生性病变、严重的蝶腭鼻窦炎）。
  - 球后视神经炎。
- 影响两个眼眶或扩展至视交叉的眼眶、鼻窦或筛窦肿瘤。
  - 患有全身性疾病的急性失明的马可能患有多种疾病，包括：
  - 病毒性脑炎之一（EEE、WEE、VEE、西尼罗河病毒病）。
  - 马病毒性动脉炎。
  - 非洲马瘟。
  - 硫胺素缺乏症。
  - 急性失血性神经视网膜病变。

第 24 章
生殖系统

公马生殖急诊

Regina M. Turner，Tamara Dobbie，and Dirk K. Vanderwall

外生殖器体格检查

- 正常的公马有两个阴囊和椭圆形睾丸，睾丸长轴与地面平行。
- 一个睾丸比另一个稍小或稍大是正常的，两个睾丸之间的尺寸差异很大通常表明存在问题。
- 睾丸在阴囊和弹性睾丸实质内（不是太硬，也不是太软），应无痛感且可自由移动，触诊时马也应无痛感。
- 少量的腹膜液（通常超声测量＜5mm）通常出现在鞘膜腔内，且可以通过超声成像观察到。在附睾尾部有低回声的液体囊，可以触摸到。每个睾丸的高度、宽度和长度及阴囊的总宽度应该用卡尺或超声测量。
- 精索从睾丸的颅背侧向腹股沟外环上升。
- 附睾头位于睾丸外缘头背表面的精索底部附近。附睾体沿着睾丸表面向外缘背侧运动，而附睾尾（附睾最易触到的部分）位于睾丸的尾端。
- 种马的肌海绵型阴茎，由阴茎根（由两条阴茎脚连接附着于坐骨弓）、阴茎体（从阴茎根延伸到阴茎头），以及阴茎头（阴茎膨大的头部）组成。
- 尿道贯穿阴茎全长。
- 阴茎头的头端有一个深凹陷，叫龟头窝。
- 尿道突（尿道海绵体部的末端）从龟头窝向外延伸。
- 龟头窝包含两个腹外侧凹陷和一个大的背部憩室，称为尿道窦。**重要提示：**包皮垢往往会积聚在尿道窦中，随着时间的推移，聚集成一个黏土样团块，称为“黄豆样垢”。温和的按摩和清洁可以去除包皮垢。
- 阴茎由三个海绵体组织组成：

- 阴茎海绵体（corpus cavernosus penis，CCP）。
- 尿道海绵体（corpus spongiosum penis，CSP）。
- 阴茎头尿道海绵体（corpus spongiosum glandis，CSG）。

· CCP是最大的勃起组织，沿着阴茎体的长度延伸到尿道背侧，呈新月形，被白膜包围。

· CSP绕尿道沿着阴茎体延伸，是较小的勃起组织：

- CSP直接与阴茎头的CSG的勃起组织相连。

· 在性刺激过程中，海绵体组织，特别是CCP充血勃起。

· CSG在即将射精前和射精过程中迅速膨大。包皮包裹并保护未勃起的阴茎，将非勃起阴茎嵌入，形成两个不同的褶：

- 外包皮（即“鞘”）。
- 内包皮。

· 整个包皮的各种结构成分与勃起阴茎的关系如图24-1所示。

· 当检查阉马的阴茎时，可以用甲苯噻嗪或地托咪定镇静马。中度镇静（+/–0.5mg/kg）的剂量可使松弛的阴茎脱垂。

· **重要提示：**不要用乙酰丙嗪镇静公马。尽管不多见，但常将轻度包茎与服用吩噻嗪类镇静剂有关。每次用药使阴茎脱垂，都应该对马进行监控，以确保阴茎在一定时间内可回到包皮

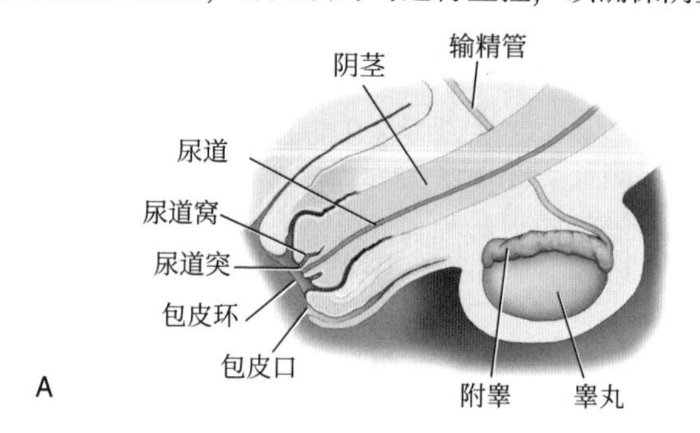

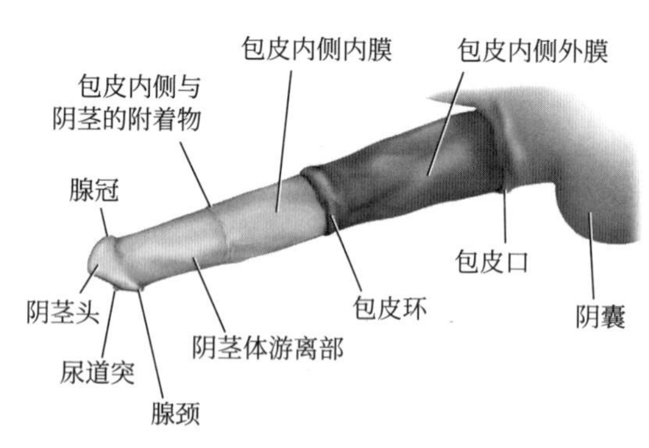

图24-1　阴茎包皮解剖示意图

A. 正常阴茎和包皮的示意图，显示海绵组织、尿道、尿道窝、附睾、睾丸和输精管的位置
B. 包皮内褶皱和包皮外褶皱（鞘）

内的正常位置。

阴囊肿大

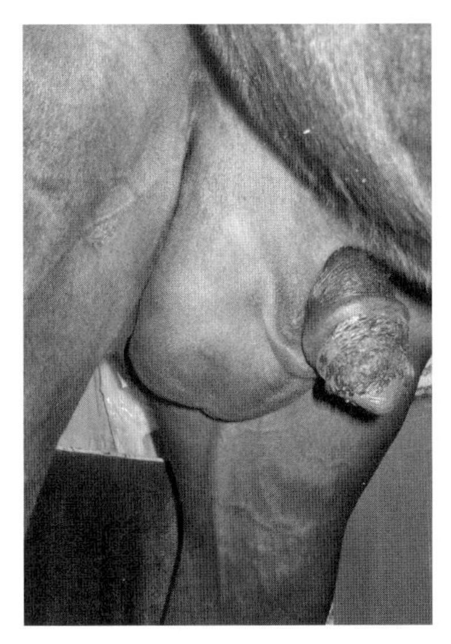

图 24-2　种马双侧阴囊肿大
不能仅通过对阴囊的视诊来确定病因。

- 阴囊膨大可能的原因有很多，且多数是睾丸外因素。
  - 阴囊液：阴囊积液、血肿和积脓。
  - 腹股沟疝和阴囊疝。
  - 精索扭转。
  - 睾丸炎。
  - 附睾炎。
  - 精子肉芽肿。
  - 睾丸脓肿。
  - 睾丸血肿。
  - 睾丸肿瘤。
- **重要提示：**导致积液和/或血肿的创伤和导致积液的系统性疾病，是引起公马阴囊肿大的最常见原因。
- 偶尔可见腹股沟/阴囊疝和精索扭转。
- 膨大的阴囊可以是上述任何一种情况的非特异性症状（图24-2）。通常需要详细的病史记录和附加诊断方法来确定根本原因。

临床症状

- 根据阴囊肿大的潜在原因，其临床症状差异很大。

诊断

- 进行仔细的体格检查和超声检查有助于确定阴囊膨大的原因。建议经直肠检查腹股沟内环，以排除腹股沟疝气的可能性。

应该做什么

阴囊膨大

- 具体治疗取决于根本原因。
- 如果公马出现与阴囊肿大有关的疼痛症状，建议使用镇静剂和镇痛剂。
  - 甲苯噻，0.6mg/kg静脉注射。
  - 地托咪定，0.01~0.04mg/kg静脉注射。
  - +/－酒石酸布托啡诺，0.02mg/kg 静脉注射。
- 在大多数情况下，禁止对肿大的阴囊进行细针抽吸术；通常可以不需依靠针吸术作出诊断，这可降低以下风险：

  - 肠穿孔（以防有腹股沟疝）。
  - 血肿破裂。
  - 感染的引入或传播。
- 积脓可能是一个例外。取脓液进行培养和敏感性检测。

阴囊液：阴囊积液、血肿、积脓

- 鞘膜腔与腹膜腔是相连的，鞘膜腔内无回声液区（积液）的增加可由全身性疾病引起：
  - 腹膜液生成增加。
  - 腹膜液从鞘膜腔内的排出量减少。
- 外伤、精索扭转、肿瘤或伴有依赖性水肿和/或发热的系统性疾病，可引起阴囊积水。
- **重要提示：**也可见到先天性阴囊积液，最常见于夏尔马，超声表现为鞘膜腔内无回声液区增多。
- 血肿可由外伤或精索扭转引起，根据阴囊内超声表现确定内含血液（图24-3）。
- **重要提示：**血凝块外观类似于母马卵巢上的红体（灰黑色、斑驳、不规则），并随着其凝结逐渐增加回声。
- 阴囊积脓可由刺伤发展而来，或继发于脓肿破裂或腹膜炎。超声检查显示，液体具有相对的回声，通常含有颗粒碎片。

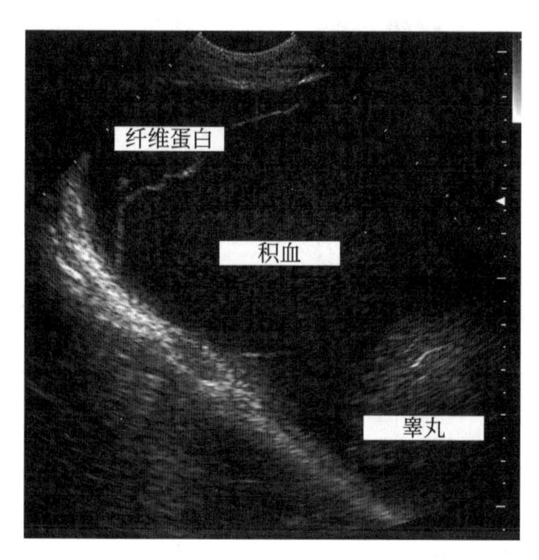

图24-3　种马血肿的超声表现

睾丸周围有大量轻微的回声液体，说明是近期发生的出血，同时注意液体中存在纤维蛋白串。

- 在血肿和积脓的情况下，纤维蛋白可能形成并在超声检查中可见，如在周围液体中漂浮或波动的灰色结构。

应该做什么

阴囊液

- 如果可能，处理诱因。
- 冷水水疗。
- 非甾体抗炎药（NSAIDs）：
  - 氟尼辛葡甲胺，1.1mg/kg，静脉注射，q12~24h。
  - 保泰松，2.2mg/kg，静脉注射或口服，q12h。
- 建议对血肿病例进行预防性、广谱抗菌治疗，以防止继发感染。磺胺甲氧苄啶（30mg/kg，口服，q12h）是一个合适的选择。
- 治疗阴囊积脓需要抗菌治疗，且最好基于培养和药敏试验。在培养和敏感性结果尚未确定之前，联合使用青霉素钾（22 000U/kg，静脉注射，q6h）和庆大霉素（6.6mg/kg，静脉注射，q24h）是一个合适的选择。**注意事项：**只有在血清肌酐浓度正常、公马排尿正常、确保饮水量时，才能使用庆大霉素。另一种抗生素选择是头孢噻呋，3mg/kg，静脉注射或肌内注射，q12h。

- 严重的血肿或脓肿导致睾丸永久性损伤或治疗无效时，应考虑进行单侧睾丸切除术。

预后：阴囊积液

- 有阴囊积液的公马预后在很大程度上取决于其病因。
- 通常认为阴囊液会对睾丸产生短暂的保温作用，从而降低精液质量。
- 阴囊积液时，在去除病因并解决了积液的情况下，精液质量有望在大约一个生精周期（约60d）内得到改善。
- 若是发生粘连或形成纤维组织的阴囊血肿或积脓，受累及睾丸的正常功能预后则更为谨慎，并取决于病理程度；小粘连可能对将来的生育能力影响很小或没有影响，而广泛的粘连和纤维组织形成可能会干扰睾丸正常的温度调节，引起睾丸实质的压迫性坏死和永久性损伤。只要有一个睾丸不受影响，一旦患侧睾丸的绝缘作用消除，那个睾丸就会恢复正常功能。

腹股沟疝和阴囊疝

- 当肠袢进入腹股沟管时发生腹股沟疝。
- 阴囊疝是腹股沟疝的一种发展，不过肠袢是进入阴囊。
- 腹股沟疝或阴囊疝可能是:
  - 先天性的或后天性的。
  - 简单的或复杂的。
- 在马驹先天性疝气的病例中，该问题通常在出生后12个月内自行解决。先天性疝气通常累及小肠，肠段疝通常可存活，此时不必治疗。
- 获得性腹股沟疝和阴囊疝可发生在阉马或种马中，且在标准马中的发生率较高。
- 较大的腹股沟环可使马易患疝气。
- 在许多情况下，获得性腹股沟疝和阴囊疝与运动或外伤有关，并涉及小肠（绞窄性或非绞窄性）。

临床症状

- 大多数马表现膨大的阴囊和/或疝痛。
- 一些未发生梗塞的腹股沟疝或阴囊疝的马没有表现出不适的迹象。
- 中度至重度积液常与腹股沟疝和阴囊疝有关。

诊断

- 通过触诊检查阴囊及其内容物。阴囊水肿和积液常使触诊困难。
- 应使用超声检查阴囊和腹股沟外环周围区域。确定鞘膜腔是否可见肠袢，以及肠袢可否自行复位。

- 可存活肠袢有蠕动波，肠壁厚度正常。
- 不可存活肠袢蠕动波减少或消失，肠壁增厚，水肿。

- 如果出现严重的积液，可能很难找到肠袢。受累及一侧的睾丸回声可能会增加。
  - 7.5MHz或5.0MHz线性阵列、微凸或扇形扫描传感器工作良好。
  - 疝中内含肠道也可以通过超声检查确定。
    - 小肠因其直径小和肠系膜长而最常见。
  - 见第14章。

- 如果超声诊断不可用或不明确，可通过直肠触诊检查腹股沟内环。如果有疝气，可以通过患侧腹股沟环进入腹股沟管并触及肠袢。

应该做什么

腹股沟疝和阴囊疝

- 先天性疝气一般不需要治疗。在长期病例中，可能需要手术矫正。
- 对于获得性疝气，则需要进行治疗。
- 在一些简单的获得性腹股沟疝的病例中，疝气可以用手轻柔地通过经直肠牵引将肠管整复。
- 在尝试进行直肠整复前，应通过超声检查确认肠道活力。**重要提示：**无论肠道状况如何，直肠整复都有直肠穿孔的显著风险，大多数情况下不建议这样做。
- 大多数情况下都需要对疝气进行手术矫正。任何涉及绞窄性肠管的病例都需要用手术切除受损组织和减少疝气。
- 手术时通常切除疝侧的睾丸，以防止疝气复发。
- 在某些情况下，可能可以挽救睾丸，但马主应意识到疝气复发的可能性。
- 将马运送至手术场地过程中建议使用镇静剂、镇痛剂和非甾体抗炎药。

预后：腹股沟 / 阴囊疝

- 先天性腹股沟疝或阴囊疝的预后非常好，随着时间的推移最容易自行复位。
- **重要提示：**对于获得性疝气，最重要的预后指标是疝气持续时间。
- 无论肠道是否绞窄，对于早期诊断和矫正疝气的病例（＜24h）预后都非常好。
- 疝气长期未经治疗的病例预后较差。
- 如果疝气发生前对侧睾丸是正常的，在大多数情况下，之后患马生育能力的预后良好。
- 即使在疝气手术矫正中切除单侧睾丸，一旦阴囊炎症消退，剩下的睾丸通常会恢复正常功能。

睾丸肿大

- 睾丸肿大是阴囊肿大的一个不常见原因。
- 睾丸肿大可由以下原因引起：
  - 睾丸炎。

- 睾丸内的血管或淋巴淤滞。
- 睾丸脓肿。
- 睾丸血肿。
- 睾丸肿瘤。

临床症状

- 临床症状因睾丸肿大的病因而异。

睾丸炎

- 睾丸炎或睾丸实质炎症并不常见，可继发于创伤、感染、寄生虫病或自身免疫性疾病。
- 受累及睾丸通常表现肿大、发热、疼痛，以及全身症状（如发热、白细胞增多和高纤维蛋白原血症等）。
- 如果收集和评估精液，通常会发现大量的白细胞，而且精液质量通常很差。

血管或淋巴淤滞

- 血管或淋巴淤滞通常与精索扭转有关。
- 如果睾丸肿大是由精索扭转引起的，则可在触诊和超声检查中发现精索异常（见下文）。
- 公马通常有痛感，并伴明显阴囊水肿，且常出现阴囊积液。

睾丸脓肿

- 睾丸脓肿可由以下原因引起：
  - 阴囊和睾丸的贯穿性伤口。
  - 睾丸活检。
  - 由睾丸炎发展而来。
  - 血流下行感染。
  - 腹膜炎下行感染。
- 公马通常表现为发热，伴有单侧睾丸肿大、温热、疼痛，可能发现以前阴囊刺伤或创伤的痕迹。

血肿

- 睾丸血肿通常由睾丸创伤引起。
- 睾丸活检后常可见小的血肿。
- 血肿可在睾丸实质内或睾丸表面形成。
- 睾丸内小血肿可能不会引起明显的阴囊肿大，而且公马可能表现无症状，除了触诊患侧睾丸时会有局部疼痛外。
- 在血肿的急性阶段，阴囊肿大、温热、疼痛，并且可能与阴囊水肿和积液联系起来。

肿瘤形成

- 睾丸瘤在公马中并不常见。肿瘤一般较小，睾丸没有明显增大。

- 在许多睾丸肿瘤病例中，存在睾丸退化现象，患侧睾丸尺寸缩小了。
- 睾丸肿瘤来源于生发或非生发细胞，生发性肿瘤更常见。组织病理学检查是确诊所必需的。
- 肿瘤能在可育种马的常规睾丸检查时发现，或可在生育能力下降的种马的繁殖健康检查中发现。
- 大部分（但不是全部）种马的睾丸肿瘤是良性的。

诊断

- 应尝试触诊睾丸。在创伤性损伤的情况下，对阴囊内容物进行触诊马可能表现疼痛和水肿，而积液可能妨碍一个完整的检查。
- 超声检查通常能提供有用的信息。
- 当比较正常睾丸和患侧睾丸时，超声检查的变化可能相当微妙也可能相当明显。
- 超声表现因其病因而异：
  - 睾丸炎：睾丸通常呈现异质性，伴有低回声或高回声病灶。
  - 血管或淋巴淤滞：睾丸实质通常保持整体均匀的颗粒状外观，其正常回声变为低回声。
  - 脓肿：睾丸实质内通常可见一个清晰的脓液囊。睾丸周围可见纤维蛋白标记和粘连，可能出现积液；如果脓肿破溃，可能导致积脓。受脓肿的压迫，睾丸实质周围的超声表现可能发生改变。
  - 血肿：通常在实质周围内出现斑驳的灰黑色（类似于母马卵巢上的血体）。如果继续出血，也可以看到大量相对低回声的未凝结血液在阴囊内回荡。随着血肿的形成，其回声越来越强，最终相对于睾丸周围出现高回声。纤维蛋白和粘连也可能在受影响的区域形成。
  - 肿瘤：通常在非常均匀的睾丸实质内有一个局部的异质性外观。确切的外观是高度可变的，大多数表现为周围软组织内的局部软组织密度。彩色多普勒超声可以帮助确认睾丸内是否存在血管软组织结构。
- 射精培养可能有助于在感染性睾丸炎的情况下鉴定病原体。

应该做什么

睾丸肿大

睾丸炎

- 应尽快开始治疗。
  - 广谱的全身抗菌药物可用于预防创伤性睾丸炎和治疗感染性睾丸炎。睾丸感染的抗菌药物的选择最好是基于精液的培养试验和药敏试验。青霉素钾22 000U/kg，静脉注射（q6h）和庆大霉素6.6mg/kg，静脉注射（q24h）是良好的初始选择。**注意事项：**只有血清肌酐浓度正常、公马排尿正常、确保饮水量时，才能使用庆大霉素。在等待培养和药敏试验结果时，另一个抗菌药选择是头孢噻呋，3mg/kg，静脉注射或肌内注射，q12h。
  - 非甾体抗炎药：氟尼辛葡甲胺，1.1mg/kg，静脉注射，q12~24h；或保泰松，2.2mg/kg，静脉注射或口服，q12h。

- 冷水疗法。
- 如果对侧睾丸正常，应考虑实施单侧睾丸切除术。

脓肿

- **重要提示：**在大多数情况下，脓肿破溃前的单侧睾丸切除术是首选的治疗方法。
- 如果脓肿破溃，根据阴囊内容物的超声表现，应将公马作为感染性睾丸炎来治疗。
- 手术可能需要切除睾丸并排出阴囊内容物，防止上行性腹膜炎。手术切除后，种马应根据组织培养和药敏结果，服用NSAIDs和全身性抗生素（详见睾丸炎）。
- 如果试图挽救睾丸，根据精液培养和敏感性测试结果，给予非甾体抗炎药和全身抗菌药物。

血肿

- 如果血肿是局部的，那么抗炎药、冷水疗法和马厩内休息可能是唯一需要的治疗方法。
- 对于大面积弥漫性血肿，应考虑使用预防性抗菌药物。
- 如果血肿非常大，且出血不受控制，应考虑实施单侧睾丸切除术。

肿瘤形成

- 大多数睾丸肿瘤是良性和小的，最好不要治疗，同时继续超声监测病变的大小变化和实质周围的变化。保留患侧睾丸通常是合理的，因为睾丸的未受累及部分可继续发挥功能，并有助于射精。
- 如果肿瘤异常大、生长迅速或是恶性，应对患侧睾丸进行单侧睾丸切除术。超声引导进行睾丸活检以决定是否需要切除患侧睾丸。目前还未有关马切除睾丸肿瘤而睾丸保留的手术报道。

预后：睾丸肿大

睾丸炎

- 睾丸炎对未来生育力的预后应慎重。在两个睾丸都受到影响的严重病例中，炎症和局部温度升高会导致睾丸实质纤维化和变性。
- 如果只有一个睾丸受影响，则恢复正常生育力的预后会大大改善。

脓肿

- 睾丸脓肿对未来生育力的预后取决于脓肿大小、纤维组织形成的程度和睾丸实质周围的压迫性坏死情况。
- 较大的脓肿和广泛的纤维组织会降低睾丸恢复正常功能的可能性。
- 如果对侧睾丸正常，那成功治疗或切除脓肿后，种马可以恢复生育力。
- 任何引起发热或隔离睾丸的疾病都可能导致精液质量暂时下降。

血肿

- 患侧睾丸未来生育能力的预后取决于血肿的大小和纤维组织的形成程度。
- 小血肿（直径＜20mm）只引起局部变化，影响精子发生过程。
- 大血肿对生育能力会造成更严重的影响。
- 睾丸实质的损失程度取决于压力性坏死和纤维组织形成的量。一旦血肿凝固且睾丸温度正常，未受损伤的睾丸实质还可为射精提供精子。
- **重要提示：**如果对侧睾丸没有受到影响，那么一旦隔离效果消除，种马应该仍可以繁殖。

肿瘤

- 在有小的局限性睾丸肿瘤的情况下，睾丸未受影响的部分可能会继续发挥作用，并提供精子射精，生育能力没有受到明显影响。

- 如果肿瘤生长或其存在导致实质周围变性，预计精液质量会下降。如果对侧睾丸没有受到影响，那么种马应该会保持生育能力。

精索扭转

- 精索扭转可导致血管受损。
- 小于180°的扭转通常不会改变血流流向，也不会引起临床症状。
- 超过180°的扭转会损害血液流向睾丸和/或导致淋巴和静脉淤滞，临床症状通常很明显。受影响的公马出现急腹症，与以下情况相关：
  - 睾丸肿大、疼痛。
  - 阴囊肿大。
  - 阴囊液增多。
  - 阴囊水肿。
  - 精索粗大。

诊断

- 因为公马通常感到疼痛，所以在检查前可能需要让其镇静和给予止痛药。
- 触诊精索和阴囊。阴囊经常会出现的水肿和积液，可能妨碍全面的体格检查。
  - 先尝试确定附睾尾的位置：
    - 在朝向正常的睾丸中，附睾尾朝向尾部。
    - 在精索180°扭转的情况下，附睾尾指向头部。
    - 在360°扭转的情况下，附睾尾指向尾部，但通常向背侧移位，精索通常出现变化。
- 阴囊内容物的超声检查显示异常。
  - 精索血管腔直径增大。
  - 睾丸实质回声可能增加或减少，这取决于血管淤滞的持续时间（图24-4）。
  - 常出现积液。对睾丸动脉、弓状动脉、中央静脉和蔓状静脉丛的评估，可确定是否有血液流入或流出睾丸。
  - 血管淤滞可能导致这些血管部分或全部明

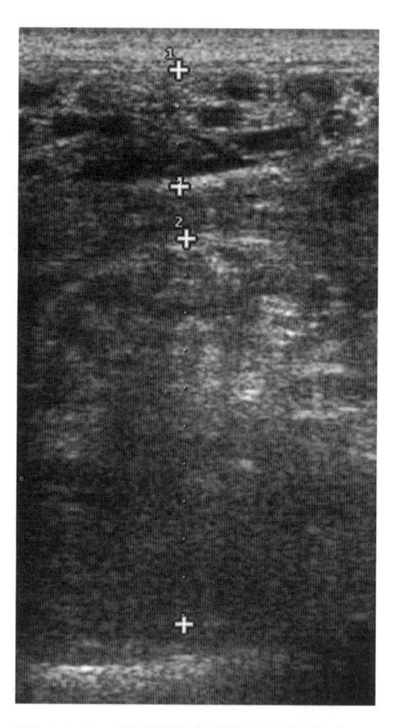

图 24-4　种马精索扭转的超声表现

标有“1”的卡尺是指未受影响的精索，注意精索血管有许多横截面，血管的管腔显示为消声圆形/椭圆形结构。标有“2”的卡尺描绘了受影响的精索，精索扭转导致受累及精索直径显著增大。另外，正常的精索结构也会丢失。该组织出现更多的回声密集，可能是由于慢性血液和淋巴淤滞。精索血管横截面的正常无回声外观消失。

显粗大。

- 如果使用多普勒超声设备，则它可以提供有关精索和睾丸血管中是否存在血流的额外信息。

· **重要提示：**精索的许多扭转不是病理性的。如果血管血流不受影响，在睾丸常规检查中，精索180°扭转可能是一个偶然发现。在这些病例中，公马没有临床症状，阴囊内容物无痛，没有肿大的迹象；然而，附睾尾向头侧移位。这些扭转可能是间歇性的，没有证据表明其发生对精液质量有不利影响。

应该做什么

精索扭转

- **重要提示：**伴随血管受损的精索扭转的常见治疗方法是紧急切除受累及睾丸。
- 该手术通常在转诊医院进行。
- 在一些精索扭转病例中公马虽表现出不适，但睾丸可成活，手术矫正扭转和睾丸固定术也许可以挽救睾丸。
- 在转诊前，应将公马按以下方式处理：
- 运输前使用镇静剂和镇痛剂，具体取决于公马的身体。
  - 甲苯噻嗪，0.6mg/kg，静脉注射。
  - 地托咪定，0.01~0.04mg/kg，静脉注射。
  - +/－酒石酸布托啡诺，0.02mg/kg，静脉注射。
- NSAIDs：
  - 氟尼辛葡甲胺，1.1mg/kg，静脉注射，q12~24h。
  - 保泰松，2.2mg/kg，静脉注射或口服，q12h。
- 建议进行预防性广谱抗菌治疗，因为精索扭转可能导致组织缺血，可能需要手术。
  - 青霉素钾，22 000U/kg，静脉注射，q6h。
  - 庆大霉素，6.6mg/kg，静脉注射，q24h。

· **注意事项：**只有当血清肌酐浓度正常、公马排尿正常、确保饮水量时，才能使用庆大霉素。另一种选择是头孢噻呋，3mg/kg，静脉注射或肌内注射，q12h。

预后：精索扭转

- 单侧精索扭转和血流受阻的公马若治疗迅速、适当，则预后良好。

· 如果对侧睾丸在扭转前是正常的，那么一旦恢复正常的温度调节机制，种马就应该能够恢复生育力并开始一个完整的生精周期。

- **重要提示：**若未经治疗，这种情况可能导致组织坏死、内毒素血症和死亡。

附睾炎

- 附睾发炎不常见，其中最常见的是细菌性发炎。
- 该问题很少原发性发生，通常是由于血源性传播或来自睾丸、膀胱或副性腺的感染扩大所致。
- 当怀疑有附睾炎时，应仔细检查公马是否有其他原发感染部位。
- 附睾炎可为单侧或双侧。
- 兽疫链球菌和奇异变形杆菌被报道为致病微生物。

- 除了阴囊肿大外，患马还出现：
  - 急腹症。
  - 后肢跛行。
  - 嗜睡。
  - 射精时疼痛。
  - 精液质量差。
  - 精液中可能存在中性粒细胞。

诊断

- 由于公马通常是痛苦的，因此检查前需要镇静和镇痛。触诊阴囊内容物通常会发现附睾肿大、疼痛。
- 阴囊内容物的触诊通常显示睾丸肿大、疼痛。
- 阴囊超声检查显示受影响的附睾发生了变化。通常表现为附睾低回声区的数量和大小增加，认为这与渗出物积聚和脓肿形成有关。可以看到回声增强的散在区域，附睾可能因管腔中液体丢失和并发的阴囊积水而在超声中显示为实质化影响。
- 如果取得精液样本，细胞学评估中性粒细胞，则在慢性附睾炎中，可能不存在中性粒细胞。无菌采集的精液样本应作细菌培养和敏感性测试。
- **重要提示：**应避免附睾抽吸，因为可能会在鞘膜腔或睾丸中散播细菌。

应该做什么

附睾炎

- 在报告的附睾炎病例中，通过阉割去除患侧附睾和睾丸。
- 如果目标是挽救睾丸和附睾，建议采用基于精液培养和药敏测试的全身抗菌疗法、使用肠道外非甾体类抗炎药和水疗。
- 抗生素很难在附睾中达到足够的组织浓度。**重要提示：**pKa和脂溶性高的抗生素（如磺胺甲氧苄啶和氯霉素）是最理想的选择。
  - 治疗时间为3~4周。
  - NSAIDs：
    - 氟尼辛葡甲胺，1.1mg/kg，静脉注射，q12~24h。
    - 保泰松，2.2mg/kg，静脉注射或口服，q12h。
  - 抗生素：
    - 磺胺甲氧苄啶，30mg/kg，口服，q12h。
    - 氯霉素，50mg/kg，口服，q6h。

预后：附睾炎

- 附睾由一根细小、高度曲折的管子组成，即使感染后被成功治愈仍有很大患病风险，管腔会因炎症永久阻塞。
- 即使进行了半去势，手术后几个月仍可从精液中分离出细菌。
- 在存在单侧附睾炎的情况下，对未来生育能力的预后是谨慎的；而在双侧附睾炎的情况下，则预后不良。

精子肉芽肿

- 精子肉芽肿不常见于种马，是由从附睾腔或输精管中溢出的精子引起的严重炎症反应所致。
- 这种情况通常是单侧的。
- 在新一代驱肠虫剂使用之前，精子肉芽肿与无齿圆线虫的移行有关。
- 创伤也可能导致精子外渗和随后形成肉芽肿。
- 临床症状与细菌性附睾炎相似：
  - 阴囊肿大。
  - 急腹症。
  - 射精时疼痛。
  - 精液质量差。
  - 少精症。
  - 精液中可能存在中性粒细胞。

诊断

- 由于公马通常感到疼痛，因此检查前需要让其镇静和镇痛。
- 对阴囊进行触诊，通常显示附睾肿大、疼痛。
- 阴囊超声检查显示附睾异常。**重要提示：**这种情况往往不能通过超声检查将其与细菌性附睾炎区分开来。
- 分析显示精液中存在中性粒细胞。提交一份样本进行培养和药敏试验，与细菌性附睾炎相比，样品中不应培养出菌。
- 由于与细菌性附睾炎相似，因此确切诊断需要在半去势后对患侧附睾进行组织病理学检查。**注意事项：**因为预后不同，所以区分这两种情况很重要。

应该做什么

精子肉芽肿

- 半去势是最常见的治疗方法。
- 如果目的是保护患侧睾丸，则应针对细菌性附睾炎进行治疗。建议的治疗方法是相同的。
  - 冷水水疗也可能有益。
- **注意事项：**附睾病变时不建议使用附睾吸引术，因为细菌性附睾炎有传播感染的风险，而在有精子肉芽肿时有引进感染的风险。

不应该做什么

精子肉芽肿

- 不要活检附睾。
- 附睾是一个单一、高度曲折的导管，活检取样可能会横断附睾。

精子肉芽肿的预后

- 患侧睾丸和附睾通常被切除，即使保留，附睾精子肉芽肿的结果也可能是阳痿性附睾。
  - 同侧睾丸不再为射精提供精子。
- 一旦阴囊肿胀消退，则对侧睾丸应恢复正常功能。单侧附睾病变的公马其生育力的预后良好。
- **重要提示：** 如果情况是两侧的，那么对未来生育的预后很差。

血精症

- 血精症是指精液中存在血液。
- 血液来源可以是沿着外生殖器的任何地方（从睾丸到阴茎外表面）。
- 频繁性出血常源于尿道、尿道突、阴茎头、阴茎体的皮肤或黏膜损伤。
- 引起血精症的其他原因包括：
  - 附睾炎。
  - 壶腹堵塞。
  - 精囊炎。
  - 皮肤丽线虫蚴病。
  - 尿道狭窄。
  - 细菌性尿道炎（最常与链球菌、大肠杆菌或绿脓杆菌有关）。
  - 尿道静脉曲张。
  - 肿瘤形成。
- **重要提示：** 血精症可影响任何年龄或品种的公马，然而夸特马发病率要高一些。
- 血液可能存在于全段射精中，也可能是间歇性的。
  - 造成阴茎皮肤或黏膜出血的创伤是造成血精症的常见原因。
  - 更常见的外伤包括：
    - 交配期间母马踢腿。
    - 交配期间由母马尾毛引起的阴茎或尿道突撕裂。
    - 使用公马环引起的尿道狭窄或皮肤损伤。
- 医源性血精症可在膀胱插管或尿道镜检查后发生。
- 尿道与下方尿道海绵体之间联系的持发性障碍通常会导致血精症及盆腔生骨附近的多处损伤。

临床症状

- 血精症的诊断通常基于在射精中看见血液。

- 公马在完全勃起或射精时可能会出现疼痛。
- 未定期评估精液的自然交配的种马可能会导致不孕，因为精液被血液污染后会降低怀孕率。
  - 此外，交配后的外阴周围或公马爬跨后精液样本中可能见到血液。

诊断

- 用假阴道采集精液进行大体检查，发现有血精症。
  - 大体外观可从浅粉色（轻微血液污染）到亮红色（严重血液污染）的变化。在非常轻微的病例中，可能需要进行显微镜检查来鉴定红细胞。
    - 如果可见“圆形”细胞，而不确定其类型，则可制备射精涂片，并用罗曼诺夫斯基型染色剂染色。红细胞呈淡粉色，缺乏细胞核。
  - 射精中出血的严重程度不同，可能是间歇性的；收集到单次无血的射精并不排除有血精症，特别是当马处于性休息状态时。
  - 如果病变与下方海绵组织相通，则出血可能会很明显。
- 应在松弛和勃起的阴茎上检查阴茎外表面、尿道窝和尿道突，以寻找损伤。
- 收集到被血液污染的精液后立即进行检查可能有助于识别较小的损伤。
- 应使用柔性纤维光学内窥镜进行尿道镜检，以彻底检查阴茎和盆腔尿道，排除存在尿道炎或特发性黏膜病变的情况。
  - 射精后立即进行尿道镜检（见第12章）可能会使诊断变得更加简单，因为病变处及其周围可能仍余有血液。
- 如有需要，可采用其他诊断技术检查生殖道的较高部位。
  - 阴囊内容物的触诊和超声检查可显示睾丸、附睾或精索异常。
  - 经直肠触诊和内部副性腺的超声检查可确定壶腹阻塞或精囊炎。
- 将造影剂逆行注入尿道，然后进行一系列的射线照相，可能有助于识别狭窄、肿块、瘘管和其他类似的尿道损伤。当用更为灵活的内窥镜检查时，这种技术的使用频率较低。

应该做什么

血精症

- 采取何种治疗措施取决于出血的原因，因此准确识别出血源很重要（即涉及尿道突的出血性肿瘤不同于精囊出血）。
  - 当血精症与创伤性损伤、尿道炎或特发性尿道损伤有关时，建议至少停止交配或采精（sexual rest）几周，通常几个月。
  - 一旦种马恢复繁殖，即使性休息时间延长，也可能再次发生血精症，特别是当出血源是特发性尿道黏膜病变时。
- 手术结合性休息有助于消除创伤性伤口或由特发性黏膜损伤引发的血精症。
  - 缝合表面裂伤可促进一期愈合。
  - 激光消融尿道黏膜病变的结果好坏参半。

- 在尿道黏膜病变的难治性病例中，进行临时（约10周）坐骨下尿道切开术，使得尿液绕过尿道远端，有可能在排尿结束时降低尿道海绵体的压力。这种手术的副作用包括尿道狭窄和瘘管。
  - 如果休息和坐骨下尿道切开术不能解决问题，可以尝试一期闭合尿道黏膜病变。
- 根据血精症的程度，立即稀释血液污染的精液可能足以使母马怀孕。
  - 在自然交配的种马繁殖中，交配前可以在母马子宫内放置稀释液，因此精液与稀释液混合，血液被稀释。
- 一些马可能会因为潜在的损伤而感到射精不适。在这些情况下，使用消炎药物。
  - 氟尼辛葡甲胺，1.1mg/kg，静脉注射，q12~24h。
  - 保泰松，2.2mg/kg，静脉注射或口服，q12h。

不应该做什么

血精症

- 不要阻止正常的自发性勃起和阴茎运动/自慰。这些动作是生理性的，而且有充分的证据表明，强烈抑制自发勃起和自慰可能对马有害。

预后

- 预后情况因血精症的病因而异。
- 简单的裂伤只需休息即可愈合。
- 穿刺伤口则更难处理，可能需要手术治疗。
- 对于创伤性损伤，如果给予马适当的休息和伤口护理，则预后良好。
- 如果只是休息不足以恢复或伤口较大，可能需要手术清创和闭合。
- 尿道特发性溃疡或撕裂样病变更难治疗。
- 手术矫正和/或激光消融术结合性休息可能在初期有所帮助，一旦公马恢复进入活跃的交配阶段就有可能复发。
- 暂时性坐骨下尿道切开术可增加血精症永久消退的机会。但即使用这种疗法，也有复发的可能。

急性轻度包茎

- 轻度包茎是指阴茎无法完全缩回包皮腔（即鞘）（图24-5）。
- 这种情况最常见于在交配时发生创伤性事件后进行交配的种马，阉马也会受到影响。
- 急性轻度包茎的病因包括：
  - 阴茎创伤（见阴茎血肿）。
  - 阴茎头的大面积病变（如鳞状细胞癌）。
  - 严重的全身性疾病，尤其是引起广泛皮下水肿（即紫癜出血）的疾病。

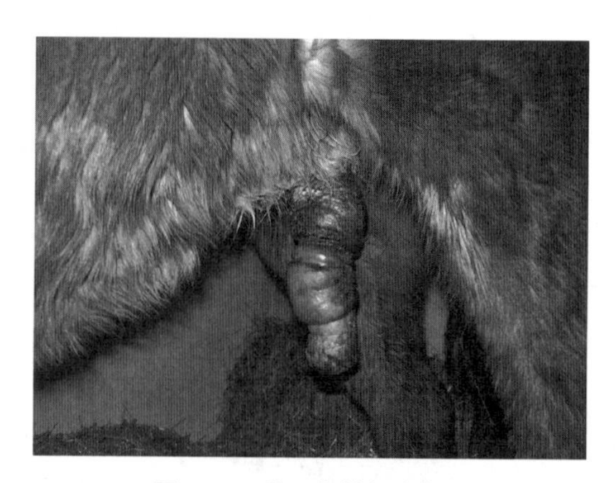

图24-5　种马急性轻度包茎

- 影响阴茎神经支配的疾病，如EHV-1或狂犬病。
- 严重虚弱乏力。
- 严重疲劳。
- 使用由吩噻嗪类镇静剂（如丙酰丙嗪和乙酰丙嗪）引起的阴茎麻痹。
- 去势后水肿/肿胀。

· 在正常情况下，阴茎是通过阴茎回缩肌和阴茎海绵体间隙内平滑肌的作用被固定在包皮腔内。

· 外伤或其他可导致阴茎和包皮内褶之间的疏松结缔组织出血和/或水肿的因素。

· 随着液体重量的增加，这些肌肉会出现疲劳，阴茎和包皮内褶从包皮腔内突出。

· 这是一个恶性循环，因为脱出阴茎会进一步损害静脉和淋巴回流，使情况恶化。

· 相对无弹性的包皮环使问题复杂化，因为它就像收缩带。该环损害包皮环远端的血管和淋巴回流。

· 一旦阴茎和包皮暴露，便会迅速变厚、擦破和/或开裂，刺激产生额外的局部炎症。

· 随着长时间的突出、挫伤和横跨坐骨弓的阴部神经拉伤，神经病变会导致阴茎麻痹。

诊断

· 轻轻清洁阴茎和包皮，进行全面检查和体格检查，以确定外伤性轻度包茎的损伤程度或任何其他继发性阴茎损伤（如水肿、皮肤溃疡、组织坏死等）的程度。

· 超声评估有助于确定阴茎肿大是否由肿胀和水肿引起，或是否存在其他因素（如血肿/血清肿或脓肿）。

应该做什么

急性轻度包茎

- 要针对病因来治疗和管理：
  - 水肿/炎症。
  - 当阴茎和包皮暴露在外时保持其健康状态。
  - 将阴茎和相关的包皮结构送回包皮内。
- 使阴茎和包皮在包皮腔内复位：
  - 改善静脉和淋巴回流。
  - 减少阴部神经损伤。
  - 维持阴茎/包皮皮肤的健康。
- 对于急性创伤（见阴茎血肿），用温和的水流进行冷水疗法20~30min，每天数次。

· 如果超声检查发现有大的液体囊，在试图减少阴茎/包皮脱垂前可能需要引流。确定积液最多的区域，并使用大尺寸针（如14号针）或通过锋利的切口建立引流通道。按摩有助于液体排出，可以用镊子进行血液/纤维蛋白凝块的无菌清除。这些手术应在无菌条件下进行，以防止感染/脓肿。

· 弹性压缩绷带（埃斯马赫氏驱血带，Esmarch bandage[1]）可用于减轻阴茎肿胀/水肿和复位包皮内的阴茎（图

---

1 Esmarch bandage（Eickenmeyer Veterinary Equipment，Inc.，Stony Plain，Canada；www.eickemeyerveterinary@telus.net）.

24-6)。从阴茎头远端开始，并沿阴茎/包皮向近侧包扎。10~15min后取下绷带，尝试将阴茎/包皮放入包皮腔。可以反复缠绕埃斯马赫氏驱血带，以减少阴茎的大小，以便复位到包皮中。

- 一旦阴茎和包皮复位，则在包皮环或包皮口处用脐带胶布带作荷包缝合，以防止复发性脱垂，并留出足够的开口供排尿。应每隔2~3d解开一次缝合线，以检查阴茎。如果阴茎不能在包皮内，则应清洗阴茎并将其收入包皮中，然后用荷包缝合重新固定1~2d。或者可以用多孔的弹性材料制作悬带，将阴茎固定在包皮中。
- 如果阴茎状况无法复位或无法进行荷包缝合，则需使用外部支持。商品化的支持悬带通常不足以支持肿胀的阴茎，使用由“弹力网织面料”制成的手工悬带可以获得更好的效果。对于大多数种马，织物的切割尺寸为0.5m×3m。弹性织物是圆周缠绕腹部，并在背中线的一侧系成一个结。这种安排将阴茎紧贴着腹部，或将阴茎固定在包皮内（图24-7）。材料柔软、无花边的一面应与皮肤相邻，以防止溃疡。这种织物提供了很好的支撑，并允许公马排尿。
- 在复位阴茎/包皮或使用支撑装置之前，应使用润肤剂（如磺胺嘧啶银乳膏）或一种每1磅羊毛脂基含80mg地塞米松和3.88g土霉素的复合产品或2%睾酮乳膏和润肤乳（即Bag Balm）的1 ∶ 1混合物对组织进行清洁和润滑。
- **重要提示：**成功治疗急性创伤性轻度包茎的关键在于使阴茎复位和保持在包皮内。如果阴茎仍然脱出或支撑不足，则水肿和肿胀程度会增加，轻度包茎会恶化，最终导致阴茎麻痹。包皮内阴茎的完全复位是治疗的主要目标。
- 辅助治疗包括：
  - 非甾体类抗炎药：
    - 氟尼辛葡甲胺，1.1mg/kg，静脉注射，q12~24h。
    - 保泰松，2.2mg/kg，静脉注射或口服，q12h。
  - 如果有感染或蜂窝组织炎，或如果进行了手术引流，则需要进行全身广谱抗菌治疗。
- 治疗时间各不相同，但可能需要7~10d，阴茎才能自然停留在包皮内。
- 如果阴茎功能未恢复，则认为阴茎已瘫痪（见“阴茎麻痹”）。

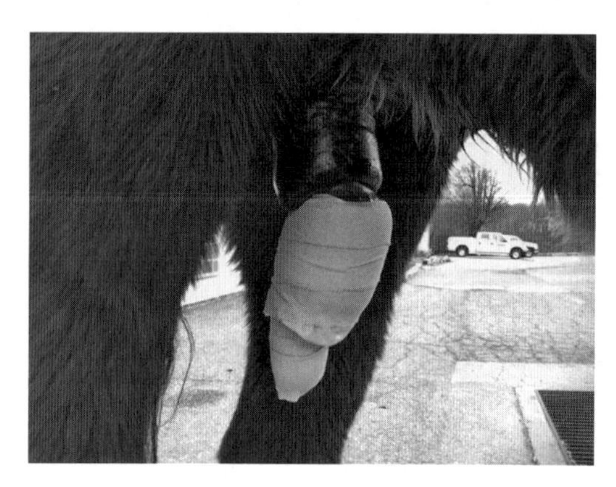

图 24-6 在患有轻度包茎的种马阴茎上使用压缩绷带（埃斯马赫氏驱血带）

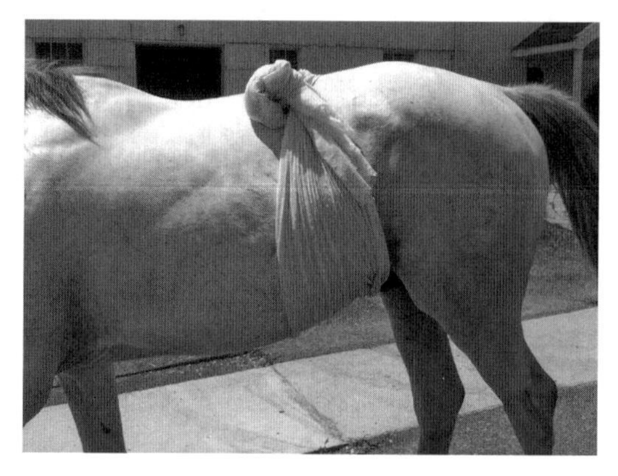

图 24-7 使用“弹力花边”支撑装置将阴茎保持在鞘内

急性轻度包茎的预后

- 通过及时、适当的治疗，外伤性急性轻度包茎痊愈的预后良好。
- 如果在轻度包茎过程中去除病变并妥善管理好阴茎，那么与阴茎头大片损伤相关的轻度包茎通常预后良好。
- 如果水肿/肿胀消退，并且阴茎伸展时得到适当的支撑，继发于依赖性水肿和/或肿胀的轻度包茎预后良好。
- 当阴茎神经支配受到影响时（如感染EHV-1时），恢复阴茎功能的预后更为谨慎；而当轻度包茎与严重虚弱有关时，预后较差。
- **重要提示：**如果及时复位包皮内的阴茎并设法避免继发性并发症，那么吩噻嗪相关轻度包茎的预后是从谨慎到良好。

阴茎血肿

· 造成阴茎血肿的最常见原因是位于阴茎背部包皮内褶的皮下组织血管（主要是静脉）网络的创伤性破坏。

· 阴茎血肿很少因为围绕CCP的纤维白膜撕裂或CSP破裂而发生。

· CCP或CSP的创伤性撕裂通常被通俗地称为阴茎“骨折、断裂或破裂”。

· 阴茎血肿通常是由勃起阴茎的物理性创伤引起的，如：

  · 被拒绝交配母马踢伤。
  · 在大力尝试进入母马或人工阴道时，不经意用力弯曲或拉伤阴茎。
  · 笨拙地从母马（或假母台）上下来。

· 勃起阴茎的创伤可能发生在交配活动之外（即用于确定母马发情行为的种马在“挑逗”围栏处可能会因试图攀爬和/或跨过围栏而受伤）。

· 如果放牧时种马受到性刺激，试图越过栅栏或其他障碍物到达母马，则可能会受伤。

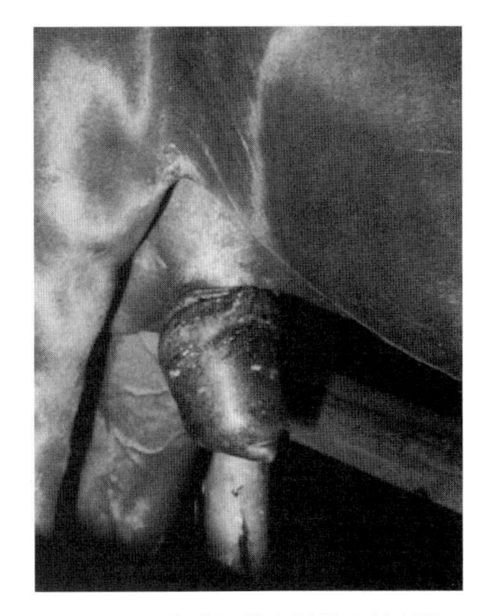

图 24-8　造成阴茎血肿的直接创伤

临床症状

· 阴茎和包皮表面组织迅速几乎是瞬间肿胀（图24-8）。

应该做什么

阴茎血肿

· 治疗的目的是控制出血/肿胀和减少水肿。
  · 早期积极的治疗对于减少慢性轻度包茎/阴茎麻痹的发生很重要。
  · 立即使用软管中的温和水流进行冷水疗法15~20min，每天重复数次。
  · 或者，可以立即用压缩绷带包扎阴茎20~30min；取下绷带，每天重复数次。

· NSAIDs：
  · 氟尼辛葡甲胺，1.1mg/kg，静脉注射，q12~24h。
  · 保泰松，2.2mg/kg，静脉注射或口服，q12h。

· 对于不复杂的病例，一般不需要进行抗菌治疗；如果由于外伤导致阴茎/包皮部皮肤受损，建议使用全身广谱抗菌药物。

· 支持性护理：
  · 经常检查和监护阴茎。
  · 清洁阴茎和包皮表面并涂上适当的润肤软膏，以避免干燥/开裂［即磺胺嘧啶银（SSD或）“Bag Balm”］。

· 将公马隔离在隔间内1周，以避免其受到性刺激，限制其运动。1周后，性唤起可能有助于减少粘连形成。同样，1周后可以恢复轻度运动，以帮助消除残余的水肿/肿胀。

· 尽管有上述建议，但如果血肿在急性期继续扩大，可能会对海绵组织造成损害，可能需要额外的诊断和治疗。CCP的白膜可以通过超声检查、阴茎海绵体造影X线照相或外科手术进行检查，以确定裂口是否延伸至海绵体组织。如果确定有裂口，则外科修复会阻止血肿的发展，并防止在身体组织和背静脉丛之间形成分流，干扰未来的勃起功能。

不应该做什么

阴茎血肿

• 不要阻止正常的自发性勃起和阴茎运动/自慰。这些行为是生理学的，而且有充分的证据表明，阻止自发勃起和自慰可能对马有害（如使用公马环、电击项圈或其他形式的体罚）。

预后

• 适当治疗后，累及阴茎背侧皮下血管丛的血肿通常可以完全消退，不会导致任何长期的生殖功能中断，也不会复发。

• 如果不修复，且如果CCP和皮下血管丛之间发生永久性血管分流，那么与白膜破裂相关的血肿可能导致阳萎。

• 局限于CCP的血肿而白膜完整可能导致勃起阴茎永久性偏离，这可能是因为通过海绵体组织的血流减少。

• 并发性轻度包茎会使情况复杂化（请参阅急性轻度包茎）。

慢性轻度包茎 / 阴茎麻痹

• 公马和阉马中因阴茎收缩肌张力/功能降低，阴茎和包皮组织被动脱垂，继而发生阴茎麻痹。

• 坠积性组织变得肿胀和水肿。如果不进行矫正，则静脉和淋巴回流会受损，并发生继发性组织损伤。

• 阴茎麻痹的原因包括：
  - 严重疲劳。
  - 严重虚弱。
  - 脊髓炎或脊髓损伤。
  - 服用吩噻嗪类镇静剂（如丙酰丙嗪和乙酰丙嗪）的后果。
  - 如果不进行及时的治疗，则急性轻度包茎可导致慢性轻度包茎/麻痹（见急性轻度包茎）。

诊断

• 诊断与急性轻度包茎相似。

• 轻柔清洁阴茎和包皮，以进行全面检查和体格检查，确定阴茎损伤的程度（水肿、皮肤溃疡、组织坏死等）。

• 超声检查有助于确定阴茎继发性损伤的程度。可以看到海绵体组织孔隙内的血栓形成或纤维化，这可能影响预后和治疗。

应该做什么

慢性轻度包茎/阴茎麻痹

- 对于阴茎麻痹的长期病例，尝试将阴茎复位至包皮内并将其保持在这个位置（见急性轻度包茎）。这可防止坠积性水肿的继发并发症，并可使肌肉功能得到恢复。慢性轻度包茎/阴茎麻痹患马阴茎功能恢复预后不良到很差。
- 在难治性病例中，马可以被转诊做永久性外科固定手术，以避免出现与慢性坠积相关的继发并发症（即组织坏死）。
  - 阴茎固定术（Bolz操作）：
    - 应使用本操作给公马去势。
  - 如果已存在或将出现纤维化或包皮狭窄，则使用包皮环切术去除全部或部分包皮。
  - 也可以考虑切除阴茎。
- 良好的护理可以保持麻痹阴茎的健康，避免需要进行阴茎固定术或阴茎切除术。
  - 保护马不受极低温度的影响。
  - 定期监测阴茎状况。
  - 定期（每天3~4次）使用润肤剂。
  - 使用外部支撑（如网带悬带，见急性轻度包茎），以防止坠积性水肿和对麻痹阴茎的创伤。
  - 如果出现水肿，每天按摩阴茎3~4次以减轻水肿。
- **重要提示：**一些阴茎麻痹的公马可以在帮助下将精液射到假阴道内，在某些情况下甚至可以恢复自然交配。大多数公马在阴茎近端保持良好的知觉，如果在阴茎底部受到热敷和手动压力的充分刺激，则会以积极的方式进行插入和射精。

应该做什么

急性轻度包茎

- **重要提示：**通过监测马是否有能力将阴茎完全抽回包皮，可以避免出现与镇静诱导的阴茎脱垂/麻痹相关的并发症。
- 服用吩噻嗪，如果马恢复正常警觉后阴茎脱垂时间超过30min，则手动刺激（即用止血器挤压）阴茎以使其做出缩回反应。如果触觉刺激不能导致阴茎回缩，则手动将阴茎包皮复位，并将包皮开口用卷棉花包住，将其固定到位。
- 每隔30min松开包扎一次，以评估阴茎能否停留在包皮内。重复阴茎复位和包扎的操作，直到恢复正常的自发性驻留。
- 如果马在包扎就位的情况下做出排尿姿势，则移除包扎以允许其排尿，但防止被尿液烫伤。

慢性轻度包茎/阴茎麻痹的预后

- 患有长期阴茎麻痹症的马不太可能恢复收回阴茎的能力，另外种马不能恢复勃起的能力。

包茎（Phimosis）

- 包茎是指阴茎不能自发地从包皮腔伸出。
- 出现在种马和阉马中，通常是由于阴茎/包皮和/或阴囊等周围组织的创伤或疾病。
- 包茎会导致排尿困难和/或在包皮腔内排尿，这两种情况都会加剧问题，因为尿液会烫伤阴茎/包皮组织和发生局部炎症。
- **重要提示：**新生小马出现包茎是正常的。出生时内包皮的内板与阴茎的游离端融合，机械地阻止了阴茎的完全伸展。这些结构应该在小马4~6周大时自动分离，使阴茎完全伸展。

- 病理性包茎的常见原因包括：
  - 去势后腹股沟和包皮组织过度肿胀，尤其常见于老年马。
  - 交配受伤后（如被母马踢伤或对该区域的其他损伤）阴茎/包皮和/或阴囊创伤。
- 病理性包茎的不常见原因包括：
  - 防止阴茎伸展的大片病变（如鳞状细胞癌）。
  - 严重的全身性疾病，伴有严重的坠积性水肿（如紫癜出血）。

应该做什么

包茎

- 对与创伤性事件（去势等）相关的急性包茎，治疗的方法是控制局部炎症、水肿和血肿的形成。
  - 冷水疗法，用从软管中流出的轻柔的水流冲洗15~20min，每天重复几次。
  - NSAIDs：
    - 氟尼辛葡甲胺，1.1mg/kg，静脉注射，q12~24h。
    - 保泰松，2.2mg/kg，静脉注射或口服，q12h。
  - 全身用广谱抗菌药。
  - 有节制的运动。
  - 在皮肤受影响区域局部涂抹适当的抗菌润肤剂（如磺胺嘧啶银等）。
- 由阴茎或包皮占位性病变引起的包茎可通过手术切除肿块来有效治疗。
- 包皮皱褶纤维化狭窄引起的慢性包茎可通过以下方法治疗：
  - 通过包皮环作一纵向切口。
  - 从包皮环上取下一块楔形组织，用缝线缝合游离边。
  - 对于严重病例，通过进行节段性包皮环切术，即“紧缩”术来切除包皮环。
- 包皮孔纤维化狭窄的慢性包茎同样通过以下方法治疗：
  - 从包皮口开始作一个纵向切口，沿着包皮外褶尾端延长切口。
  - 如前所述，切除内包皮褶/包皮环的一小块楔形组织。

包茎预后

- 临床症状消失后，急性包茎的预后通常良好。
- 对阴囊损伤和肿胀后出现包茎的种马，精液质量可能会暂时或永久性降低，这取决于睾丸和阴囊组织的损伤程度。
- 在消除引起包茎的病因后，慢性包茎的预后通常良好。
- 即使在包皮环切术后，种马仍能维持繁殖活动/功能。应避免根治切除包皮组织以保持生殖功能。

阴茎异常勃起（Priapism）

- 异常勃起是指没有性唤起的情况下阴茎持续勃起。
- 当进出CCP的动静脉血流发生病理改变时，会出现阴茎异常勃起，随后只有CCP参与持续勃起（即CSP和CSG仍处于松弛状态）。
- 尽管异常勃起与阴茎麻痹有相似之处，包括都可能在使用吩噻嗪类镇静剂后发生，但它们是不同的综合征。
- 在异常勃起的情况下，与阴茎麻痹时出现的松弛阴茎相比，阴茎要么完全勃起，要么部

分勃起。

- 真正的异常勃起是不常见的。据报道，它能发生在种马阉马身上（虽然很少见于阉马）。
- 异常勃起的原因包括：
  - 交配期间神经血管损伤。
  - 神经病变。
  - 全身麻醉。
  - 服用苯噻嗪类镇静剂，如乙酰丙嗪。
- 马的异常勃起被称为低流量或静脉闭塞，当引起阴茎消肿的α-肾上腺素能交感神经冲动被阻断时发生，这是吩噻嗪类镇静剂诱导马异常勃起的机制。
- 其他诱因导致低流量性异常勃起的机制尚不清楚，但它们同样损害阴茎的复原。
- 如果无法解决，慢性异常勃起会导致纤维化病变，进而损害海绵体组织在勃起过程中正常扩张的能力。
- 如果异常勃起持续存在，则阴茎最终会失去勃起功能和触觉，导致阳痿。

临床症状

- 在没有性刺激的情况下阴茎持续性地完全或部分勃起。
- 无论阴茎是完全勃起还是部分勃起，手动检查仅显示阴茎海绵体（CCP）内的肿胀，阴茎海绵体（CSP）和尿道海绵体（CSG）仍然松弛。

应该做什么

阴茎异常勃起

- 在急性期对该病的快速识别并立即进行治疗，增加了成功和良好结果的可能性，特别是对种马而言。
- 立即服用乙酰胆碱颉颃剂，抑制副交感神经“促勃起”活动。
  - 甲磺酸苯扎托品（16μg/kg静脉缓慢注射）。
- 如果药物治疗不成功，或除医疗之外再进行局部的海绵体内治疗。将α–肾上腺素能剂直接注射到CCP中，以刺激血管和海绵体平滑肌收缩。
  - 如果在急性期给药，直接注射10mg 1%苯肾上腺素到勃起的CCP中可能有疗效。
  - 在慢性病例中，这种治疗只能暂时（4~6h）解决临床症状。
- 如果在开始全身和/或局部治疗后的几个小时内，勃起没有解决，更积极的治疗包括冲洗CCP以清除停滞的血液。
  - 最好在全身麻醉下仰卧进行，但也可以站姿进行。
  - 用含有10U肝素/mL的生理盐水冲洗CCP。
  - 在压力下，通过插入阴茎头附近的12或14号针注入。
  - 坐骨水平向尾端插入一个尺寸相似的针头入CCP中，使流出液逸出。
  - 冲洗，直到流出液中有明显的新鲜出血，这表明有功能性动脉血流。
  - 如果冲洗结束时还未出现新鲜动脉血，则可能表明供应至阴茎海绵体的动脉已受损，从而更有可能导致阳痿。
  - 在冲洗结束时，将2~10mg 1%的苯肾上腺素注入CCP，可能有助于保持松弛状态。
- 如果冲洗CCP后阴茎再次勃起，可能需要手术。这涉及通过在两个海绵体孔隙之间进行侧吻合术，将滞留在

CCP中的血液分流到CSP。

- 阉马或非繁殖用公马的顽固性阴茎勃起病例通过Bolz程序（即阴茎固定术，或部分阴茎切除-阴茎切除术）进行治疗，将阴茎永久性滞留在包皮腔内。
  - 建议在进行上述任何一种手术前去势。

异常勃起的预后

- 尽管针对这种情况描述了许多治疗方法，但大多数结果并不一致。
- 预后不良，无法恢复正常的生殖功能。
- 如果在急性期开始治疗，则预后会改善。
- 阴茎感觉下降和/或勃起功能差（即阳痿）往往影响未来的生殖能力。
- 一些阴茎功能受损的种马在适当的管理下会恢复正常的繁殖（见阴茎麻痹）。

去势后并发症

- 手术时或手术后数小时至数天内可能出现并发症。
- 包括:
  - 出血过多。
  - 内脏脱垂。
  - 术后肿胀。
  - 腹膜炎。
- 其他并发症，如积液和精索硬癌，可能需要数周和数月的时间发展，通常不是紧急情况。

过度出血

- 出血通常来源于睾丸动脉，然而阴部外静脉分支破裂或撕裂也可能是出血的来源。
- 出血通常是由于在用去势器横断精索前血管挤压不足造成的。

临床症状

- 去势部位持续出血或血流超过15min则是过度的，少量血液从切口滴落10~15min被认为是正常的。

应该做什么

去势后并发症大出血

- 检查阴囊和精索切割端是否有出血源。
- 如果阴囊血管出血，则夹紧并结扎。
- 如果马站着被去势，可能会发现精索，并在局部不敏感的情况下再次阉割精索。
- 如果马在全身麻醉下被去势，那么马需要重新麻醉以检查精索。

- 在腹股沟管内使用长钳找到精索，在近端去势或结扎精索，或将止血钳放置12~24h。
- 如果找不到精索，则用纱布包住阴囊，用缝线暂时缝合阴囊，24h内取出纱布和缝线。
- 如果马大量失血和/或体液，麻醉前可能需要输血。
- 如果有必要延长对经横断精索的寻找时间，可使用广谱抗菌剂，甲氧苄啶磺胺30mg/kg，口服，q12h。

内脏脱垂

- 内脏脱垂是一种罕见的并发症，在去势手术后4h至6d内可能会发生。
- 诱发因素包括：
  - 原有腹股沟疝。
  - 手术后腹压升高。
- **重要提示：**标准型种马易患先天性腹股沟疝，建议在去势前检查这些马是否存在腹股沟疝气。

临床症状

- 可见小肠或大网膜通过去势切口突出。

应该做什么

去势后并发症——内脏脱垂

- 防止肠道进一步脱垂、污染和损伤。
- 如果一小部分肠道脱出，冲洗并将其纳入阴囊，缝合阴囊。
- 使用广谱抗菌剂，普鲁卡因青霉素，20 000IU/kg，肌内注射，q12h；或青霉素钾，22 000IU/kg，静脉注射，q6h；庆大霉素，6.6mg/kg，静脉注射或肌内注射，q24h；以及NSAIDs、氟尼辛葡甲胺，1.1mg/kg静脉注射或口服，q12h。
- 立即转诊外科室。如果不能选择手术，通过直肠触诊和整复尝试将肠道收回腹部，然而这通常是不成功的。
- 如果一大块肠已经脱出，无法纳入阴囊中，则用一条大的湿毛巾支撑和保护肠，形成一个悬带。
- 开始静脉输液以防止低血容量性休克。去势部位大网膜脱垂没有肠脱垂严重，暴露的大网膜应用去势器尽可能近端切断，马可以行站立姿势或仰卧姿势。为防止网膜进一步脱垂，手术后马应被限制在一个马厩内48h。
- **重要提示：**去势前应检查马是否有腹股沟疝，尤其是对标准型马和马驹时就带先天性腹股沟疝的马。如果怀疑腹股沟疝，则在去势前对腹股沟环/管和阴囊进行超声检查。

术后肿胀

- 任何情况的去势后都可能出现包皮和阴囊水肿，手术后3~6d最严重。
- 当出现以下情况时，过度肿胀是常见的并发症：
  - 感染。
  - 伤口引流不足。
  - 术后运动不足。
  - 过度手术创伤。

临床症状

- 过度的包皮和/或阴囊水肿。
- 手术部位可能疼痛发热，马可能不愿意移动。

应该做什么

去势后并发症——肿胀

- 服用非甾体抗炎药，如氟尼辛葡甲胺，1.1mg/kg，静脉注射或口服，q12h，治疗疼痛和炎症。
- 患马应每天运动几次（即骑马、弓箭步等）。
- 对于过早闭合的切口，给马镇静，戴上无菌手套重新打开切口。可能需要多次重新打开切口，直到肿胀消退为止。
- 如果手术切口感染，则使用抗菌药物，磺胺甲氧苄啶，30mg/kg，口服，q12h。
- 每天进行几次冷水疗法，以减少水肿和肿胀程度。

腹膜炎

- 由于鞘膜腔和腹膜腔之间有联系，因此非感染性腹膜炎在常规去势后很常见。
- 在去势后至少5d，尤其是开放性去势后，腹腔内通常会发现血液和有核细胞计数升高(每微升有1 000万至1亿个细胞)。
- 感染性腹膜炎是一种罕见的去势后并发症。

临床症状

- 发热。
- 精神沉郁。
- 急腹症。
- 心跳过速。
- 腹泻。
- 不愿移动。
- 体重减轻。

诊断

- 腹腔穿刺——除了有毒性或退化的中性粒细胞和胞内细菌外，有核细胞计数也增加了(每微升有1 000万至1亿个细胞或更多)。
- 腹膜液样本的培养和敏感性试验。

应该做什么

去势后并发症——腹膜炎

- 立即使用广谱抗菌剂：普鲁卡因青霉素，20 000IU/kg肌内注射，q12h；或青霉素钾，20 000IU/kg，静脉注射，q6h；庆大霉素6.6mg/kg，静脉注射，q24h。必要时根据培养和药敏结果进行调整。

- 服用非甾体抗炎药：氟尼辛葡甲胺，1.1mg/kg，静脉注射或口服，q12h，可起到解热、镇痛和减轻炎症的作用。
- 液体疗法。
- 腹腔引流和灌洗。
- 确保阴囊充分引流。
- 如果精索感染，则切除精索。

母马繁殖紧急情况

Dirk K. Vanderwall, Tamara Dobbie, and Regina M. Turner

流产

- 母马流产时，重要的是要确定原因，有益于母马个体健康，同时要排除会使其他母马也面临流产风险的传染性原因。
- 母马在怀孕前4个月流产往往不易被注意到，因为在此阶段，胎儿组织和外阴排出量很少。
- 胎儿组织通常在母马怀孕4个月后流产时被发现，通常伴随着母马流产的其他明显的外部迹象。
- 母马流产的原因有很多，包括传染性和非传染性。
- 诊断流产原因需要完整的病史，并及时将胎儿、胎膜和母马的样本提交给诊断实验室。

临床症状

- 怀孕4个月后：
  - 可能发现胎儿和/或胎膜，胎膜可能被保留。因此，对母马子宫进行指诊或对子宫进行经直肠超声检查。如果胎膜被保留，则参见保留胎膜的相关内容。
  - 通常，会阴、尾毛或后腿内侧有母马外阴或干物质排出。
  - 母马可能因流产病因（如马病毒性动脉炎）或流产（如胎膜残留）而患全身性疾病。

诊断

- **重要提示：**如果诊断实验室较近，则提交整个流产胎儿和胎膜进行完整的尸检和取样，将流产的组织放在防漏容器中并冷冻运输。
- 或者在农场对流产组织进行检查和取样时，仅向诊断实验室提交必要的样品。
  - 与诊断实验室联系，因为许多会提供“流产工具包”，其中包含要收集的样本列表、用于运输样本的各种容器、包装、装运说明及需要提交的表格和病史表格。
- 病史记录：

- 马主姓名和地址，兽医姓名和地址。
- 母马病史：
  - 身份识别、繁殖和产驹史、接种记录、饲喂安排、相关病史。
- 马群病史：
  - 农场的母马数量（孕马和非孕马、存栏的马和非存栏的马）。
  - 农场中其他马的数量（即种马、休闲马、小马驹等）。
  - 农场上马以外的其他物种。
  - 以前流产的次数及其发生时处于妊娠期的阶段。
  - 以前产驹时落下的疾病/问题。
- 胎膜胎盘：
  - 称重胎膜并检查其完整性。
  - 测量脐带长度。
  - 检查胎膜并记录其任何异常（病变/异常区域的照片有助于病理学家判断）。
  - 收集组织样本：＜1cm厚，用于组织切片——子宫颈口（cervical star）、子宫体、妊娠角、非妊娠角、脐带、羊膜和任何其他大体病变。
  - 标记样品并放入10%福尔马林缓冲溶液中。
  - 从胎盘不同部位再获得3个样本（5cm×7.5cm），用于细菌学/病毒学评估，并放在有标签的无菌拉链袋中（包括异常区域的样本）。
- 胎儿：
  - 称取胎儿体重，测量顶臀长度。
  - 检查胎儿是否有明显的先天性异常和任何内部损伤/异常。
  - 收集以下新鲜样本，放入贴有标签的无菌拉链袋中，用于细菌学/病毒学评估：肺、肝、脾、胸腺、肾上腺（整个器官）、肾（整个器官）、胃内容物（红顶采血管中的3~5mL）、胎儿心脏血（红顶采血管中的3~10mL）。
  - 收集以下组织病理学样本，放入10%的福尔马林缓冲液中：肝、肺、肾、其他肾上腺、心脏、胸腺、脾脏、小肠、大脑，以及根据病史和检查认为对病例重要的任何其他组织。
- 母马：
  - 如果母马出现全身性疾病症状，则进行全面的体格检查和适当的诊断评估（全血细胞计数、血液生化等）。
  - 收集红顶和紫顶［乙二胺四乙酸（EDTA）］采血管，以评估急性期（时间0）和恢复期（2周后）的抗体滴度。
- 获取子宫内膜拭子并进行有氧培养。
- 确保所有样本均密封并双层包装，以防内容物泄漏。

- 新鲜样品和采血管需要用冰袋装运。
- 隔夜运输将贴有标签的样品送至诊断实验室，并提供完整的历史记录和检查结果。

应该做什么

流产

治疗

- 对胎衣不下的母马需要及时治疗，对其他与流产有关的原因出现全身性疾病症状的母马也需要治疗。
- 应将流产母马与其他怀孕母马隔离，直到排除流产的传染性原因（即EHV-1、EAV）。
- 清洁和消毒流产发生的区域。

护理

- 作出诊断后，应采取以下步骤：
  - 防止流产暴发（即EHV-1），高危母马可以用加强疫苗接种。
  - 制定新的方案以防止未来流产（即为EHV -1和EAV的马接种疫苗，并仔细监测母马的胎盘炎）。
  - 考虑使用辅助生殖技术（胚胎移植、卵母细胞移植）使习惯性流产的母马（即胎盘功能不全的母马）获得妊娠。
    - 确保所选“技术”在品种注册时会被接受。

阴道出血

- 阴道出血是母马常见的问题。
- 自然交配后阴道撕裂或穿孔可导致阴道出血。
- 母马在产驹后可能会由于生殖道创伤而出现阴道出血。
- 年龄较大的多产母马常出现阴道静脉曲张，在妊娠末期间歇性出血。
  - 非妊娠母马偶尔也会出现静脉曲张。

临床症状

· 阴道撕裂/穿孔的母马在自然交配后通常会出现血性分泌物，母马可发展为腹膜炎，以及在少数情况下会出现阴道或直肠周围脓肿。有直肠周围和阴道脓肿的母马可能会分别出现排便困难或急腹症，有腹膜炎的母马通常会精神沉郁和感到轻微不适。

· 阴道静脉曲张可间断产生少量间断血液至持续产生大量血液，可在隔离室内发现血块或附着在尾毛、会阴或后肢上的干血。

· 在产驹期间阴道血管和组织破裂可导致轻微到严重的出血。

诊断

- 阴道窥镜检查：
  - 交配裂伤通常位于阴道穹窿背侧和宫颈侧。
  - 阴道静脉曲张通常位于前庭阴道环（在颅前庭皱褶和背侧、尾侧阴道壁上）。

- 内窥镜检查：
  - 考虑到阴道静脉曲张的颅背侧位置，可能需要内窥镜检查；观察宫颈，然后将内窥镜180°翻转，以观察前庭阴道环的颅面。
  - 内窥镜检查可能有助于确定母马产后出血的出血源。
- 阴道指检：
  - 指检有助于确定自然交配后是否发生阴道穿孔。
- 腹部穿刺：
  - 阴道穿孔的情况下建议执行。
  - 败血症性腹膜炎，或极少数会发生精液性腹膜炎。
    - 精液性腹膜炎是指有精子在腹膜腔中，对异体蛋白（精子）的反应通常会造成非感染性腹膜炎，精子在腹膜液中游离或被白细胞吞噬。

应该做什么

阴道出血

- 阴道撕裂/穿孔：
  - 阴道撕裂而无穿孔：
    - 开始口服广谱抗菌药，甲氧苄啶/磺胺，30mg/kg，口服，q12h。
    - 确保母马在破伤风类毒素的免疫预防期内。
    - 在当前发情周期内，母马不要以自然交配方式进行繁殖。
    - 使用“交配隔离软棍 breeding roll”以避免阴道撕裂/穿孔。
    - 建议将 breeding rolls 用于：
      - 阴茎长的种马。
      - 身材矮小的母马。
      - 有攻击性的种马。
  - 阴道撕裂且穿孔：
    - 这些裂伤很少能修复，因此允许二期愈合。
    - 开始使用广谱抗菌剂：青霉素钾 22 000IU/kg，静脉注射，q6h；或普鲁卡因青霉素 22 000IU/kg，肌内注射，q12h；庆大霉素 6.6mg/kg，静脉/肌内注射，q24h。
    - 如果临床现象表明有必要补液，则开始静脉输液。
    - 如果母马极度紧张或发热，则给予氟尼辛葡甲胺（0.5~1mg/kg，静脉注射/口服，q12h）。
    - 如果肠道因阴道穿孔而疝气，则用无菌生理盐水冲洗肠道并将其整复入腹部。
    - 作卡氏缝合（Caslick 氏缝合），防止空气被吸入腹腔。
    - 如果腹膜炎严重或肠道已进入阴道，则应尽快将患马转移到转诊中心进行手术和/或腹膜灌洗；如果不能选择手术或腹膜炎不严重，则应将母马双侧拴系几天，以降低肠道脱垂的风险。
    - 母马在下一个繁殖季节到来之前不应重新繁殖。
  - 阴道静脉曲张：
  - 通常不需要治疗，因为一旦母马产驹，血管就会退化，出血就会停止。
  - 如果出血过多或持续出血，或马主担心，可通过结扎、烧灼、手术切除血管，或局部涂抹痔疮膏。经内窥镜激光凝固法是治疗阴道静脉曲张的另一种选择。
- 产驹后阴道出血：
  - 产驹后阴道出血大多不危及生命，很少需要治疗。
  - 大量出血需要尽可能地对血管进行识别和结扎。
  - 如果无法确定出血源，则可在阴道内填充止血棉、棉织绷带或脐带胶布带；用凡士林和油性抗生素覆盖棉条，并放置24~48h。

- 轻微的阴道裂伤经由二期愈合。
- 如有可能，则应缝合严重的裂伤。

• 深度撕裂的母马应使用广谱抗菌剂（甲氧苄啶/磺胺，30mg/kg，口服，q12h），并用稀释聚维酮碘溶液（2%）冲洗，以防止脓肿形成。

- 严重阴道创伤的母马可能会形成阴道粘连，每天使用含有类固醇（Animax[1]）的局部抗菌软膏可能有助于防止粘连的形成。
- 可能会形成巨大的阴道血肿，使母马排便困难；给母马喂缓泻药，直到血肿变小。给予广谱抗菌剂（磺胺甲氧苄啶，30mg/kg，口服，q12h）和非甾体抗炎药（保泰松，2.2mg/kg，口服，q12h；或氟尼辛葡甲胺，0.5~1.1mg/kg，口服/静脉注射，q12h），以减轻疼痛，预防破伤风类毒素。

胎盘早期剥离

• 正常情况下，绒毛尿囊在胎儿分娩后与子宫分离；然而，某些时候在胎儿分娩前绒毛尿囊就与子宫分离。

• 胎盘早期剥离最常见于马驹出生时，然而这种情况也见于母马妊娠中期至末期。

• 诱导分娩和患有母马生殖损失综合征（MRLS）的母马胎盘早期剥离的发生率较高。

• 分娩期间胎盘过早分离是一种紧急情况，因为母体和胎儿之间的气体交换受损，因此胎儿开始受到缺氧的影响。

• 同样，妊娠早期胎盘和子宫之间的大面积分离也会影响营养和氧气交换，并常常导致异常马驹的出生。

临床症状

- 出生时：
  - 未破裂的绒毛尿囊膜从母马的外阴唇突出，子宫颈口被视为白色发亮的区域，类似于绒毛膜（“红袋red bag”）红丝绒状表面中心的星状突起。
- 妊娠期：
  - 症状可能有类似于胎盘炎的情况（即乳房过早发育+/–过早泌乳和外阴分泌），通常母马只出现出血性外阴分泌物。
- 在某些情况下，母马没有胎盘早期剥离的外部迹象。

诊断

- 出生时：
  - 未破裂的绒毛尿囊的特征性外观，称为“红袋”。
- 妊娠期：

---

1 Dechra Veterinary Products，Overland Park，Kansas。

- 经直肠和经腹超声评估子宫：
  - 超声检查显示绒毛尿囊和子宫之间有一个或多个分离区。
  - 通常绒毛尿囊在超声检查中呈现“丝带糖果”的外观。
  - 其中一些母马也可能同时发生胎盘炎，分离的绒毛尿囊区域可能增厚。

应该做什么

胎盘早期剥离

治疗

- 出生时：
  - 立即撕裂绒毛尿囊并尽快分娩胎儿。
  - 胎儿可能会受到影响，因此可能需要进行复苏以挽救马驹（见第29章）。
- 妊娠期：
  - 对于没有胎盘炎迹象的胎盘早期剥离：用0.088mg/kg烯丙孕素，口服，q24h，治疗母马。仔细监测妊娠情况，鉴定胎儿是否死亡；如果胎儿死亡，则停止烯丙孕素治疗。
- 有胎盘炎迹象的胎盘早期剥离（见第27章和第30章）。

结果

- 胎盘早期剥离后出生的马驹常患缺氧缺血性脑病。

胎膜积水

- **定义：**妊娠晚期（＞7个月）羊膜腔（羊水过多或羊膜积水）或尿囊腔（尿囊水过多尿囊积水）内积液过多。
- 母马通常出现尿囊积水症状。
- 如果不治疗，并发症包括：
  - 耻骨前腱和/或体壁腹侧破裂。
  - 子宫破裂。

临床症状

- 严重的腹部鼓胀导致：
  - 行走和/或起卧困难。
  - 呼吸困难。
  - 腹部不适。
  - 长时间平卧。
  - 腹侧水肿。

诊断

- 直肠触诊显示子宫增大/膨胀，通常是背侧呈“穹顶状”，无法触诊到胎儿。

· 经直肠和/或经腹部超声检查显示胎儿周围积液过多。

应该做什么

胎膜积水

• 诊断一经确认，就应制订计划以诱导流产。因为尝试治疗胎膜积水的母马以挽救胎儿，有可能导致灾难性的结果，如腹部或子宫完全破裂。

• 如果有证据表明存在耻骨前腱/体壁受损，则应使用绷带缠绕腹部提供支撑。

• 在诱导流产前，放置大口径静脉留置针（理想情况下为双侧），并开始液体疗法，以防止因移除大量子宫液体而改变血流动力导致的心血管衰竭。如果母马出现心血管休克，则应静脉滴注高渗生理盐水4mL/kg！

• 诱导流产步骤：
  • 包住固定尾部，清洁会阴，然后小心地用手扩张宫颈，使24F到32F的尖头胸导管穿过宫颈并刺穿绒毛尿囊。
  • 如有可能，用球囊式胚胎移植/子宫灌洗导管插入绒毛尿囊腔，然后使球囊充气，使其在无需人工协助的情况下保持原位（图24-9）。如果不具备球囊导管，则可将适当尺寸的导管引入尿囊腔，并手动固定到位。
  • 在数小时内缓慢排出液体，从而为母马的血流动力学“调整”留出时间。
  • 排出大部分液体后，手动扩张宫颈，为辅助分娩胎儿做好准备。
  • 使用标准产科程序分娩胎儿。
    ◦ 胎儿一般是活的，因此要做好对胎儿进行安乐死的准备。
  • 胎衣几乎总是不下。
    ◦ 由于子宫可能对催产素没有反应，可给予氯前列烯醇（250μg，肌内注射，q6~12h）以刺激子宫收缩力，加速胎膜排出。
  • 密切监测母马数天，以评估胎膜排出、子宫复旧、宫内积液、子宫炎等情况。
    ◦ 如果发现问题，则进行适当的治疗。

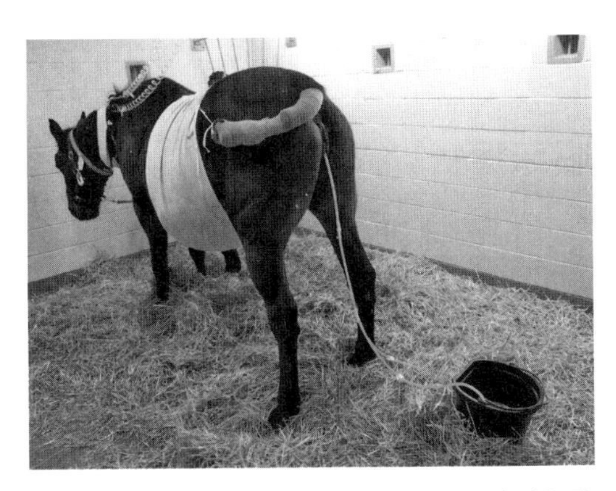

图 24-9　带尿囊积液的母马正在使用球囊式胚胎移植/子宫灌洗导管进行治疗

导管经宫颈口进入绒毛尿囊腔，在数小时内缓慢去除多余的液体（注意可以调节流速的管夹）。如果球囊导管不可用，则可手动将合适的导管固定到位。

系统性痊愈的预后

· 完全康复的预后通常良好，特别是在没有严重后遗症的情况下，如腹壁破裂或子宫炎/蹄叶炎。

未来生育力的预后

· 子宫复旧的程度/完整性和/或是否对生殖道造成任何持久损害（如宫颈创伤/撕裂），会影响未来生育的预后。

  · 建议在繁殖前进行完整的繁殖健全性检查。

· 腹壁破裂的母马在随后的（正常）妊娠中可能有复发的风险，因此未来应被视为“高风险”母马。

- 如果品种协会规定允许胚胎移植，则这些母马可以作为胚胎供体，从而避免足月妊娠。

腹壁破裂

- 腹壁破裂包括耻骨前腱和/或腹部肌肉断裂。
- 这些情况可以同时发生，具有相同的易感原因，并且具有相似或相同的临床表现。
- 任何品种的年长母马都有发生腹壁断裂的倾向，尽管役用品种可能更容易发生腹壁断裂。
  - 积水导致子宫重量过大和可能是双胞胎是最常见的诱发因素，然而腹壁破裂可能发生在看起来正常的妊娠母马中。

临床症状

- 腹部破裂的母马通常临近产驹，腹部疼痛，不愿行走。
  - 有积水的母马可在7个月至分娩的任何时间出现症状。
- 腹侧明显增厚的水肿块对组织创伤/损伤区域的指检压力非常敏感。
- 当耻骨前腱断裂时，坐骨结节升高，乳房向头侧移动。

诊断

- 经皮超声检查用于识别腹部肌肉组织和/或耻骨前腱的缺陷。
  - 经腹部超声检查也用于评估双胎妊娠是否是一个影响因素。
- 应进行经直肠触诊和超声检查，以确定胎膜积水是否是一个影响因素。

应该做什么

腹壁破裂

- 使用一条环形腹部绷带提供腹部支撑。
- 如果母马接近或处于分娩期，则考虑引产。
- 催产素，20~40IU肌内注射，2.5~10IU静脉注射，每隔15~20min重复给药直到分娩；或对一匹450kg母马，在30~60min之内静脉注射40~80IU（在1L晶体溶液中）。
  - 协助母马分娩，因为母马在分娩期间无法产生正常的腹内压。
- 如果腹壁破裂与积水有关，则表明应终止妊娠。

系统性痊愈的预后

- 如果及时发现并给予适当治疗，则腹壁破裂通常不会影响母马生命，除非母马在将来再次怀孕并准备分娩，因为有复发的风险。

· 已描述腹壁缺损的修复，通常在产驹后约2个月修复，以留出水肿消退和缺损组织边缘修复/重塑的时间。

未来生育力的预后

· 如上所述，由于未来怀孕中存在复发的风险，如果品种协会规定允许胚胎移植，那么这些母马应被视为胚胎供体，这样它们就不必足月怀孕至分娩。

  · 如果这是不现实的，那么这些母马应被视为未来怀孕的“高风险”母马。

子宫扭转

· 子宫扭转通常发生在母马妊娠的最后3个月（妊娠8个月至分娩），但是最早可发生在妊娠5个月。

· 从尾部看，顺时针或逆时针方向的扭转度为180°~540°。

  · 顺时针=向“右”扭转。

  · 逆时针=向“左”扭转。

· 没有品种或年龄好发性。

临床症状

· 低级别、轻度或严重的绞痛症状通常与扭转程度相称，扭转程度越大，绞痛程度越严重。

诊断

· 明确的诊断是基于直肠检查发现两侧阔韧带不对称性绷紧，位于扭转侧的阔韧带在腹侧潜入子宫下方，而另一侧阔韧带向扭转方向紧紧绕过子宫。

  · 顺时针扭转：右阔韧带在子宫腹侧的下方被拉紧，而左阔韧带则从左到右紧紧地拉在子宫上方。

  · 逆时针扭转：左阔韧带在子宫腹侧的下方被拉紧，而右阔韧带则从右向左紧紧地拉在子宫上方。

· 母马的子宫扭转通常发生在子宫颈前的位置，因此阴道检查或阴道镜检查通常没有效果，通常也是禁止在早产的患病母马身上检查，以避免污染阴道/子宫颈。

  · 然而可能有必要对分娩时扭转的母马进行阴道检查，以评估宫颈开口的状态，并可能纠正扭转，如后文所述。

应该做什么

子宫扭转

治疗

- 当在分娩时诊断出来，可通过手/臂经阴道穿过宫颈管并抓住胎儿反方向扭转。
  - 只有当扭转角度小于270°时，这种方法才可行。
  - 保持母马站立姿势。
  - 在硬膜外麻醉下使用最低限度的镇静剂，以尽量减少努责。
  - 如果胎膜完整，应使其破裂以排出液体，减少子宫及其内容物的大小和重量。
  - 如有可能，抬高母马后躯，使子宫和胃肠道向头侧移动。
  - 将一只手/手臂穿过子宫颈，抓住胎儿的“实质”部分（如上肢或躯干），前后摇动胎儿以获得动力，然后通过一次协同用力，通过使胎儿朝向与扭转相反的方向摆动来纠正扭转。
  - 根据初始旋转的程度，可能需要再次尝试纠正。
  - 矫正后，母马应自发开始分娩的第二阶段。但是由于水肿和/或血管充血导致子宫收缩力下降，因此分娩可能推迟。
  - 如有必要，用10~20IU催产素肌内注射诱导分娩，并根据需要每隔15~20min重复一次。
  - 约80%的足月子宫可通过该技术纠正扭转。
- “胁腹木板”翻转法：
  - 翻转可在足月前进行，但由于子宫破裂的可能性较大，因此应避免在分娩时翻转。
  - 诱导全身麻醉（见第47章），将母马向扭转方向的一侧侧卧。
    - 顺时针=右侧。
    - 逆时针=左侧。
  - 将一块木板（长3~4m、宽20~30cm）放在母马的上腰旁窝（图24-10）。
  - 让助手跪在木板上，使其稳定，并对子宫/胎儿施加压力。
  - 将母马缓慢翻转（避免子宫破裂）至另一侧。
  - 翻转后通过直肠检查评估情况（当母马横卧时可能很困难）。
  - 根据需要重复上述步骤，以完全纠正扭转。
- 通过站姿侧腹剖腹手术（足月前）进行手术矫正：
  - 使用标准程序，在扭转发生的一侧准备进行无菌站立手术。
    - 顺时针=右。
    - 逆时针=左。
  - 一旦进入腹腔，则轻轻提起并旋转妊娠子宫至正常位置。
    - 根据初始旋转的程度，可能需要进行第二次矫正。
  - 尽管在全身麻醉下可以采用腹中线开腹以纠正子宫扭转，但一般不认为是“现场”手术。

图24-10 用“侧腹木板”滚动母马以纠正子宫扭转

预后

- 母马总存活率为84%。
  - ≥320d，存活率为65%。
  - ＜320d，存活率为97%。
  - 矫正方法不影响母马的存活。
- 马驹总存活率为56%。
  - ≥320d，存活率为32%。
  - ＜320d，存活率为72%。
  - 扭转发生少于320d时，矫正方法确实会影响马驹的存活率：站立侧腹剖腹术的马驹存活率明显高于腹侧中线剖腹术。

未来生育力的预后

- 母马再次成功怀孕的预后良好。
- 有以下情况时预后恶化：
  - 剖宫产。
  - 子宫破裂。
  - 扭转程度夸张和/或诊断管理不及时。

并发症

- 胎盘早期剥离导致胎儿受损。
- 子宫壁坏死和/或破裂。
- 腹膜炎。
- 内毒素休克。
- 扭转复发，尤其是在未完全纠正的情况下。

晚期剖腹产

适应证

- 难产不能得到缓解，因为马驹活着，并且比母马更有价值（即母马为胚胎接受者）。
- 患有不可治愈的疾病，需要剖腹产的母马。
- 如果在接生马驹后，在急需安乐死的情况下。
- 如果母马在预产期或之前被诊断患有外科急腹症，如果主人不能或不愿意将母马送去做手术，但愿意尝试挽救马驹的情况下。

如何判断胎儿是否存活

- 自主运动；肢蹄回缩；角膜反射；吮吸反射；肛门反射；脉搏；心跳。

步骤

- 准备好在分娩后复苏马驹。
- 在母马颈静脉内放置静脉留置针。
- 用1.1mg/kg的甲苯赛嗪使母马镇静。
- 用氯胺酮麻醉母马，2.2mg/kg静脉注射。
- 一旦母马处于侧卧状态，则通过低侧切口快速进入母马腹部。
  - 手术部位不需要修剪或手术准备。
- 切开子宫，迅速取出胎儿。
  - 小心不要伤害胎儿。
- 夹紧马驹的脐带。
- 对母马进行安乐死。
- 复苏马驹（见第29章）。

子宫脱垂/子宫角套叠

- 子宫脱垂罕见但危及生命，可能发生在正常分娩、难产、胎膜残留或中晚期流产之后和/或与之相关。在非常罕见的情况下，可能发生宫颈脱垂。
- 子宫脱垂是一种真正的紧急情况，因为持续脱垂可能导致子宫永久性损伤和子宫血管破裂。

临床症状

- 从外阴突出紫色至红色肿块（子宫内膜表面）。
- 子宫部分脱垂或子宫角尖端套叠的病例可能更难以识别。
  - 在这些情况下，可能会出现持续的急躁、不安、绞痛和心动过速。

诊断

- 在完全脱垂的情况下，体检时容易诊断。
- 在部分脱垂和/或子宫角套叠的情况下，阴道检查可提供直接的人工诊断，或经直肠触

诊/超声检查可提供触感/目视识别套叠子宫角。

应该做什么

子宫脱垂 / 子宫角套叠

- 迅速治疗解决对减少并发症（如子宫血管严重出血）很重要。
  - 应尽快使用任何可用材料支撑脱垂的组织，例如由两名助手将干净的床单或托盘固定在骨盆边缘的水平面上。
- 硬膜外麻醉（见第2章）与静脉镇痛和镇静结合使用，以尽量减少复位前的紧张。
- 应使用无菌生理盐水和/或稀释聚维酮溶液轻轻清洁外翻组织，并仔细触摸以确定是否存在膀胱和/或胃肠道部分。
  - 在复位脱垂膀胱之前，可能需要放置导尿管。
- 应仔细检查脱垂子宫是否有裂口，并评估组织的整体状况。
  - 如果发现撕裂，应使用可吸收缝线缝合。
- 在胎衣不下的情况下，通常会发现胎膜的残余部分牢牢地附着于正在脱垂的子宫区域（即胎膜的重量可能导致脱垂的发生）。
  - 如果有胎膜，尝试轻轻地去除；但是如果不能去除，则在复位子宫前剪掉，以减少其对组织的张力。
- 用手的扁平部分使子宫从最尾端部分开始，一直到更前侧部分复位至其正常位置。
  - 应注意确保子宫角完全外翻，否则即使是很小的残留套叠也会导致新的牵拉（硬膜外麻醉消退后）和子宫再次脱垂的可能。
  - 无菌一次性阴道窥镜圆形末端或玻璃瓶的瓶口都可以代替手臂深入，以确保子宫角尖完全复位。
- 一旦子宫完全复位，应给予催产素，静脉注射10~20IU，以增加子宫张力。
- 一般使用广谱抗生素和非甾体抗炎药，如有需要可进行额外的支持性治疗（如静脉输液）。
- 进行大容量（共3~12L）无菌生理盐水冲洗，以帮助清除污染物并充分扩大子宫，确保所有部位恢复到正常位置。

系统性痊愈的预后

- 如果子宫没有撕裂，则子宫动脉没有受到损伤，母马存活预后良好。
- 大多数母马存活于最初脱垂，随后脱垂复位的母马可以恢复正常。
- 死亡的母马几乎都是那些子宫动脉撕裂的母马。

未来生育力的预后

- 预后通常很好，尤其是在复位及时且子宫创伤很小的情况下。
- 关于母马在随后的妊娠中是否有更大的子宫脱垂风险仍不确定。

围产期出血

- 大多数母马围产期出血发生在分娩期间或紧跟分娩之后，然而在某些情况下出血可发生在妊娠中期至晚期或分娩后的几天。
- 一般是子宫中动脉破裂出血，但是其他血管，包括髂外动脉、子宫卵巢动脉、阴部动脉和阴道动脉也可能破裂。

- 血可能进入腹腔、阔韧带、子宫浆膜层或子宫腔。
- 出血的结果通常取决于出血部位，进入腹腔的出血预后较差。
- 年龄较大的经产母马易患围产期出血，然而任何年龄和产次的母马都可能发生这种状况。

临床症状

- 嗜睡、急性腹痛（踢蹄、翻滚、不适）、冒冷汗、上唇卷曲（即弗莱曼反应）、心动过速、呼吸急促、黏膜苍白、毛细血管再充盈时间延长、肌肉痉挛、精神沉郁、虚弱、共济失调、偶尔发声和外阴出血。
- 有些母马在特急性死亡前可能没有出血迹象。
- 与阔韧带等狭窄空间出血相比，腹腔出血临床症状更为严重，身体检查表现更为异常。
- **重要提示：**母马围产期出血通常嘴唇向上卷曲，或称弗莱曼反应。

诊断

- 由于母马疼痛和焦虑，因此在进行任何诊断之前，通常需要注射镇静剂和镇痛药（表24-1）。

表24-1　母马围产期出血镇痛镇静治疗方案

药物	剂量	给药方法
镇痛药		
氟尼辛葡甲胺	1.1mg/kg	IV
纳洛酮	8~32mg	IV
酒石酸布托啡诺	0.02mg/kg（0.02mg/kg）	IV
镇静剂		
甲苯噻嗪	0.25~1mg/kg	IV 或 IM
地托咪定	0.01~0.04mg/kg	IV 或 IM
酒石酸布托啡诺	0.02mg/kg（0.02mg/kg）	IV

- **重要提示：**如果母马被认为患有低血压，则应避免使用乙酰丙嗪，因其可能加重低血容量。
- 体格检查：
  - 进行全面的体格检查，特别注意黏膜的颜色；毛细血管再灌注时间；耳朵的温暖程度；脉搏的特征；侧颈、胸背或腿上是否有冷汗；听诊心率、节律和杂音；评估母马的体温。
  - 急性期黏膜颜色正常。
  - 临床体征和体格检查结果往往提示围产期出血，因此临床医生可以不进行诊断性检查就开始治疗。

- 有围产期出血的母马需要立即稳定其状况。
- 建议使用初始全血计数和生化特征来监测贫血、低蛋白血症和氮质血症的程度。
- 诊断程序可能对母马造成应激，并可能导致血压升高和阻碍血凝块的形成。
- 直肠检查/经直肠超声检查：
  - 小心操作或避免同时进行直肠检查和直肠超声检查，因为这可能会破坏阔韧带中的血肿并导致再次出血。
  - 在最近一项检查母马围产期出血的回顾性研究中，直肠触诊与不良结果无显著相关性。
  - 直肠触诊有助于确定子宫阔韧带或子宫壁内是否存在血肿和血肿大小，直肠超声检查可证实诊断。
  - 直肠超声检查可识别腹部或子宫腔内的血液。
  - 血液表现为在无回声液相中呈涡流状运动的高回声颗粒。
- 阴道检查：
  - 阴道开支器检查可确定子宫是否出血。
- 腹部超声检查：
  - 扫描腹部腹腔内有无血液迹象。
  - 使用3.5~5.0MHz的传感器。
  - 涂抹大量酒精以获取诊断图像，否则从母马腹部剔除一小块区域的毛发。
  - 如果母马安静、舒适、合作，可以从腹部显像子宫和阔韧带，并诊断阔韧带血肿。
- 腹部穿刺：
  - 使用超声检查确定腹部腹侧存在液体，然后通过腹部穿刺获取液体样本。
  - 具有以下特征的液体样本诊断为腹膜出血：不凝结的红色液体；血细胞比容8%~20%；无血小板；+/−噬红细胞作用。
- CBC和生化指标：
  - 最初，血细胞比容和总蛋白（TP）正常至轻度降低或轻度升高。
  - 在接下来的几天内，血细胞比容和TP会下降。
  - 继续监测CBC和生化指标，以辅助治疗。
  - 应密切监测血乳酸含量，作为输血指标。

应该做什么

围产期出血

- 将母马置于马厩中，保持其安静、镇静。
- 避免将马驹从马厩中移走，除非母马非常狂躁，以至于马驹有受伤的危险。
  - 将马驹与母马分开会增加母马的焦虑和血压，并可能开始出血和/或减少血凝块形成。
- 控制母马的疼痛和焦虑。
  - 控制疼痛可使用氟尼辛葡甲胺、酒石酸布托啡诺或纳洛酮。
  - 虽然纳洛酮起到镇痛作用，然而它似乎不能逆转大量出血母马的低血压。

- 使用$α_2$-激动剂（甲苯噻嗪或地托咪定）或单用酒石酸布托啡诺控制母马焦虑。
- 如果母马出现低血压，则应避免使用乙酰丙嗪。
- 放置静脉留置针。
- 开始止血治疗：
  - 氨基己酸：抑制纤维蛋白溶解，从而稳定血栓形成。
    - 最初给予40mg/kg氨基己酸，以1L等渗液体稀释，经20min静脉滴注。
    - 每隔6h静脉注射10~20mg/kg氨基己酸，用1L生理盐水稀释。
  - 云南白药：一种在控制人类患者出血方面显示出一定疗效的中药。
    - 不确定确切的作用机制，但可减少麻醉小马的标准化出血时间和激活凝血时间。
    - 将16粒胶囊或4g（8mg/kg）溶于20mL温水中，每隔6h口服一次，持续3~4d。
  - 纳洛酮：一种纯阿片类颉颃剂。
    - 在犬失血性休克发作期间，该药物并没有改善低血压。
    - 纳洛酮似乎可以缓解焦虑，并为出血活跃的母马提供镇痛效果。
    - 静脉注射8~32mg，在500mL盐水中稀释。
    - 由于这两种药物具有颉颃作用，因此马匹在服用酒石酸布托啡诺后不应服用纳洛酮。
  - 福尔马林：用于治疗马严重出血。
    - 最近的研究无法证明福尔马林对改善止血效果有效，因此其使用值得怀疑。
    - 目前推荐的剂量是30~150mL的10%缓冲福尔马林溶液，以1L等渗液体稀释，静脉注射。
- 液体治疗。
  - 快速扩容：如果母马的状况在恶化，那么液体疗法可以保证快速扩容，但是应谨慎使用。
    - 血压快速上升可能会破坏凝血，使出血恶化。
    - 高渗生理盐水，2~4mL/kg，静脉滴注。
    - 等渗液体，0.02~0.04mL/kg，快速静脉注射。
  - 维持液：大子宫动脉出血时可能需要进行液体治疗，以维持对重要器官的充分灌注。
    - 对于严重程度较轻、假性出血的母马，如果正在进食和饮水，则无需给予维持液。
    - 维持灌注所需的液体量：等渗液体，48mL/(kg · d)或2mL/(kg · h)。
  - 对于有严重、持续出血、临床和实验室恶化迹象的母马应使用血液制品。
    - 包括全血和血浆，最好在医院使用。
  - **重要提示：**不要使用羟乙基淀粉进行扩容，因为它对凝血有负面作用。
- 皮质类固醇：如果有严重心血管系统损害的迹象，则考虑使用皮质类固醇。
- 抗生素可用于大面积的、封闭的血肿，用以预防脓肿。
- 结合雌激素，0.05~0.1mg/kg，静脉注射，q4~8h，可抑制子宫出血。

对治疗的反应

- 病情稳定下来的母马心率降低，外周脉搏增强，黏膜颜色改善，四肢变暖，焦虑减轻。
- 母马一般在开始治疗后60min内稳定下来。
- 治疗无效的母马可能会继续恶化并最终死亡。
- 有子宫动脉出血的母马最好就地开始治疗管理。
  - 移动母马可能会加重出血并恶化预后。
  - 应立即在农场开始快速和积极的治疗。
  - 如有必要，可在母马稳定后将其转移到转诊医院。

护理

- 母马应被限制在安静的马厩内至少2周。
- 如果马主想要母马重新开始繁育，则在产后30d进行直肠触诊/超声检查。

不应该做什么

围产期出血

- 在血肿消解和稳定之前，不要重新繁育母马。
  - 马主应考虑让母马在整个繁殖季节休息。

未来的生殖潜力

- 母马在子宫动脉出血后仍能生育。
- 最近的一项回顾性研究发现，49%的母马在恢复后产下小马驹。
- 应提醒马主，经历围产期出血的母马在怀孕期间发生后续出血的风险更高。

胎衣不下（RFM）

- 如果母马在第二产程（即胎儿分娩期）完成后3h内还未完全产出胎膜，则被定义为胎衣不下。
  - RFM的总发病率约为10%。
  - 难产后RFM发病率增加，一些品种（如弗里斯兰马）的RFM发病率似乎更高。
  - 中期至晚期流产后，胎膜常被滞留，特别是在进行选择性流产时。
- 由RFM引起的并发症包括子宫炎、内毒素血症和蹄叶炎，可能危及生命。
  - **重要提示：**目标是及早发现RFM，并开始治疗，以使胎膜产出并防止继发并发症的发生。

临床症状

- 最初，除了胎膜从外阴突出（胎膜完全不下时）外，没有其他临床症状。
- 随着胎膜滞留时间的延长，无论是完全不下还是部分不下，系统性疾病迹象的可能性增加通常反映了内毒素血症的发生：
  - 发热。
  - 心动过速/呼吸过速。
  - 精神沉郁。
  - 中毒/充血的黏膜。
  - 食欲不振。

- 蹄叶炎。

诊断

- 如果胎膜完全不下，体格检查很容易根据外阴有胎膜突出而作出RFM的诊断。
- 相反，如果胎膜有撕裂，则胎膜的较小残余物可能会滞留在子宫内，但在外部并不明显。
  - 对于确定胎膜已排出的马，为了帮助确诊假定性部分胎膜滞留诊断，则应对胎膜进行大体检查，以确定它们是否全部产出。
    - **重要提示：**胎衣部分滞留最常见的部位是非妊娠子宫角的尖端，因此这部分组织撕裂或穿孔应怀疑母马是否有胎衣部分不下。
- 对生殖道进行直肠触诊和经直肠超声检查可能有助于识别部分胎衣不下。
  - 触诊通常显示子宫内翻不良。
  - 尽管最初可能不存在宫内积液，但随着疾病的发展，常会出现宫内积液。
  - 超声检查，滞留的胎膜可能在子宫腔内呈现为容易分辨的高回声区。
  - 阴道检查生殖道也有助于诊断，因为通常可以触诊到部分滞留的胎膜。

· 诊断为RFM时，应立即开始治疗，密切监测母马是否有并发症迹象，包括子宫炎、内毒素血症和蹄叶炎。

应该做什么

胎衣不下

- 催产素给药通常是治疗RFM最有效的方法，并且有许多治疗方案可供使用：
  - 给药10~20IU，肌内注射或静脉注射，q1~2h。
  - 将40~80IU催产素加入一袋1L的生理盐水中，并在30~60min内将其缓慢静脉注射。
  - 如果母马因子宫收缩活动增强而出现不适症状，则减少催产素的剂量和/或给药频率。
- 对于难治性病例，硼葡萄糖酸钙联合催产素治疗可能有效。
  - 将125mL的23%硼葡萄糖酸钙和80IU催产素添加到5L盐水袋中，并在大约2h的时间内缓慢静脉注射。
- 另一种选择是通过无菌/消毒的大口径鼻胃管，用10~12L温盐水（或必要时用水）扩张绒毛尿囊腔。
  - 绒毛尿囊被紧紧地包裹在输卵管周围，因此注入的液体会扩张胎膜和子宫。
  - 子宫、宫颈和阴道扩张会刺激内源性催产素释放，促进绒毛膜微绒毛与子宫内膜分离。
- 如果在产驹后6~8h内膜没有完全产出，则应开始广谱抗生素和抗炎治疗。
  - 抗生素：青霉素钾（22 000IU/kg，静脉注射，q6h）和硫酸庆大霉素（6.6mg/kg，静脉注射，q24h）。
  - 非甾体抗炎药：氟尼辛葡甲胺（1.1mg/kg，静脉注射，q12h）具有抗炎和抗内毒素作用。

· 应仔细监测母马的内毒素血症和蹄叶炎症状，如果出现内毒素血症或内毒素血症的风险较高，则应增加额外治疗（如远端肢体冷冻疗法）。

- 在治疗期间，可使用以下方法之一尝试轻柔地手动去除胎膜：
  - 在突出的胎膜上施加轻微张力。
  - 用手小心地在绒毛膜和子宫内膜之间滑动。
  - 扭转暴露的膜，以使其形成索状，对仍然附着的膜区域施加轻微的张力。
  - 经RFM后，母马可能需要败血症性子宫炎的治疗。

系统性恢复的预后

- 对于最终产出胎膜且不继发并发症的简单RFM病例，母马存活的预后是极好的。
- 如果出现继发性并发症，母马预后会相应降低。
- 在最严重的败血症性子宫炎病例中，母马可能发生蹄叶炎和死亡。

未来生育力的预后

- 如果母马存活下来并且没有出现继发性问题，那么对未来生育能力的预后是非常好的。
  - 接受过RFM治疗的母马不适合在产后发情时再次繁育。

子宫撕裂/破裂

- 子宫撕裂或破裂通常发生在第二产程，常是难产的结果，尽管也可能发生在看似正常的分娩期。
  - 由于在难产时可能发生撕裂，则纠正难产后应经阴道手动评估生殖道状态，以便在继发并发症发生前确定任何撕裂伤。
- 妊娠期，子宫破裂可由分娩期间剧烈运动或继发积水或子宫扭转引起。

临床症状

- 急性期，在腹部污染前可能没有任何临床症状。
  - 例外情况是通过全层撕裂发生内脏疝气（如膀胱、小肠等），组织通常在外部（视觉上）和/或内部（可触到）突出到尾部生殖道。
    - 如果发生腹腔脏器疝，清洁（即用无菌生理盐水冲洗）并立即整复到腹腔，然后对腹膜炎进行预防性抗生素治疗。
- 如果在急性期未检测到，在产驹后24~48h内，腹膜炎的临床症状明显，包括：
  - 发热。
  - 心动过速/呼吸过速。
  - 沉闷/精神沉郁。
  - 黏膜充血。
  - 食欲不振。

诊断

- 子宫体裂伤常可触诊到，并在阴道检查时发现。
- 在产驹后的一段时间内，直肠触诊通常可触到略小于正常大小的有张力的子宫。

- 腹部穿刺：
  - 产后立即腹腔穿刺可能会出现轻微变化或无变化。
  - 相反，如果子宫撕裂继发全身性疾病，腹膜液的检查结果可以帮助诊断腹膜炎，总蛋白和细胞数量增加。

应该做什么

子宫撕裂/破裂

- 有对子宫裂伤的药物和外科治疗的描述，没有证据支持一种方法优于另一种方法。
  - 建议对大面积裂伤进行手术矫正，尤其是与严重难产和腹部污染有关的撕裂伤。
  - 在其他情况下顺利分娩时出现的小裂口通常在保守治疗中效果良好，尤其是位于子宫背壁的裂口。
- 手术矫正通常在全身麻醉下通过腹部中线开口进行。
- 使用药物包括全身广谱抗生素和抗炎药物。
  - 青霉素钾22 000IU/kg，静脉注射，q6h；硫酸庆大霉素6.6mg/kg，静脉注射，q24h。
  - 氟尼辛葡甲胺1.1mg/kg，静脉注射，q12h，具有抗炎和抗内毒素的作用。
- 禁止子宫灌洗，因为灌洗液会将子宫污染物和碎片冲入腹腔。

系统性恢复的预后

- 完全康复的预后良好，尽管这取决于腹部污染程度。
- 无论是手术治疗还是药物治疗，子宫撕裂后母马的存活率为75%。

未来生育力的预后

- 子宫通常愈合良好，几乎没有撕裂的迹象。
- 对于恢复的母马来说，产驹率也是非常好的，即使是血配的母马，虽然并不适合配血驹。
- 因撕裂和腹膜炎而形成子宫粘连的母马例外。
  - 有子宫粘连的母马可能出现慢性和复发性的腹痛症状。
  - 或者子宫粘连可能干扰正常的子宫清除机制，使母马易患持续的“交配后”子宫内膜炎。

产后子宫炎

- 尽管产后子宫炎的严重程度不同，但若伴有严重败血症/内毒素血症和蹄叶炎则可能危及生命。
- 它通常与难产和/或胎衣不下有关，然而它也可能发生在无明显异常的产驹之后。

临床症状

- 症状通常在24~72h内明显，与内毒素血症一致，包括：
  - 发热。
  - 心动过速/呼吸过速。

- 沉闷/精神沉郁。
- 黏膜充血。
- 食欲不振。
- +/– 恶臭的阴道分泌物。

诊断

- 对生殖道进行直肠触诊和超声检查通常显示子宫肿大，无张力，内翻不良，含有大量液体回声。
  - 滞留的胎膜也可能被识别出来，特别是当松动的残余物在子宫腔的游离液中“漂浮”时。
- 人工检查子宫可能会发现胎膜残留，最常见于先前未受孕的子宫角尖。

应该做什么

产后子宫炎

治疗

- 广谱抗生素，如青霉素钾（22 000IU/kg，静脉注射，q6h）、硫酸庆大霉素（6.6mg/kg，静脉注射，q24h）和甲硝唑（15~25mg/kg，口服，q8h）。
- 氟尼辛葡甲胺，1.1mg/kg，静脉注射，q12h，具有抗炎和抗内毒素的功效。
- 催产素治疗，10~20IU，肌内注射，q2~4h，用大容量无菌生理盐水冲洗以清除子宫液和碎片。每天一次或两次，直到症状消失。
  - 可使用无菌/消毒大口径胃管进行子宫冲洗。
  - 每次注入2~4L无菌盐水，然后通过自然流动恢复。
  - 完全排空子宫腔可能需要10~12L或更多。
- 其他治疗包括：
  - 多黏菌素B，每550kg的马，150万IU经稀释后缓慢给予静脉注射，q12h，持续3d。
  - 己酮可可碱，10mg/kg，口服，q12h。
- 应密切监测患病母马的蹄叶炎发展情况，并重点预防蹄叶炎（见第43章）。

系统性恢复的预后

- 如果避免严重的子宫炎并发症（如蹄叶炎），则全身性恢复的预后良好。

未来生育力的预后

- 恢复后，母马可以再次繁育和受孕，在未来产驹时不会增加患败血症性子宫炎的风险。
  - 由于子宫炎通常会延迟子宫复旧，因此建议母马在该次产后发情时不进行血配。
  - 建议在繁殖前进行完整的繁殖健康检查。

会阴撕裂

- 母马大多数会阴损伤发生在产驹时，尤其是在无人看管下产驹时，在第二产程，胎儿前肢损伤了母马的后部生殖道和直肠。
  - **重要提示：**如果怀孕母马在曾做过外阴成形术或Caslick手术，则在其分娩前必须剪开，以防止会阴撕裂。
- 怀孕或未怀孕的母马也可能因母马之间的争斗而出现会阴撕裂。
  - 母马角斗时会背对着站立，同时抬起两后腿蹬向对方，这可能导致会阴撕裂。
- 一级撕裂仅累及前庭黏膜和外阴背连合皮肤。
- 二度撕裂涉及背前庭/外阴的黏膜和黏膜下层，以及会阴体的一些肌肉组织，特别是外阴收缩肌。
- 三度撕裂导致前庭和阴道壁撕裂，会阴体、肛门括约肌和直肠破裂，导致直肠和尾端生殖道之间常见的“瘘道”。

临床症状

- 一级和二级撕裂只在用手和/或阴道镜对尾端生殖道进行物理检查时才明显。
- 由于前庭/阴道失去正常解剖结构和存在粪便污染，因此三度撕裂很明显。
  - 这些母马通过空气进出异常孔道而发出“风箱”声。

诊断

- 触诊和/或窥镜检查用于评估撕裂和损伤的严重程度。

应该做什么

会阴撕裂

治疗

- 一级撕裂一般不需要治疗，只用局部涂抹抗菌药膏或乳膏即可。
- 二级撕裂可能需要进行会阴成形术和/或会阴体重建手术。
  - 如果组织损伤导致严重水肿、炎症和感染，手术矫正可能会推迟2~4周。
    - 在初期对急性创伤进行全身抗生素和抗炎治疗。
- 三级撕裂首先用全身抗生素和消炎药治疗。
  - 手术矫正推迟至少4周，伤口为二期愈合。
    - 外科治疗后，母马应在繁殖前进行完整的繁殖健全性检查。

全身性恢复的预后

- 会阴撕裂，包括三级撕裂，不会对母马的健康造成不利影响。

未来生育力的预后

- 经治疗后，母马未来的生育能力不应受到不利影响。然而，母马若有三级裂伤，则复发的风险更大，因此在未来分娩时应密切监测。

排斥马驹

- 排斥马驹行为是指母马在产后立即对初生马驹发生的一些异常母性行为。
- 行为包括：
  - 对马驹的矛盾心理。
  - 害怕马驹。
  - 拒绝哺乳马驹。
  - 伤害马驹。
- 这些行为的原因可能包括：
  - 母马缺乏经验——初产母马最常受到影响。
  - 母子情感建立被中断——出现人/动物骚动，提前清除胎膜/体液。
  - 马驹异常/生病。
  - 哺乳不适。
  - 误伤。
  - 品种——阿拉伯马更容易排斥马驹。
- 为了保持马驹的健康和福利，必须识别和管理母马对马驹的拒绝反应。

临床症状

- 对初生马驹的矛盾心理：
  - 母马对马驹几乎没有兴趣，也没有明显的保护或联系行为。
- 对初生马驹的恐惧：
  - 马驹一靠近，母马就远离。
- 拒绝哺乳马驹：
  - 母马不会站着不动让马驹吃乳，当马驹试图吃乳时母马会踢它。
- 母亲对初生马驹的攻击：
  - 母马通过咬或踢来攻击马驹；咬马驹的脖子、鬐甲或背部。马驹经常被举起、摇晃、扔掷，甚至被踩住；马驹可能会受伤或死亡。

诊断

- 根据母马对马驹的异常行为诊断排斥马驹。
- 重要的是不要将正常的母性行为与拒绝马驹行为混为一谈。当第一次尝试哺乳时，母马往往会鸣叫；或者当马驹吃乳行为变得过于激烈时，母马会咬初生马驹。

应该做什么

拒绝马驹行为

治疗

- 对马驹的矛盾心理：
  - 让母马和初生马驹待在一起，减少干扰。
  - 重新导入胎膜，以便母子关系的建立。
  - 检查母马是否有疼痛/不适的迹象。如果认为有潜在病因，则用1.1mg/kg的氟尼辛葡甲胺静脉注射治疗母马。
  - 轻轻地约束母马，协助初生马驹哺乳。
- 初生马驹的恐惧心理：
  - 用正性激励法降低母马对马驹的敏感性。
  - 用乙酰丙嗪或α-肾上腺素能激动剂（甲苯噻嗪、地托咪定）镇静母马，有助于减少其恐惧反应。
- 拒绝哺乳：
  - 对于乳房疼痛、脆弱的母马，治疗方法可能包括：催产素，5IU，静脉注射/肌内注射，以便于排乳；轻柔地用手挤奶以减少乳房肿胀；氟尼辛葡甲胺，0.5~1.1mg/kg，静脉注射或口服。
  - 在协助哺乳的同时，轻轻地固定母马，需要两名处理人员。当母马允许马驹在没有不良行为的情况下吃乳时，则奖励母马吃谷物。
  - 手动挤出乳汁，然后在母马腹股沟区域用奶瓶喂马驹。最初母马可以允许手挤，但不允许哺乳，之后再将马驹转移到母马的乳头处吃乳。
  - 用乙酰丙嗪或α-肾上腺素能激动剂（甲苯噻嗪、地托咪定）使母马镇静，额外用布托啡诺可能对顽固母马有帮助。
- 母马对马驹的攻击行为：
  - 镇静或抑制母马，复发很常见。
  - 将母马和马驹分开，找另一匹母马哺乳（见哺乳诱导协议）马驹或用代乳剂饲养马驹，最好与其他孤儿马驹一起饲养。

预防

- 在分娩后让胎液和胎膜留在马厩中数小时，一旦母马产出胎膜，则检查其是否完整。
- 母马分娩后，让其和马驹尽可能不受干扰地互动，几天内避免与其他马接触。
- 在产驹前降低母马对乳房和侧腹接触的敏感性，尤其是对初产母马，分娩前不要挤奶。
- 有马驹排斥史的母马可在产后接受激素治疗，推荐的治疗方案包括：
  - 烯丙孕素，0.044mg/kg，口服，q12~24h。
  - 雌二醇苯甲酸酯，10mg，肌内注射，q24h。
  - 氯哌酮，1.1mg/kg，口服，q12~24h，在分娩后3~5d。
- 不要重新繁育攻击过马驹的母马。

无乳症

- 无乳症是指在分娩后，乳腺不能产生乳汁或初乳。
- 这种情况必须与在产驹后不能“排乳”或延迟泌乳相区别。
- **重要提示：**无乳症最常见于羊茅中毒的母马。
- 某些情况下哺乳期的母马可能会因营养不足、疼痛或疾病而出现无乳症。
- **重要提示：**患库兴氏病的母马应在开始正常乳腺发育和哺乳前2周停止接受甲磺酸硫丙麦角林（一种具有多巴胺能特性的长效麦角衍生物）的治疗。

临床症状

- 患羊矛中毒（羊矛草被苇状羊茅内生真菌污染）的母马一般显示出很小甚至没有即将分娩的迹象（即乳房和乳头的大小增加，乳腺分泌物中钙含量增加）。
- 少数情况下羊矛中毒的母马会发生妊娠期延长、流产、难产、胎儿发育不全或死胎、胎盘增厚和胎衣不下。
- 在产下马驹后，母马乳房发育不全，完全没有初乳或乳汁生成。

诊断

- 因羊茅中毒引起的无乳症是根据母马临床表现、妊娠期延长、乳房发育不全及分娩后的无乳进行诊断的。
- 根据妊娠最后30d血中催乳素、孕激素和松弛素浓度的异常情况进行诊断。
- 用酶联免疫吸附试验（ELISA）检测尿麦角生物碱，可证实母马因羊茅而中毒。

应该做什么

无乳症

- 母马：
  - 开始使用多巴胺颉颃剂治疗：多潘立酮，1.1mg/kg，口服，q24h（首选）；止呕灵，3.3mg/kg，口服，q24h；奋乃静，0.3~0.5mg/kg，口服，q12h；乙酰丙嗪，20mg，肌内注射，q6h。多潘立酮与其他多巴胺颉颃剂不同，不可穿过血脑屏障，因此不太可能诱发锥体束外的反应。
    - 或者使用诱导哺乳方案。
- 初生马驹：
  - 在马驹出生后的6h内，应饲喂1~1.5L优质初乳，使Brix（布里糖度）折光计值＞23%。
  - 一旦摄入足量的初乳，就开始用马奶替代品喂马驹。一开始每天喂马驹10%体重的量，分成6~12次。关于小马驹的持续饲喂见第31章。
  - 在12h内测量IgG水平，水平≤400mg/dL的小马驹可以口服额外的高质量初乳；否则，静脉注射给予1~2L的马血浆。
  - 对分娩后数小时内未接受初乳的马驹开始使用广谱抗菌药物头孢噻呋，4.4mg/kg，IV，q12h。
  - 执行常规新生马驹处理程序：
    - 用1%洗必泰或2%碘醺脐带处。

◦ 如果接受初乳后胎粪未排出，则进行灌肠。
◦ 进行新生马驹常规检查。
- 可以先用桶喂养初生马驹，直到母马开始泌乳，否则诱导母马泌乳（见下文“诱导泌乳方案”），或者将该马驹与其他孤儿马驹一起饲养。

预防

- 经产母马乳房在预产期前几周发育。
- 初产母马和迷你马母马的乳房在非常临近预产期的那几天或是在产驹之后开始发育。
- 如果母马随着分娩的临近还不能发育乳房，那么应该仔细检查其是否为羊茅中毒。
  - 如果怀疑有羊茅中毒，应在预产期前30d将母马从受感染的牧场中移出或清除干草。
  - 或者使用多潘立酮，1.1mg/kg口服，q24h，可在预产日期前10~14d开始给药。
  - 如果母马过早开始滴漏初乳/牛奶，则需要调整多潘立酮的剂量方案。

诱导泌乳

- 诱导未孕母马的泌乳是一种替代方法，用于饲养：
  - 孤儿马驹。
  - 要被运走用于繁育的母马产下的马驹。
  - 被母马排斥的马驹或膘情不佳的母马。
- 该方案也适用于在产驹后遭受无乳症的母马。
- 哺乳母马应满足以下标准，以使诱导和收养方案成功：
  - 至少曾产下并哺乳过一匹马驹。
  - 身体状况良好；生殖循环正常；乳房健康、正常；安静且有良好的母性本能。
  - 如果母马处于乏情期，作为诱导方案的一部分，母马必须接受外源性类固醇、雌激素和孕酮的诱导。

应该做什么

诱导泌乳方案

- 母马有几种诱导泌乳的方案。
- 选择了以下给药方便且可使泌乳较快开始的方案：

方案A

- 将哺乳母马和马驹安置在相邻的马房中。
- 第1天：给予前列腺素，肌内注射5mg地诺前列素；苯甲酸雌二醇，50mg，肌内注射；烯丙孕素，44mg，口服，q24h；多潘立酮，1.1mg/kg，口服，q12h。
- 第2~15天：给予苯甲酸雌二醇，10mg肌内注射，q24h；烯丙孕素，44mg口服，q24h；多潘立酮，1.1mg/kg口服，q12h。
  - 在第7天停止给烯丙孕素，并在开始饲养马驹后的几天内停用多培立酮/苯甲酸雌二醇酯。**重要提示：**使用多潘立酮的时间不要超过20d。
- 当乳房增大且有乳汁时，开始手动挤奶。

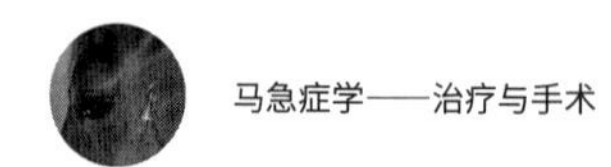

- 每天给母马静脉注射5IU催产素，并挤奶5次。
- 孤儿马驹应该从母马那里得到乳汁。

方案B

- 第1天：给予苯甲酸雌二醇，50mg/500kg肌内注射；烯丙孕素，22mg/500kg口服，q24h；舒必利，1mg/kg肌内注射，q12h；多潘立酮，1.1mg/kg PO，q12h。
- 第2天及之后：服用烯丙孕素，22mg/500kg口服，q24h；舒必利，1mg/kg肌内注射，q12h；多潘立酮，1.1mg/kg口服，q12h。如果母马没有发情周期，则建议服用苯甲酸雌二醇，50mg/500kg肌内注射，q48h。
  - 在第7天停止给烯丙孕素，并在开始饲养马驹后的几天内停用多培立酮/苯甲酸雌二醇酯。**重要提示：**使用多潘立酮的时间不要超过20d。
- 在治疗的第4~7天开始手动挤奶（见方案A）。

代哺乳程序

- 一旦母马泌乳，并有迹象表明母马与马驹有母子关系的建立时（即当马驹离开马厩时，母马会踱步并嘶叫），则可以开始哺乳，每天3~5L。
- 最初马驹被带到母马的马厩里进行短时间的有监督地哺乳，并给母马静脉注射5IU催产素，以促进乳汁排出。
- 这些步骤一直持续到母马在马驹离开马厩时表现出适当的母性行为和焦虑，且马驹吃乳时母马没有攻击。
- 代哺乳程序的最后阶段需要通过对宫颈进行人工按摩来刺激母性行为。按摩宫颈外口2min，10min后重复操作；或用激素刺激，如肌内注射5mg地诺前列素、静脉注射5IU催产素。
  - 在刺激宫颈时，马驹在母马的头/肩处，并允许在刺激操作后哺乳。
  - 使用前列腺素方案，一旦母马开始出现腹部不适的迹象，就鼓励马驹进行吃乳。
  - 母马一旦出现明显的母性行为，如舔舐马驹、在马厩周围跟随马驹、叫唤马驹，就表明母马和马驹可以在马厩中自由互动。
- 一些马驹可能需要在代哺乳后的头几周内补充乳汁替代品，以便给哺乳母马足够的时间来达到最大的泌乳量。

结果

- 马驹在被代哺乳后的几周内体重增长可能很慢，但是这些马驹断奶后的体重与“自然”饲养的马驹没有显著差异。
- 在一份报告中，当哺乳母马没有接受外源性类固醇的诱导时，“自然”饲养的马驹和代哺乳马驹之间的断奶体重不同，然而到1岁时两组马匹体重之间没有差异。

乳腺炎

- 马的乳腺由成对（左、右）腺组成，每边都有一个腺体和一个乳头。
  - 每一侧的乳腺部分分为两个叶（头叶和尾叶），每个乳头都开向头尾叶，因此有两个相应的乳头孔。

- 乳腺炎最常见于哺乳期或断奶期，也可发生较长时间未哺乳（即几年）的母马或初产母马。
- 夏季发病率较高。当马驹必须戴口套时，发病率也会更高。

临床症状

- 乳房温暖、肿胀和疼痛。
  - 通常是单侧的，累及单叶——头叶或尾叶，尽管两个乳叶都会受到影响。
- +/−腹侧水肿。
- +/−系统性疾病症状：
  - 发热。
  - 精神沉郁。
  - 食欲不振。
- +/−明显的跛行，由于避免碰到乳腺，受影响一侧的母马其后腿不愿意在完全的、正常的运动范围内运步。

诊断

- 临床症状通常是诊断性的，但是需要进行乳腺分泌物的细胞学、加州乳腺炎检测（CMT）和/或细菌学评估来确认诊断。
  - 细胞学显示有大量中性粒细胞。
  - 最常见的分离培养物是兽疫链球菌。

应该做什么

乳腺炎

- 经常手动挤奶或使用60mL注射器制成的挤奶装置：
  - 移除柱塞并在针头连接处切断注射器的筒体，形成开口端。
  - 将柱塞插入筒体的切口端，将注射器的光滑端置于乳头上，向后拉柱塞以使乳汁被吸出。
- 每天对受影响的乳腺进行多次热敷。
- 每日或是必要时给予全身性抗生素，和/或注射牛乳腺内抗生素制剂。对于革兰氏阴性感染，可向每个乳腺中注入pH缓冲剂阿米卡星（500mg），需要一个小插管来注入腺体。
- 1.1mg/kg氟尼辛葡甲胺，每12h静脉注射，具有镇痛和抗炎作用。

预后

- 治疗后，症状通常在1周内消失。
- 不太可能复发。

第25章
呼吸系统

诊断和治疗

Barbara Dallap Schaer and James A. Orsini

经鼻气管和经口气管插管置入术

在出现呼吸窘迫（发绀性黏膜、喘鸣、呼吸暂停）的患马中建立气道至关重要。往马鼻气管和经口进行插管术是最快速、伤害最小的方法。另外，气管造口术也可用于上呼吸道阻塞的患马。相较于经口气管插管，一般更偏向于进行鼻气管插管，因为它可以在清醒的马上进行，并且在呼吸危机解决之前，可以一直保留鼻气管插管。经口气管插管需要全身麻醉。对于已麻醉的或阻塞严重的患马，最好采用经口气管插管，因为这样可以使用管径较大的气管插管，用于氧气补充或辅助通气。

经鼻气管插管

设备

- 镇静剂（盐酸赛拉嗪和酒石酸布托啡诺）。
- 大小合适的鼻气管插管。
    - 成年马匹，内径11~14mm。
    - 小马驹，内径7~12mm。
- 润滑胶或温水。
- 白色胶带。
- 20mL注射器（非Luer-Lok注射器）。

步骤

- 成年马匹可能需要镇静（而马驹通常没有必要镇静），建议（生理状态稳定）静脉给药剂量为0.3~0.5mg/kg赛拉嗪和0.01~0.02mg/kg布托啡诺。

注意事项：对呼吸困难的患马进行镇静可能导致其心肺抑制、上呼吸道阻力增加和呼吸暂停。

- 少量润滑管道或将其放在温水中。
- 展开鼻孔的翼褶，并沿腹侧鼻道插入导管。
- 伸展并抬高头部，以便于导管进入气管，并防止其被吞咽。
- 将导管推进咽部，不要太用力。如果遇到阻力，应缓慢旋转并推进。如果仍然遇到阻力，则替换内径较小的气管导管。
- 确认有气流通过管道，表明导管放置正确。
- 使用充气注射器将充气囊充气至空气无法从管道周围逸出的位置。

注意事项：为防止气囊过度充气，不要将充气囊充气超过第一次遇到阻力的位置。

- 将胶带缠绕在管端，并将其系在马笼头上，以固定管。

经口气管插管

设备

- 全身麻醉药物（成年马用盐酸赛拉嗪和氯胺酮，生理状态稳定的马驹用地西泮和氯胺酮）。
- 适当尺寸的带未充满气的充气囊气管导管。
  - 成年马匹，内径18~28mm。
  - 马驹，内径8~11mm。
- 口腔镜由聚氯乙烯管制成，直径5cm，长4~5cm，用白色胶带包裹。
- 凝胶型润滑剂。
- 20mL或30mL注射器，非Luer-Lok。

步骤

- 如果患马是完全清醒的，则应使用全身麻醉。成年马匹的推荐剂量为静脉注射0.3~1.1μg/kg的赛拉嗪，随后是静脉注射2.2μg/kg的氯胺酮。地西泮和愈创木酚甘油醚可作为麻醉前和诱导麻醉药物额外考虑使用。马驹的推荐剂量为0.1mg/kg地西泮静脉缓慢注射镇静，接着用1mg/kg氯胺酮静脉缓慢镇静。

注意事项：患马麻醉后立即插管，且应备有心肺复苏设备。

- 将头部向背侧抬起伸直，将舌头从齿间隙拉出。
- 将内窥镜置于上下门齿之间。
- 少量润滑气管导管。
- 将管推进到内窥镜中心。如果遇到阻力，则轻轻旋转并推进管。如果患马反复吞咽，则

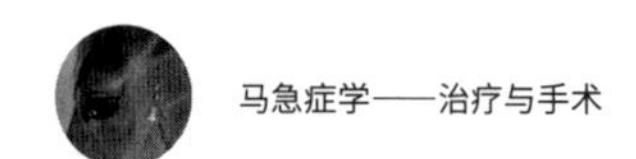

静脉给予0.1mg/kg剂量的氯胺酮直到吞咽动作停止。每次给药后需等待2~3min，以便于发挥药效。

- 气管插管的正确放置是指插管内有气流流过，且在颈口近端不应触摸到管子来确定的。
- 使用20mL注射器对充气囊充气，直到遇到阻力为止。
- 经口气管插管过程中应维持全身麻醉。

并发症

- 气管插管气囊充气过度可导致气管黏膜压迫性坏死和脱落，在最严重的情况下，可能会导致气管狭窄。因此，不要将充气囊充气超过首次感受到阻力的位置。
- 过长的导管可能会伸进一侧主支气管，导致只有一部分肺泡通气。
- 鼻气管插管时，鼻黏膜损伤引起的出血很常见。一般来说，这并不具有临床意义。

经气管吸引术和支气管肺泡灌洗

经气管吸引术

- 经气管吸引术是一种简单的常用来评估下呼吸道疾病的技术，用来吸引聚集在气管远端的分泌物和细胞。
- 抽吸物的细胞学检查结果可以确定炎症的类型和严重程度，并可能对涉及细菌感染的过程提供一些指示。
- 上呼吸道寄居着大量细菌，当不是在寻找特定的病原体时，很难区分鼻孔或咽喉样本的培养结果。
    - 经气管吸引术绕过上呼吸道，是获得下呼吸道细菌培养代表性样本的最佳方法。
    - 气管抽吸物也可用一个可弯曲的导光纤维内窥镜通过活检通道而取回，可通过内窥镜使用无菌内窥镜导管进行取样。
- 通过活检通道取样时，培养结果并不一定准确，但是使用内镜可以让临床医生看到取样区域，并避免气管穿刺并发症。

设备

- 鼻捻子。
- 如果患马尚年幼、难以控制或在手术过程中频繁咳嗽，则可能需要镇静。推荐静脉注射0.3~0.5mg/kg的盐酸赛拉嗪和0.01~0.02mg/kg的酒石酸布托啡诺，用于抑制和作为止咳药。
- 剪刀。
- 无菌操作用具。

- 无菌手套。
- 局部麻醉用2%甲哌卡因。
- 16号留置针（带或不带17.5cm的延长管）。
- 也可以用12号一次性针头和5F聚乙烯管或几种商用TTW套件。
- 60mL无菌注射器。
- 100mL无菌0.9%生理盐水溶液（不含抑菌剂）。
- 乙二胺四乙酸（EDTA）抗凝真空采血管。
- Port-a-Cul培养系统。

步骤

- 根据需要对患马进行适当的保定和/或镇静。
- 在气管中部1/3的中线上夹取一个10cm的区域并进行无菌消毒。
- 无菌操作局部麻醉预期的抽吸部位。
- 带上无菌手套触摸气管，并用一只手稳定气管。
- **重要提示**：使用15号刀片切开一小块皮肤，有助于插管或针穿过皮肤。
- 将套管斜面向下放置，并将导管穿过皮肤插到气管环之间，并进入气管腔（图25-1）。
- 用一只手稳定插管或针，将导管沿气管向下送入胸腔入口。咳嗽可能导致导管反折进入咽部并受到污染。

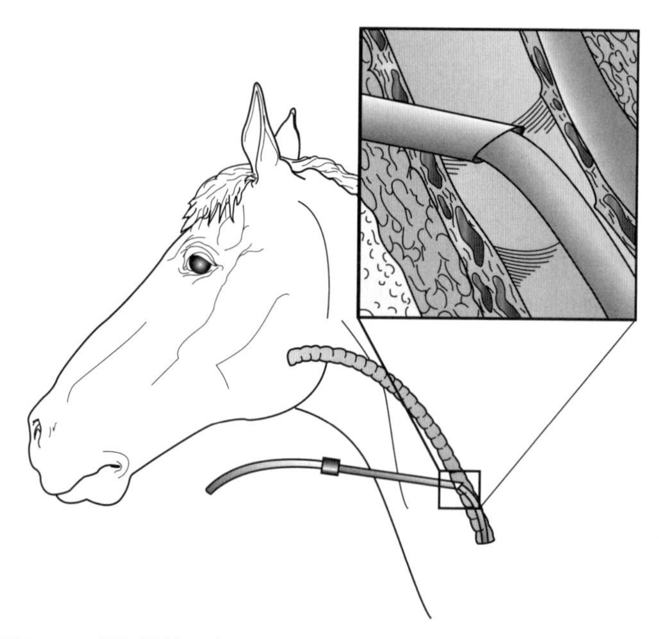

图25-1 经气管抽吸和冲洗技术（通过针导管放置在气管环之间）

· 连接注射器，快速注入20~30mL无菌盐水溶液。

· 抽吸出取样注射器里面的液体，注意仅可回收注入的一部分液体。

· 如果采集的样本不足，则通过导管注入另一等份液体，注射总量不得超过100mL。重新放置或缓慢抽出导管，以协助抽吸样本。

· 取样后小心拔出导管。如果有阻力，则在拔出导管前先拔出针头。

· 如果样本中含有任何化脓性碎屑，则可以全身用药或在穿刺部位皮下渗透抗生素。

并发症

· 有可能发生导管破碎并留在气道中，但导管几乎总是在30min内被咳嗽出来。

· 穿刺处可出现皮下脓肿或蜂窝组织炎。在严重的病例中，感染可能延伸到胸腔纵隔。对于这些病例，应给予全身抗菌治疗。热敷感染部位并局部应用双氯芬酸或二甲基亚砜（DMSO）。如有需要，则切开引流排脓。

· 气管周围的轻度皮下气肿很常见，可导致纵隔气肿。除非患马有呼吸窘迫，否则肺气肿很少发生。

重要提示：对有严重慢性肺气肿和呼吸窘迫的马进行经气管冲洗（TTW）可导致严重的纵隔气肿。

· 气管环受损可导致软骨炎或软骨瘤形成，最严重的后遗症是造成气管管腔狭窄。

支气管肺泡灌洗

· 支气管肺泡灌洗（BAL）可用于对终末气道和相关肺泡进行采样。

· BAL是检查呼吸道最末端病理变化的极好方法。

· BAL应用于诊断非感染性下的呼吸道疾病（如马慢性肺气肿、炎性气道疾病［IAD］、肿瘤），因为只能评估有限的部分肺组织，而且样本一般不像气管吸引物或EHV-5感染那样适合于培养。

· BAL可以不用内镜进行，也可以在内镜指导下进行。

设备

· 镇静剂（盐酸赛拉嗪和酒石酸布托啡诺）。

· 3 m BAL导管或2~3m、直径9mm的可弯曲导光纤维内窥镜。

· 2%甲哌卡因盐酸盐或2%利多卡因（赛罗卡因）。

· 3~5个60mL无菌注射器。

· 加热与体温接近的无菌0.9%生理盐水溶液180~300mL，不含抑菌剂。

· EDTA真空采血管。

步骤

- 马匹通常需要镇静，推荐剂量为静脉0.4~0.6mg/kg赛拉嗪和0.01~0.02mg/kg布托啡诺。

· 如果要使用BAL导管，则需伸展马头，轻轻地将导管穿入鼻孔，进入终末段气道，将导管插入肺下叶的支气管。这种手术的主要缺点是导管的位置未知。

· 如果使用内窥镜，则首先要用消毒液清洁内窥镜活检通道或导管，并用无菌水冲洗。通过内镜，从远端气管开始，通过活检通道开口注射35mL 2.0%利多卡因（2.0%），以减少马过度咳嗽。轻轻地将其尽可能地“楔入”最小直径的支气管，在导管尖端充气，然后注射剩余的10mL利多卡因。按顺序注入并抽吸60mL的等分液，直至注入300mL（马驹60mL）。

- 如果出现过度咳嗽，则考虑增加镇静和/或注入5mL稀释的甲哌卡因。

· 如果细胞学分析在几个小时内完成，则将样品放在冰上；如果预计延迟检查，则将样品放在EDTA真空采血管（紫色顶部）中。

并发症

- 并发症很少见，在灌洗点发生局部肺炎并不常见。
  - 应在BAL后持续监测马的体温3~5d。

呼吸道抽吸液的分析

· 如果样品呈细胞状，则可直接对液体进行涂片；否则，需将样品进行离心，并将离心液滴至玻璃载玻片上（见第11章）。

- 玻片制备可以风干，并用瑞氏染色液染色。
- 细胞学检查应包括细胞分类计数、细胞退化状态和细菌成分评估。
  - 总细胞计数没有意义，因为细胞群的密度随回收生理盐水量的变化而变化。
  - 应确定细胞分类计数，尽管在经气管吸引术和BAL中，抽吸仅能反映肺气道树的一小段。
  - 结果显示正常不能排除肺部疾病（特别是BAL），因为结果反映的可能是由于意外地冲洗了正常肺部部分得出的。
  - 正常马的细胞数量可能因其环境而有所不同（如饲养在马厩或户外）。
- 正常经气管冲洗的（TTW）吸入物含有多股黏液。

· 在TTW中，柱状上皮细胞和肺泡巨噬细胞是主要的细胞类型。在BAL样本中，淋巴细胞和巨噬细胞占大多数。

- 中性粒细胞和嗜酸性粒细胞通常少于BAL细胞分类计数的5%。

· 非退化中性粒细胞数量增加（＞25%）常见于复发性阻塞性肺疾病（复发性气道阻塞［RAO］、马慢性肺气肿、原发性慢性阻塞性肺疾病［COPD］）。

· 中性粒细胞（＞5%）、肥大细胞（≥2%）或嗜酸性粒细胞（≥1%）增多提示有炎性气

道疾病（IAD）。

- 细胞内细菌的存在表示发生了感染。
- TTW样本中含有鳞状上皮细胞（通常呈筏状或卷成雪茄状），表明慢性刺激或炎症导致下呼吸道发生咽部污染或鳞状上皮化生。
- 库什曼螺旋物（支气管喘息时黏液形成之螺旋状小体）是来自终端气道的螺旋状黏液塞，表示慢性炎症，最常见见于RAO。
- 含铁血黄素的肺泡巨噬细胞出现则提示肺出血。
- 在正常的TTW样本中，常见游离细菌和真菌（尤其是圈养在马厩中的、有马慢性肺气肿的马中）。
- 关于细胞类型及其在疾病过程中的作用的形态学描述。
- 在成年马，经气管抽吸物应进行有氧和无氧培养；在马驹，应进行有氧培养。
  - 在等待培养结果的同时，革兰氏染色可用于确定初始抗生素治疗。
  - 注意只有结合细胞学结果来判断呼吸液培养结果才具有意义，因为难以保证完全无污染，并且正常气管也可能含有细菌。

鼻氧吸入

- 与治疗成年马匹相比，输氧更常用于治疗新生马驹，但对两者都有治疗作用。
  - 应根据临床症状和血气分析结果来补充氧气。
  - 肺炎、肺水肿、溶血性贫血、大量失血、阻塞性肺病、通气不足，以及与卧位相关或新生儿通气/灌注不匹配的患马要怀疑是否存在缺氧。
- 鼻氧吸入对所有进行全身麻醉的患马均有利。
- 增加吸入空气中的氧气浓度会增加血液中的血氧分压（PaO_2）。
- 患有严重实质性疾病或右向左分流型心脏病的患马可能在临床上对鼻腔供氧无反应。

设备

- 氧气源（高压氧气瓶）。
- 氧气流量计/加湿器（加湿器应充满无菌水）。
- 氧气管（2~4m），从流量计延伸至患马。
- 鼻导管。
- 2.5cm白色胶带，半个木制压舌板（在新生马驹中）。
- 医用检查手套。
- 2-0带不可吸收缝线直针。

步骤

- 将加湿器连接到氧气源的流量计上。
- 将鼻导管连接至氧气管，然后将氧气管连接至加湿器（**重要提示：** 所有超过30min的输氧都应匹配加湿器加湿空气）。
- 使用鼻导管要测量鼻孔和内眼角之间的距离，这是到鼻咽的大致距离。
- 稍撑开一个鼻孔，将导管沿腹道（鼻腔通道的最腹侧和最内侧部分）放入鼻咽。
- 在管子周围（距鼻孔约6cm）放置“蝶形”胶带，然后弯曲管子并将胶带缝合到鼻孔，缝合时建议使用医用手套。管子可能需要在多处缝合固定，或者在新生马驹中，鼻导管可以绕着木制压舌器的一半，放置在鼻孔和面部旁边，并用白色胶带固定到位。
- 根据患马的大小和需要，将氧气流量设置为5~15L/min。
- 经常检查设置（每2h一次），以确保管道通畅。每天更换鼻导管。
- **注意事项：** 本步骤可能对吸入气中的 FiO_2 有不同的影响。
  - 使用两个导管和两条管线可能导致 FiO_2 进一步增加。在健康的新生马驹中，使用氧气流速为50mL/kg（2.5L/min）的单个鼻内导管可将 FiO_2 从21%（室内空气）增加到23%~26%，同样流速下的双侧导管可将 FiO_2 增加到31%~34%。
  - 通过单侧导管的200mL/kg（10mL/min）O_2 流速的 FiO_2 为52%，而在此流速下的双侧导管的 FiO_2 高达75%。
  - 成年马的 FiO_2 预期会略低，在某些情况下，需要气管内供氧来显著增加 FiO_2。
  - 健康成年马通过单侧导管分别给予5L/min、10L/min或15L/min的 O_2，则分别得到29%、41%和49%的 FiO_2 值；而补充相同氧气流速的患复发性气道阻塞［RAO］的马其 FiO_2 值则较低。
  - 如果把导管置于气管内，FiO_2 会较高，但同样一般会有中度至重度咳嗽。
  - 监测动脉血气的效力是有用的。
  - 在一些情况下，输氧可能会导致动脉血二氧化碳分压（$PaCO_2$）增高，这可能会改变患马的酸碱状态。
- **重要提示：** 鼻内输氧不会引起氧气中毒。

辅助通气

- 辅助通气用于治疗不能通过输氧矫正的呼吸暂停、通气不足、持续性胎儿循环或呼吸窘迫的患马。
- 需要机械通气的临床疾病包括马驹失调综合征（新生儿脑病）、导致代偿失调的呼吸系统疾病、胸部损伤或疾病及肉毒杆菌中毒。
- 持续性黏膜紫绀和呼吸困难或动脉 $PaCO_2$ 大于60mmHg的通气不足是通气不足和组织缺

氧的临床指标。

· 短期通气相对容易，但长期通气成本高且耗费人力，需要24h护理和复杂精密的设备。

· **注意事项**：除非患马是半清醒或无意识的或是有弥漫性神经肌肉无力（即肉毒杆菌中毒），否则在辅助通气前需要使用神经肌肉阻断剂。

· 患马可在站立姿势进行辅助通气，但患马对其耐受性不好。在尝试通气之前，必须进行气管插管（或气管造口术）。

· 放置带充气囊、直径较大的气管导管对于成年马匹来说可能更有利，而鼻气管插管则更常用于需要辅助通气的新生马驹。

设备

· 氧气瓶[1]，带有调节器[2]，以及具有适配自动供气阀的流量计和直径指数安全系统（DISS）（小型“E”气瓶为便携式）。

· E氧气瓶的调节器，带有1L/min、2L/min、4L/min、6L/min、10L/min、15L/min和25L/min的流量计和可连接自动供气阀的DISS系统。

· 可提供正压通气的以下方法之一：

  · 供氧阀。

  · 带氧气吸入适配器的按压式苏醒球又称急救气囊。

步骤

· 插入气管插管并对充气囊进行充气。

带自动供气阀的通气

· 将自动供气阀连接到氧气瓶上。

· 逆时针转动氧气罐调节器上的阀门，打开氧气罐。

· 将自动供气阀直接连接到气管内或气管造口管上。

· 按下自动供气阀上的按钮开始通气。自动供气阀以160L/min的速度输送氧气。监测到胸部扩张就放开按钮，呼气是被动的（检查以确保压力安全阀是打开的）。

· **重要提示**：一般情况下，给一匹成年马2~3s的呼吸时间，给一匹小马驹的呼吸时间要少得多。最安全的是观察胸部的上升，当胸部接近完全膨胀时结束吸气。

· **注意事项**：不要过度膨胀肺部，过度膨胀会造成气压伤，并会降低心输出量。当使用自

---

1 氧气供应服务可通过当地医疗保健公司提供。提供可重复使用的氧气瓶。

2 LSPO_2 Regulator 270-020（Allied Healthcare Products，St.Louis，Missouri）。

动供气阀时，很容易发生在马驹身上。因此，对于小马驹的复苏，最好配备带有合适的压力安全阀的压式苏醒球。

· 如果胸部没有上升，则检查是否有泄漏或导管放置是否有问题。确认没有将导管插到食管里，这可以通过观察和/或触诊导管或使用二氧化碳监测仪监测呼出的二氧化碳来确定（如果导管在食管中，则没有二氧化碳读数）。

· 成年马匹每分钟呼吸10~12次，马驹每分钟呼吸15~20次。

· 如果患马可以独立呼吸，自动供气阀可用于辅助通气。当吸气开始时，自动供气阀便会自动触发；而当呼气开始时，自动供气阀就关闭。这种方法增加了气道阻力和呼吸负担，一旦患马能够自主呼吸到室内空气，就应立即停止使用。

· 一个满的E氧气瓶约含有600L的氧气，在成年马复苏过程中仅能维持15~20min（见第47章）。

在马驹中使用压式苏醒球

- 将压式苏醒球连接到气管内或气管切开套管上。
- 将氧气吸入管插入压式苏醒球的气囊中，以增加吸入氧气的浓度。
- 打开氧气罐，将流量计调至15L/min。
- 按压苏醒球，直到肺部完全扩张。
- 呼气是通过苏醒球气囊上的阀门被动进行的。
- 控制每分钟呼吸约20次。
  - 如果无法插管，则可使用马驹复苏器。

带鼻气管插管和自动供气阀的通气

- 用清洁、润滑过的鼻气管插管给患马插管（见插管步骤），不要超过气管的颈中部区域。
- 将管子的游离端连接到氧气瓶的调节器上。
- 打开调节器至最大流速。

· 将两个鼻孔都阻塞住，观察胸部至其完全膨胀。成年马可能需要8s，这取决于肺部顺应性。注意不要过度膨胀肺部。

- 肺部充气后，打开鼻孔，允许其进行被动呼气。
- 控制成年马每分钟呼吸10~12次，马驹每分钟呼吸15~20次。
- E型氧气瓶在最大流量下仅能维持10~15min。

并发症

- 肺过度膨胀会导致气压伤和肺泡损伤，也可能导致肺气肿。

雾化吸入治疗

- 需要雾化颗粒0.5~2μm的雾化器。
- 首选超声波雾化器，因为它们具有较高的气溶胶输出，并且比其他形式的雾化器快得多；30~50mL溶液的雾化通常可以在15~20min内完成。努瓦格-阿尔特拉尼雾化器是个不错的选择。
- 支气管扩张剂与抗生素（不含防腐剂的抗生素更佳）混合使用常作为治疗下呼吸道和肺部细菌感染的组合药物。最常见的支气管扩张剂是沙丁胺醇，规格为3~5mL, 0.5%的市售溶液；用无菌水配制适量沙丁胺醇至30mL，与头孢噻呋组合使用或运用0.45%的无菌盐水配制后与其他药物组合使用。
  - 庆大霉素［2.2mg/kg雾化为50mg/mL溶液，每隔24h使用一次（浓度依赖性药物)］，以及头孢噻呋［1mg/kg雾化为25mg/mL溶液，每隔12h使用一次（时间依赖性药物)］是最常见的雾化抗生素。
  - 6.6mg/kg的阿米卡星可代替庆大霉素。
  - 氨基糖苷雾化后吸收不良，雾化剂量是其全身给药剂量的1/3。
  - 如果同时也在使用氨基糖苷进行全身治疗，则全身剂量可减少10%。
  - 所有雾化抗生素应与支气管扩张剂（即沙丁胺醇）混合，或在喷抗生素之前先喷支气管扩张剂。
- 如果气道有大量渗出物或新生马驹急性呼吸窘迫时，可向混合物中添加1~2.5mL的10%乙酰半胱氨酸，因为乙酰半胱氨酸具有抗氧化性。
- 此外，表面活性剂可以雾化，但最好是气管内给药。30mL雾化需要大约20min，可以每隔4~8h重复给药。
- 应安置面罩，以便充分呼出二氧化碳。
- 所有管道应保持清洁，每隔1~2d更换一次。
- 对于吸入性肺炎，可向溶液中添加类固醇（最好是布地缩松，0.5~2mg；或地塞米松，1~2mg)。
- 也可提供定量吸入器，用于支气管扩张治疗。
- Equine Haler[1]和AeroHippus[2]的功效相当，成年马身上施用以下药物:
  - 沙丁胺醇，360~900μg。
  - 苏布胺醇，500~1 000μg。
  - 异丙托溴铵，100~200μg。

---

1 Equine Haler（JorgensenLabs，Loveland，Colorado，800-525-5614）.

2 AeroHippus（Trudell，866-761-6578）.

- 可必特（沙丁胺醇和异丙托溴铵的组合吸入喷雾）。
- 皮质类固醇，如：
  - 氟替卡松，2 000~3 000μg。
  - 倍氯米松，1 500~3 500μg。

定量吸入器最适合用于维持治疗，而雾化吸入治疗和全身治疗更适合于治疗急性呼吸系统疾病。

临时气管造口术

Janik C. Gasiorowski and James A. Orsini

- 术语“气管切开术”和“临时气管造口术”经常互换使用，外科手术中，在气管腔中放置气管插管时，首选临时气管切开术。
- 当发生急性呼吸阻塞时，应紧急进行气管切开术。这项手术建立了一条绕过喉道和鼻道的气道，如果为上呼吸道阻塞，及时进行切开术可以挽救生命。
- 无论造成呼吸道阻塞的原因为何，临时气管造口术为人工通气甚至是吸入麻醉提供了直接途径。但这一操作对下呼吸道问题而导致呼吸衰竭的情况并没有帮助。
- 当预期上呼吸道阻塞（即坏死性喉炎的清创）或口腔气管插管会妨碍手术进入（即杓状软骨切除术）时，在进行喉部或鼻道处理前就需要进行气管造口术。

设备

- 剪刀。
- 无菌刷洗材料。
- 2% 局部麻醉剂、5~10mL 注射器和 22 号（1.25cm）的针。
- 无菌手套。
- 10 号手术刀刀片和刀柄。
- 适当尺寸的气管造口管[1]。
  - **重要提示：** 对于那些没有进行气管造口术经验的人来说，两段式金属气管造口管更容易使用（图25-2）。
- 0 号直针带不可吸收缝线（可选）。

1　气管造口管，内径 18mm 或 28mm。

步骤

- 如果情况允许或有必要，则给患马镇静。

标志：气管很容易在颈部的腹中线处摸到。在成年马脖子上1/3和中间1/3或矮马的脖子中间分离出一段气管。

- 夹住手术区域，用无菌刷洗材料进行彻底消毒。
- 在气管上方术部皮下注入5~10mL的局部麻醉剂，中线上的隆起应该是5~7cm长。
- 戴无菌手套操作，握住气管，用解剖刀垂直切开皮肤和皮下组织约5cm长的切口，该切口方向平行于气管。
- 钝性分离下面的肌腹（成对的胸骨甲状舌骨肌），向两侧剥开肌腹，直到气管位于中线（图25-3）。
- 切开两个软骨环之间的气管环韧带。切口应与软骨环平行，从而与皮肤切口垂直。切口的长度应仅能允许气管插管通过，且不得超过气管周长的1/3~1/2（图25-3）。

图 25-2　金属气管切开装置
A. 装置分为两片　B. 装置组装

- 插入气管插管（必要时需要缝合）。
- 每天要抽吸清洁或更换气管造口管，因为它很容易被分泌物阻塞，所以可能需要更频繁地清洗。
- 气管造口管应足够大，以能填充气管造口部位，且不得延伸至气管分支以下，以确保所有肺部区域都能通气。
- **注意事项：**对于处于上呼吸窘迫但仍能驯服的马，镇静可能不是必需的，而且通常是禁忌的。试图镇静一匹脱缰的处于急性的、完全的上呼吸道阻塞中的马是非常危险的，在马失去知觉后立即快速进行手术要更安全。在危及生命的紧急情况下，应放弃无菌技术，迅速使用任何尖锐物体进行该手术，并可使用任何可用管（胃管、花园软管等）初步建立气道。

并发症

- 特别是在没有无菌操作的情况下，伤口可能发生感染，气道是一个受污染的部位。气管造口部位应在拔管后二期愈合，并在此期间每天清洗几次。
- 如果空气漏出管外，则可能会出现皮下气肿。只有当空气中携带传染源，或者空气沿着

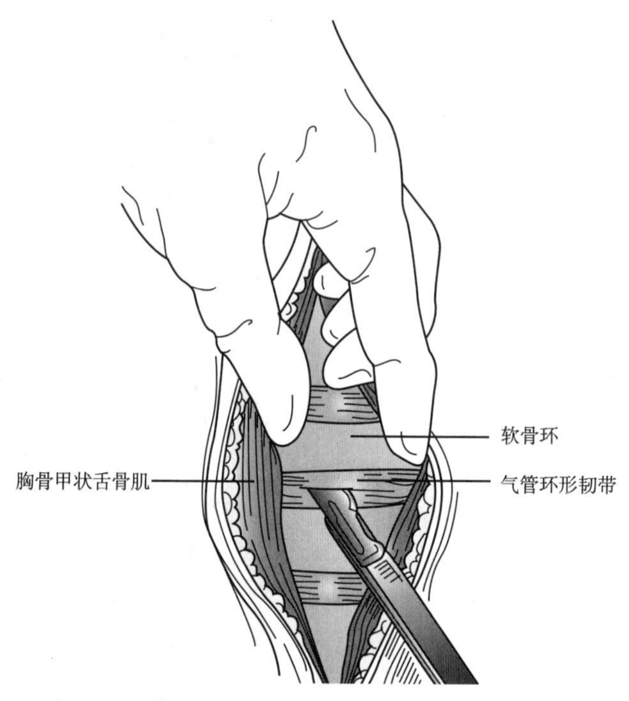

图 25-3　气管造口手术操作

在皮肤上做一个垂直的中线切口，分开胸骨舌骨肌，水平切开环形韧带，以允许气管导管通过。

组织平面分解，导致纵隔气肿、气胸，或两者兼而有之时，空气才是一个问题。

- 当在愈合过程中气管黏膜收缩可能会发生气管狭窄。若在管腔内产生的肉芽组织过多，则可能导致管腔狭窄。
- 如果在此过程中气管环受损，则可能导致软骨畸形和管腔狭窄。

鼻窦环钻术

- 鼻窦环钻术，或在鼻窦上方的骨头上形成一个孔，以便进入鼻窦腔，是诊断和治疗鼻窦疾病的一种方法。
- 提示鼻窦疾病的临床体征（流鼻液、面部不对称）通常由X线照相术的异常结果支持，这些异常结果有助于将疾病定位到特定的鼻窦。
- 如果X线照相术检查结果正常或不确定，则可以通过一个小的钻孔部位对额窦和上颌窦尾端进行探索性的内窦镜检查。
- 如果怀疑有细菌感染，则穿刺可提供适合细胞学检查、培养和敏感性测定的实验室样本。
- 对于慢性鼻窦炎和相关蓄脓的患马，采用鼻窦灌洗进行钻孔是首选治疗方法，这些患马对全身抗生素治疗无效。

- 额窦位于眼眶背侧和内侧。左、右额窦由中隔分隔。额窦通过额窦口与上颌窦窦骶相连。
- 通过额窦钻孔最容易进行额窦和上颌窦窦骶的内窦镜检查。
- 上颌窦成对，位于眼眶前下方，被不完全的斜隔分成吻侧和尾侧两个隔室，两个隔室通过鼻颌口与腹侧鼻道相通。
  - 由于相较其他鼻窦，上颌窦位于更内侧，因此通常是鼻窦炎中积液最多的部位。
  - 理想情况下，两个隔室都应该培养和灌洗，但只有对吻侧隔室灌洗能得到满意的结果。

设备及用品

- 镇静剂（盐酸赛拉嗪或代托米丁）。
- 剪刀。
- 2%局部麻醉剂，25号1.6cm针头，3mL注射器。
- 无菌擦洗材料。
- 无菌手套。
- 15号手术刀刀片（带手术刀柄）。
- 所用的环锯（取决于可用性和所需的孔尺寸）。
  - 鼻窦灌洗：2.5mm、3.2mm、4.5mm钻头和钻机，或2.0~4.5mm施氏针（带Jacobs夹具）。
  - 对于一个4mm内窥镜的通道，需要6.34mm带Jacobs夹头的施氏针。
  - 对于鼻窦穿刺术和鼻窦灌洗，需要静脉留置针（14号，5cm长）：取下管柱并把末端切掉，使导管只有1.9cm长；或者也可以使用1in的穿刺针。
- 2-0不可吸收缝线。
- 5mL注射器。
- 用于细胞学检查的EDTA（紫色顶部）真空管。
- Culturette或Port-a-Cul培养系统或两者兼而有之。
- 1L生理盐水，0.5%~1%聚维酮碘（倍他定）和75cm延长套用于鼻窦灌洗。

步骤

- 可对站立的镇静的或全身麻醉的马进行手术。镇静时，静脉注射0.01~0.02mg/kg的替托米丁或0.4~0.7mg/kg的赛拉嗪。
- 每个鼻窦的钻孔位置见图25-4。
- 选择一个5cm区域的钻孔位置，并对该区域进行无菌擦洗。
- 皮下浸润2mL、2%局部麻醉剂至骨膜水平。

· 全程无菌操作，从皮肤到骨膜进行0.5~1.5cm的穿刺切口（取决于所需的入口大小）。

· 使用一个0.3~0.6cm的施氏针或一个3.2mm的钻头，在骨中钻一个孔（在垂直于骨表面的窦上）。

· **注意事项**：在进行手术前，建议先熟悉覆盖软组织和窦内结构的解剖结构，以尽量减少术后并发症。

· **重要提示**：小心不要过度钻入骨头并损伤窦腔。骨头只有几毫米厚，一旦感到阻力消失，就应该立刻停止环锯。当使用钻头时，如果马移动，则钻头断裂的可能性更大。

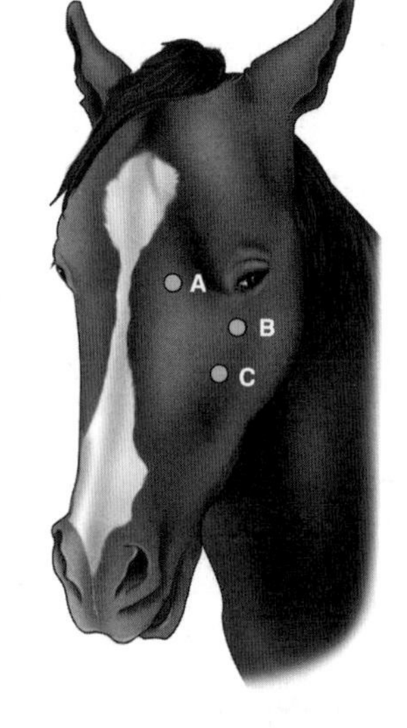

图 25-4　成年马鼻窦钻孔的位置

A. 额窦。从中线到内眦画一条水平线，该线中点外侧 1cm 处用环锯进行手术　B. 上颌窦尾端。在距内眦 3cm 和距面部嵴背侧 3cm 的位置用环锯进行手术　C. 上颌窦。在沿从内眼角到面冠头端的直线一半距离处用环锯进行手术

用于穿刺和鼻窦灌洗

· 插入导管，并尝试将注射口固定在骨骼中。

· 将一个5mL注射器连接到导管上，然后吸出鼻窦内的所有液体。如果未获得液体，则在再灌注前注入30mL常温无菌盐水溶液。此时应采集用于培养和细胞学检查的样本。

· 一旦获得样品，就将延长装置连接到导管上，并将稀释聚维酮碘溶液冲洗到窦内。如果鼻窦口明显，则通过鼻道从鼻窦中将生理盐水和化脓性渗出物冲洗出来。

· 如果需要反复冲洗，则将导管缝合到皮肤上；如果没有，则取下导管，对皮肤进行间断缝合。如果脓性物质已从钻孔部位排出，则在缝合前清洁该部位并在伤口中放置局部抗生素。

并发症

· 伤口感染或脓肿形成可能发生在环锯部位。这时应切开并引流或去除缝线，然后让该区域脓肿流出并进行二期愈合。无菌清洁，局部使用抗生素直到该部位愈合为止。

· 如果在环锯或导管插入过程中窦黏膜受到过度损伤，则会发生鼻出血。

胸腔穿刺术和胸管置入术

· 胸腔穿刺术是从胸腔中抽吸液体，并同时具有诊断和治疗功能。

· 该手术在站立的马上也很容易进行实际操作，根据胸部听诊、放射线照相或超声检查结

果怀疑胸腔积液时就可以进行该手术。

· 胸腔积液最常伴有胸膜肺炎、胸膜脓肿形成和肿瘤。胸膜积液也可能由于肋骨骨折的马驹的血胸而发生，但很少发生在接受苯肾上腺素治疗的赛马或老年马身上。

· 胸腔积液分析可区分这些问题，如果积液损害到了呼吸功能，则实施胸腔穿刺可挽救生命。

设备

· 剪刀。

· 无菌刷洗材料。

· 局部麻醉药。

· 5mL注射器和25号1.6cm针。

· 无菌手术刀刀片（12号）和手柄（3号）。

· 无菌金属乳房穿刺针（长6.2~10cm）或母犬金属导尿管（长26.2cm）：钝头插管不易损伤肺部。

· 三通旋塞阀或延长组件管。

· 60mL注射器。

· 0号不可吸收缝合线。

· 胸管20F~24F，带或不带Heimlich单向阀，用于重复引流。

· EDTA抗凝真空采血管。

· Port-a-Cul（好氧/厌氧）培养系统。

步骤

· 根据马匹的性情和疾病程度，可能需要镇静。建议用量为静脉给药0.3~0.5mg/kg赛拉嗪和0.01~0.025mg/kg布托啡诺。

胸腔穿刺术

· 根据肺部听诊结果或者最好是在超声检查引导的情况下，定位胸腔穿刺部位。液体通常在腹侧聚集。胸腔穿刺的一个常见部位是第7~8肋胸腔的下1/3处。如果怀疑双侧胸腔积液，则应对胸部进行两侧抽吸，因为大多数有胸膜炎的马其纵隔还是完整的。

注意事项：当放入针头或胸管进腹侧时一定要避开心脏！建议用超声引导来精确定位。

· 剃毛及无菌消毒手术部位。

· 皮下注射5~10mL局部麻醉剂，注入肋间肌，进行最后的皮肤准备。

· 在肋骨颅侧的皮肤和筋膜上做一个小切口，以避开位于尾缘的肋间血管和神经。也要找到胸外静脉以避免刺伤。

- **重要提示**：将切口扩至肋间肌，使乳头穿刺针或胸腔套管针更容易通过。如果通过乳头穿刺针时有相当大的阻力，它可能会断裂！胸膜具有敏感性，在胸膜顶叶附近注射利多卡因也很重要。

· 全程无菌操作。握住插管，并连接一个三通旋塞阀或管子，一端夹紧，以防止胸腔内出现负压时气胸，或者插入插管时可以连接无菌注射器。

· 将套管插入皮肤切口，并推动以穿过肋间肌。当进入胸膜间隙时，会感觉到阻力突然消失。如果没有大量胸腔积液，此时不要进一步推进插管，以免撕裂肺部。

· 将60mL注射器连接到活塞或管道上。如果出现积液，则回抽时应可见液体。此时通常需要旋转套管或轻轻地重新定向套管。在这些情况下，液体自由流动是正常的，此时液体可以被吸到桶里。

· 当不排出液体时，保持管道或旋塞关闭，以防止吸入空气和医源性气胸。

· 一旦液体不可再被吸出，则在套管周围作荷包缝合，并在移除套管时拧紧缝合线。如果去除脓液，则抗生素可以通过切口渗进。用杀菌剂或抗生素软膏，并包扎伤口。

胸管放置

对于经常需要重复引流的患马，特别是当患马存在大量积液或怀疑受到感染时，需要一根留置的人用胸管。

· 选择能排出纤维蛋白物质的最小尺寸的管道。

· 遵循产品附带的胸管放置说明，单向阀可以用来保持负压。

· 用荷包缝合或中国式指结将管系在皮肤上，将缝线游离端绕管多次至系紧，或使用快速固化胶固定。

· 胸管不用时可以夹紧。但是，如果Heimlich阀或作为单向阀的“保险套”充分黏附在胸管上，则无需夹紧胸管。一个开放式保险套（切掉封闭端）可以放置在管的外面，并紧紧地绑在管上，以防止空气进入胸腔，这可以替代商用的Heimlich阀。

· 胸管可保留1个月。如果碎片堵塞管腔，则可以根据需要更换。用酸碱平衡的聚离子液体冲洗胸膜腔可能会有帮助。导管周围形成的窦道通常在移除导管后自动愈合。

· **重要提示**：使用组织纤溶酶原激活剂（tPA），4~12mg注入胸膜腔，在早期治疗胸膜炎中有助于预防纤维蛋白囊的形成。

胸腔积液分析

· 从正常胸腔中只能取出1~2mL的稻草色液体。

· 颜色、不透明度、体积和气味都是有用的参数。

- 含纤维蛋白凝块的黄色不透明液体，提示有败血性渗出物。
- 腐臭渗出物的存在与厌氧细菌定殖密切相关。
- 肿瘤过程中偶尔可见清亮的至血液血清样渗出物。

- 应进行细胞学检查（总细胞计数和分类）和总蛋白测量，以明确分类积液。
  - 正常总蛋白水平低于2.5 g/dL，有核细胞总数通常小于8 000个/μL。
  - 肿瘤性疾病通常具有显著的炎症成分，可以模拟感染过程。肿瘤细胞通常会流入胸膜液中，并可在细胞学检查中鉴别出来。

- 如果怀疑感染，应将厌氧和有氧培养的样本进行实验室送检。**重要提示：**如果临床症状和细胞学上不清楚是否存在脓毒症，那么比较胸膜液和血浆中葡萄糖及乳酸可能有助于脓毒症的确诊。

并发症

- 如果胸腔穿刺时插管太靠背侧，则空气进入胸腔时可能发生气胸。胸腔通常为负压，当液体排出后，胸腔应恢复到负压。要纠正气胸，用4in插管、导管或胸管从背部吸出空气，方法与吸出液体的方式相同（见第46章）。
- 如果插管期间大静脉或动脉被刺穿，则可能会发生血胸。要注意避开侧胸静脉（位于胸部腹侧1/3处），始终沿着肋骨的颅缘进入。
- 如果插管期间心脏被意外穿刺，则可能导致致命的心律失常。要避开胸部的颅/腹侧，使用超声引导放置胸管。
- 即使通过胸腔穿刺取出大量（10~20L）的胸腔积液，由于胸腔积液取出而导致的低血容量症也很少见；然而，应采用液体疗法来替换丢失的积液。

呼吸系统紧急情况

Jean-PierreLavoie，Thomas J. Divers，and Fairfield T. Bain

呼吸系统紧急情况通常是指能引起呼吸窘迫的情况，但是像胸膜炎这种未出现呼吸窘迫而又危及生命的情况也视作呼吸系统紧急情况。

- 评估呼吸窘迫患马的初始诊断目标是确定疾病是否为以下几种情况：
  - 上呼吸道疾病（阻塞）。
  - 下呼吸道疾病（如肺水肿、支气管收缩或气胸）。

- 上呼吸道疾病（包括气管炎），通常可以根据患马呼吸音（喘鸣音），尤其是吸气时发出的声音来确定。

- 引起呼吸窘迫的下呼吸道疾病通常可以通过胸部听诊来确定。
- **重要提示**：上呼吸道阻塞时，吸气性呼吸困难通常比呼气性呼吸困难更为明显，而在下呼吸道阻塞［如马慢性肺气肿（RAO）］时，呼气性呼吸困难比吸气性呼吸困难严重。
- 在未出现呼吸窘迫的情况下出现危及生命的呼吸道感染需要紧急护理，如胸膜肺炎或吸入性肺炎，这些呼吸道感染通常可以根据病史、胸部听诊和常规诊断程序（如超声检查和气管吸引术）来确定。

伴呼吸音的呼吸窘迫：上呼吸道阻塞

- 上呼吸道阻塞导致的呼吸困难通常会产生呼吸音。
- 需与之鉴别诊断的情况很多，因此应使用辅助诊断设备（如内窥镜和放射照相术）进行完整的身体检查，根据某些临床症状，缩小鉴别诊断范围。
- 急性呼吸道阻塞通常是快速进展的，原因有以下三个：
  - 原发性疾病过程，如水肿，通常是进行性的。
  - 气流不断搅动致使气道受损，导致水肿加剧。
  - 因呼吸道阻塞而增加呼吸力导致的胸膜负压升高可能导致肺水肿。
- 要将任何急性呼吸音视为紧急情况。

鼻阻塞

只有两边鼻孔都受损时才会发生呼吸窘迫，急性双侧鼻阻塞最常见的原因如下：

- 外伤，包括异物。
- 后鼻孔闭锁。
- 过敏反应。
- 蜂螫。
- 蛇咬（见第45章）。
- 面部梭菌性肌坏死。
- 一个或多个颈静脉的急性阻塞，马常低头（精神沉郁或镇静）。
- 鼻腔的一些慢性疾病，如肿瘤、肉芽肿或筛窦血肿的压迫，偶尔会引起急性呼吸窘迫。
- 麻醉后实施长时间手术，头部仍处于依赖位置（而致鼻腔充血和水肿）。
- 鼻窦扩张性疾病，如原发性脓胸、鼻窦囊肿和导致鼻道压迫的肿瘤，很少需要紧急治疗。
- 霍纳综合征除了镇静和长时间降低头部外，还可能导致鼻水肿和阻塞。

鼻腔创伤

- 马出现以下情况时，鼻腔会受到创伤：

- 在室外奔跑时撞到某固定物。
- 被踢。
- 患有持续性的脑压迫并伴有脑部疾病。

· 创伤也会出现在严重抑郁症的患马中，因为它们常低着头，经常插入鼻胃管的马也容易发生鼻腔创伤。外伤可导致鼻中隔骨折/畸形，并伴有大量的骨痂形成和随后的持续性鼻阻塞。

应该做什么

钝性鼻外伤的处理

- 尽可能保持患马安静，冰敷鼻外表面。
- 将利多卡因和肾上腺素2%（成年马每个鼻孔25mL）喷入鼻腔，还可以使用苯肾上腺素喷雾（0.1%，每匹成年马总共20~30mL）。
- 如果预计会发生进行性的鼻肿胀，可通过在鼻孔缝合固定一个小的鼻内管（直径9~15mm，长4~8cm），以帮助保持鼻腔通畅，这比气管切开术容易。然而，管压可能会导致鼻黏膜坏死。也可以使用鼻气管插管。
- 在某些情况下可能需要气管切开术。
- 尽量将马头部抬高至与肩部水平。如果能够保证患马安全且可忍受，则应将其头部绑在高处或以高位支撑起来。
- 保持颈静脉完全通畅。
- 开始应用适当的抗生素。
- 缝合伤口。
- 如果以前没有接种疫苗，则此时需接种破伤风疫苗（或抗毒素，如有指示）。
- 始终考虑头部严重创伤及其后遗症的可能性。

不应该做什么

钝性外伤（鼻损伤）的处理

- 请勿使用赛拉嗪或任何会导致马头部变低垂及会增加上呼吸道阻力的镇静剂。

应该做什么

后鼻孔闭锁

- 可以是单侧的或双边的。
- 双侧的后鼻孔闭锁可危及生命，在马驹出生时即可检测到，需要紧急临时气管切开术以保持气道通畅。

颈静脉血栓形成

· 重症患马通过静脉注射接受药物治疗，尤其是高渗液体或酸性药物或碱性药物，会发生颈静脉的双侧血栓形成。

· 不幸的是，由于原发性疾病，这些患马精神沉郁，它们的头比正常的马低，可能会导致进行性鼻水肿。

· 如果患马能将头部保持在正常位置，则可以进行药物治疗而避免实施气管切开术。

· 患有一个颈静脉急性血栓形成的危重患马，理想情况下应在其胸外静脉（见第1章）内注射药物和液体，并从导管或面部窦中采集血样，以防对其余颈静脉造成伤害。避免大剂量液体给药，以减少静脉炎和血栓形成。

应该做什么

急性颈静脉血栓形成

- 避免对静脉进行创伤性操作。如果某个颈静脉仍然是明显的并且必须使用，建议采用无菌技术引入“低”血栓形成性导管；并且如果可能，在给药前用正常的pH液稀释高pH或低pH药物。
- 尽可能使头部保持在与肩部水平或抬高头部。将喂马的干草网兜放在正常头部的位置。如果患马能够忍住，则应将其头部绑在高处或支撑住头部，但必须密切监控患马，以防其自伤。
- 如果头部水肿严重，则进行抗水肿治疗（如速尿，1mg/kg，静脉缓慢注射）。
- 如果一个颈静脉在已放置留置针的情况下发生急性颈静脉血栓，可能的话则需取出留置针并将其放置在胸部侧静脉或头静脉。
- 开始服用阿司匹林，成年马口服剂量为10~20mg/kg，q48h，以达到抗血小板的效果。己酮可可碱不能抑制马的血小板聚集，但它可能使红细胞变形。氯吡格雷（波立维），口服2~3mg/kg，q24h，对马血小板的抑制作用优于阿司匹林。
- 皮下注射低分子质量肝素（50U/kg）或普通肝素（50~80IU/kg）可能有助于减少进行性血栓的形成。
- 如果血栓形成是急性的，可以用25号针在血栓形成的部位附近注射tPA，以溶解血栓，但这有肺血栓栓塞的风险。
- 如果低蛋白血症加剧，则给予新鲜或新鲜冷冻的血浆（2~10L）或淀粉代血浆（2~10mL/kg），但要考虑成本和预期回报。

蜂螫伤

蜂叮或疫苗反应可导致严重的急性鼻水肿。

应该做什么

鼻部蜂刺或火蚁咬伤

- 使用冷敷。
- 服用抗组胺药：
  - 苯海拉明，1mg/kg，肌内注射或缓慢静脉注射。
  - 琥珀酸多木胺，0.5mg/kg，缓慢静脉注射（快速注射时可能出现异常行为）。
- 如果水肿呈进行性且严重，则考虑使用依沙美松，即0.1~0.2mg/kg，静脉注射，q24h。
- 如果肿胀迅速进行或有全身性低血压迹象（心动过速、脉搏质量差），对于一匹450kg的成年马静脉注射3~5mL 1 ∶ 1 000溶液稀释的肾上腺素。
- 考虑是否需要气管切开术。
- 保持头部水平或抬高。

蛇咬伤

- 毒蛇可能会咬伤马并导致严重的组织坏死（见第45章）。
- 鼻子是被咬伤的常见部位，并会出现严重肿胀。
  - 被响尾蛇咬伤后肿胀严重。

临床症状与诊断

- 肿胀部位最初是温暖的，然后随着皮肤坏死而变凉。
- 可能需要刮掉该区域以识别尖牙痕迹，咬痕可能有助于区分蛇的种类。
- 严重蜂窝组织炎通常与梭菌感染有关。

- 溶血性贫血很少发生。
- 可能出现胃肠道症状（绞痛、腹泻）。
- 心动过速可由疼痛、相对低血容量或心肌炎引起。
- 毒液的严重全身效应在成年马中并不常见。
- 对于马驹，全身效应包括低血压和休克。

应该做什么

鼻部蛇咬伤

- 如果气道阻塞，则应进行气管造口术。
- 如果鼻子被咬了，而气道没有阻塞，则保持头部水平或抬高，以减少严重肿胀程度。通过鼻气管插管、缩短的胃管或注射器针盒，并将其放置在适当的位置以防止气道阻塞。
- 使用氟尼辛葡甲胺来减少炎症和减少由前列腺素引起的全身效应，对血小板功能的影响不大。
- 在所有情况下都使用青霉素，22 000~44 000U/kg，静脉注射，q6h；或22 000U/kg，肌内注射，q12h。
- 口服15~25mg/kg甲硝唑（q8h）和静脉注射6.6mg/kg庆大霉素（q24h）。如果考虑到水合作用和肾功能，则可肌内注射或者静脉注射3.0mg/kg的头孢噻呋（q12h）替代庆大霉素。
- 给成年马使用破伤风类毒素或给马驹和疫苗接种史不清或不足的马使用类毒素和抗毒素。
- 如果需要进行低血压治疗，则给予液体，包括高渗盐水、血浆；如果液体不能治疗低血压，再给予加压药物（见第32章）。**注意事项：**如果使用庆大霉素，则必须避免脱水！
- 最好在咬伤后的前24h内服用抗蛇毒素（马源），抗蛇毒素也可能治疗被珊瑚蛇咬伤的马驹。
- 马驹应有以下适当的管理：
  - 静脉输液。
  - 正性肌力药或加压药物（如多巴胺，每分钟5~10μg/kg；或多巴酚丁胺，每分钟5~15μg/kg；或去甲肾上腺素，每分钟0.02~0.1μg/kg）。
  - 液体治疗。
  - 药物治疗。
- **重要提示**：记住，马驹对压力药物不会像成年马那样有显著增加血压的反应。在接受β-激动剂和α-激动剂联合用药的马驹中，应监测心率的变化。心率增加40%以上就应减缓给药速度。
- 抗蛇毒素可供使用。

喉 / 咽阻塞

应该做什么

气道和呼吸

- 对于呼吸窘迫的患马，鼻气管插管可能很难进行。
- 在大多数情况下，首选气管切开术。
- 如果进行气管切开的器械不是即时可用的，则尝试鼻气管插管。
- 如果患马突然倒下，则进行鼻气管插管，因为它更快。
- 继发性肺水肿是严重急性上呼吸道阻塞的常见症状，在这些病例中，常规情况下应进行速尿治疗。

过敏性喉水肿

- 病因通常未知，但可能是对疫苗抗原的过敏反应，也可能伴有紫癜出血。

诊断

- 内窥镜检查是最好的诊断工具，可见喉部周围组织水肿和塌陷。尽可能避免镇静。
  - 如有必要，则静脉注射0.02~0.04mg/kg异丙嗪和0.01~0.02mg/kg布托啡诺进行镇静，以便更好进行喉镜检查。

应该做什么

过敏性喉水肿

- 如果喉水肿是由过敏反应引起的，则缓慢静脉注射肾上腺素，每450kg体重的成年马使用3~7mL（1 ∶ 1 000稀释）。如果时间允许，则在20~30mL的0.9%盐水溶液中稀释。在不太严重的情况下，可以肌内或皮下注射同样剂量的肾上腺素。
- 如果出现呼吸、喘鸣，则意味着有80%或更多的气流损失，这时应通过鼻气管插管以防止进一步阻塞和再一次切开气管。**注意事项：**导管可能通过机械刺激增加水肿。
- 如果喉水肿严重，则应进行气管切开术。
- 如果出现肺水肿（听诊出现爆破音或鼻孔出现泡沫），应开始速尿治疗，静脉注射1mg/kg。
- 地塞米松，0.1~0.2mg/kg静脉推注；二甲基亚砜，稀释在3L的0.9%盐水溶液中，1g/kg静脉推注；或者应用5%葡萄糖。
- 对于全身性过敏反应，使用晶体和胶体溶液。因为患马可能低血压，但那些接受过大剂量肾上腺素的马除外。
- 提供鼻内或气管内输氧。

不应该做什么

喉水肿

- 如果可能出现全身过敏反应和低血压，则不要服用异丙嗪。
- 不要使用α_2-激动剂，如赛拉嗪和地托咪定，因为它们会增加上呼吸道阻力。

预后

- 预后一般良好，但这种情况可能会持续几天或复发。

会厌炎

- 急性会厌炎可能会引起呼吸杂音，在极少数情况下会产生类似于人喉头炎的呼吸窘迫。
- 会厌炎在赛马中更常见。
- 检查会厌的底面，以确定炎症程度；通过内窥镜在咽部周围缓慢地滴入2%利多卡因（30mL），以促进会厌升高。

应该做什么

会厌炎

- 休息。
- 推荐喉咙喷雾剂，如胶体银或地塞米松/［硝基呋喃酮（呋喃西林）喷雾剂，DMSO］，以及非甾体类抗炎药（NSAIDs）。
- 口服抗生素，如：
  - 甲氧苄啶磺胺甲噁唑，20~30mg/kg，口服，q12h。
  - 头孢噻呋，3mg/kg，静脉注射，q12h。
  - 如果呼吸气味腐臭，应添加甲硝唑，经直肠15~30mg/kg，q8h。但如果口腔和食管黏膜受损，则甲硝唑会刺激口腔和食管黏膜。
- 用磨蚀性较低的饲料代替干草，如草料、湿润的颗粒状、成块的干草、干草青贮饲料等。
- 会厌炎很少需要实施气管切开术。

会厌下囊肿

- 患马有运动呼吸音、咳嗽和吞咽困难的病史。在极少数情况下，会厌下囊肿可完全阻塞上呼吸道并引起呼吸窘迫。
- 如果存在呼吸困难，则在手术切除囊肿前进行气管切开术。

杓状软骨病变

- 在大多数情况下，虽然阻塞可能是急性的，但在此之前软骨症已经存在很长一段时间。
- **重要提示**：如果患马在休息时有明显的呼吸音，通常已经有80%或以上的气道被损害。一旦呼吸音和呼吸困难在临床上是明显的，则可能会很快发展到完全阻塞！

诊断

- 内窥镜检查。

应该做什么

杓状软骨病变

- 进行气管造口术。
- 推荐使用喉咙喷雾剂（地塞米松、呋喃西林、DMSO），全身抗生素和非甾体抗炎药。
- 如果药物治疗失败，则需要对病变软骨进行手术切除（杓状软骨切除术）。

新生马驹咽功能不全

- 对新生马驹进行哺乳后，咽功能不全可能导致口鼻反流。
- 继发性吸入性肺炎很常见。
- 咽内镜很少显示软腭背侧移位，很少能发现功能障碍的原因。
- 原因通常未经证实，但可能是由于：
  - 新生儿脑病。
  - 硒缺乏。
  - 咽功能发育不全。
- 许多马驹恢复了足够的功能，可以在不吸入的情况下进行哺乳，而其他马驹则用水桶喂养。
- 第四鳃弓缺陷也可能导致乳汁从食管流入鼻子。
- 少数患病马驹可能无法恢复到赛马所需的全部呼吸功能。

应该做什么

新生马驹咽功能不全

- 用鼻胃管饲喂马驹。

- 如果硒血清浓度低，则补硒。
- 治疗吸入性肺炎（如果有）。
- 如果新生马驹在出生后5~7d时仍不能进行喂养，建议用马驹桶饲喂，以尽量减少吸入。

喉轻瘫 / 麻痹

麻醉后喉痉挛

麻醉后喉痉挛是一种麻醉后遗症，最常见的痉挛发生在麻醉恢复期间气管插管取出后，只有很少发生在鼻胃管插管后。肺水肿会迅速发展在阻塞后，因此必须立即治疗。

应该做什么

麻醉后喉痉挛
- 气管造口术或鼻气管插管。
- 通过气管切开术或鼻气管插管补充氧气（10L/min）。
- 静脉注射速尿1mg/kg。
- DMSO，1g/kg，用3L、0.9%盐水溶液稀释，静脉注射，在肺水肿情况下还应加上0.1~0.2mg/kg的地塞米松。

低钙血症

低钙血症患马可发展为喉轻瘫，从而导致喉梗阻。

诊断

- 病史很重要，如母马泌乳，然而特发性病例与泌乳无关。
- 其他的临床症状有面部牙关紧闭、心脏急速跳动和颤抖。
- 通过测量血清钙水平确认所有假定病例。有严重临床症状的成年马其血清钙浓度通常低于6.5mg/dL（＜1mmol/L钙离子）。大量出汗、低氯血症和由此引起的碱中毒都会进一步加重低钙血症。

应该做什么

低钙血症引起的气道阻塞
- 给成年马（450kg）缓慢静脉注射硼葡萄糖酸钙（11 g），同时监测心率和节律。

注意事项：硼葡萄糖酸钙比氯化钙更安全。
- 如果临床症状还没有减轻或消失，则可能需要第二次治疗，以较慢的速度给予用聚离子液体稀释的额外的钙剂。

不应该做什么

补充钙剂
- 不要皮下注射硼葡萄糖酸钙。

马驹和成年马的特发性喉麻痹

病史

- 马驹呼吸急促，但无其他身体异常。
- 成年马也可能有这种情况。

诊断

- 进行内窥镜检查。
- 排除马驹的其他已知原因：
  - 夸特马的家族性高钾型周期性麻痹（HYPP），夸特马“Impressive”（马名）的纯合子育种而致的缺陷基因：HYPP会导致喉咽塌陷，并且HYPP常与吞咽困难有关，HYPP通常不会引起新生马驹的临床症状。
  - 新生马驹软腭短暂性移位：牛奶回流比呼吸道阻塞更为严重，尽管处理时患病马驹可能会发出呼吸音。
  - **重要提示：**硒缺乏也会导致呼吸道塌陷和呼吸音，并对非常年轻的马驹造成困扰，在已知硒缺乏的地区（主要是美国北部和加拿大）应考虑这一点。
  - 咽后淋巴结病。

应该做什么

特发性喉麻痹

- 进行气管造口术可立即缓解。
- 如果怀疑硒缺乏，则肌内（而不是静脉内）注射硒。

预后

- 对于特发性病例和严重硒缺乏的患马预后非常差，大多数病例几乎没有得到改善。
- 对于其他鉴别诊断，则预后良好。

肝功能衰竭

吡咯双烷类碱中毒等肝性脑病可引起急性双侧喉麻痹，有肝病的临床和生化证据。

应该做什么

喉麻痹 / 肝衰竭

- 气管造口术可缓解呼吸窘迫，并伴有肝功能衰竭的预后不良。

双侧喉偏瘫

- 特发性/创伤性。
  - 不常见。
  - 创伤性：先前存在左喉偏瘫的马其右喉也发生偏瘫（静脉注射后的静脉周炎、颈部创伤）。
  - 特发性：马驹喉麻痹，在成年马中很少见。
- 有机磷中毒（见第34章）。

咽鼓管囊鼓气

- 在马驹中，喉囊鼓气可引起呼吸音，使马驹易患肺炎，但很少会引起呼吸窘迫。
- 诊断基于咽后区（易压缩）的明显扩张。这种情况可以通过头颈的侧位片（喉囊延伸到第二颈椎以外），或者通过在咽后两侧施加手动压力或在鼓气的喉囊中插入导管来减压。
- 通过对咽后两侧施加手动压力或通过鼻咽口将导管插入鼓气喉囊中，可暂时缓解气道阻塞。避免用针穿过皮肤给喉囊减压，因为它可能会在无意中刺穿喉囊内的血管而导致严重出血，并导致继发性喉囊积脓。
- 通常不需要气管造口术。
- 要治疗几乎始终存在的吸入性肺炎。

马腺疫的诊断方法和饲养管理

Fairfield T. Bain

- 马腺疫是由革兰阳性菌马链球菌马亚种引起的感染。
- 其典型特征是上呼吸道和相关淋巴结感染，但也可被视为皮肤和内脏脓肿和免疫反应的来源。
- 这种疾病更常见于年轻的马，并且在全世界都很常见。
- 大多数疾病的暴发都与外来马匹的引入有关，该引入马向易感马匹所处的环境中排毒。
- 该病原通过无症状携带马在马群中进行传播。

发病机理

- 马链球菌马亚种通常被称为马链球菌。病原体通过口腔或鼻道进入马体内，随后侵入扁桃体上皮。
- 感染从扁桃体到局部淋巴结的转移可能在数小时内发生。脓肿形成可发生在3~5d内，这取决于各种因素，包括感染剂量和个体免疫差异。
- 下颌淋巴结病和淋巴结脓肿被认为是该病的特征，但是它也可能影响咽后部和头部其他淋巴结。**重要提示：**脓肿形成是该疾病的标志，且该脓肿最终会破溃并流出脓汁。
  - 喉囊内窥镜检查对于识别突出到喉囊内隔底部的咽后淋巴结肿大很重要。

临床症状

- 马腺疫对所有年龄段的马都易感，但更常见于年轻的马（＜5岁）。
- 最早发现的临床症状是发热（高达39℃或更高），这可能与下颌或咽后淋巴结内的早期化脓性炎症一致（通常在发现淋巴结肿大之前）。

· 最初流出的浆液性鼻液可能在几天内发展为黏液性脓性鼻液。

· 临床可检测到的鼻液量可能反映了马对病原体的免疫力。**重要提示：**咽后淋巴结肿大可压迫咽背侧壁，造成一定程度的气道阻塞。咽后区外部可能不会在临床上出现扩大，但是患马可能会出现头颈伸直的现象，以弥补上呼吸道受损。

· 除了气道阻塞外，咽炎和咽后淋巴结炎还可能导致吞咽困难或吞咽疼痛，以及一定程度的食欲不振或吞咽困难。

· 咽后淋巴结也可能伸入至喉囊内室底面，导致神经功能和吞咽控制受损。

· 淋巴腺炎最初可表现为受感染淋巴结的疼痛性肿大，随后通过上覆皮肤浆液渗出并最终感染淋巴结脓肿破溃然后流出脓汁。

· 咽后淋巴结破溃可能需要几天的时间，并会导致喉囊脓肿所引起的咽部压迫。**重要提示：**在许多疾病暴发中，可能不会出现典型症状——下颌淋巴结肿大，从而导致诊断延误和马群之间发生更多接触传播。

· 其他淋巴结也可能受到感染，如腮腺淋巴结、颈淋巴结；或更罕见的内部淋巴结，如肠系膜淋巴结。

· 深部颈或颅纵隔淋巴结的脓肿有时会导致气管压迫和呼吸困难，而不累及上呼吸道。

· 20% 以上的病例会出现马腺疫相关的并发症。

这些并发症包括：

- 扩散到身体内的其他部位。
- 内部脓肿。
- 肺炎。
- 胸膜肺炎。
- 免疫反应。

· 据报道，肺炎是马腺疫并发症中最常见的死亡原因。

· 出血性紫癜是一种免疫复合物沉积性血管炎，与马腺疫病原体的暴露和回忆应答的发展有关，通常发生在老年马身上。

- 这种并发症可导致发热的临床症状及疼痛性肿胀和血清渗出。
- 在严重病例中，有可能出现皮肤坏死，通常累及下肢和腹部皮肤。
- 鼻道黏膜内可出现瘀点和大小不等的瘀斑出血。
- **重要提示：**某些形式的紫癜出血可导致急性和快速进行性免疫介导性肌炎或骨骼肌内的梗死病变（见第35章）。
- 临床症状可能与其他原因引起的肌炎相似，可能严重到导致患肢的支持肌腱崩溃。
- 一个预先存在的高血清抗S抗原（如SRIPM蛋白）抗体滴度可能会干涉出血性紫癜的后续发展（感染还是免疫）。
- 除了典型的皮肤损伤外，骨骼肌组织和内脏（即肺和肠）也可能发生类似的血管炎和组织坏死。

- 产生的临床症状取决于所涉及的特定器官系统：
  - 肌病。
  - 呼吸困难。
  - 结肠绞痛。

诊断

- 在年轻马群中暴发发热性呼吸道疾病时应考虑马腺疫感染的可能性，同时伴有鼻液和淋巴结肿大。
- **重要提示：**由于大多数马都没有表现外部淋巴结肿大，因此马群出现发热时应考虑使用喉囊内窥镜。
- 通过以下方式证明特定病原体马链球菌亚种的诊断：
  - 细菌培养：
    - 鼻拭子。
    - 引流淋巴结的脓性渗出物。
    - 鼻咽或喉囊冲洗物。
  - 鼻咽或喉囊冲洗物的聚合酶链式反应（PCR）。
- **重要提示：**在一些暴发中，较高百分比的病原体分离可能来自喉囊而不是鼻咽。
- 鼻咽冲洗技术使用20cm、10F的聚丙烯导管取60mL无菌盐水冲洗鼻腔，当冲洗物从鼻孔中排出时，将其收集在无菌收集容器中。
- 内窥镜下对喉囊的评估允许内侧隔室底面的直接显像，以寻找咽后淋巴结肿大、咽鼓管积脓和软骨样物质的存在。可使用无菌经内窥镜导管直接冲洗喉囊。
- 建议仅使用一个鼻捻子控制患马来初步评估患马的鼻咽情况，以确定用α2-激动剂镇静前的气道损害程度。因为这些药物可能导致咽部肌肉组织松弛，进一步损害气道直径。
- 在某些特定情况下，使用血清学方法可能有助于获得诊断结果。
  - 这些可能包括对内部脓肿的诊断，因为此时在没有典型感染的情况下，是无法获得培养物，从而显示免疫反应的。
  - 血清链球菌M蛋白（SeM）抗体可通过酶联免疫吸附试验（ELISA）测定。一些实验室（包括欧洲的IDVET及美国和加拿大的IDEXX实验室）可进行这项检测。英国也有一种检测其他链球菌蛋白抗体的酶联免疫吸附试验，用于筛选早期感染或携带者。

应该做什么

马腺疫

- 对患马腺疫的马的治疗要取决于感染的阶段。
- 许多幼马发展到感染淋巴结的破溃和流脓。

- 大多数患马通过休息及容易获得的饲料和水来康复。
- 有些患马可能需要用短期消炎治疗来减轻与咽炎和身体淋巴结肿大相关的疼痛，脓肿部位可能需要皮肤护理。
- 有些患马会出现更严重的并发症，如气道阻塞或吞咽困难。
- 通过内窥镜检查评估患马的气道阻塞情况很重要，这可以用来确定危害程度，以及确定是否需要实施气管切开术来缓解呼吸窘迫。
- 气管造口术通常更容易作为一种选择性手术进行，而不是在出现严重呼吸窘迫和衰竭后进行。带充气囊的气管造口导管可用于处于吞咽困难的马，以防止发生吸入性肺炎的可能性。
- 对于喉囊积脓，在咽后淋巴结脓肿破溃和流出后，为了减少鼻咽压迫，加快感染的清除，并减少可能导致产生软骨样物质和建立带毒状态的持续性脓性渗出物，反复冲洗可能是需要的。
    - 通常的治疗方法是用500~1 000mL的晶体溶液反复冲洗，一旦脓性渗出物被清除就滴注青霉素凝胶。

重要提示：青霉素凝胶的制备，可通过加热溶于20~30mL缓冲生理盐水（PBS）或无菌水（用足够的PBS制备悬浮液）的明胶（2 g），然后再加入500万IU水剂青霉素。这可以使青霉素作为凝胶储存，并可由一个吸液管或腔室导管注入喉囊。在向喉囊灌注完后，应尽可能地将马头保持在中立或稍微抬高的位置20min。商用牛乳腺炎悬液也用于咽鼓管囊，然而这些制剂似乎增加了肠道发育不良的风险。

    - 如果有持续浓稠的脓性渗出液，则冲洗后可注入10mL的10%~20%乙酰半胱氨酸溶液，通过使渗出液中的二硫键断裂来帮助清除渗出液。
    - 一旦大部分脓性渗出物被除去，青霉素凝胶可以被灌注以表现余效，并有助于“清除”感染。
    - 目标是在将患马释放到正常马群中之前，从喉囊获取的培养物呈阴性结果。
- 对马腺疫使用抗菌剂是有争议的。
- 没有证据支持使用抗菌药物会增加马腺疫中内部脓肿形成的可能性。
- 如果在疾病早期（初期发热时，并且在可触诊到的淋巴结病前）使用抗菌药物，这种及时的3~5d的抗菌药物治疗，在极少数情况下可解决感染并防止脓肿形成。
    - 这种方案对赛马或表演马可能有用。
    - 尽管是治疗性的，但可能会阻止保护性免疫的发展。因此，治疗过的马仍可能易感。
    - 这些个体应与临床感染的马隔离开来，以防止再次感染。一旦淋巴结病发展，则抗菌治疗被认为是不适于哪怕最简单的病例中。
    - 现在认为抗菌治疗只能暂时改善发热和嗜睡，在完全清除感染前中断治疗，淋巴结脓肿可能会发生扩大和破溃，或者再次出现感染。
- 抗生素治疗适用于复杂的咽后淋巴结肿大，导致气道阻塞或需要气管造口的呼吸困难。抗菌治疗有助于减少脓肿淋巴结的大小，解决吞咽困难和气管造口术相关的继发性并发症。
    - 青霉素仍然是首选的抗菌药物，分离物始终对青霉素敏感。
    - 其他药物类别，如头孢菌素类、大环内酯类或甲氧苄啶磺胺类，可根据抗菌敏感性试验使用。**重要提示**：磺胺甲氧苄啶可能产生临床反应，但预计不会“消毒”受感染的淋巴结，并会在有脓性物质存在时失活。
- 治疗与出血性紫癜相关的临床症状通常涉及应用抗菌药物并同时使用地塞米松（0.05~0.2mg/kg，静脉注射或口服，q24h），以抑制血管炎相关的炎症。
    - 类固醇治疗的时间可以延长，但一般建议逐渐减少剂量。
    - 何时停止类固醇治疗仍取决于临床症状和停药后的复发情况。
    - 血清总蛋白和球蛋白的升高可能预示着免疫复合物沉积和出血性紫癜的发展。
    - 除类固醇治疗和对受影响皮肤进行支持性护理（绷带、水疗）外，使用非甾体类抗炎药也可能有用。
    - 对于那些有活动性感染并伴有紫癜出血临床症状的患马，也需要进行抗菌治疗。

预防

- 防止马腺疫仍然是一个挑战。
- 疫苗接种是一个有缺陷的方法，因为：
    - 不良反应。

- 疫苗失败。
- 大多数疫苗都会发生免疫反应。

- 目前正在评估新的疫苗。
- 进行生物安全方面的教育非常重要，尤其对赛马和表演马群。
- 通过喉囊内窥镜和测试（培养或PCR）对马群进行新的筛选，有助于减少在有病史的情况下马腺疫的发生率。
- 记住将公共水源视为一种传播方式。**重要提示：**限制这种传播途径对预防很重要。

涉及咽后淋巴结的马腺疫

梗阻通常由败血性淋巴结病引起。大多数情况下，没有“成熟”脓肿需要引流。尽管预后良好，但这些病例很难处理。吞咽困难可能是一种症状。

诊断

- 获取病史并观察临床症状。
- 在没有明显脓肿的情况下，可能需要对头部/咽部进行射线照相和/或超声检查。

应该做什么

喉部阻塞 / 马腺疫

- 气管造口术。可能需要推迟内窥镜检查，直到进行气管造口术，以便改善气流通过。

注意事项：气管切开处会有脓性分泌物，并在周围会有软组织反应，但会在气管造口管取出后愈合；二期愈合。

- 如果出现淋巴结脓肿，则需引流。超声检查可能有助于确定是否有淋巴结脓肿。通常一个发育良好、“成熟到可引流”的脓肿是不存在的。喉囊的内窥镜检查可能发现在喉囊底面有一个“凸出”的脓肿。如果这是临床发现，则可在内窥镜的指导下使用外科激光切开并引流脓肿。因为解剖结构复杂，切开脓肿时必须避开迷走神经。
- 经皮超声检查可能允许在切开后可观察到脓肿，以便将12号乳头穿刺针插入病变淋巴结。

注意事项：无论有无引流，喉麻痹或功能障碍通常都在数月后的内窥镜检查中出现。

- 使用青霉素，临床改善可能需要1周或更长时间。青霉素（22 000~44 000U/kg，静脉注射，q6h）在治疗的初始阶段是首选，以加速恢复。如果进行气管造口术，则将静脉留置针放置在尽可能远离气管切开部位的位置。如果发生抽吸，则需要使用广谱抗生素。
- 另请参见“马腺疫”里“应该做什么”的内容。

急性喉囊积脓

- 常与马链球菌马亚种或是马链球菌兽疫亚种感染相关。
- 很少引起呼吸窘迫。

诊断

- 对咽部、喉部和喉囊进行内窥镜检查。
- 进行超声检查并识别喉囊内的液体。
- 放射学检查结果包括喉囊内的一条液体线。
- 可能出现鼻腔分泌物。
- 临床上可能出现下颌支后的肿胀和疼痛。

应该做什么

喉囊积脓伴气道阻塞

- 很少需要气管切开术。
- 全身适当地使用抗生素（青霉素）并通过一个喉囊的留置导管，这个导管也有助于改善引流。
- 将一根带腔室导管（大小合适的胃管或鼻气管导管）插入喉囊内引流，并用1L无刺激性的聚离子液体（单独使用温盐水或青霉素钾）冲洗。如需镇静，则给予异丙嗪0.02mg/kg静脉注射和布托啡诺0.01mg/kg静脉注射。如果呼吸障碍不严重，则在冲洗过程中用赛拉嗪代替异丙嗪，以降低头部并改善引流。冲洗过程中，在地面上喂干草有助于保持头部低垂，减少对冲洗液的吸入。
- **注意事项：**此过程可能需要重复操作。
- 另请参见“马腺疫”里“应该做什么”的内容。

食管近端梗阻

在极少数情况下，如果梗阻发生在近端食管内，可引起呼吸窘迫。

诊断

- 经内窥镜检查可看到背部塌陷的喉管。
- 通过内窥镜检查可在食管口处或食管前段看到饲料。

应该做什么

食管近端梗阻伴喉梗阻

- 停止口服和饮用。
- 如果患马情况允许，则用赛拉嗪或地托咪定使其镇静。
- 通过鼻胃管缓解食管梗阻。如果插管失败，则进行气管切开术。
- 使用抗菌药物预防/治疗吸入性肺炎，并提供消炎治疗。

咽部创伤

撕裂、刺伤、异物和钝性创伤（包括鼻胃管插入）可能导致咽部创伤。临床症状可能包括吞咽困难、呼吸困难和呼吸噪声。

诊断

- 咽镜检查可显示病变。
- 射线照相最能识别金属异物。

应该做什么

咽部创伤

- 推荐使用喉咙喷雾剂（胶体银，地塞米松/呋喃西林，DMSO）、全身抗生素、非甾体类抗炎药。
- 用研磨性较低的饲料代替干草饲料，如青草、湿颗粒或块状干草、青贮饲料。
- 很少需要临时气管切开术。
- 使用抗生素，如甲氧苄啶磺胺嘧啶、甲硝唑、青霉素钾（青霉素钠）、庆大霉素、甲硝唑。

高钾型周期性麻痹

纯合子患病马驹会出现气道阻塞。发作时可发出震颤声，治疗后可发出持续性噪声。大多数病例不需要气管造口术，可以进行药物治疗，诸如断奶或兴奋等应激性事件可能加速临床症状的发生或恶化。

诊断

- 年轻的夸特马马驹（<5个月）最常见患病。
- 内窥镜检查发现软腭、咽部和喉部塌陷。不要使用赛拉嗪进行镇静，因为这样做会增加上呼吸道阻力。
- 在纯合子马中，用手将眼睑闭合后眼睑延迟睁开。
- 患马是优异血统马的直系后代。
- 通过DNA评估确认缺陷基因的纯合子状态：
  - 使用EDTA管采集标有患马姓名的血样（5~10mL），不要冷冻或分离，也可以对鬃毛或尾巴上的毛发样本进行诊断。
  - 送至加州大学戴维斯分校兽医学院兽医基因实验室，或其他经批准的测试实验室（见第31章）。

临床化验发现

- 血清钾值正常，有些马驹血钾会有轻微升高，有些患马肌酸激酶值升高，但这一发现并不一致。

应该做什么

咽部塌陷伴 HYPP

- 如果出现高钾血症，则应给予50~250mL、50%葡萄糖静脉注射。但注意，如果患马已经倒下，并且被认为有缺氧性脑损伤，则不能使用该方法。高浓度的葡萄糖可加重中枢神经系统（CNS）的细胞内酸中毒，因为葡萄糖可被无氧代谢为乳酸。使用葡萄糖的好处是刺激胰岛素释放和动员血钾向细胞内转移。胰岛素水平在葡萄糖输注后5min内升高，并引起钾的立即转移。
- 给予葡萄糖酸钙，0.2~0.4mL/kg静脉注射23%的溶液（用1L的5%葡萄糖稀释），以稳定细胞膜。
- 给予1mEq/kg（过氧化值的单位）7.5%或8.4% $NaHCO_3$静脉注射5~10min，以进行钾的细胞内转移。由于$NaHCO_3$降低了离子钙的水平，因此最好用葡萄糖取代$NaHCO_3$，因为离子钙对高钾血症具有“细胞保护”活性。$NaHCO_3$也可能导致呼吸性酸中毒。中枢神经系统酸中毒可能是由服用$NaHCO_3$引起的，尽管这一现象在马身上并不明显。
- 给予乙酰唑胺，2.2mg/kg，口服，q12h。
- 去除苜蓿干草、糖浆和电解质补充剂。

硒缺乏症

硒缺乏会导致马驹和成年马出现各种症状。在年轻（有时是新生儿）的马驹中，咽喉轻瘫

可导致呼吸噪音或乳汁回流。

诊断

· 诊断基于地理位置和临床体征（可能涉及骨骼肌而导致虚弱和步态异常）。

· 血清肌酸激酶值是不定的，但如果升高则应怀疑是否有硒缺乏，采集血液测量硒含量（＜10mg/dL则能确诊）。

应该做什么

硒缺乏性肌病

· 肌内注射硒剂（非静脉注射）。3d后重复给药。不要指望马驹的病情会迅速好转，因为硒需要几天的时间才能融入组织中。建议在硒缺乏地区口服0.002~0.006mg/kg（以体重计）的硒补充剂。

· 严重病例需要支持疗法。

· 伴有严重的腿部水肿的断奶马驹和新生马驹的预后较差。

不应该做什么

硒缺乏症

· 切勿静脉注射硒。

气管阻塞

气管塌陷

· 气管塌陷可能由创伤或气管背面逐渐扩大的肿块（如血肿、甲状腺囊肿、脓肿）引起。

· 若没有之前列出的原因，则塌陷最常见于成年马、迷你马和设得兰矮种马。

· 塌陷通常发生在整个颈胸部区域。

· 马链球菌或马红球菌脓肿也可使6个月至1岁的个体胸部入口处的气管塌陷，假结核杆菌在美国西部成年马中可能很少引起类似的问题。

· 在少数情况下，由于创伤（如曾进行过气管造口术）或小马的特发性综合征引起的气管软骨发育异常可能会导致气道阻塞。

临床症状

· 呼吸噪声（喘鸣）。

· 如果为胸外塌陷，则为吸气窘迫；如果为胸内塌陷，则为呼气窘迫。

· 发绀。

诊断

· 通过上呼吸道和气管的内窥镜检查确诊，检查时需要鼻内输氧。

· 在某些气管塌陷的情况下，可以在颈静脉沟中触到扁平的气管边缘。

· 对于创伤性肿块，尤其是胸部入口的肿块，射线照相或超声检查很有用。

应该做什么

气管塌陷

- 迷你马和设得兰矮种马气管塌陷的程度使恢复变得困难。如果塌陷仅发生在颈部的一个区域，则可以植入腔外假体以增加气管直径。如有可能，可用超声引导进行手术引流或切开压迫肿块。
- 可在微型马上植入腔内支架。
- 气管塌陷的一个罕见原因是纵隔脓肿或肿瘤（如马链球菌脓肿）或严重的纵隔气肿，诊断是基于放射线照相、内窥镜或超声检查而得出的。治疗需要进行气管造口术和通过气管造口处放置气管插管，并使之通过阻塞处。胸部颅侧脓肿的引流可在超声引导下进行。可能有必要用短效麻醉剂麻醉马驹，使其腿向前移动足够远以放置引流管。
- 与肺炎相关的气管塌陷可能对抗菌药物的使用有反应。

气管或支气管异物

在罕见的情况下，马会吸入细枝等异物，而异物会停留在一级支气管中。这导致急性咳嗽，并伴有可变的呼吸窘迫。小物体，如用于经气管冲洗的破裂的留置导管，通常会随着咳嗽被自动排出。

诊断

- 内窥镜检查。

应该做什么

气管 / 支气管异物

- 根据异物的大小和位置，内窥镜很难将其去除。
- 可能需要转诊和实施外科手术去除异物。

导致上呼吸道阻塞的呼吸窘迫的其他原因

- 喉内肉芽组织。
- 肿瘤形成。

无噪声呼吸窘迫

气胸

- 气胸可能是由于肺实质（闭合性气胸）或胸壁（开放性气胸）的损伤所致（见第46章）。
- 严重程度取决于诱因和纵隔的完整性。
- 患有张力性气胸（空气可进入胸膜腔，但无法从胸膜腔排出）时可能迅速发展为危及生命的低氧血症，因为患侧胸膜内压的显著增加会损害对侧。
- 特发性气胸（无感染或外伤迹象，但可能是由于肺部破裂）通常是双侧的。
- 炎性原因，如胸膜肺炎很少导致双侧气胸，而创伤性气胸既可以是单侧的也可以是双侧的。

诊断

- 患马出现呼吸窘迫症状（鼻孔扩张和呼吸频率增加）。
- 听诊显示很少或没有空气的背向运动（双侧或单侧）。
- 通过射线照相（可以看到肺背缘）或超声波检查（空气回声不会随着呼吸移动，见第14章）确诊。对于患有呼吸系统疾病（马慢性肺气肿或严重肺炎）的马，空气会滞留在其肺周围组织中，放射线照片和超声检查可能会低估气胸的严重程度。
- 用穿刺导管（钝性）或8.8cm的针或带探针的导管进行诊断性穿刺。

重要提示：在常规无菌准备和适当的局部镇痛和全身抑制后，将一根短的延长管连接到针或导管上，将3~5mL无菌盐水溶液放入管内，并在针进入背胸腔（通常深度为5cm）时将管靠近固定。如果存在气胸，则当进入胸腔并排出空气时，盐水“气泡”会向后退。如果仍然存在负压，则盐水会被吸入胸腔。

应该做什么

气胸

- 经鼻咽管鼻内输氧，每分钟10~20mL/kg。即使是单侧气胸，由于纵膈腔正压伴张力性气胸，肺的另一侧也可能受到物理损伤。
- 包扎伤口（玻璃纸包扎效果良好），并尽快缝合，除非怀疑有内部张力性气胸。
- 常规无菌准备和局部止痛后，在第13~14肋放置8.8cm、16号静脉导管。一旦进入胸部，则将探针向后拉0.6cm。使用60mL注射器和三通旋塞或真空泵（确保泵设置在吸入位置），吸入空气。对于持续地渗漏，胸膜腔内的空气也可以通过胸腔阀（Heimlich阀或穿孔保险套，图25-5）被动排出。很少需要使用抽吸泵进行连续抽吸。
- 开始对所有形式的外部引发的气胸进行广谱抗生素治疗：青霉素钾（或钠），22 000~44 000U/kg，静脉注射，q6h；庆大霉素，6.6mg/kg，静脉注射，q24h；头孢噻呋，3.0mg/kg，静脉注射，q12h。
- 镇痛剂（NSAIDs）可提高通气深度，并可降低肺不张、继发性细菌性肺炎和粘连的可能性。

创伤性气胸

- 由以下原因引起：
  - 胸壁和肺损伤（见第46章）。
  - 小的腋窝伤口。
  - 气管创伤。
  - 经气管冲洗。
  - 胸腔镜检查。
  - 骨髓抽吸（胸骨或肋骨）。
- 如果纵隔是完整的，则气胸是单侧的。这种情况的患马呼吸频率快，但病情稳定。
- 如果气胸是双侧的，则症状更严重，此时呼吸窘迫正在发展中。

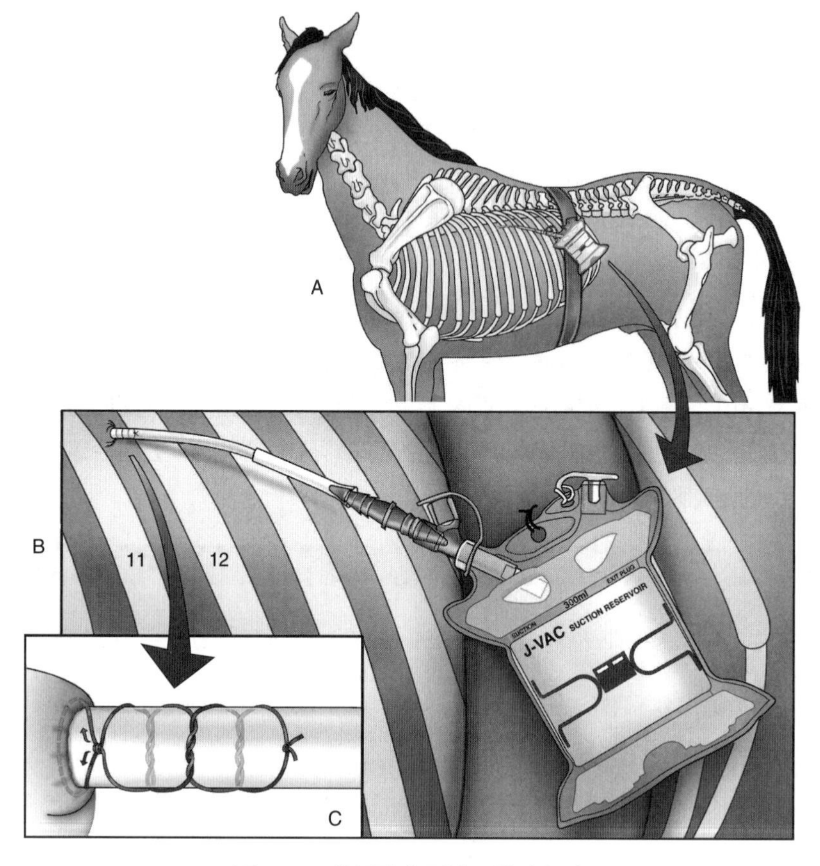

图 25-5　放置胸背引流以治疗气胸

A. 气胸治疗示意图一旦放置好导管，就可以对胸腔进行机械抽吸，或者连接一个 Heimlich 阀　B. 局部放大图 11：第 11~12 根肋骨中大部分空气被排出后，可连接 J-VAC 以提供短期正压抽吸。用中国式指套式缝合固定胸导管，如 C 所示

胸膜肺炎继发性气胸

· 一般来说，气胸是单侧的，因为伴有炎性疾病时纵隔也通常是完整的。

· 出现严重肺炎时，肺泡可能破裂，或胸腔引流导致空气漏入一侧胸腔，导致支气管胸膜瘘和气胸。

· 胸膜肺炎患马的单侧气胸可导致严重的呼吸窘迫，因为气胸是由双侧肺病造成的，张力性气胸的压力迫使纵隔向另一侧压迫。

· 与胸膜肺炎相关的气胸预后较差。

应该做什么

胸膜肺炎继发性气胸

- 如果气阀泄漏，则应及时更换。

- 常规无菌准备后，将8.8cm、16号静脉导管置于第13~14肋。一旦进入胸部，则将探针向后拉0.6cm。使用60mL注射器和三通旋塞或真空泵（确保泵设置在吸入位置），吸入空气。
- 如果气胸持续存在，则考虑用胸腔镜诊断并协助缝合看到的支气管胸膜瘘。

特发性气胸

受影响的患马没有外部创伤的证据，也没有肺炎。它们通常有双侧气胸或双侧妥协，严重呼吸窘迫，并可能急性死亡。这些病例怀疑是张力性气胸。

应该做什么

特发性气胸

- 双侧：出现严重呼吸窘迫时，如前所述对胸部减压，并在胸壁上方放置一支单向胸管和一个Heimlich阀（或另一种选择是穿孔保险套）。这必须尽快完成。患马有张力性气胸，因此切开胸部可以降低胸腔内压。
- 单侧性：如果患马病情稳定，则无需在胸腔内进行抽吸，除非患侧胸腔内的压力危及胸腔的另一侧。

纵隔气肿

- 纵隔气肿通常在经气管抽吸后进行放射学检查而被发现，但很少需要治疗。
- 一个例外是马还患有呼吸窘迫（最常见的是马慢性肺气肿），伴随持续咳嗽，并在经气管抽吸后形成严重的纵膈气肿。
- 气管穿孔（最常见于踢伤或严重的腋窝创伤）偶尔会导致压力性纵隔气肿，严重影响心脏的预负荷（静脉回流），并导致可危及生命的低血压和呼吸窘迫。
- 较不常见的情况是，气体来自肺部、食管或腹腔。
- 诊断通过放射照相和内窥镜来确实。
- 食管破裂会导致脓毒症和纵膈气肿，预后不良（见第18章）。

应该做什么

纵隔气肿

- 气管穿孔：通过对气管的内窥镜检查发现穿孔点，通过颈部腹侧作一切口对站立患马进行手术修复。
- 腋窝伤口：交叉绑住患马以减少其运动，并对伤口进行包扎，防止更多空气进入伤口。
- 静脉输液可能有助于改善静脉回流和减轻心脏预负荷。
- 严重的气管穿孔需要手术。

不应该做什么

纵隔气肿

- 不要闭合皮肤切口！

肺水肿

- 急性肺水肿通常由肺血管压力增加而引起，如左侧心力衰竭（如腱索断裂）；或改变肺血管内皮通透性的情况，如内毒素休克、紫癜出血、药物不良反应或过敏反应。
- 肺水肿的其他原因包括：

- 吸入烟雾。
- 可能伴随头部创伤的神经源性肺水肿。
- 对无法站立的新生马驹、急性无尿性肾功能衰竭或严重低蛋白血症的成年马或血管通透性增加的患马进行过渡输液。
- 外伤性急性肺水肿（这是在训练或比赛中发生骨折的马常见的死亡原因）。
- 严重上呼吸道阻塞（见鼻、喉和咽阻塞章节）。
- 病毒感染包括：
  - 流感病毒。
  - 马疱疹病毒。
  - 马动脉炎病毒。
  - 马亨德拉病毒。
  - 非洲马病（非洲大陆特有，见第40章）。
- 肺水肿导致肺容量和弹性降低，并导致血氧不足。水肿通常伴发于急性疾病，在少数情况下可在肾小球病变或蛋白丢失性肠病的低蛋白血症患马中观察到，尽管存在严重的皮下水肿。

诊断

- 通过身体检查和先前的病史（如急性心力衰竭、内毒素休克或过敏反应）进行诊断。
- 鼻分泌物中有起泡的血液，可能伴有炎症性疾病。
- 超声检查（见第14章）。

应该做什么

肺水肿

- 管理原发性疾病。
- 静脉注射速尿，1mg/kg。
- 鼻内输氧，每分钟10~20mL/kg（成年马每500kg输氧5~10L/min），直至通气恢复充分。
- 吸入支气管扩张剂可能有助于支气管扩张和提高液体清除率。支气管扩张剂和表面活性剂联合雾化可用于严重起泡的病例。
- 如果由于低血压需要液体治疗，则应使用胶体（如25%的人白蛋白）和高渗盐水。

注意事项：如果焦虑，则用地西泮镇静（0.05~0.2mg/kg静脉注射）或异丙嗪（0.02~0.04mg/kg静脉注射）。

心力衰竭引起的肺水肿（见第17章）

应该做什么

心力衰竭引起的肺水肿

- 地高辛，成年马1mg/450kg，静脉注射。
- 速尿，1~2mg/kg静脉注射，随后0.5~1.0mg/kg口服，每12h或以0.12mg/（kg·h）的速度连续输注（CRI）。
- 鼻内输氧，每分钟10~20mL/kg（每500kg成年马，5~10L/min）。
- 动脉血管扩张剂以减少后负荷（见第17章）。

过敏性肺水肿（药物不良反应）

应该做什么

过敏性肺水肿

- 肾上腺素，成年马3~5mL（1 ∶ 1 000稀释），在20~30mL盐水溶液中稀释，缓慢静脉注射；在病情较轻时，肌内注射或皮下注射。
- 地塞米松，0.1~0.2mg/kg，静脉推注。
- 速尿，1mg/kg，静脉注射。
- 鼻内输氧，每分钟10~20mL/kg（每450kg成年马，5~10L/min）。
- 静脉注射血浆或合成胶体（淀粉代血浆）。

出血性紫癜

- 很少引起急性肺水肿。

应该做什么

肺水肿性紫癜

- 地塞米松，0.1~0.2mg/kg，静脉注射。
- 速尿，1mg/kg，静脉注射，q24h。
- 鼻内输氧，每分钟10~20mL/kg（每450kg成年马，5~10L/min）。

内毒素休克 / 全身炎症反应综合征引起的肺水肿

- **定义：**类似于内毒素休克的休克样综合征，可由任何炎症性疾病引起。
- 是肺水肿的罕见原因。

应该做什么

全身炎症反应引起的肺水肿

- 给低剂量的氟尼辛葡甲胺，0.25mg/kg静脉注射；DMSO，1g/kg静脉注射（在3L的0.9%盐水溶液或5%葡萄糖中稀释）；地塞米松，0.25mg/kg静脉注射。皮质类固醇的使用是有争议的。
- 给予速尿，1mg/kg静脉注射（要注意监测全身血压，因为它可以降低心输出量）。
- 鼻内输氧，每分钟10~20mL/kg（每450kg成年马，5~10L/min）。
- 心输出量通常较低，用血浆/白蛋白或淀粉代血浆和多巴酚丁胺处理，每分钟2~10μg/kg。
- 肺水肿和低血压的早期治疗需要静脉输液时，可选择高渗盐水溶液。

肺水肿高危患马的液体疗法

- 高危患马包括：
  - 脓毒驹。
  - 卧倒马驹。
  - 血管通透性增加的患马（内毒素休克、全身炎症反应综合征、吸入烟雾等）。
  - 全身性过敏性疾病导致蛋白质快速丢失的患马。
  - 静水压升高的患马（少尿性肾衰竭、心力衰竭）。

- 许多患马需要进行低血容量的液体治疗，如有可能则应监测中心静脉压。

应该做什么

有肺水肿危险的低血容量患马

- 早期使用高渗盐水溶液，4~8mL/kg，以提高心输出量和血压，并降低肺动脉压。
- 肿瘤性血浆扩张器（如马血浆、25%人白蛋白、Vetstach或淀粉代血浆）可能会降低肺液量，建议使用，但这些药物通常价格昂贵。

急性肺损伤/急性呼吸窘迫综合征：马驹和成年马

- 对于马的急性肺损伤（ALI）和急性呼吸窘迫综合征（ARDS），并没有建立严格的标准。
- 这些术语都可被用于描述与严重呼吸功能障碍和顽固性血氧不足相关的情况，这些疾病与胸片上弥漫性肺浸润和肺间质型有关。
- ALI可由全身炎症反应、误吸或病毒感染触发。如果是由全身炎症反应触发，则用皮质类固醇、非甾体抗炎药、己酮可可碱、速尿CRI、高渗生理盐水和胶体后维持晶体治疗可能会有效。

吸入性肺炎

- 吸入性肺炎在马中很常见。
- 由咽部或喉部的机械或神经状况引起的慢性误吸通常不是紧急情况。
- 急性误吸源于食管阻塞、医源性原因或马驹的胎粪吸入。
- 在极少数情况下，由于近端肠炎、小肠梗阻或胃扩张，马会自发地回流胃内容物。
- 偶尔，马吸入大量异物后会出现严重的呼吸窘迫。
- **重要提示：**严重的呼吸窘迫可能是由鼻胃管导向错误和马驹吸入胎粪引起的。这是紧急情况！

医源性吸入性肺炎的诊断

- 插管后有咳嗽和疼痛史。
- 听诊气管和肺部有响亮的颤振声，数小时后出现爆裂声和喘息声，鼻孔里可见吞咽物。
- 气管内窥镜检查。
- 12~48h后可能出现以下情况：
  - 出血，常有腐臭味，有鼻液。
  - 胸部X光片上可见头尾轴腹侧混浊。
  - 超声检查可能出现肺实变和胸腔积液。
  - 继发败血性胸膜炎。

应该做什么

吸入性肺炎

- 广谱抗生素：
  - 青霉素钾或钠，44 000U/kg，静脉注射，q6h；庆大霉素，6.6mg/kg，静脉注射，q24h；甲硝唑，15~25mg/kg，静脉注射，q6~8h。

注意事项：监测肾功能，必要时静脉输液。

  - 或头孢噻呋，2.2~3.0mg/kg，静脉注射，q12h；甲硝唑，15~25mg/kg，口服，q6~8h。
  - 皮质类固醇：地塞米松，第1天0.1~0.2mg/kg，q24h，第2天0.05~0.1mg/kg。

注意事项：皮质类固醇仅用于化学吸入！

- 辅助支持治疗。
  - 鼻内输氧：每分钟10~20mL/kg（每450kg成年马，5~10L/min）。将一根软橡胶管插入鼻咽，缝合到鼻孔憩室，从便携式氧气罐或便携式氧气浓缩器中输送湿润的氧气。如有可能，则根据动脉血气值或脉搏血氧计调整输氧速率。
  - 停止任何皮质类固醇治疗后，静脉注射或口服0.25~1.1mg/kg氟尼辛葡甲胺和2.2~4.4mg/kg保泰松。
  - **重要提示**：如果误吸发生在损伤后30min之内，或如果在气管内窥镜检查中可以很容易看到异物，则用抽吸法来抽吸下气道。如果使用泵强制抽吸，应只进行＜15s的短时抽吸，同时给予氧气。
  - 用抗生素气雾剂——庆大霉素或抗生素BBK8（50mg/mL，用0.45%生理盐水雾化），或头孢噻呋（25mg/mL，用无菌水），和5mL 0.5%沙丁胺醇。总体积一般为30~40mL。
  - **重要提示**：极少数情况下，在正确的鼻胃管操作或口服药物后会出现疼痛。这些反流性食管痉挛或食管或胃刺激的发作会引起警觉，因为会立即联想到吸入性肺炎或胃破裂；然而，在30~60min内，患马仍表现正常。
  - **重要提示**：几乎所有有窒息症状的成年马都患有一定程度的吸入性肺炎。在窒息发作24~48h后对胸部进行超声检查，通常显示胸膜有中度至显著变化。在大多数情况下，不管这些检查结果如何，马匹都会得到很好恢复。

病毒性（或病毒后）呼吸窘迫综合征

- 这种情况最常见于年轻马，少数情况下也会出现于暴露于上呼吸道病毒感染的马驹。这种病毒性上呼吸道感染马的呼吸窘迫发生率较低。
- 受感染的马最初发热（通常高达41.4℃），这与病毒感染有关，在1~3d内出现严重的呼吸急促并伴呼吸困难。
- 该综合征的病理生理机制尚未确定，但认为是由病毒或刺激物触发的气道高反应性引起的。这种综合征与胸膜肺炎有明显的不同，该病会导致严重的体重减轻和腹侧超声和/或影像学异常。
- 马多结节性肺纤维化（EMNPF）是马的一种慢性疾病，与马疱疹病毒5（EHV-5）有关。EMNPF能引起休息时的呼吸窘迫，在大多数情况下是一种致命的疾病。
- 接触流感病毒的骡子可能会呼吸困难并死亡。

诊断

- 接触史调查包括最近从一个马场新引入或最近接触到一大群年轻马（如一场表演）。
- 发热可能高达41.4℃。
- 听诊：可以听到喘息声和爆裂声，但比起临床症状较不明显。肺部的声音对于粗厚的呼吸音来说是安静的。

· 在急性期，经气管抽吸物通常是非感染性的，虽然偶尔可通过培养得到细菌（如链球菌和巴氏杆菌/放线杆菌）和真菌（如曲霉菌）。继发性细菌定植/感染在恢复期很常见。

· 大多数受感染的个体没有毒性，它们食欲正常，但呼吸困难。

· 受感染的个体可能看起来像患有马慢性肺气肿，但年龄（马驹和年轻马）和接触史是不同的。

· 放射学和超声检查显示异常（如间质型或肺泡水肿和胸膜粗糙），但异常通常不严重。

· EMNPF：马常有淋巴减少症、中性粒细胞增多和纤维蛋白原增加，临床上可能看起来与有慢性肺气肿的马相似，但常有更多的体重减轻，而咳嗽和鼻涕较少，可能出现发热。超声和射线照片显示弥漫性多结节性实变区（纤维化）。支气管肺泡灌洗（BAL）结果支持炎症发生，而针对EHV-5的PCR在BAL上通常是阳性的（尽管在TTW上可能是阴性的）。肺活检组织病理学和PCR检测是明确的。

应该做什么

病毒性（或病毒后）呼吸窘迫综合征

- 在凉爽的环境中提供隔间休息。
- 如果高热＞40°C，或出现严重抑郁症或完全厌食，则服用NSAIDs。
- 使用支气管扩张剂：
  - 吸入性支气管扩张剂：
    - 沙丁胺醇，1~2μg/kg，q1h，定量吸入器（MDI）；起效快（＜5min），但作用时效短（30min至3h）。
    - 异丙托溴铵，0.5~1μg/kg，q6h，MDI；15min内起效，持续4~6h。
- 持续鼻内输氧，每分钟10~20mL/kg（每450kg成年马，5~10L/min）。
- 继发性细菌感染的抗菌治疗：
  - 普鲁卡因青霉素，22 000U/kg，肌内注射，q12h。
  - 头孢噻呋，3.0mg/kg，静脉注射或肌内注射，q6~12h，尤其是当巴氏杆菌属（放线杆菌属）的病原体被培养出时。

· 病毒感染后，一些病例如果不使用皮质类固醇（地塞米松，0.5~1.0mg/kg，静脉注射，q24h，1~2剂）可能会难以控制。

- 如果考虑转诊：
  - 如果环境温度较高，则要避免白天装运。
  - 装运前控制发热。

· EMNPF的治疗包括伐昔洛韦（25mg/kg，口服，q12h）；皮质类固醇：地塞米松（0.05~0.1mg/kg，静脉注射，q24h）；秋水仙碱（0.03mg/kg，口服，q12h），并进行支持性护理。

预后

· 尽管有3~6d的呼吸窘迫，但预后总体良好。

· 在极少数情况下，如马没有接种疫苗或骡以前没有得过流感，迅速发展至死可能是由于流感病毒感染所致。

· EMNPF预后不良。

吸入烟雾（和其他有毒气体）

· 在谷仓火灾中吸入烟雾，马匹可能受到严重影响甚至死亡。

- 就算没有皮肤烧伤，它们也可能会死亡。
- 吸入烟雾可导致三种肺部后果：
  - 一氧化碳中毒（立即）。
  - 上呼吸道和肺部水肿（数小时后）。
  - 肺炎（几小时到几天以后）。

- **重要提示：**火灾后检查受影响马时，吸入烟雾会导致一氧化碳中毒和肺水肿，这是立即要关注的主要问题。

临床发现

- 暴露于烟雾后的呼吸症状：
  - 咳嗽。
  - 呼吸困难。
  - 呼吸急促。
  - 鼻腔或口腔渗出物起泡。
- 其他临床发现：
  - 心动过速。
  - 广泛的喘息和爆破声。
  - 发绀。

应该做什么

吸入烟雾

- 控制肺部、喉部或咽部水肿，防止气道中蛋白管型的形成。
- 没有针对一氧化碳（CO）中毒的特异性治疗方法。供氧可降低一氧化碳的半衰期。
  - 如果马能在暴露5h内用高压氧舱治疗，则可能会迅速降低一氧化碳含量。

- 防止纤维蛋白碎片阻塞气道，最好通过内窥镜抽吸［由于长时间持续地抽吸会导致低氧血症，因此应多次进行短时（＜15s）的间断式抽吸］。

- 只有在出现危及生命的喉部水肿时才进行气管切开术。气管切开术可防止患马通过咳嗽清除下呼吸道的坏死管型。

- 提供氧气治疗：湿润的，成年马10~15L/min，经鼻内或气管切开术输氧，抽吸时继续吸氧。
- 缓解支气管狭窄：
  - 吸入性支气管扩张剂：
    - 沙丁胺醇，1~2μg/kg，q1h，MDI（马用气罩Equine Aeromask、马用吸入器EquineHaler、AeroHippus）；起效快（＜5min），但时效短（30min至3h）。
    - 异丙托溴铵，0.5~1μg/kg，q6h，MDI；15min内起效，持续4~6h。
- 支气管扩张剂、生理盐水、表面活性剂乙酰半胱氨酸联合雾化和持续氧治疗可减少管型形成。

- 提供防止休克的预防性治疗。尽管存在肺水肿，但仍需进行液体治疗以维持组织灌注。对于使用速尿去治疗肺水肿的患马来说，液体疗法是必要的。
  - 使用聚离子液体预防休克：维持速率，1~2L/h（成年马）。如果肾功能正常，且血清钾值正常或偏低，则加入KCl（20~40μmol/L）。

- 维生素B_{12}可缓慢静脉注射给药（通常为20~30mL维生素B复合物），以结合氰化物形成可快速排泄的产物氰钴胺。所有吸入烟雾的患马都应考虑一氧化碳中毒的情况，而接触含氮和含碳物质（包括羊毛、丝绸、棉花和纸张），以及合成物质（如塑料和其他聚合物）燃烧产物的患马也应考虑氰化物中毒。

- 可静脉注射维生素C（30mg/kg）以治疗氧化损伤。
- 血浆：在严重情况下大量使用或使用合成胶体（如淀粉代血浆）。
- 非甾体抗炎药：氟尼辛葡甲胺（0.25mg/kg，静脉注射，q8h）或酮洛芬（1mg/kg，静脉注射，q12h）。
- 败血症治疗。对被认为处于败血症状态（发热或气管痰液检查时出现胞内细菌）的患马使用广谱抗生素。吸入烟雾后2~4d，细菌气道定植可能不会达到高峰。如果身体有深度烧伤或进行了气管切开术，则服用抗生素：
  - 头孢噻呋，3mg/kg，静脉注射，q12h。
  - 青霉素22 000IU/kg，静脉注射，q6h；庆大霉素，6.6mg/kg静脉注射，q24h；阿米卡星，15~25mg/kg，静脉注射，q24h；或恩诺沙星，7.5mg/kg，静脉注射，q24h或5mg/kg，静脉注射，q24h；甲硝唑15~25mg/kg，静脉注射，q8h。

急性肺损伤（ALI）/急性呼吸窘迫综合征（ARDS）：针对马驹

- 急性肺损伤或急性呼吸窘迫综合征可能是由于：
  - 严重出生窒息。
  - 早产马驹。
  - 胎粪吸入。
  - 肋骨断裂。
  - 脓毒症。
- 管理和治疗通常很复杂，具体情况如下。

应该做什么

新生马驹急性肺损伤

- 如果可行，则立即开始鼻内输氧！便携式氧气浓缩器为马驹提供足够的流速（高达6L/min）。
- 如果氧治疗稳定了马驹情况，但马驹仍处于缺氧状态，并且有典型的早产心脏杂音时，将一氧化氮按照5~10L（O_2）：1L（NO）（使用NO罐时需要进行特殊计算）的比例通过氧气管输送，以期降低肺动脉高压。
- 有呼吸窘迫的早产马驹若对鼻内输氧没有反应，则可能需要通气。如果马驹发绀或停止呼吸，则立即使用插管并使用急救袋，以每分钟呼吸20次的速率给予100% O_2。如果不能使用急救袋和插管，则可以使用马驹抽吸器和复苏器。
- 如果马驹早产，则给予促甲状腺激素释放因子，1mg缓慢静脉注射；或给予甲状腺素（T4），每日1mg口服；碘赛罗宁（T3），1~2μg/（kg · d）。
- 如果可行且经济允许，应给早产或因胎粪吸入而引起呼吸窘迫的患马服用表面活性剂。市售表面活性剂价格昂贵，但可以通过BAL从健康的牛/马身上采集（用50mL无菌生理盐水进行灌洗），采集前5mL用于收获表面活性剂。表面活性剂可以通过气管内给药。
- 手术修复任何骨折或移位的肋骨，清除血胸和气胸。
- 服用维生素E和硒（1mL肌内注射）。
- 保持水合作用，但不要过度水合！
- 可给予单剂量皮质类固醇，地塞米松（10mg静脉注射）。如果有显著的改善，则可以剂量递减的方式继续给药3d。这种治疗对胎粪吸入也许是最重要的（见下文）。
- 如果怀疑有实质性疾病，除使用氨茶碱外，还可用0.5%沙丁胺醇、5mL和5~10mL的乙酰半胱氨酸（10%或20%）雾化给药，首次治疗5mg/kg，然后在CRI中静脉注射2mg/kg，q12h。
- 大多数病例都应进行抗生素治疗，即使当时不认为存在脓毒症。首选第三代头孢菌素类，氨基糖苷类药物可降低呼吸肌强度。

马驹胎粪吸入

诊断

- 诊断主要基于病史。
- 吸入常见于（子宫内）胎儿腹泻和与母马相关的应激而致使的压迫。
- 受累及马驹出生时通常就有褐色的羊水或羊膜。
- 有此病史的马驹应被认为吸入了胎粪，一般在出生后的前几天出现呼吸窘迫。

应该做什么

胎粪吸入

- 给予皮质类固醇：地塞米松，第1天0.1~0.2mg/kg，静脉注射，q24h；第2天0.05~0.1mg/kg。使用皮质类固醇是有争议的，但对新生马驹而言，可能还需要立即进行抗炎治疗，以降低肺部炎症反应，防止缺氧和由肺动脉高压导致的胎儿循环再次形成。
- 使用广谱抗生素：
  - 青霉素，44 000U/kg，静脉注射，q6h；阿米卡星，18mg/kg，静脉注射，q24h。
  - 头孢噻呋，3.0mg/kg，静脉注射，q12h；或用阿米卡星作为青霉素替代。
- 如果吸入严重，则以5~10L/min的速度鼻内输氧。
- 如果马驹呼吸困难，气管听诊时有颤振声，则进行气管抽吸术。将导管穿过气管，注入10mL生理盐水，然后用60mL注射器抽吸。如果回收到抽吸物，则重复几次。应同时给予氧气，抽吸时间应短（10s），以防止进一步的缺氧。

肋骨骨折

- 肋骨骨折常见于新生马驹。
- 肋骨骨折可能导致呼吸窘迫，因为：
  - 肺部撕裂。
  - 气胸。
  - 血胸。
  - 发生连枷胸时出现通气障碍。
- 肋骨骨折也与心脏裂伤和膈疝有关。
- 骨折通常发生在肋软骨连接处或其正上方。

诊断

- 当马驹仰卧时，在肋软骨连接处或附近可见明显凹陷。
- 触诊时偶尔出现皮下捻发音、水肿和疼痛。
- 通过胸片和超声检查以确认诊断。

应该做什么

肋骨骨折

- 大多数胸部创伤的马驹没有症状。
- 小心处理马驹，避免继发胸部创伤。
- 若有严重的肺部裂伤也应进行输血、鼻内输氧和使用抗菌药物。

- 如果没有血胸，则给予非甾体抗炎药以减轻疼痛并增加通气。
- 如果出现连枷胸或严重的肺裂伤，则可进行骨折肋骨的内部稳定。

哺乳期 / 断奶期马驹的支气管间质性肺炎

· 支气管间质性肺炎在临床上与马传染性鼻炎相似，影响同一年龄或年龄较大的马驹，病因不明。

· 支气管间质性肺炎会引起严重的呼吸窘迫和高热，通常每个农场感染一匹马。

· 当患马疑似感染马红球菌，但在气管抽吸时对马红球菌的培养结果为阴性时，应考虑该疾病。

· 糖皮质激素治疗对这些马驹的预后是一般至不良的。如果不使用皮质类固醇治疗，则大多数患马在死亡前会有3~5d的呼吸窘迫。

· 患有缓慢进行性慢性肺间质疾病的马驹受的影响较小，用皮质类固醇治疗预后良好。

· 该综合征的病因尚不清楚，可能是毒性、免疫性或非细菌性感染。

诊断

- 临床表现：
  - 1~9个月大。
  - 呼吸窘迫：呼吸急促和发绀。
  - 频繁好动、警觉和饲喂。
  - 高热：38.9~41.7℃。
  - 白细胞象上的可变炎症变化（正常到严重的中性粒细胞和高纤维蛋白原血症）。
- 气管冲洗：
  - 由于有严重的呼吸窘迫，因此有时这种方法并不可行。
  - 化脓性炎症。
  - 马红球菌培养结果呈阴性。
  - 常见细菌生长。
  - 无细胞内细菌。

超声检查结果

· 胸膜弥漫性粗化，无脓肿，很少明显实变：超声检查结果通常不像小马临床上表现得那么糟糕。

射线检查结果

- 弥漫性支气管间质型，通常集中于合并肺泡模糊区。
- 无肺脓肿。

应该做什么

哺乳期 / 断奶期急性支气管间质性肺炎

- 使用皮质类固醇（仅在认为不太可能是感染马红球菌的情况下）：地塞米松，0.1~0.4mg/kg，静脉注射或肌内注射，q12h，持续3~6d，然后逐渐减少剂量。吸入性皮质类固醇（倍氯米松，8μg/kg，q12h；或氟替卡松，4μg/kg，q12h）；气罩Aeromask、马式吸入器EquineHaler、AeroHippus被认为可使用于是受影响程度较小的马驹。

- 开始使用皮质类固醇后48h内应出现改善。
- 鼻内给氧：连续5L/min。

小心：小型氧气罐只能使用1~2h。

- 给予抗生素：头孢噻呋，3.0mg/kg，静脉注射，q12h。
- 使用支气管扩张剂：
  - 吸入性支气管扩张剂：
    - 沙丁胺醇，1~2μg/kg，q1h，MDI（马用气罩Equine Aeromask、马式吸入器EquineHaler、AeroHippus）；起效快（＜5min），但作用时间短（30min至3h）。
    - 异丙托溴铵，0.5~1μg/kg，q6h，MDI；15min内起效，持续4~6h。
  - 氨茶碱，3~5mg/kg，缓慢静脉输注超过3h或口服，q12h，可能具有一定的抗炎作用，并增强严重和长期呼吸窘迫的马驹的膈肌，但可能需要监测血浆水平以防止毒性。
  - 如果设备和足够的人员可用，雾化优于MDI。
- 使用平衡的聚离子液体以维持水化。不要使用碳酸氢钠，因为如果有严重的肺泡通气灌注异常，可能会增加呼吸频率，甚至降低血液酸碱度。
- 服用预防溃疡药物：
  - 奥美拉唑，4mg/kg，口服，q24h；雷尼替丁，6.6mg/kg，口服，q8h；1.5mg/kg，静脉注射，q8h。
- 提供热调节控制：
  - 酒精或冷水浴和风扇。
  - NSAIDs（如需要）：如果条件允许，最好使用5~10mL的安乃近，q6~12h。
- 如果考虑转诊：
  - 如果环境温度较高，则避免白天装运。
  - 装运前控制发热。

马红球菌肺炎引起的急性呼吸窘迫综合征（ARDS）

- ARDS通常影响2周至3个月大的马驹，很少影响4个月以上的马。
- ARDS可能表现为急性呼吸窘迫。马传染性支气管炎必须与病毒性支气管间质性肺炎或因不明原因引起的支气管间质性肺炎区别开来（见前一节），因为马传染性支气管炎也会导致这个年龄段的马驹呼吸窘迫。

诊断

- 马驹的年龄（2周至4个月）。
- 农场以前有马红球菌感染史。
- 常见关节肿胀而没有严重的跛行，葡萄膜炎也可能发生。
- 地理位置（某些地区，如干旱、多尘、温暖地区流行率增加）。
- 季节：最常见的是影响晚春时节出生的小马驹。
- 临床表现：
  - 呼吸困难。
  - 高热。
  - 经常轻微咳嗽或鼻液。

- 听诊:
  - 除肺底部外，可广泛听到刺耳的肺部音，底部通常声音大但正常。
  - 与其他细菌感染相比，肺部的声音通常不那么悦耳。
- 气管抽吸：采用创伤最小的收集方法——经皮的经气管冲洗（TTW）加内导管或类似导管。插管不需要局部麻醉或切口，因此压力较小。如果需要镇静，则使用地西泮，5mg静脉注射；赛拉嗪，0.02~0.05mg/kg静脉注射。

注意事项：这种气管抽吸方法的费用比其他诊断方法更昂贵。培养和革兰氏染色抽吸物。
重要提示：马红球菌是一种小的、多形的革兰氏阳性杆菌（见第11章）。

- 患病马驹常有非常高的中性粒细胞计数和高纤维蛋白原浓度。

超声检查结果

在大多数情况下，当存在呼吸困难时，可以看到马红球菌典型的肺外周脓肿（图25-6）。

射线检查结果

- 放射照相术可能与超声具有类似的灵敏度，但在农场中不易进行。使用标准装置和400感光度胶片或屏幕组合，以及20m、0.2~0.3s时的80kV（p），非网格。
- 马红球菌感染通常会导致肺部“变白”，除了横隔肺叶的尾端，这些尾端仍然是黑色的。也可能看见离散的肺脓肿。

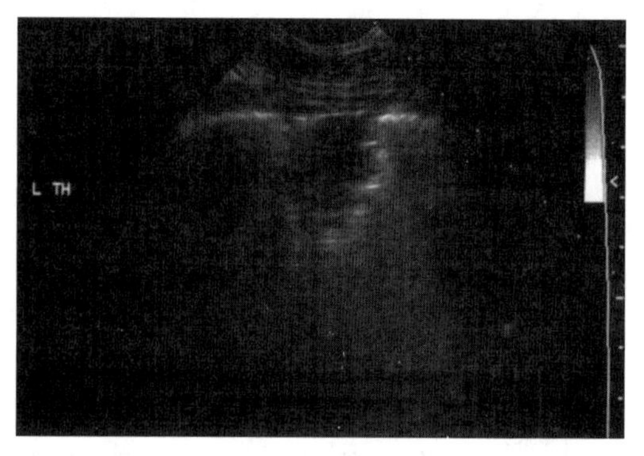

图25-6　红球菌感染和肺脓肿（暗区）马驹胸部声像图

应该做什么

红球菌肺炎

- 服用抗生素:
  - 克拉红霉素，7.5mg/kg，口服，q12h；利福平，5mg/kg，口服，q12h（在治疗的前5d，这些药物的给药时间至少应间隔1h，以提高大环内酯的吸收）。克拉霉素优先用于严重病例的初步治疗。
  - 阿奇霉素，10mg/kg，口服5d，q24h；接着10mg/kg，口服，q48h；利福平，5mg/kg，口服，q12h。
  - 红霉素，25mg/kg，口服，q6~8h；利福平，5mg/kg，口服，q12h。
  - 重要提示：当给马驹服用大环内酯时，要努力做到以下几点：
    - 在远离饲料桶、干草和水的地方口服抗生素，然后擦拭口腔，以降低母马摄入大环内酯的风险。
    - 应经常清除畜栏中的粪便，并将干草放在一个架子上，以降低母马在马驹粪便中摄入大环内酯的风险。

注意事项：为了确保整个剂量被吞下，特别是当马驹处于呼吸窘迫时，主人谨遵医嘱是很重要的。

- 红霉素，5mg/kg，静脉注射，q8h，给不能通过口服途径进行适当药物治疗的马驹，但这非常昂贵。
  - 最后一种选择是，当马红球菌对所有其他抗生素有抵抗力时，使用5~7.5mg/kg的万古霉素稀释并缓慢静脉注射，q8~12h。
- 如果怀疑有卡氏肺孢子虫感染，则应添加20mg/kg的磺胺甲噁唑（口服，q12h）。这种病原体在TTW上很少见到，但如果在X光片上可以看到病灶周围肺实质的磨砂玻璃状外观，应该怀疑感染了肺囊虫。
- 如果在革兰氏染色时观察到额外的需氧细菌，可以将头孢噻呋、尼诺昔林或庆大霉素添加到红球菌治疗中，直到获得抗菌敏感性。额外治疗的重要性不是基于证据的。

- 鼻内连续给氧，每分钟10~20mL/kg。
- 静脉输液治疗。如果出现脱水且马驹无法被哺乳，24h内可能需要40mL/kg静脉输液的维持速率。
- 支气管扩张剂对这些马驹的疗效往往有限。
  - **重要提示：**除非能监测血浆水平，否则不要使用氨茶碱。因为其存在与大环内酯药物相互作用的风险，氨茶碱的毒性水平可导致马驹癫痫发作。该药可能有一定的抗炎作用，以及使患有严重长期呼吸窘迫的小马驹的膈肌变得更为有力。
  - 提供溃疡预防：奥美拉唑，1~4mg/kg，口服，q24h；或雷尼替丁，6.6mg/kg，口服，q8h。不要将胃溃宁与口服抗生素、支气管扩张剂或H_2/质子泵阻滞剂同时服用。

重要提示：在热天，一些接受大环内酯治疗的马驹会经历高热（41.1~43.4°C）。用酒精或冷水浴和风扇冷却，将马驹置于阴凉处，并使用10mL的安乃近。在炎热的天气应在室内饲养。

马驹肺炎引起的急性呼吸窘迫综合征的其他细菌性病原

- 这在有败血症的新生马驹中最常见，而在老年马驹中则不常见。
- 发热和呼吸窘迫的症状在带有影像颅腹型疾病或胸腔积液（不常见）的哺乳马驹中是与细菌性肺炎相容的。
- 年龄、气管冲洗和农场接触史对于排除2周至4个月大的马驹感染很重要。

临床表现和诊断

- 胸部听诊各不相同，在颅腹侧常听到爆裂声和喘息声或“强化支气管音”。由胸膜积液引起的安静的支气管音在腹侧能被偶尔听到。
- 临床病理学：白细胞象结果通常支持败血症，即毒性中性粒细胞左移，纤维蛋白原值升高。
- 气管冲洗：对有氧和无氧培养和革兰氏染色进行TTW。最常见的微生物是革兰氏阳性球菌如马链球菌兽疫亚种，革兰氏阴性杆菌如巴氏杆菌/放线杆菌等，大肠杆菌在生长的马驹中最常见。马驹肺部厌氧感染是不常见的。在新生马驹中，革兰氏阴性菌最为常见。
- 胸部超声：有无胸腔积液的实变肺。然而，胸膜肺炎在马驹中不常见。
- 胸腔穿刺：仅当超声检查结果显示有胸腔积液，且认为液体导致呼吸窘迫，或当病原体未与TTW分离时。布托啡诺，0.025mg/kg肌内注射；或地西泮，5mg静脉注射，可在手术前使用。
- 影像学检查：排除弥漫性支气管间质性肺炎。放射学检查结果可能与马红球菌感染相似。
  - 影像学表现为肺脓肿和肺弥漫性受累，多发性关节肿胀（通常无痛），明显中性粒细胞增多及血小板增多，都提示存在马红球菌感染。
- 应排除急性间质性肺炎（病毒性或特发性），有时可能与严重细菌性肺炎不同：
  - 纤维蛋白原值较低。
  - 白细胞象经药物治疗后变化不大。
  - 在临床和放射学检查中有更多的弥漫性疾病模式。
  - 超声检查未发现周围脓肿或腹侧实变。
  - 气管抽吸液中无病原菌。

应该做什么

严重的非马红球菌感染的细菌性肺炎

- 广谱抗生素：
  - 青霉素钾或钠，22 000~44 000U/kg，静脉注射，q6h。
  - 头孢噻呋，3~5mg/kg，静脉注射，q8~12h。
  - 应添加阿米卡星，18~25mg/kg，静脉注射，q24h，以提高协同效益和增加革兰阴性广谱（如果肾功能正常，马驹能接受静脉输液）。
  - 甲硝唑，15mg/kg，口服，对于小于3周的马驹每12h，对大一点马驹每8h（仅当细胞学上出现厌氧样微生物或培养出大肠杆菌或肠杆菌时）。后者的发现可能表明厌氧生物也存在的风险增加。甲硝唑不是治疗严重马驹细菌性肺炎的常规治疗方案的一部分。
- 鼻内输氧，每分钟10~20mL/kg。
- 考虑抗溃疡预防：
  - 奥美拉唑，4mg/kg口服。
  - 雷尼替丁，6.6mg/kg，口服，q8h；1.5mg/kg，静脉注射，q8h；其他H_2阻滞剂。
- 如有指示，使用地西泮（安定）镇静并充分抑制胸膜液；使用teat套管和带三通旋塞的60mL注射器。伴有全身败血症和严重肺炎的新生马驹的胸膜液通常呈鲜红色。
- 使用抗生素和支气管扩张剂雾化治疗可能会有所帮助。

驱虫治疗后马驹急性呼吸窘迫

- 尽管这种并发症很少见，但哺乳期或断奶期的马驹在服用驱虫药后1~3d内可能会出现呼吸窘迫。
- 这被认为是大量蛔虫或圆线虫幼虫在马驹肺部死亡的结果。

诊断

- 有接受驱虫药的治疗史，通常是首次使用后。
- 驱虫治疗后48h内出现呼吸窘迫症状。

临床体征

- 呼吸困难。
- 呼吸急促。
- 咳嗽。
- 有鼻液。
- 可能出现发热。
- 听诊：
  - 在两侧肺部听到喘息声。
- TTW：
  - 通常为非败血性。
  - 细胞反应可能是中性粒细胞和嗜酸性粒细胞的混合物。

应该做什么

驱虫治疗后呼吸窘迫

- 皮质类固醇，仅单剂量：地塞米松，0.1mg/kg，通常可以看到明显的改善。
- 抗生素：
  - 甲氧苄啶磺胺甲噁唑，20mg/kg，口服，q12h。

和/或

  - 普鲁卡因青霉素，22 000U/kg，肌内注射，q12h。

或

  - 单用头孢噻呋，3.0mg/kg，静脉注射，q12h。
  - 使用抗生素、支气管扩张剂和类固醇雾化可能有帮助。

预后

- 预后良好。

胸膜肺炎和败血症性胸膜炎

- 尽管疾病进程可能已经持续数天，但胸膜肺炎是一种紧急情况！
- **重要提示：**与大多数形式的马驹肺炎不同，成年马胸膜肺炎通常并发厌氧感染，这与更大的坏死和肺梗塞风险有关。
- 胸膜肺炎是马传染性胸腔积液最常见的原因（表25-1）。

表25-1　胸膜肺炎的体征和表现

分类	临床体征	听诊
急性	呼吸窘迫，咳嗽（通常是轻度的），鼻液红色到深棕色，严重抑郁	爆破声，在某些部位有喘息声，如果积液很少，则腹侧支气管音会增加
亚急性至慢性	体重减轻，咳嗽无力，表现不佳，呼吸频率从正常到增加	胸腔积液，无腹侧肺音，背侧声音正常至响亮，心音辐射

临床体征

- 病变通常在肺部右中腹侧最严重，异常肺音在该区域更为突出。
- 临床症状包括：
  - 前肢或胸骨水肿。
  - 低级疝痛。
  - 胸膜痛（常与蹄叶炎混淆，但很少会是蹄叶炎）。
  - 发热。
  - 厌食症。

诊断

· 通过TTW或胸腔穿刺获得的样本气味在饲养管理中可能很重要。恶臭的气味表明了厌氧菌的存在，使预后不良，并会增加治疗成本。胸腔积液中有空气回声也可能表明存在厌氧感染或支气管胸膜瘘。

· 经气管抽吸：使用BBL真空管和哥伦比亚肉汤培养基，培养基中加入聚苯乙烯磺酸钠（SPS）并增加半胱氨酸含量。抽吸物用于有氧和无氧培养。

· 如果怀疑胸腔积液（腹侧肺音降低，心音放射），则提示胸腔穿刺。超声检查证实有液体存在。提交进行细胞学及需氧和厌氧培养。

· **重要提示**：胸腔穿刺的快速方法（仅用于培养）：操作需要18号、3.75~8.9cm的胸腔穿刺针，使用好氧厌氧培养基（BBL真空管，哥伦比亚肉汤培养基加SPS和增加半胱氨酸）。

· 留置胸腔引流：如果存在大量液体或积液是败血性的（如果该部位腹侧足以提供足够的引流，则首选与胸腔穿刺相同的部位），则需进行手术。

· 需要一个钝头24F套管针，单向阀（可以将乳胶保险套制成单向阀，通过打开封闭端并用胶带将另一端连接到导管）。

胸腔穿刺术步骤

· 通过切口将钝头24F套管针导管穿进4~6cm（**注意事项**：肋间血管在肋骨的尾部）。

· 取下套管针并调整导管以获得最佳流速，使用中国式手指网套模式缝合皮肤（图25-5C）。

· 将单向阀（Heimlich阀或穿孔保险套）连接到导管上，以防止气胸。用胶带将保险套套在导管末端，切口末端位于远端，并在导管周围放置一个荷包缝合，将其固定到位。

· 使用超声检查确定胸腔导管的位置（重要事项：应避免胸外静脉和相关血管，将导管放在远离心脏的地方）。

· 在少数情况下，两侧可同时使用一根导管引流。

应该做什么

胸膜肺炎

- 积极处理成年马胸膜肺炎的所有病例。
- 立即开始使用广谱抗生素。

选项1

- 青霉素，44 000U/kg，静脉注射，q6h。
- 庆大霉素，6.6mg/kg，静脉注射，q24h。
- 甲硝唑，15~25mg/kg，口服，q6~8h。

选项2

- 如果担心肾脏功能下降，或者选项1的成本过高：
  - 头孢噻呋，3mg/kg，静脉注射或肌内注射，q12h；恩诺沙星，7.5mg/kg，静脉注射或口服，q24h（取决于培养结果）。**重要提示**：恩诺沙星通常对马链球菌兽疫亚种不具有很好的杀灭性。

和

  - 甲硝唑，15~25mg/kg，口服，q6~8h。
- 在治疗过程中必须监测血清肌酐浓度。如果出现氮质血症，输液或使用选项2的方案。监测庆大霉素的峰谷值

是达到治疗水平和预防由于使用氨基糖苷而产生的肾毒性。对于某些情况，可能需要高于6.6mg/kg的剂量。

- 非甾体抗炎药治疗以控制发热和疼痛：非甾体抗炎药可能增加与氨基糖苷类给药相关的肾毒性。
- 引流后立即向胸腔投入重组组织型纤溶酶原激活剂（tPA）（4~12mg），可减少纤维蛋白凝集。
- 氯吡格雷（Plavix），4mg/kg口服，作为负荷剂量，随后剂量变为2mg/kg，q24h；阿司匹林，20mg/kg 口服或直肠给药，可用于有出血性或恶臭气味的肺渗出物的马，目的是减少肺血栓形成。

并发毒血症的支持疗法

- 对于黏膜颜色异常、出现中性粒细胞中毒颗粒及心动过速的成年马：
  - 使用聚离子液体进行静脉输液治疗。
  - 如果出现毒血症，则使用氟尼辛葡甲胺，0.25mg/kg，静脉注射或口服，q8h，不要使用保泰松。
  - J5高免血浆，2L，静脉注射。
  - 己酮可可碱，10mg/kg，静脉注射或口服，q12h。
  - 其他可行的治疗方法：多黏菌素B 6 000U/kg，如果有迹象表明严重毒血症且肾功能值正常的。
  - 低分子肝素，50mg/kg，皮下注射，q24h，目的是预防血栓形成。
  - 如果呼吸频率升高，鼻内输氧。
  - 冷冻治疗蹄部。

预后

- 除非出现严重的呼吸急促、严重息肉、毒血症和出血性恶臭鼻液或胸腔积液，否则急性病例的预后通常良好。
- 这些发现表示存在梗死和较差的预后。
- 对于肺梗塞的患马，最终可能需要切除肋骨以提高恢复率。
- **注意事项**：蹄叶炎、肾病和支气管胸膜瘘等并发症会使预后恶化。

马慢性肺气肿 / 复发性气道阻塞（以前叫 COPD）/ 夏季放牧相关阻塞性肺病

- 患有慢性肺气肿的马在接触过敏原和灰尘后经常会出现呼吸窘迫。
- 患马的气道似乎对微粒物质（如灰尘、霉菌孢子、有毒烟雾，甚至高湿度）高度敏感，患马容易发生呼吸危机，有时即使在饲养管理良好的情况下也会发生。
- 黏液分泌增加和肺功能下降为继发性感染提供了理想的环境，这可能引发呼吸窘迫。
- 患慢性肺气肿的马发热至39.5~40℃，提示继发性细菌性支气管炎或支气管扩张。

病史

- 成年马（通常大于7岁）咳嗽和运动不耐受时间超过3个月，除此之外表现正常。

· 休息时呼吸困难，呼气用力更明显，一般无发热。

· 即使在相同的条件下，马呼吸体征也可能出现时满时亏的情况。

临床症状

· 包括呼吸频率增加、头颈伸展、鼻孔张开和呼气加倍用力。

· 可能出现由腹外斜肌肥大引起的“息劳沟”。

· 如果呼吸窘迫持续数周至数月，则体重减轻很常见。

· 马在放牧时可能看起来很正常，但在美国东南部，马可能会因牧场中出现的霉菌而出现急性呼吸困难。

· 听诊：通常在肺部大片区域都能听到细小的爆破声和喘息声。严重发作时肺部有时异常安静（特别是腹侧）。这种症状会与腹侧实变（肺炎）或胸腔积液相混淆，但患有胸膜肺炎的马很少有呼吸窘迫，当它们出现呼吸窘迫时通常也有败血症的迹象（充血的、变色的黏膜，严重精神抑郁，以及常有出血或恶臭鼻液）。

· 如果认为有马慢性肺气肿，可根据治疗后的效果帮助诊断该病，多个诊断测试通常是不必要的。如果症状看起来像是马慢性肺气肿，那么它多半就是。

· 单次注射阿托品（每450kg体重缓慢静脉注射7~10mg）后的显著反应支持诊断，但除非马正处于呼吸窘迫，否则该反应很少能表现出来。阿托品给药会引起心动过速，并且少数情况下也会引起绞痛。另一种选择是0.3mg/kg静脉注射溴丁东莨菪碱，这是一种有效的支气管扩张剂，在静脉注射后10min达到最大效果，并且产生的副作用比阿托品小。

· 支气管肺泡灌洗（BAL）（见第11章）的细胞学检查里，中性粒细胞含量（＞25%）增加有助于确认诊断，但通常该检测在出现呼吸窘迫时不需要/不提示。

· 进行BAL需要先镇静：甲苯噻嗪（0.3~0.5mg/kg静脉注射）和布托啡诺（0.01mg/kg静脉注射）。尝试将头部保持在肩部水平或抬高，以降低气道阻力。

· 如果有临床症状（发热）和表明存在继发性细菌感染的血液学证据（白细胞增多、纤维蛋白原增多），则进行TTW细菌培养。

重要提示：如果患马处于严重呼吸窘迫，则不要进行TTW，因为可能发生严重的纵隔气肿。可使用经内窥镜的气管抽吸。如果需要培养，则可以使用内窥镜微生物吸引导管。带适配器的无菌聚乙烯205号管也适用于细胞学检查和细菌培养的样本采集。

应该做什么

严重马慢性肺气肿

- 皮质类固醇：
  - 地塞米松，0.04~0.06mg/kg，口服或肠道外给药，q24h，持续7~14d，预期3d内有临床反应。除了那些可以将马从“过敏原”中移走的情况外，如牧场相关马慢性肺气肿，如果有明显的呼吸窘迫，则需要全身注射类固醇。
  - 皮质类固醇气雾剂：丙酸倍氯米松（7μg/kg，q12h），或氟替卡松（4~6μg/kg，q12h）（通过定量吸入气雾剂［MDI］，如Equine Aeromask、EquineHair、AeroHippus）。在呼吸困难的马身上，面罩的耐受性可能很差。如果面罩最初不能很好地耐受，则先从地塞米松治疗开始，然后再用皮质类固醇气雾剂继续治疗。

   ◦ 使用MDI时：①加热；②摇晃30s；③保持垂直；④在吸气结束/开始时向储雾罐中发射。

- 支气管扩张剂：
  - 沙丁胺醇，1μg/kg，q1h，MDI（Equine Aeromask，EquineHaler，AeroHippus）；起效快（＜5min），但作用时间短（30min至3h）。这种β1-激动剂不仅能扩张支气管，还能提高纤毛清除率和表面活性剂的产生量。
  - 异丙托溴铵，0.5~1μg/kg，q6h，MDI（Equine Aeromask、EquineHaler、AeroHippus）；15min内起效，持续4~6h。
  - 阿托品，0.014~0.02mg/kg（每450kg体重的成年马静脉注射7~10mg），严重情况可立即缓解，除非出现明显的心动过速（＞80次/min）。丁溴东莨菪碱，0.3mg/kg，静脉注射或肌内注射，静脉注射后10min达到最大疗效，给药后1h内临床疗效下降，比阿托品快。

注意事项：对于呼吸窘迫的马，支气管扩张气雾剂的反应往往不如阿托品或丁溴东莨菪碱明显。阿托品会降低肠道动力，因此建议马主人监测绞痛的症状，尽管这种剂量使用一次就出现绞痛是不常见的。对严重心动过速患马使用支气管扩张剂时要小心。

- 抗生素：如果有发热或怀疑有细菌性支气管炎，用青霉素普鲁卡因22 000U/kg，肌内注射，q12h；或头孢噻呋3mg/kg静脉注射或肌内注射，q12h。
- 鼻内输氧：10~15L/min，在鼻孔处缝合固定鼻咽导管。如有可能，通过温水使氧气湿润。
- 保持充足的水合作用，因为脱水会使气道中的黏液塞变厚。提供新鲜、干净的水和电解质。在某些情况下，可能需要通过鼻胃管或静脉注射给予液体。

预后

- 大多数情况下预后良好，然而令人满意的临床改善可能需要3~5d。在将皮质类固醇疗法加入抗菌治疗药物之前，不要期望马的慢性肺气肿和并发细菌性支气管炎有所改善。
- 对一些有严重实质性疾病及长期慢性肺气肿病史的老年患马的治疗可能无效，但这种情况很罕见。
- 由于可能出现支气管扩张，因此建议进行X光线检查。

饲养管理

- 马患慢性肺气肿时的饲养管理包括减少饲料喂量及与过敏原的接触；减少与干草和稻草的接触，通常优先选择牧场。
- 或者使用颗粒状或成块的干草、干草青贮饲料或水耕干草，以及低尘垫料（可以使用报纸或低尘刨花）。
- 如果可能，大多数患马应每天24h呆在室外。如果没有，最好将它们移到谷仓的末端（或通风良好的区域），在喂食时间和更换垫料期间将其移到室外。
- 在美国东南部，一些马在牧场时会出现马慢性肺气肿的呼吸症状（夏季牧场相关的阻塞性肺病），可能仅在转移到谷仓后的24h内就发生好转。

注意事项：罕见的情况下，一匹从“典型”的马驹肺炎中恢复过来的3~6个月大的马驹会发展出马慢性肺气肿症状，经气管抽吸显示有曲霉菌且无细菌存在，建议使用支气管扩张剂和偶尔用皮质类固醇治疗。

浸润性肺部疾病

- 肺浸润性疾病是马呼吸窘迫的罕见原因。
- 它们常引起慢性呼吸症状，通常类似于在马慢性肺气肿中观察到的症状。
- 患马无法对针对马慢性肺气肿的传统疗法作出反应。
- 经常出现厌食、体重减轻和多系统受累的迹象。
- 在疑似病例中，诊断是基于胸片和肺组织活检发现的病变。
- 与马肺浸润性疾病相关的情况有以下几种：
  - 特发性肉芽肿性肺炎。
  - 多系统性嗜酸性上皮性疾病。
  - 肿瘤形成。
  - 矽肺。
  - 真菌感染。
  - 马多结节性肺纤维化。

无呼吸噪声的呼吸窘迫的其他原因

- 通风不良可由以下原因引起：
  - 肉毒杆菌中毒。
  - 破伤风。
  - 腹部容积/压力增加，阻止了正常的肺扩张。
  - 膈疝。
- 与严重代谢性酸中毒或组织低氧血症相关的呼吸急促（溶血、中毒）。
- 疼痛。
- 马驹的特发性呼吸急促，在挽马驹中更常见，这些马驹也常见高热。
- 肝脑病或其他大脑/脑干疾病。

鼻出血

- 由头部外伤引起的鼻出血很少需要紧急治疗，除非鼻道阻塞，此时需要实施气管切开术。
- 导致鼻出血的可能危及生命并需要紧急评估和治疗的情况是：
  - 喉囊霉菌病。
  - 血小板减少引起的鼻出血。
  - 头长肌撕裂。

喉囊霉菌病

- 出血可能是成年马喉囊霉菌病的唯一临床症状，或者出血和神经系统症状可能同时发生。
- 某些情况下，在观察出血之前，鼻孔会出现黄色渗出物。
- 中年或老年牧马最常受到影响。
- 马主人报告在出血发生前在马厩墙壁上或鼻子上发现血液。
- 出血通常是单侧的，除非发生严重出血，在这种情况下，血液可能从两个鼻孔流出。

诊断

- 霉菌病很少出现在炎热、干燥的季节中。
- 根据病史进行初步诊断，确定诊断需要进行内窥镜检查。

· 内窥镜检查：除非有低血压、心率升高、黏膜苍白或毛细血管再充盈时间缓慢的迹象，否则轻度镇静有助于内窥镜通过，使用导丝穿过活检通道有助于内窥镜进入喉囊。另一种方法是通过腔导管进入另一侧鼻孔中来提升喉囊瓣。病变（通常是黄绿色，有血栓形成的白喉膜）最常见于内侧或外侧隔室的背部。

应该做什么

喉囊霉菌病 / 鼻出血

- 一旦确诊，就需要尽快进行手术。

· 如果失血严重，则需要输血（见第20章）和多离子液体来稳定患马的病情。除非有明显的低血容量性休克，否则通常不使用高渗盐水。

- 如果运输患马需要镇静，则使用地西泮，0.05mg/kg静脉注射。
- 如果出血不可控制且危及生命，则在出血侧结扎颈总动脉是有用的，即使一些出血仍在继续。

重要提示：颈总动脉结扎可导致严重的神经症状和失明。

血小板减少引起的鼻出血

鼻出血也可能是一种需要特殊治疗的紧急情况。

头长肌撕裂

- 撕裂与严重的喉囊出血症状相似，并可在内窥镜检查中加以区分。
- 对症治疗：
  - 保持患马安静。
  - 输液和输血。
  - 保持气道通畅。

筛窦血肿

- 最初的临床症状通常是单侧有血染的鼻液。
- 随着血肿的进展，部分气道阻塞会产生呼吸噪声。

诊断

· 内窥镜检查通常显示筛骨鼻甲区域有暗红色、黑色甚至绿色变色肿块。X线检查有助于鉴别副鼻窦内的肿块。

应该做什么

筛窦血肿

· 激光手术或冷冻手术通常推荐用于大的病变，尽管通过内窥镜向病灶内注射4%福尔马林溶液对小的病变是有效的。

· 极少数情况下，包括急性死亡在内的恶性事件可能在注射福尔马林后立即发生。如果筛板坏死，则福尔马林可能进入颅骨和大脑。

- 注射前可使用计算机断层扫描确定筛板是否完好。
- 大筛窦血肿需要通过鼻窦手术切除肿块。
- 应考虑自体输血（手术前10d收集在含柠檬酸盐磷酸盐葡萄糖溶液的血袋中）。

运动性肺出血

- 很少有严重出血导致呼吸窘迫和死亡。
- 在某些急性死亡病例中，出血蔓延至胸腔内。

鼻肿块

· 鼻肿块（如肿瘤和肉芽肿）很少是鼻出血需紧急治疗的原因，然而它们是鼻出血、上呼吸道呼吸噪声和阻塞的最常见原因之一。

第26章
泌尿系统

诊断和治疗程序

Barbara Dallap Schaer and James A. Orsini

导尿管插入术

实施导尿管插入术要确保以方便的方式获得准确、无污染的尿液样本。中段自主排尿的尿液样本对于尿液分析是足够的，但不适合用于细菌培养。在膀胱镜或尿道镜检查中，同样的技术也用于光纤或电子内窥镜的放置。

设备及用品

- 镇静剂（盐酸赛拉嗪或盐酸地托咪定与酒石酸布托啡诺和乙酰丙嗪）。
- 平滑肌松弛剂（丁溴东莨菪碱——百舒平）有时对雄性马（马驹和成年马）有用。
- 母马用绑尾带。
- 无菌手套。
- 无菌润滑膏。
- 适当的导尿管（无菌）。
  - 种马和阉马：外径9mm导尿管。
  - 母马：外径11mm导尿管。
- 60mL导管式注射器（无菌）。
- 3只用于尿液分析、细胞学检查和培养标本的无菌小瓶。

步骤

雄性马导管插入术

- 种马和阉马通常需要镇静剂来保定和延长阴茎［推荐剂量为0.3~0.5mg/kg赛拉嗪和0.01~0.02mg/kg布托啡诺，配合静脉注射0.02mg/kg乙酰丙嗪（仅用于阉马）］。

- 尽管乙酰丙嗪导致种马出现轻度包茎的风险尚不明确，但还是尽可能避免在种马中使用。
- 用稀释的消毒液（聚维酮碘或洗必泰）清洗阴茎，然后用水冲洗。
- 带上无菌手套，同时最小程度地润滑导管。
- 用一只手稳定阴茎，轻轻地将导管推进尿道口。
- 推进导管。导管应能轻易地穿过尿道，直到触及尿道括约肌。向尿道内注射60mL空气和/或10mL利多卡因有助于通过括约肌。插入导管时用力过大会导致出血和导管反折，从而进一步阻碍进入膀胱的通道。
    - 在某些情况下，导管难以通过尿道括约肌。对于成年马，可能需要直肠触诊和对膀胱施加轻微的手动压力，以便于导管进入膀胱。应用丁溴东莨菪碱可使尿道括约肌松弛。
- 如果导管到达膀胱时尿液不能自由流出，则用60mL注射器轻轻抽吸。
- 将样本直接放入无菌小瓶中，进行尿液分析、细胞学检查、培养和菌落计数。

雌性导管插入术

- 一般不需要镇静，但建议使用马勒。
- 包裹住尾巴并将其拉到侧面。
- 用稀释的消毒液（聚维酮碘或洗必泰）擦洗会阴，并用水冲洗。
- 戴无菌手套，对导管进行最低程度的润滑。
- 将一只手放在阴道内，在阴道底部找到尿道口，用一根手指插入尿道，用另一只手轻轻引导导管。
    - 很多时候手术是“盲目”进行的，无需先用一只手进入阴道。
- 将导管推进5~10cm深。如果尿液不能自由流出，则用60mL注射器抽吸。
- 将样品放在适当的容器中。

并发症

- 如果未能维持无菌技术，尤其是膀胱无张力时，可能会发生下尿路感染。
- 应避免向发炎的尿道内注入大量空气，因为可能发生致命的空气栓塞，尽管此情况发生的可能性很小。

尿常规

- 尿常规有助于诊断上下尿路疾病。每个样本应提交进行完整的尿液分析、细胞学检查、菌落计数和细菌培养。
- 尿液样本应在收集后20min内检查或立即冷藏。
- 由于黏液含量高，因此对马尿的大体检查很困难。

- 很容易看出色素性尿，但必须通过临床检查、血浆颜色、血清肌酸激酶和直接胆红素测量，以及尿试纸和显微镜检查，以便与血尿、血红蛋白尿、胆红素尿或肌红蛋白尿区分开来。

· 尿液试纸通常用于测定酸碱度、蛋白质含量、葡萄糖、胆红素和色素的存在。**重要提示：** 血红蛋白、肌红蛋白和血尿都会导致潜血呈阳性。

· 尿比重计用于确定比重。

- 成年马尿比重一般为1.008~1.045，马驹尿比重为1.001~1.025。
- 高渗尿液通常是由水摄入减少造成的。
- 如果尿比重保持等渗（约等于血液比重，为1.010），就算尿比重在饮水或禁水试验后有变化，也应怀疑有严重的肾脏疾病。

· 正常尿液中不应含有蛋白质、葡萄糖或胆红素。

- 如果使用试纸，则蛋白质含量可能会错误地升高以“追踪”尿液是否高度浓缩或呈高度碱性。
- 如果尿路有色素尿、炎症或感染，则可检测到蛋白质。
- 绝对（真）蛋白尿应通过分析测量进行定量，然后计算尿蛋白肌酐比值，患肾小球肾炎的马其比值大于3∶1。
- 糖尿发生在肾功能正常的高血糖症中。如果血糖水平正常，则糖尿提示肾小管有疾病。
- 正常的马尿呈碱性，成年马的尿液pH为7.5~8.5，马驹的尿液pH为5.5~8.0。剧烈运动、代谢性酸中毒、厌食或饥饿都会导致酸度增加。

· 尿液的细胞学检查对鉴别尿路炎症和感染很重要。玻片应由离心样品制成，自然晾干，用瑞氏染色或迪夫快速染色。

- 每个倍视野（100倍）有5个红细胞（RBC）和5个白细胞（WBC）是正常的，有超过10个红细胞表明出血，有超过10个白细胞表明有炎症。
- 如果存在炎症，则应进行革兰氏染色以鉴定细菌。如果使用无菌技术采集样本，则正常尿液中不应检测到细菌。对细菌形态进行鉴定有助于在获得培养结果之前用抗生素治疗。
- 管型（从肾小管中脱落的细胞碎片）表明肾小管受损。
- 碳酸钙晶体很常见，除非临床症状表明存在尿路结石，否则被认为在正常范围内。

泌尿道紧急情况

Thomas J. Divers

马的原发性尿路突发事件并不常见。但是当其确实发生时，如果没有得到正确诊断和治疗

时可能危及生命。最常见的泌尿系统紧急情况如下:

- 急性肾衰竭。
- 尿液变色。
- 下尿路梗阻。
- 马驹膀胱破裂，偶尔也会发生在成年马。

急性肾衰竭

急性肾衰竭（ARF）通常由肾毒性原因或血管运动性肾病（如缺血性原因）引起，最常见的病理发现是急性肾小管坏死。

肾毒性原因

- 如果患马在接受氨基糖苷治疗时或停止治疗后的几天精神沉郁，则考虑氨基糖苷肾毒性。抑郁和厌食是马尿毒症最常见的临床症状。
- 由氨基糖苷类引起的肾衰竭通常导致多尿性肾衰竭，如果早期能得到诊断和治疗，通常效果较好的。
- 如果每天给予20mg/kg或更高剂量的四环素。对脱水的马给予数天较低剂量的四环素，则可能发生由四环素引起的肾衰竭。
- 正常血容量的马驹对土霉素的毒性作用表现出更强的抵抗力，但在给一或两剂3 g土霉素治疗肌腱收缩后可能在3~4d后出现ARF症状。马驹只有满足以下情况才能用大剂量土霉素治疗肌腱收缩:
    - 血容量正常（水分充足）——这种情况通常不会出现在患有严重肌腱痉挛导致无法站立和哺乳的马驹身上。
    - 如果临床上有行为改变的报告（如经土霉素治疗后2~4d沉郁），则测定血清肌酐。
- 在极少数情况下，马在静脉注射替鲁膦酸、碳酸铜或维生素制剂3d后可能出现肾功能衰竭的迹象，原因和影响尚未得到证实。

诊断

- 病史、体检、实验室检查结果。

实验室结果

- 调查结果包括氮质血症、等渗尿、低钠血症和低氯血症。
- 马的氮质血症最好通过测定血清肌酐来确定。
    - 在某些ARF病例中，尤其是腹泻患马，血尿素氮（BUN）值可能只是轻微升高，但肌酐值却大大升高，这被认为是由于尿素渗透进入结肠液所致。

- 肾前氮质血症的存在最好通过临床检查、尿液分析，以及在开始液体治疗后血清肌酐浓度恢复正常所需的时间（大多数肾前性氮血症在液体疗法开始后36h内被纠正）来确定。肾前氮质血症的肌酐上限可能高达7~8mg/dL。BUN与肌酐之比＞20表明存在肾前性疾病。
- 如果BUN与肌酐的比值＜10，则怀疑患有肾性氮质血症。血清钾浓度升高，尿比重为1.006~1.012（尽管进行大量静脉输液治疗），肌酐浓度在开始治疗后数天内没有下降或缓慢下降。
- 偶发情况下，新生驹血清肌酐浓度可能为5~8mg/dL（有时甚至更高），但没有其他证据显示肾功能不全。这在患胎盘功能障碍母马所生的马驹中最常见。肌酐浓度一般在2d内恢复正常。一些成年夸特马和很少的温血品种马正常血清肌酐浓度高达2.4mg/dL。

· 急性肾衰竭患马的血清钾和钙的值通常分别是正常的和低的，但如果肾衰竭是少尿性的，则可能有较高的钾钙浓度。在ARF患马中发现高钾血症提示预后更为谨慎，因为它常提示少尿或无尿性肾衰竭。

· 如果出现神经症状（尿毒症性脑病），则血氨可能升高。

色素尿性肾病

· 色素尿性肾病最常见于严重肌病发作后。一些轻度至中度严重的病例可能没有接受静脉输液治疗，从而导致ARF。严重变色的尿液不是肌炎诱导的ARF的先决条件。

- **重要提示：**并非每匹患肌病的马都需要液体治疗。如果尿液变色或临床症状严重，则应给予液体并/或在临床症状和尿液变色消失的2~3d后测量肌酐。

· 溶血比起肌病导致肾衰竭的可能性更小，尽管溶血和弥散性血管内凝血的患马有ARF的风险，尤其是红枫中毒。

· 由尿毒症引起的精神沉郁发生在肌病发作或溶血危机后3~7d。

· 天门冬氨酸转氨酶（AST）检测有助于确认ARF病因不明但先前发生过的肌病。

血管运动性肾病

· 关于败血症马的ARF发病率没有公开的数据，但这是常见的。肾衰竭很可能是马败血症后最常见的器官衰竭。任何容易引起低血压或内源性加压剂释放的疾病都有可能引起血流动力学介导的ARF。

· 原因包括急性失血、严重的血管容积不足、败血性休克、血栓、凝血障碍和急性心力衰竭，包括心包炎。

· 血管运动性肾病可导致严重的肾衰竭，无需伴随组织学检查，或者弥漫性肾皮质或髓质坏死偶尔发生。

- 急性肾小球病在马身上很少见，但可发生在紫癜出血或其他患有全身性血管疾病的马上。

诊断

- 病史、体检、临床症状。

实验室发现

- 血清肌酐升高，同时尿比重低（＜1.020）、血尿、低氯血症和低钠血症。
- 罕见的急性肾小球病可导致严重血尿和显著蛋白尿。
- 高钾血症提示原发性肾功能衰竭，而不是肾前氮质血症。这种情况在患结肠炎的马身上尤为明显。

急性肾衰竭的一般治疗原则——急性肾小管性肾病

急性肾衰竭的治疗

- 一般治疗（图26-1）：对于肾毒性诱导的ARF，治疗开始后2~3d肌酐可能不会下降。如果患马是多尿性的，则预后通常良好，肌酐会缓慢恢复正常。
- 特殊治疗（很少需要）：腹膜或胸膜透析可能有助于减少有毒物质，但结果是不定的。除非需要清除血液中仍存在的肾毒素，否则很少使用此程序。
- 针对少尿或无尿ARF的腹膜透析方案：
  - 监测电解质状态，尤其是钠和钾。
  - 腹腔透析时使用1.5%葡萄糖的温热乳酸林格氏液；可添加肝素（1 000U/L），以减少粘连。可以从印第安纳州布卢明顿的Cook Critical Care获得腹膜导管，也可以使用蕈头导管或人用胸腔导管（28F）排出尿液。这些导管应放置在腹部腹侧，以引流透析液。可以通过这些导管给予液体治疗，但最好是通过另一个较小的导管给透析液，该导管经左腰旁窝放置在腹部（**注意事项**：确保它不在腹膜后，且位于脾脏的尾部）。导管放置后应进行超声检查，以确保导管放置在腹腔内。
  - 如果未发现心肺异常，可按40mL/kg进行透析。30~60min后，排出大部分液体，在腹部留下足够的液体，防止大网膜“堵塞”引流导管口（这可以通过超声波确定，或在流速减慢时停止引流）。如果马的是正常血容量，为了继续透析，应该恢复约60%体重的液体。重复透析时，应回收之前透析液体积的80%左右，并且马的体重应基本不变。如果透析要持续几天，则应在收集的液体上进行细胞学检查和白细胞计数，以监测腹膜炎。如果白细胞计数升高，则指示连续输送和引流。
  - 在马驹中，大网膜经常干扰这一过程，使平卧马驹的腹膜透析更困难。
  - 血液透析在少数重症监护室进行。

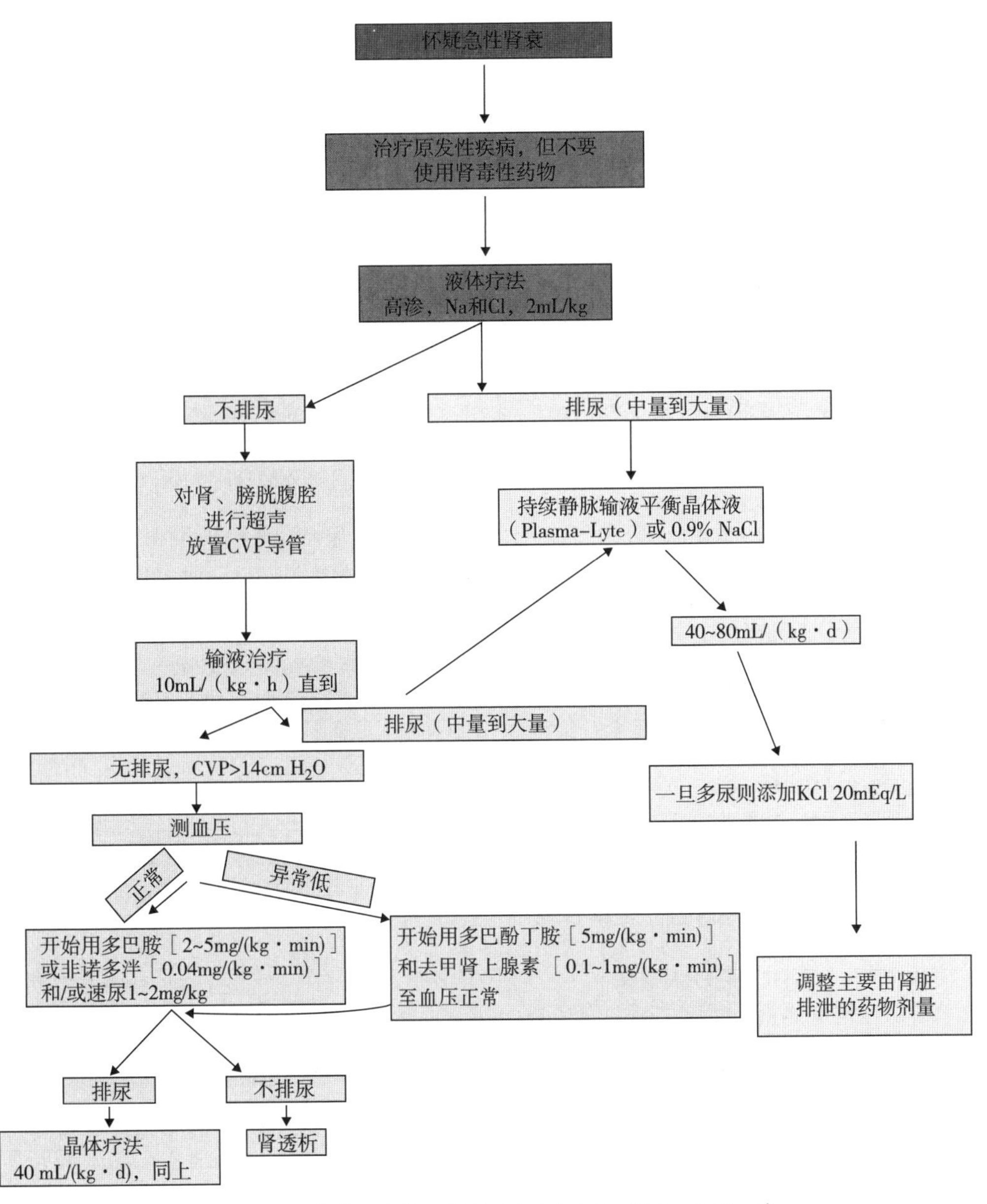

图 26-1　急性肾衰竭的一般治疗原则（CVP 指中心静脉压）

- **注意事项：**对于血液透析颈静脉必须是明显的且健康的。

应该做什么

急性肾衰竭——急性肾小管性肾病

参见图26-1。

- 治疗易感疾病。
- 为体液不足时提供补液治疗及电解质和酸碱校正。高渗盐水（2mL/kg）后给予0.9%生理盐水或复方电解质注射液是大多数病例首选的初始液体疗法。确认患马为多尿性的，则加入钾（20mEq/L）。

- 监测血清钠、氯、钙和钾的水平，并纠正任何异常。尽管高钠液通常不推荐用于新生马驹，但多尿性ARF的马驹可以用高钠液治疗，因为它们的肾功能衰竭与尿钠丢失增加有关。
- 评估ARF的特征：多尿（排尿过多）与少尿（排尿减少）。确定患马是少尿性还是多尿性肾衰竭。如果怀疑是少尿性肾衰竭，则监测PCV、血浆蛋白浓度、颈静脉扩张、周围水肿、血压和中心静脉压（CVP）。
  - 要测量CVP，将一根60cm的静脉留置针[1]插入成年马的颈静脉和前腔静脉中。将带基线的血压计放在与心房水平的位置。当马头保持在正常高度或稍高时，正常CVP＜8~10cmH_2O。当CVP留置针正确定位时，CVP有1~2cm的与呼吸相关的变化。虽然测量不精确，但如果CVP测量值完全相同（即在马肩点处测量达到压力计上的0位置的相同高度，并使头部位置保持相似位置），则在治疗过程中对血压趋势的检测对于确定正确的静脉输液量非常有帮助。在马驹中，可以使用20cm的Mila[2]导管进行测量。在横卧的马驹中测定CVP很困难，且可能不准确，但是将马驹在胸骨处平卧来进行测量可提高精度。
  - 监测血压，可结合心输出量和血管张力以帮助评估容量替代治疗的充分性。如果尽管进行了足够的容量置换，但血压仍然很低，则给予多巴酚丁胺和/或多巴胺［两种药物的剂量大约为5μg/（kg · min）］，以恢复心输出量、血压和足够的肾小球滤过压。马头保持在正常位置时，收缩压必须至少为90mmHg（理想情况下为14.63kPa）。这可以通过其他监控设备进行监控。这些测量值可能只是对真实血压的估计。充气囊宽度应为尾围的40%或更多，以便进行最精确的平均测量。
- 一旦纠正了体液不足并恢复了全身血压，则对少尿或无尿ARF进行以下操作：
  - 对少尿性肾衰竭：持续静脉给予3~7μg/（kg · min）的多巴胺和静脉注射1~2mg/kg的速尿，q2h，治疗4次。输注时血压不应超过正常值（平均值为14.63~15.96kPa）。如果CVP正常，血压正常，则可给予5mg/（kg · min）多巴酚丁胺。关于多巴胺治疗人类和其他一些物种ARF的疗效，临床医生之间存在争议，它被推荐用于治疗少尿或无尿ARF的马，一些有ARF的马在服用多巴胺后尿量增加。多巴胺［2.5~5.0μg/（kg · min）］可增加健康马的肾血流量和尿量。如果经多巴胺治疗后不能在2~4h内增加尿量，那么继续使用多巴胺可能是徒劳的。一剂非诺多泮［0.04μg/（kg · min）］已被证明对马驹有效，但其在马身上的效用是否优于多巴胺尚未被证实，并且价格更昂贵。
  - 如果治疗成功地将少尿转化为多尿，则在24~48h内停止给予多巴胺和速尿。
  - 继续监测尿量。如果再次出现少尿，则重复用多巴胺和速尿治疗。
  - 有些人认为单独使用速尿用于其他物种的横纹肌溶解诱发或氨基糖苷诱发的肾功能衰竭的治疗是禁忌的，但在扩容治疗后可单独使用它作为其他ARF原因的治疗。
  - 甘露醇，0.5~1.0g/kg静脉注射，经静脉输液纠正血容不足后可用于由横纹肌溶解症引起的急性少尿性肾衰竭的治疗。
  - 如果患马无尿，则不要使用甘露醇。
  - 给予氨茶碱，在30min内给予0.5mg/kg剂量，以尝试改善患呼吸窘迫和肾衰竭的早产或败血症性马驹的肾小球滤过率。如果有改善，每天可以重复2~3次。
  - 顽固性低血压（定义为即使给予适当的液体疗法和高CVP，但马驹的动脉压仍很低和无尿）应使用去甲肾上腺素，0.1~1.0μg/（kg · min）和1~2d的低剂量皮质类固醇治疗（静脉注射0.5~2mg/kg氢化可的松，q6h）。去甲肾上腺素可能对肾脏和心脏血流动力学有积极作用。如果不成功，则可给予1h血管加压素［0.01~0.04U/（kg · h）］以开始生成尿。加压素使用的预期是使输出血管比输入血管收缩更多。
- 对于多尿ARF，可以执行以下操作：
  - 每天施用60~80mL/kg多离子液体（通常为0.9%生理盐水溶液含20mEq/L氯化钾），直到血清肌酐浓度急剧下降为止。
  - 在接下来的几天内，每天继续静脉输液40~60mL/kg，直到肌酐浓度恢复正常或稳定为止。
  - 多尿状态下不应使用速尿和多巴胺。
  - 如果需要镇静，则使用小剂量的甲苯噻嗪，因为它可以增加尿的生成量。
- 如果患马厌食，则在每升静脉输液中添加50~100 g葡萄糖，以获取热量。

---

1 Becton-Dickinson，FranklinLakes，New Jersey.

2 Mila，12 Price Avenue，Erlanger，KY 41018.

- 急性肾小球病是马的一种罕见疾病，如用前所述进行治疗，再加上对全身性疾病的治疗（即用类固醇治疗血管炎）。
- 服用奥美拉唑或适当的H_2阻滞剂和/或硫糖铝，可以降低胃溃疡的发生率。

急性败血性肾炎

- 除马驹放线杆菌性肾炎外，马很少出现急性化脓性肾炎。患病马驹通常初生小于7d（大多数是2~4d大），许多在没有明显临床症状的情况下被发现已死亡。
  - 严重的菌血症和内毒素血症才是马驹放线杆菌的主要疾病，而不是肾衰竭，大多数感染驹的血清免疫球蛋白G（IgG）浓度较低。
- 革兰氏阴性肠道细菌，甚至放线杆菌和革兰氏阳性兽疫链球菌偶尔会导致成年马急性双侧化脓性肾炎。
  - 治疗应包括静脉输液和使用抗生素。
  - 初始抗生素治疗（在尿液培养和药敏的微生物结果待定时）为头孢噻呋4mg/kg静脉注射（q12h），或甲氧苄啶磺胺甲噁唑20mg/kg，口服（q12h）。
- 钩端螺旋体波摩那血清型（最有可能是Kennewicki型）可导致马的ARF和血尿。虽然不常见，但这种微生物可能很少同时影响多匹马（更常见的是断奶马和年幼马），导致发热和急性肾衰竭。
  - 发热、白细胞增多和脓尿，且在显微镜下没有检测到细菌，则应怀疑是否为钩端螺旋体波摩那血清型。
  - 发病时钩端螺旋体波摩那血清型和其他交叉反应血清型的血清滴度非常高。急性感染通常有一个以上的血清变异型，且滴度很高。
  - 治疗包括推荐用于其他ARF原因的静脉输液。同时，给予青霉素22 000U/kg，静脉注射，q6h；或恩诺沙星5~7.5mg/kg，静脉注射，q12h。
  - 通过适当的治疗，预后良好。

肾小管性酸中毒

- Ⅰ型肾小管性酸中毒（RTA）偶尔会导致马的急性和严重抑郁，这与异常低的血液酸碱度有关。
- 这种类型的RTA通常发生在成年马身上，虽然是间歇性的，而且可能在此之前曾进行过其他疾病或肾损伤的药物治疗，或者可能没有易感的原因。
- 遗传倾向未经证实但有可能，且可能会复发。

诊断

- 诊断的依据是存在严重的代谢性酸中毒和高氯血症，尿液酸碱度为中性至碱性。

应该做什么

肾小管性酸中毒

- 使用碳酸氢钠，经静脉（严重的RTA）和经口（最多100g口服，q12h，添加4~8L水以便口服和8L无菌水以进行静脉注射）补充氯化钾（40mEq/L静脉注射或20g口服）。大多数RTA病例是暂时性的，患马可通过治疗和时间来恢复。有些马需要间歇或持续的治疗。
- 用于纠正体液不足的碳酸氢盐量需要由以下公式更精确地确定：每升血浆中不足的mEq×0.3以计算出细胞外液不足的mEq量。要测定所需的碳酸氢钠克数，将mEq值除以12（每克有12mEq/g的碳酸氢钠）。静脉注射用的等渗溶液（约300mmol/L）每克有24mmol碳酸氢钠或每升有12.5g。**重要提示：**口服大剂量和高渗剂量的碳酸氢钠可能导致腹泻！

尿变色

尿变色是由胆红素尿、血红蛋白尿、肌红蛋白尿、脓尿、血尿或药物变色引起的（表26-1）。由于尿液中有黏液，因此正常成年马尿液的颜色和稠度差异很大。一些马的尿液通常含有色素，能引起红棕色的变色。引起尿液变色的最常见药物是利福平和非那吡啶。

表26-1　尿变色的鉴别诊断

项目	血尿	血红蛋白尿症	药物	胆红素尿	肌红蛋白尿
尿液颜色 *	鲜红色或暗红色	粉色（也是红色或暗红色）	任何颜色（如橙色），利福平，非那唑吡啶	暗褐色（在管中摇动时会产生绿色泡沫）	褐色至红色至黑色
均匀度	偶尔可见血块，变色不均匀	均匀变色	均匀变色	均匀变色	均匀变色
血浆颜色	正常	通常为粉色	不定	黄疸色	通常正常，除非为无尿性
尿液试纸 潜血结果	几乎所有的溶血性和非溶血性血液都呈阳性	溶血性血液始终呈强阳性	阴性	阴性，除非继发性肾病并伴有溶血或血尿	溶血性血液始终呈强阳性
尿沉积和细胞学特征	红细胞和鬼影细胞	肾小管病变引起的色素管型和一些次级红细胞	正常	正常到少数红细胞（如果存在肾脏疾病）	由肾小管病变引起的色素管型和红细胞
实验室检测	PCV和蛋白质不定；MCV可能增加；如果两个肾脏都有病变，则肌酐就会增加	低PCV；蛋白质含量正常到高；MCV可能增加；未结合胆红素增加	无变化	肝酶和（结合和未结合）胆红素增加	肌酸激酶升高，血清肌酐升高是肾小球滤过率降低的反应

血尿

血尿是指尿中有血凝块或尿液呈均匀的红色但没有血凝块。

原因

最常见的原因如下：

- 尿道出血：尿道口出血、结石、特发性（雄性马近端背侧尿道出血）、尿道炎、肿瘤（最常见的鳞状细胞癌）。
- 膀胱出血：结石、膀胱炎、肿瘤、无定形碎片、出血性素质［华法林（Warfarin）毒性］、水疱甲虫毒性、新生马驹囊性血肿，新生马驹受感染脐动脉破裂出血至膀胱，以及少数情况下非甾体抗炎药的使用。
- 输尿管出血：偶尔一侧或两侧输尿管在膀胱入口附近撕裂，引起腹膜积尿，有时引起血尿。这在新生马驹中最为常见，还不清楚马驹输尿管是否有撕裂或先天性缺陷。临床症状通常在刚出生3d时出现，尿液可能积聚在腹膜后隙或腹膜。腹膜后隙的肿胀可以通过超声检查看到。这种缺陷有时不用手术就能愈合。
- 肾脏出血：结石、外伤、肾炎、血管异常、特发性、寄生虫迁移（圆线虫属或恶魔线虫）、肿瘤、肾小球病变、乳头坏死、使用非甾体抗炎药、水疱甲虫中毒和钩端螺旋体病（尽管大多数患马没有血尿）。

诊断

- 特征描述、年龄、血尿持续时间，以及血尿最明显时的排尿时间都可以帮助诊断。示例包括：
  - 运动后血尿提示患有囊性结石。
  - 仅在排尿开始时的血尿表明尿道远端有病变。
  - 整个排尿过程中有均匀的血尿意味着膀胱病变或更可能是肾脏出血。
  - 仅在排尿结束时出现血尿提示雄性成年马膀胱出血或有近端尿道综合征。
- 如果发现尿液变色但没有血块，必须排除血红蛋白尿、胆红素尿或肌红蛋白尿（表26-1）。
  - 使用尿液试纸评估、PCV、血浆蛋白、血浆颜色、黏膜颜色、血清化学（如肌酸激酶、AST、γ-谷氨酰转移酶、结合胆红素）和尿沉渣检查（是否存在红细胞）进行区分。少数尿液正常的患马在雪上排尿后会出现红棕色斑点，这被认为是由植物色素代谢引起的。
- 通过体检确认血尿的来源。通过内窥镜和/或超声检查检查尿道（镇静公马后）和膀胱，触诊尿道、膀胱、输尿管和左肾。此外，1m内窥镜的长度足以检查膀胱，除非是在大型阉马或种马中。尽管2m内窥镜是首选，但可能要用于更大型的马。
- 消毒仪器后，放松镇静患马阴茎，用无菌K-Y凝胶或类似润滑剂少量润滑仪器外部，将内窥镜轻轻逆向通过尿道（见第12章）。尿道黏膜一般为淡白色至粉红色，但有少数小的红点是正常的。在某些情况下，需要充气进行最小限度的扩张，以使黏膜远离镜尖。过度充气会使患马紧张，导致尿道黏膜充血。**注意事项**：在少数情况下，长时间充气会发生致命的空气栓塞。
- 在尿道内靠近副性腺开口的地方出现黏膜缺损或充血和血管扭曲，是确诊成年公马特发性尿道出血的证据（图26-2）。这还可以发生在其他健康的阉马中，或少数情况发生在那些排尿后立即渗出暗血的种马中。这种综合征似乎在夸特马中更常见，整个尿道充血更符合尿道炎或内窥镜刺激。一旦内窥镜进入膀胱，则可以通过内窥镜反射看到输尿管开口。评估从各输尿管排出的尿液，以及对膀胱进行完整检查，可以进一步找到血尿的来源。在检查过程中，会迅速发生尿道充血，即使是在正常的马身上。

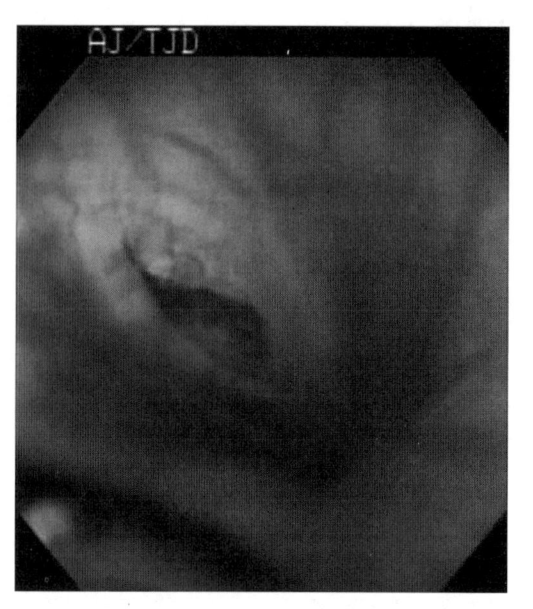

图 26-2 排尿结束时对患有血尿的 9 岁阉马的尿道进行内窥镜检查（尿道中的缺损位于副性腺开口的背部和远端）

应该做什么

尿变色

- 除非出现血块导致尿路阻塞或肾脏破裂，导致危及生命的出血或绞痛，否则很少需要紧急治疗。
- 对危及生命的血红蛋白尿、肌红蛋白尿和胆红素尿的处理与溶血性贫血、横纹肌溶解症和肝衰竭一起讨论。
- 如果认为尿道出血危及生命，可给予雌激素(0.05~0.1mg/kg缓慢静脉注射)。
- 由膀胱插管或膀胱炎引起的紧张可使用非那吡啶。

下尿路梗阻

临床症状

- 血尿、频尿（排尿次数增多）、排尿困难（尿痛或排尿困难）和里急后重（排尿时排尿无效和痛苦）。
- 会出现少量滴尿和绞痛、躁动和出汗的症状。
- 尿痛（排尿缓慢且疼痛）最常见于下尿路梗阻，也可能由急性下尿路感染或神经系统疾病引起，如疱疹性脊髓炎。

概况

- 梗阻通常是由尿道结石或膀胱三角部位的结石引起的，妨碍了正常排尿。
- 阻塞很少由血块引起。
- 尿道梗阻在雄性马中更为常见，在小于1岁的患马中很少发生。
- 严重的包皮外伤或蜂窝组织炎可导致尿道阻塞。

诊断

- 直肠检查：
  - 膀胱增大且紧张（腹部或肠道疼痛的患马也可能有膀胱扩张，但其膀胱不紧张）。

- 通常可在直肠检查中触及和/或在经直肠超声检查（7.5MHz直肠探头）时看到囊性结石。
- **重要提示：**对于大多数囊性结石，当手和手腕进入直肠中就可以很容易地感觉到。
- 在公马中，尿道结石经常在会阴肛门以下几英寸处经皮触诊到。
- 在雄性患马中，尿道触诊时有痛感，且可检测到尿道搏动或肿胀。
- 镇静后可插入导尿管（种马导尿管），但在一些正常的马身上，导管很难通过尿道括约肌，这不应与梗阻混淆。
- 用7.5MHz扫描仪对会阴区和尿道进行超声检查，可显示结石和尿道肿胀。
- 可以使用尿道内窥镜检查，尽管这通常不是必须的。

实验室发现

- 除非怀疑膀胱破裂，否则不需要进行实验室检查。

应该做什么

下尿路梗阻

- 手术切除尿道或膀胱结石：在有膀胱结石的母马中，通常可以用硬膜外（利多卡因和甲苯噻嗪）麻醉，耐心地手动切除。对于许多有结石的母马及所有有结石的公马，都需要接受紧急手术。
- 在一些公马尿道结石的病例中，尿道插管时结石可能被意外地压回膀胱。
- 通过以下几个方面对尿路进行随访检查：
  - 膀胱功能（通过直肠检查）。
  - 存在其他结石（通过对整个尿路进行超声检查）。
  - 尿路感染（通过培养和尿常规试验）。
  - 肾功能（通过测量血清肌酐）。
- 有些马的膀胱三角区有囊性结石，在这个区域形成膀胱瘢痕，导致部分输尿管慢性阻塞和慢性肾功能衰竭。

膀胱破裂

- 大多数膀胱破裂的病例发生在出生时的新生雄性马驹身上，在出生后的最初几天内（平均4d）可发现症状。尽管它也可能发生在年龄更大一些的患病马驹身上，也可能发生在由于尿路结石的成年马上或产驹母马上。
- 膀胱或脐尿管破裂，导致腹膜积尿，发生在新生马驹或年龄较大的马驹身上：
  - 脐尿管脓肿。
  - 膀胱顶端缺血。
  - 平卧马驹（如早产或败血症马驹）。
  - 肉毒中毒。
  - 中枢神经系统（CNS）紊乱。
  - 腹部创伤。

· 如果脐尿管在腹腔外和皮下间隙破裂，则大量尿液积聚会导致严重的尿淋、皮下肿胀、绞痛和窘迫（图26-3）。通过超声抽吸结合水肿液的细胞学检查，可区分皮下肿胀与血肿或败血症性蜂窝组织炎。如果被确认是积尿，并且肿胀继续扩大，则需要立即手术切除脐尿管。

· 有些新生马驹皮下明显有尿漏，但无尿道破裂，导致尿淋和包皮明显肿胀。除非肿胀扩大，否则可以用以下药物治疗：

· 镇静，氟尼辛葡甲胺0.5mg/kg，1次或2次治疗。

· 镇静，地西泮0.1mg/kg静脉注射。

· 适当地使用抗溃疡药物。

· 该区域进行局部冷敷。

· 全身性抗生素。

· 如果包皮肿大，可能需要留置Cook雄性导尿管[1]。

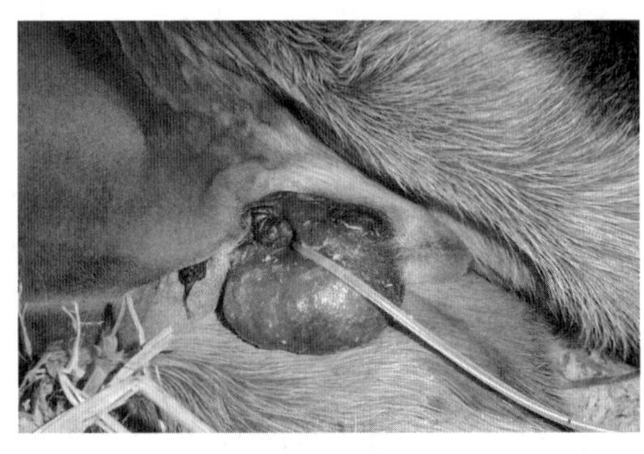

图 26-3　尿从尿管漏入皮下间隙引起的皮下及包皮水肿

马驹膀胱破裂

临床症状

· 膀胱破裂通常在出生后的2~3d内，除此之外无其他异常的马驹中被诊断出，在公马驹中最常见。在这些情况下，破裂最可能发生在出生过程中。马驹膀胱破裂最常见的部位是背侧或背尾侧。如前所述，尿管破裂发生在腹腔或皮下。

· 膀胱破裂也可发生在脓毒症和特别是无法站立的马驹出生后前2周的任何时间。无法站立的新生马驹，尤其是接受静脉输液的马驹，应留置一个尿管，以监测尿量并防止膀胱破裂。给小母马插置导尿管是困难的，然而用Cook 8F或10F导管或12F、55cm Foley导管[2]最容易插入。

· 在无法站立的马驹中，也可能发生尿管破裂。

· 这群病卧马驹没有性别偏好。

· 尿淋、排尿困难、精神沉郁和双侧对称性腹胀是出生1~4d的马驹膀胱破裂最常见的症状。

· 尿淋和排尿困难常被误认为是直肠里急后重。对于里急后重，骨盆四肢在身体下方的位

1　Cook Australia，Queensland，Australia.

2　MILA International，Inc. 12 Price Avenue，Erlanger，KY，41018.

置比尿淋或排尿困难的位置要远。膀胱破裂的马驹因误诊为胎粪嵌塞而接受两次灌肠后，马驹可能对直肠刺激而不是对尿腹膜刺激产生紧张反应。

诊断

- 病史：一般发生在年轻的公马身上，但也可能发生在母马身上。
- 临床症状：沉郁、尿淋、腹胀（腹侧且对称）。
- 腹部超声检查（图26-4）：马驹腹膜积尿产生低回声液体，加强小肠成像，膀胱破裂，常可见“倒置膀胱”。
- 实验室发现：低钠血症、低氯血症、高钾血症和氮质血症。**重要提示：**这些典型的实验室异常发现往往在接受静脉输液的生患马驹中没有那么明显。
- 腹腔液肌酐浓度与血肌酐浓度的比值＞2 ∶ 1证实了有腹膜积尿。对于大量的腹膜液，如腹膜积液时，最好用18号针进行腹部穿刺。乳头插管在腹壁上造成一个大的缺损，如果几个小时内不进行手术，尿液就会从腹壁缺损处漏入皮下组织。因为病史、临床、超声和血清实验室检查非常典型，所以对腹膜液进行评估一般不必要。使用I-Stat等护理设备对腹膜液肌酐测定的准确性未经证实，据报告是可靠的。

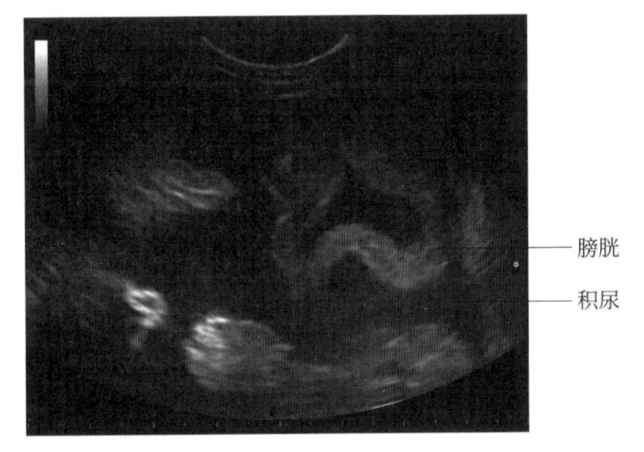

图26-4 马驹腹膜积尿超声照片（由Nora Grenager提供）

应该做什么

膀胱破裂

- 手术前开始纠正酸碱和电解质异常。
- 静脉注射0.9%生理盐水（含5%~10%葡萄糖）。
- 避免对高钾血症进行外源性胰岛素治疗（会使钾转移到细胞内）。如果发现明显的心电图（ECG）异常（无P波的QRS），分别给予50mL、50%葡萄糖和0.5 g硼葡萄糖酸钙（22mL、23%硼葡萄糖酸钙），以增加内源性胰岛素水平和保护心肌。降低血钾的另一种选择是静脉注射1mEq/kg碳酸氢钠。
- 如果出现严重的高钾血症，并伴有相关的心电图异常和明显的腹胀，则在全身麻醉前清除腹水。在进行此项手术时，确保马驹处于静脉输液状态，以降低全身性低血容量和低血压的风险。如果在手术前几个小时进行引流，移除腹膜内导管，则会发生腹水皮下渗漏和网膜脱垂。如果出现网膜脱垂，则只需对该部位进行消毒，切除与皮肤齐平的网膜，并用腹部绷带包扎。如果腹腔导管留在腹部，可经常牵遛马驹可以改善引流，因为大网膜有堵塞导管口的倾向。

手术

- 如果在出生后的前5d内进行手术，则通常是成功的。如果电解质异常得到纠正，膀胱破裂并不是外科紧急情况，在某些情况下，如严重扩张或高钾血症，术前可排出腹水。偶尔会有一部分腹部液体易位进入胸腔，影响呼吸功能。腹水引流可以缓解胸腔积液。

- 全麻诱导最好使用异氟醚、七氟醚或地氟醚（昂贵）作为首选药物的吸入诱导。
- 建议在撕裂边缘清创后对膀胱撕裂进行两层手术闭合。
- 如果尿液继续从膀胱泄漏，有时需要进行第二次手术，尽管这种情况很少见。
  - 在术后24~48h内留置导尿管通常有利，尤其是对由于其他问题（失调综合征、早产和败血症）导致破裂前已有慢性膀胱扩张的雄性马驹。如果手术后或导管插入后出现张力问题，则应给予非那吡啶（4~10mg/kg，口服，q12h）治疗。

哺乳期马驹膀胱破裂

· 膀胱破裂很少在没有警告的情况下发生在4~10周龄大的马驹中。膀胱顶端坏死，导致破裂。

· 患病马驹精神沉郁、腹胀，可能有或没有像发生在新生马驹身上的典型的电解质异常，如低钠血症、低氯血症和高钾血症。

- 通过超声检查和对比尿液与血肌酐浓度来确认诊断。
- 治疗方法与新生马驹相似，除了要移除尿管和膀胱顶端外。
- 膀胱破裂也可能偶尔发生在有严重外部创伤的生长期马驹中。

成年马膀胱破裂

- 成年马膀胱破裂不常见于尿道结石以外的原因，或在母马产驹后偶尔发生。
- 膀胱破裂可发生于腹部创伤或在卧地不起的公马上。

临床症状

· 膀胱破裂很难单独从临床症状诊断，因为常见于新生马驹的腹胀症状可能在成年马中不明显，破裂后2d的抑郁和厌食可能是唯一的症状，可能有尿淋症。

诊断

- 外周血样：
  - 氮质血症。
  - 低钠血症。
  - 低氯血症。
- 腹部超声检查：有大量轻回声液体（成年马比马驹有更多回声）。
- 腹部穿刺：

- 腹膜液肌酐：血浆肌酐＞2 ∶ 1。
- 碳酸钙晶体的鉴定。**重要提示：**这是成年马独有的，在有腹膜积尿的马驹中不可见。

· 膀胱内窥镜检查可用于确定撕裂的位置和程度。手术前，应适当消毒内窥镜，清洁尿道口或阴道区域。如果进行内窥镜检查，则应使用抗生素。

应该做什么

成年马膀胱破裂

- 外科修复：并非总是需要立即修复，但一般建议立即修复。
  - 小的背侧撕裂可能不需要手术。
- 腹膜液引流：使用留置蕈头导管。

· 如果破裂前已存在膀胱慢性扩张（如尿道结石），则手术修复后应保留导尿管，可能需要皮下注射0.25mg/kg的乌拉胆碱，q8h。

马驹尿淋的鉴别排除

· 膀胱破裂：膀胱顶端坏死的年龄大一些的马驹可能没有尿淋症。

· 胎粪嵌塞。**重要提示：**里急后重可能看起来像尿淋，也可能是对疑似胎粪嵌塞的刺激性治疗的结果。

- 超声检查出膀胱血肿。
- 尿管破裂。
- 新生马驹脑病（缺氧缺血性脑病/膀胱麻痹）：
  - 这似乎是新生马驹脑病综合征的一个变种，它干扰正常排尿，导致膀胱持续膨胀，并伴有严重的张力。
  - 受累及的马驹，通常是雄性，应在膀胱内放置一根留置导管，除使用抗菌药物外，还应治疗新生马驹脑病。
  - 大多数马驹在几天内得到恢复。
  - 有些没有新生马驹脑病的其他迹象。
  - 有些电解质异常提示腹膜积尿，但没有破裂。
  - 应使用非那吡啶。
- 2~6个月大的马驹出现尿管脓肿。
- 尿管撕裂发生在新生马驹，可能是双侧的，尿液可能积聚在腹膜后隙或腹腔里。

连续排尿的腹腔引流放置

- 将导管放置在腹侧，离腹中线1cm（最好在右侧以避开脾脏）。
- 局部麻醉后剃毛并无菌准备插管部位。
- 用20号刀片切开皮肤和腹直肌的筋膜。

- 必要时插入10cm套管，以确认是否存在液体。
- 使用母犬导管引导蕈头导管进入套管的开口，或者可以在腹部放置一根16F~20F的胸导管，以便取出液体。
- 取出母犬导管后，缝合蕈头导管周围的皮肤。当还未开始引流时，涂上消毒霜并保持导管末端清洁；使用小注射器防止上升污染，或使用绑在导管尾端的开放式或开口安全套持续引流。
- 静脉输液：用维持速率或需要时稍微高一点的速率给予多离子液体。
- 抗菌治疗：如果进行内窥镜或导管插入术，应添加甲氧苄啶磺胺甲噁唑（20mg/kg，口服，q12~24h）；或对成年马，使用恩诺沙星（5mg/kg，静脉注射，q24h；或7.5mg/kg，口服，q24h）和甲硝唑（5~25mg/kg，口服，q8h）。

膀胱脱垂

- 膀胱脱垂可发生在膀胱外翻或阴道脱垂或撕裂时。
- 母马严重用力时膀胱可经尿道外翻，如难产时。
- 膀胱黏膜表面明显，可见输尿管开口，输尿管可能仍然清晰可见。
- 有膀胱从脐部外翻的报告并可由手术修复。

应该做什么

膀胱脱垂

- 进行硬膜外麻醉。对于450kg体重的母马，使用18号3.8cm针头，给予5~7mL 2%的利多卡因和/或用8mL无菌盐水稀释80mg的甲苯噻嗪（见尾端硬膜外插管）。甲苯噻嗪也可以与利多卡因混合而不使用生理盐水。
- 用无菌盐水清洗膀胱，检查周围组织，排除膀胱疝气中的肠道受累及情况。如果一部分膀胱坏死，则将其清创并缝合。一定要避免输尿管开口。
- 持续轻压膀胱，使外翻的膀胱回到腹部，必要时可使用括约肌切开术。膀胱肿胀会加大上述操作的难度，故必要时可全身麻醉及开腹。
- 如有必要，对马进行开腹和括约肌切开术，使膀胱回到正常位置。
  - 用膀胱韧带作为引导，将膀胱从尿道拉出矫正其位置。
  - 向膀胱内注入1L温盐水，以确保重新定位并检查有无撕裂。
  - 在膀胱内用生理盐水充满充气囊的情况下放置Foley导管24h，并预防性地使用抗生素。
- 若要复位因阴道撕裂而脱出的膀胱，可能需要在膀胱复位之前通过抽吸排出尿液。

输尿管破裂

- 一侧或两侧输尿管破裂可能不常见于新生马驹，甚至更不常见于产驹后的母马。
- 在马驹（雄性和雌性）中，3~5d内可能看不到症状。
- 血清肌酐升高，电解质异常，类似于膀胱破裂所见。
- 可能需要对腹部（包括腹膜后隙）进行超声检查，并进行射线照相对比研究以确诊。
- 在大多数情况下，采用临时放置输尿管导管的手术修复是首选治疗方法。

马驹输尿管积液

- 受输尿管积液影响的马驹最常在3~7d内第一次出现急性脑功能障碍症状（癫痫、压头、阻塞性精神状态）时被诊断出。
- 中枢神经系统症状是由以下原因引起的低钠血症的结果：
  - 输尿管排空不足。
  - 肾积水。
  - 假定的肾小管功能障碍。
  - 马驹同样有低氯血症和氮质血症。
  - 超声检查显示输尿管扩张（几乎总是双侧的）（图26-5）。
  - 接受大容量静脉输液的无法站立的马驹通常有一些输尿管扩张。
- 中枢神经系统症状通常会逐渐随着钠离子被置换而消失（见第22章）。
- 不幸的是，大多数马驹的输尿管功能紊乱似乎是永久性的。
- 可以尝试通过手术将输尿管转移到膀胱的另一个位置，也可以尝试用低剂量α-激动剂治疗以增强输尿管的运动功能。
- 马驹，尤其是无法站立的马驹接受静脉输液时，经常出现输尿管和肾盂扩张的超声表现，这似乎不会造成严重问题。

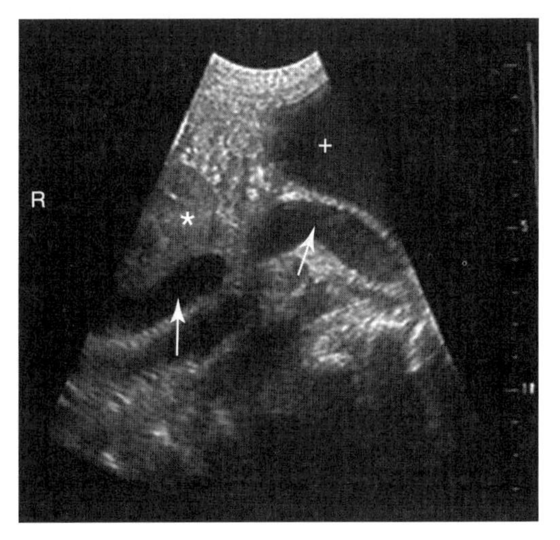

图26-5　出生4d大的马驹输尿管扩张（箭头）、肾脏（*）和膀胱（+）超声照片，伴有输尿管积水和低钠血症性脑病

（图片由F.T.Bain提供）

与母马产驹相关的急性尿失禁

- 急性尿失禁可由膀胱肌肉受损引起，更常见的是，在产驹期间尿道括约肌受损。

应该做什么

急性尿失禁

- 如果尿道括约肌撕裂，则将Foley导管放入膀胱后缝合。
- 如果括约肌受伤但没有撕裂，治疗包括：
  - 苯丙醇胺，1~2mg/kg，口服，q12h。如果母马在滴尿，且膀胱很小，则可改善括约肌张力。
  - 全身抗菌药物，如甲氧苄啶磺胺甲噁唑。
- 如果膀胱壁（逼尿肌）受损，且膀胱扩大，尿道也无物理阻塞：
  - 氯贝胆碱，0.03~0.05mg/kg皮下注射，q8h；或0.16mg/kg口服，q8h，以增强逼尿肌的活性。
  - 苯氧苄胺，0.4mg/kg口服，q6h，用于放松括约肌。但这种药物价格昂贵，可使用低剂量的乙酰丙嗪，0.02mg/kg，q6h，静脉注射或肌内注射。

- 放置留置导尿管。
- 一些受感染的母马可能有发热和腹膜炎。

急性多尿 / 多饮

- 急性多尿/多饮可能是由于以下原因引起的：
  - 急性肾衰竭。
  - 其他肾病原因，包括给药和肾原性尿崩症。
  - 管理、喂养或温度变化后的精神原因。
  - 中枢性尿崩症（即急性或慢性脑/脑干疾病后）。
- 中枢性和较不常见的肾源性尿崩症可能是一种紧急情况，因为如果用水不足，严重的高钠血症可能仅在几个小时内发生。

应该做什么

非肾衰竭引起的急性多尿多饮

- 如果有严重的低钠血症，可使用0.45%或0.9%NaCl溶液及少量纯水来恢复水合，直到血钠值回到正常。
- 抗利尿激素（ADH）（血管加压素）0.25U/kg肌内注射或皮下注射给药。

第二部分
妊娠期，围产期 / 新生儿期

第 27 章
孕马的监护

Tamara Dobbie

- 妊娠母马在妊娠中任何时期的健康问题都可对妊娠产生不利影响。
- 与妊娠晚期和/或持续时间较长的疾病相比，持续时间较短的轻度疾病麻烦较小。
- 一些影响妊娠晚期母马的疾病可能会严重危害：
  - 子宫。
  - 胎盘。
  - 胎儿。
  - 以上三者的结合。
- 伴有上述器官和组织受损的妊娠具有较高的流产概率或新生儿存活率低的风险。
- 高危妊娠可分为两类：
  - 妊娠期中发生过去的或反复出现的问题。
  - 新诊断出的情况增加妊娠丢失风险。
- 以下是一些被定义为“高危”的妊娠情况：
  - 既往的或反复出现的问题：
    - 胎盘炎。
    - 过早的胎盘分离（红袋分娩）。
    - 难产。
    - 晚期流产。

◦ 早产马驹。
◦ 围产期出血。
- 新诊断出的情况：
  ◦ 子宫扭转。
  ◦ 尿囊水肿或羊膜水肿。
  ◦ 内毒素血症。
  ◦ 胃肠道疝痛。
  ◦ 结肠炎。
  ◦ 蹄叶炎。
  ◦ 腹壁疝。
  ◦ 耻骨前筋腱断裂。
  ◦ 双胎。
  ◦ 胎盘炎。
- 为了建立预后和制定治疗方案，准精评估高危妊娠至关重要。
- 胎儿胎盘健康由超声诊断评估最准确。
- 几种激素水平可用于评估胎儿胎盘健康；每种激素水平都有其自身优点和缺陷。
- 高危母马需要被密切监控其分娩迹象，并且在将要分娩时要有经过培训的人员在场。
- 应制定可适用所有高危母马的应急方案，以便快速做出决定，特别是在有并发症出现时。

超声检查法

- 超声检查对于评估高危母马的胎儿胎盘的健康是很有价值的方法。
- 在给高危母马检查时，经腹部和经直肠检查作为初步检查，然后每周重复或视需求进行，以持续监测胎儿和胎盘的健康。

应该做什么

胎儿评估

- 任何影响妊娠母马健康的临床问题都对发育中的胎儿有着不利影响。
- 胎儿监测对于高危母马至关重要。
- **实践提示：**妊娠70d后，胎儿可通过腹部超声成像：但是直到妊娠4个月时才可进行详细评估。
- 妊娠早期可用3.5~5MHz探头经腹部超声观察到胎儿，妊娠后期或较重品种马匹可用2~2.5MHz探头观察 。
- 母马的整个腹部侧面都需进行超声扫描（乳房到剑状软骨及侧面）
- 为确保子宫的所有部位都得到评估，建议将母马腹部侧面划分成4个区域（右颅侧，右尾侧，左颅侧，左尾侧）。
- 最初确定胎儿数量和胎儿方位很重要；子宫内应该只有一个胎儿。
  - 如果确定为双胎，在妊娠150d之前应减为单胎，胎儿方位随妊娠阶段不同而变化；但是，妊娠9个月后，胎儿应该处于近前部纵向，耻骨后背侧位。

- 胎儿心率、心律和呼吸运动是胎儿健康的重要指标。
- 胎儿心率和心律可通过M型超声模式检查确定，或在B型超声模式中使用秒表和计数器来确定。
  - 分别在休息时和活动后进行数次测量是很重要的。
  - 胎儿心率和胎儿胎龄及胎儿活动有关。
  - 随着胎龄的增加，静息胎儿心率降低。
  - 胎儿心率随着胎儿活动增加，这是马匹胎儿健康的标志。
  - **实践提示：** 在妊娠最后的几周，马胎儿心率基线通常在60~75次/min，低心率范围为40~75次/min，高心率范围为83~250次/min。
  - **实践提示：** 低胎心率和那些缺少变化的胎儿心率可能提示胎儿缺氧。长期的低心率是不正常的，可能预示着即将死亡。
  - 心率持续升高同样很重要，这通常提示胎儿危险。
  - **实践提示：** 暂时性低（＜60次/min）或高（＞120次/min）的胎心率很常见。如果观察期间胎儿心率持续过低或过高（＜60次/min或＞120次/min），则在24h内再做一次超声检查。
  - 在超声检查的全过程中持续监测胎儿呼吸、身体活动和胎音。
  - 呼吸运动可能很难被观察到；但是，马胎儿在整个检查过程中应该会活动几次。
  - 胎儿在妊娠晚期通常保持安静不超过10min，尽管有报告称胎儿安静时间在30~60min。
  - 活动缺乏和胎音缺乏是胎儿窘迫和潜在不良结局的指标。
- **实践提示：** 胎儿大小由主动脉和胸廓测量值确定。
  - 主动脉直径以尽可能靠近心脏的长轴测量。
  - 胸廓直径从胎儿脊柱到胸腔近尾部胸骨测量。
  - 主动脉和胸廓直径的正常指数表明该胎龄时胎儿正常大小和子宫环境健康。
  - 胎儿在某胎龄时比其预期的要大时可能有难产的风险。妊娠晚期正常胎儿和母体参数见表27-1。

表27-1　妊娠晚期正常胎儿和母体测量值

胎儿和母体测量	平均值 ±SD	范围
胎儿心率（HR）		
低HR＜330d（次/min）	70.1±6.8	61~85
低HR＞329d（次/min）	66.4±8.7	52~81
高HR（次/min）	92.9±11.0	56~118
HR范围（次/min）	16.7±10.0	1~40
平均HR（次/min）	74.6±7.4	53.8~87.8
主动脉直径		
升主动脉（mm）	22.8±2.2	18~27
胸宽		
于横膈处（cm）	18.4±1.2	16.2~21.3
胎儿呼吸		
有无及节律	存在并有节律	
胎儿活动*		
（0~3）级	1.6±0.6	1~3
有无胎音	有	

（续）

胎儿和母体测量	平均值 ±SD	范围
有无	有	
	胎水	
尿囊液		
最大深度（cm）	13.4±4.4	5.5~22.7
质量（0~3 级）	1.41±0.7	0~3
羊膜液		
最大深度（cm）	7.9±3.5	2~14.3
质量（0~3 级）	1.6±0.6	1~3
	子宫胎盘厚度	
最大厚度（mm）	11.5± 2.4	6~16
最小厚度（mm）	7.1± 1.6	4~11
	子宫胎盘接触	
血管	小的子宫和胎盘血管成像	
连续性	罕见的小面积不连接	

SD，标准差。

来自 Reef VB：*Equine diagnostic ultrasound*，Philadelphia，1998，WB Saunders，p. 431.

应该做什么

胎盘评估

- 胎盘健康可通过超声检查得到最准确评估。
- 高危母马的胎盘应经直肠和经腹部评估。

胎盘的直肠评估

- 使用5~7.5MHz 线阵传感器进行经直肠的超声检查。

子宫胎盘单位的评估

- **实践提示：**子宫和胎盘综合厚度（CTUP）是所有高危母马都需要评估的重要测量指标。
- 测量位置为中线稍旁侧，距离宫颈星颅腹侧5~7cm。子宫血管纵切面背侧的组织是子宫胎盘单位（图27-1）；应进行多次测量然后取平均值。**重要提示：**准确的CTUP 评估的关键是不要在评估中包括羊膜，因为这会错误性的增加测量厚度值；妊娠期的子宫和胎盘综合厚度的正常值见表27-2。
- 由于 CTUP 通常在背侧比腹侧厚，所以在颅腹侧位置进行测量。在解析高危母马的 CTUP 值时建议小心谨慎。
- 通常胎儿在母体骨盆中的位置或其位置信息缺乏可能会改变测量结果。
- 此外，在妊娠的最后1个月内，子宫颈极可能会水肿。

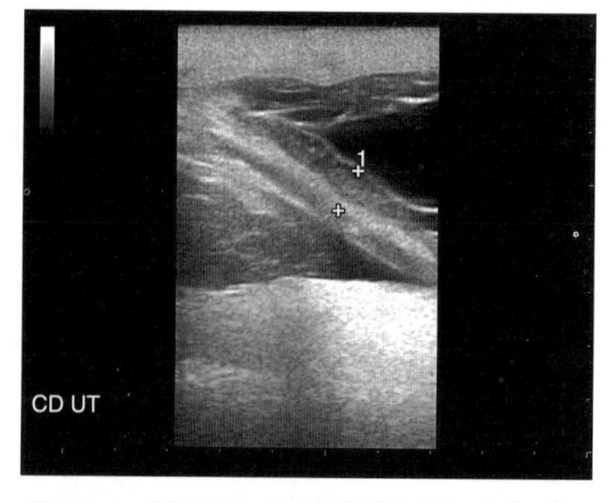

图 27-1　妊娠晚期母马经直肠超声检查的图像

标注获取子宫和胎盘叠加厚度的测量值的位置（以 + 标记）。

表 27-2　不同妊娠期子宫和胎盘综合厚度（CTUP）的正常值

妊娠天数	正常 CTUP（mm）
＜270	7
271~300	8
301~330	10
＞330	12

- **实践提示：**基于这些原因，很少只根据CTUP的增加来诊断胎盘炎；诊断取决于妊娠期第二阶段分娩时持续增加的CTUP值和其他临床症状相结合（例如，外阴分泌物，乳房过早发育）。
- 胎儿眼眶通常经直肠检查成像。
- **实践提示：**妊娠9个月后鉴别胎儿眼眶提示胎儿临产胎位正确。
- 眼眶尺寸提供胎儿生长的粗略估计。
- 经直肠检查时应评估胎水。
  - 尿囊液通常是无回声的，伴有一些有回声的颗粒，而羊膜液往往是稍微高回声的。
  - **实践提示：**尿囊腔和羊膜腔中任何一个腔室的回声显著增加都可能提示胎盘感染或胎儿应激。
- 每当直肠检查触诊妊娠晚期的高危母马时，子宫应具有足够的张力，胎儿应可以触及。
- **实践提示：**如果检查发现子宫从骨盆上方边缘隆起，并且如果没触诊或用超声检查观察到胎儿，则应怀疑尿囊积液或羊膜积液。
- 当经直肠超声检查怀疑胎水异常时，强烈建议后续进行经腹部的检查。
- 胎盘经直肠的超声检查固然重要，但其视窗范围仅覆盖了整个胎盘的一块相对较小的区域，因此容易导致孤立的非典型测量。
- 通常需要较大的视窗经腹部观察，以确认诸如积水之类的较难且有主观判断的诊断。

经腹部胎盘评估

- 进行子宫胎盘单位的经腹部超声检查时最好使用10MHz微凸线阵传感器。
- 子宫胎盘单位由两层构成：子宫和绒毛尿囊。
- 外层（即子宫）比内层（即绒毛尿囊）具有更强的回声。
  - 正常情况下，子宫胎盘单位在妊娠晚期的子宫角测量值为（1.15±0.24）~（1.38±0.23）cm。
  - **实践提示：**胎儿所在子宫角的子宫胎盘单位厚度增加＞2cm是异常的，并提示胎盘炎（图27-2）或另一个胎

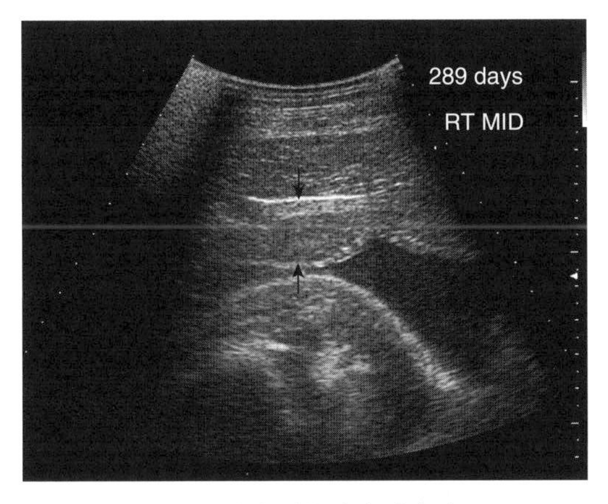

图 27-2　一妊娠晚期患有胎盘炎母马经腹部超声检查图像

标注子宫和胎盘增加的厚度（以箭头标记）。

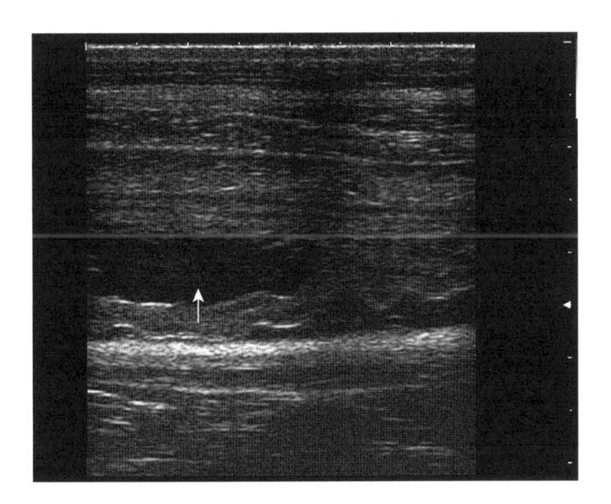

图 27-3　一胎盘过早分离母马经腹部超声检查图像

标注胎盘从子宫上脱离的区域（以箭头标记）。

盘问题（如胎盘水肿、胎盘过早分离），并通常与不良结局有关。
    ◦ 超声检查成像显示，胎盘过早分离（图27-3）和胎盘炎使胎儿角子宫胎盘单位呈现出带状糖果状。
    ◦ 认识到这些情况并细心监测是非常重要的。
    ◦ 如果有大面积胎盘与子宫无接触区，诊断结果通常不良。
  • 子宫胎盘单位太薄（＜0.7cm）的意义尚不清楚。
  • 从有上述妊娠问题的母马中出生的马驹是异常的，并且在绒毛尿囊膜和子宫之间可能出现积液，这也是异常的。
• 检查期间评估尿囊液和羊膜液。
• 最好使用穿透较深的超声波探头（2~3.5MHz）评估流体层。
• 最大胎水深度，包括尿囊液和羊膜液的深度，可通过四个区域测量——右颅侧，右尾侧，左颅侧，左尾侧——垂直于子宫胎盘表面测量。
• **实践提示：**胎水的含量是胎儿和母体健康的一个指标。
• **重要提示：**胎水减少（最大羊水深度＜0.8cm，最大尿囊液深度＜4.7cm）被视为异常，并提示胎儿窘迫和不良结局。相反，过多的胎水（羊水深度＞14.9cm，尿囊液深度＞22.1cm）也是异常的，提示尿囊积液或羊膜水肿。
• 胎水性质可分为0~3级；0=液体无回声无颗粒，3=液体有回声并伴有许多颗粒。
• 胎水通常无回声，直至妊娠晚期。
  • 随着妊娠进程，胎水中的有回声颗粒增多。
  • 妊娠早期胎水中出现有回声颗粒是不正常的。
  • 尿囊液通常比羊膜液含有更多的有回声颗粒。
  • 运输妊娠母马可能会导致尿囊中的微粒碎片被混合，增加液体回声。
  • 羊膜液通常比尿囊液具有更强的回声，因为胎儿活动会将羊膜腔内的微粒碎片混合在一起。
  • **实践提示：***妊娠早期或晚期胎水回声显著增加，提示胎儿窘迫。*
• 妊娠晚期母马的胎盘正常参数参见表27-1。

应该做什么

以激素水平来评估和监测胎儿胎盘健康

• 激素水平可与超声检查结合使用，来评估和监测高危母马的胎儿胎盘健康。每个激素标准都有其优点和缺点，这限制了它们的实用性及使用。

孕激素类

• 孕酮及其相关孕激素是维持母马妊娠所必需的。
• 在妊娠最初的三个月，孕酮主要由卵巢内黄体（CL）产生。
• 随着黄体的退化和卵巢黄体酮的下降，胎儿胎盘单位成为剩余妊娠时期内孕激素的主要来源。
• 母体孕激素在妊娠最初的2~3个月内缓慢上升；在妊娠最后的2~3周内，孕激素水平迅速上升，在分娩前2~3天达到峰值，然后在分娩前的最后一天（或通常是数小时），急剧下降。
• **实践提示：**胎儿肾上腺参与孕激素的产生，因此测量母体孕激素可间接评估胎儿应激。
• 没有专门测量孕激素的商业化放射免疫分析或酶联免疫吸附检测（ELISA）。商业检测可通过与妊娠晚期母马血浆中的一种或多种孕激素进行交叉反应测量孕酮，并可用于测定孕激素水平。
• 妊娠晚期母马血浆孕激素的测定对以下方面有益：
  • 监测胎盘功能和胎儿健康。
  • 识别即将发生的流产。
  • 预测早产和胎儿结局。
• 三种异常孕激素水平可在妊娠晚期母马上观察到。
  • 首先是与紧急情况（如疝痛、子宫扭转、母体应激）相关的孕激素水平迅速下降，这时胎儿死亡或即将死亡。
  • 第二个是在分娩前几周，孕激素加速升高。这种升高通常与胎盘病理（如胎盘炎）有关，并通常会生出活着的马驹，甚至包括那些在预期的出生日期前出生的马驹。出现这种情况是因为激活胎儿下丘脑-垂体-肾上腺轴以刺激早熟的胎儿成熟。
  • 第三个是孕激素不能在分娩前达到高峰；这种情况几乎只在患有羊茅中毒的母马身上发现。
• 妊娠晚期母马的孕激素水平保持在2~12ng/mL之间，直至妊娠期最后3周，孕激素水平急剧上升。

- 当监测高危母马时，需要多份血样来确定孕激素水平是否有升高或降低的趋势。
- 有些人建议每天采集3个样本，而另一些人则建议每2~3天采集一次样本，直至采集够3个样本；一旦确定了初始趋势，应继续定期采样以监测胎儿胎盘健康状况。
- **实践提示：**最初的情况有助于推测预后和制定直接治疗方案。
  - 孕激素水平升高（＞实验室最高正常数值的50%）和/或继续升高，提示持续性胎儿应激（如胎盘炎），应给予适当治疗并细心监测。
  - 孕激素水平降低（＜实验室最低正常数值的50%）和/或继续下降，提示胎儿死亡或胎儿严重受损。
- **重要提示：**妊娠305d后，应谨慎分析孕激素浓度，因为孕激素水平开始上升，这是分娩前正常现象的一部分。

雌激素

- 妊娠母马产生4种雌激素：
  - 雌酮。
  - 雌二醇17-β。
  - 马烯雌酮。
  - 马萘雌甾酮。
- 雌激素像孕激素一样，由胎儿胎盘产生，因此可为胎儿活力和胎儿胎盘健康提供评估。
- 总雌激素浓度在妊娠最后几个月缓慢下降，并在分娩后达到基础水平。
- 硫酸孕酮浓度可在妊娠早期（妊娠60d后）准确反映妊娠和胎儿活力；然而，在妊娠晚期，仅凭硫酸雌酮浓度不能准确反映胎儿健康状况。
- 测量总雌激素、雌二醇17-β及其代谢产物的单个血浆样本，可用于监测妊娠中期至晚期的胎儿健康状况。
- **实践提示：**妊娠150~280d，总雌激素浓度应＞1 000ng/mL。
  - 浓度＜500ng/mL与胎儿死亡或严重受损有关。
  - 浓度＜1 000ng/mL是异常的，与胎儿应激和受损有关。

松弛素

- 松弛素由母马胎盘产生。
- 妊娠80d后可检测到松弛素；浓度在妊娠中期达到峰值，然后在分娩前保持高水平，之后迅速下降。
- **实践提示：**由于松弛素由胎盘产生，因此它可能成为监测胎盘健康和识别母马有胎盘功能障碍风险的标志。
- 有各种胎盘疾病的母马，包括胎盘炎，胎盘过早分离和水肿，会显示出松弛素浓度降低。
- 不幸的是，目前还没有商品化检测可用于测量母马松弛素水平。
- 相关文献未证实病理性妊娠的临床治疗效应与调节松弛素浓度的相关性，从而限制了其应用性。

应该做什么

监测母马准备产驹

- 需仔细监测高危母马产驹，以确保在产驹时有专业受训及专业知识丰富的人员在场。
- 检测乳电解质和仔细观察外部体征是确定母马即将分娩的技术。
- 不幸的是，这两种方法在高危母马身上都不是很精确。

乳电解质

- 在正常妊娠晚期母马中，监测乳电解质（钙、钾、钠）可提供有关临产和胎儿准备产出的有用信息。
- **实践提示：**通常情况下，乳钙浓度达到峰值400ppm（相当于40mg/dL或10nmol/L）或者更高，提示这时是分娩日或分娩前几日。
- 在分娩前的几天，钾和钠的浓度也会发生逆转，钾浓度大于钠浓度。
- 一旦发现这些变化，提示胎儿成熟，通常很快便会分娩，如有必要，可以诱发分娩。
- 有胎盘异常的母马，如胎盘炎或双胎，除了乳钙浓度过早升高外，通常还会有乳房过早发育。
  - 也有提示说明，在妊娠前310d，乳钙浓度的升高可能提示妊娠异常。
  - 因此，在高危母马中，乳钙浓度通常不可靠，不应单独用于确定临产或预测胎儿成熟状态。

外生殖器

- 随着分娩的临近，正常妊娠母马的外生殖器和肌肉组织开始发生变化：

- 马尾两侧的骶髂韧带变松弛，使马尾的头侧显得更突出。
- 外阴变长变软，母马乳房增大。
- 乳头膨胀，最终在每个乳头末端可见少量蜡样残留物。

• 但是，上述变化发生的确切时间是高度可变的。

• 在高危妊娠母马中，提示分娩的身体变化更不可靠。

• 患有胎盘炎和双胎的母马通常乳房过早发育，一些患有胎盘炎的母马在分娩前可能会分泌乳汁和/或出现蜡样分泌物。

• 有腹壁疝或耻骨前筋腱断裂的母马可能会有大量的腹部水肿，这可能使监测乳房发育复杂化。

• 通常会给有水肿的母马腹部用支持带将其包裹，这会导致乳房区域水肿，进而使乳腺监测变难。

有监护的分娩

• 在所有母马中，有监护的分娩是很重要的。

• **实践提示：**与我们的其他家养品种相比，马匹的分娩第二阶段非常短，并且任何延长分娩时间或阻止分娩进程的并发症都可能对母马、马驹或两者造成严重甚至致命的后果。

• 高危母马更有可能：
  - 流产。
  - 难产。
  - 产出一个不能成活的马驹。

• 一旦母马被认定有高风险，就需要在妊娠剩余时间内对其进行细心地监测。

• 利用超声检查和/或激素水平对胎儿和胎盘进行常规评估，有可能监测到妊娠健康状况和确定是否有妊娠丢失或胎儿死亡这样即将发生的危险。

• **实践提示：**临产母马或那些有流产危险的母马，应由受过专业训练的人员每隔15~20min检查一次，或进行视频监控。

• 其他监测选项包括：
  - 笼头监测器：当母马侧卧时激活警报。
  - Foalert监测器：分娩时外阴唇分开时激活。

• 无论使用什么系统，当母马开始分娩时，都需要一名受过专业训练的助手在场。

• 如果出现并发症，应立即联系兽医。

• 制定的计划应适用于所有高危母马，详细说明母马和马驹的重要性，详细程度要到说明主人要救母马还是马驹。

• 制订计划可以快速做出决定，不会危及母马或马驹未来的健康。

应该做什么

高危母马

• 一旦被确定为高危妊娠并进行了胎儿胎盘评估，制定一个治疗方案是很重要的，以创建一个健康的子宫环境，尽可能长时间维持妊娠。

- 使用各种药物/疗法来实现这一目标：
  - 孕激素类促进子宫静止，抑制前列腺素介导的流产。
    - 在任何可能导致前列腺素释放（如疝痛、内毒素血症、蹄叶炎）或子宫肌电活动增加（如胎盘炎）的情况下使用它们都很重要。
    - 准备工作：
      - 烯丙孕素。
      - 孕酮油制剂，300mg/d。
      - 长效孕酮制剂（含孕酮150mg/mL）。
    - 烯丙孕素（Regu-Mate）通常在妊娠早期以0.044mg/kg，PO，q24h的剂量给予，如果当前列腺素释放成为问题时，建议加大剂量，给予0.088mg/kg，PO，q24h。
    - 孕酮油制剂（每日配方）给予方法：300mg/d，IM。
    - 长效孕酮制剂给予方法：10mL，IM，q7d。

- 目前还没有使用长效孕酮制剂对有高危妊娠风险母马的研究。然而，对正常妊娠母马进行的研究表明，这些制剂可维持正常妊娠。
- 孕酮（300mg/d，IM）和烯丙孕素（44mg/d，PO）已成功用于预防母马因氯前列烯醇诱导的流产产生的妊娠丢失。
- 接受烯丙孕素治疗的母马可以产出马驹，尽管一项研究报道这些马驹适应子宫外生活速度较慢；在妊娠320d时停止烯丙孕素治疗可缓解新生儿适应问题。
- 接受孕激素治疗的母马应经常接受超声检查，以确保胎儿存活。
- **实践提示：**永远都不要突然停止孕激素治疗；一定要在数日内逐渐减少剂量！

- 非甾体类抗炎药 用于减少胎盘和子宫炎症，抑制前列腺素产生。
  - 保泰松和氟尼辛葡甲胺是最常用两种非甾体类抗炎药。
  - 氟尼辛葡甲胺被认为可完全地抑制内毒素诱导的前列腺素 $F_{2\alpha}$（$PGF_{2\alpha}$）分泌，但对预防与氯前列烯醇诱导的流产相关的妊娠疾病方面似乎无效。
  - 保泰松给予剂量：2.2mg/kg，IV 或 PO，q12 to 24h。
  - 氟尼辛葡甲胺给予剂量：1.1mg/kg，IV 或 PO，q12 to 24h；长期治疗通常使用低剂量：0.25mg/kg，IV 或 PO，q8h。
- 抗菌药用来治疗细菌感染。
  - 多种用于治疗母马胎盘炎的抗菌药：
    - 甲氧苄啶磺胺甲噁唑，15~30mg/kg，PO，q12h
    - 普鲁卡因青霉素，22 000IU/kg，IM，q12h
    - 青霉素钾，22 000IU/kg，IV，q6h
    - 庆大霉素，6.6mg/kg，IV，q24h
    - 头孢唑啉，20mg/kg，IV，q6h
    - 头孢噻呋，2.2mg/kg，IV/ 或 M，q12h
  - 青霉素钾、庆大霉素和甲氧苄啶磺胺甲噁唑都集中在妊娠母马的尿囊中。普鲁卡因青霉素、头孢唑啉和头孢噻呋尚未被严格评估以确定它们是否集中在尿囊液中。
  - 妊娠母马避免使用的抗菌药：
    - 恩诺沙星：它有可能导致胎儿软骨异常和其他关节病，但这最可能是在出生后给予该药物时出现的问题。
    - 多西环素：四环素类可延缓骨骼发育并使乳牙变色，只在妊娠后半段时间使用，前提是风险可被证实。
    - 氯霉素：它可能影响蛋白质合成，尤其是胎儿骨髓；只有在益处大于风险时才使用。
- 己酮可可碱可改善外周血流量，减少炎症，可在治疗内毒素血症时加入。
  - 主要用于治疗胎盘炎。
  - 给予剂量：10mg/kg，PO，q12h。
- 宫缩抑制剂用于放松舒缓子宫。
  - 在高危母马中使用宫缩抑制剂可促进子宫静止并延长妊娠。
  - 克仑特罗和苯氧丙酚胺是宫缩抑制剂。
  - 使用克伦特罗的研究未明确分别证明其在正常或高危母马妊娠晚期时延迟其分娩或流产的能力，因此其使用值得质疑。
  - 苯氧苯酚胺口服后的生物利用度较差，因此其影响子宫松弛的能力值得怀疑。
  - 克伦特罗给予剂量：0.8μg/kg，PO PRN（按需给药）。
  - 苯氧苯酚胺给予剂量：0.4~0.6mg/kg，PO，q12h。
- 维生素 E 是一种抗氧化剂。
  - 维生素 E 用于子宫胎盘功能障碍 / 受损的高危母马。
  - 高剂量维生素 E 制剂对新生大鼠的缺氧性损伤具有保护作用。
  - 没有循证研究支持高剂量维生素 E 制剂；然而，维生素 E 可降低马驹缺氧相关问题的发生率。
  - 维生素 E 给予剂量：6 000~10 000IU，PO，q24h。
- 氧气：可为血氧饱和度降低的母马（如肺炎）或胎盘功能障碍的母马补充氧气。
  - 治疗的目的是改善胎儿氧气输送，降低围产期胎儿缺氧的风险。

    - 鼻内输氧流速为10~15L/min。
- 营养：防止妊娠晚期低糖血症，对于高危母马避免早产出不能存活的马驹非常重要。
    - 马匹胎盘对于营养不良敏感，对低糖血症和高脂血症反应迅速并产生前列腺素。
    - 妊娠晚期母马需停止饲喂（如疝痛后），应保持静脉注射葡萄糖，2.5%或5%葡萄糖与0.45%生理盐水，按1~2mg/（kg · min）的速度给予。
    - 妊娠晚期厌食母马应接受补充营养（如部分非经肠道营养或鼻饲管疗法），以防止低糖血症和高脂血症（见第51章）。

第 28 章
分娩急症

Tamara Dobbie，Regina M. Turner

难产

- 难产是一种异常的或困难的分娩。
- 通常由异常胎儿引起：
  - 外观。
  - 胎位。
  - 胎势。

注意：在母马中，不成比例的胎儿过大很罕见。
- 每一个难产都是不同的，没有一个单一的管理方案是适用于所有情况的。
- 如何管理难产的决定基于：
  - 从业者的经验。
  - 马驹/母马的指标。
  - 马主的意愿。
  - 马驹的生存能力。
  - 转诊医院的可用性/可负担性。

应该做什么

难产

问题的识别

- 伴随着绒毛尿囊膜破裂（或羊水破裂）第二阶段分娩开始，并结束于马驹产出时。
  - 正常持续时间为30min或更短。
  - 潜在问题的迹象包括：
    - 颠倒的马蹄。
    - 外阴部四肢异常组合。
    - 无强烈收缩。
    - 羊水破裂后10min内无分娩进程。
    - 羊水破裂后5min内胎儿肢蹄或羊膜未出现在外阴部。

母马的检查

- 获取一个简短的病史：年龄，以前产出马驹数量，预产期，绒毛尿囊膜破裂后到目前的时间，任何缓解难产/分娩马驹的尝试，任何观察到的胎动。
- 进行一个简单的体格检查：黏膜颜色，毛细血管再充盈时间（CRT），会阴外观。
- 必要时，可使用保定措施进行安全且全面的阴道检查，或尽可能地减少母马紧张（见阴道分娩）：
  - 物理保定：鼻链条，鼻捻子，齿龈链。

  - 镇静：赛拉嗪、地托咪定、乙酰丙嗪，可分别与布托啡诺配合使用。
- 有些人建议在向子宫内注入大量润滑剂之前进行腹部穿刺以排除子宫撕裂，但是腹腔穿刺：
  - 会导致延迟分娩出马驹。
  - 在大多数难产病例中可能是不需要的。
  - 在实际实践中不太现实。

胎儿的检查

- 准备对母马进行阴道检查：
  - 包裹尾巴并固定在一侧。
  - 尾巴可以用一根长绳系在母马的脖子上或由助手牵着。
  - 用杀菌剂和水擦洗清洁会阴。
  - 擦干会阴部。
  - 在清洁的手臂或产科检查手套上涂抹大量无菌润滑剂。
- 为确定胎儿是否存活，评估：
  - 屈肌反射。
  - 角膜反射。
  - 吮吸反射（前部分娩）。
  - 肛门反射（后部分娩）。
  - 外周脉搏或脐带脉搏。
  - 心跳。
- **实践提示：**对上述所列任何一项测试为阳性反应可证实胎儿仍存活，尽管胎儿可能已受到损伤。对上述所有测试的阴性反应并不意味着胎儿已死亡。很难确定胎儿是否死亡。
- 一定要花时间准确诊断难产的原因。这是检查中最重要的部分。如果没有准确的诊断，解决难产的机会就会大大减少。
- 仔细检查胎儿以确定：
  - 外观：前纵位是正常的。但是，胎儿也可以后纵位分娩。
  - 位置：背骶骨位是正常的。
  - 姿势：头、颈部和前肢伸展是正常的。
  - 任何明显的胎儿畸形、筋腱收缩、颈部扭曲。
  - 任何明显的子宫、子宫颈或阴道异常。
- 治疗方案的选择取决于：
  - 胎儿的存活能力。
  - 胎儿的指标。
  - 母马的指标。
  - 兽医的经验。
  - 是否靠近转诊中心。
- **实践提示：**只有三种可分娩马驹的方法。
  - 阴道分娩：
    - 辅助阴道分娩。
    - 保定阴道分娩：母马全身麻醉，后躯抬高。
  - 剖宫产：
    - 如果可以选择剖宫产，则应迅速做出转诊决定，以最大限度增加接生健康的、可存活的马驹的概率。
  - 只有在胎儿死亡的情况下，才能考虑胎儿截断术。

应该做什么

辅助阴道分娩

- **重要提示：**务必有旁观者记录时间；如果15min后没有进展，则应考虑采用其他方法（如胎儿截断术、保定阴道分娩或剖宫产）。
- 最大限度减少母马紧张：

  - 镇静——赛拉嗪、地托咪定、乙酰丙嗪，可分别与布托啡诺配合使用。注：监测镇静对活体胎儿的影响。
  - 宫缩抑制剂——克伦特罗，10mL Ventipulmin 口服；30min 后充分起效
- 给产道加入润滑剂：
  - 通过洗胃泵和无菌鼻胃管注入大量润滑剂。
  - 使用羧甲基纤维素/丙二醇配方。
    - 避免使用聚乙烯聚合物粉末（J-Lube，Jorgensen 实验室），因为在腹膜污染的情况下，聚乙烯粉末有可能导致腹膜炎和死亡。

进行胎儿整复

- 胎儿整复是指将胎儿位置、姿势恢复到正常状态的操作，包括以下内容：
  - 排斥胎儿产出——总是第一个整复工作：
    - 将胎儿推回子宫。
    - 小心不要使子宫破裂。
    - 使用大量的润滑剂；宫缩抑制剂，如克伦特罗，10mL 克伦特罗糖浆口服，可防止子宫破裂。
  - 旋转：沿胎儿纵轴旋转。
  - 倒转术：沿横轴旋转胎儿；这在成熟胎儿上很难进行。
  - 头部/颈部和四肢伸展可能是必要的。

强行取出

- 在四肢上使用产科链（框表 28-1）。**重要提示：**将链条在球节上绕一圈，一半挂在球节下方；两个环之间的链条应该沿着肢蹄的背部。
- 可在头部使用产科链或牵拉器，以保持颈部伸展。
- 腹部紧绷时进行牵引。
- 在每个牵引期之间给予休息时间。
- 最初从背部牵引使胎儿进入骨盆管。
- 一旦胎儿进入骨盆管内，牵引力应向腹侧指向附关节，以使胎儿遵循母马尾部生殖道的正常方向。

框表 28-1　常规产科设备

- 清洁/无菌的产科链条/带子和把手。
- 无菌鼻胃管和干净的胃泵，仅用于难产！
- 无菌润滑剂：强烈推荐使用羧甲基纤维素。

注意：据报告，聚乙烯聚合物粉末（PEP）类润滑剂如果泄漏到腹腔，会导致严重的腹膜炎甚至死亡。因此，如果有子宫撕裂的风险或如果剖宫产是一种选择时，应避免使用 PEP 类的润滑剂。

- 用于装水和润滑剂的清洁水桶。
- 擦洗用消毒剂。
- 直肠袖套（可选）。
- 包裹尾巴的用品。

前部难产

- 腕关节屈曲：
  - 推回胎儿。
  - 向背外侧旋转腕骨，同时将球节和蹄向内侧和尾侧推入骨盆管；使（手）窝成杯状托起附关节以保护子宫。
- 肘部不完全伸展：
  - 使马驹口鼻部与球节处于同一水平位置。
  - 推回胎儿。
  - 用牵引力伸展屈曲的四肢。
- 蹄背位姿势：
  - 一个或两个前肢位于马驹伸展的头部上方。
  - 推回胎儿并复位，将腿放在头部和颈部下方。

  - **实践提示：** 该胎位异常复位措施可能导致直肠阴道瘘或三度会阴撕裂。
- 头部弯曲：
  - 头部偏向腹侧的状态。
  - 推回胎儿，抓住马驹的口鼻部，将头部沿横向弧形旋转。
  - 将口鼻部向上提起，超过骨盆边缘。
  - 建议使用头部牵引器来保持颈部呈伸展姿势。
- 颈部偏向腹侧：
  - 颈部在前肢之间向腹侧屈曲，使马驹的下颌靠近腹侧胸部。
  - 将胎儿向子宫深部推入并确定头部位置。
  - 将头部横向弧形旋转，并尝试向尾侧和内侧拉动口鼻部。
  - 将前肢推至腕关节屈曲并将它们推回子宫可能是有必要的，以便操纵头部。
  - 剖宫产或胎儿截断术通常在这种胎位异常性难产中实施。
  - 如果矫正成功，建议使用头部牵引器保持颈部伸展姿势。
- 颈部屈曲：
  - 颈部横向屈曲，使马驹的头部位于胸部旁边。
  - 推回胎儿并使头部和颈部伸展。
  - 马驹颈部的长度通常会使操作者无法触及马驹的头部来执行此操作。
  - 对于胎儿异位性难产不能被矫正的病例，考虑颈部扭伤的可能性。
  - 对于死胎来说，颈部截断的胎儿截断术可能是最佳的选择。
  - 如果矫正成功，建议使用头部牵引器保持颈部伸展姿势。
- 肩部屈曲：
  - 将头部和颈部推回子宫。
  - 定位并固定住腿部，再沿后肢向下确定桡骨远端。
  - 在将胎儿进一步推向子宫内时，将腿向内侧和尾侧拉直至腕关节屈曲。
  - 沿背外侧旋转腕骨，同时将球节和蹄向内侧和尾侧拉。
  - 使（手）窝成杯状托起跗关节以保护子宫。
  - 如果马驹还活着，剖宫产可能是最好的选择，因为很难进行这种整复。
  - 如果胎儿死亡，应考虑胎儿截断术。

后部难产

- 跗关节屈曲：
  - 定位跖骨并将胎儿向前推回子宫。
  - 向背外侧旋转附关节，同时内侧和尾侧引导球节和蹄。
  - 使（手）窝成杯状托起马蹄以保护子宫。
  - **实践提示：** 这种胎儿异位性难产是非常难以矫正的。
- 髋关节屈曲：
  - *臀弯曲是用来描述双侧髋关节屈曲的术语。*
  - **实践提示：** 这种胎儿异位性难产的矫正是非常具有挑战性的，剖宫产通常是获得一个成活马驹和一匹生殖健康母马的最佳选择。
  - 矫正需要通过拉远端胫骨尾端，将髋关节屈曲转变为跗关节屈曲。
  - 一旦跗关节屈曲，采用上述矫正方式。
  - 如果剖宫产不可行，且马驹死亡，进行胎儿截断术，切除远端肢体（在跗骨水平）可能是最好的选择。

横向产位难产

- 腹侧面：所有四肢和腹部都朝向产道。
- 背侧面：胎儿的脊柱/背部朝向产道。
- **实践提示：** 横向产位是一种非常难以矫正的胎儿异位性难产，通常需要进行剖宫产。
- 胎儿截断术在真正的横向位中是具有挑战性的。
- **实践提示：** 通过将胎儿头部和前肢向前推到子宫中，同时将后肢伸入产道，将腹侧横位转为尾侧位也许是可能的。

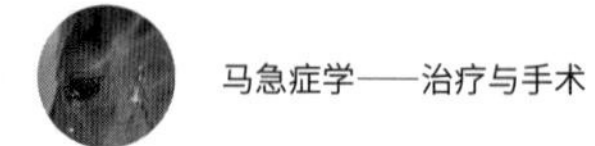

- **注：**由于胎儿在子宫内空间限制和在子宫内活动，横位胎儿常有先天性畸形。

应该做什么

胎儿截断术

- 仅用于胎儿死亡的情况。
- 许多胎儿异位性难产可通过胎儿截断术矫正，部分截断或完全截断。
  - 部分胎儿截断术需要至少1~3次切割才能将胎儿从阴道分娩。
    - 由技能熟练的兽医小心翼翼地实施的部分胎儿截断术不应对母马的生殖潜力产生负面影响。
    - 部分胎儿截断术是一种很好的替代方法：
      - 腕关节屈曲的死胎。
      - 头部和颈部偏位。
      - 肩部屈曲。
      - 跗关节屈曲。
  - 完全胎儿截断术（前部6个切口）有时用于牛难产，以减少大胎儿的重量。
  - **实践提示：**由于母马很少出现胎儿过大的情况，所以马很少进行完全的胎儿截断，而且母马施术风险比母牛大。
  - 如果医生对手术过程不熟悉，则不应尝试进行胎儿截断术，而应选择剖宫产或终结性剖宫产。
- 所需设备，见框表28-2。

框表28-2　胎儿截断术设备

- 胎儿子宫刀。
- 穿线机。
- 胎儿截断线。
- 钢丝钳。
- 钢丝锯手柄。
- 钢丝引导器。
- 克雷钩（产科钩）。
- 胎儿截断刀。
- 常规产科设备（框表28-1）。

- 母马的保定：
  - 物理保定——鼻子上方的鼻链，唇链，鼻捻子；无柱栏。
  - 镇静——赛拉嗪、地托咪定、乙酰丙嗪，可分别与布托啡诺配合使用。
  - 硬膜外麻醉不能消除子宫收缩或腹部压力，但能减少阴道操作引起的反射性紧张。
    - 2%利多卡因1~1.25mL/100kg或赛拉嗪35mg/500kg +2%马比佛卡因2.6mL，加入0.9%无菌生理盐水中，最终体积为7mL。**实践提示：**联合用药可以降低共济失调和后肢麻痹的风险，但完全起效可能需要30min。
- 全身麻醉：赛拉嗪，1.1mg/kg，IV；之后是氯胺酮，2.2mg/kg，IV。
- **注**：必须抬高母马后躯。

胎儿截断术的一般指南

- 使用大量润滑剂保护生殖道，并在子宫和胎儿之间保证有额外的空间。
- 宫缩抑制剂：克伦特罗，10mL克伦特罗糖浆，可以帮助松弛子宫并提供额外的空间。
- 用两只手握住胎儿切开器，一只手放在胎儿切开器的头部，以确保保持正确的位置，另一只手放在底座上，以便在切割过程中稳定仪器。
- 放置后检查胎儿切开器的钢丝，确保钢丝没有扭结或交叉，并且钢丝和母马生殖道之间没有直接接触。
- 进行最少次数的切割。
- **实践提示：**避免重复手臂内外移动，因为这会导致阴道和子宫颈磨损以及随后粘连形成。

不应该做什么

难产

- 在检查分娩的母马时，不要使用柱栏来保定母马。通常，这些母马会在意料之外躺下，这对兽医和母马来说是非常危险的。
- 不要将尾部系在固定的物体上。在进行阴道操作时，站立的母马突然躺下的情况是很常见的。
  - 如果由于子宫撕裂的风险可能导致腹膜炎，或者剖宫产是一种选择时，则不要使用聚乙烯聚合物粉末。这种粉末会引起腹膜炎甚至死亡。

后期护理

- 母马在难产和/或胎儿截断术后，胎盘滞留的风险增加。遵循处理滞留胎盘的方案，见第24章。
- 难产和/或胎儿截断术后可能出现子宫颈撕裂。通常很难确定难产/胎儿截断术后子宫颈损伤的程度，因此应在孕酮的作用下（即在产驹后1周排卵时）重新评估子宫颈。
- 如果出现严重的黏膜损伤，可能会出现阴道和宫颈粘连。每天在受损组织上涂抹局部抗菌和类固醇制剂，以防止粘连形成。

结果

- 母马存活率如下：
  - 剖宫产，无并发症：90%~100%。
  - 保定阴道分娩（CVD）：90%~100%。
  - 胎儿截断术：56%~96%；存活率可能与产科医师的经验有关。
  - 辅助阴道分娩：
    - 一项研究报道，辅助阴道分娩后的母马存活率高于保定阴道分娩后的母马存活率。这可能是因为接受保定阴道分娩的母马有更严重和更持久的难产。
- 母马生育率：
  - 剖宫产：
    - 剖宫产同年，母马配种产驹率为60%。
    - 剖宫产后1年，母马配种产驹率为72%。
    - 让那些进行过剖宫产并无并发症的母马在同年发情季节早期进行配种；让那些进行过剖宫产而有并发症的母马在下一年发情季节晚期进行配种。
  - 保定阴道分娩：
    - 保定阴道分娩的母马同年配种受孕率为58%。
  - 胎儿截断术
    - 当由技能熟练的兽医进行部分胎儿截断术后，同年母马配种受孕率为80%。

- 马驹存活率：

实践提示：无论是经阴道分娩还是剖宫产，第二阶段分娩产程的长短是决定马驹存活的最重要因素。

  - 经阴道分娩的马驹存活率：
    - 第二阶段分娩超过30min后，每增加10min，就会增加10%的死胎风险和16%的胎儿不能存活的风险。
  - 经剖宫产的马驹存活率：
    - 有11%~42%的概率产下活的马驹。
    - 有5%~31%的概率存活至出院。
    - 马驹的存活概率很大，这总是取决于第二阶段分娩的持续时间；因此，请及早参考！

绒毛尿囊膜过早分离：红袋分娩

- 在正常的第二阶段分娩开始时：
  - 绒毛尿囊膜通常在宫颈处破裂，释放尿囊液或“破水”。
  - 这使得绒毛尿囊膜与子宫内膜紧密相连，从而允许氧气和营养物质通过脐带从子宫内膜循环持续转移到胎儿循环。
  - 含有马驹的完整羊膜应通过绒毛尿囊膜开口排出。
  - **实践提示：**在外阴看到的第一个充满液体的“袋子”应该是珍珠白的半透明羊膜。
- 在红袋分娩中，绒毛尿囊膜不破裂随分娩进程移动：
  - 整个胎儿胎盘单位（完整的绒毛尿囊：完整的尿囊腔内包含羊膜和马驹）从子宫内膜分离并通过产道。
  - 如果发生这种情况，那么通过绒毛膜绒毛连接马驹与母马的氧气供应就会严重受损。
  - 由于马驹在通过产道时不能呼吸，如果情况不能得到纠正，马驹就会缺氧。
  - **实践提示：**问题的第一个征兆是外阴处出现厚而柔软、完整的绒毛尿囊膜，而不是珍珠白的羊膜，这就是“红袋分娩”术语的来源。
- **重要提示：**红袋分娩是迫在眉睫的紧急情况，必须立即纠正，以避免胎儿缺氧和死亡。

应该做什么

红袋分娩

- 监护产驹的人员应注意在产驹前出现红袋分娩的迹象，并知道如果出现红袋分娩，应立即联系兽医。
- 绒毛尿囊膜应立即手动破裂，并尽快进行辅助阴道分娩。
- 应在马驹身上施加适当的牵引力，以便于分娩，以尽量缩短缺氧损伤的持续时间。
- 如果兽医援助距离较远，则要求经验丰富的马驹分娩护理人员将绒毛尿囊膜破裂并帮助马驹产出。

实践提示：强烈建议对绒毛尿囊膜进行“钝性”剥离。然而，在某些红袋分娩的情况下，绒毛尿囊膜异常增厚，不能用你的手破裂。在这些情况下，可能需要锐性切开。

- 外阴部开口处突出结构的可能性较小，包括：
  - 阴道脱垂。
  - 内脏脱出。
- 分娩后，应对马驹进行可能的缺氧损伤治疗。
- 大多数红袋分娩的原因尚不清楚。然而，在某些情况下，由于例如加重的胎盘炎或羊茅中毒这样的疾病，使得绒毛尿囊膜明显增厚。如果需要更多的信息，可获取绒毛尿囊膜样本并提交组织学分析。

不应该做什么

红袋分娩

- 在破裂前，务必确认外阴开口处的解剖结构是绒毛尿囊膜。未经确认请勿继续！
- **重要提示**：阴道脱垂和肠道脱垂的紧急情况并不是像红袋分娩那样管理。要知道它们的区别！
- 禁止切开脱垂的阴道或肠道组织。

第 29 章
马驹复苏

Kevin T. Corley

新生马驹因疾病和虚弱而迅速恶化。这种快速恶化需要早期识别并治疗受损的马驹。本章概述了马驹的紧急复苏，包括：

- 心肺脑复苏。
- 紧急液体疗法快速恢复循环量。
- 氧气疗法给予呼吸支持。
- 补充葡萄糖给予营养支持。

马驹心肺脑复苏术（CPCR）

预期

心肺停止是一种突发事件，需要立即治疗。预测哪些马驹可能需要复苏，可以加快合适的复苏实施。

- 新生马驹的危险因素包括妊娠期间影响母马的因素：
  - 妊娠期间阴道分泌物。
  - 通过超声检查发现胎盘增厚。
  - 妊娠期间母马的疾病。
  - 难产。
  - 剖宫产分娩。
- 接受医院治疗的马驹的危险因素包括：
  - 呼吸系统恶化。
  - 脓毒性休克。
  - 严重代谢紊乱。

准备

- 如果没有一个有序的计划，就不可能成功地救活一个马驹。CPCR 是一种高强度的活动，有了一个计划后，复苏器就可以优先考虑并专注于救生措施。
- 可以提前准备计划要素，复苏的一般顺序，以及哪个急救员在复苏中起主导作用。
  - 如果有兽医在场，他们应直接进行复苏。

- 设备必须可用，随时可用，并放在易于接近的地方。基本设备清单见框表29-1。
  - CPCR设备应放置在专用的、单一的、易于移动的容器中。在产驹季节之前，应彻底检查所有CPCR设备。

框表29-1　CPCR设备
基本设备： 8mm和10mm内径、55cm长的鼻气管插管。 5mL注射器（为鼻气管插管的充气囊充气）。 自动充气复苏袋。 小手电筒（笔形手电）。 肾上腺素瓶。 5支2mL无菌注射器。 20号1in针。 **新生马驹的附加设备：** 球形注射器。 干净毛巾。 **如果可能，应提供的设备：** 氧气瓶和流量阀。 14号1~1.5in钢针。 4袋1L乳酸林格溶液。 液体给药装置。 14号静脉导管。 潮气末二氧化碳监测仪。 电除颤器。 **对于没有常驻兽医的研究农场：** 合适的面罩及复苏袋或泵。

早期识别

- 早期识别需要复苏的马驹至关重要。这对于出生时的复苏尤为重要，因为马驹可能在分娩时停止心跳，因此可能会有较长的停止期。熟悉分娩过程中的正常事件顺序对于成功的复苏至关重要。
- 第二阶段分娩：排出马驹。
  - 排出马驹应不超过20min。
  - 马驹一开始会喘气。
  - 马驹应在出生后30s内自主呼吸。
  - 出生后的平均心率为70次/min，并应保持规律。
  - 一些正常的马驹在出生后可能会有长达15min的心律失常，包括：
    - 房颤。
    - 游走心律。

        - 心房早搏。
        - 心室早搏。
    - **实践提示：**这些心律失常不需要特殊治疗。
    - 马驹出生时有疼痛和感官觉知，5min内出现翻正反射，并在2~20min内出现吸吮反射。

- 在新生马驹，呼吸停止几乎总是先于心脏停止。停止通常是窒息的结果，其本身是由以下原因引起的：
    - 胎盘过早分离。
    - 脐带早期断开或扭结。
    - 长时间持续时难产。
    - 胎膜阻塞气道。
- 注：即使没有任何明显的分娩事故，一些马驹也不会自发地呼吸。
- 缺氧的马驹会经历一系列的变化：
    - 刚开始会短时间快速呼吸。
    - 当窒息持续时，心率开始下降，呼吸停止，马驹进入原发性呼吸暂停阶段。
    - 在原发性呼吸暂停的一些马驹中，可通过触觉刺激诱发自主呼吸。
    - 下一个阶段是不规则的喘息期，直到马驹进入继发性呼吸暂停期才会减弱。
    - 没有进一步的尝试呼吸，心率继续下降直到停止。
    - 上述部分或全部情况可能发生在子宫和分娩过程中，到出生时，马驹可能已经处于继发性呼吸暂停阶段。
    - **实践提示：**仅在临床上，不能将原发性呼吸暂停与继发性呼吸暂停区分开来。
- 需要复苏的新生马驹有：
    - 喘气时间超过30s的马驹。
    - 无呼吸运动或心跳的马驹。
    - 心率低于50次/min且心率继续下降的马驹。
    - 有明显呼吸困难的马驹。
- 在住院的马驹中，类似的参数同样适用。
    - 马驹（＜7d）心率低于50次/min且下降，还有那些有呼吸暂停的马驹需要复苏。
    - 对于呼吸系统衰竭的马驹，用自充气复苏袋进行插管正压通气可能是机械通气的首要步骤。
    - 静脉血氧饱和度、潮气末二氧化碳含量和肌肉张力下降均可能是早期停止或即将停止的迹象。

选择

· 并非所有的马驹都适合复苏。出生时有明显先天性缺陷的马驹不应该复苏。

· 在分娩过程中出现难产并有先天性缺陷（如严重的关节挛缩、脑积水等）的马驹和在分娩过程中出现抑制的马驹并不罕见。

· 尽管从技术上讲，成功复苏因抑制而住院的马驹的自发性循环是可能的，但情况严重的马驹的长期预后非常差。

  · 许多马驹在短时间内再次出现抑制，并且更难成功复苏。
  · 应始终考虑复苏的福利和财务问题，以用来确定复苏马驹的有效程度。
  · **实践提示：**与病情严重的马驹相比，麻醉期间抑制的相对健康的马驹的预后相对较好。

前20s

· 如前所述，首先要确定CPCR是否适合马驹。

· 此后，努力为马驹进行CPCR准备。

· 马驹应侧卧在坚硬平坦的平面上。

· 如果任何一根肋骨断裂，断裂肋骨的一侧应紧靠地面。

· 如果两侧肋骨均断裂，则应将有更多颅侧肋骨（第3、4和5）断裂的一侧放在地面上。

· 头部应伸展，使鼻子与气管成直线。

· 在新生马驹中，应在继续操作之前清除鼻孔和口上的胎膜。

· 开始应用干毛巾用力擦，这对马驹开始呼吸可起到强烈的触觉刺激作用。

· 对于粪染的马驹，前20s应专门抽吸和清洁气道。

· 理想情况下，一旦胎粪染色的头部出现在外阴，在马驹开始第一次呼吸之前，气道抽吸应立即开始。

· 如果马驹被厚厚的胎粪覆盖，也应尝试气管抽吸。

· **实践提示：**通过迷走神经反射，抽吸口咽部可诱发心动过缓甚至心脏骤停，因此用球形注射器抽吸可能比使用机械抽吸装置更安全。

· 机械抽吸时间每次不得超过5~10s。用于清洁气道的抽吸面罩作为商用泵-面罩系统的一部分，可能特别适合非兽医人员进行抽吸操作。

心肺脑复苏（CPCR）

心肺脑复苏（CPCR）（图29-1）包括三个关键步骤：

· 气道。

· 呼吸。

· 循环。

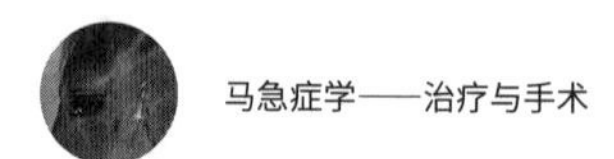

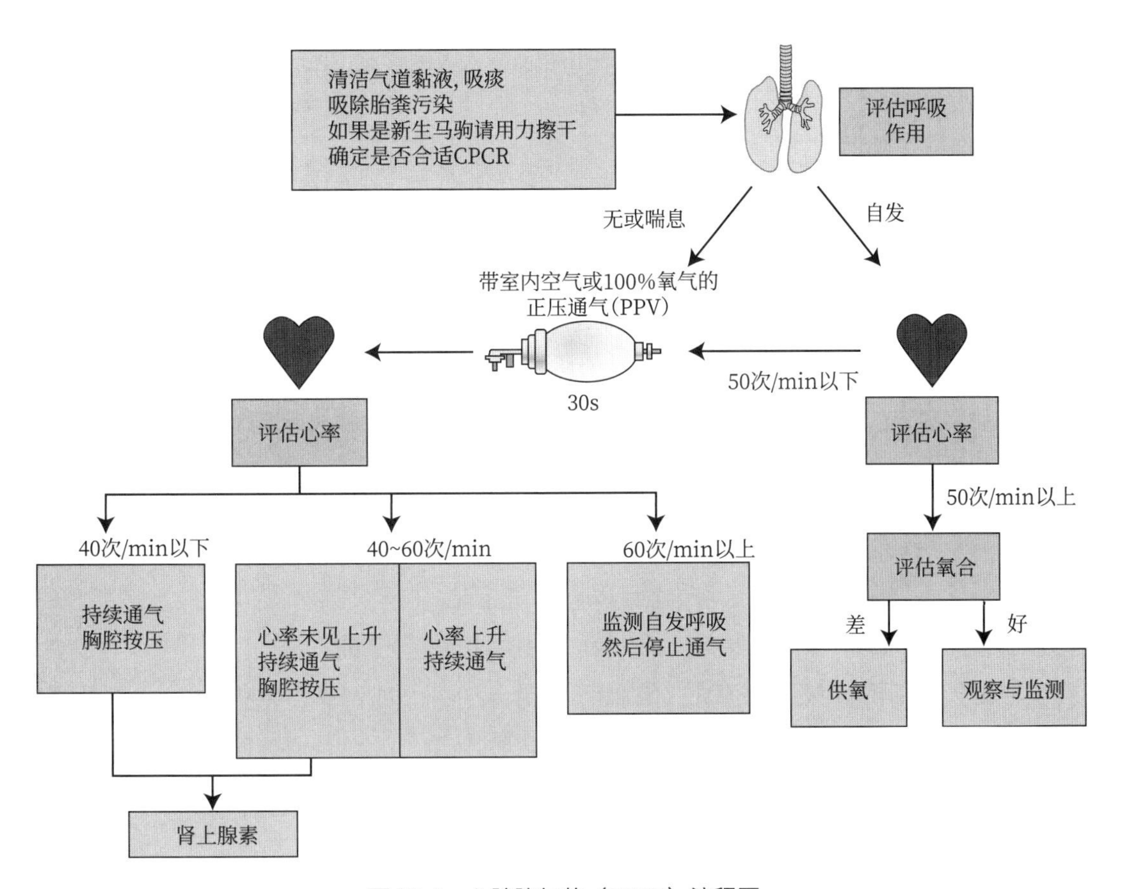

图 29-1　心肺脑复苏（CPCR）流程图

气道

- 确保充足的气道的最好方式是给予马驹气管插管。
  - **实践提示：**鼻插管通常优先于口腔插管，因为当马驹恢复知觉时，管子损坏的风险较小。
  - 如果两次短暂的鼻气管插管失败，应使用口腔插管。
  - 管子的内径应与马驹的大小相匹配。
  - 作为一个粗略的指南，纯血马驹（45~60kg）需要一个9~10mm内径的管子作为鼻气管插管和一个10~12mm内径的管子作为口腔气管插管。
  - 在小体格品种马驹（20~35kg）和早产纯血马驹中使用内径为7~9mm的管子即可。
  - 小的管子更容易通过，但对气流的阻力更大。
- 插管时，马驹可以侧卧或胸骨平卧。
  - 头部应与颈部成直线。

- 经鼻插管时，用一只手将管尖向内侧和腹侧导入腹侧管道。另一只手用来推进管子。
- 经口插管时，应轻轻地将舌头向前拉至一侧，用一只手稳定喉部。管子沿中线位置从舌头上方推进。
- 在两种插管技术中，当管子末端位于咽部时，最好将管子旋转90~180°。
- 一旦导管就位，应轻轻地给气囊充气，为辅助通风提供“密封”。

- 通过以下方式检查气管插管是否成功进入气管非常重要:
  - 按压胸部，同时感觉管子暴露处末端有空气流出。
  - 第一次呼吸时，也应能观察到胸壁起伏。
  - 如果导管已进入食道，通常会感觉到它位于头颈部，就在喉或近端气管的左侧背面。
  - 也可以使用潮末二氧化碳监测仪或比色二氧化碳指示器检查管道位置。对于这些装置，呼气时二氧化碳的存在证实了气管在气道中。

呼吸

- 最佳通气率未知，但经验表明，每分钟呼吸10~20次是合适的。
  - 通气率高可能与心肌血流受损有关。
- 复苏期间不需要氧气，但在复苏后应立即给予氧气。
- 提供人工呼吸的最佳方法是，一个自充气复苏袋与鼻气管或气管导管相连。这样就可以控制通气，避免了吞气症，或将异物、胎粪或黏液带入下呼吸道的风险。
  - 吞气症使胃充满气体，并限制肺部完全扩张的能力。
  - 使用复苏袋时，最佳方法是将复苏袋放在地板上，操作人员跪在复苏袋旁边，肩膀处于复苏袋正上方，双手应一起平放在袋子上。这样可以使用体重来帮助按压复苏袋。
- 自我充气复苏袋的替代品是复苏泵，商用型号的潮气量为780mL，可连接到鼻气管导管或面罩上。
- 有最小容量为1L的储气袋和供氧阀的麻醉机也可用于复苏，但具有重大的肺容积伤的风险。
- **实践提示：**面罩，而非气管插管，可能是非专业人士进行CPCR的最佳选择（图29-2)。
- 如果可以，应轻轻封堵近端食道，防止空气进入胃内，从而阻碍膈肌的运动（图29-3)。
  - 食道最好在气管背面来堵塞（可以感觉到它是一个带有半刚性软骨环的管子)，在颈部位于头颅和腹侧，喉的尾部。对于手掌较大的人，手指可以在脖子的一

图 29-2　使用泵和面罩在 CPCR 期间提供呼吸

呼吸频率应为每分钟 10~20 次。

（版权所有，Veterinary Advances 公司，2012 年。来自 iOS App “Equine Techniques”。经许可使用。）

侧，而拇指可以在脖子的另一侧。将手指和拇指轻轻地压在一起，使气管背面的组织轻轻地阻塞食道。手小的人可能需要用双手放在脖子的两边。

- 如果既没有气管插管，也没有泵和面罩，可以进行口鼻复苏（图29-4）。
  - 用一只手托住下巴，堵住下鼻孔。另一只手应该像前面描述的那样轻轻地堵住近端食道。头部应尽量向后弯曲，以使气道变直，但头部不应被抬起。复苏人员应该检查胸腔是否在辅助气体从马驹鼻孔吹进时上升。
- 在出生时用多沙普仑刺激马驹呼吸是一种极具争议的治疗方法。
  - 该药物明显有助于提高血流动力学稳定和伴有围产期窒息综合征和新生儿脑病的马驹的通气率。

· 然而多沙普仑会降低脑血流量，特别是在马驹上使用高剂量的。在实验动物，它还增加了心肌氧需求量。

· 正是这些影响，加上这类药物对继发性呼吸暂停无效的证据，得出了多沙普仑不能用于急性心肺复苏的建议。

· 如果无其他药物可进行心肺复苏，多沙普仑可能起作用，但不应取代本章所述其他步骤。

图 29-3　在用泵 - 面罩进行 CPCR 时以防吞气

（版权所有，Veterinary Advances公司，2012年。来自iOS App“Equine Techniques”。经许可使用。）

图 29-4　口鼻复苏术，阻塞食道以防止吞气

（版权所有Kevin Corley和Jane Axon，2004年。来自iOS App“Equine Techniques”。经许可使用。）

循环

- 开始通气30s后，应评估马驹，以确定是否需要循环支持。
- **实践提示：**如果没有心跳，＜40次/min，或＜60次/min并不增加，应开始胸部按压。

· 目前还不清楚马驹胸部按压的最佳频率。在成年马中，每分钟80按压次的频率被证明比40或60次/min的循环效果更好。

· 因此，80~120次/min的频率可能适用于马驹。然而，80~120次/min的速率会使复苏人员迅速疲劳。因此，每2~5min更换一次进行胸外按压的人员。

· 胸部按压期间必须持续通气。建议的比例是每2次呼吸进行15次胸部按压。呼吸时不应停止胸部按压。

· 马驹应侧卧。

· 马驹应放在坚实干燥的平面上。

· 胸外按压的人应跪在马驹的脊柱旁，双手叠放，刚好在马驹三头肌的尾部，胸部的最高点（图29-5）。

· 复苏者需要将肩膀正好位于手上方，使其能够利用自身体重来帮助按压胸部。这有助于减少复苏人员的疲劳。

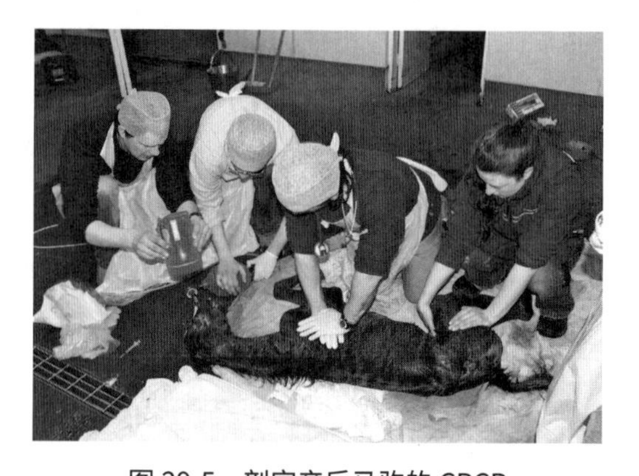

图29-5 剖宫产后马驹的CPCR

显示复苏袋和鼻气管插管、胸部按压、股动脉脉搏检查和瞳孔光反应。

药物

· 肾上腺素是马驹复苏的主要药物。如果经过2min胸部按压和人工呼吸的全套CPCR后心率仍极低（<40次/min）或无心率，则应给予该药物。

· 使用标准1mg/mL（1∶1 000）肾上腺素，注射剂量为0.01~0.02mg/kg（IV）或0.5~1mL/50kg。

· 该剂量应每3~5min重复一次，直到心率恢复正常，或确定CPCR不成功。

· 如果无法注入静脉，如果可以的话，可以将肾上腺素注射到气管插管气囊下方的气管内。

· 气管内肾上腺素剂量为0.1~0.2mg/kg或5~10mL/50kg。

· **重要提示：**应避免心内注射。在接受院外CPCR的患者中，没有发现肾上腺素能够改善预后。

· 其他药物在马驹的CPCR中起次要作用，并且很少用于紧急复苏。

· 液体疗法（10mL/kg晶体液推注）可能有助于恢复循环（见急救液体复苏）。

· **重要提示：**以下药物——阿托品、钙和多沙普仑，对新生马驹的复苏是无效的甚至是危险的。

除颤

· 如果有除颤器，它只能用于马驹心室除颤（通过快速波动的电活动识别，没有可识别的复合物）

· 心搏停止并对胸廓按压和肾上腺素注射无反应时，可对马驹进行电除颤。

· 除颤设置为2~4J/kg或100~200J/50kg，每次除颤时都要增加50%的能量。

监测 CPCR 的有效性

- 在CPCR期间，监测复苏效果有助于为每个病马调整方法。例如，通气率和胸部按压的频率和压力可能会有所不同。
- 如果可以触摸到脉搏，则脉搏是监测胸部按压的最佳方法（图29-5）。
- CPCR的进展可通过心跳（如果存在）进行监测，并用于决定何时停止胸部按压。
- 尽管心电图（ECG）有助于监测心律，但不足以监测CPCR，因为在没有有效收缩（无脉冲电活动）的情况下，心脏的电活动仍可以继续。
- CPCR也可通过瞳孔光反应进行监测（图29-5）。如果做胸外按压的人把手电筒放在嘴里，他们就可以在不中断复苏工作的情况下，斜过身来评估瞳孔的反应和大小。
  - **实践提示：**复苏不足时，瞳孔广泛扩张，固定不动，而有效的循环会导致瞳孔对光反应更正常。
- 如果有设备可用，潮气末二氧化碳监测仪对评估CPCR的有效性非常有用。呼出的二氧化碳张力越大，复苏工作就越有效，因为更多的二氧化碳被输送到肺部并排出体外。
  - 潮气末二氧化碳张力＞15mmHg（2.0kPa）表明灌注良好，预后良好，而张力持续低于10mmHg（1.3kPa）表明CPCR无效，预后不良。

何时停止 CPCR

- 当心率大于60次/min并且自主呼吸建立时，应停止通气。
  - 可通过停止通风并断开气囊或泵30s，检查呼吸频率是否大于16次/min、呼吸模式是否正常以及呼吸力是否正常来进行测试。
  - 前几次呼吸可能是一种喘息模式，然后接着应是正常的呼吸频率和模式。
  - **实践提示：**据报告，过早停止通气是人类新生儿CPCR中最常见的错误。
- 如果开始，胸部按压应持续，直到建立起大于60次/min的有规律心跳为止。
  - 在停止支持和自发心跳开始之间不应有延迟期。
  - 因此，CPCR停止时间不应超过10s，以评估循环。
  - 临床经验表明，如果10min后没有出现自主循环和呼吸，则不太可能存活。

复苏后的马驹护理

- 已经复苏的马驹仍需要支持，并应加强监控至少30min。
  - 应通过面罩或鼻插管提供氧气补充。
  - 应进行仔细的体检，如果有设备，应使用心电图监测心律。
- 抑制和复苏期间窒息的后果严重，并在抑制后24~48h内可能不明显。

- 窒息可导致以下综合征：
    - 神经系统状态改变。
    - 癫痫。
    - 胃肠道和心血管功能受损。

- 没有能够防止窒息影响的方法。维生素E、维生素C、硒、皮质类固醇、甘露醇、乙酰半胱氨酸和二甲基亚砜可能减少氧化损伤。

- 决定是否将马驹送至重症监护室，基于以下几个因素：
  - 可用性。
  - 成本与马驹的经济价值。
  - 成功率是可变的，大多数转诊中心的成功率通常为70%~80%。
  - 成功复苏的马驹有很高的并发症风险，如果情况允许，应强烈考虑转诊。

- 无论是否进行转诊，重要的是在CPCR后不要立即“加热”马驹。对人类患者的广泛研究表明，CPCR后12~24h的低温治疗可显著改善神经系统的预后。
  - **实践提示：** 尽管很难在兽医中复制临床诱导的低温，但在CPCR后的一段时间内，不应故意将马驹立即加热至“正常”体温。

应该做什么

马驹心肺复苏

- 将马驹侧卧并将其头部伸展。

气道/呼吸

- 清除鼻孔中的黏液和碎屑，打开气道，刺激呼吸。
  - 如果被胎粪污染，尝试抽吸气管5~10s。
- 必要时插管（通常为9~10mm管），确保“pop-off”阀打开。
- 通气为每分钟10~20次呼吸。

循环

- 如果心率不存在或较低（<40次/min），开始胸廓按压，80次/min。
- 继续同时通气——2次呼吸/15次胸廓按压。
- 如果2min内心率无反应，则给50kg的马驹静脉注射0.5~1mL肾上腺素。
  - 每3~5min重复一次，直到心跳恢复。
- 心室颤动：除颤，100~200J/50kg。

停止复苏

- 当心率大于60次/min且自主呼吸建立良好时。
- 如果连续10min CPCR后仍没有反应。

后期护理

- 以5~10L/min的速度经鼻内或气管内补充氧气。
- 监测身体各器官的功能。

不应该做什么

马驹心肺复苏术

- 停止胸部按压以进行辅助通气。
- 错误地将插管插入食管。

- 如果另一侧没有明显骨折，在马驹肋骨骨折侧进行胸部按压。
- 如果有其他替代通气方案，给予多沙普仑。
- 对无呼吸的马驹给予碳酸氢钠。

紧急液体复苏

及时、充分的液体疗法是最大限度地提高马驹存活率的最简单、最有效的方法之一。然而，要确定哪些马驹需要紧急液体治疗可能很困难。

马驹低血容量的识别

- 成年马常见的许多低血容量（循环容量不足）的临床症状与马驹的不一致。
- 成年马匹低血容量的临床症状有：
  - 心动过速。
  - 脉搏弱。
  - 颈静脉充盈不良。
  - 呼吸急促。
  - 四肢冰冷。
- 当这些临床症状中的任何一个出现在马驹上时，应怀疑低血容量。
- 低血容量马驹的心率可能高于、低于正常范围或在正常范围内。
- 由于马驹的低血容量临床症状模糊，因此比起成年马匹，马驹必须更多地依赖于病史。
- **实践提示**：马驹不吃奶时会很快脱水。任何在过去4h内没有进行过喂养的马驹都应怀疑有低血容量症。
- 剖宫产的马驹出生后可能立即出现临床低血容量。
  - 这可能是因为在分娩过程中胎盘血液输送不足，或者对于接受疝痛手术的母马产下的马驹，由于内毒素血症的影响。
- 血液乳酸浓度也可用于检测马驹的低血容量。
  - 乳酸是厌氧代谢的最终产物，当有氧呼吸的氧气不足时，乳酸会在组织中积累。
  - 马驹血液乳酸浓度升高（＞2.5mmol/L）主要反映了组织灌注不足，这与低血容量有关。
  - 然而，据报道，在脓毒症、全身炎症反应综合征（SIRS）、创伤、癫痫发作后和循环儿茶酚胺增加期间，乳酸也增加。
  - 对于所有实验室信息，应根据整个临床情况评估乳酸浓度。
  - 可提供手持式乳酸监测仪，价格不高，因此适合现场使用。这些监测仪在马身上有很好的精确度，特别是当用血浆而不是全血来测量乳酸时。乳酸-Pro可准确测量全血、血浆或腹膜液中的L-乳酸。

- 重要的是要记住，在预后方面，复苏前的乳酸浓度不如复苏后的趋势重要！
- 在住院的马驹中，血压也可用于确定低血容量。
- 在成年马匹中，肌酐浓度的增加反映了在没有肾病或肾后问题（如膀胱破裂）的情况下，肾脏灌注不足。
  - 肾脏灌注不足的最常见原因是低血容量。
  - 在马驹出生后36h内，肌酐浓度升高可能反映出子宫胎盘功能受损，因此肌酐浓度升高不是低血容量的可靠标志。
  - 膀胱破裂的马驹也可能有血浆肌酐浓度升高。
- 尿比重可作为无肾脏疾病的马驹水合作用的指标。尿比重应＜1.012；较高数值提示低血容量。
- **实践提示：**血细胞比容是新生马驹循环状态的不良指标。
  - 与成年马匹相比，在严重低血容量的马驹中发现PCV增加是罕见的。
  - 出生后第一周，马驹PCV的正常范围（28%~46%）略低于成年马匹。
  - 严重疾病的马驹通常有22%~26%的PCV，可能是由于对疾病进行液体疗法和骨髓抑制结合的结果。
- 总固体浓度（用折光计测量）提供血浆总蛋白的估计值，也是一个不可靠的马驹低血容量指标。
  - 被动转移失败或通过胃肠道或肾脏丢失蛋白质可能会降低总固体含量。
  - 总固体浓度与PCV或其他循环状态指征（如马驹中乳酸浓度）之间没有相关性。
  - 马驹总固体浓度的正常范围变化很大（4.3~8.1g/dL）；总固体浓度通常低于成年马匹。

治疗低血容量的液体选择

- 设计用于复苏的平衡电解质溶液（即哈特曼溶液、乳酸林格溶液或多电解质溶液）是治疗低血容量的最佳液体。
- 这些液体接近血液中电解质的浓度。因此，如果不能测量电解质，它们是最安全的液体。
- **实践提示：**不建议在恢复循环容量之前尝试更换主要电解质。
- **重要提示：**这一方法的例外是高钾血症、低钠血症和低氯血症，在膀胱破裂病例中可见。这些马驹需要0.9%或1.8%氯化钠溶液进行复苏。
- 氯化钠传统上用作人类医学的复苏液。
  - 氯化钠是一种酸化液，因此可能不是对马驹进行紧急复苏的最佳选择，因为大多数马驹由于乳酸性酸中毒而呈酸性。
- **实践提示：**高渗盐水（7%~7.5%氯化钠）对新生马驹复苏没有用。
- 高渗盐水可能导致血浆渗透压迅速变化，导致：

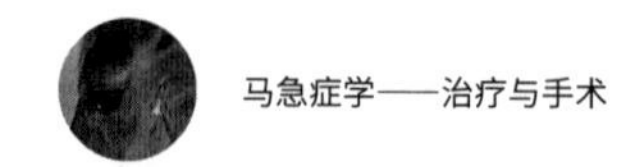

    - 脑萎缩和随后的脑血管破裂并伴随脑出血。
    - 蛛网膜下腔出血。
    - 永久性神经功能缺损或死亡，新生马驹特别容易受此影响。
- 肾功能不全患马的血浆渗透压变化更为严重，这在病重马驹中很常见。
- 胶体是含有大量蛋白质或淀粉分子的溶液，与仅含有电解质和水，或葡萄糖和水的晶体相反。
    - 诸如合成胶体液（Haemaccel和Gelofsusine）和羟乙基淀粉（HESs）（Tetrastarch、Pentastarch、VetStarch和Hetastareh）等胶体溶液对马驹紧急复苏的作用尚不清楚。
    - 理论上的优势在于，它们比平衡电解质配方扩大了更多的血浆体积，并使循环时间更长，延长了它们的积极性作用。
    - 与晶体降低血浆膨胀压力相比，它们还增加了该压力。
    - 在临床实践中，胶体对新生马驹没有明显的益处。
    - 羟乙基淀粉的每日总剂量不应超过15mL/kg。高剂量时，这些淀粉可能会干扰凝血，并可能导致临床出血。
    - 羟乙基淀粉可用于血浆总固体浓度＜3.5g/dL（＜35g/L）的马驹复苏。
    - 在人医中有证据表明，四聚淀粉对凝血和肾脏的负面影响比羟乙基淀粉的少。
- 低分子量胶体的初始等离子体膨胀更大，高分子量胶体在循环中的持续时间更长。
    - 与白蛋白（69ku）、200ku五聚淀粉胶体液和450ku羟乙基淀粉胶体液相比，合成明胶的平均分子质量较小（30~35ku）。
    - 因此，合成明胶溶液优先用于明显低血容量马驹的初步复苏，羟乙基淀粉可能更适合长期维持血浆胶体膨胀压。
    - 血浆是一种胶体溶液，通常用于补充马驹的被动免疫。
        - 血浆需要解冻（如果储存着的话）或从捐赠者处收集，因此很少用于紧急液体复苏。
        - 此外，由于一些马驹可能会出现过敏反应或输血相关的急性肺损伤，因此缓慢注入血浆并监测其反应是一种比较好的做法。
        - 这种患病马的并发症减少了用于液体复苏的血浆。

液体给药率

- 治疗低血容量有两种方法：休克剂量和液体静脉推注；这两种方法的治疗模式相似。
- 低血容量的马驹通常立即需要20~80mL/kg的晶体液。

休克剂量

· 休克剂量的概念借鉴了小动物医学，因此是许多人熟悉的概念。

· 新生马驹的休克剂量为50~80mL/kg晶体液。

· 根据对低血容量的感知程度，尽可能快地给予1/4~1/2的休克剂量（在20min内），并重新评估马驹状态。

· 如果马驹需要额外的液体，则再给予1/4的冲击剂量，然后重新评估马驹。

· 最后1/4的休克剂量只给予严重低血容量的马驹。

液体静脉推注

· 递增液体静脉推注概念借鉴了人类医学，是一种更实用的方法。需要注意的是，它是假定所有患病动物的体重都相似，因此在小动物医学中没有被采用。

· 静脉推注的方法很简单：

  · 给予静脉推注1L晶体液（即50kg马驹约20mL/kg），然后重新评估。

  · 最多可额外静脉推注3次，每次注射后重新评估马驹。

  · 大多数低血容量的马驹至少需要2次静脉推注。

· 体重在50kg之间变化的马驹，需要调整方法，使静脉推注量大约为20mL/kg。

· 在矮马和极早熟的纯种马驹中，500mL的静脉推注通常是合适的。在大型挽马马驹中，第一次静脉推注应为2L。

· 无论是使用休克剂量法还是液体静脉推注法，在紧急液体治疗期间都要重新评估马驹，以确定是否需要更多的液体。

· 脉搏强、精神状态改善且正在排尿的马驹可能不需要进一步的液体复苏。

· 这些马驹可能仍然需要液体来纠正脱水和电解质失衡，以及维护并应对持续的损失。

· 持续脉搏弱（或血压低）、精神状态差和未排尿的马驹可能需要更快的液体给药，最高可达80mL/kg或4L，除非颈静脉扩张——这表明CVP增加。

可能有的并发症

· 建议在快速液体治疗前和治疗期间对肺和气管进行听诊，因为肺水肿是一种重要的理论上的并发症。

· 肺水肿在病情严重的马驹（这些马驹被给予晶体以迅速复苏）中极为罕见。

· **实践提示：**噼啪声，通常认为与肺水肿有关，更可能代表塌陷肺泡的打开和关闭，而不是马驹水肿。

· 严重的肺水肿导会致气管发出潮湿的声音，鼻孔或口腔有泡沫状的粉红色液体。

· 如果确实出现水肿，则应使用计量剂量的吸入器给药沙丁胺醇/喘舒宁（50μg，50kg/110

lb马驹)，并且进一步液体疗法要仔细滴定，最好通过中心静脉评估或肺压监测。

- **实践提示：**低血容量的治疗优先于任何担心可能有的脑水肿的情况，因为那样会使围产期窒息综合征恶化。
  - 由于低血容量，脑灌注不足会延长缺血情况，这对马驹极其有害。这远比担心脑水肿更重要。
- 患有新生幼畜溶血症的马驹通常不会出现低血容量，除非它们变得很虚弱以至于停止吃奶4h或更长时间。
  - 在患有溶血症和低血容量的马驹，只要PCV为8%或更大时，就不应禁止进行积极的液体疗法。
  - 尽管液体疗法降低了血细胞比容，但它不会减少循环红细胞的数量，并且可能会改善它们在组织中的分布，除非血黏度变得极低。
  - 然而，在低PCV的马驹中，恢复血氧携带能力是一个优先事项，应尽快给予供体血液、洗过的母马血液或血红蛋白替代物。

积极性液体疗法的重要例外

- 在不受控制的出血中，应避免积极的液体治疗，因为它可能会增加出血。
- 这在新生马驹中并不常见，但可能发生在有肋骨骨折、创伤导致内出血或有无法触及的血管破裂的马驹中。
- 在人类和实验动物中，对不受控制的出血进行积极的液体治疗可增加死亡率。
- 如果可以测量血压，应用滴定液体疗法，使平均动脉压尽可能接近60mmHg，而收缩压不超过90mmHg。
- 如果无法测量血压，则应使用2~3mL/（kg · h）的流速，直到出血停止。
- 在不受控制的出血中，除了低流速外，还可考虑使用血管升压素（即去甲肾上腺素、抗利尿激素或特利加压素）。在这种临床情况下，没有证据表明可以指导给予马驹血管升压剂的剂量。

紧急葡萄糖支持

- **实践提示：**静脉葡萄糖治疗通常是马驹紧急治疗的一部分。
- 这是因为出生时储存的糖原只足以满足未哺乳的马驹2h的能量需求；出生时储存的脂肪也很少。
- 因此，没有哺乳的马驹有低血糖的危险。
- 败血症也可能导致低血糖，可能是由于败血症马驹缺乏糖原储备和哺乳不足所致。
- 马驹也可能会有高血糖，可能是皮质醇释放的生理反应的一部分，或与疾病过程中的非调节性葡萄糖代谢有关。

- 低血糖和高血糖都是有害的。
- 严重低血糖与癫痫、昏迷和死亡有关。
- 脑灌注不足、低血容量和围产期窒息综合征之后，高血糖可能比低血糖更有害。
- 因此，建议经常给马驹监测血糖。
- 低糖血症采用给予含葡萄糖的液体或肠道外营养的方法治疗。
- 从该剂量范围的最低值开始，输注正常胰岛素[0.05~1U/（kg · h）]来治疗高糖血症。

测量血糖

- 血糖浓度是易于测量的。
- 从静脉刺入或小切口的毛细血管渗出可获得少量血液。
- 手持监测仪是测量血糖最方便的方法，因为其结果很快就可获得，从而可以进行精确滴定治疗。
- 有许多便宜的手持监视器，设计用于监测糖尿病患者。然而，这些监测仪的准确性存在争议，一般来说，这些监测仪在检测低血糖方面优于监测高血糖。
- **实践提示：**一个检测仪——AlphaTRAK已经被确认用于血糖浓度大于20mg/dL，血细胞比容范围为15%~65%的成年马和马驹（见第15章）。

支持血糖浓度的液体

5% 葡萄糖溶液

- 1L 5%葡萄糖溶液提供约190kcal（796kJ）能量，1L 5%右旋糖包含170kcal（712kJ）能量。
- 这些液体对马驹来说不是很好的能量来源。
- 为了满足一个50kg马驹的静息能量需求［44kcal/（kg · d）或184kJ/（kg · d)］，每天需要给予11.5~13L。这是马驹所需维护液的两倍多，并会导致重要的电解质紊乱问题。
- 5%葡萄糖溶液被推荐为马驹的复苏液，因为它：
  - 提供体积和能量。
  - 然而，5%葡萄糖溶液不是治疗低血容量的最优补液选择。
  - 20min后，只有10%的给药量仍在循环中；每升5%葡萄糖溶液预计将使一个50kg马驹的血浆钠浓度下降4~5mmol/L（4~5mEq/L）。

50% 葡萄糖溶液

- 这些液体比5%溶液更好。每毫升50%葡萄糖溶液相当于1.9kcal（8kJ）能量，每毫升

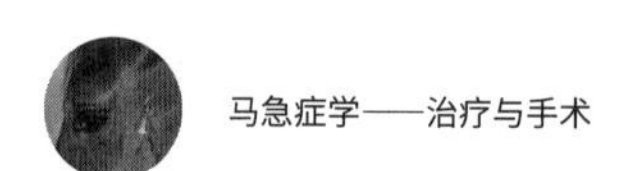

50%右旋糖提供1.7kcal（7.1kJ）能量。

- 可通过两种方式使用：
  - 在医院环境中，应通过电子输液泵（与复苏液分开）给药。
    - 起始速率取决于低血糖的程度。
    - 根据经验，起始速率为：轻度低血糖为20mL/h（50~70mg/dL；2.8~4mmol/L），重度低血糖为50mL/h（50mg/dL；＜2.8mmol/L）。
  - 在现场，最好在复苏液中加入50%葡萄糖溶液。
    - 在这种情况下，每升复苏液应添加10~20mL 50%葡萄糖溶液。
    - 如果可以测量血糖，则应根据测量的血糖值的变化而改变添加到复苏液中50%葡萄糖溶液的量，以为轻度低血糖提供大约20mL/h的溶液和为严重低血糖提供50mL/h的溶液。

实践提示：葡萄糖不适合为马驹提供长期营养支持。如果在治疗初的12~24h后肠道给予营养是不可能的或不可取时，则应使用含有右旋糖或葡萄糖、氨基酸、维生素和微量矿物质的肠外营养溶液，在许多马驹中，还应使用脂质营养。

应该做什么

低血容量马驹的液体复苏

- 放置14~16号颈静脉导管。
- 给予50kg马驹（30~40mL/kg）2L“平衡”晶体液。
- 重新评估马驹，再给予15~40mL/kg的晶体液治疗。
  - 临床评估应包括：
    - 精神状态变化。
    - 脉搏压力。
    - 按压时颈静脉充盈速度。
    - 尿量。
    - 心率和呼吸频率。
    - 黏膜颜色。
    - 毛细血管再充盈时间（CRT）。
- 检查和监测血糖。
  - 根据需要向每升液体中添加10~20mL 50%的葡萄糖。
- 继续维持治疗［100mL/（kg · d）］，并替换持续的液体损失。
  - 监测“进液”和“出液”平衡，再加上：
    - 血清电解质。
    - 肌酐。
    - 尿素。
    - 血细胞比容。
    - 总固体。
    - 体重。

不应该做什么

低血容量马驹的液体复苏

- 如果有平衡晶体液可用，就不要使用5%葡萄糖作为容积复苏液。
- 不要给马驹使用7.5%高渗生理盐水。

紧急氧气疗法

- 氧气疗法对支持马驹非常有用。在复苏和难产后，应考虑给予所有马驹。
- 其他可能从氧气中受益的马驹有：
  - 呼吸困难。
  - 发绀。
  - 出生后有胎粪污染。
  - 卧倒。
- 在医院中，氧气疗法应基于动脉血样中的氧分压（PaO_2）。
  - 如果动脉分压小于60~65mmHg（8.0~8.7kPa），应补充氧气。
  - 最方便采集马驹动脉血的部位是跖背动脉和肱动脉（见第31章）。
- 小口径柔性橡胶饲养管可用作马驹鼻内输氧治疗的氧气套管。
  - 插入鼻孔的长度应通过鼻孔到眼内角的距离来测量得到。
  - 然后将导管插入鼻的腹侧。
  - 有多种方法将管子固定到位。
    - 一种方法是将管子连接到用胶带预先包裹好的压舌板上。氧气管沿着压舌板的一端边缘用胶带固定，然后卷曲在一端，这样它就可以朝着它来的方向返回。它并没有贴在压舌板的底边。然后用胶带或弹性绷带将管子和压舌板固定在马驹的鼻吻上，注意不要阻止马驹张开嘴（图29-6）。
    - 另一种方法是将套管缝合到其进入马驹鼻孔外端的皮肤上。
    - 氧气也可通过面罩进行短期输送。

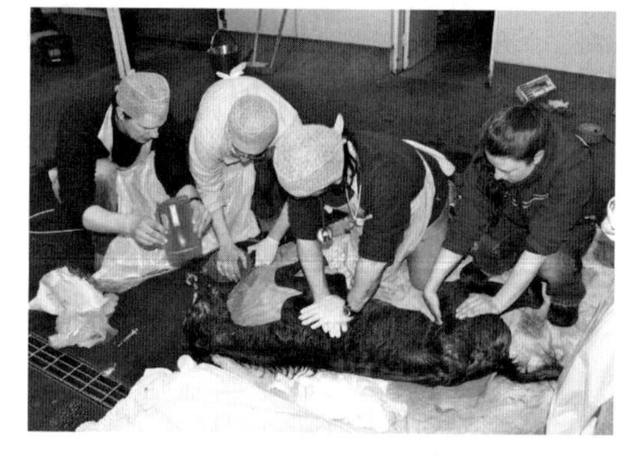

图 29-6 马驹鼻内氧气输入

氧气管测量到眼内眦然后用胶带固定在压舌板上，压舌板用弹塑性材料固定在马驹上。
（版权所有，Veterinary Advances公司，2012年，来自iOS App“Foal Techniques”。经许可使用。）

  - **实践提示**：如果给氧时间超过1h，则应在给马驹输送之前加湿氧气。
    - 实现这一点的最简单方法是通过无菌水使氧气起泡。
    - 可以买到为加湿设计的商品化简易消毒瓶。
  - 氧气治疗应以9~10L/min开始，并根据患马的反应进行滴定，如有可能，还应测量动脉氧分压。
  - 如果测量动脉氧分压，当分压大于120mmHg（16kPa）时，应降低氧流速。
  - 氧气不是一种完全良性的疗法。

- 吸入的氧分数大于60%，超过48h可导致肺部病理学，引起气管支气管炎，导致急性呼吸窘迫综合征（ARDS），随后导致肺间质纤维化。
- 这被认为是通过氧自由基形成介导的；增加的自由基形成和增加的吸入氧压倒性超过了清除能力。细胞代谢改变或酶抑制也可能导致非自由基介导的损伤。

· **实践提示：**鼻腔内输氧疗法很难产生大于60%的吸入氧分数。通过鼻插管接受10L/min O_2的健康马驹的氧分数约为52%。

结论

尽早认识到马驹需要紧急支持是成功的关键。这是通过回顾病史来预测哪些马驹可能需要干预，对马驹进行快速临床评估和高怀疑指数来实现的。CPCR，液体复苏，葡萄糖和氧气补充，应用得当，可以降低死亡率和发病率。

第 30 章
围产期医学与高危妊娠母马

Pamela A. Wilkins*

重要提示：妊娠母马在过去妊娠期间出现过问题或在当前妊娠期间出现新问题时，被认为有高风险会出现不良后果。因此，这些高危病例可分为复发性、历史性、再紧急或新问题。

高危妊娠分类

- 在评估和制定妊娠计划时，应确定当前或复发的妊娠威胁。
- 管理母马和马驹的妊娠、分娩和产后护理的团队尽早到位，并明确马主的意愿是很重要的。对于马主来说，明显偏爱一匹母马是很常见的，并且，了解马主对母马或马驹存活的任何偏向对于指导有关管理的任何决策都很重要。
- 需要确定患马的“决策者”，以及此人的可靠联系信息。这些信息应清楚标记并在记录中随时可用。

历史或复发性的问题

- 胎盘炎。
- 胎盘过早分离。
- 反复难产。
- 经常性的畸形马驹。
- 提前终止妊娠。
- 流产。
- 早产。
- 过期妊娠。
- 子宫动脉出血。

当前问题

- 早期乳房发育。
- 胎盘炎。

* 感谢 Jonathan E. Palmer，在第二版中他撰写了本章。

- 双胎。
- 胎盘过早分离。
- 相对于过去妊娠期较长。
- 肌肉、骨骼问题：
  - 骨折。
  - 蹄叶炎。
  - 跛行。
- 内毒素血症：
  - 疝痛。
  - 结肠炎。
- 近期低血压、低血氧。
- 近期腹部手术切口。
- 近期麻醉——中期最安全。
- 子宫扭转，尤其是妊娠超过320d时。
- 体壁疝的发展。
- 先前骨盆骨折。
- 神经疾病：
  - 共济失调。
  - 虚弱。
  - 癫痫发作。
- 尿囊水肿、羊膜水肿。
- 垂体增生。
  - **实践提示：**建议在分娩前1~2周终止培高利特（Pergolide）的使用以确保有足够的初乳产生。
- 慢性炎性疾病。
- 淋巴肉瘤或其他肿瘤。
- 盆腔内黑色素瘤。
- 甲状旁腺功能减退。
- 近期出血。
- 老年母马阴道少量临床出血通常被认为是良性的。
- 不可胜数的其他问题。
- 母马任何严重疾病，包括器官衰竭。

对胎儿健康的威胁

- 母马出现的任何问题都应该从它如何威胁母马以及胎儿或新生马驹健康的角度来看待。在了解两者的风险之后，制定并执行一个行动计划，使风险最小化或消除风险。
  - 例如，母马的严重疾病使胎儿处于极大的危险之中，反之亦然，因为受损或死亡的胎儿可能使病危母马的临床过程复杂化。
- 妊娠期间会发生重要的生理变化，主要与心血管系统和呼吸系统有关。
  - 晚期妊娠母马肺功能残气量（FRC）减少伴随每分钟体积增加，导致休息时呼吸频率增加，当结合肺泡通气增加时，会产生慢性呼吸性碱中毒。
  - 子宫增大限制了肺部扩张，导致FRC减少，通气灌注不匹配。
  - 氧气储备减少和耗氧量增加（与未妊娠相比增加20%~25%）导致呼吸暂停不耐受和低氧血症倾向。
  - 妊娠期间的心输出量增加30%~50%，并与较高的静息心率和每搏输出量相关。50%的增加量去到子宫，其余的进入皮肤、胃肠道和肾脏，以补偿妊娠需求的增加。
  - 在妊娠最后3个月，胎盘血流与胎儿生长同步大幅增加，因为晚期胎儿需要更多的氧气来支持生长。
  - **实践提示：**胎儿必须有较高的胎盘灌注率以获得足够的氧气，如果出现失血或低血容量会导致妊娠母马面临更大严重并发症的风险。
  - 晚期妊娠母马血浆容量增加，出现相对（生理）性贫血。
  - 子宫血流不是自动调节的，与平均灌注压成正比，与子宫血管阻力成反比。
  - 血气输送在很大程度上不依赖于马胎盘的扩散距离，尤其是在妊娠晚期，更依赖于血流。
  - 来自其他物种的信息不能推断到马胎盘，因为马胎盘本身具有弥漫性上皮绒毛膜性质和微型子叶内母体和胎儿血管的排列。
    - 例如，马胎儿的脐静脉PO_2为50~54mmHg，而绵羊的脐静脉PO_2为30~34mmHg，而母体子宫静脉与脐静脉PO_2的差异接近于零。与绵羊不同的是，母马脐静脉PO_2值在母体低氧血症时降低5~10mmHg，在母体高氧血症时增加。
- 母马完全控制胎儿环境。
  - 胎儿必须从母马身上获取一切。
  - 胎儿没有向母马传达其不断变化的需求的生理性反馈。
  - 胎儿可以补偿由于母亲体内平衡紊乱而引起的一些变化，但对胎儿总是有一定的代价。
  - 对胎儿健康的威胁包括：
    - 胎盘灌注不足。
    - 供氧不足。

◦ 营养威胁。
◦ 胎盘炎，胎盘功能障碍。
◦ 失去胎儿——母体成熟协调（fetal-maternal coordination of matwration）。
◦ 与其他胎儿互动，多胎妊娠。
◦ 医源性因素：
  - 给予母马的药物或其他物质。
  - 提前终止妊娠（如引产）。

胎盘灌注不足

- **实践提示：**胎盘灌注不足只能通过胎儿血流的重新分布在短期内得到补偿，并且在妊娠晚期的安全范围很小。
- 当母体灌注受损时，胎盘循环和氧气输送也可能受损；其结果对胎儿构成严重威胁。

胎儿供氧不足

- 氧气输送减少的原因如下：
  - 胎盘灌注减少。
  - 母体贫血。
  - 母体低氧血症。
- 在马身上，胎儿和母体血管的排列导致逆向流动模式。
  - 血管彼此平行，血液流动方向相反。
  - 胎儿毛细血管床的静脉侧与母体毛细血管床的动脉侧对齐，因此氧气和其他营养物质的梯度可能是最高的。
  - 这是最有效的氧气和营养物质转运和废物清除模式。
- 马体内逆向流动模式的后果如下：
  - 母体 PaO_2 的变化显著改变胎儿的 PaO_2。
  - 母体缺氧或低氧血症可能对胎儿产生深远影响。
  - 缺氧和低氧血症可使马驹易患缺氧缺血性窒息病和/或新生儿脑病综合征。
  - 当母体的 PaO_2 随着吸入的氧气而增加时，脐带 PaO_2 显著增加，驱动力增加，使溶解氧更有效地输送给胎儿。

应该做什么

胎盘低血容量/低氧血症

- 必须积极治疗母体低血容量症。
  - 通过鼻内输送加湿氧气（10~15L/min）给予母马补充（图30-1）。

- 增加对胎儿的供氧可能有助于缓解胎儿的缺氧状况。

• **实践提示：** 在治疗贫血母马时，应认真考虑输血治疗，以防止胎儿缺氧。红细胞总量减少对血液氧含量的影响比低氧血症大得多！

警告： 给哺乳母马输血可能会使母马易产生抗外来血型抗体，并相继使马驹面临新生幼驹溶血症（NI）的风险。这应包括在任何出院指示中，以便后续的决策者了解可能会增加的风险。

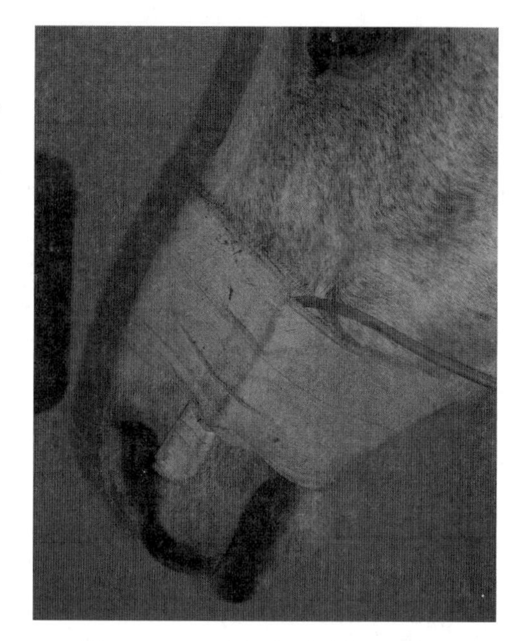

图 30-1　一匹母马的鼻内氧气吸入

母体营养不良

- 慢性母体营养不良可能是由于：
  - 摄入不足（因为缺少条件）。
  - 吸收不良。
  - 肿瘤恶病质。
  - 器官衰竭。
  - 严重禁食。
  - 选择性手术。
  - 疝痛。
  - 妊娠晚期母马反复无常的胃口。

• **实践提示：** 妊娠晚期母马完全禁食30~48h可减少对胎儿的葡萄糖输送，增加循环血浆游离脂肪酸，导致母体和胎儿胎盘中前列腺素的产生增加。

- 母体和胎儿胎盘以及胎儿体液中含有前列腺素混合物，这些前列腺素对维持妊娠很重要，可能在分娩开始中起到作用。
- 在厌食症发作后1周内早产的风险增加；马驹经常呈未成熟状态，母马还未准备好分娩。

应该做什么

母亲体养不良：能量负平衡

- 在妊娠末期支持母马的营养需求。
  - 提供营养补充。
  - 促进母马保持高营养水平。
- 避免过度禁食
  - 如果母马禁食或变得完全厌食，则从补充葡萄糖开始，每分钟静脉注射0.5~1mg/kg。如果母马持续厌食超过72h，可能需要进一步的肠外营养。
  - 这会使前列腺素的变化无效，大大降低了提前分娩的风险。
- 当周期性厌食母马难以被鼓励进食时，用氟尼辛葡甲胺治疗，0.25mg/kg，IV，q8h。

胎盘炎 / 胎盘功能障碍

• **实践提示：** 受影响胎盘百分比不是妊娠结局的预测因素；出生时有广泛胎盘病变的马驹

可能比出生时有局部胎盘病变的马驹状况好。

- 胎盘炎的存在，无论多广泛，都预示有严重的问题，因为80%患有胎盘炎的母马生出的马驹，在某些临床检测方面是异常的。
- 胎盘炎是母马妊娠晚期流产的常见原因，母马出现高危妊娠的最常见临床原因为：
  - 乳房发育过早。
  - 过早泌乳。
  - 宫颈软化。
  - 阴道分泌物。
- 尽管某些细菌和病毒因子，尤其是马疱疹病毒-1型和马病毒性动脉炎的血源性传播是可能的，但病因通常被认为是通过宫颈进入子宫的上升性感染。
- 易患胎盘炎的母马包括：
  - 会阴构造不良。
  - 子宫颈解剖异常，有时由先前的分娩创伤引起。
  - 下泌尿道疾病。
  - 妊娠晚期阴道/宫颈检查史。
  - 妊娠期间麻醉背部卧位史。
- 在马胎盘炎/流产中分离出的常见细菌包括：
  - 马链球菌（兽疫亚种）。
  - 大肠杆菌。
  - 铜绿假单胞菌。
  - 肺炎克雷伯杆菌。
  - 诺卡氏菌。
- 胎盘炎导致的胎儿丢失和早产尚不完全清楚。然而，最近的研究表明，绒毛膜尿囊的感染导致炎症介质的表达增加，除其他局部作用外，还改变了子宫肌层的收缩力。综合起来，这些观察结果表明，胎儿丢失可能是由于胎儿受损、子宫肌层收缩力增加或两者兼有。
- 经直肠和经腹部超声检查评估子宫和孕体可以提供有价值的信息，尤其是胎盘厚度，如果胎盘炎是一个问题时（图30-2和图30-3）（关于胎盘和胎儿评估的更多细节，见第27章）。
- **实践提示：**可以评估胎儿体液，并可根据妊娠后期的眼睛大小估计胎儿大小。
- 妊娠晚期中发生的胎盘疾病包括：
  - 胎盘过早分离。
  - 胎盘感染/感染性胎盘炎。
    - 上升性病原体：
      - 细菌。
      - 真菌。

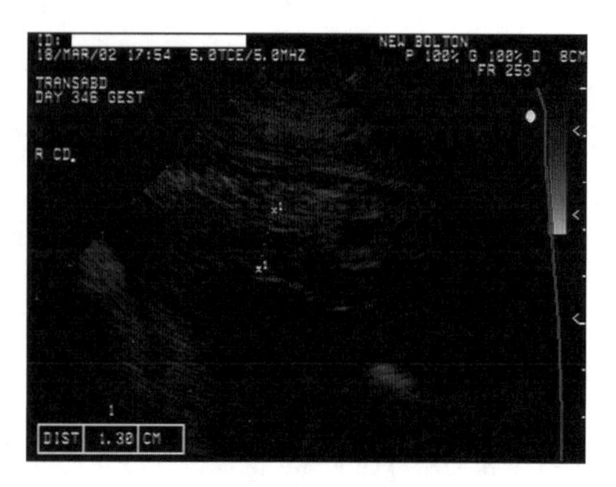

图30-2　经直肠超声检查胎盘炎导致胎盘增厚的图像

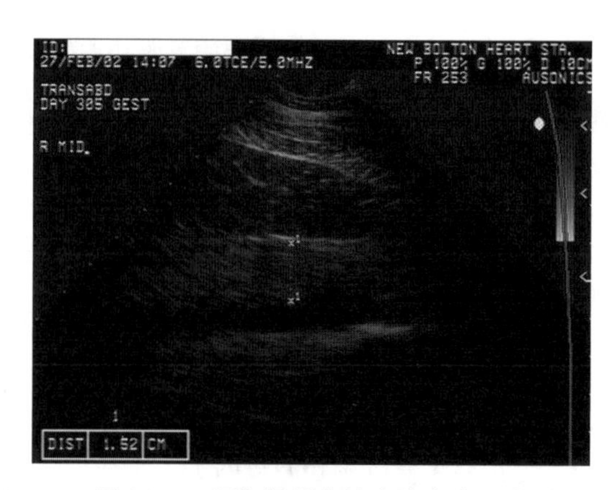

图30-3　经腹部超声检查胎盘炎导致胎盘增厚的图像

- 血源性传播病原体。
  - 病毒。
  - 细菌。
  - 埃立克体。
  - 真菌。
- 非感染性炎症。
- 胎盘变性。
- 胎盘水肿。
- 尿囊水肿，羊膜水肿。

应该做什么

胎盘功能不全

- 治疗所有怀疑或证实的细菌性胎盘炎/胎盘功能障碍病例。
- 所有提前开始泌乳的病例均应按此处理，除非另有证明。
- **重要提示：** 认识胎盘功能障碍的早期指征（如胎盘炎中乳房过早发育等），如有需要，在怀疑有胎盘炎时测量急性期蛋白，如血清淀粉样蛋白A（SAA）。胎盘炎早期治疗是很重要的。
- 治疗包括以下内容（表30-1）：
  - 使用广谱抗菌药。甲氧苄啶磺胺类药物似乎能穿过胎盘/子宫屏障；最近，使用微量渗析给母马注射庆大霉素和青霉素治疗后，发现尿囊液中含有庆大霉素和青霉素。如果子宫分泌物有培养和敏感性结果，应针对特定的有机体进行定向治疗。
  - 非甾体类抗炎药，如氟尼辛葡甲胺，用于对抗可能与感染和炎症有关的前列腺素平衡的变化。
  - 利用己酮可可碱改善微循环的作用，可能改善胎盘内的血流，也用于一般的抗炎作用。**注意：** 据报道，口服己酮可可碱的吸收率在不同马匹上变化很大。
  - 已使用的催产剂和促进子宫静止剂包括：
    - 四烯雌酮最常用。
    - 异舒普林的功效未经证实，其生物利用度是可变的，且通常较差。
    - 克伦特罗主要用于治疗难产，并为辅助分娩或剖宫产做准备；静脉注射可降低子宫张力达120min。
- 在管理高危妊娠患马时，可以使用的三种附加策略：

表30-1　用于治疗高危妊娠母马的药物

药物	剂量 / 频率 / 途径	指导
甲氧苄啶磺胺	25~30mg/kg，q12h，PO	抗菌药
氟尼辛葡甲胺	0.25mg/kg，q8h，PO 或 IV	抗炎药
烯丙孕素 *	0.044~0.088mg/kg，q24h，PO	保胎药
异克舒令	0.4~0.6mg/kg，q12h，PO	保胎药；吸收不良
克伦特罗	0.8μg/kg，根据需要 PO 或缓慢 IV	保胎药；临床效果极小
己酮可可碱	4~6g/500kg，q12h，PO 或 IV	抗炎药
维生素 E- 水溶性	5 000IU/d，PO	抗氧化剂

* 油中可注射孕酮也可从公司获得，建议 0.8mg/kg，IM（见第 27 章）；注射部位可能发生肿胀。

- 为母马提供鼻内供氧（输气法），目的是改善向胎儿输送氧气：10~15L/min。
- 维生素E口服给予高危母马，作为胎盘/子宫炎症的抗氧化剂，并作为胎儿神经保护措施。最近的证据表明，大剂量（>5 000IU/d）维生素E不会使母体维生素E浓度增加超过其小剂量（1 000IU/d）。
- 许多高危母马因身体状况厌食或不进食。这些母马由于缺乏饲料摄入，从而改变了前列腺素的代谢，因此有增加流产的风险。因此，静脉注射葡萄糖，用2.5%~5%葡萄糖溶于0.45%生理盐水或水（含5%葡萄糖），以每分钟提供1~2mg/kg葡萄糖的流速给予这些马匹。

- **注：**刚才描述的策略中很少有专门针对胎儿的，而是针对维持妊娠。
- **实践提示：**即使妊娠期不能维持到足月，延长妊娠期也会加速早产胎儿的发育，并可能提高存活率。

• 分娩后，尽管用抗生素治疗母马可以防止马驹败血症，但还是应立即治疗马驹败血症。许多由患有细菌性胎盘炎母马生出的马驹没有被感染。

• 在早期分娩的临床体征不因治疗而退化的受损妊娠中，无论是否有外源性皮质类固醇治疗，这种治疗都可以被认为可增加胎儿存活的机会。

• 最近有证据表明，产前给予促肾上腺皮质激素和大剂量地塞米松（0.2mg/kg，IV/IM，q24h，3d）可能有助于促进胎儿成熟。

失去胎儿 / 母体对分娩准备的协调

- 正常分娩时间由以下因素共同决定：
  - 母体情况。
  - 胎儿情况。
  - 胎盘情况。
  - 这三种不同情况之间的动态相互作用。
- 失去协调会导致以下情况：
  - 早产马驹。
  - 发育不全马驹。
  - 过度成熟马驹。

医源性原因

- 一个主要原因是诱导分娩时机不合适；换句话说，“在分娩前不打开子宫”。
  - 根据日历和方便确定时间。
  - 根据母马的紧急情况确定时间。
- 母体药物治疗：
  - 药物以多种方式影响胎儿。
  - 镇静剂和镇痛剂（如地托咪定和布托啡诺）对胎儿心血管系统有立即（＜30s）和深远的影响。
  - 尽管应管理明确给予母马的药物，但还应考虑对马驹的影响和可能的替代药剂。

双胎

- 母马通常只有一个胎儿，一般不能支持多胎。
- 原因并不完全清楚。
- 双胎的竞争方式对母马和马驹都不利。
- 一对患有胎儿窘迫的双胎可能会引起提前分娩。
- 双胎会增加难产的风险。
- 经腹超声可以很容易地确定妊娠晚期母马是否有双胎。

腹壁破裂和尿囊水肿/羊膜水肿

· **实践提示：** 任何妊娠晚期母马，如果腹部迅速扩大，并且有一个疼痛的侧面水肿区域，进展到腹壁，可能遭受腹部肌肉组织、腹直肌或耻骨前腱断裂。

  - 这些情况一起或分别发生在妊娠母马身上。这些缺陷统称为腹壁破裂和体壁撕裂。
- 其他具有类似表现的临床条件包括：
  - 血肿：皮下或肌肉内。
  - 尿囊水肿/羊膜水肿是导致破裂的主要原因。
- 这些情况可能没有明显的诱因。一些诱发因素包括：
  - 与妊娠晚期相关的严重水肿，有时由子宫重量增加引起，如水肿或双胎妊娠。
  - 妊娠晚期的创伤——似乎更常见于年龄较大的母马，身体不健康的母马出现因为它们的体型和挽马品种。受威胁母马一般接近足月。
- **重要提示：** 有水肿情况的母马更容易发生腹侧体壁撕裂。
- **注：** 尿囊水肿是一种紧急情况，需要在短时间内引起注意，以确保母马的健康。
- 可能出现与腹内高血压相关的继发性并发症，导致腹间隔综合征，包括：

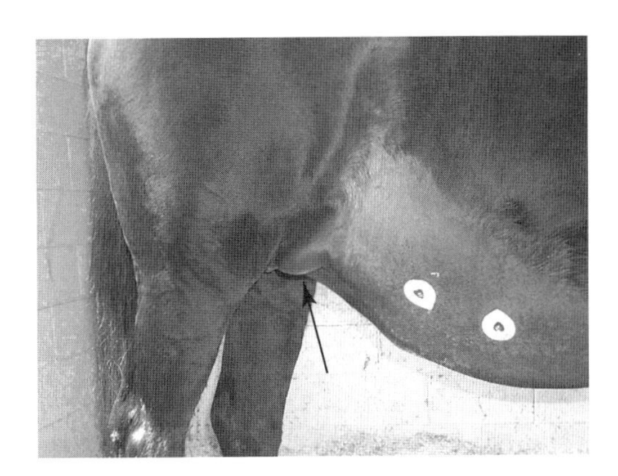

图 30-4　母马侧腹部水肿是腹壁撕裂 / 破裂的早期迹象

水肿以黑色箭头标注；注意体壁上的胎儿心电图导联是监测胎儿健康状况的一部分。

- 呼吸系统受损。
- 分娩时出现低血容量性休克。
- 体壁疝。

· 腹腔间隔综合征常被主人发现突然出现的腹部肿胀，伴有进行性嗜睡和厌食，可能有呼吸困难。直肠触诊诊断为子宫积液过大；直肠超声检查证实积液，显示大量尿囊或羊膜囊液体。

· 马主通常观察到腹壁轮廓的突变，母马嗜睡、厌食，检测到体壁疝和耻骨前腱断裂。

- 腹部破裂的母马可能从乳房到胸骨部的剑突软骨或最初仅在侧腹区域有腹部水肿（图 30-4）。
  - 一些母马在没有已知原因的情况下出现明显的腹侧水肿；在这些情况下，产驹通常是平安无事的。
- 腹部破裂的母马有痛苦和间歇性绞痛的迹象。如果疼痛严重，心率和呼吸频率会增加。这些母马一般不愿意移动或躺下。
- 腹侧体壁缺损很容易导致乳腺供血中断，破坏其与体壁的附着，导致邻近肌肉组织出血；马奶中可能检测到血液。
- 由于乳房失去其尾端与骨盆的连接，可能向颅侧和腹侧移位。水肿斑块几乎可以抹去乳腺的轮廓。

· 腹部腹侧和旁侧后部的超声检查可能有助于检测是否有撕裂或疝。腹部肌肉组织的任何缺损都可能并发肠嵌闭。

- 由于胎儿和体壁水肿，所有检查通常都存在问题。

应该做什么

腹壁破裂

- 腹壁破裂的初步治疗旨在通过限制其活动来稳定马匹。必须使用保定柱栏。
- 如果腹部迅速扩大，检查母马是否有积液情况。
- 密切监测失血迹象很重要，这可能是最重要的。
- 监测粪便排出量——通常减少。
- 持续的不适表明撕裂的进展。
- 消炎药，如保泰松或氟尼辛葡甲胺，可能有助于缓解不适。

· 在腹壁周围使用合适的绷带（ReWrap BOA）或疗疝绷带（CM Heal hernia Belt），作为腹部吊带，可为腹壁提供支撑。任何腹部包扎带必须有很好的衬垫，以避免顶部的压迫性坏死！

· 应评估肠包埋和绞窄的可能性，如果发生肠绞窄，可能需要手术矫正。可能需要对任何肠包埋情况进行重复的超声检查（见第 14 章）。

· 在少数情况下，由于临床参数的快速变化，母马从支持性治疗中获益甚微，因此必须进行诱导分娩（或在妊娠早期终止母马妊娠）。

- **实践提示：** 如果母马明显在足月前无法维持妊娠，且妊娠马驹大于314d，给予地塞米松（0.2mg/kg，IV/IM，q24h，3d）可刺激胎儿早熟和马驹存活。
- 有些母马（有积水或双胎）在预产期前表现良好，即使腹壁撕裂尚未发生，但仍可能需要终止妊娠。
- 由于缺乏分娩准备，不需要诱导分娩或剖宫产来挽救母马的生命，因此与胎儿结局较差有关。
- **实践提示：** 对于胎儿来说，最好的结果似乎是通过在分娩时保守管理和辅助来实现的。
- **实践提示：** 临床医生应能预见到可能需要辅助分娩，因为这时母马可能不愿意躺下和/或可能在主动分娩时遇到产生足够腹压的困难。
- 应提供辅助分娩和对分娩的马驹进行复苏所需的设备。
- 应与马主就优先考虑母马还是胎儿的问题建立明确的沟通，因为这一重要决定可能会决定随着分娩进展所要做出的决定。
- 水肿通常在产驹后迅速消退，母马可以正常喂养马驹。
- 如果母马在分娩前漏出初乳，很可能需要补充初乳或血浆！

特发性因素

- 许多患有缺氧缺血性窒息病或新生儿脑病综合征的马驹在妊娠或分娩期间没有已知异常的病史。
- 尽管很容易将新生马驹的问题归咎于分娩期间发生的并发症，但大多数问题发生在分娩前。

胎儿监护

应该做什么

胎儿监护

- 通过对妊娠晚期胎儿监测，可以生成胎儿的生物物理学轮廓，从而很容易确定胎儿是否存活。
- 无法通过马驹本身确定其生存能力，因为我们利用现有技术无法确定胎儿是否准备好过渡到新生儿生活。
- 获得胎儿心脏的良好图像需要：
  - 细致地进行剃毛、清洁。
  - 深度为25~30cm的2.5~3.5MHz传感器（见第14章）。
  - 耐心。
- 目前，没有从大型前瞻性试验中获得足够的证据来评估在人类或马的高危妊娠中使用生物物理学外形作为胎儿健康的测试的可行性。
- 在人类，在临产时表现出正常的生物物理学外形，显示围产期存活率高，且无酸中毒。
- 然而，正常的生物物理学外形不能保证这是一个正常的马驹，也不能以异常的生物物理学外形准确地预测这是一个异常的马驹。
- 经腹超声也很容易确定妊娠晚期母马是否有双胎。
- 超声检查通过声窗进行，从乳房到剑突，从腹侧和旁侧到侧翼的皮褶。
- **实践提示：** 胎儿成像通常需要低频（3.5MHz）探头，而检查胎盘和子宫内膜通常需要更高频率（7.5MHz）探头。胎儿心脏成像通常需要2.5MHz探头，深度至少为30cm。经直肠超声检查也是有必要的，以确定子宫胎盘的完整性。
- 根据椎骨横突和肋骨的阴影形成的可识别的“条纹”图案定位胎儿的胸部。当您将探头从肝脏移向胸部颅侧时，可得到心脏成像。胎儿心脏在胸腔内可见，通常是可观察到的唯一跳动物体。如果心脏不跳动，仔细检查，确保已看到整个胎儿胸腔，通常需要判断宫内胎儿死亡呈阳性。
- 对该检查的完整描述超出了本章的范围（见第14章）。
- 这种检查的价值在于其重复性和对母马和胎儿的低风险性。随着时间的推移，连续检查方便临床医生跟踪妊

娠，并在发生变化时及时识别变化。

生物物理特征注释

- 缺乏敏感性:
  - 外形正常的胎儿可能有危及生命的问题。
- 缺乏特异性:
  - 在正常胎儿中也有发现异常值。
- 收集有关胎盘的信息以及其他关键信息联合可能很有价值。

胎心率监测

- 超声波技术:
  - 监视器仅通过计算两次跳动之间的差异来测量速率，因此结果可能不准确。
  - 长期测量通常不会被记录，结果可能有误导性。
- 胎儿心电图（ECG):
  - 任何具有记录功能的心电图机都可以。
- 胎儿心电图是经腹超声检查的辅助。
- 一个人可以在一天中以计划的时间间隔，使用遥测或更传统的技术连续记录胎儿心电图。
- 电极放置在母马皮肤上的位置旨在最大限度地提高胎儿心电图的强度，但由于胎儿经常改变位置，在24h内可能需要变换多个位置（图30-5）。
- 首先将一个电极放在骶骨突出区域的背面，将两个电极放在旁侧区域的横向平面上。
- 胎儿心电图的最大振幅较低，通常为0.05~0.1mV，并可能在伪影或背景噪声中丢失，因此，通常将电极移动到新的位置，以最大限度地提高胎儿心电图的强度（图30-6）。
- **实践提示:** 正常胎儿心率在妊娠最后几个月的时间分布很广，从65~115次/min不等。但是，单个胎儿的心率范围可能很窄。
- 如果使用传统技术，最好在10~20min的时间内进行记录，并每天重复几次。
- 如果使用遥测技术，应每隔约2h获取书面记录，以便计算胎儿心率和观察心律。
- **实践提示:** 胎儿心动过缓是对子宫内压力的适应，

图 30-5　放置在母马腹部腹侧的胎儿心电图导联

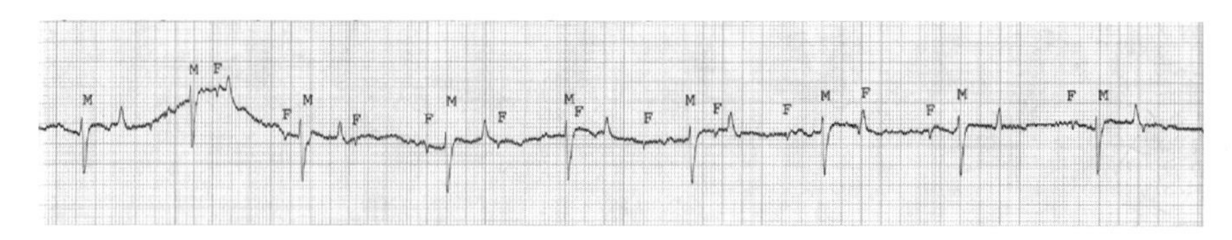

图 30-6　胎儿心电图记录

以 F 标记为胎儿的搏动，而以 M 标记为母体的搏动；注意胎儿和母体在振幅和频率上的差异，胎儿频率是母体的 2 倍。

通常认为是因缺氧导致的。通过减慢心率，胎儿会延长胎儿血液与母体血液的接触时间，增加溶解气体通过胎盘的平衡时间，并提高胎儿血液的含氧量。

- 胎儿也会因缺氧而改变其心输出量的分布，从而集中血液分布。
- 胎儿心动过速可能与胎儿运动有关，胎儿在任何24h内都可能出现短暂的心动过速。**实践提示：**持续性心动过速是胎儿窘迫的一种表现，比心动过缓更严重。心动过速随后心动过缓，可在某些胎儿的终末期观察到。
- 心律失常在有缺陷的胎儿中已被确认，最常见的是房颤，但室性心动过速也很明显。
- 在妊娠的最后几周，胎儿通常有以下情况：
  - 所有马驹的基线心率都在60~75次/min；低胎心率在40~75次/min，高胎心率（FHR）在83~250次/min。
  - 80%的马驹胎心率＜70次/min；55%，低胎心率＜60次/min；14%，低胎心率＜50次/min。
  - 86%的马驹胎心率高于100次/min；50%，高胎心率＞120次/min；20%，高胎心率＞200次/min。

重要提示：短暂的低心率＜60次/min是常见的，不应认为是不祥的，除非它们与无加速相伴。此外，FHR可能暂时大于200次/min。除非持续存在且不会恢复到基线水平，否则短暂的FHR大于120次/min不会造成威胁。

应该做什么

胎心率异常

- 在整个观察期内，无论何时胎心率＜60或＞120次/min时，应在24h或更短时间内重复评估。
- 节拍间变化一般在0.5~4mm之间，大部分在1mm范围内。这种节拍间变化需要一个完整的中枢神经系统和功能性交感神经及副交感神经系统共同作用。测量变化时，应使用心率不加速或减速的时间段进行准确观察。
- 在没有母体药物治疗的情况下（这可能使胎儿镇静），发现无节拍间变化，这是胎儿中枢神经系统输入心脏功能丧失的迹象，表示要重复观察。

第 31 章
新生幼驹学

K. Gary Magdesian

新生马驹体格检查

· 体格检查对重病马驹的诊疗至关重要。要完全了解与疾病相关的细微变化，必须熟悉健康马驹的体格检查结果和行为。健康的足月马驹是成熟的新生儿，能在分娩后2h内站立并从乳房吮乳。

实践提示：一个简单的经验法则是“1，2，3”法则：大多数马驹应该在1h内站立，在2h内吮乳，胎盘应该在产后3h内从母马体内排出。正常生命体征在生命最初的24h内发生显著变化（表31-1）。

表31-1　出生后首个24h内新生儿生命体征

参数	出生后时间		
	＜10min	≤12h	24h
心率（次/min）	＞60	100~200	80~100
呼吸频率（次/min）	40~60	20~40	20~40
体温（°F/°C）	99~102/37~39	99~102/37~39	99~102/37~39

· 出生1min时，马驹心率以及呼吸频率应＞60次/min。出生后1~2h，心率应为80~120次/min，呼吸频率应为30~40次/min。

· 出生10min时，正常健康的马驹具有有效的吮吸反射，可以在没有帮助的情况下用胸骨支地半卧，并试图在20min内站立。

· 手指插入马驹耳朵或鼻孔会有头部晃动和面部表情反射。

· 用拇指和食指轻快地沿着马驹胸腰段脊柱的两侧向下移动来进行胸腰椎刺激，可引起试图站立的尝试，其特征是前腿向前伸，头部和颈部向上抬起，并试图用后肢推地。

· 马驹在这个时期的心率接近100次/min，呼吸频率平均在40~60次/min之间。

· 一个表现为全身性低血压、不能站立、不能胸骨支地半卧或不能吮吸的新生马驹可能患有以下疾病：

  · 围产期缺氧/窒息或其他围产期问题。
  · 子宫内获得性败血症。

- 早产或发育不全。
- 完整的围产期事件史和仔细检查马驹及胎盘有助于区分这些疾病。
- 巩膜充血和黏膜出血（瘀点）与新生儿脓毒症并存，有这些发现时应当考虑脓毒症，除非另有证明是其他疾病。
- 新生马驹出现低血容量性休克症状包括：
  - 四肢发冷。
  - 眼睛凹陷。
  - 迟钝。
  - 脉搏微弱。
  - 黏膜苍白。
  - 与成年马不同，心率可能不会以心动过速的形式反映低血容量。
- 出生时，正常的马驹会有相对呼吸急促和心动过速，但随着新生马驹向子宫外生活的转变，这种情况应随着时间的推移而消失。呼吸频率和呼吸力的增加可能是肺部或心脏病的临床症状。
- **实践提示：**在这两种体征中，呼吸用力和呼吸模式的增加或异常可能是呼吸困难最可靠的指标，因为由于缺氧、低体温、低血糖或低血钙导致的中枢呼吸抑制的马驹在应对血氧不足或高碳酸血症时，呼吸频率可能没有适当的增加。

胎盘

- **实践提示：**胎盘膜过早剥离、分娩时间延长或难产史、马驹或胎盘胎粪污染是与急性或慢性缺氧/窒息相关的围产期事件。
- 母马产前脓性阴道分泌物、早熟乳房发育和提前泌乳史，或胎盘异常变色，特别是在宫颈星状区，增加了与异常细胞因子释放相关的胎盘炎和子宫内脓毒症或胎儿炎症反应综合征（FIRS）的怀疑指数。
- **注：**正常胎盘重量为马驹初生体重的10%~11%。通过肉眼和光镜来检查评估重量异常的胎盘。
- 特急性型胎盘炎可能只会造成全身性水肿，而没有明显的感染区域。
- 具有大面积异常绒毛形成的小胎盘与新生马驹发育不全有关。
- 因此，如果新生马驹出现早期异常，强烈建议对胎盘进行组织病理学检查。
- **实践提示：**马驹出生时血清肌酐浓度高，尤其是当血液尿素氮（BUN）正常时，应怀疑子宫内胎盘功能异常，有“假高肌酸血症”。应密切评估并监测这些马驹3d，评估有无新生儿脑病和脓毒症的体征。
- 尽管马驹在子宫内发生肾损伤的可能性是很小的，但可通过尿液分析和肾、尿路超声检查进行评估。

- 马驹血清或血浆肌酐伪性升高会迅速下降。

早产

- **定义：**早产是一个相对的术语，表明个体母马的妊娠长度不足。
- 母马的妊娠期长度差异很大（320~365d）；但是，个体母马每年的妊娠期相对一致。
  - 因此，对于一匹母马来说，320d妊娠期出生的马驹可能是正常的，而对于另一匹母马可能是早产的。
- 异常较长妊娠期产出的马驹也可能出现早产的迹象。“发育不全”一词比“早产”一词可能更适合这种情况。
  - 这些马驹可能是宫内生长迟缓的结果，通常是胎盘功能不全的结果导致。
  - 妊娠期延长的母马产出异常大的马驹，通常是羊茅毒性的结果；通常在子宫内是健康的，但由于难产的高发生率可能会增加死亡率。
- 妊娠期短（＜320d）或异常长（＞360d）与生出有早熟迹象的马驹有关，包括：
  - 体型小。
  - 高质量、丝滑的被毛。
  - 全身无力，低血压。
  - 肢体被动活动范围增加。
  - 屈肌腱和关节周围韧带松弛。
  - 不完全的立方骨骨化，通常发生在早产的马驹中。
  - 半球形前额。
  - 松软下垂的耳朵。
  - 无法调节体温。
- 许多早产马驹的中性粒细胞与淋巴细胞的比例倒置，即中性粒细胞/淋巴细胞的比值小于1：1，除非它们经历了亚急性到慢性宫内应激，在这种情况下，中性粒细胞/淋巴细胞的比值是正常到高的。
  - 与倒置的中性粒细胞/淋巴细胞比值相比，正常到高的中性粒细胞/淋巴细胞比值是一个更好的预后指标。
- **实践提示：**低血糖在早产马驹中很常见。
- 一些妊娠期较长出生的马驹临床特征稍有不同，其特点是体型较大，肌肉发育不良，门齿突出，被毛较长。
  - 生理学发现可能与发育不全的马驹相似，但这些马驹被认为是“过度成熟的”。

黏膜和巩膜

· 出生时和分娩期间，马驹黏膜出现发绀是正常的；然而，当新生马驹向宫外生活过渡时，这种情况应迅速缓解。健康新生马驹的黏膜迅速变为淡粉色，毛细血管再充盈时间（CRT）为1~2s。苍白的黏膜提示贫血或低血容量，而淡黄色的黏膜与黄疸的存在相辅，如发生新生马驹溶血症、肝病和偶尔可能发生败血症。

· 灰色或略带蓝色的黏膜表明休克、外周灌注不良或低氧血症。只有当PaO_2小于35~45mmHg，并且只有当血细胞比容（PCV）在正常范围内时，才会出现发绀。当PaO_2＜60mmHg时，可能开始组织或器官损伤。

· **实践提示：**不要依赖黏膜颜色来诊断低氧血症。

· 黏膜充血和冠状带充血可能提示脓毒症、全身炎症反应综合征（SIRS）或胎儿炎症反应综合征（FIRS）。口腔黏膜或耳郭内的瘀点也与脓毒症和SIRS有关。黄疸黏膜可在溶血、败血症、肝病或功能障碍、马疱疹病毒-1型（EHV-1）感染和胎粪滞留中观察到。

· **实践提示：**区分大小血管充血很重要。小血管充血显示黏膜呈广泛或弥漫，鲜红色外观，并提示更严重的疾病。

· 巩膜应为白色，仅可见微弱的血管。显著充血表明有脓毒症或SIRS。产伤也可观察到明显的巩膜出血，但这一情况应在出生2~3d后迅速改善。

· 新生马驹黄疸的鉴别诊断包括：

  · 肝脏或胆道疾病：肝功能不全是脓毒症、肝炎/胆管炎（细菌性或病毒性，尤其是马疱疹病毒感染或先天性畸形）、胆道闭锁或功能不全、糖原分支酶缺乏症（GBED）、泰泽氏病和毒物或药物引起的肝病所造成的多器官衰竭的一部分。
  · 新生马驹疱疹病毒血症。
  · 新生马驹同种红细胞溶血症或其他溶血。
  · 胎粪滞留（胎粪中富含胆红素）：发生肠内非结合胆红素重吸收，导致新生马驹黄疸。
  · 脓毒性马驹偶尔会出现结合胆红素和非结合胆红素增加，但没有肝功能异常的迹象。

心血管系统

· 新生马驹的心律应该是有规律的。然而，非病理性窦性心律失常可在产后数小时出现。

· 在产后15min内，正常的马驹可能出现游离起搏、房性早搏、房颤、室性早搏、部分房室传导阻滞和心动过速。然而，持续时间应较短（5min），并应在出生后15min内消失。

· 在出生的第1周，平均心率在70~110次/min。

心动过缓

心动过缓与低血糖、低温、高钾血症和组织缺氧有关。

该怎么做

低糖血症

• 低糖血症：使用大多数人医药店提供的或马房血糖仪来监测或测量血糖浓度（见第15章）AlphaTRAK[1]已验证用于马驹。马房旁血糖仪在高湿度或极端温度条件下可能不准确。

• 避免给予大剂量50%葡萄糖。

• 从4mg/（kg · min）开始，以恒速输注5%葡萄糖，相当于以4.8mL/(kg · h)的速率给予5%葡萄糖。

• 根据需要增加速度或浓度至8mg/（kg · min）（不超过15%葡萄糖），以达到马驹60~180mg/dL之间的目标血液葡萄糖浓度。

应该做什么

体温过低

- 小心地使马驹回温。
- 除非出现心动过缓，否则在开始其他治疗时应缓慢进行复温，以避免代谢率快速增加；目标为约每小时1 °F。
- 也可使用加热垫、毯子、加热灯和静脉注射液体加热器，但应经常重新评估以避免热损伤或过热。
  - 用保温垫的形式直接加热要小心，因为它们可能“烫”伤皮肤。

应该做什么

高钾血症

• 高钾血症最常见于无尿性肾衰竭或尿性腹腔液（膀胱破裂），但也会因严重休克（病态细胞综合征、缺氧/窒息）或肌肉疾病（如白肌病）而导致大量组织损伤。高钾性周期性麻痹和肾上腺功能障碍是应纳入考虑的鉴别诊断。

• 高钾血症的治疗采用无钾液体（如0.9%生理盐水或等渗碳酸氢钠）；钙（不要与碳酸氢盐混合；剂量取决于钙离子实验室检查结果），在生理盐水中加入0.2~1.0mL/kg的23%葡萄糖酸钙（每升生理盐水中不超过50mL的23%葡萄糖酸钙或根据钙离子浓度的指导）；葡萄糖［4~8mg/（kg · min）］、胰岛素［0.005~0.01，直到0.1U/(kg · h）的常规胰岛素］和碳酸氢钠（1~2mEq/kg，在液体中稀释超过15min；不要与钙混合）。

应该做什么

组织缺氧

- 心动过缓最常见的原因是低氧血症或严重贫血，导致组织（心肌）缺氧。
- 许多马驹很容易通过面罩、鼻内吸入、输注氧气或鼻气管插管通气等方式增加氧气吸入。
- 严重贫血，如新生马驹溶血症，需输血。

心动过速

- 心动过速会出现以下情况：
  - 脓毒症或SIRS：在检查新生马驹时往往没有发热，低体温更常见。
  - 低血容量、低血压。
  - 低氧血症。
  - 贫血。

1 Abbott Animal Health, Abbott Park, Illinois; www.abbott.us.

- 疼痛：腹部或肌肉、骨骼。
- 应激。
- 心脏衰竭或先天性心脏异常。
- 体温过高。
- 低钙血症：严重窒息时发生。

杂音

- 许多马驹有生理性流动性心音，可能在出生后持续数天。
- 温和的吹气性杂音通常与血流紊乱有关，并因贫血或血流动力学改变而加重。
    - 强度一般为Ⅲ/Ⅵ级或更低。
- 典型的动脉导管未闭（PDA）杂音是连续的机械性杂音或心脏底部左侧最响亮的完全收缩性杂音（最常见）。
- **实践提示：**持续的或大声的（＞Ⅱ/Ⅵ级）杂音；出生后5~7d以上出现的杂音，其强度没有消除或减弱；或与运动不耐受、持续性心动过速或低氧血症相关的杂音可能是因为持续性PDA、卵圆孔未闭、室间隔缺损（VSD）或其他先天性心脏异常引起，应进一步调查。那些由右到左的分流引起的杂音，如由右至左流动、室间隔缺损并伴有法洛四联症的马驹，见于严重低氧血症的病例，即氧气无反应的病例。
    - 正常的马驹PaO_2：吸入氧分数（FiO_2）的比率应为5 ∶ 1。鼻内氧气流速为5L/min时，可使FiO_2增加到近30%，这意味着PaO_2应为150或更大。

外周脉搏

- 外周脉搏应易于触摸。
- **实践提示：**跖动脉是最易触诊的部位；其他部位包括指动脉、耳后动脉、面动脉、面横动脉和肱动脉。代偿性脓毒症/SIRS的早期阶段与亢进的超动力脉搏（hyperkinetic pulses）相关。微弱的、丝状的脉搏表明心血管衰竭和休克。

呼吸系统

- 新生马驹休息时的呼吸频率为20~40次/min；出生后，呼吸频率应＞60次/min。
- 因为马驹的胸壁很薄，呼吸频率相对较快，所以胸部听诊经常会显示整个胸部的气流运动，即使有肺部病理变化，尤其是弥漫性间质疾病，也没有噼啪声和喘息声。
- 出生后，正常的马驹扩张肺部时，通常会立即听到潮湿的呼气末爆裂声和“液体”（大气道）声。
- 与出生后立即听到的大气道听诊相关的异常安静的外膜肺音可与不完全肺泡膨胀和肺不

张相一致。

- 听诊和叩诊腹侧重要区域呈浊音时表明：
  - 区域实变。
  - 肺不张。
  - 胸腔积液。
- 一旦肺部液体被重新吸收，呼吸力应尽量最小化，这需要几个小时。
- 当马驹取胸骨平卧时，背部有浊音区域表明存在气胸。
- 新生马驹很少有明显的胸腔积液，但在腹侧浊音的情况下应排除这一点。
  - 新生马驹的胸腔积液可能与以下原因有关：
    - 胸腔积血；常继发于肋骨骨折。
    - 细菌性肺炎。
    - 坏死性胸膜肺炎。
    - 乳糜性积液。
    - 心脏衰竭。
    - 尿性腹腔液。

呼吸窘迫

- 卧姿会加重呼吸窘迫，其特征如下：
  - 鼻孔扩张。
  - 呼气有呼噜声。
  - 肋骨回缩。
  - 腹部用力增加。

· 在反常的呼吸中，吸气时胸壁塌陷，这被称为连枷胸，是一种危及生命的疾病，最常见的情况是多处（通常为3根或3根以上）相邻肋骨断裂。连枷段在呼吸过程中与胸壁的其余部分反向移动。

· 在某些情况下，呼吸窘迫与先天性上呼吸道异常有关，如后鼻孔闭锁和会厌下囊肿，需要内镜检查。

· 排除所有表现呼吸窘迫或呼吸功能异常马驹的肋骨骨折（轻轻触诊，超声检查肋骨）。这些在检查初期并在强制保定马驹之前完成。

呼吸暂停

· 呼吸暂停、呼吸速率缓慢或呼吸模式不规则，如呼吸暂停伴有呼吸急促（如“丛集式呼吸”“共济失调呼吸模式”），均异常，并与以下因素有关：

  - 窒息或宫外适应不良引起的中枢呼吸抑制——通常是新生马驹重症监护最常见的原因。

- 低糖血症。
- 低体温症。
- 早产。

诊断

- 胸部X光和超声检查有助于识别：
  - 肋骨骨折。
  - 血胸。
  - 气胸。
  - 肺实变。
  - 脓肿。
  - 胸腔积液。
- 动脉血气分析评估肺功能是最准确的。最易从跖背动脉或肱动脉采集样本（图31-1）。动脉可用于重复取样。在靠近采样部位皮下或皮内注射2%利多卡因（不含肾上腺素），便于收集对动脉穿刺敏感马驹的血液样本。动脉血专用采血注射器也可使采样更容易（见第1章）。

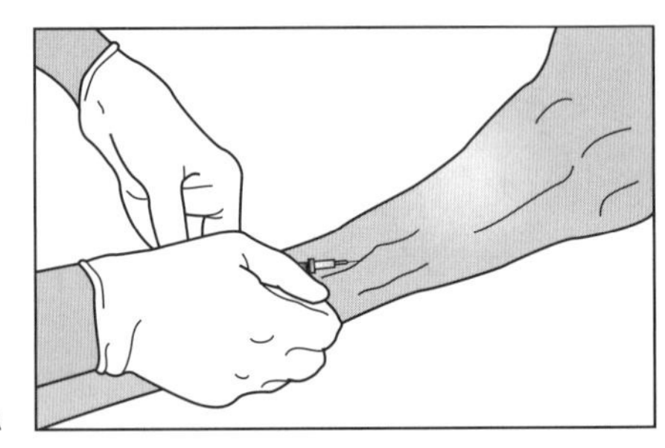

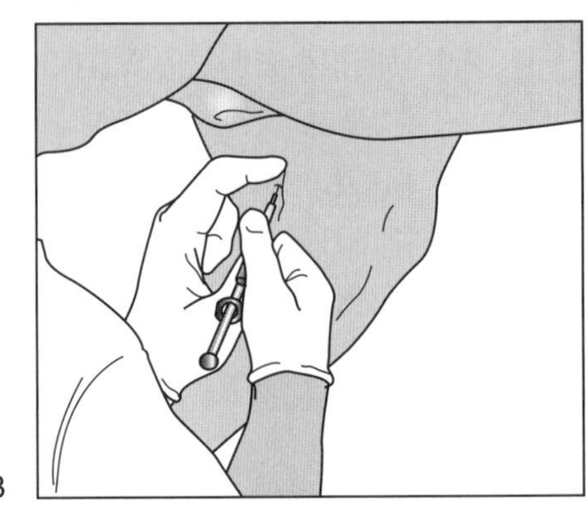

图31-1 动脉血气样本采集

A. 跖背动脉（位于MT Ⅲ和MT Ⅳ之间）
B. 肱动脉（穿过肘部颅侧到内侧副韧带，在那里可以触摸到）

- 如果需要经常监测，可使用直肠脉搏血氧测定法。注：使用直肠脉搏血氧测定法时，要确保记录的心率是准确的；否则，血氧饱和度可能不准确。

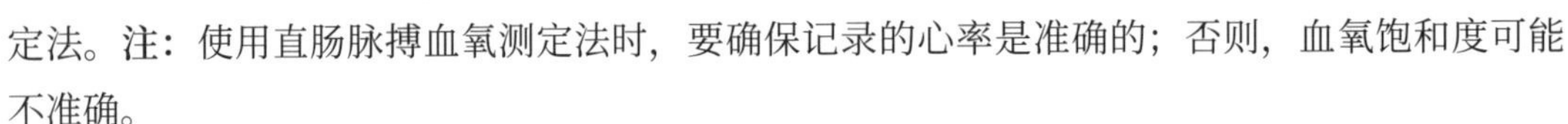

- 上呼吸道内镜对先天性异常和喉功能不全的评估很有价值。

腹腔

- 没有排粪可能与以下因素有关：
  - 结肠闭锁：表现为灌肠液中没有粪便颜色，提示直肠中没有含粪便色素的物质；可能存在白色黏液。
  - 胎粪滞留/嵌塞。
  - 肠梗阻。
  - 肠阻塞。
  - 纯白欧沃若纯合子马驹的回盲肠神经节细胞综合征（即处于纯合子状态的纯白欧沃若致死综合征）（见第13章）。
- 由于马驹的体壁很薄，小肠或大肠的扩张导致可见的、广泛性腹部膨胀。

- 同时听诊或叩诊鼓胀表明内脏存在气体臌胀。

实践提示：紧张、臌胀、背部弥散性臌胀与胃肠道内积气相符。尿性腹腔液和腹腔积液可出现肿胀、腹侧分布、悬垂性扩张。

- 腹胀可通过增加胸内压和减少静脉回流至心脏而导致心肺衰竭，这种现象被称为胸廓压塞，与腹内紧张和腹腔隔室综合征有关。

腹部听诊

- 听诊应听双侧腹音。初乳的摄入和吸吮本身的行为增强了胃肠道（GI）的运动和胎粪、粪便的排出。

胎粪

- 马驹初次排出的粪便为胎粪，由细胞碎片、肠道分泌物、胆红素和胎儿摄入的羊水组成。
- 胎粪较暗、黑褐色，坚硬，球状或糊状。

实践提示：所有胎粪应在出生后24h内排出，之后是较软的黄色、橙色至黄褐色的“牛奶样粪便”。

疝痛原因：有无腹胀

- 胎粪或粪便嵌塞：离口的或远端的嵌塞通常可以通过仔细的、润滑良好的直肠检查发现，尽管可能需要腹部摄影或超声检查来发现更近端（口端）嵌塞。
    - 许多马驹给予腹部触诊。在这些病例中，如果腹胀不严重，有时可触诊到胎粪。
    - 有些马驹有胎粪滞留但没有疝痛，特别是当它们被阻塞或虚弱时（如早产或缺氧缺血性损伤）。由于原发性胃肠道功能障碍，胎粪/粪便排出延迟，但不一定会引起疝痛，在围产期窒息或败血症马驹中很常见。由于胎粪滞留，这种马驹可能对肠内喂养的耐受性较低，并且在胎粪嵌塞消除之前一直保持这种不耐受性。
    - 真性胎粪嵌塞的马驹可能会因为近端（口端）气体臌胀而变得不舒服。

实践提示：胎粪嵌塞最常见于没有摄入足够量初乳的公马驹。

- 肠炎（见第18章）是引起马驹疝痛的原因，尤其是在腹泻发生前的早期阶段。
    - 发热和白细胞减少是其他提示肠炎的临床表现。
    - 诊断结果：超声检查显示小肠增厚，充满液体，具有一定的运动性。
- 肠梗阻可继发于缺氧缺血性或窒息性损伤、败血症、低血容量、早产或休克。
- 超声检查可发现肠套叠（靶形征象）（见第14章）。
- 胃十二指肠溃疡：年龄大的马驹出现此问题的典型症状包括仰卧打滚，流涎或流涎过多，磨牙。马驹身体状况通常很差。
    - 新生马驹的溃疡在临床上可能是无症状表现的。

- 腹膜炎：鉴别诊断包括：
  - 十二指肠或胃溃疡破裂。
  - 其他胃肠道破裂。
  - 肠炎。
  - 脐尿管脓肿或其他脐带内感染。
  - 乳糜性腹膜炎或继发于乳糜性积液的腹膜炎（通常为轻度或短暂性疝痛）。
- 肠扭转：剧烈疼痛可发展为精神沉郁；腹胀通常相当严重，常见反流。
- 尿性腹腔液：声像图上可见的游离液体量增加。
  - 诊断是通过同时测定腹腔液和血清肌酐的浓度。腹膜处肌酐浓度是血清或血浆肌酐浓度的两倍时诊断为尿腹膜。
  - 最常见的是，尿性腹腔液是由膀胱破裂、感染继发的脐尿管结构坏死以及输尿管、肾脏或近端尿道破裂/撕裂引起的。
- 胰腺炎是一种引起新生马驹疝痛、腹泻和腹膜炎的罕见原因。

诊断方法

鼻胃管插管

- 应用鼻胃管插管检查疝痛马驹的胃十二指肠反流。
- 反流可能与肠梗阻有关，原因如下：
  - 缺血缺氧性肠损伤，新生儿胃肠病/新生儿坏死性小肠结肠炎。
  - SIRS。
  - 腹膜炎。
  - 肠炎。
  - 肠套叠、肠嵌塞、肠扭转或十二指肠狭窄导致的梗阻。
- 反流潜血阳性的存在可能与以下因素有关：
  - 新生儿胃肠病/新生儿坏死性小肠结肠炎。
  - 胃溃疡。
  - 由梭状芽孢杆菌或偶尔沙门氏菌引起的肠炎。

· 如果出现严重的胃扩张，导管通过贲门可能很困难。将利多卡因涂抹在鼻胃管上或向管内注入（监测用量，以避免利多卡因毒性），有助于松弛贲门括约肌并促进鼻胃管进入胃部。

· 在怀疑存在反流的情况下，使用可安全通过的最大直径管道。

腹部 X 线成像

· 腹部X线成像可用于确定气体或液体膨胀的位置和严重程度，但不一定能确定疝痛成因。

· 小肠气体膨胀，其特点是肠腔内有液体面，可在由肠炎、腹膜炎、新生儿胃肠病、新生儿坏死性小肠结肠炎和小肠梗阻引起的肠梗阻中发现（见第18章）。

· 并发的大肠扩张常与新生儿胃肠病、新生儿坏死性小肠结肠炎或肠炎引起的肠梗阻有关。

· 由阻塞引起的原发性大肠扩张——阻塞是由胎粪嵌塞/滞留、肠扭转或变位引起的梗阻。也可在有异食癖的马驹上发现沙或土积聚引起。

· 便携式和固定式机器上的射线照相设置差异很大，取决于装置的型号和品牌、暗盒、胶片屏幕组合和焦距。建议咨询放射科医生或放射学技术人员作为指导。

对比研究

· 钡餐灌肠放射学检查（钡与温水混合，插入直肠带气囊的Foley导管，通过重力给予）有助于识别胎粪嵌塞，并有助于诊断结肠闭锁。

· 表达欧沃若遗传的白色马驹，或对两个已知的纯白欧沃若致死综合征突变基因携带者，会使钡餐滞留在肠道内，没有或很少从肛门排出，且与正常的马驹相比，小结肠的直径通常较小。

· 上消化道造影用于证明因肠蠕动降低性梗阻、物理性肠梗阻和胃十二指肠溃疡而出现的胃排空延迟和转运时间延长。这对因十二指肠溃疡或狭窄导致的胃流出阻塞/功能障碍的马驹特别有用。

· 通过鼻胃管给予5mL/kg硫酸钡悬浮液，对上消化道进行造影。在给予造影剂后10、20、30和60min以及2、3、4h连续获得射线照片。造影用于发现胃肠道阻塞、溃疡和转运时间延迟。正常结果如下：

  · 钡餐立即开始离开胃部，在1.5~2h后消失。
  · 2h时盲肠充满。
  · 3h时横结肠充满。

经腹超声检查

· 超声检查可评估以下各项：

  · 小肠运动。
  · 肠壁厚度。
  · 胃和小肠、大肠扩张程度。
  · 腹腔液的体积和性质。
  · 尿液和脐带结构评估。

· 健康的马驹有松弛、能活动、明显空虚或轻度充液的小肠环。肠壁厚应＜3mm，并有少量腹腔液。

· 肠梗阻、肠炎和小肠梗阻性疾病中可见肠壁呈圆形，液体膨胀呈环状。

· 肠炎导致广泛的肠壁厚度增加及水肿，尽管通常是无进行性的，但无论如何通常都有一些流动性。

· 严重的新生马驹胃肠病或新生马驹坏死性小肠结肠炎可导致肠壁厚度局灶性增加，伴有或不伴有肠壁内气体积聚（即肠内积气）。

- 小肠肠套叠呈一个甜甜圈的形状（“靶病变”），由一段肠段伸缩进入到另一段肠段引起，肠套叠套入部进入到肠套叠鞘中（见第14章）。
- 腹腔液与尿性腹腔液两者都存在过量的清晰、无回声的液体；然而，为明确诊断，需要比较腹腔的血清肌酐浓度。
  - 其他鉴别诊断包括与肠道疾病和贲门衰竭相关的积液诊断。
- 腹腔液回声增强与以下情况下细胞增多有关：
  - 腹膜炎，可能与尿性腹腔液有关（如果由脐尿管脓肿破裂引起）。
  - 腹腔出血。
  - 乳糜性积液或乳糜性腹水。
  - 腹部内脏破裂。

腹腔穿刺术

- 腹腔穿刺用于获得腹腔液进行分析和细胞学检查。当出现腹腔积液时，在马驹中会有显示。
- 手术最好采用无菌技术和超声引导，使用20号针或套管插管/留置针。

实践提示：使用套管插管给马驹进行腹部穿刺时要小心：可能会导致网膜疝。有时会在插管取出后用十字缝合来闭合手术造成的开口，以防止网膜疝出现的可能。针头可以穿透肠道，在马驹中应谨慎使用。肠穿孔可导致危及生命的败血性腹膜炎。

- 腹腔液发现有核细胞数量和总蛋白浓度增加，这与腹膜炎时一致。
- 腹腔液中肌酐浓度大于血清肌酐浓度2倍，确定诊断为尿性腹腔液。
- 如果肠道扩张，腹部穿刺可能会导致肠道穿孔和腹膜炎；建议在超声引导下进行腹部穿刺。
- 收集的任何腹腔液都可进行以下检测：
  - 肌酐浓度。
  - 有核细胞计数。
  - 总蛋白浓度。
  - 微生物培养和药敏试验。
  - 细胞学分析。
- 血性液体应测量PCV，以评估相对出血量。
- 与血浆浓度相比，腹腔乳酸和葡萄糖浓度可能有助于评估腹膜炎和肠缺血。

实践提示：如果怀疑胰腺炎，应测量淀粉酶和脂肪酶。

- 不透明的腹腔液与乳糜性积液一致，超声检查显示为有回声积液。常见的临床症状是疝痛。

实践提示：为确认乳糜性积液的存在，需测量甘油三酯浓度。乳糜性积液与血清浓度相比具有较高的甘油三酯浓度和低胆固醇浓度。

- 不同乳糜性积液中白细胞数量和总蛋白浓度差异很大。通常情况下，它们呈正常或轻度增加；然而，在一些马驹中，乳糜性腹膜炎伴有白细胞数量增加。
- 在少数病例中，乳糜的存在似乎是炎性的。

- 乳糜性积液或乳糜性腹膜炎的鉴别诊断包括：
  - 特发性原因——大多数病例通过支持性治疗恢复。
  - 淋巴管扩张。
  - 腹部创伤。
  - 胃肠道疾病。
  - 胰腺炎。
  - 先天性淋巴管畸形。

胃镜检查

- 见胃溃疡，第18章。
- 胃镜检查用于确定胃和十二指肠溃疡。**实践提示：**在胃镜检查前至少3~6h禁食禁水，以确保胃排空。
- 检查时不要让马驹胃内过度充满空气，因为这会导致或加剧疝痛。移除胃镜前，应排出吸入的空气。在没有明确指示的情况下禁止进行胃镜检查（只是为了“看一看”），因为许多正常的马驹在检查后表现出疝痛的迹象，这是因为在检查时空气进入了胃肠道。

泌尿生殖系统

- 触诊脐、腹股沟和阴囊（公马）以检查先天性疝气。出生时睾丸可能不会下降，在腹股沟管内前后移动。

排尿

实践提示：第一次排尿时间一般在6~12h内；母马驹产生第一次排尿的时间比小公马要长。

- 由于存留的阴茎系带，许多公马驹在出生后的第1周或更长时间内都不会将阴茎下垂排尿，这是正常的。禁止强制将阴茎从腹腔内取出，因为这会让马驹感到不舒服，会导致阴茎或包皮创伤。
- 第一次所产尿的比重通常＞1.035，因为这是胎儿（子宫内）尿。24h内，尿液应呈低渗尿，比重＜1.010，尽管偶尔会更高。
- 密切观察排尿情况，以确定马驹没有开放性脐尿管，即无尿液从脐部“滴落”。
- 小公马在包皮中排尿可能有脐尿管未闭的情况，因为尿液从腹部腹侧流下，从外部脐带残体中流出，或可能由于脐带残端经常被尿液浸润而产生。

- 健康、水分充足的马驹经常排尿（通常是在哺乳后）。由于大量食入以乳汁为主的液态食物，哺乳期马驹的尿液比重较低（通常为1.001~1.010）。
- 围产期窒息的马驹可能会有少尿表现，因为肾血流量减少和产尿量下降（新生儿肾病），这需要密切监测尿排出量。
- 在以下马驹中可以观察到排尿困难或尿淋漓：
  - 尿性腹腔液。
  - 脐尿管炎，开放性脐尿管。
  - 膀胱炎。
  - 脐出血引起的膀胱血凝块。
  - 脐尿管憩室。
- 偶尔有缺氧缺血性损伤（围产期窒息）的马驹，即使膀胱扩张过大，也不能排尿。这类马驹有排尿障碍，需要使用留置导尿管1d或更长时间，直到排尿反射正常，以防止膀胱破裂。
  - 软性婴儿饲喂管、Foley或Cook导管（5F~8F）可用作导尿管。
  - 有无菌尿袋的封闭系统是最佳选择。**实践提示：**“单向阀”，例如一个末端被切断的避孕套，可用在走动的马驹（封闭系统不可行）导尿管末端。
- 注：由于少尿、无尿、尿性腹腔积液或排尿反射异常而导致的尿量不足被视为紧急情况，当正常新生马驹在间隔2h或更长时间内未排尿时，应查明原因。接受静脉输液治疗的马驹至少每小时排尿一次。
- 尿性腹腔积液与脐尿管连接处的脐尿管缺损或膀胱缺损有关，最可能发生在产后，与以下因素有关：
  - 感染。
  - 休克。
  - 体内脐带残端创伤。
  - 与血流不畅有关的组织缺氧。
  - 围产期不利情况。
- 脐尿管缺损，或发生在脐尿管和膀胱交界处的缺损，通常与脐尿管感染有关。膀胱破裂可在分娩期间或产后发生。
- 尿性腹腔积液症状包括：
  - 排尿减少。
  - 排尿困难。
  - 下垂、充满液体的腹部膨胀。
  - 不同程度的嗜睡和厌食。
- 声像图上大量的游离液与有尿性腹腔积液有关。确诊需要同时测量腹腔液和血清肌酐浓度。

实践提示：腹腔液肌酐浓度至少是血清肌酐浓度的2倍是诊断尿性腹腔积液的依据。腹部电解质的测量和细胞学分析是有帮助的，但这些并不像测量肌酐浓度那样作为特定诊断工具。

- 输尿管或脐尿管破裂（皮下或腹内）可引起肾后性氮质血症，并可能分别引起会阴或脐周水肿。超声检查在这些病例中也很有用。
  - 如果及早发现，输尿管破裂在腹腔积液前显示腹膜后积液。
- 新生马驹出现不明原因单侧或双侧输尿管积水的综合征。受影响的马驹通常在3~7日龄之间，且伴有与严重低钠血症相关的脑病症状。
  - 在有些病例中，假性低醛固酮被认为是病因，而其他一些病例则通过膀胱和输尿管导尿而得到了显著改善。
  - 如果是输尿管瓣造成的，将输尿管开口转移到膀胱远离三角区（trigone）的位置可能很有用。

脐

- 检查脐带残端有无以增厚或异常分泌为特征的感染迹象。许多马驹允许腹部触诊和通过触诊检查体内脐带残端。
- 经腹部超声检查用于测量体内脐带残端。3~7日龄的轻型品种马驹的正常直径如下：
  - 外残端脐静脉，＜1cm。
  - 肝脏脐静脉，＜1cm。
  - 膀胱脐动脉，＜1cm。
  - 脐动脉和脐尿管合并，向残端的横截面，＜2.5cm。

脐炎 / 脐静脉炎 / 脐动脉炎

- 与脐带感染相关的微生物包括与新生马驹败血症相关的微生物。可能涉及革兰氏阴性肠道和非肠道细菌、链球菌、肠球菌，偶尔还涉及厌氧菌。
- 因此，如果肾功能正常，在细菌培养结果出来前，应使用广谱抗菌药物，如β-内酰胺类药物（氨苄西林、青霉素、头孢噻呋、头孢喹啉，它们可与阿米卡星联用），应对使用阿米卡星的马驹连续监测其血清肌酐浓度。
  - 氨苄西林可能比之前提到的其他β-内酰胺类药物更有优势，因为它对许多肠球菌属的分离株有更好的疗效。
  - 与头孢菌素相比，青霉素和氨苄西林对于厌氧菌的效力更强。
  - 如果肾功能异常，或马驹出现灌注不足，则使用头孢噻呋或第三代头孢菌素。在给氮质血症马驹使用头孢菌素时，可能需要调整给药间隔。
  - 如果根据气味或超声检查中存在明显的气体阴影而怀疑有厌氧菌，提示需使用甲硝唑。
- 脐带感染的治疗包括长期使用全身抗菌药物。抗菌治疗的持续时间取决于临床症状（发热、脐带大小，如有分泌，分泌的消退情况）的消退情况、超声检查结果、血液学检查结果、白细胞增多的消退以及纤维蛋白原等急性期反应物的变化（如果有增加）。

- 如果在医疗管理过程中马驹的临床状态恶化，或超声检查发现受感染结构随时间恶化或无改善，建议手术切除。
- 早期和靶向抗菌治疗很少需要手术干预。
  - 例外情况如隔离性脓肿可能难以单独用抗菌药治疗。
  - 即使计划进行手术，术前24~48h的抗菌治疗可通过“减少”炎症和脐周肿胀从而有助于进行手术切除。

视觉系统

- 应出现瞳孔光反应，尽管马驹比成年马更迟钝。
- 在2~3周大之前，通常不会出现持续的恐吓反应（menace response）。
- 新生马驹角膜感觉低，可能不会对角膜溃疡表现疼痛。
- 一些马驹减少了泪液生成和与“干眼”相关的红色结膜——角膜结膜干燥症（KCS）。
  - 应使用人造泪液和/或抗生素眼药膏治疗KCS。
- 轻度腹侧内侧斜视很常见。
- 检查马驹的眼睛是否有角膜混浊、先天性白内障、小眼球症或眼睑内翻。应仔细检查有银色被毛的马驹，尤其是落基山马、肯塔基山地鞍马、冰岛马和矮马品种，看是否有多发性先天性眼畸形（MCOA），包括：
  - 杂合子中的睫状或视网膜周围囊肿。
  - 虹膜发育不良。
  - 角膜增大。
  - 葡萄膜囊肿。
  - 晶状体不完全脱位。
  - 纯合子个体白内障。

实践提示：眼科检查可能发现持久的玻璃状动脉残端从视神经盘中流出，并扩散到晶状体后囊，通常类似于蜘蛛网。这不是异常情况并会随时间消失。裂纹经常出现在晶状体中心。

- 检查视网膜是否有脱离和出血的迹象，特别是在头部外伤的情况下。巩膜出血与脓毒症、弥散性血管内凝血（DIC）或产伤有关。
- 与成年马匹的椭圆形状视神经盘相比，马驹的视神经盘呈圆形。
- 角膜溃疡常见于侧卧和虚弱的马驹。**重要提示：**所有脓毒症和围产期窒息的马驹应使用荧光素染色评估是否存在溃疡。
- 眼睑内翻常见于早产和发育不全的马驹。这些病例大多是暂时性的，临时缝合会持续几天到20d。

    - 局部麻醉后，用4.0丝线或尼龙线将2~3根单层垂直褥式缝合线置于受影响的眼睑中。也可以使用皮肤钉。
- 如果确定是先天性的而不是由炎症引起的，先天性白内障可以通过手术切除。
    - 晶状体超声乳化术非常成功，最适合6月龄以下的马驹。

神经系统

- 健康的马驹是活泼的、警觉的，并对触摸和声音有反应。
- 当被站立保定时，正常的马驹经常会在过度活动和挣扎以及突然完全放松（突然卧倒）之间交替。
- 马驹应为直立，头部和颈部有一定角度，以及前部较宽开立的站姿。
- 与成年马相比，它们的步态夸张，并且步幅过大，就像四肢反射比成年马更高一样。
- 当侧卧时，马驹有很强的静止伸肌张力和交叉伸肌反射，持续时间长达1个月。

实践提示：马驹通常会花大约50%的时间睡觉。当“良好”睡眠时，正常的马驹很难被唤醒；这在迷你马驹中尤其常见。马驹在“深度”睡眠中也可以表现出快速动眼、肢体抽搐、不规则呼吸模式和发出声音。对于缺乏训练的兽医来说，这种活动可能会与癫痫活动混淆。

神经系统疾病

- 新生马驹神经系统疾病最常见的原因是围产期窒息损伤（缺氧/缺血），与以下因素有关：
    - 难产。
    - 延长分娩或剖宫产。
    - 与胎盘炎症/感染或新生马驹败血症相关的细胞因子释放造成的损害。
- 这些围产期损伤（新生儿脑病）可产生以下临床症状：
    - 失去威胁反应，中枢性失明。
    - 固定的、扩大的瞳孔。
    - 眼球震颤。
    - 高渗、高反应性（“神经过敏”行为）。
    - 癫痫活动范围从严重阵挛性发作到强直性姿势、伸肌僵硬和局灶性发作。
    - 迟钝、麻木，甚至昏迷。
    - 肌肉张力低。
    - 呼吸模式异常，包括丛集式呼吸和共济失调呼吸。
    - 未能找到乳房，丧失识别母马的能力。
    - 有吠叫声或其他异常声音。

- 吞咽困难。
- 排尿困难。
- 徘徊。

新生马驹癫痫的原因

- 最常见的原因是围产期窒息。
- 代谢原因包括:
  - 低钠血症。
  - 高钠血症。
  - 马驹通常表现出迟钝和肌张力低。
- 肝性脑病:新生马驹罕见。
- 先天性畸形很少见[如Dandy-Walker综合征(又称第四脑室孔闭塞综合征)和脑积水]。
- 遗传/先天性原因:
  - 幼年癫痫。
  - 阿拉伯马薰衣草色马驹综合征(LFS),阿拉伯马毛色稀释致死症(CDL)(见第13章)。
  - 夸特马和相关品种的静脉内糖原贮积病(糖原分支酶缺乏)(见第13章)。
  - 迷你马驹、矮马和其他品种的癫痫。
- 脑膜炎:建议使用抗菌药物和其他支持疗法。应考虑抗菌药物的药理学,尤其是关于血脑屏障渗透性。在活性谱和中枢神经系统(CNS)穿透性方面具有优势。牙龈线虫(旧名称为*Halicephalobus deletrix*,*Micronema deletrix*)感染已被记录为3周龄以下的马驹中枢神经系统疾病的原因。
- 毒素或药物引起的癫痫发作:例如,氨茶碱、茶碱、西咪替丁、亚胺培南和多沙普仑可引起癫痫发作。
- 长期使用苯巴比妥或溴化钾治疗特发性癫痫。急性发作通常用地西泮或咪达唑仑来消除。

头部创伤

- 如果与神经症状相关,如迟钝到昏迷,则应采取医疗措施恢复足够的脑灌注压,并通过确保马驹水分充足和组织灌注良好,降低颅内压。
- 在使用渗透剂之前,应确定有足够的灌注。
- 使用动脉血气评估氧合和通气能力。低氧血症得到及时治疗,也避免了高氧血症。
- 为了降低颅内压升高,用20%甘露醇(0.25~1.0mg/kg)治疗,除非有严重的活动性出血,如有脑脊液,或有持续的双侧鼻出血和鼻、窦、喉囊出血的来源已被排除。

实践提示:当使用甘露醇或其他高渗疗法以避免持续和严重高渗时,最好监测血浆渗

透压。

实践提示：除非密切监测血清钠浓度，否则不应在新生马驹中使用高渗盐水。新生马驹难以对高钠液体做出调节。

- 地塞米松存在争议，目前禁止用于治疗人类急性头部创伤。
- 一些人使用二甲基亚砜（DMSO），1g/kg，溶于1L乳酸林格溶液静脉注射，q12~24h，尽管其使用和普及正在减少。

实践提示：新生马驹可能不会像成年马那样迅速地代谢掉二甲基亚砜；因此，它可能会导致不良的、持久的高渗压。DMSO会引起溶血（在马驹中很少见），应以不超过10%的强度给药。

- 如果对头部外伤使用多种高渗剂（甘露醇、高渗盐水或DMSO），则不应同时使用，避免高渗压过大。
- 患有头部外伤或脑病的马驹的头部水平位应高于心脏上方，以避免脑静脉充血。

应该做什么

新生马驹脑病

- 初步治疗包括：
  - 支持疗法：维持正常血压和心输出量，以提供足够的脑灌注。
  - 生理稳态是以生命体征和血压作为临床趋势指标的目标。
  - 控制癫痫发作。
  - 早期治疗以鼻内输氧开始。应预防和治疗低氧血症；最好避免严重的高氧血症，以尽量减少潜在的氧化损害。**注**：氧气的吸入率应由动脉血气决定。
- 其他治疗包括：
  - 平衡的多离子晶体：Normosol R、Plasma-Lyte A或乳酸林格液（LRS）。
  - 胶体：血浆。
  - 水中葡萄糖含量为5%~15%，每分钟提供4mg/kg葡萄糖。
  - 效果良好的肌肉收缩药：
    - 多巴酚丁胺：每分钟2~10μg/kg（如果液体无法使血压和灌注正常化）。
    - 去甲肾上腺素：每分钟0.01~3.0μg/kg（如果多巴酚丁胺未能使血压和灌注正常化），以使缺氧或头部创伤的动脉压正常化。
  - 镁在减少继发性或再灌注损伤方面可能有一些益处，尽管镁的超生理剂量（20~50mg/kg，输注超1h，随后10~25mg/（kg·h）作为连续输注/CRI）存在争议。
  - 维生素C（见马匹急诊药物）和维生素B_1（10mg/kg，缓慢静脉注射）可分别提供一些抗氧化和积极能量代谢作用。
  - 呼吸刺激剂——咖啡因（10mg/kg，PO）或多沙普仑［0.5mg/kg，IV，然后0.04mg/（kg·min），20min］，用于通气不足和呼吸性酸中毒的脑病马驹。多沙普仑可能会增加心脏和大脑的氧需求。当出现通气不足和严重呼吸性酸中毒，且机械性通气不可行时，可采用这些治疗方法。
  - 便秘继发的高血氨可加重神经症状；建议使用灌肠剂和泻剂。

低糖血症

见之前的讨论。

低钙血症

- 给予10%硼葡萄糖酸钙，1~2mL/kg（Ca^{2+}，9~18mg/kg），在晶体中稀释5~10min，缓

慢静脉滴注。或者，缓慢地给予0.5mL/kg 23%的钙，在晶体液体中稀释缓慢滴注。

· 如果心动过缓、缓慢或停止输注。

· 随后持续输注钙：10%硼葡萄糖酸钙，2.3~5mL/（kg · d），或23%硼葡萄糖酸钙，1~2mL/（kg · d），稀释并缓慢给药。

低钠血症

· 皮质（中枢）性失明（CB）是严重低钠血症（[Na^+] ≤105~110mEq/L）的常见症状。

· 与低钠血症相关的癫痫发作通常是先天性的，临床上仅在面部表现。下腭不能抬起或紧闭，是非常常见的。

· 在更严重的病例中，癫痫发作可能是全身性的，并出现失明。

实践提示：应缓慢纠正低钠血症，以避免脑桥中央髓鞘溶解。

· 对于人类患者，建议血浆钠浓度增加不超过0.5mEq/h或10mEq/d。

· 然而，有一种例外是当低钠性癫痫发作时。

  · 在这种情况下，血浆钠浓度迅速增加2~5mEq/L，以消除癫痫发作。

  · 一旦癫痫发作减轻，建议开始实施缓慢纠正（0.5mEq/L）方案。

· 为了使血浆钠快速升高，建议使用商品化替代溶液。Plasma-Lyte A（[Na^+]= 148mEq/L）或Normosol R（[Na^+] = 140mEq/L）优先于LRS（[Na^+] = 130mEq/L）。

  · 如果这些平衡的商品化液体不能足够快地增加钠浓度来阻止癫痫发作，也可以使用高渗生理盐水。

· 一旦癫痫停止，一旦血浆钠浓度达到116~120mEq/L或更高时，钠校正率应降至每小时0.5mEq/L。

实践提示：低钠血症越慢，缓慢升高血清钠越重要。

· 其他低钠血症病例（持续时间较长或无癫痫发作）的钠浓度应仅以每小时0.5mEq/L的速率增加。

应该做什么

癫痫发作

- 立即服用苯二氮卓类药物，控制癫痫发作。
  - 地西泮：0.04~0.2mg/kg，IV，必要时提高到0.4mg/kg，IV。
  - 咪达唑仑：0.04~0.1mg/kg，IV，最高0.2mg/kg，IV。
- 内源性苯二氮卓类药物被认为是导致脑病的原因，禁用于患有肝性脑病的马驹。

肌肉骨骼系统

· 检查肌肉骨骼系统，包括下颌骨、四肢和肋骨，看是否有因产伤造成的骨折。

· 肋骨骨折通常很难被发现，但经常在听诊时发出咔嗒声，与呼吸同步。

  · 移位性骨折或与血肿或水肿相关的骨折可被触诊到。

- 使用超声检测未移位或有微小移位的骨折。
- 肋骨骨折的马驹应保持安静。
- 有多处或内侧移位肋骨骨折的马驹可能是外科修复的候选者，尤其是在有任何胸内外伤（血胸、气胸）或肋骨骨折直接位于心脏上方的情况下。

- 马驹胸部肢蹄通常有一个初始和短暂的、轻微的腕关节和球节外翻形态。检查四肢是否存在需要手术治疗的更严重的异常角度和弯曲畸形。
- 触诊关节和身体是否有肿胀、水肿和发热的迹象（见第21章）。
- 应彻底评估新生马驹的跛行，因为脓毒性关节炎、骨骺炎或骨髓炎可能是其病因。

发育不全，早产

- 肌肉骨骼体征：
  - 增加的被动关节运动范围。
  - 关节周围韧带和屈肌腱松弛。
  - 腕骨和跗骨的不完全立方骨骨化（见第21章，仅在X线照片上可检测到）。对于非常早熟的马驹，也应评估长骨的舟骨和骨骺。

- 那些立方骨、骨骺或舟骨未完全骨化的马驹，在理疗过程中，不允许在没有体重支持的情况下进行锻炼。
  - 严重受影响的马驹通常在小马房中保持卧位，身体位置经常变化，每2h旋转一次。允许它们每1~2h站立几分钟，最初仅在协助下（支撑在胸骨和坐骨结节下），以减少四肢的压力，防止骨化骨骼粉碎。
  - 一般不建议对这些病例使用管型支持和夹板，因为它们会导致支撑结构松弛，并且可能与石膏疮的发病率增加有关；如要使用，需经常更换。
  - 可以在球节正上方做石膏支持，以减少韧带发育和保持肌腱松弛。

- 应在受影响马驹早期纠正肢蹄角度畸形，以避免未成熟软骨异常压迫。避免站在湿滑的地板上！

严重屈肌腱松弛

- 治疗包括：
  - 控制运动。
  - 钉高跟蹄铁。
  - “轻”加保护绷带，如果负重会导致蹄踵和球节受伤。但请记住，保护绷带会加重松弛。

肢体挛缩 / 先天性弯曲畸形

- 挛缩和畸形可累及近端（腕骨、跗骨）或远端（球节、系骨）关节。
- 肌腱挛缩与以下有关：
  - 子宫内错位。
  - 毒素，如苏丹草毒。
  - 遗传原因（挪威峡湾马）。
  - 新生马驹甲状腺功能减退。

应该做什么

肢体挛缩 / 先天性弯曲畸形

- 柱栏限制和支撑包扎通常会对轻微的挛缩产生效果。
- 对收缩肌腱的额外治疗包括物理疗法、全身镇痛药、Robert Jones绷带和控制性（有限）运动，以防止收缩恶化和伸肌腱断裂。
- 中重度病例包括使用蹄头延展（用于远端肢体挛缩）和夹板以及绷带。
- 除上述治疗外，严重受影响的病例可能会受益于土霉素的广谱抗菌剂量（1~3g，或20~60mg/kg，IV，q24~36h，最多3次）。**实践提示：**应以稀释液的形式使用土霉素。在每次治疗之前和之后测量血清肌酐浓度是理想的，并且如果需要重复剂量应该测量其血清肌酐浓度。

注意：偶尔有报告，在使用高剂量土霉素治疗后发生表现无尿至少尿症状的急性肾衰竭。如果担心并发脱水，建议同时静脉输液。

- 石膏和夹板固定与侧向松弛加剧有关，可能会促进摩擦和压疮的发生，应特别注意监测皮肤和四肢的完整性。
- 普通指伸屈肌腱（CDET）断裂可能伴有严重的腕关节挛缩，据报道与甲状腺功能减退、前肢挛缩和下颌前突有关。
  - 应测量受影响马驹的血清甲状腺激素浓度。
  - CDET断裂的治疗包括柱栏限制和使用支撑绷带。一条坚固的球节绷带可以延伸到趾并帮助马驹进行足部定位。
  - 对于不能前进或伸展四肢的马驹，或经常肘超过球节的马驹，可能需要夹板。
  - 断裂的肌腱末端愈合，可能伴有纤维化，马驹通常预后良好。建议早期积极的治疗以尽量减少球节不完全脱位后遗症。
- 腓肠肌断裂可能会出现在新生马驹中，导致无法站立，尾股部肌腱近端嵌入处肿胀（血肿）。有些马驹有难产史。
  - 弯曲膝关节和跗关节的相互作用机制受到破坏。
  - 对于轻微的腓肠肌损伤，通过强制卧位限制运动，极少或不包扎，可能就是足够的治疗了。
  - 对于更严重的肌肉断裂，需要用夹板固定肢体，并加强护理和监测。
  - 随着血肿消退，肌腱附着点开始愈合，建议对愈合后肌肉、骨骼的正常运动范围进行物理治疗。

脓毒性关节炎

- 通常出现跛行，尽管脓毒性关节炎/骨骺炎在虚弱或卧着的马驹中很难识别。仔细、频繁的触诊和视诊评估所有关节和生长板区域，在这类马驹中是必要的。

实践提示：如果新生马驹严重跛行，除非确定了是另一个原因，否则应最主要进行脓毒性关节炎的鉴别诊断；对“马驹可能被母马踩压”这样过于乐观的诊断常常被做出，脓毒性关节炎的早期和重要治疗就会被推迟。

· 发热是可变的。

· 疼痛、温热的关节积液常伴有明显的白细胞增多和高纤维蛋白原血症。骨髓炎通常与明显的高纤维蛋白原血症（＞800mg/dL）相关。

· 受影响关节的X射线照片，评估并发脓毒性骨骺炎或骨髓炎。当X射线照相得到模棱两可的结果时，超声检查、计算机断层扫描或磁共振成像有助于骨感染的诊断。

· 关节穿刺显示嗜中性粒细胞增多和总蛋白浓度增加。

  · 感染脓毒性关节炎的新生马驹的白细胞数量增加可能没有成年马增加的多。滑膜液白细胞数量≥10 000个/μL提示马驹有败血症。

  · 滑液乳酸、葡萄糖浓度和pH是评估脓毒症的辅助因素；乳酸增加，而葡萄糖和pH相对于这些分析物的血清/血浆浓度降低。

应该做什么

脓毒性关节炎的治疗

· 脓毒性关节炎的治疗采用全身抗生素治疗结合关节灌洗，使用平衡电解质溶液，每1L添加10g二甲基亚砜。

  · 灌洗后可在关节腔内注入少量抗生素（阿米卡星，每个关节250mg），但应监测总剂量。

  · 在怀疑有纤维蛋白沉积或骨髓炎的关节处进行关节镜检查和灌洗。

  注意：在某些情况下，使用计算的全身氨基糖苷类抗生素总剂量的1/3进行局部肢体灌注（见第5章）。

  实践提示：对于关节内注射或局部肢体灌注，每日阿米卡星总剂量不应超过25mg/kg。在肢体局部灌注完成后，全身追加药物剂量至限值可在止血带释放时同步进行。

  · 理想情况下，阿米卡星治疗应由治疗浓度（即峰谷浓度）和受影响马驹的肾功能监测（即连续肌酐和BUN）为指导。

  · 一些严重的骨髓炎病例可能受益于受影响的骨头清创或其他更具侵入性的手术。

  · 当不能进行静脉灌注时，尤其是有脓毒性生长板情况时，骨内和骨骺内灌注是另一种可行的途径。

· 最近一项研究表明，持续性滑膜内抗生素输注对于马的脓毒性关节炎，似乎是一种有效的辅助方法。

败血性骨髓炎

· 马驹有不同程度跛行。

· 发热不稳定（间歇性）。

· 在生长板，关节附近的骨骺处，或在有或无继发交感关节积液的骨感染部位，可能有疼痛性肿胀/水肿。如果无法轻易触诊关节积液，应考虑不太常见的受影响关节（远端指间关节或肩胛骨）。

· 影像学检查常见骨膜溶解和增生性改变。

· 白细胞增多和高纤维蛋白原血症（通常＞800mg/dL）通常伴随临床症状。

应该做什么

预后

· 采用长期抗菌治疗；如果出现脓毒性骨骺炎，则抽吸生长板进行培养和敏感性分析。抗生素可以直接注射到脓毒性生长板中。

· 保守地使用非甾体类抗炎药，以提供镇痛及减少炎症。与保泰松相比，酮洛芬（1~2mg/kg，IV，q24h）和氟尼辛葡甲胺可能会降低不良反应的风险，包括胃肠道和肾脏毒性。卡布洛芬（0.7~1.4mg/kg，IV或PO，q24h）为另一种选择，但它需要在马驹中进行研究。非罗考昔已经在新生马驹中被研究过，并且它是一种替代选择，特别是在那些肾功能受损的马驹中。

- 在许多情况下，使用计算的氨基糖苷类抗生素总剂量的1/3进行局部肢体灌注。每日阿米卡星的总剂量不应超过25mg/kg，并通过治疗药物监测进行最佳指导。当止血带释放时，全身追加剂量至限值。在接受阿米卡星治疗的马驹中密切监测肾功能（肌酐和尿素氮）。
- 一些严重骨髓炎病例可能会受益于对受影响骨的手术清创。当另一个肢体出现严重跛行时，建议用支持绷带来支撑未受影响的肢体，以防止肢蹄变形。
- 使用非甾体类抗炎药长期镇痛时，在这些患马的护理中应加强预防胃和十二指肠溃疡（见第18章）。
- 一项研究（Neil KM et al，2010）报告了脓毒性骨髓炎存活马驹预后良好（80.6%出院）。此外，65.8%的出院马（48%接受治疗的马）最终出赛。有多个脓毒性关节，但不是多发性骨受影响，对赛马有不利的预后；两者都将导致出院马匹减少。

哺乳行为

- 健康的马驹每天消耗15% ~25%体重的马奶，平均每日体重增加1~3lb（0.45~1.35kg）。
- 马驹在出生的第1周平均每小时哺乳7次。随着年龄的增长，哺乳频率降低。24周时，哺乳频率为践每小时1次。

实践提示：母马乳房肿胀和流失乳汁是“危及马驹”的早期迹象，不再有效地进行哺乳。

- 哺乳后乳汁从马驹鼻子滴下可能是以下原因造成的：
  - 腭裂：尽管必须排除，但腭裂是马驹吞咽困难最不常见的原因之一。上呼吸道内镜检查是排除腭裂的一种很好的诊断方法。
  - 会厌下囊肿。
  - 持续或受限的会厌系带。
  - 软腭背侧移位。
  - 败血症/SIRS/FIRS或发育不全引起的全身性虚弱是常见的。
  - 与围产期窒息综合征相关的吞咽困难是常见的。
  - 白肌病在某些地理区域很常见。
  - 食道积乳（巨食道或鳃弓缺损）。
  - 暂时性咽部麻痹（突发性的）可能会在几天内消失或持续，需要用桶装饲料喂养马驹。这种情况在某些地区和某些品种中很常见。
  - 先天性第四鳃弓缺损（4-BAD）可导致乳汁从食管回流。通过内镜检查进行诊断，观察到咽弓“悬挂”在右背侧勺状软骨。右喉背侧区域的身体缺陷可以从外部触诊到。

营养

- 健康、活跃的马驹每天的热量需求为120~150kcal/kg。

实践提示：生病的新生马驹，如有败血症或围产期窒息损伤的，由于不活动和卧着，通常热量需求会降低。

· 摄入过多的热量对败血症患马有潜在的危害，因为这些热量可用于促进炎症反应。

注意： 使用间接测量热量法进行的初步调查表明，患病和非运动（孤儿）马驹减少了静息能量需求，低至每天40~55kcal/kg。

实践提示： 母马的乳汁是马驹的最佳食物来源。母马乳汁的热量大约有500kcal/L。为了每天为重病马驹提供50kcal/kg的热量，50kg的马驹总共需要2 500kcal的热量，相当于需要5L的乳汁。这相当于乳汁为体重的10%。如果马驹在给予这一重量的乳汁上没有增重，并且胃肠道正常，则应喂给更多乳汁。

- 孤儿马驹的替代方案包括：
  - 商品化马奶替代品。
  - 山羊奶。
- 单纯喂羊奶可能使马驹易患便秘和代谢性酸中毒。最好用1 ：1马驹奶替代品和山羊奶的混合物。
- 应少量多次给马驹喂奶，因为马奶对于是胃pH来说属于缓冲液，在胃肠动力低于正常的马驹中尤其需要增加少量多次喂奶的频率。
  - 最好将每日需求分成小的量，每2h一次或更频繁。更多信息，请参阅营养支持和肠外营养部分（见第51章）。

导管插入和血液取样

- 对于清醒活跃的马驹，颈静脉是最常见的静脉穿刺部位。
- 在更多精神沉郁的马驹中，使用隐静脉和头静脉。
- 动脉血气采样点包括跖骨背侧动脉（首选）、肱动脉、面横动脉、面动脉，以及较不常见的肱动脉或耳后动脉（图31-1）。

危重马驹的分类：紧急稳定

应该做什么

紧急稳定

实践提示： 为了便于记忆，请将此列表称为“5个低/高”。无论病因或潜在疾病如何，以下指南适用于最虚弱、平卧的马驹。

- #1—低氧血症：定义为侧卧时PaO_2＜70mmHg，室内空气中，胸骨卧时PaO_2＜80mmHg（脉搏血氧仪读数＜95%）。
  - 通过鼻插管以5~10L/min的速度给平均大小的马驹吸氧，100~200mL/（kg · min）。
  - 保持马驹胸骨支地。
  - 鼻插管放置于内眼角水平。
  - 如果这些干预措施不充分或马驹因呼吸窘迫而疲劳，则进行机械通气。
  - 新生马驹低氧血症最常见的原因包括通气灌注不匹配和通气不足。
  - 应怀疑右至左心脏或肺分流术对通过鼻内吸入增加吸入氧浓度的不良反应。

- 参见第25章，了解更多关于通气支持的信息。
- #2—高碳酸血症：定义为$PaCO_2$＞55mmHg和pH≤7.25或中枢性昏迷。
  - 保持马驹胸骨平卧；用化学刺激通气——咖啡因或多沙普仑，用于中枢性低通气（神经源性）。
  - 如果马驹出现呼吸衰竭（肌肉疲劳、神经肌肉疾病、严重呼吸疾病），应提供人工或机械通气。
  - 通气不足的原因包括肋骨骨折、神经系统疾病（围产期窒息）、神经肌肉疾病（肉毒杆菌毒素中毒，最常见于4周龄的马驹）、肌肉疾病［白肌病或高钾性周期性麻痹（HYPP）］、气道阻塞、严重肺部疾病和胸膜疾病（气胸、积液）。

- #3—低血容量：新生马驹低血容量的临床表现包括迟钝/沉郁、四肢发冷、脉搏质量差、CRT延长、黏膜苍白和颈静脉充盈延迟。
  - 监测工具显示低血容量的症状包括低动脉血压、低中心静脉压力和尿量减少。
  - 实验室指标包括高乳酸血症、高PCV、具有高阴离子缺失的代谢性酸中毒和增加的氧吸收率（降低静脉血氧饱和度）。
  - 采用"液体挑战"技术进行治疗：
    - 给予10~20mL/kg等渗晶体，例如乳酸林格溶液、Plasma-Lyte A或148，Normosol R或0.9%等渗生理盐水，然后重新评估。如果使用高［Na^+］液体，应则监控钠。

      实践提示：如果怀疑有高钾血症（尿性腹腔积液、高钾性周期性麻痹、急性肾衰竭、严重横纹肌溶解症或肾上腺功能不全），无钾液体、生理盐水或等渗碳酸氢钠是最佳的液体替代品。
    - 重新评估灌注参数，包括临床和实验室参数，以及连续监测，表明是否需要更多体积的液体。
    - 随后每次给药的速度要比之前慢。
    - 尽管中心静脉压（CVP）不是液体疗法的准确目标（即正常的CVP不一定意味着正常血容量），但它是液体疗法合理上限或限制因素。
    - CVP达到10~12cm H_2O（7.4~8.8mmHg）的应提示停止给予液体推注。

- 如果出现低蛋白血症或被动转移失败，还应根据IgG水平给予血浆（3~20mL/kg）。应缓慢（尤其是最初时）给药，以监测不良反应，包括肌肉震颤、呼吸急促、心动过速、发热或疝痛。
  - 监测胶体渗透压和凝血参数。
- #4—低血糖：
  - 使用输液泵以恒速输注（CRI），给予4mg/（kg · min）的葡萄糖［如果出现严重低血糖，则高达8mg/（kg · min）］，或以一定百分比增加液体量，以葡萄糖4mg/（kg · min）注入液体 。

    实践提示：如果已经给予20mL/kg晶体液推注30min，之后葡萄糖百分比可为0.6%~12%，具体取决于血糖值。加5%葡萄糖的大剂量液体通常会导致高血糖；因此建议使用低于5%的葡糖给予维持液体。
- #5—低体温：
  - 在纠正低血容量和低血糖的同时，缓慢升高体温。
  - 轻度低温对其他物种的大脑功能和再灌注损伤具有保护作用。
  - 争取体温每小时升高1 °F，除非体温相当低时（与心动过缓相关），在这种情况下，建议更快的回温。

全身虚弱，吮吸丧失

新生马驹虚弱和不愿意吮吸的最常见原因如下：

- FIRS。
- 脓毒症/SIRS。
- 围产期窒息。
- 早产，发育不全。
- 还有几种其他原因，包括肠炎、尿性腹腔积液、肌炎、肾脏或肝脏疾病和疝痛。

胎儿炎症反应综合征（FIRS）

- FIRS在人类围产期中有描述，适用于马驹，其特征是胎儿全身炎症和胎儿血浆炎症细胞因子增加。
- 在人类中，FIRS的特征是胎儿血浆白细胞介素-6的增加。在胎儿中已观察到：
  - 早产和胎盘膜完整。
  - 胎膜过早破裂。
  - 胎儿病毒感染，如人类巨细胞病毒。
- 在马中，FIRS很可能出现在马胎儿中，伴有：
  - 胎盘过早分离。
  - 胎盘炎、EHV-1或马病毒性动脉炎感染。
  - 早产。
- 在人类儿科中，FIRS是短期病死率和长期后遗症（如支气管肺发育异常，甚至脑损伤）的危险因素。人类婴儿FIRS的短期发病也可能导致死亡，包括：
  - 肺炎。
  - 脑室内出血。
  - 坏死性小肠结肠炎。
  - 呼吸窘迫。
  - 新生马驹败血症。
- 马驹出生时可能会有败血症或虚弱，并表现出不适应或未准备好的迹象。如果早期发现胎盘疾病并认为其与细菌性败血症有关，则应早期使用抗生素治疗（如甲氧苄啶磺胺甲噁唑）治疗母马，同时使用抗炎疗法治疗胎盘炎（氟尼辛葡甲胺、己酮可可碱、维生素E和烯丙孕素）。

脓毒症/全身炎症反应综合征（SIRS）

实践提示：脓毒症/SIRS是导致新生马驹发病率和病死率的主要原因。

- 人类医学中SIRS的临床指征适用于马驹，包括以下两种或两种以上：
  - 心动过速。
  - 呼吸急促或通气不足。
  - 发热或低体温。
  - 白细胞增多。
  - 白细胞减少。
  - ＞10% 中性粒细胞。
- 这种情况最常见于革兰氏阴性菌感染和内毒素血症，尽管革兰氏阳性菌通常同时存在。
- 与脓毒症相关的临床症状是暴露于微生物毒素后免疫系统不平衡刺激的结果。

- 脓毒症期间，内源性促炎反应和抗炎介质（如肿瘤坏死因子和白介素-1、-2和-6）的释放导致代谢和血流动力学的急剧变化，如果不加以控制，会导致多器官系统衰竭。
- 随着脓毒性休克的进展，患马会出现以下症状：
  - 心肺衰竭。
  - 全身凝血障碍。
  - 代谢途径中断。
  - 血管内皮完整性丧失。
- 脓毒症、严重脓毒症和脓毒性休克，这些定义适用于新生马驹。
  - 脓毒症是同时感染SIRS的表现。
  - 严重脓毒症是伴有液体反应性低血压或器官功能障碍，如氮质血症、高胆红素血症、低氧血症或凝血障碍的脓毒症。
  - 败血性休克是一种其具有液体难治性低血压并依赖于血管加压的败血症。
- 最常见的与新生马驹败血症相关的微生物包括：
  - 大肠杆菌。
  - 放线杆菌。
  - 巴氏杆菌。
  - 克雷伯杆菌。
  - 沙门氏菌。
  - 其他肠道微生物。
  - 链球菌。
  - 肠球菌的流行性不断上升，是导致伴有腹泻马驹败血症的常见原因。
  - 偶尔会从血液培养中分离出来其他革兰氏阳性微生物或厌氧菌。
  - 病毒（如EHV-1和马动脉炎病毒）也可产生脓毒症样综合征（或SIRS），与围产期不良情况或严重组织缺氧相关的组织损伤也可产生。

临床症状与诊断

- 脓毒症的临床症状取决于马驹免疫系统的完整性、患病时间和损害程度。

脓毒症 /SIRS 早期高动力期的症状

- 嗜睡。
- 吮吸能力丧失。
- 充血，黏膜和巩膜充血。
- 充血性冠状动脉带。
- 耳郭内和口腔黏膜上有瘀点。
- CRT降低。

- 心动过速、心输出量增加、超动力脉搏。
- 呼吸急促。
- 变化性体温。
- 四肢摸起来通常是依旧温暖的。
- 马驹仍然有反应。

晚期无补偿（低动力）败血性休克时的症状

- 沉郁，嗜睡。
- 极度虚弱，平卧。
- 脱水，低血容量。
- 对液体支持无反应的低血压（休克）。
- 心输出量减少、心动过速、四肢发冷、线状外周脉搏。
- CRT 延长。
- 少尿。
- 低体温。
- 呼吸障碍：呼吸急促、呼吸力增加、低氧血症、发绀。

局部感染部位：特殊症状

- 肺炎、胸膜炎：呼吸急促、呼吸窘迫、发热、肺音异常、胸腔积液伴有腹侧浊音、胸膜炎伴有摩擦音。
- 脑膜炎：癫痫、昏迷、角弓反张。其他临床症状包括感觉过敏、僵硬、颅神经异常、眼球震颤和迟钝。最终的诊断是通过脑脊液分析，显示中性粒细胞增多症，偶尔观察到细菌。脑脊液也应该培养。
- 肝炎：黄疸和脑病症状。
- 肾炎：可变尿量、蛋白尿、血尿。
- 腹膜炎、肠炎：疝痛、肠梗阻、腹泻、腹胀。
- 滑膜炎：疼痛、关节温热、肿胀、跛行、发热。
- 生长部、骨骺骨髓炎：关节膨胀可变、骨骺或生长板的局部疼痛、跛行、发热，受影响部位水肿。
- 葡萄膜炎：眼睑痉挛、瞳孔缩小、眼前房积脓、溢泪、前房纤维蛋白积聚。
- 脐炎：脐带残端变大，脐分泌物，发热，脐周水肿。

临床病理发现

- 白细胞减少症，中性粒细胞减少症［白细胞（WBC）计数，＜5 000个/μL；中性粒细胞，＜3 400个/μL］，中性粒细胞计数增加（＞50个/μL）。中性粒细胞可能表现出毒性变化。有时出现白细胞增多症（白细胞计数＞12 000个/μL）伴有中性粒细胞增多症。

· **实践提示：** 如果总白细胞计数＜1 200个/μL（低中性粒细胞和淋巴细胞），并且根据临床检查，马驹出现败血症，考虑EHV-1！有些EHV-1马驹有毒性变化和中性粒细胞核左移。

· 急性败血症时患马血浆纤维蛋白原浓度可能正常：纤维蛋白原在炎症反应中增加超过12~24h。**实践提示：** 新生马驹的高纤维蛋白原血症表明有一定程度的慢性病，并提示存在与胎盘炎相关的子宫内感染。在脓毒症/SIRS患马中，纤维蛋白原浓度增加失败可能表明存在凝血障碍，如DIC。

· 经常出现由低血容量引起的血液浓缩。

· 低糖血症（葡萄糖浓度＜60mg/dL）：可能发生储备减少或对葡萄糖稳态失去控制。偶尔，有时在败血症早期，可能出现高糖血症。

· 低γ-球蛋白血症可能是由于未能吸收初乳抗体或与败血症相关的蛋白分解代谢增加所致。**实践提示：** 具有足够被动转移初乳抗体的马驹具有血清或全血免疫球蛋白G（IgG）浓度＞800mg/dL。被动转移（FPT）部分失败时，IgG为200~800mg/dL，被动转移完全失败时，IgG＜200mg/dL。

· 高胆红素血症是由脓毒症相关溶血或红细胞转化增加、厌食和肝功能不全综合引起的。胎粪滞留也可导致高胆红素血症。

· 引起血清乳白色的脂质血症是由于脓毒症中细胞因子上调引起的脂质清除受损。

· 氮质血症：肌酐或BUN浓度升高可能与任何原因导致的脱水/低血容量或低血压、肾小球滤过率差有关，以及与由于缺血、细胞因子释放或凝血障碍导致的直接肾脏损伤有关。

· 低氧血症：PaO_2＜60mmHg与肺部病理、通气灌注不匹配、肺动脉高压或肺换气不足有关。这些可能与呼吸性酸中毒合并发生。

· 代谢性酸中毒：定义为动脉pH＜7.35，HCO_3＜24mEq/L，由于外周灌注不良和厌氧代谢。在这些病例中，常因乳酸浓度的增加而观察到酸中毒。

· 出生后24h，新生马驹的乳酸浓度高于成年马。乳酸在产后立即达到最高（不同研究中为2.3±0.9、4.9±1.0、3±0.4mmol/L），24h后降至1.2±0.3mmol/L。高乳酸浓度的患病新生马驹可能会在复苏后迅速清除部分乳酸；持续增加的乳酸浓度（＞2.5mmol/L）而没有任何下降可能会带来较差的预后！

- **注：** 初次液体治疗后，患病马驹的乳酸浓度会降低，但可能不会正常化。在这些病例中，假设些高乳酸血症是由败血症和炎症介质直接引起的，而不是由灌注不足引起的。
- **临床实例：** 高细胞因子血症期间丙酮酸脱氢酶活性通常降低，这发生在败血症期间。

诊断性培养

· 培养血液、滑膜液、脑脊液、腹水和/或尿液，取决于受影响的身体系统。

· 气管抽吸虽然对肺炎马驹的评估很有用，但对于有严重呼吸窘迫的败血症新生马驹来说太有压力；只有快速、熟练地进行气管抽吸，它才是一个有用的诊断样本。

· 所有获得的样品应提交细菌（需氧和厌氧）培养和敏感性测试。

· 真菌培养和病毒分离或聚合酶链反应（PCR）是在某些疑似病原体的病例中需要考虑的附加试验，尤其是在有严重淋巴细胞减少和中性粒细胞减少的马驹中，当EHV-1可能是一个原因时。

X光片

· 在马驹侧卧或站立时拍摄胸部X光片。尽可能在马驹站立的情况下拍摄胸片，以减少卧位引起的肺不张的影响。前腿向前拉伸拍摄胸部光片改善了对颅腹侧肺野的评价。

· 最好能够拍摄胸部两侧X光片。

· 细菌性支气管肺炎通常伴有肺泡纹理，颅腹侧和尾腹侧肺部的支气管充气（图31-2）。肺实变伴有支气管充气消失，可能有严重疾病。急性细菌性肺炎也可表现为弥漫性间质性肺炎。

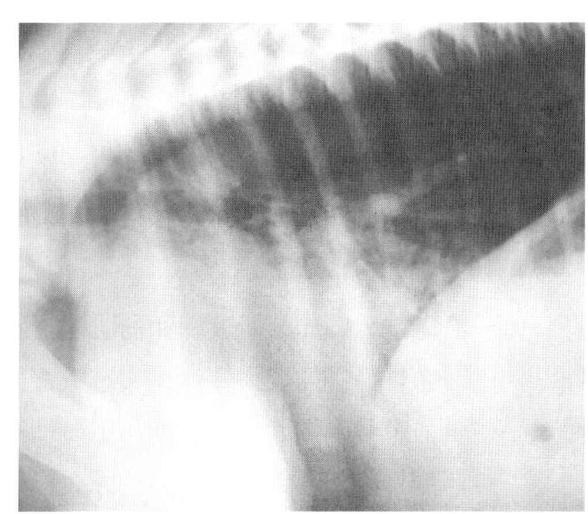

图 31-2　细菌性肺炎马驹横卧侧位胸片

X光片显示有明显的肺泡浸润，累及尾侧和腹侧肺野；这一发现与支气管肺炎引起的实变是一致的。

· 急性肺损伤和急性呼吸窘迫综合征均可见到肺泡和间质纹理。

· 病毒性肺炎的特征是弥散性间质肺纹理（图31-3）。

· 吸入性肺炎，包括胎粪吸入，与尾腹侧和颅腹侧浸润有关。

· 表面活性剂缺乏和透明膜形成导致肺部呈弥散的磨砂玻璃样外观，并伴有支气管充气。这种X光片表现也见于与病毒性肺炎相关的呼吸窘迫马驹（图31-4）。磨砂玻璃样外观可与有肺

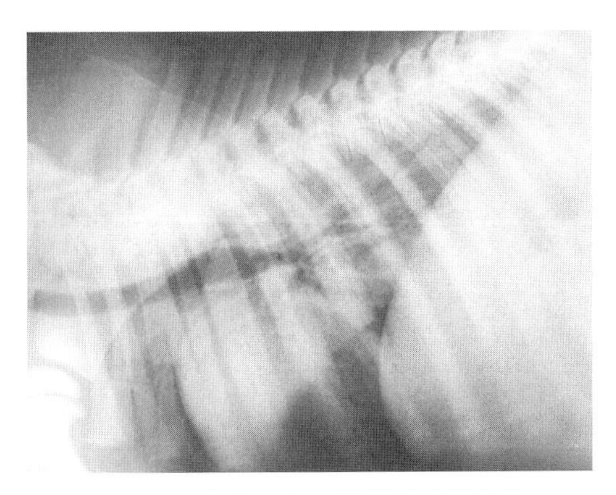

图 31-3　出生 24h 马驹横卧侧位胸片

妊娠并发败血症性胎盘炎；X光片显示尾侧肺野的肺纹理最明显。

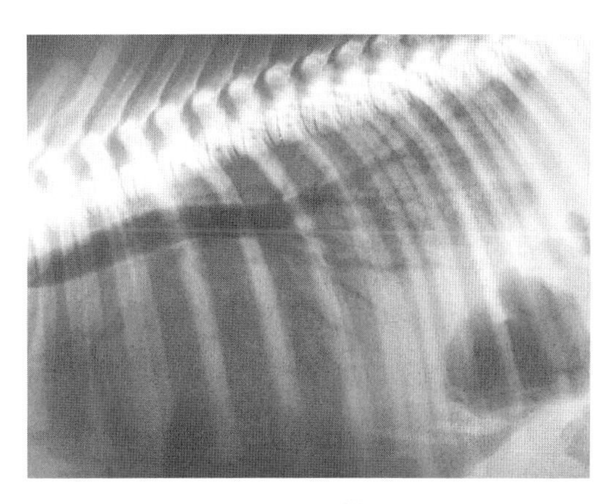

图 31-4　早产马驹横卧侧位胸片

妊娠第 322 天进行剖宫产；全部肺野的弥漫性肺泡模式与弥漫性肺不张相一致。

出血或胸腔积血的马驹侧位片相似。

· 建议对肿胀、疼痛的关节或生长板进行连续拍摄，以检测关节损伤和骨髓炎的迹象。如果持续肿胀或疼痛，应在2~5d内重复拍摄。

· 腹部平片可确定气体膨胀的位置。肠梗阻与肠炎或腹膜炎（小肠、大肠广泛性轻中度膨胀）有关。X光成像可以显示马驹有压积或滞留的胎粪。

休克

- 休克是细胞功能产生能量不足的病理生理状态。
- 休克类型包括：
  - 心源性：例如心肌衰竭和白肌病（硒缺乏）。
  - 分布性：例如败血性休克和过敏性休克，其中血管舒缩力消失。
  - 低血容量：例如低血容量和出血性休克。
  - 阻塞：例如心包填塞或肺动脉血栓栓塞。
  - 缺氧：例如严重低氧血症、严重贫血和线粒体功能障碍。

围产期缺氧/缺血性/窒息综合征：新生儿失调综合征或新生儿脑病

· 这种综合征可由任何围产期事件引起，这些事件会损害或干扰子宫胎盘灌注或脐带血流量，常因缺血/缺氧或出血导致局部脑损伤。

- 缺氧/缺血性/窒息综合征除了常见的行为和神经缺陷外，还会造成多器官系统损伤。
- 这种综合征也可能与子宫内细胞因子异常释放有关，目前正在研究这种现象。
- 以下是与该综合征相关的围产期情况：
  - 难产。
  - 诱导分娩：宫颈扩张是诱导降低难产风险的先决条件。由于诱导分娩会增加难产和胎儿发病的风险，因此很少使用。
  - 剖宫产。
  - 胎盘过早分离。
  - 胎盘炎：胎膜＞马驹体重的11%。
  - 严重胎盘水肿：子宫胎盘厚度＞2cm。
  - 子宫内胎粪排出，有或无产后胎粪吸入。
  - 双胎。
  - 严重的母体疾病，尤其是低氧/低氧血症。
  - 妊娠期异常延长。
  - 妊娠并发胎儿体液量减少，增加了分娩时脐带压迫的风险，提示存在慢性胎盘功能

障碍。

诊断

- 该综合征产生广泛的临床症状。
- 窒息导致危险的心输出量的再分配。
- 结果是优先向心脏、大脑和肾上腺供血，减少肺脏、胃肠道、脾脏、肝脏、肾脏、皮肤和肌肉的灌注。
- 诊断主要基于临床症状。

与特定器官损伤相关的症状

- 缺氧缺血性脑病（新生儿脑病）：吸吮缺失、母马识别缺失、呼吸暂停、不规则呼吸模式（呼吸急促、共济失调或丛集式呼吸）、张力减退、瞳孔大小不等、瞳孔光反射迟缓、瞳孔扩大、沉郁、强直性姿势（倾向于以伸肌姿势躺着，偶尔蹬踏肢蹄运动）、感觉过敏、局灶性或大面积癫痫发作和昏迷。
- 肾小管坏死（新生儿肾病）：少尿、无尿和全身性水肿，伴有与少尿或无尿相关的液体或钠过载。
- 缺血性小肠结肠炎（新生儿胃肠病）：疝痛、肠梗阻、腹胀、胃返流、腹泻（可能带血）、坏死性小肠结肠炎和食物不耐受。
- 肺功能障碍：胎粪吸入，肺动脉高压，或表面活性剂功能障碍——呼吸窘迫，呼吸迫促，呼吸力增加，肋骨回缩，呼吸暂停。
- 心肌梗死或缺血/缺氧和持续性胎儿循环引起的心脏功能障碍：心律失常、心动过速或心动过缓、杂音、全身水肿、低血压。
- 肝细胞坏死，胆汁淤积：黄疸，肝酶升高。
- 肾上腺坏死：虚弱、低血压、低钠血症、低氯血症、高钾血症和低血糖。
- 甲状旁腺坏死：脂血症、癫痫、低钙血症。

临床病理异常

- 根据特定器官损伤的严重程度，差异很大：
  - 中枢神经系统：血脑屏障通透性增加，脑脊液蛋白增加。
  - 肾脏：蛋白尿、尿中γ-谷氨酰转移酶（GGT）浓度增加、氮质血症、低钠血症、低氯血症、钠排泄分数增加。
  - 胃肠道：潜血-阳性反流。
  - 呼吸道：低氧血症、高碳酸血症、呼吸性酸中毒。
  - 心脏：低氧血症，心肌酶（肌酸激酶MB）和心肌肌钙蛋白I增加，心输出量减少。
  - 肝脏：肝细胞和胆道酶增加，高胆红素血症。
  - 内分泌：绝对或相对的低皮质醇血症、低钙血症、低胰岛素血症或外周胰岛素抵抗，导致血糖控制不良。

其他辅助诊断

· 腹部超声检查或X光检查［建议：85kV(p)/20mA-s］，以评估坏死性小肠结肠炎的症状，如肠内气体积聚（肠积气）、广泛性肠扩张、肠壁增厚。考虑马驹侧卧时进行水平光束拍摄，以更好地评估肠胃内气体积聚。

· 新生马驹胸部X光成像［65~75kV（p）/5~8mA-s］检测弥漫性肺不张，通过肺血管纹理显示肺动脉扩张，由肺动脉高压和持续性肺动脉高压（PPHN）引起。胸片X光片的正常结果并不排除存在呼吸异常。

· 超声心动图评估卵圆孔未闭、动脉导管和与持续胎儿循环相关的肺动脉高压；收缩性（部分缩短）和心输出量评估（Bullet法）。

· 心输出量测量：通过超声心动图，用锂稀释法或Bullet法。

· Bullet法如下：

$$CO=SV\times HR$$

$$SV=（\tfrac{5}{6}\times LVAd\times LVLd）-（\tfrac{5}{6}\times LVAs\times LVLs）$$

CO = 心输出量

SV = 心搏量

HR = 心率

$LVAd$ = 左心室舒张期面积（短轴）

$LVLd$ = 左心室舒张期长度（长轴）

$LVAs$ = 左心室收缩期面积（短轴）

$LVLs$ = 左心室收缩期长度（长轴）

预后

· 60%~80% 遭受围产期窒息的马驹能够完全恢复并发育为神经正常的成年马。

· 不良结果与产后持续5d以上的严重复发性癫痫、进展为昏迷的严重低血压，以及包括无反应性肾衰竭或低血压在内的严重多器官系统损害有关。这些马驹应密切监测并发败血症。

· 遭受严重急性围产期窒息的发育不全和早产马驹的结局比足月马驹结果差。

早产和发育不全

· 早产是指妊娠期＜320d出生的马驹的情况，尽管马驹出生时胎龄较长，但如果生于有较长妊娠期史的母马，则可被视为早产。

· 发育不全是指出生于正常或延长妊娠期的马驹有发育不全的迹象。发育不全与子宫胎盘功能异常有关，慢性时可导致胎儿发育和成熟延迟，急性时可导致不同程度的胎儿窒息。

· 过度成熟是一些临床医生对长时间妊娠后出生的有发育不全的迹象的马驹所用的术语，但它们体型大，身体状况差，被毛长。

临床症状

除了全身虚弱和肌低张力，以下症状也是发育不全和早产的特征：

- 出生体重低；身体瘦弱。
- 短而丝滑的被毛。
- 耳朵松软，口鼻吻软，屈肌腱松弛，关节周围松弛。
- 增加被动肢体运动范围。
- 半球形前额。
- 吸吮反射缺失或减弱，吞咽反射无效。
- 产后哺乳和站立时间延迟超过3~4h。
- 体温调节不良导致的体温过低。
- 肠内食物不耐受、疝痛、腹胀、腹泻、反流。
- 肺不成熟或表面活性剂功能障碍引起的呼吸窘迫。
- 内脏萎缩，“瘦弱”的腹部。

实验室发现

· 白细胞减少症：白细胞计数，$<6.0\times10^3$个/μL；中性粒细胞减少伴有中性粒细胞与淋巴细胞比例<1.0。

· 由于缺乏哺乳和胰岛素反应导致的低糖血症，导致血糖稳态异常。

· 在某些情况下，低皮质醇血症和皮质醇对压力和外源性促肾上腺皮质激素（肾上腺功能不全）皮质醇反应差。

· 肺发育不成熟导致低氧血症、可变高碳酸血症和呼吸性酸中毒。

· 与肾脏发育不成熟或功能障碍相关的低钠血症和低氯血症。

应该做什么

中枢神经系统紊乱

新生儿脑病

- 使用套管插管或鼻气管插管向母马提供补充氧气，这提高了母体PaO_2，有助于降低胎儿缺氧。
- 癫痫控制：
  - 给予地西泮，0.04~0.44mg/kg，IV，立即控制癫痫发作；作用短暂；重复剂量会导致呼吸抑制。
  - 咪达唑仑，0.04~0.1，高达0.2mg/kg，也可以使用，并且与地西泮相比，重复剂量的累积量更小。
  - 对于严重、反复发作（>2次发作）或持续性癫痫发作，2~3mg/kg，IV，q8~12h，高达5mg/kg，q12h；监测血清值（15~40μg/mL）。高剂量可引起呼吸抑制和低血压。
  - 咪达唑仑可作为CRI使用，45kg马驹为2~5mg/h，或住院期间控制中期癫痫为0.04~0.1mg/（kg · h），如有需要，可使用较高的给药时率。

实践提示：监测呼吸抑制是否使用苯二氮卓类或巴比妥类药物。

- 如果使用苯巴比妥，可以测量血清浓度；其他物种的标准浓度范围为14~40μg/mL。
- 溴化钾可用于新生马驹长期癫痫控制。对于马驹和成年马，每天口服一次，剂量为60~90mg/kg。溴化物的半衰期很长，因此不能立即控制癫痫发作。溴化物作为治疗药物的监测在其他物种标准血清浓度为700~2 400μg/mL。

• 镁在缺氧缺血性脑病（HIE）中的应用存在争议。镁被认为在改善缺氧缺血性损伤中枢神经系统后继发性神经细胞死亡中起到作用，尽管在设定中这是模棱两可的。镁对钙离子通道、N-甲基-D-天冬氨酸受体和血管反应性有影响。负荷剂量是第1小时50mg/kg，之后每小时25mg/kg。

- 使用无菌技术，从100mL的0.9%生理盐水或0.45%含2.5%葡萄糖的生理盐水袋中取出20mL后，用20mL 50%硫酸镁替换该体积。对于平均50kg的马驹，以25mL/h开始CRI 1h，然后降至12.5mL/h。**重要提示：**监测中枢神经系统、呼吸抑制和肌肉无力；监测血浆镁浓度。

实践提示：除非是唯一可用的药物，否则不要使用赛拉嗪进行镇静。赛拉嗪可引起短暂性高血压，可加重已有的中枢神经系统出血，并导致呼吸和心血管抑制（心动过缓）和胃肠动力下降。

• 避免使用乙酰丙嗪，因为它可能会降低癫痫发作阈值，并导致明显的低血压。

• 对HIE使用渗透剂是有争议的。渗透压有利于间质性水肿；然而，在大多数HIE病例中，间质性或细胞内水肿是否存在需要进一步研究。如果马驹含水，甘露醇试验是尝试就其精神状态方面评估其反应，因为颅内压不是能够经常测量的。甘露醇可以20%溶液形式，0.25~1.0g/kg，IV，10~20min，作为渗透性利尿剂使用。甘露醇的作用时间可为5h或更短；因此，可能需要重复给药（3至4次）。如果在最初的24h内看不到改善，治疗通常会暂停。

- 甘露醇理论上可加重活动性持续性脑出血。对于新生马驹脑病中出现水肿的位置，仍存在疑问。如果水肿在这种综合征的病理生理学中起作用，在其他物种中，有证据表明它在细胞内的（细胞毒性，而不是间质性或血管生成性）；因此，在许多情况下，渗透性利尿剂的使用可能是不合理的。一些临床医生从不使用二甲基亚砜或甘露醇治疗脑水肿，并报道对结果并无改变。而其他研究表明，甘露醇的抗氧化特性，无论是否具有抗水肿特性，都具有临床益处。
- 一些临床医生继续使用DMSO，10%溶液静脉注射，剂量为0.5~1.0g/kg，超过30~50min。

实践提示：新生马驹似乎不能像成年马那样有效地消除DMSO，并且可以保持高渗数天。DMSO给药后，新生马驹很少出现溶血，除非给药浓度大于10%。

- 在渗透治疗期间，最好监测血浆渗透压，以确保不存在持续的高渗透压。下次给药前渗透压应降至正常范围。

• 保护马驹避免自己受伤：包裹腿部，使用软头盔（可用Velcro泡沫腿套和头盔），墙垫，提供柔软的垫料，并应用眼部润滑剂减少创伤性角膜溃疡的风险。

• 在复苏（CPR）过程中保持马驹头部低下，以帮助大脑血液流动。然而，在成功复苏后以及在其他时间，如果怀疑有脑损伤，当马驹侧卧时，头部应保持水平高度30°，目的是使颅内压降到最低。

• 不要过度水合，但要保持适当的脑灌注，平均动脉压正常：脑灌注压＝平均动脉压－颅内压。

应该做什么

肾功能衰竭

• 应尽快纠正低血容量。

• 尿量不足应视为紧急情况。可能是由于肾前或肾性少尿或无尿，或者可能是由于无法排尿。应迅速治疗肾前少尿，以防止进展为肾脏疾病。无法排尿导致膀胱扩大，张力减退，如果不能解决，可能导致膀胱破裂。

• 监测液体平衡（液体输入和尿液排出），以评估肾功能。这确保了充分水合，同时避免过度水合。

• 如尽管静脉输液后仍出现低血压：多巴酚丁胺［2~15μg/（kg · min）］可作为一种升压药给予。如果心脏功能障碍和继发性低血压导致肾灌注不良，使用多巴酚丁胺；如果出现心动过速，则停止或减少剂量。去甲肾上腺素［0.01~3.0μg/（kg · min）］导致全身血管阻力增加，从而升高动脉血压。使用0.3μg/(kg · min）剂量（有或无非诺多泮）可增加排尿量和肌酐清除率；该方案可用于治疗伴有少尿的低血压（Hollis et al，2008）。

• 如果纠正低血容量和低血压不能纠正无尿，则应考虑无尿性肾衰竭，尤其是当同时出现氮质血症且肌酐随着时间而增加时。如果出现无反应性无尿或明显少尿，尽管有足够的水合、血压和液体平衡，并且透析不是一种选择时，那么可以尝试针对增加尿量的药物治疗。

- 呋塞米：给予小剂量（0.12~0.5mg/kg，IV，q30~60min，达到1~2mg/kg总量）以增强利尿，或开始或随后持续输注（0.12mg/（kg · h），在0.12mg/kg的负荷剂量后）。监测低氯代谢性碱中毒的发展和其他电解质异常，如低钾血症。
- 甘露醇：以20%溶液形式给予，0.5~1.0g/kg，IV，15~30min，或75~100mg/(kg · h）CRI（渗透性利尿剂）。如果持续无尿，不要重复给药。
- 多巴胺输注：如果出现无尿或少尿，给予2~3μg/（kg · min）。
  - 低剂量可刺激多巴胺受体，通过促钠排泄增加尿量。
  - 中等剂量可吸收β受体并支持心脏功能，这可能进一步改善肾脏灌注。
  - 高剂量可刺激α受体，导致内脏血流量、肾血流量和尿量减少。
  - 个体患病马驹滴定剂量：在一份报告中，剂量为0.04μg/（kg · min）的多巴胺-1受体激动剂——非诺多泮，增加了马驹的尿量；但是，肌酐清除率没有改变（Hollis et al，2006）。
  - 建议使用膀胱导管插入术，以便准确评估尿量。
  - **注**：在肾衰竭中使用多巴胺，就如其对人类患者是否有益具有争议，通常不再推荐。然而，在马驹少尿或无尿的情况下，可能值得尝试，因为血液透析（或可能腹膜透析）是药物治疗失败时唯一的选择。

不应该做什么

肾功能衰竭

注意：呋塞米与许多药物不相容。如果用与多巴胺相同的静脉输注途径给予呋塞米，则应尽量靠近针头侧导管口给药，避免延长多巴胺或呋塞米溶液在输注途径中的混合时间。

- 用纸或箔纸包裹管子，以保护呋塞米CRI溶液不受光照。
- 尽管给予呋塞米可导致利尿，但长期使用会导致电解质和酸碱平衡紊乱。
- 使用多巴胺或呋塞米治疗少尿性肾衰竭并不能纠正潜在问题。在出现少尿或无尿的情况，明智地使用静脉输液，并“保护”以免脱水。
- 密切注意“输入和输出”相匹配很重要。

应该做什么

急腹症、反流、腹胀

- 进行鼻胃管减压以检查回流。如果出现严重反流，则停止饲喂。如果在随后的鼻胃管插管中有少量饲料残渣，则减少肠内喂养的量或频率。
- 如果腹胀严重危及生命，并导致严重的呼吸障碍，且腹部探查不可行或为时已晚，则可进行经皮大肠内脊髓针穿刺术（见第18章）。在16号3.5in（8.75cm）导尿管与一个30in（75cm）延伸装置相连接。如果需要的话，给马驹镇静，使其在侧卧时保持安静。在最大肠扩张点，右腰椎旁窝处剃毛并准备手术部位。在穿刺部位注入少量利多卡因。使用无菌技术，将导管和导尿管穿过皮肤和体壁，进入膨胀的内脏。移除导尿管并连接可扩容装置。将延长装置的自由端放入装有无菌水的小烧杯中，以监测气泡的产生。一旦停止冒泡，拔出导管时，可注入少量抗菌剂（例如，以50 ：50在无菌水中稀释阿米卡星）。建议在脊髓针穿刺术后的3~5d使用广谱全身抗菌药治疗。**重要提示：**有感染性腹膜炎的风险，只有在扩张严重且危及生命的情况下才应进行该手术。
- 促胃肠道动力药：一般来说，应解决肠梗阻的原因，而不是诉求促胃肠道动力药。应将低灌注、低氧血症、低血糖和胎粪滞留视为肠梗阻的可能原因。因与缺氧缺血性损伤或脓毒症/SIRS有关的肠损伤引起的肠梗阻，需要时间来愈合，可能需要肠外营养。当发现长时间的肠梗阻，但无机械性梗阻时，可使用促胃肠道动力药。这些药物不建议常规使用，因为它们可能导致额外的胃肠道问题，例如可能导致肠套叠、疝痛加重，或神经并发症。可在马驹术后出现肠梗阻时使用。
  - 甲氧氯普胺，0.02~0.04mg/（kg · h）作为CRI；也可以0.25~0.5mg/kg，缓慢静脉输注或直肠给药，q6h；观察锥体外不良反应（中枢神经系统兴奋、不安、肌肉痉挛）。甲氧氯普胺可刺激胃与十二指肠运动，因此可能有助于治疗老年马与胃十二指肠溃疡有关的胃排空延迟。
  - 西沙必利，0.2~0.4mg/kg，PO，q4~8h，刺激小肠和大肠运动。运动不一定协调或有进行性，并且疝痛症状可能会恶化。西沙必利目前在美国还不能作为FDA批准的药物使用，因为人们担心患马心律失常。
  - 利多卡因：成年马的剂量为1~1.3mg/kg，缓慢（超过15min）静脉注射，然后每分钟0.05mg/kg。该药物的药代动力学尚未在新生马驹中进行研究；新生马驹比年长马更易受毒性影响，由于可能降低肝脏代谢和血浆蛋白浓度（利多卡因是高度蛋白结合的），因此可能需要较低的剂量，从而增加游离药物浓度。如果出现以下毒性症状，停止使用：

◦ 倒下。
◦ 肌肉震颤。
◦ 共济失调。
◦ 兴奋。

重要提示：小心使用利多卡因。它在镇痛和抗内毒素方面可能有几个优点，但它也具有对天然抗感染机制有未知影响的抗炎作用。

- 新斯的明，0.005~0.01mg/kg，SQ，q4h，已成功用于排出“气体”（扩张的大肠），但不是替代或阻塞。新斯的明可降低健康成年马的胃排空和空肠运动；因此，不建议将其用于胃排空减少的马驹。
- 乌拉胆碱，0.03~0.04mg/kg，SQ 或 IV，q6~8h：该药可增加胃排空，刺激小肠和盆腔弯曲平滑肌收缩。因此，它可以改善十二指肠和幽门溃疡的马驹的胃排空。

• 胃保护剂（见胃溃疡，第18章）：由于胃肠道灌注不良和原发性疾病过程，缺氧或缺血性胃肠道损伤的马驹患胃肠道溃疡的风险增加。产酸不一定是溃疡的原因，十二指肠反流病马驹的胃环境可能比正常马驹更偏碱性。因此，可能不需要H_2颉颃剂和质子泵抑制剂。此外，新生马驹对H_2颉颃剂反应迟钝。最近的一项回顾性研究（Furr M et al，2012）表明，在马驹中使用抗酸药物易引起腹泻。用于马驹的抗溃疡药物有：

- 雷尼替丁，6.6mg/kg，PO，q8h；或1.5~2mg/kg，缓慢 IV，q8~12h。雷尼替丁还具有一些增强胃肠道运动能力的作用。
- 法莫替丁，2.8mg/kg，PO，q12h；或 0.3mg/kg，IV，q12h。
- 硫糖铝（胃溃宁），20mg/kg，PO，q6h。
- 奥美拉唑，4mg/kg，PO，q24h。
- 泮托拉唑，1.5mg/kg，缓慢静脉滴定，q24h。
- 抗酸剂，如Maalox 或 Di-Gel：30~60mL，q3~4h。大多数抗酸剂半衰期短，胃pH变化极小，但可暂时缓解疼痛。

• 使用广谱杀菌抗菌剂，以降低肠腔细菌通过受损的胃肠黏膜移位导致败血症的风险。硫糖铝也可以减少细菌的移位。

• 肠外营养（PN）：有轻微的胃肠道损伤时，减少肠内喂养的体积或频率，并用PN支持马驹。如果严重窒息并伴有低体温、低血压、休克或晚期早产，建议延迟所有肠内喂养，并提供PN直到胃肠功能恢复（如胎粪通过，存在腹鸣）。

• 有疝痛的马驹：在疝痛或膨胀状消失之前，不要喂养或哺乳。

• 补充葡萄糖：4mg/（kg · min）用于马驹（有合格的体况评分）停喂的前24h；但是，在停止肠道喂养24h后，开始进行PN。

应该做什么

新生马驹持续性肺动脉高压（PPHN）与肺血管收缩

• 新生马驹低氧血症的控制非常重要，因为它对肺血管收缩来说是一种持续刺激。控制是通过提供浓度高达100%的氧气来完成的，氧气以高流速由鼻腔内吸入，或在必要时提供机械通气。

- 鼻内给氧，5~10L/min，中等大小的马驹100~200mL/（kg · min）。在氧气中获得的FiO_2不能准确预测，但在新生马驹中可能很高，尤其是在使用两个鼻导管和氧气管的情况下。在健康马驹中，以100~200mL/（kg · min）的速率输注，可产生48%~75%的氧气FiO_2（Wong et al，2010）。

• 酸中毒加重缺氧性肺血管收缩。应纠正酸碱失衡，目标是使pH达到7.4。如果$PaCO_2$增加，并且马驹没有通过适当流量的机械通气得到改善，则不建议使用碳酸氢钠来纠正酸中毒。

• 如果其他技术（如氧气疗法）不能逆转肺动脉高压，考虑使用肺血管扩张剂：

- 甲苯唑啉：婴儿剂量，1~2mg/kg，IV，10min；如果有良好的临床反应，PaO_2增加，则接着静脉注射0.2mg/（kg · h），每次注射1mg/kg脉冲剂量。
- 甲苯唑啉可引起肾上腺素能阻滞、外周血管扩张、胃肠道刺激和心脏刺激。

重要提示：由于非选择性血管扩张，甲苯唑啉治疗经常导致严重的心动过速和低血压，不被视为首选方法。

有一份关于马使用甲苯噻嗪和育亨宾的死亡报告，其中一匹4个月大的马驹使用了甲苯噻嗪。

• 一氧化氮（NO）是实现新生儿循环模式所需的重要血管张力调节剂。100%氧气中含NO进行通气可降低肺血管阻力。吸入5~40mL/L NO可有效逆转马驹低氧性肺血管收缩。使用5 ∶ 1 - 9 ∶ 1的O_2 ∶ NO比率。**注：** 需要一个特殊的调节器/流量阀连接到NO罐上。

• 未来治疗PPHN的方向包括内皮素-1受体颉颃剂和特异性磷酸二酯酶抑制剂。吸入或雾化环前列环素在人类新生儿重症监护领域越来越受到青睐。

• 监测血压。如有需要，用多巴酚丁胺支持心脏功能。

• 如果存在，纠正高温：移除毯子和加热垫。

应该做什么

呼吸障碍

• 对于轻度低氧血症，PaO_2 60~70mmHg；SaO_2，90%~94%：增加马驹在胸骨支地或站立位置的时间；如果平卧，每2h翻转一次；刺激周期性深呼吸，使肺不张重新充气；加湿氧气，中等大小马驹为2~10L/min，即40~200mL/(kg · min)。

• 对于中度至重度低氧血症，PaO_2 < 60mmHg，SaO_2 < 90%，伴发高碳酸血症，$PaCO_2$ > 70mmHg：如果低通气是神经源性的（即HIE），首先尝试氧吸入、胸骨姿势和多沙普仑。如果神经源性疾病没有通过呼吸兴奋剂（如多沙普仑或咖啡因）治疗而得到改善，或者如果呼吸性酸中毒导致pH < 7.25，并且与代谢性碱中毒无关，因此不具有代偿性，则提供正压通气（PPV）。呼吸肌疲劳（早产马驹）、严重肺病、肉毒梭菌毒素中毒和肌肉疾病也应使用PPV治疗。使用直径7~10mm、长55cm、带气囊的硅胶鼻气管插管。

  • 如果呼吸肌疲劳是一个问题，并当机械通气不是一种选择时：
    ◦ 氨茶碱，5mg/kg混合在少量结晶液中，IV，30min，q12h，以帮助维持膈肌收缩强度。
    ◦ 给予氨基糖苷类药物可从静脉注射转为肌内注射，目的是降低药物的神经肌肉阻滞作用。

机械通气

• 呼吸机模式：
  • 受控强制通气：所有呼吸均由机器触发，深度、时间由机器设置决定。
  • 辅助/控制通气：在此模式下，呼吸可由患马触发、机器输送或两者兼而有之。患马可能会根据敏感程度触发呼吸，敏感程度可能有所不同。然而，无论呼吸是患马还是呼吸机衍生的，潮气量、吸气时间和流速都由机器确定（基于设置）并且是固定的。
  • 同步间歇强制通气（SIMV）：这是一种辅助控制模式，在这种模式下，可以保证最少的机器呼吸次数，而患马除了设定的次数外，还可以触发自己的呼吸。潮气量、吸气时间和流速由有自发性呼吸的患马（即完全由患马控制）决定，而机械触发呼吸则由呼吸机控制。压力支持通气可与SIMV结合，以支持患马触发呼吸。
  • 压力支持通气：这是一种“支持”或辅助通气方式，仅用于自发性呼吸。本机增加了吸气潮气量和吸气时间，减少了呼吸功，但潮气量和吸气时间的控制在患马的控制之下。患马控制呼吸的所有部分，包括触发、呼吸速率和潮气量，压力限制除外。患马启动每一次呼吸，呼吸机通过提供当前压力值的支持来辅助。压力支持可与支持自主呼吸的SIMV模式相结合。

• 持续正压气道通气（CPAP）：这是一种自发性呼吸模式，在吸气、呼气和呼吸之间保持气道正压通气。这种模式会增加功能性剩余容量，并提高通气灌注比。CPAP可与压力支持通气相结合。

应该做什么

如何进行机械通气和气道支持

• 典型设置：开始PPV时，初始潮气量为6~10mL/kg，PEEP为4~6cmH_2O。低潮气量（6mL/kg）与人类重症监护中的保护肺脏的策略有关。

• 呼吸速率的起始点是20~30次/min，应使用二氧化碳图和动脉血气分析进行调整。吸气/呼气比应设为1 ∶ 2。

• 对于许多马驹来说，提供压力支撑（PS）而无须强制机器呼吸就足够了。PS应该从8~12cmH_2O开始。在这种模式下，马驹生成每个呼吸，并确定呼吸的深度、体积和持续时间，但在每个吸气过程中有机器生成的压力辅助。CPAP是一种戒除模式，可能对呼吸障碍较轻的马驹有用。

• 最初使用60%~100%的FiO_2，并在开始PPV后30min内重新评估动脉血气值。相应地调整吸入氧浓度，目的是将FiO_2迅速降低到＜50%~60%，以将氧气毒性风险降至最低。

- 尝试维持峰值气道压力低于30~40cmH_2O，以减少气压伤。
- 呼吸速率由$PaCO_2$和马驹的初始呼吸速率决定；有些允许增加$PaCO_2$，可能有必要防止气压伤。有些马驹仅对压力支持通气反应最好，没有强制的机器驱动呼吸。马驹能很好地适应SIMV/PS模式。

改善通气的其他方法

- 如果发生胎粪吸入，尝试单独用氧气治疗马驹。在这种情况下，PPV易导致肺泡破裂和气胸。尝试抽吸气道，但不要在不给氧的情况下进行长时间抽吸。
- 如果怀疑因严重窒息、肺灌注不足、败血症或胎粪吸入导致表面活性剂功能障碍，气管内表面活性剂灌输可能是有益的。
    - 商品化产品价格昂贵；可在支气管肺泡灌洗（BAL）后，在顶部“多泡沫/泡沫”层从健康的供体（牛或马）处收集表面活性剂。
- 呼吸暂停和不规则呼吸可能由中央呼吸中枢的缺氧缺血性损伤、宫外生命适应不良、低钙血症、低血糖或低体温引起。检查体温并纠正体温过低（如果有）。纠正低血糖和/或低钙血症。如果怀疑有中枢性呼吸抑制，考虑吸入性兴奋剂：
    - 多沙普仑CRI，0.01~0.05mg/（kg · min）；从剂量范围的低端开始滴定。多沙普仑可能会增加心肌耗氧量，因此该药应用于血流动力学稳定的马驹。监测马驹是否有过度兴奋或兴奋，如果出现这种情况，减少剂量。
    - 咖啡因：在两项已发表的研究中，咖啡因在改善马驹通气不足方面不如多沙普仑有效。如果使用，首先以负荷剂量10mg/kg，PO开始，然后维持剂量是2.5~3mg/kg，PO，q24h。咖啡因的治疗范围为5~20μg/L；毒性浓度是＞40mg/L。
- 如果呼吸暂停持续，可能需要PPV。
- 如果使用100%氧气以呼吸机或大量鼻内氧气输注法治疗3~4h后，PaO_2没有明显能增加，怀疑存在分流或原发性心脏异常（预后不良指标）。通过试验（吸入气体中有NO）排除持续性肺动脉高压（PPHN）。PaO_2与吸入氧气百分比的比例应为5 ： 1。

继发性感染

评估血清IgG。如果IgG＜800mg/dL，且马驹小于18h年龄，且有胃肠道功能，则在肠道内给予优质初乳（比重＞1.060），或静脉输注血浆，或两者兼有。如果马驹年龄大于18h或胃肠功能受损，则给予血浆。血清IgG应保持＞800mg/dL。如果怀疑有胃肠道损伤，如果马驹有败血症的迹象，或血清IgG＜800mg/dL，则提供广谱抗生素。

应该做什么

早产/发育不全

- 试图确定早产或发育不全的原因。检查胎盘，如果有证据显示存在胎盘炎，开始广谱抗生素治疗。注意与EHV-1感染相关的早产。
- 密切观察呼吸窘迫和渐进性呼吸疲劳的迹象。治疗取决于呼吸功能障碍的程度：
    - PaO_2，＜60mmHg；$PaCO_2$，＞60mmHg：开始氧气治疗，中等大小的马驹60~200mL/kg，3~10L/min；增加胸骨侧卧时的时间；监测动脉血气值。
    - PaO_2＜60mmHg，$PaCO_2$＞65~70mmHg伴有呼吸性酸中毒：用PEEP开始PPV。使用潮气量为6~10mL/kg的PPV。尽量使气道压力峰值＜30~40cm H_2O，吸入氧浓度小于50%，以降低气压伤和氧毒性的风险，并使PEEP保持在4~8cmH_2O。过量的PEEP会降低心输出量，需要用巴酚丁胺进行CRI。PEEP不足可能不会根据需要增加功能性残留量。
- 如果小马在产后立即出现晚期早产症状和严重呼吸窘迫症状，除了PPV之外，考虑在气管内注射表面活性剂。

重要提示：这不常见，大多数马驹，除非在妊娠期280d之前出生，不存在主要表面活性剂缺乏。

低体温

- 如果马驹体温调节不良，则应保持细心控制环境温度。

• 使用温水垫、辐射加热器、强制加热空气毯、加热的静脉输液和隔热的液体加热器外套提供外部温暖。

• 小心诱导热疗，因为这些马驹不能有效调节体温。在初始复苏阶段，应缓慢加热马驹，以避免复合再灌注损伤，尤其是那些经历围产期缺氧的马驹。

自体创伤

• 为卧着的马驹提供柔软的铺垫（如合成羊皮、压力点垫子、大量的垫子、毯子和枕头），降低褥疮的风险。

代谢紊乱

• 监测血清/血浆电解质浓度。

• **实践提示：**低钠血症和低氯血症是与肾脏和内分泌不成熟或功能障碍相关的最常见的疾病。也可能出现高钾血症和低钾血症；低钙血症很常见。代谢性（有机和无机）和呼吸性酸中毒也常见于受影响的马驹。

• 纠正指南包括：
  • 高钠血症
    ◦ 缓慢纠正钠（0.5mEq/h）。
    ◦ 快速纠正可导致脑水肿
  • 低钠血症
    ◦ 缓慢纠正钠（0.5mEq/h）。
    ◦ 快速纠正可导致脑桥髓鞘溶解。
  • 高钾血症
    ◦ 钙、葡萄糖、胰岛素、碳酸氢钠、腹膜透析、钾结合树脂用作灌肠剂。
  • 低钾血症
    ◦ 补充液体包含20~40mEq/L的KCl或KPO_4，必要时口服补充钾。
    ◦ 静脉输液中钾不得超过0.5mEq/（kg · h）。
  • 无机酸中毒
    ◦ 无机酸中毒由低钠血症或高氯血症引起（强离子酸中毒，伴有正常阴离子间隔）。
    ◦ 缓慢静脉或口服碳酸氢钠治疗。
    ◦ 给药量：0.4 × 补碱量 × 体重（kg）。缓慢给予一半，然后重新评估。监测$PaCO_2$。
  • 有机酸中毒
    ◦ 有机酸中毒最常见于乳酸中毒（高阴离子间隙）。
    ◦ 用液体、正性肌力药和血管加压剂治疗。

营养

• 健康的马驹每天摄取占体重20%~25%或更多的乳汁。

• 在生病马驹中，小心地开始以占体重5%~10%的乳汁进行肠道喂养，每天分为10~12次喂养。在能承受的情况下，应逐渐提高喂养量；在每次后续喂养之前，应监测胃残余量。

• 如果马驹不能承受足够的肠内营养支持，则使用部分或全部PN提供额外的热量。

不完全立方骨骨化

• 见第21章。

• 大多数早产和一些发育不全的马驹有不同程度的不完全立方骨骨化。

• 获取至少一个腕关节（背掌位视图）和跗骨（侧视图和背掌侧视图）的X射线照片，以评估骨化程度。

• 如果马驹是活跃的，但有很小的立方骨骨化，尽量保持马驹在非负重状态，并且只允许短时间的受控站立（5min/h），最好有人协助。马驹应该放在小马厩里，以限制活动。横卧时，应经常翻转（每2h一次），所有四肢均采用被动运动/物理疗法。

• 理疗是管理这些马驹以防止肢体挛缩和松弛的重要组成部分。

• 一般情况下，应谨慎使用袖套石膏，因为它们会通过诱发额外的关节松弛加剧内外侧方向不稳定。

• 如果只存在轻微的不完全骨化，限制运动，并根据需要使用矫正蹄铁（蹄踵部延伸用于松弛，脚趾伸展用于挛缩/弯曲畸形）和平衡修蹄，以保持承重轴正确。更严重的情况下，尤其是那些并发的肢体角度畸形，如果在没有帮助情况下站立，可能需要在球节上使用包扎和夹板或管形石膏。保持马驹远离光滑的表面，并在起身时提供帮助。

• 如果存在外翻或内翻，请使用带有适当内侧或外侧伸展功能的有胶蹄铁，帮助伸直四肢。

评估血清 IgG 浓度

- 出生后8~12h内进行检查。如果IgG浓度＜800mg/dL，则给予初乳补充、血浆输注或两者都给予。

继发性细菌感染

- 早产和发育不全的马驹患感染风险增加。应用广谱抗生素治疗（3~5d），直到马驹能够起身并正常哺乳。

肉毒梭菌毒素中毒：马驹震颤综合征

- 肉毒梭菌毒素中毒表现为新生马驹全身无力、吞咽困难、肌肉震颤和通气不足。患病马驹从几日龄至几月龄不等，大多数受影响的马驹大约为1月龄。
- 受影响的马驹的步态经常是僵硬的，可能出现瞳孔扩张伴上睑下垂。马驹可能因呼吸麻痹而死亡。
- 导致新生马驹肉毒梭菌毒素中毒最常见的是肉毒梭菌B型，在美国东部地区流行。当马驹吞食芽孢，芽孢随后在胃肠道生长、定植，产生毒素时，就会出现马驹震颤综合征。除了B型，A型和C型在西海岸很常见。

应该做什么

肉毒梭菌毒素中毒

- 由于肋间和膈肌疲劳导致的通气不足，马驹可能需要机械通气。压力支持（PS）或有压力支持同步间歇机械通气（SIMV）通常是足够的。
- 诊断通常假定并基于临床结果。**实践提示：**在马驹身上，粪便培养阳性对其有很强的支持作用。
- 腓总神经的重复性神经刺激被描述为帮助马驹肉毒梭菌毒素中毒的一种诊断方法。肉毒梭菌毒素中毒导致基线M振幅降低，伴有以高频率递增反应。
- 治疗通常包括β-内酰胺类抗生素（不包括普鲁卡因青霉素或氨基糖苷类，因为它们可能影响神经肌肉功能）和含有抗毒素的肉毒梭菌毒素中毒血浆。营养支持是通过喂养（鼻胃管）提供的，除非存在肠梗阻。如果马驹不能自愿排尿，可能需要导尿管。
- **重要提示：**通过给母马注射疫苗来预防马驹B型肉毒梭菌毒素中毒。地方流行和高危地区的母马应接种疫苗。

不应该做什么

肉毒梭菌毒素中毒

- 不要给予氨基糖苷类药物，因为它们会抑制神经肌肉功能。
- 不要给予普鲁卡因青霉素G或四环素类药物。
- 如果吞咽困难明显，不要让马驹哺乳。

尿性腹腔积液

- 尿道结构破裂可累及膀胱、脐尿管、尿道、输尿管或肾脏。最常见的情况是膀胱或脐尿管受影响。
- 临床症状包括：
  - 嗜睡。
  - 腹胀。
  - 缺乏吮吸。
  - 尿淋漓。

· 几乎观察不到排尿，尽管尿流的存在并不排除尿性腹腔积液的存在。

· 尤其是脐尿管破裂的马驹经常产生尿流。

· 由于腹胀引起潮气量有限，呼吸急促很常见。

· 脐尿管、尿道和偶尔输尿管撕裂分别导致脐周、皮下和会阴水肿。

· 通过腹部超声和腹部穿刺诊断尿性腹腔积液。

· 通过发现腹腔液肌酐浓度是血清肌酐浓度的两倍或更多以确诊。

· 其他诊断方法：通过逆行造影术，使用无菌、水溶性造影材料输注到膀胱中。无菌亚甲蓝也可以在膀胱内注射，随后进行腹部穿刺，寻找蓝色染料染色腹水。**实践提示：** X光摄影和亚甲蓝技术会漏诊输尿管撕裂和一些脐尿管破裂，这些技术很少用于诊断尿性腹腔积液。

· 腹部积液的细胞学检查可确保排除腹腔积液的其他原因。

· 血清化学物质通常表现为氮质血症、低钠血症、低氯血症和高钾血症。已经住院并在破裂前用富钠晶体液治疗的马驹可以具有正常的血清钠和氯化物浓度，并且血清氮质血症可较缓慢发展。

· 心电图是对高钾血症引起的心律失常或心电图改变的重要术前评估，包括：

  · 帐篷形T波。

  · 钝形或缺失P波。

  · 延长的QRS波群持续时间和PR间隔。

  · 缩短QT间隔。

· 还应在术前进行胸部X光摄影或超声检查，因为有些带有尿性腹腔积液的马驹可能有明显的胸腔积液。

· 血液培养和血清IgG浓度的测定是重要的辅助诊断。

· 脐尿管破裂通常继发于脐尿管炎。在这些病例中，对被切除段脐尿管的微生物培养尤为重要。

应该做什么

尿性腹腔积液

· 术前治疗包括血流动力学和代谢稳定方面。

· 使用无钾液体治疗，如0.9%生理盐水或等渗碳酸氢钠（1.3%）（取决于血浆pH）。这些液体可能会增加尿性腹腔积液的体积，除非放置了腹腔引流管。

· 除稀释外，降低钾的方法包括提供葡萄糖（每分钟4~8mg/kg）、碳酸氢钠，在更难治的情况下用胰岛素治疗。

· 钙能迅速保护心脏免受高钾血症的影响，应在最初给予液体中与葡萄糖一起稀释。

· **临床案例：** 以4~6mL/（kg · h）的速率给予20mL/kg 5%葡萄糖，和0.5~1mL/kg的23%硼葡萄糖酸钙（在盐水中稀释，每升中葡萄糖酸钙不超过50mL）的0.9%盐水。如果由于低血容量而需要给药，则20ml/kg含1%~2.5%葡萄糖以及10~15mL的23%硼葡萄糖酸钙（或更多，取决于血浆离子钙浓度）的0.9%盐水可在20~30min内给予。给予1L液体后，如果仍然存在高钾血症，可额外给予含葡萄糖和碳酸氢钠（1~2mEq/kg）的盐水。钙和碳酸氢钠不能在同一袋液体中稀释，因为可能会出现微量沉淀。

· 尿液从腹部排出是缓解高钾血症和改善通气的重要方式。腹腔引流可使用套管插管或腹腔引流管。这些最好使用超声引导，因为网膜堵塞是常见的。建议在完成腹部引流后立即进行手术（一旦钾浓度降至＜5.5mEq/L）。取下套管插管或引流管可能导致网膜脱垂和/或在引流处皮下积聚尿液。

- 如果出现明显的胸腔积液，使用套管插管，排出胸腔积液。
- 应使用广谱抗菌药，因为伴有尿性腹腔积液的马驹，脓毒性的比例很高。
- 膀胱破裂的小公马应在术后1~3d内留置导尿管，如果认为存在膀胱收缩乏力，则留置导尿管的时间应更长，直到膀胱功能恢复正常为止；否则，可能会复发破裂。

其他全身虚弱的鉴别诊断

- 新生儿溶血性贫血：马驹出现黄疸、溶血、贫血和血红蛋白尿。
- 胎粪嵌塞：马驹出现疝痛，排便困难，尾下垂，腹胀。
- 抗利尿激素分泌不当综合征（SIADH）：这是一种过度释放抗利尿激素的情况。SIADH影响出生12~48h的马驹，表现为尿量减少、尿液浓缩、低钠血症和低氯血症。血清肌酐浓度是可变的。由于血管空间内的游离水滞留，马驹吃奶后体重过度增加。SIADH继发于人类脑损伤。
  - 这些马驹没有肾衰竭，治疗的选择是进行液体和乳汁摄入限制，监测尿排出量、尿比重和血清电解质值。临床症状与电解质紊乱（低钠血症）有关，这可能是严重的。诊断的关键是尿液浓缩和体重增加。
- 泰泽病是一种由毛状梭菌引起的急性重型肝炎。相关特征如下：
  - 该病影响6~42日龄的马驹。
  - 临床表现包括黄疸、迟钝、肝细胞酶浓度显著升高、严重低血糖和显著乳酸酸中毒。
  - 由于显著地低血糖和低血容量/败血症性休克，马驹可能会出现昏迷。
  - 这种疾病通常是致命的，尽管有一个报告中有一匹幸存的马驹和另一个疑似病例，表明早期和积极支持可以使马驹存活。
  - 早期的抗菌治疗（氨基糖苷类/β-内酰胺类结合或其他）和肠外营养以及对肝衰竭的支持措施似乎是罕见成功结果的关键治疗。
- 新生马驹EHV-1感染：如果胎儿在宫内感染EHV-1后仍存活，则可能在出生时发生病毒血症。新生儿疱疹感染病死率很高。
  - 临床症状包括呼吸窘迫、神经症状、黄疸和全身无力。眼底检查可发现视网膜出血。
  - **实践提示：**骨髓坏死可能导致全血细胞减少，受影响的马驹通常有严重的淋巴细胞减少和中性粒细胞减少，总白细胞计数低于1 200个/μL。
  - 肝酶可能升高，但在某些病例中是正常的。
  - 新生马驹暴发后的存活率很少报告，与使用阿昔洛韦有关。目前的治疗建议使用伐昔洛韦，成年马的推荐剂量为30mg/kg，PO，q8h，持续48h；然后20~30mg/kg，PO，q8~12h；或阿昔洛韦，10mg/kg，IV，q12h。
  - 可以通过对全血和鼻咽拭子进行PCR检测，或从皮毛上分离病毒进行诊断。
  - 受感染的马驹应严格进行生物安全管理；20%或更多的感染可能是由“神经毒性”的EHV-1菌株引起的。

- 羊茅中毒：由于妊娠期延长和胎盘异常，羊茅中毒的母马所生的马驹通常发育不全或过度成熟。
  - 它们通常体型大，瘦弱，被毛长，其行为与围产期窒息相一致。
  - 对受感染的马驹进行支持性治疗，如上述对缺氧缺血性损伤的马驹的治疗。
  - 由于无乳症通常发生在母马身上，所以必须给马驹喂食替代的初乳和乳品。
  - 被羊茅内生真菌感染的母马产前治疗包括多潘立酮1mg/kg，PO，q24h。在妊娠的最后30d补充维生素E可能会导致受感染母马哺乳的马驹血清IgG浓度升高。

应该做什么

败血症的一般治疗

心血管支持

- 替代液体疗法。
- 替代液体挑战法：为纠正低血容量，给予晶体溶液，10~20mL/kg，10~30min。根据休克程度，控制低血容量和低血压。平衡电解质溶液，Plasma-Lyte A或148，Normosol R或LRS最适合快速扩容。根据低血容量的程度，病马驹通常需要1~4次这种液体推注。每次推注后，应重新评估马驹灌注参数（临床和实验室参数），以给予额外体积。
- 临床灌注参数包括：
  - 精神状态。
  - 颈静脉充盈。
  - 黏膜颜色。
  - CRT。
  - 极端温度。
  - 心率（马驹不如成年马匹可靠）。
  - 脉搏质量。
- 灌注状态的实验室指标包括：
  - 连续测量乳酸。
  - 酸碱水平。
  - 静脉血氧饱和度和吸氧率。
  - PCV。
  - 总蛋白浓度。
- 可间接指示灌注状态的监测工具包括：
  - 连续测量动脉血压，间接或直接测量。
  - 尿量测量。
- 根据需要重复晶体液剂量，直到CVP达到最大（10~12cm H_2O）。**实践提示：**CVP通常不是一个准确的体积状态预测指标，但它是限制液体疗法的一个很好的指南。正常的CVP并不一定等于正常的血容量状态；但是，最大的CVP确实提供了一个指标，表明应停止液体推注。
- 如果达到CVP极限值，并且根据临床和实验室参数仍提示存在明显的低灌注，则需要考虑其他管理低灌注的方法，包括使用加压药。

注：除非存在低血糖，否则仅含葡萄糖的液体不适用于快速扩容。5%葡萄糖溶于水的液体不属于替代液，不应作为推注液体。

- 每次推注后和下一次给药前，应重新评估马驹。其目的是进行容量复苏，不能过度水合或钠过量。
- 维持液治疗：提供维持液体治疗至少有两种方法：
  - 一：根据正常新生马驹的液体摄入量和液体生理学研究，新生马驹的维持液体需求量为4~6mL/（kg · h）。
  - 二：另一种维持液体疗法是使用Holliday-Segar公式，被视为保守的液体疗法。保守维持液用量计算如下：
    - 体重的第一个10kg，每天100mL/kg。
    - 体重的第二个10kg每天50mL/kg。

- 剩余体重，每天20~25mL/kg。
- Holliday-Segar公式为不哺乳的卧地马驹维持水分提供所需体积，50kg马驹所需体积约为94mL/h。这一比率需要相应地向上调整，以满足由于逐渐失去知觉（呼吸、发热、体力活动增加）或有知觉的（尿量、胃回流、腹泻增加）损失增加而造成的马驹损失。大多数马驹实际上以计算的保守输液用量的1.5~2倍开始治疗。
- 如果马驹不接受乳汁或全肠外营养（PN）作为能量来源，则可添加葡萄糖，并调整浓度或速率，以提供4~8mg/（kg · min），直到满足葡萄糖需求。
- 根据正常马驹的乳汁摄入量，生长的新生马驹每天的正常钠需求量为1.5~3mEq/kg，通常通过给予1L血浆或含有140mEq/L的晶体液来满足其需求。

- 监测血压、CVP（目标值：2~10cmH_2O）、尿量、心率、外周脉搏和呼吸功能。马驹的平均血压没有“神奇”数字，但如果脉压差大于30~40mmHg且临床灌注指标显示充足，尤其是排尿充足，则45~50mmHg的平均血压通常是足够的。其他建议是将平均动脉压维持在60mm Hg或更高。
- 体格检查和临床状况是充分灌注的最关键指标：
  - 该马驹外周是否温暖？
  - 是否容易找到外围脉搏？
  - 该马驹排尿了吗？马驹的精神状态怎么样？
  - 如果这些问题的答案是肯定的或足够的，那么不管血压读数如何，灌注都是可以接受的。
  - 一匹可以行走并自行起身的马驹可能具有足够的灌注。
- 液体疗法的辅助：可能需要血浆来维持胶体膨胀压力和血管内液体体积。
  - 给药的最小体积为每60min 20mL/kg（中等大小的马驹为1L），但有足够液体体积的马驹应以较慢的速度给予血浆。
  - 1L血浆可提供与一匹以乳汁为食的正常马驹1d内摄取相等的钠负荷。
  - 临床医师也可使用羟乙基淀粉或医用淀粉，初始剂量为3~10mL/kg。**注：**由于人类医学文献中关于使用羟乙基淀粉产品的担忧，建议在进行进一步的安全研究之前，不要使用高剂量羟乙基淀粉。较大剂量（超过10mL/kg）可能会导致或加重凝血异常，因为它们会诱发血管性血友病样症状。

- 单独扩容通常足以纠正轻度至中度代谢性酸中毒。严重的代谢性酸中毒，特别是由强离子酸中毒（如高氯血症或低钠血症）引起的，可能需要补充碳酸氢钠。这在有持续碳酸氢盐流失的腹泻病例中很常见，但要注意，给予1mg的碳酸氢盐，也给予1mg的钠，随后的pH升高会降低血浆钾浓度。根据临床经验，建议采用1.3%等渗碳酸氢钠溶液，每升含150mEq碳酸氢钠。

实践提示：对于心脏骤停或需要大量复苏工作的患病马驹，不应给予碳酸氢钠，直到心肺复苏（CPR）后期（在CPR尝试失败5~10min后）。在使用碳酸氢钠之前确保足够的通气，因为它会增加通气不足马驹中的$PaCO_2$。避免快速输注碳酸氢钠：这是不必要的，可能导致呼吸或中枢神经系统酸中毒。

- 血管加压疗法：如果马驹是液体难治性的（败血性休克），则很难控制败血症引起的低血压，因为有些马驹对肾上腺素药物的反应可能较低。这可能只是一个它们如何通过血管收缩功能障碍或肾上腺机能不全表现败血症的一个功能，或者，它可能与发育年龄有关。
- 新生马驹低血压伴有低灌注的治疗建议包括：
  - 步骤1：如上所述的等渗液体。
  - 步骤2：多巴酚丁胺：连续输注，2~15μg/（kg · min）。
    - 多巴酚丁胺用于治疗有足够体积扩张的患马，作为β肾上腺素能肌力增强剂，以提高心输出量和氧气输送。
    - 滴定以达到有效剂量。
    - 如果出现严重心动过速（增加超过50%），停止用药。
  - 步骤3：加压疗法：去甲肾上腺素，0.01~3.0μg/（kg · min）。
    - 去甲肾上腺素是α激动剂加压剂。
    - 去甲肾上腺素应始终与多巴酚丁胺一起使用，以尽量减少内脏灌注不足，并确保心脏功能最大化。
    - 去甲肾上腺素是其他物种胃肠道灌注不足方面最不具攻击性的升压药之一。
  - 步骤4：加压素，0.25~0.4U/（kg · min）。
    - 在这种低剂量下，加压素为肾上腺素能加压剂提供支持，而不会引起肾脏反应，尤其是在败血症患马中。
    - 马驹和其他物种的加压素潜在问题是胃肠道和内脏灌注不足。

◦ 因此，在进一步研究之前，不得在原发性胃肠道病例中使用加压素，并在首次尝试去甲肾上腺素后保留使用。

- 对于无反应的中度至重度低血压：
  - 肾上腺素：0.1~2.0μg/（kg · min）。**实践提示：**使用这种药物时，预期测得的乳酸浓度会大幅增加。
  - 苯肾上腺素：1~20μg/（kg · min）。尽管这种加压剂几乎总能增加测量的压力，但由于全身血管阻力的过度增加，外周灌注严重减少，因此产生的全身性血管收缩可能对患马的治疗产生相反作用。

实践提示：通常使用上述治疗的组合，良好的首选组合包括多巴酚丁胺-去甲肾上腺素和多巴酚丁胺-加压素。

• 解决内分泌失调：下丘脑-垂体-肾上腺轴功能不全的相对或绝对肾上腺功能不全也可能存在于一些败血症马驹中。有报道称，住院的马驹基础皮质醇水平低，对应用促肾上腺皮质激素的反应不足。

• 替耳克肽是促肾上腺皮质激素（ACTH）的一种合成衍生物；在ACTH刺激试验中用于诊断肾上腺皮质功能不全。促肾上腺皮质激素给药后血清皮质醇浓度升高的失败与肾上腺皮质功能不全一致。

• 有些马驹有不适当的高ACTH浓度，高ACTH：皮质醇比率。如果败血症马驹对静脉输液和常规加压药物无反应（即仍然低血压），可以尝试使用琥珀酸氢化可的松钠：1.3mg/（kg · d），持续48h，然后0.65mg/（kg · d），24h，再之后0.33mg/（kg · d），12h。每日总剂量分为6剂，每4h静脉注射一次。该剂量基于一项试验研究，该研究表明，低剂量的氢化可的松可改善内毒素诱导的新生马驹炎症前细胞因子的表达，而不会损害其先天免疫反应（Hart K A等，2011）。

呼吸支持

• 治疗的目的是尽量减少通气-灌注不匹配。

• 使用谨慎的液体疗法保持足够的左心室和心房压力，从而促进更均匀的肺灌注。

• 频繁重新定位马驹可减少依赖性肺不张；鼓励胸骨平卧。

• 如果通气充足，使用鼻内（IN）湿润氧疗法治疗低氧血症［PaO_2＜70mmHg，氧饱和度（SaO_2）＜90%］。使用2~10L/min［(40~200mL/（kg · min)］的氧气流。吸入氧气分数（FiO_2）是不可预测的，很大程度上取决于每分钟的体积。通过位于鼻道的插管进行输氧，插管末端位于马驹眼的内眼角水平线。用胶带或缝合固定鼻插管。两个鼻孔中的氧气管可以用来增加FiO_2。小心不要让鼻插管进入食道，由此引起的腹部和胃肠道扩张是危险的，并且发展迅速。

• 机械正压通气（PPV）用于预防肺泡塌陷，减少呼吸肌疲劳，解决脓毒症相关的耗氧量增加的问题。可能需要呼气末正压（PEEP，4~8cmH_2O）和压力支持（8~16mm Hg）。如果单用氧疗法不能纠正低氧血症和/或如果$PaCO_2$＞65mmHg伴有pH＜7.25对呼吸兴奋剂无反应（即低氧缺血性脑病的马驹出现神经源性换气不足），则表明PPV与代谢性碱中毒（即未补偿）无关。气道压力峰值应保持在最低水平，最好小于30cmH_2O，以防止气压伤。只要pH可以接受，并且没有二氧化碳昏迷或有害心血管作用的迹象，就可以耐受增加的$PaCO_2$（允许的高碳酸血症）。FiO_2应尽可能低，以尽量减少肺部、眼睛和其他器官的氧气毒性。延长FiO_2＞50%~60%的时间可能会导致氧气毒性。

• 神经源性通气不足的马驹的轻度到中度的低通气用多沙普仑治疗，这包括有围产期窒息的马驹。使用多沙普仑恒速输注［0.01~0.05mg/(kg · min)］。接受多沙普仑治疗的马驹应监测是否有过度兴奋、躁动甚至癫痫发作。两项研究报告多沙普仑治疗新生马驹通气不足的疗效比咖啡因高。最近的研究表明，多沙普仑是一种比以往认为更安全的治疗围产期窒息和麻醉后低通气的方法。多沙普仑可能有副作用，如肺压升高和呼吸性碱中毒，应避免在有肺不成熟或脑损伤的马驹中使用。

• 咖啡因也被用来治疗由中枢性呼吸中枢抑制引起的呼吸速率异常缓慢、通气不足和呼吸酸中毒。以10mg/kg内服或直肠给药作为负荷剂量给予，随后以2.5~3mg/kg（PO）每天一次作为维持剂量。具有疗效的最低血清浓度为5~25μg/mL。毒性（CNS征象）与浓度大于40~50μg/mL有关，但在马驹中很少达到这种浓度。

实践提示：咖啡因在治疗通气不足方面不如多沙普仑有效。

营养支持

• 低血糖最初通过葡萄糖输注进行治疗，最好以4~8mg/（kg · min）的速率持续输注。这是葡萄糖在维持液中以5%~10%的溶液或50%的葡萄糖溶液的形式，通过一个单独的插入维持液管的注射器来完成的。50%的溶液不应在未稀释时使用，因为它是高渗的，可能会损害内皮。

• **临床示例：**在这个速度下，50kg马驹每小时可接受120~240mL于晶体液中稀释的10%葡萄糖。不要给马驹团注50%的葡萄糖。

• 热量需求：健康的马驹每天消耗体重15%~25%（或更高）的乳汁，相当于每天81~135kcal/kg。脓毒症和发热会使走动的或活动的马驹每天的热量需求增加到150kcal/kg；然而，并非所有情况下都是如此，即使是在有脓毒症时，平卧和虚弱的马驹也可能会降低热量需求。许多生病马驹获得10%的体重与等量喂养（每天50~54kcal/kg）增加，可能是因为与平卧和缺乏正常活动有关的能量需求降低导致。研究表明，躺卧的生病马驹的能量需求低至43~55kcal/（kg · d）。

- 肠内喂养：使用母马奶、马奶替代品、羊奶或其他组合。**实践提示：**替代乳品可能会导致腹泻，羊奶可能会导致便秘。完全由羊奶组成的饮食会导致代谢性酸中毒，因此羊奶应与替代乳品等量混合。
- **临床目标：**目标是每天10%~20%体重的奶，每2~3h少量给予。**注：**对于生病马驹（败血症或围产期窒息），最初的喂养目标是每天饲喂10%体重的乳汁。
- 如果胃肠功能有问题，小心地开始肠内喂养，每天喂养量为马驹体重的5%~10%，或以更小的喂养量在可承受范围内循序渐进地增加。如果连续2d每天喂入低于10%体重的奶，则补充肠外营养。不要让昏迷的马驹从奶瓶里喝奶或喝水。喂养马驹时，应使其站立或卧于胸骨位，并在喂养完成后，将其保持在该位置至少10min，以防吸入。

重要提示：切勿饲喂患感冒并严重低血压的马驹。确保在第一次喂食之前进行初始液体补充、葡萄糖补充及保暖。

- **肠外营养**（PN）：这些溶液是高渗的，必须通过大的外周静脉（如颈静脉或颅静脉）和长导管［长度＞5in（12.5cm）］以精确的流速连续给药。中心静脉导管（20cm），具有2~3个端口和管腔，是PN的理想给药方式。其中一条导管可以专门用于PN给药。使用输液泵、拨号流量调节器或一套Buretrol输液装置进行PN给予。
- 监测PN：
  - 目标血糖浓度应保持在80~180mg/dL。
  - 经常检测血液是否有高血糖和低血糖，并检查尿液中是否有糖尿，以调节所输送的葡萄糖量。
  - 持续性高糖血症的出现表明葡萄糖调节功能丧失，并不一定意味着葡萄糖摄入过多。在这些情况下，胰岛素可以以每小时0.005~0.2U/kg的速度连续输注。使用常规胰岛素，并预处理所有的导管，因为胰岛素会吸附到塑料上。胰岛素和葡萄糖的改变应缓慢且持续数小时（约4h）。
  - 应监测$PaCO_2$，因为PN可增加组织中二氧化碳的产生，可加重通气不足马驹的呼吸性酸中毒。
  - 监测血清中的血脂和甘油三酯浓度；如果甘油三酯浓度＞200mg/dL，则不应给予血脂。虽然除了严重的脓毒症外，很少发生这种情况，但血浆对血脂（白色）只是粗略评估。血清甘油三酯浓度＞200mg/dL的马驹应接受无脂制剂。
  - 监测PCV和总蛋白浓度以确认是否有脱水迹象。
  - 可以通过定期评估BUN和血氨浓度来监测氮平衡。
  - 还应监测接受PN的马驹是否有低钾血症、高碳酸中毒、代谢性酸中毒、氮不耐受（高BUN或氨）和败血症/导管相关问题。
- PN组成：
  - 50%葡萄糖。
  - 8.5%或10%氨基酸。
  - 10%或20%脂质，为长期PN使用，＞3d。

  实践提示：每日热量需求主要由葡萄糖和脂类来满足。
- 无脂配方通常用于短期（＜3d）PN给药。最近在人类重症监护中的研究表明脂类可能是脓毒症的促炎性物质。
- 对于长期（≥3d）PN给药，应包括脂质，以防止脂肪酸缺乏。
- 脂质可提供约50%的非蛋白质热量。
- 为了确保氨基酸用于结构蛋白质而不是分解为能量，非蛋白质热量与氮的比率应保持在100~200之间。
  - 热量密度：
  - 脂质，9.0kcal/g。
  - 碳水化合物（葡萄糖），3.4~4.0kcal/g。
  - 蛋白质（氨基酸），4.0kcal/g。
- 短期使用（＜3d）的PN的起始配方：
  - 无脂配方：使用含50%葡萄糖和8.5%氨基酸的1 ∶ 1溶液，用于马驹，热量为1.02kcal/mL。
  - 对于躺卧的生病马驹，目标热量为50kcal/（kg · d）。
  - 从目标率的25%开始，每4~6h增加一次，直到24h内达到目标。在这24h内，葡萄糖最初以4mg/（kg · min）的速度补充；随着PN配方的增加，每4~6h速率减少25%。
  - 分别提供维生素B和维生素C；在晶体液中稀释。

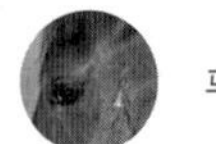

- 长期使用（≥3d）PN起始配方：
  - 如有必要，将氯化钾添加到肠外配方中。
  - 首次使用脂类开始PN时，从所需流速的1/4开始。每隔3~4h检查血液是否有脂血症，检查血液和尿液是否有高血糖（血糖浓度＞180mg/dL），并将流速增加1/4，直至达到最终流速。
- **临床示例1：** 50kg马驹的样本计算：
  - 葡萄糖：10g/（kg · d）= 500g = 1L 50% 葡萄糖。
  - 氨基酸：2g/（kg · d）= 100g = 1L 10% 氨基酸或 1.2L 8.5% 氨基酸。
  - 脂质：1g/（kg · d）= 50g = 0.5L 10% 脂质。
  - 总体积：2.5L PN。热量约为 1.14kcal/mL。
- **临床示例2：** 另一种通常在50kg马驹中使用3d以上的配方：
  - 1L 50% 葡萄糖。
  - 1.5L 8.5% 氨基酸。
  - 0.5L 20% 脂质。
  - 总体积：3.0L PN。热量约为1.13kcal/mL。
- 为了给50kg的马驹提供50kcal/kg的热量，每天需要大约2 200mL的后一种配方，相当于91mL/h。在允许的情况下，PN可以增加到每天提供大约75kcal/kg或140mL/h。
  - 以35mL/h开始PN。缓慢增加速率，每3~4h增加35mL，经常检查血浆/血清的葡萄糖浓度，直到中等大小的马驹达到90~140mL/h。

注意： 人类重症监护研究表明脂类可能是脓毒症的促炎性物质。

脓毒症的抗菌治疗

- 广谱杀菌抗菌剂。应尽可能根据细菌培养和药敏试验结果进行治疗。
- 在有记录菌血症的马驹中进行至少10~14d的抗菌治疗，前提是没有出现需要更长时间治疗的局部感染区域。
- 特定感染部位（如肺炎、脑膜炎、关节炎和骨髓炎）需要延长30d或更长时间的抗菌治疗。青霉素和氨基糖苷类抗菌药构成一种流行的组合，可覆盖革兰氏阳性和革兰氏阴性需氧菌和厌氧菌。
- 抗菌剂量（扩展药物剂量表见附录七）如下：
  - 盘尼西林：22 000~44 000U/kg，IV，q6h；或 22 000U/kg，IM，q12h；如果肾功能正常，可与氨基糖苷类结合使用。
  - 氨苄西林：22mg/kg，IV，q6~8h；如果肾功能正常，与氨基糖苷类联合使用。
  - 阿米卡星：21~30mg/kg，IV，q24h。在日龄小于7d的马驹中结合治疗药物监测；理想的峰值浓度应大于培养或疑似微生物最低抑制浓度（MIC）的10倍。给药后30min，峰值浓度应≥60μg/mL，或给药后1h，峰值浓度应≥40μg/mL。**实践提示：** 为了尽量减少肾毒性，给药后20~23h的最低浓度应≤1μg/mL。在接受氨基糖苷类药物治疗的马驹中，应连续测量血浆肌酐浓度。
  - 庆大霉素：6.6mg/kg，IV，q24h；7日龄以下的马驹可达10mg/kg，IV，q24h。应监测最高和最低浓度；理想情况下，在给药后20~23h，峰浓度应≥MIC的10倍，且最低浓度＜1μg/mL。如果没有MIC数据，给药后1h的峰值浓度应≥20μg/mL。**注：** 庆大霉素被认为对非常年轻的马驹比阿米卡星有潜在的更大的肾毒性；小心使用，并且只在水合充足的马驹中使用。用庆大霉素治疗马驹时，应连续监测血浆肌酐浓度。**注：** 许多革兰氏阴性细菌可能对庆大霉素有抗药性。
  - 头孢噻呋钠：2~10mg/kg，IV，q12h；5mg/kg，IV，q12h。用于大多数用途；也可皮下注射（Hall等，2011）。对于肾功能不全的马驹，由于清除率降低，建议延长治疗间隔。可以将头孢噻呋与氨基糖苷类药物（如阿米卡星）联合使用，以增加革兰氏阴性和葡萄球菌属的覆盖。
  - 最近已经描述了头孢噻呋的连续输注速率（CRI）（Wearn等，2013）。CRI给药是马驹头孢噻呋的一种替代给药方法。因为它是一种时间依赖型抗菌剂，所以在整个给药间隔内保持血浆浓度高于微生物MIC是最佳的。根据试验数据（Wearn等，2013），达到2g/mL血浆稳态浓度的推荐剂量为：
    - 团注负荷剂量1.26mg/kg。
    - 接着立即给予CRI，2.86μg/（kg · min），以维持血浆头孢噻呋（DCA）浓度≥2μg/mL（每日总剂量约为5.4mg/kg）。对于更多耐药细菌（MIC＞2μg/mL），需要更高的剂量。
  - 头孢噻呋结晶游离酸也可用于马驹。皮下注射，间隔72h，标记剂量6.6mg/kg仅对从马驹获得的79%细菌分离株有效（预计其对MIC≤0.5μg/mL的细菌有效）（Hall等，2011）。为了增加活性谱范围，需要增加剂量和缩短给药间隔；需要额外的药代动力学研究。注射部位的肿胀是常见的。

- 替卡西林/克拉维酸：50~100mg/kg，IV，q6h；用于易受药物影响的铜绿假单胞菌感染。
- 甲氧苄啶磺胺：25~30mg/kg，PO或IV，q12h。如果不确定胃肠功能，则不要服用。许多革兰氏阴性细菌可能具有耐药性；因此，它不是治疗败血症性马驹的最佳药物组合。
- 如果怀疑脑膜炎，使用第三代头孢菌素类药物：头孢噻肟，40~50mg/kg，IV，q6~8h。许多其他头孢菌素类药物包括：
  - 头孢他啶：50mg/kg，IV，q6h。
  - 头孢曲松：25mg/kg，IV，q6h。
  - 头孢克肟：50mg/kg，IV，q6h。
  - 头孢噻肟：40mg/kg，IV，q6h（或以40mg/kg，IV的负荷剂量进行CRI，再以每日总剂量160mg/kg进行CRI）。
  - 头孢吡肟，第四代头孢菌素，11mg/kg，IV，q8h。
- 亚胺培南-西拉他丁钠和美罗培南：最广谱的β-内酰胺杀菌药，10~15mg/kg，缓慢IV，q6h。这些碳青霉烯类抗菌药是给无反应或高度耐药败血症的马驹使用的。

实践提示：亚胺培南-西司他丁钠和美罗培南价格昂贵，很少报告有癫痫发作的副作用。碳青霉烯类抗菌药在尿液中排出，因此应努力防止马驹摄入尿液污染的干草。

- 氟康唑治疗真菌感染：
  - 8.8mg/kg，PO，q24h（负荷剂量）。
  - 4.4~5mg/kg，PO，q24h（维持剂量）。

免疫系统支持：给予初乳

- 仅给予心血管状态和体温正常的马驹。

实践提示：马驹在出生后8~10h应接受约1L初乳，比重大于1.060，分为3~4次喂养。这个剂量相当于每千克体重1g的IgG。

- 马驹哺乳不耐受，在产后最初12h内未接受初乳喂养，需要输注血浆，20~40mL/kg，IV。

脓毒症中的凝血障碍

- 伴有败血症的马驹通常会出现凝血障碍。
- 据报道，败血症马驹的凝血酶原时间/部分促凝血酶原激酶时间、全血脱钙、纤维蛋白原、纤维蛋白原降解产物、纤溶酶原百分比、α_2抗纤维蛋白溶解酶百分比和血小板活化剂抑制剂增加。
- C蛋白和抗凝血酶浓度降低，与内源性抗凝血剂减少和随后的高凝状态一致。
- 有大量关于指动脉、臂动脉和主动脉血栓的报告，显示凝血障碍的临床证据，如DIC。
- 凝血障碍的治疗包括针对败血症的治疗，如广谱抗菌药、肝素和血浆。
- 低分子肝素目前用于人类患者和成年马，最近在马驹中进行了研究。成年马的推荐剂量为：
  - 达替帕林：50IU/kg，SQ，q24h。
  - 依诺肝素：40IU/kg，SQ，q24h。
  - 马驹的一份报告建议增加达替帕林的剂量，需要进行额外的研究来确定最佳剂量。

血浆输注

- 使用血浆来管理被动运输失效，还可用于：
  - 提供调理素。
  - 提高免疫反应。
  - 支持胶体膨胀压。
  - 保护血管内液体容量。
- 血浆还为患有凝血障碍的马驹提供抗凝血酶和凝血因子。
- 新鲜血浆含有血小板（富含血小板的血浆），这对患有新生儿同种免疫性血小板减少症的马驹是一个优点。
- 对红细胞抗体和血源性疾病呈阴性的供体给予高免疫血浆。这种血浆在市场上有几种来源。
- 如果口服给药，可以使用血清衍生的商品化IgG产品，如Seramune。它们应该与初乳混合以提高吸收。建议使用相同剂量的IgG，1g/kg。这些产品的吸收可能是不稳定的，并且应在给予这些产品后重新评估马驹IgG血清浓度。

· 年龄大于18h的马驹或胃肠功能不全的马驹可能无法吸收足够的初乳抗体，可能需要输注血浆。

· 给予的最小血浆容量为20mL/kg。管理FPT所需的血浆量取决于受体血液和供体血浆中的IgG。

· 由于脓毒症引起的蛋白质分解代谢，脓毒症马驹需要比健康马驹更大的血浆体积，以使血清IgG增加到相同的浓度。

· 给予足够的血浆，以提高血清IgG至＞800mg/dL，用于败血症。

· 在治疗期间每隔几天重新检查血清和血液IgG，以确保浓度保持足够。

一般哺乳护理

· 使用加热垫、温水、辐射加热器、强制热空气毯和液体外套加热器、一个温暖的静脉输液袋以及7~9in（17.5~22.5cm）的Safe and Warm（可重复使用的速热工具）。

· 尽可能保持胸骨平卧。频繁的重新换位有助于防止褥疮和依赖性肺不张。

· 将无菌眼部润滑剂涂抹在马驹的眼睛上，这些马驹大部分时间都在侧卧，以防止角膜炎和溃疡。每天仔细评估双眼是否有角膜溃疡。

· 如有必要，可使用胃保护剂。这些患马的胃十二指肠溃疡可能与胃肠道灌注不足有关，而不是与胃的酸碱度有关。严重的马驹可能胃环境为碱性，并对产酸抑制剂的反应迟钝；因此，在对患马的护理中使用组胺-2（H_2）颉颃剂可能用处不大。胃中的乳汁对胃内容物呈碱性，如果马驹对肠内营养有耐受性，频繁喂养是有保护作用的。

· 一份报告（Furr M等，2012）描述了在住院的新生马驹中使用抗溃疡药物以及其与腹泻相关的风险增加。奥美拉唑、雷尼替丁、西咪替丁和硫糖铝均与腹泻概率增加相关。

  · 胃保护选择包括：

    · 雷尼替丁，6.6mg/kg，PO，q8h；1.5mg/kg，IV，q8h，是一种温和的促动力药。

    · 法莫替丁，2.8mg/kg，PO，q12h；或0.3mg/kg，IV，q12h。

    · 奥美拉唑，2~4mg/kg，PO，q24h，可选择搭配。

    · 硫糖铝，20mg/kg，PO，q6h。

吞咽困难

· 马驹吞咽困难常见表现为：

  · 乳汁鼻腔反流。

  · 无法抓咬（吸吮）。

  · 吸入性肺炎。

· 现阶段无法解释的鉴别诊断包括：

  · 围产期缺氧。

  · 显著低钠血症。

  · 肉毒梭菌毒素中毒。

  · 白肌病。

- 颅面畸形。
- 颅神经缺损。
- 乳汁鼻腔返流的鉴别诊断包括:
  - 与围产期窒息相关的暂时性咽部麻痹。
  - 与软腭背侧移位相关的硒缺乏症（白肌病)。
  - 腭裂。
  - 会厌关闭或持续性系带关闭。
  - 会厌下囊肿。
  - 肉毒梭菌毒素中毒。
  - 食管阻塞（哽噎)。
  - 巨食道。
  - 鳃弓缺损。
  - HYPP纯合子状态。
  - 特发性：有些马驹不能在不吸气的情况下进行吮吸，上述任何一种可能性都不能解释这一问题。大多数受影响的马驹能够成功地从放在地上的平底锅/桶里喝水。这个问题可能有品种的倾向。

· 与围产期窒息或硒缺乏相关的咽部麻痹通常是一种短暂的疾病，如果缺乏，可通过时间和硒补充来解决。

应该做什么

吞咽困难

- 如已知潜在病因，则进行处理。

· 如果受影响的马驹太虚弱而不能自主饮水，则需要通过鼻胃管喂养，或者给它们戴口罩，并允许它们从一个独立位置的桶里喝奶，以尽量减少吸入的可能性。除非有不可修复的先天性缺陷，否则大多数患马预后良好。

- 治疗吸入性肺炎。
- 与新生儿一样，马驹HYPP基因纯合子通常表现吞咽困难和发声困难。
  - 鼻腔乳汁返流、流涎和喘鸣是常见的。
  - 可以进行HYPP的DNA测试。
  - 许多马驹随着成长而得到改善。
  - 严重病例需要用乙酰唑胺（2mg/kg，PO，q12h）和/或苯妥英（2.8~10mg/kg，PO，q12h）治疗。应监测苯妥英的治疗（目标：5~10μg/mL)。**重要提示：**苯妥英可减少临床症状，但不能预防高钾血症，而乙酰唑胺可调节血浆钾水平，有助于预防高钾血症。

疝痛

新生马驹的疝痛症状

- 不良的哺乳行为：乳汁流到马驹脸上形成“奶脸（milk face)”。
- 打滚，踏步。

- 侧卧时姿势异常。
- 腹胀。
- 磨齿。
- 心动过速、呼吸迫促。
- 里急后重。

常见原因

- 胎粪嵌塞：通常通过腹部触诊和指检检查确认。腹部放射或超声检查用于显示更多的向口部的嵌塞。对胎粪嵌塞反复灌肠造成的过度治疗可导致（因直肠炎或会阴刺激引起的）疝痛或紧张。
- 肠梗阻：与围产期窒息或脓毒性休克导致的胃肠道缺氧有关。
- 肠套叠：这在超声检查中可见（“靶形”损伤——套入部进入肠套叠鞘内），并与肠缺氧和运动障碍有关。
- 肠炎/腹膜炎：通常由梭状芽孢杆菌或病毒引起，伴随菌血症。马驹在腹泻前通常会有绞痛。
- 胃十二指肠溃疡：这通常不是新生马驹疝痛的主要原因，但可能是年长马驹的一个主要原因。许多新生马驹胃溃疡在临床上是“安静”的。
- 肠扭转：**重要提示：**真正的外科急诊。根据严重疼痛、反流和腹胀的临床症状进行诊断。腹部的超声检查可以确定是否存在多个肿胀、扩张的小肠环，其活动性小或无活动性。腹胀往往是迅速并严重的。
- 乳糜腹：通常是暂时性的，没有发现病因。

胎粪嵌塞

实践提示：胎粪嵌塞在小公马中比在小母马中更常见。对于马驹来说，有免疫FPT也是很常见的；也许初乳的摄入有助于排出胎粪，或者未能吸收摄入的IgG表明肠道功能异常。

- 除了疝痛、腹胀和不良的哺乳行为外，受影响的马驹还可能有里急后重、尾巴下垂和弓背姿势。如果完全阻塞，腹胀会迅速发展。

诊断

- 轻轻指检，在直肠和盆腔管内触诊到坚硬的胎粪。
- 便秘史。
- 通过腹部触诊、平片或灌入钡餐造影后检查，在盆腔入口检测到坚固的粪便物质。
- 超声检查检测到远端结肠和直肠有回声物质。

应该做什么

胎粪嵌塞

温水、肥皂（象牙肥皂）水、重力灌肠剂

• 使用软导尿管或小橡皮饲喂管和灌肠桶，灌入75~180mL溶液。如果需要反复灌肠，用温水或用水与J-润滑剂或直肠润滑剂混合代替肥皂水，以尽量减少对黏膜的过度刺激。**实践提示：**不应使用磺基琥珀酸二辛酯钠（DSS）灌肠，因为会刺激和继发直肠炎。如果需要重复灌肠，可将氯化钠溶液稀释至一半浓度（0.9%盐水和水的比例为1∶1），制成肥皂水灌肠。这样可以避免过量的游离水灌肠和随后的低钠血症。

• 人类用的磷酸钠灌肠液也可用于马驹。然而，由于有高磷血症的可能性，每天使用的“成人”或“儿童”大小剂量的灌肠剂不能超过一次。

注：反复灌肠可能导致病理性里急后重和直肠水肿！

乙酰半胱氨酸留滞灌肠

• 高剂量的留滞灌肠剂用于肥皂水或磷酸钠灌肠剂无法解决的高度胎粪嵌塞。

• 操作时通常镇静马驹（例如地西泮±布托啡诺）。

• 使用乙酰半胱氨酸或*N*-乙酰-*l*-半胱氨酸粉。如果使用乙酰半胱氨酸，将40mL 20%溶液加入160mL水中，制成4%溶液。如果使用粉末，添加8g粉末和11/2汤匙（约22.5g）碳酸氢钠（小苏打）至200mL水中。轻轻地将一根经过润滑的Foley导尿管（30F，大多数中等大小的马驹使用30mL气球）伴有有一个2~4in的（5~10cm）气球头端，插入直肠（只要经过时没有阻力），并轻轻地给气球充气。缓慢注入4~7oz（120~200mL）的乙酰半胱氨酸溶液，通过重力流入直肠。将导管末端封闭至少15min（理想情况下为45min）。给气球放气，取出导管。保留灌肠可以重复。

• 给予*N*-丁二醇溴化钴铵（0.3mg/kg，缓慢IV或SQ）。

内服泻药

• 近端（高度）嵌塞除灌肠外还需要内服泻药。最安全、刺激性最小的泻药是矿物油（120~160mL），如果马驹年龄大于12~18h，则通过鼻胃管给药。矿物油润滑嵌塞周围，并减少完全阻塞（这可以迅速导致严重痛苦的气体积累和腹胀）的风险。**实践提示：**镁乳（60~120mL）是一种口服泻药，必须谨慎使用。

• **请勿使用：**不建议口服蓖麻油或DSS，因为可能会导致过度的黏膜刺激、严重腹泻和疝痛风险的增加。

静脉输液治疗

• 静脉输液治疗对难治性嵌塞很有用。如果因腹胀和疝痛加重而减少哺乳，建议补充葡萄糖。

• 一般来说，在胎粪开始排出之前，不允许马驹哺乳。应补充葡萄糖［4mg/（kg · min）］，如果疝痛和腹胀持续24h以上，则应进行PN。

经皮肤肠道穿刺术

• 只有在极少数情况下才应使用肠内穿刺术。如果在嵌塞消退之前出现严重的腹胀，足以造成严重的危及生命的呼吸障碍，考虑穿刺术，并且如果出现盲肠扩张，考虑盲肠穿刺术（见第18章）。在没有过量药物的情况下，穿刺术通常可以立即缓解疼痛，并为药物治疗和可能的手术前稳定留出时间。注意引起潜在致命败血症性腹膜炎的风险。应使用广谱抗菌药物。

手术管理

• 严重腹胀导致呼吸和心血管功能受损（腹腔内高血压合并腹腔间隔综合征）的马驹可能需要手术探查以缓解嵌塞。

止痛药和镇静剂

• 可能需要止痛药和镇静剂来防止马驹自己平卧和翻滚时的受伤。

• 氟尼辛葡甲胺：0.5~1.0mg/kg，IV，q24~36h。前提是肾功能正常；避免重复剂量，因为它可能对胃肠道和肾脏产生不良影响。或者使用酮洛芬，因为它被认为更安全（1~2mg/kg，IV，q24h）。

• 布托啡诺：0.01~0.04mg/kg，IV。这是一个极好的首选药物，通常非常有效。如果马驹没有过度镇静，可以根据需要每隔1~4h重复给药。

• 赛拉嗪：0.1~0.5mg/kg，IV；由于对胃肠动力和血流动力学有不利影响，因此应谨慎使用。一些虚弱的新生马驹在使用赛拉嗪后出现明显的肠梗阻或呼吸/血流动力学损害。同时使用布托啡诺和赛拉嗪可减少赛拉嗪所需剂量。

肠梗阻

- 胃肠动力下降与脓毒症、SIRS、脓毒性休克、围产期缺氧和不良事件引起的缺血和缺氧性肠损伤有关。
- 肠梗阻也可能出现于低血容量、低灌注和低体温的情况下。

实践提示：小肠肠套叠理论上可由肠梗阻或促动力药导致。

- 早产马驹可能有肠梗阻和肠内喂养不耐受。

临床症状

- 肠鸣减弱或消失。
- 鼓样腹胀。
- 疝痛。
- 胃反流：血性、深棕色到黑色的反流表明黏膜受损；在这些情况下考虑服用硫糖铝。
- 腹泻或便秘。

诊断

- 根据物理检查结果，并用多种诊断技术支持诊断：
  - 经腹部超声检查显示肠道扩张或运动不足，且缺乏推进动力。如果出现坏死性小肠结肠炎，超声检查可能显示肠壁内有气体回声。
  - 腹部X光片显示广泛性小肠和大肠扩张。严重的坏死性小肠结肠炎可引起肠内积气（肠壁内形成气体）。

应该做什么

肠梗阻

- 取决于根本原因。

严重缺氧/缺血性肠损伤伴胃返流或血性腹泻

- 提供肠道休息。停止所有肠内喂养，直到反流，膨胀，腹泻消退，并恢复肠鸣。严重病例可能需要7d的完全肠道休息。少量易于消化的肠内食物（乳汁或商用等渗产品）支持肠细胞和酶的产生。
- 肠外营养。
- 建议使用广谱杀菌抗生素。
- 硫糖铝：20mg/kg，PO，q6h。
- 如果马驹出现内毒素血症迹象，考虑给予高免血浆，20~40mL/kg，以调节素和免疫球蛋白支持免疫系统。
- 缓慢地重新引入肠内喂养，从少量初乳或新鲜马奶开始。
- 坏死性小肠结肠炎的并发症包括：
  - 败血症。
  - 肠套叠。
  - 腹膜炎。
  - 贫血。
  - 绞窄。

- 排除C型产气荚膜梭菌和C型梭状芽孢杆菌感染。

轻度到中度肠梗阻，与喂养有关的轻度疝痛，反流量不等，以及排便异常

- 暂时减少肠内喂养量（可能需要短期停止），并使用部分PN进行支持。
- 允许有控制的运动，在小围场中短时间与母马相处。
- 如果出现便秘，用灌肠剂、口服泻药（少量矿物油和少量车前子）治疗，并用口服或静脉注射给予液体维持水合。
- 给予口服益生菌制剂：商业产品或2~3oz（60~90mL）活性培养酸奶，PO，q12~24h。
- 新斯的明，0.5~1mg/50kg，SQ。如果大肠出现气体膨胀，并且排除梗阻时可用。如果给予新斯的明后出现腹痛，则可能需要镇静。甲氧氯普胺静脉注射、内服或直肠给予，可用于广泛性肠梗阻。

肠套叠

- 肠套叠引起的疝痛可能是轻微到严重的，这取决于梗阻的位置和持续时间以及马驹的精神状态。
- 通常会出现腹胀和反流。
- 通常通过腹部超声检查进行诊断，超声显示“牛眼”靶病变代表肠套叠肠的横截面图。套入部进入肠套叠鞘内造影，有助于确定阻塞的位置。

应该做什么

肠套叠

- 治疗方法是手术治疗。
- 如果发现多处肠套叠、肠道大面积受损或腹膜炎严重，预后死亡可能性大。
- 术后并发症包括：
  - 复发肠套叠。
  - 绞窄。
  - 腹部粘连。

肠炎：有或无腹膜炎

- 肠炎可由原发性胃肠道疾病（如轮状病毒感染）引起，或继发于其他全身性疾病，如败血症或围产期缺氧（见第18章）。

临床症状

- 疝痛。
- 腹胀、肠鸣减少或消失、臌胀。
- 腹泻 ± 血液、黏液。
- 变化的直肠温度。
- 如果肠炎与内毒素血症有关，则有巩膜充血和黏膜充血。
- CRT延长、低血容量和脱水。
- 心动过速。

- 白细胞减少症伴有中性粒细胞减少，伴有/不伴有未成熟（带）中性粒细胞，在有肠炎的马驹中很常见。

新生马驹肠炎的感染原因

细菌性

- 沙门氏菌可导致急性到超急性腹泻，严重情况下可伴有腹膜炎和内毒素血症。受感染的马驹通常是菌血症性的，并且有更高的患败血症性骨髓炎或关节炎的风险。
- 大肠杆菌败血症：从腹泻的马驹血液中分离出的大肠杆菌没有明确显示是肠毒性病原体；许多大肠杆菌菌血症的马驹也有并发肠炎。大肠杆菌的肠出血（黏附和消退）菌株与马驹的散发性肠炎有关。
- 梭状芽孢杆菌性肠炎（C型产气荚膜梭菌、C型梭状芽孢杆菌）可导致恶臭的腹泻，通常是血性的，尤其是C型产气荚膜杆菌感染。受感染的马驹经常并发败血症。已有记录在患有梭状芽孢杆菌病的马驹中有乳糖酶缺乏。其他梭状芽孢杆菌，如梭形芽孢杆菌或韦氏芽孢杆菌可能会引起腹泻，但需要进一步的证据。

病毒性

- 已从腹泻的马驹中分离出来轮状病毒、冠状病毒、腺病毒和细小病毒。

实践提示：轮状病毒是新生马驹最常见的病毒性腹泻原因。

  - 轮状病毒会导致非恶臭的水样腹泻，可能伴有发热和厌食。
  - 有趣的是，在某些轮状病毒特有期间，胃十二指肠溃疡病的发病率增加。
  - 轮状病毒感染与乳糖酶缺乏有关。
- 冠状病毒似乎是成年马的一种新的病原体；它通常在健康马驹的粪便中被发现。
  - 2011—2012年，有大量已发表或未发表关于日本和美国的成年马出现了发热和肠道疾病暴发的报道。
  - 最常见的临床症状包括：
    - 发热。
    - 嗜睡。
    - 腹泻从轻微到严重。
  - 这些病例中绝大多数是成年马；然而，冠状病毒暴发的增加提高了人们对其可能出现在马驹中以及作为腹泻的共同感染原因的认识。

寄生虫性

- 当体内韦氏类圆线虫数量很多时，可能与轻度马驹肠炎有关。
- 小隐孢子虫是马驹肠炎的另一个传染源。它可以作为马驹腹泻偶发病例和暴发出现。可能是非混合性感染或联合感染的。
- 贾第鞭毛虫是引起马驹腹泻的潜在原生动物原因；它在成年马和马驹肠炎中的确切作用

有待解释。

营养性

- 过量喂养会引起胃扩张、肠梗阻和腹泻，尤其是在使用代乳品时。
- 如果胃、消化和吸收能力不足，大量快速发酵的糖类会到达结肠，导致渗透性腹泻。
- 突然的饮食变化（例如，从母马乳汁到人工替代品的变化）可能导致腹泻。
- 乳糖酶缺乏与细菌和病毒性肠炎有关。原发性乳糖酶缺乏被认为会影响马驹，然而这一点仍有待证实。

其他

- 小肠结肠炎与缺氧或缺血性肠道损伤有关。它还与早产和对细菌过度生长（如坏死性小肠结肠炎）的肠内喂养不耐受有关。
- 摄入沙子或土可导致机械性小肠结肠炎。
- “马驹热腹泻”是由胃肠道发生的生理和成熟变化引起的，通常导致自限性腹泻，发生在5~14d，持续时间小于5~7d。受影响的马驹没有系统疾病，实验室检查正常。

诊断：一般指南

- 如果怀疑有败血症（如沙门氏菌、大肠杆菌、梭状芽孢杆菌和其他肠道微生物），在有急性腹泻的马驹中进行血液培养。**实践提示：**高达50%的有肠炎马驹的血液培养呈阳性。
- 获得沙门氏菌和梭状芽孢杆菌的粪便培养物。聚合酶链反应可用于沙门氏菌的检测，毒素检测应用于梭菌感染（C型梭状芽孢杆菌的毒素A和B；C型产气荚膜梭菌的α、β和ε毒素）。(见第18章)。
- 采取粪便漂浮法和直接涂抹镜检。
- 获得轮状病毒试验：Rotazyme酶联免疫吸附试验、Rota试验（乳胶凝集）或粪便PCR。
- 电子显微镜可用于识别病毒感染，包括轮状病毒。
- 粪便PCR检测沙门氏菌、轮状病毒、冠状病毒、隐孢子虫和C型产气荚膜梭菌毒素。
- 免疫荧光抗体技术用于检测隐孢子虫和贾第虫。
- 腹部X光片：
  - 肠炎，特别是在早期阶段，常与肠腔内不同程度的梗阻和广泛性气体或液体积聚有关。
  - 严重坏死性小肠结肠炎发生时肠壁内有气体积聚（肠内积气）。腹腔积气发生于肠破裂。
  - X光片有助于排除沙土引起的肠病。
- 经腹部超声检查：
  - 肠炎可导致肠腔内液量增加和肠壁水肿。
  - 腹膜炎与腹腔液回声增强有关（有或无纤维蛋白标记）。
  - 肠壁内气体积聚（肠内积气）产生明亮的白色回声，与严重的缺氧性肠损伤有关。

- 血液学、化学检查：
  - 白细胞减少和中性粒细胞减少与内毒素血症有关。
  - 可能存在未成熟的中性粒细胞（带）。
  - 细胞毒性在细胞学检查中明显看到。
  - 分泌性腹泻通常导致低氯血症、低钠血症、不同程度的代谢性酸中毒、血液浓缩和变化的钾浓度。
  - 蛋白丢失性肠病可导致低血压。
- 如果怀疑感染性腹膜炎，进行腹部穿刺。
  - 尽管所提供的信息中并未具体说明，腹腔液蛋白质浓度和有核细胞计数都升高。

实践提示：对于有肠炎的马驹，要非常谨慎地进行腹部穿刺，因为肠穿刺会造成致命的后果。

应该做什么

新生儿腹泻（见第18章）

- 使用平衡的多离子液体，如Plasma-Lyte A或148，Normosol R，或LRS，恢复和维持水合。
- 监测血清电解质、葡萄糖、肌酐、酸碱平衡（血气）、乳酸、PCV和总蛋白的浓度。
- 如果马驹厌食，在最初的12~24h内给予右旋糖，如果厌食的时间超过了这一时间，则开始为新生马驹进行肠外营养支持。
- 由于败血症风险增加，建议对严重腹泻的马驹进行广谱、杀菌、非肠道抗菌治疗。

实践提示：肠球菌属是从腹泻的马驹血液培养中分离出的最常见细菌。因此，当肠炎和败血症是临床图片的一部分时，青霉素或氨苄西林和阿米卡星应该成为覆盖抗菌的一部分。如果给予阿米卡星，必须监测肾功能！甲硝唑用于C型梭状芽孢杆菌。

- 给予肠道保护剂：2,3—八面体蒙脱石或亚水杨酸铋，0.5~1mL/kg，PO，q4~6h；高岭土和果胶，4~8mL/kg，PO，q12h。
- 添加有2~6oz酸奶的乳酸片剂可口服，q4h，以预防乳糖酶缺乏。
- 如果马驹出现内毒素血症的迹象，一些临床医生使用非甾体类抗炎药物治疗。由于对肾脏和胃肠道的不利风险，短时间内首选“低剂量”氟尼辛葡甲胺，0.25mg/kg，IV，q8~12h。
  - 建议保守使用非甾体抗炎药，因为其可能引起溃疡，并可能破坏正常肾功能，减少黏膜灌注，减缓胃肠道的愈合。
- 给予血浆有益于有FPT、低蛋白血症的马驹，也可能有益于内毒素血症的马驹。
- 考虑抗溃疡药物：硫糖铝，20~40mg/kg，PO，q6h；奥美拉唑，4mg/kg，PO，q24h。腹泻的马驹患胃溃疡的风险增加。
- 甲硝唑（见附录七）建议用于患有梭菌性肠炎的马驹。
- 对于非感染性原因：给予洛哌丁胺，4~16mg，PO，q6h，从低剂量开始，每2~3次增加2mg剂量。**实践提示：**洛哌丁胺（抗腹泻药）可提高分离率，减缓转运时间，并可增强急性感染性肠炎的毒素吸收。因此，对于没有严重内毒素血症或感染性肠炎迹象的马驹，保留使用洛哌丁胺。
- 利多卡因可能有益于肠梗阻和腹痛。

新生马驹先天畸形

- 疝：脐带、阴囊、膈肌。
- 血瘤：先天性肿瘤和血管增生。
- 腭裂。

- 前突。
- 短颌。
- 会厌下囊肿。
- 咽囊肿。
- 关节挛缩。
- 先天性马蹄内翻拱蹄。
- 鼻后孔闭锁。
- 先天性白内障和其他眼部缺陷。
- 心脏缺陷：室间隔缺损、法洛四联症、其他。
- 脊柱后凸。
- 脊柱侧凸。
- 卵黄囊憩室。
- 胃肠道畸形。
- 肾脏发育不良。
- 胆道闭锁。
- 门静脉分流。
- 先天性免疫缺陷（选择性IgM或IgG缺乏）。
- 巨食道。
- 输尿管异位。
- 输尿管扩张。
- 膀胱畸形。
- 结肠闭锁。

新生马驹遗传性疾病

见第13章。

- 夸特马及其相关品种的多糖储积性疾病。
- 挽马多糖储积性肌病（新生儿期临床表现可能不明显）。
- 夸特马和相关品种反复性疲劳性横纹肌溶解症（新生儿期临床表现可能不明显）。
- 夸特马和相关品种的糖原储积病Ⅳ（糖原分支酶缺乏）。
- 夸特马和相关品种的高血钾型周期性麻痹（新生儿期临床表现可能不明显）。
- 阿拉伯马和其他品种的寰枕轴畸形。
- 阿拉伯马和哥德兰矮马的小脑营养性衰竭。
- 落基山脉马前段发育不全。

- 马夜盲症（阿帕鲁萨马）。
- 上皮生成缺陷（美国骑乘种马和其他品种）。
- 比利时挽马的遗传性结合部机械性大疱综合征。
- 马葡萄糖-6-磷酸脱氢酶缺乏症（美国骑乘种马）。
- 白内障（纯血马、摩根马、夸特马、比利时马，阿拉伯马也可能）。
- 回盲结肠神经节细胞缺乏症；纯白欧沃若致死综合征（花马，美国花马）。
- 夸特马和相关品种的遗传性马局部表皮松懈症，在新生儿期临床上不明显。
- 严重的阿拉伯马联合免疫缺陷综合征。
- 矮马免疫缺陷综合征。
- 挪威峡湾马关节挛缩。
- 巨食道症（弗里西亚马），出生时不一定明显。
- 埃及阿拉伯马青年癫痫。
- 阿拉伯马毛色稀释致死症（CCDL或LFS）。
- 嗜睡症/强直性昏迷症。
- 侏儒症。
- 秘鲁帕索斯马脊髓（肌阵挛）抑制性甘氨酸受体缺乏。
- 摩根马持续性高氨血症。

第三部分
休克，体温异常，全身炎症反应综合征（SIRS）与多功能器官障碍综合征（MODS）

第 32 章
休克和全身炎症反应综合征

Thomas J. Divers，Joan Norton

休克和全身炎症反应综合征术语

重要的定义：

休克：组织氧合不足，最常见的原因是灌注减少。

败血性休克：最常见于菌血症，以及与革兰氏阴性菌败血症或带有病原性分子模式的革兰氏阳性和阴性菌败血症相关的内毒素血症，这些疾病触发一系列血管活性因子和炎症介质，导致心肺和血管发生改变造成休克；最常见的病因是小肠结肠炎、子宫炎、胸膜肺炎、梭菌感染或葡萄球菌感染，以及新生儿败血症。

全身炎症反应综合征（SIRS）：与引起休克的血管活性因子和炎症介质的释放有关的全身反应；由以下几个方面引起：

- 菌血症。
- 内毒素血症（大多数是革兰氏阴性细菌）。
- 革兰氏阳性菌的病原相关分子模式（PAMPs）：
  - 鞭毛蛋白。
  - 脂磷壁酸。
- 外伤。
- 溶血。

- 过敏反应。
- 局部感染。
- 中暑。
- 脱水。
- 低血压。
- 任何导致缺氧和释放血管活性因子或炎症介质的器官损伤。以上所有都可以激活趋化因子、细胞因子、前列腺素类、中性粒细胞、过氧化物酶和血小板。

多器官功能障碍综合征（MODS）：败血性休克或SIRS引起一个或多个器官功能障碍，从而导致该器官功能障碍的后遗症和体征在临床上很显著。马中最常见的器官如下：

- 心脏和心血管系统：脉搏虚弱，心动过速，黏膜颜色由最初的鲜红色变成紫色，由于“低流速”的毛细血管中血红蛋白的缺氧而导致脓毒症的发展。
- 肾脏：氮质血症和电解质异常引起的精神沉郁；尿量减少。
- 肠道：肠梗阻，腹泻，疝气，颤抖，心动过速，发热和精神沉郁，这些都是由受损肠道壁吸收毒素和细菌引起的。
  - 当马被给予内毒素，发生急腹痛和心血管异常前，发热30~60min。
- 肺：肺水肿或急性呼吸窘迫综合征（ARDS）（在成年马中少见）。
- 凝血系统：最常见的是高凝和血栓形成；然而，由于严重的血小板减少，可能会发生出血。
- **重要：**蹄：蹄叶炎——蹄部是马的休克器官。
- 内分泌系统：在一些败血症马驹中产生不适当的皮质醇会增加低血压的症状。葡萄糖失调常导致败血症马驹的低血糖和败血症成年马的高血糖。马驹的低血糖与胰岛素分泌过多无关，因为它们的胰岛素水平很低。
  - 脂联素（一种抗炎性和胰岛素增敏的脂肪因子）在败血症中减少；而抵抗素（一种具有促炎性质的蛋白）和其他促炎细胞因子［肿瘤坏死因子-α（TNF-α）］升高。这些反应可能在伴有代谢综合征的马中被夸大了。
  - 许多介导胰岛素抵抗的细胞因子在败血症中升高。

休克和全身炎性反应综合征的临床症状

- 在感染性休克和SIRS中，组织灌注不良和氧合不足的主要原因如下：
  - 血管内液体丢失。
  - 低血压-低血管张力。
  - 心力衰竭和/或心输出不足。
  - 血流分布不均。

- 毛细血管膜“通透性增加”与水肿形成。
- 血红蛋白氧合减少。

· 在败血性休克和SIRS发生的早期，组织灌注和氧合不足的主要原因是血流分布不均，其次是全身性低血压。

- 血流的早期分布不均是由以下原因造成的：
  - 内源性β-儿茶酚胺的释放和一氧化氮、细胞因子、自体激素等介质的释放引起的动静脉张力下降。
- 血管泄漏是由以下原因造成的：
  - 花生四烯酸代谢［环氧酶-2（COX-2）］：前列腺素和白三烯。
  - 巨噬细胞促凝血剂的产生和补体激活。
  - 中性粒细胞和血小板黏附血管，导致炎症介质释放，氧化酶活化，蛋白酶、氧化剂和基质金属蛋白酶等其他有害酶的激活。
  - 释放自体激素（如组胺和内啡肽）。
  - 微血栓：血小板聚集；内皮下胶原的暴露；组织因子、过敏毒素和其他促凝剂的释放。

· 休克和SIRS早期治疗最为成功。休克的早期常被称为休克的“高动力”期，与左心室扩张、心率增加和心输出量增加（主要是由心率增加和血管阻力降低引起）有关。黏膜在这个阶段通常是充血的。

  - **实践提示**：这是液体疗法的最佳时机！
- 休克后期与以下阶段相关：
  - 心脏指数下降，包括心肌衰弱。
  - β_1和α反应减弱（血管扩张不良）。
  - 系统性低血压：通常对大多数药物不敏感。
- 以下导致血液流动进一步的不均匀分布：
  - 分流。
  - 毛细血管淤滞。
  - 血管通透性进一步增加：毛细血管渗漏综合征。
  - 血管阻塞。
- 细胞氧合减少和酸生成增加，包括组织CO_2增加和$PvCO_2$ ∶ $PaCO_2$比值增加。

· 自由基形成，细胞内Ca^{2+}增加，三磷酸腺苷降低，细胞死亡。胱天蛋白酶的增加会导致细胞凋亡和细胞死亡，无论是凋亡还是坏死都会进一步刺激炎症。

- 上述的进展导致MODs。
- 在这一阶段发生以下情况：
  - 四肢寒冷。
  - 脉搏虚弱。

- 黏膜灰暗。
- 毛细血管再灌注慢（＞3s）。
- 精神警觉性改变。
- 可能存在瘀点。
- 尿量减少或不存在。

· 由于严重的灌流不良/低氧血症，肠屏障受损，正常肠内毒素、鞭毛蛋白被吸收进入血液循环，或发生细菌移位（从肠到血液和其他器官）。肝脏对内毒素和细菌的吞噬功能减弱，进一步加剧了全身的细胞死亡。

· **实践提示：**在马中，对肠、肺、肾和蹄部的循环的损害（在马驹中很少见）是与败血性休克和SIRS相关的最危及生命的伤害。

SIRS 和 MODS 的诊断

· 病史可能包括精神沉郁，厌食，发热和呼吸急促。

· 体格检查显示心动过速，呼吸急促，体温过低或体温过高伴随脉搏虚弱，四肢凉或寒冷。

· 黏膜可以是充血的或毛细血管再灌注时间延长。马驹可能在耳郭、鼻中隔或巩膜和充血性冠状动脉中出现瘀斑或瘀点。

· 实验室数据包括：
  - 白细胞减少（＜4 000个/μL）。
  - 白细胞增多（＞12 000个/μL）伴随不成熟杆状核细胞。

· 发生高乳酸血症：＞2.0mmol/L。

· 血清生化指标可能发生变化，与SIRS的潜在原因或MODS的发生有关。

· 患有败血症或SIRS的马驹可能有循环IgG的被动转运失败和浓度不足。

· 低血压多见于平均动脉压＜65mmHg，中心静脉压低可表示循环灌注不足。

· 动脉血气异常可能包括低PaO_2（＜60mmHg）或饱和度＜92%。

· 尿量应加以监测，因为尿量的丧失或减少往往表明系统灌注不良，在某些情况下还显示肾功能衰竭。

· 需进行需氧和厌氧培养，以确定病因。

败血性休克和 SIRS 的管理

应该做什么

败血性休克和 SRIS

- 目的：重建组织血流量和氧气输送到正常或高于正常值，而不引起组织水肿或进一步的氧化损伤。血流动力学指标应包括心脏预负荷（如中心静脉压）和灌注压（如平均动脉压）是否足够。

- **实践提示：** 当颈静脉尾侧被手动压迫和面部动脉触诊时，可以通过颈静脉再充盈的速度现场估算脉搏压力。

液体疗法：最佳综合治疗

- 使用晶体液：高渗盐水，平衡液，或两者兼有。高渗盐水溶液（4~5mL/kg，IV，按等渗液治疗）具有快速增加心输出量和全身性动脉压的优点，肺动脉压降低，血管张力小幅度降低。高渗盐水可降低中性粒细胞的黏附分子，减轻中性粒细胞的损伤。高渗盐水的其他作用可能包括通过增强Toll样受体的表达、减少自由基的形成和减少短期组织水肿的形成而增强吞噬细胞的活性。

重要提示： 高渗盐水应该更谨慎地使用在马驹上，因为它们缺少像成人一样调节钠的能力。

- 首选的多离子等渗晶体液：有极小或没有证据表明乳酸林格溶液比血浆或其他晶体溶液更好。新生儿医生通常喜欢一些镁、钙和低钠的液体，如半强度乳酸林格氏液（Na=65.5mEq/L）或血浆-Lyte 56以防止高钠血症。
- 测量全身动脉压、中心静脉压（CVP，见第10章）和胶体压（最容易通过测量总固体浓度来实现，尽管胶体渗透法更准确）来快速又理想地输入这些液体。

实践提示： 通过监测脉压、黏膜颜色、毛细血管再充盈时间（CRT）、心率和尿量来评估液体治疗的现场反应。

- 如果肺水肿或脑水肿是引起关注的问题（最常见的是卧倒的新生马驹或伴有钠异常的马驹），则应少量迅速进行推注（2~3mL/kg），并对每一种液体推注进行重新评估。对于经历败血性休克的其他年龄的马，可以先快速注射10~20mL/kg，然后再对其进行评估。
- 虽然更昂贵，但液体疗法可能包括晶体液和胶体液的组合。胶体液在理论上治疗败血性休克和SIRS中是很重要的，因为发生血管渗漏并且晶体不能在血管内中存留超过1h。胶体液有助于维持血管内的胶体渗透压，从而维持液体在血管内。尽管小分子可能进入血管壁间隙并对血管内稳态产生负面影响，但胶体可能会堵住一些渗漏的毛细血管部位。尽管胶体液对人类医学中的病死率产生的积极的影响超过了晶体液，仍很难确认胶体液潜在的益处，最近的综述表明使用它们会增加病死率！
- 同时给予血浆和合成胶体液是理想的管理手段，因为两者在治疗败血症时具有单独的和潜在的有益效果，超过胶体效应。

血浆

- 在维持渗透压方面，白蛋白与合成胶体相当（略低）。尽管合成胶体具有较高的分子质量，但是血浆具有带负电的优点，其次这有助于在血管内维持阳离子和液体。白蛋白还具有一些在合成胶体中未发现的抗炎和抗氧化特性。
- 抗凝血酶Ⅲ是凝血级联的重要抑制剂。
- 纤维蛋白能增强内毒素的调理作用，防止细菌移位。
- C蛋白和S蛋白起灭活凝血因子和促进纤溶的作用；C蛋白可能具有抗炎作用，因为炎症和凝血事件之间存在着显著的“相关”。
- α_2-巨球蛋白抑制蛋白酶。
- 抗脂多糖或细胞因子抗体在治疗败血性休克和SIRS方面有一定的作用，但与血浆因子相比不太重要。

实践提示： 不再推荐将肝素混入血浆袋中激活抗凝血酶Ⅲ，因为肝素有可能降低C蛋白的抗炎作用。

- 对于450kg的成年动物，血浆的剂量为1L或更多。

合成胶体液

- 当血浆解冻时，可立即使用羟乙基淀粉（6%羟乙基淀粉450/0.7），2~10mL/kg。羟乙基淀粉可能有效减少“血管渗漏”综合征。在高剂量，＞10mg/kg时，它可能对凝血产生不利影响并引起肾脏疾病。
- 羟乙基淀粉（HES）[1]是指一类与糖原相似的合成胶体溶液。
  - 对于所有HES产品，淀粉分子上的平均分子质量（ku）和葡萄糖单元的比例被羟乙基单元（通常为0.35~0.5）代替并以数字列出。
  - 例子：羟乙基淀粉平均分子质量为450ku，淀粉分子上的0.7个葡萄糖单元被羟乙基取代。
  - 淀粉分子的代替数越大，分子质量越高，半衰期越长。
  - 在任何给定溶液中存在一系列不同大小的分子（例如，450ku分子质量的羟乙基淀粉是平均值）。
  - 替代模式通常列在产品上；C2/C6比率基于羟基化的位置。C2/C6的比例越高，淀粉的分解越慢。
- 虽然在美国羟乙基淀粉更昂贵，但分子质量更大，在200ku范围内，这被认为是减少血管泄漏的理想尺寸，并且更有效地从间液中“吸取”液体。这尚未得到证实。
- VetStarch（羟乙基淀粉130/0.4）具有较低的分子质量（平均值130ku）、比上述更高的渗透性，并且可能有降低凝血的负面影响。该产品具有比羟乙基淀粉更高的C2/C6。

• 三种产品都“泄漏”到间液中，然后在尿中排出小于65ku的分子，而较大的分子被淀粉酶代谢。

• 人血白蛋白（25%）在所有胶体中有最大的渗透压。人白蛋白在马中使用安全，并能暂时减轻非炎性水肿。一般情况下，人白蛋白以每小时1~3mL/kg的速度给药。重要的是：和任何外来蛋白一样，可能发生过敏。肿胀作用一般持续几天。有报道说，在一些物种中25%的白蛋白导致免疫抑制。不应在5d后再次给药，因为可能会产生针对外源蛋白的抗体。

• 右旋糖酐已经不受欢迎，因为它与过敏反应的关联更多，而在其他合成胶体中，过敏反应是罕见的。在具有血小板聚集风险的马中，右旋糖酐可能比其他胶体更具优势，因为它们潜在的抑制血小板聚集作用。在具有血栓形成高风险的败血性疾病中使用右旋糖酐是否有益（如结肠炎、胸膜炎、马疱疹病毒-1、血管炎、蹄叶炎的前驱期）尚不清楚。右旋糖酐70剂量为5~10mL/kg。用非甾体抗炎药（NSAID）预处理可减少不良反应。

• 氧化球蛋白（1~10mL/kg）是一种很好的胶体，可改善毛细血管末端的氧输送。目前还无法获取。

泵支持

• 如果单用液体治疗不能使血压、心输出量和灌注恢复正常，但CVP正常（6~12cmH_2O），则可以使用β_1激动剂改善泵功能。重要的是：只有当有足够的前负荷时才可以使用这些药物。应用多巴酚丁胺，以2~15g/（kg · min）的速率在盐水中稀释，进行β_1活性测定，以5g/(kg · min)开始，可改善微循环灌注，而与心输出量或血压变化无关。

• 如果液体和泵的支持（如多巴酚丁胺）不能维持足够的血压和改善尿量，则可使用多巴胺［以2~15g/（kg · min）的速率在盐水中稀释］。小剂量刺激肾多巴胺能受体，增加肾血流量。中等剂量还会刺激β_1受体，而高剂量则会刺激β_1和α受体，从而降低肾灌注。

实践提示：大多数器官灌注良好的最佳指标之一是产生大量尿液。

升压支持

• 压力支持只有在先前的治疗不能成功地提供足够的血压和尿量时才能使用！如果液体疗法和β_1激动剂治疗不能改善血压，使血液和尿液“向前流动”，则使用去甲肾上腺素（β和α激动剂），0.1~1.5g/（kg · min）。按最高推荐剂量使用去甲肾上腺素，并没有改善血压和排尿量（CVP正常或接近最大血管内容积扩张），这意味着α受体不再有反应。每匹成年马（通过V_1受体作用）注射加压素（0.05~0.8U/kg）要改为0.5~1.0g/（kg · min）。

• 短期使用加压素（几小时）有助于达到改善儿茶酚胺难治性低血压和增加尿量的目的（一匹450kg马的剂量为0.05~0.8U/kg）。在其他物种中，这种剂量对肠道灌注或心率的影响最小。高剂量的加压素可降低心率和肠灌注。

实践提示：患有“顽固性低血压”的败血症马可应用氢化可的松（0.5~2mg/kg，q8~12h）作为治疗肾上腺相对功能不全的药物。氢化可的松治疗可提高血管加压素的疗效。

• 多巴酚丁胺治疗可与去甲肾上腺素或加压素治疗同时进行，甚至有助于在升压（去甲肾上腺素或加压素）治疗期间维持肠道灌注。

氧疗

• 给予足够的氧气以维持正常或高于正常的PaO_2。

实践提示：检查血红蛋白（HGB）浓度作为有效的氧气治疗的辅助手段：将HGB维持在正常范围内：

- 过低（＜3~7g/dL）表明需要输血。
- 过高表示需要额外的液体。

• 对大多数患马来说，在一个或两个鼻孔中插入一个鼻内管（视缺氧程度而定）以给予加湿的氧气。

• 大多数成年马，甚至有些马驹，只要氧流没有明显的噪音，就能承受15L/min的流速（见第25章）。

• 如果患畜昏迷，最好通过气管内导管给氧，无论是否有正压。

• 对于需要机械通气的败血症马驹，采用50%氧气浓度的正压通气。

• 对于持续性低氧血症和可能的肺动脉高压，一氧化氮可按1 ∶ 5~1 ∶ 9的比例混合在氧气流中。**重要提示：**需要一个特殊的阀门，以适当的比例给予一氧化氮。

实践提示：PaO_2应维持在＞70mmHg［静脉血氧分压（PvO_2）＞35mmHg；静脉血氧饱和度（SvO_2）＞60%；乳酸浓度＜2mmol/L］和$PvCO_2$ ∶ $PaCO_2$比值接近1。

抗菌支持

• 对革兰氏阳性和阴性的需氧菌，有时还包括厌氧菌的广谱覆盖［例如，马驹中静脉注射青霉素和阿米卡星；成年动物使用青霉素和庆大霉素；或恩诺沙星和青霉素或第三代头孢菌素（例如，5mg/kg头孢噻呋）加或不加阿米卡星；见附录七）。

• 如果厌氧覆盖很重要（即肠道、成年马肺炎口服或生殖道“接种”），则可能需要在治疗方案中加入甲硝唑。

• 在成年马中，单药治疗（恩诺沙星或头孢噻呋）通常被用作初始治疗，尤其是有肾功能方面顾虑时；而联合治疗（β-内酰胺和氨基糖苷）是马驹的最初常规治疗，除非有肾功能方面考虑。

• 亚胺培南、美罗培南或人类第四代头孢菌素疗法主要用于具有高度抗药性的马驹。

• 抗菌药物的最初选择应根据临床症状、病史、涉及的器官系统、实践领域或农场的敏感性模式以及潜在毒性，了解哪些病原更有可能存在。

实践提示：败血症甚至严重低血压/低氧休克，尤其是在马驹中，越早开始抗菌药物治疗，预后越好。

外科治疗：控制败血症来源

• 建立引流系统，切除和清除坏死组织。

• 用活性炭或生物海绵吸附肠道毒素。

实践提示：如果全身灌注压（由脉压、CRT、尿量和可用的多普勒血压监测确定）和全身氧合（由 PvO_2 和 SvO_2 测定）有所改善，但乳酸在2h内没有改善，则应强烈考虑出现局部灌注/氧负债的可能性，如肠绞窄。

前列腺素抑制剂

• 如果没有原发性胃肠道疾病和排尿发生，给予氟尼辛葡甲胺0.3mg/kg，IV，q8h；氟尼辛葡甲胺，1mg/kg，IV，可作为一种初步治疗，特别是如果结肠炎/小肠炎不是引起败血症的原因。

• 美洛昔康（0.6mg/kg，IV）作为肠外制剂在美国非常昂贵，而非罗考西是目前对马最有效的COX-2特异性抑制剂，它们被推荐用于可能与严重胃肠道疾病相关的内毒素血症。这些药物（非罗考西布比美洛昔康更特异）特异性的COX-2抑制作用可能会抑制可诱导的前列腺素对心肺系统的作用，同时允许正常的肠道修复，尽管这一点目前还没有得到证实。

• 卡洛芬（0.7~1.4mg/kg，IV）是一种有效的NSAID，比保泰松、氟尼辛葡甲胺或酮洛芬具有更强的选择性COX-2抑制作用。

• 相反，高选择性的COX-2抑制剂（即非罗考西）不能阻断血栓素和前列腺素 $F_{2\alpha}$（$PGF_{2\alpha}$），它们在败血症中被认为是有害的。

实践提示：氟尼辛葡甲胺0.3mg/kg，IV，q8h，仍是治疗马败血症的首选非甾体抗炎药，除非存在严重的肠道疾病。同时给予非罗考西（0.09mg/kg，IV，q24h）。

内毒素抑制剂

• 给予高免疫血浆，2~4mL/kg，IV。抗脂多糖核心抗体可能与先前讨论过的其他血浆成分一样有一定的益处。

• 多黏菌素B，6 000U/kg，IV，q8h（6 000U/kg=1mg/kg），至少15min，最好在小便后服用；36h内，剂量可重复3~5次。

  • 多黏菌素B可中和某些循环内毒素；不幸的是，大多数患马在开始治疗之前就有了细胞因子级联，如果在内毒素攻击之前就开始治疗，效果最好。

  • 多黏菌素B治疗经常用于马，不良反应（肾毒性和神经肌肉无力）是罕见的。

其他疗法

• 类固醇：地塞米松，0.25mg/kg，IV。大多数研究结果显示价值不大，但皮质类固醇（前列腺素和白三烯）抑制花生四烯酸代谢，并且经常在被认为是即刻危及生命的严重败血性休克早期以单剂量使用。

实践提示：在马驹中，在对适当的液体和加压治疗无反应的低血压休克，应注射氢化可的松，0.50~2mg/kg，IV。

• 己酮可可碱，8.4~10mg/kg，PO或IV，q12h，通常用于抑制细胞因子；它还可以改善红细胞的变形能力，并保护几个器官免受细胞因子的伤害。只有口服制剂是商业上可获得的，但是粉末形式可以从美国专业复合中心（PCCA）（800-331-2498）购买，并且可以混合于静脉内使用（剂量7.5mg/kg）。

  • 己酮可可碱已于静脉使用，无不良反应，但有报道过其有问题。尚不清楚己酮可可碱的来源或制剂是否是造成这些问题被报道的原因。大多数己酮可可碱研究表明药物需要在内毒素攻击前给药才有效。

• 血小板颉颃作用：抑制血小板聚集可减少微血管血栓形成和与血小板聚集相关的炎症反应。

  重要提示：NSAIDs不能有效抑制血小板。

  • 氯吡格雷（Plavix），负荷剂量（第一次），4mg/kg，PO，然后2mg/kg，PO，q24h，可抑制暴露于内毒素的血小板。这种药现在不属于专利，并且价格不贵。

• 达肝素（低分子质量肝素），50（成年马）~100（马驹）U/kg，SQ，q24h，不具有常规（普通）肝素导致红细胞聚集/血细胞比容降低的不良反应。

  • 在马的较高剂量下，达肝素对凝血酶具有良好的活性，并且有趣的是在其他物种中，通过增加COX-1活化和前列环素水平以及减少肿瘤坏死因子和白介素-12，已显示具有抗炎作用。

  注意：达肝素在美国很贵。

• 利多卡因［1.3mg/kg，缓慢静脉注射，然后按照0.05mg/（kg · min）恒速输注（CRI），在纠正危及生命的脱水后给药］可能在治疗败血性休克方面具有一些优势（见附录二）：

  • 它可能会减少与内毒素血症相关的白细胞活化，这可能有助于预防肠道或其他器官再灌注损伤。
  • 它还可以提供镇痛作用，允许在肠黏膜受损的马中进行少量的NSAID治疗，并有助于维持肠道蠕动。
  • 它可能有缺点，会减少中性粒细胞的吞噬作用。

实践提示：血糖控制：理想情况下，葡萄糖在成年人中应保持在90~145mg/dL范围内，而在马驹保持在90~160mg/dL范围内。

  • 如果患马在纠正脱水，控制疼痛和/或焦虑后是高血糖，并且理想情况下在快速恢复血压和尿量后，可以在监测血钾的同时以0.05~0.1U/（kg · h）开始定期给予胰岛素，并进行维持血钾疗法（除非存在高钾血症）。
  • 胰岛素可能具有除控制血糖外的直接抗炎/抗细胞凋亡作用。用胰岛素控制成年马的高血糖未被证实并且可能具有副作用。
  • 血糖浓度＜50mg/dL的马驹可给予10% ~50%葡萄糖，1mL/kg。

• 预防溃疡在马驹中很常见，尽管有一些证据表明这种疗法可能使马驹易患感染性腹泻。因此，仅使用硫糖铝，若已经出现腹泻，使用雷尼替丁，1.5mg/kg，IV，q8h，因为它可能具有一些其他预防治疗所没有的增强运动的作用，或者如果预期使用几天的NSAIDs，优选质子泵抑制剂（奥美拉唑）。

• 冷冻疗法（见第43章）。

其他不常用或未经证实的治疗方法

• 丙酮酸乙酯，150mg/kg，IV，已显示可减少体外内毒素刺激的细胞因子产生，但临床意义尚不清楚。

• 氧自由基抑制剂：

  • 二甲基亚砜虽然常用，但没有使用证据，因此不建议使用！

• 有证据表明，高压氧治疗不适用于内毒素血症的马。

• 维生素E作为抗氧化剂，可减少活性氧的产生；10~20IU/kg，PO，q24h（仅能口服；肌注制剂有刺激性）。

• 别嘌呤醇几乎没有马的适应证。

• 如果肝酶含量显著升高，可以缓慢地给予N-乙酰半胱氨酸，50~150mg/kg，IV。无菌雾化产品可以静脉内给药，但是昂贵且功效未经证实。

• 呋塞米用于降低肺动脉楔压（肺水肿），但可引起全身血管扩张和心输出量减少。

• 口服谷氨酰胺：当胃肠功能正常时，提供含有必需氨基酸（包括谷氨酰胺）的口服液，以支持肠细胞功能并减少内毒素吸收和细菌移位。

实践提示：当血液pH＜7.1时，可以使用碳酸氢钠，还要考虑生物海绵。治疗是有争议的。不要在呼吸性酸中毒（$PaCO_2$升高）、低钙血症或低钾血症时使用。

• 硫酸镁，24h内，0.1~0.2g/kg，IV；它可能有一些细胞保护作用，但剂量较高可能会导致低血压。用于蹄叶炎风险增加的马。

• 粒细胞集落刺激因子，10μg/kg，IV，q24h，已经在一些严重的中性粒细胞减少症、败血性休克和SIRS的马驹使用。除了疱疹感染外，通常有一种反应（粒细胞数量增加），尽管是否有利于存活值得怀疑。

败血性休克和 SIRS 的治疗监管

灌注

• 心率。

• 黏膜颜色，CRT，脉压。

• 尿量：在静脉输液后应该恢复正常或增加。尿比重可用于帮助确定适当的给药量。

• 心脏收缩性：M模式可用于估计该值。除了血容量和/或正常CVP的临床证据外，收缩性应为35% ~50%，并且腔室尺寸应该看起来正常。在一些医院中，可通过锂稀释或超声方法测量心输出量。

· 动脉压：尾部袖带或主观数字脉压。可以为侧卧的马驹建立动脉线（平均动脉压应＞65mmHg，理想的是收缩压120~130mmHg）。使用示波法测量间接监测血压的准确性可能因以下因素而异：

  · 气囊袖带宽度与尾部周长的比例。没有理想的比例；但是，建议气囊宽度为20%~25%，长度为尾部周长的50%~80%。对于马驹，建议使用5.2cm的气囊宽度。或者，袖带可以放置在马驹的跖骨（大跖动脉）或前臂（中动脉）上。

  · 袖带相对于心脏基部水平的位置。**实践提示：**这会影响血压测量，站立患马的头部位置也是如此；如果可能的话，每次进行血压测量时都要将头部保持在相同的中立位置。

· 间接测量给出了可接受的平均压力，并以相同的方式对同一患马间歇性地趋势测量。计算血压测量值时，应显示监护仪上的准确心率。

实践提示：

  · 没有尿液产生时，平均动脉压＜60mmHg表明需要加强治疗和进一步监测。

  · 液体疗法是改善心输出量和灌注的首要疗法。

· CVP对于成年马应为5~15cmH_2O，对于马驹应为2~12cmH_2O。较低的值指示要增加流速，而较高的值通常但不总是指示要降低流速，使用泵治疗和/或有肾衰竭的可能性（见第10章）。

· 给予血浆蛋白，目标≥4.2g/dL，以维持渗透压并防止水肿形成。

实践提示：成年马的渗透压应保持在18mmHg以上，马驹的渗透压保持在15mmHg，以使晶体治疗最有效并防止水肿形成。

· 血细胞比容应为30%~45%。

氧合和血气

· PaO_2：接近100mmHg。在大多数情况下，这可以通过鼻内输氧来实现。

· 在侧卧的马驹中，可以在舌头或直肠上使用脉搏血氧定量法频繁测量血氧饱和度。

实践提示：血氧饱和度＞97%，可确保PaO_2＞70mmHg，可减少动脉血气所需的测量次数。

· 在清醒的马中进行脉搏血氧测定更加困难，尽管一些"麻醉"的马可以使用舌头或其他黏膜进行测量。如果脉搏血氧饱和度报告的心率不正确，则不要相信饱和度的值。

· PvO_2：目标是＞35mmHg。较低的值表示氧气输送异常或氧气提取增加。

· SvO_2：目标是饱和度＞60%。监测对鼻内氧气给药的反应和灌注改善的迹象。

· $PvCO_2-PaCO_2$≤5mmHg作为治疗的目标。

· 黏膜颜色表示记录部位的灌注质量和组织氧合。

· 血液pH：确定任何异常的代谢或呼吸成分，并进行相应的治疗。

· 阴离子间隙或乳酸盐减少用于检测未测量的阴离子增加量（如果血浆蛋白水平降低，可能高乳酸伴随正常阴离子间隙）。

· 最常见的是，未测量的阴离子数量增加与乳酸酸中毒和/或肾功能衰竭有关。血液乳酸含量可以用I-Stat测量，或者用最小的成本，Lactate-Pro测量（应该＜2mmol/L）。在马中，水平可以快速恢复正常（＜2h），并校正所有器官的灌注/氧合不良。

实践提示：如果复苏后乳酸含量仍然很高，那么需要更积极的治疗来对抗全身性低灌注/缺氧，或者可能存在局部异常，例如某段肠道有病变（比较血液和腹腔液乳酸），应该考虑手术。也可能存在清理延迟。

实践提示：乳酸盐的测量简单又准确，应该取代静脉氧气或静脉血氧饱和度作为治疗反应的监测指标。

· 对于需要通气治疗的原发性心肺疾病，可以使用二氧化碳分析仪来帮助确定分流分数。正常的P(et)CO_2是在血浆动脉或静脉PCO_2以下的35~45mmHg或2~4mmHg。随着分流分数的增加，P(et)CO_2下降，PvCO_2和PaCO_2上升。当心脏骤停后尝试复苏时，P(et)CO_2也可用于估计心输出量。

败血症的控制

· 监测感染和/或患病组织或器官的程度。

· 触诊和/或超声病变组织，以确定感染/炎症是否得到控制。

· 评估腹膜和其他液体。

· 其他实验室检测：全血细胞计数，生化试验。

其他监测

· 监测心电图：控制心律失常。

· 监测心肌肌钙蛋白：cTnI应＜0.1ng/mL；如果更高，则表明心肌疾病，并且可能与心电图上的ST抑制有关。

实践提示：与乳酸类似，复苏前cTnI的升高不如复苏后的水平高！

· 对腹部肠蠕动和体液进行超声检查，检查胸腔是否有异常液体或肺炎迹象。心脏功能也可以通过超声检查来预估。

  · 如果马水合良好，具有正常或高正常的CVP，并且心室收缩性＞35%，则可以“安全地”假定或估计心输出量是正常的。锂稀释可用于马驹中，以更精确地测量心输出量。

· 监测趾部脉搏，跛行和足温。

实践提示：对于患蹄叶炎风险很高的病例，例如败血性子宫炎，应使用冰靴进行预防和控制，并且将冰靴高度保持在飞节以上，直至心率和黏膜正常，并且血液中不再出现杆状中性粒细胞和中毒性变化。

- 通过超声波、是否反流和腹部大小来监测体温、精神状态、排泄量和胃大小。
- 对于肠道疾病，可以用膀胱中的气囊导管监测腹内压力，其通常是负压（因此进入膀胱时发出真空声）。大于7cmH_2O表示腹压过高并且可能需要治疗以降低压力（即运动调节药物，利多卡因或套管针术）。
- 应密切监测静脉输液管和环境条件。
- 监测整体临床症状、姿势和食欲。
- 仔细监测静脉导管。
- 监测妊娠的母马/胎儿（见第27章）。
- 监测（心搏）停滞/复苏的马/马驹（详见第29章）。
- 血小板计数，中性粒细胞计数，中性粒细胞形态，血浆葡萄糖，电解质，甘油三酯（特别是小马、驴和迷你马，但在所有厌食马中都有用），肌酸酐，应根据需要进行监测。这些是预后和治疗的指标。
- 治疗药物监测可用于帮助确定药物剂量是否合理，例如氨基糖苷类。

重要提示：虽然氨基糖苷类肾毒性是马和马驹重症监护管理中的常见问题，但辅助治疗可能会是一个问题，这可能导致败血症控制不良。

休克治疗的关键参数

- 心率降至正常范围（败血性新生马驹并不总是阳性）。
- 成年马平均动脉压至少70mmHg；新生马驹至少65mmHg。
- 尿量正常或增加。
- 黏膜颜色浅粉红色至红色，CRT＜3s。
- CVP在正常范围内（相当于静脉阻塞时迅速扩张颈静脉）。
- 渗透压，成年马＞18mmHg；马驹＞15mmHg。
- PaO_2接近100mmHg，和/或SaO_2＞95%；PvO_2 35~40mmHg或更高，和/或SvO_2＞60%。
- 血浆乳酸浓度＜2mmol/L或高乳酸血症，要在每1~2h内使乳酸浓度降低20%~50%。
- 血糖浓度在正常范围内；败血性马驹通常是低血糖的，而败血性成年马通常是高血糖的。
- 中性粒细胞或杆状中性粒细胞无中毒性变化；血小板计数和电解质在正常范围内。
- 没有蹄叶炎的临床症状。
- 理想的患畜舒适度，无并发症。
- 患畜外观和感觉变化好。

应该做什么

败血症和休克总结

- 管理晶体液：高渗盐溶液，平衡电解液，或两者兼之！
- 尽可能使用血浆或有时使用合成胶体液。
- 引流腐败液，清除坏死组织，并采取适当的抗菌治疗。
- 氟尼辛葡甲胺，0.3~1mg/kg，IV。
- 对于革兰氏阴性败血症，用冰靴开始足部冷冻疗法，将足部覆盖到中掌骨/踝骨！
- 通常使用己酮可可碱（8.4mg/kg，PO或IV）和多黏菌素B（6 000U/kg，IV，q8h）有一定的效果。
- 达肝素（低分子质量肝素），如果可以接受，50（成年马）~100（马驹）U/kg，SQ，q24h。
- 尽可能使用鼻内吸氧。
- 监测脉压，颈静脉再扩张，黏膜颜色，CRT，心率，尿量和临床症状。

实践提示：乳酸浓度是成功治疗的最佳实验室指标。应仔细监测马驹血液中的葡萄糖浓度。

• 如果对前面提到的治疗没有足够的反应（确保有足够的液体疗法来纠正血容量不足！），那么需要额外的泵支持（升血压，例如多巴酚丁胺、去甲肾上腺素、加压素）。

第 33 章
温度相关问题：低体温与高热

Thomas J. Divers

中暑

- 通常发生在条件差的马匹中，这些马匹在炎热和潮湿的气候中过度劳累，和/或有无汗、脱水或疲惫综合征。
- 在炎热潮湿的天气中，马可能会被限制在通风不良的地方，尤其是在运输过程中。
- 当温度（华氏度）和湿度的总和为180或更高时，或者在没有足够的适应时间的比赛中，或者从寒冷的气候转运到炎热气候中，健康的马匹也可能发生中暑。
- 由于随着年龄的增长，血浆容量减少，年龄较大的马可能更容易发生中暑。
- 不常使用大环内酯类抗生素如红霉素治疗马红球菌的马驹。
- 其他原因，包括暴露于高温和高湿度的患病马驹，具有癫痫发作和/或对大脑下丘脑区域有损伤的马，以及具有房室隔肌病和压迫性肌病的马。
- 采食被内生菌感染牧草的马耐热性可能会降低。
- 注意：被病毒感染（如流感）的马，发热甚至高达106 °F（41℃），但很少引起中暑！

诊断

- 早期诊断对于有效治疗非常重要。
- 根据病史和临床症状做出诊断。
- 中暑可引发全身炎症反应、弥散性血管内凝血、肾功能衰竭、神经功能障碍和其他形式的器官功能障碍。

临床症状

- 出汗少。
- 温度高、干燥的皮肤，是中暑的早期发病症状。
- 伴有或不伴有心律失常的心动过速。
- 呼吸急促。

- 直肠温度升高［41~43℃（106° ~110 °F)］。
- 毛细血管再充盈时间延长，黏膜浑浊。
- 抑郁。
- 虚弱。
- 可能会进展为虚弱或共济失调。
- 食欲下降，拒绝工作，肠梗阻。
- 可能会进展为昏迷和死亡。

应该做什么

中暑

- 降低体温：
  - 降温越快，治疗越及时，预后越好。
  - 将受影响的马移至阴凉、通风良好的区域（如果可以，请使用风扇）。
  - 对全身进行冷水或冰水水疗［约6℃（42.8 °F)］，并根据需要重复治疗。如果没有冷水，可以在颈部、胸部和腹部使用酒精浴。在潮湿的环境条件下，水的蒸发可能不是有效的，因此可能需要使用风扇或者不断地擦去冷水并重新添加。
  - 提供以下三种水以鼓励饮用：冷水、温水和补充电解质的水。
  - 冰袋可以放在颈动脉区域，但不要覆盖整个颈部。
- 给予退热剂：安乃近或氟尼辛葡甲胺，这也有助于其抗内毒素作用。许多疲惫或中暑的马具有内毒素。
  - 如果没有评估肾功能，不应重复这种治疗。
- 恢复血容量：
  - 使用任何晶体液，但建议使用0.9%盐水溶液和氯化钾（20~40mEq/L)。液体温度不应高于16~21℃（60° ~70 °F)，并且可以冷藏以增强冷却效果。如果中暑的临床症状严重，应给予5L/500kg低温（45 °F）的静脉输液，同时密切监测临床症状和体温。
  - 如果心率快，毛细血管再充盈时间延长（＞5s)，请使用高渗盐水溶液。如果存在神经系统症状并认为是由于脑水肿引起，则建议连续给予3%生理盐水24~48h（参见第22章）。如果出现神经系统症状，可以使用低温疗法治疗马，给予低温晶体液（45 °F)；可能需要使用安定剂镇静。
  - 当直肠温度达到102 °F时，进行全面的临床检查。如果体检结果正常，水合作用和尿液颜色正常，肾功能、心肌钙蛋白和乳酸的实验室检查值趋于正常，可以停止额外的强化治疗。对于更严重的病例，给予2L超免血浆（针对内毒素的抗体）。
  - 如果提供适当的预防措施（即软管、重力流），可以给予冷却的直肠液。

不应该做什么

中暑

- 请勿使用湿毛巾或任何覆盖物，因为这会阻止热对流！
- 尽管在阴凉处自主运动是好的，但不要强迫马行走。
- 不要限制水。
- 除非有相关的神经系统症状，可用低温疗法治疗神经系统症状，否则不要让马变得体温过低或发生严重的颤抖！
- 不要使用α-激动剂镇静剂，因为它们可能导致呼吸窘迫。

恶性高热

- 常见于兰尼碱受体1基因突变的肌肉发达的圈养夸特马，一种严重的肌肉萎缩潜在的致死性疾病。

- 高温主要受麻醉或压力刺激。

临床症状

- 中暑。
- 心动过速伴室性心律失常。
- 出汗。
- 肌肉僵硬和腹痛。
- 第三眼睑突出。
- 电解质和酸碱失衡，包括高钾血症和严重的混合性酸中毒。
- 血浆肌酸激酶增加，但疾病的急性性质和快速死亡可能来不及有明显增长的时间。

诊断

- 病史，病症，麻醉，临床症状，伴随肌肉病变的高热和基因检测。
- 除麻醉外，反复进行的强拘症，运动和压力可能会“触发”恶性发作。

应该做什么

恶性高热

治疗

- 丹曲林，2mg/kg，IV，随后立即口服治疗10mg/kg，1h后继续口服，每2~6h给药2~6mg，直至症状消退。
- 乙酰丙嗪有使马镇静和肌松的效果，优于α-激动剂镇静剂。
- 液体疗法（冷的高渗盐水）以纠正电解质紊乱和改善组织灌注。

无汗症

- 通常发生在赛马和少数运动量少的成年马上。
- 在长期处于炎热和潮湿马厩中的马匹中也会发生。
- 该病症在正常的刺激下无法排汗。
- 确切原因尚不清楚，但可能是汗腺细胞中的水通道蛋白-5表达下降（β肾上腺素能受体和嘌呤受体途径受损）的结果。
- 可以急剧发展但一般逐渐发展。
- 在年轻健康的马驹中也会出现无汗症，尤其是挽马马驹，伴有持续性呼吸急促。

临床症状

- 开始可能是渐进的或突然的。

- 不适当的刺激（热、运动）也不会出汗。
- **注意：**一些受影响的马匹在鬃毛下、颌骨下方、耳朵底部、胸部或会阴区域有出汗斑块。
- 呼吸急促（气喘），运动耐受力降低，运动后直肠温度高于正常水平［>40℃（104 ℉）］。
- 呼吸频率高于心率。
- 如果马待在炎热的环境中，则病症是渐进的。

不太常见的临床症状

- 抑郁，厌食，体重减轻，脱毛。

诊断测试

肾上腺素或特布他林

- 使用两种浓度肾上腺素（1 ∶ 1 000和1 ∶ 10 000），0.1mL，ID。受影响的个体在1h内几乎没有反应（局部出汗）。
- 皮内注射特布他林后使用吸附垫进行定量测试（参见MacKay，2008）。

实践提示：静脉注射肾上腺素会加重疾病，应予以避免。

- 也可以使用特布他林，0.5mg，ID。
- 疾病严重程度不同，但在最严重的情况下，这种疾病可能是永久性的。

应该做什么

无汗症

- 给予退热剂，如氟尼辛葡甲胺；采取冷水水疗；并提供遮阳，如果可能的话，使用风扇。
- 尽管电解质补充剂（ONE AC和轻盐）可能具有一定的预防性（非治疗性）功效，唯一经证实的预防措施是将受影响的马移至更温和的气候或长时间放置在空调隔间中。
  - 为炎热天气下的所有马匹补充电解质。
- 修剪体毛：有时可用于护理健康的马驹，特别是伴随持续呼吸急促的役马。
- 在较轻微的情况下，单次或偶尔给予克伦特罗（5mL/500kg，PO）可能有效。
- 在对上述方案无反应的病例中，除给予克伦特罗外，还可使用大剂量甲基强的松龙，30mg/kg，IV，目的是使汗腺对交感神经刺激更敏感。
- 将患马安置在空调隔间内。

穷竭性疾病综合征

- 在经受短暂高强度或长时间中等强度运动的马，发生多系统变化，特别是在炎热和潮湿的天气中。
- 疾病与体液和电解质丢失、运动相关的酸碱变化以及身体能量储备耗尽相关。
- 在某些情况下可能会出现家族性疾病倾向。

诊断

- 呼吸急促[1]（休息30min后，呼吸＞40次/min）。
- 心动过速[1]（休息30min后，心率＞60次/min）。
- 直肠温度升高［40~41℃（104°~106 °F）］。
- 脱水（可能有20~40L的液体流失）和对水或食物缺乏兴趣（尽管严重脱水）是常见的表现。赛马液体流失量为体重的6%~10%，会导致中暑。
- 严重抑郁，脉压降低，颈静脉缩短，毛细血管再充盈时间延长。
- 继续以低速出汗。
- 心率不规则（例如，室上性或室性心动过速）。
- 肌肉痉挛和/或肌病。
- 腹痛伴随肠音减少或消失，除非发生痉挛性绞痛；这些马的小肠扭转发生率也增加了。
- 缺乏直肠音。
- 同时发生膈肌颤动，通常与肠梗阻有关。
- 中枢神经系统症状。
- 体重减少大于7%。

实验室检查结果

- 低氯血症，低钾血症，低钠血症，异常的低离子钙值，氮质血症，血细胞比容和总蛋白含量增加，肌酸激酶值和肝酶值增加，乳酸和肌钙蛋白含量可能增加。低氯血症和脱水是实验室检查结果中最常见的发现。
  - 伴有严重的肌病和肾功能衰竭，血钾可能升高。
- 碳酸氢盐浓度可变：轻症病例正常或轻度增加，严重病例浓度降低。
- 葡萄糖通常是正常的或轻微升高，但在极度疲惫时可能降低。

应该做什么

虚脱的马

- 降低体温。
  - 将患马移至阴凉、通风良好的区域。
  - 经常对整个身体进行冷水疗法。间歇进行可能优于连续进行，因为连续进行可能引起皮肤严重的血管收缩，从而干扰热传导和对流。
- 虚脱患马的液体治疗目标是更换体液，纠正电解质异常，并提供能量。为了加速补液，使用两个静脉导管。
  - 在疑似酸中毒的更严重的病例中，可用乳酸林格氏液和氯化钾，20mEq/L，10~20L/h。
  - 在没有酸中毒的不严重的病例中，给予含有KCl的0.9%生理盐水溶液或林格氏溶液，20mEq/L，20mL/L硼葡萄糖酸钙，10~20L/（h·500kg）。

---

1 有时候会出现呼吸频率大于心率，但这是暂时的，且多见于潮湿的环境。

- 可选择性的以2L/h的速率配合使用5g/dL右旋葡萄糖。极度劳累或体温过高的马体内的葡萄糖和钙浓度可能会有变化。
- 如果在补充数升液体后未发生排尿，则停用KCl。如果排尿正常，KCl给药可以增加到40mEq/L。
- 高渗盐水溶液不应用于治疗疲惫的耐力型马，因为这些个体可能具有显著的细胞内液缺陷。如果出现中枢性失明，颅高压和昏迷等大脑受损的症状，则应给予高渗性冷冻过的液体，如3%生理盐水和/或甘露醇，作为疑似脑水肿的治疗方法。
- 如果在体格检查中同时发现膈肌颤动或肠道无力，则在30min内缓慢给予20%的硼葡萄糖酸钙，100~300mL，IV。如果心律不齐或恶化，则停止给药（见第17章）。
- 如果发现器官衰竭或严重代谢性酸中毒（pH＜7.1）的征象，使用上述晶体液疗法不能改善pH，则给予碳酸氢盐溶液。

实践提示：如果同时存在膈肌颤动，禁止使用碳酸氢钠，并且不常用于治疗虚脱的马匹！

- 只要没有肠功能障碍，可给予口服液：根据需要，5~8L电解质溶液，q30min。
- 按如下方式准备电解质溶液：
  - 27g氯化钠。
  - 18g氯化钾（莫顿精简盐）。
  - 0~40g葡萄糖，取决于血糖值。
  - 4L水，渗透压约350mmol（无葡萄糖）。
  - 可以添加谷氨酰胺等氨基酸。
- 上述列出的口服液可以在插胃管前给马饮用。如果马拒绝电解液，则提供冷水。如果出现腹部不适或胃反流，则停止所有口服液。
- 氟尼辛葡甲胺，最初为1mg/kg, IV，然后为0.3mg/kg, q8h；如果高热不是由下丘脑介导的，这种治疗可能无效。
- 给予具有抗内毒素抗体的超免血浆（2L）。**注意：**疲惫的赛马患内毒素血症的风险增加。
- 给予抗氧化剂：维生素E，每匹成年马7 000IU，PO。

不应该做什么

虚脱的马

- 不要使用吩噻嗪镇静剂。这些患马心血管衰竭和死亡的风险很高。
- 如果没有适当的补液，不要服用非甾体类抗炎药。

预后

如果早期采取适当的治疗，预后通常良好。然而，在虚脱后2~4d，一些患马出现多系统并发症，这些表现形式包括：

- 肌病。
- 快速进展性蹄叶炎。
- 肾功能不全。
- 胃肠道溃疡。
- 肝脏酶和胆红素含量升高。
- 嵌顿性疝。

低温和冻伤

- 常见于寒冷气候状态下的驴和患某些临床疾病的马（即麻醉后麻痹，脓毒性和低血压性马驹，出血性/创伤性休克，或衰弱和老年马）。

· 在成年马匹中很少见，但在衰弱的患马中可能发生，并且在暴露于极冷的驴和虚弱马驹中很常见。

诊断

· 中度低温为93°~97 ℉；体温低于93 ℉表示严重低温。

· 严重低温时，可能会失去寒战反应，甚至可能发生外周血管扩张，这两种情况都可能使低温症恶化。严重低温可能发生一系列全身性酸中毒和凝血病。

· 已经发生颜色变化的冷肢：如果开始再循环，白色至深紫色的皮肤可能会变暖和发红。

· 轻度低温可能导致心率增加，而严重低温可能导致心动过缓，呼吸频率和深度减少。伴有严重的体温过低，预计会出现抑郁。

应该做什么

低温

- 核心复温以提供中心热量；对于极端低温，在没有核心复温的情况下表面复温可能在某些情况下会导致核心温度降低。

实践提示：复温的速度取决于患马的临床状况，原发疾病和特定的实验室检查结果。出血创伤患畜通常会迅速复温。败血症患马或有早期器官衰竭征象的患马，包括大脑，通常通过更慢的加温来控制，因为体温过低可能对器官有一定的保护作用。

- 使用温热的液体疗法：
  - 温热的晶体液和胶体液，特别是血浆，提供抗凝血酶Ⅲ和其他抗凝血剂。除了它们的复温效果之外，可能需要静脉内输注液体来治疗低血容量。
  - 开始给胃或直肠提供温热的平衡液。
  - 对具有临床或实验室证据的甲状腺功能减退的低温驴和虚弱的马驹，给予甲状腺素，0.1mg/kg，PO，q24h。
  - 使四肢复温（表面复温）。**实践提示：**仅通过外周复温，可能由于外周血管舒张而发生低血容量性休克。
  - 将病患移至温暖区域或至少没有风的地方，并在尝试加热过程的过程中，用毯子以防止对流（大气）或传导（地面）热量损失，可能包括以下内容：
    - 可以使用循环温水加热的垫子或温水瓶（100 ℉），或者加热垫、加热灯，注意不要烧伤皮肤。小心使用吹风机!!
    - Bair Hugger等强制通风保温毯可以设定不同的温度，可以有效地加热低温马驹。
- 恢复皮肤微循环：
  - 抗前列腺素：氟尼辛葡甲胺（推荐静脉注射）。
  - 己酮可可碱，10mg/kg，PO，q12h。
  - 血管扩张剂：使用乙酰丙嗪，但仅在水合和脉压正常时使用！
  - 血小板聚集抑制剂：阿司匹林或氯吡格雷。
  - 低分子质量肝素，50~80U/kg，SQ，q24h。
- 为冻伤区域提供局部治疗：
  - 每天局部使用芦荟凝胶3~4次。
  - 硝酸甘油软膏（2%）可用于最严重的小区域，但未证实可以通过皮肤吸收。
  - 注意：处理硝酸甘油软膏时戴上手套。
  - 如果预期会有坏死，则给予抗菌药物，或者预防与低温诱导的免疫抑制相关的败血症。
  - 提供镇痛药。

- 由于细菌移位的风险增加，将广谱抗生素用于严重低温的马驹。

不应该做什么

低温

- 不要试图将败血性、血容量不足和/或器官衰竭（包括脑功能障碍）患马恢复得太快或高于101 °F！加热系统（参见第31章）不应高于105 °F，复温过程应超过30min。不要将马驹放在热水浴缸中。
- 请勿在使用加热灯或吹风机时烧伤患马；它们可能没有正常的感觉，所以可能不会对高温做出反应。
- 避免摩擦，损坏冷冻细胞。
- 不要将牛奶喂给严重低温的马驹。
- 在全身麻醉恢复期间，不要让马和马驹逐渐体温降低。
- 严重低温伴有低血压，不要在未提供静脉输液（液体温度最好与体温一致）的情况下加热皮肤和四肢远端。

预后

- 影响因素如下：
  - 暴露的持续时间。
  - 温度。
  - 风寒。
  - 皮肤湿度。
  - 患马的循环灌注情况。
  - 治疗效果。
- 部分患马的患肢上蜕皮或肢蹄掉落，而其他患马在肢蹄复温后没有其他迹象。
- 水肿和不能复温通常是肢蹄预后不良的指标。

实践提示：在败血症的情况下，特别是在马驹中，类似的综合征是由一个或多个远端四肢的动脉血栓形成引起的。可能与寒冷的天气无关！如果已知血栓形成是急性的（数小时），则组织纤溶酶原激活物（tPA）（2~5mg）可以施用于动脉血栓处或血栓附近。使用tPA不一定有效，患马可能最终死亡。

- 部分马驹在复温后可能有癫痫发作，需要治疗以控制癫痫发作和可能的脑损伤（见第22章和第31章）。

第 34 章
毒 理 学

Robert H. Poppenga，Birgit Puschner

问题

如果发生以下情况，应怀疑中毒：

- 许多马生病但无已知传染病暴露史。
- 患马近期接触了新环境。
- 患马近期接受了药物治疗。
- 最近饲料发生了变化。
- 最近饮水发生了变化。
- 最近在生活环境中使用了杀虫剂。
- 最近在生活环境中进行了建筑活动。
- 天气异常。
- 饲料或牧场不足。
- 存在不寻常的临床情况。
- 有潜在恶意中毒的风险。
- 发生了无法解释的死亡。

介绍

- 中毒往往会在短时间内影响许多动物，从而吸引大量的公众关注。
- 存在许多毒理学检测的适应证。
- 显著病例涉及大量的马突然发病。
- 共同食用的饲料或环境条件的发现，进一步支持了中毒的假设。
- 动物“突然死亡”也暗示中毒。
- 毒理学实验室进行检测的情况，包括在赛马行业进行的药物检测，检测营养充足性（尤其是马的硒和维生素E状态），或在可疑的恶意中毒病例中进行检测。

应该做什么

中毒

- 准确诊断的建立很大程度上取决于系统地调查，不幸的是，并没有一项针对所有可能的有毒物质的综合测试。

然而，最新的分析方法可以在尚未发现暴露于特定毒物的情况下，对适当的样品进行广泛筛选。

- 即使怀疑中毒，临床医生也必须保持客观，需要考虑疾病中毒和非中毒的病因。
- 获得完整的病史，包括品种、年龄、性别、体重、生殖状况、疫苗史、当前用药、医疗检查、住房设施和环境，以及是否有其他动物的存在且它们是否有任何异常。
- 对住所进行侦探似的检查。必须对马的整个环境进行有毒来源和危险条件的评估，包括：
  - 饲养，包括最近饲养的更改。
  - 水源。
  - 对马的环境进行害虫控制的措施。
  - 最近杀虫剂或除草剂的使用。
  - 最近对旧建筑的翻新。
  - 涂料或溶剂应用。
  - 近期马迁移到新的环境。
  - 农用化学药品的位置。
  - 近期的动物管理决定。
- 进行全面的体检。
- 如果可能，进行暴露源评估。暴露源评估对于毒理学病例的正确诊断和管理至关重要。在某些情况下，有病史资料可以了解到或可以估计可能的暴露情况，如果兽医没有做到这一点，就可能处理不当，从而给马匹带来不必要的治疗，增加马主的治疗成本。在许多情况下，由于缺乏必要的信息，无法进行适当的暴露源评估。可以咨询兽医毒理学家以准确地进行评估并解释数据。
- 如果出现无法解释的死亡，应在所有可疑病例中进行彻底的尸检，包括对整个身体和所有胃肠内容物进行彻底检查。只要进行现场尸检，所有主要器官系统的样本和任何严重异常都应保存在10%中性福尔马林缓冲液中，由经过资格认证的病理学家进行组织病理学检查。
- 收集适合于毒理学检测的样本（表34-1），包括来自患病活马的样本，尸体剖检时收集的样本，和在患马生活环境中收集的样本。
- 向兽医毒理学家咨询，有助于中毒病例的检查，有助于提供预防复发的措施。
- 重要的是要记住任何涉嫌中毒案件未来可能会进行诉讼；图片和全面的文档可以帮助兽医在事故发生后很长时间内回忆案件的细节。
- 兽医毒理学实验室：兽医毒理学实验室获得美国兽医实验室诊断学家协会（AAVLD）的认可。经认可的实验室可在AAVLD网站（www.aavld.org）上找到。并非所有经认可的实验室都提供全面的毒理学检测。经常进行毒理学检测的实验室包括：
- 爱达荷大学分析科学实验室。
- 俄克拉何马州立大学动物疾病诊断实验室。
- 圭尔夫大学动物卫生实验室。
- 阿肯色州家畜和家禽诊断实验室。
- 加州大学加州动物健康与食品安全实验室系统。
- 克莱姆森大学克莱姆森兽医诊断中心。
- 密歇根州立大学人口与动物健康诊断中心。
- 普渡大学印第安纳州动物疾病诊断实验室。
- 肯塔基州列克星敦的牲畜动物诊断中心。
- 宾夕法尼亚大学宾夕法尼亚动物诊断实验室系统。
- 得州农工大学得克萨斯兽医诊断实验室。
- 犹他州立大学犹他州兽医诊断实验室。
- 默里州立大学兽医诊断和研究中心。
- 康奈尔大学兽医诊断实验室。
- 爱荷华州立大学兽医诊断实验室。
- 北达科他州立大学兽医诊断实验室。
- 密苏里大学兽医医学诊断实验室。
- 怀俄明州兽医实验室。

表34-1 用于毒素分析的样品

样品类型	建议量	保存条件	可检测的项目
环境			
干草，谷物，浓缩饲料，矿物质补充剂	环境中的500g以上，足够的且具有代表性的样品	放在纸袋或塑料袋中，玻璃瓶中；避免在运输途中变质	杀虫剂、除草剂、重金属、盐、食品添加剂、抗生素、离子载体、霉菌毒素、硝酸盐、硫酸盐、氯酸盐、氯化物、植物毒素、肉毒素、维生素、灭鼠剂
植物	所有植物	压榨、干燥或冷冻	种类鉴定、生物碱、单宁、灰毒素（杜鹃花）、强心苷（夹竹桃、洋地黄、阿杜那）
蘑菇	全部	用纸袋保持阴凉干燥	种类鉴定，氨氮素的化学试验
水	1L	罐头瓶	农药、盐类、重金属、蓝藻鉴定、微囊藻毒素、鱼腥藻毒素 a、硫酸盐、硝酸盐、pH
环境	来源 / 诱饵	在袋子里冻结	尽量获取包装标签，与各种有毒物质一同寄送
活动物			
全血	5~10mL	EDTA，抗凝剂	胆碱酯酶活性、铅、硒、砷、汞、氰化物、一些有机化合物、抗凝血灭鼠剂
血清	5~10mL	旋转并去除凝块；加锌专用管	铜、锌（锌检测不与橡胶接触）、铁、镁、钙、钠、钾、药物、生物碱、欧夹竹桃苷、维生素、抗凝血杀鼠剂、莫能菌素
尿液	50mL	塑料装送，螺旋盖小瓶	药物、部分金属、生物碱、斑蝥素、氟赖氨酸、百草枯、欧夹竹桃苷
粪便（在不同的时间收集）	100g 以上	冷冻	植物鉴别（如果不是浸泡过）、种子鉴别、强心糖苷（夹竹桃、洋地黄、红豆）、灰毒素（杜鹃花）、生物碱（紫杉）、单宁、杀虫剂、药物、氰化物、氨、斑蝥素、4-氨基吡啶、石油碳氢化合物、防冻剂、重金属、离子基体、藻类毒素
活检标本	例如，肝	冷冻	吡咯利西啶类生物碱、金属、有机氯杀虫剂
被毛	10g	领带鬃毛 / 尾巴毛，注意来源	硒（慢性接触）
尸体			
饮食物（收集胃、小肠、大肠的内容物；保持独立）	每个样本 500g	冷冻	植物鉴别（如果不是浸泡过）、种子鉴别，强心糖苷（夹竹桃、洋地黄、红豆）、灰毒素（杜鹃花）、生物碱（紫杉）、单宁、杀虫剂、药物、氰化物、氨、斑蝥素、4-氨基吡啶、石油碳氢化合物、防冻剂、重金属、离子基体、藻类毒素
肝脏	100g	冷冻	重金属、杀虫剂、抗凝血灭鼠剂、一些植物毒素、一些药物、维生素
肾脏（皮层）	100g	冷冻	重金属、钙、一些植物毒素、防冻剂
大脑	一半的大脑	矢状面，用福尔马林划出中线供病理学家检查	胆碱酯酶活性、钠、有机氯杀虫剂

（续）

样品类型	建议量	保存条件	可检测的项目
脂肪	100g	小样本可以用福尔马林浸泡，用于活检	有机氯杀虫剂、多氯联苯
眼内液	一只眼睛	冷冻	钾、氨、镁
注射部位	100g	冷冻	一些药物，其他注射剂
其他	100g	特殊的测试，通常冻结	特殊测试，如脾脏（巴比妥酸盐）和肺（百草枯）

注：EDTA，乙二胺四乙酸。

一般净化程序

- 对于最有可能毒害马的毒物，解毒剂相对较少。不过早期且适当的净化，以及积极的对症治疗和支持治疗，通常可以使患马康复。
- 摄入毒物后的净化包括以下步骤：
  - 移除胃内容物：在马中，由于无法使用催吐剂以及洗胃需要耗费很多的时间和精力，因此胃内容物难以去除。
  - 使用活性炭（AC）吸附胃肠道中存在的毒物：在大多数疑似中毒中，最佳的净化方法是在摄入后尽快给予吸附剂（如AC），加或不加泻药。AC以悬液的形式通过胃管给药，剂量范围为1~2g/kg（每5mL水含约1g AC）。
  - 使用泻药以加速去除胃肠道内容物：常用的泻药包括：
    - 硫酸钠或硫酸镁可以在AC悬液中混合，以250~500mg/kg给药。
    - 山梨糖醇（70%）也可在AC悬液中混合，以3mL/kg给药。
    - 如果已经出现明显的腹泻，则几乎不需要使用导泻药。
    - 与单独使用AC相比，AC加泻药的功效尚未确定，因此单独给予AC是可以接受的。
    - 在任何情况下都不应该单独给予泻药。
  - 洗浴：皮肤或眼部暴露于有毒物质需要用肥皂彻底洗浴（建议使用诸如Dawn之类的洗碗剂），或用自来水（用于皮肤）或生理盐水溶液（用于眼部）进行大量冲洗。
  - 自我保护预防措施：在去除毒物过程中始终遵守适当的预防措施，以避免自我暴露或其他人接触有毒物质。

不应该做什么

中毒

- 不要依赖单一类型的液体或组织样本的毒理学检测来提供确凿的结果；可能需要多个样本。如果不确定，请致电毒理学诊断实验室，获取有关适当样品采集的建议。
- 不要延迟去除毒物程序。
- 怀疑接触有毒物质后，通常会给予矿物油。但不鼓励这种做法，因为没有证据表明矿物油是大多数有毒物质的有效吸附剂。矿物油具通便效果，而非导泻效果。矿物油不应与AC一起施用，因为可能降低AC的吸附能力。

- 不要丢弃可能含有毒物质的材料。

主要影响胃肠道的毒性物质

双甲脒

· 双甲脒是一种甲酰胺类杀虫剂，在美国可作为牛和猪的杀螨剂浸渍或喷雾使用，用于犬的蠕形螨管理。

· 马对这种药物敏感，它不应该用在马上。

毒性作用机制

- α_1和α_2肾上腺素能激动剂活性。

临床症状

- 摄入会导致嵌塞、腹痛、抑郁、镇静和运动失调。
- 全部在接触后24h内发生。

应该做什么

双甲脒中毒

- 如果皮肤接触，请使用肥皂进行水浴。
- 如果经口接触，给予AC，1~2g/kg，PO。

· 育亨宾和阿替美唑是α_2-肾上腺素能颉颃剂。解毒的适当剂量尚未确定，然而对于育亨宾，推荐使用0.15mg/kg，慢速IV；对于阿替美唑，建议以0.1mg/kg，缓慢IV。

- 进行静脉输液治疗。
- 给予氟尼辛葡甲胺，1mg/kg，IV，q24h。

阿托品

· 阿托品中毒最常发生在用于治疗怀疑有机磷（OP）或氨基甲酸酯类杀虫剂中毒时，经常给药不正确。

· 一些植物如吉姆森杂草（*Datura stramonium*，图34-1）、茄属植物（*Datura stramonium*，*S.dulcamara, S.elaeagnifolium*）和颠茄（*Atropa belladonna*）等植物含有相关的托烷类生物碱。

· 土豆和西红柿的叶子含有托烷和甾体糖苷生物碱，可能有毒。

毒素作用机制

- 对节后副交感神经效应部位的毒蕈碱乙酰胆碱受体的竞争性抑制。
- 高剂量可以阻断自主神经节和神经肌肉接头处的烟碱受体。

临床症状

· 会导致肿胀、腹痛、黏膜干燥和瞳孔散大（抗胆碱能毒性）。

· 甾体糖苷生物碱会引起肠胃炎。

应该做什么

阿托品中毒

- 刺摄入后，给予AC，1~2g/kg，PO。
- 氟尼辛葡甲胺，1.0mg/kg，IV。
- 根据需要，重复注射新斯的明，0.01mg/kg，SQ。**实践提示**：对于剧烈躁动或腹胀的马匹应暂缓使用。

图 34-1　曼陀罗

刺槐（*Robinia pseudoacacia*）

· 摄入嫩芽、树皮或修剪过的叶子会导致疾病。其他刺槐类植物的潜在毒性尚不清楚（图34-2和图34-3）。

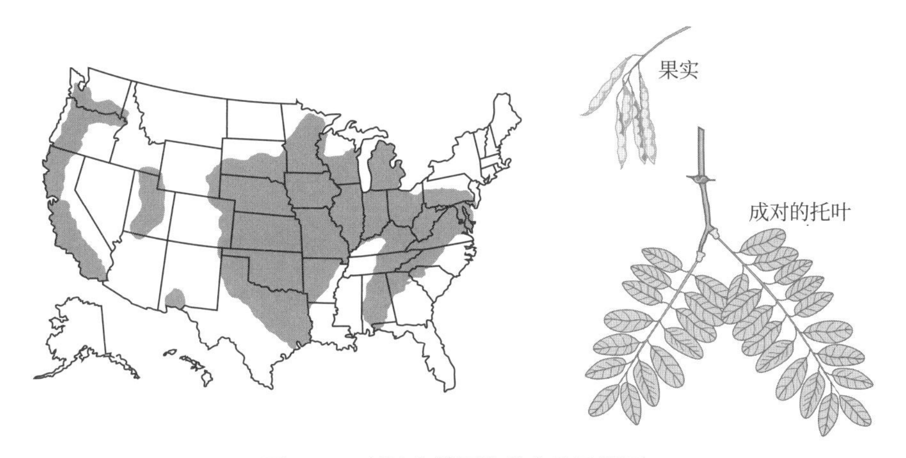

图 34-2　刺槐在美国的分布及示意图

图 34-3　刺槐

毒素作用机制

- 一种假设的毒性原理，刺槐素是一种抑制蛋白质合成的毒白蛋白。已经分离出许多生物活性成分；然而，它们在疾病发病机制中的作用尚不明确。

临床症状

- 可引起厌食、腹泻（可能是血性）、腹痛、抑郁、虚弱、心动过速和不规则脉搏。
- 很少致命，但蹄叶炎可能是严重的后遗症。

应该做什么

刺槐中毒

- 给予AC，1~2g/kg，PO。
- 进行静脉输液治疗。
- 提供营养支持。

斑蝥

- 中毒是由摄入斑蝥（*Epicauta* spp.和*Tegrodera latecincta*）引起的，经常在被收割和卷曲的苜蓿中发现（见第18章）。
- 斑蝥通常出现在蒙大拿州，美国中西部，偶尔也出现在美国其他地区。
- 在甲虫以紫花苜蓿为食时的中夏至夏末，中毒的可能性更大。
- 毒性原因是斑蝥素。

毒素作用机制

- 斑蝥素（一种起疱剂和刺激物），被摄入后会先影响胃肠道。一旦被吸收，它就会通过肾脏排出，导致肾脏和泌尿道黏膜损伤。
- 毒素直接损伤心肌。
- 发生磷酸酶2A的抑制。
- 低钙血症的原因尚不清楚。

临床症状

- 黏膜刺激，包括口腔、胃肠道和泌尿道，发生黏膜溃疡。
- 腹痛。
- 伴有膈肌颤动的低钙血症。
- 尿频。
- 血尿和/或血红蛋白尿。
- 可能造成心脏损伤。

- 休克。
- 仅在少数情况下出现神经系统症状。
- 突然死亡。

诊断

- 符合的临床症状，死后病变（红斑和偶尔有胃肠道黏膜糜烂）。
- 干草或胃肠道内容物中发现斑蝥。
- 测量cTnI以帮助确定心肌坏死的严重程度。
- 获取胃肠道内容物和尿液用于分析斑蝥素。

应该做什么

斑蝥中毒

- 丢弃可疑饲料；给予AC，1~2g/kg，PO。
- 进行静脉输液治疗。
- 监测血清钙浓度，仅在需要时补充。
- 提供支持性护理：镇痛药、皮质类固醇和抗生素。
- 使用质子泵抑制剂或H_2受体颉颃剂，用于治疗黏膜溃疡。
- 没有已知的解毒剂。

预后

- 预后谨慎。
- 伴有神经系统症状的预后较差。

七叶树（*Aesculus glabra*）

- 七叶树是最常见的七叶树属的植物（图34-4）。

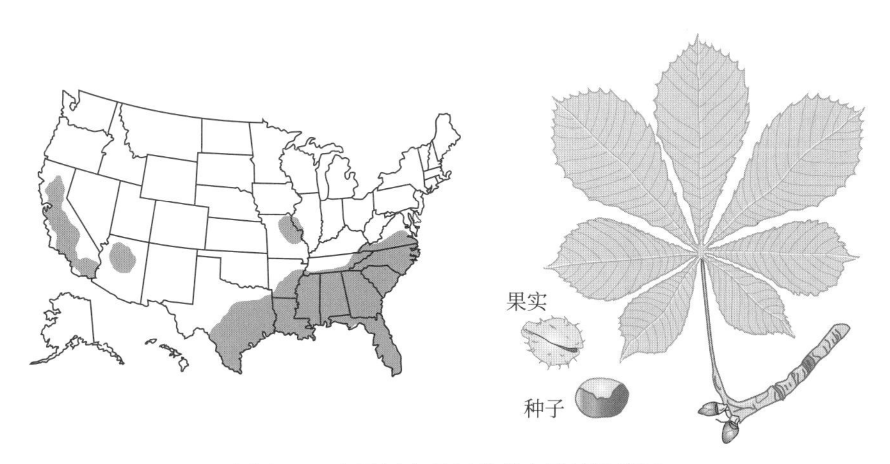

图34-4　七叶树在美国的分布及其示意图

· 在湿润的美国中西部、东南部和加利福尼亚州，七叶树生长在灌水良好的树林和灌木丛(图34-4)。

· 据说毒性作用是由许多皂苷引起的。见后面的马栗中毒。

毛茛（*Ranunculus* spp.）

· 毛茛属有数百种植物并且分布广泛，在许多牧场都很旺盛。

· 马匹几乎从不在牧场环境中进食毛茛属植物，干燥使植物无毒。

· 毒性原因是毛茛在受损时会释放原白头翁素。

· 某些物种中存在含氰糖苷。

毒素作用机制

· 原白头翁素是一种强劲的起疱剂。

临床症状

· 可引起口腔黏膜刺激、腹痛、厌食、腹泻和肌肉震颤，可能导致兴奋和抽搐。

· 接触受损的植物会引起皮肤刺激。

应该做什么

毛茛中毒

- 使用AC，1~2g/kg，PO。
- 对症治疗和支持性护理。

蓖麻（*Ricinus communis*）

· 种植了许多品种作为观赏植物（图34-5）。通常，蓖麻仅在美国的中部和最南部地区才可过冬。

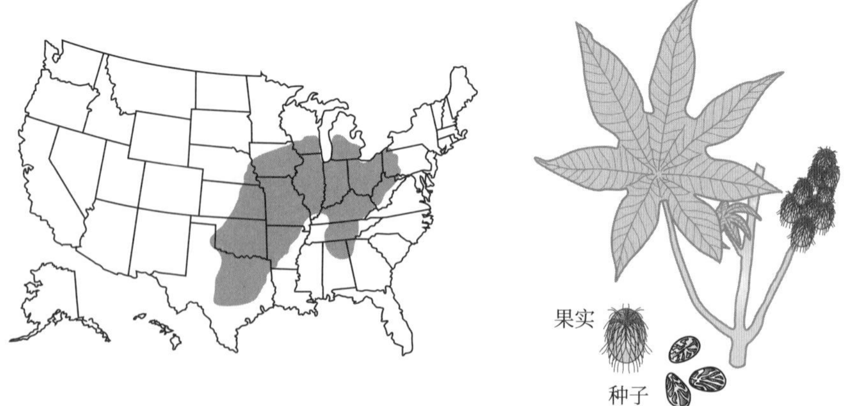

图34-5 蓖麻在美国的分布及示意图

· 在加利福尼亚州和佛罗里达州有商业化种植，用于生产蓖麻油。

· 种子和叶有毒。

· 摄取的种子完整的存留在胃肠道中是无毒的。种子含有生物碱（蓖麻碱）和糖蛋白（蓖麻毒素）。

毒素作用机制

· 蓖麻毒素可通过γ-氨基丁酸受体A型颉颃作用引起癫痫发作；可能是神经肌肉效应。

· 蓖麻毒素抑制蛋白质合成，其次是DNA和RNA合成；减少糖的吸收；并且是一种刺激物。

临床症状

· 可导致腹痛、水样腹泻、发热、运动失调、抑郁、出汗，末期抽搐和死亡。

· 摄入后症状可能延迟12h或更长时间。

诊断

· 鉴定胃肠道内容物中的种子，食用证据和符合的临床症状。

· 检测胃肠道内容物、血清或尿液中的蓖麻碱或蓖麻毒素。

应该做什么

蓖麻籽中毒

- 使用AC，1~2g/kg，PO。
- 如果需要，提供镇静剂（甲苯噻嗪，0.4mg/kg）；静脉输注高渗盐溶液，然后使用多离子等渗液。
- 给予氟尼辛葡甲胺，1.0mg/kg，IV。

马栗树（*Aesculus hippocastanum*）

· 马栗树是北美的一种花园和公园树。

毒素作用机制

· 作用机制尚不确定。试验研究的皂苷，尤其是七叶苷，在低剂量时具有神经毒性，在较高剂量时具有溶血性。皂苷还具有降血糖作用，可能也有生物碱作用。

临床症状

· 可引起腹痛，黏膜发炎，感觉过敏和共济失调，随后出现肌肉震颤，轻瘫，呼吸困难，抽搐和死亡。

· 死亡并不常见。

应该做什么

马栗中毒

- 使用AC，1~2g/kg，PO。
- 使用镇痛药（肠外给药），支持性液体治疗（静脉输注）和对症治疗。

栎树（*Quercus* spp.）

- 栎树是本土和引进的物种，广泛分布于美国。
- 不同种类栎树的大小范围从高度为2~3ft（60~90cm）的灌木到大树（图34-6）。
- **实践提示：**所有种类都应被视为有毒。
- 有毒原因是单宁的多酚复合物，可分为浓缩的或可水解的。可水解的单宁如没食子单宁具有临床效应。
- 与牛相反，栎树很少会导致马中毒，尽管喂养不良的马可能会吃叶子、种子或芽。
- 在出现临床症状之前，必须摄取相对大量的植物。

图34-6 胭脂栎树

毒素作用机制

- 单宁与蛋白质相互作用并使蛋白质变性。
- 酚类代谢物可能是胃肠道、肾功能损伤的原因；肝脏受损较少见。

临床症状

- 厌食症，腹痛，有时有血性腹泻，里急后重，抑郁，尿频和便秘。
- 坠积性水肿可能与蛋白质丢失性肠病有关。

诊断

- 食用植物的证据。
- 检测胃肠道内容物或尿液中的没食子单宁。

应该做什么

栎树中毒

- 液体治疗，营养支持和其他支持治疗。
- 评估可能的肾脏损害。

有机磷和氨基甲酸酯类杀虫剂

- 有机磷和氨基甲酸酯类杀虫剂中毒通常会导致神经和胃肠功能障碍的临床症状。
- 最可能的中毒来源是含有有机磷或氨基甲酸酯的杀虫剂或驱虫剂的不适当或偶然的口服或局部给药。两种杀虫剂的临床症状相似。

毒素作用机制

- 乙酰胆碱酯酶的抑制导致过度的胆碱能刺激。

临床症状

- 可引起腹痛、唾液分泌过多、出汗、腹泻、肌肉震颤、瞳孔缩小、虚弱、呼吸困难和抽搐。
- 典型的记忆口诀是SLUDGE或DUMBELS。
- 有机磷和氨基甲酸酯会增加肠道的蠕动，引起心动过缓。
- 可能会发生行为改变，并且最近有用司替罗磷喂养马的记录。

诊断

- 马有接触史和相符的临床症状。
- 通过测量全血、大脑或视网膜胆碱酯酶活性来确认接触史。如果发生有显著的有机磷或氨基甲酸酯，则胆碱酯酶或丁酰胆碱酯酶活性比参考实验室的正常范围要低得多（正常或低于正常值的50%）。

注意：应将血液收集在乙二胺四乙酸（EDTA）中并置于冰上尽快检测。正常的全血胆碱酯酶活性为2~2.5μM/（g · min），但可能在实验室和样品处理之间有所不同。

- **实践提示**：如果将样品提交给人类实验室，请提交对照的（未接触毒物的）马样品。
- 如果向实验室延迟提交了样品，则在接触氨基甲酸酯类杀虫剂的情况下收集的样品，可有活性胆碱酯酶的“再生”，从而产生正常值。
- 提供胃内容物和肝脏以检测特定的有机磷或氨基甲酸酯杀虫剂。如果可疑来源是饲料，应取得代表性饲料样品并进行检测。饲料和胃内容物样品中有机磷和氨基甲酸酯的浓度可能非常高。
- **注意**：这些杀虫剂可以渗透塑料。因此，请确保不会发生样品交叉污染。

应该做什么

有机磷和氨基甲酸酯类杀虫剂中毒

- 给予阿托品，最高1mg/kg，静脉给药（根据需要可皮下注射重复给药），以控制临床症状。
- 阿托品治疗开始后不久，毒蕈碱效应（流涎，瞳孔缩小，支气管分泌和出汗）应该有明显的改善。

- 与阿托品相比，使用格隆溴铵可能副作用更少。**注意**：格隆溴铵未被FDA批准用于马匹。缓慢持续小剂量注射直到有效（0.01mg/kg，IV）。
- 盐酸氯解磷定（2-PAM）特异治疗有机磷中毒，对氨基甲酸酯中毒没有帮助。如果需要，给予20mg/kg，IV，q4~6h。

重要提示：如果认为中毒是由胆碱酯酶抑制剂引起的，但不知道是否涉及有机磷或氨基甲酸酯，如果可以，则给予2-PAM。

- 通过胃管去除胃反流液。
- 使用AC，1~2g/kg，PO；采用支持疗法，如补液。
- 由于阿托品可能产生不良反应，因此必须准确诊断马匹中的有机磷或氨基甲酸酯中毒。如果没有明确的病史，以及支持性的临床和实验室证据表明有机磷或氨基甲酸酯中毒是临床症状的原因，则不应在治疗中使用高剂量阿托品。
- 口服有机磷驱虫药后的短暂腹痛并不少见，然而需要阿托品治疗是不常见的。

红三叶草（*Trifolium pratense*）

- 在某些环境条件下，真菌豆状丝核菌可以在三叶草上生长并产生真菌毒素，即流涎胺，这会增加唾液的产生并导致流涎。
- 真菌在三叶草上看起来像黑褐色斑点。
- 更常见的是，真菌影响在生长有红三叶草的牧场放牧的马，或者更少见的是食用混有红三叶草干草的马。
- 相同的真菌存在于其他豆科植物上时，也可能在马中产生临床症状，如白三叶草（*Trifolium repens*）、瑞士三叶草（*Trifolium hybridum*）或苜蓿（*Medicago sativa*）。
- 真菌在营养组织和种子中长期存在，因此一旦牧场被感染，流涎就会成为一个反复出现的问题，特别是在天气凉爽潮湿的时候。

毒性作用机制

- 胆碱能激动作用。

临床症状

- 过度流涎。这可能在放牧于受感染的三叶草的1h内发生，并且将马从有三叶草牧场中移走后仍会持续长达24h。轻度病例的持续时间可能为数小时或连续不断。
- 严重者会出现腹泻、尿频和厌食症。

应该做什么

红三叶草中毒

- 将患病动物从牧场移走，或移除干草。
- 无法对受污染的干草进行解毒。

烟草（*Nicotiana* spp.）

- 烟草植物（商业性，野生和观赏植物）非常难吃，因此中毒并不常见。

· 如果将马放在储存烟草的地方或野生烟草植物生长的地方，并且几乎没有其他食物，可能会采食而发生中毒。

· 生物碱是致畸的。

· 中毒机制是尼古丁和其他生物碱，如新烟碱。

毒性作用机制

· 尼古丁先引起刺激，随后对交感神经和副交感神经节、神经肌肉终板和中枢神经系统中的烟碱受体进行去极化阻断。

临床症状

· 摄入初期引起兴奋，绞痛，腹泻，运动失调，肌肉震颤和过度流涎，然后肌肉无力，卧倒，虚弱和昏迷。

· 呼吸麻痹可能导致死亡。

· 存活超过12h是一个很好的预后指标。

应该做什么

烟草中毒

- 使用AC，1~2g/kg，PO。
- 进行液体治疗和对症治疗。

其他胃肠道中毒

盐中毒

· 当给缺盐的马喂盐并且没有足够的水时，盐摄入会导致腹泻、腹痛和神经系统症状。

诊断

· 血清或脑脊液中钠浓度升高。

应该做什么

盐中毒

- 提供液体治疗：2.5%右旋葡萄糖配比0.45%盐水或多离子液及二甲基亚砜，1g/kg，IV。
- 不要使用5%葡萄糖。
- 对于慢性中毒（1d或更长时间），使用0.9%生理盐水缓慢降低血清钠浓度。

砷和汞

· 造成严重胃肠道糜烂，可导致猝死。

临床症状

- 流涎。
- 腹泻。
- 抑郁。

诊断

- 诊断依据病史和检测全血、胃肠道内容物、肝脏和肾脏中砷或汞的含量。
- 任何可检测浓度的砷或汞都是不寻常的，并且与金属源的暴露有关。
- 临床症状加上肝脏和肾脏的砷含量＞10ppm，证明是砷中毒。

应该做什么

砷和汞中毒

- 给予二巯丙醇，第1天，3~5mg/kg，IM，q8h；第2天和第3天给予1mg/kg，IM，q6h。
- 二巯琥珀酸是一种新型口服螯合剂，可有效螯合铅、砷和汞。关于其在马中使用的资料很少，但已证明其在其他物种中对于铅中毒的治疗是安全的。推荐剂量为10mg/kg，PO，q8h，持续5~10d。
- 停止螯合治疗后应重复测量血药浓度数天，以评估是否需要进行额外治疗。

主要影响神经系统的毒物

氨中毒

· 氨中毒最常发生在肝脏疾病或肾小球滤过不足的情况下。另一个潜在原因是由肠动力紊乱、炎症或肠道氨产生增加引起的原发性高氨血症。

· 如果肝功能不足，源自胃肠道分解代谢或骨骼肌的氨不能转化为尿素，从而导致血浆氨浓度增加。

· 原发性肠道高氨血症的原因尚未得到证实，但可能与肠道的产氨细菌过度生长有关。这种情况在圈养和放牧的成年马匹中都会发生。

临床症状

实践提示：当马有急性脑病、严重酸中毒、肝酶值正常和高血糖症状时，应充分考虑氨中毒。

· 在需要时，支持性治疗、液体疗法，口服新霉素和镇静剂，很多病例可在72h内完全恢复。

· 也可能出现腹痛和腹泻。

诊断

· 通过测量血液或脑脊液（CSF）中的氨来确认本病。如果不能立即测量氨水平，应迅速冷冻样品（血清、血浆、CSF、水溶液），否则难以解释氨的结果。

澳大利亚蒲公英（*Hypochoeris radicata*）

· 澳大利亚蒲公英在澳大利亚引起马跛行症和马吼喘病的暴发。

· 据报道，美国西部、东南部和大西洋中部也暴发了类似不明原因的疾病（图34-7）。

· 马跛行症还与后腿急性损伤和低钙血症有关。

· 毒素尚未确定。

图 34-7　澳大利亚蒲公英在美国的分布

毒性作用机制

· 未知

应该做什么

澳大利亚蒲公英中毒

- 对于严重中毒的个体，给予苯妥英，7.5mg/kg，PO，q12h，可消除临床症状。
- 85%马在8个月内恢复。
- 考虑针灸（见第8章）。

鳄梨（*Persea americana*）

· 鳄梨主要分布在佛罗里达州和加利福尼亚州。

· 中毒最常发生在马接触修剪过的枝条，而它们干燥时仍然有毒。

· 只知道危地马拉型及其杂交种是有毒的；毒性原理被认为是名为“Persin”的毒素，并且认为树的所有部分都是有毒的，尤其是叶子。

毒性作用机制

· 作用机制尚不清楚，尽管实验性地给予Persin会导致乳腺和心肌坏死。

临床症状

· 摄入可引起非传染性乳腺炎、抑郁、轻度震颤和腹痛。

· 较高的重复剂量与心律失常和呼吸窘迫有关。

- 水肿发生在头部、颈部和下颌。
- 死亡并不常见。

应该做什么

鳄梨中毒

- 提供对症和支持性护理。
- 乳腺炎在1周内消退；但是，在哺乳期间不会继续产乳。

肉毒梭菌毒素

- 肉毒梭菌毒素中毒是由肉毒梭菌引起的，主要在2~8周龄马驹中引起临床问题；但是，它也会影响成年动物（见第22章和第31章）。
- 存在8种区域分布各异的毒素类型。
- 在肯塔基州、宾夕法尼亚州、马里兰州、新泽西州、纽约东部和弗吉尼亚州，肉毒梭菌毒素中毒是常常发生的，几乎都是由B型肉毒梭菌毒素引起。受毒素污染的草料是最可能的发病原因。
- A型肉毒梭菌毒素中毒偶尔发生在俄勒冈州、爱达荷州、蒙大拿州、怀俄明州、华盛顿州、加利福尼亚州和内布拉斯加州的密西西比河以西。
- C型肉毒梭菌毒素中毒偶尔出现在摄入混有动物残骸饲料（即腐肉肉毒梭菌）的马身上。
- 在成年动物中，肉毒梭菌毒素中毒通常是在营养物质中摄入预先形成的毒素的结果。喂养圆捆干草是造成一些案例的原因。在马驹中，它是由摄入肉毒梭菌B型孢子引起的毒性感染过程。
- 伤口肉毒梭菌毒素中毒可在马匹中发生，但并不常见。

毒性作用机制

- 抑制乙酰胆碱的释放，导致突触前阻断神经冲动。

临床症状

- 普遍虚弱。
- 尾巴、眼睑和舌色减少。
- 瞳孔散大和眼睑下垂。
- 颤抖。
- 躺下和卧地。
- 吞咽困难（内窥镜检查时软腭通常移位），但不一定是由A型肉毒梭菌毒素引起。
- 无法站立导致虚弱，并逐渐发展为严重轻瘫。
- 呼吸困难。

诊断

- 虽然难以分离毒素，但是要用血清、胃肠内容物、粪便和可疑的饲料样本用于PCR分析。
- 在马驹中，来自粪便的B型肉毒梭菌培养物强烈证实了在吞咽困难和虚弱存在下的诊断。

应该做什么

肉毒杆菌毒素中毒

- 使用免疫血清（参见第22章和第31章）。
- 避免应激。
- 提供支持性护理。

欧洲蕨（*Pteridium aquilinum*）

- 尽管经常在教科书中列出，但蕨类植物中毒在马匹中并不常见，因为必须食用大量难吃的植物（图34-8和图34-9）。
- 毒性原理是Ⅰ型硫胺酶。

图34-8　欧洲蕨在美国的分布及示意图

图34-9　欧洲蕨

毒性作用机制

- 竞争型抑制硫胺素辅助因子活性。

临床症状

- 可导致虚弱、嗜睡、共济失调、失明、卧地和抽搐。

· 可以在尸检时发现脊髓灰质软化症。

应该做什么

蕨中毒

- 给予硫胺素盐酸盐，5mg/kg，缓慢IV或IM，q6h，持续5d。
- 对早期治疗的反应是明显的。

伏马菌素

· 伏马菌素是由镰刀菌属真菌产生的毒素。主要存在于玉米中，在玉米渣中可能浓度很高；达到中毒浓度的伏马菌素偶尔发生。

· 伏马菌素（或发霉的玉米）中毒引起马脑白质软化。

· 已分离出几种伏马菌素，伏马菌素B_1毒性最大。伏马菌素主要是神经毒性，但也可能引发肝损伤。

毒性作用机制

· 伏马菌素抑制鞘氨醇和鞘氨醇*N*-乙酰转移酶，这对鞘脂合成很重要。鞘脂对于正常的细胞结构、细胞间通讯、细胞与细胞外基质相互作用、受体激酶的调节和信号转导是非常重要的。

· 鞘氨醇积累具有细胞毒性，能抑制蛋白激酶C和其他信号转导通路，并增加细胞内钙浓度。

临床症状

· 受影响的个体在饲喂饲料数天后出现症状。

· 可导致厌食、共济失调、失明、颅高压、舌色和运动减少、抑郁、癫痫，偶尔会出现黄疸和死亡。

· 马不发热。

· 经常出现心动过缓。

诊断

· 参见第22章，了解更多信息。

· 非特异性症状包括高蛋白，白蛋白、免疫球蛋白G和脑脊液中的白蛋白增加。

· 可疑饲料中可检测到伏马菌素。

· 马饲料中伏马菌素的最大推荐浓度为5ppm，毒性剂量约为30ppm。

· 可能发生大脑皮质白质的软化，并且在某些情况下可能发生肝机能障碍伴随血清肝酶升高。心脏也可能受到影响。

· 受污染的玉米通常在检查时看起来正常。

- 许多诊断实验室可检测伏马菌素。

应该做什么

伏马菌素中毒

- 提供支持性护理。受影响的个体很少完全康复。
- 不要将玉米渣饲喂给马。

马尾草（*Equisetum hyemale* and *E. arvense*）

- 在马中毒病例中很少报告有食入马尾草的，但如果没有其他食物可以食用也可能发生。
- 毒性原理是一种硫胺酶，类似于欧洲蕨。

应该做什么

马尾草

毒性作用机制和临床症状

- 见欧洲蕨中毒。

胰岛素

据报道，用胰岛素治疗不当的马会出现低血糖休克。

诊断

- 高压液相色谱用于鉴定血清中的胰岛素来源；该检测由药物检测中心进行。

应该做什么

胰岛素过量

- 连续给予5% ~10%葡萄糖，含40mEq/L氯化钾的多离子晶体液，地塞米松0.2mg/kg，IV，接着减少剂量，使用2~3d。

预后

- 预后不良。

伊维菌素 / 莫昔克丁

- 伊维菌素和莫昔克丁是常用于马的大环内酯类杀螨剂；由于治疗指数较大（成年马匹的安全系数提高了10倍），成年马的中毒情况很少见，但也可能会发生（主要是夸特马）。
- **实践提示：**茄属植物可降低成年马伊维菌素的毒性阈值。
- 与伊维菌素不同，莫昔克丁对小于4月龄的马驹有毒，不应该用于该年龄段的动物。在极少数情况下，给予非常年轻的马驹伊维菌素会产生与莫昔克丁相似但不严重的副作用。

毒性作用机制

· 所有大环内酯类杀螨剂都是γ-氨基丁酸（GABA）激动剂，当足够浓度的药物到达大脑导致GABA能受体刺激时会发生中毒。

· 药物与突触后GABA门控氯通道结合，导致神经元脉冲传递的抑制。

· 由于有跨膜多药外排泵（MDR1），大环内酯类杀螨剂不易穿透哺乳动物的血脑屏障。

急性症状

· 在马的症状包括抑郁、共济失调、中枢性失明、瞳孔散大和嘴唇颤抖。

· 症状可能会持续36h，然后完全恢复。

· 小于4月龄的马驹接受莫昔克丁治疗通常会昏迷。

诊断

· 近期用药史以及相关的临床症状。

· 检测血浆/血清（生前）或脑（死后）中的药物浓度。

应该做什么

伊维菌素中毒

· 没有特定的逆转剂可用。沙马西尼，0.04mg/kg，IV，q24h，或20%脂肪乳剂1.5mL/kg静脉推注，可用于帮助逆转伊维菌素中毒。使用脂肪乳剂治疗伊维菌素或莫昔克丁中毒的疗效的证据有限，尚未确定最佳推荐剂量。

· 经口接触后，尽快给予AC，1~2g/kg，PO。

· 卧地马匹可能需要在重症监护室进行密切的护理。

预后

· 在接受正常或接近正常剂量的伊维菌素后，具有临床症状的马和骡的预后良好。

· 莫昔克丁中毒的马驹预后需谨慎。

铅

· 铅中毒很少见，但可能由摄入含铅涂料、旧电池或铅块引起。

毒性作用机制

· 铅会干扰多种酶，特别是那些含有巯基的酶。

· 铅取代锌作为酶辅助因子。

· 铅抑制血红蛋白合成所需的几种酶：δ-氨基乙酰丙酸合成酶、粪卟啉原酶和血红蛋白合成酶。

急性症状

- 可导致虚弱、共济失调、抑郁和抽搐。
- 喉部轻瘫，特别是运动或兴奋，可能伴有慢性铅中毒。

诊断

- 全血铅浓度大于0.6ppm（或与临床症状相符的大于0.3ppm）。
- 肝脏或肾脏含有5~10ppm（湿重）或更高。**实践提示：**根据湿重值计算和估算肝脏或肾脏干重值，将湿重值乘以3.3。或者，如果需要从干重中了解湿重值，则将干重值除以3.3。假设组织含水量约为70%。

应该做什么

铅中毒

- 给予EDTA Ca，每天75mg/kg，缓慢静脉注射，q12h。治疗2或3d，然后停止2或3d，并在需要时重复给予。
- 琥巯酸是一种新型口服螯合剂，可有效螯合铅、砷和汞。关于其在马中使用的资料很少，但已经证明它在其他物种中对于铅中毒的治疗是安全的。推荐剂量为10mg/kg，PO，q8h，持续5~10d。在停止螯合治疗后数天应重复检测血药浓度。
- 给予硫胺素，5mg/kg，IV或IM。
- 通过鼻胃管插管，给予镁或硫酸钠（1g/kg，PO），有助于清除胃肠道中的铅。
- 在治疗期间保持患马的水合状态良好。

疯草［黄氏属（Certain *Astragalus* spp.）和棘豆属（*Oxytropis* spp.）中特定的品种］

- 疯草生长在北美洲的中西部地区（图34-10至图34-12）。
- **实践提示：**必须摄入大量植物（6~7周内摄入体重的30%）。
- 毒性原理是苦马豆素。即使有其他饲料可用，马也会吃疯草，并习惯吃它。

图 34-10　*Astragalus mollissimus* 在美国的分布

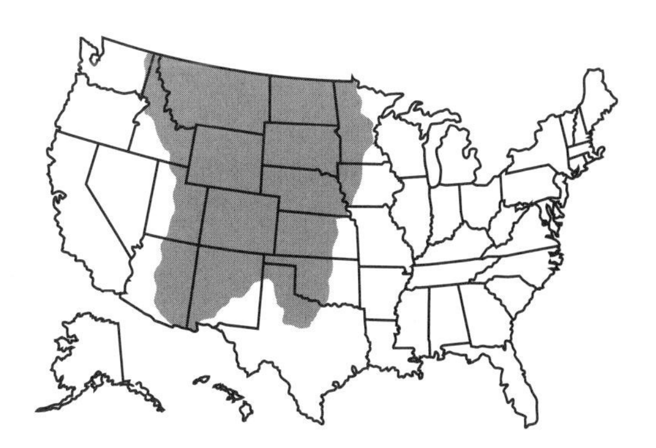

图 34-11　*Oxytropis lambertii* 在美国的分布

毒性作用机制

- 抑制溶酶体α-甘露糖苷酶，随后寡糖在细胞内积累，细胞功能丧失和死亡。抑制高尔基体甘露糖苷酶Ⅱ，导致糖蛋白合成、加工和转运的改变，这导致膜受体、细胞黏附分子和循环激素的功能紊乱。
- 中枢神经系统、淋巴组织、内分泌组织和肝脏含有溶酶体液泡。

图 34-12 *Astragalus* spp.

临床症状

- 抑郁，震颤，共济失调，吞咽困难，过度兴奋，失明，消瘦，生殖功能受损，跛行样步态，截瘫，死亡。

诊断

- 可以在血清样品中检测苦马豆素。
- 受害物的组织学变化具有高度提示作用。

应该做什么

疯草中毒

- 没有证据显示解毒剂有效；据报道，利血平，3.0mg/450kg，q24h，IM；或1.25mg/450kg，PO，持续6d，消除了临床症状并对马安全。
- 不应将马饲养在蝗虫生长的区域。
- 轻度病例可能痊愈，但患马不应该用于骑行或工作。

大麻（*Cannabis sativa*）

- 大麻属于一年生草本植物，长得很高。
- 偶尔会将大麻饲喂马。活性成分是d-四氢大麻酚和相关的类树脂。

临床症状

- 可导致抑郁和嗜睡，可能出现兴奋、亢进、震颤，对触觉和声音的过度反应。
- 通常在24h内恢复。

应该做什么

大麻中毒

- 如果是摄入后的前2h内，则给予AC，1~2g/kg，PO。
- 提供对症和支持性护理。

磷盐（磷化锌或磷化铝）

- 磷化铝和磷化锌用作杀虫剂和杀鼠剂。
- 由于与水分接触后释放磷化氢气体，它们还用于谷物熏蒸。
- 释放的磷化氢气体无色，有腐烂鱼的气味。
- 摄入含有磷化物的盐会导致急性中毒，这些盐在与胃中的酸性环境接触时释放磷化氢；或者直接吸入磷化氢。

毒性作用机制

- 磷化氢气体是导致临床症状的原因。磷化氢抑制细胞色素C氧化酶，这被认为是毒性的部分原因。导致自由基形成和胆碱酯酶抑制的机制也在发病机制中起作用。
- 磷化盐具有腐蚀性。

临床症状

- 大量出汗，心动过速，呼吸急促，肌肉震颤，发热，共济失调，癫痫。
- 低血糖和肝酶升高。

诊断

- 某些毒理学实验室提供胃肠内容物中磷化氢气体的检测。
- 磷化氢检测管可用于检测空气中的磷化氢。
- 尸检结果包括多器官广泛出血，肺水肿，多脏器充血，脑内神经元坏死和肝脂质沉着。

应该做什么

磷酸盐中毒

- 警告兽医人员关于接触磷化氢气体的风险。提供足够的通风。
- 关于解毒有效的证据有限。碳酸氢钠（0.1g/kg，PO）可以减少盐酸并延迟磷酸盐向磷化氢的转化。
- 已经使用了活性炭和二-三八面体蒙脱石，但没有关于它们功效的数据。
- 提供支持性和对症治疗。
- 预后很差，大多数受影响的个体会在24h内死亡。

黑麦草（*Lolium perenne*）

- 黑麦草是美国东南部和西海岸一种常见的牧草，可以被称为*Neotyphodium lolii*的内生真菌寄生。
- 黑麦草摇晃病是由真菌产生的有毒生物碱，尤其是黑麦震颤素B引起的。
- 黑麦草摇晃病是一种有利于真菌生长地区连续多年发生的散发性疾病。
- 其他草（如百慕大草和雀稗草）很少见到这种情况。

毒性作用机制

- 真菌毒素被认为可以抑制钙激活性钾离子通道的大规模传导以及增加神经递质的释放。

临床症状

- 如果处于休息状态且未受干扰，患马可能看起来正常。
- 如果受到干扰或被迫移动，僵硬、震颤、虚弱和不协调将会很明显。
- 死亡通常是意外情况（例如，掉入水中并溺水）。

应该做什么

黑麦草中毒

- 从牧场上移走马；通常很快恢复。

硒

- 急性中毒是由不适当的硒注射（表34-1）或喂食至中毒剂量引起的。
- 错误的饲料配方可能发生，但很少会引起发病。
- 有报道称马的中毒剂量为3.3mg/kg，PO（较小量也可能中毒）。

毒性作用机制

- 氧化应激。
- 含硫氨基酸中硫的置换。

临床症状

- 急性硒中毒的症状包括过度流涎、震颤、共济失调、失明、呼吸窘迫、腹泻，无法站立和死亡。
- 慢性硒中毒的症状包括被毛或蹄异常，冠状韧带分离和关节僵硬。
- 如果怀疑中毒，请测量血液和肝脏样本中的硒含量。

应该做什么

硒中毒

- 提供对症和支持性护理。
- 急性中毒建议使用乙酰半胱氨酸，开始140mg/kg，IV；然后70mg/kg，IV，q6h。

苏丹草（*Sorghum bicolor*）

- 除了急性氰化物中毒的风险之外，在苏丹草上放牧数周会导致马膀胱炎和共济失调综合征（图34-13）。

· 北美洲大平原中部和南部的牧场几乎完全由苏丹草组成，常导致中毒发生。吃干燥处理好的草不会出现问题。

· 有猜想认为氰化物和腈类引起了膀胱炎和共济失调，尽管没有证据表明两者能复现这种疾病。

图 34-13 *Sorghum* spp.

毒性作用机制

· 未知

临床症状

· 可引起后肢共济失调、跳跃步态和尿液泄漏（膀胱扩大）。

· 流产可在妊娠期间的任何时间发生，难产可能由胎儿畸形引起，新生马驹可能畸形或虚弱。

· 急性中毒（氰化物）常导致死亡。

诊断

· 临床症状，暴露史，胃内容物或饲料中的氰化物水平。

应该做什么

苏丹草中毒

- 从牧场移走马，并用抗生素控制膀胱感染。
- 完全恢复是不常见的。
- 参见氰化物中毒进行适当处理。

白蛇根草（*Eupatorium rugosum*）

· 毒性原理未知（较旧的资料中提出白蛇根毒素），有累积效应，可在乳汁中检出白蛇根草毒素（图34-14和图34-15）。

实践提示：白蛇根草生长在阴暗的地区，在夏末和秋季可能产生问题；霜冻或干燥后仍然有毒。

毒性作用机制

· 不确定；由三羧酸循环损伤和葡萄糖使用减少引起的代谢改变。

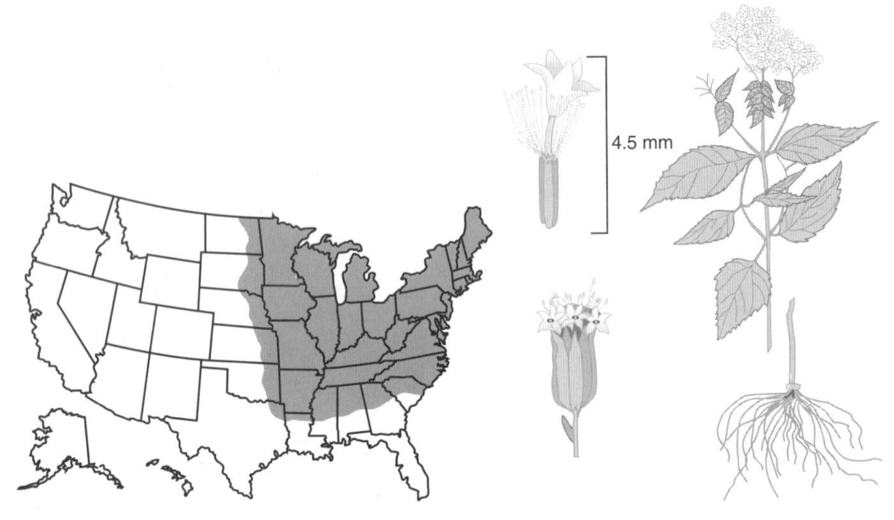

图 34-14　白蛇根草在美国的分布及示意图

临床症状

- 可导致虚弱、抑郁、颤抖、出汗、流涎和卧地。
- 可能出现心律失常、颈静脉扩张、脉搏悸动、心脏损伤和依赖性水肿。
- 乳酸脱氢酶和肌酸激酶血清值增加。

图 34-15　白蛇根草

应该做什么

白蛇根草中毒

- 提供对症和支持性护理。
- 将马从源头移走。
- 马可能会有长期心脏损伤。

黄矢车菊（*Centaurea solstitialis*）

- 黄矢车菊主要生长在美国西部（图34-16和图34-17）。
- 俄罗斯黑矢车菊（*Centaurea repens*）可引起相同的症状，且被认为毒性更大。
- 存在许多倍半萜烯内酯和生物活性胺，并且可能参与疾病发病机制。

毒性作用机制

- 病变局限于苍白球和黑质。

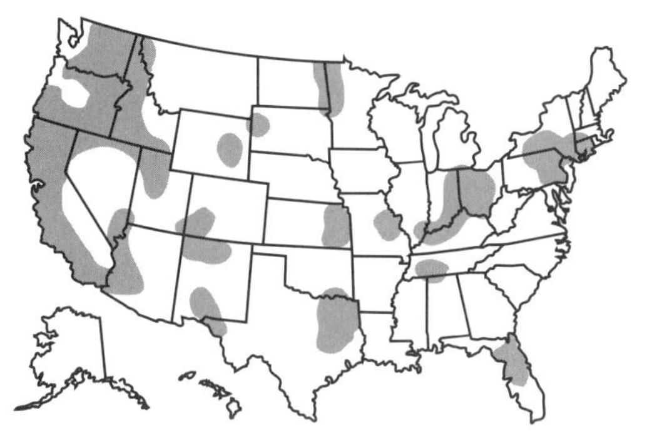

图 34-16　黄矢车菊在美国的分布

图 34-17　黄矢车菊

- 已发现几种内酯在体外对神经元具有细胞毒性。

临床症状

- 慢性食入植物后，会突发症状。
- 患马可以用它们的切齿先抓住食物，但不能将食物放入口中。它们饮水有困难，可能会将头深入水中饮水。由于面部肌肉张力过强，导致唇部回缩，可能伴随舌头伸出。
- 可能发生抑郁、共济失调、转圈和绝食。
- 马可能患有继发性吸入性肺炎。
- 氧化应激可能在导致神经症状的神经元退化中起作用。

诊断

- 磁共振成像（MRI）可以准确灵敏地呈现大脑中的典型病变。
- 在尸检时发现了黑质、苍白球的脑软化。

应该做什么

黄矢车菊中毒

- 没有具体的治疗方法。
- 应给予维生素E。
- 患马不会恢复，但如果症状不严重，它们可能学会适应。

主要影响肝脏的毒物

黄曲霉毒素

- 黄曲霉毒素B_1、B_2、G_1和G_2由黄曲霉和寄生曲霉产生，它们在温暖潮湿的条件下生长在玉米、花生、棉籽和其他小谷物上。
- 据报道，黄曲霉毒素会导致马的急性肝功能衰竭（神经系统症状和黄疸）。

毒性作用机制

- 黄曲霉毒素及其肝脏代谢物与肝细胞内的酶、RNA和DNA发生反应，其结果是急性或慢性肝功能障碍。

诊断

- 接触史（含有黄曲霉毒素的饲料），临床症状，肝脏疾病和衰竭的实验室检查结果。

应该做什么

黄曲霉毒素中毒

- 移除可疑饲料。
- 肝功能衰竭的一般治疗（见第20章）。
- 给予L-蛋氨酸，25mg/kg，PO。
- 成年动物服用维生素E，6 000~10 000U，q24h，PO。

瑞典三叶草（*Trifolium hybridum*）

- 瑞典三叶草是一种豆科植物，主要分布在加拿大和美国东北部。

实践提示：在某些年份，可能由于潮湿的天气，让马在黏土上种植的瑞典三叶草中放牧可能会发生一系列情况。

- 瑞典三叶草必须是主要的饲料，持续采食数天至数周，才可引起亚急性中毒。
- 据报道，长期摄入三叶草与肝脏损害和肝脏光敏化有关（见第20章）。
- 毒性原理尚未确定；可能是植物毒素，也可能是生长在三叶草上的真菌产生的毒素。

毒性作用机制

- 亚急性中毒：不确定，但毒素可能是一种主要的光敏剂。
- 慢性中毒：不确定，但毒素可能是一种引起肝脏光敏化的肝毒素。

临床症状

- 光敏性（轻度或非色素沉着区域的皮肤红斑、肿胀、水肿和脱落）。
- 黄疸。
- 神经系统症状指示肝性脑病。

应该做什么

瑞典三叶草中毒

- 从饲草中去除三叶草。
- 保护患马免受阳光直射。
- 进行光敏化和肝功能衰竭的一般治疗。

预后

- 如果在发生严重肝损伤之前、综合征的早期发现，则预后良好。

铁

- 给予大剂量（过度使用补血药，口服或注射）或可能由长期积聚（血色素沉着症）引起的马中毒可能发生。

实践提示： 在觅乳前接受小剂量铁补充剂的马驹可能会出现致命的肝病。为治疗新生儿异体溶血而接受输血的马驹可能偶尔会出现肝脏铁超负荷和进行性肝病。

毒性作用机制

- 氧化细胞损伤。

临床症状

- 与口服摄入有关的早期症状包括腹痛、腹泻和黑便。
- 中毒马经常出现厌食、嗜睡和黄疸。
- 可以看到肝性脑病的迹象（见第20章）。

重要提示： 肝功能衰竭的临床症状通常不会发生，除非失去超过60% ~75%的肝功能。

诊断

- 肝病的实验室检查结果：血清γ-谷氨酰转肽酶（GGT）、碱性磷酸酶（ALP）、总胆红素和结合胆红素、胆汁酸、纤维蛋白原、纤维蛋白降解产物（FDPs）和氨增加。
- 血小板减少，淋巴细胞减少，凝血酶原时间（PT）和活化部分凝血活酶时间（aPTT）延长。
- 肝脏铁浓度＞300ppm；大多数患有铁中毒的马具有高于正常值上限3倍或更多。
- 肝脏中铁的浓度可能异常高，且没有肝脏疾病（含铁血黄素沉着症），如维生素E缺乏症。
- 慢性血色素沉着症中铁的血清浓度通常是正常的，并且可能因急性中毒而增加。
- 血清和肝脏铁浓度的升高并不是铁中毒的特异性，并且存在于各种肝脏疾病中。实验室检查结果与组织病理学病变的相关性是必要的。

应该做什么

铁中毒

- 为肝功能衰竭提供支持性治疗。
- 口服接触后，给予氢氧化镁（氧化镁乳液）以使胃肠道中的铁沉淀。

- 给予维生素C（0.5g/kg，PO）和去铁胺（10mg/kg，IM）或缓慢静脉注射两次，间隔2h。
- 在急性病例中，如果尿液为微红金色，则可能需要额外治疗以加速毒素排泄。

克莱因草和秋黍（*Panicum* spp.）

- 克莱因草中毒主要是得克萨斯州和美国西南部的一个问题，而大西洋中部各州的秋季松香偶尔也是一个问题。
- 肝脏损伤与皂苷类（如薯蓣皂苷）的存在有关；肝源性光敏化结果（见第20章）。

毒性作用机制

- 皂苷与钙的反应可能导致胆管中不溶性钙盐的沉淀。

临床症状

- 慢性食欲不振和体重减轻。
- 精神沉郁，黄疸，光敏化，更罕见的是肝性脑病的神经系统症状。

应该做什么

克莱因草和秋黍中毒

- 肝功能衰竭的一般治疗（见第20章）。

预后

- 尽管去除有毒干草，有些马会恢复正常状态，但如果出现肝功能衰竭的迹象，预后不良。

吡咯里西啶生物碱

- 吡咯里西啶生物碱包含在以下植物中：千里光属（*Senecio* spp.，图34-18和图34-19）、猪屎豆属（*Crotalaria* spp.，图34-20和图34-21）、琴颈草属（*Amsinckia* spp.）、蓝蓟（*Echium vulgare*）、天芥菜（*Heliotropium europaeum*）、红花琉璃草（*Cynoglossum officinale*，图34-22和图34-23）以及其他。
- 含吡咯里西啶生物碱的植物中毒主要发生在美国西部，尽管加拿大东部和美国东部的一些地区已有病例报告。
- 长期摄入植物会产生毒性，最常见于混入春割苜蓿干草内。
- 吡咯里西啶生物碱会导致慢性肝病，但摄入后数周内通常会发生急性肝病。

毒性作用机制

- 吡咯里西啶生物碱的肝脏代谢物与细胞成分相互作用，导致DNA介导的RNA和蛋白质合成减少。

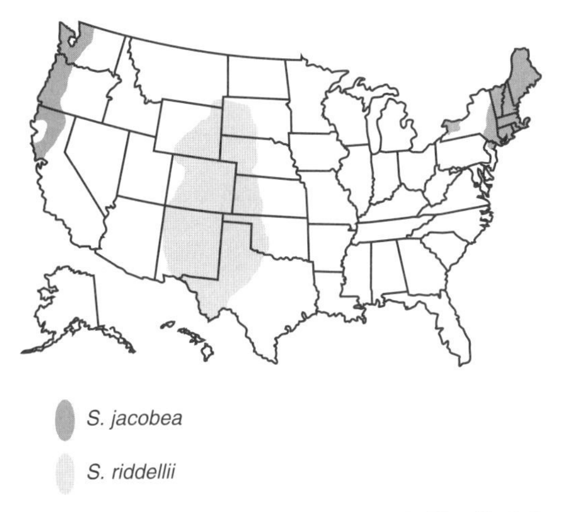

图 34-18　*S.jacobea* 和 *S.riddellii* 在美国的分布

图 34-19　*S.jacobea*

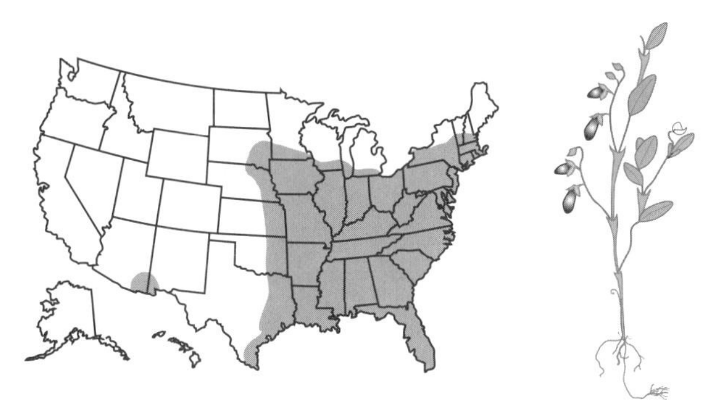

图 34-20　*Crotalaria sagittalis* 在美国的分布及示意图

图 34-21　*Crotalaria spectabilis*

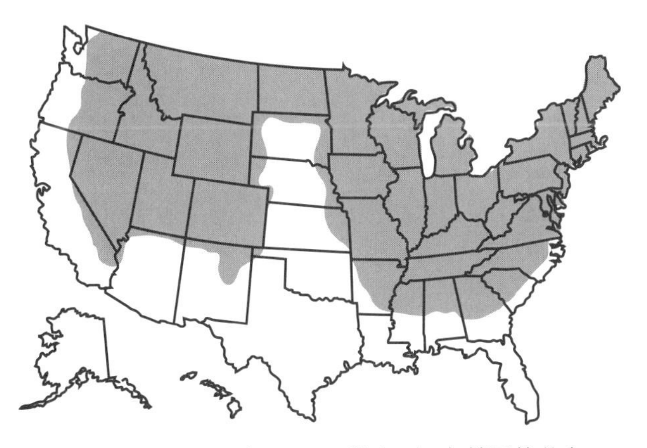

图 34-22　*Cynoglossum officinale* 在美国的分布

· 导致肝细胞变性、坏死和细胞分裂受损，后者导致巨细胞增多症。

临床症状

· 符合肝性脑病的体征：颅高压，转圈，失明，共济失调，黄疸，光敏化和体重减轻。

诊断

· 诊断可能很困难，因为中毒可能在临床症状出现很久之前就已发生。

· 检查干草。

· 肝活检具有特征性的巨细胞增多症，小叶中心坏死，门静脉纤维化和胆道增生。

· 可以分析可疑饲料中的生物碱。

图 34-23 *Cynoglossum officinale*

应该做什么

吡咯里西啶生物碱中毒

- 肝功能衰竭支持性治疗（见第20章）。
- 大多数患马有肝功能衰竭的迹象，并在出现临床症状后数天或数月内死亡。

球子蕨（*Onoclea sensibilis*）

· 该蕨类植物遍布北美洲东部的开阔树林和草地。

· 中毒很少见，因为必须长期摄入大量毒素。

临床症状

· 可导致运动不协调、厌食和感觉过敏。

· 患马有肝脏疾病（脂肪变性）和伴有神经元变性的脑水肿。

蓝绿藻（*Microcystis* spp.、*Arabaena* spp. 等）

· 马的中毒很少见，但海藻毒素会导致猝死。

· 微胞藻属、鱼腥藻属、浮丝藻属、念珠藻属、颤藻属和项圈藻属的藻类能产生肝毒素（微囊藻毒素）；大多数问题与微胞藻属有关。

· 神经毒性镇痛药（α-去毒素和α_s-去毒素）主要由鱼腥藻属的蓝藻产生，也可由其他属的藻类产生，如浮丝藻属、颤藻属、微胞藻属、丝囊藻属、筒孢藻属和席藻属。

- 当环境条件有利于藻类快速生长，水中大量藻类繁殖，随后产生毒素。
- 藻类大量繁殖可能会沿着水体的背风侧集中，从而增加摄入的风险。

临床症状

- 受微囊藻毒素影响的个体可能突然发生胃肠炎、出血性腹泻和低血容量性休克；死亡前发生急性肝功能衰竭和癫痫。
- α-去毒素是一种烟碱受体激动剂，可引起肌肉自发性收缩，随后出现神经肌肉阻滞，昏厥，呼吸困难，紫绀，癫痫发作和死亡。
- $α_s$-去毒素抑制胆碱酯酶造成与有机磷中毒类似症状（参见有机磷和氨基甲酸酯类杀虫剂中毒）。

诊断

- 检测水样和胃肠道内容物中的微囊藻毒素（通过分析检测）。
- 在水中鉴定产毒藻类（在10%福尔马林中保存藻花用于显微镜检查）。
- 鉴定胃肠道内容物中的产毒藻类。
- 微囊藻毒素中毒后的特征性肝脏病变。

应该做什么

蓝绿藻类中毒

- 尽早给予AC，1~2g/kg，PO。
- 提供对症和支持性治疗。

主要影响皮肤的毒性物质

银边翠（*Euphorbia marginata*）

- 银边翠和其他大戟属成员是大戟类植物。
- 大戟类植物含有刺激性乳状液体，可引起皮肤、口腔和胃肠道的接触刺激。

应该做什么

银边翠中毒

- 用水清洗皮肤；应用局部类固醇或抗组胺药润肤剂。
- 对于经口接触，口服缓和剂或矿物油。
- 如果存在严重的临床症状，应给予肠外类固醇、抗组胺药和镇痛药。

刺荨麻（*Urtica dioica* 和其他）

- 该类植物有可造成刺痛的毛，含有甲酸、组胺、血清素和其他引起局部刺激的成分。
- 据报道患马在与荨麻接触后数小时内会出现共济失调、窘迫和肌肉无力；机制未知。

应该做什么

刺荨麻中毒

- 给予类固醇、抗组胺药和镇痛药。
- 局部清洁患区。
- 根据需要配制局部润肤剂。

圣约翰草（*Hypericum perforatum*）

- 圣约翰草遍布美国各地的路边、废弃的田野和开阔的树林中（图34-24和图34-25）。
- 毒性原理是金丝桃素，其直接与光反应，反应通常在摄入后24h内引起原发性光敏症状。
- 荞麦（荞麦属）也会引起光敏症状，然而通常不会引起中毒。
- 两种植物在干燥时仍然有毒。

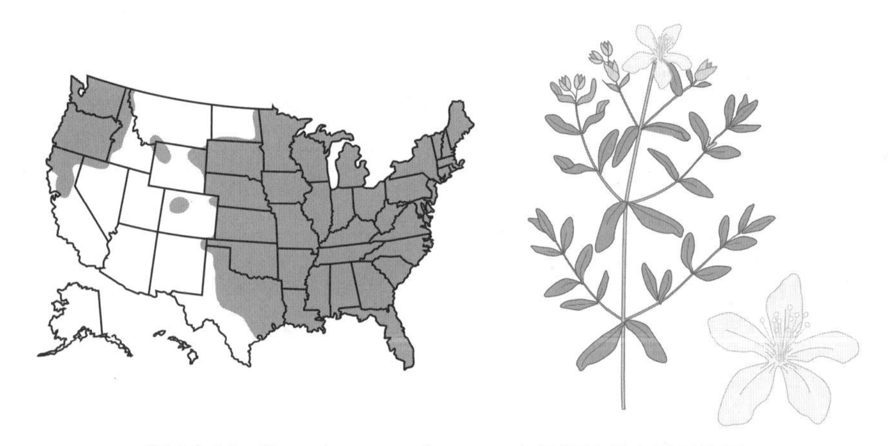

图 34-24　*Hypericum perforatum* 在美国的分布及示意图

毒性作用机制

- 光动力剂（金丝桃素）被长紫外线激活变为活性化合物；活性化合物与细胞成分相互作用。

临床症状

- 临床症状包括皮炎、瘙痒和溃疡，所有这些症状在皮肤和身体部位的非色素沉着区域更严重，更容易受阳光刺激。
- 也可能出现流泪、结膜潮红、角膜溃疡和由口腔周围的刺激引起的厌食症。

该怎么办

圣约翰草和荞麦中毒

- 将患马从植物和阳光中移走。

- 提供皮炎的局部和全身治疗：抗组胺药，糖皮质激素（泼尼松龙，1.1mg/kg，q24h），氟尼辛葡甲胺1.0mg/kg，PO或IV，q8-12h，以及外用银磺胺二苯。
- 根据需要使用眼科抗生素。
- 在皮炎严重的情况下使用全身性抗生素以控制继发性细菌感染。
- 使用外科清创术治疗坏死的皮肤区域。

光敏化（继发性）

- 在原发性光敏化（如圣约翰草中毒）中，没有肝病的生化证据。
- 继发性光敏化作用表现为肝脏不能排出叶绿素、叶红素的正常代谢物，以及随后这些物质的积累。
- 叶红素是一种光动力剂，被紫外线活化后会发生反应。
- 继发性或肝源性光敏化的鉴别诊断包括肝功能衰竭（使用生化检查，GGT、胆红素）和摄入其他植物，如瑞典三叶草、稷属和含吡咯里西啶生物碱的植物。
- 由于潜在的肝脏疾病，具有继发性光敏化的马的预后比原发性光敏化更差。

图 34-25　*Hypericum perforatum*

主要影响肌肉骨骼系统的毒物

黑胡桃（*Juglans nigra*）

- 胡桃和相关的山核桃是美国东部落叶林的重要树木（图34-26）。
- 将马放在黑胡桃木刨花上后会出现问题。
- 黑胡桃木刨花的毒性原理尚不清楚。

图 34-26　黑胡桃

毒性作用机制

- 作用尚不清楚，但毒素可能会增强肾上腺素等激素的血管收缩作用。虽然有些人认为它可以通过皮肤吸收，但认为需要摄取刨花才能产生毒性作用。还未经证实。

临床症状

- 通常会在接触新鲜黑胡桃木刨花12~24h内发生蹄叶炎。
- 草垫中只有5%的黑胡桃木刨花就可能导致临床疾病。
- 四肢可能有严重的水肿和轻度发热。
- 农场有一匹以上的马患四肢水肿的蹄叶炎应怀疑黑胡桃木刨花中毒。

诊断

- 排除蹄叶炎的其他原因。
- 诊断实验室或木材技术人员可以在刨花中识别黑胡桃。

应该做什么

黑胡桃中毒

- 将马从刨花中移走。
- 用温和的肥皂水清洗腿部，并进行水疗。
- 通过鼻胃管给予硫酸镁（0.5mg/kg）作为导泻剂。
- 治疗蹄叶炎，给予镇痛药，如保泰松，4.0mg/kg，IV；氟尼辛葡甲胺，1.0mg/kg，IV；酮洛芬，2.2mg/ kg，IV（见第43章）。
- 对远端肢体进行冷冻治疗（见第43章）。
- 在蹄叉上使用蹄垫或使用沙子作为垫料。
- 在腿部使用支撑绷带。
- 对于450kg成年马，每隔一天给予己酮可可碱（10mg/kg，PO，q12h）和阿司匹林（10~20mg/kg，PO）（目前没有证据证明其效果）。
- 可以给予乙酰丙嗪，0.02mg/kg，IV或IM，q6h，除了种马（没有证据证明有益）。

预后

- 预后通常优于其他病因造成的蹄叶炎。

白天开花的茉莉花（*Cestrum diurnum*）

- 白天开花的茉莉花分布在美国东南部、得克萨斯州、加利福尼亚州和夏威夷州。
- 毒性原理是胆钙化醇糖苷，导致维生素D过多症（高钙血症）。

毒性作用机制

- 过量的维生素D_3会导致胃肠道和肾小管对钙的吸收增加，破骨细胞活性增加，从而导致高钙血症。
- 高钙血症可导致转移性组织钙化。

临床症状

- 体征是跛行，体重减轻，僵硬和不愿意移动。
- 不会发生急性中毒；然而慢性摄入会导致肌腱、韧带、动脉和肾脏钙化。
- 血清钙浓度升高。

应该做什么

白天开花的茉莉花中毒

- 移走病源。
- 给予生理盐水和呋塞米利尿的同时，配合使用糖皮质激素可降低血清钙浓度。
- 提供对症和支持性护理。
- 评估肾功能。

马驹的羊茅足

- 对于在羊茅牧场上放牧的健康马驹来说，肢体动脉收缩是罕见的。
- **实践提示：**大多数报道的病例发生在夏季；这一发现表明需要不一般的环境条件。
- 谷物上生长的麦角产生的麦角中毒具有相似的表现形式。

该怎么办

马驹的羊茅足

- 什么都不做。
- 硝酸甘油乳膏可用于受影响的动脉（未经证实有效）。

团扇荠（*Berteroa incana*）

- 分布于美国中西部和东北部的芥菜家族植物（图34-27和图34-28）。
- 团扇荠通常生长在较老的紫花苜蓿田中，常发生大量冻死；干草仍然有毒且适口性好。

图 34-27　团扇荠在美国的分布

图 34-28　团扇荠

毒性作用机制

- 未知。

临床症状

- 可导致肢体急性水肿，伴有嗜睡、发热，有时还会引起腹泻。
- 可能出现关节僵硬、蹄叶炎和血尿。
- 摄入后18~36h出现临床症状。
- 通常不会死亡。

应该做什么

团扇荠中毒

- 提供对症和支持性护理。
- 当从食物中移除团扇荠时，症状通常在2~4d内得到缓解。

主要影响心血管系统的毒物

洋地黄（*Digitalis purpurea*），乳草（*Asclepias* spp.），黄色夹竹桃（*Thevetia peruviana*），毒狗草（*Apocynum* spp.），铃兰（*Convallaria majalis*），侧金盏花（*Adonis aestivalis*）

- 这些是含有强心苷的有毒植物。
- 这些植物引起马中毒的情况并不常见，但如果植物混合在干草中并且受影响的个体几乎没有其他食物，中毒可能发生。

毒性作用机制

- 抑制Na^+-K^+-ATP酶，随后改变细胞膜上的Na^+和K^+流量。
- 细胞内Ca^{2+}水平的增加改变了心脏传导。

应该做什么

心脏糖苷中毒

临床症状和治疗

- 参见夹竹桃。

氰化物

- 据报道，氰化物是摄入野樱桃（*Prunus* spp.）叶子、树苗或树皮导致马猝死的原因（图34-29至图34-31）。
- 氰化物抑制细胞色素C氧化酶，破坏细胞在氧化磷酸化中使用氧的能力，导致组织缺氧。

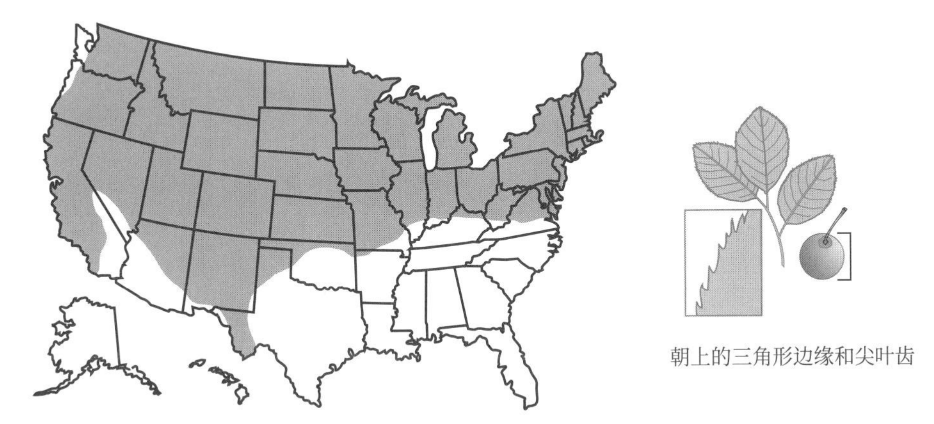

图 34-29　野樱桃（*Prunus virginiana*）在美国的分布及示意图

图 34-30　野黑樱桃在美国的分布（*Prunnus serotina*）及示意图（*P.virginiana*，*P.serotina*）

临床症状

- 呼吸过度。
- 心动过速。
- 心律失常。
- 癫痫发作。
- 呼吸暂停。
- 昏迷。
- 突然死亡。

诊断

- 诊断是通过检测一定样品中的氰化物，如胃肠道内容物、全血和肌肉组织。

实践提示：样品必须立即冷冻并储存在密闭容

图 34-31　野黑樱桃（*Prunus serotina*）

器中。

- 速发的临床症状和死亡以及获得检测结果的延迟，妨碍了辅助治疗的常规检测。
- 由于氧饱和度，血液可能呈鲜红色。

该怎么做

氰化物中毒

- 解毒剂：以10~20μg/kg快速静脉内给予20%硝酸钠，然后以30~40μg/kg缓慢静脉内给予硫代硫酸钠。
- 急性临床症状和急性死亡通常排除使用氰化物解毒剂。

离子载体抗生素中毒

- 离子载体抗生素用于牛和家禽的饲料以提高饲料利用率和抗球虫特性。
- 这些抗生素能够在生物膜上携带离子。
- 常见的离子载体包括莫能菌素、拉沙里菌素、甲基盐霉素、来洛霉素和沙利霉素。
- 马极易受离子载体抗生素的影响；莫能菌素的最小致死剂量可低至1μg/kg。

毒性作用机制

- 在细胞膜上为质子提供电中性的阳离子交换。
- 阳离子（特别是钙离子）流入细胞。
- 破坏线粒体膜上的电化学梯度，导致细胞能量的丧失。

临床症状

- 临床症状取决于摄入的量和所涉及的离子载体：厌食，腹痛，腹泻，抑郁，出汗，呼吸困难，虚脱和死亡可能先于任何心力衰竭迹象。
- 可能发生心律失常。
- 发现心力衰竭（尤其是莫能菌素）过度通气，颈静脉搏动，心动过速和黏膜潮红。
- 据报道，猝死可能是因为心力衰竭（尤其是莫能菌素）。
- 在某些情况下出现虚弱和卧地，没有心力衰竭的迹象（尤其是沙利霉素和拉沙里菌素）。
- 可能存在神经系统和肌肉病理。
- 一些马匹报告有尿淋漓（紧张）和排尿过多（多尿）。

诊断

- 超声心动图是评估心肌损伤的存在和严重程度的重要辅助手段；它对于预后也很有用（见第17章）。
- 心肌肌钙蛋白I（cTnI）的含量升高发生在18h之后，可能在摄入后24~48h达到峰值。
- 将可疑饲料或胃肠道内容物送至实验室。大多数诊断实验室可以检测离子载体。

- 肌肉酶的血清浓度通常会增加。
- 通过组织学方法检查心肌病变。

应该做什么

离子载体抗生素中毒

- 移除可疑饲料。
- 给予AC（1~2g/kg，PO）和硫酸镁。
- 静脉注射复合离子溶液。
- 给予维生素E和肌内注射硒。
- 提供其他支持性护理。
- 尽量减少压力和身体活动。

参见第17章，了解更多详情。

不应该做什么

离子载体抗生素中毒

- 不要给予地高辛。
- 矿物油可能会增加吸收。

紫杉（*Taxus* spp.）

- 紫杉是美国各地常见的观赏灌木；有毒原因是紫杉烷类生物碱，特别是紫杉碱A和B（图34-32）。

实践提示：当马匹在畜棚、办公室或家庭周围吃草或者从灌木丛中剪下的草被扔进牧场时，马通常会接触紫杉植物。

- 只摄入1.0kg的日本紫杉（*T.cuspitata*）叶就可以杀死体重450kg的成年马。

图34-32　日本紫杉（*Taxus cuspitata*）

毒性作用机制

- 在体外，紫杉碱可降低心肌收缩力，使去极化率和冠状动脉血流量最大化。
- 在体内，紫杉碱降低心房和心室率伴随舒张期的心室停止。

临床症状

- 发生共济失调、肌肉颤抖和衰竭。

实践提示：心率异常低。

- 可能会在摄入1~5h后突然死亡。如果个体存活，则会出现轻度腹痛和腹泻。

诊断

- 符合的病史和临床症状。

· 鉴定胃内容物中的叶子碎片和化学分析胃肠内容物和尿液中的植物成分。

应该做什么

紫杉中毒

· 如果怀疑摄入且未出现临床症状，则给予AC，1~2g/kg，PO，并将患马置于安静的区域。

不应该做什么

紫杉中毒

· 在出现临床症状后给予任何治疗，可导致因兴奋引起的死亡。

夹竹桃（*Nerium oleander*）

· 夹竹桃被引入美国，主要生长在从加利福尼亚州到佛罗里达州的南部各州（图34-33和图34-34）。

· 夹竹桃可以是北方气候下的盆栽室内植物。

· 患马由于在建筑物周围寻觅植物或食用干草中的干叶或丢弃植物碎片而接触毒素。

实践提示：夹竹桃的所有部分都是有毒的，只要1oz（28g或8~10个中等大小的叶子）的叶子对450kg的成年动物是致命的。

· 有毒原理是夹竹桃苷，在植物干燥时仍然有毒。

图34-33　夹竹桃在美国的分布

图34-34　夹竹桃

毒性作用机制

参见洋地黄。

临床症状

· 体征包括腹痛，肌肉震颤，出血性腹泻，卧地，心律失常，脉搏微弱和心力衰竭迹象。

· 可以在存活数天的马中发生肾功能衰竭。

· 临床症状可能会在摄入后数小时才发作。

· 持续摄入后，体征可能会持续数天。

诊断

· 摄入证据，符合的临床症状。

· 鉴定胃中的叶片或胃肠道内容物：一些实验室可以检测胃肠道内容物、尿液、血清、肝脏和心脏中的夹竹桃苷。

· 心脏坏死和可能的肾脏病变的组织学证据。

应该做什么

夹竹桃中毒

- 使用AC，1~2g/kg，PO。
- 口服硫酸镁。
- 提供支持性护理和限制在安静的地方。
- 评估心脏不规则性，如果心律失常危及生命，可使用适当的抗心律失常药物治疗。

主要导致溶血或出血的毒物

发霉的黄香草木犀（*Melilotus officinalis*）和白香草木犀（*M. alba*）

· 草木犀作为饲料作物种植，特别是在美国西北部和加拿大西部。

· 只有发霉时这些植物才有毒；霉菌将正常的植物成分转化为抗凝血剂双香豆素。

· 马匹中很少发生，因为马不太可能长期饲喂或摄取发霉的草木犀干草。

毒性作用机制

· 干扰正常维生素K_1环氧化物还原酶功能，导致维生素K_1依赖性凝血因子（Ⅱ、Ⅶ、Ⅸ、Ⅹ）下降。

临床症状

· 出血异常，如抗凝血灭鼠剂中毒所见。

诊断

· 病史和临床症状。

· 凝血酶原时间（PT）延长或其他凝血特征异常。

· 肝功能正常。

应该做什么

发霉的黄香木犀和白香草木犀

- 将马从可疑的干草处撤离。
- 参见抗凝血灭鼠剂中毒。

红枫（*Acer rubrum*）

- 红枫是北美洲东部的一种常见树木，也被称为沼泽枫树（图34-35和图34-36）。

实践提示：红枫中毒是美国东部成年马匹中溶血性贫血的最常见原因。

- 中毒最常发生在风暴导致树枝落入牧场或发生在砍伐后树木留在牧场时。
- 枯萎的叶子毒性最大；随着叶子干燥，毒性逐渐降低。新鲜的叶子没有显著的毒性。
- 假定的毒性原理是吡咯烷醇，它来源于胃肠道内酯酶对没食子单宁的分解。
- 虽然没有详细记录，但其他枫树也应被视为具有潜在毒性。

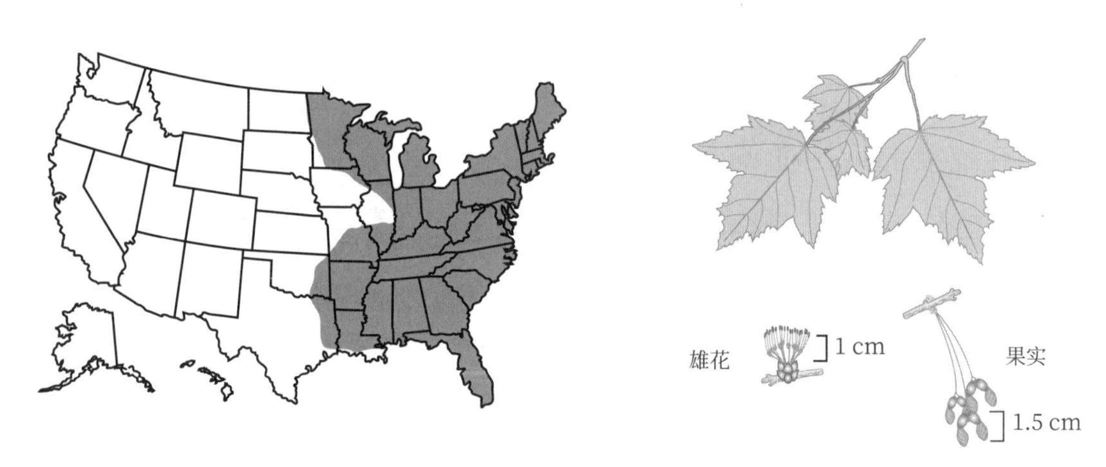

图34-35　红枫在美国的分布及示意图

毒性作用机制

- 对红细胞的氧化损伤。

临床发现

- 可引起沉郁，红尿，黄疸，共济失调，有时还会导致猝死。
- 出现溶血、亨氏体形成和高铁血红蛋白血症，尽管可能只有一种症状占主导地位。
- 如果溶血是该疾病的主要临床症状，则病程为2~10d。

图34-36　红枫

- 如果高铁血红蛋白血症占主导地位，则可能会发生猝死。

诊断

- 依据病史和临床症状做出诊断。
- 临床病理检查显示库姆斯阴性溶血性贫血伴有海茵兹小体和不同程度的高铁血红蛋白血症（8%~50%）。

应该做什么

红枫中毒

- 如果2d或更长时间内血细胞比容小于11%或1d内低于18%，则进行输血（参见第20章）。
- 大剂量的维生素C（1g/kg，PO）可能有一些好处；然而，效果尚未得到证实。
- 对于高铁血红蛋白超过20%的个体，缓慢静脉注射亚甲蓝，8.8mg/kg；然而，由于马中高铁血红蛋白还原酶活性相对较低，结果可能并不显著。
- 虽然尚未进行临床研究，但乙酰半胱氨酸，50~140mg/kg，IV或PO，可提供抗氧化剂治疗。
- 静脉注射复合离子溶液对预防血容量不足，稀释可能引发弥散性血管内凝血的红细胞碎片以及阻止肾小管坏死有重要作用。
- 虽然血细胞比容随着补液而减小，但红细胞数量保持不变，且功能可能会有所改善。

抗凝血灭鼠剂

- 抗凝血药物中毒是由于过量使用华法林治疗舟骨疾病和摄入抗凝血杀鼠剂（如华法林、茚满二酮和溴鼠灵等）引起的。
- 较新的抗凝血剂杀鼠剂的效力是华法林的40~200倍，并且更常用。

毒性作用机制

- 干扰正常维生素K_1环氧化物还原酶功能，导致维生素K_1依赖性凝血因子（Ⅱ、Ⅶ、Ⅸ、Ⅹ）下降。

临床症状

- 伤口过多出血和凝血不良。
- 马腹腔内出血经常造成黏膜呈灰白色；由于胸膜内出血，可能会形成血肿或出现呼吸困难。
- 由于功能性凝血因子的持续存在，摄入后临床症状可延迟1~5d发作。

诊断

- 依据病史和临床症状做出诊断。
- 患马可能有凝血酶原时间延长或其他凝血特征异常（提交柠檬酸盐样本与对照）。
- 可在血清、全血或肝脏样本中检测到特异性抗凝血灭鼠剂。
- 许多实验室都能提供检测。

- 其他肝功能正常。

应该做什么

抗凝血灭鼠剂中毒

- 在最初的24h内给予维生素K_1，0.5~1mg/kg，SQ，q4~6h。
- 再与食物一起给予维生素K_1（5mg/kg），持续7d。对于较新的抗凝血剂（茚满二酮、溴鼠灵），建议维生素K_1至少使用21d。
- 给有临床出血的患马使用新鲜冷冻血浆。

不应该做什么

抗凝血灭鼠剂中毒

- 不要静脉注射维生素K_1。
- 不要在马匹治疗中使用维生素K_3。
- 避免使用类固醇或其他高蛋白质的药物，因为它们会加剧抗凝血作用。

野生洋葱（*Allium* spp.）、种植洋葱（*A. cepa*）

- 在大多数州的潮湿地区都可以找到野生洋葱，并且喂养废弃洋葱可引发临床问题。
- 马在摄入大量洋葱的根或茎时可引起海茵兹小体溶血性贫血。
- 毒性原理是正丙基二硫化物。

毒性作用机制

- 对红细胞的氧化损伤；血红蛋白变性。

临床症状

- 体征从轻度贫血到急性溶血性贫血不等。
- 其他迹象与红枫中毒一样。
- 患马通常呼吸会有硫黄或洋葱的气味。

该怎么办

野生和种植洋葱中毒

- 从饮食中剔出洋葱。
- 提供对症治疗和支持治疗。
- 通常中毒不会危及生命；显著的贫血是不寻常的。

主要影响肌肉的毒物

- 据报道，在北美洲季节性非典型牧场肌病是由于摄入了梣叶枫种子，其中的次甘氨酸A引起的。
- 从欧洲的梣叶枫（*Acer negundo*）和病变枫中摄取种子（果实）可致病（图34-37）。

毒性代谢物是降血糖素A，其导致脂肪酸氧化受损。

· 这种疾病在欧洲比在美国更常见，并且在美洲东北部和中东部以及可能的其他地区的马中也可见。

· 对于有明显肌红蛋白尿的马，这种疾病通常是致命的。核黄素、肉毒碱和辅酶Q10可用来治疗，但预后较差。

· 参见第40章，了解有关诊断和推荐治疗的更多信息。

图 34-37 梣叶枫

主要影响泌尿系统的毒物

氨基糖苷类

实践提示：氨基糖苷类药物的毒性在脱水或低血压患者中使用尤为常见。

汞

· 当马舔舐用于腿部的药膏或起泡剂（碘化汞、氧化汞）时，可能会摄入中毒剂量的无机汞。

· 如果摄入汞，会发生严重的肾小管性肾病和胃溃疡。

毒性作用机制

· 汞与细胞成分的直接反应。

临床症状

· 厌食，体重减轻，腹痛，口腔炎和腹泻。

· 肾功能衰竭的发展迹象，氮质血症的实验室检查结果。

应该做什么

汞中毒

· 静脉输液（参见肾功能衰竭的治疗，第26章）。

· 急性病例口服硫代硫酸钠，0.5~1.0g/kg；缓慢静脉注射二聚癸醇（BAL），2.5mg/kg，IM，q6h，治疗2d，持续间隔12h再治疗8d。

· 琥巯酸是一种新型口服螯合剂，可有效螯合铅、砷和汞。关于它在马中使用的资料很少，然而它已被证明在其他物种中对于铅中毒的治疗是安全的。推荐剂量为10mg/kg，PO，q8h，持续5~10d。

· 停止螯合治疗数天后应重复测量血药浓度，以确定是否需要进行额外治疗。

- 使用胃肠道保护剂提供支持性治疗：硫糖铝，4g，PO，q6h。

非甾体类抗炎药

- 所有非甾体类抗炎药都有潜在毒性；毒性通常与剂量和持续时间有关，但可以是特异性的。
- 毒性作用机制可能与抑制前列腺素合成有关。
- 临床症状包括沉郁，磨牙，口腔溃疡，多尿，以及不常发生的腹泻。
- 采用对症和支持疗法治疗。

参见第18章了解更多详情。

维生素 K_3（甲萘醌）

肠外给予维生素$K_3$3~4d后，患马可能出现沉郁和肾功能衰竭的迹象。

应该做什么

维生素 K_3 中毒

- 静脉输液（参见肾功能衰竭的治疗，第26章）。

主要影响生殖系统的毒物

参见第24章。

第三篇
特殊问题引起的紧急情况

第一部分
特殊问题

第 35 章
烧伤、重症软组织肿胀、鸽热和筋膜切开术

R. Reid Hanson，Earl M. Gaughan，Nora S. Grenager，Janik C. Gasiorowski

热损伤和烧伤

- 热损伤在马匹中很少见，大部分是由圈舍火灾引起的；然而，野火引起的烧伤有增长趋势。
- 热损伤也可能是由闪电、腐蚀性化学物质或摩擦引起的。
- 大多数烧伤都是浅表的，容易处理，治疗费用低廉，而且能在短时间内治愈。
- 然而严重的烧伤会导致急性、严重的烧伤休克或低血容量伴有心血管衰竭。大面积烧伤，会使丢失体液、电解质和热量的可能性显著增加。

实践提示：尽管烧伤的深度也会影响病死率，但是烧伤面积达到身体50%或以上通常是致命的。

  - 由于难以维持无菌的伤口环境，预防伤口感染几乎不可能。
  - 因为烧伤伤口往往会引起瘙痒以及自体损伤所以需要长期护理，以防止持续的损伤。
  - 烧伤的马经常形态受损，因此无法恢复全部功能。
- 严重和大面积烧伤的治疗十分困难，并且昂贵耗时。
- 在治疗前，建议仔细检查患马的心血管状况、肺功能（吸入烟雾）、眼部损伤（角膜溃疡）和烧伤的严重程度；应与患马主人讨论预后情况。

病史与体格检查

· 完整的病史有助于确定烧伤的原因和严重程度。

· **实践提示：**烧伤的广度取决于身体暴露区域的大小，而严重程度与组织达到的最高温度和过热的持续时间有关。

· 这就解释了为什么皮肤的损伤往往超出了最初的烧伤范围。皮肤通常需要很长的时间来吸收热量，以及很长的时间来释放吸收的热量。**重点：**马暴露在高温下的时间越长，预后就越差。

· 评估烧伤的物理标准包括：

  · 红斑。
  · 水肿。
  · 疼痛。
  · 水疱形成。
  · 焦痂形成。
  · 感染情况。
  · 体温。
  · 心血管状态。

· 一般来说，红斑、水肿和疼痛是有利的迹象，因为它们表明一些组织是存活的，但是疼痛并不是判断伤口深度的可靠指标。通常必须经过一段时间，才可以通过进一步的组织的变化来更准确地评估烧伤的严重程度（图35-1和图35-2）。

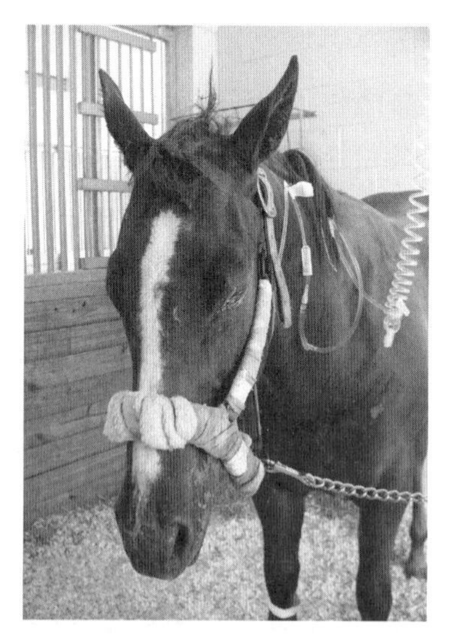

图 35-1　马的烧伤

圈舍火灾24h后，马的口鼻部、眼睑的烧伤和颈部腹侧的烧伤水肿。

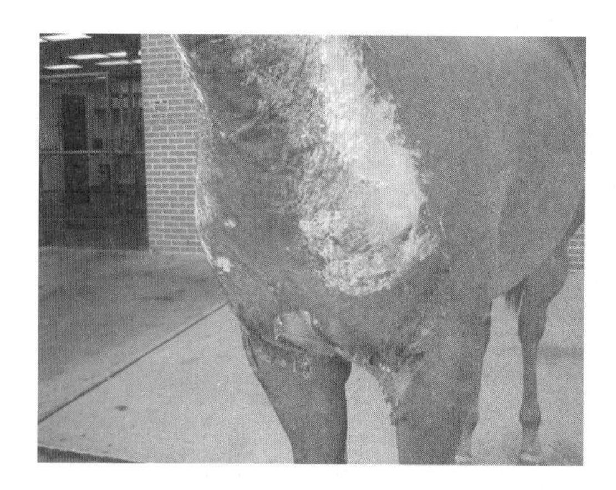

图 35-2　马的烧伤

图35-1中同一匹马，由于潜在的热损伤，皮肤脱落，烧伤的程度更加明显。

· 对整个患马进行检查是很重要的，而不仅仅是烧伤处。

· 烧伤患马经常出现严重的低血容量、休克样症状和呼吸困难；热损伤可能导致免疫系统受到严重抑制。

临床症状

· 皮肤灼伤——最常见于背部和面部。
· 红斑、疼痛、水疱和烧焦的毛发（图35-3和图35-4）。
· 心动过速和呼吸过快。
· 黏膜颜色异常。
· 眼睑痉挛，流泪，或两者兼而有之，这意味着角膜损伤。
· 咳嗽，可能意味着吸入了烟雾。
· 发热，表示有全身反应。
· 应特别注意确定下肢主要血管的损伤以及眼部、会阴、腱鞘和关节受损的情况。

实践提示：如果马的30%~50%的体表面积有深度或全层烧伤，推荐安乐死。

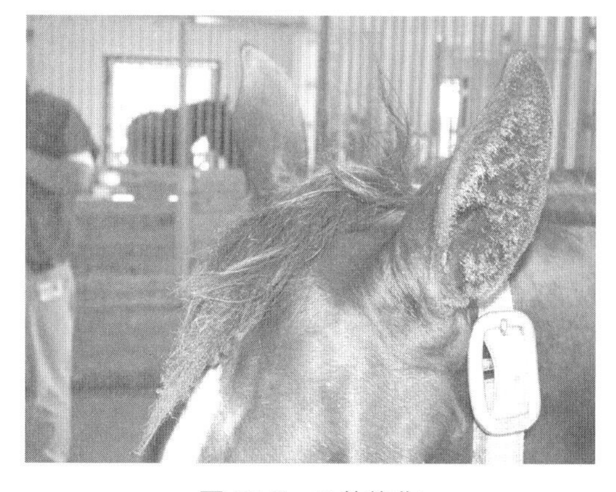

图 35-3　马的烧伤

圈舍火灾产生的热导致的浅表前额和耳朵的毛发热焦。

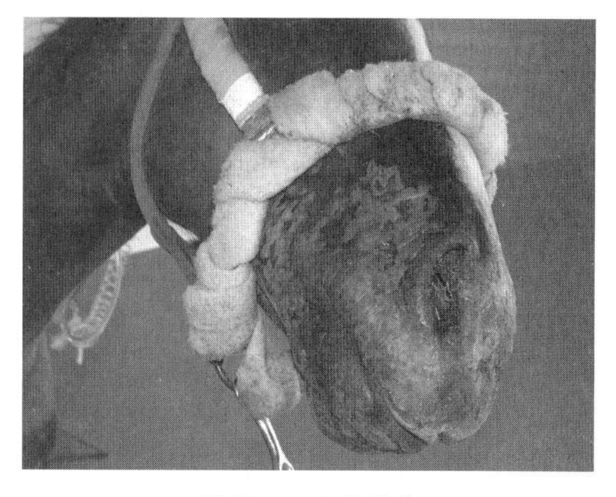

图 35-4　马的烧伤

圈舍火灾导致的马的严重的红斑伴有鼻部上皮细胞和鼻毛脱落。

实验室检查

· 指示休克的实验室指标主要包括心输出量减少、总固体含量减少、PCV上升（血容量降低）、血浆渗透压降低（血管通透性增加）等。

· 贫血可能严重且持续恶化。
· 血红蛋白尿。
· 最初是高钾血症，之后往往是低钾血症（与液体疗法有关）。

烧伤分类

- 烧伤是按损伤的深度分类的。

Ⅰ度（浅表）烧伤

- Ⅰ度烧伤只涉及表皮的最浅层。
- 这些烧伤有痛感，其特点是红斑、水肿和浅层皮肤脱落。
- 因为表皮的生发层不受烧伤的影响，所以愈合时不会有并发症（图35-5）。
- 除非有眼部或呼吸道受累，否则预后良好。

Ⅱ度（部分皮层）烧伤

- Ⅱ度烧伤累及表皮，可为浅表或深层烧伤。

浅Ⅱ度烧伤

- 浅Ⅱ度烧伤涉及角质层、颗粒层和基底层的少数细胞。
- 这种烧伤的典型症状是有痛感，因为触觉和疼痛感受器依然完好。
- 由于基底层相对没有受伤，浅Ⅱ度烧伤在14~17d内迅速愈合，并且疤痕很小（图35-6），预后良好。

深Ⅱ度烧伤

- 深Ⅱ度烧伤累及表皮的所有层次，包括基底层。

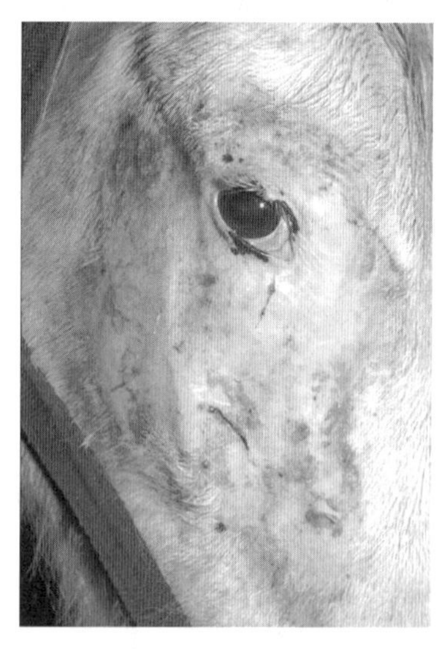

图35-5　右侧脸颊和眼周的Ⅰ度烧伤

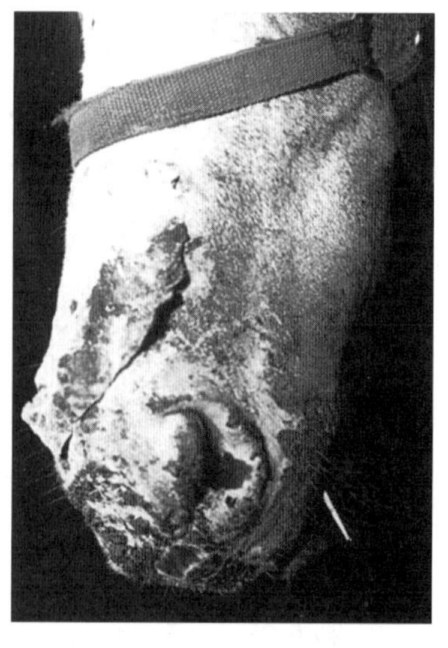

图35-6　鼻浅表Ⅱ度烧伤

- 这些烧伤的特点是表皮与真皮交界处出现红斑和水肿，表皮坏死，烧伤部位基底层白细胞的积聚，焦痂（由热烧伤引起的）形成，疼痛感极小（图35-7和图35-8）。
- 唯一保留的生发细胞是汗腺和毛囊导管中的生发细胞。
- 如果注意防止真皮进一步缺血，深Ⅱ度伤口可能在3~4周内愈合，否则可能导致全层坏死。
- 预后：一般情况下，除非移植皮肤，深Ⅱ度烧伤通常会在愈合的同时留下大面积的疤痕。

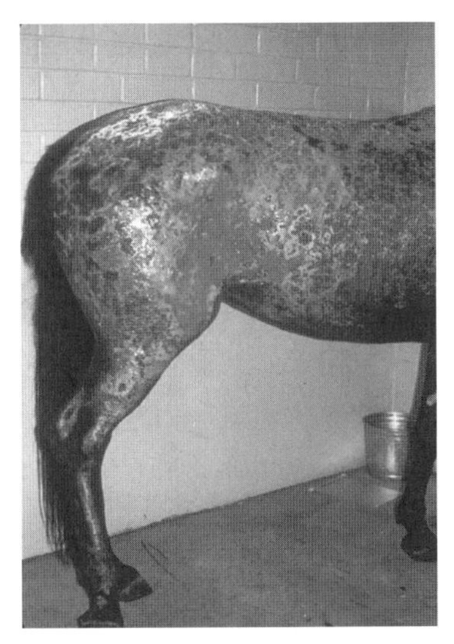

图35-7　右背部和右后肢深层Ⅱ度烧伤

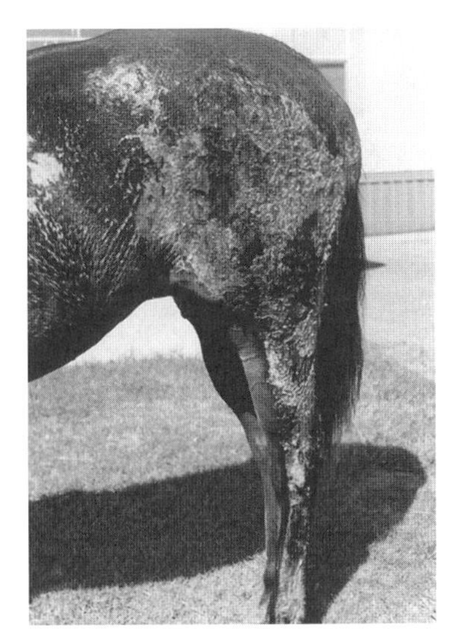

图35-8　左后下肢深Ⅱ度烧伤

中央烧伤区被较不严重的皮肤烧伤包围，这说明了传递的热辐射效应和对皮肤的损害。

Ⅲ度（全层皮肤）烧伤

- Ⅲ度烧伤的特点是损伤表皮和真皮，包括附属结构和皮下组织结构的损伤。
- 皮肤没有感觉。
- 伤口颜色从白色到黑色不等（图35-9）。
- 有体液流失；在伤口边缘和较深的组织处有明显的细胞反应；焦痂形成；缺乏痛感，不会发生休克；伤口感染，可能伴有菌血症和败血症。
- 伤口愈合的方式有从伤口边缘收缩和上皮化或接受自体移植皮肤。

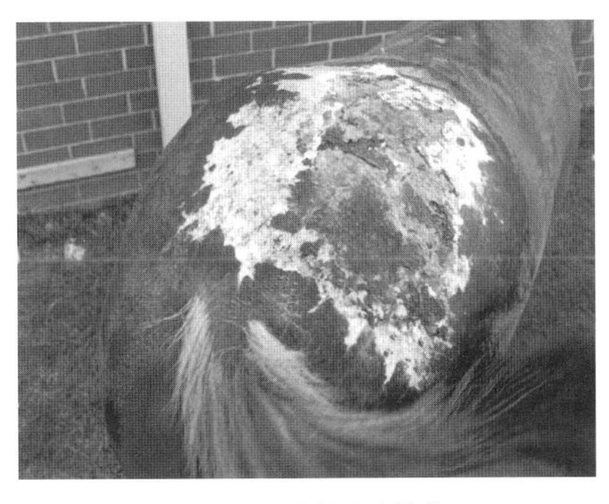

图35-9　臀部Ⅲ度烧伤

一次圈舍火灾导致热沥青落在马上，引起背侧臀肌处Ⅲ度烧伤，烧伤中心区域周围是深度和浅层Ⅱ度烧伤。

实践提示：这种烧伤通常会伴有继发感染。

· 预后可能很差，取决于组织损伤的程度。

Ⅳ度烧伤

· Ⅳ度烧伤累及所有皮肤层和底层肌肉、骨骼、韧带、脂肪和筋膜（图35-10）。

· 预后通常很差。

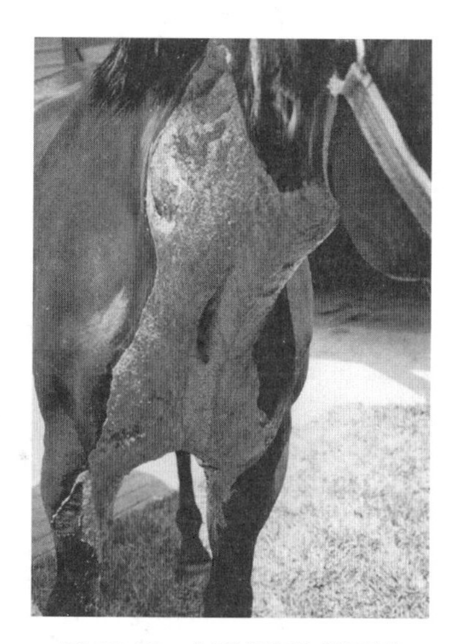

图35-10　右颈部和胸前区域Ⅳ度烧伤

表现为皮肤和下层的肌肉、韧带、脂肪组织和筋膜受到影响。

应该做什么

Ⅰ度烧伤

- 通常情况下，除非有严重的眼部和/或呼吸道感染，否则Ⅰ度烧伤不会危及生命。
- 立即用冷水或冷敷冷却受影响的急性烧伤区域，"吸出"组织中的热量，减少真皮坏死。
- 冷水的使用应持续至少30min；如果需要持续更长时间，则必须监测动物体温。
- 如果烧伤超过3h，冷却可能没有任何帮助。
- 如果眼睛和呼吸道受到的影响很小，可以外用水溶性抗菌乳：芦荟胶或磺胺嘧啶银乳膏可能是唯一需要的治疗方法。
- 磺胺嘧啶银：
  - 一种能渗透焦痂的广谱抗菌剂。
  - 对革兰氏阴性菌很有效，特别是假单胞菌，另外还对金黄色葡萄球菌、大肠杆菌、变形杆菌、肠杆菌科细菌和白色念珠菌有效。
  - 镇痛，消炎。
  - 在使用时会引起轻微的疼痛，但必须每天使用两次，因为它会被组织分泌物灭活。
  - 降低血栓素活性。
- 芦荟胶：
  - 从一种类似丝兰的植物中提取的凝胶。
  - 具有抗血栓素和抗前列腺素的特性。
  - 镇痛，抗炎，刺激细胞生长，杀灭细菌和真菌。
  - 一旦初始炎症反应消退，芦荟胶的使用可能会延迟愈合。
- 控制疼痛的方法是使用氟尼辛葡甲胺、保泰松或酮洛芬。对于疼痛剧烈的马，除非甾体抗炎药（NSAID）外，还可能需要持续注射利多卡因（CRI）。

应该做什么

Ⅱ度烧伤

- 通常，Ⅱ度烧伤不会危及生命。
- 最初的烧伤的治疗与浅表烧伤相同（冷敷，外用药，疼痛管理）。
- 烧伤伴有水疱。
  - 水疱应在形成后的最初24~36h保持完整，因为水疱液有防止感染的保护作用，相比于裸露表面，水疱的存在会减轻疼痛。
  - 在这段时间之后，部分切除水疱，并在伤口上涂上抗菌敷料，或使伤口结痂（图35-11、图35-12和图35-13）。

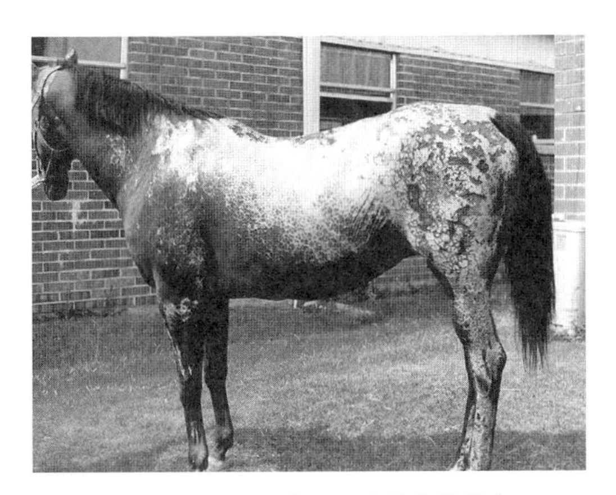

图 35-11　马Ⅱ度、Ⅲ度烧伤的恢复

受伤后 8d，背部和左后肢深度Ⅱ度和Ⅲ度烧伤，有明显的皮肤泛红和早期的焦痂形成。

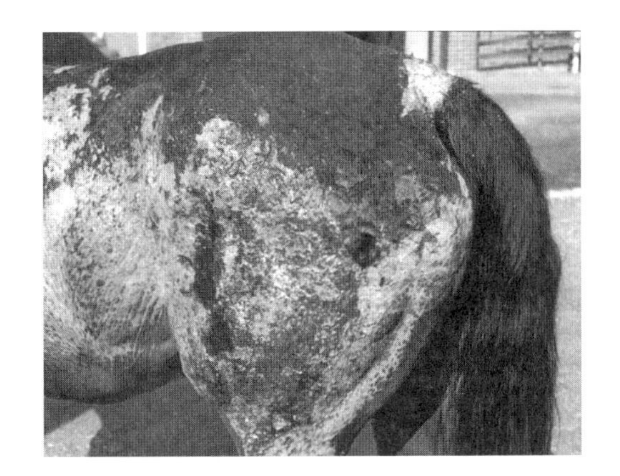

图 35-12　马Ⅱ度、Ⅲ度烧伤的恢复

与图 35-11 相同的马，受伤 5 周后；焦痂仍然存在于烧伤中心区域；每日两次使用磺胺嘧啶银护理伤口，并除去将要脱落的焦痂；注意伤口边缘的上皮形成。

应该做什么

Ⅲ度烧伤

- 由于Ⅲ度烧伤可能危及生命，首要任务是治疗休克和/或呼吸窘迫。
- 真皮层破坏后留下了一种初级的胶原纤维结构，称为焦痂。
- 由于可能出现伤口污染和大量的体液和热量损失，切除焦痂和开放治疗对马匹的大面积烧伤是不可行的。.

实践提示：对于马匹的大面积烧伤，最有效、最实用的治疗方法是在持续使用抗菌药物的同时，保持焦痂的完整。

- 最初，应该对周围皮肤进行剃毛，切除伤口的所有坏死组织。尝试用冰水或冷水浴冷却受影响的皮肤。建议用大量无菌0.05%洗必泰溶液进行灌洗。
- 水性抗生素软膏（例如，磺胺二氮银或烧伤宁）广泛应用于受损区域，防止热量和水分流失，保护焦痂，防止细菌入侵，使坏死组织和伤口碎屑从皮肤上松弛脱落。这种缓慢的清创方法可以清除坏死组织，就像对其识别，从而防止保持健康的生发层清理。

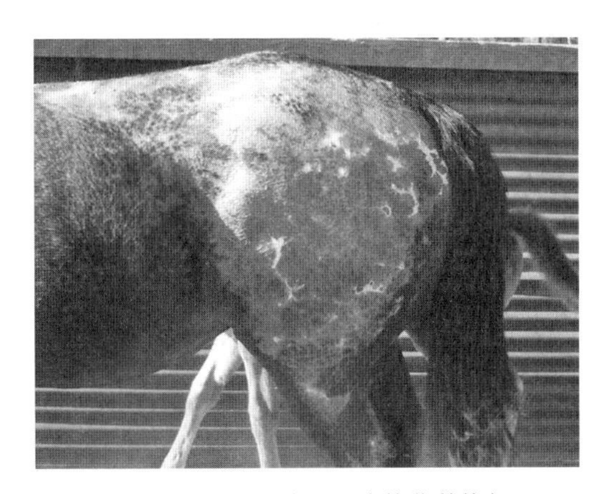

图 35-13　马Ⅱ度、Ⅲ度烧伤的恢复

与图 35-11 相同的马，伤后 7 个月；整个伤口完成了上皮形成；由于缺乏足够的皮下组织，皮肤薄且脆弱。

- 焦痂可以保持完整，逐渐脱落，在脱落前，它们可以起到“生物”绷带的作用，应清除出现坏死或发臭的失活组织。
- 马匹在大面积烧伤时的细菌增殖不可避免，所以应该每天清洗两三次伤口，再使用局部抗生素来减少伤口的细菌数量。
- 应该避免使用封闭性敷料，因为它们倾向于产生一个封闭的伤口环境，促进细菌增殖和延迟愈合。
- 用在防腐剂溶液（0.05%洗必泰）中浸泡的布覆盖在马的背线上，可以很好地保护这一部位的烧伤区域。干燥的无菌淀粉共聚物片可以与磺胺嘧啶银乳膏混合，用于身体的任何地方起到类似绷带的作用。
- 全身性运用抗生素无益于伤口愈合、治疗发热和降低病死率，并会促进人类和马中耐药性微生物的出现。抗菌药物耐药性已成为临床关注的重要问题。此外，烧伤部位的血液循环经常受到损害，这会影响伤口部位的抗菌药物在组织中达到治疗效果的浓度。

烧伤休克：危及生命

· 由于心血管系统无法维持重要器官，尤其是皮肤的充分灌注而引起的一种严重的血流动力学和代谢紊乱。

· 这些烧伤通常超过体表面积的15%，需要积极的液体治疗。

· 这与接触干热（火）、湿热（蒸汽或热液体）、化学物质（腐蚀性物质）、电（电流或闪电）、摩擦或辐射和电磁能量而造成的伤害有关。

实践提示：烧伤超过体表面积的15%可能需要液体疗法。

重要提示：烧伤休克通常发生在烧伤后最初的6h。

· 可能需要大量的乳酸林格氏液。

· 另一种选择是使用高渗盐水，4mL/kg，与血浆或羟乙基淀粉，或两者皆用，然后补充等渗液体。

· 如果有吸入（烟雾或热）伤害，那么晶体的量应该限制在使循环容量和血压正常的范围内。

应该做什么

烧伤休克

- 建立静脉通路；如果颈部已经被烧伤或者颈静脉区域的组织水肿/肿胀将会恶化时，这尤为重要。
- 除非电解质值的改变要求其他溶液纠正，否则使用乳酸林格氏液。
- 氟尼辛葡甲胺：0.25~1mg/kg，IV，q12~24h。
- 己酮可可碱：10mg/kg，PO，q12h；或者溶于500mL生理盐水，q12h。
- 仔细监测水合状态、肺音和心血管状况。
- 血浆：2~10L，IV，每个成年马。

实践提示：作为一般原则，对于一个450kg的成年马来说，1L血浆使总固体含量增加0.2g/L。

- 二甲亚砜（DMSO）：1g/kg稀释至10%溶液静脉注射，最初24h，可减轻炎症反应和肺水肿。
- 如果出现肺水肿且对DMSO和速尿治疗无反应，（剂量建议参见马用紧急药物；附录七）地塞米松，0.5mg/kg，IV，仅1次。如果血浆蛋白快速丢失，并且发生肺水肿，可以使用5%人白蛋白（1mL/kg）和速尿（氟尼辛预处理）。
- 如果有呼吸道症状或怀疑吸入烟雾（大部分面部烧伤有烟雾或热吸入性损伤），就开始全身性抗菌治疗。
  - 随着烟雾或热吸入损伤，大量的高蛋白渗出物可能渗出到鼻孔和气道，造成凝胶状阻塞。
  - 这些“假膜”可能需要通过抽吸、用生理盐水、乙酰半胱氨酸和肝素雾化以及人工刺激咳嗽等方式来去除。
- 肌内注射青霉素可以预防口腔污染物侵袭气道。广谱抗菌药物疗法可能会导致真菌混合感染。
- 如果呼吸道症状恶化，进行气管插管吸引术采取样本，再根据样本的革兰氏染色、培养和敏感性的结果，用广谱抗菌药物治疗（图35-14）。

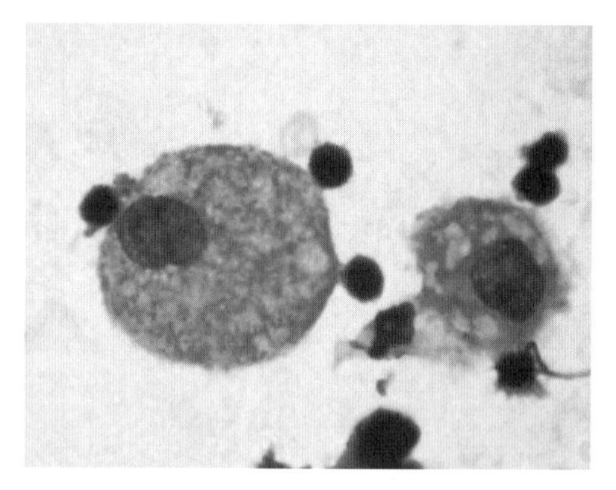

图 35-14　支气管肺泡灌洗液中的碳颗粒与肺泡巨噬细胞

这是吸入烟雾所致损伤；只要化学覆盖的碳颗粒仍然附着在气道黏膜上，化学损伤就会继续，而颗粒的大小决定了呼吸道内的损伤发生的部位。

化学灼伤

· 与皮肤接触的腐蚀性物质会造成严重的皮肤损伤。

· 烟雾中含有的有毒气体和附有刺激性物质的碳颗粒所造成的吸入伤害，可能会对上、下呼吸道造成伤害。

应该做什么

化学灼伤

- 阅读包装上的标签，以确定其中的化学品，以指导决定具体做什么！
- 刷去伤口上的粉末状化学物质，用水冲洗至少30min。
- 用温和的盐水冲洗灼伤的眼睛。
- 按照前面所述，根据烧伤的类型和严重程度进行适当的治疗。

不应该做什么

化学灼伤

- 不要让化学喷雾剂接触到你或马的其他部位（如眼睛）。
- 不要试图用碱中和酸，反之亦然。

不应该做什么

烧伤的皮肤护理

- 不要将冰直接用于烧伤部位，因为可能会发生更多的组织损伤；最好是有包装的冰敷袋或冷水。
- 在不监测直肠温度的情况下，不要连续使用冷水。
- 不要在伤口上涂油类药膏。

烟雾吸入

· 呼吸窘迫通常在热/烟损伤发生12~24h后出现；然而，一氧化碳中毒有立即的影响，可能导致急性死亡。

· 对于严重的上呼吸道损伤，可能需要临时气管切开术。只有在存在气道受阻风险的情况下才执行此程序（参见第25章）。

应该做什么

烟雾吸入

- 采用气管内镜检查用于预后判断。
  - 如果黏膜明显脱落，应吸出。
  - 吸出时间不应超过15s，因为长时间吸出会导致低氧血症。
- 应通过鼻内导管补充湿润的氧气。
- 雾化吸入沙丁胺醇、阿米卡星（1mL）和乙酰半胱氨酸，每6h一次。如果形成大量假膜，可以加入肝素到雾化液中。
- 全身抗氧化治疗应包括口服维生素E和维生素C。
- 用0.05%洗必泰溶液冲洗口腔，每4h一次。
- 全身性使用抗生素是有争议的。一种选择是单独使用青霉素用于治疗烧伤休克。另一种选择是使用头孢噻夫，2~4mg/kg，IV，q12h；甲硝唑，15~25mg/kg，PO，q6~8h。
- 氟尼辛葡甲胺，0.25~1mg/kg，IV，q12h，目的是减轻肺动脉高压，发挥抗炎作用。

角膜溃疡和眼睑烧伤

应该做什么

角膜溃疡和眼睑烧伤

- 如果眼睑肿胀，每6h在角膜上涂一次眼用抗生素软膏。
- 首先检查角膜溃疡，之后每天检查两次。
- 如果受损，则在镇静和局部麻醉后清除坏死的角膜。
  - 局部应用抗生素和睫状肌麻醉剂（阿托品）。不要使用皮质类固醇。
  - 可以用第三眼睑瓣来保护角膜免受坏死眼睑的侵害。
- 磺胺嘧啶银可局部应用于眼周的烧伤。

不应该做什么

角膜溃疡和眼睑烧伤

- 不要在眼周或眼内使用氯己定！

营养

- 根据可靠的体重记录对适当的营养摄入量进行评估。
- **实践提示：**患病期间体重下降10%~15%表明营养摄入不足（见第51章）。
- 尽早肠内喂食。
  - 减轻体重的损失。
  - 通过最大限度地减少黏膜萎缩来维持肠屏障功能。
  - 减少细菌和毒素转移及继发的脓毒症。

应该做什么

营养

- 逐渐增加谷物；可通过加入4~8oz植物油的形式增加脂肪摄入，并提供自由选择的苜蓿干草以增加热量摄入（见第51章）。
- 额外的营养支持包括肠外和强制肠内途径，后者更好（见第51章）。
- 合成类固醇可用于帮助恢复正氮平衡。
- 如果担心吸入烟雾，或者有证据表明面部周围有烧伤，应该用水浸透干草，并在地面上饲喂，同时保持良好的通风。

并发症

伤口感染

- 严重烧伤会发生感染。大多数感染是由正常的皮肤菌群引起的。
  - 通常会分离出铜绿假单胞菌、金黄色葡萄球菌、大肠杆菌、β-溶血性链球菌、其他链球菌、肺炎克雷伯菌、变形杆菌、梭菌和念珠菌。
- 应根据需要更换外用抗菌乳，以控制感染。
- 磺胺嘧啶银对假单胞菌等革兰氏阴性菌有效，并且具有一定的抗真菌活性。
- 芦荟除了抗菌和抗真菌活性外，还具有抗前列腺素和抗血栓素的特性（例如，减轻疼痛、减少炎症和刺激细胞生长）。

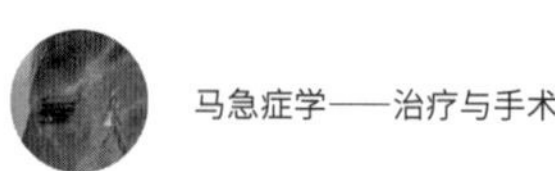

瘙痒伤

- 烧伤创面愈合容易引起瘙痒。
- 如果马匹没有受到足够的约束或药物治疗，可能会出现因摩擦、咬伤和抓挠造成的严重自残。
- 通常最剧烈的瘙痒发生在开始的几周，这时正处于炎症修复期和焦痂脱落期。

应该做什么

瘙痒伤

- 为了防止极端的自残行为，在这段时间里，马必须用双侧横向绳索固定于笼头两侧和/或使用镇静剂（例如，乙酰丙嗪，但不可用于繁殖母马）。
- 抗组胺药，如苯海拉明，在某些情况下可能有效。
- 利血平通过成功打破瘙痒–抓挠的循环，可以有效地减少抓挠的冲动。

其他短期并发症

- 丽线虫病、瘢痕疙瘩样成纤维细胞增生、肉瘤和其他烧伤引起的肿瘤可继发于热损伤。
  - 慢性不愈合区应切除并进行自体移植，以防止其转化为肿瘤。
- 增生性瘢痕通常是在深Ⅱ度烧伤后形成的，但一般在1~2年内就能通过美容的方式去除，不用手术。
- 由于有疤痕的皮肤没有毛，而且色素褪去，所以应限制太阳的照射。
- 愈合延迟、上皮化不良和二期愈合并发症可能会限制马恢复到以前的活动。

急性肿胀：水肿

Earl M. Gaughan，Thomas J. Divers

- 马的急性水肿状况最常见的原因是：
  - 静水压增加。
  - 败血性炎症。
  - 局部或全身免疫反应（血管炎）。
- 急性低蛋白血症，较不常见。
- 无论是感染性还是免疫性的炎症，通常在触摸时都会有疼痛感。
- 由于静水压增加而引起的水肿不那么疼痛，而且在许多情况下没有疼痛感。

多匹马四肢发生急性水肿

- 这种常见的情况可能影响一个农场上的多个个体，特别是断乳仔畜和幼年动物。
- 通常出现发热。

· 引起多匹马水肿和发热的通常是马疱疹病毒1型或4型、流感病毒、马鼻炎病毒、不明病毒或较不常见的马病毒性动脉炎（EVA）。

· EVA可表现为腹侧水肿和全身其他部位局部疼痛性水肿。EVA引起的血管炎可能导致皮肤脱落。其他病毒感染通常不会引起严重的血管炎。

· 应考虑到巴贝斯虫病和马传染性贫血（EIA），但更常见的情况是一次仅一匹马出现临床症状。

诊断

· 根据病史、临床症状、病毒分离和血清学表现进行诊断。

· 在美国东北部和中北部，白蓴（见第34章）是一种会引起肢体水肿、发热和偶尔轻微腹泻的中毒原因。作为芥末家族的一员，这种植物显然符合马的口味。马在食用干草或在有大量白蓴的草场放牧后的18~36h会出现临床症状，在除去污染的干草后2~4d内可以恢复。

应该做什么

多肢/多马急性血管炎

· 非甾体抗炎药：安乃近，22mg/kg，IV或IM；或保泰松，4.4mg/kg，PO，q24h；或氟尼辛葡甲胺，1.1mg/kg，IV或PO，q24 h，作为病毒感染的辅助治疗。

· 考虑皮质类固醇：如果水肿是进行性的或持续时间超过7d，且没有临床或实验室脓毒症的证据，可使用地塞米松，0.04mg/kg，PO、IV或IM，q24h。

· 可能使用抗生素：头孢噻呋，2.2mg/kg，IV，q12h或4.4mg/kg，IM，q24h。

· 采用冷水疗法和腿部包扎，以减轻肿胀。

只在一匹马中出现多肢急性水肿

- 四肢或腹部的急性水肿，通常伴有发热，可能影响单个动物。
- 鉴别诊断包括：
  - 马传染性贫血。
  - 鞭虫病/埃利希体病。
  - 巴贝斯虫病。
  - 疏螺旋体病（莱姆病，罕见引起腿部水肿）。
  - 盘尾属寄生虫病，特别是在进行驱虫治疗后。
  - 分娩前后形成的腹侧水肿。
  - 紫癜性出血。
  - 免疫介导溶血性贫血（见第20章）。
  - 自身免疫性血小板减少。
  - 右心衰（见第17章）。
  - 腹侧腹壁疝。

- 急性败血性蜂窝织炎。
- 特发性或者中毒的情况（见第34章）。

· 关于这些鉴别诊断中的一些的进一步信息如下。

出血性紫癜

实践提示：出现不明原因的血管炎和水肿，考虑出血性紫癜。

· 水肿最常见于四肢和腹侧腹部，并且触摸时疼痛明显。水肿也会在身体其他部位形成，引起呼吸窘迫（喉头肿胀和肺水肿）、急性腹痛、心力衰竭（疼痛和颤抖）或者肌炎（僵硬）。

· 大约50%的病例黏膜会出现瘀斑，并且会发热。

· 通常马会有呼吸道感染或在2~4周前接触马链球菌（最常见）或兽疫链球菌的病史。在其他情况下，无法找到确切病原。

诊断

· 诊断依据是全血细胞计数（CBC）、肌酸激酶（CK）和天冬氨酸转氨酶（AST）、血小板计数、血清免疫球蛋白A、血清链球菌M蛋白抗体和免疫复合物的血清学检测。

· 用6mm的Baker活检取样器获得的水肿区的皮肤标本可保存在福尔马林中，用于确认是否有血管炎。很少检测免疫球蛋白的沉积，如果要进行活检，建议将样本置于特殊培养基（Michel' s）或进行快速冷冻。不应从临近重要结构（如肌腱）的区域获取活检标本。在大多数情况下，活检对病例的诊断或治疗没有帮助。

· 无论是否有肌炎症状，通常都会出现成熟的中性粒细胞减少，CK和AST水平经常升高。

· 正常血小板计数＞90 000个/mL。这有助于区分紫癜出血（伴有发热和腿部水肿）与无浆体病，无浆体病会出现发热、血小板减少，有时腿部会出现水肿。

· 血浆蛋白测定量增加是常见的，这是由于一些马体内免疫球蛋白A水平升高，并且对链球菌M蛋白的抗体反应也很高。然而，在一些健康的动物身上也可以出现针对链球菌M蛋白的高水平的抗体。

· 部分患马出现严重蛋白尿甚至血尿。

· 一些马匹也可能出现严重的肌病，主要累及后肢（见第22章）。

鉴别诊断

· 马病毒性动脉炎（EVA）、马疱疹病毒1型或4型感染、马传染性贫血、细螺旋体病、巴贝斯虫病、嗜吞噬细胞无浆体病和其他急性免疫介导的皮肤病都可能导致出现紫癜性出血。

· 莱姆病可以被认为是鉴别诊断中的一种，但它很少引起明显的发热或肢体水肿。**实践提示：**谨慎评估莱姆病的阳性效价。许多流行地区的普通马都对疏螺旋体显阳性反应。诊断可能要借助其他附加测试，如动力学酶联免疫吸附试验、多重血清学、免疫印迹和聚合酶链式反应（PCR）。

· 大多数标准种血清中EVA呈阳性（欲了解更多信息，请参阅第52章）。

应该做什么

出血性紫癜

- 皮质类固醇：地塞米松，0.04~0.16mg/kg，IV或IM，q24h。
  - 以0.08mg/kg的剂量开始地塞米松治疗。如果24~48h内无反应，应增加剂量或考虑其他鉴别诊断。
  - 症状缓解后继续给予临床疗效剂量2~3d，7~14d后减少剂量。随着类固醇剂量的减少或停药，临床症状可能会再次出现。如果皮质类固醇被禁止使用，那么可以尝试血浆交换。
  - 血浆交换程序：按照8mL/kg除去患马血液，代之以8mL/kg兼容血浆。
- 在症状轻微的情况下，可能不需要皮质类固醇。
- 抗生素：在类固醇治疗过程中，使用青霉素（22 000IU/kg，q6h）或青霉素普鲁卡因（22 000IU/kg，IM，q12h）。
- 严重水肿时，给予速尿，0.5~1mg/kg，IV或IM，q12~24h，持续1~2d。
  - 可用纳卡松代替速尿。
- 应用腿部包扎和水疗法治疗肢体水肿。
- 如果有明显的心动过速或心律失常，测量心肌钙蛋白I。
- 如果出现危及生命的喉水肿，行暂时性气管造口术治疗（见第25章）。

实践提示：紫癜性出血是一种严重的疾病，在某些情况下会有危及生命的并发症。除非有明确的马腺疫接触史，否则它很难被诊断。

- 没有单独的诊断试验；紫癜出血是一种临床诊断。
- 应该告知主人皮质激素可能导致的蹄叶炎的风险。一般在马中风险比较低，除非马患有代谢综合征。紫癜性血管炎可能导致蹄叶炎。

马传染性贫血

· 马传染性贫血引起的急性临床综合征少见，但可引起发热、水肿、血红蛋白尿、黄疸、精神沉郁以及出血点或出血斑。

· 本病的急性形式，通常在临床上会出现明显血小板减少。

· 可以进行PCR以迅速获得结果，或者采用血清学检测，如Coggins或ELISA。由于在发病时可能不存在血清的变化，因此需要在10~14d后再进行检测。

应该做什么

马传染性贫血

- 患马应该隔离饲养，距离其他马匹至少200码（180m）。
- 马传染性贫血是一种法定需申报传染病。

马无浆体病 / 粒细胞埃利希体病

· 在美国西部的某些地区（如加利福尼亚北部）以及东海岸的明尼苏达州、威斯康星州，马无浆体病是马水肿和发热的常见原因。这种寄生虫通过蜱传播（潜伏期可为1~9d），并且经常在马中发现。

· 临床症状有沉郁、厌食、共济失调、发热和出血点，某些马会出现肢体水肿。

· 实验室检查结果包括血小板减少、白细胞减少和轻度贫血。一种生物体（桑葚体）常在发热期出现在姬姆萨染色的血液涂片中性粒细胞上（图35-15）。

· PCR检测在早期确诊中非常有用。PCR在发热期应呈阳性反应，在发热期的早期和晚期不能观察到粒细胞内的桑葚体。

· 如果这种疾病已经存在了几天，那么可以进行血清学检测，但并不是所有的马都有明显的血清学反应。有些马在几个星期内都不会发生血清变化。

· 大约50%的马在发热阶段时对SNAP试验呈阳性反应。

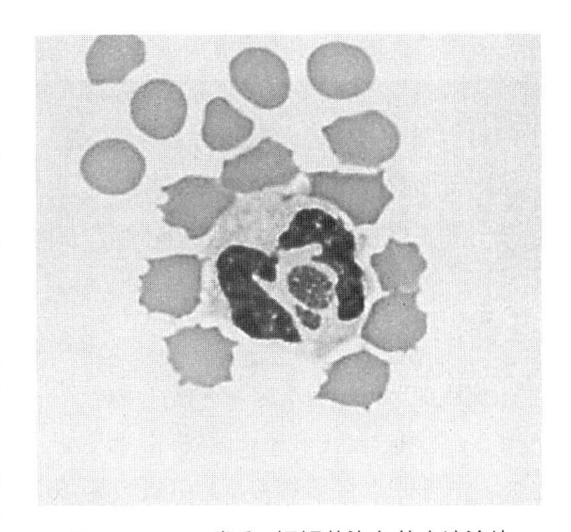

图35-15 用瑞氏-姬姆萨染色的血液涂片

来源是一匹来自弗吉尼亚北部的成年马，发热并且腿部水肿；中性粒细胞中浅蓝色的小体为无浆体形成的桑葚体。

应该做什么

马无浆体病

· 土霉素：6.6mg/kg，IV，q12~24h，持续5~7d。

· 另外，经常使用米诺环素，4mg/kg，PO，q12h；或多西环素，10mg/kg，PO，q12h，但被认为不如静脉注射土霉素有效。

盘尾丝虫

· 驱虫治疗后，对马颈盘尾丝虫微丝蚴引起的反应无须治疗，除非腹侧水肿非常疼痛或马出现发热症状。

· 在这种情况下，使用地塞米松（0.05mg/kg，q24h）和抗生素（如头孢噻夫、青霉素）或复方新诺明。

产驹前后的腹侧水肿

· 排除疝、耻骨前肌腱破裂（见第24章）、乳腺炎（见第24章）、血肿和蜂窝织炎。

· 如果母马健康状况良好，水肿是进行性的，可使用两剂地塞米松（5mg）/三氯甲氮嗪（200mg）药丸（磨碎，混入糖蜜中），PO，q24h；或1~3剂速尿（1mg/kg，IV）。地塞米松这样的剂量很少导致妊娠晚期母马流产，但这可能发生，有风险，因此要与主人讨论利弊！

· 只有当感染的原因已经排除，且水肿是进行性时，才可以使用这种治疗方法。

· 如果有迹象表明在产驹前存在体壁缺陷，建议使用“腹部绷带”来支撑腹部。

- 支持性护理：建议使用冷水疗法、包扎腿部、遛马。妊娠晚期母马的轻度水肿并不少见。

特发性疾病

- 大多数病例对皮质类固醇有反应。
- 如无化脓性蜂窝织炎或肺音异常，但有进行性水肿并伴有严重疼痛，则用类固醇治疗。

过敏性反应引起的水肿

实践提示：过敏反应并不总是需要事先对抗原进行敏化。最常见的引起反应的药剂是血浆疫苗、注射维生素E和硒、驱虫药、青霉素，甲氧苄啶-磺胺甲噁唑、麻醉药和非甾体抗炎药。

- 许多由肠外给青霉素、甲氧苄啶-磺胺甲噁唑和麻醉药引起的虚脱都不是免疫反应，而是不良药物反应（见附录四）。过敏反应通常发生在接触药物后的几分钟至12h内，并可能持续数天。
- 临床表现为荨麻疹、呼吸困难、出汗、虚脱，偶尔还伴有蹄叶炎。
- 这一诊断基于暴露史。

应该做什么

类过敏反应

只出现荨麻疹症状

- 抗组胺药：苯海拉明0.25~1mg/kg，如果症状严重或进展迅速，缓慢IV或IM；或如果心血管状况稳定，琥珀酸多西拉敏0.5mg/kg，缓慢IV或IM。
- 在许多情况下，荨麻疹持续存在，可能需要给予强的松龙，0.4-1.6mg/kg，PO，q24h，服用几天。
- 地塞米松，0.1~0.25mg/kg，IV。如果水肿进展迅速，可在先前列出的治疗之外使用。

呼吸窘迫

- 在较轻的病例，使用肾上腺素1 ∶ 1 000（成品），3~6mL/450kg，缓慢IV；或3~10mL/450kg，IM。肾上腺素也可在气管内注射（20mL），或者在马休克并且无反应的情况下，作为最后一种方法进行心内注射。
- 如果出现喉头水肿，进行暂时性气管造口术（见气管切开术，第25章）。
- 速尿，1mg/kg，IV。

心血管衰竭和低血压（脉搏微弱，黏膜苍白）

- 肾上腺素（如上），2L高渗盐水或多巴酚丁胺，葡萄糖溶液50mg/500mL，10~20min给450kg成年马［5~10μg/(kg · min)］。
- 最后，如果对肾上腺素/盐水或多巴酚丁胺没有反应，可将血管加压素（0.3U/kg，IV）作为一次剂量给药。

特发性荨麻疹

- 特发性荨麻疹是以全身或局部形式出现的。
- 尽管使用皮质类固醇或抗组胺药的直接反应通常效果良好，但全身性特发性荨麻疹通常会持续很久。
- 局部水肿（眼、鼻、喉）可在未知原因的情况下发生。
- 单眼或双眼结膜水肿是最常见的症状。

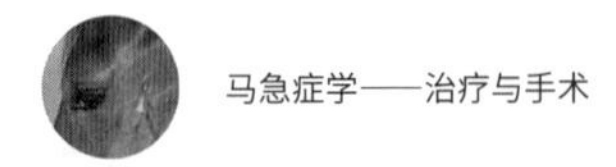

应该做什么

特发性荨麻疹

眼部：眼睑水肿

- 在仔细、彻底地检查了眼睛和用荧光素染色后，如果没有发现角膜溃疡，可在眼部使用皮质类固醇眼膏。

皮肤荨麻疹

· 抗组胺药或皮质类固醇：苯海拉明0.25~1mg/kg，缓慢IV或IM；盐酸羟嗪1~1.5mg/kg，IM，q8~12h；或地塞米松0.05~0.1mg/kg，IV；或强尼松龙（泼尼松龙），0.5mg/kg，PO，q24h。

· 这种形式的荨麻疹可能会持续数周或几个月。

恶性水肿：梭菌性肌炎

- 最常见的恶性水肿：
  - 在胸部伤口上。
  - 在非抗生素肌内注射的位置。
  - 血管周围注射。

· 最常见的与恶性水肿相关的肌肉内给予药物是氟尼辛葡甲胺，这可能是因为它是最常使用的非抗生素药物，并在肌内注射时给组织的刺激较小。

临床症状

- 开始时急性疼痛性肿胀，触感温热柔软，然后温度降低，质地变硬。
  - 有些病例会出现皮下捻发音。

实践提示：在许多梭菌性肌炎病例中不存在皮下捻发音。

- 颈部注射后，颈部僵硬，头部无法下垂。
- 罕见共济失调。

诊断

- 通过针吸+革兰氏染色来寻找大型革兰氏阳性杆菌，进而做出诊断。
- 将液体样本放入厌氧培养基，并制作一张涂片进行荧光抗体检测。

应该做什么

恶性水肿：梭菌性肌炎

- 抗生素：
  - 青霉素，22 000IU/kg，4~6h/次。注：可以使用更高的剂量，但它会增加抗生素引起结肠炎的风险.
  - 与甲硝唑合用，15~25mg/kg，PO，6h/次 或30mg/kg，直肠给药 6h/次。首次静脉滴注甲硝唑，虽然费用昂贵，但可能有助于减缓产气荚膜杆菌的生长和毒素的产生。
  - 土霉素与甲硝唑静脉滴注是一个可接受的第二选择。有证据表明，与青霉素相比，土霉素能更有效地抑制毒素的产生。但目前还没有研究来证实这两种治疗方案的疗效。
- 如果该疾病在抗微生物治疗24h后没有改善或急性发作并且不断恶化，则可能需要手术切口和引流或根治性切口。

实践提示：应该及时手术引流避免恶化，宁早勿迟。

• 高压氧可能是有用的，但不能代替早期手术引流！高压氧不会阻止毒素的产生。氧可以简单扩散到外科伤口中，但是其疗效并未得到证实。

• 抗炎症治疗：保泰松，4.4mg/kg，PO，q12~24h。
• 应给予1~2L马血浆和抗产气荚膜梭菌抗体。
• 进行水疗。
• 预防破伤风。

单肢急性肿胀

创伤

• 如果严重跛行的单肢出现急性肿胀，那么必须将其视为紧急情况。受影响的肢体必须仔细检查，以发现骨、关节和/或肌腱/韧带组织的可能的损伤。

• 应该仔细研究伤口。这可能需要剃毛并检查足底。

• 在彻底完成评估支撑结构之前，要谨慎使用局部麻醉。局部麻醉过早会导致肌肉骨骼支撑系统的严重失代偿或功能丧失。

• 肿胀按特征可分为水肿或滑膜积液。记住凹陷性水肿表现为触诊时皮肤表面会发生凹陷，滑膜渗出有“水球”的外观和质地，在指压后恢复原来的外观。

诊断

• 跛行伴有疼痛。
• 触诊特征：凹陷性水肿或渗出。
• 超声检查有助于判断渗出和水肿以及骨、肌腱、韧带和关节解剖结构的特征。
• 在任何需要排除骨折和脱位的情况下都要拍摄X光片。
• 任何时候都在关节、腱鞘或黏液囊区域出现穿刺伤或小划伤时都应做对比造影和超声检查。

应该做什么

急性肿胀：单肢，非滑膜伤

• 清理伤口。
• 非甾体抗炎药：保泰松，2.2~4.4mg/kg，PO或IV。
• 根据身体检查结果，使用抗生素。
• 先用无菌层包扎伤口，并在需要时提供额外的支持绷带。

滑膜伤

• 采集滑液样本用于培养和敏感性试验（见第21章）。
• 避免在大的肿胀处行关节穿刺术，以最大限度地减少细菌进入关节的概率。

• 进行大容量关节灌洗。首选关节镜引导下灌洗。替代方法包括直通法大量灌洗，可利用针头、乳头套管和导尿管。冲洗液应该是盐水或平衡的多离子液体。冲洗液添加剂包括DMSO（0.5%~10%）和抗生素（0.5~1g阿米卡星；其他）。

• 使用抗生素：全身和/或局部。
• 使用非甾体抗炎药：保泰松，2.2~4.4mg/kg，PO或IV。

• 提供物理支撑：通常指带有或不带有夹板支撑的绷带。

骨折 / 脱位

（见第21章）

• 急救是必不可少的。适当的评估、为运输所做的支持和固定通常决定预后是否良好。远端肢体创伤（桡骨远端或胫骨远端）应该用坚固的绷带和外部固定夹板或石膏来支持。近端肢体骨折/脱位必须小心处理。放置不当的绷带、夹板或石膏会给患肢增加重量，导致骨折/脱位部位固定不充分。尽量使受伤部位的关节近端和远端固定。如果有疑问，不要包扎远端肢体。

• 通常，在用拖车或者货车运输马时，应该将两健肢向前（见第21章）。

• 应谨慎考虑是否给四肢骨折或脱位的马镇静。诱发的共济失调会导致危及生命的并发症。赛拉嗪和地托咪定可导致深度镇静，并抑制马的先天保护机制。乙酰丙嗪可能不能给有骨折/脱位创伤的马提供所需的化学镇静和镇痛，并且可能造成低血压。**重点：**对于有骨折/脱位创伤的马，禁止使用乙酰丙嗪。

• 非甾体抗炎药：使用适当但不过量的疗程剂量（例如，保泰松，2.2~4.4mg/kg，PO或IV）。

• 抗生素：在转诊之前，请与将要送往的转诊中心咨询他们倾向使用的抗生素。在手术开始前，全身性使用广谱抗生素。

蜂窝织炎

四肢蜂窝织炎

实践提示：脓毒性蜂窝织炎是马最常见的疼痛性水肿的原因，通常与伤口、划伤或注射部位的局部反应有关。但是有时当它只影响一条腿时，没有明确原因。

• 马匹身上的划伤或球节与蹄间的皮炎一般非常轻微，通常保守的水疗、包扎和双氯芬酸都有效。但是有些病例可能情况更严重，需要给予全身抗生素和抗炎药物。

• 特征性表现包括疼痛和进行性肿胀。病例可能仅仅是轻度肿胀和疼痛也可能出现严重、急性的跛行、肿胀和高热。

• 根据革兰氏染色结果和液体样本的培养做出诊断。推荐厌氧培养管。

• 检查伤口，建立引流和寻找异物。

• 用7.5MHz探头进行超声检查、定位和分析液体，并检查高回声异物。

• 在马中，引起严重且传播迅速的蜂窝织炎的常见病原体包括金黄色葡萄球菌和产气荚膜梭菌。

• 葡萄球菌感染可能是由钝性创伤引起的，如因起跑门栅引起的或跗关节上的瘀伤，同时皮肤没有明显的破损。

重要提示：葡萄球菌和产气荚膜梭菌感染是引起马匹蜂窝织炎的最主要原因。

应该做什么

蜂窝织炎

抗生素

• 如果蜂窝织炎严重且进展迅速，或者存在混合细菌感染的可能性，则使用青霉素（22 000IU/kg，IV，q6h）和庆大霉素（6.6mg/kg，IV，q24h）。**实践提示：**如果使用庆大霉素，每2~3d检查一次血清肌酐，并确保患马体内水分充足，可以产生尿液。

• 如果怀疑有厌氧菌感染，由于渗出物的臭味或皮下气体的存在，应在治疗方案中加入甲硝唑，15~25mg/kg，PO，q6~8h。

- 在较轻的病例中，或只有革兰氏阳性球菌（葡萄球菌），使用头孢噻呋、甲氧苄啶-磺胺甲噁唑或两者都用。
- 恩诺沙星（7.5mg/kg，PO，1次/d；或5mg/kg，q24h）是治疗葡萄球菌和革兰氏阴性蜂窝织炎的最佳选择，但对厌氧菌或链球菌感染的效果不佳。
- 水疗：对于脓毒症和无菌（注射部位）蜂窝织炎，在开始的24h内或在疼痛消退之前进行冷水治疗，然后是温水疗法。
- DMSO可能有助于抗水肿和抗炎。
- 支撑：如果肢体受到影响，那么应当将腿包裹起来。
- NSAID：使用保泰松，4.4mg/kg，PO，q12h，持续2~3d。
- 其他抗炎和镇痛的注意事项见第49章。

提示：有伤口的马何时给予破伤风类毒素或抗毒素?
  - 破伤风类毒素可用于大多数马，特别是最近有伤口的年轻马。如果疫苗预防仍在有效期，则不给予抗毒素。
  - 如果伤口发生在未满2岁且不确定是否打过破伤风疫苗的马身上，请使用抗毒素（最好是血清肝炎发病率较低的产品）.
  - 在世界上泰勒病流行的地区，只有在以前没有破伤风类毒素接种史的情况下，才应向成年马注射抗毒素。
- 外科引流术：在适当的情况下进行切口和引流（I&D）。
- 如果涉及肢体，可能出现无法负重的跛行，应该使用所有方法预防支撑肢体蹄叶炎（SLL），尤其是较大的马。有可能预防SLL的治疗方法 包括：大剂量全身镇痛，硬膜外麻醉（吗啡），间歇性用吊索支撑马（快升吊索）（见第37章和第43章）。

淋巴管炎

- 淋巴管炎是一种紧急情况!
- 通常有一只后肢出现急性进行性肿胀，并且有血清渗出皮肤。
- 真菌感染的病灶通常是结节状的，并且比细菌感染发展得慢。
- 急性发作的患马发热，并且经常不能承重。
- 受影响的腿肿胀时间越长，淋巴管的解剖结构受到的破坏就越严重。
- 腿部可能有或没有伤口。
- 诊断依据的是临床症状和使用7.5MHz探头进行超声检查的结果，该方法可显示大量放大的血管（淋巴管）。临床表现和超声表现上，发生淋巴管炎的肢体较蜂窝织炎更均匀。
- 应尝试用22号针进行取样再进行液体培养，以尽量减少对肢体的损害和避开血管；病因一般不确定。
- 未经治疗的急性病例上获取的样本，最容易出现细菌培养阳性。

应该做什么

淋巴管炎

- 抗生素：恩诺沙星为首选，7.5mg/kg，IV，q24h。其他选择包括甲氧苄啶-磺胺甲噁唑，20~30mg/kg，PO，q12h；阿米卡星，15~20mg/kg，IV，q24h；四环素，6.6mg/kg，q12h；或其他对金黄色葡萄球菌有效的抗菌药物。

实践提示：对于急性淋巴管炎，应提供抗金黄色葡萄球菌的抗菌药物。

- 抗炎药：保泰松，4.4mg/kg，IV或PO，q12h。
- 用冷水进行积极的水疗。使用按摩浴缸、水疗浴缸或冷靴（如果有的话）。如果患马能把腿放在靴子里，那么水的持续压力可以减轻肢体肿胀。迅速减少软组织肿胀可以防止对腿部的长期损害。
- 己酮可可碱10mg/kg，PO，q12h，改善严重肿胀的腿部血液循环。
- 用支持绷带将另一条腿包裹起来，并制订相应的预防措施，预防对侧蹄叶炎的发生（见第43章）。

- 如果身体状态允许，鼓励适度步行。
- 速尿：1mg/kg，IV或IM，q12~24h，治疗两次，对无发热复发的病例给予三氯甲基偶氮嗪/地塞米松（纳库松）。如果腿部肿胀迅速加重，可能需要一剂类固醇。
- 在较慢性的情况下，可用呋喃唑酮配合支持绷带包在受影响的腿上。
- 应提醒主人，淋巴管炎是一种严重的疾病，很少能够发现病因，除非对治疗有快速反应，否则将会预后不良，并且复发很常见。

假结核杆菌感染

- 假结核棒状杆菌感染在美国西部常以外部脓肿为主要表现，或在全国范围内以溃疡性淋巴管炎/蜂窝织炎为特征，可引起内部脓肿。
- 典型的进行性肿胀出现在胸前区、乳腺区、腹部、腹股沟区（引起一侧肢体肿胀）或分散在身体其他部位。
- 超声检查可见脓肿位于外部肿胀处的深处。

应该做什么

假结核棒状杆菌淋巴管炎

- 通过超声检查证实和定位，进行脓肿的切开和引流。
- 全身使用普鲁卡因青霉素，20 000~44 000IU/kg，q12h。
- 按淋巴管炎进行治疗。

引起水肿的各种原因

血肿

- 血肿是一种由血管破裂导致血液聚集而引起的急性肿胀。一个共同的原因是外伤（例如，被踢伤）。
- 如果肿胀不是进行性的，血肿组织化，那么手术引流术也要延迟。
- 如果皮肤受伤，应使用青霉素等抗菌药物。

实践提示：在肌肉注射前，通过检查黏膜出血点，来排除因血小板减少引起的血肿。

- 如果血肿进展迅速，那么动脉或大静脉（罕见）可能受到损伤。大部分四肢迅速进展的血肿与骨折有关，如骨盆骨折（即髂动脉断裂）。
- 严重跛行也提示骨折。如果没有发现血肿的原因，并且在经过治疗后，血肿仍在恶化，应当考虑手术隔离和结扎受损的血管。

应该做什么

血肿

- 保泰松，4.4mg/kg，PO，q12~24h，因为它对血小板功能影响较小或不明显。
- 布托啡诺0.01~0.02mg/kg，IV，在给小剂量赛拉嗪（0.2~0.4mg/kg，IV）后2~5min（如需镇静）给予。
- 如有指征，可使用多离子液体：第一次检查时不应使用高渗盐水。
- 如果可能，在受影响的部位使用压力包扎。
- 如果出血不断，患畜病情恶化，或出血后12h内PCV降至＜18%，那么应该采用全血输注。

重点： 在使用PCV作为输血指征时要谨慎，因为在出血期间或出血后最初的12~18h，PCV可能会有所变化。如果存在血小板减少症，应收集新鲜血液在塑料容器内进行输血（见第20章）。

- 氨基己酸，20mg/kg，混合于1~3L生理盐水中，IV可用于治疗长期无法控制的出血。
- 考虑抗生素：
  - 全身性抗生素治疗在血肿紧急治疗中，可能不是必要的。
  - 对于系统应用抗生素能否在血肿深度达到适当的最低抑菌浓度（MIC），也存在一些合理的争议。
  - 在体内没有比血液更适宜细菌繁殖的环境，因此血肿变成脓肿的可能性很大，特别是在利用抽吸来确诊的情况下。
  - 如果皮肤出现擦伤、撕裂伤或细菌性全身疾病，则需要使用抗生素治疗血肿。
  - 应给予适当的全身剂量，并应考虑那些已知的穿透血管组织能力不良的药物（例如氯霉素）。

营养性肌肉疾病

- 缺硒引起的急性肌肉肿胀十分罕见，但也可能发生。
- 咬肌和翼肌肿胀（咬肌病）会导致面部肌肉严重肿胀和结膜突出。
- 受影响的动物看起来很僵硬，不愿意咀嚼，但它们可以吃东西。
- 尿液试纸检查时，尿常呈暗色，潜血（肌红蛋白）检查呈强阳性。
- 这种形式的肌病通常在饲养不佳的马身上出现。
- 采血（全血、血浆或血清）测定硒浓度（正常水平为15~25mg/dL）和血清肌酸激酶（CK）浓度。血浆硒浓度一般＜5mg/dL。大多数情况下，CK浓度极高。
- 白肌病可能发生在成年、新生马驹或断乳马驹。
- 放牧的马出现急性肌球蛋白尿症，应考虑非典型肌病（见第40章）。

应该做什么

营养性肌肉疾病

- 硒：0.05mg/kg，IM，确诊后，在3d后重复。
- DMSO，1g/kg，稀释后静脉滴注，一次，辅助治疗。
- 热敷受影响的部位。
- 护理任何因肿胀而受损的组织（如结膜）。
- 保泰松，4.4mg/kg，PO，q12h。
- 如有指示，应给予静脉输液以纠正低血压、电解质异常和偶氮血症。

蛇咬伤、蜘蛛咬伤、蜜蜂叮咬和其他引起急性严重皮炎/荨麻疹的原因

- 咬伤和刺伤有时会导致马的严重肿胀。
- 蛇咬伤常见于马的鼻子，会造成气道阻塞和溶血（见第45章）。
- 黑寡妇蜘蛛咬伤会引起灼热、疼痛的肿胀。
  - 通过在圈舍中找到蜘蛛来确诊。
- 火蚁咬伤可引起急性肿胀，尤其是远端肢体的肿胀。
  - 火蚁在美国东南部很常见，它们在那里建造大型土丘（巢穴）。
- 蜜蜂叮咬会引起剧烈疼痛的肿胀，如果大量叮咬发生会造成致命的后果。蜜蜂叮咬也可

能同时影响几匹马！

· 通过中间有一根刺的圆形水肿区域来确诊是蜜蜂叮咬。

应该做什么

叮咬伤

· 抗组胺药：苯海拉明，0.25~1mg/kg，缓慢IV、IM或SQ；或丁二抗敏安，0.5mg/kg，缓慢IV或IM；盐酸羟嗪，1~1.5mg/kg，IM或PO。

· 皮质类固醇：地塞米松，0.04mg/kg，IV/IM，如果损伤和肿胀严重才使用。

· 每匹450kg成年马缓慢静脉注射肾上腺素3~7mL（1 ∶ 1 000溶液），仅在全身（过敏性）感染和呼吸窘迫的情况下使用。

· 高压氧疗法（见第7章）。

· 提供气道支持：

  · 在肿胀发展到得严重得需要临时的气管造口术之前，在鼻孔近端放置一个短的气管内管。**实践提示：**这在治疗被蛇咬伤鼻子的马中尤为重要。缺点是可能发生严重的鼻黏膜坏死。另一种方法是做一个临时的气管造口术（见第25章）。

· 使用广谱抗生素治疗蛇咬伤，如青霉素44 000IU/kg，IV，q6h；庆大霉素，6.6mg/kg，IV或IM，q24h；甲硝唑15~25mg/kg，PO，q6~8h，或25~30mg/kg，直肠给药，q8h。**注：**用氨基糖苷类抗生素治疗时，应监测血清肌酐浓度、水合状态和尿液的产生情况。

· 如果蛇咬伤发生在24h内，则可给予抗蛇毒血清。但是由于患马的体型，通常在咬伤24h之后才能发现临床症状，并且可能出现不良反应，因此很少使用抗蛇毒血清。最近的证据表明，抗蛇毒血清的有效作用时间可能超过最初的24h。

· 使用破伤风类毒素。

· 蛇咬伤用NSAID：氟尼辛葡甲胺，1mg/kg，q12h，连续3d。

· 如有指征，可行筋膜切开术。

· 如果位于鼻孔或口上的严重肿胀引起了呼吸窘迫，并且肿胀会阻碍饮食和吞咽，则应考虑采取筋膜切开术。

  · 这一操作最常用于蛇咬伤面部的情况。

· 同样，急性双侧颈静脉形成血栓也可能导致头部肿胀，阻碍鼻腔空气的流动。

· 对于急性双侧颈静脉形成血栓所致的头部肿胀，如果发生急性双侧血管梗阻，则应将头部抬高，下颌骨下的由笼头引起的压力点应用衬垫垫好。如果肿胀是渐进的，可以进行筋膜切开术，或者在给皮肤清洗消毒后，用几行针刺两块咬肌来使液体排出。

苍蝇叮咬

· 苍蝇叮咬很少需要紧急治疗。

· 对马蝇（肿胀中心的坏死组织的核心）、厩蝇、角蝇或黑蝇（荨麻疹肿胀的特征出血性中心）可以发生严重反应。

· 在非常罕见的情况下，大量的黑蝇叮咬导致死亡。

急性皮炎的其他原因

· 接触性、光敏性和药物性皮炎都可能需要紧急治疗。

· 光敏反应是由摄入光敏植物或肝脏疾病引起的，其中最常见由有毒植物引起，较少的是由植物上的霉菌毒素引起的。

· 荨麻生长在潮湿的田里，特别是在世界许多地区的已被扰动的土壤上，当它与人类或动物皮肤接触时，对马、人和其他动物都极为刺激。

- 急性荨麻疹，可能发生极度瘙痒和疼痛，并且持续24~48h。
- 在马遭受剧烈的瘙痒和疼痛时，可能需要镇定剂来控制它。
- 皮质类固醇和抗组胺药只能提供有限的缓解作用。
- 由药物发作引起表现及分布都不常见的多病灶性皮炎可以发生在治疗期间的任何时间或停止治疗后的几天内。

应该做什么

接触性皮炎

- 对于接触性或光敏性皮炎，使用局部或全身皮质类固醇（仅在严重情况下）。
- 除去病因。

急性重度瘙痒

- 急性和重度瘙痒在夏季最常见，原因是急性库蠓性超敏反应。
- 药物性皮炎、对荨麻的反应以及火蚁和其他昆虫的叮咬会引起强烈的瘙痒。
- 应该考虑狂犬病或种马自残综合征等造成的神经功能紊乱。

应该做什么

急性重度瘙痒

- 皮质类固醇：地塞米松，0.05~0.1mg/kg，IV；或氢化泼尼松，2mg/kg，PO，在严重病例中用于控制瘙痒。
- 苯海拉明，0.25~1mg/kg，缓慢IV或IM。

筋膜切开术

- 筋膜切开术是一种将皮肤、皮下组织和筋膜切开以引流和（或）给深层组织减压的手术方法。
- 筋膜切开术可最大限度地减少与“腔隙综合征”有关的后遗症和重要神经血管结构的损害。
- 这一操作已被用来治疗：
  - 梭菌性肌炎。
  - 严重血栓性静脉炎（尤其是当气道受损时）。
  - 与蜇刺毒作用 、注射或疫苗接种有关的急性肿胀。
  - 与腔隙综合征有关的神经受压。
- 切口大小因其预期功能而异。注射部位脓肿或蛇咬伤需要简单的1cm切口，而弥漫性肌坏死合并急性梭菌感染，需要长而深的切口。
  - 在这些情况下，超声引导是一种有用的辅助工具，可以在行筋膜切开术前，更好地界定受影响区域和大血管的范围。
  - 治疗腔隙综合征，可以进行筋膜切开术，在皮肤开一小口，再使用Metzenbaum剪刀将切口延伸到较深的筋膜面，而不扩大皮肤切口。

设备

- 大剪刀。
- 无菌擦洗材料。
- 局部麻醉剂。
- 2%局部麻醉剂、5~50mL注射器和22号、1.5in的针头。
- 无菌手套。
- #10手术刀片和刀柄。

程序

- 在必要时，剃毛，消毒皮肤。
- 皮下注射局部麻醉剂。
- 在需要引流或减压的区域将皮肤切一个小口，切口长度应至少为1cm。如果受影响的区域很广，将切口沿最大静息皮肤张力线（如有可能）延长，以完成必要的引流或减压。
- 如果需要治疗感染，那么应充分冲洗伤口组织。
- 用绷带材料覆盖筋膜切开处，以吸收引流物，减少创口污染。
- 允许切口进行二期愈合。
- 筋膜切开术可用于肩胛上神经，内、外侧掌侧跖骨神经以及跖外侧掌侧神经深支的神经压迫解除。这些具体内容超出马急症学的范畴。

并发症

- 预期有一定程度的出血。
- 意外切到或切断大血管，可能会引发严重的出血。

鸽热

- 鸽热是一种典型的假结核分枝杆菌感染，其特征是常见于美国西部的深部皮下或外部脓肿，以及在全国范围内偶发性淋巴管炎/蜂窝织炎。
- 假结核病也可引起内部脓肿。
- 鸽热这个名字源于假结核分枝杆菌引起的外部脓肿，这种脓肿通常发生在胸部，看起来像鸽子一样。

发病机理

· 鸽热是由假结核分枝杆菌引起，这是一种革兰氏阳性、胞内寄生，具有多形性、棒状兼性厌氧菌，它通过蝇咬、擦伤或者伤口进入皮肤。

· 它具有传染性，潜伏期为1~4周。

· 每年的发病率各不相同，而且呈季节性和散发性。大多数外部脓肿的病例发生在美国西南部干燥的夏季至秋季。

· 大约8%的马发生内部感染，通常是在外部感染的数量高峰出现后的1~2个月。

临床症状

深部皮下或外部脓肿

· 单个或多个成熟肿胀出现的典型位置包括胸部、腹正中线、包皮、乳腺和腋窝，但是同时任何部位都可以出现脓肿。脓肿含有大量的褐色、无气味、脓性渗出物。

· 有时马出现发热、水肿、跛行、体重减轻、精神沉郁等症状。

内部脓肿

厌食、发热、嗜睡、体重减轻与感染部位有关的症状（如呼吸道症状、消化道症状或血尿）。

溃疡性淋巴管炎

见蜂窝织炎。

诊断

外部脓肿

· 在流行地区和流行季节发病的马，其病史和临床症状可以给我们提示。

· 如果临床医生不确定鸽热是否是引起肿胀的原因，可以进行无菌抽吸，对样本进行大体和细胞学检查和培养。

· 培养：在1~2d内，细菌容易在血琼脂上迅速生长。

· 超声：成熟脓肿的超声通常显示出厚壁囊包围着混合回声反射的渗出物（图35-16）。

  · 超声对于评估深部肿胀、确定脓肿的成熟度和寻找建立引流的最佳位置是最有用的。

· 血清学：用协同溶血抑制试验评价对假结核分枝杆菌外毒素产生的免疫球蛋白G的水平。用血清中的抗体效价来评价外脓肿的准确性是有争议的。一般来说，抗体效价≥1∶160是感染处于活跃期标志，然而有些马在出现外部脓肿时，没有明显的效价变化。

· 其他实验室检查异常：大约40%的马会有典型的症状，包括慢性疾病引起的贫血，中性粒细胞增多引起的白细胞增多，高纤维蛋白原血症和高蛋白血症。

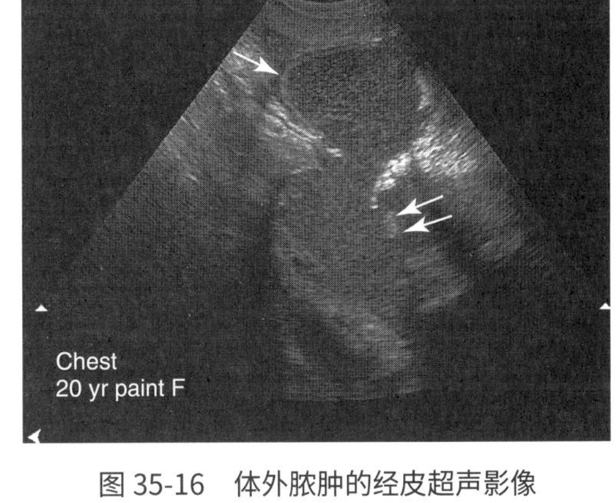

图 35-16　体外脓肿的经皮超声影像

注意厚厚的高回声反射囊（一个箭头）和更深的脓肿囊（两个箭头）（照片由马修达勒姆提供）。

内部感染

· 在流行区域的马的病史和临床症状可作为提示信息。

· 血清学：在没有外部疾病的情况下，效价≥1 ∶ 512，是内部感染的高度特异性的指标。如果并发外部疾病，效价≥1 ∶ 1 280更特定地用于评价内部感染。

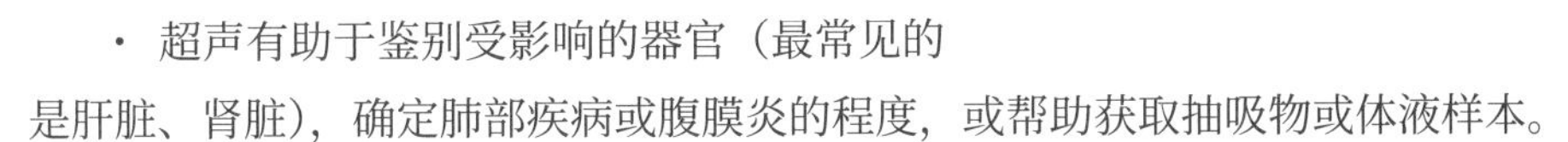

· 超声有助于鉴别受影响的器官（最常见的是肝脏、肾脏），确定肺部疾病或腹膜炎的程度，或帮助获取抽吸物或体液样本。

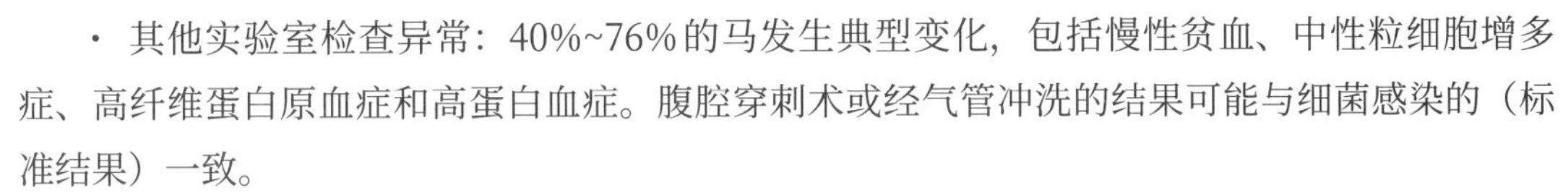

· 其他实验室检查异常：40%~76%的马发生典型变化，包括慢性贫血、中性粒细胞增多症、高纤维蛋白原血症和高蛋白血症。腹腔穿刺术或经气管冲洗的结果可能与细菌感染的（标准结果）一致。

溃疡性淋巴管炎

· 见蜂窝组织炎。

治疗

外部脓肿

· 一旦脓肿“成熟”，标志是覆盖的皮肤变得柔软。清洁皮肤，用15号刀切开并排出脓液（图35-17）。

- 戴上手套，收集脓肿内容物和洗液，并处理所有与此程序相关的物品，以防止进一步的环境污染和传播疾病给其他马。

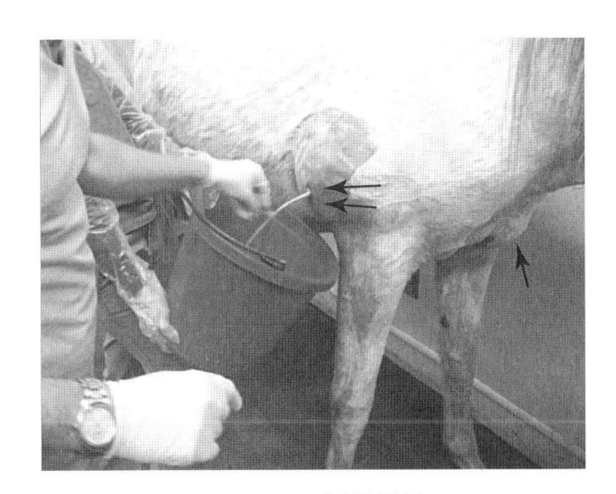

图 35-17　脓肿引流

对肱三头肌区外部脓肿（两个箭头）和胸前区域二次成熟的脓肿适当引流（一个箭头）（照片由马修达勒姆提供）。

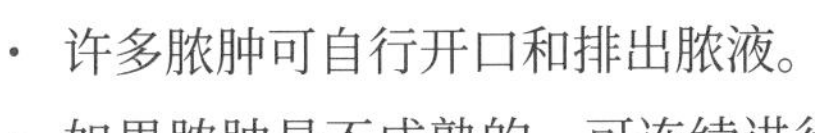

- 许多脓肿可自行开口和排出脓液。
- 如果脓肿是不成熟的，可连续进行超声检查来确定何时排出脓肿。可以让主人每天热敷或者使用外用软膏，如鱼石脂、呋喃沙星加DMSO，加速脓肿成熟。

· 用稀释的聚维酮碘（倍他定）0.1%溶液（每100mL清水加1mL聚维酮碘），冲洗脓肿，颜色如淡茶。或稀释的氯己定0.05%溶液（2.5mL2%洗必泰溶液溶于100mL水），使用60mL导管式接头注射器或乳头套管冲洗，直至引流液清澈为止。可能需要手动破坏脓肿腔内的纤维组织。

  · 除非脓肿位于肌肉深层，否则通常没有必要麻醉皮肤。但是脾气暴躁或非常敏感的马需要镇静，以保证在手术过程中患马和工作人员的安全。

· 脓肿引流和冲洗后，应清洗脓肿的腹侧或远端组织，以尽量减少暴露皮肤继发感染的风险。

· 应让主人以相同的方式每天冲洗一次或两次脓肿，直至脓肿从内部愈合。出于生物安全的考虑，主人应该戴上手套，谨慎处理洗液及相关材料。

· 水疗有助于减轻相关水肿。

· 局部治疗：建议在切口周围使用局部抗菌药物，并对所有马采取适当的防蝇措施（非常重要）。

· 抗炎药：非甾体抗炎药对一些马有用。

· 外部脓肿一般不需要抗菌药物治疗，并且使用抗菌药物有可能延长脓肿的分解时间。也有例外情况，包括有全身疾病的马，脓肿在深层肌肉组织内或其他难以进入的部位。

· 治疗破伤风：因为伤口是开放的，所以给予适当的破伤风预防措施是很重要的。

内部感染

· 抗菌剂：普鲁卡因青霉素（20 000U/kg，IM，q12h）、头孢噻呋钠（2.2mg/kg，IV，q12h；或4.4mg/kg，IM，q24h），或甲氧苄氨嘧啶（30mg/kg，PO，q12h）和利福平（2.5~5mg/kg，PO，q12h）。这些药物在体内是最有效的，尽管许多抗生素在体外生效。

  · 马匹通常联合使用肠外抗菌药物与利福平，以利于渗透进入脓肿。由于细菌位于细胞内，因此在2~3周后换用口服药物。

  · 抗菌药物治疗的持续时间从一个月到几个月不等。

· 对受影响的身体系统/器官进行适当的其他治疗，例如经皮引流脓肿或腹腔灌洗。

溃疡性淋巴管炎

见蜂窝织炎。

预防

外部脓肿和内部感染

· 一种马疫苗目前正在研制中。

· 良好的卫生和苍蝇控制：通常不必要对受影响的马进行完全隔离，因为细菌生活在土壤中，由苍蝇传播，但严格保证生物安全和控制苍蝇可减少新病例的发生。

· 没有已知的方法能充分地净化环境。

· 通常情况下，在感染后出现自然免疫。

溃疡性淋巴管炎

见蜂窝织炎。

预后

外部脓肿

· 引流和伤口愈合一般在2~4周内进行，但是马可以出现反复感染或持续感染，持续时间甚至超过1年。

· 病死率＜1%。

内部感染

病死率在经过治疗的马中为30%~40%，在未经治疗的马中为100%。

溃疡性淋巴管炎

见蜂窝织炎。

应该做什么

鸽热

· 在临床症状成熟的情况下切开和排出脓肿，并在引流后冲洗脓腔；收集并妥善处置所有受污染的物品，以减少对环境的污染。

· 如果不准备打开和引流脓肿，则可促进脓肿“成熟”；可以使用热敷和外用软膏。超声检查有助于确定脓肿的状态、成熟度和手术引流的时机。

· 如果马表现精神沉郁或疼痛，使用非甾体抗炎药。

· 采用恰当的方式控制苍蝇。

· 如果目前疫苗接种失败或疫苗接种状态存在问题，则应预防破伤风。

不应该做什么

鸽热

· 不要过早地试图切开和排出脓肿。

· 除非有全身疾病的迹象，或者脓肿太深，以至于无法安全有效地排出，否则不要在未成熟的外部脓肿上使用抗菌药物。

第 36 章
倒马护理

Rachel Gardner

- 对卧地不起马的初步评估包括对整个情况的评估，包括马的位置、马的安全和所有相关人员的安全。
- 应记录完整的病史，包括马的特征描述、最近的健康或表现问题史、最近的治疗和卧地（卧倒）发作情况（急性与慢性）。
- 了解饮食和管理实践、最近旅行和疫苗接种史也很重要。

临床检查

- 应尽可能进行全面仔细的体检，并在安全的情况下进行体内水量评估。
- 应仔细触诊四肢、头部和颈部是否有疼痛或骨折迹象。
- 应进行系统的神经系统检查。如果发现异常，应进行神经解剖学诊断。
- 由于卧地的应激、无法正常反应以及长期挣扎后可能出现的疲劳，很难判断卧地马的总体精神状态。
    - 神经系统检查还应包括评估脑神经、皮肤感觉、皮肤躯干反射、髌骨反射和撤回反射。尽管卧地马的肛门张力可能会改变，但仍应该评估尾巴和肛门的力量情况。膀胱张力和大小可通过直肠检查进行评估（见第22章）。
    - 应仔细评估肌肉张力，包括眼睑和舌头的肌肉张力，因为张力减弱是肉毒杆菌中毒的特征性表现。
    - **实践提示：**
        - 如果马能够起身呈犬坐式，则应考虑对t2脊髓尾端的损伤、肌病或后肢周围神经的损伤。
        - 如果马不能抬起头，呼吸功能异常，可能是前端颈脊髓病变或弥漫性神经肌肉疾病。
        - 如果马呈现一侧侧卧，则应考虑前庭疾病。
- 仔细检查眼睛，或至少评估可触及的那一侧眼睛。
- 当马卧倒时的身体和神经检查无法解释原因时，应尝试帮助马站立，因为这可能使肌肉骨骼损伤或共济失调更加明显，从而帮助诊断。

诊断测试

- 最初的诊断分析应包括完整的全血细胞计数、血清生化和尿液分析。
- 白细胞象改变可能提示炎症或感染过程，尽管区分这些变化与继发于卧位的变化很重要。
- 对血涂片的评估可提供进一步的证据，证明有毒血症、红细胞形态改变、肿瘤细胞或无浆吞噬细胞。
- 血清生化组的改变可提供原发疾病或继发性改变的证据。
- **实践提示：**横纹肌溶解时肌酸激酶（CK）、天冬氨酸转氨酶（AST）和乳酸脱氢酶（LDH）浓度显著升高，仅卧倒时升高的幅度没有这么高（见第22章）。
- 为了诊断卧地的主要原因和指导治疗，应评估电解质浓度。乳酸浓度可作为组织缺氧、疾病严重程度和组织灌注的标志物。
- **实践提示：**测量血氨可用于评估肝性脑病或原发性高氨血症。氨样品必须立即进行分析，如果保存在冰上，则必须在1h内进行分析。
- 如果检查时观察到中枢神经系统（CNS）症状，或根据检查结果无法排除卧地的神经原因，则需要分析脑脊液（CSF）。
- **实践提示：**通过卧马的寰枕（AO）关节穿刺能够较容易和可靠地获得CSF（见第22章）。
- AO取样通常需要全麻，因此仅应在不怀疑椎体骨折的稳定患者身上进行。
- **实践提示：**使用甲苯噻嗪、地西泮和氯胺酮的短期全身麻醉可提供20~25min的麻醉时间，这足以进行手术（见第47章）。如果使用短效麻醉剂将马从运输车/拖车中移出，则可以通过单一麻醉程序进行马和CSF收集的移动。
- 如果病患情况不稳定，或不能进行全身麻醉，则可从腰荐部采样。这一过程更具挑战性，但可以借助超声来帮助识别腰荐椎间隙。可在两后蹄间放一物体来确保两蹄间距离正常，从而增加穿刺成功的可能。
- 应对新鲜CSF样品进行细胞分析。样品还用于培养或检测特异性抗体/特殊病原。
- 采用手持X线机有助于判断腿部、头部或颈部是否存在骨折以及骨折的程度。固定的X光机则具有更强大的穿透力，能用来分析后颈、肋骨、胸腰椎或骨盆。
- 计算机断层扫描和核磁影像需要全身麻醉，但可为头部、颈部前段及远端肢体提供进一步的诊断信息（见第14章）。
- 超声可用于分析软组织结构、骨表面的完整性以及是否存体腔渗出液或出血（见第14章）。
- 内镜可以用于评价上呼吸道、喉囊以及茎突舌骨。
- 如果马卧地的原因可能与心律不齐有关或者能听诊到心律不齐，则可使用心电图（见第17章）。
- 脊髓造影可用来分析是否存在脊髓压迫。由于难以对成年马拍到具有诊断性的背腹视图，侧边的局部压迫在常规造影中可能会不明显。

- 怀疑有肌病时，可进行肌肉活检采样。

- 颅磁刺激可用于测量沿下行运动神经干的非正常神经传导，从而决定是否存在脊髓或周围神经操作。肌电图可以帮助区分神经肌病、肌病和神经肌病。脑电图可以用于辅助对脑部功能紊乱的临床分析。

卧地不起的鉴别诊断

- 准确的诊断对于形成治疗方案以及给出合理的预后十分重要。
- **实践提示：**不能仅根据马卧地不起就给出不良预后。
- 卧地不起的鉴别诊断可总结成以下几类疾病。

肌肉骨骼系统失调

- 肌肉骨骼系统失调是马卧地最常见的原因。

- 长骨、盆骨或中轴骨骨折都会引起卧地。究竟是哪种原因，取决于骨折部位，有时对骨折的稳定就足以让马站立起来。预后不定，取决于骨折部位以及严重程度。

- 蹄叶炎经常导致不定时间的卧地，严重时可导致完全的卧地不起。轴外神经阻断可以帮助马站立，从而帮助进一步分析卧地原因。当严重到完全卧地不起时，那么蹄叶炎的预后很差。

- 由于年老、慢性疾病、严重退行性关节病或恶病质导致的全身无力常常会导致卧地。治疗可使用抗炎药、止痛药。在患有后肢的退行性关节病时，硬膜外给药可能会帮助马站立。除非能解决潜在的原发问题并配合有效的疼痛管理和营养保证，否则预后不良。

- 肌病是马卧位的一个相对常见的原因。劳累性肌病可能严重到足以使筋疲力尽的马或长时间佩戴石膏的马卧地不起。

- 患有多糖贮积性肌病（PSSM）的马也可能在严重发作后卧地（见第22章）。可观察到肌肉敏感，触诊时肌肉僵硬和颤抖；可出现色素尿。

- 非典型肌病导致临床症状的超急性发作，预后不良。

- 莫能菌素中毒导致骨骼和心脏肌病。其他临床表现包括快速性心律失常、心力衰竭和急性死亡。

- 盐霉素毒性可能会导致卧地而无心脏衰竭。

- 食入白色蛇根草可能导致严重肌坏死进而卧地。

应该做什么

肌肉骨骼

- 治疗应包括静脉输液以纠正脱水，并提供利尿以预防色素肾病。
- 如果出现低氯血症和碱中毒，建议使用0.9%氯化钠和补充钾。

- 可使用止痛药（苯丁氮酮或氟尼新-美光胺），静脉注射二甲基亚砜（DMSO）、乙酰丙嗪和甲卡莫。
- 通过鼻胃管给予玉米油（每450kg 6oz），或静脉注射脂质产品治疗平卧的PSSM马。
- 如果全身麻醉后卧位，且恶性高热，治疗应包括丹托琳或苯妥英钠。
- 硒缺乏引起的肌病可能涉及咬肌和/或翼状肌群。通过检测全血硒浓度或谷胱甘肽过氧化物酶活性来作出诊断。如果怀疑硒缺乏，则应在等待实验室确认的同时，肌内注射维生素E/硒，即使之后确定硒含量足够，也不太可能造成伤害。如果诊断正确，建议3d后进行第2次治疗。
- 免疫介导的肌炎可在感染马链球菌或病毒感染后发生。通过病史及与之一致的肌肉组织活检的组织病理学变化进行诊断。其他治疗包括皮质类固醇（强的松或地塞米松）和青霉素。如果免疫介导的肌病严重且进展迅速，可能需要大剂量（0.2mg/kg）地塞米松。
- 红孢子虫肌病最好用四环素静脉注射治疗，预后良好。
- 皮下液体或稳发音提示梭状芽孢杆菌肌坏死。具体治疗包括抗内毒素药物、适当剂量的青霉素、甲硝唑和手术开窗术（见第35章）。

中枢神经系统

- 中枢神经系统疾病是导致马常卧不起的常见原因。中枢神经系统损伤可能涉及大脑、脑干或脊髓。
  - 幼马在后腿直立跳或向后翻仰成的蝶形骨折后易受中枢神经系统损伤，导致头部倾斜、失去平衡、失明、卧位、鼻出血和/或耳朵出血。
  - 马跌倒后容易发生椎体骨折和脊髓损伤。
  - 如果神经系统症状继发于水肿/出血，而不是直接的神经损伤，则预后良好。
  - 颈部压迫性脊髓病（CCM）可导致因急性创伤或颈部严重弯曲（如脊髓造影后）而加剧的颈部狭窄，进而导致卧地。
  - 病史可能包括老年患者出现身体笨拙、容易绊倒或颈部僵硬。
  - 如果马试图站立，则对称性共济失调可能很明显。
  - 椎体内和椎间矢状径比应根据测量射线照片计算，并可能提示椎管狭窄（见第22章）。
  - 关节凸的骨关节炎，最常见于老年马的C5-6和C6-7，这可能是疾病的暗示，但不一定是诊断性的。CSF通常是正常的。
  - 压迫也可由其他原因引起，包括肿瘤、血肿、脓肿、肉芽肿和囊肿。CSF分析结果各不相同。
  - 颈部压迫性脊髓病的最终诊断是通过脊髓造影完成的。

应该做什么

颈压迫性脊髓病

- 治疗方法取决于压迫的原因，通常包括急性发作或症状恶化时使用大剂量地塞米松。
- 可指示使用手术性关节融合术或减压。
- 如果治疗后没有迅速改善，则预后不良。

- 病毒性脑炎引起的脑脊髓炎可导致卧地。
  - 东部马脑炎（EEE）和委内瑞拉马脑炎（VEE）在临床上不可区分，患者通常表现出大脑症状并无发热症状。CSF分析显示单核细胞增多或单核和中性粒细胞增多、蛋白质升高和黄色素沉着。临床医生可通过血清滴度升高来作出诊断（见第22章）。尽管地塞米松可能有助于早期或进行性病例，但总体来说治疗是支持性的。

- 马疱疹病毒-1（EHV-1）可引起呼吸系统疾病、流产和神经系统疾病。
  - 严重的中枢神经系统血管炎可能导致卧地。
  - 年龄较大的成年马在“饲养”密度高或运动增加的情况下更容易受到影响，并且暴发也很常见。
  - 受影响的马通常是发热的，表现出对称性共济失调的快速发作，可能进展到卧地状态。
  - 后肢通常受影响更大，可能导致“犬坐姿势”。
  - 膀胱麻痹和尿淋漓是常见的，卧地患马可能会出现大便潴留。
  - 脑脊液通常表现为蛋白质水平升高和黄色素。
  - 治疗在很大程度上是支持性的（见第22章）。建议在发展迅速及严重的病例中用中到高剂量地塞米松。
  - 当怀疑有（EHV-1）马疱疹病毒Ⅰ型时，应采取严格的检疫措施，所有可能患病的马应每天至少监测2次体温。
  - **实践提示：**任何狂犬病或EHV-1仅作为鉴别诊断的马都应采用严格的生物安全措施进行治疗（见第53章）。应限制人体接触，并保存与马接触过的所有个人的清单。应戴上手套，从患马身上采集的所有样本都应贴上“疑似狂犬病”的标签。商用疫苗可有效预防狂犬病，但不能预防EHV-1。
  - **实践提示：**诊断可能与无浆细胞增多症混淆，因为后者也出现轻瘫和卧地且脑脊液呈黄色。肉毒杆菌中毒、霉玉米中毒、非典型肌病和离子载体毒性也可能导致多匹马卧地但不发热。
- 马原生动物性脊髓脑炎（EPM）偶尔会引起卧地（见第22章）。
  - EPM导致的卧位通常与超急性或急性发作的症状有关，可能伴有前庭体征、颅神经症状或下肢运动神经元疾病的症状。
  - 卧地前的共济失调通常是不对称的，马不发热。CSF分析通常是正常的。

应该做什么

马原生动物性脊髓脑炎

- 除支持性治疗外，还可使用抗原生动物药物，如磺胺嘧啶-吡美胺联合治疗。
- 治疗第1周通常使用双倍剂量的帕托珠利、地克珠利；建议在等待实验室确认感染的同时进行治疗。
- 皮质类固醇和DMSO在快速进展的病例中可能有用。
- 一旦发生卧地不起，预后不良在幸存者中，可能会发生治疗停止后的复发。

- 严重的前庭疾病会导致平衡丧失导致卧位（见第22章）。
  - 颞舌骨骨关节病（THO）通常导致前庭症状。

- 受影响的马可能有不寻常的咀嚼行为或因某些事件导致突然头部抬高。
- 出现周围前庭症状的马表现为眼球震颤快速阶段远离病变和头部倾斜，并优先卧于病变一侧。
- 如果协助马站立，则观察到在病变一侧绕圈和倾斜。
- 患马仍有力量，可能发生对侧力量增加。精神状态正常，常发生和病变同侧面神经麻痹。
- 在卧马身上可能很困难，使用内镜检查喉囊，或背腹视图X光片，可以看到受累侧的基舌骨骨增大并可能骨折。

应该做什么

前庭疾病

- 治疗包括支持治疗和抗炎治疗（见第22章）。
- 中耳炎和内耳炎可引起类似症状或可能与THO同时发生。因此，通常建议使用磺胺甲氧苄啶、恩诺沙星或氯霉素进行抗生素治疗。
- 如果出现面瘫，建议频繁进行眼部润滑或睑缘缝合术。

- 去神经肌肉萎缩，尤其是由于马运动神经元疾病（EMND）导致的1型（体位）肌肉纤维萎缩（见第22章），可导致严重卧地。
    - 在亚急性阶段，马可能有虚弱、颤抖、后腿间距狭窄的姿势、体重减轻和卧地前出汗的表现。
    - 眼科检查显示约30%的病例中有脂褐素积聚引起的眼底病变。
    - 根据病史和临床表现进行诊断，并通过骶尾端背肌活检证实去神经肌肉萎缩。

应该做什么

马运动神经元疾病

- 受影响的马应每天服用5 000~7 000IU的维生素E，尽管罕见卧地马预后不佳。

- 马无形体病，由无浆细胞吞噬细胞感染引起，偶尔引起共济失调，可进展为卧地。
    - 马发热，可能出现抑郁、厌食、水肿、黄疸、瘀点和睾丸炎。
    - 可通过观察中性粒细胞中的包含体、全血聚合酶链式反应（PCR）测试或血清滴度升高进行诊断。

应该做什么

马无形体病

- 治疗包括四环素和支持性护理。
- 通常治疗反应迅速，预后良好。

- 破伤风可能导致骨骼肌痉挛，引发僵硬、颤抖、痉挛和卧地。

· 通常出现咬肌僵硬、眼睑收缩和鼻孔扩张，临床症状因兴奋而加重。
· 诊断依据是未接种疫苗的马所出现的临床症状，并且在1~3周前有软组织损伤史。

应该做什么

破伤风

- 结合残余在循环内的毒素，采用抗毒素治疗。
- 鞘内注射抗毒素可在病程早期，患马仍可走动的情况下进行。
- 应在安静环境中提供支持性护理，并在执行程序前使用镇静剂。
- 如果存在伤口，应将其清创以改善灌注和氧合。
- 可以同时接种疫苗，但卧马的预后不良。

· 卧地还偶尔会继发于肝性脑病或原发性高氨血症。
· 可能出现急性神经症状，包括行为改变、失明、转圈、癫痫发作和卧地不起。
· 患肝性脑病马的肝酶浓度会升高，并伴有肝功能异常和黄疸。
· 原发性高氨血症马通常有胃肠道疾病史，最常见的是腹痛或腹泻。
· 通过测量血氨浓度＞150μmol/L能够确诊。
· 同时发生的代谢性酸中毒和高血糖可支持诊断结果。

应该做什么

肝性脑病 / 原发性高氨血症

- 治疗肝病（如有）（见第20章）。
- 必要时，可使用苯巴比妥或小剂量的甲苯噻嗪进行镇静。
- 可口服新霉素或硫酸镁。
- 可能需要静脉输液治疗。
- 肝性脑病预后差，但原发性高氨血症预后较好。

· 蕨类植物摄入、霉玉米中毒（摄入伏马菌素b1）和对癸酸氟非那嗪的不良反应也可能导致卧地，因为它们对中枢神经系统有毒性作用。不小心向内颈动脉注射药物可能会导致兴奋过度、虚脱、癫痫或昏迷。

应该做什么

中枢神经系统

- 一般支持治疗和护理。
- 静脉输液。
- 消炎治疗：
  - 皮质类固醇。
  - 非甾体类抗炎药（NSAIDs）。
- 甘露醇或高渗盐水。
- 静脉注射DMSO。
- 补充抗氧化剂维生素E。

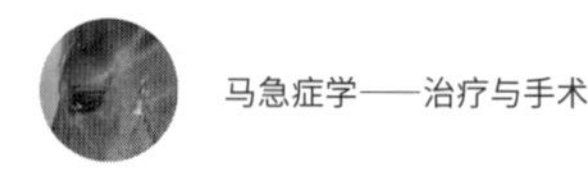

周围神经和神经肌肉系统

- 周围神经疾病可导致的侧卧常继发于:
  - 机械伤害。
  - 外伤。
  - 马原生动物性脑炎（EPM）。
  - 肿瘤。
  - 脓肿。
  - 主动脉后段血栓形成。
  - 医源性原因。
- 主要周围神经异常导致肌肉无力（轻瘫或麻痹）、反射减弱或无反射、肌肉张力过低或乏力，以及神经源性萎缩。示例包括:
  - EPM继发的股神经麻痹。
  - 难产过程中由于严重后肢外展导致的闭孔神经麻痹。
  - 在有主动脉后段血栓形成的马中，后肢寒冷，触诊时相关肌肉坚实，没有股动脉脉搏。
- 由于周围神经紊乱或血栓形成导致卧地预后不良，但如果早期和积极治疗EPM，可能会恢复。
- 肉毒杆菌中毒引起的卧地（见第22章）可能急性或慢性发作。
  - 站立时由于虚弱而出现颤抖，卧地时则消失。
  - 吞咽困难是一种常见的主诉，一旦马卧地且吞咽困难就会持续。
  - 病史通常包括饲料储存不当，尤其是圆捆饲料。
  - 诊断的依据是病史和临床症状。
  - 可以通过检测肉毒杆菌毒素在饲料、血清、胃肠道（GI）内容物或伤口内容物的存在，或肠内容物中孢子的存在来证实诊断是否正确。

应该做什么

肉毒杆菌中毒

- 治疗包括在疾病早期给予特定或多价抗血清和支持性护理。
- B型肉毒中毒可通过接种B型类毒素预防。
- 一旦发生卧地，尽管在良好的护理和一定时间下恢复是可能的，但总体来说成年马的预后很差。

代谢紊乱

- 电解质异常→低钠血症、低钙血症、高钾血症可能导致卧地。
  - 高钾血症最常见于夸特马或夸特马杂交出现高钾周期性麻痹（hypp），或继发于腹腔积尿、肾功能衰竭。

- 其他临床症状包括肌肉僵硬、肌肉自发性收缩炎、虚弱、呼吸困难和死亡。
- 可能出现心律失常。
- 初步诊断基于临床症状和血清钾浓度> 6Meq/L。可通过基因检测进行确诊。

应该做什么

高钾性周期性麻痹

- 缓慢静脉注射硼葡萄糖酸钙、$NaHCO_3$或葡萄糖溶液（见第22章）。
- 长期管理包括：
  - 饮食管理。
  - 钾消耗性利尿剂，如乙酰唑胺。

- 过度工作导致的疲劳，特别是在炎热潮湿的环境中，可能会导致卧地。
  - 临床症状包括：
    - 严重出汗。
    - 心动过速。
    - 呼吸急促。
    - 严重脱水。
    - 心律失常。
    - 同步横膈膜颤振。
    - 中枢神经系统（CNS）症状。
- 电解质异常和血清生化异常经常出现。

应该做什么

衰竭

- 降低体温。
- 静脉或口服液体复苏。
- 电解质置换。
- 更换液体后的NSAIDs。
- 抗内毒素治疗（见第32章）。
- 如果对治疗的最初反应有效，则预后良好；但肌病、蹄叶炎和器官衰竭有可能延迟发作。

- 低糖血症很少引起成年马的卧地。
- **实践提示：**当该情况发生时，最常见的是继发于肿瘤性疾病/肿瘤。

呼吸和心血管疾病

- 心血管衰竭，特别是急性时，可能导致卧地。
- 出血，无论是外出血还是内出血，都可能导致心血管衰竭。
  - 内出血最常见于腹腔内出血，但也可能发生胸腔和子宫出血。

- 最初的诊断基于病史、黏膜苍白、呼吸急促、心动过速、腹部不适或呼吸衰竭，以及低血压等症状。
- 通过超声检查和/或腹部穿刺或胸腔穿刺进一步诊断。

应该做什么

心血管衰竭

- 正确地进行静脉输液。
- 输血。
- 静脉注射氨基己酸。
- 非甾体类抗炎药。
- 鼻内氧气吸入。
- 安静的环境。

· 严重休克（见第32章）也可能导致卧地，无论是由于灌注减少还是继发于败血症。诊断的依据是病史和临床表现，如黏膜暗沉、毛细血管充盈时间延长、外周脉搏弱、四肢冰凉。

胃肠道疾病

· 有腹痛的马可能会出现俯卧，但临床检查和对止痛药的反应通常表明腹痛是导致卧地的原因，不愿意站立，而不是不能站立。

· 有严重寄生虫和饥饿的马可能因卧地而接受检查。第50章讨论了治疗方法，但患有这些疾病的卧地不起的马预后较差。

· 同样，由于卧地的原因，可能会对患有肿瘤和/或器官衰竭的马进行检查。

- 临床检查、超声检查、血清化学、全血计数（CBC）和体液或组织细胞学常可以揭示病因。

应该做什么

卧地马

运输

- 运输卧地不起的马具有挑战性和潜在危险性。
- 在安静或精神萎靡的马身上，可以不使用镇静剂/麻醉进行运输；但是，通常需要一定剂量的镇静剂。
- 如有可能，应使用带衬垫的护腿和头盔保护马。

· 几人同时向同一方向协调地推/拉马，可以在平坦的地面上移动马。为了安全起见，可以将绳子系在靠近地面的肢体上，使肢体与人之间有更大的安全距离。

· 更有效的是，可以使用大型动物救援滑板移动马（见第37章）。滑板是一块耐用、舒适的大塑料板，有把手和区域，可以沿着边缘钩住绳子。塑料很容易在各种表面上滑动，边缘可以折叠以便于放入隔间和拖车门。

· 移动横卧马的有效方法是将UC Davis大型动物升降机固定于马上，并使用它将马拉到大型动物救援滑板上；然后可以将滑板拉入拖车中，并留在马的下方，以便于将马从拖车中移出并放入医院的隔间中。

基本支持护理

- 管理卧地马包括治疗原发性疾病（已知或正在查找原因时）和高强度支持性护理。

· 垫料应可压缩、具舒适性和吸水。每次移动或翻转马时，都应进行清洁和通气。木屑作为基层，用一层厚厚的稻草覆盖效果较好。可以将床单或毯子放在上面，以防磨损，并且头部应稍微抬高。当马站立或用吊索辅助时，确保垫料不滑或深度不要过深。

- 卧地马的姿势至关重要。理想情况下，马应保持胸卧，必要时用稻草卷支撑。马应该每2~6h转体1次，即使它能够保持胸卧。转向有助于防止褥疮，压迫性脊髓病和神经病变，并支持通风。
- **实践提示：** 理想情况下，通过胸骨卧位并将身体推过四肢来实现翻身；然而，对于体积较大的马来说，这是很困难的。这项技术的优点是，它允许发生肺不张的一侧肺叶在随着侧翻导致其与另一侧肺一同“下沉”之前，完成充盈。
- 或者，当马侧卧时，绳子可以系在下方肢体上，由马另一侧的人拉着，同时另一个人帮助翻转头部。应谨慎使用该方法，因为马在第一次进行手术时通常会挣扎。
- 许多卧马可以承受一定的重量，并在吊索的帮助下花费相当长的时间站立。减少卧位时间可以最大限度地减少长时间卧位的影响，并且可以保持一些肌肉量。
- 吊索还为临床医生提供了更好地评估患者的机会。
- 精神状态异常的马不适合用吊索吊起，而脾气暴躁或神经紧张的马可能需要轻度镇静或镇定。吊索必须适当调整，在使用吊索时应密切监测，以防止压痛马。
- 如果马匹能很好地忍受，那么它在吊索上站立的时间应该逐渐增加。有肉毒杆菌中毒的马不应使用吊索辅助站立，除非因为卧位并发症而有必要使用吊索。
- **实践提示：** 肉毒中毒马的过度运动会耗尽乙酰胆碱储备。
- 使用吊索：
  - 为了在马厩中安全使用吊索，根据马、吊索和起重机的尺寸，应提供能够支撑至少2 000~4 000lb（900~1 800kg）的横梁和起重机。加州大学戴维斯安德森吊索以最稳定和平衡的方式提供最有力的支撑（见第37章）。吊索由一个矩形的头顶支撑组成，提供水平支撑、腹部支撑和额外的腿部支撑，以减轻腹部和胸部/胸骨的过度压力。这种吊索的缺点是价格昂贵，很难在马中应用，特别是在没有镇静或麻醉的卧倒病患身上。
  - Liftex Sling使用起来更简单，包括腹部支撑，以及尾部和胸部支撑。它比较便宜，也更容易在横卧的病患身上使用。
  - UC Davis大型动物升降机是最便宜也是最轻的吊索。它的目的是用来提升和移动马，而不是为没有辅助便无法站立的马提供持续的支持（尽管它可以这样使用）。该装置相对简单，可以放在横卧的马上，并可与拖拉机或绞盘一起用于提升。
- **实践提示：** 杆要受力均匀，否则当马被举起以后可能会被压弯。如果马需要持续的支撑来保持站立，可以使用安德森吊索配合加州大学戴维斯分校的大动物起重机将马吊起至站立姿势后，再将起重机卸下。
  - 对于一匹特别安静的马，可以用吊索将其吊起，并将其放在牛浮槽（bovine froae tank）中。必须密切监控马，并且当限制在箱中时有受伤的风险。
  - 最近由Endurao Medical Technology开发的Endurao Nest，用包含腹部支撑和腿部支撑的吊索支撑马。吊索由一个独立的金属框架支撑，能够根据需要提供支撑或用于提升马。马被其支撑而保持站立时，可以安全地全身麻醉并从全身麻醉中恢复过来。该装置可在固定位置使用，以提供可变的肢体支撑；或可移动，以帮助虚弱、受伤或神经系统的马行走。
- 注意良好的护理，垫料和皮肤护理可尽量减少自伤和褥疮。
  - 建议用腿部包扎物保护远端肢体，并用马蹄铁包裹以减轻尖锐边缘带来的损伤。
  - 在尝试胸骨平卧失败时，合适的头部缓冲器有助于防止头部外伤。
  - 应经常梳理马毛，使汗液或尿液导致的潮湿区域保持干燥，因为潮湿的皮肤更容易出现压疮和溃疡。
  - 伤口应保持清洁干燥，必要时使用抗生素或外用药物。
- 卧马的眼科护理包括：
  - 至少应在每3~4h内使用人工泪液软膏润滑眼睛。
  - 角膜应至少每24h染色1次，以监测角膜溃疡。
  - 角膜溃疡应积极治疗，必要时可考虑进行暂时性睑缘缝合手术。
- 营养支持是支持护理的一个不可分割且具有挑战性的方面（见第51章）。
  - 没有吞咽困难的马应保持胸卧，并提供水、长茎饲料和谷物。
  - 马站着时更容易吃东西，因此当马站立时，应始终在舒适的高度提供饲料和水。
  - 几天吞咽困难或食欲不振的马需要肠内或肠外营养支持。
  - 肠内喂养可由鼻胃管提供，可置留体内或每天放置几次。

  - 肠内饲料可以使用配方饲料或苜蓿粉配制，或直接使用商品马肠内粮。
  - 当马处于胸卧或站立状态时，每天应将饲料分为4~6顿小餐。
  - 对于具有正常胃肠功能的马，可通过鼻胃管给予维持量的液体。
  - 对于不能进行肠内喂养的胃肠道功能障碍马，应考虑给予葡萄糖、氨基酸和脂质溶液的肠外营养。
  - 在给马使用肠外营养时，必须要通过静脉输注来达到体液维持能量需求。
- 静脉导管护理具有挑战性，因为会不可避免地受到环境污染，且导管位置经常移动（见第3章）。
  - 建议使用聚亚安酯线上颈静脉导管，因为它们比针通心导管更不容易引起血栓形成。
  - 建议进行常规导管护理，即用肝素化生理盐水每6h冲洗导管1次。
  - 建议在导管基部放置带有干纱布的弹性带颈套，以防止摩擦和表面污染。如果污染，应每天或更频繁地更换。
  - 静脉和导管插入部位应每天至少检查2次，检查是否有皮肤肿胀、发热或静脉增厚的迹象。如果发现任何异常，应取出导管并对留置针尖端的微生物进行培养。
  - 如果颈静脉受损，建议每天对导管部位和静脉进行多次热敷，然后局部涂抹DMSO/呋喃西林发汗物、Ichtahmmol或Surpass，以尽量减少血栓性静脉炎。通常需要抗生素治疗。
- 对于患有神经系统疾病造成膀胱张力丧失的马（如EHV-1），导尿是必要的。
  - 有些马，特别是骡子，即使膀胱和脊髓功能正常，也可能选择不愿随意小便。
  - 导管插管可每天进行多次，或将导管留置在体内。
  - 留置导管有助于保持垫料和患者干燥，并有助于防止褥疮。
  - 应在无菌条件下放置留置Foley导管，并使用封闭系统收集尿液。静脉输液管和空的无菌静脉输液袋放置在膀胱水平以下的垫料中，可以方便而经济地收集尿液。
  - 分别使用弹性胶带或缝线将导管和/或导管固定在腹壁（雄性）或尾部（母马）的皮肤上，在马挣扎或翻身时减轻导管压力。
  - 应监测尿收集系统是否发生堵塞，尿收集袋每天至少清空几次。
  - **实践提示：**导尿管使用中最常见的并发症是上行细菌感染引起的膀胱炎。
  - 尿液的细胞学和试纸条评估既简单又经济，应每隔几天进行1次。如果怀疑有膀胱炎，应进行尿培养和菌落计数，并进行抗生素治疗。
- 由于胃肠道运动不良，大肠积便常见于卧地马。
  - 必须密切监测这些马的粪便量。
  - 应提供易消化的饲料，并通过鼻胃管给予矿物油。
  - 可能需要手动排空直肠，尤其是对患有EHV-1的马。

第 37 章
灾难医学和技术性紧急救援

Rebecca M. Gimenez

个体情况

- 临床医生经常要处理日常紧急情况与“灾难”，或者至少是一些复杂的紧急情况（例如，6匹马在翻倒的拖车中受伤）也被称为“灾难”。
- 紧急情况被定义为需要立即做出响应的事件，通常在几小时内就可解决，且很少耗尽当地资源，例如高速公路上的拖车事故。
    - 动物主人在现场应尽量减少参与，以遵守安全协议。
- 在典型的临床紧急情况下（腹痛、撕裂伤、食管阻塞），临床医生和工作人员应与动物主人配合帮助病患。
    - 通常来讲，急救服务和提供救助者之间的联系是通过诊所的电话号码或电子邮件来进行的。
- 在涉及其他应急服务人员（消防/救援、执法、医护人员和动物控制）的紧急情况下，临床医生和工作人员作为事故指挥系统团队的一部分而进行工作，以解救、治疗和帮助患者。
    - 在这种情况下，通信通过911调度或紧急通信协调办公室启动和维持。
- 任何需要临床参与时间超过几小时，且初始事件发生后已持续几天或几周的情况，都被认定为“灾难”。
- 灾难分为两类：
    - 人为/技术（如电网故障、核泄漏）。
    - 自然（如飓风、洪水）。
- 从分析的角度来看，“紧急情况”和“灾难”之间最大的区别是所涉及的资源（尤其是人员）的量。
- 在灾难中，兽医与地方、州和联邦级别的紧急服务部门以及其他指定的救援人员合作，作为事故指挥系统下团队的成员救助患者。
    - 动物主人很少在场。
- 根据事件的性质和范围，地方、县、州和/或联邦应急团队通过使用多种通信服务，进行协调。
- 技术紧急情况包括：
    - 涉及受限空间的标志性事件（倾覆拖车、地震或飓风破坏）。

- 建筑结构倒塌（雪崩、地震和龙卷风破坏）。
- 危险品（HAZMAT）和/或化学、生物、放射性、核（CBRNE）（柴油泄漏、化粪池、核泄漏）。
- 地面不稳定（化粪池、陷入泥潭、地表结冰、洪水）。
- 火灾（谷仓和野火）。

- 这些是应急服务中的特殊救援形式，在拥有以下所有条件的情况下才可尝试：
  - 训练。
  - 正确的全体人员的防护设备（PPE）。
  - 团队合作。

如何在紧急情况/灾难中与其他应急人员合作（互动）

· 无论是单一事件（如拖车在路上翻车）还是大规模灾难（如野火），执业人员都是应急响应组中的一员。

· 在单一、较小的事故中，当地应急人员包括消防员、执法人员，可能还有动物控制和护理人员。

· 在小型和大型事件中，专业的执业人员必须知道如何与来自县、州、联邦和私人应急组织的其他应急人员进行合作。这类组织包括：

- 县农业/动物行动小组（CART）。
- 县应急行动小组（CERT）。
- 国家动物行动小组（SART）。
- 州/联邦兽医办公室。
- 美国农业部。
- 联邦应急管理局（FEMA）。
- 国家灾害医疗系统（NDMS）。
  - 国家和州兽医行动小组（NVRT）。
- 美国兽医医学协会（AVMA）。
  - 兽医医疗援助队（VMAT）。
- 非政府组织（AHA、HSU、ASPCA、CODE-3、NARSC等）。
- 美国武装部队（陆军、海军、海军陆战队、空军）和美国海岸警卫队。
- 执法人员（当地和不同州）。
- 消防部门人员（当地和不同州）。
- 动物控制；农业/合作推广。
- 无论是什么类型的紧急情况或灾难，所有参与的个人和组织都应根据国家应急计划

（NRP）下的共同协议，即事故指挥系统（ICS）和国家事故管理系统（NIMS）做出响应。ICS是美国林业局开发的已有超过25年历史，旨在以更安全、更协调的方式应对野火，以避免在火场上失去生命的组织。2014年，国家消防协会（NFPA）发布了有史以来第一个针对应急响应人员的动物救援技术（大、小动物）标准1670“技术性搜索和救援事故操作和培训标准”，并将ICS作为TLAER现场的基本框架。ICS的基本原则完全适用于动物事件，包括：

- 规划：必须根据响应的规模和时间，为每一个事件（简单的口头形式或复杂的书面形式）制订行动计划。
- 团队工作方法：每个应急人员作为团队的一部分，应清楚他们自己的工作。
- 一名协调员：事件指挥官（IC）负责协调事件应急；他/她是领导，负责整个现场。
- 控制范围：1人只能协调5~7名应急人员的活动。
- 安全：无论是对于受害者还是救援人员，安全都是团队工作的核心（出发点）。
- 无自由行动：自行响应/采取个人行动会给现场其他人造成风险和需要承担的责任。IC有权强制将其逐出现场。

· 在当今世界，马兽医也属于应急人员。因此，执业人员和工作人员必须使用ICS的应急响应“语言”来理解和沟通。

· ICS的最佳在线培训资源是联邦应急管理局下属的应急管理研究所（FEMA）。

· 这里有不同级别的ICS培训。

· 基础水平，即ICS100和NIMS 700，为马兽医提供了在任何规模的紧急情况/灾难中，当地或全国应急的基本资格。

- 基本的ICS 100和NIMS 700课程［IS-100介绍了事故指挥系统（ICS），IS-700介绍了国家事故管理系统（NIMS），简介］可在线完成，大约用时4h。
- 在灾难情况下，未能持有该证书者可能在应急现场被解雇。在地区性紧急情况下，这可能会导致其无法与团队协调。
- 通过简单的在线测试后，培训者可以获得完成证书（结课证书）。

· 其他与动物有关的灾害内容课程也有提供（框表37-1）。

框表37-1　其他与动物有关的灾害课程

• 联邦应急管理局（FEMA）：联邦应急管理局独立学习课程，处于灾难中的IS-10动物、模块A~B；灾难中的家畜，Emmitsburg，MD，2008，紧急管理研究所。
• IS-11.A：处于灾难中的动物，灾区规划。

课程描述

本课程为小组提供信息，以满足和开展有意义且有效的计划，从而帮助改善对动物及其主人、动物保护行业在灾难时可获得的服务。

课程目标

本课程的目标是学习如何制订一个团队计划，以便在紧急情况下管理动物，确认最可能影响该地区的危险和

威胁，以及如何将其对动物的影响降至最低，团队使用事故指挥系统（Incident Command System，ICS）对有效应对该地区涉及动物的事件，利用现有资源来帮助该地区从灾难中恢复，并为涉及动物的备灾计划提供社区支持。

• IS-111.A：处于灾难中的家畜。

课程描述

本课程结合畜牧养殖户和应急管理人员的知识，提出了一种统一的方法，以减轻灾害对农业动物的影响。

课程目标

本课程的目标是学习和理解灾害影响家畜时出现的问题，确定农场对灾害的敏感性，并落实在灾害时减少经济损失和减轻动物痛苦的措施。

紧急情况 / 灾害类型

· 道路紧急情况（拖车和牵引车事故、松开的马匹、骑手和/或被车辆撞击的马匹）。

· 道路外紧急情况（跌倒、被困、缠住或困在泥中）。

· 竞赛紧急情况（三日赛、竞技表演、场地障碍赛、耐力等）。

· 谷仓火灾（意外或纵火）。

· 需要疏散或避难的自然和技术灾害（飓风、洪水、龙卷风、暴风雪、野火、地震、核、电力）。

· 危险泄漏（疏散或遮蔽）。

· 兽医具有创造性和独立性。这种创造力使临床医生能够采用许多“有用”的建议，从而帮助处在困难境况下的马。

· 然而，这种独立性常常导致病患受到人为伤害，而这可以由一个组织良好的团队避免。

· 技术应急救援应在救援人员和患马安全的前提下开展，这需要对所有应急响应人员（包括兽医）进行救援程序技术方面的培训。

· 这项培训在美国已经进行超过17年了，目前正在其他四大洲推广。

计划

· 制订应急或灾难应急计划需要细致的协议和多个级别的培训。灾害医学的基础是在常规临床紧急情况中加强练习标准应急技能。

· 与其他应急人员共用现场的紧急情况更难规划，因此需要通过培训和准备才能与各组救援人员相互协调。

· 书面应急协议是强制性的，必须为可能发生的意料之外的情况准备“应急包”。例如，马：

  · 深陷在陡峭峡谷底部的泥中长达12h。

  · 掉进轮状给料机，只有后肢伸出来。

  · 在州际公路上经历了一场可怕的拖车翻滚，由于在车内被拖车绳系紧，现在躺在一辆双马拖车的分隔板下面。

· 单腿悬挂在铁路栈桥上。

· 急救箱应包含特定类型紧急情况所需的所有物品。急救箱应便于携带，标记清晰，随时可取。这些工具包可以在日常实践中发挥多种功能：

· 急救箱：有关化学保定复苏或安乐死的药物，应列出每种药物的剂量。该急救箱在面对麻醉病患和药物不良反应的管理中，最具价值（见第47章）。

· 留置针箱：保存有放置静脉导管和液体治疗的所有材料（几盒液体随时可用）。本箱可在紧急情况下节省宝贵的时间，并有助于在非紧急情况下常规放置静脉导管（见第47章）。

· 呼吸箱：包含气管造口设备和工具，包括氧气输送管道、加湿器和小型氧气罐（见第47章）。

· 夹板箱：包含事先切好的聚氯乙烯片、胶带、绷带材料、钢锯和铸模材料，所有这些都可以根据特定类型的肢体问题进行定制（见第21章）。

· 急救箱可存放在出诊医生的车辆中，并作为医院库存的一部分。每个袋子或套件上都有印着名字的塑料库存标签和反光贴纸，既可便于救援行动，又能确保设备被返还。

准备和培训

· 任何事件都要遵循的普遍原则是先治疗症状，然后使用最简单的方法进行有效且安全的解救。

· 使用专业技术性大型动物救援设备的培训超出了本章的范围，但始终鼓励在可能的情况下允许或协助马进行“自救”。

· 兽医和其他应急人员在意识和操作水平足够的前提下，应参加培训机构提供的马技术性灾难和应急救援课程（如灾难动物应急小组和庇护所，www.hsus.org；技术性大型动物应急救援公司，www.tlaer.org；大型动物救援公司，www.largeanimalrescue.com）。

灾难设备

· 用于马紧急情况和灾害的设备见框表37-2。

· 一些专门的大型动物救援设备（大型动物升降机、尼可布卢斯针、贝克尔吊具网、泥枪、A型架等）在市场上是可以买到的。关于这些设备资源类型和最佳使用方案的研究正在www.tlaer.org和一些兽医学校（路易斯安那州立大学、密西西比州立大学、加利福尼亚大学戴维斯分校、北卡罗来纳州立大学）进行。许多有用的物品很容易制造或可从传统或人类救援系统中转换而来。有人表示，不足7 000美元的投资可以为一个团队提供许多基本和先进的救援物品，以满足当地的需求。

· 对于更大更昂贵的设备需求，应由社区提出，并自行购买，在精通大型动物救援技术兽医的指导下使用，或许可以在当地消防/救援设备上进行维护；或者，该设备由非营利机构下的团队进行资助和协调。

大型动物升降机

- 大型动物升降机（LAL）是一种用于提升卧马的装置，依靠骨骼系统和更容易应用于卧马的轻型设备（完成操作）。
- 未经专门培训，使用LAL可能会对操作员和获救的马造成危险。
- LAL的用途包括：
  - 使用反向铲、机械系统或其他高架装置在野外抬起卧马。
  - 麻醉苏醒；辅助身体恢复。
  - 提升不能自主站立的老弱马，在官方接收老弱马后，支持饥饿/被忽视的马数天。
  - 防止有骨盆损伤或其他骨科损伤的马躺下。
  - 请参考图37-5，该图提供了一个在马模型上应用LAL的逐步演示。

框表37-2　马紧急和灾害应急所需的设备

防护设备

- 手套。
- 靴子。
- 防护帽（头盔或安全帽）。
- 护目镜。
- 耳朵保护。
- 防护服（耐用、长袖和长裤）。
- 绳索下降装备（马具带、头盔、手套）。
- 水中救援装备（个人漂浮装置、干式潜水服、脚套和专用头盔）。
- 冰层表面救援装备（冰上救援服、专用头盔、安全带）。

注意：未经培训，不得尝试在冰面、泥、急流或洪水中进行救援作业。

- 生物安全防护服（即特卫强套装），用于应对化学灾难。

关键设备

- 不同尺寸的马笼头（尼龙，坚固的五金件）。
- 牵绳［10ft（3m）棉，坚固的五金件和链柄］。
- 2段35ft（10.7m）的×1/2 in（1.3cm）静态救援绳。
- 2个20ft（6m）的3in（7.6cm）尼龙网，每端有1个环（前辅助吊索）（图37-1）。
- 2条4~6ft（1.2~1.8m）长、5in（12.7cm）宽的网，末端缝有环。
- 有2个提升点的分布钢筋（带释放用的搭扣）。
- 绒头织物衬里制的护胸（坚固的硬件）（五金件）。
- 2套羊毛衬里的束套。
- 1gal（3.8L）润滑剂。
- 6条6ft（1.8m）长、1/2in（1.3cm）直径救生绳，带水手结。
- 保护马头护具。
- 12个大型钢钩。
- 1个腿部处理支架，由负重铝制材料制成。
- 棉质马耳塞。

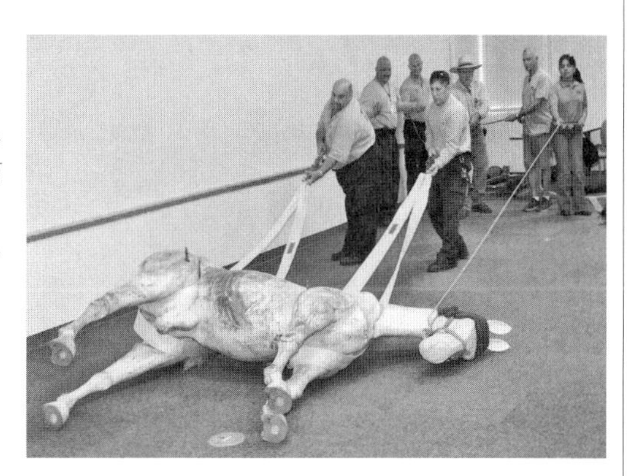

图37-1　在课堂上练习向后拖动，以最大限度保证学生安全、增加学习经验

20ft（6m）的绑带对于许多此类操作都很有用，并且可以最大限度地减少对马的伤害（图片由迈阿密戴德消防队提供）。

- 帆布或塑料防水布［最小8ft×8ft（2.4m×2.4m）］。
- 相机、摄像设备器（电池、额外存储卡）。

重要设备

- 1个便携式围栏［如5ft×110ft（1.5m×33.5m）聚乙烯网格围栏］。
- 1个4∶1.5绳锚系统［带2个双滑轮抓结绳套（图37-2）］。
- 1个3∶1 Z形绳索固定系统（带2个单滑轮和普鲁士结环）。
- 长300ft（91.4m）、直径1/2in（1.3cm）的救援绳。
- 1套人用Ⅲ级全身安全带harness。
- 2块帆布或塑料防水布［至少12ft×12ft（3.7m×3.7m）］。
- 毯子（马用型和反射面节能型）。
- 手用工具（锯、斧头、铲子）。
- 船钩（可伸缩）。
- 文件、表格、身份证明。
- 便携式屏幕（用于竞赛或公共救援）。
- 应急灯、反光灯和标志。
- 大橡胶垫，或带有棘轮带和滚齿的救援滑动装置（图37-3）。

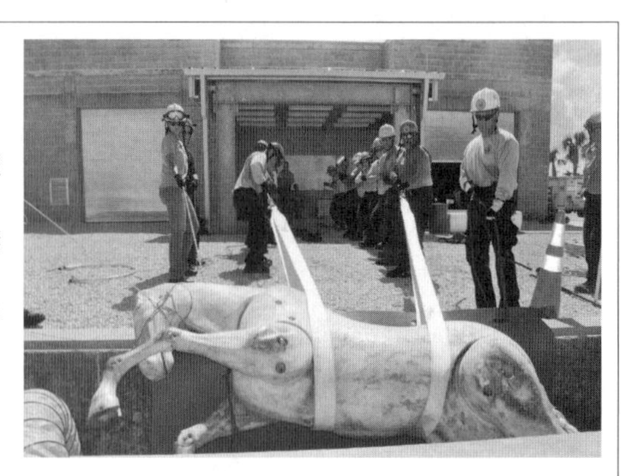

图37-2 学生们扮演兽医、动物控制、消防部门和警察用Randy救援马模型练习从有边缘保护的沟渠中侧向拖出

（图片由佛罗里达大学兽医队提供）

机械化设备

- 四轮驱动卡车，带固定牵引机柄［最小8 000lb（3 629kg）］、民用电台或双向无线电和公共广播系统，具备牵引拖车或救护车的能力。

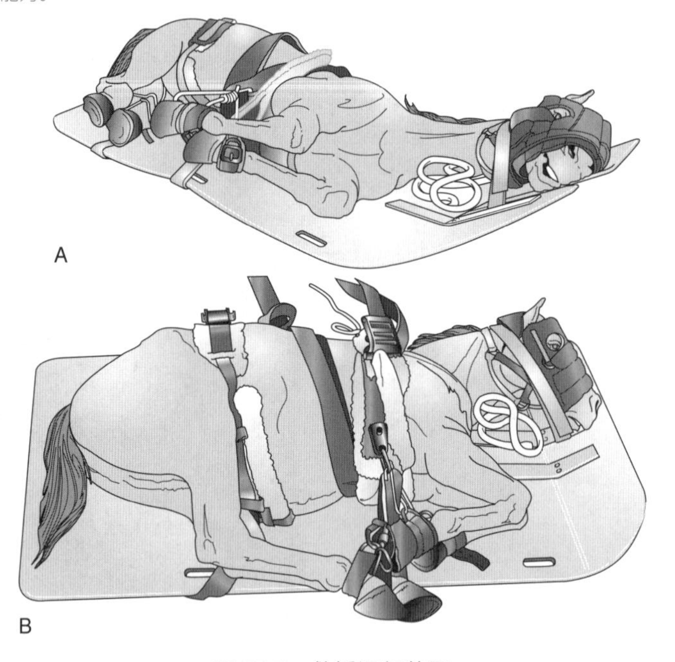

图37-3 救援滑行装置

A. 侧滑 B. 顶部滑动

（图片由Rebecca Gimenez博士提供，TLAER.org.）

- 便携式牵引机［最小3 000lb（1 361kg）］。
- 打捞船、起重机或崎岖地形使用的叉车［离地至少10ft（3m）动臂间隙］。
- 马“救护车”，比如改装的马拖车（具有静脉输液功能）。
- 当直升机救援是唯一的选择时，携带缆绳、网连接头、支架和安德森吊索（图37-4）。

注意：直升机救援马匹被认为是最后的手段；因为这是危险的，如果没有适当的训练，不应尝试这种方式。

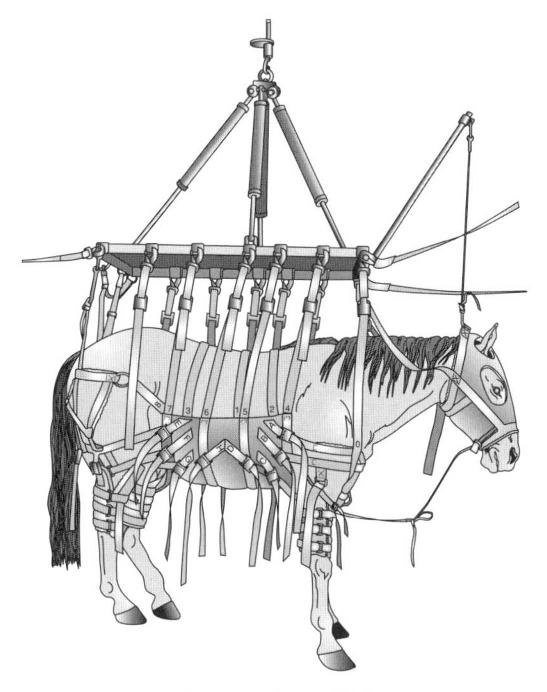

图 37-4　安德森吊索

（图片由 Rebecca Gimenez 博士提供，TLAER.org.）

人员

· 灾害规划是一种积极且无威胁的，可以将许多不同的相关组织和人员聚集在一起的方式（最好是在灾难发生之前）。

· 区域兽医可以与政府机构、执法部门、动物控制部门和应急管理人员分享如何应对各种问题以及可能解决方案的想法。

· 组织志愿者团体，如红十字会、志愿消防人员、学术机构的急腹症或马驹治疗小组，可以有机会磨炼相关技能。任何志愿者团体都是一种召集各种技能人员的途径，其中包括当地志愿者和应急专业人员。

· 针对各种可想象的紧急情况和灾难情况进行演练，确保培训团队对灾害医学技能感兴趣并能够掌握最新技能。

按照灾难的时间顺序

必须要做的决定及其步骤	具体注意事项
初次接触时的情况评估	如果人受伤，需要紧急医疗服务（EMS）；EMS 是否已被呼叫至急救现场
	接触病人；需要警察护送，需要消防员 / 救援人员
	额外设备需求
	额外人员需求
在前往现场的途中准备针对精神问题的预案	**保定：** 镇静技巧（按摩、声音） 物理方法（耳塞、眼罩、抽搐） 化学方法（药物和剂量）
	体格检查： 特殊情况下的程序，远离操作区域
	现场安全： “围观者”的募集和疏散
	需要的人员：交通管理员、动物管理员、动物主人控制人员、操作人员、安保人员、事件指挥官（IC）
到达现场	与事件指挥官（现场应急总工）会面
	大局评估：对马的救助是第一位还是第二位的（救人永远是第一位的）
	对现场情况进行优先排序和分类
评估病患状况	马是死的还是活的，是否正在接受治疗或安乐死
	精神状态：安静、愠怒或沉郁
	挣扎：身体协调或不协调
评估病患状况	自我保护意识
	明显的医学问题（如创伤和休克）
	不太明显的问题（如温度、脉搏、呼吸，神经和肌肉骨骼状态）
	法律：动物主人或授权代理人是否需要文件（照片、视频、书面描述）；保险公司通知（用于人为破坏案件）
团队计划的最终确定	所需的特殊设备和人员
	与 IC 协调救援方案和救援途径
	所需的额外专业设备（例如，救生爪）
	特殊治疗和保定（镇静、麻醉、人为破坏）；如有疑问，应保守治疗
	救援人员是否了解他们的工作（每个人都应该了解）并能够沟通
	安全第一：检查和复查；使用检查表

（续）

必须要做的决定及其步骤	具体注意事项
救援	应急救援人员按照规定实施救援的技术步骤
救援善后	检查、评估
	对病患的治疗
汇报、救援后复查	对病患的运送
	书面信息共享
	感谢所有参与者
	回顾整个方案、心理和书面程序
	安排后续检查

实践和社会团体参与

· 应对大规模自然和人为灾害比临床或技术性紧急情况牵涉更多的人员和设备。

· 应对灾难需要了解国家应急准备和响应部门的组织方式，以及个体兽医和志愿者在该系统内从应招开始到离开的工作方式。

· 灾区内会有许多紧急情况。在大型动物救援技术方面进行培训，准备急救箱（见框表37-2）、相关经验和教育，以及计划使临床医生在灾难现场做好准备。

· 适得其反的思考（例如，“这些事情发生在其他地方，而不是这里！”）应避免。每个人都有压力，容易激动，易怒和疲劳。努力为你周围的人展现领导力，创造冷静和积极的工作环境，并让每个人意识到没有人能单独完成这一切。将任务委派给合格的人。

· 救援人员的目标应是提前帮助马主人做好准备。没有人能代替主人对他们的马和设施负责。许多马的主人从来没有想过，在没有电力、通讯、城市供水和适当食物的情况下，帮助马生存是多么困难。

· 参与灾难救援计划的临床医生应了解以下四点：
  · 评估当地马社团对救援的兴趣和组织能力。
  · 了解应急管理和规划办公室在灾区救援中的作用及其与其他应急小组［如消防/救援、警察、紧急医疗服务和医院（人和动物）］的关系。
  · 了解当地、州和国家一级兽医的技能和人员的个人联系方式，以便在灾难中发挥作用。
  · 了解现有的国家、州和地方应急准备和响应系统，以及如何与这些系统合作并在其中完成任务。

· 为了成功完成灾难准备和救援，必须仔细考虑这四个方面，最优先考虑所在区域最有可能发生灾难的类型。使用灾难曲线（图37-6）确定特定灾难所需的时间。

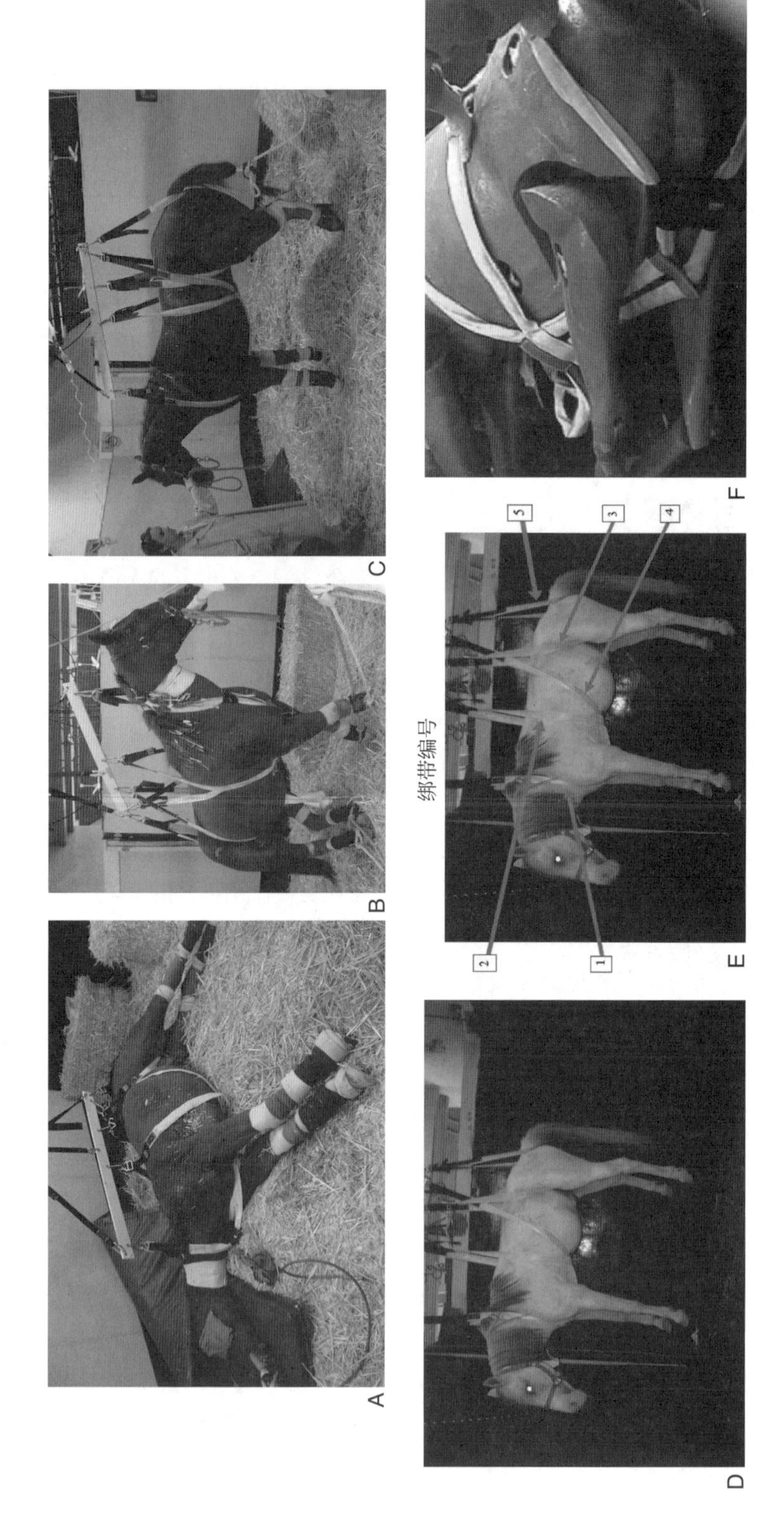
A
B
C
D
E
F
绑带编号
1
2
3
4
5

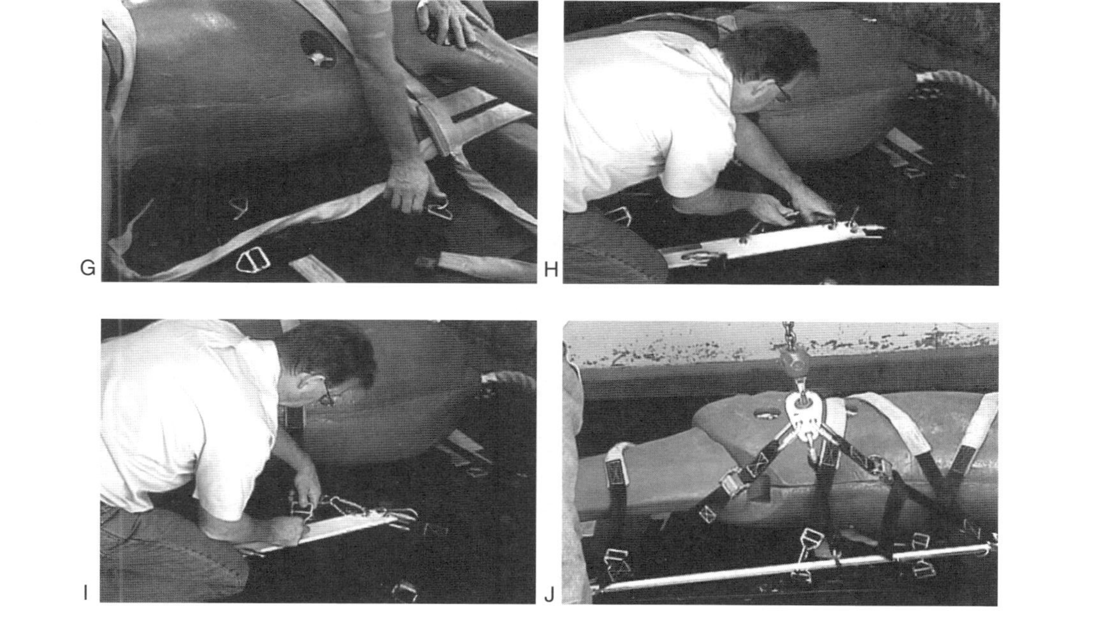

图 37-5　大型动物升降机（Large Animal Lift，LAL）的应用

A~C. LAL 准备好提升。D. 一匹马被 LAL 升起。E. 按要求绑好 1~5 号绑带。F. 前部放置。G. 把搭扣系在钩子上。H 和 I. 带编号的带子系在 1~5 号杆上。J. 将吊钩连接到杆的吊耳上。K. 绑带 5 在两腿之间。L. 在连接和提升过程中，确保后面的绑带（固定 5）保持在后腿之间。M. 确保衬垫和带子没有勒住气道（图片由加利福尼亚大学 John Madigan 博士提供）。

马社团的参与

· 兽医是动物灾区计划的理想领导者（图37-7）。对灾难预备和救援感兴趣的兽医，将会组织他们的医院参与或协助应对日常医疗紧急情况乃至各级灾难预备活动。

· 灾难计划大全包括在特定高发区域的各种灾难的疏散和避难策略。

· 小组需要6~12名马主人参与，要求他们具有基本救援技能，以及愿意和当地其他马主组成团队。

· 在组织成立早期，与受过训练的紧急救援人员［如警察、消防、紧急医疗服务（EMS）和动物控制］的紧密合作将有利于救援相关训练和演习的开展。请他们分享救援大型动物的经验。什么有效？什么无效？一旦应急小组得知你有兴趣、训练有素、装备齐全、随时待命，那么你需要做好准备定期被征用。

· 对于不同的马群来说，灾难响应应该是统一的。

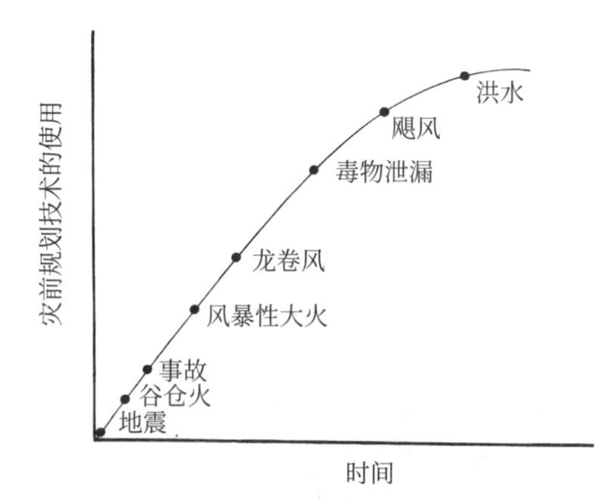

图 37-6　灾难曲线

（图片由 Richard Mansmann 博士提供）

图 37-7　被困在沟渠中的马由一队消防员和一名兽医照料

在这里，他们有计划地提供稳定性的医疗和可能的镇静剂，然后附加简单的操作方法（织带和边缘保护）（图片由迈阿密戴德消防队提供）。

当地应急办事处的参与

· 为了成功，由动物主人组成的当地志愿者团队和灾区应急计划人员必须建立一个稳固的工作关系并相互信任，这对于任何进行灾区应急工作的动物组织都是最关键的部分。

· 在救灾计划中，动物的群体合并问题可以借由团结起本地力量得以解决，具体表现在选出代表，参加救援服务以及市政府和县政府举行的会议。

· 马主人和兽医必须学习当地用于指挥紧急救援预备和救援保护人与动物相关的救援方案和法律。

· 如动物保护协会（人道主义团体）、推广办公室和美国红十字会这样的组织可以提供较好的培训和帮助。

· 大型的赛道、露天场地以及表演场馆应预备能够在灾难中用于庇护受灾大动物的设施。

· 县应急部门应为在灾区工作的志愿者提供保险。

图 37-8　马被镇静，蒙住眼睛以保护眼睛并使其保持平静

救援滑行用于边缘保护，将织带放置在侧面拖行装置中，用于有织带的手动简单垂直提升过程中。要注意到马主人站到一旁，没有妨碍救援操作（图片由迈阿密戴德消防队提供）。

图 37-9　完全成功

有计划、灯光和足够的人力，并具备团队合作的态度，才能进行专业的技术性救援（图片由迈阿密戴德消防队提供）。

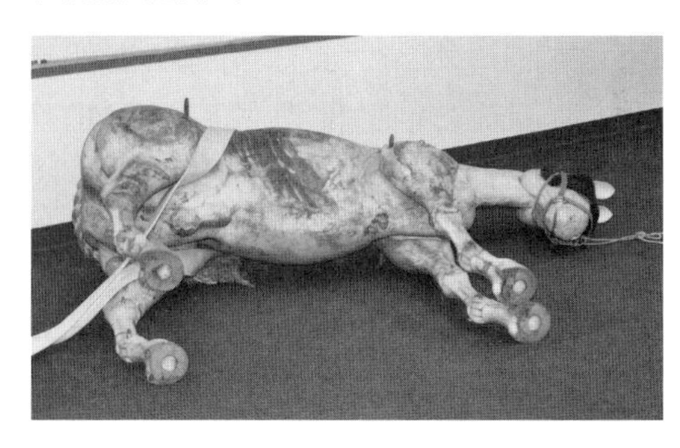

图 37-10　汉普郡侧面拖行的滑动装置的特点是在马的下肢周围使用织带，防止它在被手动拉出时翻滚

（图片由佛罗里达大学兽医队 John Haven 提供）

· 在各种各样的灾难中，所有动物相关组织的资金、责任、角色还没有一个完整的定义。每一个兽医、马主和灾区工作人员都有责任在救援计划的框架内工作，这样有利于减少灾难损失，明确在应急管理中必要的资金、设备和角色。

美国马从业人员协会和灾难医学协会

· 美国马从业人员协会（AAEP）的一个重要作用就是向其成员和马主提供专业信息，帮助他们应对正在影响他们的紧急情况和/或灾难。

· 通过建立灾难委员会，AAEP通过如下网站提供实时的紧急/灾难信息。该网址是：www.aaep.org/emergency_prep.htm。

可用的应急服务

· 1992年安德鲁飓风过后，美国兽医医学协会（AVMA）创建了兽医医疗援助小组（VMAT）项目。1993年，美国卫生与公众服务部与AVMA签署了一份谅解备忘录（MOU），将VMAT项目确定为公私合作伙伴关系，以协助提供兽医应急准备和响应。

· 1993—2007年，AVMA与联邦政府建立公私合作伙伴关系，由AVMA作为联邦雇员组建团队，以应对灾害需求。

· 2008年，联邦政府政策有所变化，成立了两个独立而互补的兽医灾害响应团队项目：联邦政府的国家兽医响应团队（www.phe.gov/Preparedness/responders/ndms/teams/Pages/nvrt.aspx）和AVMA的兽医医疗援助小组（VMAT）项目。

· AVMA执行委员会批准了一项新的以州为中心的项目，AVMF董事会授权拨款资助该计划。新的VMAT项目有更大的灵活性、寻求和维护针对各州响应工作的释义书（MOUs），并就与灾难中的动物有关的问题提供紧急情况和灾难响应培训。

· VMAT（www.avma.org/VMAT）成员是第一响应者，通过增加受影响地区现有的兽医资源，确保在灾害和紧急情况下对动物进行高质量的护理。当州级政府要求VMAT项目提供帮助时，它有早期评估志愿者团队、基础治疗志愿者团队和培训项目三个主要功能。

· 许多州兽医医学协会参与了该地区的紧急情况和灾难计划。有关详细信息，请联系所在的州兽医协会。

· 在美国，当动物处于紧急情况下，州级动物响应小组（SART；www.ncsart.org）是一个跨部门的州级组织，致力于准备、规划、响应和恢复。SART属于公私合作伙伴关系，与政府机构共同关注灾难期间的动物问题。SART项目培训的作用是促进地方、县、州和联邦各级对动物紧急情况的安全、环保和高效的响应。这些小组在州级和地方应急管理部门的支持下，利用事故指挥系统（State Animal Response Teams，ICS）的原则进行组织。现在有20多个州实施了这一项目，其他州正在制订中。

· 美国人文协会（www.americanhane.org）是一家全国性的非营利组织，在全国范围内提供紧急服务和灾难应急力量，并提供大型动物收容和灾难应对培训。

· HSUS（www.humanesociety.org/issues/animal_rescue/ndart/ndart.html）通过人文社会大学为志愿者提供国家灾害动物应急小组（National Disaster Animal Response Team，NDART）和紧急动物庇护（Emergency Animal Sheltering，EAS）培训。

· 国家动物救援和庇护联盟（National Animal Rescue and Sheltering Coalition，NARSC）（www.narsc.net/resource-library）是一个由13个国家非营利组织组成的美国501（c）6组织。NARSC致力于通过识别、确定优先顺序和找到解决重大人类动物紧急问题的协作解决方案来改善整个美国的动物福利。数家NARSC机构提供动物灾害应对和应急培训机会。

· FEMA（http：//training.fema.gov/emicourses）拥有实体校园和在线教育培训：

  应急管理研究所（Emergency Management Institute，EMI）

  16825 South Seton Ave.

  Emmitsburg，MD 21727

· 有几个社区为有组织的活动、当地动物控制以及紧急和灾难工作提供马专用的救护车服务：
  · Moore County，NC（www.mceeru.com）
  · MSPCA at Nevins Farm，MA（www.mspca.org/adoption/methuen-nevins/equine-safety–ambulance-program）

- SPCA in Aiken，SC（http：//aikenspca.org/equine-ambulance）
- CODE 3（http：//code3associates.org/disastersvcs.php）

· 几个州有动物、大型动物或马专有的紧急救援志愿者组织。联系州应急行动/准备部门。几个州的消防部门、USAR/特殊行动小组（www.fema.gov/emergency/usr）和消防学院正在对其人员进行专门的重型救援方面的培训，在您所在地区可能也有一个小组。详细信息可在http：//firelink.monster.com/education/articles/2621.上找到。

图 37-11　使用 Becher 吊带做关于简单垂直提升马的培训

展示了在马的前腿后侧直接使用宽织带和胸部支架，在后肢前侧也直接使用宽织带就可以将其固定好，呈良好的支撑状态。两个提升点平衡负载，可最大限度地减少挣扎，并使马更容易被放入和取出吊索（图片由 Rebecca Gimenez 博士提供）。

应急设备的产品经销商

简式垂直起降吊索（图37-11）Simple Vertical Lift（Becker）Sling（图37-11）

Dr. Kathleen Becker，DVM

becker@hast.net

（518）302-0784；Fax：（540）745-4036

http：//rescue.hast.net

马用多功能担架（救援滑行板）Equine Sked Stretcher（Rescue Glide）

Ben McCracken

（864）270-1344

benmccracken@rescueglides.com

www.rescueglides.com

MSPCA-Nevins Farm

Roger Lauze

978-687-7453 ext. 6124

rlauze@mspca.org

http：//www.mspca.org

所有品牌所有类型救援设备的经销商

技术救援

（800）771-5342

www.technicalrescue.com

CMC救援设备

（800）235-5741；传真：（800）235-8951 US

（805）562-9120；传真：（805）562-9870 International

www.cmcrescue.com

Karst Sports

（800）734-2851

www.karstsports.com

Rock-n-Rescue

（800）346-7673

www.rocknrescue.com

TLAER Nicopolous Needle，A形支架，快速释放分布钢筋，泥枪（图37-12）

Dr. Tomas Gimenez

tlaer@bellsouth.net

（864）940-1717

www.tlaer.org

图 37-12　关于救援陷入泥中马的培训

充气救援小路使人们可以接近救援地点。用泥枪向马腿周围的泥浆中注入空气，在移除侧拉装置之前解放马腿（图片由 Rebecca Gimenez 博士提供）。

防护服

Cascade Fire Equipment

（800）654-7049

www.cascadefire.com

林业供应商Forestry Suppliers，Inc.

（800）647-5368

www.forestry-suppliers.com

Galls

（800）477-7766

www.galls.com

救援资源

（800）45-RESCUE

www.rescuesource.com

便携式栅栏

可携带式栅栏Polygrid Ranch Fence

（800）845-9005

www.jerrybleach.com

直升机吊索（安德森吊索）和大型动物起重机

大型动物起重公司Large Animal Lift Enterprises

Chico，CA 95926

530-320-2627

www.andersonsling.com

铝合金腿部夹板Aluminum Leg Splint

Kimzey Veterinary Products

www.kimzeymetalproducts.com

人身安全保护设备Safety Personal Protective Equipment

Tychem SL

（800）645-9291

www.lakeland.com

Vertical Lift Spread Bars，Pulleys

www.boatliftdistributors.com

马急救储备系统

（877）487-4677

www.madewithhorsesense.com

Load Release，Snap Shackles

www.seacatch.com

www.catsailor.com

技术性救援培训资源

大动物技术性应急救援Technical Large Animal Emergency Rescue，Inc.（TLAER）培训

Dr. Rebecca Gimenez

delphiacres@hotmail.com

www.tlaer.org

（214）679-3629

大型动物救援公司培训Large Animal Rescue Company，Inc. Training

Cpt. John and F.F. Debra Fox

tlar@got.net

www.largeanimalrescue.com

（831）635-9021

山野救援/救援 3 - 绳索和水上拓展培训

Sierra Rescue/Rescue 3 West—Rope and Water Training

Julie Munger

www.sierrarescue.com

（800）208-2723

救援3-绳索和水上拓展培训

RESCUE 3—Rope and Water Training

Jenny@rescue3.com

（916）687-6556

www.rescue3international.com

冰层表面培训Surface Ice Training

救生小组服务Team Lifeguard Services，Inc.

http://teamlgs.com

（845）657-5544

马和牛模型救援培训

Equine and Bovine Rescue Training Mannequins

www.resquip.com

第 38 章
骡子和驴的急症

Alexandra J.Burton、Linda D.Mittel、Jay Merriam

引言：重要事实

- 驴和骡子在医学上通常被当作马来对待，然而，在紧急情况和重症护理中，驴和骡子与马存在着重要的差异。
- 驴和骡子非常坚忍，可能不会表现出严重的胃肠道疾病或蹄叶炎疼痛症状。
- **实践提示：**驴的厌食症会迅速导致高脂血症，对任何疾病来说这都是一种危及生命的并发症。
- **实践提示：**驴，无论是幼年还是成年，在寒冷的天气下都容易体温过低！
- **重要提示：**驴之间以及与其他动物之间的联系非常紧密，因此如果可能的话，患有严重疾病的驴在治疗过程中，不应与同伴分离。
  - 简单地把一头驴从它通常的环境和牧群中移开，会导致消瘦和厌食。
  - 两种选择：
    - 继续在室外放群中治疗。
    - 如果需要强化治疗，请带一名同伴与病患一同去医院。
- 驴的寿命通常比马长，可达到30~40岁。
- 发达国家的许多常见医疗问题与老年和家养有关，最重要的是过度喂养；驴的能量需求比马低。
- 驴的正常生命体征温度、脉搏和呼吸见表38-1。
- 妊娠期长度是可变的（11~13个月），但平均为365d；双胞胎可能比马更常见。

表38-1　正常温度、脉搏和呼吸频率

项目	幼驴（<2岁）	成年驴
脉搏（次/min）	44~80	44~68
呼吸（次/min）	28~48	13~31
温度（°F/°C）	99.6~102.1/37.6~38.9	98.8~100/37.1~37.8

临床病理学

- **实践提示：**驴和骡通常有肌肉覆盖颈静脉的中间1/3，最好从近1/3的静脉中采集样本。

当它们拒绝操作时尤其如此，针可能会出现折断和弯曲。

- 驴的血液学和生物化学数据存在一些不同：
  - 它们具有较高的平均红细胞体积和平均红细胞血红蛋白，以及不定的红细胞计数。
  - 在年轻的驴身上，细胞压积可能更高。
  - 直到驴明显脱水（12%~15%），它们才会表现出细胞压积的增加。
  - 相比于马，驴的肌酐和总胆红素较低，碱性磷酸酶高于马。
  - 正常驴的甘油三酯含量会更高，变化也更大。甘油三酯含量与身体状况评分相关（即，瘦驴的甘油三酯含量最低，肥胖驴的甘油三酯含量最高）。极低密度脂蛋白也是如此。
  - 驴的胰岛素水平较低［(2.1±2.05) μU/mL］，促肾上腺皮质激素（acth）水平较高［(66.7±20.7) pg/mL］。
- 甲状腺激素（T3和T4）的正常值，依据实验室测定方法的不同而不同，与正常马的值没有很大差异。
- 驴和骡的血清比马的颜色更白。

常见情况

腹绞痛

- **实践提示：**大结肠嵌塞是导致驴腹绞病最常见的原因。按降序排列的最常见部位是：
  - 骨盆弯曲。
  - 盲肠。
  - 小结肠/直肠。
- 有感染症状的驴通常情绪低落或迟钝，食欲下降，并且经常不表现出典型的绞痛症状。
- 据报道，驴结肠嵌塞的病死率高达50%左右。
- 确认的驴结肠嵌塞的危险因素包括：
  - 牙科病理学。
  - 最近体重减轻。
  - 浓缩饲料。
  - 进入牧场的机会减少，摄入砾石、沙子等（物体）的概率增加。
- 应给驴喂高纤维和高精度的饲料，而不是草场或干草。
- 表现为更严重胃肠道疼痛的典型“腹绞痛”症状如下：
  - 由胸卧翻滚至侧躺滚。
  - 踢腹部。
- 驴容易因应激和细微的饲料变化而引起腹泻。
- 高脂血症引起的肝痛也可能表现为腹绞痛。

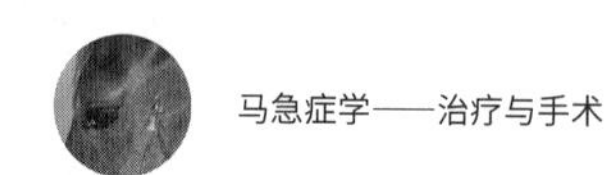

- 驴和骡子的腹绞痛可能与马相似，但骡子更坚忍。
- 患有严重寄生虫病时，驴经常出现直肠脱垂（见第18章）。
- 腹绞痛也与严重的寄生虫病有关（可能是大/小圆线虫），在发达国家和发展中国家都有。

应该做什么

驴腹绞痛

- 治疗驴腹绞痛的方法与治疗马的方法相同（见第18章）。
- **实践提示：** 由于容易发生高脂血症，当肥胖驴不吃东西时要格外小心。与马不同的是，保持少量的干草给腹绞痛的驴子使用，可以监测病情并限制高脂血症的发生。
- 禁止驴子进食，尤其是对于超重且未进食超过24h的驴，需要静脉补充养分（葡萄糖或部分肠外营养）。
- 使用直径较小的鼻胃管，因为驴的腹鼻道比同等身材的矮种马小。
- 驴的体壁很厚，因此，可能需要3.5in（8.75cm）的脊髓针、金属乳头套管或母犬导管进行腹部穿刺。

蹄叶炎

- 驴的蹄通常比马的更直立，且脚底和蹄壁更厚。
- 驴即使在工作中也很少需要蹄铁，因为它的蹄角质非常坚硬。
- **实践提示：** 在驴身上，蹄测试仪不是一种可靠的诊断工具。骡子的蹄与马相似。
- 驴有患蹄叶炎的风险，尤其在超重的时候（更高）。
- 临床症状包括不愿意运动、缓慢的“僵硬”运动和摇摆。**注意：** 许多未患有蹄叶炎的，正常的驴也不愿意在陌生的环境中移动！
- 由于以前的疾病，年长的驴可能患有四肢慢性蹄叶炎，但由于驴的坚忍天性，这种疾病通常不会被注意到。
- 严重跛行后对侧肢体患单侧蹄叶炎（如足部脓肿）也很常见。
- 胰岛素耐受性（IR）可能是与蹄叶炎相关的一个重要因素；胰岛素水平可用于鉴别驴患蹄叶炎的风险。
- 蹄叶炎在发展中国家很少出现，蹄部问题通常是由于疏忽、不常修蹄和缺乏训练有素的蹄铁师造成的。
- 驴足的影像学解剖结构和蹄叶炎的变化不符合马中的表现。
  - 柯林斯等人（Collins et al.，2011）的手稿中提供了全面的测量结果（见参考书目）。
  - 主要区别在于：
    - 背侧蹄壁斜坡（更陡）。
    - 指骨对齐。
    - 第三指骨（P3）相对于蹄壁的位置。
  - 患病驴蹄部的第三个指骨与冠状带不在同一高度，因为它在蹄囊中的位置比正常的马低。
- **实践提示：** 板层毛驴脚在P3背侧和蹄壁背侧之间的角度增加、指骨向下旋转和P3向远端位移增加。

应该做什么

蹄叶炎

- 如果使用蹄底衬垫，可支撑蹄底，但不要抬高蹄跟。
- 提供足够厚的垫料、沙或软围场。
- 成年驴对非甾体类抗炎药（NSAIDs）耐受性良好。长期服用4.4mg/kg，q12h，一般很少出现临床副作用。然而，在一个试验模型中，少数接受4.4mg/kg，IV，q12h，12d保泰松的小型驴出现轻度厌食和腹泻。也可用非罗考者0.1mg/kg，PO，q24h替代，尤其是在年龄较大的驴身上，因为它具有良好的安全性。
- 在急性蹄叶炎中，短期内，由于非甾体类抗炎药在驴体内的排泄速度比在马体内的更快，因此非甾体类抗炎药可能需要更频繁地给药，q8h。非甾体类抗炎药在骡子体内的药动学与马相似。
- 在严重情况下，马的半剂量［即0.025mg/（kg · min）］的利多卡因恒速输注（CRI）可作为辅助镇痛剂。

不应该做什么

蹄叶炎

- 不应使用马的参考基线来分析驴蹄的射线照片。
- 在蹄叶炎毛驴中抬起脚跟可能会使患者更不舒服。如果怀疑患病，请取下蹄铁，将裸足置于厚垫料上。
- 肩胛关节炎常使治疗老年驴椎板炎复杂化。

高脂血症

- **实践提示：**由于饮食过量和肥胖，驴高脂血症、甘油三酯＞500mg/dL（5.6mmol/L）可能是发达国家驴最常见的严重疾病。
- 据统计，病死率为60%~80%，随着血清甘油三酯浓度的升高而增加。驴的血清甘油三酯水平是可变的，并且通常比马高。
- **实践提示：**甘油三酯通常＜200mg/dL（2.26mmol/L），健康驴的甘油三酯最高值报告为144mg/dL（1.6mmol/L）。
    - 以下方面会加剧高脂血症的出现。
    - 食欲不振或厌食（通常是由于牙病或蹄叶炎）。
        - 应激。
        - 怀孕。
        - 哺乳。
        - 垂体中间部综合征（PPID，库欣综合征）。
    - 在一项449头患有临床高脂血症驴的病例对照研究中，并发疾病（72%的病例）是高脂血症发生的最大危险因素。
    - 据报道，年龄较大、肥胖的母驴患病风险最大，但未发现与性别或身体状况评分有关的患病概率变化。
- 高脂血症被认为在患病的小驴驹中相对常见。
    - 过去6个月体重下降≥10kg（22lb）驴患高脂血症的风险增加了6倍以上。

- 所有的驴在迁移到一个新的环境和动物种群后，最有可能患上高脂血症，这是一种应激的情况。
- 高脂血症的危险因素包括：
  - 高精度饲料的零星喂养。
  - **实践提示：**驴子是“慢食者”，每天吃14h或更长时间，因此精饲料可能会中断这种模式。
  - 在纸板或纸质垫料，吸收后可形成大食团，但无能量。
  - 一头驴在同时患其他疾病时被带到一个陌生的医院环境中。

· 临床症状与矮种马相同，但更轻微。**重要提示：**在发展中国家，这些临床症状可能是其他疾病的信号，因为由于驴的体重低和身体状况差，高脂血症很少出现：

  - 食欲不振或厌食。
  - 抑郁/嗜睡。
  - 间歇性腹痛。
  - 体温升高。
  - 虚弱和不协调。
  - 肝功能衰竭的症状：黄疸、腹部水肿、肝性脑病（盘旋、压头、癫痫发作）（见第20章）。

应该做什么

高脂血症

- 治疗方法与马相同，包括肠内喂养和静脉注射葡萄糖（无论是否使用胰岛素）。
- 轻度到中度高脂血症的情况在野外得到更好的治疗效果，因为这样使驴的应激较小，更容易再次进食。

· 肠内营养：在紧急情况下，可以很容易地准备商业配制的重症马护理餐或自制的粥，包括苜蓿粉、KCl、小苏打和葡萄糖溶液（见下文的肠内治疗）。

· **实践提示：**如果使用商业饲料，最初只喂养计算需求的50%，在第4天达到预期需求的100%。这降低了肠胃不适的风险。

- 合成代谢类固醇（Stanozollol，0.5mg/kg，IM，每周1次）用于持续厌食的驴，以刺激食欲和抵抗分解代谢。

· **重要提示：**高脂血症驴的一个复杂因素是在更严重的情况下，如犬和人，患有胰腺炎。胰腺发炎，水肿，周围器官粘连。腹腔穿刺发现腹膜炎伴红色/棕色混浊液体。血浆淀粉酶和脂肪酶浓度也可能升高。注意：胰腺炎预后很差。

- **注意：**对于严重病例，首选常规胰岛素（prn或cri）（需要时或持续静脉输注）。

肠内治疗指南

- 如果血浆甘油三酯（TG）为200~500mg/dL（2.26~5.65mmol/L），使用以下方法：
  - 100g葡萄糖、5g碳酸氢钠粉末和复合维生素制剂，PO，q12h。
  - 30IU鱼精蛋白锌胰岛素，SQ，每天1~2次。
- 如果血浆tg为500~800mg/dL（5.65~9.0mmol/L），且血浆混浊，则使用以下方法：
  - 100g葡萄糖、5g碳酸氢钠粉末和口服复合维生素制剂，用鼻胃管每12h一次，在2~3L

水中制备。

· 30IU鱼精蛋白锌胰岛素（SQ，q12h）。

· 如果血浆tg为800~1 500mg/dL（9.0~17.0mmol/L），且血浆呈灰白色，则使用以下方法：

  · 2L平衡电解质溶液和200mL 50%葡萄糖，IV，q24h。
  · 如前所述，用肠内营养或自制的粥浸湿或胃管，q12~24h。
  · 30IU鱼精蛋白锌胰岛素，q12h，SQ。
  · 氟尼新-甲基鲁明，1.1mg/kg。
  · 广谱抗生素。

· 如果TGS超过1 500mg/dL（17.0mmol/L）（通常由于高脂血症和黄疸而呈混浊的橙色），则使用肠内支持和胰岛素治疗（见支持性输液等）更具攻击性。

呼吸系统疾病

· 驴通常比马有更高的呼吸频率，它们的肺动力学与牛更相似，总肺阻力增加，动态顺应性降低。

· 驴可能感染马流感病毒，病情比马更严重。

· 病毒性呼吸道疾病继发细菌性肺炎的风险很高，因此建议早期采用预防性抗菌治疗。

· 慢性间质纤维化肺炎（肺纤维化）在驴中相对常见；由于其生性不喜运动，在临床症状明显之前，肺功能丧失可能是显著的。

· 驴子可能会出现复发性气道阻塞（RAO）。

应该做什么

下呼吸道疾病

- 积极的支持疗法（见第25章）：
  - 氧气。
  - 消炎药。
  - 支气管扩张剂。
  - 抗生素治疗继发性细菌性肺炎。
  - 确保驴继续进食，否则，应给予肠内或肠外营养。

气管塌陷

- **实践提示：**与迷你马一样，气管塌陷也可能发生在驴身上，在年纪较大的驴身上更常见。
- 这种情况更有可能出现肺纤维化或其他导致呼吸用力增加和负压增加的疾病（如RAO）。
- 塌陷部位最常见于胸廓入口处的颈部远端气管，因为气管环在该部位背腹侧更为扁平。
- 对于驴来说，气管内镜检查很困难，因为当接触/刺激喉部时，它们会迅速吞咽。

- 在吸气时，驴比马咽部塌陷更明显，并因软腭移位而变得呼吸困难。
- 急性临床症状：
  - 焦虑/不适。
  - 呼吸困难，尝试口腔/嘴部呼吸。
  - 打鼾声和呼吸声过大，气管听诊噪声增加。
  - 明显的气管振动。
- 慢性临床症状：
  - 吸气和呼气用力增加。
  - 慢性咳嗽。
- 气管狭窄可在X线片上识别。在轻度和/或慢性病例中，内镜检查可能有助于诊断。

应该做什么

气管塌陷

- 氧气
- 皮质类固醇（静脉注射和/或吸入）。
- 支气管扩张剂（见第25章）。
- 静脉注射阿托品和呋塞米可迅速扩张支气管，减少急性危象时的气道水肿。
- **注意：**由于气管塌陷更可能与下呼吸道疾病一起发生，因此建议识别、治疗和管理任何潜在的疾病，如RAO、肺纤维化或细菌性肺炎。

新生儿同族（同种抗体引起的）红细胞溶解症

- 临床新生儿同族（同种抗体引起的）红细胞溶解症（NI）发生在约10%的骡马驹中，很可能所有母驴交配都会产生亚临床NI致敏。
- 几乎所有公认的病例都是由已产过驹的母马再次产驹时出现。
- 骡马驹也可能出现免疫介导的血小板减少症，有或无NI。
- **重要事项：**所有与公马配种的多胎母马（或历史不明的母马）应在生产前2~3周进行血液测试，以检测其抗利尿剂红细胞抗体。将母马血清送至加州大学戴维斯分校进行检测（530—72-1303）。怀孕365d，双胞胎可能比马更常见。

应该做什么

新生儿同红细胞溶解

- 治疗方法与带NI的马驹相同（见第20章）。
- **实践提示：**可以给驴、骡甚至斑马输马的全血或血浆，但建议先进行白型交叉匹配。

阉割和伤口问题

- 有许多参考资料表明，由于睾丸相对较大、阴囊较厚和血管较粗，驴和骡在阉割后比马更容易出血。

· 一般不建议进行站立阉割。许多兽医更喜欢使用与切割表面分离的具有挤压作用的去势器。切除阴囊底部可能导致出血增加。亨德森阉割器的使用几乎完全消除了封闭型去势手术的术后出血问题。使用改良的阴囊切除术也很有帮助，因为驴皮肤中的阴囊血管比马或骡多。剥离精索也更困难。局部使用利多卡因有助于放松脐带，延长麻醉时间。

· 应给驴接种破伤风疫苗。这种疾病在发展中国家很常见。

· 驴通常会受到咬伤或其他皮肤损伤，如皮肤病和溃疡性淋巴管炎。像治疗马一样治疗这些问题（见第19章）。

· 鞍痛和深部伤口在驴中比马和骡子更容易纤维化。

生产 / 生小驴

- 驴在配种方面与马相似，但分娩有几个显著的区别：
  - 妊娠期约为370d，从360~380d不等。
  - 小驴妊娠时间从342d到13个月不等（390d）。
  - 双胞胎可能更常见。
  - 无论白天还是晚上，驴都可能生小驹。
- 早产驴驹的特点是：
  - 体弱。
  - 出生体重低。
  - 站立延迟。
  - 耳朵向下和向后下垂。这是大多数驴病的症状。
- 驴驹不是很强壮，在生命的头2~4周需要庇护。
- 雨水浸透的驴驹会导致体温过低，很快死亡。

· **实践提示：** 驴（所有年龄段）都容易体温过低！这些驴可能存在甲状腺功能减退，因而容易患上低温症。

· **注意：** 由于小型驴的头形圆且较大，难产风险增加。

应该做什么

生小驴

- 确保驴驹干燥，有温暖的庇护所，产后2~2.5h内得到细心照料。如果需要，提供额外的热源。
- 出生后12~18h检查IgG，以确定是否有足够的IgG吸收（>800mg/dL）。
- 如果驴驹难以维持体温，则需检查甲状腺功能。

药理学

- 药物的药代动力学通常与马不同，尽管许多化合物尚未在驴身上进行专门研究。

· **实践提示：**单次氟民新-甲基鲁明1.1mg/kg静脉注射后，它在驴体内的消除速度明显快于在马和骡体内的速度。

　　· 尚未进行对照研究，但建议在驴子身上使用氟尼星-甲基鲁明时缩短给药间隔。

· 同样，单次保泰松4.4mg/kg静脉注射后，在驴体内的清除率比马（未研究骡子）高5倍，并且给药间隔通常缩短。人们认为骡子的清除速度更像马。

　　· 对于需要更多止痛的驴，短期内以保泰松4.4mg/kg静脉注射给药，q8h。

· 单剂量磺胺甲噁唑（12.5mg/kg）和甲氧苄啶（2.5mg/kg）在驴体内的清除速度是骡子或马的2倍，因此需要缩短驴的给药间隔。

· **实践提示：**使用利多卡因恒速输注止痛时，从马的一半剂量（即每分钟仅0.025mg/kg）开始，以避免共济失调；有些驴需要稍高剂量。一个可能的解释是脂肪肝患者肝清除延迟，尽管还没有进行循证研究。

药理学差异

驴和骡子的麻醉

· 通常需要增加50%的镇静剂剂量，才能在骡子或野驴/未经驯化的驴身上提供可接受的镇静剂：甲苯嗪，1.6mg/kg，静脉注射；或代托米丁，0.03mg/kg，静脉注射。

· 驯养的驴似乎需要与马相似的剂量。

· 布托啡诺，0.4mg/kg，静脉注射；或地西泮，0.3mg/kg；应与α_2类药物联合使用以增加镇静作用。

· **实践提示：**氯胺酮，2~3mg/kg静脉注射，是最常用的注射麻醉剂。在驴和骡中，氯胺酮的半衰期较短；因此，在持续10~15min及以上的操作中可能需要重复给药或连续3次滴注（见第47章）。

· 驴比马需要更少的愈创木酚；三次滴灌中愈创木酚的浓度应降低40%。

· 据报道，小型驴比其他驴更难麻醉，因此，在用甲苯噻嗪和布托啡诺、舒泰2（替利他明和唑拉西泮）、1.1~1.5mg/kg静脉注射或2mg/kg丙泊酚（2mg/kg静脉注射）镇静后，可代替氯胺酮。当驴子接受α受体激动剂镇静剂时，可能会打喷嚏；这可能是驴子身上的一个独特特征，而不是其他马的特征，尽管应排除鼻内贝诺孢子虫这一病因。

· **注意：**驴插管比马插管更困难，因为它的喉头向后倾斜，会厌较短。

· 驴的气管非常狭窄；平均180kg（396lb）的驴需要大约16mm的内径气管插管（范围为14~18mm）。

· 驴和骡子的重量可以通过心围测量来估计，测量时使用的是专门为马准备的胶带。

接种疫苗

· 驴和骡子应接种与马类似的疫苗。在发展中国家，狂犬病、破伤风和其他传染病被视为真实存在的威胁。

安乐死

· 驴和骡子与马一样进行安乐死，但可能需要额外的安乐死方案。

· 如果必须对一头驴实施安乐死，并与一个不可分离的同伴一起稳定下来，建议让健康的驴与安乐死的同伴共度30min左右，以防止过度痛苦和寻找同伴，这可能导致高脂血症。

· **注：**驴和骡养殖是发展中国家的重要产业之一，是许多家庭的唯一体力提供者。发达国家所见的许多疾病和情况在这些发展中国家尚未被重视，反之亦然。

第 39 章
挽马特有的急症

Samuel D. A. Hurcombe

重要的临床特征

· 挽马是体型大、体重重的一类马，以体高较大［>16“拳”（1拳≈10cm）］、肌肉发达、体型较大（>1 400lb）为特征，主要的品种有贝尔修伦马、比利时马、夏尔马和克莱滋代尔马，它们常常被用来牵引、耕作和农场劳动。

· 由于品种差异的存在，在和体重较轻的马匹相比时，重病的挽马在诊断和治疗方面都存在挑战。这些不同通常归因于挽马的大体型、大体重，并且经常性格坚忍。

· 和其他品种相比，挽马疼痛时的表现通常是轻微、不那么暴力的，因此兽医需要更仔细的检查来分析它们行为和生理参数（如心率、呼吸频率升高）的变化。

· 在给大型马匹服用药物和液体时，兽医应该考虑使用药物的最低有效剂量，并在每千克或每磅体重给药时保守一些。

· 和一个基于体表面积、更加精确但实践中较不方便的剂量相比，如果在实践中使用“常规”药物的剂量不保守时，可能导致药物/液体过量。

· 在以下方面应该更加注意使用保守剂量：心血管药物、镇静药物、镇痛药物和麻醉药物。

腹痛

· 和其他品种的马一样，挽马也会出现胃肠道的急症。

· 未去势的雄性马匹更倾向于出现腹股沟/阴囊疝，这些会造成肠梗阻和疼痛等症状，因此评估雄性马匹的腹痛时，触诊腹股沟和阴囊是很重要的。

· 挽马腹痛的症状有可能是轻微的，因此任何疑似腹痛的临床症状都不能缺少进一步的检查。

· 接受腹痛手术的挽马和体重较轻马匹相比有更高的病死率。一项研究表明，体重大于680kg的马和体重小于680kg的马相比，麻醉持续的时间更长、术后病死率更高、总体的短期存活率达60%。

· 最常见的外科手术病变与升结肠（结肠右侧变为和大肠扭转）有关，从理论上讲，因为挽马体型较大、肠道移动的可能性增加，其肠道更容易发生变位/扭转，但这些并没有得到证实。

· 因腹痛接受外科手术挽马的死亡，通常与小肠的病变和术后并发症有关，如肌炎、外周神经疾病、肠梗阻、腹泻和内毒素血症。

· 接受腹痛手术的马匹存活下来最重要的决定因素之一是早期转诊和治疗，这适用于所有品种的马匹，尤其是挽马。

腹痛的临床症状和诊断

· 对于其他品种发生腹痛的马相同。

· 直肠检查很难发现异常；触诊腹股沟管环。

· 即便腹痛的症状轻微或者是不连续的，完成完整的评估也需要插鼻胃管。

应进行的操作

腹痛

· 有以下症状的马匹要移至手术医院：中度或重度/持续性的疼痛、小肠扩张/胃肠返流、直肠检查时结肠带紧绷、阴囊增大、腹腔穿刺液是血液性浆液性/混浊的、任何难以止痛的马。

· 给马放置长且留置的鼻胃管时，应将其固定并使其末端远离眼睛。如果为管加“塞”，让主人停止并减压或使用剪除五指的检查手套覆盖管道的末端（用作Heimlich管）。

· 评估脱水或休克的程度，若脱水程度＞5%，需要开始静脉输液，并在可行的状态下前往诊疗机构（见第18章）。

· 早期的转诊对患马的生存和良好的预后至关重要。

不应该做什么

腹痛

· 不要忽略表露出的轻微疼痛所造成的细微的临床症状，一些有严重生命威胁的马匹可能表现出很细微的症状。

· 腹痛的马不能使用乙酰丙嗪镇痛。

去势中和去势后的紧急状况

· 由于腹股沟管和腹股沟管环较大，与小体重的马匹相比，挽马和田纳西州的步行马及标准种马患先天性和后天性腹股沟疝的风险更高。

· 由于腹股沟管和腹股沟管环较大，常规的开放性去势术会增加肠道感染的风险，在一项使用了568只幼年挽马（4~5月龄）的研究中，小肠糜烂发生率为4.8%，网膜疝的发生率为2.8%（7.6%幼年挽马存在内脏被切除或疝的问题）。因此，许多临床医生更倾向于在幼年性成熟之前进行去势或者采用半闭合或闭合去势术，确保鞘膜能够闭合。

· 在对131只常规去势的幼年挽马的研究中，结扎鞘膜降低了发生网膜疝和腹腔器官的感染风险（1/131，0.76%）

· 严格遵守无菌操作，使用可吸收缝线结扎鞘膜，以降低感染和精索硬癌的风险。

· 如果可以选择转诊，在去势部位闭合腹股沟管外环也有助于降低肠道疝的风险，并且最好在常规麻醉的条件下进行。

去势后症 / 内脏掉出

有关应该做什么和不应该做什么，见第24章成年公马繁殖紧急情况。

与躺卧包括全身麻醉有关的状况

· 挽马的体型较大，它们在长时间躺卧时可能出现一些特殊的问题。因此，应尽一切努力缩短麻醉时间（即在去势等野外手术期间）以及快速解决导致患马者无法站立的问题（例如，肌肉骨骼/神经系统疾病）

· 临床兽医应当时刻考虑患马站立着接受安全有效治疗的可能性。然而，如果需要全身麻醉，应尽量减少手术时间并保证充足的氧气供应。

· 主要的麻醉并发症包括：

  · 由于通气-灌注不足导致的高碳酸血症和低氧血症。
  · 由于压迫和灌流不足导致的肌炎。
  · 由于压迫和灌流不足导致的脊髓炎/神经病变。

· 灌流对于向组织输送氧气和营养物质至关重要，因此在挽马麻醉时应尽量保证充分的心输出量和灌流压力。

  · 静脉输液（平衡的等压电解质溶液）。
  · 使用多巴酚丁胺提供正性肌力支持。
  · 尽可能减少镇静剂、麻醉剂（尤其是吸入性药物）的剂量/给药。

· 控制时间可能是减少麻醉相关并发症的最重要因素，因此应该尽可能缩短麻醉时间。

· 躺卧的患马可能出现褥疮、胸膜炎/肺炎和创伤性角膜炎，可以采取软垫、眼睛荧光染色、合理使用抗生素等预防性措施。

躺卧的患马

关于对躺卧状态的患马应该做什么和不应该做什么，见第36章。

· 麻醉的恢复对于挽马，尤其是存在肌肉骨骼损伤、神经系统疾病、长时间麻醉以及虚弱/体重过轻的挽马可能存在风险。

· 在许多情况下，可能需要使用提升机和吊索来协助患马站立。这需要团队进行协作，并应该在患马因反复尝试站立导致疲劳之前实施。

· 一些人提倡静脉注射葡萄糖和钙来“补充”肌肉的能量和肌细胞的营养，特别是对于虚弱或者疲惫的马。如果怀疑为多糖贮积性肌病（PSSM），应在30min内静脉给予脂质（0.1g/kg），其目的是提供“可用”的能量来源。

应该做什么

躺倒的挽马站立存在困难

- 使用低剂量镇痛/麻醉剂来减少患马的挣扎和防止其过度疲劳。
- 如果患马多次尝试站立失败，应使用吊索。不要过快移除吊索，使其保留足够的时间（30min至几小时），可以帮助压迫组织再灌注和缓解神经压迫可能导致的潜在神经失能。使用吊索的时间也与患马的性格和对吊索的接受程度有关。
- 如果马虚弱/疲劳，静脉输液以维持灌流，特别是维持受压迫的肌肉/神经的灌流。加入葡萄糖（2%~4%溶液）和钙（每1000mL中4g浓度的葡萄糖酸钙=20mL的23%溶液配置成1L的溶液）。
- 使用NSAIDs对压迫性心肌炎/疲劳镇痛，氟尼辛葡甲胺0.5~1.0mg/kg，IV。
- 用支撑绷带包裹远端肢体，以最大限度地减少患马试图站立时的自我损伤。
- 当吊索无法使用并且患马疲劳时，一些有经验的临床兽医主张在给予适当的静脉输液和镇痛药物后，使用盐酸多沙普仑作为中枢兴奋剂。尽管这种治疗方法可能会导致心脏和神经系统的不良反应，但是静脉注射1~2剂剂量为0.1~0.2mg/kg的多沙普仑可能会刺激马更努力地尝试站立，且作者和同事已经使用这种方法并获得了成功。不建议多次重复给药（个人观点）。

不应该做什么

躺倒的挽马站立存在困难

- 如果马明显不能站立，不要过度用力/强迫。马可能快速出现肌肉疲劳、出汗、肌炎、体温过高和疲惫。在能够使用吊索辅助之前，最好让这些马匹休息和采用其他支持措施。

挽马的肌病

- 几种肌病能够影响挽马，导致严重的疼痛，跛足，躺卧和其他相关的后遗症。
  - 多糖贮积性肌病（PSSM）、非典型肌病、劳力性肌病和其他疑似的肌病，包括“震颤”都是可能出现的问题。PSSM在欧洲原产地的挽马（如Percheron、Trekpaard、Comtois，Breton和belgium品种）中更为常见，在英国原产地的品种（如夏尔马和克莱兹代尔马）中并不常见。

临床症状

- 触诊大肌肉群（如臀肌），肌肉僵硬或疼痛。
- 患马不愿意行走或者步态僵硬。
- 出汗，心动过速，呼吸急促，体温过高。
- 色素尿。
- “震颤”的马可能会表现出虚弱、行走时后肢过度弯曲，并且在强制侧向移动、抬尾、后退、足部检查/分娩期间更加严重，难以保持后足稳定。

应该做什么

挽马的肌病

- 建立静脉通路。
- 改善组织灌流：静脉输液，如等渗、聚离子平衡电解质溶液等，维持1~2次/d［即40~80mL/（kg·d）］，使患马能

够产生尿液，2mL/kg高渗生理盐水有助于快速募集液体，但是应该在使用等渗液体之后使用（见第32章）。

- 镇痛药的使用：非甾体类抗炎药；氟尼辛葡甲胺，0.5~1.0mg/kg，IV，q12~24h。
- 如果出现高热，采取使用风扇、酒精浴、冷水海绵浴和将冰袋置于高血流量区域（如颈动脉和颈静脉）等措施进行外部冷却。静脉输注冷的液体可以降低核心体温。
- 如果怀疑是PSSM，可以口服脂肪（植物油），与苜蓿颗粒混合或通过鼻胃管（一匹成年挽马使用1杯油）。
- 关于劳力性横纹肌溶解症的治疗，见第22章。

不应该做什么

挽马的肌病

- 不要使用乙酰丙嗪来镇静，患马可能出现低血压从而使灌注压力降低。

具体的生殖紧急状况

- 与轻型马匹相比，挽马面临着某些与生殖/产科相关的紧急情况。
  - 在挽马中，有产双胎的报道，尤其是比利时母马。母挽马存在发生耻骨上肌腱断裂和体壁疝的风险，并且双胎妊娠时风险增加。

难产

- 母挽马可能出现由于胎儿在产道中胎位不正而造成的难产。
- 在一项研究中，挽马比其他品种更容易出现胎儿横位的现象。胎儿横位很难纠正，如果人为帮助或者控制阴道分娩无效，那么很可能需要进行切胎术或者剖宫产。
- 对于任何种类的难产，尽管需要全身麻醉，但是控制阴道分娩可能是矫正难产的首选方法。这有助于子宫的松弛，并为操作者提供控制手段，使其能在合适的时间内更容易对马驹进行操作。
- 快速解决难产问题可能会抵消全身麻醉和康复中的潜在风险。
- 整个过程中母马需要接受血容量+/−血压支持。
- 对于“简单”的难产（即背侧肌腱前屈，伴有轻微的胎儿/腕骨屈曲），使用硬膜外麻醉辅助阴道分娩可能是最合适的，并可以消除全身麻醉和康复过程中大型母马可能存在的风险。

低钙血症

- 在泌乳期结束时，哺乳期母马可能会发生哺乳期低钙血症。
- 由于长期的哺乳期细胞外钙流失，可能出现虚弱、心动过速、同步膈肌震颤和肌束震颤。
- 如果临床上出现了低钙血症/低镁血症（见第17章），应该通过确定血清中钙离子和镁离子的离子化浓度来验证诊断。
- 对于断奶的小马驹，使用葡萄糖酸钙作为钙补充剂通常可以纠正电解质紊乱。
- 大多数病例是在哺乳期结束时观察到的，因此对于小马驹来说，断奶通常不存在问题的。

具体的新生儿疾病

· 和其他品种一样，挽马的马驹面临着一些常见疾病的风险，如败血症、被动免疫转移失败、新生儿失调综合征、同种红细胞溶解症。

特发性高温

· 体温调节障碍可继发于影响下丘脑和体温调节中枢的炎症。

· 已经意识到某些挽马马驹存在不知来源的高热的特殊状况。在这些情况下，正如一些报道所言，这些挽马马驹的数量可能被高估。

· 有人提出“特发性体温过高”这一术语，其基本特征是直肠温度持续高于39℃，通常超过40℃甚至40.5℃，但没有明显的原因。

· 患病的马驹通常呼吸急促但不存在肺脏病理的证据，在护理期间和与母马的互动中仍保持活泼、警觉与活力。

· 诊断是排除性的，也就是说，排除其他来源的炎症/感染（如败血症）很重要。

· 治疗主要是对症治疗，可以采用外部冷却的方法来降低核心温度。虽然不如内部冷却方法有效，但外部冷却可能会有所帮助。利用风扇和水或异丙醇浴进行蒸发冷却是最实用的。

· 静脉输注室温或略微冷却的内晶体液可进行简便的内部冷却，以帮助降低体温。

· 受影响的马驹对支持性治疗反应良好，病情通常在7~14d内好转。

遗传性疾病

· 交界性大疱性表皮松懈症是一种机械性大疱的疾病，在比利时马驹中存在病例记录。其特征是基底上皮细胞膜与沿着皮肤透明层的基底膜带的致密层之间形成裂隙。

· 半桥粒和基底膜蛋白质破坏导致裂隙的形成、侵蚀，以及与皮肤的分离，尤其是在压力点的位置。

· 患病的马驹可能存在冠状带分离，蹄脱落以及黏膜皮肤交界和口腔处的糜烂。

· *LAMC2*基因中发生纯合突变，编码缩短的层粘连蛋白-γ2蛋白的产生，导致层粘连蛋白-5（一种分布在上皮组织基底膜中的蛋白质）缺陷。

· 遗传方式被认为是常染色体隐性遗传，雄性和雌性都能患病。

· 可以进行基因检测（见第13章）。

· 由于患病新生马驹的皮肤和蹄损伤，它们会被处以安乐死。这种疾病严重预后不良。

特殊的皮肤疾病

· 系部皮炎、皮肤增厚、后肢远端水肿在夏尔斯马、挽马、比利时挽马中比较常见，但是这些症状在吉普赛马中并不常见。这些症状是由于慢性进行性水肿造成的。

· 慢性进行性水肿可能是从幼年开始的，是进行性的，虽然目前没有进行基因检测，但是几乎可以确定是遗传性疾病。如果存在足螨，治疗的方法包括修剪腿部毛发、清洁患部、使用抗生素治疗细菌性皮炎、口服伊维菌素以及使用氟虫腈喷雾（1~2周一次）。

第 40 章
美国本土外的急症疾病

Alexandre Secorun Borges，Tim Mair，Israel Pasval，Montague N. Saulez，Brett S. Tennent-Brown，and Andrew W. van Eps

澳大利亚和新西兰

Brett S. Tennent-Brown and Andrew W. van Eps

马驹放线杆菌腹膜炎

- 人们普遍认为马驹放线杆菌是造成新生驹急性败血症和肠炎的病原。
- 在成年马，这种细菌一般被认为是条件致病菌。然而，在澳大利亚，马驹放线杆菌是腹膜炎较为常见的病因；它在美国也很常见。

流行病学

- 马驹放线杆菌是马科动物胃肠道和呼吸道的常在菌；而在腹膜炎的病例中，感染的来源尚不明确。
- 没有明显的年龄、品种、性别差异。

临床表现和诊断

- 该病明显有两种类型：
  - 急性型——较常见，可能于数月或数年后在同一匹马身上复发。
  - 慢性感染。
- 急性型的情况中，马的典型表现为精神不振和轻到中度的腹痛。
- 慢性感染的马体重下降。
- 其他有报告的症状包括：
  - 精神沉郁。
  - 排便量减少。
  - 腹泻。
  - 排尿或排便时努责。

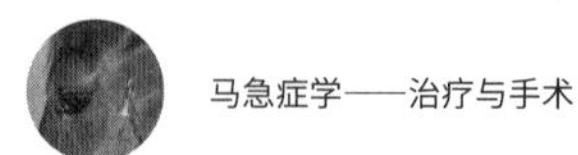

· 心率及呼吸率轻到中度上升，大部分感染马肛温上升。

· 大多数病例胃肠音减弱或消失。直肠检查可能发现直肠或大肠内有硬结的粪便，但通常不明显。

· 大多数马外周血白细胞数正常，但一些马白细胞增多，偶尔出现马匹的白细胞减少。

· 轻度的血液浓缩很常见，血浆纤维蛋白原浓度经常增加，低蛋白血症似乎也偶尔发生。

· 感染马的腹腔液十分混浊，有核细胞数和蛋白质浓度大幅度上升。

· **实践提示：** 腹腔液通常为特征性的橙、红或棕色；白细胞数通常超过100 000个/mL，主要为非退行性中性粒细胞。有一报道称，送检进行细胞学检查的一半病例中，腹腔液可见细菌。

· 诊断基于临床发现和腹腔液穿刺结果。确诊需要通过腹腔液培养得到该病原；在一系列病例中，有超过70%可以获得马驹放线杆菌的纯培养菌落。

应该做什么

马驹放线杆菌

· 尽管该菌一般对青霉素和磺胺甲氧苄啶敏感，但最初的治疗应从使用广谱抗生素开始，如β-内酰胺类/氨基糖苷类的组合。

· 如果能进行细菌培养和药敏试验，可用于制订抗生素治疗方案。一般马很快就会对抗生素治疗有反应；然而也有一些病例报告了复发的情况，因此可能需要更长时间（2~4周）的治疗。

· 抗炎药物，如氟尼辛葡甲胺，可能对患马有益，尽管一般来说不需要额外的支持治疗。

· **注意：** 治疗的持续时间取决于以下因素。
  - 腹腔液白细胞数的变化情况。
  - 血浆纤维蛋白原浓度。
  - 腹腔液颜色是否改善。

· 如果治疗适当，绝大多数马预后极好。

巴尔克卢萨综合征

· 1998年，新西兰南岛的南部一训练马场，26匹马中有11匹出现了舌和齿龈黏膜面的溃疡。

· 之后在10处各类设施又连续出现了2次疾病的暴发。

· 强烈怀疑存在某种传染源，最有可能经由直接接触感染。

· 无年龄、性别或品种差异。

· 虽然有时可在马身上发现水疱，但大多数马的病灶直接发展为溃疡灶。

· 除口腔外，马体无任何其他地方出现病灶，且患马未见发热，精神良好，状态警觉。

· 毒素、接触性刺激物、其他与临床表现有关的食物/饮水等相关因素均已排除。

· 收集了多个诊断样本并提交检查，但没有找到致病源。

· 相似的溃疡性口炎暴发同样出现在20世纪80年代末和90年代初的新西兰。同样在秋季发生，且都没有确诊。

· **实践提示：** 该类溃疡，因其与水疱性口炎（VS）相似，需加以重视。

- VS是马和其他家畜的一种病毒性疾病，特征为舌和口腔黏膜出现水疱病灶。病灶也会出现在乳腺、外生殖器官和冠状带。VS最初的水疱病灶容易被忽视，往往当患马出现溃疡性或侵蚀性病灶时才被发现。
- VS由于与口蹄疫相似，被OIE定为A类疫病。**重点：**马不会患口蹄疫。
- 一种可感染多种家畜的水疱性疾病，对严重依赖农产品出口国家造成的影响不言而喻。
- 遇到任何家畜溃疡或水疱性疾病，都有必要联系对应的管理机构并进行检疫。

紫茎泽兰中毒（那明巴马病、塔勒布吉拉马病）

- 摄食紫茎泽兰（*Eupatorium adenophorum*）可造成肺中毒，特征症状为呼吸时用力。
- 该植物为墨西哥的本土物种，但现在是世界许多地方都可见到的一种难以清除的植物，包括澳大利亚和新西兰。
- 1940年代，新南威尔士和昆士兰南部暴发的马慢性呼吸系统疾病，即与摄食大量紫茎泽兰有关。

流行病学

- 在澳大利亚，许多农场都有紫茎泽兰生长，并曾造成马的肺中毒。
- 在新西兰同样有紫茎泽兰造成呼吸系统疾病的病例报告。
- 在最初的一些报告中，12~18月龄的马，不论公母均有发病。
- 一般认为毒素通过胃肠道吸收，并不需要吸入植物成分（如花粉）就可以造成发病。
- 中毒需摄食大量的紫茎泽兰，而马匹乐于采食该植物。
- **实践建议：**饲喂试验表明花期的紫茎泽兰比非花期毒性更强。
- 大多数病例在夏季发病，即从春天开始摄食该植物并至少经过2个月。
- 河岸泽兰（*E. riparium*）是昆士兰和新南威尔士的一种多年生植物。尽管在饲喂试验中，饲喂河岸泽兰可造成与紫茎泽兰相似的病灶，但并没有报告发现任何临床病例。

临床表现

- 最先出现且最主要的临床表现是咳嗽，运动时更严重。
- 可出现运动不耐受。
- 可能出现快速沉重的呼吸并伴有试图第二次呼气的表现。
- 肺听诊呼吸杂音，运动后常加重。
- 严重的慢性病例，可能出现体重下降和紫绀。
- 一些马随病情发展会出现心律失常，并可发生猝死。

病理学

· 紫茎泽兰的肺毒性毒素本质尚未明了。

· 吡咯里西啶类生物碱（PAs）的可能性较大，因该病病灶与南非和北澳大利亚的马患猪屎豆（*Crotalaria*）相关肺病（“南非羊肺病”）的病灶相似。

· 尸检可见肺纤维化，且肺实质内可能见到内含坏死组织的空腔。

· 在一些病例，肺中隔因水肿而扩张。

· 询问病史得知，慢性病例的马肺部坚实，打开胸腔后也不塌陷。

· 胸膜脏层呈白色且增厚，胸膜壁层有局灶性粘连。

· 猝死的病例可能出现胸腔积液、肺水肿和肺气肿、心包积液，以及心脏的肥大。

· 组织病理学检查可确诊，可见一层肺泡内衬有一层上皮样细胞。在大多数慢性病例中，肺泡内可见浓缩的蛋白质块。许多细支气管和其周围的肺泡充满嗜酸性粒细胞和中性粒细胞。

应该做什么

紫茎泽兰中毒

- 病情是不可逆的，且没有公认有效的治疗方法。
- 抗生素和糖皮质激素可改善一些病例的情况。

亨德拉病毒

· 1994年9月，在澳大利亚布里斯班，感染亨德拉病毒（HeV，正式名为马麻疹病毒）造成14匹马和1人的急性呼吸系统疾病和死亡。

· 至2011年，包括首例在内，一共分别出现了14例HeV。

· 2011年，又另外分别出现了18例HeV（10例在昆士兰，8例在新南威尔士），较先前在西昆士兰和新南威尔士南部的情况而言，其病例量明显增加，分布范围更广。

· 总计确诊的已记载自然感染病例包括56匹马、1只犬（血清阳性但无临床症状）和7人（4人死亡）。

· 首例病例临床表现为急性呼吸系统疾病，然而2008年雷德兰兹暴发之后的所有病例的最主要临床表现均为急性神经性疾病。

流行病学

· HeV与尼帕病毒亲缘关系很近，它们都是副黏病毒科亨尼帕病毒属的一种。

· **实践提示：**流行病学证据显示，果蝠（狐蝠、狐蝠或狐蝠科动物）是HeV的天然储存宿主，它们零星地“泄漏”病毒，造成马的自然感染。

· HeV已在感染果蝠的尿液、子宫液、胎盘物质和流产幼仔中发现。有迹象表明，摄入被这些物质污染的食物与水可能是马自然感染的主要方式。

- 大多数马的病例发生在6—12月，与大多果蝠品种的怀孕/生产的中后期时间有一定相关性。
- 病例一般情况下都是在果蝠易被吸引的地方户外饲养的马。
- 马间传播最容易发生在一群马共同生活在马厩中的情况，小围场饲养则较不易发生。
- **实践提示：** 似乎需有体液接触，特别是接触呼吸道分泌物，才会发生马间传播和马传染给人的情况。HeV可以在污染物中存活几小时。
- HeV利用广泛分布在血管内皮中的细胞表面蛋白受体（肝配蛋白B2和肝配蛋白B3）完成侵袭和增殖。
- 脉管炎，特别是发生在呼吸系统和中枢神经系统的脉管炎，造成了呼吸系统和或神经症状。
- 可能是病毒基因结构的微小改变造成2008年之后该病表现出倾向神经症状。
- **重要提示：** 当处理澳大利亚东部的患马时，兽医师需提高警惕，做好生物安全防护，以防范HeV病毒的公共卫生学风险。
- 随着患马病程发展，其传染给其他动物的可能性也同时提高（疾病晚期和尸检时风险最高），但同时试验证据表明，即使在患马出现疾病临床症状前，其鼻咽分泌物也可排毒。
- **实践建议：** 建议在需接触呼吸道分泌物时使用个人防护用品（PPE），并谨慎检测排除HeV。

临床症状

- 试验感染潜伏期为5~16d；致死病例的病程特别短，仅2d左右。
- 最初的临床表现包括：
  - 发热和烦躁不安（不断在四肢间转移）。
  - 逐渐变得沉郁。
  - 最后发展为急性呼吸系统和或神经性疾病。
- 大约25%的马可在急性感染后存活。
- **实践提示：** HeV感染没有示病性症状；不过在疾病流行地区，如果有一匹或多匹马忽然死亡，可高度怀疑本病。
- 感染马表现为体况迅速恶化的急性发病。自然感染病例常报告的临床表现包括：
  - 发热。
  - 心率上升。
  - 调整重心/烦躁不安。
  - 呼吸过快和呼吸窘迫。

- 虚弱和晕倒/无法站起。
- 共济失调。
- 精神状态改变和中枢性失明。
- 头倾斜和转圈。
- 肌肉痉挛。
- 面部肿胀/水肿。
- 尿淋漓。
- 泡沫状鼻分泌物。

病理学

- 患马最明显的大体病变为:
  - 淋巴结水肿（下颌和支气管淋巴结）。
  - 肺淋巴管扩张。
  - 胸膜下出血。
  - 肺实度。
  - 水肿。
  - 其他组织也可见水肿。临床病例常可见气道充满浓厚（有时带血）的泡沫。
- **注意**：可确诊HeV的特征性组织学病变为系统性血管炎，在呼吸道、脑和脑膜中特别明显。
- 肺组织可见水肿、合胞体细胞、病毒包涵体和肺泡炎。
- 非化脓性脑炎的特征为血管周围的淋巴细胞管套、神经元坏死和局部胶质增多。

诊断

- **实践提示**：在已知发生过或可能已有该病毒感染的地区，马出现高热，伴随下呼吸道或神经性疾病时，应考虑HeV感染。
- 鉴别诊断包括:
  - 植物中毒（如紫茎泽兰、鳄梨）。
  - 离子载体中毒。
  - 肠道疾病（大肠炎或者其他病因导致的腹痛）。
  - 细菌性肺炎。
  - 病毒性脑炎/脑膜脑炎［包括马疱疹病毒1型（EHV-1）、黄病毒感染、外来性脑炎（包括节肢动物传播的病毒和其他一些人兽共患病）］。
  - 出血性紫癜。

- 毒蛇咬伤。
- 蜱瘫痪（全环硬蜱）。
- 实验室检查对确诊至关重要，包括：
  - 病毒分离。
  - 检测体液或组织中的病毒核酸。
  - 检出特定的血清抗体。
  - 可在地方政府提供的指南上得到关于采集亨德拉病毒样本的细节信息。

· **重要：**在采集疑似感染HeV马匹的样本时，需采取严格的预防措施，其中包括完善的个人防护设备（护目镜、防微粒面罩、隔绝手套和长工作服）。

· 对于活马匹或死亡马匹，血液、鼻拭子、口腔拭子或直肠黏膜拭子都是适合提交进行PCR试验的样本。

- 血清学和病毒培养试验也可用于检测抗体。
- 对于可疑病例，在获得初步的阴性结果前应避免尸检。

应该做什么

亨德拉病毒

- 在该病毒流行区域，遇到马的急性/死亡病例时，排除该病毒十分重要。
- 在病毒流行区域工作的兽医需熟悉相应的生物安全措施，包括适当的个人防护装备。
- **重要：**兽医遇到高度怀疑HeV的病例（以及猝死病例），应立即联系当地政府寻求建议。

· 已有马用亨德拉病毒亚单位疫苗通过审批。在试验中（安全性测试的一部分），该疫苗能非常有效地防止感染，并且十分安全。

九叶木蓝中毒（伯兹维尔马病）

- 木蓝属植物在世界上包括澳大利亚在内的热带和温带地区广泛分布。
- 新西兰生长的毛利果属植物（毛利果）含有与之同族的毒素。

流行病学

· 九叶木蓝（伯兹维尔木蓝）在澳大利亚北部广泛分布，是一些地区的主要植物。

· 中毒主要发生在西昆士兰、南澳大利亚北部和澳大利亚北部，在这些地方九叶木蓝是饲草的主要组成成分。

· **实践提示：**疾病主要发生在11月至翌年3月，此时降雨能刺激九叶木蓝的生长，但不足以使其他饲草生长。

· 饲喂试验中，马需至少摄取4.5kg该植物并持续至少2周才会出现临床症状。

· **注意：**相似情况也出现在弗洛里达［“树林病”（grove disease）］，马匹在放牧时采食铺地木蓝（*I. hendecaphylla*）。

- 一亲缘关系很近的品种穗序木蓝（学名：*I. spicata*，英文名：creeping indigo）最近在昆士兰东南部造成了一次神经性疾病暴发。

病理学

- 原始毒素是硝基毒素，水解后生成3-硝基丙酸（NPA）。
- NPA抑制琥珀酸脱氢酶和其他线粒体酶，减少神经系统内的细胞能量生成。
- 穗序木蓝肝毒素并不造成马的神经学症状。

应该做什么

九叶木蓝中毒

- 采取支持疗法。
- 大多数马在停止采食致病植物后恢复。
- 有些康复后的马由于喉麻痹而发出“咆哮声”。
- 慢性病例可能继续发展，典型症状为共济失调，特别是后肢的共济失调。

临床症状

- 临床症状如下：
  - 食欲不振。
  - 体重下降。
  - 嗜睡。
  - 患马倾向于离开同伴。
  - 神经学症状如下：
    - 前肢步距过大。
    - 后躯明显虚弱：腰腿部位置较低，跗关节伸展，患马可能拖行后足。
    - 头部异常高抬，尾部僵硬且伸展。
    - 转小圈困难，倾向以前肢为轴。
- 随着病情发展，马可能会忽然失去对后躯的控制。
- 在一些病例出现了双侧的眼分泌物、角膜不透明/水肿、口炎和呼吸困难。
- 如果不移除毒素源，患马死前可能卧地，不时出现肢体抽搐。

黄病毒感染

- 黄病毒属的成员，包括库京病毒（西尼罗河病毒的一个亚型）、默累谷脑炎病毒（MVEv）和日本脑炎病毒（JEv），是蚊传病毒，在澳大利亚造成马与人发病。
- 许多感染是亚临床性的，但在免疫缺陷的马可造成严重疾病。

流行病学

- 库京病毒是澳大利亚的一个本土西尼罗河病毒毒株。
- 可造成人类发病，偶尔造成马的神经性疾病。
- 库京病毒是澳大利亚北部热带地区的地方流行病，血清学证据显示新南威尔斯士西部有其存在。
- 2011年，在新南威尔士、维多利亚和昆士兰发生过一次主要由库京病毒引起的史无前例的马的神经性疾病暴发，有超过1 000匹马受感染。
- 此次暴发的临床症状与在北美报道的西尼罗河病毒感染相似，病死率为10%~15%。
- MVEv也是澳大利亚北部的地方流行病；档案记载在2011年马感染病例有所增加，与当时反常的高降雨量有关，其他也有一些暴发，同样与相似的气候情况相关。
- 昆虫传播的甲病毒、罗斯河病毒与库京病毒和MVEv有相似的地理分布，它们与马的肌肉酸痛和关节类疾病的暴发有关。
- 1995年，在托雷斯海峡北部岛屿和澳大利亚本土，有报告3例人类的日本脑炎病例。
- 随后在该区域岛屿上的人、犬、猪、马身上找到了近期感染JEv的血清学证据。
- 在JEv抗体阳性的马身上没有任何发病的报告。1998年，澳大利亚本土报道了1例人感染日本脑炎的病例，且在此区域的猪身上可检测到感染的血清学证据。巴布亚新几内亚被认为是最可能的感染来源。

临床症状

- 库京病毒和MVEv感染的临床症状和北美报告的西尼罗河病毒感染症状相似。
  - 最初的临床症状包括严重精神沉郁和轻微的腹痛。
  - 对触摸和声音的反应性上升。
  - 肌肉颤动。
  - 面部瘫痪、抽搐和咀嚼困难。
  - 共济失调，包括本体感受缺失和辨距不良。
  - 虚弱，躺卧。
- 大多数马在1~3周内缓慢恢复，但报告显示有10%~15%的病死率。
- 日本脑炎在马往往是散发或小群发病。
  - 尽管一般为亚临床感染，但在地方流行区报告显示病死率为5%~15%。
  - 日本的季节性流行曾有过高达30%~40%的病死率，免疫缺陷马的病死率一般会很高。
  - 有3类型的临床症状：
    - 暂时型，临床症状包括：
      - 发热［高达104 ℉（40℃），持续2~3d］。

- 食欲不振。
- 行动迟缓。
- 黏膜充血或黄疸。

◦ 昏睡型，临床症状包括：
- 波状热［101.8~105.8 ℉（38.8~41℃）］。
- 昏睡。
- 食欲不振。
- 鼻有分泌物。
- 吞咽困难。
- 黄疸。
- 共济失调。
- 可能可见出血性瘀斑。

◦ 高度兴奋型：这是最少见类型，发生于不足5%的病例。临床症状包括：
- 行为疯癫，可能无法自控。
- 高热［＞105.8 ℉（＞41℃）］。
- 无目的徘徊。
- 因幻觉受惊。
- 失明。
- 大量出汗。
- 磨牙。
- 肌肉抽搐。
- 在严重病例常见晕倒和死亡。
- 马的症状可能在5d到6周内由共济失调逐步发展为躺卧在地并死亡。

病理学

- 脑部没有特征性大体病变。
- 组织病例学病变包括：
  - 弥散性非化脓性脑炎，同时出现神经细胞被吞噬细胞破坏，以及局部胶质增多。
  - 血管袖套。
  - 血管被许多单核细胞充盈。

诊断

- **实践提示：**当在某特定时间地点集中发生以神经性症状为特征的疾病时，应考虑黄病毒脑炎，尤其是气候利于其媒介动物蚊子繁殖时（高降雨量）。

- 确诊需进行实验室确认。
- 急性和康复期（7d和3周后）的血液样本需送检进行血清学分析。
- 亨德拉病毒感染是重要的鉴别诊断，必须在所有病例中排除。
- **注意：**该病的流行病学、临床症状和康复率都与北美的西尼罗河脑炎相似。

应该做什么

黄病毒感染

- 在马没有针对病毒性脑炎的特异性治疗。
- 必须在所有病例中排除亨德拉病毒感染。
- 主要进行支持治疗。

黑麦草震颤原中毒（多年生黑麦草蹒跚病）

- 黑麦草蹒跚病主要发生在新西兰，并在澳大利亚东南部有一些发病。
- 该病由震颤原真菌毒素引起，毒素由感染多年生黑麦草（*Lolium perenne*）的黑麦禾草内生真菌（*Neotyphodium lolli*）（支顶孢属）产生。

流行病学和病理生理学

- 黑麦草中毒的模式常不明确；因该病过程短暂，神经症状应该是由一种可逆的生物化学性中毒引起的。只要马能转至没有该植物的草场放牧，一般都能快速而完全地自发康复。
- 黑麦禾草内生菌产生（拒食剂）有机胺类，可驱除昆虫，且据说可提高在感染植物中持续的时间。
- 在产生的震颤原毒素方面，黑麦震颤素B是最多的，其他只产生少量。
- 黑麦震颤素B集中在靠近植物基部的叶鞘处，因此疾病发生在夏季或早秋的可能性最大，此时草场的草较矮，马不得不采食靠近地面的牧草。
- 喂食种子精选的黑麦草也可能使马中毒，且干草中仍有毒性。
- 一个马群中黑麦草蹒跚病发患马匹数不一定，个体易感性有差异。
- 患黑麦草蹒跚病个体难以移动，因此它是一种十分不方便处理的疾病。
- 除非有意外情况，不会发生死亡。
- 该病在美国东南部有过发生。

临床症状和诊断

- 暴露于有毒草场后1~2周后内开始出现症状。
- 症状在马安静采食时不明显，而在马受惊或移动时明显。

- 马的早期临床症状包括：
  - 轻微的肌肉震颤。
  - 头摇摆。
  - 共济失调。
  - 对刺激反应过度。
  - 受轻微影响的马肢体和躯干僵硬，无法快速移动。
  - 严重病例中，马晕倒，短暂强直性抽搐，四肢（泳动）呈划水状。
  - 受严重影响的马可能有里急后重的表现。

· 使马独处，临床症状往往可以很快消失。可测试牧场内是否有内生真菌（波普染色）或黑麦震颤素B（高效液相色谱）。

应该做什么

黑麦草震颤原中毒

- 没有特异性治疗。
- 应尽快将中毒个体移离牧场。
- 黑麦草在许多地区都是牧场植被的主要组成部分，同时内生真菌感染率也很高，有时寻找安全的草场会很困难。

吡咯里西啶生物碱中毒

· 许多科植物的下属成员都会产生吡咯里西啶生物碱（PAs），在几乎所有国家都有放牧的马因此发病。

· 已发现并确定了几百种PAs。

· 不是所有的PAs都有毒，有毒的几乎都是肝毒性，一小部分为肺毒性或肾毒性（见第34章）。

流行病学

· 吡咯里西啶生物碱中毒如今在马已经不常见。然而，由于放牧区域内和周围存在的含PA植物，这仍然是一个威胁。

· **实践提示：**在新西兰和澳大利亚最常见的含PA的植物包括千里光属（*Senecio* spp.）（如狗舌草）、野滥缕菊、野莴苣，天芥菜属（*Heliotropium* spp.）（如普通天芥菜与蓝色天芥菜），蓝蓟属（*Echium* spp.）（如车前叶蓝蓟）和猪屎豆属（*Crotalaria* spp.）（如金伯利马毒草和灰白猪屎豆）。

· 这类植物并不十分可口，只有当马的放牧范围有限，或者该植物被不小心和干草一同采集时，马大量摄食才会发病。PA的毒性不会因为晾成干草、青贮或制成颗粒料而明显下降。

病理生理学

- PAs本身没有毒性，但它们的代谢产物是高活性的烷化剂，可与DNA和其他细胞组分绑定。
- 对多数受影响动物，肝脏是首先受损的，但一些情况下毒素会进入循环系统并损害肺与肾。
- PAs是蓄积性毒素，引起慢性疾病，在摄食后最初几周或几月可能不显示临床症状。

应该做什么

吡咯里西啶生物碱中毒

- 当临床症状表现明显之后，治疗成功可能性不大。
- 其与DNA交联产生的抗有丝分裂作用和桥接纤维化作用，使得肝脏很难再生。
- 治疗主要是支持性的，重点是控制饮食以减少肝脏负担。
- 临床康复的患畜可能永远无法恢复到原生理健康水平，任何使役都可能令动物迅速疲劳。

临床症状

- PA中毒马的临床症状包括肝衰竭和如下：
  - 体重减轻和行为改变。
  - 可能出现黄疸。
  - 肝性脑病症状常见，如下：
    - 精神沉郁。
    - 共济失调。
    - 哈欠。
    - 头部下压。
    - 强迫性走动。
    - 呼吸鼾声（喉功能障碍）。
  - 可能出现光敏性皮炎。
- 尽管这显然是慢性疾病，但许多马都表现出急性的暴发性肝脏衰竭。

诊断

- 利用肝脏疾病的临床症状和含PA植物的暴露史进行诊断。
- 由于摄食与发病之间的延迟，可能很难确定受影响个体接触该类植物的途径。
- 可辅助判断PAs暴露史的证据包括肝酶活性上升，尽管这些酶在出现临床症状时可能已恢复正常。
- 对于肝脏疾病的病例，应进行肝脏活检以协助诊断和评估预后。
- PA中毒的特征性病理组织学变化包括：

- 肝细胞巨细胞症（有丝分裂受抑制的结果）。
- 胆管增生。
- 门脉三角区纤维化。

- **注意**：肝细胞巨细胞症也可能出现在黄曲霉毒素中毒，并且可能在一些PA中毒的病例中见不到。
- 有桥接纤维化症征象的马存活时间通常少于6个月。

蛇咬伤

- 在澳大利亚蛇咬伤事件最常涉及的毒蛇是虎蛇（*Notechis scutatus*）和澳洲棕蛇（*Demansia textilis*）（普通棕蛇）。
- 尽管致死情况并不常见，但这些蛇的咬伤可以在成年马和马驹造成严重的症状（见第45章）。

流行病学

- 大多数咬伤发生在夏季，伤口在口鼻处。

病理生理学

- 蛇毒中含有各种神经毒素和肌肉毒素，具体的成分取决于蛇的种类。
- 伤口可能发生细菌继发感染并加重致病效应。

临床症状

- 临床表现取决于蛇的品种、马的大小和咬伤位置。
- 尽管马对蛇毒比其他大动物更敏感，但一般来说，毒液仍不足以导致成年马急性死亡。
- 一般找不到咬伤点，但会有严重的局部肿胀。
- 可能包括以下临床症状：
  - 瞳孔扩大，对光无反应。
  - 肌肉震颤，虚弱。
  - 兴奋。
- 棕蛇咬伤时，成年马可出现吞咽困难，导致饲草堆积在口腔内。
- 幼驹可能表现困倦，同时出现唇、舌和眼睑的部分麻痹。
- 幼驹可能出现呼吸窘迫、出汗、吞咽困难、躺卧在地并死亡。
- **重要**：部分蛇的毒液可能影响凝血功能。

诊断和治疗

- 诊断经常基于临床症状完成。
- 有可用于鉴定血液/尿液/组织中特定毒液的诊断工具。

应该做什么

蛇咬伤

- 抗毒血清可很快见效，尤其在幼驹。
- 有可用的对特定毒素（即虎蛇和棕蛇）的抗毒血清。许多病例因不知道蛇的品种会使用虎-棕蛇联合抗毒血清。
- 抗毒血清需静脉注射使用。1U对幼驹和成年马可能就足够了，但成年马可能最多需要5U。
- **实践提示：**需小心监护呼吸困难程度，如果上呼吸道肿胀造成阻塞，应进行气管切开或鼻气管插管（见第25、和45章）。
- 应使用广谱抗生素防止细菌继发感染。
- **重要：**因梭菌感染十分常见，抗生素中应包含青霉素。
- 应预防破伤风（类毒素和或抗毒素）。
- 支持治疗包括静脉给液和给予抗炎药物。

马跛行症

- 马跛行症是一种非自主的，单侧或双侧跗关节屈曲度增加的情况。
- **注意：**和典型的由创伤造成的马跛行症相比，澳大利亚的马跛行症更多是由中毒引起。
- 症状往往是双侧的，在澳大利亚和新西兰有发生，也有报告称在加利福尼亚和南美有发生。

流行病学

- 澳大利亚的马跛行症暴发往往与在生长有大量猫耳菊（*Hypochoeris radicata*）（扁草、猫耳菊、假蒲公英）的牧场放牧有关。
- 然而，植物毒素是否为致病原因尚未明确，饲喂试验尚未能够复制疾病。
- 有人指出许多其他植物可以造成完全相同的临床症状，但缺乏它们与本病相关的可信证据。
- 相似的猫耳菊相关马跛行症暴发也发生在弗吉尼亚、佐治亚，可能同样发生在北美的其他州。
- 一般一个牧群内有数个个体发病（10%~15%），但单个发病的病例也不少见。
- 疾病常发生在南半球的夏秋季节（1—3月）。

病理生理学

- 病理学变化为远端轴突病，发生在外周神经系统中横截面较大的有髓鞘轴索。
- 受病变神经支配的肌肉表现为神经性肌纤维萎缩。

- 受影响肌肉的肌电图检查可能有一些变化。
- 无异常临床病理学发现。

临床症状

- 成年马，特别是大体型个体最常受影响；但偶尔也会在幼驹发生。
- 患马休息时表现正常，但行动时表现出特征性的跗关节屈曲度增加。
- **注意：** 双后肢常都受影响，严重的病例中，患马如果没有辅助，可能无法自行站起。
- 症状最轻的病型中，可能只在马退后或转向时才能观察到异常。
- 在一些病例中，跗关节弯曲过于严重，患马会踢蹴自己的腹部；在马将自己的腿放下之前，该肢悬停空中且保持弯曲。
- 临床症状可能每天改变；在马受惊或激动时、休息一段时间后，或在寒冷季节都可能更明显。
- 马的整体健康状况往往不受影响，但趾伸肌群（胫部）和股内侧肌会有选择性（神经源性）的萎缩。
- 在一些马（常是驮马）会出现步态异常和前肢的肌肉萎缩。
- 偶尔会因喉功能障碍而发生呼吸窘迫。
- 许多病畜的情况在前几周会逐渐恶化，而后临床症状渐渐稳定，最后逐步康复。

应该做什么

马跛行症

- 许多马在离开生有这类植物的牧场后，无需治疗即可自发康复。
- 一般认为康复是轴突重新生成的过程，可能需要久至18个月。一般报告的恢复时间为6~12个月，有些马会恢复得更加迅速。
- 使用苯妥英（15mg/kg，PO，14d）可能减轻临床症状，减少康复所需时间。
- 镇静可使患马减轻临床症状，并可使马更容易被移动和运输。

蜱瘫痪

- 全环硬蜱（*Ixodes holocyclus*）在澳大利亚是导致伴侣动物瘫痪的常见病因。
- 5只或更多蜱的寄生，就可能造成幼驹和成年迷你马/矮种马的上行阻滞性瘫痪，偶尔也会造成成年的正常体型马的发病。
- 和犬一样，在马也会发生呼吸衰竭造成的死亡。

应该做什么

蜱瘫痪

- 移除蜱并给予支持治疗，一般可使患马快速而完全康复（常在3d内）。
- 有说法称商品化的蜱虫抗血清，以0.5~2mL/kg的剂量静脉给药，可降低病死率。
- 流行地区可能需要进行化学预防（局部使用合成的拟除虫菊酯或非泼罗尼喷雾）。

不应该做什么

蜱瘫痪

- 避免使用以牛为对象的含双甲脒的药物，它可造成马的致命性的胃肠道梗阻。

欧洲

Tim Mair

马牧草病

- 马牧草病（EGS）是一种在放养的马属动物［马（包括矮种马）、驴和斑马］中发生的植物神经异常/多发性神经病，侵害植物神经、胃肠道神经和体神经系统的神经元。
- 该病在英国各地都有发生，同时也发生在许多北欧国家，包括挪威、瑞典、丹麦、法国、比利时、瑞士、奥地利、匈牙利和德国。
- 主要影响春季放牧的年轻马匹。
- 干瘦病（Mal seco）是一种类似于牧草病的病症，发生在阿根廷的巴塔哥尼牙、智利和福克兰群岛。
- 该病的急性型和亚急性型是致命的；但部分马为慢性型，并且能够存活。
- EGS的病因尚未明确，可能是某种自然的神经毒素，从食物中摄入或者在胃肠道中产生。
- 有些证据表明，EGS可能是一种感染性中毒病，由肉毒梭菌在胃肠道内产生的外毒素导致。
- C型肉毒梭菌和C型肉毒梭菌类毒素的循环抗体水平较低，与EGS患病风险的增加相关。

特征与流行病学

- 所有年龄均可发病，但主要发生在2~7岁。
- 通常只影响健康状况良好的个体。
- 虽然本病全年均可发生，但主要发生在北半球的春季和夏季（4—7月），南半球的10月至翌年2月。
- EGS通常影响放牧中的马。
- 疾病常在某特定设施或牧场复发。
- 近期移动到了新的牧场或设施是一个风险因素。
- 该病也与其他应激因素有关，如产驹、阉割和调教。
- 在疾病暴发前10~14d，天气常又冷（7~10℃/46~50°F）又干燥。

该病的分型

- 急性型。
- 亚急性型。
- 慢性型。

临床症状

急性型

- 精神沉郁和嗜睡。
- 食欲不振。
- 腹痛。
- 心率过快（高达100次/min）。
- 可能发热［高达40℃（104 °F）］。
- 可能出现双侧眼睑下垂。
- 三头肌和四头肌肌群肌颤。
- 全身性出汗，或在体侧、颈部和肩部区域局部出汗。
- 吞咽困难。
- 流涎。
- 脱水。
- 小肠扩张。
- 胃反流，鼻流出绿色或棕色的恶臭液体。
- 肠音减少或消失。
- 腹胀。
- 许多患马在2d内死亡或者需要进行安乐死。

亚急性型

- 临床症状与急性病例相似，但不严重。
- 吞咽困难。
- 持续心动过速。
- 体侧、颈部和肩部的局部出汗。
- 肌肉震颤（三头肌和四头肌）。
- 体重下降并逐渐出现特征性的腹部紧缩。
- 眼睑下垂。
- 可能出现鼻胃反流和一段时间的腹痛。

- 许多患畜在7d内死亡或者需要进行安乐死。

慢性型

- 慢性型的临床症状是隐性的。对于慢性型牧草病，一些经过适当挑选并进行管理的病例，是可能存活的。
  - 体重严重下降并逐渐出现特征性的腹部紧缩。
  - 站立时蹄间距窄，就像“大象站在浴缸里”。
  - 虚弱，拖拽蹄尖行走。
  - 眼睑下垂。
  - 持续心动过速（高达60次/min）。
  - 肌肉震颤。
  - 局部出汗。
  - 轻度腹痛。
  - 轻度吞咽困难，食物积蓄在口腔内。
  - 干性鼻炎，鼻孔周围积累干燥的黏膜分泌物，呼吸时明显的“吸鼻子”声音。
- 有许多未经证实的传闻提及慢性病例存活的马之后出现复发。
- 该病当然可能也存在亚临床情况，但没有很充分的记载。

诊断

- 可根据流行病学特征、临床症状和直肠检查结果做出尝试性诊断。
- **实践提示：**牧草病只能通过活检病灶进行病理组织学诊断、尸检时检查肠神经节或开腹手术进行回肠活检之后确诊。
- 可能需要进行开腹探查术和回肠活检来区分急性牧草病和外科疾病造成的小肠阻塞（尤其是前段肠炎、回肠梗阻和特发性局灶性嗜酸性粒细胞肠炎）。
- 苯肾上腺素滴眼液（0.5%）在牧草病的马身上引起的睑裂扩张程度大于正常马（睑裂扩张程度的度量，是在动物前方观察睫毛与头所成的角度）。**注意：**该测试应在未被镇静的马上进行。
- 对患急性或亚急性牧草病的马进行远端食管的内镜检查，可能发现黏膜沿长轴出现线形溃疡。
- 造影食管影像学检查（服用钡餐）可能显示出异常的运动性。
- 活检直肠神经节的结果并不可靠。
- 最近鼻黏膜活检和病理组织学检查的价值正在受到重视。

应该做什么

马牧草病

- EGS的大部分病例都不能存活。
- 急性和亚急性牧草病应进行安乐死。
- 患轻微慢性型牧草的个体经更长时间的治疗和护理可能存活。
- 只有当病例满足以下条件时才考虑治疗:
  - 选择慢性病例的标准:
    - 有一定的吞咽能力。
    - 有一定的食欲。
    - 有一定的肠道运动能力。
    - 心率低于60次/min。
  - 筛选后慢性病例的管理:
    - 整体的健康护理，使人多和其接触，多给其梳毛，定期牵遛和用手饲喂很重要。
    - 用手饲喂可能会刺激食欲和肠道蠕动。
    - 每日给予4~5次可口的高能量、高蛋白食物。应给予青草、苹果和新鲜蔬菜。应准备许多种类可供选择的饲料和饲草。
    - 应准备厚实、干净的卧床，以促进马躺卧。
    - 西沙必利 0.5~0.8mg/kg，PO，q8h，持续7d，可能改善肠道的运动能力，但其有效性尚未得到证实。
    - 可能有必要使用氟尼辛葡甲胺 0.5~1.1mg/kg，IV；或保泰松 2.2~4.4mg/kg，IV，以控制腹部疼痛。
    - 地西泮 0.05mg/kg，IV，q2h，可用作食欲刺激剂。
    - 需监测排便情况。如果出现持续软便，必要时可进行经肠液体治疗。
    - 矿物油也可用于帮助粪便排出。
    - 益生菌可能有帮助，但它们的有效性尚未得到评估。
  - 有可能存活的病例一般在诊断之后5周内逐步恢复体重，约9个月恢复至正常体重。
  - 一部分继续存活的马仍有的症状包括:
    - 食欲不振。
    - 一定程度的吞咽困难。
    - 轻度的腹痛。
    - 出汗。
    - 毛皮异常——质地或颜色改变。

预防

- 有研究正在评估一重组蛋白的C型肉毒梭菌毒素疫苗的免疫原性和安全性。

非洲马瘟

- 非洲马瘟是一种非接触传染性的节肢动物传播病毒病，可造成本地未接触过病原的马90%的病死率。
- 尽管该病总体上仅存在于非洲撒哈拉南部的热带和亚热带地区，它也同时在不断向非洲大陆的更南和更北方传播。
- 该病曾偶然传播到亚洲（远至巴基斯坦和印度）和欧洲南部（葡萄牙和西班牙）。
- 人们认为由气候变化导致的其媒介动物的生物学变化，可使该病的地理分布范围变广。
- 非洲马瘟病毒由库蠓属动物（*Culicoides* spp.）传播，其中拟蚊库蠓（*C. imicola*）和博利库蠓(*C.bolitinos*）为该病在非洲的传播中扮演着重要角色。
- 该病的发生存在季节性。其流行率会受到气候和其他有利于库蠓属动物繁殖的因素影响。

特征

- 马是最易感的宿主动物。
- 骡和欧洲驴较易感。
- 非洲驴和斑马有抗性（感染为亚临床）。

临床症状

- 该病有四种被记录的分型：
  - 肺型。
  - 混合型。
  - 心型。
  - 马瘟热型。
- 肺型［“邓克（Dunkop）（注：当地语言，下同）”型］为最急性或急性，并常常迅速致死，潜伏期3~4d；该型发生在未曾暴露于该病原的马和具有完全易感性的马。
- 心型［“迪克（Dikkop）”型］通常为亚急性，潜伏期长达3周。
- 该病的混合型是肺型与心型的混合。
- 马瘟热型是由该病毒毒力较弱毒株造成的症状温和的一型。特征为发热和眶上窝水肿。

肺型

- 可能造成“猝死”。
- 精神沉郁和发热［39~41℃（102~106 ℉）］。
- 呼吸窘迫伴鼻孔张大和呼吸过快（呼吸率最高可超过50次/min）。
- 阵发性咳嗽。
- 头颈伸展。
- 大量出汗。
- 躺卧。
- 鼻液多泡（末期）。
- 往往在临床症状出现数小时内死亡。
- 只有约5%肺型患马存活。

心型

- 发热［39~41℃（102~106 ℉）］持续3~4d。
- 头部（从眶上窝开始）、颈部和胸部水肿。
- 结膜充血。
- 黏膜点状出血。
- 腹痛。
- 呼吸困难。
- 死亡（病死率50%）常发生在发热后4~8d。
- 康复的病例，肿胀在3~8d后逐渐消退。
- 可能出现食管麻痹的并发症，造成吞咽困难。
- 梨形虫病可使恢复过程更为复杂，造成黄疸、贫血和便秘。

混合型

· 尽管混合型是非洲马瘟最常见的病型，但因为它往往是最急性发作并迅速发展，常造成死亡，所以很少在临床上被确诊。

- 最初轻微且未恶化的肺部症状，随后可发生水肿和胸腔积液；心衰是死亡的原因。
- 最常见的情况为亚临床的心型症状之后，很快出现明显的呼吸困难和其他肺型的典型症状。
- 死亡常发生在发热后3~6d。

马瘟热型

- 是非洲马瘟最温和的一型，但由于没有特异性症状，在临床处理中不常诊出。

- 潜伏期为5~9d，之后温度在4~5d内逐渐上升至40℃（104 °F），然后体温降至正常，而后康复。
- 除发热外，其他临床症状少见且不易发现。
- 一些马可能出现精神沉郁和一定程度的食欲下降、结膜充血、轻微的呼吸困难以及心率上升，但症状很快消失。

诊断

- 从血液或组织（脾、肺、肝、心脏、淋巴结）分离病毒。
- 血清学：琼脂免疫扩散试验（AGID）、酶联免疫吸附试验（ELISA）、补体结合试验（CF）或病毒中和试验。

应该做什么

非洲马瘟

- 对症和支持治疗。
- 存活的马在康复后应至少休息4周再恢复轻体力劳动。

预后

- 易感马的病死率为80%~90%。

马脑病

- 马脑病为马环状病毒感染，常表现轻微或亚临床症状。
- 该病毒由库蠓属动物传播，库蠓是非洲温带地区的本地物种。
- 流行病学与非洲马瘟十分相似，同时也存在传入欧洲的风险性。

临床症状

- 潜伏期3~5d。
- 90%感染马不表现明显症状或者仅有十分轻微的临床症状。
- 轻微发热［39~41℃（102.2~105.8 °F）］。
- 精神萎靡和食欲不振。
- 轻微黄疸。
- 眼睑肿胀，可能可观察到眶上窝。
- 本病罕见，发病表现神经性症状。

诊断

- 血清（学）检测呈阳性

鼻疽（皮肤型鼻疽，地方性淋巴管炎）

- 鼻疽是马高度接触传染性疾病，由革兰阴性细菌鼻疽伯克氏菌引起。
- 该病已在亚洲一些地区、中东和南美证实存在，偶尔因马匹进口被引入欧洲。
- 为人兽共患病。

临床症状

- 潜伏期为3~14d（也存在潜伏感染和携带）。
- 有呼吸型、皮肤型、急性型、慢性型，但各型之间有重叠。
- 在驴和骡常见急性致死性的支气管肺炎，而在马更常见慢性皮肤型。
- 可见脓性眼鼻分泌物和鼻部溃疡。
- 出现皮下和腹部、肢体远端、面部、颈部的溃疡结节。
- 体重减轻。
- 动物可能出现呼吸窘迫。
- 1~4周内死亡（驴更快）。

诊断

- 皮肤病灶拭子/尸检材料可进行病原培养。
- 脓肿中病原含量可能不多（且常被其他细菌感染，特别是假单胞菌和巴氏杆菌属），因此建议进行多次培养。鼻疽的皮下脓肿含有数量较理想的病原，而溃疡往往没有该菌。
- **重要**：由于鼻疽是人兽共患病，所有样本均需在符合处理“第3类污染物3”病原条件的实验室内进行小心处理。
- 疑似样本应腹膜内接种成年雄性豚鼠以确诊。
- PCR技术的有效性最近已被认可。
- 可用的血清学试验包括补体结合试验、竞争性ELISA。
- 鼻疽菌素接种检测马对鼻疽伯克氏菌的迟发型变态反应。在荷兰、土耳其和罗马尼亚有可用的鼻疽菌素纯蛋白衍生物（PPD）。可进行眼睑皮内注射和皮内注射。

博尔纳病

- 博尔纳病是一种散发，常造成致死性机体紊乱，由高度嗜神经博尔纳病病毒引起的疾病。
- 该病发生在德国、瑞士、列支敦士登和澳大利亚的流行地区。

临床症状

- 疾病可能是亚临床、特急性、急性或亚急性的。
- 潜伏期在2至数月间波动。
- 行为改变、精神不振、嗜睡、过度兴奋、有攻击性。
- 回归热。
- 头部倾斜和共济失调。
- 斜颈、强迫性转圈、头部震颤、失明、眼球震颤、面瘫。
- 抽搐。

诊断

- 使用蛋白质印迹分析或间接免疫荧光试验，在血清和/或脑脊液中检出抗体。
- 脑脊液淋巴单核细胞增多症。

马媾疫

- 马锥虫病是由血液原虫造成的急性或慢性感染性疾病。
- 根据感染寄生虫种类的不同，可分为三种疾病：
  - 那加那病（Nagana）。
  - 苏拉病（Surra）。
  - 马媾疫（Dourine）。

· 那加那病由刚果锥虫（*Trypanosoma congolense*）、活动锥虫（*T. vivax*）和/或布氏锥虫（*T. brucei*）引起，发生在撒哈拉以南的非洲地区。

· 苏拉病的病原是伊氏锥虫（*Trypanosoma evansi*）。该病主要发生在非洲北部和东北部、拉丁美洲（智利除外）、中东和亚洲。

· 马媾疫为性传播的马媾疫锥虫的感染。该寄生虫全球分布，尽管一般认为西欧、澳大利亚和美国没有该病存在，但在欧洲（最近在德国和意大利）该病仍有零星的外来性输入。

临床症状

- 慢性感染可持续1~2年。

· 临床症状通常在感染后数周内出现，但在一些病例也有延后。
· 临床症状的表现可因应激而恶化。
· 母马的临床症状包括出现阴道分泌物，外阴水肿，而后水肿沿会阴向乳房和腹侧延伸；外阴炎和阴道炎；多尿；流产。
· 公马的临床症状包括包皮和阴茎头水肿，向阴囊、会阴、胸腹的腹侧延伸；外生殖器官有水疱或溃疡。
· 可见结膜炎和角膜炎。
· 出现表皮“斑块（plaques）”，尤其在肋骨周围。
· 可见进行性贫血。
· 神经性症状包括躁动不安、虚弱、不协调、麻痹（主要为后肢）、截瘫和死亡。

诊断

· 血清学——补体结合试验。

应该做什么

马媾疫

· 世界动物卫生组织（OIE）的国际条款规定补体结合试验（CFT）阳性的马匹需进行扑杀。

跳跃病

· 跳跃病是一种由蜱传黄病毒引起的急性脑炎。
· 该病见于英国和爱尔兰的特定地区，主要影响绵羊，但也有罕见情况可感染马。
· 该病毒的自然媒介动物为篦子硬蜱（绵羊蜱）、蓖麻。

临床症状

· 食欲不振。
· 发热。
· 共济失调和步态异常。
· 颈部和面部区域肌肉震颤。
· 头部姿势改变，角弓反张。
· 精神沉郁。
· 回避明亮的光线。
· 行为异常，包括持续夸张的咀嚼动作。
· 大多数感染马在对症和支持治疗后可康复。

诊断

- 血清学——血清中和试验、补体结合试验、血凝抑制试验。

非典型肌病（非典型肌红蛋白尿症）

- 非典型肌病在英国、欧洲大陆和澳大利亚有报告。
- 主要发生在放牧的马和矮种马。
- 患病个体通常营养水平低，没有运动或运动量极少。
- 疾病暴发前经常遭遇不良的天气情况（大量降雨和大风）。
- 一群马中可有一匹或更多个体发病。
- 非典型肌病的病因未知，但有证据表明与索氏梭菌（*Clostridium sordelli*）毒素有关。在美国，该毒素与箱龄树的种子有关。
- 该病与各种乙酰辅酶A脱氢酶缺陷有关，会导致线粒体脂质代谢中断。
- 线粒体电子传递系统的呼吸性能显著下降。
- 可见严重的横纹肌溶解，尤其是在氧化Ⅰ型肌纤维比例高的肌肉和心肌。

特征

- 任何年龄都可发生，但最常发生在年轻马中（<6岁）。

临床症状

- 发现时，马匹可能已经死亡或躺卧在地。
- 发病较不严重的个体可能会突然出现肢体僵硬，之后数小时发展为躺卧。
- 通常没有疼痛或痛苦的表现。
- 食欲、饮欲正常，躺卧的个体也一样。
- 体温、心率和呼吸率正常。
- 尿液呈深棕色或红色。

诊断

- 流行病学特征和临床症状。
- 肌酸激酶（CK）和天冬氨酸氨基转移酶（AST）值显著上升。
- 血清肌钙蛋白Ⅰ水平上升。
- 肌红蛋白尿。

- 部分患畜山梨醇脱氢酶和γ谷氨酰转肽酶上升。
- 部分患畜出现低钙血症，尤其是疾病末期出现。
- 肌肉活检进行免疫组织学检验发现在Ⅰ型肌纤维内出现肌内脂肪过度蓄积。
- 尿液和或血液中酰基肉碱和有机酸的浓度上升。

应该做什么

非典型肌病

- 如果患畜仍有能力站立，应将其转移到有良好卧床并能进行护理治疗的马厩。
- 对躺卧状态的患畜进行对症治疗并防止肌肉进一步受损。
- 如果患畜躺卧在较冷的环境中，应防止出现低体温。
- 对躺卧马匹使用悬索基本没有帮助。
- 纠正电解质平衡和酸碱平衡。
- 监测尿素和肌酐值以评估肾脏功能。
- 在心脏功能下降的病例可考虑使用地高辛（0.002 2mg/kg，IV或0.011mg/kg，PO）。如果出现严重的心律不齐，可考虑使用抗心律失常药。
- 应促使马采食低脂高碳水食物（鲜草、优质干草、苜蓿草、谷物、糖蜜、糖水、胡萝卜和苹果）。如果马匹食欲不振或出现吞咽障碍，可能需要辅助的肠内营养支持（经鼻胃饲管），如泡软的苜蓿颗粒料或商品化液体食物。
- 以复合维生素B的形式补充核黄素。
- 如果出现高脂血症，需进行治疗。
- 泼尼松龙0.5~1mg/kg，PO，q24h，对一些病例有帮助。

预后

- 病死率高，在一些暴发事件中高达100%。
- 保持有在大多数时间站立的能力、体温正常、黏膜情况正常和持续排便与更好的预后有关。
- 躺卧、出汗、食欲不振、呼吸困难、呼吸过快、心率过快、高血细胞比容（PCV）、低氯浓度、低动脉氧分压（PaO_2）和或呼吸性酸中毒与预后低存活率有关。
- 患马肢体僵硬，但2~3d后仍可站立，预后良好。
- 预后与CK和AST升高程度的关联性弱。
- 不能存活的病例一般在发病后72h死亡或被安乐死，但最长可存活10d。

费尔矮种马和戴尔矮种马的马驹免疫缺陷综合征

- 费尔和戴尔是罕见的英国本地矮种马种。
- 这些品种中的FIS是一种致命性的孟德尔隐性疾病，表现为B淋巴细胞免疫缺陷。
- 每年大约有10%的费尔矮种马新生马驹死于该病。
- 已确定了钠/肌醇协同转运基因（SLC5A3）上的一处变异。

临床症状

- 患驹刚出生时可能表现正常。
- 2~3周龄时患驹一般开始出现腹泻（可能与隐孢子虫病有关），咳嗽（可能与腺病毒支气管肺炎有关），不能吮乳。
- 出现频繁的咀嚼动作和口臭，与舌上覆盖的假膜有关。
- 严重贫血。
- 淋巴细胞减少症。
- 毛皮干燥，没有光泽。
- 恶化，常在1~3月内死亡或安乐死。

应该做什么

马驹免疫缺陷综合征

- 只能对症治疗。
- 没有有效的治疗方法。

预防

- 基因测试和选择性繁育。

植物毒素

- 见第34章。

致死性颠茄

- 致死性颠茄含有阿托品，是一种乙酰胆碱的毒蕈碱受体颉颃剂。

临床症状

- 散瞳和视力受损。
- 食欲不振。
- 过度兴奋。
- 颤抖和肌肉痉挛。
- 共济失调。
- 多尿，有时伴血尿。
- 抽搐。

诊断

- 病史和临床症状。

- 在胃和肠道取出并鉴别植物碎片。

应该做什么

致死性颠茄

- 新斯的明 0.005~0.01mg/kg，IM或SQ。
- 口服活性炭。
- 支持治疗。

毒芹

- 毒芹是一种广泛分布在英国的植物。
- 包含毒芹碱。
- **实践提示：**只有新鲜植物有毒，干燥过程可使该生物碱失活。

临床症状

- 瞳孔扩大。
- 虚弱。
- 共济失调。
- 心率过缓，后心率过快。
- 呼吸过缓伴呼吸困难。
- 呼吸停止造成死亡。

诊断

- 可能接触该类植物的病史和临床症状。
- 在胃和肠道取出并鉴别植物碎片。

应该做什么

毒芹

- 口服活性炭。
- 支持治疗。

杜鹃（彭土杜鹃）

- 杜鹃是一种在英国广泛分布的外来品种，其毒性来源于其含有的多羟基浸木毒素。
- 中毒一般发生在冬季积雪妨碍采食时，或夏季干旱使草场枯萎时。

临床症状

- 唾液分泌过多（流涎）。
- 干呕。
- 腹痛。
- 腹泻。
- 兴奋。
- 精神沉郁。
- 心血管系统衰竭。
- 共济失调。
- 由于呼吸抑制和呼吸衰竭，在几天后死亡。

诊断

- 病史显示可能接触植物，临床症状。
- 在胃和肠道取出并鉴别植物碎片。

应该做什么

杜鹃

- 口服活性炭。
- 支持治疗。

水芹（*Oenanthe* spp.）、水毒芹（*Cicuta virosa*）

- 这些植物的毒性来自于其所含有的树脂类毒素、水芹毒素和毒芹素。
- 根部的毒性尤其强，且当它们在翻土过程被翻起并丢在河岸时，很容易被采食。

临床症状

- 唾液分泌过多。
- 腹部疼痛。
- 瞳孔扩大。
- 肌肉痉挛。
- 癫痫。
- 常在发病后数分钟内死亡，由呼吸衰竭导致。

诊断

- 根据病史显示可能接触植物及临床症状作出诊断。

· 在胃和肠道取出并鉴别植物碎片。

应该做什么

水芹 / 水毒芹

- 口服活性炭。
- 支持治疗。
- 大多数病例在开始治疗之前就已死亡。

中东

Israel Pasval

· 该章节所述的马病范围为中东国家（ME）中世界动物卫生组织（OIE）的成员，包括巴林、埃及、伊朗、伊拉克、以色列、约旦、科威特、黎巴嫩、阿曼、巴勒斯坦、卡塔尔、沙特阿拉伯、叙利亚、土耳其、阿联酋和也门等。

· 根据OIE年鉴，最重要的马的紧急情况为非洲马瘟、马梨形虫病（EP）、马流感（EI）、苏拉病和马疥癣（HM，表40-1）。

非洲马瘟

· 非洲马瘟（AHS）是20世纪60年代早期中东最重要的疾病。因成功执行扑杀政策以及疫苗接种，1993年后再无病例报告。临床症状的特征为呼吸系统和循环系统损伤，造成发热、心衰、水肿、肺水肿和呼吸窘迫。

应该做什么

非洲马瘟

- AHS没有治疗方法。
- 预防方式包括检疫及边镜和国内的预防措施。
- 当该病被引入一个区域，需检查马群内的所有马匹以排查是否感染。感染马需处以安乐死，尸体以适当方式处理。
- 未感染马需接种疫苗。疫苗需包含全部的9种血清型。
- 建议使用杀虫剂、驱虫剂控制媒介动物，并消除适合蚊子繁殖的环境。

马梨形虫病

· 过去十年间，马梨形虫病（EP）病例在巴林、埃及、以色列、约旦和阿联酋等国家反复有报告。

· EP是由原生动物驽巴贝斯虫（*Babesia caballi*，图40-1）或马泰勒虫（*Theileria equi*，图40-2）造成的疾病，经蜱传播，在气候炎热的国家多发。

· 该病的症状严重程度可由急性发热、食欲不振、萎靡不振，发展至贫血、黄疸和猝死，

表40-1　中东地区马的疾病

		非洲马瘟	马媾疫	地方性淋巴管炎	马传染性贫血	马流感	马梨形虫病	马鼻肺炎	鼻疽	马病毒性动脉炎	马疥癣	苏拉病（伊氏锥虫）
国家	OIE 分类 A-B*	A110	B202	B203	B205	B206	B207	B208	B209	B211	B213	B215
也门		–	–	–	–	–	–	–	–	–	–	–
阿联酋		–	–	–	–	–	06+ 07+ 10+	–	–	–	–	–
土耳其		–	–	–	–	–	–	–	–	–	–	–
沙特阿拉伯		–	–	–	–	–	–	–	–	–	–	–
卡塔尔		–	–	–	–	–	06+？ 07+？ 08+？	–	–	–	–	09+
巴勒斯坦		–	–	–	–	–	–	–	–	–	–	–
阿曼		–	–	–	–	–	–	–	–	–	–	–

（续）

		非洲马瘟	马媾疫	地方性淋巴管炎	马传染性贫血	马流感	马梨形虫病	马鼻肺炎	鼻疽	马病毒性动脉炎	马疥癣	苏拉病（伊氏锥虫）
国家	OIE 分类 A-B*	A110	B202	B203	B205	B206	B207	B208	B209	B211	B213	B215
黎巴嫩	–	–	–	–	–	–	08？	11	–	–	–	
科威特	–	–	–	–	08	–	–	09+ 10	–	–	–	
约旦	–	–	–	–	–	06+ 07+ 08+ 09+ 10+	–	–	–	–	09	
以色列	–	–	–	–	06 07	06 07 08 09 10	06 08 11	–	–	–	–	
伊拉克	–	–	–	–	–	–	–	–	–	–	–	

（续）

		非洲马瘟	马媾疫	地方性淋巴管炎	马传染性贫血	马流感	马梨形虫病	马鼻肺炎	鼻疽	马病毒性动脉炎	马疥癣	苏拉病（伊氏锥虫）
国家	**OIE 分类 A-B***	**A110**	**B202**	**B203**	**B205**	**B206**	**B207**	**B208**	**B209**	**B211**	**B213**	**B215**
伊朗	–	–	–	–	–	–	–	07+？ 08？ 09 10 11	–	–	–	
埃及	–	–	–	–	–	–	–	–	–	–	–	
巴林	–	–	–	–	09？ 10？ 11？	–	–	10 11	–	–	–	

注：数据来自世界动物卫生组织（OIE）。

*A 类病定义为超越国界，具有快速的传播能力，能引起严重的社会经济或公共卫生后果，并对动物和动物产品的国际贸易具有重大影响的可传染疾病。A 类病必须尽快报告 OIE。*B 类病被定义为有重大社会经济和或公共卫生意义，且对国际动物和动物产品贸易有显著影响的可传染疾病。B 类病同样需要报告，但为每隔一段时间报告。

注意：A 类和 B 类列表疾病数即 OIE 疾病数。

+ 表格提到的数字为年份的后两位数字（如 09 表示 2009）。

？怀疑但未确认。

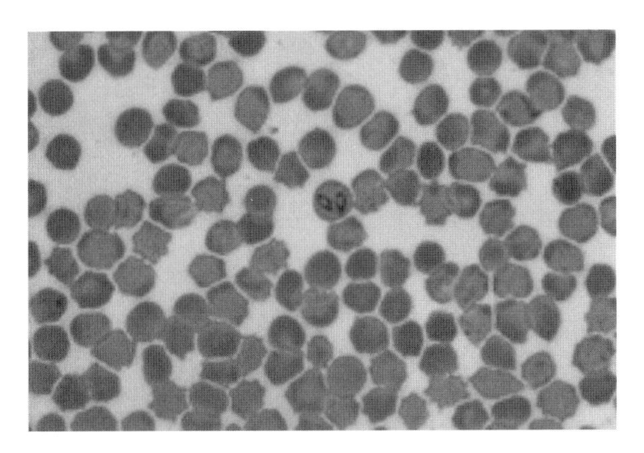

图 40-1　红细胞内的驽巴贝斯虫

姬姆萨染色血涂片（裂殖子，长 2~5μm，宽 1~1.5μm）。

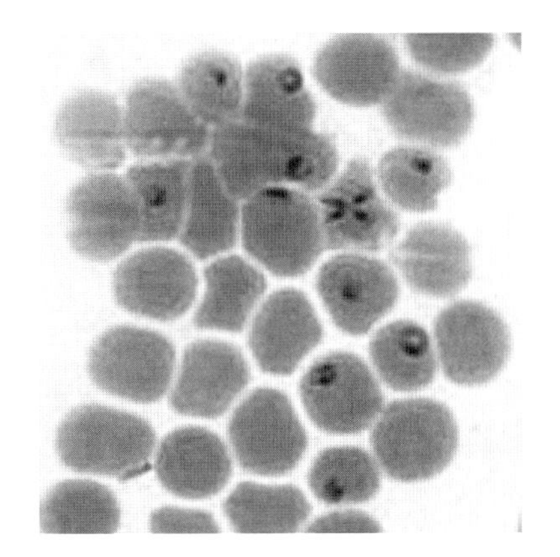

图 40-2　红细胞内的马泰勒虫裂殖子

姬姆萨染色血涂片（1.5~3μm），典型的马耳他十字形态。

或慢性体重减轻和运动不耐受。

应该做什么

马梨形虫病

- 需通过显微镜检查血涂片（姬姆萨染色）确诊。
- 许多血清学测试可用于检出携带病原的马。没有疫苗。
- 治疗使用双咪苯脲、咪多卡或贝尼尔，通常有效。
- 需彻底控制蜱虫。
- 建议对来自疾病流行地区的进口马匹进行检验。

马流感

· 过去十年间，马流感（EI）的暴发在以色列有反复报告。

· EI 是一种急性、接触传染性的呼吸系统疾病。

· EI 由两不同亚型的流感 A 病毒引起。

· 临床症状为发热、干到湿性咳嗽、浆液性鼻液、精神不振和食欲不振；上呼吸道的继发感染对幼驹可以是致命的。

应该做什么

马流感

- 由于流感可由进口感染马引起，有必要采取检疫及其他边镜预防措施。
- 无慢性携带的情况，且潜伏期短，因此该病在检疫时容易被发现。
- 流感疫苗在各地均易获取，且在赛马中常规使用。
- 在民主国家，除参加国际活动的运动马外，疫苗仍禁止使用。

苏拉病

- 苏拉病病例过去十年间在埃及、伊拉克、约旦、阿曼、沙特阿拉伯和也门有报告。
- 该病名称“苏拉”来自苏丹，最初为阿拉伯语。
- 苏拉病是一种脊椎动物疾病，感染马和骡，由伊氏锥虫（*Trypanosoma evansi*）引起，虻和吸血蝙蝠传播。
- 临床症状为发热，虚弱和精神不振，点状出血（眼睑、鼻内壁和肛门），腿、胸部和腹部水肿、皮肤荨麻疹、进行性体重下降、贫血、黄疸。
- 在一些动物，苏拉病不治疗则导致死亡。

应该做什么

苏拉病

- 通过血涂片鉴别该原虫。可使用血清学测试。
- 使用ELISA申报疾病无疫区，并使用卡片凝集试验复检怀疑样本。
- 无可用疫苗。
- 马的治疗有三氮脒（3.5~5.9mg/kg，IM，一次给予，5周后重复；见附录九）。
- 禁止从疫区进口。

马疥癣

- 马疥癣（HM）或称疥疮，是中东地区大多数区域的地方流行病。
- HM由一般称为螨的微小的节肢动物寄生虫感染马匹引起。许多不同类型的螨都能引起疾病，但只有由马疥螨（*Sarcoptes scabiei* var.*equi*）引起的疥癣是OIE所列疫病。
- HM是接触传染性人兽共患病。
- 临床症状包括最初从头部、颈部、肩部开始出现的皮肤病灶，以及持续的瘙痒。
- 病灶最初为小丘疹，逐步发展为水疱，之后脱皮，随病情进展，出现脱毛和明显的皮肤苔藓化。
- 如果不进行治疗，HM可导致消瘦、虚弱和食欲不振。

应该做什么

马疥癣

- 有效的治疗包括伊维菌素和西维因（carbaryl），见附录七。
- 无可用疫苗。
- 建议在边境和国内采取检疫、调运控制和其他的预防措施。

不应该做什么

马疥癣

- 不要对马使用双甲脒。

疾病管理

· 联合国粮农组织近东地区会议和OIE中东地区委员会的活动已经显著提高了该地区马的健康水平。

· 1990年以来，由于对阿拉伯的著名纯血马的关注度上升，中东地区对马匹健康的关注度也随着世界阿拉伯马协会的成立而上升。

· 在G. Yehya向OIE地方委员会递交的综述性报告——中东地区马的健康状况（OIE出版发行，1997）中，作者总结了动物疾病的控制措施和进口规定。报告所列的控制措施包括：

- 在国内成立控制项目。
- 控制非脊椎媒介动物和自然疫源地。
- 边境的检疫措施。
- 对一些最重要的马病以实验室手段进行流行病学检测。
- 进口报关的条例包括的规定有：
  - 大多数国家进口马匹需要国际标准的官方健康认证。
  - 大多数国家对于来自疾病流行地区的进口马匹采取检疫措施。
  - 一些国家，例如阿拉伯联合酋长国，仅允许马匹经空运进口。

南非

Montague N. Saulez

非洲马瘟（AHS）

病因学和流行病学

· 非洲马瘟是一种由环状病毒（Orbivirus）（存在9种血清型）引起的非接触传染性马病，由库蠓（*Culicoides* midges）传播［拟蚊库蠓（*C. imicola*）和博利库蠓（*C.bolitinos*）尤其重要］（欧洲和中东）。

· 是非洲东部和中部的地方流行病，也发生在南非。最初报告的AHS暴发在也门（1327年）和从印度进口马匹的东非（1569年）。同时，在荷兰东印度公司于好望角殖民并引进马之后也频繁有“石病（perreziekte，或称佩勒病。荷兰语，perre语源为stone，多用作人名，ziekte意为疾病）”的报告（1652年）。

· AHS在北非、中东和西班牙也有发生。该病在毛里求斯和马达加斯加未曾发现。AHS在以下国家有过暴发记录：埃及、巴勒斯坦、葡萄牙、黎巴嫩、约旦、伊朗、伊拉克、塞浦路斯、叙利亚、利比亚、阿富汗、巴基斯坦、印度、土耳其、突尼亚、阿尔及利亚、摩洛哥、沙特阿拉伯和佛得角群岛。

· 感染AHS马典型表现为发热和食欲不振，伴有皮下、肌间、肺组织的广泛水肿。骡、驴和斑马也可以感染。

· **实践提示：** 犬可能通过摄食AHS感染马的胴体染上AHS。

· 由于气候原因，AHS通常先从南非的北部发病（12月至翌年1月），再向南延伸，尤其是气候条件适宜时（降雨较早，之后天气炎热干燥是最适合库蠓繁殖的情况）。

· 霜会打断库蠓的生活史，第一场霜（4—5月）之后不会再有新的AHS病例出现。在克鲁格国家公园，AHS病毒持续在库蠓和斑马之间传播。斑马在非洲可能（驴多半也可）是AHS病毒的大型储藏库。

疾病亚型

· “邓克”型或肺型。
· “迪克”型或心型。
· 混合型。
· 马瘟热型。

临床症状

“邓克”型或肺型

· 发热。
· 心动过速、呼吸过快、呼吸困难、咳嗽。
· 浆液纤维素性的多泡的鼻分泌物。
· 猝死。
· 肺型最高病死率超过70%。

“迪克”型或心型

· 头部和颈部的皮下水肿。
· 眶上窝水肿。
· 眼睑、颊、舌、颈部也可能水肿。
· 发热。
· 结膜和舌腹侧的瘀点。

- 由于食管麻痹而不能吞咽。
- 躁动不安。
- 病死率为50%。

混合型

- 最常见的病型。
- 呼吸困难。
- 广泛的水肿。
- 病死率为70%。

马瘟热型

- 温和的病型。
- 发热。
- 短暂的心动过速、呼吸困难和食欲不振。
- **实践提示：**由于存在免疫抑制，感染的马还可能感染巴贝斯虫病，出现食欲不振、黄疸、贫血等症状。

病理学

“邓克”型或肺型

- 肺水肿；气管和支气管充满泡沫（图40-3至图40-5）；胸腔积液。

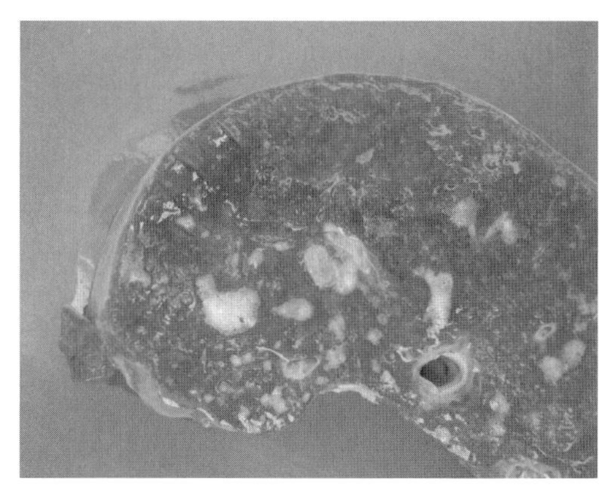

图 40-3　“邓克”型 AHS
胶状水肿和来自支气管的泡沫状渗出。

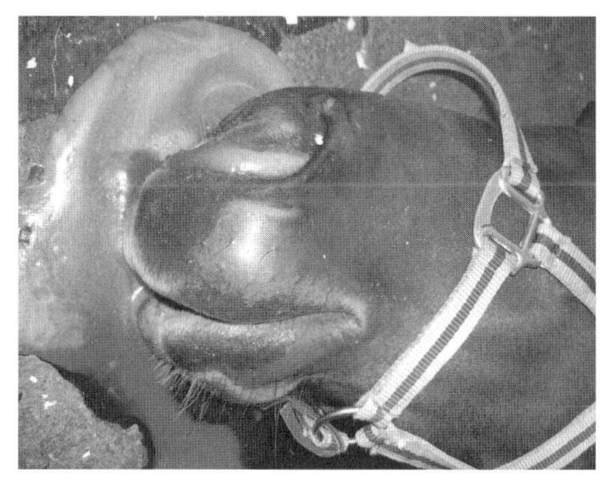

图 40-4　“邓克”型或肺型 AHS
急性死亡马的鼻孔中大量浆液纤维素性多沫的液体。

图 40-5　“邓克“型 AHS
一匹死亡马气管中多沫的浆液纤维素性液体。

- 胸膜和气管的瘀点、瘀斑。
- 心内膜和心外膜出血。
- 胃的腺体区瘀血；肠道黏膜和浆膜瘀点。

"迪克"型或心型

- 皮下和肌间结缔组织水肿，包括头部和颈部（图40-6）、眶上窝（图40-7）、眼睑（图40-8）、颊和舌。
- 心包积水和心外膜出血（图40-9）。

图40-6　一匹患"迪克"型AHS马

肌间结缔组织水肿。

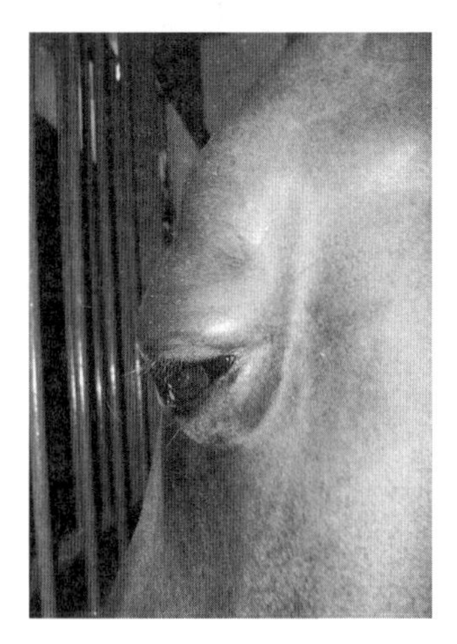

图40-7　"迪克"型AHS

眶上窝严重肿胀。

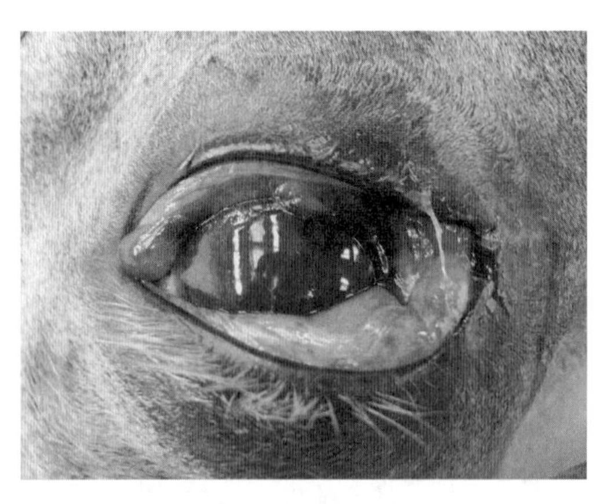

图40-8　一匹患AHS马

上下眼睑严重水肿。

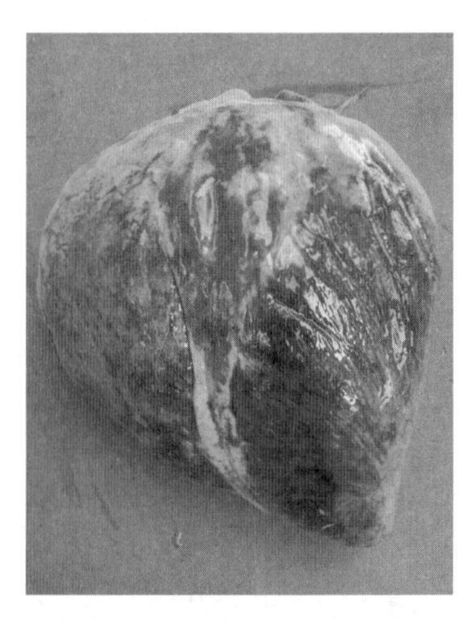

图40-9　一匹患"迪克"型或心型AHS马

心外膜严重的瘀斑。

- 盲肠、结肠和直肠瘀血、瘀点。

“混合型”

- 与在“邓克”型和“迪克”型看到的病灶相似。

诊断

- 暂定的诊断基于流行病学、临床症状和大体病变。
- 从血、肺、脾、淋巴结分离病毒。
- 使用病毒中和试验对AHS进行血清学分型。
- 循环抗体效价提示近期感染。
- PCR试验用于检测AHS病毒并对不同血清型进行分型。

鉴别诊断

- 马脑病。
- 巴贝斯虫病。
- 出血性紫癜。
- 马病毒性动脉炎。

应该做什么

非洲马瘟

- 在没有应激刺激的环境中进行对症和支持治疗。
- 抗生素：使用苄青霉素（22 000IU/kg，IV，q6h）和庆大霉素（6.6mg/kg，IV，q24h）预防可能的继发感染。
- NSAIDs：氟尼辛葡甲胺（1.1mg/kg，IV，q12h；或0.25mg/kg，IV，q6h）。
- 二甲基亚砜（DMSO）（10%溶液，IV，q12~24h）。
- 利尿剂：呋塞米（1mg/kg，IV，按需要使用）。
- 气道切开并供氧（O_2，10L/h）。
- 保持血压：6%羟乙基淀粉130/0.4[1]［万汶[2]（Voluven），0.5~1mL/kg，IV，q12~24h］。
- 部分或完全肠外营养。
- 控制媒介动物：
  - 在黄昏至黎明期间让马待在马厩内。
  - 驱虫剂。
  - 使用杀虫剂。

1　胶体液的性质以分子质量（130）和摩尔取代度（molar substitution，0.4）来评定。不同胶体液产品的这些指标和药物动力学紧密相关。

2　万汶［费森尤斯卡比（fresenius kabi），Halfway House，South Africa］。

预防

- 使用减毒活苗，包括三价（血清型1、3、4）和四价（血清型2、6、7、8），间隔3周分别免疫。
- 在该病地方流行区，于晚冬或早夏进行预防免疫。
- 病愈马可能对其他血清型产生交叉免疫。
- 从免疫母畜的初乳获得充足抗体的幼驹，应在6月龄时接种疫苗。

西尼罗河病毒（WNV）

- 见第22章。

病因学和流行病学

- WNV是一种以蚊为传播媒介的黄病毒，可造成马和人的脑炎。
- 该病毒属于黄病毒科的日本脑炎病毒血清群，其他成员包括日本脑炎、库京、默累溪谷和圣路易斯脑炎病毒。
- 鸟类是WNV的扩增宿主，哺乳动物感染往往以死亡结局。
- WNV病毒分离可分为5个谱系，其中最重要的是：
    - 1系：
        - 北美。
        - 北非。
        - 欧洲。
        - 澳大利亚。
    - 2系：
        - 南非。
        - 马达加斯加。
        - 欧洲。
- 尽管一般认为1系病毒的致病性较2系强，但这两个WNV谱系中均包含神经侵蚀型毒株和温和型毒株。
- 在南非，高达70%的马为WNV血清阳性。最开始人们认为该病毒在南非不会造成马的神经性疾病，但最近的调查显示，14%~21%马的神经性疾病病例归因于WNV，且病死率＞40%。
- 所有反转录聚合酶链式反应（RT-PCR）或病毒分离阳性的病例都与2系WNV有关，仅有一例例外，2010年在一匹怀孕母马与其流产胚胎上检出。

临床症状

- 发热。
- 共济失调，前肢和后肢的渐进性虚弱，躺卧在地。
- 肌肉颤动，逐步发展至癫痫。

诊断

- 对脑、脊髓、脑脊液或血液进行病毒分离或RT-PCR。
- 对血浆进行IgM抗体捕获ELISA（MAC-ELISA）和空斑中和滴度（PRNT）试验。

治疗

- 支持治疗。

控制

- 使用过审的商品化疫苗。
- 媒介动物控制：
  - 马应饲养在有遮蔽物的马厩内。
  - 使用驱蚊剂。
  - 破坏适合蚊子繁殖的地点（排干积水、丢弃废轮胎）。
- **实践提示：**可与非洲马瘟病毒和辛德比斯病毒（Sindbis virus）同时感染；鉴别诊断包括米德堡病毒（Middleburg virus）、舒尼病毒（Shuni virus）和韦瑟尔斯布朗病毒（Wesselsbron virus）。
- **实践提示：**公共卫生学上需注意潜在的人兽共患病和实验室感染风险。
- 接种东部、西部和委内瑞拉马脑炎疫苗对WNV没有免疫力。

辛德比斯病毒

病因学和流行病学

- 是一种由库蚊（*Culex mosquitoes*）传播的甲病毒。
- 在夸祖鲁-纳塔尔省、开普敦和豪登省被检出。

临床症状

- 发热。

- 轻微共济失调。
- 当与WNV共同感染时可能出现神经学症状。

诊断

- 没有可用的血清学测试。
- 对脑、脊髓、脑脊液、血液或脾脏进行病毒分离或RT-PCR。

治疗

- 支持治疗。

韦瑟尔斯布朗病毒

病因学和流行病学

- 是一种急性的、通过节肢动物传播的黄病毒，曾在整个撒哈拉以南的非洲感染绵羊、牛与山羊。
- 最近在鸵鸟和马驹身上分离到。
- 最近在西开普省和西北省报告两例确诊的马的韦瑟尔斯布朗病毒感染病例。

临床症状

- 与WNV相似。

诊断

- 对脑、脊髓、脑脊液、血液、肝脏和脾脏进行病毒分离和RT-PCR。
- 与WNV在IgG和IgM上存在血清学交叉反应；如有必要，使用中和试验确诊。

治疗

- 支持治疗。

控制

- 控制媒介动物。
- 避开洪水后发现伊蚊的地区。

- **实践提示：** 潜在的人兽共患病风险。

鉴别诊断

- WNV。
- 辛德比斯病毒。
- 米德堡病毒。
- 舒尼病毒。

米德堡病毒

病因学和流行病学

- 米德堡病毒是一种由伊蚊传播的甲病毒。
- 已在夸祖鲁-纳塔尔省、斯威士兰、西北省、豪登省、卡鲁地区、北开普省和西开普省出现神经症状的家畜（包括马）、野生动物上发现。

临床症状

- 发热。
- 共济失调、前肢和后肢渐进性虚弱。
- 躺卧。
- 肌肉震颤、癫痫。
- 和WNV相比，该病毒感染马的病死率较低。
- 可与韦瑟尔斯布朗病毒共同感染。

诊断

- 大脑、脊髓、血液或脑脊液CSF做RT-PCR。

治疗

- 支持治疗。

控制

- 控制媒介动物，方法同前。

舒尼病毒（SHUV）

病因学和流行病学

- 舒尼病毒是一种由蚊（可能还有库蠓）传播的正布尼亚病毒（Orthobunya virus）。
- 1960年，SHUV从牛、绵羊和库蠓上分离到；1977年，从2匹患脑膜脑炎的马（分别来自南非和津巴布韦）身上发现。之后，SHUV在约翰内斯堡的泰勒库蚊（*Culex theileri* mosquitoes）和夸祖鲁-纳塔尔省的牛与一只山羊上发现。
- 2008—2010年，2匹马因SHUV造成致死性脑炎而死亡，另有4匹出现神经症状。
- SHUV已在豪登省、北开普省、卡鲁省和林波波省（Limpopo）发现。

临床症状

- 发热、精神沉郁。
- 共济失调、前肢和后肢渐进性虚弱、躺卧。
- 肌肉震颤、癫痫。
- 可能致命。

诊断

- 尚无可用的血清学测试。
- 对脑、脊髓、脑脊液或血液进行PR-PCR。
- 脑脊液的细胞学分析：脑脊液淋巴细胞增多可能提示感染。

治疗

- 支持治疗。
- **实践提示：**存在潜在的人兽共患病风险，且可能与米德堡病毒共同感染。

鉴别诊断

- WNV。
- 米德堡病毒。
- 韦瑟尔斯布朗病毒。

马脑病病毒（EEV）

病因学和流行病学

- 该环状病毒（存在7个血清型）由各种库蠓属动物传播，与非洲马瘟有相关性。
- 与蓝舌病和流行性出血病病毒有很近的关系，感染非洲南部地区，包括博茨瓦纳、肯尼亚和南非的马科动物。马、驴和斑马身上常出现EEV抗体。

临床症状

- 潜伏期3~6d。
- 大多数马无症状。
- 发热、食欲不振、心动过速、呼吸过快。
- 黏膜充血、黄疸。
- 偶见眼睑和眶上窝肿胀。
- 渐进性神经功能障碍，逐渐发展为共济失调，进一步发展为躺卧在地。
- 流产。
- 四肢水肿。

大体病变

- 肺水肿、心包积水。
- 胃肠道浆膜面瘀点、胃腺体部瘀血。
- 心肌源性脑水肿。

诊断

- 大多数感染是亚临床的。
- 该病毒可从血液、脾脏、肝脏、肺脏和脑中分离。
- 使用血清中和试验和ELISA测定循环抗体效价。

鉴别诊断

- 非洲马瘟。
- 神经症状可能与以下混淆：
  - WNV。
  - 韦瑟尔斯布朗病毒。

- 米德堡病毒。
- 舒尼病毒。

应该做什么

马脑病病毒

- 控制媒介动物（同AHS）。
- 对症和支持治疗。

南非影响特定器官或系统的有毒植物

肝

千里光中毒

- 宽叶千里光（*Senecio latifolius*，图40-10）和向地千里光（*Senecio retrorsus*，图40-11）是南非东部最重要的含吡咯里西啶生物碱植物。
- 中毒可能源于食入新鲜植物或混有千里光的干草。
- **实践提示：**花期植物的危险性最高。

临床症状

- 急性：
  - 精神沉郁、食欲不振、体重减轻。
  - 黄疸。
  - 瘀点、瘀斑。

图 40-10　宽叶千里光

图 40-11　向地千里光

- 腹痛。
- 慢性:
  - 也称为“猪屎豆中毒”。
  - 以头抵物、哈欠、无目的地徘徊、共济失调。

诊断

- 肝脏活检：病理组织学可能显示肝坏死、小叶间或小叶内纤维化、肝细胞增大和肝细胞核增大、中心静脉纤维化、胆管增生。

应该做什么

千里光中毒

- 支持治疗：提供高质量可口食物和饮水。
- 以下治疗的有效性尚未证实，但可使用：
  - 秋水仙素（0.03mg/kg，PO，q12~24h），以减少肝纤维化。
  - S-腺苷甲硫氨酸（20mg/kg，PO，q24h）。
  - 己酮可可碱（10mg/kg，PO，q12h）。

羽扇豆中毒

- 羽扇豆在西开普省种植用作堆肥植物和饲料。
- 这类植物可能被一种真菌，半壳孢样拟茎点霉菌（*Phomopsis leptostromiformis*）[有毒腐茎菌（*Diaporthe toxica*）]寄生（图40-12）。
- 主要的毒素为拟茎点霉毒素，一种环形的六肽。

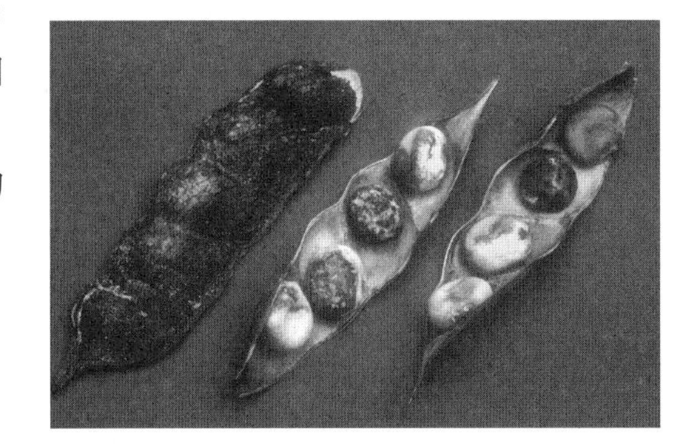

图 40-12　羽扇豆中毒

半壳孢样拟茎点霉菌感染的羽扇豆豆荚和种子。

临床症状

- 腹痛、虚弱和黄疸。

诊断

- 在羽扇豆的豆荚和种子上可能见到真菌。

治疗

- 支持治疗。

呼吸系统

猪屎豆中毒

- 硬壳猪屎豆（*Crotalaria dura*）和球花猪屎豆（*C.globifera*）在夸祖鲁-纳塔尔省可见。
- 猪屎豆中包含的吡咯里西啶生物碱是导致最近几次猪屎豆中毒暴发的原因。

- 发病与采食混入硬壳猪屎豆的菅草干草或采食新鲜植物有关。

临床症状

- 沉闷、烦躁不安、持续行走与转圈。
- 慢性型（也称为“南非羊肺病”）中毒造成发热、呼吸急促和呼吸困难。

诊断

- 肝脏活检和病理组织学。

治疗

- 支持治疗。

鉴别诊断

- 非洲马瘟。
- 肺炎。

< 紫茎泽兰 >

- 紫茎泽兰也称为克罗夫顿杂草，与津巴布韦马的死亡有关。
- 这种植物较可口，马愿意采食。
- 香水泽兰（*Chromolaena odorata*）[飞机草（*Eupatorium odoratum*）] 与其有亲缘关系，且可能造成相似的问题。

诊断

- 尸检：肺的大体病变可能出现间质和胸膜下纤维化。

治疗

- 支持治疗。

神经系统

脑白质软化（LEM）

- 脑白质软化是马的一种致命的真菌性神经中毒症，可造成不可逆的脑白质局灶液化性坏死。
- LEM由玉米上生长的腐生真菌——轮状镰刀菌（*Fusarium verticillioides*）[串珠镰刀菌 *Fusarium moniliforme*] 导致。
- 流行率在潮湿的月份上升，尤其容易感染虫蛀的玉米棒。
- 主要的真菌毒素是伏马菌素B1，它会改变鞘脂的合成。
- **实践提示：**伏马菌素B1与前段肠炎有关。

临床症状

- 有潜伏期。

- 烦躁不安、过度敏感和黄疸。
- 共济失调、短步或正步步态。
- 唇和舌的麻痹，进食困难。
- 抽搐。

诊断

- 尸检：脑大体病变可见水肿、黄染和肿胀病灶。
- 脑的病理组织学：皮质下区域的脑白质液化性坏死和出血。
- 病理组织学偶见肝坏死。

治疗

- 无可用治疗方法。

鹅绒藤属植物

- 椭圆鹅绒藤（*Cynanchum ellipticum*，图40-13），俗称“猴绳（monkey rope）”，生长在海岸的灌木丛和山谷树林中。
- 主要的毒素是苷类（“鹅绒藤苷”）。

图40-13　鹅绒藤（*Cynanchum* sp.）

临床症状

- 共济失调，向前或向后打滚。
- 躺卧。

诊断

- 近期有接触史。

治疗

- 支持治疗。
- 马只要离开生有此类植物的草场就有可能恢复。

心血管系统

鳄梨

- 鳄梨（*Persea americana*），尤其是危地马拉品种（Hass, Fuerte and Nabal），可致病。
- 主要毒素为尚不明确的心脏毒素和鳄梨毒素（persin）。
- 马可由于摄入果实、种子、叶子而引起中毒，尤其是叶子（图40-14）。

图40-14　鳄梨（*Persea* sp.）

临床症状

- 头部（咬肌、眼睑和舌头）、颈部和胸腹部严重水肿。
- 心动过速、呼吸急促、呼吸困难、咳嗽和心律不齐。
- 食欲不振、虚弱和躺卧。
- 泌乳期母马：非感染性乳房炎和无乳。

诊断

- 有接触鳄梨树林的可能。
- 尸检：病理组织学显示心肌变性，心室壁与心室隔膜坏死。

治疗

- 支持治疗。
- 利尿剂：呋塞米。
- NSAIDs。

强心苷

- 夹竹桃（*Nerium* oleander）和黄花夹竹桃（*Thevetia peruviana*）是常在马厩和小围场周围栽种的观赏性灌木。
- 这些植物毒性很强，含有强心甾。
- 假郁金（*Homeria*，图40-15）和肖鸢尾（*Moraea*）中含有蟾蜍二烯羟酸内酯。
- 这些植物也可混于画眉草（*Eragrostis*）干草和紫花苜蓿中（图40-16）。

图40-15　假郁金（*Homeria* sp.）

图40-16　混有肖鸢尾（*Moraea*）的干草

临床症状

- 严重腹痛。
- 虚弱、精神沉郁和黄疸。
- 钠/钾-ATP酶抑制，细胞内钙水平上升造成心动过缓、阵发性心动过速和心律不齐［房室传导阻滞、异位起搏、奔马律和漏跳（dropped beats)］。
- 黄绿色腹泻。

诊断

- 分析胃肠道（GIT）内容物或尿液。
- 尸检：病理组织学可能显示心肌坏死和纤维化。

应该做什么

强心苷

- 活性炭，1g/kg剂量立即口服。
- 阿托品和普萘洛尔。

胃肠道

曼陀罗属植物

- 遍布整个南非，尤其在耕地区与作物共同生长。
- 其种子对马的毒性很大。
- 马由于采食混杂曼陀罗种子（图40-17和图40-18）的固体料或采食混入曼陀罗植株（图40-19）的干草而中毒。

图 40-17　曼陀罗种荚

注意其多刺的外皮

图 40-18　曼陀罗种子

· 曼陀罗含有副交感神经阻断剂类生物碱、莨菪碱（阿托品）和东莨菪碱（东莨菪碱）。

症状

· 肠梗阻和肠嵌塞。

· 腹痛。

诊断

· 在尿液和胃内容物中检出莨菪烷类生物碱。

图 40-19　曼陀罗（*Datura* sp.）

应该做什么

曼陀罗

· 给予复合离子液（PO，IV）。

· NSAIDs：氟尼辛葡甲胺（0.5mg/kg，IV，q6h）。

· 活性炭（1g/kg，PO，q12h）可混于矿物油（4L，PO，q12h）。

· 胆碱刺激剂：毒扁豆碱。

虎眼万年青

· 虎眼万年青（*Ornithogalum thyrsoides*）在西开普省的靠近水源处可见（图40-20）。

· 这种广受欢迎的栽培花卉毒性很强，且容易被随手丢弃而混入干草/新鲜饲草中。

· 主要毒素是胆甾烷苷。

临床症状

· 食欲不振、精神沉郁。

· 水泻。

诊断

· 接触混有虎眼万年青的饲料。

治疗

· 支持治疗。

图 40-20　虎眼万年青 (*Ornithogalum* sp.)

皮肤 / 皮毛

葡萄状穗霉中毒

· 曾在西开普省的厩养马中暴发，原因是垫料被一种真菌——葡萄状穗霉菌（*Stachybotrys atra*，图40-21）污染。

临床症状

· 鼻孔和球节坏死。

· 脓性黏液性鼻液。

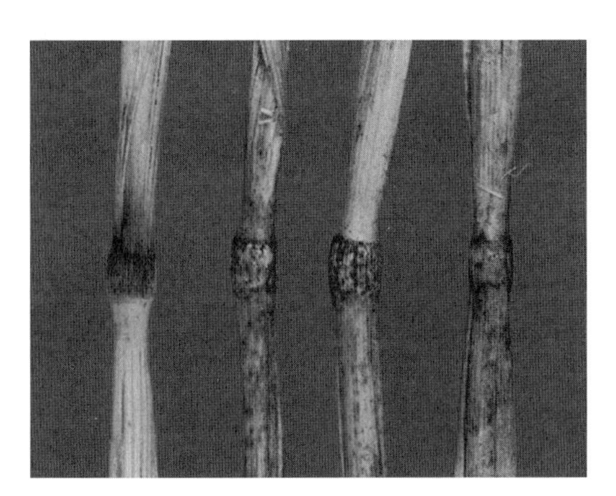

图 40-21　被葡萄状穗霉菌 (*Stachybotrys atra*) 污染的垫料

图 40-22　卡拉哈里沙草，丛株草 (*Schmidtia* sp.)

- 口鼻部湿疹和头部水肿。

诊断

- 从污染的垫料中分离到葡萄状穗霉。

治疗

- 支持治疗。

酸草

· 喀拉哈里酸草（分布于博茨瓦纳和纳米比亚的喀拉哈里地区）（图40-22）和一般九叶/九蓬/九檐草（西亚、南亚次大陆、非洲生长的一种“九叶草”）（广泛分布）在生长期会分泌微量的刺激性酸液滴。

临床症状

- 皮炎、湿疹，口鼻部和四肢远端脱毛。

诊断

- 暴露于生长有这类植物的牧场。

治疗

- 自限性（可自愈）。
- 离开生有该植物的牧场。

南美

Alexandre Secorun Borges

巴贝斯虫病

· 马巴贝斯虫病，也称为马梨形虫病，是由经蜱传播的血液原生动物寄生虫——马泰勒虫、驽巴贝斯虫，或它们的共同感染导致的。马泰勒虫曾经被称为马巴贝斯虫（*B. equi*），并在1998年由于分子学分析的结果，以及证实其生活史在红细胞期前于淋巴细胞内有一段时期，而被重新归类为泰勒属。

· 马泰勒虫和驽巴贝斯虫是世界90%地区的地方流行病（美洲南部和中部，加勒比海、非洲、中东、欧洲东部和南部）。

· 该寄生虫自然情况下由下列蜱传播：钝眼蜱属（*Amblyomma*）、革蜱属（*Dermacentor*）、扇头蜱属（*Rhipicephalus*）[微小牛蜱（*Boophilus microplus*），目前被归为该属] 和璃眼蜱属（*Hyalomma*）（在巴西没有璃眼蜱属蜱）。

· 该病可同样感染驴、骡和斑马。

· 驽巴贝斯虫在蜱体内经卵传给下一代，因此，蜱是该寄生虫的重要储藏库。

· 马泰勒虫无经卵传播，马是它的最大储藏库。

· **实践提示：**马泰勒虫的致病性比驽巴贝斯虫强。

流行病学

· 无性别或品种倾向。

· 该病在6月龄以上的马更常见。

· 新生驹可经母体子宫感染该病，尤其是马泰勒虫；驽巴贝斯虫发生垂直传播的可能性不大。

· 该病常见于有大量媒介动物存在的地区，以及从未接触过该病原的马被引进到一个地方流行地区时。

· 放牧的马由于总是接触蜱而处于患该病的高风险状态。

· 感染马可持续携带很长一段时间。

· 驽巴贝斯虫的蜱传播方式为越龄传播（transstadial）[1]、龄内传播（intrastadial）[2]或经卵传播（transovarial）[3]。马泰勒虫的传播方式为越龄传播或龄内传播。

---

1 越龄传播（transstadial）：在媒介动物由一个生命阶段转为下一个生命阶段的过程中，病原留在其体内。

2 龄内传播（intrastadial）：在蜱感染病原后的同一生命阶段内，可经由叮咬将病原传播至马的体内。

3 经卵传播（transovarial）：致病原可由父母代的节肢动物传给其子代，或媒介动物可能经卵将病原传给子代。

- **实践提示：**巴贝斯虫病可由污染血液或手术器械医源性传播；感染只需要很少的血量。

临床症状

- 马泰勒虫的潜伏期为12~19d，驽巴贝斯虫的潜伏期为10~30d。
- 疾病严重程度取决于马是否曾经接触该病原，以及马的免疫情况。
- 通常驽巴贝斯虫引起的寄生虫血症没有马泰勒虫强。
- 尽管该病对常接触这两种病原的马一般不会造成严重的健康问题，但在应激的马和之前从未接触过病原的马（即未接触过病原的成马）。则表现为特急性型，并常更加严重或死亡。
- 在这些罕见的特急性病例中，马可能在发现发病时就已经死亡。
- 急性感染更为常见，发病个体通常有以下临床症状：
  - 食欲不振和发热往往最先出现。
  - 贫血。
  - 精神不振或精神沉郁。
  - 虚弱。
  - 黏膜黄染（黄疸）；疾病的最初阶段有些马可能出现黏膜苍白。
  - 常出现心动过速和呼吸过快（取决于贫血的严重程度）。
  - 一些病例出现四肢和腹部水肿。
  - 运动异常是出现于虚弱之后的典型继发症状。
  - 血红蛋白尿，造成尿液颜色异常（深红色、黑色或橙色），继发于溶血。
- 亚急性病例可呈现以下症状：
  - 间歇热。
  - 食欲不振。
  - 体重下降。
  - 轻微的腹部疼痛。
  - 肢体远端轻微水肿。
  - 黏膜呈粉色、淡粉色或黄色，且有出血瘀点。
- 其他可能出现的临床症状或表现如下：
  - 便秘或腹泻。
  - 慢性感染的马也可能出现贫血，且能力表现较未感染马差。
  - 体重减轻可见于慢性感染的马。
  - 许多发生在地方流行地区的病例可自愈。
  - 严重感染的母马，可在出现临床症状阶段或症状消失之后短暂时间内流产。
  - 该病高度流行区的马，或先前曾经暴露于该病原的马，可再患上其他疾病，而当其他疾病成为应激因素时，也可表现巴贝斯虫病的临床症状。

- 高强度的运动可使亚临床感染转变为急性感染。
- 长期携带宿主可能无症状。
- 子宫内感染的幼驹可能出生后就虚弱、贫血和黄疸。

诊断

- 可提示该病的病史包括：
  - 蜱感染。
  - 旅行至疾病流行区。
  - 输血。
- 与来自疾病流行区马匹身上的蜱虫或血液接触，是生活在该病无疫区马感染的重要可能来源。
- 通过检查PCV和血浆总蛋白（TPP）水平确诊溶血。
- 低PCV时，若总蛋白值显示正常到高，则提示溶血。
- 血浆颜色改变（粉色或黄染）伴随低PCV也提示溶血。
- 使用风干或甲醛固定涂片，或抗凝全血，进行普通罗曼诺斯基染色（姬姆萨）鉴定病原。
- 马泰勒虫在红细胞阶段更小，长度只有1.5~2.5mm。
- 驽巴贝斯虫在红细胞阶段基本为3~6mm。
- 马泰勒虫感染可见马耳他十字（裂殖子以十字形状相连）。
- **实践提示：**在亚急性和慢性病例中，由于虫体数量少，普通染色的血涂片在镜下很难确定寄生虫；涂片在急性病例常用且重要。即使急性病例，血涂片未见寄生虫也不能排除该病，需进行其他特异性检验。
- 感染后持续携带该病原的马通常由于血液中虫体数量少，无法通过血涂片姬姆萨染色检出。
- 从小血管收集血液镜检有利于确认该病原（红细胞形态异常和对毛细血管壁黏着力上升，导致其更难通过），尤其是驽巴贝斯虫。
- **实践提示：**在疾病发热期从小直径血管（如面部血管）采样可增加辨识病原的概率。
- 可使用间接荧光抗体试验、补体结合试验（CF）和竞争性酶联免疫吸附试验（cELISA）检验对该病原的抗体（补体结合试验：暴露后2周；cELISA：暴露后7~10d）。
- 疾病流行区巴贝斯虫病的发生率很高。因此，当兽医将血清滴度测试作为马匹活跃性疾病的诊断性测试时，其判读应（务必）格外谨慎。
- 利用PCR（在一些实验室可用）进行血液分析可确证该寄生虫的存在。
- 尸检结果包括：

- 黄疸。
- 脾和肝肿大。
- 肾和心有出血瘀点。
- 脾触片十分实用，可用于寻找红细胞内的寄生虫。

- **注意**：有些马混合感染了马泰勒虫和驽巴贝斯虫。
- 马泰勒虫和驽巴贝斯虫血清阳性母马产下的幼驹，在3月龄之前有初乳抗体。

应该做什么

梨形虫病

- 急性和亚急性病例立即进行治疗，否则该病可造成死亡。
- 在PCV急剧降低（＜18%，24h内）的急性病例，有必要进行输血（见第20章）。亚急性巴贝斯虫病造成贫血的马，当PCV＜12%时，通常需要输血。脱水的马PCV值会偏高，可掩盖贫血，注意判读。
- 检查染色血涂片，如果大量的红细胞内都有寄生虫，通常提示PCV可能继续下降（即使已经采取了最初的治疗措施）。
- 监控水合情况。合适的水合对预防溶血造成的肾损伤很重要。
- 尽管这两种病原都对巴贝斯虫药有反应，但马泰勒虫比驽巴贝斯虫更难治疗。
- 给予二乙酰胺三氮脒：4mg/kg，IM，q12h，给药应持续超过24h。
- 给予咪多卡二丙酸盐：
  - 驽巴贝斯虫：2.2mg/kg，IM，q24h，给予2d。
  - 马泰勒虫：4mg/kg，IM，q24h，给予2d。有时可能需要在初次治疗后72h进行第3次治疗。
  - 治疗可能的副作用：
    - 烦躁不安。
    - 腹部疼痛。
    - 出汗。
- **注意**：这些药对马都有肝毒性。咪多卡最有可能造成肾毒性副作用，建议在治疗期间检测肾功能。
- **实践提示**：
  - 使用咪多卡治疗驴时加倍小心，驴更可能出现副作用。
  - 在使用咪多卡治疗之前使用丁溴东莨菪碱（百舒平 Buscopa[1]），以减轻副作用的胆碱能效应（如腹痛）。

鉴别诊断

- 由于一些南美洲国家存在马传染性贫血，需收集血清样本进行科金斯试验（Coggins test），尤其是在疾病流行区。
- 可能是自身免疫性贫血。
- 出血性紫癜可作为鉴别诊断，特别是亚急性病例。
- 新生儿同种红细胞溶血（isoerythrolysis）在黄疸幼驹为鉴别诊断之一。也有其他原因可以造成幼驹黄疸，但往往PCV正常。

1 百舒平 Buscopan（勃林格殷格翰动物健康 Boehringer Ingelheim Animal Health，St. Joseph，Missouri）。

预后

- 在疾病最初症状出现时就进行治疗的马生存率良好。
- 当该病被引入一个新地区，并感染对其尚无免疫力的马时，预后需谨慎。

预防

- 在马身上，驽巴贝斯虫和马泰勒虫没有交叉免疫。
- 控制马巴贝斯虫病对国际马业市场的开放至关重要。**重要：**马泰勒虫和驽巴贝斯虫抗体阳性的马进入该病无疫区是受到限制的。
  - **实践提示：**马一旦感染，携带状态可能持续很长一段时间，而该马可能成为一个“传染”的储藏库。
  - 康复之后，马的携带状态可能持续很长一段时间，驽巴贝斯虫为1~4年，马泰勒虫可能为终生。
- **实践提示：**高剂量的咪多卡二丙酸盐对驽巴贝斯虫的治疗有效。
- 该病无疫区应检测入境的马。不同国家对检测的标准可能不同，通常使用补体结合试验和或cELISA。**实践提示：**cELISA检测慢性感染的马比CF更敏感。
- 马巴贝斯虫病可通过污染的注射器、全血或血清/血浆等传播；在一些情况下，医源性感染起重要作用。
- **实践提示：**使用供血动物的血液进行输血之前，应检测驽巴贝斯虫和马泰勒虫。
- 马泰勒虫和驽巴贝斯虫是南美的地方流行病，但在成年马很少见到临床疾病的暴发。
- 驽巴贝斯虫在其媒介动物体内经卵巢传播，并可存在多代。蜱是该病原的主要储藏宿主。与之相反的是马泰勒虫，它在脊椎动物宿主体内持续存在，并且常经子宫传播。因此，脊椎动物是它的主要储藏宿主。
- **实践提示：**蜱的控制是使马不感染该寄生虫或减少暴露的关键。
- **注意：**有报告称用于血液原虫的药物不能清除慢性感染/携带状态的马身上的病原。

应该做什么

预防

- 生活在地方流行区的马很有可能成为携带者，很难在流行区使一群马不感染该病。而综合性媒介动物控制项目的成立，以及奶牛与马的相互隔离，使马保持血清阴性成为可能。这对于需要通过血清血检查以运往疾病无疫区的马很重要。这同时也避免了高强度项目（如激烈的竞争活动）之后动物的发病。
- 在巴西，由于微小牛蜱［*Rhipicephalus*（*Boophilus*）*microplus*］是马巴贝斯最重要的媒介动物，控制牛的蜱虫，在有严格控制措施的区域避免牛和马的接触，可以帮助未暴露马避免染病。
- 对生活在没有良好的蜱虫控制措施区域的马，最好的管控方法就是预先感染——获得感染免疫力，可以保护它们免受严重疾病侵害。感染病原之后会拥有永久的血清效价，这在疾病地方流行区可以起到保护效果。
- **重要：**马梨形虫病在美国是一种外来动物疾病，但最近已确认阳性病例。

第 41 章
洪灾中受伤马匹管理

Rebecca S. McConnico

简介

- 洪水是一种常见的威胁人类和马匹生命的自然灾害。
- 在美国，平均每年因修复洪水破坏的基础设施导致的经济损失达数亿美元。
- 经济和感情上的损失绝大部分来自因洪水受伤和死亡的家畜，当然也包括马主。

预防措施

- 马主必须在照顾和保护家畜中发挥重要性和前瞻性的作用。
- 提前做计划可以最大限度地减少在洪灾中马主的损失和马匹受到的伤害。
- 马匹因洪灾而经历了疏散后可能会产生应激，且之后可能需要和其他家畜混群。
- 畜群生物安全受到威胁，因此群体免疫十分重要。
- 肺炎和流产应该在预料之中，因此提前接种疫苗并给予足够的营养可以将其发病率减小到最低。
- **实践建议：**在暴风雨季节来临之前，应接种相应病原的疫苗：马疱疹病毒Ⅰ型和Ⅳ型、马流感病毒的一些流行型，其中不包括脑炎（东方脑炎、西方脑炎、西尼罗河病毒感染）、狂犬病和破伤风等疫苗。
- 马匹的身份鉴定也很重要，这可以鉴别马匹的来源。很多马匹长相相似，因此特殊的烙印、唇刺标和微型电子芯片等特征对于大农场来说是至关重要的。
- 微型电子芯片通常植入马后额突和肩隆之间的项韧带中间偏左侧处。图片和影像资料也可以帮助识别马匹。
- 马匹有两种识别身份的方式：
  - 永久型——微型电子芯片、唇刺标、烙印。
  - 明显可见型——有马主姓名和联系方式的标签。
- 灾难发生前的身份标识应至少包括：马主现在合法的电话号码或能看出主人名字的电子邮箱地址，畜群记录、所有权证明、马匹登记的原件和复印件都应妥善保存。

应急反应

· 在洪灾中，马主通常是慌乱而忙碌的，因此社区招募专业人员并设立家畜救助计划非常重要，这个计划可以帮助专业人员快速制订救助计划和紧急救助家畜。

· 马主应该在洪水发生前疏散马匹，并确保提前给马匹拴上缰绳，带上笼头。

· 马的急救医护人员应当实行检伤分类，急救应由受过训练的团队或人员担任兽医、急救团队、专职动物保定员等。

· 在马的救治中，救护人员可能会受伤，马匹也很可能二次受伤。

· **实践建议：**基本准则是使用最简单、最安全、最低技术要求的方式来将马和人的受伤风险降到最低。

· 应激且受伤的马匹行为难以预测，很可能毫无预兆地伤害人类。

· 安全应急部门应当给予适当的应急反应，包括救助、野外医治救治、避难和简单的食物水源供给。一切决定的最基本目标应是保证救助人员的安全（见第37章）。

伤级评估和治疗

· 当马搁浅于洪水中，应激可能是与洪水相关最主要的医疗问题，它可能引起以下结果：

  · 腹痛。
  · 腹泻。
  · 脱水。
  · 神经疾病。
  · 呼吸系统疾病。
  · 蹄叶炎。
  · 蹄底脓肿。
  · 皮肤擦伤。
  · 蜂窝织炎。
  · 撕裂伤。
  · 骨折。
  · 角膜损伤。

· 马的本能反应“斗争或逃跑”通常会将较轻的伤情加重至威胁生命，因此如果条件允许，在做全身检查和运输之前应为马匹给予一定的镇静剂。

· 在做皮肤外伤检查和治疗时，也应给予一定的镇静剂。运输一匹性格急躁的马匹可能会使情况变得更糟，特别是保定不适当时。

· 极度脱水或表现心血管休克时，可能运输马匹前在野外对马大量静脉输注等渗离子液可能使其有所好转，最初按50mL/kg，IV；之后按每450kg成年马20~30L，IV。

· 在强应激情况下，例如洪水中救援时，应将受伤马匹转移至尽可能安静的地方做伤情评估。

· 洪水中受伤的马匹，应用洗涤剂为其洗澡并彻底冲洗掉附着在皮肤表面的有毒有害物、碎渣、微生物等，以便可以确认并定位受伤部位和程度。

· 关于洗澡用品，应包括香皂、人用或动物用的无添加剂香波。

· 马蹄也要清理并检查有无穿刺伤。

处理和保定

· 化学保定是最普遍应用的方法，不仅可以镇静马匹、安全地援救马匹、做伤情评估，还可以治疗在洪水搁浅的马匹。

· 化学保定可以使救援过程中马匹遭受二次伤害和对救援人员的伤害降至最低，从而保证救援顺利展开，包括进出拖车或直升机悬吊救援。镇静剂使用时需要注意：

  · 乙酰丙嗪（0.02~0.08mg/kg，IV）。

  · 赛拉嗪（0.5~1mg/kg，IV）。

  · 地托咪定（5~20ug/kg，IV）。

  · 布托啡诺（0.01~0.02mg/kg，IV）。

· 一些镇静后可能出现的不良反应包括：

  · 低血压。

  · 减弱胃肠蠕动。

  · 恶化心血管休克。

· 当需要直升机悬吊或拖车拖出时，有经验的兽医师推荐的给药剂量为先给予地托咪定（5~20μg/kg），然后给予布托非诺（0.01~0.02mg/kg，IV）。

· 在出现心动过缓或低血压时，应使用α_2受体颉颃剂育亨宾（0.1~0.5mg/kg，缓慢静脉注射）。

· **实践建议：**对于用皮筏或浮船救援马匹时，通常使用短效麻醉剂“三重滴”（triple drip）——愈创甘油醚、氯胺酮、地托咪定（见第47章）。

· 三重滴包括：

  ◦ 愈创甘油醚5%。

  ◦ 氯胺酮2mg/mL。

  ◦ 地托咪定5μg/kg。

· 马或马驹可先用地托咪定（10~20μg/kg）和氯胺酮（2mg/kg）诱导麻醉，再用三重滴［2mL/（kg · h）］维持麻醉（见第47章）。

· 如果使用每毫升15滴药液的输液设置（一般出厂值设置）时，用每秒1~2滴的速度输注三重滴可以维持500kg马匹的基础麻醉，这需根据不同个体的麻醉程度进行调整。

- 在停止给药后35~40min开始苏醒。提供一个安全且物资充足的地方进行麻醉恢复和休养很重要，但在洪水期满足这一要求比较困难。

常见的受伤类型

皮肤和肌肉伤

- 四肢头部、颈部、躯干的撕裂伤和擦伤最为常见。
- 四肢撕裂伤尤其常见，其同时可能伴有骨折或肌腱撕裂。
- 无论是由于骨折、软组织损伤、指甲刺伤，还是几种伤害发生同时，只要表现出中度至重度跛足的马，都需要进行全面检查以定位跛行并防止进一步恶化。
- 若为四肢远端骨折，可以用像Kimsey夹板那样的装置进行固定（见第21章），有助于恢复。
- 受洪水影响的马可能会因皮肤破裂且长期处于受污染的水中而引起皮炎和蜂窝织炎。
    - 污染物包括：
        - 与漏油有关的化学品。
        - 污水。
        - 采矿或采石场的矿物。
        - 高浓度盐水，如海水或其他盐水。
    - 含盐量高的洪水更容易引起与摄入和吸入水有关的疾病，如结肠炎、肺炎或神经系统疾病。
    - 轻度至中度的皮炎和蜂窝织炎病例可导致更严重的并发症，如脓毒性滑膜炎或化脓性关节炎。如果治疗不当，可能导致严重的跛足，失去使用价值，甚至危及生命。
    - 蜂窝织炎的早期识别和诊断能够帮助展开快速积极干预，以改善预后。
    - 患有蜂窝织炎的马在受影响的区域有肿胀和发热，表现出疼痛和跛足的迹象，并且通常伴随发热［102° ~104 °F（39° ~40°C)］。
    - 感染更严重的马表现厌食和痛苦。
    - 马患有肢蹄蜂窝织炎时触摸疼痛，还可能表现出中度至严重的跛足。
    - 在蜂窝组织炎的情况下需要全身抗菌治疗，并应提供具有良好组织穿透力的广谱抗生素。
    - 建议使用β-内酰胺抗菌药，因为可能发生梭菌和其他厌氧细菌感染。
    - 给予头孢噻呋钠（2.2~4.4mg/kg，IV或IM，q6~12h)，普鲁卡因青霉素G（22 000IU/kg，IM，q12h）或青霉素G钾（22 000IU/kg，IV，q6h）联合氨基糖苷类和口服甲硝唑（20~25mg/kg，PO或每个直肠，q8h)，可覆盖绝大多数的细菌。
    - 蜂窝织炎的抗菌治疗应持续10~14d，如果需要可能持续更长时间。

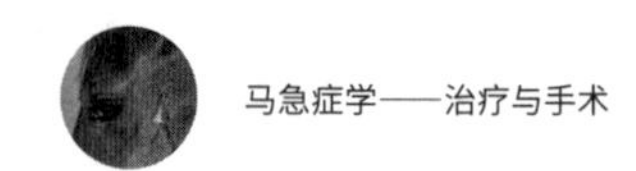

- 应进行适当的破伤风疫苗接种。
- 暴露于洪水的马匹也会增加患肢体皮炎和蜂窝织炎相关的真菌或真菌样疾病（如马腐霉菌病或蛙粪霉菌病）的风险。
  - 对于马匹来说，真菌皮肤感染可以是侵入性、快速进展的，并且导致增殖性的内芽肿病。
  - 病变可以溃疡和渗出，带有难闻的气味。
  - 不断增长的肿胀部位可能使皮肤特别瘙痒，再加上应激和焦躁，容易导致自残，以减轻不适。
  - 病变可能与赘生的肉芽组织混合。真菌性皮肤病需要通过活组织检查和真菌培养进行诊断，以确定适当的治疗方法。
  - 如果为皮肤撕裂伤，皮炎或蜂窝织炎不能对一般治疗产生反应，包括全身抗菌治疗，需要通过皮肤活检和真菌培养来排除真菌感染。
  - 治疗需要手术、抗真菌治疗和免疫疗法的相互结合。

蹄部损伤

- 长时间站在泥浆或水中的马可能导致蹄叉腐疽、蹄底变软甚至失去蹄叉，从而损害蹄支撑结构的完整性，并导致鞋底瘀伤和其他蹄部问题。
- 变干燥后，蹄叶可能更容易分离，随后可能发生白线病、蹄叶炎或蹄底脓肿。
- 应尽快使用蹄镐和刷子清洁马的蹄部，去除能刺穿蹄壁或鞋底的尖锐物体。
- 这些马匹可能需要“医疗”蹄铁，以治疗蹄底腐疽、蹄底缺陷、蹄冠炎或蹄叶炎。
- 碘基蹄制剂的应用有助于增韧柔软的蹄底，并从软蹄中去除一些水分。
- 如果按照指示使用，在农场供应和马用品商店中发现的抗蹄叉腐疽产品可以有效地治疗轻微的蹄叉腐疽病例。有关足部紧急情况的更多信息见第42章。
- 应进行适当的破伤风疫苗接种。

眼部疾病

- 眼科损伤，特别是创伤性、异物性角膜溃疡和葡萄膜炎，是洪灾中受伤马常见的医疗紧急状况，通常是由于飞来的风暴碎片和损毁的马厩、牧场环境造成的。
- 动物处理人员和急救人员最初可能无法识别眼科损伤，因为他们会检查更明显的损伤和救援。
  - **实践提示：**对于可能难以捕捉和检查的马驹来说尤其如此，马驹不会像成年马一样表现出同等程度的眼睛疼痛。
- 彻底的眼科检查，包括早期识别损伤和治疗对于预防更严重的病症非常重要。请参见第

23章。了解全部的眼科伤害，例如：

- 角膜缺损。
- 角膜擦伤。
- 真菌性角膜炎。
- 角膜溃疡。
- 葡萄膜炎。

· 使用非甾体类抗炎药，如保泰松、氟西林葡甲胺和非罗考昔也可以控制眼部疼痛（见第23章）。

· 不应使用皮质类固醇治疗马匹的创伤性角膜溃疡。

胃肠道功能障碍

· 在洪水期间因为搁浅、受伤或无人看管而产生的应激，或摄入污染水的马会出现需要医疗护理的结肠炎、绞痛和全身性毒血症。在洪水搁浅的马匹中可能暴发沙门氏菌感染。

· 受影响的马经常出现嗜睡、食欲不振和腹痛的迹象，有些可能会出现轻度至重度腹泻。没有表现出腹泻的超急性结肠炎可能导致马匹死亡。

· 体格检查可能显示由于腹部不适引起的呼吸频率和心率增加，以及由于毒素吸收引起的体温升高。

· 腹痛的症状范围从轻微（如趴卧或食欲不振）到严重（打滚、痉挛）；可参见第18章全面了解成年马的绞痛和结肠炎。

· 结肠炎病例可能与其他大肠混淆，包括大肠扭转或肠扭转的疾病。

· 内毒素的全身吸收可导致外周动静脉分流和特征性的“砖红色”黏膜。

· 低血容量和随后循环休克导致的黏膜血液循环堵塞和外周脉搏微弱。

· 结肠炎治疗为支持治疗，旨在：

- 血浆置换（等离子体积置换）（晶体液补充）。
- 镇痛和抗炎治疗。
- 抗内毒素治疗。
- 需要时使用抗菌治疗。
- 营养支持。

· 在马匹显示出毒血症、绞痛、临床脱水和/或结肠炎的症状时，立即给予大剂量静脉聚离子液治疗。

· **实践提示：**总缺水量应根据脱水的临床评估计算（例如，对体重450kg、8%脱水的马来说，总缺水量为0.08×450=36L），并且应快速给予补充液体（每450kg成年马按每小时6~10L速度补液）。

- 许多患有绞痛、脱水和电解质不平衡的马会自愿饮用电解质混合液。除清洁水源外，还应提供添加电解质混合的水。必须始终提供纯净水！
  - 考虑提供的混合物包括：
    - 小苏打水（10g/L）。
    - 含NaCl/KCl（“Lite”盐）的水为6~10g/L。
    - 含有商品化电解质溶液的水。
  - 在重新建立正常的液体和摄取物运输之前，不应向患有鼻胃反流的马提供水。
- 对症治疗无反应的马应该转诊到能够进行重症监护和治疗的医疗场所。
- 有毒血症迹象（心率升高、砖红色黏膜和临床脱水）的马会从病变的肠黏膜屏障吸收大量内毒素，因此导致如下风险增加：
  - 蹄叶炎。
  - 血栓性静脉炎。
  - 弥散性血管内凝血（DIC）。
- 内毒素血症的特殊治疗对患者的生存至关重要（表41-1）。
- 治疗方案的选择基于：
  - 疾病严重程度。
  - 肾功能。
  - 水合状态。
- 抗内毒素治疗的目标包括：
  - 在内毒素与炎症细胞相互作用之前将其中和。
  - 预防介质的合成、释放或作用。
  - 一般性支持治疗。
- 在结肠和结肠炎病例中使用广谱静脉注射抗生素并不总是必要的。
- 轻度和短暂的中性粒细胞减少或发热可能无法证明需要使用广谱抗菌药物，除非确定存在需要治疗的并发症并且持续存在中性粒细胞减少症，因为这会增加以下风险：
  - 腹膜炎。
  - 肺炎。
  - 蜂窝织炎。
  - 血栓性静脉炎。
  - 弥散性血管内凝血。
- 不推荐口服广谱抗菌药物，因为它们可能会破坏正常的肠道微生物群。
- 当怀疑有梭菌感染引发疾病时，口服甲硝唑（10~15mg/kg，q8h）。甲硝唑也可具有局部抗炎作用，并可有效治疗病因不明的急性马结肠炎。
- 口服吸附剂（如活性炭或蒙脱石粉）对腹泻马的治疗效果良好（见第18章）。

· 受洪水影响和受伤的马通常食欲旺盛，条件允许时应该给予优质干草和新鲜绿草（如果有的话）。

· 最初应提供少量的淡水。随后水可不限量。

· 应在48~72h内重建正常喂养和饮水。

表41-1　抗内毒素治疗

药物	给药说明
内血清	用1 ：10或1 ：20稀释的无菌等渗盐水或乳酸林格氏溶液以1.5mL/kg（IV）给药
超免疫（内毒素）血浆	1~3 LIV
多黏菌素B	每千克体重1 000~6 000IU，IV，q8~12h，最多连用3d。由于可能引起肾毒性副作用，应谨慎地使用多黏菌素B，不建议将其用于氮质血症患者。
氟尼辛葡甲胺	0.25mg/kg，IV，q6~8h
皮质类固醇治疗	单剂量的短效皮质类固醇［泼尼松龙琥珀酸钠（1mg/kg，IV）］可能在急性内毒素血症期间有效，而不会增加蹄叶炎的风险
二甲基亚砜	0.1g/kg，IV，q12~24h，稀释至低于10%的溶液（较高剂量与加重马再灌注损伤有关）
别嘌呤醇（Allopurinol）	5mg/kg或更大剂量，IV，q4~6h，持续1~2d
戊氧菲林（Pentoxyphylline）	8mg/kg，口服，q8h

神经疾病

· 遭受洪水的马受害者头部和颈部受伤的风险增加，并且更容易感染传染病，如病毒性脑炎或梭菌感染（破伤风和肉毒杆菌中毒）。

· 在患者分诊期间体格检查结果提示中枢神经系统疾病的需要立即采取行动，包括：

  · 预防神经系统异常的进一步发展。

  · 旨在对抗炎症的紧急治疗（皮质类固醇或非甾体类抗炎药治疗）。

  · 额外的护理及支持性治疗。

· 禁止针对脑炎或病毒和细菌呼吸道疾病进行疫苗接种，因为应激马的免疫反应很小，疫苗接种可能进一步激化应激反应。破伤风预防是唯一在被拯救的马中使用的疫苗；如果患者的疫苗接种状态不明或有问题，应该进行接种。

· 如果摄入的水受到自沿海风暴的影响，其含盐水平高，则必须小心处理潜在的盐中毒马，以防止盐中毒加剧。

  · **实践提示：**摄入含有超过7 000mg/L总溶解盐的水有可能导致急性盐中毒。

  · 当马匹连续几天无人看管时，可能会导致继发于脱水的盐中毒。

- **实践提示：**治疗盐中毒的基本原则包括以下几点。
  - 与低血容量的标准病例相比，为其补充血浆容积，恢复水合作用更慢。
  - 密切监测血清Na^+或渗透压。
  - 密切监测临床神经症状。
- 全身抗炎药物治疗包括皮质类固醇治疗（地塞米松磷酸盐0.05~0.1mg/kg，q24h），可以将脑水肿的风险降到最低。
- 如果马摄入大量淡水，可能会出现低钠血症。

呼吸系统疾病

- 马吸入洪水可能导致急性肺水肿、急性肺损伤和肺炎，这通常会危及生命。
- 少量吸入的水可能导致炎症、表面活性物质损失、肺不张和肺实变。吸入海水可能通过渗透作用将液体吸入肺泡，导致非心源性肺水肿。如果水被细菌或碎片严重污染，可能会发生原发性肺部感染。
- 继发性严重脓毒性肺炎或胸膜肺炎并不少见。
- 马匹搁浅或“困”在池塘、深泥或洪水中时，挣扎和甩动一段时间会引发马上呼吸道（URT）炎症（第25章），例如：
  - 软骨炎。
  - 咽炎。
  - 喉炎或喉痉挛。
- 在发生继续挣扎的URT阻塞的马匹中可能需要进行急诊气管切开术（第25章）。
- 吸入性肺炎也可能继发于喉功能障碍。
- 治疗这些急性病例包括：
  - 积极的抗炎疗法。
  - 全身广谱抗生素。
  - 如果不脱水，可使用呋塞米。
  - 10%DMSO（1g/kg，IV，q24h）的全身静脉治疗被认为可有效治疗呼吸道水肿。
- 洪水后疏散或救出的马匹可能混群并发生呼吸道感染，例如：
  - 马流感病毒。
  - 马疱疹病毒。
  - 马链球菌亚种。
- **实践提示：**旨在于风暴季节之前提高群体免疫力的预防性健康计划有助于在发生灾难时最大限度地减少群体暴发。
- 马完全浸没在水中会导致窒息和严重的脑缺氧。

- 冷水淹没可导致血液立即向心脏和大脑反射分流，同时降低这些器官的代谢需求，因此，从冷水体中快速移出马可以增加其存活的机会。
- 对这些病例的治疗包括：
  - 抗生素。
  - 消炎药。
  - 支气管扩张剂。
  - 利尿剂。
  - 加湿氧气。
  - 表面活性剂移植。

总结

- 疏散/救出的大多数马只需要基本的垫料、水、干草，并且要干燥。
- 没有办法为洪水情况下的每一种突发事件做好准备。
- 兽医与其他生产者和农业领导者密切合作，可以减轻灾难对马场的影响。
- 准备和详细规划是防止与洪水相关的马匹伤害的最重要方面。
- 至关重要的是鼓励拥有马匹的公共场所和动物护理专业人员为其家畜（包括宠物和其他动物）制订疏散计划，并了解当地和该地区的灾害部门（第37章）。
- 为成功应对未来的灾难，需要有教育计划，使社区能够负责照顾自己的人和马。

第 42 章
蹄部损伤

Robert Agne

蹄部感染

- 当保护作用的蹄匣受伤时，蹄部随时都可能发生感染。一些常见的蹄部感染原因如下，但造成感染的原因不止如此：
  - 白线（如沙砾）导致缺损引起的上行感染。
  - 穿刺伤（如异物、蹄钉等）。
  - 蹄裂。
  - 蹄匣的创伤，如蹄壁撕脱、蹄底和蹄叉撕裂。
- 蹄部感染分为浅表感染和深部感染。
  - 浅表感染仅累及皮下真皮层，且限于蹄底下层或蹄壁下层。
  - 深部感染累及远端指/趾骨、DIP（远指关节）、蹄垫、舟状骨/舟状骨囊、指/趾深屈肌腱（DDFT）和腱鞘、侧软骨等结构。
- 如果治疗不当，所有蹄部感染都可能加重，导致比赛生涯结束甚至危及生命。
- 临床症状包括急性、免负体重跛行、指/趾动脉脉搏增快和触诊时蹄部发热。
  - 蹄壁下感染若向近端发展，触诊冠状带时马会感到疼痛。
  - 蹄底下层感染若沿着蹄底向后部发展，最终触诊蹄球时马会感到疼痛。
  - 然而，如果触诊冠状带或检蹄器检查结果呈阴性时，也不应排除感染的可能。

由白线缺损引起的上行感染（Gravel）

- 病因通常是白线损伤，如旧的蹄铁钉孔、白线延展（继发于蹄壁向前延伸）或慢性蹄叶炎。
- 感染时可见有渗出物或/和产生的气体会在蹄壁和/或蹄底下聚积。

应该做什么

蹄部感染处进行引流

- 用检蹄器定位感染区域。
- 用拔钉钳将每颗钉子依次移除，取下蹄铁。
- 先刷洗清洁蹄底，去除表层角质和其他杂物，再用钢丝刷、修蹄刀和锉刀再次清洁蹄底。
- 细菌可以穿透白线破损处并深入，感染区特点为呈灰色或黑色。一旦定位感染区，立即使用锋利的蹄刀或刮刀沿感染部位建立引流通道进行灌洗。引流只需要一个小孔，尽可能将清创范围限制在白线以内，这样感染消除后，开放排脓的创道就可以被蹄铁保护/覆盖住。

- 引流后，蹄部应敷药并包扎。
- 敷湿膏药保持蹄部湿润4~5d，或直到引流停止。
- 感染伤口愈合后，用干绷带、防护蹄套或蹄铁覆盖排脓道，保护引流孔。
- 可能要使用有皮革或塑料垫的马靴保护在蹄底或蹄叉处的排脓通道。
- 用干绷带或蹄铁保护之前，使用医用钢板［1/16~1/8in（0.16~0.32cm）的铝材料固定在蹄铁上］保护蹄底，用碘浸泡过的棉花填充排脓道，降低再次感染的风险。
- 若感染发生时破伤风疫苗注射已超过3个月，应再次注射破伤风疫苗。

应该做什么

蹄部感染处不进行引流

- 若对蹄壁/蹄底伤处进行常规清创很难操作和建立引流，则应通过X线检查排除其他可能造成严重跛行的原因（如骨折或蹄叶炎），并用可以很好显示软组织细节的轻度曝光放射学检查技术来协助定位蹄壁下层或蹄底下层的气/液储存囊。
- 引流时用钝头器械轻柔地探查创道，不要使用锋利的器械或过度用力进行探查，否则会导致深层组织感染。
- 药敷一夜并如此重复几天，帮助脓肿“成熟”并促进引流。
  - 将泻盐、粗糠麦糊浆、10mL聚维酮碘溶液和足量的温水填满5L输液袋制成半固体的湿药袋。将蹄部浸入药袋中并同下肢一起用绷带包裹好，维持24h。
- 若马冠状动脉带或蹄踵触诊敏感，这些部位也应用湿药袋进行相同的处理促进排脓。
- 除非怀疑有更深层的感染，一般不建议全身使用抗生素。
- 对于任何严重不能负重的跛行，应通过机械性支撑蹄底和蹄叉预防性处理对侧肢，避免对侧肢患蹄叶炎，从而尽快让马感到舒适。
- 若感染发生时破伤风疫苗注射已超过3个月，应再次注射破伤风疫苗。

不应该做什么

蹄部损伤

- 排脓创道不应过度开放而超过引流所需的必要范围，否则脓肿愈合后创口很难被保护而延长愈合时间。
- 在脓肿消退前，不应让马蹄过度干燥或特意风干，因为这可能导致创道过早闭合而使脓肿复发。
- 不要让脓肿道被污垢或碎片污染，因为这可能会过早地关闭脓肿道并再次感染伤口。
- 不要用腐蚀性药物冲洗创道，因为这可能导致蹄壁或蹄底下层组织坏死。

蹄部穿刺伤

- 任何蹄部穿刺伤都应被认为是紧急情况并立即进行检查。
- 对于任何波及蹄部易受损的滑膜结构（如DDFT鞘、舟状骨滑液囊和远端指/趾间关节）的穿刺伤，延误治疗会增加发病率和病死率。
- 此外，蹄部穿刺伤若得不到及时治疗，即使不波及滑膜结构，也会延长恢复时间，并增加感染向滑膜结构扩散的风险。
- 该类伤口通常是由金属物品引起的，比如屋顶或栅栏上的钉子、铁丝、最近经过清理的田地上的一根坚硬的木杆、农场设备或蹄铁上掉落的蹄钉。

应该做什么

蹄部穿刺伤

- 先刷洗清洁蹄底，去除表层角质和其他杂物，再用钢丝刷、修蹄刀和锉刀再次清洁蹄底。
- 若异物仍嵌在蹄部，应通过X线检查以确定其深度和位置。

• 若异物已被取出或不在蹄内，也应从前后位、外侧位和背腹位对蹄部进行X线检查。然后用2%甲哌卡因从籽骨轴外神经或系骨中部神经阻断（见第21章），刷洗，为检查和对比影像/瘘管造影做准备。用乳头套管、18号导管或Tomcat（产品名，一种18G，4.5in注射器的通用名称）导管将5mL造影剂经穿刺创口注射，漏到蹄壁或蹄底的造影剂都要用酒精纱布擦干净，然后以外侧位和水平位背掌/背跖位进行X线检查。穿刺创道会因造影剂而在X线片上显现出来，并根据结果制订合理的治疗计划。如果怀疑有穿刺伤口但伤口并不明显时，应适当修整蹄叉和蹄沟并仔细检查，因为蹄叉处的穿刺伤口很容易闭合而难以看到。

• 浅表穿刺伤口的治疗方法类似于蹄脓肿，进行简单的创道清创，抗菌敷料，用绷带或铝/塑料制的医疗板状蹄垫保护伤口。伤口应该由内至外愈合，以避免形成脓肿。

• 深入蹄部中央组织的深部穿刺伤可能会波及DIP关节、舟状骨/滑液囊或DDFT/鞘，应立即送往医院进行清创、冲洗、局部灌注（见第5章）和注射抗生素治疗。若不确定穿刺伤口的位置和深度，应建议马主进一步检查DIP关节、舟状囊和DDFT鞘。若不能送到转诊中心，则用阿米卡星/晶体溶液给肢体局部灌注（见第21章），全身注射青霉素和庆大霉素。DIP关节和腱鞘应无菌抽出液体并进行分析和培养，并在滑膜内注射阿米卡星进行治疗。如果怀疑累及舟状囊，可用超声或X线引导抽取囊液。将针插入囊内并用无菌晶体液进行灌洗，后用阿米卡星治疗。

• 与转诊中心临床医生确认是否应在运送马匹前全身使用抗生素，这可能取决于受伤时间和马匹达到转诊中心的时间。

• 此外，可以用含氯的蹄部浸泡液（Cleantrax）给蹄消毒并包扎，直到运送到转诊中心。用带湿膏药（如Animalintex）垫的绷带包扎蹄部，保持组织水分、开放和排液。禁止使用干燥剂，因为组织脱水可能会导致创道过早闭合。

• 针对不同病例各自特点进行治疗性钉蹄，用蹄铁机械性支撑跟部从而降低对受伤组织的压力，同时还可以进行伤口处理。

• 应告知马主此类创伤的严重性和潜在的并发症，预后谨慎。

• 通常这些病例在受伤后的最初几天临床表现较轻，而发生感染后情况会变差。在穿刺创发生的第1~2周，不论临床表现如何都应积极进行抗菌，灌洗伤口和滑膜，局部肢体灌注治疗。

• 接种破伤风疫苗3个月以上的，应进行破伤风预防。

• 若感染发生时，破伤风疫苗注射已超过3个月，应再次注射破伤风疫苗。

不应该做什么

蹄部穿刺伤

• 若怀疑穿刺伤口累及第三指/趾骨间关节、舟状囊或腱鞘，立即注射抗生素。若未能及时治疗，完全恢复的概率会迅速下降。

• 不要让角质过度干燥或故意保持蹄部干燥，这可能会使伤口过早闭合而形成脓肿。

• 如果异物残留在蹄内，不应在还没取出前转移马匹，应标记其位置并进行“保护”，以减轻该处的负重。因为若直接在异物处负重或行动，可能导致其向更深处移动。

• 不要用锋利或坚硬的“工具”侵袭性探查创道，因为可能会穿透滑膜结构。

蹄部外伤

挫伤

• 蹄部非穿透性创伤会导致骨骼和软组织损伤，这种损伤有时很难诊断。

• 外伤原因包括在坚硬或不平整的地面上工作、石头擦伤、踢到坚硬的物体，以及第三指/趾骨间关节过度屈曲或伸展。

• 临床症状包括严重程度不一的急性跛行、发热和肿胀，以及指趾端动脉脉搏加快、搏动增强。

- 用检蹄器检查有助于区分受伤区域，肢体远端屈曲测试通常会加重跛行。
- 若发生瘀伤，发作开始的数周内蹄底和蹄壁出血不明显。

应该做什么

蹄部外伤

- 清洁蹄部并进行全面的蹄部检查，排除感染或减少感染的可能性。
- 对蹄部进行X光检查以排除骨折和蹄叶炎。若X线片结果无异常，但马1周内仍然跛行，则要再次进行X线检查，因为有些骨折在1~3周内在X线片上显现不出来，直到骨折线周围骨质钙化消失才能被识别出。
- 经排除法一旦诊断为挫伤，马应该静养，并进行以下操作：
  - 服用抗炎药物（如保泰松、非罗考昔或氟尼辛甲氨酰苯胺）。
  - 将马蹄浸泡在冰水中15~20min，每12h一次，持续72h。冷敷法可以缓解炎症。
  - 用盐和DMSO制成的糊状药物敷在蹄底，然后用棉花盖住。注意不要让棉花超出马蹄铁的接触表面，尽量减少蹄底的压力，减少后续跛行的可能性。
- 如果10d后仍没有改善，且X线片结果未发现异常，可以用磁共振成像或核闪烁成像等其他诊断方式更好地评估蹄部炎症和软组织变化。有些病例中三个趾骨都有炎症和水肿。
- 创伤性导致的跛行可能需要几周时间才能恢复。
- 当马匹恢复后准备出栏或返回正常工作时，应使用衬垫和软垫料对蹄底额外保护。

不应该做什么

蹄部创伤性外伤

- 若怀疑蹄骨骨折，则不能将马牵至马房外。
- 骨折预后通常不良，并且痊愈后再进行正常运动训练的可能性很小。

撕脱伤

- 蹄壁撕脱伤可能发生在以下情况：受到另一肢体的影响，在近距离肢体接触（赛马、马球）比赛中被另一匹马所伤，骑乘，踢栅栏，马蹄卡在栏上，或田间农场设备造成的伤。
- 大多数撕脱伤发生在蹄跟区域，从蹄踵撕裂到蹄匣大部分撕脱（不一而足）都可能发生。
- 损伤的深度也各不相同，蹄匣与真皮层分离以及真皮下、第三指/趾骨、侧软骨或蹄垫损伤都可能发生。

应该做什么

蹄壁撕脱伤

- 若马易怒，则需进行镇定。
- 籽骨远中侧方向局部麻醉蹄部。
- X线检查排除第三指/趾骨病变。
- 仔细清理伤口及周围有组织碎片的区域。
- 用蹄刀或蹄钳修剪已分离的蹄壁。
- 冲洗蹄部并浸泡在聚维酮碘/水溶液中，用浸有抗菌药液的不粘敷料覆盖暴露在外的真皮。
- 若撕脱伤是清洁创口，而且只涉及蹄匣不牵扯更深部的结构，可以用局部抗菌剂防止伤口感染。大多数撕脱伤在7~10d内就可以重新上皮化。
- 若还有足够的蹄壁组织可以钉蹄铁，应使用带蹄叉支撑的蹄铁保护和支撑受创部位直到愈合。更严重的撕脱伤，如无法再钉蹄铁，则需要打蹄部石膏（见第21章）来保护伤口下的敏感组织，直到创口表面重新角质化。
- 如果撕脱伤累及冠状动脉带或系骨区域，应将马转至医院进行外科手术修复。

- 一旦受伤的蹄壁组织没有感染也没有愈合，需要通过蹄壁重建术来稳定蹄壁结构。

不应该做什么

蹄部撕脱伤

- 在去除已分离的蹄壁和清洁伤口时，不要伤害或去除冠状带的健康组织，因为这可能导致蹄壁发育不良。

撕裂伤

- 蹄匣的撕裂伤并不常见，但可能因踢到铁丝网或踩到锋利的金属物体而导致。
- 蹄底、蹄叉、蹄部、系部或蹄踵均可能发生撕裂伤。

应该做什么

蹄匣和蹄壁的撕裂伤

- 对蹄部进行X线检查，排除第三指（趾）骨损伤或异物的存在。
- 对蹄壁全程撕裂创应立即进行处理，减少下层真皮的肿胀，这种肿胀会使组织从蹄部创口处脱出，造成更多蹄壁下组织分离。
- 用甲哌卡因进行，远轴籽骨或系部中部神经阻滞（见第21章）。若出血过多可以在球节处放置止血带。
- 用铝骨板［1in（宽）×1in（厚）×3in（长）］固定受伤的蹄壁，使其和下层组织贴合，对合撕裂创。这些骨板可以用黏合剂或小木螺丝固定在蹄壁上，螺丝穿透深度不能超过蹄壁中间层。黏合剂不应接触敏感组织或妨碍伤口引流。
- 将撕裂的蹄壁固定在不承重位置。
- 用连尾蹄铁或其他类型的治疗用蹄铁稳定蹄部。
- 小心擦洗伤口，并用抗菌剂和绷带进行包扎。
- 应用全身性广谱抗菌药物来降低蹄壁下层感染的可能。
- 注射消炎药/非甾体类消炎药（NSAIDs），用于镇痛和减少真皮层肿胀。
- 应固定住蹄匣，直到冠状带新生蹄壁生长到离蹄壁着地面至少一半的距离。
- 若感染发生时，破伤风疫苗注射已超过3个月，应再次注射破伤风疫苗。

蹄底和蹄叉撕裂伤

- 对蹄部进行X线检查，排除第三指/趾骨损伤或异物的存在。
- 用泻盐（硫酸镁）、聚维酮碘和水刷洗并浸泡蹄部，也可以用商品化氯基泡蹄液（CleanTrax）进行清洁。
- 用带有可拆卸治疗骨板的蹄铁来保护受伤区域，并用抗菌敷料治疗伤口。
- 是否注射抗菌药物取决于伤口的严重程度和深度，以及是否存在慢性和潜在感染。

系部或冠状带撕裂伤

- 若中度至重度系部或冠骨带撕裂伤发生，特别是创伤位于系部掌骨/趾骨区域，应送到医院进行外科治疗，因为此时深指/趾屈肌腱和腱鞘也可能受伤。
- 初始治疗包括对伤口进行大量冲洗，并用抗菌溶剂擦洗清洁伤口，然后在运输过程中包扎以保护伤口。
- 若深指/趾屈肌腱或伸肌腱被完全切断，可能需要使用玻璃纤维或Kimsey夹板限制活动，从而减少对周围结构更多的损伤。

第 43 章
蹄 叶 炎

Amy Rucker 和 James A. Orsini

- 蹄叶炎即蹄叶组织的炎症。
- 远端指/趾骨（P3/蹄骨）通过真皮层和表皮层小叶交错结合与蹄匣相连，并延伸到蹄匣的蹄支、蹄踵、蹄体、蹄指/趾（图43-1）。
- 有550~600个初级表皮小叶（PEL），且每个初级小叶的周围有150~200个次级表皮小叶（SEL）围绕。
- 表皮层基底细胞附着在基底膜（BM）上，也通过真皮小叶的胶原结缔组织纤维附着在P3上。
- 真皮层由动脉、静脉、淋巴管、结缔组织和神经组成，并根据其位置进行描述（蹄冠、蹄叶、蹄底、蹄叉）。
- 蹄冠和蹄底的真皮层都有乳头突起伸入角质小管。每个乳头都有中央动静脉和毛细血管。终末乳头位于真皮层的远端边缘，负责表皮细胞增殖填充初级小叶间的空隙，形成白线。
- 内、外侧掌指动脉和静脉在P3中心的终弓内汇合。存在的许多骨间小孔可以使较细的血管通过分支穿过骨质汇到真皮层的小叶下血管床。
- P3蹄底面没有贯通的血管。旋动脉位于P3远端周围。动脉分支和静脉丛在P3和蹄匣底部之间的真皮层内行进。
- “蹄叶炎”的特征表现是表皮小叶细胞无法附着在下面的真皮小叶基底膜上，更恰当的说法是“慢性蹄叶炎”。
- 任何原因引起的蹄叶炎都有相似的组织病理变化，包括：
  - 基底膜断裂。
  - PEL和SEL的延长和缩小。
  - 白细胞浸润与次级真皮小叶和基底膜异常有关，但持续时间和病变程度因病因而异。
- **实践提示：**临床治疗的目的是预防和尽量减少P3的移位，以在蹄叶炎造成组织结构损伤之前能够愈合。这可以防止蹄冠和蹄底真皮层组织结构塌陷萎缩和压扁变形，蹄匣生长变形，以及骨骼重塑。

蹄叶炎的分级 / 分类 / 分期

发育阶段

- 发育阶段是从接触病原体开始，直到临床症状出现，持续24~60h。

· 细胞水平的病变引起小叶组织分离。
· 当前提出的几种途径：
  · 脓毒症/炎症通路——全身性损伤或全身炎症状态导致小叶组织损伤。
  · 碳水化合物超载启动“触发因子”机制，导致BM分离和裂解。
  · 小叶组织损伤程度的组织病理学分级说明了一些病例容易恢复而另一些病例病变损伤严重而难以治愈的原因。
  · 内分泌病理学——高胰岛素血症会引起小叶病变，包括SEL延长，主要发生在PEL的轴外侧和中部，同时还有轴向表皮细胞增殖。注：与碳水化合物超载模型相比，小叶顶端的BM分解的更少。
  · 创伤或负重——代谢性/血管/淋巴系统的改变继发于过度的机械负荷/无血管/创伤机制。

· **实践提示：**如果在发展阶段就能立即认识到该病的风险，就可能临床预防蹄叶炎的发生。持续冷冻治疗可以阻断小叶炎性过程，降低蹄叶炎的严重程度。有患该病风险马的肢体应浸泡在冰水中（5~10℃），水应没过腕关节/跗关节，浸泡24~72h，直到疾病的临床症状和全身性炎症的实验室检查结果消除。

· 许多临床疾病都会导致蹄叶炎。“原因”可以追溯到前面列出的四种主要途径之一：
  · 全身性炎症，如结肠炎、子宫内膜炎、败血症及内毒素血症、肺炎，都可以通过病理信号因子诱发蹄叶炎。

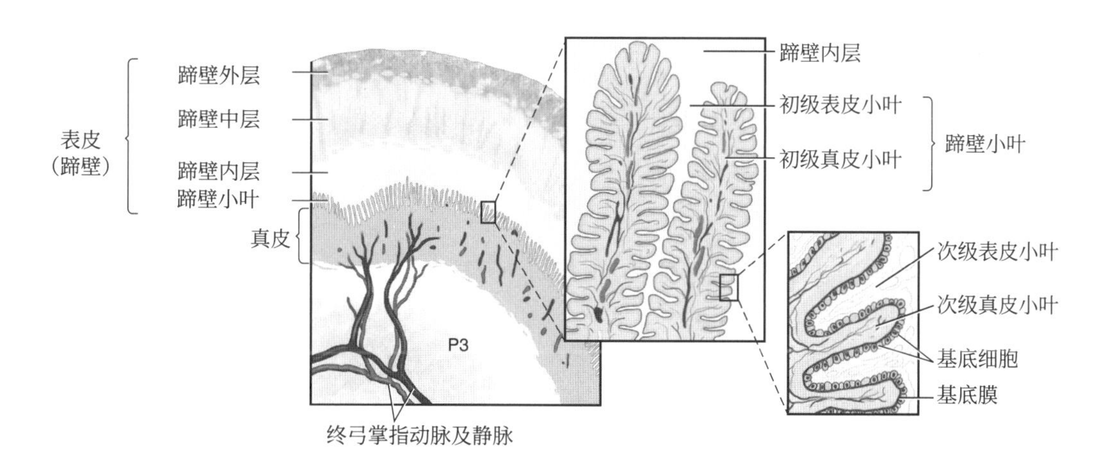

图 43-1　蹄壁或表皮

蹄壁或表皮由蹄壁外层（薄层，由骨膜延伸而来）、蹄壁中层（壁的大部分，包含小管和管间角）、蹄壁内层和蹄壁小叶组成。角质化的初级表皮小叶与初级真皮小叶在蹄壁小叶区域相互交错。动静脉在小叶下血管床与掌指血管终弓处的血管吻合，位于指骨远端中心（P3）。镜下可见初级小叶边缘有大量的次级小叶（真皮和表皮）。在冠状带、蹄壁近端和白线末端的小叶，表皮基底细胞的增殖形成角质化细胞，负责蹄壁的生长。在整个次级表皮小叶，有核的表皮基细胞通过半囊体附着在基底膜上。真皮内结缔组织带将基底膜与P3连接。

- 谷物过载类似于碳水化合物过载模型。
- 内分泌病性蹄叶炎包括患有胰岛素抗性（IR）或马库欣病/垂体间质功能障碍（PPID）的马。
- 支撑性肢体蹄叶炎可能继发于对侧肢体的疼痛性跛行。
- 注意：药物治疗（注射疫苗或类固醇）可能会无意中导致蹄叶炎。对于健康的马，通过注射类固醇制造蹄叶炎的可重复性很差：例如，地塞米松，1mg/（kg · d）持续9d给矮马注射，或者曲安奈德0.2mg/kg，约80mg，IM，给成年马注射1次，形成蹄叶炎模型。曲安奈德0.2mg/kg，IM，诱导高血糖和高胰岛素血超过6d。皮质类固醇可能影响细胞死亡、血管功能、免疫系统或其他激素的作用，并在这些病例中成为众多引起蹄叶炎因素的一部分，尤其是患有代谢综合征（EMD）的马。

急性期

- 急性期从临床症状表现开始，持续72h。
- 临床症状包括不同程度的跛行、发热、指/趾动脉搏动加强和蹄部测试阳性或阴性结果。
- 根据对治疗和刺激原因控制后的反应，可以决定该病变属于亚急性（轻微小叶损伤）还是慢性（第三指/趾骨悬器损伤导致的结构变化）。

亚急性期

- 一匹健康马的蹄叶炎临床症状消退且只有轻度小叶病变时，影像学检查没有机械性变化或第三指骨损伤的表现。
- 从急性期转变到亚急性期，一般在出现临床症状后的72h。

慢性期

- 由于P3不再附着在蹄匣上，基底膜小叶组织坏死导致蹄部结构的改变。根据组织损伤的程度，组织变化包括：
  - 蹄冠真皮层受压和变形。
  - 随着真皮小叶的延长，真皮小叶和表皮小叶分离。
  - 蹄底真皮层压缩。
- 蹄底真皮层受压P3病变长期后遗症包括：
  - P3骨内血管通道增宽。
  - 骨远端边缘和顶部重塑。

慢性期：代偿

- 检查蹄部时，蹄叶炎的临床症状表现明显：
  - 白线增宽。
  - 生长环不平行。
  - 蹄底外观改变（凹面消失）。
- X线片中的变化包括：
  - P3骨远端边缘和顶部重塑。
  - 背侧蹄壁改变（“旋转移位”）；近端蹄壁的宽度小于远端蹄壁。
  - P3顶部远侧蹄底深度（SD）＞10mm是判断“稳定”慢性代偿性蹄叶炎病例的目标。

· 静脉造影术是注射显影剂，使其出现在P3重塑顶部、P3远侧的旋静脉和蹄底静脉，以及冠状带周围。该模式通常由于少量显影剂“羽状”渗入背侧小叶疤痕而略作改变（调整）。

· 马通常相对健康，并且需要常规的蹄部护理，但仍应持续监测马匹状态。

慢性期：失代偿期

· 周期性“突然发作”会使马一直跛行，这表示蹄叶炎急性恶化。

· 远端指骨与蹄匣间的连接不稳定［小叶楔状结构，即组成慢性蹄叶炎的小叶区域（蹄壁小叶）的病变组织，造成慢性蹄叶炎和蹄部异常生长；病变的角质也称为“疤痕角质”或第二/异位白线］。

· 骨病/慢性骨炎或小叶组织损伤可能导致复发性蹄部脓肿发生。

· 静脉造影术通过注射显影剂，向小叶下层血管床“羽性”渗透并被小叶楔状结构替代，可以显示出小叶组织的不稳定性。负重时，P3顶部远端的造影剂含量减少甚至消失。

实践提示：负重和不负重时静脉造影术的结果有很大差异，因为负重时组织不稳定会造成静脉压迫。

· 蹄底深度通常不足以保护P3远端（SD＜10mm）。蹄底真皮层受压导致蹄底生长不良，也可能形成蹄底下血肿而变软。

· 组织严重受创的情况下，蹄底可能向前突出，P3顶部或蹄底真皮层可能穿透蹄底。

· 指/趾白线增宽且不规则，经常会导致在骨折时骨碎片堆积在白线内而形成脓肿。蹄踵的增长速度超过了指/趾。背侧蹄壁不再向下而是向外生长，同时朝向水平方向。若没注意到马蹄部的变化，蹄匣会继续向前向上生长，看起来就像“精灵鞋”。

蹄叶炎临床检查

病史

· 临床症状持续时间和曾经发作病史。

- 已知诱因和已被成功治愈的疾病。
- 骨损伤/感染以及由此导致支撑肢体（对比）性蹄叶炎的临床症状和X线片变化会延迟4~6周。
- 年龄：4岁患马比24岁患马更易康复（年轻马匹比年老马匹更易恢复）。
- 最近用药史、工作量和饮食。
- 评估农场的环境/马厩，包括：
  - 马厩规模和垫料：马厩理想规模为20ft×20ft，铺上2ft厚蓬松的刨花。在地板上铺闭孔泡沫填充物，[1]缓解患有急性或慢性蹄叶炎的马的不适感。
  - 露天场地：评估规模、基础和可用饲料。
  - 为蹄铁匠和兽医提供的工作区域应包括一个平坦的平面、充足的照明和电源，并且位置应靠近马厩。
  - 马厩位置：安静的环境有利于马匹躺卧进行休息。

体格检查

- 评估站立、转向和行走时的跛行程度。
- 表现疼痛的马：
  - 心率加快。
  - 负重重心不断变化。
  - 站立时，后脚置于腹部下方，并且抗拒移动。
- **实践提示：** 一只蹄部可能有明显的损伤但临床没有表现出疼痛；相反，蹄部可能非常疼痛却无明显的临床异常。
- 评估指/趾脉搏：正常或增强；可能步行时更加明显。
- 评估抬起每只蹄的难易程度：马匹是否有不适表现，以及它能否在抬起一只脚时稳定站立。
- 实验室检查：诊断时借助全血细胞计数（CBC）和生化，以帮助确定蹄叶炎病因。
- 如果怀疑是IR或PPID，患马稍感舒适后测量ACTH、皮质醇、胰岛素、瘦素和血糖激素［甲状腺素（T3和T4）］（见医疗管理）。

蹄部检查

蹄匣

- 生长环：直径均匀或蹄踵较宽（提示杵状足或慢性蹄叶炎）。

1　American Foam Products, Painesville, Ohio. Distributed by Stoltzfus Equine and Supply, Gap, Pennsylvania; Phone：717 442-8280.

· 从前的增长率：生长环宽度（7~10mm）提示蹄部增长过快。

· 蹄壁厚度：健康的马蹄如果有很多蹄底，则它周围的壁就会“很厚/很宽”。

· 蹄底：正常为凹面；扁平足提示足部无力或P3下沉/旋转；脱垂表明P3旋转/下沉或穿透蹄底。

· 白线：厚度均一为正常现象；蹄尖部较宽表示杵状足或曾患蹄叶炎。

· 杵状足：患马可能已经因P3顶部远端产生蹄底真皮层压迫，同时因P3顶部远端边缘处骨损伤/重塑导致P3远端和背侧的小叶组织撕裂。

冠状带

· 蹄毛通常沿蹄壁一周指向远端。

· 记录任何显示P3远端移位的引流或组织分离的区域。

· 触诊冠状带时不应在蹄匣顶部有“边缘/裂隙”的感觉，进而可以触诊到蹄冠内表面。

询问蹄铁师

· 蹄铁师应每4~6周对患马蹄部进行一次常规检查；兽医询问蹄铁师在过去的6个月中马蹄是否有明显的变化。

检查检蹄器

· 检蹄器的结果常常具有误导性。如果蹄底很厚或者蹄匣已基本脱落，检蹄器的检查结果可能呈阴性。

· 施加压力时要温和，出现轻微疼痛反应时停止。

温度

· 急性蹄叶炎与蹄壁下血流量增加有关。可以通过触诊和热成像检测到局部温度升高。

蹄部放射学检查

· 标准的X线拍照技术对于进行比较是十分重要的。X线片用于评估最初的损伤，与蹄铁师制订治疗方案，评估治疗效果，并监测蹄部向前的移动。

· 清洗蹄部时要轻柔小心，可能要用蹄镐或钢丝刷除去蹄叉沟深处的污垢。

· 设备：两个木制垫蹄块，其顶部有一根不透X线的金属丝作为参照点。垫块应比X线机准直器的中心低0.75in（2.0cm），使X线的焦点集中在P3远端边缘。低束提供测量蹄底深度和蹄匣内P3内、外侧平衡性。用钡剂（不透射线的标记物）从蹄匣背侧，即冠状带蹄毛到蹄趾的方向进行内外侧投射。

· 根据马的形态（宽胸/趾或指向内，窄胸/趾或指向外等）放置垫块，使跖骨垂直于地面，头部和颈部向前。准确的摆位有助于评估指节对齐情况和关节负重情况。

· X线暗盒应与蹄部矢状面平行，使X线机方向与暗盒相垂直以避免外内侧面投照图像失真，暗盒接触蹄部减少放大失真。X线检查可以评估软组织的情况：包括蹄匣、蹄底深度和真皮层（血肿）、小叶楔状区域或表皮层（白线疾病可见空气或污垢）。背掌侧位平扫时，注意蹄匣内远端指骨（P3）的位置和关节面的负荷。慢性蹄叶炎可采用65°角投射来评估P3远端边缘骨病变的程度。

· 后肢蹄部X线检查的难度更大，必须有外侧位基准图。后肢蹄叶在蹄叶炎诱因作用下也会出现炎症反应，但往往没有前肢严重，这可能与许多因素有关，比如说负重的差异。

X 线片的判读

X线片的判读见图43-2。

冠状带-第三指（趾）骨伸突距离（CE）

· 测量从冠状带背侧近心端水平线到伸肌突水平线的垂直距离，单位为毫米（mm）。

· 正常范围为0~30mm，平均距离＞12~15mm。

· 临床操作提示：CE是最有用的对照值，蹄叶炎加剧时会增宽。

· 如果P3向远端移位——“下沉”，CE会迅速增加。

· 如果蹄下组织受损萎陷，CE则会在数周内逐渐增加。

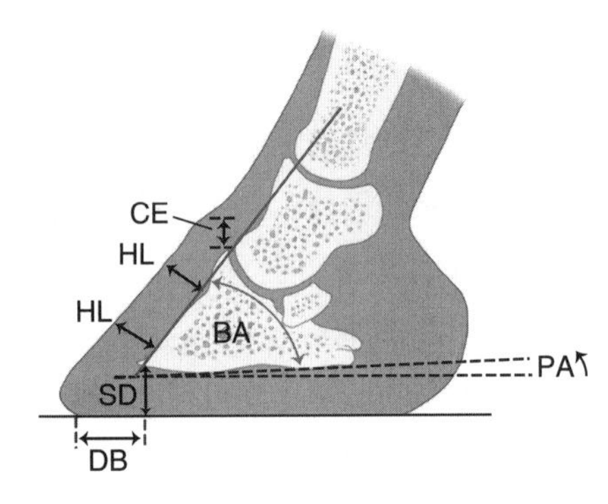

图 43-2　X 线片测量

冠状带-第三指（趾）骨伸突距离（CE），蹄壁-小叶距离（HL），蹄底深度（SD），指/趾离地（DB），掌心角（PA），骨角（BA）［距离以毫米（mm）为单位］。

蹄壁-小叶距离（HL）

· P3表面到蹄匣背侧间的垂直线段距离即蹄壁-小叶距离。从伸肌突远心端开始向下直到P3尖部远端进行测量。

· 近端和远端测量的距离应该相同。如果HL距离不对称（远端更宽），则表明P3可能移位/旋转而远离表皮层。

· **注意：**无蹄叶炎但有畸形足的HL可能也有区别（如近端15mm、远端19mm），特别是蹄铁匠一直试图拉伸蹄指/趾使其与对侧蹄部的角度相对应。

· 不同年龄阶段和品种HL也有变化：

  · 断奶时：当第一个新蹄长出时，近端HL＞远端HL。
  · 1岁龄：近端HL与远端HL相等。
  · 2~4岁训练阶段的轻品种马（如夸特马、阿拉伯马）。
  · 纯血马：近端17mm，远端19mm。
  · 体格骨架大的马有时HL近远比16mm∶16mm。2~4岁的标准竞赛用马HL近远比20mm∶20mm。温血马根据体型大小，HL近远比上限可达20mm∶20mm。

- 老年训练或表演用马的HL呈逐渐增加趋势。轻种马的HL近远比可能变为17mm∶17mm。
- 退休或纯种马可能更大，但不会发展成蹄叶炎。

· **实践提示：** 对于特定年龄/品种的马，若HL超出相应的正常范围，应疑为蹄叶炎。比如：一匹5岁、450kg夸特马的HL距离为18mm∶18mm；若马表现出与蹄叶炎一致的临床症状，则HL增加的原因可能是整个蹄匣（远端移位）的真皮层和表皮层小叶组织互相分离，应进行静脉造影以便确诊。

· **实践提示：** 获得外-内侧位X线片的正常基准值来了解每个个体的正常表现，并定期更新X线片的记录。对于有高风险患蹄叶炎的马，应每年进行一次检查。

蹄底深度（SD）

· 蹄底深度是指测量P3尖端到地面的垂直距离。

· 若蹄底为凹形，则X线片上表现出含空气的空间是黑色的。标注蹄底两个方面：蹄底深度和凹陷程度。

· 标注蹄底X光透射增强的位置或深度（与P3相关的血肿或脓肿）。

指/趾间抬起杠杆距离

· 测量从P3尖端到趾背侧终点的水平距离，即“指/趾间抬起杠杆距离”。

掌角度（PA）

· P3掌心面与地面之间的角度即掌角度。

· 若掌面内、外侧不对称，这个角度可能需要测量多次。

· 若P3顶部骨重塑，测量方法是在翼远端边缘到P3中部画一条直线。

· **实践提示：** 在X线片有明显改变之前，病变蹄部组织结构的萎陷常常会发生，可能需要数小时到数天的时间，导致在X光片上识别疾病严重程度延迟。掌角度（PA）和角质层：已经用小叶距离（HL）取代测量P3旋转角度。

蹄部静脉造影检查

· 蹄部静脉造影是将不透射线的造影剂注入掌指静脉。

· 蹄真皮层血管系统在图像上细节变化发生在平片出现明显改变之前。

· 真皮损伤可通过造影后形成的图像显现出来。

· 静脉因注射造影剂后受压会形成充盈障碍，静脉造影图像显示出的损伤可以通过钉蹄铁或手术进行治疗。**实践提示：** 支撑肢（对侧肢）的蹄叶炎，1~2周内可通过静脉造影和核磁共振成像的方法检查到病变，4~6周后才可看到X线片上的变化和跛行症状的出现。这些病例通常有中等至严重的小叶层损伤。

静脉造影操作步骤

· **实践提示：**蹄部静脉造影前先拍平片，用作对照。

· 若马钉有蹄铁，应在静脉造影前卸下蹄铁。若蹄铁将蹄掌角度升高超过10°，卸除蹄铁（包括蹄底的胶水和油灰），清洁蹄部，然后放入新的蹄部有楔形增高的塑料蹄铁里进行静脉造影。**注意：**不要将蹄掌角度升高的跛行肢提起后平放在地面上，这会增加指/趾深屈肌腱的张力，并可能损害真皮层。

· 通过轴外神经阻滞对双前肢进行局部麻醉（见第21章）。近端籽骨基部的内、外侧掌神经皮下注射3 mL 盐酸甲哌卡因。将马带到X线检查区域之前应先准备好所需设备，一切就绪后，清洗蹄部，让马站在木块上。

· 用盐酸地托咪定进行镇定，1~3mg，IV。

· 系部内外侧剃毛，显现出掌指静脉。若腿上毛发致密，将球节处掌侧面（覆盖整个掌部血管神经束）区域的毛剃掉并在该处系上止血带。

· 用2个12mL Luer-Lok注射器抽取显影剂，用在平均宽度12.5cm马蹄。若工作环境温度较低，应为注射器保温以便注射。

· 应对静脉造影部位进行剃毛和无菌处理。

· 兽医应蹲跪在被检查的马蹄前方，面向马后方。将X线机放置在蹄部的外侧面，助手站在X光机后面。所有设备都应准备就绪并放在伸手可及的地方。

· 用4in宽的胶带包住球节，固定住止血带的位置，但不要把胶带缠到系部。

· 建议使用50cm（长）×2.5cm（宽）内有橡胶小管的止血带。止血带应系在球节最宽处，即籽骨基部，并将一端用胶带固定。**实践提示：**重要的是掌部止血带要尽可能包紧，当球节周围整个止血带被拉紧后，用2in宽的胶带在该处再缠绕几圈进行固定，将胶带的末端留在外部（若外侧静脉用于注射）。使用21号×3/4in（0.8mm×19mm）带30mm导管的蝴蝶针。掌指静脉近端较直，远端弯曲，系部中间有一段2cm长较直区域，针斜向外入针，当血液自由回流后，停止推进针头。助手在后端装上Luer-Lok注射器，注意不要移动针头。

· 外侧掌指静脉留置针操作：医生在内侧的手由内到外方向环绕马腿，肩部直接靠在腕部背侧，在外侧的手持蝴蝶针，针插入静脉后手指轻压住以防止在注射造影剂时针头弹出。助手将装有造影剂的注射器插上针头后刺入注射孔，然后递给医生在内侧的手中。医生通过拇指控制活塞，轻轻回抽，回血后快速注射造影剂，感受注射阻力和皮下注射，反复确认针是否还在静脉内。之后助手取下第一个注射器并装上第二个。血倒流通常发生在针头插入注射口时，第二次注射时，应用内侧的手和手臂轻轻弯曲腕关节。目的不是把马蹄从垫块上移开，而是弯曲

腿部从而减轻指深屈肌腱的张力，同时减轻该蹄部的负重。助手可以帮助在垫块上固定马蹄，并使马头偏转远离被拍摄的蹄部，这更易于弯曲肢体。

· 注射完成后，取下注射器和针头，将注射口和注射管固定在胶带末端。

· 造影剂是高渗溶液，迅速扩散到组织中。X线曝光应在注射后45s内完成，避免“扩散”造成伪影。外内侧位、背掌位和无负重外内侧位图像。对怀疑的区域，可以采用其他摆位（65°背掌位或斜位）使图像表现更明显。注：若在注入后45s才进行X线曝光，可能会形成扩散伪影。

· 获取图像后，先取下止血带后再移除蝴蝶针，并用折叠纱布压迫绷带包扎被用来注射的内外侧静脉。使用压迫绷带不要超过15min。

静脉造影时的问题

· 使用绷带和止血带时，不要扭转系部的皮肤。

· 针进入血管后，若血液回流后又停止，应将针后退1~2mm；若无倒流，应调整针的方向。

· 若造影剂开始注射后，并且注射量不足3mL时发生静脉“膨胀”，取下止血带和针并用手指按压住静脉。等10min后，用对侧静脉再次尝试。进行静脉造影时，助手必须一直对第一条静脉穿刺部位施加压力，X线投照时再将手移开。

· 若发现问题时注射量已超过3mL，应停止注射并进行X线曝光。尽管由于显影剂剂量不足导致灌注不当，但其仍然具有诊断价值。此时不要试图对第二条静脉继续进行操作，因为若第二条静脉因操作而受到伤害，蹄部可能会严重受损。推迟24h可能是最好的方法。

· 从开始到结束，双侧静脉造影应在30min内完成。因为患马一直站在坚硬地面并且蹄部同时垫块，长时间的操作可能使有跛行的马受到二次伤害。

静脉造影正常图像

· 见图43-3。

· 掌指静脉的终弓（TA）通过P3，形成许多分支通过骨内通道到达真皮下血管床（SLVB）。SLVB在P3背侧4mm内形成一条清晰的线。

· 冠状动脉丛呈新月形，位于伸肌突的近端背侧。角质小管动静脉吻合的乳头状突起与P3背侧平行。

· 旋静脉/蹄底血管位于P3远周围，同时可见许多蹄底乳头突，与P3的背缘位于同一平面。正常蹄部蹄底深度为20mm，旋血管和蹄底乳头突向P3掌侧缘远心端延伸10mm。

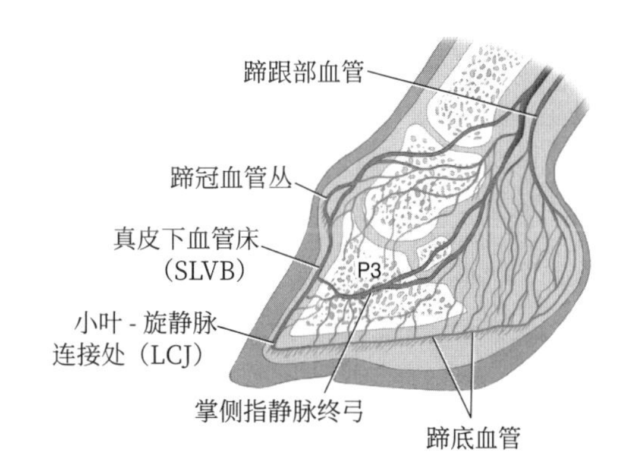

图43-3　指/趾部静脉造影正常图像

· 小叶-旋静脉连接处反映了P3尖端的角度，且形成了白线的终末乳突。

· 蹄踵血管系统来源于蹄匣近端血管分支，很少因蹄叶炎发生病变。

· 在正常蹄部的背掌位图像中，SLVB保持位于P3背、内、外侧内4mm处，与P3远端边缘角度相同，P3远端周围可见旋血管/蹄底血管，并且P3中的TA可见，蹄叉的楔形血管位于终弓的远端。蹄部不对称时，冠状动脉丛内外侧血液灌注也不对称。

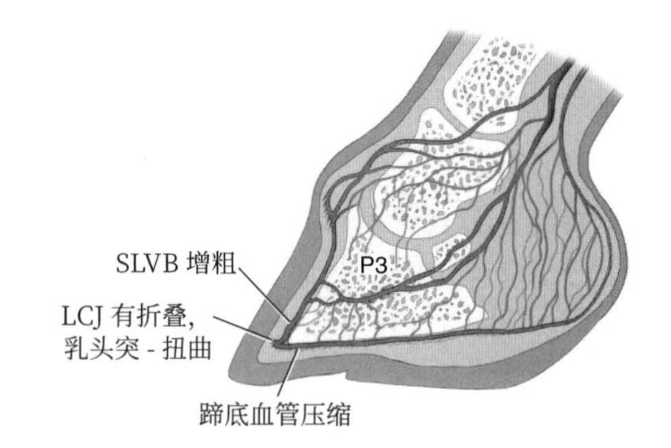

图 43-4　蹄叶炎轻度病变

LCJ，小叶-旋静脉连接处；SLVB，小叶下血管床

蹄叶炎静脉造影图像：轻度病变

· 见图43-4。

· 小叶旋静脉接合处有折叠。

· 末端乳头突不再和P3背侧朝向同一平面。

· 蹄底的乳头突变得模糊。

· 到达注血管和蹄底血管的显影剂可能会减少。

· 冠状带乳头突通常不明显，但如果可以看到，可发现其不与P3背侧面在同一平面。

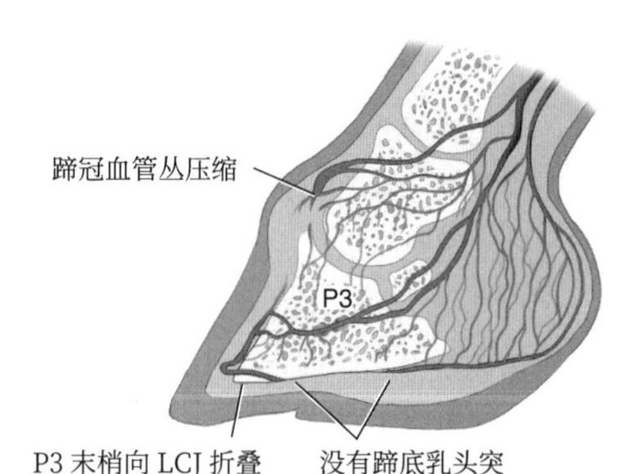

图 43-5　蹄叶炎中度损伤

LCJ，小叶-旋静脉连接处。

蹄叶炎静脉造影图像：中度病变

· 见图43-5。

· 冠状动脉丛变形拉长，其中的显影剂减少甚至消失。

· 随着表皮层和真皮小叶的分离，SLVB增宽。此外，静脉压迫可能导致某些弯曲血管和蹄底血管区域无显影剂。

· 并位于P3顶端附近。

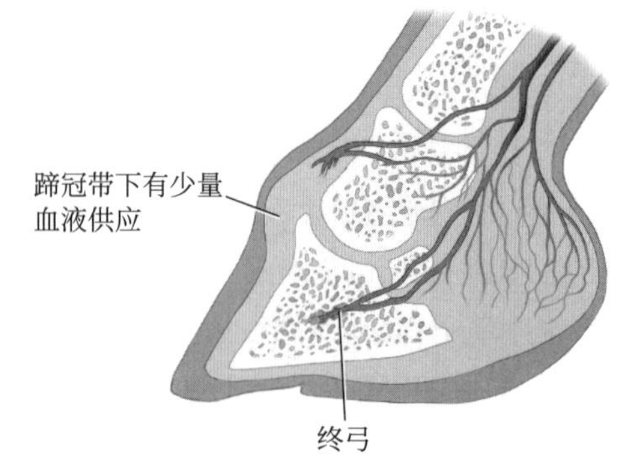

图 43-6　蹄叶炎重度

造影剂仅在冠状带附近可见，在蹄踵和终弓处造影剂最少。这种模式与严重下沉，或与慢性的损伤和随之而来的塌陷相一致。

蹄叶炎静脉造影图像：重度病变

· 见图43-6。

· 蹄踵区域有明显造影剂填充。

- 可能在终弓处的显影剂减少。
- 冠状带的血管被直接缩短。

蹄叶炎静脉造影图像：远端移位（下沉）

- 见图43-7。
- 冠状带动脉丛轻度扭曲变形。
- SLVB增宽。
- P3远端的和蹄底血管中造影剂减少或消失。
- 旋静脉点可能轻微折叠并靠近P3尖端。
- 随着病变的进展，蹄部远端移位的表现见图43-6。

蹄叶炎静脉造影图像：慢性蹄叶炎

- 见图43-8。
- 冠状带动脉丛变窄变长。乳头状突与P3背侧面不平行，并且新生蹄壁与乳头突在同一平面。
- SLVB增宽；造影剂“羽状”进入蹄叶层楔形，在与表皮交界的蹄叶组织背侧最边缘处可见一条细线。
- P3尖端在骨炎后骨质重塑。骨吸收可能是由于蹄底真皮层和表皮层血管缺乏或压力/负荷导致。小叶-旋血管连接处在P3尖端周围重塑。末梢乳头突变得无序。

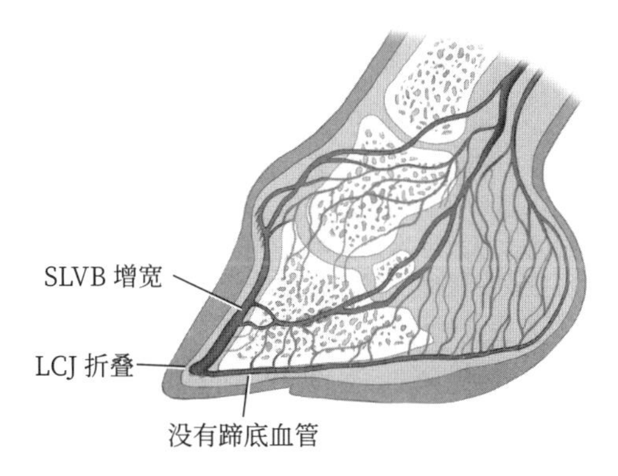

图43-7　蹄叶炎远端移位（下沉）

随着真皮/表皮层的分离，指/趾、蹄中部和蹄踵的小叶下血管床（SLVB）明显增宽。蹄底血管被压迫，LCJ折叠。这种模式可能会逐渐恶化（图43-6）。

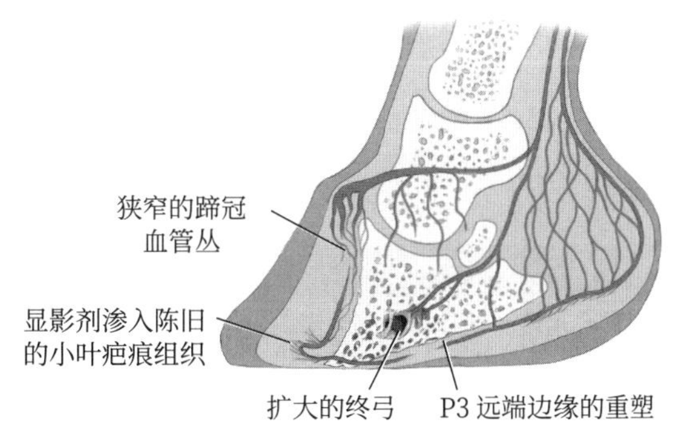

图43-8　慢性蹄叶炎

· 旋血管和蹄底血管处的造影剂减少。P3尖部远端的蹄底乳头状突只有在蹄底宽度大于10mm时才变得明显，并且蹄底乳头状突可能存在于蹄踵处。

操作错误：静脉造影图像

- 造影剂剂量过少会导致：
  - 表现出的血管变细，并且任何“负重”区域都没有造影剂填充。
  - **实践提示：**止血带无效可能是由于在球节掌侧的血管与止血带间有过多被毛或缠过多胶带造成的。
- 血管周围注射造影剂（“膨胀静脉”）可能导致造影剂剂量过少。
- 腕中部的X线片可以检查止血带上方造影剂情况。
- 将止血带放置在球节最宽处很重要，而不是像肢体远端区域灌注那样放置在掌骨处。

应该做什么

蹄叶炎：治疗原则

蹄部内部应力（图 43-9）

- 重力对P3远端的压力被地面力抵消。蹄底承重面越大，重量分布越好（lb/in^2）。修剪蹄踵增加蹄后部的表面积；压入式衬垫或复合腻子放在蹄底的蹄叉、蹄踵、蹄支和蹄底来分担额外的重量分布。
- 指/趾抬起 的作用像一个支点，蹄匣必须在支点上移动来缓解蹄部小叶组织的压力。背侧、内侧和外侧的抬升都会发生改变，以减少撕裂病变的小叶层。
- 随着小叶组织的破坏，几乎没有可以抵消重力，以及指深屈肌建（DDFT）向后端牵拉P3的力。
- 可能由于指/趾垫和侧软骨韧带对两侧提供支持，蹄踵常常是蹄部最健康的部位。利用抬高蹄踵的蹄铁治疗蹄叶炎（参见《改变掌心角度治疗急性蹄叶炎》部分内容）。
- 马体态的不同（胸部宽度、肢体旋转或肢体角度改变导致畸形、杵状足或低跟），蹄部一个或多个部位可能在发生蹄叶炎前就受到压迫。**重点：**在制订治疗方案时要考虑这一点，因为这可能会使治疗变得更复杂。
  - 若想治疗成功，应考虑蹄匣的受力情况。思考以下问题：
    - 真皮层负重最大的区域在哪里？
    - 真皮-表皮层交界处哪些部位可能发生病变？
- 哪个方案最有可能减轻真皮层的压迫，并减少对病变组织的牵拉？

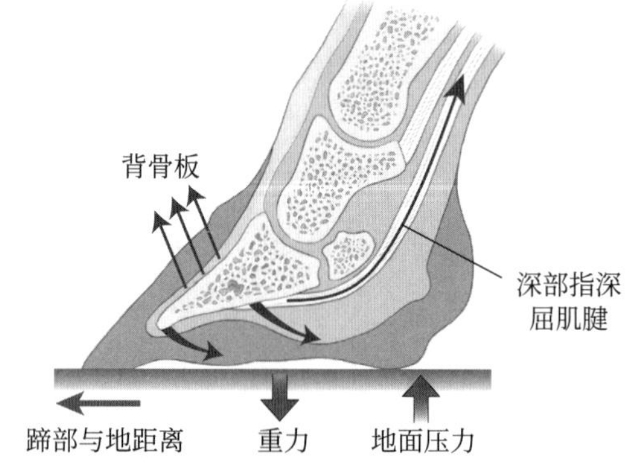

图 43-9　蹄部内力

小叶组织附着力消失可以通过调整蹄部的其他力来治疗。掌心角升高或肌腱切开术可减少指深屈肌腱的牵拉力。修蹄踵增加了承重表面积。蹄底面变化减少了指尖抬起的杠杆距离。

应该做什么

改变掌心角度：治疗急性蹄叶炎

- 抬高掌心角度以减少DDFT的牵拉是一种治疗选择。修整蹄踵至蹄叉最宽的部分，使P3与地面平行。
- 将蹄中部悬空，减少蹄壁的承重和牵拉。
- 若要引流血肿/脓肿，应使指/趾与白线间修成斜面，以便能触及蹄叶组织。

- 蹄部放在呈20°角的蹄靴（铁）上（图43-10）。
- **注意：**不要在没有蹄踵支撑器的情况下，修整蹄踵后使马一直站立，因为减小掌心角会增加DDFT的张力。
- 混合制成的复合油灰涂于蹄铁内部，待其干后将蹄铁钉在蹄上。固化后，将正对P3前缘蹄底的油灰清除，可以减小蹄底压力。
- 软底靴、足/蹄模、硅胶印模材料也是常用来治疗急性蹄叶炎的不错选择。
- 常规治疗中，可以用绷带将鞋固定在蹄部；也可以用胶水或2in石膏固定。**注意：**有剧烈疼痛的蹄不应钉蹄铁。
- 电脑模型显示增加PA会增加蹄叶背侧的张力，然而这似乎与临床观察结果不符（图43-11A、B）。PA提高可使蹄中部和蹄踵的受力承重增加，然而有时需要牺牲蹄踵和蹄中部的情况治疗急性蹄叶炎。若马的蹄踵偏低，钉蹄铁后应对其持续进行监测。抬高蹄踵同时使用蹄部石膏可能减少受力和对蹄壁的牵拉。
- 在马等待紧急护理期间，主人可以先用厚2in的工业泡沫塑料绷带绑在蹄上作为临时垫料，聚苯乙烯泡沫塑料可以“堆叠”在蹄踵以减少对DDFT的牵拉。

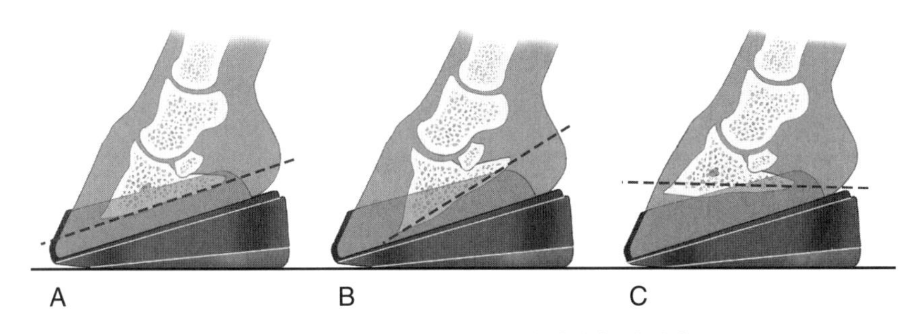

图 43-10　抬高蹄踵的蹄铁治疗急性蹄叶炎

A. 正确用法：P3 掌面与蹄铁面平行，蹄铁包括一个 20°的蹄踵楔。蹄铁的边缘是斜面，促进背侧、内侧和外侧的抬蹄杠杆距离。抬蹄杠杆距离直接远端或靠尾端至 P3 的顶端。蹄铁放好后，在蹄底添加腻子，以分散蹄踵、蹄支和蹄叉的负重。腻子上有杯状凸起，从靴底直接远端到 P3 的顶点。B. 使用不当：手掌角度为正的楔入脚掌不能正确加载脚掌。潜在地，腻子可以用来抬高墙在趾柱和建立一个正确的角度。背壁可以“穿”得更适合蹄铁的袖口，并减少断裂。把蹄铁底部降低至蹄尖斜面的高度来减少离地。取下并重新涂抹，用 X 光片监测蹄部。注：大多数蹄底生长到一定程度会减少 20°掌心角（PA）；指深屈肌建（DDFT）的拉力不再减少。蹄踵过负荷可导致脓肿或浆液瘤形成。

应该做什么

制定蹄部的治疗计划

- 理想情况下，临床症状出现后24h内就应开始治疗。治疗延误的时间越长，X线片或静脉造影上表现的组织损伤和相关变化越多。若有严重或累积性的损伤，则组织几乎不可能修复或是（保证）不疼痛。
- 独立地评估每只蹄，并根据临床症状、X线片、静脉造影、马主能力、潜在病因和疾病持续时间来制订治疗计划。确定病变区域和程度，选择合适的蹄铁和方法来处理具体问题。
- **临床操作提示：**用基准线体现改变——蹄底深度每7~10d应增加2~3mm。静脉造影结果不断改善，例如造影剂显示的图像不再出现造影剂缺失的空白区域。
- **临床操作提示：**每个蹄叶炎病例和每只马蹄情况都是不同的，所以一种类型的管理治疗方式并不适用于所有情况，需要根据具体的情况不断地重新评估和修改治疗计划。

应该做什么

亚急性蹄叶炎

- 亚急性蹄叶炎的分类标准：
  - 轻微跛行或不跛行。

- 无明显影像学或静脉造影上的改变。
- 触诊蹄匣未见明显异常。

- 马匹应在有厚垫料或铺有闭泡泡沫塑料的马厩严格静养2周。
- 2周后，患马恢复健康，应停用所有抗炎药物。
- 若在治疗过程中使用了蹄铁，不要移除蹄铁或降低掌心角度，直到X线片结果维持正常3周。
- 若所有目标都达到，则从蹄铁上取下较低的楔子。当掌面角度从20°降低到10°，马的指/趾脉搏应恢复正常，在马厩中静养至完全恢复。
- 6周时，若患有蹄叶炎的马匹仍然保持健康，并且不再出现新的影像学上的改变，接下来可能需要在3~4周内定期钉蹄铁，放出马厩，并在3~4周内过渡到正常的日常生活。

应该做什么

急性蹄叶炎

轻度病变（图 43-4、图 43-11）

- 采用垫高靴（图43-10）或替代的蹄部支撑（例如，软底靴或蹄垫）。
- 根据兽医和蹄铁师的临床经验、蹄部X线片以及对消炎药的反应（若不能进行静脉造影检查），对蹄部进行机械支撑。
- 初次检查时进行静脉造影检查，并根据以下情况在3d至3周内复查：
  - 临床表现正常。
  - 蹄叶炎病因的控制情况。
  - 临床体征改善（指/趾脉搏、肢体水肿、发热、冠状带外观）。

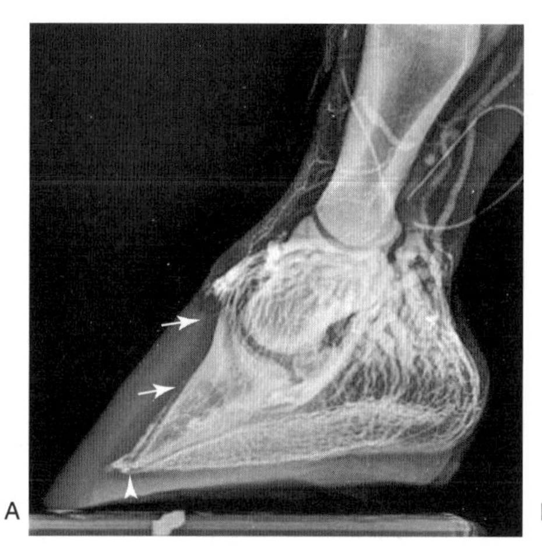

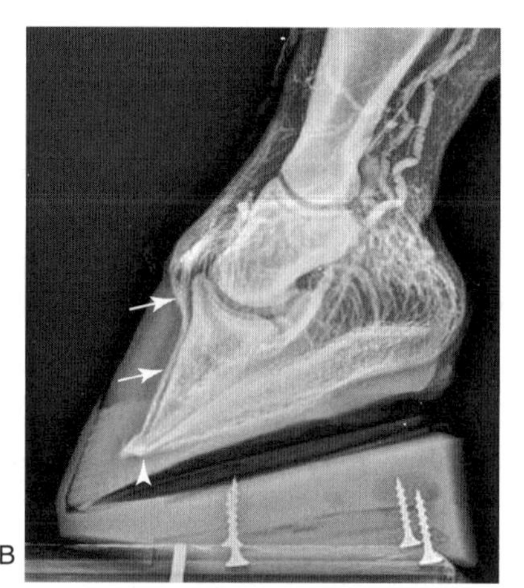

图 43-11　蹄叶炎持续 2 周，轻度损伤

A. 注射造影剂后的初始 X 线片。冠状带动脉丛和近背侧小叶下血管床（箭头）缺乏对比。小叶旋血管连接处（LCJ）扭曲，终末乳头不平行于背侧 P3（箭头）。P3 的尖端位于旋血管水平，远端（箭头）对比度降低。B. 第二组 X 线片，在注射显影剂并将蹄置于 20° 高蹄铁上 10s 后拍摄。冠状带动脉丛和近背侧小叶下血管床（箭头）恢复了对比。小叶旋血管连接处（LCJ）的取向更为正常，P3（箭头）远端对比增强。终末乳头的方向仍然不正确。请注意，P3 的掌缘平行于蹄顶部，确认正确使用高跟蹄铁。蹄铁应该“固定”在蹄上，并在 1 周内再次进行静脉造影。进展的标志是改善了 LCJ 的外观和终末乳头的方向。2 周内，旋血管无明显受压。3 周内，蹄底乳头明显。如果第二次静脉造影显示对比模式恶化，可以考虑钉蹄和深层指深屈肌腱切开术。（X 线片由 Thomas Wagner 博士提供）

- X线片上蹄底深度增加。
- 若未达到上述指标，再次进行静脉造影检查，以筛查治疗失败导致的更严重的蹄部病变。
- 评估马在4周时的情况并关注：
  - 指/趾脉搏正常。
  - 无需药物治疗也显示正常。
  - X线片中蹄底深度和静脉造影的改善。
  - 若达到以上3个指标，则可以每天牵遛一小段距离，或者将马赶到一个垫料合适的小圆围栏中放牧。
- 6周后，若静脉造影中造影剂可以在所有区域充盈，且蹄底乳头突起明显，则可以尝试给马钉蹄铁。
- 指骨骨折发生在P3远侧尖端，掌心角度不能低于10°。
- 运动最初仅限于牵遛，然后逐渐可以带到有适合垫料的小围场运动。
- 若在马厩内临床表现稳定10~14d，患马步行时应表现正常，同时无需服用止痛药。随后钉蹄期间，可能需要使用短期止痛药一段时间；停药后临床表现一直保持稳定。
- X线片中蹄底深度增加。
- 生长环应平行，表明马蹄生长正常。
- 新的蹄壁生长应与P3面平行，任何异常的趾部结构应从蹄底表面逐渐修剪，之后再重钉蹄铁。
- 距疾病开始6~9个月时间，当新的蹄壁生长到与蹄铁同一水平线时，马可以恢复从事较轻的体力劳动。
- 在蹄部完成第二个生长恢复周期后，马可以恢复正常活动并参加比赛。

中度病变

- 见图43-5为例。
- 若发病时间少于1周，用垫高靴、软靴、蹄部石膏或其他蹄部“器械”为受伤的蹄部提供最佳的机械支持。
- 初次检查时进行静脉造影，并在3d至1周内复查，以确定蹄部对治疗的反应。若治疗无效果，考虑DDF肌腱切开术。
- 若患马的病程长达几周，考虑DDF肌腱切开术。
- 若静脉造影提示轻度至中度损伤（P3的尖端周围的旋血管造影均匀，P3远端周围则几乎没有造影剂），可能很难决定是钉蹄治疗，还是钉蹄配合DDF肌腱切开术进行治疗。
- 若马是出现临床症状的第1天，则将蹄放在蹄踵蹄铁中（图43-10），5d后再次进行静脉造影。若在第5天有轻微的改善或病情没有恶化，继续治疗并在第10天再次静脉造影检查。可能需要通过反复静脉造影检查监测病例变化，最晚在第3周结束前决定进行DDF肌腱切开术。若P3远侧尖端对比度仍未改善，蹄底深度未增加，则应行DDF肌腱切开术。密切监测病例，确保骨骼损伤最小。
- 若患者出现P3尖端的病变（骨炎），考虑DDF肌腱切开术。马可能可以带着肌腱疤痕进行原来的工作，但若有严重的骨损伤则很难痊愈。**注意：**肌腱切开术后，马通常不适合进行速度赛或障碍赛。
- **实践提示：**通过静脉造影和足背侧线拍摄持续监测蹄部情况。许多马的身体构造使蹄部的一个区域的压力大于其他部分。一般来说，纯种马的内侧蹄壁和宽胸夸特马的外侧蹄壁受到压力更大。患有蹄叶炎马的蹄底中部的损伤程度可能与背侧小叶组织的损伤程度相当。

严重病变

- 以图43-6和图43-7为例。
- 蹄部经常疼痛，并且局部麻醉（神经阻滞）无效果。
- 只进行钉蹄治疗对静脉造影图像中有严重病变（图43-6）的情况没有什么效果，建议钉蹄配合DDF肌腱切开术治疗或处以安乐死。
- 若在临床蹄叶炎数天后静脉造影图像中出现严重病变（图43-6），DDF肌腱切开术和蹄壁切除并结合穿针固定石膏以暂时给蹄叶减压的治疗方法可能有效果。若患蹄叶炎已有数周时间，那么组织病变损伤可能是不可逆的，应考虑安乐死。
- 静脉造影图像中的严重病变显示蹄骨下沉（图43-7）。若在蹄叶炎开始发展的数小时或数天内进行治疗，蹄踵垫高蹄铁可能有效果，在3~5d后再次进行静脉造影检查来评估蹄铁的疗效。若静脉造影图像得到改善，则继续进行保守治疗（钉蹄铁）。每周均应对蹄部进行静脉造影检查，以监测真皮层的压迫确实在逐渐消退（蹄底深度应增加）。若没达到预期的结果，应进行DDF肌腱切开术。
- **实践提示：**DDF肌腱切开术只有在与矫正修蹄和蹄铁配合时才能成功。
  - 用铝制的5°蹄踵抬高蹄铁钉蹄（图43-12）。将蹄部抬高，直接置于P3尖部下面。延伸蹄踵可以防止远端指

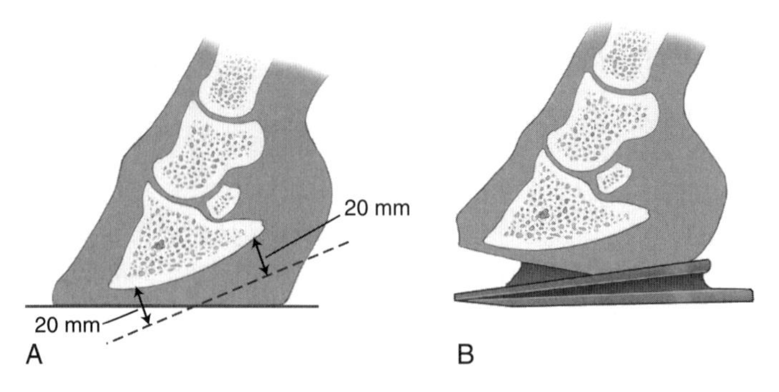

图 43-12　钉蹄并结合指深屈肌腱切开术

A. 在 X 线片中，在 P3 掌侧远端画一条长 20mm 线。修剪蹄踵，使 P3 底部平行于有 5°角倾斜的蹄铁的上表面。B. 腻子是放置在蹄踵以上的蹄叉、蹄支、和蹄底的支持。胶水将蹄铁固定在脚上，并填满蹄铁和蹄壁之间的指 / 趾部空间。蹄底或指 / 趾处没有腻子或胶水。

间关节脱位，并将蹄踵修剪得与P3远端边缘平行。通常，蹄部与蹄铁接触的唯一部位就是蹄踵。

- 将高弹腻子固定在蹄下，并将蹄铁放在蹄踵上，使P3的远端边缘与蹄铁平行。腻子不应与P3尖端以下的蹄底接触。当腻子固化后，将腻子的边缘与蹄跟的接触的部分抹去。
- 将Equilox（商品名）胶水涂在蹄跟上，从蹄跟到指/趾尖支柱放一个“垫”，确保不要延伸到蹄底；不要将胶水涂在脚趾上。把蹄铁放在脚上，用固化的腻子以正确的角度固定。用胶水将玻璃纤维编织布浸渍成条状，并将马蹄从蹄铁的内侧和外侧边缘远端进行包裹。
- 胶水固化后，在粘有铝蹄铁的马蹄下放置一只垫高靴（也可以选择20°的蹄踵楔块），以减少手术期间对DDF的压力。
  - 指深屈肌肌腱切开术：
    - 进行高位四点阻滞。在略低于腕关节的位置，对掌神经和球节下掌骨神经进行阻滞，局部麻醉腿部（见第21章）；还可以进行皮下的背环阻滞，以消除皮肤感觉。
    - 消毒后，维持住无菌区，在掌骨中部DDFT上做2in垂直切口。用组织剪刀将DDFT与悬韧带钝性分离，并引入一个弯曲开张器。再用metzenbaum剪刀将DDFT与指浅屈肌肌腱（SDFT）分离。插入第二个弯曲开张器并取出剪刀。背侧牵开器和掌侧牵开器的弯曲端在DDFT内侧相接，重叠在一起以保护邻近的神经血管结构。按压开张器抬起DDFT使其稍稍暴露在切口外，完全暴露后用手术刀切断。
    - 取下增高蹄铁，便于检查DDFT近端和远端的断端（各肌腱断端末端应约为2cm）。闭合皮肤切口，并用无菌绷带包扎。根据需要更换绷带，并坚持包扎3个月，以减少术部瘢痕的形成。
  - 将浸过聚维酮碘溶液的纱布海绵放在趾和蹄铁间的骨板处。聚维酮碘有助于增强组织强度，若P3穿透蹄底，还可以促进暴露的真皮角质化。
  - 抗生素预防是根据术后感染的风险制订的。预防破伤风应在前6个月内进行。
  - 将药膏沿白线涂抹以排出水肿液。
- DDF肌腱切开术后1个月进行复查。若蹄底曾被穿透，则此时应愈合并将暴露的骨骼盖住，蹄底或蹄叶板不再进行引流。蹄底没有被穿透的情况下，蹄底深度应是原来的2倍。静脉造影图像中P3远端（包括P3的尖端）应有造影剂填充。冠状带蹄壁生长应均匀，与P3面相邻。
- 术后1个月后，静脉造影检查的图像中造影剂应能填满P3远端，否则就可能发生严重的蹄叶损伤。患马（严重蹄叶损伤）可能存活，但会一直感到疼痛并且可能不能恢复到以前的状态。
- 对蹄叶炎完整的护理方法应反复评估，并制订短期目标，否则应处以安乐死。

慢性蹄叶炎形成的急性跛行

脓肿

- 图43-8静脉造影图像显示蹄部很有可能存在脓肿

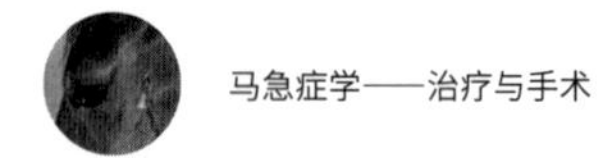

- **实践提示：**患慢性蹄叶炎马的蹄部严重到无法承重时，一定要先考虑“脓肿”的情况。临床症状包括：
  - 指动脉加快变强
  - 心率加快
  - 剧烈的疼痛可能会持续几天
- 应用X线平片排除其他可能造成急性不能负重跛行的原因。
- 脓肿可能是由于P3败血性骨炎形成的。病变骨和相应排出脓汁的通道通常是在阻力最小的地方，可能是沿着蹄底平面到蹄踵处开口，也可能是沿着蹄壁向上在冠状带处开口。
- 外敷药膏促进液体排出。监测冠状带和蹄踵是否有创口和脓汁排出的较软区域，确保冠状带不会从蹄壁顶部脱垂，而影响冠状带的血液供应，造成进一步的组织损伤。
- 有时蹄底真皮层血管受压迫形成多个血肿，使蹄底区域变软。窦道通过蹄底向远端和前端延伸。临床操作提示：不要通过去除蹄底来引流，否则会暴露重要的真皮组织。
- 一些脓肿是从增宽的白线小叶组织的陈旧性裂开处进入形成逆行感染造成的。用锋利的蹄刀沿着裂开的地方进行清创，直到打开排液的通道或遇到敏感的组织为止，并用药膏“塞”填充创道，约q12h。
- 疑似病变的区域每隔12h涂一次药膏以促进引流，然后在引流停止时用浸泡聚维酮碘溶液的纱布填充。如果引流排出脓汁要持续数天时间，治疗方案中应添加全身性抗生素（甲氧苄啶-磺胺+/-甲硝唑）。
- 对于发展到后期的骨骼病变，要通过手术清除。另一种方法是用无菌性蛆虫选择性地清除病变组织。

内分泌性蹄叶炎

- 患有IR/PPID的马通常有潜在的组织损伤，并随着时间延长再加重。与高胰岛素血症相关的蹄叶变薄和伸长有助于解释为什么许多马多次患轻度蹄叶炎，白线也逐渐增宽。这种损伤是进行性的，最终会超过轻度病变和易恢复的“临界点”。
- 马的（存活）状况取决于病变组织的恢复程度，也取决于主人长期护理潜在疾病和马匹的能力。成功的治疗需要同时进行营养调整、药物治疗和蹄部治疗。
- 蹄叶炎反复发作最终会导致蹄叶附着不稳，治疗也会变得更困难。

应该做什么

通过钉蹄铁治疗慢性蹄叶炎引起的急性跛行

- 用同样的钉蹄原则来减少压力（图43-13）。
  - 减少断裂组织，以减少趾处的剪切力。
  - 增加蹄后部的负重面。
  - 如果需要，提供蹄底支持或保护。
  - 使趾部对齐。
  - 减轻DDFT的牵拉力，以减少受损蹄叶组织的张力。
- 蹄铁应用应与蹄部组织不稳定的程度相对应。不稳定性增加时，需要抬高断裂处并调整掌心角度。利用X光片来设计治疗方案：
  - 如何修蹄？
  - 断裂点在哪里？
  - 掌心角度应该如何调整？
  - 轻度慢性蹄叶炎病例，可能只需要在蹄铁和蹄之间加入皮垫或塑料垫来为动物在地面行走提供保护。若马无疼痛反应，可以使用一个有斜面/卷趾的钢制蹄铁。将压平的蹄底抬离地面，并设置机械屏障以保护P3。若主人不愿意将钉蹄作为治疗方案的一部分，户外蹄靴可以替代。
- 若蹄部蹄踵处继续过度生长并且马表现异常，应使用楔形垫。在X光片上测量掌心角度，通过修蹄使蹄踵负重面增加。总掌心角度不能减少，以避免增加DDFT的拉力。任何修蹄减少的蹄踵高度会用楔垫或提高蹄踵的蹄铁来弥补（图43-13）。可以通过趾部简单包扎或趾部有斜面的蹄铁来减少断裂。
- 蹄各部应该均匀生长。若蹄踵处比趾部长得多，增加了掌角度，可以根据蹄内部应力来调整蹄铁，掌面角度必须进一步提高和减少抬蹄时的杠杆距离（图43-13C）。
- 进一步的X线片检查应表现出蹄底深度增加。理想情况下，在第一个6~8周的钉蹄治疗周期内，蹄底深度应增加1倍，并最终保持。大多数患蹄叶炎马的蹄底深度约20mm或更深时，表现正常。P3蹄壁与蹄叶组织附着不良的马

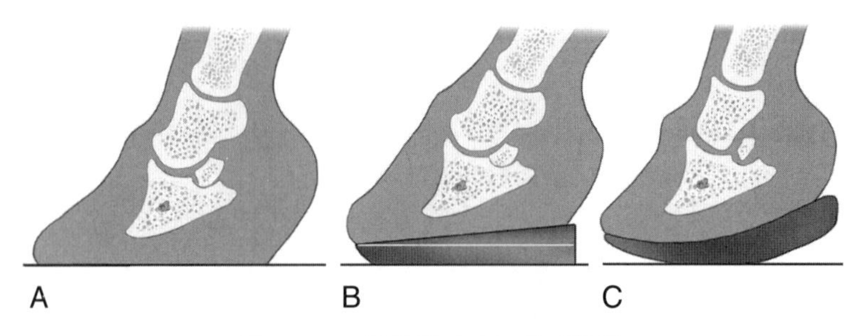

图 43-13　慢性蹄叶炎钉蹄后情况

A. 一般情况下，蹄踵生长超过指 / 趾，指 / 趾不是向远端生长而是向背侧生长，在指 / 趾处几乎没有蹄壁生长。蹄底内部被压缩，因此未能生长出足够面积来保护 P3 的远端边缘。治疗至少包括“包扎”指 / 趾，以减少抬蹄杠杆距离。每天都要在放出马厩前给受影响的蹄部放一只软蹄铁保护。晚上，在马厩里用干刨花来促进蹄部变得更坚实。另一种选择是钉蹄尖斜角蹄铁、灌注型蹄铁或皮革垫。B. 修剪指 / 趾以减少抬蹄杠杆距离，蹄踵修整以增加负重表面积。楔垫的应用，使整体掌心角（PA）不减少。［不要减小 PA；这增加了指深屈肌腱（DDFT）的拉力，压迫蹄底真皮，拉伤背侧蹄叶附着。］C. 两侧有钉槽的蹄铁将抬蹄支点移到 P3 的顶点后面。蹄踵与 P3 掌表面平行修剪，进一步增加了蹄踵的表面积。掌面角度没有减小，蹄踵的受力增加。蹄铁“平衡点”的中心位于远指关节中心的正下方，指 / 趾骨排列整齐。

和患有慢性蹄叶炎的马是例外。

- 铝制蹄铁经常使用，因为很轻；较厚并有斜边的蹄铁可以很容易制作并用胶水或胶带固定。铝制蹄铁生产时有楔形或条形距，用来粘胶水的靴边，以及可调整的铆钉槽。塑料或聚合物制的蹄铁也有各种尺寸和款式。
- Steward 木鞋有斜边，以减少背部 / 内侧 / 外侧离地距离，缓解趾部形成的杯状底。蹄底和木鞋蹄铁之间用复合腻子填充。螺丝钻过蹄壁进入木鞋中，可以让马在此过程中保持站立。另一种方法是在蹄壁外围用螺丝固定，然后用石膏胶带固定蹄铁。
- 修剪蹄壁背侧直到与 P3 的背侧平行只是外观美观，并不会减少内部应力。因此，要减少抬蹄杠杆距离，以减少异常受力。过度锉 / 磨蹄壁背侧可能会削弱蹄囊。
- 伴有 P3 远端边缘和尖端重塑的骨病可能导致慢性疼痛。如果骨重建达到掌指血管终弓的骨管处，则会出现复发性脓肿和败血性骨炎。建议在背部蹄叶 / 蹄底面交界处引流，以保持蹄底和蹄踵的健康。
- **实践提示：**伴有轻度骨病、轻度小叶楔形病变（慢性蹄叶炎的小叶区小叶层病变组织；病变角质也称“瘢痕角质”或第二、异位白线），这种情况下的蹄叶预后相对较好。
- 小叶组织的楔形病变，导致骨壁附着不稳定和蹄底受压。
- 如果采用保留钉蹄治疗效果不好，未能让马恢复健康，可以考虑使用 DDF 肌腱切开术。

应该做什么

急性蹄叶炎的药物治疗

- 针对潜在疾病进行治疗，以防止蹄叶持续损伤。
- 根据主要疾病制订具体的治疗方案。例如静脉注射 DMSO 缓解炎症（有争议），+/ - 抗氧化剂（疗效有争议）；多黏菌素 B 治疗内毒素血症；鼻胃管给矿物油治疗急性积食；抗生素治疗脓毒症等。
- 还包括在蹄叶炎发展和急性阶段进行液体治疗，最大限度缓解低血容量、多器官功能障碍或在使用可能对肾脏有害的抗炎药物时造成的肾损伤。
- **警告：**完全消除疼痛可以使马自由活动或长时间站立，导致蹄叶组织进一步机械性分离。平衡马的舒适度和限制运动程度是很重要的。

- **注意：**许多治疗蹄叶炎用的药物都有多种功效（如保泰松，既有抗炎作用也有镇痛作用）。

抗炎药物

- 非甾体类抗炎药（NSAIDs）最初的治疗目标是控制疼痛和缓解蹄叶组织炎症。NSAID的选择要基于疾病的类型（例如，COX-2抑制剂/非罗考昔firocoxib用于误食黑胡桃病例，氟尼辛用于疝痛/结肠炎病例）。一旦用一种特定的非甾体抗炎药开始治疗，另一种药物可能用于长期的抗炎治疗。较高的初始剂量后，剂量会随着时间慢慢减少，以尽量减少副作用。
- 氟尼辛葡甲胺：0.5~1.1mg/kg，IV或12~24h口服一次；一种非选择性COX抑制剂，用于预防全身炎症反应综合征（SIRS）和镇痛。
- 保泰松：2.2~4.4mg/kg，IV；或最初PO，q12h；一种非选择性COX抑制剂，用于消炎和镇痛。剂量减少后用于长期治疗，以减少副作用。
- 非罗考昔：每0.09mg/kg，IV，q12h；使用3次后，0.1mg/kg，PO，q24h，维持用药。作为COX-2抑制剂，与保泰松或氟尼辛相比，它的初始镇痛效果较差。由于COX-2作用在脊髓背角，该药可能可以作为作用于中枢痛觉感受器的一种抗痛觉过敏剂。在慢性蹄叶炎中COX-2优先上调，因此非罗考昔firocoxib是首选的NSAID。
- 酮洛芬：1.1~2.2mg/kg，IV，q12~24h。

血流供应的纠正

- 己酮可可碱10mg/kg，IV或PO，q12h，抑制促炎细胞因子的产生，抗内毒素，改善血液流动和红细胞变形的能力。
- 乙酰丙嗪0.04mg/kg，IM，PO，q12~24h，降低血管阻力，也可能导致低血压。**注意：**不能移动被深度镇定或麻醉的马，否则会减少甚至消除对蹄部重要的“泵血”机制。
- 低分子量肝素：可能减少内皮细胞中中性粒细胞来源的髓过氧化物酶的产生，并可能减少疝痛术后发生蹄叶炎的可能性。
- 冷冻疗法：在蹄叶炎发展阶段之初就预防其发生；也用于疾病的急性阶段，以辅助抗炎和镇痛。在临床治疗恢复后持续用药24~72h。
- 氯吡格雷：第1天4mg/kg，PO，然后2mg/kg，PO，q24h，有抑制血小板的作用。

疼痛管理

- 见第49章综合疼痛管理。
- 感觉神经末梢位于真皮层小叶基部，在蹄叶炎发展阶段可能不受影响。急性期的致敏作用可能继发于局部释放的炎症介质。神经源性炎症可增强中枢痛觉感受，进而增加背角神经元的兴奋性。蹄叶组织的破坏可能会损伤感觉神经元并产生自发电位。
- 疼痛本身可能成为一个病理问题。多模式治疗的目标包括：
  - 通过感觉神经末梢减少痛觉nociceptive信号传导（NSAIDs和蹄部治疗）。
  - 抑制周围痛觉敏感（NSAIDs、局麻、镇痛）。
  - 抑制痛觉信号传入中枢神经系统（CNS）（局部麻醉）。
  - 抑制脊髓痛觉过敏信号传导（局部麻醉药、阿片类药物、α_2激动剂）和中枢痛觉敏感（阿片类药物、α_2激动剂、氯胺酮、NSAIDs、加巴喷丁、普雷加巴林）。
  - 预防或抑制神经性疼痛（全身使用利多卡因、阿片类药物、非甾体类抗炎药、加巴喷丁、普雷加巴林）。
- 治疗目标是达到最佳的疼痛控制，同时产生最小的副作用，但需知没有任何单一药物对神经性疼痛是100%有效的。
- 加巴喷丁和普雷加巴林会导致中枢神经系统内神经递质释放的变化。加巴喷丁主要在敏化状态或痛觉过敏时发挥镇痛作用。口服加巴喷丁利用率差，但每8h口服一次2~3mg/kg普雷加巴林几乎可以达到100%的利用率。
- 芬太尼/阿片类激动剂：2~3片10mg贴片，每3h换一次，配合镇静剂使用。
- 吗啡：q4~6h，0.2~2mg/kg，IV或IM，并注射镇静剂。
- 布托啡诺：q2h，0.01~0.4mg/kg，IV或IM；或静脉恒速输注（CRI）13~24μg/（kg · h）（见附录二）。可以结合α_2激动剂使用，但副作用包括肠道蠕动迟缓，运动减少或昏迷。
- 利多卡因：1.3~1.5mg/kg，5min内给药作为速效剂量，然后为50~100μg/（kg · h），CRI（见附录二）。利多卡因有镇痛、抗痛觉敏感和消炎作用。
- 氯胺酮：外周神经刺激使脊髓背角突触后电位大于正常情况，导致中枢痛觉敏感、突触可塑性和慢性疼痛。氯胺酮对神经受体具有颉颃作用，在低剂量CRI时可调节中枢敏感，作为辅助治疗。氯胺酮初始剂量为100~150μg/kg，然后为60~120μg/（kg · h），CRI（见附录二）。

• 疼痛可通过间歇性大剂量或注入麻醉制剂调节，包括使用重复注射局部麻醉剂完成区域麻醉，利用局部麻药（利多卡因贴片），毗邻的手掌神经经皮导管插入术麻醉管理，以及尾硬膜外导管插入术对后肢蹄叶炎疼痛控制。在不卧下的马身上使用这些止痛药物会增加副作用风险；患病足部长期负重可能会导致足部塌陷。

修复 / 再生治疗

• 干细胞通过逆行静脉输液、骨内给药（第5章）或直接注射到冠状带注入患蹄叶炎的蹄部。虽然一些医生表示，这种方法对促进生长以及缓解不适疗效良好，但这些治疗建议并没有依据。

支持性治疗

• 将马放在大的马棚内（如20ft×20ft）。马必须有足够的空间休息，垫料上至少要放2ft厚刨花，让其变得蓬松。在马厩地板铺上封闭泡沫垫衬，为有蹄叶炎的马提供更舒适的环境，并鼓励马躺卧。马厩应设在安静的地方并保持洁净，从而鼓励马躺卧。

• 如果马长时间躺卧，应监测是否有“褥疮”。每天用碘伏或金缕梅收敛水清理伤口3次。晾干后，涂上磺胺嘧啶银霜，含氧化锌的A&D软膏（含石油成分，可以透气）或有羊毛脂的尿布疹软膏。

• 让马每天少食多餐。在若干个地方放置干草，鼓励马躺卧时吃。提供马胸卧时可以喝到的水。

• 为肠道健康提供支持性护理，促进正常肠道微生物（益生元和益生菌），预防溃疡（奥美拉唑）。

• 在服用非甾体类抗炎药期间，定期进行实验室检测［尿素氮（BUN）、肌酐、总蛋白和白蛋白］，以监测肾脏和肠道的健康状况。

应该做什么

内分泌性蹄叶炎

• 这类蹄叶炎继发于IR、PPID、草场放牧或类固醇治疗。

• 马代谢综合征（EMS）用来描述超重、蹄叶炎、患有IR的马，表现出特定局部区域的脂肪过多。然而，并不是所有的IR马都超重，也不是所有超重的马都是IR，有些马同时患IR和PPID。

内分泌检测

• PPID检测：内源性ACTH检测。ACTH在夏末秋初会上升，应采用正确的参考范围，测出的真实ACTH才有价值。ACTH的浓度也可能因为急性疾病、蹄叶炎和急性腹部疾病而上升（只是单独应激造成的ATCH变动会在几天内恢复正常）。

• 采血后放入EDTA管中，分离血浆后放入塑料管内8h进行ACTH检测。样本应以冷藏（冰袋）方式寄出。

• 临床操作提示：

  • 胰岛素采样：前一晚不给谷物类，只给少量低碳水化合物的干草。血液样本在早上空腹时采集，以尽量避免胰岛素检测结果不准确。

  • 胰岛素抗性测试：测量静息空腹状态下的胰岛素和葡萄糖浓度。检测前一晚可以给少量非结构性碳水化合物干草，22:00后禁食。早上在为整个马厩喂食谷物前采血，以减少马听到饲喂车的应激。静息状态胰岛素水平大于20μU/mL，可诊断为IR。动态测试，用葡萄糖耐受或葡萄糖-胰岛素联合测试结果可能更准确，但马需要住院。口服糖类检测是一种可在马场现场简便操作、快速进行的动态试验。口服0.15mL/kg玉米糖浆后60~90min采血，检测血糖大于125mg/dL或胰岛素大于45μU/mL表明胰岛素抵抗（IR）。

• **实践提示：**由于应激和疼痛会降低胰岛素敏感度，并可能使静息状态下的血糖和胰岛素浓度升高，因此很难对急性蹄叶炎的马进行检测。内毒素血症和碳水化合物摄食过量也会降低胰岛素敏感性。因此，在通过血液检测确认之前，要对疑似内分泌病进行处理。

• 由于草场牧草季节性变化和NSC（果糖、单糖和淀粉）浓度的增加，内分泌性蹄叶炎在春季和秋季时增加。放牧的马，血糖和胰岛素的浓度存在季节峰值。生长在严寒或干旱气候下的植物更容易积累NSC。NSC含量随着时间的推移而变化，一般在上午较低，下午较高。

• 瘦蛋白结果要与EMS的胰岛素测试结果一起解读。瘦蛋白正常参考范围是1~4ng/mL，中间值4~7ng/mL，高值为7ng/mL。瘦蛋白的独特之处在于，其结果不会受到喂养或应激的负面影响，因此它在排除导致高胰岛素血症的其他原因方面很有用。瘦蛋白值越高，临床EMS可能性越大。如果马瘦蛋白值中等到偏高而没有高胰岛素血症，考虑肥胖，患EMS风险增加；或将EMS作为可能的鉴别诊断结果之一并进行治疗。

• 如果内分泌测试结果不明确，临床医生可以结合临床检查结果来确定患者是否需要治疗。IR可能发生在4岁以下的马（不寻常），如果马肥胖且脂肪沉积异常，应考虑是否为IR。PPID通常发生在15岁的马身上，且伴有多毛，多尿/多饮，肌肉量下降。

内分泌性药物（Endocrinopathic Medications）

• 培高利特：q24h，0.001~0.003mg/kg，PO，属于多巴胺受体激动剂，用于治疗PPID。平均体型的马开始通常是每日1mg，至少根据1个月后的疗效和连续检测的结果调整药量。**注意：**有些马和马驹可能需要最少每24h 0.01mg/kg口服一次。

• 赛庚啶（Cyproheptadine）：q12~24h，0.25mg/kg，PO，同时可以作为替代或与培高利特合用治疗PPID。赛庚啶可减少促肾上腺皮质激素的分泌，是血清素、乙酰胆碱和组胺的颉颃剂。

• L-甲状腺素：0.1mg/kg，PO，q1d，被认为可以增加对胰岛素的敏感性；推荐剂量范围为体型大的矮马和马48mg/d，迷你马和小矮马24mg/d。持续用药数月，并结合饮食限制和运动管理，促进体重减轻。甲状腺素用量必须逐渐减少至停药，所以0.5mg/kg，PO，q1d，共用14d后，剂量减少到0.25mg/kg，PO，q1d，再用药2周后停药。

• 二甲双胍（Metformin）：15~30mg/kg，PO，q12~24h，抑制糖异生，增加外周组织对血液葡萄糖的摄取，并降低血浆甘油三酯（胰岛素敏化效应）。它通常用于胰岛素急性发作的短期（2~3周）治疗。

• 吡格列酮：1mg/kg，PO，q1d，噻唑烷二酮类药物有降血糖的作用，用于治疗Ⅱ型糖尿病。与对人体有治疗作用的药物相比，它会使血糖浓度更低，也更不稳定。

饲养管理

• 严格进行饮食管理，并随着季节性风险的增加而增加药物剂量。如果一匹马超重，它应该被圈养，必要放牧时要戴着口罩。

• 草类NSC含量在这些情况下较高：长出种子穗时；气候凉爽时；阳光直射下生长时。为了将牧草中的糖分降至最低，应施肥促进快速生长，避免高强度生长的牧草，控制高糖杂草。如需放牧，尽量早上在阴凉处进行。

• 运动并配合适当的饮食管理可以提高胰岛素敏感性。**注意：**如果蹄叶炎导致蹄部结构不稳时，不要运动。建议每周进行2~3次，每次20~30min，逐渐加强锻炼强度和频率。

• 在长种子穗前和阴天时割草，草中NSC含量可能较低。所有的干草在喂食前都要经过测试。最初每天按目前体重的1%~1.2%提供干草，帮助减轻体重。4周后，预计体重将下降5%~7%。

$$\text{体重（lb）}=\frac{[\text{心脏周长}^2\text{（ft）}\times\text{身长（ft）}]}{330}$$

• 监测体重和局部脂肪堆积。体重是通过测量马从肩膀顶端到臀部的长度和测量胸围来计算的。体重（lb）=[胸围（in）×体长（in）]/330。

目标是每周减轻体重的1%，测量颈部3处的周长监控局部脂肪减少情况。

• 一些IR马体重偏轻，肋骨明显并且出现冠颈。这些马将明显有不同的饮食需求。**临床操作提示：**要在降低血糖反应的同时增加能量摄入，少量多次饲喂NSC低的干草和NSC含量低的商品化饲料。饲喂浸泡过的无糖蜜的甜菜粕[每天提供1次，0.5~1.5lb（1.1~3.3kg）]或植物油（每12~24h提供1/2杯），来增加非NSC饲料中的能量。

关于蹄叶炎的应该和不应该进行的处理的总结

应该做什么

预防

- 防止有患病风险的马发展成蹄叶炎。
- 如果怀疑疾病到了发展阶段，或马有患蹄叶炎的风险，请考虑以下预防措施：
  - 拍X线片作为基准线（参考基准）。
  - 给蹄部支撑：
    - 减少抬蹄杠杆的距离。
    - 提高掌面角度，减少DDFT的牵拉力，改善指/趾部对齐程度。
    - 用腻子弹性体支撑蹄底。
  - 采用冷冻治疗：将蹄部放入冰水中，水应没到腕关节（膝盖）和跗关节（飞节）。在临床和实验室检查结果稳定后48~72h内再停止治疗。

- 治疗原发性疾病。按需要给予抗炎和药物支持治疗。
- 内分泌疾病。排除或治疗胰岛素抗性（IR）和/或垂体中间部功能障碍（PPID）/库欣氏疾病；治疗并进行营养调整。
- 关注蹄部病史和马整体的健康状况，这些问题会使治疗变得更复杂。
- 用放射学检查评估软组织情况。
- 使用静脉造影来评估蹄叶炎的严重程度。
- 马厩里的垫料应该足够厚。
- 根据病史、体格检查、X线片和静脉造影检查结果制订治疗计划，包括药物、手术、营养、疼痛和蹄部管理。
- 使用消炎药。
- 在不要减少卧地时间的条件下进行疼痛管理。
- 如前所述，立即为蹄部提供支持。
- **临床操作提示：**减轻蹄部负重可减少第三指/趾骨悬吊结构的机械性塌陷。
- 限制运动。
- 设定目标：制订短期和长期目标，包括：
  - 预期进度目标的时间线和度量。
  - 测量影像学检查结果的改善（蹄底深度增加，新生小叶结构与远端指/趾骨面平行，蹄部各部位生长均匀）。
  - 静脉造影结果改善。
- 与团队讨论进展成果或不足之处。
  - 治疗第一个月后：
    - 蹄底深度增加1倍。
    - 蹄冠处应该均匀长出1cm宽的生长环（蹄踵的生长不能超过指/趾）。
    - 旋血管、蹄底血管和P3尖部的小叶旋血管结合处的静脉造影结果得到改善。

注意：经常重新评估治疗方案和预后是很重要的。

- 应考虑主人对马的长期期望是什么。

不应该做什么

蹄叶炎

- 不要让马匹运动。
- 不要过度镇静马匹，避免马站立时无法转移重心。
- 初次检查和治疗所用时间不要超过1h。强迫马长时间在硬地面站立不动会影响疗效。在开始之前，确保所需要的一切设备都可以迅速拿到。
- 不要以为X线片显示“正常”，就代表没有软组织损伤。要做一个静脉造影检查。
- 马的疼痛程度降低，也并不表示它的状态稳定。要通过放射学和静脉造影检查结果的改善评估蹄部恢复的程度。
- 不要认为蹄叶炎的马“维持现状”就是能够生存下去的状态，长期生存依靠的是病情的改善。
- 患有骨病晚期的马不会恢复正常。即使P3远端边缘有轻微的重塑，也可能使马不能回归正常的工作或训练中。如果骨炎和再吸收扩散到终弓，马将会有慢性疼痛和复发性蹄部脓肿/感染。
- 修蹄时不要过度修剪指/趾部和降低蹄踵，以使其在X线片上看起来“正常”。降低蹄踵/掌面角度会增加指深屈肌腱的拉力。
- 若蹄部疼痛，不要钉蹄，应使用胶水！
- 不要将患有急性蹄叶炎的马安置在垫料可以坚实地卡在蹄底的环境中（湿沙、刨花等）。对于患蹄叶炎的马，需要严格注意马厩垫料的清洁和松软程度。临床操作提示：闭孔泡沫垫是一种优秀和廉价的马厩地板覆盖物，用以管理急性慢性蹄叶炎。
- 不要在蹄底开洞寻找蹄部脓肿。另一种选择是通过白线处分离的蹄叶组织进入足部，或者在蹄子上涂抹膏药，包括冠状带和蹄踵，以促进引流。
- 不要忘记询问马的主人是否为马投保。确保马主已立即与保险公司联系，保险代理人会与您联系，要求您提供报告。详细说明治疗计划和预期的结果，以及不可预知的阻碍。

- 兽医对病情恢复进展感到满意不代表马主也很满意。应书面记录达成的目标和期望，有助于阐明治疗过程。经过几周的治疗后，由于没有经验和缺乏长远眼光，主人们会变得灰心丧气。标出放射学检查上可测量的进展有助于团队保持专注，并给其带来希望。
- 随着治疗的进展，不要忘记重新评估内分泌疾病的情况。这可能包括通过更深入的检查来确诊疾病，或者只是评估治疗的效果。
- 在蹄部至少完成了一个完整的生长周期之前，不要计划让马回归工作。在恢复剧烈运动之前，蹄部应该完成2个生长周期。
- 避免NSAIDs诱发的右背侧结肠炎或肾脏疾病。

第 44 章
赛马急症

赛马的重要注意事项

- 总的来说，赛马与其他马有同样的急症且治疗方式类似。
- 赛马有几个独特的，或者说更值得关注的特征，值得特别考虑。
- 赛马的品种包括：
  - 纯血马。
  - 标准竞赛用马。
  - 夸特马。
  - 阿拉伯马。
- 赛马的紧急情况发生在赛马场。无论是在比赛训练期间还是在比赛结束后，都会发生需要紧急护理的意外情况。
- 这些情况加剧了马匹的身体和心理压力，这些压力在赛马以外的其他马匹的用药和外科情况中并没有出现。
- 在比赛或训练中发生的伤害通常比其他情况更严重，因为此时马速度快、势能大。在拥挤的赛道“交通”中受到其他马匹的干扰，“隐性”的伤害，以及赛场地面的变化是其他公认的危险因素。
- 其他应被纳入赛马紧急管理的考虑因素包括：
  - 公众和媒体的存在。
  - 马的货币价值。
  - 马的育种价值。
  - 马的复合所有权（例如财团或公司）。
  - 无法在急症治疗时联系最重要的所有者。
  - 死亡保险。

应该做什么

特殊注意事项

运动后恢复

- 赛马是一项激烈的运动，几乎累及身体各个系统。
- **实践建议：**在没有并发疾病或持续应激的情况下，所有临床相关的心肺和代谢指标、体液和电解质平衡，以及体温的变化通常在高强度训练结束后的60~90min内恢复到静息状态。

- 白细胞可能在超过90min时，仍然呈现出应激白细胞血象。
- 赛马在剧烈运动后有规律地散步，可使大部分指标更快地恢复到静息水平。在温和的环境条件下，这个过程通常在60min内完成。
- 如果有受伤或其他情况迫使马在运动后的这段时间保持安静，则会推延恢复到静息值的时间。
- 如果赛马在比赛或训练结束后1h内接受检查，需要将这段过渡期或运动后恢复期纳入临床评估。

镇静和全身麻醉

- 在紧急情况下，当马匹仍处于运动引起的儿茶酚胺释放，以及各种与运动、比赛相关的生理和心理干扰的影响下时，可能需要在比赛或训练损伤后立即进行镇静或全身麻醉。
- 剧烈运动结束后几分钟内进行镇静和全身麻醉是安全的；然而，需要采取一些预防措施。

镇静

- 在剧烈运动后，可以安全地给予马常用的镇静药物，剂量如下：
  - 赛拉嗪：0.2~1.1mg/kg，IV。
  - 罗米非定：0.04~0.1mg/kg，IV。
  - 地托咪定：0.01~0.02mg/kg，IV。
  - 乙酰丙嗪：0.02~0.03mg/kg，IV。
  - 布托啡诺：0.02~0.04mg/kg，IV。
- 在静息状态下，给予以上药物所引起的心肺抑制程度并不比剧烈运动后立即服用这些药物时的作用更大。
- **实践建议：**α_2激动剂、赛拉嗪、罗米非定、地托咪定和乙酰丙嗪（一种α-肾上腺素能颉颃剂）可以延迟运动引起的过高体温的恢复。
- 当一匹马在运动后需要立即镇静时，体温过高是个问题，应该考虑给马降温的其他方法，如用冷水、酒精进行冲洗，海绵擦拭，或使用电风扇。
- 布托啡诺等阿片类药物应谨慎使用，因为它们可能会引起兴奋或躁动，通常表现为持续的步行欲望，单独使用或剂量较高时（如0.1mg/kg，IV）会引起共济失调。
  - 对于有肌肉骨骼损伤的马，避免这种不良反应尤为重要。
  - 高剂量也可能抑制胃肠活动长达24h。

全身麻醉

- 在马剧烈运动后应立即诱导全身麻醉，例如安全地将受伤的马从赛道上移走后，将马从拖车事故中解救出来时，建议采用以下组合：
  - 赛拉嗪镇静，1.1~2.2mg/kg，IV；可选择是否伴用乙酰丙嗪，0.02~0.04mg/kg，IV。

- 氯胺酮诱导，2.2mg/kg，IV；地西泮诱导，0.1mg/kg，IV。

- 在这种情况下，也可用盐酸替来他明联合盐酸唑拉西泮诱导，1.1~2.2mg/kg，IV。不过与前几种相比，恢复时间更长，也更不准确（见第47章）。
- **实践建议：** 不推荐单独使用氯胺酮，因为它可能无法保证诱导麻醉的质量、麻醉期间心肺的稳定性和苏醒。
- 一旦采取了任何紧急措施（如流血伤口止血、夹板固定受伤肢体等），必须将被麻醉的赛马转移到安全的地方进行苏醒，或移除当前位置任何可能造成伤害的东西以保证其安全地苏醒。
- 在马完全站稳前为马的头部和尾部提供支撑，避免其受到更多伤害。
- 如果马有肢体或脊柱损伤，这些预防措施尤其重要。

抗菌药物

- 一般情况下，对于赛马和其他马匹，推荐的抗菌药和适用条件（见第21章）是一样的。

· **实践建议：** 一些证据表明，抗菌药引起的结肠炎在赛马中比在其他马匹中更常见，尤其是使用头孢噻呋，而恩诺沙星则不那么常见。

· **注意：** 当马应激、脱水时，氨基糖苷类抗生素［如庆大霉素、阿米卡星和非甾体类抗炎药（NSAIDs）］同时使用可能会增加肾毒性（Geor，2007）。

- 尽快纠正体液不足，降低氨基糖苷类药物的肾毒性。
- 使用每日1次的剂量方案（见第21章）可以使氨基糖苷类药物的使用在高危病患（如赛马）中更安全。

非甾体类抗炎药（NASIDs）

· 考虑到美国赛马胃肠道溃疡的高发生率（一些研究称高达90%），非甾体类抗炎药需谨慎使用。

· **注意：** 对于马，应激或职业相关的胃溃疡主要为胃黏膜的鳞状部分，尤其是沿着褶缘，而非甾体类抗炎药诱导的胃溃疡似乎主要发生在腺黏膜。

· 由于非甾体类抗炎药是马匹疼痛管理的重要基础，除非个别马匹表现出对非甾体类抗炎药的特殊敏感性，否则不建议避免使用；相反，建议谨慎用量和注意胃溃疡预防治疗。

· 除了对NSAID有特发敏感性的个体外，胃溃疡的风险与剂量和时间有关，也受药物对环氧合酶（COX）的同工酶COX-1的相对选择性影响。因此，应在必要的最短时间内使用最低有效剂量，并在实际允许的情况下尽快改用对马体内同工酶COX-2具有良好选择性的NSAID（例如，非罗考昔）。

眼部药物

- 赛马相对常见眼病为角膜擦伤、挫伤和溃疡。
- 建议采用第23章所述的治疗方法。

重要提示：使用阿托品时，用最低有效剂量；肠道的运动性可能已被压力和剧烈运动改变，使用布托啡诺等阿片类药物治疗眼部疼痛时需谨慎。

药物使用规则

- 在突发紧急情况，而马仍要在近期内参加比赛，或可能需要使用皮质类固醇等长效药物的情况下，必须考虑停药时间并告知主人和训练员相应的建议。

肌肉骨骼损伤

- 需要紧急治疗的赛马急性跛行常见原因见表44-1和表44-2。
- 赛马大多数的肌肉骨骼损伤发生在比赛或训练期间。
- 由于比赛引起的儿茶酚胺释放的影响，除了受伤引起的疼痛外，马通常还会焦躁不安。因此，第一步是使马充分平静下来，防止进一步损伤，同时方便于进行适当的检查和治疗，这可能需要将马送往马医院进行手术治疗。第21章详细讨论了特定骨科急诊的管理。

表44-1　需要紧急治疗的赛马急性跛行常见原因（按解剖结构分）

疾病	评注
骨骼	
骨折——完全	可能是毁灭性的
骨折——不完全/应力	容易被疏漏，如果发展成完全骨折可能是毁灭性的
骨折——关节	骨碎片、骨厚片（slab）及其他构造相对小的软骨碎片
骨折——撕裂性	可能在关节外或关节内
关节	
滑膜炎/关节囊炎	严重时，通常伴有关节囊撕裂、关节积血、骨折或其他关节内损伤
关节积血	可能是自发的，做检查才会发现
败血症	继发于关节内注射或穿透性伤口
关节周韧带炎/韧带病	关节周围韧带如副韧带和髌韧带的软骨炎、断裂或撕脱
关节内韧带炎/韧带病	如腕内韧带，膝关节前、后十字韧带
脱臼/半脱位	通常继发于关节周围韧带的病变
软骨或半月板损伤	这些关节内软组织的裂缝、组织或撕裂可引起急性关节痛

（续）

疾病	评注
韧带 / 肌腱	
趾浅屈肌腱（SDFT）和趾深屈肌腱（DDFT）肌腱炎	跛行严重程度高度可变，但可能成为导致赛马职业生涯结束的损伤，因此肌腱炎需要紧急治疗
悬吊韧带韧带炎	损伤可能发生在韧带的起点、体部或分支，可能涉及起始或附着部位的撕脱性骨折
副韧带韧带炎	例如，近端或表层翼状韧带（SDFT 的副韧带）和远端或深层翼状韧带的副韧带（DDFT 的副韧带），球节或趾骨的环状韧带，舟状悬韧带，奇韧带
籽骨远端韧带炎	可能伴有撕脱性骨折
悬吊器官的创伤性断裂	可能涉及双侧籽骨骨折，悬吊韧带体或分支的断裂和撕脱，远端籽骨韧带断裂和撕脱、趾浅屈肌腱的断裂
腱鞘炎	常见蹄部肌腱鞘内积液、出血、纤维化或败血症
肌腱断裂	慢性肌腱炎可能导致屈肌腱突然破裂，通常在肌腱与肌肉连接处或附着部位
肌肉	
劳累性横纹肌溶解	马厩病，病情严重时马不愿或无法行走
撕裂	由于外部创伤、滑倒或摔倒引起的过度伸展，造成肌肉组织、覆盖的筋膜或肌腱起始部或附着部的撕裂
脓肿	注射部位脓肿可引起急性、严重跛行
梭菌引起的肌肉坏死	通常继发于肌内注射，这种脓毒症会危及生命
神经	
脊柱损伤	通常，脊柱损伤如颈椎骨折表现为急性跛行；轻瘫或瘫痪可能发生在损伤远端
外周神经损伤	周围神经如肩胛上神经、桡神经或腓总神经的挫伤、压迫、撕裂或撕脱可导致跛行或步态障碍；臂丛损伤会导致前肢完全丧失功能
皮肤和皮下组织	
伤口	蹄跟磨损造成屈肌腱或蹄踵的损伤；肌腱或关节的撕裂需要紧急护理；蹄底面的深度穿孔伤需要立即治疗
毛囊炎	皮肤的细菌（通常是葡萄球菌属）感染可引起疼痛性皮炎
蜂窝织炎	严重时，伴有急性损伤的水肿就足以引起跛行。细菌性蜂窝织炎通常会导致严重的水肿和跛行
足脓肿	蹄部下或足底脓肿可能导致急性、严重的跛行，造成马骨折样的跛行。
蹄底或足部其他部位的瘀伤	蹄部下、足底瘀伤或血肿可能引起急性、严重跛行；蹄跟磨损导致的蹄踵深度瘀伤会导致跛行
蹄叶炎	急性蹄叶炎可能危及生命，需要紧急治疗

表44-2　需要紧急治疗的赛马急性跛行常见原因（按赛马种类分）

	纯血马	标准竞赛用马	夸特马	阿拉伯马
骨骼	背侧第三掌骨疾病；第三掌骨和第三跖骨的骨骺骨折；近段籽骨骨折；近段指骨骨折；腕骨板骨折；肱骨或胫骨应力骨折	第三掌骨和第三跖骨的骨骺骨折；近段籽骨骨折；赘骨骨折；跗板骨折；近段指骨骨折；腕骨板骨折，P3 骨折	背侧第三掌骨疾病、应力性骨损伤（SRBI）；胫骨应力骨折；腕骨骨软骨碎裂	背侧第三掌骨疾病、应力性骨损伤（SRBI）；腕骨骨软骨碎裂（紧急治疗）；肱骨或胫骨应力骨折
关节	MCPJ 与骨骺骨折有关，股胫关节内侧，腕关节 C-3（第三腕骨）板状骨折	腕关节滑膜炎；第三跗骨板状骨折	腕关节滑膜炎	跗胫关节骨软骨病（OCD）
肌腱	指 / 趾浅屈肌肌腱炎	指 / 趾浅屈肌肌腱炎	指 / 趾浅屈肌肌腱炎	指 / 趾浅屈肌肌腱炎
韧带	悬吊韧带韧带炎——分支和体部；悬吊器官的创伤性断裂（TDSA）	悬吊韧带炎	近段悬吊韧带炎	近段悬吊韧带炎
肌肉	周期劳累性横纹肌溶解（RER）	周期劳累性横纹肌溶解（RER）	周期劳累性横纹肌溶解（RER）	周期劳累性横纹肌溶解（RER）；后端跛行相关的后背疼痛
足	脓肿；瘀伤；P3 伸肌突骨折、蹄跟过低——悬吊性损伤的风险因素	脓肿；瘀伤	脓肿；瘀伤；蹄跟过低——悬吊性损伤的风险因素	脓肿；瘀伤

应该做什么

肌肉骨骼损伤

镇静或保定

- 根据马和具体情况，可以采用以下方法对马进行保定和镇静：
  - 由熟悉该马的经验丰富的人员进行物理保定。
  - 鼻链、唇链或种公马嚼子。
  - 鼻捻子或抓住颈部皮褶（颈部“捻子”）。
  - 如果马能安全地移动，则将它放在安静、黑暗的马厩里。
  - 静脉注射镇静药和镇痛药。
- 在选择镇静方案时，避免使用可能引起共济失调或深度镇静的剂量。
- 尽管马非常兴奋，开始时也要选择剂量范围内的最低量，并根据需要逐步增加剂量。
- 共济失调增加了进一步受伤的风险，且使马的装载和运输（送到马医院）变得更加困难和危险，深度镇静也是如此。
- α_2激动剂结合布托啡诺是一个安全有效的方案。α_2激动剂的选择取决于需要的镇静时间，赛拉嗪的作用时间最短（15~20min），地托咪定的作用时间最长（50~60min）。
- 静脉注射非甾体类抗炎药（NSAID），如保泰松，建议在最初镇静时使用，以减轻疼痛。

如果需要止血

- 如果伤口是开放性的流血伤口，应在伤口或血管上用力按压直到流血停止。
- 如果大血管撕裂，应在伤口近心端使用止血带或直接加压，仔细探查伤口。
- 如果确定了撕裂的血管，应进行结扎；如果不能，应在松开止血带之前，在伤口上绑上牢固的绷带。
- 止血带使用时间不超过30min。

进行体格检查

- 尽管损伤可能很明显，但也要进行快速彻底的体格检查，以确认是否有其他损伤和系统性问题，尤其是在剧烈运动发生损伤时。
- 心脏或呼吸窘迫、脱水和体温过高可能会影响药物的选择或剂量；在某些情况下，可能需要对系统性问题进行治疗（例如静脉输液治疗，见第32章）。
- 如果马卧地无法站起来，则考虑脊髓损伤，并进行适当的神经检查（第22章）。
- 如果马在跑道上出现神经功能缺陷，则安排其小心地离开跑道，以便进一步评估。在此过程中限制脊柱的运动。
- 如果怀疑有头部外伤，应保持头部抬高。
- 如果移动马匹需要麻醉，应仔细监测通气状况，进行气管插管，使用急救袋和氧气提供通气支持。

治疗还是安乐？

- 根据受伤的严重程度，可能有必要在治疗和安乐死之间立即做出决定。
- 在马的主人或代理人不在场、公众和媒体关注的高压情况下，指导原则必须是动物福利内容之一的：让马活着符合人道主义吗？
- 因为这是一个生死攸关的决定，所以对马和伤口进行全面检查尤为重要。在下列几种情况下可考虑安乐死：
    - 存活的可能性不大——伤势太严重，马可能无法在治疗中存活下来。
    - 可能出现永久性和严重的体弱——损伤非常严重以至于恢复可能是漫长、痛苦和不完全的，以至于马甚至不能安全放牧。
    - 可能出现并发症——并发症的风险很高且不利于生存或长期舒适。
    - 不太可能有效地控制疼痛——损伤太严重，在治疗和恢复期间很难有效地控制马的疼痛。
    - 发生严重的脊髓或大脑损伤。
- 安乐死的选择和方法见第48章。
- **注意：**同其他因素，公众可以引导最好的方法。

固定伤口

- 假设决定进行治疗，必须固定伤口以防止由于运动造成的进一步损伤和疼痛（图44-1）。
- 立即固定可以限制肿胀和组织损伤，不过同时会减少到该区域和伤口肢端的血流量。
- 在赛马伤害的紧急治疗案例中，悬吊器官的创伤性断裂尤其重要，即“球节悬吊”损伤，包括悬吊损伤、远端籽骨韧带撕脱和双侧籽骨骨折。

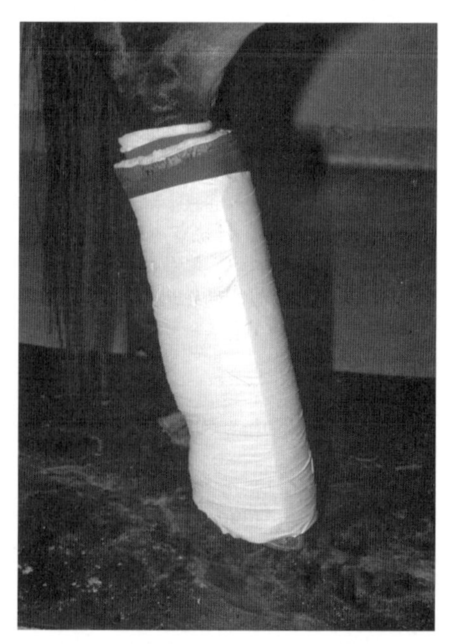

图44-1　在绷带中使用背部夹板结合，以稳定比赛中受损的球节关节和系部

- 必须以将远端肢体背侧皮质连成一条线的方式（即用脚尖行走或使用Kimzey夹板）固定球节，否则当球节下沉时造成的指/趾局部缺血会导致原本成功的外科手术失败（图44-1）。
- 用罗伯特琼斯（Robert Jones）式绷带包裹下肢，视情况选择使用或不使用凝胶石膏。这也有助于限制肿胀，因为肿胀可能会阻塞掌侧趾动静脉的血液流动。
- 针对特定骨科损伤的紧急护理和夹板见第21章。
- **实践建议：**如果计划进行球节关节固定术，开始时建议使用低分子质量肝素，50~100U/kg，SQ，q24h；氯吡格雷，2mg/kg，PO，q24h，以抑制血小板聚集。
- 如果损伤涉及皮肤破损（开放性骨折或屈肌腱“摩擦损伤”），请仔细清洁严重污染创，使伤口的进一步污染最小化。用无菌、非黏附敷料覆盖伤口，推迟伤口的进一步探查和治疗，直到将马运至外科手术室。
  - 进行广谱抗菌治疗，如结合使用β-内酰胺（青霉素/头孢菌素）和氨基糖苷类抗生素。
- 将所有药物的书面记录（包括剂量、途径和给药时间）和马一起送至外科手术室。

不太严重的损伤

- 许多肌肉骨骼损伤发生在比赛或比赛训练期间，并导致突然跛行，不需要立即住院手术治疗。
- 通过及时和适当的紧急治疗，可以恢复到能比赛的健康程度。
- 适用情况：
  - 趾浅屈肌腱或趾深屈肌肌腱炎。
  - 悬韧带起始部、体部或分支的韧带炎。
  - 高活动性关节滑膜炎（腕关节、跗骨、球节）。
  - 关节内小骨折。
- 紧急处理包括以下内容：
  - 马厩内休息，直到伤情完全评估。
  - 非甾体类抗炎药治疗（保泰松或非罗考昔）。
  - 冷疗法（冰袋、冰靴、GameReady冷疗靴）。
  - 对于腕关节/跗骨的远端损伤，用结实、衬垫良好的绷带。
  - 皮质类固醇可能适合一些伤害；一般来说，最好在用X线片、超声造影或其他影像诊断对损伤进行全面评估后再做决定。

核心损伤

- 针对屈肌腱或悬韧带中心基质的无回声病变，在损伤的24~48h内从这些核心病变中排出血液或血清可能会帮助恢复。这个过程中，“肌腱分离”涉及使用手术刀或针通过肌腱或韧带对核心病变创造多个小切口，且在镇静和局部麻醉下对站立的马进行无菌操作。

- 肌腱“分离”应在超声图像检查确认核心病变后再进行。这种手术需要超声引导才能取得最佳效果。
  - 这种旧的治疗方法正被更新的再生疗法所取代：
    - 富含血小板的血浆（PRP）——生长因子。
    - 自体细胞——间质干细胞。

应力性骨折

- 赛马应力性骨折的表现可以是多种多样的。可能是运动后严重的急性跛行，很少或没有受伤的迹象，或者马可能会出现慢性轻度跛行，随着运动变得更加明显，休息后有所改善。
- 检查时，在骨折部位正上方进行指压会表现出疼痛。
- 一些软组织和关节损伤最初可能很少或没有肿胀、发热或其他炎症迹象。
- **实践建议：**所有急性跛行病例均怀疑骨折，尤其是应力性骨折，直至被排除。
- 怀疑是腕关节或跗骨下方的应力性骨折时，初步治疗包括让马在马厩严格静养以及使用坚实的支持绷带。
- **实践提示：**当怀疑是腕骨/踝骨近段的应力性骨折时，如胫骨（图44-2）、桡骨、肱骨、股骨，建议在两侧拴住马笼头防止其躺下，直到完成进一步评估。进一步评估包括重复的放射学和/或核显像。
- 在严重情况下使用非甾体类抗炎药进行疼痛管理，但控制马活动的重要性怎么强调都不过分。
- 如果马不受限制地活动，这些应力性骨折有变成完全性、粉碎性骨折的潜在风险。

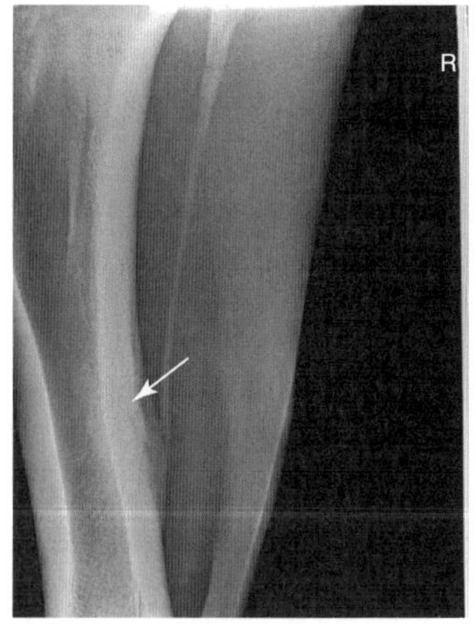

图44-2　Thoroughbred赛马愈合中的胫骨应力性骨折（箭头处）X线片

核显像图显示胫骨近段放射性密度增加。

应该做什么

头颈部外伤

- 在这种紧急情况下，给马静脉注射0.1~0.2mg/kg地塞米松等短效皮质类固醇，或每6h静脉注射2~10mg/kg泼尼松龙琥珀酸钠。要么保持马的安静，要么将其小心地转移到更安全的地方进一步评估。
- 对于出现早期神经障碍症状的马匹，紧急治疗包括静脉注射0.1~0.2mg/kg地塞米松等短效皮质类固醇，或静脉注射2~10mg/kg泼尼松龙琥珀酸钠。再根据诊断成像的结果来决定额外的治疗（见第22章）。
- 紧急治疗应包括消炎治疗，使用冰袋可以帮助减少眼周肿胀。
- 在眼科医生进行彻底的眼部检查之前，静脉注射非甾体类抗炎药（如氟尼辛葡甲胺）比皮质类固醇效果更好。
- 在对眼睛进行彻底检查和染色以确定角膜上皮损伤之前，不应在角膜上涂抹软膏或其他眼科药物。

颅骨骨折

· 由于马高速碰撞、摔倒，后仰，被缰绳向后拉而翻滚、失去平衡，或者向后跌倒翻身时，偶尔会发生颅骨骨折。

· 马的大脑位于背部，受到了很好的保护的结构特点，因此脑损伤在头部外伤中相对少见。

· 最常见的损伤是副鼻窦、骨眶骨、鼻骨和下颌骨。检查和治疗见第21章。

· 比这些面部骨折更危险的是涉及颅底的骨折。

· 颅底骨折可导致严重的神经甚至血管损伤，而且可能是致命的，并几乎没有外部损伤的迹象。

· 所有头部受伤的赛马需要进行全面的神经学检查，重点是脑神经（见第22章）。

· 意识丧失是一个坏的信号，即使是暂时的。无法站立也是如此。

脊柱损伤

· 由于在高速摔伤或碰撞中受力较大，颈椎可能会与颅骨一起受伤，或仅颈椎受伤。

· 由此导致的神经功能缺损程度取决于脊髓损伤或椎管内肿胀的严重程度（如出血）。

· 死亡可能由呼吸麻痹引起，伴有严重的近端脊髓损伤、椎体完全脱位或骨折。

· 更常见的是，马的意识清醒，但卧地且无法站起。

· 在这种损伤后最初的30min内，很难区分“脊髓休克”和永久性脊髓损伤。“脊髓休克”是暂时性的神经传导障碍。

应该做什么

开放性胸部伤口

• 伴有胸膜腔穿透的胸壁或胸廓入口的伤口必须立即闭合，以减少气胸的发展。

伤口缝合

• 缝合伤口，包括至少一层肌肉和皮肤，以创建一个临时的密闭环境。

• 探查伤口、胸腔灌洗和引流，一旦病情稳定并被送往马医院，就可以进行适当的伤口闭合。

• 如果没有缝合材料，立即戴上手套用手覆盖伤口，防止空气进一步被吸入胸膜腔。

• 在伤口上涂上抗菌药膏是一种有用的紧急措施，可以提供密封性；然后用无菌或干净的敷料覆盖伤口。

• 使用多卷绷带卷绕马的胸部，或者用一个腹带固定敷料，保持密封，直到马到达医院。

气胸

• 如果出现呼吸窘迫症状，听诊时肺部声音难以听到或缺失，则很可能出现气胸。将伤口密闭，用一根14号针头连接到一个30mL或60mL的注射器，从胸腔内尽可能多地抽出空气，让肺部重新充气（见第46章）。

• **实践提示：**为了避免穿刺心脏、大血管或肺，将针插入第11或第12肋间间隙的背外侧。

• 在针与注射器之间装三通阀，抽吸更省力。

穿透腹部的伤口

• 造成网膜、肠道暴露或脱出的腹壁伤口，应立即用无菌敷料覆盖或用留置缝线缝合，直到马被安全地送往马医院进行全面评估和初步伤口闭合。

• 如果有必要，可以用绷带或腹带在运输过程中固定敷料。

胸腹部损伤

- 胸部或腹部的穿透性损伤并不常见但可能发生，通常是由高速摔倒或碰撞造成的。
- 最常见的造成此类损伤的物品是折断护栏、跨栏和马车的杆（即金属或木头）。
- 处理这些损伤的方法与前面讨论的肌肉骨骼损伤相似；然而，有些方面是胸部和腹部特有的。胸部和腹部创伤的全面介绍见第46章。
- 由于大多数成年马的纵隔不完整，较大的没经过处理的穿透性胸部伤口可能导致气胸和严重的呼吸窘迫。

眼科急诊

- 眼部和眼周损伤在赛马中比较常见。
- 眼部区域受到任何外伤时，都要仔细检查骨性眼眶和眼球。
- 眼睛状况的检查和治疗见第23章。
- 赛马眼部受伤最常见的原因是：
  - 钝力外伤。
  - 被鞭子击中眼睛。
  - 飞扬的碎片。

心肺不适

- 剧烈运动后的片刻及数分钟内出现心动过速和呼吸急促。
- 对于一匹状态良好（即健康）的马，这两种情况不应持续，也不应伴随身体或行为上的不适症状。

心律失常和心杂音

- 心律失常在赛马的高强度运动时较为常见，通常是短暂的，无明显临床症状（房颤除外）。一旦运动停止，心律失常就会消失（见第17章）。
- **实践提示：**心律失常持续到运动结束后，并伴有持续性心动过速，以及有不适或痛苦的表现都是潜在的严重心电紊乱的迹象。
- 赛马的心脏杂音也相对比较常见，但并不是在所有赛马中都严重。
- 心杂音持续到运动结束后，并伴有持续性心动过速，以及有不适或痛苦的表现通常表明心脏有严重的结构问题。
- **实践提示：**主动脉索腱断裂还可能伴有急性呼吸窘迫、咳嗽、湿啰音和鼻孔有泡沫样液体（肺水肿）。叩诊时，腱索断裂常引起“鹅叫声”。

应该做什么

心肺窘迫

紧急治疗

- 在所有心脏不适的情况下，小心地将马转移到安静的马厩，让马放松5~10min，然后再重新评估。
- 即使心律失常或心杂音持续存在，只要马保持平静，心脏或呼吸窘迫的症状已经减轻，则不需要再多做什么。
- 心电图和/或心动超声可以稍后进行，以明确病因和直接治疗。有关急诊马心脏病学的更多信息，请参阅第17章。
- 如果马仍然激动不安，则使用α_2激动剂进行“轻度”镇静（例如，赛拉嗪，0.2~0.5mg/kg，IV；或地西泮，0.05~0.1mg/kg，IV）。如果马仍然不舒服，可以额外静脉注射布托非诺0.02~0.04mg/kg。
- 出现肺水肿症状，立即静脉注射速尿0.5~1mg/kg。如果要纠正脱水，要避免水合过度。
- 一旦情况允许，立刻将马送往马医院进行进一步的检查、监测和供氧治疗。

运动性肺出血（EIPH）

- 尽管运动导致的肺出血（EIPH）在纯血赛马中较常见，一般措施是让其在安静的马厩休息，很少出现需要进一步治疗的“真正”紧急情况。
- 血液流向肺部未受影响的部位可能会引起暂时的呼吸困难或躁动，但一旦心率降低，运动相关的高血压症状消失，出血通常就会停止。

应该做什么

运动诱导性肺出血

紧急治疗

- 如果马在马厩里待了几分钟还没有放松下来，则需使用推荐剂量的赛拉嗪或乙酰丙嗪进行“轻度”镇静。
- 除了让马平静下来，降低血压之外，镇静还能促使马降低头部，促进血液从下呼吸道排出。
- 一旦马冷静下来，并从镇静中恢复过来，应在地面放置食物和水，以促进清除血液和下呼吸道的分泌物。
- 比赛结束后出现肺水肿症状，使用速尿可能会有帮助。具体症状如下：
  - 伴有呼吸窘迫的持续性呼吸急促。
  - 咳嗽。
  - 湿啰音。
  - 鼻孔有泡沫状液体。
- **实践提示：**在流鼻血时，鼻孔有血沫本身并不是肺水肿的证据。
- 如果要在比赛前服用速尿以预防EIPH，第一次给药后6h内不能重复给药。氟尼辛葡甲胺、氨基己酸、盐酸克伦特罗等多种药物已被用于赛后重度EIPH，但关于它们疗效的证据有限。
- 建议使用抗生素预防中度至重度EIPH，以防止出血部位形成脓肿。
- 有报道称，重度EIPH会导致猝死，尽管这种情况极为罕见。
- 这些死亡是无法预测的，因为鼻孔里的血相对较少时可能也会死亡。将呼吸窘迫的马移至安静的马厩内，限制其进一步活动，并使用赛拉嗪或乙酰丙嗪降低血压。这样做预防不寻常死亡的发生比复杂的调查和治疗手段效果更好。

上呼吸道阻塞

- 动态或间歇性上气道阻塞在赛马中相对常见，它有以下几个可能的原因：
  - 喉轻度麻痹/完全瘫痪。
  - 杓状软骨炎（图44-3）。

- 会厌发育不良或困锁（entrapment）。
- 软腭背侧移位。
- 咽鼓管皱褶轴向移位。
- 咽塌陷。
- 会厌炎（图44-4）。

· 通常情况下，一旦停止运动，呼吸就会改善。所以以上情况通常不是急症。例外情况是运动后严重的杓状软骨炎带来的呼吸窘迫（distress）（图44-3）。

· 相对而言，静态或持续性上气道阻塞并不常见。一旦发生就是真的紧急情况，需要进行紧急气管切开术（见第25章）。

- 静态或持续性上气道阻塞的原因包括：
  - 杓状软骨炎或软骨病是最常见原因（图44-3）。
  - 会厌下脓肿（图44-5）。
  - 颈腹部创伤导致的气管压缩或塌陷。
  - 噎住或食管阻塞不太常见（见第18章）。

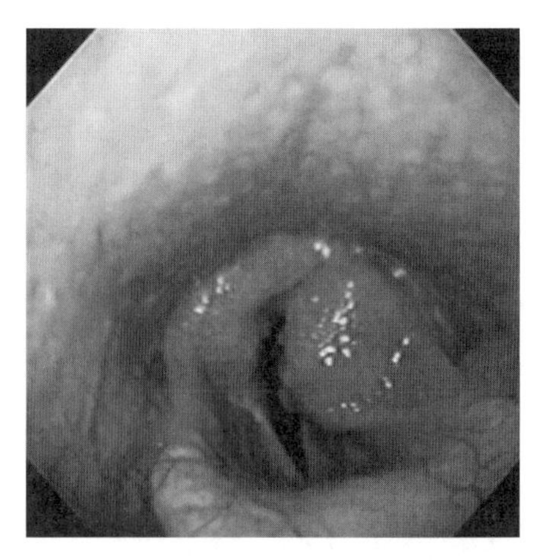

图44-3　严重的左侧杓状软骨炎导致马运动不耐受和呼吸痛苦

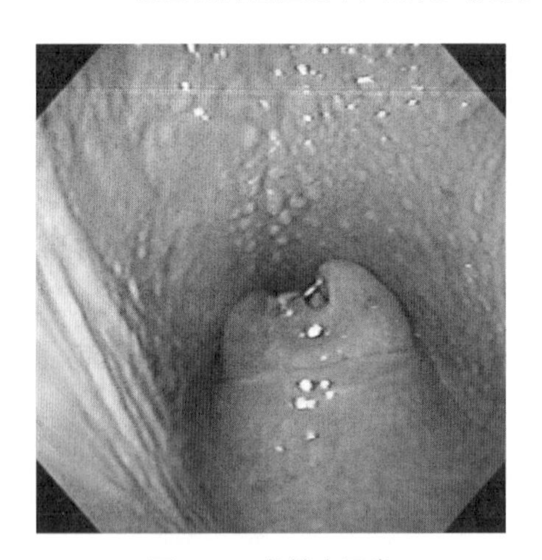

图44-4　急性会厌炎

主要的问题是制造上呼吸道噪声和运动不耐受。内镜检查显示会厌下有一大块软组织肿块。

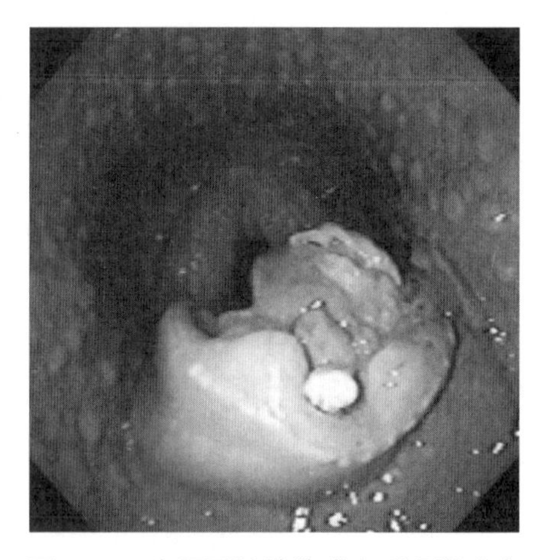

图44-5　会厌下脓肿造成上呼吸道噪声和运动不耐受

应该做什么

紧急气管造口术

- 如果马在休息时表现出呼吸窘迫的迹象，并伴有呼吸鸣声，应进行气管造口术（见第25章）。

- 区分是上呼吸道还是下呼吸道引起的呼吸窘迫很重要。
- **实践提示：**如果引起呼吸窘迫的原因是下呼吸道，做气管造口术并不能改善呼吸。
- 可以从以下方面获得有用的信息来决定是否为赛马进行气管造口术：
  - 病史。
  - 咽喉和颈部触诊和听诊。
  - 胸部听诊。
  - 上呼吸道内镜检查；内镜检查对上呼吸道阻塞有确诊意义。
  - **注意：**谨慎使用镇静剂，仅在上气道内镜检查等必要时使用，以避免加重阻塞。

代谢性急症

中暑

重要提示：中暑对任何赛马来说都是一个真正的医疗紧急事件。

应该做什么

中暑

- 体温高的马必须尽可能快地降温：
  - 冷水冲洗、海绵擦拭或酒精浴。
  - 气流：同时用电风扇和自然风吹身体比单独使用电风扇或自然风来降低核心体温更快，这是运用辐射散热和蒸发散热的原理。
  - **实践提示：**在迅速降低马的体温方面，空调并不像在人身上那么有效。
  - 在颈动脉（颈静脉沟）上覆盖冰袋，这降低了供给大脑的血的温度。
- **实践提示：**最重要的是通过冷却整个身体，尽快将马的核心温度降至＜102 °F（＜39°C）。

输液治疗

- 对于运动后体温过高的马来说，使用低温或室温的液体疗法并不是降低核心体温的有效方法。
- 建议使用静脉或口服液体疗法来纠正出汗导致的体液和电解质不足，并预防因体温过高造成的肌红蛋白尿对肾脏的毒性作用。
- **实践提示：**开始静脉输液率设置为维持剂量的1.5倍比较好（见第33章）。
- 一般推荐不含钾或碳酸氢盐的均衡聚离子溶液作为初始输液。
- 短暂高钾血症通常发生在最大运动量时，因为钾离子“暂时”从细胞内转移到细胞外液。
- 代谢性酸中毒是马剧烈运动的另一个特点。在运动结束时，随着乳酸的累积被代谢，代谢性酸中毒会自行消失。
- 无汗症易与中暑混淆（见第33章）。
- 更多有关中暑的详细信息，请参阅第33章。

马呃噎

· 同步隔膜颤振，又叫“马呃噎”，是指一种膈和侧体壁与心跳同步收缩或抽搐的情况。

· 马呃噎在赛马中比在耐力马中更不常见，在耐力马中，马呃噎通常与脱水、体温过高、低钙血症和低氯代谢性碱中毒有关。

· 赛马在比赛中频繁使用速尿可能会导致体液和电解质紊乱，当存在其他易感条件时，如在炎热或潮湿的条件下运动，易发生马呃噎。

应该做什么

马呃噎

输液治疗

- 在大多数情况下，一旦马得到休息和冷却下来，以及与剧烈运动相关的体液和电解质转移恢复正常，震颤情况就会减弱。
- 如果马临床脱水，则需要静脉输液或口服液体（见第33章）。
- 通常推荐使用多离子溶液，因为钠、钾和氯是汗液中流失的主要离子。
- 与耐力马相比，对于发生马呃噎的赛马，在补水液中添加的钙更少。
- 在无法获得马血清中游离钙浓度的试验检测数据而静脉注射硼葡萄糖酸钙时，最好做到以下几点：
  - 使用保守剂量，23%硼葡萄糖酸钙100~200mL。
  - 用等渗盐水或葡萄糖溶液按照1：4稀释硼葡萄糖酸钙。**注意：**不要向含有碳酸氢盐的液体添加钙（即乳酸林格溶液）。
  - 缓慢静脉注射的同时，监测马的心率和呼吸节律。
- **实践提示：**一旦发生膈肌颤振停止、心率意外变高或变低及心律失常，应停止静脉注射钙。
- 如果马呃噎持续发生，则应以较慢的速度重新补钙。

劳累型横纹肌溶解

· 劳累型横纹肌溶解，俗称“马厩病”，在赛马中很常见。病情严重时，因为马不愿意或不能移动，且伴有肌红蛋白尿可能导致急性肾功能衰竭，可能作为急症出现。

应该做什么

劳累型横纹肌溶解

- 紧急处理包括以下内容：
  - 在马厩或小围场休息。
  - 镇痛药和抗焦虑药：使用α_2激动剂（赛拉嗪、罗米非定或地托咪定），可以选择是否同时使用乙酰丙嗪；如果需要，也可以添加布托啡诺。
  - 非甾体类抗炎药：静脉注射保泰松或氟尼辛葡甲胺；根据经验，保泰松对肌肉骨骼疼痛更有效。
  - 静脉输液治疗：将按照静息状态1.5倍速度注射等渗液（见第32章），直到尿液澄清。
- 当进行有效的镇痛和抗焦虑治疗时，肌肉松弛剂，如安定、美索巴莫、苯妥英钠和硝苯呋海因的效果有限。
- 一旦马能够行走，进行短时间的缓慢步行可以促进恢复。有关劳累型横纹肌溶解更多讨论见第22章。

不应该做什么

劳累型横纹肌溶解

- 利尿剂是禁忌，因为静脉输液疗法可以安全有效地诱导利尿，而且静脉输液不会导致用利尿药造成的液体流失。

- 皮质类固醇的使用是有争议的，虽然单一剂量的短效药物，如地塞米松，0.05~0.1mg/kg静脉注射可能没有害处。

各种各样的突发事件

绞痛

- 腹绞痛在赛马中较为常见，并且产生的原因和其他表演类马匹相同。
- 紧急检查和治疗见第18章。
- 对于赛马来说，其他类似或表现出绞痛的情况包括：
  - 胸膜肺炎（shipping fever）。
  - 胸壁或腹壁创伤。
  - 脊柱创伤。
  - 肌炎（包括横纹肌溶解）。
  - 急性蹄叶炎。

梭菌性肌坏死

· 赛马梭菌肌坏死最常见的原因是肌内注射了某些物质/药物，如氟尼辛葡甲胺或缓释剂、油性激素，更不常见的是继发于深度穿刺性伤口。

· **实践提示：**皮下气肿，表现为皮肤下方含有气体，是梭菌感染的主要表现。

· 开放性胸部伤口（空气被吸入和排出的穿透性伤口）或上呼吸道撕裂可能会将空气困在皮下组织中，但很少会导致梭菌性肌坏死特有的全身性中毒症状。

应该做什么

梭菌性肌坏死

- 梭菌性肌坏死可能危及生命，应该积极治疗，因为这种专性厌氧菌会产生强效的外毒素。

· 全身抗菌治疗：选择对梭状芽孢杆菌具有良好抗菌谱的药物，如青霉素钾或青霉素钠，静脉注射（剂量见附录七）。

· 清创：切开皮肤，将污染的肌肉组织暴露于空气中，清除所有的坏死组织；通过日常护理保持伤口开放得以引流（见第35章）。

- 静脉输液疗法：以支持心血管需求的速度静脉注射均衡多离子溶液。
- 根据需要使用止痛药，如静脉注射氟尼辛葡甲胺。

细菌性蜂窝织炎

- 细菌性蜂窝织炎在赛马偶尔发生，最常发生在后肢。
- 受影响的肢体会非常疼痛，可能会以急诊出现。
- 对赛马反复使用同一颈静脉可能导致细菌性血栓性静脉炎。

应该做什么

细菌性蜂窝织炎

• 针对葡萄球菌使用广谱抗菌疗法，或者通过细菌培养和药敏试验进行针对性治疗。葡萄球菌通常能从颈静脉周围的败血性蜂窝织炎中分离出。在等待细菌培养和药敏试验结果时，常用恩诺沙星作为一线治疗。

• 实施抗炎治疗：非甾体类抗炎药，有时使用皮质类固醇。

• 在严重的肢体蜂窝织炎病例中，可以用15号手术刀刀片在患肢表面开多个皮肤孔，用于引流渗出物和水肿液（图44-6）（见第35章）。每天在患处敷上热敷药膏数次，以加强脓毒液体和/或渗出物的排出。

• **实践提示：**在严重的后肢蜂窝织炎的纯血马病例中，对侧/支持肢的蹄叶炎是重要的隐患。如果存在严重的跛行，则需要快速解决，并需要对侧/支持肢进行支持，以预防蹄叶炎。

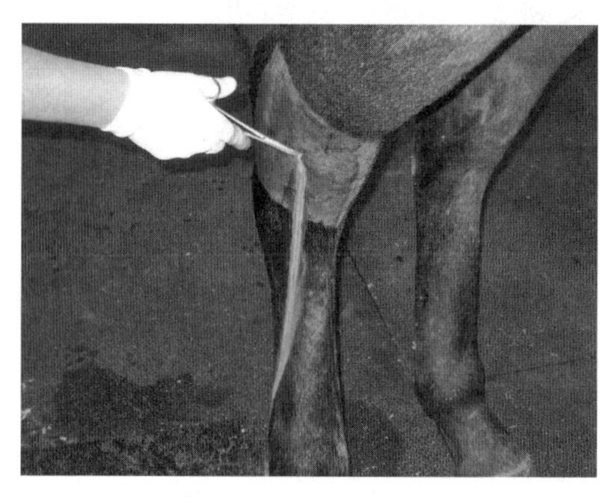

图44-6 用多个皮肤开口，引流皮下脓性物质来治疗严重的后肢蜂窝织炎

• 机械刺激淋巴的吸收和流出：进行限制性的牵遛，尤其在跛行严重的情况下。热压和出汗会改变渗出液的黏稠度，并与绷带和充气绷带一起帮助渗出液排出。

• 对于皮肤上的任何原发或继发性损伤，进行伤口护理。

• 如果颈静脉因蜂窝组织炎而受损（如移动性血栓静脉炎），使用抗凝血药物，可抑制血小板聚集，防止血栓形成，如阿司匹林，0.25grains/kg，PO，q48h；氯吡格雷，2~3mg/kg，PO，q24h。如果有一条颈静脉严重受损，必须保持另一条静脉的通畅。

第 45 章
蛇咬伤中毒

Benjamin R. Buchanan

介绍

- 毒蛇分为两种：
  - 珊瑚蛇。
  - 蝮蛇。
- 对马来说，珊瑚蛇毒害还未见报道，发生的可能性不大。
- 美国北部有众多种类的坑蝰蛇，包括：
  - 几种响尾蛇。
  - 铜斑蛇。
  - 棉口蛇/食鱼腹。
- 棉口蛇，也叫食鱼腹：
  - 在美国东部常见。
  - 最大长度可达6ft。
  - 颜色从棕色橄榄到灰黑色。
  - 喜欢低地沼泽和水域附近。
  - 因其特征性白色的嘴巴而得名“棉口蛇”，当被打扰时它会张开嘴巴。
- 铜斑蛇：
  - 常见于马萨诸塞州、内布拉斯加州、佛罗里达州和得克萨斯州。
  - 最大长度可达4.5ft。
  - 颜色为铜到橙红色，带有棕色/红色背带。
  - 常见于树木繁茂的山坡和沼泽边缘的水域附近。
- 响尾蛇在北美多种栖息地常见，不同地理区域有特定的物种。
  - 响尾蛇的长度从15in到8ft不等。
  - 它们的尾部都有一系列经过进化的鳞片，振动时发出拨浪鼓声。

- **实践建议：** 了解该地区的蛇种类非常重要，因为毒液的效力不同，临床症状和预后可能会有所不同。

- 马身体的大部分区域都有叮咬的报道。

· **实践建议：**大多数病例急性发生在面部和头部。据报道，大多数叮咬发生在夏季，并且许多在咬伤12h之后出现。

· 临床症状和实验室指标异常取决于蛇的种类及咬伤后的持续时间。

· **实践建议：**响尾蛇咬伤是最严重的，棉口蛇和铜斑蛇严重程度略轻（表45-1）。

表45-1　几种北美坑蝰蛇毒液产量和大致的LD_{50}

蛇的种类	LD_{50}	毒液产量（mg）
莫哈韦响尾蛇	0.23	113
东部菱背响尾蛇	1.68	590
西部菱背响尾蛇	2.18	500
林响蛇	2.68	140
棉口蛇	4.17	130
铜斑蛇	10.92	60

临床症状

急性

· 最初的临床症状是咬伤部位显著疼痛和肿胀，皮肤出现瘀斑或褪色，腹痛，血液样本中出现溶血。

· 剪掉肿胀区域毛发有助于识别咬伤创口。

· 单个或多个疼痛出血的穿刺伤口指示蛇的咬伤。

· 临床症状的严重程度取决于蛇的种类和咬伤的位置。

· 随着局部肿胀的增加，血流量减少会减缓毒液的吸收。

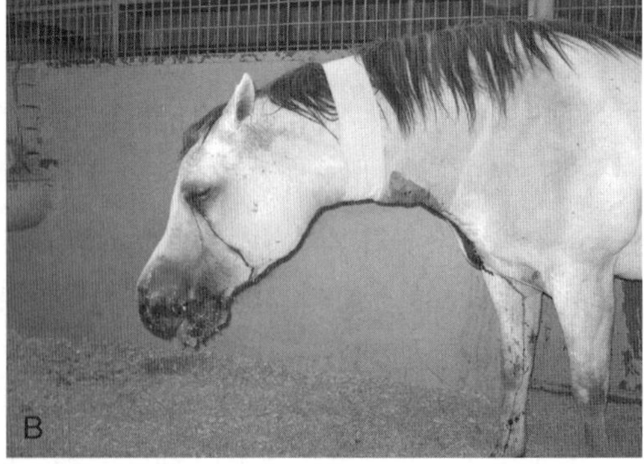

图45-1　马疑似被响尾蛇咬伤

A. 一匹夸特马疑似被响尾蛇咬伤而呈现的面部肿胀　B. 一匹去势的马疑似被响尾蛇咬伤而呈现的面部肿胀和永久性气管造口（图片来源于 Dr. Will Evans）

· 头部咬伤可导致气道受损，需要进行紧急气管切开（图45-1A、B）。

· 体壁咬伤可以使毒液更快地被吸收。**重要提示：**舌头咬伤相当于血管内注射毒素。

· **实践建议：**低血压是中毒早期并发症，伴有心动过速、心律失常、肠鸣音减弱、吞咽困难、鼻出血和精神沉郁。

慢性

· 慢性症状的发作可能会延迟数小时。

· 长期并发症包括心脏病、肺炎、蹄叶炎和伤口并发症，包括明显的组织坏死（图45-2）。

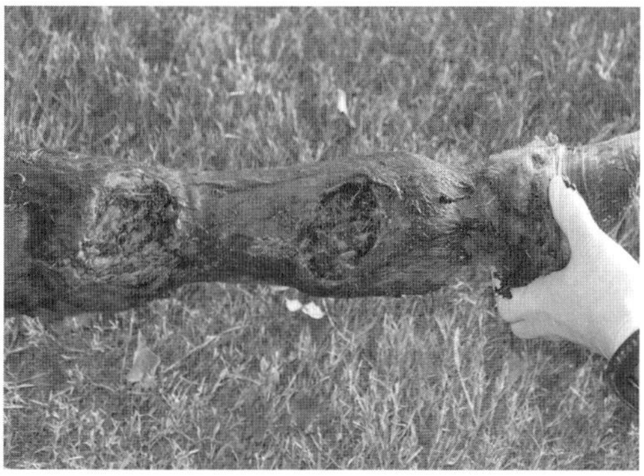

图45-2 疑似被蛇咬伤后约2周远端肢体上的几个严重坏疽

病理生理学

毒液作用的机理和效果取决于蛇。

· 当透明质酸酶分解结缔组织时，毒液的其他成分会扩散到周围的组织中。

· 肌肉毒素损害骨骼肌和心脏组织。

· 出血性毒素影响凝血，并可能导致高凝或低凝，这取决于特定的毒液。

· 一些毒液还会引起高纤维蛋白原溶解并在血栓形成时"溶解"血栓。

· 金属蛋白酶引起局部疼痛和组织坏死。

· 另外，莫哈韦响尾蛇的毒液中还有包括强效神经毒素在内的非酶多肽。

诊断

· 诊断是推测性的且基于临床症状和实验室指标异常。

· 常见的实验室指标异常包括：

  · 血小板减少。

  · 白细胞减少。

  · 中性粒细胞减少。

  · 溶血性贫血。

  · 凝血酶原时间延长（PT）和部分凝血活酶时间（PTT）。

  · 低蛋白血症。

  · 高乳酸（Hyperlactemia）症。

  · 升高的心肌肌钙蛋白Ⅰ型（cTnⅠ）。

· 许多临床病理异常是非特异性的并且指示显著全身性炎症反应综合征（SIRS）。SIRS和严重的蛇咬伤都会出现血液凝固和凝结异常。

· **实践建议：** 被蝮蛇咬伤后，其他物种的外周血涂片中有棘红细胞，但在马中没有。因此，临床症状和非特异性的实验室指标变化的解读依赖于马被蝮蛇咬伤的切实证据。

治疗缺点

· 蛇毒的一般护理应注重支持治疗和对抗毒素。

· 头部咬伤的最初主要是保持呼吸道畅通。在伴有面部肿胀的急性中毒中，尽管随着肿胀的进展可能会发生严重的鼻坏死，但仍要在鼻孔中插入一根软管来维持气道。75%的病例需要临时切开气管。

· 晶体输液用于治疗低血容量。

· 在顽固性低血压的情况下，使用肌缩药（inotropes）和血管加压素。

· 输血浆能治疗凝血和提供胶体。

· 几乎所有病例都需要非甾体类抗炎药。有些病例可能需要额外的止痛药。

· 建议监测由毒液和低血压引起的肾脏损伤。

· 在蛇毒治疗过程中，抗生素的使用存在争议。在人的病例中，抗生素物的使用无任何好处。

· 马似乎更容易受到梭状芽孢杆菌感染，应考虑使用抗生素预防梭状芽孢杆菌感染和治疗组织激发损伤。

· 给近期没有疫苗免疫史的马注射破伤风类毒素。

· 抗组胺剂在对抗蛇毒和其影响方面没有直接好处。目前研究既不支持也不反对使用抗组胺药物治疗蛇毒。

· **实践建议：** 已知使用皮质类固醇会增加人的病死率。对抗蛇毒血清产生过敏反应的治疗中，应避免或保守使用。

· 唯一证实有效的治疗蝮蛇中毒的方法是静脉输注抗蛇毒血清。

· **实践建议：** 越早注射抗蛇毒血清效果越好；有证据表明即使注射延迟也有一定益处。

· 最近的一份回顾性报告显示，抗蛇毒血清降低了9匹马的病死率，且无任何反应；然而，没有基于证据的研究评估抗蛇毒血清在马中蛇毒治疗的效果。

· 马的剂量尚未确定：通常使用1~2瓶（10~20mL）多价抗蛇毒血清（Crotalidae）。

· 这一剂量大大低于人体推荐剂量，但对犬的研究表明，使用比人低得多的剂量能带来明显的益处。

· 治疗的高成本限制了多价抗蛇毒血清的使用。CROFAB是一种羊多价抗蛇毒血清。惠氏公司的多价抗蛇毒血清是一种通过分离健康马血液获得的精制浓缩的血清球蛋白制剂。

另外，马的抗蛇毒血清制剂还有Crotalid Antivenin-Equine Origins、Crotalus Atrox Toxoid。

应该做什么

蛇咬伤

- 蛇咬伤紧急治疗是基本的支持性治疗。
- 第一目标是控制气道。
- 在鼻孔插入软管可以防止鼻部窒息和面部肿胀。
- 可能需要紧急气管造口（见第25章）。
- 紧急救治蛇的第二个目标是治疗低血压。
- 可能需要静脉注射晶体、胶体、肌缩药（inotropes）和血管加压素。
- 使用广谱抗生素和非甾体类抗炎药。
    - 抗生素应包括青霉素、甲硝唑，外加一种革兰氏阴性菌抗生素。
- 使用破伤风类毒素。
- 适当的伤口护理对愈合很重要（见第19章）。
- 建议进行常规实验室评估，以监测蛇咬伤后的全身反应。
- 如果认为是蝮蛇蛇毒，静脉注射抗蛇毒血清；越早注射抗蛇毒血清越好。
- 应密切监视马6~24h，以观察急性蛇咬伤后的后续反应。
- 测量局部肿胀及周围的周长来监测肿胀的进展。
- 肿胀的进展可作为局部毒性进展的一个指标。

不应该做什么

蛇咬伤

- 有许多急救技术被建议用于急性蛇咬伤的治疗；然而，许多还没有得到证实，可能是有害的。
- 应避免使用冷敷包、冰块、止血带、伤口切开抽吸、电击和酒精。
- 在人类研究中，已知糖皮质激素会增加病死率，故不应用于中毒的初始治疗。

预后

- 预后取决于中毒程度、蛇的种类以及治疗前的时间。
- 中毒导致的病死率为10%~25%，然而慢性并发症（如鼻炎）最终可能导致安乐死。
- 针对马提出了响尾蛇咬伤严重程度评分（RBSS）（表45-2）。RBSS与预后显著相关；在一项发表的研究中，评分大于8的马病死率为50%。

表45-2 马响尾蛇咬伤严重程度评分

变量	分数	症状
呼吸道	0	不明显
	1	轻微呼吸窘迫
	2	呼吸急促，用力呼吸
	3	严重呼吸窘迫，可能发绀
心血管	0	不明显
	1	轻微心动过速（50~60 次 /min）
	2	中度心动过速（60~80 次 /min）或血液乳酸浓度为 2.5~4.0mmol/L
	3	严重心动过速（大于 80 次 /min）或血液乳酸浓度大于 4.0mmol/L

（续）

变量	分数	症状
伤口表现	0	无肿胀
	1	只在鼻部或肢体远端有轻微肿胀
	2	整个头部或肢体远端中度肿胀
	3	累及颈部和躯干的严重肿胀
凝血功能	0	无异常
	1	PT 和 PTT 高于参考限值 25% 或 血液血小板 100 000~120 000 个 /μL
	2	PT 和 PTT 高于参考限值 25%~50% 或 血液血小板 50 000~100 000 个 /μL
	3	PT 和 PTT 高于参考限值 50%~100% 或 血液血小板 20 000~50 000 个 /μL
	4	PT 和 PTT 高于参考限值 100% 或 血液血小板少于 20 000 个 /μL，伴有自发性出血迹象

第 46 章 胸部创伤

Rolfe M. Radcliffe

- 马的胸部受伤不常见，但也不罕见，可能伴随着钝性或者穿透性的创伤。
- 当受伤确实发生时，必须快速制订治疗方案，防止致命并发症的产生。
- 能致命的并发症包括：
  - 气胸。
  - 气纵隔。
  - 血胸。
  - 失血性休克。
  - 膈疝。
  - 胸膜炎。
  - 肺、心脏、血管和其他结构（甚至腹部）的损伤。
- **实践提示：** 首要目标是在药物和手术治疗前通过分诊心血管和肺脏损伤以及疼痛管理来稳定动物的情况。
- 如何处理的决定基于很多因素，包括伤口位置、类型、胸部受伤的程度、麻醉考虑和治疗反馈。

临床症状

- 临床症状源于胸部内侧或外侧结构造成的损伤。
- 内部损伤可能包括气胸、血胸，或者心脏、肺、血管创伤，以及其导致的呼吸困难。
- 外部损伤通常与胸壁（肋骨骨折、肌肉损伤、神经和血管损伤）及其伴随的疼痛有关。
- 在大量血液丢失或者呼吸系统损害时，可能出现休克。
- 鼻孔外张、快速呼吸、显著的呼吸困难、黏膜发绀也是常见的一组症状。
- 在气胸马，由于其胸内压不断升高以及肺顺应性降低，呼吸困难程度不断增加。典型的浅快式呼吸模式导致呼吸效率降低。
- **实践技巧：** 因为马的纵隔不完整（除了当被诸如胸膜肺炎一样的感染性疾病所封闭之外），气胸经常是双侧发生，因此伴随着严重的呼吸抑制。
- 肋间血管、胸壁肌肉、肺脏、心脏和血管的损伤都能导致血胸及其伴发症状（例如低血容量性休克和疼痛）的产生。

- 钝性胸部创伤经常导致：
  - 闭合性气胸。
  - 肺挫伤。
  - 连枷胸。
  - 其他内部器官损伤。
- 穿透性胸部创伤伴发的开放性气胸可导致：
  - 心脏压塞。
  - 皮下气肿。
- 除了呼吸系统和心血管系统结构之外，创伤还可能引起消化系统、神经系统、骨骼肌肉系统受影响。
- **实践提示：**当发生深部创伤或创伤发生在第6肋骨后时，临床医生应当重点怀疑伴发的腹部损伤。
  - 这些马可能表现出急腹症症状，伴随内脏的损伤或破裂、膈疝或其他组织损伤。

应该做什么

胸部创伤急诊管理

- 稳定患马是有效紧急分诊中的重要措施，也是其他管理措施之前最初评估的重点。
- 大部分呼吸抑制病例应给予供氧以治疗低氧血症（PaO_2＜80mmHg）。对成年马提供15L/min的鼻吸氧。气管内给氧增加了吸入氧气的比例并帮助加速气胸病例中胸膜腔气体的吸收。
- **实践技巧：**以下五个情况应立即给氧。
  - 气胸。
  - 连枷胸。
  - 血胸。
  - 失血性休克。
  - 腹部损伤。
- 遵循紧急分诊治疗ABC原则：
  - Airway 气道开放
  - Breathing 呼吸
  - Circulation 血液循环

  为了重建肺泡通气，恢复氧合和治疗休克。
- 如果可以的话，应控制伤口出血，开始给予氧气供应、液体治疗（包括必要时的输血）、抗生素和抗炎药物。
- 一旦患马稳定下来后，从面动脉（最佳）或者颈动脉中收集动脉血分析通气和气体交换情况，对于清醒的成年马，正常的血气指标是：
- 动脉血pH：7.4+/−0.2。
- $PaCO_2$（mmHg）：40+/−3。
- PaO_2（mmHg）：94+/−3。
- 碱剩余（mEq/L）：0+/−1。
- SpO_2（%）：98~99。
- **实践技巧：**使用脉搏血氧测定法评估血氧饱和度，持续性监测氧合和通气情况。根据血红蛋白氧合曲线，当血氧饱和度小于91%时，说明动脉氧含量不足。
- 对开放性或穿透性胸部创伤给予广谱抗生素：青霉素钾（22 000~44 000IU/kg，IV，q6h），联合使用庆大霉素（6.6mg/kg，IV，q24h）或头孢噻呋（3~5mg/kg，IV，q12h）。

- 如果马有严重的呼吸抑制，应该用恩诺沙星替代庆大霉素，因为庆大霉素有潜在的抑制骨骼肌的作用（如肋间肌）。
- 进行破伤风预防。

气胸

- 当大气和胸膜腔发生联通时，会产生气胸。
- 胸膜腔的负压和肺泡压或大气压形成的压力梯度促使空气进入胸膜腔，使肺发生萎陷并阻止肺内气体交换。
- 在马中，气胸是开放性或闭合性胸部创伤、胸膜肺炎、呼吸道手术的一种并发症。
- 有以下三种类型的气胸：
    - 开放型。
    - 闭合型。
    - 张力型。
- 开放型气胸是当胸腔创伤允许气体自由进出胸腔而产生的。
- 闭合型气胸是当气体从胸部（从肺内或胸膜外）进入胸腔，例如在胸膜肺炎的情况下破裂的肺大疱或继发于移位性肋骨骨折的肺实质穿透性损伤。
- 张力型气胸，是闭合型气胸的一种特殊形式。气体能进入胸腔但不能离开胸腔，类似胸膜与皮下形成像单向瓣膜一样的瘘。
- 任何情况（损伤胸壁、气道或肺）导致的气胸都能产生张力型气胸。气体进入胸膜腔并无法离开胸膜腔，导致胸腔压力逐渐增大，肺萎陷，回心血量减少，休克。
- 因为逐渐增加的胸内压超过了大气压，导致心肺功能快速下降，严重的低氧血症和猝死可能在这种情况下发生。
- 稳定患马中对气胸的紧急治疗主要包括闭合胸部创口和立即移除胸膜腔积液（图46-1）。
- 移位性肋骨骨折可导致肺撕裂，闭合性气胸。
- 可使用缝线或手术用订书钉进行支气管结扎和闭合受损的肺实质。
- 腋部创伤的马需要特殊考虑，尽管大多数情况下这些伤口不会引发胸腔问题。
    - 因为这些伤口允许气体从单向开口进入

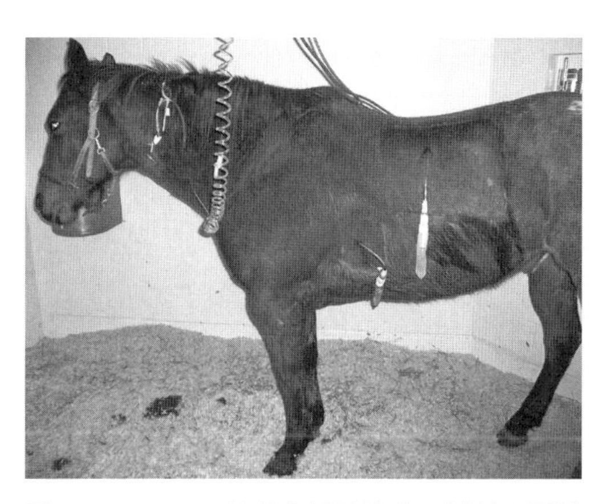

图 46-1　一匹不慎将右前肢腋窝区域刺入栅栏柱上的 18 岁已去势阿帕卢萨马

这匹马表现出严重的呼吸抑制并伴随多根肋骨连枷胸、双侧气胸和血胸。急救管理包括鼻内给氧（15L/min），移除胸腔积气和积液，镇痛和液体治疗。注意到两根胸部导管的放置：一根为了移除胸膜腔气体（尾背侧的），一根为了移除液体和血液（头腹侧的）。

胸壁，形成显著的皮下气肿，潜在的气体移至纵隔并最终到达胸腔，有些情况下会发展为气胸。

· 防止致命性气胸，应当将腋部伤口封闭，单栏限制饲养，并监视呼吸道情况。

· **实践提示：**对胸壁的听诊和叩诊可帮助区分气胸和血胸。气胸病例的肺音缺乏，背侧叩诊音增加。血胸的腹侧肺音减小，叩诊能听到液体（线）声。

· 胸壁和伤口的触诊可帮助识别肋骨骨折和胸壁透创。

· 胸部X线和超声检查可帮助确定胸部波及情况，包括肋骨骨折、气胸、气纵隔、血胸、膈疝和异物（图46-2）。

应该做什么

气胸

· 闭合和/或用绷带封闭创口可立即减少气胸的严重程度。用临时的胸部缝合或填充物密封胸部创口，涂抹凡士林敷料，或用保鲜膜覆盖创口（图46-3）。

· 在封闭胸腔创口后，立即移除胸膜腔内气体以增加通气量和氧合。插入无菌套管，14号的导管或者胸腔造口管到11~15肋间隙背侧。为了移除空气，可使用延长装置、三头活塞、60mL注射器或者将胸管连接到抽吸泵。在第7~8肋间隙腹侧放置胸腔造口管（24~36F），以除去大量积液或血液（图46-1）。

· 应缓慢移除气体，使用20mmHg或更小的压力进行移除以防止肺水肿产生。这个并发症会导致继发的低氧血症、低血压和心输出量减少，很可能导致气胸时间延长和极端负压。

· 如果张力型气胸出现，立即将其转化为开放型气胸，可通过开放创口，或放置套管使胸内压回到大气压水平。

· **实践提示：**开放型气胸比张力型气胸损害程度更小。

· 在移除胸膜腔气体和液体之后，连接Heimlich或其他的单向阀，以允许液体连续流出。或者可以通过连接到J-Vac 1或Pleur-evac 2真空排液系统来进行连续流动的胸腔抽空（图46-4）。Pleur-evac装置的优点包括胸腔排出液体

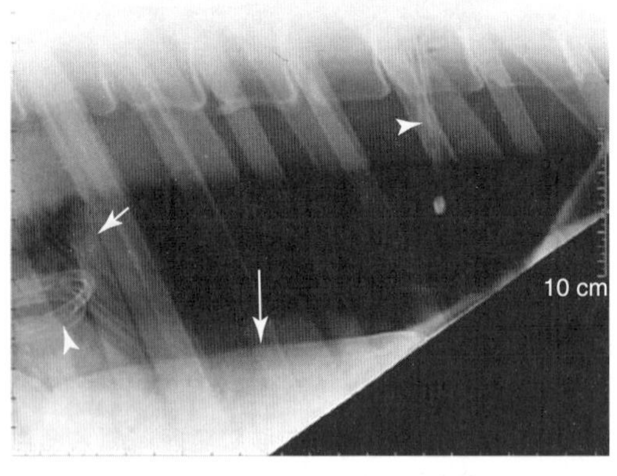

图46-2　图46-1马侧位胸片，可见双侧气胸

这是一例继发于右头腹侧创伤的气胸病例。注意到左右塌陷肺的背缘（长剪头）、肋骨骨折（小箭头）、背侧胸部导管的放置助于移除胸膜腔积气和积液（右侧箭头）、疼痛管理的麻醉浸润导管（最左侧箭头）放置在骨折的肋骨上面、右半胸位置。

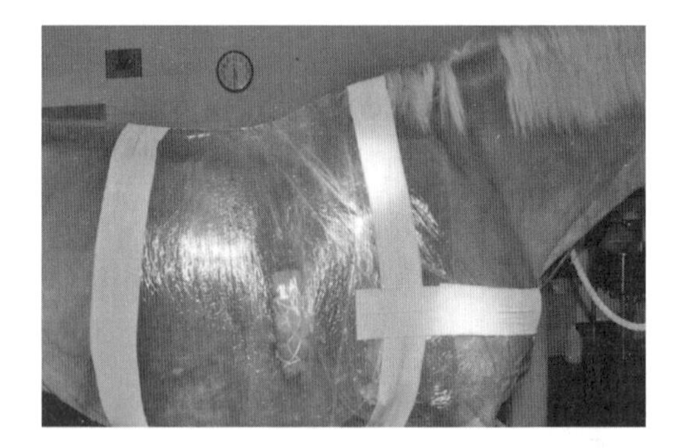

图46-3　对一匹7岁雌性比利时挽马严重胸膜肺炎的治疗

对该马通过切除肋骨进行探查性开胸术，用于治疗局部脓肿和粘连。手术后，切口保持开放以促进排液，用支架绷带覆盖，通过抽吸除去空气，胸膜用保鲜膜包裹以密封胸壁。在穿透性胸部创伤后也采用这种密封胸腔的技术（图片由康奈尔大学的Sally Ness医生提供）。

的收集室很大（2 500mL容量），拥有用于从胸腔单向排出空气的水密封室，以及拥有控制和监测抽吸压力的能力。

- 用盐水浸湿的纱布按压封住腋窝伤口，建议严格的单栏限制饲养，并密切监测呼吸窘迫情况。因为这种伤口在马移动时经常作为单向阀，所以经常发生明显的皮下气肿，可能导致纵隔积气和气胸。
- 对于严重的胸部损伤、移位型肋骨骨折、连枷胸、血胸和肺撕裂，可能需要紧急或延迟开胸手术。
- 将重叠的水平褥式缝合和简单连续缝合分别用于密封肺缘和中央肺实质的撕裂，使用单股可吸收的缝合材料和锻造的无创缝针完成缝合。

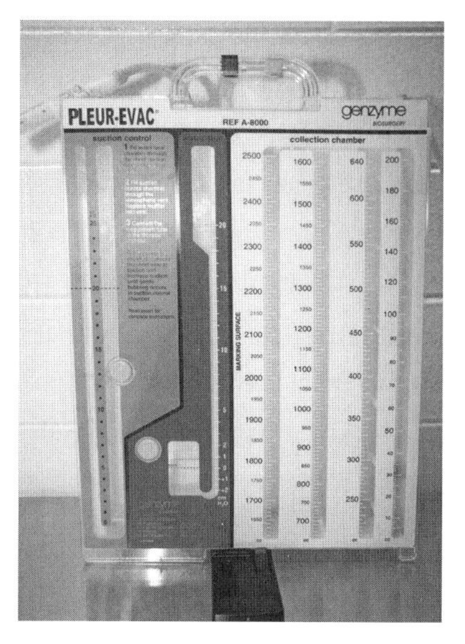

图 46-4 Pleur-Evac（Genzyme Biosurgery，Fall River，Mass）

一种可调节压力的胸腔引流装置，设计用于从人体胸腔排出空气和液体。有抽吸控制、水封和收集室三个部分。抽吸控制室（蓝色）连接到抽吸装置，收集室（白色）连接到患马。水封室（红色）允许空气离开胸膜腔，并充当压力计，反映患者胸部的负压大小（图片由普渡大学的 Jan Hawkins 医生提供）。

连枷胸

- 当两根或更多相邻的肋骨在多个面上发生骨折时，称为连枷胸，多继发于钝性胸壁创伤。**实践技巧：**马驹更容易出现肋骨骨折。
- 连续的肋骨骨折会导致不稳定的胸壁，造成反常的呼吸运动。
- 这样反常的呼吸运动阻止了肺的完全扩张，导致严重的通气障碍和氧合不足。
- 在受伤后严重的疼痛会限制胸壁运动，特别是肋骨骨折病例，因此镇痛是治疗一个重要的目标。
- 联合治疗方法最佳，可联合系统和局部镇痛技术。
- 肋骨骨折也可能损坏肺组织，进一步削弱通气功能和气体交换。
- **实践提示：**肋骨骨折也可能划破胸腔内的主要动脉。
- 钝性胸部损伤后继发的肺挫伤和实质损伤可能是呼吸衰竭的重要原因，在人医中，治疗包括：
  - 肺的物理疗法。
  - 镇痛。
  - 可选择的气管内插管。
  - 通气。
  - 呼吸功能失代偿的紧密观察。
- 在人医，连枷胸可在以下情况中需要被稳定：
  - 存在固定的胸部压迫：移位型肋骨骨折直接压迫气管、支气管和/或肺实质。
  - 大面积胸壁不稳定。
  - 在治疗其他问题时所采取的开胸术。

· 因为成年马出现连枷胸通常是由于严重的损伤引起的，潜在的肺部和其他胸部损伤可能存在，因此类似于人医治疗管理，对患马最开始的稳定是首要任务。

· 马受到严重的胸部损伤时，可能需要紧急或延迟的开胸术来重建在连枷胸中受损的正常通气功能，或治疗其他创伤。

· 有报道称，保守治疗和手术治疗对于稳定连枷胸来说取决于胸壁创伤的程度。

· 闭合性胸部损伤（软组织没有受损）时，可通过安装外部夹板进行固定。夹板可以由具有垂直铝杆的金属或塑料基座构成，用铁丝将不稳定的肋骨固定到夹板上（图46-5）。开放复位和内固定是另一种可行的选择。

· 如果骨科钢丝进入胸膜腔中，可能会导致脓毒性胸膜炎这种并发症。

· 广泛的胸腔损伤病例中，外科手术对于控制严重出血、修复肺脏和其他胸内组织损伤、对组织进行清创、肋骨骨折固定、胸壁重建来说很重要。

· 当穿透性胸部损伤同时伴随腹部损伤时，也可能需要对腹腔进行手术探查。

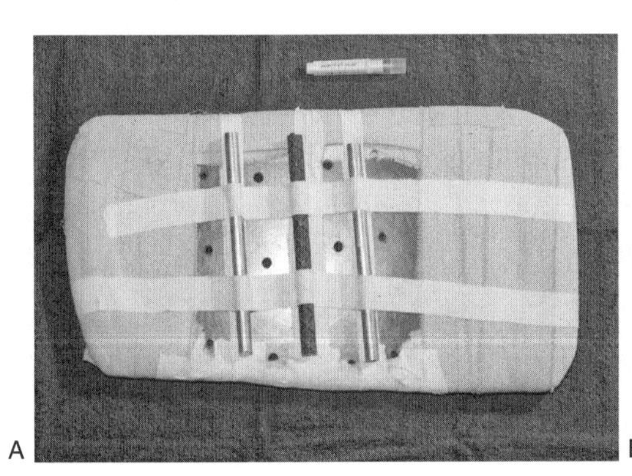

A

B

图 46-5 一个应用于马的胸壁与胸部创伤以稳定连枷胸的外部夹板

A. 夹板（由具有垂直杆的金属或塑料基座制成），延伸至相邻的非断裂肋上，桥接连枷区段并让断裂的肋骨固定到板上。B. 钢丝放置在肋骨周围或穿过肋骨（更佳）（图片由康奈尔大学的 Norm Ducharme 医生提供）。

应该做什么

连枷胸

· 使用镇痛药，给氧，液体治疗，必要时输血和伤口处理来稳定连枷胸患马。

· 为有胸部伤口的马提供镇痛，尤其是肋骨骨折时，因为疼痛会限制胸壁移动并损害正常通气。必须小心使用全身镇痛药，以避免出现呼吸抑制。

  · 用0.5%布比卡因阻断背侧肋间神经（尾部至肋骨），并在胸部伤口的前侧两个肋骨间、尾侧两个肋骨间进行阻断。

  · 或者，可将浸泡导管置于损伤处皮下，以便局部灌注局部麻醉剂（图46-6）。嵌入伤口附近或手术部位的任何柔性留置导管可用于连续输注局部麻醉剂。

· 在严重胸部创伤的马中，稳定大连枷胸段以帮助恢复正常通气。在严重骨折或软组织损伤的情况下进行手术治疗以清创伤口，用钢丝或骨板稳定肋骨骨折，并重建胸壁。如有必要，可在胸壁完整的情况下放置外部夹板。

· 对于复杂的病例，全身麻醉和正压通气是必不可少的，因为它可以保持正常的呼吸功能，并使胸腔开放，以便进行手术探查和管理。

- **实践提示：**呼吸衰竭的指南有助于确定是否需要气管插管和机械通气。
  - 呼吸窘迫或进行性呼吸疲劳，呼吸急促或呼吸过慢。
  - FiO_2 > 0.5时，PaO_2 < 60mmHg（即使按15L/min进行鼻内给氧，也能提供 < 0.35的FiO_2）。
  - FiO_2 > 0.5时，$PaCO_2$ > 55mmHg。
  - PaO_2/FiO_2 < 200。
  - 严重的头部或者其他需要通气支持的损伤。

不应该做什么

连枷胸

- 不要给表现出胸部呼吸运动的患马使用绷带。
- 用绷带包扎胸部还会导致连枷段的内向稳定，导致继发性肺损伤和额外的通气不足。

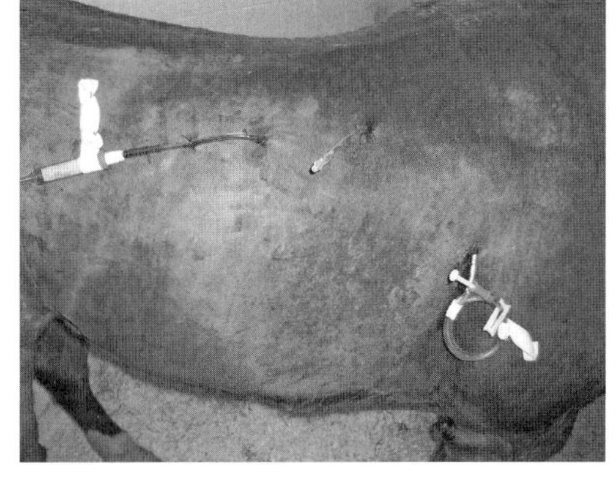

图 46-6　图 46-1 所示的马右胸

使用“浸泡导管”（中间）来控制继发于多个肋骨骨折的严重疼痛和连枷胸。背侧的导管用于排除胸腔空气（左），氧气管（右）用于防止伤口深处厌氧菌感染。

应该做什么

新生马驹的肋骨骨折

- 应在出生后不久根据呼吸频率增加、胸廓不对称、触诊和超声检查的结果进行诊断（见第14章）。
- 如果没有连枷胸、血胸、肺挫伤和骨折断端向心脏移位和覆盖心脏的证据，应采取保守治疗。
- 如果在评估中有任何上述现象出现，建议对骨折进行手术固定。

不应该做什么

新生马驹的肋骨骨折

- 在排除肋骨骨折之前，不要过度限制新生马驹。
- 母马初次生产或者出现难产时，新生马驹肋骨骨折更为常见。
- 不要忘记75%的肋骨骨折发生在胸腔左侧，恰好位于第3~8肋骨的肋软骨交界处背侧。

血胸和失血性休克

- 失血性休克与胸部创伤马中出现明显的失血有关，并可能与心脏损伤、胸腔或肺或肋间大血管损伤有关。
- 血胸通常是最终结果，临床症状包括心动过速、呼吸急促、动脉搏动微弱、黏膜苍白、四肢发冷、呼吸困难、颤抖、虚弱和出汗，这些症状与低血容量性休克有关。
- 紧急治疗的目的是恢复血管内的液体量，从而保证心输出量和组织灌注。几种不同的流体可用于替代丢失的体积，包括聚离子晶体、高渗盐水、全血和胶体（如血浆或羟乙基淀粉）。
- **注意：**治疗不受控制的出血病例时，应谨慎使用高渗盐水。因为可能导致潜在的凝血功能障碍，禁止使用大量的羟乙基淀粉（20mL/kg）。
- 新鲜冰冻血浆可能有利于补充丢失的凝血因子，而氨基己酸可能有助于通过减少纤维蛋白溶解来稳定血凝块的形成。
- 云南白药（15mg/kg，PO，q12h）可增强凝血功能。

· 严重或持续出血时可进行全血输注，应根据低血容量的临床症状决定是否输全血（即心率加快、脉搏变弱、黏膜苍白、体温降低、精神沉郁和全身无力）。

· **实践提示：**在评估急性出血的全血输血需要时，检测血细胞比容并没有用，因为此指标在失血后8~12h内通常不会发生明显的降低。事实上，血乳酸含量、动脉或静脉血氧饱和度和血压可用于评估血容量不足。

· 成年马应输入6~8L血液（估计或计算失血量的30%~40%）。

· 只要出血与肿瘤、败血症或其他细菌感染无关，也可采用自体输血，需在体腔进行无菌采集。

· 如果患马有呼吸困难或其他呼吸窘迫的迹象，则可能需要从胸膜腔排出大量血液和液体，以改善通气和灌注匹配情况，并减少肺内血液分流。

· 除非需要进行自体输血或者这部分血液对肺的扩张造成抑制，否则不要从胸部中取出血液。如果出血的部位低于“血液线”，则将血液留在胸腔中可能会抑制进一步出血。此外，胸腔内的一些红细胞会自动转移。

· 胸部手术通常用于控制药物无法控制的严重或持续出血。

· 人医中，紧急开胸术主要针对以下严重问题：

  · 抽吸心包填塞物。
  · 控制大量胸腔内出血。
  · 空气栓塞。
  · 开放式心脏按压。
  · 主要呼吸消化道的穿孔。

应该做什么

血胸和失血性休克

· 应使用聚离子晶体（20~80mL/kg）在数小时内立即进行积极的静脉液体治疗。治疗的目标应该是保持略低的全身血压，以确保器官灌注，但又不破坏血栓（允许的低血压）。高渗盐水（4mL/kg，IV）、马血浆（每450kg 2~4L）或羟乙基淀粉（10mL/kg），也可考虑用于快速扩张血管内容量和治疗血浆低胶体渗透压（见第20章）。

· 如果可能，停止或减缓出血。有创伤史，如果出血严重或继续进行药物治疗，则需要进行手术。以下情况可对马进行紧急开胸术：

  · 严重出血。
  · 连枷胸。
  · 修复严重的肺损伤。

· 必要时进行全血输血。在出血的急性病例中，治疗的目标是输入估计失血量的30%~40%。**实践技巧：**在失去30%或更多的血容量、血乳酸增加20%之前，心率、血压和黏膜颜色可能不会改变。血容量（L）=体重（kg）×0.08。

· 放置胸腔造口管（基于听诊、X线或超声检查）以从胸腔中排除大量血液和液体，从而改善通气/灌注匹配情况，并可在自体输血时使用。在胸部有开放性伤口的情况下，去除游离血液也可能有助于预防脓毒性胸膜炎和粘连的发展。

· 给予氨基己酸（25~40mg/kg混合在生理盐水中，每6h缓慢静脉给药），通过其结合纤溶酶原并抑制其激活起到稳定血凝块的作用。

腹部损伤

- 有20%的胸部损伤病例伴随着腹部和脊柱损伤。
- 严重的结肠损伤（穿孔）、肾脏损伤和脊柱脱位可以导致致命的后果。
- 腹部也可以发生较轻的损伤，并且这些马在治疗后预后更好，特别是当腹部器官没有受伤时。
- 在马的胸后部有穿透性伤口时，更容易发生腹部损伤，但即使是胸部头侧的外伤也可能涉及腹部，因为膈顶在呼气时能前移到第6肋骨水平。
- **实践技巧：**对于第6肋骨之后的任何胸部创伤和其他胸部的较深穿透性创伤，可以导致腹部损伤，因此需要对腹部进行全面检查。
- 腹部穿刺、超声检查、局部伤口探查、腹腔镜检查或探查性开腹术可用于诊断腹腔损伤。
- 对于怀疑或确认腹部器官损伤的病例，可在患马稳定后进行紧急腹部手术。

膈疝

- 胸部或腹部受伤后可能导致膈疝的发生。
- 创伤、难产、剧烈运动是成年马获得性膈疝最常见的原因。
- 临床症状取决于膈肌缺损的大小和移位的腹部结构。
- 小肠常通过膈肌的小缺损进入胸腔，发生嵌闭，导致急性严重的绞痛。结肠通过膈肌大缺陷移位至胸腔，导致肺部压迫和呼吸困难。
- 有报道直接缝合和网状疝修补术成功修复了膈疝。
- 术前诊断膈疝可能很困难。然而，胸部超声检查和X线检查可能有用，可能的征象：
  - 胸腔内的腹部器官（如气体填充的肠道）。
  - 无法看到膈肌轮廓。
  - 膈肌的向头侧移动。
- 超声评估可提供有关缺损位置和大小，以及移入胸腔的腹部器官的类型和大小的信息。

应该做什么

腹部损伤

- 评估具有深穿透性胸部损伤以及当伤口位于第6肋骨的后方时马的腹部。
- 胸部或腹部损伤可能伴发膈疝。术前可通过胸部超声检查或X线检查进行诊断。使用5+/-MHz传感器对膜片进行成像，评估每个肋间隙，从腹侧开始并沿着体壁，直到膈在肺的背后侧分开，寻找胸腔内膈肌或腹部内脏破坏的征象。
- 紧急剖腹术适用于腹部器官损伤、膈疝伴有嵌闭性肠梗阻，以及结肠或其他器官移位时。
- 虽然大面积膈疝预后不良，并且根据缺损的位置而变化，但可以通过大针缝合（Vicry2号可吸收缝线）或切开术进行网状修复来闭合缺损，实行开胸术，腹腔镜检查和/或胸腔镜检查。

胸部损伤时的保守治疗，手术和麻醉

- 在实施前面阐述的稳定步骤之后，大多数胸部损伤病例可以通过保守治疗治愈。
- 了解何时进行转诊、何时进行紧急开胸术或胸腔镜检查是病例处理中的重要考虑因素。
- 一般而言，保守处理适用的情况包括：
  - 简单的肋骨骨折。
  - 小的胸部伤口。
  - 可控制的气胸。
  - 血胸。
  - 没有严重污染的病例：
    - 肋骨骨折。
    - 肺挫伤。
    - 深度刺透。
- 手术干预适用于：
  - 更严重的伤害。
  - 促进探查。
  - 灌洗胸腔和腹腔。
  - 控制出血。
  - 修复肺挫伤或损伤。
  - 稳定多个或复杂的肋骨骨折和连枷胸。
  - 适当的伤口闭合。
- 对于大多数严重胸部损伤的马，只需扩大现有的创口，即可充分暴露肋骨、肌肉、心脏、肺、膈和胸膜。
- 马胸部手术通路包括通过肋间或肋骨切除术进行的侧胸壁切开术和胸腔镜检查。
- 麻醉的考虑不仅取决于选择保守治疗与外科治疗，还取决于其他因素，包括：
  - 病例的稳定性。
  - 地点。
  - 创伤的类型和程度。
  - 麻醉问题。
  - 临床医生的经验。
  - 对初始治疗的反应。
- 在创伤稳定后，应避免全身麻醉，并且站立式处理伤口优于卧式处理，以避免进一步危害呼吸系统和心血管系统。
- 肋间神经周围麻醉或其他局部神经阻滞足以为站立胸腔手术提供有效的镇痛效果。

- 在站立胸腔治疗期间，必须注意避免紧张或双侧气胸，因为如果没有机械通气，这些问题很难控制。
- 全身麻醉在以下情况下具有优势：
  - 开放性气胸马的正压通气。
  - 深层穿透创伤。
  - 严重的胸壁损伤。
  - 复杂的肋骨骨折。
  - 广泛的肺撕裂。
  - 异物。
  - 严重污染需要反复进行胸腔灌洗。
  - 出血。
  - 气胸。
  - 尽管保守治疗，但仍然存在低氧血症。
- **实践技巧：**通过评估、支持呼吸系统和心血管系统的功能以稳定患马，是胸部损伤马紧急管理的基础。

预后

- 预后取决于许多因素，包括：
  - 胸部损伤的类型和严重程度。
  - 并发症和后遗症的发生。
  - 对保守治疗或手术治疗的反应。
- 据报道，没有严重胸外损伤或严重并发症时，预后良好。

第二部分
麻 醉 学

第 47 章
实地紧急麻醉[1]

Stuart C. Clark-Price

- 医院外急诊需要实施麻醉的紧急情况时常发生，需要医师熟悉“使患马失去意识”的技术。
- 本章重点讨论在无法实施吸入麻醉时为动物进行镇痛、使动物失去意识、使其完全不动，短时间（＜45min）全身麻醉的方法。本章将描述使用恒速滴注（CRI）的站立镇静方法；但是不会讨论需要局部麻醉、镇静和安定的紧急情况（参见第49章）。
- 急救麻醉的目的通常为以下的一种或多种：
  - 能立即进行有效、确切的治疗（例如，缝合撕裂和止血）。
  - 在到达手术场所之前或运输过程中稳定危及生命的情况（例如，长骨骨折）。
  - 在对患马进行评估和制订治疗计划时，防止对患马和人员造成进一步伤害。
  - 使患马不能运动，以便更安全地离开危险环境（例如，拖车事故）。
- 当在医院以外的紧急情况下实施麻醉时，与全身麻醉相关的正常风险会被放大。增加的风险可能由下列原因引起：
  - 病患情况不佳。
  - 麻醉环境不佳，包括人员受伤风险增加。
  - 计划时间过短。
  - 难以监测生理指标。

1　我们认可并感谢 Ann Townsend 和 Robin Gleed 博士在本章之前版本中的原创贡献。

· **实践提示：** 通过制订每个相关人员都能理解的标准紧急麻醉方案，并组合方便运输的必需材料，可以减少风险和不良后果。在时间和资源上的“预先”投资会带来更高质量的急救服务。

基础急救麻醉箱

· 急救麻醉箱可预先组装并储存于诊所或流动车辆内，以便迅速取用。应每月检查急救麻醉箱内药物是否过期和齐全。

· 一个大的塑料储物箱可以用来存放所有的设备，一个更小的塑料储物箱可以存放针、注射器和小药瓶。成套设备可分为必需设备和建议的附加设备。

必需设备

· 三个马笼头（马驹的型号、成年马的型号和加大型号）。

· 牵绳。

· 两根30ft长的绳子（建议使用尼龙攀岩绳，因为如果用来移动麻醉的马，这种绳子不易断裂，也可以用作头绳和尾绳）。

· 四个气囊正常的气管内插管（26mm、20mm、14mm和8mm内径）。

· 无菌手术润滑液。

· 2in长（5cm）聚氯乙烯管开口器（用多孔白色胶带包裹并插入门牙之间，以防止损伤气管内插管）。

· 60mL注射器用来给气管内插管的气囊充气。

· 工具箱［包括针头，注射器，注射帽，延长管，静脉留置针（10号、14号、18号和20号针），带直针2-0尼龙缝线，白色医用胶带，4ft×4ft纱布，肝素生理盐水溶液，以及药品］。在紧急麻醉过程中，预先标记必要的注射器可以最大限度地减少混乱。

· 无线剃毛器。

· 手术消毒液和异丙醇。

· 通用手术包。

· 无菌润滑眼膏。

· 纸巾。

· 大棉毛巾。

· 毯子（铝箔毯比马毯占据空间小，但是无法作为垫料使用）。

· 静脉晶体液与输液装置。

建议的附加设备

· 一些诊所应择有这类能够向专科或转诊医院提供急救运输服务或想要提供高级生命支持

的医生所需的设备。

· 保护性头罩。

· 身体吊索。

· 气管造口插管，内径（ID）8~26mm，带功能正常的气囊（常规气管内插管，也可用于气管造口）。

· 必需的辅助通气设备（图47-1和图47-2）：

  · 氧气，医用规格，E号氧气瓶。**注意：**一个E号氧气瓶装有660L 1 900psi的氧气。

  · 氧气调节阀——两档，下游压力设定为60psi，与氧气定值阀搭配使用。

  · 氧气流量计。

  · 氧气定值阀。

  · 通氧管，20~40ft（6.1~12.2m）

· 多参数监控仪［例如，心电图（ECG），脉搏血氧仪，以及间接血压仪］。

· 缆索吊机，紧绳夹。

· 足枷（hobbles）。

· 杆状注射系统。

· 输液袋压力注入器（fluid bag pressure infuser）。

· 100ft（30.5m）电源延长线。

· 用于运输麻醉或倒下的马的移动装置（大动物救护移动装置，www.rescueglides.com；参见第37章）。

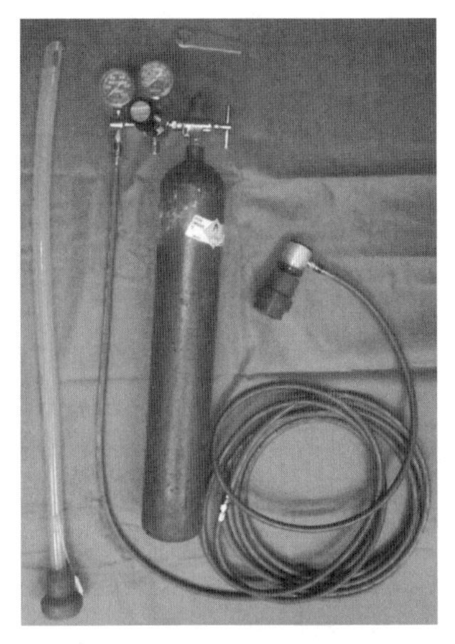

图47-1　为野外马匹提供通气支持所需设备的示例

包括一个E号氧气瓶，一个氧气瓶钥匙，一个两档调节阀，氧气瓶软管，一个带转接头的定值阀和气管内插管

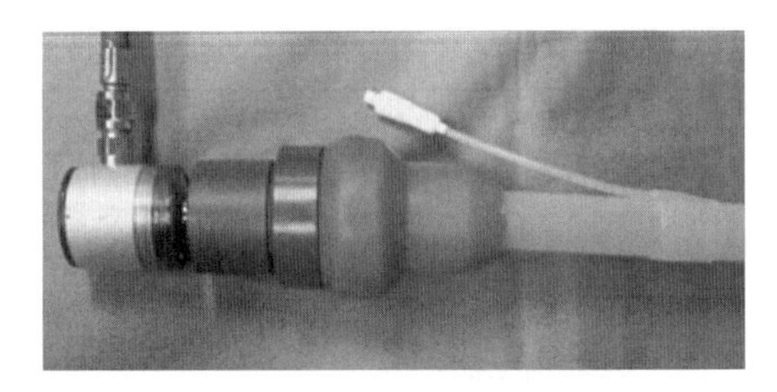

图47-2　一个带转接头的大型动物气管内插管上的氧气定值阀的特写视图

镇痛、麻醉和保定药物

· 乙酰丙嗪，0.02~0.03mg/kg IV（不要超过20mg），是通过阻断多巴胺受体发挥中枢镇静作用的药物。乙酰丙嗪的使用可以改善全身麻醉后的恢复过程，因为其具有抗焦虑作用。乙酰丙嗪持效时间长（＞3h），无镇痛作用。以前报道的不良作用包括剂量依赖性的阴茎瘫痪和降低癫痫发作阈值。乙酰丙嗪的使用已经大部分被α_2激动剂赛拉嗪、罗米非定和地托咪定代替。乙酰丙嗪还会导致严重的低血压，因为其阻断外周血管的α受体。在接受乙酰丙嗪治疗的马匹中使用肾上腺素可导致“肾上腺素逆转”，并因肾上腺素对血管β受体的作用而导致低血压恶化。**实践提示：**不建议在有休克、低血压或癫痫症状的马匹中使用乙酰丙嗪。

· 布托啡诺，0.01~0.04mg/kg IV，是一种单独使用时造成不可靠镇静效应的阿片类药物，具有阿片受体激动剂和颉颃剂双重性质。在某些个体中单独使用时，布托啡诺可能造成兴奋或烦躁不安。布托啡诺可以增强α_2激动剂的镇痛效果，可以与之共同使用产生镇痛和化学保定效果（例如，布托啡诺0.01~0.02mg/kg，配合赛拉嗪xylazine，0.6mg/kg IV）。

· 地托咪定5~20μg/kg IV或20~40μg/kg IM，是一种可以产生可靠的镇静与镇痛效果的α_2激动剂，持效时间长（高达2h）。因为地托咪定具有严重的心血管抑制作用，对于心血管状况不佳的患马谨慎使用。**实践提示：**地托咪定和其他α激动剂可能造成少数马镇静后攻击性提高。需当心！这些药物给发热马匹使用可能会引起明显但短暂的呼吸急促。**重要：**挽马对于地托咪定剂量比其他马更为敏感，驴可能使用后俯卧。地托咪定可以恒速滴注（CRI）产生长期镇静作用，以及作为站立操作的止痛药使用。

· 地西泮，0.1~0.2mg/kg IV，是一种经常和氯胺酮等药物联合使用以促进肌肉松弛的镇静剂。单独使用地西泮可能造成成年马的激动。对于小于4周的马驹，地西泮具有镇静效果而且可以被当作麻醉前给药使用。**实践提示：**地西泮的主要作用是控制癫痫发作。

· 安乐死溶液（Euthanasia solution）。只被批准用于安乐死。因为这种溶剂经常产生短暂的肌动活动和喘息，所以在给药前最好先给马注射镇静剂（例如，使用赛拉嗪）。

· 愈创木酚甘油醚，40~100mg/kg IV，是配合麻醉药，与氯胺酮、硫喷妥钠、丙泊酚等共同使用诱导和维持麻醉的中枢肌肉松弛剂。愈创木酚甘油醚没有镇痛或麻醉作用。过量用药可能导致共济失调、呼吸停止以及严重的肌肉松弛。通常以5%浓度的愈创木酚甘油醚给药。溶液浓度超过10%可能会导致溶血。预混5%溶液的1L输液瓶或静脉输液袋可以从药剂公司或药店购买。用药后10min药物达到峰浓度。愈创木酚甘油醚可以通过静脉留置针给药，血管外渗漏的药物对于组织具有非常大的刺激性，而且会造成组织坏死和皮肤脱落。

· **重要：**驴和骡对于愈创木酚甘油醚的敏感性高于马。

· 氯胺酮2.2mg/kg IV，是一种分离麻醉剂，而且是最常使用的马诱导麻醉剂。氯胺酮增加心率的作用会超过赛拉嗪和地托咪定镇静作用引起的心动过缓。氯胺酮会增加脑内压和眼内压，因此当脑压和眼内压是主要问题时禁用。与其他麻醉剂相比，马在头部外伤后麻醉中的应用并没有导致病死率的增加。在没有预先存在的中枢神经系统抑制的动物上使用，氯胺酮可能造成兴奋，甚至造成癫痫发作样活动；因此，在给药前可使用镇静剂（例如，赛拉嗪）。

· 右美托咪定（Dexmedetomidine），5~10μg/kg IV，是一种α_2激动剂，可以以相比赛拉嗪、罗米非定或地托咪定更小剂量诱导产生更深的镇静和镇痛作用。与其他α_2激动剂的使用相同，慎用于心血管功能不全的患马。作为镇静剂单独使用时，右美托咪定可以造成严重的共济失调。右美托咪定可以与其他药物结合，通过CRI（恒速滴注）方法进行全静脉麻醉（操作程序见后续章节）。与使用右美托咪定相关的费用增加可能会阻止这种药物的应用。

· 美沙酮，0.1mg/kg IV 或 IM，是一种单一的μ受体激动剂，在用作镇痛时与布托啡诺使用类似。美沙酮的独特之处是其具有N-甲基-天冬氨酸（NMDA）颉颃剂的性质，增加其镇痛性能，因此它可能更适合于控制严重疼痛，如骨折。与其他用于马的阿片类药物使用类似，美沙酮可能导致兴奋，应该与赛拉嗪或乙酰丙嗪等镇静剂配合使用。

· 咪达唑仑，0.1~0.2mg/kg IV，是一种苯二氮卓类镇静剂，在使用和不良反应等方面与地西泮类似。不同于以丙二醇为溶剂的地西泮，咪达唑仑是水溶性的。由于丙二醇会造成组织刺激和心律不齐，因此咪达唑仑是败血症、新生驹或者其他健康条件不佳的患马的首选药物。然而，咪达唑仑的持效时间可能更短。

· 吗啡，0.05~0.1mg/kg IV 或 IM，是另一种单一μ受体兴奋剂，可以用于疼痛管理。吗啡可以引起马的兴奋行为，特别是剂量＞0.1mg/kg时。然而，不良作用可以通过与赛拉嗪或乙酰丙嗪等镇静剂合并使用而限制。

· 丙泊酚，2~4mg/kg IV，是一种非巴比妥类短效麻醉剂，用于马时可以通过CRI诱导和维持麻醉。丙泊酚的使用可以造成通气抑制和严重低血压。此外，当丙泊酚用于成年马的诱导麻醉时，由于诱导麻醉的用药量大通常无法达到足以预防兴奋和共济失调的输液速率。然而，诱导前使用愈创木酚甘油醚（90mg/kg IV）的马不会经历兴奋而且具有平稳的诱导过程。**重要：**愈创木酚甘油醚和丙泊酚配合使用可以明显减少通气量，但使用这种组合进行诱导的马应该进行插管并辅助通气！在马驹和断奶幼驹的诱导麻醉中，使用小剂量可以降低不良反应，适用于此类患马。**实践提示：**丙泊酚能降低脑代谢需氧量，曾经被一些人认为是患有脑损伤、癫痫发作或颅内压升高的患马的首选药物。丙泊酚也可以降低脑血流，可能会造成不需要（好或坏）的效果。丙泊酚的高价格和潜在的通气不良反应可能导致其不适用于某些病例。

· 罗米非定，40~120μg/kg IV，是一种α_2激动剂，有与其他α_2激动剂相似的麻醉前给药效果和镇静作用。罗米非定可以与地西泮和氯胺酮结合使用产生短效静脉内麻醉作用。其镇静和镇痛作用不如地托咪定。然而，使用罗米非定镇静的马可能不会出现用赛拉嗪或地托咪定镇静产生的低头、共济失调等现象。在镇静头部或脑水肿的马时可能具有优势。

· 舒泰，1~2mg/kg IV，是一种分离麻醉剂替来他明（Tiletamine）与苯二氮卓类镇静剂唑拉西泮进行1∶1组合的专利药。替来他明和唑拉西泮具有相比于相似药物氯胺酮和地西泮更长的持效时间。心血管风险和不良反应与使用氯胺酮与地西泮/咪达唑仑进行麻醉类似。麻醉复苏时间可能延长，而且复苏过程不顺利。当目的是短期麻醉以及更顺利地复苏时，不推荐使用舒泰。使用低剂量舒泰与氯胺酮和地托咪定的组合可以提供比单独使用舒泰更高质量的诱导和复苏。

· 硫喷妥钠，4~10mg/kg IV单独使用，或3~4mg/kg IV与5%愈创木酚甘油醚共同使用，是一种超短效作用巴比妥类药物，在单次大剂量静脉注射后可以快速诱导麻醉。马可能发生短暂的呼吸停止。**注意：**硫喷妥钠在许多国家无法获得和使用。

· **实践提示：**在紧急情况下谨慎使用硫喷妥钠，因为其抑制通气、心输出量及体循环。硫喷妥钠也可以在使用愈创木酚甘油醚或苯二氮卓类（地西泮或咪达唑仑）进行麻醉前给药后单次大剂量静脉注射使用，或以3~4mg/kg剂量与愈创木酚甘油醚混合使用。与丙泊酚一样，硫喷妥钠可以减少脑血流和脑代谢耗氧量，可以用于患有神经疾病的患马。

- 赛拉嗪，0.2~1.1mg/kg IV，是一种α_2兴奋剂，可以产生可靠的镇静和镇痛效果。赛拉嗪也会造成心动过缓并且降低心输出量，谨慎用于心血管功能不佳的病患。某种程度上，赛拉嗪引起的心血管系统不良反应可以被氯胺酮缓解。**重要：**挽马对于赛拉嗪比其他马更为敏感。骡可能比马和驴需要更高剂量。
- 马急救箱内推荐的镇痛、麻醉、镇静和急救药物见表47-1。

表47-1　马急救箱内推荐的镇痛、麻醉、镇静和急救药物

药物目录	药物 *
镇静药	赛拉嗪 地托咪定 罗米非定 乙酰丙嗪
镇痛药	布托啡诺（管制药物）
肌肉松弛药	咪达唑仑或地西泮（管制药物） 愈创木酚甘油醚（5%）
诱导麻醉剂	氯胺酮（管制药物） 丙泊酚
静脉液体	晶体液（乳酸林格溶液或其他平衡电解质溶液） 胶体液（羟乙基淀粉，Vetstarch） 高渗盐溶液
心肺脑复苏药物	肾上腺素 阿托品 利多卡因 加压素
混合药物	安乐死溶液（管制药物） 氟尼辛葡甲胺 多巴酚丁胺 阿替美唑或育亨宾 泼尼松龙琥珀酸钠

* 某些药物在许多国家为管制药物，有特殊储存要求。

用于麻醉与镇静 / 镇痛的恒速滴注（CRI）药物

恒速滴注全身麻醉药

- “三滴法”：氯胺酮，α_2激动剂，以及愈创木酚甘油醚。在1L 5%的愈创木酚甘油醚中稀释2g氯胺酮，并加上一种α_2激动剂；诱导后输液泵调节至1~3mL/（kg · h）。
- “双滴法”：硫喷妥钠（硫喷妥钠可用时）以及5% 愈创木酚甘油醚。在装有5% 愈创木酚甘油醚的1L 药瓶内稀释2g硫喷妥钠；诱导后输液泵调节至1~2mL/（kg · h）。

· “替代三滴法”：在1L晶体液（例如，乳酸林格溶液）中，稀释2g氯胺酮，100mg咪达唑仑，加上一种α_2激动剂；输液泵调节到1~3mL/（kg · h）起效。建议使用这种组合的马在铺设垫料的恢复马厩或一个没有障碍物的开放区域复苏，因为这些马中有一小部分在站立时比使用愈创甘油醚时更容易出现共济失调。

  · 赛拉嗪，500mg。
  · 地托咪定，20mg。
  · 罗米非定，50mg。
  · 右美托咪定，1.75mg。

· **注意：**愈创木酚甘油醚在某些地区难以获得，在本配方中可以用咪达唑仑代替。

· 丙泊酚，剂量0.2~0.4mg/（kg · min），（可以与氯胺酮或右美托咪定配合使用），是医院外急救全身麻醉的另一种方法。使用丙泊酚时必须保证可以进行人工通气。

站立镇静 / 镇痛程序

· 地托咪定，8.4μg/kg IV 速效剂量，接着0.5μg/（kg · min）。这可以通过将5mL 10mg/mL浓度的地托咪定加入0.9%生理盐水输液袋中实现。使用微滴液体设备（60滴/mL），开始速率设置为0.005 滴/（kg · s）。滴注速率可以在需要时调整至能够维持镇静效果的滴速。

· 罗米非定，80μg/kg IV速效剂量，接着15~30μg/（kg · h）。

· 赛拉嗪，1mg/kg IV速效剂量，接着 0.65mg/（kg · h）。

· 右美托咪定，5μg/kg IV 速效剂量，接着2.0μg/（kg · h）。

· 另外，使用布托啡诺可以减少α_2激动剂的用量，减少垂头和共济失调的发生。布托啡诺（Butorphanol），17.8μg/kg 速效剂量，接着0.38μg/（kg · min）。

心肺脑复苏（CPCR）药物以及支持药物

· 阿替美唑，0.05~0.2mg/kg IV，是一种合成的α_2肾上腺素受体颉颃剂。**实践提示：**对于所有α_2颉颃剂，缓慢注射并谨慎监控其效果。这种药物会产生心脏不良反应及兴奋，逆转镇痛效应及镇静效果。推荐开始使用剂量为计算剂量的一半。

· 阿托品，0.01~0.02mg/kg IV，用于控制窦性心动过缓。**注意：**使用可能导致肠梗阻，应该严密监控马匹是否有腹痛。

· 多巴酚丁胺, 0.001~0.008mg/（kg · min）[1~8μg/（kg · min）] IV，是一种β_1激动剂，可以增加平均心输出量和动脉血压。多巴酚丁胺半衰期短，最佳给药方式为静脉输注（50mg稀释于500mL 0.9%盐水，相当于0.01%溶液或0.1mg/mL或100μg/mL）。不要与利多卡因、氨茶碱、呋塞米、钙或碳酸氢钠混合。过量使用会导致心动过速、快速性心律不齐及高血压。**注意：**在低血容患马，不要使用多巴酚丁胺作为血管内容积补充的替代品。与阿托品配合使用时会产生严重的窦性心动过速。

· 多沙普仑，0.2mg/kg IV，是一种呼吸促进剂，通过作用于呼吸中枢和颈动脉、主动脉化学感受器产生作用。一些人认为如果严重的低血氧已经发生，则不能使用多沙普仑，因为它可以导致神经和心脏并发症。在急救过程中，使用100%纯氧进行正压通气复苏是针对呼吸停止的优先选择。在没有机械通气装置时，多沙普仑和氨茶碱（1~2mg/kg）被用于对抗麻醉诱导造成的呼吸抑制。

· 麻黄碱，5~10μg/kg IV，对于血压具有直接和间接效应。直接效果是通过肾上腺素对于α_1受体的微弱激动作用，并通过全身释放肾上腺素发挥间接作用。

· **实践提示：**疲惫的马体内儿茶酚胺可能已经耗竭，并且对于麻黄碱的反应性下降。在这样的病例中，使用0.4U/kg的加压素可能是更好的增加血管张力的方法。

· 肾上腺素，0.02mg/kg IV或0.2mg/kg通过气管内插管给药并在必要时重复用药，是一种*心肺复苏药物*。肾上腺素是α和β拟交感药物，可以导致外周血管收缩和心激动。颈静脉注射这种药物，并配合液体疗法，以确保药物到达关键作用部位。

· **重要：**不推荐心内注射任何药物。心肌损伤和/或心血管撕裂可能会发生。

· 氟尼辛葡甲胺，0.25~1mg/kg IV，是一种非甾体类消炎药，同时具有抗内毒素性质。

· 羟乙基淀粉，2~10mL/（kg · h），是合成胶体溶液，分别有高和低的分子质量。高剂量羟乙基淀粉可能会造成血小板功能障碍和急性肾损伤。

· 高渗盐溶液（7%），4mL/kg超过 5min（对于450kg成年马来说3L为最大剂量），主要作为短期（＜30min）扩容剂使用以控制休克；但可能因其溶液内的高钠浓度造成高血钠症。

· **重要：**高渗盐溶液禁用于心源性休克。其作用机制是将细胞内和间质内的水转移到血管腔内。因此，高渗盐溶液仅被用于急救治疗；与传统的补液溶液共同使用。

· 平衡电解质溶液（乳酸林格溶液，Normosol-R，Plasma-Lyte），10~40mL/（k · h），是一种用于纠正低血容、脱水、休克和酸中毒的等渗晶体液。乳酸林格溶液可以与胶体或者高渗盐溶液（参见 第32章）一同使用。

· 利多卡因0.5~1mg/kg IV，被用于控制室性快速性心律失常。这种情况在马相对不常见，但是当马处于麻醉状态时，及时治疗可能是至关重要的。

· 泼尼松龙琥珀酸钠，2~5mg/kg IV，用于休克期间稳定细胞膜以及复苏后。

· 加压素，0.05~0.9U/kg IV，CRI 0.0001~0.05U/（kg · min），用于增加外周血管阻力和血压。在用于人和小动物的CPCR时可能有更好的效果，而且可能在低血容休克中恢复血压时有重要作用。加压素在马的使用仍有待研究。

· **注意：**随着血液pH的下降，儿茶酚胺受体功能减弱。在CPCR期间，尤其是对于马驹，加压素比肾上腺素具有更好的增加血管紧张性的作用。CPCR期间加压素和肾上腺素的联合使用在兽医领域受到更多关注。

· 育亨宾，0.1mg/kg IV，用于逆转α_2激动剂（赛拉嗪和地托咪定）的作用。

· **实践提示：**因为育亨宾可能造成兴奋和心律不齐，所以通过缓慢使用计算剂量一半的药物以减小这种影响。在必要时使用另一半剂量。当需要及早终止α_2激动剂作用或控制α_2激动剂不慎使用过量时使用。重复剂量可能是需要的。

应该做什么

全身麻醉注意事项

诱导麻醉

- 诱导麻醉的方法和技术很大程度上取决于马的身体状况。
- 对于卧地的马可以在它们所在的地方进行诱导麻醉，然后在麻醉状态下移动。（参见第36章及第37章）。对卧地的马应该格外小心，尤其是有神经症状的马，因为无法预料它们的运动，如四肢划水样等，可能会对工作人员造成伤害
- 对于站立的马应该采用最能够控制它们卧倒的诱导方式。可能的话，在结实、光滑的墙面旁进行诱导，助手站立在马远离墙体的一侧（图47-3）。诱导也可以在大型拖车内部墙边进行，如果需要运输到医院，采用这种方法可以避免麻醉后再装载马匹。
- 如果没有合适的地面时，也可以使用大的牧场或草场。在使用诱导药物后，使用笼头和缰绳轻轻牵引马做圆周运动。这可以避免诱导期间马向前或向后运动撞到障碍物，可以使医师对马的行迹有所控制，以及防止马头撞击地面。

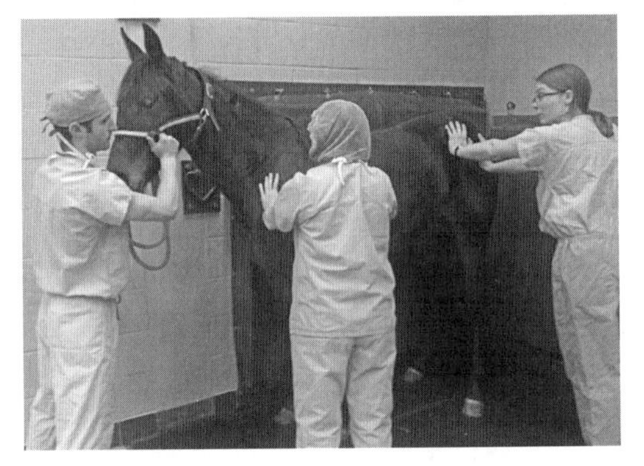

图47-3　马匹诱导麻醉体位示例

镇静后在墙边进行诱导可以使其有控制地侧卧

麻醉深度

- 紧急情况下痛苦的马与正常（不痛苦）的马相比，对麻醉剂敏感度有所差别。因此，麻醉深度应该由受过训练的工作人员严密监控。麻醉过深可能导致血压下降，心输出量下降，低通气量或呼吸暂停。
- 发热、败血症、低血液pH或内毒素血症可能对药物受体有局部作用，能够增加或降低其对特定药物的亲和力。
- 药物剂量应根据患马情况进行调整。
- 疼痛和痛苦会增加交感神经紧张性以及循环儿茶酚胺水平，这种改变会导致以心输出量增加为特征的高动力心血管状态。在这种情况下，药物的需求量可能会显著增加，但是当儿茶酚胺水平下降时要小心防止用药过量。
- 对于低血容量马匹，减少注射药物的分布可以增加易感性。
- 马匹的疲惫也会使紧急情况复杂化，因为这经常与肌肉损伤、脱水、电解质紊乱和循环儿茶酚胺水平下降有关。
- **实践提示：**非常重要的一点是对患心血管系统疾病的马谨慎使用α_2激动剂。在许多情况下，镇静的效果可能更明显，与使用这类药物相关的心输出量的减少可能会超过马的自然代偿机制。

监护

- 脉搏血氧仪提供持续性脉搏数据以及测量血氧饱和度。便携式设备有各种不同的探针夹大小，以适应不同大小的马。可以放置设备的位置包括舌、阴唇、包皮、浅色的耳朵和侧腹皮褶。SpO_2小于92%的患马需要辅助供氧。
- 多参数监护仪有多种可用的大小和形状，便携、由电池供电的设备会非常实用。心电图可用于检测心律不齐以及监测对治疗的反应。任何接受升压药物治疗的马都应进行间接血压测量。平均血压测量是一种实用的间接灌流压测量方法。成年和青年马（特别是卧伏马）的平均血压至少应为70mm Hg，马驹的平均血压为55~60mm Hg。
- **实践提示：**血压套带应该放置于尾根部以获得最准确值。套带的宽度应至少为尾周长的40%（图47-4）。使用间隔1min，连续三次测量值的平均数，因为间接血压的测量值可能有非常大的变化，并且读数常比实际平均数略低。如果心率与血压一起报告，再次听诊确定心率是否正确：如果心率不正确，那么血压测量值一般也不正确。
- 动物旁检查设备（例如，VetScan i-STAT 1 Portable Clinical Analyzer，Abaxis，Inc.；参见第10章和第15章）

可以用来测量多种血液参数，包括酸碱状态、电解质、乳酸盐和血气指标。

• **注意：**乳酸盐基线和连续测量在决定初始和正在进行的治疗是非常有用的。在进行正确的液体治疗以及复苏治疗过程中升高的乳酸盐水平应该有所下降，并且在麻醉过程中监测乳酸盐水平。

• 精确的麻醉记录是对抗医疗过失指控的最佳辩护。确保安全麻醉和精确记录最好的方法是指派某个人对麻醉和支持护理全权负责。任何麻醉记录中均应包含药物的使用、用药时间、剂量及给药途径。

呼吸支持

• 经口气管内插管是保证气道开放的最佳方法，如果使用控制通气则是必须进行插管的。

• 连接在两级调节阀上的定值阀和E号氧气瓶适用于用氧控制通气。定值阀允许自发性通气补充氧气。对于大型马，调节阀可能需要调节到60psi以维持足够高的吸入气流。

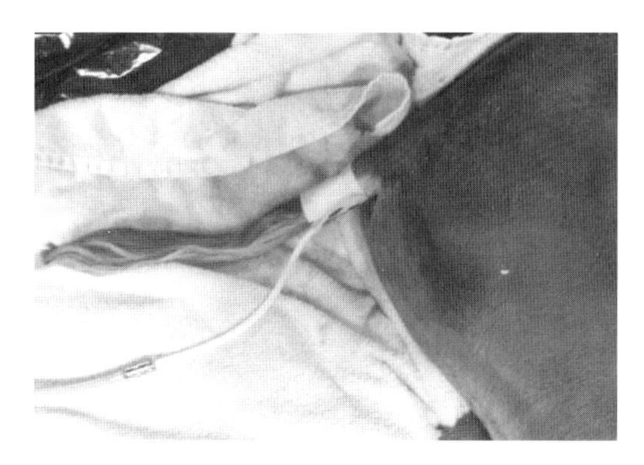

图 47-4　在马驹上合适地佩戴用于间接测量血压的尾部套带的示例

成年马的佩戴位置是相似的，可以当马站立或侧卧时佩戴放置。

• E号氧气瓶含有大约660L气体，因此，一匹450kg的成年马通气30min可能需要3~4个气瓶。

• 30ft长的软管使压缩气体钢瓶与患马隔离。小车也有助于固定氧气瓶。

心血管支持

• 外周静脉应固定［用氰基丙烯酸胶（强力胶或组织胶）或缝合（2-0尼龙）］一个4号（或更大），$5\frac{1}{2}$ft（14cm）的留置针；首选颈静脉，其他可用的静脉包括头静脉、胸廓外侧静脉以及隐静脉。

• 如果动物存在低血容，则给予平衡电解质溶液，静脉输注速率10~20mL/kg。如果是严重低血容，可以使用7%高渗盐溶液以4~6mL/kg速率输注。

• **实践提示：**一匹450kg的成年马接受的7%高渗盐溶液不应超过3L。羟乙基淀粉（2~10mL/kg）可与其他晶体液一同使用控制低血容。羟乙基淀粉的剂量高于10mL/kg时可能会影响血小板数量或功能，并且延长凝血酶原和部分凝血酶原的时间，慎用于凝血障碍患马。

• 多巴酚丁胺、加压素或麻黄碱结合液体治疗仅在前负荷充足、密切监护心率、心脏节律和体循环血压的条件下使用。在心室不充盈时增加心率会增加心脏需氧量，可能对患马有害。

摆位和衬垫

• 麻醉过程中衬垫压力点（肩、臀）和大肌肉群。

• 保护眼睛，特别是当移动马时。使用无菌润滑眼膏能减少角膜摩擦和泪液分泌减少导致的干燥。

肠梗阻

• 需要紧急麻醉的马的胃肠道可能已被充满。麻醉导致的胃肠动力下降易使这样的马匹患肠梗阻和腹痛。充满内容物的胃肠道可能影响通气，导致麻醉中低血氧。

• 许多麻醉和镇静药物可降低肠动力，因此，应考虑术后腹痛的风险。

• 当患马侧躺时使之尽可能减少姿势变化，可能会降低肠扭转的风险。

高血钾周期性瘫痪

• 高血钾周期性瘫痪（HYPP）是夸特马的遗传缺陷。压力是疾病的主要因素。

• 在紧急情况下和麻醉下，立即识别和处理HYPP是非常重要的（参见第21章“HYPP/神经系统”部分，第22章）。

• 静脉内注射含有钙和葡萄糖的溶液进行治疗。当患马被麻醉时，可以使用碳酸氢钠。

低体温

• 低体温通常仅为马驹的问题。然而，在休克和极端环境温度可能存在的所有紧急情况下都应该监控体温。

• 把患马裹在毯子里不仅可以减少身体热量的流失，还可以充当垫料。

• 在某些情况下，使用外部热源，如加热的液体袋和加压气流热毯可能是有用的。

• **实践提示：**避免使用热灯，因为它们的作用有限，且可能导致严重的热烧伤。

麻醉苏醒

- 在麻醉操作完成后，马匹必须以尽可能安全的方式苏醒。
- 一般来说，马在注射麻醉比吸入麻醉后恢复过程中的肌肉协调性更好。
- 其他影响苏醒的因素包括：
  - 疾病过程。
  - 麻醉时间。
  - 心血管状态。
  - 酸碱平衡和电解质状态（特别是离子钙水平）。
  - 麻醉/镇痛药的使用。
- 疲惫，患神经系统疾病，老年，新生驹，或有骨科损伤的马在苏醒期间可能需要协助。可以使用尾部和头部绳索进行协助（图47-5）。
- 苏醒应该在无障碍的区域进行，防止进一步损伤。开放场地或衬垫良好、墙壁坚实的马厩都可以使用。马厩中可以额外添加刨花或干草，以提供垫料（刨花应该谨慎使用，因为小颗粒可以吸入或刺激角膜）。应避免使用设有水管或电线的围栏及马厩。

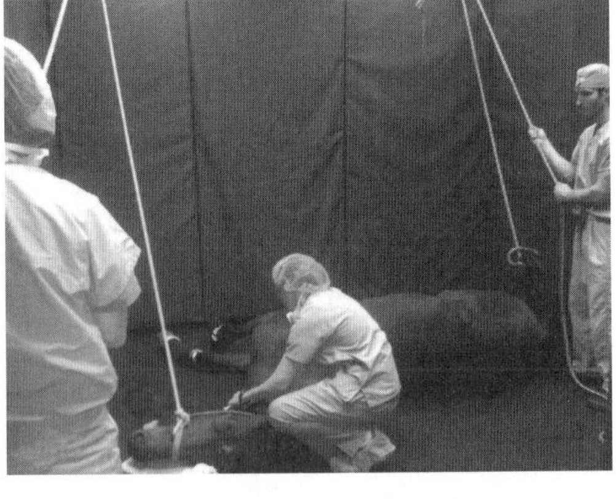

图 47-5　使用头部和尾部绳索辅助麻醉马复苏示例

绳子可以被悬挂在横梁上或在野外时可悬挂在谷仓里的椽子或粗壮的树枝上。使用乙酰丙嗪来减少焦虑并促进更顺利地恢复

安乐死

- 出于人道或经济情况考虑，可能必须要将患马安乐死。麻醉（成年方案1或2）使得安乐死更容易实施，也更人道。

应该做什么

特殊临床状况

- 在某些需要紧急麻醉的情况下，镇静或局部麻醉可能是最初稳定患马所需要做的全部事情。
- 对于需要完全限制运动的动物需要考虑全身麻醉，尽可能减少全身麻醉时间可以降低并发症发生的概率。

严重撕裂伤

- 确定的撕裂伤发生后的失血量一般是困难的。存在心动过速（成年马心率＞50次/min）的马应该被假设为低血容，除非确认不存在低血容，并且需要使用晶体液和/或胶体液进行容量补液。在使用任何镇静剂或麻醉剂之前，考虑放置静脉留置针和稳定治疗。
- **实践提示：**当25%或以上血容量丢失时，心率增加，血压下降，提示需要进行容量置换治疗。
- 如果可能的话，在麻醉诱导前用绷带或加压绷带控制出血。
- α_2激动剂和巴比妥类药物的心脏抑制作用对于低血容患马可能是危险的。成年方案1或2一般是首选的诱导方案，因为其中使用的任何一种药物对心血管系统的抑制作用都很小。站立镇静和局部麻醉方案在手术闭合胸腹部撕裂伤中是实用的。

骨折

- 再将患马运输到手术场所前稳定骨折一般是必要的。
- 注意事项与严重撕裂伤相同，可以使用成年方案1或2。骨折，尤其是长骨骨折，可发生内出血和低血容，应考虑静脉容量替代治疗。
- 使用阿片类药物缓解疼痛，低剂量乙酰丙嗪可以帮助缓解焦虑。
- 当已排除低血容或已进行液体治疗后，可以使用α_2激动剂进行额外的镇痛和镇静。
- 由于马兴奋时儿茶酚胺水平上升，需要使用高于正常的药物剂量。
- 在救援板（rescueglide）上诱导麻醉和固定可以方便移至手术场地。将马靠在坚硬的表面（如光滑的墙壁）进行有控制的诱导，可能有助于防止骨折的进一步损伤。长骨骨折可以在马站立的情况下用夹板固定，然后对马进行麻醉，以便运输，以最大限度地减轻骨折骨的负重（参见第21章）。

癫痫发作和神经系统疾病

- 患有神经系统疾病的马可能表现出各种状态，包括精神抑郁或表现为局灶性或广泛性癫痫发作，它们也可能侧卧且安静，或侧卧且狂躁（例如，四肢划动和打扑）。

- 无法站立的马可能需要全身麻醉以便从危险的场地转移到治疗场所（参见第36章和第37章）。
- 通过使用0.1~0.4mg/kg IV地西泮/咪达唑仑控制癫痫发作。焦虑、侧卧或狂躁的马可能需要使用α_2激动剂预防自损和损害工作人员。**实践提示：**咪达唑仑的半衰期比地西泮短。
- 如果运输和/或诊断性检测需要麻醉，可以采用基于硫喷妥钠（可获得时）的麻醉方案或者有些人推荐使用的丙泊酚。使用任何一种诱导剂之前都应使用5%愈创木酚甘油醚（成年方案3或4）。
- 对于马驹或迷你马，如果通气良好、血压正常，可以使用丙泊酚作为诱导剂。
- 过去认为使用氯胺酮等分离麻醉剂是禁忌的，因为它们诱导产生癫痫样活动并增加颅内压。虽然使用氯胺酮可以增加颅内血流量，但是其在头部创伤的人类患者中的使用显示，相比于使用其他麻醉剂，氯胺酮的使用没有增加病死率。

难产

- 母马全身麻醉以提供充足的阴道和子宫松弛，便于操纵体位不正的马驹。
- 将麻醉母马的尾部短暂抬高（＜20min），使其腹部内脏向前移动，以便操纵胎儿。膈肌上增加的内脏压力会减小胸腔体积和肺扩张能力。使用定值阀控制通气，减轻通气受阻。
- 成年方案1或2通常能满足这些情况，随后进行“三滴法”维持麻醉。
- 使用全身麻醉的野外剖宫产手术罕见活产并且对母马风险极大；剖宫产过程中经阴道进行大量操作会增加并发症的风险。快速稳定地将母马运输到手术场所通常是最佳选择。

子宫扭转

- 在野外对非手术纠正子宫扭转进行麻醉通常情况下是安全的。在采用成年方案1或2进行麻醉诱导后可以进行“体壁侧板”操作。进行多次尝试后，可以采用“三滴法”方法维持麻醉。然而，不推荐进行超过两次尝试。
- 对于其他产科紧急情况，如果观察到母马或胎儿的痛苦表现，最好是迅速进行医疗稳定并将母马转移到外科场所。

腹痛

- 严重腹痛的马经常对止痛药无反应，并且可能无法控制，导致伤害自己，加上运输也有危险，在治疗和运输到手术场所之前可能需要注射麻醉。
- 这种情况下通常需要静脉输液和其他支持治疗。
- 苯二氮卓类药物与氯胺酮的组合是合适的诱导方法。
- 腹部胀大可能需要控制通气。如果胀气发生于盲肠或大结肠，套管针可能有助于放气。
- 在野外尝试对肾脾间隙结肠截留（nephrosplenic entrapment of the large colon）进行纠正可以考虑使用去氧肾上腺素，并控制马在斜坡上散步或慢跑，或者更少见的情况下，可以在全身麻醉的条件下将患马从右侧卧“翻转”到左侧卧。成年马方案1或2可以用于此种情况。如果之前尝试通过去氧肾上腺素和控制运动不成功的话，与“翻转”结合使用合适的药物治疗是重要的。

解救/诱捕

- 马匹可能需要麻醉，以便从危险情况下安全转移。
- 准确评估这些患马的生理状况是困难的。
- 在很难或无法安全接近患马的情况下，使用杆式注射器（pole syringe）可以方便肌内注射镇静剂。
- 首选舒泰-氯胺酮-地托咪定（Telazol-ketamine-detomidine，TKD）（参见方案2），因为在这种情况下小体积药物更易给药。通过杆式注射器肌内注射TKD（5~6mL/450kg）可以给马匹提供强大的镇静作用并最小化对工作人员的风险。
- 在遭遇龙卷风、洪水以及拖车事故等灾难时安全转移马匹的技巧和器材是非常重要的（参见第37章）。

心-肺-脑复苏（CPCR）

- 野外紧急麻醉可能会导致呼吸和心脏骤停，例如：
  - 低血容。
  - 上呼吸道阻塞。
  - 气胸。
  - 低血钾。
- 谨慎、持续的监护以及早期干预是成功实施CPCR的关键。图47-6是评估患马的指南。
- 框表47-1为CPR的指南。

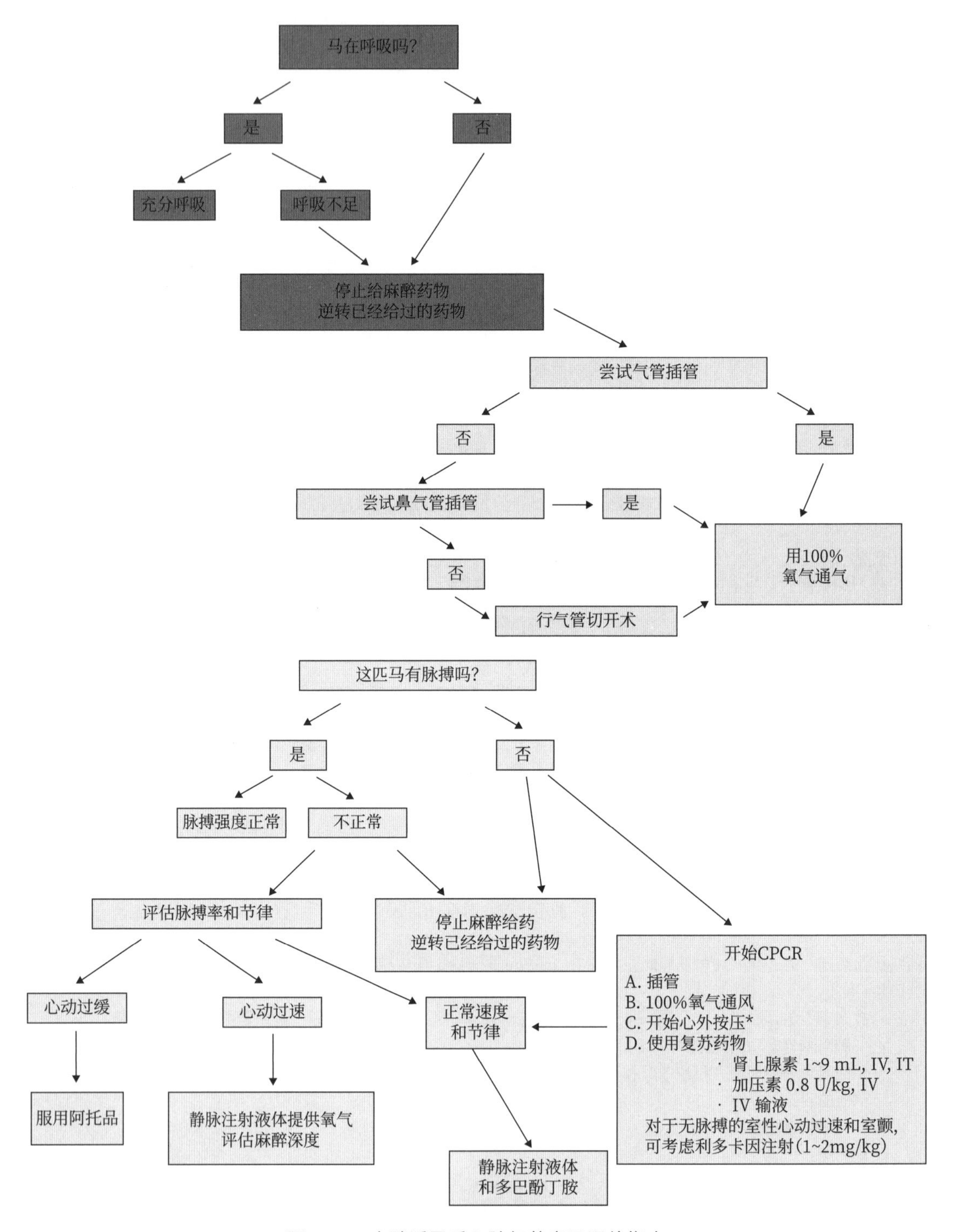

图 47-6　麻醉诱导后心肺复苏患马评估指南

* 可能是小马驹的初期治疗。IT，气管内；IV，静脉内；V fib，室颤。

框47-1　心-肺-脑复苏

- 确认心搏骤停，停止麻醉，记录心搏骤停时间。
  - A：气道（Airway）：放置经口气管内插管或经鼻气管内插管。
  - B：呼吸（Breathing）：使用100%纯氧进行正压通气。
  - C：循环（Circulation）：在胸壁处用“膝盖下压”方式以30次/min速率进行胸外心脏按压。
- 使用肾上腺素：0.02mg/kg，静脉注射或气管内给药。
- 给予休克量液体（乳酸林格溶液、生理盐水）以提高心输出量（40mL/kg）。可以使用二氧化碳分析仪或外周血氧仪监控复苏效果。

应该做什么

难产

- 对于难产病例，不要长时间维持特伦德伦伯卧位（头向下），因为这种姿势可能降低通气量和心输出量。

紧急麻醉的备选方案

成年马匹麻醉方案

方案1

- 麻醉前给药：
  - 赛拉嗪，0.3~1.1mg/kg IV。
  - 选择一种阿片类药物：
    - 布托啡诺，0.01~0.04mg/kg IV。
    - 吗啡，0.1mg/kg IV或IM。
    - 美沙酮，0.1mg/kg IV 或 IM。
  - 等待3~5min达到药物峰效应。
- 诱导（连续快速给药）：
  - 地西泮或咪达唑仑，0.05~0.1mg/kg IV。
  - 氯胺酮，2.2mg/kg IV。
- 维持麻醉：“三滴法”或“替代三滴法”恒速输注（CRI）。小心滴注以产生最佳麻醉效果[1~3mL/（kg·h）]。
- **实践提示：**使用标准15滴/mL输液器套装时，相当于450kg马匹每秒滴注1~2滴。

方案2

- 麻醉前给药：
  - 赛拉嗪，0.3~1.1mg/kg IV。
  - 选择一种阿片类药物（参见方案1）。
- 诱导：

- 3mL/450kg TKD（泰拉唑、氯胺酮和地托咪定）溶液。

- **实践提示：**可以通过重组5mL小瓶装舒泰，4mL氯胺酮（100mg/mL）和1mL地托咪定（10mg/mL）来准备TKD溶液。诱导过程与使用舒泰/苯二氮卓类一样快速平稳，并且恢复过程平稳，具有最小的心肺抑制效果。这种方法在诱导过程中易导致严重的肌肉松弛，但是无法提供手术麻醉。在马卧倒后，在手术进行前需要使用额外的麻醉药（氯胺酮、硫喷妥钠，"三滴法"）。与其他方案相比，本方案的优点还有需要较少的药物体积。

- 维持麻醉：
  - "三滴法"或"替代三滴法"。

方案3（在美国不可使用）

- **注意：**本方案不推荐用于低血容和休克患马。必须放置静脉内留置针。
- 麻醉前给药：
  - 赛拉嗪，0.3~1.1mg/kg IV。
  - 等待3~5min达到药物峰效应。
- 诱导：
  - 5%愈创木酚甘油醚——患马在0.6~1mL/kg IV（60~90mg/kg）给药后变得共济失调（单次注射地西泮或咪达唑仑，0.1~0.2mg/kg可以代替愈创木酚甘油醚）。
  - 然后单次注射硫喷妥钠，3~4mg/kg IV。
- 维持：
  - 2g 硫喷妥钠溶于1L 5%愈创木酚甘油醚，以1~2mL/（kg · h）速率滴注。

方案4

- **注意：**使用丙泊酚作为诱导药可能会导致诱导过程中兴奋。本方案适用于表现癫痫发作等神经症状或颅内压升高的患马。丙泊酚用于大型马可能价格昂贵，但在神经疾病患马应该考虑使用，特别是在无法使用硫喷妥钠的地区。

- 麻醉前给药：
  - 赛拉嗪，0.3~1.1mg/kg IV。
  - 5% 愈创木酚甘油醚——患马在0.6~1mL/kg IV（90mg/kg）给药后变得共济失调。
- 诱导：
  - 丙泊酚，2~4mg/kg IV
- **重要：**有必要使用愈创木酚甘油醚预防诱导期间用丙泊酚导致的兴奋并提供肌肉松弛效果。
- 维持麻醉：
  - 丙泊酚，0.2~0.3mg/（kg · min），根据麻醉深度需要，间隔5~15min使用注射泵或单次静脉内注射。

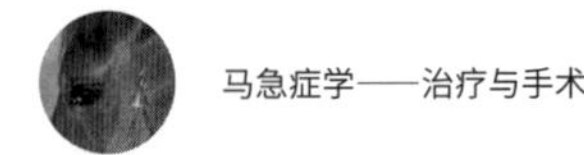

- **注意：**丙泊酚诱导可能会引起严重的呼吸暂停，只有当气管内插管和辅助通气设备可用时才能够使用。丙泊酚也可能会减少脑部血流。

方案 5（对于严重精神沉郁或虚弱的动物）

- **注意：**本方案用于健康动物可以造成兴奋，只适用于严重低血容、内毒素休克或CNS抑制的动物。
- 麻醉前给药：无。
- 诱导：
  - 地西泮或咪达唑仑，0.1~0.2mg/kg IV。
  - 氯胺酮，2.2mg/kg IV。
- 维持麻醉：
  - “三滴法”或“替代三滴法”。
- **重要：**在麻醉前和麻醉过程中，这些患马应该补充大量晶体液。

小于 4 周龄马驹麻醉方案

方案 1

- 麻醉前给药：
  - 咪达唑仑或地西泮，0.1mg/kg IV，等待峰镇静效应。马驹可能会躺倒。
- 诱导：
  - 氯胺酮，2.2mg/kg IV。
- 维持麻醉：
  - 改良“三滴法”——1L 5% 愈创木酚甘油醚，以及125~250mg赛拉嗪和1g 氯胺酮，以0.5~1mL/（kg · h）速率滴注。

方案 2

- 对马驹使用丙泊酚可以提供非常好的诱导和顺利地恢复。谨慎地监控心肺功能是至关重要的，因为丙泊酚可以造成呼吸暂停和低血压。这些不良反应与剂量和速率有关，可以通过缓慢给药至起效将副作用降到最低。
- 麻醉前给药：
  - 咪达唑仑或地西泮，0.1mg/kg IV。等待峰镇静效应。马驹可能会躺倒。
- 诱导：
  - 丙泊酚，2~4mg/kg IV。
- 维持麻醉：

  - 丙泊酚，0.2~0.3mg（kg · min），根据麻醉深度需要，间隔5~15min使用注射泵或单次静脉大剂量注射。

- **实践提示：**本方案强烈推荐鼻内充氧或气管内插管辅助通气。

第 48 章 安乐死 / 人道毁灭

Thomas J. Divers

- 正确地实行安乐死，对于确保人道地处死患绝症或痛苦的马而言很重要，在有客户旁观时尤为重要。
- 在使用安乐死药物之前。
  - 辨认即将被安乐死的患马，重新检查是否为正确的马，并核实马主或保险公司的认证信息。
- 需要考虑的事项：
  - 地点。
  - 干扰的噪声。
  - 场地地表。
  - 周围的杂物！
  - 充分地保定。
  - 颈静脉的状况。
  - 针头或导管的放置。
    - 在紧急安乐死过程中，针刺可能会伤害到人类！
- **注意**：2013年，兽医合法地将管控物品运输到农场和谷仓的权利正在受到严格审查。2013年的《兽医医学流动法》（第1528号决议）旨在修改《管制物品法》（CSA），《管制物品法》禁止兽医将管制物品运送到登记地点以外治疗患病动物。
  - 安全处理和销毁尸体。
    - 尸体埋葬的位置。
    - 在使用巴比妥类药物安乐死动物后，尸体被误食的可能性。这种情况是必须避免发生的。
- 笼头、吊杆和支架的物理状态，以及对处理尸体的人员进行明确的安全说明。
- 观看安乐死的人员可能产生的情绪反应。
- 过程中始终思考"可能会出现什么问题？"

在没有镇静剂的情况下实施安乐死

- 在平静的马容易完成。
- 准备两支60mL的注射器，内装有已被审批过的安乐死药物。如果想避免马痛苦的喘息或者不断踢腿的行为，可以向其中一个注射器加入40mg的琥珀胆碱，但价格相对昂贵。
- 实际上，药物的剂量可能随马的体型变化而变化。一般来说，对于450kg的马，使用浓度为390~392mg/mL的戊巴比妥120mL是足够的。
- 将12号或14号、2in（5cm）的非一次性针头或14号、5.25in（13.3cm）的静脉导管插入颈静脉（首选导管），并连接延长装置。
- 回血后，为了确保针头或导管正确放置在静脉内，应先将50~55mL安乐死药物快速注射到颈静脉内。
- 立即连接第二个注射器（60mL），确保针头仍在静脉中，并快速注射。
- 如果颈静脉容易进入，且马对第一次插针时的反应小，那么在一些情况下，快速重复和注射会更容易完成安乐死。这是使用导管和延长装置的好处，特别是在助手经验较少或马主人在场的情况下。
- 马通常在注射两剂后的30s内卧倒在地。
- 马是否死亡应通过听诊来确认，包括确认心跳是否停止，角膜反射是否消失，瞳孔是否扩张和固定。
- **重要：**当使用适当剂量的商业安乐死药物时，药物效果延迟或无效的最常见原因是某些药物没有静脉内给药或早期镇静处理而减少了心输出量。

使用镇静剂实施安乐死

- 镇静剂多用于兴奋、焦虑的马，或当环境或情况不适合进行安乐死时使用。
- 在安乐死给药过程中，需确保马的镇静状态：
  - 使用地托咪定0.01~0.02mg/kg，静脉注射；或赛拉嗪0.5~1.0mg/kg，静脉注射；使患马镇静。
  - 待马匹镇静后，按照前一节所述，使用12号针头或14号针头，将5.25in（13.3cm）导管置于颈静脉内，连接延长装置并固定，给予浓缩的戊巴比妥溶液。
  - 相比非镇静的马，镇静的马倒下的速度慢，可能需要更多的安乐死药物才能达到更直接的效果。

紧张或害怕针刺的患马

- 使用地托咪定0.02mg/kg（10mg/500kg），静脉注射；或地托咪定10~30 mg，肌内注射；使患马镇静（如有必要，可使用注射枪，或使用10~20mg或更多的剂量将地托咪定“喷入”马口腔。）。

· 如果可以使马嘴张开，可在其舌下放置地托咪定凝胶（0.4mg/kg）。**注意：**避免人眼或皮肤直接接触地托咪定凝胶。

· 将一根14号、3.5in或5.25in（8.9cm或13.3cm）导管放入颈静脉，并连接延长装置，快速注入安乐死药物。

处于麻醉状态的安乐死

· 该程序可以使用已被审批过的安乐死药物，或者通过静脉注射浓缩的氯化钾，剂量约为10mEq/kg，相当于500kg的马推注30mg。

颈静脉血栓患马的安乐死

· 在胸外侧静脉置入一根14号或16号，3.5in（8.9cm）的导管。可以使用延长装置使注入过程更加容易。

· 使患马镇静并实施安乐死。

· 如果胸外侧静脉不能插入导管，使用地托咪定20mg，注入头静脉；或地托咪定40mg，肌内注射。

· 镇静后，使用16号、3.5~6in（8.9~15.2cm）针头和60mL注射器心内注射安乐死药物和+/-琥珀胆碱。

在公共活动中或当马的意外活动可能造成人身伤害或意外事件时，对马的安乐死

· 在这些情况下，将琥珀胆碱与浓缩的巴比妥盐在第一个注射器中混合并给予马，然后立即用第二个60mL注射器注入安乐死药物。

子弹安乐死

· 在极少数情况下，可能需要由接受过该技术培训和认证的兽医或警察进行“子弹”安乐死。在理想情况下，先给马注射大量镇静剂（尽管这可能没得选择）。

· 0.22或0.32口径的铅弹直接射入前额中心（刚好在眼睛到对侧耳朵的两条线的交叉点的上方），瞄准枕骨大孔和颈部。参见图48-1。

· 在发射/射击前，火器应非常靠近或紧靠前额。

· 在选择手术场地时，应考虑子弹弹射、公众监督和产生可怕噪声的可能性。

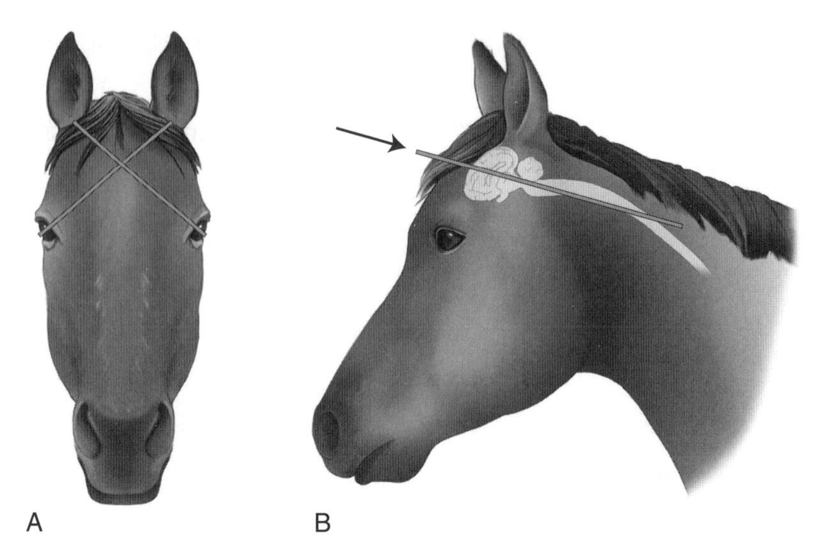

图 48-1　通过枪击或弩枪穿透马属动物的大脑，以进行安乐死的解剖示意图

入射点是一侧眼睛的侧眼角与其对侧耳根画出的两条线的相交点。弹道的方向（The ballistic is directed）使得它穿透大脑和脑干。A. 正面图。B. 侧面图（改编自爱荷华州立大学，Jan Shearer）。

更多信息

· 了解更多信息，请参阅www.avma.org/kb/policies/documents/euthansia.pdf，了解美国兽医协会（AVMA）发布的《2013年动物安乐死指南》。同样有帮助的是美国马从业者协会（AAEP）发布的《2011年安乐死指南》。

· AAEP建议在评估对马进行安乐死的必要性时，应考虑以下准则。

· 主治兽医通常能够协助马主人做出这一决定，特别是就马的痛苦程度而向主人提议安乐死方案。应当指出的是，每一个病例都应当根据其各自的情况加以处理，以下所述的只是指导方针。在实际作出决定的过程中，不需要满足所有标准。

· 由于马主人对马匹的照顾负有全部责任，因此在马主人的要求下，马匹可能会因其他原因被安乐死。

· 在安乐死之前，应明确确认马的保险状态，因为该状态构成了马主人和保险公司之间的合同。

· 根据AVMA对动物安乐死的立场，AAEP承认，一旦客户用尽了所有可行的替代方案，对不被需要的马或被认为不适合驯养的马实施安乐死是一种可接受的结局。马不应该生活在缺乏饲料或照顾的、严重影响马生活质量的生活环境中。这符合兽医作为动物福利倡导者的作用（框表48-1）。

框48-1　协助做出关于马安乐死的人道决策指南

- 马不应该遭受来自慢性病和绝症带来的持续或无法控制的疼痛。
- 马不用接受生存概率极小的医疗或外科手术。
- 如果马的身体状况无法控制，使其对自身或其驯养者造成危害，那么应对其实施安乐死。
- 马在余生中不应一直服用止痛药物来缓解疼痛。
- 马不应为了预防或减轻无法控制的痛苦，而不得不接受长时间的单独隔离。

摘自AAEP安乐死指南（2011年）©American Association of Equine Practitioners. Assessed Auguest 2013 at www.aaep.org/health_articles-view.php？ id=364.

第 49 章
疼痛管理

Bernd Driessen

· 疼痛曾被国际疼痛研究协会（IASP）定义为一种有意识的受试者的“不愉快的感觉和情感体验”。更恰当地说，马的疼痛可以被描述为“一种令其厌恶的感觉和情感体验，表明动物意识到其组织的完整性受到损害或威胁”。

· 它由神经信号经大脑（特别是大脑皮层）处理后产生，并且经常导致外周高阈值感觉受体（如疼痛感受器）激活，并将电信号由外周传递给中枢神经系统（CNS；图49-1）。在神经信号最终产生防止马匹遭受即将到来的组织伤害的应答前，到达的神经信号将在不同级别的中枢神经系统内（脊髓、低级中枢和高级中枢内）被处理。

· 疼痛感受器激活产生的疼痛一般被认为是适应性或生理性疼痛，因为它能通过激活退缩反射机制，增加行为、自主神经系统和神经内分泌方面的应答，从而最小化组织损伤，维持身体的完整性，防止进一步的组织损伤，以及促进康复。

· 然而，非适应性疼痛可以被认为是一种疾病（定义为具有特定原因和可识别症状的异常），并且可以被认为是与最初的伤害性刺激或者康复过程相分离的疼痛。

  - 非适应性疼痛表现为由组织损伤（炎症性疼痛）或神经系统（神经性疼痛）或神经系统自身功能异常（功能性疼痛）引起的异常感觉处理。
  - 非适应性疼痛是病理性的，并且伴随对于伤害性刺激的夸大和延长应答（痛觉过敏），以及对于非伤害性刺激的夸大和延长应答（异常性疼痛）。
  - 非适应性疼痛经常造成马匹持续性不适和紧张，使其行为异常，生活品质下降，如果不对其进行控制，可能造成痛苦和死亡。

· 关于非适应性疼痛的后几个方面在马兽医实践中非常重要，对忍受无法控制的或慢性疼痛的马匹进行安乐死是常见的选择。因此，考虑以下：

  - **实践提示：**所有的手术干预应该被认为至少造成一定程度的疼痛，这意味着应该尽可能早地在产生疼痛事件之前进行镇痛治疗（优先镇痛）。
  - 患马通常在经任何诊断或外科手术之前，已经经受潜在疾病过程或原组织损伤引起的疼痛。然而，不管 怎样，应在进一步采取干预措施以防止疼痛体验恶化（预防性镇痛）之前，尽早实施疼痛治疗。
  - 如果要降低发展为慢性疼痛过程的风险，就必须尽早认识到疼痛是损伤或疾病的重要

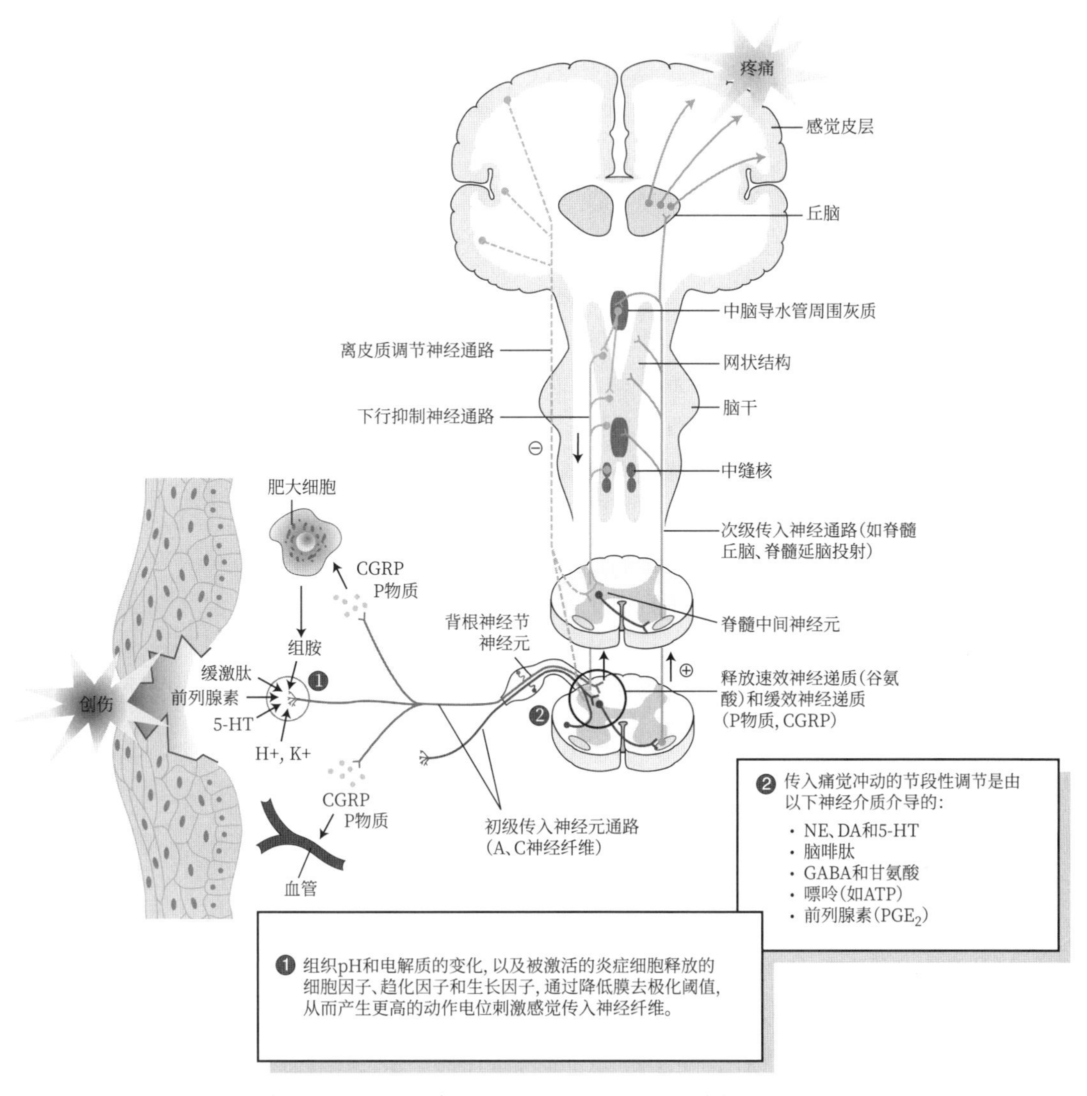

图 49-1　外周感觉受体（伤害感受性受体）应答组织损伤造成的伤害性刺激，从而产生伤害感受性神经冲动的上行通路

一旦产生，伤害感受性神经冲动通过背根神经节细胞，沿小直径无髓鞘（C）和有髓鞘（A_{δ}）上行神经纤维（初级传入神经纤维）传导至脊髓背角。外周伤害感受性受体激活产生的动作电位到达脊髓背角感觉传入纤维终端，造成快和慢反应神经递质的释放，使伤害感受性输入信号化学传递至脊髓神经元（次级传入神经纤维），然后将信息传递至大脑。在大脑中，发生复杂的信号整合，在它们传递到作为最高神经中继站的丘脑后，伤害感受性输入信号到达躯体感觉皮层，在这里它们转化为痛觉。与组织损伤相关的炎症反应造成外周伤害感受性受体周围环境 pH 和离子的改变，炎性介质的产生以及促炎酶的表达上调，这些均可以共同导致伤害感受性受体对伤害和非伤害刺激的敏感化。脊髓内发生伤害感受性信号的进一步处理，包括抑制和放大。同时，源自大脑终止于脊髓背角和脊髓中间神经元的下行神经通路能够调节从外周神经纤维到上行脊髓神经元的伤害感受性信号的传导。ATP，三磷酸腺苷；CGRP，降钙素相关基因肽；DA，多巴胺；GABA，γ- 氨基丁酸；5-HT，5- 羟色胺；NE，去甲肾上腺素。

组成部分，有必要采取积极主动的镇痛治疗方法，并不断重新评估痛感的信号。

- 如果长时间不加控制，适应性或生理上的疼痛可能发展为不适应性疼痛，传统的镇痛治疗往往对其无效。

疼痛的种类及其与疼痛治疗的关系

- 疼痛分类系统已广泛应用于指导镇痛治疗或描述治疗干预的有效性。通常按以下方面描述疼痛：
  - 解剖学来源：
    - 浅表躯体（如皮肤）疼痛。
    - 深部躯体（如骨骼肌）疼痛。
    - 内脏疼痛（如疝痛，泌尿生殖系统疼痛）。
  - 神经冲动产生位置：
    - 疼痛感受器（痛觉感受性疼痛）。
    - 外周或中央传入神经受损（非痛觉感受性或神经病理性疼痛）。
  - 强度：
    - 轻度。
    - 中度。
    - 重度。
  - 持续时间：
    - 急性。
    - 慢性。
- **注意：**从治疗的角度看，这些分类不是非常有意义。来自皮肤、肌肉、骨骼和内脏组织（通常是一个以上的内脏器官）或神经元结构的痛觉信号广泛地汇聚到中枢神经系统的神经元上，挑战了疼痛本身在性质上不同的观点。此外，目前可用的镇痛药物中，没有一种被证明对源自躯体、内脏或非痛觉性（神经性）的疼痛具有专一的疗效。同样地，区分急性和慢性疼痛也很有难度。
- 虽然传输皮肤、骨骼肌和内脏信号的初级传入神经在类型（躯体组织主要为多模式痛觉感受器，内脏组织主要为机械感受器和一些化学感受器）和数量（躯体传入神经＞内脏传入神经）上都有区别，但是这些通路会在脊髓背角汇聚，因此脊髓丘脑束、脊髓网状束和脊髓中脑束都含有应答躯体、内脏痛觉刺激以及非痛觉感受器产生的刺激的神经元，并且可以将信息传递到大脑的各个中心，从那里信号通路再次被整合并投射到大脑皮层。
  - 因此，大脑皮层中的共同的神经网络促进了躯体、内脏的痛觉刺激和非痛觉感受性刺激（神经病理性刺激）的输入。

- 根据IASP分类法，慢性疼痛被定义为持续3个月以上的疼痛。因此，急性疼痛需要持续了很长的一段时间，在这段时间内许多同时发生的神经病生理和病理过程需要被治疗。
- 随着疼痛输入信号的持续存在，中枢敏化经历了三个持续时间越来越长、不可逆和病理性的阶段，即：
  - 激活——短暂的，活动依赖的。
  - 调整——更缓慢，但是仍然可逆的功能改变。
  - 改变——慢性的结构和构架改变。
- 激活是一个快速可逆的生理过程，依赖于转导和传递的增强（如持续痛感）。
- 调整，一个较慢的可逆过程，具有早期病理意义，主要由神经元受体和离子通道（如N-甲基-D-天冬氨酸受体，即NMDA受体和相关钙通道）磷酸化导致。
- 改变，通常被认为是慢性、病理疼痛的基础，包括调节和细胞连接的改变以及细胞死亡。典型的变化包括基因转录的修饰和抑制性功能的改变，以及抑制性神经元的死亡。
- 疼痛的数字分类（Ⅰ型、Ⅱ型和Ⅲ型），采用了最初用于描述人类患者疼痛类型的系统，用于马的实践。它可以在临床上着手处理疼痛方面为兽医提供更好的指导，因为它能表示出潜在的神经生物学和神经病理机制，包括：
  - Ⅰ型（适应性或生理性）疼痛：
    - 在正常反应状态下发生，通常由创伤、扭伤、拉伤、烧伤或炎症状态引起。
    - 代表了在内脏或躯体组织损伤后痛觉感受性信号的产生、传导和中枢神经系统整合的生理过程的结果。
    - 如果疼痛是起源于躯体的且为暂时明确的，通常是尖锐、剧烈、局部的疼痛。
    - 通常情况下伴随炎症反应，释放的炎性介质会引起外周敏化（初级痛觉过敏），以局部区域对有害和非有害刺激的反应增强为特点。
    - 一旦组织完全愈合和/或炎症消除，疼痛通常会消失。
    - 其主要目的是帮助维持机体完整性，防止组织进一步的损伤和促进康复。
  - Ⅱ型（中枢敏化）疼痛：
    - 由中枢敏化过程引起（次级痛觉过敏）。
    - 主要由高阈值的多模式无髓鞘（C）神经纤维产生和传导。
    - 疼痛是弥散的，不易定位的，持续的。
    - 当次级传入神经元（主要是广动力范围神经元，WDR）的放电活动在脊髓水平通过降低抑制性改变或/和增加促进性活动等途径对初级痛觉传入信号应答增强时产生这种疼痛。
    - 当非有害性刺激作用于外周组织创伤周围完整的周围区域时，引起痛觉反应和感觉时可辨认。
  - Ⅲ型（非适应性或病理性）疼痛：

◦ 它本身是一种病理状态，是神经放电和神经可塑性改变的结果。
◦ 外周神经损伤和/或脊髓背角和脊髓上中枢神经环路的形态学（可塑性）的再塑可以导致传入通路放电模式的改变和感觉信息的异常传递与处理。
◦ 上行WDR通路的自发性放电活动导致即使没有持续性组织损伤的情况下，痛觉感受性信号也不受控制地传向脊髓上中枢，正常的无害刺激也将激活痛觉应答（异常性疼痛）。
◦ 只靠传统的镇痛药通常无效或只有最低限度的疗效，在治疗时要求包括非传统性治疗以提供至少某种程度的镇痛以及增加马匹的舒适程度至可以接受的程度。

· **注意：**以上分类必须应用于由伤害性信号所引发的多种动态过程。因此，从一种类型的疼痛到另一种类型（尤其是从Ⅰ型到Ⅱ型）的转变可能发生在许多组织损伤的病例中，有时很难在不同类型的疼痛之间做出明确的区分。

· 初级痛觉过敏是任何组织损伤的正常和预期的特征，总是伴随着Ⅰ型疼痛，在进行疼痛治疗时应予以考虑。

· Ⅱ型疼痛和次级痛觉过敏具有生理性和适应性的重要性。中枢敏化导致低强度活动造成持续性的不适/疼痛，有助于防止损伤区域的进一步损伤，直至组织愈合有明显进展。尽管如此，发生持续性疼痛和中枢敏化时应及早进行疼痛治疗，因为它们可能导致进一步丧失功能和结构损伤。

· Ⅲ型疼痛在没有任何炎症、可检测到的组织损伤或在创伤或组织被认为完全愈合后的情况下也可能持续存在。对于马来说，它可能会由各种情况造成，如手术或创伤导致的感觉神经损伤，马纤维肌痛综合征（EFMS），关节炎，伴脊髓背根神经根病的脊椎关节强硬，持续压迫周围感觉神经的肿瘤的生长，间室综合征或慢性蹄叶炎。

· Ⅲ型疼痛是最难治疗的疼痛，经常要求非传统的局部（如在神经周围持续使用局部麻醉药，局部使用辣椒素或树脂毒素）或系统性药物治疗（如加巴喷丁、普瑞巴林），或者甚至是非药物性干预，如高能冲击波治疗、针灸或其他类似方法。

疼痛识别

· 为了治疗疼痛，应用一种可靠的方法来测量疼痛的强度和持续时间，并记录对治疗的反应是很重要的。

· 马的疼痛，特别是急性或严重疼痛时，通常会与自主神经系统的功能改变相联系：
  · 心动过速。
  · 高血压。
  · 呼吸急促。
  · 出汗。

- 瞳孔扩大。
- 血浆β-内啡肽、儿茶酚胺和皮质类固醇水平升高。

· **实践提示：**生理参数如心率、呼吸频率和血压是非特异的交感神经系统激活的结果，不一定与围手术期疼痛的强度相关，因为它们也经常受到其他围手术期因素的影响，如焦虑、兴奋、压力、低血容、休克、败血症和内毒素血症等。

· 对于不同物种的研究表明，评估行为改变一般是分析动物疼痛的最佳方法。对于马来说，表示疼痛的行为改变尚未有系统性研究。然而，目前可用的数据显示，对马的行为活动进行长期观察，可能比间歇性（短期）主观评估更能灵敏地识别马的疼痛相关行为。

· 用于马疼痛评分的几个最有用和可计量的行为学指征如下：
- 与浅表疼痛相关的行为：
  - 对浅表痛刺激的立即、强烈的回避反应。
- 与内脏疼痛相关的行为：
  - 抓挠、寒战、翻滚、出汗等对腹痛的反应。
  - 持续地将头部降至或低于肩胛骨的水平。
  - 对食物的兴趣下降或改变。
  - 探索行为减少。
  - 磨牙。
  - 躺卧。
  - 行为改变。
- 与骨骼肌疼痛相关的行为：
  - 异常的探索行为。
  - 头和耳位置改变。
  - 步态改变。
  - 在命令下抬蹄改变。
  - 运动能力下降。
  - 频繁的重心转移。
  - 抓挠地面。
  - 马厩中异常姿势。
  - 躺卧。
  - 磨牙。
  - 局促不安。
  - 对食物的兴趣下降或改变。
  - 行为改变。

· 在独立使用一些行为因素来评估马的疼痛时，需意识到的是熟悉马的品种和马的正常行为对正确解释观察到的参数是至关重要的。行为可能会受到一些其他因素的影响，例如：

- 性格（年龄，种类，性别，压力依赖性）。
- 作为快速反应动物的本能行为。
- 觅食和饥饿相关的活动。
- 运动的机械损伤（受伤或绷带、铸件相关）。
- 药物不良反应或之前使用的止痛药、镇静剂或麻醉药残余效应。

· **重要提示：** 疼痛总是主观的，并且被马感知为引起厌恶的感觉与情绪体验。因此，最佳的评估方法为仔细地反复观察并记录下马行为活动的改变。

痛觉输入传递和整合的解剖学和生理学

· 为了理解可用的镇痛药物的药理学机制，以及为了制订有效的疼痛管理方案，了解哪些解剖学位置和生理/病理过程参与痛觉信号产生、传导和整合以及痛觉的维持与增强的机制是非常重要的。

· 原则上，四个解剖结构参与了痛觉的产生（图49-1）：

- 痛觉感受器：
  - 机械感受器。
  - 温度感受器。
  - 化学感受器。
  - 多模式感受器。
  - 初级传入神经通路（上行神经纤维）。
  - 脊髓。
  - 大脑。

· 痛觉感受器是能对有害刺激产生应答（动作电位）的特化的神经结构，因此可以将原始的机械、温度或化学刺激转化为电神经冲动。

· 某些痛觉感受器是特化的，只能对一种伤害刺激产生应答；然而，一些痛觉感受器是多模式的，也就是说，它们可以被多种性质不同的伤害刺激激活。

· 伤害感受性信号通过小直径有髓鞘（A_δ）以及无髓鞘（C）传入神经纤维（初级传入神经纤维）从受刺激的外周区域传向脊髓的背角，这些神经纤维都只对高阈值刺激产生应答。

· 快速传导A_δ纤维携带能够应答高阈值温度（冷或热）或高阈值机械刺激的痛觉感受器传递的信息。

· 慢速传导C纤维传递能够应答高阈值机械和温度刺激以及化学刺激（如细胞损伤产物、细胞因子、自体有效物质、氢离子、多种炎性介质）的自由神经末梢携带的信息。

· 伤害输入信号从脊髓背角经过多种被称为次级传入神经纤维的脊髓上行通路（经常被称

为脊髓丘脑束、脊髓网状束和脊髓中脑束）到达大脑的不同区域。

· 痛觉输入的最终目的地是躯体感觉皮层。

· 中枢神经系统（特别是大脑皮层水平）将复杂的伤害感受性信号进行复杂的整合，将其转化为被称为疼痛的不愉快的感觉和情感体验，并且触发多种疼痛相关的负反射、行为、自主神经系统和神经内分泌应答。

· 在观察人类经历的疼痛时显示疼痛强度通常与初始的伤害刺激相关性不强，且个体之间的疼痛强度不同，说明一旦周围痛觉感受器感知到痛觉信号，就会对这些信号进行广泛地处理，包括抑制和放大。

· 脊髓是第一个外周伤害感受性输入信号进行重要调整的中继站。

· 从激活的外周痛觉感受器传来的电冲动到达脊髓感觉传入神经末端，引发快作用神经递质（特别是谷氨酸）和慢作用神经肽［P物质、降钙素基因相关肽（CGRP）、神经激肽］的释放，使伤害感受信号通过电化学向次级传入神经纤维传递，然后由次级传入神经将信息传递入脑。

· 同时，起始于脑终止于脊髓背角的下行神经通路，以及脊髓中间神经元通过释放抑制性神经递质或其他神经活性介质［例如，一氧化氮（NO）、三磷酸腺苷（ATP）、前列腺素（PGE_2）］来引起正反馈，因此作为“门卫”控制伤害感受性信号向大脑的流动，从而调整外周信号的传导。

· 脊髓也参与了对有害刺激的简单单突触和多突触脊髓反射应答的激活（例如，退缩反射和反射肌肉痉挛）。

· **实践提示：**周围神经系统和中枢神经参与痛觉信号的产生、传递和整合的元件（周围痛觉感受器和上行神经纤维、脊髓和大脑）是调节疼痛体验的药理学和非药理学靶点。

伤害感受的病理生理学

· 如前文所述，正常的疼痛（Ⅰ型疼痛）仅能被可以对组织造成潜在或真实伤害的强烈刺激引起。因此，只有高阈值外周和中枢神经元可以对这种伤害感受刺激做出应答。即：伤害感受疼痛本质上是使马匹意识到危害和组织整体性受到威胁的早期示警机制。

· 相反地，Ⅱ型和Ⅲ型的疼痛是对于组织损伤、炎症、神经系统损伤（神经病理性疼痛）、外周和中枢神经系统正常功能改变的应答，而且与以下两种形式的痛觉过敏相关：

  · 应答性增加，导致痛觉刺激产生更强、更持久的疼痛（痛觉过敏或疼痛加剧）。

  · 阈值降低，导致正常情况下不产生疼痛刺激也会产生疼痛（异常性疼痛）。

· Ⅱ型疼痛中，感觉过敏经常是一种受伤后的适应性反应，因为它可以通过确保修复完成前受损组织/器官的使用和触碰达到最小来促进康复。

· 然而，Ⅲ型疼痛中，感觉过敏可能在损伤愈合后持续很长一段时间，或者在未受到任何损伤时发生。这种情况下，疼痛不会有帮助，并且是神经系统功能的病理变化的表现。

- 有两种主要机制导致神经元对于伤害感受性刺激或感觉输入信息更加敏感：
  - 外周敏化或*初级痛觉过敏*。
  - 中枢敏化或*次级痛觉过敏*。

- 在由组织损伤、手术或者感染等引起的最初的伤害感受性刺激发生后几分钟内，*外周敏化*发生，并表现为刺激阈值降低和外周高阈值痛觉感受器的反应性增加。外周痛觉感受器局部化学环境的改变是其主要原因，包括：
  - ◦ 温度、组织pH以及局部电解质浓度（K^+）。
  - ◦ 炎症细胞产生并释放的细胞因子（肿瘤坏死因子-α，TNF-α）、三磷酸腺苷（ATP）、趋化因子（缓激肽）以及生长因子。
  - ◦ 上调酶系统的产物（环氧合酶、蛋白酶、磷脂酶）共同激活或敏化已表达和沉默的痛觉感受器，并使痛觉感受器对有害和非有害刺激敏感。
  - ◦ 引起外周敏化的机制包括：
  - ◦ 关键蛋白的改变。
  - ◦ 决定痛觉感受器末端兴奋性的离子通道（也称为转导蛋白）。
  - 转导蛋白是一种将有害刺激转化为电信号的物质。

- 外周炎症后，对热、冷和机械刺激的阈值显著下降。这种敏感性的增加涉及两个过程：
  - 已存在的痛觉感受器蛋白的改变（翻译后加工）。
  - 痛觉感受器产生蛋白变化（基因表达改变）。

- 翻译后的改变通常包括一些痛觉感受器蛋白的氨基酸被一种称为激酶的酶磷酸化。这种磷酸化可以极大程度地改变痛觉感受器的功能。例如，痛觉感受器Na^+通道的磷酸化可以大幅降低阈值，使通道开放并且保持更持久的开放状态，这样对于末端的任何刺激都可以引起更剧烈的反应。

- 然而，一切炎性信号会从神经末梢传入，沿轴突或神经纤维运输至脊髓背根神经节感觉神经元胞体。在这里它们改变转录（特定基因的表达增加）或者增加翻译（保证mRNA可以产生更多蛋白质）。

- 增加的蛋白随后被运输回神经末梢，在这里这些蛋白会增加神经末梢对于刺激的反应性。一个例子是TRPV1蛋白，一种应答热刺激的离子通道。

- 激酶的活化需要几分钟，蛋白水平的改变大约需要1d。

- 中枢介导的敏化，或者次级痛觉过敏使中枢神经系统神经元兴奋性增强，这样正常的输入就会开始产生异常应答。这是一个发生于脊髓水平的复杂而且未被完全理解的过程，主要影响周围未损伤、未发炎的组织，而且早在初级痛觉过敏出现时就开始了。

- 提高的兴奋性通常是由痛觉感受器（如受伤引起的）的活动突然爆发所触发的（如被损伤激发），这种活动改变了痛觉受器和脊髓神经元之间突触连接的强度（所谓的活动依赖性突触

可塑性）。

· 例如，轻轻触碰皮肤就能激活的低阈值感觉神经纤维，开始激活脊髓（从机体传递来的信号）或者脑干（从头部传递来的信号）处的通常情况下只对伤害感受性刺激产生应答的神经元。因此，正常情况下只会激发非伤害性感觉的输入信号在这种情况下会产生疼痛。

· 实际上，突触的变化如同一个放大机制。因此，中枢敏化是触觉性异常性疼痛（例如，由轻刷皮肤引起的疼痛）的原因，也是损伤区域外痛觉过敏扩散的原因，导致临近的非损伤区域的不适。

· 中枢敏化也有两个阶段：

  · 即刻发生但是相对短暂的阶段。

  · 更缓慢发生但是更持续的过程。

· 与外周痛觉过敏相同，第一阶段取决于已存在蛋白的改变，而第二阶段依赖于新基因的表达。前一阶段反映了信号被痛觉感受器接收后，脊髓内突触连接的变化。

· 中枢末端的伤害感受性受体释放大量信号分子，包括兴奋性氨基酸突触递质谷氨酸，神经肽（P物质和CGRP），以及脑源性神经营养因子（BDNF）等突触递质。这些神经递质/调质作用于脊髓特定受体，激活细胞内信号通路，导致某些膜受体和通道的磷酸化，特别是兴奋性神经递质谷氨酸结合的N-甲基-D-天冬氨酸（NMDA）和α-氨基-3-羟基-5-甲基-4-异噁唑丙酸（AMPA）受体。

· 翻译后改变降低了通道的阈值和开放特点，通过这种作用增加了神经元的兴奋性。

· 更晚的中枢敏化的转录依赖性阶段是由蛋白产物水平增加介导的。

· 这些改变的净效应是阈下刺激也将激活神经元，以及痛觉敏感性的极大改变。

· 介导中枢敏化的蛋白为一种能够增加神经兴奋性的内源性阿片类物质强啡肽，以及产生前列腺素E_2的环氧合酶。

· 除了参与外周敏化，前列腺素也会影响中枢神经元，促进中枢敏化。

· 当脊髓内的神经网络被应答持续性伤害感受性信号输入而改变时，一种与“疼痛记忆”相关的形态学改变正在同时发生。形态学改变包括易化和抑制的中间神经元比率的改变以及下行神经传导通路的改变，从而改变对于脊髓背角伤害性信号传递神经元的双向控制。

· 此外，神经元的异常生发和神经细胞之间新突触的形成导致的脊髓背角环路物理性重排，可以将脊髓中参与传递低阈值机械受体信号（触觉）的区域转变为仅传递伤害刺激性信号的区域，因此在低阈值压力（触觉）受体激活时产生痛觉。

· 结果是这些脊髓水平的结构改变造成了一种现象，即随着时间发展，中枢的痛觉过敏变得越来越独立于外周伤害感受性信号的输入，导致慢性非适应性疼痛的发生。

· 马外周和中枢敏化过程描述。

· **实践提示：**与中度到重度伤害感受性刺激相关的原发性和继发性的痛觉过敏的快速发展要求镇痛治疗尽可能早的开始，并且需要根据导致敏化的细胞内和细胞间信号级联的不同机制进行用药。

马的疼痛管理

多模式镇痛的概念（平衡镇痛）

· 对于复杂的疼痛生理和病理生理理解的进步使一种区别于传统单模式镇痛治疗的被称为多模式镇痛或平衡镇痛（图 49-2）的镇痛方法得到了广泛实行。这种方法特别适用于发展到Ⅱ型和Ⅲ型疼痛的马匹。

· 考虑到在疼痛的产生和恶化过程中多种机制的影响和动态的神经元过程产生，认为单一治疗（如使用单一作用机理的单一药物）对于经历了严重组织创伤、手术和炎症导致中到重度疼痛的马匹能产生长期足够的镇痛作用是非常不合理的。

· 多模式镇痛或平衡镇痛包含了具有不同药理作用机制的药物，经常将系统用药和局部麻醉/镇痛技术相结合，而且可能包含辅助镇痛的治疗方式（图 49-2；框表 49-1）。

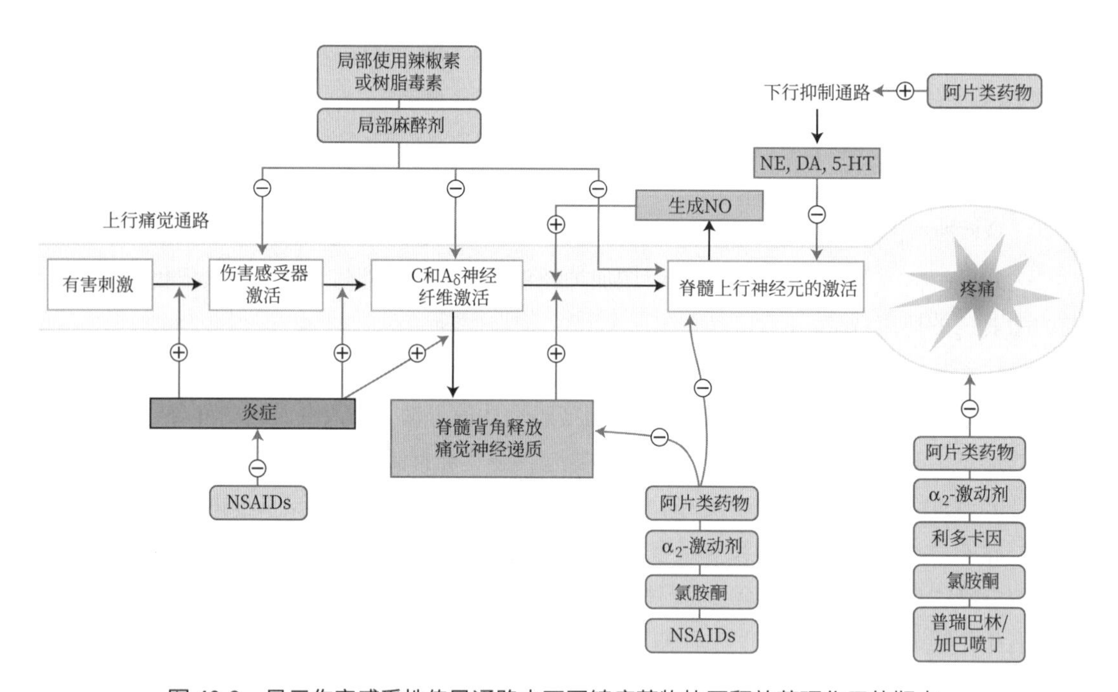

图 49-2　显示伤害感受性传导通路内不同镇痛药物协同释放药理作用的靶点

多模式镇痛或平衡镇痛的概念依据的观点是不同药理作用的镇痛药物共同使用时，可以比单独使用时更有效地干扰伤害感受性信号的产生、传递和整合，以此达到更好的镇痛效果。而且，抑制或至少阻止原发性和继发性痛觉过敏的发展必须是多模式或平衡镇痛的目标，因为这些过程会促使Ⅰ型疼痛向Ⅱ型，甚至III型疼痛的转化。DA，多巴胺；5-HT，5-羟色胺；NE，去甲肾上腺素；NO，一氧化氮；NSAIDs，非甾体类抗炎药。

框表49-1　多模式镇痛或平衡镇痛

抗炎治疗
非甾体类抗炎药（NSAIDs）
甾体类抗炎药（激素类抗炎药）
系统性镇痛
阿片类药物
α_2激动剂
局部麻醉药（利多卡因）
非传统治疗：
- 丁基东莨菪碱。
- 氯胺酮。
- $\alpha_2\delta$配体。
  - 加巴喷丁。
  - 普瑞巴林。

局部/区域麻醉与镇痛
使用表面、浸润、神经周和关节内用药方式进行外周神经阻滞：
- 局部麻醉。
- 氯胺酮。
- 吗啡。
- α_2激动剂。

局部静脉内给药（静脉内区域镇痛/麻醉［IVRA］；Bier阻滞）
- 1%~2%利多卡因。
- 1%~2%甲哌卡因。

硬膜外/脊髓麻醉/镇痛：
- 局部麻醉药。
- 阿片类药物。
- α_2激动剂。

局部使用辣椒素或树脂毒素
辅助疗法：
- 针灸/电灸。
- 脊椎按摩治疗。
- 中胚层疗法。
- 高能体外冲击波治疗。

· 多模式镇痛或平衡镇痛的目的是选取针对神经导管上将伤害感受信号从外周传递到中枢的不同作用位点并且可以协同作用的药物和技术，以此达到5个主要目标：

- 阻断初级传入末梢伤害感受性信号的产生。
  - 局部组织浸润麻醉。
- 抑制/降低从外周到中枢的伤害感受信号的传导，抑制初级痛觉过敏。
  - 使用局部麻醉药进行外周神经阻滞。
  - 全身性使用非甾体类抗炎药。
  - 全身性或局部使用阿片类药物。
- 抑制/降低脊髓伤害感受信号的传递，抑制次级痛觉过敏。

- 不通过脊髓/硬膜外使用局部麻醉药的外周神经阻滞。
  - 使用局部麻醉药或TRPV-1颉颃剂（如辣椒素、树脂毒素）的外周神经或背根神经节阻滞。
  - 脊髓或硬膜外使用阿片类药物。
  - 脊髓或硬膜外使用α_2激动剂。
  - 全身性使用NSAIDs（脊髓效应显著低于外周效应）。
  - 全身性使用氯胺酮。
  - 全身性使用加巴喷丁或普瑞巴林。
- 通过干预大脑伤害性刺激信号的处理来抑制/降低痛觉体验。
  - 全身性使用利多卡因。
  - 全身性使用阿片类药物。
  - 全身性使用α_2激动剂。
  - 全身性使用NSAIDs（脊髓效应显著低于外周效应）。
  - 全身性使用氯胺酮。
  - 全身性使用加巴喷丁或普瑞巴林。
- 恢复体内平衡和功能。
  - 所有治疗方式。

· 大多数情况，镇痛剂和镇痛技术可根据马匹的具体情况进行调整，但至少在手术、创伤和/或炎症后至少持续3d。

· **实践提示：**在对疼痛反复评估的基础上，只要有需要，应继续进行疼痛治疗。

· **注意：**无论在一个个体的*多模式镇痛*或*平衡镇痛*程序中选择何种药物或技术，目的都是在某种特定情况下实现对疼痛的最佳控制效果，同时使镇痛治疗的不良反应最小化。因此，任何镇痛计划都是根据个体调整的。

· 在马的实践中，多模式镇痛是经常被使用的。在接受择期或紧急手术的马匹经常全身性使用针对外周和中枢伤害性信号的产生、传导和整合的药物的组合，表49-1为经常用于马疼痛管理的药物。

表49-1　常用于全身性镇痛的药物与报告剂量

药物	剂量(mg/kg)	给药方式	给药间隔	注释
非甾体类抗炎药（NSAIDs）				
非甾体类抗炎药是非常有效的镇痛药，主要抑制产生伤害感受性信号和发展为原发性痛觉过敏的炎症反应。在发生伴有急性（例如，术后或创伤）或慢性（例如，骨关节炎）炎症过程的轻度到中度疼痛时使用。在发生更严重疼痛时，非甾体类抗炎药常合并其他镇痛药使用。所有本类药物均有造成胃肠道溃疡以及引起肾功能障碍和凝血功能不全的风险。本类药物的优点是大部分药物可以口服给药				

（续）

药物	剂量（mg/kg）	给药方式	给药间隔	注释
氟尼辛葡甲胺	0.2~1.1	IV，IM，PO	q8~12h	常用于急性腹痛与术后镇痛，也有抗内毒素作用
苯基丁氮酮 / 保泰松	2.2~4.4	IV，PO	q12~24h	常用于骨骼肌疼痛或用于软组织与骨科手术术前 / 术后
安乃近	10-20	IV，IM	q8~12h	常用于急性腹痛，也有解痉、强解热作用
酮洛芬	2~2.5	IV，IM	q24h	
卡洛芬	0.7~1.4	IV，PO	q12~24h	对马 COX-2 不具有选择性
美洛昔康	0.6	IV，PO	q12~24h	成年马 q24h；马驹 q12
	0.6	PO	q24h 成年马	马驹消除 NSAIDs 快于成年马
	0.6	PO	PO q12h 马驹	
阿司匹林	5~20	PO	q24~48h	同时具有抗血栓形成作用
萘普生	5（10）	IV（PO）		最初缓慢静脉注射，然后每 24h 口服
依托度酸	10~20	IV，IM，PO	q12~24h	氟尼辛葡甲胺低肠胃不良反应的代替药物
依尔替酸	0.5~1	IV	q24h	具有强烈抗内毒素作用
达洛芬	1~2	IV	q12~24h	酪洛芬替代药物
非罗考昔	0.09（0.1）	IV（PO）	q24h	COX-2 选择性最强的 NSAID，0.2~0.3mg/kg，PO q24h；或 0.2mg/kg，IV q24h 达到稳定状态
阿片类药物				
阿片类药物用于中度到重度疼痛；然而，相比于其他动物，本类药物的镇痛效果在马并没有良好证明；阿片类药物常与镇静剂（α_2 激动剂，乙酰丙嗪）结合使用以控制中枢兴奋效应；本类药物反复使用会增加肠梗阻发生的风险				
吗啡	0.1~0.7	IV，IM	q4~6h	相比于其他本类药物更易引发肠梗阻
美沙酮	0.1~0.2	IV，IM	q4~6h	
哌替啶	1~2	IM	q2~4h	静脉内给药可能引起组胺释放导致低血压
布托啡诺	0.01~0.4	IV，IM	q2~4h	低剂量不引起或引起非常短时间的镇痛效应（< 0.1mg/kg）；高剂量引起兴奋反应

（续）

药物	剂量（mg/kg）	给药方式	给药间隔	注释
丁丙诺啡	0.005~0.02	IV，IM	q6~8h	剂量 ≥ 0.01mg/kg 会造成严重兴奋效应
芬太尼	One 10~mg patch per 115kg	Transdermal	q48~72h	多达 1/3 的马在血浆中芬太尼浓度低于镇痛药浓度（≤ 1ng/mL）时，对芬太尼的吸收非常不稳定
α_2 激动剂				
α_2 激动剂是可用于中度到重度疼痛的强效镇痛剂；然而，大剂量给药会造成严重的心血管不良反应（心动过缓、低血压）和伴随镇痛的镇静作用；本类药物常与阿片类药物结合使用以控制急性疼痛，并在反复给药后造成长期持续的肠动力下降（大肠动力下降强于小肠）				
赛拉嗪	0.2~1	IV，IM	q0.3~1h	常用于治疗急腹症患马的急性疼痛
地托咪定	0.005~0.02	IV，IM	q1~2h	常用于治疗急腹症患马的急性疼痛
右美托咪定	0.003~0.007	IV，IM	q4h	血浆半衰期最短（约 23min），本类药品中最高的 α_2 ：α_1 受体选择性
罗米非定	0.02~0.12	IV，IM	q4h	最长效的 α_2 激动剂，最低的 α_2 ：α_1 受体选择性
非传统镇痛药物				
对于大多数情况下的严重和慢性疼痛（例如，蹄叶炎、感染性骨炎和骨髓炎），以及经受肠痉挛的马匹，当一些辅助药物合并传统镇痛药（例如，阿片类药物、α_2 激动剂及 NSAIDs 等药物）使用时，被证明具有疗效				
氯胺酮	0.2~0.5	IV，IM	q4~6h	提供 30~60min 镇痛；单独使用 α_2 激动剂无效时使用
加巴喷丁	20~40	PO	q6~8h	对于某些特定种类的不适合传统镇痛药治疗的慢性疼痛综合征有效（例如，神经病理性疼痛）；口服生物利用度低（约 16%）
普瑞巴林	2-4	PO	q8h	对于某些特定种类的慢性疼痛综合征有效（例如，神经病理性疼痛）；口服生物利用度接近 100%；如果马变得过度抑郁，应降低剂量或增加给药间隔
丁基东莨菪碱	0.2~0.3	IV	仅给药一次	主要提供短时间解痉作用（约 30min）

· α_2 颉颃剂和阿片类药物提供术前和术后镇静与镇痛。

· 氯胺酮，NMDA 受体颉颃剂，用于诱导麻醉。

· 术中系统性使用利多卡因、阿片类药物或 α_2 颉颃剂，作为平衡麻醉的一部分［局部静脉麻醉（PIVA）］。

· NSAID 在术前和术后使用。

· 术后间歇或持续使用阿片类药物（例如，布托啡诺）。

· 持续全身性输注镇痛药（表49-2）经常作为平衡麻醉（PIVA）程序（例如，一种或多种强效静脉镇痛药物与低剂量吸入麻醉药的组合）或全静脉麻醉（TIVA）的组成部分，用以提供手术时充分的疼痛控制。

表49-2　通过恒速滴注（CRI）给药的系统性镇痛药

药物	静脉单次给药剂量（mg/kg）	静脉恒速滴注速率[mg/（kg·h）]	注释
阿片类药物			
吗啡	0.05~0.3	0.1~0.4	作为吸入麻醉辅助麻醉剂已有相关研究
布托啡诺	0.02	0.013~0.024	低剂量引起短期镇痛效应；高剂量引起兴奋反应（> 0.02mg/kg）
芬太尼	0.000 28~0.005	0.000 4~0.008	没有明确的证据表明镇痛效果
	0.002	0.000 4	基于已发表的马的药代动力学数据计算预测剂量，目标血浆浓度为 1ng/mL
α_2 激动剂			
赛拉嗪	0.2~1.0	1.0~4.0	显著减少麻醉药的需要量，因此常用作平衡麻醉（PIVA）和全静脉麻醉（TIVA）药物；为站立手术的马提供有效的镇痛
地托咪定	0.006~0.04	0.007~0.036	
美托咪定	0.003	0.001 5~0.003 6	
右美托咪定	0.001 5~0.003 5	0.000 75~0.001 8	
罗米非定	0.01~0.04	0.1~0.4	
局部麻醉药			
利多卡因	1.3~2.5（超过 10~30min）	1.8~3.0	常作为术中平衡麻醉（PIVA）的组成部分，用于腹部手术后剧烈疼痛的马
麻醉药			
氯胺酮	无或 1.0~2.3（超过 30~40min）	0.4~1.5	亚麻醉剂量给药；常用于严重急性或慢性疼痛的马；未观察到明显的不良兴奋作用
与利多卡因联合恒速滴注	无或 1.0（超过 30min）	0.2	

· 静脉输注强效镇痛/镇静药物，如单独使用 α_2 颉颃剂或与阿片类药物结合使用，也在马处于站立镇静状态下进行的手术中使用。

· 在这些情况下，这些药物经常结合局部麻醉药控制短期急性疼痛。

· 利多卡因静脉输注对于在围手术期控制疼痛是有效的，对于软组织疼痛的镇痛效果优于骨骼肌疼痛，并且可以延长至术后镇痛。

· 在经历持续性中度到重度内脏或躯体来源疼痛的患马，应该使用结合重复性和连续性使用镇痛药物的治疗方法，并且可以包含以下一种或所有药物：

- NSAIDs间隔8~24h使用。
- 阿片类药物（例如，布托啡诺、吗啡或美沙酮）间隔3~8h或持续性静脉输注。
- 低剂量α_2颉颃剂（首选右美托咪定，因为其相对于其他α_2颉颃剂高α_2受体选择性和更短的血浆半衰期）持续性静脉输注。
- 氯胺酮持续性静脉输注。
- 全身性使用利多卡因，持续性静脉输注。
- 间歇使用抗癫痫药物（例如，加巴喷丁）。

局部 / 区域麻醉和镇痛

· 导致中枢性痛觉过敏、异常性疼痛和神经病理性疼痛的病理生理过程是由组织损伤后4~5d内的感觉上行神经纤维大量放电以及外周神经损伤引起的。

· 在大多数中度到重度和/或持续性疼痛的患马的早期管理中，局部/区域麻醉和镇痛应为核心。

· 人类病例研究表明，术前局部/区域麻醉将显著减少术后和长期止痛药的使用。

· 人类医学试验证据与临床经验显示，局部/区域麻醉和镇痛不仅对于急性疼痛，而且对于伴有中枢过敏的持续性疼痛都是最有效的方法。

· **实践提示：**局部/区域麻醉和镇痛可能包括局部麻醉药和阿片类药物的伤口浸润或关节内注射；5%利多卡因贴片（Lidoderm）的表面麻醉；单次、重复或持续性外周神经阻滞；以及硬膜外或椎管内麻醉和镇痛。

· 前面框表49-1列举了马局部/区域麻醉和镇痛药物，表49-3给出了局部/区域麻醉和镇痛的药物剂量，表49-4中列举了合并使用的增效剂或持效时间。

表49-3　用于局部/区域麻醉和镇痛的药物以及报告的浓度和剂量

药物	给药方式	起效时间	注释
短效局部麻醉药（60~90min）			
普鲁卡因 1%~2%	外用	慢	有血管收缩效应
丙美卡因 0.5%	外用	快	主要用于眼科操作
中效局部麻醉药（90~240min）			
利多卡因 1%~2%	皮下注射，局部浸润，硬膜外阻滞，脊髓阻滞，神经周阻滞，静脉注射，关节内阻滞	快	

（续）

药物	给药方式	起效时间	注释
甲哌卡因 1%~2%	皮下注射，局部浸润，硬膜外阻滞，脊髓阻滞，神经周阻滞，静脉注射，关节内阻滞	快	常用于跛行的神经学阻滞诊断和创伤
长效局部麻醉药（180~360min）			
布比卡因 0.5%~0.75% 或更低	皮下注射，局部，静脉注射，脊髓阻滞，硬膜外阻滞，神经周阻滞，关节内阻滞	中	
罗哌卡因 0.2%~1.0% 或更低	皮下注射，局部，静脉注射，脊髓阻滞，硬膜外阻滞，神经周阻滞，关节内阻滞	快	低浓度造成血管收缩；更少的运动阻滞效应
组合麻醉药快起效、长持效（> 240min）			
利多卡因 2% 加 布比卡因 0.5%~0.75%	皮下注射，局部浸润，神经周阻滞		目前还没有关于这种结合的益处的证据
其他			
氯胺酮 1%~2%	神经周阻滞		非常短效（5~15min）

表 49-4　用于区域和局部麻醉 / 镇痛药物的辅助药物与报告的浓度和剂量

药物	每毫升局部麻醉药（LA）的剂量	注释
肾上腺素 1∶200 000	5μg	减少局部灌注，延迟吸收，从而延长局部麻醉药持效时间；当注射到硬膜外或蛛网膜下腔时，肾上腺素可通过 α_2 受体激动剂效应增强镇痛作用
$NaHCO_3^-$ 0.042%	5μL $NaHCO_3^-$ 8.4%	增加局部麻醉药的 pH，从而增大非离子药物组分的比例，使可扩散到整个神经膜的药物增多，因此能够加速局部麻醉药起效
布托啡诺 0.003%	30μg	人类医学报道可以增强与延长局部麻醉药区域镇痛作用
右美托咪定	0.5μg	人类医学和小动物医学报道可以增强局部麻醉药区域镇痛作用

· 特别是对于经受严重或慢性疼痛的患马，在硬膜外腔单独或与外周神经阻滞（神经周阻滞、牙神经阻滞）结合（平衡局部镇痛）以反复或连续施用低剂量浓缩局麻药与长期全身性镇痛药相比大大减轻疼痛，并且比长期使用系统性镇痛药副作用更小。

- **实践提示：**局部/区域麻醉和镇痛应该被视为治疗中度到重度疼痛的平衡麻醉方案中不可缺少的一部分。这将阻止初级与次级痛觉过敏的快速发展，从而阻止适应性或生理性疼痛恶化为非适应性疼痛。

尾椎硬膜外导管插入术

- 尾椎硬膜外留置是常用于马诊疗的相对安全的技术，可以通过反复或持续向硬膜外腔注入局部麻醉药和/或止痛剂，在围手术期之后发挥了长期局部疼痛治疗的优势。

尾椎硬膜外导管放置技术

- 需要的材料与器材：
  - 硬膜外留置包（例如，Perifix1[1]硬膜外留置针或TheraCath2[2]硬膜外留置包，后者可保持长期通畅性），配有18号或17号Tuohy Schliff硬膜穿刺针与标记从针头到针尾长度的20号或19号硬膜外导管以及带有针帽的导管转接头。导管的尖端可以是开放的或闭合的（成年马适用的导管长度＞60cm）。
  - 无菌手套。
  - #11 刀片。
  - 用于皮肤脱敏的1%~2%利多卡因。
  - 16号，1½in皮下针。
- 解剖
  - 马的脊髓延伸至第二荐椎的后半段（S_2）。
  - 进入硬膜外腔的最佳位置是第一尾椎椎间隙（Co_1-Co_2），尽管腰荐间隙和第二尾椎间隙也是可供选择的位置，但这些位置有进入椎管的风险。
  - 当用另一只手上下移动马尾巴时，可以很容易地触摸任何一个位置（图49-3A）。
- 步骤：
  - 如果在清醒的马匹进行操作，推荐将马限制在马保定栏内，并使用α_2激动剂（例如，赛拉嗪，地托咪定）。
  - 在留置针放置前，将从荐椎到第三尾椎（Co_3；参见图49-3A）的2~2½掌宽的正方形区域剃毛消毒。
  - 当插入Tuohy针（硬膜外穿刺针）和硬膜外导管时，要严格遵守无菌技术。
  - 在选定的脊髓针穿刺位置（Co_1-Co_2）用1~3mL 1%~2%利多卡因溶液进行皮肤和皮下组织的局部阻滞，避免马对穿刺和导管放置产生痛觉反应（图49-3B）。

1 Perifix epidural catheter（B. Braun Medical，Inc.，Bethlehem，Pennsylvania；product code CE-18T or alternatively，a spring-wire reinforced epidural catheter）.

2 TheraCath（Arrow International，Reading，Pennsylvania，USA）.

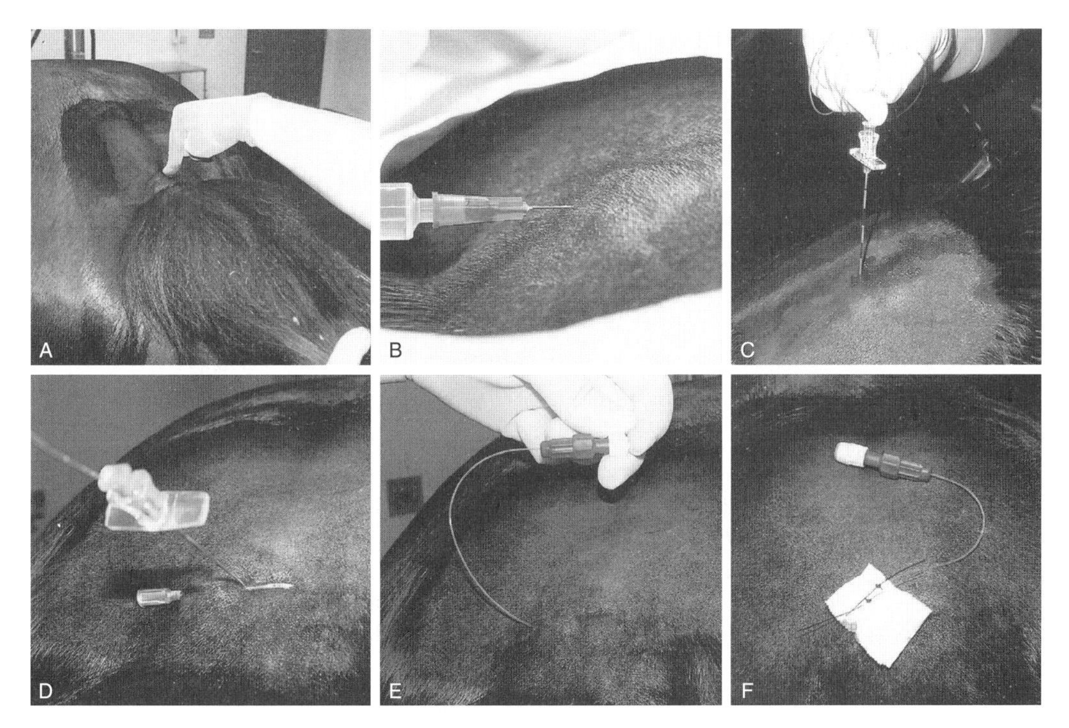

图 49-3　A~F 依次显示一个 18 号，3½in（8.9cm）Tuohy Schliff 硬膜穿刺针进入硬腔外腔，将 20 号不透明闭合尖端聚酰胺硬膜外导管置入第一尾椎间隙硬膜外腔的步骤（Perifix 硬膜外留置包）

- 在局部阻滞了的皮肤和皮下组织中线处做1~2mm切口会使Tuohy针的刺入更方便。
- 缓慢推进Tuohy针，使头斜角朝向皮肤切口部位缓慢刺入，与皮肤平面成60°~90°角，直到突然感觉阻力消失，表明针已经穿过弓间韧带进入硬膜外间隙（图49-3C）。

- 在插入导管前必须通过以下任意一种方法确定Tuohy针的正确放置：
  - 悬滴术。在穿过皮肤与皮下组织后，移除Tuohy针的探针，滴一滴灭菌生理盐水在针帽部位；一旦针尖进入硬膜外腔，盐水滴将会因硬膜外腔的负压被吸入针内。
  - 阻力消失技术。在穿透弓间韧带后阻力突然消失，这时移除探针并且在Tuohy针上连接一个5mL充满空气的注射器：若注射空气时阻力消失说明针在正确位置。或者，可以在Tuohy针上安装一个5mL的注射器，里面装满生理盐水和一个气泡，在生理盐水注射过程中，注射器内气泡的任何变形或压缩的消失都表明Tuohy针在正确位置。

· 一旦Tuohy针的正确位置被证实，导管即可被推进硬膜外腔。当导管尖端离开针头末端时，可能会感觉到一些阻力，但之后导管可以向前推进，阻力很小。此时任何大的阻力都指示导管未在硬膜外腔内。导管应至少向前方推进10cm，也就是超过Tuohy针末端2cm以上，以防止被拉出硬膜外腔；导管也可以向前方推进30~35cm。

- 当导管被推进到合适的长度时，操作者一手保持导管位置，另一手小心退出Tuohy针。为防止导管被从皮肤穿刺部位拉出，导管游离端应用16号皮下针埋于皮下，形成一个可以用头皮针柄形状的胶带片固定在皮肤上的环（图49-3D）。单个的聚酰胺硬膜外导管可以在盖上带有注射口的转接头前被修剪到伸出皮肤外10~20cm长（图49-3E）。最后，用无菌敷料覆盖导管离开皮肤的硬膜穿刺部位，用头皮针柄形状的胶带片或其他合适的垫料用缝线或皮钉将导管环固定在皮肤上。
- 在硬膜外留置导管上连接重量轻、电池供电的迷你输液泵（mini-infusion pump[1]）或者可以使用安装在马身上的黏弹力泵（viscoelastic pump[2]），以维持连续性硬膜外注射。
- 连续性药物输注可以减轻与间歇性用药有关的导管污染风险以及降低早期导管凝血风险。
- 硬膜外导管最多可以留置28d。
- 尾部硬膜外留置的禁忌证：
    - 导管插入部位皮肤感染。
    - 脊髓疾病。
    - 存在的运动功能受损（后肢共济失调，本体感觉减退）。

硬膜外导管放置适应证

- 取决于选择的药物或药物组合（表49-5），尾椎硬膜外导管放置可以在各种存在手术或非手术相关性明显疼痛的患马使用。例如直肠、肛门、会阴、尾部、尿道、膀胱、肾、子宫、外阴、阴道、盆腔、后肢及前肢异常。

表49-5　用于硬膜外麻醉/镇痛的药物以及报告使用体积和剂量

药物（浓度或剂量）	体积（mL）	注射位置	起效/持效时间（h）	注释
尾部硬膜外麻醉/镇痛				
（a）单一药物				
利多卡因 1%~2%	5~8	Co_1-Co_2	0.5/0.75~1.5	1h 间隔重复注射 3mL
利多卡因 1%	20	Co_1-Co_2	0.75/3.0	造成中度共济失调
甲哌卡因 2%	5~8	Co_1-Co_2	0.5/1.5~3.0	
布比卡因 0.2%~0.5%	5~8	Co_1-Co_2	0.5/3.0~8.0	
罗哌卡因 0.2%~0.5%	5~10	Co_1-Co_2	0.5/3.0~8.0	起效快（10min）；共济失调风险小
赛拉嗪 0.17mg/kg	10	Co_1-Co_2	0.5/1.0~1.5	可能造成镇静/共济失调

1　Curlin 6000 CMS，B. Braun Medical，Inc.，Bethlehem，Pennsylvania.

2　ON-Q system（I-Flow Corp.，Lake Forest，California）.

（续）

药物（浓度或剂量）	体积（mL）	注射位置	起效 / 持效时间（h）	注释
地托咪定 30μg/kg	10	Co_1-Co_2	0.5/2~4	可能造成镇静 / 共济失调
右美托咪定 1.0~2.5μg/kg	10~30	Co_1-Co_2	0.5/4~6	可能造成镇静 / 共济失调
吗啡 0.05~0.2mg/kg	10~30（最多 50）	Co_1-Co_2	1~3/3~16	也可经过硬膜外留置针用于恒速滴注（0.5~2mL/h）
美沙酮 0.1mg/kg	10~30（最多 50）	Co_1-Co_2	0.5~1.0/5	
氯胺酮 0.5~2.0mg/kg	10~30	Co_1-Co_2	0.5/0.5~1.25	
（b） 药物组合（“平衡区域镇痛”）				
利多卡因 2% + 赛拉嗪，0.17mg/kg	5~8	Co_1-Co_2	0.5/4~6	
利多卡因 2% + 吗啡，0.1~0.2mg/kg	5~8	Co_1-Co_2	0.5/4~6	
布比卡因 0.125%+ 吗啡，0.1~0.3mg/kg	10~30	Co_1-Co_2/L-S	0.5~0.75/8 到 ＞ 12	也可经过硬膜外留置针用于（0.5~2mL/h）
赛拉嗪，0.17mg/kg+ 吗啡，0.1~0.3mg/kg	10~30	Co_1-Co_2/L-S	0.5~1.0/ ≥ 12	
地托咪定，30μg/kg+ 吗啡，0.1~0.3mg/kg	10	Co_1-Co_2/L-S	0.5/24~48	用于轻度到中度疼痛
地托咪定，30μg/kg+ 吗啡，0.1~0.3mg/kg	10	Co_1-Co_2/L-S	0.5/6~8	用于重度疼痛
联用利多卡因 1%~2%	5	Co_1-Co_2	0.5~1.0/0.75~1.5	硬膜外导管放置前经 Tuohy 针给药
吗啡，0.1~0.2mg/kg+ 布比卡因 0.125%	共 30	L-S	0.5~1.0/12 到 ＞ 24	经硬膜外导管向头侧推进≥ 5cm

· 存在躯体后半部分持续的、中度到重度疼痛的患马，可能需要重复或连续性地尾部硬膜外给药，使用这种疼痛管理方式有所帮助。

· 当硬膜外用药液体体积达50~70mL时，阿片类药物（如0.05~0.5mg/kg吗啡；0.1mg/kg美沙酮）能够向头部扩散到前肢甚至是脊髓的颈段。因此，这些阿片类药物也可能可以阻断胸腔内、腹腔和胸壁以及前肢产生的伤害信号（疼痛信号）。

· 可能需要长期术后疼痛管理。

· 手术时间可能超过一次性局部麻醉或镇痛时间的患马，可能需要反复使用硬膜外药物。

与重复或连续性硬膜外麻醉 / 镇痛相关的风险、不良反应及并发症

· A_β-纤维阻滞引起的本体感受缺失。

    - 可能发生于所有局部麻醉和赛拉嗪使用时。
- 由阻滞运动神经元引起的运动阻滞明显表现为共济失调或突然卧倒。
    - 可能发生于所有局部麻醉。
        - 使用罗哌卡因的风险低于使用其他麻醉药。
        - 当大量使用局部麻醉药或导管向前进入腰荐部硬膜外腔时，风险增加。
        - 低剂量使用长效麻醉药时风险明显减少（例如，0.125%布比卡因或0.125%~0.180%罗哌卡因）。
- 大剂量使用α_2激动剂。
- 交感神经纤维阻滞。
    - 可能仅发生于局部麻醉。
- 快速系统性吸收引发的系统性不良反应：
    - 镇静［特别是α_2激动剂（地托咪定＞赛拉嗪）］。
    - 兴奋（阿片类药物；罕见）。
    - 轻度到中度心肺和胃肠道效应（特别是α_2激动剂）。
        - 高血压。
        - 心动过缓和缓慢性心律不齐。
        - 低血压。
        - 呼吸抑制。
        - 肠道运动减弱。
    - 瘙痒。
        - 阿片类药物（更常见）。
        - α_2激动剂（罕见）。

第三部分
营 养 学

第50章
饥饿马匹的医疗管理

Dominic Dawson Soto

病因

- 潜在疾病。
- 主人的疏忽或者虐待。
- 饲养环境资源条件不足。
- 群体动态。
- 牙科疾病。

诊断和初步评估

- 体重减轻［体况评分（BCS）≤3］或者幼马生长不良，有关BCS的计算，请参阅表50-1
- 毛发粗糙，脱落。
- 精神沉郁。
- 疾病的严重程度是累积的，可以分为。
  - 局部。
  - 全身。
- 根据病因的不同病程可达数周至数月。

- 仔细询问看护人：
  - 饲喂。
  - 居住环境。
  - 饮水。
  - 群体动态。
  - 疫苗接种。
  - 驱虫。
  - 牙齿保健。
  - 常规健康护理。
- 检查马房内是否有足够的水，草料或精料（必要时可以通过询问饲料收据来巧妙地进行检查）。
- 记录同群马匹的体况评分。
- 检查母马的怀孕情况。
- 如果怀疑畜主忽视或虐待马匹，请立即联系当地有关部门，并使用文字和照片仔细记录：
  - 患马的病情。
  - 马房、饲料/饮水。
  - 马群状况。
- 进行全面的身体检查；心脏杂音（即主动脉收缩期杂音），可能与慢性疾病/营养不良继发的贫血一起存在。
- 需要进行全血细胞计数和血液生化检查来评估潜在的疾病，如脱水、饥饿激发的贫血等。还可能需要对葡萄糖、甘油三酯和电解质（Na^+、K^+、PO_4^{3-}和Mg^{2+}）进行检测。检测电解质（Na^+、K^+、PO_4^{3-}和Mg^{2+}）时要小心，因为有时即使全身匮乏，血清中的含量也是可以保持在参考范围之内的。例如，在细胞内电解质耗尽时仍然保持足够的血清水平。
- **实践提示**：可能显示饥饿的常规实验室检查结果：
  - 低蛋白血症。
  - 高胆红素血症。
  - 高甘油三酯血症。
- **注意**：如果脂肪存储被耗尽，甘油三酯可能正常。
- 肌肉萎缩提示严重的饥饿。
- 自身体重减轻40%以上的马匹通常卧地。
- **实践提示**：在饥饿马匹卧倒后，褥疮通常发生得更快，通常在卧倒后48h。
- 观察营养不良和矿物质缺乏的表现：
  - 白肌病——维生素E和/或硒缺乏。
  - 佝偻病——维生素D缺乏。

- 若尸检时发现马匹横卧：
  - 严重脂肪萎缩。
  - 肌肉萎缩。
  - 褥疮。

表50-1　个体体况评分的特征

体况	颈部	鬐甲部	腰部	尾基部	肋骨	肩部
1 极瘦	很容易能看到骨骼；马极度憔悴；触摸感觉不到脂肪组织	很容易能看到骨骼	棘突突出明显	棘突突出明显	尾基部（坐骨结节或骶骨结节）钩骨突出	很容易能看到骨骼
2 消瘦	隐约能够看到骨骼，马憔悴	隐约可以看到骨骼	少量的脂肪覆盖在棘突的基部，腰椎的横突感觉圆润，棘突突出	尾基部突出	少量脂肪覆盖在肋骨上，很轻易就能看到肋骨	肩部突出
3 瘦	颈部骨骼突出	鬐甲部突出	棘突上有脂肪堆积，但容易摸到，感觉不到横突	尾基部突出但无法从视觉上区别单个椎骨，髋部看起来圆润但较容易触及，坐骨结节难以看到	肋骨上有少量的脂肪覆盖物；肋骨容易辨认	肩部突出
4 偏瘦	颈部消瘦不明显	鬐甲部消瘦不明显	背部有褶皱	突出程度取决于构造；可以感觉到脂肪；无法观察到髋关节	可以辨别出模糊的轮廓	肩部消瘦不明显
5 正常	颈部轮廓平滑地延伸到身体	鬐甲部在棘突之上	背部是水平的	尾基部能够感受到海绵状的脂肪	不能看到肋骨，但是能够轻易触摸到	肩部平滑地延伸入身体
6 偏胖	脂肪开始堆积	脂肪开始堆积	可能会有轻微的褶皱	尾基部可以感受到松软的脂肪	肋骨上可以感受到松软的脂肪	脂肪开始堆积
7 胖	颈部的脂肪堆积	背部脂肪堆积	可能会有轻微的褶皱	尾基部可以感受到松软的脂肪	可以感觉到单独的肋骨，但是肋骨之间有明显的脂肪填充	脂肪在肩后部堆积
8 肥胖	颈部明显增厚，脂肪沿臀部内侧沉积	鬐甲部脂肪堆积	有向后的褶皱	尾基部肥胖，脂肪松软	很难触及肋骨	肩后部高度与身体齐平
9 极肥胖	臀部脂肪凸出，脂肪发生摩擦，侧面发红	鼓胀的脂肪	明显的向后的褶皱	尾基部的脂肪膨胀	肋骨上出现片状脂肪	鼓胀的脂肪

来源：Henneke et al：*Equine Vet J* 15（4）：371-372，1983.

应该做什么

没有发生再喂养综合征的饥饿病例

- 如果电解质是稳定的，少量多次饲喂理想体重易消化能量（DE）50%~70%的高质量、叶状苜蓿。
- 应识别出患有再喂养综合征的风险的马。
- 在恢复喂食的5~7d内监测马的重要生命体征（TPR）和电解质水平。
- 记录马的体况评分和生活喂养条件。
- 如果马能耐受再次喂养，不出现再喂养综合征的迹象，那么在第7~10天增加至理想体重易消化能量的100%。
- 应持续提供新鲜、干净的水或者含有电解质（Na^+或K^+）的水。

再喂养综合征

- 再喂养综合征（RFS）包括慢性营养不良的患马因重新饲喂营养，特别是碳水化合物而发生的代谢、电解质和器官功能障碍。心血管系统、呼吸系统和神经系统可能出现紊乱，如果再喂养综合征未经治疗，可能会导致死亡。
- 再喂养综合征的特征包括：
  - 碳水化合物/葡萄糖补充后可能发生严重的低磷血症，低磷血症被认为是大部分再喂养综合征患马出现进行性无力的原因。
  - 低钾血症。
  - 低镁血症。
  - 由于马体内的葡萄糖突然增加，可能发生潜在的葡萄糖紊乱来适应脂肪代谢。
  - 低钠血症或高钠血症。
  - 体液过载。
  - 维生素和微量矿物质缺乏。
  - 可能出现低钙血症。
- **实践提示：**重新引入碳水化合物会导致胰岛素释放，葡萄糖和其他电解质流入细胞，进而使血清电解质缺乏（如磷和钾）。
- 初步临床症状可能包括：
  - 心律失常和/或不足。
  - 周围性水肿。
  - 由于膈肌功能障碍引起的呼吸衰竭。
  - 横纹肌溶解症。
  - 癫痫。
  - 开始再喂食后的前3~5d内出现虚弱，昏迷和/或死亡。
- **注意：**即使磷酸盐水平在再喂食开始时在参考区间内，由于葡萄糖/胰岛素驱动的细胞摄取磷酸盐，也可能发生低磷血症，细胞摄取的磷酸用于：
  - 葡萄糖的磷酸化。

- 葡萄糖吸收后合成三磷酸腺苷（ATP）、蛋白质和其他必需化合物。
- 由于红细胞中PO_4^{3-}减少，可能会发生贫血。贫血可导致：
  - 溶血。
  - 向组织输送的氧气不足。
  - 如果不及时治疗，可能发生全身缺血和多器官功能衰竭。
- 由于胰岛素驱动的Na^+保留，可能会发生液体过载。

· **实践提示**：肠外喂养可能有较高的再喂养综合征风险，因此建议尽可能进行肠内或口服喂养；但是这些喂养方式并非没有风险。

· 在饥饿期间，硫胺素和其他维生素的浓度会急剧下降。随着再饲喂初始时葡萄糖代谢的启动，硫胺素水平可进一步降低。除了引起共济失调和肌肉震颤等神经系统异常外，硫胺素缺乏会抑制有氧代谢，最终导致乳酸性酸中毒。

- 感染可能更常见，因为高血糖会抑制中性粒细胞功能。
- 基于苜蓿的饮食可以提高Mg^{2+}水平。
- PO_4^{3-}过度补充可能导致：
  - 低钙血症。
  - 高钾血症。
  - 高钠血症。

· 再饲喂之前应该纠正电解质，尤其是PO_4^{3-}、Mg^{2+}和K^+［$MgSO_4$，50~100mg/kg IV SID；PO_4^{3-}，0.6mg/（kg · h），监测器q6h或1 200~1 500mg/d PO；K^+，0.02~0.08mEq/（kg · L），*不超过*0.5mEq/（kg · L）］。如果磷小于0.5mg/dL，可以静脉注射2~5mL无菌磷酸盐水溶液，其中供应约每毫升含P170mg（*不要*使用含矿物油的灌肠液），0.6mg/（kg · h）或50mL直肠给药。如果患马太虚弱而无法进食，可以使用含有Na^+、Cl^-、K^+、PO_4^{3-}、Mg^{2+}和葡萄糖的电解质溶液肠内喂养（不要使用5%的右旋糖溶液）。

应该做什么

再喂养综合征

- 尽可能提供庇护。
- 如果患马卧地，协助其站立。如果情况严重，则提供吊索支撑（见第37章）。

· 缓慢或停止提供营养支持，直到患马的电解质和代谢系统正常化。一开始可以使用平衡电解质溶液中的葡萄糖来预防反射性低血糖和低磷血症。一旦患马稳定并且再喂养综合征的症状已经解决，营养支持可以以小于等于先前速率50%的新速率重新开始。

· 应逐步进行补液。饥饿可能导致低钠血症或高钠血症，并同时发生脱水。口服液体2~4L，间隔20~30分钟，直至口渴减轻。如果Na^+紊乱时间超过24h，Na^+的使用应不快于0.5mEq/（L · h）。如果需要，可以静脉输液。

- 用利尿剂治疗各种原因造成的液体过载（如果使用排K^+利尿剂，如呋塞米，则密切监测K^+）。
- 补充氧气，治疗呼吸窘迫。

· 如果发生严重的电解质紊乱，需要进行大量补液时，在此期间应监测电解质变化（PO_4^{3-}每4~6h监测一次；Mg^{2+}每12~24h监测一次）。

- 及时治疗低镁血症（硫酸镁，50~100mg/kg IV q24h），因为低镁血症可能导致顽固性低钙血症和低钾血症。

- 严重的低磷血症，提供磷补充剂，口服和静脉注射（见之前内容）。
- 在补充营养之前和补充期间，应给予硫胺素（10mg/kg IM或稀释液IV）。
- 补充营养期间也可以使用维生素C（0.022~0.44mg/kg PO q24h）。
- 如果使用肠内或肠外补充剂，前24h给予总需求的25%，并在3~5d内逐渐增加至100%，密切监测患马任何可能的再喂养综合征迹象。
- 如果可能存在微量元素不足，提供微量矿物质（尤其是硒、锌和铁）。
- 饥饿72h后，胃肠道排空延迟，肠绒毛吸收能力下降。因此，在早期阶段可能需要选用易于消化的食物。
- **实践提示：**饲喂马匹时应少量多次，并监测吞咽困难和/或窒息的迹象，因为饥饿的马可能会大口吞食食物。如果电解质稳定，饲料应按计算的每日易消化能量（DE）要求的50%~75%（Mcal DE/d= 1.4 + 0.03 BW，其中BW是其估计的理想体重）给予，在前5d少量多次饲喂。5d后，根据理想体重逐渐增加至100%的DE，1~2d内完成。
- 如果可能，诊断和治疗任何潜在的病因（如感染、垂体中间部功能障碍、严重的牙科疾病）。但在马临床体征稳定之前，尽量推迟广泛的驱虫治疗和诊断程序。
- 如果诊断为原发性或者继发性感染，可以使用抗生素。
- **注意：**如果患马为低蛋白血症，应谨慎使用高蛋白结合药物（即利多卡因、保泰松），以尽量减少副作用的发生。

监控

- 每日生命体征［温度、脉搏和呼吸（TPR）］，精神和每日体重增加量（如果可能）
- 排尿量
- 如果存在电解质异常和/或使用电解质补充剂，在最初7d内应进行心电图（ECG）监测。**重要提示：**低钾血症可导致房性和室性心律失常。
- 如果可能，每4~6h监测一次血浆葡萄糖直至稳定。
- 每天监测电解质，尤其是Mg^{2+}、K^{+}、Na^{+}、PO_4^{3-}和Ca^{2+}，直至稳定。
- 重新喂食后几天升高的游离脂肪酸可能会下降。
- 贫血的缓解可能需要10d以上的时间。
- 监测是否存在液体过量的迹象。
- 周围性水肿。
- 呼吸频率或强度的增加。
- 颈静脉脉搏的增加。
- **重要提示：**即使是使用低热量配方饲喂的患马也可能出现再喂养综合征，因此，需要仔细监控。

预后

- 根据消瘦的严重程度，可能需要6~10个月才能达到可接受的体况评分。
- 卧倒超过72h的马匹或体况评分为1（满分9分）的马匹预后不良。

不应该做什么

再喂养综合征

- 不要饲喂精料或碳水化合物含量高的饲料。
- 不要引起高血糖。
- 不要采用激进的液体疗法进行补液。

第 51 章
受伤、住院及术后患马匹营养指南

Raymond J. Geor

- 评估营养状态和建立饲喂计划对受伤、住院、术后的马而言十分重要。在人医，受伤和住院时的营养状态和后续的饮食计划都对发病率和病死率有影响。
  - 营养剥夺与以下因素有关：
    - 免疫抑制。
    - 胃肠功能的改变，包括胃肠动力下降、肠绒毛萎缩、肠道通透性增加导致的屏障功
    - 能下降（特别是长期营养不良的动物）。
- 动物和人体试验表明早期的营养干预能促进健康。
- 尽管很少的数据能说明不同饲养方式对患病、术后患马的短期和长期效应，但仍可推测出营养在患马的恢复中扮演着很重要的作用。
- **实践提示：**健康的、体况良好的成年马可以耐受2~3d的禁食，并不引起疾病。
- 急性的饥饿会引发神经内分泌反应，从而降低代谢率，保护无脂肪组织（如骨骼肌），并且促进贮存脂肪的利用，从而满足能量的需要。这是一种在营养缺乏情况下维持身体功能的方法。
- 重大疾病（如严重创伤、败血症、烧伤、大手术施行）时马代谢反应与简单的缺乏饮食时相反。
  - 交感神经活动增加，炎性细胞因子（如IL-1β、IL-2、IL-6、TNF-α）和分解代谢性激素（皮质醇、胰高血糖素、儿茶酚胺类激素）共同提高代谢率，导致机体处于高分解代谢状态。
  - 骨骼肌中蛋白溶解通路的激活为肝糖异生和急性反应期蛋白的合成提供氨基酸。此时机体能量的主要来源并不是脂肪酸，而是来自无脂肪组织的分解代谢产生的氨基酸。高分解代谢状态会导致大量氮丢失以及严重的肌肉萎缩，并损害免疫功能和组织愈合能力。

营养状况的评估

- 应立即，或者在紧急治疗和初始评估之后立即进行马营养状况的评估。这个评估能指导建立营养计划（包括辅助营养支持的需要、其他形式的特殊营养）。
  - 这个评估应该包括：
    - 体况评分。
    - 食欲评估。

- 识别可能阻止进食的神经缺陷和机械损伤（如食管创伤、下颌骨骨折）。
- **实践提示：**
  - 体况评分低的马［Henneke体况评分（BCS）＜3，肋骨容易显现，凹陷的颈部，棘突在腰部和尾基部明显］可能有更差的伤口愈合能力，并且院内感染风险更大。
  - 肥胖的马（BCS 8~9分）在无法进食和饥饿持续超过24~48h的情况下，高甘油三酯血症和可能致死的高脂血症（多出现于矮种马、驴、迷你马）的患病风险更高。

· 如果可能，应该要获取马的饮食史，包括饲料的种类和数量，以及最近饮食是否发生改变（如突然增加某种谷物饲料、突然改变某种干草饲料）。这个信息也许能提供对于现有问题的解释（如营养关联性蹄叶炎、急腹症、中毒等）。此外，了解近期和现在的日粮情况可帮助避免非有意的饮食重大改变（饲料的种类和数量），这些改变可能导致马住院期间的额外问题。

· 如果可能，应当测定血清甘油三酯浓度。

· **实践提示：**高甘油三酯血症是负能量平衡、需要进行营养干预的一种有用的指征。连续测定血清甘油三酯浓度可以用于判定营养支持的有效与否。

· 超重和肥胖的马，尤其是矮种马、迷你马和驴，有患高脂血症和高甘油三酯血症的风险。在马有出现典型的高甘油三酯血症（＞500mg/dL）伴随急腹症和/或结肠炎，同时有临床或实验室证据显示系统感染。循环中脂质增高可能反映血液脂质清除能力下降。对患马，静脉注射葡萄糖溶液或者给予肠外营养会导致血清甘油三酯浓度下降到参考值之下，食欲增加，循环中脂质下降。

营养管理的选择

- 受伤、住院、术后患马的营养管理通常分为以下几类：
  - 饮食组成和饲料不变化，饲喂同住院前相同种类和数量的饲料。
  - 饲料种类增加，这是一种刺激食欲差的马进食的方法。
  - 根据医疗或者手术情况（例如营养关联性蹄叶炎、急腹症术后、为下颌骨骨折马提供流食），对日粮的数量、组成以及/或物理性状进行改变，这包括单纯减少饲料量（由于限制活动而减少能量需要）。
  - 辅助性肠内饲喂。
  - 肠外（静脉内）营养供应。

· 许多患病或者受伤的马不需要特殊营养在体况良好、食欲正常的马中存在的严重撕裂创伤或骨折（下颌骨骨折除外）。应当提供这些马与活动水平和生理状况相适应的日粮量。

- 对成年马，这主要包括维持量（≈1.5%~2.0%体重/d）的高质量饲料（推荐受伤前饲喂的种类），并保证其能自由获取水和电解质。
- 活动水平最常因为圈舍限制的原因而下降，大体上，除非马在只食用干草料的情况下

不能维持自己的体重和体况，否则一般成年马不需要额外的谷物或草料。

- **实践技巧：**
  - 生长期的马（2岁以下）和泌乳母马应该接受额外的饲料以供生长和泌乳，每日应分为2~3次饲喂。
  - 怀孕末期母马（8~11个月）应当提供0.5~1.0kg/d的均衡饲料，添加氨基酸、维生素和矿物质，以确保母马的营养需要和胎儿发育。

· 患马的食欲最初常常很差，但随着逐渐恢复，食欲将逐渐增加，因此，应在病例管理的最初几天仔细地监护马的进食。

· 提供多种适口性高的食物（如高质量牧草、豆科干草、浸湿的干草块、少量或0.5~1.0kg/餐的商品谷物或脂类和纤维饲料，添加糖蜜），刺激马进食。

· 病重的马对食物较为挑剔，因此移除未食用的食物并在每次喂食间隔提供新鲜的食物十分重要。

· 发热、疼痛和系统感染可能降低食欲，因此非甾体类抗炎药的应用也能帮助促进马进食。

应该做什么

对危重马的营养补充

· 对于48~72h没有进食或者摄入低于50%日粮营养需求的马，应该考虑给予额外的营养支持，早期营养支持的应用还包括：

- 食欲不振时代谢需要的增加（如泌乳马、生长期的马）。
- 潜在的内分泌或代谢异常，可能伴有一段时间没有食物摄入或摄入很少（如有高甘油三酯血症-甘油三酯＞500mg/dL的肥胖马）。
- 矮种马、迷你马、驴。
- 代谢综合征、垂体中间部功能障碍（PPID）。
- 能导致代谢需要增加和/或蛋白质丢失的严重疾病（如败血症、结肠炎、十二指肠空肠炎）。

评估营养和饲喂需要量

· 患病或严重受伤马的营养需求尚未确定，因此，营养建议很大程度上是基于健康马的需求。尽管有严重的疾病或创伤、手术可能增加代谢和能量需要，但由于活动量减少以及进食减少引起的消化代谢需要能量减少，因此大体的能量需求可能与健康马维持量相似。

- 实践技巧1：对大部分住院或者康复期的马而言，计算静止能量需求（RER）对最初的营养管理而言是合适的方法。RER=［21kcal×体重（kg）］+975kcal，或者大约23kcal消化能（DE）/（kg · d）（≈11.5Mcal/d，对于500kg的马而言）。RER代表马维持静止和无活动时的最小能量需求。
- 实践技巧2：对肠外营养时，因为过度的能量可能会增加类似高血糖、高胰岛素血症等并发症的发生，故推荐初始时先给予80%的RER［约19kcal/（kg · d)］。
- 实践技巧3：对于简单的病例，正常情况下成年马的真实维持需求量是30~35kcal

DE/（kg · d）（National Research Council，NRC，2007）。但直到马康复并回到正常状态之前，可能都不需要这个水平的能量摄入。

· 生长期的马、怀孕后期马、泌乳马有更高的能量需求，应该在制订营养计划时考虑这一点（NRC，2007）。

· 每匹马有各自独特的营养需要，因此估计的能量仅仅提供一个基本的估计值，意识到这点很重要。

· 常规体重和体况评分应该用于评估能量供应是否充足以及改变饲喂计划。

- 蛋白需求应该在考虑能量摄入和潜在疾病进程的情况下进行估计。
  - **实践提示：**当来自碳水化合物和脂肪的能量供应受限制时，体内蛋白会用于供应能量，导致骨骼肌损失。因此，制订计划时要先满足最小能量需要，再计算蛋白质需要量。
  - 对人来说，蛋白质需要量是1.2~2.0g/（kg · d），对于经历肠道手术的患者推荐该范围的较高值。
- 成年健康马对粗蛋白（CP）的需要可通过以下公式进行计算：
  - CP（g）=40×DE（Mcal DE/d）。
- 对500kg的马而言，维持量是每天16Mcal DE，等于每千克体重1.25g CP。
- 因为大部分膳食蛋白的消化率是70%，这个水平的CP提供大约每千克体重0.9g蛋白质。
- 当马体况差（体况评分＜3）或者患败血症、低蛋白血症、低白蛋白血症时，可提供高水平蛋白质（如2g CP/kg · d）。
- 对于肠外营养时，因为静脉途径给予的氨基酸利用率较高，给予较低水平的蛋白质是合理的。在马肠外营养的报道中，应用蛋白质0.6~0.8g/（kg · d）作为平衡的氨基酸溶液（1g/40~50kcal）（Durham et al，2004）。
- 一些为患马设计的商品饲料（如Well-Solve W/G）可满足或超过健康马在低喂食率时（0.3%体重/d或≈500kg马1.5kg/d）的蛋白质维持需要量。

特殊情况下的营养指南

胃肠道疾病

全身麻醉和上消化道手术后的饲喂

· 非胃肠道手术：当马从麻醉中恢复和临床指征表明胃肠功能恢复正常时，可以重新开始饲喂。大多数情况下，可以在麻醉后4~6h后恢复饲喂，刚开始先饲喂少量干草（每餐约1.0kg）和水，在之后的24h内逐渐增加数量。

· 牙科手术：日常牙科操作（如拔牙）后通常不需要改变饮食，然而对于中度或严重牙周病的马而言，可能需要长期的饮食更改。推荐使用短纤维来源饲料（干草剁碎至＜2cm）或全料以减少饲喂对牙周袋的影响。在早期管理中，由于牙周病伴随的疼痛，饲喂由浸湿的干草块或颗粒组成的流食可能是必要的。

· 食管手术：全层食管损伤修复术后应禁食禁水至少48h。此时建议通过静脉输液（包含5%葡萄糖）进行维持治疗，并在禁食禁水时提供一些能量。随后，提供浸泡的饲料块或颗粒或全料的浆料，如果可能的话，可以提供牧草。在食管手术部位完全愈合之前，不应该给予干燥的饲料。在食管损伤或伤口需要两次干预才能愈合的情况下，可通过经由鼻、食管伤口或食管造口术放置的饲管来饲喂。

· 食管阻塞：在缓解食管阻塞后允许自由饮水，但饲喂食物的暂停时间取决于阻塞持续时间以及是否为反复出现的问题。在阻塞后第一次喂食时，使用湿的混合饲料或牧草。继续饲喂这种类型的饲料直到食管生理恢复正常（对于慢性或复杂的病例，可通过钡餐造影或内镜评估阻塞部位）。若阻塞反复发作，应在重新饲喂前进行内镜检查。

应该做什么

下消化道术后的总体饲喂原则

- 小肠手术：关于术后何时开始饲喂有很多不同的观点：
  - 一些临床医生选择在术后24~36h后恢复饲喂，尤其是绞窄性阻塞时，需要切除和吻合小肠断端。
  - 一些临床医生选择术后6~8h（考虑到此时已经有足够的胃肠功能）恢复饲喂。
  - 不管怎样，监测心率、腹鸣音、小肠运动的超声检查为确定重新允许摄食时间提供了最好的依据。
  - 若有肠梗阻的临床证据时，不应当给马喂食与给水，并且如果肠道功能损坏时必须停止喂食。
  - 若肠梗阻超过48h，推荐肠外给予营养。

应该做什么

小肠术后的饲喂

- 实践技巧：
  - 每小时间隔给水可用于评估口服对肠道功能的影响。
  - 如果3~4次给水后没有不良反应。可按照1h间隔给予少量（1~2把）柔软的饲料（最好是牧草）。
  - 如果没有并发症，最早在术后12h可以按照2~3h的间隔开始给予较多量的饲料（如0.5kg牧草或苜蓿干草）。
  - 在接下来的24~48h，提供的饲料数量应逐渐增加，同时饲喂频率应该逐渐降低。
  - 术后10~14d不应当饲喂谷物或者商品谷物饲料。
  - 如果考虑饮食对肠道接合处的影响，或者当马在重新进食后表现出急腹症时，可考虑使用软的、小块的日粮（如为老马配制的全价饲料）。
  - 新鲜草、被水浸润的干草块和干草颗粒是合适的饲料。

大肠术后的饲喂

- 腹泻是各种结肠手术的并发症，在大肠疾病的剖腹术中并发风险最高。
  - 饲喂干草可以减少大肠术后腹泻并发的风险。
  - 如果没有胃返流或者肠道运动功能下降，最早可在术后4~6h给水，并在术后6~8h间隔2~3h提供少量牧草或者软的禾本科干草（约0.5kg）。
  - 推荐使用初剪干草，因为与更成熟的牧草相比，其干物质的消化率更高。可以每天3~4次牵遛放牧5~10min。
  - 术后10~14d内不应当饲喂任何谷物饲料。推荐饲喂软的、小块的饲料，可以限制结肠造口术和肠道吻合处的压力。有些临床医生喜欢在最初的2~3d使用鼻饲管给予矿物油以软化肠道内容物。

应该做什么

大肠梗阻的饲喂

- 大结肠梗阻的马应当在解除阻塞不久之后就进行饲喂。

- 推荐使用新鲜牧草、苜蓿垛、苜蓿颗粒、禾本科干草和其他易消化的纤维。与长茎粗饲料相比，颗粒饲料更好，因为颗粒的尺寸更小。
- **实践提示：**小心地饮食管理对马盲肠梗阻康复而言很重要。
  - 重新进食后马很可能再次发生梗阻，可能反映了马盲肠活动性的持续性下降和盲肠显著扩张。
  - 在盲肠梗阻后最开始的10~14d应饲喂小块的颗粒饲料（而不是长茎干草）。在最初的48~72h，重复梗阻的风险最高，因此仔细的临床监测（如对每匹马做多次超声检查、直肠触诊）十分重要。
- 详细的口腔检查可确定咀嚼功能，从而可能解释一些潜在的发生梗阻的原因。
- 如果沙子积累是发生梗阻或者急腹症的原因，那么就还有继续摄入沙子的风险，因此可使用洋车前子[0.5~1g/（kg · d）]以促进沙子从粪便排出（见第18章）。

应该做什么

腹泻马的饲喂

- 系统性疾病伴随急性结肠炎可导致马食欲不振或减退，此时应提供肠外营养。
- 对腹泻马而言，它们愿意吃禾本科干草比例大的日粮。理论上，结肠炎/腹泻与食物肠道通过时间的减少有关，提高了本应在小肠中消化的饲料成分（植物油、非结构性碳水化合物/NSC）向盲肠输送的可能性。
- **实践技巧：**当控制住腹泻时，应限制饮食中的NSC（谷物粮食、植物油、果聚糖等）。
- 食欲差并不罕见，即使不是最理想的食物，但提供少量不同的食物，可能会激发食欲。
- 最初，应少量（约1kg）、多次（每天6~8次）饲喂禾本科干草，随着马的康复逐渐恢复到正常饲养模式。
- 也可以提供其他高消化率的纤维饲料，如甜菜粕（预先在干净水中浸湿）。
- 腹泻马常见血清电解质浓度异常（如钾、钠、氯、钙、镁），口服电解质补充剂（如NaCl、KCl和/或$MgCl_2$）常常可作为其他液体疗法的补充。
- 益生元（如布拉迪酵母菌）的使用和其他肠道保护剂或吸附剂（如蒙脱石散、生物海绵）可能是有益的。

蹄叶炎

- 蹄叶炎可能发生于以下4种情况：
  - 败血症、系统感染（如胃肠疾病、脓毒性子宫炎、肺炎）。
  - 继发于牧场放牧或谷物过食。
  - 内分泌疾病（马代谢综合征、垂体中间部功能障碍）。
  - 机械性过载（负重侧肢的侧肢蹄叶炎）。
- 无论何种发病原因，为了避免潜在的食物引起的蹄叶炎恶化，都需要改变饮食结构。
- 对于患有与牧场相关蹄叶炎的马和矮种马可运用相似的饮食管理原则。
  - 受影响的马必须离开牧场，可以养在没有牧草的马圈（轻度蹄叶炎）或带深槽的单圈（更严重的蹄叶炎）。引入含有适合的草料营养添加剂的，更低NSC，以草料成分为主的日粮产品。
  - 限制活动和饮食的持续时间，以及是否恢复牧场放牧，取决于蹄叶炎的严重程度和疾病进程以及潜在的内分泌和代谢问题的情况。

应该做什么

蹄叶炎患马的饲喂

- 移除那些可能与蹄叶炎发生、加剧现蹄叶炎严重程度有关的饲料至关重要。
- 对摄食过量谷物，但没有出现谷物过食临床症状的马而言，禁食24h，并在之后（24~48h）逐渐饲喂干草或者保存饲料（见第18章）。

• 应限制NSC的摄入（干草的NSC应小于10%~12%的干物质/DM），防止饲喂后循环胰岛素浓度的升高，从而控制蹄叶炎的发展。

• 对于表现出临床症状的过食谷物马，必须在急腹症、胃肠扩张、胃返流解决之后才能进行喂食。

• 如果蹄叶炎没有继续发展，可在谷物过食48~72h之后逐渐恢复正常饮食。

• 相反地，应对蹄叶炎患马实行一段长时间的特殊饮食管理，直到蹄叶炎痊愈之前，应饲喂1.5%~2%体重的低NSC的干草（＜10%~12% DM）。

• 对400~600kg的马而言，应饲喂0.5~1.0kg/d的混合平衡料，补充干草中缺乏的氨基酸、维生素和矿物质。

• 或者可以饲喂适当强化的，仅产生低的血糖/胰岛素反应的全价饲料。

• 在马匹需要额外营养的特殊情况下，应给予脂肪，而不是碳水化合物。

肾衰

• 马出现急性肾衰、急性肾损伤或者慢性肾衰突然急性恶化时，营养支持需要提供高适口性的粮食以促进马匹的自主进食。患马经常食欲不振，若其摄入食物一直少于营养需求量超过48h，应当给予辅助肠内营养或者肠外营养支持。

• 马急性肾衰康复后的一段时间可持续出现肾小管功能不全，导致钠离子和氯离子丢失。可用散盐（对于500kg的马，25g，每天2次）和/或低渗盐水（0.45%NaCl）补偿尿液丢失量。

• **实践提示：**对于慢性肾衰最重要的是体重减轻和肌肉的丢失。

应该做什么

肾衰马的饲喂

• 饮食中最主要的成分应该是高质量的禾本科干草，应避免饲喂豆科干草（苜蓿及其产品），因为其蛋白和钙含量高。

• 小麦作物（如燕麦）或商品粮（最好包括额外的植物油）经常用于增加每日能量摄入和增加体重。

• 日粮应包含足够但不过量的膳食蛋白质（每千克体重1.0~1.5g/d]。

• **实践提示：**膳食蛋白质的足够摄取量能通过监测血液尿素氮-肌酐比进行间接评估，若比例＞15mg/dL，代表蛋白质摄入过多，若比例＜10mg/dL，代表蛋白质摄入不足。干草日粮加上商品粮或者日粮（饲料）营养添加剂可提供蛋白质至少每千克体重1.5g/d。

肝衰

更多关于此话题的信息见第20章。

应该做什么

肝衰马的饲喂

• 急性肝功能不全时最首要的考虑是维持血液葡萄糖的浓度。

• 应添加甜饲料或其他相似的谷物饲料作为饲料的补充，日粮应分作4~6次饲喂，从而保证马有持续性的外源性葡萄糖供应，减少机体对糖异生的依赖。

• 日粮的“少食多餐”也可避免大肠菌群的紊乱，减少额外的氨产生。

• 不应饲喂超过每餐1g/kg体重的淀粉（对500kg的马而言，每餐不超过1~1.2kg的甜饲料或燕麦）。

• 避免饲料成分中有大量的高蛋白成分（如苜蓿、豆粕、亚麻籽），因为高蛋白可能促使或恶化肝性脑病。

• 饮食需要提供充足的蛋白质，饲喂质量差的粮草时，可能需要商品化的饲料（营养）添加剂产品（0.5~

1.0kg/d）。

• 对要接触牧草的马，推荐夜间放牧，以避免光敏性皮炎。

饥饿马的再喂养

• 保守方法适用于饥饿马的初始营养支持（见第50章）。

• 对营养不良的人类，突然恢复饮食（无论肠内、肠外饮食）会导致潜在致命的水、电解质变化，这是由于激素和代谢对饮食的反应所致，称为再喂养综合征。

• **实践提示：**再喂养综合征最明显的实验室指征是低磷酸盐血症，但其他电解质异常也可能发生，例如低钾血症、低镁血症。

• 电解质异常可引发一些心脏疾病（如心律不齐、心脏停搏、神经肌肉并发症）。

• 有趣的是，这些在人身上观察到的代谢和电解质紊乱以及再喂养综合征也在饲喂了高糖和高淀粉食物（高NSC/非结构性碳水化合物）的饥饿马身上观察到。

• 对慢性饥饿马，推荐在日粮中限制饲喂NSC饲料，总食物中NSC比例应少于20%。

应该做什么

饥饿马的再喂养

• 一般，推荐恢复期间的饲料以粮草型饲料（干草）为主（见第50章）。

• 饥饿马应该饲喂鲜草或豆类干草，或者二者的混合。

• 牧草的NSC含量通常小于15%DM。苜蓿干草是初始再喂养的一个好选择，因为比起禾本科干草，其矿物质含量高。

• 谷物（燕麦、小麦、大麦）和甜饲料不推荐使用，因为其NSC含量太高。

• 干草日粮中应添加维生素-矿物质的添加剂或者饲料（营养）添加剂颗粒。

• 日粮的能量密度可能会随着直接添加植物油（如每天1/4~1杯，从下限开始添加）或者提供商品化脂肪补充粮而增加。

• **实践提示：**饥饿马的消化能需求量应该根据当前体重的RER（静止能量需求）[23kcal/（kg · d）] 和理想体重下真实的维持需要量 [30~35kcal/（kg · d）] 进行计算。

• 饥饿马、消瘦马可能丢失25%~30%的体重，因此第一次计算时，应按照125%~130%的体重去计算理想体重下维持需要量。

• 推荐使每日DE摄入逐渐增加，开始按照当下体重25%~50%的RER，在2~3d内增加到100%的RER，然后逐渐（7~10d）过渡到理想体重时的维持需要量。

• 如果通过辅助肠内饲喂（AEF）方式提供日粮，能量供应不应该超过100%的RER。在马能自主进食后，过渡到真实维持量。

• 不论采用何种饲养方式（自主进食或者AEF），在恢复的最初10~14d，日粮都应分作4~6次/d进行饲喂。

• 10~14d后，日粮应分作2~3次/d进行饲喂。

辅助肠内饲喂

• 辅助肠内饲喂（AEF）是通过鼻饲管将流食灌入胃中实现饲喂。

• 食物选择包括：

  • 马和人的肠内食物产品。

  • 商品化颗粒饲料。

- 自制饲料。
- 已用于成年马的人用配方包括Vital HN和Osmolyte HN。
  - 这两种配方都缺乏纤维，优点是这可以使通过小直径鼻饲管饲喂时易于给药，但这些产品喂给马时可能导致腹泻。
  - 这些无纤维、人用肠道配方中的能量基质与典型的马日粮不同。
    - Osmolyte HN含有大约29%来自脂质的能量和54%来自水解碳水化合物（主要是糖类）的能量。
    - Vital HN提供约10%的脂质能量和74%的糖类能量。
    - Osmolyte HN的高脂质含量可能导致不适合补充脂肪的马消化紊乱，而对于具有胰岛素抵抗的马，禁忌使用高碳水化合物饲料（如Vital HN）。
    - 总之，以上这些因素证明在患马中使用人类产品是不正确的。
- 因此，应使用用于马的肠内营养补充剂或饲料配方。
  - 用于马的几种含纤维（10%~15%粗纤维）的肠内营养配方在美国可买到（例如，马的重症监护食物，Well-Solve W/G，肠内免疫营养配方）。
  - 这些产品可作为其他饲料（自主进食）的辅助饲料或作为AEF饮食的唯一组成部分。
    - 如果使用市售的肠内营养配方，请遵循特定的标签说明或根据静止维持能量需求计算给食量。
    - 含有纤维的市售颗粒饲料，即所谓的“完全饲料”，是一种具有高性价比的替代品。然而，投喂这些饲料需要大直径的饲管。

· 表51-1列出了补充植物油的颗粒完全饲料的建议饲喂方案。该例中的饲料含有约14%的粗纤维，并且在饲喂时提供2.6 Mcal DE/kg的饲料。因此，需要3.5~4.0kg的饲料来满足500kg马的RER。

表51-1　基于补充植物油的全价颗粒饲料的肠内配方和500kg马的推荐喂食时间*

成分	第1天（1/4量）	第2天（1/2量）	第3天（3/4量）	第4天（全日粮）
马全价颗粒饲料(g)	885	1 770	2 650	3 530
植物油（ML）	100	177	265	354
水（L）	8	16	24	24
可消化能量(Mcal)	3	6	9	12

* 能量需求按照500kg马静止维持量计算（约12Mcal DE/d）。这些饲料应至少分成每日4次饲喂。

· 加入植物油（¼~1½杯或每天75~375mL）以增加饲料的能量密度。一个标准杯（≈225mL或210g）的植物油提供约1.7 Mcal的DE。如果补充植物油，则将维生素E（100~200IU/100mL植物油）加入日粮中。

- 当给患马（450~500kg）补充脂肪时，最初给予75~125mL（12~14杯），如果未出现不良反应（如腹泻或脂肪泻），则逐渐增加补充。
- **实践提示**：对于患高甘油三酯血症（甘油三酯浓度＞500mg/dL）和/或肝脂质沉积症的成年马和马驹，禁止饲喂植物油。

- 饲料施予率在3~5d内逐渐增加。建议是：
  - 第1天给予最终目标饲料量的1/4。
  - 第2天给予最终目标饲料量的1/2。
  - 第3天给予最终目标饲料量的3/4。
  - 第4天或第5天给予最终目标饲料量。
- 若不耐受肠内营养，则应较慢地给予饲料。

· **实践提示**：在医院，每天至少进行4次肠内饲喂，最好进行6次。对450~500kg的马，每次喂食不超过6~8L，这个体积包括用于冲洗饲管的水。在10~15min的时间内给予投喂。

· 在农场，更实用的方法是每天进行2次肠内饲喂，尽管使用这种治疗方案不可能满足维持营养需求。

· 将颗粒状饲料在温水中浸泡至软化，然后在搅拌器中混合（按照1kg颗粒饲料与6L水的比例）。在每次喂食之前进行新的配制。内径为12in（12mm）的软管适用于大多数含有纤维的饲料。管的末端应该是开放式的，而不是有孔的，以防止管堵塞。留置鼻饲管比每次喂食都进行插、拔更有助于促进进食。

· 在住院的马中，饲管可留在原位长达7~8d。然而，可能导致一定程度的鼻咽刺激和黏液性鼻涕产生。当预计长期进行辅助肠内饲喂时，建议通过颈部食管造口术放置饲管（见第18章）。

- 软硅管：
  - 同聚氯乙烯制成的管相比，刺激性较小。
  - 留在原位时不易硬化。
  - 通常推荐用于需要辅助肠内饲喂数天或更长时间的马。

· 在放置留置饲管之前，临床医生应确认食物容易通过饲管。可能需要添加更多的水或在搅拌器中二次混合饲料。

· 饲管应放置在胃部而不是远端食管，以尽量减少饲料回流的风险。饲管应固定在缰绳上。在辅助肠内饲喂期间，可能需要笼头（口套）以防止马移动饲管。建议使用船用舱底泵输注含纤维的饲料。在给予饲料后，应该用大约1L的水和少量的空气冲洗以确保饲管中没有剩余的饲料。管的末端应在进料后用注射器盒盖住。

· **实践提示**：密切的临床监测，尤其是检测肠胃功能，对于接受辅助肠内饲喂的马是必不可少的。反复进行超声检查有助于评估胃扩张和肠蠕动。

· 应评估残留胃液的存在（即每次喂食前进行虹吸）。大量胃返流（＞1~2L）表明在重新

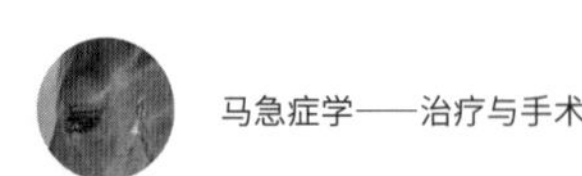

开始肠内饲喂前需要评估至少1~2h。

- 持续胃返流表明肠内营养不耐受，需要肠外营养支持。类似地，腹痛、肠梗阻、腹胀和/或球节部位的脉搏增加的迹象均表明对肠内饲喂不耐受，并且暗示停止辅助肠内饲喂或减少喂食的体积和频率。
- **实践提示：** 排出松散的粪便在接受辅助肠内饲喂的马并不罕见，如果没有伴有精神沉郁、脱水、肠梗阻和/或绞痛的临床症状发生，则不需要过度关注。
- 测量通过鼻饲管给药的总水量非常重要。如果马每天饲喂4~5次，则在辅助肠内饲喂期间通常可满足每日需水量［约50mL/（kg·d)］。
- 推荐连续测定血浆总蛋白浓度和血细胞比容，但在没有过度液体丢失时监测水合状态和给水程度，并不可靠。
- 当马有重复放置或留置的鼻饲管时，包括治疗鼻炎、咽炎和食管溃疡时，需要监测以防止并发症出现。
- 尽管体重的改变更好地反映出体液平衡的改变而不是饲喂的效应，但为了评价营养支持的足够与否，需要每天测量体重。

肠外营养支持

- 对仍然处于厌食状态超过48~72h并且辅助肠内饲喂不是可行选择的马，考虑给予静脉营养支持。
- 肠外营养（PN）的具体适应证包括：
  - 吞咽困难。
  - 食管阻塞。
  - 十二指肠炎-近端空肠炎。
  - 导致肠梗阻和/或持续胃返流的其他胃肠道疾病。
  - 任何不能耐受，消化或吸收足够的营养以防止体重减轻的新生马驹。
- 肠外营养有三个主要的选择：
  - 葡萄糖补充剂：在仅需要短期营养支持（＜72h）的情况下，单独使用右旋糖是一种相对便宜的方法，可提供能量补充。
    - 静脉注射葡萄糖溶液也可用作口服给食的辅助剂。建议输注5%葡萄糖溶液（50g葡萄糖/L晶体溶液；170kcal/L)。
    - 建议葡萄糖给药速度为0.5~2.0mg/（kg·min)，在该范围的上限之外，并发高血糖的风险更大。
    - 以1.7mg/（kg·min)（500kg马的1L/h）速度输注5%葡萄糖溶液可为500kg马提供约4 080kcal/d，或约35%的RER。

- 葡萄糖-氨基酸溶液：此组合适用于＜7~10d的肠外营养支持，长期使用时可能出现脂肪酸的缺乏，含脂质的肠外营养溶液用于长期的肠外营养。
    - 50%的葡萄糖溶液和8.5%氨基酸溶液（如Travasol 8.5%）按照50 ：50混合后制成1.02kcal/mL的溶液（50%右旋糖= 1.7kcal/mL；8.5%氨基酸溶液=0.34kcal/mL）。
    - 因此，需要大约11.2L的这种混合溶液来满足500kg马的每日RER，或者如果80%的RER是最初的能量目标，则给予9.1L的混合溶液。表51-2列出了建议的给药速度。
    - 该溶液的渗透压约为1 700mOsm/L，建议用无菌水稀释（肠外营养溶液：水的比例为3 ：1），以减少高渗溶液的刺激性。
- 葡萄糖-脂质-氨基酸溶液：典型的制剂是50%葡萄糖、8.5%氨基酸和20%脂质，比例为1 ：(0.5~1.5)（参见表51-2）。该混合溶液提供1.07kcal/mL并具有1 317mOsm/L的渗透压。

表51-2　对500kg的马而言肠外营养溶液配方和给予的速度计算

配方	组成	能量密度（kcal/mL）
配方 1	1 500mL 50% 葡萄糖 1 500mL 8.5% 氨基酸	1.02
配方 2	1 000mL 50% 葡萄糖 500mL 20% 脂质 1 500mL 8.5% 氨基酸	1.07

对于 500kg 的马静止能量需要（RER）=500kg×0.021kcal/（kg 体重·d）+0.975=11 500kcal/d
为了提供这样的能量水平：
配方 1：肠外营养速度：11 500kcal/d÷1.02kca/mL=11 275mL/d 或 470mL/h；
配方 2：肠外营养速度：11 500kcal/d÷1.07kcal/mL=10 748mL/d 或 448mL/h；
这两个配方都提供蛋白质 0.9g/（kg 体重·d），配方 1 是用 150mL 的无菌水 /h 进行稀释。

- 可通过液体疗法满足电解质的需求。应在肠外营养溶液中加入水溶性维生素，商品化人用产品可满足这个要求。
- **实践提示：**脂溶性维生素和微量矿物质储存在体内，只有需要长期（＞7~10d）进行肠外营养支持时才需要将这些营养素添加到肠外营养溶液中。
- 尽管头静脉是可行的替代方法（见第1章），但肠外营养通常是通过将静脉导管插入颈静脉内进行输注。聚氨酯双腔或三腔导管是不错的选择，允许一个出口专用于肠外营养，另一个出口用于输注晶体液和其他药物，从而避免了将其他药物注入肠外营养管中（见第3章）。
- 用于给予肠外营养溶液的导管需要每24h更换一次。需要输液泵以确保肠外营养溶液的准确给予。如果溶液暴露在强光下，会导致溶液中的氨基酸和B族维生素降解，因此，如果可能的话，在给药期间，应用棕色袋子覆盖肠外营养溶液袋。

- **实践提示：** 肠外营养溶液给予的初始量约为目标能量提供量的25%和RER的80%。每4~6h增加输注量直至达到目标量，通常在肠外营养开始后24h达到目标量。
- 密切监测潜在的并发症至关重要，包括：
  - 血液和尿液中葡萄糖的连续多次测定。
  - 血清尿素氮（BUN）、电解质和甘油三酯浓度。
  - 评估插管部位是否出现静脉炎。
- 每天测量体重，并定期评估水合状态，包括评估血细胞比容和血浆总蛋白。
- **实践提示：** 高血糖症和高脂血症是肠道手术后马接受肠外营养时最常见的并发症。
- 在一个报道中，79只接受肠外营养的马中有52只观察到高血糖，推测是由于细胞对胰岛素反应不足的现象和/或过量给予肠外营养溶液所致。
- 接受肠外营养的马需每4~8h测量血糖浓度，如果葡萄糖浓度超过肾阈值（180~200mg/dL），则葡萄糖给药速率应降低。
- 如果葡萄糖给药速率的降低不能纠正高血糖，则可以开始按照恒定速率进行胰岛素输注[如按照起始剂量0.05~0.1IU/（kg · h）输注常规胰岛素]。
  - 必须密切监测血糖浓度（每2~6h），在控制血糖时可能需要调整胰岛素的剂量。

向自主进食过渡

- 当马食欲恢复或不再禁忌自主进食时，可减少辅助肠内饲喂或肠外营养。
- 最初，应该提供少量适口性好的饲料（如鲜草或多叶的干草）。一旦马可以耐受这种饲喂，随着自主进食的饲料增加，应逐渐降低辅助肠内饲喂或肠外营养。
- 当自主采食量能提供至少75%的静止维持DE和蛋白质需求时，可以停止肠外营养支持。
- **实践提示：** 根据所有饲喂计划的推荐，饮食的所有变化都应该是渐进的。

第四部分
生物安全

第 52 章
传染病和人兽共患病

Helen Aceto 与 Barbara Dallap Schaer

- 在评估马急诊患者之前，必须考虑以下可能的鉴别诊断：
  - 传染性疾病。
  - 人兽共患病。

· 在患病动物情况初步稳定并进行初步诊断期间，可能会对已经住院的动物、与患病动物接触的任何人以及医院本身的环境造成重大潜在风险。当患病动物处于危急状态，正用尽一切努力以确保患病动物的生存、以致忽略感染控制措施时尤为如此。此外，在出现新的情况时，感染控制的需求可能并不明显。

· 无论何种情况，在感染控制方面保守一点总是好于犯错，并且在任何时候都要有最低限度的防护措施。

· 制订书面协议，向所有工作人员传达并让他们理解应如何处理特定类型的患病动物（入院前的警惕性准备，并于住院期间实施严格的感染控制方案），可以帮助临床兽医提供最高水平的护理，并保护医院和人员。

· 本章中的信息有助于临床兽医确定垂危的马是否有传染病或人兽共患病的可能性，并提供保护马主人、相关人员、患病动物和医院的策略。

实用术语

· *感染性疾病*（Infectious diseases）是指由能够导致感染或疾病的病原体引起的疾病。对于传播途径或宿主定位没有明确的定义，马与马之间或脊椎动物和人类之间的潜在传播风险也没有定性。重要的是要认识到感染源总是在变化的，需要时刻警惕和关注感染控制程序。

· 传染性疾病是指马与马之间通过直接或间接接触传播的疾病。“传染性”从字面上理解，即为通过接触传播的。如前所述，传播可以是通过动物直接接触，也可以通过媒介传播或环境污染传播，也可以是通过各种类型的污染物进行间接传播。

· 人兽共患病是指在人类和动物物种之间传播的疾病，更准确地说，是指由脊椎动物传播给人类的疾病。人兽共患病的宿主是脊椎动物种群，传播可通过直接或间接途径，通过接触或媒介传播。

· 直接传播是指通过与携带病原的马密切接触，通过与其携带病原的体液（呼吸分泌物、尿液、生殖分泌液）接触，或通过咬伤或擦伤等方式传播。

· 间接传播是指通过接触节肢动物等传播媒介、空气传播或通过非生物（污染物）传播，该非生物允许微生物在其上存活足够长的时间，以最终接触到易感动物或人类宿主（如谷仓地板、饲料槽、衣物、手和脚）。

要点

· 对传染性疾病和人兽共患病的认识的发展历程相对较短，主要发生于发现显微镜的18世纪末和19世纪。从历史上看，食用动物制品是导致人兽共患病的最大风险。随着人类对脊椎动物自然栖息地的不断侵占以及国际旅行和全球化的扩大，还可能出现新的人兽共患病。此外，气候变化可能导致可携带病原的昆虫媒介的分布发生变化，这又可能改变马疾病的地理分布。

· 毫无疑问，与公众相比，兽医更容易接触到人兽共患病原体并受其感染。因此，所有动物诊所都应采取措施，使员工了解这些病原体，并尽可能降低风险。

· 表52-1列出了影响马的重要的人兽共患病，表52-2列出了表52-1中未包括的重要的非人畜共患传染病。内容包括这些疾病的病名、临床症状、传播方式以及建议的防护措施（隔离防护措施、住院建议）等。

表52-1　重要的马属动物人兽共患病*

病名	传播源与潜伏期	传播途径	动物临床表现	人的临床表现	诊断方法	消毒	人员的生物安全保护与防护措施
螨虫(疥癣)人畜共患疥疮[†]	疥螨、痒螨、皮螨、蠕形螨(马中罕见)和其他螨类。 潜伏期为1~2周	通过直接接触易感动物，具有高度传染性。也通过污染物传播	剧痒，脱毛，皮肤苔藓化、结痂。发生的位置取决于所感染的螨虫	疥螨可能会短暂地感染人类。剧痒，自愈，不在人类之间传播	直接检查。刮皮或皮肤活检的样本于显微镜下检查	用杀螨剂治疗已感染动物是最有效的控制方法	戴好手套、穿好靴子和防护服；不要交叉使用设备；用于已感染动物的设备在使用后丢弃或消毒
炭疽(H，A)[†]	炭疽杆菌。 革兰氏阳性产芽孢厌氧菌。 潜伏期为1~7d	直接接触(皮肤)，气溶胶(肺)，可能的传播媒介，如马蝇(经皮肤感染)，摄入未煮熟的受污染肉类(经胃肠感染)	马非常易感，表现为急性肠炎，伴有腹痛症状，发展快；败血症，发热，出血性肠炎，精神沉郁，死亡	皮肤症状(最常见)，瘙痒斑发展为黑色焦痂。肺部症状，发热性呼吸道疾病迅速致死。肠道症状，发热性胃肠病	检测血液涂片或吸出的水肿液体中是否有高水平的菌血症。可以进行培养鉴定，但沫痰拭子涂片、血液涂片或脾脏抽吸涂片的荧光抗体试验对人员而言更安全	炭疽芽孢耐热、耐干燥和许多消毒剂。芽孢可被2%戊二醛或5%福尔马林杀死	处理感染或疑似病例时需要全面的防护措施(手套、靴子、呼吸防护服和护目镜)；避免对感染或疑似病例进行除血液采集以外的剖检，未剖检的尸体会迅速腐烂，芽孢也会被破坏；尸体需要烧毁或深埋处理
布鲁氏菌病(H，A)	流产布鲁氏菌，猪布鲁氏菌(两种都很罕见，但相比之下更常见的是流产布鲁氏菌)。 潜伏期为5d到几个月，通常2~4周	直接接触感染的组织(如流产胎儿)或液体(包括胎盘、尿液)，粪便传播。污染物可以通过气溶胶和消化道途径间接作用。马最常因为与牛接触而感染	化脓性滑囊炎(瘘管萎缩，马耳后脓肿，其他滑囊偶尔发生感染)，很少流产	马不大可能感染人类。渐进性发病，症状为波状发热、肌肉痛、乏力。长期感染可能引起关节炎。康复期长	培养急性期的血液、病变或其他组织和液体(如胎盘、胎儿、精液)。因为滑液囊炎时存在其他细菌，所以难以培养。可以通过凝集或补体结合试验检测配对血清	能在环境中存活数月。被高温破坏。易漂白，70%乙醇，碘/酒精，戊二醛，甲醛，阳光直射	处理感染病例或生殖组织时穿好防护服、靴子，戴手套、护目镜、面罩；做好常规卫生和严格的手部清洁；妥善处理流产胎儿、胎盘

(续)

病名	传播源与潜伏期	传播途径	动物临床表现	人的临床表现	诊断方法	消毒	人员的生物安全保护与防护措施
梭菌性肠炎†	革兰氏阳性产芽孢厌氧菌。艰难梭状芽孢杆菌感染新生马驹，成年马主要于抗菌治疗期间或之后立即感染。产气荚膜梭菌感染新生马驹。 临床上艰难梭状芽孢杆菌的医源性感染更重要。 马驹潜伏期为8~24h。 成年马潜伏期未知，临床正常的马的粪便中存在较少的梭菌。 抗生素引起的梭菌性腹泻差异很大，但潜伏期通常为第一次给药后1周内	通过直接接触、环境污染、污染物、人际接触等方式进行粪口传播。马梭菌感染的公共卫生风险尚不明确	急性结肠炎、腹痛、不同严重程度的腹泻，可伴有脱水、发热、毒血症和白细胞减少	突发的腹部不适、腹泻、恶心；通常没有呕吐和发热。一般自限性强，病程短，但病情可能较重；坏死性肠炎，脓毒症。艰难梭状芽孢杆菌是抗生素相关和医源性腹泻的常见原因。产气荚膜梭菌更常通过食物传播	粪便样品的培养和毒素检测，血液培养	营养体型暴露于空气中而死亡，芽孢对许多消毒剂都有抵抗力，但可通过用洗涤剂彻底清洗，然后用稀释（1：10）漂白剂溶液消毒而减少芽孢	对于隔离的确诊病例，应穿好防护服（靴子、隔离服、手套）；勤洗手；减少尤其是饮食方面的压力；谨慎地使用抗菌药；考虑常规检查马驹中的艰难梭状芽孢杆菌、毒素A和毒素B，以及与抗生素相关的腹泻
隐孢子虫病（H）	隐孢子虫（主要是牛和人的基因型）。 顶复门的寄生虫。 潜伏期为3~7d	通过直接或间接接触污染物、感染动物及污染环境进行粪口传播。在清洗过程中，接触液滴也可能导致感染。饮用污染水或食物也是传播途径之一	除了严重联合免疫缺陷的马驹，最常见的是青年反刍动物，在马中不常见。感染的幼年动物常腹泻、嗜睡、食欲不振、体重减轻。病情通常是温和的，但在已经衰弱的动物中可能是严重的。马之间的隐性传播很少见	胃肠道疾病，包括腹痛、恶心、厌食、水样腹泻。通常有自限性，但在免疫功能低下的个体中可能引起严重的危及生命的疾病。很少发生肺部感染。是兽医人员的重要人兽共患病	检查粪便中的厚壁卵囊。需要特殊的染色方法（耐酸法）	对大多数消毒剂都有抵抗力。干燥和长时间暴露在阳光下是有效的。湿热＞130 °F（54.4 °C）有效。接触10%氨水或10%福尔马林8h也可杀死卵囊	严格手部消毒；避免在动物及其环境附近进食和饮水；在与已感染动物一起工作或清洁已感染动物的居住区域时，穿好防护服，包括呼吸防护

（续）

病名	传播源与潜伏期	传播途径	动物临床表现	人的临床表现	诊断方法	消毒	人员的生物安全保护与防护措施
嗜皮菌病（雨斑病）†	刚果嗜皮菌。 革兰氏阴性放线菌。 潜伏期少于7d	直接接触传播。创伤和叮咬昆虫可能有助于传播	渗出性结痂性皮肤病变，毛发呈“笔刷状”团块	罕见的人兽共患病。无发热，从急性至慢性脓疱性至渗出性皮炎。可能瘙痒或疼痛	细胞学检查——对结痂进行革兰氏染色，组织学检查，细菌培养	以1∶10的比例稀释的漂白剂（次氯酸钠）溶液	戴手套；保持严格卫生；对马梳洗设备和其他设备进行销毁丢弃或消毒；尽量不要暴露于过度潮湿环境中；使用防虫/杀虫剂
皮肤真菌病（癣）†	许多毛癣菌和小孢子菌。在马身上马发癣菌和须毛癣菌最为常见；马类小孢子菌（犬小孢子菌和石膏样小孢子菌）。 潜伏期为4~14d	直接接触或间接接触被污染的马鞍毯、梳洗设备等。癣菌存在于土壤中，在适当条件下可引起感染	圆形、脱毛、鳞状皮肤损伤	圆形或环形病变，有鳞屑，偶尔出现红斑、瘙痒	直接检查毛发，真菌培养，组织活检。用伍德氏灯检查马皮肤真菌病不可靠	以1∶10稀释的漂白剂溶液	戴手套；勤洗手；对梳洗设备和其他设备进行销毁丢弃或消毒
甲病毒引起的马脑炎（WEE，VEE，EEE抗原组）（H，A）	披膜病毒科的甲病毒。 EEE：人类潜伏期为7~10d，马潜伏期为18~24h。 VEE：人类潜伏期为1~6d，马潜伏期为1~3d。 WEE：人类潜伏期为5~10d，马潜伏期为1~3周	蚊媒传播。鸟类和啮齿类动物为自然宿主。马是VEE主要的病原放大器，同时也是WEE和EEE的终末宿主，血液含毒量低。WEE或者EEE可能不会马传人	发热、精神沉郁、嗜睡。瘫痪，转圈，吞咽困难，昏迷。WEE死亡率为20%~40%，EEE为50%~90%，VEE为50%~80%	VEE的症状从具有流感样症状的非特异性发热发展到脑炎，但最常见的是轻度到重度呼吸道感染，病死率为0.2%~1%。EEE是一种更严重的神经疾病，病死率为65%~80%	对于临床感染的马，没有可靠的生前检测手段。血清学方法是死亡前诊断的主要方法。检测血液或脑脊液中的IgM，检测配对血清不可靠	易被大多数常用消毒剂灭活。含过氧化氢的消毒剂，2%戊二醛	穿好防护服；使用驱虫剂，控制媒介，接种疫苗；把感染了VEE的马的血液和组织当作传染性的生物危害来处理；在尸检过程中，穿戴全套防护装备（见下文黄病毒）

（续）

病名	传播源与潜伏期	传播途径	动物临床表现	人的临床表现	诊断方法	消毒	人员的生物安全保护与防护措施
黄病毒引起的脑炎（日本脑炎病毒JEV、西尼罗河和圣路易斯脑炎病毒WNV）（H，A）	黄病毒科的日本脑炎病毒。 人类潜伏期为5~15d；马潜伏期为7~10d	蚊媒。哺乳动物和鸟类均可成为宿主。马和人类是终末宿主，但血液中带毒量太低，无法感染蚊子。哺乳动物和鸟类通过粪口途径传播，带毒者的血液和器官捐献同样可以传染	许多感染呈亚临床症状。临床症状在持续时间、严重程度和组合方面有很大差异。发热，厌食症，精神沉郁是最常见的开始；可能腹痛；肌肉自主性收缩；神经系统症状突然发作和发展，包括步态和行为改变，共济失调、轻瘫，颅神经异常。致命的JEV感染通常会导致失明、昏迷和死亡，而WNV不会导致这种情况。在恢复期可能会复发	老年人（马似乎也是）最易发病。大多数感染无症状。轻度症状，如发热、头痛、无菌性脑膜炎。严重症状，通常是急性发作，如头痛、高烧、脑膜症状、木僵、定向障碍、昏迷、震颤。偶尔抽搐（婴儿）和瘫痪（通常是痉挛）	WNV可用血清学检验，推荐使用IgM捕获ELISA（MAC-ELSA）。对未接种疫苗的马进行配对血清学检测。剖检，通过PCR检测组织中的WNV。 JEV可通过血清学检验，但在其他黄病毒流行的地区很难分辨清楚。剖检，病毒分离，PCR检验，中枢神经系统的免疫组化试验	易被大多数常用消毒剂灭活。过氧基消毒剂，2%戊二醛	驱虫剂，控制媒介，接种疫苗；除剖检外，病毒直接接触人体导致感染的风险很小；在剖检期间检查防护服、手套、面罩和生物危害等级的面罩（N95或更高）
马流感（A）[†]	正黏病毒科马A型流感病毒。有包膜，单链RNA病毒。 潜伏期通常为1~3d，从18h到5d，很少到7d。马流感是马的最常被发现和最重要的病毒性呼吸道疾病	呼吸途径；气溶胶，直接接触受感染的分泌物。病毒可能在污染物上存活并蔓延数小时。具有高度传染性，就算做好卫生，马匹处于同一空间时仍可能会被感染	急性的热性呼吸系统疾病。高热、咳嗽，可见鼻腔分泌物；精神沉郁、厌食、虚弱。偶见肺炎或其他并发症	虽然甲型流感病毒可以感染人类，但马的病毒的人兽共患病风险很有限。然而，马的H3N8病毒的传播曾在美国引起犬流感	一旦发病或配对血清学检测后，应尽快对鼻咽拭子进行PCR和/或分离出病毒。可以通过一种酶免疫膜过滤试验，用于从少量样本中提取流感病毒抗原（Directigen Flu-A）试验进行临床快速诊断（“stall-side”）	易被1%漂白剂、70%乙醇、碘基消毒剂、季铵盐类消毒剂、过氧消毒剂、强过氧化氢消毒剂、酚类等消毒剂杀死	隔离；避免交叉使用设备；勤洗手；直到患马无症状且体温正常5d以上再解除隔离；可给接触过传染源的动物接种疫苗以控制疫情

(续)

病名	传播源与潜伏期	传播途径	动物临床表现	人的临床表现	诊断方法	消毒	人员的生物安全保护与防护措施
贾第虫病(H)	有多种类型，但只有肠贾第鞭毛虫（兰氏贾第鞭毛虫）导致人类疾病。 原生动物，有鞭毛。 潜伏期为7d之内	粪口传播，经直接或间接（污染物）接触感染动物及污染环境。饮用污染的水或食物	马很少感染，更常见的是马驹的亚临床症状。主要发生于反刍动物。大多数受感染的动物没有任何症状。幼年动物常常腹泻，粪便色淡，可能含有黏液。肠胃胀气，毛质不好，发育不良	胃肠疾病，包括腹泻、肠道产气、绞痛和恶心。通常在1~2周内自限，但可能是持续数月至数年的慢性感染	检查粪便中有无卵囊或滋养体。通常需要特殊的染色方法	对大多数消毒剂有抵抗力。干燥、煮沸和反复冻融有效	严格手部清洁；避免在动物及其周围环境中进食饮水；与感染动物处于同一环境下时（穿好防护服）戴好手套
钩端螺旋体病(A)	钩端螺旋体属的螺旋体。 潜伏期为2~30d，通常7~12d	与尿液或受感染的组织接触，也可通过接触气溶胶感染。通过摄入、黏膜接触或接触受损皮肤感染	症状通常不显著，可能引起母马的发热和流产，马驹的败血症，可能有黄疸。后遗症可能是复发性葡萄膜炎	症状相对于严重疾病来说不显著。发病突然，非特异性发热，寒战，头痛，重度肌肉痛。可能会导致多器官衰竭，如肝、肾、中枢神经系统	血、尿或肾的细菌培养。在观察到的情况下，再对尿液样本钩端螺旋体进行暗场检查。配对血清的镜下凝集试验或平板凝集试验通常无反应	1%漂白剂，70%乙醇，洗涤剂，大多数消毒剂都有效	注意卫生，戴手套，严格的手部清洗；隔离感染或可疑的动物；接触可疑或已知病例时，穿好靴子、防护服，戴好护目镜和/或面罩；葡萄膜炎发生在初次感染后很久，在没有证据表明这些动物有感染可能的情况下，不需要特别的预防措施

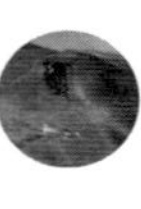

（续）

病名	传播源与潜伏期	传播途径	动物临床表现	人的临床表现	诊断方法	消毒	人员的生物安全保护与防护措施
狂犬病（H，A）	弹状病毒科，狂犬病病毒属。 单链RNA病毒，有包膜。 几天到几年，大多数病例在1~3个月后表现明显	直接接触（唾液、脑脊液、神经组织），通过黏膜或受损皮肤、割伤伤口等	临床症状有多种可能。脑炎症状可能发展为兴奋型（更常见）或麻痹型。临床症状出现后平均存活5d，最多10d	早期症状有：萎靡，发热，头疼，病毒侵入部位的瘙痒。逐渐发展为焦虑、困惑、异常行为。可能发生脑炎或者瘫痪。2~10d内死亡	尸检无法确诊。可疑动物的大脑必须提交给有检测资格的实验室进行狂犬病检测	脂溶剂（肥皂溶液、丙酮）、1%漂白剂、2%戊二醛、45%~75%乙醇、碘基消毒剂、季铵盐类消毒剂。可以被阳光杀灭，生存在环境中的能力有限	明确标示狂犬病可疑病例；严格限制管理可疑动物的人员数量；记录所有与可疑病例有接触的人员；明确标记任何为疑似狂犬病的实验室样本；应采用全面的防护措施，包括手套、靴子、防护服、护目镜和面罩、N95型面罩；按照规定的方法及时提交尸检样品；尸检时需穿好全套防护服（见黄病毒）
马红球菌感染[†]	马红球菌可能导致1~3个月的呼吸道疾病。 革兰氏阳性胞内菌。 潜伏期不确定，最早可在1~2周龄的小马的粪便中分离出来，大多数小马在4周龄时检测呈阳性。通常为潜伏性发病，在地方流行性的农场，诊断为肺炎的平均日龄据报告为37~49日龄	存在于环境中（土壤），气溶胶，直接接触，很少通过伤口污染	最常发生于呼吸系统，但也可能涉及其他身体系统。最常见的症状有发热、咳嗽、呼吸频率加快和呼吸困难、黏脓性鼻腔分泌物、脓肿性肺炎。主要发生于1~6月龄的小马驹	人类感染少见，只有在严重免疫障碍时，通过环境传染给人类。缓慢进行的肉芽肿性肺炎	气管支气管吸出物或其他样品的培养。PCR可能有用，但最好与细菌培养结合使用。放射学影像很有用	70%乙醇、2%戊二醛、酚类物质和甲醛	细菌在粪便和呼吸分泌物/气溶胶中迅速排出，及时清除粪便和良好的卫生条件限制了细菌的繁殖。勤洗手；感染风险不确定，但如果易感马驹和患患马驹被安置于同一区域，则考虑对患驹采取隔离预防措施（开始抗菌疗法后至少72h）

（续）

病名	传播源与潜伏期	传播途径	动物临床表现	人的临床表现	诊断方法	消毒	人员的生物安全保护与防护措施
沙门氏菌病(H)†	各种沙门氏菌。革兰氏阴性菌。人潜伏期为12~72h，可能与虚弱的马相似。在健康的动物身上不确定	接触感染动物的粪便，通常是通过吸入途径摄入。易通过食物、水或鸟类、昆虫传播。在环境中易生存，但(生存力)往往取决于血清型，因此很难控制	症状不显著，发热，白细胞减少，严重腹泻，败血症。常见厌食、精神沉郁	不显著，有自限性，常有严重的胃肠炎(腹泻通常比呕吐更为突出)，发热，肌痛，可侵入血液导致败血症	粪便培养(注意其多重耐药性)，可以培养胃肠反流物。如果怀疑有院内感染问题，可以考虑进一步的分子生物学诊断。如果可以进行PCR检测，快速地得到结果可以很好地控制传染，但PCR阳性结果应进行后续细菌培养	2%漂白剂，70%乙醇，2%戊二醛，碘基消毒剂，酚类，过氧化氢或强过氧化氢消毒剂和甲醛	隔离确诊病例；注意卫生；及时清理所有被粪便污染的区域；勤洗手；戴好手套，穿好防护服、易于清洁的靴子或鞋，戴口罩/防护罩来遮挡喷射状腹泻物
孢子丝菌病(玫瑰刺症	申克氏孢子丝菌。双态真菌。潜伏期为7d到6个月	直接接触感染的动物或污染的物品等，如脓液。病原可通过完整的皮肤侵入。在人类中更常见的是园丁、园艺家，与苔藓、木材、土壤、干草的接触有关。人兽共患病，最常通过猫传染	皮肤结节，可能会出现溃疡，淋巴结呈索状，坚硬。概率低，但可能转移到其他器官，如关节炎、脑膜炎、其他内脏感染	皮肤损伤部位的硬性无痛结节，可能有多个结节沿淋巴管延伸。溃疡性结节。可能转移。吸入孢子很少会导致肺部疾病	活检、脓液或渗出物的培养	有机碘	免疫功能非常有可能受到损伤。戴手套；严格的手部清洗；做好眼部防护(已报告有眼部感染)；平时注意卫生

（续）

病名	传播源与潜伏期	传播途径	动物临床表现	人的临床表现	诊断方法	消毒	人员的生物安全保护与防护措施
葡萄球菌病(H耐甲氧西林金黄色葡萄球菌MRSA)[†]	葡萄球菌属 革兰氏阳性菌。 耐甲氧西林(苯唑西林)金黄色葡萄球菌需要特别关注。 引起化脓的葡萄球菌病潜伏期为4~10d，引起胃肠炎的葡萄球菌病潜伏期为0.5~7h	直接接触是最重要的传播方式，特别是手-鼻之间的接触传播病原。从受感染部位流出的脓性分泌物具有很强的传染性。气溶胶传播性不强，但咳嗽或马的喷鼻动作仍可传播	鼻腔带菌不明显(包括MRSA)、血栓性静脉炎、其他化脓性渗出或非渗出性病变	亚临床症状，鼻部可能携带MRSA并向其他动物或人传播。临床症状可能有化脓性病变，通常发生在皮肤(脓疱、疖)，或者因为摄入毒素而引起的肠胃炎，症状通常为突然的恶心、腹痛、呕吐	由于马的MRSA凝固酶阳性率很低，可能被误判，因此采用标准培养法进行金黄色葡萄球菌的鉴定。关于敏感性，苯唑西林抗性=MRAS	洗必泰，1%漂白剂，70%乙醇，2%戊二醛，季铵盐类消毒剂，酚类物质，过氧化氢，强过氧化氢消毒剂(accelerated hydrogen peroxide disinfecta-nts)	穿好工作服、戴手套、穿靴子；勤洗手；外科式面罩可能有助于减少从手到鼻子的病原传播；对MRSA阳性动物进行隔离，并采取充分的屏障预防措施，特别是感染部位有渗出物的地方
土拉菌病(H，A)	土拉弗朗西斯菌 革兰氏阴性菌。 潜伏期为3~15d	虫媒(蜱和昆虫叮咬)，接触(通过皮肤和黏膜)，气溶胶具有高度传染性	突发高热、嗜睡、厌食、肌肉强直、败血症迹象	根据感染部位的不同，有6种临床类型。大多数临床症状首先表现为突然出现的流感症状	配对血清检查，基于ELISA试验的方法最有特异性。对溃疡的渗出物、淋巴结抽吸物的培养、PCR或FA（后者有菌血症的风险）	容易被许多消毒剂灭活，如1%漂白剂、70%乙醇	控制虫媒；穿戴好手套、穿防护服，包括戴护目镜和面罩；严格手部消毒
水疱性口炎(A)[†]	弹状病毒科，水疱病毒属的水疱性口炎病毒。有包膜，单链RNA病毒。 潜伏期为3~7d	直接接触或气溶胶、昆虫媒介(沙蝇、黑蝇)传播。在流行地区，入院前的口腔检查可防止疫情暴发时病毒引入	马、驴、骡子都会受到影响。流涎、发热、口腔黏膜、舌上皮、冠状动脉或乳头上会长小疱。可能导致跛行，体重减轻	与病原接触的人群的感染率很低。发热、头痛、肌肉痛，很少会长口腔水疱。通常在4~7d内恢复	VSV抗体的标准检测方法为病毒中和法、补体固定法或ELISA	2%碳酸钠，4%氢氧化钠，2%碘伏消毒剂，二氧化氯	控制传播媒介；戴好手套、穿防护服、戴面罩；勤洗手

* 在第一列中，指出了在美国全国范围内应报告的人类的（H）或动物的（A）疾病。病例也可向州一级的部门通报。请咨询您所在州的兽医或州公共卫生兽医，了解您所在地区当前需报告疾病的列表。

[†] 与医院感染暴发有关的病原体。

表52-2　重要的院内马传染性疾病*

病名	传染源与潜伏期	传播途径	动物临床表现	人的临床表现	诊断方法	消毒	人员的生物安全保护与防护措施
马疱疹病毒感染(马鼻肺炎由EHV1和EHV4引起;马脊髓炎症由EHM-EHV1引起;流产由EHV1引起,偶尔因EHV4引起;马交媾疹病由EHV3引起[†]	有9种不同的类型,其中EHV1、VHV3和EHV4是家养马重点关注的病毒。 有囊膜,双链DNA病毒。 在宿主体内需要发育2~10d。流产发生在感染后2~12周,通常在妊娠8~11个月时流产。 如果感染的是EHV3,那么1周内出现病变	直接接触,气溶胶(最远可传播35ft),污染物	EHV1感染表现为不明显的、伴有发热的轻度呼吸系统疾病,母马流产,发展迅速,常致命的神经系统疾病。EHM(进行性麻痹,尿失禁)。EHV4所导致的鼻肺炎主要发生于3岁以下的马。 EHV3感染很少见,外阴部上长有结节,逐渐发展为溃疡,疼痛	非人兽共患病	PCR或者对从鼻咽分泌物和/或白细胞中分离出的病毒进行检验	易被1%漂白剂、70%乙醇、碘基消毒剂、季铵盐类消毒剂、过氧化氢、强过氧化氢消毒剂(accelerated hydrogen peroxide disinfectants)、酚类等消毒剂杀死	对EHV1感染动物进行隔离;监测周围动物的体温,如果出现发热[≥101.5 °F(38.6°C)],提交样本进行检测;妥善处理、丢弃流产胎儿和相关材料;处理EHV4感染动物时需做好屏障预防措施,禁止交叉使用设备;避免将患有性疹的动物用于繁殖用途
马传染性贫血(EIA,沼泽热)A[†]	慢病毒属的逆转录病毒,与其他重要的慢病毒相关,包括艾滋病病毒,但不是人兽共患病。 有囊膜,单链RNA病毒。 潜伏期为1~3周,但可能长达3个月	主要通过吸血昆虫(主要是虻)携带的含病原体的血液传播	间歇性发热、精神沉郁、食欲不振、体重减轻、水肿、血小板减少、暂时性或进行性贫血。无法治疗	非人兽共患病	AGID(Coggins试验)。如果检验呈阳性,建议进行第二次验证性试验。可用通过ELISA检测	稀释(1:10)漂白剂溶液,70%乙醇,2%戊二醛过氧消毒剂,强过氧化氢消毒剂,酚类	正确处理和处置生物危害材料;在检验确认安全之前进行严格的防虫隔离;由于存在终生感染的风险,应考虑对阳性动物实施安乐死

（续）

病名	传染源与潜伏期	传播途径	动物临床表现	人的临床表现	诊断方法	消毒	人员的生物安全保护与防护措施
马梨形虫病A[‡]	顶复门，梨形虫纲的寄生虫。 马泰勒虫（之前被称为马巴贝斯虫）和驽巴贝斯虫。 马泰勒虫的潜伏期为12~19d，驽巴贝斯虫的潜伏期为10~30d	矩头蜱属、璃眼蜱属、扇头蜱属的蜱媒。马泰勒虫还可以通过方头蜱传播。含病原体的血液可通过以下方式传播：输血、被污染的针头、手术器械或其他被污染的设备。可经胎盘传播给胎儿，如果血液被污染，精液也可携带病原	绝大多数血清阳性的马是隐性携带者。临床上驽巴贝斯虫感染的症状比马泰勒虫轻。症状分为特急性、急性、亚急性和慢性。轻度症状表现为虚弱与食欲不振。严重的急性症状表现为发热、贫血、黄疸、腹部肿胀、呼吸困难。也可观察到中枢神经系统紊乱、被毛粗乱、腹痛、血红蛋白尿	在一些罕见的人的病例中涉及马泰勒虫，但马巴贝斯虫病和驽巴贝斯虫病通常不被认为是人兽共患病。 人类的感染常与牛、犬、白足鼠和白尾鹿的病原相联系	提交样品前必须通知有关部门。对血液涂片或组织触片进行姬姆萨染色。也可进行补体结合试验、间接荧光免疫试验、ELISA和PCR	用杀螨剂治疗感染动物。消除动物与蜱虫的接触，防止动物之间的血液流动，这对防止疾病传播至关重要。消毒剂和卫生措施一般来说不能有效地防止传播，但住院的动物仍需严格遵守卫生要求	隔离受感染的动物；控制传播媒介、消毒和适当的卫生措施对防止传播至关重要。可能被血液污染的设备，一次性使用或于使用后彻底清洗消毒；马感染马泰勒虫后终生携带，感染驽巴贝斯虫后最长携带4年，但也可能无感染性，由于携带时间过长，且难以控制传播，应当考虑安乐死
马病毒性动脉炎（EVA）A[†]	动脉炎病毒属的马病毒性动脉炎病毒。 有囊膜，单链RNA病毒。 潜伏期平均为7d，范围在2~13d	通过急性感染的马的呼吸道传染，通过直接接触或通过相对近距离的接触传播（如邻近马厩的传播，由污染物产生的传播有限度）。通过急性或慢性感染种马的交配行为传播	可能有亚临床症状或仅有短暂水肿，或表现为急性发热、沉郁、坠积性水肿，尤其是四肢、阴囊和包皮的水肿，结膜炎，流鼻涕，流产	非人兽共患病	从鼻分泌物、结膜拭子、白细胞层分离病毒或PCR。血清学检测。从感染种马的精液中可分离出病毒	很容易被许多消毒剂杀死，见上文EHV部分	隔离；对于密切接触病例的人员，在最后一例临床病例结束后，至少隔离21d，在以前的一些疫情中隔离期为30d

（续）

病名	传染源与潜伏期	传播途径	动物临床表现	人的临床表现	诊断方法	消毒	人员的生物安全保护与防护措施
多重耐药细菌感染或由具有抗生素耐药性的微生物引起的感染（H，A，取决于微生物）†	包括沙门氏菌、耐甲氧西林金黄色葡萄球菌（MRSA）、大肠杆菌、克雷伯氏菌、肠杆菌、肠球菌［抗万古霉素肠球菌（VRE）和不抗万古霉素肠球菌（non-VRE）］、假单胞菌、不动杆菌、耐广谱β-内酰胺等微生物。潜伏期因微生物而异，可能长达数小时至数天	多种传播途径，包括粪口传播，通过直接接触感染的动物、人类，通过污染物传播，在某些情况下可通过气溶胶传播。对于一些微生物（如MRSA），沙门氏菌的动物和/或人可以隐性携带	不同的微生物有着不同的临床表现，如胃肠道反应、呼吸系统疾病、导管相关感染或手术部位感染、败血症（尤其是小马驹）等。医院感染病例可发生于低水平的地方性感染或不同程度的流行病暴发地区	许多细菌都可能导致人兽共患病。临床症状取决于所涉及的微生物	培养和敏感性检验。定期监测，评估发病率和检测可能需要调查或干预的一些变化。如果怀疑存在医院问题，可能需要额外的分子学试验	通常对许多消毒剂敏感。定期清洁和消毒，控制环境负荷。如果发现医院的问题，需要对特定的区域进行额外清洁和消毒。对消毒剂的致死曲线进行控制，以确保消毒剂的选择是有效的，这可能有助于控制感染	谨慎地使用抗生素；对确诊病例（取决于微生物）采取屏障预防措施或进行隔离；严格的手部消毒；维护设备；对设备和环境保持良好的定期消毒
虱病†	叮咬或食毛的虱子，如咬虱，或吸血的虱子，如驴血虱。专性寄生虫，各阶段都在马身上完成，从作为卵被产出，到其发育成熟并产卵，需4~5周时间	直接接触，但可能会传播到毛毯和其他设备上	瘙痒和皮肤刺激，导致抓挠、摩擦和咬伤。最常见的受影响部位是头部、鬃毛和腹侧颈部	非人兽共患病	体格检查	用除虫菊酯等杀虫剂进行处理	将梳洗设备、毛毯等与其他东西分开；虱子可以离开宿主存活2~3周，但一般不超过数天。在温暖的环境中，卵可能在2~3周内继续孵化；严格清洁和消毒圈养感染动物的区域

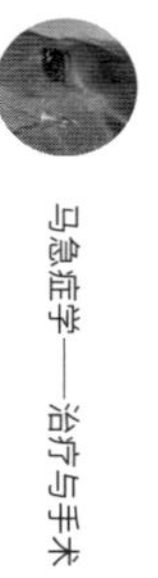

（续）

病名	传染源与潜伏期	传播途径	动物临床表现	人的临床表现	诊断方法	消毒	人员的生物安全保护与防护措施
轮状病毒感染[†]	轮状病毒A种，属于呼肠孤病毒科。 无囊膜，双链RNA病毒。 潜伏期为12~24h	粪口传播，具有高度传染性，容易通过污染物传播	小马驹腹泻的严重程度从轻微到危及生命不等	非人兽共患病，但任何马腹泻病都应采取预防措施，如勤洗手	在小马驹腹泻停止后的数周内，排泄物中仍存在轮状病毒。如果需要检测，对粪便拭子进行抗原检测（如轮状病毒检测盒，轮状酶）	即使有机物质存在，酚类物质也具有杀菌作用	隔离；全面的屏障预防措施；对污染的材料和设备进行适当的清洁和消毒；一般来说，在没有其他解释的情况下（如典型的马驹发热、腹泻等症状应被认为感染了有传染性的病原，并且可能在马之间传播，除非能够证明有其他原因），良好的卫生习惯至关重要
马腺疫[†]	马链球菌。 革兰氏阳性菌。 潜伏期为3~15d	直接接触，也通过与分泌物接触的污染物传播。可在干燥阳光下生存数天	突然发热、黏脓性鼻涕、急性肿胀以及随后发生的颌下淋巴结、咽后淋巴结脓肿。可能会转移，出现出血性紫癜或其他并发症	非人兽共患病	PCR和需氧培养鼻/咽冲积物或拭子，脓肿中脓液±咽喉囊/上气道内镜检查，特别是疑似携带者	季铵盐类消毒剂，1%漂白剂，70%乙醇，碘基消毒剂，酚类消毒剂	隔离；发热发生于流鼻涕的2~3d前；在疾病暴发时立即隔离发热的马；良好的卫生和清洁措施；仔细清洁或处理污染的设备或其他材料，特别是饮水和喂食容器

* 螨虫（疥癣）、炭疽、皮肤真菌病、沙门氏菌病和钩端螺旋体病是重要的院内病，但也是人兽共患病，见表 52-1。在第一列中，指出了在美国全国范围内应报告的人类的（H）或动物的（A）疾病。病例也可向州一级的部门通报。请咨询您所在州的兽医或州公共卫生兽医，了解您所在地区当前可报告疾病的列表。

† 与医院感染暴发有关的病原体。

‡ 尽管梨形虫仍然被认为是美国的外来物种，但梨形虫病的暴发表明在美国南部存在有传播能力的蜱虫媒介，所以鉴于这种疾病的潜在性与重要性，它被包括在表格当中。

应该做什么

传染病与人兽共患病

- 在许多情况下，已知患病的马应被隔离，需要完全隔离防护措施［包括足浴池、靴子、手套和手术服（工作服或其他防护服）；勤洗手；无交叉使用的设备］，患马应置于专用隔离设施或大型设施的隔离区内，并严格控制人员和其他马的进出。对于某些人兽共患病，应使用额外的个人防护设备，如护目镜或口罩和面罩，可有效对抗气溶胶（如N-95型[1]）。
- 尽管防护用品花费很大，但除手套和塑料靴外，还必须考虑使用一次性防护用品，如手术服或一次性工作服。注意挂在隔间门上可以重复使用的物品，在使用过程中或悬挂过程中可能会受到内外污染。对于处理马驹来说这很重要，因为在处理马驹时，通常需要更为亲密的身体接触。
- 表52-1和表52-2列出了一些可供选择的消毒剂，但在使用消毒剂之前，通常要用适当的洗涤剂（通常是阴离子洗涤剂）清洗（擦洗）表面并冲洗，以使消毒剂达到最大效果。第53章讨论了这种方法和其他的生物安全和控制感染的措施。
- **实践提示：**勤洗手对于控制传染病和人兽共患病的传播非常重要。反复向所有人员和客户强调正确洗手或正确使用含酒精的洗手液的必要性。即使在处理患马时需要戴手套，也必须洗手。为确保手部卫生，应随时提供洗手设施或洗手液。
- 由于许多人兽共患病的病原体，如沙门氏菌，是马最常见的人兽共患病原体，也是最重要的医院感染之一；可以经口感染，因此在马厩或临床区域严禁进食或饮水。
- 对重要的人兽共患病和传染病的宣传教育，以及对病原体从马传马、马传人或人传马的传播途径的认识，是降低感染风险和预防疾病暴发的关键。
- 根据病原的传播途径，必须考虑所有可能的传播方式。例如，在粪口传播的情况下，除了一般的清洁、勤洗手以及防止饲料和水源被污染之外，还必须考虑啮齿动物、鸟类，甚至昆虫的控制。
- 有充分的证据表明，空气中的颗粒物，比如灰尘，可以传播病原体。因此应注意控制环境的粉尘水平，留意能让颗粒分散的可能方法，如可使用制冷或制热的风扇，尤其是在隔离区等易受影响的区域内。
- 巴氏杆菌可通过马的咬伤传播给人类；因此，在人被咬伤时应仔细清洁，必要时应寻求医生的帮助。
- 对于人兽共患病，可在http：//nasphv.org/documents/veterinary precautions.pdf获得《兽医标准预防措施概要》。它提供了关于兽医人员预防人兽共患病的详细信息。该文件包括一个典型的在兽医实践中控制感染的方案；一个可修改的电子模板，可以在以MS WORD的形式于http：//nasphv.org/documentsCompendia.html下载。制订一个典型的在兽医实践中控制感染的方案是所有兽医机构应有的标准做法。
- **实践提示：**与所有人畜共患疾病一样，如果工作人员怀疑自己接触过人兽共患病，应尽快咨询医护人员。

仅限于世界其他地区的人兽共患病和传染病

- 见第40章。
  - 马鼻疽（人兽共患病：亚洲、地中海东部）。
  - 类鼻疽（动物源性：东南亚、非洲和澳大利亚北部）。
  - 马麻疹病毒肺炎/亨德拉病毒（人兽共患病：澳大利亚）。
  - 马流行性淋巴管炎/马鼻疽（人兽共患病：东北非洲、中东、印度、远东）。
  - 非洲马瘟（非洲）。
  - 马传染性子宫炎（CEM）（欧洲、日本、摩洛哥）。

1　经美国疾病控制与预防中心（CDC）/美国国家职业安全与健康研究所（NIOSH）认证的微粒过滤面罩式呼吸器，有时被称为一次性呼吸器，因为考虑到卫生、阻力过大或物理损伤，当整个呼吸器不再适合继续使用时，就会被丢弃。这些也通常称为“N-95s”。

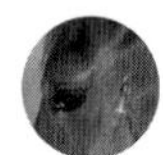

- 马媾疫（亚洲、东南欧、南美、北非和南非）。

· 尽管以上疫病对于北美而言是外来疫病，但控制传染病的相关人员应知道这些疾病并保持警惕，以应对紧急的人兽共患病和传染病威胁。应时刻关注马传染性子宫炎，因为其可通过进口动物而重新引入北美。

· 作为职责的一部分，负责控制传染病的人员应当了解疾病流行趋势和控制传染病的措施。如今，随着信息化时代的发展，可以通过订阅适当的数据库，基于互联网的报告系统（如ProMED-mail）和卫生紧急通知系统，可以很容易地实现这一点。

第 53 章 传染病防控标准

Helen Aceto and Barbara Dallap Schaer

对生物安全的批判性思考

- 根据美国疾病控制与预防中心的数据，每年约有180万（约20人中有一人）患者患有医院源感染（HAI）。其中约有99 000人死亡，使医院源感染成为美国第四大死亡原因。医院源感染导致的超额医疗保健费用年度估计为40亿美元。
- 因此，医院源感染越来越受到调查组、保险公司和新闻媒体的关注，所有人类医疗机构都制订了限制医院源感染的计划。
- 医院源感染可能代表医院问题以及与危重病/急诊患者常见的侵入性操作相关的感染，在人类重症监护病房中尤为突出。
- 随着大型转诊医院变得越来越普遍，医学水平的进步使我们能够在兽医领域治疗更多更为重要和紧急的病例，我们面对的病患群体的潜在脆弱性也随之增加。
- 尽管兽医采用严格的感染控制措施的速度比人类医院慢，但是医院源感染在兽医医院中无疑会变得越来越重要，兽医必须在制定感染控制策略方面发挥积极作用来保护患病动物、工作人员，以及整个兽医设施。
- 对于为危重患马提供高级护理的兽医设施，必须优先制定和实施综合感染控制计划（ICP）。
- 适当的综合感染控制计划可以帮助：
  - 提供最佳的患病动物护理。
  - 确保为员工、学生（教学机构）和客户提供安全的工作环境。
  - 保护医院免受经济损失和可能的诉讼。
- 如今，许多马（特别是运动马）的流动性以及其所造成的接触次数，意味着它们感染传染性疾病病原的风险很大。
- 因此，直接传播的感染可以相对容易和快速地在马群内传播。积极的感染控制和生物安全工作对于降低感染风险和控制传染病的扩散至关重要。
- 在此提供的信息侧重于兽医医院环境中的生物安全和感染控制；所描述的一般原则适用于所有马匹。

医院源感染（HAI）

- 通常有两大类感染与医院相关，会引起我们对患马的关注：
  - 那些与住院和正在治疗患马相关的常见感染。
  - 可以在医院内传播的系统性传染病。
  - 任何一种类型都可能有人畜共患风险！
- 传统上，人类医院经常报告的医院源感染是：
  - 尿路感染。
  - 手术部位感染。
  - 导管相关感染。
  - 肺炎。
  - 血流感染。

· 虽然几乎没有关于马兽医院通常发生中低水平的地方性感染的信息，但有充分的证据表明医院内的疾病暴发并不少见。

· 在一个由北美、欧洲，澳大利亚和新西兰的38家兽医教学医院的生物安全专家进行的一项调查中，38人中有31人（82%）报告在过去5年内发生过至少一次医院内的疾病暴发。

· 在同一项调查中，当被要求对最担心会把传染源引入医院环境中的动物种类进行排名时，更多的受访者表示患马比任何其他物种的风险更高。

- **重要提示：**文献中有大量关于马兽医院（特别是转诊机构）传染病暴发的报告，包括：
  - 沙门氏菌病（最常见）。
  - 耐甲氧西林金黄色葡萄球菌（MRSA）相关感染。
  - 梭菌性小肠结肠炎。
  - 马链球菌引起的马腺疫。
  - 疱疹病毒性脑脊髓炎。
  - 马流感。
  - 马病毒性动脉炎。
  - 马传染性贫血。
  - 可能由沙雷氏菌引起的感染暴发。
  - 除了这些报告的医院感染外，其他重要的病原体还包括：
    - 轮状病毒。
    - 冠状病毒。
    - 隐孢子虫。
    - 多重耐药肠球菌。
- 临时暂停部分服务，甚至关闭医院并非罕见。在上述调查中，71%的医院报告过院内感染暴发并且限制了患病动物入院，38%的医院部分或全部关闭。

- **实践提示：**最常见的引起限制入院的是沙门氏菌（77%）感染。
- 医院源感染的医疗和经济后果包括：
  - 延长住院时间。
  - 增加治疗费用。
  - 可能需要交付赔偿和法律费用。
  - 将来病例量的减少。

· 若传染病暴发，特别是导致医院关闭的情况发生，通常需要在消毒和补救工作上提高相关的费用，加上随之而来的收入减少，都会给受影响的医院带来非常严重的经济负担。对客户信心的不良影响会对任何遭受传染病暴发的医院或其他设施的业务和财务状况产生长期影响。

- 医院感染的定义一直是争论的问题，人类医学中存在许多不同的定义：
  - 重症监护病房（ICU）的医院源感染可定义为入院后或从ICU转出后48h内发生的感染。
  - 一般医院源感染定义为患者入住医疗机构3d后首次出现的感染。

· 这些定义并不总是适合患病马匹。例如，有证据表明至少有一种主要的院内感染威胁（沙门氏菌）可以在入院后12h内表现出来，但仍与医院相关，或者在住院3d后才显现出来，但仍与医院群体有关。

· **实践提示：**最佳策略是制定综合感染控制计划，以便首先限制医院源感染的风险。综合感染控制计划的部分内容应包括何时以及如何开展更深入的流行病学调查，旨在确定特定感染是更可能与群体相关或与医院相关。

马匹的住院治疗

· 住院马匹与一般门诊马匹不同。在医院，住院马匹比一般治疗马匹更容易接触传染源，因为它们：

  - 更有可能处于应激状态。
  - 对感染源的免疫应答可能较差。
  - 营养状况改变。
  - 对其正常菌群有干扰。
  - 可能使用抗菌药物。
  - 经历的诊疗过程可能成为各种类型感染的潜在风险。
  - 与具有相似风险因素的其他动物近距离接触。
  - 此外，医院中的马匹来自不同的畜群，因此每匹马的入院基本上都是与来自不同群体的马匹混合在一起，从而为潜在的未暴露个体引入了感染源。

· 因此，为住院马匹提供护理的医疗设施无疑是引入和重新引入传染性病原体的地方，因为这些地方是：

- 传染性微生物栖息之处。
- 多重耐药性（MDR）传染性病原体的比例高于普通群体。
- 传染性病原体数量众多，且能够接触易感动物。

· 与住院治疗的病人一样，患病马匹的医院感染是住院治疗的固有风险。当马匹入院时，这些潜在风险必须适当地传达给客户。尽管在入院后不久，患病马匹初步稳定并接受初始诊断的这段时间可能是多阶段的，并且兽医与客户的沟通可能有所延迟，但应尽快讨论预后。与任何关于预后的讨论一样，临床兽医应告知客户可能的有利和不利结果，并指出医院源感染是不利结果之一。

制订生物安全计划

· 成功的生物安全计划涉及以下方面：

- 环境卫生。
- 患病马匹监测。
- 患马接触。
- 对兽医、兽医院员工、转诊兽医师和客户，以及教学机构的住院医生和学生的教育。

· 虽然没有“一刀切”的计划可以用于所有兽医设施，但每个人都应了解自己在维持高标准卫生水平方面的责任，特别强调严格的手部卫生，严格的日常清洁和消毒，尽可能降低风险。

· 此外，应该认识到，与住院马匹一起工作的人员可能会接触到各种传染性病原，包括人畜共患的传染病病原，所有综合感染控制计划应设计为限制人体暴露的风险。

· 一个兽医机构实施生物安全实践的程度取决于若干因素：

- 病例量的多少和类型。
- 医疗设施规模和设计。
- 人员。
- 经济问题。
- 规避风险水平。

· 本章概述了综合感染控制计划的组成部分，并提供了与具体标准预防措施相关的详细信息。如果需要更多详细信息，可以在文献、在线资源和本章的参考书目中找到更多的资料。

人员的生物安全

· 最好有一名指定的接受过流行病学或传染病方面的专门培训的生物安全指挥人员，来监督生物安全计划。对个人及相关工作人员的培训可能因医院的规模和诊疗范围而异；这个人应能够每天审查和监测数据并监测感染控制活动，然后向负责制订生物安全计划的兽医报告，这可能也是一个合理的选择。

· 负责监督生物安全计划的人应负责根据医院的发展情况，文献资料和医院转诊区域正在暴发的疫情状况来调整监测重点和任何相关检测。

· 订阅选定的互联网列表服务器和基于互联网的报告系统［如ProMED邮件（www.promedmail.org)］可以快速获得关于传染病暴发的通知。对非专业性文献中发表并指导马主的传染病内容应予以重视，它们对于客户和畜主教育十分有用。

确定有风险的患马：患马监测

- **实践提示：**患马监护是感染控制的基石!
- 患马监测可包括:
  - 收集和整理有关医院源感染的数据，例如:
    - 不明原因导致发热。
    - 留置针相关性血栓性静脉炎Catheter-associated thrombophlebitis。
    - 麻醉或呼吸机导致的肺炎。
    - 手术部位感染。

· 报告任何耐甲氧西林金黄色葡萄球菌（MRSA）或耐万古霉素肠球菌感染。在大型马转诊医院中，对从临床提交的样品中分离的菌株监测和评估多重耐药性（MDR）感染以及微生物抗性的趋势也应该成为生物安全工作的一部分。

· 确保参与生物安全和诊断实验室工作的人员之间已建立良好的工作关系。

· 使用为微生物学实验室数据管理和抗菌药药敏试验结果分析而开发的软件，以提供接近实时的趋势分析，并加强实验室数据的使用，以指导治疗中的复杂问题，协助感染控制，以及表征抗药性流行病学。

· **实践提示：**此类软件有很多，但世界卫生组织的WHONET软件有兽医专用模块，可从www.who.int/drugresistance/whonetsoftware/en免费下载。

· 在紧急情况下，了解特定临床样本类型中最常见的微生物以及这些微生物通常表现出的抗性模式特别有用，从而在获得培养结果之前指导合理的经验性治疗。

· 对患马的沙门氏菌排出和随后的环境污染情况进行监测可以很好地反映综合感染控制计划的疗效。

· **实践提示：**以沙门氏菌为主要对象在大型马医院中组织开展和制订综合感染控制计划。

· 对患马群体可通过粪便细菌培养及其培养物聚合酶链反应（PCR）检测沙门氏菌，以确定感染的总体发生率，并确定有感染沙门氏菌高风险的患马群体。

· 识别“高风险”病患，以将生物安全和任何相关的测试工作（两者都可能花费昂贵）导

向至患马群体的适当部分（节省开支之意）。

- 一旦达到特定阈值，患马排菌情况与特定临床体征的相关性将要求兽医对患马进行额外培养和/或越来越严格的分离程序。例如，与沙门氏菌监测相关的典型措施包括：
  - 白细胞计数下降。
  - 直肠温度升高。
  - 腹泻。
  - 食欲不振。
  - 嗜睡。
- 实施额外的屏障预防措施，或将患马移至隔离设施是保护患马和医院环境的重要部分。
- 关于患马监测，如果马匹被划分为高风险患者群体，则应监测其停留时间。如果监测仅依赖于入院时或早期住院期间收集的信息，则可能会低估患马对环境或医院造成的风险。
- 如果存在沙门氏菌感染，可以通过临床监测和/或粪便培养（或PCR，如果条件允许的话）进行检测。
- 宾夕法尼亚大学乔治威德纳医院的监测数据表明了如何用所获得的信息来调整方案以优化利益-风险比（benefit-to-risk-ratio）和控制成本。
  - 入院时和入院后的以下时间点需要收集样本：
    - 对高风险绞痛、ICU（重症监护室）/NICU（新生驹重症监护室）、隔离、和牛患者时，每周采样2次。
    - 所有其他患马每周1次。
  - 数据显示马匹中：
    - 在选择性和非胃肠道急症患马中，有1.2%的沙门氏菌阳性率。
    - 在急腹症患马和发热和/或腹泻的患马［即基本上所有马胃肠道（GI）急诊入院病患］中，阳性率分别为13.0%和21.1%。
  - 获得的数据表明，可以取消对中低风险群体的监测；高风险群体仍应受到严密监测。
- 对分离株进行凝胶电泳“指纹识别”pulsed-fieldgel electrophoresis “fingerprinting”非常有用，特别是在监测流行病或地方病时，通过实验可以确定：
  - 指标性感染源。
  - 维持性感染源。
  - 单独或新的感染源。

患马处理

- 优化患马护理和控制感染的患马处理方式包括：
  - 患马的隔离。

    - 医护人员的隔离。
    - 在高风险马群中正确实施屏障预防措施。
- 在可能的情况下，医院里的患马应该按照风险类别进行隔离，风险可以表示为：
    - 患马给医院带来的风险。
    - 住院对患马造成的风险。
- 重症监护室/新生驹重症监护室的患马被认为患传染病的风险更高，可能对所有类型的医院源感染更易感，因此在这些区域需要严格的屏障预防措施和人员隔离。
- 因急腹症而入院且无发热症状的患马应优选隔离在一个设施／区域，而患有腹泻、腹痛、发热或疑似小肠结肠炎的患马应直接入院隔离。由于这些患马的沙门氏菌的排出率有所提高，因此应有专门的人员照顾这两个群体。
    - 这些区域的屏障预防措施可能包括：
        - 一次性外套或工作服。
        - 手套。
        - 面罩。
        - 头套。
        - 专用鞋。
        - 鞋底消毒。
- 增设的脚踏消毒盆或地垫可放置在充当“阻塞点”或存在交叉走动的区域。正确维护消毒脚盆和地垫对其功效至关重要，包括：
    - 监测消毒剂浓度。
    - 及时更换消毒剂。
    - 最大限度地减少有机物污染和在阳光和雨水中的暴露。
- **实践提示：**即使进行适当的维护，脚踏消毒盆的功效也值得怀疑。足部浸泡消毒的其他影响因素包括：
    - 维护它们的费用和难度。
    - 长时间暴露于残留消毒剂对物体表面造成的伤害。
    - 地面残留的消毒剂可能导致滑倒的安全问题。
- 对于接触隔离患马的人员的个人防护设备（PPE），一次性连体工作服可提供最好的保护。但重复使用任何类型的防护服都有污染风险，即使穿着靴子，防护服也不足以保护小腿。如果有任何被淋湿的风险，建议使用防水工作服（如Tyvek1），例如：
    - 跪在马厩地面上对小马驹进行处理。
    - 直接接触或保定腹泻的小马驹。
    - 与患有水样腹泻（pipe-stream diarrhea）的成年马接触。
- 无论需要什么类型的个人防护设备，重要的是每个人都要了解其使用背后的理由，最重

要的是，“清洁”与“脏”之间的区别，以便在正确的区域正确应用和移除个人防护设备。所有人都以正确的方式在设施周围走动。

· 对于低风险或中等风险马群的屏障预防措施可能很少，应根据该马群中传染病的发病率决定。

  · 如果可能，应将低风险马匹与可能因住院治疗引发医院源感染的风险较高的马匹分开饲养，并且在允许的情况下，还应将人员隔离。

  · 理想情况下，应将择期病例和使用抗菌药物治疗超过72h的马匹与非紧急胃肠道疾病病例分开。

· 对于所有风险类别的患马，洗手设施或含酒精的洗手液都必须准备好。事实证明，即使手比较脏，洗手液也能有效，并且应该在包括动物房，检查和诊断区域在内的所有区域都能轻易获得洗手液。如果手比较脏，必须用肥皂水清洗干净！即使戴着手套处理患马，也必须先进行洗手消毒。

· 即使在没有明显临床症状的情况下，主诉和详细的病史也可以指导急诊马匹的处理，特别是在已知或怀疑有传染性疾病暴发的情况下。

· 检测和临床监测可能与增加测量直肠温度的频率一样简单。例如，对于可能通过气溶胶或污染物传播的马疱疹病毒，重要的是增加对在同一区域的其他马的监测。

· 对于有临床症状如腹泻，咽淋巴结肿大或脓肿，以及有确定或不确定的病史的患马，应该隔离。

· 了解狂犬病流行地区急诊入院病患的疫苗状况非常重要。

· **实践提示：**就感染对医院的威胁而言，最难处理的患马是病原未知或病原未被识别的病例（即患马处在传染病潜伏期，没有可疑病史并且在就诊时没有明显临床表现的患马）。

  · 重要提示：入院时可能无法确诊这匹马，但预先的感染控制计划包括每日更新患马临床状态和对感染风险的高度认识，可以快速识别潜在的感染问题，限制传播。

环境监测

· 监控医院环境对于生物安全计划的成功至关重要。这包括密切监控有关区域以确保工作人员正确的清洁操作并最大限度地减少混乱，但并不总意味着对环境进行微生物测试。

· 环境监测的重点应该是：

  · 人流量大的区域。

  · 治疗区域。

  · 隔离高风险患马的设施。

· **实践提示：**总体而言，在大型马兽医院，基于培养沙门氏菌的环境监测是评估综合感染控制计划的有效方法。对环境的仔细分析在改变生物安全实践方面发挥着重要作用，包括：

- 指导消毒。
- 确定患马隔离和病原传播。
- 优化人员流量和利用率。

· 使用沙门氏菌作为一般的参考标准并不能排除对其他微生物进行调查的必要性，积极的生物安全计划的一部分应明确启动（和停止）其他/其他微生物检测的触发点。

· 调查特定问题是环境监测的合法用途，但随机测试细菌种类并不是一种有效的监测策略。

· 选择进行常规抽样的场所应该是最有可能反映环境病原体负载变化的场所。风险群体之间可能存在交叉的流动性大的量“阻塞点”是很好的选择，手部表面和地面对于监测来说同等重要。

微生物学和其他检测技术

· 应不断对监督测试和策略进行审查。必须定期对用于患马和环境监测的微生物学技术进行批判性评估。

· **重要提示：**如果“医院临床实际情况”与培养信息不符，或者现有的监测方案未能充分应对不断变化的感染威胁，则需要进一步调查和/或实施新方案。

· 在任何监测方案使用之前，应注意确保任何新的测试得到适当的验证，并提供有关测试的特性和性能（如灵敏度和特异性）的信息。

消毒方案

· 消毒方案应根据通过患马和环境监测收集的信息进行经常性的审查和修改。

· 细菌耐药性一直令人担忧，并且可能需要对有关生物体进行消毒杀灭。

· 还应考虑消毒剂对于设备、人员和环境的影响，如果长期使用消毒剂造成表面损伤，应寻找一种其他方法替代，因为表面完整性的丧失会使得一些潜在的关键区域的密封性和表面的可清洁性被破坏。

· 清洁和消毒方案应至少包含4个步骤：

- 清洁剂使用。
- 冲洗。
- 干燥。
- 使用消毒剂，进一步冲洗和干燥。

· 在高风险区域，多个消毒步骤可能更有用（框表53-1）。要检查以确保清洁剂和消毒剂的性质是可兼容的，在积水区域使用消毒剂时可能会因稀释而无效。

· **实践提示：**牢记如果表面不干净，就不能实现彻底地消毒！

框表53-1　有效、广泛应用的清洁和消毒方案

1. 提供所有用于清洁和消毒的材料的材料安全数据表（MSDS），并按照正确的个人防护设备（如手套、护目镜等）的说明进行操作。
2. 在清洁前清除所有可见的有机材料（如垫料和粪便）。
3. 用阴离子洗涤剂清洁表面（每加仑水2盎司），通常需要对表面进行机械性擦洗以去除生物膜和顽固的有机物碎片，尤其是在马房内。
4. 用清水冲洗。
5. 使表面干燥或至少确保去除大部分表面水，如果剩余的水过量，消毒剂可能会因稀释而无效。
6. 选用合适的消毒剂溶液并保持适当的接触时间，稀释的漂白剂溶液（2%~4%），接触时间至少为15min，价格便宜，但可能不是最有效的选择。还有许多其他选择，替代品包括季铵盐消毒剂（如Roccal D），含有季铵盐和戊二醛（如Synergize），酚类（如1-Stroke Environ），强化过氧化氢（如Accel TB）或基于过氧化物的消毒剂（如Virkon-S），稀释率和建议的接触时间因产品而异。
7. 用清水彻底冲洗，尽可能使处理区域干燥。
8. 在已知的污染或高风险区域，应将第二次使用强化过氧化氢产品进行消毒视为最后的净化步骤，应允许至少10min的接触时间。
9. 用清水冲洗。
10. 干燥对于达成消毒效果很重要，因此在重新引入马之前，尽可能让该区域干燥。如果正在收集清洗后的环境样品，则该区域必须完全干燥。

· 在配有专门设备和环境控制的重症监护室内进行有效消毒十分具有挑战性。消毒湿巾尤其是基于戊二醛或强化过氧化氢消毒剂的湿巾，在需要特别注意精密设备的环境中特别有用，这与含有季铵盐消毒剂的湿巾不同。在这些方面，尽力进行感染控制可能是最重要的。

设施评估

· 医院的各个方面都必须考虑生物安全评估。

· 在大型马兽医院中，这涉及从粪便处理到地板选择，再到建立合适的隔离设施等一切方面。

· 目标应该是有尽可能多的容易清洁，无细孔的表面，严格地评估环境，高风险患病区域的不可清洁表面将对所有马匹的护理构成威胁，尤其是病情危急的马匹。

· 收容高风险患马的隔离设施和其他设施必须具备以下能力：
  · 对危急患马的护理。
  · 给患马供氧。
  · 提供鼻内氧气。
  · 提供气候控制。
  · 提供可利用的吊索/升吊系统。

“临床印象”与“循证决策”

· 通过做出循证决策，可最好地满足“患病”医院作为“病患”的需求。

- 通过收集和严格评估数据，可以最有效地指导生物安全工作。
- 仅凭临床印象就做出决策会浪费精力和资源。
- 实施有效的生物安全计划必须侧重于以下原则：
  - 卫生。
  - 患马接触。
  - 教育与意识。
  - 监督。

· 在疾病暴发之后，风险规避程度很高。重要的是要认识到，正如病原体在进化和改变一样，生物安全方案的循证演化也是不可避免的，且确保正在进行的计划的成功至关重要。

- 从监测和监督中收集的数据用于：
- 对生物安全方案的有效性做出循证决策。
- 定义不同类型案例所对应的风险等级。
- 紧跟感染威胁。
- 优化计划的利益风险比。

· 在社区和医院环境中出现耐药性越来越强的微生物以及马群的流动性增加了由于感染因子引起疾病暴发的风险并且使医院源感染越来越难以治疗。一个明显有效的综合感染控制计划通过以下方式提高了医疗设施的服务质量：

  - 优化患马护理。
  - 减少医院源感染。
  - 保护员工和客户免受人兽共患病的影响。
  - 提供教育机会。
  - 控制经济损失和责任。
  - 提高员工和客户的信心。

· **实践提示：**书面计划，细致的数据管理，对细节的关注，良好的沟通和信息通畅是成功的必要条件。

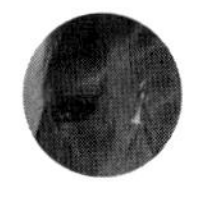

附　录

附录一 参考值

成年马部分血液化学参考值 †

化验	参考值
乙酰胆碱酯酶	450~790IU/L
氨 / 血浆（冰上）	7.63~63.4μmol/L（平均 35.8±17.0） 13~108μg/dL
淀粉酶	75~150IU/L
胆汁酸（总量）	5~15μmol/L；± 20μmol/L 厌食症中
心肌肌钙蛋白 I	0.00~0.06ng/mL
乳酸	1.11~1.78mmol/L 10~16mg/dL
瘦素	1~4mg/mL
甘油三酯	12~67mg/dL 或 0.13~0.76mmol/L 成年矮马或矮马马驹参考值可能更高
血清淀粉样蛋白（SAA）‡	0~20mg/L‡
血清结合珠蛋白 ‡	0.2~2.3mg/mL‡

* 实验室分析可能没有商业测试结果报告的正常范围。

† 可在 www.equine-emergencies.com 网站附录三中找到所有“成年马化验”的完整列表。

‡ 可以在迈阿密大学，米勒医学院进行血清或血浆分析。www.cpl.med.miami.edu。

马驹血清电解质浓度与年龄相关的变化（平均值 ±2 SD）

年龄	Na^+ (mEq/L)	K^+ (mEq/L)	Cl^- (mEq/L)	CO_2 (mEq/L)	HPO_4^+ (mg/dL)	Ca^{2+} (mg/dL) *	Mg^{2+} (mg/dL)	阴离子间隙 (mEq/L)
小时								
＜ 12	148±15	4.4±1	105±12	25±5	4.7±1.6	12.8±2	1.5±0.8	21±12
日龄								
1	141±18	4.6±1	102±12	27±6	5.6±1.8	11.7±2	2.4±1.8	16±8

* 钙离子从 mg/dL 到 mmol/L 的转化系数是除以 4 得到的。

马驹血清铁的值随年龄变化的变化范围及其相关参数

年龄	铁（μg/dL）	UIBC（μg/dL）	TIBC（μg/dL）	铁饱和度（%）	铁蛋白（ng/mL）
小时					
＜1	345~592	4~156	386~663	73~99	34~161
＜12	262~488	10~133	339~535	69~98	
日龄					
1	78~348	28~416	208~620	22~90	79~263
3	29~191	47~494	175~552	6~66	52~200
5	21~258	129~460	250~581	7~59	54~170
周龄					
1	30~273	35~503	222~619	10~72	57~173
2	22~215	168~643	337~706	4~52	21~136
3	46~241	228~669	408~745	7~46	27~117
月龄					
1	49~288	250~668	437~777	9~50	33~140
2	43~340	201~529	397~716	19~57	32~144
成年马	74~209	177~379	305~542	21~48	58~365

TIBC，总铁结合能力；UIBC，游离铁结合能力。

低铁伴有正常或高 TIBC 可能表明缺铁，这可能很少发生在年轻的马驹中。

参考 Koterba AM，Drummond WH，Koseh PC：*Equine clinical neonatology*，Philadelphia，1990，Lea & Febiger.

马驹红细胞值与年龄相关的变化

年龄	PCV	Hb（g/dL）	RBC（$\times 10^6$ 个 /μL）	MCV（fl）	MCHC（g/dL）
小时					
＜1*	40~52	13.4~19.9	9.3~12.9	37~45	33~39
＜12†	37~49	12.6~17.4	9~12	36~45	32~40
日龄					
1	32~46	12~16.6	8.2~11.0	36~46	32~40
3	30~46	11.5~16.7	7.8~11.4	35~44	34~40
5	30~44	11~16.6	7.2~11.6	35~45	34~40
周龄					
1	28~43	10.7~15.8	7.4~10.6	35~44	35~40

（续）

年龄	PCV	Hb（g/dL）	RBC（$\times10^6$ 个 /μL）	MCV（ff）	MCHC（g/dL）
2	28~41	10.1~15.3	7.2~10.8	35~41	34~40
3	29~40	10.5~14.8	7.8~10.6	34~41	34~40
月龄					
1	29~41	10.9~15.3	7.9~11.1	33~40	34~40
岁					
＞4	31~47	11~18	5.9~9.9	41~51	33~41

ff，游离部分；Hb，血红蛋白；MCHC，平均红细胞血红蛋白浓度；MCV，平均红细胞体积；PCV，血细胞比容；RBC，红细胞。

* 哺乳前。

† 哺乳后。

参考 Koterba AM，Drummond WH，Koseh PC：*Equine clinical neonatology*，Philadelphia，1990，Lea & Febiger.

马驹血液学正常值与年龄相关的变化

年龄	血浆总蛋白（g/dL）	纤维蛋白质（mg/dL）*	结合珠蛋白（mg/dL）	黄疸指数（单位）	血小板（$\times10^3$ 个 /μL）
小时					
＜1	4.4~5.9	100~500		20~100	
＜12	5.1~7.6	100~350	8~120	15~50	105~446
日龄					
1	5.2~8.0	100~400	0~136	10~75	129~409
3	5.3~7.9	150~500	8~162	10~50	105~353
5	5.4~7.6	100~500		15~50	
周龄					
1	5.2~7.5	150~450	0~143	5~25	111~387
2	5.2~7.2	150~600	0~202	5~25	133~457
3	5.2~6.8	150~600	11~184	5~20	134~442
成年马	6.2~8	100~600	19~177	5~20	100~350

* 不同实验室的数值差别很大。

参考 Koterba AM，Drummond WH，Koseh PC：*Equine clinical neonatology*，Philadelphia，1990，Lea & Febiger.

马驹血清酶活性的年龄相关性变化

	ALP	GGT	SDH	AST*	ALT	CK*
年龄	（区间，IU/L）					
小时						
＜12	152~2 835	13~39	0.2~4.8	97~315	0~47	65~380
日龄						
1	861~2 671	18~43	0.6~4.6	146~340	0~49	40~909
3	283~1 462	11~50	0.6~3.7	80~580	0~52	21~97
5	156~1 294	8~89	0.8~5.3			29~208
7	137~1 169	16~98	0.8~8.2	237~620	4~50	52~143
14	182~859	13~59	0.6~4.3	240~540	1~9	46~208
21	146~752	16~64	1~8.4	226~540	0~45	44~210
28	210~866	17~44	1.2~5.9	252~440	5~47	81~585
月龄						
2	201~747	8~38	1.1~4.6	282~484	7~57	50~170

ALP，碱性磷酸酶；ALT，丙氨酸转氨酶；AST，天冬氨酸转氨酶；CK，肌酸激酶；GGT，谷氨酰胺转移酶；SDH，山梨醇脱氢酶。

* 达到上限可能被视为异常。

参考 Koterba AM，Drummond WH，Koseh PC：*Equine clinical neonatology*，Philadelphia，1990，Lea & Febiger；and Barton MH，LeRoy BE：Serum bile acids concentrations in healthy and clinically ill neonatal foals，*J Vet Intern Med* 21（3）：508-513，2007.

马驹白细胞计数与年龄相关的变化

年龄	白细胞总数（$\times10^3$ 个 /μL）	中性粒细胞（$\times10^3$ 个 /μL）	淋巴细胞（$\times10^3$ 个 /μL）	单核细胞（$\times10^3$ 个 /μL）	嗜酸性粒细胞（$\times10^3$ 个 /μL）	嗜碱性粒细胞（$\times10^3$ 个 /μL）
小时						
＜12	6.9~14.4	5.55~12.38	0.46~1.43	0.04~0.43	0	0~0.02
日龄						
1	4.9~11.7	3.36~9.57	0.67~2.12	0.07~0.39	0~0.02	0~0.03
3	5.1~10.1	3.21~8.58	0.73~2.17	0.08~0.58	0~0.22	0~0.12
周龄						
1	6.3~13.6	4.35~10.55	1.43~2.28	0.03~0.54	0~0.09	0~0.18
2	5.2~11.9	3.99~9.08	1.32~3.12	0.07~0.58	0~0.10	0~0.1
3	5.4~12.4	3.16~8.94	1.47~3.26	0.06~0.69	0~0.16	0~0.09
月龄						

（续）

年龄	白细胞总数（$\times 10^3$ 个 /μL）	中性粒细胞（$\times 10^3$ 个 /μL）	淋巴细胞（$\times 10^3$ 个 /μL）	单核细胞（$\times 10^3$ 个 /μL）	嗜酸性粒细胞（$\times 10^3$ 个 /μL）	嗜碱性粒细胞（$\times 10^3$ 个 /μL）
1	5.3~12.2	2.76~9.27	1.73~4.85	0.05~0.63	0~0.12	0~0.08
成年马	5.4~14.3	2.26~8.58	1.5~7.7	0~1	0~1	0~0.4

早产马驹出生时中性粒细胞计数通常较低。中性粒细胞计数正常或高的早产马驹提示子宫内压力，可能提示发育加快和预后改善。

参考 Koterba AM，Drummond WH，Koseh PC：*Equine clinical neonatology*，Philadelphia，1990，Lea & Febiger.

马驹血清蛋白值的年龄相关性变化

年龄	总蛋白 *（g/dL）	白蛋白（g/dL）	总球蛋白（g/dL）	凝集时间 †
小时				
＜ 12	4~7.9	2.7~3.9	1.1~4.8 范围包括哺乳前后	PT = 10~11s APTT = 52~63s
日龄				
1	4.3~8.1	2.5~3.6	1.5~4.6	
3	4.4~7.6	2.8~3.7	1.6~4.5	
5				
7	4.4~6.8	2.7~3.4	2.7~3.4	PT = 9~10s APTT = 36~44s
14	4.8~6.7	2.6~3.3	2.6~3.3	
21	4.7~6.5	2.6~3.2	2.6~3.2	
28	5~6.7	2.7~3.4	2.7~3.4	
月龄				
2	5.2~6.5	2.7~3.5	1.9~3.8	PT = 9~10s APTT = 35~47s
成年马	5.5~7.9	2.8~4.8	1.9~3.8	PT = 9~10s APTT = 33~51s

APTT，活化部分促凝血酶原激酶时间；PT，凝血酶原时间。

血栓弹性成像研究“提示”正常马驹形成血栓的时间可能长于正常成年马，败血症马驹的血栓强度比健康马驹小。

* 这些报告范围内的某些值可能被视为异常。

† 数值来源于 Barton MH et al:Hemostatic indices in healthy foals,from birth to one month of age, J Vet Diag Lab Invest 7(3):380-385,1995. 注：正常马驹的纤维蛋白降解产物和 D- 二聚体可能较高，其中一些可能与正常凝结的脐带血管的纤维蛋白溶解有关。据报道，健康新生马驹的抗凝血酶 III 活性较低，但蛋白 C 抗原增加、成年马的正常抗凝血酶 III 活性为 90%~113%。

参考 Koterba AM，Drummond WH，Koseh PC：*Equine clinical neonatology*，Philadelphia，1990，Lea & Febiger.

马驹血清碱性皮质醇和血清碱性促肾上腺皮质激素的年龄相关性变化

年龄	皮质醇（μg/dL）	ACTH（pg/mL）	ACTH：皮质醇（比值）
出生	8.9~11.6	199.6~371.4	13.3~41.5
小时			
12~24	2.6~4.6	17.9~21.3	5.0~7.4
36~48	2.0~3.2	16.3~49.1	9.4~18.4
日龄			
5~7	1.5~2.5	20.2~47.4	12.8~19.0

ACTH，促肾上腺皮质激素。

参考 Hart KA，Heusner GL，Norton NA et al：Hypothalamic-pituitary-adrenal axis assessment in healthy term neonatal foals utilizing a paired low dose/high dose ACTH stimulation test，*J Vet Intern Med* 23（2）：344-351，2009. Results reflect 95% confidence interval.

血清化学浓度与年龄相关的变化：马驹体内的有机小分子

年龄	葡萄糖	BUN	肌酐	TBR	CJBR	UNCJBR	胆汁酸 *	甘油三酯
	（区间，mg/dL）							
小时								
＜12	108~190	12~27	1.7~4.2	0.9~2.8	0.1~0.4	0.8~2.5	24~38	11~33
日龄								
1	121~233	9~40	1.2~4.3	1.3~4.5	0.1~0.4	1~3.8	7~38	4~154
3	101~226	2~29	0.4~2.1	0.5~1.2	0.1~0.4	0.2~3.3		63~342
5				1.2~3.6	0.1~0.4	0.8~2.8		52~340
7	121~192	4~20	1~1.7	0.8~3	0.1~0.4	0.5~2.3	4~15	35~200
14	137~205	6~13	0.9~1.8	0.7~2.2	0.1~0.3	0.5~1.6	6~9	28~91
21	130~240	6~14	0.6~2	0.5~1.6	0.1~0.3	0.2~1.1	6~7	34~124
28	130~216	6~21	1.1~1.8	0.5~1.7	0.1~0.3	0.4~1.2	4~6	45~155
月龄								
2	119~204[†]	6~11	1.1~1.2	0.5~2	0.1~0.3	0.3~1.5	5~11	10~148
成年马	57~96	12~24	0.9~2	0.5~1.8	0.1~0.3[‡]	0.3~1	58~109	6~44

BUN，血尿素氮；CJBR，结合胆红素；TBR，总胆红素；UNCJBR，间接胆红素。

* 放射免疫分析（RIA）值；酶法分析测得值可能是 RIA 值的两倍。

† 高于正常马值的原因可能是采血应激。

‡ 一些实验室的正常范围高达 0.6。

参考 Koterba AM，Drummond WH，Koseh PC：*Equine clinical neonatology，* Philadelphia，1990，Lea & Febiger；and Barton MH，LeRoy BE：Serum bile acids concentrations in healthy and clinically ill neonatal foals，*J Vet Intern Med* 21（3）：508-513，2007.

全血细胞计数和化学成分与重要年龄相关的变化总结

	TB 出生 24~48h 的新生马驹	TB 3 周龄	TB 1 岁	TB 2 岁	TB 成年	非 TB 成年
PCV	30~44	30~38	30~41	34~45	35~47	31~43
WBC（$\times 10^3$）	6.2~12.4	6.9~15.2	6.0~15.0	7.3~12.7	4.1~10.1	6~10
分叶核中性粒细胞（$\times 10^3$）	4.1~9.5	4.1~9.1	3.7~5.4	4.0~6.0	1.4~5.8	3.4~5.4
淋巴细胞（$\times 10^3$）	1.0~3.1	0.9~5.9	3.5~4.9	2.7~4.4	1.4~4.7	2.0~3.2
TP（g/dL）	4.1~6.6	4.2~6.6	5.0~7.0	5.9~6.6	6.5~7.5	5.3~7.3
AST（IU/L）	111~206	329~337	329~441	308~520	256~369	102~350
CK（IU/L）	165~761	204~263	190~370	165~472	157~270	110~250
GGT（IU/L）	10~32	13~30	10~30	12~40	14~28	1~40
BUN（mg/dL）	9~40	6~14	15~24	15~24	12~24	12~24
肌酐（mg/dL）	1.7~4.3	0.6~2.0	1.3~2.1	1.3~2.1	0.9~1.8	0.9~2.2
胆汁酸（μmol/L）	11~30*	11~22*	6~12	6~12	6~12	6~12
葡萄糖（mg/dL）	101~233†	130~240†	105~165	90~104	84~104	84~104
甘油三酯（mg/dL）	30~340	34~124	38~86	20~56	20~56	20~56
甲状腺素	21.5~35.7μg/dL 在出生后几周内下降		成年马数值 0.85~2.4μg/dL fT_4，1.2~1.8ng/dL			
三碘甲状腺氨酸	7~12× 成年马数值 在出生后几周内下降		成年马数值 0.3~0.8ng/mL			

信息来源于几本书籍，主要书籍为 Ricketts S et al：*Guide to equine clinical pathology*，Newmarket，UK，2006，Rossdale and Partners.

TB，纯血马；PCV，血细胞比容；WBC，白细胞；TP，总蛋白；AST，天冬氨酸转氨酶；CK，肌酸激酶；fT4，游离甲状腺素；GGT，谷胱转肽酶；BUN，血液尿素氮。

* 如果使用酶分析，在一些正常的马驹中的值可能更高。

† 显著较高的正常值可能是由于保定应激和采血所致。

青年和老年马的动脉血气参数

年龄	PaO_2（mmHg）	$PaCO_2$（mmHg）	pH	HCO_3（mEq/L）
青年马（3~8 岁）	98.6~104.8	41.6~44.4	7.394~7.414	25.6~27.2
老年马（> 20 岁）	85.9~94.5	39.5~43.5	7.414~7.442	25.0~28.6

参考 Aquilera-Tejero E，Estepa JC，Lopez I，et al：Arterial bloodgases and acid-base balance in healthy young and aged horses，*Equine Vet J* 30（4）：352-354，1998. 结果为 95% 置信区间。

海平面和海拔 1 500m 处马驹动脉血气参数

年龄	PaO_2（mmHg）海平面（海拔 1 500m）	$PaCO_2$（mmHg）海平面（海拔 1 500m）	pH 海平面（海拔 1 500m）	HCO_3（mEq/L）海平面（海拔 1 500m）
出生	51.2~61.6 (47.1~58.9)	49.6~58.8 (42.0~46.2)	7.276~7.348 (7.370~7.418)	21.3~26.7 (24.7~28.3)
小时				
3	61.1~71.9 (55.0~63.4)	43.7~51.7 (40.6~44.1)	7.334~7.390 (7.381~7.424)	22.9~27.1 (25.0~28.0)
6	64.6~86.8 (59.3~74.2)	40.7~49.3 (39.8~44.3)	7.317~7.393 (7.381~7.424)	21.1~26.1 (24.5~27.0)
12	66.7~80.3 (53.6~64.9)	41.6~47.0 (40.8~44.9)	7.303~7.411 (7.377~7.415)	20.3~26.1 (24.5~27.0)
24	57.5~77.7 (55.4~64.5)	42.0~49.0 (39.6~43.5)	7.365~7.421 (7.380~7.413)	23.7~28.7 (23.7~26.2)
48	67.1~82.7 (64.0~71.1)	43.5~48.7 (35.9~40.6)	7.377~7.415 (7.369~7.399)	24.5~26.9 (20.6~23.7)

正常的小马驹出生时的 PaO_2-Fio_2 比值（mmHg）应为 250 或更高，48h 内为 350。

以上所有数值和比率值均来自侧卧采集，这导致平均测量值比站立时低 14 mmHg！

参考 Stewart JH，Rose RJ，Barko AM：Respiratory studies in foals from birth to seven days old，*Equine Vet J* 16：323-328，1984；and Hackett ES，Traub-Dargatz JL，Knowles JE et al：Arterial bloodgas parameters of normal foals born at 1500 meters elevation，*Equine Vet J* 42：59-62，2010. 结果为 95% 置信区间。

附 录 二
急救护理的计算

肺泡 – 动脉梯度

$$P_{(A-a)}O_2 = P_AO_2 - P_aO_2$$

肺泡 – 动脉氧差

$$P_AO_2 = P_IO_2 - (1.25 \times PaCO_2)$$

P_AO_2 = 肺泡氧气压力
P_IO_2 = 吸入氧张力
$PaCO_2$ = 动脉二氧化碳张力

$$P_IO_2 = （大气压 - 47）\times F_IO_2$$

F_IO_2 = 吸入氧浓度

$$A - a: (P_{BAR} - 47)0.21 - \frac{PaCO_2}{0.8} - PaO_2$$

P_{BAR} = 大气压

白蛋白不足

$$AD = 10 \times （目标［alb］- 患马［alb］）\times 体重（kg）\times 0.3$$

AD = 白蛋白不足
[alb] = 白蛋白浓度

阴离子间隙

$$AG = [Na^+ + K^+] - [Cl^- + HCO_3^-]$$

碱缺失

HCO_3^- 校正（mEq）= mEq 碱缺失 × 体重（kg）× 0.50*

mEq 碱缺失 = HCO_3^- 正常值 − 测量的 HCO_3^-

HCO_3^- = 血清碳酸氢盐

输血

$$输血量(L)=\frac{PCV_{目标值}-PCV_{受体值}}{PCV_{供体值}}\times 0.08\,(BW)$$

PCV = 血细胞比容

BW = 体重（kg）

输血速率 10~20mL/（kg · h）

体重

$$马驹体重=\frac{胸围(cm)^2\times 体长(cm)}{11877}$$

$$成年马体重=\frac{腰围(cm)^{1.78}\times 体长(cm)^{1.05}}{3011}$$

碳酸酐方程

$$CO_2+H_2O\underset{CA}{\longleftrightarrow}H_2CO_3\leftrightarrow H^++HCO_3^-$$

碳酸酐酶催化促进第一反应，第二反应自然发生。

心输出量

$$CO\ (L/min) = SV \times HR$$

或

* 新生马取 0.50，成年马取 0.30。

$$CO = CI \times BSA$$

CO =心输出量

SV = 每搏输出量

HR = 心率

CI = 心脏指数

BSA = 体表面积（m^2）

心脏复律

1~4 J/kg，每次除颤时能量增加50%

对50kg的马驹使用50~200J

脑灌注压

$$CPP = MAP - ICP$$

MAP = 平均动脉血压

ICP =颅内压

胶体渗透压

马驹（Landis-Pappenheimer 方程）

$$COP = 2.1\,TP + (0.16\,TP^2) + (0.009\,TP^3)$$

TP =总蛋白

成年马

$$COP = 0.986 + 2.029\,A + 0.175\,A^2$$

A=白蛋白

$$COP = -0.059 + 0.618\,G + 0.028\,G^2$$

G=球蛋白

$$COP = 0.028 + 1.542\,P + 0.219\,P^2$$

P=蛋白

$$COP = -1.989 + 1.068\ TS + 0.176\ (TS)^2$$

简化：$COP = 3.02 \times TS + 0.65$

TS=折射计测量的总固体

$$COP = -4.384 + 5.501\ A + 2.475\ G$$

连续输注

第一步：计算1单位输液时间（min或h）的药物量（mcg或mg）：剂量（mcg/kg或mg/kg）×体重（kg）=*X*药物量。

第二步：计算1单位输注时间所需的药物体积：将*X*（药物量，mcg或mg）除以药物浓度（mcg/mL或mg/mL）：*X*÷浓度=*y*药物体积（mL）。

第三步：计算输注时间的药物量：*Y* mL×预期输注时间。

第四步：通过将药物（*Y*）的体积和预期输液时间内注入的晶体体积相加来计算输液量。

第五步：用总体积除以输液时间计算输液速度。

示例：对500kg的马进行1h的利多卡因CRI，0.05mg/（kg · min），可向1L晶体液中添加2%（20mg/mL）的利多卡因，由此制备液体。

第一步：0.05mg/kg×500kg=25mg利多卡因

第二步：25mg÷20mg/mL=1.25mL/min利多卡因

第三步：1.25mL/min×60min=75mL 2%利多卡因

第四步：75mL利多卡因+1 000mL晶体液=1 075mL总输液量

第五步：1 075mL÷60min =17.9mL/min，或以18mL/min的速率进行注射

晶体流体速率计算

休克剂量=50~80mL/kg；以25%的比例增加并重新评估

成年马维持体液用量=60mL/（kg · d）

基于马驹体表面积的计算：

每日液体需求量(mL)=[100mL×首个10kg] +[50mL×第二个10kg] +[25mL×剩余体重]

电解质的补充：

体重(kg) × 0.3 ECF × (正常值–测量值mEp)=缺少值mEp/L

ECF ＝细胞外液

$$速率=滴/min=[mL/min \times 滴/mL]$$

死腔通气分数

$$\frac{Vd}{Vt}=\frac{PaCO_2-PECO_2}{PaCO_2}$$

Vd = 死腔容积

Vt = 潮气量

$PaCO_2$ = 动脉二氧化碳张力

$PECO_2$ = 潮汐末二氧化碳张力

脱水纠正

估计脱水率（%）× 体重（kg）=脱水纠正量（L）

细胞外液量

$$ECF(L)=0.25^{*} \times BW\ (kg)$$

ECF=细胞外液体积

BW=体重

*新生马驹较高：35%~50%（0.35~0.5）

Fick 方程

$$V=Q(C_A-C_V)$$

或

$$Q=\frac{V}{C_A-C_V}$$

C_A = 动脉浓度

C_V = 静脉浓度

V=器官或循环清除的物质量

Q=流向器官或循环的血液量

数量“x”的排泄分数

$$FEx=\frac{血清肌酐}{尿肌酐}\times\frac{尿量x}{血清x}$$

总体供氧

$$DO_2=Q\times CaO_2$$

Q ＝心输出量（L/min）

CaO_2= 动脉血氧含量

亨德森 - 哈塞尔巴尔赫方程

$$pH= pKa+\frac{\log[HCO_3]}{总CO_2}$$

细胞内液量

$$ICF(L)=0.40\times BW\ (kg)$$

ICF=细胞内液体积

BW=体重

最大 K^+

最大输钾量= 0.5mEq/（kg · h）

平均动脉压

$$MAP=DAP+\frac{SAP-DAP}{3}$$

MAP= 平均动脉压

DAP= 舒张压

SAP= 收缩压

毫当量

$$mEq=\frac{mg \times 化学价}{分子质量}$$

或

$$mEq=mmol/L \times 化学价$$

注：如果物质是+1和-1电荷（即NaCl），则1 mEq = 2 mmol

质量摩尔浓度

$$质量摩尔浓度(mOsm/kg)=\frac{g/分子质量}{L}$$

摩尔浓度

$$M=\frac{g/分子质量}{L}$$

耗氧量

见组织耗氧量。

氧含量（动脉）

$$CaO_2=(1.34 \times Hb \times SaO_2)+(0.003 \times PaO_2)$$

Hb = 血红蛋白含量（g/dL）
SaO_2=动脉血氧饱和度
PaO_2=动脉氧张力（mmHg）

氧摄取率

$$OER=VO_2/DO_2=\frac{SaO_2-SvO_2}{SaO_2}$$

O_2摄取与O_2供给的比率（O_2输送到组织的部分）
VO_2=组织摄氧量

DO_2=总体供氧

含氧指数（动脉）

$$氧指数=\frac{P_aO_2}{F_iO_2}\times 100$$

溶液百分率

$$xL\%=\frac{x(g)}{100\ (mL)}$$

血浆渗透压

$$渗透压(mOsm/kg)=1.86\ (Na+K)+BUN/2.8+葡萄糖/18+9$$

或

$$渗透压=(Na\times 2)+BUN/2.8+葡萄糖/18$$

或

$$渗透压=2.1(Na)$$

BUN =血尿素氮

同渗重摩和同渗容摩在测量“技术上”不同，但在测量“功能上”都可使用。同渗重摩（Osmol/kg或Osm/kg）是衡量每千克溶剂中溶质的渗透压克分子；同渗容摩（Osmol/L或Osm/L）定义为每升（L）溶液中溶质的渗透压克分子。

血浆容量

$$血浆容量=血容量\times(1-PCV)$$

PCV =红细胞压积（此为旧称，现称血细胞比容）

泊肃叶流动定律

$$Q=\Delta P/R$$

血流量（Q）等同于灌注压（ΔP）除以血流的阻力（R）。

$$R=8\eta L/\pi r^4$$

阻力与黏度（η）和长度（L）成正比，与半径（r）成反比。

$$Q=\frac{\Delta P r^4 \pi}{\eta L 8}$$

静息能量需求

马驹：　DE ＝30~50kcal/（kg · d）

成年马：　DE ＝（0.03×kg）+1.4kcal/d，体重＜600kg

DE ＝1.82+（0.038 3×kg）－（0.000 015×kg^2）kcal/d，体重＞600kg

DE ＝消化能

分流分数

$$Qs/Q=ScO_2-SaO_2/ScO_2-SvO_2$$

Qs ＝分流分数

Q=总流量

SaO_2=动脉血氧饱和度

ScO_2=毛细管氧饱和度

SvO_2=混合静脉血氧饱和度

假设吸入100%氧气时，ScO_2为100。

钠校正率

0.5mEq/h

斯塔林方程

$$J=K_f[(P_c-P_t)-s(p_p-p_t)]$$

J＝通过毛细管壁的流量

K_f=毛细血管壁过滤系数

P_c=毛细血管静水压力

P_t=组织液静水压力

s=渗透回流系数

p_p=血浆胶体渗透压力

p_t=组织液胶体渗透压力

斯图尔特强离子差

SID=（血浆［Na］+血浆［K］）－(血浆［Cl］+血浆［乳酸］)

简化版本：SID=（血浆［Na］+血浆［K］）－血浆［Cl］）

组织耗氧量

$$系统血管阻力(dynes\cdot s\cdot cm^{-5})=\frac{(MAP-CVP)\times 80}{心输出量}$$

MAP=平均动脉压

CVP=中心静脉压

系统血管阻力

$$VO_2\ (mL\ O_2/min) = Q\times(CaO_2 - CvO_2)$$

心输出量与动脉和静脉氧含量差的乘积

$$VO_2 = Q\times 13.4\times Hb\times(SaO_2 - SvO_2)$$

（乘以10修正单位差异）

Q =心输出量

Hb = 血红蛋白含量（g/dL）

SaO_2= 动脉血氧饱和度

SvO_2= 静脉血氧饱和度

全身总液体量

$$TBW=0.6\times BW(kg)$$

TBW＝总身体水

BW＝体重

缺水量

$$缺水量（t）=1-Na^{+}_{正常}/Na^{+}_{测量}\times TBW_{正常}*$$

TBW＝0.6×体重（kg）

* 仅计算缺水量，无异常钠丢失。

附 录 三
当 量

针头和留置针型号参照表

型号	常规 ID	细 ID	英寸 OD	法国尺码	英寸 OD
36	0.002	0.003	0.004		0.109
35	0.002	0.003	0.005		0.118
34	0.003	0.004	0.007		0.12
33	0.004	0.005	0.008		0.131
32	0.004	0.005	0.009		0.134
31	0.005	0.006	0.01		0.144
30	0.006	0.007	0.012		0.148
29	0.007	0.008	0.013	1	0.158
28	0.007	0.008	0.014		0.165
27	0.008	0.01	0.016		0.17
26	0.01	0.012	0.018		0.18
25	0.01	0.012	0.02		0.184
24	0.012	0.014	0.022		0.197
23	0.013	0.015	0.025		0.203
22	0.016	0.018	0.026	2	0.21
21	0.02	0.022	0.028		0.223
20	0.023	0.025	0.032		0.236
19	0.027	0.031	0.035		0.249
18	0.033	0.042	0.039	3	0.263
17	0.041	0.046	0.042		0.276
16	0.047	0.052	0.05		0.288
15	0.054	0.059	0.053	4	0.302
14	0.063	0.071	0.059		0.315
13	0.071	0.077	0.065		0.328

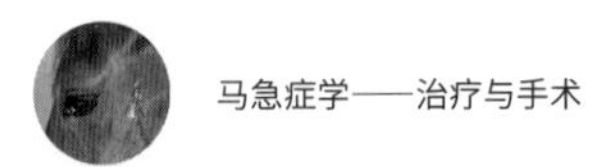

（续）

型号	常规 ID	细 ID	英寸 OD	法国尺码	英寸 OD
12	0.085	0.091	0.066	5	0.341
11	0.094	0.1	0.072		0.354
10	0.106	0.114	0.079	6	0.367
9	0.118	0.126	0.083		0.38
8	0.135	0.143	0.092	7	0.393
7	0.15	0.158	0.095		0.407
6	0.173	0.181	0.105	8	0.42
					0.433
					0.446

ID，内径；OD，外径。

物体当量

重量当量

1lb	453.6g = 0.453 6kg = 16oz
1oz	28.35g
1kg	1 000g = 2.2046lb
1g	1 000mg = 0.035 3oz
1mg	1 000μg = 0.001g
1μg	0.001mg = 0.000 001g

1μg/g 或 1mg/kg 等于 1ppm。

体积当量

1 滴（gt）	0.06mL
15 滴（gtt）	1mL（1cc）
1 茶匙（tsp）	5mL
1 餐匙（tbs）	15mL
2tbs	30mL
1 茶杯	180mL（6.0oz）

（续）

1 玻璃杯	240mL（8.0oz）
1 量杯	240mL（½pt）
2 量杯	480mL（1pt）
1fl oz	29.57mL
1pt	0.473L
1pt	16fl oz
1gal	3.785L
1gal（US）	0.833gal（英制）
1mL	0.033 82floz
1L	2.113 4pt
1L	0.264 17gal

压力换算

1 厘米水柱（cmH_2O）= 0.736mmHg = 0.098kPa

1 毫米汞柱（mmHg；torr）= 1.36cmH_2O = 0.133kPa

1 千帕（kPa）= 7.5mmHg = 10.2cmH_2O

1 大气压（atm）= 760mmHg = 1 033.6mmH_2O

温度换算

摄氏度到华氏度：（C）（9/5）+ 32

华氏度到摄氏度：（F − 32）（5/9）

重量单位换算系数

给定单位	目标单位	换算时乘以
lb	g	453.6
lb	kg	0.453 6
oz	g	28.35
kg	lb	2.204 6
kg	mg	1 000 000
kg	g	1 000
g	mg	1 000

（续）

给定单位	目标单位	换算时乘以
g	μg	1 000 000
mg	μg	1 000
mg/g	mg/lb	453.6
mg/kg	mg/lb	0.453 6
μg/kg	μg/lb	0.453 6
Mcal	kcal	1 000
kcal/kg	kcal/lb	0.453 6
kcal/lb	kcal/kg	2.204 6
ppm	μg/g	1
ppm	mg/kg	1
ppm	mg/lb	0.453 6
mg/kg	%	0.000 1
ppm	%	0.000 1
mg/g	%	0.1
g/kg	%	0.1

换算系数

1mg	$\frac{1}{65}$ 格令（$\frac{1}{60}$）
1g	$\frac{15}{43}$ 格令（15）
1kg	2.20lb（体重）
	2.65lb（金衡制）
1mL	16.23 量滴（15）
1L	1.06 夸脱（1+）
	33.80fl oz（34）
1 格令	0.065g（60mg）
1 打兰	3.9g（4）
1oz	31.1g（30+）
1 量滴	0.062mL（0.06）
1 液体打兰	3.7mL（4）
1fl oz	29.57mL（30）
1pt	473.2mL（500 —）
1qt	946.4mL（1 000 —）

长度单位换算系数

cm	in	cm	in	mm	in	in	cm
1	0.394	41	16.142	0.125	0.004 9	⅛	0.32
2	0.787	42	16.535	0.25	0.009 8	¼	0.64
3	1.181	43	16.929	0.5	0.019 7	½	1.27
4	1.575	44	17.323	0.75	0.029 5	¾	1.91
5	1.969	45	17.717	1	0.039 4	1	2.54
6	2.362	46	19.11	2	0.078 7	2	5.08
7	2.756	47	18.504	3	0.118 1	3	7.62
8	3.15	48	18.898	4	0.158 5	4	10.16
9	3.543	49	19.291	5	0.196 8	5	12.7
10	3.937	50	19.685	6	0.236 2	6	15.24
11	4.331	51	20.1	7	0.275 6	7	17.78
12	4.724	52	20.5	8	0.315	8	20.32
13	5.118	53	20.9	9	0.354 3	9	22.86
14	5.512	54	21.2	10	0.393 7	10	35.4
15	5.906	55	21.6	11	0.433 1	11	27.94
16	6.299	56	22	12	0.472 4	12	30.48
17	6.693	57	22.4	13	0.511 8	13	33.02
18	7.087	58	22.8	14	0.551 2	14	35.56
19	7.48	59	23.2	15	0.590 5	15	38.1
20	7.874	60	23.6	16	0.629 9	16	40.64
21	8.268	61	24	17	0.669 3	17	43.18
22	8.661	62	24.4	18	0.708 7	18	45.72
23	9.055	63	24.8	19	0.748	19	48.26
24	9.449	64	25.2	20	0.787 4	20	50.8
25	9.843	65	25.6	21	0.826 8	21	53.34
26	10.236	66	26	22	0.866 1	22	55.88
27	10.63	67	26.4	23	0.905 5	23	58.42
28	11.024	68	26.8	24	0.944 9	24	60.96
29	11.417	69	27.1	25	0.984 2	25	63.5
30	11.811	70	27.6	26	1.023 6	26	66.04
31	12.205	71	28	27	1.063	27	68.58

（续）

cm	in	cm	in	mm	in	in	cm
32	12.598	72	28.3	28	1.102 4	28	71.12
33	12.992	73	28.7	29	1.141 7	29	73.66
34	13.386	74	29.1	30	1.181 1	30	76.2
35	13.78	75	29.5	31	1.220 5	31	78.74
36	14.173	76	29.9	32	1.259 8	32	81.28
37	14.567	77	30.3	33	1.299 2	33	83.82
38	14.961	78	30.7	34	1.338 6	34	86.36
39	15.354	79	31.1	35	1.377 9	35	88.9
40	15.748	80	31.5	36	1.417 3	36	91.44
				37	1.456 7	37	93.98
				38	1.496 1	38	96.52
				39	1.535 4	39	99.06
				40	1.574 8	40	101.6

常见物质的克与毫克当量的换算[1]

1g $NaHCO_3$	12mEq Na 或 HCO_3
1g NaCl	17mEq Na 或 Cl
1g KCl	13.4mEq K 或 Cl
1g $CaCl_2$	18mEq Ca 或 Cl
1g 葡萄糖酸钙	4.5mEq Ca
1g 二硼葡萄糖酸钙盐	4.1mEq Ca
1g $MgSO_4$	8.1mEq Mg
1g $MgCl_2$	9.1mEq Mg 或 Cl

1　+1 和 −1 的物质转换为毫摩尔很容易。例如，1g $Na^{+1}HCO_3^{-1}$ = 12mEq $NaHCO_3$ = 24mmol（毫摩尔）。

附 录 四
药物不良反应、空气栓塞和雷击

Thomas J. Divers

重要的药物不良反应参考信息

不良事件报告
FDA兽医中心
不良事件报告：888-332-8387；240-276-9300；888-463-6332（FDA）
http：//fdable.com 或 www.fda.gov/AnimalVeterinary/default.htm
美国农业部
兽医生物制品和诊断热线
1-800-752-6255 工作日 8am - 4：30pm 中部时区
（下班后服务）
www.aphis.usda.gov/animal_health/vet_biologics/vb_adverse_event.shtml
国家动物毒物控制中心热线
1-888-426-4435
兽医从业人员报告程序（针对不良反应；向FDA/USDA药物制造商和AVMA报告）
1-800-487-7776
www.usp.org
EPA—农药信息
http：//www.epa.gov/pesticides
http：//pesticides.supportportal.com/ics/support/default.asp?deptID=23008
美国马术联合会药物和药物指南
www.usef.org/issuu/flipbook.ashx?docname=drugsmedsguidelines2012&pdfurl=
www.usef.org/_IFrames/Drugs/Default.aspx

颈动脉注射

许多非经肠给药赛拉嗪、地托咪定、保泰松和磺胺嘧啶（如果有的话）的直接不良反应可能是由于不小心的颈动脉注射所致。

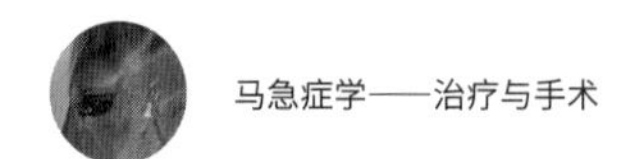

水溶性药物 - 颈动脉内给药

水溶性颈动脉药包括乙酰丙嗪、地托咪定、一些巴比妥类药物和赛拉嗪。

临床症状

- 立即出现过度兴奋，并可能倒地。
- 随后可能出现癫痫或昏迷。

应该做什么

水溶性药物 - 颈动脉内给药

- 反应通常可以通过戊巴比妥或苯巴比妥镇静成功控制，5~12mg/kg，IV（或作用），q12h或根据需要使用。
- 或者，静脉注射地西泮作为相对安全的镇静剂。给予消炎、消肿药物（如二甲基亚砜［DMSO］），1g/kg，或地塞米松，0.5mg/kg。
- 有些患马可能会在站立前保持卧姿几小时或几天。
- 处理可能因癫痫引起的伤口和角膜损伤。
- 某些情况下会出现皮质性失明。
- 包括抗水肿治疗：
  - DMSO，1mg/kg，IV，用多离子晶体溶液稀释。
  - 地塞米松，0.2mg/kg，IV。
  - 甘露醇（20%），0.25~2.0g/kg，IV。

油基、高 pH 药物——动脉内给药

油基性颈动脉药物包括：

- 丙二醇。
- 甲氧苄啶 - 磺胺嘧啶。
- 地西泮。
- 普鲁卡因青霉素。
- 保泰松。

临床症状

- 症状是癫痫、虚弱倒瘫，有时是快速死亡。
- 对侧皮质盲是存活患马中的常见现象。
- 经常出现脑出血。

应该做什么

油基药物 - 动脉内给药

- 如果患马没有立即死亡，则用水溶性药物进行治疗。

氟尼辛葡甲胺

动脉内注射不会产生像一些被列为的油基药物一样严重的症状。氟尼辛葡甲胺可能产生神经症状，如共济失调、兴奋、换气过度和肌肉无力。根据包装说明书，这些迹象是暂时的，不需要解毒剂。

实践提示：当使用20号针穿透颈动脉时，血液可能不会从针头接口喷出。

静脉或动脉内给予普鲁卡因青霉素

注射普鲁卡因青霉素是马医院中最常见的产生严重和即时药物不良反应的原因之一。若不小心将普鲁卡因注射入一条小血管（很可能是动脉）时，会引起普鲁卡因反应。这在长期接受同一肌肉块注射的个体中更常见，可能是因为该区域血管增加。如果因为失误向静脉注射青霉素普鲁卡因，也可能会出现临床症状并常有死亡。

实践提示：实践的一般规则是："如果要给予的药物是白色的，不要静脉注射。"*

普鲁卡因反应的马会突然（通常在肌肉注射完成时）出现恐惧（过度警觉、喷鼻、异常直立），随后立即出现无法控制的绕圈、倒瘫、癫痫发作，有时甚至死亡。

应该做什么

普鲁卡因青霉素反应

- 主治兽医的第一反应是疏散所有人员远离马厩。
- 如果马没有倒下，可以安全接近，或倒下后，人可以进入马厩，根据需要静脉注射地西泮或戊巴比妥，以镇静马并控制任何癫痫发作。
- 若最初15min内马匹没有死亡且有很好的生存机会，通常没有永久性的神经症状。

不应该做什么

普鲁卡因青霉素反应

- 不要使用肾上腺素，除非高度怀疑临床症状是由罕见的"青霉素过敏"引起的。

甲氧苄啶 - 磺胺嘧啶静脉注射反应

注射用甲氧苄啶-磺胺嘧啶（欧洲有售），当与静脉注射地托咪定同时静脉注射甲氧苄啶—磺胺嘧啶时，可引起致命反应（见附录五）。

应该做什么

甲氧苄啶 - 磺胺嘧啶反应

- 见"应该做什么"：普鲁卡因青霉素反应！

* 异丙酚和 TMP-5 是例外。

空气栓塞

在马的实际临床中，留置针经常断开连接，在大多数情况下，空气栓塞不会造成问题。断开后如果马把头举得很高，吸入空气的风险比降低头部后逆行出血的风险更大。如果空气残留在静脉侧（通常情况下），则可能没有临床症状，也可能出现灌注不良和低氧血症、心率和呼吸频率升高、黏膜变色、颤抖、虚弱和失去方式感。右心房积聚的空气会干扰静脉回流（气塞），导致心输出量下降。心脏听诊时可听到冒泡或嗖嗖的声音，超声检查显示心脏右侧有空气。肺动脉中的微气泡通常先进入毛细血管，然后进入肺泡呼出；然而，肺循环中的大量空气可能会引起肺收缩和内皮损伤，并导致肺水肿。

应该做什么

空气栓塞

静脉空气栓塞包括：

- 以最高流速进行鼻内输氧，以维持血液和组织的氧合，并迫使氮气从气泡中排出。
- 静脉输液支持心脏输出。
- 氟尼辛葡甲胺可减少与前列腺素相关的炎症。
- 如果空气栓塞严重且超声检查发现右心内有大量空气，则通过颈静脉将一根长导管插入右心房并吸出空气。
- 如果问题严重到导致心脏骤停，进行心脏按压。
- 在很少的情况下，有空气进入动脉侧，神经症状占主导地位（如癫痫发作）。如果马正从麻醉中恢复过来，并且有肺不张或先前存在的肺部疾病，这就更有可能发生，因为这些疾病可能会使空气从右向左分流！

动脉空气栓塞的治疗包括：

- 癫痫管理：
  - 戊巴比妥：5~12mg/kg，IV。
  - 高流量氧气。
  - 甘露醇。
  - 降低黏度的液体。
  - 氯吡格雷和己酮可可碱。
- 高压氧对静脉和动脉空气栓塞的早期治疗有效。
- 高压治疗导致的高氧，可确保组织中有氧，并为氮再吸收创造一个强大的扩散梯度。
- **实践提示**：空气栓塞可能发生于：
  - 长时间膀胱镜检查，反复向膀胱内注入空气，会认为将被吸入静脉或动脉循环。
  - 关节镜检查时，如果使用氧化亚氮；氧化亚氮比氧气更易扩散，并在循环中产生大气泡。
  - 在快速输液后会造成年轻马驹死亡（当空气被泵入液体以加快输送速度时）；这种做法是不可取的！

雷击

- 马在暴风雨中放牧，在金属围栏附近和树下聚集，会增加雷击的风险。
- 如果发生直接击中，由于心肺骤停导致的急性死亡很常见。
- 由于马的四肢之间的距离，如果在马附近的地面上发生雷击，它们很容易受到“步距电势差”（电流从一条腿流向另一条腿）的影响。这可能导致热伤：
  - 皮肤。
  - 肌肉骨骼系统。

- 肺水肿。
- 神经症状，包括前庭症状。

应该做什么

雷击

- 治疗受影响的器官系统。
- 肺水肿的治疗，见第25章。
- 如果电流在马身上快速闪过，则可能发生眼部损伤（角膜、晶状体和视网膜）和皮肤损伤，使用抗炎和抗水肿药物进行治疗。
- 怀疑遭受雷击伤害的马应接受眼科医生的检查。

急性药物性过敏反应

过敏反应最常见的是静脉注射疫苗，偶尔注射青霉素或其他抗生素、硒、血浆、全血、植物甲萘醌（维生素K）和其他维生素和矿物质。在大多数情况下，这不是先前致敏和抗原抗体反应的结果，而是由药物的某些部分对补体系统的立即“触发”。

应该做什么

轻度形式

- 轻度过敏反应可引起荨麻疹，呼吸频率轻微增加。这些可以简单地用以下任何一种抗组胺药治疗：
  - 苯海拉明：0.5~1.0mg/kg，IM 或缓慢 IV。
  - 琥珀酸多西拉敏0.5mg/kg，*缓慢* IV，IM，或 SQ，q8~12h。
  - 马来酸吡拉明：1.0mg/kg，*缓慢* IV，IM，或 SQ。
  - 曲吡那敏：1.1mg/kg，IM 或 SQ。

实践提示1：如果静脉注射抗组胺药，应缓慢给予，因为兴奋和低血压是偶发的副作用。当抗组胺药在肌肉或皮下注射时，这些不良反应很少出现。

实践提示2：或者，但不是同时，肌肉内注射肾上腺素（1 ∶ 1 000），成年马5~8mL/450kg，因为当抗组胺药和肾上腺素一起使用时，抗组胺药会增强肾上腺素对血管阻力的作用。

应该做什么

严重形式

- 见肺水肿第25章，第473页。
- 给予肾上腺素，3~7mL（1 ∶ 1 000未稀释），450kg马缓慢IV。对于较轻的病例，可给予同样剂量肌内注射，对于严重过敏反应使用2倍剂量的肾上腺素肌内给药。
- **实践提示：**当静脉注射无法进行或受到限制时，可使用5×IV剂量，气管内途径给予肾上腺素。
- 如果需要插管，未提供通畅的气道。当喉水肿严重时，这一点很重要。当上呼吸道水肿和受损时，插管对控制肺水肿也有一定的好处。**实践提示：**直到80%或更多的上呼吸道被阻塞，喘鸣才可能出现。
- 给予呋塞米：1mg/kg，IV。
- 如果肺水肿被认为是进行性的，使用血浆或羟乙基淀粉作为胶体容量扩张器。如果低血压需要其他液体，则给予高渗盐水溶液，4mL/kg。
- 皮质类固醇：尽管没有显示临床效果，但地塞米松0.2~0.5mg/kg，经常用于预防肺部、咽部等延迟水肿的形成。
- 鼻内输氧。

特别注意事项

血管周围注射

- 血管周围注射刺激性药物很常见。
- 最刺激的药物是那些高或低pH的药物。

临床症状包括疼痛、肿胀、蜂窝织炎和血管坏死；如果注射部位是颈静脉周围，可能出现霍纳综合征的症状。血管坏死可能在极少情况下发生在血管周围注射的几天后，并可能致命。

应该做什么

血管周围注射

- 停止输注。
- 用10mL生理盐水渗透该区域（如果担心感染，可与0.25mL青霉素普鲁卡因混合）。
- 加热该区域。
- 在该部位使用局部双氯芬酸。
- 如果给予大量刺激性药物，可能需要腹侧引流和冲洗/灌洗。

应该做什么

药物过量

如果出现药物过量：

- 保持记录并进行适当的沟通。
- 回顾过量用药的临床和生理影响。

- **实践提示：**高蛋白结合的药物可能会影响毒性药物的蛋白结合；因此，检查所给药物的蛋白结合百分比。如果可能，使用低百分比的蛋白结合药物。

- 如有需要，提供特殊治疗。
- 大多数过量用药的一般治疗包括：
  - 静脉输液。
  - 活性炭：0.5kg/450kg成年马，PO，对于进行肝肠循环的药物或伊维菌素（这些药物在初始吸收后可能返回肠腔），可能需要重复剂量。

- **实践提示：**即使过量药物以非肠道方式给予，口服活性炭也可能起到“下沉”的作用，并将一些药物“拉”入胃肠道排泄。

- 如果口服过量，除了液体和活性炭外，还应给予$MgSO_4$，0.5kg/450kg成年马，PO。

不应该做什么

药物过量

- 不要给予降低或竞争毒性药物蛋白质结合的药物。

颈静脉留置针断裂

尽管令人担忧，成年马颈静脉留置针破裂并不会危及生命。留置针通常通过心脏的右侧，并在肺循环中停留，在那里被包裹住，一般不会引起临床问题。

应该做什么

颈静脉留置针断裂

· 通过超声检查确认留置针进入肺部。

· 胸部X光片可能无法显示大型马肺部的留置针。

· 在小马驹中，留置针通常太大，不能从心脏右侧通过，必须移除导管，否则长期的后遗症是心脏壁缺损和致命出血。

· 对于小马驹或成年马（罕见），如果留置针或J形导丝留置针卡在心脏内，请咨询人医血管外科医师，了解当前取出留置针的方法。

· 断裂端的位置很重要，因为一些留置针或J形导丝留置针线停留在胸腔入口，可以通过手术移除。

急性药物反应

见附录五，特定急性药物反应和推荐的治疗方法。

新生马驹药物治疗的思考

· 大多数药物的肾脏排泄与成年马差不多。

· 如果药物主要由肾脏排出，特别是具有潜在毒性的药物（如氨基糖苷类），则早产马驹可能需要延长给药间隔。

- 理想情况下，应确定药物浓度的峰值（30~60min）和谷值。
  - 对于浓度依赖型抗菌剂（如氨基糖苷类），峰值与药效最相关，对于潜在毒性药物，谷值应低。
  - 对于时间依赖性抗菌药物（β-内酰胺类），在整个治疗期间，血清浓度应比靶向病原体最低抑菌浓度（MIC）高2~4倍。由于在感染部位，远高于MIC，可能不需要有药物水平。
  - 一般来说，脂溶性药物具有与血清浓度相似或高于血清浓度的组织浓度，而低组织分布的抗生素可能需要4~10倍于临床有效的血清浓度。

· 小马驹的肝脏代谢比成年马慢。延迟代谢的时间因药物诱导的活性增强而不同。

· **实践提示：**磺胺类、苯巴比妥、甲氧苄啶、非甾体类抗炎药（NSAIDs）、地西泮、甲硝唑和茶碱可能需要延长给药间隔，如果是吸入麻醉，则需要降低浓度。在临床上还没有将其看作一个重要问题。

· 马驹的白蛋白浓度与成年马差不多。不同年龄组之间的蛋白质结合没有很大差异。如果出现低蛋白血症，如肠炎，高蛋白结合药物，如地西泮、磺胺类和非甾体抗炎药可能有增强的作用。这种影响可能被更快的消除作用部分抵消。

- 新生马驹的细胞外液量几乎是成年马的两倍。导致血液浓度低，许多药物排泄时间延长。
- **实践提示：** 在处理危及生命的感染时，建议使用更大速效剂量的抗生素（大约比成年马剂量大30%），以帮助确保治疗期间血浆中的治疗水平。
  - 这适用于时间依赖型（如β-内酰胺类，以确保整个治疗期间药物浓度高于MIC）和浓度依赖型抗菌剂（如氨基糖苷类），随着血浆浓度的增加，这些抗菌剂的疗效提高，抗生素后效应延长。
- 与断奶期马驹、一岁马或成年马相比，小马驹口服吸收许多药物可能有更多差异性（通常增加吸收）。

应该做什么

肾衰竭的药物剂量调整

- 如果可能，停止所有肾毒性药物。
- 如果有必要在肾衰竭期间服用潜在肾毒性药物，治疗间隔应根据肾小球滤过率（GFR）的预计下降而延长。例如，尽管GFR异常低，但有时仍有必要继续服用氨基糖苷类、四环素类、多黏菌素B、磺胺类或非甾体类抗炎药。
- **实践提示：** 例子A：一匹纯种母马的肌酐浓度为2.2~2.4mg/dL，可以想象其正常GFR只有50%。因此，如果需要上述任何治疗，治疗间隔应加倍。还应提供静脉输液。
- 有更精细的估计GFR的方法（如放射性核素研究），但血清肌酐浓度通常在含水量正常的患马中可提供合理的估计。大多数轻型品种马和驹血清肌酐浓度在0.9~1.4mg/dL之间。夸特马的正常值可能高达2.1mg/dL。有些有胎盘炎的母马生下的小马，在出生后的头3d内，其数值可能非常高，而肾小球滤过率没有任何异常。
- 虽然两种方法都可以使用，但增加给药间隔通常比减少剂量更可取。
- 如果可以进行化验，最好测量峰值和谷值。
- 对于非肾毒性但仅由肾脏消除的药物（如地高辛），如果担心毒性影响，应进行类似调整。许多药物（如青霉素、多西环素、头孢菌素类、利多卡因和巴比妥类）不需要调整间隔或剂量。

应该做什么

肝衰竭的药物剂量调整

- 对于主要由肝脏排出的潜在毒性药物（如利多卡因和甲硝唑），应考虑延长治疗间隔。
- 小于2周龄的小马驹也可能对这些药物和其他药物（如地西泮、巴比妥酸盐和氨茶碱）有较低的肝清除率。

附 录 五
特定急性药物反应和推荐治疗

Thomas J. Divers

药物	临床症状和过量用药信息	治疗
乙酰丙嗪	弱、出汗、黏膜苍白、死亡、低 PCV（慢性）、阴茎麻痹	4mL/kg 高渗盐水溶液 IV 用于低血压（对于截瘫，见第 24 章）
沙丁胺醇	震颤、心动过速、中枢神经系统兴奋，其中一些可能由低钾血症引起，马吸收不良	通常不需要治疗；然而，需要检查血清 K+；如果存在低钾血症，则给予补充 K+
烯丙孕素，口服	腹痛，出汗很少报告。避免人体皮肤接触	对症治疗
氨基己酸	如果给予过快和潜在高钾血症，就会颤抖	缓慢输注
氨基糖苷类抗生素	单次给药，即使是 10 倍的正常剂量，也不可能在肾功能正常的马身上引起临床问题。氨基糖苷类药物治疗脱水患马是导致氨基糖苷类药物中毒的最常见的诱因	IV 液体疗法（见第 32 章）；监测血清肌酐值和尿量是预防的最佳方法；肾功能衰竭见第 26 章
	除非服用其他神经肌肉阻滞药物或出现神经肌肉疾病（如肉毒杆菌中毒），否则由神经肌肉阻滞引起的虚弱很少发生	如果发生毒性反应，神经肌肉阻滞可以用新斯的明，0.01mg/kg SQ 或混合在多离子液体中缓慢 IV 给予钙来逆转
氨茶碱（茶碱）	癫痫，快速性心律失常	如果可能的话，停止使用降低清除率的药物：H2 阻滞剂、恩诺沙星、红霉素。给予苯巴比妥以控制癫痫发作并提高清除率。维持血清浓度＜ 15μg/mL
双甲脒	意外接触	见第 34 章
两性霉素 B	很少推荐用于治疗马，但在治疗过程中如果不使用利尿钠，可能导致肾功能衰竭	液体利尿
驱虫药	疝痛，腹泻 给药后 24h 内马驹蛔虫感染	支持疗法 手术治疗蛔虫嵌塞 与许多其他驱虫药相比，芬苯达唑的蛔虫嵌塞可能不常见
抗组胺药	当静脉注射时，抗组胺药可能会引起头部震颤、躁动和兴奋	安定：0.1mg/kg IV 不要使用肾上腺素
精氨酸血管加压素	腹痛、低钠血症、心动过缓	利尿；高渗盐水或甘露醇
阿托品	腹痛，腹胀	止痛药加新斯的明，0.01~0.02mg/kg SQ q2~4h 或盲肠套管术

（续）

药物	临床症状和过量用药信息	治疗
阿奇霉素和其他大环内酯类	腹泻、腹痛、毒血症	甲硝唑、镇痛剂、液体、肠道保护剂、促动力药
巴比妥类	呼吸抑制，低温；血管周围注射时刺激	辅助呼吸
氯化氨甲酰甲胆碱	除有流涎外很少产生不良反应	无
丁丙诺啡 布托啡诺	头部震颤、兴奋、共济失调、死亡（罕见）；最常在没有镇静剂的情况下发生	赛拉嗪
解痉灵（溴丁东莨菪碱）	短暂性散瞳、心动过速（静脉注射时）和肠梗阻	无
头孢噻呋	与任何抗生素一样，都会引起结肠炎；过量会引起局部反应	停止治疗 将体积 / 部位限制在 7mL，并进行按摩注射
绒毛膜促性腺激素	IV 时罕见中枢神经系统或胃肠道症状；IM 时可能导致肌肉肿胀	
环丙沙星	罕见精神病行为 由于成年马的生物利用度差和结肠炎，请勿口服	地西泮；如果需要，治疗过敏反应（附录四）；可能导致在妊娠早期流产
克伦特罗	（见沙丁胺醇）- 连续使用时间不得超过 14d	
皮质类固醇激素	蹄叶炎的风险主要与个体马的易感性（即代谢综合征马）和不同皮质类固醇引起的胰岛素抵抗程度有关；曲安奈德＞地塞米松＞泼尼松龙；剂量和持续时间是次要的危险因素；免疫抑制也有发生	冷冻疗法 必要时可使用杀菌抗生素
地托咪定	不要与静脉注射甲氧苄啶磺胺甲噁唑或磺胺嘧啶同时使用；出汗、心血管和呼吸抑制、倒下；可用于怀孕的母马，尽管罗米非定被认为更安全；当对发热的马使用时可能会出现呼吸急促！ 一些马在给药后可能变得很有攻击性！ 荨麻疹	对于过量服用地托咪定或美托咪定，给予阿替美唑，最高剂量为地托咪定 / 美托咪定剂量的 3~4 倍。 育亨宾：0.07~0.1mg/kg，或妥拉唑啉：0.5~1mg/kg 静脉注射；可用于替代阿替美唑。 所有这些逆转药物在快速静脉注射时都会引起心脏不良反应。 一般不需要治疗
地西泮	共济失调；大剂量过量昏迷	无共济失调；氟马西尼：0.01mg/kg，缓慢，用于昏迷
敌敌畏	腹痛或有机磷中毒症状（流涎、瞳孔缩小、腹泻）；很少出现神经肌肉无力	NSAIDs 用于治疗腹痛；阿托品仅在发生某些有机磷毒性时使用
地高辛	见第 17 章	见第 17 章
二甲基亚砜	溶血；不要用浓度超过 10% 的葡萄糖	除非严重，否则不需要治疗，输血

（续）

药物	临床症状和过量用药信息	治疗
地诺前列素三甲胺（前列腺素 $F_{2\alpha}$）	腹痛，出汗	通常不需要
多巴酚丁胺	心率提高 30%~50%，心律失常	通常不需要；降低给药率或停止输注
多潘立酮（成年剂量给予马驹）	嗜睡	支持治疗，通常完全恢复
多巴胺	心动过速，血管周围给药时非常有刺激性，胃肠道灌注减少	通常不需要；减少用药量
盐酸多沙普仑	癫痫发作	戊巴比妥直到作用；鼻内氧气
多西环素	倒下、死亡、室上性心动过速、静脉注射时高血压、给予 10g 或更多后极少腹泻、致畸	不使用 IV 不要与利福平一起使用——会引起肝病
乙甲丁酰胺、美贝铵、丁卡因	中枢神经系统症状，过度活跃	很少需要镇静
恩诺沙星	马驹关节和肌腱肿胀；口服注射剂后口腔糜烂	停止治疗，给予拜有利 100 后漱口
肾上腺素	晕倒	通常没有；监测心律和血压
		β 受体阻滞剂支持只有在高血压被证实的情况下才能使用
促红细胞生成素（重组人红细胞生成素）	接受一次或多次注射本品的马可能会出现非再生性贫血（可能危及生命）。根据病史、是否存在非再生性贫血或在最后一次注射后 1 周或更长时间内促红细胞生成素（EPO-TRAC-RIA，INCSTAR）水平低或不高进行诊断	治疗方法是输血 使用类固醇，但疗效未知。 在许多情况下会出现恢复
芬苯达唑（杀幼虫剂量）及其他对小圆线虫有疗效的驱虫药	小圆线虫治疗后腹泻	皮质类固醇激素
芬太尼	马没有不良反应，但可能引起呼吸和中枢神经系统抑制	纳洛酮

（续）

药物	临床症状和过量用药信息	治疗
氟尼辛葡甲胺不能给脱水的马使用；在马驹中要谨慎使用。 除非没有其他合理的选择，否则不要 IM	注射部位肿胀，包括最常见的梭状芽孢杆菌性肌炎；如果注射入患有右背结肠炎、胃溃疡和肾脏疾病马匹的颈动脉冲，患马会猝倒	如果注射部位出现肿胀，应密切监测脓毒症。 监测血浆蛋白预防右背结肠炎，可使用米索前列醇治疗
氟奋乃静癸酸酯（氟奋乃静），一种阻断吩噻嗪多巴胺受体的衍生物	奇怪的行为、烦躁不安（赛拉嗪难以治疗）、卧倒、癫痫发作	甲磺酸苯托品：0.002mg/kg IV 或苯巴比妥：12mg/kg，20min 内，给予 1L，而不是一次大量注射；抗组胺药（如苯海拉明）。支持疗法
氟前列素钠	出汗，腹痛	一般不需要治疗
甘罗溴铵	里急后重，小结肠嵌闭，可能的心血管影响	止痛药、口服和静脉输液治疗嵌闭
愈创木酚	高剂量（3× 正常）中毒引起低血压；血管周围注射刺激，很少引起溶血	静脉输液 血管周围注射见上述治疗方法
氟烷	呼吸或心脏抑制，心律失常	停止麻醉；如果出现停搏，则进行心肺复苏。
肝素（非分馏）	贫血	停止治疗；PCV 应在 2~4d 内恢复到治疗前数值
透明质酸钠	关节肿胀，跛行。 见多硫化物氨基聚糖	NSAIDs，关节灌洗、水疗、抗生素，特别是在几个小时内没有肿胀的情况下
咪多卡	见第 40 章	
丙咪嗪	三环药物过量会引起中枢神经系统症状和低血压	地西泮或苯巴比妥治疗中枢神经系统症状；使用 $NaHCO_3$ 治疗低血压
胰岛素	过量可导致低血糖症	检查葡萄糖和钾，必要时给予含氯化钾的 20%~50% 葡萄糖。如果怀疑恶意给药，请保存血样
碘己醇（脊髓造影）	在 500kg 的马身上使用的碘量不要超过 60mL，240mg 碘 /mL；癫痫发作和失明（单侧或双侧）并不少见；骨髓造影术后 48h 内也会出现发热	地塞米松：0.1mg/kg IV；安定：0.1mg/kg IV 用于癫痫；苯巴比妥对顽固病例有效；硫胺素：2mg/kg 缓慢 IV；维生素 C：30mg/kg IV；氟尼辛葡甲胺：1mg/kg 用于发热
铁	在新生马驹中，初乳前口服可引起急性肝衰竭和死亡。静脉注射会导致一些患马出现急性虚脱，随后出现肝脏或肾脏疾病	液体，去铁敏
异氟烷	呼吸或心脏抑制	如果发生停搏进行 CPR，氧气治疗，停止麻醉

（续）

药物	临床症状和过量用药信息	治疗
异克舒令	静脉注射可引起高兴奋性和低血压	地西泮和静脉输液
伊维菌素（口服） 不要给马注射伊维菌素 如果马吃了茄属植物，不要给予	罕见的严重全身反应，如失明、共济失调（更有可能发生在新生马驹中）、腹泻、腹痛、因丝虫病死亡引起的腹部腹侧肿胀并不少见。注射伊维菌素（SQ 或 IM）可导致严重局部肿胀	对于盘尾丝虫病反应，通常有症状。对于中枢神经系统症状，给予 20% 脂肪乳剂：1.5mL/kg，大剂量 IV。支持疗法 沙马西尼：如果没有上述反应，也可使用 0.04mg/kg 静脉注射
氯胺酮	呼吸抑制	机械或物理通气
酮洛芬	注射部位的反应；颈动脉内注射导致虚脱和死亡	无
左旋咪唑	流涎、共济失调、神经过敏、胃肠道症状	
利多卡因 不要将利多卡因与肾上腺素 IV 一起使用	中枢神经系统症状，低血压，很少有心律失常；从 0.05mg/（kg·min）速率给药，血液浓度随着时间的推移可能增加。高蛋白结合药物（NSAIDs，头孢噻呋）增加利多卡因活性	地西泮，高渗盐水溶液用于治疗低血压
林可霉素	*马禁用；严重结肠炎*	静脉输液；甲硝唑：25mg/kg PO q12h
镁中毒	罕见，当给予少尿患马时会产生虚弱和呼吸窘迫	硼葡萄糖酸钙缓慢静脉输液
甘露醇	电解质失衡，无尿患马出现肺水肿	如果排尿不足，停止治疗
马波杀星	偶尔腹泻	如有可能，停止治疗并给予甲硝唑、Biosponge 和肠内微生物转移
盐酸哌替啶	过量使用可能导致呼吸抑制和低血压。 无镇静使用时可能会出现兴奋	纳洛酮：0.01mg/kg IV，如有需要重复，并静脉输液
美索巴莫	镇静和共济失调	支持疗法
盐酸甲氧氯普胺	奇怪行为，头部震颤，共济失调	苯海拉明和苯巴比妥。不要使用镇静剂。水合氯醛可作为镇静剂使用
甲硝唑	马口服后可能会产生流涎和食欲下降，可能导致新生马驹出现中枢神经系统症状；如果出现中枢神经系统症状，停止治疗	通过直肠给予 30mg/kg q8h
米索前列醇	高剂量可引起腹泻和腹痛	如果腹泻，特别是在小马驹中，停止治疗或减少剂量
	妊娠动物的流产（包括人类）	不要用于妊娠母马治疗或让人类孕妇接触此药
莫能菌素（口服）	心率加快、腹泻、腹痛、卧地、死亡	支持疗法（见第 17 章；第 34 章）

（续）

药物	临床症状和过量用药信息	治疗
硫酸吗啡、氧吗啡酮和戊佐星	静脉注射后，兴奋性高，若未使用镇静剂进行预先给药，则可能出现共济失调。大剂量可能会抑制呼吸	纳洛酮：0.01mg/kg IV，如有需要重复给予。纳洛酮和阿片类药物（戊佐辛、布托啡诺）的激动剂和颉颃剂性能尚不清楚，因此应谨慎使用
莫者克汀	小于 4 月龄的马驹严重不良反应的一个主要原因。昏迷、死亡、体温过低、心动过缓、失明。有伊维菌素治疗早产马驹产生相同症状的报道	沙马西尼：0.04mg/kg IV q2h 给予 20% 脂肪乳剂：1.5mL/kg 作为 IV 速效注射， 用于支持治疗，一些马会恢复健康
新斯的明	腹痛	镇痛剂和输液
硝唑尼特	腹痛、腹泻、蹄叶炎	甲硝唑，胃保护剂
一氧化氮（吸入）	对全身血压影响不大。 高水平（> 40 ppm）可导致高铁血红蛋白血症	亚甲蓝用于治疗确诊的高铁血红蛋白血症
硝酸甘油软膏	如果在低血压患马上用于治疗蹄叶炎，低血压会恶化	静脉输液；祛除膏体。避免与人接触
有机磷酸酯驱虫药，如敌百虫	很少引起体征异常；粪便疏松、腹泻、唾液增多、出汗、腹痛、共济失调、死亡	支持疗法、输液和止痛药。如果出现有机磷中毒的典型症状（流涎、瞳孔缩小），并且已知给予过量用药，则给予阿托品，0.22mg/kg。除非有机磷中毒，否则不要使用阿托品
土霉素	快速静脉输注可导致虚脱和溶血	通常不需要治疗
	大剂量（3g）仅用于治疗马驹肌腱收缩 / 变形，很少导致肾功能衰竭。不要长时间每天使用超过 15mg/kg 该药	IV 液体利尿
催产素	腹痛	通常不需要治疗
青霉素	青霉素 – 普鲁卡因反应在接受同一肌肉块长期注射的患马中更常见	从该区域移除危险物品，以防对个人造成伤害。人类应该离开马厩，以防止身体伤害，除非患马一直在绕圈，在这种情况下，一个有经验的人可以小心地与马同行
	加热青霉素普鲁卡因会增加普鲁卡因的毒性	地西泮在兴奋性发生后没有作用
	很少有免疫介导的过敏反应或溶血性贫血。 静脉注射盘尼西林盐可能引起唾液分泌、咂嘴、头部运动（不需要治疗）。 每次静脉注射后立即排稀便	过敏反应见附录四。 溶血性贫血见第 20 章。 一般不需要停药，但在某些情况下，腹泻可能变得更持久
培高利特	严重过量可引起与甲氧氯普胺类似的中枢神经系统症状	镇静（巴比妥类）和液体疗法
苯巴比妥	镇静、共济失调、昏迷、呼吸抑制	活性炭口服降低血清水平、补液
苯氧苄胺	静脉注射可能导致低血压（很少或没有在马身上静脉注射的应用）	高渗盐水溶液 IV；如果不需要指示钠液补充，则服用苯肾上腺素

（续）

药物	临床症状和过量用药信息	治疗
		禁止将肾上腺与任何 α 肾上腺素阻断剂一起使用，会产生不良反应
保泰松	严重过量可导致胃肠道溃疡、腹痛、腹泻、出血和 ARF 伴血尿。血管周围注射可引起坏死	米索前列醇、奥美拉唑、硫糖铝和输液
苯丙醇胺	在马身上相对安全；严重过量会导致中枢神经系统症状和心血管衰竭	如果是治疗的最后 1h，静脉输液、口服活性炭和硫酸镁
苯妥英	共济失调、沉郁、虚弱、卧地	常不需要治疗；但可以静脉输液
植物甲二酮（维生素 K）	静脉注射立即死亡；过敏反应?	不进行静脉注射
哌嗪	马出现了严重的过量服药，导致瘫痪、流涎和中枢神经系统症状。和任何有效的驱虫药一样，如果大量的蠕虫被杀死，会引起腹痛	过量给药静脉输液、口服活性炭和 $MgSO_4$
血浆，全血	震颤、发热、躁动、呼吸急促、心动过速、嗜睡、肝炎	如果发生溶血，停止输血。 缓慢给予血浆，输血，如有其他反应可服用抗组胺药
多硫糖胺聚糖	关节内注射可能导致亚急性（数小时内）肿胀和疼痛。这通常是一种非脓毒性炎症反应。脓毒症一直是一个问题，如果疼痛或跛行在 12~24h 或以上仍未发作，通过关节穿刺和细胞学检查排除	保泰松全身给药和冷水疗法。如果肿胀严重或怀疑有脓毒症，应进行关节冲洗。如果怀疑有脓毒症，治疗应针对最常见的微生物，即金黄色葡萄球菌
普鲁卡因酰胺	很少用于马；但是，使用时会引起低血压、出汗	静脉注射高渗盐水
丙嗪	见乙酰丙嗪	输液或升压药用于低血压
溴丙胺肽林	胃肠梗阻，腹痛	安乃近或低剂量氟尼辛葡甲胺：0.3mg/kg IV；盲肠套管针术（如需要）；新斯的明：0.01~0.02mg/kg SQ；IV 液体
普萘洛尔	很少用于马；然而，可以引起严重的心动过缓和猝倒	阿托品：0.07mg/kg IV；液体
丙二醇	中枢神经系统沉郁、腹痛、腹泻、呼吸窘迫	静脉输液和碳酸氢钠治疗 D- 乳酸性酸中毒
噻嘧啶	腹痛，腹泻	支持疗法
奎尼丁	心动过速、出汗、腹痛（肠梗阻）、倒瘫、低血压、共济失调（通常为轻度）、轻度鼻鸣、肠梗阻和腹痛	地高辛：1mg/450kg IV 用于超室性心动过速，输液用于低血压，$NaHCO_3$ 静脉注射以增加排泄，KCl，氟尼辛葡甲胺用于腹痛
利福平	与多西环素合用时有肝毒性	停止作为静脉核心支持治疗

（续）

药物	临床症状和过量用药信息	治疗
硒	偶尔静脉注射会出现倒瘫，死亡，腹痛、共济失调	支持疗法；不要进行静脉注射
碳酸氢钠	严重过量静脉注射或口服可引起碱中毒和同步膈肌震颤	0.9% 氯化钠和氯化钾和硼葡萄糖酸钙
氯化琥珀酰胆碱	呼吸麻痹	机械通气
特布他林	兴奋、心动过速、出汗、颤抖	静脉注射含钾液体
四环素	在脱水或低血压的个体中出现 ARF。在马驹中很少引起 ARF。在未稀释的情况下偶尔出现衰竭或溶血	液体用于 ARF
替鲁膦酸	偶尔腹痛，急性肾衰竭	腹痛治疗支持 肾衰竭治疗
妥拉唑啉	高剂量给予一些马时出现心血管衰竭	谨慎使用，尽可能低剂量；缓慢给予
甲氧苄啶 - 磺胺甲恶唑或磺胺嘧啶甲氧苄啶	口服，很少腹泻；静脉注射，很少猝倒	腹泻（见第 18 章）。不要与地托咪定同时给予。如果采用动脉注射，则致命
血管加压素	如果静脉注射，会引起中枢神经系统症状	通常不需要治疗
长春新碱	很少引起急性中性粒细胞减少、血栓性静脉炎	杀菌抗生素，热敷
华法林	见第 16 章和第 34 章	木炭和 $MgSO_4$ PO，维生素 K，血浆
赛拉嗪	换气过度（尤其是发热的马），罕见情况下死于肺水肿（当已存在呼吸系统疾病时）	换气过度通常不需要治疗。不要用于上呼吸道阻塞。用育亨宾治疗：0.075mg/kg IV，或优选甲苯唑啉：2.2mg/kg 缓慢 IV。尽可能在小于 1 周龄的马驹中使用地西泮而不是甲苯噻嗪
	颈动脉内给药	支持疗法，大多恢复
	一些马（如挽马品种、温血马、马驹）可能在建议剂量下卧地	通常不需要治疗；但是，如果患马严重低血压，则 IV

注：如有药物不良反应，请阅读包装说明书。

ARF，急性肾衰竭；CNS，中枢神经系统；CPR，心肺复苏；GI，胃肠道；IM，肌内注射；IV，静脉注射；NSAID，非甾体抗炎药；PO，口服；PCV，血细胞比容；SQ，皮下给药。

报告的不良药物反应结果可在网站上找到 www.fda.gov/cvm/ade_cum.htm.

附 录 六
紧急情况和临床诊断的快速参考流程

Eileen S. Hackett

心脏操作方案

- 抗心律失常治疗：见第17章。
- 抗心律失常药物的不良反应：见第17章。
- 心肌、瓣膜病和充血性心力衰竭的药物治疗：见第17章。

结肠炎

名称、配方浓度	剂量	1 000lb（450kg）剂量	注意事项
碱式水杨酸铋（1.75%）525mg/30mL	4.5mL/kg PO q 4~12h	2 000mL	
活性炭	0.5~1g/kg	225~450g	
二-三八面体蒙脱石（BioSponge）粉末	PO q12~24h	0.5~3lb	
氟尼辛葡甲胺 50mg/mL	0.25~1.1mg/kg IV 或 IM q8~12h	2.3~9.9mL	与梭状芽孢杆菌性肌炎相关的肌内注射可抑制肠道修复；高剂量的羟乙基淀粉可抑制凝血
羟乙基淀粉（6%）或 兽医用淀粉（6%）	高达 10mL/kg IV q24~48h	高达 4 500mL	
高渗盐水（7.2%）	4~5mL/kg IV	1 800~2 250mL	
利多卡因（2%）20mg/mL	缓慢 1.3mg/kg IV 随后 0.05mg/（kg·min）	30mL 一次性注射 1.1mL/min	镇痛和炎症
甘露寡糖	100~200mg/kg PO q8~24h		
多黏菌素 B	1 000~6 000U/kg IV q8~12h	（0.45~2.7）× 10^6U	稀释并缓慢 IV

硬膜外镇痛

名称	方法	1 000lb (450kg)剂量	注意事项
地托咪定 10mg/mL	地托咪定 0.03~0.05mg/kg	1.4~2.3mL	注射后5~20min内达到最佳镇静作用;提供2~4h镇痛
		通常使用更小的剂量	
氢吗啡酮(H) 2mg/mL 或 吗啡(M) 15mg/mL与 赛拉嗪(X) 100mg/mL	氢吗啡酮: 0.01~0.04mg/kg	H: 2.3~9mL	快速起效;提供镇痛约12h 10mg/mL浓度的吗啡也可用
	吗啡: 0.1mg/kg	M: 3mL	
	赛拉嗪: 0.17mg/kg	X: 0.76mL	
氯胺酮100mg/mL	氯胺酮: 0.5~2mg/kg	2.3~9mL	提供镇痛30~75min
利多卡因20mg/mL (2%)	利多卡因: 0.2~0.25mg/kg	4.5~5.6mL	快速起效＜6~10min;镇痛45~60min
利多卡因(2%)(L) 20mg/mL 和 赛拉嗪(X) 100mg/mL	利多卡因: 0.22mg/kg 赛拉嗪: 0.17mg/kg	L: 5mL X: 0.75mL(0.77)	组合使用可延长作用持续时间
甲哌卡因(2%) 20mg/mL	0.2~0.25 m/mg/kg	4.5~5.6mL	快速起效: 10min; 镇痛45~60min
美沙酮10mg/mL	美沙酮: 0.1mg/kg	4.5mL	15min开始镇痛,持续约5h
吗啡25mg/mL,无防腐剂(若可以获得)	吗啡: 0.1mg/kg	1.8mL	镇痛开始: 1~8h,持续18h;不会导致运动功能改变
吗啡(M) 15mg/mL 和 地托咪定(D) 10mg/mL	吗啡: 0.1mg/kg	M: 3mL	
	地托咪定: 0.01~0.03mg/kg	D: 0.45~1.4mL	
吗啡(M) 15mg/mL 和 赛拉嗪(X) 100mg/mL	吗啡: 0.1mg/kg	M: 3mL	镇痛2~4h 10mg/mL浓度的吗啡也可用
	赛拉嗪: 0.17mg/kg	X: 0.75mL(0.77)	

全身麻醉：注射药物诱导

名称	方法	1 000lb（450kg）剂量	注意事项
赛拉嗪（X）100mg/mL	赛拉嗪镇静： 1.1mg/kg	赛拉嗪：5mL	地西泮比单用氯胺酮，将短效麻醉时间从20min延长到25min
地西泮（D）5mg/mL	D/K诱导： D：0.05~0.1mg/kg	地西泮：4.5~9mL	
氯胺酮（K）100mg/mL	K：2.2mg/kg	氯胺酮：10mL	
赛拉嗪（X）100mg/mL	赛拉嗪镇静： 1.1mg/kg	赛拉嗪：5mL	异丙酚诱导过程可能是不稳定的或引起肢体划水状
丙泊酚（1%）（P）10mg/mL	P/K诱导： P：0.5mg/kg	丙泊酚：22.5mL	
氯胺酮（K）100mg/mL	K：1.5~1.7mg/kg	氯胺酮：7~8mL	
泰拉唑100mg/mL	赛拉嗪镇静： 1.1mg/kg	赛拉嗪：5mL	可能导致呼吸抑制
	泰拉唑诱导： 1.1mg/kg	他拉唑：5mL	
赛拉嗪100mg/mL	赛拉嗪镇静： 1.1mg/kg	赛拉嗪：5mL	
氯胺酮100mg/mL	氯胺酮诱导： 2.2mg/kg	氯胺酮：9.9mL	

全身麻醉：注射药物维持

名称	方法	1 000lb（450kg）剂量	注意事项
愈创木酚/氯胺酮/地托咪定（GKD） 愈创木酚 氯胺酮100mg/mL 地托咪定10mg/mL	结合愈创木酚100mg/mL，氯胺酮4mg/mL，和地托咪定0.04mg/mL并从0.6~1.0mL/（kg·h）给药	270~450mL/h	限制麻醉60min 2mg/kg氯胺酮是一些医生的首选
GKX（见“三滴法”）	见附录九		
丙泊酚10mg/mL	给予丙泊酚0.14~0.22mg/（kg·min）	6.3~9.9mL/min	严重的呼吸抑制可能需要辅助通气；麻醉时间限制在60min，并且不能使马保持静止

（续）

名称	方法	1 000lb（450kg）剂量	注意事项
三滴法—GKX 愈创木酚 氯胺酮 100mg/mL 赛拉嗪 100mg/mL	结合愈创木酚 50mg/mL，氯胺酮 1~2mg/mL，和赛拉嗪 0.5mg/mL 以 1.5~2.2mL/（kg·h）给药	675~990mL/h	更高浓度的氯胺酮用于更痛的手术；将麻醉时间限制在 60min
赛拉嗪 100mg/mL 氯胺酮 100mg/mL	给予赛拉嗪 2.1mg/（kg·h）和氯胺酮 7.2mg/（kg·h）	945mg/h 赛拉嗪 3 240mg/h 氯胺酮 从 250mL 袋装 IV 液中取出 42mL，加入 9.5mL X，32.5mL K，用 15 滴 /mL 的溶液以 1 滴 /s 的速度给药	将麻醉时间限制在 60min

头部创伤

名称	剂量	1 000lb（450kg）剂量	注意事项
高渗盐水（7.2%）	4~5mL/kg IV	1 800~2 250mL	初始剂量注射后进行 CRI，维持血清钠约为 160mEq/L
甘露醇（20%）	0.25~2g/kg q6~24h	560~4 500mL	给予超过 20~30min IV，效果持续 4~6h

出血

名称	剂量	1 000lb（450kg）剂量	注意事项
乙酰丙嗪 10mg/mL	0.01~0.02mg/kg IV 或 IM q6~8h	0.45~0.9mL	“允许性低血压”（如子宫出血）导致低血压
氨基己酸 250mg/mL	10~40mg/kg IV q6h 每 40mg/kg 负荷剂量	18~72mL	缓慢 IV 给予
纳洛酮 0.4mg/mL	0.01~0.03mg/kg IV	11.25~33.75mL	进行性出血
氨甲环酸 100mg/mL 注射，或 650mg 片剂	10mg/kg IV q8~12h 或	45mL	
	20mg/kg q6h PO	14 片	

新生驹方案

- 低血糖：见第 31 章。
- 癫痫发作：见第 31 章。
- 紧急稳定措施：见第 31 章。

- 败血症：见第31章。
- 疝痛：见第31章。
- 持续性肺动脉高压：见第31章。
- 呼吸损伤：见第31章。
- 早产/发育不全：见第31章。
- 尿性腹腔积液：见第31章。
- 胎粪嵌闭：见第31章。
- 腹泻：见第31章。

蹄叶炎治疗

<table>
<tr><th>名称</th><th>剂量</th><th>1 000lb
（450kg）剂量</th><th>注意事项</th></tr>
<tr><td>乙酰丙嗪 10mg/mL</td><td>0.04mg/kg IM q6h</td><td>2mL（1.8）</td><td>不建议与冷冻疗法同时使用</td></tr>
<tr><td colspan="3">镇痛 CRI</td><td rowspan="6">通常加入地托咪定，以0.001 55mg/h 的速度给予</td></tr>
<tr><td>乙酰丙嗪 10mg/mL</td><td>乙酰丙嗪：0.166mg/kg/h</td><td>A：0.75mL/h</td></tr>
<tr><td>氯胺酮 100mg/mL</td><td>氯胺酮：0.6mg/kg/h</td><td>K：2.7mL/h</td></tr>
<tr><td>利多卡因（2%）
20mg/mL</td><td>利多卡因：3mg/kg/h</td><td>L：67.5mL/h</td></tr>
<tr><td rowspan="2">吗啡 15mg/mL</td><td rowspan="2">吗啡：0.009 3mg/kg/h</td><td>M：0.28mL/h</td></tr>
<tr><td>可加入结晶液中，并由输液泵调节速率</td></tr>
<tr><td>阿司匹林 15.4g</td><td>10~20mg/kg PO q48h</td><td>一次性注射总量的¼~½</td><td></td></tr>
<tr><td>芬太尼贴剂</td><td>经皮</td><td>2~3×100μg/h 贴</td><td></td></tr>
<tr><td>非罗考昔糊剂或
20mg/mL 注射</td><td>0.2mg/kg 速效剂量后按 0.1mg/kg PO q24h 给药
0.09mg/kg IV q24h</td><td>0.8 管（45.5mg）
2mL</td><td></td></tr>
<tr><td>氟尼辛葡甲胺
50mg/mL</td><td>1.1mg/kg IV q12h</td><td>9.9mL</td><td>如果蹄叶炎与非甾体抗炎药毒性有关，限制使用</td></tr>
<tr><td>加巴喷丁
300mg，400mg 粒剂
600mg，800mg 片剂</td><td>20mg/kg PO q8~12h</td><td>300mg×30 粒
或
600mg 片 ×15</td><td></td></tr>
<tr><td>肝素 1 000 单位 /mL</td><td>40~80IU/kg IV or SQ q8h</td><td>18~36mL</td><td></td></tr>
<tr><td>异克舒令 20mg 片剂</td><td>0.6mg/kg PO q12h</td><td>13.5 片</td><td>生物利用度未知</td></tr>
</table>

（续）

名称	剂量	1 000lb（450kg）剂量	注意事项
利多卡因（2%）20mg/mL	1.3mg/kg 速效剂量 0.05mg/（kg·min）CRI	一次性注射 30mL 1.1mL/min	
吗啡 15mg/mL	0.05~0.1mg/kg IM q24h	1.5~3mL	
己酮可可碱 400mg 片剂	8.5mg/kg PO q12h	9.5 片	
保泰松 200mg/mL 注射或 1g 片剂	2.2~4.4mg/kg IV 或 PO q12-24h	5~10mL 1~2 片	
普瑞巴林 50、75、100、150、200、225 和 300mg 胶囊	4mg/kg PO q8~12h	300mg 胶囊 ×6	如果马明显沉郁或共济失调，减少剂量至 2mg/kg

CRI，连续输注；*NSAIDs*，非甾体类抗炎药。

物理和化学保定

名称	剂量	1 000lb（450kg）剂量	注意事项
乙酰丙嗪 10mg/mL	0.02~0.05mg/kg IV 或 IM	0.9~2.25mL	
丁丙诺啡 0.3mg/mL	0.001~0.006mg/kg IV 或 IM	1.5~9mL	与 α_2 激动剂结合
布托啡诺 10mg/mL	0.01~0.1mg/kg IV 或 IM 13~22μg/（kg·h）IV CRI	0.45~4.5mL 5.9~9.9mg/h	与 α_2 激动剂结合
地托咪定 10mg/mL	5~40μg/kg IV 或 IM 镇静 6.7~11.1μg/（kg·h）IV CRI	0.23~1.8mL； 0.3~0.5mL/h	
吗啡 15mg/mL	0.3~0.5mg/kg IV	9~15mL	与 α_2 激动剂结合；使用纳洛酮可逆
罗米非定 10mg/mL	0.04~0.12mg/kg IV 或 IM	1.8~5.4mL	
赛拉嗪 100mg/mL	0.2~1.1mg/kg IV 或 IM	1~5mL	

促动力药

名称	剂量	1 000lb（450kg）剂量	注意事项
西沙必利复合物	mg/kg IM q8h 0.1~1.0mg/kg PO q4~8h 10mg/ 片	4.5~45 片	必须在肌内注射给予之前重新配制；在美国不可获得
红霉素 100mg/mL	1~2.5mg/kg 作为 1h 输液 IV q6h	4.5~11mL	

（续）

名称	剂量	1 000lb（450kg）剂量	注意事项
利多卡因（2%） 20mg/mL	1.3mg/kg 缓慢 IV，随后 0.05mg/（kg·min）IV	一次性给予 30mL 1.1mL/min	
甲氧氯普胺 5mg/mL	0.1~0.5mg/kg 缓慢 IV q4~8h； 0.04mg/（kg·h）IV	9~45mL	可能引起中枢神经系统兴奋
新斯的明 0.5mg/mL 或 1mg/mL	0.005~0.02mg/kg SQ 或 IM q4~6h	2.3~4.5mL，1mg/mL（9mL）	

CNS，中枢神经系统。

癫痫发作控制

名称	剂量	1 000lb（450kg）剂量	注意事项
地西泮 5mg/mL	成年马：0.05~0.44mg/kg IV	成年马：4.5~39.6mL	
	马驹：0.1~0.2mg/kg IV	马驹：1~2mL	
咪达唑仑 1mg/mL 和 5mg/mL	成年马：0.05~0.1mg/kg	成年马：5mg/mL 速率给予 4.5~9mL	
	马驹：0.1~0.2mg/kg IV 或 0.06~0.12mg/（kg·h）CRI	马驹：以 5mg/mL 或 0.6~1.2mL/h 速率给予 1~2mL	
苯巴比妥 15mg、30mg、60mg 和 100mg 片剂 130mg/mL 注射	2~10mg/kg PO q8~12h； 5~15mg/kg 缓慢 IV	100mg 片剂 ×（9~45）片 17~52mL	监测癫痫控制和治疗药物水平
溴化钾 复合 250mg/mL 溴化钾口服溶液，或 250mg/mL 注射溴化钠	60~90mg/kg PO KBr 或 IV q24h NaBr	108~162mL	监测癫痫控制和治疗药物水平，也曾建议使用高于 60~90mg/mL PO 的剂量

附 录 七
马匹急诊药物：近似剂量和药物不良反应*

Eileen S. Hackett，Thomas J. Divers 和 James A. Orsini

马匹急诊药物：近似剂量*

药品名称，商品名称*，换算系数	用途	剂量	给药途径	估计剂量 1 000lb（450kg）	注意事项及意见
乙酰丙嗪，异丙嗪 10mg/mL	保定，镇静剂，麻醉前，外周血管扩张剂	0.02~0.05mg/kg q6~8h	IV，IM	0.9~2.25mL	可能导致低血压；当用于种马或衰弱的公马时可能导致包皮嵌顿
对乙酰氨基酚，扑热息痛，500mg/片	COX~3抑制剂，镇痛，蹄叶炎	20~25mg/kg q12h	PO	18片	临床反应似乎多变
乙酰唑胺丹木斯，250mg/片[†]	利尿剂、青光眼、HYPP预防、高钾血症	2~4mg/kg q6~12h	PO	3.6~7.2片	
乙酰半胱氨酸，痰易静，10% or 20%溶液	黏液溶解剂，抗胶原酶	50~140mg/kg	PO或缓慢IV	225~630mL（10%）	ARDS，氧化性疾病，急性肝衰竭
		0.25~1g q6~8h	雾化，IT	5mL（10%）	ARDS或呼吸道顽固性渗出物
N-乙酰-L-半胱氨酸（粉末）	胎粪嵌闭	将8g粉末和1.5tbsp（22.5g）碳酸氢钠（小苏打）添加到200mL水（4%溶液）中；注入溶液	经直肠	120~180mL	使用Foley导管和夹子，20min。通常需要配合安定。如果血清钠升高，不要使用碳酸氢盐
乙酰水杨酸，阿司匹林，240gr 大剂量[†]，325mg片剂	抗血栓形成	15~20mg/kg q48h	PO	½速效剂量给药	可降低许多正常马的血小板聚集（对患有SIRS马的影响很小）；直肠给药比口服给药能产生更高的血液水平

* 根据预期用途和临床医生的偏好，剂量建议和给药途径可能会随书中列出的章节而有所不同。

（续）

药品名称，商品名称*，换算系数	用途	剂量	给药途径	估计剂量 1 000lb (450kg)	注意事项及意见
阿苯达唑，Eskazole，*肠虫清*，600mg片剂，114mg/mL悬浮液	苯并咪唑	25~50mg/kg q12~24h	PO	19~38片 99~197mL	
白蛋白(人)(250mg/mL)	胶体渗透压	250~750mg/(kg·h) 可使用较小剂量	IV	450~1 350 mL/h	可能发生罕见的过敏反应
沙丁胺醇，*舒喘宁*，90μg/喷，雾化浓度为0.5%	支气管痉挛，支气管扩张	720μg q4~6h（成年马）	吸入	5~8喷	不要用于低钾血症患者
			雾化	2~5mL	稀释于0.9%盐水
别嘌呤醇，*Zyloprim（片），阿洛平（IV 配方）*，500mg/30mL 小瓶	抗氧化剂	5mg/kg q4~6h for 1 day	IV，PO	~135mL	治疗 1~2d
烯丙孕素，*Altresyn*，*Regumate*，2.2mg/mL	维持妊娠，抑制发情	0.044~0.088 mg/kg q24h	PO	9~18mL	用于出现毒血症、胎盘炎或早产迹象的母马
金刚烷胺，*Symmetrel*，100mg盖	抗病毒	2.2~2.4mg/kg q12~24h	PO	10~11盖	高剂量出现神经系统副作用(15mg/kg)
阿米卡星，*Amiglyde-V*，250mg/mL	氨基糖苷类抗生素	15~25mg/kg q24h 10~15mg/kg q24h（成年马） 125~1 000mg	IV，IM IVRP	27~45mL 18~27mL 0.5~4mL	在马驹中优于庆大霉素；肾毒性；只有在水合充足时才使用
氨基己酸，*Amicar*，250mg/mL	出血，抗纤维蛋白溶解，纤溶酶原阻滞剂	在40mg/kg速效剂量后，10~40mg/kg q6h	缓慢IV (30~60 min)溶于0.9% 生理盐水	18~72mL	用于不受控制的出血（当结扎不是一种选择时）
		70mg/kg	IV 20min后CRI	126mL	维持治疗水平60min或以上
		10~15mg/(kg·h)	IV CRI	18~27mL/h	用于长期治疗
氨茶碱，*Corophyllin*，*Palaron*，200mg/片[†]，25mg/mL	支气管扩张剂，减轻膈肌疲劳，肌肉疲劳，呼吸刺激，抗炎，肺水肿，利尿剂，急性肾功能衰竭	4~10mg/kg q8~12h 2~5mg/kg q8~12h	PO IV（缓慢稀释）	9~22片 36~90mL	可提高肾小球滤过率；很少推荐用作支气管扩张剂使用

（续）

药品名称，商品名称*，换算系数	用途	剂量	给药途径	估计剂量 1 000lb（450kg）	注意事项及意见
胺碘酮，*Cordarone*，50mg/mL	室性心动过速，房颤	5~7mg/kg 5mg/（kg·h）第1个小时，0.83mg/（kg·h）直到48h	IV IV CRI	50mL（45~63mL）45mL第1个小时，7.5mL/h直到48h	钾通道阻滞剂
氯化铵，5、25、100g（聚乙烯瓶）	尿酸化剂	90~330mg/kg	PO	40.5~148.5g	肾衰竭禁用，适口性差
阿莫西林克拉维酸，*Clavamox*，250mg片剂[†]	抗生素	10~30mg/kg q6~8h	PO	2片/50kg	仅用于马驹
两性霉素B，*Fungizone*，*Amphocin*，5mg/mL	抗真菌	0.3~1.0mg/kg q24~48h	缓慢IV	27~90mL	稀释到1L D_5W中
氨苄西林钠，1和3g/瓶（40mg/mL）[†]	抗生素	15~50mg/kg q8~12h	IV，IM	168~562mL	可使用浓度更高的溶液
氨苄西林三水合物，*Poly-Flex*，10和25g/瓶（40mg/mL）	抗生素	11~22mg/kg q8~12h	IM	123~247mL	体积需要限制使用
抗酸剂，*Maalox*，*Di-Gel*	食管炎、胃酸过多、消化性溃疡、胃炎	0.6~2mL/kg q3~4h	PO	30~100 mL/50kg	含有氢氧化铝和氢氧化镁，可在短时间内缓冲酸
抗蛇毒血清，10mL瓶	Viperene蛇毒	1~5瓶	缓慢IV	10~50mL	（4.5~18mL）稀释
阿替美唑，*Antisedan*，5mg/mL	$α_2$颉颃剂尤其是地托咪定或美托咪定	0.05~0.2mg/kg	缓慢IV IM	4~5mL	静脉注射时会产生兴奋或心脏不良反应
阿曲库铵，*Tracurium*，10mg/mL	神经肌肉阻滞剂	0.1~0.2mg/kg	IV	4.5~9.0mL	麻痹剂
阿托品，15mg/mL，0.54mg/mL	缓慢性心律失常	0.005~0.01mg/kg用于窦性心动过缓	IV	0.15~0.3mL（15mg/mL）4.5~9mL（0.54mg/mL）	可能出现心动过速、心律失常、回肠、散瞳；不要与正性肌力药一起使用
	支气管扩张剂	0.014~0.02mg/kg用于支气管扩张	IV，IM	0.6mL（15mg/mL）	如有效果，在5min内重复使用
	有机磷毒性	0.15mg/kg或更多	IV，IM，SQ	4.5mL（15mg/mL）	当确认有机磷中毒时使用，观察肠梗阻症状

（续）

药品名称，商品名称*，换算系数	用途	剂量	给药途径	估计剂量 1 000lb（450kg）	注意事项及意见
硫唑嘌呤，*Imuran*，50mg片剂	免疫介导的血小板减少症、血管炎、多神经炎	2~3mg/kg q12~24h；1周后逐渐减少剂量	PO	18~27（片）	监测白细胞象
阿奇霉素，*Zithromax*，100mg/片，250mg/片	抗生素	10mg/kg q24h，5d，然后每隔一天给予一次	PO	18（片）（250mg）	马传染性肺炎可引起高热。应间隔2h给予利福平
偶氮磺酰胺，*Neoprontosil*	尿染色法检测输尿管异位	1.9mg/kg	IV，IM		
倍氯米松，*QVAR*（*Teva*），40和80μg/喷	抗炎	3~8μg/kg q12~24h	吸入	17~45喷（使用 80μg/喷 MDI）	
贝那普利，*Lotensin*，也是普通的40mg/片	血管紧张素转换酶抑制剂	0.5mg/kg q24h	PO	5~6片	
甲磺酸苯托品，*Cogentin*，1mg/片，1mg/mL	抗胆碱能	8~16mg/450kg 17mg/450kg	IV PO	8mL 8片	用于阴茎异常勃起或氟苯那嗪毒性
苯甲酰胆碱，*Urecholine*，5mg/mL 5mg/片[†]	膀胱松弛、尿潴留、胃排空延迟	0.03~0.04mg/kg q6~8h 0.22~0.45mg/kg q6~8h	SQ，IV PO	3~4mL 17片（20~40片）	可配制用于IV或SQ吸收不良
Beuthanasia 溶液，290mg/mL戊巴比妥	安乐死	10~15mL/100lb（45kg）	IV	100~150mL	经批准仅用于安乐死；当没有其他可行的选择时，一些基于戊巴比妥的溶液被用于癫痫控制：5~20mL/500kg。仅在没有替代品时使用
碱式水杨酸铋，*Pepto-Bismol*，*Gastrocote*，262mg/15mL	止泻	1~4.5mL/kg q4~12 h	PO	500~2 000mL（成年马） 50mL（马驹）	
十一碳烯酸去甲睾酮，*Equipoise*，10mL vials	合成代谢类固醇，50mg/mL	1.1mg/kg	IM	9.5mL	治疗有良好食欲的虚弱马匹

（续）

药品名称，商品名称*，换算系数	用途	剂量	给药途径	估计剂量 1 000lb（450kg）	注意事项及意见
溴苄胺，*Tosylate*，50mg/mL	心室颤动	5~10mg/kg（每10min）	IV	45~90mL	总剂量（CPCR或Vtach）不得超过30~35mg/kg，成年马不得超过10mg/kg
丁苯氧酸，*Bumex*，*Burinex*，0.25mg/mL	充血性心力衰竭，袢利尿剂	15μg/kg	IV，IM	27mL	
丁丙诺啡，*Buprenex*，0.3mg/mL	阿片类局部激动剂，镇痛	0.001~0.01mg/kg 0.004~0.006mg/kg	IV，舌下 IM	1.5~15mL 6~9mL	注：管制药–附录三；可能引起兴奋，降低肠道动力
丁螺环酮，*Buspar*，30~mg片剂	强迫行为	0.5mg/kg q8~12h	PO	7.5片	
酒石酸布托啡诺，*Torbugesic*，10mg/mL	镇痛、镇静、麻醉前、镇咳	0.01~0.1mg/kg 13~22μg/（kg·h）	IV，IM IV CRI	0.45~4.5mL 0.6~1mL/h	在没有镇静的情况下使用时会出现共济失调和头部震颤。注：管制药–附录四
溴化正丁醇铵，*Buscopan*，20mg/mL	急腹痛，解痉，抗胆碱能（用于腹痛，窒息，胎粪嵌闭，宫颈松弛）	0.3mg/kg	IV，IM，或SQ	6.8mL 1mL用于胎粪嵌闭灌肠； 1~3mL局部用于放松宫颈	不能用于有青光眼的马；静脉注射会导致心率升高。不要用于筋疲力尽的马
钙~EDTA，*Meta-Dote*，50mg/mL	铅毒性，螯合剂	75mg/（kg·d），分成q12h	缓慢IV	675mL	监测血清铅水平
咖啡因，*NoDoz*[†]，*Vivarin*，200mg/片	呼吸兴奋剂（临床上有效，但无循证研究）	10mg/kg速效剂量，然后2.5~3mg/kg，q12~24h维持剂量	PO或经直肠	2.5片/50kg	毒性水平>40μg/L马驹变得极度兴奋
硼葡萄糖酸钙（23%），230mg/mL（20.7mg Ca，1.08mEq/mL）	低钙血症、高钾血症	150~250mg/kg	缓慢IV	300~450mL	可与大多数晶体混合；监测心率和心律
氯化钙，100mg/mL	心脏复苏	5~7mg/kg	缓慢IV	22.5~31.5mL（缓慢）	
酰胺咪嗪，*Tegretol*，200mg片剂	抗惊厥，头部震动剂	2~8mg/kg q6~8h	PO	4.5~18片	
羧甲基纤维素、钠、10mg/mL	粘连预防剂	7mL/kg	腹腔内	3L	

（续）

药品名称，商品名称*，换算系数	用途	剂量	给药途径	估计剂量 1 000lb（450kg）	注意事项及意见
胺甲萘	杀虫剂	10gm，50%粉末混匀到1L水中	局部的	4.5L 4.5%	不要超过1~2次/周
卡洛芬，*Rimadyl*，100mg/片†，50mg/mL	镇痛、抗炎	1.4mg/kg q24h	IV，PO	6.3片 12.5mL	常用于“关节病”的治疗
头孢唑啉，*Ancef*，1g/瓶 20g/瓶	抗生素	11~22mg/kg q6~8h200mg 0.2mL，50mg/mL	IV 结膜下给药 椎下导管	0.25~0.5瓶（20g/瓶） 0.2mL，50mg/mL	第一代头孢菌素
头孢吡肟，*Maxipime*，500mg，1g，and 2g瓶	抗生素	成年马2.2mg/kg q8h 马驹 11mg/kg q8h	IV，IM IV，IM	990mg（1g瓶） 550mg/50kg（500mg 瓶）	第四代头孢菌素
头孢哌酮，*Cefobid*，1g/瓶（40mg/mL）†	抗生素	30mg/kg q8h	IV	37mL/50kg	第三代头孢菌素
头孢噻肟，*Claforan*，500mg（20mg/mL）†	抗生素	40~50mg/kg q6~8h	IV	100~125 mL/50kg	第三代头孢菌素
头孢西丁，*Mefoxin*，1g/瓶	抗生素	20mg/kg q6h	IV，IM	9/1g 瓶	第二代头孢菌素
头孢泊肟酯，*Vantin*，200mg 片剂	抗生素	10mg/kg q6~12h	PO	2.5片/50kg	第三代头孢菌素
头孢喹肟，*Cobactam*	抗生素	1~2.5mg/kg q6~12h	IV，IM		第四代头孢菌素
头孢他啶，*Fortaz*，1g/瓶（40mg/mL）	抗生素	20~50mg/kg q6~12h	IV，IM	38mL/50kg（25~63mL/50kg）	第三代头孢菌素
头孢噻呋，*Naxcel*，50mg/mL，4g/瓶†	抗生素	1~5mg/kg q6~12h 200mg	IV，IM IVRP	9~45mL	剂量随疾病严重程度而变化；第三代头孢菌素
头孢噻呋，*Excede*，200mg/mL	抗生素	6.6mg/kg q4d	IM SQ（马驹） 不要IV	15mL	每个部位最多注射7mL（注射后按摩该区域）；需要12~24h才能达到血液峰值

（续）

药品名称，商品名称*，换算系数	用途	剂量	给药途径	估计剂量 1 000lb（450kg）	注意事项及意见
头孢曲松，*Rocephin*，1、2、10g瓶，100mg/mL	抗生素	25~50mg/kg q12h	IV，IM	如果换算成100mg/mL，则给予112.5~250 ml（成年马）	第三代头孢菌素
头孢氨苄，*Keflex*，500mg片剂	抗生素	25mg/kg q6h	PO	2.5片/50kg	第一代头孢菌素
头孢噻吩，*Keflin*	抗生素	20mg/kg q6h	IV，IM		第一代头孢菌素
头孢匹林，*Cefadyl*，*Cefa-Lak*，500mg（20mg/mL）†	抗生素	20~30mg/kg q4~8h	IV，IM	62mL/50kg（50~75mL/50kg）	有腹泻、过敏反应报告；第一代头孢菌素
	乳腺内抗生素制剂		局部的乳房内的		第一代头孢菌素
西替利嗪，*Zyrtec* 10mg/片	抗组胺药	0.2~0.4mg/kg q12h	PO	9~18片	羟嗪代谢物
活性炭，*ToxiBan*† 200mg/mL or 化学级	胃肠道吸附剂	0.5~1g/kg	PO经鼻胃管插管	1.1~2.3L	
水合氯醛，*Chloropent*，120mg/mL	抑制、镇静、麻醉前	22mg/kg（中度镇静） 30~60mg/kg（深度镇静）	IV 12%的溶液缓慢输注	82.5mL 112.5~225mL	血管周围给药可能导致静脉炎，不提供镇痛
氯霉素，*Chloromycetin*，500mg片剂† 琥珀酸钠，20~200mg/mL	抗生素	40~60mg/kg q6~8h 25mg/kg q4~6h	PO IV IV	36~54片 550mL/20mg/mL浓度 55mL/200mg/mL 浓度	复合糊剂在治疗过程中应减少人体接触；在一些国家是非法的
绒毛膜促性腺激素，*Chorisol*，*Follutein*，*HCG*，1 000U/mL	诱导排卵，卵巢囊肿	2.2~6.7 U/kg 22.2 U/kg	IM IM	1 000~3 000U 10 000U	促黄体生成激素附录三
	隐睾分类刺激试验	13~27 U/kg	IV	6 000~12 000U	如果是隐睾，预计注射后睾酮>100pg/mL 30~120min
西咪替丁，*Tagamet*，150mg/mL，800mg/片	胃十二指肠溃疡	6.6mg/kg q6~8h 16~25mg/kg q6~8h	IV PO	20mL 9~14片	H_2受体颉颃剂
	黑色素瘤	2.5mg/kg q8~12h	PO	1.4片	

（续）

药品名称，商品名称*，换算系数	用途	剂量	给药途径	估计剂量 1 000lb（450kg）	注意事项及意见
西沙必利，*Propulsid* 10mg/片	肠梗阻	0.1mg/kg q8h 0.1~1.0mg/kg q4~8h	IM PO	4.5~45片	必须在IM给药之前重新配置；静脉注射可能导致心律失常；直肠吸收可忽略不计
克拉霉素，*Biaxin*，500mg片剂	马红球菌感染，与利福平联合使用	7.5mg/kg q12h	PO	0.75片/50kg	由于有严重结肠炎的危险，不用于成年马；与利福平同时使用时，最好间隔2h
克拉维酸-替卡西林，*Timentin*，3.1和31g瓶	抗生素	100mg/kg 速效剂量，然后50mg/kg q6h	IV	速效剂量：1.5瓶（31g瓶），维持：0.75瓶（31g瓶）	
克伦特罗，*Ventipulmin*，72.5μg/mL	支气管扩张剂，抑制宫缩	0.8~3.2μg/kg q12h	IV，PO	5~20mL	高剂量可能产生心动过速和躁动不安；不要与吸入剂同时使用超过14d
吸入剂[†]		0.5μg/kg q8h	雾化		*不要与口服或静脉注射同时使用*
氯丙咪嗪，*Clomicalm*，*Anafranil*，80mg片剂	强迫行为 化学射精	1~2mg/kg q24h 2.2mg/kg	PO IV	5.6~11.3片	与α肾上腺素能激动剂联合使用
氯吡格雷，*Plavix*，75mg片剂	抗血小板药	2mg/kg q24h 4mg/kg 速效剂量	PO	12片 24片	通常抑制大多数健康和患患马的血小板聚集；+/一出血
氯前列烯醇钠，*Estrumate or estroPLAN*，250mcg/mL，20mL瓶	诱导流产	0.5μg/kg	IM	250μg/450kg马	必须 >80d 妊娠
秋水仙碱，0.6mg片剂	肝纤维化	0.03mg/kg q12~24h	PO	22片	
集落刺激因子，*Neupogen*，300μg/mL	危及生命的白细胞减少症	5μg/kg q24h	缓慢IV 超过 30min	1mL/50kg	治疗无效预后不良的预兆

（续）

药品名称，商品名称*，换算系数	用途	剂量	给药途径	估计剂量 1 000lb (450kg)	注意事项及意见
促皮质素，*Cortrosyn*，0.25mg/mL	ACTH 刺激测试 高剂量刺激试验 低剂量刺激试验	0.1~0.5μg/kg 2μg/kg 0.2μg/kg	IV IV IV	0.18~0.9mL 0.4mL/50kg 0.04mL/50kg	如果冷冻的话，盐水稀释后可稳定4个月
克罗宁钠，*Intal*，*Nasalcrom*，40mg/mL	慢性阻塞性肺疾病	0.2~0.5mg/kg	雾化	2.25~5.6mL	是否可获得不可预测
环磷酰胺，*Cytoxan*，20mg/mL	免疫介导疾病 化疗	1.1mg/kg q24h 2.2mg/kg q2周	IM 盐水稀释后缓慢IV	24.8mL 49.5mL	免疫抑制剂
赛庚啶，*Periactin*，4mg/片	垂体增生，摇头	0.25~0.6mg/kg q12~24h	PO	28~67.5片	功效未经证实
丹曲林，*Dantrium*，100mg胶囊，20mg 瓶	横纹肌溶解症、肌肉松弛、恶性低温	2.5~5mg/kg q8~24h 10mg/kg速效剂量 2~4mg/kg q1~2h	PO PO IV	11~22 胶囊 45 胶囊 67 瓶，缓慢；混匀到盐水中	在高剂量下可能导致镇静
氨苯砜，10~mg片剂	抗菌药物，对卡氏肺囊虫肺炎的治疗很有用	3mg/kg q24h	PO	13.5片	
地考喹酯	抗原虫	0.5mg/kg q24h	PO		膏剂对EPM的疗效有待进一步评估；常与左旋咪唑合用
地拉考昔，*Deramaxx*，12mg，25mg，75mg，或 100mg美国产的可咀嚼片	NSAID 犬中COX-2的选择性1：25	2mg/kg q12~24h	PO	9片/100mg片剂	未批准用于马
去铁胺，500mg，2g 瓶可用(200mg/mL)	铁毒性	10mg/kg	缓慢IM，IV	成年马22.5mL 马驹2.5mL	
盐酸地托咪定，*Dormosedan*，10mg/mL	镇静、镇痛 硬膜外 站立外科手术，IV 速效剂量随后维持 CRI	5~40μg/kg 30~50μg/kg或更少 8.4μg/kg，0.5μg/(kg·min)	IV，IM 硬膜外 IV 速效剂量 随后维持 CRI	0.23~1.8mL 稀释入10mL (盐水)	高剂量仅用于 IM。小心：可能导致意外的攻击性。见第47章

（续）

药品名称，商品名称*，换算系数	用途	剂量	给药途径	估计剂量1 000lb（450kg）	注意事项及意见
地托咪定凝胶，*Dormosedan*，7.6mg/mL		兴奋马匹40~80μg/kg或更多	PO	2.3~4.7mL	4×~8×IV剂量。不要进入到给药者的眼睛或嘴巴里
地塞米松，*Azium*[†]，2mg/mL	消炎	0.02~0.1mg/kg q24h	IV，IM	4.5~22.5mL	长期治疗可能导致蹄叶炎；长期大剂量可能导致流产
		0.04~0.067mg/kg	PO	20~30mL	注射制剂的生物利用度为30%~60%
SP，4mg/mL（相当于3mg地塞米松）	抗水肿	0.1~0.5mg/kg q6~24h	IV	11~56mL	
地塞米松-三氯甲基噻嗪，*Naquasone*	炎性水肿	5mg/200mg大剂量q24h	PO		
右美托咪定，*Dexdomitor*，0.5mg/mL	镇静、镇痛	0.002 5~0.01mg/kg	IV，IM	2.25~9mL	
右旋糖酐70，*Gentran*	血浆扩容	4~10mL/kg	缓慢IV	1.8L	注意过敏反应
右旋糖	低血糖、高钾血症	5%或10%溶液，4~8mg/(kg·min)；0.5mL/kg速效剂量	IV	225mL	可能引起反弹性低血糖或低钾血症
地西泮，*Valium*，5mg/mL	镇静剂、抗惊厥药、麻醉前药、抗焦虑药食欲刺激剂	成年马0.05~0.44mg/kg 马驹0.1~0.2mg/kg 0.02mg/kg	IV IV	4.5~39.6mL 1~2mL马驹 2mL	高剂量可发生呼吸抑制；可能会在PVC管中沉淀。注：管制药-附录四
地克珠利，*Protozil*，1.56%口服丸	原生动物性脊髓炎	1mg/kg q24h	PO		建议疗程28d
双氯芬酸钠，*Surpass*，10mg/mL	骨关节炎引起的关节疼痛和炎症	q12h	局部	受影响区域上包扎5in宽带状	使用时戴手套
地高辛，*Lanoxin*，0.1mg/mL	心力衰竭、室上性心律失常、收缩功能差	0.002 2~0.007 5mg/kg q12h	IV	10~33mL	可能出现沉郁、厌食、疝痛；最常用低剂量

(续)

药品名称,商品名称*,换算系数	用途	剂量	给药途径	估计剂量 1 000lb (450kg)	注意事项及意见
地高辛,*Lanoxin*,0.5mg片剂		0.011~0.017 5mg/kg q12h	PO	10~15片	长期使用,监测血清水平
二一三一八面体蒙脱石粉,Bio-Sponge	胃肠道吸附剂,肠炎	q12~24h	PO或NG插管	0.5~3lb	不干扰甲硝唑的吸收
地尔硫卓,5mg/mL	钙通道阻滞剂	0.125mg/kg	IV 超过2min	11.25mL	可重复,不得超过1.0mg/kg
二巯基丙醇,100mg/mL	砷,铅毒性	2.5~5mg/kg	IM	11.25~22.5mL	
二甲基亚砜(DMSO),*Domoso*,900mg/mL	抗水肿	10%~20% 溶液,0.5~1.0g/kg q12~24h	IV溶入0.9% 盐水或D_5W	500mL	IV可能引起溶血
	消炎药	10%~20% 溶液 20~100mg/kg q8~12h	IV 溶入0.9% 盐水或D_5W	10~50mL	术后治疗,再灌注损伤
乙酰丁胺(1.05g),*Tryponil (1.31g)*	锥虫病	单次剂量 3.5~5mg/kg 5周后重复	SC,IM		治疗前给予抗组胺药。一般:1mL/20kg体重(2.36gram/300kg体重)。使用前溶解2.36g粉末于15mL无菌水(=157.3mg/mL)
地诺前列氨酸,*Lutalyse*,*Prostin F2 Alpha*,5mg/mL	流产	0.011~0.022mg/kg	IM	0.9~1.98mL (1~2mL)	妊娠早期和中期;堕胎药
磺基琥珀酸二辛酯钠,*Dioctynate*,50mg/mL	泻剂	10~20mg/kg;直到2剂,间隔48h	PO	90~180mL	胃肠刺激物
盐酸苯海拉明,*Benadryl*,50mg/mL	抗组胺、解热、镇痛、过敏	0.5~2mg/kg	IV,IM	缓慢IV,4.5~18mL	可能增强或抑制肾上腺素的作用
安乃近,*Novin*,*Metamizole*	消炎、镇痛、解热	10~22mg/kg	IV,IM		自混药仅可在美国获得
多巴酚丁胺,*Dobutrex*,12.5mg/mL	心力衰竭、低血压,AV阻滞,正性肌力,β_1肾上腺素能剂	1~15μg/(kg·min)	在溶于D_5W或0.9% 盐水至500μg/mL 后IV CRI		不要与镁、利多卡因、呋塞米或碳酸氢钙一起使用

（续）

药品名称，商品名称*，换算系数	用途	剂量	给药途径	估计剂量 1 000lb（450kg）	注意事项及意见
多潘立酮，*Equidone*，110mg/mL	无乳症，羊茅毒性	1.1mg/kg q12h	PO	4.5mL	可能增强胃肠动力；马驹意外接受母马剂量可能有短暂的中枢神经系统症状
多巴胺，*Intropin*，40mg/mL	低剂量：少尿性肾功能衰竭，心脏衰竭，AV 阻滞，肾灌注。 高剂量：β_1肾上腺素能剂	1~20μg/(kg·min)	IV CRI		用D_5W稀释
多沙普仑，*Dopram-V*，20mg/mL	呼吸兴奋剂	0.2~0.5mg/kg 速效剂量，随后 0.03~0.08mg/(kg·min)，20min	IV	0.5~1.25mL/50kg	如果无法采用机器通气方式，则应使用该药物。不要与碳酸氢钠混合
阿霉素，*Adriamycin*，2mg/mL	化疗	0.3mg/kg	盐水稀释后缓慢静脉注射	67.5mL	心脏毒性；监测心脏肌钙蛋白水平
多西环素，*Vibramycin*，100mg/片†	抗生素	5~10mg/kg q12h	PO	22~45片	口服吸收不良
琥珀酸多西拉敏，11.36mg/mL	抗组胺药	0.5mg/kg q6~12h	缓慢IV，IM，SQ	20mL	可能增强或抑制肾上腺素的作用
依酚氯铵，*Tensilon*，10mg/mL	室上性心律失常，阿曲库铵逆转	0.5~1mg/kg	IV	22~45mL	阿曲库铵颉颃剂
依尔替酸	NSAID	0.5mg/kg q24h	IV		在美国不可用
依那普利，*Vasotec*，*Enacard*，20mg/片†	血管扩张剂，ACE抑制剂，充血性心力衰竭	1.0mg/kg q12~24h	PO	22.5片	据报道，马的生物利用度很低
恩诺沙星，*Baytril*，68mg/片	氟喹诺酮类抗生素	5~7.5mg/kg q24h	IV PO	23~34mL 33~50片	可能引起马驹关节病；静脉注射制剂可口服；口腔糜烂为潜在后遗症
100mg/mL		7.5mg/kg q24h	IV	34mL	口服用
麻黄碱，50mg/mL	血管加压剂，脾挛缩	0.02~0.1mg/kg	IV	0.2~0.9mL	

（续）

药品名称，商品名称*，换算系数	用途	剂量	给药途径	估计剂量 1 000lb (450kg)	注意事项及意见
肾上腺素，*Adrenalin*，1 ∶ 1 000（1mg/mL）	过敏反应、心搏停止、青光眼、心动过缓、心脏复苏、血管加压剂	0.01~0.02mg/kg过敏反应 0.1~0.2mg/kg过敏反应 心搏停止 0.03~0.05mg/kg 心搏停止 0.3~0.5mg/kg	IV，IM IT IV IT	4.5~9mL 45~90mL 13.5~22.5mL 135~225mL	持续输注药物可能会引起心律失常；不要与抗组胺药一起使用
重组人红细胞生成素，阿法依泊汀，*Erythropoietin Procrit*，4 000U/mL	刺激红细胞生成，肾性贫血	50U/（kg·周）	SQ	5.6mL	可能导致再生障碍性贫血
马血浆	败血症、休克、低丙种球蛋白血症、出血、胶体压降低、特异性抗体	1L或更多	IV		一般可以快速给药；很少引起过敏反应，很少与泰勒氏病有关
红霉素[†]，100mg/mL，250mg/片	大环内酯类抗生素	25~30mg/kg q6~12h 马驹马红球菌骨骺炎，1g局部灌注q8h 1h输注	PO RP	45~54片	可能引起腹泻、高热
	肠梗阻	1~2.5mg/kg，q6h	IV	4.5~11mL	改善肠道动力；观察肠疝痛、腹泻、肠套叠
雌激素，结合物，*Premarin*，25mg瓶	出血	0.05~0.1mg/kg	IV	1~2瓶	用于子宫出血不止
依托度酸，*EtoGesic*，*Lodine*，500mg片剂	炎症	20mg/kg q12~24h	PO	18片	
法莫替丁，*Pepcid AC*，10mg/mL	胃肠溃疡	0.23~0.5mg/kg q8~12h	IV	10.5~22.5mL/450kg 1.2~2.5mL/50kg	药代动力学数据很少
20mg/片	H_2-受体颉颃剂	2.8~4mg/kg q8~12h	PO	10片（马驹）	
非班太尔（FBT），93mg/mL	驱虫药	6mg/kg	PO	29mL	

（续）

药品名称，商品名称*，换算系数	用途	剂量	给药途径	估计剂量 1 000lb (450kg)	注意事项及意见
芬苯达唑(FBZ)，*Panacur*，100mg/mL	驱虫药	5~10mg/kg	PO	22.5~45mL	对患有蛔虫的马驹比较安全
非诺多泮，*Corlopam*，10mg/mL	多巴胺-1颉颃剂，肾衰竭	0.04~0.1μg/(kg·min)	IV	0.18~0.27mL/h	稀释于0.9% 盐水或 D_5W
芬太尼，*Duragesic*，25、50和100μg/h透皮贴剂	麻醉镇痛	同时使用镇痛剂时修改剂量	经皮	成年马，(2~3)×100μg/h贴	每3d更换一次；*不要与布托啡醇一起使用，会降低肠道动力；注：*管制药-附录二
0.05mg/mL	建议给药期间监测血浆浓度	3~6μg/kg/h	CRI	27~54mL/h	高剂量时可观察到兴奋和心动过速。
非罗考昔，*Equioxx*，6.93g/管(56.8mg非罗考昔)，20mg/mL	镇痛，NSAID，骨关节炎，选择性COX-2	0.1mg/kg q24h (0.2mg/kg 速效剂量) 0.09mg/kg q24h	PO IV	0.8糊剂注射器(45.5mg)或1糊剂注射器/1 250lb 2mL	如果发现食欲不振、疝痛、粪便异常或嗜睡症状，停止治疗
氟苯尼考，*NuFlor*，300mg/mL	抗生素	20mg/kg q24~48h	IM	3.3mL/50kg	用于2周龄至4月龄的马驹
氟康唑，*Diflucan*，200mg/片	抗真菌药物	8~14mg/kg 速效剂量；4~5mg/kg 维持剂量 q12~24h	PO	18~31片速效剂量；9~11片维持剂量	可提供比大多数其他抗真菌药物更高的组织药物水平
氟马西尼，*Romazicon*，0.1mg/mL	苯二氮卓(安定)颉颃剂，非控制性肝昏迷	0.011~0.022mg/kg	缓慢IV	50~100mL	肝性脑病的昂贵治疗，效果可疑
氟尼辛葡甲胺，*Banamine*，50mg/mL，1 500mg/30g口服糊剂注射器	内毒素血症	0.25mg/kg q8h	IV	2.3mL	IM注射不常与梭状芽孢杆菌性肌炎相关
	镇痛、抗炎、解热	0.25~1.1mg/kg q8~12h	PO IV，IM	2.3~9.9mL	1 000lb 口服剂量相当于500mg 氟尼辛
荧光素钠，*Fluorescite*，100mg/mL	评估肠道活力	6.6~15mg/kg	IV	30~67.5mL	注射过程中外渗可能导致严重的局部组织损伤
氟奋乃静癸酸酯，*Prolixin*，25mg/mL	长期稳定	0.06mg/kg	IM 一次	1.1mL	可能有中枢神经系统不良症状

（续）

药品名称，商品名称*，换算系数	用途	剂量	给药途径	估计剂量1 000lb（450kg）	注意事项及意见
氟前列素钠，*Equimate*，50μg/mL	流产	2.2μg/kg	IM	20mL	诱发分娩
氟替卡松，*Flovent*，220μg/喷	马气喘病	2.2~4.4mg/450kg q12~24h	吸入	10~20喷	最常用低剂量范围
亚叶酸，*Leucovorin*，10mg/mL	骨髓抑制	0.09~0.22mg/kg	IM	4~10mL	
氟哌唑，*Antizol-vet*，*4-methylpyrazole*，*Methylpyrazole*，50mg/mL	乙二醇毒性	20mg/kg 初始剂量，17h之后改为15mg/kg，用药25h后改为5mg/kg，用药36h后改为5mg/kg	IV	180mL 135mL 45mL	给药前稀释以避免静脉炎
呋塞米，*Salix*，*Lasix*，50mg/mL	利尿剂，肺水肿	1~2mg/kg大剂量	SQ，IM，IV	9~18mL	保护溶液不受光照；可能导致酸中毒和电解质失衡，口服给药后生物利用度很差
		0.12mg（kg·h）	IV CRI	静脉推注后1.1mL/h	与间歇给药相比，CRI可降低血浆体积的波动
	EIPH	0.3~0.6mg/kg	IV	2.7~5.5mL	国家赛马委员会管理
加巴喷丁，*Neurontin*，300mg片剂	神经性疼痛	5~19mg/kg q12~24h	PO	7.5~28.5片	口服生物利用度低
加米霉素，*Zactran*，150mg/mL	大环内酯类抗生素	6mg/kg 每 5~7d	IM	18mL	用于对于大环内酯敏感马驹肺部感染或兽疫链球菌肺炎
更昔洛韦，*Cytovene*，50mg/mL	抗病毒药物	第1天2.5mg/kg q8h，随后几天q12h	IV	22.5mL	
庆大霉素，*Gentocin*，100mg/mL	氨基糖苷类抗生素	6.6mg/kg q24h	IV，IM	30mL	肾毒性；谨慎使用，且只能用于水合充足的马驹和成年马

（续）

药品名称，商品名称*，换算系数	用途	剂量	给药途径	估计剂量 1 000lb（450kg）	注意事项及意见
甘罗溴铵，*Robinul-V*，0.2mg/mL	迷走神经性心律失常	0.002~0.01mg/kg 0.005mg/kg q8~12h	IV IV，IM，SQ	4.5~22.5mL 11mL	心动过速、心律失常、肠梗阻、瞳孔扩大
灰黄霉素，*Fulvicin*，2.5g 包	皮肤真菌感染	10mg/kg q24h	PO	2 包	不要用于妊娠的马
愈创木酚甘油醚（GG），*Gecolate*†，50mg/mL 三滴法： 1L 5% GG 1~2g氟胺酮 500mg赛拉嗪	中枢作用肌肉松弛剂，麻醉前，祛痰剂	60~90mg/kg 1~3mL/（kg·h）	以5%溶液IV IV	540~810mL 有效	应使用静脉留置针，以避免血管周围反应，过量使用可能导致呼吸暂停
氟哌啶醇癸酸酯，50mg/mL	长效镇静剂	0.01mg/kg 0.3mg/kg	IM PO	0.1mL 2.7mL	出现不良反应；可能导致镇静5~7d；不要给予静脉注射
肝素，未分离，1 000IU/mL†	抗凝剂、高脂血症、预防腹部粘连	40~100IU/kg q6h	IV，SQ	18~45mL	监测红细胞凝集和降低血细胞比容
肝素，低分子量	抗血栓，抗炎				
达肝素，*Fragmin*，25 000U/mL		50~100 U/kg q24h	SQ	1~2mL	需要100U/kg来抑制马驹Xa因子活性
依诺肝素，*Lovenox*，100mg/mL		0.4~0.8mg/kg q24h	SQ	2.25~4.5mL（100mg/mL）	
羟乙基淀粉，*Hespan*，60mg/mL于盐水中；*Hextend*，60mg/mL于乳酸林格溶液或6%VetStarch	休克，低胶体渗透压，血浆体积膨胀	高达10mL/kg q24~48h	IV	4 500mL	改变折射计的血浆和尿蛋白测量；大剂量可抑制凝血
肼苯哒嗪，*Apresoline*，50mg/片† 10mg/2mL安瓿（10mg/mL）	充血性心力衰竭，血管扩张剂	0.5~1.5mg/kg q12h 0.5mg/kg	PO IV	4.5~13.5片 22.5mL	动脉扩张，经口给药的生物利用度不能确定
氢氯噻嗪，*Hydrozide*，25mg/mL	利尿药	0.56mg/kg q24h	PO	10mL	

（续）

药品名称，商品名称*，换算系数	用途	剂量	给药途径	估计剂量 1 000lb（450kg）	注意事项及意见
氢化可的松，琥珀酸钠，*Solu-Cortef*，100mg/2mL（50mg/mL）		0.2~0.4mg/kg q4h	IV	0.2~0.4mL/50kg	用于败血症马驹肾上腺衰竭
氢吗啡酮，2mg/mL	镇痛	0.01~0.04mg/kg	硬膜外	2~9mL	
盐酸羟嗪，*Vistaril*，*Atarax*，100mg片剂†，25mg/mL	抗组胺药，瘙痒，荨麻疹	1~1.5mg/kg q8~12h 0.5~1mg/kg q12h	PO IM	5片（4.5~6.75片） 9~18mL	与肾上腺素一起使用可能会产生不可预测的结果
高免血浆	内毒素血症、C型梭状芽孢杆菌、马红球菌、肉毒杆菌中毒等。	2~4L/450kg	IV	2~4L	
高渗盐水7.5%	低血压、急性脱水	3~5mL/kg	IV	1~2L	不要用于慢性脱水
咪唑脲，*Imizol*，120mg/mL	巴贝斯虫病	如有需要，2.2~4mg/kg q24h × 3d	IM，SQ	8~15mL	
亚胺培南，*Primaxin IV*，250mg（10mg/mL）	抗生素	10~15mg/kg q6~8h	随液体IV	50~75mL/50kg	
丙咪嗪，*Tofranil*，50mg片剂	嗜睡症、昏厥	1~2mg/kg q8~12h	PO	9~18片	IV制剂也可用
胰岛素，猪锌，*Vetsulin*，40IU/mL	高血糖症	0.4IU/kg q24h	SQ	4.5mL	
胰岛素，常规，*Humulin*，100IU/mL	高血糖症 高钾血症	0.1IU/kg PRN 0.1~1IU/（kg·h）	IM，IV IM，IV，或CRI	0.45mL 0.45~4.5mL	应该作为治疗高钾血症的最后手段 给药前后冲洗导管
碘化钾	真菌病	22~67mg/kg q24h	PO，IV		出现碘中毒症状时停止使用
异丙托溴铵，*Atrovent*，18μg/喷	支气管扩张剂	0.2~0.5μg/kg q8h	雾化，吸入	5~12喷	除β_2激动剂以外可用
醋酸异氟泼尼松，*Predef 2x*，2mg/mL	马气喘病	0.02mg/kg q24h	IM	4.5mL	3~5d后减少剂量并延长间隔；马中未报告有低钾血症

（续）

药品名称，商品名称*，换算系数	用途	剂量	给药途径	估计剂量 1 000lb（450kg）	注意事项及意见
异丙肾上腺素，*Isuprel*，0.2mg/mL	支气管扩张剂，复苏，β肾上腺素能	0.05~0.2μg/（kg·min）	IV CRI	6.75~27mL/h	很少使用
苯氧丙酚胺，20mg/片	血管舒张	0.6~1.32mg/kg q12h 0.4~1.2mg/kg q24h	PO IM	13.5~30片	空腹服用；有些国家的肌肉注射产品生物利用度低
伊曲康唑，*Sporanox*，100mg/片	抗真菌药物	5mg/kg q24h	PO	22盖	溶液比胶囊有更好的吸收能力
伊维菌素，*Eqvalan*，10mg/mL	驱虫药	200μg/kg	PO	9mL	对大、小圆线虫、大圆线虫幼虫、蛔虫和马胃蝇蛆具有致死性
高岭土/果胶	胃肠道吸附剂	4~8mL/kg q12h	PO	1 800~3 600mL	
氯胺酮，*Ketaset*，*Ketaved*，*Vetalar*，100mg/mL	麻醉	成年马1~2mg/kg 马驹1mg/kg	IV	4.5~9mL 5mL/50kg	交感神经药，可增加血压。注：管制药-附录三
	镇痛	0.2mg/kg q2h	IV，IM	0.9mL	
		0.01~0.04mg/（kg·min）	IV CRI	2.7~10.8mL/h	可能引起肌肉震颤和痉挛
		0.8~2.0mg/kg q1~2h	硬膜外	3.6~9mL	用0.9%盐水稀释至5~10mL
酮洛芬，*Ketofen*，100mg/mL	镇痛、抗炎、解热	1.1~2.2mg/kg q12~24h	IV	5~10mL	
乳果糖，*Chronulac*，666mg/mL	肝功能不全，高血氨	0.2mL/kg q6~12h	PO	60~120mL（90）	可能引起腹泻，可使用直肠给药
左旋门冬酰胺酶	严重淋巴组织抢救药	200~400 U/kg	IM		益处是短期的 没有马的数据，可能会出现过敏反应
左旋咪唑，*Ergamisol*，50mg	免疫调节剂	2~10mg/kg q24h	PO	18~90片	咪唑噻唑
左旋甲状腺素，*Thyro-L*，12mg/茶匙粉末	胰岛素抵抗相关肥胖	0.01~0.1mg/kg q24h	PO	0.5~4茶匙	

（续）

药品名称，商品名称*，换算系数	用途	剂量	给药途径	估计剂量 1 000lb (450kg)	注意事项及意见
利多卡因，20mg/mL	室性快速性心律失常	0.25~1.0mg/kg（大剂量）	缓慢IV	5.6~22.5mL	对于室性心律失常，如果给药太快，可能会出现癫痫、共济失调；总剂量不得超过3mg/kg；NSAIDs可能降低蛋白质结合，增加毒性。如果停止(DC)利多卡因CRI和开始新的CRI之间的时间间隔大于4h，建议速效给药利多卡因
	全身镇痛、抗炎、胃肠道肠梗阻	1.3mg/kg之后0.05mg/(kg·min)	缓慢IV IV CRI	30mL大剂量注射 1.1mL/min	
	会阴镇痛	0.2~0.25mg/kg q1h	硬膜外	4~6mL；过量可能导致后腿轻瘫。	
洛哌丁胺，*Imodium*，2mg/片	止泻	4~16mg/马驹；然后每2~3剂量q6h增加2mg	PO	2~8片	增强急性感染性肠炎患马的毒素吸收
勒芬脲，*Program* *氯芬奴隆*	真菌感染	5~20mg/kg q24h	PO		
氧化镁	高血压	3~5g/500kg	PO		
硫酸镁50%[†]，500mg/mL，4mEq/mL	室性心律失常	2.2~5.6mg/(kg·min)，10min	IV CRI	20~50mL超过10min	IV总剂量不得超过25g。 可能对奎尼丁诱导的快速性心律失常有效
	低镁血症，再灌注损伤	50~100mg/kg q24h	缓慢IV	50g	
	恶性体温过高	6mg/kg	IV	5.6mL	
	新生儿失调	20~50mg/kg超过1h随后10~25mg/(kg·h) CRI	IV CRI	18~45mL 9~22.5mL/h	
硫酸镁，Epsom salts	渗透性泻药	0.2~1g/kg温水稀释q24h	PO	450g	使用时间不得超过3d，以避免肠炎和镁中毒
甘露寡糖，*Bio-Mos*	止泻	100~200mg/kg q8~24h	PO		
甘露醇，*Osmitrol*，200mg/mL	脑水肿，利尿	0.25~2g/kg q6~24h	缓慢IV超过15~40min	560~4 500mL	可能加重脑出血；仔细检查晶体

(续)

药品名称，商品名称*，换算系数	用途	剂量	给药途径	估计剂量 1 000lb (450kg)	注意事项及意见
麻佛微素，*Zeniquin*，100mg片	氟喹诺酮类抗生素	2~3mg/kg 0.67mg/kg	PO IV（在欧洲）	9片	软骨损伤风险最小
甲苯咪唑（MBZ），*Vermox*，100mg/片	驱虫药	8.8mg/kg	PO	40片	大小圆线虫
甲氯芬酸，*Arquel*，5%干重颗粒	消炎药	2.2mg/kg q12~24h	PO		NSAID
美托咪定，*Domitor*，1mg/mL	镇痛	5~7μg/kg q2~4h 3.5μg/（kg·h）	IV IV CRI	2.25~3.15mL 1.5mL/h	
美洛昔康，*Metacam*，5mg/mL；Mobic，15mg/片	NSAID（COX-2选择性）	0.6mg/kg q12h 0.6mg/kg q24 0.6mg/kg q12	IV PO PO	54mL 成年马18片 马驹<7周，2片	
盐酸哌替啶，*Demerol*，50mg/mL	镇痛、镇静	0.55~2.2mg/kg q4~8h	IV，IM	5~20mL	静脉注射可能引起严重的低血压和兴奋
美罗培南，*Merrem*，1g瓶	抗生素	10~15mg/kg q8h	IV	50kg马驹用3/4瓶	
二甲双胍，*Fortamet*，*Glucophage*，1 000mg片剂	马代谢综合征	15~30mg/kg q8~12h	PO	6.75~13.5片	可能导致低血糖
美沙酮，10mg/mL	镇痛	0.1mg/kg 0.1~0.22mg/kg	硬膜外 IV，IM	4.5mL 9.9mL	注：管制药-附录二
L-蛋氨酸，500mg片剂	蹄叶炎	25mg/kg	PO	22片	
美索巴莫，*Robaxin-V*，*Robaxin*，500mg/片，100mg/mL	肌肉松弛剂	40~60mg/kg q12~24h 10~25mg/kg q6h	PO IV	36~54片 45~112mL	
亚甲蓝，10mg/mL	硝酸盐/亚硝酸盐和氰化物毒性	5~8.8mg/kg	缓慢IV	225~400mL	
甲基强的松龙琥珀酸钠，*Solu-Medrol*，125mg/mL†	消炎药	10~30mg/kg 超过15min	IV	36~108	糖皮质激素；用于急性中枢神经系统损伤

（续）

药品名称，商品名称*，换算系数	用途	剂量	给药途径	估计剂量 1 000lb（450kg）	注意事项及意见
甲氧氯普胺，*Reglan*，5mg/mL	肠梗阻	0.1~0.5mg/kg q4~8h 0.04mg/（kg·h）	缓慢IV 超过 1 h或SQ IV CRI	9~45mL 3.6mL/h	可能引起中枢神经系统兴奋
1mg/mL口服液		0.1~0.6mg/kg q4~6h	PO	45~270mL	从低剂量开始
甲硝唑，*Flagyl*，500mg片剂[†] 5mg/mL	抗生素，抗原虫	15~25mg/kg q6~8h 10~15mg/kg q8~12 15~20mg/kg q8~12h	PO，经直肠 PO，马驹 IV	13~22片 1~1.5片/50kg 1 350~1 800mL	口服可能导致厌食。栓剂的生物利用度为口服药物的50%
咪达唑仑，*Versed*，5mg/mL	麻醉前、抗惊厥药、镇静剂、抗焦虑药	0.1~0.2mg/kg 0.04~0.12mg/（kg·h）	IV IV CRI（用于马驹）	9~18mL	注：管制药-附录四
氧化镁牛奶	轻泻剂	6~8L/500kg	PO		
乳蓟磷脂，*Siliphos*	肝脏疾病	20mg/kg q12h	PO	9g	相当于6.5mg/kg水飞蓟素，磷脂制剂提高生物利用度
咪利酮，*Primacor*，1mg/mL	支持心室功能 PDE-3抑制剂	10μg/（kg·min） 0.5~1mg/kg q12h	IV，短期治疗	4.5mL/min	如果出现室性心律失常，停止治疗
矿物油	润滑剂泻药，液体胃肠转运标志物	4.5~9mL/kg	PO，通过NG导管	2~4L	
米索前列醇，*Cytotec*，200μg/片[†]	预防非甾体抗炎药胃肠道溃疡，黏膜保护剂	2.5~5μg/kg q12~24h	PO	5~11片	不要用于怀孕的马；小心：不要让孕妇接触
硫酸吗啡，15mg/mL	镇痛	0.05~0.1mg/kg	IV	1.5~3mL	使用赛拉嗪（0.66~1.1mg/kg IV）或地托咪定以避免CNS 兴奋
不含防腐剂的吗啡，25mg/mL	硬膜外镇痛	0.1mg/kg q24h	硬膜外	1.8mL加无菌生理盐水至总体积20mL	硬膜外使用无防腐剂溶液（这样可以以更高的浓度/mL混合）。注：管制药-附录二

（续）

药品名称，商品名称*，换算系数	用途	剂量	给药途径	估计剂量 1 000lb (450kg)	注意事项及意见
莫昔克丁，*Quest*，20mg/mL	驱虫药	0.4~0.5mg/kg	PO	9~11.25mL	不要在4月龄以下的小马驹中使用。 大小圆线虫、大小圆线虫幼虫和蛔虫
纳布啡，10mg/mL	阿片类激动剂颉颃剂	0.02~0.15mg/kg	IV，SQ，IM	0.9~6.8mL	
纳洛酮，*Narcan*，0.4mg/mL	阿片类颉颃剂，出血	0.01~0.03mg/kg	IV	11.25~33.75mL	
萘普生，*Naprosyn*，100mg/mL，500mg片剂	消炎药	5mg/kg 10mg/kg q12~24h	IV PO	22.5mL 9片	NSAID
新霉素，*Biosol*，50mg/mL[†]	减少肠内产生氨的抗生素	8~20mg/kg q8~24h	PO	72~180mL	长期用药（3~4次剂量）或更高剂量可能导致腹泻
新斯的明，*Prostigmin*，2mg/mL	肠梗阻	0.005~0.02mg/kg q4~6h	SQ，IM	1~4.5mL	高剂量可能导致腹痛加剧
硝唑尼特，*Alinia*，*500mg/片*	抗原虫	25~50mg/kg	PO	2.5~5片	治疗马驹隐孢子虫
一氧化氮	肺动脉高压	20~80ppm，与氧气比率1:(5~9)	吸入		
去甲肾上腺素，1mg/mL	难治性低血压和无尿	0.05~1μg/(kg·min) 高达5μg/(kg·min)	IV CRI（顽固性病例）	1.35~2.7mL/h	不要超过10μg/(kg·min)
醋酸奥曲肽，*Sandostatin*，200μg/mL[†]	生长抑素类似物	0.5~5.0μg/kg q6h	SQ	1.1~11.3mL	
奥美拉唑，*Gastrogard*，*Ulcergard*	胃肠道溃疡，质子泵抑制剂	1~4mg/kg q24h增加胃部pH	PO	0.2~0.8 管	可能需要2~3d才能看到临床反应
洛赛克，2.28g/管，4mg/1mL		0.5mg/kg q24h	IV	56mL	洛赛克，可在英国、欧洲、新西兰和澳大利亚获得
奥芬达唑，（OFZ），*Benzelmin*，90.6mg/mL[†]	驱虫药	10mg/kg	PO	50mL	大小圆线虫、蛔虫和迁移的大圆线虫幼虫

（续）

药品名称，商品名称*，换算系数	用途	剂量	给药途径	估计剂量 1 000lb（450kg）	注意事项及意见
奥苯达唑（OBZ），*Anthelcide*，100mg/mL[†]	驱虫药	10~15mg/kg	PO	45~67.5mL	大小圆线虫
羟吗啡酮，*Opana*，1mg/mL	麻醉镇痛药	0.02~0.03mg/kg	IV，IM，SQ	9~13.5mL	注：管制药-附录二
土霉素，*LA 200*，200mg/mL，100mg/mL	抗生素	6.6mg/kg q12h	缓慢IV	30mL（100mg/mL）15mL（200mg/mL）	肾毒性 最好溶于盐水
	马驹肌腱收缩	30~60mg/kg 1~3疗程 EOD	缓慢IV	15~30mL/50kg（100mg/mL）	治疗期间监测肾功能
催产素，20IU/mL	催乳、胎盘滞留	2.5~20U/450kg q4h	IV，IM，SQ	0.125~1mL	高剂量和静脉注射会产生更多的疼痛
	诱发分娩	75IU/450kg 75IU/450kg	IV超过1h或 IM分为5个剂量，IM间隔10min	3~4mL	
	食管阻塞	0.11~0.22IU/kg	IV	2.5~5mL	疗效可疑
巴洛霉素，*Humatin*，250mg/片	抗原虫	100mg/kg q24h ∞5d	PO	20片/50kg	对马驹的疗效未证实；隐孢子虫
果胶高岭土，4~8mL/kg	GI吸附剂	4~8mL/kg q12h	PO	1 800~3 600mL	
青霉胺	重金属中毒	3mg/kg q6h	PO	5.5片	
青霉素，Na^{+} or K^{+}，20 000IU/mL[†]	抗生素	22 000~44 000IU/kg q4~6h 4~11IU/（kg·h）	IV，IM IV CRI		高剂量可用于梭状芽孢杆菌性蜂窝织炎；高剂量持续可导致钾过量，特别是在肾功能不全时
青霉素，普鲁卡因，300 000IU/mL	抗生素	15 000~44 000IU/kg q12h	IM	22.5~66mL	
喷他淀粉	胶体	1~10mL/kg	IV	450~4 500mL	
喷他佐辛，*Talwin*，30mg/mL	镇痛	0.3~0.6mg/kg	PO，IV	4.5~9mL	

（续）

药品名称，商品名称*，换算系数	用途	剂量	给药途径	估计剂量 1 000lb（450kg）	注意事项及意见
戊巴比妥，*Beuthanasia-D*，390mg/mL另见Beuthanasia	抗惊厥药，麻醉	3~10mg/kg 85mg/kg	IV IV	3.5~11.5mL 98mL	以达到镇静/癫痫控制和安乐死的效果。注：管制药-附录三
己酮可可碱，*Trental*，400mg/片	内毒素血症、蹄叶炎、血管扩张剂、流变剂、肝炎、肾病	7.5~10mg/kg q8~12h	PO，IV	8~11片	可供静脉注射使用
硫丙麦角林，*Prascend*，1.0mg/片	垂体中间部增生	0.001 7~0.01mg/kg q24h	PO	1片	
羟哌氯丙嗪，*Trilafon*，16mg/片	羊茅中毒	0.3~0.5mg/kg q8h	PO	3~14片	
非那吡啶，*Pyridium*，100，200mg/片	尿路刺激，尿道炎	4~10mg/kg q8~12h	PO	9片（200mg） 18片（100mg）	预计尿液变色
苯巴比妥，100mg片剂，130mg/mL	抗惊厥药，多巴胺颉颃剂	2~10mg/kg q8~12h可能需要更高剂量	PO	9~45片	呼吸抑制、低血压；监测血清水平（10~40μg/mL）；临床反应可能发生于10μg/mL
		5~15mg/kg	缓慢IV	17~52mL	IV以控制癫痫；管制药-附录四
		2~3mg/kg/匹马驹	缓慢IV超过15~20min	0.4~0.8mL/50kg	
苯氧苄胺，*Dibenzyline*，10mg/盖	蹄叶炎、腹泻、尿道括约肌张力降低	0.4mg/kg q6h	PO	18片	
布他酮，保泰松等，1g/片，200mg/mL	消炎、镇痛、解热	2.2~4.4mg/kg q12h	PO，IV	5~10mL 1~2片	血管周围注射可能导致坏死，只有在充分水合的情况下才能使用

（续）

药品名称，商品名称*，换算系数	用途	剂量	给药途径	估计剂量1 000lb（450kg）	注意事项及意见
盐酸苯肾上腺素，*Neo-Synephrine*，10mg/mL	肾脾间隙结肠截留	3μg/（kg·min），15min		2mL稀释于1L NaCl大于15min	收缩脾脏，增加血管阻力，可能导致心律失常和严重出血；血管周围注射可能导致坏死
	低血压	0.2~1.0μg/（kg·min）	IV CRI		
	鼻、咽出血和水肿	10mg稀释至10mL用于鼻腔喷雾剂	鼻内		
	阴茎异常勃起	5~20mg至海绵体		0.5~2mL	
苯丙醇胺，*Prion*，25，50，和75mg/片[†]	膀胱功能减退，尿道括约肌张力减退	0.5~2mg/kg q8~12h	PO	4.5~18片（50mg）	
苯妥英，*Dilantin*，50mg/mL[†]	抗惊厥药、地高辛毒性、室上性心律失常	5~20mg/kg（最初12h） 20mg/kg q12h ×3，随后10~15mg/kg直到症状改善	IV PO	4.5~180mL缓慢IV超过1h 90盖（有效剂量），45~68维持剂量	镇静、嗜睡、嘴唇和面部抽搐、步态缺陷
100mg盖[†]	马跛行症，慢性间歇性运动横纹肌溶解症的预防	2~7.5mg/kg q12h	PO	9~33盖	吸收不稳定可能导致虚弱；治疗剂量5μg/mL；中毒剂量10μg/mL
毒扁豆碱，1mg/mL	阿托品毒性	0.6mg/kg	IV	270mL	胆碱酯酶抑制剂
	嗜睡发作的诊断诱导	0.06~0.08mg/kg	IV	27~36mL	作为诊断测试的可变反应
吡格列酮，*Actos*，15、20和45mg片剂	马代谢综合征	1mg/kg q24h	PO	10片/45mg片剂	血浆浓度比那些被认为对人类有治疗作用的更低，也更具变化性
哌嗪，（PPZ）	驱虫药	110mg/kg	PO		
吡罗昔康，*Feldene*，10mg盖	恶性上皮肿瘤	80~100mg q24h /成年马	PO	8~10盖	可以配制较大的胶囊
多黏菌素B，500 000U/瓶（10 000U = 1mg）	抗生素，内毒素血症	1 000~6 000U/kg q8~12h	IV缓慢稀释	2.7×10^6U或5瓶	检查肾功能
帕托珠利，*Marquis*	抗原虫（用于EPM）	5~10mg/kg q24h 15mg/kg有效剂量	PO		建议28d疗程

（续）

药品名称，商品名称*，换算系数	用途	剂量	给药途径	估计剂量 1 000lb (450kg)	注意事项及意见
溴化钾，250mg/mL	抗惊厥药	25~90mg/kg q24h	PO 或 IV	45~162mL	
氯化钾,(KCl)，2mEq/mL	低钾血症	1mEq/kg	IC	225mL	仅当电除颤不可用时才适用于室颤
		0.1~0.5mEq/(kg·h)	IV	22.5~112.5mL	不要超过0.5mEq KCl/kg/h
		0.1g/kg	PO	300mL	
解磷定,(2-PAM)，300mg/mL†	有机磷毒性	20mg/kg q4~6h	IV	30mL	对氨基甲酸酯中毒无效
吡喹酮，*Droncit*，34mg片剂	吡嗪诺异喹啉	1.5mg/kg	PO	20片(34mg)	对绦虫寄生虫有致死性
泼尼松龙，*Delta-Cortef*，20mg/片†	消炎药	0.4~1.6mg/kg q24h	PO	9~36片	消炎药
强的松龙琥珀酸钠，*Solu-Delta Cortef*，500mg/瓶(50mg/mL)，100mg/瓶(10mg/mL)	炎症性休克，脑水肿	2~5mg/kg 10mg/kg q6h	IV IV	18~45mL/50mg/mL 浓度 90mL/50mg/mL 浓度	
普瑞巴林，300mg 胶囊	神经性疼痛	2~4mg/kg q8h	PO	3~6胶囊	生物利用度接近100%
普鲁卡因酰胺，*Pronestyl*，100mg/mL	室上性心律失常	1mg/(kg·min)	IV CRI	4.5mL/min	不要超过 20mg/kg IV 总剂量，可能引起低血压
		25~35mg/kg q8h	PO	22.5~31.5片	胃肠道，神经系统症状与奎尼丁相似
黄体酮(油中)化合物	抑制发情，维持妊娠	0.8mg/kg q24h	IM		妊娠母马内毒素血症或胎盘过早分离；复方注射液
普罗帕酮，*Rythmol*，300mg盖	室上性和室性快速性心律失常	0.5~1mg/kg于5% 右旋糖中(超过5~8min缓慢生效) 2mg/kg q8h	IV PO	 3盖(300mg)	胃肠道，神经症状与奎尼丁相似；支气管痉挛
丙炔溴	平滑肌松弛剂，辅助直肠手术	0.067mg/kg	IV		

（续）

药品名称，商品名称*，换算系数	用途	剂量	给药途径	估计剂量 1 000lb（450kg）	注意事项及意见
丙泊酚，*Diprivan*，*Rapinovet*，10mg/mL	麻醉	2~4mg/kg	稳定后IV	90~180mL 22.5mL和氯胺酮及α-激动剂	可能出现呼吸抑制 可与多沙普仑联用
普萘洛尔，*Inderal*，1mg/mL，160mg片剂	室上性心动过速，β受体阻滞剂	0.03~0.05mg/kg 0.38~0.78mg/kg q8h	IV PO	13.5~22.5mL 1~2片（160mg）	嗜睡，COPD恶化
车前草亲水胶散剂 400g/kg[†]	容积性泻药 砂砾性腹痛	0.25~0.9g/kg q6~12h	PO	113~405g	混合于冷水中以防止凝胶形成
双羟萘酸噻嘧啶（PRT），50mg/mL	驱虫药	6.6~13.2mg/kg	PO	60~120mL	大小圆线虫和绦虫寄生虫
马来酸吡拉明，*Histavet-P*	麻疹，过敏性皮炎	1mg/kg q12h 0.44mg/kg（马驹）	缓慢IV，IM，SQ		静脉注射可能导致中枢神经系统症状
乙胺嘧啶，*Daraprim*，25mg/片	抗原虫（用于EPM）	1~2mg/kg q24h	PO	18~36片	
喹那普利，*Accupril*，40mg片剂	血管紧张素转换酶抑制剂	0.25~0.5mg/kg q24h	PO	3~6片	低生物利用度；减少50%的ACE抑制
奎尼丁葡萄糖酸盐，80mg/mL	房颤、室上性和室性快速性心律失常	0.5~2.2mg/kg（大剂量注射每10min一次起作用）	IV	2.8~12.3mL	不要超过12mg/kg IV 的总剂量；沉郁、轻度包茎、荨麻疹、风疹块、鼻黏膜肿胀、蹄叶炎、神经系统、胃肠道效应
硫酸奎尼丁，*Quinidex*，300mg/片[†]	心房颤动	20~22mg/kg q2h 直至改变，有毒或血浆奎尼丁浓度 >4μg/mL；通常为3×q2h剂量，然后继续q6h直到出现改变或毒性症状	NG管	30~33片	不要超过6倍剂量q2h；沉郁、轻度包茎、荨麻疹、风疹块、鼻黏膜肿胀、蹄叶炎、神经系统、胃肠道效应
雷尼替丁，*Zantac*，300mg/片 25mg/mL	胃十二指肠溃疡 H_2受体颉颃剂	6.6mg/kg q6~8h 0.9~1.5mg/kg q6~8h	PO IV，IM	10片 16~27mL	

(续)

药品名称，商品名称*，换算系数	用途	剂量	给药途径	估计剂量 1 000lb (450kg)	注意事项及意见
利福平，*Rifadin*，300mg/片	抗生素	5~10mg/kg q12h	PO	7.5~15片	同时给药可能会干扰大环内酯的生物利用度。 与多西环素合用时有肝毒性
金刚乙胺，*Flumadine*，100mg片剂	抗病毒药物	30mg/kg q12h	PO	135片	
罗米非定，*Sedivet*，10mg/mL	镇痛，镇静剂 麻醉前给药	0.04~0.12mg/kg q2~4h 0.1mg/kg	IV，IM IV	1.8~5.4mL 4.5mL	在剂量范围较低时，镇静持续时间约为1h
罗哌卡因	镇痛	0.8mg/kg q3~4h	硬膜外		
S~腺苷蛋氨酸， SAM-e，*Denosyl*，425mg片剂	肝病，胆汁淤积	10~20mg/kg q24h	PO	10.5~21片	
沙丁胺醇，100μg/喷	支气管扩张剂，短效	1~2μg/kg q8~12h	吸入	5~10喷	
生理盐水，高渗，5% or 7%	休克、低血压、脑创伤	4~5mL/kg	IV	1 800~2 250mL	随后等渗液体治疗
沙美特罗，*Serevent*，50μg/吸†	支气管扩张剂，长效	0.5μg/kg q12h	吸入	4~5喷	长效支气管扩张
沙马西尼	莫西汀毒性	0.04mg/kg	IV		可能需要多次治疗
硒-维生素E，*E-Se*，2.5mg Se 和68U维生素E/mL	硒和维生素E缺乏	1mL/100lb (45kg)	IM only	10mL	静脉注射会导致死亡
枸橼酸西地那非，*Viagra*，25mg片剂，100mg片剂	肺动脉高压	0.2~0.6mg/kg q4~8h	PO	0.4~1.2片 (25mg) /50kg	磷酸二酯酶抑制剂；如果患马有低血压，不要使用
碳酸氢钠，1mEq/mL 8.4%	代谢性酸中毒，高钾血症 奎尼丁毒性	根据碱缺失变化(见附录二，急救护理的计算) 0.5~1.0mEq/kg	IV，PO IV		如果患马患有呼吸性酸中毒，请勿使用
透明质酸钠溶液0.4%，*Sepracoat*	粘连预防剂	2mL/kg	腹腔内	1L	
碘化钠，200mg/mL	放线杆菌病	100mg/kg q24h 20~40mg/kg q24h	IV PO	225~250mL	

（续）

药品名称，商品名称*，换算系数	用途	剂量	给药途径	估计剂量 1 000lb（450kg）	注意事项及意见
硝酸钠1%，10mg/mL	氰化物毒性	16mg/kg	IV	720mL	
硫代硫酸钠，300mg/mL	氰化物和砷中毒	30~500mg/kg	缓慢IV	45~750mL	
索他洛尔，*Betapace*，160mg/片	减慢心室率	2.5~4mg/kg q24h	PO	7~11片	房颤纠正后抑制心房活动
琥珀胆碱，20mg/mL†	神经肌肉阻滞剂 肌肉松弛	0.1mg/kg	IV	2.25mL	有时与安乐死溶液一起使用，防止“划水样动作”
硫糖铝，*Carafate*，1g/片	胃肠溃疡	20~40mg/kg q6~8h	PO	9~18片 1~2片（马驹）	不要在1~2h内给予其他口服药物
泰利霉素，*Ketex*，400mg片剂	红球菌感染	15mg/kg q12~24h	PO	17片	待出现马红球菌耐药时再使用
特布他林，*Brethine*，5mg/片	支气管、血管扩张剂	0.04~0.13mg/kg q8~12h	PO	3.5~11片	
噻苯达唑（TBZ）	苯并咪唑	50~100mg/kg	PO		
硫胺素，200mg/mL	硫胺素缺乏、铅中毒、中枢神经系统损伤、凤尾草中毒	1~10mg/kg q12~24h	IV，IM	2.25~22.5mL	
硫喷妥钠，20mg/mL	全身麻醉，巴比妥	3~10mg/kg	IV	67.5~225mL	注：管制药-附录三，在许多国家不可用
促甲状腺激素释放激素	中枢神经系统损伤、肺发育不全、库兴检查	1mg（所有年龄）	IV		
替卡西林，*Ticar*	抗生素	50mg/kg q6h	IV，IM		
克拉维酸替卡西林，*Timentin* 3.1 和31g/瓶	抗生素	50mg/kg q6h	IV	速效剂量：1.5瓶（31g瓶），维持：0.75瓶（31g瓶）	马驹可以使用高速效剂量（100mg/kg）
替利他明和唑拉西泮，*Telazol*，100mg/mL	麻醉	1.1~2.2mg/kg	IV	5~10mL	注：管制药-附录三

（续）

药品名称，商品名称*，换算系数	用途	剂量	给药途径	估计剂量 1 000lb (450kg)	注意事项及意见
替鲁膦酸盐，*Equidronate*，5mg/mL	抑制破骨细胞介导的骨吸收	0.1~1mg/kg	缓慢IV	9~90mL	给药前稀释 可能引起疝痛，急性肾衰竭
组织纤溶酶原激活剂(tPA)，*Alteplase*	溶解血栓剂	4~16mg	胸膜/心包	在1L盐水中稀释	也用于一些前房积血病例
妥拉唑啉，*Tolazine*，100mg/mL	α_2颉颃剂	0.5~2mg/kg	缓慢IV	2.25~9mL	偶发严重反应；快速给予标准剂量可能导致低血压、心律失常和死亡
妥曲珠利，*Baycox*		10mg/kg q24h	PO		不适用于马
曲马多，*Ultram*，50mg/mL，50mg片剂	镇痛	1mg/kg q6h 4mg/kg 10mg/kg	硬膜外 IV PO	9mL 4mL/50kg 10片/50kg	非阿片类药物 半衰期短
氨甲环酸，*Cyklokapron*，*Lysteda*，100mg/mL，650mg片剂	控制出血	10mg/kg q8~12h 20mg/kg q6h	缓慢IV PO	45mL 14片	
三氢睾酮，*Vetoryl*，120mg盖	马代谢综合征	0.5~1mg/kg q24h	PO	2~4盖	
甲氧苄啶磺胺嘧啶†，*Uniprim*，*Tribrissen*，960mg（1∶5)片剂†，480mg/mL（1∶5）†	抗生素	20~30mg/kg q12h	PO，IV	10~14片 19~28mL	如果患马有肠梗阻，不要使用；不要在给予地托咪定后静脉给予该药
盐酸曲吡那敏，*Trienamine*，*Re-Covr*†，20mg/mL	抗组胺药	1mg/kg q6~12h	IM	22mL	*不要静脉注射给药*
三滴法，见愈创甘油醚部分					
氨丁三醇	缓冲剂	0.55mmol/(kg·h)	IV CRI		
熊果醇，500mg/片	胆汁淤积症	15mg/kg q24	PO SID	13.5片	
伐昔洛韦，*Valtrex*，500mg片剂	抗病毒（疱疹）	22~30mg/kg q8~12h，2d，然后18mg/kg q12h	PO	20~27片	阿昔洛韦前药，提高生物利用度(30%)

（续）

药品名称，商品名称*，换算系数	用途	剂量	给药途径	估计剂量 1 000lb（450kg）	注意事项及意见
万古霉素，*Vancosin*，50mg/mL重新混合时（然后进一步稀释）	用于抗阿米卡星MRSA，7.5mg/kg q8h 300mg于60mL盐水中	IV IVRP		67.5mL（50mg/mL）然后进一步稀释	抗阿米卡星MRSA储备药
加压素，精氨酸（ADH），20 IU/mL	血压增高，尿崩症	0.05~0.8IU/kg 0.000 5~0.001IU/(kg·min)	IV IV CRI	1.1~18mL 0.7~1.35mL/h	
维达洛芬	NSAID	1mg/kg q24h	IV		
维拉帕米，2.5mg/mL	室上性心律失常	0.025~0.05mg/kg q30min	IV	4.5~9mL	不要超过0.2mg/kg IV 总剂量
长春新碱，*Oncovin*，1mg/mL	免疫性血小板减少症，化疗	0.005~0.02mg/kg	IV	2.25~9mL	*两次治疗间隔3d*
维生素B复合物，100~mL 瓶	营养物	q24h	IV，IM	10~20mL	
维生素C，抗坏血酸1g/片，250mg/mL	抗氧化剂，尿酸化剂	0.2~1g/kg q24h 30mg/kg q12~24h	PO IV	90~450片	缓慢IV给予
维生素E，*水溶性维生素E*，1 000U/盖[†]	营养物 维生素E缺乏、马运动神经元病、马退行性脊髓脑病的防治	6.6IU/kg 10~20IU/kg q24h	IM PO	10mL 5~10盖	控制脂质过氧化
Vital E-300，300U/mL	急性神经损伤	2 000IU/匹成年马（一次）	IM	7mL	初步治疗后，如有可能，改用口服
维生素K_1，植物甲二酮，*Veda-*K_1，10mg/mL	杀鼠剂（华法林）毒性	0.5~2mg/kg	SQ，IM	22.5~90mL	不要 IV给予
伏立康唑，*Vfend*，200mg盖	抗真菌药物	3~4mg/kg q12~24h	PO	7~9盖	眼部局部0.5%~1%，q2~6h
盐酸二甲苯嗪，*Rompun*，*Sedazine*，100mg/mL	保定、镇静、麻醉前给药、镇痛	0.2~1.1mg/kg q8~12h	缓慢IV IM	1~5mL	对发热的患马使用可能导致呼吸急促，可能导致攻击性

（续）

药品名称，商品名称*，换算系数	用途	剂量	给药途径	估计剂量 1 000lb（450kg）	注意事项及意见
		0.17mg/kg	硬膜外	0.8mL，稀释至10mL（生理盐水）	联合使用吗啡或利多卡因
育亨宾，*Antagonil*，*Yocon*，2mg/mL	α_2颉颃剂	0.075~0.12mg/kg	缓慢IV	17~27mL	心动过速
云南白药250mg胶囊，粉末	止血剂	10mg/kg q8h	PO	18 胶囊	红药丸，浓度更高=16粒；每包16粒，总含量4g 可应用于局部出血部位

ACE，血管紧张素转换酶；ACTH，促肾上腺皮质激素；ARDS，急性呼吸窘迫综合征；AV，房室；CNS，中枢神经系统；COPD，慢性阻塞性肺病；COX，环氧合酶；CPCR，心肺脑复苏；CRI，恒速输注；D5W，5%葡萄糖溶液；EOD，每隔一天；EPM，马原生动物性脊髓炎；GI，胃肠道；HYPP，高钾周期性麻痹；IC，心内；IM，肌内；IT，气管内；IV，静脉内；IVRP，静脉局部灌注；MRSA，耐甲氧西林金黄色葡萄球菌；NG，鼻胃管；NSAID，非甾体抗炎药；PDA，动脉导管未闭；PO，口服；PRN，必要时；PVC，聚氯乙烯；RBC，红细胞；RP，局部灌注；SIRS，全身炎症反应综合征；SQ，皮下；T 1/2，药物半衰期；VTach，室性心动过速。

* 斜体表示商品名。

† 其他产品和浓度可用。

图书在版编目（CIP）数据

马急症学：第4版：治疗与手术 /（美）詹姆斯·A.奥尔西尼（James A. Orsini），（美）托马斯·J.戴弗斯（Thomas J. Divers）编著；李靖，吴晓彤，朱怡平主译. —北京：中国农业出版社，2020.1
现代马业出版工程 国家出版基金项目
ISBN 978-7-109-26406-9

Ⅰ. ①马… Ⅱ. ①詹… ②托… ③李… ④吴… ⑤朱… Ⅲ. ①马病-急性病-诊疗 Ⅳ. ①S858.21

中国版本图书馆CIP数据核字（2020）第003432号

合同登记号：图字01-2017-2599

中国农业出版社出版
地址：北京市朝阳区麦子店街18号楼
邮编：100125
责任编辑：武旭峰 张艳晶 肖 邦 王森鹤 弓建芳 周晓艳
周锦玉 刘 伟
版式设计：杨 婧 责任校对：吴丽婷 赵 硕
印刷：北京通州皇家印刷厂
版次：2020年1月第1版
印次：2020年1月北京第1次印刷
发行：新华书店北京发行所
开本：787mm × 1092mm 1/16
印张：86.75
字数：1900千字
定价：698.00元